소방설비
기사 [전기편] 실기

시대에듀

합격에 윙크[Win-Q]하다

Win-Q
[소방설비기사 전기편] 실기

Always with you

사람이 길에서 우연하게 만나거나 함께 살아가는 것만이 인연은 아니라고 생각합니다.
책을 펴내는 출판사와 그 책을 읽는 독자의 만남도 소중한 인연입니다.
시대에듀는 항상 독자의 마음을 헤아리기 위해 노력하고 있습니다.
늘 독자와 함께하겠습니다.

합격의 공식 ▶
온라인 강의

보다 깊이 있는 학습을 원하는 수험생들을 위한
시대에듀의 동영상 강의가 준비되어 있습니다.
www.sdedu.co.kr ➜ 회원가입(로그인) ➜ 강의 살펴보기

PREFACE 머리말

현대 문명의 발전은 물질적인 풍요와 안락한 삶을 추구하게 하는 반면, 급속한 변화를 보이는 현실 때문에 어느 때보다도 소방안전의 필요성을 더 절실히 느끼게 합니다.

발전하는 산업구조와 복잡해지는 도시의 생활 속에서 화재로 인한 재해는 대형화될 수밖에 없으므로 소방설비의 자체점검강화, 홍보의 다양화, 소방인력의 고급화로 화재를 사전에 예방하여 재해를 최소화해야 하는 것이 무엇보다 중요합니다.

그래서 저자는 소방설비기사·산업기사의 수험생 및 소방설비업계에 종사하는 실무자를 위한 소방 관련 서적의 필요성을 절실히 느끼고 본 도서를 집필하게 되었습니다. 또한, 국내외의 소방 관련 자료를 입수하여 정리하였고, 다년간 쌓아온 저자의 소방 학원의 강의 경험과 실무 경험을 토대로 도서를 편찬하였습니다.

이 책의 특징

❶ 강의 시 수험생이 가장 어려워하는 소방전기일반을 출제기준에 맞도록 쉽게 해설하였으며, 구조 및 원리를 개정된 화재안전성능기준·화재안전기술기준에 맞게 수정하였습니다.
❷ 소방 관련 법령 문제 및 해설은 모두 현행법에 맞게 수정하였으므로, 출제 당시 문제의 조건과 다소 상이할 수 있습니다.

부족한 점에 대해서는 계속 보완하여 좋은 수험서가 되도록 노력하겠습니다.
이 한 권의 책이 수험생 여러분의 합격에 작은 발판이 될 수 있기를 기원합니다.

편저자 씀

시험안내

개요
건물이 점차 대형화, 고층화, 밀집화되어 감에 따라 화재 발생 시 진화보다는 화재의 예방과 초기진압에 중점을 둠으로써 국민의 생명, 신체 및 재산을 보호하는 방법이 더 효과적인 방법이다. 이에 따라 소방설비에 대한 전문 인력을 양성하기 위하여 자격제도를 제정하게 되었다.

진로 및 전망
❶ 소방공사, 대한주택공사, 전기공사 등 정부투자기관, 각종 건설회사, 소방전문업체 및 학계, 연구소 등으로 진출할 수 있다.
❷ 산업구조의 대형화 및 다양화로 소방대상물(건축물·시설물)이 고층·심층화되고, 고압가스나 위험물을 이용한 에너지 소비량의 증가 등으로 재해 발생 위험요소가 많아지면서 소방과 관련한 인력 수요가 늘고 있다. 소방설비 관련 주요 업무 중 하나인 화재 관련 건수와 그로 인한 재산피해액도 당연히 증가할 수밖에 없어 소방 관련 인력에 대한 수요는 증가할 것으로 전망된다.

시험일정

구분	필기원서접수 (인터넷)	필기시험	필기합격 (예정자)발표	실기원서접수	실기시험	최송 합격자 발표일
제1회	1.13~1.16	2.7~3.4	3.12	3.24~3.27	4.19~5.9	6.13
제2회	4.14~4.17	5.10~5.30	6.11	6.23~6.26	7.19~8.6	9.12
제3회	7.21~7.24	8.9~9.1	9.10	9.22~9.25	11.1~11.21	12.24

※ 상기 시험일정은 시행처의 사정에 따라 변경될 수 있으니, www.q-net.or.kr에서 확인하시기 바랍니다.

시험요강
❶ 시행처 : 한국산업인력공단
❷ 관련 학과 : 대학 및 전문대학의 소방학, 건축설비공학, 기계설비학, 가스냉동학, 공조냉동학 관련 학과
❸ 시험과목
  ㉠ 필기 : 소방원론, 소방전기일반, 소방관계법규, 소방전기시설의 구조 및 원리
  ㉡ 실기 : 소방전기시설 설계 및 시공 실무
❹ 검정방법
  ㉠ 필기 : 객관식 4지 택일형 과목당 20문항(2시간)
  ㉡ 실기 : 필답형(3시간)
❺ 합격기준
  ㉠ 필기 : 100점을 만점으로 하여 과목당 40점 이상, 전 과목 평균 60점 이상
  ㉡ 실기 : 100점을 만점으로 하여 60점 이상

검정현황

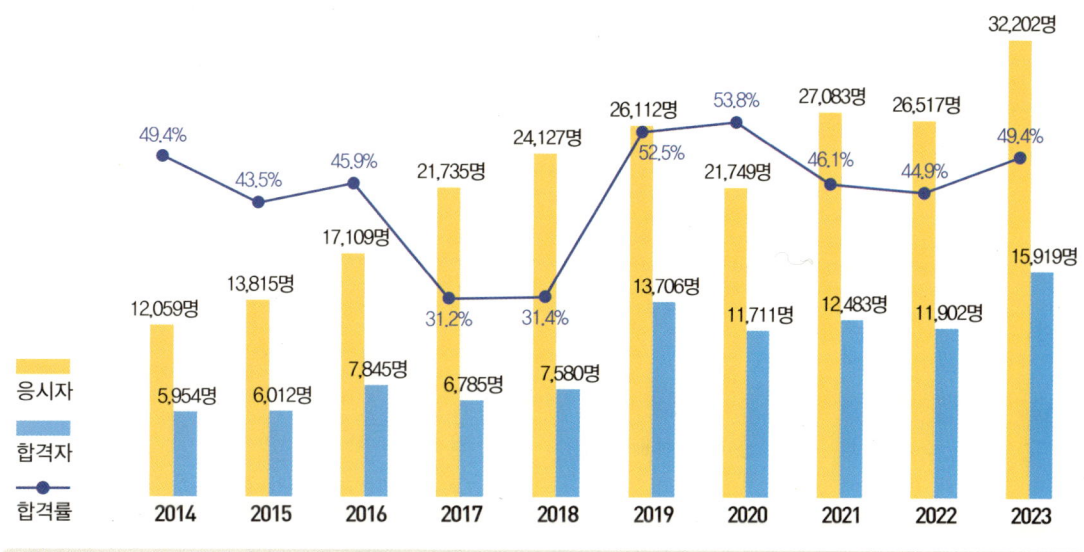

필기시험

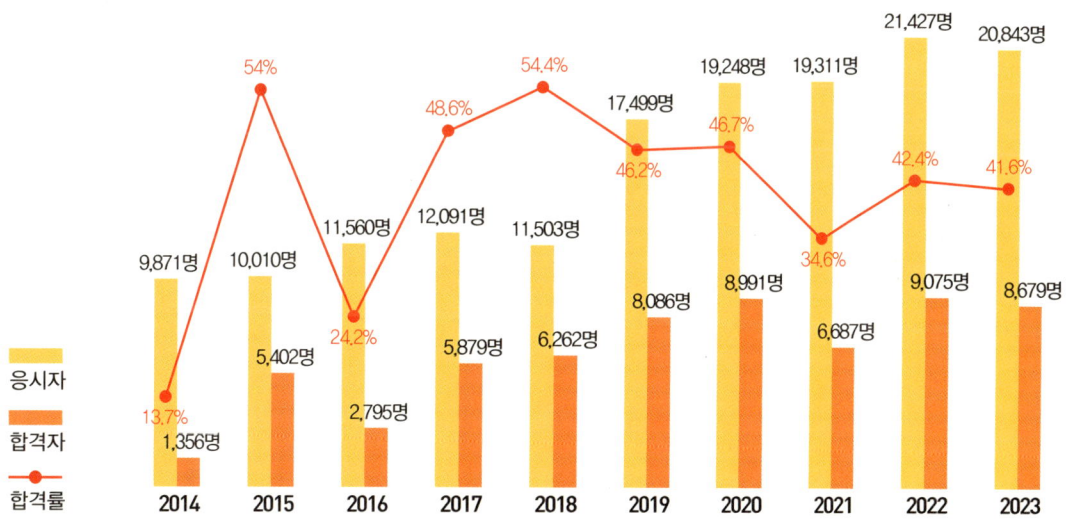

실기시험

시험안내

출제기준

실기 과목명	주요항목	세부항목	세세항목
소방전기시설 설계 및 시공 실무	소방전기시설 설계	작업분석하기	• 현장 여건, 요구사항 분석을 할 수 있다. • 기본계획 수립, 기본설계서, 실시설계서를 작성할 수 있다. • 공사시방서, 공사내역서를 작성할 수 있다.
		소방전기시설 구성하기	• 자재의 상호 연관성에 대해 설명할 수 있다. • 소방전기시설의 기기 및 부품을 조작할 수 있다. • 소방전기시설의 기능 및 특성을 설명할 수 있다.
		소방전기시설 설계하기	• 물량 및 공량을 산출할 수 있다. • 전기기구의 용량을 산정할 수 있다. • 회로방식 설정 및 회로용량을 산정할 수 있다. • 도면작성 및 판독을 할 수 있다. • 시방서의 작성 등을 할 수 있다.
		소방시설의 배치계획 및 설계서류 작성하기	• 계통도를 작성할 수 있다. • 평면도를 작성할 수 있다. • 상세도를 작성할 수 있다. • 소방전기시설의 시공 계획수립 및 실무 작업을 수행할 수 있다.
	소방전기시설 시공	설계도서 검토하기	• 설계도서상의 누락, 오류, 문제점을 검토하여 설계도서 검토서를 작성할 수 있다. • 설계도면, 시공 상세도, 계산서를 검토하여 시공상의 문제점을 파악하고 조치할 수 있다.
		소방전기시설 시공하기	• 자동화재탐지설비를 할 수 있다. • 자동화재속보설비를 할 수 있다. • 누전경보기설비를 할 수 있다. • 비상경보설비 및 비상방송설비를 할 수 있다. • 제연설비의 부대 전기설비를 할 수 있다. • 비상콘센트설비를 할 수 있다. • 무선통신보조설비를 할 수 있다. • 가스누설경보기설비를 할 수 있다. • 유도등 및 비상조명등설비를 할 수 있다. • 상용 및 비상전원설비를 할 수 있다. • 종합방재센터설비를 할 수 있다. • 소화설비의 부대 전기설비를 할 수 있다. • 기타 소방전기시설 관련 설비를 할 수 있다.
		공사 서류 작성하기	• 시공된 시설을 검사하여 설계도서와 일치 여부를 판단할 수 있다. • 시공된 시설을 검사하여 관련 서류를 작성할 수 있다. • 공정관리 일정을 계획하여 공사일지를 작성할 수 있다.

실기 과목명	주요항목	세부항목	세세항목
소방전기시설 설계 및 시공 실무	소방전기시설 유지관리	소방전기시설 운용관리하기	• 전기기기 점검 및 조작을 할 수 있다. • 회로점검 및 조작을 할 수 있다. • 재해방지 및 안전관리를 할 수 있다. • 자재관리를 할 수 있다. • 기술 공무관리를 할 수 있다.
		소방전기시설의 유지 보수 및 시험·점검하기	• 전기기기 보수 및 점검을 할 수 있다. • 시험 및 검사를 할 수 있다. • 계측 및 고장요인 파악을 할 수 있다. • 유지보수관리 및 계획수립을 할 수 있다. • 설치된 소방시설을 정상 가동하고, 자체점검사항을 기록할 수 있다. • 기록 사항을 분석하여 보수·정비를 할 수 있다.

구성 및 특징

핵심이론

필수적으로 학습해야 하는 중요한 이론들을 각 과목별로 분류하여 수록하였습니다.
시험과 관계없는 두꺼운 기본서의 복잡한 이론은 이제 그만! 시험에 꼭 나오는 이론을 중심으로 효과적으로 공부하십시오.

EXERCISE

출제기준을 중심으로 출제 빈도가 높은 기출문제와 필수적으로 풀어보아야 할 문제를 핵심이론당 1~2문제씩 선정했습니다. 각 문제마다 핵심을 찌르는 명쾌한 해설이 수록되어 있습니다.

STRUCTURES

과년도 기출복원문제

지금까지 출제된 과년도 기출복원문제를 수록하였습니다. 각 문제에는 자세한 해설이 추가되어 핵심이론만으로는 아쉬운 내용을 보충 학습하고 출제경향의 변화를 확인할 수 있습니다.

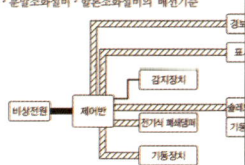

최근 기출복원문제

최근에 출제된 기출문제를 복원하여 가장 최신의 출제경향을 파악하고 새롭게 출제된 문제의 유형을 익혀 처음 보는 문제들도 모두 맞힐 수 있도록 하였습니다.

최신 기출문제 출제경향

Win-Q [소방설비기사 전기편] 실기

2021년 1회
- 스프링클러설비의 배선기준에 대한 블록다이어그램 작성
- 거실통로유도등의 설치기준과 통로유도등의 표시면 색상
- 자동화재탐지설비의 내화배선 공사방법
- 차동식 스포트형 1종 감지기의 설치개수와 경계구역 수 산정
- 3상 농형 유도전동기의 용량과 V결선한 단상변압기 1대의 용량 계산
- 자동화재탐지설비와 옥내소화전설비의 기동방식에 따른 최소 전선 가닥수 산정
- 논리식을 유접점회로와 무접점회로로 작성하고 타임차트를 완성
- 타이머를 이용한 3상 유도전동기의 Y-△ 기동회로의 시퀀스회로도 작성과 접점의 명칭
- 수신기의 고장진단에서 화재신호가 복구되지 않은 경우의 원인과 해결방법
- 이산화탄소소화설비의 음향경보장치 설치기준
- 비상콘센트설비를 설치해야 하는 특정소방대상물
- 3상 유도전동기의 교대 운전회로의 수정과 유도전동기의 운전시간 및 표시등의 용도
- 역률을 개선하기 위한 전력용 콘덴서의 용량 계산
- 유도등의 공급전류 계산
- 할론소화설비의 전선의 가닥수 산정과 배선의 명칭 작성
- 정온식 스포트형 감지기의 명칭과 공기관식 차동식 분포형 감지기의 검출부의 수량 계산

2022년 2회
- 유도등의 비상전원의 종류와 용량
- 역률을 개선하기 위한 전력용 콘덴서의 용량 및 콘덴서의 정전용량 계산
- 자동화재탐지설비의 경계구역 수 산정
- 수신기와 감지기 사이의 감시전류와 동작전류 계산
- 차동식 스포트형 2종 감지기와 광전식 스포트형 2종 감지기의 설치개수 산정
- 수신기와 공장 간의 전압강하 및 펌프의 전동기 동력 계산
- 스프링클러설비의 제어반 설치기준
- 옥내소화전설비와 자동화재탐지설비의 기동방식에 따른 전선 가닥수 산정
- 3상 유도전동기의 기동 및 정지회로의 시퀀스회로도 작성
- 비상방송설비에서 음량조정기, 확성기, 증폭기의 용어 정의
- 사이렌, 연기감지기, 정온식 스포트형 감지기, 비상벨의 소방시설 도시기호
- 옥내소화전설비에서 감시제어반의 기능
- 비상방송설비의 음향장치 설치기준
- 진리표에 따른 무접점회로와 유접점회로 작성
- 자동화재탐지설비의 수신기, 발신기 및 감지기 사이의 배선도를 완성
- P형 1급 수신기의 예비전원을 시험하는 방법과 양부판단의 기준

2023년 4회
- 경보설비의 정의와 종류
- 정온식 스포트형 감지기에서 열감지방식의 종류
- 자동화재탐지설비 및 시각경보장치의 배선 설치기준
- 무선통신보조설비의 증폭기, 무선중계기 설치기준
- 이산화탄소소화설비의 음향경보장치 설치기준
- 자동화재탐지설비의 감지기 설치제외 장소
- 소방시설공사의 착공신고 대상
- 누설동축케이블에 표시되어 있는 기호의 명칭
- 자동화재탐지설비의 전선 가닥수 산정 및 금속관공사에 필요한 부싱과 로크너트의 수량 계산
- 차동식 스포트형 1종 감지기와 연기감지기의 설치개수 산정
- 3상 유도전동기의 극수와 정격출력 계산
- 광원점등방식의 피난유도선 설치기준
- 부하저항에 공급되는 전력이 최대가 되는 조건과 최대전력을 구하는 식을 유도
- 타이머를 이용한 3상 유도전동기의 Y-△ 기동회로의 시퀀스회로도 작성과 접점의 명칭
- 옥내소화전설비와 자동화재탐지설비를 겸용한 전선 가닥수 산정과 음향장치의 설치기준
- 교차회로방식의 논리식을 작성하고, 무접점회로와 진리표를 완성

2024년 2회
- 자동화재탐지설비 및 시각경보장치의 배선기준
- 옥내소화전설비의 비상전원 설치기준
- 차동식 스포트형 감지기의 설치개수와 경계구역 수 계산
- 공기관식 차동식 분포형 감지기의 설치기준과 공기관의 재질
- 3상 농형 유도전동기의 V결선 시 단상변압기 1대의 용량 계산
- 한국전기설비규정에서 배선설비의 관통부 밀봉 기준
- 차동식 스포트형 감지기의 구조
- 이산화탄소소화설비의 음향장치 설치기준
- 가스누설경보기를 설치해야 하는 특정소방대상물
- 비상콘센트설비의 보호함과 전원회로 설치기준
- 내화배선의 공사방법
- 표준품셈에서 공구손료의 적용범위
- 비상콘센트설비의 전원 설치기준
- 제베크효과와 열전대의 정의 및 열전대 재료
- 누전경보기의 표시등 구조와 기능 및 공칭작동전류치
- 무접점논리회로와 유접점논리회로
- 자동화재탐지설비의 표시등과 경종의 소요전류와 전압강하 계산
- P형 수신기와 감지 간의 감시전류와 동작전류 계산

표준주기율표

표 준 주 기 율 표
Periodic Table of the Elements

1	2											13	14	15	16	17	18
1 **H** 수소 hydrogen 1.008 [1.0078, 1.0082]																	2 **He** 헬륨 helium 4.0026
3 **Li** 리튬 lithium 6.94 [6.938, 6.997]	4 **Be** 베릴륨 beryllium 9.0122											5 **B** 붕소 boron 10.81 [10.806, 10.821]	6 **C** 탄소 carbon 12.011 [12.009, 12.012]	7 **N** 질소 nitrogen 14.007 [14.006, 14.008]	8 **O** 산소 oxygen 15.999 [15.999, 16.000]	9 **F** 플루오린 fluorine 18.998	10 **Ne** 네온 neon 20.180
11 **Na** 소듐 sodium 22.990	12 **Mg** 마그네슘 magnesium 24.305 [24.304, 24.307]	3	4	5	6	7	8	9	10	11	12	13 **Al** 알루미늄 aluminium 26.982	14 **Si** 규소 silicon 28.085 [28.084, 28.086]	15 **P** 인 phosphorus 30.974	16 **S** 황 sulfur 32.06 [32.059, 32.076]	17 **Cl** 염소 chlorine 35.45 [35.446, 35.457]	18 **Ar** 아르곤 argon 39.95 [39.792, 39.963]
19 **K** 포타슘 potassium 39.098	20 **Ca** 칼슘 calcium 40.078(4)	21 **Sc** 스칸듐 scandium 44.956	22 **Ti** 타이타늄 titanium 47.867	23 **V** 바나듐 vanadium 50.942	24 **Cr** 크로뮴 chromium 51.996	25 **Mn** 망가니즈 manganese 54.938	26 **Fe** 철 iron 55.845(2)	27 **Co** 코발트 cobalt 58.933	28 **Ni** 니켈 nickel 58.693	29 **Cu** 구리 copper 63.546(3)	30 **Zn** 아연 zinc 65.38(2)	31 **Ga** 갈륨 gallium 69.723	32 **Ge** 저마늄 germanium 72.630(8)	33 **As** 비소 arsenic 74.922	34 **Se** 셀레늄 selenium 78.971(8)	35 **Br** 브로민 bromine 79.904 [79.901, 79.907]	36 **Kr** 크립톤 krypton 83.798(2)
37 **Rb** 루비듐 rubidium 85.468	38 **Sr** 스트론튬 strontium 87.62	39 **Y** 이트륨 yttrium 88.906	40 **Zr** 지르코늄 zirconium 91.224(2)	41 **Nb** 나이오븀 niobium 92.906	42 **Mo** 몰리브데넘 molybdenum 95.95	43 **Tc** 테크네튬 technetium	44 **Ru** 루테늄 ruthenium 101.07(2)	45 **Rh** 로듐 rhodium 102.91	46 **Pd** 팔라듐 palladium 106.42	47 **Ag** 은 silver 107.87	48 **Cd** 카드뮴 cadmium 112.41	49 **In** 인듐 indium 114.82	50 **Sn** 주석 tin 118.71	51 **Sb** 안티모니 antimony 121.76	52 **Te** 텔루륨 tellurium 127.60(3)	53 **I** 아이오딘 iodine 126.90	54 **Xe** 제논 xenon 131.29
55 **Cs** 세슘 caesium 132.91	56 **Ba** 바륨 barium 137.33	57-71 lanthanoids	72 **Hf** 하프늄 hafnium 178.49(2)	73 **Ta** 탄탈럼 tantalum 180.95	74 **W** 텅스텐 tungsten 183.84	75 **Re** 레늄 rhenium 186.21	76 **Os** 오스뮴 osmium 190.23(3)	77 **Ir** 이리듐 iridium 192.22	78 **Pt** 백금 platinum 195.08	79 **Au** 금 gold 196.97	80 **Hg** 수은 mercury 200.59	81 **Tl** 탈륨 thallium 204.38 [204.38, 204.39]	82 **Pb** 납 lead 207.2	83 **Bi** 비스무트 bismuth 208.98	84 **Po** 폴로늄 polonium	85 **At** 아스타틴 astatine	86 **Rn** 라돈 radon
87 **Fr** 프랑슘 francium	88 **Ra** 라듐 radium	89-103 actinoids	104 **Rf** 러더포듐 rutherfordium	105 **Db** 두브늄 dubnium	106 **Sg** 시보귬 seaborgium	107 **Bh** 보륨 bohrium	108 **Hs** 하슘 hassium	109 **Mt** 마이트너륨 meitnerium	110 **Ds** 다름슈타튬 darmstadtium	111 **Rg** 뢴트게늄 roentgenium	112 **Cn** 코페르니슘 copernicium	113 **Nh** 니호늄 nihonium	114 **Fl** 플레로븀 flerovium	115 **Mc** 모스코븀 moscovium	116 **Lv** 리버모륨 livermorium	117 **Ts** 테네신 tennessine	118 **Og** 오가네손 oganesson

57 **La** 란타넘 lanthanum 138.91	58 **Ce** 세륨 cerium 140.12	59 **Pr** 프라세오디뮴 praseodymium 140.91	60 **Nd** 네오디뮴 neodymium 144.24	61 **Pm** 프로메튬 promethium	62 **Sm** 사마륨 samarium 150.36(2)	63 **Eu** 유로퓸 europium 151.96	64 **Gd** 가돌리늄 gadolinium 157.25(3)	65 **Tb** 터븀 terbium 158.93	66 **Dy** 디스프로슘 dysprosium 162.50	67 **Ho** 홀뮴 holmium 164.93	68 **Er** 어븀 erbium 167.26	69 **Tm** 툴륨 thulium 168.93	70 **Yb** 이터븀 ytterbium 173.05	71 **Lu** 루테튬 lutetium 174.97
89 **Ac** 악티늄 actinium	90 **Th** 토륨 thorium 232.04	91 **Pa** 프로트악티늄 protactinium 231.04	92 **U** 우라늄 uranium 238.03	93 **Np** 넵투늄 neptunium	94 **Pu** 플루토늄 plutonium	95 **Am** 아메리슘 americium	96 **Cm** 퀴륨 curium	97 **Bk** 버클륨 berkelium	98 **Cf** 캘리포늄 californium	99 **Es** 아인슈타이늄 einsteinium	100 **Fm** 페르뮴 fermium	101 **Md** 멘델레븀 mendelevium	102 **No** 노벨륨 nobelium	103 **Lr** 로렌슘 lawrencium

표기법:
원자 번호
기호
원소명(국문)
원소명(영문)
일반 원자량
표준 원자량

참조) 표준 원자량은 2011년 IUPAC에서 결정한 새로운 형식을 따른 것으로 [ ] 안에 표시된 숫자는 2 종류 이상이 안정한 동위원소가 존재하는 경우에 지각 시료에서 발견되는 자연 존재비의 분포를 고려한 표준 원자량의 범위를 나타낸 것임. 자세한 내용은 https://iupac.org/what-we-do/periodic-table-of-elements/를 참조하기 바람.

© 대한화학회, 2018

이 책의 목차

PART 01 | 핵심이론

CHAPTER 01	경보설비	002
CHAPTER 02	피난구조설비	190
CHAPTER 03	소화활동설비	228
CHAPTER 04	소화설비	272
CHAPTER 05	비상전원수전설비	354
CHAPTER 06	소방전기일반	391
CHAPTER 07	소방시설 도시기호	581

PART 02 | 과년도 + 최근 기출복원문제

2018년	과년도 기출복원문제	590
2019년	과년도 기출복원문제	675
2020년	과년도 기출복원문제	759
2021년	과년도 기출복원문제	883
2022년	과년도 기출복원문제	989
2023년	과년도 기출복원문제	1098
2024년	최근 기출복원문제	1182

PART 01

핵심이론

#출제 포인트 분석   #자주 출제된 문제   #합격 보장 필수이론

CHAPTER 01	경보설비	회독 CHECK 1 2 3
CHAPTER 02	피난구조설비	회독 CHECK 1 2 3
CHAPTER 03	소화활동설비	회독 CHECK 1 2 3
CHAPTER 04	소화설비	회독 CHECK 1 2 3
CHAPTER 05	비상전원수전설비	회독 CHECK 1 2 3
CHAPTER 06	소방전기일반	회독 CHECK 1 2 3
CHAPTER 07	소방시설 도시기호	회독 CHECK 1 2 3

CHAPTER 01 경보설비

제1절 자동화재탐지설비

핵심이론 01 | 경보설비의 개요 및 종류

(1) 경보설비의 개요

화재발생 사실을 통보하는 기계·기구 또는 설비를 말한다.

(2) 경보설비의 종류(소방시설법 영 별표 1)
① 단독경보형 감지기
② 비상경보설비(비상벨설비, 자동식 사이렌설비)
③ 자동화재탐지설비
④ 시각경보기
⑤ 화재알림설비
⑥ 비상방송설비
⑦ 자동화재속보설비
⑧ 통합감시시설
⑨ 누전경보기
⑩ 가스누설경보기

핵심이론 02 | 자동화재탐지설비 및 시각경보기 설치대상 및 용어 정의

(1) 자동화재탐지설비를 설치해야 하는 특정소방대상물(소방시설법 영 별표 4)
① 공동주택 중 아파트 등·기숙사 및 숙박시설의 경우에는 모든 층
② 층수가 6층 이상인 건축물의 경우에는 모든 층
③ 근린생활시설(목욕장은 제외한다), 의료시설(정신의료기관 및 요양병원은 제외한다), 위락시설, 장례시설 및 복합건축물로서 연면적 600[m^2] 이상인 경우에는 모든 층
④ 근린생활시설 중 목욕장, 문화 및 집회시설, 종교시설, 판매시설, 운수시설, 운동시설, 업무시설, 공장, 창고시설, 위험물 저장 및 처리 시설, 항공기 및 자동차 관련 시설, 교정 및 군사시설 중 국방·군사시설, 방송통신시설, 발전시설, 관광 휴게시설, 지하상가로서 연면적 1,000[m^2] 이상인 경우에는 모든 층

⑤ 교육연구시설(교육시설 내에 있는 기숙사 및 합숙소를 포함한다), 수련시설(수련시설 내에 있는 기숙사 및 합숙소를 포함하며, 숙박시설이 있는 수련시설은 제외한다), 동물 및 식물 관련 시설(기둥과 지붕만으로 구성되어 외부와 기류가 통하는 장소는 제외한다), 자원순환 관련 시설, 교정 및 군사시설(국방·군사시설은 제외한다) 또는 묘지 관련 시설로서 연면적 2,000[m^2] 이상인 경우에는 모든 층

⑥ 노유자 생활시설의 경우에는 모든 층

⑦ ⑥에 해당하지 않는 노유자시설로서 연면적 400[m^2] 이상인 노유자시설 및 숙박시설이 있는 수련시설로서 수용인원 100명 이상인 경우에는 모든 층

⑧ 의료시설 중 정신의료기관 또는 요양병원으로서 다음의 어느 하나에 해당하는 시설
  ㉠ 요양병원(의료재활시설은 제외한다)
  ㉡ 정신의료기관 또는 의료재활시설로 사용되는 바닥면적의 합계가 300[m^2] 이상인 시설
  ㉢ 정신의료기관 또는 의료재활시설로 사용되는 바닥면적의 합계가 300[m^2] 미만이고, 창살(철재·플라스틱 또는 목재 등으로 사람의 탈출 등을 막기 위하여 설치한 것을 말하며, 화재 시 자동으로 열리는 구조로 되어 있는 창살은 제외한다)이 설치된 시설

⑨ 판매시설 중 전통시장

⑩ 터널로서 길이가 1,000[m] 이상인 것

⑪ 지하구

⑫ ③에 해당하지 않는 근린생활시설 중 조산원 및 산후조리원

⑬ ④에 해당하지 않는 공장 및 창고시설로서 화재의 예방 및 안전관리에 관한 법률 시행령 별표 2에서 정하는 수량의 500배 이상의 특수가연물을 저장·취급하는 것

⑭ ④에 해당하지 않는 발전시설 중 전기저장시설

(2) 시각경보기를 설치해야 하는 특정소방대상물(소방시설법 영 별표 4)
① 근린생활시설, 문화 및 집회시설, 종교시설, 판매시설, 운수시설, 의료시설, 노유자시설
② 운동시설, 업무시설, 숙박시설, 위락시설, 창고시설 중 물류터미널, 발전시설 및 장례시설
③ 교육연구시설 중 도서관, 방송통신시설 중 방송국
④ 지하상가

(3) 자동화재탐지설비의 용어 정의
① **수신기** : 감지기나 발신기에서 발하는 화재신호를 직접 수신하거나 중계기를 통하여 수신하여 화재의 발생을 표시 및 경보하여 주는 장치를 말한다.
② **중계기** : 감지기·발신기 또는 전기적인 접점 등의 작동에 따른 신호를 받아 이를 수신기에 전송하는 장치를 말한다.
③ **감지기** : 화재 시 발생하는 열, 연기, 불꽃 또는 연소생성물을 자동적으로 감지하여 수신기에 화재신호 등을 발신하는 장치를 말한다.

④ **발신기** : 수동누름버튼 등의 작동으로 화재신호를 수신기에 발신하는 장치를 말한다.
⑤ **경계구역** : 특정소방대상물 중 화재신호를 발신하고 그 신호를 수신 및 유효하게 제어할 수 있는 구역을 말한다.
⑥ **시각경보장치** : 자동화재탐지설비에서 발하는 화재신호를 시각경보기에 전달하여 청각장애인에게 점멸형태의 시각경보를 하는 것을 말한다.
⑦ **거실** : 거주·집무·작업·집회·오락 그 밖에 이와 유사한 목적을 위하여 사용하는 실을 말한다.

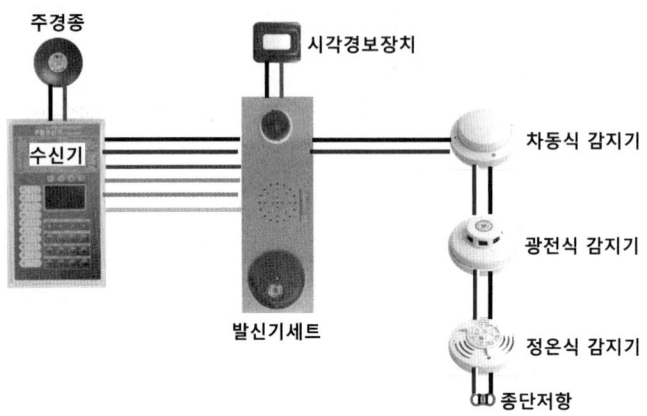

(4) 경계구역의 설정기준

① 하나의 경계구역이 2 이상의 건축물에 미치지 않도록 할 것
② 하나의 경계구역이 2 이상의 층에 미치지 않도록 할 것. 다만, 500[m²] 이하의 범위 안에서는 2개의 층을 하나의 경계구역으로 할 수 있다.
③ 하나의 경계구역의 면적은 600[m²] 이하로 하고 한 변의 길이는 50[m] 이하로 할 것. 다만, 해당 특정소방대상물의 주된 출입구에서 그 내부 전체가 보이는 것에 있어서는 한 변의 길이가 50[m]의 범위 내에서 1,000[m²] 이하로 할 수 있다.

구분	기준	예외 기준
층별	층마다(2개 이상의 층에 미치지 않도록 할 것)	500[m²] 이하의 범위 안에서는 2개의 층을 하나의 경계구역으로 할 수 있다.
경계구역의 면적	600[m²] 이하	주된 출입구에서 그 내부 전체가 보이는 것에 있어서는 한 변의 길이가 50[m]의 범위에서 1,000[m²] 이하로 할 수 있다.
한 변의 길이	50[m] 이하	-

④ 계단(직통계단 외의 것에 있어서는 떨어져 있는 상하 계단의 상호 간의 수평거리가 5[m] 이하로서 서로 간에 구획되지 않는 것에 한한다)·경사로(에스컬레이터 경사로 포함)·엘리베이터 승강로(권상기실이 있는 경우에는 권상기실)·린넨슈트·파이프 피트 및 덕트 기타 이와 유사한 부분에 대하여는 별도로 경계구역을 설정하되, 하나의 경계구역은 높이 45[m] 이하(계단 및 경사로에 한한다)로 하고, 지하층의 계단 및 경사로(지하층의 층수가 한 개 층일 경우는 제외한다)는 별도로 하나의 경계구역으로 해야 한다.

구분	계단·경사로 기준	엘리베이터 승강로(권상기실이 있는 경우에는 권상기실)·린넨슈트·파이프 피트 및 덕트
높이	45[m] 이하	별도의 경계구역으로 설정
지하층 구분	지상층과 지하층을 구분 (지하층의 층수가 한 개 층일 경우는 제외)	

⑤ 외기에 면하여 상시 개방된 부분이 있는 차고·주차장·창고 등에 있어서는 외기에 면하는 각 부분으로부터 5[m] 미만의 범위 안에 있는 부분은 경계구역의 면적에 산입하지 않는다.
⑥ 스프링클러설비·물분무 등 소화설비 또는 제연설비의 화재감지장치로서 화재감지기를 설치한 경우의 경계구역은 해당 소화설비의 방호구역 또는 제연구역과 동일하게 설정할 수 있다.

핵심이론 03 | 수신기

(1) 수신기의 개요(수신기의 형식승인 및 제품검사의 기술기준 제2조)
① 수신기의 용어 정의
  ㉠ P형 수신기 : 감지기 또는 발신기로부터 발하여지는 신호를 직접 또는 중계기를 통하여 공통신호로서 수신하여 화재의 발생을 해당 소방대상물의 관계자에게 경보하여 주는 것을 말한다.
  ㉡ R형 수신기 : 감지기 또는 발신기로부터 발하여지는 신호를 직접 또는 중계기를 통하여 고유신호로서 수신하여 화재의 발생을 해당 소방대상물의 관계자에게 경보하여 주는 것을 말한다.
  ㉢ GP형 수신기 : P형 수신기의 기능과 가스누설경보기의 수신부 기능을 겸한 것을 말한다. 다만, 가스누설경보기의 수신부의 기능 중 가스농도 감시장치는 설치하지 않을 수 있다.
  ㉣ GR형 수신기 : R형 수신기의 기능과 가스누설경보기의 수신부 기능을 겸한 것을 말한다. 다만, 가스누설경보기의 수신부의 기능 중 가스농도 감시장치는 설치하지 않을 수 있다.
  ㉤ P형 복합식 수신기 : 감지기 또는 발신기로부터 발하여지는 신호를 직접 또는 중계기를 통하여 공통신호로서 수신하여 화재의 발생을 해당 소방대상물의 관계자에게 경보하여 주고 자동 또는 수동으로 옥내·외소화전설비, 스프링클러설비, 물분무소화설비, 포소화설비, 이산화탄소소화설비, 할로겐화물소화설비, 분말소화설비, 배연설비 등의 가압송수장치 또는 기동장치 등을 제어하는 것을 말한다.
  ㉥ R형 복합식 수신기 : 감지기 또는 발신기로부터 발하여지는 신호를 직접 또는 중계기를 통하여 고유신호로서 수신하여 화재의 발생을 해당 소방대상물의 관계자에게 경보하여 주고 제어기능을 수행하는 것을 말한다.
  ㉦ GP형 복합식 수신기 : P형 복합식 수신기와 가스누설경보기의 수신부 기능을 겸한 것을 말한다.
  ㉧ GR형 복합식 수신기 : R형 복합식 수신기와 가스누설경보기의 수신부 기능을 겸한 것을 말한다.

② P형 수신기와 R형 수신기의 차이점

구분	P형 수신기	R형 수신기
신호전달방식	1:1 접점방식	다중전송(통신신호)방식
신호의 종류	공통신호 (공통신호방식은 감지기에서 접점신호로 수신기에 화재발생신호를 송신한다. 따라서, 감지기가 작동하게 되면 스위치가 닫혀 회로에 전류가 흘러 수신기에서는 이를 화재가 발생했다는 것으로 파악한다)	고유신호 (고유신호방식은 수신기와 각 감지기가 통신신호를 채택하여 각 감지기나 또는 경계구역마다 각기 다른 신호를 전송하게 하는 방식이다)
배선	실선배선	통신배선
중계기의 주기능	전압을 유기하기 위해 사용	접점신호를 통신신호로 전환
설치건물	일반적으로 소형건물	일반적으로 대형건물
수신 소요시간	5초 이내	5초 이내

(2) P형 수신기의 구성

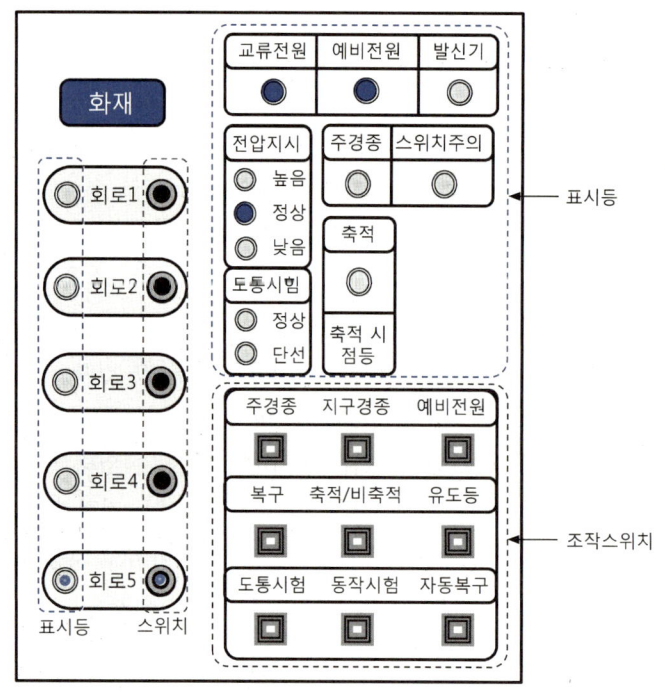

① 표시등의 기능

명칭	기능
화재표시등	수신기의 전면 상단에 설치된 것으로 화재감지기 작동 시 적색등으로 표시됨
지구표시등	화재감지기 작동 시 해당 경계구역을 나타내는 지구표시등임
교류전원표시등	내부회로에 상용전원 220[V]가 공급되고 있음을 나타내는 표시등으로서 상시 점등상태를 유지함
예비전원표시등	예비전원의 이상유무를 나타내는 표시등으로서 예비전원 충전이 불량하거나 예비전원의 충전이 완료되지 않은 경우 점등됨
전압지시등	수신기의 전압을 확인하는 표시등으로서 평상시 DC 24[V]를 나타냄
스위치주의표시등	조작스위치가 정상위치에 있지 않을 때 점등하는 표시등임
발신기작동표시등	발신기에 의해 화재표시등 점등 시 발신기가 작동됨을 나타내는 표시등임
도통시험표시등	수신기에서 발신기 또는 감지기 간의 선로에 도통상태가 정상 또는 단선 여부를 나타내는 표시등으로서 정상일 때는 녹색등, 단선일 경우 적색등으로 나타냄

② 조작스위치의 기능

명칭	기능
예비전원스위치	예비전원상태를 점검하는 스위치
지구경종스위치	감지기 또는 수동조작에 의한 지구경종 작동 시 지구경종을 정지시키는 스위치
자동복구스위치	동작시험 시 사용되는 복구스위치
복구스위치	수신기의 동작상태를 정상으로 복구할 때 사용하는 스위치
도통시험스위치	도통시험스위치를 누르고 회로선택스위치를 선택된 회로의 결선상태를 확인할 때 사용하는 스위치
동작시험스위치	수신기에 화재신호를 수동으로 입력하여 수신기가 정상적으로 동작되는지 점검하는 스위치

(3) P형 수신기 조작

① 스위치주의등이 점등되는 경우

㉠ 주경종 정지스위치를 조작하는 경우

㉡ 지구경종 정지스위치를 조작하는 경우

㉢ 자동복구스위치를 조작하는 경우

㉣ 동작시험스위치를 조작하는 경우

㉤ 도통시험스위치를 조작하는 경우

② 스위치주의등이 소등되는 경우

㉠ 예비전원시험스위치를 조작하는 경우

㉡ 복구스위치를 조작하는 경우

(4) P형 수신기의 시험방법

① 동시작동시험

㉠ 시험목적 : 감지기회로를 수회로 이상 동시에 작동시켰을 때 수신기의 기능이 이상이 없는지 확인하기 위함이다.

ⓒ 시험방법
　　　• 수신기의 동작시험스위치를 누른다.
　　　• 회로선택스위치를 차례로 회전시켜 화재표시등, 지구표시등, 주경종, 지구경종의 동작상황을 확인한다.
② 공통선시험
　　⊙ 시험목적 : 1개의 공통선이 담당하고 있는 경계구역의 수가 7개 이하인지 확인하기 위함이다.
　　ⓒ 시험방법
　　　• 수신기 내 접속단자에서 공통선 1선을 제거한다.
　　　• 회로도통시험스위치를 누른 후 회로선택스위치를 차례로 회전시킨다.
　　　• 시험용 계기를 확인하여 단선을 지시한 경계구역의 회선수를 조사(확인)한다.
　　ⓒ 판정기준 : 공통선이 담당하고 있는 경계구역 수가 7개 이하일 것
③ 도통시험
　　⊙ 시험목적 : 수신기에서 감지기회로의 단선유무 등을 확인하기 위함이다.
　　ⓒ 시험방법
　　　• 수신기의 도통시험스위치를 누른다.
　　　• 회로선택스위치를 돌려가며 각 회로의 단선여부를 확인한다. 이때 전압계의 지시치 또는 단선표시등의 점등을 확인한다.
④ 예비전원시험
　　⊙ 시험목적 : 상용전원이 정전된 경우 예비전원으로 자동 절환되며 예비전원으로 정상 동작할 수 있는 전압을 가지고 있는지 확인하기 위함이다.
　　ⓒ 시험방법
　　　• 수신기의 예비전원스위치를 누른다.
　　　• 전압계의 지시치가 적정범위에 있는지 확인한다.
　　　• 교류전원을 차단하여 자동절환릴레이의 작동상황을 확인한다.
　　ⓒ 판정기준 : 예비전원의 전압, 용량, 절환상황 및 복구작동이 정상일 것
⑤ 화재표시 작동시험
　　⊙ 시험목적 : 수신기가 화재신호를 수신하면 화재표시등, 지구표시등, 경보장치가 작동하는지 시험한다.
　　ⓒ 시험방법
　　　• 작동시험스위치를 누른다.
　　　• 회로선택스위치를 순차적으로 회전시켜 회로를 하나씩 선택한다.
　　　• 화재표시등과 선택된 회로의 지구표시등이 점등되는지 확인한다.
　　　• 경보장치가 정상적으로 작동하는지 확인한다.

(5) 수신기의 고장진단
  ① 화재신호가 복구되지 않은 경우
    ㉠ 원인 : P형 발신기의 누름스위치가 원상태로 복구되지 않았기 때문이다.
    ㉡ 해결방법 : P형 발신기의 누름스위치를 원상태로 복구하고, 수신기의 복구스위치를 누른다.
  ② 상용전원 감시등이 소등된 경우 확인하는 방법
    ㉠ 수신기 커버를 열고, 수신기 내부의 전원스위치가 "OFF" 위치에 있는지 확인한다.
    ㉡ 수신기 내부에 퓨즈의 단선을 알리는 다이오드(LED)가 적색으로 점등되어 있는지 확인한다.
    ㉢ 전원스위치와 퓨즈가 이상이 없다면 전류·전압측정기를 사용하여 수신기의 전원 입력단자의 전압을 확인한다.
  ③ 예비전원표시등이 점등된 경우의 원인
    ㉠ 예비전원의 퓨즈가 단선된 경우
    ㉡ 예비전원의 충전부가 불량한 경우
    ㉢ 예비전원의 연결 커넥터가 분리되어 있거나 접촉이 불량한 경우
    ㉣ 예비전원을 연결하는 전선이 단선된 경우
    ㉤ 예비전원이 방전되어 완전한 충전상태에 도달하지 않은 경우
  ④ 주화재표시등 또는 지구표시등이 점등되지 않은 경우의 원인
    ㉠ 발광다이오드가 불량한 경우(LED타입 수신기)
    ㉡ 표시등의 전구가 단선된 경우
    ㉢ 퓨즈가 단선된 경우
    ㉣ 릴레이가 불량한 경우
  ⑤ 화재표시등과 지구표시등이 점등되어 복구되지 않을 경우
    ㉠ 복구스위치를 누르면 OFF, 떼는 즉시 ON되는 경우
      • 발신기의 누름스위치가 눌러져 있는 경우
      • 감지기가 불량한 경우
      • 감지기의 배선이 단락된 경우
    ㉡ 복구는 되지만 다시 동작하는 경우 : 감지기가 불량하여 오동작하는 경우로서 오동작 감지기를 확인하여 청소 또는 교체한다.
  ⑥ 경종이 동작하지 않는 경우(주화재표시등과 지구표시등은 동작하는 경우)의 원인
    ㉠ 주경종이 동작하지 않는 경우
      • 주경종 정지스위치가 눌러져 있는 경우
      • 주경종 정지스위치가 불량한 경우
      • 주경종이 불량한 경우

ⓒ 지구경종이 동작하지 않는 경우
　　　• 지구경종 정지스위치가 눌러져 있는 경우
　　　• 지구경종 정지스위치가 불량한 경우
　　　• 퓨즈가 단선된 경우
　　　• 릴레이가 불량한 경우
　　　• 지구경종이 불량한 경우
　　　• 경종선의 배선이 단선된 경우
　⑦ 화재표시 작동시험 후 복구되지 않는 경우
　　ⓐ 회로선택스위치가 단락된 경우
　　ⓑ 릴레이 자체가 불량한 경우
　　ⓒ 릴레이의 배선이 단락된 경우
　　ⓓ 화재표시등과 지구표시등의 배선이 불량한 경우

(6) 수신기의 설치기준

① 해당 특정소방대상물의 경계구역을 각각 표시할 수 있는 회선 수 이상의 수신기를 설치할 것
② 해당 특정소방대상물에 가스누설탐지설비가 설치된 경우에는 가스누설탐지설비로부터 가스누설신호를 수신하여 가스누설경보를 할 수 있는 수신기를 설치할 것
③ 자동화재탐지설비의 수신기는 특정소방대상물 또는 그 부분이 지하층·무창층 등으로서 환기가 잘되지 않거나 실내면적이 40[m^2] 미만인 장소, 감지기의 부착면과 실내 바닥과의 거리가 2.3[m] 이하인 장소로서 일시적으로 발생한 열·연기 또는 먼지 등으로 인하여 감지기가 화재신호를 발신할 우려가 있는 때에는 축적기능 등이 있는 것(축적형감지기가 설치된 장소에는 감지기회로의 감시전류를 단속적으로 차단시켜 화재를 판단하는 방식 외의 것을 말한다)으로 설치해야 한다.
④ 수위실 등 상시 사람이 근무하는 장소에 설치할 것. 다만, 사람이 상시 근무하는 장소가 없는 경우에는 관계인이 쉽게 접근할 수 있고 관리가 용이한 장소에 설치할 수 있다.
⑤ 수신기가 설치된 장소에는 경계구역 일람도를 비치할 것. 다만, 모든 수신기와 연결되어 각 수신기의 상황을 감시하고 제어할 수 있는 수신기(주수신기)를 설치하는 경우에는 주수신기를 제외한 기타 수신기는 그렇지 않다.
⑥ 수신기의 음향기구는 그 음량 및 음색이 다른 기기의 소음 등과 명확히 구별될 수 있는 것으로 할 것
⑦ 수신기는 감지기·중계기 또는 발신기가 작동하는 경계구역을 표시할 수 있는 것으로 할 것
⑧ 화재·가스 전기 등에 대한 종합방재반을 설치한 경우에는 해당 조작반에 수신기의 작동과 연동하여 감지기·중계기 또는 발신기가 작동하는 경계구역을 표시할 수 있는 것으로 할 것
⑨ 하나의 경계구역은 하나의 표시등 또는 하나의 문자로 표시되도록 할 것
⑩ 수신기의 조작스위치는 바닥으로부터의 높이가 0.8[m] 이상 1.5[m] 이하인 장소에 설치할 것

⑪ 하나의 특정소방대상물에 2 이상의 수신기를 설치하는 경우에는 수신기를 상호 간 연동하여 화재발생 상황을 각 수신기마다 확인할 수 있도록 할 것
⑫ 화재로 인하여 하나의 층의 지구음향장치 배선이 단락되어도 다른 층의 화재통보에 지장이 없도록 각 층 배선 상에 유효한 조치(단락보호장치)를 할 것

(7) P형 수신기와 발신기 간의 전선 가닥수 산정
① 일제경보방식인 경우 최소 전선 가닥수 산정
  [조건 1] 지구음향장치에 단락보호장치가 설치되어 있다(화재로 인하여 하나의 층의 지구음향장치 배선이 단락되어도 다른 층의 화재통보에 지장이 없도록 각 층 배선 상에 유효한 조치를 하였다).
  [조건 2] 경종과 표시등 공통선은 1가닥으로 배선한다.
  ㉠ 1 경계구역일 경우

전선 가닥수	배선의 용도					
	지구공통선 (회로공통선)	지구선 (회로선)	응답선 (발신기선)	경종선	표시등선	경종·표시등 공통선
6	1	1	1	1	1	1

  ㉡ 2 경계구역일 경우

전선 가닥수	배선의 용도					
	지구공통선 (회로공통선)	지구선 (회로선)	응답선 (발신기선)	경종선	표시등선	경종·표시등 공통선
7	1	2	1	1	1	1

㈜ 1. 배선의 용도 : 지구공통 = 회로공통, 지구 = 회로, 응답 = 발신기
  2. 회로선은 경계구역의 수 또는 종단저항의 개수, 발신기세트의 설치개수로 한다.
  3. 회로공통선은 회로선이 7가닥을 초과할 경우 1가닥씩 추가한다.

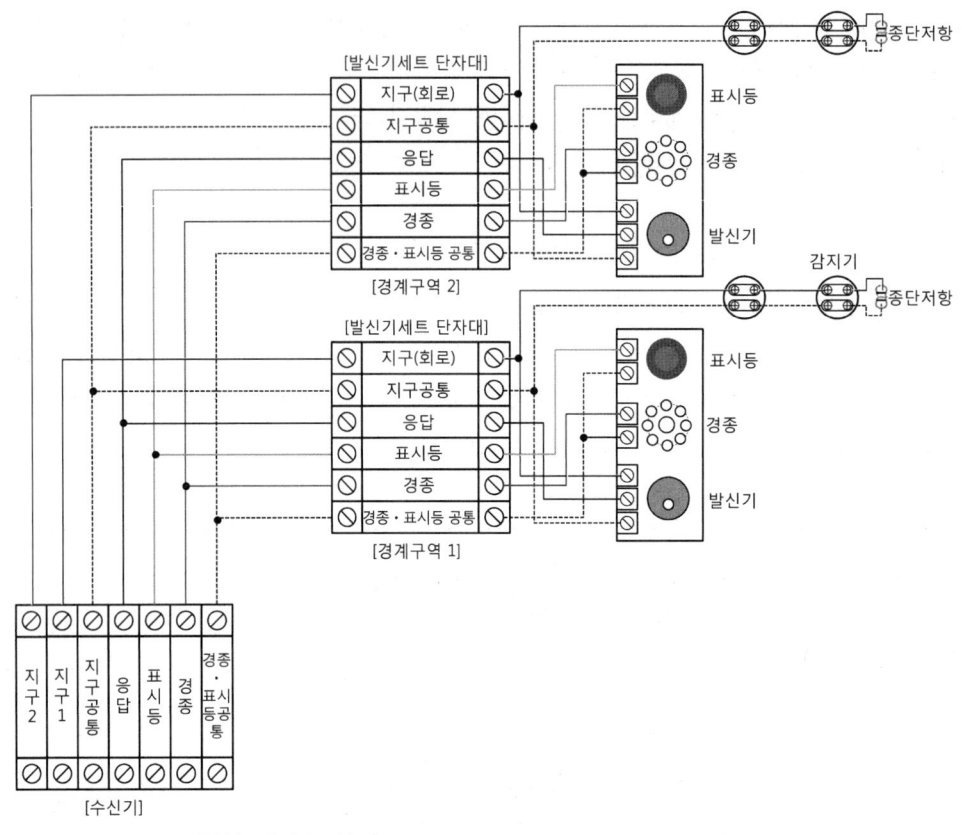

② 무선경보방식인 경우 최소 전선 가닥수 산정

[조건 1] 지구음향장치에 단락보호장치가 설치되어 있다(화재로 인하여 하나의 층의 지구음향장치 배선이 단락되어도 다른 층의 화재통보에 지장이 없도록 각 층 배선 상에 유효한 조치를 하였다).

[조건 2] 경종과 표시등 공통선은 1가닥으로 배선한다.

㉠ 1 경계구역일 경우

전선 가닥수	배선의 용도					
	지구공통선 (회로공통선)	지구선 (회로선)	응답선 (발신기선)	경종선	표시등선	경종·표시등 공통선
6	1	1	1	1	1	1

㉡ 2 경계구역일 경우

전선 가닥수	배선의 용도					
	지구공통선 (회로공통선)	지구선 (회로선)	응답선 (발신기선)	경종선	표시등선	경종·표시등 공통선
8	1	2	1	2	1	1

㈜ 1. 배선의 용도 : 지구공통선 = 회로공통선, 지구선 = 회로선, 응답선 = 발신기선
2. 회로선은 경계구역의 수 또는 종단저항의 개수, 발신기세트의 설치개수로 한다.
3. 경종선은 지상층의 경우 층수마다 1가닥씩 추가하고, 지하층은 무조건 1가닥으로 배선한다.
4. 회로공통선은 회로선이 7가닥을 초과할 경우 1가닥씩 추가한다.

| 핵심이론 04 | 발신기

(1) 발신기의 개요

① 발신기의 구성요소

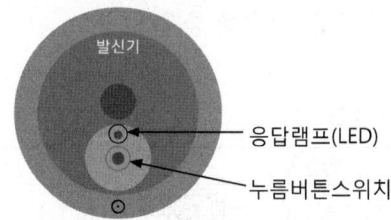

㉠ LED(응답램프) : 발신기의 조작에 의하여 발신된 신호가 수신기에 전달되었는지 조작자가 확인할 수 있도록 점등되는 것으로 주로 발광다이오드가 사용된다.

㉡ 누름버튼스위치 : 수신기에 화재신호를 발신할 때 사용하는 스위치로서 스위치를 누르면 지속적으로 화재신호를 발신하여 지구음향장치나 주경종을 울리도록 하여 화재발생을 알린다.

② 수동 발신기의 내부단자 명칭

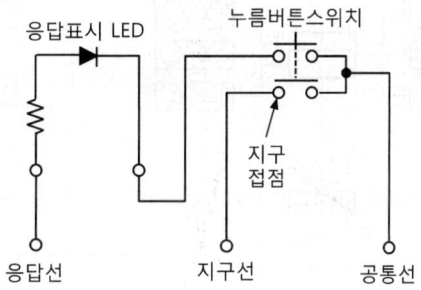

(2) 발신기의 설치기준

① 조작이 쉬운 장소에 설치하고, 스위치는 바닥으로부터 0.8[m] 이상 1.5[m] 이하의 높이에 설치할 것

② 특정소방대상물의 층마다 설치하되, 해당 층의 각 부분으로부터 하나의 발신기까지의 수평거리가 25[m] 이하가 되도록 할 것. 다만, 복도 또는 별도로 구획된 실로서 보행거리가 40[m] 이상일 경우에는 추가로 설치해야 한다.

③ ②에도 불구하고 ②의 기준을 초과하는 경우로서 기둥 또는 벽이 설치되지 않은 대형공간의 경우 발신기는 설치대상 장소의 가장 가까운 장소의 벽 또는 기둥 등에 설치할 것

④ 발신기의 위치를 표시하는 표시등은 함의 상부에 설치하되, 그 불빛은 부착면으로부터 15[°] 이상의 범위 안에서 부착지점으로부터 10[m] 이내의 어느 곳에서도 쉽게 식별할 수 있는 적색등으로 해야 한다.

핵심이론 05 | 중계기

(1) 중계기의 개요
   ① 중계기는 접점신호를 통신신호로, 통신신호를 접점신호로 변환시켜 주는 신호변환장치의 역할을 한다.
   ② 종류 : 분산형 중계기, 집합형 중계기, 무선형 중계기

(2) 집합형 중계기와 분산형 중계기의 특징

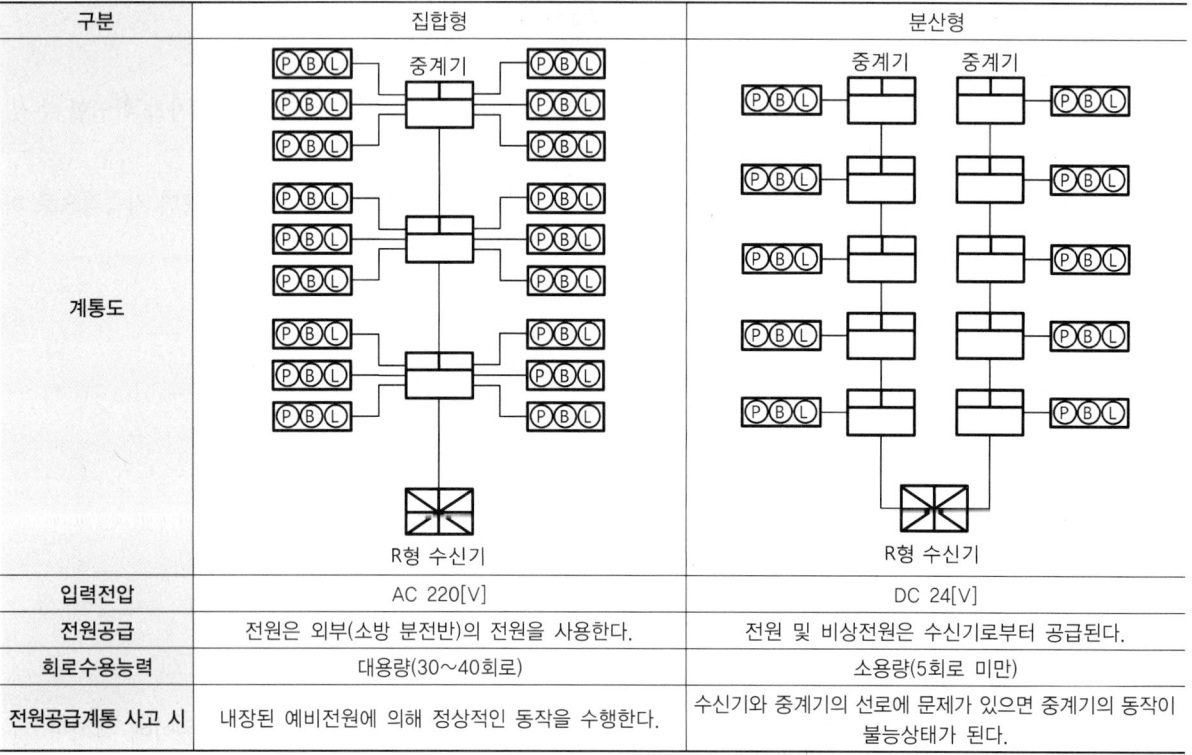

구분	집합형	분산형
계통도	(집합형 계통도)	(분산형 계통도)
입력전압	AC 220[V]	DC 24[V]
전원공급	전원은 외부(소방 분전반)의 전원을 사용한다.	전원 및 비상전원은 수신기로부터 공급된다.
회로수용능력	대용량(30~40회로)	소용량(5회로 미만)
전원공급계통 사고 시	내장된 예비전원에 의해 정상적인 동작을 수행한다.	수신기와 중계기의 선로에 문제가 있으면 중계기의 동작이 불능상태가 된다.

(3) 중계기의 설치기준
   ① 수신기에서 직접 감지기회로의 도통시험을 하지 않는 것에 있어서는 수신기와 감지기 사이에 설치할 것
   ② 조작 및 점검에 편리하고 화재 및 침수 등의 재해로 인한 피해를 받을 우려가 없는 장소에 설치할 것
   ③ 수신기에 따라 감시되지 않는 배선을 통하여 전력을 공급받는 것에 있어서는 전원입력 측의 배선에 과전류차단기를 설치하고 해당 전원의 정전이 즉시 수신기에 표시되는 것으로 하며, 상용전원 및 예비전원의 시험을 할 수 있도록 할 것

| 핵심이론 06 | 감지기

(1) 감지기의 개요(감지기의 형식승인 및 제품검사의 기술기준 제3조)
  ① 열감지기의 종류
    ㉠ 차동식 스포트형 감지기 : 주위온도가 일정 상승률 이상이 되는 경우에 작동하는 것으로서 일국소에서의 열 효과에 의하여 작동되는 것을 말한다.
    ㉡ 차동식 분포형 감지기 : 주위온도가 일정 상승률 이상이 되는 경우에 작동하는 것으로서 넓은 범위 내에서의 열 효과의 누적에 의하여 작동되는 것을 말한다.
    ㉢ 정온식 감지선형 감지기 : 일국소의 주위온도가 일정한 온도 이상이 되는 경우에 작동하는 것으로서 외관이 전선과 같이 선형으로 되어 있는 것을 말한다.
    ㉣ 정온식 스포트형 감지기 : 일국소의 주위온도가 일정한 온도 이상이 되는 경우에 작동하는 것으로서 외관이 전선과 같이 선형으로 되어 있지 않은 것을 말한다.
    ㉤ 보상식 스포트형 감지기 : 차동식 스포트형과 정온식 스포트형의 성능을 겸한 것으로서 차동식 스포트형의 성능 또는 정온식 스포트형의 성능 중 어느 한 기능이 작동되면 작동신호를 발하는 것을 말한다.

  ② 연기감지기의 종류
    ㉠ 이온화식 스포트형 감지기 : 주위의 공기가 일정한 농도의 연기를 포함하게 되는 경우에 작동하는 것으로서 일국소의 연기에 의하여 이온전류가 변화하여 작동하는 것을 말한다.
    ㉡ 광전식 스포트형 감지기 : 주위의 공기가 일정한 농도의 연기를 포함하게 되는 경우에 작동하는 것으로서 일국소의 연기에 의하여 광전소자에 접하는 광량의 변화로 작동하는 것을 말한다.
    ㉢ 광전식 분리형 감지기 : 발광부와 수광부로 구성된 구조로 발광부와 수광부 사이의 공간에 일정한 농도의 연기를 포함하게 되는 경우에 작동하는 것을 말한다.
    ㉣ 공기흡입형 감지기 : 감지기 내부에 장착된 공기흡입장치로 감지하고자 하는 위치의 공기를 흡입하고 흡입된 공기에 일정한 농도의 연기가 포함된 경우 작동하는 것을 말한다.

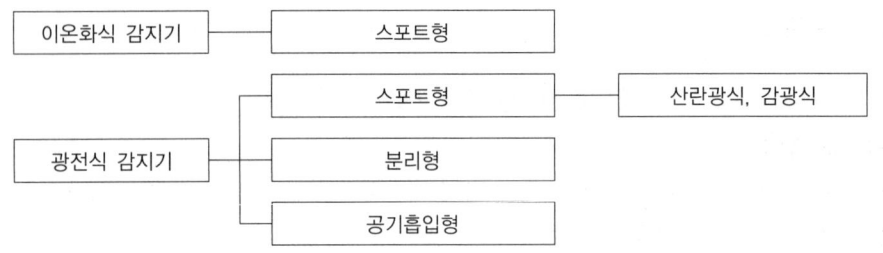

③ 불꽃감지기의 종류
  ㉠ 불꽃 자외선식 감지기 : 불꽃에서 방사되는 자외선의 변화가 일정량 이상 되었을 때 작동하는 것으로서 일국소의 자외선에 의하여 수광소자의 수광량 변화에 의해 작동하는 것을 말한다.
  ㉡ 불꽃 적외선식 감지기 : 불꽃에서 방사되는 적외선의 변화가 일정량 이상 되었을 때 작동하는 것으로서 일국소의 적외선에 의하여 수광소자의 수광량 변화에 의해 작동하는 것을 말한다.
  ㉢ 불꽃 자외선·적외선 겸용식 감지기 : 불꽃에서 방사되는 불꽃의 변화가 일정량 이상 되었을 때 작동하는 것으로서 자외선 또는 적외선에 의한 수광소자의 수광량 변화에 의하여 1개의 화재신호를 발신하는 것을 말한다.
  ㉣ 불꽃 영상분석식 감지기 : 불꽃의 실시간 영상이미지를 자동 분석하여 화재신호를 발신하는 것을 말한다.

(2) 감지기를 설치하지 않을 수 있는 장소
① 천장 또는 반자의 높이가 20[m] 이상인 장소. 다만, 감지기의 부착높이에 따라 적응성이 있는 장소는 제외한다.
② 헛간 등 외부와 기류가 통하는 장소로서 감지기에 따라 화재발생을 유효하게 감지할 수 없는 장소
③ 부식성가스가 체류하고 있는 장소
④ 고온도 및 저온도로서 감지기의 기능이 정지되기 쉽거나 감지기의 유지관리가 어려운 장소
⑤ 목욕실·욕조나 샤워시설이 있는 화장실·기타 이와 유사한 장소
⑥ 파이프덕트 등 그 밖의 이와 비슷한 것으로서 2개 층마다 방화구획된 것이나 수평단면적이 5[m²] 이하인 것
⑦ 먼지·가루 또는 수증기가 다량으로 체류하는 장소 또는 주방 등 평상시 연기가 발생하는 장소(연기감지기에 한한다)
⑧ 프레스공장·주조공장 등 화재발생의 위험이 적은 장소로서 감지기의 유지관리가 어려운 장소

(3) 감지기의 설치기준
① 자동화재탐지설비의 감지기는 부착높이에 따라 다음 표에 따른 감지기를 설치해야 한다. 다만, 지하층·무창층 등으로서 환기가 잘되지 않거나 실내면적이 40[m²] 미만인 장소, 감지기의 부착면과 실내 바닥과의 거리가 2.3[m] 이하인 곳으로서 일시적으로 발생한 열·연기 또는 먼지 등으로 인하여 화재신호를 발신할 우려가 있는 장소에는 다음의 기준에서 정한 감지기 중 적응성이 있는 감지기를 설치해야 한다.
  ㉠ 불꽃감지기   ㉡ 정온식 감지선형 감지기
  ㉢ 분포형 감지기   ㉣ 복합형 감지기
  ㉤ 광전식 분리형 감지기   ㉥ 아날로그방식의 감지기
  ㉦ 다신호방식의 감지기   ㉧ 축적방식의 감지기

부착높이	감지기의 종류
4[m] 미만	• 차동식(스포트형, 분포형) • 보상식 스포트형 • 정온식(스포트형, 감지선형) • 이온화식 또는 광전식(스포트형, 분리형, 공기흡입형) • 열복합형 • 연기복합형 • 열연기복합형 • 불꽃감지기
4[m] 이상 8[m] 미만	• 차동식(스포트형, 분포형) • 보상식 스포트형 • 정온식(스포트형, 감지선형) 특종 또는 1종 • 이온화식 1종 또는 2종 • 광전식(스포트형, 분리형, 공기흡입형) 1종 또는 2종 • 열복합형 • 연기복합형 • 열연기복합형 • 불꽃감지기
8[m] 이상 15[m] 미만	• 차동식 분포형 • 이온화식 1종 또는 2종 • 광전식(스포트형, 분리형, 공기흡입형) 1종 또는 2종 • 연기복합형 • 불꽃감지기
15[m] 이상 20[m] 미만	• 이온화식 1종 • 광전식(스포트형, 분리형, 공기흡입형) 1종 • 연기복합형 • 불꽃감지기
20[m] 이상	• 불꽃감지기 • 광전식(분리형, 공기흡입형) 중 아날로그방식

[비고] 1. 감지기별 부착높이 등에 대하여 별도로 형식승인을 받은 경우에는 그 성능인정 범위 내에서 사용할 수 있다.
2. 부착높이 20[m] 이상에 설치되는 광전식 중 아날로그방식의 감지기는 공칭 감지농도 하한값이 감광률 5[%/m] 미만인 것으로 한다.

② 교차회로방식에 사용되는 감지기, 급속한 연소 확대가 우려되는 장소에 사용되는 감지기 및 축적기능이 있는 수신기에 연결하여 사용하는 감지기는 축적기능이 없는 것으로 설치해야 한다.
③ 감지기(차동식 분포형의 것을 제외)는 실내로의 공기유입구로부터 1.5[m] 이상 떨어진 위치에 설치할 것
④ 감지기는 천장 또는 반자의 옥내에 면하는 부분에 설치할 것
⑤ 보상식 스포트형 감지기는 정온점이 감지기 주위의 평상시 최고온도보다 20[℃] 이상 높은 것으로 설치할 것
⑥ 정온식 감지기는 주방·보일러실 등으로서 다량의 화기를 취급하는 장소에 설치하되, 공칭작동온도가 최고 주위온도보다 20[℃] 이상 높은 것으로 설치할 것
⑦ 차동식 스포트형·보상식 스포트형 및 정온식 스포트형 감지기는 그 부착높이 및 특정소방대상물에 따라 다음 표에 따른 바닥면적마다 1개 이상을 설치할 것

부착높이 및 특정소방대상물의 구분		감지기의 종류(단위 : [m²])						
		차동식 스포트형		보상식 스포트형		정온식 스포트형		
		1종	2종	1종	2종	특종	1종	2종
4[m] 미만	주요구조부가 내화구조로 된 특정소방대상물 또는 그 부분	90	70	90	70	70	60	20
	기타 구조의 특정소방대상물 또는 그 부분	50	40	50	40	40	30	15
4[m] 이상 8[m] 미만	주요구조부가 내화구조로 된 특정소방대상물 또는 그 부분	45	35	45	35	35	30	-
	기타 구조의 특정소방대상물 또는 그 부분	30	25	30	25	25	15	-

∴ 감지기 설치개수 = $\dfrac{\text{감지구역의 바닥면적}[m^2]}{\text{감지기 1개의 설치 바닥면적}[m^2]}$ [개]

⑧ 스포트형 감지기는 45[°] 이상 경사되지 않도록 부착할 것

(4) 연기감지기의 설치기준

① 연기감지기의 설치장소

㉠ 계단·경사로 및 에스컬레이터 경사로

㉡ 복도(30[m] 미만의 것을 제외)

㉢ 엘리베이터 승강로(권상기실이 있는 경우에는 권상기실)·린넨슈트·파이프 피트 및 덕트 기타 이와 유사한 장소

㉣ 천장 또는 반자의 높이가 15[m] 이상 20[m] 미만의 장소

㉤ 다음의 어느 하나에 해당하는 특정소방대상물의 취침·숙박·입원 등 이와 유사한 용도로 사용되는 거실
- 공동주택·오피스텔·숙박시설·노유자시설·수련시설
- 교육연구시설 중 합숙소
- 의료시설, 근린생활시설 중 입원실이 있는 의원·조산원
- 교정 및 군사시설
- 근린생활시설 중 고시원

② 연기감지기의 설치기준

㉠ 연기감지기(광전식 스포트형 감지기) 감지기의 부착높이에 따라 다음 [표]에 따른 바닥면적마다 1개 이상으로 할 것

부착높이	감지기의 종류(단위 : [m²])	
	1종 및 2종	3종
4[m] 미만	150	50
4[m] 이상 20[m] 미만	75	-

㉡ 감지기는 복도 및 통로에 있어서는 보행거리 30[m](3종에 있어서는 20[m])마다, 계단 및 경사로에 있어서는 수직거리 15[m](3종에 있어서는 10[m])마다 1개 이상으로 할 것

㉢ 천장 또는 반자가 낮은 실내 또는 좁은 실내에 있어서는 출입구의 가까운 부분에 설치할 것

㉣ 천장 또는 반자 부근에 배기구가 있는 경우에는 그 부근에 설치할 것

ⓜ 감지기는 벽 또는 보로부터 0.6[m] 이상 떨어진 곳에 설치할 것

- 복도, 통로 : 감지기 설치개수 = $\dfrac{감지구역의\ 보행거리[m]}{감지기\ 1개의\ 설치\ 보행거리[m]}$ [개]

- 계단, 경사로 : 감지기 설치개수 = $\dfrac{감지구역의\ 수직거리[m]}{감지기\ 1개의\ 설치\ 수직거리[m]}$ [개]

> **참고**
>
> **감지기**
> 복도 및 통로에 있어서는 보행거리 30[m]마다 설치하도록 한 것은 감지기와 감지기 사이 복도 및 통로 폭의 중심에서 실제 이동한 경로에 해당하는 거리 30[m]를 의미하는 것이므로, 보행거리 30[m]는 연기감지기를 중심으로 좌우측으로 15[m]를 기준으로 감지거리를 설정한 것이다.
>
>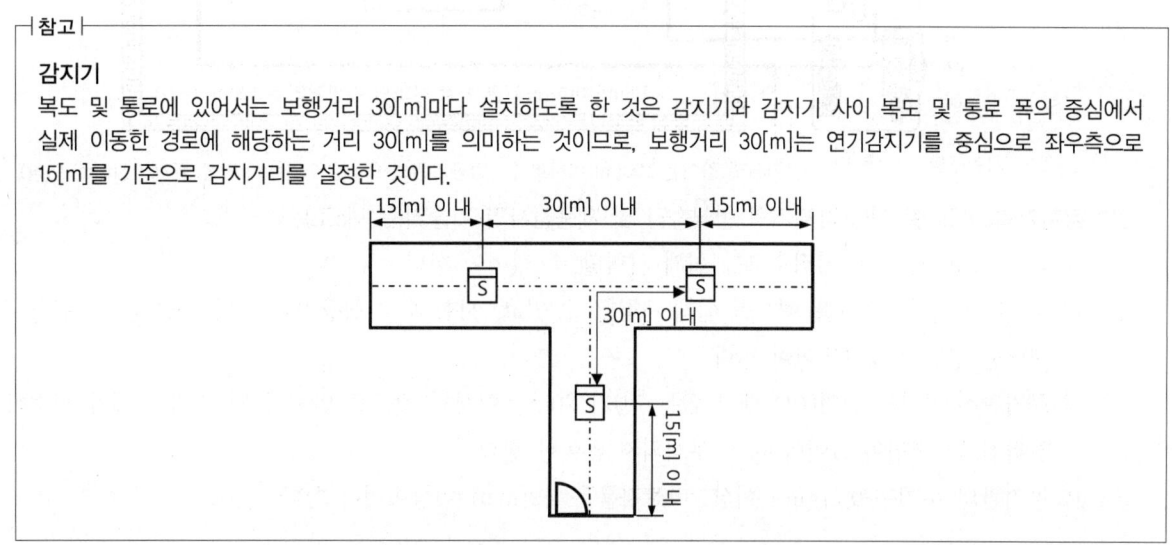

(5) 공기관식 차동식 분포형 감지기의 설치기준

① 공기관식 차동식 분포형 감지기의 설치기준

㉠ 공기관의 노출 부분은 감지구역마다 20[m] 이상이 되도록 할 것

㉡ 공기관과 감지구역의 각 변과의 수평거리는 1.5[m] 이하가 되도록 하고, 공기관 상호 간의 거리는 6[m](주요 구조부가 내화구조로 된 특정소방대상물 또는 그 부분에 있어서는 9[m]) 이하가 되도록 할 것

㉢ 공기관은 도중에서 분기하지 않도록 할 것

㉣ 하나의 검출 부분에 접속하는 공기관의 길이는 100[m] 이하로 할 것

㉤ 검출부는 5[°] 이상 경사되지 않도록 부착할 것

㉥ 검출부는 바닥으로부터 0.8[m] 이상 1.5[m] 이하의 위치에 설치할 것

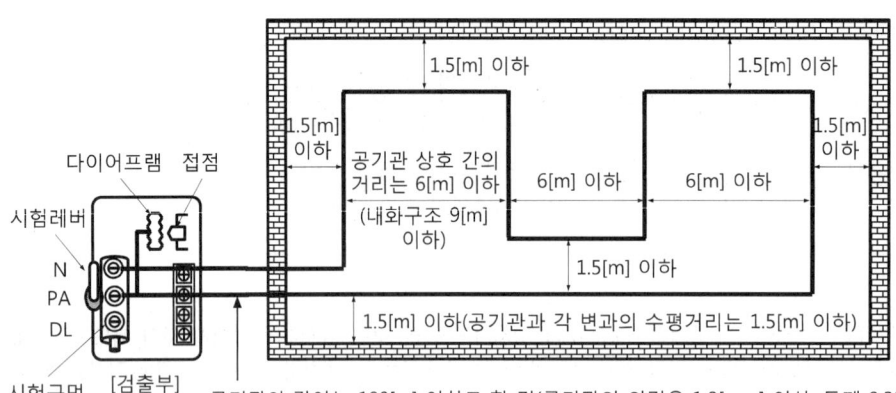

② 감지기의 구조 및 기능(감지기의 형식승인 및 제품검사의 기술기준 제5조)
  ㉠ 리크(Leak)저항 및 접점수고를 쉽게 시험할 수 있어야 한다.
  ㉡ 공기관의 누출 및 폐쇄 여부를 쉽게 시험할 수 있고, 시험 후 시험장치를 정위치에 쉽게 복귀할 수 있는 적당한 방법이 강구되어야 한다.
  ㉢ 공기관은 하나의 길이(이음매가 없는 것)가 20[m] 이상의 것으로 안지름 및 관의 두께가 일정하고 홈, 갈라짐 및 변형이 없어야 하며 부식되지 않아야 한다.
  ㉣ 공기관의 두께는 0.3[mm] 이상, 바깥지름은 1.9[mm] 이상이어야 한다.

(6) 열반도체식 차동식 분포형 감지기의 설치기준

① 감지부는 그 부착높이 및 특정소방대상물에 따라 다음 표에 따른 바닥면적마다 1개 이상으로 할 것. 다만, 바닥면적이 다음 표에 따른 면적의 2배 이하인 경우에는 2개(부착높이가 8[m] 미만이고, 바닥면적이 다음 표에 따른 면적 이하인 경우에는 1개) 이상으로 해야 한다.

부착높이 및 특정소방대상물의 구분		감지기의 종류(단위 : [m²])	
		1종	2종
8[m] 미만	주요구조부가 내화구조로 된 소방대상물 또는 그 부분	65	36
	기타 구조의 소방대상물 또는 그 부분	40	23
8[m] 이상 15[m] 미만	주요구조부가 내화구조로 된 소방대상물 또는 그 부분	50	36
	기타 구조의 소방대상물 또는 그 부분	30	23

∴ 감지기 설치개수 = $\dfrac{\text{감지구역의 바닥면적[m}^2\text{]}}{\text{감지기 1개의 설치 바닥면적[m}^2\text{]}}$ [개]

② 하나의 검출부에 접속하는 감지부는 2개 이상 15개 이하가 되도록 할 것. 다만, 각각의 감지부에 대한 작동 여부를 검출기에서 표시할 수 있는 것(주소형)은 형식승인 받은 성능인정 범위 내의 수량으로 설치할 수 있다.

(7) 정온식 감지선형 감지기의 설치기준

① 보조선이나 고정금구를 사용하여 감지선이 늘어지지 않도록 설치할 것
② 단자부와 마감 고정금구와의 설치간격은 10[cm] 이내로 설치할 것
③ 감지선형 감지기의 굴곡반경은 5[cm] 이상으로 할 것
④ 감지기와 감지구역의 각 부분과의 수평거리가 내화구조의 경우 1종 4.5[m] 이하, 2종 3[m] 이하로 할 것. 기타 구조의 경우 1종 3[m] 이하, 2종 1[m] 이하로 할 것
⑤ 케이블트레이에 감지기를 설치하는 경우에는 케이블트레이 받침대에 마감금구를 사용하여 설치할 것
⑥ 지하구나 창고의 천장 등에 지지물이 적당하지 않은 장소에서는 보조선을 설치하고 그 보조선에 설치할 것
⑦ 분전반 내부에 설치하는 경우 접착제를 이용하여 돌기를 바닥에 고정시키고 그곳에 감지기를 설치할 것
⑧ 공칭작동온도의 색상표시(감지기의 형식승인 및 제품검사의 기술기준 제37조)

공칭작동온도	80[℃] 미만	80[℃] 이상 120[℃] 미만	120[℃] 이상
색상표시	백색	청색	적색

(8) 불꽃감지기의 설치기준

① 공칭감시거리 및 공칭시야각은 형식승인 내용에 따를 것
② 감지기는 공칭감시거리와 공칭시야각을 기준으로 감시구역이 모두 포용될 수 있도록 설치할 것
③ 감지기는 화재감지를 유효하게 감지할 수 있는 모서리 또는 벽 등에 설치할 것
④ 감지기를 천장에 설치하는 경우에는 감지기는 바닥을 향하여 설치할 것
⑤ 수분이 많이 발생할 우려가 있는 장소에는 방수형으로 설치할 것
⑥ 그 밖의 설치기준은 형식승인 내용에 따르며 형식승인 사항이 아닌 것은 제조사의 시방서에 따라 설치할 것

(9) 광전식 분리형 감지기의 설치기준

① 감지기의 수광면은 햇빛을 직접 받지 않도록 설치할 것
② 광축(송광면과 수광면의 중심을 연결한 선)은 나란한 벽으로부터 0.6[m] 이상 이격하여 설치할 것
③ 감지기의 송광부와 수광부는 설치된 뒷벽으로부터 1[m] 이내의 위치에 설치할 것
④ 광축의 높이는 천장 등(천장의 실내에 면한 부분 또는 상층의 바닥 하부면을 말한다) 높이의 80[%] 이상일 것
⑤ 감지기의 광축의 길이는 공칭감시거리 범위 이내일 것

> **참고**
> **감지기 형식승인 및 제품검사의 기술기준(제19조)**
> 아날로그식 분리형 광전식 감지기의 공칭감시거리는 5[m] 이상 100[m] 이하로 하여 5[m] 간격으로 한다.

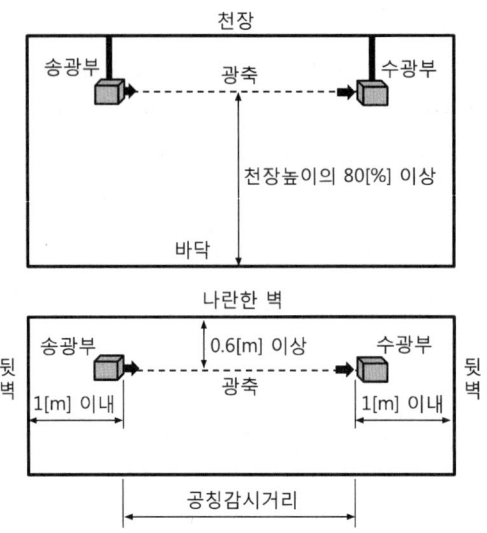

(10) 설치장소별 감지기의 적응성

① 일시적으로 발생한 열·연기 또는 먼지 등으로 인하여 화재신호를 발신할 우려가 있는 장소에는 해당 장소에 적응성 있는 감지기를 설치

설치장소		적응 열감지기					적응 연기감지기						불꽃감지기
환경상태	적응장소	차동식 스포트형	차동식 분포형	보상식 스포트형	정온식	열아날로그식	이온화식스포트형	광전식스포트형	이온아날로그식스포트형	광전아날로그식스포트형	광전식분리형	광전아날로그식분리형	
흡연에 의해 연기가 체류하며 환기가 되지 않는 장소	회의실, 응접실, 휴게실, 노래연습실, 오락실, 다방, 음식점, 대합실, 카바레 등의 객실, 집회장, 연회장 등	○	○	○				◎		◎	○	○	
취침시설로 사용하는 장소	호텔 객실, 여관, 수면실 등						◎	◎	◎	◎	○	○	
연기 이외의 미분이 떠다니는 장소	복도, 통로 등						◎	◎	◎	◎	○	○	○
바람에 영향을 받기 쉬운장소	로비, 교회, 관람장, 옥탑에 있는 기계실		○					◎		◎	○	○	○
연기가 멀리 이동해서 감지기에 도달하는 장소	계단, 경사로							○		○	○	○	
훈소화재의 우려가 있는 장소	전화기기실, 통신기기실, 전산실, 기계제어실							○		○	○	○	
넓은 공간으로 천장이 높아 열 및 연기가 확산하는 장소	체육관, 항공기 격납고, 높은 천장의 창고·공장, 관람석 상부 등 감지기 부착높이가 8[m] 이상의 장소		○								○	○	○

[비고] "○"는 해당 설치장소에 적응하는 것을 표시, "◎"는 해당 연기감지기를 설치하는 경우에는 해당 감지회로에 축적기능을 갖는 것을 표시

② 연기감지기를 설치할 수 없는 경우

설치장소		적응 열감지기								불꽃 감지기
환경상태	적응장소	차동식 스포트형		차동식 분포형		보상식 스포트형		정온식		열아날로그식	
		1종	2종	1종	2종	1종	2종	특종	1종		
먼지 또는 미분 등이 다량으로 체류하는 장소	쓰레기장, 하역장, 도장실, 섬유·목재·석재 등 가공 공장	○	○	○	○	○	○	○	×	○	○
수증기가 다량으로 머무는 장소	증기세정실, 탕비실, 소독실 등	×	×	×	○	×	○	○	○	○	○
부식성가스가 발생할 우려가 있는 장소	도금공장, 축전지실, 오수처리장 등	×	×	○	○	○	○	○	×	○	○
주방, 기타 평상시 연기가 체류하는 장소	주방, 조리실, 용접작업장 등	×	×	×	×	×	×	○	○	○	○
현저하게 고온으로 되는 장소	건조실, 살균실, 보일러실, 주조실, 영사실, 스튜디오	×	×	×	×	×	×	○	○	○	×
배기가스가 다량으로 체류하는 장소	주차장, 차고, 화물취급소 차로, 자가발전실, 트럭터미널, 엔진시험실	○	○	○	○	○	○	×	×	○	○
연기가 다량으로 유입할 우려가 있는 장소	음식물배급실, 주방전실, 주방 내 식품저장실, 음식물운반용 엘리베이터, 주방주변의 복도 및 통로, 식당 등	○	○	○	○	○	○	○	○	○	×
물방울이 발생하는 장소	슬레이트 또는 철판으로 설치한 지붕 창고·공장, 패키지형 냉각기전용 수납실, 밀폐된 지하창고, 냉동실 주변 등	×	×	○	○	○	○	○	○	○	○
불을 사용하는 설비로서 불꽃이 노출되는 장소	유리공장, 용선로가 있는 장소, 용접실, 주방, 작업장, 주방, 주조실 등	×	×	×	×	×	×	○	○	○	×

[비고] "○"는 해당 설치장소에 적응하는 것을 표시, "×"는 해당 설치장소에 적응하지 않는 것을 표시

(11) 감지기의 절연저항시험(감지기의 형식승인 및 제품검사의 기술기준 제35조)

① 감지기의 절연된 단자 간의 절연저항 및 단자와 외함 간의 절연저항은 직류 500[V]의 절연저항계로 측정한 값이 50[MΩ](정온식 감지선형 감지기는 선간에서 1[m]당 1,000[MΩ]) 이상이어야 한다.

② 소방시설의 절연저항시험(직류 500[V] 절연저항계로 측정)

대상	절연저항 측정위치	절연저항 측정값
유도등	• 교류입력 측과 외함 사이 • 교류입력 측과 충전부 사이 • 절연된 충전부와 외함 사이	5[MΩ] 이상
수신기	절연된 충전부와 외함 간	
가스누설경보기		
누전경보기의 변류기	• 절연된 1차 권선과 2차 권선 간 • 절연된 1차 권선과 외부금속부 간 • 절연된 2차 권선과 외부금속부 간	
누전경보기의 수신부	• 절연된 충전부와 외함 간 • 차단기구의 개폐부	
발신기	• 절연된 단자 간 • 단자와 외함 간	20[MΩ] 이상
경종		
수신기	• 교류입력 측과 외함 간 • 절연된 선로 간	
중계기	• 절연된 충전부와 외함 간 • 절연된 선로 간	
가스누설경보기	• 교류입력 측과 외함 간 • 절연된 선로 간	
감지기	• 절연된 단자 간 • 단자와 외함 간	50[MΩ] 이상

(17) 감지기의 특성

① 차동식 스포트형 감지기의 구성

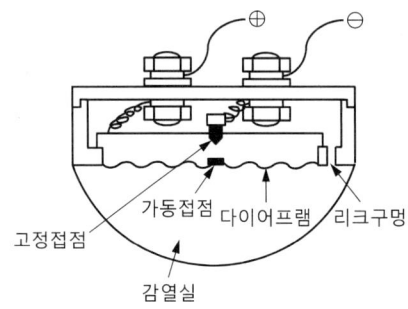

㉠ 고정접점 : 가동접점과 접촉하여 화재신호를 수신기에 발신한다.

㉡ 감열실(Air Chamber) : 열을 유효하게 받기 위해 설치한다.

㉢ 다이어프램(Diaphragm) : 열을 받아 감열실 내부의 온도 상승으로 공기가 팽창하여 가동접점을 상부로 밀어주기 위해 설치한다.

㉣ 리크구멍(Leak Hole) : 감열실(공기실)의 내부압력과 외부압력에 대한 균형을 유지시키기 위해 설치하는 것으로 감열실 내부의 공기압력을 조절하여 감지기의 오동작을 방지한다.

② 차동식 스포트형 감지기의 동작특성
  ㉠ 접점수고치에 따른 동작특성

접점수고치가 낮을 경우	접점수고치가 높을 경우
감지기가 예민하게 작동하므로 비화재보의 원인이 된다.	감지기의 감도가 낮아져 동작이 지연되어 실보의 원인이 된다.

  ㉡ 리크구멍의 변화에 따른 동작특성

리크구멍이 축소되었을 경우	리크구멍이 확대되었을 경우
감지기의 동작이 빨라져서 비화재보의 원인이 된다.	감지기의 동작이 느려져서 실보의 원인이 된다.

③ 공기관식 차동식 분포형 감지기의 유통시험
  ㉠ 시험목적 : 공기관에 공기를 주입시켜 공기관의 폐쇄, 변형, 찌그러짐, 막힘 등의 상태를 확인하고, 공기관의 길이가 적정한지 여부를 확인하기 위한 시험이다.

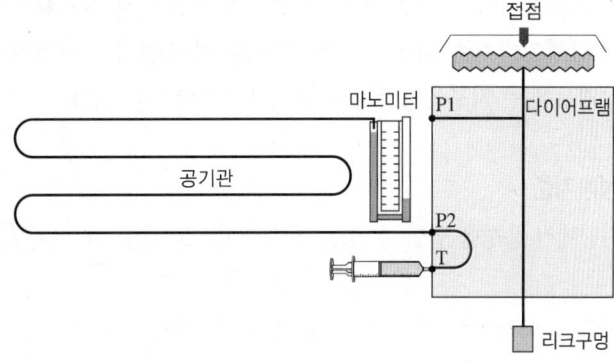

  ㉡ 시험방법
    • 검출부의 시험구멍 또는 공기관의 한쪽 끝에 마노미터를 접속하고, 시험콕의 레버를 유통시험에 맞춘 후 공기관의 다른 끝에 공기주입시험기(테스트펌프)를 접속시킨다.
    • 공기주입시험기로 공기를 주입하고, 마노미터의 수위를 100[mm]까지 상승시킨 후 정지시킨다.
    • 시험콕의 송기구를 개방하여 상승수위의 $\frac{1}{2}$(50[mm])까지 내려가는 시간을 측정한다.

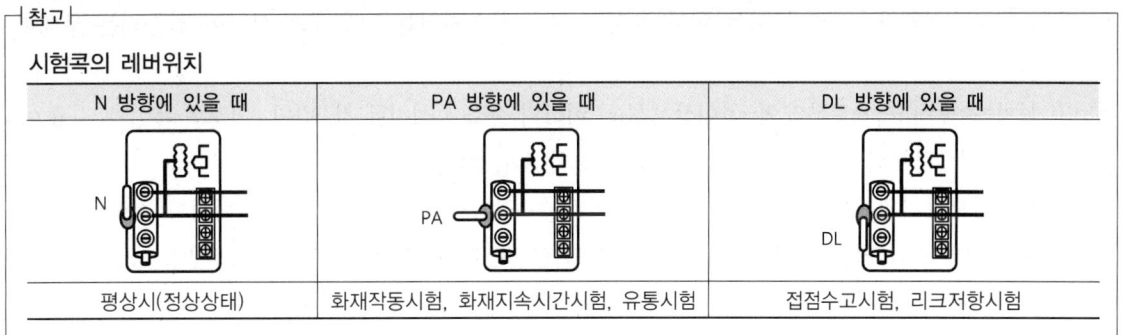

  ㉢ 유통시험 판정 : 검출부의 유동시간 곡선의 범위 이내에 있을 것
    • 유통시간이 빠르면 공기관에서 누설이 있거나 공기관의 길이가 짧다.
    • 유통시간이 늦으면 공기관이 막혀있거나 공기관의 길이가 길다.

| 핵심이론 07 | 음향장치 및 청각장애인용 시각경보장치

(1) 음향장치의 설치기준
    ① 주음향장치는 수신기의 내부 또는 그 직근에 설치할 것
    ② 층수가 11층(공동주택의 경우에는 16층) 이상의 특정소방대상물은 다음의 기준에 따라 경보를 발할 수 있도록 할 것
        ㉠ 2층 이상의 층에서 발화한 때에는 발화층 및 그 직상 4개 층에 경보를 발할 것
        ㉡ 1층에서 발화한 때에는 발화층·그 직상 4개 층 및 지하층에 경보를 발할 것
        ㉢ 지하층에서 발화한 때에는 발화층·그 직상층 및 기타의 지하층에 경보를 발할 것
    ③ 지구음향장치는 특정소방대상물의 층마다 설치하되, 해당 층의 각 부분으로부터 하나의 음향장치까지의 수평거리가 25[m] 이하가 되도록 하고, 해당 층의 각 부분에 유효하게 경보를 발할 수 있도록 설치할 것. 다만, 비상방송설비의 화재안전기술기준(NFTC 202)에 적합한 방송설비를 자동화재탐지설비의 감지기와 연동하여 작동하도록 설치한 경우에는 지구음향장치를 설치하지 않을 수 있다.

(2) 음향장치의 구조 및 성능기준
    ① 정격전압의 80[%] 전압에서 음향을 발할 수 있는 것으로 할 것. 다만, 건전지를 주전원으로 사용하는 음향장치는 그렇지 않다.
    ② 음향의 크기는 부착된 음향장치의 중심으로부터 1[m] 떨어진 위치에서 90[dB] 이상이 되는 것으로 할 것
    ③ 감지기 및 발신기의 작동과 연동하여 작동할 수 있는 것으로 할 것

(3) 청각장애인용 시각경보장치의 설치기준
    ① 복도·통로·청각장애인용 객실 및 공용으로 사용하는 거실(로비, 회의실, 강의실, 식당, 휴게실, 오락실, 대기실, 체력단련실, 접객실, 안내실, 전시실, 기타 이와 유사한 장소를 말한다)에 설치하며, 각 부분으로부터 유효하게 경보를 발할 수 있는 위치에 설치할 것
    ② 공연장·집회장·관람장 또는 이와 유사한 장소에 설치하는 경우에는 시선이 집중되는 무대부 부분 등에 설치할 것
    ③ 설치높이는 바닥으로부터 2[m] 이상 2.5[m] 이하의 장소에 설치할 것. 다만, 천장의 높이가 2[m] 이하인 경우에는 천장으로부터 0.15[m] 이내의 장소에 설치해야 한다.
    ④ 시각경보장치의 광원은 전용의 축전지설비 또는 전기저장장치(외부 전기에너지를 저장해 두었다가 필요한 때 전기를 공급하는 장치)에 의하여 점등되도록 할 것. 다만, 시각경보기에 작동전원을 공급할 수 있도록 형식승인을 얻은 수신기를 설치한 경우에는 그렇지 않다.
    ⑤ 하나의 특정소방대상물에 2 이상의 수신기가 설치된 경우 어느 수신기에서도 지구음향장치 및 시각경보장치를 작동할 수 있도록 해야 한다.

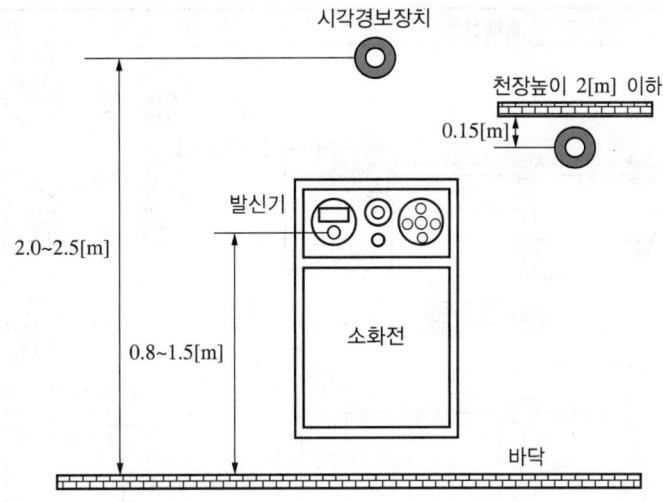

| 핵심이론 08 | 감지기회로 |

(1) 감지기회로의 도통시험을 위한 종단저항 설치기준
   ① 점검 및 관리가 쉬운 장소에 설치할 것
   ② 전용함을 설치하는 경우 그 설치높이는 바닥으로부터 1.5[m] 이내로 할 것
   ③ 감지기회로의 끝부분에 설치하며, 종단감지기에 설치할 경우에는 구별이 쉽도록 해당 감지기의 기판 및 감지기 외부 등에 별도의 표시를 할 것
   ④ 감지기 사이의 회로의 배선은 송배선식으로 할 것

구분	송배선식	교차회로방식
정의	도통시험을 용이하게 하기 위하여 배선의 도중에서 분기하지 않는 방식이다.	감지기의 오동작을 방지하기 위하여 하나의 방호구역 내에 2 이상의 화재감지기 회로를 설치하고 인접한 2 이상의 화재감지기가 동시에 감지되는 때에는 소화설비가 작동하는 방식이다.
적용설비	자동화재탐지설비, 제연설비	분말소화설비, 할론소화설비, 이산화탄소소화설비, 준비작동식 스프링클러설비, 일제살수식 스프링클러설비, 할로겐화합물 및 불활성기체소화설비
전선 가닥수 산정	루프로 된 부분은 2가닥으로 배선하고, 그 밖에는 4가닥으로 배선한다.	루프로 된 부분과 말단부는 4가닥으로 배선하고, 그 밖에는 8가닥으로 배선한다.

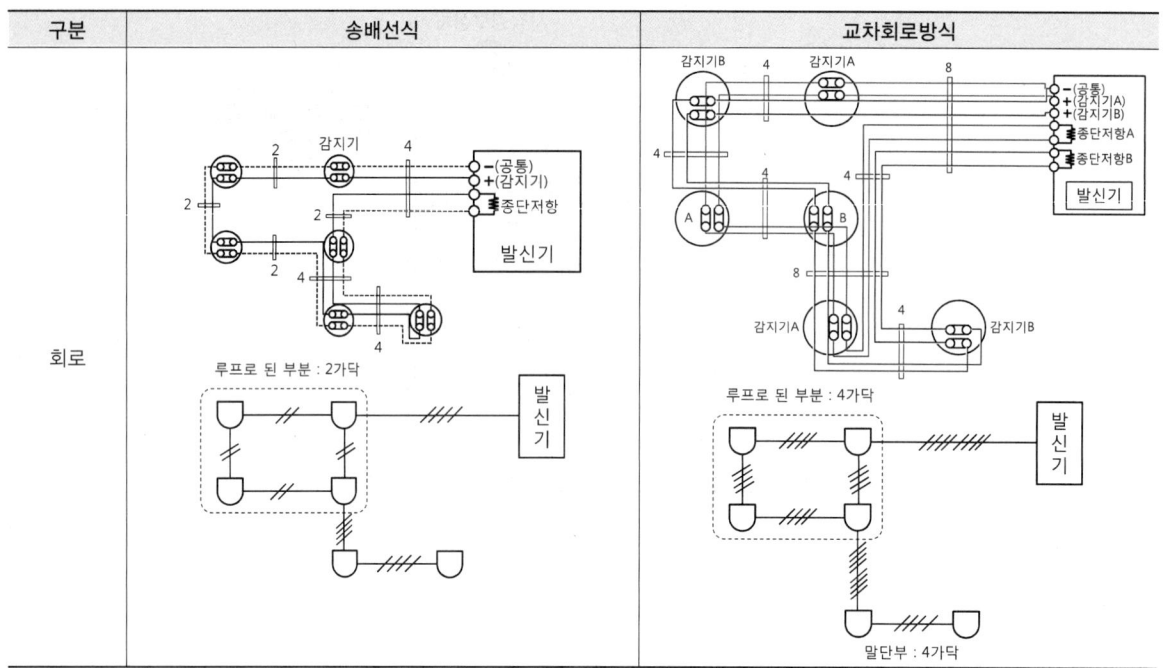

(2) P형 수신기 및 G.P형 수신기의 감지기회로의 배선에 있어서 하나의 공통선에 접속할 수 있는 경계구역은 7개 이하로 할 것

(3) 자동화재탐지설비의 감지기회로의 전로저항은 50[Ω] 이하가 되도록 해야 하며, 수신기의 각 회로별 종단에 설치되는 감지기에 접속되는 배선의 전압은 감지기 정격전압의 80[%] 이상이어야 할 것

(4) **절연저항**

감지기회로 및 부속회로의 전로와 대지 사이 및 배선 상호 간의 절연저항은 1경계구역마다 직류 250[V]의 절연저항 측정기를 사용하여 측정한 절연저항이 0.1[MΩ] 이상이 되도록 할 것

핵심이론 09 | 비화재보 및 실보

(1) 비화재보와 실보의 정의
① 비화재보 : 화재와 유사한 상황에서 작동되는 것
② 실보 : 화재를 감지하지 못하는 것

(2) 비화재보의 발생원인
① 인위적인 요인 : 분진, 담배연기, 조리 시 발생하는 열 및 연기 등
② 기능적인 요인 : 감지기의 자체적인 원인으로 부품 불량, 감도 변화 등
③ 환경적인 요인 : 온도, 습도, 기압, 풍압 등
④ 관리상의 요인 : 감지기의 물 침입, 청소 불량 등
⑤ 설치상의 요인 : 부적절한 설치공사에 의한 배선의 단락, 절연 불량, 부식 등

(3) 비화재보 방지대책
① 비화재보에 적응성 있는 감지기(복합형 감지기)를 사용한다.

보상식 감지기	구분	열복합형 감지기
차동식 + 정온식	성능	차동식 + 정온식
단신호 (차동요소와 정온요소 중 어느 하나가 먼저 동작하면 해당되는 동작신호만 출력된다)	화재신호 발신	• 단신호 AND회로 : 차동요소와 정온 요소가 모두 동작할 경우에 신호가 출력된다. • 다신호 OR회로 : 두 요소 중 어느 하나가 동작하면 해당하는 동작신호가 출력되고 이후 또 다른 요소가 동작되면 두 번째 동작신호가 출력된다.
실보 방지	목적	비화재보 방지

② 연기감지기의 설치 제한 : 먼지·가루 또는 수증기가 다량으로 체류하는 장소 또는 주방 등의 평상시 연기가 발생하는 장소에 연기감지기 설치 시 비화재보의 우려가 있기 때문이다.
③ 환경적응성이 있는 감지기를 설치한다.
④ 축적방식의 감지기 또는 축적방식의 수신기를 사용한다.
⑤ 비화재보 방지기가 내장된 수신기를 사용한다.
⑥ 아날로그 감지기와 인텔리전트 수신기를 사용한다.

EXERCISE 01-1 자동화재탐지설비

01 자동화재탐지설비를 설치해야 하는 특정소방대상물의 연면적 또는 바닥면적 기준을 쓰시오 (단, 특정소방대상물의 전체인 경우 '전부' 또는 면적 조건이 없는 경우에는 '면적 조건 없음'이라고 답한다).

특정소방대상물	연면적 기준	특정소방대상물	연면적 기준
복합건축물	①	교육연구시설	②
판매시설	③	판매시설 중 전통시장	④
업무시설	⑤	–	–

해설

자동화재탐지설비를 설치해야 하는 특정소방대상물(소방시설법 영 별표 4)
(1) 공동주택 중 아파트 등·기숙사 및 숙박시설의 경우에는 모든 층
(2) 층수가 6층 이상인 건축물의 경우에는 모든 층
(3) 근린생활시설(목욕장은 제외한다), 의료시설(정신의료기관 및 요양병원은 제외한다), 위락시설, 장례시설 및 복합건축물로서 연면적 600[m²] 이상인 경우에는 모든 층
(4) 근린생활시설 중 목욕장, 문화 및 집회시설, 종교시설, 판매시설, 운수시설, 운동시설, 업무시설, 공장, 창고시설, 위험물 저장 및 처리 시설, 항공기 및 자동차 관련 시설, 교정 및 군사시설 중 국방·군사시설, 방송통신시설, 발전시설, 관광휴게시설, 지하상가로서 연면적 1,000[m²] 이상인 경우에는 모든 층
(5) 교육연구시설(교육시설 내에 있는 기숙사 및 합숙소를 포함한다), 수련시설(수련시설 내에 있는 기숙사 및 합숙소를 포함하며, 숙박시설이 있는 수련시설은 제외한다), 동물 및 식물 관련 시설(기둥과 지붕만으로 구성되어 외부와 기류가 통하는 장소는 제외한다), 자원순환 관련 시설, 교정 및 군사시설(국방·군사시설은 제외한다) 또는 묘지 관련 시설로서 연면적 2,000[m²] 이상인 경우에는 모든 층
(6) 노유자 생활시설의 경우에는 모든 층
(7) (6)에 해당하지 않는 노유자시설로서 연면적 400[m²] 이상인 노유자시설 및 숙박시설이 있는 수련시설로서 수용인원 100명 이상인 경우에는 모든 층
(8) 의료시설 중 정신의료기관 또는 요양병원으로서 다음의 어느 하나에 해당하는 시설
　① 요양병원(의료재활시설은 제외한다)
　② 정신의료기관 또는 의료재활시설로 사용되는 바닥면적의 합계가 300[m²] 이상인 시설
　③ 정신의료기관 또는 의료재활시설로 사용되는 바닥면적의 합계가 300[m²] 미만이고, 창살(철재·플라스틱 또는 목재 등으로 사람의 탈출 등을 막기 위하여 설치한 것을 말하며, 화재 시 자동으로 열리는 구조로 되어 있는 창살은 제외한다)이 설치된 시설
(9) 판매시설 중 전통시장
(10) 터널로서 길이가 1,000[m] 이상인 것
(11) 지하구
(12) (3)에 해당하지 않는 근린생활시설 중 조산원 및 산후조리원
(13) (4)에 해당하지 않는 공장 및 창고시설로서 화재의 예방 및 안전관리에 관한 법률 시행령 별표 2에서 정하는 수량의 500배 이상의 특수가연물을 저장·취급하는 것
(14) (4)에 해당하지 않는 발전시설 중 전기저장시설

정답
① 600[m²] 이상
② 2,000[m²] 이상
③ 1,000[m²] 이상
④ 전부
⑤ 1,000[m²] 이상

02

자동화재탐지설비를 설치해야 하는 특정소방대상물의 연면적 또는 바닥면적 기준을 쓰시오 (단, 특정소방대상물의 전체인 경우 '전부' 또는 면적 조건이 없는 경우에는 '면적 조건 없음'이 라고 답한다).

득점	배점
	5

(1) 근린생활시설(목욕장은 제외)
(2) 근린생활시설 중 목욕장
(3) 의료시설(정신의료기관 또는 요양병원은 제외)
(4) 정신의료기관(창살 등은 설치되어 있지 않음)
(5) 요양병원(의료재활시설은 제외)

해설

자동화재탐지설비를 설치해야 하는 특정소방대상물(소방시설법 영 별표 4)

(1) 근린생활시설(목욕장은 제외한다), 의료시설(정신의료기관 및 요양병원은 제외한다), 위락시설, 장례시설 및 복합건축 물로서 연면적 600[m²] 이상인 경우에는 모든 층
(2) 근린생활시설 중 목욕장, 문화 및 집회시설, 종교시설, 판매시설, 운수시설, 운동시설, 업무시설, 공장, 창고시설, 위험물 저장 및 처리 시설, 항공기 및 자동차 관련 시설, 교정 및 군사시설 중 국방·군사시설, 방송통신시설, 발전시설, 관광 휴게시설, 지하상가로서 연면적 1,000[m²] 이상인 경우에는 모든 층
(3) 의료시설 중 정신의료기관 또는 요양병원으로서 다음의 어느 하나에 해당하는 시설
  ① 요양병원(의료재활시설은 제외한다)
  ② 정신의료기관 또는 의료재활시설로 사용되는 바닥면적의 합계가 300[m²] 이상인 시설
  ③ 정신의료기관 또는 의료재활시설로 사용되는 바닥면적의 합계가 300[m²] 미만이고, 창살(철재·플라스틱 또는 목재 등으로 사람의 탈출 등을 막기 위하여 설치한 것을 말하며, 화재 시 자동으로 열리는 구조로 되어 있는 창살은 제외한다)이 설치된 시설

정답
(1) 연면적 600[m²] 이상
(2) 연면적 1,000[m²] 이상
(3) 연면적 600[m²] 이상
(4) 바닥면적의 합계가 300[m²] 이상
(5) 전부

03 자동화재탐지설비 및 시각경보장치의 화재안전기술기준에서 정하는 경계구역, 감지기, 시각경보장치 용어의 정의를 쓰시오.

득점	배점
	6

(1) 경계구역
(2) 감지기
(3) 시각경보장치

해설

자동화재탐지설비 및 시각경보장치의 용어의 정의
(1) 경계구역 : 특정소방대상물 중 화재신호를 발신하고 그 신호를 수신 및 유효하게 제어할 수 있는 구역을 말한다.
(2) 감지기 : 화재 시 발생하는 열, 연기, 불꽃 또는 연소생성물을 자동적으로 감지하여 수신기에 화재신호 등을 발신하는 장치를 말한다.
(3) 시각경보장치 : 자동화재탐지설비에서 발하는 화재신호를 시각경보기에 전달하여 청각장애인에게 점멸형태의 시각경보를 하는 것을 말한다.
(4) 수신기 : 감지기나 발신기에서 발하는 화재신호를 직접 수신하거나 중계기를 통하여 수신하여 화재의 발생을 표시 및 경보하여 주는 장치를 말한다.
(5) 중계기 : 감지기·발신기 또는 전기적인 접점 등의 작동에 따른 신호를 받아 이를 수신기에 전송하는 장치를 말한다.
(6) 발신기 : 수동누름버튼 등의 작동으로 화재신호를 수신기에 발신하는 장치를 말한다.
(7) 거실 : 거주·집무·작업·집회·오락 그 밖에 이와 유사한 목적을 위하여 사용하는 실을 말한다.

정답
(1) 특정소방대상물 중 화재신호를 발신하고 그 신호를 수신 및 유효하게 제어할 수 있는 구역을 말한다.
(2) 화재 시 발생하는 열, 연기, 불꽃 또는 연소생성물을 자동적으로 감지하여 수신기에 화재신호 등을 발신하는 장치를 말한다
(3) 자동화재탐지설비에서 발하는 화재신호를 시각경보기에 전달하여 청각장애인에게 점멸형태의 시각경보를 하는 것을 말한다.

04

다음은 자동화재탐지설비 및 시각경보장치의 화재안전기술기준에서 정하는 경계구역을 설정하는 기준이다. ( ) 안에 알맞은 내용을 쓰시오.

득점	배점
	6

- 하나의 경계구역의 면적은 (①)[m²] 이하로 하고, 한 변의 길이는 (②)[m] 이하로 할 것. 다만, 해당 특정소방대상물의 주된 출입구에서 그 내부 전체가 보이는 것에 있어서는 한 변의 길이가 50[m]의 범위 내에서 (③)[m²] 이하로 할 수 있다.
- 외기에 면하여 상시 개방된 부분이 있는 차고·주차장·창고 등에 있어서는 외기에 면하는 각 부분으로부터 (④)[m] 미만의 범위 안에 있는 부분은 경계구역의 면적에 산입하지 않는다.
- 스프링클러설비·물분무 등 소화설비 또는 (⑤)의 화재감지장치로서 화재감지기를 설치한 경우의 경계구역은 해당 소화설비의 방호구역 또는 (⑥)과 동일하게 설정할 수 있다.

해설

자동화재탐지설비의 경계구역 설정기준

(1) 하나의 경계구역이 2 이상의 건축물에 미치지 않도록 할 것
(2) 하나의 경계구역이 2 이상의 층에 미치지 않도록 할 것. 다만, 500[m²] 이하의 범위 안에서는 2개의 층을 하나의 경계구역으로 할 수 있다.
(3) 하나의 경계구역의 면적은 600[m²] 이하로 하고, 한 변의 길이는 50[m] 이하로 할 것. 다만, 해당 특정소방대상물의 주된 출입구에서 그 내부 전체가 보이는 것에 있어서는 한 변의 길이가 50[m]의 범위 내에서 1,000[m²] 이하로 할 수 있다.
(4) 계단(직통계단 외의 것에 있어서는 떨어져 있는 상하 계단의 상호 간의 수평거리가 5[m] 이하로서 서로 간에 구획되지 않는 것에 한한다)·경사로(에스컬레이터 경사로 포함)·엘리베이터 승강로(권상기실이 있는 경우에는 권상기실)·린넨슈트·파이프 피트 및 덕트 기타 이와 유사한 부분에 대하여는 별도로 경계구역을 설정하되, 하나의 경계구역은 높이 45[m] 이하(계단 및 경사로에 한한다)로 하고, 지하층의 계단 및 경사로(지하층의 층수가 한 개 층일 경우는 제외한다)는 별도로 하나의 경계구역으로 해야 한다.
(5) 외기에 면하여 상시 개방된 부분이 있는 차고·주차장·창고 등에 있어서는 외기에 면하는 각 부분으로부터 5[m] 미만의 범위 안에 있는 부분은 경계구역의 면적에 산입하지 않는다.
(6) 스프링클러설비·물분무 등 소화설비 또는 제연설비의 화재감지장치로서 화재감지기를 설치한 경우의 경계구역은 해당 소화설비의 방호구역 또는 제연구역과 동일하게 설정할 수 있다.

정답
① 600
② 50
③ 1,000
④ 5
⑤ 제연설비
⑥ 제연구역

05

아래 그림을 보고, 자동화재탐지설비의 경계구역의 수를 구하시오.

득점	배점
	6

(1) 경계구역의 수를 구하시오.

(2) 경계구역의 수를 구하시오.

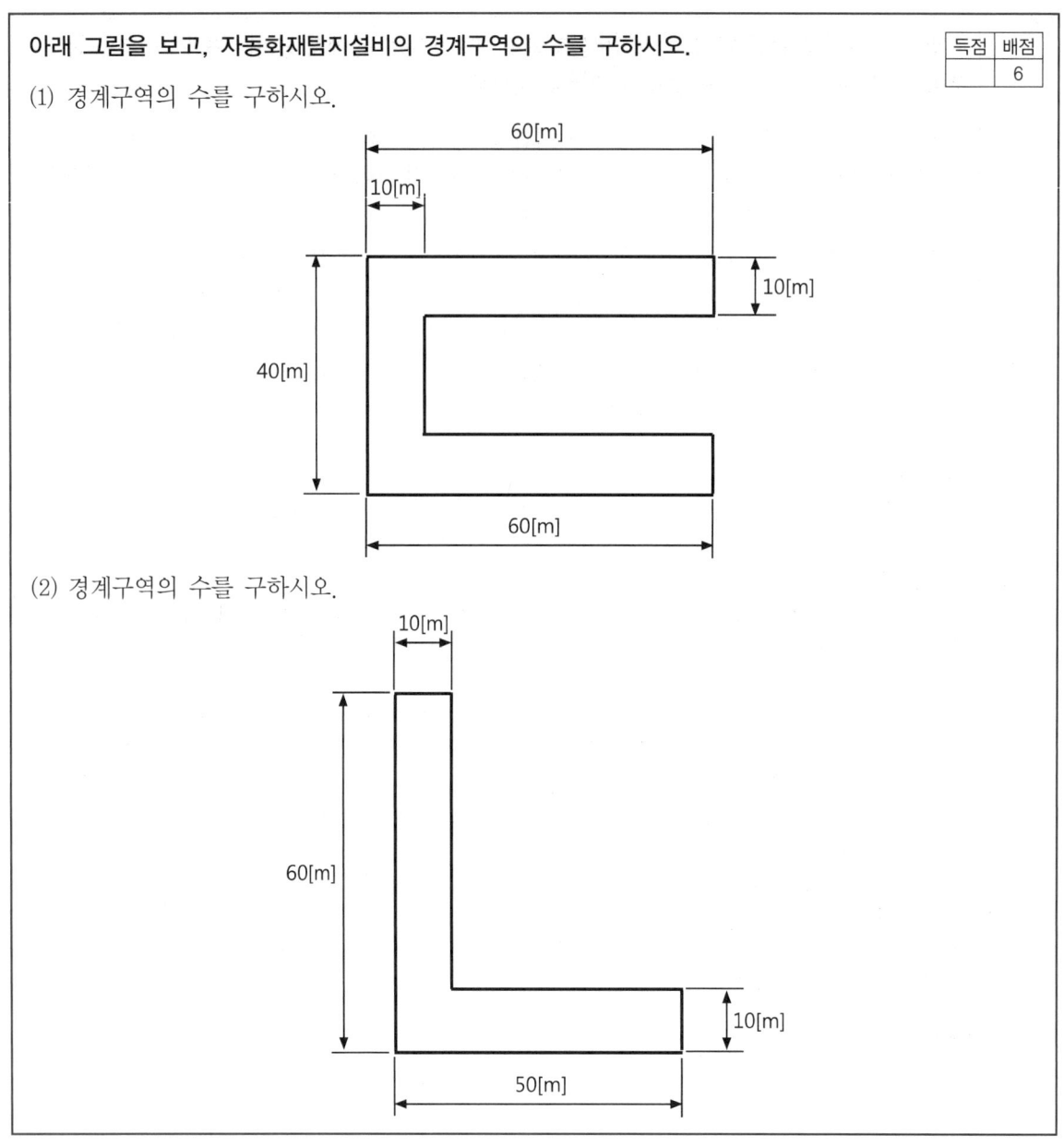

해설

자동화재탐지설비의 경계구역 설정기준

(1) 경계구역의 설정기준
   ① 하나의 경계구역이 2 이상의 건축물에 미치지 않도록 할 것
   ② 하나의 경계구역이 2 이상의 층에 미치지 않도록 할 것. 다만, 500[m^2] 이하의 범위 안에서는 2개의 층을 하나의 경계구역으로 할 수 있다.
   ③ 하나의 경계구역의 면적은 600[m^2] 이하로 하고, 한 변의 길이는 50[m] 이하로 할 것. 다만, 해당 특정소방대상물의 주된 출입구에서 그 내부 전체가 보이는 것에 있어서는 한 변의 길이가 50[m]의 범위 내에서 1,000[m^2] 이하로 할 수 있다.

구분	기준	예외 기준
층별	층마다(2개 이상의 층에 미치지 않도록 할 것)	500[m²] 이하의 범위 안에서는 2개의 층을 하나의 경계구역으로 할 수 있다.
경계구역의 면적	600[m²] 이하	주된 출입구에서 그 내부 전체가 보이는 것에 있어서는 한 변의 길이가 50[m]의 범위에서 1,000[m²] 이하로 할 수 있다.
한 변의 길이	50[m] 이하	–

④ 수직적 경계구역

구분	계단·경사로 기준	엘리베이터 승강로(권상기실이 있는 경우에는 권상기실)·린넨슈트·파이프 피트 및 덕트
높이	45[m] 이하	별도의 경계구역으로 설정
지하층 구분	지상층과 지하층을 구분 (지하층의 층수가 한 개 층일 경우는 제외)	

(2) 경계구역의 산정
 ① 화재안전기술기준에서 하나의 경계구역의 면적은 600[m²] 이하로 하고, 한 변의 길이는 50[m] 이하로 한다.
 ② 경계구역의 산정

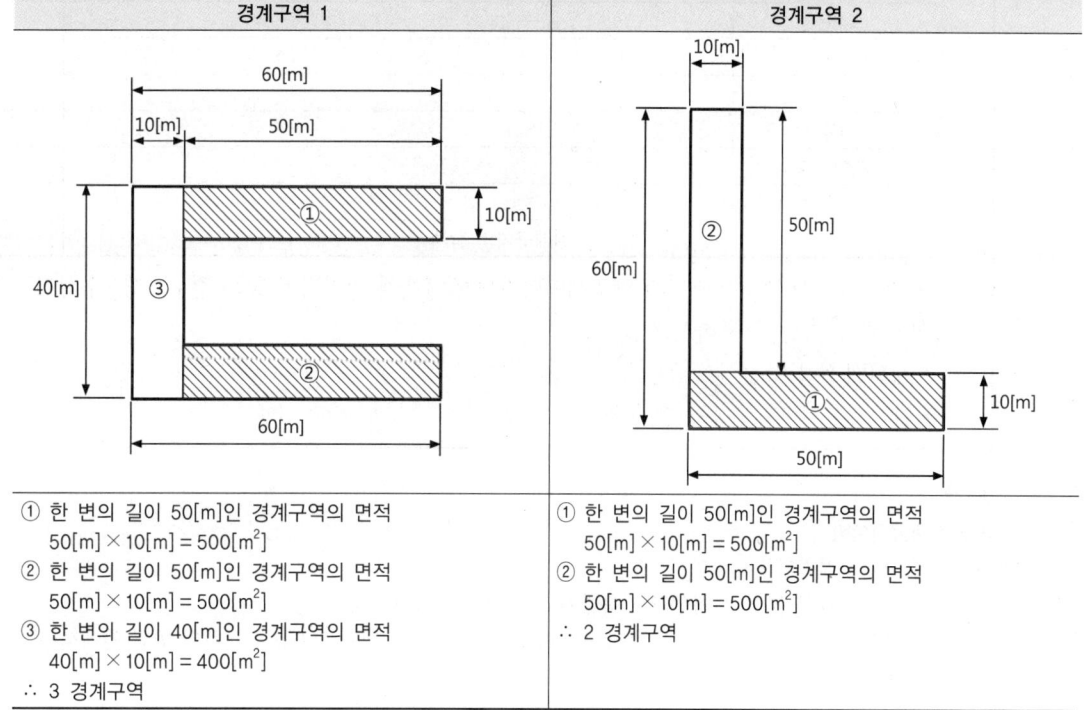

경계구역 1	경계구역 2
① 한 변의 길이 50[m]인 경계구역의 면적 50[m] × 10[m] = 500[m²] ② 한 변의 길이 50[m]인 경계구역의 면적 50[m] × 10[m] = 500[m²] ③ 한 변의 길이 40[m]인 경계구역의 면적 40[m] × 10[m] = 400[m²] ∴ 3 경계구역	① 한 변의 길이 50[m]인 경계구역의 면적 50[m] × 10[m] = 500[m²] ② 한 변의 길이 50[m]인 경계구역의 면적 50[m] × 10[m] = 500[m²] ∴ 2 경계구역

정답 (1) 3 경계구역
 (2) 2 경계구역

06 다음은 지하 2층, 지상 4층의 특정소방대상물에 자동화재탐지설비를 설치하고자 한다. 각 물음에 답하시오(단, 각 층의 높이는 4[m]이다).

층	면적
4층	100[m²]
3층	350[m²]
2층	600[m²]
1층	1,020[m²]
지하 1층	1,200[m²]
지하 2층	1,800[m²]

득점 / 배점 6

(1) 층별 바닥면적이 그림과 같을 경우 자동화재탐지설비의 경계구역은 최소 몇 개로 구분해야 하는지 산출식과 경계구역의 수를 빈칸에 쓰시오(단, 경계구역은 면적기준만을 적용하며 계단, 경사로 및 피트 등의 수직 경계구역의 면적은 제외한다).

층수	계산과정	경계구역 수
4층		
3층		
2층		
1층		
지하 1층		
지하 2층		
경계구역의 합계		

(2) 이 특정소방대상물에 계단과 엘리베이터가 각각 1개씩 설치되어 있는 경우 P형 수신기는 몇 회로용을 설치해야 하는지 구하시오.
 • 계산과정 :
 • 답 :

해설

자동화재탐지설비

(1) 경계구역의 설정기준
 ① 하나의 경계구역이 2 이상의 건축물에 미치지 않도록 할 것
 ② 하나의 경계구역이 2 이상의 층에 미치지 않도록 할 것. 다만, 500[m²] 이하의 범위 안에서는 2개의 층을 하나의 경계구역으로 할 수 있다.
 ③ 하나의 경계구역의 면적은 600[m²] 이하로 하고 한 변의 길이는 50[m] 이하로 할 것. 다만, 해당 특정소방대상물의 주된 출입구에서 그 내부 전체가 보이는 것에 있어서는 한 변의 길이가 50[m]의 범위 내에서 1,000[m²] 이하로 할 수 있다.
 ④ 계단(직통계단 외의 것에 있어서는 떨어져 있는 상하 계단의 상호 간의 수평거리가 5[m] 이하로서 서로 간에 구획되지 않는 것에 한한다)・경사로(에스컬레이터 경사로 포함)・엘리베이터 승강로(권상기실이 있는 경우에는 권상기실)・린넨슈트・파이프 피트 및 덕트 기타 이와 유사한 부분에 대하여는 별도로 경계구역을 설정하되, 하나의 경계구역은 높이 45[m] 이하(계단 및 경사로에 한한다)로 하고, 지하층의 계단 및 경사로(지하층의 층수가 한 개 층일 경우는 제외한다)는 별도로 하나의 경계구역으로 해야 한다.

⑤ 외기에 면하여 상시 개방된 부분이 있는 차고·주차장·창고 등에 있어서는 외기에 면하는 각 부분으로부터 5[m] 미만의 범위 안에 있는 부분은 경계구역의 면적에 산입하지 않는다.
⑥ 스프링클러설비·물분무 등 소화설비 또는 제연설비의 화재감지장치로서 화재감지기를 설치한 경우의 경계구역은 해당 소화설비의 방호구역 또는 제연구역과 동일하게 설정할 수 있다.

$$\therefore 경계구역 \ 수 = \frac{바닥면적[m^2]}{기준면적[m^2]}$$

층	산출식	경계구역 수
4층	$\frac{100[m^2] + 350[m^2]}{500[m^2]} = 0.9 ≒ 1$ 경계구역	1 경계구역
3층	(500[m²] 이하의 범위 안에서는 2개의 층을 하나의 경계구역으로 할 수 있다)	
2층	$\frac{600[m^2]}{600[m^2]} = 1$ 경계구역 (하나의 경계구역의 면적은 600[m²] 이하로 할 것)	1 경계구역
1층	$\frac{1,020[m^2]}{600[m^2]} = 1.7 ≒ 2$ 경계구역	2 경계구역
지하 1층	$\frac{1,200[m^2]}{600[m^2]} = 2$ 경계구역	2 경계구역
지하 2층	$\frac{1,800[m^2]}{600[m^2]} = 3$ 경계구역	3 경계구역
경계구역의 합계		9 경계구역

(2) P형 수신기의 회로 선정
① 계단
㉠ 계단, 경사로에 한하여 별도의 경계구역으로 하고, 하나의 경계구역은 높이 45[m] 이하로 해야 한다.

$$\therefore 경계구역의 \ 수 = \frac{층수 \times 층높이[m]}{45[m]} = \frac{4층 \times 4[m]}{45[m]} = 0.35 ≒ 1 \ 경계구역$$

㉡ 지하층의 계단 및 경사로(지하층의 층수가 1일 경우는 제외)는 별도로 하나의 경계구역으로 해야 한다.

$$\therefore 경계구역의 \ 수 = \frac{층수 \times 층높이[m]}{45[m]} = \frac{2층 \times 4[m]}{45[m]} = 0.18 ≒ 1 \ 경계구역$$

② 엘리베이터 : 1 경계구역
경사로(에스컬레이터 경사로 포함)·엘리베이터 승강로(권상기실이 있는 경우에는 권상기실)·린넨슈트·파이프피트 및 덕트 기타 이와 유사한 부분에 대하여는 별도로 경계구역으로 해야 한다.
③ 경계구역의 합계 = (9+1+1+1) 경계구역 = 12 경계구역
∴ 12 경계구역이므로 P형 수신기(5회로 단위)는 15회로용을 선정해야 한다.

정답 (1)

층수	산출식	경계구역수
4층	$\dfrac{100[m^2] + 350[m^2]}{500[m^2]} = 0.9 ≒ 1$ 경계구역	1 경계구역
3층		
2층	$\dfrac{600[m^2]}{600[m^2]} = 1$ 경계구역	1 경계구역
1층	$\dfrac{1,020[m^2]}{600[m^2]} = 1.7 ≒ 2$ 경계구역	2 경계구역
지하 1층	$\dfrac{1,200[m^2]}{600[m^2]} = 2$ 경계구역	2 경계구역
지하 2층	$\dfrac{1,800[m^2]}{600[m^2]} = 3$ 경계구역	3 경계구역
경계구역의 합계		9 경계구역

(2) 15회로용

07 다음은 자동화재탐지설비의 P형 수신기와 R형 수신기의 차이점을 비교한 것이다. 아래 표의 빈칸에 알맞은 내용을 쓰시오.

득점	배점
	6

구분	P형 수신기	R형 수신기
신호전달방식		
신호의 종류		
수신 소요시간		

해설
자동화재탐지설비의 수신기
(1) 수신기의 정의(수신기의 형식승인 및 제품검사의 기술기준 제2조)
　① P형 수신기 : 감지기 또는 발신기로부터 발하여지는 신호를 직접 또는 중계기를 통하여 공통신호로서 수신하여 화재의 발생을 해당 소방대상물의 관계자에게 경보하여 주는 것을 말한다.
　② R형 수신기 : 감지기 또는 발신기로부터 발하여지는 신호를 직접 또는 중계기를 통하여 고유신호로서 수신하여 화재의 발생을 해당 소방대상물의 관계자에게 경보하여 주는 것을 말한다.
(2) P형 수신기와 R형 수신기의 차이점

구분	P형 수신기	R형 수신기
신호전달방식	1:1 접점방식	다중전송(통신신호)방식
신호의 종류	공통신호 (공통신호방식은 감지기에서 접점신호로 수신기에 화재발생신호를 송신한다. 따라서, 감지기가 작동하게 되면 스위치가 닫혀 회로에 전류가 흘러 수신기에서는 이를 화재가 발생했다는 것으로 파악한다)	고유신호 (고유신호방식은 수신기와 각 감지기가 통신신호를 채택하여 각 감지기나 또는 경계구역마다 각기 다른 신호를 전송하게 하는 방식이다)
배선	실선배선	통신배선
중계기의 주기능	전압을 유기하기 위해 사용	접점신호를 통신신호로 전환
설치건물	일반적으로 소형건물	일반적으로 대형건물
수신 소요시간	5초 이내	5초 이내

정답

구분	P형 수신기	R형 수신기
신호전달방식	접점신호	통신신호
신호의 종류	공통신호	고유신호
수신 소요시간	5초 이내	5초 이내

08

P형 1급 수신기의 예비전원을 시험하는 방법과 양부판단의 기준에 대하여 설명하시오.

(1) 시험방법
(2) 양부판단의 기준

득점	배점
	6

해설

P형 수신기의 예비전원시험

(1) 예비전원을 시험하는 방법
 ① 예비전원스위치를 누른다.
 ② 전압계의 지시치가 적정범위에 있는지 확인한다.
 ③ 교류전원을 차단하여 자동절환 릴레이의 작동상황을 확인한다.
(2) 양부판단의 기준
 예비전원의 전압, 용량, 절환상황 및 복구작동이 정상일 것

> **참고**
>
> **P형 수신기의 예비전원 시험목적**
> 상용전원이 정전된 경우 예비전원으로 자동 절환되며 예비전원으로 정상 동작을 할 수 있는 전압을 가지고 있는지 검사하는 시험이다.

정답
(1) ① 예비전원스위치를 누른다.
 ② 전압계의 지시치가 적정범위에 있는지 확인한다.
 ③ 교류전원을 차단하여 자동절환 릴레이의 작동상황을 확인한다.
(2) 예비전원의 전압, 용량, 절환상황 및 복구작동이 정상일 것

09 어느 특정소방대상물에 자동화재탐지설비의 P형 수신기를 보니 예비전원표시등이 점등되어 있었다. 어떤 경우에 예비전원표시등이 점등되는지 그 원인을 4가지만 쓰시오.

해설

예비전원표시등이 점등되었을 경우

(1) 예비전원표시등

예비전원의 이상유무를 나타내는 표시등으로서 예비전원 충전이 불량하거나 예비전원의 충전이 완료되지 않은 경우 점등된다.

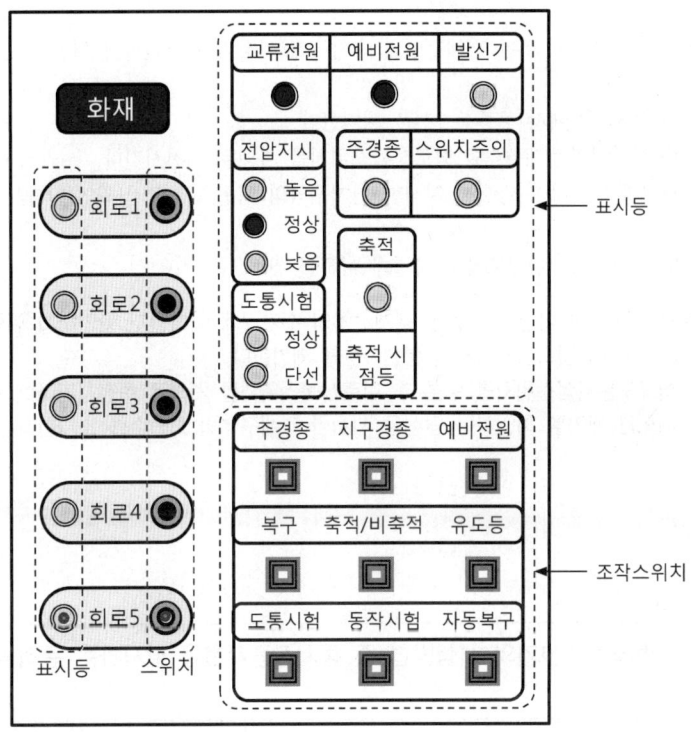

(2) 예비전원표시등이 점등되었을 경우의 원인
① 예비전원의 퓨즈가 단선된 경우
② 예비전원의 충전부가 불량한 경우
③ 예비전원의 연결 커넥터가 분리되었거나 접촉이 불량한 경우
④ 예비전원을 연결하는 전선이 단선된 경우
⑤ 예비전원이 방전되어 완전히 충전상태에 도달하지 않은 경우

정답
① 예비전원의 퓨즈가 단선된 경우
② 예비전원의 충전부가 불량한 경우
③ 예비전원의 연결 커넥터가 분리되었거나 접촉이 불량한 경우
④ 예비전원을 연결하는 전선이 단선된 경우

10 자동화재탐지설비의 수신기의 시험방법 중 공통선시험을 실시하는 목적과 시험방법에 대해 쓰시오. [득점/배점 6]

(1) 시험목적
(2) 시험방법

해설

수신기의 공통선시험
(1) 시험목적
    1개의 공통선이 담당하고 있는 경계구역의 수가 7개 이하인지 확인하기 위함이다.
(2) 시험방법
    ① 수신기 내 접속단자에서 공통선 1선을 제거한다.
    ② 회로도통시험스위치를 누른 후 회로선택스위치를 차례로 회전시킨다.
    ③ 시험용 계기를 확인하여 단선을 지시한 경계구역의 회선수를 조사(확인)한다.
(3) 판정기준
    공통선이 담당하고 있는 경계구역 수가 7개 이하일 것

정답 (1) 1개의 공통선이 담당하고 있는 경계구역의 수가 7개 이하인지 확인하기 위함이다.
(2) ① 수신기 내 접속단자에서 공통선 1선을 제거한다.
    ② 회로도통시험스위치를 누른 후 회로선택스위치를 차례로 회전시킨다.
    ③ 시험용 계기를 확인하여 단선을 지시한 경계구역의 회선수를 조사한다.

11 자동화재탐지설비의 수신기의 시험방법 중 동시작동시험을 실시하는 목적을 쓰시오. [득점/배점 4]

해설

수신기의 시험방법
(1) 동시작동시험
    ① 시험목적 : 감지기회로를 수회로 이상 동시에 작동시켰을 때 수신기의 기능이 이상이 없는지 확인하기 위함이다.
    ② 시험방법
        ㉠ 수신기의 동작시험스위치를 누른다.
        ㉡ 회로선택스위치를 차례로 회전시켜 화재표시등, 지구표시등, 주경종, 지구경종의 동작상황을 확인한다.
(2) 도통시험
    ① 시험목적 : 수신기에서 감지기회로의 단선유무 등을 확인하기 위함이다.
    ② 시험방법
        ㉠ 수신기의 도통시험스위치를 누른다.
        ㉡ 회로선택스위치를 돌려가며 각 회로의 단선여부를 확인한다. 이때 전압계의 지시치 또는 단선표시등의 점등을 확인한다.

정답 감지기회로를 수회로 이상 동시에 작동시켰을 때 수신기의 기능이 이상이 없는지 확인하기 위함이다.

12

자동화재탐지설비에서 P형 수신기의 화재표시 작동시험 후 화재가 발생하지 않았는데도 화재표시등과 지구표시등이 점등되어 복구스위치를 눌렀으나 복구되지 않는 경우 3가지를 쓰시오 (단, 복구스위치를 누르면 복구되며, 손을 떼면 즉시 동작되는 경우이다).

득점	배점
	5

해설
화재표시 작동시험
(1) 화재표시 작동시험
　① 수신기가 화재신호를 수신하면 화재표시등, 지구표시등, 경보장치가 기동하는지 시험한다.
　② 시험방법
　　㉠ 작동시험스위치를 누른다.
　　㉡ 회로선택스위치를 순차적으로 회전시켜 회로를 하나씩 선택한다.
　　㉢ 화재표시등과 선택된 회로의 지구표시등이 점등되는지 확인한다.
　　㉣ 경보장치가 정상적으로 작동하는지 확인한다.
(2) 화재표시 작동시험 후 복구되지 않는 경우
　① 회로선택스위치가 단락된 경우 : 회로선택스위치를 순차적으로 회전시켜 작동시험을 한 후 다시 원상태로 복구하였으나 회로선택스위치의 접점이 단락되어 동작상태가 계속 유지되는 경우이다.
　② 릴레이 자체가 불량한 경우 : 작동시험 시 릴레이가 여자되어 화재표시등과 지구표시등이 점등된 후 복구스위치를 누르면 릴레이가 소자되어 원상태로 복구되어야 하지만 릴레이의 자체 불량으로 복구되지 않는 경우이다.
　③ 릴레이의 배선이 단락된 경우
　④ 화재표시등과 지구표시등의 배선이 불량한 경우

정답　① 회로선택스위치가 단락된 경우
　　　② 릴레이 자체가 불량한 경우
　　　③ 릴레이의 배선이 단락된 경우

13

P형 발신기의 누름스위치를 눌러 경보를 발생시킨 후 수신기에서 복구스위치를 눌렀는데도 화재신호가 복구되지 않았다. 그 원인과 해결방법을 쓰시오.

득점	배점
	6

(1) 원인
(2) 해결방법

해설
수신기의 고장진단
(1) 화재신호가 복구되지 않은 경우
　① 원인 : P형 발신기의 누름스위치가 원상태로 복구되지 않았기 때문이다.
　② 해결방법 : P형 발신기의 누름스위치를 원상태로 복구하고, 수신기의 복구스위치를 누른다.

┤참고├
복구스위치
감지기와 발신기에서 들어오는 신호를 처음부터 다시 인식하게 하는 스위치로서 수신기의 동작상태를 정상으로 복구할 때 사용하는 스위치이다.

(2) 상용전원감시등이 소등된 경우 확인하는 방법
    ① 수신기 커버를 열고, 수신기 내부의 전원스위치가 "OFF" 위치에 있는지 확인한다.
    ② 수신기 내부에 퓨즈의 단선을 알리는 다이오드(LED)가 적색으로 점등되어 있는지 확인한다.
    ③ 전원스위치와 퓨즈가 이상이 없다면 전류·전압측정기를 사용하여 수신기의 전원 입력단자의 전압을 확인한다.
(3) 주화재표시등 또는 지구표시등이 점등되지 않은 경우의 원인
    ① 발광다이오드가 불량인 경우(LED타입 수신기)
    ② 표시등의 전구가 단선된 경우
    ③ 퓨즈가 단선된 경우
    ④ 릴레이가 불량한 경우
(4) 화재표시등과 지구표시등이 점등되어 복구되지 않을 경우
    ① 복구스위치를 누르면 OFF, 떼는 즉시 ON되는 경우
        ㉠ 발신기의 누름스위치가 눌러진 경우
        ㉡ 감지기가 불량인 경우
        ㉢ 감지기의 배선이 단락된 경우
    ② 복구는 되지만 다시 동작하는 경우 : 감지기가 불량하여 오동작하는 경우로서 오동작 감지기를 확인하여 청소 또는 교체한다.

정답 (1) P형 발신기의 누름스위치가 원상태로 복구되지 않았기 때문
       (2) P형 발신기의 누름스위치를 원상태로 복구하고, 수신기의 복구스위치를 누른다.

14

자동화재탐지설비에서 P형 1급 수신기의 전면에 설치된 스위치주의등에 대한 다음 각 물음에 답하시오.

득점	배점
	4

(1) 도통시험스위치를 조작할 경우 스위치주의등의 점등 여부를 쓰시오.
(2) 예비전원스위치를 조작할 경우 스위치주의등의 점등 여부를 쓰시오.

해설
P형 수신기의 조작
(1) 스위치주의등이 점등되는 경우
    ① 주경종 정지스위치를 조작하는 경우
    ② 지구경종 정지스위치를 조작하는 경우
    ③ 자동복구스위치를 조작하는 경우
    ④ 동작시험스위치를 조작하는 경우
    ⑤ 도통시험스위치를 조작하는 경우
(2) 스위치주의등이 소등되는 경우
    ① 예비전원스위치를 조작하는 경우
    ② 복구스위치를 조작하는 경우

정답 (1) 점등
       (2) 소등

15 어느 건물의 자동화재탐지설비의 수신기에 스위치주의등이 점멸하고 있다. 어떤 경우에 스위치주의등이 점멸하는지 그 원인을 2가지만 쓰시오.

득점	배점
	4

해설
자동화재탐지설비의 P형 수신기의 스위치주의등
(1) 스위치주의등 : 스위치가 정상상태에 놓여 있지 않을 때 점멸하는 표시등이다.
(2) 스위치주의등이 점멸하는 원인
 ① 자동복구스위치가 ON 시
 ② 도통시험스위치가 ON 시
 ③ 동작시험스위치가 ON 시
 ④ 주경종 정지스위치가 ON 시
 ⑤ 지구경종 정지스위치가 ON 시

정답 ① 자동복구스위치가 ON 시
 ② 도통시험스위치가 ON 시

16 다음 자동화재탐지설비 P형 수신기의 미완성된 결선도를 완성하시오(단, 발신기에 설치된 단자는 왼쪽으로부터 응답, 지구, 공통 순이다).

득점	배점
	6

해설

자동화재탐지설비의 P형 수신기

(1) 수신기의 개요
　① 감지기나 발신기에서 발하는 화재신호를 직접 수신하거나 중계기를 통하여 수신하여 화재의 발생을 표시 및 경보하여 주는 장치이다.
　② 수신기와 발신기 간의 기본 전선 가닥수
　　㉠ 소화전 기동표시등이 없는 경우(경종과 표시등 공통선을 분리하여 사용한 경우)

전선 가닥수	감지기의 종류
7	지구(회로) 공통선 1, 지구(회로)선 1, 응답(발신기)선 1, 경종선 1, 경종 공통선 1, 표시등선 1, 표시등 공통선 1

　　㉡ 소화전 기동표시등이 있는 경우(경종과 표시등 공통선을 분리하여 사용한 경우)

전선 가닥수	배선의 용도
9	지구(회로) 공통선 1, 지구(회로)선 1, 응답(발신기)선 1, 경종선 1, 경종 공통선 1, 표시등선 1, 표시등 공통선 1, 소화전 기동표시등 2

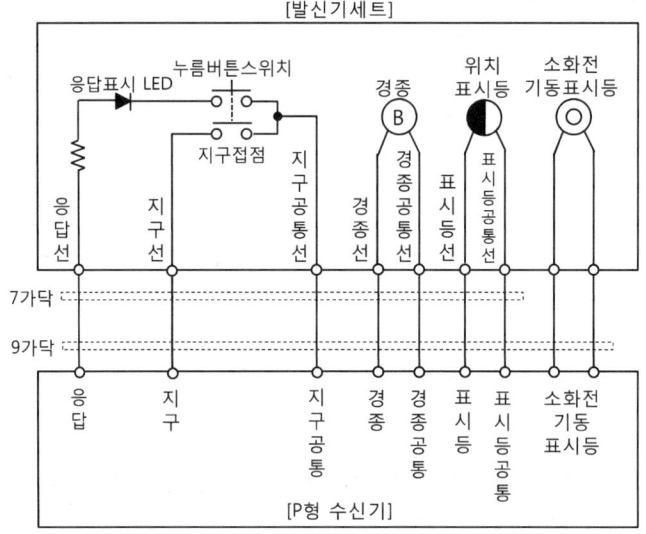

(2) P형 수신기와 발신기 간의 배선 결선도

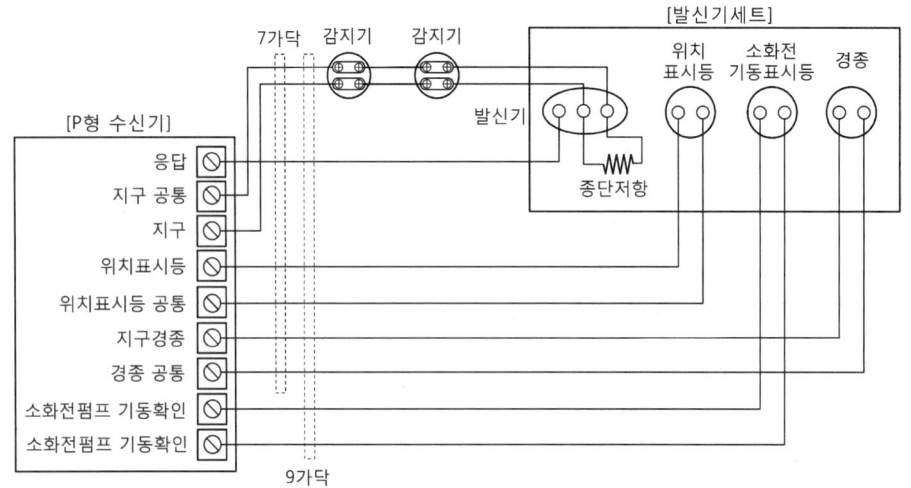

[정답]

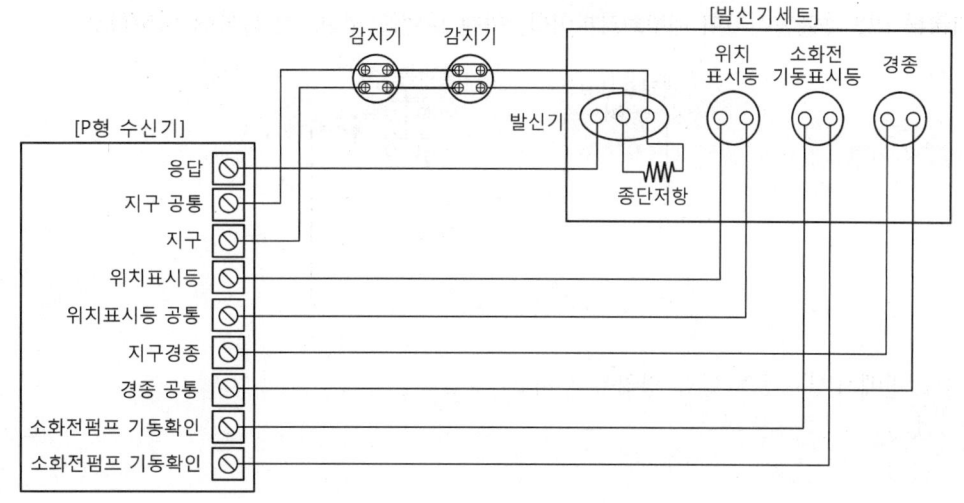

17 일시적으로 발생된 열, 연기 또는 먼지 등으로 인하여 감지기가 화재신호를 발신할 우려가 있는 때에는 축적기능 등이 있는 자동화재탐지설비의 수신기를 설치해야 한다. 이 경우 수신기를 설치해야 하는 장소 3가지를 쓰시오.

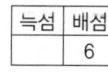

[해설]
자동화재탐지설비의 수신기 설치기준
(1) 해당 특정소방대상물의 경계구역을 각각 표시할 수 있는 회선 수 이상의 수신기를 설치할 것
(2) 해당 특정소방대상물에 가스누설탐지설비가 설치된 경우에는 가스누설탐지설비로부터 가스누설신호를 수신하여 가스누설경보를 할 수 있는 수신기를 설치할 것(가스누설탐지설비의 수신부를 별도로 설치한 경우에는 제외한다)
(3) 자동화재탐지설비의 수신기는 특정소방대상물 또는 그 부분이 지하층·무창층 등으로서 환기가 잘되지 않거나 실내면적이 40[m²] 미만인 장소, 감지기의 부착면과 실내 바닥과의 거리가 2.3[m] 이하인 장소로서 일시적으로 발생한 열·연기 또는 먼지 등으로 인하여 감지기가 화재신호를 발신할 우려가 있는 때에는 축적기능 등이 있는 것(축적형감지기가 설치된 장소에는 감지기회로의 감시전류를 단속적으로 차단시켜 화재를 판단하는 방식 외의 것을 말한다)으로 설치해야 한다.

[정답]
① 지하층·무창층 등으로서 환기가 잘되지 않는 장소
② 지하층·무창층 등으로서 실내면적이 40[m²] 미만인 장소
③ 감지기의 부착면과 실내 바닥과의 거리가 2.3[m] 이하인 장소

18 다음은 P형 수동발신기의 내부회로도이다. 아래 도면을 보고, 각 물음에 답하시오.

득점	배점
	6

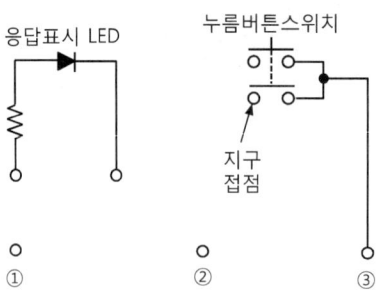

(1) 도면에서 ①~③의 단자 명칭을 쓰시오.
　① :
　② :
　③ :
(2) LED와 누름버튼스위치(Push Button Switch)의 기능을 쓰시오.
　① LED :
　② 누름버튼스위치 :
(3) P형 수동발신기의 미완성된 내부회로의 결선을 완성하시오.

해설

발신기의 내부결선도

(1), (3) 발신기 내부회로의 단자 접점의 명칭 및 결선
　① 발신기란 수동 누름버튼스위치 등의 작동으로 화재신호를 수신기에 발신하는 장치이다.
　② 수동발신기의 내부단자 명칭

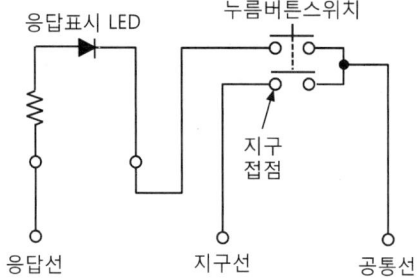

(2) 발신기의 구성요소

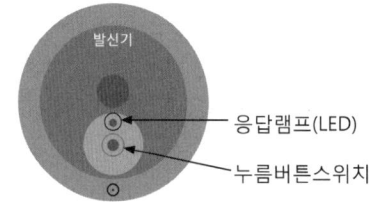

① LED(응답램프) : 발신기의 조작에 의하여 발신된 신호가 수신기에 전달되었는지 조작자가 확인할 수 있도록 점등되는 것으로 주로 발광다이오드가 사용된다.
② 누름버튼스위치 : 수신기에 화재신호를 발신할 때 사용하는 스위치로서 스위치를 누르면 지속적으로 화재신호를 발신하여 지구음향장치나 주경종을 울리도록 하여 화재발생을 알린다.

정답
(1) ① : 응답선
② : 지구선
③ : 공통선
(2) ① 발신기의 조작에 의하여 발신된 신호가 수신기에 전달되었는지 조작자가 확인할 수 있도록 점등되는 것이다.
② 수신기에 화재신호를 발신할 때 사용하는 스위치이다.
(3)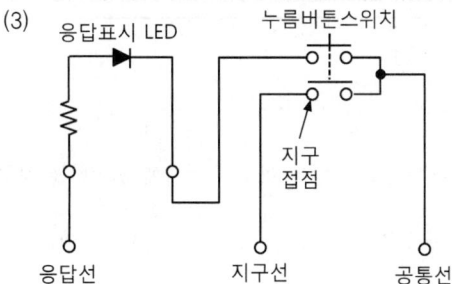

19 자동화재탐지설비 및 시각경보장치의 화재안전기술기준에서 정하는 중계기의 설치기준을 3가지만 쓰시오.

해설
자동화재탐지설비의 중계기 설치기준
(1) 중계기의 개요
① 중계기는 접점신호를 통신신호로, 통신신호를 접점신호로 변환시켜주는 신호변환장치의 역할을 한다.
② 종류 : 분산형 중계기, 집합형 중계기, 무선형 중계기
(2) 중계기의 설치기준
① 수신기에서 직접 감지기회로의 도통시험을 하지 않는 것에 있어서는 수신기와 감지기 사이에 설치할 것
② 조작 및 점검에 편리하고 화재 및 침수 등의 재해로 인한 피해를 받을 우려가 없는 장소에 설치할 것
③ 수신기에 따라 감시되지 않는 배선을 통하여 전력을 공급받는 것에 있어서는 전원입력 측의 배선에 과전류차단기를 설치하고 해당 전원의 정전이 즉시 수신기에 표시되는 것으로 하며, 상용전원 및 예비전원의 시험을 할 수 있도록 할 것

정답
① 수신기에서 직접 감지기회로의 도통시험을 하지 않는 것에 있어서는 수신기와 감지기 사이에 설치할 것
② 조작 및 점검에 편리하고 화재 및 침수 등의 재해로 인한 피해를 받을 우려가 없는 장소에 설치할 것
③ 수신기에 따라 감시되지 않는 배선을 통하여 전력을 공급받는 것에 있어서는 전원입력 측의 배선에 과전류차단기를 설치하고 해당 전원의 정전이 즉시 수신기에 표시되는 것으로 하며, 상용전원 및 예비전원의 시험을 할 수 있도록 할 것

20 R형 자동화재탐지설비의 구성요소 중 중계기의 종류에 대한 특징을 비교한 것이다. 다음 표를 완성하시오.

구분	집합형	분산형
입력전압	①	②
전원공급	③	전원 및 비상전원은 수신기로부터 공급된다.
회로수용능력	④	소용량(5회로 미만)
전원공급계통 사고 시	내장된 예비전원에 의해 정상적인 동작을 수행한다.	수신기와 중계기의 선로에 문제가 있으면 중계기의 동작이 불능상태가 된다.

해설

중계기
(1) 중계기의 정의
   감지기·발신기 또는 전기적인 접점 등의 작동에 따른 신호를 받아 이를 수신기에 전송하는 장치를 말한다.
(2) 중계기의 종류
   ① 집합형 중계기
   ② 분산형 중계기
   ③ 무선형 중계기
(3) 집합형 중계기와 분산형 중계기의 특징

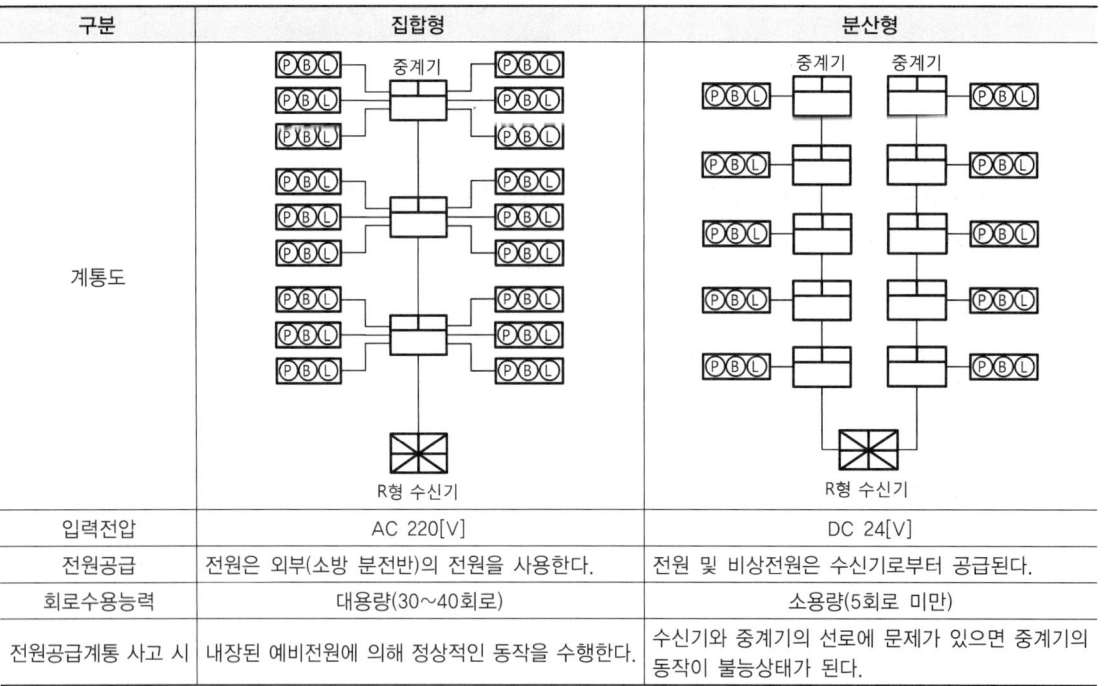

구분	집합형	분산형
입력전압	AC 220[V]	DC 24[V]
전원공급	전원은 외부(소방 분전반)의 전원을 사용한다.	전원 및 비상전원은 수신기로부터 공급된다.
회로수용능력	대용량(30~40회로)	소용량(5회로 미만)
전원공급계통 사고 시	내장된 예비전원에 의해 정상적인 동작을 수행한다.	수신기와 중계기의 선로에 문제가 있으면 중계기의 동작이 불능상태가 된다.

정답
① AC 220[V]
② DC 24[V]
③ 전원은 외부의 전원을 사용한다.
④ 대용량(30~40회로)

21 자동화재탐지설비에서 감지기를 설치하지 않아도 되는 장소 5가지를 쓰시오.

득점	배점
	5

해설

자동화재탐지설비에서 감지기 설치제외 장소
(1) 천장 또는 반자의 높이가 20[m] 이상인 장소. 다만, 감지기의 부착높이에 따라 적응성이 있는 장소는 제외한다.
(2) 헛간 등 외부와 기류가 통하는 장소로서 감지기에 따라 화재발생을 유효하게 감지할 수 없는 장소
(3) 부식성가스가 체류하고 있는 장소
(4) 고온도 및 저온도로서 감지기의 기능이 정지되기 쉽거나 감지기의 유지관리가 어려운 장소
(5) 목욕실·욕조나 샤워시설이 있는 화장실·기타 이와 유사한 장소
(6) 파이프덕트 등 그 밖의 이와 비슷한 것으로서 2개 층마다 방화구획된 것이나 수평단면적이 5[m²] 이하인 것
(7) 먼지·가루 또는 수증기가 다량으로 체류하는 장소 또는 주방 등 평상시 연기가 발생하는 장소(연기감지기에 한한다)
(8) 프레스공장·주조공장 등 화재발생의 위험이 적은 장소로서 감지기의 유지관리가 어려운 장소

정답
① 헛간 등 외부와 기류가 통하는 장소로서 감지기에 따라 화재발생을 유효하게 감지할 수 없는 장소
② 부식성가스가 체류하고 있는 장소
③ 고온도 및 저온도로서 감지기의 기능이 정지되기 쉽거나 감지기의 유지관리가 어려운 장소
④ 목욕실·욕조나 샤워시설이 있는 화장실·기타 이와 유사한 장소
⑤ 프레스공장·주조공장 등 화재발생의 위험이 적은 장소로서 감지기의 유지관리가 어려운 장소

22 지하층, 무창층 등으로서 환기가 잘되지 않거나 감지기의 부착면과 실내 바닥과의 거리가 2.3[m] 이하인 곳으로서 일시적으로 발생한 열, 연기 또는 먼지 등으로 인하여 화재신호를 발신할 우려가 있는 장소에 적응성이 있는 감지기를 5가지만 쓰시오(단, 축적기능이 있는 수신기를 설치한 장소를 제외한다).

득점	배점
	5

해설

자동화재탐지설비의 감지기 설치기준

자동화재탐지설비의 감지기는 부착높이에 따라 다음 표에 따른 감지기를 설치해야 한다. 다만, 지하층·무창층 등으로서 환기가 잘되지 않거나 실내면적이 40[m²] 미만인 장소, 감지기의 부착면과 실내 바닥과의 거리가 2.3[m] 이하인 곳으로서 일시적으로 발생한 열·연기 또는 먼지 등으로 인하여 화재신호를 발신할 우려가 있는 장소(축적기능이 있는 수신기를 설치한 장소를 제외한다)에는 다음의 기준에서 정한 감지기 중 적응성이 있는 감지기를 설치해야 한다.

① 불꽃감지기 ② 정온식 감지선형 감지기
③ 분포형 감지기 ④ 복합형 감지기
⑤ 광전식 분리형 감지기 ⑥ 아날로그방식의 감지기
⑦ 다신호방식의 감지기 ⑧ 축적방식의 감지기

부착높이	감지기의 종류
4[m] 미만	• 차동식(스포트형, 분포형) • 보상식 스포트형 • 정온식(스포트형, 감지선형) • 이온화식 또는 광전식(스포트형, 분리형, 공기흡입형) • 열복합형 • 연기복합형 • 열연기복합형 • 불꽃감지기
4[m] 이상 8[m] 미만	• 차동식(스포트형, 분포형) • 보상식 스포트형 • 정온식(스포트형, 감지선형) 특종 또는 1종 • 이온화식 1종 또는 2종 • 광전식(스포트형, 분리형, 공기흡입형) 1종 또는 2종 • 열복합형 • 연기복합형 • 열연기복합형 • 불꽃감지기
8[m] 이상 15[m] 미만	• 차동식 분포형 • 이온화식 1종 또는 2종 • 광전식(스포트형, 분리형, 공기흡입형) 1종 또는 2종 • 연기복합형 • 불꽃감지기
15[m] 이상 20[m] 미만	• 이온화식 1종 • 광전식(스포트형, 분리형, 공기흡입형) 1종 • 연기복합형 • 불꽃감지기
20[m] 이상	• 불꽃감지기 • 광전식(분리형, 공기흡입형) 중 아날로그방식

정답
① 불꽃감지기 ② 정온식 감지선형 감지기
③ 분포형 감지기 ④ 복합형 감지기
⑤ 광전식 분리형 감지기

23. 자동화재탐지설비에서 차동식 분포형 감지기의 종류 3가지를 쓰시오.

해설

열감지기의 종류

(1) 차동식 스포트형 감지기 : 주위온도가 일정 상승률 이상이 되는 경우에 작동하는 것으로서 일국소에서의 열 효과에 의하여 작동되는 것을 말한다.
(2) 차동식 분포형 감지기 : 주위온도가 일정 상승률 이상이 되는 경우에 작동하는 것으로서 넓은 범위 내에서의 열 효과의 누적에 의하여 작동되는 것을 말한다.
(3) 정온식 감지선형 감지기 : 일국소의 주위온도가 일정한 온도 이상이 되는 경우에 작동하는 것으로서 외관이 전선과 같이 선형으로 되어 있는 것을 말한다.
(4) 정온식 스포트형 감지기 : 일국소의 주위온도가 일정한 온도 이상이 되는 경우에 작동하는 것으로서 외관이 전선과 같이 선형으로 되어 있지 않은 것을 말한다.
(5) 보상식 스포트형 감지기 : 차동식 스포트형과 정온식 스포트형의 성능을 겸한 것으로서 차동식 스포트형의 성능 또는 정온식 스포트형의 성능 중 어느 한 기능이 작동되면 작동신호를 발하는 것을 말한다.

정답 공기관식 감지기, 열전대식 감지기, 열반도체식 감지기

24 화재 시 발생하는 열, 연기, 불꽃 또는 연소생성물을 자동적으로 감지하여 수신기에 화재신호 등을 발신하기 위해 감지기를 설치한다. 이때 축적기능이 없는 감지기로 설치해야 하는 경우를 3가지만 쓰시오.

득점	배점
	3

해설

자동화재탐지설비의 감지기 설치기준

(1) 자동화재탐지설비의 감지기는 부착높이에 따라 감지기를 설치해야 한다. 다만, 지하층·무창층 등으로서 환기가 잘되지 않거나 실내면적이 40[m²] 미만인 장소, 감지기의 부착면과 실내 바닥과의 거리가 2.3[m] 이하인 곳으로서 일시적으로 발생한 열·연기 또는 먼지 등으로 인하여 화재신호를 발신할 우려가 있는 장소(축적기능이 있는 수신기를 설치한 장소를 제외한다)에는 기준에서 정한 감지기 중 적응성이 있는 감지기를 설치해야 한다.
① 불꽃감지기 ② 정온식 감지선형 감지기
③ 분포형 감지기 ④ 복합형 감지기
⑤ 광전식 분리형 감지기 ⑥ 아날로그방식의 감지기
⑦ 다신호방식의 감지기 ⑧ 축적방식의 감지기
(2) 교차회로방식에 사용되는 감지기, 급속한 연소 확대가 우려되는 장소에 사용되는 감지기 및 축적기능이 있는 수신기에 연결하여 사용하는 감지기는 축적기능이 없는 것으로 설치해야 한다.
(3) 감지기(차동식 분포형의 것을 제외)는 실내로의 공기유입구로부터 1.5[m] 이상 떨어진 위치에 설치할 것
(4) 감지기는 천장 또는 반자의 옥내에 면하는 부분에 설치할 것
(5) 보상식 스포트형 감지기는 정온점이 감지기 주위의 평상시 최고온도보다 20[℃] 이상 높은 것으로 설치할 것
(6) 정온식 감지기는 주방·보일러실 등으로서 다량의 화기를 취급하는 장소에 설치하되, 공칭작동온도가 최고 주위온도보다 20[℃] 이상 높은 것으로 설치할 것
(7) 차동식 스포트형·보상식 스포트형 및 정온식 스포트형 감지기는 그 부착높이 및 특정소방대상물에 따라 바닥면적마다 1개 이상을 설치할 것

정답
① 교차회로방식에 사용되는 감지기
② 급속한 연소 확대가 우려되는 장소에 사용되는 감지기
③ 축적기능이 있는 수신기에 연결하여 사용하는 감지기

25 감지기의 부착높이가 20[m] 이상이 되는 곳에 설치하는 감지기의 종류 2가지를 쓰시오.

득점	배점
	4

해설

자동화재탐지설비의 감지기 부착높이에 따른 감지기의 종류

부착높이	감지기의 종류
4[m] 미만	• 차동식(스포트형, 분포형) • 보상식 스포트형 • 정온식(스포트형, 감지선형) • 이온화식 또는 광전식(스포트형, 분리형, 공기흡입형) • 열복합형 • 연기복합형 • 열연기복합형 • 불꽃감지기
4[m] 이상 8[m] 미만	• 차동식(스포트형, 분포형) • 보상식 스포트형 • 정온식(스포트형, 감지선형) 특종 또는 1종 • 이온화식 1종 또는 2종 • 광전식(스포트형, 분리형, 공기흡입형) 1종 또는 2종 • 열복합형 • 연기복합형 • 열연기복합형 • 불꽃감지기
8[m] 이상 15[m] 미만	• 차동식 분포형 • 이온화식 1종 또는 2종 • 광전식(스포트형, 분리형, 공기흡입형) 1종 또는 2종 • 연기복합형 • 불꽃감지기
15[m] 이상 20[m] 미만	• 이온화식 1종 • 광전식(스포트형, 분리형, 공기흡입형) 1종 • 연기복합형 • 불꽃감지기
20[m] 이상	• 불꽃감지기 • 광전식(분리형, 공기흡입형) 중 아날로그방식

[비고]
1. 감지기별 부착높이 등에 대하여 별도로 형식승인을 받은 경우에는 그 성능인정 범위에서 사용할 수 있다.
2. 부착높이 20[m] 이상에 설치되는 광전식 중 아날로그방식의 감지기는 공칭감지농도 하한값이 5[%/m] 미만인 것으로 한다.

정답 불꽃감지기, 광전식(분리형, 공기흡입형) 중 아날로그방식

26

다음은 자동화재탐지설비 및 시각경보장치의 화재안전기술기준에서 정하는 감지기의 설치기준이다. ( ) 안에 알맞은 내용을 쓰시오.

득점	배점
	4

- 감지기(차동식 분포형의 것을 제외한다)는 실내로의 공기유입구로부터 (①)[m] 이상 떨어진 위치에 설치할 것
- 보상식 스포트형 감지기는 정온점이 감지기 주위의 평상시 최고온도보다 (②)[℃] 이상 높은 것으로 설치할 것
- 정온식 감지기는 주방·보일러실 등으로서 다량의 화기를 취급하는 장소에 설치하되, 공칭작동온도가 최고 주위온도보다 (③)[℃] 이상 높은 것으로 설치할 것
- 스포트형 감지기는 (④)[°] 이상 경사되지 않도록 부착할 것

해설

감지기의 설치기준

(1) 감지기(차동식 분포형의 것을 제외한다)는 실내로의 공기유입구로부터 1.5[m] 이상 떨어진 위치에 설치할 것
(2) 감지기는 천장 또는 반자의 옥내에 면하는 부분에 설치할 것
(3) 보상식 스포트형 감지기는 정온점이 감지기 주위의 평상시 최고온도보다 20[℃] 이상 높은 것으로 설치할 것
(4) 정온식 감지기는 주방·보일러실 등으로서 다량의 화기를 취급하는 장소에 설치하되, 공칭작동온도가 최고 주위온도보다 20[℃] 이상 높은 것으로 설치할 것
(5) 스포트형 감지기는 45[°] 이상 경사되지 않도록 부착할 것

정답 ① 1.5   ② 20
 ③ 20   ④ 45

27 다음은 자동화재탐지설비 및 시각경보장치의 화재안전기술기준에서 정하는 연기감지기 중 1종 연기감지기의 설치기준이다. ( ) 안에 알맞은 내용을 쓰시오.

득점	배점
	4

- 복도 및 통로에 있어서는 보행거리 (①)[m]마다 1개 이상으로 할 것
- 계단 및 경사로에 있어서는 수직거리 (②)[m]마다 1개 이상으로 할 것
- 천장 또는 반자 부근에 (③)가 있는 경우에는 그 부근에 설치할 것
- 감지기는 벽 또는 보로부터 (④)[m] 이상 떨어진 곳에 설치할 것

해설

연기감지기의 설치기준

(1) 연기감지기의 설치장소
① 계단・경사로 및 에스컬레이터 경사로
② 복도(30[m] 미만의 것을 제외)
③ 엘리베이터 승강로(권상기실이 있는 경우에는 권상기실)・린넨슈트・파이프 피트 및 덕트 기타 이와 유사한 장소
④ 천장 또는 반자의 높이가 15[m] 이상 20[m] 미만의 장소
⑤ 다음 어느 하나에 해당하는 특정소방대상물의 취침・숙박・입원 등 이와 유사한 용도로 사용되는 거실
  ㉠ 공동주택・오피스텔・숙박시설・노유자시설・수련시설
  ㉡ 교육연구시설 중 합숙소
  ㉢ 의료시설, 근린생활시설 중 입원실이 있는 의원・조산원
  ㉣ 교정 및 군사시설
  ㉤ 근린생활시설 중 고시원

(2) 연기감지기의 설치기준
① 연기감지기의 부착높이에 따라 다음 표에 따른 바닥면적마다 1개 이상으로 할 것

부착높이	감지기의 종류(단위 : [m²])	
	1종 및 2종	3종
4[m] 미만	150[m²]	50[m²]
4[m] 이상 20[m] 미만	75[m²]	−

② 감지기는 복도 및 통로에 있어서는 보행거리 30[m](3종에 있어서는 20[m])마다, 계단 및 경사로에 있어서는 수직거리 15[m](3종에 있어서는 10[m])마다 1개 이상으로 할 것
③ 천장 또는 반자가 낮은 실내 또는 좁은 실내에 있어서는 출입구의 가까운 부분에 설치할 것
④ 천장 또는 반자 부근에 배기구가 있는 경우에는 그 부근에 설치할 것
⑤ 감지기는 벽 또는 보로부터 0.6[m] 이상 떨어진 곳에 설치할 것

정답
① 30 ② 15
③ 배기구 ④ 0.6

28

차동식 스포트형·보상식 스포트형 및 정온식 스포트형 감지기의 부착높이 및 특정소방대상물의 구분에 따른 감지기 1개를 설치해야 할 바닥면적 기준이다. 다음 표의 ①~⑧의 빈칸을 채우시오.

부착높이 및 특정소방대상물의 구분		감지기의 종류(단위 : [m²])						
		차동식 스포트형		보상식 스포트형		정온식 스포트형		
		1종	2종	1종	2종	특종	1종	2종
4[m] 미만	주요구조부가 내화구조로 된 특정소방대상물 또는 그 부분	①	70	①	70	70	60	⑦
	기타 구조의 특정소방대상물 또는 그 부분	②	③	②	③	40	30	⑧
4[m] 이상 8[m] 미만	주요구조부가 내화구조로 된 특정소방대상물 또는 그 부분	45	④	45	④	④	⑤	-
	기타 구조의 특정소방대상물 또는 그 부분	30	25	30	25	25	⑥	-

해설

자동화재탐지설비의 감지기 설치기준

(1) 차동식 스포트형·보상식 스포트형 및 정온식 스포트형 감지기는 그 부착높이 및 특정소방대상물에 따라 다음 표에 따른 바닥면적마다 1개 이상을 설치할 것

부착높이 및 특정소방대상물의 구분		감지기의 종류(단위 : [m²])						
		차동식 스포트형		보상식 스포트형		정온식 스포트형		
		1종	2종	1종	2종	특종	1종	2종
4[m] 미만	주요구조부가 내화구조로 된 특정소방대상물 또는 그 부분	90	70	90	70	70	60	20
	기타 구조의 특정소방대상물 또는 그 부분	50	40	50	40	40	30	15
4[m] 이상 8[m] 미만	주요구조부가 내화구조로 된 특정소방대상물 또는 그 부분	45	35	45	35	35	30	-
	기타 구조의 특정소방대상물 또는 그 부분	30	25	30	25	25	15	-

(2) 열반도체식 차동식 분포형 감지기의 감지부는 그 부착높이 및 특정소방대상물에 따라 다음 표에 따른 바닥면적마다 1개 이상으로 할 것. 다만, 바닥면적이 다음 표에 따른 면적의 2배 이하인 경우에는 2개(부착높이가 8[m] 미만이고, 바닥면적이 다음 표에 따른 면적 이하인 경우에는 1개) 이상으로 해야 한다.

부착높이 및 특정소방대상물의 구분		감지기의 종류(단위 : [m²])	
		1종	2종
8[m] 미만	주요구조부가 내화구조로 된 소방대상물 또는 그 부분	65	36
	기타 구조의 소방대상물 또는 그 부분	40	23
8[m] 이상 15[m] 미만	주요구조부가 내화구조로 된 소방대상물 또는 그 부분	50	36
	기타 구조의 소방대상물 또는 그 부분	30	23

(3) 연기감지기의 설치기준
① 연기감지기의 부착높이에 따라 다음 표에 따른 바닥면적마다 1개 이상으로 할 것

부착높이	감지기의 종류(단위 : [m²])	
	1종 및 2종	3종
4[m] 미만	150	50
4[m] 이상 20m 미만	75	-

② 감지기는 복도 및 통로에 있어서는 보행거리 30[m](3종에 있어서는 20[m])마다, 계단 및 경사로에 있어서는 수직거리 15[m](3종에 있어서는 10[m])마다 1개 이상으로 할 것

정답
① 90　② 50
③ 40　④ 35
⑤ 30　⑥ 15
⑦ 20　⑧ 15

29

주요구조부가 내화구조로 된 사무실에 차동식 스포트형 1종 감지기를 설치하고자 한다. 사무실의 천장높이는 4.5[m]이고, 바닥면적이 500[m²]일 때 설치해야 할 감지기의 최소 설치개수를 구하시오.

득점 배점: 4

• 계산과정 :
• 답 :

해설

감지기의 설치기준
차동식 스포트형·보상식 스포트형 및 정온식 스포트형 감지기는 그 부착높이 및 특정소방대상물에 따라 다음 표에 따른 바닥면적마다 1개 이상을 설치할 것

부착높이 및 특정소방대상물의 구분		감지기의 종류(단위 : [m²])						
		차동식 스포트형		보상식 스포트형		정온식 스포트형		
		1종	2종	1종	2종	특종	1종	2종
4[m] 미만	주요구조부가 내화구조로 된 특정소방대상물 또는 그 부분	90	70	90	70	70	60	20
	기타 구조의 특정소방대상물 또는 그 부분	50	40	50	40	40	30	15
4[m] 이상 8[m] 미만	주요구조부가 내화구조로 된 특정소방대상물 또는 그 부분	45	35	45	35	35	30	-
	기타 구조의 특정소방대상물 또는 그 부분	30	25	30	25	25	15	-

사무실의 천장높이가 4.5[m]이므로 감지기의 부착높이는 4[m] 이상 8[m] 미만이다. 따라서, 차동식 스포트형 1종 감지기를 설치할 경우 바닥면적 45[m²]마다 1개 이상을 설치해야 한다.

∴ 차동식 스포트형 감지기의 설치개수 = $\frac{감지구역의\ 바닥면적[m^2]}{감지기\ 1개의\ 설치\ 바닥면적[m^2]}$ = $\frac{500[m^2]}{45[m^2]}$ = 11.11개 ≒ 12개

정답 12개

30

어떤 건물의 사무실 바닥면적이 700[m²]이고, 천장높이가 4[m]이다. 이 사무실에 차동식 스포트형 2종 감지기를 설치하려고 할 때 감지기의 최소 설치개수를 구하시오(단, 주요구조부는 내화구조이다).

득점	배점
	4

• 계산과정 :

• 답 :

해설

자동화재탐지설비의 감지기 설치기준

(1) 경계구역의 설정기준
   ① 하나의 경계구역이 2 이상의 건축물에 미치지 않도록 할 것
   ② 하나의 경계구역이 2 이상의 층에 미치지 않도록 할 것. 다만, 500[m²] 이하의 범위 안에서는 2개의 층을 하나의 경계구역으로 할 수 있다.
   ③ 하나의 경계구역의 면적은 600[m²] 이하로 하고, 한 변의 길이는 50[m] 이하로 할 것. 다만, 해당 특정소방대상물의 주된 출입구에서 그 내부 전체가 보이는 것에 있어서는 한 변의 길이가 50[m]의 범위 내에서 1,000[m²] 이하로 할 수 있다.
   ∴ 하나의 경계구역의 면적은 600[m²] 이하이므로 바닥면적이 700[m²]일 경우 2 경계구역으로 설정하여 감지기의 개수를 구한다.

(2) 차동식 스포트형·보상식 스포트형 및 정온식 스포트형 감지기는 그 부착높이 및 특정소방대상물에 따라 다음 표에 따른 바닥면적[m²]마다 1개 이상을 설치할 것

부착높이 및 특정소방대상물의 구분		감지기의 종류(단위 : [m²])					
		차동식 스포트형		보상식 스포트형		정온식 스포트형		
		1종	2종	1종	2종	특종	1종	2종
4[m] 미만	주요구조부가 내화구조로 된 특정소방대상물 또는 그 부분	90	70	90	70	70	60	20
	기타 구조의 특정소방대상물 또는 그 부분	50	40	50	40	40	30	15
4[m] 이상 8[m] 미만	주요구조부가 내화구조로 된 특정소방대상물 또는 그 부분	45	35	45	35	35	30	-
	기타 구조의 특정소방대상물 또는 그 부분	30	25	30	25	25	15	-

① 주요구조부가 내화구조이고, 천장높이가 4[m]이므로 차동식 스포트형 2종 감지기 1개의 바닥면적은 35[m²]이다.
② 2 경계구역이므로 바닥면적을 1/2(350[m²])로 나누면 1 경계구역당 바닥면적이 350[m²]이고, 2 경계구역으로 감지기의 설치개수를 구한다.

∴ 감지기 설치개수 = 1 경계구역 + 2 경계구역 = $\frac{350[m^2]}{35[m^2]} + \frac{350[m^2]}{35[m^2]} = 20$개

정답 20개

31 사무실의 바닥면적이 500[m²]이고, 천장높이가 3.5[m]인 특정소방대상물에 차동식 스포트형 2종 감지기를 설치하고자 한다. 이때 감지기의 최소 설치개수를 구하시오(단, 건축물은 철근콘크리트 구조의 내화구조이다).

득점	배점
	4

• 계산과정 :

• 답 :

해설

차동식 · 보상식 · 정온식 스포트형 감지기의 설치개수 산출

차동식 스포트형 · 보상식 스포트형 및 정온식 스포트형 감지기는 그 부착높이 및 특정소방대상물의 구분에 따라 다음 표에 따른 바닥면적마다 1개 이상을 설치할 것

부착높이 및 특정소방대상물의 구분		감지기의 종류(단위 : [m²])					
		차동식 스포트형		보상식 스포트형		정온식 스포트형		
		1종	2종	1종	2종	특종	1종	2종
4[m] 미만	주요구조부가 내화구조로 된 특정소방대상물 또는 그 부분	90	70	90	70	70	60	20
	기타 구조의 특정소방대상물 또는 그 부분	50	40	50	40	40	30	15
4[m] 이상 8[m] 미만	주요구조부가 내화구조로 된 특정소방대상물 또는 그 부분	45	35	45	35	35	30	-
	기타 구조의 특정소방대상물 또는 그 부분	30	25	30	25	25	15	-

특정소방대상물은 철근 콘크리트 구조이므로 내화구조이고, 천장높이가 3.5[m]이므로 감지기의 부착높이는 4[m] 미만이다. 따라서, 차동식 스포트형 2종 감지기 1개의 설치 바닥면적은 [표]에서 70[m²]이다.

∴ 감지기 설치개수 = $\dfrac{\text{감지구역의 바닥면적[m}^2\text{]}}{\text{감지기 1개의 설치 바닥면적[m}^2\text{]}}$ = $\dfrac{500[\text{m}^2]}{70[\text{m}^2]}$ = 7.14개 ≒ 8개

정답 8개

32. 가로 35[m], 세로 20[m]인 사무실에 화재감지기를 설치하고자 한다. 다음 각 물음에 답하시오 (단, 주요구조부는 내화구조이고, 감지기의 설치높이는 6[m]이다).

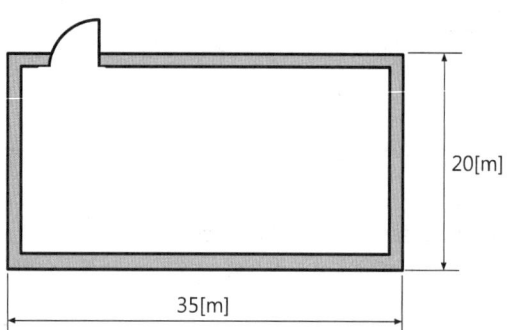

(1) 차동식 스포트형 2종 감지기의 설치개수를 구하시오.
   • 계산과정 :
   • 답 :

(2) 광전식 스포트형 2종 감지기의 설치개수를 구하시오.
   • 계산과정 :
   • 답 :

해설

감지기의 설치기준

(1) 경계구역의 설정기준
  ① 하나의 경계구역이 2 이상의 건축물에 미치지 않도록 할 것
  ② 하나의 경계구역이 2 이상의 층에 미치지 않도록 할 것. 다만, 500[m²] 이하의 범위 안에서는 2개의 층을 하나의 경계구역으로 할 수 있다.
  ③ 하나의 경계구역의 면적은 600[m²] 이하로 하고, 한 변의 길이는 50[m] 이하로 할 것. 다만, 해당 특정소방대상물의 주된 출입구에서 그 내부 전체가 보이는 것에 있어서는 한 변의 길이가 50[m]의 범위에서 1,000[m²] 이하로 할 수 있다.
    ㉠ 사무실의 바닥면적 = 35[m]×20[m] = 700[m²]
    ㉡ 문제의 조건에서 "주된 출입구에서 그 내부 전체가 보인다."라고 제시하지 않았으므로 바닥면적이 600[m²]를 초과하기 때문에 2 경계구역으로 설정해야 한다.

(2) 차동식 스포트형·보상식 스포트형 및 정온식 스포트형 감지기는 그 부착높이 및 특정소방대상물에 따라 다음 [표]에 따른 바닥면적마다 1개 이상을 설치할 것

부착높이 및 특정소방대상물의 구분		감지기의 종류(단위 : [m²])					
		차동식 스포트형		보상식 스포트형		정온식 스포트형		
		1종	2종	1종	2종	특종	1종	2종
4[m] 미만	주요구조부가 내화구조로 된 특정소방대상물 또는 그 부분	90	70	90	70	70	60	20
	기타 구조의 특정소방대상물 또는 그 부분	50	40	50	40	40	30	15
4[m] 이상 8[m] 미만	주요구조부가 내화구조로 된 특정소방대상물 또는 그 부분	45	35	45	35	35	30	–
	기타 구조의 특정소방대상물 또는 그 부분	30	25	30	25	25	15	–

① 문제에서 감지기의 부착높이는 4[m] 이상 8[m] 미만이고, 주요구조부가 내화구조이므로 차동식 스포트형 2종 감지기는 바닥면적 35[m²]마다 1개 이상을 설치해야 한다.
② 전체 바닥면적이 700[m²]이므로 경계구역 면적을 350[m²]로 나누어 감지기의 설치개수를 산정한다.

㉠ 1 경계구역의 최소 감지기 설치개수 = $\dfrac{\text{감지구역의 바닥면적[m}^2\text{]}}{\text{감지기 1개의 설치 바닥면적[m}^2\text{]}}$

$= \dfrac{350[\text{m}^2]}{35[\text{m}^2]} = 10$개

㉡ 2 경계구역의 최소 감지기 설치개수 = 10개 × 2 경계구역 = 20개

(3) 연기감지기(광전식 스포트형 감지기) 감지기의 부착높이에 따라 다음 [표]에 따른 바닥면적마다 1개 이상으로 할 것

부착높이	감지기의 종류(단위 : [m²])	
	1종 및 2종	3종
4[m] 미만	150	50
4[m] 이상 20[m] 미만	75	—

① 광전식 스포트형 감지기는 연기감지기이다.
② 문제에서 감지기의 부착높이는 4[m] 이상 20[m] 미만이므로 광전식 스포트형 2종 감지기는 바닥면적 75[m²]마다 1개 이상을 설치해야 한다.
③ 전체 바닥면적이 700[m²]이므로 최소 감지기 개수를 구하기 위하여 경계구역 면적을 300[m²]와 400[m²]로 나누어 감지기의 설치개수를 산정한다.

㉠ 300[m²]의 감지기 설치개수 = $\dfrac{\text{감지구역의 바닥면적[m}^2\text{]}}{\text{감지기 1개의 설치 바닥면적[m}^2\text{]}} = \dfrac{300[\text{m}^2]}{75[\text{m}^2]} = 4$개

㉡ 400[m²]의 감지기 설치개수 = $\dfrac{\text{감지구역의 면적[m}^2\text{]}}{\text{감지기 1개의 설치 바닥면적[m}^2\text{]}} = \dfrac{400[\text{m}^2]}{75[\text{m}^2]} = 5.33$개 ≒ 6개

㉢ 2 경계구역의 최소 감지기 설치개수 = 4개 + 6개 = 10개

정답 (1) 20개
(2) 10개

33. 다음은 주요구조부가 비내화구조로 된 특정소방대상물에 각각의 실로 구획되어 있는 평면도이다. 자동화재탐지설비의 차동식 스포트형 1종 감지기를 설치하고자 할 경우 각 물음에 답하시오 (단, 감지기가 부착되어 있는 천장의 높이는 3.8[m]이다).

득점	배점
	6

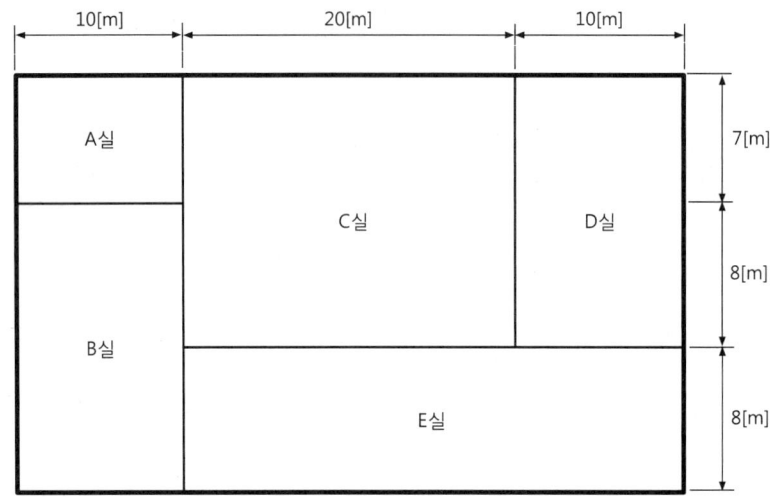

(1) 각 실에 설치해야 하는 차동식 스포트 1종 감지기의 설치개수를 구하시오.

실 구분	계산과정	감지기의 설치개수
A실		
B실		
C실		
D실		
E실		
합계		

(2) 해당 특정소방대상물 경계구역의 수를 구하시오.
- 계산과정 :
- 답 :

해설

자동화재탐지설비의 감지기 설치기준

(1) 차동식 스포트형 1종 감지기 설치개수 산정

① 차동식 스포트형·보상식 스포트형 및 정온식 스포트형 감지기는 그 부착높이 및 특정소방대상물에 따라 다음 [표]에 따른 바닥면적마다 1개 이상을 설치할 것

부착높이 및 특정소방대상물의 구분		감지기의 종류(단위 : [m²])						
		차동식 스포트형		보상식 스포트형		정온식 스포트형		
		1종	2종	1종	2종	특종	1종	2종
4[m] 미만	주요구조부가 내화구조로 된 특정소방대상물 또는 그 부분	90	70	90	70	70	60	20
	기타 구조의 특정소방대상물 또는 그 부분	50	40	50	40	40	30	15
4[m] 이상 8[m] 미만	주요구조부가 내화구조로 된 특정소방대상물 또는 그 부분	45	35	45	35	35	30	-
	기타 구조의 특정소방대상물 또는 그 부분	30	25	30	25	25	15	-

② 주요구조부가 비내화구조로 된 특정소방대상물이고, 감지기가 부착되어 있는 천장의 높이는 3.8[m]이다.

③ 감지기의 부착높이는 4[m] 미만이고, 주요구조부가 기타 구조의 특정소방대상물이므로 차동식 스포트형 1종 감지기는 바닥면적 50[m²]마다 1개 이상을 설치해야 한다.

$$\therefore 감지기\ 설치개수 = \frac{감지구역의\ 바닥면적[m^2]}{감지기\ 1개의\ 설치\ 바닥면적[m^2]}$$

실 구분	계산과정	감지기의 설치개수
A실	$\frac{10[m] \times 7[m]}{50[m^2]} = 1.4개 ≒ 2개$	2개
B실	$\frac{10[m] \times (8[m] + 8[m])}{50[m^2]} = 3.2개 ≒ 4개$	4개
C실	$\frac{20[m] \times (7[m] + 8[m])}{50[m^2]} = 6개$	6개
D실	$\frac{10[m] \times (7[m] + 8[m])}{50[m^2]} = 3개$	3개
E실	$\frac{(20[m] + 10[m]) \times 8[m]}{50[m^2]} = 4.8개 ≒ 5개$	5개
합계	2개 + 4개 + 6개 + 3개 + 5개 = 20개	20개

(2) 경계구역의 설정기준

① 수평적 경계구역

구분	기준	예외 기준
층별	층마다(2개 이상의 층에 미치지 않도록 할 것)	500[m²] 이하의 범위 안에서는 2개의 층을 하나의 경계구역으로 할 수 있다.
경계구역의 면적	600[m²] 이하	주된 출입구에서 그 내부 전체가 보이는 것에 있어서는 한 변의 길이가 50[m]의 범위에서 1,000[m²] 이하로 할 수 있다.
한 변의 길이	50[m] 이하	-

② 수직적 경계구역

구분	계단·경사로 기준	엘리베이터 승강로(권상기실이 있는 경우에는 권상기실)·린넨슈트·파이프 피트 및 덕트
높이	45[m] 이하	별도의 경계구역으로 설정
지하층 구분	지상층과 지하층을 구분 (지하층의 층수가 한 개 층일 경우는 제외)	

∴ 경계구역 = $\dfrac{(10[m] + 20[m] + 10[m]) \times (7[m] + 8[m] + 8[m])}{600[m^2]}$ = 1.53 ≒ 2 경계구역

정답 (1)

실 구분	계산과정	감지기 설치개수
A실	$\dfrac{10[m] \times 7[m]}{50[m^2]}$ = 1.4개 ≒ 2개	2개
B실	$\dfrac{10[m] \times (8[m] + 8[m])}{50[m^2]}$ = 3.2개 ≒ 4개	4개
C실	$\dfrac{20[m] \times (7[m] + 8[m])}{50[m^2]}$ = 6개	6개
D실	$\dfrac{10[m] \times (7[m] + 8[m])}{50[m^2]}$ = 3개	3개
E실	$\dfrac{(20[m] + 10[m]) \times 8[m]}{50[m^2]}$ = 4.8개 ≒ 5개	5개
합계	2개 + 4개 + 6개 + 3개 + 5개 = 20개	20개

(2) 2 경계구역

34 다음 도면은 어느 특정소방대상물의 평면도이다. 각 실에 차동식 스포트형 1종 감지기를 설치하고자 한다. 각 물음에 답하시오(단, 건축물의 주요구조부는 내화구조이고, 감지기의 부착높이는 4.5[m]이다).

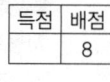
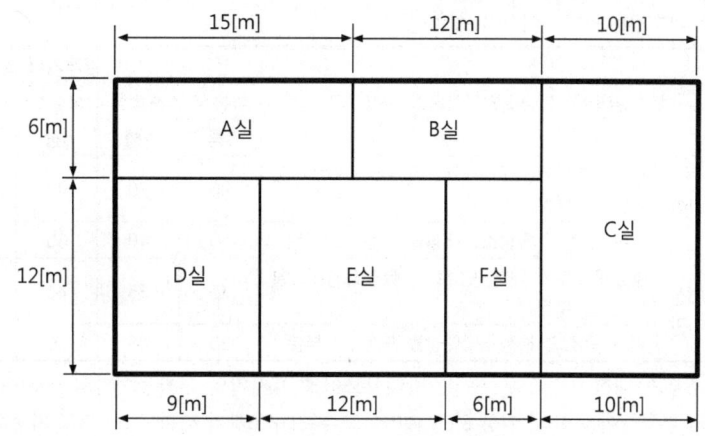

(1) 각 실에 설치해야 하는 차동식 스포트형 1종 감지기의 개수를 구하시오.

실 구분	계산과정	감지기의 설치개수
A실		
B실		
C실		
D실		
E실		
F실		
합계		

(2) 해당 특정소방대상물 경계구역의 수를 구하시오.
- 계산과정 :
- 답 :

[해설]

자동화재탐지설비의 감지기 설치기준

(1) 차동식 스포트형 1종 감지기의 설치개수 산정

① 차동식 스포트형·보상식 스포트형 및 정온식 스포트형 감지기는 그 부착높이 및 특정소방대상물에 따라 다음 [표]에 따른 바닥면적마다 1개 이상을 설치할 것

부착높이 및 특정소방대상물의 구분		감지기의 종류(단위 : [m²])					
		차동식 스포트형		보상식 스포트형		정온식 스포트형		
		1종	2종	1종	2종	특종	1종	2종
4[m] 미만	주요구조부가 내화구조로 된 특정소방대상물 또는 그 부분	90	70	90	70	70	60	20
	기타 구조의 특정소방대상물 또는 그 부분	50	40	50	40	40	30	15
4[m] 이상 8[m] 미만	주요구조부가 내화구조로 된 특정소방대상물 또는 그 부분	45	35	45	35	35	30	-
	기타 구조의 특정소방대상물 또는 그 부분	30	25	30	25	25	15	-

② 주요구조부가 내화구조로 된 특정소방대상물이고 감지기의 부착높이가 4.5[m]이다.

③ 감지기의 부착높이는 4[m] 이상 8[m] 미만이고, 주요구조부가 내화구조이므로 차동식 스포트형 1종 감지기는 바닥면적 45[m²]마다 1개 이상을 설치해야 한다.

$$\therefore \text{감지기 설치개수} = \frac{\text{감지구역의 바닥면적}[m^2]}{\text{감지기 1개의 설치 바닥면적}[m^2]} [\text{개}]$$

실 구분	계산과정	감지기의 설치개수
A실	$\frac{15[m] \times 6[m]}{45[m^2]} = 2개$	2개
B실	$\frac{12[m] \times 6[m]}{45[m^2]} = 1.6개 ≒ 2개$	2개
C실	$\frac{10[m] \times (6[m] + 12[m])}{45[m^2]} = 4개$	4개
D실	$\frac{9[m] \times 12[m]}{45[m^2]} = 2.4개 ≒ 3개$	3개
E실	$\frac{12[m] \times 12[m]}{45[m^2]} = 3.2개 ≒ 4개$	4개
F실	$\frac{6[m] \times 12[m]}{45[m^2]} = 1.6개 ≒ 2개$	2개
합계	2개 + 2개 + 4개 + 3개 + 4개 + 2개 = 17개	17개

(2) 경계구역의 설정기준

① 수평적 경계구역

구분	기준	예외 기준
층별	층마다(2개 이상의 층에 미치지 않도록 할 것)	500[m²] 이하의 범위 안에서는 2개의 층을 하나의 경계구역으로 할 수 있다.
경계구역의 면적	600[m²] 이하	주된 출입구에서 그 내부 전체가 보이는 것에 있어서는 한 변의 길이가 50[m]의 범위에서 1,000[m²] 이하로 할 수 있다.
한 변의 길이	50[m] 이하	-

② 수직적 경계구역

구분	계단·경사로 기준	엘리베이터 승강로(권상기실이 있는 경우에는 권상기실)·린넨슈트·파이프 피트 및 덕트
높이	45[m] 이하	별도의 경계구역으로 설정
지하층 구분	지상층과 지하층을 구분 (지하층의 층수가 한 개 층일 경우는 제외)	

$$\therefore 경계구역 = \frac{(15[m] + 12[m] + 10[m]) \times (6[m] + 12[m])}{600[m^2]} = 1.11 ≒ 2 \ 경계구역$$

정답 (1)

실 구분	계산과정	감지기의 설치개수
A실	$\frac{15[m] \times 6[m]}{45[m^2]} = 2개$	2개
B실	$\frac{12[m] \times 6[m]}{45[m^2]} = 1.6개 ≒ 2개$	2개
C실	$\frac{10[m] \times (6[m] + 12[m])}{45[m^2]} = 4개$	4개
D실	$\frac{9[m] \times 12[m]}{45[m^2]} = 2.4개 ≒ 3개$	3개
E실	$\frac{12[m] \times 12[m]}{45[m^2]} = 3.2개 ≒ 4개$	4개
F실	$\frac{6[m] \times 12[m]}{45[m^2]} = 1.6개 ≒ 2개$	2개
합계	2개 + 2개 + 4개 + 3개 + 4개 + 2개 = 17개	17개

(2) 2 경계구역

35 아래 그림에서 복도 중심선의 길이가 90[m]인 구부러진 복도에 연기감지기 2종과 연기감지기 3종을 각각 설치하고자 한다. 각각의 도면에 소방시설 도시기호를 사용하여 연기감지기를 표시하고 복도 끝과 감지기 간 및 감지기 상호 간의 설치간격을 도면에 표시하시오.

(1) 연기감지기 2종을 설치할 경우

(2) 연기감지기 3종을 설치할 경우

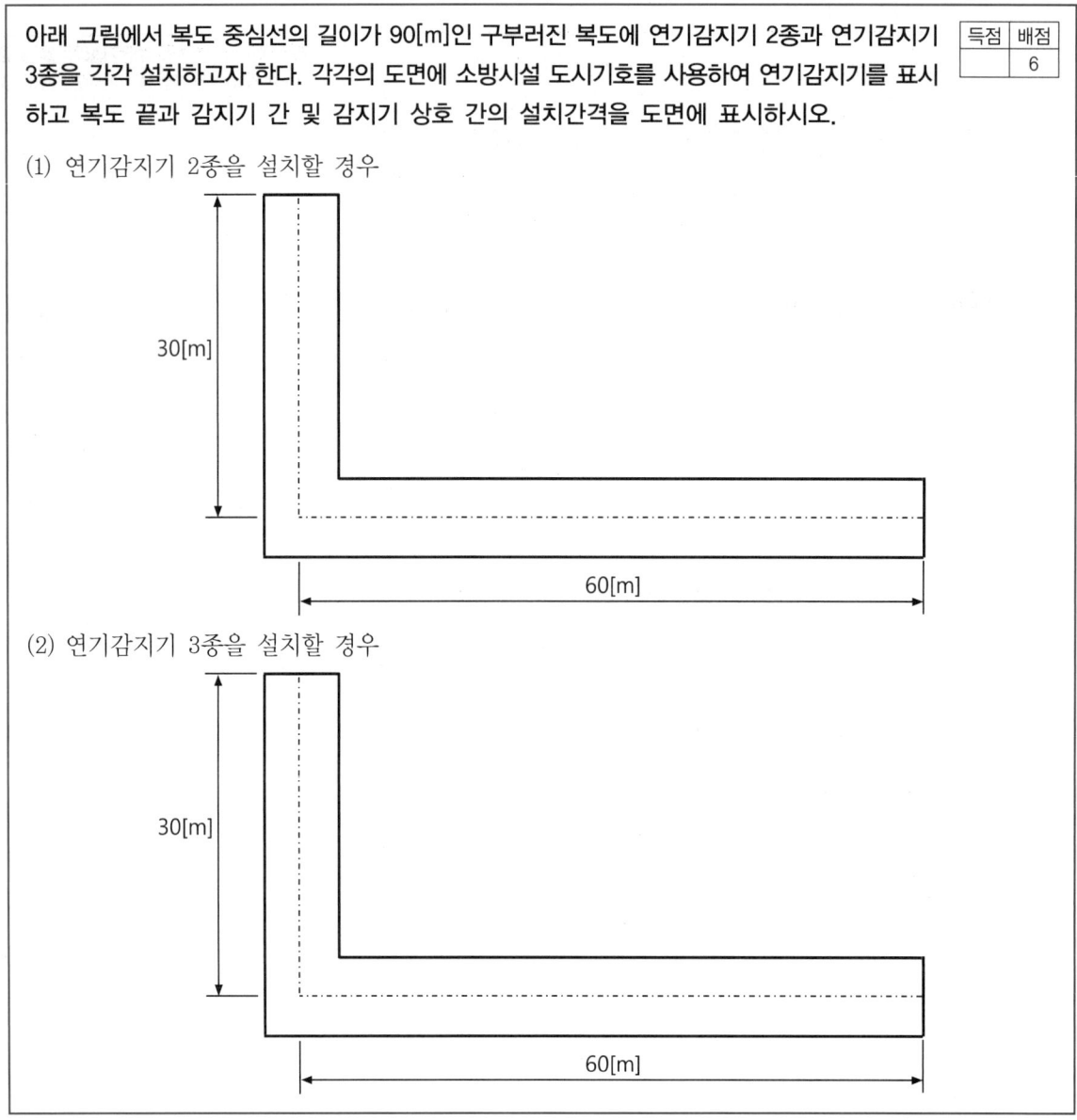

해설

연기감지기의 설치
(1) 연기감지기의 설치기준
① 연기감지기(광전식 스포트형 감지기) 감지기의 부착높이에 따라 다음 [표]에 따른 바닥면적마다 1개 이상으로 할 것

부착높이	감지기의 종류(단위 : [m²])	
	1종 및 2종	3종
4[m] 미만	150	50
4[m] 이상 20[m] 미만	75	-

② 감지기는 복도 및 통로에 있어서는 보행거리 30[m](3종에 있어서는 20[m])마다, 계단 및 경사로에 있어서는 수직거리 15[m](3종에 있어서는 10[m])마다 1개 이상으로 할 것
③ 천장 또는 반자가 낮은 실내 또는 좁은 실내에 있어서는 출입구의 가까운 부분에 설치할 것
④ 천장 또는 반자 부근에 배기구가 있는 경우에는 그 부근에 설치할 것
⑤ 감지기는 벽 또는 보로부터 0.6[m] 이상 떨어진 곳에 설치할 것

㉠ 복도, 통로 : 감지기 설치개수 = $\dfrac{\text{감지구역의 보행거리[m]}}{\text{감지기 1개의 설치 보행거리[m]}}$ [개]

㉡ 계단, 경사로 : 감지기 설치개수 = $\dfrac{\text{감지구역의 수직거리[m]}}{\text{감지기 1개의 설치 수직거리[m]}}$ [개]

> **참고**
>
> **감지기**
> 복도 및 통로에 있어서는 보행거리 30[m]마다 설치하도록 한 것은 감지기와 감지기 사이 복도 및 통로 폭의 중심에서 실제 이동한 경로에 해당하는 거리 30[m]를 의미하는 것이므로 보행거리 30[m]는 연기감지기를 중심으로 좌우측으로 15[m]를 기준으로 감지거리를 설정한 것이다.
>
>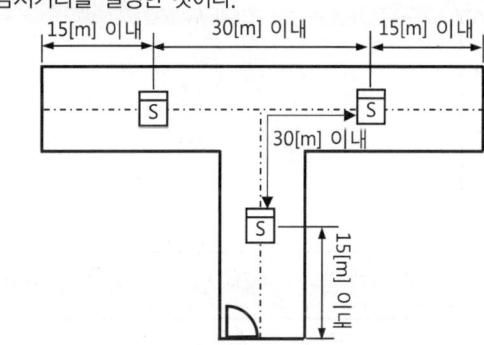

(2) 소방시설 도시기호(소방시설 자체점검사항 등에 관한 고시)

명칭	도시기호	명칭	도시기호
차동식 스포트형 감지기	⌒	연기감지기	S
정온식 스포트형 감지기	⌒	보상식 스포트형 감지기	⌒

(3) 감지기의 설치개수 산정

연기감지기 종류	복도 도면	감지기의 설치개수
1종 및 2종		• 보행거리 30[m] 기준 • 가로 복도 설치개수 $= \dfrac{60[m]}{30[m]} = 2개$ • 세로 복도 설치개수 $= \dfrac{30[m]}{30[m]} = 1개$
3종		• 보행거리 20[m] 기준 • 가로 복도 설치개수 $= \dfrac{60[m]}{20[m]} = 3개$ • 세로 복도 설치개수 $= \dfrac{30[m]}{20[m]} = 1.5개$ ≒ 2개

정답 (1)

(2)

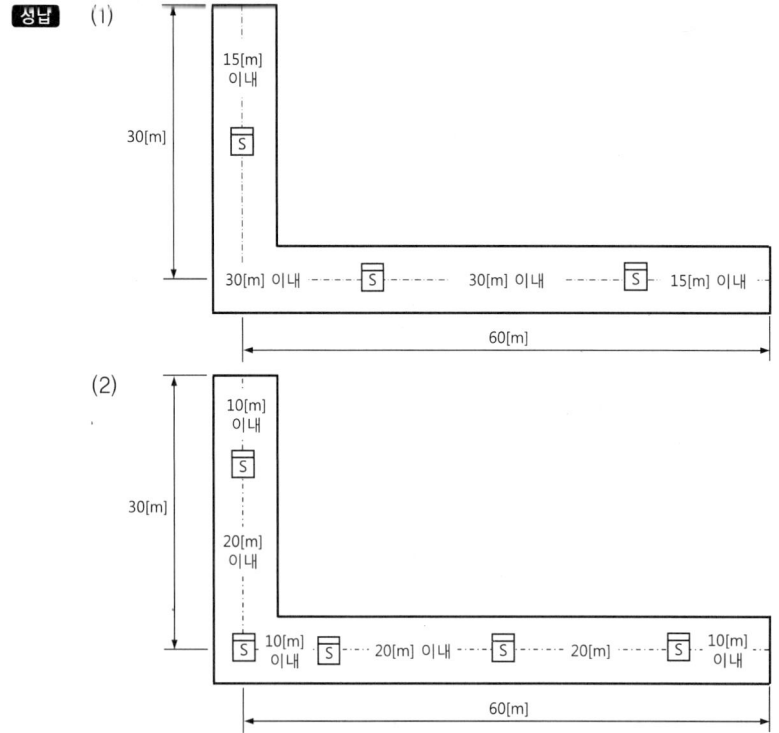

36 다음의 평면도와 같이 지하 1층에서 지상 5층까지 각 층의 평면도는 동일하고, 각 층의 높이가 4[m]인 특정소방대상물에 자동화재탐지설비를 설치하고자 한다. 각 물음에 답하시오.

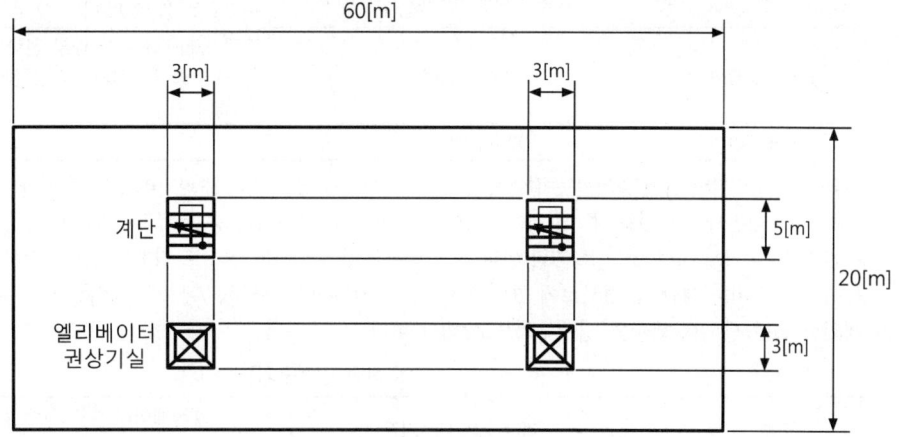

(1) 하나의 층에 대한 수평적 경계구역의 수를 구하시오.
  • 계산과정 :
  • 답 :
(2) 해당 특정소방대상물의 수평적 및 수직적 경계구역의 수를 구하시오.
  ① 수평적 경계구역의 수 :
  ② 수직적 경계구역의 수 :
(3) 해당 특정소방대상물에 설치해야 하는 수신기의 형별을 쓰시오.
(4) 계단에 설치하는 감지기는 각각 몇 층에 설치해야 하는지 쓰시오.
(5) 엘리베이터 권상기실 상부에 설치해야 하는 감지기의 종류를 쓰시오.

해설

자동화재탐지설비

(1) 경계구역의 설정기준
  ① 하나의 경계구역이 2 이상의 건축물에 미치지 않도록 할 것
  ② 하나의 경계구역이 2 이상의 층에 미치지 않도록 할 것. 다만, 500[m²] 이하의 범위 안에서는 2개의 층을 하나의 경계구역으로 할 수 있다.
  ③ 하나의 경계구역의 면적은 600[m²] 이하로 하고 한 변의 길이는 50[m] 이하로 할 것. 다만, 해당 특정소방대상물의 주된 출입구에서 그 내부 전체가 보이는 것에 있어서는 한 변의 길이가 50[m]의 범위 내에서 1,000[m²] 이하로 할 수 있다.

[수평적 경계구역]

구분	기준	예외 기준
층별	층마다(2개 이상의 층에 미치지 않도록 할 것)	500[m²] 이하의 범위 안에서는 2개의 층을 하나의 경계구역으로 할 수 있다.
경계구역의 면적	600[m²] 이하	주된 출입구에서 그 내부 전체가 보이는 것에 있어서는 한 변의 길이가 50[m]의 범위에서 1,000[m²] 이하로 할 수 있다.
한 변의 길이	50[m] 이하	–

④ 계단(직통계단 외의 것에 있어서는 떨어져 있는 상하 계단의 상호 간의 수평거리가 5[m] 이하로서 서로 간에 구획되지 않는 것에 한한다)·경사로(에스컬레이터 경사로 포함)·엘리베이터 승강로(권상기실이 있는 경우에는 권상기실)·린넨슈트·파이프 피트 및 덕트 기타 이와 유사한 부분에 대하여는 별도로 경계구역을 설정하되, 하나의 경계구역은 높이 45[m] 이하(계단 및 경사로에 한한다)로 하고, 지하층의 계단 및 경사로(지하층의 층수가 한 개 층일 경우는 제외한다)는 별도로 하나의 경계구역으로 해야 한다.

[수직적 경계구역]

구분	계단·경사로 기준	엘리베이터 승강로(권상기실이 있는 경우에는 권상기실)·린넨슈트·파이프 피트 및 덕트
높이	45[m] 이하	별도의 경계구역으로 설정
지하층 구분	지상층과 지하층을 구분 (지하층의 층수가 한 개 층일 경우는 제외)	

⑤ 외기에 면하여 상시 개방된 부분이 있는 차고·주차장·창고 등에 있어서는 외기에 면하는 각 부분으로부터 5[m] 미만의 범위 안에 있는 부분은 경계구역의 면적에 산입하지 않는다.

⑥ 스프링클러설비·물분무 등 소화설비 또는 제연설비의 화재감지장치로서 화재감지기를 설치한 경우의 경계구역은 해당 수화설비의 방호구역 또는 제연구역과 동일하게 설정할 수 있다.

$$\text{하나의 층의 수평적 경계구역 수} = \frac{\text{바닥면적}[m^2]}{\text{기준면적}[m^2]}$$

$$\therefore \text{경계구역 수} = \frac{(60[m] \times 20[m]) - (3[m] \times 5[m] \times 2개소) - (3[m] \times 3[m] \times 2개소)}{600[m^2]}$$

$$= 1.92 \text{ 경계구역} ≒ 2 \text{ 경계구역}$$

(2) 전체 층의 경계구역 수

① 수평적 경계구역 수

㉠ 하나의 층의 수평적 경계구역 수 = $\frac{\text{바닥면적}[m^2]}{\text{기준면적}[m^2]}$

㉡ 전체 층의 수평적 경계구역 수 = 층수 × 하나의 층의 수평적 경계구역 수

㉢ 수평적 경계구역 수 = 2 경계구역 × 6개 층 = 12 경계구역

② 수직적 경계구역 수

㉠ 엘리베이터 승강로(권상기실이 있는 경우에는 권상기실)은 별도의 경계구역으로 설정한다.

∴ 엘리베이터 권상기실이 2개소 있으므로 경계구역 수는 2 경계구역이다.

㉡ 계단 및 경사로에 한하여 하나의 경계구역은 높이 45[m] 이하로 하고, 지하층과 지상층을 구분하여 별도의 경계구역으로 해야 한다. 단, 지하 1층만 있을 경우에는 제외한다.

∴ 1개소의 수직적 경계구역 수 = $\frac{6개 층 \times 4[m]}{45[m]}$ = 0.53 경계구역 ≒ 1 경계구역

계단이 2개소가 있으므로 2 경계구역이다.

㉢ 수직적 경계구역의 수 = 2 경계구역 + 2 경계구역 = 4 경계구역

(3) 수신기의 설치
① 자동화재탐지설비의 수신기 설치기준에서 해당 특정소방대상물의 경계구역을 각각 표시할 수 있는 회선 수 이상의 수신기를 설치할 것
② 전체 경계구역의 수 = 수평적 경계구역 수 + 수직적 경계구역 수
= 12 경계구역 + 4 경계구역 = 16 경계구역
∴ 16 경계구역은 16회로이며 P형 2급 수신기는 회로의 수용능력이 5회로 이하이므로 P형 1급 20회로 수신기를 설치하여 4회로는 예비용으로 사용한다. 따라서, 특정소방대상물에 설치해야 하는 수신기의 형별은 P형 수신기이다.

(4) 계단에 설치하는 감지기의 개수 및 설치위치
① 계단에는 일반적으로 연기감지기 2종을 설치한다.
② 연기감지기의 설치기준
㉠ 연기감지기의 부착높이에 따라 다음 표에 따른 바닥면적[m²]마다 1개 이상으로 할 것

부착높이	감지기의 종류(단위 : [m²])	
	1종 및 2종	3종
4[m] 미만	150	50
4[m] 이상 20[m] 미만	75	-

㉡ 감지기는 복도 및 통로에 있어서는 보행거리 30[m](3종에 있어서는 20[m])마다, 계단 및 경사로에 있어서는 수직거리 15[m](3종에 있어서는 10[m])마다 1개 이상으로 할 것
∴ 특정소방대상물의 총 높이는 24[m](6층 × 4[m])이므로 연기감지기 2종은 수직거리 15[m]마다 1개 이상 설치해야 한다.

계단 1개소에 설치하는 연기감지기 설치개수 = $\frac{24[m]}{15[m]}$ = 1.6개 ≒ 2개

따라서, 각각의 계단에 지상 5층 상부에 연기감지기 2종을 설치하고, 수직거리 15[m] 이하의 층인 지상 2층에 연기감지기 2종을 각각 1개씩 설치한다. 또한, 엘리베이터 권상기실에 연기감지기를 각각 1개씩 설치한다.

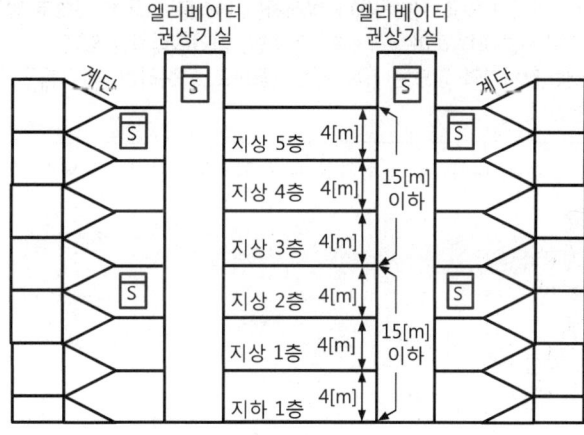

(5) 장소별로 설치해야 하는 감지기의 종류

장소	감지기의 종류
• 지하층·무창층 등으로서 환기가 잘되지 않거나 실내면적이 40[m²] 미만인 장소 • 감지기의 부착면과 실내 바닥과의 사이가 2.3[m] 이하인 곳으로서 일시적으로 발생한 열·연기 또는 먼지 등으로 인하여 화재신호를 발신할 우려가 있는 장소	• 불꽃감지기 • 정온식 감지선형 감지기 • 분포형 감지기 • 복합형 감지기 • 광전식 분리형 감지기 • 아날로그방식의 감지기 • 다신호방식의 감지기 • 축적방식의 감지기

• 계단·경사로 및 에스컬레이터 경사로
• 복도(30[m] 미만의 것을 제외한다)
• 엘리베이터 승강로(권상기실이 있는 경우에는 권상기실)·린넨슈트·파이프 피트 및 덕트 기타 이와 유사한 장소
• 천장 또는 반자의 높이가 15[m] 이상 20[m] 미만의 장소
• 특정소방대상물의 취침·숙박·입원 등 이와 유사한 용도로 사용되는 거실
  - 공동주택·오피스텔·숙박시설·노유자시설·수련시설
  - 교육연구시설 중 합숙소
  - 의료시설, 근린생활시설 중 입원실이 있는 의원·조산원
  - 교정 및 군사시설
  - 근린생활시설 중 고시원
	연기감지기

주방·보일러실 등으로서 다량의 화기를 취급하는 장소	정온식 감지기

> **참고**
>
> **연기감지기**
> • 이온화식 감지기 : 방사능물질에서 방출되는 α선은 공기를 이온화시키며 이온화된 공기는 연기와 결합하는 성질을 이용하는 감지기이다.
> • 광전식 감지기 : 연기가 빛을 차단하거나 반사하는 원리를 이용한 것으로 빛을 발산하는 발광소자와 빛을 전기로 전환시키는 광전소자를 이용하며 스포트형, 분리형, 공기흡입형이 있다.
> • 광전식 스포트형 감지기의 감도는 1종, 2종, 3종으로 구분하는 데, 1종은 연기농도 5[%], 2종은 10[%], 3종은 15[%]에서 작동한다.

∴ 일반적으로 계단 및 엘리베이터 권상기실 상부에는 연기감지기 2종을 설치한다.

정답 (1) 2 경계구역
     (2) ① 12 경계구역
         ② 4 경계구역
     (3) P형 수신기
     (4) 지상 2층, 지상 5층
     (5) 연기감지기 2종

37 다음 그림은 철근 콘크리트 구조로 구획된 공장 건물의 평면도이다. 이 공장에 자동화재탐지설비의 감지기를 설치하려고 한다. 각 물음에 답하시오.

득점	배점
	10

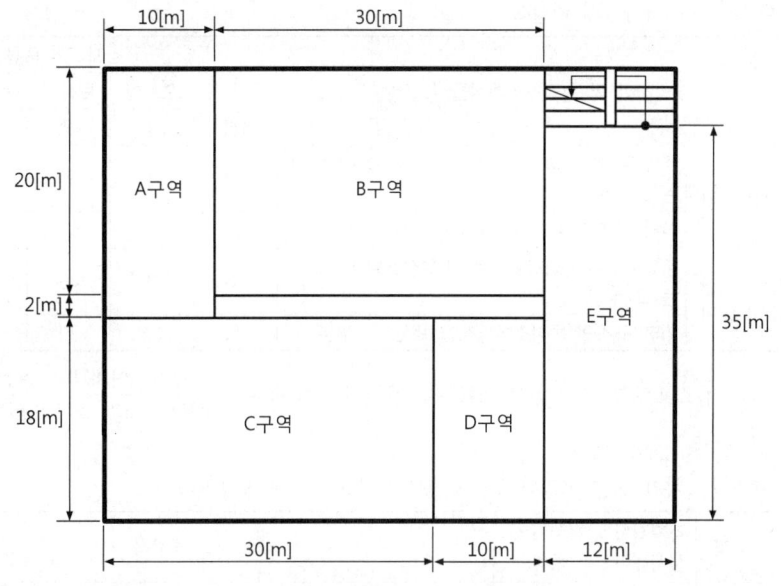

(1) 다음 표를 보고, 공장의 각 구역에 설치해야 하는 감지기의 개수를 구하시오.

구역	감지기의 설치높이	감지기의 종류	계산식	설치개수
A구역	3.5[m]	연기감지기 2종		
B구역	3.5[m]	연기감지기 2종		
C구역	4.5[m]	연기감지기 2종		
D구역	3.8[m]	정온식 스포트형 감지기 1종		
E구역	3.8[m]	차동식 스포트형 감지기 2종		

(2) (1)에서 구한 감지기의 개수를 소방시설 도시기호를 이용하여 평면도에 배치하시오.

해설

자동화재탐지설비의 음향장치 설치기준

(1) 감지기의 설치개수 산정

① 연기감지기의 설치기준

㉠ 연기감지기(광전식 스포트형 감지기) 감지기의 부착높이에 따라 다음 [표]에 따른 바닥면적마다 1개 이상으로 할 것

부착높이	감지기의 종류(단위 : [m²])	
	1종 및 2종	3종
4[m] 미만	150	50
4[m] 이상 20[m] 미만	75	–

∴ 연기감지기 설치개수 = $\dfrac{\text{감지구역의 바닥면적}[m^2]}{\text{감지기 1개의 설치 바닥면적}[m^2]}$ [개]

ⓒ 감지기는 복도 및 통로에 있어서는 보행거리 30[m](3종에 있어서는 20[m])마다, 계단 및 경사로에 있어서는 수직거리 15[m](3종에 있어서는 10[m])마다 1개 이상으로 할 것
② 차동식 스포트형·보상식 스포트형 및 정온식 스포트형 감지기는 그 부착높이 및 특정소방대상물에 따라 다음 [표]에 따른 바닥면적마다 1개 이상을 설치할 것

부착높이 및 특정소방대상물의 구분		감지기의 종류(단위 : [m²])					
		차동식 스포트형		보상식 스포트형		정온식 스포트형		
		1종	2종	1종	2종	특종	1종	2종
4[m] 미만	주요구조부가 내화구조로 된 특정소방대상물 또는 그 부분	90	70	90	70	70	60	20
	기타 구조의 특정소방대상물 또는 그 부분	50	40	50	40	40	30	15
4[m] 이상 8[m] 미만	주요구조부가 내화구조로 된 특정소방대상물 또는 그 부분	45	35	45	35	35	30	-
	기타 구조의 특정소방대상물 또는 그 부분	30	25	30	25	25	15	-

∴ 정온식 스포트형 및 차동식 스포트형 감지기 설치개수 = $\frac{감지구역의\ 바닥면적[m^2]}{감지기\ 1개의\ 설치\ 바닥면적[m^2]}$ [개]

③ 감지기의 설치개수 계산
  ㉠ 주요구조부가 철근 콘크리트 구조이므로 내화구조에 해당한다.

구역	감지기의 설치높이	감지기의 종류	계산식	설치개수
A구역	3.5[m]	연기감지기 2종	• 주요구조부가 철근 콘크리트 구조이므로 내화구조에 해당한다. • 감지기의 설치높이가 3.5[m]이므로 부착높이는 4[m] 미만이다. 따라서, 바닥면적은 150[m²]마다 감지기를 1개 이상 설치한다. • 설치개수 = $\frac{10[m] \times (20[m] + 2[m])}{150[m^2]}$ = 1.47개 ≒ 2개	2개
B구역	3.5[m]	연기감지기 2종	• 주요구조부가 철근 콘크리트 구조이므로 내화구조에 해당한다. • 감지기의 설치높이가 3.5[m]이므로 부착높이는 4[m] 미만이다. 따라서, 바닥면적은 150[m²]마다 감지기를 1개 이상 설치한다. • 설치개수 = $\frac{30[m] \times 20[m]}{150[m^2]}$ = 4개	4개
C구역	4.5[m]	연기감지기 2종	• 주요구조부가 철근 콘크리트 구조이므로 내화구조에 해당한다. • 감지기의 설치높이가 4.5[m]이므로 부착높이는 4[m] 이상 8[m] 미만이다. 따라서, 바닥면적은 75[m²]마다 감지기를 1개 이상 설치한다. • 설치개수 = $\frac{30[m] \times 18[m]}{75[m^2]}$ = 7.2개 ≒ 8개	8개
D구역	3.8[m]	정온식 스포트형 감지기 1종	• 주요구조부가 철근 콘크리트 구조이므로 내화구조에 해당한다. • 감지기의 설치높이가 3.8[m]이므로 부착높이는 4[m] 미만이다. 따라서, 바닥면적은 60[m²]마다 감지기를 1개 이상 설치한다. • 설치개수 = $\frac{10[m] \times 18[m]}{60[m^2]}$ = 3개	3개
E구역	3.8[m]	차동식 스포트형 감지기 2종	• 주요구조부가 철근 콘크리트 구조이므로 내화구조에 해당한다. • 감지기의 설치높이가 3.8[m]이므로 부착높이는 4[m] 미만이다. 따라서, 바닥면적은 70[m²]마다 감지기를 1개 이상 설치한다. • 설치개수 = $\frac{12[m] \times 35[m]}{70[m^2]}$ = 6개	6개

(2) 감지기의 배치
① 소방시설 도시기호(소방시설 자체점검사항 등에 관한 고시)

명칭	도시기호	명칭	도시기호
차동식 스포트형 감지기	⌓	보상식 스포트형 감지기	⌓
정온식 스포트형 감지기	⌓	연기감지기	S
감지선	─●─	열전대	─■─
열반도체	∞	차동식 분포형 감지기의 검출기	⋈

② 감지기의 배치
  ㉠ 각 구역의 감지기 설치개수

구역	감지기의 종류	도시기호	설치개수
A구역	연기감지기	S	2개
B구역	연기감지기	S	4개
C구역	연기감지기	S	8개
D구역	정온식 스포트형 감지기	⌓	3개
E구역	차동식 스포트형 감지기	⌓	6개

  ㉡ 감지기를 평면도에 설치개수만큼 배치한다.

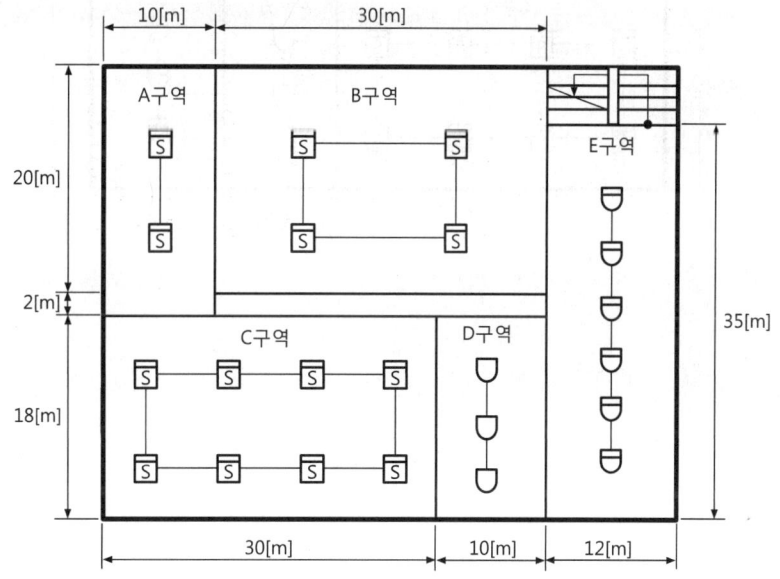

정답 (1)

구역	감지기의 설치높이	감지기의 종류	계산식	설치개수
A구역	3.5[m]	연기감지기 2종	설치개수 = $\dfrac{10[m] \times (20[m] + 2[m])}{150[m^2]}$ = 1.47개 ≒ 2개	2개
B구역	3.5[m]	연기감지기 2종	설치개수 = $\dfrac{30[m] \times 20[m]}{150[m^2]}$ = 4개	4개
C구역	4.5[m]	연기감지기 2종	설치개수 = $\dfrac{30[m] \times 18[m]}{75[m^2]}$ = 7.2개 ≒ 8개	8개
D구역	3.8[m]	정온식 스포트형 감지기 1종	설치개수 = $\dfrac{10[m] \times 18[m]}{60[m^2]}$ = 3개	3개
E구역	3.8[m]	차동식 스포트형 감지기 2종	설치개수 = $\dfrac{12[m] \times 35[m]}{70[m^2]}$ = 6개	6개

(2)

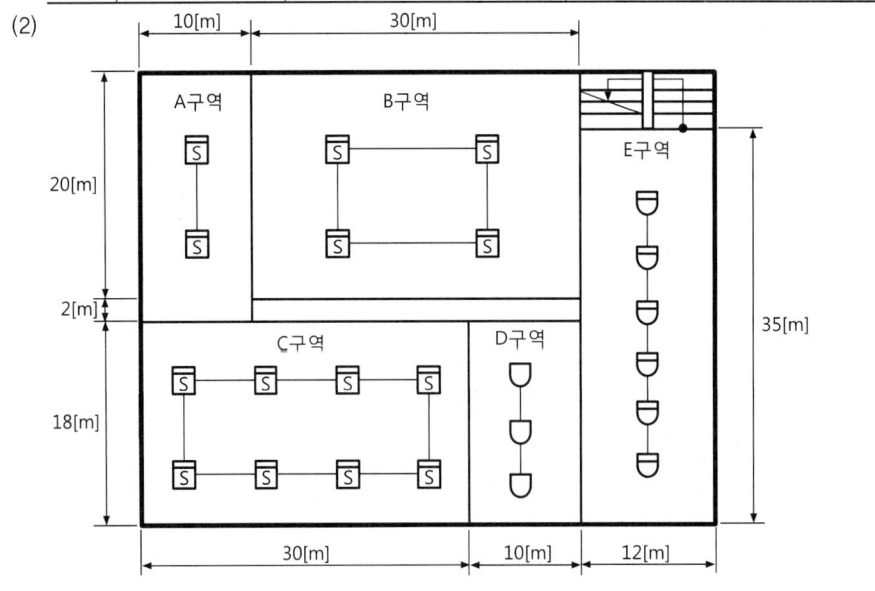

38 다음은 주요구조부가 내화구조로 된 특정소방대상물에 공기관식 차동식 분포형 감지기를 설치한 평면도이다. 각 물음에 답하시오.

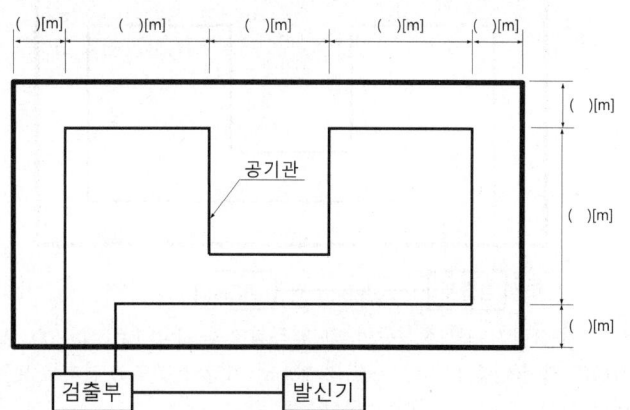

(1) 공기관과 감지구역의 각 변과의 거리와 공기관 상호 간의 거리는 몇 [m] 이하가 되도록 해야 하는지 평면도의 ( ) 안에 알맞은 내용을 쓰시오.
(2) 공기관의 노출 부분은 감지구역마다 몇 [m] 이상이 되도록 해야 하는지 쓰시오.
(3) 하나의 검출 부분에 접속하는 공기관의 길이는 몇 [m] 이하가 되도록 해야 하는지 쓰시오.
(4) 검출부의 설치높이를 쓰시오.
(5) 검출부는 몇 [°] 이상 경사되지 않도록 부착해야 하는지 쓰시오.
(6) 공기관의 재질을 쓰시오.
(7) 종단저항을 발신기에 설치할 경우 차동식 분포형 감지기의 검출부와 발신기 사이에 배선해야 할 전선 가닥수를 평면도에 표시하시오.

해설

공기관식 차동식 분포형 감지기의 설치기준

(1)~(5) 공기관식 차동식 분포형 감지기의 설치기준
① 공기관의 노출 부분은 감지구역마다 20[m] 이상이 되도록 할 것
② 공기관과 감지구역의 각 변과의 수평거리는 1.5[m] 이하가 되도록 하고, 공기관 상호 간의 거리는 6[m](주요구조부가 내화구조로 된 특정소방대상물 또는 그 부분에 있어서는 9[m]) 이하가 되도록 할 것
③ 공기관은 도중에서 분기하지 않도록 할 것
④ 하나의 검출 부분에 접속하는 공기관의 길이는 100[m] 이하로 할 것
⑤ 검출부는 5[°] 이상 경사되지 않도록 부착할 것
⑥ 검출부는 바닥으로부터 0.8[m] 이상 1.5[m] 이하의 위치에 설치할 것

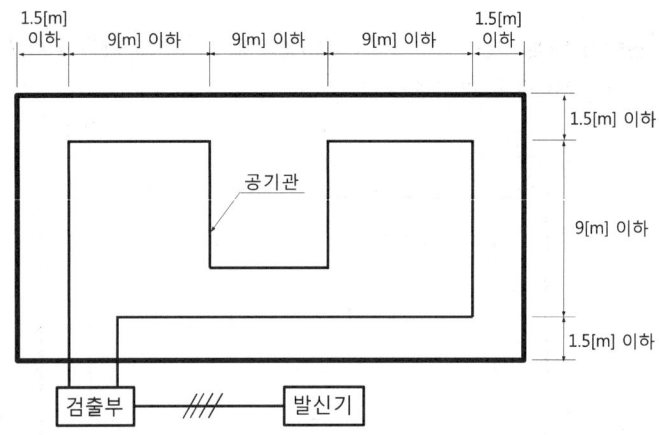

(6) 감지기의 구조 및 기능(감지기의 형식승인 및 제품검사의 기술기준 제5조)
   ① 공기관은 하나의 길이(이음매가 없는 것)가 20[m] 이상의 것으로 안지름 및 관의 두께가 일정하고 홈, 갈라짐 및 변형이 없어야 하며 부식되지 않아야 한다.
   ② 공기관의 두께는 0.3[mm] 이상, 바깥지름은 1.9[mm] 이상이어야 한다.
      ∴ 공기관은 동관(중공동관)을 사용한다.
(7) 검출부와 발신기 사이의 전선 가닥수

종단저항 설치위치	전선 가닥수	그림
검출부에 종단저항을 설치할 경우	2	
발신기에 종단저항을 설치할 경우	4	

정답
(1)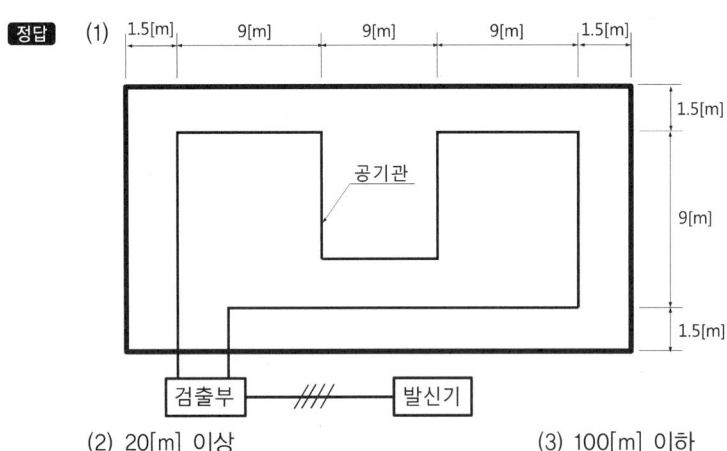

(2) 20[m] 이상 (3) 100[m] 이하
(4) 바닥으로부터 0.8[m] 이상 1.5[m] 이하 (5) 5[°] 이상
(6) 동관 (7) (1) 해설 참고

39 자동화재탐지설비 및 시각경보장치의 화재안전기술기준과 감지기의 형식승인 및 제품검사의 기술기준에서 정하는 기준에 따라 주요구조부가 비내화구조로 된 특정소방대상물에 공기관식 차동식 분포형 감지기를 설치하고자 한다. 각 물음에 답하시오.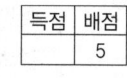

(1) 공기관의 노출 부분은 감지구역마다 몇 [m] 이상이 되도록 해야 하는지 쓰시오.
(2) 공기관과 감지구역의 각 변과의 수평거리는 몇 [m] 이하가 되도록 해야 하는지 쓰시오.
(3) 공기관 상호 간의 거리는 몇 [m] 이하가 되도록 해야 하는지 쓰시오.
(4) 하나의 검출 부분에 접속하는 공기관의 길이는 몇 [m] 이하로 해야 하는지 쓰시오.
(5) 공기관의 두께 및 바깥지름은 각각 몇 [mm] 이상이어야 하는지 쓰시오.
   ① 공기관의 두께 :
   ② 공기관의 바깥지름 :

해설

공기관식 차동식 분포형 감지기의 설치기준

(1) 감지기의 설치기준
   ① 공기관의 노출 부분은 감지구역마다 20[m] 이상이 되도록 할 것
   ② 공기관과 감지구역의 각 변과의 수평거리는 1.5[m] 이하가 되도록 하고, 공기관 상호 간의 거리는 6[m](주요구조부가 내화구조로 된 특정소방대상물 또는 그 부분에 있어서는 9[m]) 이하가 되도록 할 것
   ③ 공기관은 도중에서 분기하지 않도록 할 것
   ④ 하나의 검출 부분에 접속하는 공기관의 길이는 100[m] 이하로 할 것
   ⑤ 검출부는 5[°] 이상 경사되지 않도록 부착할 것
   ⑥ 검출부는 바닥으로부터 0.8[m] 이상 1.5[m] 이하의 위치에 설치할 것

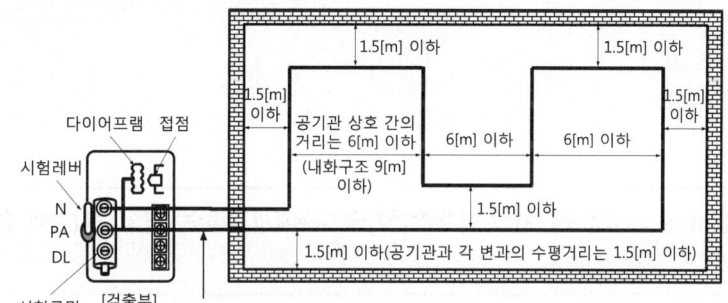

(2) 감지기의 구조 및 기능(감지기의 형식승인 및 제품검사의 기술기준 제5조)
   ① 리크저항 및 접점수고를 쉽게 시험할 수 있어야 한다.
   ② 공기관의 누출 및 폐쇄 여부를 쉽게 시험할 수 있고, 시험 후 시험장치를 정위치에 쉽게 복귀할 수 있는 적당한 방법이 강구되어야 한다.
   ③ 공기관은 하나의 길이(이음매가 없는 것)가 20[m] 이상의 것으로 안지름 및 관의 두께가 일정하고 홈, 갈라짐 및 변형이 없어야 하며 부식되지 않아야 한다.
   ④ 공기관의 두께는 0.3[mm] 이상, 바깥지름은 1.9[mm] 이상이어야 한다.

정답
(1) 20[m] 이상
(2) 1.5[m] 이하
(3) 6[m] 이하
(4) 100[m] 이하
(5) ① 0.3[mm] 이상
    ② 1.9[mm] 이상

40

특정소방대상물의 감지구역에 공기관식 차동식 분포형 감지기를 설치하고자 한다. 이때 공기관의 길이가 370[m]인 경우 검출부의 수량을 구하시오.

- 계산과정 :
- 답 :

해설

공기관식 차동식 분포형 감지기의 설치기준
(1) 하나의 검출 부분에 접속하는 공기관의 길이는 100[m] 이하로 할 것
(2) 검출부는 5[°] 이상 경사되지 않도록 부착할 것
(3) 검출부는 바닥으로부터 0.8[m] 이상 1.5[m] 이하의 위치에 설치할 것

$$\therefore \text{검출부의 설치개수} = \frac{\text{공기관의 길이[m]}}{100[\text{m}]} = \frac{370[\text{m}]}{100[\text{m}]} = 3.7\text{개} ≒ 4\text{개}$$

참고

하나의 검출부에 연결되는 공기관의 길이를 너무 길게 하면 감지구역이 너무 넓어져 화재발생 시 부분적인 온도상승이 있어도 전체적으로 공기의 팽창이 늦어져 접점이 닫히지 않아 화재감지기가 조기에 작동되지 않으므로 공기관의 길이를 제한하고 있다.

정답 4개

41

자동화재탐지설비 및 시각경보장치의 화재안전기술기준에서 정하는 불꽃감지기의 설치기준을 3가지만 쓰시오.

해설

불꽃감지기의 설치기준
(1) 공칭감시거리 및 공칭시야각은 형식승인 내용에 따를 것
(2) 감지기는 공칭감시거리와 공칭시야각을 기준으로 감시구역이 모두 포용될 수 있도록 설치할 것
(3) 감지기는 화재감지를 유효하게 감지할 수 있는 모서리 또는 벽 등에 설치할 것
(4) 감지기를 천장에 설치하는 경우에는 감지기는 바닥을 향하여 설치할 것
(5) 수분이 많이 발생할 우려가 있는 장소에는 방수형으로 설치할 것
(6) 그 밖의 설치기준은 형식승인 내용에 따르며 형식승인 사항이 아닌 것은 제조사의 시방서에 따라 설치할 것

정답
① 공칭감시거리 및 공칭시야각은 형식승인 내용에 따를 것
② 감지기는 화재감지를 유효하게 감지할 수 있는 모서리 또는 벽 등에 설치할 것
③ 감지기를 천장에 설치하는 경우에는 감지기는 바닥을 향하여 설치할 것

42 다음은 자동화재탐지설비 및 시각경보장치의 화재안전기술기준에서 정하는 광전식 분리형 감지기의 설치기준을 3가지만 쓰시오.

득점	배점
	6

해설

광전식 분리형 감지기의 설치기준
(1) 감지기의 수광면은 햇빛을 직접 받지 않도록 설치할 것
(2) 광축(송광면과 수광면의 중심을 연결한 선)은 나란한 벽으로부터 0.6[m] 이상 이격하여 설치할 것
(3) 감지기의 송광부와 수광부는 설치된 뒷벽으로부터 1[m] 이내의 위치에 설치할 것
(4) 광축의 높이는 천장 등(천장의 실내에 면한 부분 또는 상층의 바닥 하부면을 말한다) 높이의 80[%] 이상일 것
(5) 감지기의 광축의 길이는 공칭감시거리 범위 이내일 것

정답 ① 감지기의 수광면은 햇빛을 직접 받지 않도록 설치할 것
② 감지기의 송광부와 수광부는 설치된 뒷벽으로부터 1[m] 이내의 위치에 설치할 것
③ 감지기의 광축의 길이는 공칭감시거리 범위 이내일 것

43 다음은 자동화재탐지설비 및 시각경보장치의 화재안전기술기준에서 정하는 광전식 분리형 감지기에 대한 설치기준이다. 각 물음에 답하시오. [득점/배점 5]

- 광축은 나란한 벽으로부터 (①)[m] 이상 이격하여 설치할 것
- 감지기의 송광부는 설치된 뒷벽으로부터 (②)[m] 이내 위치에 설치할 것
- 감지기의 수광부는 설치된 뒷벽으로부터 (③)[m] 이내 위치에 설치할 것
- 광축의 높이는 천장 등 높이의 (④)[%] 이상일 것
- 감지기의 광축의 길이는 (⑤) 범위 이내일 것

해설

광전식 분리형 감지기의 설치기준
(1) 감지기의 수광면은 햇빛을 직접 받지 않도록 설치할 것
(2) 광축(송광면과 수광면의 중심을 연결한 선)은 나란한 벽으로부터 0.6[m] 이상 이격하여 설치할 것
(3) 감지기의 송광부와 수광부는 설치된 뒷벽으로부터 1[m] 이내 위치에 설치할 것
(4) 광축의 높이는 천장 등(천장의 실내에 면한 부분 또는 상층의 바닥 하부면을 말한다) 높이의 80[%] 이상일 것
(5) 감지기의 광축의 길이는 공칭감시거리 범위 이내일 것

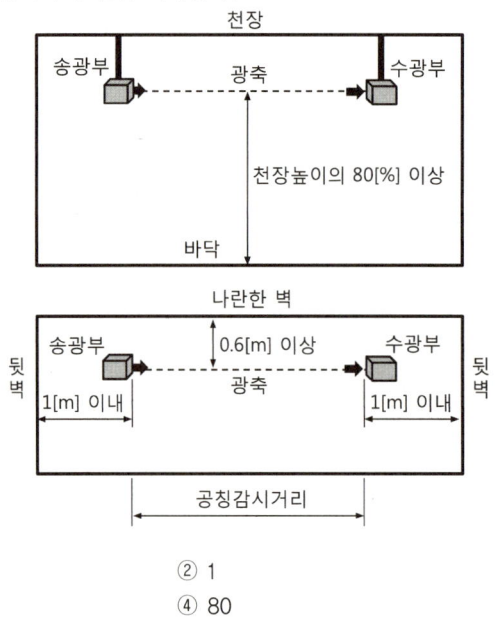

정답 ① 0.6　② 1
　　　 ③ 1　④ 80
　　　 ⑤ 공칭감시거리

44 감지기의 형식승인 및 제품검사의 기술기준에서 정하는 아날로그식 분리형 광전식 감지기는 다음의 시험에 적합해야 한다. ( ) 안에 알맞은 내용을 쓰시오.

득점	배점
	3

공칭감시거리는 (①)[m] 이상 (②)[m] 이하로 하여 (③)[m] 간격으로 한다.

해설

아날로그식 분리형 광전식 감지기 시험(감지기 형식승인 및 제품검사의 기술기준 제19조)
(1) 공칭감시거리는 5[m] 이상 100[m] 이하로 하여 5[m] 간격으로 한다.
(2) 송광부와 수광부 사이에 감광필터를 설치할 때 공칭감지농도범위(설계치)의 최저농도값에 해당하는 감광률에서 최고농도값에 해당하는 감광률에 도달할 때까지 공칭감시거리의 최대값까지 분당 30[%] 이하로 일정하게 분할한 감광필터를 직선 상승하도록 설치할 경우 각 감광필터값의 변화에 대응하는 화재정보신호를 발신해야 한다.
(3) 공칭감지농도범위의 임의의 농도에서 제4항 제1호의 규정에 준하는 시험을 실시하는 경우 30초 이내에 작동해야 한다.

정답 ① 5 ② 100
③ 5

45 다음 도면은 지하 3층, 지상 14층인 특정소방대상물에 자동화재탐지설비를 설치하고자 한다. 각 물음에 답하시오(단, 각 층의 높이는 3.5[m]이다).

득점	배점
	9

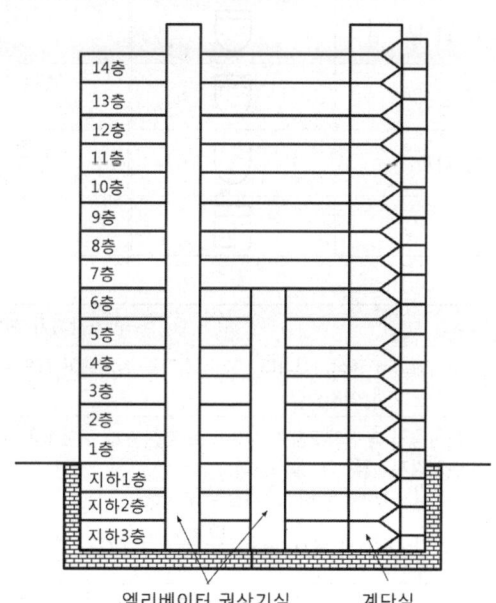

엘리베이터 권상기실   계단실

(1) 도면에서 엘리베이터 권상기실과 계단실에 2종 연기감지기를 설치하고자 한다. 소방시설 도시기호의 연기감지기를 이용하여 도면에 그려 넣으시오.
(2) 자동화재탐지설비의 수직적 경계구역의 수를 구하시오.
(3) 연기가 멀리 이동해서 감지기에 도달하는 장소에 설치하는 연기감지기의 종류를 1가지만 쓰시오.

해설

자동화재탐지설비

(1) 연기감지기의 설치

① 연기감지기의 설치기준

㉠ 감지기의 부착높이에 따라 다음 표에 따른 바닥면적마다 1개 이상으로 할 것

부착높이	감지기의 종류(단위 : [m²])	
	1종 및 2종	3종
4[m] 미만	150	50
4[m] 이상 20[m] 미만	75	–

㉡ 감지기는 복도 및 통로에 있어서는 보행거리 30[m](3종에 있어서는 20[m])마다, 계단 및 경사로에 있어서는 수직거리 15[m](3종에 있어서는 10[m])마다 1개 이상으로 할 것

> **참고**
>
> **화재감지기 설치와 경계구역의 설정**
> - 엘리베이터 권상기실에 설치하는 화재감지기는 엘리베이터별로 구획이 되어 있는 경우에는 구획된 곳마다 감지기를 설치하고 각각의 감지기를 경계구역으로 설정해야 한다.
> - 건물의 계단에는 수직거리 15[m]마다 감지기를 설치하고 높이 45[m] 이내마다 경계구역으로 구분하여 설정한다. 또한 지하층의 층수가 2층 이상인 경우에는 지상층과 구분하여 별도의 경계구역으로 하되 지하층의 높이가 15[m]가 넘을 경우에는 화재감지기를 추가로 설치한다.

② 소방시설 도시기호(소방시설 자체점검사항 등에 관한 고시)

감지기 명칭	도시기호	감지기 명칭	도시기호
차동식 스포트형 감지기	⌒	이온화식 감지기 (스포트형)	S$_I$
보상식 스포트형 감지기	⌒	광전식 연기감지기 (아날로그)	S$_A$
정온식 스포트형 감지기	⌒	광전식 연기감지기 (스포트형)	S$_P$
연기감지기	S	–	–

③ 연기감지기의 설치

설치위치	연기감지기 설치개수
엘리베이터 권상기실	엘리베이터 권상기실마다 연기감지기를 설치해야 하므로 엘리베이터 권상기실이 2개가 있으므로 연기감지기를 2개 설치한다.
지하층 계단실	지하층의 층수가 2층 이상이므로 지상층과 구분하여 지하층 계단실에 연기감지기를 설치해야 하므로 연기감지기를 1개 설치한다. • 수직거리 = 3.5[m] × 3개층 = 10.5[m] • 연기감지기의 설치개수 = $\frac{10.5[m]}{15[m]}$ = 0.7개 ≒ 1개
지상층 계단실	각 층의 높이가 3.5[m]이고 수직거리 15[m]마다 연기감지기를 1개씩 설치해야 한다. 따라서, 지상층 계단실에 4개를 설치해야 하므로 4개 층마다 연기감지기를 1개씩 설치한다. • 수직거리 = 3.5[m] × 14개층 = 49[m] • 연기감지기의 설치개수 = $\frac{49[m]}{15[m]}$ = 3.3개 ≒ 4개

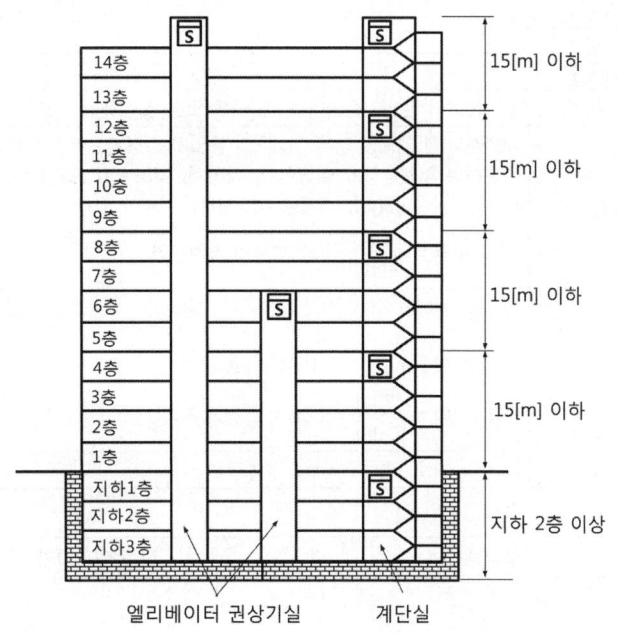

(2) 경계구역의 산정

① 수평적 경계구역

구분	기준	예외 기준
층별	층마다(2개 이상의 층에 미치지 않도록 할 것)	500[m²] 이하의 범위 안에서는 2개의 층을 하나의 경계구역으로 할 수 있다.
경계구역의 면적	600[m²] 이하	주된 출입구에서 그 내부 전체가 보이는 것에 있어서는 한 변의 길이가 50[m]의 범위에서 1,000[m²] 이하로 할 수 있다.
한 변의 길이	50[m] 이하	-

② 수직적 경계구역

구분	계단·경사로 기준	엘리베이터 승강로(권상기실이 있는 경우에는 권상기실)·린넨슈트·파이프 피트 및 덕트
높이	45[m] 이하	별도의 경계구역으로 설정
지하층 구분	지상층과 지하층을 구분 (지하층의 층수가 한 개 층일 경우는 제외)	

③ 경계구역의 산정

경계구역 구분	경계구역 수
엘리베이터 권상기실	엘리베이터 권상기실마다 1 경계구역으로 설정해야 하므로 2 경계구역이다.
지하층 계단실	지하층이 한 개층일 경우 지상층과 동일하게 경계구역을 설정하고, 지하층이 2층 이상일 경우 지상층과 구분하여 경계구역을 설정한다. 따라서, 지하층의 계단실은 1 경계구역이다. • 수직거리 = 3.5[m] × 3개층 = 10.5[m] • 경계구역 = $\frac{10.5[m]}{45[m]}$ = 0.23 ≒ 1 경계구역
지상층 계단실	각 층의 높이가 3.5[m]이고 수직거리 45[m]마다 1 경계구역이므로 지상층 계단실의 경계구역은 2 경계구역이다. • 수직거리 = 3.5[m] × 14개층 = 49[m] • 경계구역 = $\frac{49[m]}{45[m]}$ = 1.09 ≒ 2 경계구역
경계구역 합계	∴ (2 + 1 + 2) 경계구역 = 5 경계구역

(3) 설치장소별 감지기의 적응성

설치장소		적응 열감지기					적응 연기감지기					불꽃감지기
환경상태	적응장소	차동식 스포트형	차동식 분포형	보상식 스포트형	정온식	열아날로그식	이온화식 스포트형	광전식 스포트형	이온 아날로그식 스포트형	광전 아날로그식 스포트형	광전식 분리형	광전 아날로그식 분리형	
흡연에 의해 연기가 체류하며 환기가 되지 않는 장소	회의실, 응접실, 휴게실, 노래연습실, 오락실, 다방, 음식점, 대합실, 카바레 등의 객실, 집회장, 연회장 등	○	○	○				◎		◎	○	○	
취침시설로 사용하는 장소	호텔 객실, 여관, 수면실 등						◎	◎	◎	◎	○	○	
연기 이외의 미분이 떠다니는 장소	복도, 통로 등						◎	◎	◎	◎	○	○	○
바람에 영향을 받기 쉬운 장소	로비, 교회, 관람장, 옥탑에 있는 기계실		○					◎		◎	○	○	
연기가 멀리 이동해서 감지기에 도달하는 장소	계단, 경사로							○		○	○	○	
훈소화재의 우려가 있는 장소	전화기기실, 통신기기실, 전산실, 기계제어실							○		○	○	○	
넓은 공간으로 천장이 높아 열 및 연기가 확산하는 장소	체육관, 항공기 격납고, 높은 천장의 창고·공장, 관람석 상부 등 감지기 부착높이가 8[m] 이상의 장소		○								○	○	○

[비고] "○"는 해당 설치장소에 적응하는 것을 표시, "◎"는 해당 연기감지기를 설치하는 경우에는 해당 감지회로에 축적기능을 갖는 것을 표시

∴ 연기가 멀리 이동해서 감지기에 도달하는 장소에 설치하는 연기감지기(단, 광전식 스포트형 감지기 또는 광전 아날로그식 스포트형 감지기를 설치하는 경우에는 해당 감지기회로에 축적기능을 갖지 않는 것으로 할 것)
① 광전식 스포트형 감지기
② 광전 아날로그식 스포트형 감지기
③ 광전식 분리형 감지기
④ 광전 아날로그식 분리형 감지기

정답 (1)

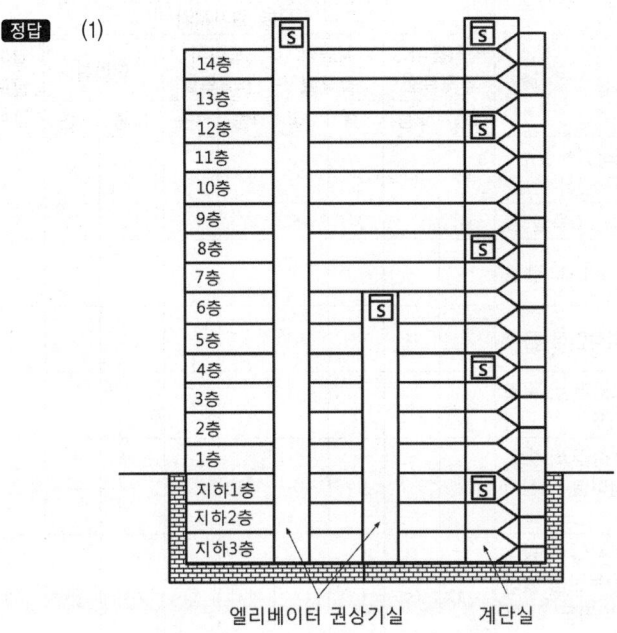

(2) 5 경계구역
(3) 광전식 분리형 감지기

46 연기감지기를 설치할 수 없는 경우 차동식 분포형 감지기 1, 2종 모두 적응성 있는 상태 5가지를 쓰시오.

득점	배점
	5

[해설]
설치장소별 감지기 적응성(연기감지기를 설치할 수 없는 경우 적용, NFTC 203)

설치장소		적응 열감지기								불꽃 감지기
환경상태	적응장소	차동식 스포트형		차동식 분포형		보상식 스포트형		정온식		열아 날로 그식
		1종	2종	1종	2종	1종	2종	특종	1종		
먼지 또는 미분 등이 다량으로 체류하는 장소	쓰레기장, 하역장, 도장실, 섬유·목재·석재 등 가공 공장	○	○	○	○	○	○	○	×	○	○
수증기가 다량으로 머무는 장소	증기세정실, 탕비실, 소독실 등	×	×	×	○	×	○	○	○	○	○
부식성가스가 발생할 우려가 있는 장소	도금공장, 축전지실, 오수처리장 등	×	×	○	○	○	○	○	×	○	○
주방, 기타 평상시 연기가 체류하는 장소	주방, 조리실, 용접작업장 등	×	×	×	×	×	×	○	○	○	○
현저하게 고온으로 되는 장소	건조실, 살균실, 보일러실, 주조실, 영사실, 스튜디오	×	×	×	×	×	×	○	○	○	×
배기가스가 다량으로 체류하는 장소	주차장, 차고, 화물취급소 차로, 자가발전실, 트럭터미널, 엔진시험실	○	○	○	○	○	○	×	×	○	○
연기가 다량으로 유입할 우려가 있는 장소	음식물배급실, 주방전실, 주방내 식품저장실, 음식물운반용 엘리베이터, 주방주변의 복도 및 통로, 식당 등	○	○	○	○	○	○	○	○	○	×
물방울이 발생하는 장소	슬레이트 또는 철판으로 설치한 지붕 창고·공장, 패키지형 냉각기전용 수납실, 밀폐된 지하창고, 냉동실 주변 등	×	×	○	○	○	○	○	○	○	○
불을 사용하는 설비로서 불꽃이 노출되는 장소	유리공장, 용선로가 있는 장소, 용접실, 주방, 작업장, 주방, 주조실 등	×	×	×	×	×	×	○	○	○	×

[비고] "○"는 해당 설치장소에 적응하는 것을 표시, "×"는 해당 설치장소에 적응하지 않는 것을 표시

[정답]
① 먼지 또는 미분 등이 다량으로 체류하는 장소
② 부식성가스가 발생할 우려가 있는 장소
③ 배기가스가 다량으로 체류하는 장소
④ 연기가 다량으로 유입할 우려가 있는 장소
⑤ 물방울이 발생하는 장소

47 다음 그림은 차동식 스포트형 감지기의 구조이다. 주어진 번호의 명칭과 역할을 간단히 쓰시오.

득점	배점
	8

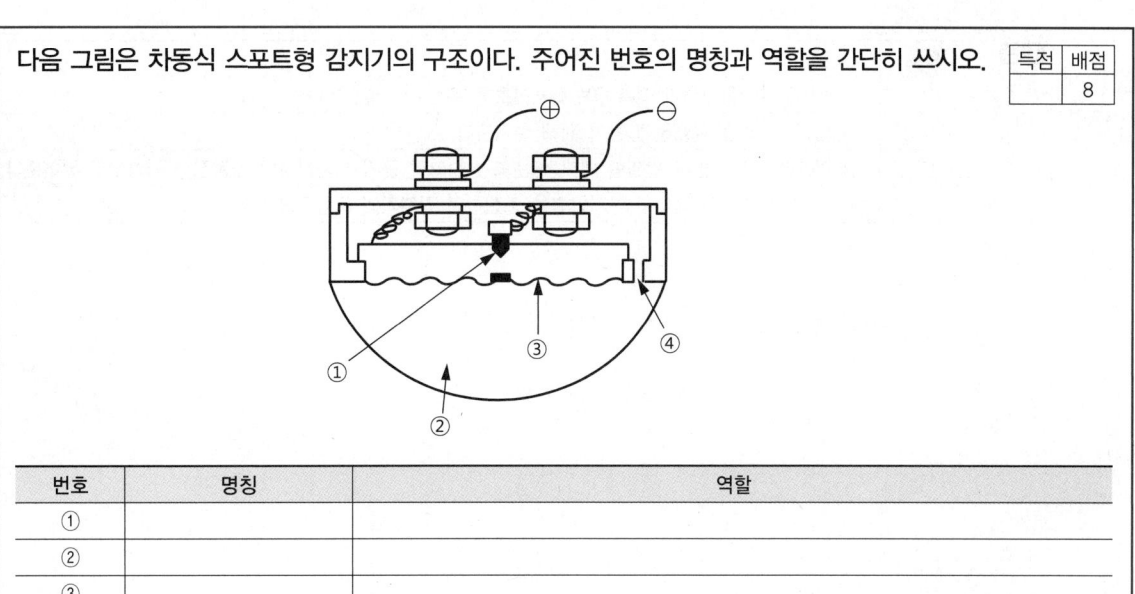

번호	명칭	역할
①		
②		
③		
④		

해설

차동식 스포트형 감지기의 구조

(1) 차동식 스포트형 감지기
  ① 주위온도가 일정 상승률 이상이 되는 경우에 작동하는 것으로서 일국소에서의 열 효과에 의하여 작동되는 것을 말한다.
  ② 공기의 팽창을 이용한 것으로서 평상시에는 접점이 떨어져 있으나 화재가 발생하여 온도가 올라가면 감열실의 공기가 팽창하여 다이어프램을 밀어 올려 접점이 닫히도록 되어 있다.

(2) 차동식 스포트형 감지기의 구성
  ① 고정접점 : 가동접점과 접촉하여 화재신호를 수신기에 발신한다.
  ② 감열실(Air Chamber) : 열을 유효하게 받기 위해 설치한다.
  ③ 다이어프램(Diaphragm) : 열을 받아 감열실 내부의 온도 상승으로 공기가 팽창하여 가동접점을 상부로 밀어주기 위해 설치한다.
  ④ 리크구멍(Leak Hole) : 감열실(공기실)의 내부압력과 외부압력에 대한 균형을 유지시키기 위해 설치하는 것으로 감열실 내부의 공기압력을 조절하여 감지기의 오동작을 방지한다.

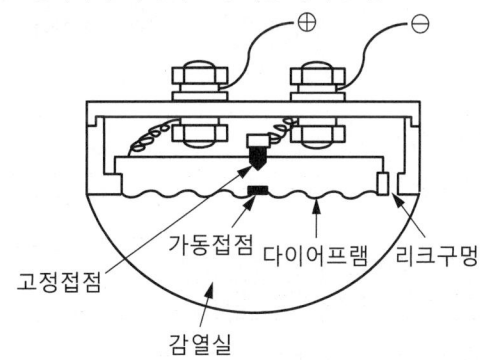

정답

번호	명칭	역할
①	고정접점	가동접점과 접촉하여 화재신호를 수신기에 발신한다.
②	감열실	열을 유효하게 받기 위해 설치한다.
③	다이어프램	열을 받아 감열실 내부의 온도 상승으로 공기가 팽창하여 가동접점을 상부로 밀어준다.
④	리크구멍	감열실 내부의 공기압력을 조절하여 감지기의 오동작을 방지한다.

48

공기관식 차동식 스포트형 감지기의 리크구멍이 축소되었을 경우와 리크구멍이 확대되었을 경우에 나타나는 동작특성에 대해 쓰시오.

득점	배점
	4

(1) 리크구멍이 축소되었을 경우
(2) 리크구멍이 확대되었을 경우

해설

공기관식 차동식 스포트형 감지기

(1) 차동식 스포트형 감지기의 구성
　① 고정접점 : 가동접점과 접촉하여 화재신호를 수신기에 발신한다.
　② 감열실(Air Chamber) : 열을 유효하게 받기 위해 설치한다.
　③ 다이어프램(Diaphragm) : 열을 받아 감열실 내부의 온도 상승으로 공기가 팽창하여 가동접점을 상부로 밀어주기 위해 설치한다.
　④ 리크구멍(Leak Hole) : 감열실(공기실)의 내부압력과 외부압력에 대한 균형을 유지시키기 위해 설치하는 것으로 감열실 내부의 공기압력을 조절하여 감지기의 오동작을 방지한다.

(2) 동작특성
　① 접점수고치에 따른 동작특성

접점수고치가 낮을 경우	접점수고치가 높을 경우
감지기가 예민하게 작동하므로 비화재보의 원인이 된다.	감지기의 감도가 낮아져 동작이 지연되어 실보의 원인이 된다.

　② 리크구멍의 변화에 따른 동작특성

리크구멍이 축소되었을 경우	리크구멍이 확대되었을 경우
감지기의 동작이 빨라져서 비화재보의 원인이 된다.	감지기의 동작이 느려져서 실보의 원인이 된다.

정답 (1) 감지기의 동작이 빨라져서 비화재보의 원인이 된다.
　　　(2) 감지기의 동작이 느려져서 실보의 원인이 된다.

49 다음은 공기관식 차동식 분포형 감지기의 유통시험 방법이다. (   ) 안에 알맞은 내용을 쓰시오.

득점	배점
	4

- 검출부의 시험구멍 또는 공기관의 한쪽 끝에 (①)을(를) 접속하고, 시험콕의 레버를 유통시험에 맞춘 후 공기관의 다른 끝에 (②)을(를) 접속시킨다.
- (②)(으)로 공기를 주입하고 (①)의 수위를 100[mm]까지 상승시킨 후 정지시킨다.
- 시험콕의 송기구를 개방하여 상승수위의 $\frac{1}{2}$(50[mm])까지 내려가는 시간을 측정한다.

해설

공기관식 차동식 분포형 감지기의 유통시험

(1) 시험목적 : 공기관에 공기를 주입시켜 공기관의 폐쇄, 변형, 찌그러짐, 막힘 등의 상태를 확인하고, 공기관의 길이가 적정한지 여부를 확인하기 위한 시험이다.

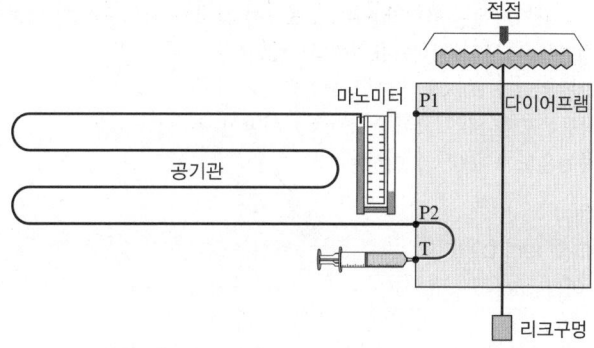

(2) 시험방법
① 검출부의 시험구멍 또는 공기관의 한쪽 끝에 마노미터를 접속하고, 시험콕의 레버를 유통시험에 맞춘 후 공기관의 다른 끝에 공기주입시험기(테스트펌프)를 접속시킨다.
② 공기주입시험기로 공기를 주입하고 마노미터의 수위를 100[mm]까지 상승시킨 후 정지시킨다.
③ 시험콕의 송기구를 개방하여 상승수위의 $\frac{1}{2}$(50[mm])까지 내려가는 시간을 측정한다.

참고

시험콕의 레버위치

N 방향에 있을 때	PA 방향에 있을 때	DL 방향에 있을 때
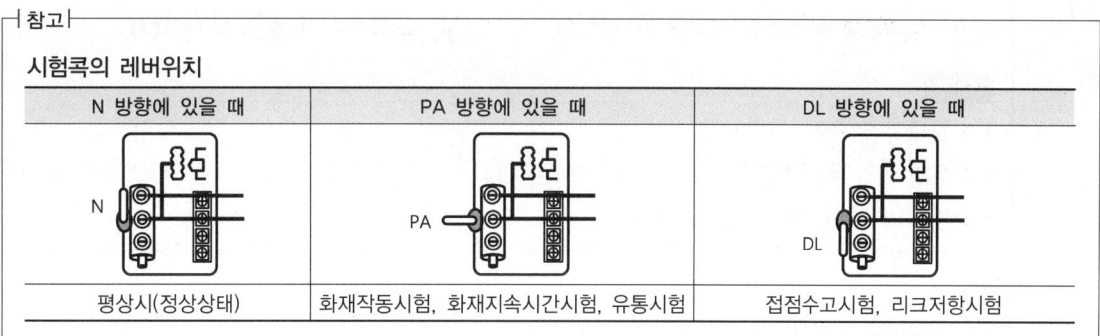		
평상시(정상상태)	화재작동시험, 화재지속시간시험, 유통시험	접점수고시험, 리크저항시험

(3) 유통시험 판정 : 검출부의 유동시간 곡선의 범위 이내에 있을 것
① 유통시간이 빠르면 공기관에서 누설이 있거나 공기관의 길이가 짧다.
② 유통시간이 늦으면 공기관이 막혀있거나 공기관의 길이가 길다.

정답 ① 마노미터   ② 공기주입시험기(테스트펌프)

50 정온식 감지선형 감지기는 외피에 공칭작동온도를 색상으로 표시한다. 각 색상별 공칭작동온도를 쓰시오.

(1) 백색
(2) 청색
(3) 적색

득점	배점
	3

해설

정온식 감지선형 감지기(감지기의 형식승인 및 제품검사의 기술기준)

(1) 정온식 감지선형 감지기의 정의(제3조)
   일국소의 주위온도가 일정한 온도 이상이 되는 경우에 작동하는 것으로서 외관이 전선과 같이 선형으로 되어 있는 것을 말한다.
(2) 정온식 기능을 가진 감지기에는 공칭작동온도, 보상식 감지기에는 정온점, 정온식 감지선형 감지기에는 외피에 다음의 구분에 의한 공칭작동온도의 색상을 표시한다(제37조).
   ① 백색 : 공칭작동온도가 80[℃] 미만인 것
   ② 청색 : 공칭작동온도가 80[℃] 이상 120[℃] 미만인 것
   ③ 적색 : 공칭작동온도가 120[℃] 이상인 것

정답 (1) 80[℃] 미만
     (2) 80[℃] 이상 120[℃] 미만
     (3) 120[℃] 이상

51 다음 조건에서 설명하는 감지기의 명칭을 쓰시오(단, 감지기의 종별은 무시한다).

조건
- 공칭작동온도 : 70[℃]
- 작동방식 : 바이메탈식, DC 24[V], 0.02[A]
- 감지기의 부착높이 : 8[m] 미만

득점	배점
	3

해설

정온식 스포트형 감지기

(1) 정온식 스포트형 감지기 정의(감지기의 형식승인 및 제품검사의 기술기준 제3조)
   일국소의 주위온도가 일정한 온도 이상이 되는 경우에 작동하는 것으로서 외관이 전선과 같이 선형으로 되어 있지 않은 것을 말한다.
(2) 감지소자에 따른 종류
   ① 바이메탈을 이용한 것 : 일정온도가 되면 바이메탈이 구부러져 접점이 닫히게 되어 있으며 바이메탈의 활곡을 이용한 것과 바이메탈의 반전을 이용한 것이 있다.

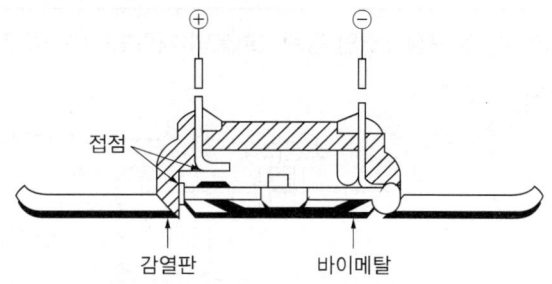

접점 / 감열판 / 바이메탈

② 서미스터를 이용한 것 : 특정한 온도에 도달하게 되면 저항값이 작아지고 전기회로에 큰 전류가 흐르게 된다. 이때 감지기에 내장된 릴레이가 작동하여 수신기에 신호를 보낸다.

(3) 정온식 감지기의 공칭작동온도의 구분(감지기의 형식승인 및 제품검사의 기술기준 제16조)

정온식 감지기(아날로그식 제외)의 공칭작동온도는 60~150[℃]까지의 범위로 하되, 60~80[℃]인 것은 5[℃] 간격으로, 80[℃] 이상인 것은 10[℃] 간격으로 해야 한다.

(4) 차동식 스포트형·보상식 스포트형 및 정온식 스포트형 감지기는 그 부착높이 및 특정소방대상물의 구분에 따라 다음 표에 따른 바닥면적마다 1개 이상을 설치할 것

부착높이 및 특정소방대상물의 구분		감지기의 종류(단위 : [m²])					
		차동식 스포트형		보상식 스포트형		정온식 스포트형		
		1종	2종	1종	2종	특종	1종	2종
4[m] 미만	주요구조부가 내화구조로 된 특정소방대상물 또는 그 부분	90	70	90	70	70	60	20
	기타 구조의 특정소방대상물 또는 그 부분	50	40	50	40	40	30	15
4[m] 이상 8[m] 미만	주요구조부가 내화구조로 된 특정소방대상물 또는 그 부분	45	35	45	35	35	30	-
	기타 구조의 특정소방대상물 또는 그 부분	30	25	30	25	25	15	-

∴ 정온식 스포트형 감지기의 부착높이는 8[m] 미만의 특정소방대상물에 설치한다.

참고

정온식 감지선형 감지기
- 일국소의 주위온도가 일정한 온도 이상이 되는 경우에 작동하는 것으로서 외관이 전선과 같이 선형으로 되어 있는 것을 말한다.
- 감지소자는 가용절연물로 절연한 2개의 전선을 이용하며 화재가 발생하면 열에 의해 절연성이 저하되어 2선 간에 전류가 흐른다.
- 정온식 감지선형 감지기의 온도표시(감지기의 형식승인 및 제품검사의 기술기준 제37조)

공칭작동온도	80[℃] 미만	80[℃] 이상 120[℃] 미만	120[℃] 이상
색상	백색	청색	적색

정답 정온식 스포트형 감지기

52 다음은 자동화재탐지설비의 구성요소인 감지기회로의 개략도이다. 이 회로도를 참고하여 다음 각 물음에 답하시오.

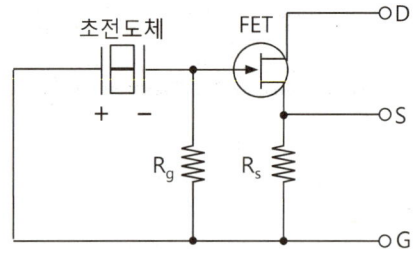

(1) 위와 같은 기본회로를 갖는 감지기의 명칭을 쓰시오.
(2) 초전도체는 삼황화글리신(TGS), 세라믹의 티탄산납, 폴리플루오르화비닐(PVF_2)이 사용되고 있다. 이들 소자에서 발생되는 초전효과 또는 파이로(Pyro) 효과에 대하여 간단하게 쓰시오.
(3) 위와 같은 회로의 감지기는 어떤 화재성상에 민감한 응답특성을 가지고 있는지 쓰시오.
(4) 위와 같은 기본회로를 갖는 감지기의 설치기준이다. ( ) 안에 알맞은 내용을 쓰시오.
 • 감지기는 (①)와 (②)을 기준으로 감시구역이 모두 포용될 수 있도록 설치할 것
 • 감지기는 화재감지를 유효하게 감지할 수 있는 (③) 또는 (④) 등에 설치할 것
 • 감지기를 (⑤)에 설치하는 경우에는 감지기는 바닥을 향하여 설치할 것

해설

불꽃감지기

(1) 불꽃감지기의 센서의 종류
 ① 광도전형 센서(광도전효과) : 반도체 에너지대의 금지대폭보다 큰 에너지의 빛이 입사되어 전자-정공 쌍을 생성하고 생성된 전자 및 정공의 증가에 의해 반도체의 도전율이 변화되는 현상이다. 예 CdS형 광도전 셀, PbS형 광도전 셀
 ② 광기전력형 센서(광기전력효과) : p형 반도체와 n형 반도체의 p-n접합에서 공핍층에 빛을 조사하면 광전효과 현상으로 전자-정공 쌍이 생성되고 전자는 n영역으로, 정공은 p영역으로 이동하므로 전자와 정공의 확산에 의해 기전력이 발생하는 현상이다. 예 포토다이오드, 포토트랜지스터, 접합형 센서
 ③ 광전관형 센서(광전자방출효과) : 반도체의 고체 표면에 충분한 에너지의 빛을 비추면 전자가 고체 표면에서 외부로 방출하는 현상으로 빛의 진동수가 한계 진동수보다 커지면 전자가 방출된다. 예 광전관, 광전자 증배관, UV tron(가스봉입 전자관)

(2) 초전효과
 ① 강유전체가 적외선을 받으면 그 열에너지를 흡수하여 자발분극의 변화를 일으키며 그 변화량에 전하가 유기되어 강유전체 결정의 양단에 기전력이 발생하는 현상이다.
 ② 초전도체의 종류 : 삼황화글리신(TGS), 세라믹의 티탄산납, 지르콘티탄산납(PZT), 탄탈산리튬, 플라스틱의 폴리플루오르화비닐(PVF_2) 화재에 의해서 발생되는 불꽃(적외선 및 자외선을 포함)을 감지하여 화재신호를 발신하는 감지기를 말한다.

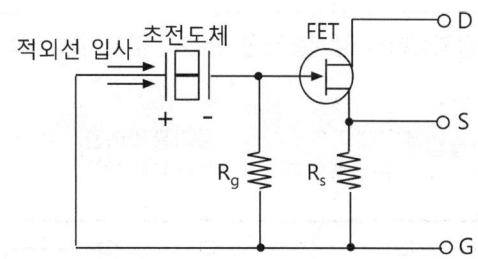

③ 초전형 적외선 센서(PIR sensor) : 초전도체에 적외선을 입사하면 자발분극의 미세한 극성변화에 의해 기전력이 발생한다.
④ UV 불꽃감지기(Ultra Violet Detecter) : 자외선의 방사에너지를 검출하는 감지기
  ㉠ 광전효과(광전자 방출) : 반도체(초전자소자)에 빛이 조사될 때 고체 내에서 여기전자를 진공 중에 방출시키는 광전자 방사원리를 이용
  ㉡ 광기전력효과 : 반도체(초전자소자)에 빛을 조사하면 기전력이 발생하는 현상을 이용
  ㉢ 광도전효과 : 반도체(초전자소자)에 빛을 조사하면 자유전자와 정공이 증가하고 광량에 비례하여 전류가 증가하는 것으로 빛에 대하여 전기저항이 변하는 광도전효과를 이용
⑤ IR 불꽃감지기(Infra Red Detecter) : 적외선의 복사에너지를 감지하는 감지기

(3) 불꽃감지기의 개요 및 구분
  ① 화재에 의해서 발생되는 불꽃(적외선 및 자외선을 포함)을 감지하여 화재신호를 발신하는 감지기를 말한다.
  ② 불꽃감지기의 구분
    ㉠ 불꽃 자외선식 : 불꽃에서 방사되는 자외선의 변화가 일정량 이상 되었을 때 작동하는 것으로서 일국소의 자외선에 의하여 수광소자의 수광량 변화에 의해 작동하는 것을 말한다.
    ㉡ 불꽃 적외선식 : 불꽃에서 방사되는 적외선의 변화가 일정량 이상 되었을 때 작동하는 것으로서 일국소의 적외선에 의하여 수광소자의 수광량 변화에 의해 작동하는 것을 말한다.
    ㉢ 불꽃 자외선·적외선 겸용식 : 불꽃에서 방사되는 불꽃의 변화가 일정량 이상 되었을 때 작동하는 것으로서 자외선 또는 적외선에 의한 수광소자의 수광량 변화에 의하여 1개의 화재신호를 발신하는 것을 말한다.
    ㉣ 불꽃 영상분석식 : 불꽃의 실시간 영상이미지를 자동 분석하여 화재신호를 발신하는 것을 말한다.

(4) 불꽃감지기의 설치기준
  ① 공칭감시거리 및 공칭시야각은 형식승인 내용에 따를 것
  ② 감지기는 공칭감시거리와 공칭시야각을 기준으로 감지구역이 모두 포용될 수 있도록 설치할 것
  ③ 감지기는 화재감지를 유효하게 감지할 수 있는 모서리 또는 벽 등에 설치할 것
  ④ 감지기를 천장에 설치하는 경우에는 감지기는 바닥을 향하여 설치할 것
  ⑤ 수분이 많이 발생할 우려가 있는 장소에는 방수형으로 설치할 것
  ⑥ 그 밖의 설치기준은 형식승인 내용에 따르며 형식승인 사항이 아닌 것은 제조사의 시방서에 따라 설치할 것

정답 (1) 불꽃감지기
(2) 초전도체에 빛을 가하면 기전력이 발생하는 현상이다.
(3) 불꽃을 감지
(4) ① 공칭감시거리   ② 공칭시야각
    ③ 모서리   ④ 벽
    ⑤ 천장

53 다음 그림은 자동화재탐지설비의 공기흡입형 광전식 감지기를 설치한 개략도이다. 각 물음에 답하시오.

득점	배점
	6

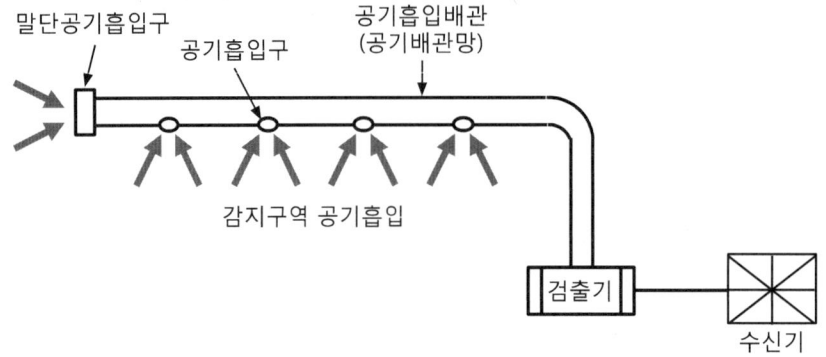

(1) 이 감지기의 동작원리를 쓰시오.
(2) 공기흡입형 광전식 감지기의 공기흡입장치는 공기배관망에 설치된 가장 먼 샘플링 지점에서 감지부분까지 몇 초 이내에 연기를 이송할 수 있어야 하는지 쓰시오.

해설
공기흡입형 광전식 감지기(감지기의 형식승인 및 제품검사의 기술기준 제3조)

(1) 연기감지기
① 이온화식 스포트형 : 주위의 공기가 일정한 농도의 연기를 포함하게 되는 경우에 작동하는 것으로서 일국소의 연기에 의하여 이온전류가 변화하여 작동하는 것을 말한다.
② 광전식 스포트형 : 주위의 공기가 일정한 농도의 연기를 포함하게 되는 경우에 작동하는 것으로서 일국소의 연기에 의하여 광전소자에 접하는 광량의 변화로 작동하는 것을 말한다.
③ 광전식 분리형 : 발광부와 수광부로 구성된 구조로 발광부와 수광부 사이의 공간에 일정한 농도의 연기를 포함하게 되는 경우에 작동하는 것을 말한다.
④ 공기흡입형 : 감지기 내부에 장착된 공기흡입장치로 감지하고자 하는 위치의 공기를 흡입하고 흡입된 공기에 일정한 농도의 연기가 포함된 경우 작동하는 것을 말한다.

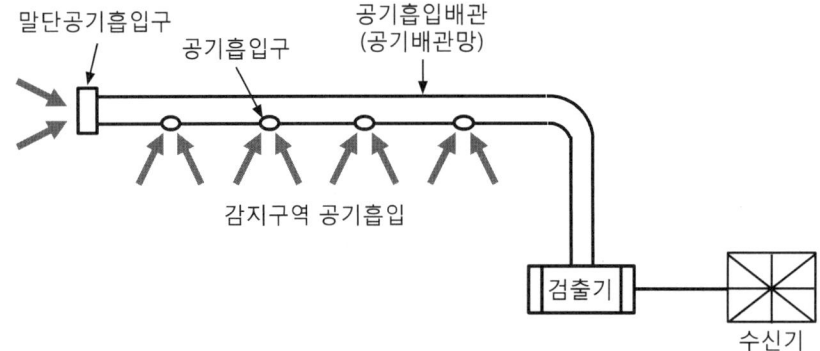

㉠ 공기흡입펌프로 감지하고자 하는 감지구역의 공기를 공기흡입배관을 통하여 흡입한다.
㉡ 흡입된 공기는 필터를 통과한 후 연기입자 이외의 먼지와 오염물질 등을 제거한다.
㉢ 필터를 거친 공기 표본은 감지실 내에서 레이저 광원에 노출된다.
㉣ 공기에 연기가 있으면 감지실 내에서 레이저 광선이 산란되고 수신장치에서 이를 감지한다.

(2) 공기흡입형 광전식 감지기
   공기흡입장치는 공기배관망에 설치된 가장 먼 샘플링 지점에서 감지 부분까지 120초 이내에 연기를 이송할 수 있어야 한다.

정답 (1) 감지기 내부에 장착된 공기흡입장치로 감지하고자 하는 위치의 공기를 흡입하고 흡입된 공기에 일정한 농도의 연기가 포함된 경우 작동한다.
   (2) 120초 이내

54

다음은 감지기의 형식승인 및 제품검사의 기술기준에서 작동표시장치를 설치하지 않아도 되는 감지기 3가지를 쓰시오.

득점	배점
	6

해설
구조 및 기능(감지기의 형식승인 및 제품검사의 기술기준 제5조)
(1) 감지기의 구성요소
   ① 본체 : 감지부가 있는 부분으로 뒷면에 있는 단자를 통하여 베이스와 연결된다.
   ② 베이스 : 감지기를 천장에 고정시키며 수신기와 감지기 또는 감지기와 감지기를 전선으로 연결할 수 있도록 되어 있다.
   ③ 작동표시장치 : 감지기가 작동하였을 때 표시하는 것으로 일반적으로 발광다이오드를 사용하여 감지기가 작동하면 점등되고, 수신기에서 복구스위치를 누르면 소등한다.

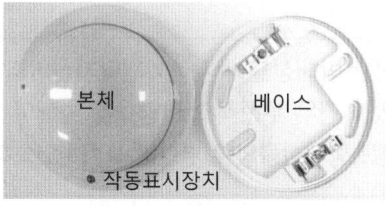

[차동식 스포트형 감지기]

(2) 작동표시장치를 설치하지 않아도 되는 감지기
   ① 방폭구조인 감지기
   ② 수신기에 작동한 내용이 표시되는 감지기(무선식 감지기 및 화재알림형 감지기는 제외한다)
   ③ 차동식 분포형 감지기
   ④ 정온식 감지선형 감지기

정답 ① 방폭구조인 감지기
   ② 차동식 분포형 감지기
   ③ 정온식 감지선형 감지기

55 자동화재탐지설비 및 시각경보장치의 화재안전기술기준에서 정하는 음향장치의 구조 및 성능기준을 2가지만 쓰시오.

해설

음향장치의 구조 및 성능기준
(1) 정격전압의 80[%] 전압에서 음향을 발할 수 있는 것으로 할 것. 다만, 건전지를 주전원으로 사용하는 음향장치는 그렇지 않다.
(2) 음향의 크기는 부착된 음향장치의 중심으로부터 1[m] 떨어진 위치에서 90[dB] 이상이 되는 것으로 할 것
(3) 감지기 및 발신기의 작동과 연동하여 작동할 수 있는 것으로 할 것

정답
① 정격전압의 80[%] 전압에서 음향을 발할 수 있는 것으로 할 것. 다만, 건전지를 주전원으로 사용하는 음향장치는 그렇지 않다.
② 음향의 크기는 부착된 음향장치의 중심으로부터 1[m] 떨어진 위치에서 90[dB] 이상이 되는 것으로 할 것

---

56 지하 3층, 지상 11층의 특정소방대상물에 자동화재탐지설비의 음향장치를 설치하였다. 아래 표와 같이 화재가 발생하였을 경우 우선적으로 경보를 발해야 하는 층을 찾아 빈칸에 경보를 표시하시오(단, 표에는 특정소방대상물의 일부분만 표시하였으며 경보 표시는 ●를 사용한다).

6층	●				
5층	●	●			
4층	●	●			
3층	●	●			
2층	화재발생(●)	●			
1층		화재발생(●)	●		
지하 1층		●	화재발생(●)	●	●
지하 2층		●	●	화재발생(●)	●
지하 3층		●	●	●	화재발생(●)

해설

자동화재탐지설비의 음향장치 설치기준
(1) 층수가 11층(공동주택의 경우에는 16층) 이상의 특정소방대상물은 다음의 기준에 따라 경보를 발할 수 있도록 할 것
  ① 2층 이상의 층에서 발화한 때에는 발화층 및 그 직상 4개 층에 경보를 발할 것
  ② 1층에서 발화한 때에는 발화층·그 직상 4개 층 및 지하층에 경보를 발할 것
  ③ 지하층에서 발화한 때에는 발화층·그 직상층 및 그 밖의 지하층에 경보를 발할 것

6층	직상 4개 층	●							
5층		●	직상 4개 층	●					
4층		●		●					
3층		●		●					
2층		화재발생(●)		●					
1층				화재발생(●)	직상층	●			
지하 1층			지하층	●	화재발생(●)		직상층	●	그 밖의 지하층	●
지하 2층				●	그 밖의 지하층	●	화재발생(●)		직상층	●
지하 3층				●		●	그 밖의 지하층	●	화재발생(●)	

(2) 자동화재탐지설비의 음향장치 설치기준
  ① 주음향장치는 수신기의 내부 또는 그 직근에 설치할 것
  ② 지구음향장치는 특정소방대상물의 층마다 설치하되, 해당 층의 각 부분으로부터 하나의 음향장치까지의 수평거리가 25[m] 이하가 되도록 하고, 해당 층의 각 부분에 유효하게 경보를 발할 수 있도록 설치할 것. 다만, 비상방송설비의 화재안전기술기준(NFTC 202)에 적합한 방송설비를 자동화재탐지설비의 감지기와 연동하여 작동하도록 설치한 경우에는 지구음향장치를 설치하지 않을 수 있다.
  ③ 음향장치의 구조 및 성능기준
    ㉠ 정격전압의 80[%] 전압에서 음향을 발할 수 있는 것으로 할 것. 다만, 건전지를 주전원으로 사용하는 음향장치는 그렇지 않다.
    ㉡ 음향의 크기는 부착된 음향장치의 중심으로부터 1[m] 떨어진 위치에서 90[dB] 이상이 되는 것으로 할 것
    ㉢ 감지기 및 발신기의 작동과 연동하여 작동할 수 있는 것으로 할 것

정답

6층	●				
5층	●	●			
4층	●	●			
3층	●	●			
2층	화재발생(●)	●			
1층		화재발생(●)	●		
지하 1층		●	화재발생(●)	●	●
지하 2층		●	●	화재발생(●)	●
지하 3층		●	●	●	화재발생(●)

57 지상 15층, 지하 5층이고, 연면적이 6,000[m²]인 특정소방대상물에 자동화재탐지설비의 음향장치를 설치하고자 한다. 다음 각 물음에 답하시오.

득점	배점
	6

(1) 11층에서 발화한 경우 경보를 발해야 하는 층을 쓰시오.
(2) 1층에서 발화한 경우 경보를 발해야 하는 층을 쓰시오.
(3) 지하 1층에서 발화한 경우 경보를 발해야 하는 층을 쓰시오.

해설

자동화재탐지설비의 음향장치 설치기준

(1) 음향장치의 설치기준

지구음향장치는 특정소방대상물의 층마다 설치하되, 해당 층의 각 부분으로부터 하나의 음향장치까지의 수평거리가 25[m] 이하가 되도록 하고, 해당 층의 각 부분에 유효하게 경보를 발할 수 있도록 설치할 것. 다만, 비상방송설비의 화재안전기술기준(NFTC 202)에 적합한 방송설비를 자동화재탐지설비의 감지기와 연동하여 작동하도록 설치한 경우에는 지구음향장치를 설치하지 않을 수 있다.

(2) 우선경보방식

① 층수가 11층 이상의 특정소방대상물

발화층	경보를 발해야 하는 층
2층 이상	발화층, 직상 4개 층
1층	발화층, 직상 4개 층, 지하층
지하층	발화층, 직상층, 기타 지하층

② 지상 15층, 지하 5층의 우선경보방식(● : 화재발생, ◉ : 경보발생)

15층	◉														
14층	◉	◉													
13층	◉	◉	◉												
12층	◉	◉	◉	◉											
11층	◉●	◉	◉	◉	◉										
10층		◉●	◉	◉	◉										
9층			◉●	◉	◉	◉									
8층				◉●	◉	◉	◉								
7층					◉●	◉	◉	◉							
6층						◉●	◉	◉	◉						
5층							◉●	◉	◉	◉					
4층								◉●	◉	◉					
3층									◉●	◉					
2층										◉●	◉				
1층										◉●	◉				
지하 1층										◉	◉●	◉	◉	◉	◉
지하 2층										◉	◉	◉●	◉	◉	◉
지하 3층										◉	◉	◉	◉●	◉	◉
지하 4층										◉	◉	◉	◉	◉●	◉
지하 5층										◉	◉	◉	◉	◉	◉●

정답 (1) 11층, 12층, 13층, 14층, 15층
(2) 1층, 2층, 3층, 4층, 5층, 지하 1층, 지하 2층, 지하 3층, 지하 4층, 지하 5층
(3) 1층, 지하 1층, 지하 2층, 지하 3층, 지하 4층, 지하 5층

58

다음은 자동화재탐지설비 및 시각경보장치의 화재안전기술기준에서 정하는 감지기회로 및 음향장치에 대한 내용이다. 다음 각 물음에 답하시오. | 득점 | 배점 |
| --- | --- |
| | 6 |

(1) 자동화재탐지설비의 감지기회로의 전로저항은 몇 [Ω] 이하가 되도록 해야 하는지 쓰시오.
(2) P형 수신기 및 G.P형 수신기의 감지기회로의 배선에 있어서 하나의 공통선에 접속할 수 있는 경계구역은 몇 개 이하로 해야 하는지 쓰시오.
(3) 지구음향장치의 시험방법 및 판정기준을 쓰시오.
   ① 시험방법 :
   ② 판정기준 :

해설

자동화재탐지설비

(1), (2) 자동화재탐지설비의 배선 설치기준
   ① 감지기 사이의 회로의 배선은 송배선식으로 할 것
   ② 전원회로의 전로와 대지 사이 및 배선 상호 간의 절연저항은 전기사업법 제67조에 따른 전기설비기술기준이 정하는 바에 의하고, 감지기회로 및 부속회로의 전로와 대지 사이 및 배선 상호 간의 절연저항은 1경계구역마다 직류 250[V]의 절연저항측정기를 사용하여 측정한 절연저항이 0.1[MΩ] 이상이 되도록 할 것
   ③ 자동화재탐지설비의 배선은 다른 전선과 별도의 관·덕트(절연효력이 있는 것으로 구획한 때에는 그 구획된 부분은 별개의 덕트로 본다)·몰드 또는 풀박스 등에 설치할 것. 다만, 60[V] 미만의 약 전류회로에 사용하는 전선으로서 각각의 전압이 같을 때에는 그렇지 않다.
   ④ P형 수신기 및 G.P형 수신기의 감지기회로의 배선에 있어서 하나의 공통선에 접속할 수 있는 경계구역은 7개 이하로 할 것
   ⑤ 자동화재탐지설비의 감지기회로의 전로저항은 50[Ω] 이하가 되도록 해야 하며, 수신기의 각 회로별 종단에 설치되는 감지기에 접속되는 배선의 전압은 감지기 정격전압의 80[%] 이상이어야 할 것

(3) 음향장치의 설치기준
   ① 시험방법 : 해당 층의 감지기 또는 발신기가 작동하였을 때 화재신호와 연동하여 지구음향장치의 정상 작동 여부를 확인한다.
   ② 지구음향장치는 특정소방대상물의 층마다 설치하되, 해당 층의 각 부분으로부터 하나의 음향장치까지의 수평거리가 25[m] 이하가 되도록 하고, 해당 층의 각 부분에 유효하게 경보를 발할 수 있도록 설치할 것. 다만, 비상방송설비의 화재안전기술기준(NFTC 202)에 적합한 방송설비를 자동화재탐지설비의 감지기와 연동하여 작동하도록 설치한 경우에는 지구음향장치를 설치하지 않을 수 있다.
   ③ 음향장치의 구조 및 성능기준
      ㉠ 정격전압의 80[%] 전압에서 음향을 발할 수 있는 것으로 할 것. 다만, 건전지를 주전원으로 사용하는 음향장치는 그렇지 않다.
      ㉡ 음향의 크기는 부착된 음향장치의 중심으로부터 1[m] 떨어진 위치에서 90[dB] 이상이 되는 것으로 할 것
      ㉢ 감지기 및 발신기의 작동과 연동하여 작동할 수 있는 것으로 할 것
      ∴ 지구음향장치가 정상 작동하고 음향의 크기는 부착된 음향장치의 중심으로부터 1[m] 떨어진 위치에서 90[dB] 이상이 되는 것으로 할 것

정답 (1) 50[Ω] 이하   (2) 7개 이하
(3) ① 해당 층의 감지기 또는 발신기가 작동하였을 때 화재신호와 연동하여 지구음향장치의 정상 작동 여부를 확인한다.
    ② 지구음향장치가 정상 작동하고 음향의 크기는 부착된 음향장치의 중심으로부터 1[m] 떨어진 위치에서 90[dB] 이상이 되는 것으로 할 것

59 자동화재탐지설비 및 시각경보장치의 화재안전기술기준에서 정하는 청각장애인용 시각경보장치의 설치기준을 3가지만 쓰시오.

득점	배점
	6

해설

청각장애인용 시각경보장치의 설치기준

(1) 복도・통로・청각장애인용 객실 및 공용으로 사용하는 거실(로비, 회의실, 강의실, 식당, 휴게실, 오락실, 대기실, 체력단련실, 접객실, 안내실, 전시실, 기타 이와 유사한 장소를 말한다)에 설치하며, 각 부분으로부터 유효하게 경보를 발할 수 있는 위치에 설치할 것
(2) 공연장・집회장・관람장 또는 이와 유사한 장소에 설치하는 경우에는 시선이 집중되는 무대부 부분 등에 설치할 것
(3) 설치높이는 바닥으로부터 2[m] 이상 2.5[m] 이하의 장소에 설치할 것. 다만, 천장의 높이가 2[m] 이하인 경우에는 천장으로부터 0.15[m] 이내의 장소에 설치해야 한다.
(4) 시각경보장치의 광원은 전용의 축전지설비 또는 전기저장장치(외부 전기에너지를 저장해 두었다가 필요한 때 전기를 공급하는 장치)에 의하여 점등되도록 할 것. 다만, 시각경보기에 작동전원을 공급할 수 있도록 형식승인을 얻은 수신기를 설치한 경우에는 그렇지 않다.
(5) 하나의 특정소방대상물에 2 이상의 수신기가 설치된 경우 어느 수신기에도 지구음향장치 및 시각경보장치를 작동할 수 있다.

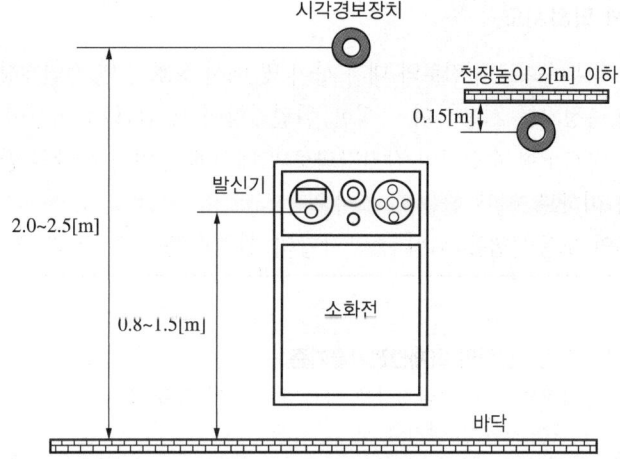

정답
① 복도・통로・청각장애인용 객실 및 공용으로 사용하는 거실(로비, 회의실, 강의실, 식당, 휴게실, 오락실, 대기실, 체력단련실, 접객실, 안내실, 전시실, 기타 이와 유사한 장소를 말한다)에 설치하며, 각 부분으로부터 유효하게 경보를 발할 수 있는 위치에 설치할 것
② 공연장・집회장・관람장 또는 이와 유사한 장소에 설치하는 경우에는 시선이 집중되는 무대부 부분 등에 설치할 것
③ 설치높이는 바닥으로부터 2[m] 이상 2.5[m] 이하의 장소에 설치할 것. 다만, 천장의 높이가 2[m] 이하인 경우에는 천장으로부터 0.15[m] 이내의 장소에 설치해야 한다.

60

경보설비 중 시각경보기를 설치해야 하는 특정소방대상물을 3가지 쓰시오.

[해설]
시각경보기를 설치해야 하는 특정소방대상물(소방시설법 영 별표 4)
(1) 근린생활시설, 문화 및 집회시설, 종교시설, 판매시설, 운수시설, 의료시설, 노유자시설
(2) 운동시설, 업무시설, 숙박시설, 위락시설, 창고시설 중 물류터미널, 발전시설 및 장례시설
(3) 교육연구시설 중 도서관, 방송통신시설 중 방송국
(4) 지하상가

[정답] ① 판매시설 ② 의료시설
③ 종교시설

61

다음은 자동화재탐지설비 및 시각경보장치의 화재안전기술기준에서 정하는 배선의 설치기준이다. 각 물음에 답하시오.

(1) 감지기회로 및 부속회로의 전로와 대지 사이 및 배선 상호 간의 절연저항은 1 경계구역마다 직류 250[V]의 절연저항측정기를 사용하여 측정한 절연저항이 몇 [MΩ] 이상이 되도록 해야 하는지 쓰시오.
(2) P형 수신기 및 G.P형 수신기의 감지기회로의 배선에 있어서 하나의 공통선에 접속할 수 있는 경계구역은 몇 개 이하로 해야 하는지 쓰시오.
(3) 감지기회로의 도통시험을 위한 종단저항의 설치기준을 2가지만 쓰시오.

[해설]
자동화재탐지설비 및 시각경보장치의 화재안전기술기준
(1) 감지기회로의 도통시험을 위한 종단저항은 다음의 기준에 따를 것
  ① 점검 및 관리가 쉬운 장소에 설치할 것
  ② 전용함을 설치하는 경우 그 설치높이는 바닥으로부터 1.5[m] 이내로 할 것
  ③ 감지기회로의 끝부분에 설치하며, 종단감지기에 설치할 경우에는 구별이 쉽도록 해당 감지기의 기판 및 감지기 외부 등에 별도의 표시를 할 것
(2) 감지기 사이의 회로의 배선은 송배선식으로 할 것
(3) 전원회로의 전로와 대지 사이 및 배선 상호 간의 절연저항은 전기사업법 제67조에 따른 전기설비기술기준이 정하는 바에 의하고, 감지기회로 및 부속회로의 전로와 대지 사이 및 배선 상호 간의 절연저항은 1 경계구역마다 직류 250[V]의 절연저항측정기를 사용하여 측정한 절연저항이 0.1[MΩ] 이상이 되도록 할 것
(4) P형 수신기 및 G.P형 수신기의 감지기회로의 배선에 있어서 하나의 공통선에 접속할 수 있는 경계구역은 7개 이하로 할 것
(5) 자동화재탐지설비의 감지기회로의 전로저항은 50[Ω] 이하가 되도록 해야 하며, 수신기의 각 회로별 종단에 설치되는 감지기에 접속되는 배선의 전압은 감지기 정격전압의 80[%] 이상이어야 할 것

[정답] (1) 0.1[MΩ] 이상 (2) 7개 이하
(3) ① 점검 및 관리가 쉬운 장소에 설치할 것
② 전용함을 설치하는 경우 그 설치높이는 바닥으로부터 1.5[m] 이내로 할 것

62 다음은 자동화재탐지설비의 수신기, 발신기 및 감지기가 배치되어 있는 평면도이다. 감지기와 감지기 사이, 감지기와 발신기 사이, 발신기와 수신기 사이에 실제 배선도를 완성하시오.

득점	배점
	6

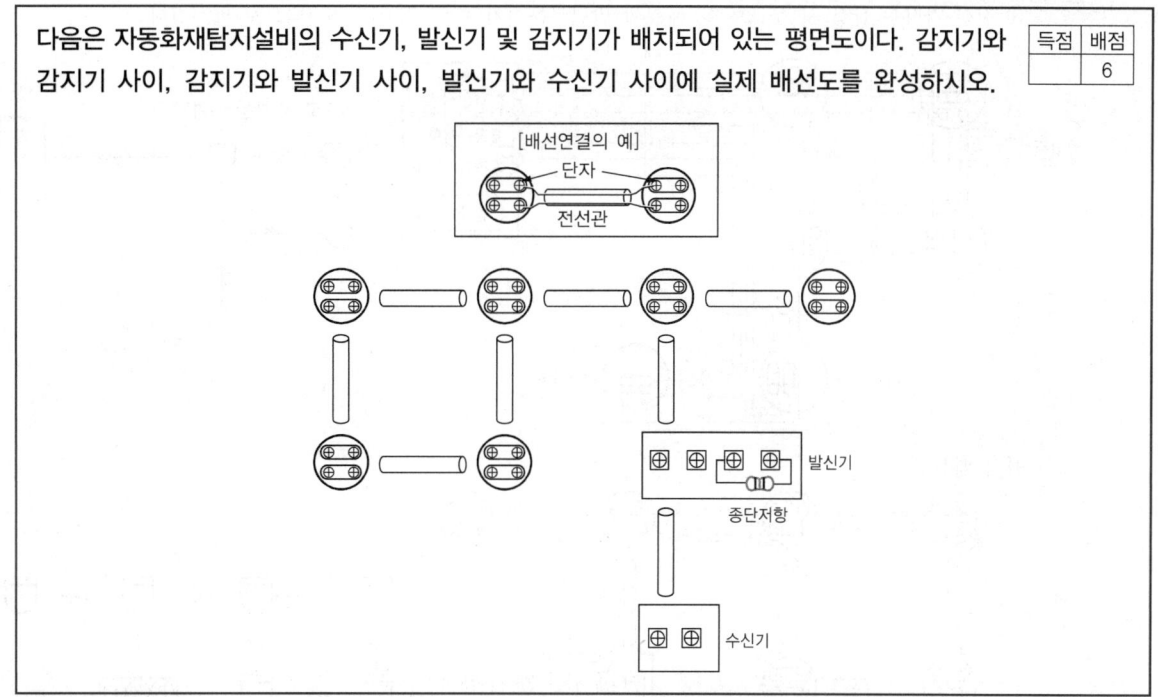

해설

자동화재탐지설비의 감지기회로 배선

(1) 송배선식
① 도통시험을 용이하게 하기 위하여 배선의 도중에서 분기하지 않는 방식이다.
② 적용설비 : 자동화재탐지설비, 제연설비
③ 전선 가닥수 산정 시 루프로 된 부분은 2가닥, 그 밖에는 4가닥으로 배선한다.

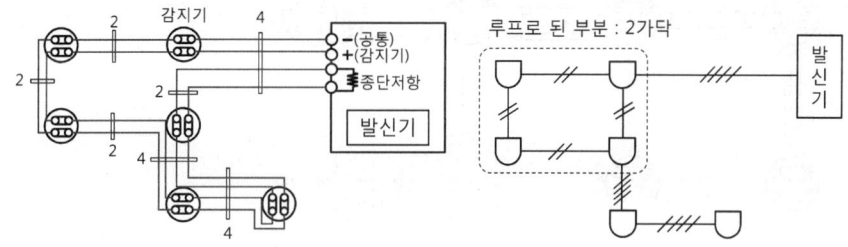

(2) 교차회로방식
① 감지기의 오동작을 방지하기 위하여 하나의 방호구역 내에 2 이상의 화재감지기 회로를 설치하고 인접한 2 이상의 화재감지기가 동시에 감지되는 때에는 소화설비가 작동하는 방식이다.
② 적용설비 : 분말소화설비, 할론소화설비, 이산화탄소소화설비, 준비작동식 스프링클러설비, 일제살수식 스프링클러설비, 할로겐화합물 및 불활성기체소화설비

③ 전선 가닥수 산정 시 루프로 된 부분과 말단부는 4가닥, 그 밖에는 8가닥으로 배선한다.

(3) 실제 배선도

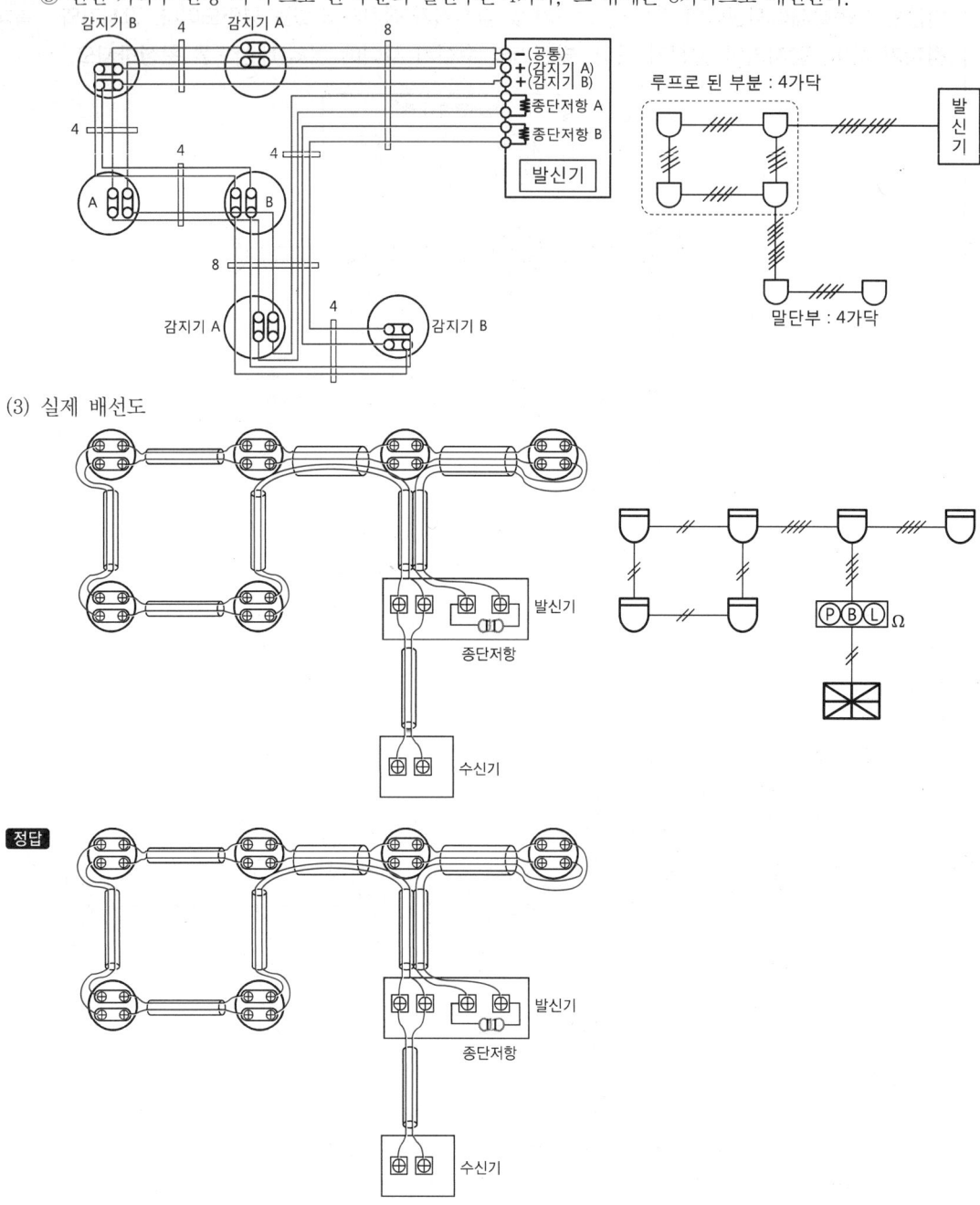

63 다음은 감지기회로의 배선에 대한 내용이다. 각 물음에 답하시오.

(1) 감지기회로의 송배선식에 대하여 설명하시오.
(2) 감지기회로의 교차회로방식에 대하여 설명하시오.
(3) 교차회로방식을 적용해야 하는 소화설비를 5가지만 쓰시오.

득점	배점
	6

해설

감지기회로의 배선방식

(1) 송배선식
  ① 감지기회로의 도통시험을 용이하게 하기 위하여 배선의 도중에서 분기하지 않는 방식이다.
  ② 전선 가닥수 산정 시 루프로 된 부분은 2가닥, 그 밖에는 4가닥으로 한다.

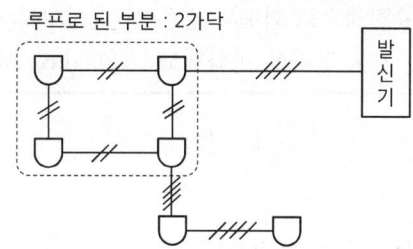

  ③ 적용설비 : 자동화재탐지설비, 제연설비

(2) 교차회로방식
  ① 감지기의 오동작을 방지하기 위하여 하나의 방호구역 내에 2 이상의 화재감지기 회로를 설치하고 인접한 2 이상의 화재감지기에 화재가 감지되는 때에 소화설비가 작동하는 방식을 말한다.
  ② 전선 가닥수 산정 시 루프로 된 부분과 말단부는 4가닥, 그 밖에는 8가닥으로 한다.

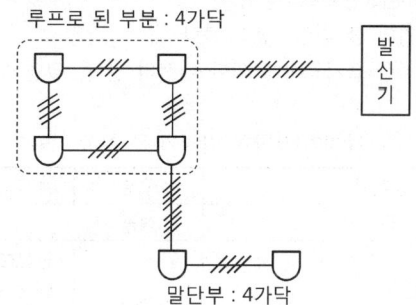

(3) 교차회로방식을 적용해야 하는 소화설비
  ① 분말소화설비   ② 할론소화설비
  ③ 이산화탄소소화설비   ④ 준비작동식 스프링클러설비
  ⑤ 일제살수식 스프링클러설비   ⑥ 할로겐화합물 및 불활성기체소화설비

정답
(1) 감지기회로의 도통시험을 용이하게 하기 위하여 배선의 도중에서 분기하지 않는 방식
(2) 하나의 방호구역 내에 2 이상의 화재감지기 회로를 설치하고 인접한 2 이상의 화재감지기에 화재가 감지되는 때에 소화설비가 작동하는 방식
(3) 분말소화설비, 할론소화설비, 이산화탄소소화설비, 준비작동식 스프링클러설비, 일제살수식 스프링클러설비

64 화재에 의한 열, 연기 또는 불꽃 이외의 요인에 의해 자동화재탐지설비가 작동하여 화재경보를 발하는 것을 비화재보(Unwanted Alarm)라고 한다. 즉, 자동화재탐지설비가 정상적으로 작동 하였다고 하더라도 화재가 아닌 경우의 경보를 "비화재보"라 하며 비화재보의 종류는 다음과 같이 구분할 수 있다. 다음 설명 중 (2)의 일과성 비화재보로 볼 수 있는 Nuisance Alarm에 대한 방지책을 4가지만 쓰시오.

득점	배점
	8

(1) 설비 자체의 결함이나 오동작에 등에 의한 경우(False Alarm)
　① 설비 자체의 기능상 결함
　② 설비의 유지관리 불량
　③ 실수나 고의적인 행위가 있을 때
(2) 주위 상황이 대부분 순간적으로 화재와 같은 상태(실제 화재와 유사한 환경이나 상황)로 되었다가 정상적으로 복귀하는 경우(일과성 비화재보, Nuisance Alarm)

해설

비화재보
(1) 비화재보와 실보의 정의
　① 비화재보 : 화재와 유사한 상황에서 작동되는 것
　② 실보 : 화재를 감지하지 못하는 것
(2) 비화재보의 발생원인
　① 인위적인 요인 : 분진, 담배연기, 조리 시 발생하는 열 및 연기 등
　② 기능적인 요인 : 감지기의 자체적인 원인으로 부품 불량, 감도 변화 등
　③ 환경적인 요인 : 온도, 습도, 기압, 풍압 등
　④ 관리상의 요인 : 감지기의 물 침입, 청소 불량 등
　⑤ 설치상의 요인 : 부적절한 설치공사에 의한 배선의 단락, 절연 불량, 부식 등
(3) 비화재보의 방지대책
　① 비화재보에 적응성이 있는 감지기(복합형 감지기)를 사용

보상식 감지기	구분	열복합형 감지기
차동식 + 정온식	성능	차동식 + 정온식
단신호 (차동요소와 정온요소 중 어느 하나가 먼저 작동하면 해당되는 동작신호만 출력된다)	화재신호 발신	• 단신호 AND회로 : 차동요소와 정온 요소가 모두 동작할 경우에 신호가 출력된다. • 다신호 OR회로 : 두 요소 중 어느 하나가 동작하면 해당하는 동작신호가 출력되고 이후 또 다른 요소가 동작되면 두 번째 동작신호가 출력된다.
실보 방지	목적	비화재보 방지

　② 연기감지기의 설치 제한 : 먼지·가루 또는 수증기가 다량으로 체류하는 장소 또는 주방 등의 평상시 연기가 발생하는 장소에 연기감지기 설치 시 비화재보의 우려가 있기 때문
　③ 환경적응성이 있는 감지기를 설치
　④ 축적방식의 감지기 또는 축적방식의 수신기를 사용
　⑤ 비화재보 방지기가 내장된 수신기를 사용
　⑥ 아날로그 감지기와 인텔리전트 수신기를 사용

(4) 감지기의 설치기준
지하층·무창층 등으로서 환기가 잘되지 않거나 실내면적이 40[m^2] 미만인 장소, 감지기의 부착면과 실내 바닥과의 거리가 2.3[m] 이하인 곳으로서 일시적으로 발생한 열·연기 또는 먼지 등으로 인하여 화재신호를 발신할 우려가 있는 장소에는 다음의 기준에서 정한 감지기 중 적응성이 있는 감지기를 설치해야 한다.
① 불꽃감지기　　　　　　　　② 정온식 감지선형 감지기
③ 분포형 감지기　　　　　　　④ 복합형 감지기
⑤ 광전식 분리형 감지기　　　 ⑥ 아날로그방식의 감지기
⑦ 다신호방식의 감지기　　　　⑧ 축적방식의 감지기

정답　① 비화재보에 적응성이 있는 감지기를 사용
② 연기감지기의 설치 제한
③ 축적방식의 감지기를 사용
④ 비화재보 방지기가 내장된 수신기를 사용

---

65 다음 조건을 참고하여 P형 수신기의 1 경계구역에 대한 결선도를 완성하시오.　　|득점|배점|
　　　　　　　　　　　　　　　　　　　　　　　　　　　　　　　　　　　　　　|　　| 6 |

조건
- 벨(경종) 공통선과 표시등 공통선은 1가닥으로 배선하고, 전화선은 제외한다.
- 문자기호

문자기호	배선의 용도	문자기호	배선의 용도
①	벨 및 표시등 공통선	②	지구벨선
③	표시등선	④	발신기(응답)선
⑤	신호공통선	⑥	신호선

- 도시기호

명칭	도시기호	명칭	도시기호
벨	Ⓑ	표시등	◐
P형 발신기	Ⓟ	차동식 스포트형 감지기	⌒
연기감지기	S	종단저항	Ω

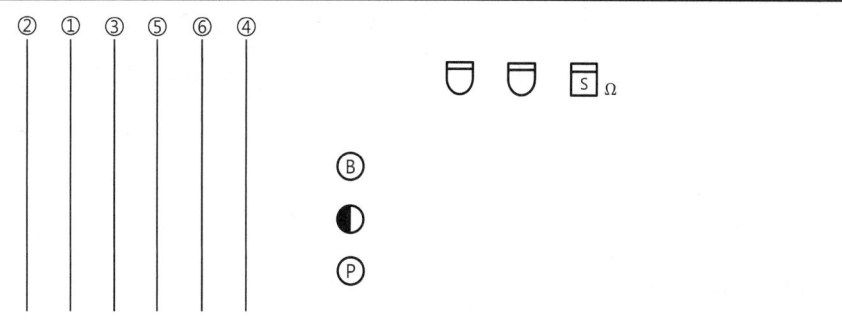

해설

수신기의 배선 결선도

(1) 발신기의 내부회로

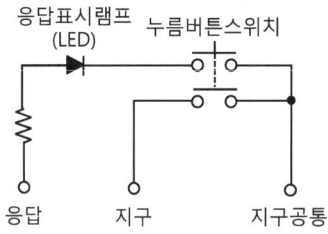

(2) 수신기의 설치기준
   ① 화재로 인하여 하나의 층의 지구음향장치 배선이 단락되어도 다른 층의 화재통보에 지장이 없도록 각 층 배선 상에 유효한 조치를 할 것
   ② 일제경보방식일 경우(지구음향장치에 단락보호장치를 설치한 경우)
      ㉠ 1 경계구역일 경우 수신기와 발신기의 전선 가닥수 산정

전선 가닥수	배선의 용도					
	지구공통선	지구선	응답선	경종선	표시등선	경종·표시등 공통선
6	1	1	1	1	1	1

   ㉡ 2 경계구역일 경우 수신기와 발신기의 전선 가닥수 산정

전선 가닥수	배선의 용도					
	지구공통선	지구선	응답선	경종선	표시등선	경종·표시등 공통선
7	1	2	1	1	1	1

(3) P형 수신기와 발신기의 결선도
   ① 1경계구역에 대한 P형 수신기와 발신기의 결선도

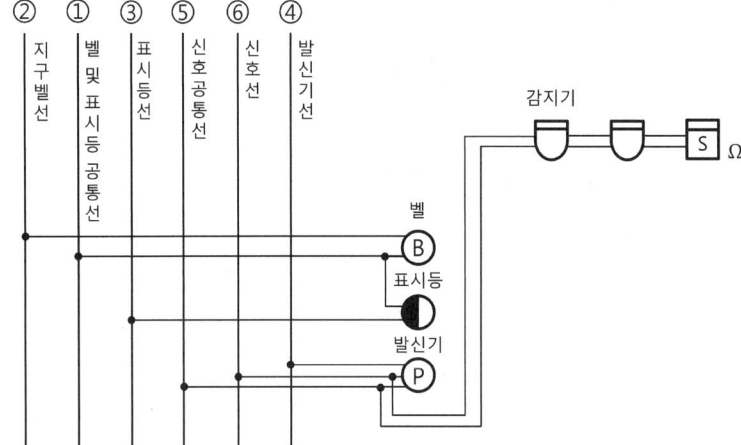

② 2 경계구역에 대한 P형 수신기와 발신기의 결선도

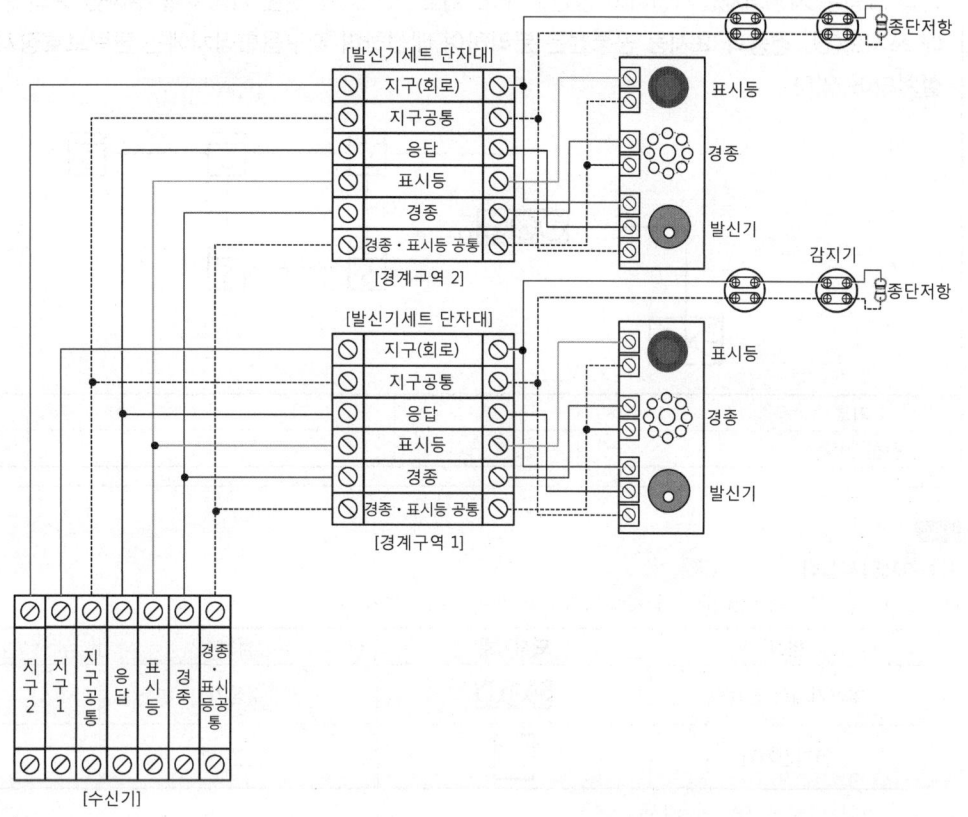

| 참고 |

배선의 용도
- ① 벨 및 표시등 공통선 = 경종 및 표시등 공통선
- ③ 표시등선
- ⑤ 신호공통선 = 지구공통선 = 회로공통선
- ② 지구벨선 = 지구경종선
- ④ 발신기선 = 응답선
- ⑥ 신호선 = 지구선 = 회로선

정답 ② ① ③ ⑤ ⑥ ④

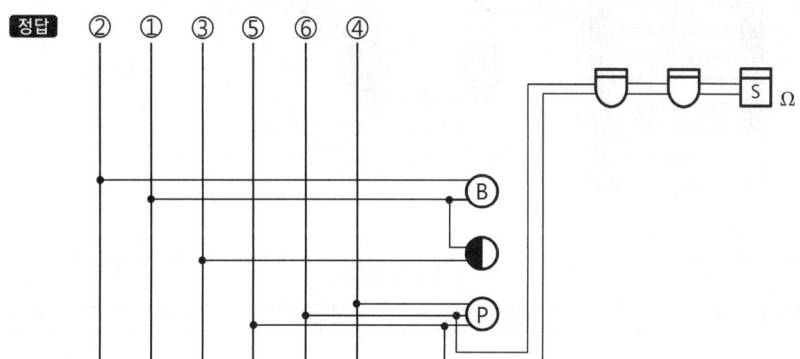

CHAPTER 01 경보설비 ■ 115

66 다음 그림은 자동화재탐지설비의 평면도이다. 기호 ①~⑤의 전선 가닥수를 주어진 표의 빈칸에 쓰시오(단, 경종과 표시등 공통선은 분리하여 배선하며 지구음향장치에는 단락보호장치가 설치되어 있다).

득점	배점
	5

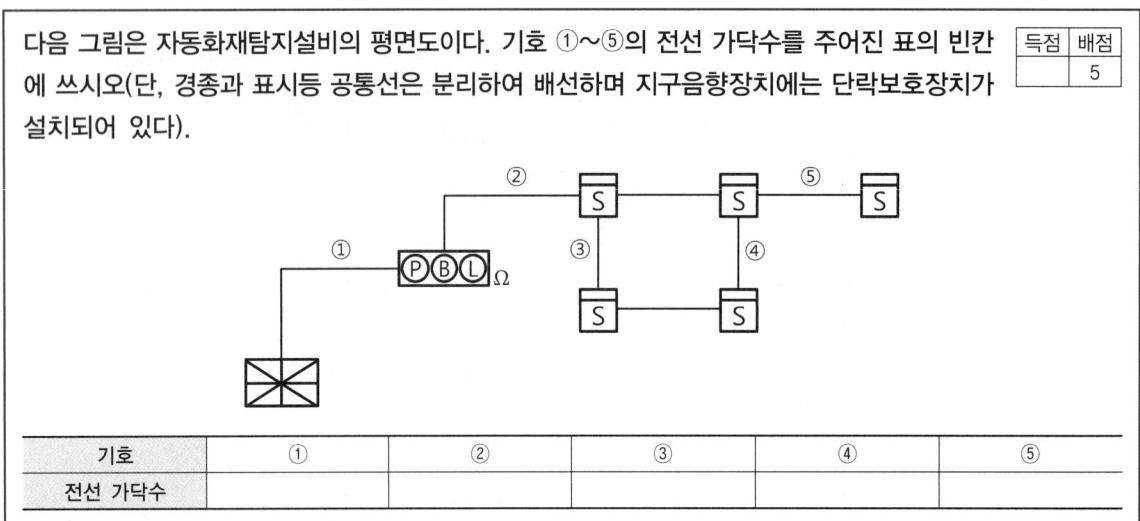

기호	①	②	③	④	⑤
전선 가닥수					

해설

자동화재탐지설비

(1) 소방시설 도시기호(소방시설 자체점검사항 등에 관한 고시)

명칭	도시기호	명칭	도시기호
발신기세트 단독형	ⓅⒷⓁ	수신기	⊠
연기감지기	Ⓢ	종단저항	Ω

(2) 감지기와 발신기 사이의 배선

자동화재탐지설비의 감지기회로는 송배선방식으로 배선하므로 루프로 된 부분은 2가닥, 그 밖에는 4가닥으로 배선한다.

기호	②	③	④	⑤
전선 가닥수	4	2	2	4

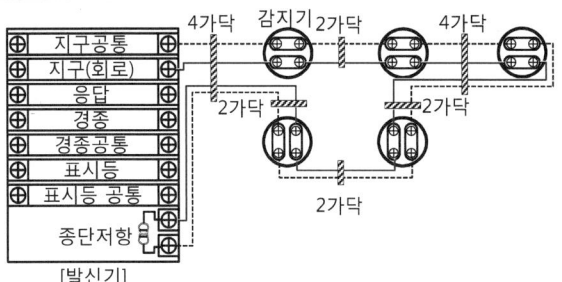

(3) 발신기와 수신기 간의 기본 전선 가닥수 산정(경종과 표시등 공통선은 분리하여 배선하는 경우)

전선 가닥수	배선의 용도
7	지구공통선 1, 지구(회로)선 1, 응답선 1, 경종선 1, 경종공통선 1, 표시등선 1, 표시등 공통선 1

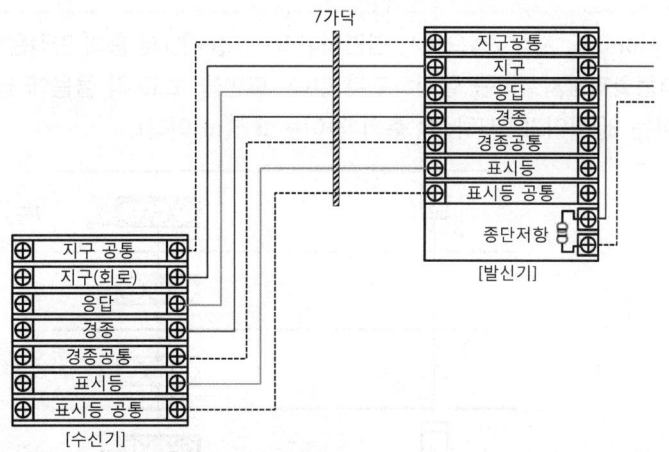

정답	기호	①	②	③	④	⑤
	전선 가닥수	7	4	2	2	4

67 다음 도면은 지하 3층, 지상 7층으로서 연면적이 5,000[m²](1개 층의 면적은 500[m²])인 사무실 건물에 자동화재탐지설비를 설치하고자 한다. 도면을 보고 각 물음에 답하시오(단, 지상 각 층의 높이는 3[m]이고, 지하 각 층의 높이는 3.5[m]이다).

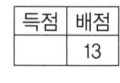

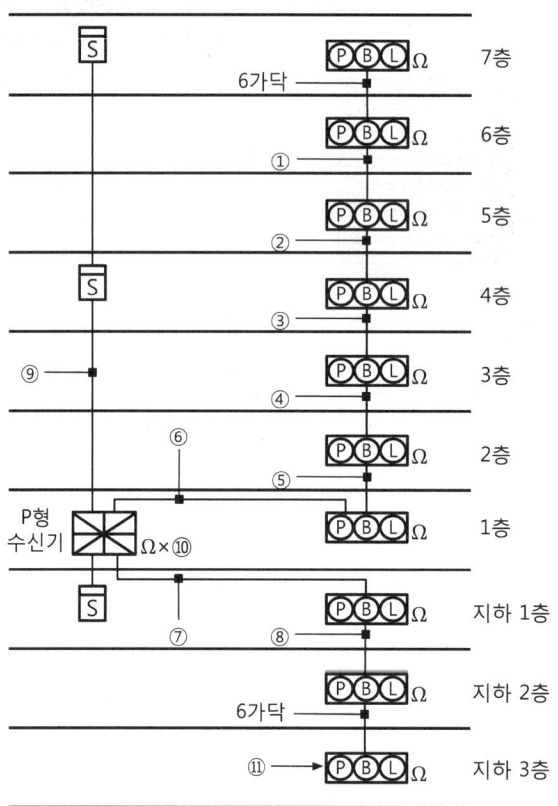

(1) 도면에서 ①~⑨의 최소 전선 가닥수를 쓰시오(단, 화재로 인하여 하나의 층의 지구음향장치 배선이 단락되어도 다른 층의 화재통보에 지장이 없도록 각 층 배선 상에 유효한 조치(단락보호장치)를 하였다).

①: ②: ③:
④: ⑤: ⑥:
⑦: ⑧: ⑨:

(2) ⑩에 설치하는 종단저항의 개수를 쓰시오.
(3) 기호 ⑪의 명칭을 쓰시오.

[해설]

자동화재탐지설비

(1) 전선 가닥수 산정

① 발신기의 최소 기본 전선 가닥수(1회로 기준)

전선 가닥수	배선의 용도					
	용도 1	용도 2	용도 3	용도 4	용도 5	용도 6
6	지구선 (회로선)	지구(회로)공통선	응답선	경종선	표시등선	경종·표시등 공통선

② 특정소방대상물이 11층 미만이므로 일제경보방식으로 배선해야 하며 지구음향장치에는 단락보호장치가 설치되어 있으므로 경종선과 경종공통선은 1가닥으로 배선한다.

③ 지구(회로)선과 지구(회로)공통선
　㉠ 지구(회로)선의 전선 가닥수는 발신기에 설치된 종단저항의 설치개수로 한다.
　㉡ 하나의 지구(회로)공통선에 접속할 수 있는 경계구역은 7개 이하로 해야 하므로 지구(회로)선이 7가닥을 초과할 경우 지구(회로)공통선을 1가닥 추가해야 한다.

④ 감지기회로의 배선
　㉠ 자동화재탐지설비 및 제연설비는 도통시험을 용이하게 하기 위하여 감지기회로의 배선은 송배선식으로 한다.
　㉡ 송배선식의 전선 가닥수는 루프로 된 부분은 2가닥, 그 밖에는 4가닥으로 배선한다.

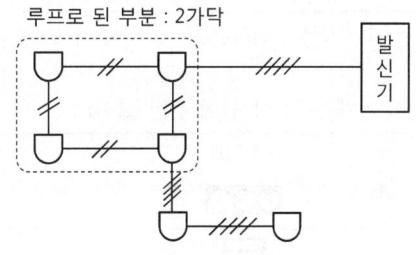

⑤ 전선 가닥수 산정

구간	전선 가닥수	지구선	지구공통선	응답선	경종선	표시등선	경종·표시등 공통선
6층 ↔ 7층	6	1	1	1	1	1	1
① (5층 ↔ 6층)	7	2	1	1	1	1	1
② (4층 ↔ 5층)	8	3	1	1	1	1	1
③ (3층 ↔ 4층)	9	4	1	1	1	1	1
④ (2층 ↔ 3층)	10	5	1	1	1	1	1
⑤ (1층 ↔ 2층)	11	6	1	1	1	1	1
⑥ (1층 발신기 ↔ 수신기)	12	7	1	1	1	1	1
⑦ (지하층 발신기 ↔ 수신기)	8	3	1	1	1	1	1
⑧ (지하 1층 ↔ 지하 2층)	7	2	1	1	1	1	1

구간	전선 가닥수	지구선	지구공통선	응답선	경종선	표시등선	경종·표시등 공통선
⑨ (감지기 ↔ 수신기)	4	2	2	-	-	-	-

(2) 자동화재탐지설비의 경계구역 설정기준
  ① 수평적 경계구역

구분	기준	예외 기준
층별	층마다(2 이상의 층에 미치지 않도록 할 것)	500[m²] 이하의 범위 안에서는 2개의 층을 하나의 경계구역으로 할 수 있다
경계구역의 면적	600[m²] 이하	주된 출입구에서 그 내부 전체가 보이는 것에 있어서는 한 변의 길이가 50[m]의 범위에서 1,000[m²] 이하로 할 수 있다.
한 변의 길이	50[m] 이하	-

  ② 수직적 경계구역

구분	계단·경사로 기준	엘리베이터 승강로(권상기실이 있는 경우에는 권상기실)·린넨슈트·파이프 피트 및 덕트
높이	45[m] 이하	별도의 경계구역으로 설정
지하층 구분	지상층과 지하층을 구분 (지하층의 층수가 한 개 층일 경우는 제외)	

  ∴ 수직적 경계구역 설정 시 지상층과 지하층을 구분해야 하므로 2 경계구역이 된다. 따라서, 종단저항의 설치개수는 2개이다.

(3) 소방시설 도시기호(소방시설 자체점검사항 등에 관한 고시)

명칭	도시기호	명칭	도시기호
발신기세트 단독형	ⓅⒷⓁ	수신기	⊠
연기감지기	S	종단저항	Ω

정답 (1) ① 7가닥 ② 8가닥
  ③ 9가닥 ④ 10가닥
  ⑤ 11가닥 ⑥ 12가닥
  ⑦ 8가닥 ⑧ 7가닥
  ⑨ 4가닥
(2) 2개
(3) 발신기세트 단독형

68

다음 도면은 지하 2층, 지상 6층인 특정소방대상물의 자동화재탐지설비 계통도이다. 기호 ①~⑦ 까지의 최소 전선 가닥수를 산출하고, 배선의 용도를 쓰시오.

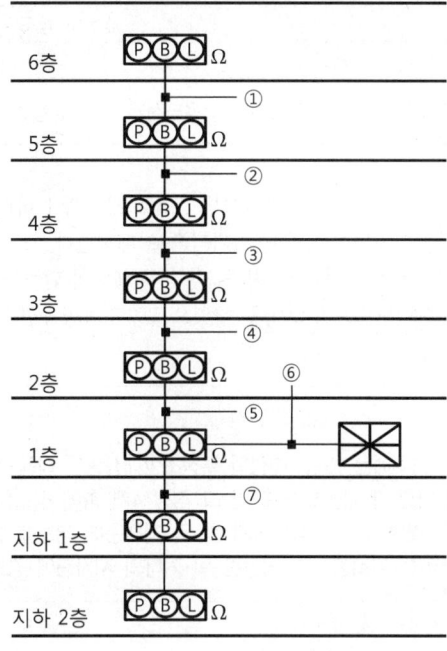

조건
- 회로공통선은 1가닥, 경종과 표시등의 공통선은 1가닥으로 배선한다.
- 7 경계구역이 초과할 경우 회로공통선과 경종과 표시등의 공통선을 1가닥 추가하여 배선한다.
- 수신기에는 화재로 인하여 하나의 층의 지구음향장치 배선이 단락되어도 다른 층의 화재통보에 지장이 없도록 각 층 배선 상에 유효한 조치(단락보호장치)를 하였다.

물음

기호	전선 가닥수	배선의 용도
①		
②		
③		
④		
⑤		
⑥		
⑦		

> [해설]

자동화재탐지설비의 전선 가닥수 및 배선의 용도

(1) 발신기의 기본 전선 가닥수(1회로 기준)

전선	배선의 용도					
가닥수	용도 1	용도 2	용도 3	용도 4	용도 5	용도 6
6	회로선 (지구선)	회로(지구)공통선	응답선	경종선	표시등선	경종·표시등 공통선

(2) 일제경보방식

① 특정소방대상물이 11층 미만이므로 일제경보방식으로 배선해야 하며 최소 전선 가닥수를 산정할 경우 각 층마다 경종선(단락보호장치가 설치되어 있음)을 1가닥으로 배선한다.

② 수신기에는 화재로 인하여 하나의 층의 지구음향장치 배선이 단락되어도 다른 층의 화재통보에 지장이 없도록 각 층 배선 상에 유효한 조치(단락보호장치)를 하였으므로 경종공통선은 1가닥으로 배선하며 조건에서 경종과 표시등 공통선은 1가닥으로 배선한다.

> ┤참고├
>
> **우선경보방식**
> 층수가 11층(공동주택의 경우에는 16층) 이상의 특정소방대상물은 다음의 기준에 따라 경보를 발할 수 있도록 할 것
> - 2층 이상의 층에서 발화한 때에는 발화층 및 그 직상 4개 층에 경보를 발할 것
> - 1층에서 발화한 때에는 발화층·그 직상 4개 층 및 지하층에 경보를 발할 것
> - 지하층에서 발화한 때에는 발화층·그 직상층 및 기타의 지하층에 경보를 발할 것

(3) 회로(지구)선과 회로(지구)공통선

① 회로(지구)선의 전선 가닥수는 발신기에 설치된 종단저항(경계구역의 수 또는 발신기의 수)의 설치개수이다.

② 하나의 회로(지구)공통선에 접속할 수 있는 경계구역은 7개 이하로 해야 하므로 회로(지구)선이 7가닥을 초과할 경우 회로(지구)공통선을 1가닥 추가해야 한다.

(4) 최소 전선 가닥수 산정

기호 (구간)	전선 가닥수	회로선	회로 공통선	응답선	경종선	표시등선	경종·표시등 공통선	비고
① (5층 ↔ 6층)	6	1	1	1	1	1	1	-
② (4층 ↔ 5층)	7	2	1	1	1	1	1	회로선 추가
③ (3층 ↔ 4층)	8	3	1	1	1	1	1	회로선 추가
④ (2층 ↔ 3층)	9	4	1	1	1	1	1	회로선 추가
⑤ (1층 ↔ 2층)	10	5	1	1	1	1	1	회로선 추가
⑥ (1층 발신기 ↔ 수신기)	15	8	2	1	1	1	2	- 회로선 추가 - 7 경계구역 초과로 회로공통선과 경종·표시등 공통선을 추가
⑦ (지하 2층 ↔ 지상 1층)	7	2	1	1	1	1	1	- 회로선 추가 - 지하층은 경종선을 1가닥으로 배선

정답

기호	전선 가닥수	배선의 용도
①	6	회로선 1, 회로공통선 1, 응답선 1, 경종선 1, 표시등선 1, 경종·표시등 공통선 1
②	7	회로선 2, 회로공통선 1, 응답선 1, 경종선 1, 표시등선 1, 경종·표시등 공통선 1
③	8	회로선 3, 회로공통선 1, 응답선 1, 경종선 1, 표시등선 1, 경종·표시등 공통선 1
④	9	회로선 4, 회로공통선 1, 응답선 1, 경종선 1, 표시등선 1, 경종·표시등 공통선 1
⑤	10	회로선 5, 회로공통선 1, 응답선 1, 경종선 1, 표시등선 1, 경종·표시등 공통선 1
⑥	15	회로선 8, 회로공통선 2, 응답선 1, 경종선 1, 표시등선 1, 경종·표시등 공통선 2
⑦	7	회로선 2, 회로공통선 1, 응답선 1, 경종선 1, 표시등선 1, 경종·표시등 공통선 1

69 다음은 자동화재탐지설비의 평면도이다. 도면을 보고 각 물음에 답하시오(단, 슬래브 내 매입배관이고, 이중 천장이 없는 구조이다).

득점	배점
	5

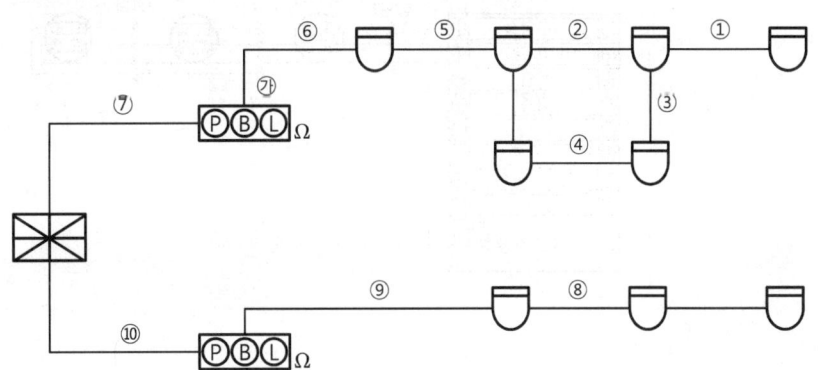

(1) 도면에서 기호 ①~⑩까지 최소 전선 가닥수를 쓰시오(경종에는 단락보호장치가 설치되어 있고, 경종과 표시등 공통선은 1가닥으로 배선한다).

기호	①	②	③	④	⑤	⑥	⑦	⑧	⑨	⑩
전선 가닥수										

(2) P형 수동발신기 세트(㉮)와 감지기 사이의 후강 전선관의 굵기는 최소 몇 [mm]를 선정해야 하는지 쓰시오(단, HFIX 1.5[mm^2] 전선을 사용한다).

(3) P형 수동발신기 세트(㉮)에 내장되어 있는 것을 4가지 쓰시오.

해설

자동화재탐지설비

(1) 전선 가닥수 산정

① 소방시설 도시기호(소방시설 자체점검사항 등에 관한 고시)

명칭	도시기호	명칭	도시기호
발신기세트 단독형	ⓅⒷⓁ	수신기	⧅
연기감지기	S	종단저항	Ω

② 감지기와 발신기 사이의 배선

자동화재탐지설비의 감지기회로는 송배선방식으로 배선해야 하므로 루프로 된 부분은 2가닥, 그 밖에는 4가닥으로 배선해야 한다.

번호	①	②	③	④	⑤	⑥	⑦	⑧	⑨	⑩
전선 가닥수	4	2	2	2	4	4	6	4	4	6

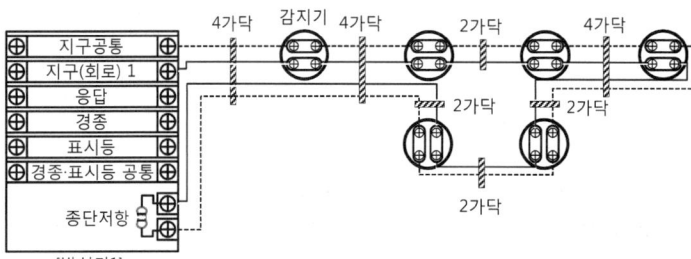

[발신기1]

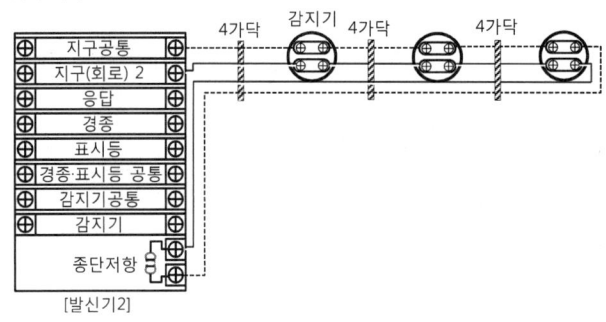

[발신기2]

③ 발신기와 수신기 사이의 배선

수신기 내에 있는 단자(지구공통, 지구, 응답, 경종, 표시등, 경종·표시등 공통)와 발신기 내에 있는 단자(지구공통, 지구, 응답, 경종, 표시등, 경종·표시등 공통)를 배선해야 하므로 전선은 총 6가닥이다.

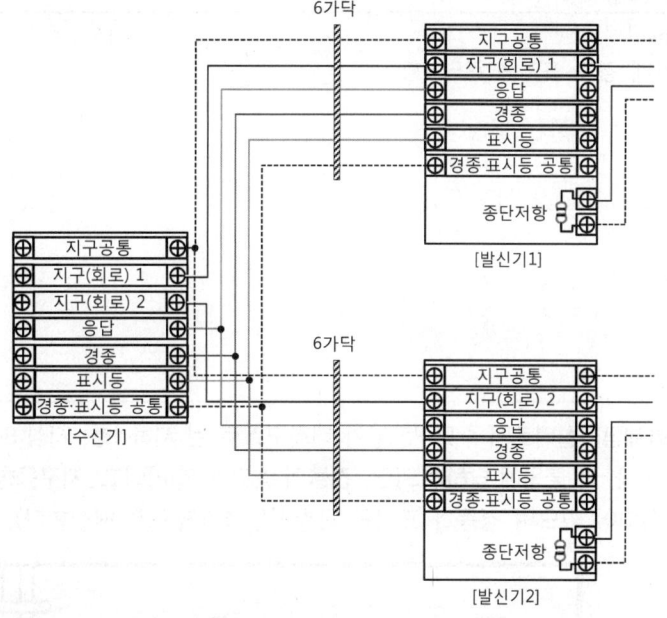

(2) 후강 전선관의 굵기 선정

도체 단면적[mm²]	전선 본수									
	1	2	3	4	5	6	7	8	9	10
	전선관의 최소 굵기[mm]									
2.5	16	16	16	16	22	22	22	28	28	28
4	16	16	16	22	22	22	28	28	28	28
6	16	16	22	22	22	28	28	28	36	36
10	16	22	22	28	28	36	36	36	36	36

① 후강 전선관의 굵기는 배선의 단면적[mm²]과 전선 가닥수를 산정하여 [표]에서 찾는다.
② 수동발신기 세트와 감지기 사이의 전선 가닥수는 총 4가닥이다.
∴ [표]에서 도체(전선)의 단면적은 2.5[mm²], 전선의 본수(가닥수)는 4가닥이므로 후강 전선관의 굵기는 최소 16[mm]이다.

(3) P형 수동발신기 세트의 구성

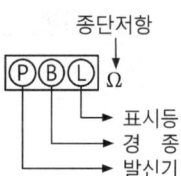

① 발신기
② 경종
③ 표시등
④ 종단저항

정답 (1)

번호	①	②	③	④	⑤	⑥	⑦	⑧	⑨	⑩
전선 가닥수	4	2	2	2	4	4	6	4	4	6

(2) 16[mm]
(3) 발신기, 경종, 표시등, 종단저항

70 다음은 자동화재탐지설비로서 주요구조부가 내화구조로 된 지하 1층, 지상 8층인 건물의 지상 1층의 평면도이다. 각 물음에 답하시오(단, 건물의 층고는 3[m]이고, 지구음향장치에는 단락보호장치가 설치되어 있으며 경종과 표시등 공통선은 1가닥으로 배선한다).

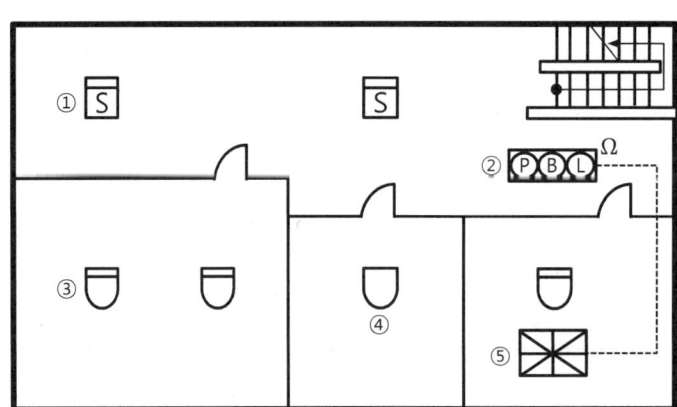

(1) 평면도에 표시된 감지기를 루프방식으로 발신기에 배선하고, 최소 전선 가닥수를 표시하시오.
(2) 기호 ①~⑤까지의 도시기호 명칭을 쓰시오.

기호	명칭	형별
①		
②		
③		
④		
⑤		

(3) 발신기와 수신기 사이의 배관길이가 20[m]일 경우 전선은 몇 [m]가 필요한지 소요량을 산출하시오 (단, 전선의 할증률은 10[%]로 한다).
  • 계산과정 :
  • 답 :

[해설]
자동화재탐지설비

(1), (2) 소방시설 도시기호 및 감지기회로의 배선
  ① 소방시설 도시기호(소방시설 자체점검사항 등에 관한 고시)

명칭	도시기호	명칭	도시기호
연기감지기	S	발신기세트 단독형	ⓟⓑⓛ
차동식 스포트형 감지기	⌒	정온식 스포트형 감지기	⌒
수신기	⊠	종단저항	Ω

  ② 자동화재탐지설비 및 제연설비의 감지기회로의 배선
    ㉠ 송배선식 적용 : 도통시험을 용이하게 하기 위하여 배선의 도중에서 분기하지 않는 방식이다.
    ㉡ 전선 가닥수 산정 시 루프로 된 부분은 2가닥, 그 밖에는 4가닥으로 배선한다.

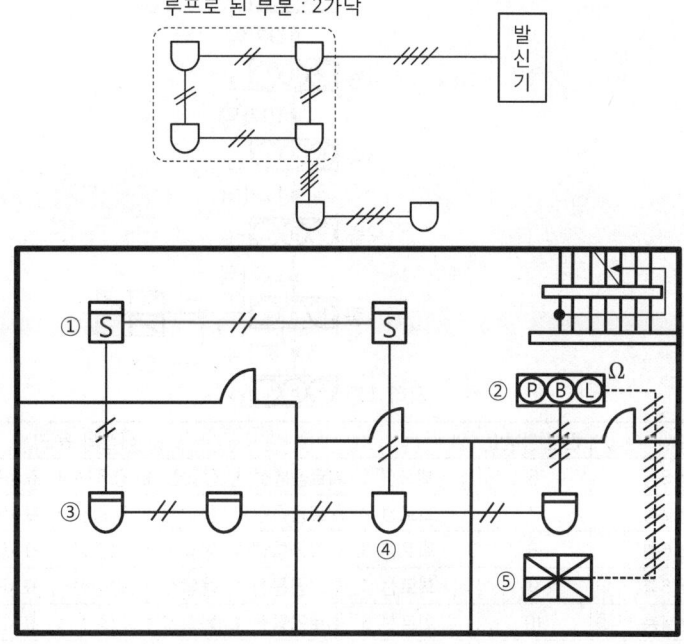

  ③ 전선 가닥수 산정
    ㉠ 평면도에서 발신기에 종단저항이 설치되어 있다. 따라서, 경계구역의 수는 종단저항의 설치개수이고 이것이 회로선의 가닥수가 된다. 만약 종단저항 표시가 없으면 발신기의 설치개수가 회로선의 가닥수가 된다.
    ㉡ P형 수신기 및 G.P형 수신기의 감지기회로의 배선에 있어서 하나의 공통선에 접속할 수 있는 경계구역은 7개 이하로 할 것
      ∴ 회로선이 7가닥을 초과할 경우 회로공통선을 1가닥 추가한다.
    ㉢ 경종과 표시등 공통선은 1가닥으로 배선하고, 지구음향장치에는 단락보호장치가 설치되어 있으며 일제경보방식 이므로 경종선을 1가닥, 경종·표시등 공통선을 1가닥으로 배선한다.

| 참고 |

우선경보방식

층수가 11층(공동주택의 경우에는 16층) 이상의 특정소방대상물은 다음의 기준에 따라 경보를 발할 수 있도록 할 것
- 2층 이상의 층에서 발화한 때에는 발화층 및 그 직상 4개 층에 경보를 발할 것
- 1층에서 발화한 때에는 발화층·그 직상 4개 층 및 지하층에 경보를 발할 것
- 지하층에서 발화한 때에는 발화층·그 직상층 및 그 밖의 지하층에 경보를 발할 것

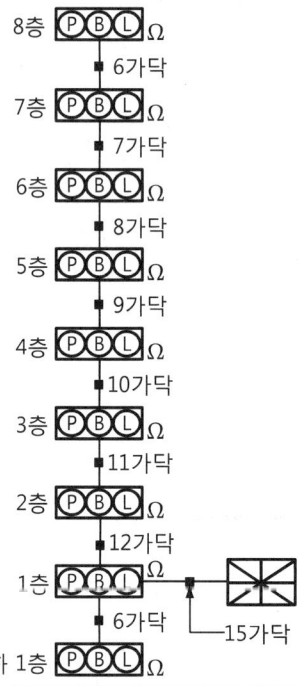

층수	전선 가닥수	배선의 용도
7층 ↔ 8층	6	회로선 1, 회로공통선 1, 응답선 1, 경종선 1, 표시등선 1, 경종·표시등 공통선 1
6층 ↔ 7층	7	회로선 2, 회로공통선 1, 응답선 1, 경종선 1, 표시등선 1, 경종·표시등 공통선 1
5층 ↔ 6층	8	회로선 3, 회로공통선 1, 응답선 1, 경종선 1, 표시등선 1, 경종·표시등 공통선 1
4층 ↔ 5층	9	회로선 4, 회로공통선 1, 응답선 1, 경종선 1, 표시등선 1, 경종·표시등 공통선 1
3층 ↔ 4층	10	회로선 5, 회로공통선 1, 응답선 1, 경종선 1, 표시등선 1, 경종·표시등 공통선 1
2층 ↔ 3층	11	회로선 6, 회로공통선 1, 응답선 1, 경종선 1, 표시등선 1, 경종·표시등 공통선 1
1층 ↔ 2층	12	회로선 7, 회로공통선 1, 응답선 1, 경종선 1, 표시등선 1, 경종·표시등 공통선 1
지하 1층 ↔ 1층	6	회로선 1, 회로공통선 1, 응답선 1, 경종선 1, 표시등선 1, 경종·표시등 공통선 1
1층 발신기 ↔ 수신기	15	회로선 9, 회로공통선 2, 응답선 1, 경종선 1, 표시등선 1, 경종·표시등 공통선 1

[배선의 용도] 회로선 = 지선선, 회로공통선 = 지구공통선

(3) 발신기와 수신기 사이의 전선 소요량 계산

∴ 전선 소요량 = 배관길이$[m] \times$ 전선 가닥수 $\times$ 할증률 $= 20[m] \times 15$가닥 $\times 1.1 = 330[m]$

정답 (1)

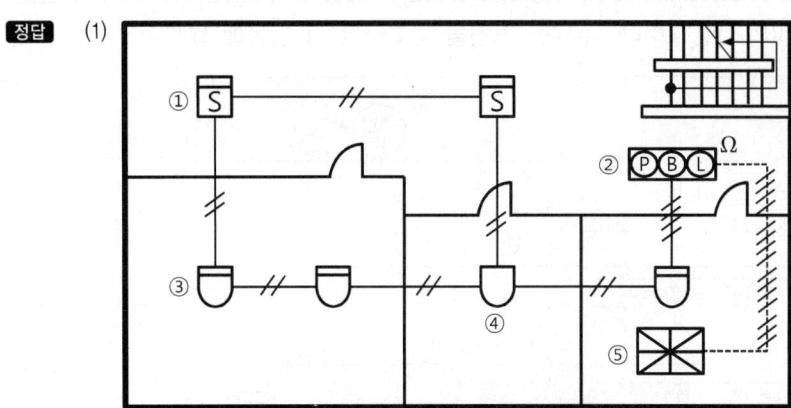

(2)

기호	명칭	형별
①	연기감지기	스포트형
②	발신기	P형
③	차동식 스포트형 감지기	스포트형
④	정온식 스포트형 감지기	스포트형
⑤	수신기	P형

(3) 330[m]

71 다음은 자동화재탐지설비의 계통도이다. 주어진 조건을 참고하여 각 물음에 답하시오.

득점	배점
	12

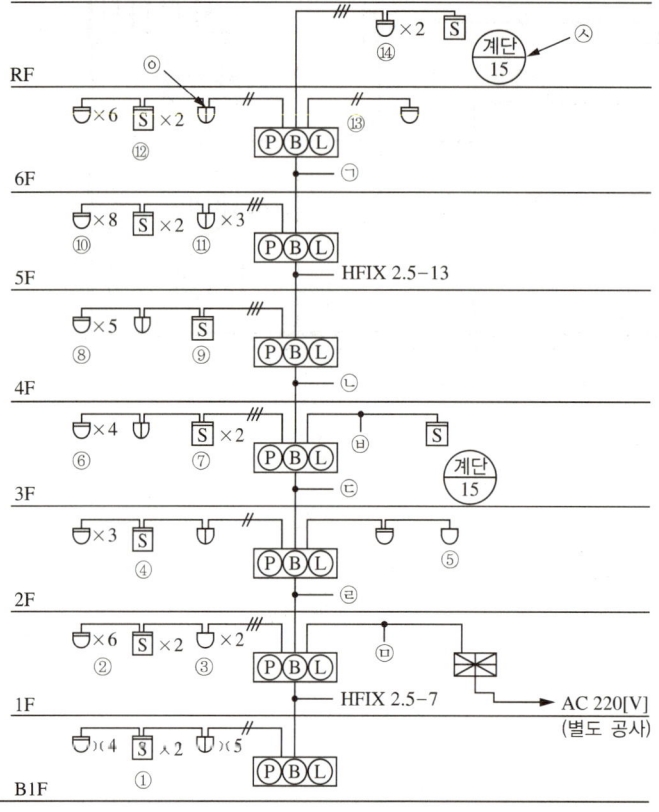

조건
- 발신기 세트에는 경종, 표시등, 발신기 등을 수용한다.
- 수신기에는 화재로 인하여 하나의 층의 지구음향장치 배선이 단락되어도 다른 층의 화재통보에 지장이 없도록 각 층 배선 상에 유효한 조치를 하였고, 경종과 표시등의 공통선은 1가닥으로 배선한다.
- 종단저항은 감지기 말단에 설치한 것으로 한다.

물음
(1) 기호 ㉠~㉣의 최소 전선 가닥수를 구하시오.
   ㉠ :   ㉡ :
   ㉢ :   ㉣ :
(2) 기호 ㉤의 최소 전선 가닥수에 대한 배선의 용도를 쓰시오.
(3) 기호 ㉥의 최소 전선 가닥수를 구하시오.
(4) 기호 ㉦과 같은 그림기호의 의미를 상세히 기술하시오.
(5) 기호 ㉧은 어떤 종류의 감지기인지 그 명칭을 쓰시오.
(6) 해당 도면의 설비에 대한 전체 회로 수는 몇 회로인지 쓰시오.

[해설]

자동화재탐지설비

(1), (2), (3) 전선 가닥수 산정

기호	전선 가닥수	배선의 용도	비고
㉠	9	회로선 4, 회로공통선 1, 응답선 1, 경종선 1, 표시등선 1, 경종·표시등 공통선 1	회로선의 수는 경계구역 번호(⑫~⑮)의 수로 한다.
㉡	14	회로선 8, 회로공통선 2, 응답선 1, 경종선 1, 표시등선 1, 경종·표시등 공통선 1 ※ 하나의 회로공통선에 접속할 수 있는 경계구역은 7개 이하로 할 것 회로공통선 = $\dfrac{회로선}{7}$ = $\dfrac{8}{7}$ = 1.14가닥 ≒ 2가닥	회로선의 수는 경계구역 번호(⑧~⑮)의 수로 한다.
㉢	16	회로선 10, 회로공통선 2, 응답선 1, 경종선 1, 표시등선 1, 경종·표시등 공통선 1	회로선의 수는 경계구역 번호(⑥~⑮)의 수로 한다.
㉣	18	회로선 12, 회로공통선 2, 응답선 1, 경종선 1, 표시등선 1, 경종·표시등 공통선 1	회로선의 수는 경계구역 번호(④~⑮)의 수로 한다.
㉤	22	회로선 15, 회로공통선 3, 응답선 1, 경종선 1, 표시등선 1, 경종·표시등 공통선 1 ※ 하나의 회로공통선에 접속할 수 있는 경계구역은 7개 이하로 할 것 회로공통선 = $\dfrac{회로선}{7}$ = $\dfrac{15}{7}$ = 2.14가닥 ≒ 3가닥	회로선의 수는 경계구역 번호(①~⑮)의 수로 한다.
㉥	4	회로선 2, 회로공통선 2	그림 참고

- 11층 이하이므로 일제경보방식을 적용한다. 따라서, 경종선은 1가닥으로 배선한다.
- 회로선의 수는 경계구역의 수로 한다.
- 회로선 = 지구선, 회로공통선 = 지구공통선

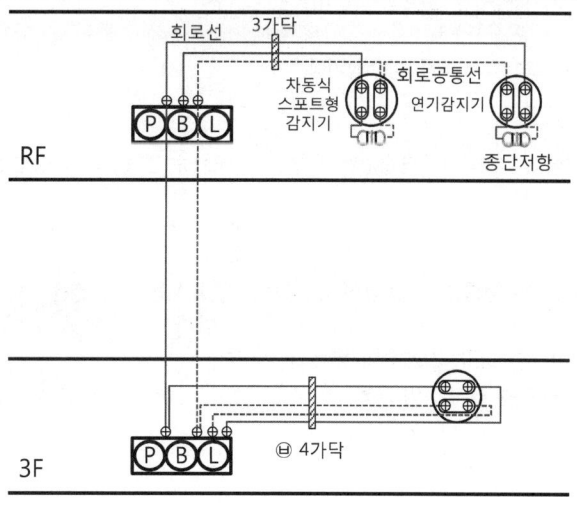

(4), (5) 자동화재검지설비(한국산업표준 옥내배선용)의 그림기호

명칭	그림기호	적요
경계구역의 경계선	━ ━ ━	배선의 그림기호보다 굵게 한다.
경계구역 번호	○	• ○ 안에 경계구역 번호를 넣는다. • 필요에 따라 ⊖로 하고 상부에는 필요한 사항, 하부에는 경계구역 번호를 넣는다.
차동식 스포트형 감지기	⌐⌐	필요에 따라 종별을 방기한다.
보상식 스포트형 감지기	⌐⌐	필요에 따라 종별을 방기한다.
정온식 스포트형 감지기	⌒	• 필요에 따라 종별을 방기한다. • 방수인 것은 ⌒로 한다. • 내산인 것은 ⌒로 한다. • 내알칼리인 것은 ⌒로 한다. • 방폭인 것은 EX를 방기한다.
연기감지기	S	• 필요에 따라 종별을 방기한다. • 점검 박스 붙이인 경우는 S로 한다. • 매입인 것은 S로 한다.

┌ 참고 ├─────────────────────────────────────┐
│   │
│ • (계단/15) : 경계구역이 계단이고, 경계구역의 번호는 15이다. │
│   │
│ • ⌒ : 정온식 스포트형 감지기 중 방수형이다.   │
│   │
└──┘

(6) 회로 수

　회로 수는 경계구역의 개수로서 경계구역 번호가 15이므로 회로 수는 15회로이다.

정답　(1) ㉠ 9　　　　　　　　　　　㉡ 14
　　　　　　㉢ 16　　　　　　　　　　㉣ 18
　　　(2) 회로선 15, 회로공통선 3, 응답선 1, 경종선 1, 표시등선 1, 경종·표시등 공통선 1
　　　(3) 4가닥
　　　(4) 경계구역이 계단이고, 경계구역 번호가 15이다.
　　　(5) 정온식 스포트형 감지기(방수형)
　　　(6) 15회로

72 다음 도면은 자동화재탐지설비의 평면도이다. 도면을 보고 각 물음에 답하시오(단, 천장은 이중천장이 없는 구조이며, 전선관은 후강전선관을 사용하여 콘크리트 내에 매입 시공한다).

득점	배점
	10

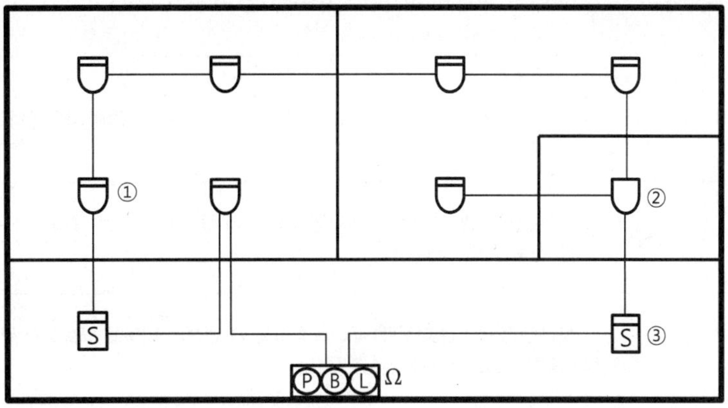

(1) 도면에서 금속관공사에 필요한 부싱과 로크너트의 수량을 구하시오.
   ① 부싱의 개수 :
   ② 로크너트의 개수 :
(2) 감지기와 감지기 사이, 감지기와 수동 발신기세트 사이의 전선 가닥수를 평면도에 표시하시오(단, 전선 가닥수는 다음과 같이 표시(———/////———)한다).
(3) 도면에 표기된 기호 ①, ②, ③의 명칭을 쓰시오.
   ① :
   ② :
   ③ :

해설

자동화재탐지설비

(1) 부싱과 로크너트 수량
   ① 금속관공사 시 부품 명칭

금속관공사의 부품 명칭	사용 용도	그림
커플링	전선관(금속관)과 전선관(금속관)을 연결할 때 사용한다.	
새들	전선관(금속관)을 구조물에 고정할 때 사용한다.	
환형 3방출 정크션박스	전선관(금속관)을 분기할 때 사용하며 방출 방향의 수에 따라 2방출, 3방출, 4방출이 있다.	

금속관공사의 부품 명칭	사용 용도	그림
노멀밴드	전선관(금속관)이 직각으로 구부러지는 곳에 사용한다.	
유니버설엘보	노출 배관을 공사할 때 관을 직각으로 구부러지는 곳에 사용한다.	
유니언커플링	전선관(금속관)의 접속부에서 양쪽의 관이 돌려지지 않는 곳에 전선관(금속관)을 접속할 때 사용한다.	
부싱	전선관(금속관)을 아웃렛 박스에 접속할 때 전선의 피복을 보호하기 위하여 박스 내부의 전선관 끝에 사용한다.	
로크너트	전선관(금속관)과 아웃렛 박스를 접속할 때 사용하는 부품으로서 최소 2개를 사용한다.	
8각 아웃렛 박스	전선관(금속관)을 공사할 때 감지기, 유도등 및 전선을 접속하는 데 사용하는 박스로 4각은 각 방향으로 2개까지 방출할 수 있고, 8각은 각 방향으로 1개까지 방출할 수 있다.	
4각 아웃렛 박스		

② 아웃렛 박스
  ㉠ 4각 아웃렛 박스 : 제어반, 수신기, 발신기세트, 수동조작함(RM) 등에 사용한다.
    ∴ 발신기세트가 1개 설치되어 있으므로 4각 아웃렛 박스는 1개를 사용한다.
  ㉡ 8각 아웃렛 박스 : 감지기, 사이렌, 유도등, 방출표시등에 사용한다.
    ∴ 감지기가 10개 설치되어 있으므로 8각 아웃렛 박스는 10개를 사용한다.

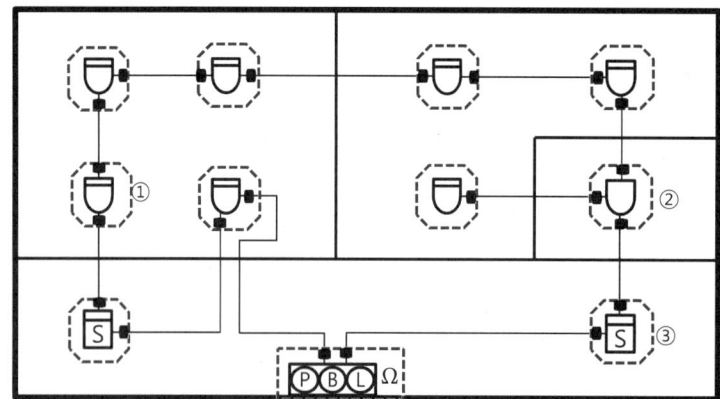

[참고] ◯ : 8각 아웃렛 박스, ▢ : 4각 아웃렛 박스, ■ : 부싱

③ 부싱 : 4각 아웃렛 박스와 8각 아웃렛 박스 내부의 전선관 끝에 사용한다.
∴ 아웃렛 박스가 11개 사용하므로 부싱은 22개가 필요하다.
④ 로크너트 : 전선관(금속관)과 아웃렛 박스를 접속할 때 사용하는 부품으로서 최소 2개를 사용한다.
∴ 부싱이 22개가 필요하므로 로크너트는 44개가 필요하다.

(2) 감지기회로의 배선
① 송배선식
㉠ 도통시험을 용이하게 하기 위하여 배선의 도중에서 분기하지 않는 방식이다.
㉡ 적용설비 : 자동화재탐지설비, 제연설비
㉢ 전선 가닥수 산정 시 루프로 된 부분은 2가닥으로 배선하고, 그 밖에는 4가닥으로 배선한다.

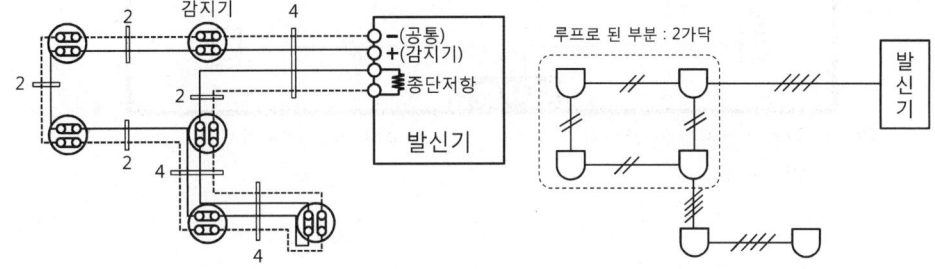

② 전선 가닥수 산정
자동화재탐지설비이므로 감지기회로의 배선은 송배선식으로 한다. 따라서, 루프로 된 부분은 2가닥으로 배선하고, 그 밖에는 4가닥으로 배선한다.

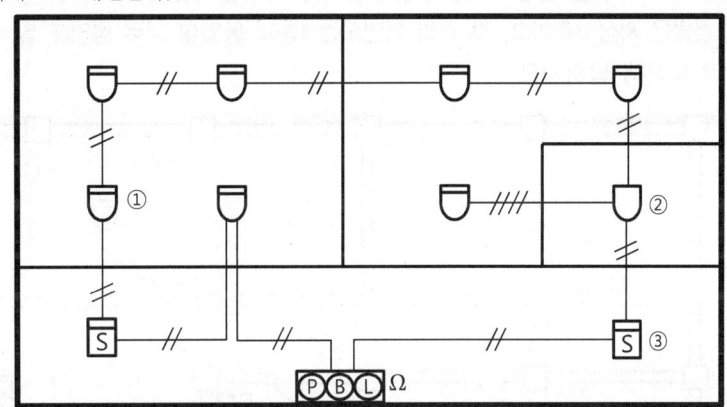

(3) 소방시설 도시기호(소방시설 자체점검사항 등에 관한 고시)

명칭	도시기호	명칭	도시기호
차동식 스포트형 감지기	∪	사이렌	◁
정온식 스포트형 감지기	∪	모터사이렌	Ⓜ
연기감지기	S	전자사이렌	Ⓢ
보상식 스포트형 감지기	∪	종단저항	Ω

정답 (1) ① 22개　　　　② 44개
(2)

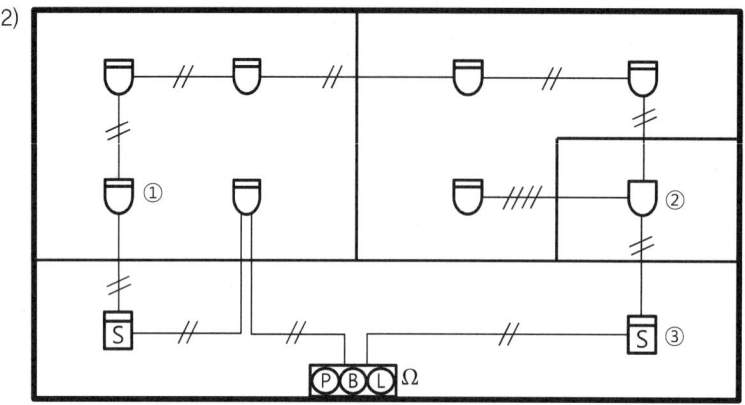

(3) ① 차동식 스포트형 감지기　　② 정온식 스포트형 감지기
　　③ 연기감지기

73 다음 그림은 어느 사무실 건물의 1층에 설치된 자동화재탐지설비의 미완성 평면도를 나타낸 것이다. 이 건물은 지상 3층이고, 각 층의 평면도는 1층과 동일할 경우 평면도 및 주어진 조건을 참고하여 각 물음에 답하시오.

득점	배점
	10

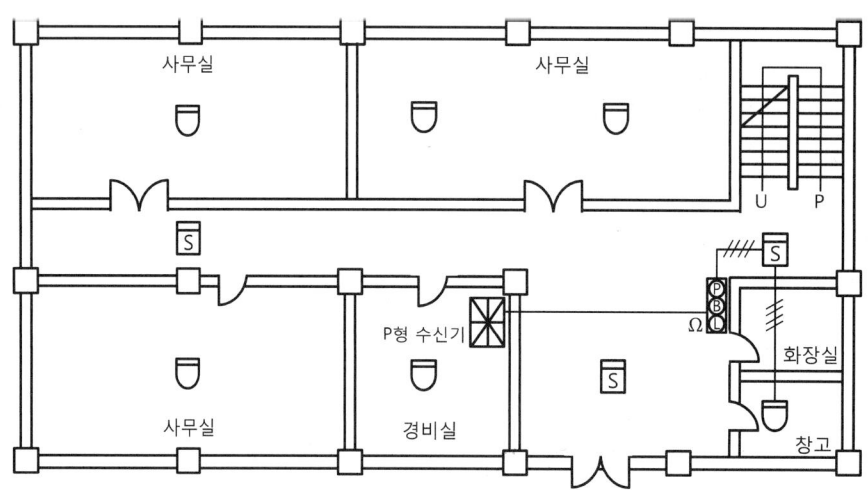

조건
- 계통도 작성 시 각 층에 수동발신기는 1개씩 설치하는 것으로 한다.
- 계통도 작성 시 전선 가닥수는 최소로 한다.
- 간선에 사용하는 전선은 HFIX 2.5[mm²]이다.
- 발신기 공통선 1선과 경종·표시등 공통선을 1선을 각각 배선하며 지구음향장치(지구경종)에는 단락보호장치가 설치되어 있다.

- 계단실의 감지기 설치는 제외한다.
- 전선관 공사는 후강전선관으로 콘크리트 내 매입 시공한다.
- 각 실의 바닥에서 천장까지의 높이는 2.8[m]이다.
- 각 실은 이중천장이 없는 구조이며, 천장에 감지기를 바로 취부한다.
- 후강전선관의 굵기는 다음 표와 같다.

도체 단면적[mm²]	전선 본수									
	1	2	3	4	5	6	7	8	9	10
	전선관의 최소 굵기[mm]									
2.5	16	16	16	16	22	22	22	28	28	28
4	16	16	16	22	22	22	28	28	28	28
6	16	16	22	22	22	28	28	28	36	36
10	16	22	22	28	28	36	36	36	36	36
16	16	22	28	28	36	36	36	42	42	42
25	22	28	28	36	36	42	54	54	54	54
35	22	28	36	42	54	54	54	70	70	70

물 음

(1) 도면에서 P형 1급 수신기는 최소 몇 회로용을 사용해야 하는지 쓰시오.

(2) 수신기에서 발신기세트까지의 전선 가닥수는 몇 가닥이며 여기에 사용되는 후강전선관은 몇 [mm]를 사용해야 하는지 쓰시오.
  ① 전선 가닥수 :
  ② 후강전선관의 굵기 :

(3) 연기감지기를 매입인 것으로 사용할 경우 그림기호를 그리시오.

(4) 주어진 도면에 전선관과 배선을 하여 자동화재탐지설비의 도면을 완성하고, 전선 가닥수를 표기하시오.

(5) 간선 계통도를 그리고, 전선의 가닥수를 표기하시오.

해설

자동화재탐지설비

(1) P형 1급 수신기
  ① 회로수는 경계구역의 수 또는 발신기의 종단저항 개수로 구할 수 있다.
  ② 종단저항의 설치 개수로 계산
    ㉠ 1층의 평면도에는 P형 1급 발신기가 설치되어 있고, 그 측면에 종단저항[Ω]이 1개가 설치되어 있다.
    ㉡ 지상 3층 건물이므로 종단저항의 개수가 3개이므로 회로수는 3회로이다.
      ∴ P형 1급 수신기는 5회로용, 10회로용, 15회로용, 20회로용 등이 있으므로 5회로용을 사용해야 한다.

참고

경계구역의 설정기준
- 하나의 경계구역이 2개 이상의 건축물에 미치지 않도록 할 것
- 하나의 경계구역이 2개 이상의 층에 미치지 않도록 할 것. 다만, 500[m^2] 이하의 범위 안에서는 2개의 층을 하나의 경계구역으로 할 수 있다.
- 하나의 경계구역의 면적은 600[m^2] 이하로 하고, 한 변의 길이는 50[m] 이하로 할 것. 다만, 해당 특정소방대상물의 주된 출입구에서 그 내부 전체가 보이는 것에 있어서는 한 변의 길이가 50[m]의 범위에서 1,000[m^2] 이하로 할 수 있다.
- 계단(직통계단 외의 것에 있어서는 떨어져 있는 상하계단의 상호 간의 수평거리가 5[m] 이하로서 서로 간에 구획되지 않는 것에 한한다)·경사로(에스컬레이터 경사로 포함)·엘리베이터 승강로(권상기실이 있는 경우에는 권상기실)·린넨슈트·파이프 피트 및 덕트 그 밖의 이와 유사한 부분에 대하여는 별도로 경계구역을 설정하되, 하나의 경계구역은 높이 45[m] 이하(계단 및 경사로에 한한다)로 하고, 지하층의 계단 및 경사로(지하층의 층수가 한 개 층일 경우는 제외한다)는 별도로 하나의 경계구역으로 해야 한다.

(2) 전선 가닥수 및 후강전선관 굵기 산정
  ① 발신기와 수신기 간의 전선 가닥수 산정

구간	전선 가닥수	배선의 용도
3층 발신기 ↔ 2층 발신기	6	회로(지구)선 1, 회로(지구)공통선 1, 응답선 1, 경종선 1, 표시등선 1, 경종·표시등 공통선 1
2층 발신기 ↔ 1층 발신기	7	회로(지구)선 2, 회로(지구)공통선 1, 응답선 1, 경종선 1, 표시등선 1, 경종·표시등 공통선 1
1층 발신기 ↔ 수신기	8	회로(지구)선 3, 회로(지구)공통선 1, 응답선 1, 경종선 1, 표시등선 1, 경종·표시등 공통선 1

참고

자동화재탐지설비 및 시각경보장치의 화재안전기술기준에서 수신기의 설치기준
- 화재로 인하여 하나의 층의 지구음향장치 배선이 단락되어도 다른 층의 화재통보에 지장이 없도록 각 층 배선 상에 유효한 조치를 할 것
- 화재안전기술기준을 적용하면 일제경보방식이고, 지구경종에는 단락보호장치가 설치되어 있으므로 경종선은 1가닥으로 배선한다.
- [조건]에서 경종·표시등 공통선은 1가닥으로 배선한다.

┌ 참고 ├─
발신기와 수신기 간의 기본 전선 가닥수(단, 화재로 인하여 하나의 층의 지구음향장치 배선이 단락되어도 다른 층의 화재통보에 지장이 없도록 각 층 배선 상에 유효한 조치를 하지 않은 경우)

구간	전선 가닥수	배선의 용도
3층 발신기 ↔ 2층 발신기	6	지구선 1, 지구공통선 1, 응답선 1, 경종선 1, 표시등선 1, 경종·표시등 공통선 1
2층 발신기 ↔ 1층 발신기	9	지구선 2, 지구공통선 1, 응답선 1, 경종선 2, 표시등선 1, 경종·표시등 공통선 2
1층 발신기 ↔ 수신기	12	지구선 3, 지구공통선 1, 응답선 1, 경종선 3, 표시등선 1, 경종·표시등 공통선 3

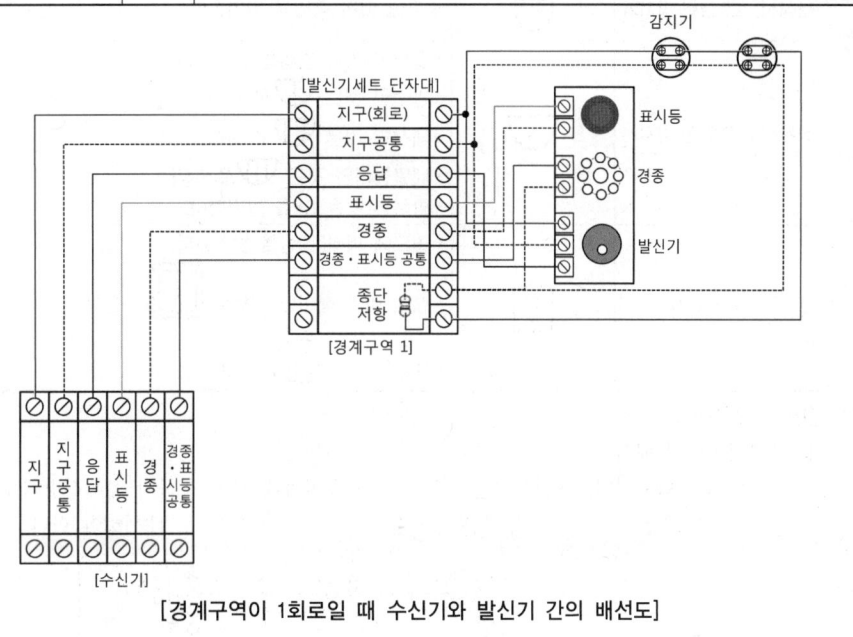

[경계구역이 1회로일 때 수신기와 발신기 간의 배선도]

② 후강전선관 굵기 산정
 ㉠ 발신기와 수신기 간의 전선 가닥수는 총 8가닥이고, [조건]에서 간선에 사용하는 전선은 2.5[mm²]이다.
 ㉡ [표]에서 후강전선관의 굵기를 선정한다.

도체 단면적[mm²]	전선 본수									
	1	2	3	4	5	6	7	8	9	10
	전선관의 최소 굵기[mm]									
2.5	16	16	16	16	22	22	22	28	28	28
4	16	16	16	22	22	22	28	28	28	28
6	16	16	22	22	22	28	28	28	36	36
10	16	22	22	28	28	36	36	36	36	36
16	16	22	28	28	36	36	36	42	42	42
25	22	28	28	36	36	42	54	54	54	54
35	22	28	36	42	54	54	54	70	70	70

∴ 후강전선관의 굵기는 28[mm]를 선정한다.

(3) 자동화재검지설비(한국산업표준 옥내배선용)의 그림기호

명칭	그림기호	적요
경계구역의 경계선	─ ─ ─	배선의 그림기호보다 굵게 한다.
경계구역 번호	◯	• ◯ 안에 경계구역 번호를 넣는다. • 필요에 따라 ⊖로 하고 상부에는 필요한 사항, 하부에는 경계구역 번호를 넣는다.
차동식 스포트형 감지기	⊡	필요에 따라 종별을 방기한다.
보상식 스포트형 감지기	⊟	필요에 따라 종별을 방기한다.
정온식 스포트형 감지기	⌓	• 필요에 따라 종별을 방기한다. • 방수인 것은 ⌓로 한다. • 내산인 것은 ⌓로 한다. • 내알칼리인 것은 ⌓로 한다. • 방폭인 것은 EX를 방기한다.
연기감지기	S	• 필요에 따라 종별을 방기한다. • 점검 박스 붙이인 경우는 S로 한다. • 매입인 것은 S로 한다.

(4) 평면도 완성도면
  ① 감지기회로의 배선
    ㉠ 자동화재탐지설비, 제연설비는 도통시험을 용이하게 하기 위하여 송배선방식으로 배선한다.
    ㉡ 송배선방식은 루프로 된 부분은 2가닥, 그 밖에는 4가닥으로 배선해야 한다.

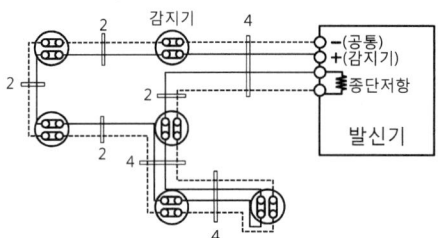

  ② 발신기와 수신기 간의 전선 가닥수는 8가닥으로 배선한다.

③ 평면도 완성도면

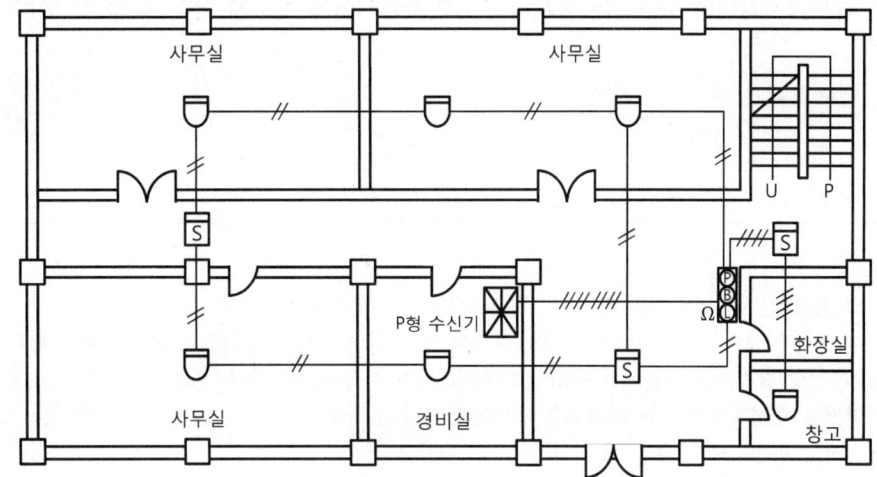

(5) 간선 계통도 작성

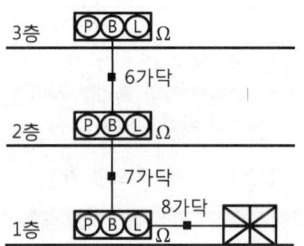

정답
(1) 5회로용
(2) ① 8가닥
    ② 28[mm]
(3) ⌴S⌴
(4) 해설 참고
(5) 해설 참고

74

자동화재탐지설비에 사용되는 감지기의 절연저항시험을 하고자 한다. 다음 각 물음에 답하시오.

득점	배점
	6

(1) 측정기기를 쓰시오.
(2) 판정기준을 쓰시오.
(3) 측정위치를 쓰시오.

해설

감지기의 절연저항시험(감지기의 형식승인 및 제품검사의 기술기준 제35조)

감지기의 절연된 단자 간의 절연저항 및 단자와 외함 간의 절연저항은 직류 500[V]의 절연저항계로 측정한 값이 50[MΩ](정온식 감지선형 감지기는 선간에서 1[m]당 1,000[MΩ]) 이상이어야 한다.

(1) 절연저항 측정기기 : 직류 500[V]의 절연저항계
(2) 절연저항 판정기준 : 50[MΩ] 이상
(3) 절연저항 측정위치 : 절연된 단자 간, 단자와 외함 간

참고

절연저항시험(직류 500[V] 절연저항계로 측정)

대상	절연저항 측정위치	절연저항 측정값
유도등	• 교류입력 측과 외함 사이 • 교류입력 측과 충전부 사이 • 절연된 충전부와 외함 사이	5[MΩ] 이상
수신기	절연된 충전부와 외함 간	
가스누설경보기		
누전경보기의 변류기	• 절연된 1차 권선과 2차 권선 간 • 절연된 1차 권선과 외부금속부 간 • 절연된 2차 권선과 외부금속부 간	
누전경보기의 수신부	• 절연된 충전부와 외함 간 • 차단기구의 개폐부	
발신기	• 절연된 단자 간 • 단자와 외함 간	20[MΩ] 이상
경종		
수신기	• 교류입력 측과 외함 간 • 절연된 선로 간	
중계기	• 절연된 충전부와 외함 간 • 절연된 선로 간	
가스누설경보기	• 교류입력 측과 외함 간 • 절연된 선로 간	
감지기	• 절연된 단자 간 • 단자와 외함 간	50[MΩ] 이상

정답
(1) 직류 500[V]의 절연저항계
(2) 50[MΩ] 이상
(3) 감지기의 절연된 단자 간, 단자와 외함 간

75 다음 도면은 지하 3층, 지상 11층의 특정소방대상물에 발화층 및 직상층에 우선경보방식으로 배선하고자 한다. 화재 시 경보가 발할 수 있도록 다이오드(Diode)를 도면에 그려 넣으시오(단, 다이오드의 도시기호는 ──▶|── 이다).

득점	배점
	5

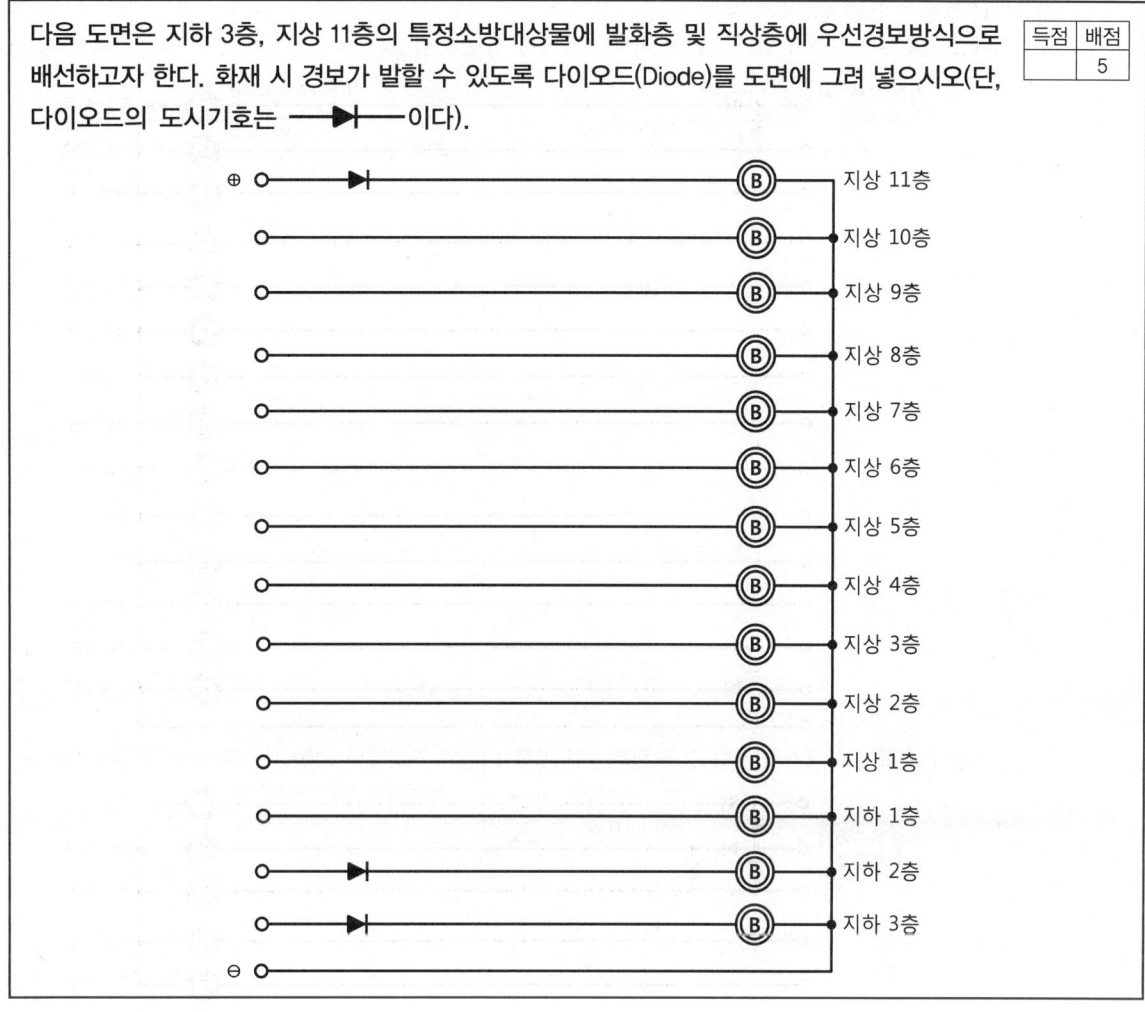

해설

우선경보방식

(1) 다이오드의 개요

정의	도시기호
다이오드에 전압을 인가하면 순방향으로만 전류를 통과시키고 역방향으로는 전류를 흐르지 않는 단방향 전류소자이다.	(+) ──▶|── (-) 애노드(Anode) 캐소드(Cathode)

(2) 우선경보방식

층수가 11층(공동주택의 경우에는 16층) 이상의 특정소방대상물은 다음의 기준에 따라 경보를 발할 수 있도록 할 것
① 2층 이상의 층에서 발화한 때에는 발화층 및 그 직상 4개 층에 경보를 발할 것
② 1층에서 발화한 때에는 발화층·그 직상 4개 층 및 지하층에 경보를 발할 것
③ 지하층에서 발화한 때에는 발화층·그 직상층 및 기타의 지하층에 경보를 발할 것

(3) 다이오드를 이용한 우선경보방식의 배선

① 지상 11층은 직상층이 없기 때문에 지상 11층에서 화재가 발생한 경우 지상 11층에 있는 경종만 울린다.

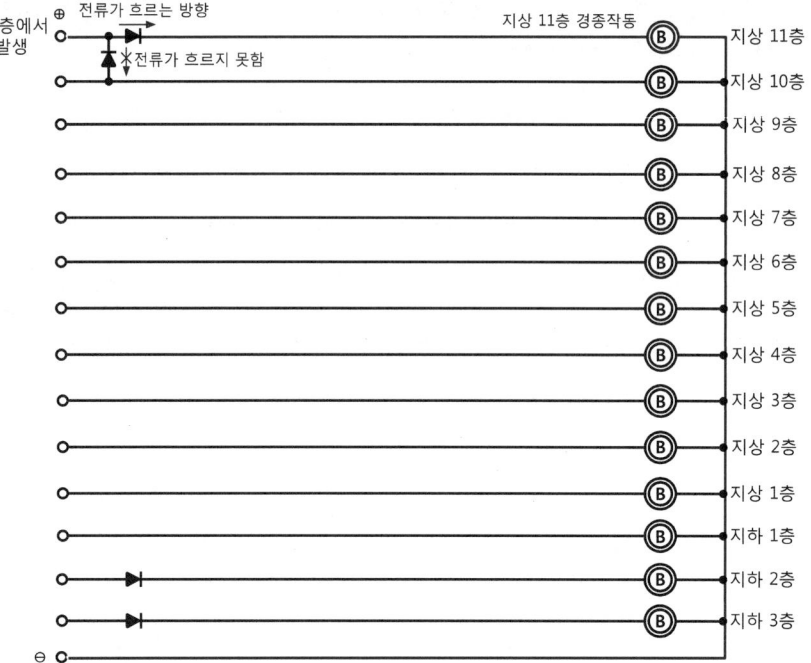

② 지상 10층에서 화재가 발생한 경우 발화층인 지상 10층과 직상층인 지상 11층에 있는 경종만 울린다.

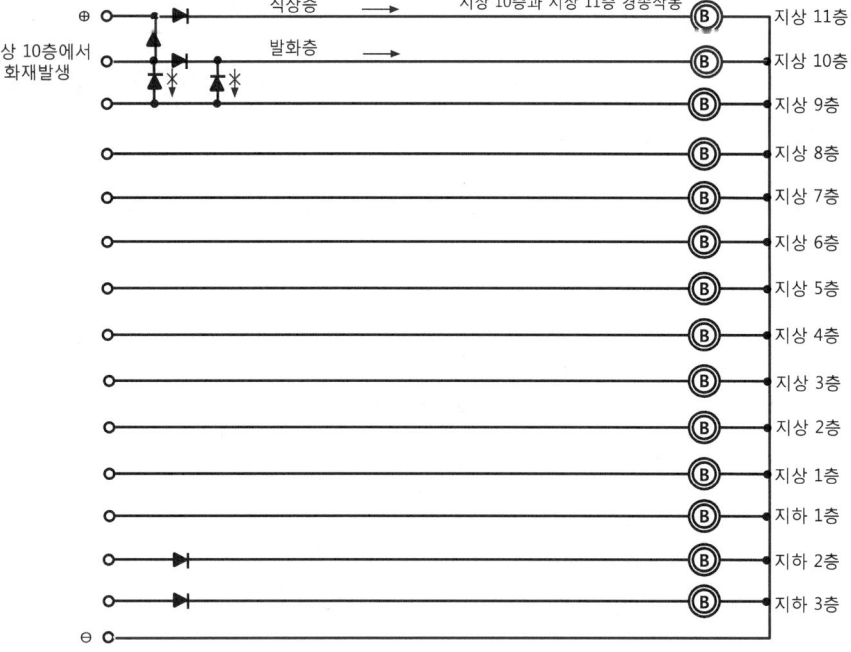

③ 지상 9층에서 화재가 발생한 경우 발화층인 지상 9층과 직상층(지상 10층, 지상 11층)에 있는 경종만 울린다.

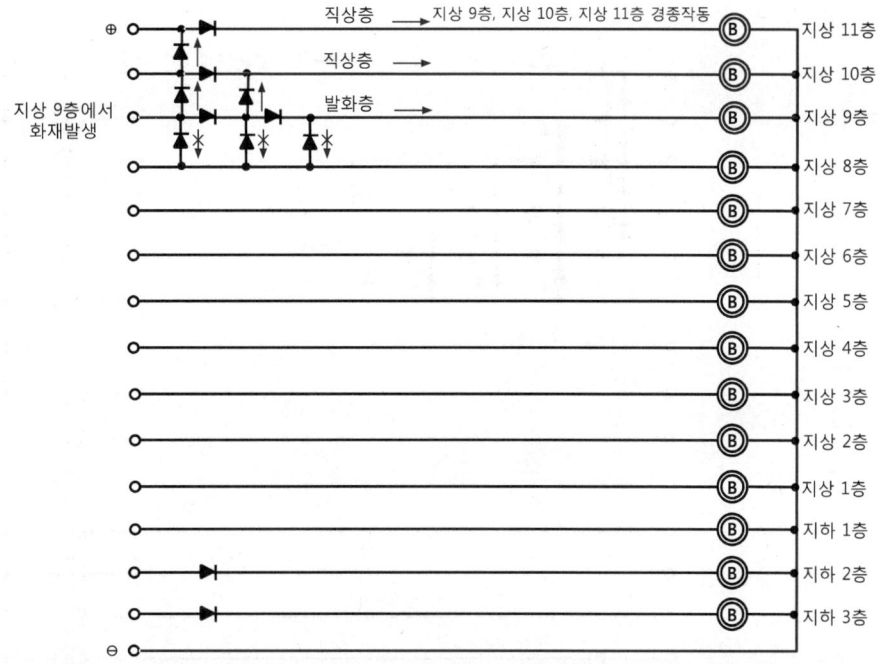

④ 지상 8층에서 화재가 발생한 경우 발화층인 지상 8층과 직상층(지상 9층, 지상 10층, 지상 11층)에 있는 경종만 울린다.

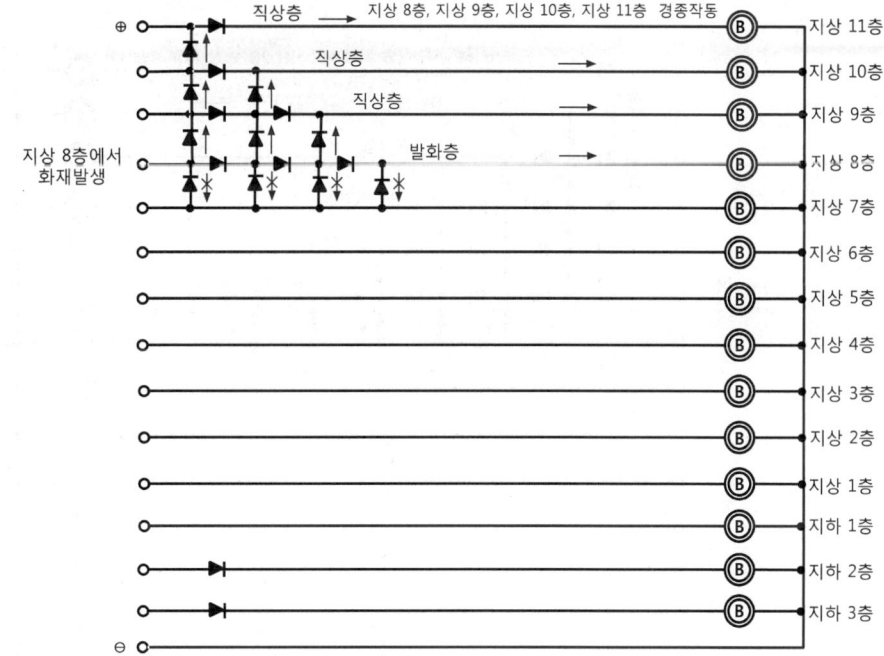

⑤ 지상 7층에서 화재가 발생한 경우 발화층인 지상 7층과 직상 4개 층(지상 8층, 지상 9층, 지상 10층, 지상 11층)에 있는 경종만 울린다.

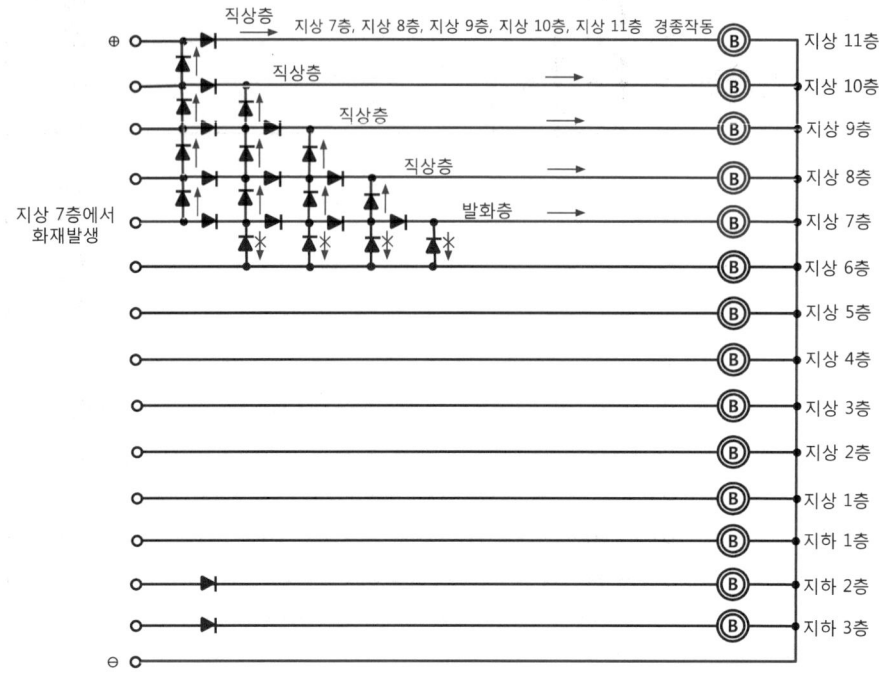

⑥ 지상 6층에서 화재가 발생한 경우 발화층인 지상 6층과 지상 4개 층(지상 7층, 지상 8층, 지상 9층, 지상 10층)에 있는 경종만 울린다.

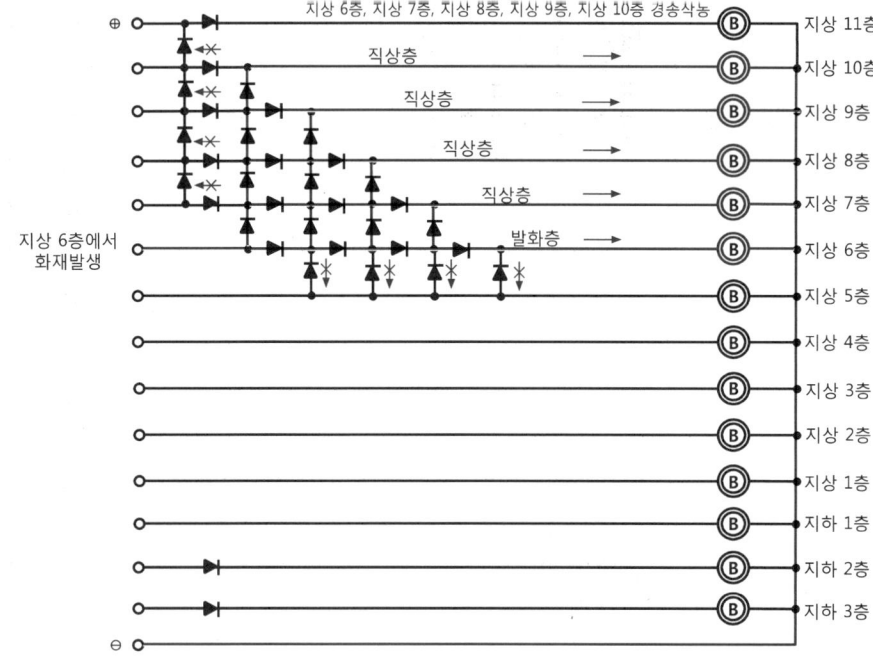

⑦ 지상 5층에서 지상 2층까지의 다이오드 설치방법은 ⑥번과 동일한 방법으로 설치한다.

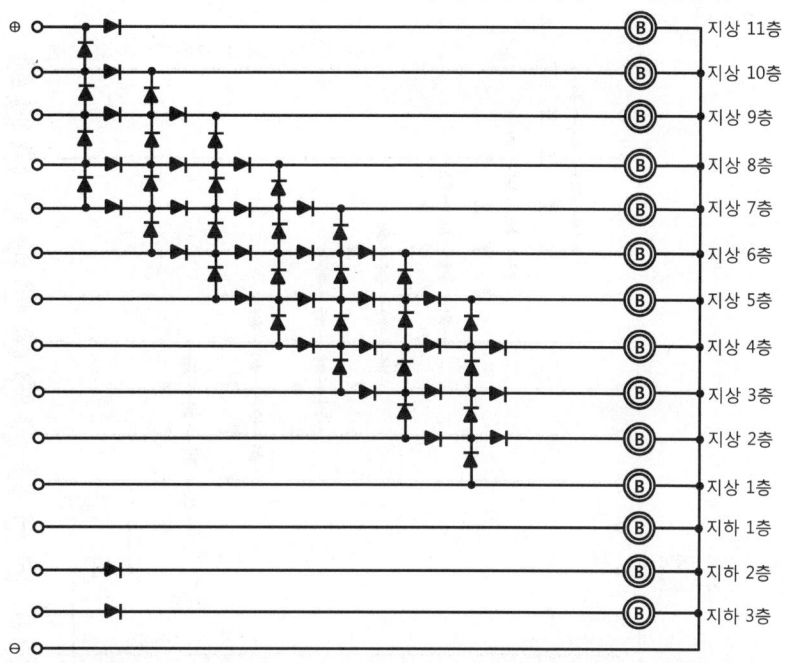

⑧ 지상 1층에서 화재가 발생한 경우 발화층인 지상 1층과 직상 4개 층(지상 2층, 지상 3층, 지상 4층, 지상 5층) 및 지하층(지하 1층, 지하 2층, 지하 3층)에 있는 경종만 울린다.

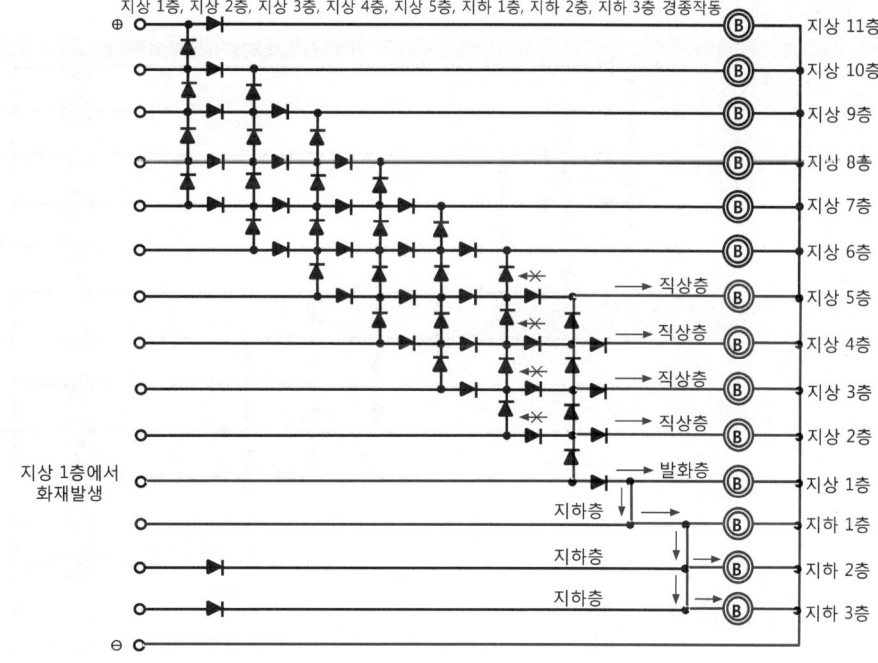

⑨ 지하 1층에서 화재가 발생한 경우 발화층인 지하 1층과 직상층인 지상 1층, 기타 지하층(지하 2층, 지하 3층)에 있는 경종만 울린다.

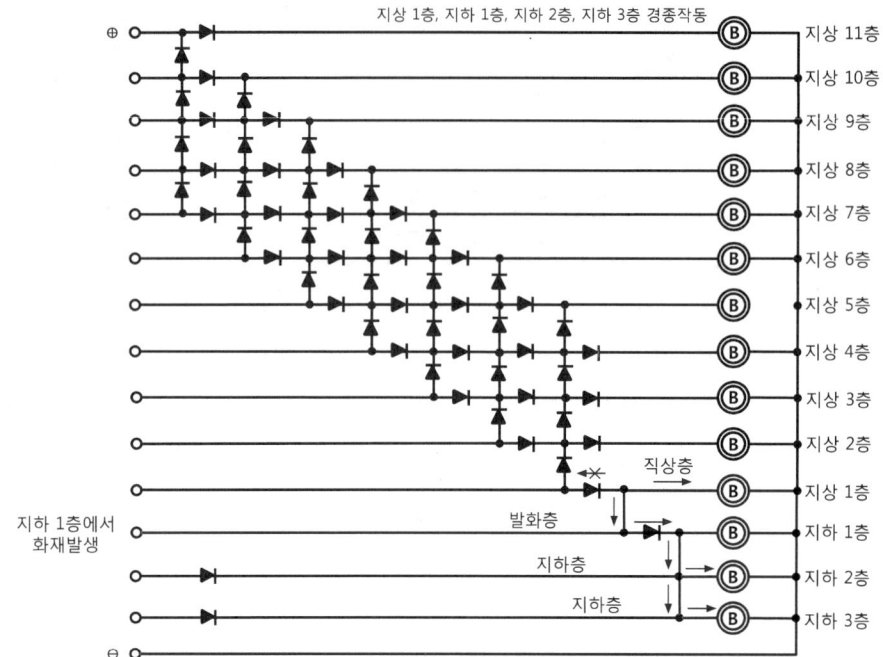

⑩ 지하 2층에서 화재가 발생한 경우 발화층인 지하 2층과 직상층인 지하 1층, 기타 지하층(지하 3층)에 있는 경종만 울린다.

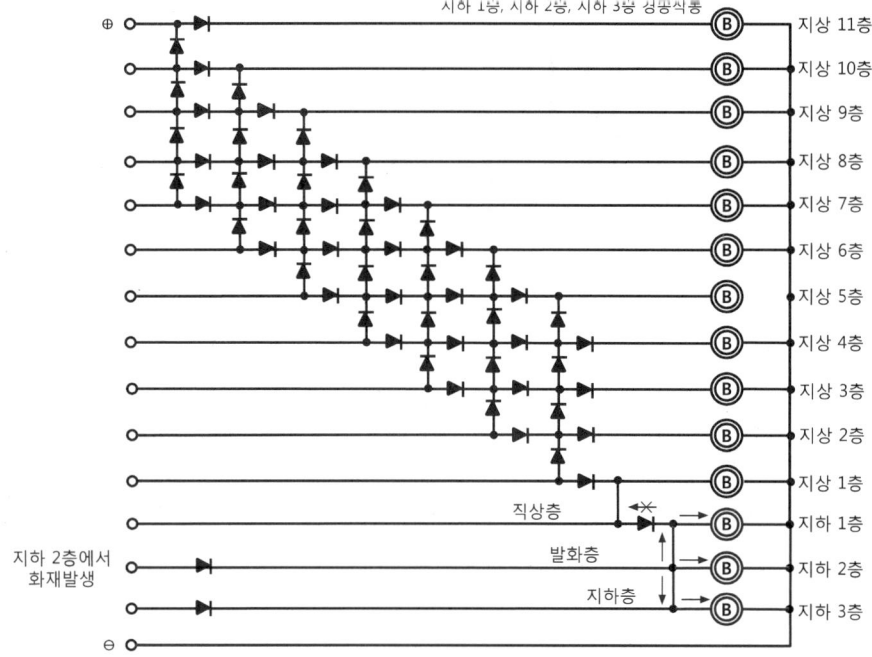

⑪ 지하 3층에서 화재가 발생한 경우 발화층인 지하 3층과 직상층인 지하 2층, 기타 지하층(지하 1층)에 있는 경종만 울린다.

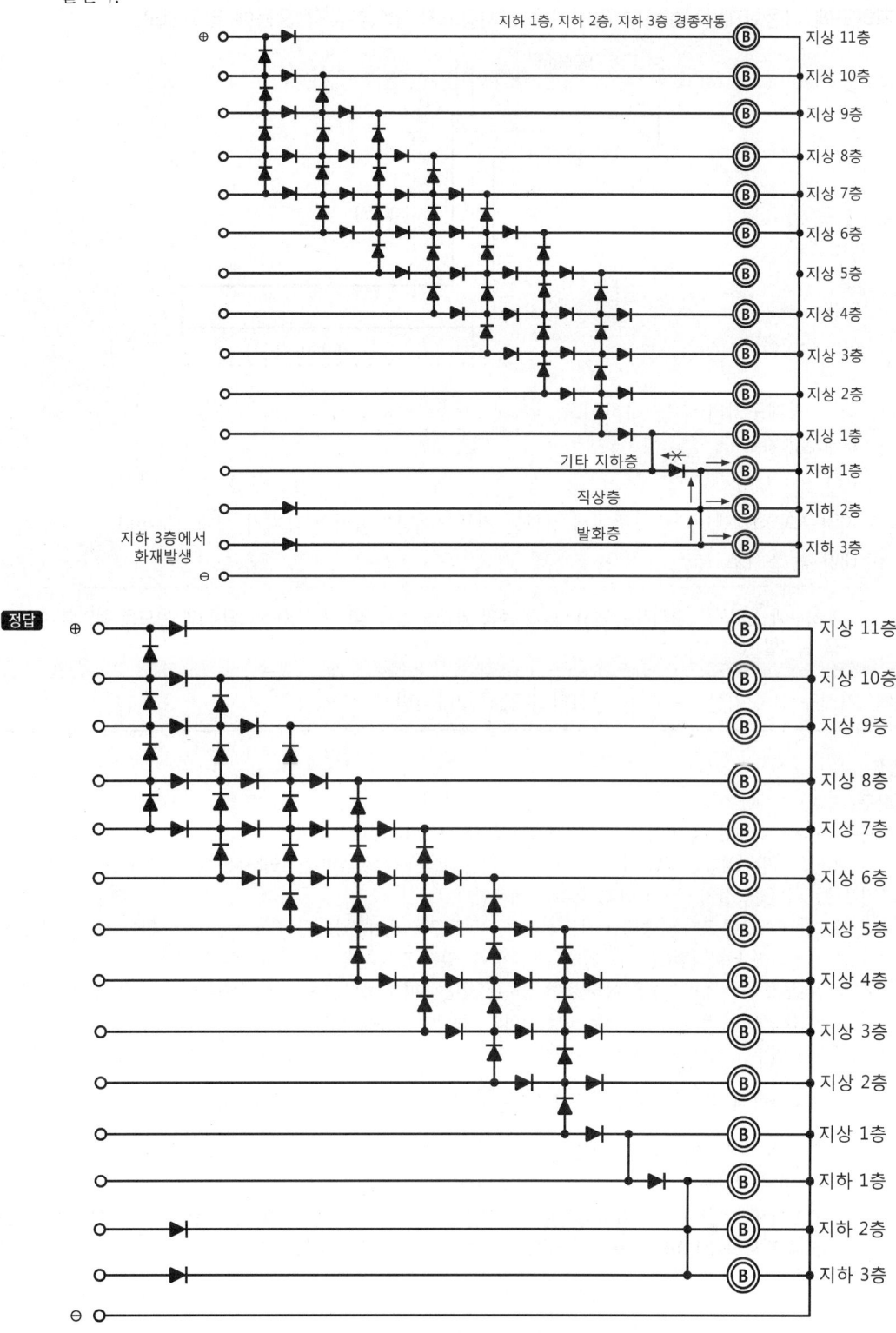

76 다음 그림은 기존의 특고압 케이블이 포설된 송배전 전용의 지하구이다. 총 길이가 2,800[m]인 지하구에 자동화재탐지설비의 감지기를 설치하고자 할 경우 각 물음에 답하시오.

득점	배점
	6

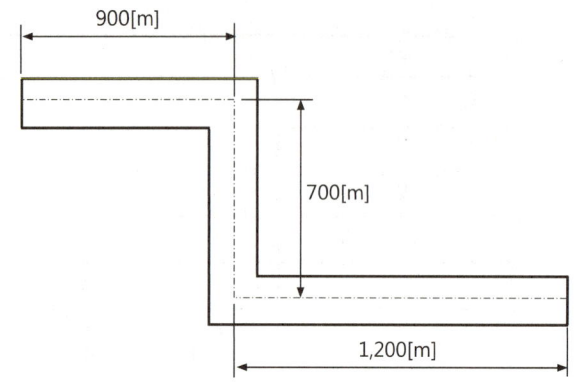

(1) 최소 경계구역의 수를 구하시오.
  • 계산과정 :
  • 답 :

(2) 지하구의 화재안전기술기준에서 정하는 자동화재탐지설비의 감지기 설치기준이다. ( ) 안에 알맞은 내용을 쓰시오.

> 지하구에 설치하는 감지기는 먼지·습기 등의 영향을 받지 않고 (   )(1[m] 단위)과 온도를 확인할 수 있는 것을 설치할 것

(3) 지하구에 설치할 수 있는 감지기의 종류 2가지만 쓰시오.

해설

지하구

(1) 기존 지하구에 대한 특례(지하구의 화재안전성능기준 제13조)
  법 제13조(소방시설기준 적용의 특례)에 따라 기존 지하구에 설치하는 소방시설 등에 대해 강화된 기준을 적용하는 경우에는 다음의 설치·관리 관련 특례를 적용한다.
  ① 특고압 케이블이 포설된 송배전 전용의 지하구(공동구를 제외한다)에는 온도 확인 기능 없이 최대 700[m]의 경계구역을 설정하여 발화지점(1[m] 단위)을 확인할 수 있는 감지기를 설치할 수 있다.
  ② 소방본부장 또는 소방서장은 이 기준이 정하는 기준에 따라 해당 건축물에 설치해야 할 소방시설 등의 공사가 현저하게 곤란하다고 인정되는 경우에는 해당 설비의 기능 및 사용에 지장이 없는 범위 안에서 소방시설 등의 화재안전성능기준의 일부를 적용하지 않을 수 있다.

$$\therefore \text{경계구역 수} = \frac{\text{지하구의 총 길이[m]}}{700[m]} = \frac{900[m] + 700[m] + 1,200[m]}{700[m]} = 4개$$

(2) 지하구의 자동화재탐지설비 설치기준
  ① 감지기의 설치기준
    ㉠ 자동화재탐지설비 및 시각경보장치의 화재안전기술기준(NFTC 203)의 감지기 중 먼지·습기 등의 영향을 받지 않고 발화지점(1[m] 단위)과 온도를 확인할 수 있는 것을 설치할 것

  ⓒ 지하구 천장의 중심부에 설치하되 감지기와 천장 중심부 하단과의 수직거리는 30[cm] 이내로 할 것. 다만, 형식승인 내용에 설치방법이 규정되어 있거나, 중앙기술심의위원회의 심의를 거쳐 제조사 시방서에 따른 설치방법이 지하구 화재에 적합하다고 인정되는 경우에는 형식승인 내용 또는 심의결과에 의한 제조사 시방서에 따라 설치할 수 있다.
  ⓒ 발화지점이 지하구의 실제거리와 일치하도록 수신기 등에 표시할 것
  ② 공동구 내부에 상수도용 또는 냉·난방용 설비만 존재하는 부분은 감지기를 설치하지 않을 수 있다.
 ② 발신기, 지구음향장치 및 시각경보기는 설치하지 않을 수 있다.
(3) 지하구에 설치할 수 있는 감지기
 자동화재탐지설비의 감지기는 부착높이에 따라 다음 표에 따른 감지기를 설치해야 한다. 다만, 지하층·무창층 등으로서 환기가 잘되지 않거나 실내면적이 40[m²] 미만인 장소, 감지기의 부착면과 실내 바닥과의 거리가 2.3[m] 이하인 곳으로서 일시적으로 발생한 열·연기 또는 먼지 등으로 인하여 화재신호를 발신할 우려가 있는 장소(축적기능이 있는 수신기를 설치한 장소를 제외한다)에는 다음의 기준에서 정한 감지기 중 적응성이 있는 감지기를 설치해야 한다.
 ① 불꽃감지기   ② 정온식 감지선형 감지기
 ③ 분포형 감지기   ④ 복합형 감지기
 ⑤ 광전식 분리형감지기   ⑥ 아날로그방식의 감지기
 ⑦ 다신호방식의 감지기   ⑧ 축적방식의 감지기

부착높이	감지기의 종류
4[m] 미만	• 차동식(스포트형, 분포형) • 보상식 스포트형 • 정온식(스포트형, 감지선형) • 이온화식 또는 광전식(스포트형, 분리형, 공기흡입형) • 열복합형 • 연기복합형 • 열연기복합형 • 불꽃감지기
4[m] 이상 8[m] 미만	• 차동식(스포트형, 분포형) • 보상식 스포트형 • 정온식(스포트형, 감지선형) 특종 또는 1종 • 이온화식 1종 또는 2종 • 광전식(스포트형, 분리형, 공기흡입형) 1종 또는 2종 • 열복합형 • 연기복합형 • 열연기복합형 • 불꽃감지기
8[m] 이상 15[m] 미만	• 차동식 분포형 • 이온화식 1종 또는 2종 • 광전식(스포트형, 분리형, 공기흡입형) 1종 또는 2종 • 연기복합형 • 불꽃감지기
15[m] 이상 20[m] 미만	• 이온화식 1종 • 광전식(스포트형, 분리형, 공기흡입형) 1종 • 연기복합형 • 불꽃감지기
20[m] 이상	• 불꽃감지기 • 광전식(분리형, 공기흡입형) 중 아날로그방식

정답 (1) 4개   (2) 발화지점
   (3) 불꽃감지기, 분포형 감지기

제2절　비상경보설비 및 단독경보형 감지기

핵심이론 01 │ 비상경보설비

(1) 비상경보설비를 설치해야 하는 특정소방대상물(소방시설법 영 별표 4)
　① 연면적 400[m^2] 이상인 것은 모든 층
　② 지하층 또는 무창층의 바닥면적이 150[m^2](공연장의 경우 100[m^2]) 이상인 것은 모든 층
　③ 터널로서 길이가 500[m] 이상인 것
　④ 50명 이상의 근로자가 작업하는 옥내 작업장

(2) 비상벨설비 또는 자동식 사이렌설비의 설치기준
　① 지구음향장치는 특정소방대상물의 층마다 설치하되, 해당 층의 각 부분으로부터 하나의 음향장치까지의 수평거리가 25[m] 이하가 되도록 하고, 해당 층의 각 부분에 유효하게 경보를 발할 수 있도록 설치해야 한다. 다만, 비상방송설비의 화재안전기술기준(NFTC 202)에 적합한 방송설비를 비상벨설비 또는 자동식사이렌설비와 연동하여 작동하도록 설치한 경우에는 지구음향장치를 설치하지 않을 수 있다.
　② 음향장치는 정격전압의 80[%] 전압에서도 음향을 발할 수 있도록 해야 한다. 다만, 건전지를 주전원으로 사용하는 음향장치는 그렇지 않다.
　③ 음향장치의 음향의 크기는 부착된 음향장치의 중심으로부터 1[m] 떨어진 위치에서 음압이 90[dB] 이상이 되는 것으로 해야 한다.

핵심이론 02 │ 단독경보형 감지기

(1) 단독경보형 감지기를 설치해야 하는 특정소방대상물(소방시설법 영 별표 4)
　① 교육연구시설 내에 있는 기숙사 또는 합숙소로서 연면적 2,000[m^2] 미만인 것
　② 수련시설 내에 있는 기숙사 또는 합숙소로서 연면적 2,000[m^2] 미만인 것
　③ 숙박시설이 있는 수련시설로서 수용인원이 100명 미만인 것
　④ 연면적 400[m^2] 미만의 유치원
　⑤ 공동주택 중 연립주택 및 다세대주택(연동형으로 설치)

(2) 단독경보형 감지기의 설치기준

① 각 실(이웃하는 실내의 바닥면적이 각각 30[m^2] 미만이고 벽체의 상부의 전부 또는 일부가 개방되어 이웃하는 실내와 공기가 상호 유통되는 경우에는 이를 1개의 실로 본다)마다 설치하되, 바닥면적이 150[m^2]를 초과하는 경우에는 150[m^2]마다 1개 이상 설치할 것

② 계단실은 최상층의 계단실 천장(외기가 상통하는 계단실의 경우를 제외한다)에 설치할 것

③ 건전지를 주전원으로 사용하는 단독경보형 감지기는 정상적인 작동상태를 유지할 수 있도록 주기적으로 건전지를 교환할 것

④ 상용전원을 주전원으로 사용하는 단독경보형 감지기의 2차 전지는 법 제40조에 따라 제품검사에 합격한 것을 사용할 것

EXERCISE 01-2 비상경보설비 및 단독경보형 감지기

01 비상경보설비 및 단독경보형 감지기의 화재안전기술기준에서 정하는 단독경보형 감지기의 설치에 대한 내용이다. (   ) 안에 알맞은 내용을 쓰시오.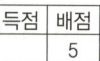

(1) 각 실마다 설치하되, 바닥면적 (①)[m^2]를 초과하는 경우에는 (②)[m^2]마다 1개 이상 설치할 것
(2) 이웃하는 실내의 바닥면적이 각각 30[m^2] 미만이고, 벽체의 상부의 전부 또는 일부가 개방되어 이웃하는 실내와 공기가 상호 유통되는 경우에는 이를 (③)개의 실로 본다.
(3) 건전지를 주전원으로 사용하는 단독경보형 감지기는 정상적인 (④)를 유지할 수 있도록 주기적으로 건전지를 교환할 것
(4) 상용전원을 주전원으로 사용하는 단독경보형 감지기의 (⑤)는 법 제40조에 따라 제품검사에 합격한 것을 사용할 것

해설

단독경보형 감지기

(1) 단독경보형 감지기의 정의
   화재발생 상황을 단독으로 감지하여 자체에 내장된 음향장치로 경보하는 감지기를 말한다.
(2) 단독경보형 감지기의 설치기준
   ① 각 실(이웃하는 실내의 바닥면적이 각각 30[m^2] 미만이고, 벽체의 상부의 전부 또는 일부가 개방되어 이웃하는 실내와 공기가 상호 유통되는 경우에는 이를 1개의 실로 본다)마다 설치하되, 바닥면적이 150[m^2]를 초과하는 경우에는 150[m^2]마다 1개 이상 설치할 것
   ② 계단실은 최상층의 계단실 천장(외기가 상통하는 계단실의 경우를 제외한다)에 설치할 것
   ③ 건전지를 주전원으로 사용하는 단독경보형 감지기는 정상적인 작동상태를 유지할 수 있도록 주기적으로 건전지를 교환할 것
   ④ 상용전원을 주전원으로 사용하는 단독경보형 감지기의 2차 전지는 법 제40조에 따라 제품검사에 합격한 것을 사용할 것
(3) 단독경보형의 감지기의 일반기능(감지기의 형식승인 및 제품검사의 기술기준 제5조의2)
   ① 자동복귀형 스위치에 의하여 수동으로 작동시험을 할 수 있는 기능이 있어야 한다.
   ② 작동되는 경우 작동표시등에 의하여 화재의 발생을 표시하고, 내장된 음향장치의 명동에 의하여 화재경보음을 발할 수 있는 기능이 있어야 한다.
   ③ 주기적으로 섬광하는 전원표시등에 의하여 전원의 정상 여부를 감시할 수 있는 기능이 있어야 하며, 전원의 정상상태를 표시하는 전원표시등의 섬광주기는 1초 이내의 점등과 30초에서 60초 이내의 소등으로 이루어져야 한다.
   ④ ②의 규정에 의한 화재경보음은 감지기로부터 1[m] 떨어진 위치에서 85[dB] 이상으로 10분 이상 계속하여 경보할 수 있어야 한다.
   ⑤ 건전지를 주전원으로 하는 감지기는 건전지의 성능이 저하되어 건전지의 교체가 필요한 경우에는 음성안내를 포함한 음향 및 표시등에 의하여 72시간 이상 경보할 수 있어야 한다. 이 경우 음향경보는 1[m] 떨어진 거리에서 70[dB](음성안내는 60[dB]) 이상이어야 한다.
   ⑥ 건전지를 주전원으로 하는 감지기의 경우에는 건전지가 리튬전지 또는 이와 동등 이상의 지속적인 사용이 가능한 성능의 것이어야 한다.
   ⑦ 단독경보형 감지기에는 스위치 조작에 의하여 화재경보를 정지시킬 수 있는 기능을 설치할 수 있다.

정답
① 150　　　　② 150
③ 1　　　　　④ 작동상태
⑤ 2차 전지

02

다음은 비상경보설비 및 단독경보형 감지기의 화재안전기술기준에서 정하는 단독경보형 감지기의 설치기준이다. (　) 안에 알맞은 내용을 쓰시오.

득점	배점
	5

(1) 각 실(이웃하는 실내의 바닥면적이 각각 (①)[m^2] 미만이고 벽체의 상부의 전부 또는 일부가 개방되어 이웃하는 실내와 공기가 상호 유통되는 경우에는 이를 1개의 실로 본다)마다 설치하되, 바닥면적이 (②)[m^2]를 초과하는 경우에는 (③)[m^2]마다 (④)개 이상 설치할 것
(2) 상용전원을 주전원으로 사용하는 단독경보형 감지기의 (⑤)는 제품검사에 합격한 것을 사용할 것

해설

단독경보형 감지기의 설치기준
(1) 각 실(이웃하는 실내의 바닥면적이 각각 30[m^2] 미만이고 벽체의 상부의 전부 또는 일부가 개방되어 이웃하는 실내와 공기가 상호 유통되는 경우에는 이를 1개의 실로 본다)마다 설치하되, 바닥면적이 150[m^2]를 초과하는 경우에는 150[m^2]마다 1개 이상 설치할 것
(2) 최상층의 계단실의 천장(외기가 상통하는 계단실의 경우를 제외한다)에 설치할 것
(3) 건전지를 주전원으로 사용하는 단독경보형 감지기는 정상적인 작동상태를 유지할 수 있도록 건전지를 교환할 것
(4) 상용전원을 주전원으로 사용하는 단독경보형 감지기의 2차 전지는 법 제40조에 따라 제품검사에 합격한 것을 사용할 것

정답
① 30　　　　② 150
③ 150　　　 ④ 1
⑤ 2차 전지

제3절 비상방송설비

핵심이론 01 | 비상방송설비 설치대상 및 구성

(1) 비상방송설비의 설치대상(소방시설법 영 별표 4)

① 연면적 3,500[m²] 이상인 것은 모든 층
② 층수가 11층 이상인 것은 모든 층
③ 지하층의 층수가 3층 이상인 것은 모든 층
　[설치제외] 위험물 저장 및 처리 시설 중 가스시설, 사람이 거주하지 않거나 벽이 없는 축사 등 동물 및 식물 관련 시설, 터널 및 지하구

(2) 비상방송설비의 구성

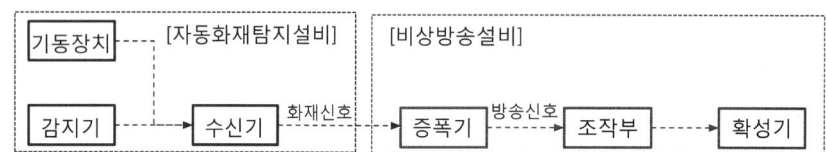

① 확성기 : 소리를 크게 하여 멀리까지 전달될 수 있도록 하는 장치로써 일명 스피커를 말한다.
② 음량조절기 : 가변저항을 이용하여 전류를 변화시켜 음량을 크게 하거나 작게 조절할 수 있는 장치를 말한다.
③ 증폭기 : 전압·전류의 진폭을 늘려 감도를 좋게 하고 미약한 음성전류를 커다란 음성전류로 변화시켜 소리를 크게 하는 장치를 말한다.
④ 기동장치 : 화재감지기, 발신기 등의 상태변화를 전송하는 장치를 말한다.
⑤ 조작부 : 기기를 제어할 수 있도록 조작스위치, 지시계, 표시등 등을 집결시킨 부분을 말한다.

핵심이론 02 | 음향장치 및 배선

(1) 음향장치의 설치기준

① 확성기의 음성입력은 3[W](실내에 설치하는 것에 있어서는 1[W]) 이상일 것

화재안전기술기준	비상방송설비 설치기준
공동주택	• 확성기는 각 세대마다 설치해야 한다. • 아파트 등의 경우 실내에 설치하는 확성기 음성입력은 2[W] 이상으로 해야 한다.
창고시설	• 확성기의 음성입력은 3[W](실내에 설치하는 것을 포함한다) 이상으로 해야 한다. • 창고시설에서 발화한 때에는 전 층에 경보를 발해야 한다.

② 확성기는 각 층마다 설치하되, 그 층의 각 부분으로부터 하나의 확성기까지의 수평거리가 25[m] 이하가 되도록 하고, 해당 층의 각 부분에 유효하게 경보를 발할 수 있도록 설치할 것
③ 음량조정기를 설치하는 경우 음량조정기의 배선은 3선식으로 할 것

④ 조작부의 조작스위치는 바닥으로부터 0.8[m] 이상 1.5[m] 이하의 높이에 설치할 것
⑤ 조작부는 기동장치의 작동과 연동하여 해당 기동장치가 작동한 층 또는 구역을 표시할 수 있는 것으로 할 것
⑥ 증폭기 및 조작부는 수위실 등 상시 사람이 근무하는 장소로서 점검이 편리하고 방화상 유효한 곳에 설치할 것
⑦ 층수가 11층(공동주택의 경우에는 16층) 이상의 특정소방대상물은 다음의 기준에 따라 경보를 발할 수 있도록 해야 한다.
　㉠ 2층 이상의 층에서 발화한 때에는 발화층 및 그 직상 4개 층에 경보를 발할 것
　㉡ 1층에서 발화한 때에는 발화층·그 직상 4개 층 및 지하층에 경보를 발할 것
　㉢ 지하층에서 발화한 때에는 발화층·그 직상층 및 기타의 지하층에 경보를 발할 것
⑧ 다른 방송설비와 공용하는 것에 있어서는 화재 시 비상경보 외의 방송을 차단할 수 있는 구조로 할 것
⑨ 다른 전기회로에 따라 유도장애가 생기지 않도록 할 것
⑩ 하나의 특정소방대상물에 2 이상의 조작부가 설치되어 있는 때에는 각각의 조작부가 있는 장소 상호 간에 동시 통화가 가능한 설비를 설치하고, 어느 조작부에서도 해당 특정소방대상물의 전 구역에 방송을 할 수 있도록 할 것
⑪ 기동장치에 따른 화재신호를 수신한 후 필요한 음량으로 화재발생상황 및 피난에 유효한 방송이 자동으로 개시될 때까지의 소요시간은 10초 이내로 할 것
⑫ 음향장치는 다음의 기준에 따른 구조 및 성능의 것으로 해야 한다.
　㉠ 정격전압의 80[%] 전압에서 음향을 발할 수 있는 것으로 할 것
　㉡ 자동화재탐지설비의 작동과 연동하여 작동할 수 있는 것으로 할 것

(2) 비상방송설비의 전선 가닥수 산정

① 3선식 배선 : 긴급용 방송과 업무용 방송을 겸용으로 하는 배선

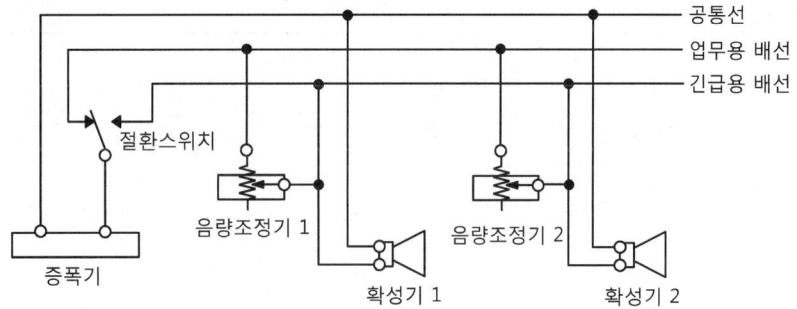

② 비상방송설비의 배선 계통도
　㉠ 화재로 인하여 하나의 층의 확성기 또는 배선이 단락 또는 단선되어도 다른 층의 화재통보에 지장이 없도록 할 것. 각 층마다 긴급용 배선의 공통선을 1가닥씩 추가하여 배선할 것. 단, 긴급용 배선의 공통선에 단락보호장치가 설치되어 있을 경우 긴급용 배선의 공통선은 1가닥으로 배선한다.
　㉡ 아래 그림은 5층의 특정소방대상물에 비상방송설비를 설치한 예로서 전선 가닥수를 산정한 경우이다. 단, 긴급용 배선의 공통선에 단락보호장치가 설치되어 있지 않은 경우이다.

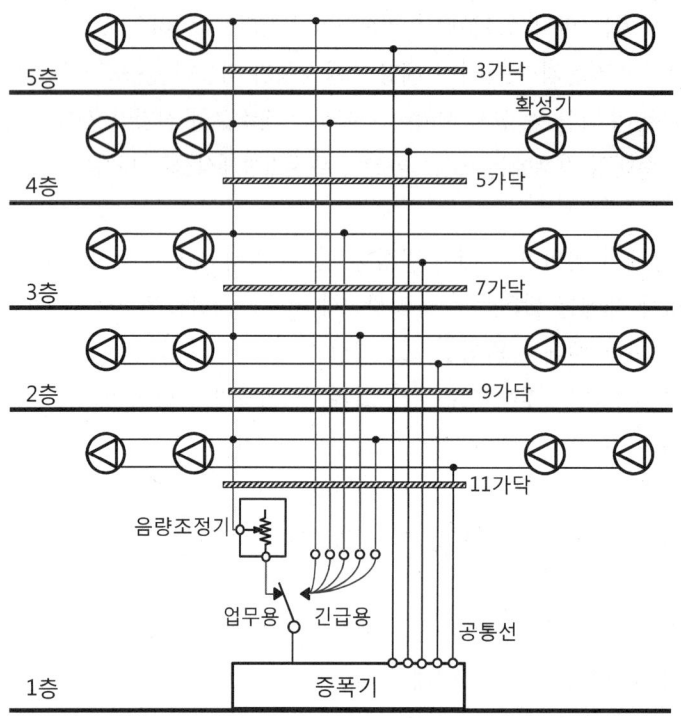

층	전선 가닥수	배선의 용도
1층	11	업무용 1, (긴급용 1, 공통선 1)×5
2층	9	업무용 1, (긴급용 1, 공통선 1)×4
3층	7	업무용 1, (긴급용 1, 공통선 1)×3
4층	5	업무용 1, (긴급용 1, 공통선 1)×2
5층	3	업무용 1, 긴급용 1, 공통선 1

※ 각 층마다 긴급용과 긴급용 공통선이 1가닥씩 추가되고, 업무용은 음량조정기를 통하여 병렬로 배선하므로 전선 가닥수는 늘어나지 않고 1가닥으로 배선한다.

EXERCISE 01-3 비상방송설비

01 다음은 비상방송설비의 화재안전기술기준에서 정하는 비상방송설비의 음향장치 설치기준이다. 각 물음에 답하시오.

득점	배점
	5

(1) 확성기의 음성입력은 실내에 설치하는 것에 있어서는 몇 [W] 이상으로 해야 하는지 쓰시오.
(2) 조작부의 조작스위치는 바닥으로부터 몇 [m] 이상 몇 [m] 이하의 높이에 설치해야 하는지 쓰시오.
(3) 지상 11층의 특정소방대상물에 자동화재탐지설비의 음향장치를 설치하였다. 이 건물의 5층에서 화재가 발생한 경우 경보를 발해야 하는 층을 모두 쓰시오.
(4) 기동장치에 따른 화재신호를 수신한 후 필요한 음량으로 화재발생상황 및 피난에 유효한 방송이 자동으로 개시될 때까지의 소요시간은 몇 초 이내로 해야 하는지 쓰시오.
(5) 음향장치는 정격전압의 몇 [%] 전압에서 음향을 발할 수 있어야 하는지 쓰시오.

해설

비상방송설비의 음향장치 설치기준

(1) 확성기의 음성입력은 3[W](실내에 설치하는 것에 있어서는 1[W]) 이상일 것
(2) 조작부의 조작스위치는 바닥으로부터 0.8[m] 이상 1.5[m] 이하의 높이에 설치할 것
(3) 층수가 11층(공동주택의 경우에는 16층) 이상의 특정소방대상물은 다음의 기준에 따라 경보를 발할 수 있도록 해야 한다.
　① 2층 이상의 층에서 발화한 때에는 발화층 및 그 직상 4개 층에 경보를 발할 것
　② 1층에서 발화한 때에는 발화층·그 직상 4개 층 및 지하층에 경보를 발할 것
　③ 지하층에서 발화한 때에는 발화층·그 직상층 및 기타의 지하층에 경보를 발할 것

｜참고｜

우선경보방식(지하 3층이고, 지상 11층인 특정소방대상물)

[발화층 : ◉, 경보 표시 ●]

층											
11층								●	●	●	●
10층							●	●	●	●	◉●
9층						●	●	●	●	◉●	
8층					●	●	●	●	◉●		
7층				●	●	●	●	◉●			
6층			●	●	●	●	◉●				
5층			●	●	●	●	◉●				
4층			●	●	●	◉●					
3층			●	●	◉●						
2층			●	◉●							
1층		●	◉●								
지하 1층	●	◉●	●								
지하 2층	◉●	●	●								
지하 3층	●	●	●								

∴ 5층에서 화재가 발생한 경우에는 발화층인 5층과 그 직상 4개 층(6층, 7층, 8층, 9층)에 경보를 발해야 한다.
(4) 기동장치에 따른 화재신호를 수신한 후 필요한 음량으로 화재발생상황 및 피난에 유효한 방송이 자동으로 개시될 때까지의 소요시간은 10초 이내로 할 것
(5) 음향장치는 다음의 기준에 따른 구조 및 성능의 것으로 해야 한다.
① 정격전압의 80[%] 전압에서 음향을 발할 수 있는 것으로 할 것
② 자동화재탐지설비의 작동과 연동하여 작동할 수 있는 것으로 할 것
(6) 확성기는 각 층마다 설치하되, 그 층의 각 부분으로부터 하나의 확성기까지의 수평거리가 25[m] 이하가 되도록 하고, 해당 층의 각 부분에 유효하게 경보를 발할 수 있도록 설치할 것
(7) 음량조정기를 설치하는 경우 음량조정기의 배선은 3선식으로 할 것
(8) 조작부는 기동장치의 작동과 연동하여 해당 기동장치가 작동한 층 또는 구역을 표시할 수 있는 것으로 할 것
(9) 증폭기 및 조작부는 수위실 등 상시 사람이 근무하는 장소로서 점검이 편리하고 방화상 유효한 곳에 설치할 것
(10) 다른 방송설비와 공용하는 것에 있어서는 화재 시 비상경보 외의 방송을 차단할 수 있는 구조로 할 것
(11) 다른 전기회로에 따라 유도장애가 생기지 않도록 할 것
(12) 하나의 특정소방대상물에 2 이상의 조작부가 설치되어 있는 때에는 각각의 조작부가 있는 장소 상호 간에 동시 통화가 가능한 설비를 설치하고, 어느 조작부에서도 해당 특정소방대상물의 전 구역에 방송을 할 수 있도록 할 것

정답 (1) 1[W] 이상
(2) 0.8[m] 이상 1.5[m] 이하
(3) 5층, 6층, 7층, 8층, 9층
(4) 10초 이내
(5) 80[%]

02 다음은 비상방송설비의 화재안전기술기준에서 정하는 비상방송설비의 음향장치 설치기준이다. ( ) 안에 알맞은 내용을 쓰시오.

득점	배점
	5

- 확성기의 음성입력은 3[W](실내에 설치하는 것에 있어서는 (①)[W]) 이상일 것
- 조작부의 조작스위치는 바닥으로부터 (②)[m] 이상 (③)[m] 이하의 높이에 설치할 것
- 확성기는 각 층마다 설치하되, 그 층의 각 부분으로부터 하나의 확성기까지의 수평거리가 (④)[m] 이하가 되도록 하고, 해당 층의 각 부분에 유효하게 경보를 발할 수 있도록 설치할 것
- 음량조정기를 설치하는 경우 음량조정기의 배선은 (⑤)선식으로 할 것

해설

비상방송설비의 음향장치 설치기준
(1) 확성기의 음성입력은 3[W](실내에 설치하는 것에 있어서는 1[W]) 이상일 것
(2) 조작부의 조작스위치는 바닥으로부터 0.8[m] 이상 1.5[m] 이하의 높이에 설치할 것
(3) 기동장치에 따른 화재신호를 수신한 후 필요한 음량으로 화재발생상황 및 피난에 유효한 방송이 자동으로 개시될 때까지의 소요시간은 10초 이내로 할 것
(4) 음향장치는 다음의 기준에 따른 구조 및 성능의 것으로 해야 한다.
　① 정격전압의 80[%] 전압에서 음향을 발할 수 있는 것으로 할 것
　② 자동화재탐지설비의 작동과 연동하여 작동할 수 있는 것으로 할 것
(5) 확성기는 각 층마다 설치하되, 그 층의 각 부분으로부터 하나의 확성기까지의 수평거리가 25[m] 이하가 되도록 하고, 해당 층의 각 부분에 유효하게 경보를 발할 수 있도록 설치할 것
(6) 음량조정기를 설치하는 경우 음량조정기의 배선은 3선식으로 할 것
(7) 조작부는 기동장치의 작동과 연동하여 해당 기동장치가 작동한 층 또는 구역을 표시할 수 있는 것으로 할 것
(8) 증폭기 및 조작부는 수위실 등 상시 사람이 근무하는 장소로서 점검이 편리하고 방화상 유효한 곳에 설치할 것

정답
① 1
② 0.8
③ 1.5
④ 25
⑤ 3

03

다음은 비상방송설비의 화재안전기술기준에서 사용하는 용어를 정의한 내용이다. 아래 설명한 내용을 보고, 용어를 쓰시오.

득점	배점
	3

(1) 가변저항을 이용하여 전류를 변화시켜 음량을 크게 하거나 작게 조절할 수 있는 장치를 말한다.
(2) 소리를 크게 하여 멀리까지 전달될 수 있도록 하는 장치로써 일명 스피커를 말한다.
(3) 전압·전류의 진폭을 늘려 감도를 좋게 하고 미약한 음성전류를 커다란 음성전류로 변화시켜 소리를 크게 하는 장치를 말한다.

해설

비상방송설비의 용어 정의
(1) 음량조절기 : 가변저항을 이용하여 전류를 변화시켜 음량을 크게 하거나 작게 조절할 수 있는 장치를 말한다.
(2) 확성기 : 소리를 크게 하여 멀리까지 전달될 수 있도록 하는 장치로써 일명 스피커를 말한다.
(3) 증폭기 : 전압·전류의 진폭을 늘려 감도를 좋게 하고 미약한 음성전류를 커다란 음성전류로 변화시켜 소리를 크게 하는 장치를 말한다.
(4) 기동장치 : 화재감지기, 발신기 등의 상태변화를 전송하는 장치를 말한다.
(5) 조작부 : 기기를 제어할 수 있도록 조작스위치, 지시계, 표시등 등을 집결시킨 부분을 말한다.

정답
(1) 음량조절기
(2) 확성기
(3) 증폭기

04 다음은 비상방송설비의 화재안전기술기준에서 정하는 비상방송설비의 음향장치 설치기준이다. 각 물음에 답하시오.

득점	배점
	5

(1) 특정소방대상물에 우선경보방식을 적용하여 경보를 발하는 조건으로서 ( ) 안에 알맞은 내용을 쓰시오.

> 층수가 (①)층[공동주택의 경우에는 (②)층] 이상의 특정소방대상물

(2) 특정소방대상물에 우선경보방식으로 경보를 발하는 경우 발화층과 경보를 발해야 하는 층의 조건을 쓰시오.
  ① 2층 이상의 층에서 발화한 때 :
  ② 1층에서 발화한 때 :
  ③ 지하층에서 발화한 때 :

해설
비상방송설비의 우선경보방식의 설치기준
(1) 층수가 11층(공동주택의 경우에는 16층) 이상의 특정소방대상물은 다음의 기준에 따라 경보를 발할 수 있도록 해야 한다.
  ① 2층 이상의 층에서 발화한 때에는 발화층 및 그 직상 4개 층에 경보를 발할 것
  ② 1층에서 발화한 때에는 발화층·그 직상 4개 층 및 지하층에 경보를 발할 것
  ③ 지하층에서 발화한 때에는 발화층·그 직상층 및 기타의 지하층에 경보를 발할 것
(2) 우선경보방식(지하 3층이고, 지상 11층인 특정소방대상물)

[발화층 : ◉, 경보 표시 ●]

층											
11층								●	●	●	●
10층								●	●	●	◉●
9층							●	●	●	●	◉●
8층						●	●	●	●	◉●	
7층					●	●	●	●	◉●		
6층				●	●	●	●	◉●			
5층			●	●	●	●	◉●				
4층			●	●	●	◉●					
3층			●	●	◉●						
2층			●	◉●							
1층		●	◉●								
지하 1층	●	◉●	●								
지하 2층	◉●	●	●								
지하 3층	●	●	●								

정답
(1) ① 11
    ② 16
(2) ① 발화층, 그 직상 4개 층
    ② 발화층, 그 직상 4개 층, 지하층
    ③ 발화층, 그 직상층, 기타의 지하층

05

다음은 비상방송설비가 설치된 지하 2층, 지상 11층의 특정소방대상물에 화재가 발생하였을 경우 우선적으로 경보를 발해야 하는 층을 모두 쓰시오.

(1) 지상 2층에서 발화한 때
(2) 지하 1층에서 발화한 때

배점: 6

해설

비상방송설비의 음향장치 설치기준

층수가 11층(공동주택의 경우에는 16층) 이상의 특정소방대상물은 다음의 기준에 따라 경보를 발할 수 있도록 해야 한다.
(1) 2층 이상의 층에서 발화한 때에는 발화층 및 그 직상 4개 층에 경보를 발할 것
(2) 1층에서 발화한 때에는 발화층·그 직상 4개 층 및 지하층에 경보를 발할 것
(3) 지하층에서 발화한 때에는 발화층·그 직상층 및 기타의 지하층에 경보를 발할 것

구분	경보를 발해야 하는 층
2층 이상의 층에서 발화한 때	발화층, 직상 4개 층 (발화층이 지상 2층인 경우 : 지상 2층, 지상 3층, 지상 4층, 지상 5층, 지상 6층)
1층에서 발화한 때	발화층, 직상 4개 층, 지하층 (발화층이 지상 1층인 경우 : 지상 1층, 지상 2층, 지상 3층, 지상 4층, 지상 5층, 지하 1층, 지하 2층)
지하층에서 발화한 때	발화층, 직상층, 기타의 지하층 (발화층이 지하 1층인 경우 : 지하 1층, 지상 1층, 지하 2층)

정답
(1) 지상 2층, 지상 3층, 지상 4층, 지상 5층, 지상 6층
(2) 지상 1층, 지하 1층, 지하 2층

06

비상방송설비를 업무용 방송설비와 겸용으로 하는 확성기(Speaker) 회로에 음량조정기를 설치하고자 할 때 미완성된 결선도를 완성하시오.

배점: 4

[해설]
비상방송설비
(1) 비상방송설비의 용어 정의
   ① 확성기 : 소리를 크게 하여 멀리까지 전달될 수 있도록 하는 장치로써 일명 스피커를 말한다.
   ② 음량조절기 : 가변저항을 이용하여 전류를 변화시켜 음량을 크게 하거나 작게 조절할 수 있는 장치를 말한다.
   ③ 증폭기 : 전압·전류의 진폭을 늘려 감도를 좋게 하고 미약한 음성전류를 커다란 음성전류로 변화시켜 소리를 크게 하는 장치를 말한다.
(2) 비상방송설비의 작동 및 3선식 배선
   ① 화재 시 비상방송설비의 작동 : 화재가 발생하여 감지기의 입력신호가 수신되면 감지기 신호와 연동하여 증폭기 내부의 절환스위치가 작동하게 되며 업무용 단자에서 비상용 단자로 절환된다. 이때 공통선과 비상용 배선을 통하여 방송이 송출되며 비상용 배선은 음량조절기에서 가변저항을 통하지 않고 직접 확성기에 접속되어 있으므로 음량을 0으로 줄인 경우에도 비상방송의 송출에는 지장이 없다.
   ② 3선식 배선 결선도

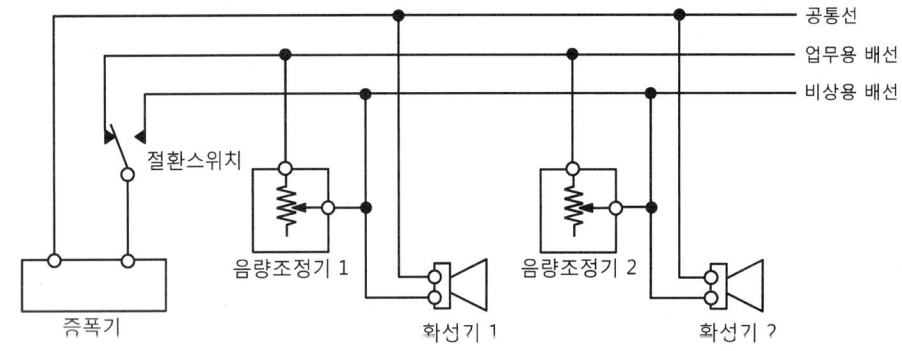

[정답] 해설 참고

07 다음 그림은 우선경보방식의 비상방송설비의 부분 계통도를 나타내고 있다. 각 층 사이의 ①~⑤ 까지의 전선 가닥수와 각 배선의 용도를 쓰시오(단, 긴급용 방송과 업무용 방송을 겸용으로 하는 설비이다).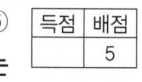

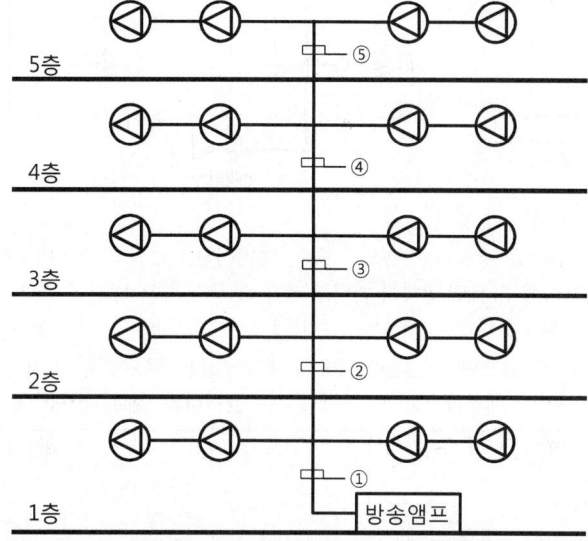

구간	전선 가닥수	배선의 용도
①		
②		
③		
④		
⑤		

[해설]

비상방송설비의 전선 가닥수 산정

(1) 우선경보방식 : 층수가 11층(공동주택의 경우에는 16층) 이상의 특정소방대상물은 다음의 기준에 따라 경보를 발할 수 있도록 해야 한다.
  ① 2층 이상의 층에서 발화한 때에는 발화층 및 그 직상 4개 층에 경보를 발할 것
  ② 1층에서 발화한 때에는 발화층·그 직상 4개 층 및 지하층에 경보를 발할 것
  ③ 지하층에서 발화한 때에는 발화층·그 직상층 및 기타의 지하층에 경보를 발할 것

(2) 비상방송설비의 3선식 배선 결선도

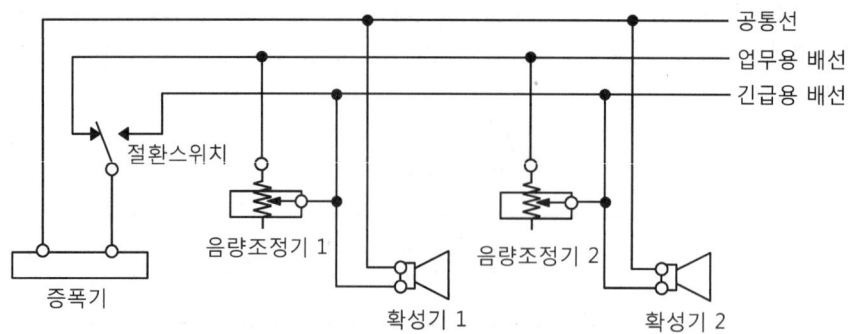

(3) 전선 가닥수 산정과 배선의 용도
  ① 긴급용 방송과 업무용 방송을 겸용으로 하는 설비이므로 3선식으로 배선한다.
  ② 그림에 단락보호장치(화재로 인하여 하나의 층의 확성기 또는 배선이 단락 또는 단선되어도 다른 층의 화재통보에 지장이 없도록 해야 한다)가 설치되어 있지 않으므로 각 층마다 긴급용 공통선을 1가닥씩 추가하여 배선한다.
  ③ 우선경보방식이므로 각 층마다 긴급용 방송의 배선이 1가닥씩 추가하여 배선하며 업무용 방송의 배선은 음량조정기를 통하여 각 층마다 배선하므로 전선 가닥수는 늘어나지 않고 1가닥으로 병렬로 배선한다.

구간		전선 가닥수	배선의 용도
①	1층	11	업무용 배선 1, (긴급용 배선 1, 공통선 1)×5
②	2층	9	업무용 배선 1, (긴급용 배선 1, 공통선 1)×4
③	3층	7	업무용 배선 1, (긴급용 배선 1, 공통선 1)×3
④	4층	5	업무용 배선 1, (긴급용 배선 1, 공통선 1)×2
⑤	5층	3	업무용 배선 1, 긴급용 배선 1, 공통선 1

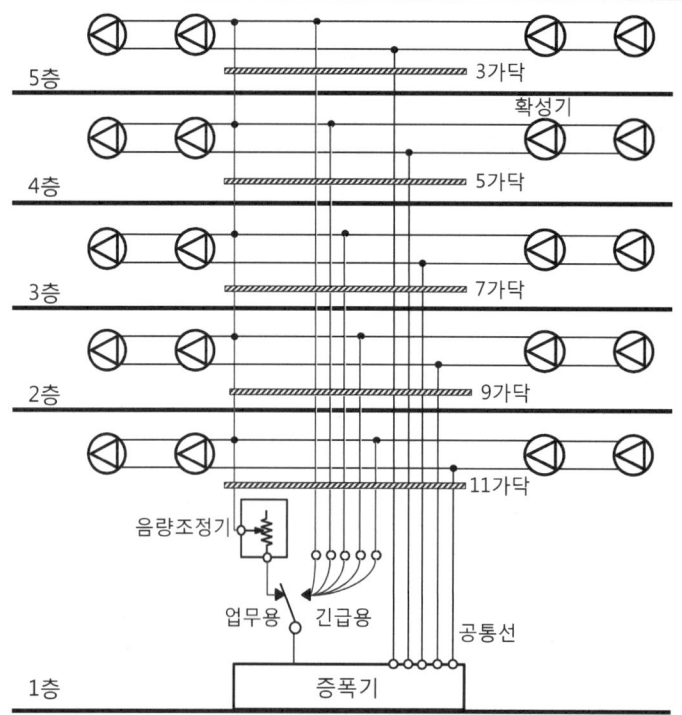

정답

구간	전선 가닥수	배선의 용도
①	11	업무용 배선 1, (긴급용 배선 1, 공통선 1)×5
②	9	업무용 배선 1, (긴급용 배선 1, 공통선 1)×4
③	7	업무용 배선 1, (긴급용 배선 1, 공통선 1)×3
④	5	업무용 배선 1, (긴급용 배선 1, 공통선 1)×2
⑤	3	업무용 배선 1, 긴급용 배선 1, 공통선 1

제4절 자동화재속보설비

핵심이론 01 | 자동화재속보설비 설치대상 및 용어 정의

(1) 자동화재속보설비를 설치해야 하는 특정소방대상물(소방시설법 영 별표 4)

① 노유자 생활시설
② 노유자시설로서 바닥면적이 500[m^2] 이상인 층이 있는 것
③ 수련시설(숙박시설이 있는 것만 해당한다)로서 바닥면적이 500[m^2] 이상인 층이 있는 것
④ 문화유산 중 보물 또는 국보로 지정된 목조건축물
⑤ 근린생활시설 중 다음의 어느 하나에 해당하는 시설
　㉠ 의원, 치과의원 및 한의원으로서 입원실이 있는 시설
　㉡ 조산원 및 산후조리원
⑥ 의료시설 중 다음의 어느 하나에 해당하는 것
　㉠ 종합병원, 병원, 치과병원, 한방병원 및 요양병원(의료재활시설은 제외한다)
　㉡ 정신병원 및 의료재활시설로 사용되는 바닥면적의 합계가 500[m^2] 이상인 층이 있는 것
⑦ 판매시설 중 전통시장

(2) 자동화재속보설비의 용어 정의

① **속보기** : 화재신호를 통신망을 통하여 음성 등의 방법으로 소방관서에 통보하는 장치를 말한다.
② **통신망** : 유선이나 무선 또는 유무선 겸용 방식을 구성하여 음성 또는 데이터 등을 전송할 수 있는 집합체를 말한다.
③ **데이터전송방식** : 전기·통신매체를 통해서 전송되는 신호에 의하여 어떤 지점에서 다른 수신 지점에 데이터를 보내는 방식을 말한다.
④ **코드전송방식** : 신호를 표본화하고 양자화하여, 코드화한 후에 펄스 혹은 주파수의 조합으로 전송하는 방식을 말한다.

| 핵심이론 02 | 자동화재속보설비의 속보기의 성능인증 및 제품검사의 기술기준

(1) 반복시험(제9조)

속보기는 정격전압에서 1,000회의 화재작동을 반복 실시하는 경우 그 구조 또는 기능에 이상이 생기지 않아야 한다.

(2) 절연저항시험(제10조)

① 절연된 충전부와 외함 간의 절연저항은 직류 500[V]의 절연저항계로 측정한 값이 5[MΩ](교류입력 측과 외함 간에는 20[MΩ]) 이상이어야 한다.
② 절연된 선로 간의 절연저항은 직류 500[V]의 절연저항계로 측정한 값이 20[MΩ] 이상이어야 한다.

(3) 절연내력시험(제11조)

절연저항시험부의 절연내력은 60[Hz]의 정현파에 가까운 실효전압 500[V](정격전압이 60[V]를 초과하고 150[V] 이하인 것은 1,000[V], 정격전압이 150[V]를 초과하는 것은 그 정격전압에 2를 곱하여 1,000을 더한 값)이 교류전압을 가하는 시험에서 1분간 견디는 것이어야 하며, 기능에 이상이 생기지 않아야 한다.

EXERCISE 01-4 자동화재속보설비

01 다음은 자동화재속보설비의 속보기의 성능인증 및 제품검사의 기술기준에서 정하는 절연저항 시험에 대한 내용이다. ( ) 안에 알맞은 내용을 쓰시오.

득점	배점
	4

- 절연된 (①)와 외함 간의 절연저항은 직류 500[V]의 절연저항계로 측정한 값이 (②)[MΩ](교류입력 측과 외함 간에는 (③)[MΩ]) 이상이어야 한다.
- 절연된 선로 간의 절연저항은 직류 500[V]의 절연저항계로 측정한 값이 (④)[MΩ] 이상이어야 한다.

해설

자동화재속보설비의 속보기의 성능인증 및 제품검사의 기술기준

(1) 절연저항시험(제10조)
 ① 절연된 충전부와 외함 간의 절연저항은 직류 500[V]의 절연저항계로 측정한 값이 5[MΩ](교류입력 측과 외함 간에는 20[MΩ]) 이상이어야 한다.
 ② 절연된 선로 간의 절연저항은 직류 500[V]의 절연저항계로 측정한 값이 20[MΩ] 이상이어야 한다.

(2) 절연내력시험(제11조)
 시험부의 절연내력은 60[Hz]의 정현파에 가까운 실효전압 500[V](정격전압이 60[V]를 초과하고 150[V] 이하인 것은 1,000[V], 정격전압이 150[V]를 초과하는 것은 그 정격전압에 2를 곱하여 1,000을 더한 값)이 교류전압을 가하는 시험에서 1분간 견디는 것이어야 하며, 기능에 이상이 생기지 않아야 한다.

정답
① 충전부
② 5
③ 20
④ 20

02

다음은 자동화재속보설비를 설치해야 하는 특정소방대상물이다. ( ) 안에 알맞은 내용을 쓰시오.

득점	배점
	4

(1) (①)
(2) 노유자시설로서 바닥면적이 (②)[m^2] 이상인 층이 있는 것
(3) (③)(숙박시설이 있는 것만 해당한다)로서 바닥면적이 (②)[m^2] 이상인 층이 있는 것
(4) 판매시설 중 (④)

해설

자동화재속보설비를 설치해야 하는 특정소방대상물(소방시설법 영 별표 4)
(1) 노유자 생활시설
(2) 노유자시설로서 바닥면적이 500[m^2] 이상인 층이 있는 것
(3) 수련시설(숙박시설이 있는 것만 해당한다)로서 바닥면적이 500[m^2] 이상인 층이 있는 것
(4) 판매시설 중 전통시장

정답
① 노유자 생활시설
② 500
③ 수련시설
④ 전통시장

제5절 누전경보기

핵심이론 01 | 누전경보기의 설치대상 및 구성

(1) 누전경보기의 설치대상(소방시설법 영 별표 4)

계약전류용량이 100[A]를 초과하는 특정소방대상물(내화구조가 아닌 건축물로서 벽·바닥 또는 반자의 전부나 일부를 불연재료 또는 준불연재료가 아닌 재료에 철망을 넣어 만든 것만 해당한다)에 설치해야 한다.
[설치제외] 위험물 저장 및 처리 시설 중 가스시설, 터널 및 지하구

(2) 누전경보기의 구성 및 용어 정의

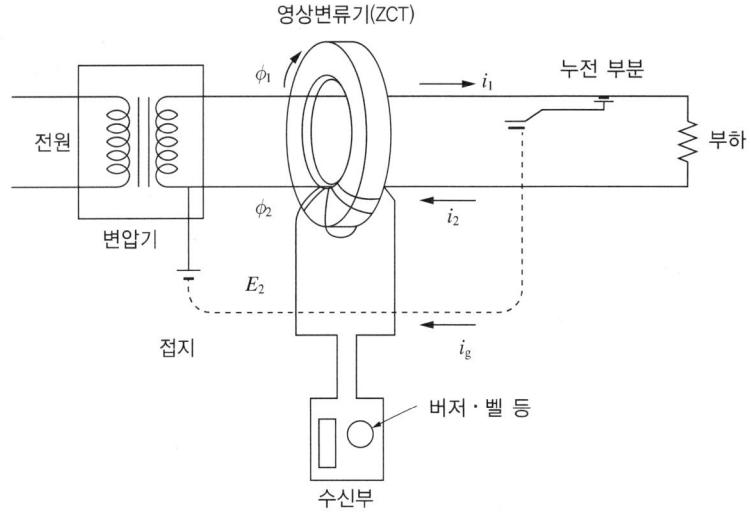

① **누전경보기** : 내화구조가 아닌 건축물로서 벽, 바닥 또는 천장의 전부나 일부를 불연재료 또는 준불연재료가 아닌 재료에 철망을 넣어 만든 건물의 전기설비로부터 누설전류를 탐지하여 경보를 발하는 기기로서, 변류기와 수신부로 구성된 것을 말한다.
② **수신부** : 변류기로부터 검출된 신호를 수신하여 누전의 발생을 해당 특정소방대상물의 관계인에게 경보하여 주는 것(차단기구를 갖는 것을 포함한다)을 말한다. → 검출된 신호를 수신한다.
③ **변류기** : 경계전로의 누설전류를 자동적으로 검출하여 이를 누전경보기의 수신부에 송신하는 것을 말한다.
④ **영상변류기(ZCT)** : 경계전로의 누설전류를 자동적으로 검출하여 이를 누전경보기의 수신부에 송신하는 장치이다. → 누설전류를 검출한다.
⑤ **음향장치** : 누전 시 경보를 발하는 장치이다. → 누전 시 경보를 발생한다.
⑥ **차단기구** : 경계전로에 누설전류가 흐르는 경우 이를 수신하여 그 경계전로의 전원을 자동적으로 차단하는 장치이다. → 누전 시 전원을 차단한다.

(3) 누전경보기의 결선도

① 3상 3선식 누전경보기 설치회로

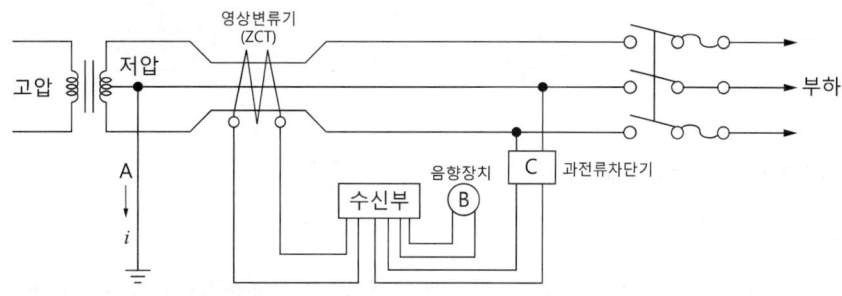

㉠ 영상변류기에 전로의 3선을 모두 관통해야 한다.
㉡ 영상변류기의 전원 측에만 접지선을 설치한다.
㉢ 차단기의 2차 측 중성선에 동선으로 직결시킨다.

② 선전류의 계산

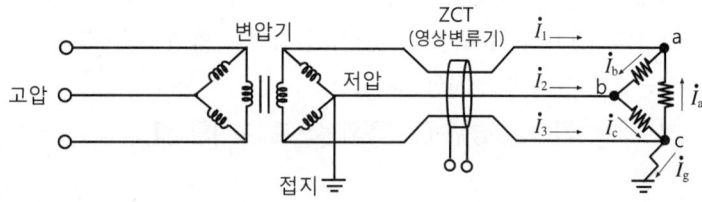

㉠ 정상상태 시 선전류

구분	a점	b점	c점
그림	$\dot{I}_1 \rightarrow a$, $\dot{I}_b$, $\dot{I}_a$	$\dot{I}_2 \rightarrow b$, $\dot{I}_b$, $\dot{I}_c$	$\dot{I}_3 \rightarrow \dot{I}_c$, $\dot{I}_a$, c
선전류	$\dot{I}_1 + \dot{I}_a = \dot{I}_b$ $\therefore \dot{I}_1 = \dot{I}_b - \dot{I}_a$	$\dot{I}_2 + \dot{I}_b = \dot{I}_c$ $\therefore \dot{I}_2 = \dot{I}_c - \dot{I}_b$	$\dot{I}_3 + \dot{I}_c = \dot{I}_a$ $\therefore \dot{I}_3 = \dot{I}_a - \dot{I}_c$

∴ 정상상태 시 선전류의 벡터합 $\dot{I}_1 + \dot{I}_2 + \dot{I}_3 = (\dot{I}_b - \dot{I}_a) + (\dot{I}_c - \dot{I}_b) + (\dot{I}_a - \dot{I}_c) = 0$

㉡ 누전상태 시 선전류

구분	a점	b점	c점
그림	$\dot{I}_1 \rightarrow a$, $\dot{I}_b$, $\dot{I}_a$	$\dot{I}_2 \rightarrow b$, $\dot{I}_b$, $\dot{I}_c$	$\dot{I}_3 \rightarrow \dot{I}_c$, $\dot{I}_a$, c, $\dot{I}_g$
선전류	$\dot{I}_1 + \dot{I}_a = \dot{I}_b$ $\therefore \dot{I}_1 = \dot{I}_b - \dot{I}_a$	$\dot{I}_2 + \dot{I}_b = \dot{I}_c$ $\therefore \dot{I}_2 = \dot{I}_c - \dot{I}_b$	$\dot{I}_3 + \dot{I}_c = \dot{I}_a + \dot{I}_g$ $\therefore \dot{I}_3 = \dot{I}_a + \dot{I}_g - \dot{I}_c$

∴ 누전상태 시 선전류의 벡터합 $\dot{I_1}+\dot{I_2}+\dot{I_3}=(\dot{I_b}-\dot{I_a})+(\dot{I_c}-\dot{I_b})+(\dot{I_a}+\dot{I_g}-\dot{I_c})=\dot{I_g}$

여기서, $\dot{I_g}$: 누설전류

핵심이론 02 | 누전경보기의 기술기준

(1) 누전경보기의 설치기준
① 경계전로의 정격전류가 60[A]를 초과하는 전로에 있어서는 1급 누전경보기를, 60[A] 이하의 전로에 있어서는 1급 또는 2급 누전경보기를 설치할 것. 다만, 정격전류가 60[A]를 초과하는 경계전로가 분기되어 각 분기회로의 정격전류가 60[A] 이하로 되는 경우 해당 분기회로마다 2급 누전경보기를 설치한 때에는 해당 경계전로에 1급 누전경보기를 설치한 것으로 본다.
② 변류기는 특정소방대상물의 형태, 인입선의 시설방법 등에 따라 옥외 인입선의 제1지점의 부하 측 또는 제2종 접지선 측의 점검이 쉬운 위치에 설치할 것. 다만, 인입선의 형태 또는 특정소방대상물의 구조상 부득이한 경우에는 인입구에 근접한 옥내에 설치할 수 있다.
③ 변류기를 옥외의 전로에 설치하는 경우에는 옥외형으로 설치할 것

(2) 누전경보기 수신부의 설치제외 장소
① 가연성의 증기·먼지·가스 등이나 부식성의 증기·가스 등이 다량으로 체류하는 장소
② 화약류를 제조하거나 저장 또는 취급하는 장소
③ 습도가 높은 장소
④ 온도의 변화가 급격한 장소
⑤ 대전류회로·고주파 발생회로 등에 따른 영향을 받을 우려가 있는 장소

(3) 누전경보기의 전원 설치기준
① 전원은 분전반으로부터 전용회로로 하고, 각 극에 개폐기 및 15[A] 이하의 과전류차단기(배선용 차단기에 있어서는 20[A] 이하의 것으로 각 극을 개폐할 수 있는 것)를 설치할 것
② 전원을 분기할 때는 다른 차단기에 따라 전원이 차단되지 않도록 할 것
③ 전원의 개폐기에는 "누전경보기용"이라고 표시한 표지를 할 것

| 핵심이론 03 | 누전경보기의 형식승인 및 제품검사의 기술기준

(1) 경보기구에 내장하는 음향장치(제4조)
   ① 사용전압의 80[%]인 전압에서 소리를 내어야 한다.
   ② 사용전압에서의 음압은 무향실 내에서 정위치에 부착된 음향장치의 중심으로부터 1[m] 떨어진 지점에서 누전경보기는 70[dB] 이상이어야 한다. 다만, 고장표시장치용 등의 음압은 60[dB] 이상이어야 한다.
   ③ 사용전압으로 8시간 연속하여 울리게 하는 시험 또는 정격전압에서 3분 20초 동안 울리고 6분 40초 동안 정지하는 작동을 반복하여 통산한 울림시간이 20시간이 되도록 시험하는 경우 그 구조 또는 기능에 이상이 생기지 않아야 한다.

(2) 절연저항시험(제19조)
   변류기는 DC(직류) 500[V]의 절연저항계로 시험을 하는 경우 5[MΩ] 이상이어야 한다.
   ① 절연된 1차 권선과 2차 권선 간의 절연저항
   ② 절연된 1차 권선과 외부 금속부 간의 절연저항
   ③ 절연된 2차 권선과 외부 금속부 간의 절연저항

(3) 절연내력시험(제20조)
   절연저항시험 부위의 절연내력은 60[Hz]의 정현파에 가까운 실효전압 1,500[V](경계전로 전압이 250[V]를 초과하는 경우에는 경계전로 전압에 2를 곱한 값에 1[kV]를 더한 값)의 교류전압을 가하는 시험에서 1분간 견디는 것이어야 한다.

(4) 감도조정장치(제8조)
   감도조정장치를 갖는 누전경보기에 있어서 감도조정장치의 조정범위는 최대치가 1[A]이어야 한다.
   ① **최대치** : 1[A]
   ② **최소치** : 200[mA](감도조정장치를 가지고 있는 누전경보기에 있어서 공칭작동전류치를 적용)

(5) 공칭작동전류치(제7조)
   ① 누전경보기를 작동시키기 위하여 필요한 누설전류의 값으로서 제조자에 의하여 표시된 값을 말하며 200[mA] 이하이어야 한다.
   ② ①의 규정은 감도조정장치를 가지고 있는 누전경보기에 있어서도 그 조정범위의 최소치에 대하여 이를 적용한다.

EXERCISE 01-5 누전경보기

01 다음은 누전경보기의 화재안전기술기준에서 정하는 용어 정의를 설명한 것이다. ( ) 안에 알맞은 용어를 쓰시오.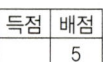

(1) (   )란 내화구조가 아닌 건축물로서 벽, 바닥 또는 천장의 전부나 일부를 불연재료 또는 준불연재료가 아닌 재료에 철망을 넣어 만든 건물의 전기설비로부터 누설전류를 탐지하여 경보를 발하는 기기로서 변류기와 수신부로 구성된 것을 말한다.
(2) (   )란 변류기로부터 검출된 신호를 수신하여 누전의 발생을 해당 특정소방대상물의 관계인에게 경보하여 주는 것(차단기구를 갖는 것을 포함한다)을 말한다.
(3) (   )란 경계전로의 누설전류를 자동적으로 검출하여 이를 누전경보기의 수신부에 송신하는 것을 말한다.

해설
누전경보기의 용어 정의
(1) 누전경보기 : 내화구조가 아닌 건축물로서 벽, 바닥 또는 천장의 전부나 일부를 불연재료 또는 준불연재료가 아닌 재료에 철망을 넣어 만든 건물의 전기설비로부터 누설전류를 탐지하여 경보를 발하는 기기로서 변류기와 수신부로 구성된 것을 말한다.
(2) 수신부 : 변류기로부터 검출된 신호를 수신하여 누전의 발생을 해당 특정소방대상물의 관계인에게 경보하여 주는 것(차단기구를 갖는 것을 포함한다)을 말한다.
(3) 변류기 : 경계전로의 누설전류를 자동적으로 검출하여 이를 누전경보기의 수신부에 송신하는 것을 말한다.
(4) 경계전로 : 누전경보기가 누설전류를 검출하는 대상 전선로를 말한다.
(5) 분전반 : 배전반으로부터 전력을 공급받아 부하에 전력을 공급해 주는 것을 말한다.
(6) 인입선 : 전기설비기술기준 제3조 제1항 제9호에 따른 것으로서, 배전선로에서 갈라져서 직접 수용장소의 인입구에 이르는 부분의 전선을 말한다.
(7) 정격전류 : 전기기기의 정격출력 상태에서 흐르는 전류를 말한다.

정답 (1) 누전경보기
(2) 수신부
(3) 변류기

02 누전경보기의 구성요소 4가지와 각각의 기능을 쓰시오.

해설
누전경보기의 구성요소 및 기능

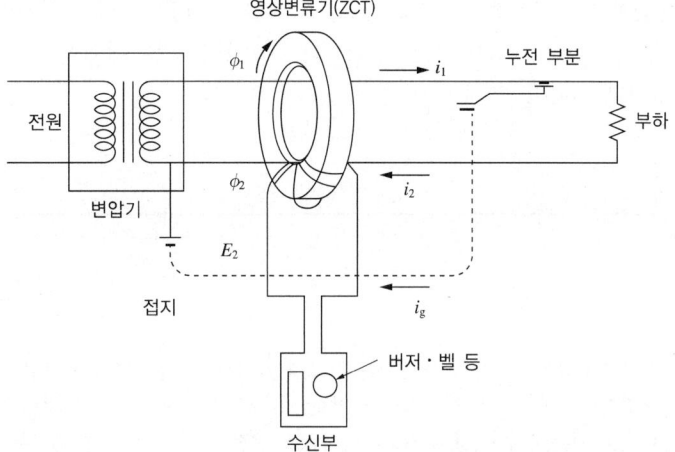

(1) 영상변류기 : 경계전로의 누설전류를 자동적으로 검출하여 이를 누전경보기의 수신부에 송신하는 장치이다. → 누설전류를 검출한다.
(2) 수신기 : 변류기로부터 검출된 신호를 수신하여 신호를 증폭시켜 누전의 발생을 해당 특정소방대상물의 관계인에게 경보하는 장치이다. → 검출된 신호를 수신한다.
(3) 음향장치 : 누전 시 경보를 발하는 장치이다. → 누전 시 경보를 발생한다.
(4) 차단기구 : 경계전로에 누설전류가 흐르는 경우 이를 수신하여 그 경계전로의 전원을 자동적으로 차단하는 장치이다. → 누전 시 전원을 차단한다.

정답
(1) 영상변류기 : 누설전류를 검출한다.
(2) 수신기 : 검출된 신호를 수신한다.
(3) 음향장치 : 누전 시 경보를 발생한다.
(4) 차단기구 : 누전 시 전원을 차단한다.

03

다음은 누전경보기의 화재안전기술기준에서 정하는 누전경보기에 대한 내용이다. 각 물음에 답하시오.

(1) 1급 누전경보기와 2급 누전경보기를 설치하는 경우 1급과 2급을 구분하는 경계전로의 정격전류는 몇 [A]인지 쓰시오.
(2) 전원은 분전반으로부터 전용회로로 하고, 각 극을 개폐할 수 있는 전기기구를 설치해야 한다. 설치해야 하는 전기기구의 명칭을 쓰시오(단, 배선용 차단기는 제외한다).
(3) ZCT의 명칭과 기능을 쓰시오.
　① 명칭 :
　② 기능 :

해설

누전경보기

(1) 누전경보기의 설치기준
　① 경계전로의 정격전류가 60[A]를 초과하는 전로에 있어서는 1급 누전경보기를, 60[A] 이하의 전로에 있어서는 1급 또는 2급 누전경보기를 설치할 것. 다만, 정격전류가 60[A]를 초과하는 경계전로가 분기되어 각 분기회로의 정격전류가 60[A] 이하로 되는 경우 해당 분기회로마다 2급 누전경보기를 설치한 때에는 해당 경계전로에 1급 누전경보기를 설치한 것으로 본다.
　② 변류기는 특정소방대상물의 형태, 인입선의 시설방법 등에 따라 옥외 인입선의 제1지점의 부하 측 또는 제2종 접지선측의 점검이 쉬운 위치에 설치할 것. 다만, 인입선의 형태 또는 특정소방대상물의 구조상 부득이한 경우에는 인입구에 근접한 옥내에 설치할 수 있다.
　③ 변류기를 옥외의 전로에 설치하는 경우에는 옥외형으로 설치할 것
(2) 누전경보기의 전원
　① 전원은 분전반으로부터 전용회로로 하고, 각 극에 개폐기 및 15[A] 이하의 과전류차단기(배선용 차단기에 있어서는 20[A] 이하의 것으로 각 극을 개폐할 수 있는 것)를 설치할 것
　② 전원을 분기할 때는 다른 차단기에 따라 전원이 차단되지 않도록 할 것
　③ 전원의 개폐기에는 "누전경보기용"이라고 표시한 표지를 할 것
(3) ZCT의 명칭과 기능
　① ZCT(Zero Current Transformer)의 명칭 : 영상변류기
　② 기능 : 누설전류를 검출한다.

정답 　(1) 60[A]
　　　　(2) 개폐기 및 15[A] 이하의 과전류차단기
　　　　(3) ① 영상변류기
　　　　　　② 누설전류를 검출한다.

04

누전경보기의 형식승인 및 제품검사의 기술기준에서 누전경보기에 대한 다음 각 물음에 답하시오.

득점	배점
	6

(1) 변류기의 절연저항을 시험하는 경우 시험기기의 명칭과 판정기준을 쓰시오.
　① 시험기기의 명칭 :
　② 판정기준 :
(2) 감도조정장치의 조정범위의 최소치와 최대치를 쓰시오.
　① 최소치 :
　② 최대치 :
(3) 누전경보기의 공칭작동전류치는 몇 [mA] 이하이어야 하는지 쓰시오.

[해설]

누전경보기의 형식승인 및 제품검사의 기술기준

(1) 변류기의 절연저항 및 절연내력시험(제19조, 제20조)
　① 절연저항시험
　　변류기는 DC 500[V]의 절연저항계로 다음에 의한 시험을 하는 경우 5[MΩ] 이상이어야 한다.
　　㉠ 절연된 1차 권선과 2차 권선 간의 절연저항
　　㉡ 절연된 1차 권선과 외부 금속부 간의 절연저항
　　㉢ 절연된 2차 권선과 외부 금속부 간의 절연저항
　② 절연내력시험 : 절연저항시험 시험부위의 절연내력은 60[Hz]의 정현파에 가까운 실효전압 1,500[V](경계전로 전압이 250[V]를 초과하는 경우에는 경계전로 전압에 2를 곱한 값에 1[kV]를 더한 값)의 교류전압을 가하는 시험에서 1분간 견디는 것이어야 한다.
(2) 감도조정장치(제8조)
　감도조정장치를 갖는 누전경보기에 있어서 감도조정장치의 조정범위는 최대치가 1[A]이어야 한다.
　① 최대치 : 1[A]
　② 최소치 : 200[mA](감도조정장치를 가지고 있는 누전경보기에 있어서 공칭작동전류치를 적용)
(3) 공칭작동전류치(제7조)
　① 누전경보기의 공칭작동전류치(누전경보기를 작동시키기 위하여 필요한 누설전류의 값으로서 제조자에 의하여 표시된 값을 말한다)는 200[mA] 이하이어야 한다.
　② ①의 규정은 감도조정장치를 가지고 있는 누전경보기에 있어서도 그 조정범위의 최소치에 대하여 이를 적용한다.

[정답] (1) ① DC 500[V]의 절연저항계
　　　　② 5[MΩ] 이상
　　(2) ① 200[mA]
　　　　② 1[A]
　　(3) 200[mA] 이하

05

다음 그림은 3상 3선식 교류회로에 설치된 누전경보기의 결선도이다. 정상상태와 누전상태 시 a점, b점, c점에서 키르히호프의 제1법칙을 적용하여 선전류 $\dot{I}_1$, $\dot{I}_2$, $\dot{I}_3$와 선전류의 벡터합을 구하시오.

득점	배점
	8

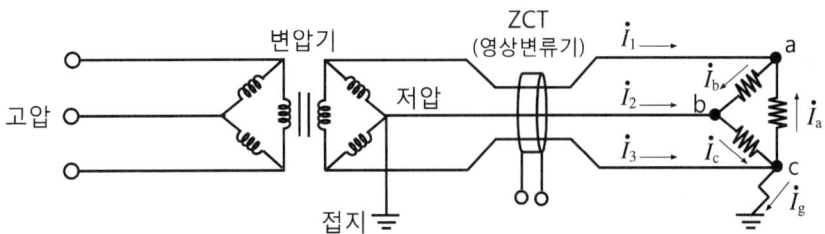

(1) 정상상태 시 선전류를 구하시오.
  ① a점 : $\dot{I}_1 =$
  ② b점 : $\dot{I}_2 =$
  ③ c점 : $\dot{I}_3 =$

(2) 정상상태 시 선전류의 벡터합을 구하시오.
  $\dot{I}_1 + \dot{I}_2 + \dot{I}_3 =$

(3) 누전상태 시 선전류를 구하시오.
  ① a점 : $\dot{I}_1 =$
  ② b점 : $\dot{I}_2 =$
  ③ c점 : $\dot{I}_3 =$

(4) 누전상태 시 선전류의 벡터합을 구하시오.
  $\dot{I}_1 + \dot{I}_2 + \dot{I}_3 =$

해설

누전경보기

(1) 정상상태 시 선전류 계산

구분	a점	b점	c점
그림	$\dot{I}_1 \to$ a, $\dot{I}_b$, $\dot{I}_a$	$\dot{I}_2 \to$ b, $\dot{I}_b$, $\dot{I}_c$	$\dot{I}_a$, $\dot{I}_3 \to \dot{I}_c$ c
선전류	$\dot{I}_1 + \dot{I}_a = \dot{I}_b$ $\therefore \dot{I}_1 = \dot{I}_b - \dot{I}_a$	$\dot{I}_2 + \dot{I}_b = \dot{I}_c$ $\therefore \dot{I}_2 = \dot{I}_c - \dot{I}_b$	$\dot{I}_3 + \dot{I}_c = \dot{I}_a$ $\therefore \dot{I}_3 = \dot{I}_a - \dot{I}_c$

> **참고**
>
> **키르히호프의 제1법칙**
> 전기회로의 접속점에 흘러들어오는 전류의 총합과 흘러나가는 전류의 총합은 같다.

(2) 정상상태 시 선전류의 벡터합

① 선전류 : $\dot{I}_1 = \dot{I}_b - \dot{I}_a$, $\dot{I}_2 = \dot{I}_c - \dot{I}_b$, $\dot{I}_3 = \dot{I}_a - \dot{I}_c$

② 선전류의 벡터합 : $\dot{I}_1 + \dot{I}_2 + \dot{I}_3 = (\dot{I}_b - \dot{I}_a) + (\dot{I}_c - \dot{I}_b) + (\dot{I}_a - \dot{I}_c) = 0$

(3) 누전상태 시 선전류 계산

구분	a점	b점	c점
그림	(그림)	(그림)	(그림)
선전류	$\dot{I}_1 + \dot{I}_a = \dot{I}_b$ $\therefore \dot{I}_1 = \dot{I}_b - \dot{I}_a$	$\dot{I}_2 + \dot{I}_b = \dot{I}_c$ $\therefore \dot{I}_2 = \dot{I}_c - \dot{I}_b$	$\dot{I}_3 + \dot{I}_c = \dot{I}_a + \dot{I}_g$ $\therefore \dot{I}_3 = \dot{I}_a + \dot{I}_g - \dot{I}_c$

(4) 누전상태 시 선전류의 벡터합

① 선전류 : $\dot{I}_1 = \dot{I}_b - \dot{I}_a$, $\dot{I}_2 = \dot{I}_c - \dot{I}_b$, $\dot{I}_3 = \dot{I}_a + \dot{I}_g - \dot{I}_c$

② 선전류의 벡터합 : $\dot{I}_1 + \dot{I}_2 + \dot{I}_3 = (\dot{I}_b - \dot{I}_a) + (\dot{I}_c - \dot{I}_b) + (\dot{I}_a + \dot{I}_g - \dot{I}_c) = \dot{I}_g$

여기서, $\dot{I}_g$: 누설전류

정답 (1) ① $\dot{I}_b - \dot{I}_a$

② $\dot{I}_c - \dot{I}_b$

③ $\dot{I}_a - \dot{I}_c$

(2) 0

(3) ① $\dot{I}_b - \dot{I}_a$

② $\dot{I}_c - \dot{I}_b$

③ $\dot{I}_a + \dot{I}_g - \dot{I}_c$

(4) $\dot{I}_g$

06 다음 도면은 누전경보기의 결선도이다. 이 도면을 보고, 각 물음에 답하시오(단, 도면의 잘못된 부분은 모두 정상회로로 수정한 것으로 가정한다).

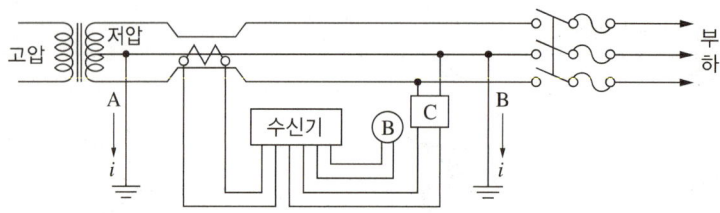

수신기 : 1급, Ⓑ : 음향장치, C : 과전류차단기

(1) 회로에서 잘못된 부분을 3가지만 찾아 쓰고, 올바른 방법으로 수정하시오.
   ① 잘못된 부분 :
   ② 올바른 방법 :
(2) 누전경보기의 전원회로에서 과전류차단기의 용량은 몇 [A] 이하로 해야 하는지 쓰시오.
(3) 회로에서 경보기구에 내장하는 음향장치는 사용전압의 몇 [%]인 전압에서 경보음을 발할 수 있어야 하는지 쓰시오.
(4) 회로에서 변류기의 절연저항을 측정하였을 경우 절연저항값은 몇 [MΩ] 이상이어야 하는지 쓰시오(단, 절연된 1차 권선과 2차 권선 간, 절연된 1차 권선과 외부 금속부 간, 2차 권선과 외부 금속부 간에 DC 500[V]의 절연저항계로 측정한다).
(5) 누전경보기의 공칭작동전류치는 몇 [mA] 이하이어야 하는지 쓰시오.

> 해설

누전경보기

(1) 누전경보기의 설치회로
   ① 누전경보기 : 사용전압 600[V] 이하인 경계전로의 누설전류를 검출하여 해당 소방대상물의 관계자에게 경보를 발하는 설비로서 변류기와 수신부로 구성된 것을 말한다.
   ② 누전경보기 설치회로의 잘못된 부분과 올바르게 수정한 방법

잘못된 부분	올바르게 수정한 방법
㉠ 영상변류기에 1선만 관통한다.	㉠ 영상변류기에 3선 모두 관통해야 한다.
㉡ 접지선이 영상변류기의 전원 측과 부하 측에 모두 설치되어 있다.	㉡ 영상변류기의 전원 측에만 접지선을 설치한다.
㉢ 차단기의 2차 측 중성선에 퓨즈가 설치되어 있다.	㉢ 차단기의 2차 측 중성선에 동선으로 직결시킨다.

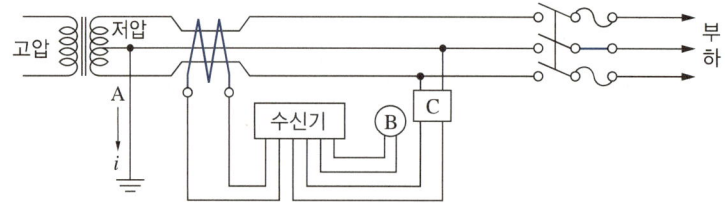

(2) 누전경보기의 전원 설치기준
① 전원은 분전반으로부터 전용회로로 하고, 각 극에 개폐기 및 15[A] 이하의 과전류차단기(배선용 차단기에 있어서는 20[A] 이하의 것으로 각 극을 개폐할 수 있는 것)를 설치할 것
② 전원을 분기할 때는 다른 차단기에 따라 전원이 차단되지 않도록 할 것
③ 전원의 개폐기에는 "누전경보기용"이라고 표시한 표지를 할 것

(3) 누전경보기의 경보기구에 내장하는 음향장치(누전경보기의 형식승인 및 제품검사의 기술기준 제4조)
① 사용전압의 80[%]인 전압에서 소리를 내어야 한다.
② 사용전압에서의 음압은 무향실 내에서 정위치에 부착된 음향장치의 중심으로부터 1[m] 떨어진 지점에서 누전경보기는 70[dB] 이상이어야 한다. 다만, 고장표시장치용 등의 음압은 60[dB] 이상이어야 한다.
③ 사용전압으로 8시간 연속하여 울리게 하는 시험 또는 정격전압에서 3분 20초 동안 울리고 6분 40초 동안 정지하는 작동을 반복하여 통산한 울림시간이 20시간이 되도록 시험하는 경우 그 구조 또는 기능에 이상이 생기지 않아야 한다.

(4) 절연저항시험(누전경보기의 형식승인 및 제품검사의 기술기준 제19조)
① 절연된 1차 권선과 2차 권선 간의 절연저항
② 절연된 1차 권선과 외부 금속부 간의 절연저항
③ 절연된 2차 권선과 외부 금속부 간의 절연저항
∴ 변류기는 DC 500[V]의 절연저항계로 시험을 하는 경우 5[MΩ] 이상이어야 한다.

(5) 누전경보기의 공칭작동전류치(누전경보기의 형식승인 및 제품검사의 기술기준 제7조)
① 누전경보기를 작동시키기 위하여 필요한 누설전류의 값으로서 제조자에 의하여 표시된 값을 말하며 200[mA] 이하이어야 한다.
② ①의 규정은 감도조정장치를 가지고 있는 누전경보기에 있어서도 그 조정범위의 최소치에 대하여 이를 적용한다.

정답 (1)

잘못된 부분	올바르게 수정한 방법
㉠ 영상변류기에 1선만 관통한다.	㉠ 영상변류기에 3선 모두 관통해야 한다.
㉡ 접지선이 영상변류기의 전원 측과 부하 측에 모두 설치되어 있다.	㉡ 영상변류기의 전원 측에만 접지선을 설치한다.
㉢ 차단기의 2차 측 중성선에 퓨즈가 설치되어 있다.	㉢ 차단기의 2차 측 중성선에 동선으로 직결시킨다.

(2) 15[A] 이하
(3) 80[%]
(4) 5[MΩ] 이상
(5) 200[mA] 이하

제6절 가스누설경보기

핵심이론 01 | 가스누설경보기의 설치대상 및 구성

(1) 가스누설경보기의 설치대상(가스시설이 설치된 경우)(소방시설법 영 별표 4)
① 문화 및 집회시설, 종교시설, 판매시설, 운수시설, 의료시설, 노유자시설
② 수련시설, 운동시설, 숙박시설, 창고시설 중 물류터미널, 장례시설

(2) 가스누설경보기의 구성
① 탐지부 : 가스누설경보기 중 가스누설을 탐지하여 중계기 또는 수신부에 가스누설 신호를 발신하는 부분을 말한다.
② 수신부 : 경보기 중 탐지부에서 발하여진 가스누설 신호를 직접 또는 중계기를 통하여 수신하고 이를 관계자에게 음향으로서 경보하여 주는 것을 말한다.

핵심이론 02 | 가연성가스 경보기의 설치기준

(1) 분리형 경보기의 수신부 설치기준
① 가스연소기 주위의 경보기의 상태 확인 및 유지관리에 용이한 위치에 설치할 것
② 가스누설 경보음향의 음량과 음색이 다른 기기의 소음 등과 명확히 구별될 것
③ 가스누설 경보음향의 크기는 수신부로부터 1[m] 떨어진 위치에서 음압이 70[dB] 이상일 것
④ 수신부의 조작스위치는 바닥으로부터의 높이가 0.8[m] 이상 1.5[m] 이하인 장소에 설치할 것
⑤ 수신부가 설치된 장소에는 관계자 등에게 신속히 연락할 수 있도록 비상연락번호를 기재한 표를 비치할 것

(2) 분리형 경보기의 탐지부 설치기준
① 탐지부는 가스연소기의 중심으로부터 직선거리 8[m](공기보다 무거운 가스를 사용하는 경우에는 4[m]) 이내에 1개 이상 설치해야 한다.
② 탐지부는 천장으로부터 탐지부 하단까지의 거리가 0.3[m] 이하가 되도록 설치한다. 다만, 공기보다 무거운 가스를 사용하는 경우에는 바닥면으로부터 탐지부 상단까지의 거리는 0.3[m] 이하로 한다.

(3) 단독형 경보기의 설치기준
① 가스연소기 주위의 경보기의 상태 확인 및 유지관리에 용이한 위치에 설치할 것
② 가스누설 경보음향의 음량과 음색이 다른 기기의 소음 등과 명확히 구별될 것
③ 가스누설 경보음향장치는 수신부로부터 1[m] 떨어진 위치에서 음압이 70[dB] 이상일 것

④ 단독형 경보기는 가스연소기의 중심으로부터 직선거리 8[m](공기보다 무거운 가스를 사용하는 경우에는 4[m]) 이내에 1개 이상 설치해야 한다.
⑤ 단독형 경보기는 천장으로부터 경보기 하단까지의 거리가 0.3[m] 이하가 되도록 설치한다. 다만, 공기보다 무거운 가스를 사용하는 경우에는 바닥면으로부터 단독형 경보기 상단까지의 거리는 0.3[m] 이하로 한다.
⑥ 경보기가 설치된 장소에는 관계자 등에게 신속히 연락할 수 있도록 비상연락번호를 기재한 표를 비치할 것

핵심이론 03 | 가스누설경보기의 형식승인 및 제품검사의 기술기준

(1) 분리형 가스누설경보기 수신부의 기능(제6조)
① 가스누설표시 작동시험장치의 조작 중에 다른 회선으로부터 가스누설신호를 수신하는 경우 가스누설표시가 될 수 있어야 한다.
② 2회선에서 가스누설신호를 동시에 수신하는 경우 가스누설표시를 할 수 있어야 한다.
③ 도통시험장치의 조작 중에 다른 회선으로부터 누설신호를 수신하는 경우 가스누설표시를 할 수 있어야 한다. 다만, 접속할 수 있는 회선수가 하나인 것 또는 탐지부의 전원의 정지를 수신부에서 알 수 있는 장치를 가진 것에 있어서는 그렇지 않다.

(2) 표시등의 구조 및 기능(제8조)
① 전구는 2개 이상을 병렬로 접속해야 한다. 다만, 방전등 또는 발광다이오드의 경우에는 그렇지 않다.
② 전구에는 적당한 보호 덮개를 설치해야 한다. 다만, 발광다이오드의 경우에는 그렇지 않다.
③ 가스의 누설을 표시하는 표시등(누설등) 및 가스가 누설된 경계구역의 위치를 표시하는 표시등(지구등)은 등이 켜질 때 황색으로 표시되어야 한다. 다만, 누설등을 설치한 수신부의 지구등 및 수신기와 병용하지 않는 지구등은 그렇지 않다.
④ 주위의 밝기가 300[lx]인 장소에서 측정하여 앞면으로부터 3[m] 떨어진 곳에서 켜진 등이 확실히 식별되어야 한다.

(3) 예비전원 설치(제4조)
① 예비전원을 가스누설경보기의 주전원으로 사용해서는 안 된다.
② 예비전원을 단락사고 등으로부터 보호하기 위한 퓨즈 등 과전류 보호장치를 설치해야 한다.
③ 주전원이 정지한 경우에는 자동으로 예비전원으로 전환되고, 주전원이 정상상태로 복귀한 경우에는 자동으로 예비전원으로부터 주전원으로 전환되어야 한다.
④ 앞면에 예비전원의 상태를 감시할 수 있는 장치를 해야 한다.
⑤ 자동충전장치 및 전기적 기구에 의한 자동과충전방지장치를 설치해야 한다. 다만, 과충전 상태가 되어도 성능 또는 구조에 이상이 생기지 않는 축전지를 설치하는 경우에는 자동과충전방지장치를 설치하지 않을 수 있다.

⑥ 축전지를 병렬로 접속하는 경우에는 역충전 방지 등의 조치를 해야 한다.
⑦ 축전지를 직렬 또는 병렬로 사용하는 경우에는 용량(전압, 전류 등)이 균일한 축전지를 사용해야 한다.
⑧ 예비전원은 알칼리계 2차 축전지, 리튬계 2차 축전지 또는 무보수밀폐형 연축전지로서 그 용량은 1회선용(단독형 가스누설경보기를 포함)의 경우 감시상태를 20분간 계속한 후 유효하게 작동되어 10분간 경보를 발할 수 있어야 하며, 2회로 이상인 가스누설경보기의 경우에는 연결된 모든 회로에 대하여 감시상태를 10분간 계속한 후 2회선을 유효하게 작동시키고 10분간 경보를 발할 수 있는 용량이어야 한다.

(4) 절연저항시험(제27조)

① 가스누설경보기의 절연된 충전부와 외함 간의 절연저항은 DC 500[V]의 절연저항계로 측정한 값이 5[MΩ](교류 입력 측과 외함 간에는 20[MΩ]) 이상이어야 한다. 다만, 회선수가 10 이상인 것 또는 접속되는 중계기가 10 이상인 것은 교류 입력 측과 외함 간을 제외하고는 1회선당 50[MΩ] 이상이어야 한다.
② 절연된 선로 간의 절연저항은 DC 500[V]의 절연저항계로 측정한 값이 20[MΩ] 이상이어야 한다.

(5) 음량시험(제24조)

① 가스누설경보기의 경보음량은 무향실에서 측정하는 경우 음향장치의 중심으로부터 1[m] 떨어진 위치에서 90[dB](단독형 가스누설경보기 및 분리형 가스누설경보기 중 영업용인 경우에는 70[dB]) 이상이어야 한다. 다만, 고장표시용의 음압은 60[dB] 이상이어야 한다.
② 가스누설경보기에 전원을 공급할 때 초기경보를 발하지 않아야 하며 그 후 음향장치의 중심으로부터 1[m] 떨어진 위치에서 공진음 등의 소리가 들리지 않아야 한다.

EXERCISE 01-6 가스누설경보기

01

다음은 가스누설경보기의 형식승인 및 제품검사의 기술기준에서 정하는 가스누설경보기에 관한 내용이다. 각 물음에 답하시오.

득점	배점
	10

(1) 가스의 누설을 표시하는 표시등 및 가스가 누설된 경계구역의 위치를 표시하는 표시등은 등이 켜질 때 어떤 색상으로 표시되어야 하는지 쓰시오.

(2) 가스누설경보기에 예비전원으로 사용하는 축전지의 종류 3가지를 쓰고, 1회선용과 2회로 이상인 가스누설경보기의 경우 축전지 용량을 쓰시오.
  ① 축전지의 종류 :
  ② 1회선용 축전지 용량 :
  ③ 2회로 이상의 축전지 용량 :

(3) 가스누설경보기의 절연된 충전부와 외함 간의 절연저항 및 절연된 선로 간의 절연저항은 DC 500[V]의 절연저항계로 측정한 값이 각각 몇 [MΩ] 이상이어야 하는지 쓰시오.
  ① 절연된 충전부와 외함 간의 절연저항 측정값 :
  ② 절연된 선로 간의 절연저항 측정값 :

해설

가스누설경보기의 형식승인 및 제품검사의 기술기준

(1) 가스누설경보기
  ① 분리형 가스누설경보기 수신부의 기능(제6조)
    ㉠ 가스누설표시 작동시험장치의 조작 중에 다른 회선으로부터 가스누설신호를 수신하는 경우 가스누설표시가 될 수 있어야 한다.
    ㉡ 2회선에서 가스누설신호를 동시에 수신하는 경우 가스누설표시를 할 수 있어야 한다.
    ㉢ 도통시험장치의 조작 중에 다른 회선으로부터 누설신호를 수신하는 경우 가스누설표시를 할 수 있어야 한다. 다만, 접속할 수 있는 회선수가 하나인 것 또는 탐지부의 전원의 정지를 수신부에서 알 수 있는 장치를 가진 것에 있어서는 그렇지 않다.
  ② 표시등의 구조 및 기능(제8조)
    ㉠ 전구는 2개 이상을 병렬로 접속해야 한다. 다만, 방전등 또는 발광다이오드의 경우에는 그렇지 않다.
    ㉡ 전구에는 적당한 보호 덮개를 설치해야 한다. 다만, 발광다이오드의 경우에는 그렇지 않다.
    ㉢ 가스의 누설을 표시하는 표시등(누설등) 및 가스가 누설된 경계구역의 위치를 표시하는 표시등(지구등)은 등이 켜질 때 황색으로 표시되어야 한다. 다만, 누설등을 설치한 수신부의 지구등 및 수신기와 병용하지 않는 지구등은 그렇지 않다.
    ㉣ 주위의 밝기가 300[lx]인 장소에서 측정하여 앞면으로부터 3[m] 떨어진 곳에서 켜진 등이 확실히 식별되어야 한다.

(2) 예비전원 설치(제4조)
　① 예비전원을 가스누설경보기의 주전원으로 사용해서는 안 된다.
　② 예비전원을 단락사고 등으로부터 보호하기 위한 퓨즈 등 과전류 보호장치를 설치해야 한다.
　③ 주전원이 정지한 경우에는 자동으로 예비전원으로 전환되고, 주전원이 정상상태로 복귀한 경우에는 자동으로 예비전원으로부터 주전원으로 전환되어야 한다.
　④ 앞면에 예비전원의 상태를 감시할 수 있는 장치를 해야 한다.
　⑤ 자동충전장치 및 전기적 기구에 의한 자동과충전방지장치를 설치해야 한다. 다만, 과충전 상태가 되어도 성능 또는 구조에 이상이 생기지 않는 축전지를 설치하는 경우에는 자동과충전방지장치를 설치하지 않을 수 있다.
　⑥ 축전지를 병렬로 접속하는 경우에는 역충전 방지 등의 조치를 해야 한다.
　⑦ 축전지를 직렬 또는 병렬로 사용하는 경우에는 용량(전압, 전류 등)이 균일한 축전지를 사용해야 한다.
　⑧ 예비전원은 알칼리계 2차 축전지, 리튬계 2차 축전지 또는 무보수밀폐형 연축전지로서 그 용량은 1회선용(단독형 가스누설경보기를 포함)의 경우 감시상태를 20분간 계속한 후 유효하게 작동되어 10분간 경보를 발할 수 있어야 하며, 2회로 이상인 가스누설경보기의 경우에는 연결된 모든 회로에 대하여 감시상태를 10분간 계속한 후 2회선을 유효하게 작동시키고 10분간 경보를 발할 수 있는 용량이어야 한다.

(3) 절연저항시험(제27조)
　① 가스누설경보기의 절연된 충전부와 외함 간의 절연저항은 DC 500[V]의 절연저항계로 측정한 값이 5[MΩ](교류 입력 측과 외함 간에는 20[MΩ]) 이상이어야 한다. 다만, 회선수가 10 이상인 것 또는 접속되는 중계기가 10 이상인 것은 교류 입력 측과 외함 간을 제외하고는 1회선당 50[MΩ] 이상이어야 한다.
　② 절연된 선로 간의 절연저항은 DC 500[V]의 절연저항계로 측정한 값이 20[MΩ] 이상이어야 한다.

정답　(1) 황색
　　　　(2) ① 알칼리계 2차 축전지, 리튬계 2차 축전지 또는 무보수밀폐형 연축전지
　　　　　　② 감시상태를 20분간 계속한 후 유효하게 작동되어 10분간 경보를 발할 수 있는 용량
　　　　　　③ 연결된 모든 회로에 대하여 감시상태를 10분간 계속한 후 2회선을 유효하게 작동시키고 10분간 경보를 발할 수 있는 용량
　　　　(3) ① 5[MΩ] 이상
　　　　　　② 20[MΩ] 이상

02

다음은 가스누설경보기의 형식승인 및 제품검사의 기술기준에서 가스누설경보기에 대한 내용이다. 각 물음에 답하시오.

득점	배점
	6

(1) 가스누설경보기의 경보음량은 무향실에서 측정하는 경우 음향장치의 중심으로부터 1[m] 떨어진 위치에서 음압과 고장표시용의 음압은 몇 [dB] 이상이어야 하는지 쓰시오.
   ① 음향장치의 중심으로부터 1[m] 떨어진 위치에서 음압[dB] :
   ② 고장표시용 음압[dB] :
(2) 가스누설경보기의 예비전원으로 사용되는 축전지를 3가지 쓰시오.

해설

가스누설경보기

(1) 음량시험(제24조)
   ① 가스누설경보기의 경보음량은 무향실에서 측정하는 경우 음향장치의 중심으로부터 1[m] 떨어진 위치에서 90[dB](단독형 가스누설경보기 및 분리형 가스누설경보기 중 영업용인 경우에는 70[dB]) 이상이어야 한다. 다만, 고장표시용의 음압은 60[dB] 이상이어야 한다.
   ② 가스누설경보기에 전원을 공급할 때 초기경보를 발하지 않아야 하며 그 후 음향장치의 중심으로부터 1[m] 떨어진 위치에서 공진음 등의 소리가 들리지 않아야 한다.
(2) 예비전원(제4조)
   예비전원은 알칼리계 2차 축전지, 리튬계 2차 축전지 또는 무보수밀폐형 연축전지로서 그 용량은 1회선용(단독형 가스누설경보기를 포함)의 경우 감시상태를 20분간 계속한 후 유효하게 작동되어 10분간 경보를 발할 수 있어야 하며, 2회로 이상인 가스누설경보기의 경우에는 연결된 모든 회로에 대하여 감시상태를 10분간 계속한 후 2회선을 유효하게 작동시키고 10분간 경보를 발할 수 있는 용량이어야 한다.

정답 (1) ① 90[dB] 이상
         ② 60[dB] 이상
       (2) 알칼리계 2차 축전지, 리튬계 2차 축전지, 부보수밀폐형 연축전지

CHAPTER 02 피난구조설비

제1절 유도등

핵심이론 01 | 피난구조설비의 개요 및 종류

(1) 피난구조설비의 개요

화재가 발생할 경우 피난하기 위하여 사용하는 기구 또는 설비이다.

(2) 피난구조설비의 종류(소방시설법 영 별표 1)

① 피난기구 : 피난사다리, 구조대, 완강기, 간이완강기, 그 밖에 화재안전기준으로 정하는 것
② 인명구조기구 : 방열복, 방화복(안전모, 보호장갑 및 안전화를 포함), 공기호흡기, 인공소생기
③ 유도등 : 피난유도선, 피난구유도등, 통로유도등, 객석유도등, 유도표지
④ 비상조명등 및 휴대용 비상조명등

핵심이론 02 | 유도등의 설치대상 및 용어 정의

(1) 유도등을 설치해야 하는 특정소방대상물(소방시설법 영 별표 4)

① 피난구유도등, 통로유도등 및 유도표지는 특정소방대상물에 설치한다. 다만, 다음의 어느 하나에 해당하는 경우는 제외한다.
  ㉠ 동물 및 식물 관련 시설 중 축사로서 가축을 직접 가두어 사육하는 부분
  ㉡ 터널
② 객석유도등
  ㉠ 유흥주점영업시설(식품위생법 시행령 제21조 제8호 라목의 유흥주점영업 중 손님이 춤을 출 수 있는 무대가 설치된 카바레, 나이트클럽 또는 그 밖에 이와 비슷한 영업시설만 해당한다)
  ㉡ 문화 및 집회시설
  ㉢ 종교시설
  ㉣ 운동시설

(2) 유도등의 용어 정의

① **유도등** : 화재 시에 피난을 유도하기 위한 등으로서 정상상태에서는 상용전원에 따라 켜지고 상용전원이 정전되는 경우에는 비상전원으로 자동전환되어 켜지는 등을 말한다.
② **피난구유도등** : 피난구 또는 피난경로로 사용되는 출입구를 표시하여 피난을 유도하는 등을 말한다.
③ **통로유도등** : 피난통로를 안내하기 위한 유도등으로 복도통로유도등, 거실통로유도등, 계단통로유도등을 말한다.
④ **복도통로유도등** : 피난통로가 되는 복도에 설치하는 통로유도등으로서 피난구의 방향을 명시하는 것을 말한다.
⑤ **거실통로유도등** : 거주, 집무, 작업, 집회, 오락, 그 밖에 이와 유사한 목적을 위하여 계속적으로 사용하는 거실, 주차장 등 개방된 통로에 설치하는 유도등으로 피난의 방향을 명시하는 것을 말한다.
⑥ **계단통로유도등** : 피난통로가 되는 계단이나 경사로에 설치하는 통로유도등으로 바닥면 및 디딤 바닥면을 비추는 것을 말한다.
⑦ **객석유도등** : 객석의 통로, 바닥 또는 벽에 설치하는 유도등을 말한다.
⑧ **피난구유도표지** : 피난구 또는 피난경로로 사용되는 출입구를 표시하여 피난을 유도하는 표지를 말한다.
⑨ **통로유도표지** : 피난통로가 되는 복도, 계단 등에 설치하는 것으로서 피난구의 방향을 표시하는 유도표지를 말한다.
⑩ **피난유도선** : 햇빛이나 전등불에 따라 축광(축광방식)하거나 전류에 따라 빛을 발하는(광원점등방식) 유도체로서 어두운 상태에서 피난을 유도할 수 있도록 띠 형태로 설치되는 피난유도시설을 말한다.

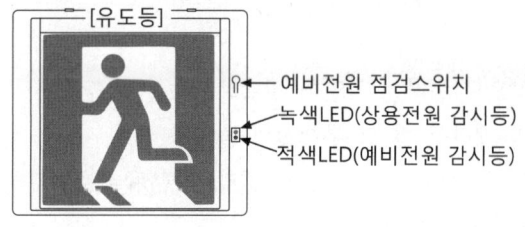

핵심이론 03 | 설치장소별 유도등 및 유도표지의 종류

설치장소	유도등 및 유도표지의 종류
1. 공연장, 집회장(종교집회장 포함), 관람장, 운동시설	대형 피난구유도등 통로유도등 객석유도등
2. 유흥주점영업시설(식품위생법 시행령 제21조 제8호 라목의 유흥주점영업 중 손님이 춤을 출 수 있는 무대가 설치된 카바레, 나이트클럽 또는 그 밖에 이와 비슷한 영업시설만 해당한다)	
3. 위락시설, 판매시설, 운수시설, 관광진흥법 제3조 제1항 제2호에 따른 관광숙박업, 의료시설, 장례식장, 방송통신시설, 전시장, 지하상가, 지하철역사	대형 피난구유도등 통로유도등
4. 숙박시설(제3호의 관광숙박업 외의 것을 말한다), 오피스텔	중형 피난구유도등 통로유도등
5. 제1호부터 제3호까지 외의 건축물로서 지하층, 무창층 또는 층수가 11층 이상인 특정소방대상물	
6. 제1호부터 제5호까지 외의 건축물로서 근린생활시설, 노유자시설, 업무시설, 발전시설, 종교시설(집회장 용도로 사용하는 부분 제외), 교육연구시설, 수련시설, 공장, 교정 및 군사시설(국방·군사시설 제외), 자동차 정비공장, 운전학원 및 정비학원, 다중이용업소, 복합건축물	소형 피난구유도등 통로유도등
7. 그 밖의 것	피난구유도표시 통로유도표시

핵심이론 04 | 유도등 및 유도표지의 설치기준

(1) 피난구유도등

① 설치장소

㉠ 옥내로부터 직접 지상으로 통하는 출입구 및 그 부속실의 출입구

㉡ 직통계단·직통계단의 계단실 및 그 부속실의 출입구

㉢ ㉠과 ㉡에 따른 출입구에 이르는 복도 또는 통로로 통하는 출입구

㉣ 안전구획된 거실로 통하는 출입구

② 피난구유도등은 피난구의 바닥으로부터 높이 1.5[m] 이상으로서 출입구에 인접하도록 설치해야 한다.

③ 피난층으로 향하는 피난구의 위치를 안내할 수 있도록 ㉠ 또는 ㉡의 출입구 인근 천장에 ㉠ 또는 ㉡에 따라 설치된 피난구유도등의 면과 수직이 되도록 피난구유도등을 추가로 설치해야 한다. 다만, ㉠ 또는 ㉡에 따라 설치된 피난구유도등이 입체형인 경우에는 그렇지 않다.

(2) 복도통로유도등

① 복도에 설치하되 옥내로부터 직접 지상으로 통하는 출입구 및 그 부속실의 출입구 또는 직통계단·직통계단의 계단실 및 그 부속실의 출입구에 따라 피난구유도등이 설치된 출입구의 맞은편 복도에는 입체형으로 설치하거나, 바닥에 설치할 것

② 구부러진 모퉁이 및 ①에 따라 설치된 통로유도등을 기점으로 보행거리 20[m]마다 설치할 것

$$설치개수 = \frac{보행거리[m]}{20[m]} - 1$$

③ 바닥으로부터 높이 1[m] 이하의 위치에 설치할 것. 다만, 지하층 또는 무창층의 용도가 도매시장·소매시장·여객자동차터미널·지하역사 또는 지하상가인 경우에는 복도·통로 중앙 부분의 바닥에 설치해야 한다.
④ 바닥에 설치하는 통로유도등은 하중에 따라 파괴되지 않는 강도의 것으로 할 것

(3) 거실통로유도등

① 거실의 통로에 설치할 것. 다만, 거실의 통로가 벽체 등으로 구획된 경우에는 복도통로유도등을 설치할 것
② 구부러진 모퉁이 및 보행거리 20[m]마다 설치할 것
③ 바닥으로부터 높이 1.5[m] 이상의 위치에 설치할 것. 다만, 거실통로에 기둥이 설치된 경우에는 기둥 부분의 바닥으로부터 높이 1.5[m] 이하의 위치에 설치할 수 있다.

$$설치개수 = \frac{보행거리[m]}{20[m]} - 1$$

(4) 계단통로유도등

① 각 층의 경사로 참 또는 계단참마다(1개 층에 경사로 참 또는 계단참이 2 이상 있는 경우에는 2개의 계단참마다) 설치할 것
② 바닥으로부터 높이 1[m] 이하의 위치에 설치할 것

(5) 객석유도등

① 객석유도등은 객석의 통로, 바닥 또는 벽에 설치해야 한다.
② 객석 내의 통로가 경사로 또는 수평로로 되어 있는 부분은 식에 따라 산출한 개수(소수점 이하의 수는 1로 본다)의 유도등을 설치해야 한다.

$$설치개수 = \frac{객석\ 통로의\ 직선부분\ 길이[m]}{4} - 1$$

③ 객석 내의 통로가 옥외 또는 이와 유사한 부분에 있는 경우에는 해당 통로 전체에 미칠 수 있는 개수의 유도등을 설치해야 한다.

(6) 유도표지

① 계단에 설치하는 것을 제외하고는 각 층마다 복도 및 통로의 각 부분으로부터 하나의 유도표지까지의 보행거리가 15[m] 이하가 되는 곳과 구부러진 모퉁이의 벽에 설치할 것

$$설치개수 = \frac{보행거리[m]}{15[m]} - 1$$

② 피난구유도표지는 출입구 상단에 설치하고, 통로유도표지는 바닥으로부터 높이 1[m] 이하의 위치에 설치할 것

③ 주위에는 이와 유사한 등화·광고물·게시물 등을 설치하지 않을 것

④ 유도표지는 부착판 등을 사용하여 쉽게 떨어지지 않도록 설치할 것

⑤ 축광방식의 유도표지는 외광 또는 조명장치에 의하여 상시 조명이 제공되거나 비상조명등에 의한 조명이 제공되도록 설치할 것

(7) 피난유도선

① **축광방식의 피난유도선**

　㉠ 구획된 각 실로부터 주출입구 또는 비상구까지 설치할 것

　㉡ 바닥으로부터 높이 50[cm] 이하의 위치 또는 바닥면에 설치할 것

　㉢ 피난유도 표시부는 50[cm] 이내의 간격으로 연속되도록 설치할 것

　㉣ 부착대에 의하여 견고하게 설치할 것

　㉤ 외부의 빛 또는 조명장치에 의하여 상시 조명이 제공되거나 비상조명등에 의한 조명이 제공되도록 설치할 것

② **광원점등방식의 피난유도선**

　㉠ 구획된 각 실로부터 주출입구 또는 비상구까지 설치할 것

　㉡ 피난유도 표시부는 바닥으로부터 높이 1[m] 이하의 위치 또는 바닥면에 설치할 것

　㉢ 피난유도 표시부는 50[cm] 이내의 간격으로 연속되도록 설치하되 실내장식물 등으로 설치가 곤란할 경우 1[m] 이내로 설치할 것

　㉣ 수신기로부터의 화재신호 및 수동조작에 의하여 광원이 점등되도록 설치할 것

　㉤ 비상전원이 상시 충전상태를 유지하도록 설치할 것

　㉥ 바닥에 설치되는 피난유도 표시부는 매립하는 방식을 사용할 것

　㉦ 피난유도 제어부는 조작 및 관리가 용이하도록 바닥으로부터 0.8[m] 이상 1.5[m] 이하의 높이에 설치할 것

핵심이론 05 | 유도등 설치제외 대상

(1) 피난구유도등

① 바닥면적이 1,000[m²] 미만인 층으로서 옥내로부터 직접 지상으로 통하는 출입구(외부의 식별이 용이한 경우에 한한다)

② 대각선 길이가 15[m] 이내인 구획된 실의 출입구

③ 거실 각 부분으로부터 하나의 출입구에 이르는 보행거리가 20[m] 이하이고 비상조명등과 유도표지가 설치된 거실의 출입구

④ 출입구가 3개소 이상 있는 거실로서 그 거실 각 부분으로부터 하나의 출입구에 이르는 보행거리가 30[m] 이하인 경우에는 주된 출입구 2개소 외의 출입구(유도표지가 부착된 출입구를 말한다). 다만, 공연장·집회장·관람장·전시장·판매시설·운수시설·숙박시설·노유자시설·의료시설·장례식장의 경우에는 그렇지 않다.

(2) 통로유도등

① 구부러지지 않은 복도 또는 통로로서 길이가 30[m] 미만인 복도 또는 통로
② ①에 해당하지 않는 복도 또는 통로로서 보행거리가 20[m] 미만이고 그 복도 또는 통로와 연결된 출입구 또는 그 부속실의 출입구에 피난구유도등이 설치된 복도 또는 통로

(3) 객석유도등

① 주간에만 사용하는 장소로서 채광이 충분한 객석
② 거실 등의 각 부분으로부터 하나의 거실출입구에 이르는 보행거리가 20[m] 이하인 객석의 통로로서 그 통로에 통로유도등이 설치된 객석

핵심이론 06 | 유도등의 전원과 배선

(1) 전원 설치기준

① 유도등의 상용전원은 전기가 정상적으로 공급되는 축전지설비, 전기저장장치(외부 전기에너지를 저장해 두었다가 필요한 때 전기를 공급하는 장치) 또는 교류전압의 옥내 간선으로 하고, 전원까지의 배선은 전용으로 해야 한다.
② 비상전원은 다음의 기준에 적합하게 설치해야 한다.
  ㉠ 축전지로 할 것
  ㉡ 유도등을 20분 이상 유효하게 작동시킬 수 있는 용량으로 할 것. 다만, 다음의 특정소방대상물의 경우에는 그 부분에서 피난층에 이르는 부분의 유도등을 60분 이상 유효하게 작동시킬 수 있는 용량으로 해야 한다.
    • 지하층을 제외한 층수가 11층 이상의 층
    • 지하층 또는 무창층으로서 용도가 도매시장·소매시장·여객자동차터미널·지하역사 또는 지하상가

(2) 배선 설치기준

① 유도등의 인입선과 옥내배선은 직접 연결할 것
② 유도등은 전기회로에 점멸기를 설치하지 않고 항상 점등 상태를 유지할 것. 다만, 특정소방대상물 또는 그 부분에 사람이 없거나 다음의 어느 하나에 해당하는 장소로서 3선식 배선에 따라 상시 충전되는 구조인 경우에는 그렇지 않다.
  ㉠ 외부의 빛에 의해 피난구 또는 피난방향을 쉽게 식별할 수 있는 장소

ⓒ 공연장, 암실(暗室) 등으로서 어두워야 할 필요가 있는 장소
ⓒ 특정소방대상물의 관계인 또는 종사원이 주로 사용하는 장소
③ 3선식 배선은 옥내소화전설비의 화재안전기술기준(NFTC 102) 2.7.2의 표 2.7.2(1) 또는 표 2.7.2(2)에 따른 내화배선 또는 내열배선으로 할 것
④ ②에 따라 3선식 배선으로 상시 충전되는 유도등의 전기회로에 점멸기를 설치하는 경우에는 다음의 어느 하나에 해당되는 경우에 자동으로 점등되도록 해야 한다.
　㉠ 자동화재탐지설비의 감지기 또는 발신기가 작동되는 때
　㉡ 비상경보설비의 발신기가 작동되는 때
　㉢ 상용전원이 정전되거나 전원선이 단선되는 때
　㉣ 방재업무를 통제하는 곳 또는 전기실의 배전반에서 수동으로 점등하는 때
　㉤ 자동소화설비가 작동되는 때

(3) 2선식과 3선식 배선방식

① 2선식 배선방식(상시 점등방식)
　㉠ 유도등에 2선이 인입되는 배선방식으로서 형광등과 축전지 동시에 전원이 공급된다.
　㉡ 유도등을 상시 점등 사용하고자 할 경우 흑색선과 적색선을 묶어서 배선한다.

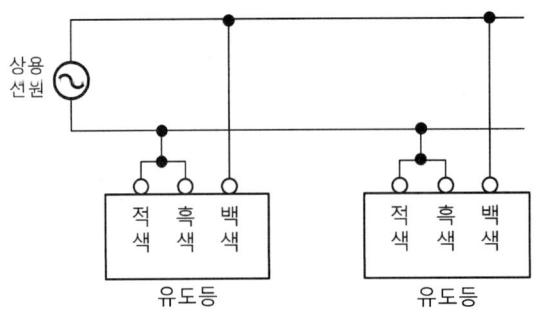

점등상태	충전상태
평상시 및 화재 시 점등된다.	평상시 충전되고, 화재 시 방전된다.

② 3선식 배선방식(수신기 연동방식)
　㉠ 유도등은 형광등에 공급되는 전원의 선로와 축전지에 공급되는 전원을 분리하여 배선하는 방식이다.
　㉡ 유도등의 백색선과 흑색선을 통해서 유도등 내부의 비상전원(축전지)에 상시 충전상태를 유지한다.
　㉢ 화재 시 또는 점멸기가 작동할 경우 백색선과 적색선을 통해서 유도등이 점등된다. 따라서 백색선과 흑색선에 전원이 인가되지 않으면 유도등은 정전으로 판단하여 비상전원(축전지)의 전원으로 유도등이 점등된다.

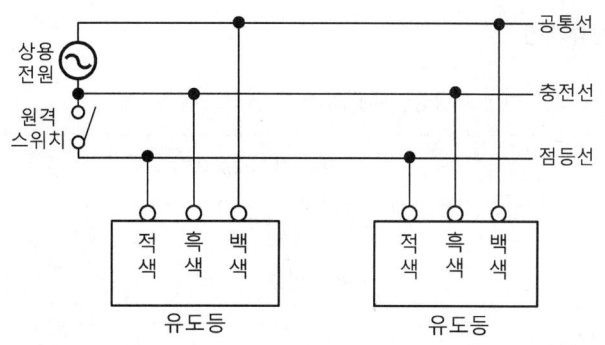

점등상태	충전상태
평상시 소등되고, 화재 시 점등된다. (평상시 원격스위치를 ON하면 점등된다)	평상시 충전되고, 화재 시 방전된다.

핵심이론 07 | 유도등의 형식승인 및 제품검사의 기술기준

(1) 통로유도등의 표시면 색상(제9조)

① 유도등의 표시면 색상은 피난구유도등인 경우 녹색바탕에 백색문자로, 통로유도등인 경우는 백색바탕에 녹색문자를 사용해야 한다.

② 통로유도등의 표시면에는 그림문자와 함께 피난방향을 지시하는 화살표를 표시해야 한다. 다만, 표시면 이외의 유도등 전면에 표시면 광원의 점등 및 소등과 연동되는 별도 광원에 의한 피난방향 지시 화살표시가 있는 복도통로유도등 표시면에는 화살표를 표시하지 않을 수 있다.

(2) 조도시험(제23조)

① 계단통로유도등은 바닥면 또는 디딤 바닥면으로부터 높이 2.5[m]의 위치에 그 유도등을 설치하고 그 유도등의 바로 밑으로부터 수평거리로 10[m] 떨어진 위치에서의 법선조도가 0.5[lx] 이상이어야 한다.

② 복도통로유도등은 바닥면으로부터 1[m] 높이에, 거실통로유도등은 바닥면으로부터 2[m] 높이에 설치하고 그 유도등의 중앙으로부터 0.5[m] 떨어진 위치의 바닥면 조도와 유도등의 전면 중앙으로부터 0.5[m] 떨어진 위치의 조도가 1[lx] 이상이어야 한다. 다만, 바닥면에 설치하는 통로유도등은 그 유도등의 바로 윗부분 1[m]의 높이에서 법선조도가 1[lx] 이상이어야 한다.

③ 객석유도등은 바닥면 또는 디딤 바닥면에서 높이 0.5[m]의 위치에 설치하고 그 유도등의 바로 밑에서 0.3[m] 떨어진 위치에서의 수평조도가 0.2[lx] 이상이어야 한다.

핵심이론 08 | 유도등의 전류계산

(1) 단상 2선식인 경우 : 유도등, 비상조명등, 솔레노이드밸브, 감지기

$$P = IV\cos\theta\,[\text{W}]$$

여기서, P : 전력[W] $\qquad\qquad$ I : 전류[A]
$\qquad\quad\;\;$ V : 전압[V] $\qquad\qquad$ $\cos\theta$: 역률

$\therefore$ 전류 $I = \dfrac{P}{V \times \cos\theta}\,[\text{A}]$

(2) 3상 3선식인 경우 : 소방펌프, 제연팬

$$P = \sqrt{3}\,IV\cos\theta\,[\text{W}]$$

여기서, P : 전력[W] $\qquad\qquad$ I : 전류[A]
$\qquad\quad\;\;$ V : 전압[V] $\qquad\qquad$ $\cos\theta$: 역률

$\therefore$ 전류 $I = \dfrac{P}{\sqrt{3}\,V \times \cos\theta}\,[\text{A}]$

EXERCISE 02-1 유도등

01 다음은 특정소방대상물의 설치장소별로 설치해야 하는 유도등 및 유도표지의 종류이다. 빈칸에 알맞은 유도등 및 유도표지의 종류를 모두 쓰시오.

설치장소	유도등 및 유도표지의 종류
1. 공연장, 집회장(종교집회장 포함), 관람장, 운동시설	(①)
2. 유흥주점영업시설(식품위생법 시행령 제21조 제8호 라목의 유흥주점영업 중 손님이 춤을 출 수 있는 무대가 설치된 카바레, 나이트클럽 또는 그 밖에 이와 비슷한 영업시설만 해당한다)	
3. 위락시설, 판매시설, 운수시설, 관광진흥법 제3조 제1항 제2호에 따른 관광숙박업, 의료시설, 장례식장, 방송통신시설, 전시장, 지하상가, 지하철역사	(②)
4. 숙박시설(제3호의 관광숙박업 외의 것을 말한다), 오피스텔	(③)
5. 제1호부터 제3호까지 외의 건축물로서 지하층, 무창층 또는 층수가 11층 이상인 특정소방대상물	
6. 제1호부터 제5호까지 외의 건축물로서 근린생활시설, 노유자시설, 업무시설, 발전시설, 종교시설(집회장 용도로 사용하는 부분 제외), 교육연구시설, 수련시설, 공장, 교정 및 군사시설(국방·군사시설 제외), 자동차정비공장, 운전학원 및 정비학원, 다중이용업소, 복합건축물	(④)
7. 그 밖의 것	(⑤)

해설

특정소방대상물의 용도별로 설치해야 하는 유도등 및 유도표지

설치장소	유도등 및 유도표지의 종류
1. 공연장, 집회장(종교집회장 포함), 관람장, 운동시설	대형 피난구유도등 통로유도등 객석유도등
2. 유흥주점영업시설(식품위생법 시행령 제21조 제8호 라목의 유흥주점영업 중 손님이 춤을 출 수 있는 무대가 설치된 카바레, 나이트클럽 또는 그 밖에 이와 비슷한 영업시설만 해당한다)	
3. 위락시설, 판매시설, 운수시설, 관광진흥법 제3조 제1항 제2호에 따른 관광숙박업, 의료시설, 장례식장, 방송통신시설, 전시장, 지하상가, 지하철역사	대형 피난구유도등 통로유도등
4. 숙박시설(제3호의 관광숙박업 외의 것을 말한다), 오피스텔	중형 피난구유도등 통로유도등
5. 제1호부터 제3호까지 외의 건축물로서 지하층, 무창층 또는 층수가 11층 이상인 특정소방대상물	
6. 제1호부터 제5호까지 외의 건축물로서 근린생활시설, 노유자시설, 업무시설, 발전시설, 종교시설(집회장 용도로 사용하는 부분 제외), 교육연구시설, 수련시설, 공장, 교정 및 군사시설(국방·군사시설 제외), 자동차정비공장, 운전학원 및 정비학원, 다중이용업소, 복합건축물	소형 피난구유도등 통로유도등
7. 그 밖의 것	피난구유도표지 통로유도표지

정답
① 대형 피난구유도등, 통로유도등, 객석유도등
② 대형 피난구유도등, 통로유도등
③ 중형 피난구유도등, 통로유도등
④ 소형 피난구유도등, 통로유도등
⑤ 피난구유도표지, 통로유도표지

02

다음은 유도등의 화재안전기술기준과 형식승인 및 제품검사의 기술기준에서 정하는 유도등에 대한 내용이다. ( ) 안에 알맞은 내용을 쓰시오.

득점	배점
	4

(1) 복도통로유도등은 복도에 설치하되 구부러진 모퉁이 및 통로유도등을 기점으로 보행거리 (①)[m]마다 설치하고, 바닥으로부터 높이 (②)[m] 이하의 위치에 설치할 것
(2) 거실통로유도등은 바닥으로부터 높이 1.5[m] 이상의 위치에 설치할 것. 다만, 거실통로에 기둥이 설치된 경우에는 기둥 부분의 바닥으로부터 높이 (③)[m] 이하의 위치에 설치할 수 있다.
(3) 유도등의 표시면 색상은 통로유도등인 경우는 (④)바탕에 녹색문자를 사용해야 한다.

해설

유도등의 설치기준

(1) 복도통로유도등의 설치기준
 ① 복도에 설치하되 옥내로부터 직접 지상으로 통하는 출입구 및 그 부속실의 출입구 또는 직통계단·직통계단의 계단실 및 그 부속실의 출입구에 따라 피난구유도등이 설치된 출입구의 맞은편 복도에는 입체형으로 설치하거나, 바닥에 설치할 것
 ② 구부러진 모퉁이 및 ①에 따라 설치된 통로유도등을 기점으로 보행거리 20[m]마다 설치할 것
 ③ 바닥으로부터 높이 1[m] 이하의 위치에 설치할 것. 다만, 지하층 또는 무창층의 용도가 도매시장·소매시장·여객자동차터미널·지하역사 또는 지하상가인 경우에는 복도·통로 중앙부분의 바닥에 설치해야 한다.
 ④ 바닥에 설치하는 통로유도등은 하중에 따라 파괴되지 않는 강도의 것으로 할 것
(2) 거실통로유도등의 설치기준
 ① 거실의 통로에 설치할 것. 다만, 거실의 통로가 벽체 등으로 구획된 경우에는 복도통로유도등을 설치할 것
 ② 구부러진 모퉁이 및 보행거리 20[m]마다 설치할 것
 ③ 바닥으로부터 높이 1.5[m] 이상의 위치에 설치할 것. 다만, 거실통로에 기둥이 설치된 경우에는 기둥 부분의 바닥으로부터 높이 1.5[m] 이하의 위치에 설치할 수 있다.
(3) 통로유도등의 표시면 색상(유도등의 형식승인 및 제품검사의 기술기준 제9조)
 ① 유도등의 표시면 색상은 피난구유도등인 경우 녹색바탕에 백색문자로, 통로유도등인 경우는 백색바탕에 녹색문자를 사용해야 한다.
 ② 통로유도등의 표시면에는 그림문자와 함께 피난방향을 지시하는 화살표를 표시해야 한다. 다만, 표시면 이외의 유도등 전면에 표시면 광원의 점등 및 소등과 연동되는 별도 광원에 의한 피난방향 지시 화살표시가 있는 복도통로유도등 표시면에는 화살표를 표시하지 않을 수 있다.

정답 ① 20 ② 1
 ③ 1.5 ④ 백색

03

다음은 유도등의 화재안전기술기준과 형식승인 및 제품검사의 기술기준에서 정하는 통로유도등에 관한 내용이다. 각 물음에 답하시오.

득점	배점
	6

(1) 표에서 ①~③에 알맞은 내용을 쓰시오.

구분	복도통로유도등	거실통로유도등	계단통로유도등
설치장소	복도	①	계단
설치방법	구부러진 모퉁이 및 보행거리 20[m]마다	②	각 층의 경사로 참 또는 계단참마다
설치높이	③	바닥으로부터 높이 1.5[m] 이상	③

(2) 계단통로유도등은 비상전원의 성능에 따라 유효점등시간 동안 등을 켠 후 주위조도가 0[lx]인 상태에서 조도의 측정방법과 측정기준을 쓰시오.

(3) 통로유도등의 표시면 색상에 대하여 쓰시오.

해설

통로유도등

(1) 통로유도등의 설치기준
   ① 복도통로유도등의 설치기준
      ㉠ 복도에 설치하되 옥내로부터 직접 지상으로 통하는 출입구 및 그 부속실의 출입구 또는 직통계단·직통계단의 계단실 및 그 부속실의 출입구에 따라 피난구유도등이 설치된 출입구의 맞은편 복도에는 입체형으로 설치하거나 바닥에 설치할 것
      ㉡ 구부러진 모퉁이 및 ㉠에 따라 설치된 통로유도등을 기점으로 보행거리 20[m]마다 설치할 것
      ㉢ 바닥으로부터 높이 1[m] 이하의 위치에 설치할 것. 다만, 지하층 또는 무창층의 용도가 도매시장·소매시장·여객자동차터미널·지하역사 또는 지하상가인 경우에는 복도·통로 중앙부분의 바닥에 설치해야 한다.
      ㉣ 바닥에 설치하는 통로유도등은 하중에 따라 파괴되지 않는 강도의 것으로 할 것
   ② 거실통로유도등의 설치기준
      ㉠ 거실의 통로에 설치할 것. 다만, 거실의 통로가 벽체 등으로 구획된 경우에는 복도통로유도등을 설치할 것
      ㉡ 구부러진 모퉁이 및 보행거리 20[m]마다 설치할 것
      ㉢ 바닥으로부터 높이 1.5[m] 이상의 위치에 설치할 것. 다만, 거실통로에 기둥이 설치된 경우에는 기둥부분의 바닥으로부터 높이 1.5[m] 이하의 위치에 설치할 수 있다.
   ③ 계단통로유도등의 설치기준
      ㉠ 각 층의 경사로 참 또는 계단참마다(1개 층에 경사로 참 또는 계단참이 2 이상 있는 경우에는 2개의 계단참마다) 설치할 것
      ㉡ 바닥으로부터 높이 1[m] 이하의 위치에 설치할 것

(2) 조도시험(유도등의 형식승인 및 제품검사의 기술기준 제23조)
   ① 계단통로유도등은 바닥면 또는 디딤 바닥면으로부터 높이 2.5[m]의 위치에 그 유도등을 설치하고 그 유도등의 바로 밑으로부터 수평거리로 10[m] 떨어진 위치에서의 법선조도가 0.5[lx] 이상이어야 한다.
   ② 복도통로유도등은 바닥면으로부터 1[m] 높이에, 거실통로유도등은 바닥면으로부터 2[m] 높이에 설치하고 그 유도등의 중앙으로부터 0.5[m] 떨어진 위치의 바닥면 조도와 유도등의 전면 중앙으로부터 0.5[m] 떨어진 위치의 조도가 1[lx] 이상이어야 한다. 다만, 바닥면에 설치하는 통로유도등은 그 유도등의 바로 윗부분 1[m]의 높이에서 법선조도가 1[lx] 이상이어야 한다.
   ③ 객석유도등은 바닥면 또는 디딤 바닥면에서 높이 0.5[m]의 위치에 설치하고 그 유도등의 바로 밑에서 0.3[m] 떨어진 위치에서의 수평조도가 0.2[lx] 이상이어야 한다.

(3) 통로유도등의 표시면 색상(유도등의 형식승인 및 제품검사의 기술기준 제9조)
  ① 유도등의 표시면 색상은 피난구유도등인 경우 녹색바탕에 백색문자로, 통로유도등인 경우는 백색바탕에 녹색문자를 사용해야 한다.
  ② 통로유도등의 표시면에는 그림문자와 함께 피난방향을 지시하는 화살표를 표시해야 한다. 다만, 표시면 이외의 유도등 전면에 표시면 광원의 점등 및 소등과 연동되는 별도 광원에 의한 피난방향 지시 화살표시가 있는 복도통로유도등 표시면에는 화살표를 표시하지 않을 수 있다.

정답 (1) ① 거실의 통로
           ② 구부러진 모퉁이 및 보행거리 20[m]마다
           ③ 바닥으로부터 높이 1[m] 이하
       (2) 바닥면 또는 디딤 바닥면으로부터 높이 2.5[m]의 위치에 그 유도등을 설치하고 그 유도등의 바로 밑으로부터 수평거리로 10[m] 떨어진 위치에서의 법선조도가 0.5[lx] 이상이어야 한다.
       (3) 백색바탕에 녹색문자

04 다음은 강당(36[m]×15[m])의 평면도이다. 객석의 통로에 객석유도등을 설치하고자 한다. 각 물음에 답하시오. [배점 6]

(1) 강당에 설치해야 하는 객석유도등의 수량을 구하시오.
  • 계산과정 :
  • 답 :
(2) 강당의 평면도에 중앙 통로 및 좌우 통로에 객석유도등을 표시하시오(단, 유도등은 점(●)으로 표시할 것).

해설

객석유도등

(1) 객석유도등의 설치기준
   ① 객석유도등은 객석의 통로, 바닥 또는 벽에 설치해야 한다.
   ② 객석 내의 통로가 경사로 또는 수평로로 되어 있는 부분은 다음의 식에 따라 산출한 수(소수점 이하의 수는 1로 본다)의 유도등을 설치해야 한다.

$$설치개수 = \frac{객석\ 통로의\ 직선부분\ 길이[m]}{4} - 1$$

   ③ 객석 내의 통로가 옥외 또는 이와 유사한 부분에 있는 경우에는 해당 통로 전체에 미칠 수 있는 수의 유도등을 설치해야 한다.

   객석 내의 통로 1개당 객석유도등 설치개수 $= \dfrac{36[m]}{4} - 1 = 8$개

   ∴ 통로가 3개이므로 객석유도등의 설치개수 $= 3$통로 $\times 8$개 $= 24$개

(2) 객석유도등 표시
   중앙 통로 및 좌우 통로에 객석유도등을 각각 8개씩 설치한다.

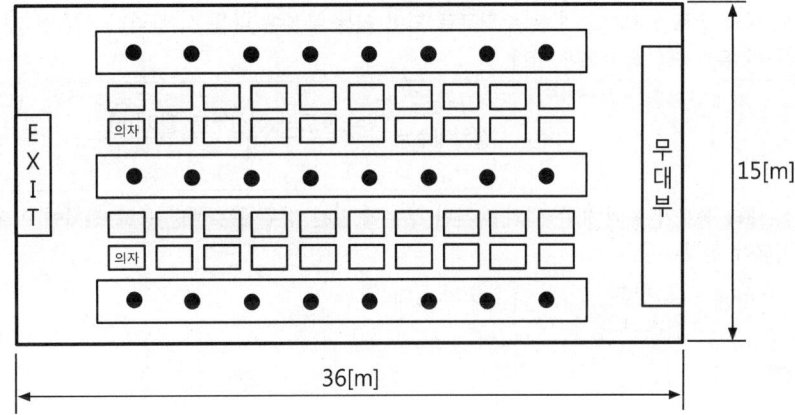

정답 (1) 24개
(2) 해설 참고

05

객석통로의 길이가 50[m]인 곳에 객석유도등을 설치하고자 한다. 통로에 설치해야 하는 객석유도등의 최소 설치개수를 구하시오.

- 계산과정 :
- 답 :

해설

유도등의 설치개수

(1) 통로유도등의 설치기준

구분	복도통로유도등	거실통로유도등	계단통로유도등
설치장소	복도	거실의 통로	계단
설치방법	구부러진 모퉁이 및 보행거리 20[m]마다	구부러진 모퉁이 및 보행거리 20[m]마다	각 층의 경사로 참 또는 계단참마다
설치높이	바닥으로부터 높이 1[m] 이하	바닥으로부터 높이 1.5[m] 이상	바닥으로부터 높이 1[m] 이하

(2) 객석유도등의 설치기준

① 객석유도등은 객석의 통로, 바닥 또는 벽에 설치해야 한다.

② 객석 내의 통로가 경사로 또는 수평로로 되어 있는 부분은 다음 식에 따라 산출한 개수(소수점 이하의 수는 1로 본다)의 유도등을 설치해야 한다.

$$설치개수 = \frac{객석 통로의 직선부분 길이[m]}{4} - 1$$

③ 객석 내의 통로가 옥외 또는 이와 유사한 부분에 있는 경우에는 해당 통로 전체에 미칠 수 있는 개수의 유도등을 설치해야 한다.

∴ 설치개수 $= \frac{50[m]}{4} - 1 = 11.5$개 ≒ 12개

정답 12개

06

길이가 18[m]인 통로에 객석유도등을 설치하려고 한다. 이때 필요한 객석유도등의 최소 설치개수를 구하시오.

- 계산과정 :
- 답 :

해설
유도등의 설치개수

구분	설치기준	설치개수 계산식
복도 또는 거실통로유도등	구부러진 모퉁이 및 보행거리 20[m]마다 설치할 것	설치개수 = $\dfrac{보행거리[m]}{20[m]} - 1$
객석유도등	객석 내의 통로가 경사로 또는 수평로로 되어 있는 부분은 다음의 식에 따라 산출한 수(소수점 이하의 수는 1로 본다)의 유도등을 설치할 것	설치개수 = $\dfrac{객석\ 통로의\ 직선부분\ 길이[m]}{4[m]} - 1$
유도표지	계단에 설치하는 것을 제외하고는 각 층마다 복도 및 통로의 각 부분으로부터 하나의 유도표지까지의 보행거리가 15[m] 이하가 되는 곳과 구부러진 모퉁이의 벽에 설치할 것	설치개수 = $\dfrac{보행거리[m]}{15[m]} - 1$

∴ 객석유도등 설치개수 = $\dfrac{객석\ 통로의\ 직선부분\ 길이[m]}{4[m]} - 1$
$= \dfrac{18[m]}{4[m]} - 1 = 3.5개 ≒ 4개$

정답 4개

07
구부러진 곳이 없는 통로의 보행거리가 35[m]일 때 유도표지의 최소 설치개수를 구하시오.

득점	배점
	4

• 계산과정 :

• 답 :

해설
유도등 및 유도표지의 설치개수

(1) 유도표지의 설치기준
   ① 계단에 설치하는 것을 제외하고는 각 층마다 복도 및 통로의 각 부분으로부터 하나의 유도표지까지의 보행거리가 15[m] 이하가 되는 곳과 구부러진 모퉁이의 벽에 설치할 것
   ② 피난구유도표지는 출입구 상단에 설치하고, 통로유도표지는 바닥으로부터 높이 1[m] 이하의 위치에 설치할 것
   ③ 주위에는 이와 유사한 등화·광고물·게시물 등을 설치하지 않을 것
   ④ 유도표지는 부착판 등을 사용하여 쉽게 떨어지지 않도록 설치할 것
   ⑤ 축광방식의 유도표지는 외광 또는 조명장치에 의하여 상시 조명이 제공되거나 비상조명등에 의한 조명이 제공되도록 설치할 것

(2) 유도등 및 유도표지의 설치개수

구분	설치기준	설치개수 계산식
복도 또는 거실통로유도등	구부러진 모퉁이 및 보행거리 20[m]마다 설치할 것	설치개수 = $\dfrac{보행거리[m]}{20[m]} - 1$
객석유도등	객석 내의 통로가 경사로 또는 수평로로 되어 있는 부분은 다음의 식에 따라 산출한 수(소수점 이하의 수는 1로 본다)의 유도등을 설치할 것	설치개수 = $\dfrac{객석 통로의 직선부분 길이[m]}{4[m]} - 1$
유도표지	계단에 설치하는 것을 제외하고는 각 층마다 복도 및 통로의 각 부분으로부터 하나의 유도표지까지의 보행거리가 15[m] 이하가 되는 곳과 구부러진 모퉁이의 벽에 설치할 것	설치개수 = $\dfrac{보행거리[m]}{15[m]} - 1$

∴ 유도표지의 설치개수 = $\dfrac{보행거리[m]}{15[m]} - 1 = \dfrac{35[m]}{15[m]} - 1 = 1.33개 ≒ 2개$

정답 2개

08

다음 그림은 사무실 용도로 사용되고 있는 건축물의 평면도로서 복도에 통로유도등을 설치하고자 한다. 각 물음에 답하시오(단, 출입구의 위치는 무시하며, 복도에만 통로유도등을 설치하는 것으로 한다).

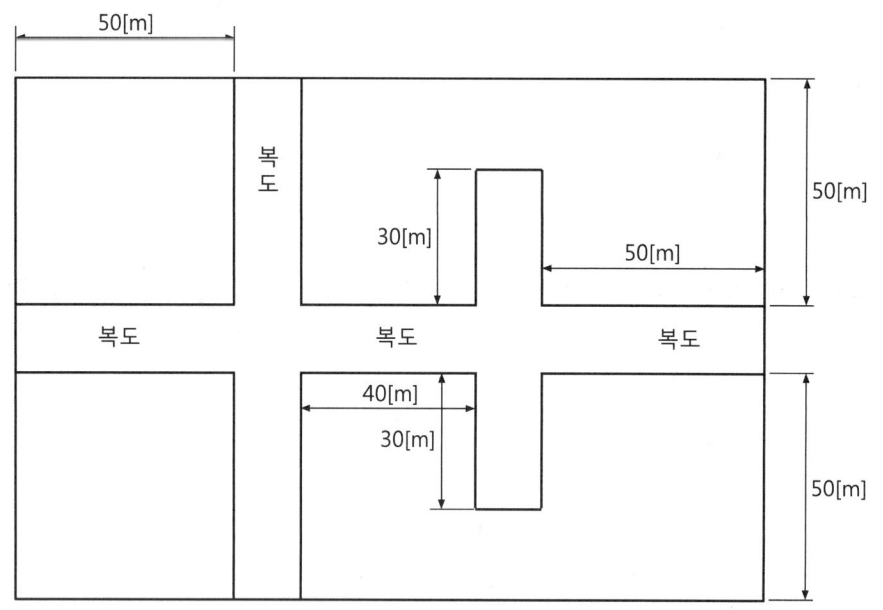

(1) 통로유도등은 총 몇 개를 설치해야 하는지 구하시오.
- 계산과정 :
- 답 :

(2) 통로유도등을 설치해야 하는 곳에 점(●)으로 표시하시오.

[해설]

유도등 및 유도표지

(1) 복도통로유도등의 설치기준

① 복도에 설치하되 옥내로부터 직접 지상으로 통하는 출입구 및 그 부속실의 출입구 또는 직통계단·직통계단의 계단실 및 그 부속실의 출입구에 따라 피난구유도등이 설치된 출입구의 맞은편 복도에는 입체형으로 설치하거나 바닥에 설치할 것

② 구부러진 모퉁이 및 ①에 따라 설치된 통로유도등을 기점으로 보행거리 20[m]마다 설치할 것

③ 바닥으로부터 높이 1[m] 이하의 위치에 설치할 것. 다만, 지하층 또는 무창층의 용도가 도매시장·소매시장·여객자동차터미널·지하역사 또는 지하상가인 경우에는 복도·통로 중앙 부분의 바닥에 설치해야 한다.

④ 바닥에 설치하는 통로유도등은 하중에 따라 파괴되지 않는 강도의 것으로 할 것

(2) 유도등 및 유도표지의 설치개수

구분	설치기준	설치개수 계산식
복도 또는 거실통로유도등	구부러진 모퉁이 및 보행거리 20[m]마다 설치할 것	설치개수 = $\dfrac{보행거리[m]}{20[m]} - 1$
객석유도등	객석 내의 통로가 경사로 또는 수평로로 되어 있는 부분은 다음의 식에 따라 산출한 수(소수점 이하의 수는 1로 본다)의 유도등을 설치할 것	설치개수 = $\dfrac{객석\ 통로의\ 직선부분\ 길이[m]}{4[m]} - 1$
유도표지	계단에 설치하는 것을 제외하고는 각 층마다 복도 및 통로의 각 부분으로부터 하나의 유도표지까지의 보행거리가 15[m] 이하가 되는 곳과 구부러진 모퉁이의 벽에 설치할 것	설치개수 = $\dfrac{보행거리[m]}{15[m]} - 1$

① 50[m] 복도 : 설치개수 $\geq \dfrac{50[m]}{20[m]} - 1 = 1.5$개 ≒ 2개

∴ 50[m] 복도가 4개소가 있으므로 복도통로유도등은 8개(2개×4개소)를 설치해야 한다.

② 40[m] 복도 : 설치개수 $\geq \dfrac{40[m]}{20[m]} - 1 = 1$개

∴ 40[m] 복도가 1개소가 있으므로 복도통로유도등은 1개를 설치해야 한다.

③ 30[m] 복도 : 설치개수 $\geq \dfrac{30[m]}{20[m]} - 1 = 0.5$개 ≒ 1개

∴ 30[m] 복도가 2개소가 있으므로 복도통로유도등은 2개(1개×2개소)를 설치해야 한다.

④ 십자형 모퉁이 복도 : 2개소가 있으므로 복도통로유도등은 2개를 설치해야 한다.

∴ 복도통로유도등 설치개수 = 8개 + 1개 + 2개 + 2개 = 13개

(3) 복도통로유도등의 설치 평면도

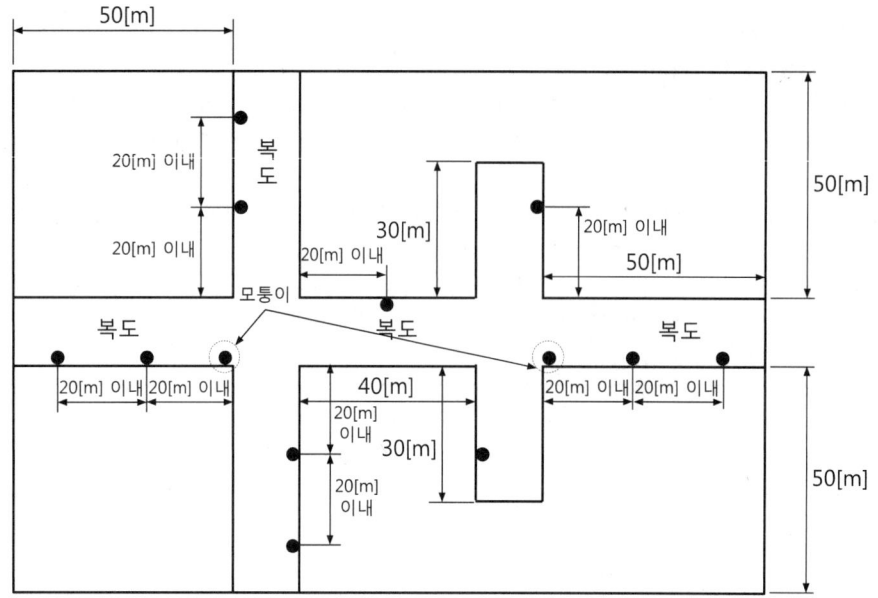

정답 (1) 13개
　　　(2) 해설 참고

09 피난유도선이란 햇빛이나 전등불에 따라 축광하거나 전류에 따라 빛을 발하는 유도체로서 어두운 상태에서 피난을 유도할 수 있도록 띠 형태로 설치되는 피난유도시설을 말한다. 화재안전기술기준에서 정하는 축광방식의 피난유도선 설치기준을 3가지만 쓰시오.

득점	배점
	6

해설

피난유도선의 설치기준

(1) 축광방식의 피난유도선
  ① 구획된 각 실로부터 주출입구 또는 비상구까지 설치할 것
  ② 바닥으로부터 높이 50[cm] 이하의 위치 또는 바닥면에 설치할 것
  ③ 피난유도 표시부는 50[cm] 이내의 간격으로 연속되도록 설치할 것
  ④ 부착대에 의하여 견고하게 설치할 것
  ⑤ 외부의 빛 또는 조명장치에 의하여 상시 조명이 제공되거나 비상조명등에 의한 조명이 제공되도록 설치할 것

(2) 광원점등방식의 피난유도선
  ① 구획된 각 실로부터 주출입구 또는 비상구까지 설치할 것
  ② 피난유도 표시부는 바닥으로부터 높이 1[m] 이하의 위치 또는 바닥면에 설치할 것
  ③ 피난유도 표시부는 50[cm] 이내의 간격으로 연속되도록 설치하되 실내장식물 등으로 설치가 곤란할 경우 1[m] 이내로 설치할 것
  ④ 수신기로부터의 화재신호 및 수동조작에 의하여 광원이 점등되도록 설치할 것
  ⑤ 비상전원이 상시 충전상태를 유지하도록 설치할 것
  ⑥ 바닥에 설치되는 피난유도 표시부는 매립하는 방식을 사용할 것
  ⑦ 피난유도 제어부는 조작 및 관리가 용이하도록 바닥으로부터 0.8[m] 이상 1.5[m] 이하의 높이에 설치할 것

정답
  ① 구획된 각 실로부터 주출입구 또는 비상구까지 설치할 것
  ② 바닥으로부터 높이 50[cm] 이하의 위치 또는 바닥면에 설치할 것
  ③ 피난유도 표시부는 50[cm] 이내의 간격으로 연속되도록 설치할 것

10. 다음은 유도등의 형식승인 및 제품검사의 기술기준에서 정하는 통로유도등 및 유도등의 표시면 색상에 관한 내용이다. 각 물음에 답하시오.

득점	배점
	4

(1) 통로유도등의 종류 3가지를 쓰시오.
(2) 피난구유도등의 표시면과 피난목적이 아닌 안내표시면이 구분되어 함께 설치된 유도등의 명칭을 쓰시오.
(3) 다음은 유도등의 표시면 색상에 대한 내용이다. ( )에 알맞은 내용을 쓰시오.

> 유도등의 표시면 색상은 피난구유도등인 경우 (①)바탕에 (②)문자로, 통로유도등은 (③)바탕에 (④)문자를 사용해야 한다.

해설

유도등
(1) 통로유도등의 종류
   ① 복도통로유도등
   ② 거실통로유도등
   ③ 계단통로유도등
(2) 용어의 정의(유도등의 형식승인 및 제품검사의 기술기준 제2조)
   ① 복합표시형 피난구유도등 : 피난구유도등의 표시면과 피난목적이 아닌 안내표시면이 구분되어 함께 설치된 유도등을 말한다.
   ② 단일표시형 : 한가지 형상의 표시만으로 피난유도표시를 구현하는 방식을 말한다.
   ③ 동영상표시형 : 동영상 형태로 피난유도표시를 구현하는 방식을 말한다.
   ④ 단일·동영상 연계표시형 : 단일표시형과 동영상표시형의 두가지 방식을 연계하여 피난유도표시를 구현하는 방식을 말한다.
(3) 통로유도등의 표시면 색상(유도등의 형식승인 및 제품검사의 기술기준 제9조)
   ① 유도등의 표시면 색상은 피난구유도등인 경우 녹색바탕에 백색문자로, 통로유도등인 경우는 백색바탕에 녹색문자를 사용해야 한다.
   ② 통로유도등의 표시면에는 그림문자와 함께 피난방향을 지시하는 화살표를 표시해야 한다. 다만, 표시면 이외의 유도등 전면에 표시면 광원의 점등 및 소등과 연동되는 별도 광원에 의한 피난방향 지시 화살표시가 있는 복도통로유도등 표시면에는 화살표를 표시하지 않을 수 있다.

정답 (1) 복도통로유도등, 거실통로유도등, 계단통로유도등
(2) 복합표시형 피난구유도등
(3) ① 녹색　　② 백색
　　③ 백색　　④ 녹색

11

유도등 및 유도표지의 화재안전기술기준과 유도등의 형식승인 및 제품검사의 기술기준에서 정하는 피난구유도등에 대한 내용이다. 다음 각 물음에 답하시오. [배점 5]

(1) 피난구유도등을 설치해야 하는 장소를 3가지만 쓰시오.
(2) 피난구유도등은 피난구의 바닥으로부터 높이 몇 [m] 이상으로서 출입구에 인접하도록 설치해야 하는지 쓰시오.
(3) 피난구유도등은 상용전원으로 등을 켜는 경우에는 직선거리 몇 [m] 위치에서 각기 보통시력으로 피난유도표지에 대한 식별이 가능해야 하는지 쓰시오.

해설

유도등

(1) 피난구유도등의 설치장소
  ① 옥내로부터 직접 지상으로 통하는 출입구 및 그 부속실의 출입구
  ② 직통계단·직통계단의 계단실 및 그 부속실의 출입구
  ③ ①과 ②에 따른 출입구에 이르는 복도 또는 통로로 통하는 출입구
  ④ 안전구획된 거실로 통하는 출입구

(2) 피난구유도등의 설치높이
  피난구유도등은 피난구의 바닥으로부터 높이 1.5[m] 이상으로서 출입구에 인접하도록 설치해야 한다.

(3) 피난구유도등의 식별도(유도등의 형식승인 및 제품검사의 기술기준 제16조)
  피난구유도등 및 거실통로유도등은 상용전원으로 등을 켜는(평상사용 상태로 연결, 사용전압에 의하여 점등 후 주위조도를 10[lx]에서 30[lx]까지의 범위 내로 한다) 경우에는 직선거리 30[m]의 위치에서, 비상전원으로 등을 켜는(비상전원에 의하여 유효점등시간 동안 등을 켠 후 주위조도를 0[lx]에서 1[lx]까지의 범위 내로 한다) 경우에는 직선거리 20[m]의 위치에서 각기 보통시력(시력 1.0에서 1.2의 범위 내를 말한다)으로 피난유도표시에 대한 식별이 가능해야 한다.

정답
(1) ① 옥내로부터 직접 지상으로 통하는 출입구 및 그 부속실의 출입구
    ② 직통계단·직통계단의 계단실 및 그 부속실의 출입구
    ③ 안전구획된 거실로 통하는 출입구
(2) 1.5[m] 이상
(3) 30[m]

12

유도등 및 유도표지의 화재안전기술기준에서 통로유도등을 설치하지 않을 수 있는 기준을 2가지만 쓰시오. [배점 5]

해설

통로유도등을 설치하지 않을 수 있는 경우
(1) 구부러지지 않은 복도 또는 통로로서 길이가 30[m] 미만인 복도 또는 통로
(2) (1)에 해당하지 않는 복도 또는 통로로서 보행거리가 20[m] 미만이고 그 복도 또는 통로와 연결된 출입구 또는 그 부속실의 출입구에 피난구유도등이 설치된 복도 또는 통로

정답
① 구부러지지 않은 복도 또는 통로로서 길이가 30[m] 미만인 복도 또는 통로
② ①에 해당하지 않는 복도 또는 통로로서 보행거리가 20[m] 미만이고 그 복도 또는 통로와 연결된 출입구 또는 그 부속실의 출입구에 피난구유도등이 설치된 복도 또는 통로

13 유도등 및 유도표지의 화재안전기술기준에서 객석유도등을 설치하지 않을 수 있는 경우를 2가지만 쓰시오. [배점 4]

해설

유도등 및 유도표지의 설치제외

(1) 객석유도등을 설치하지 않을 수 있는 경우
　① 주간에만 사용하는 장소로서 채광이 충분한 객석
　② 거실 등의 각 부분으로부터 하나의 거실 출입구에 이르는 보행거리가 20[m] 이하인 객석의 통로로서 그 통로에 통로유도등이 설치된 객석

(2) 유도표지를 설치하지 않을 수 있는 경우
　① 유도등이 피난구유도등 설치기준과 통로유도등 설치기준에 따라 적합하게 설치된 출입구·복도·계단 및 통로
　② 바닥면적이 1,000[m²] 미만인 층으로서 옥내로부터 직접 지상으로 통하는 출입구(외부의 식별이 용이한 경우에 한한다), 대각선 길이가 15[m] 이내인 구획된 실의 출입구와 통로유도등을 설치하지 않을 수 있는 경우에 해당하는 출입구·복도·계단 및 통로

정답　① 주간에만 사용하는 장소로서 채광이 충분한 객석
　② 거실 등의 각 부분으로부터 하나의 거실 출입구에 이르는 보행거리가 20[m] 이하인 객석의 통로로서 그 통로에 통로유도등이 설치된 객석

14 유도등 및 유도표지의 화재안전기술기준에서 정하는 피난구유도등의 설치제외 장소에 대한 설명이다. 다음 (　) 안에 알맞은 내용을 쓰시오. [배점 6]

- 바닥면적이 (①)[m²] 미만인 층으로서 옥내로부터 직접 지상으로 통하는 출입구(외부의 식별이 용이한 경우에 한한다)
- 거실 각 부분으로부터 하나의 출입구에 이르는 보행거리가 (②)[m] 이하이고, 비상조명등과 유도표지가 설치된 거실의 출입구
- 출입구가 3개소 이상 있는 거실로서 그 거실 각 부분으로부터 하나의 출입구에 이르는 보행거리가 (③)[m] 이하인 경우에는 주된 출입구 2개소 외의 출입구(유도표지가 부착된 출입구를 말한다)

해설

피난구유도등

(1) 피난구유도등의 설치장소
① 옥내로부터 직접 지상으로 통하는 출입구 및 그 부속실의 출입구
② 직통계단·직통계단의 계단실 및 그 부속실의 출입구
③ ①과 ②에 따른 출입구에 이르는 복도 또는 통로로 통하는 출입구
④ 안전구획된 거실로 통하는 출입구

(2) 피난구유도등의 설치제외 대상
① 바닥면적이 1,000[m²] 미만인 층으로서 옥내로부터 직접 지상으로 통하는 출입구(외부의 식별이 용이한 경우에 한한다)
② 대각선 길이가 15[m] 이내인 구획된 실의 출입구
③ 거실 각 부분으로부터 하나의 출입구에 이르는 보행거리가 20[m] 이하이고, 비상조명등과 유도표지가 설치된 거실의 출입구
④ 출입구가 3개소 이상 있는 거실로서 그 거실 각 부분으로부터 하나의 출입구에 이르는 보행거리가 30[m] 이하인 경우에는 주된 출입구 2개소 외의 출입구(유도표지가 부착된 출입구를 말한다). 다만, 공연장·집회장·관람장·전시장·판매시설·운수시설·숙박시설·노유자시설·의료시설·장례식장의 경우에는 그렇지 않다.

정답 ① 1,000　　　② 20
　　　③ 30

15

다음은 유도등 및 유도표지의 화재안전기술기준에서 정하는 비상전원에 대한 사항이다. 각 물음에 답하시오.

득점	배점
	4

(1) 비상전원은 어떤 종류의 것으로 해야 하며, 유도등의 용량은 몇 분 이상 유효하게 작동시킬 수 있는 것으로 해야 하는지 쓰시오.
① 비상전원의 종류 :
② 비상전원의 용량 :

(2) 유도등의 설치장소가 지하층 또는 무창층으로서 용도가 도매시장인 경우 비상전원의 용량은 유도등을 몇 분 이상 유효하게 작동시킬 수 있는 것으로 해야 하는지 쓰시오.

해설

유도등의 전원 설치기준

(1) 유도등의 상용전원은 전기가 정상적으로 공급되는 축전지설비, 전기저장장치(외부 전기에너지를 저장해 두었다가 필요한 때 전기를 공급하는 장치) 또는 교류전압의 옥내 간선으로 하고, 전원까지의 배선은 전용으로 해야 한다.

(2) 비상전원의 설치기준
① 축전지로 할 것
② 유도등을 20분 이상 유효하게 작동시킬 수 있는 용량으로 할 것. 다만, 다음의 특정소방대상물의 경우에는 그 부분에서 피난층에 이르는 부분의 유도등을 60분 이상 유효하게 작동시킬 수 있는 용량으로 해야 한다.
　㉠ 지하층을 제외한 층수가 11층 이상의 층
　㉡ 지하층 또는 무창층으로서 용도가 도매시장·소매시장·여객자동차터미널·지하역사 또는 지하상가

정답 (1) ① 축전지　　　② 20분 이상
　　　(2) 60분 이상

16 다음은 유도등 및 유도표지의 화재안전기술기준에서 정하는 3선식 배선으로 상시 충전되는 유도등의 전기회로에 점멸기를 설치하는 경우 어느 경우에 자동으로 점등되도록 해야 하는지 그 기준을 5가지만 쓰시오.

득점	배점
	5

해설

유도등의 배선 설치기준

(1) 배선은 전기사업법 제67조에 따른 전기설비기술기준에서 정한 것 외에 다음의 기준에 따라야 한다.
  ① 유도등의 인입선과 옥내배선은 직접 연결할 것
  ② 유도등은 전기회로에 점멸기를 설치하지 않고 항상 점등 상태를 유지할 것. 다만, 특정소방대상물 또는 그 부분에 사람이 없거나 다음의 어느 하나에 해당하는 장소로서 3선식 배선에 따라 상시 충전되는 구조인 경우에는 그렇지 않다.
    ㉠ 외부의 빛에 의해 피난구 또는 피난방향을 쉽게 식별할 수 있는 장소
    ㉡ 공연장, 암실(暗室) 등으로서 어두워야 할 필요가 있는 장소
    ㉢ 특정소방대상물의 관계인 또는 종사원이 주로 사용하는 장소
  ③ 3선식 배선은 옥내소화전설비의 화재안전기술기준(NFTC 102) 2.7.2의 표 2.7.2(1) 또는 표 2.7.2(2)에 따른 내화배선 또는 내열배선으로 할 것
(2) 3선식 배선으로 상시 충전되는 유도등의 전기회로에 점멸기를 설치하는 경우에는 다음의 어느 하나에 해당되는 경우에 자동으로 점등되도록 해야 한다.
  ① 자동화재탐지설비의 감지기 또는 발신기가 작동되는 때
  ② 비상경보설비의 발신기가 작동되는 때
  ③ 상용전원이 정전되거나 전원선이 단선되는 때
  ④ 방재업무를 통제하는 곳 또는 전기실의 배전반에서 수동으로 점등하는 때
  ⑤ 자동소화설비가 작동되는 때

정답
① 자동화재탐지설비의 감지기 또는 발신기가 작동되는 때
② 비상경보설비의 발신기가 작동되는 때
③ 상용전원이 정전되거나 전원선이 단선되는 때
④ 방재업무를 통제하는 곳 또는 전기실의 배전반에서 수동으로 점등하는 때
⑤ 자동소화설비가 작동되는 때

17 다음은 유도등의 2선식 배선방식과 3선식 배선방식의 미완성된 결선도이다. 결선도를 완성시키고, 두 배선방식의 차이점을 2가지만 쓰시오.

득점	배점
	8

(1) 미완성 결선도
 ① 2선식 배선방식 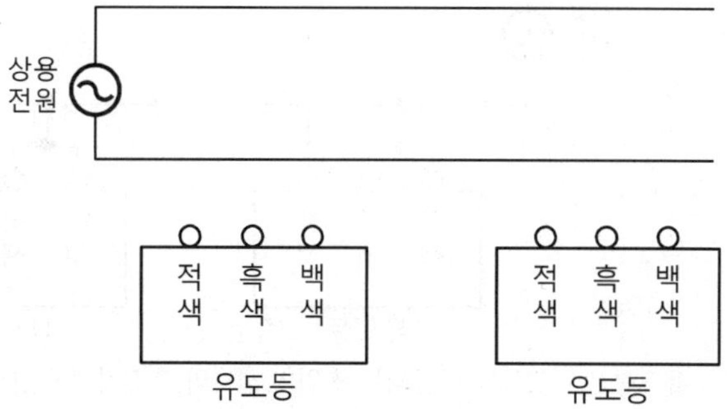
 ② 3선식 배선방식

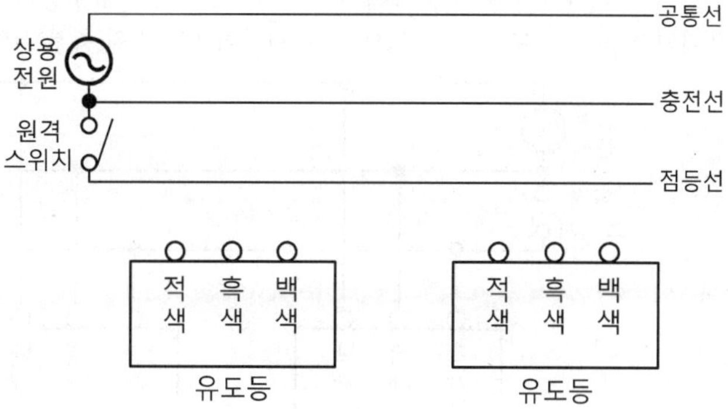

(2) 배선방식의 차이점

구분	2선식	3선식
점등상태		
충전상태		

해설

유도등의 배선방식

(1) 배선방식

① 2선식 배선방식 : 유도등에 2선이 인입되는 배선방식으로서 형광등과 축전지에 동시 전원이 공급된다.

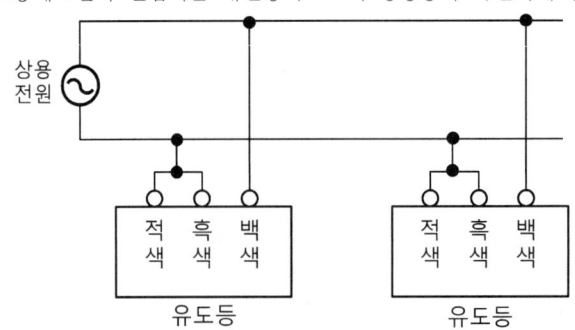

② 3선식 배선방식 : 유도등은 형광등에 공급되는 전원의 선로와 축전지에 공급되는 전원을 분리하여 배선하는 방식이다.
   ㉠ 유도등의 백색선과 흑색선을 통해서 유도등 내부의 비상전원(축전지)에 상시 충전상태를 유지한다.
   ㉡ 화재 시 또는 점멸기가 작동할 경우 백색선과 적색선을 통해서 유도등이 점등된다. 따라서 백색선과 흑색선에 전원이 인가되지 않으면 유도등은 정전으로 판단하여 비상전원(축전지)의 전원으로 유도등이 점등된다.

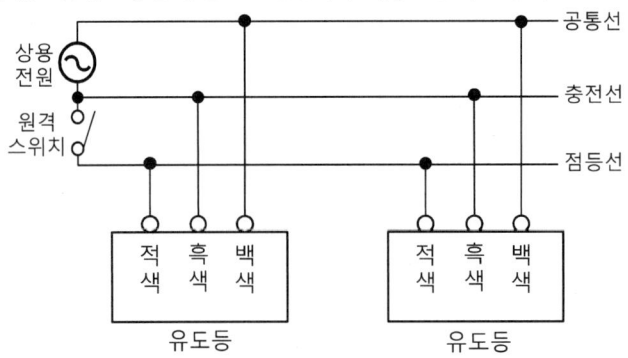

(2) 배선방식의 차이점

구분	2선식	3선식
점등상태	평상시 및 화재 시 점등된다.	평상시 소등되고, 화재 시 점등된다 (평상시 원격스위치를 ON하면 점등된다).
충전상태	평상시 충전되고, 화재 시 방전된다.	평상시 충전되고, 화재 시 방전된다.

정답 (1) ①

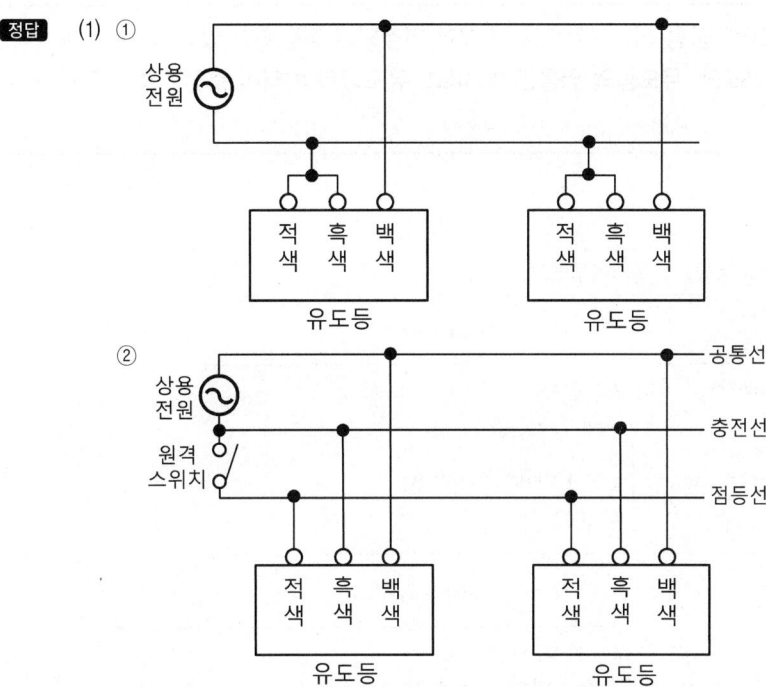

②

(2)
구분	2선식	3선식
점등상태	평상시 및 화재 시 점등된다.	평상시 소등되고, 화재 시 점등된다 (평상시 원격스위치를 ON하면 점등된다).
충전상태	평상시 충전되고, 화재 시 방전된다.	평상시 충전되고, 화재 시 방전된다.

18

상용전원 AC 220[V]에 20[W] 중형 피난구유도등 30개가 연결되어 점등되고 있다. 이 회로에 공급되는 전류[A]를 구하시오(단, 유도등의 역률은 0.7이고, 유도등의 배터리 충전전류는 무시한다).

득점	배점
	4

해설

유도등의 전류(I) 계산

(1) 단상 2선식 : 유도등, 비상조명등, 솔레노이드밸브, 감지기

$$P = IV\cos\theta\,[\text{W}]$$

여기서, P : 전력($20[\text{W}] \times 30$개)　　I : 전류[A]
　　　　V : 전압(220[V])　　　　　　　$\cos\theta$: 역률(0.7)

∴ 공급전류 $I = \dfrac{P}{V\cos\theta} = \dfrac{20[\text{W}] \times 30\text{개}}{220[\text{V}] \times 0.7} = 3.896[\text{A}] ≒ 3.9[\text{A}]$

(2) 3상 3선식 : 소방펌프, 제연팬

$$P = \sqrt{3}\,IV\cos\theta\,[\text{W}]$$

여기서, P : 전력[W]　　　　　　　　I : 전류[A]
　　　　V : 전압(380[V])　　　　　　$\cos\theta$: 역률

정답　3.9[A]

19

대형 피난구유도등을 바닥에서 2[m]가 되는 곳에서 점등하였을 때 바닥면 조도가 20[lx]로 측정되었다. 유도등을 0.5[m] 밑으로 내려서 설치할 경우 바닥면의 조도는 몇 [lx]가 되는지 구하시오.

득점	배점
	4

• 계산과정 :
• 답 :

해설

조도(E) 계산

(1) 거리의 역제곱법칙

점광원의 어느 방향의 광도가 I[cd]일 때 광원으로부터 거리 R[m] 떨어져 있고 그 방향에 수직한 평면상의 조도(E)는 광도(I)에 배례하며 거리(R)의 제곱에 반비례한다.

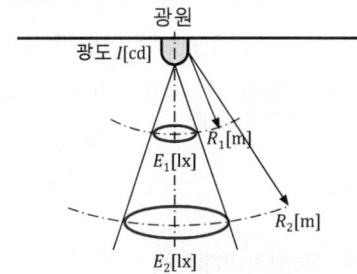

(2) 조도(E)

$$E = \frac{I}{R^2}[\text{lx}]$$

여기서, I : 광도[cd] R : 거리[m]

① 광도 $I = ER^2 = 20[\text{lx}] \times (2[\text{m}])^2 = 80[\text{cd}]$
② 유도등을 0.5[m] 밑으로 내렸을 경우 수직거리 $R = 2[\text{m}] - 0.5[\text{m}] = 1.5[\text{m}]$

∴ 조도 $E = \dfrac{I}{R^2} = \dfrac{80[\text{cd}]}{(1.5[\text{m}])^2} = 35.56[\text{lx}]$

정답 35.56[lx]

---

20 피난구유도등은 적색 LED와 녹색 LED가 설치되어 있다. 평상시 적색 LED가 점등되어 있다면 이것은 무엇을 의미하는지 쓰시오.

득점	배점
	4

해설

피난구유도등 구성

(1) 녹색 LED : 상용전원 감시등으로서 상용전원이 정상일 경우 점등
(2) 적색 LED : 예비전원 감시등으로서 예비전원이 불량할 경우 점등
(3) 예비전원 점검스위치 : 누르거나 당기면 피난구유도등이 점등되어 예비전원의 이상유무를 확인

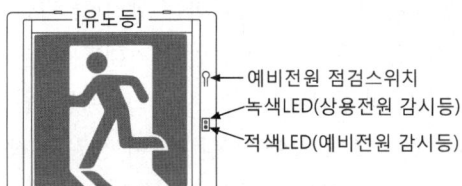

정답 예비전원 불량

제2절 비상조명등 및 휴대용 비상조명등

핵심이론 01 | 비상조명등의 설치대상 및 용어 정의

(1) 비상조명등을 설치해야 하는 특정소방대상물(소방시설법 영 별표 4)
 ① 지하층을 포함하는 층수가 5층 이상인 건축물로서 연면적 3,000[m^2] 이상인 경우에는 모든 층
 ② ①에 해당하지 않는 특정소방대상물로서 그 지하층 또는 무창층의 바닥면적이 450[m^2] 이상인 경우에는 해당 층
 ③ 터널로서 그 길이가 500[m] 이상인 것

(2) 휴대용 비상조명등을 설치해야 하는 특정소방대상물
 ① 숙박시설
 ② 수용인원 100명 이상의 영화상영관, 판매시설 중 대규모점포, 철도 및 도시철도 시설 중 지하역사, 지하상가

(3) 비상조명등의 용어 정의
 ① **비상조명등** : 화재발생 등에 따른 정전 시 안전하고 원활한 피난활동을 할 수 있도록 거실 및 피난통로 등에 설치되어 자동 점등되는 조명등을 말한다.
 ② **휴대용 비상조명등** : 화재발생 등으로 정전 시 안전하고 원활한 피난을 위하여 피난자가 휴대할 수 있는 조명등을 말한다.

핵심이론 02 | 비상조명등 및 휴대용 비상조명등의 설치기준

(1) 비상조명등
 ① 특정소방대상물의 각 거실과 그로부터 지상에 이르는 복도·계단 및 그 밖의 통로에 설치할 것
 ② 조도는 비상조명등이 설치된 장소의 각 부분의 바닥에서 1[lx] 이상이 되도록 할 것
 ③ 예비전원을 내장하는 비상조명등에는 평상시 점등 여부를 확인할 수 있는 점검스위치를 설치하고 해당 조명등을 유효하게 작동시킬 수 있는 용량의 축전지와 예비전원 충전장치를 내장할 것
 ④ 예비전원을 내장하지 않은 비상조명등의 비상전원은 자가발전설비, 축전지설비 또는 전기저장장치(외부 전기에너지를 저장해 두었다가 필요한 때 전기를 공급하는 장치)를 다음의 기준에 따라 설치해야 한다.
  ㉠ 점검에 편리하고 화재 및 침수 등의 재해로 인한 피해를 받을 우려가 없는 곳에 설치할 것
  ㉡ 상용전원으로부터 전력의 공급이 중단된 때에는 자동으로 비상전원으로부터 전력을 공급받을 수 있도록 할 것
  ㉢ 비상전원의 설치장소는 다른 장소와 방화구획할 것. 이 경우 그 장소에는 비상전원의 공급에 필요한 기구나 설비 외의 것(열병합발전설비에 필요한 기구나 설비는 제외한다)을 두어서는 안 된다.
  ㉣ 비상전원을 실내에 설치하는 때에는 그 실내에 비상조명등을 설치할 것

⑤ 예비전원과 비상전원은 비상조명등을 20분 이상 유효하게 작동시킬 수 있는 용량으로 할 것. 다만, 다음의 특정소방대상물의 경우에는 그 부분에서 피난층에 이르는 부분의 비상조명등을 60분 이상 유효하게 작동시킬 수 있는 용량으로 해야 한다.
  ㉠ 지하층을 제외한 층수가 11층 이상의 층
  ㉡ 지하층 또는 무창층으로서 용도가 도매시장·소매시장·여객자동차터미널·지하역사 또는 지하상가
⑥ 비상조명등의 설치면제 요건에서 "그 유도등의 유효범위"란 유도등의 조도가 바닥에서 1[lx] 이상이 되는 부분을 말한다.

(2) 휴대용 비상조명등
① 설치장소
  ㉠ 숙박시설 또는 다중이용업소에는 객실 또는 영업장 안의 구획된 실마다 잘 보이는 곳(외부에 설치 시 출입문 손잡이로부터 1[m] 이내 부분)에 1개 이상 설치
  ㉡ 유통산업발전법 제2조 제3호에 따른 대규모점포(지하상가 및 지하역사는 제외한다)와 영화상영관에는 보행거리 50[m] 이내마다 3개 이상 설치
  ㉢ 지하상가 및 지하역사에는 보행거리 25[m] 이내마다 3개 이상 설치
② 설치높이는 바닥으로부터 0.8[m] 이상 1.5[m] 이하의 높이에 설치할 것
③ 어둠 속에서 위치를 확인할 수 있도록 할 것
④ 사용 시 자동으로 점등되는 구조일 것
⑤ 외함은 난연성능이 있을 것
⑥ 건전지를 사용하는 경우에는 방전 방지조치를 해야 하고, 충전식 배터리의 경우에는 상시 충전되도록 할 것
⑦ 건전지 및 충전식 배터리의 용량은 20분 이상 유효하게 사용할 수 있는 것으로 할 것

핵심이론 03 | 비상조명등의 설치제외

(1) 비상조명등
① 거실의 각 부분으로부터 하나의 출입구에 이르는 보행거리가 15[m] 이내인 부분
② 의원·경기장·공동주택·의료시설·학교의 거실

(2) 휴대용 비상조명등
지상 1층 또는 피난층으로서 복도나 통로 또는 창문 등의 개구부를 통하여 피난이 용이한 경우 숙박시설로서 복도에 비상조명등을 설치한 경우

EXERCISE 02-2 비상조명등 및 휴대용 비상조명등

01

다음은 휴대용 비상조명등을 설치해야 하는 특정소방대상물이다. ( ) 안에 알맞은 내용을 쓰시오.

득점	배점
	4

- (①)
- 수용인원 (②)명 이상의 영화상영관, 판매시설 중 (③), 철도 및 도시철도 시설 중 지하역사, (④)

해설

비상조명등 및 휴대용 비상조명등을 설치해야 하는 특정소방대상물(소방시설법 영 별표 4)

(1) 비상조명등을 설치해야 하는 특정소방대상물
① 지하층을 포함하는 층수가 5층 이상인 건축물로서 연면적 3,000[m²] 이상인 경우에는 모든 층
② ①에 해당하지 않는 특정소방대상물로서 그 지하층 또는 무창층의 바닥면적이 450[m²] 이상인 경우에는 해당 층
③ 터널로서 그 길이가 500[m] 이상인 것

(2) 휴대용 비상조명등을 설치해야 하는 특정소방대상물
① 숙박시설
② 수용인원 100명 이상의 영화상영관, 판매시설 중 대규모점포, 철도 및 도시철도 시설 중 지하역사, 지하상가

정답
① 숙박시설 ② 100
③ 대규모점포 ④ 지하상가

02

다음은 비상조명등의 화재안전기술기준에서 정하는 비상조명등의 설치기준이다. (　) 안에 알맞은 내용을 쓰시오.

득점	배점
	3

예비전원과 비상전원은 비상조명등을 (①)분 이상 유효하게 작동시킬 수 있는 용량으로 할 것. 다만, 다음의 특정소방대상물의 경우에는 그 부분에서 피난층에 이르는 부분의 비상조명등을 (②)분 이상 유효하게 작동시킬 수 있는 용량으로 해야 한다.
- 지하층을 제외한 층수가 (③)층 이상의 층
- 지하층 또는 무창층으로서 용도가 도매시장・소매시장・여객자동차터미널・지하역사 또는 지하상가

해설

비상조명등의 설치기준

(1) 특정소방대상물의 각 거실과 그로부터 지상에 이르는 복도・계단 및 그 밖의 통로에 설치할 것
(2) 조도는 비상조명등이 설치된 장소의 각 부분의 바닥에서 1[lx] 이상이 되도록 할 것
(3) 예비전원을 내장하는 비상조명등에는 평상시 점등 여부를 확인할 수 있는 점검스위치를 설치하고 해당 조명등을 유효하게 작동시킬 수 있는 용량의 축전지와 예비전원 충전장치를 내장할 것
(4) 예비전원을 내장하지 않은 비상조명등의 비상전원은 자가발전설비, 축전지설비 또는 전기저장장치(외부 전기에너지를 저장해 두었다가 필요한 때 전기를 공급하는 장치)를 다음의 기준에 따라 설치해야 한다.
　① 점검에 편리하고 화재 및 침수 등의 재해로 인한 피해를 받을 우려가 없는 곳에 설치할 것
　② 상용전원으로부터 전력의 공급이 중단된 때에는 자동으로 비상전원으로부터 전력을 공급받을 수 있도록 할 것
　③ 비상전원의 설치장소는 다른 장소와 방화구획할 것. 이 경우 그 장소에는 비상전원의 공급에 필요한 기구나 설비 외의 것(열병합발전설비에 필요한 기구나 설비는 제외한다)을 두어서는 안 된다.
　④ 비상전원을 실내에 설치하는 때에는 그 실내에 비상조명등을 설치할 것
(5) 예비전원과 비상전원은 비상조명등을 20분 이상 유효하게 작동시킬 수 있는 용량으로 할 것. 다만, 다음의 특정소방대상물의 경우에는 그 부분에서 피난층에 이르는 부분의 비상조명등을 60분 이상 유효하게 작동시킬 수 있는 용량으로 해야 한다.
　① 지하층을 제외한 층수가 11층 이상의 층
　② 지하층 또는 무창층으로서 용도가 도매시장・소매시장・여객자동차터미널・지하역사 또는 지하상가
(6) 비상조명등의 설치면제 요건에서 "그 유도등의 유효범위"란 유도등의 조도가 바닥에서 1[lx] 이상이 되는 부분을 말한다.

정답　① 20
　　　　② 60
　　　　③ 11

03 비상조명등의 화재안전기술기준에서 정하는 비상조명등의 설치기준을 3가지만 쓰시오.

해설

비상조명등

(1) 비상조명등의 설치기준
  ① 특정소방대상물의 각 거실과 그로부터 지상에 이르는 복도·계단 및 그 밖의 통로에 설치할 것
  ② 조도는 비상조명등이 설치된 장소의 각 부분의 바닥에서 1[lx] 이상이 되도록 할 것
  ③ 예비전원을 내장하는 비상조명등에는 평상시 점등 여부를 확인할 수 있는 점검스위치를 설치하고 해당 조명등을 유효하게 작동시킬 수 있는 용량의 축전지와 예비전원 충전장치를 내장할 것
  ④ 예비전원을 내장하지 않은 비상조명등의 비상전원은 자가발전설비, 축전지설비 또는 전기저장장치(외부 전기에너지를 저장해 두었다가 필요한 때 전기를 공급하는 장치)를 다음의 기준에 따라 설치해야 한다.
    ㉠ 점검에 편리하고 화재 및 침수 등의 재해로 인한 피해를 받을 우려가 없는 곳에 설치할 것
    ㉡ 상용전원으로부터 전력의 공급이 중단된 때에는 자동으로 비상전원으로부터 전력을 공급받을 수 있도록 할 것
    ㉢ 비상전원의 설치장소는 다른 장소와 방화구획할 것. 이 경우 그 장소에는 비상전원의 공급에 필요한 기구나 설비 외의 것(열병합발전설비에 필요한 기구나 설비는 제외한다)을 두어서는 안 된다.
    ㉣ 비상전원을 실내에 설치하는 때에는 그 실내에 비상조명등을 설치할 것
  ⑤ 예비전원과 비상전원은 비상조명등을 20분 이상 유효하게 작동시킬 수 있는 용량으로 할 것. 다만, 다음의 특정소방대상물의 경우에는 그 부분에서 피난층에 이르는 부분의 비상조명등을 60분 이상 유효하게 작동시킬 수 있는 용량으로 해야 한다.
    ㉠ 지하층을 제외한 층수가 11층 이상의 층
    ㉡ 지하층 또는 무창층으로서 용도가 도매시장·소매시장·여객자동차터미널·지하역사 또는 지하상가
  ⑥ 비상조명등의 설치면제 요건에서 "그 유도등의 유효범위"란 유도등의 조도가 바닥에서 1[lx] 이상이 되는 부분을 말한다.

(2) 휴대용 비상조명등의 설치기준
  ① 다음 각 기준의 장소에 설치할 것
    ㉠ 숙박시설 또는 다중이용업소에는 객실 또는 영업장 안의 구획된 실마다 잘 보이는 곳(외부에 설치 시 출입문 손잡이로부터 1[m] 이내 부분)에 1개 이상 설치
    ㉡ 유통산업발전법 제2조 제3호에 따른 대규모점포(지하상가 및 지하역사는 제외한다)와 영화상영관에는 보행거리 50[m] 이내마다 3개 이상 설치
    ㉢ 지하상가 및 지하역사에는 보행거리 25[m] 이내마다 3개 이상 설치
  ② 설치높이는 바닥으로부터 0.8[m] 이상 1.5[m] 이하의 높이에 설치할 것
  ③ 어둠 속에서 위치를 확인할 수 있도록 할 것
  ④ 사용 시 자동으로 점등되는 구조일 것
  ⑤ 외함은 난연성능이 있을 것
  ⑥ 건전지를 사용하는 경우에는 방전 방지조치를 해야 하고, 충전식 배터리의 경우에는 상시 충전되도록 할 것
  ⑦ 건전지 및 충전식 배터리의 용량은 20분 이상 유효하게 사용할 수 있는 것으로 할 것

정답
① 특정소방대상물의 각 거실과 그로부터 지상에 이르는 복도·계단 및 그 밖의 통로에 설치할 것
② 조도는 비상조명등이 설치된 장소의 각 부분의 바닥에서 1[lx] 이상이 되도록 할 것
③ 예비전원을 내장하는 비상조명등에는 평상시 점등 여부를 확인할 수 있는 점검스위치를 설치하고 해당 조명등을 유효하게 작동시킬 수 있는 용량의 축전지와 예비전원 충전장치를 내장할 것

04 지하층 또는 무창층으로서 용도가 도매시장·소매시장·여객자동차터미널·지하역사 또는 지하상가의 특정소방대상물에는 그 부분에서 피난층에 이르는 부분에 비상조명등을 설치하고자 한다. 다음 각 물음에 답하시오.

득점	배점
	4

(1) 비상전원의 종류 3가지를 쓰시오.
(2) 비상전원의 용량은 몇 분 이상 유효하게 작동시킬 수 있어야 하는지 쓰시오.

해설

비상조명등의 설치기준
(1) 특정소방대상물의 각 거실과 그로부터 지상에 이르는 복도·계단 및 그 밖의 통로에 설치할 것
(2) 조도는 비상조명등이 설치된 장소의 각 부분의 바닥에서 1[lx] 이상이 되도록 할 것
(3) 예비전원을 내장하는 비상조명등에는 평상시 점등 여부를 확인할 수 있는 점검스위치를 설치하고 해당 조명등을 유효하게 작동시킬 수 있는 용량의 축전지와 예비전원 충전장치를 내장할 것
(4) 예비전원을 내장하지 않은 비상조명등의 비상전원은 자가발전설비, 축전지설비 또는 전기저장장치(외부 전기에너지를 저장해 두었다가 필요한 때 전기를 공급하는 장치)를 다음의 기준에 따라 설치해야 한다.
  ① 점검에 편리하고 화재 및 침수 등의 재해로 인한 피해를 받을 우려가 없는 곳에 설치할 것
  ② 상용전원으로부터 전력의 공급이 중단된 때에는 자동으로 비상전원으로부터 전력을 공급받을 수 있도록 할 것
  ③ 비상전원의 설치장소는 다른 장소와 방화구획할 것. 이 경우 그 장소에는 비상전원의 공급에 필요한 기구나 설비 외의 것(열병합발전설비에 필요한 기구나 설비는 제외한다)을 두어서는 안 된다.
  ④ 비상전원을 실내에 설치하는 때에는 그 실내에 비상조명등을 설치할 것
(5) 예비전원과 비상전원은 비상조명등을 20분 이상 유효하게 작동시킬 수 있는 용량으로 할 것. 다만, 다음의 특정소방대상물의 경우에는 그 부분에서 피난층에 이르는 부분의 비상조명등을 60분 이상 유효하게 작동시킬 수 있는 용량으로 해야 한다.
  ① 지하층을 제외한 층수가 11층 이상의 층
  ② 지하층 또는 무창층으로서 용도가 도매시장·소매시장·여객자동차터미널·지하역사 또는 지하상가
(6) 비상조명등의 설치면제 요건에서 "그 유도등의 유효범위"란 유도등의 조도가 바닥에서 1[lx] 이상이 되는 부분을 말한다.

정답 (1) 자가발전설비, 축전지설비, 전기저장장치
(2) 60분 이상

05 다음은 비상조명등의 화재안전기술기준에서 정하는 비상조명등의 설치기준이다. ( ) 안에 알맞은 내용을 쓰시오.

득점	배점
	5

- 예비전원을 내장하는 비상조명등에는 평상시 점등 여부를 확인할 수 있는 (①)를 설치하고 해당 조명등을 유효하게 작동시킬 수 있는 용량의 축전지와 예비전원 충전장치를 내장할 것
- 예비전원을 내장하지 않은 비상조명등의 비상전원은 자가발전설비, (②) 또는 (③)(외부 전기에너지를 저장해 두었다가 필요한 때 전기를 공급하는 장치)를 기준에 따라 설치해야 한다.
- 예비전원과 비상전원은 비상조명등을 (④)분 이상 유효하게 작동시킬 수 있는 용량으로 할 것. 다만, 다음의 특정소방대상물의 경우에는 그 부분에서 피난층에 이르는 부분의 비상조명등을 (⑤)분 이상 유효하게 작동시킬 수 있는 용량으로 해야 한다.
  - 지하층을 제외한 층수가 11층 이상의 층
  - 지하층 또는 무창층으로서 용도가 도매시장·소매시장·여객자동차터미널·지하역사 또는 지하상가

해설

비상조명등의 설치기준
(1) 특정소방대상물의 각 거실과 그로부터 지상에 이르는 복도·계단 및 그 밖의 통로에 설치할 것
(2) 조도는 비상조명등이 설치된 장소의 각 부분의 바닥에서 1[lx] 이상이 되도록 할 것
(3) 예비전원을 내장하는 비상조명등에는 평상시 점등 여부를 확인할 수 있는 점검스위치를 설치하고 해당 조명등을 유효하게 작동시킬 수 있는 용량의 축전지와 예비전원 충전장치를 내장할 것
(4) 예비전원을 내장하지 않은 비상조명등의 비상전원은 자가발전설비, 축전지설비 또는 전기저장장치(외부 전기에너지를 저장해 두었다가 필요한 때 전기를 공급하는 장치)를 다음의 기준에 따라 설치해야 한다.
  ① 점검에 편리하고 화재 및 침수 등의 재해로 인한 피해를 받을 우려가 없는 곳에 설치할 것
  ② 상용전원으로부터 전력의 공급이 중단된 때에는 자동으로 비상전원으로부터 전력을 공급받을 수 있도록 할 것
  ③ 비상전원의 설치장소는 다른 장소와 방화구획할 것. 이 경우 그 장소에는 비상전원의 공급에 필요한 기구나 설비 외의 것(열병합발전설비에 필요한 기구나 설비는 제외한다)을 두어서는 안 된다.
  ④ 비상전원을 실내에 설치하는 때에는 그 실내에 비상조명등을 설치할 것
(5) 예비전원과 비상전원은 비상조명등을 20분 이상 유효하게 작동시킬 수 있는 용량으로 할 것. 다만, 다음의 특정소방대상물의 경우에는 그 부분에서 피난층에 이르는 부분의 비상조명등을 60분 이상 유효하게 작동시킬 수 있는 용량으로 해야 한다.
  ① 지하층을 제외한 층수가 11층 이상의 층
  ② 지하층 또는 무창층으로서 용도가 도매시장·소매시장·여객자동차터미널·지하역사 또는 지하상가
(6) 비상조명등의 설치면제 요건에서 "그 유도등의 유효범위"란 유도등의 조도가 바닥에서 1[lx] 이상이 되는 부분을 말한다.

정답
① 점검스위치　　② 축전지설비
③ 전기저장장치　　④ 20
⑤ 60

06 다음은 비상조명등의 화재안전기술기준에서 정하는 휴대용 비상조명등의 화재안전기술기준이다. ( ) 안에 알맞은 내용을 쓰시오.

득점	배점
	8

(1) 다음 각 기준의 장소에 설치할 것
- 숙박시설 또는 다중이용업소에는 객실 또는 영업장 안의 구획된 실마다 잘 보이는 곳(외부에 설치 시 출입문 손잡이로부터 (①)[m] 이내 부분)에 1개 이상 설치
- 유통산업발전법 제2조 제3호에 따른 대규모점포(지하상가 및 지하역사는 제외한다)와 영화상영관에는 보행거리 (②)[m] 이내마다 (③)개 이상 설치
- 지하상가 및 지하역사에는 보행거리 (④)[m] 이내마다 (③)개 이상 설치

(2) 설치높이는 바닥으로부터 (⑤)[m] 이상 (⑥)[m] 이하의 높이에 설치할 것
(3) 사용 시 (⑦)으로 점등되는 구조일 것
(4) 건전지 및 충전식 배터리의 용량은 (⑧)분 이상 유효하게 사용할 수 있는 것으로 할 것

해설

휴대용 비상조명등의 설치기준
(1) 다음 각 기준의 장소에 설치할 것
① 숙박시설 또는 다중이용업소에는 객실 또는 영업장 안의 구획된 실마다 잘 보이는 곳(외부에 설치 시 출입문 손잡이로부터 1[m] 이내 부분)에 1개 이상 설치
② 유통산업발전법 제2조 제3호에 따른 대규모점포(지하상가 및 지하역사는 제외한다)와 영화상영관에는 보행거리 50[m] 이내마다 3개 이상 설치
③ 지하상가 및 지하역사에는 보행거리 25[m] 이내마다 3개 이상 설치
(2) 설치높이는 바닥으로부터 0.8[m] 이상 1.5[m] 이하의 높이에 설치할 것
(3) 어둠 속에서 위치를 확인할 수 있도록 할 것
(4) 사용 시 자동으로 점등되는 구조일 것
(5) 외함은 난연성능이 있을 것
(6) 건전지를 사용하는 경우에는 방전 방지조치를 해야 하고, 충전식 배터리의 경우에는 상시 충전되도록 할 것
(7) 건전지 및 충전식 배터리의 용량은 20분 이상 유효하게 사용할 수 있는 것으로 할 것

정답
① 1
② 50
③ 3
④ 25
⑤ 0.8
⑥ 1.5
⑦ 자동
⑧ 20

CHAPTER 03 소화활동설비

제1절 비상콘센트설비

핵심이론 01 | 소화활동설비의 개요 및 종류

(1) 소화활동설비의 개요

화재를 진압하거나 인명구조활동을 위하여 사용하는 설비이다.

(2) 소화활동설비의 종류(소방시설법 영 별표 1)

① 제연설비
② 연결송수관설비
③ 연결살수설비
④ 비상콘센트설비
⑤ 무선통신보조설비
⑥ 연소방지설비

핵심이론 02 | 비상콘센트설비의 설치대상 및 용어 정의

(1) 비상콘센트설비를 설치해야 하는 특정소방대상물(소방시설법 영 별표 4)

① 층수가 11층 이상인 특정소방대상물의 경우에는 11층 이상의 층
② 지하층의 층수가 3층 이상이고 지하층의 바닥면적의 합계가 1,000[m^2] 이상인 것은 지하층의 모든 층
③ 터널로서 길이가 500[m] 이상인 것

(2) 비상콘센트설비의 용어 정의

① 비상전원 : 상용전원으로부터 전력의 공급이 중단된 때에는 자동으로 공급되는 전원을 말한다.
② 비상콘센트설비 : 화재 시 소화활동 등에 필요한 전원을 전용회선으로 공급하는 설비를 말한다.
③ 저압 : 직류는 1.5[kV] 이하, 교류는 1[kV] 이하인 것을 말한다.
④ 고압 : 직류는 1.5[kV]를, 교류는 1[kV]를 초과하고, 7[kV] 이하인 것을 말한다.
⑤ 특고압 : 7[kV]를 초과하는 것을 말한다.

| 핵심이론 03 | 비상콘센트설비의 전원 및 콘센트 설치기준

(1) 전원의 설치기준
  ① 상용전원회로의 배선은 저압수전인 경우에는 인입개폐기의 직후에서, 고압수전 또는 특고압수전인 경우에는 전력용변압기 2차 측의 주차단기 1차 측 또는 2차 측에서 분기하여 전용배선으로 할 것
  ② 지하층을 제외한 층수가 7층 이상으로서 연면적이 2,000[m^2] 이상이거나 지하층의 바닥면적의 합계가 3,000[m^2] 이상인 특정소방대상물의 비상콘센트설비에는 자가발전설비, 비상전원수전설비, 축전지설비 또는 전기저장장치(외부 전기에너지를 저장해 두었다가 필요한 때 전기를 공급하는 장치를 말한다)를 비상전원으로 설치할 것. 다만, 2 이상의 변전소에서 전력을 동시에 공급받을 수 있거나 하나의 변전소로부터 전력의 공급이 중단되는 때에는 자동으로 다른 변전소로부터 전력을 공급받을 수 있도록 상용전원을 설치한 경우에는 비상전원을 설치하지 않을 수 있다.
  ③ ②에 따른 비상전원 중 자가발전설비, 축전지설비 또는 전기저장장치는 다음 기준에 따라 설치하고, 비상전원수전설비는 소방시설용 비상전원수전설비의 화재안전기술기준(NFTC 602)에 따라 설치할 것
    ㉠ 점검에 편리하고 화재 및 침수 등의 재해로 인한 피해를 받을 우려가 없는 곳에 설치할 것
    ㉡ 비상콘센트설비를 유효하게 20분 이상 작동시킬 수 있는 용량으로 할 것
    ㉢ 상용전원으로부터 전력의 공급이 중단된 때에는 자동으로 비상전원으로부터 전력을 공급받을 수 있도록 할 것
    ㉣ 비상전원의 설치장소는 다른 장소와 방화구획할 것. 이 경우 그 장소에는 비상전원의 공급에 필요한 기구나 설비 외의 것(열병합발전설비에 필요한 기구나 설비는 제외한다)을 두어서는 안 된다.
    ㉤ 비상전원을 실내에 설치하는 때에는 그 실내에 비상조명등을 설치할 것

(2) 전원회로의 설치기준
  ① 비상콘센트설비의 전원회로는 단상교류 220[V]인 것으로서, 그 공급용량은 1.5[kVA] 이상인 것으로 할 것
  ② 전원회로는 각 층에 2 이상이 되도록 설치할 것. 다만, 설치해야 할 층의 비상콘센트가 1개인 때에는 하나의 회로로 할 수 있다.
  ③ 전원회로는 주배전반에서 전용회로로 할 것. 다만, 다른 설비회로의 사고에 따른 영향을 받지 않도록 되어 있는 것은 그렇지 않다.
  ④ 전원으로부터 각 층의 비상콘센트에 분기되는 경우에는 분기배선용 차단기를 보호함 안에 설치할 것
  ⑤ 콘센트마다 배선용 차단기(KS C 8321)를 설치해야 하며, 충전부가 노출되지 않도록 할 것
  ⑥ 개폐기에는 "비상콘센트"라고 표시한 표지를 할 것
  ⑦ 비상콘센트용의 풀박스 등은 방청도장을 한 것으로서, 두께 1.6[mm] 이상의 철판으로 할 것
  ⑧ 하나의 전용회로에 설치하는 비상콘센트는 10개 이하로 할 것. 이 경우 전선의 용량은 각 비상콘센트(비상콘센트가 3개 이상인 경우에는 3개)의 공급용량을 합한 용량 이상의 것으로 해야 한다.
  ⑨ 비상콘센트의 플러그접속기는 접지형 2극 플러그접속기(KS C 8305)를 사용해야 한다.
  ⑩ 비상콘센트의 플러그접속기의 칼받이의 접지극에는 접지공사를 해야 한다.

(3) 비상콘센트의 설치기준

① 바닥으로부터 높이 0.8[m] 이상 1.5[m] 이하의 위치에 설치할 것
② 비상콘센트의 배치는 바닥면적이 1,000[m²] 미만인 층은 계단의 출입구(계단의 부속실을 포함하며 계단이 2 이상 있는 경우에는 그중 1개의 계단을 말한다)로부터 5[m] 이내에, 바닥면적 1,000[m²] 이상인 층은 각 계단의 출입구 또는 계단부속실의 출입구(계단의 부속실을 포함하며 계단이 3 이상 있는 층의 경우에는 그중 2개의 계단을 말한다)로부터 5[m] 이내에 설치하되, 그 비상콘센트로부터 그 층의 각 부분까지의 거리가 다음의 기준을 초과하는 경우에는 그 기준 이하가 되도록 비상콘센트를 추가하여 설치할 것
 ㉠ 지하상가 또는 지하층의 바닥면적의 합계가 3,000[m²] 이상인 것은 수평거리 25[m]
 ㉡ ㉠에 해당하지 않는 것은 수평거리 50[m]

핵심이론 04 | 비상콘센트설비의 절연저항 및 절연내력 · 비상콘센트 보호함

(1) 비상콘센트설비의 전원부와 외함 사이의 절연저항 및 절연내력

① 절연저항은 전원부와 외함 사이를 500[V] 절연저항계로 측정할 때 20[MΩ] 이상일 것
② 절연내력은 전원부와 외함 사이에 정격전압이 150[V] 이하인 경우에는 1,000[V]의 실효전압을, 정격전압이 150[V] 초과인 경우에는 그 정격전압에 2를 곱하여 1,000을 더한 실효전압을 가하는 시험에서 1분 이상 견디는 것으로 할 것

(2) 비상콘센트 보호함

① 보호함에는 쉽게 개폐할 수 있는 문을 설치할 것
② 보호함 표면에 "비상콘센트"라고 표시한 표지를 할 것
③ 보호함 상부에 적색의 표시등을 설치할 것. 다만, 비상콘센트의 보호함을 옥내소화전함 등과 접속하여 설치하는 경우에는 옥내소화전함 등의 표시등과 겸용할 수 있다.

핵심이론 05 | 비상콘센트설비의 전선 가닥수 산정

(1) 비상콘센트설비의 전원회로는 단상교류 220[V]인 것으로 해야 한다.

(2) 단상(220[V])의 전원선은 2가닥으로 배선하고 접지선 1가닥을 포함하므로 전선 가닥수는 총 3가닥으로 배선한다.

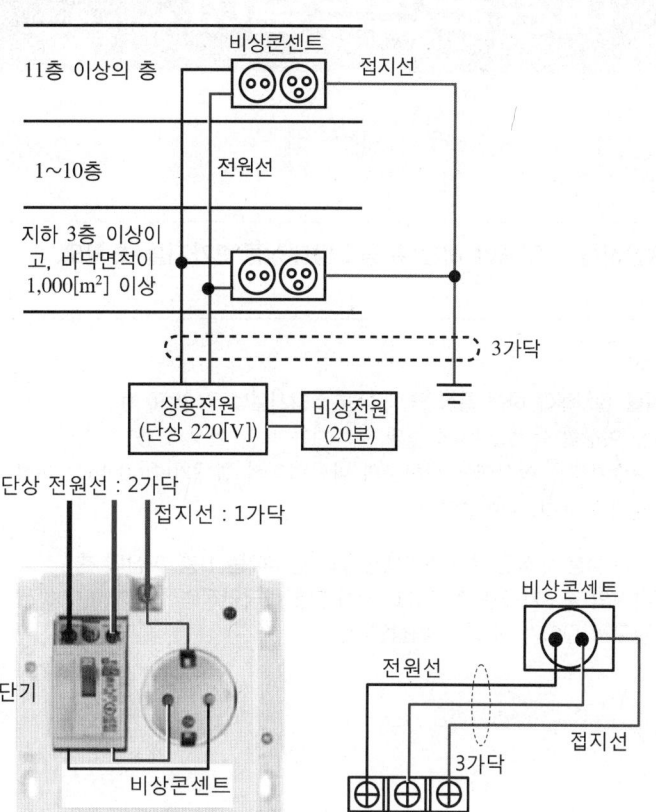

EXERCISE 03-1 비상콘센트설비

01 비상콘센트설비를 설치해야 하는 특정소방대상물 3가지를 쓰시오.

득점	배점
	6

해설

비상콘센트설비를 설치해야 하는 특정소방대상물(소방시설법 영 별표 4)
(1) 층수가 11층 이상인 특정소방대상물의 경우에는 11층 이상의 층
(2) 지하층의 층수가 3층 이상이고 지하층의 바닥면적의 합계가 1,000[m²] 이상인 것은 지하층의 모든 층
(3) 터널로서 길이가 500[m] 이상인 것

정답
① 층수가 11층 이상인 특정소방대상물의 경우에는 11층 이상의 층
② 지하층의 층수가 3층 이상이고 지하층의 바닥면적의 합계가 1,000[m²] 이상인 것은 지하층의 모든 층
③ 터널로서 길이가 500[m] 이상인 것

02 지하 4층, 지상 11층의 특정소방대상물에 비상콘센트설비를 설치하려고 한다. 다음 각 물음에 답하시오(단, 지하 각 층의 바닥면적은 300[m²]이고, 각 층의 출입구는 1개소이며 계단에서 가장 먼 부분까지의 거리는 20[m]이다).

득점	배점
	6

(1) 비상콘센트를 설치해야 하는 특정소방대상물이다. ( ) 안에 알맞은 내용을 쓰시오.

> 지하층의 층수가 (①) 이상이고, 지하층의 바닥면적의 합계가 (②) 이상인 것은 지하층의 모든 층

(2) 이 특정소방대상물에 설치해야 하는 비상콘센트의 설치개수를 구하시오.

해설

비상콘센트설비
(1) 비상콘센트설비를 설치해야 하는 특정소방대상물(소방시설법 영 별표 4)
  ① 층수가 11층 이상인 특정소방대상물의 경우에는 11층 이상의 층
  ② 지하층의 층수가 3층 이상이고, 지하층의 바닥면적의 합계가 1,000[m²] 이상인 것은 지하층의 모든 층
  ③ 터널로서 길이가 500[m] 이상인 것
    [설치제외] 위험물 저장 및 처리 시설 중 가스시설 및 지하구

(2) 비상콘센트의 설치기준
① 바닥으로부터 높이 0.8[m] 이상 1.5[m] 이하의 위치에 설치할 것
② 비상콘센트의 배치는 바닥면적이 1,000[m²] 미만인 층은 계단의 출입구(계단의 부속실을 포함하며 계단이 2 이상 있는 경우에는 그중 1개의 계단을 말한다)로부터 5[m] 이내에, 바닥면적 1,000[m²] 이상인 층은 각 계단의 출입구 또는 계단부속실의 출입구(계단의 부속실을 포함하며 계단이 3 이상 있는 층의 경우에는 그중 2개의 계단을 말한다)로부터 5[m] 이내에 설치하되, 그 비상콘센트로부터 그 층의 각 부분까지의 거리가 다음의 기준을 초과하는 경우에는 그 기준 이하가 되도록 비상콘센트를 추가하여 설치할 것
  ㉠ 지하상가 또는 지하층의 바닥면적의 합계가 3,000[m²] 이상인 것은 수평거리 : 25[m]
  ㉡ ㉠에 해당하지 않는 것은 수평거리 : 50[m]

(3) 비상콘센트의 설치개수
① 지하층의 층수가 4층이고, 지하층의 바닥면적의 합계가 1,200[m²](300[m²] × 4층)이며 수평거리가 20[m]이다. 지하층의 층수가 3층 이상이고, 지하층의 바닥면적의 합계가 1,000[m²] 이상인 것은 지하층의 모든 층에 설치하고, 바닥면적이 3,000[m²] 미만이므로 수평거리는 50[m] 이하가 되도록 설치한다.
  ∴ 지하층 4개 설치 : 지하 1층, 지하 2층, 지하 3층, 지하 4층
② 층수가 11층 이상인 특정소방대상물의 경우에는 11층 이상의 층에 설치한다.
  ∴ 지상 11층에 1개 설치
③ 비상콘센트 총 설치개수 = 5개(지하 1층, 지하 2층, 지하 3층, 지하 4층, 지상 11층)

정답 (1) ① 3층 ② 1,000[m²]
       (2) 5개

---

03 비상콘센트설비의 화재안전기술기준에서 정하는 상용전원회로의 배선은 저압수전인 경우와 고압수전인 경우 어느 개소에서 분기하여 전용배선으로 해야 하는지 쓰시오. | 득점 | 배점 |
| --- | --- |
| | 4 |

(1) 저압수전인 경우
(2) 고압수전인 경우

해설
비상콘센트설비
상용전원회로의 배선은 저압수전인 경우에는 인입개폐기의 직후에서, 고압수전 또는 특고압수전인 경우에는 전력용변압기 2차 측의 주차단기 1차 측 또는 2차 측에서 분기하여 전용배선으로 할 것

정답 (1) 인입개폐기의 직후
       (2) 전력용변압기 2차 측의 주차단기 1차 측 또는 2차 측

04

비상콘센트설비의 비상전원을 자가발전설비, 축전지설비 또는 전기저장장치를 설치하려고 한다. 비상전원의 설치기준을 5가지 쓰시오.

득점	배점
	5

해설

비상콘센트설비

비상전원 중 자가발전설비, 축전지설비 또는 전기저장장치는 다음 기준에 따라 설치하고, 비상전원수전설비는 소방시설용 비상전원수전설비의 화재안전기술기준(NFTC 602)에 따라 설치할 것

(1) 점검에 편리하고 화재 및 침수 등의 재해로 인한 피해를 받을 우려가 없는 곳에 설치할 것
(2) 비상콘센트설비를 유효하게 20분 이상 작동시킬 수 있는 용량으로 할 것
(3) 상용전원으로부터 전력의 공급이 중단된 때에는 자동으로 비상전원으로부터 전력을 공급받을 수 있도록 할 것
(4) 비상전원의 설치장소는 다른 장소와 방화구획할 것. 이 경우 그 장소에는 비상전원의 공급에 필요한 기구나 설비 외의 것(열병합발전설비에 필요한 기구나 설비는 제외한다)을 두어서는 안 된다.
(5) 비상전원을 실내에 설치하는 때에는 그 실내에 비상조명등을 설치할 것

정답
① 점검에 편리하고 화재 및 침수 등의 재해로 인한 피해를 받을 우려가 없는 곳에 설치할 것
② 비상콘센트설비를 유효하게 20분 이상 작동시킬 수 있는 용량으로 할 것
③ 상용전원으로부터 전력의 공급이 중단된 때에는 자동으로 비상전원으로부터 전력을 공급받을 수 있도록 할 것
④ 비상전원의 설치장소는 다른 장소와 방화구획할 것. 이 경우 그 장소에는 비상전원의 공급에 필요한 기구나 설비 외의 것(열병합발전설비에 필요한 기구나 설비는 제외한다)을 두어서는 안 된다.
⑤ 비상전원을 실내에 설치하는 때에는 그 실내에 비상조명등을 설치할 것

05

다음은 비상콘센트설비의 화재안전기술기준에서 전원회로에 대한 내용이다. 각 물음에 답하시오.

득점	배점
	6

(1) 전원회로의 종류와 전압 및 공급용량을 쓰시오.
　① 종류 :
　② 전압 :
　③ 공급용량 :
(2) 전원으로부터 각 층의 비상콘센트에 분기되는 경우에는 보호함 안에 설치해야 하는 것을 쓰시오.
(3) 전원회로의 배선은 어떤 배선으로 해야 하는지 쓰시오.

해설

비상콘센트설비

(1), (2) 비상콘센트설비의 전원회로 설치기준
 ① 비상콘센트설비의 전원회로는 단상교류 220[V]인 것으로서, 그 공급용량은 1.5[kVA] 이상인 것으로 할 것
 ② 전원회로는 각 층에 2 이상이 되도록 설치할 것. 다만, 설치해야 할 층의 비상콘센트가 1개인 때에는 하나의 회로로 할 수 있다.
 ③ 전원회로는 주배전반에서 전용회로로 할 것. 다만, 다른 설비회로의 사고에 따른 영향을 받지 않도록 되어 있는 것은 그렇지 않다.
 ④ 전원으로부터 각 층의 비상콘센트에 분기되는 경우에는 분기배선용 차단기를 보호함 안에 설치할 것
 ⑤ 콘센트마다 배선용 차단기(KS C 8321)를 설치해야 하며, 충전부가 노출되지 않도록 할 것
 ⑥ 개폐기에는 "비상콘센트"라고 표시한 표지를 할 것
 ⑦ 비상콘센트용의 풀박스 등은 방청도장을 한 것으로서, 두께 1.6[mm] 이상의 철판으로 할 것
 ⑧ 하나의 전용회로에 설치하는 비상콘센트는 10개 이하로 할 것. 이 경우 전선의 용량은 각 비상콘센트(비상콘센트가 3개 이상인 경우에는 3개)의 공급용량을 합한 용량 이상의 것으로 해야 한다.

(3) 배선의 설치기준
 ① 전원회로의 배선은 내화배선으로, 그 밖의 배선은 내화배선 또는 내열배선으로 할 것
 ② ①에 따른 내화배선 및 내열배선에 사용하는 전선의 종류 및 설치방법은 옥내소화전설비의 화재안전기술기준(NFTC 102) 2.7.2의 표 2.7.2 기준에 따를 것

정답 (1) ① 단상교류
    ② 220[V]
    ③ 1.5[kVA] 이상
  (2) 분기배선용 차단기
  (3) 내화배선

---

06 다음은 비상콘센트설비에 대한 내용이다. 각 물음에 답하시오.

(1) 비상콘센트설비의 전원부와 외함 사이의 절연저항 및 절연내력의 기준을 쓰시오.
 ① 절연저항 :
 ② 절연내력 :
(2) 소방시설 자체점검사항 등에 관한 고시에서 비상콘센트의 도시기호를 그리시오.

해설

비상콘센트설비

(1) 비상콘센트설비의 전원부와 외함 사이의 절연저항 및 절연내력(NFPC 504)
  ① 절연저항은 전원부와 외함 사이를 500[V] 절연저항계로 측정할 때 20[MΩ] 이상일 것
  ② 절연내력은 전원부와 외함 사이에 정격전압이 150[V] 이하인 경우에는 1,000[V]의 실효전압을, 정격전압이 150[V] 초과인 경우에는 그 정격전압에 2를 곱하여 1,000을 더한 실효전압을 가하는 시험에서 1분 이상 견디는 것으로 할 것

(2) 소방시설 도시기호(소방시설 자체점검사항 등에 관한 고시)

명칭	도시기호	명칭	도시기호
발신기세트 단독형	ⓟⒷⓛ	수신기	⋈
제어반	⋈	비상콘센트	⦿⦿
화재경보벨	Ⓑ	종단저항	Ω
차동식 스포트형 감지기	⌒	사이렌	◁
보상식 스포트형 감지기	⌒	모터사이렌	◁Ⓜ
정온식 스포트형 감지기	∪	전자사이렌	◁Ⓢ
연기감지기	Ⓢ	차동식 분포형 감지기의 검출기	⋈
방출표시등	◐	수동조작함	RM

정답
(1) ① 전원부와 외함 사이를 500[V] 절연저항계로 측정할 때 20[MΩ] 이상일 것
  ② 전원부와 외함 사이에 정격전압이 150[V] 이하인 경우에는 1,000[V]의 실효전압을, 정격전압이 150[V] 초과인 경우에는 그 정격전압에 2를 곱하여 1,000을 더한 실효전압을 가하는 시험에서 1분 이상 견디는 것으로 할 것
(2) ⦿⦿

---

07 다음은 비상콘센트설비의 화재안전기술기준에서 정하는 비상콘센트의 전원회로에 대한 내용이다. ( ) 안에 알맞은 내용을 쓰시오.

득점	배점
	5

- 전원회로는 각 층에 (①)이 되도록 설치할 것. 다만, 설치해야 할 층의 비상콘센트가 1개인 때에는 하나의 회로로 할 수 있다.
- 전원회로는 (②)에서 전용회로로 할 것. 다만, 다른 설비회로의 사고에 따른 영향을 받지 않도록 되어 있는 것은 그렇지 않다.
- 콘센트마다 (③)를 설치해야 하며, (④)가 노출되지 않도록 할 것
- 하나의 전용회로에 설치하는 비상콘센트는 (⑤) 이하로 할 것

해설

비상콘센트설비의 전원회로 설치기준

(1) 비상콘센트설비의 전원회로(비상콘센트에 전력을 공급하는 회로를 말한다)는 다음의 기준에 따라 설치해야 한다.
  ① 비상콘센트설비의 전원회로는 단상교류 220[V]인 것으로서, 그 공급용량은 1.5[kVA] 이상인 것으로 할 것
  ② 전원회로는 각 층에 2 이상이 되도록 설치할 것. 다만, 설치해야 할 층의 비상콘센트가 1개인 때에는 하나의 회로로 할 수 있다.
  ③ 전원회로는 주배전반에서 전용회로로 할 것. 다만, 다른 설비회로의 사고에 따른 영향을 받지 않도록 되어 있는 것은 그렇지 않다.
  ④ 전원으로부터 각 층의 비상콘센트에 분기되는 경우에는 분기배선용 차단기를 보호함 안에 설치할 것
  ⑤ 콘센트마다 배선용 차단기(KS C 8321)를 설치해야 하며, 충전부가 노출되지 않도록 할 것
  ⑥ 개폐기에는 "비상콘센트"라고 표시한 표지를 할 것
  ⑦ 비상콘센트용의 풀박스 등은 방청도장을 한 것으로서, 두께 1.6[mm] 이상의 철판으로 할 것
  ⑧ 하나의 전용회로에 설치하는 비상콘센트는 10개 이하로 할 것. 이 경우 전선의 용량은 각 비상콘센트(비상콘센트가 3개 이상인 경우에는 3개)의 공급용량을 합한 용량 이상의 것으로 해야 한다.
(2) 비상콘센트의 플러그접속기는 접지형 2극 플러그접속기(KS C 8305)를 사용해야 한다.
(3) 비상콘센트의 플러그접속기의 칼받이의 접지극에는 접지공사를 해야 한다.

정답
① 2 이상
② 주배전반
③ 배선용 차단기
④ 충전부
⑤ 10개

---

08 비상콘센트설비의 비상전원으로 자가발전설비 또는 비상전원수전설비를 설치하지 않아도 되는 경우 2가지를 쓰시오.

득점	배점
	4

해설

비상콘센트설비의 전원 설치기준

(1) 지하층을 제외한 층수가 7층 이상으로서 연면적이 2,000[m²] 이상이거나 지하층의 바닥면적의 합계가 3,000[m²] 이상인 특정소방대상물의 비상콘센트설비에는 자가발전설비, 비상전원수전설비, 축전지설비 또는 전기저장장치(외부 전기에너지를 저장해 두었다가 필요한 때 전기를 공급하는 장치)를 비상전원으로 설치할 것
(2) 자가발전설비 또는 비상전원수전설비를 설치하지 않아도 되는 경우
  ① 2 이상의 변전소에서 전력을 동시에 공급받을 수 있는 경우
  ② 하나의 변전소로부터 전력의 공급이 중단되는 때에는 자동으로 다른 변전소로부터 전력을 공급받을 수 있도록 상용전원을 설치한 경우

정답
① 2 이상의 변전소에서 전력을 동시에 공급받을 수 있는 경우
② 하나의 변전소로부터 전력의 공급이 중단되는 때에는 자동으로 다른 변전소로부터 전력을 공급받을 수 있도록 상용전원을 설치한 경우

09 지상 31층의 특정소방대상물에 비상콘센트를 설치하고자 한다. 비상콘센트를 각 층에 1개씩 설치할 경우 최소 몇 회로가 필요한지 구하시오.

득점	배점
	4

• 계산과정 :

• 답 :

해설

비상콘센트설비

(1) 비상콘센트설비의 설치목적

소방대가 소화작업 중에 상용전원의 정전이나 상용전원의 소손으로 전원이 차단될 경우 소방대의 소화활동을 용이하게 하기 위하여 조명장치 및 소화활동상 필요한 장비 등을 접속하여 전원을 공급받을 수 있도록 하기 위한 비상전원설비이다.

(2) 비상콘센트설비의 전원회로 설치기준

① 비상콘센트설비의 전원회로는 단상교류 220[V]인 것으로서, 그 공급용량은 1.5[kVA] 이상인 것으로 할 것

② 전원회로는 각 층에 2 이상이 되도록 설치할 것. 다만, 설치해야 할 층의 비상콘센트가 1개인 때에는 하나의 회로로 할 수 있다.

③ 전원회로는 주배전반에서 전용회로로 할 것. 다만, 다른 설비회로의 사고에 따른 영향을 받지 않도록 되어 있는 것은 그렇지 않다.

④ 전원으로부터 각 층의 비상콘센트에 분기되는 경우에는 분기배선용 차단기를 보호함 안에 설치할 것

⑤ 콘센트마다 배선용 차단기(KS C 8321)를 설치해야 하며, 충전부가 노출되지 않도록 할 것

⑥ 개폐기에는 "비상콘센트"라고 표시한 표지를 할 것

⑦ 비상콘센트용의 풀박스 등은 방청도장을 한 것으로서 두께 1.6[mm] 이상의 철판으로 할 것

⑧ 하나의 전용회로에 설치하는 비상콘센트는 10개 이하로 할 것. 이 경우 전선의 용량은 각 비상콘센트(비상콘센트가 3개 이상인 경우에는 3개)의 공급용량을 합한 용량 이상의 것으로 해야 한다.

(3) 회로 수 계산

① 11층 이상에 비상콘센트를 설치하므로 11층에서 31층까지 각 층에 설치해야 한다.

∴ 각 층에 1개의 비상콘센트를 설치해야 하므로

비상콘센트의 설치개수 = (31층 − 11층) + 1개 = 21개

② 하나의 전용회로에 설치하는 비상콘센트는 10개 이하로 해야 한다.

∴ 회로 수 = $\frac{21개}{10개}$ = 2.1회로 ≒ 3회로

정답 3회로

10

다음은 특정소방대상물에 비상콘센트설비를 설치하려고 한다. 각 물음에 답하시오. [득점/배점 4]

(1) 비상콘센트의 플러그접속기는 어떤 종류의 것을 사용해야 하는지 쓰시오.
(2) 하나의 전용회로에 설치하는 비상콘센트가 7개가 있다. 이 경우 전선의 용량은 비상콘센트 몇 개의 공급용량을 합한 용량 이상의 것으로 해야 하는지 쓰시오(단, 각 비상콘센트의 공급용량은 최소로 한다).

해설

비상콘센트설비

(1) 비상콘센트설비의 플러그접속기
① 비상콘센트의 플러그접속기는 접지형 2극 플러그접속기(KS C 8305)를 사용해야 한다.
② 비상콘센트의 플러그접속기의 칼받이의 접지극에는 접지공사를 해야 한다.

(2) 비상콘센트설비의 전원회로 설치기준
① 비상콘센트설비의 전원회로는 단상교류 220[V]인 것으로서, 그 공급용량은 1.5[kVA] 이상인 것으로 할 것
② 전원회로는 각 층에 2 이상이 되도록 설치할 것. 다만, 설치해야 할 층의 비상콘센트가 1개인 때에는 하나의 회로로 할 수 있다.
③ 전원회로는 주배전반에서 전용회로로 할 것. 다만, 다른 설비회로의 사고에 따른 영향을 받지 않도록 되어 있는 것은 그렇지 않다.
④ 전원으로부터 각 층의 비상콘센트에 분기되는 경우에는 분기배선용 차단기를 보호함 안에 설치할 것
⑤ 콘센트마다 배선용 차단기(KS C 8321)를 설치해야 하며, 충전부가 노출되지 않도록 할 것
⑥ 개폐기에는 "비상콘센트"라고 표시한 표지를 할 것
⑦ 비상콘센트용의 풀박스 등은 방청도장을 한 것으로서, 두께 1.6[mm] 이상의 철판으로 할 것
⑧ 하나의 전용회로에 설치하는 비상콘센트는 10개 이하로 할 것. 이 경우 전선의 용량은 각 비상콘센트(비상콘센트가 3개 이상인 경우에는 3개)의 공급용량을 합한 용량 이상의 것으로 해야 한다.

정답 (1) 접지형 2극 플러그접속기
(2) 3개 이상

11

비상콘센트설비에 대한 다음 각 물음에 답하시오. [득점/배점 4]

(1) 비상콘센트설비의 전원부와 외함 사이의 절연저항을 500[V] 절연저항계로 측정하였더니 30[MΩ]이었다. 이 설비에 대한 절연저항의 적합성 여부를 구분하고 그 이유를 설명하시오.
① 적합성 여부 :
② 이유 :
(2) 비상콘센트설비의 보호함 상부에는 무슨 색의 표시등을 설치해야 하는지 쓰시오.

해설

비상콘센트설비

(1) 비상콘센트설비의 전원부와 외함 사이의 절연저항 및 절연내력 기준
   ① 절연저항은 전원부와 외함 사이를 500[V] 절연저항계로 측정할 때 20[MΩ] 이상일 것
   ② 절연내력은 전원부와 외함 사이에 정격전압이 150[V] 이하인 경우에는 1,000[V]의 실효전압을, 정격전압이 150[V] 초과인 경우에는 그 정격전압에 2를 곱하여 1,000을 더한 실효전압을 가하는 시험에서 1분 이상 견디는 것으로 할 것

참고

각 소방시설별 절연저항시험

소방시설	측정위치	절연저항계	절연저항값
• 비상경보설비 • 비상방송설비 • 자동화재탐지설비	• 전로와 대지 사이 • 배선상호 간	250[V]	0.1[MΩ] 이상
비상콘센트설비	전원부와 외함 사이	500[V]	20[MΩ] 이상

(2) 보호함의 설치기준
   ① 보호함에는 쉽게 개폐할 수 있는 문을 설치할 것
   ② 보호함 표면에 "비상콘센트"라고 표시한 표지를 할 것
   ③ 보호함 상부에 적색의 표시등을 설치할 것. 다만, 비상콘센트의 보호함을 옥내소화전함 등과 접속하여 설치하는 경우에는 옥내소화전함 등의 표시등과 겸용할 수 있다.

정답 (1) ① 적합 ② 절연저항계로 측정했을 경우 20[MΩ] 이상이면 적합함
  (2) 적색

---

12 다음은 비상콘센트설비의 화재안전기술기준에서 정하는 비상콘센트 보호함의 설치기준이다. ( ) 안에 알맞은 내용을 쓰시오.

득점	배점
	5

(1) 보호함에는 쉽게 개폐할 수 있는 (①)을 설치할 것
(2) 보호함 (②)에 "비상콘센트"라고 표시한 표지를 할 것
(3) 보호함 상부에 (③)의 (④)을 설치할 것. 다만, 비상콘센트의 보호함을 옥내소화전함 등과 접속하여 설치하는 경우에는 (⑤) 등의 표시등과 겸용할 수 있다.

해설

비상콘센트 보호함의 설치기준

(1) 보호함에는 쉽게 개폐할 수 있는 문을 설치할 것
(2) 보호함 표면에 "비상콘센트"라고 표시한 표지를 할 것
(3) 보호함 상부에 적색의 표시등을 설치할 것. 다만, 비상콘센트의 보호함을 옥내소화전함 등과 접속하여 설치하는 경우에는 옥내소화전함 등의 표시등과 겸용할 수 있다.

정답 ① 문 ② 표면
  ③ 적색 ④ 표시등
  ⑤ 옥내소화전함

13 비상콘센트설비에 대한 다음 각 물음에 답하시오. [득점 / 배점 6]

(1) 비상콘센트설비의 설치목적을 쓰시오.
(2) 비상콘센트 1개당 접지선을 포함하여 최소 전선 가닥수를 쓰시오.
(3) 전원 220[V]에 1[kW]의 송풍기를 운전하는 경우 이 회로에 흐르는 전류[A]를 구하시오(단, 역률은 90[%]이다).
  • 계산과정 :
  • 답 :

해설

비상콘센트설비

(1) 비상콘센트설비의 설치목적
  소방대가 소화작업 중에 상용전원의 정전이나 상용전원의 소손으로 전원이 차단될 경우 소방대의 소화활동을 용이하게 하기 위하여 조명장치 및 소화활동상 필요한 장비 등을 접속하여 전원을 공급받을 수 있도록 하기 위한 비상전원설비이다.

(2) 비상콘센트설비의 전선 가닥수
  비상콘센트설비의 화재안전기술기준에서 전원회로는 단상교류 220[V]인 것으로 해야 한다. 따라서, 단상 전원선 2가닥과 접지선(1가닥)을 포함하므로 전선은 총 3가닥으로 배선한다.

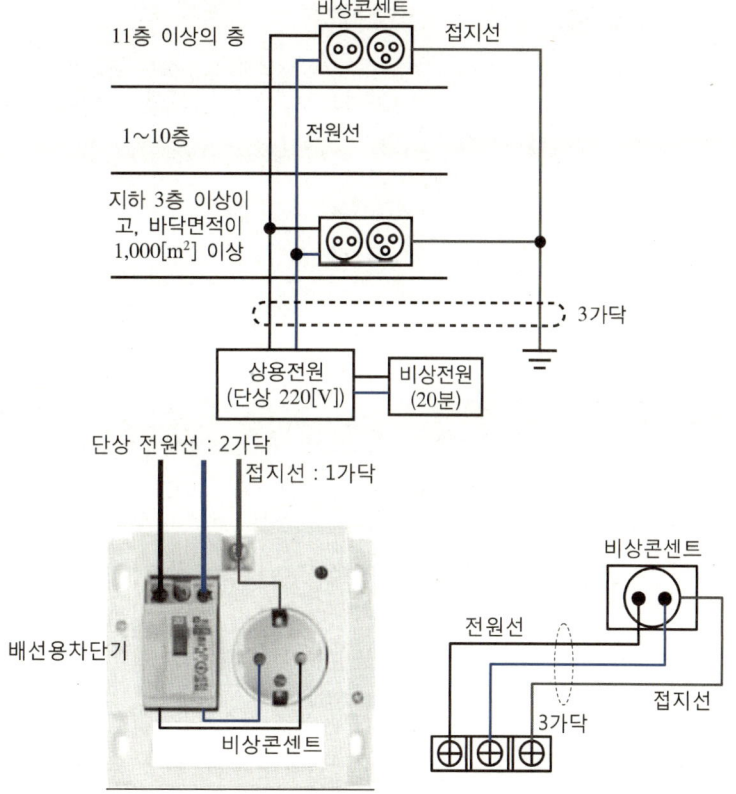

(3) 단상 교류전류

$$P = IV\cos\theta \, [\text{W}]$$

여기서, P : 소비전력(1[kW]=1,000[W])　　　I : 전류[A]
　　　　V : 전압(220[V])　　　　　　　　　$\cos\theta$: 역률(90[%]=0.9)

∴ 전류 $I = \dfrac{P}{V\cos\theta} = \dfrac{1,000[\text{W}]}{220[\text{V}] \times 0.9} = 5.05[\text{A}]$

정답 (1) 소방대가 소화작업 중에 상용전원의 정전이나 상용전원의 소손으로 전원이 차단될 경우 소방대의 소화활동을 용이하게 하기 위하여 조명장치 및 소화활동상 필요한 장비 등을 접속하여 전원을 공급받을 수 있도록 하기 위한 설비이다.
　　　(2) 3가닥
　　　(3) 5.05[A]

14
다음은 지상 15층의 특정소방대상물에 비상콘센트설비를 설치하고자 한다. 각 물음에 답하시오.

(1) 단상교류 220[V]를 공급할 경우 간선의 허용전류는 몇 [A] 이상인지 구하시오(단, 역률은 85[%]이고, 여유율은 1.25이다).
- 계산과정 :
- 답 :

(2) 이 특정소방대상물에 설치해야 하는 비상콘센트의 개수를 구하시오.

해설

비상콘센트설비

(1) 비상콘센트설비의 허용전류 계산
  ① 비상콘센트설비의 전원회로는 단상교류 220[V]인 것으로서, 그 공급용량은 1.5[kVA] 이상인 것으로 할 것
  ② 하나의 전용회로에 설치하는 비상콘센트는 10개 이하로 할 것. 이 경우 전선의 용량은 각 비상콘센트(비상콘센트가 3개 이상인 경우에는 3개)의 공급용량을 합한 용량 이상의 것으로 해야 한다.
  ③ 피상전력

$$nP_a = IV \text{[VA]}$$

  여기서, P_a : 피상전력(1.5[kVA]=1,500[VA])
  I : 전류[A]
  V : 전압(220[V])
  n : 비상콘센트 설치개수(최대 3개)

  ∴ 정격전류 $I = \dfrac{nP_a}{V} = \dfrac{3개 \times 1,500\text{[VA]}}{220\text{[V]}} = 20.45\text{[A]}$

  ④ 간선의 허용전류

$$I_a = IS \text{ [A]}$$

  여기서, I : 전류(20.45[A])
  S : 여유율(1.25)

  ∴ 허용전류 $I_a = IS = 20.45\text{[A]} \times 1.25 = 25.56\text{[A]}$

(2) 비상콘센트설비를 설치해야 하는 특정소방대상물(소방시설법 영 별표 4)
  ① 층수가 11층 이상인 특정소방대상물의 경우에는 11층 이상의 층
  ② 지하층의 층수가 3층 이상이고, 지하층의 바닥면적의 합계가 1,000[m^2] 이상인 것은 지하층의 모든 층
  ③ 터널로서 길이가 500[m] 이상인 것
  ∴ 층수가 11층 이상인 특정소방대상물의 경우에는 11층 이상의 층에 비상콘센트를 설치해야 하므로 비상콘센트는 5개(11층, 12층, 13층, 14층, 15층)를 설치해야 한다.

정답 (1) 25.56[A] 이상
(2) 5개

제2절 무선통신보조설비

핵심이론 01 | 무선통신보조설비의 설치대상 및 용어 정의

(1) 무선통신보조설비를 설치해야 하는 특정소방대상물(소방시설법 영 별표 4)

① 지하상가로서 연면적 1,000[m^2] 이상인 것
② 지하층의 바닥면적의 합계가 3,000[m^2] 이상인 것 또는 지하층의 층수가 3층 이상이고 지하층의 바닥면적의 합계가 1,000[m^2] 이상인 것은 지하층의 모든 층
③ 터널로서 길이가 500[m] 이상인 것
④ 지하구 중 공동구
⑤ 층수가 30층 이상인 것으로서 16층 이상 부분의 모든 층
　[설치제외] 지하층으로서 특정소방대상물의 바닥부분 2면 이상이 지표면과 동일하거나 지표면으로부터의 깊이가 1[m] 이하인 경우에는 해당 층에 한해 무선통신보조설비를 설치하지 않을 수 있다.

(2) 무선통신보조설비의 용어 정의

① **누설동축케이블** : 동축케이블의 외부도체에 가느다란 홈을 만들어서 전파가 외부로 새어 나갈 수 있도록 한 케이블을 말한다.
② **분배기** : 신호의 전송로가 분기되는 장소에 설치하는 것으로 임피던스 매칭(Matching)과 신호 균등분배를 위해 사용하는 장치를 말한다.
③ **분파기** : 서로 다른 주파수의 합성된 신호를 분리하기 위해서 사용하는 장치를 말한다.
④ **혼합기** : 2 이상의 입력신호를 원하는 비율로 조합한 출력이 발생하도록 하는 장치를 말한다.
⑤ **증폭기** : 전압·전류의 진폭을 늘려 감도 등을 개선하는 장치를 말한다.
⑥ **무선중계기** : 안테나를 통하여 수신된 무전기 신호를 증폭한 후 음영지역에 재방사하여 무전기 상호 간 송수신이 가능하도록 하는 장치를 말한다.
⑦ **옥외안테나** : 감시제어반 등에 설치된 무선중계기의 입력과 출력포트에 연결되어 송수신 신호를 원활하게 방사·수신하기 위해 옥외에 설치하는 장치를 말한다.
⑧ **임피던스** : 교류 회로에 전압이 가해졌을 때 전류의 흐름을 방해하는 값으로서 교류 회로에서의 전류에 대한 전압의 비를 말한다.

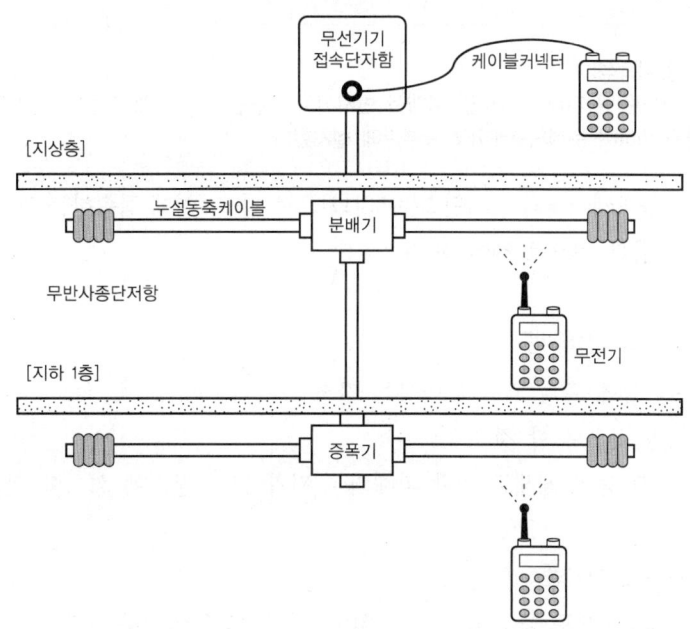

핵심이론 02 | 누설동축케이블·분배기·증폭기 등의 설치기준

(1) 누설동축케이블의 설치기준

① 소방전용 주파수대에서 전파의 전송 또는 복사에 적합한 것으로서 소방전용의 것으로 할 것. 다만, 소방대 상호 간의 무선 연락에 지장이 없는 경우에는 다른 용도와 겸용할 수 있다.

② 누설동축케이블과 이에 접속하는 안테나 또는 동축케이블과 이에 접속하는 안테나로 구성할 것

③ 누설동축케이블 및 동축케이블은 불연 또는 난연성의 것으로서 습기 등의 환경조건에 따라 전기의 특성이 변질되지 않는 것으로 하고, 노출하여 설치한 경우에는 피난 및 통행에 장애가 없도록 할 것

④ 누설동축케이블 및 동축케이블은 화재에 따라 해당 케이블의 피복이 소실된 경우에 케이블 본체가 떨어지지 않도록 4[m] 이내마다 금속제 또는 자기제 등의 지지금구로 벽·천장·기둥 등에 견고하게 고정할 것. 다만, 불연재료로 구획된 반자 안에 설치하는 경우에는 그렇지 않다.

⑤ 누설동축케이블 및 안테나는 금속판 등에 따라 전파의 복사 또는 특성이 현저하게 저하되지 않는 위치에 설치할 것

⑥ 누설동축케이블 및 안테나는 고압의 전로로부터 1.5[m] 이상 떨어진 위치에 설치할 것. 다만, 해당 전로에 정전기 차폐장치를 유효하게 설치한 경우에는 그렇지 않다.

⑦ 누설동축케이블의 끝부분에는 무반사 종단저항을 견고하게 설치할 것

> **참고**
>
> **무반사 종단저항 설치목적**
> 누설동축케이블로 전송된 전자파가 케이블 끝에서 반사되어 교신을 방해하게 되는데, 송신부로 되돌아오는 전자파가 반사되지 않도록 하기 위하여 누설동축케이블 끝부분에 설치한다.

⑧ 누설동축케이블 및 동축케이블의 임피던스는 50[Ω]으로 하고, 이에 접속하는 안테나·분배기 기타의 장치는 해당 임피던스에 적합한 것으로 해야 한다.

(2) 분배기·분파기·혼합기의 설치기준

① 먼지·습기 및 부식 등에 따라 기능에 이상을 가져오지 않도록 할 것
② 임피던스는 50[Ω]의 것으로 할 것
③ 점검에 편리하고 화재 등의 재해로 인한 피해의 우려가 없는 장소에 설치할 것

(3) 증폭기 및 무선중계기의 설치기준

① 상용전원은 전기가 정상적으로 공급되는 축전지설비, 전기저장장치(외부 전기에너지를 저장해 두었다가 필요한 때 전기를 공급하는 장치) 또는 교류전압의 옥내 간선으로 하고, 전원까지의 배선은 전용으로 할 것
② 증폭기의 전면에는 주 회로 전원의 정상 여부를 표시할 수 있는 표시등 및 전압계를 설치할 것
③ 증폭기에는 비상전원이 부착된 것으로 하고 해당 비상전원 용량은 무선통신보조설비를 유효하게 30분 이상 작동시킬 수 있는 것으로 할 것
④ 증폭기 및 무선중계기를 설치하는 경우에는 전파법 제58조의2에 따른 적합성평가를 받은 제품으로 설지하고 임의로 변경하지 않도록 할 것
⑤ 디지털 방식의 무전기를 사용하는데 지장이 없도록 설치할 것

EXERCISE 03-2 무선통신보조설비

01 무선통신보조설비의 화재안전기술기준에서 정하는 분배기, 분파기, 혼합기의 정의를 간단하게 쓰시오.

득점	배점
	6

(1) 분배기의 정의를 쓰시오.
(2) 분파기의 정의를 쓰시오.
(3) 혼합기의 정의를 쓰시오.

해설

무선통신보조설비의 용어 정의
(1) 분배기 : 신호의 전송로가 분기되는 장소에 설치하는 것으로 임피던스 매칭(Matching)과 신호 균등분배를 위해 사용하는 장치를 말한다.
(2) 분파기 : 서로 다른 주파수의 합성된 신호를 분리하기 위해서 사용하는 장치를 말한다.
(3) 혼합기 : 2 이상의 입력신호를 원하는 비율로 조합한 출력이 발생하도록 하는 장치를 말한다.
(4) 누설동축케이블 : 동축케이블의 외부도체에 가느다란 홈을 만들어서 전파가 외부로 새어 나갈 수 있도록 한 케이블을 말한다.
(5) 증폭기 : 전압·전류의 진폭을 늘려 감도 등을 개선하는 장치를 말한다.
(6) 무선중계기 : 안테나를 통하여 수신된 무전기 신호를 증폭한 후 음영지역에 재방사하여 무전기 상호 간 송수신이 가능하도록 하는 장치를 말한다.
(7) 옥외안테나 : 감시제어반 등에 설치된 무선중계기의 입력과 출력포트에 연결되어 송수신 신호를 원활하게 방사·수신하기 위해 옥외에 설치하는 장치를 말한다.
(8) 임피던스 : 교류 회로에 전압이 가해졌을 때 전류의 흐름을 방해하는 값으로서 교류 회로에서의 전류에 대한 전압의 비를 말한다.

정답
(1) 신호의 전송로가 분기되는 장소에 설치하는 것으로 임피던스 매칭(Matching)과 신호 균등분배를 위해 사용하는 장치를 말한다.
(2) 서로 다른 주파수의 합성된 신호를 분리하기 위해서 사용하는 장치를 말한다.
(3) 2 이상의 입력신호를 원하는 비율로 조합한 출력이 발생하도록 하는 장치를 말한다.

02 다음은 무선통신보조설비의 화재안전기술기준에서 정하는 누설동축케이블 및 동축케이블의 설치기준이다. ( ) 안에 알맞은 내용을 쓰시오.

[득점 / 배점 6]

- 누설동축케이블 및 동축케이블은 (①)의 것으로서 습기 등의 환경조건에 따라 전기의 특성이 변질되지 않는 것으로 하고, 노출하여 설치한 경우에는 피난 및 통행에 장애가 없도록 할 것
- 누설동축케이블 및 동축케이블은 화재에 따라 해당 케이블의 피복이 소실된 경우에 케이블 본체가 떨어지지 않도록 (②)[m] 이내마다 금속제 또는 자기제 등의 지지금구로 벽·천장·기둥 등에 견고하게 고정할 것. 다만, 불연재료로 구획된 반자 안에 설치하는 경우에는 그렇지 않다.
- 누설동축케이블 및 안테나는 고압의 전로로부터 (③)[m] 이상 떨어진 위치에 설치할 것. 다만, 해당 전로에 (④)를 유효하게 설치한 경우에는 그렇지 않다.
- 누설동축케이블의 끝부분에는 (⑤)을 견고하게 설치할 것
- 누설동축케이블 및 동축케이블의 임피던스는 (⑥)[Ω]으로 하고, 이에 접속하는 안테나·분배기 기타의 장치는 해당 임피던스에 적합한 것으로 해야 한다.

해설
무선통신보조설비의 누설동축케이블 및 동축케이블 설치기준
(1) 소방전용 주파수대에서 전파의 전송 또는 복사에 적합한 것으로서 소방전용의 것으로 할 것. 다만, 소방대 상호 간의 무선 연락에 지장이 없는 경우에는 다른 용도와 겸용할 수 있다.
(2) 누설동축케이블과 이에 접속하는 안테나 또는 동축케이블과 이에 접속하는 안테나로 구성할 것
(3) 누설동축케이블 및 동축케이블은 불연 또는 난연성의 것으로서 습기 등의 환경조건에 따라 전기의 특성이 변질되지 않는 것으로 하고, 노출하여 설치한 경우에는 피난 및 통행에 장애가 없도록 할 것
(4) 누설동축케이블 및 동축케이블은 화재에 따라 해당 케이블의 피복이 소실된 경우에 케이블 본체가 떨어지지 않도록 4[m] 이내마다 금속제 또는 자기제 등의 지지금구로 벽·천장·기둥 등에 견고하게 고정할 것. 다만, 불연재료로 구획된 반자 안에 설치하는 경우에는 그렇지 않다.
(5) 누설동축케이블 및 안테나는 금속판 등에 따라 전파의 복사 또는 특성이 현저하게 저하되지 않는 위치에 설치할 것
(6) 누설동축케이블 및 안테나는 고압의 전로로부터 1.5[m] 이상 떨어진 위치에 설치할 것. 다만, 해당 전로에 정전기 차폐장치를 유효하게 설치한 경우에는 그렇지 않다.
(7) 누설동축케이블의 끝부분에는 무반사 종단저항을 견고하게 설치할 것
(8) 누설동축케이블 및 동축케이블의 임피던스는 50[Ω]으로 하고, 이에 접속하는 안테나·분배기 기타의 장치는 해당 임피던스에 적합한 것으로 해야 한다.

정답
① 불연 또는 난연성 ② 4
③ 1.5 ④ 정전기 차폐장치
⑤ 무반사 종단저항 ⑥ 50

03 다음은 무선통신보조설비의 화재안전기술기준에서 정하는 누설동축케이블 및 동축케이블의 설치기준이다. 각 물음에 답하시오.

득점	배점
	4

(1) 누설동축케이블 및 동축케이블은 화재에 따라 해당 케이블의 피복이 소실된 경우에 케이블 본체가 떨어지지 않도록 4[m] 이내마다 금속제 또는 자기제 등의 지지금구로 벽·천장·기둥 등에 견고하게 고정해야 한다. 어떤 경우에 그렇게 하지 않아도 되는지 쓰시오.
(2) 누설동축케이블의 끝부분에는 어떤 종류의 종단저항을 견고하게 설치해야 하는지 쓰시오.
(3) 누설동축케이블 및 안테나는 고압의 전로로부터 몇 [m] 이상 떨어진 위치에 설치해야 하는지 쓰시오.
(4) 누설동축케이블 및 동축케이블의 임피던스는 몇 [Ω]으로 해야 하는지 쓰시오.

해설

무선통신보조설비의 누설동축케이블 및 동축케이블 설치기준
(1) 소방전용 주파수대에서 전파의 전송 또는 복사에 적합한 것으로서 소방전용의 것으로 할 것. 다만, 소방대 상호 간의 무선 연락에 지장이 없는 경우에는 다른 용도와 겸용할 수 있다.
(2) 누설동축케이블과 이에 접속하는 안테나 또는 동축케이블과 이에 접속하는 안테나로 구성할 것
(3) 누설동축케이블 및 동축케이블은 불연 또는 난연성의 것으로서 습기 등의 환경조건에 따라 전기의 특성이 변질되지 않는 것으로 하고, 노출하여 설치한 경우에는 피난 및 통행에 장애가 없도록 할 것
(4) 누설동축케이블 및 동축케이블은 화재에 따라 해당 케이블의 피복이 소실된 경우에 케이블 본체가 떨어지지 않도록 4[m] 이내마다 금속제 또는 자기제 등의 지지금구로 벽·천장·기둥 등에 견고하게 고정할 것. 다만, 불연재료로 구획된 반자 안에 설치하는 경우에는 그렇지 않다.
(5) 누설동축케이블 및 안테나는 금속판 등에 따라 전파의 복사 또는 특성이 현저하게 저하되지 않는 위치에 설치할 것
(6) 누설동축케이블 및 안테나는 고압의 전로로부터 1.5[m] 이상 떨어진 위치에 설치할 것. 다만, 해당 전로에 정전기 차폐장치를 유효하게 설치한 경우에는 그렇지 않다.
(7) 누설동축케이블의 끝부분에는 무반사 종단저항을 견고하게 설치할 것
(8) 누설동축케이블 및 동축케이블의 임피던스는 50[Ω]으로 하고, 이에 접속하는 안테나·분배기 기타의 장치는 해당 임피던스에 적합한 것으로 해야 한다.

정답
(1) 불연재료로 구획된 반자 안에 설치하는 경우
(2) 무반사 종단저항
(3) 1.5[m] 이상
(4) 50[Ω]

04

다음은 무선통신보조설비의 화재안전기술기준에서 정하는 무반사 종단저항의 설치위치와 설치목적을 쓰시오.

(1) 설치위치
(2) 설치목적

해설

무반사 종단저항의 설치위치와 설치목적
(1) 설치위치 : 누설동축케이블의 끝부분
(2) 설치목적 : 누설동축케이블로 전송된 전자파가 누설동축케이블 끝에서 반사되어 교신을 방해하게 되는데, 송신부로 되돌아오는 전자파가 반사되지 않도록 하기 위하여 누설동축케이블 끝부분에 설치한다.

정답
① 누설동축케이블의 끝부분
② 누설동축케이블로 전송된 전자파가 누설동축케이블 끝에서 반사되어 교신을 방해하는 것을 방지하기 위하여 설치한다.

05

무선통신보조설비의 화재안전기술기준에서 정하는 분배기·분파기·혼합기 등의 설치기준 3가지를 쓰시오.

해설

분배기·분파기 및 혼합기 등의 설치기준
(1) 먼지·습기 및 부식 등에 따라 기능에 이상을 가져오지 않도록 할 것
(2) 임피던스는 50[Ω]의 것으로 할 것
(3) 점검에 편리하고 화재 등의 재해로 인한 피해의 우려가 없는 장소에 설치할 것

정답
① 먼지·습기 및 부식 등에 따라 기능에 이상을 가져오지 않도록 할 것
② 임피던스는 50[Ω]의 것으로 할 것
③ 점검에 편리하고 화재 등의 재해로 인한 피해의 우려가 없는 장소에 설치할 것

06

다음은 누설동축케이블 및 증폭기에 대한 내용이다. 각 물음에 답하시오.

(1) 누설동축케이블 및 동축케이블은 화재에 따라 해당 케이블의 피복이 소실된 경우에 케이블 본체가 떨어지지 않도록 몇 [m] 이내마다 금속제 또는 자기제 등의 지지금구로 벽·천장·기둥 등에 견고하게 고정해야 하는지 쓰시오.
(2) 누설동축케이블 및 동축케이블, 분배기, 분파기, 혼합기 등의 임피던스는 몇 [Ω]의 것으로 해야 하는지 쓰시오.
(3) 증폭기에는 비상전원이 부착된 것으로 하고 해당 비상전원용량은 무선통신보조설비를 유효하게 몇 분 이상 작동시킬 수 있는 것으로 해야 하는지 쓰시오.

해설

무선통신보조설비

(1) 누설동축케이블 및 동축케이블 설치기준
  ① 누설동축케이블 및 동축케이블은 화재에 따라 해당 케이블의 피복이 소실된 경우에 케이블 본체가 떨어지지 않도록 4[m] 이내마다 금속제 또는 자기제 등의 지지금구로 벽·천장·기둥 등에 견고하게 고정할 것. 다만, 불연재료로 구획된 반자 안에 설치하는 경우에는 그렇지 않다.
  ② 누설동축케이블 및 동축케이블의 임피던스는 50[Ω]으로 하고, 이에 접속하는 안테나·분배기 기타의 장치는 해당 임피던스에 적합한 것으로 해야 한다.
(2) 분배기·분파기 및 혼합기 등의 설치기준
  ① 먼지·습기 및 부식 등에 따라 기능에 이상을 가져오지 않도록 할 것
  ② 임피던스는 50[Ω]의 것으로 할 것
  ③ 점검에 편리하고 화재 등의 재해로 인한 피해의 우려가 없는 장소에 설치할 것
(3) 증폭기 및 무선중계기의 설치기준
  ① 증폭기의 전면에는 주 회로 전원의 정상 여부를 표시할 수 있는 표시등 및 전압계를 설치할 것
  ② 증폭기에는 비상전원이 부착된 것으로 하고 해당 비상전원 용량은 무선통신보조설비를 유효하게 30분 이상 작동시킬 수 있는 것으로 할 것

정답
(1) 4[m] 이내
(2) 50[Ω]
(3) 30분 이상

---

07 다음은 무선통신보조설비에서 누설동축케이블에 표시되어 있는 기호이다. 각 기호의 의미를 보기에서 찾아 쓰시오.

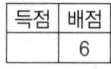

$$\underset{①}{\text{LCX}} - \underset{②}{\text{FR}} - \underset{③}{\text{SS}} - \underset{④\;⑤}{20\text{D}} - \underset{⑥\;⑦}{14\;6}$$

보기

- 난연성(내열성)
- 누설동축케이블
- 특성임피던스
- 자기지지
- 절연체 외경
- 사용 주파수

물음

① :   ② :   ③ :
④ :   ⑤ :   ⑥ :
⑦ : 결합손실

해설

누설동축케이블

(1) 누설동축케이블의 종류
   ① LCX Cable(Leakage Coaxial Cable) : 동축케이블의 외부도체에 가느다란 홈(Slot)을 만들어서 전파가 외부로 새어 나갈 수 있도록 한 케이블이다.
   ② RFCX Cable(Radiation High Foamed Coaxial Cable) : 방사형 누설동축케이블은 고발포 폴리에틸렌 절연체 위에 외부도체로 주름상의 구리관에 슬롯을 낸 구조이다.

   참고

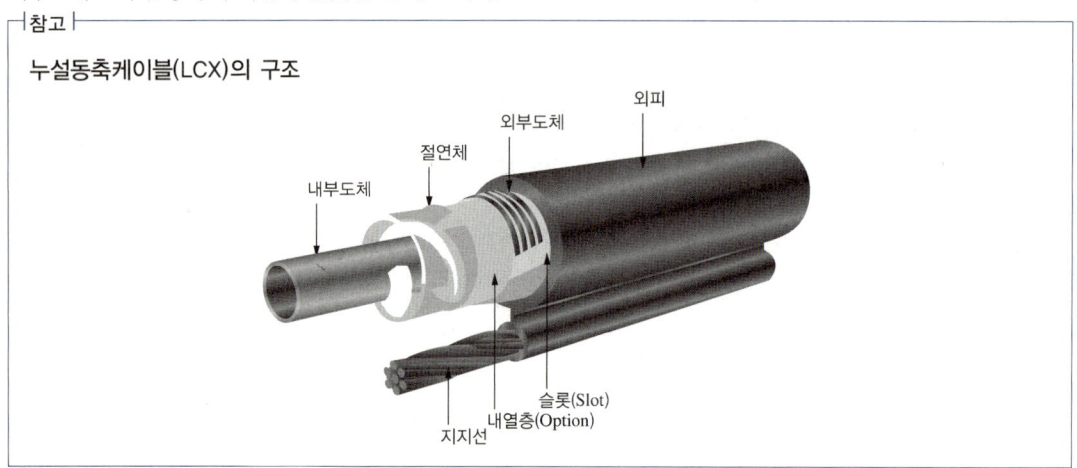

   누설동축케이블(LCX)의 구조

(2) 누설동축케이블의 표시
   ① LCX(Leaky Coaxial Cable) : 누설동축케이블
   ② FR(Flame Resistance) : 난연성(내열성)
   ③ SS(Self Supporting) : 자기지지
   ④ 20 : 절연체 외경(20[mm])
   ⑤ D : 특성임피던스(C - 75[Ω], D - 50[Ω])
   ⑥ 14 : 사용 주파수(1 - 150[MHz], 4 - 450[MHz])
   ⑦ 6 : 결합손실

정답 ① : 누설동축케이블
   ② : 난연성(내열성)
   ③ : 자기지지
   ④ : 절연체 외경
   ⑤ : 특성임피던스
   ⑥ : 사용 주파수

제3절 제연설비·자동방화문설비

핵심이론 01 | 제연설비

(1) 제연설비의 개요

① 화재가 발생한 거실의 연기를 배출함과 동시에 옥외의 신선한 공기를 공급하여 거주자들이 안전하게 피난하고, 소방대가 원활한 소화활동을 할 수 있도록 연기를 제어하는 설비이다.

② 거실의 배연(배연창)설비 : 6층 이상인 건축물로서 제2종 근린생활시설(공연장, 종교집회장, 인터넷 컴퓨터게임시설 제공업소), 문화 및 집회시설, 종교시설, 판매시설, 운수시설, 의료시설(요양병원 및 정신병원은 제외), 교육연구시설 중 연구소, 노유자시설 중 아동 관련 시설, 노인복지시설(노인요양시설은 제외), 수련시설 중 유스호스텔, 운동시설, 업무시설, 숙박시설, 위락시설, 관광휴게시설, 장례시설, 의료시설 중 요양병원 및 정신병원, 노유자시설 중 노인요양시설·장애인 거주시설 및 장애인 의료재활시설, 제1종 근린생활시설 중 산후조리원에는 배연설비를 설치해야 한다. 단, 피난층의 거실은 제외한다.

(2) 제연경계벽

① **제역경계** : 연기를 예상제연구역 내에 가두거나 이동을 억제하기 위한 보 또는 제연경계벽을 말한다.

② **제연경계벽** : 제연경계가 되는 가동형 또는 고정형의 벽을 말한다.

(3) 제연설비의 기동

가동식의 벽·제연경계벽·댐퍼 및 배출기의 작동은 화재감지기와 연동되어야 하며 예상제연구역(또는 인접장소) 및 제어반에서 수동으로 기동이 가능하도록 해야 한다.

(4) 특별피난계단의 계단실 및 부속실 제연설비의 수동기동장치 설치기준

배출댐퍼 및 개폐기의 직근과 제연구역에는 다음의 기준에 따른 장치의 작동을 위하여 전용의 수동기동장치를 설치하고 스위치는 바닥으로부터 0.8[m] 이상 1.5[m] 이하의 높이에 설치해야 한다. 다만, 계단실 및 그 부속실을 동시에 제연하는 제연구역에는 그 부속실에만 설치할 수 있다.

① 전 층의 제연구역에 설치된 급기댐퍼의 개방

② 해당 층의 배출댐퍼 또는 개폐기의 개방

③ 급기송풍기 및 유입공기의 배출용 송풍기(설치한 경우에 한한다)의 작동

④ 개방·고정된 모든 출입문(제연구역과 옥내 사이의 출입문에 한한다)의 개폐장치의 작동

(5) 제연설비의 전선 가닥수 및 배선의 용도
① 제연설비의 전선 가닥수 및 배선의 용도

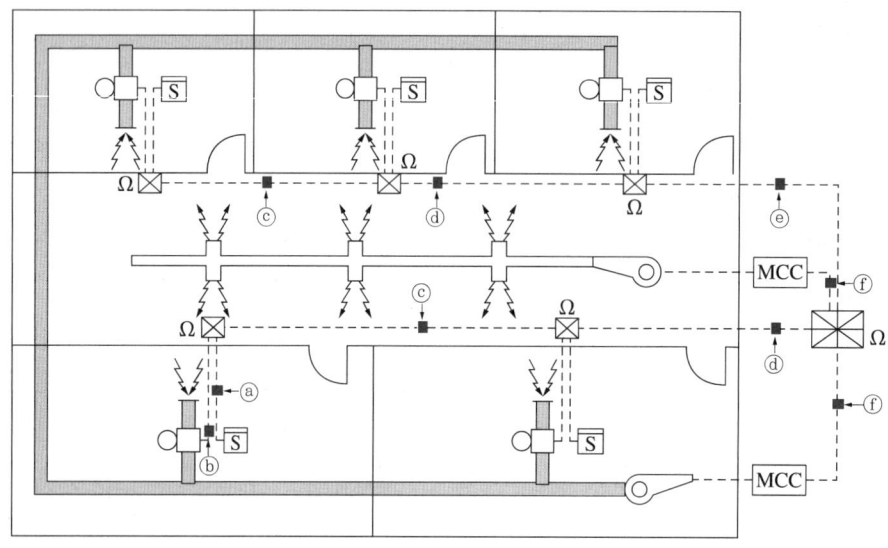

㉠ 기동 댐퍼방식

기호	구분	배선 가닥수	배선의 용도
ⓐ	감지기 ↔ 수동조작함	4	지구 2, 공통 2 ※ 감지기회로는 송배선식으로 배선해야 하므로 루프로 된 부분은 2가닥, 그 밖에는 4가닥으로 배선해야 한다.
ⓑ	댐퍼 ↔ 수동조작함	4	전원 ⊖·⊕, 기동, 기동확인표시등
ⓒ	수동조작함 ↔ 수동조작함	5	전원 ⊖·⊕, 지구, 기동, 기동확인표시등
ⓓ	수동조작함 ↔ 수동조작함	8	전원 ⊖·⊕, (지구, 기동, 기동확인표시등)×2
ⓔ	수동조작함 ↔ 수신반	11	전원 ⊖·⊕, (지구, 기동, 기동확인표시등)×3
ⓕ	MCC ↔ 수신반	5	공통, 기동, 정지, 전원표시등, 기동확인표시등

㉡ 기동, 복구형 댐퍼방식

기호	구분	배선 가닥수	배선의 용도
ⓐ	감지기 ↔ 수동조작함	4	지구 2, 공통 2 ※ 감지기회로는 송배선식으로 배선해야 하므로 루프로 된 부분은 2가닥, 그 밖에는 4가닥으로 배선해야 한다.
ⓑ	댐퍼 ↔ 수동조작함	5	전원 ⊖·⊕, 복구, 기동, 기동확인표시등
ⓒ	수동조작함 ↔ 수동조작함	6	전원 ⊖·⊕, 복구, 지구, 기동, 기동확인표시등
ⓓ	수동조작함 ↔ 수동조작함	9	전원 ⊖·⊕, 복구, (지구, 기동, 기동확인표시등)×2
ⓔ	수동조작함 ↔ 수신반	12	전원 ⊖·⊕, 복구, (지구, 기동, 기동확인표시등)×3
ⓕ	MCC ↔ 수신반	5	공통, 기동(기동스위치), 정지(정지스위치), 전원표시등, 기동확인표시등

② 배연창설비의 전선 가닥수 및 배선의 용도
  ㉠ 솔레노이드방식

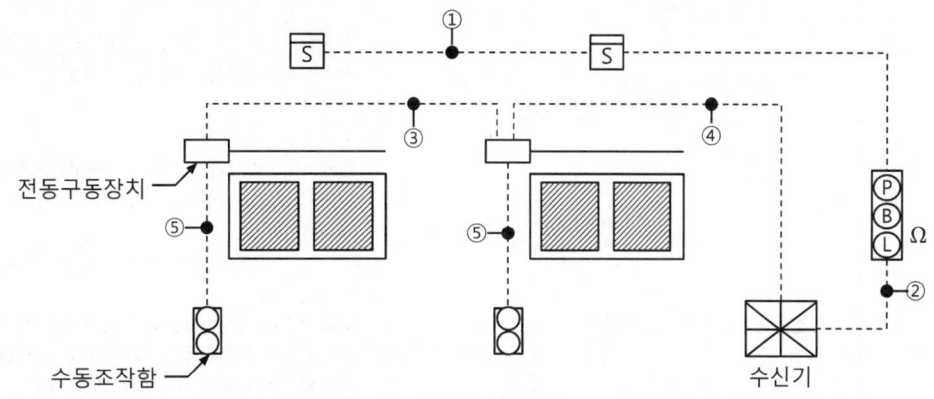

기호	구분	전선 가닥수	배선의 용도
①	감지기 ↔ 감지기	4	지구선 2, 지구공통선 2 ※ 감지기회로는 송배선식으로 배선해야 하므로 루프로 된 부분은 2가닥, 그 밖에는 4가닥으로 배선해야 한다.
②	발신기 ↔ 수신기	6	지구선 1, 지구공통선 1, 응답선 1, 경종선 1, 표시등선 1, 경종·표시등 공통선 1
③	전동구동장치 ↔ 전동구동장치	3	기동(배연창 개방) 1, 기동확인(배연창 개방확인) 1, 공통 1 ※ 전동구동장치에는 기동, 기동확인(배연창 개방확인), 공통을 각각 1가닥으로 배선한다.
④	전동구동장치 ↔ 수신기	5	(기동 1, 기동확인 1)×2, 공통 1 ※ 전동구동장치가 2개가 있으므로 기본 전선 가닥수에 기동과 기동확인(배연창 개방확인) 각각 1가닥씩 추가하여 배선한다.
⑤	전동구동장치 ↔ 수동조작함	3	기동 1, 기동확인 1, 공통 1

  ㉡ 모터방식

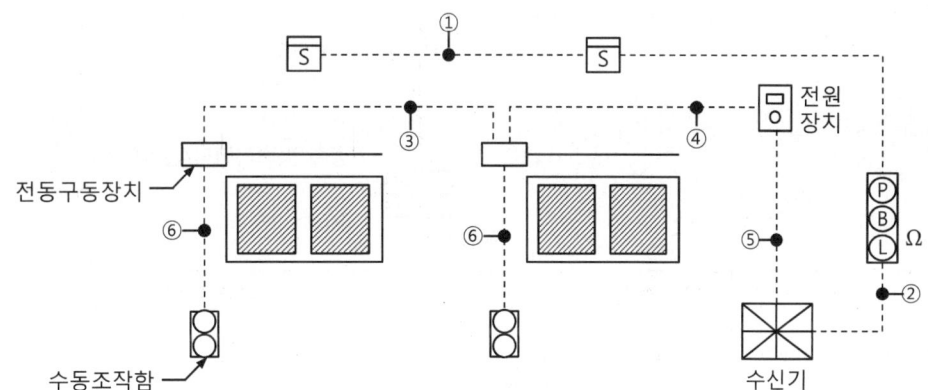

기호	구분	배선 가닥수	배선의 용도
①	감지기 ↔ 감지기	4	지구선 2, 지구공통선 2 ※ 감지기회로는 송배선식으로 배선해야 하므로 루프로 된 부분은 2가닥, 그 밖에는 4가닥으로 배선해야 한다.
②	발신기 ↔ 수신기	6	지구선 1, 지구공통선 1, 응답선 1, 경종선 1, 표시등선 1, 경종·표시등 공통선 1
③	전동구동장치 ↔ 전동구동장치	5	전원 ⊕·⊖, 기동 1, 복구 1, 동작확인 1 ※ 솔레노이드방식과 비교하여 전동구동장치에는 전원 ⊕·⊖이 추가되고, 기동, 동작확인(배연창 개방확인), 공통을 각각 1가닥으로 배선한다.
④	전동구동장치 ↔ 전원장치	6	전원 ⊕·⊖, 기동(배연창 개방) 1, 복구(배연창 복구) 1, 동작확인(배연창 개방확인) 2 ※ 화재 시 배연창은 동시에 작동하므로 기동과 복구는 1가닥으로 배선하지만 전동구동장치가 2개가 있으므로 동작확인은 전선 1가닥을 추가하여 2가닥으로 배선한다.
⑤	전원장치 ↔ 수신기	8	교류전원 2, 전원 ⊕·⊖, 기동 1, 복구 1, 동작확인 2 ※ 전원장치에는 별도의 교류(AC 220[V])전원이 필요하므로 교류전원 2가닥을 배선해야 한다.
⑥	전동구동장치 ↔ 수동조작함	5	전원 ⊕·⊖, 기동 1, 복구 1, 정지 1

③ 전실배연설비의 급·배기댐퍼의 전선 가닥수 및 배선의 용도

㉠ 댐퍼의 기동방식은 모터식이고, 댐퍼의 복구는 자동복구방식이다.

㉡ 전원은 제연설비 수신반에서 공급하고, 댐퍼의 기동은 층별 동시기동으로 한다.

㉢ 기동확인 및 수동기동확인은 동시에 확인하도록 하고, 감지기의 공통선은 전원 ⊖와 공통으로 사용한다.

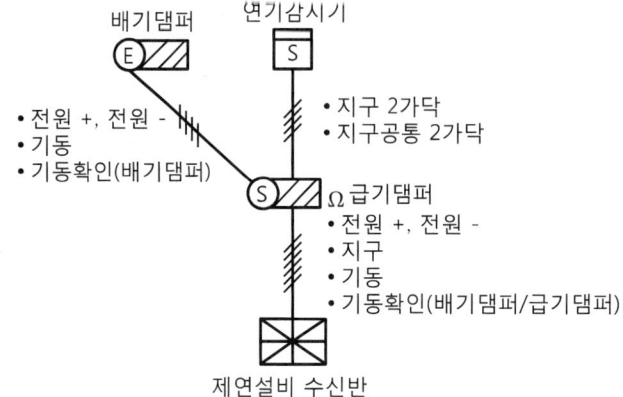

구간	전선의 가닥수	배선의 용도
연기감지기 ↔ 급기댐퍼	4	지구 2, 지구공통 2 ※ 감지기회로는 송배선식으로 배선해야 하므로 루프로 된 곳은 2가닥, 그 밖에는 4가닥으로 배선해야 한다.
배기댐퍼 ↔ 급기댐퍼	4	전원 ⊕·⊖, 기동(배기댐퍼), 기동확인(배기댐퍼)
급기댐퍼 ↔ 수신반	6	전원 ⊕·⊖, 지구, 기동, 기동확인 2(급기댐퍼 기동확인, 배기댐퍼 기동확인) ※ [조건]에서 급기댐퍼와 배기댐퍼는 동시에 작동하면 기동은 1가닥으로 배선한다.

| 핵심이론 02 | 자동방화문설비

(1) 자동방화문의 정의

　　피난계단 전실 등의 출입문은 평상시에는 개방되어 있다가 화재발생 시 연기감지기가 작동하거나 기동스위치의 조작에 의하여 방화문이 자동으로 폐쇄시켜 화재 시 연기가 유입되는 것을 방지한다.

(2) 중계기 회로도

① 화재가 발생하여 연기감지기가 작동하면 솔레노이드(S)에 전원이 투입되어 자동방화문이 폐쇄된다.
② 자동방화문이 완전히 폐쇄되면 리밋스위치(LS)에 의해 자동방화문 폐쇄확인 신호를 수신기에 전송한다.

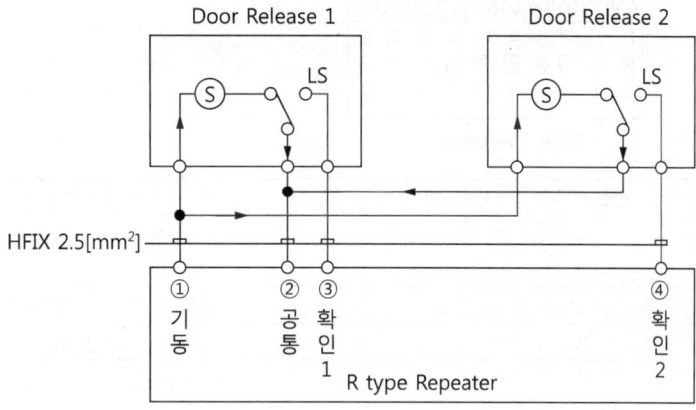

③ 자동방화문설비의 전선 가닥수 및 배선의 용도

배선의 용도	전선의 가닥수 산정
공통	자동방화문 증감의 관계없이 무조건 1가닥으로 산정함
기동	자동방화문(도어릴리즈) 구역마다 1가닥씩 추가함
확인(기동확인 = 자동방화문 폐쇄)	자동방화문(도어릴리즈)마다 1가닥씩 추가함

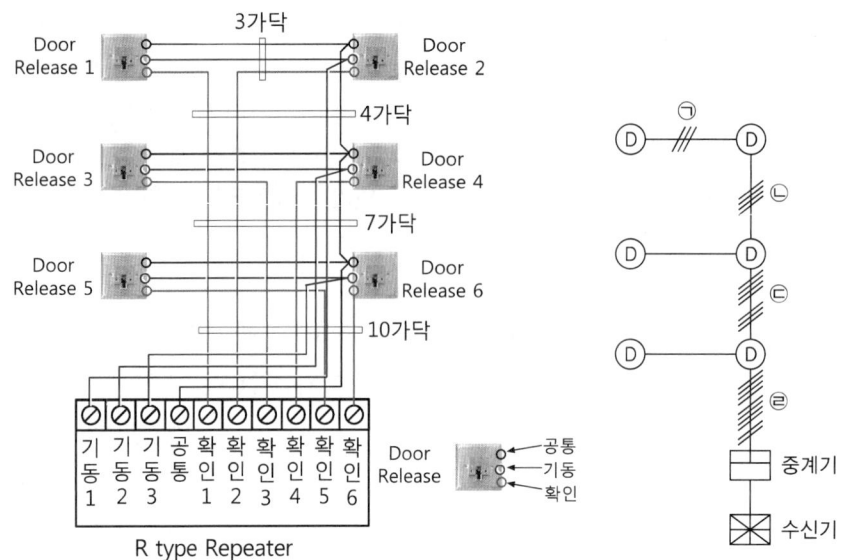

기호	전선 가닥수	배선의 용도
㉠	3	공통 1, 기동 1, 확인 1
㉡	4	공통 1, 기동 1, 확인 2
㉢	7	공통 1, (기동 1, 확인 2) × 2
㉣	10	공통 1, (기동 1, 확인 2) × 3

EXERCISE 03-3 제연설비 · 자동방화문설비

01 상가매장에 설치되어 있는 제연설비의 전기적인 계통도이다. ⓐ~ⓕ까지의 배선 가닥수와 각 배선의 용도를 쓰시오(단, 모든 댐퍼는 기동, 복구형 댐퍼방식이며 배선 가닥수는 운전조작상 필요한 최소 가닥수로 한다).

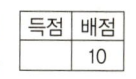

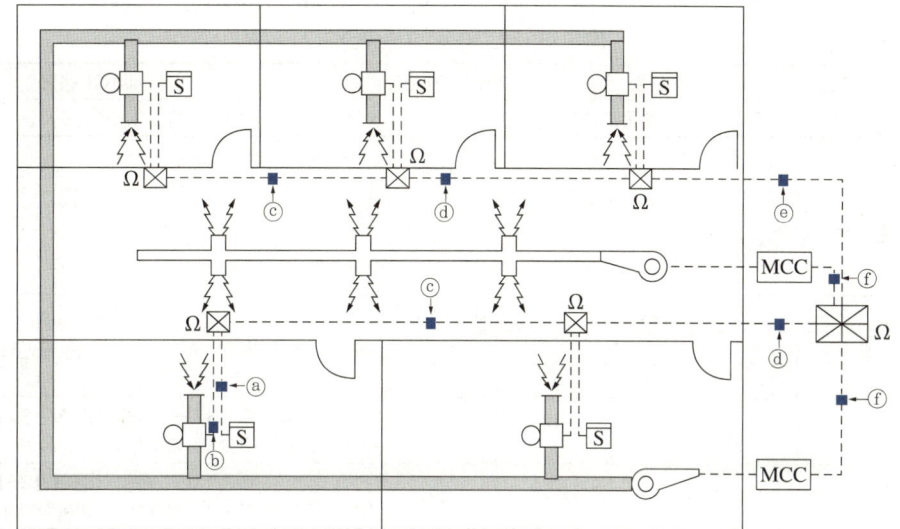

기호	구분	배선 가닥수	전선 굵기	배선의 용도
ⓐ	감지기 ↔ 수동조작함		1.5[mm²]	
ⓑ	댐퍼 ↔ 수동조작함		2.5[mm²]	
ⓒ	수동조작함 ↔ 수동조작함		2.5[mm²]	
ⓓ	수동조작함 ↔ 수동조작함		2.5[mm²]	
ⓔ	수동조작함 ↔ 수신반		2.5[mm²]	
ⓕ	MCC ↔ 수신반		2.5[mm²]	

해설

제연설비

(1) 감지기회로의 배선방식(감지기와 수동조작함 사이)
　① 자동화재탐지설비, 제연설비는 도통시험을 용이하게 하기 위하여 배선의 도중에서 분기하지 않는 송배선방식으로 배선한다.
　② 감지기회로의 전선 가닥수 산정 시 루프로 된 부분은 2가닥, 그 밖에는 4가닥으로 한다.

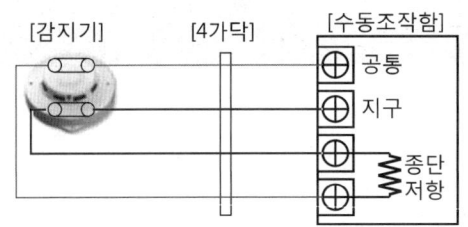

기호	구분	배선 가닥수	배선의 용도
ⓐ	감지기 ↔ 수동조작함	4	지구 2, 공통 2

(2) 댐퍼와 수동조작함 사이의 배선
① 기동, 복구형 댐퍼방식 : 5가닥 - 전원 ⊖·⊕, 복구, 기동, 기동확인표시등(확인)
② 기동 댐퍼방식 : 4가닥 - 전원 ⊖·⊕, 기동, 기동확인표시등(확인)

기호	구분	배선 가닥수	배선의 용도
ⓑ	댐퍼 ↔ 수동조작함	5	전원 ⊖·⊕, 복구, 기동, 기동확인표시등

(3), (4), (5) 수동조작함과 수동조작함 사이, 수동조작함과 수신반 사이의 배선
① 기동, 복구형 댐퍼방식 : 6가닥 - 전원 ⊖·⊕, 지구, 기동, 복구, 기동확인표시등(확인)
② 기동 댐퍼방식 : 5가닥 - 전원 ⊖·⊕, 지구, 기동, 기동확인표시등(확인)
[수동조작함이 추가되는 경우] 지구, 기동, 기동확인표시등을 추가 배선한다.

기호	구분	배선 가닥수	배선의 용도
ⓒ	수동조작함 ↔ 수동조작함	6	전원 ⊖·⊕, 복구, 지구, 기동, 기동확인표시등 → 지구선이 추가
ⓓ	수동조작함 ↔ 수동조작함	9	전원 ⊖·⊕, 복구, (지구, 기동, 기동확인표시등)×2 → 수동조작함이 2개이므로 지구선 2, 기동선 2, 기동확인표시등선 2가닥 추가
ⓔ	수동조작함 ↔ 수신반	12	전원 ⊖·⊕, 복구, (지구, 기동, 기동확인표시등)×3 → 수동조작함이 3개이므로 지구선 3, 기동선 3, 기동확인표시등선 3가닥 추가

(6) MCC(동력제어반)과 수신반 사이의 배선
① 기동, 복구형 댐퍼방식 : 5가닥 - 공통, 기동(기동스위치), 정지(정지스위치), 전원표시등, 기동확인표시등
② 기동 댐퍼방식 : 5가닥 - 공통, 기동(기동스위치), 정지(정지스위치), 전원표시등, 기동확인표시등

기호	구분	배선 가닥수	배선의 용도
ⓕ	MCC ↔ 수신반	5	공통, 기동, 정지, 전원표시등, 기동확인표시등

정답

기호	구분	배선 가닥수	전선 굵기	배선의 용도
ⓐ	감지기 ↔ 수동조작함	4	1.5[mm²]	지구 2, 공통 2
ⓑ	댐퍼 ↔ 수동조작함	5	2.5[mm²]	전원 ⊖·⊕, 복구, 기동, 기동확인표시등
ⓒ	수동조작함 ↔ 수동조작함	6	2.5[mm²]	전원 ⊖·⊕, 복구, 지구, 기동, 기동확인표시등
ⓓ	수동조작함 ↔ 수동조작함	9	2.5[mm²]	전원 ⊖·⊕, 복구, (지구, 기동, 기동확인표시등)×2
ⓔ	수동조작함 ↔ 수신반	12	2.5[mm²]	전원 ⊖·⊕, 복구, (지구, 기동, 기동확인표시등)×3
ⓕ	MCC ↔ 수신반	5	2.5[mm²]	공통, 기동, 정지, 전원표시등, 기동확인표시등

02 다음 그림은 6층 사무실 건물의 배연창 설비이다. 조건과 계통도를 참고하여 전선 가닥수와 각 배선의 용도를 아래 표에 작성하시오.

득점	배점
	5

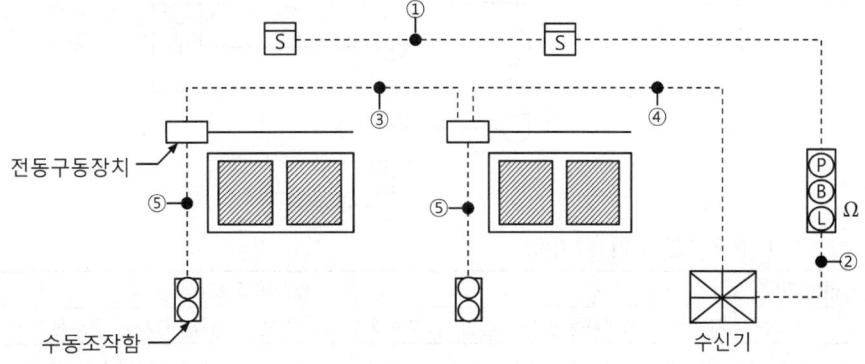

조건
- 전동구동장치는 솔레노이드방식이다.
- 전선 가닥수는 운전조작상 필요한 최소 가닥수로 한다.
- 화재감지기가 작동되거나 수동조작함의 스위치를 ON시키면 배연창이 동작되어 수신기에 동작상태를 표시하게 된다.
- 화재감지기는 자동화재탐지설비용 감지기를 겸용으로 사용한다.

물음

기호	구분	전선 가닥수	배선의 용도
①	감지기 ↔ 감지기		
②	발신기 ↔ 수신기		
③	전동구동장치 ↔ 전동구동장치		
④	전동구동장치 ↔ 수신기		
⑤	전동구동장치 ↔ 수동조작함		

해설

배연창설비

(1) 솔레노이드방식

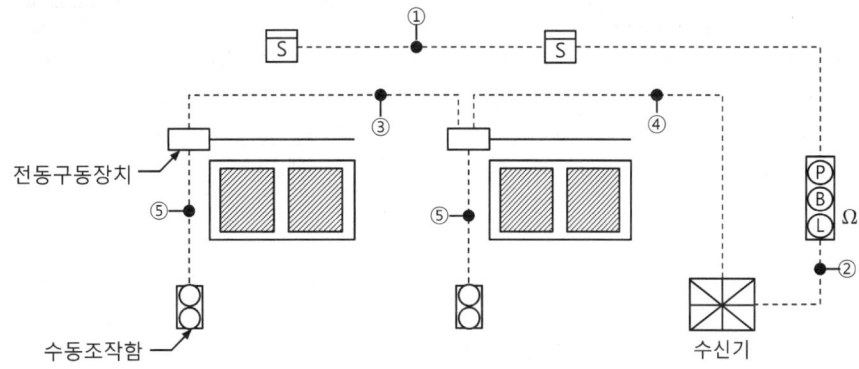

① 감지기회로의 배선
　㉠ 자동화재탐지설비, 제연설비는 도통시험을 용이하게 하기 위하여 송배선방식으로 배선한다.
　㉡ 송배선방식은 루프로 된 부분은 2가닥, 그 밖에는 4가닥으로 배선해야 한다.

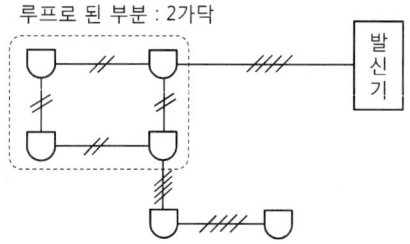

② 발신기와 수신기 간의 배선(1회로)

전선 가닥수	배선의 용도
6	지구선 1, 지구공통선 1, 응답선 1, 경종선 1, 표시등선 1, 경종·표시등 공통선 1

③ 전동구동장치에는 기동(배연창 개방), 기동확인(배연창 개방확인), 공통선이 각각 1가닥으로 배선하며 전동구동장치가 추가될 경우 기동, 기동확인이 각각 1가닥씩 추가된다.

④ 전선 가닥수 산정

기호	구분	전선 가닥수	배선의 용도
①	감지기 ↔ 감지기	4	지구선 2, 지구공통선 2
②	발신기 ↔ 수신기	6	지구선 1, 지구공통선 1, 응답선 1, 경종선 1, 표시등선 1, 경종·표시등 공통선 1
③	전동구동장치 ↔ 전동구동장치	3	기동 1, 기동확인 1, 공통 1
④	전동구동장치 ↔ 수신기	5	(기동 1, 기동확인 1)×2, 공통 1
⑤	전동구동장치 ↔ 수동조작함	3	기동 1, 기동확인 1, 공통 1

(2) 모터방식

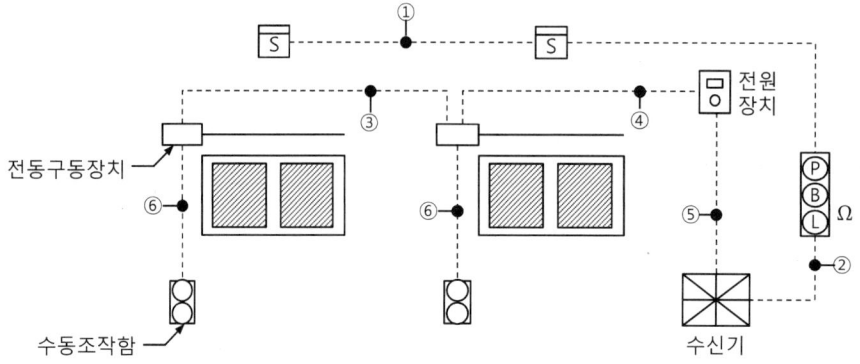

① 전원장치에는 별도의 교류(AC 220[V])전원이 필요하므로 교류전원 2가닥을 배선해야 한다. 하지만, 별도의 전원장치(분전반)에서 교류전원을 공급하는 경우에는 전선 가닥수를 산정하지 않는다.
② 전동(모터)구동장치에는 기동(배연창 개방), 복구(배연창 복구), 동작확인(배연창 개방확인)이 각각 1가닥으로 배선하며 전동구동장치가 추가될 경우 동작확인이 1가닥 추가된다.

③ 수동조작함에는 직류 전원 ⊕·⊖, 기동, 복구, 정지 각각 1가닥으로 배선한다.

기호	구분	전선 가닥수	배선의 용도
①	감지기 ↔ 감지기	4	지구선 2, 지구공통선 2
②	발신기 ↔ 수신기	6	지구선 1, 지구공통선 1, 응답선 1, 경종선 1, 표시등선 1, 경종·표시등 공통선 1
③	전동구동장치 ↔ 전동구동장치	5	전원 ⊕·⊖, 기동 1, 복구 1, 동작확인 1
④	전동구동장치 ↔ 전원장치	6	전원 ⊕·⊖, 기동 1, 복구 1, 동작확인 2
⑤	전원장치 ↔ 수신기	8	교류전원 2, 전원 ⊕·⊖, 기동 1, 복구 1, 동작확인 2
⑥	전동구동장치 ↔ 수동조작함	5	전원 ⊕·⊖, 기동 1, 복구 1, 정지 1

정답

기호	구분	전선 가닥수	배선의 용도
①	감지기 ↔ 감지기	4	지구선 2, 지구공통선 2
②	발신기 ↔ 수신기	6	지구선 1, 지구공통선 1, 응답선 1, 경종선 1, 표시등선 1, 경종·표시등 공통선 1
③	전동구동장치 ↔ 전동구동장치	3	기동 1, 기동확인 1, 공통 1
④	전동구동장치 ↔ 수신기	5	(기동 1, 기동확인 1)×2, 공통 1
⑤	전동구동장치 ↔ 수동조작함	3	기동 1, 기동확인 1, 공통 1

03 다음 도면은 전실제연설비의 급·배기 댐퍼를 나타낸 것이다. 아래 조건을 참고하여 각 물음에 답하시오.

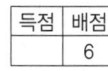

득점	배점
	6

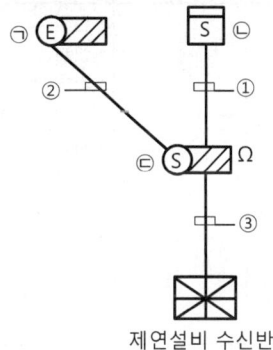

제연설비 수신반

조건
- 댐퍼의 기동방식은 모터식이고, 댐퍼의 복구는 자동복구방식이다.
- 전원은 제연설비 수신반에서 공급하고, 댐퍼의 기동은 층별 동시기동으로 한다.
- 기동확인 및 수동기동확인은 동시에 확인하도록 하고, 감지기의 공통선은 전원 ⊖와 공통으로 사용한다.

물음
(1) 도면에서 기호 ㉠, ㉡, ㉢의 명칭을 쓰시오.
(2) 도면에서 기호 ①, ②, ③에 해당하는 전선 가닥수를 쓰시오.
(3) 제연구역에 설치된 급기댐퍼의 작동을 위한 수동기동장치의 스위치 설치높이를 쓰시오.

해설

전실제연설비

(1) 제연설비 기구의 명칭

기호	도시기호	명칭
㉠	Ⓔ▨	배기댐퍼(Exhaust Damper)
㉡	S	연기감지기
㉢	Ⓢ▨	급기댐퍼(Supply Damper)

(2) 전선 가닥수 산정

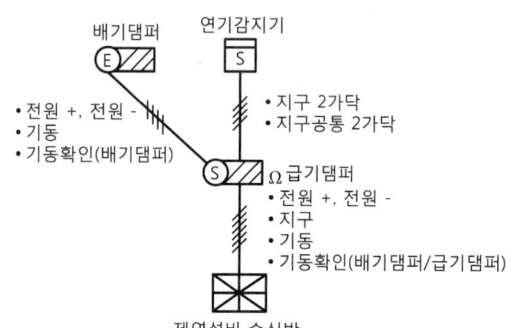

기호	구간	전선 가닥수	배선의 용도
①	연기감지기 ↔ 급기댐퍼	4	• 지구(회로) 2 • 지구(회로)공통 2([조건]에서 감지기의 공통선은 전원 ⊖와 공통으로 사용하며 종단저항이 급기댐퍼에 설치되어 있으므로 2가닥이다)
②	배기댐퍼 ↔ 급기댐퍼	4	• 전원 ⊕ • 전원 ⊖ • 기동(배기댐퍼) • 기동확인(배기댐퍼)
③	급기댐퍼 ↔ 수신반	6	• 전원 ⊕ • 전원 ⊖([조건]에서 감지기의 공통선은 전원 ⊖와 공통으로 사용하므로 1가닥이다) • 지구(회로) • 기동 1(급기댐퍼와 배기댐퍼는 [조건]에서 동시에 작동하므로 기동은 1가닥으로 배선한다) • 기동확인 2(급기댐퍼 기동확인, 배기댐퍼 기동확인)

(3) 제연설비의 수동기동장치 설치기준(특별피난계단의 계단실 및 부속실 제연설비의 화재안전기술기준)

배출댐퍼 및 개폐기의 직근과 제연구역에는 다음의 기준에 따른 장치의 작동을 위하여 전용의 수동기동장치를 설치하고 스위치는 바닥으로부터 0.8[m] 이상 1.5[m] 이하의 높이에 설치해야 한다. 다만, 계단실 및 그 부속실을 동시에 제연하는 제연구역에는 그 부속실에만 설치할 수 있다.

① 전 층의 제연구역에 설치된 급기댐퍼의 개방
② 해당 층의 배출댐퍼 또는 개폐기의 개방
③ 급기송풍기 및 유입공기의 배출용 송풍기(설치한 경우에 한한다)의 작동
④ 개방·고정된 모든 출입문(제연구역과 옥내 사이의 출입문에 한한다)의 개폐장치의 작동

정답　(1) ㉠ 배기댐퍼　　　　　　　　　㉡ 연기감지기
　　　　　　㉢ 급기댐퍼
　　　(2) ① 4가닥　　　　　　　　　　　② 4가닥
　　　　　③ 6가닥
　　　(3) 바닥으로부터의 높이가 0.8[m] 이상 1.5[m] 이하

04　다음 그림은 배연창설비의 계통도이다. 주어진 조건을 참고하여 각 물음에 답하시오.　　| 득점 | 배점 |
　　| | 9 |

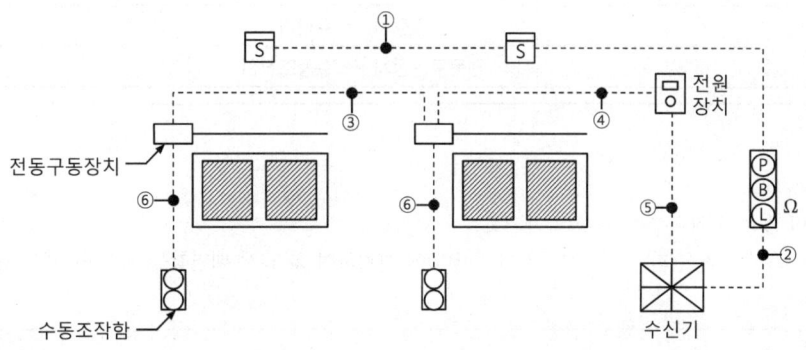

조건

- 배연창의 전동구동장치는 모터(MOTOR)방식이고, HFIX 전선을 사용하여 배선한다.
- 화재감지기가 작동하거나 수동조작함의 기동스위치가 ON되면 배연창이 작동되어 수신기에 동작상태가 표시된다.
- 화재감지기는 자동재탐지설비용 감지기와 겸용으로 사용한다.
- 후강 전선관 굵기의 선정표

도체 단면적[mm²]	전선 본수									
	1	2	3	4	5	6	7	8	9	10
	전선관의 최소 굵기[mm]									
2.5	16	16	16	16	22	22	22	28	28	28
4	16	16	16	22	22	22	28	28	28	28
6	16	16	22	22	22	28	28	28	36	36
10	16	22	22	28	28	36	36	36	36	36
16	16	22	28	28	36	36	36	42	42	42
25	22	28	28	36	36	42	54	54	54	54
35	22	28	36	42	54	54	54	70	70	70
50	22	36	54	54	70	70	70	82	82	82
70	28	42	54	54	70	70	70	82	82	82
95	28	54	54	70	70	82	82	92	92	104
120	36	54	54	70	70	82	82	92		
150	36	54	70	70	82	92	92	104	104	
185	36	70	82	82	92	104				
240	42	82	82	92	104					

물음

(1) 이 배연설비는 일반적으로 몇 층 이상의 건축물에 설치해야 하는지 쓰시오.
(2) [표]의 빈칸에 전선 가닥수와 배선의 용도를 쓰시오(단, 경종과 표시등 공통선은 1가닥으로 배선한다).

번호	후강 전선관의 굵기, 전선의 종류, 전선 가닥수	구간	배선의 용도
①	16C(HFIX 1.5-4)	감지기 ↔ 감지기	지구선 2, 지구 공통선 2
②		발신기 ↔ 수신기	
③	22C(HFIX 2.5-5)	전동구동장치 ↔ 전동구동장치	
④		전동구동장치 ↔ 전원장치	
⑤		전원장치 ↔ 수신기	
⑥		전동구동장치 ↔ 수동조작함	

해설

배연창설비

(1) 배연창설비의 설치기준(건축법 시행령 제51조)
6층 이상인 건축물의 거실(피난층의 거실은 제외한다)에 설치하여 화재 시 배연창을 개방하여 연기를 외부로 배출시키는 제연설비이다.

> **참고**
> **배연설비 설치기준(건축물의 설비기준 등에 관한 규칙 제14조)**
> - 건축물이 방화구획으로 구획된 경우에는 그 구획마다 1개소 이상의 배연창을 설치하되, 배연창의 상변과 천장 또는 반자로부터 수직거리가 0.9[m] 이내일 것. 다만, 반자높이가 바닥으로부터 3[m] 이상인 경우에는 배연창의 하변이 바닥으로부터 2.1[m] 이상의 위치에 놓이도록 설치해야 한다.
> - 배연창의 유효면적은 별표 2의 산정기준에 의하여 산정된 면적이 1[m²] 이상으로서 그 면적의 합계가 해당 건축물의 바닥면적의 100분의 1 이상일 것. 이 경우 바닥면적의 산정에 있어서 거실 바닥면적의 20분의 1 이상으로 환기창을 설치한 거실의 면적은 이에 산입하지 않는다.
> - 배연구는 연기감지기 또는 열감지기에 의하여 자동으로 열 수 있는 구조로 하되, 손으로도 열고 닫을 수 있도록 할 것
> - 배연구는 예비전원에 의하여 열 수 있도록 할 것

(2) 배연창설비의 종류에 따른 전선 가닥수와 배선의 용도
① 솔레노이드방식

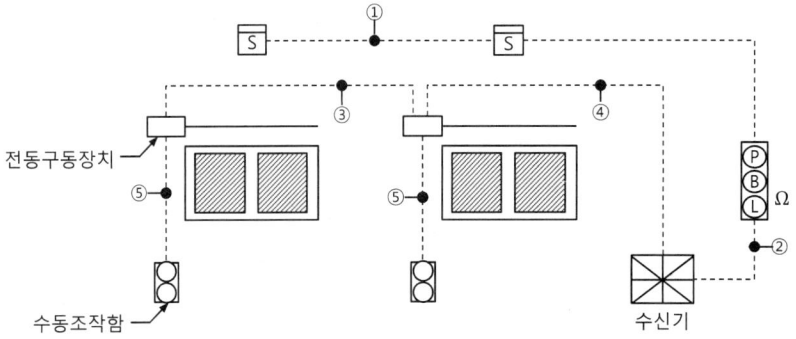

번호	후강 전선관의 굵기	전선의 종류	전선 가닥수	구간	배선의 용도
①	16C	HFIX 1.5	4	감지기 ↔ 감지기	지구선 2, 지구 공통선 2 ※ 제연설비의 감지기회로는 송배선방식으로 배선하므로 전선 가닥수는 4가닥이다.
②	22C	HFIX 2.5	6	발신기 ↔ 수신기	지구선 1, 지구 공통선 1, 응답선 1, 경종선 1, 표시등선 1, 경종·표시등 공통선 1
③	16C	HFIX 2.5	3	전동구동장치 ↔ 전동구동장치	공통 1, 기동(배연창 개방) 1, 기동확인(배연창 개방확인) 1
④	22C	HFIX 2.5	5	전동구동장치 ↔ 수신기	공통 1, (기동 1, 기동확인 1)×2 ※ 전동구동장치 수만큼 기동과 확인을 추가한다.
⑤	16C	HFIX 2.5	3	전동구동장치 ↔ 수동조작함	공통 1, 기동 1, 기동확인 1

② 모터방식

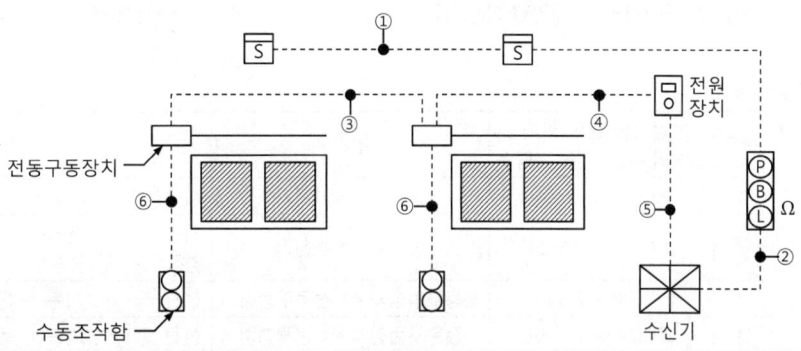

번호	후강 전선관의 굵기	전선의 종류	전선 가닥수	구간	배선의 용도
①	16C	HFIX 1.5	4	감지기 ↔ 감지기	지구선 2, 지구 공통선 2 ※ 제연설비의 감지기회로는 송배선방식으로 배선하므로 전선 가닥수는 4가닥이다.
②	22C	HFIX 2.5	6	발신기 ↔ 수신기	지구선 1, 지구 공통선 1, 응답선 1, 경종선 1, 표시등선 1, 경종·표시등 공통선 1
③	22C	HFIX 2.5	5	전동구동장치 ↔ 전동구동장치	전원 ⊕·⊖, 기동(배연창 개방) 1, 동작확인(배연창 개방확인) 1, 복구(배연창 복구) 1
④	22C	HFIX 2.5	6	전동구동장치 ↔ 전원장치	전원 ⊕·⊖, 기동 1, 동작확인 2, 복구 1 ※ 전동구동장치 수만큼 확인을 추가한다.
⑤	28C	HFIX 2.5	8	전원장치 ↔ 수신기	전원 ⊕·⊖, 기동 1, 동작확인 2, 복구 1, 교류전원 2 ※ 전원장치에 별도의 교류전원이 없으면 수신기에서 전원장치까지 교류전원을 배선해야 한다.
⑥	22C	HFIX 2.5	5	전동구동장치 ↔ 수동조작함	전원 ⊕·⊖, 기동 1, 정지 1, 복구 1

| 참고 |

- 후강 전선관의 굵기는 배선의 단면적[mm²]과 배선 가닥수를 산정하여 [표]에서 찾는다.
- 배선의 기입방법

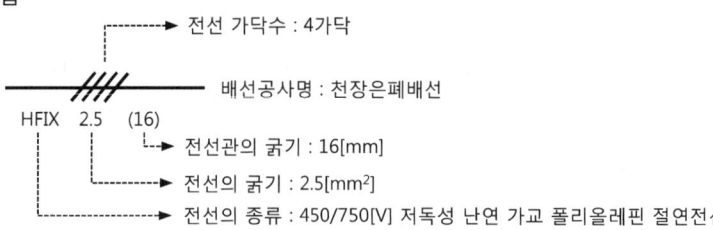

- 배선의 용도
  - 지구 = 회로
  - 응답 공통 = 발신기 공통
  - 확인 = 동작확인 = 배연창 개방확인
  - 지구 공통 = 회로 공통
  - 기동 = 배연창 개방
  - 복구 = 배연창 복구

정답 (1) 6층 이상

(2)

번호	후강 전선관의 굵기, 전선의 종류, 전선 가닥수	구간	배선의 용도
①	16C(HFIX 1.5-4)	감지기 ↔ 감지기	지구선 2, 지구 공통선 2
②	22C(HFIX 2.5-6)	발신기 ↔ 수신기	지구선 1, 지구 공통선 1, 응답선 1, 경종선 1, 표시등선 1, 경종·표시등 공통선 1
③	22C(HFIX 2.5-5)	전동구동장치 ↔ 전동구동장치	전원 ⊕·⊖, 기동 1, 동작확인 1, 복구 1
④	22C(HFIX 2.5-6)	전동구동장치 ↔ 전원장치	전원 ⊕·⊖, 기동 1, 동작확인 2, 복구 1
⑤	28C(HFIX 2.5-8)	전원장치 ↔ 수신기	전원 ⊕·⊖, 기동 1, 동작확인 2, 복구 1, 교류전원 2
⑥	22C(HFIX 2.5-5)	전동구동장치 ↔ 수동조작함	전원 ⊕·⊖, 기동 1, 정지 1, 복구 1

05 다음 그림은 자동방화문설비의 자동방화문(Door Release)에서 R형 중계기(R type Repeater) 까지 결선도 및 계통도이다. 주어진 조건을 참고하여 각 물음에 답하시오.

조 건
- 전선은 최소 가닥수로 배선한다.
- 방화문의 감지기회로는 제외한다.
- 자동방화문설비는 층별로 동일하게 설치되어 있다.
- R형 중계기의 회로도

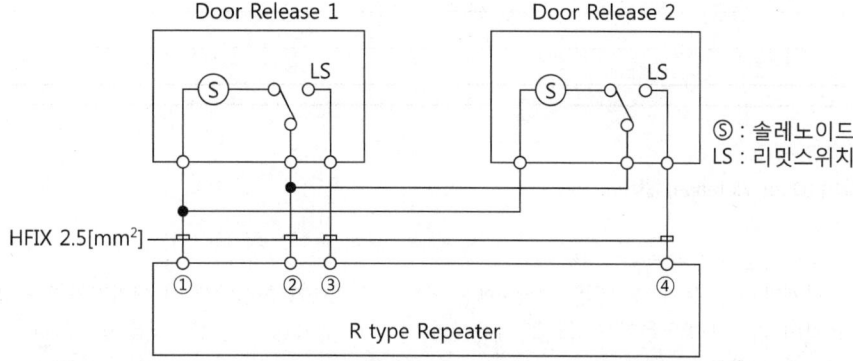

- 자동방화문설비의 계통도

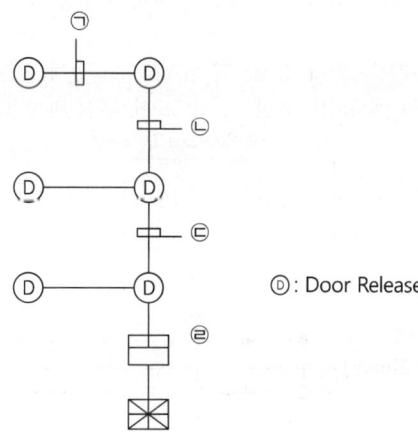

물음

(1) R형 중계기 회로도에서 ①~④의 배선의 명칭을 쓰시오.
- ① :   • ② :
- ③ :   • ④ :

(2) 자동방화문설비의 계통도에서 ㉠~㉣의 전선 가닥수와 배선의 용도를 쓰시오.

기호	전선 가닥수	배선의 용도
㉠		
㉡		
㉢		
㉣		

해설

자동방화문(Door Release)설비

(1) 중계기의 회로도
   ① 자동방화문의 정의
      피난계단 전실 등의 출입문은 평상시에는 개방되어 있다가 화재발생 시 연기감지기가 작동하거나 기동스위치의 조작에 의하여 방화문이 자동으로 폐쇄시켜 화재 시 연기가 유입되는 것을 방지한다.
   ② 중계기의 정의
      감지기·발신기 또는 전기적 접점 등의 작동에 따른 신호를 받아 이를 수신기에 전송하는 장치이다.
   ③ 중계기의 회로도
      ㉠ 화재가 발생하여 연기감지기가 작동하면 솔레노이드(S)에 전원이 투입되어 자동방화문이 폐쇄된다.
      ㉡ 자동방화문이 완전히 폐쇄되면 리밋스위치(LS)에 의해 자동방화문 폐쇄확인 신호를 수신기에 전송한다.

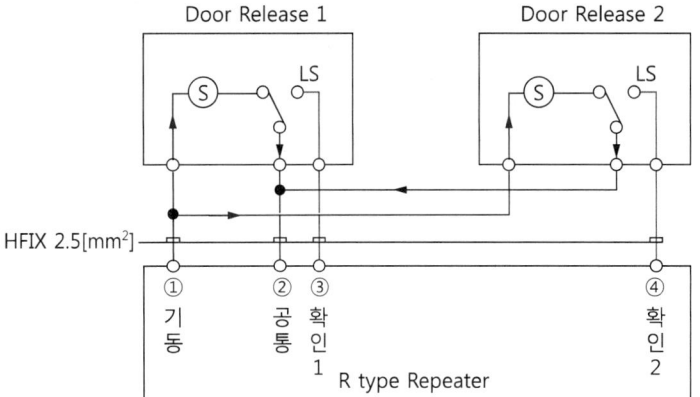

(2) 자동방화문설비의 전선 가닥수

배선의 용도	전선 가닥수 산정
공통	자동방화문 증감의 관계없이 무조건 1가닥으로 산정함
기동	자동방화문(도어릴리즈) 구역마다 1가닥씩 추가함
확인(기동확인 = 자동방화문 폐쇄)	자동방화문(도어릴리즈)마다 1가닥씩 추가함

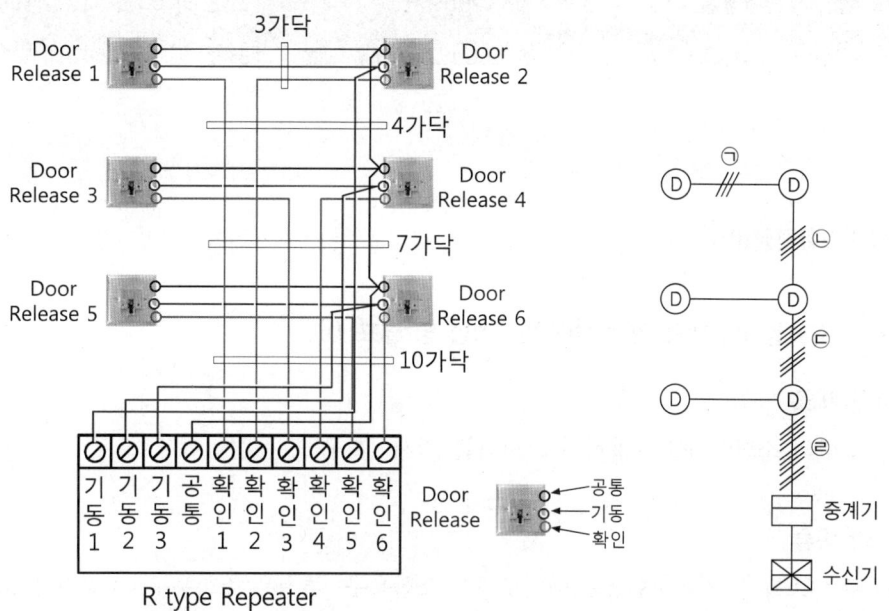

기호	전선 가닥수	배선의 용도
㉠	3	공통 1, 기동 1, 확인 1
㉡	4	공통 1, 기동 1, 확인 2
㉢	7	공통 1, (기동 1, 확인 2) × 2
㉣	10	공통 1, (기동 1, 확인 2) × 3

정답 (1) ① 기동　　② 공통
　　　　　　③ 확인 1　　④ 확인 2

(2)

기호	전선 가닥수	배선의 용도
㉠	3	공통 1, 기동 1, 확인 1
㉡	4	공통 1, 기동 1, 확인 2
㉢	7	공통 1, (기동 1, 확인 2) × 2
㉣	10	공통 1, (기동 1, 확인 2) × 3

CHAPTER 04 소화설비

제1절 옥내소화전설비

핵심이론 01 | 소화설비의 개요 및 종류(소방시설법 영 별표 1)

(1) 소화설비의 개요

물 또는 그 밖의 소화약제를 사용하여 소화하는 기계・기구 또는 설비이다.

(2) 소화설비의 종류

① **소화기구** : 소화기, 간이소화용구(에어로졸식 소화용구, 투척용 소화용구, 소공간용 소화용구 및 소화약제 외의 것을 이용한 간이소화용구), 자동확산소화기
② **자동소화장치** : 주거용 주방자동소화장치, 상업용 주방자동소화장치, 캐비닛형 자동소화장치, 가스자동소화장치, 분말자동소화장치, 고체에어로졸자동소화장치
③ **옥내소화전설비**[호스릴(Hose Reel) 옥내소화전설비를 포함]
④ **스프링클러설비 등** : 스프링클러설비, 간이스프링클러설비(캐비닛형 간이스프링클러설비를 포함), 화재조기진압용 스프링클러설비
⑤ **물분무등소화설비** : 물분무소화설비, 미분무소화설비, 포소화설비, 이산화탄소소화설비, 할론소화설비, 할로겐화합물 및 불활성기체소화설비, 분말소화설비, 강화액소화설비, 고체에어로졸소화설비
⑥ **옥외소화전설비**

핵심이론 02 | 전원 및 비상전원의 설치기준

(1) 전원 설치기준

① 저압수전인 경우에는 인입개폐기의 직후에서 분기하여 전용배선으로 해야 하며, 전용의 전선관에 보호되도록 할 것
② 특별고압수전 또는 고압수전일 경우에는 전력용 변압기 2차 측의 주차단기 1차 측에서 분기하여 전용배선으로 하되, 상용전원의 상시공급에 지장이 없을 경우에는 주차단기 2차 측에서 분기하여 전용배선으로 할 것

(2) 비상전원을 설치해야 하는 특정소방대상물
    ① 층수가 7층 이상으로서 연면적이 2,000[m²] 이상인 것
    ② ①에 해당하지 않는 특정소방대상물로서 지하층의 바닥면적의 합계가 3,000[m²] 이상인 것

(3) 비상전원을 설치하지 않을 수 있는 경우
    ① 2 이상의 변전소에서 전력을 동시에 공급받을 수 있는 경우
    ② 하나의 변전소로부터 전력의 공급이 중단되는 때에는 자동으로 다른 변전소로부터 전원을 공급받을 수 있도록 상용전원을 설치한 경우
    ③ 가압수조방식

(4) 비상전원의 종류
    ① 자가발전설비
    ② 축전지설비(내연기관에 따른 펌프를 사용하는 경우에는 내연기관의 기동 및 제어용 축전지)
    ③ 전기저장장치(외부 전기에너지를 저장해 두었다가 필요한 때 전기를 공급하는 장치)

(5) 비상전원의 설치기준
    ① 점검에 편리하고 화재 및 침수 등의 재해로 인한 피해를 받을 우려가 없는 곳에 설치할 것
    ② 옥내소화전설비를 유효하게 20분 이상 작동할 수 있어야 할 것
    ③ 상용전원으로부터 전력의 공급이 중단된 때에는 자동으로 비상전원으로부터 전력을 공급받을 수 있도록 할 것
    ④ 비상전원(내연기관의 기동 및 제어용 축전기를 제외한다)의 설치장소는 다른 장소와 방화구획할 것. 이 경우 그 장소에는 비상전원의 공급에 필요한 기구나 설비 외의 것(열병합발전설비에 필요한 기구나 설비는 제외한다)을 두어서는 안 된다.
    ⑤ 비상전원을 실내에 설치하는 때에는 그 실내에 비상조명등을 설치할 것

| 핵심이론 03 | 감시제어반의 기능 |

① 각 펌프의 작동 여부를 확인할 수 있는 표시등 및 음향경보기능이 있어야 할 것
② 각 펌프를 자동 및 수동으로 작동시키거나 중단시킬 수 있어야 할 것
③ 비상전원을 설치한 경우에는 상용전원 및 비상전원의 공급 여부를 확인할 수 있어야 할 것
④ 수조 또는 물올림수조가 저수위로 될 때 표시등 및 음향으로 경보할 것
⑤ 다음의 각 확인회로마다 도통시험 및 작동시험을 할 수 있도록 할 것
    ㉠ 기동용 수압개폐장치의 압력스위치회로
    ㉡ 수조 또는 물올림수조의 저수위감시회로

ⓒ 급수배관에 설치되어 급수를 차단할 수 있는 개폐밸브의 폐쇄상태 확인회로

ⓓ 그 밖의 이와 비슷한 회로

⑥ 예비전원이 확보되고 예비전원의 적합 여부를 시험할 수 있어야 할 것

핵심이론 04 | 옥내소화전설비의 펌프기동방식

(1) 수동기동방식

① 옥내소화전함에 ON-OFF 스위치를 설치하여 필요시 원격으로 기동하는 방식이다.

② 전선 가닥수 산정

기본 전선 가닥수	발신기세트 (단, 경종과 표시등 공통선은 1가닥으로 한다)						ON-OFF 스위치
	용도 1	용도 2	용도 3	용도 4	용도 5	용도 6	용도 7
11	지구선 (회로선)	지구 공통선 (회로 공통선)	응답선 (발신기선)	경종선	표시등선	경종·표시등 공통선	기동 1, 정지 1, 공통 1, 기동확인표시등 2

※ 옥내소화전설비의 펌프를 ON-OFF 스위치를 이용하여 기동할 경우 발신기세트의 기본 전선 가닥수에 5가닥(기동 1, 정지 1, 공통 1, 기동확인표시등 2가닥)을 추가하여 배선한다.

(2) 자동기동방식(기동용 수압개폐장치를 이용한 기동방식)

① 기동용 수압개폐장치(압력체임버) 및 압력스위치를 이용하여 펌프를 자동으로 기동하는 방식이다.

② 전선 가닥수 산정(발신기세트 옥내소화전 내장형)

기본 전선 가닥수	발신기세트 (단, 경종과 표시등 공통선은 1가닥으로 한다)						기동용 수압개폐장치
	용도 1	용도 2	용도 3	용도 4	용도 5	용도 6	용도 7
8	지구선 (회로선)	지구 공통선 (회로 공통선)	응답선 (발신기선)	경종선	표시등선	경종·표시등 공통선	기동확인표시등 2

※ 옥내소화전설비의 펌프를 기동용 수압개폐장치를 이용하여 기동할 경우 발신기세트의 기본 전선 가닥수에 기동확인표시등 2가닥을 추가하여 배선한다.

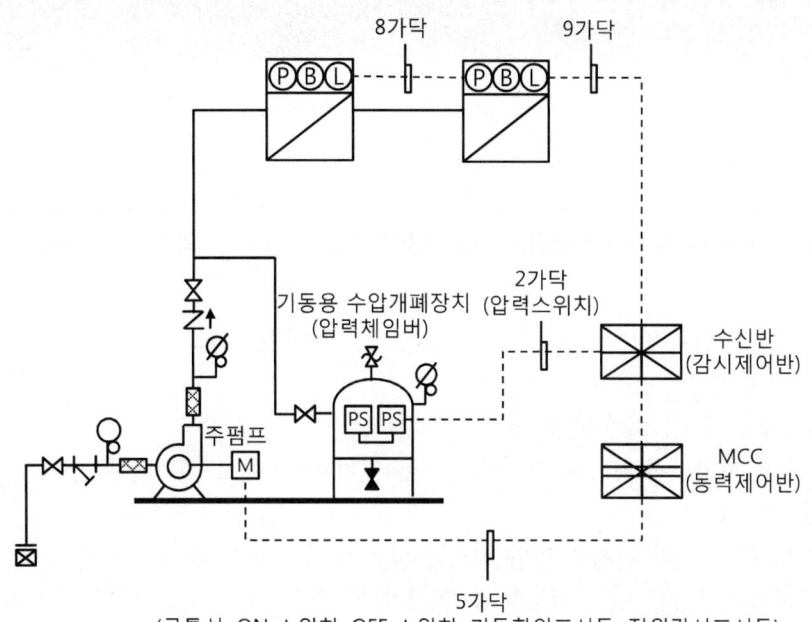

(3) 펌프의 동력 계산

① 수동력 $P_w = \gamma HQ [\text{W}]$

② 축동력 $P = \dfrac{\gamma HQ}{\eta} [\text{W}]$

③ 전동기 동력 $P_m = \dfrac{\gamma HQ}{\eta} \times K [\text{W}]$

여기서, γ : 물의 비중량(9,800[N/m³])　　H : 전양정[m]
　　　　Q : 유량[m³/s]　　　　　　　　　η : 펌프효율
　　　　K : 동력전달계수

EXERCISE 04-1 옥내소화전설비

01 다음은 옥내소화전설비의 화재안전기술기준에서 정하는 비상전원에 대한 설명이다. 각 물음에 답하시오.

득점	배점
	6

- 옥내소화전설비에는 비상전원을 설치해야 한다. ( ) 안에 알맞은 내용을 쓰시오.
  - 층수가 7층 이상으로서 연면적이 (①)[m²] 이상인 것
  - 지하층의 바닥면적 합계가 (②)[m²] 이상인 것
- 옥내소화전설비의 비상전원은 자가발전설비, 축전지설비 또는 전기저장장치로 설치해야 한다. ( ) 안에 알맞은 내용을 쓰시오.
  - 점검에 편리하고 화재 및 침수 등의 재해로 인한 피해를 받을 우려가 없는 곳에 설치할 것
  - 옥내소화전설비를 유효하게 (③)분 이상 작동할 수 있어야 할 것
  - 상용전원으로부터 전력의 공급이 중단된 때에는 (④)으로 비상전원으로부터 전력을 공급받을 수 있도록 할 것
  - 비상전원의 설치장소는 다른 장소와 (⑤)할 것. 이 경우 그 장소에는 비상전원의 공급에 필요한 기구나 설비 외의 것을 두어서는 안 된다.
  - 비상전원을 실내에 설치하는 때에는 그 실내에 (⑥)을 설치할 것

해설

옥내소화전설비의 비상전원 설치기준

(1) 전원의 설치기준
　① 저압수전인 경우에는 인입개폐기의 직후에서 분기하여 전용배선으로 해야 하며, 전용의 전선관에 보호되도록 할 것
　② 특별고압수전 또는 고압수전일 경우에는 전력용 변압기 2차 측의 주차단기 1차 측에서 분기하여 전용배선으로 하되, 상용전원의 상시공급에 지장이 없을 경우에는 주차단기 2차 측에서 분기하여 전용배선으로 할 것. 다만, 가압송수장치의 정격입력전압이 수전전압과 같은 경우에는 ①의 기준에 따른다.
(2) 비상전원을 설치해야 하는 특정소방대상물
　① 층수가 7층 이상으로서 연면적 2,000[m²] 이상인 것
　② ①에 해당하지 않는 특정소방대상물로서 지하층의 바닥면적 합계가 3,000[m²] 이상인 것
(3) 비상전원을 설치하지 않을 수 있는 경우
　① 2 이상의 변전소에서 전력을 동시에 공급받을 수 있는 경우
　② 하나의 변전소로부터 전력의 공급이 중단되는 때에는 자동으로 다른 변전소로부터 전원을 공급받을 수 있도록 상용전원을 설치한 경우
　③ 가압수조방식
(4) 비상전원(자가발전설비, 축전지설비, 전기저장장치)의 설치기준
　① 점검에 편리하고 화재 및 침수 등의 재해로 인한 피해를 받을 우려가 없는 곳에 설치할 것
　② 옥내소화전설비를 유효하게 20분 이상 작동할 수 있어야 할 것

③ 상용전원으로부터 전력의 공급이 중단된 때에는 자동으로 비상전원으로부터 전력을 공급받을 수 있도록 할 것
④ 비상전원(내연기관의 기동 및 제어용 축전기를 제외한다)의 설치장소는 다른 장소와 방화구획할 것. 이 경우 그 장소에는 비상전원의 공급에 필요한 기구나 설비 외의 것(열병합발전설비에 필요한 기구나 설비는 제외한다)을 두어서는 안 된다.
⑤ 비상전원을 실내에 설치하는 때에는 그 실내에 비상조명등을 설치할 것

정답 ① 2,000　　　　　② 3,000
　　　　③ 20　　　　　　④ 자동
　　　　⑤ 방화구획　　　　⑥ 비상조명등

02

다음은 옥내소화전설비의 화재안전기술기준에서 정하는 상용전원회로와 비상전원의 설치기준에 대한 내용이다. ( ) 안에 알맞은 내용을 쓰시오.

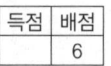

(1) 상용전원이 저압수전인 경우에는 (　)의 직후에서 분기하여 전용배선으로 해야 하며, 전용의 전선관에 보호되도록 할 것
(2) 비상전원은 옥내소화전설비를 유효하게 (　)분 이상 작동할 수 있어야 할 것
(3) 비상전원을 실내에 설치하는 때에는 그 실내에 (　)을 설치할 것

해설
옥내소화전설비의 전원 설치기준
(1) 상용전원회로의 배선 설치기준
　① 저압수전인 경우에는 인입개폐기의 직후에서 분기하여 전용배선으로 해야 하며, 전용의 전선관에 보호되도록 할 것
　② 특별고압수전 또는 고압수전일 경우에는 전력용 변압기 2차 측의 주차단기 1차 측에서 분기하여 전용배선으로 하되, 상용전원의 상시공급에 지장이 없을 경우에는 주차단기 2차 측에서 분기하여 전용배선으로 할 것
(2) 비상전원을 설치하지 않을 수 있는 경우
　① 2 이상의 변전소에서 전력을 동시에 공급받을 수 있는 경우
　② 하나의 변전소로부터 전력의 공급이 중단되는 때에는 자동으로 다른 변전소로부터 전원을 공급받을 수 있도록 상용전원을 설치한 경우
　③ 가압수조방식
(3) 비상전원의 종류
　① 자가발전설비
　② 축전지설비(내연기관에 따른 펌프를 사용하는 경우에는 내연기관의 기동 및 제어용 축전지)
　③ 전기저장장치(외부 전기에너지를 저장해 두었다가 필요한 때 전기를 공급하는 장치)
(4) 비상전원의 설치기준
　① 점검에 편리하고 화재 및 침수 등의 재해로 인한 피해를 받을 우려가 없는 곳에 설치할 것
　② 옥내소화전설비를 유효하게 20분 이상 작동할 수 있어야 할 것
　③ 상용전원으로부터 전력의 공급이 중단된 때에는 자동으로 비상전원으로부터 전력을 공급받을 수 있도록 할 것
　④ 비상전원(내연기관의 기동 및 제어용 축전기를 제외)의 설치장소는 다른 장소와 방화구획할 것. 이 경우 그 장소에는 비상전원의 공급에 필요한 기구나 설비 외의 것(열병합발전설비에 필요한 기구나 설비는 제외한다)을 두어서는 안 될 것
　⑤ 비상전원을 실내에 설치하는 때에는 그 실내에 비상조명등을 설치할 것

정답　(1) 인입개폐기　　　　(2) 20
　　　　(3) 비상조명등

03 다음은 옥내소화전설비의 화재안전기술기준에서 정하는 감시제어반의 기능에 대한 기준이다. ( ) 안에 알맞은 내용을 쓰시오.

득점	배점
	5

- 각 펌프의 작동 여부를 확인할 수 있는 (①) 및 (②)이 있어야 할 것
- 수조 또는 물올림수조가 (③)로 될 때 표시등 및 음향으로 경보할 것
- 각 확인회로(기동용 수압개폐장치의 압력스위치회로, 수조 또는 물올림수조의 저수위감시회로, 개폐밸브의 폐쇄상태 확인회로)마다 (④) 및 (⑤)을 할 수 있도록 할 것

해설
옥내소화전설비에서 감시제어반의 기능
(1) 감시제어반의 기능에 대한 기준
　① 각 펌프의 작동 여부를 확인할 수 있는 표시등 및 음향경보기능이 있어야 할 것
　② 각 펌프를 자동 및 수동으로 작동시키거나 중단시킬 수 있어야 할 것
　③ 비상전원을 설치한 경우에는 상용전원 및 비상전원의 공급 여부를 확인할 수 있어야 할 것
　④ 수조 또는 물올림수조가 저수위로 될 때 표시등 및 음향으로 경보할 것
　⑤ 다음의 각 확인회로마다 도통시험 및 작동시험을 할 수 있도록 할 것
　　㉠ 기동용 수압개폐장치의 압력스위치회로
　　㉡ 수조 또는 물올림수조의 저수위감시회로
　　㉢ 급수배관에 설치되어 급수를 차단할 수 있는 개폐밸브의 폐쇄상태 확인회로
　　㉣ 그 밖의 이와 비슷한 회로
(2) 감시제어반과 동력제어반으로 구분하여 설치하지 않을 수 있는 경우
　① 내연기관에 따른 가압송수장치를 사용하는 옥내소화전설비
　② 고가수조에 따른 가압송수장치를 사용하는 옥내소화전설비
　③ 가압수조에 따른 가압송수장치를 사용하는 옥내소화전설비

정답　① 표시등　　② 음향경보기능
　　　　③ 저수위　　④ 도통시험
　　　　⑤ 작동시험

04 다음은 기동용 수압개폐장치를 이용한 옥내소화전설비의 배선 계통도이다. 각 물음에 답하시오.

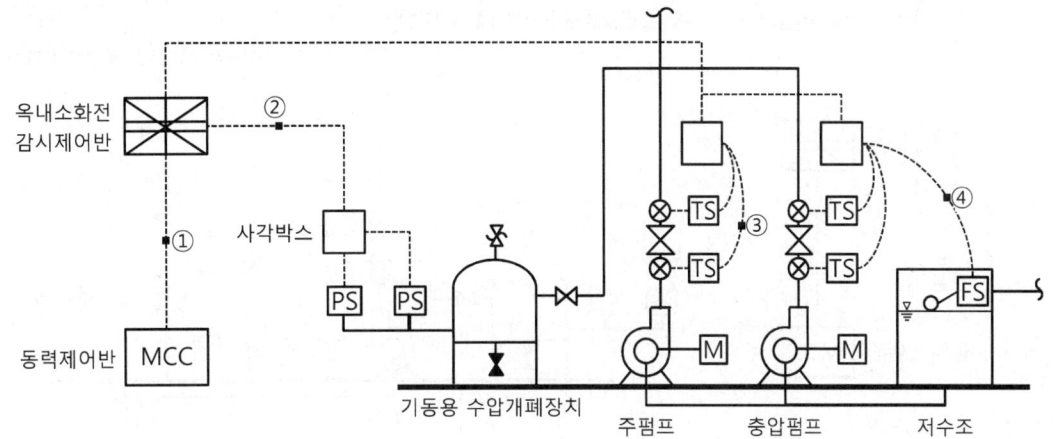

(1) 구간 ①~④의 최소 전선 가닥수를 쓰시오.

구간	①	②	③	④
전선 가닥수				

(2) 다음은 옥내소화전설비의 화재안전기술기준에서 정하는 감시제어반의 기능에 대한 기준이다. ( ) 안에 알맞은 내용을 쓰시오.
- 각 펌프의 작동 여부를 확인할 수 있는 (①) 및 (②)이 있어야 할 것
- 각 펌프를 자동 및 수동으로 작동시키거나 작동을 중단시킬 수 있어야 할 것
- 비상전원을 설치한 경우에는 상용전원 및 비상전원의 공급 여부를 확인할 수 있어야 할 것
- 수조 또는 물올림수조가 (③)로 될 때 표시등 및 음향으로 경보할 것
- 각 확인회로(기동용 수압개폐장치의 압력스위치회로, 수조 또는 물올림수조의 저수위감시회로, 개폐밸브의 폐쇄상태 확인회로)마다 (④) 및 (⑤)을 할 수 있도록 할 것

해설

옥내소화전설비

(1) 전선의 최소 가닥수 산정

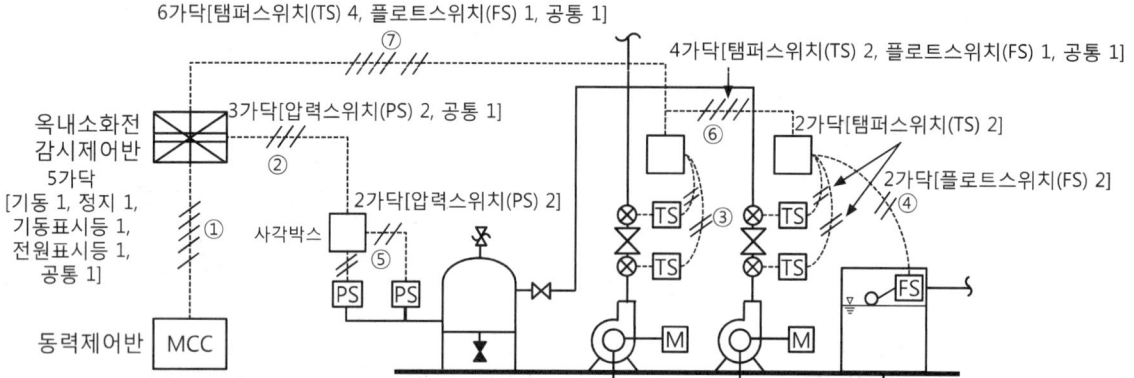

구간	전선 가닥수	배선의 용도
① 감시제어반 ↔ 동력제어반	5	기동 1, 정지 1, 전원표시등 1, 기동표시등 1, 공통 1
② 사각박스 ↔ 감시제어반	3	압력스위치(PS) 2, 공통 1
③ 탬퍼스위치 ↔ 사각박스	2	탬퍼스위치(TS) 2
④ 플로트스위치 ↔ 사각박스	2	플로트스위치(FS) 2
⑤ 압력스위치 ↔ 사각박스	2	압력스위치(PS) 2
⑥ 사각박스 ↔ 사각박스	4	탬퍼스위치(TS) 2, 플로트스위치(FS) 1, 공통 1
⑦ 사각박스 ↔ 감시제어반	6	탬퍼스위치(TS) 4, 플로트스위치(FS) 1, 공통 1

┤참고├
배선의 용어
- 기동 = 기동스위치
- 정지 = 정지스위치
- 전원표시등 = 전원감시표시등
- 기동표시등 = 기동확인표시등

(2) 감시제어반의 기능
① 각 펌프의 작동 여부를 확인할 수 있는 표시등 및 음향경보기능이 있어야 할 것
② 각 펌프를 자동 및 수동으로 작동시키거나 중단시킬 수 있어야 할 것
③ 비상전원을 설치한 경우에는 상용전원 및 비상전원의 공급 여부를 확인할 수 있어야 할 것
④ 수조 또는 물올림수조가 저수위로 될 때 표시등 및 음향으로 경보할 것
⑤ 다음의 각 확인회로마다 도통시험 및 작동시험을 할 수 있도록 할 것
　㉠ 기동용 수압개폐장치의 압력스위치회로
　㉡ 수조 또는 물올림수조의 저수위감시회로
　㉢ 급수배관에 설치되어 급수를 차단할 수 있는 개폐밸브의 폐쇄상태 확인회로
⑥ 예비전원이 확보되고 예비전원의 적합 여부를 시험할 수 있어야 할 것

정답

(1)
구간	①	②	③	④
전선 가닥수	5	3	2	2

(2) ① 표시등　② 음향경보기능
　③ 저수위　④ 도통시험
　⑤ 작동시험

05 다음은 옥내소화전설비를 겸용한 자동화재탐지설비의 배선 계통도이다. 아래 조건을 참고하여 기호 ①~⑤의 최소 전선 가닥수를 산정하시오.

득점	배점
	5

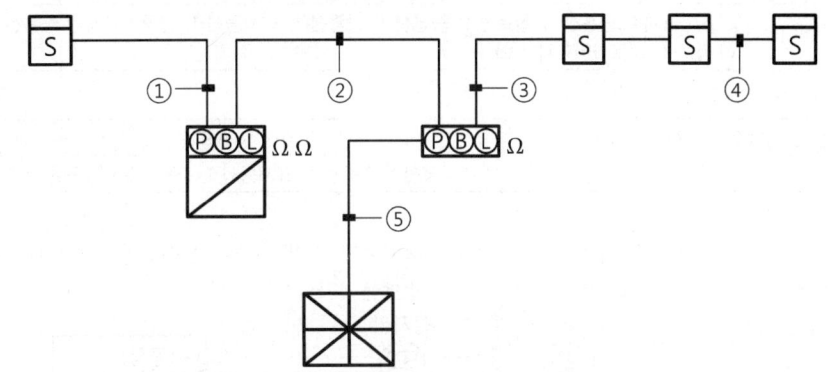

조건
- 지구경종에는 단락보호장치가 설치되어 있고, 경종과 표시등 공통선은 1가닥으로 배선한다.
- 옥내소화전은 기동용 수압개폐장치를 이용한 자동기동방식으로 한다.

물음

기호	①	②	③	④	⑤
전선 가닥수					

해설

옥내소화전설비와 자동화재탐지설비의 전선 가닥수 산정

(1) 소방시설의 도시기호(소방시설 자체점검사항 등에 관한 고시)

명칭	도시기호	비고
발신기세트 단독형	ⓅⒷⓁ	• Ⓟ : 발신기 • Ⓑ : 경종 • Ⓛ : 표시등
발신기세트 옥내소화전 내장형	ⓅⒷⓁ /	발신기, 경종, 표시등, 기동확인표시등
수신기	⊠	
연기감지기	S	
종단저항	Ω	

(2) 발신기세트 단독형의 기본 전선 가닥수 산정

전선 가닥수	배선의 용도
6	회로 공통선(지구 공통선) 1, 회로선(지구선) 1, 응답선(발신기선) 1, 경종선 1, 표시등선 1, 경종·표시등 공통선 1

(3) 옥내소화전설비의 기동방식에 따른 기본 전선 가닥수 산정
   ① 수동기동방식(ON-OFF 스위치를 이용한 방식)

전선 가닥수	배선의 용도
11	6가닥(회로 공통선 1, 회로선 1, 응답선 1, 경종선 1, 표시등선 1, 경종·표시등 공통선 1) + 5가닥(기동 1, 정지 1, 공통 1, 기동확인표시등 2)

   ② 자동기동방식(기동용 수압개폐장치를 이용한 방식)

전선 가닥수	배선의 용도
8	6가닥(회로 공통선 1, 회로선 1, 응답선 1, 경종선 1, 표시등선 1, 경종·표시등 공통선 1) + 2가닥(기동확인표시등 2)

(4) 감지기회로 배선
   ① 자동화재탐지설비, 제연설비는 도통시험을 용이하게 하기 위하여 송배선방식으로 배선한다.
   ② 송배선방식은 루프로 된 부분은 2가닥, 그 밖에는 4가닥으로 배선한다.

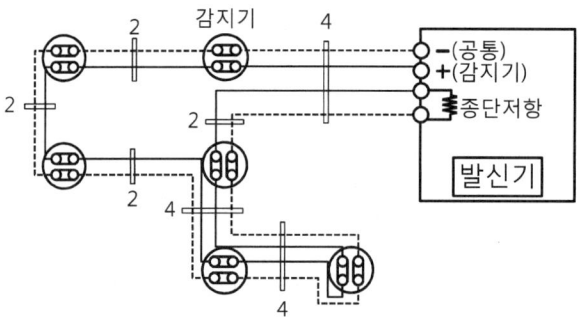

(5) 전선 가닥수 산정
   ① 회로수는 발신기세트 측면에 표시되어 있는 종단저항의 개수 또는 경계구역의 수로 하며 발신기 측면에 종단저항이 표시되어 있지 않으면 발신기 수로 한다.
   ② 전선 가닥수 및 배선의 용도

구간	전선 가닥수	배선의 용도
①	4	회로 공통선 2, 회로선 2
②	9	회로 공통선 1, 회로선 2, 응답선 1, 경종선 1, 표시등선 1, 경종·표시등 공통선 1, 기동확인표시등 2 ※ 발신기세트 옥내소화전 내장형 측면에 종단저항이 2개 표시되어 있으므로 회로수는 2이다.
③	4	회로 공통선 2, 회로선 2
④	4	회로 공통선 2, 회로선 2
⑤	10	회로 공통선 1, 회로선 3, 응답선 1, 경종선 1, 표시등선 1, 경종·표시등 공통선 1, 기동확인표시등 2 ※ 발신기세트에 측면에 표시되어 있는 종단저항의 개수는 총 3개이므로 회로수는 3이다.

정답

기호	①	②	③	④	⑤
전선 가닥수	4	9	4	4	10

06

다음은 옥내소화전설비와 자동화재탐지설비를 겸용한 배선 계통도의 일부분이다. 아래 조건을 참고하여 기호 ①~⑦까지의 최소 전선 가닥수를 산정하시오.

조건
- 건물의 규모는 지하 3층, 지상 5층이다.
- 선로의 전선 가닥수는 최소로 하고, 공통선은 회로 공통선과 경종·표시등 공통선을 분리하여 배선한다.
- 지구경종에는 단락보호장치가 설치되어 있고, 경종과 표시등 공통선은 1가닥으로 배선한다.
- 옥내소화전설비는 기동용 수압개폐장치를 이용한 자동기동방식으로 한다.
- 옥내소화전설비에 해당하는 전선 가닥수도 포함하여 산정한다.

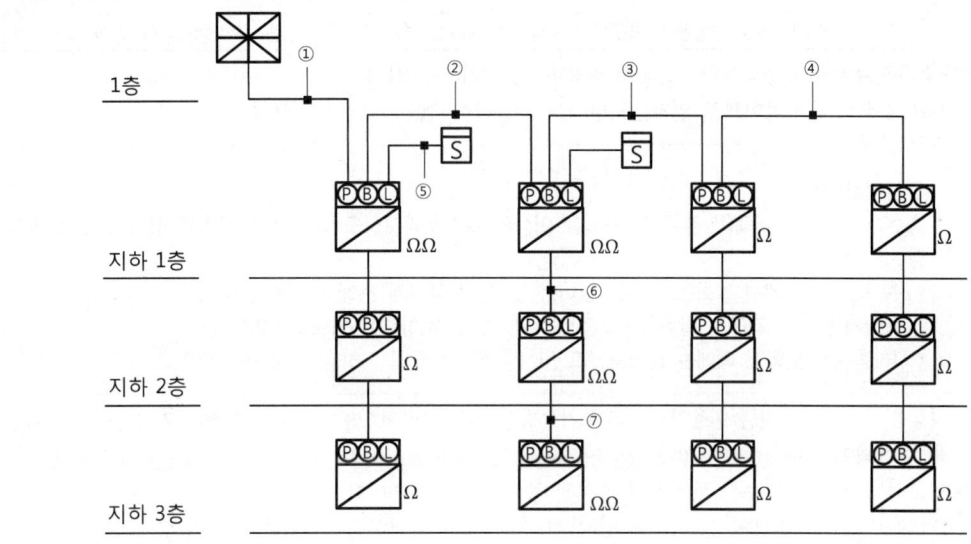

해설
옥내소화전설비와 자동화재탐지설비의 전선 가닥수 산정

(1) 소방시설의 도시기호(소방시설 자체점검사항 등에 관한 고시)

명칭	도시기호	비고
발신기세트 단독형	ⓅⒷⓁ	• Ⓟ : 발신기 • Ⓑ : 경종 • Ⓛ : 표시등
발신기세트 옥내소화전 내장형	ⓅⒷⓁ (내장형)	발신기, 경종, 표시등, 기동확인표시등
수신기	⊠	
연기감지기	S	
종단저항	Ω	

(2) 발신기세트 단독형의 기본 전선 가닥수 산정

전선 가닥수	배선의 용도
6	회로 공통선(지구 공통선) 1, 회로선(지구선) 1, 응답선(발신기선) 1, 경종선 1, 표시등선 1, 경종·표시등 공통선 1

(3) 옥내소화전설비의 기동방식에 따른 기본 전선 가닥수 산정
  ① 수동기동방식(ON-OFF 스위치를 이용한 방식)

전선 가닥수	배선의 용도
11	6가닥(회로 공통선 1, 회로선 1, 응답선 1, 경종선 1, 표시등선 1, 경종·표시등 공통선 1) + 5가닥(기동 1, 정지 1, 공통 1, 기동확인표시등 2)

  ② 자동기동방식(기동용 수압개폐장치를 이용한 방식)

전선 가닥수	배선의 용도
8	6가닥(회로 공통선 1, 회로선 1, 응답선 1, 경종선 1, 표시등선 1, 경종·표시등 공통선 1) + 2가닥(기동확인표시등 2)

(4) 옥내소화전설비와 자동화재탐지설비를 겸용한 전선 가닥수 산정
  ① 문제에서 11층 미만이므로 일제경보방식을 적용하여 전선 가닥수를 산정한다.

> ┤참고├
>
> **우선경보방식**
> 층수가 11층(공동주택의 경우에는 16층) 이상의 특정소방대상물은 다음의 기준에 따라 경보를 발할 수 있도록 할 것
> • 2층 이상의 층에서 발화한 때에는 발화층 및 그 직상 4개 층에 경보를 발할 것
> • 1층에서 발화한 때에는 발화층·그 직상 4개 층 및 지하층에 경보를 발할 것
> • 지하층에서 발화한 때에는 발화층·그 직상층 및 그 밖의 지하층에 경보를 발할 것

  ② 기동용 수압개폐장치를 이용하므로 자동기동방식이다. 따라서, 발신기의 기본 전선 가닥수에 기동확인표시등 2가닥을 추가해야 한다.
  ③ 회로선의 전선 가닥수는 발신기에 표시된 종단저항의 개수이다.
  ④ 1가닥의 회로 공통선에 접속할 수 있는 회로수는 7가닥 이하로 해야 한다.

> ┤참고├
>
> P형 수신기 및 G.P형 수신기의 감지기회로의 배선에 있어서 하나의 공통선에 접속할 수 있는 경계구역은 7개 이하로 할 것

구간	전선 가닥수	배선의 용도
①	25	회로 공통선 3, 회로선 16, 응답선 1, 경종선 1, 표시등선 1, 경종·표시등 공통선 1, 기동확인표시등 2
②	20	회로 공통선 2, 회로선 12, 응답선 1, 경종선 1, 표시등선 1, 경종·표시등 공통선 1, 기동확인표시등 2
③	13	회로 공통선 1, 회로선 6, 응답선 1, 경종선 1, 표시등선 1, 경종·표시등 공통선 1, 기동확인표시등 2
④	10	회로 공통선 1, 회로선 3, 응답선 1, 경종선 1, 표시등선 1, 경종·표시등 공통선 1, 기동확인표시등 2
⑤	4	회로 공통선 2, 회로선 2
⑥	11	회로 공통선 1, 회로선 4, 응답선 1, 경종선 1, 표시등선 1, 경종·표시등 공통선 1, 기동확인표시등 2
⑦	9	회로 공통선 1, 회로선 2, 응답선 1, 경종선 1, 표시등선 1, 경종·표시등 공통선 1, 기동확인표시등 2

정답

구간	전선 가닥수	배선의 용도
①	25	회로 공통선 3, 회로선 16, 응답선 1, 경종선 1, 표시등선 1, 경종·표시등 공통선 1, 기동확인표시등 2
②	20	회로 공통선 2, 회로선 12, 응답선 1, 경종선 1, 표시등선 1, 경종·표시등 공통선 1, 기동확인표시등 2
③	13	회로 공통선 1, 회로선 6, 응답선 1, 경종선 1, 표시등선 1, 경종·표시등 공통선 1, 기동확인표시등 2
④	10	회로 공통선 1, 회로선 3, 응답선 1, 경종선 1, 표시등선 1, 경종·표시등 공통선 1, 기동확인표시등 2
⑤	4	회로 공통선 2, 회로선 2
⑥	11	회로 공통선 1, 회로선 4, 응답선 1, 경종선 1, 표시등선 1, 경종·표시등 공통선 1, 기동확인표시등 2
⑦	9	회로 공통선 1, 회로선 2, 응답선 1, 경종선 1, 표시등선 1, 경종·표시등 공통선 1, 기동확인표시등 2

07 다음은 지상 4층의 특정소방대상물에 옥내소화전설비와 자동화재탐지설비(P형 1급 발신기세트)를 겸용한 배선 계통도이다. 아래 조건을 참고하여 각 물음에 답하시오.

득점	배점
	8

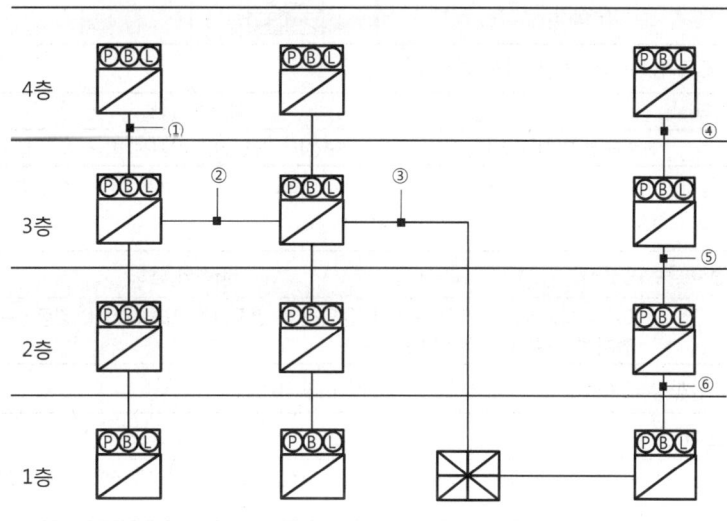

조건
- 선로의 전선 가닥수는 최소로 하고, 경종과 표시등 공통선은 1가닥으로 배선한다.
- 화재로 인하여 하나의 층의 지구음향장치 배선이 단락되어도 다른 층의 화재 통보에 지장이 없도록 각 층 배선상에 유효한 조치(단락보호장치)를 하였다.
- 옥내소화전설비는 기동용 수압개폐장치를 이용한 자동기동방식으로 한다.

물음

(1) 기호 ①~⑥까지의 최소 전선 가닥수를 구하시오.

기호	①	②	③	④	⑤	⑥
전선 가닥수						

(2) 감지기회로의 도통시험을 위한 종단저항의 설치기준을 3가지만 쓰시오.
(3) 자동화재탐지설비의 감지기회로의 전로저항은 몇 [Ω] 이하가 되도록 해야 하는지 쓰시오.
(4) 수신기의 각 회로별 종단에 설치되는 감지기에 접속되는 배선의 전압은 감지기 정격전압의 몇 [%] 이상이어야 하는지 쓰시오.

해설

옥내소화전설비와 자동화재탐지설비

(1) 최소 전선 가닥수 산정

① 소방시설의 도시기호(소방시설 자체점검사항 등에 관한 고시)

명칭	도시기호	비고
발신기세트 단독형	ⓟⓑⓛ	• ⓟ : 발신기 • ⓑ : 경종 • ⓛ : 표시등
발신기세트 옥내소화전 내장형	ⓟⓑⓛ/	발신기, 경종, 표시등, 기동확인표시등
수신기	⊠	

② 발신기세트 단독형의 기본 전선 가닥수 산정

전선 가닥수	배선의 용도
6	회로 공통선(지구 공통선) 1, 회로선(지구선) 1, 응답선(발신기선) 1, 경종선 1, 표시등선 1, 경종·표시등 공통선 1

③ 옥내소화전설비의 기동방식에 따른 기본 전선 가닥수 산정

㉠ 수동기동방식(ON-OFF 스위치를 이용한 방식)

전선 가닥수	배선의 용도
11	6가닥(회로 공통선 1, 회로선 1, 응답선 1, 경종선 1, 표시등선 1, 경종·표시등 공통선 1) + 5가닥(기동 1, 정지 1, 공통 1, 기동확인표시등 2)

㉡ 자동기동방식(기동용 수압개폐장치를 이용한 방식)

전선 가닥수	배선의 용도
8	6가닥(회로 공통선 1, 회로(지구)선 1, 응답선 1, 경종선 1, 표시등선 1, 경종·표시등 공통선 1) + 2가닥(기동확인표시등 2)

④ 옥내소화전설비와 자동화재탐지설비를 겸용한 전선 가닥수 산정
　㉠ 문제에서 11층 미만이므로 일제경보방식을 적용하여 전선 가닥수를 산정한다.

> **참고**
>
> **우선경보방식**
> 층수가 11층(공동주택의 경우에는 16층) 이상의 특정소방대상물은 다음의 기준에 따라 경보를 발할 수 있도록 할 것
> • 2층 이상의 층에서 발화한 때에는 발화층 및 그 직상 4개 층에 경보를 발할 것
> • 1층에서 발화한 때에는 발화층·그 직상 4개 층 및 지하층에 경보를 발할 것
> • 지하층에서 발화한 때에는 발화층·그 직상층 및 그 밖의 지하층에 경보를 발할 것

　㉡ 기동용 수압개폐장치를 이용하므로 자동기동방식이다. 따라서, 발신기의 기본 전선 가닥수(6가닥)에 기동확인표시등 2가닥을 추가하여 배선해야 한다.
　㉢ 회로선의 전선 가닥수는 발신기에 표시된 종단저항의 개수 또는 경계구역의 수 그리고, 발신기의 설치개수이다.
　㉣ 하나의 회로 공통선에 접속할 수 있는 회로수는 7가닥 이하로 해야 한다.

> **참고**
>
> P형 수신기 및 G.P형 수신기의 감지기회로의 배선에 있어서 하나의 공통선에 접속할 수 있는 경계구역은 7개 이하로 할 것

구간	전선 가닥수	배선의 용도
①	8	회로 공통선 1, 회로선 1, 응답선 1, 경종선 1, 표시등선 1, 경종·표시등 공통선 1, 기동확인표시등 2
②	11	회로 공통선 1, 회로선 4, 응답선 1, 경종선 1, 표시등선 1, 경종·표시등 공통선 1, 기동확인표시등 2
③	16	회로 공통선 2, 회로선 8, 응답선 1, 경종선 1, 표시등선 1, 경종·표시등 공통선 1, 기동확인표시등 2
④	8	회로 공통선 1, 회로선 1, 응답선 1, 경종선 1, 표시등선 1, 경종·표시등 공통선 1, 기동확인표시등 2
⑤	9	회로 공통선 1, 회로선 2, 응답선 1, 경종선 1, 표시등선 1, 경종·표시등 공통선 1, 기동확인표시등 2
⑥	10	회로 공통선 1, 회로선 3, 응답선 1, 경종선 1, 표시등선 1, 경종·표시등 공통선 1, 기동확인표시등 2

(2) 감지기회로의 도통시험을 위한 종단저항의 설치기준
　① 점검 및 관리가 쉬운 장소에 설치할 것
　② 전용함을 설치하는 경우 그 설치 높이는 바닥으로부터 1.5[m] 이내로 할 것
　③ 감지기회로의 끝부분에 설치하며, 종단감지기에 설치할 경우에는 구별이 쉽도록 해당 감지기의 기판 및 감지기 외부 등에 별도의 표시를 할 것

(3), (4) 배선의 설치기준
　① 감지기 사이 회로의 배선은 송배선식으로 할 것
　② 전원회로의 전로와 대지 사이 및 배선 상호 간의 절연저항은 전기사업법 제67조에 따른 전기설비기술기준이 정하는 바에 의하고, 감지기회로 및 부속회로의 전로와 대지 사이 및 배선 상호 간의 절연저항은 1 경계구역마다 직류 250[V]의 절연저항측정기를 사용하여 측정한 절연저항이 0.1[MΩ] 이상이 되도록 할 것
　③ 자동화재탐지설비의 배선은 다른 전선과 별도의 관·덕트(절연효력이 있는 것으로 구획한 때에는 그 구획된 부분은 별개의 덕트로 본다)·몰드 또는 풀박스 등에 설치할 것. 다만, 60[V] 미만의 약 전류회로에 사용하는 전선으로서 각각의 전압이 같을 때에는 그렇지 않다.
　④ 자동화재탐지설비의 감지기회로의 전로저항은 50[Ω] 이하가 되도록 해야 하며, 수신기의 각 회로별 종단에 설치되는 감지기에 접속되는 배선의 전압은 감지기 정격전압의 80[%] 이상이어야 할 것

정답

(1)
기호	①	②	③	④	⑤	⑥
전선 가닥수	8	11	16	8	9	10

(2) ① 점검 및 관리가 쉬운 장소에 설치할 것
② 전용함을 설치하는 경우 그 설치 높이는 바닥으로부터 1.5[m] 이내로 할 것
③ 감지기회로의 끝부분에 설치하며, 종단감지기에 설치할 경우에는 구별이 쉽도록 해당 감지기의 기판 및 감지기 외부 등에 별도의 표시를 할 것

(3) 50[Ω] 이하
(4) 80[%] 이상

08 다음은 가압송수장치에 기동용 수압개폐장치를 사용하는 어느 공장의 1층 내부 평면도이다. 공장 내부에는 옥내소화전과 자동화재탐지설비의 발신기가 설치되어 있다. 각 물음에 답하시오(단, 지구음향장치에는 단락보호장치가 설치되어 있고, 경종과 표시등 공통선은 1가닥으로 배선한다).

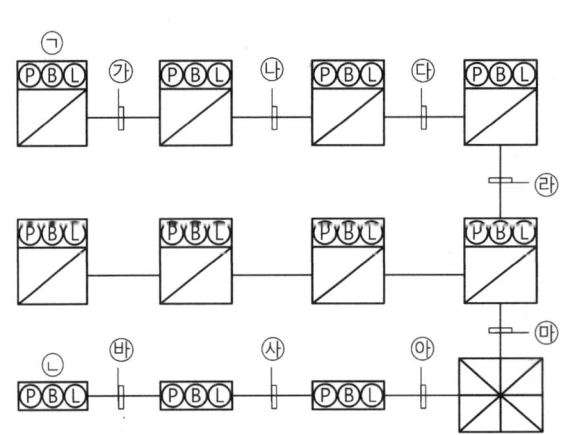

(1) 기호 ㉮~㉧의 최소 전선 가닥수를 쓰시오.
  ㉮ :   ㉯ :
  ㉰ :   ㉱ :
  ㉲ :   ㉳ :
  ㉴ :   ㉵ :

(2) ㉠과 ㉡의 명칭을 쓰고, 각 함의 전면에 부착된 전기기구의 명칭을 모두 쓰시오.
  ① 명칭
    ㉠ :   ㉡ :
  ② 각 함에 부착된 전기기구의 명칭
    ㉠ :   ㉡ :

(3) 발신기 함의 상부에 설치하는 표시등의 색상을 쓰시오.
(4) 발신기의 위치를 표시하는 표시등의 불빛을 식별하는 조건을 쓰시오.

[해설]
옥내소화전설비 및 자동화재탐지설비
(1) 전선 가닥수 산정
　① 소방시설의 도시기호(소방시설 자체점검사항 등에 관한 고시)

분류	명칭	도시기호	비고
소화전	옥내소화전함		
	옥내소화전 방수용 기구 병설		
경보설비기기류	발신기세트 단독형	ⓟⒷⓁ	• ⓟ : 발신기 • Ⓑ : 경종 • Ⓛ : 표시등
	발신기세트 옥내소화전 내장형	ⓟⒷⓁ	

　② 발신기세트 옥내소화전 내장형의 배선의 용도(1회로 기준)

기동방식	전선 가닥수	배선의 용도
자동기동방식 (기동용 수압개폐장치를 이용)	8	지구 공통선 1, 지구선 1, 응답선 1, 경종선 1, 표시등선 1, 경종·표시등 공통선 1, 기동확인표시등 2
수동기동방식 (ON-OFF 스위치를 이용)	11	지구 공통선 1, 지구선 1, 응답선 1, 경종선 1, 표시등선 1, 경종·표시등 공통선 1, 기동스위치 1, 정지스위치 1, 공통선 1, 기동확인표시등 2

　③ 전선 가닥수 산정

기호	전선 가닥수	배선의 용도	비고
㉮	8	지구 공통선 1, 지구선 1, 응답선 1, 경종선 1, 표시등선 1, 경종·표시등 공통선 1, 기동확인표시등 2	-
㉯	9	지구 공통선 1, 지구선 2, 응답선 1, 경종선 1, 표시등선 1, 경종·표시등 공통선 1, 기동확인표시등 2	지구선 추가
㉰	10	지구 공통선 1, 지구선 3, 응답선 1, 경종선 1, 표시등선 1, 경종·표시등 공통선 1, 기동확인표시등 2	지구선 추가
㉱	11	지구 공통선 1, 지구선 4, 응답선 1, 경종선 1, 표시등선 1, 경종·표시등 공통선 1, 기동확인표시등 2	지구선 추가
㉲	16	지구 공통선 2, 지구선 8, 응답선 1, 경종선 1, 표시등선 1, 경종·표시등 공통선 1, 기동확인표시등 2	지구선 추가, 지구 공통선 추가(7회로 초과)
㉳	6	지구 공통선 1, 지구선 1, 응답선 1, 경종선 1, 표시등선 1, 경종·표시등 공통선 1	-
㉴	7	지구 공통선 1, 지구선 2, 응답선 1, 경종선 1, 표시등선 1, 경종·표시등 공통선 1	지구선 추가
㉵	8	지구 공통선 1, 지구선 3, 응답선 1, 경종선 1, 표시등선 1, 경종·표시등 공통선 1	지구선 추가

[참고] • 지구선 = 회로선
　　　• 지구 공통선 = 회로 공통선
　　　• 응답선 = 발신기선

(2) 소방시설의 도시기호 및 함 전면에 부착된 전기기구

명칭	도시기호	함의 전면에 부착된 전기기구의 명칭
㉠ 발신기세트 옥내소화전 내장형	ⓟⒷⓁ	발신기, 경종, 표시등, 기동확인표시등
㉡ 발신기세트 단독형	ⓟⒷⓁ	발신기, 경종, 표시등

(3), (4) 자동화재탐지설비의 발신기 설치기준
① 조작이 쉬운 장소에 설치하고, 스위치는 바닥으로부터 0.8[m] 이상 1.5[m] 이하의 높이에 설치할 것
② 특정소방대상물의 층마다 설치하되, 해당 층의 각 부분으로부터 하나의 발신기까지의 수평거리가 25[m] 이하가 되도록 할 것. 다만, 복도 또는 별도로 구획된 실로서 보행거리가 40[m] 이상일 경우에는 추가로 설치해야 한다.
③ ②에도 불구하고 ②의 기준을 초과하는 경우로서 기둥 또는 벽이 설치되지 않은 대형 공간의 경우 발신기는 설치대상 장소의 가장 가까운 장소의 벽 또는 기둥 등에 설치할 것
④ 발신기의 위치를 표시하는 표시등은 함의 상부에 설치하되, 그 불빛은 부착면으로부터 15[°] 이상의 범위 안에서 부착지점으로부터 10[m] 이내의 어느 곳에서도 쉽게 식별할 수 있는 적색등으로 해야 한다.

정답 (1) ㉮ 8가닥　　　　　　　　㉯ 9가닥
　　　　㉰ 10가닥　　　　　　　㉱ 11가닥
　　　　㉲ 16가닥　　　　　　　㉳ 6가닥
　　　　㉴ 7가닥　　　　　　　　㉵ 8가닥
(2) ① ㉠ 발신기세트 옥내소화전 내장형
　　　㉡ 발신기세트 단독형
　　② ㉠ 발신기, 경종, 표시등, 기동확인표시등
　　　㉡ 발신기, 경종, 표시등
(3) 적색
(4) 부착면으로부터 15[°] 이상의 범위 안에서 부착지점으로부터 10[m] 이내의 어느 곳에서도 쉽게 식별할 수 있어야 한다.

09 1동, 2동, 3동으로 구분되어 있는 공장 내부에 옥내소화전함과 P형 1급 발신기를 다음과 같이 설치하였다. 경보는 각각의 동에서 발할 수 있도록 동별 구분 경보방식으로 하고, 옥내소화전의 가압송수장치는 기동용 수압개폐장치를 사용하는 경우 다음 각 물음에 답하시오(단, 지구 경종에는 단락보호장치가 설치되어 있으며 경종과 표시등의 공통선은 1가닥으로 배선한다).

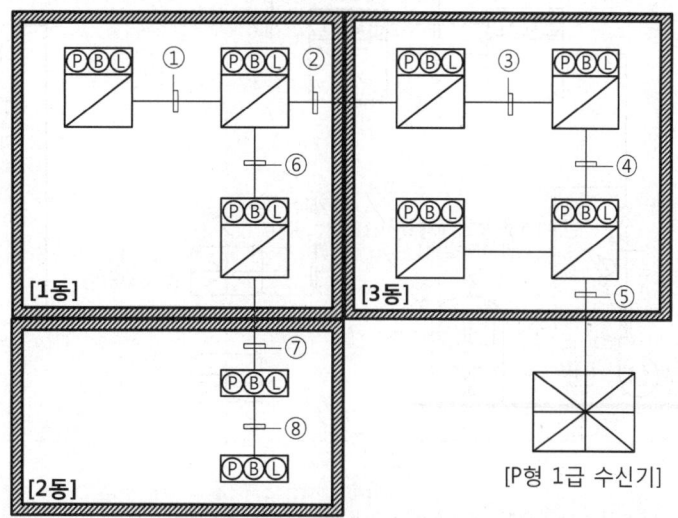

(1) 다음 표의 빈칸에 전선 가닥수를 쓰시오(단, 전선은 최소 가닥수로 하고, 전선 가닥수가 필요 없는 곳은 공란으로 둘 것).

기호	전선 가닥수	지구선	지구 공통선	응답선	경종선	표시등선	경종·표시등 공통선	기동확인표시등
①								
②								
③								
④								
⑤								
⑥								
⑦								
⑧								

(2) 평면도에서 P형 1급 수신기는 최소 몇 회로용으로 사용해야 하는지 쓰시오(단, 회로 수 산정 시 여유율을 10[%]로 한다).
(3) 수신기는 수위실 등 상시 사람이 근무하는 장소에 설치해야 하지만 사람이 상시 근무하는 장소가 없는 경우 어느 장소에 설치해야 하는지 쓰시오.
(4) 수신기가 설치된 장소에는 무엇을 비치해야 하는지 쓰시오.

> 해설

옥내소화전설비 및 자동화재탐지설비

(1) 전선 가닥수 산정

① 발신기세트 옥내소화전 내장형의 기본 전선 가닥수

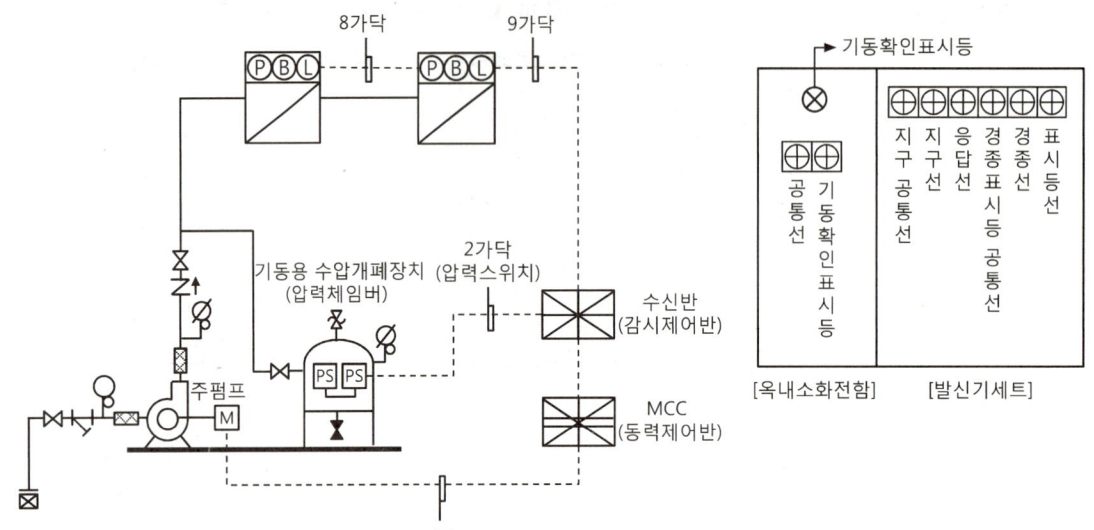

명칭	전선 가닥수	발신기세트							기동용 수압개폐장치
		용도 1	용도 2	용도 3	용도 4	용도 5	용도 6	용도 7
발신기세트 옥내소화전 내장형	8	지구선 (회로선)	지구 공통선 (회로 공통선)	응답선 (발신기선)	경종선	표시등선	경종·표시등 공통선	기동확인 표시등 2

② 옥내소화전의 가압송수장치는 기동용 수압개폐장치를 사용하므로 자동기동방식이다. 따라서, 발신기세트의 기본 전선 가닥수에 기동확인표시등 2가닥을 추가해야 한다.

③ 하나의 공통선에 접속할 수 있는 경계구역은 7개 이하로 해야 하므로 지구선(회로선)이 7가닥을 초과할 경우 지구 공통선을 1가닥 추가하여 배선한다.

④ 경종선은 동별 구분경보방식(각 동별로 경보를 발하는 방식)이므로 각 동마다 경종선을 1가닥씩 추가하여 배선한다.

※ [조건]에서 경종과 표시등 공통선은 1가닥으로 배선하고, 화재로 인하여 하나의 층의 지구음향장치 배선이 단락되어도 다른 층의 화재 통보에 지장이 없도록 각 층 배선 상에 유효한 조치(단락보호장치)를 하였다. 따라서, 경종·표시등 공통선은 1가닥으로 배선한다.

기호	전선 가닥수	지구선 (회로선)	지구 공통선 (회로 공통선)	응답선 (발신기선)	경종선	표시등선	경종·표시등 공통선	기동확인표시등
①	8	1	1	1	1 (1동)	1	1	2
②	13	5	1	1	2 (1동, 2동)	1	1	2
③	15	6	1	1	3 (1동, 2동, 3동)	1	1	2
④	16	7	1	1	3 (1동, 2동, 3동)	1	1	2

기호	전선 가닥수	지구선 (회로선)	지구 공통선 (회로 공통선)	응답선 (발신기선)	경종선	표시등선	경종·표시등 공통선	기동확인표시등
⑤	19	9	2 (7회로 초과)	1	3 (1동, 2동, 3동)	1	1	2
⑥	11	3	1	1	2 (1동, 2동)	1	1	2
⑦	7	2	1	1	1 (2동)	1	1	-
⑧	6	1	1	1	1 (2동)	1	1	-

(2) P형 수신기 산정

발신기세트의 설치 개수가 회로수이다. 단, 종단저항이 있을 경우 종단저항의 개수가 회로수가 된다.

∴ P형 수신기 회로수 = 발신기세트 설치 개수 × 여유율
= 9개 × 1.1 = 9.9회로 ≒ 10회로

(3), (4) 수신기의 설치기준

① 수위실 등 상시 사람이 근무하는 장소에 설치할 것. 다만, 사람이 상시 근무하는 장소가 없는 경우에는 관계인이 쉽게 접근할 수 있고 관리가 쉬운 장소에 설치할 수 있다.
② 수신기가 설치된 장소에는 경계구역 일람도를 비치할 것. 다만, 모든 수신기와 연결되어 각 수신기의 상황을 감시하고 제어할 수 있는 수신기(주수신기)를 설치하는 경우에는 주수신기를 제외한 기타 수신기는 그렇지 않다.
③ 수신기의 음향기구는 그 음량 및 음색이 다른 기기의 소음 등과 명확히 구별될 수 있는 것으로 할 것
④ 수신기는 감지기·중계기 또는 발신기가 작동하는 경계구역을 표시할 수 있는 것으로 할 것
⑤ 화재·가스 전기 등에 대한 종합방재반을 설치한 경우에는 해당 조작반에 수신기의 작동과 연동하여 감지기·중계기 또는 발신기가 작동하는 경계구역을 표시할 수 있는 것으로 할 것
⑥ 하나의 경계구역은 하나의 표시등 또는 하나의 문자로 표시되도록 할 것
⑦ 수신기의 조작스위치는 바닥으로부터의 높이가 0.8[m] 이상 1.5[m] 이하인 장소에 설치할 것
⑧ 하나의 특정소방대상물에 2 이상의 수신기를 설치하는 경우에는 수신기를 상호 간 연동하여 화재발생 상황을 각 수신기마다 확인할 수 있도록 할 것
⑨ 화재로 인하여 하나의 층의 지구음향장치 배선이 단락되어도 다른 층의 화재 통보에 지장이 없도록 각 층 배선상에 유효한 조치를 할 것

정답 (1)

기호	전선 가닥수	지구선	지구 공통선	응답선	경종선	표시등선	경종·표시등 공통선	기동확인표시등
①	8	1	1	1	1	1	1	2
②	13	5	1	1	2	1	1	2
③	15	6	1	1	3	1	1	2
④	16	7	1	1	3	1	1	2
⑤	19	9	2	1	3	1	1	2
⑥	11	3	1	1	2	1	1	2
⑦	7	2	1	1	1	1	1	-
⑧	6	1	1	1	1	1	1	-

(2) 10회로용
(3) 관계인이 쉽게 접근할 수 있고 관리가 쉬운 장소
(4) 경계구역 일람도

10 다음은 자동화재탐지설비의 P형 수신기에 연결되는 발신기와 감지기 간의 미완성된 배선 결선도이다. 각 물음에 답하시오.

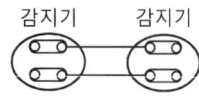

[P형 1급 수신기] 응답 / 지구 공통 / 지구 / 위치표시등 / 지구경종 / 경종·표시등 공통 / 소화전펌프 기동확인

[발신기세트] P형 1급 발신기(종단저항) / 위치표시등 / 소화전기동확인표시등 / 경종

(1) 수신기-발신기-감지기 간의 미완성된 배선 결선을 완성하시오(단, 발신기에 설치된 단자는 왼쪽부터 ① 응답, ② 지구 공통, ③ 지구이다).
(2) 종단저항을 설치해야 하는 기기의 명칭과 종단저항을 배선해야 하는 수신기 단자의 명칭을 쓰시오.
  ① 기기의 명칭 :
  ② 수신기 단자의 명칭 :
(3) 발신기 함의 상부에 설치하는 표시등의 색상을 쓰시오.
(4) 발신기의 위치를 표시하는 표시등의 불빛은 부착면으로부터 몇 [°] 이상의 범위 안에서 부착지점으로부터 몇 [m] 이내의 어느 곳에서도 쉽게 식별할 수 있어야 하는지 쓰시오.

해설
자동화재탐지설비

(1) 옥내소화전설비의 기동방식에 따른 기본 전선 가닥수 산정
① 수동기동방식(ON-OFF 스위치를 이용한 방식)

명칭	전선 가닥수	발신기세트						ON-OFF 스위치
		용도 1	용도 2	용도 3	용도 4	용도 5	용도 6	용도 7
발신기세트 옥내소화전 내장형	11	지구(회로)선	지구(회로) 공통선	응답선	경종선	표시등선	경종·표시등 공통선	기동 1, 정지 1, 공통 1, 기동확인표시등 2

② 자동기동방식(기동용 수압개폐장치를 이용한 방식)

명칭	전선 가닥수	발신기세트						기동용 수압개폐장치
		용도 1	용도 2	용도 3	용도 4	용도 5	용도 6	용도 7
발신기세트 옥내소화전 내장형	8	지구(회로)선	지구(회로) 공통선	응답선	경종선	표시등선	경종·표시등 공통선	기동확인표시등 2

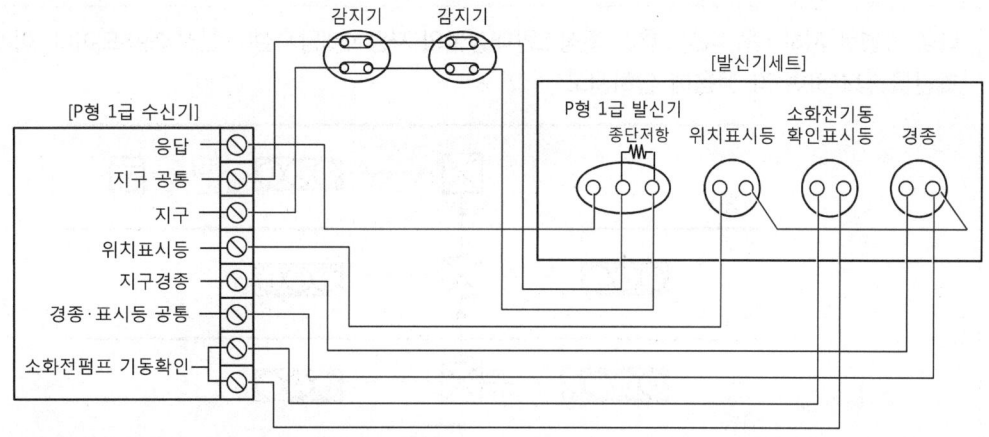

(2) 감지기회로의 도통시험을 위한 종단저항 설치기준
① 점검 및 관리가 쉬운 장소에 설치할 것
② 전용함을 설치하는 경우 그 설치 높이는 바닥으로부터 1.5[m] 이내로 할 것
③ 감지기회로의 끝부분에 설치하며, 종단감지기에 설치할 경우에는 구별이 쉽도록 해당 감지기의 기판 및 감지기 외부 등에 별도의 표시를 할 것
∴ 종단저항은 감지회로의 도통시험을 위하여 감지기회로의 끝부분에 설치해야 하나 그림에서 종단저항은 P형 1급 발신기에 설치하였다. 또한, 종단저항은 P형 1급 수신기의 지구단자와 지구공통단자에 배선한다.

(3), (4) 자동화재탐지설비의 발신기 설치기준
① 조작이 쉬운 장소에 설치하고, 스위치는 바닥으로부터 0.8[m] 이상 1.5[m] 이하의 높이에 설치할 것
② 특정소방대상물의 층마다 설치하되, 해당 층의 각 부분으로부터 하나의 발신기까지의 수평거리가 25[m] 이하가 되도록 할 것. 다만, 복도 또는 별도로 구획된 실로서 보행거리가 40[m] 이상일 경우에는 추가로 설치해야 한다.
③ ②에도 불구하고 ②의 기준을 초과하는 경우로서 기둥 또는 벽이 설치되지 않은 대형 공간의 경우 발신기는 설치대상 장소의 가장 가까운 장소의 벽 또는 기둥 등에 설치할 것
④ 발신기의 위치를 표시하는 표시등은 함의 상부에 설치하되, 그 불빛은 부착면으로부터 15[°] 이상의 범위 안에서 부착지점으로부터 10[m] 이내의 어느 곳에서도 쉽게 식별할 수 있는 적색등으로 해야 한다.

정답
(1) 해설 참고
(2) ① P형 1급 발신기   ② 지구단자와 지구공통단자
(3) 적색
(4) 15[°] 이상, 10[m] 이내

11 다음 도면은 지하 1층, 지상 5층인 특정소방대상물의 자동화재탐지설비 간선 계통도이다. 아래 조건을 참고하여 각 물음에 답하시오.

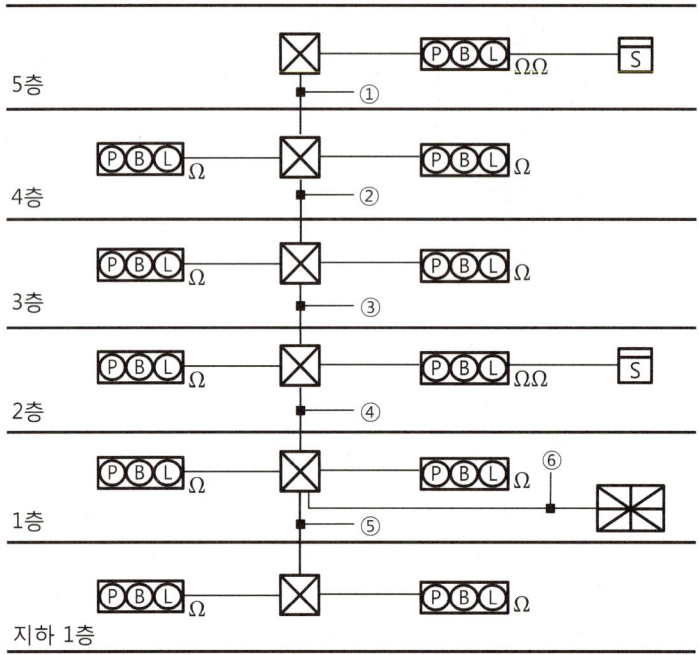

조건
- 자동화재탐지설비의 설계는 경제성을 고려하여 산정한다.
- 경종과 표시등의 공통선은 1가닥으로 배선한다.
- 지구음향장치에는 단락보호장치가 설치되어 있다.

물음

(1) 기호 ①~⑥까지의 최소 전선 가닥수를 산정하시오.

기호	①	②	③	④	⑤	⑥
전선 가닥수						

(2) 발신기세트에 기동용 수압개폐장치를 사용하는 옥내소화전설비를 설치할 경우 추가되는 전선의 가닥수와 배선의 명칭을 쓰시오.
  ① 전선의 가닥수 :
  ② 배선의 명칭 :

(3) 발신기세트에 ON-OFF 방식을 사용하는 옥내소화전설비를 설치할 경우 추가되는 전선의 가닥수와 배선의 명칭을 쓰시오(단, ON-OFF 스위치의 공통선과 표시등 공통선은 분리하여 사용한다).
  ① 전선의 가닥수 :
  ② 배선의 명칭 :

> [해설]

자동화재탐지설비

(1) 전선 가닥수 산정

① 소방시설의 도시기호(소방시설 자체점검사항 등에 관한 고시)

명칭	도시기호	명칭	도시기호
발신기세트 단독형	ⓟⒷⓁ	수신기	⊠
연기감지기	S	종단저항	Ω

② 발신기의 기본 전선 가닥수(1회로 기준이며 지구경종에는 단락보호장치가 설치되어 있음)

전선 가닥수	배선의 용도					
	용도 1	용도 2	용도 3	용도 4	용도 5	용도 6
6	지구선 (회로선)	지구(회로) 공통선	응답선 (발신기선)	경종선	표시등선	경종·표시등 공통선
비고	경계구역의 수 = 종단저항의 개수 = 발신기의 수	지구선이 7가닥을 초과할 경우 1가닥씩 추가		[조건]에 경종선에는 단락보호장치가 설치되어 있음		[조건]에 경종선과 표시등 공통선은 1가닥으로 배선함

③ 일제경보방식

㉠ 특정소방대상물이 11층 미만이므로 일제경보방식으로 배선해야 한다.

㉡ [조건]에서 전선의 가닥수는 최소로 산정하며 경제성을 고려하여 자동화재탐지설비를 설치해야 하고, 지구경종에 단락보호장치가 설치되어 있으므로 경종선과 경종·표시등 공통선을 1가닥으로 배선한다.

> ┤참고├
>
> **우선경보방식**
> 층수가 11층(공동주택의 경우에는 16층) 이상의 특정소방대상물은 다음의 기준에 따라 경보를 발할 수 있도록 할 것
> • 2층 이상의 층에서 발화한 때에는 발화층 및 그 직상 4개 층에 경보를 발할 것
> • 1층에서 발화한 때에는 발화층·그 직상 4개 층 및 지하층에 경보를 발할 것
> • 지하층에서 발화한 때에는 발화층·그 직상층 및 기타의 지하층에 경보를 발할 것

④ 지구(회로)선과 지구(회로)공통선

㉠ 지구(회로)선의 전선 가닥수는 경계구역의 수 또는 발신기에 설치된 종단저항의 설치개수로 한다.

㉡ 하나의 지구(회로)공통선에 접속할 수 있는 경계구역은 7개 이하로 해야 하므로 지구(회로)선이 7가닥을 초과할 경우 지구(회로)공통선을 1가닥 추가해야 한다.

⑤ 감지기회로 배선

㉠ 자동화재탐지설비 및 제연설비는 도통시험을 용이하게 하기 위하여 감지기회로의 배선은 송배선식으로 한다.

㉡ 송배선식의 전선 가닥수는 루프로 된 부분은 2가닥, 그 밖에는 4가닥으로 배선한다.

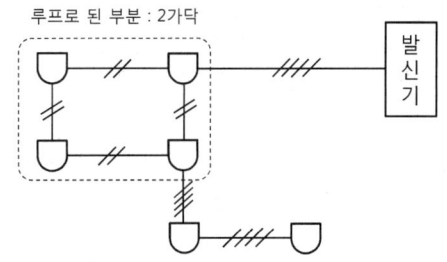

⑥ 전선 가닥수 산정

구간	전선 가닥수	지구선 (회로선)	지구(회로) 공통선	응답선 (발신기선)	경종선	표시등선	경종·표시등 공통선
① (4층 ↔ 5층)	7	2	1	1	1	1	1
② (3층 ↔ 4층)	9	4	1	1	1	1	1
③ (2층 ↔ 3층)	11	6	1	1	1	1	1
④ (1층 ↔ 2층)	15	9	2	1	1	1	1
⑤ (지하 1층 ↔ 1층)	7	2	1	1	1	1	1
⑥ (1층 ↔ 수신기)	19	13	2	1	1	1	1

(2), (3) 옥내소화전설비의 기동방식에 따른 기본 전선 가닥수 산정

① 수동기동방식(ON-OFF 스위치를 이용한 방식)

명칭	전선 가닥수	발신기세트						ON-OFF 스위치
		용도 1	용도 2	용도 3	용도 4	용도 5	용도 6	용도 7
발신기세트 옥내소화전 내장형	11	지구(회로)선	지구(회로) 공통선	응답(발신기)선	경종선	표시등선	경종·표시등 공통선	기동 1, 정지 1, 공통 1, 기동확인표시등 2

∴ 옥내소화전의 가압송수장치를 ON-OFF 방식으로 하는 경우 수동기동방식이므로 발신기의 기본 전선 가닥수(6가닥)에 5가닥(기동 1, 정지 1, 공통 1, 기동확인표시등 2)을 추가하여 배선한다.

② 자동기동방식(기동용 수압개폐장치를 이용한 방식)

명칭	전선 가닥수	발신기세트						기동용 수압개폐장치
		용도 1	용도 2	용도 3	용도 4	용도 5	용도 6	용도 7
발신기세트 옥내소화전 내장형	8	지구(회로)선	지구(회로) 공통선	응답(발신기)선	경종선	표시등선	경종·표시등 공통선	기동확인표시등 2

∴ 옥내소화전의 가압송수장치를 기동용 수압개폐장치로 하는 경우 자동기동방식이므로 발신기의 기본 전선 가닥수(6가닥)에 기동확인표시등 2가닥을 추가하여 배선한다.

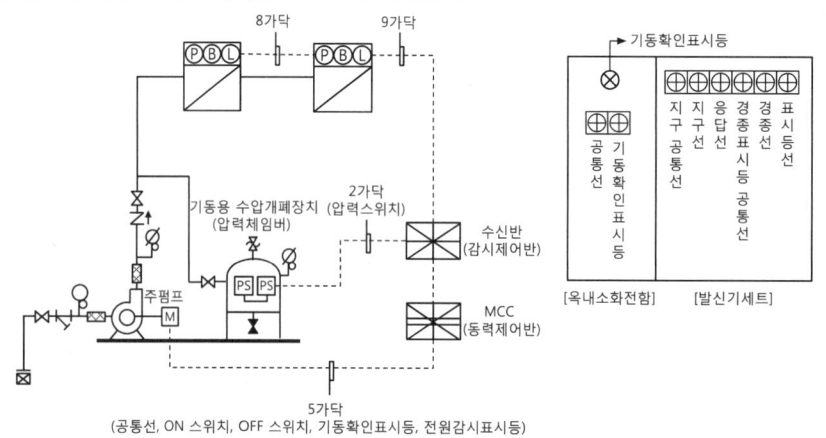

정답 (1)

기호	①	②	③	④	⑤	⑥
전선 가닥수	7	9	11	15	7	19

(2) ① 2가닥
　　② 기동확인표시등(2가닥)

(3) ① 5가닥
　　② 기동(1가닥), 정지(1가닥), 공통(1가닥), 기동확인표시등(2가닥)

제2절 스프링클러설비

핵심이론 01 | 스프링클러설비의 종류

(1) 습식 스프링클러설비

가압송수장치에서 폐쇄형 스프링클러헤드까지 배관 내에 항상 물이 가압되어 있다가 화재로 인한 열로 폐쇄형 스프링클러헤드가 개방되면 배관 내에 유수가 발생하여 습식 유수검지장치가 작동하게 되는 스프링클러설비

(2) 부압식 스프링클러설비

가압송수장치에서 준비작동식 유수검지장치의 1차 측까지는 항상 정압의 물이 가압되고, 2차 측 폐쇄형 스프링클러헤드까지는 소화수가 부압으로 되어 있다가 화재 시 감지기의 작동에 의해 정압으로 변하여 유수가 발생하면 작동하는 스프링클러설비

(3) 준비작동식 스프링클러설비

가압송수장치에서 준비작동식 유수검지장치 1차 측까지 배관 내에 항상 물이 가압되어 있고, 2차 측에서 폐쇄형 스프링클러헤드까지 대기압 또는 저압으로 있다가 화재 발생 시 감지기의 작동으로 준비작동식밸브가 개방되면 폐쇄형 스프링클러헤드까지 소화수가 송수되고, 폐쇄형 스프링클러헤드가 열에 의해 개방되면 방수가 되는 방식의 스프링클러설비

(4) 건식 스프링클러설비

건식 유수검지장치 2차 측에 압축공기 또는 질소 등의 기체로 충전된 배관에 폐쇄형 스프링클러헤드가 부착된 스프링클러설비로서, 폐쇄형 스프링클러헤드가 개방되어 배관 내의 압축공기 등이 방출되면 건식 유수검지장치 1차 측의 수압에 의하여 건식 유수검지장치가 작동하게 되는 스프링클러설비

(5) 일제살수식 스프링클러설비

가압송수장치에서 일제개방밸브 1차 측까지 배관 내에 항상 물이 가압되어 있고 2차 측에서 개방형 스프링클러헤드까지 대기압으로 있다가 화재 시 자동감지장치 또는 수동식 기동장치의 작동으로 일제개방밸브가 개방되면 스프링클러헤드까지 소화수가 송수되는 방식의 스프링클러설비

구분		습식	건식	준비작동식	일제살수식
사용헤드		폐쇄형	폐쇄형	폐쇄형	개방형
배관	1차 측	가압수(물)	가압수(물)	가압수(물)	가압수(물)
	2차 측	가압수(물)	압축공기	저압공기	대기압(개방)
유수검지장치(경보밸브)		알람밸브(알람체크밸브)	건식밸브(드라이밸브)	프리액션밸브	일제개방밸브
감지기의 유무		없다.	없다.	있다.	있다.
수동기동장치		없다.	없다.	있다.	있다.

| 핵심이론 02 | 제어반의 설치기준

(1) 감시제어반과 동력제어반을 구분하여 설치하지 않을 수 있는 경우
   ① 지하층을 제외한 층수가 7층 이상으로서 연면적이 2,000[m^2] 이상인 것
   ② ①에 해당하지 않는 특정소방대상물로서 지하층의 바닥면적 합계가 3,000[m^2] 이상인 것
   ③ 내연기관에 따른 가압송수장치를 사용하는 경우
   ④ 고가수조에 따른 가압송수장치를 사용하는 경우
   ⑤ 가압수조에 따른 가압송수장치를 사용하는 경우

(2) 감시제어반의 기능
   ① 각 펌프의 작동 여부를 확인할 수 있는 표시등 및 음향경보기능이 있어야 할 것
   ② 각 펌프를 자동 및 수동으로 작동시키거나 중단시킬 수 있어야 할 것
   ③ 비상전원을 설치한 경우에는 상용전원 및 비상전원의 공급 여부를 확인할 수 있어야 할 것
   ④ 수조 또는 물올림수조가 저수위로 될 때 표시등 및 음향으로 경보할 것
   ⑤ 예비전원이 확보되고 예비전원의 적합 여부를 시험할 수 있어야 할 것

(3) 감시제어반의 설치기준
   ① 각 유수검지장치 또는 일제개방밸브의 작동 여부를 확인할 수 있는 표시 및 경보기능이 있어야 할 것
   ② 일제개방밸브를 개방시킬 수 있는 수동 조작스위치를 설치할 것
   ③ 일제개방밸브를 사용하는 설비의 화재감지는 각 경계회로별로 화재표시가 될 수 있을 것
   ④ 다음의 각 확인회로마다 도통시험 및 작동시험을 할 수 있도록 할 것
      ㉠ 기동용 수압개폐장치의 압력스위치회로
      ㉡ 수조 또는 물올림수조의 저수위감시회로
      ㉢ 유수검지장치 또는 일제개방밸브의 압력스위치회로
      ㉣ 일제개방밸브를 사용하는 설비의 화재감지기회로
      ㉤ 개폐밸브의 폐쇄상태 확인회로

핵심이론 03 | 스프링클러설비의 전선 가닥수 산정

(1) 습식 스프링클러설비

① 알람밸브(알람체크밸브)의 구성

㉠ 밸브 본체, 압력스위치(PS), 1차 측 압력계, 2차 측 압력계, 배수밸브, 1차 측 개폐밸브, 경보정지밸브로 구성되어 있으며 밸브 본체 내부에 있는 클래퍼를 중심으로 2차 측의 수압이 낮아지면 1차 측의 압력으로 클래퍼가 개방되어 압력스위치를 동작시켜 제어반에 사이렌, 화재표시등, 밸브개방표시등의 신호를 전달한다.

㉡ 탬퍼스위치(TS) : 습식 유수검지장치의 1차 측 개폐밸브의 개폐 여부를 확인할 수 있도록 설치하는 감시스위치로서 밸브가 폐쇄되면 수신기에는 경보음과 해당 구역의 밸브가 폐쇄됨을 나타내는 경고표시등이 점등된다.

> **참고**
>
> **탬퍼스위치의 설치위치**
> - 주펌프, 충압펌프 흡입 측 배관에 설치된 개폐밸브
> - 주펌프, 충압펌프 토출 측 배관에 설치된 개폐밸브
> - 유수검지장치, 일제개방밸브 1,2차 측 개폐밸브
> - 고가수조와 주배관의 수직배관에 연결된 관로상의 개폐밸브
> - 옥외송수구의 배관상에 설치된 개폐밸브

㉢ 압력스위치(PS) : 2차 측에 설치되어 있으며 2차 측의 가압수가 방출되면 클래퍼가 열리게 되어 압력스위치의 벨로즈가 가압하여 접점이 붙게 되고 유수현상을 수신기에 송신하여 사이렌이 작동하고 밸브개방표시등이 점등된다.

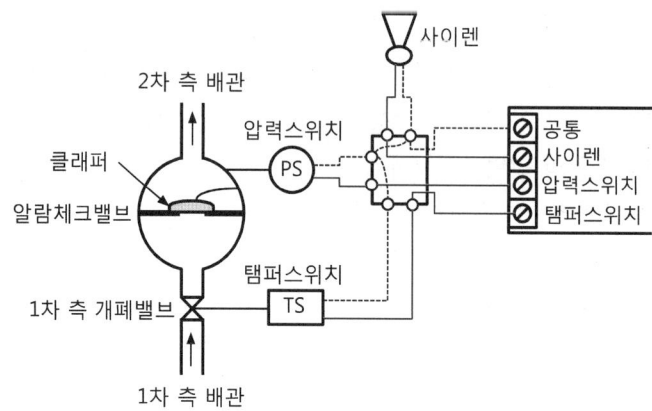

㉣ 전선 가닥수 산정

Zone 수	전선 가닥수	배선의 용도
1 Zone일 경우	4	공통선 1, 사이렌 1, 압력스위치 1, 탬퍼스위치 1
2 Zone일 경우	7	공통선 1, (사이렌 1, 압력스위치 1, 탬퍼스위치 1)×2

※ Zone수가 추가될 때마다 전선은 3가닥(사이렌, 압력스위치, 탬퍼스위치)씩 추가하여 배선한다.

② 동력제어반(MCC)과 감시제어반 사이의 배선

㉠ 동력제어반(Motor Control Center)은 가압송수장치(펌프)의 전동기를 제어하는 각종 동력장치의 주 분전반을 의미한다.

ⓒ 전선 가닥수 산정

전선 가닥수	배선의 용도
5	공통 1, 기동스위치(기동) 1, 정지스위치(정지) 1, 기동확인표시등 1, 전원표시등 1

(2) 준비작동식 스프링클러설비

① 슈퍼비조리판넬(SVP ; Super Visory Panel)

프리액션밸브와 함께 설치되어 밸브와 전원의 상태를 감시하고 수동으로 직접 밸브를 개방시킬 수 있는 기능을 가지고 있으며 밸브가 정상상태일 경우 전원표시등이 점등되고, 밸브에서 누수되거나 클래퍼가 정상복구상태가 아닐 때에는 밸브주의표시등이 점등된다. 또한, 기동스위치를 누르면 솔레노이드밸브를 작동시켜 프리액션밸브를 개방시킨다.

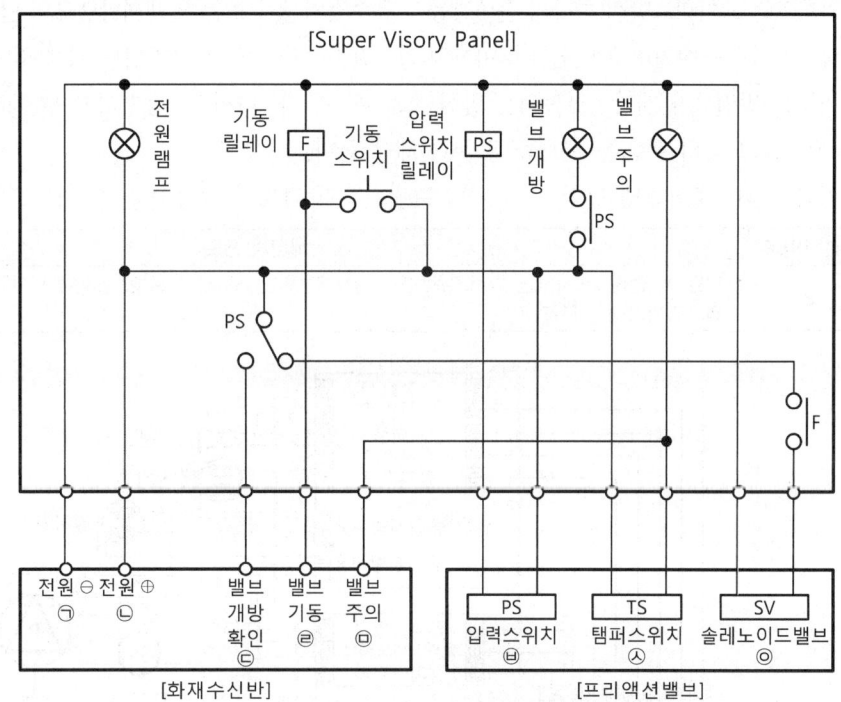

② 프리액션밸브의 구성

㉠ 압력스위치(PS) : 2차 측의 가압수가 방출되면 프리액션밸브 내의 클래퍼가 열리게 되고 이때 가압수가 압력스위치의 벨로즈를 가압하게 되어 전기적 접점이 붙어 수신기에 밸브개방확인 신호를 보낸다.

㉡ 탬퍼스위치(TS) : 프리액션밸브의 1차 측 및 2차 측 개폐밸브의 개방상태를 확인하기 위하여 설치하는 스위치로서 개폐밸브가 폐쇄되었을 경우 수신기에 밸브주의 신호를 보낸다.

㉢ 솔레노이드밸브(SV, 전자밸브) : 중간실과 배수관 사이를 연결하는 배관에 설치하여 기동스위치를 누르면 솔레노이드밸브가 작동하여 중간실의 압력수를 배수관을 통해 배출시켜 1차 측과 중간실의 압력 불균형으로 1차 측의 가압수가 2차 측으로 송수되면서 프리액션밸브가 작동하며 수신기에 밸브기동 신호를 보낸다.

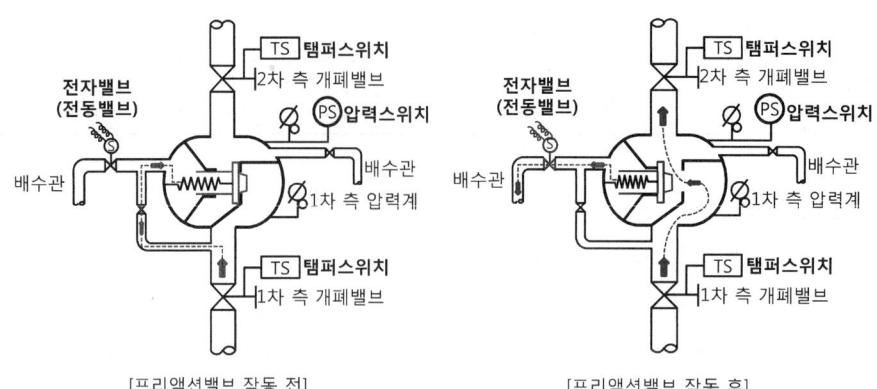

[프리액션밸브 작동 전]   [프리액션밸브 작동 후]

③ 슈퍼비조리판넬과 수신기 간의 전선 가닥수 산정

㉠ 감지기회로는 교차회로방식(하나의 준비작동식 유수검지장치 또는 일제개방밸브의 담당구역 내에 2 이상의 화재감지기회로를 설치하고 인접한 2 이상의 화재감지기가 동시에 감지되는 때에 준비작동식 유수검지장치 또는 일제개방밸브가 개방·작동되는 방식)으로 배선한다. 따라서, 감지기가 루프로 된 부분과 말단부는 4가닥으로, 그 밖의 부분은 8가닥으로 배선해야 한다.

㉡ 수신기와 슈퍼비조리판넬 간의 전선 가닥수(전원선과 감지기 공통선을 공용으로 배선하는 경우)

전선 가닥수	배선의 용도
8	전원 ⊖, 전원 ⊕, 사이렌, 압력스위치(PS, 밸브개방확인), 솔레노이드밸브(SV, 밸브기동), 탬퍼스위치(TS, 밸브주의), 감지기 A, 감지기 B

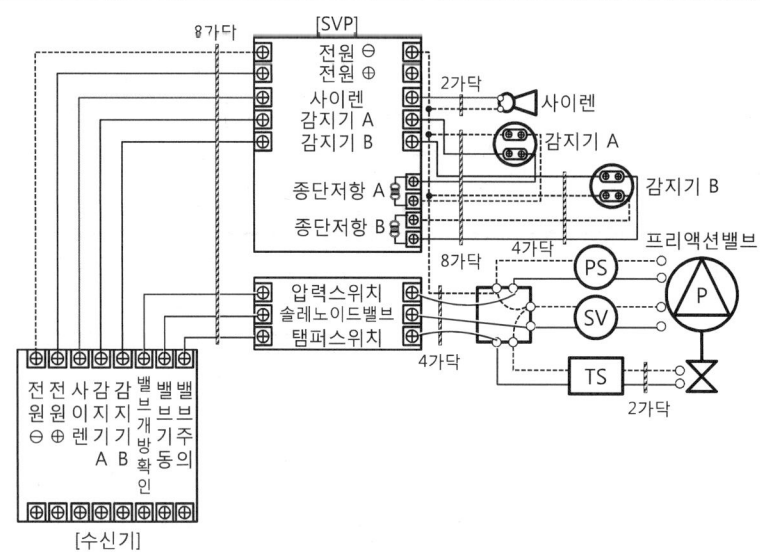

EXERCISE 04-2 스프링클러설비

01

다음은 스프링클러설비의 화재안전기술기준에서 정하는 제어반에 대한 내용이다. 스프링클러설비에는 제어반을 설치하되 감시제어반과 동력제어반으로 구분하여 설치해야 한다. 다만, 다음의 어느 하나에 해당하는 경우에는 감시제어반과 동력제어반으로 구분하여 설치하지 않을 수 있다. (   ) 안에 알맞은 내용을 쓰시오.

(1) 다음의 어느 하나에 해당하지 않는 특정소방대상물에 설치되는 경우
   ㉠ 지하층을 제외한 층수가 (①)층 이상으로서 연면적이 (②)[m²] 이상인 것
   ㉡ ㉠에 해당하지 않는 특정소방대상물로서 지하층의 바닥면적 합계가 (③)[m²] 이상인 것
(2) (④)에 따른 가압송수장치를 사용하는 경우
(3) (⑤)에 따른 가압송수장치를 사용하는 경우
(4) (⑥)에 따른 가압송수장치를 사용하는 경우

해설

스프링클러설비의 제어반 설치기준

(1) 감시제어반과 동력제어반을 구분하여 설치하지 않을 수 있는 경우
   ① 다음의 어느 하나에 해당하지 않는 특정소방대상물에 설치되는 경우
      ㉠ 지하층을 제외한 층수가 7층 이상으로서 연면적이 2,000[m²] 이상인 것
      ㉡ ㉠에 해당하지 않는 특정소방대상물로서 지하층의 바닥면적 합계가 3,000[m²] 이상인 것
   ② 내연기관에 따른 가압송수장치를 사용하는 경우
   ③ 고가수조에 따른 가압송수장치를 사용하는 경우
   ④ 가압수조에 따른 가압송수장치를 사용하는 경우
(2) 감시제어반의 기능
   ① 각 펌프의 작동 여부를 확인할 수 있는 표시등 및 음향경보기능이 있어야 할 것
   ② 각 펌프를 자동 및 수동으로 작동시키거나 중단시킬 수 있어야 할 것
   ③ 비상전원을 설치한 경우에는 상용전원 및 비상전원의 공급 여부를 확인할 수 있어야 할 것
   ④ 수조 또는 물올림수조가 저수위로 될 때 표시등 및 음향으로 경보할 것
   ⑤ 예비전원이 확보되고 예비전원의 적합 여부를 시험할 수 있어야 할 것
(3) 다음의 각 확인회로마다 도통시험 및 작동시험을 할 수 있도록 할 것
   ① 기동용 수압개폐장치의 압력스위치회로
   ② 수조 또는 물올림수조의 저수위감시회로
   ③ 유수검지장치 또는 일제개방밸브의 압력스위치회로
   ④ 일제개방밸브를 사용하는 설비의 화재감지기회로
   ⑤ 급수배관에 설치되어 급수를 차단할 수 있는 개폐밸브의 폐쇄상태 확인회로
   ⑥ 그 밖의 이와 비슷한 회로

정답
① 7
② 2,000
③ 3,000
④ 내연기관
⑤ 고가수조
⑥ 가압수조

02

스프링클러설비의 감시제어반에서 각 회로마다 도통시험과 작동시험을 할 수 있도록 해야 하는 회로를 5가지 쓰시오.

득점	배점
	5

해설

감시제어반의 설치기준
(1) 스프링클러설비의 감시제어반
　① 감시제어반의 기능
　　㉠ 각 펌프의 작동 여부를 확인할 수 있는 표시등 및 음향경보기능이 있어야 할 것
　　㉡ 각 펌프를 자동 및 수동으로 작동시키거나 중단시킬 수 있어야 할 것
　　㉢ 비상전원을 설치한 경우에는 상용전원 및 비상전원의 공급 여부를 확인할 수 있어야 할 것
　　㉣ 수조 또는 물올림수조가 저수위로 될 때 표시등 및 음향으로 경보할 것
　　㉤ 예비전원이 확보되고 예비전원의 적합 여부를 시험할 수 있어야 할 것
　② 각 유수검지장치 또는 일제개방밸브의 작동 여부를 확인할 수 있는 표시 및 경보기능이 있도록 할 것
　③ 일제개방밸브를 개방시킬 수 있는 수동조작스위치를 설치할 것
　④ 일제개방밸브를 사용하는 설비의 화재감지는 각 경계회로별로 화재표시가 되도록 할 것
　⑤ 다음의 각 확인회로마다 도통시험 및 작동시험을 할 수 있도록 할 것
　　㉠ 기동용 수압개폐장치의 압력스위치회로
　　㉡ 수조 또는 물올림수조의 저수위감시회로
　　㉢ 유수검지장치 또는 일제개방밸브의 압력스위치회로
　　㉣ 일제개방밸브를 사용하는 설비의 화재감지기회로
　　㉤ 개폐밸브의 폐쇄상태 확인회로
(2) 옥내소화전설비의 감시제어반 기능
　① 각 펌프의 작동 여부를 확인할 수 있는 표시등 및 음향경보기능이 있어야 할 것
　② 각 펌프를 자동 및 수동으로 작동시키거나 중단시킬 수 있어야 할 것
　③ 비상전원을 설치한 경우에는 상용전원 및 비상전원의 공급 여부를 확인할 수 있어야 할 것
　④ 수조 또는 물올림수조가 저수위로 될 때 표시등 및 음향으로 경보할 것
　⑤ 각 확인회로(기동용 수압개폐장치의 압력스위치회로, 수조 또는 물올림수조의 저수위감시회로, 개폐밸브의 폐쇄상태 확인회로)마다 도통시험 및 작동시험을 할 수 있도록 할 것
　⑥ 예비전원이 확보되고 예비전원의 적합 여부를 시험할 수 있어야 할 것

정답
① 기동용 수압개폐장치의 압력스위치회로
② 수조 또는 물올림수조의 저수위감시회로
③ 유수검지장치 또는 일제개방밸브의 압력스위치회로
④ 일제개방밸브를 사용하는 설비의 화재감지기회로
⑤ 개폐밸브의 폐쇄상태 확인회로

03 기동용 수압개폐장치를 사용하는 옥내소화전설비와 습식 스프링클러설비가 설치된 지상 6층인 건축물의 계통도를 보고, 다음 각 물음에 답하시오.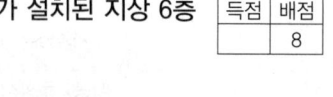

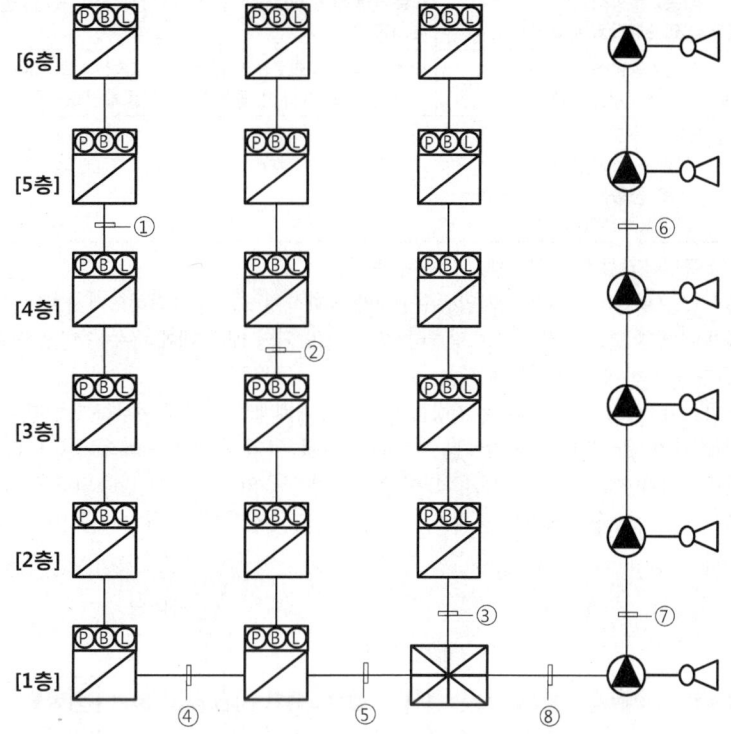

(1) 기호 ①~⑧까지의 최소 전선 가닥수를 쓰시오(단, 경종과 표시등 공통선은 1가닥으로 배선하고, 지구음향장치에는 단락보호장치가 설치되어 있다).

기호	①	②	③	④	⑤	⑥	⑦	⑧
전선 가닥수								

(2) 경계구역이 7경계구역을 초과할 경우 추가되는 배선의 명칭을 쓰시오.
(3) 기호 ⑤에 들어가는 회로선은 몇 가닥인지 쓰시오.
(4) 기호 ⑤에 들어가는 경종선은 몇 가닥인지 쓰시오.

해설

옥내소화전설비 및 습식 스프링클러설비

(1), (3) 최소 전선 가닥수 산정
  ① 소방시설의 도시기호(소방시설 자체점검사항 등에 관한 고시)

명칭	도시기호	명칭	도시기호
발신기세트 옥내소화전 내장형	ⓅⒷⓁ	사이렌	◁
수신기	⊠	습식 경보밸브 (알람체크밸브)	▲

② 발신기세트 옥내소화전 내장형의 배선의 용도(1회로 기준)

기동방식	전선 가닥수	배선의 용도
자동기동방식 (기동용 수압개폐장치를 이용)	8	회로 공통선 1, 회로선 1, 응답선 1, 경종선 1, 표시등선 1, 경종·표시등 공통선 1, 기동확인 표시등 2
수동기동방식 (ON-OFF 스위치를 이용)	11	회로 공통선 1, 회로선 1, 응답선 1, 경종선 1, 표시등선 1, 경종·표시등 공통선 1, 기동스위치 1, 정지스위치 1, 공통선 1, 기동확인표시등 2

[참고] 배선의 용도
- 회로선 = 지구선
- 회로 공통선 = 지구 공통선
- 응답선 = 발신기선

③ 습식 스프링클러설비의 알람체크밸브 주위 배선

㉠ 습식 스프링클러의 개요 : 가압송수장치에서 폐쇄형 스프링클러헤드까지 배관 내에 항상 물이 가압되어 있다가 화재로 인한 열로 폐쇄형 스프링클러헤드가 개방되면 배관 내에 유수가 발생하여 습식 유수검지장치(알람체크밸브)가 작동하게 되는 설비이다.

㉡ 탬퍼스위치(TS) : 습식 유수검지장치의 1차 측 개폐밸브의 개폐 여부를 확인할 수 있도록 설치하는 감시스위치로서 밸브가 폐쇄되면 수신기에는 경보음과 해당 구역의 밸브가 폐쇄됨을 나타내는 경고표시등이 점등된다.

㉢ 압력스위치(PS) : 2차 측에 설치되어 있으며 2차 측의 가압수가 방출되면 클래퍼가 열리게 되어 압력스위치의 벨로즈가 가압하여 접점이 붙게 되고 유수현상을 수신기에 송신하여 사이렌이 작동하고 밸브개방표시등이 점등된다.

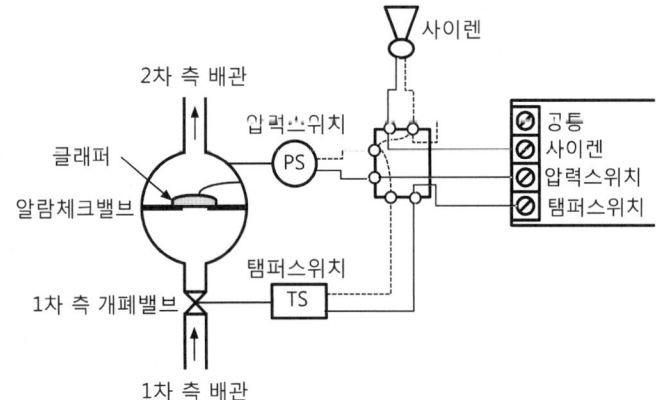

Zone 수	전선 가닥수	배선의 용도
1 Zone일 경우	4	공통 1, 사이렌 1, 압력스위치 1, 탬퍼스위치 1
2 Zone일 경우	7	공통 1, (사이렌 1, 압력스위치 1, 탬퍼스위치 1)×2

④ 전선 가닥수 산정

기호	전선 가닥수	배선의 용도
①	9	회로선 2, 회로 공통선 1, 응답선 1, 경종선 1, 표시등선 1, 경종·표시등 공통선 1, 기동확인표시등 2
②	10	회로선 3, 회로 공통선 1, 응답선 1, 경종선 1, 표시등선 1, 경종·표시등 공통선 1, 기동확인표시등 2
③	12	회로선 5, 회로 공통선 1, 응답선 1, 경종선 1, 표시등선 1, 경종·표시등 공통선 1, 기동확인표시등 2
④	13	회로선 6, 회로 공통선 1, 응답선 1, 경종선 1, 표시등선 1, 경종·표시등 공통선 1, 기동확인표시등 2
⑤	20	회로선 12, 회로 공통선 2, 응답선 1, 경종선 1, 표시등선 1, 경종·표시등 공통선 1, 기동확인표시등 2
⑥	7	공통 1, (사이렌 1, 압력스위치 1, 탬퍼스위치 1)×2
⑦	16	공통 1, (사이렌 1, 압력스위치 1, 탬퍼스위치 1)×5
⑧	19	공통 1, (사이렌 1, 압력스위치 1, 탬퍼스위치 1)×6

(2) 회로 공통선 추가

P형 수신기 및 G.P형 수신기의 감지기회로의 배선에 있어서 하나의 공통선에 접속할 수 있는 경계구역은 7개 이하로 할 것

∴ 회로선(지구선)이 7가닥을 초과할 경우 회로 공통선(지구 공통선)을 1가닥씩 추가한다.

(4) 일제경보방식

> **참고**
>
> **우선경보방식**
> 층수가 11층(공동주택의 경우에는 16층) 이상의 특정소방대상물은 다음의 기준에 따라 경보를 발할 수 있도록 할 것
> • 2층 이상의 층에서 발화한 때에는 발화층 및 그 직상 4개 층에 경보를 발할 것
> • 1층에서 발화한 때에는 발화층·그 직상 4개 층 및 지하층에 경보를 발할 것
> • 지하층에서 발화한 때에는 발화층·그 직상층 및 그 밖의 지하층에 경보를 발할 것

∴ 특정소방대상물이 11층 미만이므로 일제경보방식으로 배선을 해야 한다. 따라서, 지구음향장치에 단락보호장치가 설치되어 있으므로 경종선은 1가닥으로 배선한다.

정답 (1)

기호	①	②	③	④	⑤	⑥	⑦	⑧
전선 가닥수	9	10	12	13	20	7	16	19

(2) 회로 공통선
(3) 12가닥
(4) 1가닥

04 다음 그림은 습식 스프링클러설비의 전기 계통도이다. 아래 계통도를 보고 표에 알맞은 내용을 채우시오(단, 전선 가닥수는 운전 조작상 필요한 최소 전선 가닥수로 할 것).

득점	배점
	8

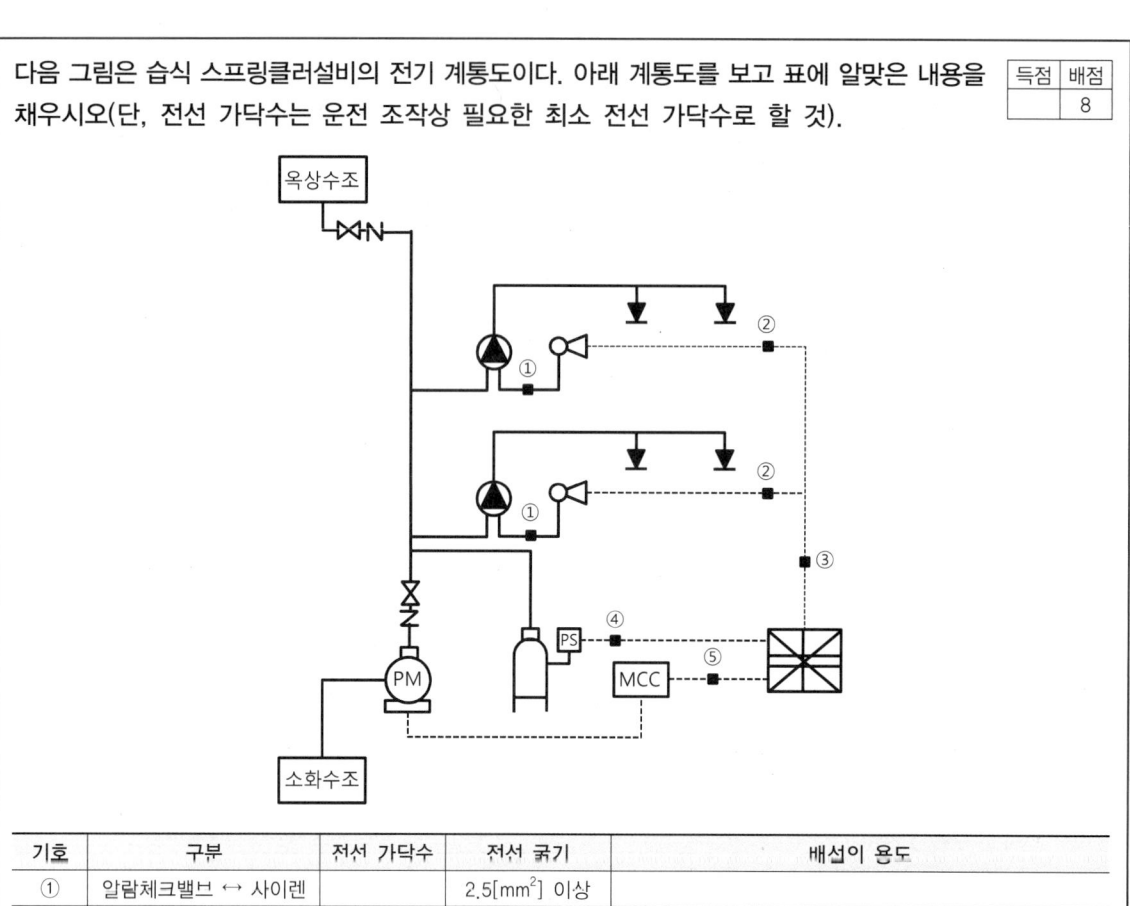

기호	구분	전선 가닥수	전선 굵기	배선이 용도
①	알람체크밸브 ↔ 사이렌		2.5[mm²] 이상	
②	사이렌 ↔ 감시제어반		2.5[mm²] 이상	
③	2개 구역일 경우		2.5[mm²] 이상	
④	압력체임버 ↔ 감시제어반		2.5[mm²] 이상	
⑤	MCC ↔ 감시제어반		2.5[mm²] 이상	기동 1, 정지 1, 공통 1, 전원표시등 1, 기동확인표시등 1

해설

습식 스프링클러설비

(1) 습식 스프링클러설비의 알람체크밸브 주위 배선

① 습식 스프링클러의 개요

가압송수장치에서 폐쇄형 스프링클러헤드까지 배관 내에 항상 물이 가압되어 있다가 화재로 인한 열로 폐쇄형 스프링클러헤드가 개방되면 배관 내에 유수가 발생하여 습식 유수검지장치(알람체크밸브)가 작동하게 되는 설비이다.

② 탬퍼스위치(TS)

습식 유수검지장치의 1차 측 개폐밸브의 개폐 여부를 확인할 수 있도록 설치하는 감시스위치로서 밸브가 폐쇄되면 수신기에는 경보음과 해당 구역의 밸브가 폐쇄됨을 나타내는 경고표시등이 점등된다.

③ 압력스위치(PS)

2차 측에 설치되어 있으며 2차 측의 가압수가 방출되면 클래퍼가 열리게 되어 압력스위치의 벨로즈가 가압하여 접점이 붙게 되고 유수현상을 수신기에 송신하여 사이렌이 작동하고 밸브개방표시등이 점등된다.

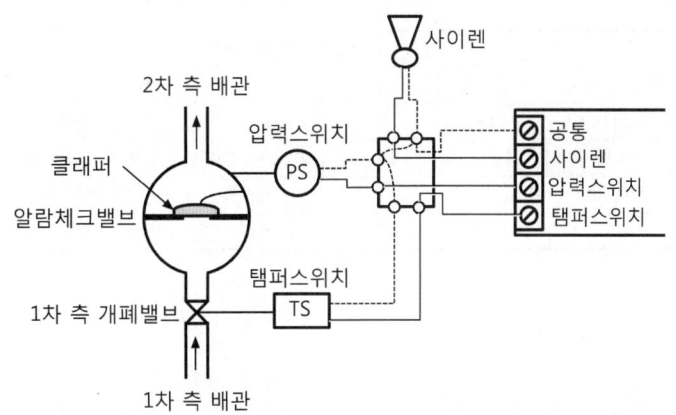

Zone 수	전선 가닥수	배선의 용도
1 Zone일 경우	4	공통 1, 사이렌 1, 압력스위치 1, 탬퍼스위치 1
2 Zone일 경우	7	공통 1, (사이렌 1, 압력스위치 1, 탬퍼스위치 1)×2

(2) MCC(동력제어반)과 소방펌프간의 배선의 용도

전선 가닥수	배선의 용도
5	기동스위치(기동) 1, 정지스위치(정지) 1, 공통 1, 기동확인표시등 1, 전원표시등 1

(3) 전선 가닥수 산정

기호	구분	전선 가닥수	배선의 용도
①	알람체크밸브 ↔ 사이렌	3	공통 1, 압력스위치 1, 탬퍼스위치 1
②	사이렌 ↔ 감시제어반	4	공통 1, 압력스위치 1, 탬퍼스위치 1, 사이렌 1
③	2개 구역일 경우	7	공통 1, (사이렌 1, 압력스위치 1, 탬퍼스위치 1)×2
④	압력체임버 ↔ 감시제어반	2	압력스위치 2
⑤	MCC ↔ 감시제어반	5	기동 1, 정지 1, 공통 1, 전원표시등 1, 기동확인표시등 1

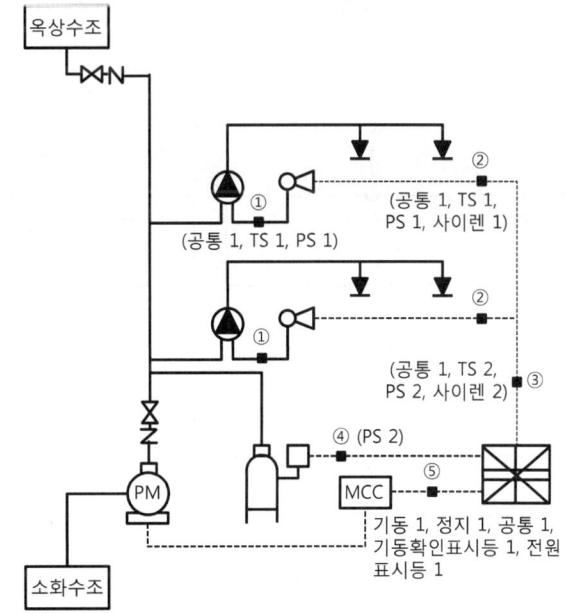

정답

기호	구분	전선 가닥수	전선 굵기	배선의 용도
①	알람체크밸브 ↔ 사이렌	3	2.5[mm²] 이상	공통 1, 압력스위치 1, 탬퍼스위치 1
②	사이렌 ↔ 감시제어반	4	2.5[mm²] 이상	공통 1, 압력스위치 1, 탬퍼스위치 1, 사이렌 1
③	2개 구역일 경우	7	2.5[mm²] 이상	공통 1, (사이렌 1, 압력스위치 1, 탬퍼스위치 1)×2
④	압력체임버 ↔ 감시제어반	2	2.5[mm²] 이상	압력스위치 2
⑤	MCC ↔ 감시제어반	5	2.5[mm²] 이상	기동 1, 정지 1, 공통 1, 전원표시등 1, 기동확인표시등 1

05 다음 도면은 준비작동식 스프링클러설비에 설치된 슈퍼비조리판넬(SVP ; Super Visory Panel)에서 수신기까지의 내부 결선도이다. 각 물음에 답하시오.

득점	배점
	12

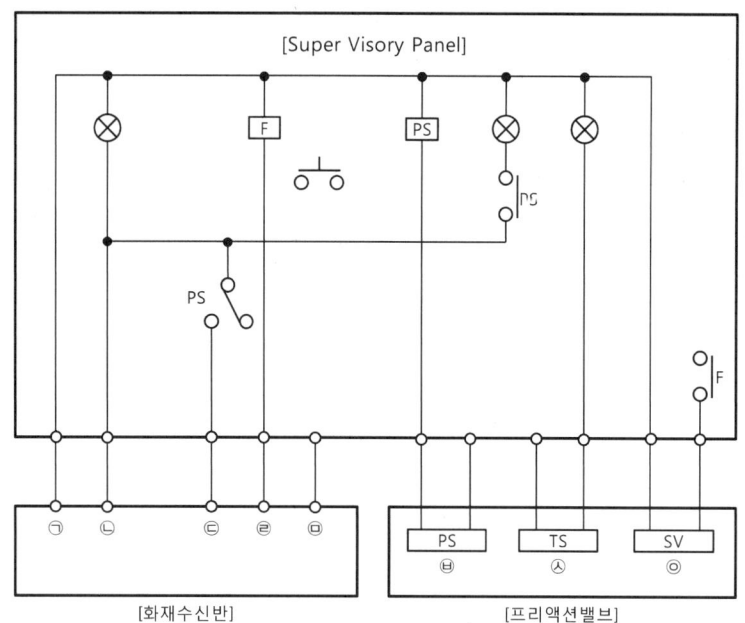

(1) 화재수신반에서 기호 ㉠~㉤의 단자명칭을 쓰시오.

기호	㉠	㉡	㉢	㉣	㉤
단자명칭					

(2) 프리액션밸브에서 기호 ㉥~㉧에 표기된 명칭을 쓰시오.

기호	㉥	㉦	㉧
명칭			

(3) 미완성된 내부 결선도를 완성하시오.

해설

준비작동식 스플링클러설비

(1) 화재수신반의 기호 ㉠~㉤의 단자명칭

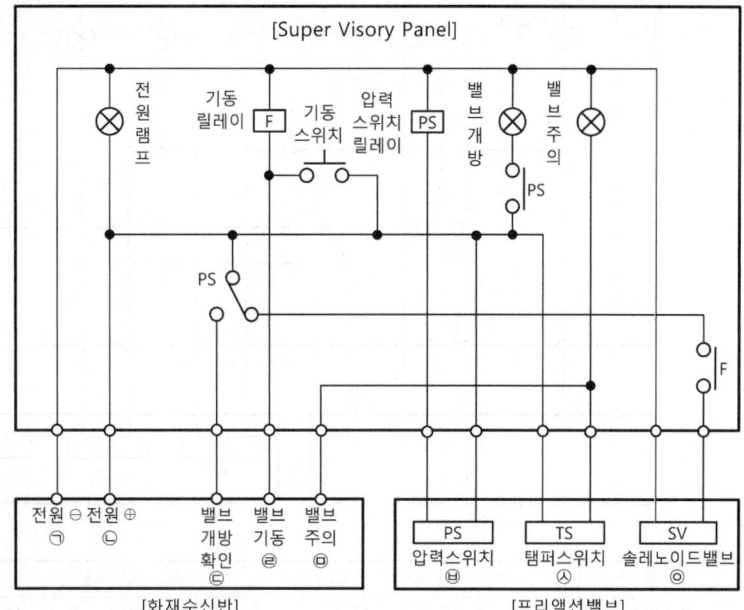

[화재수신반]   [프리액션밸브]

① 전원 ⊖ 단자에는 표시등, 기동릴레이(F), 압력스위치 릴레이(PS)와 공통선으로 접속되어 있으므로 전원 ⊕ 단자와 바뀌지 않도록 주의한다.
② 전원 ⊕ 단자는 전원 표시등과 접속되어 있다.
③ 압력스위치 릴레이(PS)가 여자되면 보조접점(PS)이 붙어 밸브개방 표시등이 점등되고 밸브개방확인 신호를 보낸다.
④ 평상시 프리액션밸브의 개폐밸브가 폐쇄되어 있으면 탬퍼스위치(TS)가 닫혀 밸브주의 표시등이 점등되고 밸브주의 신호를 보낸다.
⑤ 기동스위치를 누르면 기동릴레이(F)가 여자되어 기동릴레이 보조접점(F)이 붙어 솔레노이드밸브(SV)가 작동되고 밸브기동 신호를 보낸다.

기호	㉠	㉡	㉢	㉣	㉤
단자명칭	전원 ⊖	전원 ⊕	밸브개방확인	밸브기동	밸브주의

(2) 프리액션밸브에 표기된 기호 ㉥~㉧의 명칭
① PS(Pressure Switch, 압력스위치) : 2차 측의 가압수가 방출되면 프리액션밸브 내의 클래퍼가 열리게 되고 이때 가압수가 압력스위치의 벨로즈를 가압하게 되어 전기적 접점이 붙어 밸브개방 표시등이 점등된다.
② TS(Tamper Switch, 탬퍼스위치) : 프리액션밸브의 1차 측 및 2차 측 개폐밸브의 개방상태를 확인하기 위하여 설치하는 스위치로서 개폐밸브를 폐쇄하였을 경우 밸브주의 표시등이 점등된다.
③ SV(Solenoid Valve, 전자밸브) : 중간실과 배수관 사이를 연결하는 배관에 설치하여 기동스위치를 누르면 솔레노이드밸브가 작동하여 중간실의 압력수를 배수관을 통해 배출시켜 1차 측과 중간실의 압력 불균형으로 1차 측의 가압수가 2차 측으로 송수되면서 프리액션밸브가 작동한다.

(3) SVP(슈퍼비조리판넬) 내부 결선도

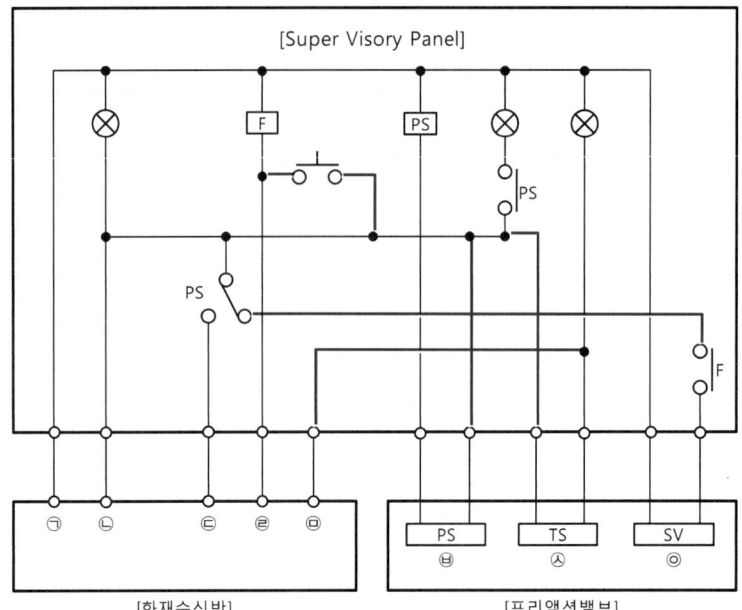

정답 (1)

기호	㉠	㉡	㉢	㉣	㉤
단자명칭	전원 ⊖	전원 ⊕	밸브개방확인	밸브기동	밸브주의

(2)

기호	㉥	㉦	㉧
명칭	압력스위치	탬퍼스위치	솔레노이드밸브

(3) 해설 참고

06

다음 그림은 자동화재탐지설비와 준비작동식 스프링클러설비의 프리액션밸브 간선 계통도이다. 계통도를 보고, 각 물음에 답하시오.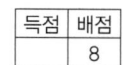

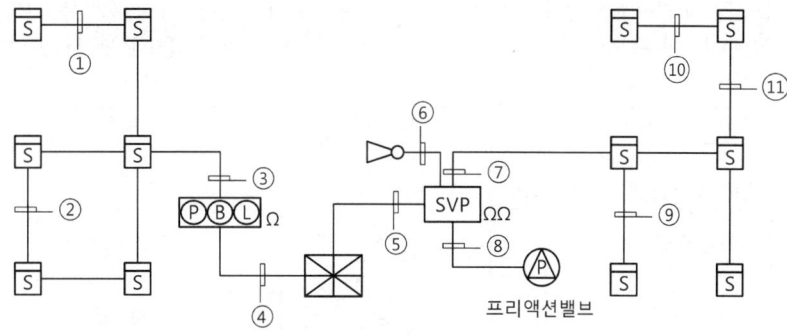

(1) ①~⑪까지의 전선 가닥수를 쓰시오(단, 프리액션밸브용 감지기 공통선과 전원 공통선은 분리하여 배선하고, 압력스위치, 탬퍼스위치 및 솔레노이드밸브용 공통선은 1가닥으로 배선한다).

기호	①	②	③	④	⑤	⑥	⑦	⑧	⑨	⑩	⑪
전선 가닥수											

(2) ⑤의 전선 가닥수에 해당하는 배선의 용도를 쓰시오.

해설
자동화재탐지설비와 준비작동식 스프링클러설비

(1) 전선 가닥수 산정
  ① 준비작동식 스프링클러설비의 개요 및 주요장치의 기능
    ㉠ 준비작동식 스프링클러설비 : 가압송수장치에서 준비작동식 유수검지장치 1차 측까지 배관 내에 항상 물이 가압되어 있고, 2차 측에서 폐쇄형 스프링클러헤드까지 대기압 또는 저압으로 있다가 화재 발생 시 감지기의 작동으로 준비작동식밸브가 개방되면 폐쇄형 스프링클러헤드까지 소화수가 송수되고, 폐쇄형 스프링클러헤드가 열에 의해 개방되면 방수가 되는 방식이다.

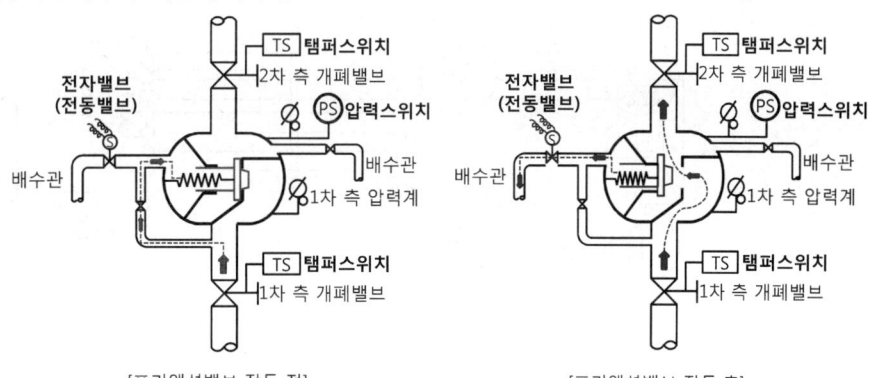

[프리액션밸브 작동 전] [프리액션밸브 작동 후]

  ㉡ 슈퍼비조리판넬(SVP) : 수동 조작과 프리액션밸브의 작동 여부를 확인시켜 주는 설비이다.
  ㉢ 압력스위치(PS) : 2차 측의 가압수가 방출되면 프리액션밸브 내의 클래퍼가 열리게 되고 이때 가압수가 압력스위치의 벨로즈를 가압하게 되어 전기적 접점이 붙어 수신기에 밸브개방확인 신호를 보낸다.

ⓐ 탬퍼스위치(TS) : 프리액션밸브의 1차 측 및 2차 측 개폐밸브의 개방상태를 확인하기 위하여 설치하는 스위치로서 개폐밸브가 폐쇄되었을 경우 수신기에 밸브주의 신호를 보낸다.
ⓑ 솔레노이드밸브(SV, 전자밸브) : 중간실과 배수관 사이를 연결하는 배관에 설치하여 기동스위치를 누르면 솔레노이드밸브가 작동하여 중간실의 압력수를 배수관을 통해 배출시켜 1차 측과 중간실의 압력 불균형으로 1차 측의 가압수가 2차 측으로 송수되면서 프리액션밸브가 작동하며 수신기에 밸브기동 신호를 보낸다.

② 소방시설의 도시기호

명칭	도시기호	명칭	도시기호
프리액션밸브 수동조작함(슈퍼비조리판넬, SVP)	SVP	프리액션밸브	Ⓟ
탬퍼스위치(TS)	TS	압력스위치(PS)	PS
연기감지기	S	사이렌	◁
수신기	⊠	솔레노이드밸브	S

③ 감지기회로의 배선
㉠ 자동화재탐지설비의 감지기회로의 배선은 송배선방식으로 한다. 따라서, 감지기가 루프로 된 부분은 2가닥, 그 밖에는 4가닥으로 배선한다.

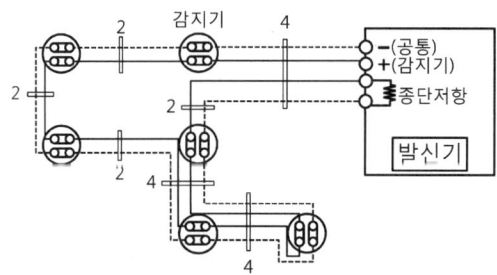

㉡ 준비작동식 스프링클러설비는 교차회로방식으로 배선한다. 따라서, 감지기가 루프로 된 부분과 말단부는 4가닥, 그 밖에는 8가닥으로 배선한다.

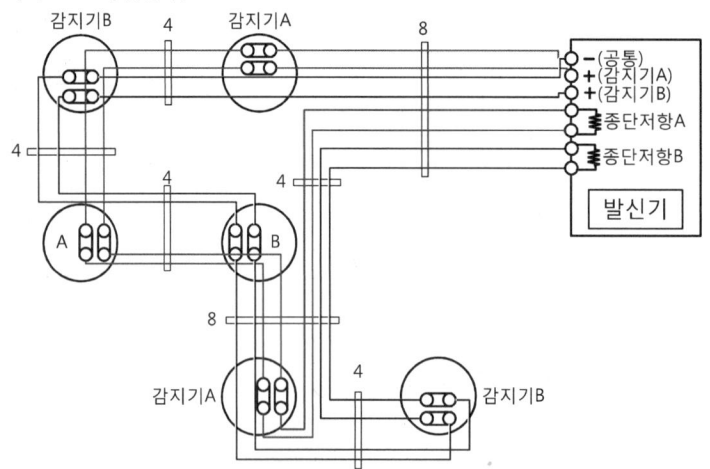

④ 발신기와 수신기 사이, 슈퍼비조리판넬(SVP)과 수신기 사이의 배선

구간	배선 그림	전선 가닥수
발신기 ↔ 수신기	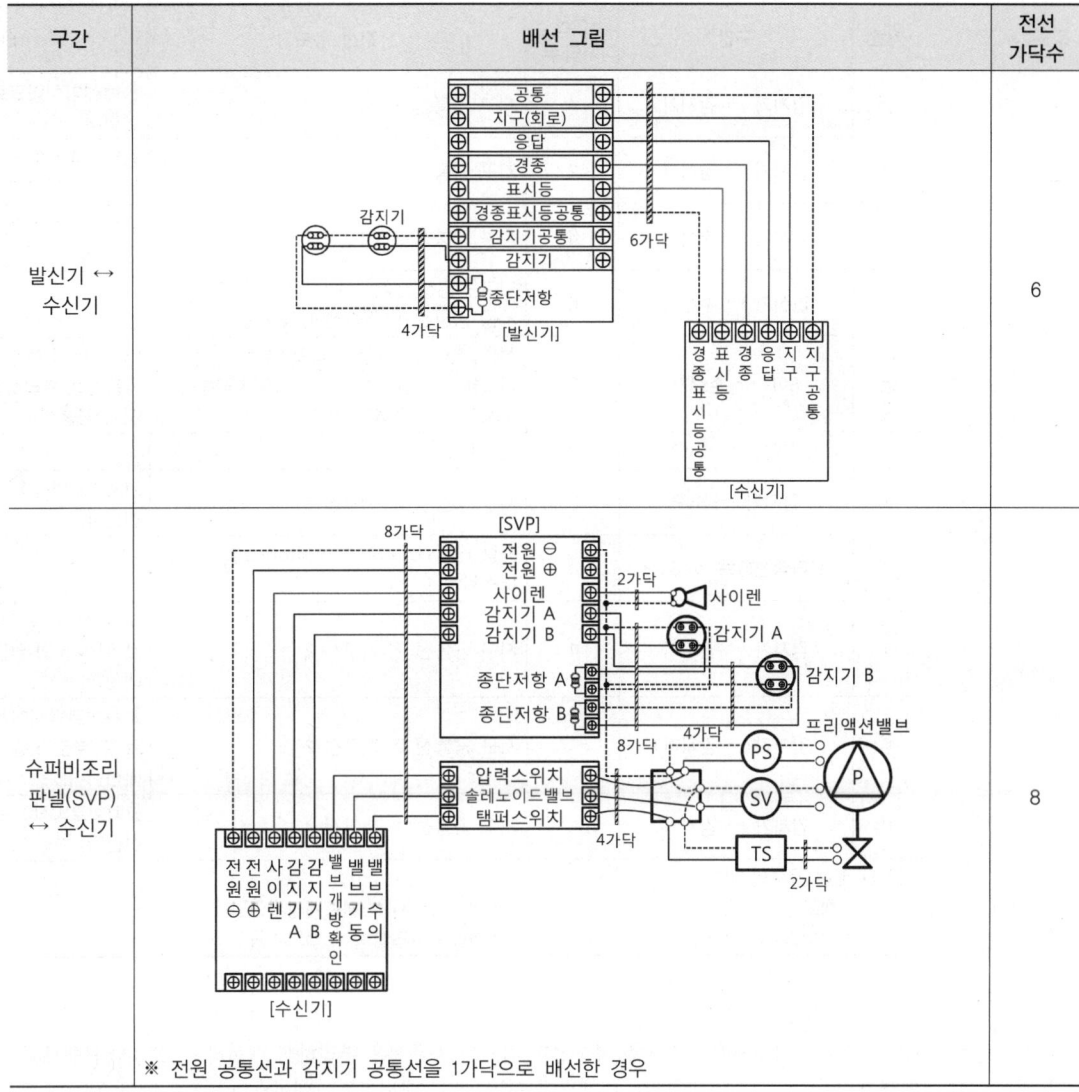	6
슈퍼비조리 판넬(SVP) ↔ 수신기		8

※ 전원 공통선과 감지기 공통선을 1가닥으로 배선한 경우

⑤ 전선 가닥수 산정

기호	구간	전선 가닥수	전선 용도	비고
①	감지기 ↔ 감지기	4	지구 공통선 2, 지구선 2	송배선방식이므로 4가닥으로 배선한다.
②	감지기 ↔ 감지기	2	지구 공통선 1, 지구선 1	송배선방식에서 감지기가 루프로 된 부분은 2가닥으로 배선한다.
③	감지기 ↔ 발신기	4	지구 공통선 2, 지구선 2	송배선방식이므로 4가닥으로 배선한다.
④	발신기 ↔ 수신기	6	지구 공통선 1, 지구선 1, 응답선 1, 경종·표시등 공통선 1, 경종선 1, 표시등선 1	
⑤	SVP ↔ 수신기	9	전원 ⊖·⊕, 사이렌 1, 압력스위치 1, 솔레노이드밸브 1, 탬퍼스위치 1, 감지기 공통선 1, 감지기 A 1, 감지기 B 1	[조건]에서 전원 공통선과 감지기 공통선을 분리하여 배선하므로 감지기 공통선이 1가닥 추가되었다.
⑥	사이렌 ↔ SVP	2	사이렌 2	
⑦	감지기 ↔ SVP	8	지구 공통선 4, 지구선 4	교차회로방식이므로 8가닥으로 배선한다.
⑧	프리액션밸브 ↔ SVP	4	공통 1, 압력스위치 1, 솔레노이드밸브 1, 탬퍼스위치 1	
⑨	감지기 ↔ 감지기	4	지구 공통선 2, 지구선 2	교차회로방식에서 감지기가 루프로 된 부분과 말단부는 4가닥으로 배선한다.
⑩	감지기 ↔ 감지기	4	지구 공통선 2, 지구선 2	교차회로방식에서 감지기가 루프로 된 부분과 말단부는 4가닥으로 배선한다
⑪	감지기 ↔ 감지기	8	지구 공통선 4, 지구선 4	교차회로방식이므로 8가닥으로 배선한다.

[참고] 배선 용도의 명칭
- 회로선 = 지구선
- 탬퍼스위치 = 밸브주의
- 압력스위치 = 밸브개방확인
- 솔레노이드밸브 = 밸브기동

(2) 슈퍼비조리판넬(SVP)와 수신기 사이의 배선
① 전선 가닥수 : 9가닥
② [조건]에서 프리액션밸브의 전원 공통선과 감지기 공통선은 분리하여 배선하고, 프리액션밸브(준비작동식 밸브)의 압력스위치(PS, 밸브개방확인), 솔레노이드밸브(SV, 밸브기동), 탬퍼스위치(TS, 밸브주의)의 공통선은 1가닥으로 배선한다.
㉠ 전원 ⊖
㉡ 전원 ⊕
㉢ 사이렌
㉣ 압력스위치
㉤ 솔레노이드밸브
㉥ 탬퍼스위치
㉦ 감지기 공통선
㉧ 감지기 A
㉨ 감지기 B

┤참고├

슈퍼비조리판넬(SVP)의 내부 결선도

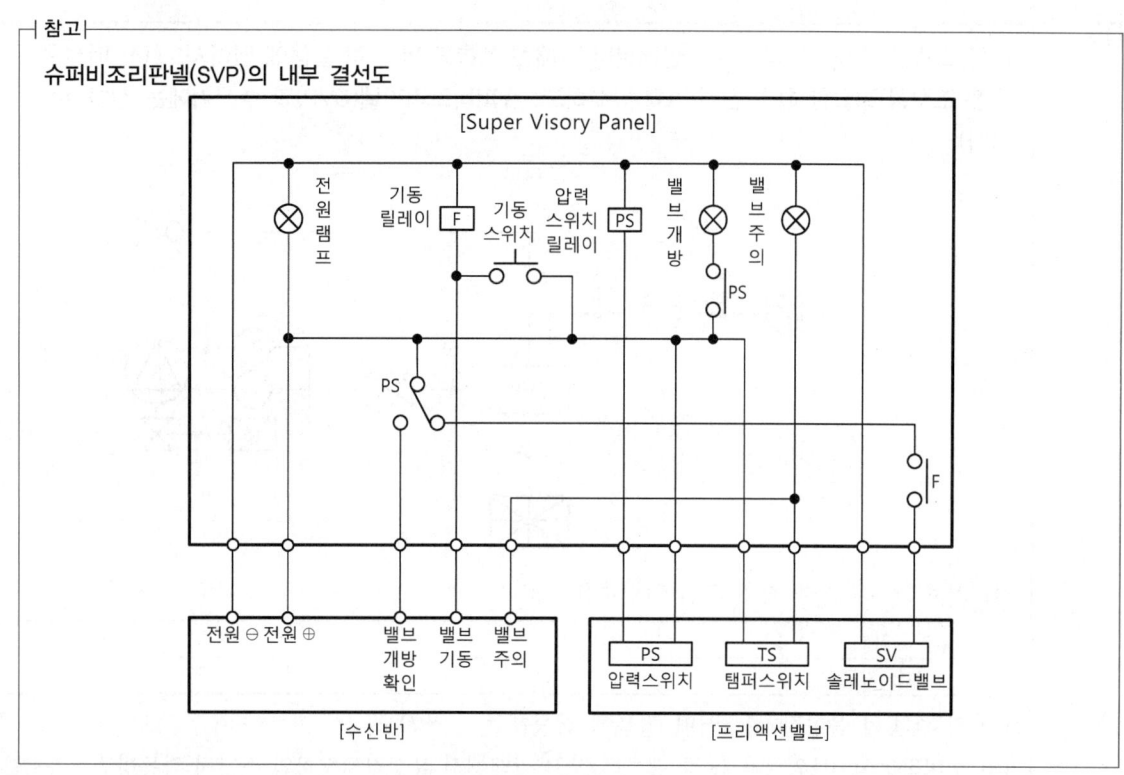

정답 (1)

기호	①	②	③	④	⑤	⑥	⑦	⑧	⑨	⑩	⑪
전선 가닥수	4	2	4	6	9	2	8	4	4	4	8

(2) 전원 ⊖, 전원 ⊕, 사이렌, 압력스위치, 솔레노이드밸브, 탬퍼스위치, 감지기 공통선, 감지기 A, 감지기 B

07 다음 그림은 준비작동식 스프링클러설비의 배선 계통도이다. 각 물음에 답하시오(단, 배선은 운전 조작상 필요한 최소 전선 가닥수로 하고, 슈퍼비조리판넬(SVP)과 수신기에는 전화선이 없다).

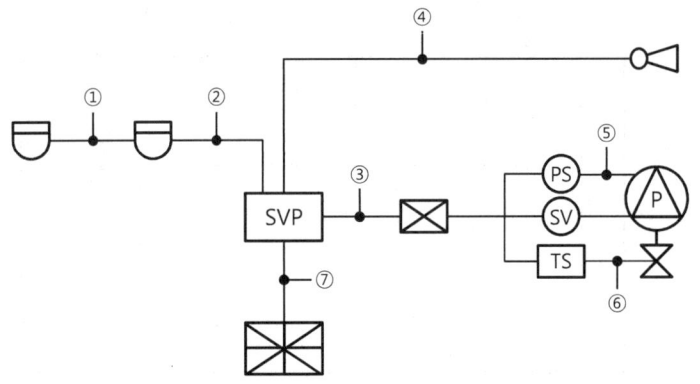

(1) 기호 ①~⑦까지 최소 전선 가닥수를 쓰시오.

기호	①	②	③	④	⑤	⑥	⑦
전선 가닥수							

(2) 기호 ④의 음향장치는 어떤 경우에 작동하는지 쓰시오.
(3) 준비작동식밸브의 2차 측 주 밸브를 잠근 상태에서 유수검지장치의 전기적 작동방법 2가지를 쓰시오.
(4) 감지기의 회로방식을 A·B회로로 구분하여 설치하는 이유와 이와 같은 회로방식의 명칭을 쓰시오.
　① 회로방식의 명칭 :
　② 이유 :
(5) (4)와 같은 회로방식을 적용하지 않고 하나의 회로로 구성해도 되는 감지기의 종류 3가지를 쓰시오.

해설

준비작동식 스프링클러설비
(1) 전선 가닥수 산정
　① 소방시설의 도시기호(소방시설 자체점검사항 등에 관한 고시)

명칭	도시기호	명칭	도시기호
프리액션밸브 수동조작함(슈퍼비조리판넬, SVP)	SVP	프리액션밸브	(P)
탬퍼스위치(TS)	TS	압력스위치(PS)	(PS)
차동식 스포트형 감지기	⌒	사이렌	◁
수신기	⊠	솔레노이드밸브	▶S◀

② 준비작동식 스프링클러설비의 감지기회로 배선
　㉠ 교차회로방식 적용 : 감지기의 오동작을 방지하기 위하여 하나의 방호구역 내에 2 이상의 화재감지기 회로를 설치하고 인접한 2 이상의 화재감지기가 동시에 감지되는 때에 소화설비가 작동하는 방식이다.
　㉡ 전선 가닥수 산정 시 루프로 된 부분과 말단부는 4가닥, 그 밖에는 8가닥으로 배선한다.
③ 프리액션밸브와 SVP(슈퍼비조리판넬, 수동조작함) 사이의 배선

명칭	전선 가닥수	배선의 용도
공통선을 공용으로 배선하는 경우	4	공통 1, 탬퍼스위치(TS, 밸브주의) 1, 솔레노이드밸브(SV, 밸브기동) 1, 압력스위치(PS, 밸브개방확인) 1
공통선을 별도로 배선하는 경우	6	탬퍼스위치(TS, 밸브주의) 2, 솔레노이드밸브(SV, 밸브기동) 2, 압력스위치(PS, 밸브개방확인) 2

∴ 문제에서 전선은 최소 가닥수로 배선하기 때문에 공통선을 공용으로 배선해야 한다. 따라서, 최소 전선 가닥수는 4가닥이다.
④ 사이렌과 SVP 사이의 전선 가닥수는 2가닥이다.
⑤ 수신기와 SVP 사이의 배선
　㉠ 최소 전선 가닥수를 산정하기 위해 프리액션밸브의 공통선과 감지기의 공통선을 공용으로 배선한다. 따라서, 전원 ⊖단자를 공통단자로 한다.
　㉡ 수신기와 SVP 사이의 배선 계통도

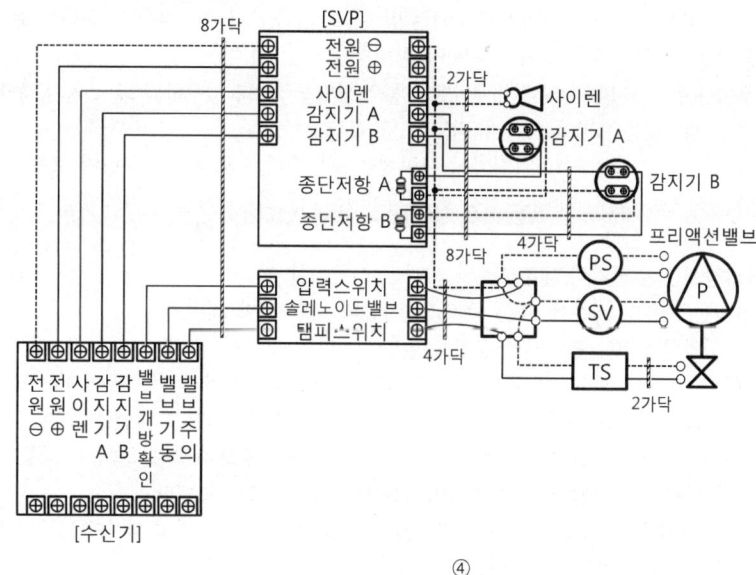

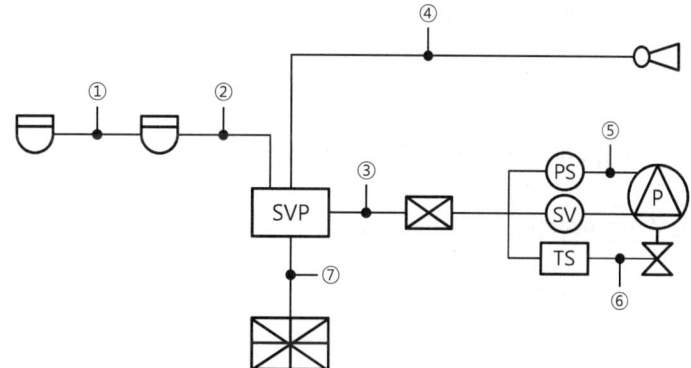

번호	전선 가닥수	배선의 용도
①	4	지구 공통선 2, 지구선 2
②	8	지구 공통선 4, 지구선 4
③	4	공통 1, 압력스위치 1, 솔레노이드밸브 1, 탬퍼스위치 1
④	2	사이렌 2
⑤	2	압력스위치 2
⑥	2	탬퍼스위치 2
⑦	8	전원 ⊖·⊕, 사이렌 1, 감지기 A·B, 압력스위치 1, 솔레노이드밸브 1, 탬퍼스위치 1

[참고] 배선의 명칭
- 지구 = 회로
- 압력스위치 = 밸브개방확인
- 솔레노이드밸브 = 밸브기동
- 탬퍼스위치 = 밸브주의

(2) 스프링클러설비의 음향장치 설치기준
① 습식 유수검지장치 또는 건식 유수검지장치를 사용하는 설비에 있어서는 헤드가 개방되면 유수검지장치가 화재신호를 발신하고 그에 따라 음향장치가 경보되도록 할 것
② 준비작동식 유수검지장치 또는 일제개방밸브를 사용하는 설비에는 화재감지기의 감지에 따라 음향장치가 경보되도록 할 것. 이 경우 화재감지기회로를 교차회로방식(하나의 준비작동식 유수검지장치 또는 일제개방밸브의 담당구역 내에 2 이상의 화재감지기회로를 설치하고 인접한 2 이상의 화재감지기가 동시에 감지되는 때에 준비작동식 유수검지장치 또는 일제개방밸브가 개방·작동되는 방식을 말한다)으로 하는 때에는 하나의 화재감지기회로가 화재를 감지하는 때에도 음향장치가 경보되도록 해야 한다.
③ 음향장치는 유수검지장치 및 일제개방밸브 등의 담당구역마다 설치하되 그 구역의 각 부분으로부터 하나의 음향장치까지의 수평거리는 25[m] 이하가 되도록 할 것
④ 음향장치는 경종 또는 사이렌(전자식 사이렌을 포함한다)으로 하되, 주위의 소음 및 다른 용도의 경보와 구별이 가능한 음색으로 할 것. 이 경우 경종 또는 사이렌은 자동화재탐지설비·비상벨설비 또는 자동식사이렌설비의 음향장치와 겸용할 수 있다.
⑤ 주 음향장치는 수신기의 내부 또는 그 직근에 설치할 것
⑥ 음향장치는 다음의 기준에 따른 구조 및 성능의 것으로 할 것
  ㉠ 정격전압의 80[%] 전압에서 음향을 발할 수 있는 것으로 할 것
  ㉡ 음향의 크기는 부착된 음향장치의 중심으로부터 1[m] 떨어진 위치에서 90[dB] 이상이 되는 것으로 할 것
  ∴ 준비작동식 스프링클러설비의 감지기회로는 교차회로방식으로 배선을 해야 한다. 따라서, 감지기 A와 감지기 B회로 중 1개 이상의 회로에서 화재를 감지하면 화재경보와 화재표시등이 점등되고, 감지기 A와 감지기 B회로가 동시에 감지될 경우 솔레노이드밸브에 기동신호를 보낸다.

(3) 유수검지장치의 작동방법(프리액션밸브의 2차 측 개폐밸브를 폐쇄키고 배수밸브를 개방)
① 슈퍼비조리판넬(SVP)의 기동스위치를 ON시키는 방법
② 방호구역 내 감지기 A와 감지기 B회로를 동시에 작동시키는 방법
③ 감시제어반에서 솔레노이드밸브의 기동스위치를 조작하는 방법

(4) 감지기회로의 배선방법
① 회로방식 : 교차회로방식(방호구역에 2개 회로의 감지회로를 서로 엇갈리게 설치하고 각각의 회로에 화재감지기를 설치하는 것)
② 이유 : 감지기의 오동작에 의한 설비의 작동을 방지하기 위해

(5) 교차회로방식에 적용하지 않아도 되는 감지기
  ① 설치장소
    ㉠ 지하층·무창층 등으로서 환기가 잘되지 않거나 실내면적이 40[m²] 미만인 장소
    ㉡ 감지기의 부착면과 실내 바닥과의 사이가 2.3[m] 이하인 장소로서 일시적으로 발생한 열·연기 또는 먼지 등으로 인하여 화재신호를 발신할 우려가 있는 장소
  ② 적응성이 있는 감지기
    ㉠ 불꽃감지기   ㉡ 정온식 감지선형 감지기
    ㉢ 분포형 감지기   ㉣ 복합형 감지기
    ㉤ 광전식 분리형감지기   ㉥ 아날로그방식의 감지기
    ㉦ 다신호방식의 감지기   ㉧ 축적방식의 감지기

> **참고**
> 교차회로방식에 사용되는 감지기, 급속한 연소 확대가 우려되는 장소에 사용되는 감지기 및 축적기능이 있는 수신기에 연결하여 사용하는 감지기는 축적기능이 없는 것으로 설치해야 한다.

정답 (1)

번호	①	②	③	④	⑤	⑥	⑦
전선 가닥수	4	8	4	2	2	2	8

(2) 감지기 A와 감지기 B회로 중 1개 이상의 회로에서 화재를 감지한 경우
(3) ① 슈퍼비조리판넬(SVP)의 기동스위치를 ON시키는 방법
    ② 방호구역 내 감지기 A와 감지기 B회로를 동시에 작동시키는 방법
(4) ① 교차회로방식
    ② 감지기의 오동작에 의한 설비의 작동을 방지하기 위해
(5) ① 불꽃감지기
    ② 분포형 감지기
    ③ 복합형 감지기

08

다음 그림은 준비작동식 스프링클러설비의 전기 계통도이다. 기호 Ⓐ~Ⓕ까지에 대한 아래 표의 빈칸에 전선 가닥수와 배선의 용도를 작성하시오(단, 전선은 운전 조작상 필요한 최소 전선 가닥수를 쓰시오).

득점	배점
	12

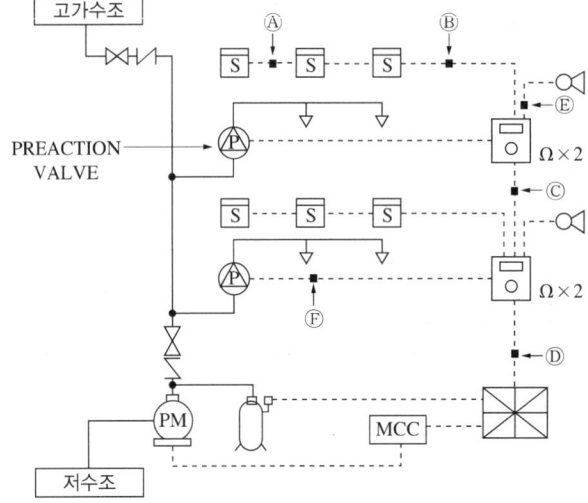

기호	구분	전선 가닥수	배선 굵기	배선의 용도
Ⓐ	감지기 ↔ 감지기		1.5[mm²]	
Ⓑ	감지기 ↔ SVP		1.5[mm²]	
Ⓒ	SVP ↔ SVP		2.5[mm²]	
Ⓓ	2 Zone일 경우		2.5[mm²]	
Ⓔ	사이렌 ↔ SVP		2.5[mm²]	
Ⓕ	프리액션밸브 ↔ SVP		2.5[mm²]	

해설

준비작동식 스프링클러설비

(1) 준비작동작동식 스프링클러설비의 기호 및 부속장치

① 프리액션밸브 : 1차 측에는 가압수, 2차 측에는 대기압 상태로 유지되어 있다가 감지기 A, B가 동시에 작동하면 중간체임버와 연결된 전자밸브가 개방되어 가압수가 배수된다. 이때 중간체임버의 압력이 낮아져 클래퍼가 개방되어 2차 측 배관에 소화수로 채워지는 구조이다.

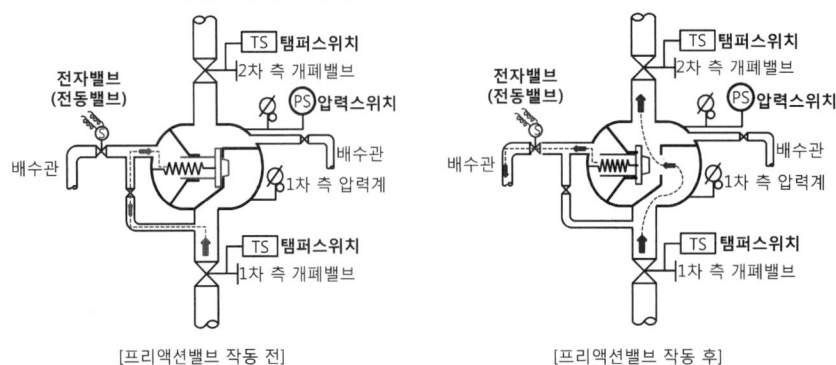

[프리액션밸브 작동 전]   [프리액션밸브 작동 후]

② 탬퍼스위치(TS) : 준비작동식 유수검지장치의 1차 측 및 2차 측 개폐밸브에 설치하여 밸브의 개방상태를 확인시켜 주는 스위치이다.
③ 압력스위치(PS) : 프리액션밸브의 개방상태를 확인시켜 주는 스위치이다.
④ 소방시설의 도시기호(소방시설 자체점검사항 등에 관한 고시)

명칭	도시기호	명칭	도시기호
프리액션밸브 수동조작함(슈퍼비조리판넬, SVP)	SVP	프리액션밸브	Ⓟ
탬퍼스위치(TS)	TS	압력스위치(PS)	Ⓟ̲S
동력제어반	MCC	사이렌	◁
연기감지기	S	종단저항	Ω

(2) 감지기와 감지기 사이의 배선
① 준비작동식 스프링클러설비의 감지기회로는 교차회로방식을 적용해야 한다. 따라서, 슈퍼비조리판넬(SVP)에는 감지기 A와 감지기 B에 대한 종단저항 2개를 설치해야 한다.
② 교차회로방식은 감지기가 루프로 된 부분과 말단부에는 4가닥, 그 밖에는 8가닥으로 배선한다.
  ㉠ Ⓐ 감지기 말단부의 전선 가닥수는 총 4가닥으로서 지구와 지구공통 각각 2가닥으로 배선한다.
  ㉡ Ⓑ 감지기와 슈퍼비조리판넬(SVP) 사이의 전선 가닥수는 총 8가닥으로서 지구와 지구공통 각각 4가닥으로 배선한다.
(3) 슈퍼비조리판넬(SVP)과 슈퍼비조리판넬(SVP) 사이의 배선
① 슈퍼비조리판넬(SVP)의 기본 전선 가닥수는 8가닥으로서 전원 ⊕·⊖, 감지기 A·B, 밸브주의, 밸브기동, 밸브개방확인, 사이렌으로 구성된다.
② 2 Zone일 경우 슈퍼비조리판넬(SVP)의 전선 가닥수는 총 14가닥으로서 기본 전선 가닥수(8가닥)에 Zone이 추가될 때마다 6가닥(감지기 A·B, 밸브주의, 밸브기동, 밸브개방확인, 사이렌)을 추가한다.
(4) 사이렌과 슈퍼비조리판넬(SVP) 사이의 배선
사이렌과 슈퍼비조리판넬(SVP) 사이의 전선 가닥수는 2가닥으로서 사이렌 2가닥으로 배선한다.
(5) 프리액션밸브와 슈퍼비조리판넬(SVP) 사이의 배선
① 밸브주의 : 프리액션밸브에 설치되어 있는 개폐밸브의 개폐상태를 확인하기 위하여 탬퍼스위치(TS)가 설치되어 있다.
② 밸브기동 : 감지기 A·B가 작동되면 전자밸브(Solenoid)가 동작하여 2차 측 배관에 소화수가 채워진다.
③ 밸브개방확인 : 압력스위치(PS)가 압력을 검지하여 프리액션밸브의 개방상태를 확인시켜 주는 스위치이다.

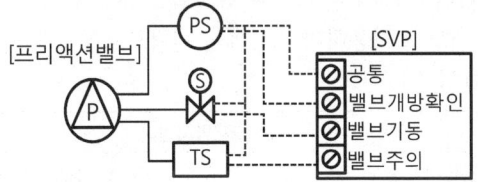

∴ 프리액션밸브와 슈퍼비조리판넬(SVP) 사이의 전선 가닥수는 4가닥으로서 밸브주의, 밸브기동, 밸브개방확인, 공통으로 배선한다.

[정답]

기호	구분	전선 가닥수	배선 굵기	배선의 용도
Ⓐ	감지기 ↔ 감지기	4	1.5[mm²]	지구 2, 공통 2
Ⓑ	감지기 ↔ SVP	8	1.5[mm²]	지구 4, 공통 4
Ⓒ	SVP ↔ SVP	8	2.5[mm²]	전원 ⊕·⊖, 감지기 A·B, 밸브주의, 밸브기동, 밸브개방확인, 사이렌
Ⓓ	2 Zone일 경우	14	2.5[mm²]	전원 ⊕·⊖, (감지기 A·B, 밸브주의, 밸브기동, 밸브개방확인, 사이렌)×2
Ⓔ	사이렌 ↔ SVP	2	2.5[mm²]	사이렌 2
Ⓕ	프리액션밸브 ↔ SVP	4	2.5[mm²]	밸브주의, 밸브기동, 밸브개방확인, 공통

09 1동은 사무실, 2동은 공장으로 구분되어 있는 건물에 자동화재탐지설비의 P형 발신기세트와 습식 스프링클러설비를 설치하고, 수위실에 수신기를 설치하였다. 경보방식은 동별 구분경보 방식을 적용하고, 옥내소화전의 가압송수장치는 기동용 수압개폐장치를 사용하는 경우 다음 각 물음에 답하시오.

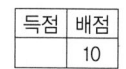
배점 10

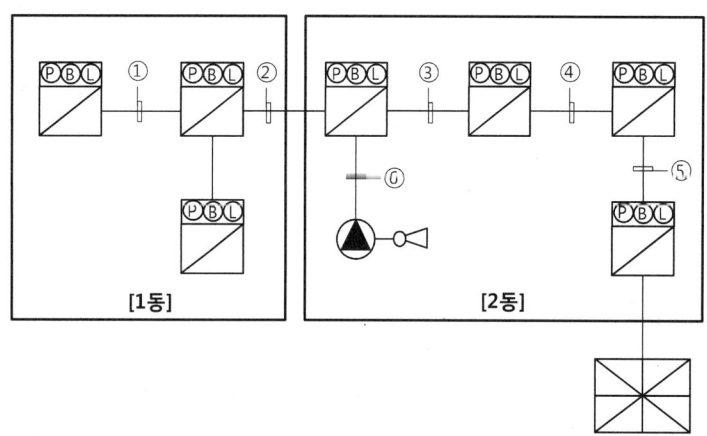

(1) 다음 표의 빈칸에 전선 가닥수와 배선의 용도를 쓰시오(단, 자동화재탐지설비와 습식 스프링클러설비의 공통선은 각각 별도로 사용하며 경종에는 단락보호장치가 설치되어 있고, 경종과 표시등 공통선은 1가닥으로 배선한다).

기호	전선 가닥수	자동화재탐지설비							습식 스프링클러설비			
		용도 1	용도 2	용도 3	용도 4	용도 5	용도 6	용도 7	용도 1	용도 2	용도 3	용도 4
①												
②												
③												
④												
⑤												
⑥												

(2) 공장동에 설치한 폐쇄형 헤드를 사용하는 습식 스프링클러설비의 유수검지장치용 음향장치는 어떤 경우에 울리는지 쓰시오.
(3) 습식 스프링클러설비의 유수검지장치용 음향장치는 담당구역의 각 부분으로부터 하나의 음향장치까지의 수평거리를 몇 [m] 이하로 해야 하는지 쓰시오.

해설

자동화재탐지설비 및 습식 스프링클러설비

(1) 전선 가닥수 산정
  ① 자동화재탐지설비의 기본 전선 가닥수

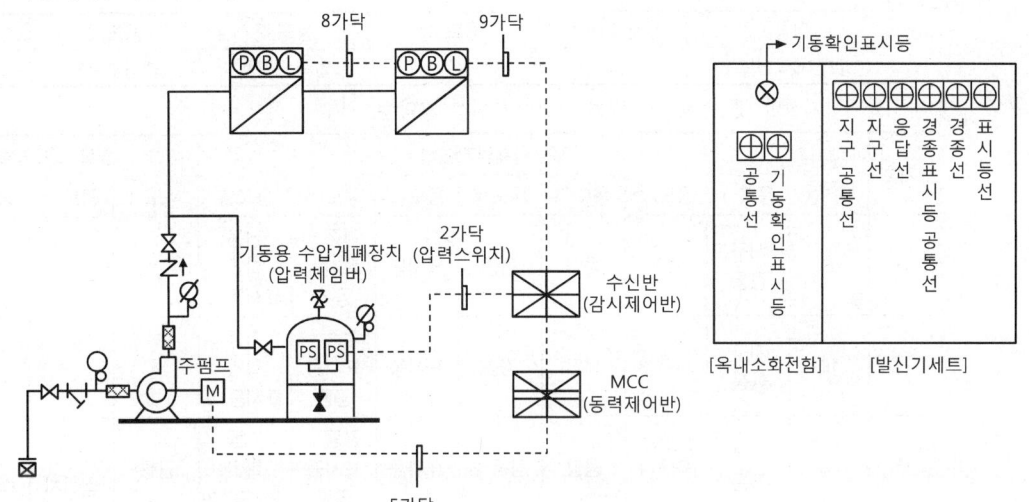

명칭	전선 가닥수	발신기세트						기동용 수압개폐장치
		용도 1	용도 2	용도 3	용도 4	용도 5	용도 6	용도 7
발신기세트 옥내소화전 내장형	8	지구 공통	지구	응답	경종	표시등	경종·표시등 공통	기동확인표시등 2

※ 옥내소화전의 가압송수장치는 기동용 수압개폐장치를 사용하는 방식이므로 자동기동방식이다. 따라서, 발신기세트의 기본 전선 가닥수에 기동확인표시등 2가닥을 추가로 배선한다.

  ② 습식 스프링클러설비의 기본 전선 가닥수
    ㉠ 습식 스프링클러설비 : 가압송수장치에서 폐쇄형 스프링클러헤드까지 배관 내에 항상 물이 가압되어 있다가 화재로 인한 열로 폐쇄형 스프링클러헤드가 개방되면 배관 내에 유수가 발생하여 습식유수검지장치가 작동하게 되는 스프링클러설비이다.
    ㉡ 습식 스프링클러설비 작동순서 : 화재 발생 → 화재 열로 인하여 폐쇄형 헤드가 개방되어 방수 → 2차 측 배관 내의 압력이 저하 → 1차 측 수압에 의해 습식 유수검지장치의 클래퍼 개방 → 습식 유수검지장치의 압력스위치가 작동하여 사이렌 경보, 감시제어반의 화재표시등, 밸브개방표시등 점등 → 배관 내의 압력저하로 기동용 수압개폐장치의 압력스위치 작동 → 펌프 기동
    ㉢ 습식 유수검지장치(알람체크밸브) : 밸브 본체, 압력스위치(PS), 1차 측 압력계, 2차 측 압력계, 배수밸브, 1차 측 개폐밸브, 경보정지밸브로 구성되어 있으며 밸브 본체 내부에 있는 클래퍼를 중심으로 2차 측의 수압이 낮아지면 1차 측의 압력으로 클래퍼가 개방되어 압력스위치를 동작시켜 제어반에 사이렌, 화재표시등, 밸브개방표시등의 신호를 전달한다.

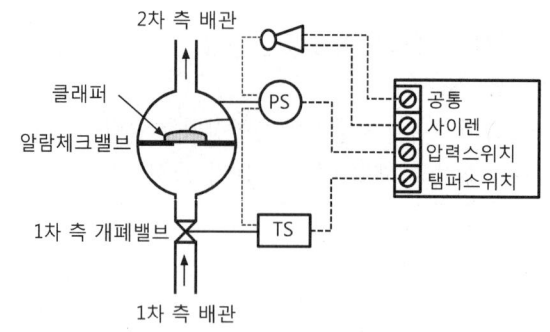

ⓒ 알람체크밸브의 전선 가닥수 산정

명칭	전선 가닥수	용도 1	용도 2	용도 3	용도 4
알람체크밸브	4	공통	압력스위치	탬퍼스위치	사이렌

③ 자동화재탐지설비 및 습식 스프링클러설비의 전선 가닥수

기호	전선 가닥수	자동화재탐지설비							습식 스프링클러설비			
		용도 1	용도 2	용도 3	용도 4	용도 5	용도 6	용도 7	용도 1	용도 2	용도 3	용도 4
①	8	지구 공통	지구	응답	경종	표시등	경종·표시등 공통	기동 확인 표시등 2	-	-	-	-
②	10	지구 공통	지구 3	응답	경종	표시등	경종·표시등 공통	기동 확인 표시등 2	-	-	-	-
③	16	지구 공통	지구 4	응답	경종 2	표시등	경종·표시등 공통	기동 확인 표시등 2	공통	압력 스위치	탬퍼 스위치	사이렌
④	17	지구 공통	지구 5	응답	경종 2	표시등	경종·표시등 공통	기동 확인 표시등 2	공통	압력 스위치	탬퍼 스위치	사이렌
⑤	18	지구 공통	지구 6	응답	경종 2	표시등	경종·표시등 공통	기동 확인 표시등 2	공통	압력 스위치	탬퍼 스위치	사이렌
⑥	4								공통	압력 스위치	탬퍼 스위치	사이렌

※ 자동화재탐지설비와 습식 스프링클러설비의 공통선은 별도로 하고, 경종은 동별 구분경보방식이므로 2동(공장)에는 경종선을 추가로 배선해야 한다.

(2) 유수검지장치의 음향장치 경보
  ① 화재가 발생하여 헤드가 개방되는 경우
  ② 시험장치의 개폐밸브를 개방하는 경우

(3) 스프링클러설비의 음향장치 설치기준
  ① 습식 유수검지장치 또는 건식 유수검지장치를 사용하는 설비에 있어서는 헤드가 개방되면 유수검지장치가 화재신호를 발신하고 그에 따라 음향장치가 경보되도록 할 것

② 준비작동식 유수검지장치 또는 일제개방밸브를 사용하는 설비에는 화재감지기의 감지에 따라 음향장치가 경보되도록 할 것. 이 경우 화재감지기회로를 교차회로방식(하나의 준비작동식 유수검지장치 또는 일제개방밸브의 담당구역 내에 2 이상의 화재감지기회로를 설치하고 인접한 2 이상의 화재감지기가 동시에 감지되는 때에 준비작동식 유수검지장치 또는 일제개방밸브가 개방·작동되는 방식을 말한다)으로 하는 때에는 하나의 화재감지기회로가 화재를 감지하는 때에도 음향장치가 경보되도록 해야 한다.
③ 음향장치는 유수검지장치 및 일제개방밸브 등의 담당구역마다 설치하되 그 구역의 각 부분으로부터 하나의 음향장치까지의 수평거리는 25[m] 이하가 되도록 할 것
④ 음향장치는 경종 또는 사이렌(전자식 사이렌을 포함한다)으로 하되, 주위의 소음 및 다른 용도의 경보와 구별이 가능한 음색으로 할 것. 이 경우 경종 또는 사이렌은 자동화재탐지설비·비상벨설비 또는 자동식 사이렌설비의 음향장치와 겸용할 수 있다.
⑤ 주 음향장치는 수신기의 내부 또는 그 직근에 설치할 것
⑥ 음향장치는 다음의 기준에 따른 구조 및 성능의 것으로 할 것
  ㉠ 정격전압의 80[%] 전압에서 음향을 발할 수 있는 것으로 할 것
  ㉡ 음향의 크기는 부착된 음향장치의 중심으로부터 1[m] 떨어진 위치에서 90[dB] 이상이 되는 것으로 할 것

정답 (1) 해설 참고
(2) 화재가 발생하여 헤드가 개방되는 경우, 시험장치의 개폐밸브를 개방하는 경우
(3) 25[m] 이하

10 지하 주차장에 준비작동식 스프링클러설비를 설치하고, 차동식 스포트형 2종 감지기를 설치하여 소화설비와 연동하는 감지기를 배선하고자 한다. 다음 미완성 평면도에 감지기와 배선도를 작성하고 각 물음에 답하시오(단, 층고는 3.5[m]이고, 주요구조부는 내화구조이다). [득점 배점 6]

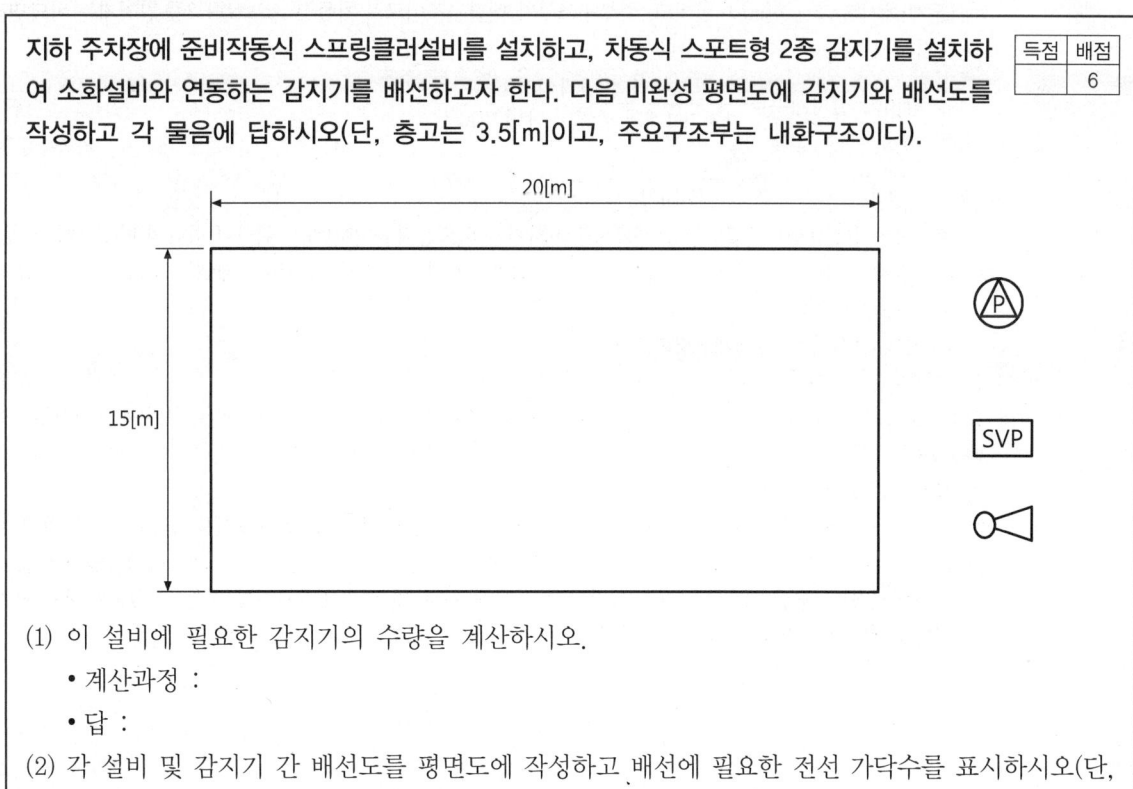

(1) 이 설비에 필요한 감지기의 수량을 계산하시오.
  • 계산과정 :
  • 답 :
(2) 각 설비 및 감지기 간 배선도를 평면도에 작성하고 배선에 필요한 전선 가닥수를 표시하시오(단, SVP와 준비작동식밸브 간의 공통선은 겸용으로 사용하지 않는다).

해설

준비작동식 스프링클러설비

(1) 감지기의 설치기준

① 감지기(차동식분포형의 것을 제외한다)는 실내로의 공기유입구로부터 1.5[m] 이상 떨어진 위치에 설치할 것
② 감지기는 천장 또는 반자의 옥내에 면하는 부분에 설치할 것
③ 보상식 스포트형 감지기는 정온점이 감지기 주위의 평상시 최고온도보다 20[℃] 이상 높은 것으로 설치할 것
④ 정온식 감지기는 주방·보일러실 등으로서 다량의 화기를 취급하는 장소에 설치하되, 공칭작동온도가 최고주위온도보다 20[℃] 이상 높은 것으로 설치할 것
⑤ 차동식 스포트형·보상식 스포트형 및 정온식 스포트형 감지기는 그 부착높이 및 특정소방대상물에 따라 다음 [표]에 따른 바닥면적마다 1개 이상을 설치할 것

부착높이 및 특정소방대상물의 구분		감지기의 종류(단위 : [m²])						
		차동식 스포트형		보상식 스포트형		정온식 스포트형		
		1종	2종	1종	2종	특종	1종	2종
4[m] 미만	주요구조부가 내화구조로 된 특정소방대상물 또는 그 부분	90	70	90	70	70	60	20
	기타 구조의 특정소방대상물 또는 그 부분	50	40	50	40	40	30	15
4[m] 이상 8[m] 미만	주요구조부가 내화구조로 된 특정소방대상물 또는 그 부분	45	35	45	35	35	30	-
	기타 구조의 특정소방대상물 또는 그 부분	30	25	30	25	25	15	-

⑥ 스포트형 감지기는 45[°] 이상 경사되지 않도록 부착할 것

㉠ [문제]에서 층고는 4[m] 미만이고, 주요구조부가 내화구조이므로 차동식 스포트형 2종 감지기는 바닥면적 70[m²]마다 1개 이상을 설치해야 한다.

$$\therefore \text{감지기 설치개수} = \frac{\text{감지구역의 바닥면적[m}^2\text{]}}{\text{감지기 1개의 설치 바닥면적[m}^2\text{]}}$$

$$= \frac{20[\text{m}] \times 15[\text{m}]}{70[\text{m}^2]} = 4.29\text{개} ≒ 5\text{개}$$

㉡ 준비작동식 스프링클러설비는 교차회로방식(감지기의 오동작을 방지하기 위하여 하나의 방호구역 내에 2 이상의 화재감지기 회로를 설치하고 인접한 2 이상의 화재감지기가 동시에 감지되는 때에는 소화설비가 작동하는 방식)을 적용해야 한다.

∴ 감지기 설치개수 = 5개 × 2회로 = 10개

(2) 전선 가닥수

① 교차회로방식으로 감지기를 설치해야 하므로 전선 가닥수는 루프로 된 부분과 말단부는 4가닥, 그 밖에는 8가닥으로 배선한다.
② 준비작동식 스프링클러설비
㉠ 작동순서 : 화재가 발생하면 감지기 A 또는 B 작동(사이렌 경보 및 화재표시등 점등) → 감지기 A 또는 B 작동 또는 수동기동장치(SVP)가 작동 → 준비작동식 유수검지장치 작동(전자밸브 작동, 중간체임버의 압력이 저하, 프리액션밸브 개방, 압력스위치가 동작하여 사이렌 경보 및 밸브개방표시등 점등) → 배관 내의 압력 저하로 기동용 수압개폐장치의 압력스위치가 작동하여 펌프가 기동

ⓒ 프리액션밸브 구조 및 작동

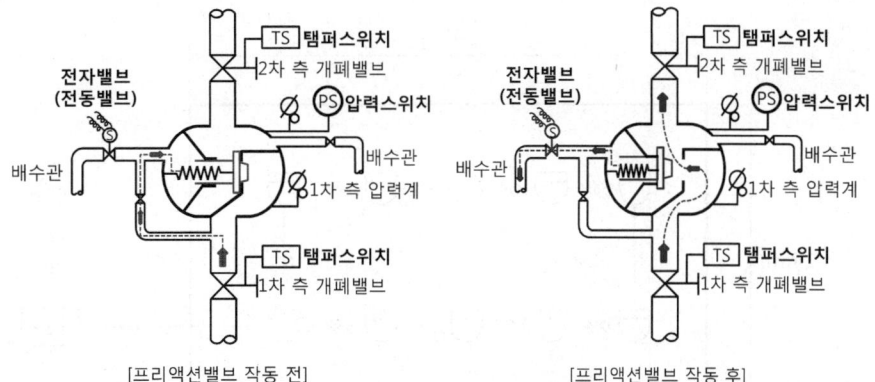

[프리액션밸브 작동 전]   [프리액션밸브 작동 후]

ⓒ 프리액션밸브와 SVP(슈퍼비조리판넬) 간의 공통선을 겸용으로 하는 경우 : 총 4가닥 - 공통 1, 밸브개방확인(PS) 1, 밸브기동(SV) 1, 밸브주의(TS) 1

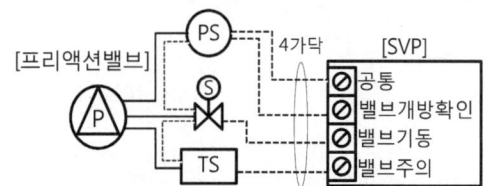

ⓒ 프리액션밸브와 SVP(슈퍼비조리판넬) 간의 공통선을 별개로 하는 경우 : 총 6가닥 - 밸브개방확인(PS) 2, 밸브기동(SV) 2, 밸브주의(TS) 2

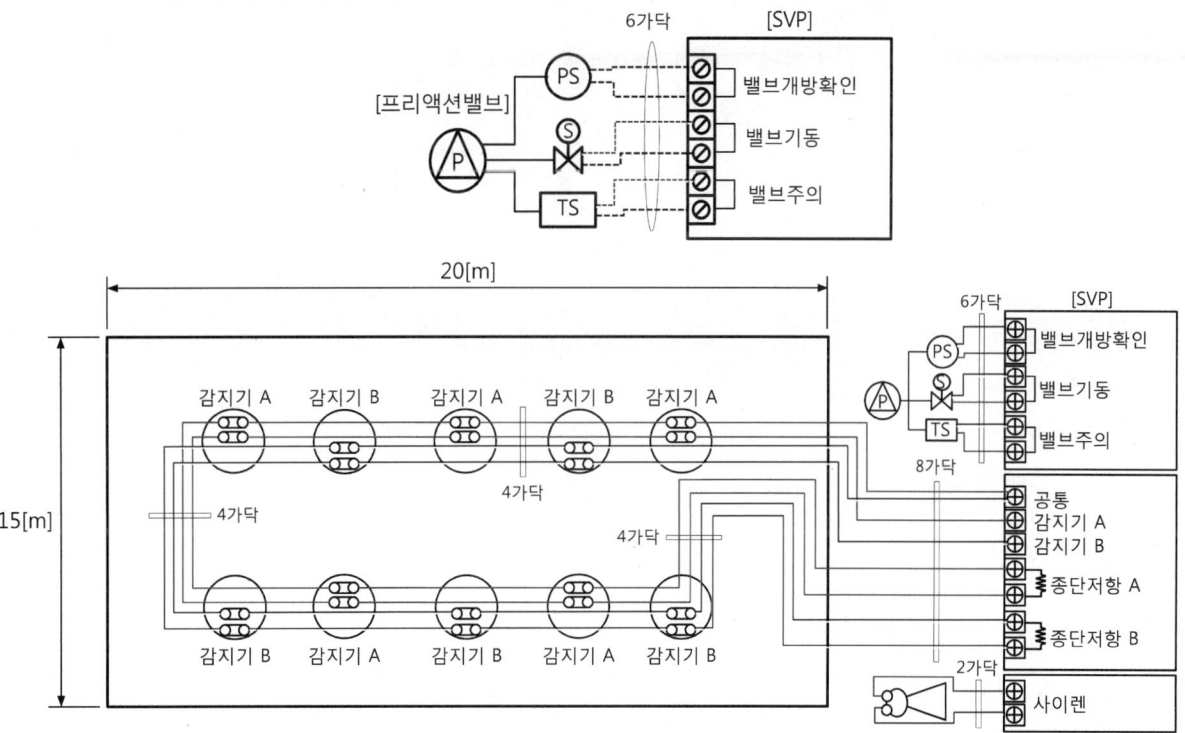

정답 (1) 10개
(2)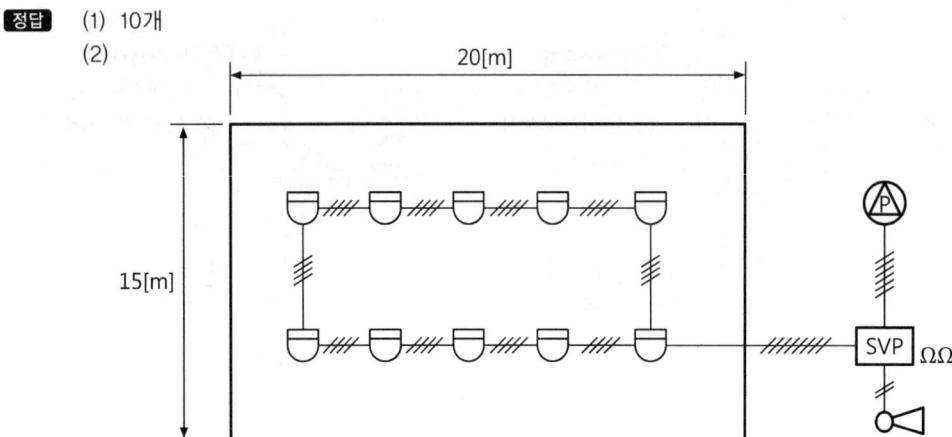

제3절 이산화탄소·할론소화설비

핵심이론 01 │ 이산화탄소소화설비의 개요

(1) 이산화탄소소화설비의 구성

① **방호구역** : 소화설비의 소화범위 내에 포함된 영역이다.
② **선택밸브** : 2 이상의 방호구역 또는 방호대상물이 있어 소화수 또는 소화약제를 해당하는 방호구역 또는 방호대상물에 선택적으로 방출되도록 제어하는 밸브이다.
③ **압력스위치** : 저장용기의 가스가 방출될 때 가스압력에 의해 접점신호를 제어반으로 입력시켜 방출표시등을 점등시키는 역할을 하며 일반적으로 선택밸브 2차 측 배관 상에 동관으로 분기하고 동관을 연장시켜 기동용기함 내부에 설치한다.
④ **방출표시등** : 방호구역 외의 출입구 바깥쪽 상단에 설치하여 가스방출 시 점등(CO_2 방출 중)되어 옥내로 사람이 입실하는 것을 막아주는 역할을 한다.
  ㉠ 설치위치 : 방호구역 외의 출입구 바깥쪽 상단에 설치한다.
  ㉡ 설치목적 : 가스방출 시 옥내(방호구역)로 사람이 입실하는 것을 방지한다.
⑤ **사이렌(음향경보장치)**
  ㉠ 설치위치 : 방호구역 내에 설치한다.
  ㉡ 설치목적 : 방호구역 내에 있는 사람에게 이산화탄소(소화약제)를 방출하기 전에 방출구역 밖으로 대피할 것을 음향으로 경보함으로써 인명피해를 방지한다. 만약 경보가 발하지 않는 상태에서 이산화탄소가 방출되거나 경보와 동시에 이산화탄소가 방출하게 되면 질식에 의한 인명피해가 발생하므로 소화약제 방출 전에 유효하게 경보를 발할 수 있도록 해야 한다.

(2) 수동식 기동장치의 설치기준

수동식 기동장치의 부근에는 소화약제의 방출을 지연시킬 수 있는 방출지연스위치(자동복귀형 스위치로서 수동식 기동장치의 타이머를 순간 정지시키는 기능의 스위치)를 설치해야 한다.

① 전역방출방식은 방호구역마다, 국소방출방식은 방호대상물마다 설치할 것
② 해당 방호구역의 출입구 부근 등 조작을 하는 자가 쉽게 피난할 수 있는 장소에 설치할 것
③ 기동장치의 조작부는 바닥으로부터 0.8[m] 이상 1.5[m] 이하의 위치에 설치하고, 보호판 등에 따른 보호장치를 설치할 것
④ 기동장치 인근의 보기 쉬운 곳에 "이산화탄소소화설비 수동식 기동장치"라는 표지를 할 것
⑤ 전기를 사용하는 기동장치에는 전원표시등을 설치할 것
⑥ 기동장치의 방출용스위치는 음향경보장치와 연동하여 조작될 수 있는 것으로 할 것

(3) 자동식 기동장치(자동화재탐지설비의 감지기의 작동과 연동)의 설치기준
① 자동식 기동장치에는 수동으로도 기동할 수 있는 구조로 할 것
② 전기식 기동장치로서 7병 이상의 저장용기를 동시에 개방하는 설비는 2병 이상의 저장용기에 전자 개방밸브를 부착할 것
③ 가스압력식 기동장치 설치기준
  ㉠ 기동용 가스용기 및 해당 용기에 사용하는 밸브는 25[MPa] 이상의 압력에 견딜 수 있는 것으로 할 것
  ㉡ 기동용 가스용기에는 내압시험압력의 0.8배부터 내압시험압력 이하에서 작동하는 안전장치를 설치할 것
  ㉢ 기동용 가스용기의 체적은 5[L] 이상으로 하고, 해당 용기에 저장하는 질소 등의 비활성기체는 6.0[MPa] 이상(21[℃] 기준)의 압력으로 충전할 것
  ㉣ 질소 등의 비활성기체 기동용 가스용기에는 충전 여부를 확인할 수 있는 압력게이지를 설치할 것
④ 기계식 기동장치는 저장용기를 쉽게 개방할 수 있는 구조로 할 것

(4) 음향경보장치의 설치기준
① 수동식 기동장치를 설치한 것은 그 기동장치의 조작과정에서, 자동식 기동장치를 설치한 것은 화재감지기와 연동하여 자동으로 경보를 발하는 것으로 할 것
② 소화약제의 방출개시 후 1분 이상 경보를 계속할 수 있는 것으로 할 것
③ 방호구역 또는 방호대상물이 있는 구획 안에 있는 자에게 유효하게 경보할 수 있는 것으로 할 것
④ 방송에 따른 경보장치를 설치할 경우에는 다음의 기준에 따라야 한다
  ㉠ 증폭기 재생장치는 화재 시 연소의 우려가 없고, 유지관리가 쉬운 장소에 설치할 것
  ㉡ 방호구역 또는 방호대상물이 있는 구획의 각 부분으로부터 하나의 확성기까지의 수평거리는 25[m] 이하가 되도록 할 것
  ㉢ 제어반의 복구스위치를 조작하여도 경보를 계속 발할 수 있는 것으로 할 것

(5) 전기적 원인에 의해 기동용 가스용기가 개방되지 않은 이유
① 제어반의 공급전원이 차단된 경우
② 기동스위치의 접점이 불량한 경우
③ 기동용 시한계전기(타이머)가 불량한 경우
④ 기동용 솔레노이드밸브의 코일이 단선된 경우
⑤ 기동용 솔레노이드밸브의 코일이 절연파괴된 경우
⑥ 제어반과 기동용 솔레노이드밸브 간의 배선이 단선된 경우
⑦ 제어반과 기동용 솔레노이드밸브 간의 배선이 오접속된 경우

| 핵심이론 02 | 할론소화설비

(1) 할론제어반의 배선 명칭
   ① **방출지연스위치(비상스위치)** : 자동복귀형 스위치로서 수동식 기동장치의 타이머를 순간 정지시키는 기능의 스위치이다.
   ② **기동스위치** : 가스계 소화설비를 작동시키기 위하여 수동으로 전기적 기동신호를 소화설비 제어반으로 발신하기 위한 스위치이다.
   ③ **솔레노이드밸브(SV)** : 소화약제 용기밸브에 솔레노이드밸브를 장치하고 화재감지기에 의한 화재신호를 수신하여 전기적으로 솔레노이드밸브를 작동시켜 밸브를 개방한다.

(2) 할론제어반의 수동조작함 전선 가닥수
   ① 방출지연스감지기의 공통선을 별도로 사용하지 않은 경우 수동조작함(RM)과 수동조작함(RM)의 전선 가닥수

배선의 용도	1구역(Zone)	2구역(Zone)	비고
전원 ⊕	1	1	
전원 ⊖	1	1	
방출지연스위치	1	1	
감지기 A	1	2	
감지기 B	1	2	Zone이 추가될 때마다 전선을 1가닥씩 추가하여 배선한다.
사이렌	1	2	
방출표시등	1	2	
기동스위치	1	2	
전선 가닥수	8	13	

   ② 할론제어반의 결선도

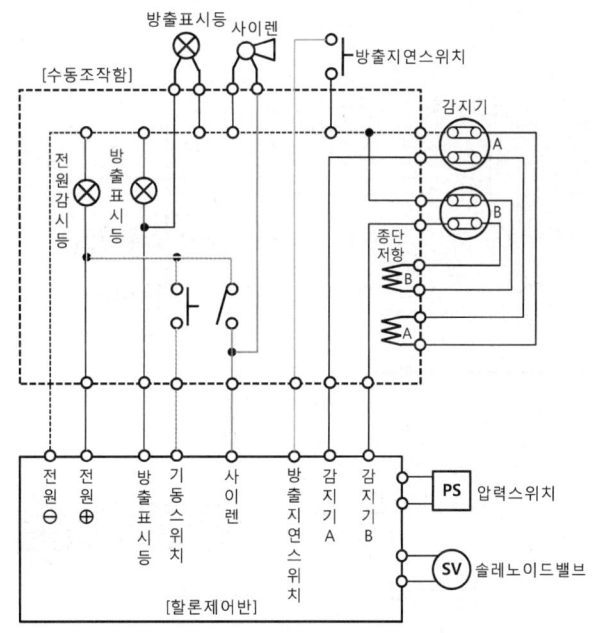

EXERCISE 04-3 이산화탄소·할론소화설비

01 이산화탄소소화설비에 사용되는 방출표시등과 사이렌의 설치위치와 설치목적을 쓰시오.

득점	배점
	4

(1) 방출표시등
　① 설치위치 :　　　　　　　　② 설치목적 :

(2) 사이렌
　① 설치위치 :　　　　　　　　② 설치목적 :

해설

이산화탄소소화설비

(1) 이산화탄소소화설비의 구성
　① 방호구역 : 소화설비의 소화범위 내에 포함된 영역이다.
　② 선택밸브 : 2 이상의 방호구역 또는 방호대상물이 있어 소화수 또는 소화약제를 해당하는 방호구역 또는 방호대상물에 선택적으로 방출되도록 제어하는 밸브이다.
　③ 압력스위치 : 저장용기의 가스가 방출될 때 가스압력에 의해 접점신호를 제어반으로 입력시켜 방출표시등을 점등시키는 역할을 하며 일반적으로 선택밸브 2차 측 배관 상에 동관으로 분기하고 동관을 연장시켜 기동용기함 내부에 설치한다.
　④ 방출표시등 : 방호구역 외의 출입구 바깥쪽 상단에 설치하여 가스방출 시 점등(CO_2 방출 중)되어 옥내로 사람이 입실하는 것을 막아주는 역할을 한다.
　　㉠ 설치위치 : 방호구역 외의 출입구 바깥쪽 상단에 설치한다.
　　㉡ 설치목적 : 가스방출 시 옥내(방호구역)로 사람이 입실하는 것을 방지한다.

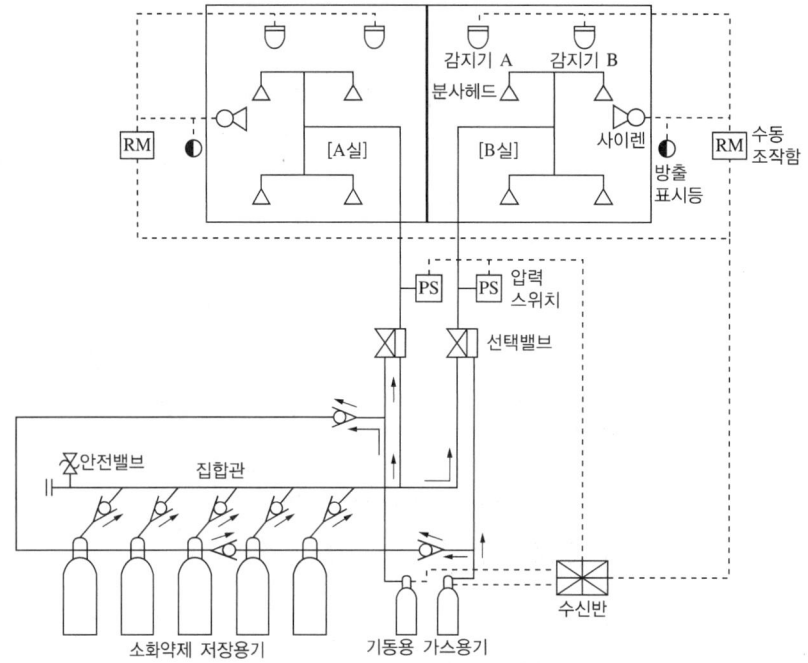

(2) 이산화탄소소화설비의 음향경보장치 설치기준
① 수동식 기동장치를 설치한 것은 그 기동장치의 조작과정에서, 자동식 기동장치를 설치한 것은 화재감지기와 연동하여 자동으로 경보를 발하는 것으로 할 것
② 소화약제의 방출개시 후 1분 이상 경보를 계속할 수 있는 것으로 할 것
③ 방호구역 또는 방호대상물이 있는 구획 안에 있는 자에게 유효하게 경보할 수 있는 것으로 할 것
④ 사이렌(음향경보장치)
  ㉠ 설치위치 : 방호구역 내에 설치한다.
  ㉡ 설치목적 : 방호구역 내에 있는 사람에게 이산화탄소(소화약제)를 방출하기 전에 방출구역 밖으로 대피할 것을 음향으로 경보함으로써 인명피해를 방지한다. 만약 경보가 발하지 않는 상태에서 이산화탄소가 방출되거나 경보와 동시에 이산화탄소가 방출하게 되면 질식에 의한 인명피해가 발생하므로 소화약제 방출 전에 유효하게 경보를 발할 수 있도록 해야 한다.

정답 (1) ① 방호구역 외의 출입구 바깥쪽 상단
② 가스방출 시 방호구역 내로 사람이 입실하는 것을 방지
(2) ① 방호구역 내
② 방호구역 내에 있는 사람에게 이산화탄소 소화약제 방출 전에 방출구역 밖으로 대피할 것을 음향으로 경보함으로써 인명피해를 방지

02

다음은 이산화탄소소화설비의 화재안전기술기준에서 정하는 음향경보장치의 설치기준이다. 각 물음에 답하시오.

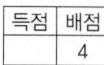

(1) 소화약제의 방출개시 후 몇 분 이상 경보를 계속할 수 있는 것으로 해야 하는지 쓰시오.
(2) 방호구역 또는 방호대상물이 있는 구획의 각 부분으로부터 하나의 확성기까지의 수평거리는 몇 [m] 이하가 되도록 해야 하는지 쓰시오.

해설
이산화탄소소화설비의 음향경보장치 설치기준
(1) 수동식 기동장치를 설치한 것은 그 기동장치의 조작과정에서, 자동식 기동장치를 설치한 것은 화재감지기와 연동하여 자동으로 경보를 발하는 것으로 할 것
(2) 소화약제의 방출개시 후 1분 이상 경보를 계속할 수 있는 것으로 할 것
(3) 방호구역 또는 방호대상물이 있는 구획 안에 있는 자에게 유효하게 경보할 수 있는 것으로 할 것
(4) 방송에 따른 경보장치를 설치할 경우에는 다음의 기준에 따라야 한다.
① 증폭기 재생장치는 화재 시 연소의 우려가 없고, 유지관리가 쉬운 장소에 설치할 것
② 방호구역 또는 방호대상물이 있는 구획의 각 부분으로부터 하나의 확성기까지의 수평거리는 25[m] 이하가 되도록 할 것
③ 제어반의 복구스위치를 조작하여도 경보를 계속 발할 수 있는 것으로 할 것

정답 (1) 1분 이상
(2) 25[m] 이하

03 이산화탄소소화설비의 제어반에서 수동으로 기동장치를 조작하였으나 기동용 가스용기가 개방되지 않았다. 기동용 가스용기가 개방되지 않은 이유에 대하여 전기적인 원인을 4가지만 쓰시오(단, 제어반의 전기회로 기판은 정상이다).

득점	배점
	4

해설

이산화탄소소화설비

(1) 계통도 및 작동원리

① 계통도

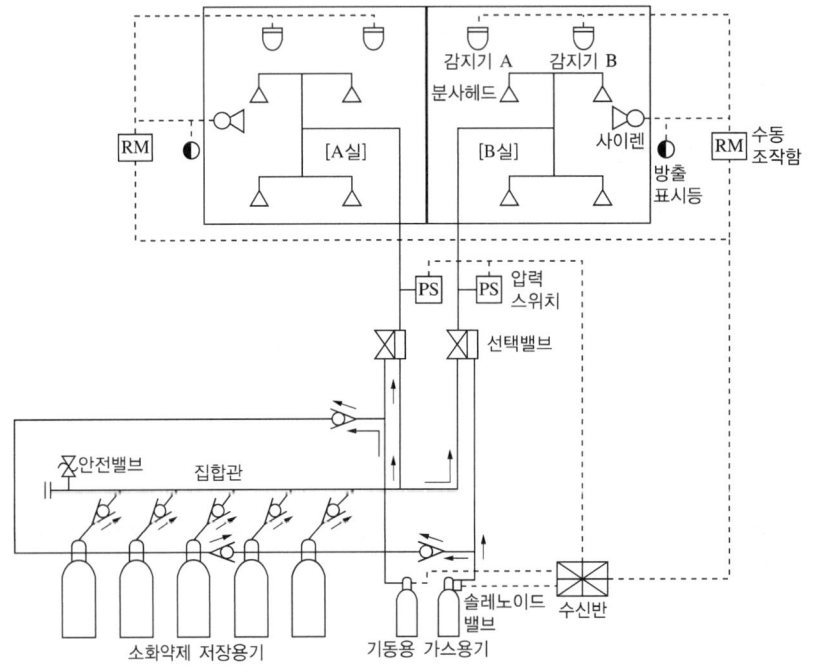

② 작동원리

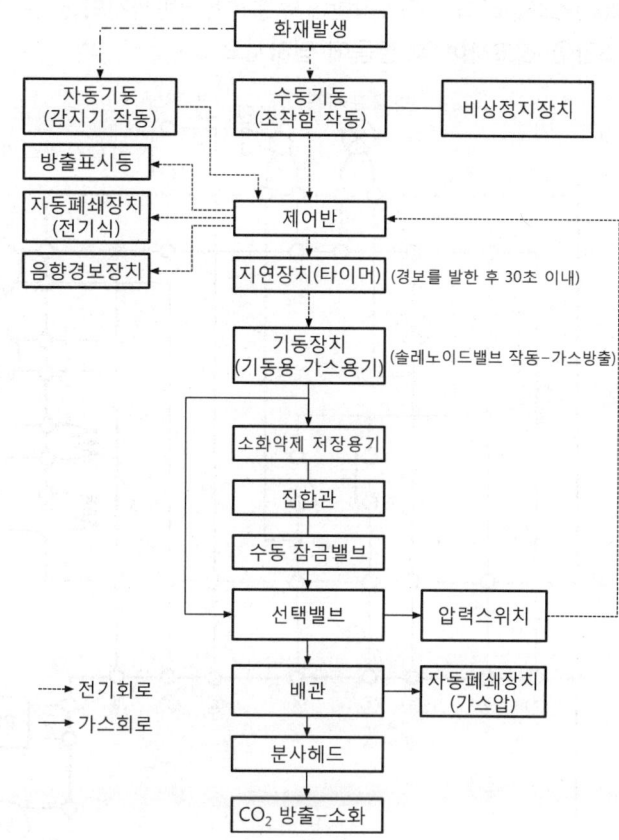

(2) 전기적인 원인에 의해 기동용 가스용기가 개방되지 않은 이유
① 제어반의 공급전원이 차단된 경우
② 기동스위치의 접점이 불량한 경우
③ 기동용 시한계전기(타이머)가 불량한 경우
④ 기동용 솔레노이드밸브의 코일이 단선된 경우
⑤ 기동용 솔레노이드밸브의 코일이 절연파괴된 경우
⑥ 제어반과 기동용 솔레노이드밸브 간의 배선이 단선된 경우
⑦ 제어반과 기동용 솔레노이드밸브 간의 배선이 오접속된 경우

정답 ① 제어반의 공급전원이 차단된 경우
② 기동스위치의 접점이 불량한 경우
③ 기동용 시한계전기(타이머)가 불량한 경우
④ 기동용 솔레노이드밸브의 코일이 단선된 경우

04 다음은 할론(Halon)소화설비의 수동조작함에서 할론제어반까지의 결선도를 나타낸 것이다. 도면과 주어진 조건을 참고하여 각 물음에 답하시오.

득점	배점
	10

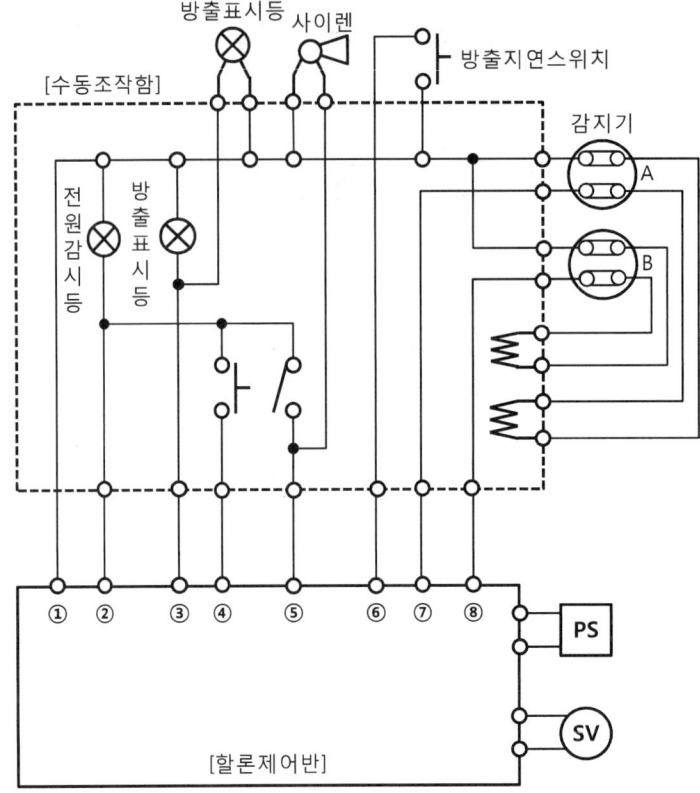

조건
- 전선 가닥수는 최소 가닥수로 한다.
- 복구스위치 및 도어스위치는 없는 것으로 한다.
- 감지기 공통선과 전원 ⊖선은 공용으로 사용한다.

물음
(1) 할론제어반에서 기호 ①~⑧까지의 배선의 명칭을 쓰시오.

기호	배선의 명칭	기호	배선의 명칭
①		②	
③		④	
⑤		⑥	
⑦		⑧	

(2) 도면에서 PS 에 사용되는 전선의 굵기[mm²]를 쓰시오.

> [해설]

할론소화설비

(1) 할론제어반의 배선 명칭
   ① 방출지연스위치(비상스위치) : 자동복귀형 스위치로서 수동식 기동장치의 타이머를 순간 정지시키는 기능의 스위치이다.
   ② 기동스위치 : 가스계 소화설비를 작동시키기 위하여 수동으로 전기적 기동신호를 소화설비 제어반으로 발신하기 위한 스위치이다.

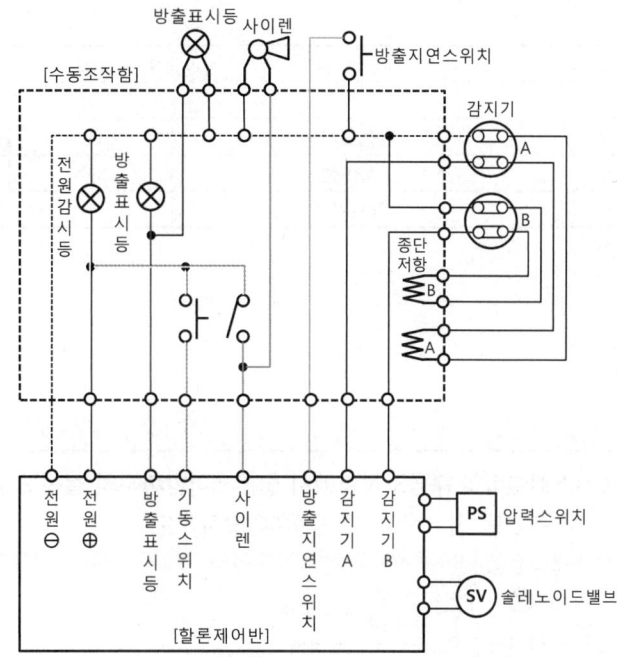

기호	배선의 명칭	기호	배선의 명칭
①	전원 ⊖	②	전원 ⊕
③	방출표시등	④	기동스위치
⑤	사이렌	⑥	방출지연스위치
⑦	감지기 A	⑧	감지기 B

> [참고]
>
> **할론소화설비의 수동조작함 배선**
> - 1 Zone일 경우 : 8가닥 - 전원 ⊖·⊕, 방출지연스위치(비상스위치), 감지기 A, 감지기 B, 방출표시등, 기동스위치, 사이렌
> - 2 Zone일 경우 : 13가닥 - 1 Zone의 기본 전선 가닥수(8가닥) + 5가닥(감지기 A, 감지기 B, 방출표시등, 기동스위치, 사이렌) 추가

(2) 전선의 굵기
   ① 저압 옥내배선의 사용전선(한국전기설비규정 231.3)
      ㉠ 저압 옥내배선의 전선은 단면적 2.5[mm^2] 이상의 연동선 또는 이와 동등 이상의 강도 및 굵기의 것을 사용해야 한다.

ⓒ 옥내 배선의 사용전압이 400[V] 이상인 경우로 전광표시장치 기타 이와 유사한 장치 또는 제어회로 등에 사용하는 배선에 단면적 1.5[mm²] 이상의 연동선을 사용하고 이를 합성수지관공사, 금속관공사, 금속몰드공사, 금속덕트공사, 플로어덕트공사 또는 셀룰러덕트공사에 의하여 시설하는 경우에는 ㉠을 적용하지 않는다.

② 소방시설의 배선
㉠ 소방시설에 사용되는 전선은 1.5~6.0[mm²]의 굵기를 사용하며 전원공급 전선은 4.0[mm²]를 사용한다.
㉡ 감지기 사이의 배선은 1.5[mm²]의 저독성 난연 가교 폴리올레핀 절연전선(HFIX)을 사용한다.
㉢ 그 외의 전기회로(발신기, 경종, 표시등 등)에는 2.5[mm²]의 450/750[V] 저독성 난연 가교 폴리올레핀 절연전선(HFIX)을 사용한다.

정답 (1)

기호	배선의 명칭	기호	배선의 명칭
①	전원 ⊖	②	전원 ⊕
③	방출표시등	④	기동스위치
⑤	사이렌	⑥	방출지연스위치
⑦	감지기 A	⑧	감지기 B

(2) 2.5[mm²]

05 다음은 할론(Halon)소화설비의 수동조작함에서 할론제어반까지의 결선도 및 계통도(3 Zone)이다. 도면과 주어진 조건을 참고하여 각 물음에 답하시오.

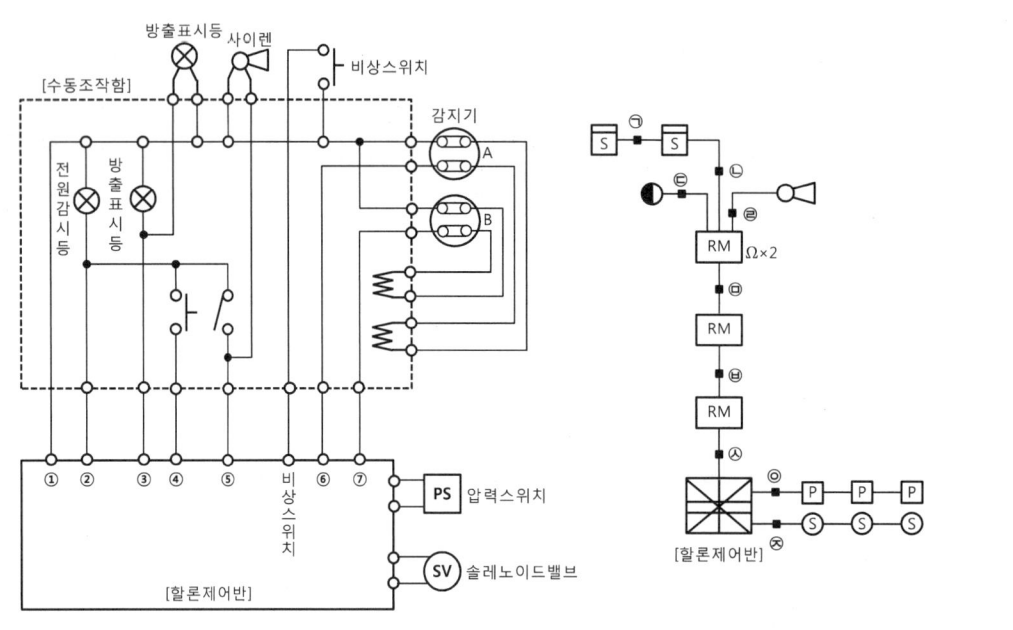

조건
- 전선 가닥수는 최소 가닥수로 한다.
- 복구스위치 및 도어스위치는 없는 것으로 한다.

물음

(1) 할론제어반에서 기호 ①~⑦까지의 배선의 명칭을 쓰시오.

기호	배선의 명칭	기호	배선의 명칭
①		②	
③		④	
⑤		⑥	
⑦			비상스위치 = 방출지연스위치

(2) 계통도에서 기호 ㉠~㉿까지의 전선 가닥수를 쓰시오.

기호	㉠	㉡	㉢	㉣	㉤	㉥	㉦	㉧	㉨
전선 가닥수									

해설

할론소화설비

(1) 할론제어반의 배선 명칭
  ① 비상스위치(방출지연스위치) : 자동복귀형 스위치로서 수동식 기동장치의 타이머를 순간 정지시키는 기능의 스위치이다.
  ② 기동스위치 : 가스계 소화설비를 작동시키기 위하여 수동으로 전기적 기동신호를 소화설비 제어반으로 발신하기 위한 스위치이다.

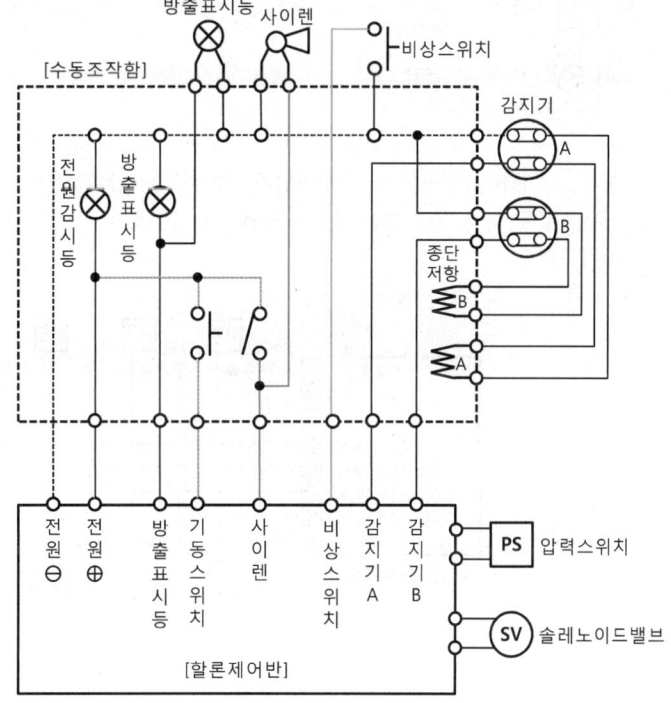

기호	배선의 명칭	기호	배선의 명칭
①	전원 ⊖	②	전원 ⊕
③	방출표시등	④	기동스위치
⑤	사이렌	⑥	감지기 A
⑦	감지기 B		비상스위치 = 방출지연스위치

(2) 수동조작함(RM)과 할론제어반 간의 전선 가닥수 산정
 ① 감지기회로의 배선
  ㉠ 분말소화설비, 할론소화설비, 이산화탄소소화설비, 준비작동식 스프링클러설비, 일제살수식 스프링클러설비, 할로겐화합물 및 불활성기체소화설비는 감지기의 오동작을 방지하기 위하여 하나의 방호구역 내에 2 이상의 화재감지기 회로를 설치하고 인접한 2 이상의 화재감지기가 동시에 감지되는 때에는 소화설비가 작동하는 교차회로방식으로 배선해야 한다.
  ㉡ 교차회로방식은 루프로 된 부분과 말단부는 4가닥, 그 밖에는 8가닥으로 배선한다.

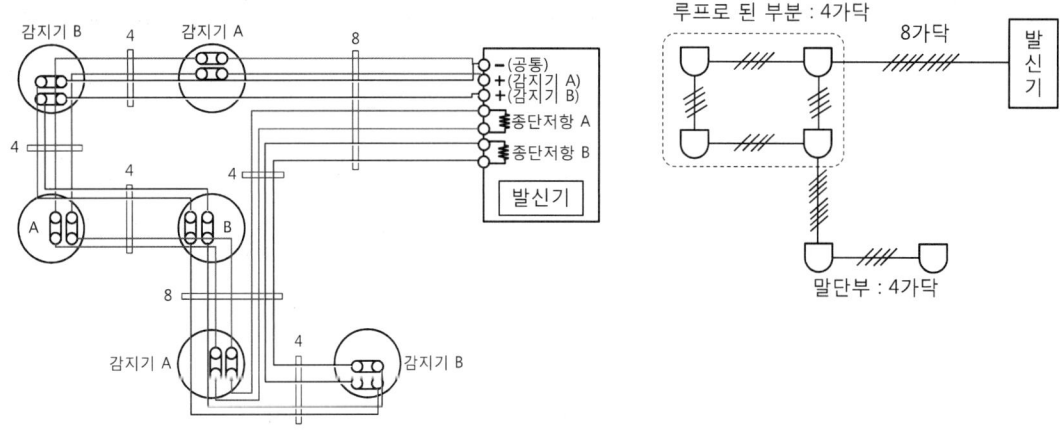

 ② 수동조작함 배선
  ㉠ 1 Zone일 경우 : 8가닥(전원 ⊖·⊕, 비상스위치, 감지기 A, 감지기 B, 방출표시등, 기동스위치, 사이렌)
  ㉡ 2 Zone일 경우 : 1 Zone의 기본 전선 가닥수(8가닥)에 5가닥(감지기 A, 감지기 B, 방출표시등, 기동스위치, 사이렌)을 추가한다.
 ③ 압력스위치 및 솔레노이드밸브의 배선

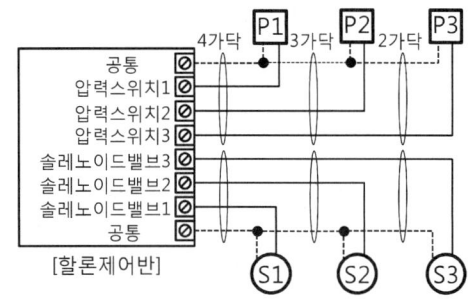

④ 전선 가닥수 산정

기호	구분	전선 가닥수	배선의 용도
㉠	감지기 ↔ 감지기	4	지구선 2, 지구 공통선 2
㉡	감지기 ↔ 수동조작함(RM)	8	지구선 4, 지구 공통선 4
㉢	방출표시등 ↔ 수동조작함(RM)	2	방출표시등 2
㉣	사이렌 ↔ 수동조작함(RM)	2	사이렌 2
㉤	수동조작함(RM) ↔ 수동조작함(RM) (1 Zone)	8	전원 ⊖·⊕, 비상스위치, 감지기 A, 감지기 B, 방출표시등, 기동스위치, 사이렌
㉥	수동조작함(RM) ↔ 수동조작함(RM) (2 Zone)	13	전원 ⊖·⊕, 비상스위치, (감지기 A, 감지기 B, 방출표시등, 기동스위치, 사이렌)×2
㉦	수동조작함(RM) ↔ 할론제어반 (3 Zone)	18	전원 ⊖·⊕, 비상스위치, (감지기 A, 감지기 B, 방출표시등, 기동스위치, 사이렌)×3
㉧	할론제어반 ↔ 압력스위치(PS)	4	압력스위치 3, 공통 1
㉨	할론제어반 ↔ 솔레노이드밸브(SV)	4	솔레노이드밸브 3, 공통 1

정답 (1)

기호	배선의 명칭	기호	배선의 명칭
①	전원 ⊖	②	전원 ⊕
③	방출표시등	④	기동스위치
⑤	사이렌	⑥	감지기 A
⑦	감지기 B	비상스위치 = 방출지연스위치	

(2)

기호	㉠	㉡	㉢	㉣	㉤	㉥	㉦	㉧	㉨
전선 가닥수	4	8	2	2	8	13	18	4	4

06

다음은 할론소화설비의 간선 계통도이다. 각 물음에 답하시오.

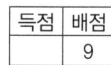
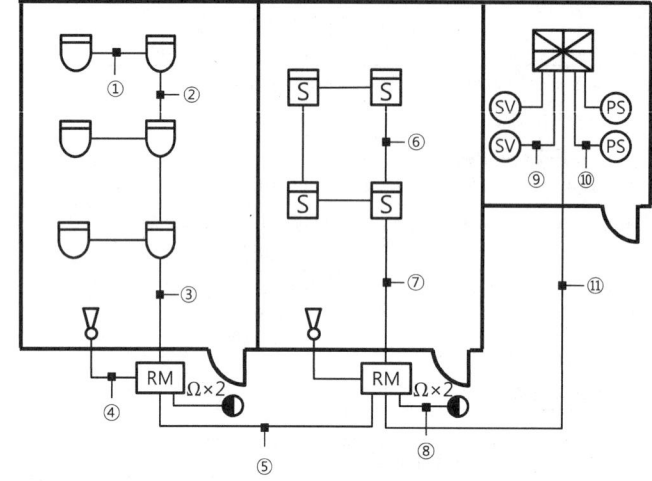

(1) 기호 ①~⑪까지의 전선 가닥수를 구하시오(단, 감지기는 별개의 공통선을 사용한다).

기호	①	②	③	④	⑤	⑥	⑦	⑧	⑨	⑩	⑪
전선 가닥수											

(2) 기호 ⑤의 배선의 용도를 쓰시오.
(3) 기호 ⑪에서 구역(Zone)이 추가되는 경우 늘어나는 배선의 명칭을 쓰시오.

해설
할론소화설비
(1) 소방시설의 도시기호(소방시설 자체점검사항 등에 관한 고시)

명칭	도시기호	명칭	도시기호
수신기	⊠	가스계 소화설비의 수동조작함	RM
연기감지기	S	차동식 스포트형 감지기	⌒
사이렌	◁	압력스위치(PS)	PS
방출표시등	◐	종단저항	Ω

[참고] 솔레노이드밸브는 SV로 표기되어 있다.

(2) 할론소화설비의 장치
  ① 솔레노이드밸브(SV) : 소화약제 용기밸브에 솔레노이드밸브를 장치하고 화재감지기에 의한 화재신호를 수신하여 전기적으로 솔레노이드밸브를 작동시켜 밸브를 개방한다.
  ② 기동스위치 : 할론소화설비를 작동시키기 위하여 수동으로 전기적 기동신호를 소화설비 제어반(수신기)으로 발신하기 위한 스위치이다.
  ③ 방출지연스위치 : 기동스위치의 작동에 의한 소화설비 제어장치의 지연타이머가 작동되고 있을때 타이머의 작동을 정지시키기 위한 신호를 발신하는 스위치로서 화재가 아닌 상황에서 감지기의 오동작 등으로 할론소화설비가 작동되는 것을 일시적으로 방지하기 위해 사용한다.

④ 감지기회로의 배선방식
　㉠ 송배선식
　　• 도통시험을 용이하게 하기 위하여 배선의 도중에서 분기하지 않는 방식이다.
　　• 적용설비 : 자동화재탐지설비, 제연설비
　　• 전선 가닥수 산정 시 루프로 된 부분은 2가닥, 그 밖에는 4가닥으로 배선한다.

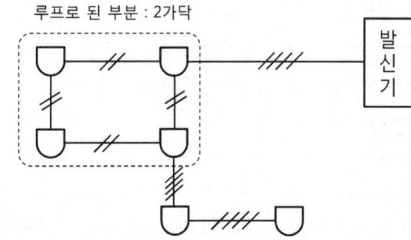

　㉡ 교차회로방식
　　• 감지기의 오동작을 방지하기 위하여 하나의 방호구역 내에 2 이상의 화재감지기회로를 설치하고 인접한 2 이상의 화재감지기가 화재를 감지하는 때에 소화설비가 작동하는 방식이다.
　　• 적용설비 : 분말소화설비, 할론소화설비, 이산화탄소소화설비, 준비작동식 스프링클러설비, 일제살수식 스프링클러설비, 할로겐화합물 및 불활성기체소화설비
　　• 전선 가닥수 산정 시 루프로 된 부분과 말단부는 4가닥, 그 밖에는 8가닥으로 배선한다.

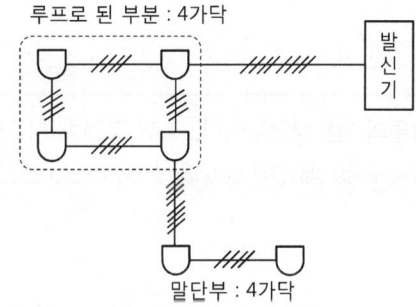

(3) 전선 가닥수 및 배선의 용도

기호	구분	전선 가닥수	배선의 용도	비고
①	감지기 ↔ 감지기	4	지구선 2, 지구 공통선 2	교차회로방식이므로 루프로 된 부분과 말단부는 4가닥, 그 밖에는 8가닥으로 배선한다.
②	감지기 ↔ 감지기	8	지구선 4, 지구 공통선 4	
③	감지기 ↔ 수동조작함(RM)	8	지구선 4, 지구 공통선 4	
④	사이렌 ↔ 수동조작함(RM)	2	사이렌 2	
⑤	수동조작함(RM) ↔ 수동조작함(RM)	9	전원 ⊕·⊖, 방출지연스위치, 감지기 공통선, 감지기 A, 감지기 B, 사이렌, 방출표시등, 기동스위치	
⑥	감지기 ↔ 감지기	4	지구선 2, 지구 공통선 2	
⑦	감지기 ↔ 수동조작함(RM)	8	지구선 4, 지구 공통선 4	
⑧	방출표시등 ↔ 수동조작함(RM)	2	방출표시등 2	
⑨	솔레노이드밸브(SV) ↔ 수신기	2	솔레노이드밸브 2	
⑩	압력스위치(PS) ↔ 수신기	2	압력스위치 2	
⑪	수동조작함(RM) ↔ 수신기	14	전원 ⊕·⊖, 방출지연스위치, 감지기 공통선, (감지기 A, 감지기 B, 사이렌, 방출표시등, 기동스위치)×2	구역(Zone)이 증가함에 따라 감지기 A·B, 사이렌, 방출표시등, 기동스위치의 배선이 추가된다.

참고

감지기의 공통선을 별개로 사용하지 않을 경우[수동조작함(RM) ↔ 수동조작함(RM)]

배선의 용도	1구역(Zone)	2구역(Zone)	비고
전원 ⊕	1	1	
전원 ⊖	1	1	
방출지연스위치	1	1	
감지기 A	1	2	
감지기 B	1	2	Zone마다 전선 1가닥씩 추가
사이렌	1	2	
방출표시등	1	2	
기동스위치	1	2	
전선 가닥수	8	13	

정답 (1)

기호	①	②	③	④	⑤	⑥	⑦	⑧	⑨	⑩	⑪
전선 가닥수	4	8	8	2	9	4	8	2	2	2	14

(2) 전원 ⊕·⊖, 방출지연스위치, 감지기 공통선, 감지기 A, 감지기 B, 사이렌, 방출표시등, 기동스위치
(3) 감지기 A, 감지기 B, 사이렌, 방출표시등, 기동스위치

07 다음 그림은 특정소방대상물의 1층 평면도이다. 아래 조건을 참고하여 평면도에 할론소화설비의 간선 계통도와 전선 가닥수 및 배선의 용도를 쓰시오(단, 전원 ⊖선과 감지기의 공통선은 1가닥으로 배선한다).

득점	배점
	6

조건
- 특정소방대상물에 연기감지기 4개, 방출표시등 1개, 사이렌 1개, 수동조작함 1개를 설치한다.
- 종단저항을 표기해야 한다.

물음

(1) [조건]에서 주어진 소방시설을 평면도에 소방시설 도시기호를 사용하여 할론소화설비의 간선 계통도를 평면도에 완성하고, 소방시설의 각 구간마다 전선 가닥수를 표기하시오.

(2) 수동조작함과 수신반 사이의 전선 가닥수에 해당하는 배선의 용도를 쓰시오.

[해설]

할론소화설비

(1) 간선 계통도 및 전선 가닥수

① 소방시설의 도시기호(소방시설 자체점검사항 등에 관한 고시)

명칭	도시기호	명칭	도시기호
수신기	⊠	가스계 소화설비의 수동조작함	RM
연기감지기	S	차동식 스포트형 감지기	⌒
사이렌	◁	압력스위치(PS)	PS
표시등	◐	종단저항	Ω

② 교차회로방식(감지기회로의 배선방식)

㉠ 감지기의 오동작을 방지하기 위하여 하나의 방호구역 내에 2 이상의 화재감지기회로를 설치하고 인접한 2 이상의 화재감지기가 화재를 감지하는 때에 소화설비가 작동하는 방식이다.

㉡ 적용설비 : 분말소화설비, 할론소화설비, 이산화탄소소화설비, 준비작동식 스프링클러설비, 일제살수식 스프링클러설비, 할로겐화합물 및 불활성기체소화설비

㉢ 전선 가닥수 산정 시 루프로 된 부분과 말단부는 4가닥, 그 밖에는 8가닥으로 배선한다.

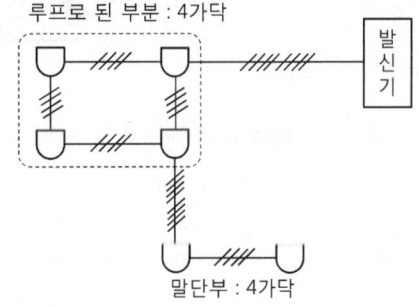

③ 전선 가닥수 및 배선의 용도

구분	전선 가닥수	배선의 용도	비고
감지기 ↔ 감지기	4	지구선 2, 지구 공통선 2	교차회로방식이므로 루프로 된 부분과 말단부는 4가닥, 그 밖에는 8가닥으로 배선한다.
감지기 ↔ 감지기	8	지구선 4, 지구 공통선 4	
감지기 ↔ 수동조작함(RM)	8	지구선 4, 지구 공통선 4	
사이렌 ↔ 수동조작함(RM)	2	사이렌 2	
방출표시등 ↔ 수동조작함(RM)	2	방출표시등 2	
수동조작함(RM) ↔ 수신기	8	전원 ⊕·⊖, 방출지연스위치, 감지기 A, 감지기 B, 사이렌, 방출표시등, 기동스위치	구역(Zone)이 증가함에 따라 감지기 A·B, 사이렌, 방출표시등, 기동스위치의 배선이 추가된다.

※ 수동조작함(RM)과 수신기 간의 전선 가닥수 산정 시 감지기 공통선과 전원 ⊖선을 1가닥으로 배선하는 경우 전선 가닥수는 8가닥(전원 ⊕·⊖, 방출지연스위치, 감지기 A, 감지기 B, 사이렌, 방출표시등, 기동스위치)으로 배선한다.

※ 수동조작함(RM)과 수신기 간의 전선 가닥수 산정 시 감지기 공통선과 전원 ⊖선을 별개로 배선하는 경우 전선 가닥수는 9가닥(전원 ⊕·⊖, 방출지연스위치, 감지기 공통선, 감지기 A, 감지기 B, 사이렌, 방출표시등, 기동스위치)으로 배선한다.

④ 소방시설의 설치위치
  ㉠ 방출표시등 : 방호구역 외의 출입구 바깥쪽 상단에 설치하여 가스방출 시 점등(CO_2 방출 중)되어 옥내(방호구역)로 사람이 입실하는 것을 방지한다.
  ㉡ 사이렌 : 방호구역 내에 화재가 발생하였다는 것을 사람이 경보를 쉽게 듣고 대피하라는 것으로 방호구역 안에 설치한다.
  ㉢ 수동조작함 : 화재가 발생했을 경우 수동으로 소화설비를 작동시킬 필요가 있을 때에 방호구역 밖에서 화재로부터 안전하게 조작하기 위하여 수동조작함은 방호구역의 출입문 밖에 설치한다.
⑤ 할론소화설비의 간선 계통도 작성

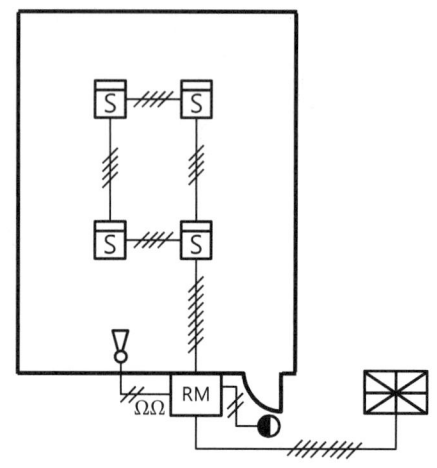

(2) 수동조작함과 수신기(제어반) 간의 배선도
  ① 전선 가닥수 : 8가닥
  ② 배선의 용도 : 전원 ⊕·⊖, 방출지연스위치, 감지기 A, 감지기 B, 사이렌, 방출표시등, 기동스위치

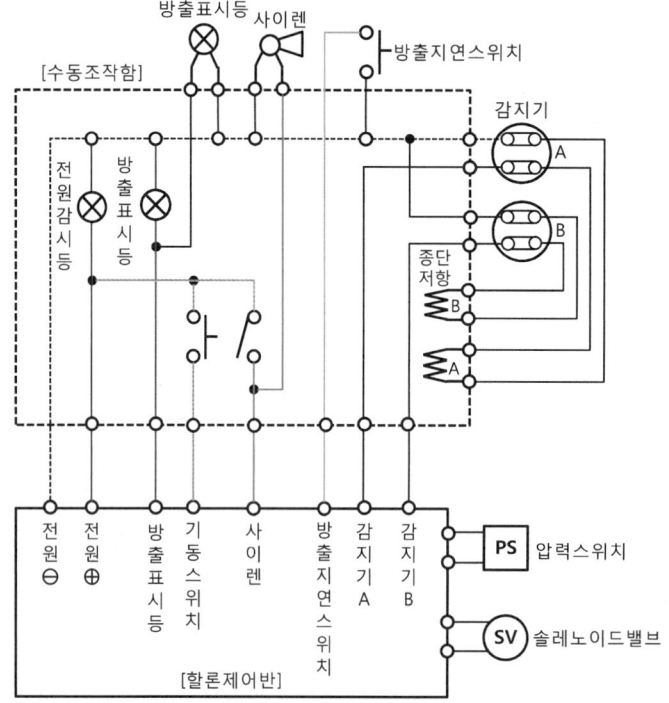

정답 (1)

(2) 전원 ⊕·⊖, 방출지연스위치, 감지기 A, 감지기 B, 사이렌, 방출표시등, 기동스위치

08 어느 특정소방대상물의 할론소화설비의 배선도면이다. 아래 도면을 참고하여 다음 각 물음에 답하시오(단, 배선공사는 후강 전선관을 사용하고, 콘크리트를 매입 시공한다).

득점	배점
	13

(1) 도면에 표시된 기호 ①~⑥의 명칭을 쓰시오.
(2) 도면에서 기호 ㉮~㉰의 전선 가닥수를 구하시오.
(3) 도면에서 물량을 산출할 때 어떤 아웃렛 박스를 몇 개 사용해야 하는지 각각 구분하여 답하시오.
(4) 부싱의 소요개수를 구하시오.

[해설]
할론소화설비
(1) 소방시설의 도시기호(소방시설 자체점검사항 등에 관한 고시)

명칭	도시기호	명칭	도시기호
차동식 스포트형 감지기(④)	⌒	사이렌	◁
보상식 스포트형 감지기	⌒	모터사이렌(③)	◁M
정온식 스포트형 감지기	⌒	전자사이렌	◁S
연기감지기(⑤)	S	차동식 분포형 감지기의 검출기(⑥)	⊠
방출표시등(①)	◐	수동조작함(②)	RM

(2) 전선 가닥수 산정
① 할론소화설비의 감지기회로는 교차회로방식으로 배선해야 한다.
② 교차회로방식은 감지기의 말단부와 루프로 된 부분은 4가닥, 그 밖에는 8가닥으로 배선한다.

㉠ ㉮ : 4가닥(루프로 된 부분)
㉡ ㉯ : 4가닥(감지기 말단부)
㉢ ㉰ : 8가닥(감지기와 수동조작함(RM) 사이)

(3) 아웃렛 박스의 설치개수

금속관공사의 부품 명칭	사용 용도	그림
부싱	전선관을 박스에 접속할 때 전선의 피복을 보호하기 위하여 박스 내부의 전선관 끝에 사용한다.	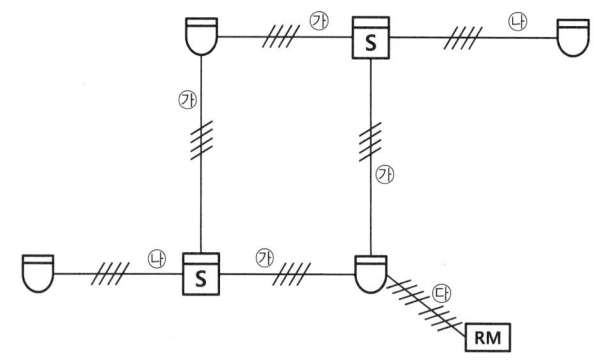
로크너트	전선관과 박스를 접속할 때 사용하는 부품으로서 최소 2개를 사용한다.	
8각 아웃렛 박스	전선관을 공사할 때 감지기, 유도등 및 전선을 접속하는 데 사용하는 박스로 4각은 각 방향으로 2개까지 방출할 수 있고, 8각은 각 방향으로 1개까지 방출할 수 있다.	
4각 아웃렛 박스		

① 4각 아웃렛 박스 : 제어반, 수신기, 발신기세트, 수동조작함(RM) 등에 사용하므로 4개가 설치된다.
② 8각 아웃렛 박스 : 감지기, 사이렌, 유도등, 방출표시등에 사용하므로 16개가 설치된다.
(4) 부싱
4각 아웃렛 박스와 8각 아웃렛 박스에 전선이 투입되는 곳에 설치하므로 아웃렛 박스는 총 20개 설치되며, 부싱은 총 40개가 필요하다.

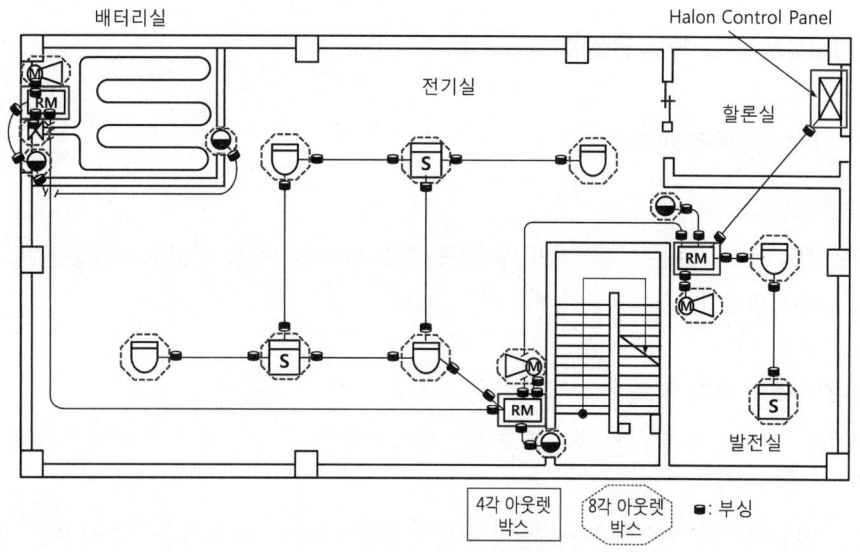

정답 (1) ① 방출표시등　　　　　② 수동조작함
　　　　③ 모터사이렌　　　　　④ 차동식 스포트형 감지기
　　　　⑤ 연기감지기　　　　　⑥ 차동식 분포형 감지기의 검출기
　　(2) ㉮ 4가닥　　　　　　　㉯ 4가닥
　　　　㉰ 8가닥
　　(3) 4각 아웃렛 박스 - 4개
　　　　8각 아웃렛 박스 - 16개
　　(4) 40개

CHAPTER 05 비상전원수전설비

제1절 소방시설용 비상전원수전설비

핵심이론 01 | 비상전원수전설비의 개요

(1) 비상전원수전설비의 정의

화재 시 상용전원이 공급되는 시점까지만 비상전원으로 적용이 가능한 설비로서 상용전원의 안전성과 내화성능을 향상시킨 설비를 말한다.

(2) 비상전원수전설비의 용어 정의

① **방화구획형** : 수전설비를 다른 부분과 건축법상 방화구획을 하여 화재 시 이를 보호하도록 조치하는 방식을 말한다.

② **배전반** : 전력생산시설 등으로부터 직접 전력을 공급받아 분전반에 전력을 공급해 주는 것으로서 다음의 배전반을 말한다.

  ㉠ 공용배전반 : 소방회로 및 일반회로 겸용의 것으로서 개폐기, 과전류차단기, 계기와 그 밖의 배선용기기 및 배선을 금속제 외함에 수납한 것을 말한다.

  ㉡ 전용배전반 : 소방회로 전용의 것으로서 개폐기, 과전류차단기, 계기와 그 밖의 배선용기기 및 배선을 금속제 외함에 수납한 것을 말한다.

③ **분전반** : 배전반으로부터 전력을 공급받아 부하에 전력을 공급해 주는 것으로서 다음의 배전반을 말한다.

  ㉠ 공용분전반 : 소방회로 및 일반회로 겸용의 것으로서 분기개폐기, 분기과전류차단기와 그 밖의 배선용기기 및 배선을 금속제 외함에 수납한 것을 말한다.

  ㉡ 전용분전반 : 소방회로 전용의 것으로서 분기 개폐기, 분기과전류차단기와 그 밖의 배선용기기 및 배선을 금속제 외함에 수납한 것을 말한다.

④ **큐비클형** : 수전설비를 큐비클 내에 수납하여 설치하는 방식으로서 다음의 형식을 말한다.

  ㉠ 공용큐비클식 : 소방회로 및 일반회로 겸용의 것으로서 수전설비, 변전설비와 그 밖의 기기 및 배선을 금속제 외함에 수납한 것을 말한다.

  ㉡ 전용큐비클식 : 소방회로용의 것으로 수전설비, 변전설비와 그 밖의 기기 및 배선을 금속제 외함에 수납한 것을 말한다.

(3) 큐비클용 설치기준
① 전용큐비클 또는 공용큐비클식으로 설치할 것
② 외함은 두께 2.3[mm] 이상의 강판과 이와 동등 이상의 강도와 내화성능이 있는 것으로 제작해야 하며, 개구부에는 건축법 시행령 제64조에 따른 방화문으로서 60분+방화문, 60분 방화문 또는 30분 방화문으로 설치할 것
③ 다음의 기준(옥외에 설치하는 것에 있어서는 ㉠부터 ㉢까지)에 해당하는 것은 외함에 노출하여 설치할 수 있다.
　㉠ 표시등(불연성 또는 난연성재료로 덮개를 설치한 것에 한한다)
　㉡ 전선의 인입구 및 인출구
　㉢ 환기장치
　㉣ 전압계(퓨즈 등으로 보호한 것에 한한다)
　㉤ 전류계(변류기의 2차 측에 접속된 것에 한한다)
　㉥ 계기용 전환스위치(불연성 또는 난연성재료로 제작된 것에 한한다)
④ 외함은 건축물의 바닥 등에 견고하게 고정할 것
⑤ 외함에 수납하는 수전설비, 변전설비와 그 밖의 기기 및 배선은 다음의 기준에 적합하게 설치할 것
　㉠ 외함 또는 프레임(Frame) 등에 견고하게 고정할 것
　㉡ 외함의 바닥에서 10[cm](시험단자, 단자대 등의 충전부는 15[cm]) 이상의 높이에 설치할 것
⑥ 전선 인입구 및 인출구에는 금속관 또는 금속제 가요전선관을 쉽게 접속할 수 있도록 할 것
⑦ 환기장치는 다음의 기준에 적합하게 설치할 것
　㉠ 내부의 온도가 상승하지 않도록 환기장치를 할 것
　㉡ 자연환기구의 개부구 면적의 합계는 외함의 한 면에 대하여 해당 면적의 3분의 1 이하로 할 것. 이 경우 하나의 통기구의 크기는 직경 10[mm] 이상의 둥근 막대가 들어가서는 안 된다.
　㉢ 자연환기구에 따라 충분히 환기할 수 없는 경우에는 환기설비를 설치할 것
　㉣ 환기구에는 금속망, 방화댐퍼 등으로 방화조치를 하고, 옥외에 설치하는 것은 빗물 등이 들어가지 않도록 할 것
⑧ 공용큐비클식의 소방회로와 일반회로에 사용되는 배선 및 배선용기기는 불연재료로 구획할 것

(4) 비상전원수전설비의 전기회로
① 특별고압 또는 고압으로 수전하는 경우
　일반전기사업자로부터 특별고압 또는 고압으로 수전하는 비상전원 수전설비는 방화구획형, 옥외개방형 또는 큐비클(Cubicle)형으로서 다음의 기준에 적합하게 설치해야 한다.
　㉠ 전용의 방화구획 내에 설치할 것
　㉡ 소방회로배선은 일반회로배선과 불연성의 격벽으로 구획할 것. 다만, 소방회로배선과 일반회로배선을 15[cm] 이상 떨어져 설치한 경우는 그렇지 않다.
　㉢ 일반회로에서 과부하, 지락사고 또는 단락사고가 발생한 경우에도 이에 영향을 받지 않고 계속하여 소방회로에 전원을 공급시켜줄 수 있어야 할 것

ⓔ 소방회로용 개폐기 및 과전류차단기에는 "소방시설용"이라 표시할 것

전용의 전력용 변압기에서 소방부하에 전원을 공급하는 경우	공용의 전력용 변압기에서 소방부하에 전원을 공급하는 경우
(회로도: 인입구 배선 — CB₁₀(또는 PF₁₀) — CB₁₁(또는 PF₁₁), CB₁₂(또는 PF₁₂) — Tr₁, Tr₂ — CB₂₁(또는 F₂₁)→소방부하, CB₂₂(또는 F₂₂)→일반부하)	(회로도: 인입구 배선 — CB₁₀(또는 PF₁₀) — Tr — CB₂₁(또는 F₂₁)→소방부하, CB₂₂(또는 F₂₂) — CB(또는 F)→일반부하, CB(또는 F)→일반부하)
• 일반회로의 과부하 또는 단락사고 시에 CB₁₀(또는 PF₁₀)이 CB₁₂(또는 PF₁₂) 및 CB₂₂(또는 PF₂₂)보다 먼저 차단되어서는 안 된다. • CB₁₁(또는 PF₁₁)은 CB₁₂(또는 PF₁₂)와 동등 이상의 차단용량일 것	• 일반회로의 과부하 또는 단락사고 시에 CB₁₀(또는 PF₁₀)이 CB₂₂(또는 PF₂₂) 및 CB(또는 F)보다 먼저 차단되어서는 안 된다. • CB₂₁(또는 PF₂₁)은 CB₂₂(또는 PF₂₂)와 동등 이상의 차단용량일 것
• CB : 전력차단기 • PF : 전력퓨즈(고압 또는 특별고압용) • F : 퓨즈(저압용) • Tr : 전력용 변압기	

② 저압으로 수전하는 경우

전기사업자로부터 저압으로 수전하는 비상전원수전설비는 전용배전반(1·2종), 전용분전반(1·2종) 또는 공용분전반(1·2종)으로 해야 한다.

㉠ 외함은 두께 1.6[mm](전면판 및 문은 2.3[mm]) 이상의 강판과 이와 동등 이상의 강도와 내화성능이 있는 것으로 제작할 것

㉡ 외함의 내부는 외부의 열에 의해 영향을 받지 않도록 내열성 및 단열성이 있는 재료를 사용하여 단열할 것. 이 경우 단열부분은 열 또는 진동에 따라 쉽게 변형되지 않아야 한다.

㉢ 표시등(불연성 또는 난연성재료로 덮개를 설치한 것에 한한다), 전선의 인입구 및 입출구는 외함에 노출하여 설치할 수 있다.

㉣ 외함은 금속관 또는 금속제 가요전선관을 쉽게 접속할 수 있도록 하고, 당해 접속부분에는 단열조치를 할 것

㉤ 공용배전반 및 공용분전반의 경우 소방회로와 일반회로에 사용하는 배선 및 배선용 기기는 불연재료로 구획되어야 할 것

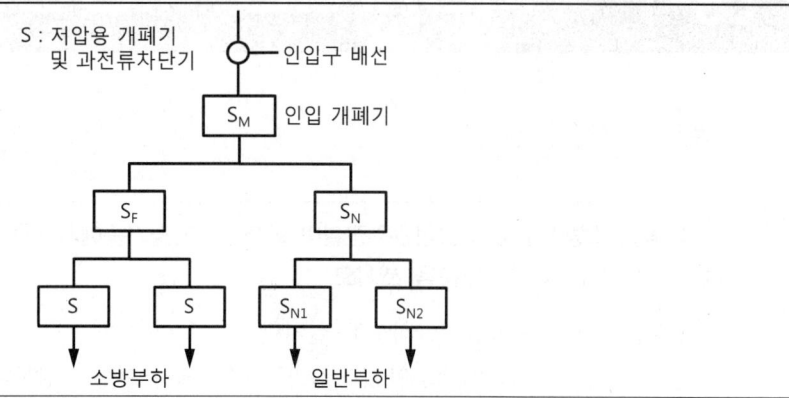

- 일반회로의 과부하 또는 단락사고 시에 S_M이 S_N, S_{N1}, S_{N2}보다 먼저 차단되어서는 안 된다.
- S_F는 S_N과 동등 이상의 차단용량일 것
- S : 저압용 개폐기 및 과전류차단기

③ **자동절환스위치(ATS)** : 자동절환스위치(ATS ; Automatic Transfer Switch)는 수용가에서 정전이나 화재 시 자동으로 비상전원으로 변환해 주는 전기장치이다.

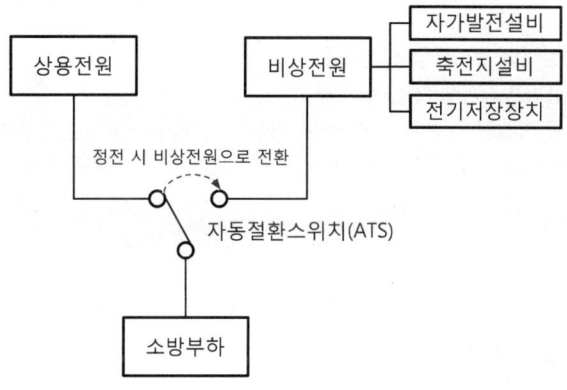

EXERCISE 05-1 소방시설용 비상전원수전설비

01

다음은 소방시설용 비상전원수전설비 화재안전기술기준에서 정하는 큐비클형 설치기준이다. ( ) 안에 알맞은 내용을 쓰시오.

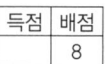

- (①) 또는 공용큐비클식으로 설치할 것
- 외함은 두께 (②)[mm] 이상의 강판과 이와 동등 이상의 강도와 (③)이 있는 것으로 제작해야 하며, 개구부에는 건축법 시행령 제64조에 따른 방화문으로서 (④) 방화문, (⑤) 방화문 또는 (⑥) 방화문으로 설치할 것
- 외함에 수납하는 수전설비, 변전설비와 그 밖의 기기 및 배선은 외함의 바닥에서 (⑦)[cm](시험단자, 단자대 등의 충전부는 (⑧)[cm]) 이상의 높이에 설치할 것

해설

소방시설용 비상전원수전설비의 큐비클형 설치기준

(1) 전용큐비클 또는 공용큐비클식으로 설치할 것
(2) 외함은 두께 2.3[mm] 이상의 강판과 이와 동등 이상의 강도와 내화성능이 있는 것으로 제작해야 하며, 개구부에는 건축법 시행령 제64조에 따른 방화문으로서 60분+방화문, 60분 방화문 또는 30분 방화문으로 설치할 것
(3) 다음의 기준(옥외에 설치하는 것에 있어서는 ①부터 ③까지)에 해당하는 것은 외함에 노출하여 설치할 수 있다.
  ① 표시등(불연성 또는 난연성재료로 덮개를 설치한 것에 한한다)
  ② 전선의 인입구 및 인출구
  ③ 환기장치
  ④ 전압계(퓨즈 등으로 보호한 것에 한한다)
  ⑤ 전류계(변류기의 2차 측에 접속된 것에 한한다)
  ⑥ 계기용 전환스위치(불연성 또는 난연성재료로 제작된 것에 한한다)
(4) 외함은 건축물의 바닥 등에 견고하게 고정할 것
(5) 외함에 수납하는 수전설비, 변전설비와 그 밖의 기기 및 배선은 다음의 기준에 적합하게 설치할 것
  ① 외함 또는 프레임(Frame) 등에 견고하게 고정할 것
  ② 외함의 바닥에서 10[cm](시험단자, 단자대 등의 충전부는 15[cm]) 이상의 높이에 설치할 것
(6) 전선 인입구 및 인출구에는 금속관 또는 금속제 가요전선관을 쉽게 접속할 수 있도록 할 것
(7) 환기장치는 다음의 기준에 적합하게 설치할 것
  ① 내부의 온도가 상승하지 않도록 환기장치를 할 것
  ② 자연환기구의 개부구 면적의 합계는 외함의 한 면에 대하여 해당 면적의 3분의 1 이하로 할 것. 이 경우 하나의 통기구의 크기는 직경 10[mm] 이상의 둥근 막대가 들어가서는 안 된다.
  ③ 자연환기구에 따라 충분히 환기할 수 없는 경우에는 환기설비를 설치할 것
  ④ 환기구에는 금속망, 방화댐퍼 등으로 방화조치를 하고, 옥외에 설치하는 것은 빗물 등이 들어가지 않도록 할 것
(8) 공용큐비클식의 소방회로와 일반회로에 사용되는 배선 및 배선용기기는 불연재료로 구획할 것

정답
① 전용큐비클 ② 2.3
③ 내화성능 ④ 60분+
⑤ 60분 ⑥ 30분
⑦ 10 ⑧ 15

02 다음은 소방시설용 비상전원수전설비의 고압 또는 특별고압으로 수전하는 경우의 계통도이다. 각 물음에 답하시오. [득점/배점 6]

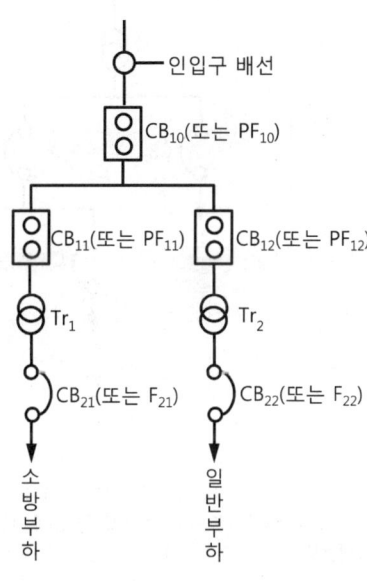

[전용의 전력용 변압기에서 소방부하에 전원을 공급하는 경우]

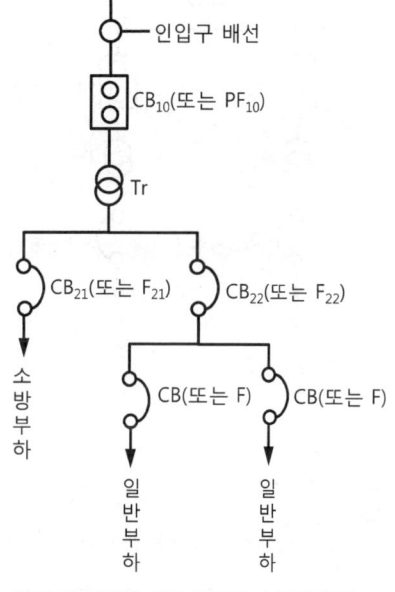

[공용의 전력용 변압기에서 소방부하에 전원을 공급하는 경우]

(1) 도면에 표시된 약호의 명칭을 쓰시오.

약호	명칭	약호	명칭
CB	①	PF	②
F	③	Tr	④

(2) 전용의 전력용 변압기에서 소방부하에 전원을 공급하는 경우 일반회로의 과부하 또는 단락사고 시에 CB_{10}(또는 PF_{10})이 어떤 기기보다 먼저 차단되어서는 안 되는지 쓰시오.

(3) 전용의 전력용 변압기에서 소방부하에 전원을 공급하는 경우 CB_{11}(또는 PF_{11})은 어느 것과 동등 이상의 차단용량이어야 하는지 쓰시오.

> **해설**

비상전원수전설비

(1) 고압 또는 특별고압으로 수전하는 경우

① 약호의 명칭

약호	명칭	약호	명칭
CB (Circuit Breaker)	전력차단기	PF (Power Fuse)	전력 퓨즈 (고압 또는 특별고압용)
F (Fuse)	퓨즈(저압용)	Tr (Transformer)	전력용 변압기

② 고압 또는 특별고압 수전의 계통도

전용의 전력용 변압기에서 소방부하에 전원을 공급하는 경우	공용의 전력용 변압기에서 소방부하에 전원을 공급하는 경우
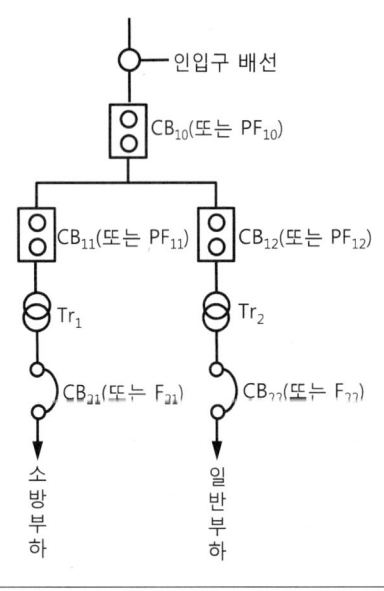	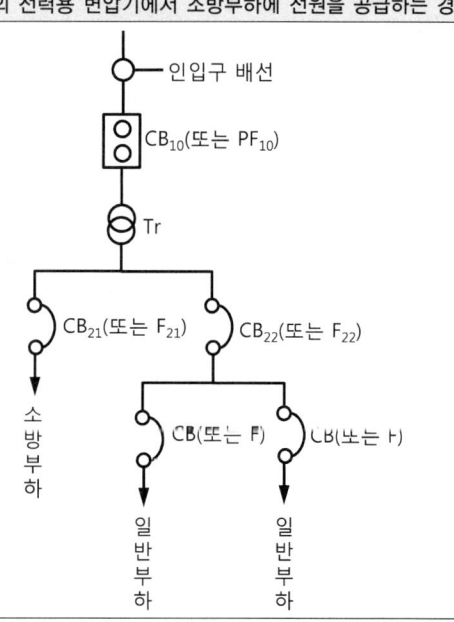
• 일반회로의 과부하 또는 단락사고 시에 CB_{10}(또는 PF_{10})이 CB_{12}(또는 PF_{12}) 및 CB_{22}(또는 F_{22})보다 먼저 차단되어서는 안 된다. • CB_{11}(또는 PF_{11})은 CB_{12}(또는 PF_{12})와 동등 이상의 차단용량일 것	• 일반회로의 과부하 또는 단락사고 시에 CB_{10}(또는 PF_{10})이 CB_{22}(또는 F_{22}) 및 CB(또는 F)보다 먼저 차단되어서는 안 된다. • CB_{21}(또는 F_{21})은 CB_{22}(또는 F_{22})와 동등 이상의 차단용량일 것

(2) 저압으로 수전하는 경우

① 일반회로의 과부하 또는 단락사고 시 S_M이 S_N, S_{N1} 및 S_{N2}보다 먼저 차단되어서는 안 된다.

② S_F는 S_N과 동등 이상의 차단용량일 것

약호	명칭
S	저압용 개폐기 및 과전류차단기

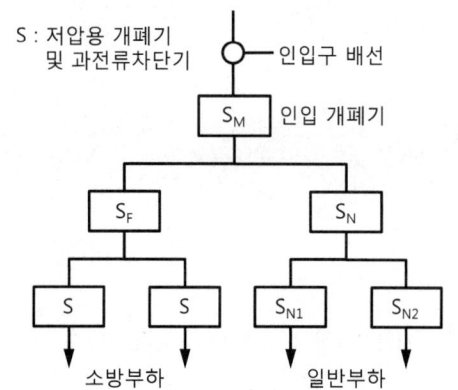

정답
(1) ① 전력차단기　　　　　　　② 전력 퓨즈(고압 또는 특별고압용)
　　③ 퓨즈(저압용)　　　　　　④ 전력용 변압기
(2) CB_{12}(또는 PF_{12}) 및 CB_{22}(또는 F_{22})
(3) CB_{12}(또는 PF_{12})

03

상용전원으로부터 전력공급이 중단된 때에는 자동으로 비상전원을 공급받을 수 있도록 자가발전설비, 축전지설비 또는 전기저장장치를 설치해야 한다. 상용전원이 정전되어 비상전원이 자동으로 기동되는 경우, 옥내소화전설비 등과 같은 비상용 부하에 전력을 공급하기 위해 사용되는 스위지의 명칭을 쓰시오.

득점	배점
	3

해설

자동절환스위치(ATS)
자동절환스위치(ATS ; Automatic Transfer Switch)는 수용가에서 정전이나 화재 시 자동으로 비상전원으로 변환해 주는 전기장치이다.

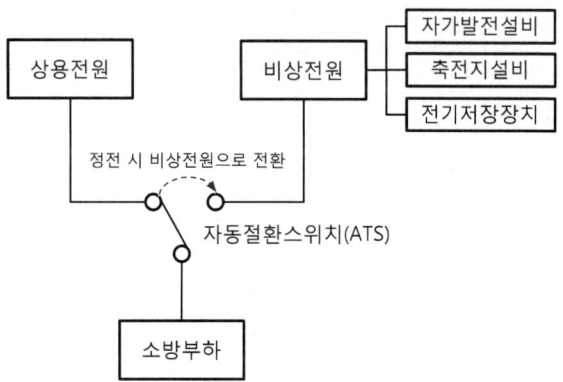

정답　자동절환스위치

제2절 비상전원

핵심이론 01 | 비상전원의 개요

(1) 비상전원의 종류

① 자가발전설비

② 축전지설비

③ 전기저장장치(외부 전기에너지를 저장해 두었다가 필요한 때 전기를 공급하는 장치)

(2) 비상전원을 설치하지 않을 수 있는 조건

① 2 이상의 변전소에서 전력을 동시에 공급받을 수 있는 경우

② 하나의 변전소로부터 전력의 공급이 중단되는 때에는 자동으로 다른 변전소로부터 전원을 공급받을 수 있도록 상용전원을 설치한 경우

(3) 비상전원의 설치기준 및 용량

소방시설	비상전원의 설치기준	비상전원의 종류				비상전원의 용량
		자가발전설비	축전지설비	전기저장장치	비상전원수전설비	
옥내소화전설비	• 층수가 7층 이상으로서 연면적이 2,000[m²] 이상인 것 • 지하층의 바닥면적 합계가 3,000[m²] 이상인 것	○	○	○	×	20분 이상
스프링클러설비	차고, 주차장의 바닥면적 합계가 1,000[m²] 미만	○	○	○	○	20분 이상
	이외의 모든 설비	○	○	○	×	
물분무소화설비	모든 설비	○	○	○	×	20분 이상
포소화설비	• 호스릴 포소화설비 또는 포소화전만을 설치한 차고, 주차장 • 포헤드설비 또는 고정포방출설비가 설치된 부분의 바닥면적(스프링클러설비가 설치된 차고, 주차장의 바닥면적을 포함)의 합계가 1,000[m²] 미만인 것	○	○	○	○	20분 이상
	이외의 모든 설비	○	○	○	×	
이산화탄소, 분말, 할론소화설비	모든 설비(호스릴 이산화탄소소화설비 제외)	○	○	○	×	20분 이상
자동화재탐지설비	모든 설비	×	○	○	×	그 설비에 대한 감시상태를 60분간 지속 후 유효하게 10분 이상
비상방송설비	모든 설비	×	○	○	×	
비상조명등	모든 설비	○	○	○	×	20분 이상(예비전원을 내장하는 경우 제외)
제연설비	모든 설비	○	○	○	×	20분 이상
연결송수관설비	모든 설비	○	○	○	×	20분 이상

소방시설	비상전원의 설치기준	비상전원의 종류				비상전원의 용량
		자가발전설비	축전지설비	전기저장장치	비상전원수전설비	
비상콘센트설비	• 지하층을 제외한 층수가 7층 이상으로서 연면적이 2,000[m²] 이상 • 지하층의 바닥면적 합계가 3,000[m²] 이상	○	○	○	○	20분 이상

(4) 옥내소화전설비의 비상전원 설치기준

① 비상전원은 자가발전설비, 축전지설비(내연기관에 따른 펌프를 사용하는 경우에는 내연기관의 기동 및 제어용 축전지를 말한다) 또는 전기저장장치(외부 전기에너지를 저장해 두었다가 필요한 때 전기를 공급하는 장치)로서 다음의 기준에 따라 설치해야 한다.

　㉠ 점검에 편리하고 화재 및 침수 등의 재해로 인한 피해를 받을 우려가 없는 곳에 설치할 것
　㉡ 옥내소화전설비를 유효하게 20분 이상 작동할 수 있어야 할 것
　㉢ 상용전원으로부터 전력의 공급이 중단된 때에는 자동으로 비상전원으로부터 전력을 공급받을 수 있도록 할 것
　㉣ 비상전원(내연기관의 기동 및 제어용 축전기를 제외한다)의 설치장소는 다른 장소와 방화구획할 것. 이 경우 그 장소에는 비상전원의 공급에 필요한 기구나 설비 외의 것(열병합발전설비에 필요한 기구나 설비는 제외한다)을 두어서는 안 된다.
　㉤ 비상전원을 실내에 설치하는 때에는 그 실내에 비상조명등을 설치할 것

② 옥내소화전설비의 비상전원 설치대상
　㉠ 층수가 7층 이상으로서 연면적 2,000[m²] 이상인 것
　㉡ ㉠에 해당하지 않는 특정소방대상물로서 지하층의 바닥면적 합계가 3,000[m²] 이상인 것

③ 비상전원을 설치하지 않을 수 있는 조건
　㉠ 2 이상의 변전소에서 전력을 동시에 공급받을 수 있거나 하나의 변전소로부터 전력의 공급이 중단되는 때에는 자동으로 다른 변전소로부터 전원을 공급받을 수 있도록 상용전원을 설치한 경우
　㉡ 가압수조방식

핵심이론 02 | 축전지

(1) 연축전지(납축전지)와 알칼리축전지 비교

구분		연축전지(납축전지)		알칼리축전지	
		CS형	HS형	포켓식	소결식
구조	양극	이산화납(PbO_2)		수산화니켈[$Ni(OH)_3$]	
	음극	납(Pb)		카드뮴(Cd)	
	전해액	황산(H_2SO_4)		수산화칼륨(KOH)	
공칭용량(방전시간율)		10[Ah](10[h])		5[Ah](5[h])	
공칭전압		2.0[V/cell]		1.2[V/cell]	
충전시간		길다.		짧다.	
과충전, 과방전에 대한 전기적 강도		약하다.		강하다.	
용도		장시간, 일정 전류 부하에 우수		단시간, 대전류 부하에 우수	

(2) 충전방식의 종류

① **보통충전방식** : 필요할 때마다 표준시간율로 전류를 충전하는 방식이다.

② **급속충전방식** : 비교적 단시간에 보통충전의 2~3배의 전류로 충전하는 방식이다.

③ **부동충전방식** : 축전지의 자기방전량을 보충함과 동시에 상용부하에 대한 전력공급은 충전기가 부담하고, 충전기가 부담하기 어려운 대전류 부하는 축전지가 부담하게 하는 방식이다.

$$\therefore \text{2차 충전전류 } I_2 = \frac{\text{축전지의 정격용량[Ah]}}{\text{방전시간율[h]}} + \frac{\text{상시부하[W]}}{\text{표준전압[V]}} [A]$$

④ **균등충전방식** : 부동충전방식의 전압보다 약간 높은 정전압으로 충분한 시간동안 충전함으로써 전체 셀의 전압 및 비중상태를 균등하게 되도록 하기 위한 충전방식이다.

⑤ **세류충전방식** : 축전지의 자기방전량만 충전하기 위해 부하를 제거한 상태에서 미소전류로 충전하는 방식이다.

⑥ **회복충전방식** : 축전지를 과방전 또는 방전상태에서 오랫동안 방치한 경우, 가벼운 설페이션 현상이 생겼을 때 기능회복을 위하여 실시하는 충전방식이다.

(3) 축전지의 현상

① 설페이션(Sulphation) 현상

㉠ 연축전지를 과방전 및 방전상태로 오랫동안 방치하면 극판의 황산납이 회백색으로 변하는 현상이다.

㉡ 발생원인
- 과방전하였을 경우
- 장시간 방전상태에서 오랫동안 방치한 경우

- 전해액의 비중이 너무 낮을 경우
- 전해액의 부족으로 극판이 노출되었을 경우
- 전해액에 불순물이 혼입되었을 경우
- 불충분한 충전을 반복하였을 경우

② 트래킹(Tracking) 현상
  ㉠ 전자제품 및 전기기기 등에서 전압이 인가된 이극도체 간 고체 절연물 표면에 오염물질(분진, 먼지 등)이나 이를 함유한 액체의 증기 또는 금속분 등의 도전성 물질이 부착하면 오염부 표면을 따라 미소전류가 흘러 발열이 지속되고 절연물을 탄화시켜 전극 간에 탄화 도전로가 형성되는 현상이다.
  ㉡ 트래킹 현상의 발생 여부 판별
    - 절연체 표면이 도전성을 띤다.
    - 도체 간에 전기적인 용융흔이 발생한다.
    - 국부적인 연소형태 등의 흔적을 남긴다.

③ 충전 시 발생하는 가스
  ㉠ 구성 : 양극(PbO_2), 음극(Pb), 전해액($H_2SO_4+H_2O$)
  ㉡ 연축전지의 화학반응식

$$PbO_2 \text{(양극)} + 2H_2SO_4 \text{(전해액)} + Pb \text{(음극)} \underset{\text{충전}}{\overset{\text{방전}}{\rightleftarrows}} PbSO_4 \text{(양극)} + 2H_2O \text{(전해액)} + PbSO_4 \text{(음극)}$$

  ㉢ 충전 시 물(H_2O)이 전기분해되어 양극에는 산소(O_2), 음극에는 수소(H_2)가스가 발생한다.
    $2H_2O \rightarrow 2H_2 + O_2$

(4) 축전지의 용량 계산

① 축전지의 공칭전압 $V = \dfrac{\text{최저 허용전압[V]}}{\text{셀수[cell]}} [\text{V/cell}]$

② 축전지의 용량 $C = \dfrac{1}{L} KI [\text{Ah}]$

  여기서, L : 용량저하율(보수율 또는 경년용량 저하율, 축전지의 말기수명에도 부하를 만족하는 축전지 용량 결정을 위한 계수로서 보통 0.8로 한다)
  K : 용량환산시간[h]
  I : 방전전류[A]

③ 방전시간에 따라 방전전류가 감소하는 경우 축전지 용량 산출
  ㉠ 축전지의 부하특성을 분리하여 각각의 용량을 산출한 후 가장 큰 값을 축전지의 용량으로 한다.
  ㉡ 방전시간(T_1)에 대한 용량환산시간(K_1)을 표에서 찾아 방전전류(I_1)와 용량환산시간(K_1)을 곱하여 축전지의 용량(면적)을 구한다.

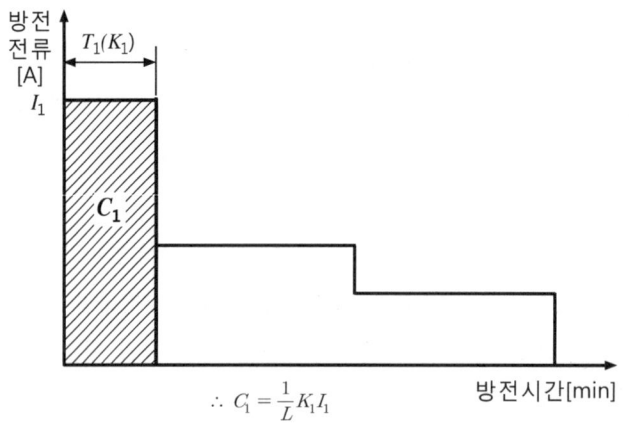

ⓒ 사각형 전체 면적[방전시간(T_1)에 대한 용량환산시간(K_1)을 표에서 찾아 방전전류(I_1)와 용량환산시간(K_1)을 곱한 면적]에서 빗금친 외의 면적[방전시간(T_2)에 대한 용량환산시간(K_2)을 표에서 찾아 방전전류($I_1 - I_2$)와 용량환산시간(K_2)을 곱한 면적]을 빼주면 축전지의 용량이 된다.

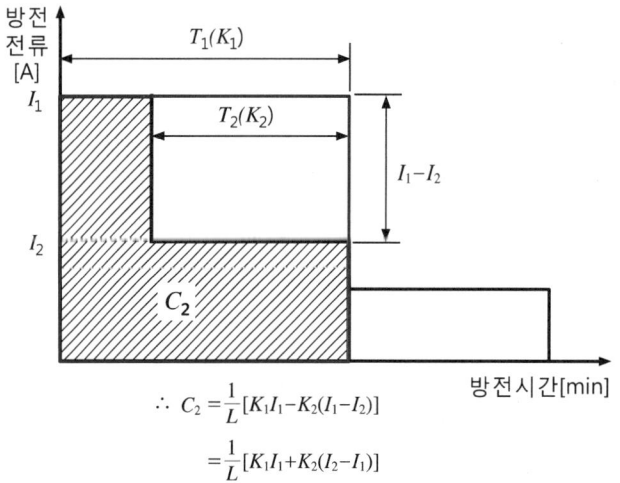

ⓓ 사각형 전체 면적[방전시간(T_1)에 대한 용량환산시간(K_1)을 표에서 찾아 방전전류(I_1)와 용량환산시간(K_1)을 곱한 면적]에서 빗금친 외의 면적[방전시간(T_2)에 대한 용량환산시간(K_2)을 표에서 찾아 방전전류($I_1 - I_2$)와 용량환산시간(K_2)을 곱한 면적과 방전시간(T_3)에 대한 용량환산시간(K_3)을 표에서 찾아 방전전류($I_2 - I_3$)와 용량환산시간(K_3)을 곱한 면적]을 빼주면 축전지의 용량이 된다.

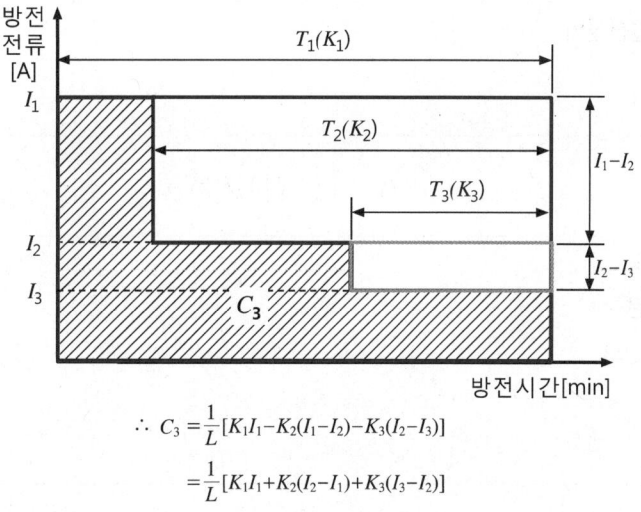

$$\therefore C_3 = \frac{1}{L}[K_1I_1 - K_2(I_1-I_2) - K_3(I_2-I_3)]$$
$$= \frac{1}{L}[K_1I_1 + K_2(I_2-I_1) + K_3(I_3-I_2)]$$

④ 방전시간에 따라 방전전류가 증가하는 경우 축전지 용량 산출
　㉠ 축전지의 부하특성을 분리하여 각각의 용량을 산출하고 그 값을 합산하여 축전지의 용량을 결정한다.
　㉡ 각각의 방전시간(T)에 대한 용량환산시간(K)을 표에서 찾아 방전전류(I)와 용량환산시간(K)을 곱하여 그 면적을 구한다.

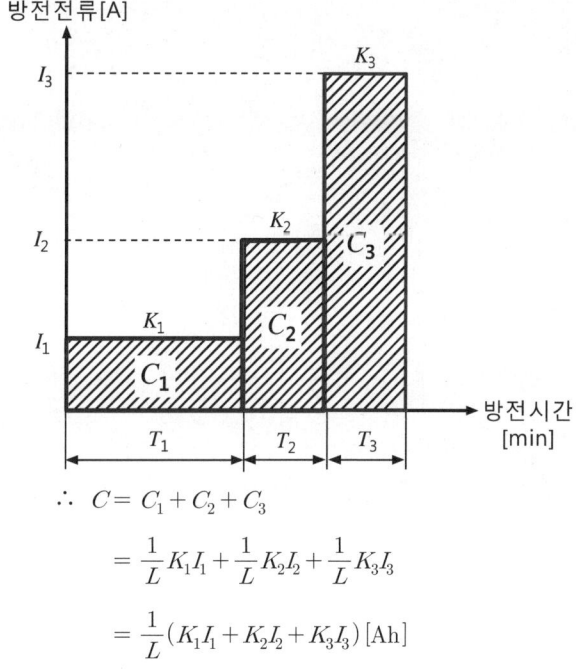

$$\therefore C = C_1 + C_2 + C_3$$
$$= \frac{1}{L}K_1I_1 + \frac{1}{L}K_2I_2 + \frac{1}{L}K_3I_3$$
$$= \frac{1}{L}(K_1I_1 + K_2I_2 + K_3I_3)\,[\text{Ah}]$$

　㉢ 각각의 사각형 면적[방전시간(T)에 대한 용량환산시간(K)을 표에서 찾아 방전전류(I)와 용량환산시간(K)을 곱한 면적]을 합하여 보수율로 나누어 주면 축전지의 용량(C)이 된다.

핵심이론 03 | 비상용 발전설비

(1) 발전기의 용량(P_n)

$$P_n \geq \left(\frac{1}{e}-1\right)X_L P [\text{kVA}]$$

여기서, e : 허용전압강하
X_L : 과도리액턴스
P : 기동용량[kVA]

(2) 차단기의 용량(P_s)

$$P_s \geq \frac{P_n}{X_L} \times \alpha [\text{kVA}]$$

여기서, P_n : 발전기의 용량[kVA]
X_L : 과도리액턴스
α : 여유율[%]

EXERCISE 05-2 비상전원

01 소방관련법령상 소방설비에 사용하는 비상전원의 종류 3가지를 쓰시오.

득점	배점
	3

해설

비상전원의 설치기준 및 용량

소방시설	비상전원의 설치기준	비상전원의 종류				비상전원의 용량
		자가발전설비	축전지설비	전기저장장치	비상전원수전설비	
옥내소화전설비	• 층수가 7층 이상으로서 연면적이 2,000[m²] 이상인 것 • 지하층의 바닥면적 합계가 3,000[m²] 이상인 것	○	○	○	×	20분 이상
스프링클러설비	차고, 주차장의 바닥면적 합계가 1,000[m²] 미만	○	○	○	○	20분 이상
	이외의 모든 설비	○	○	○	×	
물분무소화설비	모든 설비	○	○	○	×	20분 이상
포소화설비	• 호스릴 포소화설비 또는 포소화전만을 설치한 차고, 주차장 • 포헤드설비 또는 고정포방출설비가 설치된 부분의 바닥면적(스프링클러설비가 설치된 차고, 주차장의 바닥면적을 포함)의 합계가 1,000[m²] 미만인 것	○	○	○	○	20분 이상
	이외의 모든 설비	○	○	○	×	
이산화탄소, 분말, 할론소화설비	모든 설비(호스릴 이산화탄소소화설비 제외)	○	○	○	×	20분 이상
자동화재탐지설비	모든 설비	×	○	○	×	그 설비에 대한 감시상태를 60분간 지속 후 유효하게 10분 이상
비상방송설비	모든 설비	×	○	○	×	
비상조명등	모든 설비	○	○	○	×	20분 이상(예비전원을 내장하는 경우 제외)
제연설비	모든 설비	○	○	○	×	20분 이상
연결송수관설비	모든 설비	○	○	○	×	20분 이상
비상콘센트설비	• 지하층을 제외한 층수가 7층 이상으로서 연면적이 2,000[m²] 이상 • 지하층의 바닥면적 합계가 3,000[m²] 이상	○	○	○	○	20분 이상

정답 자가발전설비, 축전지설비, 전기저장장치

02 옥내소화전설비가 설치된 특정소방대상물에 비상전원을 설치하였다. 옥내소화전설비를 작동시키기 위해 설치 가능한 비상전원의 종류 3가지를 쓰시오.

득점	배점
	3

해설

옥내소화전설비의 전원 설치기준
(1) 옥내소화전설비의 비상전원 설치대상
　① 층수가 7층 이상으로서 연면적이 2,000[m²] 이상인 것
　② ①에 해당하지 않는 특정소방대상물로서 지하층의 바닥면적 합계가 3,000[m²] 이상인 것
(2) 비상전원을 설치하지 않을 수 있는 조건
　① 2 이상의 변전소에서 전력을 동시에 공급받을 수 있는 경우
　② 하나의 변전소로부터 전력의 공급이 중단되는 때에는 자동으로 다른 변전소로부터 전원을 공급받을 수 있도록 상용전원을 설치한 경우
　③ 가압수조방식
(3) 비상전원의 종류
　① 자가발전설비
　② 축전지설비(내연기관에 따른 펌프를 사용하는 경우에는 내연기관의 기동 및 제어용 축전지)
　③ 전기저장장치(외부 전기에너지를 저장해 두었다가 필요한 때 전기를 공급하는 장치)

정답 자가발전설비, 축전지설비, 전기저장장치

---

03 옥내소화전설비에 비상전원으로 자가발전설비, 축전지설비 또는 전기저장장치를 설치할 경우 비상전원의 설치기준을 5가지 쓰시오.

득점	배점
	5

해설

옥내소화전설비의 비상전원 설치기준
(1) 비상전원은 자가발전설비, 축전지설비(내연기관에 따른 펌프를 사용하는 경우에는 내연기관의 기동 및 제어용 축전지를 말한다) 또는 전기저장장치(외부 전기에너지를 저장해 두었다가 필요한 때 전기를 공급하는 장치)로서 다음의 기준에 따라 설치해야 한다.
　① 점검에 편리하고 화재 및 침수 등의 재해로 인한 피해를 받을 우려가 없는 곳에 설치할 것
　② 옥내소화전설비를 유효하게 20분 이상 작동할 수 있어야 할 것
　③ 상용전원으로부터 전력의 공급이 중단된 때에는 자동으로 비상전원으로부터 전력을 공급받을 수 있도록 할 것
　④ 비상전원(내연기관의 기동 및 제어용 축전기를 제외한다)의 설치장소는 다른 장소와 방화구획할 것. 이 경우 그 장소에는 비상전원의 공급에 필요한 기구나 설비 외의 것(열병합발전설비에 필요한 기구나 설비는 제외한다)을 두어서는 안 된다.
　⑤ 비상전원을 실내에 설치하는 때에는 그 실내에 비상조명등을 설치할 것
(2) 옥내소화전설비의 비상전원 설치대상
　① 층수가 7층 이상으로서 연면적 2,000[m²] 이상인 것
　② ①에 해당하지 않는 특정소방대상물로서 지하층의 바닥면적 합계가 3,000[m²] 이상인 것
(3) 비상전원을 설치하지 않을 수 있는 조건
　① 2 이상의 변전소에서 전력을 동시에 공급받을 수 있거나 하나의 변전소로부터 전력의 공급이 중단되는 때에는 자동으로 다른 변전소로부터 전원을 공급받을 수 있도록 상용전원을 설치한 경우
　② 가압수조방식

정답
① 점검에 편리하고 화재 및 침수 등의 재해로 인한 피해를 받을 우려가 없는 곳에 설치할 것
② 옥내소화전설비를 유효하게 20분 이상 작동할 수 있어야 할 것
③ 상용전원으로부터 전력의 공급이 중단된 때에는 자동으로 비상전원으로부터 전력을 공급받을 수 있도록 할 것
④ 비상전원(내연기관의 기동 및 제어용 축전기를 제외한다)의 설치장소는 다른 장소와 방화구획할 것. 이 경우 그 장소에는 비상전원의 공급에 필요한 기구나 설비 외의 것(열병합발전설비에 필요한 기구나 설비는 제외한다)을 두어서는 안 된다.
⑤ 비상전원을 실내에 설치하는 때에는 그 실내에 비상조명등을 설치할 것

04

다음 표는 소화설비별로 사용 가능한 비상전원의 종류를 나타낸 것이다. 각 소화설비별로 설치해야 하는 비상전원을 찾아 빈칸에 ○표 하시오.

소화설비	자가발전설비	축전지설비	비상전원수전설비
옥내소화전설비, 물분무소화설비, 이산화탄소소화설비, 할론소화설비, 비상조명등, 제연설비, 연결송수관설비			
스프링클러설비, 포소화설비			
자동화재탐지설비, 비상벨설비, 비상방송설비			
비상콘센트설비			

해설

소화설비별 비상전원

소화설비	비상전원의 용량	비상전원의 종류	비고
• 옥내소화전설비 • 물분무소화설비 • 이산화탄소소화설비 • 할론소화설비 • 제연설비 • 연결송수관설비 • 비상조명등	20분 이상	• 자가발전설비 • 축전지설비 • 전기저장장치	비상조명등은 예비전원을 내장하지 않은 것
• 스프링클러설비 • 포소화설비	20분 이상	• 자가발전설비 • 축전지설비 • 전기저장장치 • 비상전원수전설비	[비상전원수전설비 설치] • 스프링클러설비 : 차고·주차장으로서 스프링클러설비가 설치된 부분의 바닥면적의 합계가 1,000[m²] 미만인 경우 • 포소화설비 : 호스릴포소화설비 또는 포소화전만을 설치한 차고·주차장, 포헤드설비 또는 고정포방출설비가 설치된 부분의 바닥면적(스프링클러설비가 설치된 차고·주차장의 바닥면적을 포함)의 합계가 1,000[m²] 미만인 것
• 자동화재탐지설비 • 비상벨설비 또는 자동식사이렌설비 • 비상방송설비	10분 이상	• 축전지설비 • 전기저장장치	그 설비에 대한 감시상태를 60분간 지속한 후 유효하게 10분 이상 경보
비상콘센트설비	20분 이상	• 자가발전설비 • 축전지설비 • 전기저장장치 • 비상전원수전설비	

소화설비	비상전원의 용량	비상전원의 종류	비고
유도등	20분 이상	축전지설비	60분 이상 – 지하층을 제외한 층수가 11층 이상의 층, 지하층 또는 무창층으로서 용도가 도매시장·소매시장·여객자동차터미널·지하역사 또는 지하상가

정답

소화설비	자가발전설비	축전지설비	비상전원수전설비
옥내소화전설비, 물분무소화설비, 이산화탄소소화설비, 할론소화설비, 비상조명등, 제연설비, 연결송수관설비	○	○	
스프링클러설비, 포소화설비	○	○	○
자동화재탐지설비, 비상벨설비, 비상방송설비		○	
비상콘센트설비	○	○	○

05 특정소방대상물에 비상용 전원설비로 축전지설비를 설치하고자 한다. 다음 각 물음에 답하시오. [배점 6]

(1) 연축전지의 정격용량이 100[Ah]이고, 상시부하가 15[kW], 표준전압이 100[V]인 부동충전방식의 충전기 2차 충전전류[A]를 구하시오(단, 상시부하의 역률은 1로 본다).
 • 계산과정 :
 • 답 :
(2) 축전지에 수명이 있고 또한 그 말기에 있어서도 부하를 만족하는 용량을 결정하기 위한 계수로서 보통 0.8로 하는 것을 무엇이라고 하는지 쓰시오.
(3) 축전지의 과방전 및 방전상태로 오랫동안 방치한 경우, 가벼운 설페이션(Sulphation) 현상 등이 생겼을 때 기능회복을 위하여 실시하는 충전방식을 쓰시오.

해설

축전지설비

(1) 부동충전 시 2차 충전전류 계산
  ① 연축전지와 알칼리축전지 비교

구분		연축전지(납축전지)		알칼리축전지	
		CS형	HS형	포켓식	소결식
구조	양극	이산화납(PbO_2)		수산화니켈[$Ni(OH)_3$]	
	음극	납(Pb)		카드뮴(Cd)	
	전해액	황산(H_2SO_4)		수산화칼륨(KOH)	
공칭용량(방전시간율)		10[Ah](10[h])		5[Ah](5[h])	
공칭전압		2.0[V/cell]		1.2[V/cell]	
충전시간		길다.		짧다.	
과충전, 과방전에 대한 전기적 강도		약하다.		강하다.	
용도		장시간, 일정 전류 부하에 우수		단시간, 대전류 부하에 우수	

② 2차 충전전류(I_2)

$$I_2 = \frac{\text{축전지의 정격용량[Ah]}}{\text{축전지의 방전시간율[h]}} + \frac{\text{상시부하[W]}}{\text{표준전압[V]}} [A]$$

∴ 2차 충전전류 $I_2 = \dfrac{100[Ah]}{10[h]} + \dfrac{15 \times 10^3[W]}{100[V]} = 160[A]$

(2) 보수율(경년용량 저하율)
  축전지의 말기 수명에도 부하를 만족하는 축전지 용량 결정을 위한 계수로서 보통 0.8로 한다.

(3) 충전방식의 종류
  ① 보통충전방식 : 필요할 때마다 표준시간율로 전류를 충전하는 방식이다.
  ② 급속충전방식 : 비교적 단시간에 보통충전의 2~3배의 전류로 충전하는 방식이다.
  ③ 부동충전방식 : 축전지의 자기방전량을 보충함과 동시에 상용부하에 대한 전력공급은 충전기가 부담하고 충전기가 부담하기 어려운 대전류 부하는 축전지가 부담하게 하는 방식이다.
  ④ 균등충전방식 : 부동충전방식의 전압보다 약간 높은 정전압으로 충분한 시간동안 충전함으로써 전체 셀의 전압 및 비중상태를 균등하게 되도록 하기 위한 충전방식이다.
  ⑤ 세류충전방식 : 축전지의 자기방전량만 충전하기 위해 부하를 제거한 상태에서 미소전류로 충전하는 방식이다.
  ⑥ 회복충전방식 : 축전지를 과방전 및 방전상태로 오랫동안 방치한 경우, 가벼운 설페이션 현상이 생겼을 때 기능회복을 위하여 실시하는 충전방식이다.

> **참고**
> **설페이션(Sulphation) 현상**
> 연축전지를 과방전 및 방전상태로 오랫동안 방치하면 극판의 황산납이 회백색으로 변하는 현상이다.

정답 (1) 160[A]
  (2) 보수율
  (3) 회복충전방식

06 예비전원설비에 사용되는 축전지에 대한 다음 각 물음에 답하시오.

(1) 부동충전방식에 대한 회로도를 그리시오.
(2) 축전지를 과방전 및 방전상태에서 오랫동안 방치한 경우, 기능회복을 위하여 실시하는 충전방식의 명칭을 쓰시오.
(3) 연축전지의 정격용량이 250[Ah]이고, 상시부하가 8[kW]이며 표준전압이 100[V]인 부동충전방식의 충전기 2차 충전전류[A]를 구하시오.
  • 계산과정 :
  • 답 :

해설

축전지설비

(1), (2) 충전방식의 종류
  ① 보통충전방식 : 필요할 때마다 표준시간율로 전류를 충전하는 방식이다.
  ② 급속충전방식 : 비교적 단시간에 보통충전의 2~3배의 전류로 충전하는 방식이다.
  ③ 부동충전방식 : 축전지의 자기방전량을 보충함과 동시에 상용부하에 대한 전력공급은 충전기가 부담하고 충전기가 부담하기 어려운 대전류 부하는 축전지가 부담하게 하는 방식이다.

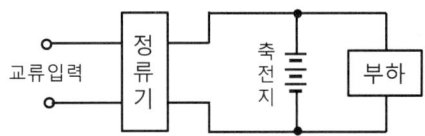

  ④ 균등충전방식 : 부동충전방식의 전압보다 약간 높은 정전압으로 충분한 시간동안 충전함으로써 전체 셀의 전압 및 비중상태를 균등하게 되도록 하기 위한 충전방식이다.
  ⑤ 세류충전방식 : 축전지의 자기방전량만 충전하기 위해 부하를 제거한 상태에서 미소전류로 충전하는 방식이다.
  ⑥ 회복충전방식 : 축전지를 과방전 또는 방전상태에서 오랫동안 방치한 경우, 가벼운 설페이션 현상이 생겼을 때 기능회복을 위하여 실시하는 충전방식이다.

(3) 부동충전 시 2차 충전전류(I_2) 계산

$$I_2 = \frac{축전지의\ 정격용량[Ah]}{방전시간율[h]} + \frac{상시부하[W]}{표준전압[V]}\ [A]$$

연축전지의 방전시간율은 10[h]이므로

∴ 2차 충전전류 $I_2 = \frac{250[Ah]}{10[h]} + \frac{8 \times 10^3[W]}{100[V]} = 105[A]$

정답

(1)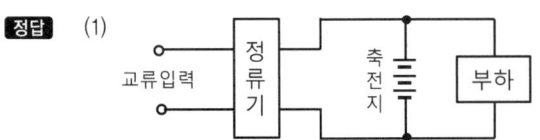

(2) 회복충전방식
(3) 105[A]

07 연축전지 여러 개를 구성하여 정격용량이 200[Ah]인 비상전원설비의 축전지설비를 설치하고자 한다. 이때 상시부하가 8[kW]이고, 표준전압이 100[V]일 때 다음 각 물음에 답하시오.

(1) 비상전원설비에 필요한 연축전지의 셀[cell]수를 구하시오.
 • 계산과정 :
 • 답 :
(2) 연축전지를 방전상태에서 오랫동안 방치한 경우 극판에서 발생하는 현상을 쓰시오.
(3) 충전 시 발생하는 가스의 종류를 쓰시오.

해설
축전지설비

(1) 연축전지의 셀[cell]수 계산

$$셀수 = \frac{사용전압(표준전압)[V]}{공칭전압[V/cell]}$$

※ 연축전지의 공칭전압은 2[V/cell]이다.

∴ 셀수 $= \dfrac{100[V]}{2[V/cell]} = 50[cell]$

(2) 설페이션(Sulphation) 현상
 ① 연축전지를 과방전 및 방전상태로 오랫동안 방치하면 극판의 황산납이 회백색으로 변하는 현상이다.
 ② 원인
  ㉠ 과방전하였을 경우
  ㉡ 장시간 방전상태에서 오랫동안 방치한 경우
  ㉢ 전해액의 비중이 너무 낮을 경우
  ㉣ 전해액의 부족으로 극판이 노출되었을 경우
  ㉤ 전해액에 불순물이 혼입되었을 경우
  ㉥ 불충분한 충전을 반복하였을 경우

(3) 충전 시 발생하는 가스
 ① 구성 : 양극(PbO_2), 음극(Pb), 전해액($H_2SO_4 + H_2O$)
 ② 연축전지의 화학반응식

$$PbO_2 \text{(양극)} + 2H_2SO_4 \text{(전해액)} + Pb \text{(음극)} \underset{충전}{\overset{방전}{\rightleftarrows}} PbSO_4 \text{(양극)} + 2H_2O \text{(전해액)} + PbSO_4 \text{(음극)}$$

 ③ 충전 시 물(H_2O)이 전기분해되어 양극에는 산소(O_2), 음극에는 수소(H_2)가스가 발생한다.
  $2H_2O \rightarrow 2H_2 + O_2$

정답
(1) 50[cell]
(2) 설페이션 현상
(3) 산소와 수소가스

08

다음은 어떤 현상을 설명한 것인지 쓰시오.

전자제품 등에서 충전전극 사이의 절연물 표면에 습기, 수분, 먼지 등의 오염물질이 부착된 표면을 따라서 미소전류가 흘러 줄열에 의해 표면이 국부적으로 건조하게 되고 불꽃방전이 발생하여 양극 간의 절연상태가 나빠지고 탄화 도전로가 생성되어 발화되는 현상이다.

해설

트래킹(Tracking) 현상
(1) 전자제품 및 전기기기 등에서 전압이 인가된 이극도체 간 고체 절연물 표면에 오염물질(분진, 먼지 등)이나 이를 함유한 액체의 증기 또는 금속분 등의 도전성 물질이 부착하면 오염부 표면을 따라 미소전류가 흘러 발열이 지속되고 절연물을 탄화시켜 전극 간에 탄화 도전로가 형성되는 현상이다.
(2) 트래킹 현상의 발생 여부 판별
　① 절연체 표면이 도전성을 띤다.
　② 도체 간에 전기적인 용융흔이 발생한다.
　③ 국부적인 연소형태 등의 흔적을 남긴다.

정답　트래킹 현상

09

다음은 예비전원설비에 사용되는 축전지설비에 대한 각 물음에 대해 답하시오.

(1) 보수율의 의미를 쓰시오.
(2) 연축전지와 알칼리축전지의 공칭전압[V/cell]을 쓰시오.
　① 연축전지 :
　② 알칼리축전지 :
(3) 비상용 조명부하가 220[V]용 100[W] 80등, 60[W] 70등이 있다. 연축전지 HS형이 110[cell], 최저 허용전압이 190[V], 최저 축전지온도가 5[℃]일 때 축전지 용량[Ah]을 구하시오(단, 방전시간은 30분, 보수율은 0.8, 용량환산시간은 1.1[h]이다).
　• 계산과정 :
　• 답 :

해설

예비전원설비

(1) 보수율(경년용량 저하율)

    축전지의 말기 수명에도 부하를 만족하는 축전지 용량 결정을 위한 계수로서 보통 0.8로 한다.

(2) 연축전지와 알칼리축전지 비교

구분		연축전지(납축전지)		알칼리축전지	
		CS형	HS형	포켓식	소결식
구조	양극	이산화납(PbO_2)		수산화니켈[$Ni(OH)_3$]	
	음극	납(Pb)		카드뮴(Cd)	
	전해액	황산(H_2SO_4)		수산화칼륨(KOH)	
공칭용량(방전시간율)		10[Ah](10[h])		5[Ah](5[h])	
공칭전압		2.0[V/cell]		1.2[V/cell]	
충전시간		길다.		짧다.	
과충전, 과방전에 대한 전기적 강도		약하다.		강하다.	
용도		장시간, 일정 전류 부하에 우수		단시간, 대전류 부하에 우수	

(3) 축전지 용량

① 축전지의 공칭전압(V)

$$V = \frac{\text{최저 허용전압[V]}}{\text{셀수[cell]}} [\text{V/cell}]$$

∴ 공칭전압 $V = \frac{190[\text{V}]}{110[\text{cell}]} = 1.73[\text{V/cell}]$

② 방전전류(I)

$$P = IV [\text{W}]$$

여기서, P : 전력(100[W] × 80등 + 60[W] × 70등)
I : 방전전류[A]
V : 전압(220[V])

∴ 방전전류 $I = \frac{P}{V} = \frac{100[\text{W}] \times 80등 + 60[\text{W}] \times 70등}{220[\text{V}]} = 55.45[\text{A}]$

③ 축전지 용량(C)

$$C = \frac{1}{L} KI [\text{Ah}]$$

여기서, L : 용량저하율(보수율, 0.8)
K : 용량환산시간(1.1[h])
I : 방전전류(55.45[A])

∴ 축전지 용량 $C = \frac{1}{L} KI = \frac{1}{0.8} \times 1.1[\text{h}] \times 55.45[\text{A}] = 76.24[\text{Ah}]$

정답

(1) 축전지의 말기 수명에도 부하를 만족하는 축전지 용량 결정을 위한 계수이다.

(2) ① 2[V/cell]   ② 1.2[V/cell]

(3) 76.24[Ah]

10 예비전원설비로 사용되는 축전지에 대한 다음 각 물음에 답하시오.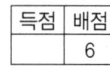

(1) 자기방전량만을 항상 충전하는 부동충전방식의 명칭을 쓰시오.

(2) 비상용 조명부하가 200[V]용, 50[W] 80개, 30[W] 70개가 있다. 방전시간은 30분, 축전지는 HS형 110[cell], 최저 허용전압은 190[V], 최저 축전지온도가 5[℃]일 때 축전지 용량[Ah]을 구하시오(단, 경년용량저하율은 0.8이고, 용량환산시간 1.2[h]이다).
 • 계산과정 :
 • 답 :

(3) 축전지의 공칭전압[V/cell]을 쓰시오.
 ① 연축전지 :
 ② 알칼리축전지 :

해설
예비전원설비

(1) 충전방식의 종류
 ① 보통충전방식 : 필요할 때마다 표준시간율로 전류를 충전하는 방식이다.
 ② 부동충전방식 : 축전지의 자기방전량을 보충함과 동시에 상용부하에 대한 전력공급은 충전기가 부담하고, 충전기가 부담하기 어려운 대전류 부하는 축전지가 부담하게 하는 방식이다.
 ③ 균등충전방식 : 부동충전방식의 전압보다 약간 높은 정전압으로 충분한 시간동안 충전함으로써 전체 셀의 전압 및 비중상태를 균등하게 되도록 하기 위한 충전방식이다.
 ④ 세류충전방식 : 축전지의 자기방전량만 충전하기 위해 부하를 제거한 상태에서 미소전류로 충전하는 방식이다.
 ⑤ 회복충전방식 : 축전지를 과방전 또는 방전상태로 오랫동안 방치한 경우, 가벼운 설페이션 현상이 생겼을 때 기능회복을 위하여 실시하는 충전방식이다.

(2) 축전지의 용량(C)
 ① 방전전류(I)

$$P = IV\,[\text{W}]$$

 여기서, P : 전력($50[\text{W}] \times 80$개 $+ 30[\text{W}] \times 70$개)
  I : 방전전류[A]
  V : 전압(200[V])

 ∴ 방전전류 $I = \dfrac{P}{V} = \dfrac{50[\text{W}] \times 80개 + 30[\text{W}] \times 70개}{200[\text{V}]} = 30.5[\text{A}]$

 ② 축전지 용량(C)

$$C = \dfrac{1}{L}KI\,[\text{Ah}]$$

 여기서, L : 용량저하율(보수율, 0.8)
  K : 용량환산시간(1.2[h])
  I : 방전전류(30.5[A])

 ∴ 축전지 용량 $C = \dfrac{1}{L}KI = \dfrac{1}{0.8} \times 1.2[\text{h}] \times 30.5[\text{A}] = 45.75[\text{Ah}]$

(3) 축전지의 공칭전압

구분		연축전지(납축전지)		알칼리축전지	
		CS형	HS형	포켓식	소결식
구조	양극	이산화납(PbO_2)		수산화니켈[$Ni(OH)_3$]	
	음극	납(Pb)		카드뮴(Cd)	
	전해액	황산(H_2SO_4)		수산화칼륨(KOH)	
공칭용량(방전시간율)		10[Ah](10[h])		5[Ah](5[h])	
공칭전압		2.0[V/cell]		1.2[V/cell]	
충전시간		길다.		짧다.	
과충전, 과방전에 대한 전기적 강도		약하다.		강하다.	
용도		장시간, 일정 전류 부하에 우수		단시간, 대전류 부하에 우수	

정답
(1) 세류충전방식
(2) 45.75[Ah]
(3) ① 2[V/cell]   ② 1.2[V/cell]

---

11 비상용 조명부하가 40[W] 120등, 60[W] 50등이 있다. 방전시간은 30분이며, 연축전지 HS형이 54[cell], 최저 허용전압이 90[V], 최저 축전지온도가 5[℃]일 때 다음 각 물음에 답하시오. [배점 6]

형식	온도[℃]	10분			30분		
		1.6[V]	1.7[V]	1.8[V]	1.6[V]	1.7[V]	1.8[V]
CS형	25	0.9 0.8	1.15 1.06	1.60 1.42	1.41 1.34	1.60 1.55	2.00 1.88
	5	1.15 1.10	1.35 1.25	2.00 1.80	1.75 1.75	1.85 1.80	2.45 2.35
	−5	1.35 1.25	1.60 1.50	2.65 2.25	2.05 2.05	2.20 2.20	3.10 3.00
HS형	25	0.58	0.70	0.93	1.03	1.14	1.38
	5	0.62	0.74	1.05	1.11	1.22	1.54
	−5	0.68	0.82	1.15	1.20	1.35	1.68

※ [표]에서 연축전지 용량환산시간(K)의 상단은 900~2,000[Ah]이고, 하단은 900[Ah]이다.

(1) 연축전지 용량[Ah]을 구하시오(단, 전압은 100[V]이고 연축전지의 용량환산시간(K)은 표와 같으며 보수율은 0.8이다).
 • 계산과정 :
 • 답 :
(2) 자기방전량만 항상 충전하는 방식을 무엇이라고 하는지 쓰시오.
(3) 연축전지와 알칼리축전지의 공칭전압[V/cell]을 쓰시오.
 ① 연축전지 :
 ② 알칼리축전지 :

해설

예비전원설비

(1) 연축전지의 용량 계산

① 연축전지의 공칭전압(V)

$$V = \frac{\text{최저 허용전압[V]}}{\text{셀수[cell]}} \text{ [V/cell]}$$

∴ 공칭전압 $V = \frac{90[\text{V}]}{54[\text{cell}]} = 1.67[\text{V/cell}] ≒ 1.7[\text{V/cell}]$

② 용량환산시간(K)

연축전지 HS형이고, 방전시간이 30분, 공칭전압이 1.7[V/cell], 최저 축전지온도가 5[℃]일 때 용량환산시간[h]을 [표]에서 찾는다.

형식	온도[℃]	10분			30분		
		1.6[V]	1.7[V]	1.8[V]	1.6[V]	1.7[V]	1.8[V]
CS형	25	0.9 0.8	1.15 1.06	1.60 1.42	1.41 1.34	1.60 1.55	2.00 1.88
	5	1.15 1.10	1.35 1.25	2.00 1.80	1.75 1.75	1.85 1.80	2.45 2.35
	-5	1.35 1.25	1.60 1.50	2.65 2.25	2.05 2.05	2.20 2.20	3.10 3.00
HS형	25	0.58	0.70	0.93	1.03	1.14	1.38
	5	0.62	0.74	1.05	1.11	1.22	1.54
	5	0.68	0.82	1.15	1.20	1.35	1.68

∴ [표]에서 용량환산시간 $K = 1.22[\text{h}]$이다.

③ 방전전류(I)

$$P = IV \text{ [W]}$$

여기서, P : 전력($40[\text{W}] \times 120$등 $+ 60[\text{W}] \times 50$등)
 I : 방전전류[A]
 V : 전압(100[V])

∴ 방전전류 $I = \frac{P}{V} = \frac{40[\text{W}] \times 120\text{등} + 60[\text{W}] \times 50\text{등}}{100[\text{V}]} = 78[\text{A}]$

④ 연축전지의 용량(C)

$$C = \frac{1}{L}KI \text{ [Ah]}$$

여기서, L : 용량저하율(보수율, 0.8)
 K : 용량환산시간(1.22[h])
 I : 방전전류(78[A])

∴ 연축전지 용량 $C = \frac{1}{L}KI = \frac{1}{0.8} \times 1.22[\text{h}] \times 78[\text{A}] = 118.95[\text{Ah}]$

(2) 충전방식의 종류
① 보통충전방식 : 필요할 때마다 표준시간율로 전류를 충전하는 방식이다.
② 급속충전방식 : 비교적 단시간에 보통충전의 2~3배의 전류로 충전하는 방식이다.
③ 부동충전방식 : 축전지의 자기방전량을 보충함과 동시에 상용부하에 대한 전력공급은 충전기가 부담하고 충전기가 부담하기 어려운 대전류 부하는 축전지가 부담하게 하는 방식이다.
④ 균등충전방식 : 부동충전방식의 전압보다 약간 높은 정전압으로 충분한 시간동안 충전함으로써 전체 셀의 전압 및 비중상태를 균등하게 되도록 하기 위한 충전방식이다.
⑤ 세류충전방식 : 축전지의 자기방전량만 충전하기 위해 부하를 제거한 상태에서 미소전류로 충전하는 방식이다.
⑥ 회복충전방식 : 축전지를 과방전 및 방전상태에서 오랫동안 방치한 경우, 가벼운 설페이션 현상이 생겼을 때 기능회복을 위하여 실시하는 충전방식이다.

(3) 연축전지와 알칼리축전지 비교

구분		연축전지(납축전지)		알칼리축전지	
		CS형	HS형	포켓식	소결식
구조	양극	이산화납(PbO$_2$)		수산화니켈[Ni(OH)$_3$]	
	음극	납(Pb)		카드뮴(Cd)	
	전해액	황산(H$_2$SO$_4$)		수산화칼륨(KOH)	
공칭용량(방전시간율)		10[Ah](10[h])		5[Ah](5[h])	
공칭전압		2.0[V/cell]		1.2[V/cell]	
충전시간		길다.		짧다.	
과충전, 과방전에 대한 전기적 강도		약하다.		강하다.	
용도		장시간, 일정 전류 부하에 우수		단시간, 대전류 부하에 우수	

정답 (1) 118.95[Ah]
(2) 세류충전방식
(3) ① 2[V/cell]　　　　　② 1.2[V/cell]

12 비상용 전원설비로 축전지설비를 설치하고자 한다. 사용부하에 따른 방전전류-방전시간의 특성곡선과 아래의 조건을 참고하여 다음 각 물음에 답하시오.

득점	배점
	6

조건
- 축전지는 알칼리축전지로서 AH형을 사용하고, 축전지의 설치개수는 83개이다.
- 최저 허용전압(방전종지전압)은 1.06[V/cell]이고, 보수율은 0.8을 적용한다.
- 용량환산시간(K)

형식	최저 허용전압[V/cell]	0.1분	1분	5분	10분	20분	30분	60분	120분
AH형	1.10	0.30	0.46	0.56	0.66	0.87	1.04	1.56	2.60
	1.06	0.24	0.33	0.45	0.53	0.70	0.85	1.40	2.45
	1.00	0.20	0.20	0.37	0.45	0.60	0.77	1.30	2.30

물음
(1) 축전지의 용량[Ah]을 구하시오.
- 계산과정 :
- 답 :

(2) 축전지의 전해액이 변색되고, 충전 중이 아닌 정지상태에서도 다량의 가스가 발생하는 원인을 쓰시오.

(3) 부동충전방식의 회로를 그리시오(단, 정류기, 축전지, 부하를 포함할 것).

해설
축전지
(1) 축전지의 용량 계산
  ① 방전전류가 증가하는 경우 알칼리축전지의 부하특성을 분리하여 각각의 용량을 산출하고 그 값을 합산하여 축전지의 용량을 결정한다.
  ② 부하특성을 분리하여 축전지의 용량을 계산하는 방법
    ㉠ 각각의 방전시간(T)에 대한 용량환산시간(K)을 표에서 찾아 방전전류(I)와 용량환산시간(K)을 곱하여 그 면적을 구한다.

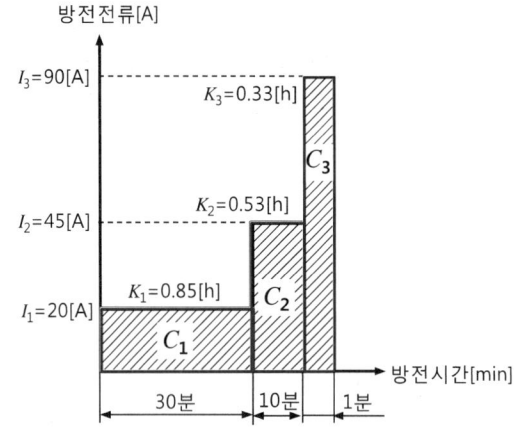

  ㉡ 각각의 사각형 면적[방전시간(T)에 대한 용량환산시간(K)을 표에서 찾아 방전전류(I)와 용량환산시간(K)을 곱한 면적]을 합하여 보수율로 나누어 주면 축전지의 용량(C)이 된다.

$$C = C_1 + C_2 + C_3 = \frac{1}{L}K_1I_1 + \frac{1}{L}K_2I_2 + \frac{1}{L}K_3I_3 = \frac{1}{L}(K_1I_1 + K_2I_2 + K_3I_3) \text{ [Ah]}$$

여기서, C : 축전지 용량[Ah] L : 보수율
 K : 용량환산시간[h] I : 방전전류[A]

$$\therefore C = \frac{1}{L}(K_1I_1 + K_2I_2 + K_3I_3)$$
$$= \frac{1}{0.8}(0.85[\text{h}] \times 20[\text{A}] + 0.53[\text{h}] \times 45[\text{A}] + 0.33[\text{h}] \times 90[\text{A}])$$
$$= 88.19[\text{Ah}]$$

(2) 축전지의 이상현상과 원인

이상현상	원인
전체 셀 전압이 불균형이 크고 비중이 낮음	• 부동충전 전압이 낮음 • 균등충전이 부족 • 방전 후 회복충전이 부족
어떤 셀만 전압 및 비중이 극히 낮음	국부적으로 단락
전압은 정상이고, 전체 셀의 비중이 높음	• 액면이 저하됨 • 보수 시 묽은 황산이 혼입됨
• 충전 중 비중이 낮고 전압은 높음 • 방전 중 전압은 낮고 용량이 감퇴함	• 방전상태에서 장기간 방치 • 충전 부족의 상태에서 장기간 사용 • 극판이 노출됨 • 불순물이 혼입됨
• 전해액이 변색됨 • 충전하지 않고 방치상태에서도 다량의 가스가 발생함	불순물이 혼입됨
전해액의 감소가 빠름	• 충전전압이 높음 • 실온이 높음
축전지가 현저하게 온도상승 및 파손됨	• 충전장치의 고장 • 과충전 • 액면저하로 인하여 극판이 노출됨 • 교류전류의 유입이 큼

(3) 충전방식의 종류
 ① 보통충전방식 : 필요할 때마다 표준시간율로 전류를 충전하는 방식이다.
 ② 급속충전방식 : 비교적 단시간에 보통충전의 2~3배의 전류로 충전하는 방식이다.
 ③ 부동충전방식 : 축전지의 자기방전량을 보충함과 동시에 상용부하에 대한 전력공급은 충전기가 부담하고 충전기가 부담하기 어려운 대전류 부하는 축전지가 부담하게 하는 방식이다.

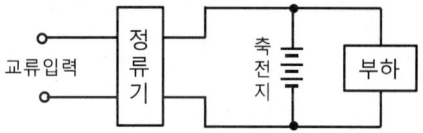

 ④ 균등충전방식 : 부동충전방식의 전압보다 약간 높은 정전압으로 충분한 시간동안 충전함으로써 전체 셀의 전압 및 비중상태를 균등하게 되도록 하기 위한 충전방식이다.
 ⑤ 세류충전방식 : 축전지의 자기방전량만 충전하기 위해 부하를 제거한 상태에서 미소전류로 충전하는 방식이다.
 ⑥ 회복충전방식 : 축전지를 과방전 또는 방전상태에서 오랫동안 방치한 경우, 가벼운 설페이션 현상이 생겼을 때 기능회복을 위하여 실시하는 충전방식이다.

정답 (1) 88.19[Ah]
(2) 불순물이 혼입됨
(3)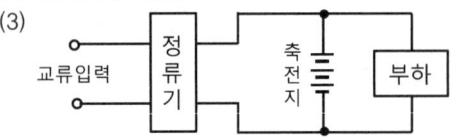

13

다음은 자동화재탐지설비의 수신기에 대한 비상전원의 축전지 용량을 산출하고자 한다. 아래의 주어진 조건을 참고하여 각 물음에 답하시오.

득점	배점
	5

조건
- 용량저하율(보수율)은 0.8이다.
- 감시시간 용량환산시간 계수는 1.8이고, 동작시간 용량환산시간 계수는 0.5이다.
- 감시전류는 0.1[A]이고, 2회선 동작전류 및 다른 회선의 감시전류는 0.7[A]이다.

물음
(1) 60분간 감시한 후 2회선이 10분간 작동하는 경우 축전지 용량[Ah]을 구시오.
 - 계산과정 :
 - 답 :
(2) 1분간 2회선을 작동함과 동시에 다른 회선을 감시하는 경우 및 2회선을 10분간 작동함과 동시에 다른 회선을 감시하는 경우의 축전지 용량[Ah]을 구하시오.
 - 계산과정 :
 - 답 :

해설

축전지 용량

(1) 60분간 감시한 후 2회선이 10분간 작동하는 경우

$$C = \frac{1}{L}\{K_1 I_1 + K_2(I_2 - I_1)\}[\text{Ah}]$$

여기서, L : 용량저하율(보수율, 0.8)
 K_1 : 감시시간에 대한 용량환산시간 계수(1.8[h])
 I_1 : 감시전류(0.1[A])
 K_2 : 동작시간에 대한 용량환산시간 계수(0.5[h])
 I_2 : 2회선 동작전류 및 다른 회선의 감시전류(0.7[A])

∴ 축전지 용량 $C = \frac{1}{0.8} \times \{1.8[\text{h}] \times 0.1[\text{A}] + 0.5[\text{h}] \times (0.7[\text{A}] - 0.1[\text{A}])\} = 0.6[\text{Ah}]$

(2) 1분간 2회선을 작동함과 동시에 다른 회선을 감시하는 경우

$$C = \frac{1}{L} K_2 I_2 [\text{Ah}]$$

여기서, L : 용량저하율(보수율, 0.8)
  K_2 : 동작시간에 대한 용량 환산시간계수(0.5[h])
  I_2 : 2회선 동작전류 및 다른 회선의 감시전류(0.7[A])

∴ 축전지 용량 $C = \frac{1}{0.8} \times 0.5[\text{h}] \times 0.7[\text{A}] = 0.4375[\text{Ah}] ≒ 0.44[\text{Ah}]$

정답 (1) 0.6[Ah]
  (2) 0.44[Ah]

14

비상용 조명부하가 30[W] 140등, 50[W] 60등이 있다. 방전시간은 30분이며, 연축전지 HS형이 54[cell], 최저 허용전압이 90[V], 최저 축전지온도가 5[℃]일 때 다음 각 물음에 답하시오.

형식	온도 [℃]	10분			30분		
		1.6[V]	1.7[V]	1.8[V]	1.6[V]	1.7[V]	1.8[V]
CS형	25	0.9 0.8	1.15 1.06	1.60 1.42	1.41 1.34	1.60 1.55	2.00 1.88
	5	1.15 1.10	1.35 1.25	2.00 1.80	1.75 1.75	1.85 1.80	2.45 2.35
	-5	1.35 1.25	1.60 1.50	2.65 2.25	2.05 2.05	2.20 2.20	3.10 3.00
HS형	25	0.58	0.70	0.93	1.03	1.14	1.38
	5	0.62	0.74	1.05	1.11	1.22	1.54
	-5	0.68	0.82	1.15	1.20	1.35	1.68

※ [표]에서 연축전지 용량환산시간(K)의 상단은 900~2,000[Ah]이고, 하단은 900[Ah]이다.

(1) 축전지 용량을 구하시오(단, 전압은 100[V]이고 연축전지의 용량환산시간(K)은 표와 같으며 보수율은 0.8이다).
 • 계산과정 :
 • 답 :
(2) 연축전지에서 CS형과 HS형을 구분하는 방전상태에 대하여 쓰시오.
 ① CS형 :
 ② HS형 :

> **해설**

예비전원설비
(1) 축전지의 용량 계산
  ① 축전지의 공칭전압(V)

  $$V = \frac{\text{최저 허용전압[V]}}{\text{셀수[cell]}} \text{[V/cell]}$$

  ∴ 공칭전압 $V = \frac{90[\text{V}]}{54[\text{cell}]} = 1.67[\text{V/cell}] ≒ 1.7[\text{V/cell}]$

  연축전지 HS형이고, 방전시간이 30분, 공칭전압이 1.7[V/cell], 최저 축전지온도가 5[℃]일 때 용량환산시간[h]을 [표]에서 찾는다.

형식	온도	10분			30분		
		1.6[V]	1.7[V]	1.8[V]	1.6[V]	1.7[V]	1.8[V]
CS형	25	0.9 0.8	1.15 1.06	1.60 1.42	1.41 1.34	1.60 1.55	2.00 1.88
	5	1.15 1.10	1.35 1.25	2.00 1.80	1.75 1.75	1.85 1.80	2.45 2.35
	-5	1.35 1.25	1.60 1.50	2.65 2.25	2.05 2.05	2.20 2.20	3.10 3.00
HS형	25	0.58	0.70	0.93	1.03	1.14	1.38
	5	0.62	0.74	1.05	1.11	1.22	1.54
	-5	0.68	0.82	1.15	1.20	1.35	1.68

  ∴ [표]에서 용량환산시간 $K = 1.22[\text{h}]$이다.

  ② 방전전류(I)

  $$P = IV[\text{W}]$$

  여기서, P : 전력($30[\text{W}] \times 140$등 $+ 50[\text{W}] \times 60$등)
  I : 방전전류[A]
  V : 전압(100[V])

  ∴ 방전전류 $I = \frac{P}{V} = \frac{30[\text{W}] \times 140\text{등} + 50[\text{W}] \times 60\text{등}}{100[\text{V}]} = 72[\text{A}]$

  ③ 축전지의 용량(C)

  $$C = \frac{1}{L}KI \text{ [Ah]}$$

  여기서, L : 용량저하율(보수율, 0.8)
  K : 용량환산시간(1.22[h])
  I : 방전전류(72[A])

  ∴ 축전지 용량 $C = \frac{1}{L}KI = \frac{1}{0.8} \times 1.22[\text{h}] \times 72[\text{A}] = 109.8[\text{Ah}]$

(2) 연축전지의 CS형과 HS형의 방전상태에 따른 구분

구분	방전상태
CS형(클래드식)	완만한 방전형(부하에 따라 일정한 방전전류를 가진다)
HS형(페이스트식)	급방전형(부하에 따라 방전전류가 급격히 변한다)

정답 (1) 109.8[Ah]
(2) ① 완만한 방전형
② 급방전형

15 비상용 조명부하에 설치된 연축전지가 그림과 같이 방전시간에 따라 방전전류가 감소한다. 아래 조건을 참고하여 연축전지의 용량[Ah]을 구하시오.

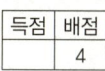

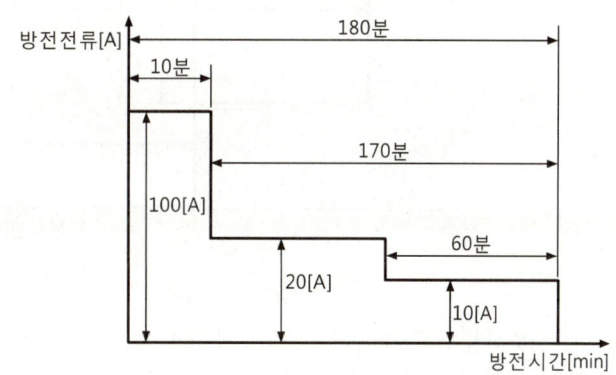

조건

- 형식 : CS형
- 보수율 : 0.8
- 용량환산시간(K)
- 최저 허용전압 : 1.7[V/cell]
- 최저 축전지온도 : 5[℃]

시간	10분	20분	30분	60분	100분	110분	120분	170분	180분	200분
용량환산시간[h]	1.30	1.45	1.75	2.55	3.45	3.65	3.85	4.85	5.05	5.30

해설

축전지의 용량 계산

(1) 축전지의 용량 계산방법

① 방전전류가 감소하는 경우 연축전지의 부하특성을 분리하여 각각의 용량을 산출한 후 가장 큰 값을 축전지의 용량으로 한다.
② 부하특성을 분리하여 축전지의 용량을 계산하는 방법
㉠ 방전시간(T_1)에 대한 용량환산시간(K_1)을 표에서 찾아 방전전류(I_1)와 용량환산시간(K_1)을 곱하여 축전지의 용량(면적)을 구한다.

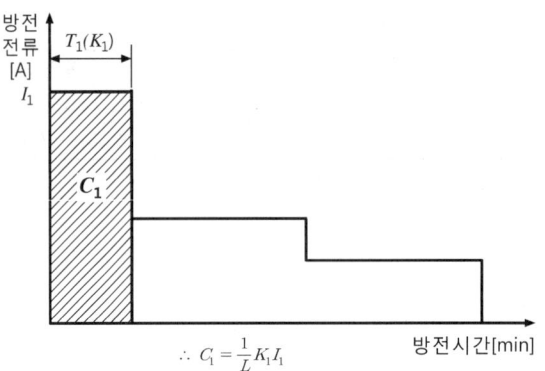

ⓒ 사각형 전체 면적[방전시간(T_1)에 대한 용량환산시간(K_1)을 표에서 찾아 방전전류(I_1)와 용량환산시간(K_1)을 곱한 면적]에서 빗금친 외의 면적[방전시간(T_2)에 대한 용량환산시간(K_2)을 표에서 찾아 방전전류($I_1 - I_2$)와 용량환산시간(K_2)을 곱한 면적]을 빼주면 축전지의 용량이 된다.

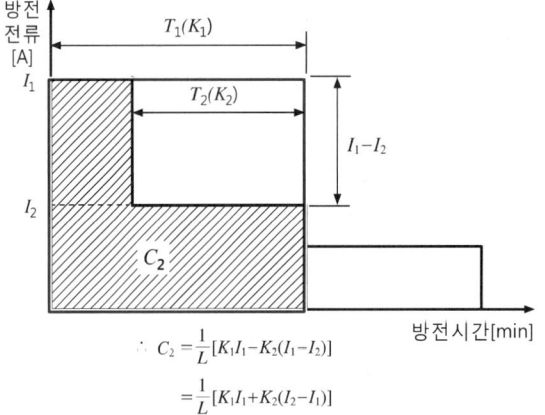

ⓒ 사각형 전체 면적[방전시간(T_1)에 대한 용량환산시간(K_1)을 표에서 찾아 방전전류(I_1)와 용량환산시간(K_1)을 곱한 면적]에서 빗금친 외의 면적[방전시간(T_2)에 대한 용량환산시간(K_2)을 표에서 찾아 방전전류($I_1 - I_2$)와 용량환산시간(K_2)을 곱한 면적과 방전시간(T_3)에 대한 용량환산시간(K_3)을 표에서 찾아 방전전류($I_2 - I_3$)와 용량환산시간(K_3)을 곱한 면적]을 빼주면 축전지의 용량이 된다.

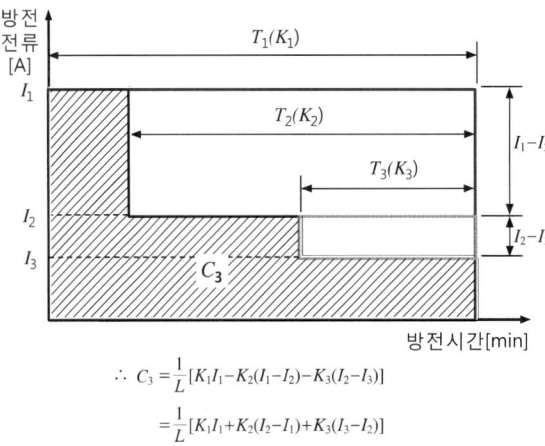

(2) 연축전지의 용량 계산

① $C_1 = \dfrac{1}{L} K_1 I_1 = \dfrac{1}{0.8} \times 1.3[\text{h}] \times 100[\text{A}] = 162.5[\text{Ah}]$

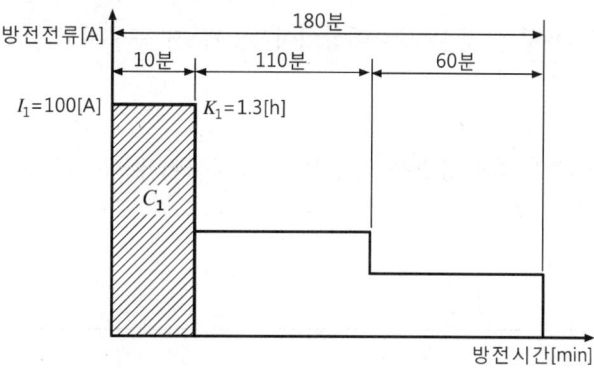

② $C_2 = \dfrac{1}{L}[K_1 I_1 + K_2(I_2 - I_1)]$

$= \dfrac{1}{0.8} \times [3.85[\text{h}] \times 100[\text{A}] + 3.65[\text{h}] \times (20[\text{A}] - 100[\text{A}])] = 116.25[\text{Ah}]$

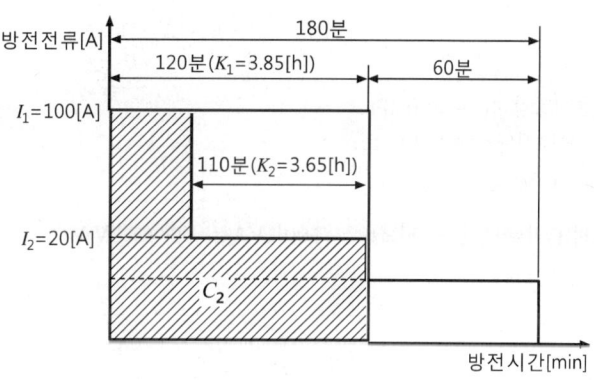

③ $C_3 = \dfrac{1}{L}[K_1 I_1 + K_2(I_2 - I_1) + K_3(I_3 - I_2)]$

$= \dfrac{1}{0.8} \times [(5.05[\text{h}] \times 100[\text{A}]) + 4.85[\text{h}] \times (20[\text{A}] - 100[\text{A}]) + 2.55[\text{h}] \times (10[\text{A}] - 20[\text{A}])]$

$= 114.38[\text{Ah}]$

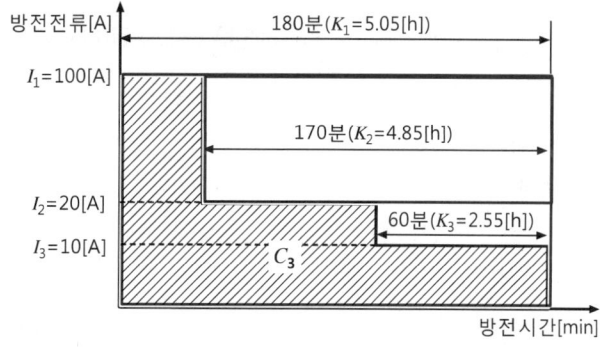

정답 162.5[Ah]

16 비상용 자가발전설비를 설치하려고 한다. 다음 각 물음에 답하시오(단, 기동용량은 500[kVA], 과도리액턴스는 20[%], 허용전압강하는 15[%]까지만 허용한다).

(1) 발전기의 정격용량은 몇 [kVA] 이상이어야 하는지 구하시오.
 - 계산과정 :
 - 답 :

(2) 발전기용 차단기의 차단용량은 몇 [MVA] 이상이어야 하는지 구하시오(단, 차단용량의 여유율은 25[%]로 한다).
 - 계산과정 :
 - 답 :

해설
비상용 발전설비

(1) 발전기의 용량(P_n)

$$P_n \geq \left(\frac{1}{e} - 1\right) X_L P [\text{kVA}]$$

여기서, e : 허용전압강하(15[%]=0.15)
 X_L : 과도리액턴스(20[%]=0.2)
 P : 기동용량(500[kVA])

∴ $P_n \geq \left(\frac{1}{e} - 1\right) X_L P = \left(\frac{1}{0.15} - 1\right) \times 0.2 \times 500 [\text{kVA}] = 566.67 [\text{kVA}]$

(2) 차단기의 용량(P_s)

$$P_s \geq \frac{P_n}{X_L} \times \alpha [\text{kVA}]$$

여기서, P_n : 발전기의 용량(566.67[kVA])
 X_L : 과도리액턴스(20[%]=0.2)
 α : 여유율(25[%]=1.25)

∴ $P_s \geq \frac{P_n}{X_L} \times \alpha = \frac{566.67 [\text{kVA}]}{0.2} \times 1.25 = 3,541.69 [\text{kVA}] ≒ 3.54 [\text{MVA}]$

[보조단위] 킬로 k = 10^3 이고, 메가 M = 10^6 이다.

정답 (1) 566.67[kVA] 이상
 (2) 3.54[MVA] 이상

CHAPTER 06 소방전기일반

제1절 전기기초이론

핵심이론 01 | 옴의 법칙

(1) 전류(I)

$$I = \frac{V}{R} [\text{A}]$$

(2) 전압(V)

① 전압 $V = IR [\text{V}]$

② 전압강하(e)

전기방식	전압강하		전선의 단면적
단상 3선식 직류 3선식 3상 4선식	$e = \dfrac{17.8LI}{1,000A} [\text{V}]$	$e = V_i - V_o = IR [\text{V}]$	$A = \dfrac{17.8LI}{1,000e} [\text{mm}^2]$
단상 2선식 직류 2선식	$e = \dfrac{35.6LI}{1,000A} [\text{V}]$	$e = V_i - V_o = 2IR [\text{V}]$	$A = \dfrac{35.6LI}{1,000e} [\text{mm}^2]$
3상 3선식	$e = \dfrac{30.8LI}{1,000A} [\text{V}]$	$e = V_i - V_o = \sqrt{3}\,IR [\text{V}]$	$A = \dfrac{30.8LI}{1,000e} [\text{mm}^2]$

여기서, L : 배선의 거리[m]　　　　　I : 전류[A]
　　　　A : 전선의 단면적$\left(\dfrac{\pi}{4} \times d^2\right)[\text{mm}^2]$　　d : 전선의 직경[m]
　　　　V_i : 입력전압[V]　　　　　　V_o : 출력전압(단자전압)[V]
　　　　R : 저항[Ω]

(3) 저항(R)

① 저항 $R = \dfrac{V}{I} [\Omega]$

② 저항 $R = \dfrac{1}{G} = \rho \dfrac{L}{A} = R_0 (1 + \alpha \Delta t) [\Omega]$

여기서, G : 컨덕턴스[℧]　　　　　ρ : 고유저항[Ω·m]
　　　　L : 전선의 길이[m]　　　　A : 전선의 단면적[m²]
　　　　R_o : 온도변화 전의 저항　　α : 온도계수
　　　　ΔT : 온도차[℃]

핵심이론 02 | 교류회로

(1) R-L-C 기본회로

① R만 있는 회로의 실효값 전류 $I = \dfrac{V}{R}$[A]

② L만 있는 회로의 실효값 전류 $I = \dfrac{V}{X_L} = \dfrac{V}{\omega L} = \dfrac{V}{2\pi f L}$[A]

③ C만 있는 회로의 실효값 전류 $I = \dfrac{V}{X_C} = \dfrac{V}{\dfrac{1}{\omega C}} = \omega C V = 2\pi f C V$[A]

여기서, V : 전압[V] $\quad f$: 주파수[Hz]
L : 인덕턴스[H] $\quad C$: 커패시턴스[F]

(2) 전력용 콘덴서의 용량 계산

① 단상 또는 3상 Y결선 시 전력용 콘덴서의 용량

㉠ 용량 리액턴스 $X_c = \dfrac{1}{\omega C} = \dfrac{1}{2\pi f C}$[Ω]

㉡ 전류 $I = \dfrac{V}{X_c} = \dfrac{V}{\dfrac{1}{\omega C}} = \omega C V = 2\pi f C V$[A]

㉢ 콘덴서 용량 $Q_c = 3IV_p = 3\omega C V_p \times V_p = 3\omega C \left(\dfrac{1}{\sqrt{3}} V\right)^2$ 에서

$Q_c = \omega C V^2 = 2\pi f C V^2$ [VA]

(Y결선 시 선간전압(V)은 상전압(V_p)의 $\sqrt{3}$ 배이다. 따라서, 상전압 $V_p = \dfrac{1}{\sqrt{3}} V$이다)

② 3상 △결선 시 전력용 콘덴서의 용량

콘덴서 용량 $Q_c = 3IV_p = 3\omega C V_p \times V_p = 3\omega C V_p^2 = 3\omega C V^2$ 에서

$Q_c = 3 \times 2\pi f \times C V^2 = 6\pi f C V^2$ [VA]

(△결선 시 선간전압(V)과 상전압(V_p)은 같다. 따라서, 상전압 $V_p = V$이다)

③ 역률을 개선하기 위한 전력용 콘덴서의 용량 계산

　㉠ $Q_C = P(\tan\theta_1 - \tan\theta_2) = P\left(\sqrt{\dfrac{1}{\cos^2\theta_1} - 1} - \sqrt{\dfrac{1}{\cos^2\theta_2} - 1}\right)[\text{kVA}]$

　㉡ $Q_C = P\left(\dfrac{\sin\theta_1}{\cos\theta_1} - \dfrac{\sin\theta_2}{\cos\theta_2}\right) = P\left(\dfrac{\sqrt{1-\cos^2\theta_1}}{\cos\theta_1} - \dfrac{\sqrt{1-\cos^2\theta_2}}{\cos\theta_2}\right)[\text{kVA}]$

　　여기서, P : 유효전력[kW]　　　　　$\cos\theta_1 \cdot \cos\theta_2$: 개선 전·후의 역률

(3) 단상 교류전력

① 피상전력 $P_a = \sqrt{P^2 + P_r^2} = IV[\text{VA}]$

② 유효전력(소비전력) $P = IV\cos\theta = P_a\cos\theta[\text{W}]$

③ 무효전력 $P_r = IV\sin\theta = P_a\sin\theta[\text{Var}]$

④ 역률 $\cos\theta = \dfrac{P}{P_a} = \dfrac{P}{\sqrt{P^2 + P_r^2}} = \dfrac{P}{IV}$

⑤ 무효율 $\sin\theta = \dfrac{P_r}{P_a} = \dfrac{P_r}{\sqrt{P^2 + P_r^2}} = \dfrac{P_r}{IV}$

　여기서, I : 전류[A]　　　　　　V : 전압[V]
　　　　　$\cos\theta$: 역률　　　　　$\sin\theta$: 무효율

(4) 3상 교류전력 및 3상 유도전동기의 출력

① 3상 교류전력

　㉠ 유효전력 $P = \sqrt{3}\,IV\cos\theta[\text{W}]$

　㉡ 무효전력 $P_r = \sqrt{3}\,IV\sin\theta[\text{Var}]$

② 3상 유도전동기의 출력 $P = \sqrt{3}\,IV\cos\theta\eta[\text{W}]$

　여기서, I : 전류[A]　　　　　　V : 전압[V]
　　　　　$\cos\theta$: 역률　　　　　η : 효율

핵심이론 03 | 정류회로

(1) 정류회로 개요
정류란 교류를 직류로 바꾸는 것이며 이때 사용하는 소자를 정류소자라고 한다.

(2) 단상 반파 정류회로

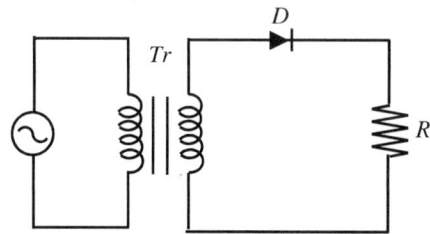

① 교류전원이 변압기를 통하여 정류다이오드에 가해지면 정(+)의 반파만 순방향 전류가 통과하지만 부(-)의 반파는 통과하지 못하게 된다.

② 직류전압의 평균값 $V_d = \frac{1}{\pi} V_m = \frac{\sqrt{2}}{\pi} V[\text{V}]$

③ 저항 R에 흐르는 직류전류의 평균값 $I_d = \frac{V_d}{R} = \frac{1}{\pi} \times \frac{V_m}{R} = \frac{\sqrt{2}}{\pi} \times \frac{V}{R}[\text{A}]$

④ 직류 출력 전력 $P_d = I_d V_d = \frac{1}{\pi} \times \frac{V_m}{R} \times \frac{1}{\pi} V_m = \frac{V_m^2}{\pi^2 R}[\text{W}]$

여기서, V_m : 최대값 전압[V]　　　V : 변압기의 2차 측 실효값 전압[V]

(3) 콘덴서 평활회로(R-C 필터회로)

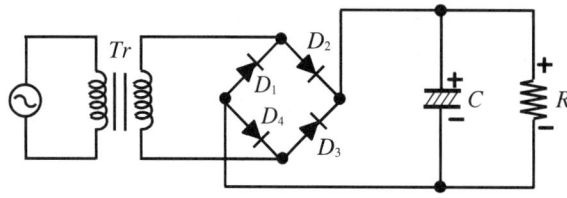

① 평활회로는 교류성분(리플)이 있는 파형을 직류형태로 만들어 주는 역할을 하므로 정류회로의 출력부분에 커패시터(콘덴서)를 병렬로 연결한 회로이다.

② 커패시터는 매우 빠른 속도로 충전과 방전을 반복함으로써 출력전압의 맥류분을 감소시켜 직류전압을 일정하게 유지시켜 주는 역할을 한다.

③ 부하저항(R_L)을 떼어 냈을 경우 콘덴서에 충전되는 전압(V_C)

$V_C = V_m = \sqrt{2}\, V[\text{V}]$

여기서, V_m : 최대값 전압[V]　　　V : 변압기의 2차 측 실효값 전압[V]

④ 평활 후의 전압파형

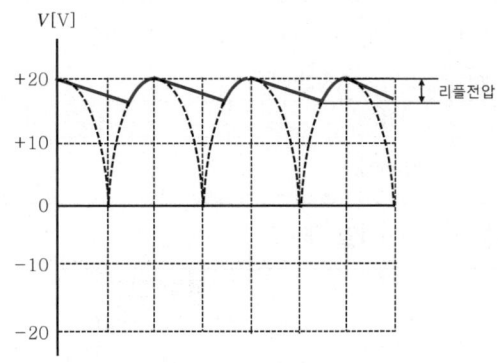

(4) 단상 전파 브리지 정류회로
① 브리지 정류회로란 다이오드(D) 4개를 이용한 정류회로이며 다이오드에 전압을 인가하면 순방향으로만 전류를 통과시키고 역방향으로는 전류를 흐르지 않는 단방향 전류소자이다.
② 다이오드의 접속점
  ㉠ 다이오드의 화살표 방향이 모이는 접속점은 "+"이다(D_2와 D_3의 접속점).
  ㉡ 다이오드의 화살표 방향이 분배되는 접속점은 "-"이다(D_1과 D_4의 접속점).
  ㉢ 그 밖의 접속점은 교류입력이다(D_1과 D_2의 접속점, D_4와 D_3의 접속점).

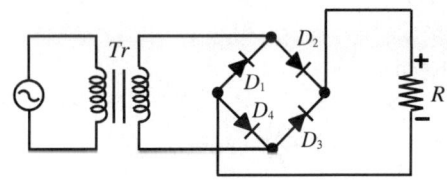

③ 단상 반파회로와 단상 전파회로 비교

정류회로	단상 반파회로	단상 전파회로
회로도		
출력전압파형		

정류회로	단상 반파회로	단상 전파회로
직류분 평균전압 (V_d)	$V_d = \dfrac{\sqrt{2}}{\pi} V = 0.45 V$ 여기서, V : 실효전압[V]	$V_d = \dfrac{2\sqrt{2}}{\pi} V = 0.9 V$ 여기서, V : 실효전압[V]
맥동률	121[%]	48[%]
맥동주파수 (60[Hz]일 경우)	f(60[Hz])	$2f$(120[Hz])

④ 맥동주파수와 맥동률(주파수 $f=60$[Hz]일 때)

정류회로	맥동주파수	맥동률
단상 반파정류	$f_{맥동} = f = 60[\text{Hz}]$	121[%]
단상 전파정류	$f_{맥동} = 2f = 120[\text{Hz}]$	48[%]
3상 반파정류	$f_{맥동} = 3f = 180[\text{Hz}]$	17[%]
3상 전파정류	$f_{맥동} = 6f = 360[\text{Hz}]$	4[%]

핵심이론 04 | 전기기기

(1) 3상 유도전동기

① 유도전동기의 성능

㉠ 동기속도 $N_s = \dfrac{120f}{P}$ [rpm]

㉡ 회전속도 $N = (1-s)N_s = (1-s)\dfrac{120f}{P}$ [rpm]

여기서, P : 극수 f : 주파수[Hz]
  s : 슬립

㉢ 슬립 $s = \dfrac{N_s - N}{N_s}$

㉣ 3상 유도전동기의 효율 $\eta = \dfrac{P}{\sqrt{3}\, IV \cos\theta} \times 100 [\%]$

여기서, P : 유도전동기의 출력[W] I : 전류[A]
  V : 전압[V] $\cos\theta$: 역률

㉤ 3상 유도전동기의 기계적 출력 $P = 9.8\omega T = 9.8 \times \left(\dfrac{2\pi N}{60}\right) \times T [\text{W}]$

여기서, ω : 각속도[rad/s] T : 토크[kgf·m]
  N : 회전수[rpm]

② 3상 유도전동기의 기동방법

유도전동기의 종류	기동방법
농형 유도전동기	• 전전압기동법 : 직접 정격전압을 전동기에 가해 기동시키는 방법으로서 5[kW] 이하의 전동기를 기동시킨다. • Y-△기동법 : 기동전류를 줄이기 위하여 전동기의 고정자 권선을 Y결선으로 하여 상전압을 줄여 기동전류와 기동토크를 $\frac{1}{3}$로 감소시키고, 기동 후에는 △결선으로 하여 전전압으로 운전하는 방법으로서 일반적으로 10~15[kW]의 전동기를 기동시킨다. • 기동보상기법 : 단권변압기를 사용하여 공급전압을 낮추어 기동하는 방법으로서 15[kW] 이상의 전동기를 기동시킨다. • 리액터기동법 : 전동기의 1차 측에 직렬로 리액터를 설치하고 리액터 값을 조정하여 기동전압을 제어하여 기동시킨다.
권선형 유도전동기	2차 저항 제어법 : 전동기의 2차에 저항을 넣어 비례추이의 원리에 의하여 기동전류를 작게 하고 기동토크를 크게 하여 기동하는 방법이다.

(2) 펌프용 전동기의 동력 계산

① 수동력 $P_w = \gamma HQ \,[\text{kW}]$

② 축동력 $P = \dfrac{\gamma HQ}{\eta} \,[\text{kW}]$

③ 전동기 동력 $P_m = \dfrac{\gamma HQ}{\eta} \times K \,[\text{kW}]$

여기서, γ : 물의 비중량(9.8[kN/m³])　　H : 전양정[m]
　　　　Q : 유량(토출량, [m³/s])　　　η : 펌프의 전효율(수력효율×체적효율×기계효율)
　　　　K : 동력전달계수(여유율)

┤참고├
동력의 단위
• 국제동력 1[kW] = 102[kgf·m/s] = 860[kcal/h] = 1,000[W]
• 국제마력 1[PS] = 75[kgf·m/s] = 632[kcal/h] = 735.3[W]
• 영국마력 1[HP] = 76[kgf·m/s] = 641[kcal/h] = 745.1[W]

(3) 송풍기의 전동기 동력 계산

$P_m = \dfrac{P_T \times Q}{102 \times \eta} \times K \,[\text{kW}]$

여기서, P_T : 전압[kgf/m²]　　　　　Q : 풍량[m³/s]
　　　　η : 송풍기의 전효율　　　　K : 동력전달계수(여유율)

┤참고├
압력의 단위
1[atm] = 760[mmHg] = 10,332[kgf/m²] = 101,325[Pa] = 101.3[kPa] = 0.1[MPa]

(4) 변압기

① 권수비(a)

$$a = \frac{N_2}{N_1} = \frac{E_2}{E_1} = \frac{I_1}{I_2}$$

여기서, $N_1 \cdot N_2$: 1차 · 2차의 권선수 $E_1 \cdot E_2$: 1차 · 2차의 전압[V]

$I_1 \cdot I_2$: 1차 · 2차의 전류[A]

② 변압기의 결선방법

㉠ Y-Y결선
- 중성점을 접지할 수 있고, 절연이 용이하다.
- 중성점을 접지할 경우 제3고조파 전류가 흘러 통신선에 통신장애를 일으킨다.

㉡ △-△결선
- 변압기 외부에 제3고조파가 발생하지 않아 통신장애가 없다.
- 변압기 3대 중 1대가 고장이 나도 나머지 2대로 V-V결선으로 하여 3상 전력을 공급할 수 있다.

㉢ V결선

단상변압기 2차 측의 정격전압 및 정격전류를 각각 V_{2n}, I_{2n} 일 때

- 단상변압기의 최대 출력 $P_V = \sqrt{3}\, V_{2n} I_{2n}\,[\mathrm{VA}]$

- V결선과 △결선의 용량의 비 $\dfrac{P_V}{P_\triangle} = \dfrac{\sqrt{3}\, V_{2n} I_{2n}}{3\, V_{2n} I_{2n}} = \dfrac{1}{\sqrt{3}} = 0.577$

- V결선의 변압기 최대출력은 변압기 1대의 $\sqrt{3}$ 배이고, 그 이용률은 다음과 같다.

$$이용률 = \frac{\sqrt{3}\, V_{2n} I_{2n}}{2\, V_{2n} I_{2n}} = \frac{\sqrt{3}}{2} = 0.866$$

③ 변류기(CT)

㉠ 변류기는 1차 권선을 고압회로와 직렬로 접속하여 대전류를 소전류(2차 전류)로 변성하는 계기용 변성기로서 변류기의 2차 전류는 5[A]가 표준이다.

㉡ 변류비 $\dfrac{I_1}{I_2} = \dfrac{N_2}{N_1}\,(N_1 < N_2)$

EXERCISE 06-1 전기기초이론

01 경동선의 저항이 20[℃]에서 100[Ω]이다. 경동선의 온도가 100[℃]로 상승할 때 저항[Ω]을 구하시오(단, 20[℃]에서 경동선의 저항온도계수는 0.00393이다).

득점	배점
	4

• 계산과정 :
• 답 :

해설

저항 계산

(1) 옴의 법칙

전류는 전압에 비례하고 저항에 반비례한다.

$$V = IR\,[\text{V}] \qquad I = \frac{V}{R}\,[\text{A}] \qquad R = \frac{V}{I}\,[\Omega]$$

여기서, V : 전압[V] I : 전류[A]
R : 저항[Ω]

(2) 저항(R)

$$R = \rho\frac{L}{A} = R_0\{1 + \alpha(T_2 - T_1)\} = \frac{1}{G}\,[\Omega]$$

여기서, ρ : 고유저항[Ω·m] L : 도체의 길이[m]
A : 도체의 단면적[m²] R_0 : 온도변화 전의 저항[Ω]
α : 저항온도계수 G : 컨덕턴스[℧]
T_1 : 상승 전의 온도(20[℃]) T_2 : 상승 후의 온도(100[℃])

∴ 저항 $R = R_0\{1 + \alpha(T_2 - T_1)\} = 100[\Omega] \times \{1 + 0.00393(100[℃] - 20[℃])\}$
$= 131.44[\Omega]$

정답 131.44[Ω]

02 수신기로부터 배선거리가 100[m] 떨어진 위치에 제연설비의 댐퍼가 설치되어 있다. 아래 조건을 참고하여 댐퍼가 동작할 때 전압강하는 몇 [V]인지 구하시오.

득점	배점
	4

조 건
- 수신기는 정전압출력이다.
- 단상 2선식이고, 전선은 지름 1.5[mm]의 HFIX를 사용한다.
- 댐퍼가 작동할 때 소요전류는 1[A]이다.

해설

전압강하

(1) 전압강하(e) 계산식

① 단상 2선식, 직류 2선식 : $e = \dfrac{35.6LI}{1,000A}$ [V]

② 단상 3선식 또는 3상 4선식, 직류 3선식 : $e = \dfrac{17.8LI}{1,000A}$ [V]

③ 3상 3선식 : $e = \dfrac{30.8LI}{1,000A}$ [V]

여기서, L : 배선의 거리[m] I : 전류[A]
       A : 전선의 단면적[mm^2]

(2) 댐퍼가 작동할 때 전압강하 계산

① 단상 2선식 배선이므로 전압강하 $e = \dfrac{35.6LI}{1,000A}$ 식을 적용한다.

② 댐퍼가 작동할 때 소요전류는 1[A]이다.

③ 전선의 단면적 $A = \left(\dfrac{\pi}{4} \times d^2\right)$이다(단, d는 전선의 지름이다).

∴ 전압강하 $e = \dfrac{35.6LI}{1,000A} = \dfrac{35.6LI}{1,000 \times \left(\dfrac{\pi}{4} \times d^2\right)} = \dfrac{35.6 \times 100[\text{m}] \times 1[\text{A}]}{1,000 \times \left\{\dfrac{\pi}{4} \times (1.5[\text{mm}])^2\right\}} = 2.01[\text{V}]$

정답 2.01[V]

03

지하 1층, 지상 6층의 공장에 자동화재탐지설비를 설치하였다. 수신기는 공장에서 60[m] 떨어진 위치에 설치되어 있으며 수신기와 공장 간의 소모되는 전류는 400[mA]이다. 이때 지상 1층에서 화재가 발생한 경우 수신기와 공장 간의 전압강하[V]를 구하시오(단, 사용하는 전선은 HFIX이고, 직경은 1.5[mm]이다).

득점	배점
	4

• 계산과정 :

• 답 :

해설
전압강하 계산

전원방식	전압강하(e) 식
단상 2선식, 직류 2선식	$e = \dfrac{35.6LI}{1,000A}$ [V]
단상 3선식 또는 3상 4선식, 직류 3선식	$e = \dfrac{17.8LI}{1,000A}$ [V]
3상 3선식	$e = \dfrac{30.8LI}{1,000A}$ [V]

여기서, L : 배선의 거리[m]　　　I : 전류[A]
　　　　A : 전선의 단면적 $\left(\dfrac{\pi}{4} \times d^2\right)$[mm²]

(1) 수신기에 공급되는 AC 220[V](단상 2선식) 전원을 DC 24[V] 전원으로 전환시켜 수신기 내부의 전원으로 사용하고, 감지기, 발신기, 음향장치에 전원을 공급한다. 따라서, 수신기와 공장 간의 전원방식은 직류 2선식이므로 전압강하 $e = \dfrac{35.6LI}{1,000A}$ 식을 적용하여 계산한다.

(2) 전선의 직경이 d일 때 전선의 단면적 $A = \dfrac{\pi}{4} \times d^2$[mm²]이다.

∴ 전압강하 $e = \dfrac{35.6LI}{1,000A} = \dfrac{35.6LI}{1,000 \times \left(\dfrac{\pi}{4} \times d^2\right)} = \dfrac{35.6 \times 60[\text{m}] \times (400 \times 10^{-3})[\text{A}]}{1,000 \times \left\{\dfrac{\pi}{4} \times (1.5[\text{mm}])^2\right\}} = 0.48$ [V]

정답 0.48[V]

04

감시제어반으로부터 배선의 거리가 90[m] 떨어진 위치에 이산화탄소소화설비의 기동용 솔레노이드밸브가 설치되어 있다. 감시제어반 출력단자의 전압은 26[V]일 때 솔레노이드밸브가 기동할 때 단자전압[V]을 구하시오(단, 솔레노이드밸브의 정격전류는 2[A]이고, 배선 1[m]당 전기저항은 0.008[Ω]이며 전압변동에 의한 부하전류의 변동은 무시한다).

득점	배점
	5

• 계산과정 :

• 답 :

해설

솔레노이드밸브의 단자전압
(1) 전압강하

전원방식	전압강하(e) 식	적용설비
단상 2선식	$e = V_i - V_o = 2IR$ [V]	경종(사이렌), 표시등, 감지기, 유도등, 비상조명등, 전자밸브(솔레노이드밸브)
3상 3선식	$e = V_i - V_o = \sqrt{3} IR$ [V]	소방펌프, 제연팬

여기서, V_i : 입력전압[V] V_o : 출력전압(단자전압)[V]
   I : 전류[A] R : 저항[Ω]

솔레노이드밸브는 단상 2선식이고, 정격전류가 2[A], 배선거리가 90[m], 전선의 저항 $R = 0.008$ [Ω/m]이므로
전압강하 $e = V_i - V_o = 2IR$[V]에서
∴ $e = 2 \times 2[\text{A}] \times (0.008[\Omega/\text{m}] \times 90[\text{m}]) = 2.88$[V]

(2) 솔레노이드밸브의 단자전압
∴ 단자전압 $V_o = V_i - e = 26[\text{V}] - 2.88[\text{V}] = 23.12[\text{V}]$

정답 23.12[V]

---

05 수신기로부터 배선거리가 110[m]인 위치에 모터사이렌이 접속되어 있다. 아래 조건을 참고하여 사이렌이 명동될 때 사이렌의 단자전압[V]을 구하시오.

득점	배점
	5

조건
- 수신기는 정전압출력이고, 전선은 HFIX 2.5[mm²]를 사용한다.
- 전압변동에 의한 부하전류의 변동은 무시하고, 사이렌의 정격출력은 48[W]로 한다.
- 동선의 전기저항은 8.75[Ω/km]라고 한다.

해설

사이렌의 단자전압
(1) 수신기의 전원공급
   수신기에 공급되는 교류(AC) 220[V]를 직류(DC) 24[V]로 전환시켜 수신기 내부의 전원으로 사용하고, 감지기, 발신기, 음향장치에 전원을 공급한다. 따라서, 수신기의 입력전압은 직류(DC) 24[V]이다.
(2) 전압강하 계산

전원방식	전압강하(e) 식	적용설비
단상 2선식	$e = V_i - V_o = 2IR$ [V]	경종(사이렌), 표시등, 감지기, 유도등, 비상조명등, 전자밸브(솔레노이드밸브)
3상 3선식	$e = V_i - V_o = \sqrt{3} IR$ [V]	소방펌프, 제연팬

여기서, V_i : 입력전압[V] V_o : 출력전압(단자전압)[V]
   I : 전류[A] R : 저항[Ω]

① 수신기의 입력전압이 24[V]이고, 전압변동에 의한 부하전류의 변동은 무시하므로 전력을 구하는 계산식으로 전류를 구한다.

$$P = IV = I^2 R = \frac{V^2}{R} \ [\text{W}]$$

여기서, P : 전력(48[W]) I : 전류[A]
        V : 전압(24[V]) R : 저항[Ω]

∴ 전류 $I = \dfrac{P}{V} = \dfrac{48[\text{W}]}{24[\text{V}]} = 2[\text{A}]$

② 사이렌은 단상 2선식이고, 배선거리가 110[m], 동선(전선)의 저항 $R = 8.75[\Omega/\text{km}]$이므로
전압강하 $e = V_i - V_o = 2IR$에서

∴ $e = 2 \times 2[\text{A}] \times \left(8.75\left[\dfrac{\Omega}{\text{km}}\right] \times \dfrac{1[\text{km}]}{1,000[\text{m}]} \times 110[\text{m}]\right) = 3.85[\text{V}]$

(3) 사이렌의 단자전압 계산

∴ 단자전압 $V_o = V_i - e = 24[\text{V}] - 3.85[\text{V}] = 20.15[\text{V}]$

┤참고├

사이렌의 저항을 고려한 모터사이렌의 단자전압

- 수신기에서 모터사이렌까지 배선거리가 110[m]이고, 동선(전선)의 저항 $R = 8.75[\Omega/\text{km}]$이므로

  배선의 저항 $R_1 = 8.75\left[\dfrac{\Omega}{\text{km}}\right] \times \dfrac{1[\text{km}]}{1,000[\text{m}]} \times 110[\text{m}] = 0.9625[\Omega]$

- 왕복배선이므로 배선의 저항은 각각 $R_1 = 0.9625[\Omega]$, $R_2 = 0.9625[\Omega]$

- 사이렌의 저항 $R_3 = \dfrac{V^2}{P} = \dfrac{(24[\text{V}])^2}{48[\text{W}]} = 12[\Omega]$

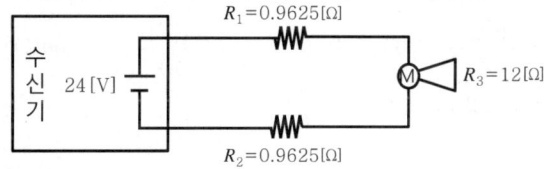

- 배선저항과 사이렌 저항이 모두 직렬로 연결되어 있다($R = R_1 + R_2 + R_3[\Omega]$).

  ∴ 합성저항 $R = 0.9625[\Omega] + 0.9625[\Omega] + 12[\Omega] = 13.925[\Omega]$

- 수신기와 모터사이렌에 흐르는 전류 $I = \dfrac{V}{R} = \dfrac{24[\text{V}]}{13.925[\Omega]} = 1.724[\text{A}]$

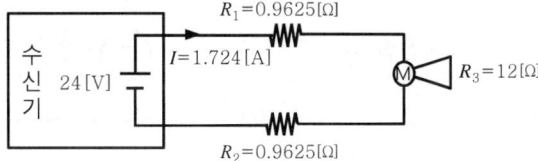

- 저항이 직렬로 연결되어 있으므로 각 저항에 흐르는 전류는 같다($I = I_1 = I_2 = I_3 = 1.724[\text{A}]$).

  ∴ 모터사이렌에 걸리는 단자전압 $V = IR_3 = 1.724[\text{A}] \times 12[\Omega] = 20.688[\Omega]$

정답 20.15[V]

06 정격전압이 DC 24[V]인 P형 수신기와 감지기의 배선회로에서 감지기가 작동할 때 동작전류 [mA]를 구하시오(단, 종단저항은 감지기의 말단에 설치하고, 종단저항은 20[kΩ], 감시전류는 1.17[mA], 릴레이저항은 500[Ω]이다).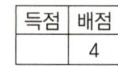

• 계산과정 :

• 답 :

해설
감지기가 작동할 때 동작전류 계산

(1) 감시전류(I)

감지기의 감시전류는 릴레이저항, 종단저항, 배선저항이 직렬로 연결되어 흐른다. [조건]에서 배선저항이 주어지지 않았으므로 먼저 배선저항을 구한다.

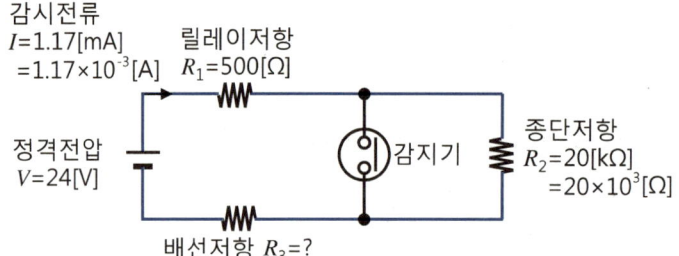

① 합성저항 $R = R_1 + R_2 + R_3 [\Omega]$

② 감시전류 $I = \dfrac{V}{R} = \dfrac{V[\text{V}]}{R_1[\Omega] + R_2[\Omega] + R_3[\Omega]} = 1.17 \times 10^{-3}[\text{A}]$

③ 배선저항 $R_3 = \dfrac{V[\text{V}]}{I[\text{A}]} - R_1[\Omega] - R_2[\Omega] = \dfrac{24[\text{V}]}{1.17 \times 10^{-3}[\text{A}]} - 500[\Omega] - 20 \times 10^3[\Omega]$

$= 12.82[\Omega]$

(2) 동작전류(I)

감지기가 작동되었을 때 종단저항에는 전류가 흐르지 않으므로 동작전류는 릴레이저항, 배선저항이 직렬로 연결되어 흐른다.

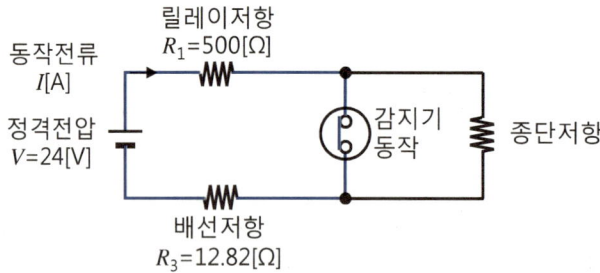

① 합성저항 $R = R_1 + R_3 [\Omega]$

② 동작전류 $I = \dfrac{V[\text{V}]}{R[\Omega]} = \dfrac{V[\text{V}]}{R_1[\Omega] + R_3[\Omega]} = \dfrac{24[\text{V}]}{500[\Omega] + 12.82[\Omega]}$

$= 0.0468[\text{A}] = 46.8 \times 10^{-3}[\text{A}] = 46.8[\text{mA}]$

정답 46.8[mA]

07

P형 수신기와 감지기 사이의 배선회로에서 배선저항은 10[Ω], 릴레이저항은 950[Ω], 종단저항은 10[kΩ]이고, 감시전류가 2.4[mA]일 때 다음 각 물음에 답하시오.

(1) 수신기의 단자전압[V]을 구하시오.
  • 계산과정 :
  • 답 :
(2) 화재 시 감지기가 동작할 때 전류는 몇 [mA]인지 구하시오(단, 배선저항은 무시하지 않는다).
  • 계산과정 :
  • 답 :

해설

수신기의 단자전압과 동작전류

(1) 단자전압(V)

$$V = I(R_1 + R_2 + R_3) \ [V]$$

여기서, I : 감시전류($2.4[mA] = 2.4 \times 10^{-3}[A]$)
  R_1 : 릴레이저항($950[\Omega]$)
  R_2 : 종단저항($10[k\Omega] = 10 \times 10^3[\Omega]$)
  R_3 : 배선저항($10[\Omega]$)

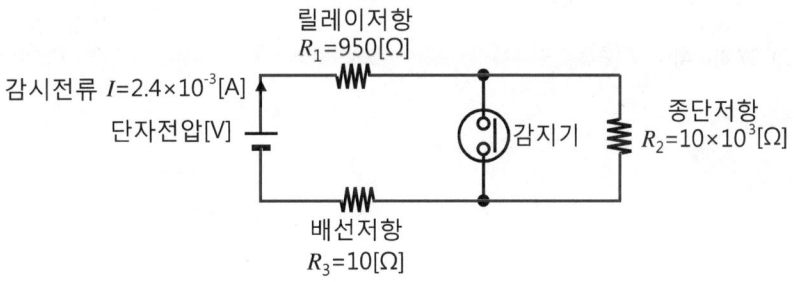

∴ $V = 2.4 \times 10^{-3}[A] \times \{950[\Omega] + (10 \times 10^3[\Omega]) + 10[\Omega]\} = 26.3[V]$

[보조단위] 킬로 k = 10^3이고, 밀리 m = 10^{-3}이다.

(2) 동작전류(I)

$$I = \frac{V}{R_1 + R_3} [\text{A}]$$

여기서, V : 단자전압(26.3[V])
R_1 : 릴레이저항(950[Ω])
R_3 : 배선저항(10[Ω])

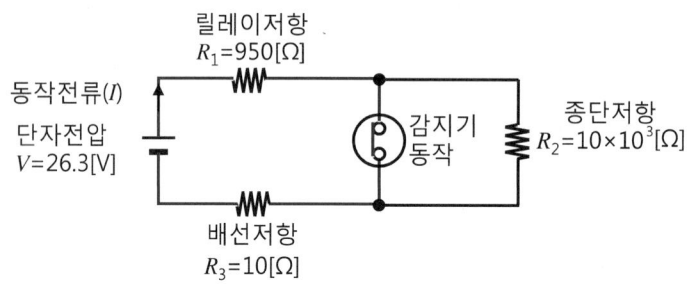

① 배선저항을 무시하지 않는 경우

$$\therefore I = \frac{26.3[\text{V}]}{950[\Omega] + 10[\Omega]} = 0.0274[\text{A}] = 27.4[\text{mA}]$$

② 배선저항을 무시하는 경우

$$\therefore I = \frac{26.3[\text{V}]}{950[\Omega]} = 0.02768[\text{A}] = 27.68[\text{mA}]$$

정답 (1) 26.3[V]
(2) 27.4[mA]

08

수위실에서 400[m] 떨어진 사무실(지하 1층, 지상 11층)에 자동화재탐지설비를 설치하여 각 층별로 발신기가 2개씩 설치되어 있다. 이때 1층에서 화재가 발생하였을 경우, 경종 및 표시등의 공통선에 대한 소요전류와 전압강하를 구하시오(단, 전선은 HFIX 2.5[mm²]이고, 경종은 50[mA/개], 발신기의 감시전류는 30[mA/개]이다).

(1) 경종 및 표시등 공통선의 소요전류[A]를 구하시오.
  • 계산과정 :
  • 답 :

(2) 전압강하[V]를 구하시오.
  • 계산과정 :
  • 답 :

해설

자동화재탐지설비

(1) 소요전류 계산
　① 우선경보방식
　　　층수가 11층(공동주택의 경우에는 16층) 이상의 특정소방대상물은 다음에 따라 경보를 발할 수 있도록 해야 한다.
　　　㉠ 2층 이상의 층에서 발화한 때에는 발화층 및 그 직상 4개 층에 경보를 발할 것
　　　㉡ 1층에서 발화한 때에는 발화층·그 직상 4개 층 및 지하층에 경보를 발할 것
　　　㉢ 지하층에서 발화한 때에는 발화층·그 직상층 및 그 밖의 지하층에 경보를 발할 것
　　　　∴ 1층에서 화재가 발생한 경우 발화층, 직상 4개 층(2층, 3층, 4층, 5층) 및 지하층(지하 1층)에 경보를 발해야 한다. 따라서, 1층에서 화재가 발생한 경우 총 6개 층에서 경종이 울려야 한다.
　② 발신기에 경종이 설치되어 있으므로 경종의 개수는 발신기의 개수와 같다.
　　∴ 경종에서 소요되는 전류 I_1 = 경종 1개당 소요전류[A] × 경종 개수
　　　　　　　　　= 50[mA/개] × (6개 층 × 2개) = 600[mA] = 0.6[A]
　③ 발신기에 표시등이 설치되어 있으므로 표시등의 개수는 발신기 개수와 같다. 따라서, 발신기에 설치된 표시등은 평상시에도 표시등이 모두 점등되어 있다.
　　∴ 표시등에서 소요되는 전류 I_2 = 표시등 1개당 소요전류[A] × 표시등 개수
　　　　　　　　　= 30[mA/개] × (12개 층 × 2개) = 720[mA] = 0.72[A]
　④ 경종 및 표시등 공통선에서 소요되는 전류
　　∴ $I = I_1 + I_2 = 0.6[A] + 0.72[A] = 1.32[A]$

(2) 전압강하 계산

전원방식	전압강하(e) 식	적용설비
단상 2선식	$e = \dfrac{35.6LI}{1,000A}$ [V]	경종(사이렌), 표시등, 감지기, 유도등, 비상조명등, 전자밸브(솔레노이드밸브)
3상 3선식	$e = \dfrac{30.8LI}{1,000A}$ [V]	소방펌프, 제연팬

여기서, L : 선로의 길이[m]　　　I : 전류[A]
　　　　A : 전선의 단면적[mm²]

∴ 전압강하 $e = \dfrac{35.6LI}{1,000A} = \dfrac{35.6 \times 400[\text{m}] \times 1.32[\text{A}]}{1,000 \times 2.5[\text{mm}^2]} = 7.52[\text{V}]$

정답　(1) 1.32[A]
　　　　(2) 7.52[V]

09

P형 1급 수신기와 감지기 간의 배선회로에서 종단저항은 11[kΩ], 감시전류는 2[mA], 릴레이 저항은 950[Ω], 수신기의 전압은 DC 24[V]일 때 다음 각 물음에 답하시오.

득점	배점
	4

(1) 배선저항[Ω]을 구하시오.
- 계산과정 :
- 답 :

(2) 화재 시 감지기가 동작할 때 동작전류[mA]를 구하시오.
- 계산과정 :
- 답 :

해설

종단저항

(1) 배선저항

$$I = \frac{V}{R_{종단} + R_{릴레이} + R_{배선}} [A]$$

여기서, I : 감시전류(2[mA]=2×10^{-3}[A])
V : 회로의 전압(24[V])
$R_{종단}$: 종단저항(11[kΩ]=11×10^3[Ω])
$R_{릴레이}$: 릴레이저항(950[Ω])
$R_{배선}$: 배선저항[Ω]

$$\therefore R_{배선} = \frac{V}{I} - R_{종단} - R_{릴레이} = \frac{24[V]}{2 \times 10^{-3}[A]} - 11 \times 10^3[\Omega] - 950[\Omega] = 50[\Omega]$$

(2) 동작전류(I)

$$I = \frac{V}{R_{릴레이} + R_{배선}} [A]$$

동작전류는 전체저항에서 종단저항을 뺀 값으로 구한다.

$$\therefore I = \frac{V}{R_{릴레이} + R_{배선}} = \frac{24[V]}{950[\Omega] + 50[\Omega]} = 0.024[A] = 24 \times 10^{-3}[A] = 24[mA]$$

정답 (1) 50[Ω]
(2) 24[mA]

10

자동화재탐지설비의 발신기에서 1회로당 80[mA](표시등 1개당 30[mA], 경종 1개당 50[mA])의 전류가 소모되며, 지하 1층에서 지상 5층까지 각 층별로 2회로씩 총 12회로인 공장에서 P형 수신기에서 최말단 발신기까지의 거리가 500[m] 떨어진 경우 다음 각 물음에 답하시오.

득점	배점
	6

(1) 표시등과 경종의 최대 소요전류[A]와 총 소요전류[A]를 구하시오.
   ① 표시등의 최대 소요전류
      • 계산과정 :
      • 답 :
   ② 경종의 최대 소요전류
      • 계산과정 :
      • 답 :
   ③ 총 소요전류
      • 계산과정 :
      • 답 :

(2) 2.5[mm²]의 전선을 사용하여 경종이 작동한 경우 최말단에서 전압강하는 몇 [V]인지 구하시오.
      • 계산과정 :
      • 답 :

(3) (2)의 계산에 의한 경종의 작동 여부를 설명하시오.

해설

자동화재탐지설비

(1) 소요전류의 계산
   ① 표시등의 최대 소요전류(I_1)
      ∴ I_1 = 표시등 1개당 소요전류[A] × 회로수 = 30[mA] × 12회로 = 360[mA] = 0.36[A]

   ② 경종의 최대 소요전류(I_2)
      층수가 11층 미만의 특정소방대상물이므로 일제경보방식을 채택해야 한다. 따라서, 일제경보방식은 화재 시 12회로 모두 경종이 울린다.
      ∴ I_2 = 경종 1개당 소요전류[A] × 회로수 = 50[mA] × 12회로 = 600[mA] = 0.6[A]

   ③ 총 소요전류(I)
      ∴ $I = I_1 + I_2 = 0.36[A] + 0.6[A] = 0.96[A]$

> **참고**
>
> **음향장치 설치기준(우선경보방식)**
> - 주음향장치는 수신기의 내부 또는 그 직근에 설치할 것
> - 층수가 11층(공동주택의 경우에는 16층) 이상의 특정소방대상물은 다음의 기준에 따라 경보를 발할 수 있도록 할 것
>   - 2층 이상의 층에서 발화한 때에는 발화층 및 그 직상 4개 층에 경보를 발할 것
>   - 1층에서 발화한 때에는 발화층·그 직상 4개 층 및 지하층에 경보를 발할 것
>   - 지하층에서 발화한 때에는 발화층·그 직상층 및 그 밖의 지하층에 경보를 발할 것

(2) 전압강하(e) 계산

① 경종과 표시등은 단상 2선식 배선이므로 전압강하 $e = \dfrac{35.6LI}{1,000A}$ 식을 적용한다.

> **참고**
> - 단상 2선식, 직류 2선식 : $e = \dfrac{35.6LI}{1,000A}$ [V]
> - 단상 3선식 또는 3상 4선식, 직류 3선식 : $e = \dfrac{17.8LI}{1,000A}$ [V]
> - 3상 3선식 : $e = \dfrac{30.8LI}{1,000A}$ [V]
>
> 여기서, L : 배선의 거리[m] I : 전류[A]
> A : 전선의 단면적[mm²]

② 일제경보방식이므로 경종이 작동하였을 경우 총 소요전류는 0.96[A]이다.

③ 전압강하 $e = \dfrac{35.6LI}{1,000A} = \dfrac{35.6 \times 500[\text{m}] \times 0.96[\text{A}]}{1,000 \times 2.5[\text{mm}^2]} = 6.84[\text{V}]$

(3) 경종의 작동 여부

① 자동화재탐지설비(발신기)의 정격전압은 DC(직류) 24[V]이고, 경종(음향장치)은 정격전압의 80[%]에서 음향을 발할 수 있어야 한다.

∴ $V_1 = 24[\text{V}] \times 0.8 = 19.2[\text{V}]$

> **참고**
> **음향장치 구조 및 성능**
> - 정격전압의 80[%] 전압에서 음향을 발할 수 있는 것으로 할 것. 다만, 건전지를 주전원으로 사용하는 음향장치는 그렇지 않다.
> - 음향의 크기는 부착된 음향장치의 중심으로부터 1[m] 떨어진 위치에서 90[dB] 이상이 되는 것으로 할 것
> - 감지기 및 발신기의 작동과 연동하여 작동할 수 있는 것으로 할 것

② 전압강하에 따른 최말단 경종의 작동전압(V_2)

∴ $V_2 =$ 정격전압 $-$ 전압강하 $= 24[\text{V}] - 6.84[\text{V}] = 17.16[\text{V}]$

③ 최말단 경종의 작동전압이 17.16[V]이므로 정격전압의 80[%]에 해당하는 전압 19.2[V]보다 작기 때문에 경종은 작동하지 않는다.

정답 (1) ① 0.36[A]
            ② 0.6[A]
            ③ 0.96[A]
        (2) 6.84[V]
        (3) 경종은 작동하지 않는다.

11

자동화재탐지설비의 발신기함에서 1회로당 90[mA](표시등 1개당 40[mA], 경종 1개당 50[mA])의 전류가 소모된다. 또한, 지하 1층에서 지상 5층까지 각 층별로 2회로씩 총 12회로인 공장에서 P형 수신기에서 최말단 발신기까지의 거리가 500[m] 떨어진 경우 다음 각 물음에 답하시오(단, 수신기의 정격전압은 24[V]이다).

득점	배점
	8

(1) 표시등과 경종의 최대 소요전류[A]와 총 소요전류[A]를 구하시오.
   ① 표시등의 최대 소요전류
      • 계산과정 :
      • 답 :
   ② 경종의 최대 소요전류
      • 계산과정 :
      • 답 :
   ③ 총 소요전류
      • 계산과정 :
      • 답 :
(2) 배선에 사용되는 전선의 종류를 쓰시오.
(3) 화재가 발생하여 경종이 작동한 경우 최말단에서 전압강하는 몇 [V]인지 계산하시오(단, 2.5[mm²]의 전선을 사용한다).
   • 계산과정 :
   • 답 :
(4) (3)의 계산에 의한 경종의 작동 여부를 쓰시오.

해설

자동화재탐지설비

(1) 소요전류의 계산
   ① 표시등의 최대 소요전류(I_1)
      ∴ I_1 = 표시등 1개당 소요전류[A] × 회로수
           = 40[mA] × 12회로 = 480[mA] = 0.48[A]
   ② 경종의 최대 소요전류(I_2)
      층수가 11층 미만의 특정소방대상물이므로 일제경보방식을 채택해야 한다. 따라서, 일제경보방식은 화재 시 12회로 모두 경종이 울려야 한다.
      ∴ I_2 = 경종 1개당 소요전류[A] × 회로수
           = 50[mA] × 12회로 = 600[mA] = 0.6[A]
   ③ 총 소요전류(I)
      ∴ $I = I_1 + I_2$ = 0.48[A] + 0.6[A] = 1.08[A]

┌참고├
> **음향장치 설치기준**
> - 주 음향장치는 수신기의 내부 또는 그 직근에 설치할 것
> - 층수가 11층(공동주택의 경우에는 16층) 이상의 특정소방대상물은 다음에 따라 경보를 발할 수 있도록 해야 한다.
>   - 2층 이상의 층에서 발화한 때에는 발화층 및 그 직상 4개 층에 경보를 발할 것
>   - 1층에서 발화한 때에는 발화층·그 직상 4개 층 및 지하층에 경보를 발할 것
>   - 지하층에서 발화한 때에는 발화층·그 직상층 및 그 밖의 지하층에 경보를 발할 것

(2) 배선에 사용되는 전선의 종류
  ① 배선의 설치기준(NFTC 203)
    전원회로의 배선은 옥내소화전설비의 화재안전기술기준(NFTC 102) 2.7.2의 표 2.7.2(1)에 따른 내화배선에 따르고, 그 밖의 배선(감지기 상호 간 또는 감지기로부터 수신기에 이르는 감지기회로의 배선은 제외한다)은 옥내소화전설비의 화재안전기술기준(NFTC 102) 2.7.2의 표 2.7.2(1) 또는 2.7.2(2)에 따른 내화배선 또는 내열배선에 따라 설치할 것
  ② 내화배선 및 내열배선에 사용되는 전선의 종류
    ㉠ 450/750[V] 저독성 난연 가교 폴리올레핀 절연전선
    ㉡ 0.6/1[kV] 가교 폴리에틸렌 절연 저독성 난연 폴리올레핀 시스 전력케이블
    ㉢ 6/10[kV] 가교 폴리에틸렌 절연 저독성 난연 폴리올레핀 시스 전력용 케이블
    ㉣ 가교 폴리에틸렌 절연 비닐시스 트레이용 난연 전력 케이블
    ㉤ 0.6/1[kV] EP 고무절연 클로로프렌 시스 케이블
    ㉥ 300/500[V] 내열성 실리콘 고무 절연전선(180[℃])
    ㉦ 내열성 에틸렌-비닐 아세테이트 고무 절연 케이블
    ㉧ 버스덕트(Bus Duct)
    ㉨ 기타 전기용품 및 생활용품 안전관리법 및 전기설비기술기준에 따라 동등 이상의 내열성능이 있다고 주무부장관이 인정하는 것

(3) 전압강하(e) 계산
  ① 경종과 표시등은 단상 2선식 배선이므로 전압강하 $e = \dfrac{35.6LI}{1,000A}$ 식을 적용한다.

  ┌참고├
  > - 단상 2선식, 직류 2선식 : $e = \dfrac{35.6LI}{1,000A}$ [V]
  > - 단상 3선식 또는 3상 4선식, 직류 3선식 : $e = \dfrac{17.8LI}{1,000A}$ [V]
  > - 3상 3선식 : $e = \dfrac{30.8LI}{1,000A}$ [V]
  >
  > 여기서, L : 배선의 거리[m] I : 전류[A]
  > A : 전선의 단면적[mm²]

  ② 일제경보방식이므로 화재가 발생하여 경종이 작동한 경우 경종과 표시등의 총 소요전류는 1.08[A]이다.
  ③ 전압강하 $e = \dfrac{35.6LI}{1,000A} = \dfrac{35.6 \times 500[\text{m}] \times 1.08[\text{A}]}{1,000 \times 2.5[\text{mm}^2]} = 7.69[\text{V}]$

(4) 경종의 작동 여부
　① 자동화재탐지설비(수신기)의 정격전압은 DC(직류) 24[V]이고, 경종(음향장치)은 정격전압의 80[%]에서 음향을 발할 수 있어야 한다.
　　∴ $V = 24[V] \times 0.8 = 19.2[V]$

> **참고**
>
> **음향장치 구조 및 성능**
> - 정격전압의 80[%] 전압에서 음향을 발할 수 있는 것으로 할 것. 다만, 건전지를 주전원으로 사용하는 음향장치는 그렇지 않다.
> - 음량은 부착된 음향장치의 중심으로부터 1[m] 떨어진 위치에서 90[dB] 이상이 되는 것으로 할 것
> - 감지기 및 발신기의 작동과 연동하여 작동할 수 있는 것으로 할 것

　② 전압강하에 따른 최말단 경종의 작동전압(V_2)
　　∴ $V_2 = 24[V] - 7.69[V] = 16.31[V]$
　③ 최말단 경종의 작동전압(16.31[V])이 정격전압의 80[%]에 해당하는 전압(19.2[V])보다 작기 때문에 경종은 작동하지 않는다.

정답　(1) ① 0.48[A]　　② 0.6[A]
　　　　　　③ 1.08[A]
　　　(2) 450/750[V] 저독성 난연 가교 폴리올레핀 절연전선
　　　(3) 7.69[V]
　　　(4) 경종은 작동하지 않는다.

---

12 3상 380[V], 100[HP]의 옥내소화전 펌프용 유도전동기의 역률이 60[%]일 때 역률을 90[%]로 개선하고자 할 경우 전력용 콘덴서의 용량[kVA]을 구하시오.

득점	배점
	4

- 계산과정 :
- 답 :

해설
3상 유도전동기의 기동방식과 전력용 콘덴서의 용량
(1) 3상 유도전동기의 기동방식
　① 3상 농형 유도전동기
　　㉠ 전전압기동법 : 직접 정격전압을 전동기에 가해 기동시키는 방법으로서 5[kW] 이하의 전동기를 기동시킨다.
　　㉡ Y-△기동법 : 기동전류를 줄이기 위하여 전동기의 고정자 권선을 Y결선으로 하여 상전압을 줄여 기동전류와 기동토크를 $\dfrac{1}{3}$로 감소시키고, 기동 후에는 △결선으로 하여 전전압으로 운전하는 방법으로서 일반적으로 10~15[kW]의 전동기를 기동시킨다.
　　㉢ 기동보상기법 : 단권변압기를 사용하여 공급전압을 낮추어 기동하는 방법으로서 15[kW] 이상의 전동기를 기동시킨다.
　　㉣ 리액터기동법 : 전동기의 1차 측에 직렬로 리액터를 설치하고 리액터 값을 조정하여 기동전압을 제어하여 기동시킨다.
　② 3상 권선형 유도전동기
　　2차 저항 제어법 : 전동기의 2차에 저항을 넣어 비례추이의 원리에 의하여 기동전류를 작게 하고 기동토크를 크게 하여 기동시킨다.

(2) 동력의 단위
   ① 국제동력 $1[\text{kW}] = 1{,}000[\text{W}] = 102[\text{kgf} \cdot \text{m/s}]$
   ② 국제마력 $1[\text{PS}] = 75[\text{kgf} \cdot \text{m/s}]$
   ③ 영국마력 $1[\text{HP}] = 76[\text{kgf} \cdot \text{m/s}]$
   비례식을 이용하여 영국마력 1[HP]를 국제동력[kW]의 단위로 환산한다.
   $$1[\text{HP}] = 76[\text{kgf} \cdot \text{m/s}] \times \frac{1{,}000[\text{W}]}{102[\text{kgf} \cdot \text{m/s}]} \fallingdotseq 745.1[\text{W}]$$
   ∴ 동력 $P = 100[\text{HP}] = 100 \times 745.1[\text{W}] = 74{,}510[\text{W}] = 74.51[\text{kW}]$

(3) 역률을 개선하기 위한 전력용 콘덴서의 용량(Q_C)
   ① $Q_C = P(\tan\theta_1 - \tan\theta_2) = P\left(\sqrt{\dfrac{1}{\cos^2\theta_1} - 1} - \sqrt{\dfrac{1}{\cos^2\theta_2} - 1}\right)[\text{kVA}]$

   ② $Q_C = P\left(\dfrac{\sin\theta_1}{\cos\theta_1} - \dfrac{\sin\theta_2}{\cos\theta_2}\right) = P\left(\dfrac{\sqrt{1-\cos^2\theta_1}}{\cos\theta_1} - \dfrac{\sqrt{1-\cos^2\theta_2}}{\cos\theta_2}\right)[\text{kVA}]$

   여기서, P : 유효전력(74.51[kW])
   $\cos\theta_1$: 개선 전의 역률(60[%]=0.6)
   $\cos\theta_2$: 개선 후의 역률(90[%]=0.9)

   ┤참고├
   역률($\cos\theta$)과 무효율($\sin\theta$)의 관계
   - 위상 $\tan\theta = \dfrac{\sin\theta}{\cos\theta}$
   - 삼각함수 $\sin^2\theta + \cos^2\theta = 1$
   - 역률 $\cos\theta = \sqrt{1 - \sin^2\theta}$
   - 무효율 $\sin\theta = \sqrt{1 - \cos^2\theta}$

   ∴ 전력용 콘덴서의 용량 $Q_C = P\left(\sqrt{\dfrac{1}{\cos^2\theta_1} - 1} - \sqrt{\dfrac{1}{\cos^2\theta_2} - 1}\right)$
   $= 74.51[\text{kW}] \times \left(\sqrt{\dfrac{1}{0.6^2} - 1} - \sqrt{\dfrac{1}{0.9^2} - 1}\right) = 63.26[\text{kVA}]$

정답 63.26[kVA]

13

3상 380[V], 30[kW]의 옥내소화전 펌프용 유도전동기가 있다. 전동기의 역률이 60[%]일 때 역률을 90[%]로 개선하고자 할 경우 전력용 콘덴서의 용량[kVA]을 구하시오.

- 계산과정 :
- 답 :

해설

역률을 개선하기 위한 전력용 콘덴서의 용량(Q_C)

(1) $Q_C = P(\tan\theta_1 - \tan\theta_2) = P\left(\sqrt{\dfrac{1}{\cos^2\theta_1}-1} - \sqrt{\dfrac{1}{\cos^2\theta_2}-1}\right)$[kVA]

(2) $Q_C = P\left(\dfrac{\sin\theta_1}{\cos\theta_1} - \dfrac{\sin\theta_2}{\cos\theta_2}\right) = P\left(\dfrac{\sqrt{1-\cos^2\theta_1}}{\cos\theta_1} - \dfrac{\sqrt{1-\cos^2\theta_2}}{\cos\theta_2}\right)$[kVA]

여기서, P : 유효전력(30[kW])
$\cos\theta_1$: 개선 전의 역률(60[%]=0.6)
$\cos\theta_2$: 개선 후의 역률(90[%]=0.9)

∴ 전력용 콘덴서의 용량 $Q_C = P\left(\sqrt{\dfrac{1}{\cos^2\theta_1}-1} - \sqrt{\dfrac{1}{\cos^2\theta_2}-1}\right)$
$= 30[\text{kW}] \times \left(\sqrt{\dfrac{1}{0.6^2}-1} - \sqrt{\dfrac{1}{0.9^2}-1}\right) = 25.47[\text{kVA}]$

정답 25.47[kVA]

14

3상 380[V], 15[kW]의 스프링클러설비용 펌프의 유도전동기를 사용한다. 이때 유도전동기의 역률이 85[%]일 때 역률을 95[%]로 개선하고자 할 경우 다음 각 물음에 답하시오.

(1) 필요한 전력용 콘덴서의 용량[kVA]을 구하시오.
- 계산과정 :
- 답 :

(2) 3상 Y결선일 경우 콘덴서의 정전용량[μF]을 구하시오(단, 주파수는 60[Hz]이다).
- 계산과정 :
- 답 :

해설

3상 유도전동기의 전력용 콘덴서 용량계산

(1) 역률을 개선하기 위한 전력용 콘덴서의 용량(Q_C)

① $Q_C = P(\tan\theta_1 - \tan\theta_2) = P\left(\sqrt{\dfrac{1}{\cos^2\theta_1}-1} - \sqrt{\dfrac{1}{\cos^2\theta_2}-1}\right)$[kVA]

② $Q_C = P\left(\dfrac{\sin\theta_1}{\cos\theta_1} - \dfrac{\sin\theta_2}{\cos\theta_2}\right) = P\left(\dfrac{\sqrt{1-\cos^2\theta_1}}{\cos\theta_1} - \dfrac{\sqrt{1-\cos^2\theta_2}}{\cos\theta_2}\right)$[kVA]

여기서, P : 유효전력(15[kW])
$\cos\theta_1$: 개선 전의 역률(85[%]=0.85)
$\cos\theta_2$: 개선 후의 역률(95[%]=0.95)

∴ 전력용 콘덴서의 용량 $Q_C = P\left(\sqrt{\dfrac{1}{\cos^2\theta_1}-1} - \sqrt{\dfrac{1}{\cos^2\theta_2}-1}\right)$

$= 15[\text{kW}] \times \left(\sqrt{\dfrac{1}{0.85^2}-1} - \sqrt{\dfrac{1}{0.95^2}-1}\right) = 4.37[\text{kVA}]$

(2) 콘덴서의 정전용량(C)

전원	콘덴서 용량 계산식
단상 또는 3상 Y결선	• 용량 리액턴스 $X_c = \dfrac{1}{\omega C} = \dfrac{1}{2\pi f C}$[Ω] • 전류 $I = \dfrac{V}{X_c} = \dfrac{V}{\dfrac{1}{\omega C}} = \omega CV = 2\pi f CV$ [A] • 콘덴서 용량 $Q_c = 3IV_p = 3\omega CV_p \times V_p = 3\omega C\left(\dfrac{1}{\sqrt{3}}V\right)^2$ 에서 $\quad Q_c = \omega CV^2 = 2\pi f CV^2$ [VA] - Y결선 시 선간전압(V)은 상전압(V_p)의 $\sqrt{3}$배이다. 따라서, $V_p = \dfrac{1}{\sqrt{3}}V$이다.
3상 △결선	콘덴서 용량 $Q_c = 3IV_p = 3\omega CV_p \times V_p = 3\omega CV_p^2 = 3\omega CV^2$ 에서 $Q_c = 3 \times 2\pi f \times CV^2 = 6\pi f CV^2$ [VA] - △결선 시 선간전압(V)과 상전압(V_p)은 같다. 따라서, $V_p = V$이다.

3상 Y결선 시 콘덴서의 용량 $Q_c = \omega CV^2 = 2\pi f CV^2$ 에서

∴ 정전용량 $C = \dfrac{Q_c}{2\pi f V^2} = \dfrac{4.37 \times 10^3 [\text{VA}]}{2\pi \times 60[\text{Hz}] \times (380[\text{V}])^2} = 8.028 \times 10^{-5}[\text{F}] = 80.28 \times 10^{-6}[\text{F}]$
$= 80.28[\mu\text{F}]$

[보조단위] 킬로 $k = 10^3$이고, 마이크로 $\mu = 10^{-6}$이다.

정답 (1) 4.37[kVA]
(2) 80.28[μF]

15 상용전원 AC 220[V]에 40[W] 중형 피난구유도등 10개가 연결되어 점등되고 있다. 이 유도등에 공급되는 전류[A]를 구하시오(단, 유도등의 역률은 60[%]이고, 유도등의 배터리 충전전류는 무시한다).

해설

유도등의 전류(I) 계산

(1) 단상 2선식 : 유도등, 비상조명등, 전자밸브(솔레노이드밸브), 감지기

$$P = IV\cos\theta \, [\text{W}]$$

여기서, P : 전력(40[W]×10개) I : 공급전류[A]
  V : 전압(220[V]) $\cos\theta$: 역률(60[%]=0.6)

∴ 공급전류 $I = \dfrac{P}{V\cos\theta} = \dfrac{40[\text{W}] \times 10개}{220[\text{V}] \times 0.6} = 3.03[\text{A}]$

(2) 3상 3선식 : 소방펌프, 제연팬

$$P = \sqrt{3}\, IV\cos\theta \, [\text{W}]$$

여기서, P : 전력[W] I : 공급전류[A]
  V : 전압(380[V]) $\cos\theta$: 역률

정답 3.03[A]

---

16 상용전원 AC 220[V]에 20[W] 중형 피난구유도등 30개가 연결되어 점등되고 있다. 이 회로에 공급되는 전류[A]를 구하시오(단, 유도등의 역률은 0.7이고, 유도등의 배터리 충전전류는 무시한다).

해설

유도등의 전류(I) 계산

(1) 단상 2선식 : 유도등, 비상조명등, 전자밸브(솔레노이드밸브), 감지기

$$P = IV\cos\theta \, [\text{W}]$$

여기서, P : 전력(20[W]×30개) I : 전류[A]
  V : 전압(220[V]) $\cos\theta$: 역률(0.7)

∴ 공급전류 $I = \dfrac{P}{V\cos\theta} = \dfrac{20[\text{W}] \times 30개}{220[\text{V}] \times 0.7} = 3.896[\text{A}] ≒ 3.9[\text{A}]$

(2) 3상 3선식 : 소방펌프, 제연팬

$$P = \sqrt{3}\, IV\cos\theta \, [\text{W}]$$

여기서, P : 전력[W] I : 전류[A]
  V : 전압(380[V]) $\cos\theta$: 역률

정답 3.9[A]

17

3상 380[V], 60[Hz], 50[HP]의 전동기가 있다. 다음 각 물음에 답하시오(단, 전동기의 극수는 4이고, 슬립은 5[%]이다).

득점	배점
	6

(1) 동기속도[rpm]를 구하시오.
- 계산과정 :
- 답 :

(2) 회전속도[rpm]를 구하시오.
- 계산과정 :
- 답 :

해설

유도전동기의 회전속도 계산

(1) 동기속도(N_s)

$$N_s = \frac{120f}{P} [\text{rpm}]$$

여기서, f : 주파수(60[Hz])
P : 극수(4)

∴ 동기속도 $N_s = \frac{120f}{P} = \frac{120 \times 60[\text{Hz}]}{4} = 1,800[\text{rpm}]$

(2) 회전속도(N)

$$N = (1-s)N_s = (1-s)\frac{120f}{P} [\text{rpm}]$$

여기서, f : 주파수(60[Hz])
P : 극수(4)
s : 슬립(5[%]=0.05)

∴ 회전속도 $N = (1-s)\frac{120f}{P} = (1-0.05) \times \frac{120 \times 60[\text{Hz}]}{4} = 1,710[\text{rpm}]$

정답 (1) 1,800[rpm]
(2) 1,710[rpm]

18 전동기의 극수가 4이고, 50[Hz]의 주파수에서 회전속도가 1,440[rpm]이다. 주파수를 60[Hz]로 할 경우 전동기의 회전속도[rpm]를 구하시오(단, 슬립은 일정하다).

득점	배점
	4

해설

유도전동기의 회전속도 계산

(1) 동기속도(N_s)

$$N_s = \frac{120f}{P} \text{[rpm]}$$

여기서, f : 주파수[Hz]
    P : 극수

(2) 슬립(s)

$$s = \frac{N_s - N}{N_s}$$

여기서, N_s : 동기속도[rpm]
    N : 회전속도[rpm]

(3) 회전속도(N)

$$N = (1-s)N_s = (1-s)\frac{120f}{P} \text{[rpm]}$$

여기서, f : 주파수[Hz]
    P : 극수
    s : 슬립

① 50[Hz]의 주파수에서 슬립(s)
  회전속도가 N=1,440[rpm], 주파수가 f=50[Hz], 극수 P=4극일 때
  ∴ 회전속도 $N = (1-s)\frac{120f}{P}$ 에서
  슬립 $s = 1 - \frac{P}{120f}N = 1 - \frac{4\text{극}}{120 \times 50\text{[Hz]}} \times 1,440\text{[rpm]} = 0.04$

② 60[Hz]의 주파수에서 회전속도(N)
  주파수가 f=60[Hz], 극수 P=4극, 슬립이 일정하므로 s=0.04일 때
  ∴ 회전속도 $N = (1-s)\frac{120f}{P} = (1-0.04) \times \frac{120 \times 60\text{[Hz]}}{4\text{극}} = 1,728\text{[rpm]}$

정답 1,728[rpm]

19 옥내소화전 펌프용 3상 유도전동기의 기동방법을 2가지만 쓰시오.

득점	배점
	4

해설
3상 유도전동기의 기동방법
(1) 3상 농형 유도전동기
① 전전압기동법 : 직접 정격전압을 전동기에 가해 기동시키는 방법으로서 5[kW] 이하의 전동기를 기동시킨다.
② Y-△기동법 : 기동전류를 줄이기 위하여 전동기의 고정자 권선을 Y결선으로 하여 상전압을 줄여 기동전류와 기동토크를 $\frac{1}{3}$로 감소시키고, 기동 후에는 △ 결선으로 하여 전전압으로 운전하는 방법으로서 일반적으로 10~15[kW]의 전동기를 기동시킨다.
③ 기동보상기법 : 단권변압기를 사용하여 공급전압을 낮추어 기동하는 방법으로서 15[kW] 이상의 전동기를 기동시킨다.
④ 리액터기동법 : 전동기의 1차 측에 직렬로 리액터를 설치하고 리액터 값을 조정하여 기동전압을 제어하여 기동시킨다.
(2) 3상 권선형 유도전동기
2차 저항 제어법 : 전동기의 2차에 저항을 넣어 비례추이의 원리에 의하여 기동전류를 작게 하고 기동토크를 크게 하여 기동하는 방법이다.

정답 전전압기동법, Y-△기동법

20 지상에서 31[m]되는 곳에 고가수조가 있다. 이 고가수조에 매분 12[m³]의 물을 양수하는 펌프용 3상 농형 유도전동기를 설치하여 전력을 공급하고자 한다. 다음 각 물음에 답하시오(단, 펌프의 효율은 65[%]이고, 펌프 측 동력에 10[%]의 여유를 두며 3상 농형 유도전동기의 역률은 1로 가정한다).

득점	배점
	6

(1) 3상 농형 유도전동기의 용량[kW]을 구하시오.
- 계산과정 :
- 답 :

(2) 3상 전력을 공급하던 중 변압기 1대가 고장이 발생하여 단상변압기 2대를 V결선하여 전동기에 전력을 공급한다면 단상변압기 1대의 용량[kVA]을 구하시오.
- 계산과정 :
- 답 :

해설

V결선 시 단상변압기 1대의 용량 계산

(1) 전동기 용량(전동기의 출력, P_m)

$$P_m = \frac{\gamma H Q}{\eta} \times K [\text{kW}]$$

여기서, γ : 물의 비중량(9,800[N/m³]=9.8[kN/m³])
   H : 양정(31[m])
   Q : 유량($12[\text{m}^3/\text{min}] = \frac{12}{60}[\text{m}^3/\text{s}]$)
   η : 펌프의 효율(65[%]=0.65)
   K : 여유율(동력전달계수, 10[%]=1.1)

$$\therefore P_m = \frac{9.8[\text{kN/m}^3] \times 31[\text{m}] \times \frac{12}{60}[\text{m}^3/\text{s}]}{0.65} \times 1.1 = 102.82[\text{kW}]$$

(2) V결선한 변압기의 최대 출력(P_v)

① V결선한 단상변압기의 최대 출력(P_v)은 전동기의 용량(P_m)이 되어야 하고, 단상변압기 1대의 $\sqrt{3}$ 배이다.
② 단상변압기 1대의 용량(P_1)은 단상변압기 2차 측의 정격전류(I_{2n})와 정격전압(V_{2n})의 곱이다.

$$P_v = \sqrt{3}(I_{2n}V_{2n} \times 10^{-3})\cos\theta = \sqrt{3}P_1\cos\theta [\text{kW}]$$

여기서, I_{2n} : 단상변압기 2차 측의 정격전류[A]
   V_{2n} : 단상변압기 2차 측의 정격전압[V]
   $\cos\theta$: 역률(1)
   P_v : V결선한 단상변압기의 최대 출력(102.82[kW])

$\therefore$ 단상변압기 1대의 용량 $P_1 = \frac{P_v}{\sqrt{3}\cos\theta} = \frac{102.82[\text{kW}]}{\sqrt{3}\times 1} = 59.36[\text{kVA}]$

정답 (1) 102.82[kW]　　　　　　　　(2) 59.36[kVA]

21 지상에서 80[m]의 높이에 고가수조가 있고, 이 고가수조에 분당 1.6[m³]의 물을 양수하는 펌프를 설치하고자 할 때 전동기의 용량[kW]을 구하시오(단, 펌프의 효율은 75[%]이고, 여유율은 10[%]이다).

득점	배점
	4

해설

펌프의 전동기 용량 계산

(1) 펌프의 축동력(P)

$$P = \frac{\gamma H Q}{\eta} \, [\text{kW}]$$

여기서, γ : 물의 비중량(9,800[N/m³]=9.8[kN/m³])
  H : 양정[m]
  Q : 유량[m³/s]
  η : 펌프의 효율

(2) 펌프의 전동기 용량(P_m)

$$P_m = \frac{\gamma H Q}{\eta} \times K \, [\text{kW}]$$

여기서, γ : 물의 비중량(9,800[N/m³]=9.8[kN/m³])
  H : 양정(80[m])
  Q : 유량(1.6[m³/min] = $\frac{1.6}{60}$ [m³/s])
  η : 펌프의 효율(75[%]=0.75)
  K : 여유율(동력전달계수, 10[%]=1.1)

$$\therefore P_m = \frac{9.8[\text{kN/m}^3] \times 80[\text{m}] \times \frac{1.6}{60}[\text{m}^3/\text{s}]}{0.75} \times 1.1 = 30.66[\text{kN} \cdot \text{m/s}] = 30.66[\text{kW}]$$

┤참고├
단위 환산
- 줄 단위 : 1[J] = 1[N·m]
- 와트 단위 : 1[W] = 1[N·m/s] = 1[J/s]
- 보조 단위 : k(킬로) = 10³

정답 30.66[kW]

22 펌프의 토출량이 2,400[LPM]이고, 양정이 90[m]인 스프링클러설비용 펌프 전동기의 동력 [kW]을 구하시오(단, 펌프의 효율은 65[%]이고, 동력전달계수는 1.1이다).

득점	배점
	4

• 계산과정 :
• 답 :

[해설]
펌프 전동기의 동력 계산
(1) 펌프의 축동력(P) 계산

$$P = \frac{\gamma H Q}{\eta} [\text{kW}]$$

여기서, γ : 물의 비중량(9,800[N/m³]=9.8[kN/m³])
　　　　H : 양정[m]
　　　　Q : 유량[m³/s]
　　　　η : 펌프의 효율

(2) 펌프의 전동기 동력(P_m) 계산

$$P_m = \frac{\gamma H Q}{\eta} \times K [\text{kW}]$$

여기서, γ : 물의 비중량(9,800[N/m³]=9.8[kN/m³])
　　　　H : 양정(90[m])
　　　　Q : 유량(2,400[L/min]=2.4[m³/min]=$\frac{2.4}{60}$[m³/s])
　　　　η : 펌프의 효율(65[%]=0.65)
　　　　K : 동력전달계수(1.1)

∴ 전동기 동력 $P_m = \frac{\gamma H Q}{\eta} \times K = \frac{9.8[\text{kN/m}^3] \times 90[\text{m}] \times \frac{2.4}{60}[\text{m}^3/\text{s}]}{0.65} \times 1.1 = 59.7[\text{kW}]$

┤참고├
단위 환산
• LPM = Liter Per Minute = L/min
• 1[L] = 1,000[cc] = 1,000[cm³]
• 1[m³] = 1,000[L]

[정답] 59.7[kW]

23

지상에서 높이 20[m]인 곳에 37[m³]의 수조가 있다. 여기에 10[HP]의 전동기를 사용하여 물을 저수조에 양수할 경우 저수조에 물을 가득 채우는 시간[min]을 구하시오(단, 펌프의 효율은 70[%]이고, 여유율은 1.2이다).

득점	배점
	5

- 계산과정 :
- 답 :

해설

펌프의 전동기 동력 계산

(1) 펌프의 축동력(P) 계산

$$P = \frac{\gamma H Q}{\eta}\,[\text{kW}]$$

여기서, γ : 물의 비중량(9,800[N/m³]=9.8[kN/m³])
H : 양정[m]
Q : 유량[m³/s]
η : 펌프의 효율

(2) 펌프의 전동기 동력(P_m) 계산

$$P_m = \frac{\gamma H \dfrac{Q}{T}}{\eta} \times K\,[\text{kgf} \cdot \text{m/s}]$$

여기서, P_m : 전동기 동력$\left(\dfrac{10 \times 76[\text{kgf} \cdot \text{m/s}]}{102[\text{kgf} \cdot \text{m/s}]} \times 1[\text{kW}] = 7.45[\text{kW}] = 7.45[\text{kJ/s}]\right)$
γ : 물의 비중량(9,800[N/m³] = 9.8[kN/m³])
H : 양정(20[m])
Q : 유량(37[m³])
T : 양수시간[s]
η : 펌프의 효율(70[%]=0.7)
K : 여유율(동력전달계수, 1.2)

∴ 양수시간 $T = \dfrac{\gamma H Q}{P_m \eta} \times K = \dfrac{9.8[\text{kN/m}^3] \times 20[\text{m}] \times 37[\text{m}^3]}{7.45[\text{kJ/s}] \times 0.7} \times 1.2$

$= 1,668.72[\text{s}] = 1,668.72[\text{s}] \times \dfrac{1[\text{min}]}{60[\text{s}]} = 27.81[\text{min}] ≒ 28[\text{min}]$

참고

동력 단위
- 1[kW] = 102[kgf·m/s] = 1,000[W]
- 1[PS] = 75[kgf·m/s]
- 1[HP] = 76[kgf·m/s]

정답 28분

24 매분 15[m³]의 물을 높이가 18[m]에 있는 물탱크에 양수하려고 한다. 주어진 조건을 참고하여 다음 각 물음에 답하시오.

득점	배점
	6

조 건
- 펌프와 전동기의 전효율은 60[%]이다.
- 전동기의 역률은 80[%]이다.
- 펌프의 축동력은 15[%]의 여유를 둔다.

물 음
(1) 전동기의 용량[kW]을 구하시오.
   - 계산과정 :
   - 답 :
(2) 부하용량[kVA]을 구하시오.
   - 계산과정 :
   - 답 :
(3) 단상변압기 2대를 사용하여 V결선으로 3상 동력을 전동기에 공급한다면 변압기 1대의 용량[kVA]을 구하시오.
   - 계산과정 :
   - 답 :

해설

펌프의 전동기 용량 계산

(1) 전동기 용량(전동기의 출력, P_m)

$$P_m = \frac{\gamma HQ}{\eta} \times K \text{[kW]}$$

여기서, γ : 물의 비중량(9,800[N/m³]=9.8[kN/m³])

H : 양정(18[m])

Q : 유량($15[\text{m}^3/\text{min}] = \frac{15}{60}[\text{m}^3/\text{s}]$)

η : 펌프의 효율(60[%]=0.6)

K : 여유율(동력전달계수, 1.15)

$$\therefore P_m = \frac{9.8[\text{kN/m}^3] \times 18[\text{m}] \times \frac{15}{60}[\text{m}^3/\text{s}]}{0.6} \times 1.15 = 84.53[\text{kW}]$$

(2) 부하용량(피상전력, P_a)

$$P = IV\cos\theta\eta = P_a\cos\theta\eta [\text{kW}]$$

여기서, P : 전동기의 유효전력(전동기의 출력, 84.53[kW])
  I : 전류[A]
  V : 전압[V]
  $\cos\theta$: 역률(80[%]=0.8)
  η : 펌프의 효율(60[%]=0.6)
  P_a : 부하용량(피상전력)[kVA]

$$\therefore P_a = \frac{P}{\cos\theta \times \eta} = \frac{84.53[\text{kW}]}{0.8 \times 0.6} = 176.1[\text{kVA}]$$

(3) 단상변압기 1대의 용량(P_1)

V결선한 단상변압기의 최대출력(P_v)은 전동기의 부하용량(P_a)과 같으며 단상변압기 1대 용량의 $\sqrt{3}$ 배이다.

$$P_v = \sqrt{3}\, P_1 [\text{kVA}]$$

여기서, P_v : 부하용량(피상전력, 176.1[kVA])

$$\therefore P_1 = \frac{P_v}{\sqrt{3}} = \frac{176.1[\text{kVA}]}{\sqrt{3}} = 101.67[\text{kVA}]$$

정답 (1) 84.53[kW]
  (2) 176.1[kVA]
  (3) 101.67[kVA]

25

풍량이 720[m³/min]이고, 전압이 100[mmHg]인 제연설비용 송풍기를 설치할 경우 이 송풍기를 운전하기 위한 전동기의 동력[kW]을 구하시오(단, 송풍기의 효율은 55[%]이고, 여유계수 K는 1.2이다).

득점	배점
	4

- 계산과정 :
- 답 :

해설

송풍기의 동력 계산

(1) 전압의 단위환산
- 표준대기압 1[atm] = 760[mmHg]=76[cmHg]
  = 1.0332[kgf/cm²]=10,332[kgf/m²]=10.332[mH₂O]
  = 101,325[Pa]=101.3[kPa]=0.1[MPa]
- 전압의 100[mmHg]를 P_T[kgf/m²] 단위로 환산하면

$$P_T = \frac{100[\text{mmHg}]}{760[\text{mmHg}]} \times 10,332[\text{kgf/m}^2] = 1,359.47[\text{kgf/m}^2]$$

(2) 동력의 단위
- 국제동력 1[kW] = 102[kgf·m/s]
- 국제마력 1[PS] = 75[kgf·m/s]
- 영국마력 1[HP] = 76[kgf·m/s]

(3) 송풍기의 전동기 동력(P_m)

$$P_m = \frac{P_T \times Q}{102 \times \eta} \times K [\text{kW}]$$

여기서, P_T : 전압(100[mmHg] = 1,359.47[kgf/m²])

Q : 풍량($720[\text{m}^3/\text{min}] = \frac{720}{60}[\text{m}^3/\text{s}]$)

η : 송풍기 효율(55[%] = 0.55)

K : 여유계수(여유율 = 동력전달계수, 1.2)

∴ 전동기 동력 $P_m = \dfrac{1,359.47[\text{kgf/m}^2] \times \dfrac{720}{60}[\text{m}^3/\text{s}]}{102[\text{kgf·m/s}] \times 0.55} \times 1.2 = 348.95[\text{kW}]$

정답 348.95[kW]

26 3상 380[V]에서 정격소비전력이 100[kW]인 전기기구의 부하전류를 측정하기 위하여 변류비가 300/5인 변류기를 사용하였다. 이때 변류기의 2차 전류[A]를 구하시오(단, 역률은 0.7이다).

득점	배점
	4

- 계산과정 :
- 답 :

해설

변류기(CT)

(1) 변류기의 개요
  ① 변류기는 1차 권선을 고압회로와 직렬로 접속하여 대전류를 소전류(2차 전류)로 변성하는 계기용 변성기로서 변류기의 2차 전류는 5[A]가 표준이다.
  ② 변류비

$$\frac{I_1}{I_2} = \frac{300}{5}$$

여기서, I_1 : 1차 전류[A] I_2 : 2차 전류[A]

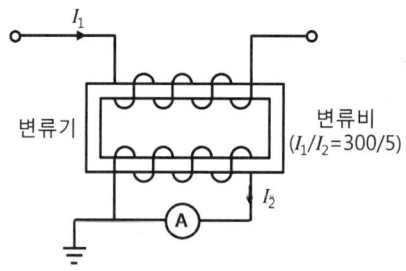

(2) 3상 유효전력(P)

$$P = \sqrt{3}\,IV\cos\theta\,[\text{W}]$$

여기서, $I = I_1$: 전류(1차)[A] V : 전압[V]
        $\cos\theta$: 역률

∴ 1차 전류 $I_1 = \dfrac{P}{\sqrt{3}\,V\cos\theta} = \dfrac{100 \times 10^3[\text{W}]}{\sqrt{3} \times 380[\text{V}] \times 0.7} = 217.05[\text{A}]$

(3) 2차 전류(I_2)

∴ 변류비 $\dfrac{I_1}{I_2} = \dfrac{300}{5}$ 에서 2차 전류 $I_2 = \dfrac{I_1}{\frac{300}{5}} = \dfrac{217.05[\text{A}]}{\frac{300}{5}} = 3.62[\text{A}]$

정답 3.62[A]

27 다음 그림은 브리지 정류회로(전파 정류회로)의 미완성된 회로도이다. 각 물음에 답하시오.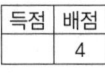

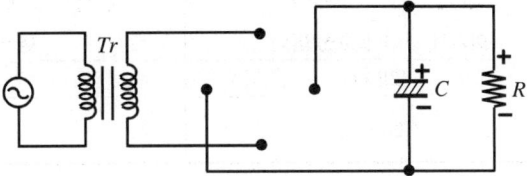

(1) 정류 다이오드 4개를 사용하여 미완성된 회로도를 완성하시오.
(2) 회로도에서 커패시터(C)의 역할을 쓰시오.

해설

정류회로

(1) 단상 전파 브리지 정류회로
  ① 브리지 정류회로 : 다이오드(D) 4개를 이용한 정류회로이며 다이오드에 전압을 인가하면 순방향으로만 전류를 통과시키고 역방향으로는 전류를 흐르지 않는 단방향 전류소자이다.
  ② 다이오드의 접속점
    ㉠ 다이오드의 화살표 방향이 모이는 접속점은 "+"이다(D_2와 D_3의 접속점).
    ㉡ 다이오드의 화살표 방향이 분배되는 접속점은 "-"이다(D_1과 D_4의 접속점).
    ㉢ 그 밖의 접속점은 교류입력이다(D_1과 D_2의 접속점, D_4와 D_3의 접속점).

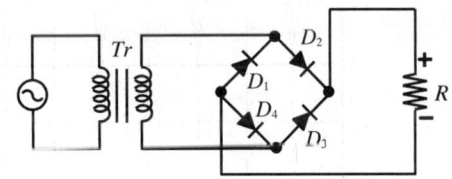

③ 단상 반파회로와 단상 전파회로

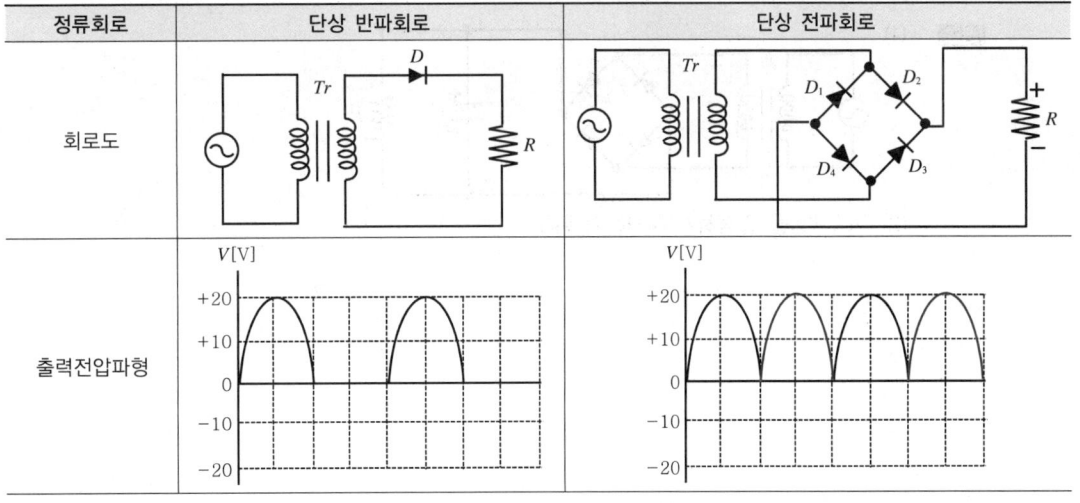

정류회로	단상 반파회로	단상 전파회로
직류분 평균전압 (V_d)	$V_d = \dfrac{\sqrt{2}}{\pi}V = 0.45V$ 여기서, V : 실효전압[V]	$V_d = \dfrac{2\sqrt{2}}{\pi}V = 0.9V$ 여기서, V : 실효전압[V]
맥동률	121[%]	48[%]
맥동주파수 (60[Hz]일 경우)	f(60[Hz])	$2f$(120[Hz])

(2) 커패시터를 이용한 평활회로

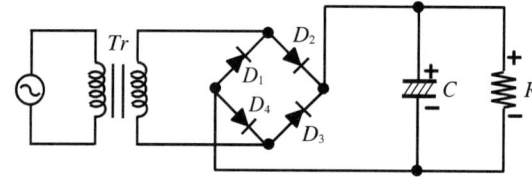

① 평활회로는 교류성분(리플)이 있는 파형을 직류형태로 만들어 주는 역할을 하므로 정류회로의 출력부분에 커패시터 (콘덴서)를 병렬로 연결한 회로이다.
② 커패시터는 매우 빠른 속도로 충전과 방전을 반복함으로써 출력전압의 맥류분을 감소시켜 직류전압을 일정하게 유지시켜 주는 역할을 한다.
③ 평활 후의 전압파형

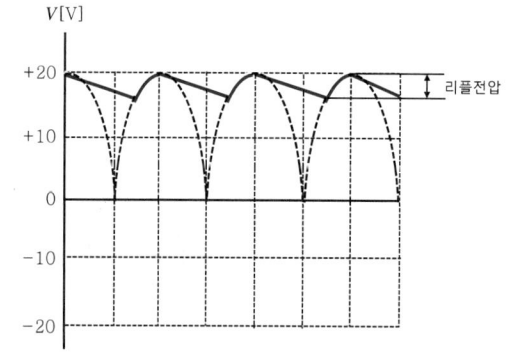

정답 (1)

(2) 직류전압을 일정하게 유지하기 위해

28 다음 그림은 단상 전파 브리지 정류회로의 미완성된 도면이다. 각 물음에 답하시오(단, 입력전압은 상용전원이고, 변압기(Tr)의 권수비는 1:1이며, 평활회로는 없는 것으로 한다).

득점	배점
	6

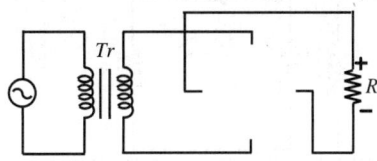

(1) 단상 전파 브리지 정류회로의 미완성된 도면을 완성하시오.
(2) 그림은 정류 전 입력 교류전압의 파형이다. 정류 후 출력전압의 파형을 그리시오.

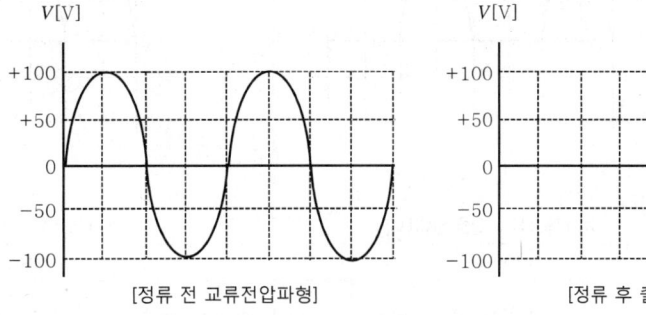

[정류 전 교류전압파형]   [정류 후 출력전압파형]

해설

정류회로

(1) 단상 전파 브리지 정류회로
① 브리지 정류회로 : 다이오드(D) 4개를 이용한 정류회로이며 다이오드에 전압을 인가하면 순방향으로만 전류를 통과시키고 역방향으로는 전류를 흐르지 않는 단방향 전류소자이다.
② 다이오드의 접속점
㉠ 다이오드의 화살표 방향이 모이는 접속점은 "+"이다(D_1와 D_4의 접속점).
㉡ 다이오드의 화살표 방향이 분배되는 접속점은 "-"이다(D_2과 D_3의 접속점).
㉢ 그 밖의 접속점은 교류 입력이다(D_1과 D_2의 접속점, D_4와 D_3의 접속점).

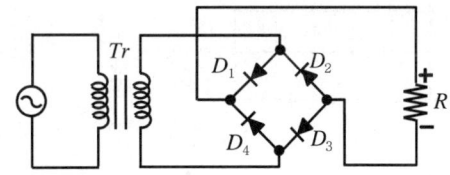

(2) 전압파형

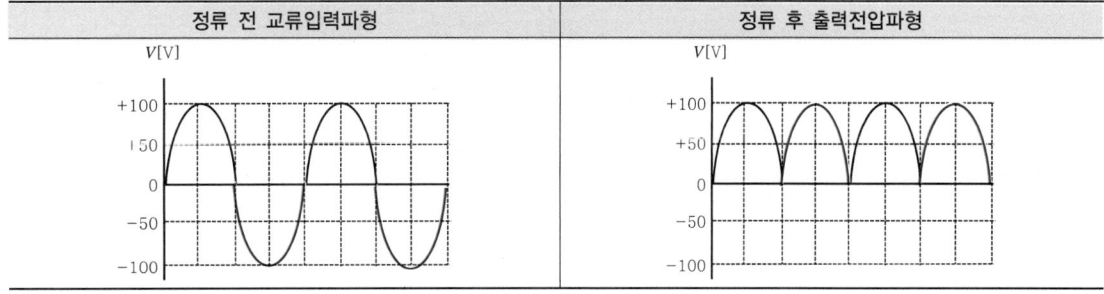

정류 전 교류입력파형	정류 후 출력전압파형

(3) 단상 반파회로와 단상 전파회로

정류회로	단상 반파회로	단상 전파회로
회로도		
출력전압파형		
직류분 평균전압 (V_d)	$V_d = \dfrac{\sqrt{2}}{\pi} V = 0.45 V$ 여기서, V : 실효전압[V]	$V_d = \dfrac{2\sqrt{2}}{\pi} V = 0.9 V$ 여기서, V : 실효전압[V]
맥동률	121[%]	48[%]
맥동주파수 (60[Hz]일 경우)	f(60[Hz])	$2f$(120[Hz])

정답 (1)

(2)

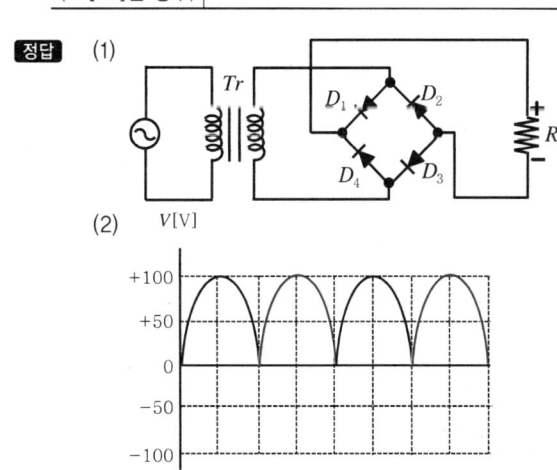

제2절 시퀀스제어

핵심이론 01 | 시퀀스제어의 용어 및 도시기호

(1) 시퀀스제어의 용어 정의

시퀀스제어 용어		정의
접점	a접점	스위치를 조작하기 전에는 열려있다가 조작하면 닫히는 접점이다.
	b접점	스위치를 조작하기 전에는 닫혀있다가 조작하면 열리는 접점이다.
인칭		기계의 순간 동작 운동을 얻기 위해 미소시간의 조작을 1회 반복해서 행하는 것이다.
소자		전자코일에 흐르고 있는 전류를 차단하여 자력을 잃게 하는 것이다.
여자		릴레이, 전자접촉기 등 코일에 전류가 흘러서 전자석으로 되는 것이다.
자기유지회로		누름버튼스위치를 이용하여 그 상태를 계속 유지하기 위해 사용하는 회로이다.
인터록회로		2개의 입력신호 중 먼저 작동시킨 쪽의 회로가 우선적으로 이루어져 기기가 작동하며 다른 쪽에 입력신호가 들어오더라도 작동하지 않는 회로이다.

(2) 제어용기기의 명칭과 도시기호

제어용기기 명칭	작동원리	접점의 종류			
		주접점	코일	a접점	b접점
배선용 차단기 (MCCB)	단락 및 과부하로부터 회로를 보호하기 위하여 사용되는 전력기기이다.	⌐⌐⌐	–	–	–
전자접촉기 (MC)	전자석의 동작에 의하여 접점을 개폐하는 기구로서 부하회로를 빈번하게 개폐하는 접촉기이다.	⌐⌐⌐	(MC)	MC-a	MC-b
열동계전기 (THR)	정격전류 이상의 과부하 전류가 흐르면 내부에서 발생된 열에 의해 바이메탈이 동작하여 접점을 차단시키는 계전기로서 전동기의 과부하 보호에 사용된다.	⌐⌐	–	THR	THR
릴레이 (X, Ry)	코일에 전류가 흐르면 전자력에 의해 접점을 개폐하는 기능을 가진다.	–	(X)	X-a	X-b
타이머 (T)	설정시간이 경과한 후 그 접점이 폐로 또는 개로하는 계전기이다.	–	(T)	T-a	T-b
누름버튼스위치 (PB-ON, PB-OFF)	버튼을 누르면 접점 기구부가 개폐되며 손을 떼면 스프링의 힘에 의해 자동으로 복귀되는 스위치이다. 정지용 누름버튼스위치는 b접점을, 기동용 누름버튼스위치는 a접점을 사용한다.	–	–	PB-ON	PB-OFF
셀렉터스위치 (SS)	조작을 가하면 반대 조작이 있을 때까지 조작 접점 상태를 유지하는 유지형 스위치로서 자동(Auto)/수동(Man) 등과 같이 조작방법의 절환스위치로 사용한다.	–	–	자동 SS 수동	
운전표시등 (RL)	전동기가 운전 중임을 표시하는 램프로서 적색램프이다.	–	(RL)	–	–
정지표시등 (GL)	전동기가 정지 중임을 표시하는 램프로서 녹색램프이다.	–	(GL)	–	–

(3) 전기기기의 용어 및 문자기호

전기기기의 용어	문자기호	기능
배선용 차단기	MCCB (Molded Case Circuit Breaker)	개폐 기구, 트립 장치 등을 절연물 용기 내에 일체로 조립한 것으로 통전상태의 전로를 수동 또는 전기 조작에 의해 개폐할 수 있으며, 과부하 및 단로 등의 이상 상태 시 자동적으로 전류를 차단하는 기구를 말한다.
누전차단기	ELB (Earth Leakage Circuit Breaker)	교류 600[V] 이하의 전로에서 인체에 대한 감전사고 및 누전에 의한 화재, 아크에 의한 기구손상을 방지하기 위한 목적으로 사용되는 차단기이며 개폐기구, 트립장치 등을 절연물 용기 내에 일체로 조립한 것으로 통전상태의 전로를 수동 또는 전기 조작에 의해 개폐할 수 있고 과부하 및 단락 등의 상태나 누전이 발생할 때 자동적으로 전류를 차단하는 기구를 말한다.
누전경보기	ELD (Earth Leakage Detector)	내화구조가 아닌 건축물로서 벽, 바닥 또는 천장의 전부나 일부를 불연재료 또는 준불연재료가 아닌 재료에 철망을 넣어 만든 건물의 전기설비로부터 누설전류를 탐지하여 경보를 발하는 기기로서 변류기와 수신부로 구성된 것을 말한다.
영상변류기	ZCT (Zero-phase-sequence Current Transformer)	지락사고가 발생했을 때 흐르는 영상전류를 검출하여 접지계전기에 의하여 차단기를 동작시켜 사고의 파급을 방지한다.
전자접촉기	MC (Electromagnetic Contactor)	전자석의 동작에 의하여 부하 회로를 빈번하게 개폐하는 접촉기이고 주접점은 전동기를 기동하는 접점으로 접점이 용량이 크고 a접점만으로 구성되어 있으며 보조접점은 보조계전기와 같이 작은 전류 및 제어회로에 사용한다.
열동계전기	THR (Thermal Relay)	설정값 이상의 전류가 흐르면 접점을 동작 차단시키는 계전기로서 전동기의 과부하 보호에 사용된다.

(4) 개폐기와 차단기의 도시기호 및 표기방법

명칭	도시기호	각 기호의 내용
개폐기	S	$\boxed{S}$ 2P 30A / f 15A • 2P 30[A] : 극수, 정격전류 • f 15[A] : 퓨즈, 정격전류
전류계 붙이 개폐기	Ⓢ	Ⓢ 3P 30A / f 15A / A5 • 3P 30[A] : 극수, 정격전류 • f 15[A] : 퓨즈, 정격전류 • A5 : 전류계의 정격전류
배선용 차단기	B	$\boxed{B}$ 3P / 225AF / 150A • 3P : 극수 • 225AF : 프레임의 크기 • 150[A] : 정격전류
누전차단기 (과전류 소자붙이)	E	$\boxed{E}$ 2P / 30AF / 15A / 30mA • 2P : 극수 • 30AF : 프레임의 크기 • 15[A] : 정격전류 • 30[mA] : 정격감도전류

명칭	도시기호	각 기호의 내용
누전차단기 (과전류 소자없음)	E	$\boxed{E}$ 2P 15A 30mA • 2P : 극수 • 15[A] : 정격전류 • 30[mA] : 정격감도전류

핵심이론 02 | 논리회로의 기본회로

(1) AND회로(논리곱 회로)

① 2개의 입력신호가 모두 "1"일 때에만 출력신호가 "1"이 되는 논리회로로서 직렬회로이다.

② 유접점 및 무접점회로

유접점회로	무접점회로	논리식
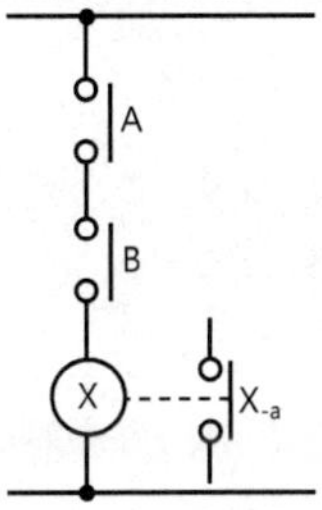 (A, B 직렬 접점, X 릴레이, X-a 접점)	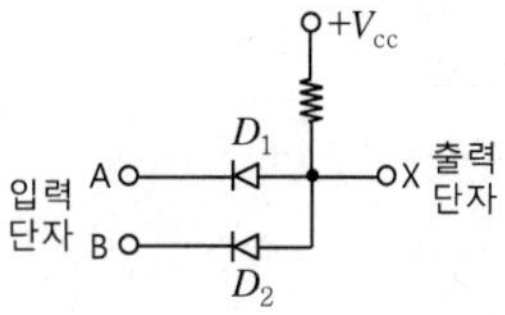  (다이오드 AND 회로 및 AND 게이트 기호)	$X = A \cdot B$

③ 논리표

입력		출력
A	B	X
0	0	0
1	0	0
0	1	0
1	1	1

(2) OR회로(논리합 회로)
   ① 2개의 입력신호 중 어느 1개의 입력신호가 "1"일 때 출력신호가 "1"이 되는 논리회로로서 병렬회로이다.
   ② 유접점 및 무접점회로

유접점회로	무접점회로	논리식
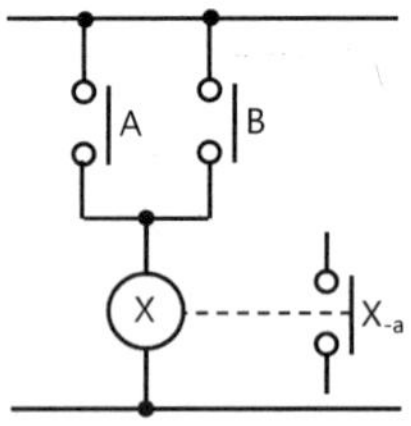	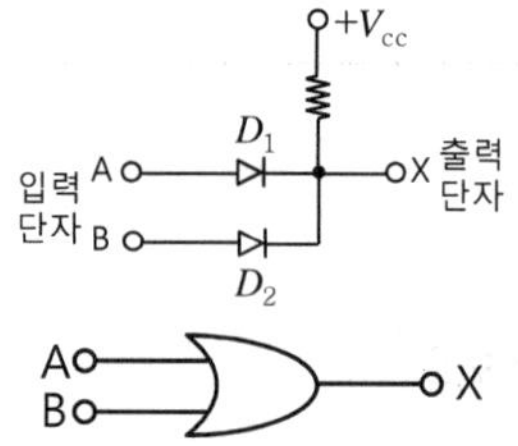	$X = A + B$

   ③ 논리표

입력		출력
A	B	X
0	0	0
1	0	1
0	1	1
1	1	1

(3) NOT회로(논리부정 회로)
   ① 출력신호는 입력신호 정반대로 작동되는 논리회로로서 부정회로이다.
   ② 유접점 및 무접점회로

유접점회로	무접점회로	논리식
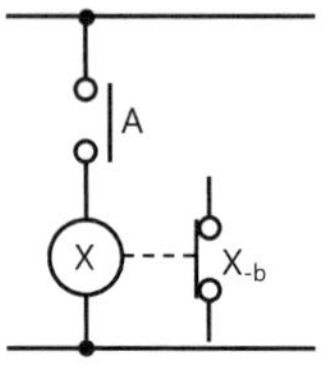	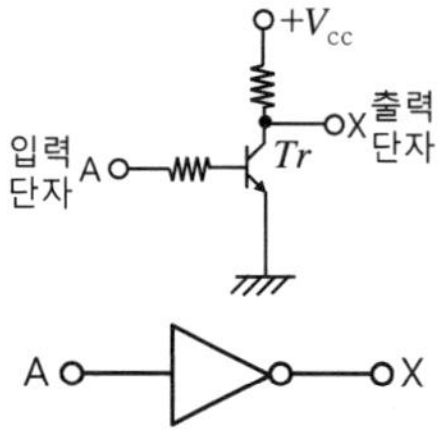	$X = \overline{A}$

   ③ 논리표

입력	출력
A	X
0	1
1	0

(4) NAND회로

① AND회로의 출력에 NOT회로를 조합시킨 논리곱의 부정회로로서 2개의 입력신호가 모두 "1"일 때 출력신호가 "0"이 되는 회로이다.

② 유접점 및 무접점회로

유접점회로	무접점회로	논리식
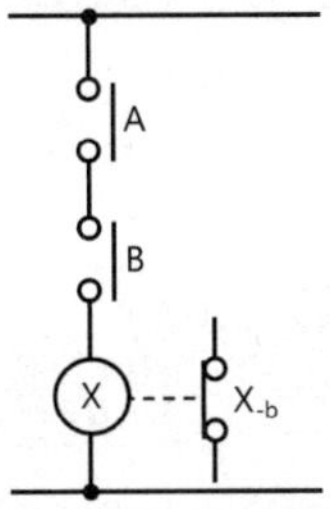	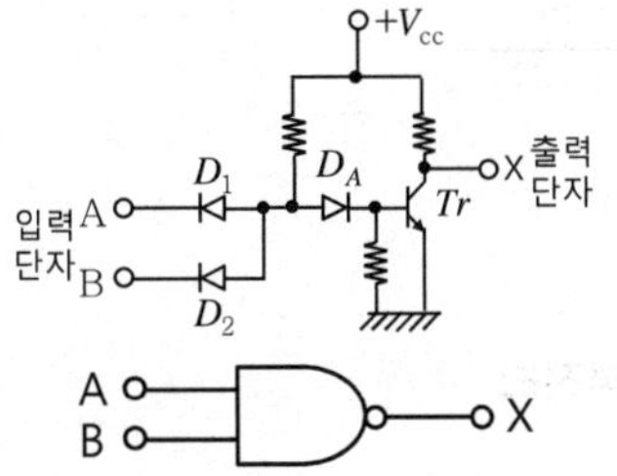	$X = \overline{A \cdot B} = \overline{A} + \overline{B}$

③ 논리표

입력		출력
A	B	X
0	0	1
1	0	1
0	1	1
1	1	0

(5) NOR회로

① OR회로의 출력에 NOT회로를 조합시킨 논리합의 부정회로로서 2개의 입력신호가 모두 "0"일 때 출력신호가 "1"이 되는 회로이다.

② 유접점 및 무접점회로

유접점회로	무접점회로	논리식
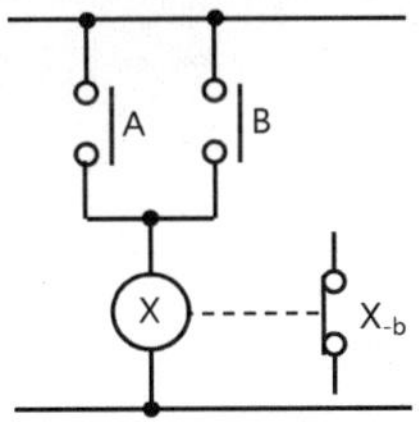	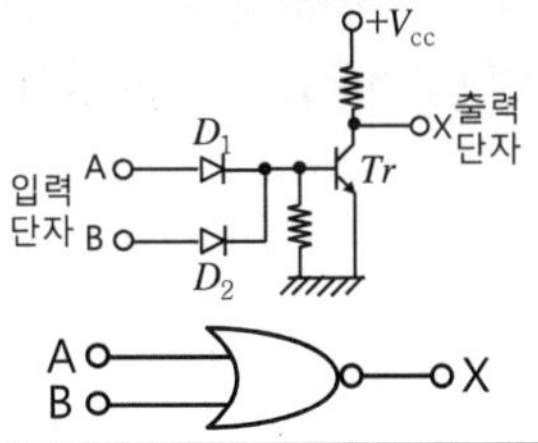	$X = \overline{A+B} = \overline{A} \cdot \overline{B}$

③ 논리표

입력		출력
A	B	X
0	0	1
1	0	0
0	1	0
1	1	0

핵심이론 03 | 불대수의 기본정리

(1) 교환법칙
　① $A + B = B + A$　　② $A \cdot B = B \cdot A$

(2) 배분법칙
　① $A + (B \cdot C) = (A + B) \cdot (A + C)$　　② $A \cdot (B + C) = A \cdot B + A \cdot C$

(3) 결합법칙
　① $(A + B) + C = A + (B + C)$　　② $(A \cdot B) \cdot C = A \cdot (B \cdot C)$

(4) 흡수법칙
　① $(A + \overline{B}) \cdot B = A \cdot B$　　② $(A \cdot \overline{B}) + B = A + B$

(5) 보원의 법칙
　① $A \cdot \overline{A} = 0$　　② $A + \overline{A} = 1$
　③ $\overline{\overline{A}} = A$

(6) 기본 대수의 정리
　① $A \cdot A = A$　　② $A + A = A$
　③ $A \cdot 1 = A$　　④ $A + 1 = 1$
　⑤ $A \cdot 0 = 0$　　⑥ $A + 0 = A$

(7) 드모르간의 법칙
　① $\overline{A + B} = \overline{A} \cdot \overline{B}$　　② $\overline{A \cdot B} = \overline{A} + \overline{B}$

핵심이론 04 | 카르노프 도표에 의한 논리식의 간단화

(1) 카르노프 도표의 간단화하는 방법
① 주어진 논리식에 대한 진리표를 작성한다.
② 진리표 변수의 개수에 따라 2변수($2^2 = 4$가지), 3변수($2^3 = 8$가지), 4변수($2^4 = 16$가지)의 카르노프 도표를 작성한다.
③ 도표의 칸에 있는 "1"은 필요에 따라 여러 번 사용할 수 있다.
④ 어떤 그룹의 "1"이 다른 그룹에도 해당될 때에는 그 그룹을 생략한다.
⑤ 각 그룹을 AND로 전체를 OR로 결합하여 논리곱의 합 형식의 함수로 만든다.

(2) 페어
① 출력이 "1"이 되는 것이 수직 또는 수평으로 한 쌍(2개)이 근접해 있는 경우로 보수로 바뀌어지는 변수를 생략할 수 있다.
② 논리식 $Y = A \cdot \overline{B} + A \cdot B = A \cdot \underbrace{(\overline{B}+B)}_{1} = A \cdot 1 = A$

㉠ 진리표

입력		출력		
A	B	$A \cdot \overline{B}$	$A \cdot B$	$A \cdot \overline{B} + A \cdot B$
0	0	0	0	0
0	1	0	0	0
1	0	1	0	1
1	1	0	1	1

㉡ 카르노프 도표

A\B	0	1	비고
0	0	0	• 변수 B는 "0"과 "1"이 모두 포함되므로 생략한다.
1	1 ($A \cdot \overline{B}$)	1 ($A \cdot B$)	• 논리식 Y는 변수 A값에 의해 정해지므로 $Y = A \cdot \overline{B} + A \cdot B = A$이다.

(3) 쿼드
① 출력이 "1"이 되는 것이 수직 또는 수평으로 두 쌍(4개)이 근접해 있는 2개 페어의 집합인 경우로서 보수로 바뀌어지는 변수를 생략할 수 있다.
② 논리식 $Y = \overline{A} \cdot \overline{B} \cdot \overline{C} + \overline{A} \cdot \overline{B} \cdot C + A \cdot \overline{B} \cdot \overline{C} + A \cdot \overline{B} \cdot C$
$= \overline{A} \cdot \overline{B} \cdot \underbrace{(\overline{C}+C)}_{1} + A \cdot \overline{B} \cdot \underbrace{(\overline{C}+C)}_{1} = \overline{A} \cdot \overline{B} \cdot 1 + A \cdot \overline{B} \cdot 1$
$= \overline{A} \cdot \overline{B} + A \cdot \overline{B} = \underbrace{(\overline{A}+A)}_{1} \cdot \overline{B} = \overline{B}$

㉠ 진리표

입력			출력				
A	B	C	$\overline{A}\cdot\overline{B}\cdot\overline{C}$	$\overline{A}\cdot\overline{B}\cdot C$	$A\cdot\overline{B}\cdot\overline{C}$	$A\cdot\overline{B}\cdot C$	Y
0	0	0	1	0	0	0	1
0	0	1	0	1	0	0	1
0	1	0	0	0	0	0	0
0	1	1	0	0	0	0	0
1	0	0	0	0	1	0	1
1	0	1	0	0	0	1	1
1	1	0	0	0	0	0	0
1	1	1	0	0	0	0	0

㉡ 카르노프 도표

AB \ C	0	1	비고
00	1 ($\overline{A}\cdot\overline{B}\cdot\overline{C}$)	1 ($\overline{A}\cdot\overline{B}\cdot C$)	• 변수 A, C는 "0"과 "1"이 모두 포함되므로 생략한다. • 논리식 $Y = (\overline{A}\cdot\overline{B}\cdot\overline{C}+\overline{A}\cdot\overline{B}\cdot C)+(A\cdot\overline{B}\cdot\overline{C}+A\cdot\overline{B}\cdot C)$ 이다.
01	0	0	
10	1 ($A\cdot\overline{B}\cdot\overline{C}$)	1 ($A\cdot\overline{B}\cdot C$)	
11	0	0	

| 핵심이론 05 | 타임차트 및 시퀀스회로도 그리기

(1) 타임차트 그리기

① 시퀀스제어에 있어서 입력 동작에 따라 출력의 동작이 시간에 따라 어떻게 변하는가를 나타내는 그림이다.
② 타임차트를 그리는 방법
　㉠ 세로축에 제어기기의 동작순서에 따라 그린다.
　㉡ 가로축에 제어기기의 시간적 변화를 선으로 표현한다. 제어기기의 동작이 다른 제어기기의 작동과 어떤 관계가 있는가를 나타낸다.
　㉢ 1(ON, 누르다, 기동, 점등, 여자)과 0(OFF, 떼다, 정지, 소등, 소자)의 동작상태를 타임차트 위 또는 아래에 표시한다.

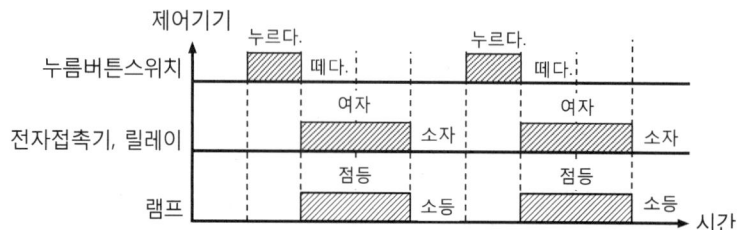

③ 타이머회로의 타임차트 작성
　㉠ 전원을 투입하면 녹색램프(GL)가 점등한다.
　㉡ 누름버튼스위치(PB-ON)를 누르면 타이머 코일(T)이 여자되어 타이머 순시 a접점(T-a)이 닫혀 자기유지가 된다. 이때 누름버튼스위치(PB-ON)를 떼더라도 타이머는 계속 작동된다.
　㉢ 설정시간(t) 후에 한시접점 a접점이 닫혀 적색램프(RL)가 점등되고, 한시접점 b접점이 열려 녹색램프(GL)가 소등된다.
　㉣ 누름버튼스위치(PB-OFF)를 누르면 타이머 코일(T)이 소자되어 즉시 타이머 한시동작 순시복귀 접점이 초기상태로 복귀된다.

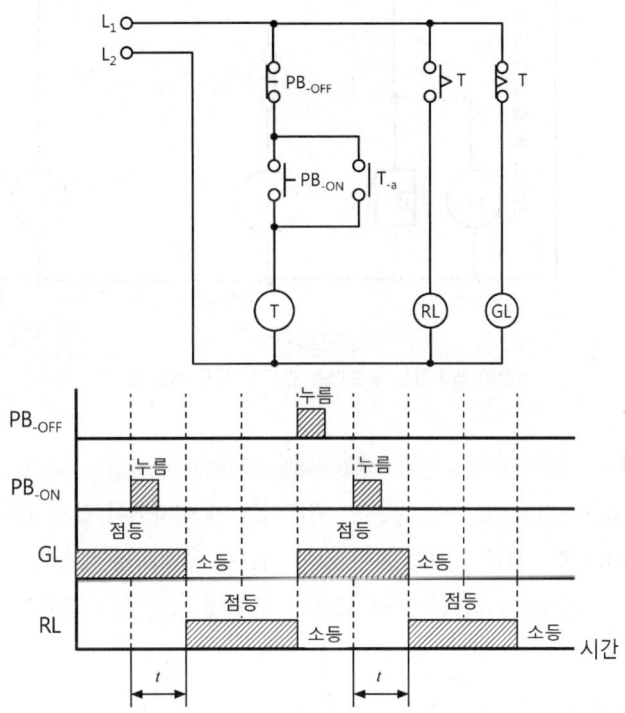

(2) 시퀀스회로도 그리기
　① 제어회로의 전원 모선은 전원 도선으로 도면 상하에 가로선으로 표시한다.
　② 제어기기를 연결하는 접속선은 상하 전원 모선 사이에 세로(수직)선으로 표시한다.
　③ 접속선은 작동 순서에 따라 좌측에서 우측으로 그린다.
　④ 제어기기는 비작동 상태로 하며 모든 전원은 차단된 상태로 표시한다.
　⑤ 개폐 접점을 가진 제어기기는 접점 및 코일 등으로 표시하며 접속선에서 분리하여 표시한다.
　⑥ 제어기기가 분산된 각 부분에는 그 제어기기명을 표시한 문자 기호를 첨가하여 기기의 관련 상태를 표시한다.

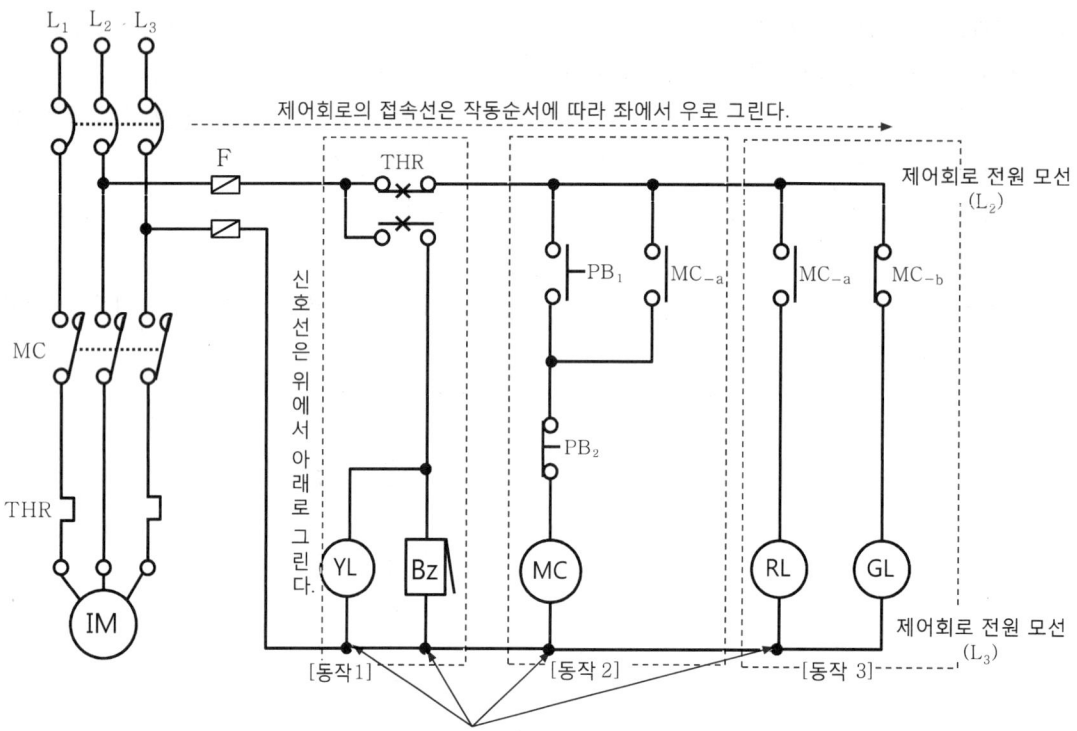

(3) 시퀀스제어의 응용회로

① **자기유지회로** : 누름버튼스위치(PB_{-ON})를 누르면 릴레이(X)가 여자되어 릴레이의 X_{-a} 접점이 붙어 누름버튼스위치를 떼더라도 릴레이의 X_{-a} 접점이 계속 붙어 있어 회로를 유지시켜 계속 동작되는 회로이다. 릴레이 코일을 소자하려면 누름버튼스위치(PB_{-OFF})를 눌러 릴레이 코일에 공급하는 전원을 차단시켜야 한다.

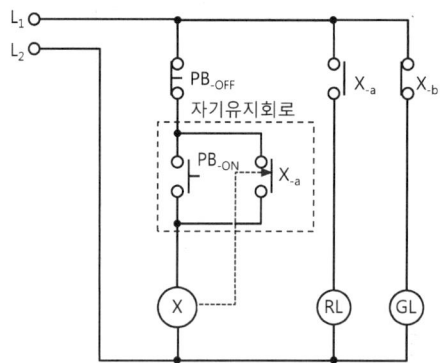

② **인터록회로** : 2개의 입력 중 먼저 작동시킨 쪽의 회로가 우선으로 이루어져 기기가 작동하며, 다른 쪽에 입력이 들어오더라도 작동하지 않는 회로로서 전동기 정·역회로, 기기의 보호회로에 많이 사용한다.

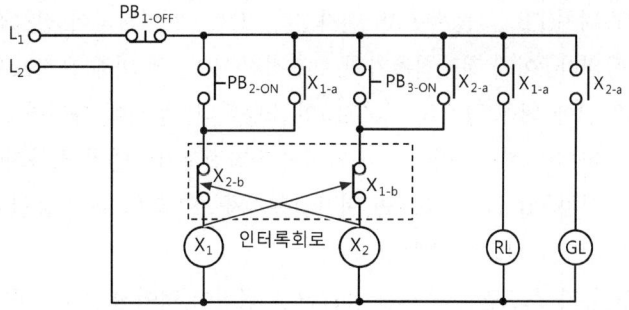

(4) 3상 유도전동기의 운전회로

① 3상 유도전동기의 기동 및 정지회로

㉠ 배선용 차단기(MCCB)에 전원을 투입하면 정지표시등(GL)이 점등한다.

㉡ 유도전동기 운전용 누름버튼스위치(PB_{-ON})를 누르면 전자접촉기(MC)가 여자되어 주접점이 붙어 유도전동기(IM)가 기동된다. 또한, 전자접촉기의 보조접점(MC_{-a})에 의해 자기유지가 되고, 운전표시등(RL)이 점등되며 전자접촉기의 보조접점(MC_{-b})에 의해 정지표시등(GL)이 소등된다.

㉢ 유도전동기 정지용 누름버튼스위치(PB_{-OFF})를 누르면 전자접촉기가 소자되어 운전 중인 유도전동기는 정지한다. 이때 정지표시등(GL)이 점등되고, 운전표시등(RL)이 소등된다.

㉣ 유도전동기에 과전류가 흐르면 열동계전기(THR_{-b}) 접점이 떨어져 유도전동기는 정지하고, 이상표시등(YL)이 점등된다.

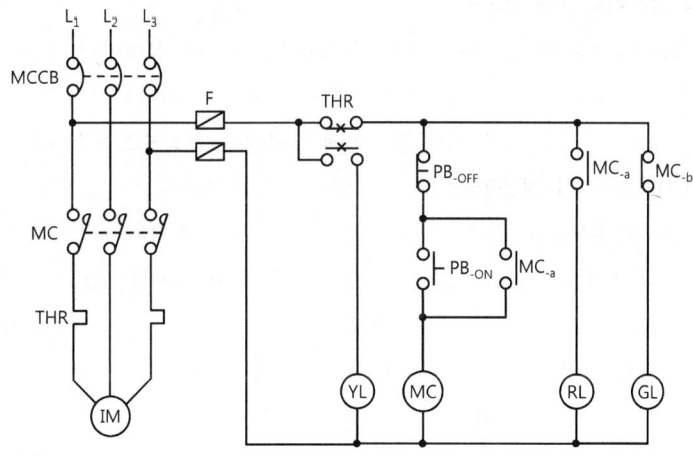

② 타이머를 이용한 3상 유도전동기의 기동 및 정지회로
  ㉠ 배선용 차단기(MCCB)에 전원을 투입하면 정지표시등(GL)이 점등한다.
  ㉡ 운전용 누름버튼스위치(PB-ON)를 누르면 전자접촉기(MC)가 여자되어 전자접촉기의 주접점이 붙어서 유도전동기(IM)가 기동된다. 이때 전자접촉기의 보조접점(MC-a)에 의해 운전표시등(RL)이 점등되고, 전자접촉기의 보조접점(MC-b)에 의해 정지표시등(GL)이 소등한다. 동시에 타이머 코일(T)이 여자되어 자기유지가 되고, 설정시간 후 타이머 한시접점(T-b)이 떨어져 전자접촉기(MC)가 소자되어 유도전동기(IM)는 정지한다.
  ㉢ 정지용 누름버튼스위치(PB-OFF)를 누르면 전자접촉기가 소자되어 운전 중인 유도전동기는 정지하며 정지표시등이 점등하고, 운전표시등이 소등한다.
  ㉣ 유도전동기에 과전류가 흐르면 열동계전기(THR-b) 접점이 떨어져 유도전동기는 정지하고, 이상표시등(YL)이 점등된다.

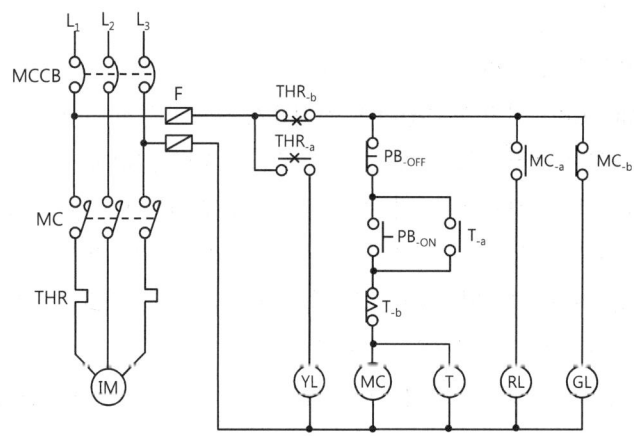

③ 3상 유도전동기의 정·역회전 운전회로
  ㉠ 배선용 차단기(MCCB)에 전원을 투입하면 전원표시등(GL)이 점등한다.
  ㉡ 정회전 누름버튼스위치(PB2-ON)를 누르면 전자접촉기(MC1)가 여자되어 전자접촉기(MC1)의 주접점이 붙어서 유도전동기(IM)가 정회전으로 기동된다. 이때 전자접촉기의 보조접점(MC1-a)에 의해 자기유지가 되고, 정회전 운전표시등(RL1)이 점등한다.
  ㉢ 정지용 누름버튼스위치(PB1-OFF)를 누르면 전자접촉기(MC1)가 소자되어 정회전으로 운전 중인 유도전동기는 정지하며 전자접촉기의 보조접점(MC1-a)에 의해 정회전 운전표시등(RL1)이 소등한다.
  ㉣ 역회전 누름버튼스위치(PB3-ON)를 누르면 전자접촉기(MC2)가 여자되어 전자접촉기(MC2)의 주접점이 붙어서 유도전동기(IM)가 역회전으로 기동된다. 이때 전자접촉기의 보조접점(MC2-a)에 의해 자기유지가 되고, 역회전 운전표시등(RL2)이 점등한다.
  ㉤ 정지용 누름버튼스위치(PB1-OFF)를 누르면 전자접촉기(MC2)가 소자되어 역회전으로 운전 중인 유도전동기는 정지하며 전자접촉기의 보조접점(MC2-a)에 의해 역회전 운전표시등(RL2)이 소등한다.

ⓑ 정회전 누름버튼스위치(PB_{2-ON})를 눌러 유도전동기가 정회전으로 운전하고 있을 때 전자접촉기의 보조접점(MC_{1-b})에 의해 인터록이 이루어져 안전운전이 된다. 즉, 역회전 누름버튼스위치(PB_{3-ON})를 누르더라도 유도전동기는 역회전으로 운전이 안 된다. 또한, 역회전 누름버튼스위치(PB_{3-ON})를 눌러 유도전동기가 역회전으로 운전하고 있을 때 전자접촉기의 보조접점(MC_{2-b})에 의해 인터록이 이루어져 안전운전이 된다. 즉, 정회전 누름버튼스위치(PB_{2-ON})를 누르더라도 유도전동기는 정회전으로 운전이 안 된다.

ⓢ 유도전동기에 과전류가 흐르면 열동계전기(THR_{-b}) 접점이 떨어져 전동기는 정지하고, 이상표시등(YL)이 점등한다.

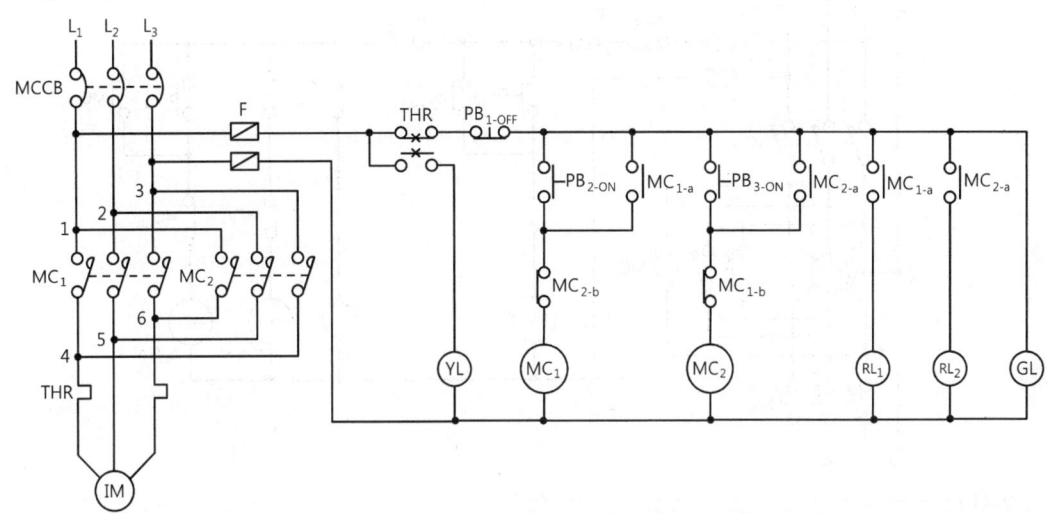

┌참고┐

3상 유도전동기의 정·역회전 운전회로를 구성하려면 전자접촉기 2개를 사용하고, 전원의 3상 중 2상을 반대로 접속하면 역회전으로 운전된다. 즉, 전원선의 3선 중 임의의 2선을 반대로 접속하면 유도전동기의 회전방향이 반대로 된다.

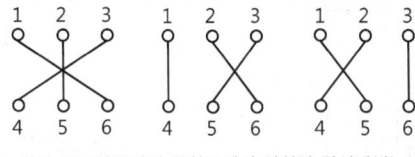

[3상 유도전동기의 주회로에서 역회전 결선방법]

④ 3상 유도전동기의 Y-△ 기동회로

㉠ 배선용 차단기(MCCB)에 전원을 투입한다.

㉡ 기동용 누름버튼스위치(PB_{-ON})를 누르면 전자접촉기(MC_1)가 여자되어 전자접촉기의 보조접점(MC_{1-a})에 의해 자기유지가 된다. 또한, 전자접촉기의 보조접점(MC_{2-b})에 의해 타이머(T) 코일이 여자되고, 타이머 한시접점(T_{-b})과 전자접촉기의 보조접점(MC_{2-b})에 의해 전자접촉기(MC_3)가 여자되어 유도전동기는 Y결선으로 기동한다.

㉢ 타이머 설정시간(t)이 경과한 후에는 타이머 한시접점(T_{-b})이 열려 전자접촉기(MC_3)가 소자되어 유도전동기는 Y결선의 기동이 정지되고, 타이머 한시접점(T_{-a})이 붙어 전자접촉기(MC_2)가 여자되면서 유도전동기는 △결선으로 운전된다. 이때 전자접촉기의 보조접점(MC_{2-a})에 의해 자기유지가 된다.

ⓐ 전자접촉기(MC_2)와 전자접촉기(MC_3)는 전자접촉기의 보조접점 MC_{2-b}와 MC_{3-b}에 의해 인터록이 유지되어 안전운전이 된다.
ⓑ 정지용 누름버튼스위치(PB_{-OFF})를 누르면 운전 중인 유도전동기는 정지한다.
ⓒ 유도전동기에 과부하가 흐르면 열동계전기(THR_{-b}) 접점이 떨어져 운전 중인 유도전동기는 정지한다.

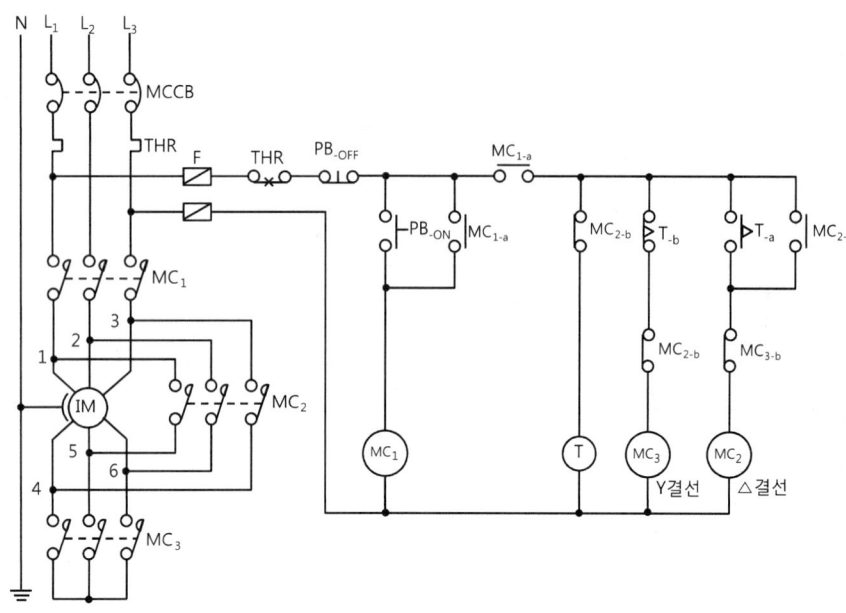

참고

3상 유도전동기의 Y-△ 기동회로에서 주회로 결선방법

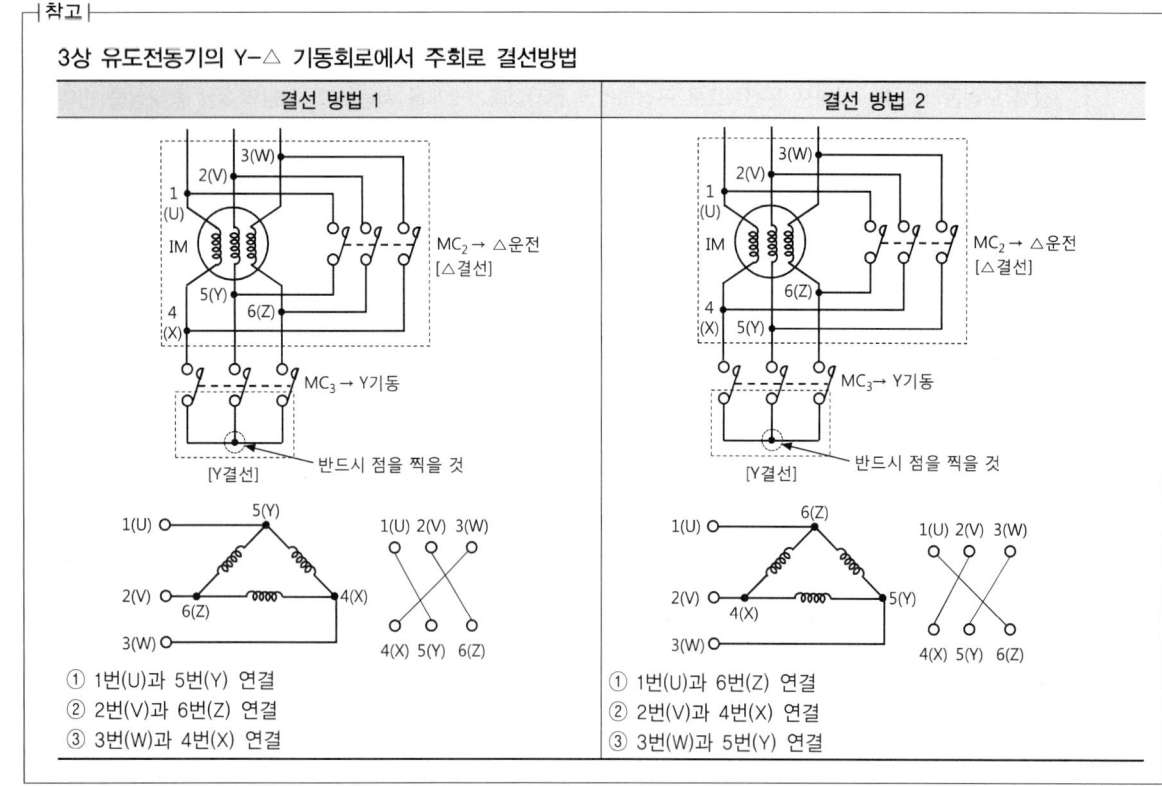

⑤ 플로트스위치를 이용한 급수펌프 제어회로
  ㉠ 전원을 투입하면 정지표시등(GL)이 점등된다.
  ㉡ 자동일 경우 플로트스위치(FS)가 작동하면 전자접촉기(MC)가 여자되어 유도전동기(IM)가 기동한다. 이때 유도전동기의 운전표시등(RL)이 점등되고, 전자접촉기의 보조접점(MC$_{-b}$)에 의해 정지표시등(GL)이 소등된다.
  ㉢ 수동일 경우 운전용 누름버튼스위치(PB$_{-ON}$)를 누르면 전자접촉기(MC)가 여자되어 전자접촉기의 주접점이 붙어 유도전동기(IM)가 기동되고, 전자접촉기의 보조접점(MC$_{-a}$)에 의해 자기유지가 된다. 이때 운전표시등(RL)이 점등되고, 전자접촉기의 보조접점(MC$_{-b}$)에 의해 정지표시등(GL)이 소등한다.
  ㉣ 수동일 경우 운전용 누름버튼스위치(PB$_{-OFF}$)를 누르거나 열동계전기(THR)가 작동하면 유도전동기가 정지하고, 운전표시등(RL)이 소등되며 정지표시등(GL)이 점등된다.

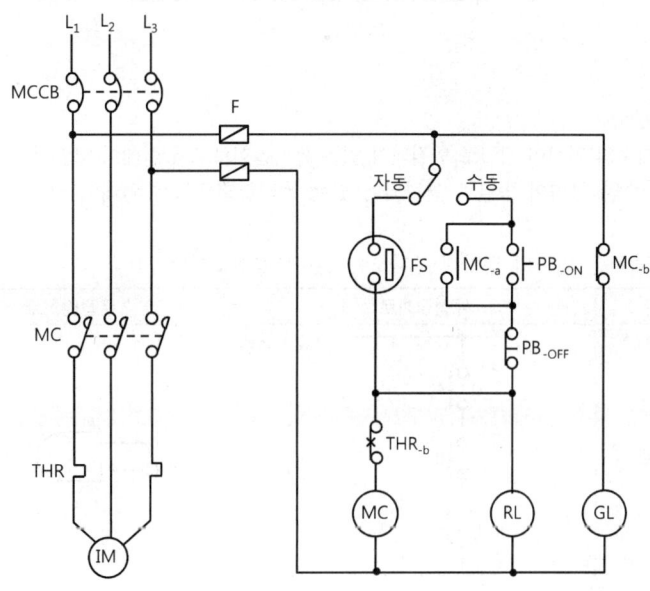

EXERCISE 06-2 시퀀스제어

01 논리식 $Z = (A + B + C) \cdot (A \cdot B \cdot C + D)$의 유접점회로(릴레이회로)와 무접점회로를 그리시오.

(1) 유접점회로(릴레이회로)를 그리시오.
(2) 무접점회로를 그리시오.

득점	배점
	6

해설

논리회로

(1) 논리회로의 기본회로
   ① AND회로 : 다수의 입력이 직렬로 연결되어 있는 논리곱회로로서 릴레이 코일의 입력이 모두 ON되었을 때 작동한다.
   ② OR회로 : 다수의 입력이 병렬로 연결되어 있는 논리합회로로서 릴레이 코일의 입력 중 어느 하나만 ON되어도 작동한다.
   ③ NOT회로 : 출력은 입력의 정반대로 나오는 논리부정회로이다.

논리회로	유접점회로	무접점회로	논리식
AND회로			$X = A \cdot B$
OR회로			$X = A + B$
NOT회로			$X = \overline{A}$

(2) 논리식 $Z = (A+B+C) \cdot (A \cdot B \cdot C + D)$

① 유접점회로(릴레이회로)

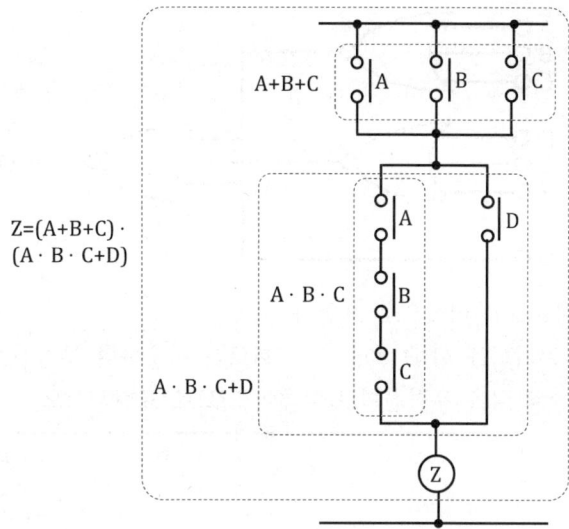

② 무접점회로

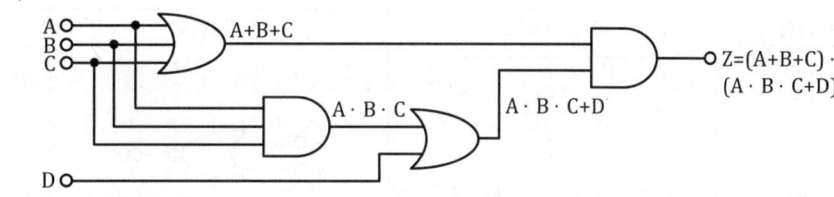

 (1)

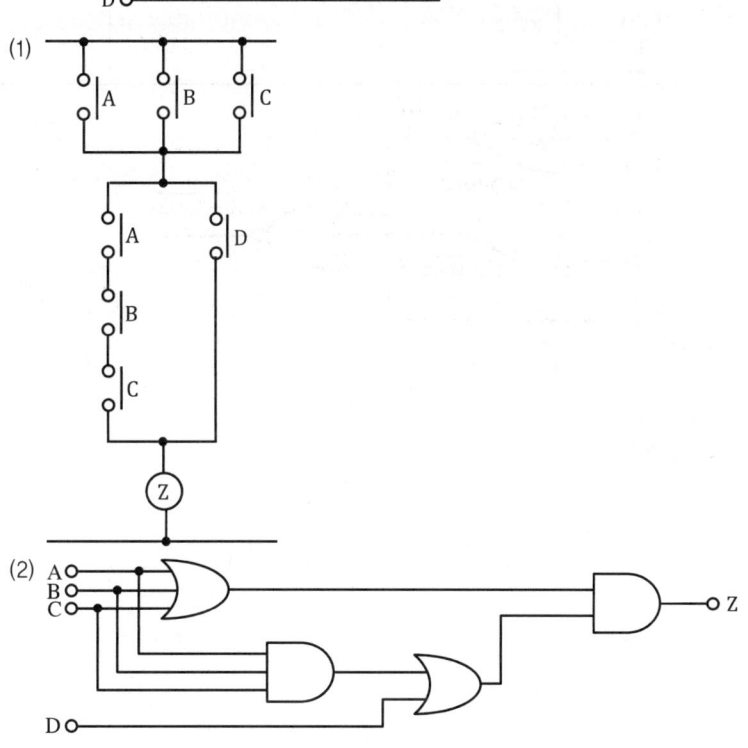

02 다음 그림은 무접점회로이다. 각 물음에 답하시오.

득점	배점
	9

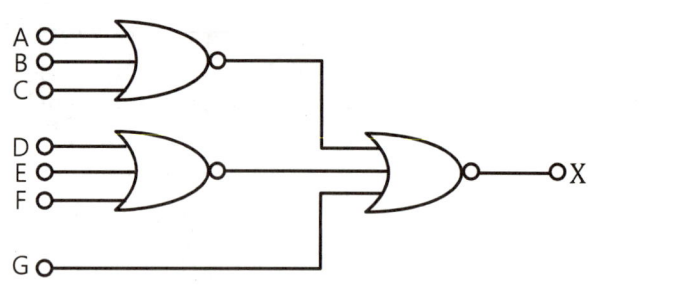

(1) 주어진 논리회로를 논리식으로 표현하시오.
(2) (1)에서 구한 논리식을 AND, OR, NOT회로를 이용하여 무접점회로로 표현하시오.
(3) (1)에서 구한 논리식을 유접점회로(릴레이회로)로 표현하시오.

해설

논리회로

(1) NOR회로

논리회로	유접점회로	무접점회로	논리식
NOR회로	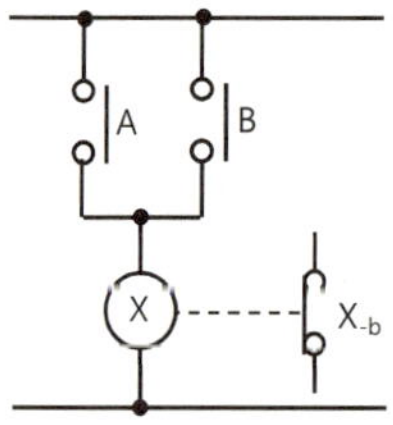	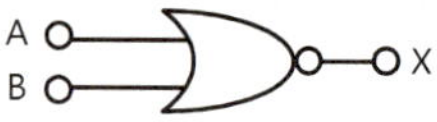	$X = \overline{A+B} = \overline{A} \cdot \overline{B}$

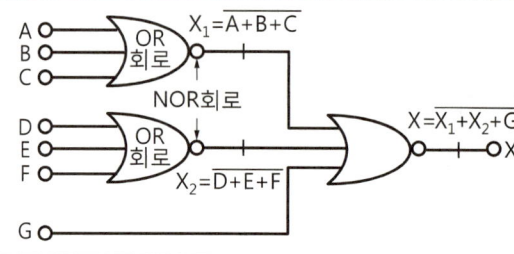

$$\therefore X = \overline{X_1 + X_2 + G} = \overline{\overline{(A+B+C)} + \overline{(D+E+F)} + G}$$
$$= (\overline{\overline{\overline{A}+\overline{B}+\overline{C}}}) \cdot (\overline{\overline{\overline{D}+\overline{E}+\overline{F}}}) \cdot \overline{G}$$
$$= (A+B+C) \cdot (D+E+F) \cdot \overline{G}$$

(2) 논리회로의 기본회로

논리회로	유접점회로	무접점회로	논리식
AND회로			$X = A \cdot B$
OR회로			$X = A + B$
NOT회로			$X = \overline{A}$

$$X = \underbrace{(A+B+C)}_{\text{OR회로}} \cdot \underbrace{}_{\text{AND회로}} \underbrace{(D+E+F)}_{\text{OR회로}} \cdot \underbrace{}_{\text{AND회로}} \underbrace{\overline{G}}_{\text{NOT회로}}$$

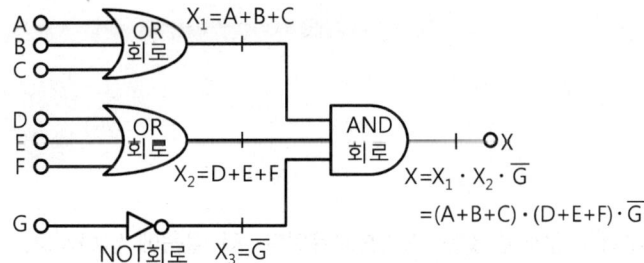

$X = X_1 \cdot X_2 \cdot \overline{G}$
$= (A+B+C) \cdot (D+E+F) \cdot \overline{G}$

(3) 유접점회로

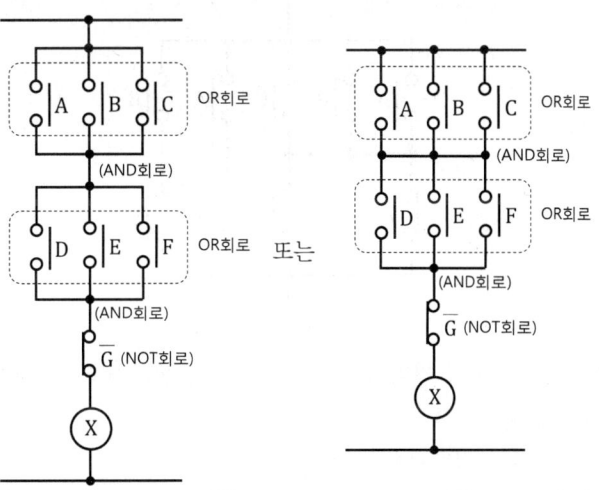

정답 (1) $X = (A+B+C) \cdot (D+E+F) \cdot \overline{G}$

(2)

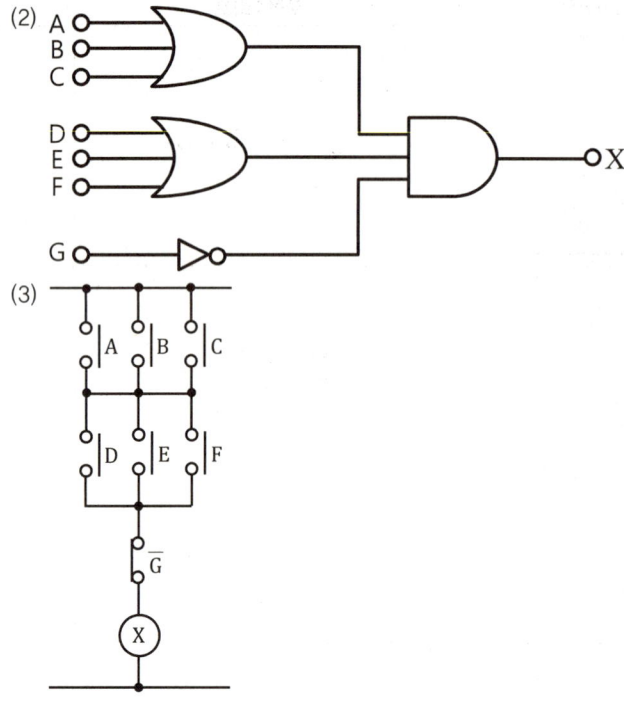

(3)

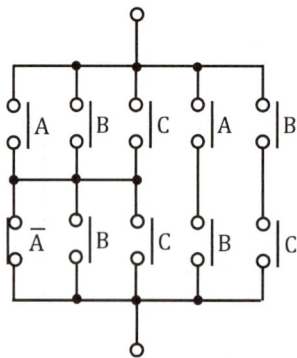

03

다음 그림은 10개의 접점을 갖는 스위칭회로이다. 각 물음에 답하시오.

득점	배점
	6

(1) 그림의 스위칭회로를 가장 간략화 한 논리식으로 표현하시오(단, 최초의 논리식을 쓰고, 이것을 간략화하는 과정을 쓰시오).
(2) 간략한 논리식의 유접점회로를 그리시오.

> [해설]

시퀀스회로

(1) 논리식의 간략화

① 논리회로의 기본회로

논리회로	정의	유접점회로	무접점회로	논리식
AND회로	2개의 입력신호가 모두 "1"일 때에만 출력신호가 "1"이 되는 논리회로로서 직렬회로이다.			$X = A \cdot B$
OR회로	2개의 입력신호 중 어느 1개의 입력신호가 "1"일 때 출력신호가 "1"이 되는 논리회로로서 병렬회로이다.			$X = A + B$
NOT회로	출력신호는 입력신호 정반대로 작동되는 논리회로로서 부정회로이다.			$X = \overline{A}$

② 불대수의 정리

기본정리	논리식	
보원의 법칙	• $A \cdot \overline{A} = 0$ • $\overline{\overline{A}} = A$	• $A + \overline{A} = 1$
기본 대수의 정리	• $A \cdot A = A$ • $A \cdot 1 = A$ • $A \cdot 0 = 0$	• $A + A = A$ • $A + 1 = 1$ • $A + 0 = A$
드모르간의 법칙	• $\overline{A \cdot B} = \overline{A} + \overline{B}$	• $\overline{A + B} = \overline{A} \cdot \overline{B}$

③ 논리식의 간략화 과정

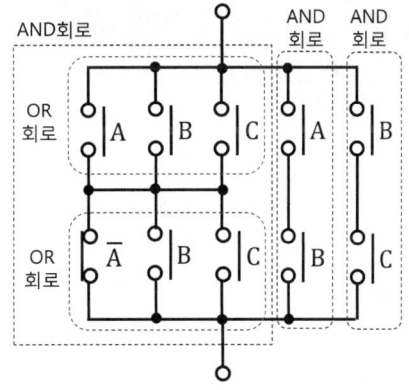

∴ (A+B+C)·($\overline{A}$+B+C)+A·B+B·C ← 배분법칙을 적용한다.
= ($\underbrace{A·\overline{A}}_{0}$+A·B+A·C+$\overline{A}$·B+$\underbrace{B·B}_{B}$+B·C+$\overline{A}$·C+B·C+$\underbrace{C·C}_{C}$)+A·B+B·C
= $\underline{A·B}$+A·C+$\overline{A}$·B+B+$\underline{B·C}$+$\overline{A}$·C+$\underline{B·C}$+C+$\underline{A·B}$+$\underline{B·C}$ ← A·B와 B·C는

2개 이상이 있으므로 1개만 남긴다.
= A·B+A·C+$\overline{A}$·B+B+B·C+$\overline{A}$·C+C
= $\underbrace{(A+\overline{A})}_{1}$·B+A·C+B·$\underbrace{(1+C)}_{1}$+$\underbrace{(\overline{A}+1)}_{1}$·C
= $\underbrace{1·B}_{B}$+A·C+$\underbrace{B·1}_{B}$+$\underbrace{1·C}_{C}$
= B+A·C+B+C ← B는 2개가 있으므로 1개만 남긴다.
= B+A·C+C
= B+$\underbrace{(A+1)}_{1}$·C = B+$\underbrace{1·C}_{C}$
= B+C

(2) 스위칭회로의 유접점회로
∴ 논리식 B+C는 OR회로이다.

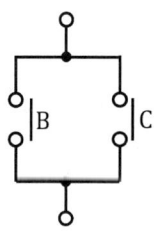

정답 (1) B+C
(2)

04

다음 그림은 시퀀스회로의 유접점회로이다. 각 물음에 답하시오.

득점	배점
	6

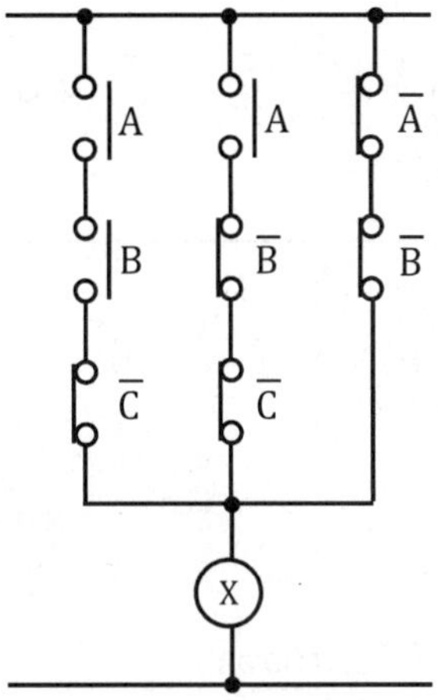

(1) 유접점회로에 대한 논리식을 가장 간단하게 표현하시오.
(2) (1)에서 구한 논리식을 무접점회로로 표현하시오.
(3) 다음의 타임차트에 입력 A, B, C가 주어졌을 때 출력 X를 나타내시오.

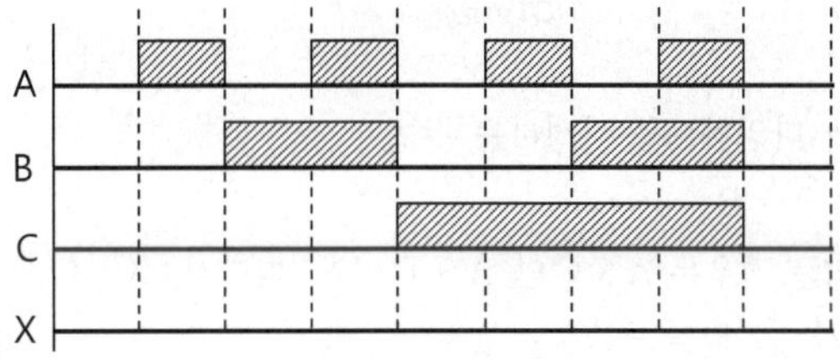

해설

시퀀스회로의 논리회로

(1) 유접점회로의 논리식

논리회로	유접점회로	무접점회로	논리식
AND회로	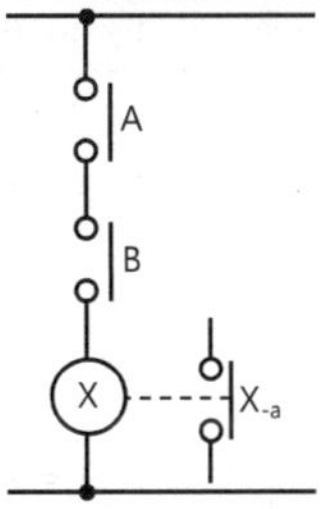	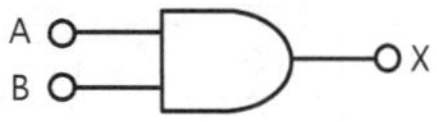	X = A · B
OR회로	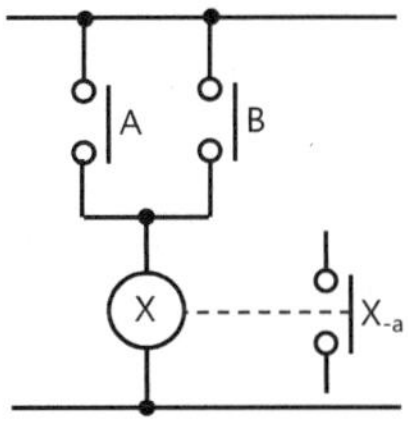	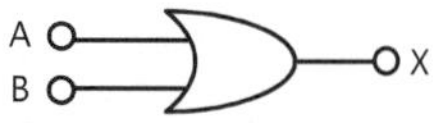	X = A + B

논리회로	유접점회로	무접점회로	논리식
NOT회로	(A, X, X-b 스위치 회로)	A ─▷○─ X	$X = \overline{A}$

∴ 출력 $X = (A \cdot B \cdot \overline{C}) + (A \cdot \overline{B} \cdot \overline{C}) + (\overline{A} \cdot \overline{B})$
$= A \cdot \overline{C} \cdot \underbrace{(B + \overline{B})}_{1} + (\overline{A} \cdot \overline{B}) = A \cdot \overline{C} + \overline{A} \cdot \overline{B}$

(2) 무접점회로

$X = \underbrace{(A \cdot \overline{C})}_{\text{AND회로}} \underbrace{+}_{\text{OR회로}} \underbrace{(\overline{A} \cdot \overline{B})}_{\text{AND회로}}$

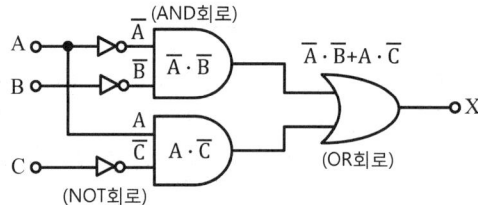

(3) 타임차트 작성
① 논리식을 이용하여 타임차트를 작성하는 방법
출력 $X = A \cdot \overline{C} + \overline{A} \cdot \overline{B}$

출력(X)이 "1"이 되는 경우는 $A \cdot \overline{C}$와 $\overline{A} \cdot \overline{B}$이다. 따라서, $A \cdot \overline{C}$에서 A=1, C=0일 때 또는 $\overline{A} \cdot \overline{B}$에서 A=0, B=0일 때 출력(X)은 "1"이 된다.

② 진리표를 이용하여 타임차트를 작성하는 방법

시간	입력			출력		
	A	B	C	$A \cdot \overline{C}$	$\overline{A} \cdot \overline{B}$	$X = A \cdot \overline{C} + \overline{A} \cdot \overline{B}$
1초	0	0	0	0·1=0	1·1=1	0+1=1
2초	1	0	0	1·1=1	0·1=0	1+0=1
3초	0	1	0	0·1=0	1·0=0	0+0=0
4초	1	1	0	1·1=1	0·0=0	1+0=1
5초	0	0	1	0·0=0	1·1=1	0+1=1
6초	1	0	1	1·0=0	0·1=0	0+0=0
7초	0	1	1	0·0=0	1·0=0	0+0=0
8초	1	1	1	1·0=0	0·0=0	0+0=0
9초	0	0	0	0·1=0	1·1=1	0+1=1

③ 타임차트 작성

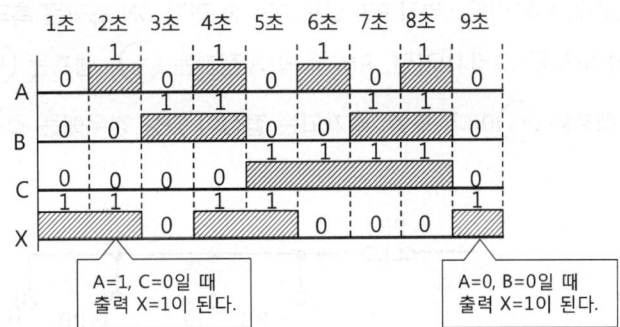

A=1, C=0일 때 출력 X=1이 된다.

A=0, B=0일 때 출력 X=1이 된다.

정답 (1) $X = A \cdot \overline{C} + \overline{A} \cdot \overline{B}$

(2)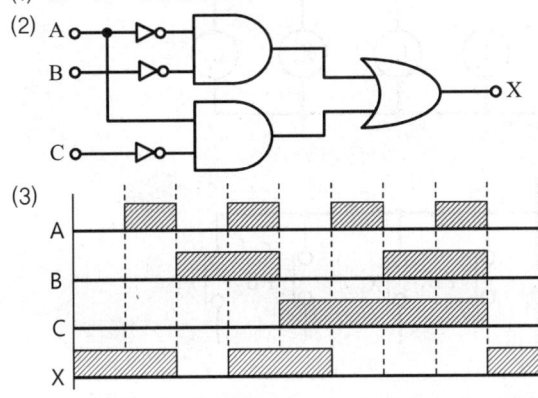

(3)

05 기존도면을 참고하여 누름버튼스위치 PB₁ 또는 PB₂ 중 먼저 ON 조작된 측의 램프만 점등되는 병렬 우선회로가 되도록 그리시오(단, PB₁ 측의 계전기는 X_1, 램프는 L_1이며, PB₂ 측의 계전기는 X_2, 램프는 L_2이다. 또한, 추가되는 접점이 있을 경우에는 최소 수만 사용한다).

득점	배점
	6

[기존도면]

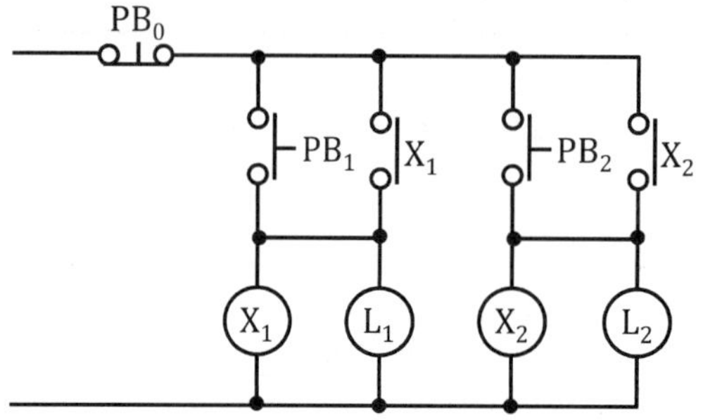

[병렬 우선회로]

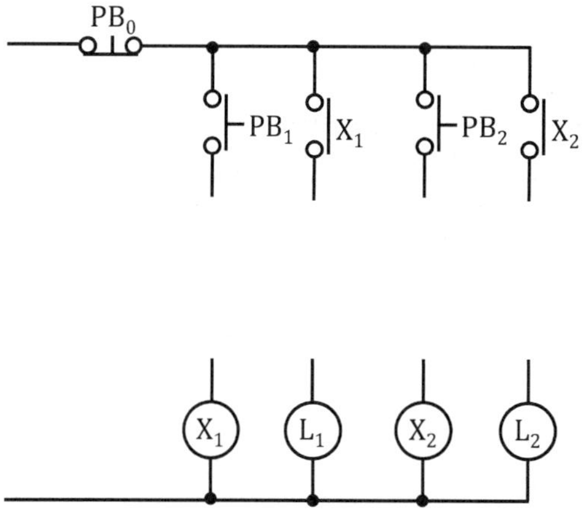

해설
병렬 우선회로

(1) 기존도면 동작방법
  ① 누름버튼스위치(PB_1)를 누르면 계전기(X_1)가 여자되어 보조접점(X_{1-a})에 의해 자기유지가 되고, 램프(L_1)가 점등된다.
  ② 누름버튼스위치(PB_0)를 누르면 계전기(X_1)가 소자되어 램프(L_1)가 소등된다.
  ③ 누름버튼스위치(PB_2)를 누르면 계전기(X_2)가 여자되어 보조접점(X_{2-a})에 의해 자기유지가 되고, 램프(L_2)가 점등된다.
  ④ 누름버튼스위치(PB_0)를 누르면 계전기(X_2)가 소자되어 램프(L_2)가 소등된다.

(2) 병렬 우선회로 동작방법
   ① 누름버튼스위치(PB_1)를 누르면 계전기(X_1)가 여자되어 보조접점(X_{1-a})에 의해 자기유지가 되고, 램프(L_1)가 점등된다. 이때 누름버튼스위치(PB_2)를 누르더라도 계전기(X_2)는 여자되지 않는다.

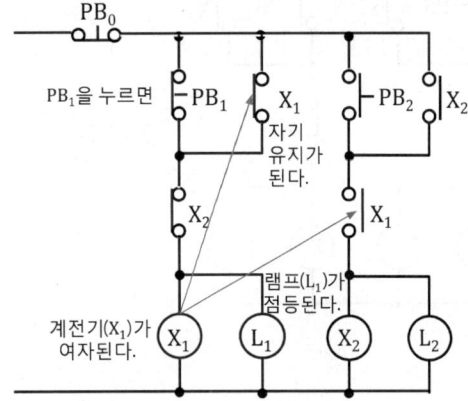

   ② 누름버튼스위치(PB_0)를 누르면 계전기(X_1)가 소자되어 램프(L_1)가 소등된다.
   ③ 누름버튼스위치(PB_2)를 누르면 계전기(X_2)가 여자되어 보조접점(X_{2-a})에 의해 자기유지가 되고, 램프(L_2)가 점등된다. 이때 누름버튼스위치(PB_1)를 누르더라도 계전기(X_1)는 여자되지 않는다.

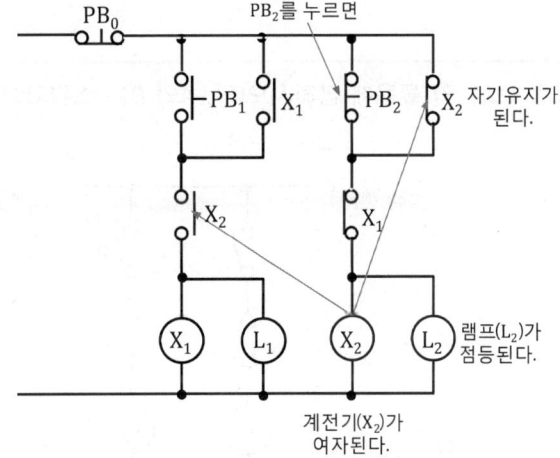

   ④ 누름버튼스위치(PB_0)를 누르면 계전기(X_2)가 소자되어 램프(L_2)가 소등된다.
   ⑤ 계전기(X_1)와 계전기(X_2)를 인터록시킨다.

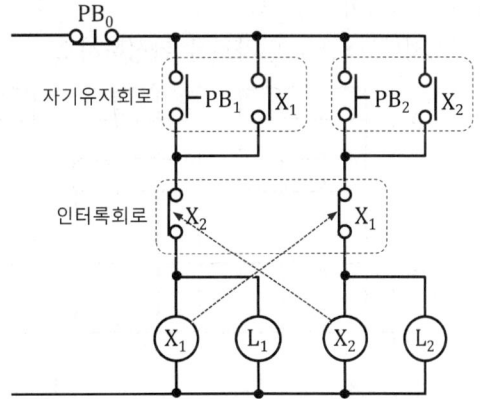

[정답]

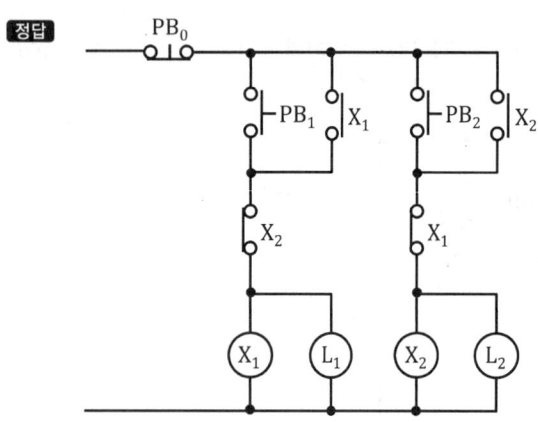

06

다음 시퀀스회로도를 보고, 각 물음에 답하시오(단, A와 B는 스위치이고, X_1과 X_2는 계전기이다).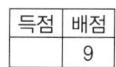

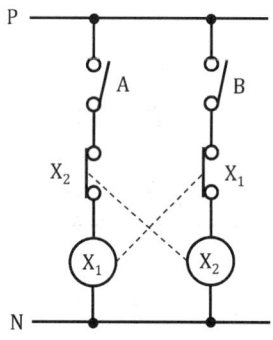

(1) 주어진 회로에 대한 무접점회로를 그리시오.
(2) 주어진 회로의 동작상황에 대한 타임차트를 완성하시오.

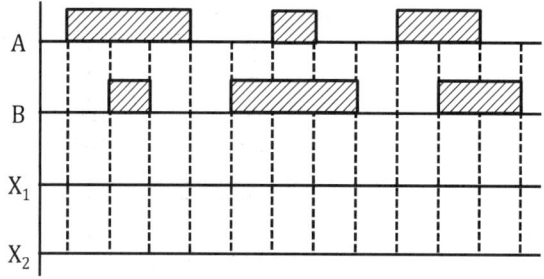

(3) 주어진 회로에서 X_1과 X_2의 b접점의 사용목적을 쓰시오.

[해설]

시퀀스회로의 논리회로

(1) 논리회로

① 논리회로의 기본회로

논리회로	유접점회로	무접점회로	논리식
AND회로			$X = A \cdot B$
OR회로			$X = A + B$
NOT회로			$X = \overline{A}$

② 동작설명

　㉠ 유지형 스위치 A를 조작하면 계전기(X_1)가 여자되고, 보조접점(X_{1-b})이 떨어져 유지형 스위치 B를 조작하더라도 계전기(X_2)는 여자되지 않는다.

　㉡ 유지형 스위치 B를 조작하면 계전기(X_2)가 여자되고, 보조접점(X_{2-b})이 떨어져 유지형 스위치 A를 조작하더라도 계전기(X_1)는 여자되지 않는다.

③ 논리식과 무접점회로

　㉠ 계전기(X_1)의 논리식 : $X_1 = A \cdot \overline{X_2}$

　㉡ 계전기(X_2)의 논리식 : $X_2 = B \cdot \overline{X_1}$

　㉢ 무접점회로

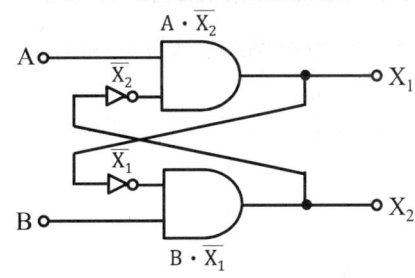

(2) 타임차트(Time Chart)
① 유지형 스위치 A를 조작하면 계전기(X_1)가 여자되고, 보조접점(X_{1-b})이 떨어져 유지형 스위치 B를 조작하더라도 계전기(X_2)는 여자되지 않는다.
② 유지형 스위치 B를 조작하면 계전기(X_2)가 여자되고, 보조접점(X_{2-b})이 떨어져 유지형 스위치 A를 조작하더라도 계전기(X_1)는 여자되지 않는다.

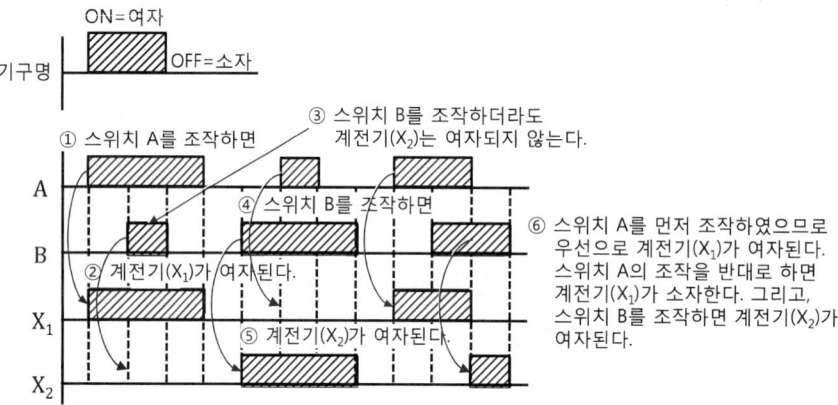

(3) 인터록(Interlock)회로
① 2개의 입력 중 먼저 조작시킨 쪽의 회로가 우선으로 이루어져 기기가 작동하며, 다른 쪽에 입력을 조작하더라도 기기는 작동하지 않는 회로이다.
② 계전기(X_1)의 입력 측에 계전기 보조접점(X_{2-b})을, 계전기(X_2)의 입력 측에 계전기 보조접점(X_{1-b})을 접속한다.

정답

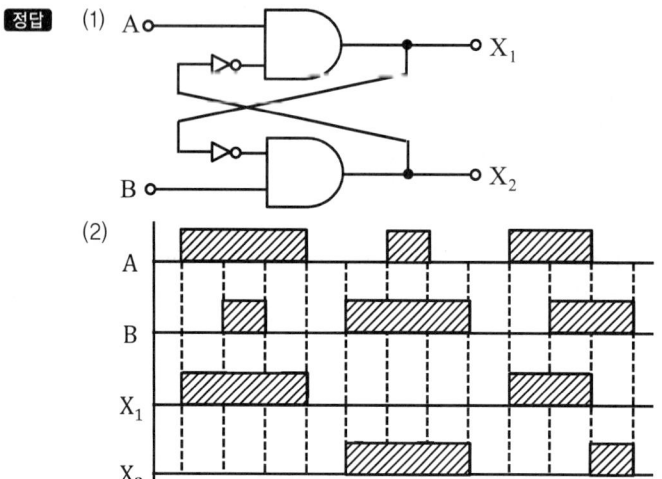

(3) 계전기 X_1과 X_2가 동시에 여자(작동)되는 것을 방지한다.

07 다음 회로에서 램프(L)의 작동을 주어진 타임차트에 표시하시오(단, PB는 누름버튼스위치, LS는 리밋스위치, X는 릴레이이다).

득점	배점
	5

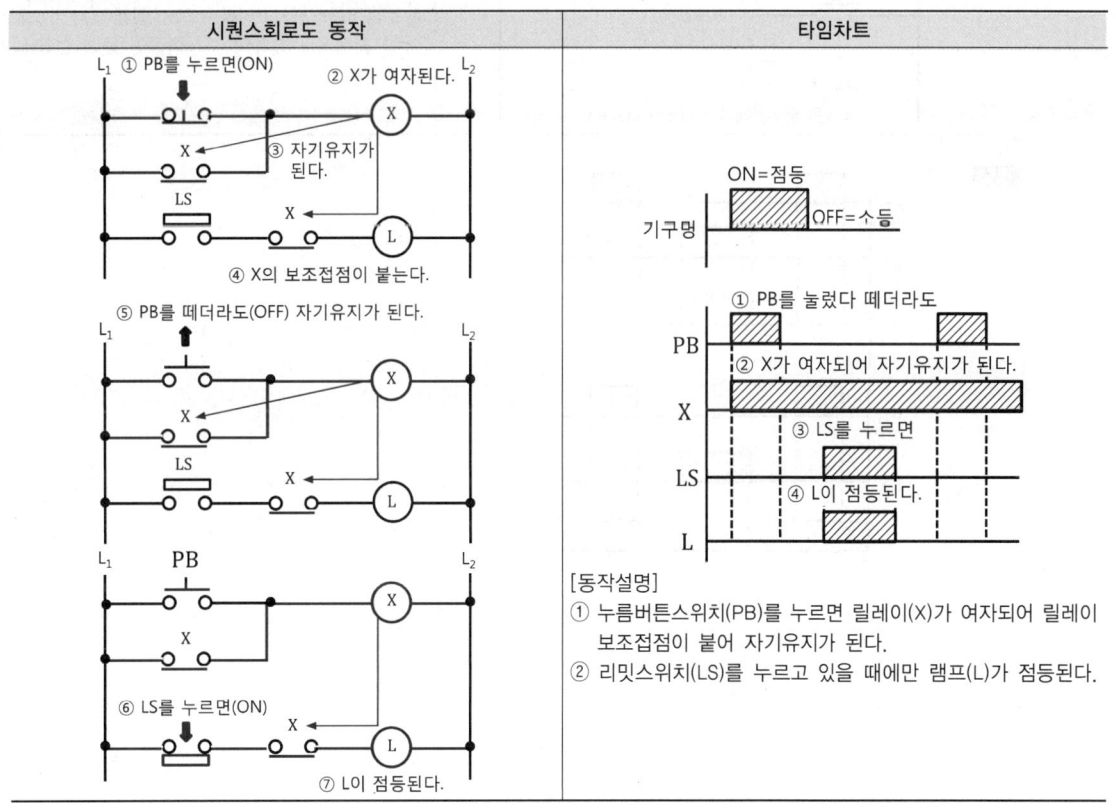

해설

시퀀스제어의 타임차트

(1) 시퀀스회로도 1

[동작설명]
① 누름버튼스위치(PB)를 누르면 릴레이(X)가 여자되어 릴레이 보조접점이 붙어 자기유지가 된다.
② 리밋스위치(LS)를 누르고 있을 때에만 램프(L)가 점등된다.

(2) 시퀀스회로도 2

시퀀스회로도 동작	타임차트
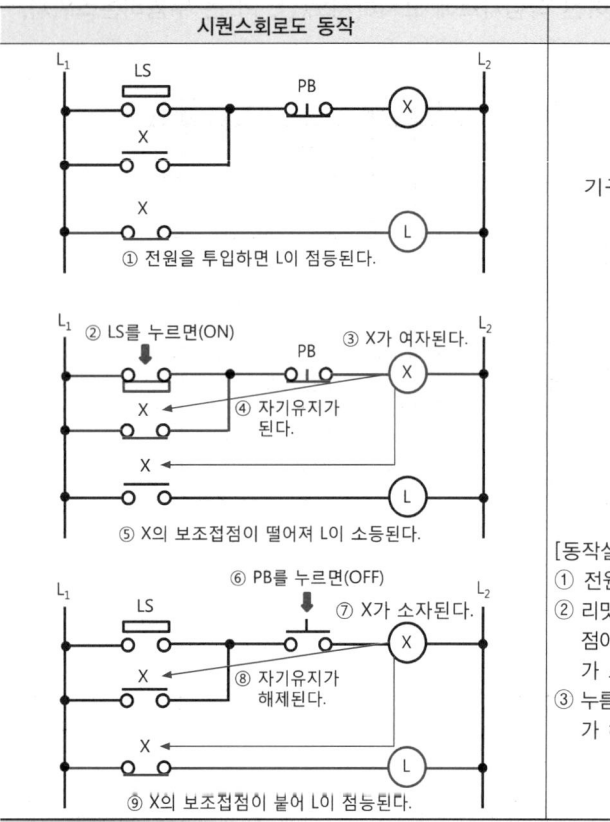	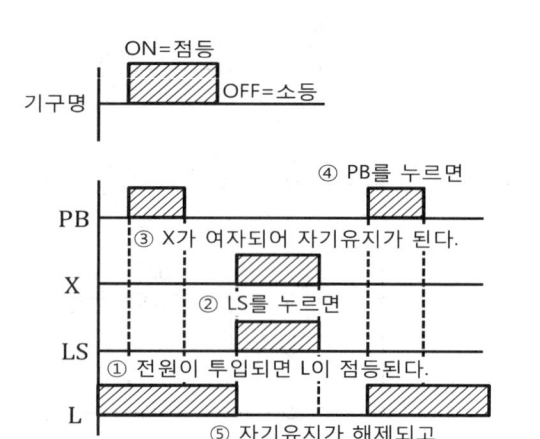

[동작설명]
① 전원을 투입하면 램프(L)가 점등된다.
② 리밋스위치(LS)를 누르면 릴레이(X)가 여자되어 릴레이 보조접점이 붙어 자기유지가 되고 릴레이 보조접점이 떨어져 램프(L)가 소등된다.
③ 누름버튼스위치(PB)를 누르면 릴레이(X)가 소자되어 자기유지가 해제되고 릴레이 보조접점이 붙어 램프(L)가 점등된다. |

정답

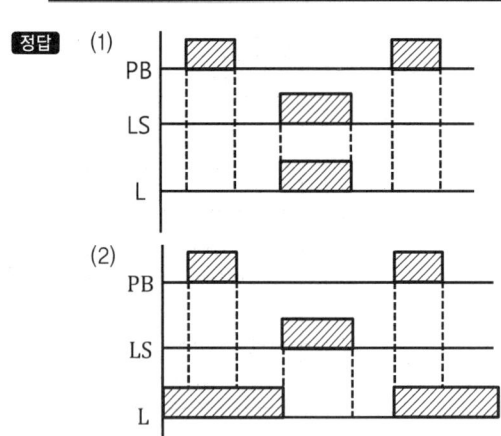

08

다음 조건에 주어진 논리식과 진리표를 보고, 각 물음에 답하시오.

조건

- 논리식 $Y = (A \cdot B \cdot C) + (A \cdot \overline{B} \cdot \overline{C})$
- 진리표

입력			출력
A	B	C	Y
0	0	0	0
0	0	1	0
0	1	0	0
0	1	1	0
1	0	0	1
1	0	1	0
1	1	0	0
1	1	1	1

물음

(1) 주어진 논리식의 유접점회로(릴레이회로)를 그리시오.
(2) 주어진 논리식의 무접점회로를 그리시오.
(3) 주어진 논리식의 진리표를 완성하시오.

해설

논리회로

(1), (2) 유접점회로(릴레이회로)와 무접점회로

① 논리회로의 기본회로

논리회로	정의	유접점회로	무접점회로	논리식
AND회로	2개의 입력신호가 모두 "1"일 때에만 출력신호가 "1"이 되는 논리회로로서 직렬회로이다.	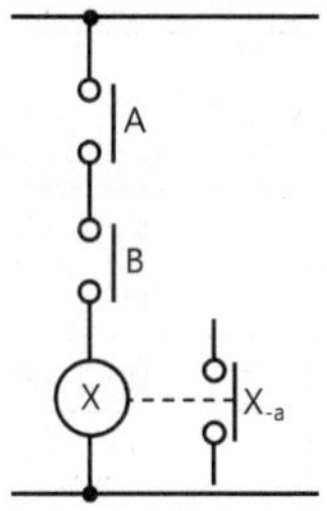	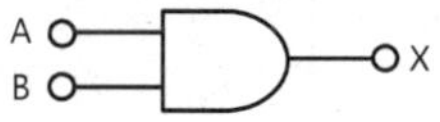	$X = A \cdot B$
OR회로	2개의 입력신호 중 어느 1개의 입력신호가 "1"일 때 출력신호가 "1"이 되는 논리회로로서 병렬회로이다.	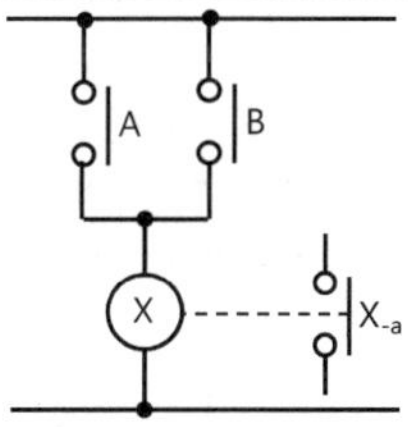		$X = A + B$

논리회로	정의	유접점회로	무접점회로	논리식
NOT회로	출력신호는 입력신호 정반대로 작동되는 논리회로로서 부정회로이다.			$X = \overline{A}$

② 유접점회로(릴레이회로)

$$Y = \underbrace{(A \cdot B \cdot C)}_{\substack{\text{AND회로} \\ (\text{직렬회로})}} + \underbrace{}_{\substack{\text{OR회로} \\ (\text{병렬회로})}} \underbrace{(A \cdot \overline{B} \cdot \overline{C})}_{\substack{\text{AND회로} \\ (\text{직렬회로})}}$$

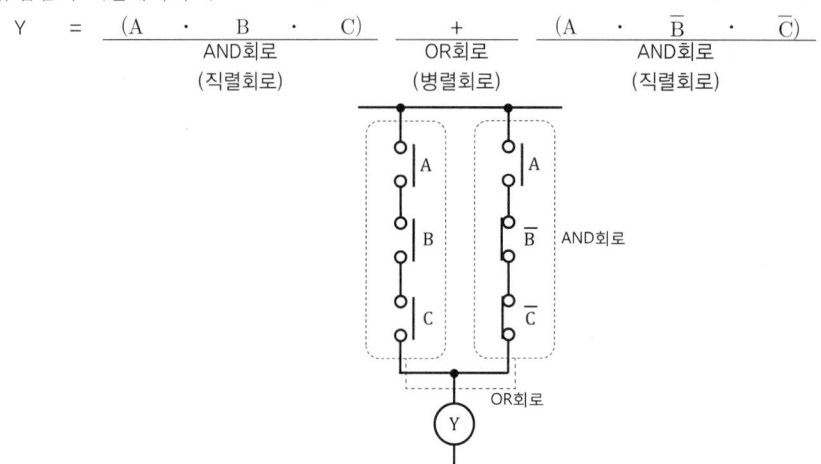

③ 무접점회로

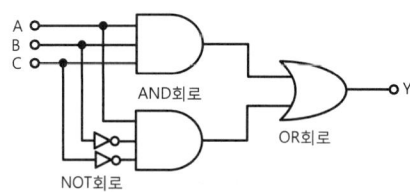

(3) 진리표

입력			출력		
A	B	C	$X = A \cdot B \cdot C$	$Z = A \cdot \overline{B} \cdot \overline{C}$	$Y = X + Z$
0	0	0	$0 \cdot 0 \cdot 0 = 0$	$0 \cdot 1 \cdot 1 = 0$	$0 + 0 = 0$
0	0	1	$0 \cdot 0 \cdot 1 = 0$	$0 \cdot 1 \cdot 0 = 0$	$0 + 0 = 0$
0	1	0	$0 \cdot 1 \cdot 0 = 0$	$0 \cdot 0 \cdot 1 = 0$	$0 + 0 = 0$
0	1	1	$0 \cdot 1 \cdot 1 = 0$	$0 \cdot 0 \cdot 0 = 0$	$0 + 0 = 0$
1	0	0	$1 \cdot 0 \cdot 0 = 0$	$1 \cdot 1 \cdot 1 = 1$	$0 + 1 = 1$
1	0	1	$1 \cdot 0 \cdot 1 = 0$	$1 \cdot 1 \cdot 0 = 0$	$0 + 0 = 0$
1	1	0	$1 \cdot 1 \cdot 0 = 0$	$1 \cdot 0 \cdot 1 = 0$	$0 + 0 = 0$
1	1	1	$1 \cdot 1 \cdot 1 = 1$	$1 \cdot 0 \cdot 0 = 0$	$1 + 0 = 1$

정답 (1)

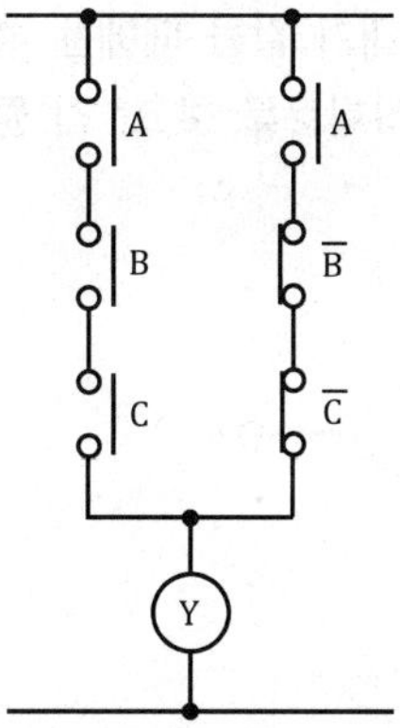

(2)

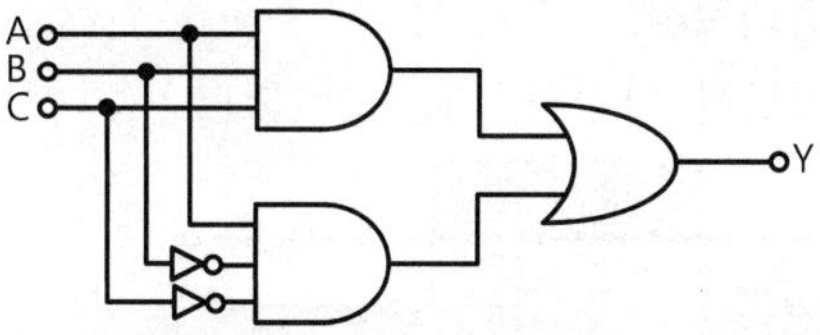

(3)

입력			출력
A	B	C	Y
0	0	0	0
0	0	1	0
0	1	0	0
0	1	1	0
1	0	0	1
1	0	1	0
1	1	0	0
1	1	1	1

09 다음은 2개의 입력상태가 다를 때 출력이 발생하고, 2개의 입력상태가 같을 때에는 출력을 발생하지 않는 배타적 논리합(Exclusive OR)회로이다. 아래의 논리회로를 보고, 각 물음에 답하시오.

득점	배점
	6

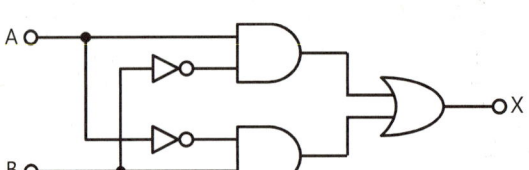

(1) 배타적 논리합(Exclusive OR)회로의 논리식을 쓰시오.
(2) 배타적 논리합(Exclusive OR)회로의 유접점회로를 그리시오.
(3) 배타적 논리합(Exclusive OR)회로의 타임차트를 완성하시오.

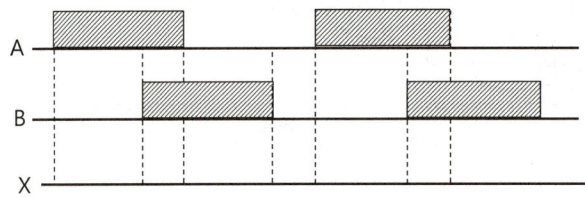

(4) 배타적 논리합(Exclusive OR)회로의 진리표를 완성하시오.

A	B	X
0	0	
0	1	
1	0	
1	1	

해설

논리회로
(1) 논리회로의 기본회로
 ① 배타적 OR회로 : AND회로, OR회로, NOT회로의 조합회로로서 2개의 입력신호가 같을 때 출력신호가 "0"이 되고 2개의 입력신호가 다를 때 출력신호가 "1"이 되는 회로이다.
 ② 배타적 OR회로의 논리식

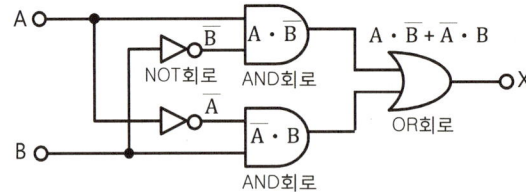

∴ $X = A \cdot \overline{B} + \overline{A} \cdot B$

(2) 유접점(릴레이)회로

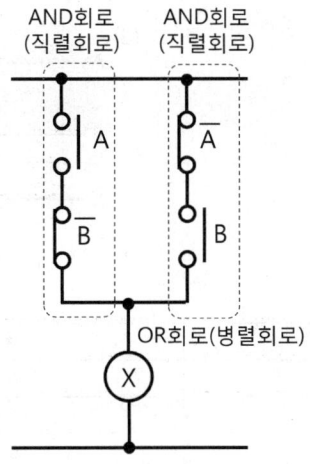

(3) 타임차트 작성
　① 동작일 경우 = 1 = ON
　② 정지일 경우 = 0 = OFF

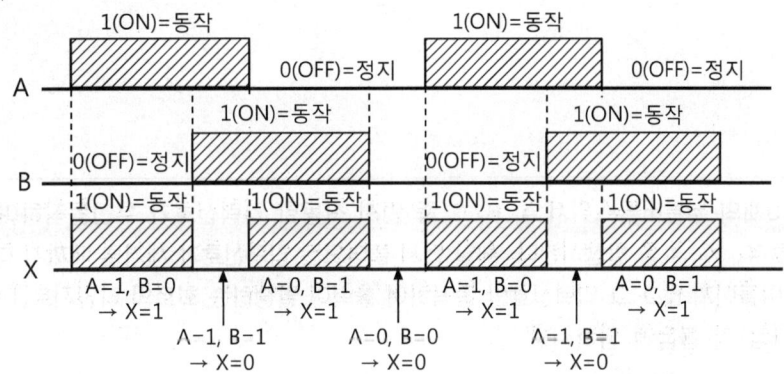

(4) 진리표 작성
　① 논리식 $X = A \cdot \overline{B} + \overline{A} \cdot B$
　② 진리표

입력		C	D	X
A	B	$A \cdot \overline{B}$	$\overline{A} \cdot B$	$A \cdot \overline{B} + \overline{A} \cdot B$ $= C + D$
0	0	$0 \cdot 1 = 0$	$1 \cdot 0 = 0$	$0 + 0 = 0$
0	1	$0 \cdot 0 = 0$	$1 \cdot 1 = 1$	$0 + 1 = 1$
1	0	$1 \cdot 1 = 1$	$0 \cdot 0 = 0$	$1 + 0 = 1$
1	1	$1 \cdot 0 = 0$	$0 \cdot 1 = 0$	$0 + 0 = 0$

정답 (1) $X = A \cdot \overline{B} + \overline{A} \cdot B$

(2)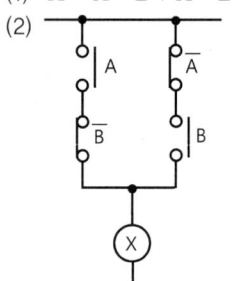

(3)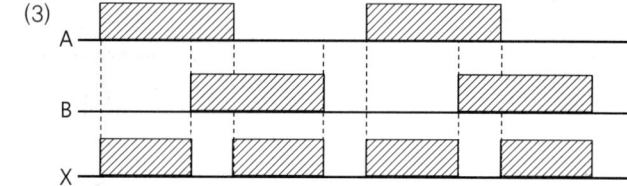

(4)

A	B	X
0	0	0
0	1	1
1	0	1
1	1	0

10 그림은 3개의 누름버튼스위치 A, B, C 중 먼저 작동한 입력신호가 우선동작하여 계전기의 출력신호 X_A, X_B, X_C를 발생시킨다. 제일 먼저 들어오는 입력신호가 제거될 때까지 다른 입력신호를 받아들이지 않고 그 입력신호만 동작하여 출력이 발생하는 회로의 타임차트(Time Chart) 이다. 다음 각 물음에 답하시오.

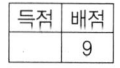 배점 9

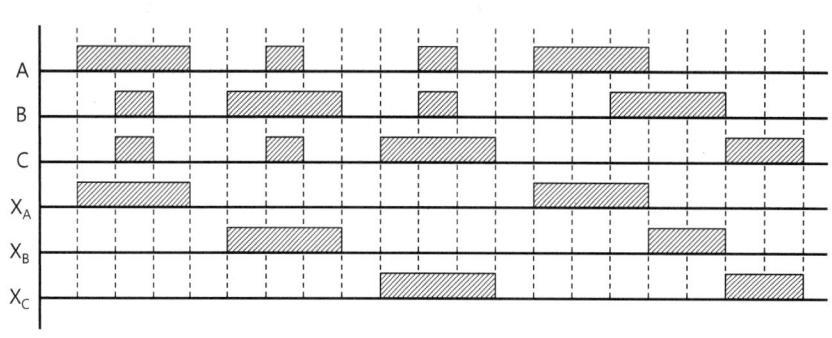

(1) 타임차트에 적합하게 논리식을 쓰시오.
  ① $X_A =$
  ② $X_B =$
  ③ $X_C =$
(2) 타임차트에 적합하게 유접점회로를 그리시오.
(3) 타임차트에 적합하게 무접점회로를 그리시오.

해설

타임차트(Time Chart)

(1) 논리식
  ① 시퀀스회로의 응용회로
    ㉠ 인터록회로 : 2개 이상의 다중 입력 중, 먼저 입력된 쪽의 동작이 우선하여 다른 것의 동작을 제한하는 회로이다.
    ㉡ 선행 우선회로 : 여러 개의 입력신호 중 제일 먼저 들어오는 입력신호에 의해 동작하고 늦게 들어오는 신호는 동작하지 않는 회로이다.

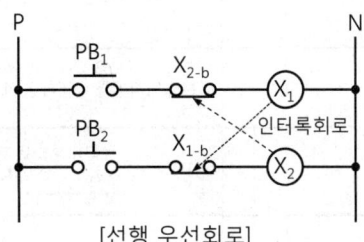

[선행 우선회로]

  ② 논리회로의 기본회로

논리회로	유접점회로	무접점회로	논리식
AND회로			$X = A \cdot B$
OR회로			$X = A + B$
NOT회로			$X = \overline{A}$

③ 타임차트의 해석
　㉠ 타임차트는 시간의 흐름에 따른 제어 동작의 변화를 나타내기 위해 횡축에 시간을 표시하고, 종축에 신호 1, 0 또는 ON, OFF로 표시하여 사용한다.

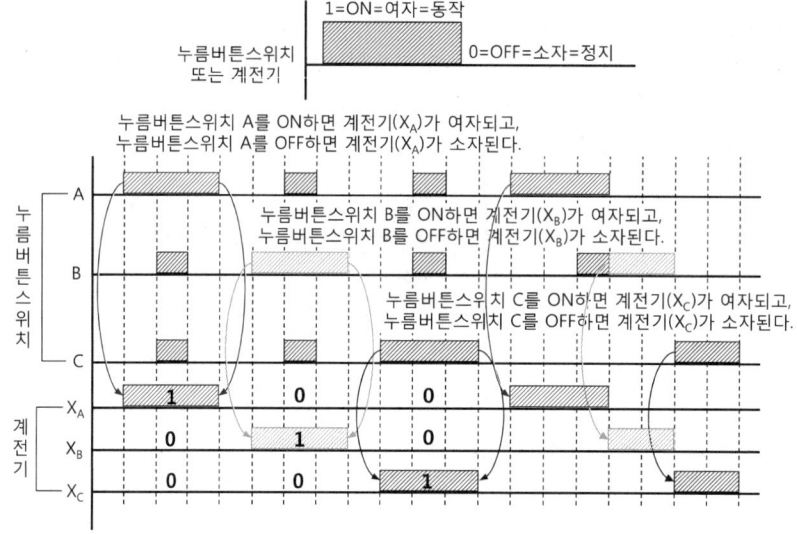

　㉡ 누름버튼스위치 A를 ON하면 계전기(X_A)가 여자되고, 누름버튼스위치 B 또는 C를 ON, OFF를 해도 계전기(X_A)의 출력에는 영향을 주지 않는다. 그리고, 누름버튼스위치 A를 OFF하면 계전기(X_A)가 소자되는 회로이다. 타임차트에서 계전기 X_B와 X_C의 진리값이 "0"이므로 $\overline{X_B}$, $\overline{X_C}$이고, 누름버튼스위치 A의 진리값이 "0"이면 계전기(X_A)도 "0", 진리값이 "1"이면 계전기(X_A)도 "1"이 된다.
　　∴ 논리식　$X_A = A \cdot \overline{X_B} \cdot \overline{X_C}$

　㉢ 누름버튼스위치 B를 ON하면 계전기(X_B)가 여자되고, 누름버튼스위치 A 또는 C를 ON, OFF를 해도 계전기(X_B)의 출력에는 영향을 주지 않는다. 그리고, 누름버튼스위치 B를 OFF하면 계전기(X_B)가 소자되는 회로이다. 타임차트에서 계전기 X_A와 X_C의 진리값이 "0"이므로 $\overline{X_A}$, $\overline{X_C}$이고, 누름버튼스위치 B의 진리값이 "0"이면 계전기(X_B)도 "0", 진리값이 "1"이면 계전기(X_B)도 "1"이 된다.
　　∴ 논리식　$X_B = B \cdot \overline{X_A} \cdot \overline{X_C}$

　㉣ 누름버튼스위치 C를 ON하면 계전기(X_C)가 여자되고, 누름버튼스위치 A 또는 B를 ON, OFF를 해도 계전기(X_C)의 출력에는 영향을 주지 않는다. 그리고, 누름버튼스위치 C를 OFF하면 계전기(X_C)가 소자되는 회로이다. 타임차트에서 계전기 X_A와 X_B의 진리값이 "0"이므로 $\overline{X_A}$, $\overline{X_B}$이고, 누름버튼스위치 C의 진리값이 "0"이면 계전기(X_C)도 "0", 진리값이 "1"이면 계전기(X_C)도 "1"이 된다.
　　∴ 논리식　$X_C = C \cdot \overline{X_A} \cdot \overline{X_B}$

(2) 유접점회로

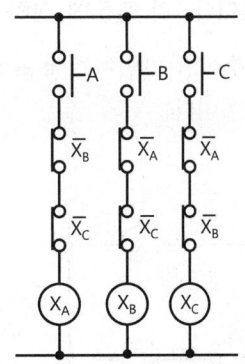

(3) 무접점회로

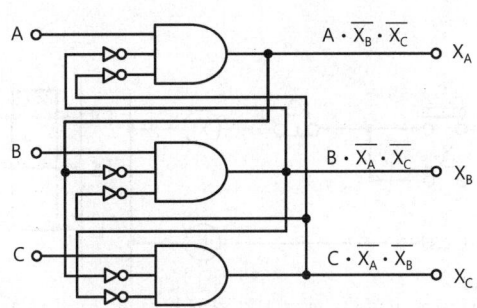

정답 (1) ① $X_A = A \cdot \overline{X_B} \cdot \overline{X_C}$
② $X_B = B \cdot \overline{X_A} \cdot \overline{X_C}$
③ $X_C = C \cdot \overline{X_A} \cdot \overline{X_B}$

(2)

(3)

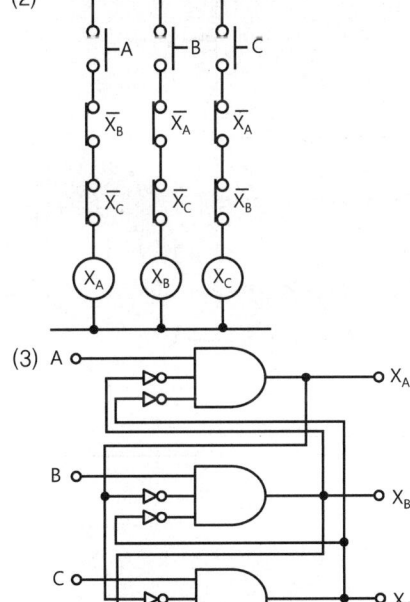

11 **다음은 시퀀스회로의 유접점회로이다. 각 물음에 답하시오.**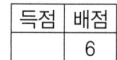

(1) 회로에서 램프(L)의 작동을 주어진 타임차트에 표시하시오(단, PB는 누름버튼스위치, LS는 리밋스위치, X는 릴레이이다).

① 유접점회로 1

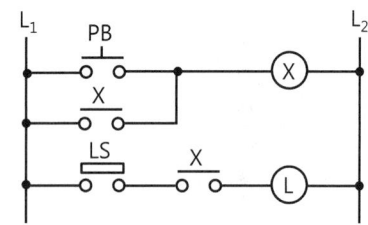 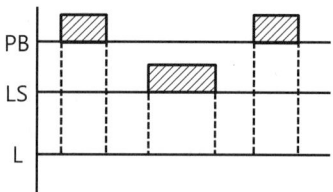

② 유접점회로 2

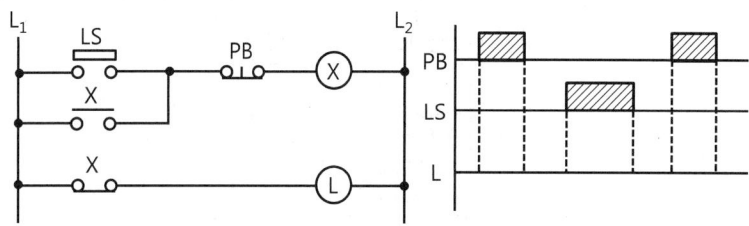

(2) (1)의 ①과 ②의 유접점회로를 보고, 무접점회로를 그리시오.

① 무접점회로 1

② 무접점회로 2

[해설]

시퀀스제어의 타임차트와 무접점회로

(1) 타임차트

① 제어용기기의 명칭과 도시기호

제어용기기 명칭	작동원리	접점의 종류		
		a접점	b접점	코일
누름버튼스위치 (PB)	버튼을 누르면 접점 기구부가 개폐되며 손을 떼면 스프링의 힘에 의해 자동으로 복귀되는 스위치이다.	─o o─	─o⟋o─	
리밋스위치 (LS)	제어대상의 위치 및 동작의 상태 또는 변화를 검출하는 스위치이다.	─o▭o─	─o▭o─	
릴레이 (X)	코일에 전류가 흐르면 전자력에 의해 접점을 개폐하는 기능을 가지는 계전기이다.	─o o─	─o⟋o─	─(X)─

② 유접점회로의 동작

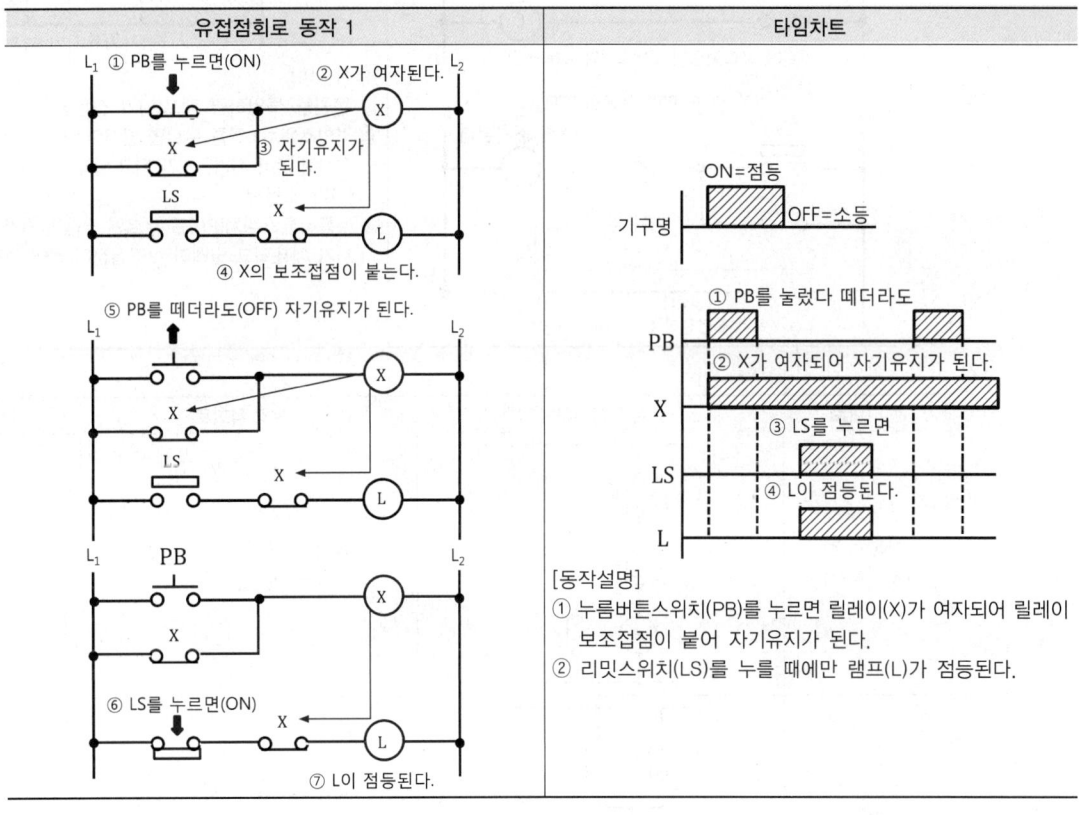

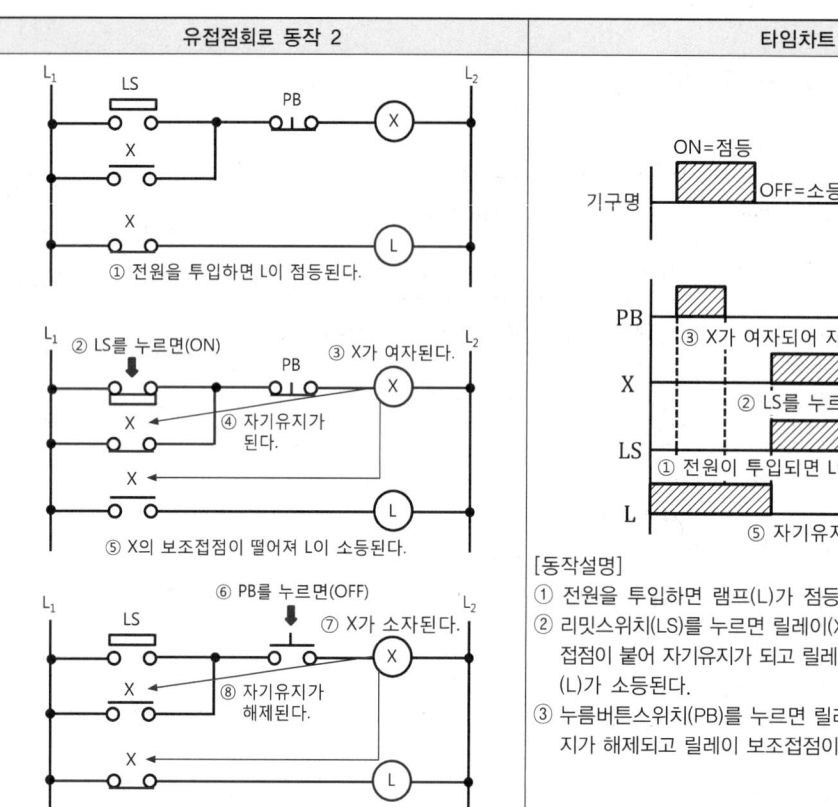

[동작설명]
① 전원을 투입하면 램프(L)가 점등된다.
② 리밋스위치(LS)를 누르면 릴레이(X)가 여자되어 릴레이 보조접점이 붙어 자기유지가 되고 릴레이 보조접점이 떨어져 램프(L)가 소등된다.
③ 누름버튼스위치(PB)를 누르면 릴레이(X)가 소자되어 자기유지가 해제되고 릴레이 보조접점이 붙어 램프(L)가 점등된다.

(2) 시퀀스회로의 기본 논리회로

논리회로	유접점회로	무접점회로	논리식
AND회로 (직렬회로)			$X = A \cdot B$
OR회로 (병렬회로)			$X = A + B$
NOT회로 (부정회로)			$X = \overline{A}$

① 무접점회로 1

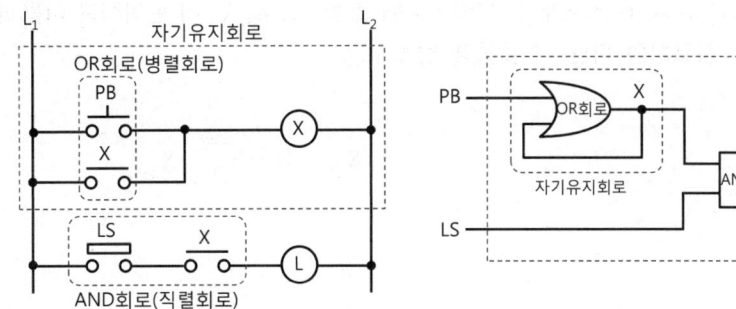

② 무접점회로 2

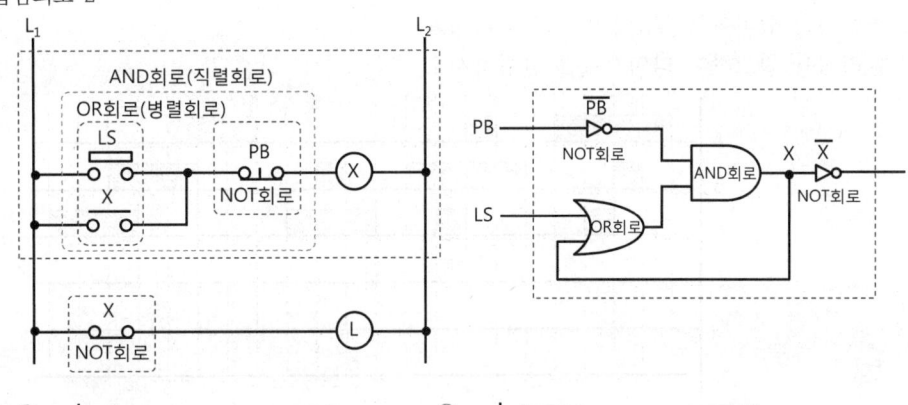

정답 (1) ①

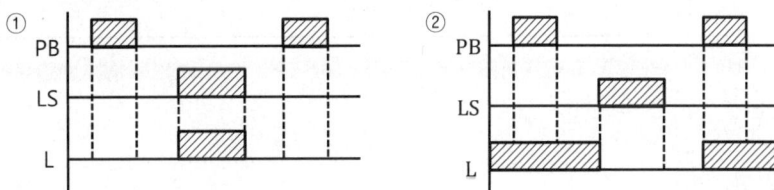

(2) ①

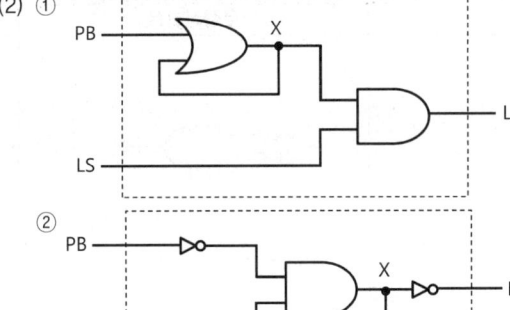

12 입력(누름버튼스위치) A, B, C 3개가 주어졌을 때 출력 X_A, X_B, X_C의 논리식은 다음과 같다. 주어진 논리식을 참고하여 다음 각 물음에 답하시오.

조건

- $X_A = A \cdot \overline{X_B} \cdot \overline{X_C}$
- $X_B = B \cdot \overline{X_A} \cdot \overline{X_C}$
- $X_C = C \cdot \overline{X_A} \cdot \overline{X_B}$

물음

(1) 논리식을 참고하여 유접점회로를 그리시오.
(2) 논리식을 참고하여 무접점회로를 그리시오.
(3) 논리식을 참고하여 타임차트를 완성하시오.

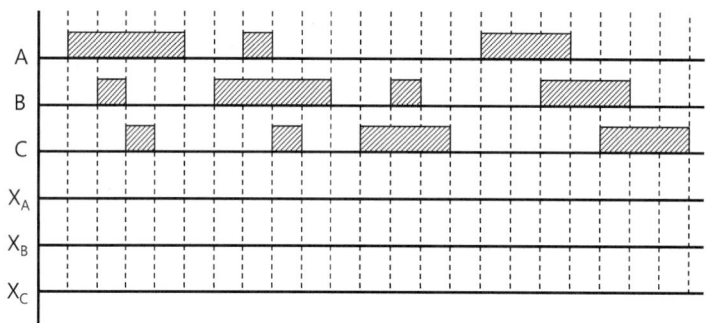

해설

논리회로

(1), (2) 논리회로

① 논리회로의 기본회로

논리회로	유접점회로	무접점회로	논리식
AND회로			$X = A \cdot B$
OR회로			$X = A + B$
NOT회로			$X = \overline{A}$

② 유접점회로

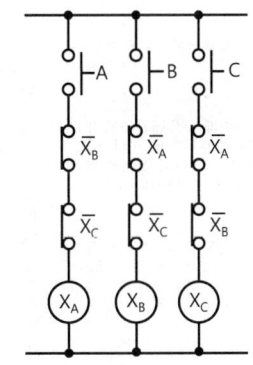

③ 무접점회로

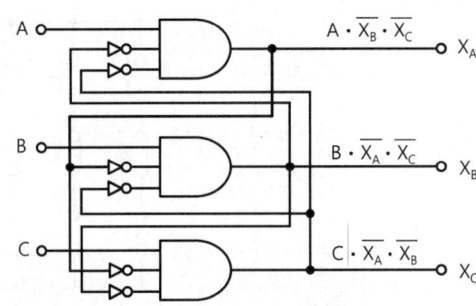

(3) 타임차트 해석
  ① 시퀀스회로의 응용회로
    ㉠ 인터록회로 : 2개 이상의 다중 입력 중 먼저 입력된 쪽의 동작이 우선하여 다른 것의 동작을 제한하는 회로이다.
    ㉡ 선행 우선회로 : 여러 개의 입력신호 중 제일 먼저 들어오는 입력신호에 의해 동작하고 늦게 들어오는 신호는 동작하지 않는 회로이다.

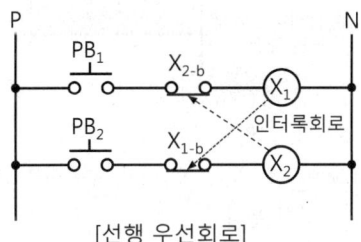

[선행 우선회로]

  ② 유접점회로 해석
    ㉠ 입력 측의 누름버튼스위치 A를 누른 경우

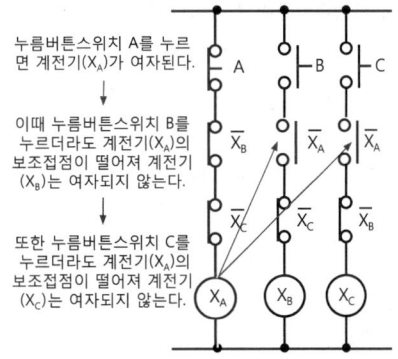

누름버튼스위치 A를 누르면 계전기(X_A)가 여자된다.
↓
이때 누름버튼스위치 B를 누르더라도 계전기(X_A)의 보조접점이 떨어져 계전기(X_B)는 여자되지 않는다.
↓
또한 누름버튼스위치 C를 누르더라도 계전기(X_A)의 보조접점이 떨어져 계전기(X_C)는 여자되지 않는다.

ⓛ 입력 측의 누름버튼스위치 B를 누른 경우

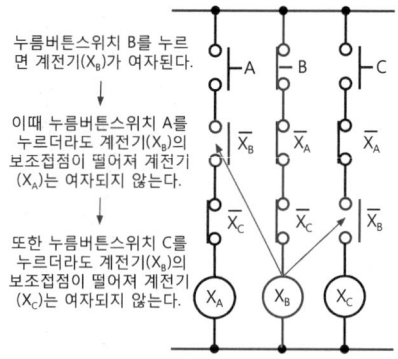

ⓒ 입력 측의 누름버튼스위치 C를 누른 경우

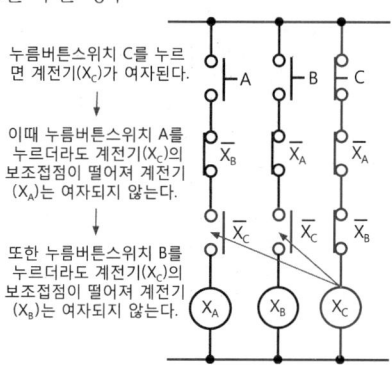

③ 타임차트는 시간의 흐름에 따른 제어 동작의 변화를 나타내기 위해 횡축에 시간을 표시하고, 종축에 신호 1, 0 또는 ON, OFF로 표시한다.

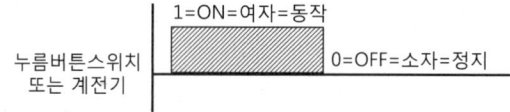

㉠ 누름버튼스위치 A를 ON하면 계전기(X_A)가 여자되고, 누름버튼스위치 B 또는 C를 ON 하더라도 계전기(X_A)의 출력에는 영향을 주지 않는다. 그리고, 누름버튼스위치 A를 OFF하면 계전기(X_A)가 소자된다. 타임차트에서 계전기 X_B와 X_C의 진리값이 "0"이므로 $\overline{X_B}$, $\overline{X_C}$이고, 누름버튼스위치 A의 진리값이 "0"이면 계전기(X_A)도 "0", 진리값이 "1"이면 계전기(X_A)도 "1"이 된다.

∴ 논리식 $X_A = A \cdot \overline{X_B} \cdot \overline{X_C}$

㉡ 누름버튼스위치 B를 ON하면 계전기(X_B)가 여자되고, 누름버튼스위치 A 또는 C를 ON 하더라도 계전기(X_B)의 출력에는 영향을 주지 않는다. 그리고, 누름버튼스위치 B를 OFF하면 계전기(X_B)가 소자된다. 타임차트에서 계전기 X_A와 X_C의 진리값이 "0"이므로 $\overline{X_A}$, $\overline{X_C}$이고, 누름버튼스위치 B의 진리값이 "0"이면 계전기(X_B)도 "0", 진리값이 "1"이면 계전기(X_B)도 "1"이 된다.

∴ 논리식 $X_B = B \cdot \overline{X_A} \cdot \overline{X_C}$

㉢ 누름버튼스위치 C를 ON하면 계전기(X_C)가 여자되고, 누름버튼스위치 A 또는 B를 ON 하더라도 계전기(X_C)의 출력에는 영향을 주지 않는다. 그리고, 누름버튼스위치 C를 OFF하면 계전기(X_C)가 소자된다. 타임차트에서 계전기 X_A와 X_B의 진리값이 "0"이므로 $\overline{X_A}$, $\overline{X_B}$이고, 누름버튼스위치 C의 진리값이 "0"이면 계전기(X_C)도 "0", 진리값이 "1"이면 계전기(X_C)도 "1"이 된다.

∴ 논리식 $X_C = C \cdot \overline{X_A} \cdot \overline{X_B}$

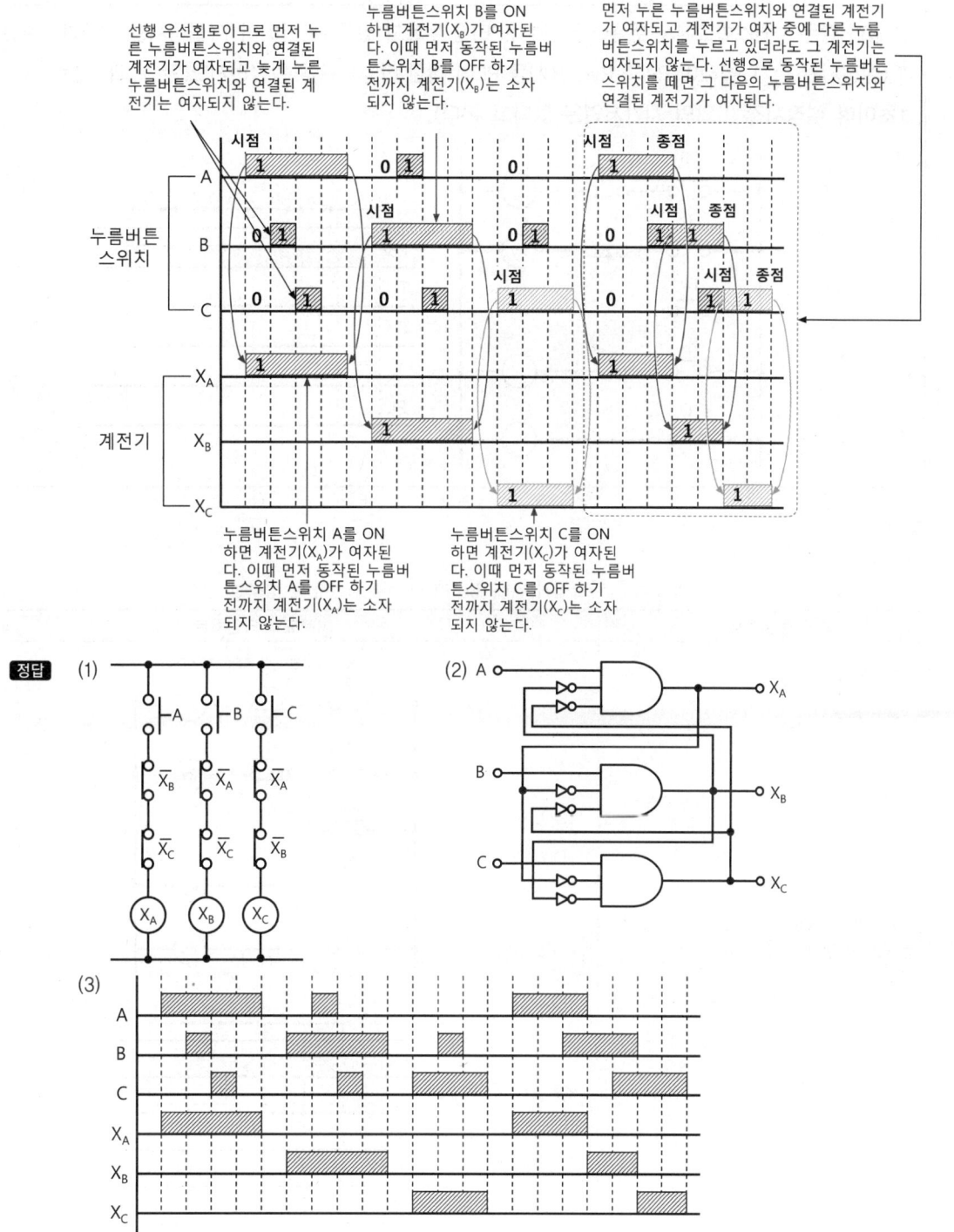

13 그림과 같은 시퀀스회로에서 누름버튼스위치(PB)를 누르고 있을 때 타이머 T_1(설정시간 : t_1)과 T_2(설정시간 : t_2), 릴레이 Ry_1과 Ry_2, 표시등 PL에 대한 타임차트를 완성하시오(단, t_1과 t_2는 1초이며 설정시간 이외의 시간지연은 없다고 본다).

득점	배점
	6

해설

타임차트
시간의 흐름에 따른 제어동작의 변화를 나타내기 위해 횡축에 시간을 표시하고, 종축에 신호 1, 0 또는 On, Off로 표시한다.

동작순서	회로도와 타임차트
누름버튼스위치(PB)를 누르면 타이머(T_1)가 동작(여자)된다.	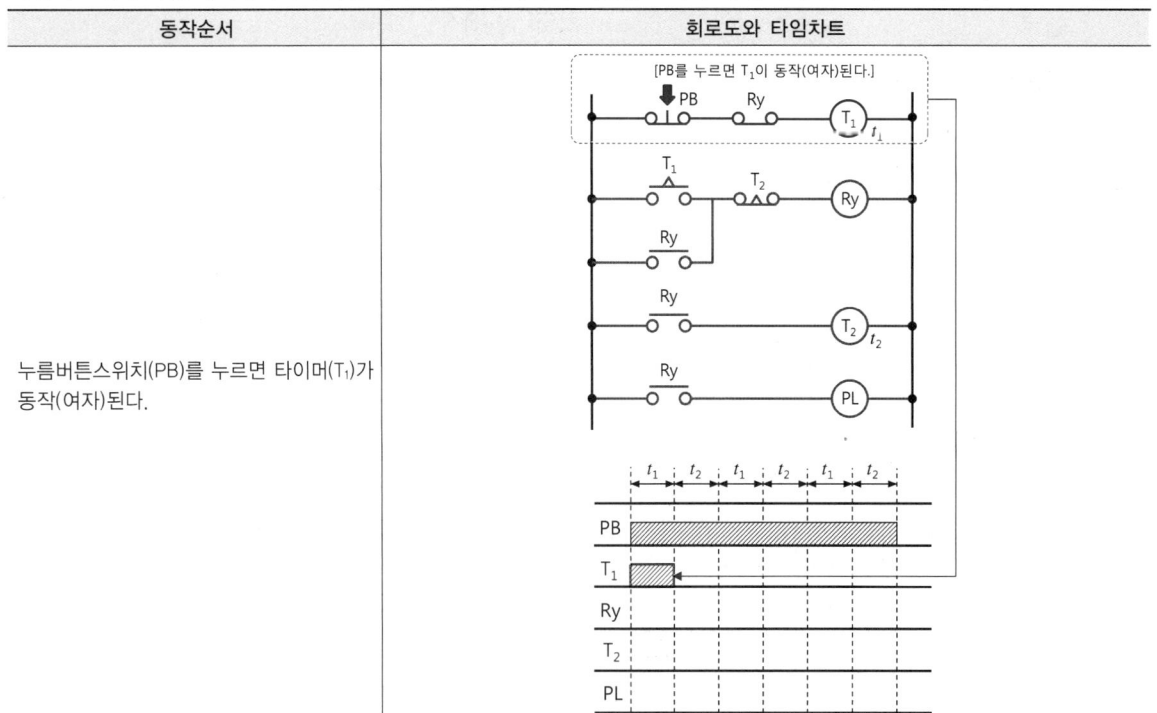

동작순서	회로도와 타임차트
① 타이머(T_1)의 설정시간(t_1) 후에 타이머 한시접점이 붙어 릴레이(Ry)가 여자되고, 릴레이(Ry) 보조접점이 붙어 자기유지가 되어 릴레이(Ry)는 계속 여자된다. ② 릴레이(Ry) 보조접점이 붙어 타이머(T_2)가 동작(여자)된다. ③ 릴레이(Ry) 보조접점이 붙어 표시등(PL)이 점등된다. ④ 릴레이(Ry) 보조접점이 떨어져 타이머(T_1)가 소자된다. ⑤ 설정시간(t_1) 후에 타이머(T_2)의 한시접점이 떨어져 릴레이(Ry)가 소자된다. ⑥ 릴레이(Ry) 보조접점이 떨어져 타이머(T_2)가 소자된다. ⑦ 릴레이(Ry) 보조접점이 떨어져 표시등(PL)이 소등된다. ⑧ 누름버튼스위치(PB)는 누르고 있는 상태이므로 릴레이(Ry) 보조접점이 붙어 타이머(T_1)가 동작(여자)된다.	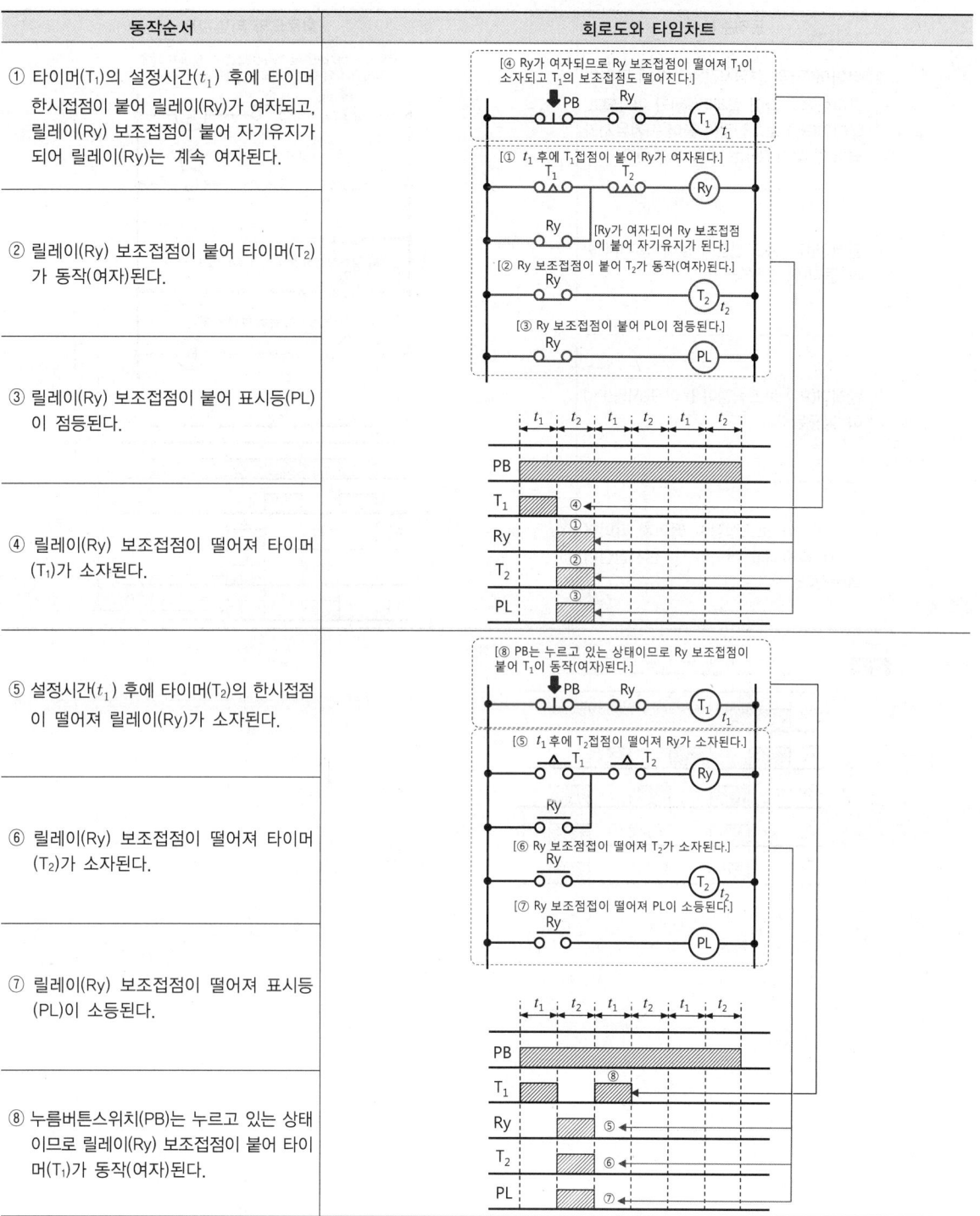

동작순서	회로도와 타임차트
⑨ 타이머(T_1)의 설정시간(t_1) 후에 타이머 한시접점이 붙어 릴레이(Ry)가 여자되고, 릴레이(Ry) 보조접점이 붙어 자기유지가 되어 릴레이(Ry)는 계속 여자된다.	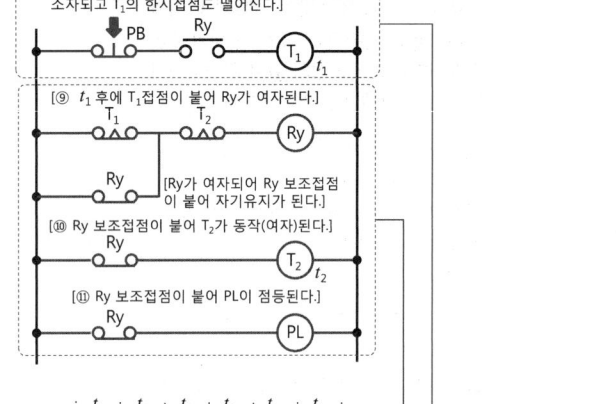
⑩ 릴레이(Ry) 보조접점이 붙어 타이머(T_2)가 동작(여자)된다.	
⑪ 릴레이(Ry) 보조접점이 붙어 표시등(PL)이 점등된다.	
⑫ 릴레이(Ry) 보조접점이 떨어져 타이머(T_1)가 소자되고 타이머(T_1) 한시접점이 떨어진다.	

정답

14

다음 조건에 주어진 진리표를 보고, 각 물음에 답하시오. [득점 / 배점 10]

조건

A	B	C	Y_1	Y_2
0	0	0	1	0
0	0	1	0	1
0	1	0	1	1
0	1	1	0	1
1	0	0	1	0
1	0	1	0	1
1	1	0	0	1
1	1	1	0	1

물음

(1) 주어진 진리표를 이용하여 논리식을 간략하게 표현하시오.

  ① $Y_1 =$

  ② $Y_2 =$

(2) 논리식의 무접점회로를 그리시오.

(3) 논리식의 유접점회로를 그리시오.

해설

논리회로

(1) 논리식

진리표가 주어진 경우 카르노프 도표를 이용하여 논리식을 간단하게 표현한다.

① 출력 Y_1의 논리식

AB \ C	0($\overline{C}$)	1(C)
00 ($\overline{A}\,\overline{B}$)	1 ($\overline{A}\,\overline{B}\,\overline{C}$)	0
01 ($\overline{A}B$)	1 ($\overline{A}B\overline{C}$)	0
10 ($A\overline{B}$)	1 ($A\overline{B}\,\overline{C}$)	0
11 (AB)	0	0

출력이 "1"인 1열을 묶어 Y_1의 논리식을 간단하게 구한다.

$$\therefore Y_1 = \overline{A}\,\overline{B}\,\overline{C}+A\overline{B}\,\overline{C}+\overline{A}B\overline{C} = \underbrace{(\overline{A}+A)}_{1}\overline{B}\,\overline{C}+\overline{A}B\overline{C}$$

$$= \overline{B}\,\overline{C}+\overline{A}B\overline{C} = \overline{C}(\overline{B}+\underbrace{\overline{A}B}_{\text{흡수법칙}}) = \overline{C}\{(\overline{B}+\overline{A})\cdot\underbrace{(\overline{B}+B)}_{1}\}$$

$$= \overline{C}\{(\overline{B}+\overline{A})\cdot 1\} = \overline{C}(\overline{A}+\overline{B})$$

② 출력 Y_2의 논리식

AB \ C	0($\overline{C}$)	1(C)
00 ($\overline{A}\,\overline{B}$)	0	1 ($\overline{A}\,\overline{B}C$)
01 ($\overline{A}B$)	1 ($\overline{A}B\overline{C}$)	1 ($\overline{A}BC$)
10 ($A\overline{B}$)	0	1 ($A\overline{B}C$)
11 (AB)	1 (AB$\overline{C}$)	1 (ABC)

출력이 "1"인 두 번째 열과 두 번째 행, 네 번째 행을 묶어 Y_2의 논리식을 간단하게 구한다.

㉠ 두 번째 열을 묶는다.

$$\overline{A}\,\overline{B}C+\overline{A}BC+A\overline{B}C+ABC = \overline{A}C\underbrace{(\overline{B}+B)}_{1}+AC\underbrace{(\overline{B}+B)}_{1} = \overline{A}C+AC = \underbrace{(\overline{A}+A)}_{1}C = C$$

㉡ 두 번째 행을 묶는다.

$$\overline{A}B\overline{C}+\overline{A}BC = \overline{A}B(\overline{C}+C) = \overline{A}B$$

㉢ 네 번째 행을 묶는다.

$$AB\overline{C}+ABC = AB\underbrace{(\overline{C}+C)}_{1} = AB$$

$$\therefore Y_2 = C+\overline{A}B+AB = C+\underbrace{(\overline{A}+A)}_{1}B = B+C$$

(2) 무접점회로
    ① 논리회로의 기본회로

논리회로	정의	유접점회로	무접점회로	논리식
AND회로	2개의 입력신호가 모두 "1"일 때에만 출력신호가 "1"이 되는 논리회로로서 직렬회로이다.			$X = A \cdot B$
OR회로	2개의 입력신호 중 어느 1개의 입력신호가 "1"일 때 출력신호가 "1"이 되는 논리회로로서 병렬회로이다.			$X = A + B$
NOT회로	출력신호는 입력신호 정반대로 작동되는 논리회로로서 부정회로이다.			$X = \overline{A}$

② 논리식의 무접점회로

㉠ 출력 $Y_1 = \underbrace{\overline{C} \cdot }_{\text{AND회로}} \underbrace{(\overline{A} + \overline{B})}_{\text{OR회로}}$

㉡ 출력 $Y_2 = \underbrace{B + }_{\text{OR회로}} C$

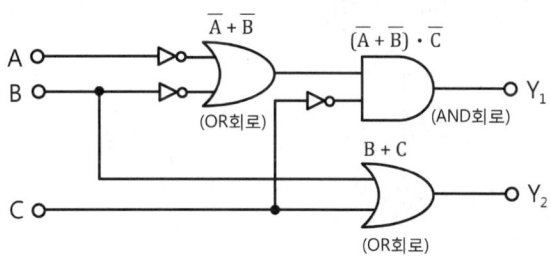

(3) 논리식의 유접점회로

① 출력 $Y_1 = \overline{C} \underbrace{\cdot}_{\substack{\text{AND회로} \\ \text{(직렬회로)}}} \underbrace{(\overline{A} + \overline{B})}_{\substack{\text{OR회로} \\ \text{(병렬회로)}}}$

② 출력 $Y_2 = B \underbrace{+}_{\substack{\text{OR회로} \\ \text{(병렬회로)}}} C$

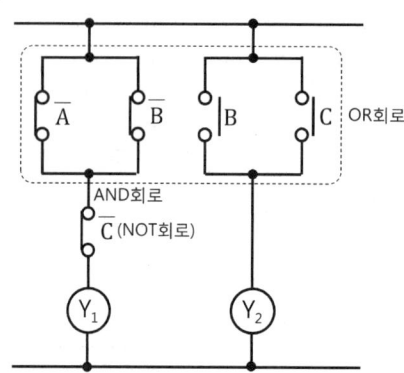

정답 (1) ① $Y_1 = \overline{C}(\overline{A}+\overline{B})$ ② $Y_2 = B+C$

(2)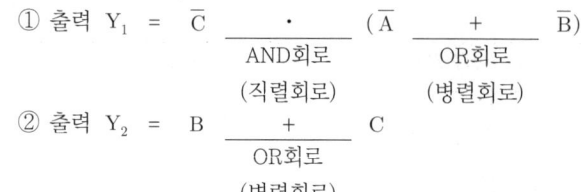

(3)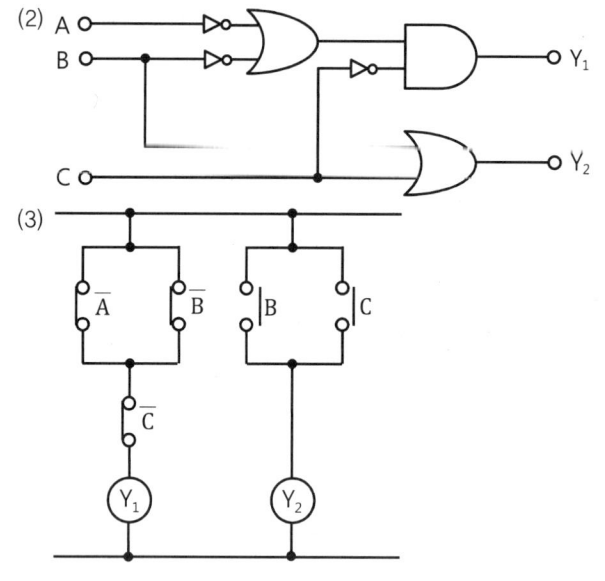

15 다음은 자동화재탐지설비의 감지기 또는 발신기가 작동하면 지구음향장치가 동작하고, 비상방송을 할 경우에는 지구음향장치를 정지시킬 수 있도록 조건과 범례를 참고하여 미완성된 회로도를 완성하시오.

득점	배점
	5

범례

제어용기기의 명칭	도시기호	제어용기기의 명칭	도시기호
동작스위치	─o o─	정지스위치	─ojo─
절환스위치	─o⁄o─	계전기	Ⓧ
감지기	⊙	경종	Ⓑ

조건

- 동작스위치를 누르거나 화재에 의하여 감지기가 동작하면 계전기(X_1)는 여자되어 자기유지가 되며, 계전기의 보조접점(X_{1-a})에 의해 경종이 동작된다.
- 정지스위치를 누르면 계전기(X_1)가 소자되고, 경종의 동작이 멈춘다.
- 동작스위치 또는 감지기에 의하여 경종이 동작하는 중 절환스위치를 비상방송설비로 전환하면 계전기(X_2)가 여자되고, 계전기의 보조접점(X_{2-b})에 의해 경종의 동작이 멈춘다.

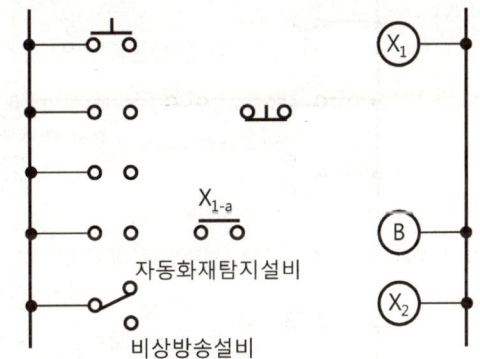

해설

비상방송설비

(1) 자동화재탐지설비의 음향장치 설치기준
   ① 주음향장치는 수신기의 내부 또는 그 직근에 설치할 것
   ② 지구음향장치는 특정소방대상물의 층마다 설치하되, 해당 층의 각 부분으로부터 하나의 음향장치까지의 수평거리가 25[m] 이하가 되도록 하고, 해당 층의 각 부분에 유효하게 경보를 발할 수 있도록 설치할 것. 다만, 비상방송설비의 화재안전기술기준(NFTC 202)에 적합한 방송설비를 자동화재탐지설비의 감지기와 연동하여 작동하도록 설치한 경우에는 지구음향장치를 설치하지 않을 수 있다.
   ③ 음향장치의 구조 및 성능
      ㉠ 정격전압의 80[%] 전압에서 음향을 발할 수 있는 것으로 할 것. 다만, 건전지를 주전원으로 사용하는 음향장치는 그렇지 않다.

ⓒ 음향의 크기는 부착된 음향장치의 중심으로부터 1[m] 떨어진 위치에서 90[dB] 이상이 되는 것으로 할 것
　　　ⓒ 감지기 및 발신기의 작동과 연동하여 작동할 수 있는 것으로 할 것
　(2) 비상방송설비의 배선 결선도

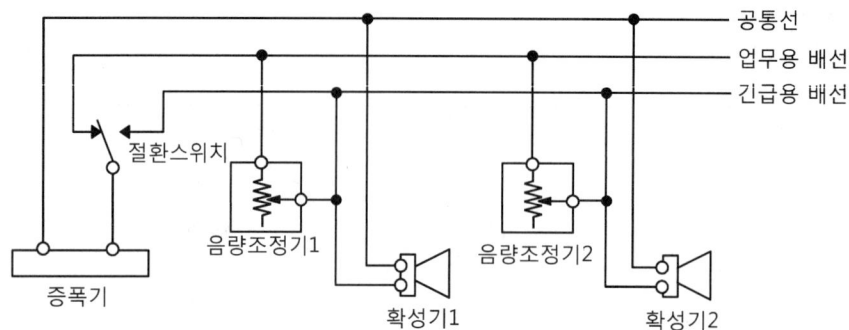

(3) 비상방송을 할 경우 자동화재탐지설비의 지구음향장치를 정지시킬 수 있는 회로도 작성
　① 동작스위치를 누르거나 화재에 의하여 감지기가 동작하면 계전기(X_1)는 여자되어 자기유지가 되며, 계전기의 보조접점(X_{1-a})에 의해 경종이 동작한다.

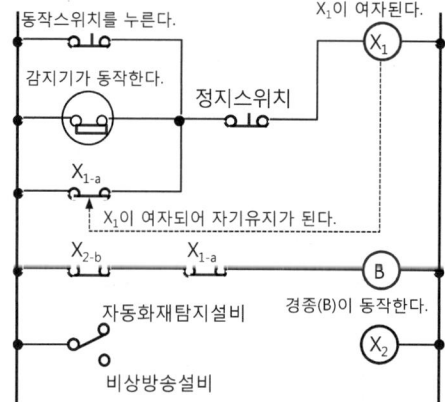

　② 정지스위치를 누르면 계전기(X_1)가 소자되고, 경종의 동작이 멈춘다.

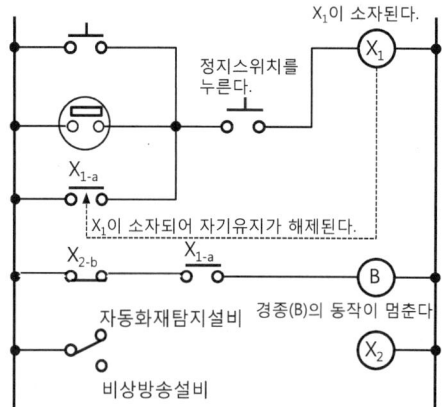

③ 동작스위치 또는 감지기에 의하여 경종이 동작하는 중 절환스위치를 비상방송설비로 전환하면 계전기(X_2)가 여자되고, 계전기의 보조접점(X_{2-b})에 의해 경종의 동작이 멈춘다.

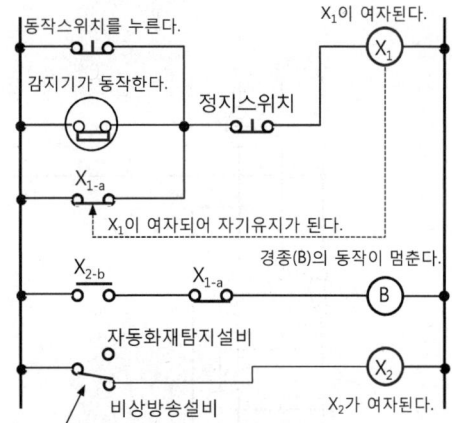

(4) 회로도 완성

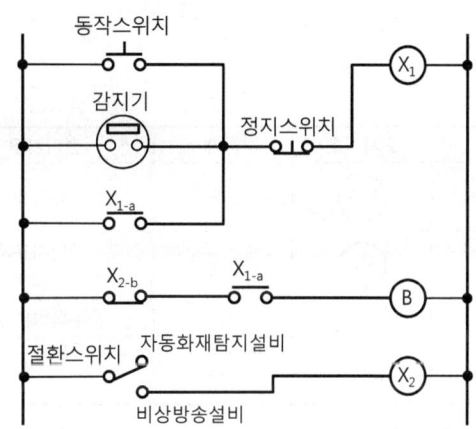

정답

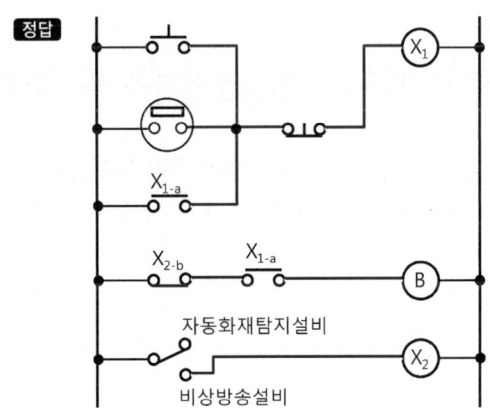

16 다음은 3상 유도전동기 기동 및 정지회로의 미완성 도면이다. 주어진 조건을 참고하여 각 물음에 답하시오.

득점	배점
	6

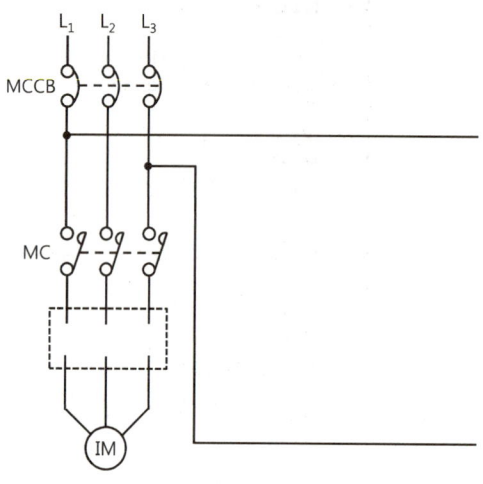

조건

• 전기기구의 도시기호

전기기구 명칭	도시기호	사용개수	전기기구 명칭	도시기호	사용개수
전자접촉기	(MC)	1개	열동계전기	THR	1개
운전표시등 (적색램프)	(RL)	1개	정지표시등 (녹색램프)	(GL)	1개
누름버튼스위치	PB-OFF	1개	누름버튼스위치	PB-ON	1개
퓨즈	⌀	2개	버저	(BZ)	1개

• 제어(보조)회로를 보호하기 위해 각 상에 퓨즈를 설치한다.

[동작설명]

• MCCB(배선용 차단기)에 전원을 투입하면 전자접촉기의 보조접점(MC_{-b})에 의해 정지표시등(GL)이 점등된다.
• 유도전동기 운전용 누름버튼스위치(PB_{-ON})를 누르면 전자접촉기(MC)가 여자되어 자기유지가 되고, 전자접촉기의 주접점이 붙어 유도전동기(IM)가 기동된다. 이때 운전표시등(RL)이 점등되고, 전자접촉기의 보조접점(MC_{-b})이 떨어져 정지표시등(GL)이 소등된다.
• 유도전동기 정지용 누름버튼스위치(PB_{-OFF})를 누르면 전자접촉기(MC)가 소자되어 전자접촉기의 주접점이 떨어져 유도전동기(IM)가 정지된다. 이때, 운전표시등(RL)이 소등되고, 전자접촉기의 보조접점(MC_{-b})에 의해 정지표시등(GL)이 점등된다.
• 유도전동기에 과전류가 흐르면 열동계전기(THR)가 작동되어 운전 중인 유도전동기(IM)는 정지되고, 버저(BZ)가 울린다.

> [물음]
> (1) 동작설명 및 주어진 전기기구를 이용하여 제어회로의 미완성 부분을 완성하시오(단, 전기기구의 접점을 최소 개수를 사용하도록 한다).
> (2) 주회로의 점선 부분을 완성하고, 어떤 경우에 작동하는지 2가지만 쓰시오.

[해설]

3상 유도전동기 기동 및 정지회로(전전압 기동회로)

(1) 3상 유도전동기의 제어회로 구성
  ① 제어용기기의 명칭과 도시기호

제어용기기 명칭	작동원리	접점의 종류			
		주접점	코일	a접점	b접점
배선용 차단기 (MCCB)	단락 및 과부하로부터 회로를 보호하기 위하여 사용되는 전력기기이다.	✓	–	–	–
전자접촉기 (MC)	전자석의 동작에 의하여 접점을 개폐하는 기구로서 부하회로를 빈번하게 개폐하는 접촉기이다.	✓	MC	MC-a	MC-b
열동계전기 (THR)	정격전류 이상의 과부하 전류가 흐르면 내부에서 발생된 열에 의해 바이메탈이 동작하여 접점을 차단시키는 계전기로서 전동기의 과부하 보호에 사용된다.	✓	–	THR	THR
누름버튼스위치 (PB-ON, PB-OFF)	버튼을 누르면 접점 기구부가 개폐되며 손을 떼면 스프링의 힘에 의해 자동으로 복귀되는 스위치이다.	–	–	PB-ON	PB-OFF
운전표시등 (RL)	유도전동기가 운전 중임을 표시한다.	–	RL	–	–
정지표시등 (GL)	유도전동기가 정지 중임을 표시한다.	–	GL	–	–

  ② 동작설명에 따른 제어회로 작성

동작설명	회로도
① MCCB(배선용 차단기)에 전원을 투입하면 전자접촉기의 보조접점(MC-b)에 의해 정지표시등(GL)이 점등된다.	MCCB에 전원을 투입하면 GL이 점등된다.

동작설명	회로도
② 유도전동기 운용용 누름버튼스위치(PB-ON)를 누르면 전자접촉기(MC)가 여자되어 자기유지가 되고, 전자접촉기의 주접점이 붙어 유도전동기(IM)가 기동된다. 이때 운전표시등(RL)이 점등되고, 전자접촉기의 보조접점(MC-b)이 떨어져 정지표시등(GL)이 소등된다.	
③ 유도전동기 정지용 누름버튼스위치(PB-OFF)를 누르면 전자접촉기(MC)가 소자되어 전자접촉기의 주접점이 떨어져 유도전동기(IM)가 정지된다. 이때 운전표시등(RL)이 소등되고, 전자접촉기의 보조접점(MC-b)에 의해 정지표시등(GL)이 점등된다.	
④ 유도전동기에 과전류가 흐르면 열동계전기(THR)가 작동되어 운전 중인 유도전동기(IM)는 정지되고, 버저(BZ)가 울린다.	

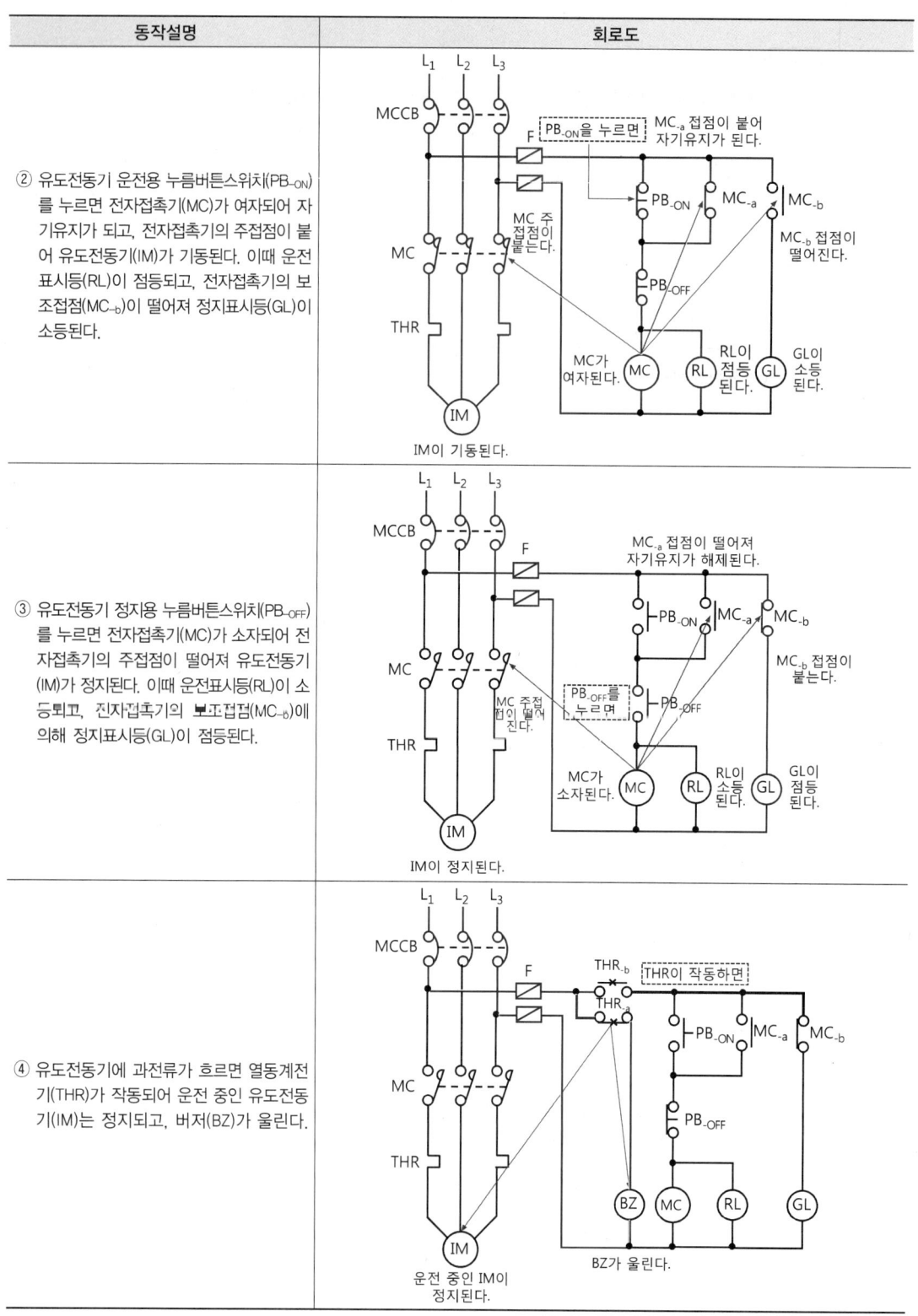

㉠ 회로도 작도방법 1
- 운전용 누름버튼스위치는 PB₋ON(a점점)을 사용하고, 정지용 누름버튼스위치는 PB₋OFF(b점점)을 사용한다.
- 운전용 누름버튼스위치(PB₋ON)를 누르면 전자접촉기(MC)가 여자된다. 이때 운전용 누름버튼스위치를 눌렀다 떼더라도 자기유지가 되기 위해 운전용 누름버튼스위치와 전자접촉기의 보조접점(MC₋a)을 병렬로 접속한다.
- 주회로에서 전자접촉기(MC)의 주접점 아래쪽에는 열동계전기(THR)를 설치한다.

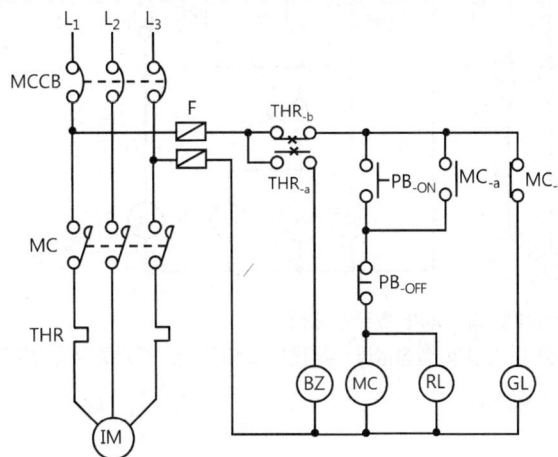

㉡ 회로도 작도방법 2

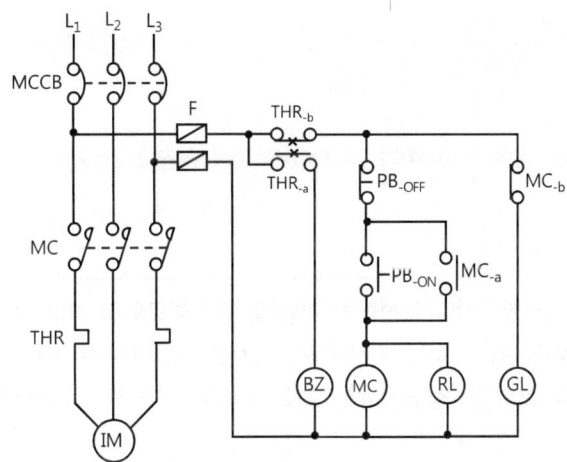

(2) 열동계전기(THR)가 작동되는 경우
① 유도전동기에 과전류가 흐르는 경우
② 열동계전기 단자의 접촉 불량으로 과열되었을 경우
③ 전류조정 다이얼의 설정(Setting)값을 정격전류보다 낮게 조정하였을 경우

┤참고├

열동계전기(Thermal Relay)의 원리
전동기의 과부하 또는 구속상태 등으로 설정값 이상의 과전류가 흐르면 열에 의해 바이메탈이 휘어지는 원리를 이용하여 회로를 차단하여 전동기의 소손을 방지하는 계전기이다.

정답 (1)

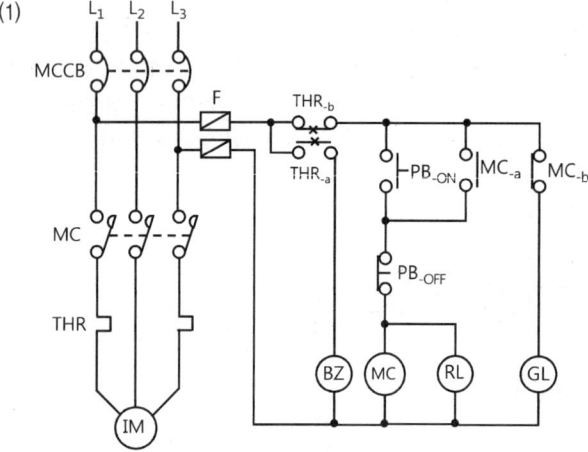

(2) ① 유도전동기에 과전류가 흐르는 경우
② 전류조정 다이얼의 설정값을 정격전류보다 낮게 조정하였을 경우

17 다음은 타이머를 이용한 3상 유도전동기 기동 및 정지회로이다. 아래의 주어진 조건과 동작설명에 적합하도록 미완성된 시퀀스 제어회로를 완성하시오(단, 제어회로에 설치된 F는 퓨즈이고, 각 전기기구의 접점 및 스위치에는 접점 명칭을 반드시 기입하시오).

득점	배점
	6

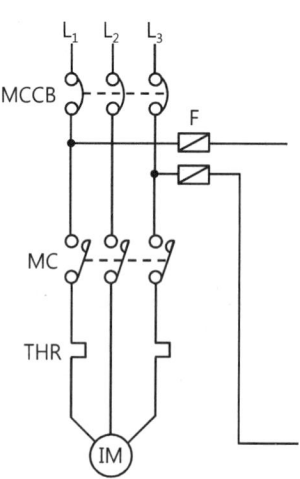

조건

- 전기기구의 도시기호 및 사용개수

전기기구 명칭	도시기호	사용개수	전기기구 명칭	도시기호	사용개수
전자접촉기	MC	1개	열동계전기	THR	1개
한시동작 순시복귀형 타이머	T	1개	경고표시등 (황색램프)	YL	1개
운전표시등 (적색램프)	RL	1개	정지표시등 (녹색램프)	GL	1개
누름버튼스위치	PB$_{-OFF}$	1개	누름버튼스위치	PB$_{-ON}$	1개

- 전기기구의 사용접점

전기기구 명칭	접점기호	사용개수	전기기구 명칭	접점기호	사용개수
전자접촉기 a접점	MC$_{-a}$	1개	전자접촉기 b접점	MC$_{-b}$	1개
타이머 한시 b접점	T$_{-b}$	1개	타이머 순시 a접점	T$_{-a}$	1개
열동계전기 a접점	THR$_{-a}$	1개	열동계전기 b접점	THR$_{-b}$	1개

[동작설명]

- 배선용 차단기(MCCB)에 전원을 투입하면 정지표시등(GL)이 점등한다.
- 전동기 운전용 누름버튼스위치(PB$_{-ON}$)를 누르면 전자접촉기(MC)가 여자되어 유도전동기(IM)가 기동된다. 이때 전자접촉기의 보조접점(MC$_{-a}$)에 의해 전동기 운전표시등(RL)이 점등되고, 전자접촉기의 보조접점(MC$_{-b}$)에 의해 정지표시등(GL)이 소등된다. 또한, 타이머 코일(T)이 여자되어 자기유지가 되고, 설정시간 후 타이머 한시접점(T$_{-b}$)이 떨어져 전자접촉기(MC)가 소자되어 유도전동기(IM)는 정지한다. 모든 접점은 전동기 운전용 누름버튼스위치(PB$_{-ON}$)를 누르기 전의 상태로 복귀한다.
- 유도전동기가 운전 중 유도전동기 정지용 누름버튼스위치(PB$_{-OFF}$)를 누르면 PB$_{-ON}$을 누르기 전의 상태로 된다.
- 유도전동기에 과전류가 흐르면 열동계전기의 접점(THR$_{-b}$)이 떨어져 전동기는 정지하고, 경고표시등(YL)이 점등된다.

해설

타이머를 이용한 3상 유도전동기 기동 및 정지회로

(1) 제어용기기의 명칭과 도시기호

제어용기기 명칭	작동원리	접점의 종류			
		주접점	코일	a접점	b접점
배선용 차단기 (MCCB)	단락 및 과부하로부터 회로를 보호하기 위하여 사용되는 전력기기이다.	⌇⌇⌇	–	–	–
전자접촉기 (MC)	전자석의 동작에 의하여 접점을 개폐하는 기구로서 부하회로를 빈번하게 개폐하는 접촉기이다.	⌇⌇⌇	MC	MC$_{-a}$	MC$_{-b}$

제어용기기 명칭	작동원리	접점의 종류			
		주접점	코일	a접점	b접점
열동계전기 (THR)	정격전류 이상의 과부하 전류가 흐르면 내부에서 발생된 열에 의해 바이메탈이 동작하여 접점을 차단시키는 계전기로서 전동기의 과부하 보호에 사용된다.	┤├ ┤├	–	THR (a)	THR (b)
누름버튼스위치 (PB₋a, PB₋b)	버튼을 누르면 접점 기구부가 개폐되며 손을 떼면 스프링의 힘에 의해 자동으로 복귀되는 스위치이다.	–	–	PB-a	PB-b
한시동작 순시복귀형 타이머 (T)	설정시간이 경과한 후 그 접점이 폐로 또는 개로하는 계전기이다.	–	(T)	T-a	T-b

(2) 동작설명에 따른 제어회로 작성

동작설명	회로도
① 배선용 차단기(MCCB)에 전원을 투입하면 정지표시등(GL)이 점등한다.	
② 전동기 운전용 누름버튼스위치(PB₋ON)를 누르면 전자접촉기(MC)가 여자되어 유도전동기(IM)가 기동된다. 이때 전자접촉기의 보조접점(MC₋a)에 의해 전동기 운전표시등(RL)이 점등되고, 전자접촉기의 보조접점(MC₋b)에 의해 정지표시등(GL)이 소등된다.	
③ 또한, 타이머 코일(T)이 여자되어 자기유지가 된다.	

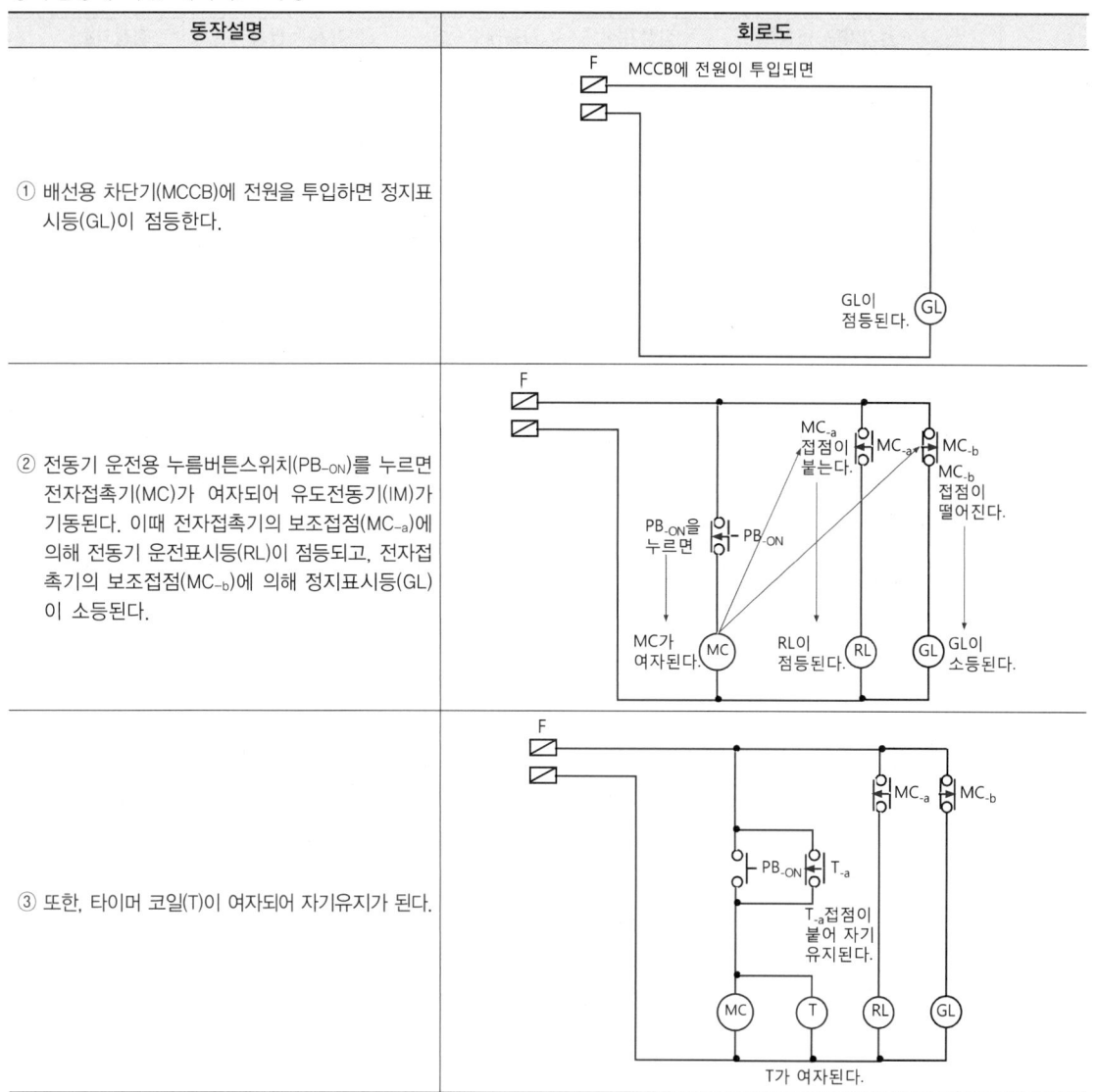

498 ■ PART 01 핵심이론

동작설명	회로도
④ 설정시간 후 타이머 한시접점(T_{-b})이 떨어져 전자접촉기(MC)가 소자되어 유도전동기(IM)는 정지한다. 모든 접점은 전동기 운전용 누름버튼스위치(PB_{-ON})를 누르기 전의 상태로 복귀한다.	
⑤ 유도전동기가 운전 중 유도전동기 정지용 누름버튼스위치(PB_{-OFF})를 누르면 운전용 누름버튼스위치(PB_{-ON})를 누르기 전의 상태로 된다.	
⑥ 유도전동기에 과전류가 흐르면 열동계전기의 접점(THR_{-b})이 떨어져 유도전동기는 정지하고, 열동계전기의 접점(THR_{-a})이 붙어 경고표시등(YL)이 점등되며 정지표시등(GL)이 소등한다.	

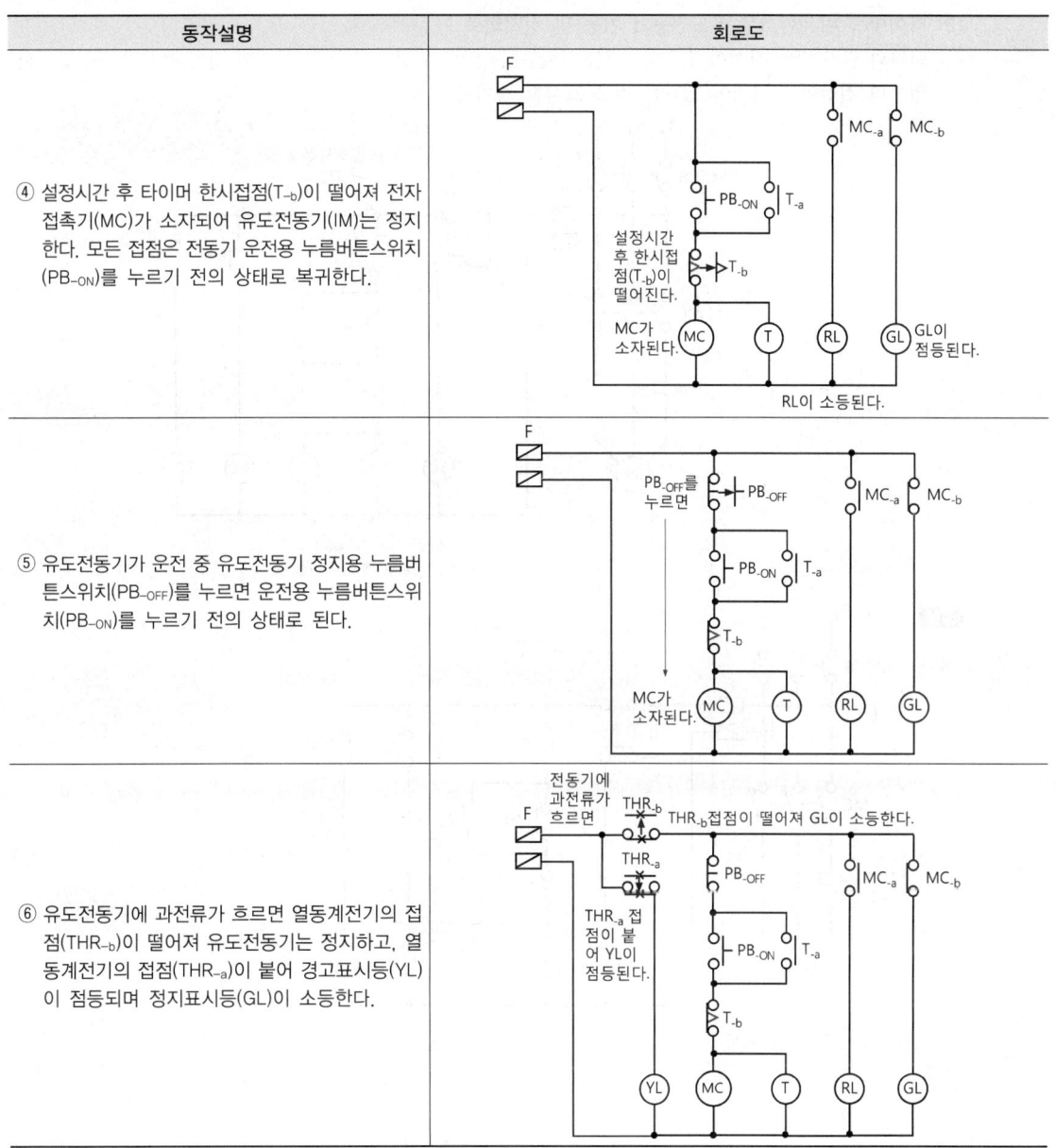

(3) 타이머를 이용한 3상 유도전동기 기동 및 정지회로
　단자와 단자 간에 전선이 접속되어 있는 부분에는 반드시 점(•)을 찍어 전선이 접속되어 있음을 표시한다. 만약, 점이 없으면 전선이 교차되어 있다는 것을 표시한 것이다.

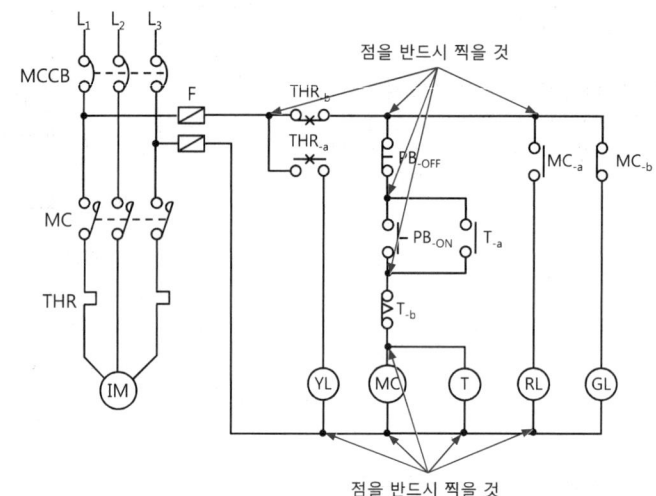

점을 반드시 찍을 것

점을 반드시 찍을 것

[정답]

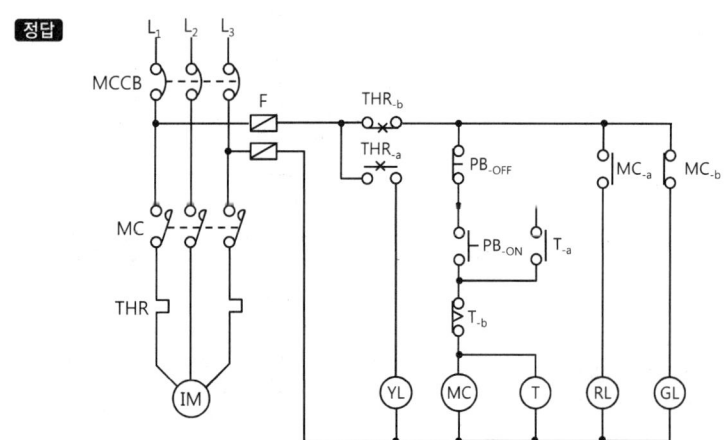

18. 다음 주어진 동작설명에 적합하도록 3상 유도전동기의 기동 및 정지회로의 미완성된 시퀀스회로를 완성하시오(단, 각 접점과 스위치의 명칭을 기입하시오).

[동작설명]
- MCCB에 전원을 투입하면 GL이 점등한다.
- 유도전동기 운전용 누름버튼스위치(PB_ON)를 누르면 전자접촉기(MC)가 여자되어 보조접점(MC_a)에 의해 자기유지가 되고, MC 주접점이 붙어 전동기가 기동된다. 또한, 전자접촉기 보조접점(MC_a)에 의해 RL이 점등되고, 보조접점(MC_b)에 의해 GL이 소등한다.
- 유도전동기가 운전 중 유도전동기 정지용 누름버튼스위치(PB_OFF)를 누르면 전자접촉기(MC)가 소자되어 유도전동기는 정지하고, RL이 소등되며 GL이 점등된다.
- 유도전동기에 과전류가 흐르면 열동계전기(THR) 접점에 의해 유도전동기는 정지하고 모든 접점은 초기상태로 복귀된다.

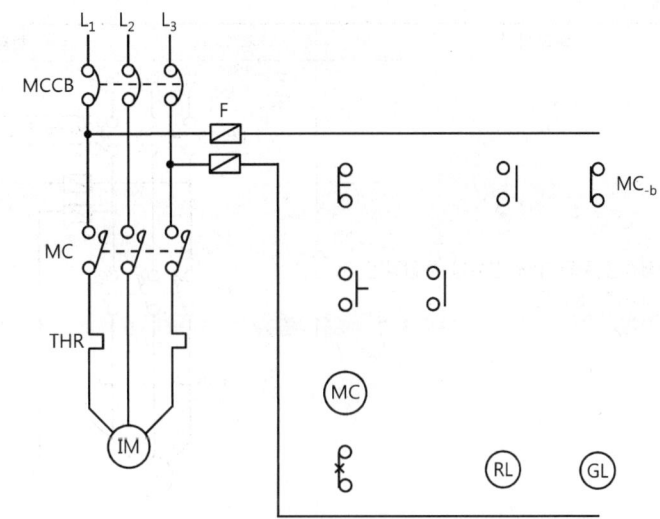

해설

3상 유도전동기 기동 및 정지회로(전전압 기동회로)

(1) 3상 유도전동기의 제어회로 구성
  ① 제어용기기의 명칭과 도시기호

제어용기기 명칭	작동원리	접점의 종류			
		주접점	코일	a접점	b접점
배선용 차단기 (MCCB)	단락 및 과부하로부터 회로를 보호하기 위하여 사용되는 전력기기이다.	✓	–	–	–
전자접촉기 (MC)	전자석의 동작에 의하여 접점을 개폐하는 기구로서 부하회로를 빈번하게 개폐하는 접촉기이다.	✓	(MC)	MC_a	MC_b

제어용기기 명칭	작동원리	접점의 종류			
		주접점	코일	a접점	b접점
열동계전기 (THR)	정격전류 이상의 과부하 전류가 흐르면 내부에서 발생된 열에 의해 바이메탈이 동작하여 접점을 차단시키는 계전기로서 전동기의 과부하 보호에 사용된다.	⌐⌐	–	⨯THR	⨯THR
누름버튼스위치 (PB-ON, PB-OFF)	버튼을 누르면 접점 기구부가 개폐되며 손을 떼면 스프링의 힘에 의해 자동으로 복귀되는 스위치이다.	–	–	PB-ON	PB-OFF
운전표시등 (RL)	유도전동기가 운전 중임을 표시한다.	–	(RL)	–	–
정지표시등 (GL)	유도전동기가 정지 중임을 표시한다.	–	(GL)	–	–

② 동작설명에 따른 제어회로 작성

동작설명	회로도
① MCCB(배선용 차단기)에 전원을 투입하면 GL (정지표시등)이 점등된다.	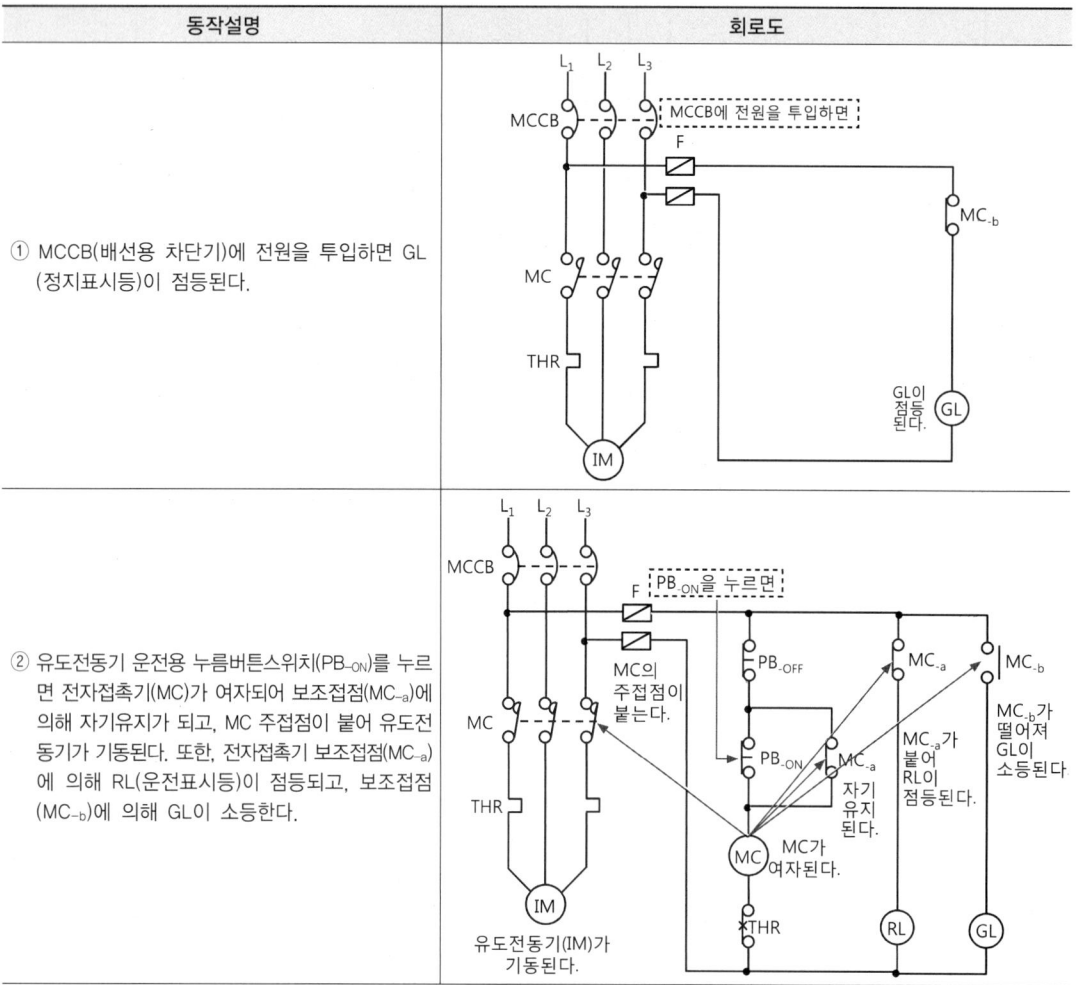
② 유도전동기 운전용 누름버튼스위치(PB-ON)를 누르면 전자접촉기(MC)가 여자되어 보조접점(MC-a)에 의해 자기유지가 되고, MC 주접점이 붙어 유도전동기가 기동된다. 또한, 전자접촉기 보조접점(MC-a)에 의해 RL(운전표시등)이 점등되고, 보조접점(MC-b)에 의해 GL이 소등한다.	

동작설명	회로도
③ 유도전동기가 운전 중 유도전동기 정지용 누름버튼스위치(PB-OFF)를 누르면 전자접촉기(MC)가 소자되어 유도전동기는 정지하고, RL이 소등되며 GL이 점등된다.	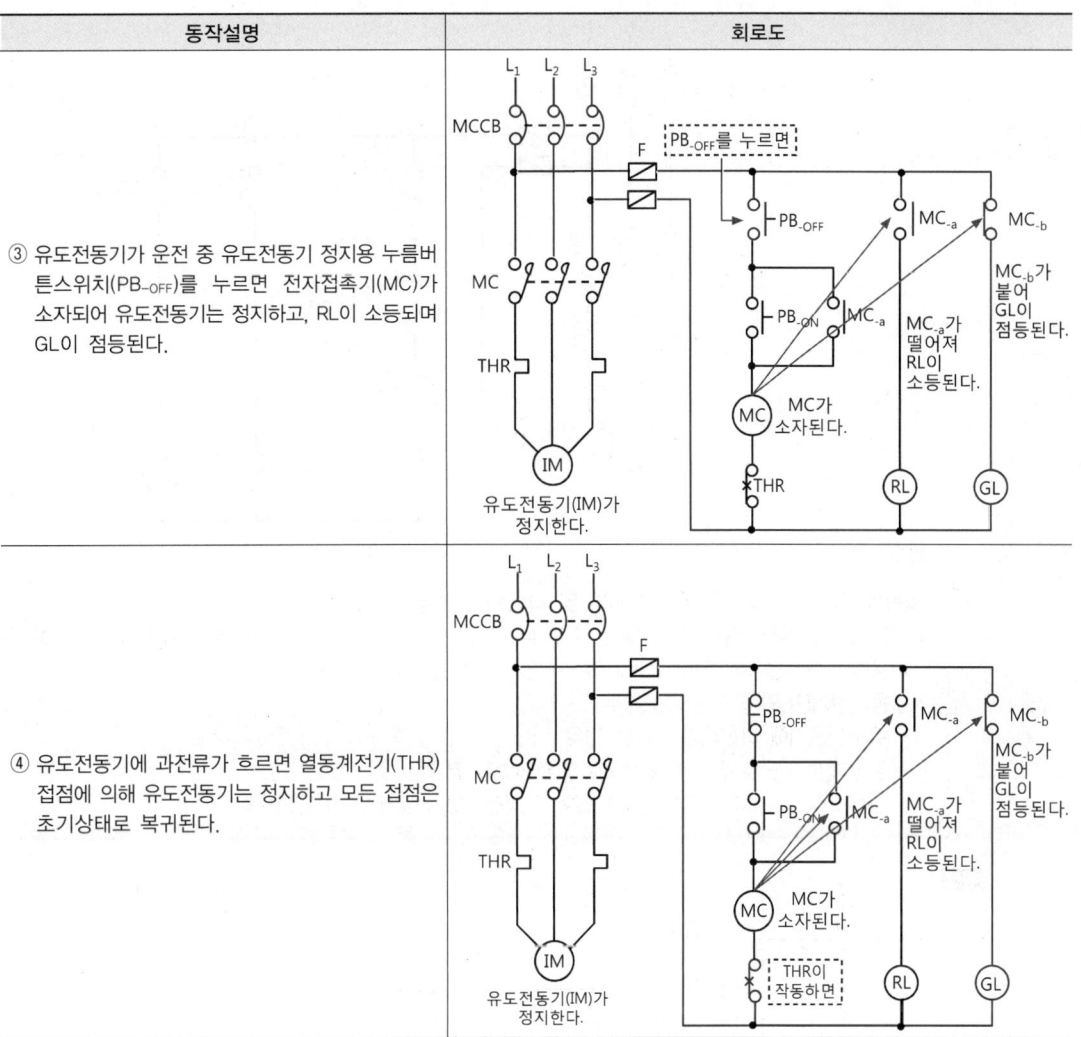
④ 유도전동기에 과전류가 흐르면 열동계전기(THR) 접점에 의해 유도전동기는 정지하고 모든 접점은 초기상태로 복귀된다.	

㉠ 운전용 누름버튼스위치는 PB-ON(a접점)을 사용하고, 정지용 누름버튼스위치는 PB-OFF(b접점)을 사용한다.
㉡ 운전용 누름버튼스위치(PB-ON)를 누르면 전자접촉기(MC)가 여자된다. 이때 운전용 누름버튼스위치를 눌렀다 떼더라도 자기유지가 되기 위해 운전용 누름버튼스위치와 전자접촉기의 보조접점(MC-a)을 병렬로 접속한다.
㉢ 제어회로에서 전자접촉기(MC) 코일 아래쪽에는 열동계전기(THR)의 b접점을 설치한다.

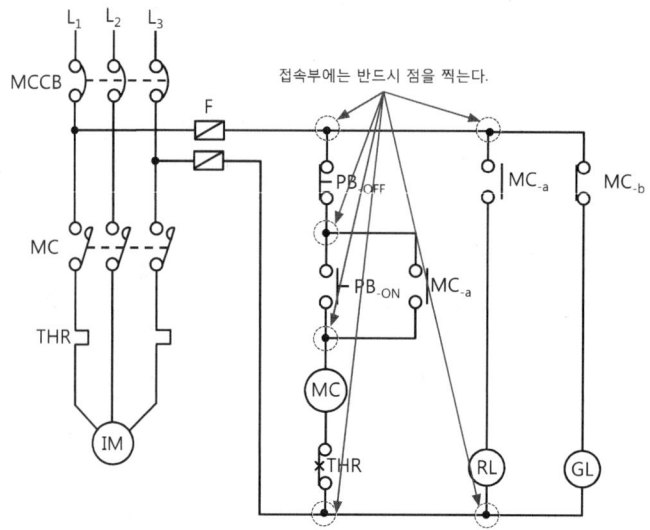

┤참고├

열동계전기(Thermal Relay)의 원리 및 작동되는 경우
- 전동기의 과부하 또는 구속상태 등으로 설정값 이상의 과전류가 흐르면 열에 의해 바이메탈이 휘어지는 원리를 이용하여 회로를 차단하여 전동기의 소손을 방지하는 계전기이다.
- 열동계전기(THR)가 작동되는 경우
  - 유도전동기에 과전류가 흐르는 경우
  - 열동계전기 단자의 접촉 불량으로 과열되었을 경우
  - 전류조정 다이얼의 설정(Setting)값을 정격전류보다 낮게 조정하였을 경우

정답

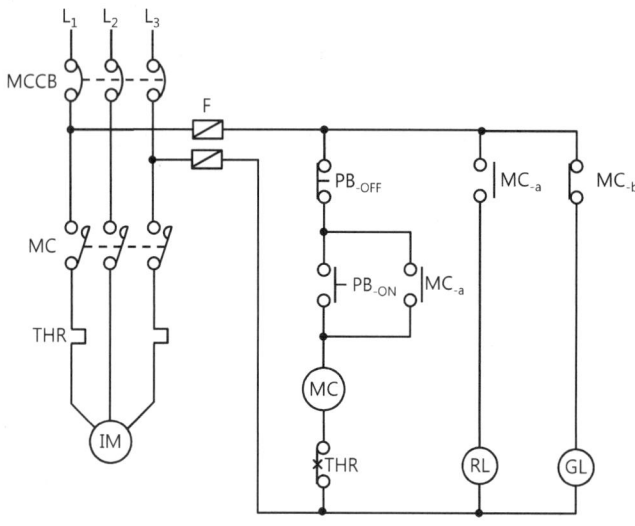

19 3상 유도전동기(IM)를 현장 측과 제어실 측 어느 쪽에서도 기동 및 정지가 가능하도록 제어회로를 작성하시오(단, 기동용 누름버튼스위치(PB-ON) 2개, 정지용 누름버튼스위치(PB-OFF) 2개, 열동계전기(THR) 1개, 전자접촉기 a접점(MC-a) 1개(자기유지회로용)만 사용할 것).

득점	배점
	5

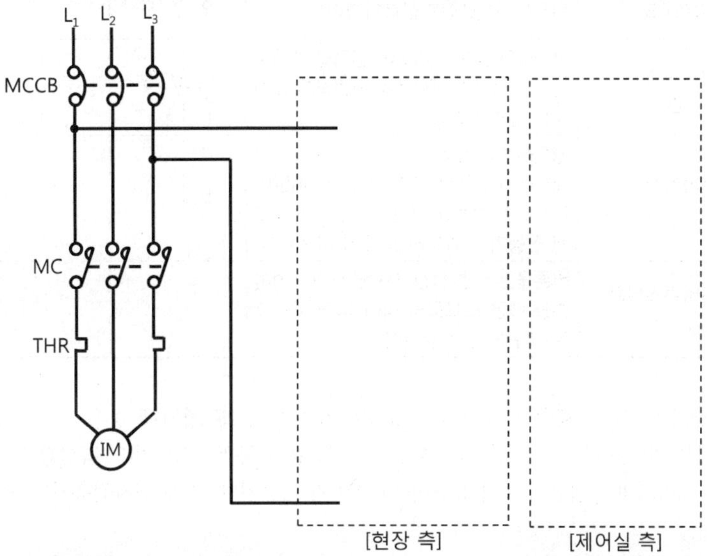

[현장 측]   [제어실 측]

해설

3상 유도전동기의 2개소 기동 및 정지회로

(1) 시퀀스제어의 용어 및 제어용기기의 명칭과 도시기호

　① 시퀀스제어의 용어 정의

시퀀스제어 용어		정의
접점	a접점	스위치를 조작하기 전에는 열려있다가 조작하면 닫히는 접점이다.
	b접점	스위치를 조작하기 전에는 닫혀있다가 조작하면 열리는 접점이다.
소자		전자코일에 흐르고 있는 전류를 차단하여 자력을 잃게 하는 것이다.
여자		릴레이, 전자접촉기 등 코일에 전류가 흘러서 전자석으로 되는 것이다.
자기유지회로		누름버튼스위치를 이용하여 그 상태를 계속 유지하기 위해 사용하는 회로이다.
인터록회로		2개의 입력신호 중 먼저 작동시킨 쪽의 회로가 우선적으로 이루어져 기기가 작동하며 다른 쪽에 입력신호가 들어오더라도 작동하지 않는 회로이다.

② 제어용기기의 명칭과 도시기호

제어용기기 명칭	작동원리	접점의 종류			
		주접점	코일	a접점	b접점
배선용 차단기 (MCCB)	단락 및 과부하로부터 회로를 보호하기 위하여 사용되는 전력기기이다.	╱╱╱	–	–	–
전자접촉기 (MC)	전자석의 동작에 의하여 접점을 개폐하는 기구로서 부하회로를 빈번하게 개폐하는 접촉기이다.	╱╱╱	(MC)	○│MC$_{-a}$	○│MC$_{-b}$
열동계전기 (THR)	정격전류 이상의 과부하 전류가 흐르면 내부에서 발생된 열에 의해 바이메탈이 동작하여 접점을 차단시키는 계전기로서 전동기의 과부하 보호에 사용된다.	╱╱	–	○╳THR	○╳THR
누름버튼스위치 (PB$_{-ON}$, PB$_{-OFF}$)	버튼을 누르면 접점 기구부가 개폐되며 손을 떼면 스프링의 힘에 의해 자동으로 복귀되는 스위치이다.	–	–	○│PB$_{-ON}$	○│PB$_{-OFF}$

(2) 동작설명

① 1개소(현장 측 또는 제어실 측)에서 유도전동기를 기동 및 정지할 경우

㉠ 배선용 차단기(MCCB)에 전원을 투입하고 기동용 누름버튼스위치(PB$_{1-ON}$)를 누르면 전자접촉기(MC)가 여자되어 전자접촉기의 주접점이 붙어 유도전동기(IM)가 기동된다. 이때 전자접촉기의 보조접점(MC$_{-a}$)이 붙어 자기유지가 된다.

㉡ 정지용 누름버튼스위치(PB$_{1-OFF}$)를 누르면 전자접촉기(MC)가 소자되어 운전 중인 유도전동기(IM)는 정지한다.

㉢ 유도전동기에 과전류가 흐르면 열동계전기(THR)가 작동되어 운전 중인 유도전동기(IM)는 정지한다.

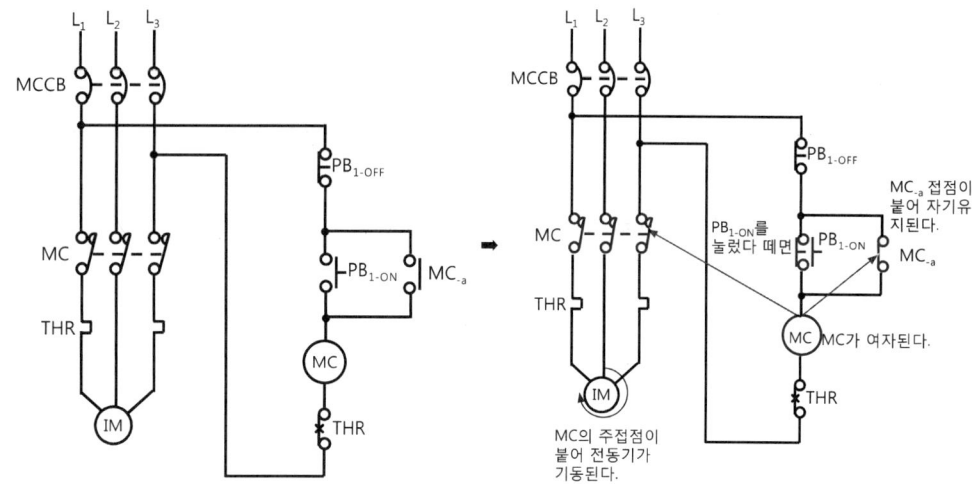

② 2개소(현장 측과 제어실 측)에서 유도전동기를 기동 및 정지할 경우

㉠ 2개(현장 측과 제어실 측)의 정지용 누름버튼스위치(PB$_{1-OFF}$, PB$_{2-OFF}$) 중 어느 1개소에서 누르면 운전 중인 유도전동기(IM)는 정지한다. → 정지용 누름버튼스위치(PB$_{1-OFF}$, PB$_{2-OFF}$)를 직렬로 연결한다(AND회로).

㉡ 2개(현장 측과 제어실 측)의 기동용 누름버튼스위치(PB$_{1-ON}$, PB$_{2-ON}$)를 어느 1개소에서 누르면 유도전동기(IM)는 기동된다. → 기동용 누름버튼스위치(PB$_{1-ON}$, PB$_{2-ON}$)를 병렬로 연결한다(OR회로).

㉢ 유도전동기에 과전류가 흐르면 열동계전기(THR)가 작동되어 운전 중인 유도전동기(IM)는 정지된다.

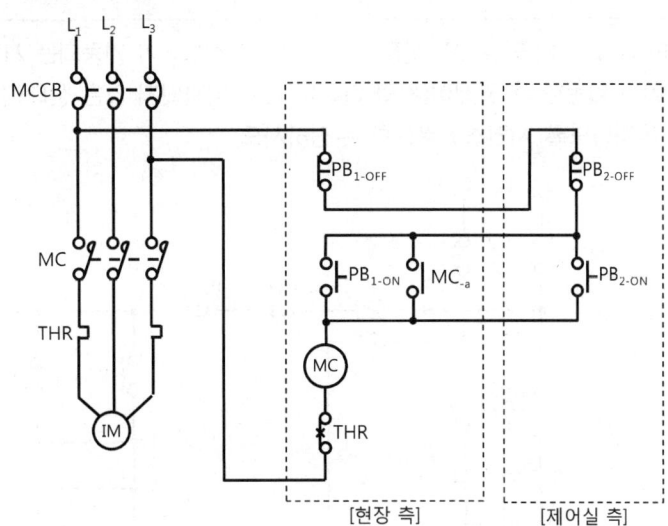

정답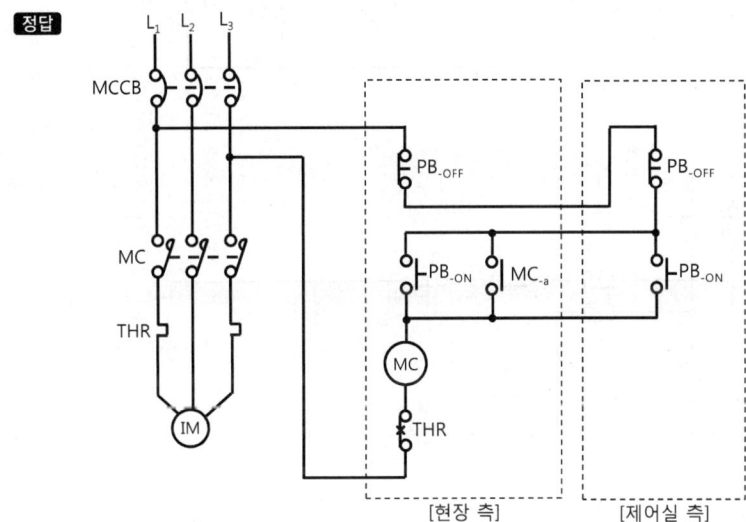

CHAPTER 06 소방전기일반 ■ 507

20 다음 그림은 PB-ON 스위치를 누르면 설정시간 후에 유도전동기가 기동되는 시퀀스 회로도이다. 유도전동기(IM)가 기동한 후 릴레이(X)와 타이머(T)가 여자되지 않은 상태에서 유도전동기의 운전이 계속 유지되도록 시퀀스회로도를 수정하시오.

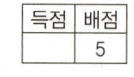

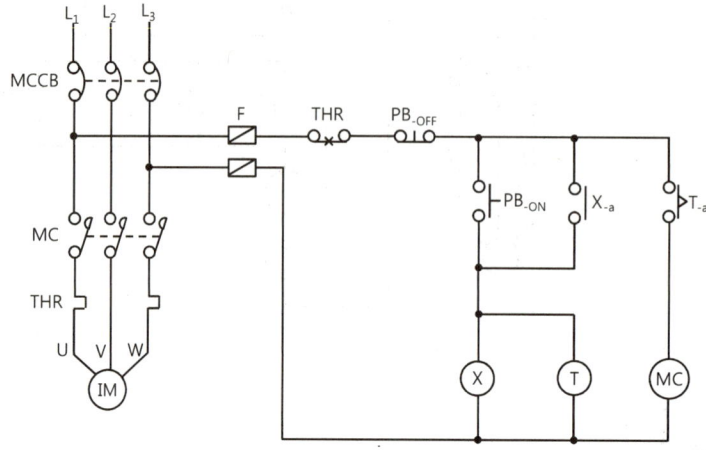

[수정할 시퀀스회로도]

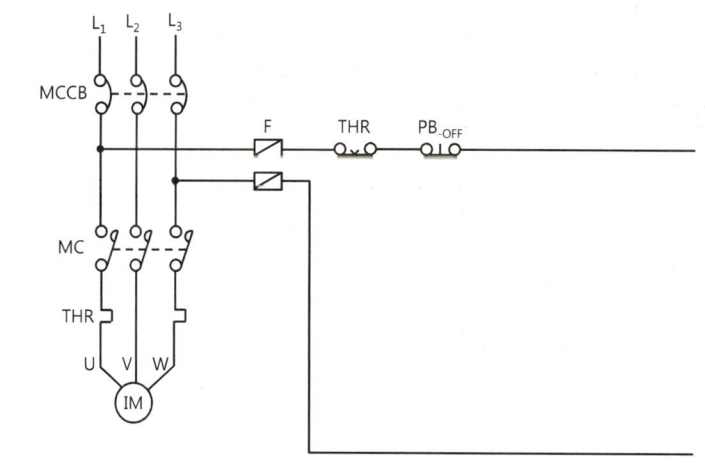

해설

타이머를 이용한 전동기 기동회로

(1) 제어용기기의 명칭과 도시기호

제어용기기 명칭	작동원리	접점의 종류			
		주접점	코일	a접점	b접점
배선용 차단기 (MCCB)	단락 및 과부하로부터 회로를 보호하기 위하여 사용되는 전력기기이다.	▨	–	–	–
전자접촉기 (MC)	전자석의 동작에 의하여 접점을 개폐하는 기구로서 부하회로를 빈번하게 개폐하는 접촉기이다.	▨	MC	MC-a	MC-b

제어용기기 명칭	작동원리	접점의 종류			
		주접점	코일	a접점	b접점
열동계전기 (THR)	정격전류 이상의 과부하 전류가 흐르면 내부에서 발생된 열에 의해 바이메탈이 동작하여 접점을 차단시키는 계전기로서 전동기의 과부하 보호에 사용된다.	┤ ├	–	THR	THR
누름버튼스위치 (PB_{-ON}, PB_{-OFF})	버튼을 누르면 접점 기구부가 개폐되며 손을 떼면 스프링의 힘에 의해 자동으로 복귀되는 스위치이다.	–	–	PB_{-ON}	PB_{-OFF}
릴레이 (X)	코일에 전류가 흐르면 전자력에 의해 접점을 개폐하는 기능을 가진다.	–	X	X_{-a}	X_{-b}
타이머 (T)	설정시간이 경과한 후 그 접점이 폐로 또는 개로하는 계전기이다.	–	T	T_{-a}	T_{-b}

(2) 시퀀스회로도 작성
  ① 수정 전 동작설명

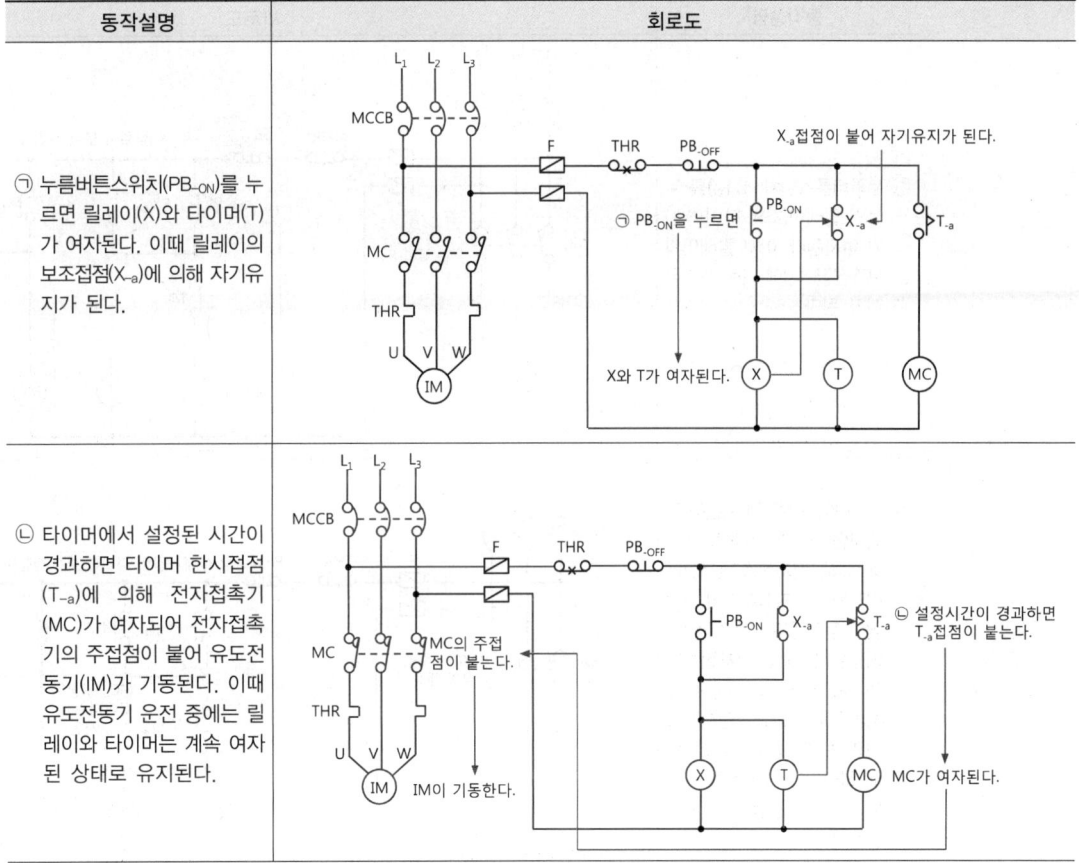

동작설명	회로도
㉠ 누름버튼스위치(PB_{-ON})를 누르면 릴레이(X)와 타이머(T)가 여자된다. 이때 릴레이의 보조접점(X_{-a})에 의해 자기유지가 된다.	
㉡ 타이머에서 설정된 시간이 경과하면 타이머 한시접점(T_{-a})에 의해 전자접촉기(MC)가 여자되어 전자접촉기의 주접점이 붙어 유도전동기(IM)가 기동된다. 이때 유도전동기 운전 중에는 릴레이와 타이머는 계속 여자된 상태로 유지된다.	

동작설명	회로도
ⓒ 누름버튼스위치(PB_OFF)를 누르거나 열동계전기(THR)가 작동하면 릴레이(X), 타이머(T)가 소자되고, 전자접촉기(MC)가 소자되어 유도전동기가 정지한다.	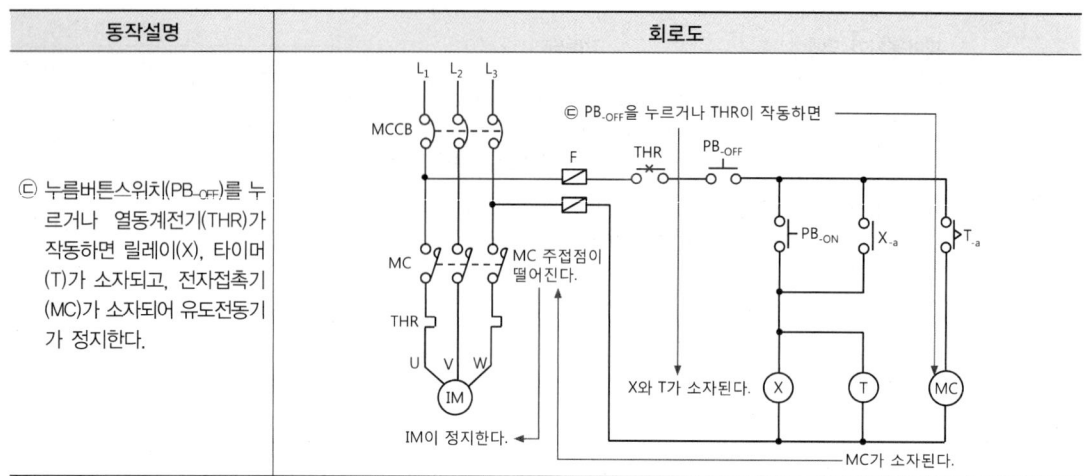

② 수정 후 동작설명

동작설명	회로도
㉠ 누름버튼스위치(PB_ON)를 누르면 릴레이(X)와 타이머(T)가 여자된다. 이때 릴레이의 보조접점(X_-a)에 의해 자기유지가 된다.	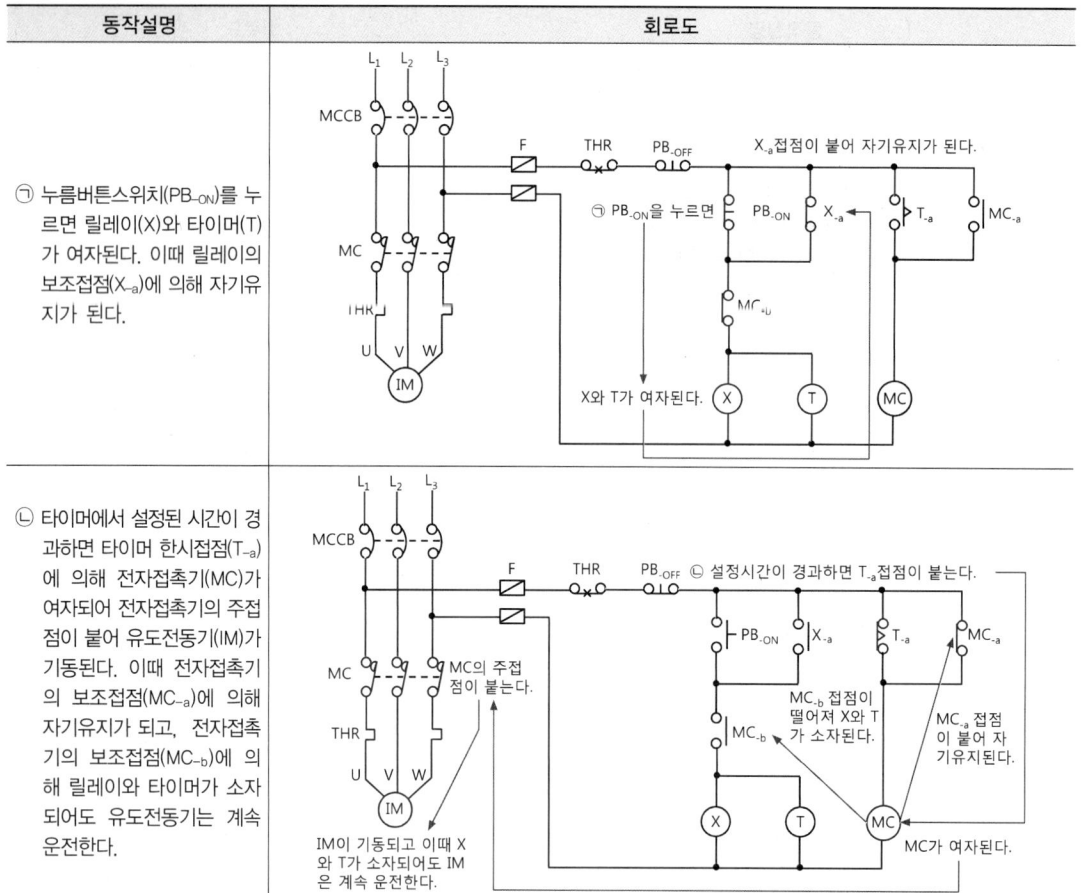
㉡ 타이머에서 설정된 시간이 경과하면 타이머 한시접점(T_-a)에 의해 전자접촉기(MC)가 여자되어 전자접촉기의 주접점이 붙어 유도전동기(IM)가 기동된다. 이때 전자접촉기의 보조접점(MC_-a)에 의해 자기유지가 되고, 전자접촉기의 보조접점(MC_-b)에 의해 릴레이와 타이머가 소자되어도 유도전동기는 계속 운전한다.	

동작설명	회로도
ⓒ 누름버튼스위치(PB-OFF)를 누르거나 열동계전기(THR)가 작동하면 전자접촉기(MC)가 소자되어 유도전동기가 정지한다.	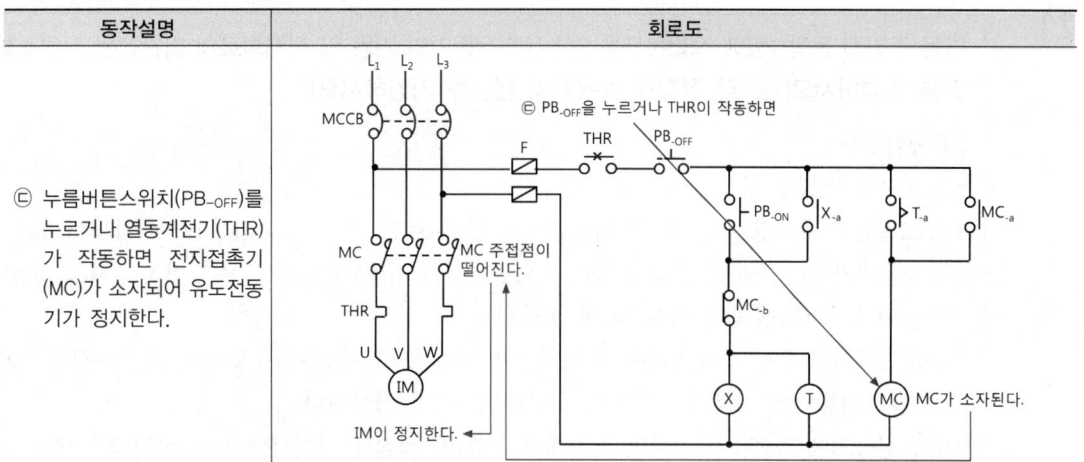

정답

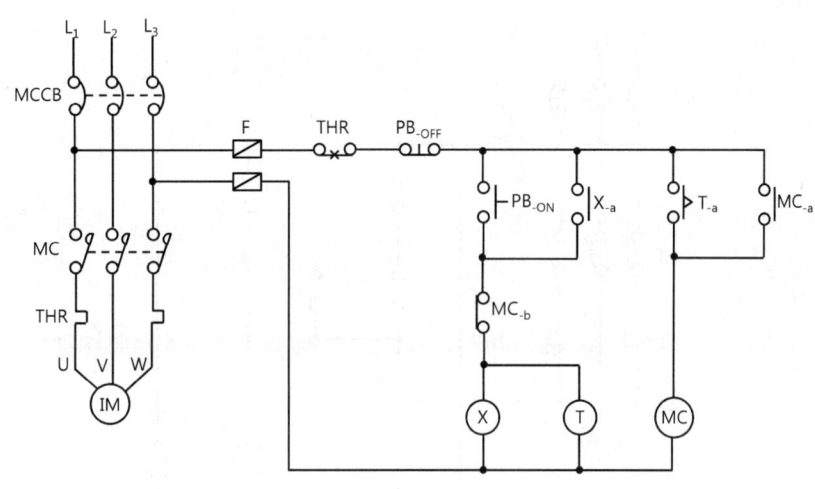

21 다음 주어진 동작설명에 적합하도록 3상 유도전동기의 기동 및 정지회로의 미완성된 시퀀스회로를 완성하시오(단, 각 접점과 스위치의 명칭을 기입하시오).

[동작설명]
- MCCB에 전원을 투입하면 GL이 점등한다.
- 유도전동기 운전용 누름버튼스위치(PB-ON)를 누르면 전자접촉기(MC)가 여자되어 MC-a접점에 의해 자기유지가 되고, MC 주접점이 붙어 유도전동기가 기동된다. 또한, 전자접촉기 MC-a접점에 의해 RL이 점등되고, MC-b접점에 의해 GL이 소등한다.
- 유도전동기가 운전 중 유도전동기 정지용 누름버튼스위치(PB-OFF)를 누르면 전자접촉기(MC)가 소자되어 유도전동기는 정지하고, RL이 소등되며 GL이 점등된다.
- 유도전동기에 과전류가 흐르면 열동계전기(THR) 접점에 의해 전동기는 정지하고 모든 접점은 초기상태로 복귀된다.

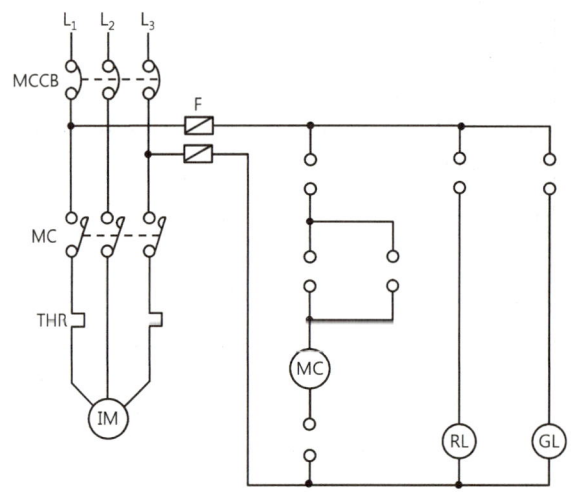

해설

3상 유도전동기 기동 및 정지회로(3상 유도전동기의 전전압 기동회로)

(1) 제어용기기의 명칭과 도시기호

제어용기기 명칭	작동원리	접점의 종류			
		주접점	코일	a접점	b접점
배선용 차단기 (MCCB)	단락 및 과부하로부터 회로를 보호하기 위하여 사용되는 전력기기이다.	▭▭▭	–	–	–
전자접촉기 (MC)	전자석의 동작에 의하여 접점을 개폐하는 기구로서 부하회로를 빈번하게 개폐하는 접촉기이다.	▭▭▭	MC	MC-a	MC-b
열동계전기 (THR)	정격전류 이상의 과부하 전류가 흐르면 내부에서 발생된 열에 의해 바이메탈이 동작하여 접점을 차단시키는 계전기로서 전동기의 과부하 보호에 사용된다.	▭▭	–	THR	THR
누름버튼스위치 (PB-ON, PB-OFF)	버튼을 누르면 접점 기구부가 개폐되며 손을 떼면 스프링의 힘에 의해 자동으로 복귀되는 스위치이다.	–	–	PB-ON	PB-OFF

제어용기기 명칭	작동원리	접점의 종류			
		주접점	코일	a접점	b접점
운전표시등 (RL)	유도전동기가 운전 중임을 표시하는 표시등이다.	-	(RL)	-	-
정지표시등 (GL)	유도전동기가 정지 중임을 표시하는 표시등이다.	-	(GL)	-	-

(2) 동작설명에 따른 제어회로 작성

동작설명	회로도
① MCCB(배선용 차단기)에 전원을 투입하면 GL(정지표시등)이 점등한다.	
② 유도전동기 운전용 누름버튼스위치(PB-ON)를 누르면 전자접촉기(MC)가 여자되어 보조접점(MC-a)에 의해 자기유지가 되고, MC 주접점이 붙어 유도전동기가 기동된다. 또한, 전자접촉기 보조접점(MC-a)에 의해 RL(운전표시등)이 점등되고, 보조접점(MC-b)에 의해 GL이 소등한다.	

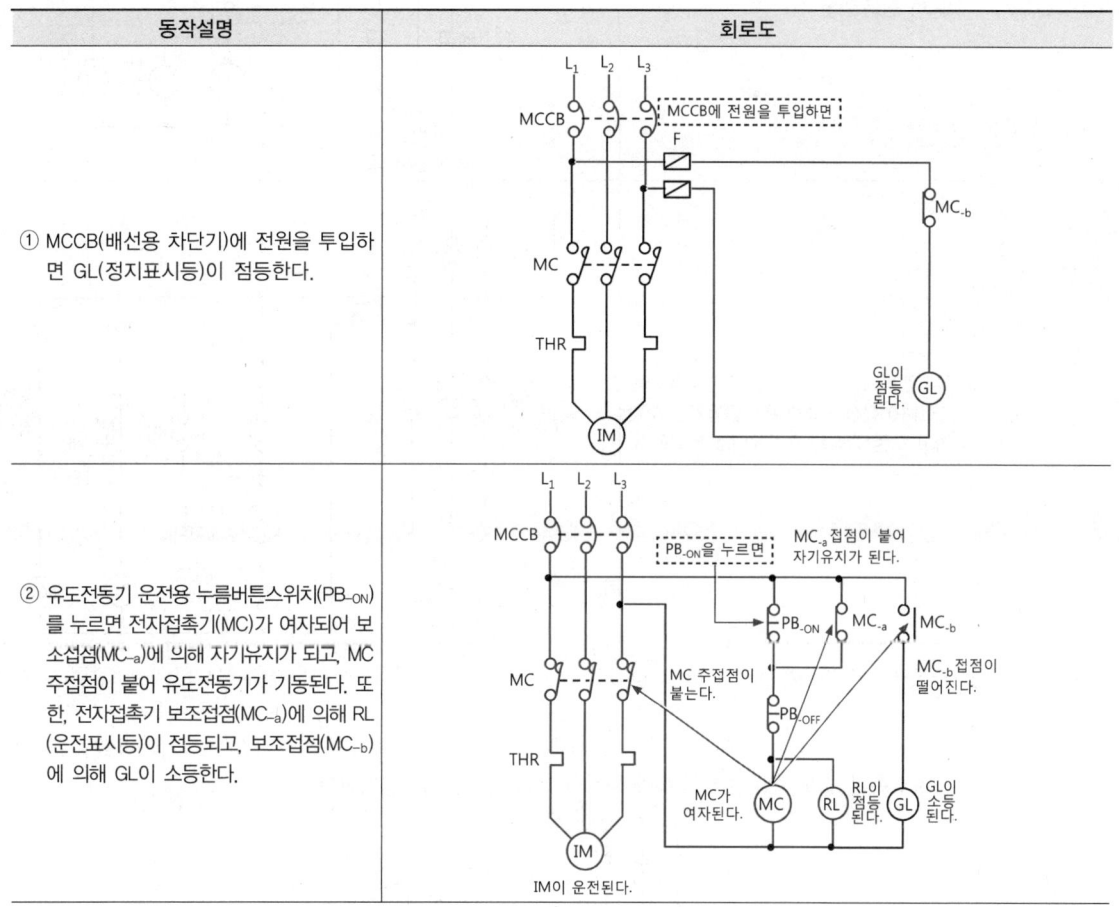

동작설명	회로도
③ 유도전동기가 운전 중 유도전동기 정지용 누름버튼스위치(PB_OFF)를 누르면 유도전동기는 정지하고, RL이 소등되며 GL이 점등된다.	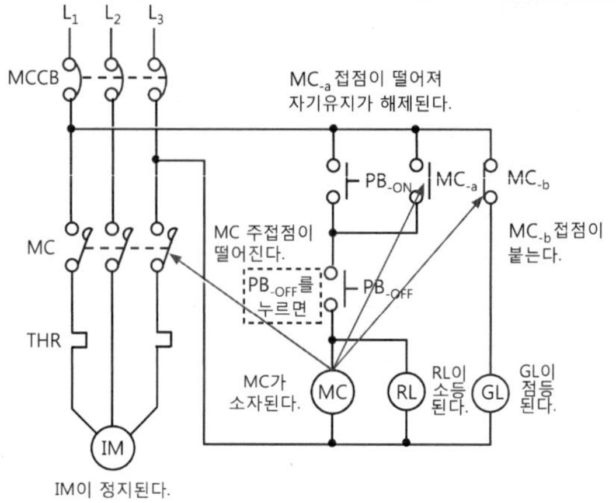
④ 유도전동기에 과전류가 흐르면 열동계전기(THR) 접점에 의해 유도전동기는 정지하고 모든 접점은 초기상태로 복귀된다.	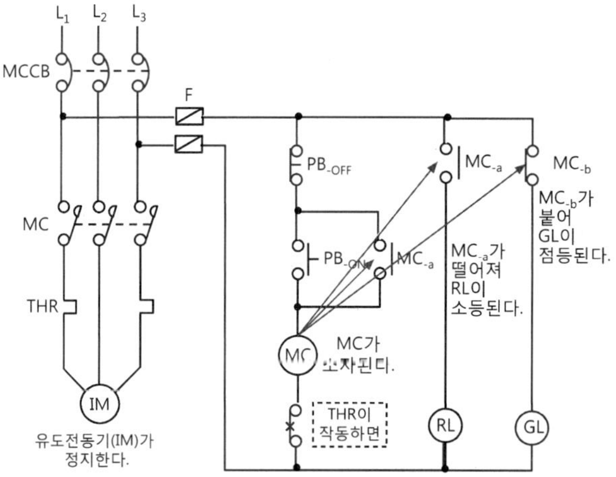

① 운전용 누름버튼스위치는 PB_ON(a점접)을 사용하고, 정지용 누름버튼스위치는 PB_OFF(b점접)을 사용한다.
② 운전용 누름버튼스위치(PB_ON)를 누르면 전자접촉기(MC)가 여자된다. 이때 운전용 누름버튼스위치를 눌렀다 떼더라도 자기유지가 되기 위해 운전용 누름버튼스위치와 전자접촉기의 보조접점(MC_-a)을 병렬로 접속한다.
③ 전자접촉기(MC) 코일 아래쪽에 열동계전기(THR) 접점을 설치한다.

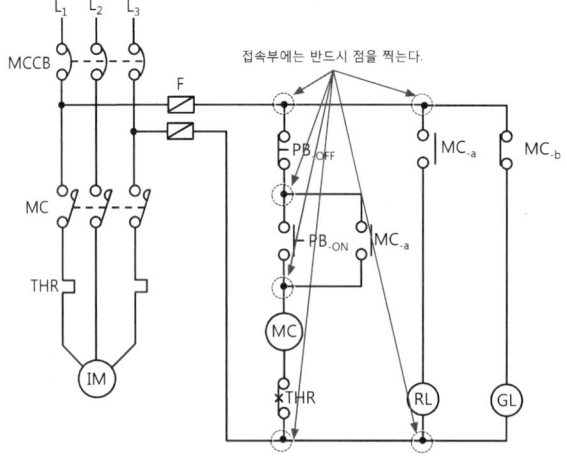

정답

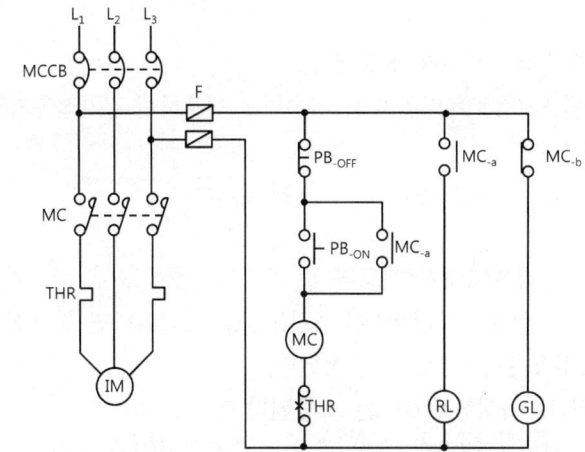

22 다음 그림은 옥상수조에 물을 올리는 데 사용되는 양수펌프의 수동 및 자동제어 운전회로도이다. 아래 조건과 회로도를 참고하여 각 물음에 답하시오.

득점	배점
	8

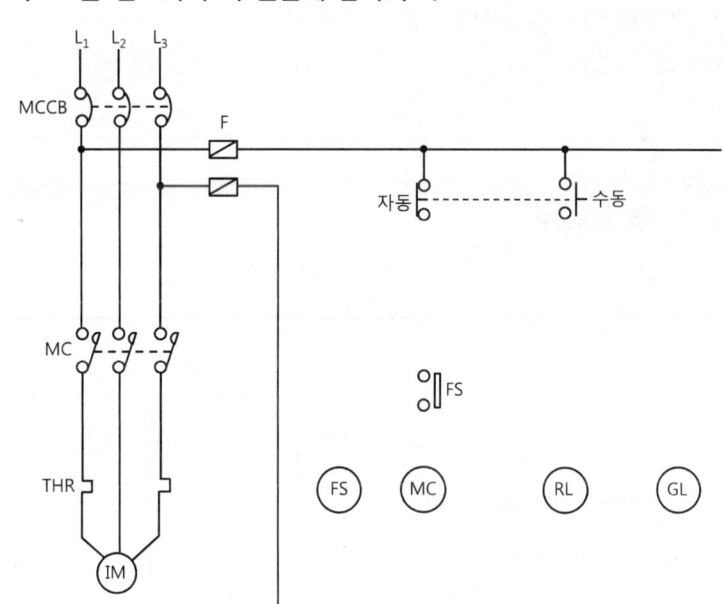

조건

(1) 전기기구
　① 운전용 누름버튼스위치(PB_{-ON}) 1개　② 정지용 누름버튼스위치(PB_{-OFF}) 1개
　③ 전자접촉기 a접점(MC_{-a}) 1개　　　④ 전자접촉기 b접점(MC_{-b}) 1개
　⑤ 열동계전기(THR) 1개
(2) 운전조건
　① 자동운전과 수동운전이 가능하도록 한다.

② 자동운전 조건
- MCCB에 전원을 투입하면 녹색램프(GL)가 점등된다.
- 절환스위치를 자동위치에 두면 FS(플로트스위치)가 저수위를 검출하여 전자접촉기(MC)가 여자되어 유도전동기(IM)가 운전된다.
- 이때 적색램프(RL)가 점등되고, 녹색램프(GL)는 소등된다.

③ 수동운전 조건
- MCCB에 전원을 투입하면 녹색램프(GL)가 점등된다.
- 절환스위치를 수동위치에 두고 운전용 누름버튼스위치(PB-ON)를 ON하면 전자접촉기(MC)가 여자되어 자기유지가 되고, 유도전동기(IM)가 운전된다.
- 이때 적색램프(RL)가 점등되고, 녹색램프(GL)는 소등된다.
- 정지용 누름버튼스위치(PB-OFF)를 OFF하면 운전 중인 유도전동기(IM)는 정지된다.

④ 자동 및 수동운전 중 유도전동기에 과전류가 흐르면 THR이 작동하여 유도전동기(IM)는 정지된다.

물음

(1) 미완성된 회로도를 완성하시오.
(2) 다음 문자기호의 명칭을 쓰시오.
 ① MCCB :
 ② THR :

해설

양수펌프의 수동 및 자동 제어회로

(1) 회로도 작성
 ① 자동운전 조건

동작설명	회로도
㉠ MCCB에 전원을 투입하면 녹색램프(GL)가 점등된다. ㉡ 절환스위치를 자동위치에 둔다. ㉢ FS(플로트스위치)가 저수위를 검출한다. ㉣ 전자접촉기(MC)가 여자되어 유도전동기(IM)가 운전된다. ㉤ 적색램프(RL)가 점등된다. ㉥ 녹색램프(GL)는 소등된다. ㉦ 열동계전기(THR)가 작동하면 유도전동기는 정지된다.	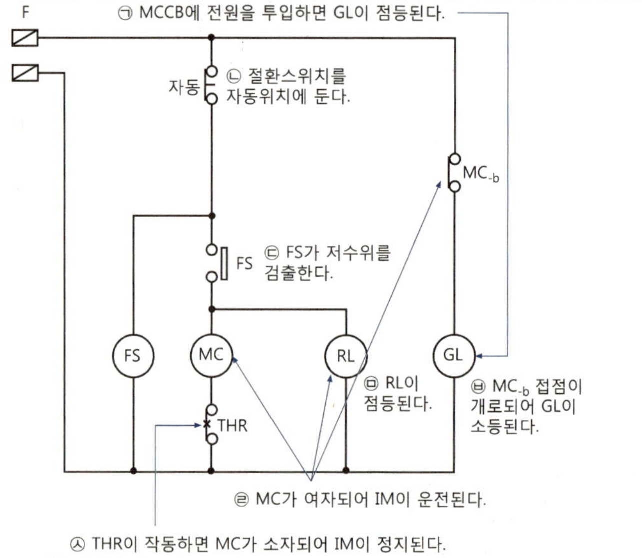 (회로도)

② 수동운전 조건

동작설명	회로도
㉠ MCCB에 전원을 투입하면 녹색램프(GL)가 점등된다. ㉡ 절환스위치를 수동위치에 둔다. ㉢ 운전용 누름버튼스위치(PB-ON)를 ON한다. ㉣ 전자접촉기(MC)가 여자되어 자기유지가 되고, 유도전동기(IM)가 운전된다. ㉤ 적색램프(RL)가 점등된다. ㉥ 녹색램프(GL)는 소등된다. ㉦ 정지용 누름버튼스위치(PB-OFF)를 OFF하면 운전 중인 유도전동기(IM)는 정지된다. ㉧ 열동계전기(THR)가 작동하면 유도전동기는 정지된다.	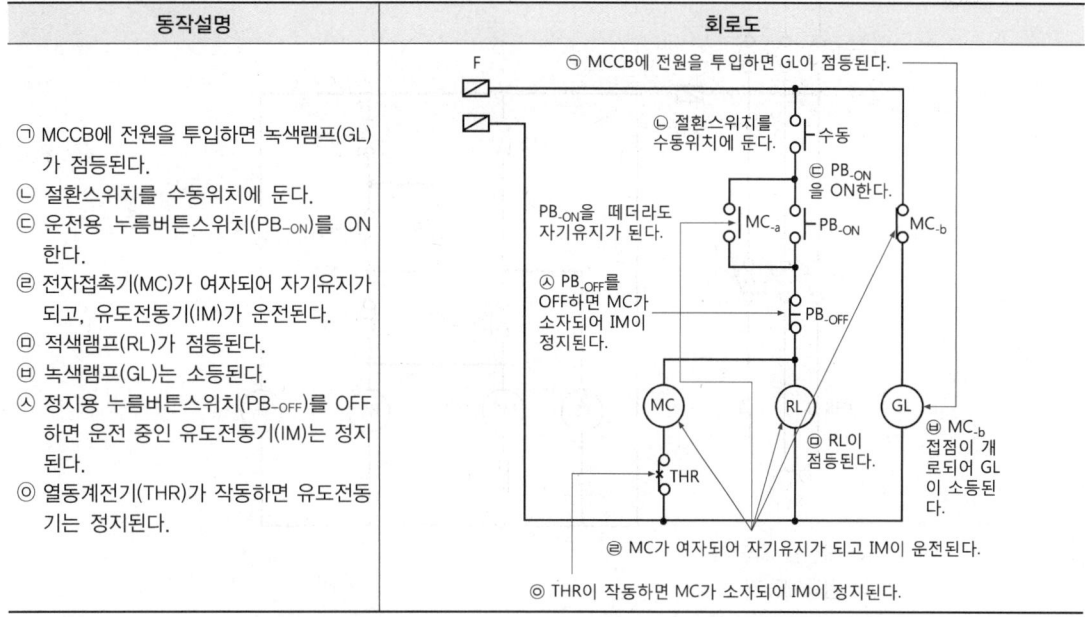

[주의] 회로도 작성 시 전선과 전선이 접속되어 있는 부분은 반드시 점(•)으로 표기하여 접속되어 있음을 나타내야 한다. 점(•)이 없다면 전선이 교차됨을 표시하므로 주의해야 한다.

(2) 제어용기기의 명칭과 도시기호

제어용기기 명칭	작동원리	접점의 종류			
		주접점	코일	a접점	b접점
배선용 차단기 (MCCB)	단락 및 과부하로부터 회로를 보호하기 위하여 사용되는 전력기기이다.	○	–	–	–
전자접촉기 (MC)	전자석의 동작에 의하여 접점을 개폐하는 기구로서 부하회로를 빈번하게 개폐하는 접촉기이다.	○	(MC)	MC-a	MC-b
열동계전기 (THR)	정격전류 이상의 과부하 전류가 흐르면 내부에서 발생된 열에 의해 바이메탈이 동작하여 접점을 차단시키는 계전기로서 전동기의 과부하 보호에 사용된다.	○	–	THR	THR
누름버튼스위치 (PB-ON, PB-OFF)	버튼을 누르면 접점 기구부가 개폐되며 손을 떼면 스프링의 힘에 의해 자동으로 복귀되는 스위치이다.	–	–	PB-ON	PB-OFF
플로트스위치 (FS)	액면제어용으로 사용하는 스위치이다.	–	(FS)	FS	FS
운전표시등 (RL)	유도전동기가 운전 중임을 표시한다.	–	(RL)	–	–
정지표시등 (GL)	유도전동기가 정지 중임을 표시한다.	–	(GL)	–	–

정답 (1)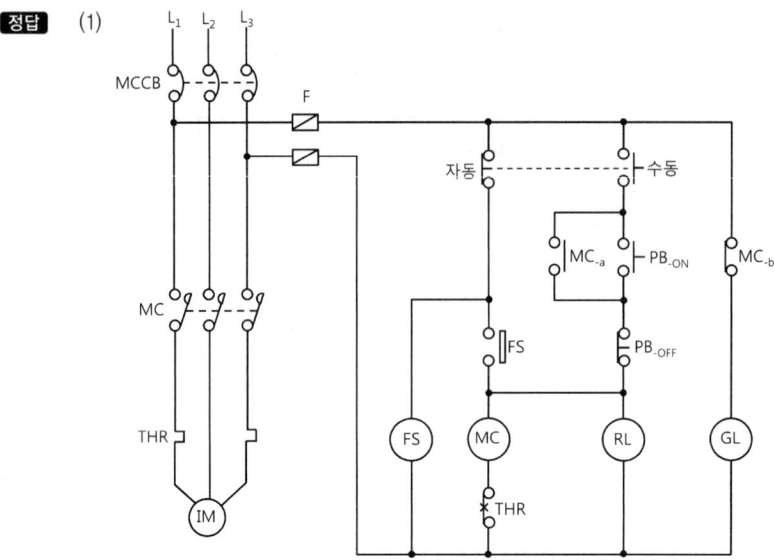

(2) ① 배선용 차단기
　　② 열동계전기

23 다음 도면은 타이머에 의한 유도전동기의 교대운전이 가능하도록 설계된 시퀀스회로도이다. 이 도면을 보고, 다음 각 물음에 답하시오.

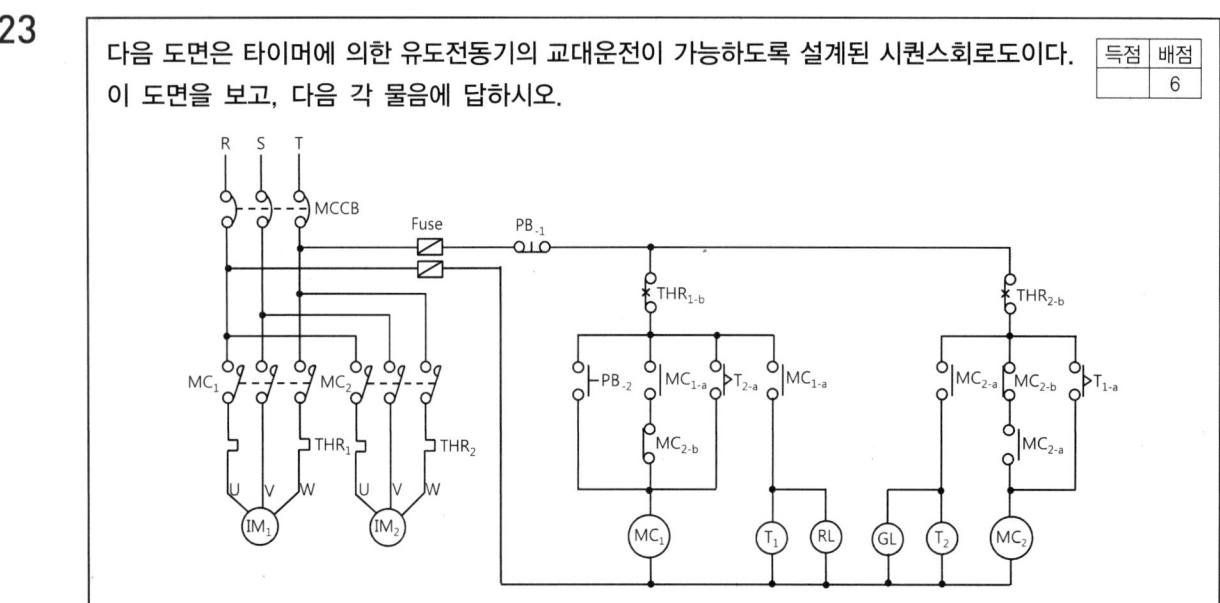

(1) 시퀀스회로에서 제어회로의 잘못된 부분을 지적하고, 수정할 내용을 쓰시오.
(2) 타이머 T_1이 2시간, 타이머 T_2가 4시간으로 설정되어 있다면 하루에 유도전동기 IM_1과 IM_2는 몇 시간씩 운전이 되는지 쓰시오.
 ① 유도전동기(IM_1)의 운전시간 :
 ② 유도전동기(IM_2)의 운전시간 :
(3) RL 표시등과 GL 표시등의 용도를 쓰시오.
 ① RL 표시등 용도 :
 ② GL 표시등 용도 :

해설

유도전동기의 교대운전 회로

(1) 제어회로에서 잘못된 부분 수정
전자접촉기(MC_2) 회로에서 전자접촉기(MC_2)의 보조접점(MC_{2-b})을 전자접촉기(MC_1)의 보조접점(MC_{1-b})으로 수정하여 인터록회로를 구성한다.

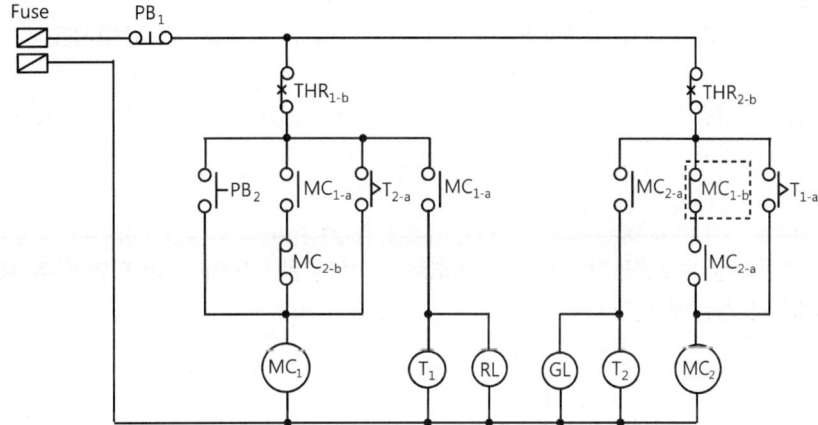

(2) 유도전동기의 교대 운전시간
① 누름버튼스위치(PB_2)를 누른다.
② 전자접촉기(MC_1)가 여자되어 전자접촉기(MC_1)의 주접점이 붙어 유도전동기(IM_1)가 기동되고, 전자접촉기의 보조접점(MC_{1-a})에 의해 자기유지가 된다. 그리고 전자접촉기(MC_1)의 보조접점(MC_{1-a})에 의해 적색램프(RL)가 점등되고, 타이머(T_1)가 동작하여 2시간 후에는 타이머 한시접점(T_{1-a})이 붙어 전자접촉기(MC_2)가 여자된다. 이때, 전자접촉기(MC_1)의 인터록회로인 전자접촉기의 보조접점(MC_{2-b})에 의해 전자접촉기(MC_1)가 소자되어 유도전동기(IM_1)가 정지한다.
③ 전자접촉기(MC_2)가 여자되어 전자접촉기(MC_2)의 주접점이 붙어 유도전동기(IM_2)가 기동하고, 전자접촉기의 보조접점(MC_{2-a})에 의해 자기유지가 된다. 그리고, 전자접촉기(MC_2)의 보조접점(MC_{2-a})에 의해 녹색램프(GL)가 점등되고, 타이머(T_2)가 동작하여 4시간 후에는 타이머 한시접점(T_{2-a})이 붙어 전자접촉기(MC_1)가 여자된다. 이때, 전자접촉기(MC_2)의 인터록회로인 전자접촉기의 보조접점(MC_{1-b})에 의해 전자접촉기(MC_2)가 소자되어 유도전동기(IM_2)가 정지한다.

④ 누름버튼스위치(PB₁)를 누르면 동작 중인 유도전동기는 정지하고, 초기상태로 복귀된다.

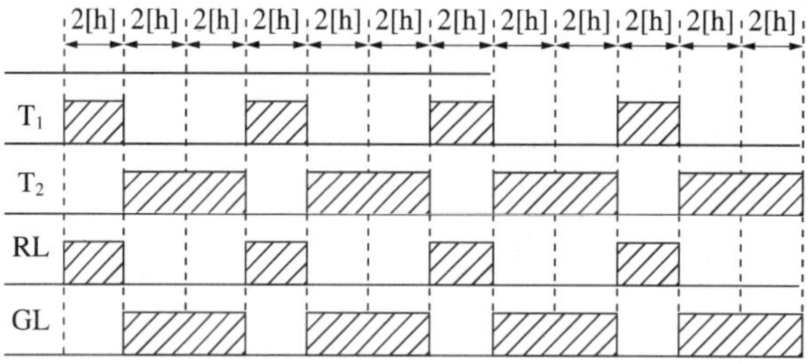

∴ 적색램프(RL)가 유도전동기(IM₁)의 운전표시등이므로 유도전동기의 운전시간은 8시간이다.
∴ 녹색램프(GL)가 유도전동기(IM₂)의 운전표시등이므로 유도전동기의 운전시간은 16시간이다.

(3) 표시등의 용도
① RL(적색램프) 표시등 : 유도전동기(IM₁)의 운전표시등
② GL(녹색램프) 표시등 : 유도전동기(IM₂)의 운전표시등

정답 (1) 전자접촉기(MC₂) 회로에서 전자접촉기(MC₂)의 보조접점(MC₂₋ᵦ)을 전자접촉기(MC₁)의 보조접점(MC₁₋ᵦ)으로 수정한다.
(2) ① 8시간 ② 16시간
(3) ① 유도전동기(IM₁)의 운전표시등 ② 유도전동기(IM₂)의 운전표시등

24 다음 그림은 3상 유도전동기의 Y-△ 기동회로의 미완성된 도면이다. 이 도면과 주어진 조건을 참고하여 각 물음에 답하시오.

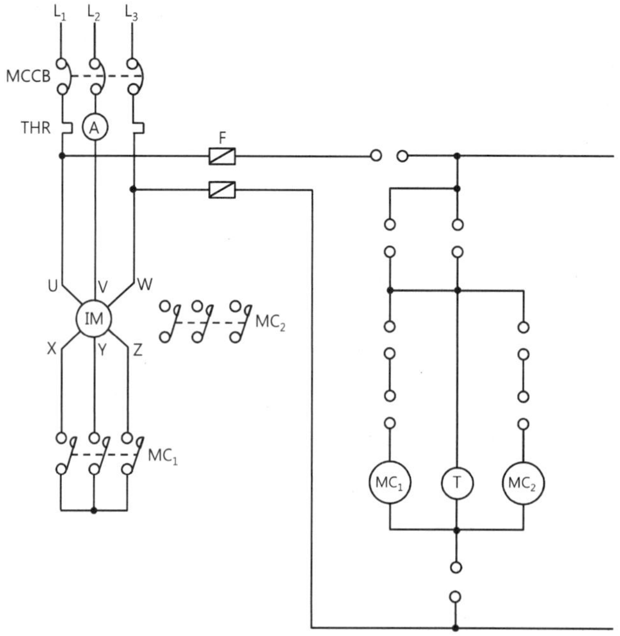

조 건

전기기구 명칭	도시기호	전기기구 명칭	도시기호
전자접촉기(Y기동)	MC$_1$	전자접촉기(△기동)	MC$_2$
정지용 누름버튼스위치(PB$_{-OFF}$)	PB$_{-OFF}$	기동용 누름버튼스위치(PB$_{-ON}$)	PB$_{-ON}$
전류계	A	표시등	PL
타이머	T	–	–

물 음

(1) Y-△ 운전이 가능하도록 주회로를 완성하시오.
(2) Y-△ 운전이 가능하도록 보조회로(제어회로)를 완성하시오.
(3) MCCB에 전원을 투입하면 표시등 PL 이 점등되도록 미완성 도면에 회로를 구성하시오.

해설

3상 유도전동기의 Y-△ 기동회로

(1) Y-△ 기동회로의 주회로 작성
  ① 제어용기기의 명칭과 도시기호

제어용기기 명칭	작동원리	접점의 종류			
		주접점	코일	a접점	b접점
배선용 차단기 (MCCB)	단락 및 과부하로부터 회로를 보호하기 위하여 사용되는 전력기기이다.	▫	–	–	–
전자접촉기 (MC)	전자식의 동작에 의하여 접점을 개폐하는 기구로서 부하회로를 빈번하게 개폐하는 접촉기이다.	▫	MC	MC$_{-a}$	MC$_{-b}$
열동계전기 (THR)	정격전류 이상의 과부하 전류가 흐르면 내부에서 발생된 열에 의해 바이메탈이 동작하여 접점을 차단시키는 계전기로서 전동기의 과부하 보호에 사용된다.	▫	–	THR	THR
누름버튼스위치 (PB$_{-ON}$, PB$_{-OFF}$)	버튼을 누르면 접점 기구부가 개폐되며 손을 떼면 스프링의 힘에 의해 자동으로 복귀되는 스위치이다.	–	–	PB$_{-ON}$	PB$_{-OFF}$
표시등 (PL)	전원표시등(Pilot Lamp)을 표시한다.	–	PL	–	–
타이머 (T)	설정시간이 경과한 후 그 접점이 폐로 또는 개로하는 계전기이다.	–	T	T$_{-a}$	T$_{-b}$

② Y-△기동회로의 주회로 작성

결선 방법 1	결선 방법 2
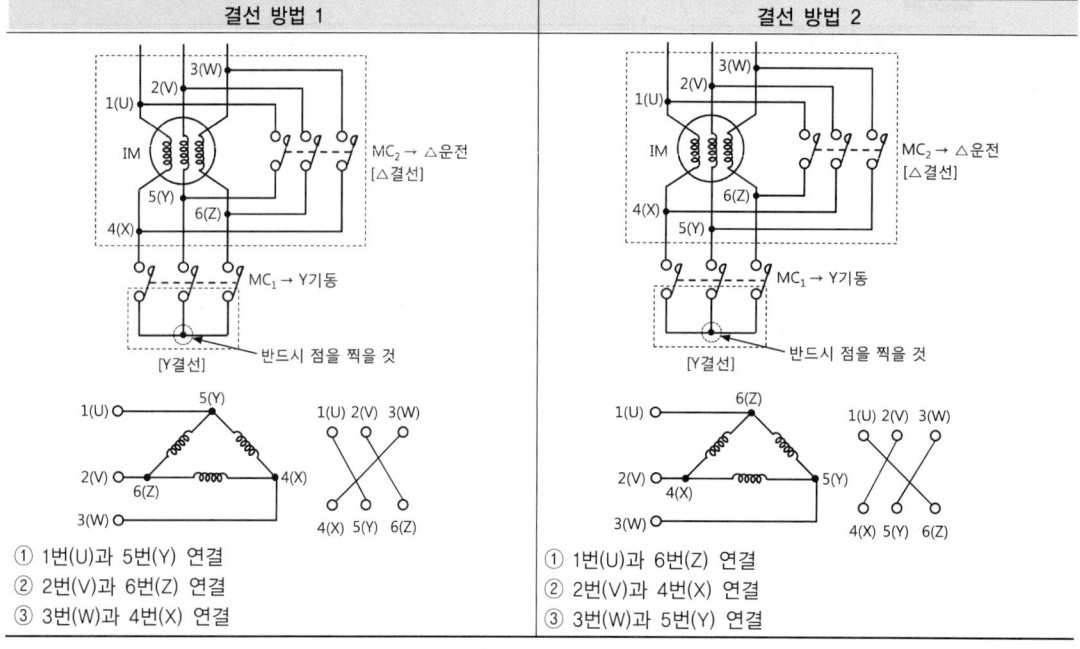	
① 1번(U)과 5번(Y) 연결 ② 2번(V)과 6번(Z) 연결 ③ 3번(W)과 4번(X) 연결	① 1번(U)과 6번(Z) 연결 ② 2번(V)과 4번(X) 연결 ③ 3번(W)과 5번(Y) 연결

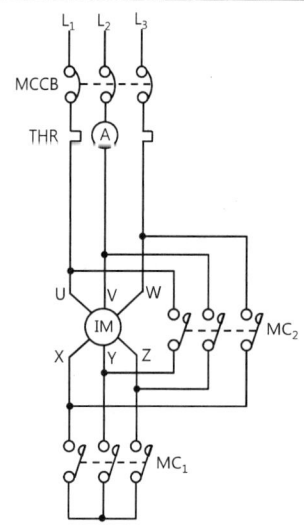

(2), (3) Y-△기동회로에서 제어회로의 동작설명 및 회로도 작성

동작설명	회로도
① 배선용 차단기(MCCB)에 전원을 투입하면 표시등(PL)이 점등된다.	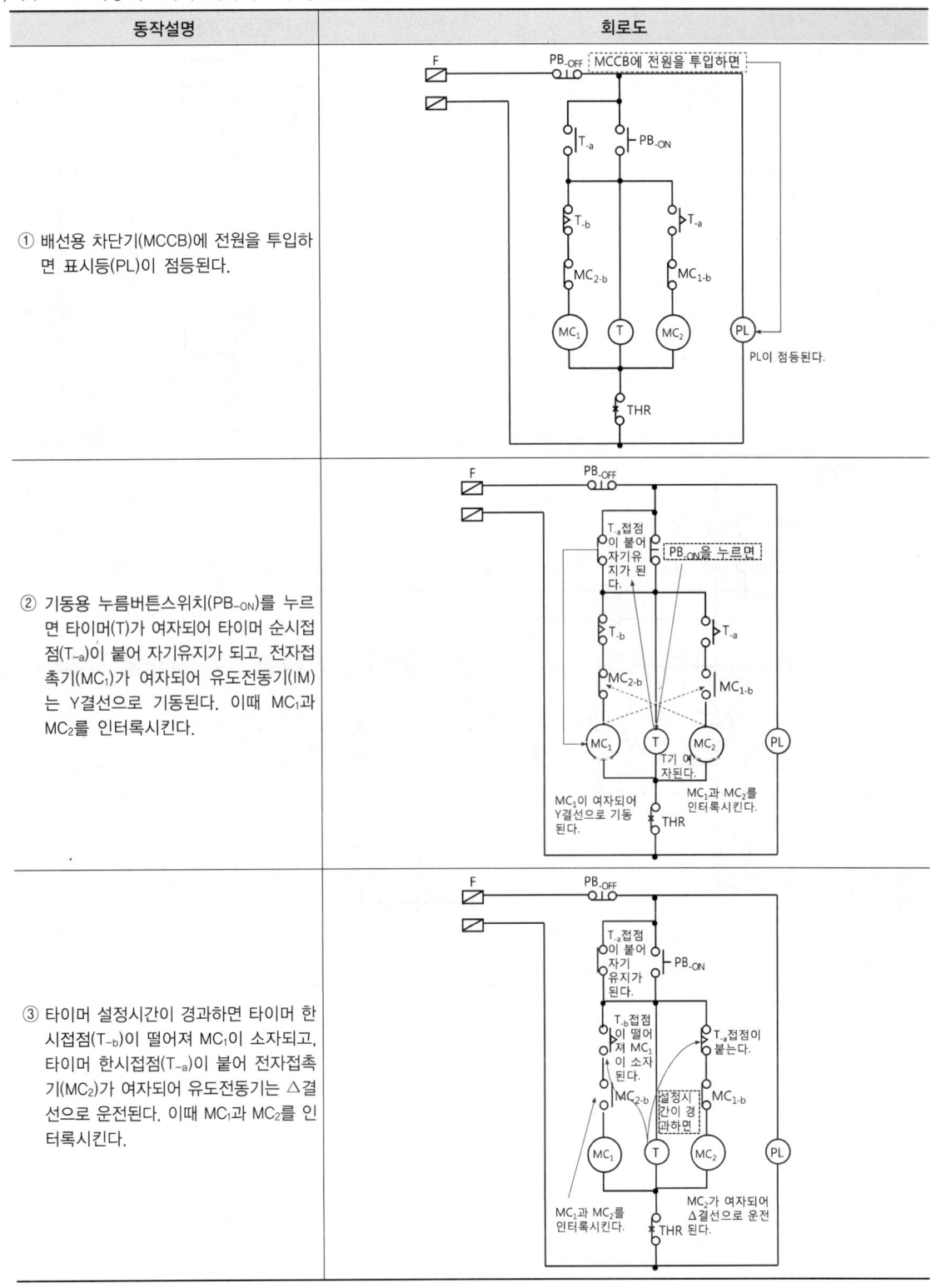
② 기동용 누름버튼스위치(PB_{-ON})를 누르면 타이머(T)가 여자되어 타이머 순시접점(T_{-a})이 붙어 자기유지가 되고, 전자접촉기(MC_1)가 여자되어 유도전동기(IM)는 Y결선으로 기동된다. 이때 MC_1과 MC_2를 인터록시킨다.	
③ 타이머 설정시간이 경과하면 타이머 한시접점(T_{-b})이 떨어져 MC_1이 소자되고, 타이머 한시접점(T_{-a})이 붙어 전자접촉기(MC_2)가 여자되어 유도전동기는 △결선으로 운전된다. 이때 MC_1과 MC_2를 인터록시킨다.	

동작설명	회로도
④ 정지용 누름버튼스위치(PB_{-b})를 누르면 운전 중인 유도전동기는 정지된다. 또한, 유도전동기에 과전류가 흐르면 열동계전기(THR)가 작동하여 유도전동기는 정지한다.	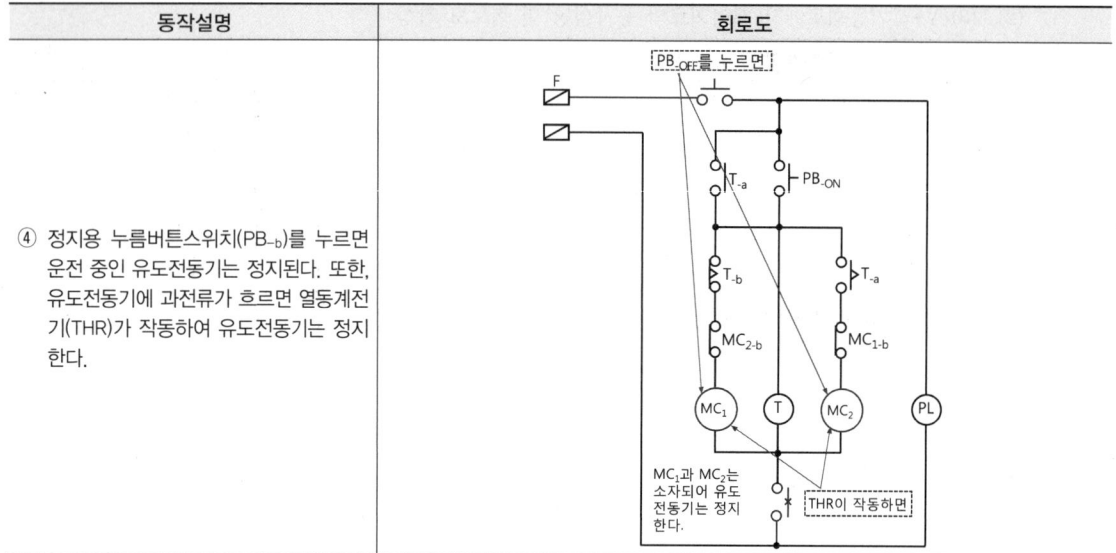

정답

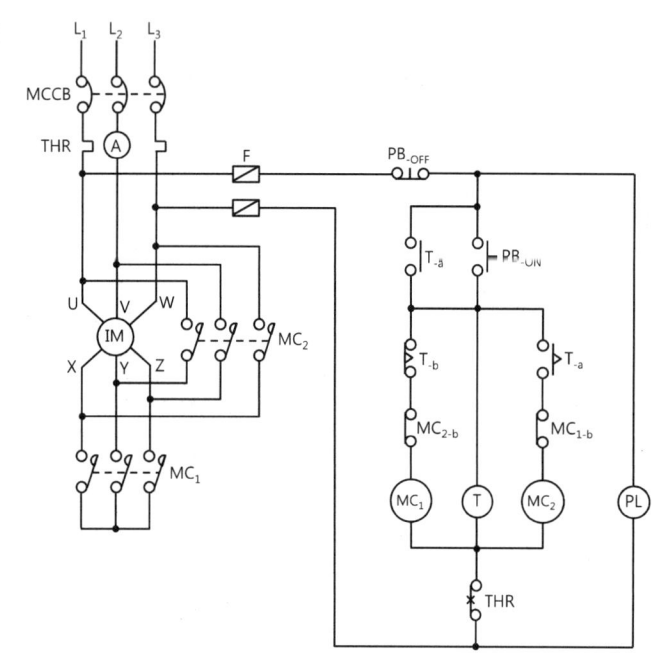

25　다음 도면은 타이머를 이용하여 기동 시 Y결선으로 기동하고, t초 후 △결선으로 운전되는 3상 유도전동기의 Y-△ 기동회로이다. 이 회로도를 보고, 각 물음에 답하시오.

득점	배점
	12

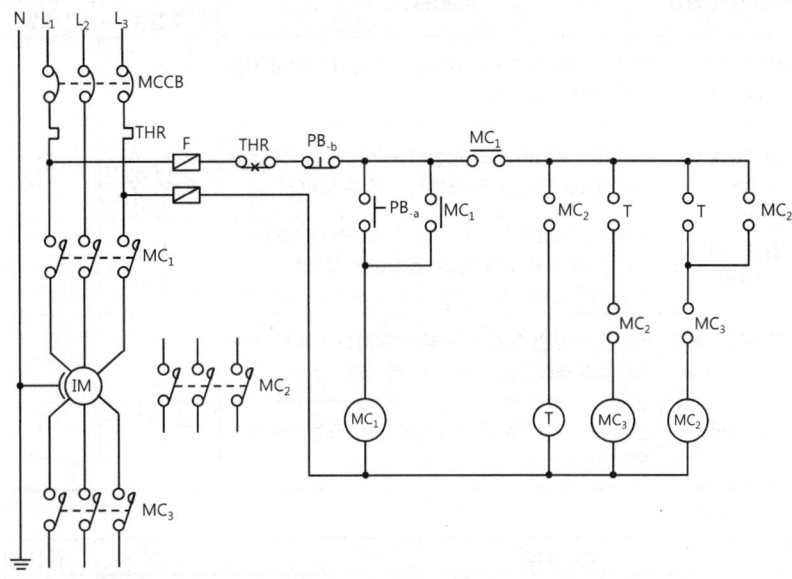

(1) 타이머를 이용한 Y-△ 기동회로의 주회로와 제어회로의 미완성된 부분을 완성하시오.
(2) 3상 유도전동기의 Y-△ 기동회로로 운전하는 이유를 쓰시오.
(3) Y-△ 기동회로의 동작설명이다. (　) 안에 알맞은 기호나 문자를 쓰시오.
　① 기동용 누름버튼스위치(PB-a)를 누르면 (㉠)과 (㉡)가 여자되어 주접점 MC₁과 MC₃가 닫히면서 유도전동기가 Y결선으로 기동되고, 손을 떼더라도 계속 Y결선으로 기동된다. 동시에 타이머 코일도 여자된다.
　② 타이머 설정시간 t초 후 (㉢)접점이 열려 (㉣)가 소자되어 Y결선의 기동이 정지되고, (㉤)가 붙어 (㉥)가 여자되어 △결선으로 운전이 전환된다.
　③ (㉦)와 (㉧)는 인터록이 유지되어 안전운전이 된다.
　④ 정지용 누름버튼스위치(PB-b)를 누르면 유도전동기는 정지된다. 또한, 유도전동기에 과전류가 흐르면 (㉨)가 작동하여 운전 중인 유도전동기는 정지하게 된다.

해설

3상 유도전동기의 Y-△ 기동회로

(1) 3상 유도전동기의 Y-△ 기동회로로 운전하는 이유
　① Y-△기동 : 3상 유도전동기에서 기동전류를 줄이기 위하여 전동기의 권선을 Y결선으로 하여 기동하고 기동 후 △결선으로 바꾸어 운전하는 기동방식이다.
　② 특징 : Y결선으로 기동 시 전전압 기동에 비해 상전압이 $\frac{1}{\sqrt{3}}$로 줄고, 기동전류는 $\frac{1}{3}$로 감소되어 정격전압의 약 58[%]에서 기동하게 되어 안전한 기동이 된다.

(2), (3) 타이머를 이용한 Y-△ 기동회로의 동작 및 회로도
① 제어용기기의 명칭과 도시기호

제어용기기 명칭	작동원리	접점의 종류			
		주접점	코일	a접점	b접점
배선용 차단기 (MCCB)	단락 및 과부하로부터 회로를 보호하기 위하여 사용되는 전력기기이다.	✓	-	-	-
전자접촉기 (MC)	전자석의 동작에 의하여 접점을 개폐하는 기구로서 부하회로를 빈번하게 개폐하는 접촉기이다.	✓	MC	MC-a	MC-b
열동계전기 (THR)	정격전류 이상의 과부하 전류가 흐르면 내부에서 발생된 열에 의해 바이메탈이 동작하여 접점을 차단시키는 계전기로서 전동기의 과부하 보호에 사용된다.	✓	-	THR	THR
누름버튼스위치 (PB-a, PB-b)	버튼을 누르면 접점 기구부가 개폐되며 손을 떼면 스프링의 힘에 의해 자동으로 복귀되는 스위치이다.	-	-	PB-a	PB-b
타이머 (T)	설정시간이 경과한 후 그 접점이 폐로 또는 개로하는 계전기이다.	-	T	T-a	T-b

② Y-△ 기동회로의 주회로 작성

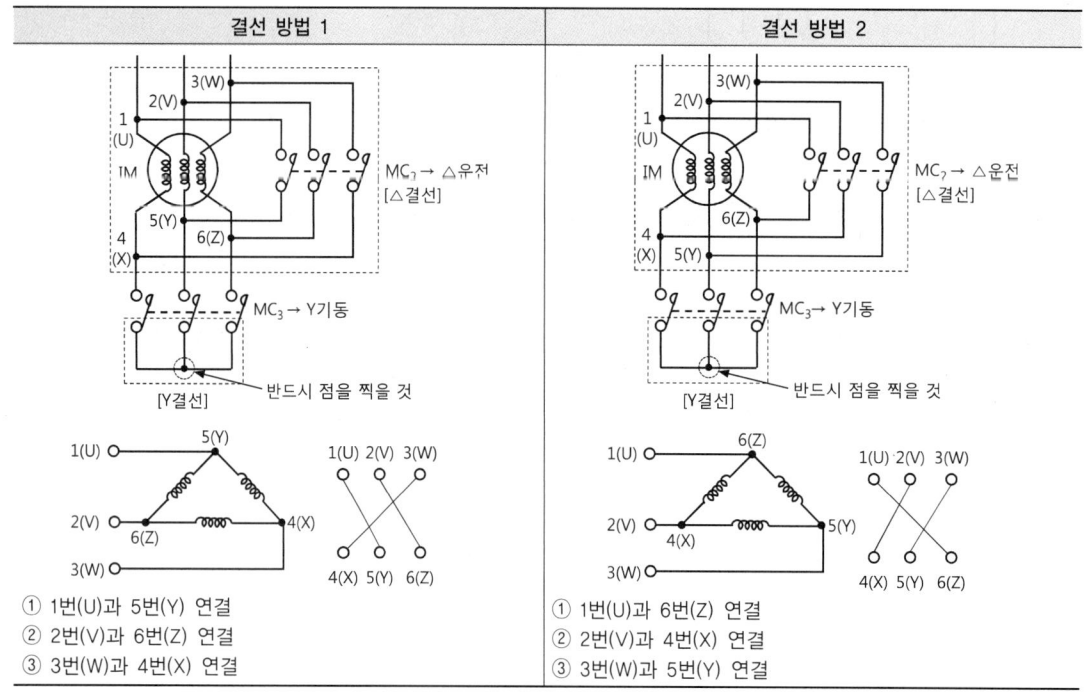

③ 동작설명에 따른 제어회로 작성

동작설명	회로도
① 기동용 누름버튼스위치(PB-a)를 누르면 전자접촉기 MC₁와 MC₃가 여자되어 전자접촉기의 주접점 MC₁과 MC₃가 닫히면서 유도전동기가 Y결선으로 기동되고, 손을 떼어도 계속 Y결선으로 기동된다. 동시에 타이머 코일도 여자된다.	
② 타이머 설정시간 t가 지나면 타이머 한시접점(T_{-b})이 열려 전자접촉기(MC₃)가 소자되어 Y결선의 기동이 정지되고, 타이머 한시접점(T_{-a})이 붙어 전자접촉기(MC₂)가 여자되어 △결선으로 운전이 전환된다.	
③ 전자접촉기의 보조접점 MC₂₋b와 MC₃₋b에 의해 전자접촉기 MC₂와 MC₃는 인터록이 유지되어 안전운전이 된다.	
④ 정지용 누름버튼스위치(PB-b)를 누르면 유도전동기는 정지된다. 또한, 유도전동기에 과전류가 흐르면 열동계전기(THR)가 작동하여 운전 중인 유도전동기는 정지하게 된다.	

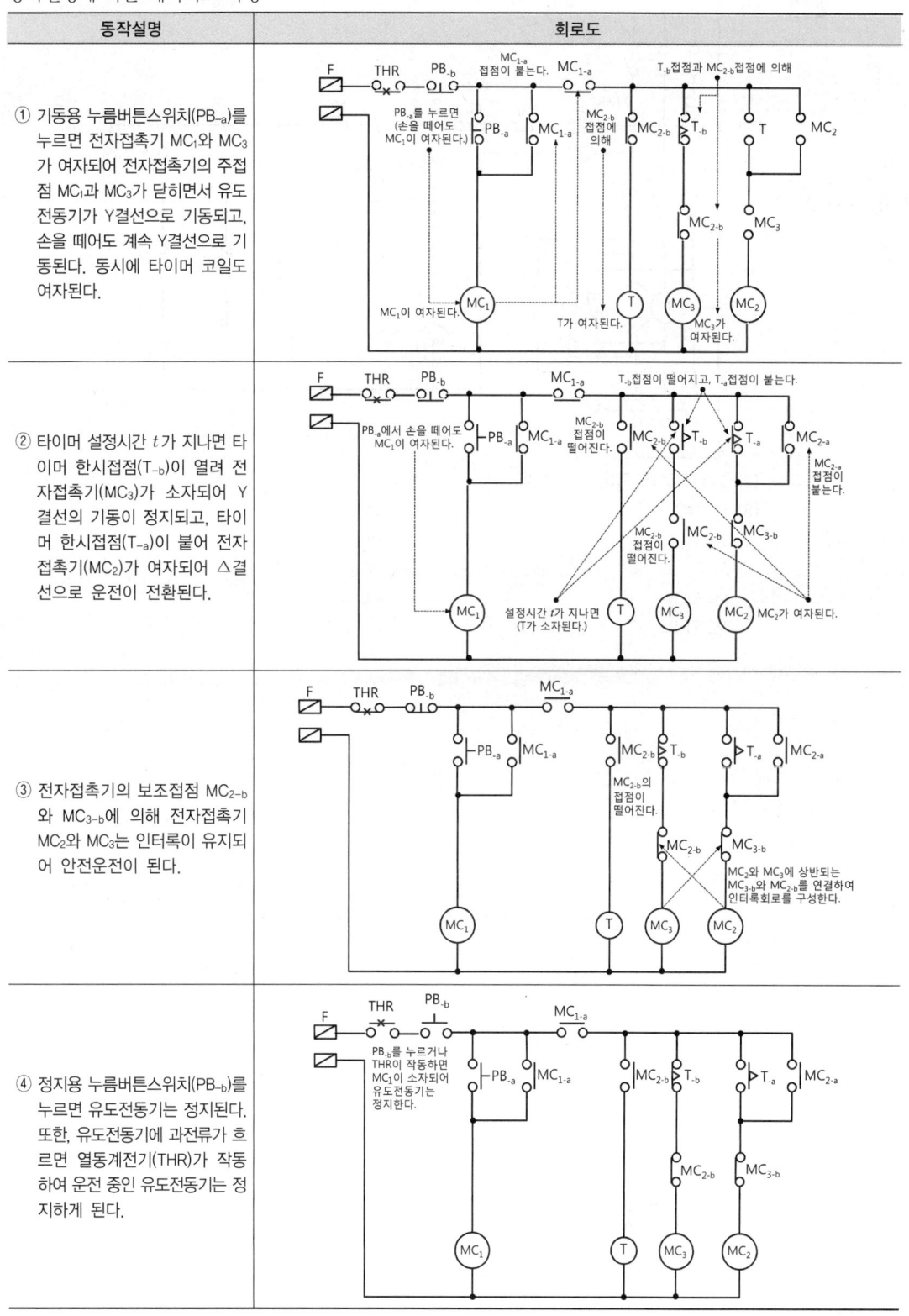

[정답] (1)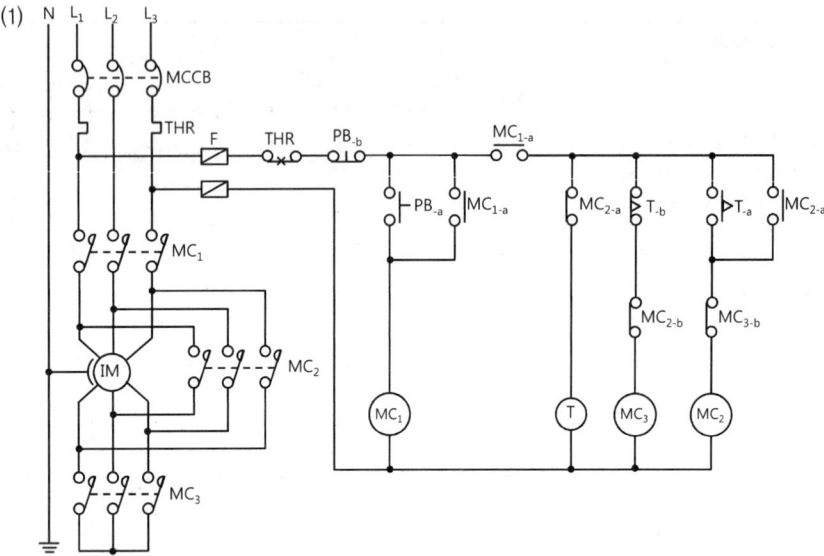

(2) 기동전류를 줄이기 위하여

(3) ㉠ MC₁ ㉡ MC₃
　　㉢ T₋ᵦ ㉣ MC₃
　　㉤ T₋ₐ ㉥ MC₂
　　㉦ MC₂₋ᵦ ㉧ MC₃₋ᵦ
　　㉨ THR

26 다음 도면은 타이머를 이용하여 기동 시 Y결선으로 기동하고, t초 후 △결선으로 운전되는 3상 유도전동기의 Y-△ 기동회로이다. 이 회로도를 보고, 각 물음에 답하시오.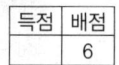

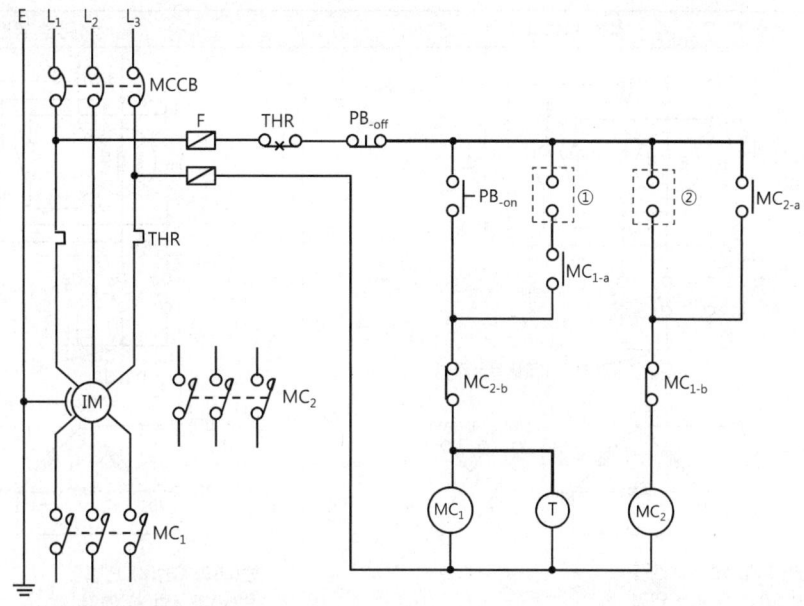

(1) Y-△ 기동이 가능하도록 미완성된 주회로를 완성하시오.
(2) Y-△ 기동이 가능하도록 제어회로의 미완성 부분 ①과 ②에 접점 및 접점기호를 도면에 표시하시오.
(3) ①과 ②의 접점 명칭을 쓰시오.
  ① 접점 명칭 :
  ② 접점 명칭 :

[해설]

3상 유도전동기의 Y-△ 기동회로

(1) Y-△ 기동회로의 주회로 작성

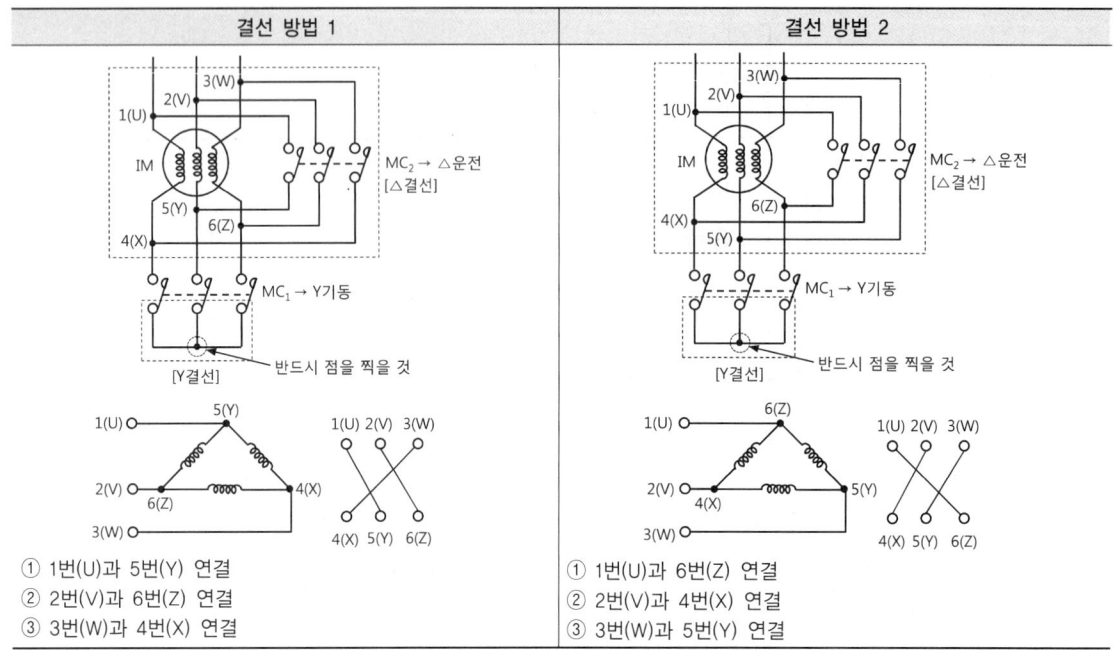

(2) 타이머를 이용한 Y-△ 기동회로의 동작 및 제어회로 작성

① 제어용기기의 명칭과 도시기호

제어용기기 명칭	작동원리	접점의 종류			
		주접점	코일	a접점	b접점
배선용 차단기 (MCCB)	단락 및 과부하로부터 회로를 보호하기 위하여 사용되는 전력기기이다.	╱╱╱	–	–	–
전자접촉기 (MC)	전자석의 동작에 의하여 접점을 개폐하는 기구로서 부하회로를 빈번하게 개폐하는 접촉기이다.	╱╱╱	(MC)	MC-a	MC-b
열동계전기 (THR)	정격전류 이상의 과부하 전류가 흐르면 내부에서 발생된 열에 의해 바이메탈이 동작하여 접점을 차단시키는 계전기로서 전동기의 과부하 보호에 사용된다.	╱ ╱	–	✻THR	✻THR
누름버튼스위치 (PB-a, PB-b)	버튼을 누르면 접점 기구부가 개폐되며 손을 때면 스프링의 힘에 의해 자동으로 복귀되는 스위치이다.	–	–	PB-a	PB-b
타이머 (T)	설정시간이 경과한 후 그 접점이 폐로 또는 개로하는 계전기이다.	–	(T)	T-a	T-b

② 동작설명에 따른 제어회로 작성

동작설명	회로도
① 기동용 누름버튼스위치(PB_{-on})를 누르면 전자접촉기(MC_1)와 타이머(T)가 여자되어 유도전동기(IM)는 Y결선으로 기동된다. 이때 전자접촉기의 보조접점(MC_{1-a})에 의해 자기유지가 된다.	
② 타이머(T)의 설정시간이 지나면 타이머 한시접점(T_{-b})이 열려 전자접촉기(MC_1)가 소자되어 Y결선의 기동이 정지된다.	
③ 타이머 한시접점(T_{-a})이 붙어 전자접촉기(MC_2)가 여자되어 △결선으로 유도전동기(IM)는 운전된다. 이때 전자접촉기의 보조접점(MC_{2-a})에 의해 자기유지된다.	
④ 전자접촉기(MC_1)와 전자접촉기(MC_2)는 인터록이 유지되어 안전운전이 된다.	

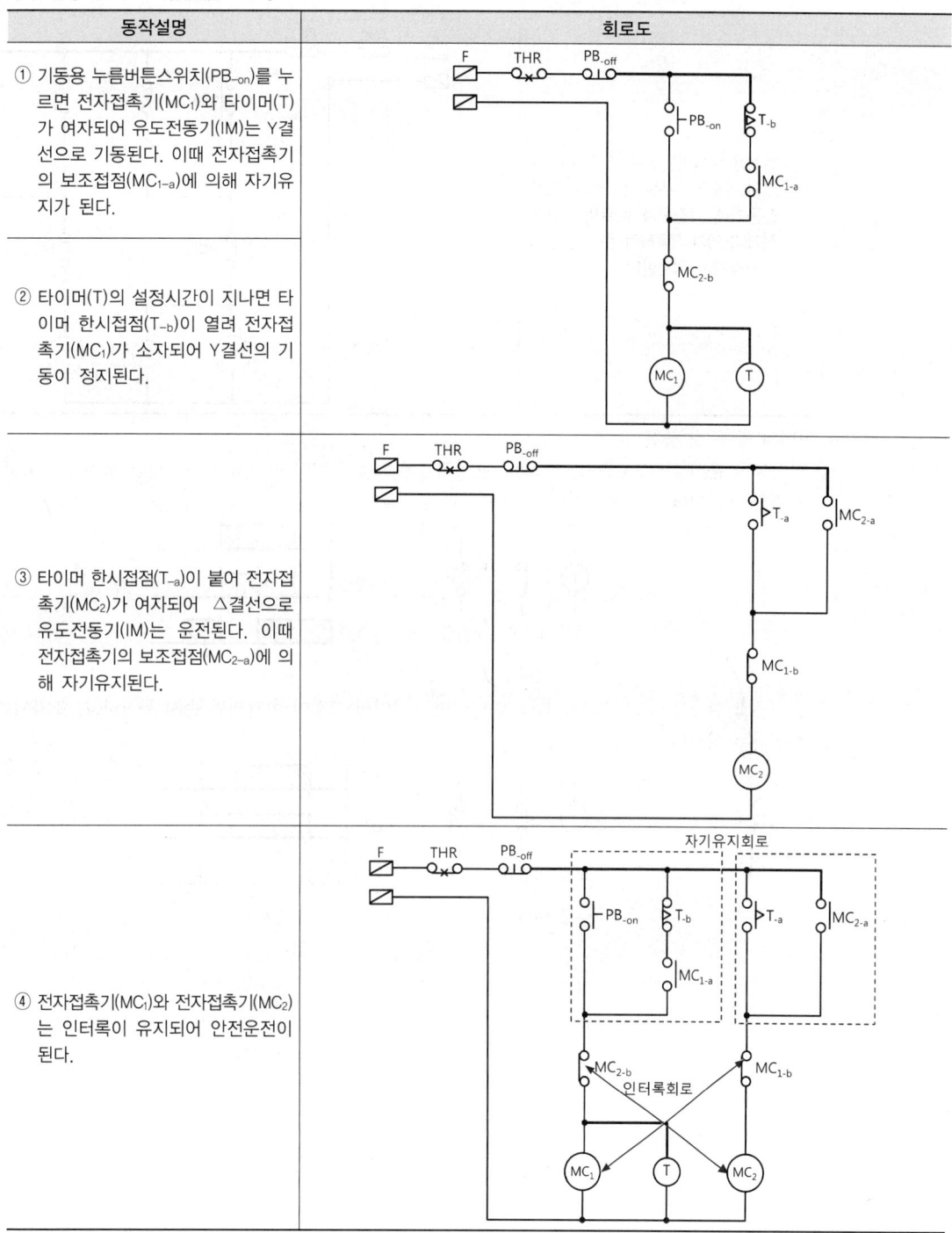

동작설명	회로도
⑤ 정지용 누름버튼스위치(PB_off)를 누르면 유도전동기는 정지된다. 또한, 전동기에 과전류가 흐르면 열동계전기(THR)가 작동하여 운전 중인 유도전동기는 정지한다.	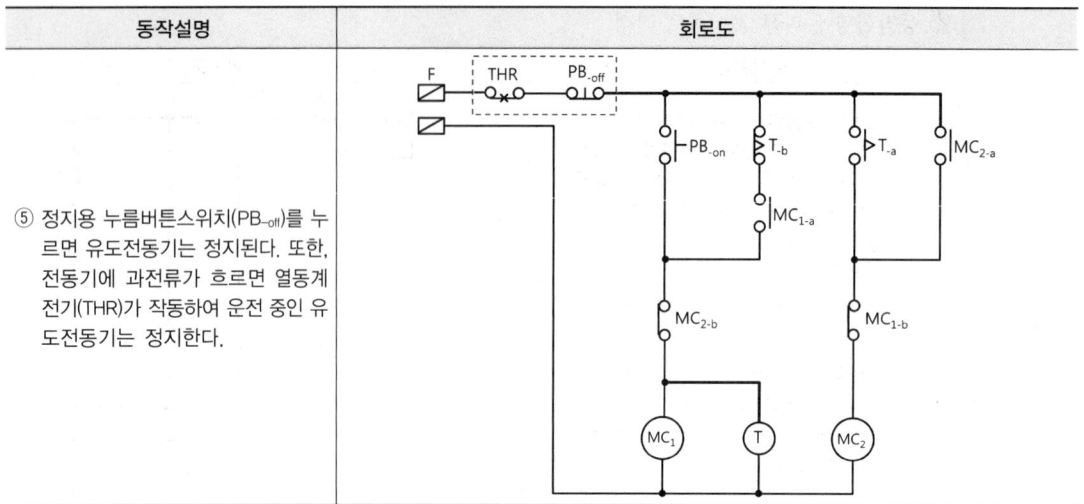

(3) 타이머의 종류 및 특징

① 한시동작 순시복귀(On Delay Timer) 타이머 : 타이머 코일이 여자되면 설정시간 후에 동작되고, 소자되면 순시 복귀하는 타이머

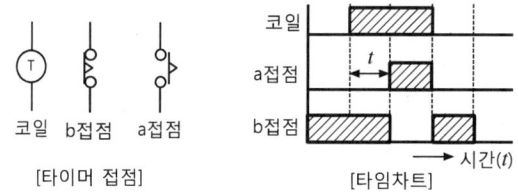

② 순시동작 한시복귀(Off Delay Timer) 타이머 : 타이머 코일이 여자되면 순시 동작하고, 소자되면 설정시간 후에 복귀하는 타이머

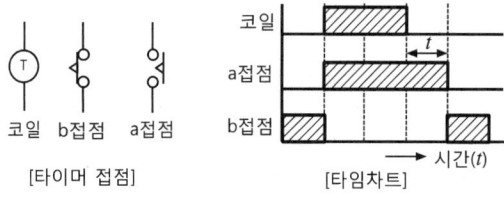

[정답]

(1)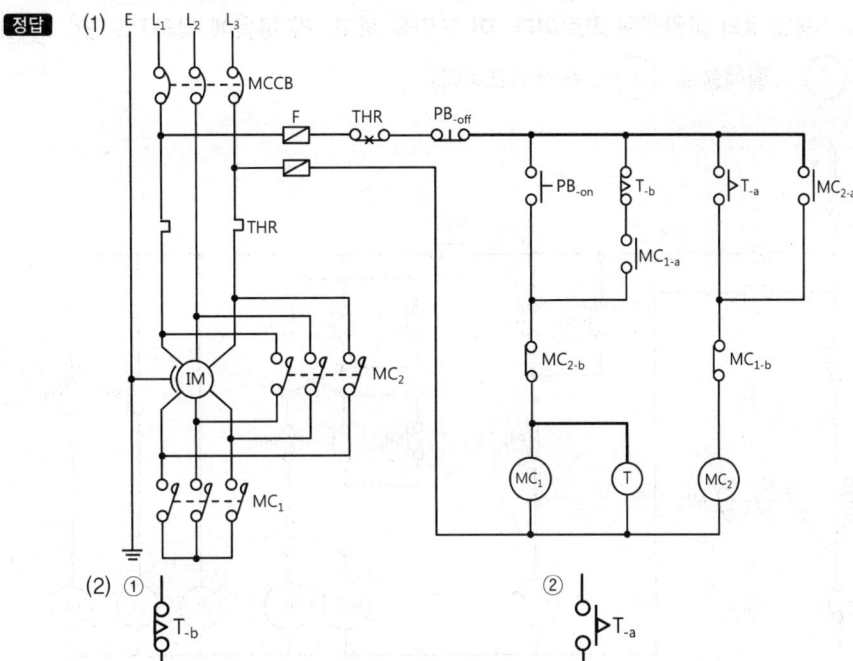

(2) ① ⏀T₋ᵦ ② ⏀T₋ₐ

(3) ① 한시동작 순시복귀 타이머 b접점
② 한시동작 순시복귀 타이머 a접점

27. 다음 도면은 Y-△ 기동회로의 미완성된 회로이다. 이 도면을 보고, 각 물음에 답하시오(단, RL : 적색램프, YL : 황색램프, GL : 녹색램프이다).

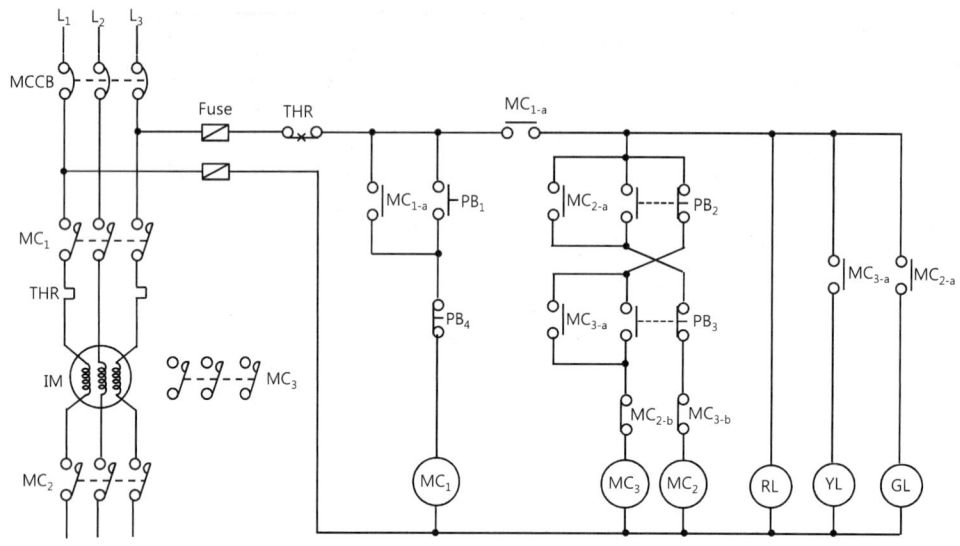

(1) 주회로 부분의 미완성된 Y-△ 기동회로를 완성하시오.
(2) 누름버튼스위치(PB₁)를 누르면 어떤 램프가 점등되는지 쓰시오.
(3) 전자접촉기 MC₁이 동작되고 있는 상태에서 누름버튼스위치 PB₂, PB₃을 눌렀을 때 점등되는 램프를 쓰시오.

누름버튼스위치	PB₂	PB₃
램프		

(4) 제어회로에서 THR은 무엇을 나타내는지 쓰시오.
(5) MCCB의 명칭을 쓰시오.

해설

3상 유도전동기의 Y-△ 기동회로

(1) Y-△ 기동회로의 주회로 작성

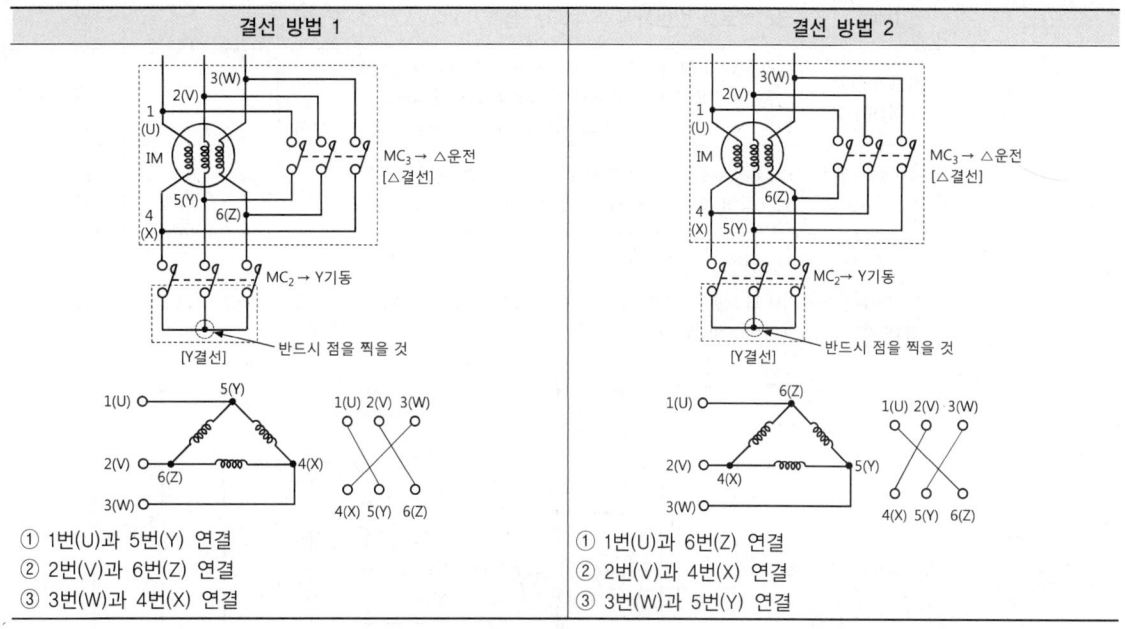

(2), (3), (4), (5) Y-△ 기동회로의 동작 및 회로도

① 제어용기기의 명칭과 도시기호

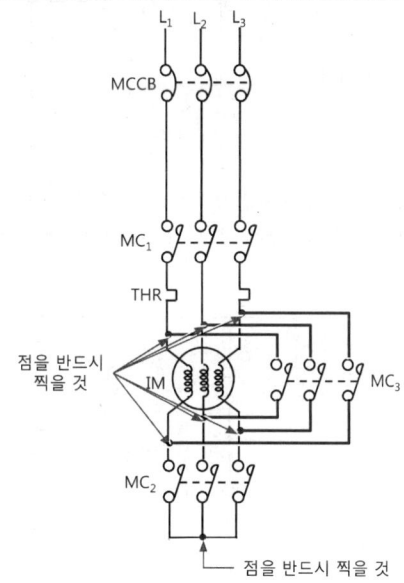

제어용기기 명칭	작동원리	접점의 종류			
		주접점	코일	a접점	b접점
배선용 차단기 (MCCB)	단락 및 과부하로부터 회로를 보호하기 위하여 사용되는 전력기기이다.	⦚⦚⦚	–	–	–

제어용기기 명칭	작동원리	접점의 종류			
		주접점	코일	a접점	b접점
전자접촉기 (MC)	전자석의 동작에 의하여 접점을 개폐하는 기구로서 부하회로를 빈번하게 개폐하는 접촉기이다.	(주접점 기호)	(MC)	MC-a	MC-b
열동계전기 (THR)	정격전류 이상의 과부하 전류가 흐르면 내부에서 발생된 열에 의해 바이메탈이 동작하여 접점을 차단시키는 계전기로서 전동기의 과부하 보호에 사용된다.	(주접점 기호)	–	THR	THR
누름버튼스위치 (PB-a, PB-b)	버튼을 누르면 접점 기구부가 개폐되며 손을 떼면 스프링의 힘에 의해 자동으로 복귀되는 스위치이다.	–	–	PB-a	PB-b

② Y-△기동회로의 보조회로 동작설명

㉠ 누름버튼스위치(PB_1)를 누르면 전자접촉기(MC_1)가 여자되어 MC_1의 보조접점(MC_{1-a})이 붙어 자기유지가 되고, 적색램프(RL)가 점등된다.

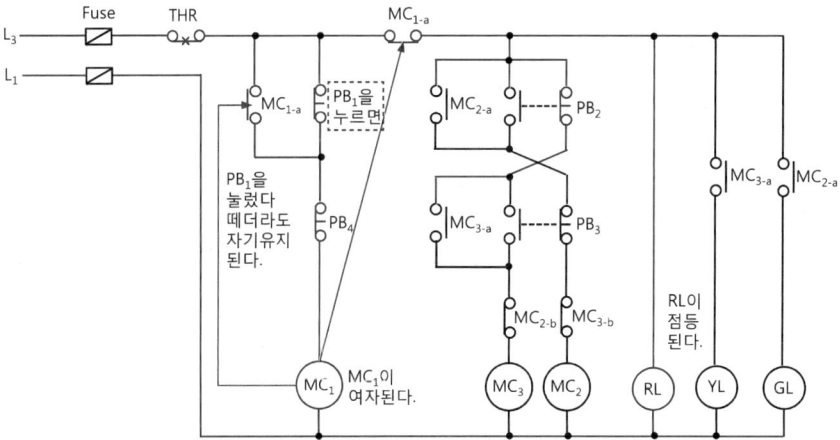

㉡ 누름버튼스위치(PB_2)를 누르면 전자접촉기(MC_2)가 여자되어 유도전동기(IM)는 Y결선으로 기동된다. 이때 MC_2의 보조접점(MC_{2-a})이 붙어 자기유지가 되고, 녹색램프(GL)가 점등된다.

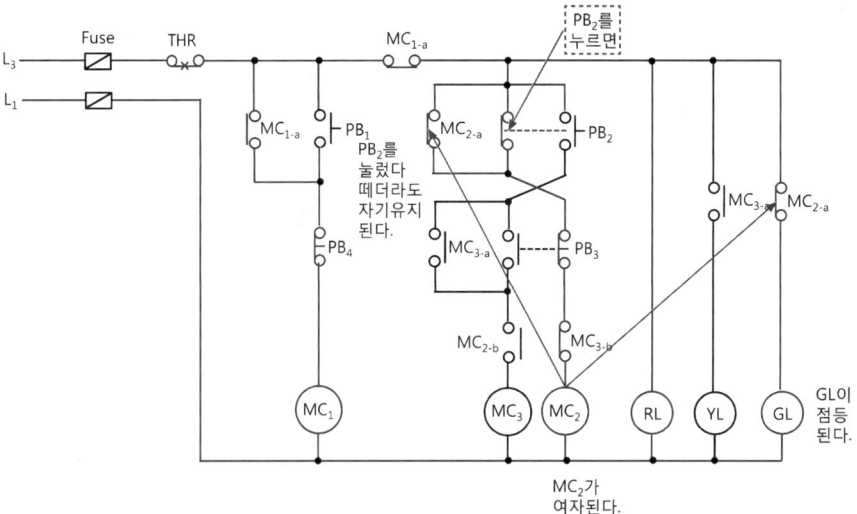

ⓒ 누름버튼스위치(PB₃)를 누르면 전자접촉기(MC₃)가 여자되어 유도전동기(IM)는 △결선으로 전환되어 운전한다. 이때 MC₃의 보조접점(MC₃₋ₐ)이 붙어 자기유지가 되고, 황색램프(YL)가 점등되며 녹색램프(GL)는 소등된다.

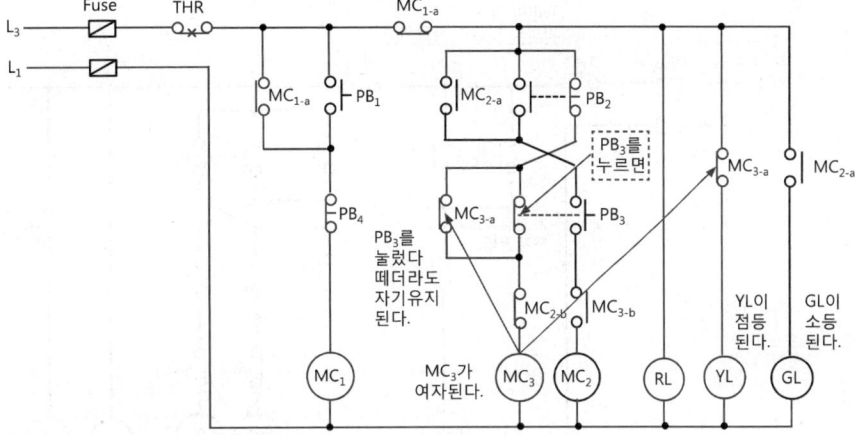

ⓓ 전자접촉기 MC₂와 MC₃는 인터록이 유지되어 안전운전이 된다.

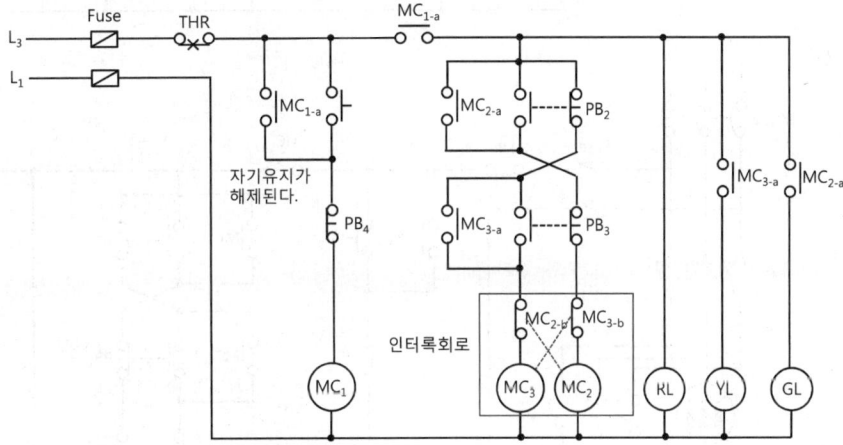

ⓔ 누름버튼스위치(PB₄)를 누르면 전자접촉기의 MC₁이 소자되어 유도전동기(IM)는 정지되고 초기상태로 복귀된다.

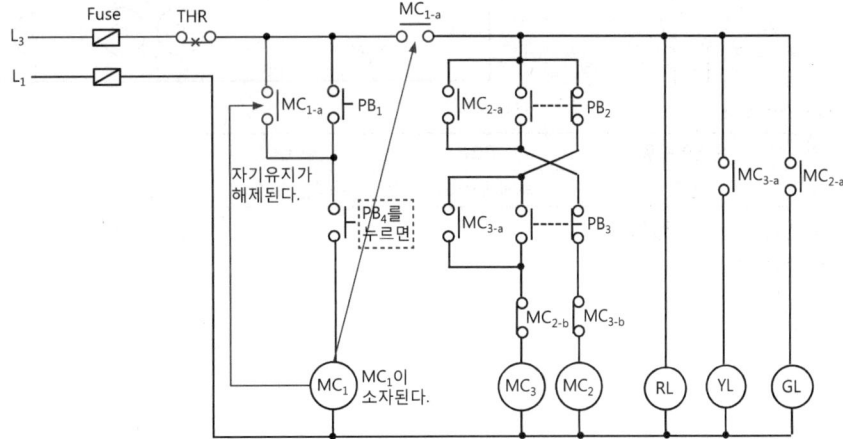

ⓗ 유도전동기에 과전류가 흐르면 열동계전기(THR)의 보조접점(THR$_{-b}$)이 떨어져 제어회로의 전원이 차단되어 유도전동기(IM)가 정지된다.

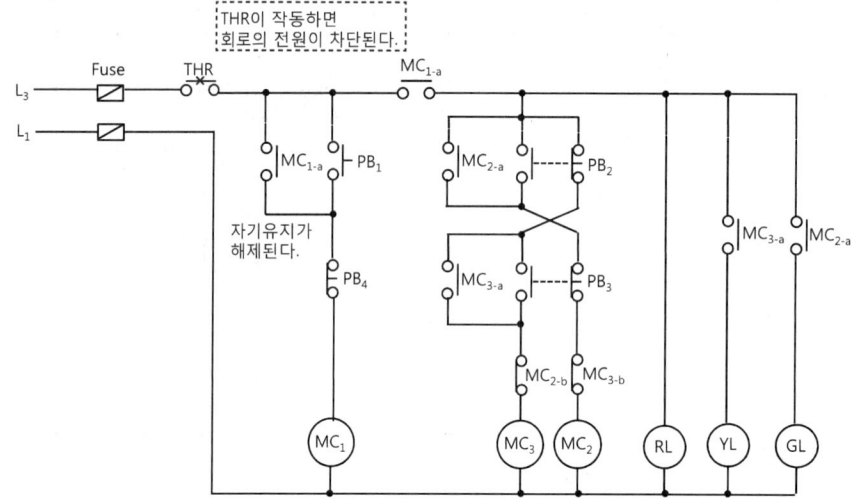

정답 (1)

(2) 적색램프

(3)
누름버튼스위치	PB$_2$	PB$_3$
램프	녹색램프(GL)	황색램프(YL)

(4) 열동계전기 b접점

(5) 배선용 차단기

28 다음 시퀀스회로도는 플로트스위치를 이용한 펌프모터의 레벨제어에 대한 미완성된 도면이다. 주어진 조건을 참고하여 각 물음에 답하시오.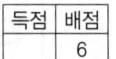

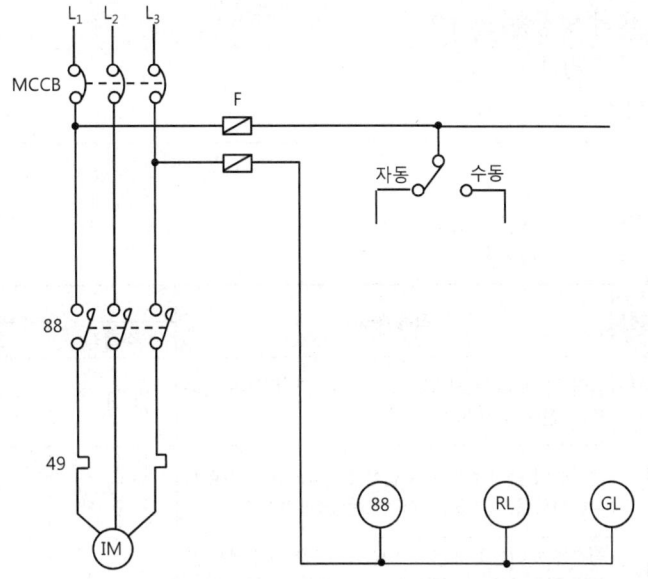

조건

[사용기구 및 접점]

사용기구	사용개수	사용접점	사용접점 개수
88	1개	88-a접점	1개
		88-b접점	1개
RL 램프	1개	49 계선기 b접점	1개
GL 램프	1개	PB-ON 접점	1개
FS(플로트스위치)	1개	PB-OFF 접점	1개

[동작설명]

- 전원을 투입하면 GL 램프가 점등된다.

- 자동일 경우 플로트스위치가 작동하면(붙으면) 전자접촉기 88이 여자되어 RL 램프가 점등되고, GL 램프가 소등되며 펌프모터(IM)가 기동(운전)한다.

- 수동일 경우 누름버튼스위치(PB-ON)를 누르면 전자접촉기 88이 여자되어 자기유지가 되고, 펌프모터(IM)가 기동(운전)한다. 또한, RL 램프가 점등되고, GL 램프가 소등된다.

- 누름버튼스위치(PB-OFF)를 누르거나 계전기 49가 작동하면 RL 램프가 소등되고, GL 램프가 점등되며 펌프모터(IM)가 정지한다.

> **물음**

(1) 위의 조건을 참고하여 도면을 완성하시오.
(2) MCCB와 49의 명칭을 쓰시오.
   ① MCCB의 명칭 :
   ② 49의 명칭 :

> **해설**

플로트스위치를 이용한 펌프모터의 레벨제어

(1) 제어용기기의 명칭과 도시기호

제어용기기 명칭	작동원리	접점의 종류			
		주접점	코일	a접점	b접점
배선용 차단기 (MCCB)	단락 및 과부하로부터 회로를 보호하기 위하여 사용되는 전력기기이다.	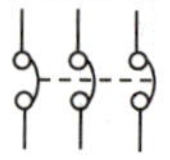 ○○○	–	–	–
전자접촉기 (MC, 88)	전자석의 동작에 의하여 접점을 개폐하는 기구로서 부하회로를 빈번하게 개폐하는 접촉기이다.	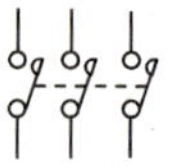 ○○○	 (MC)	 MC	 MC
열동계전기 (THR, 49)	정격전류 이상의 과부하 전류가 흐르면 내부에서 발생된 열에 의해 바이메탈이 동작하여 접점을 차단시키는 계전기로서 전동기의 과부하 보호에 사용된다.	 ├┤	–	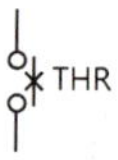 THR	 THR
누름버튼스위치 (PB-ON, PB-OFF)	버튼을 누르면 접점 기구부가 개폐되며 손을 떼면 스프링의 힘에 의해 자동으로 복귀되는 스위치이다.	–	–	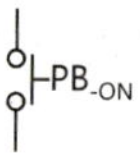 PB-ON	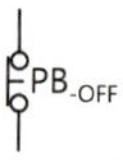 PB-OFF
플로트스위치 (FS)	액면제어용으로 사용하는 스위치이다.	–	–	 FS	 FS
셀렉터스위치 (SS)	조작을 가하면 반대 조작이 있을 때까지 조작되었던 접점 상태를 그대로 유지하는 유지형 스위치이다.	–	–	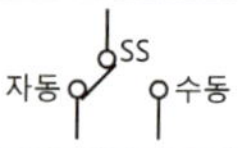 자동 SS 수동	

> **참고**
>
> • 적색램프(RL) : (RL)   • 녹색램프(GL) : (GL)

(2) 동작조건에 따른 제어회로 작성

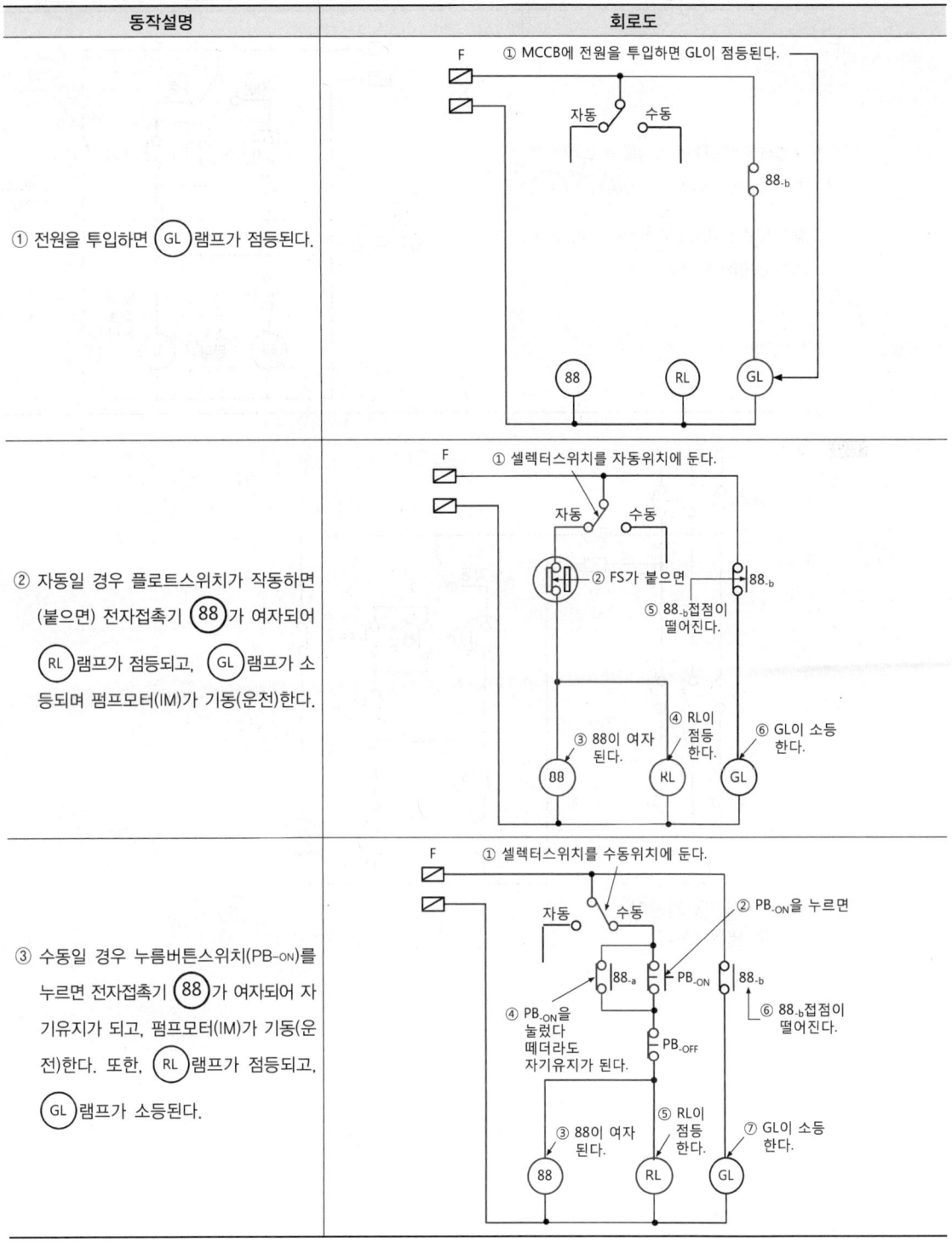

동작설명	회로도
④ 누름버튼스위치(PB-OFF)를 누르거나 계전기 49(열동계전기)가 작동하면 RL 램프가 소등되고, GL 램프가 점등되며 펌프모터(IM)가 정지한다.	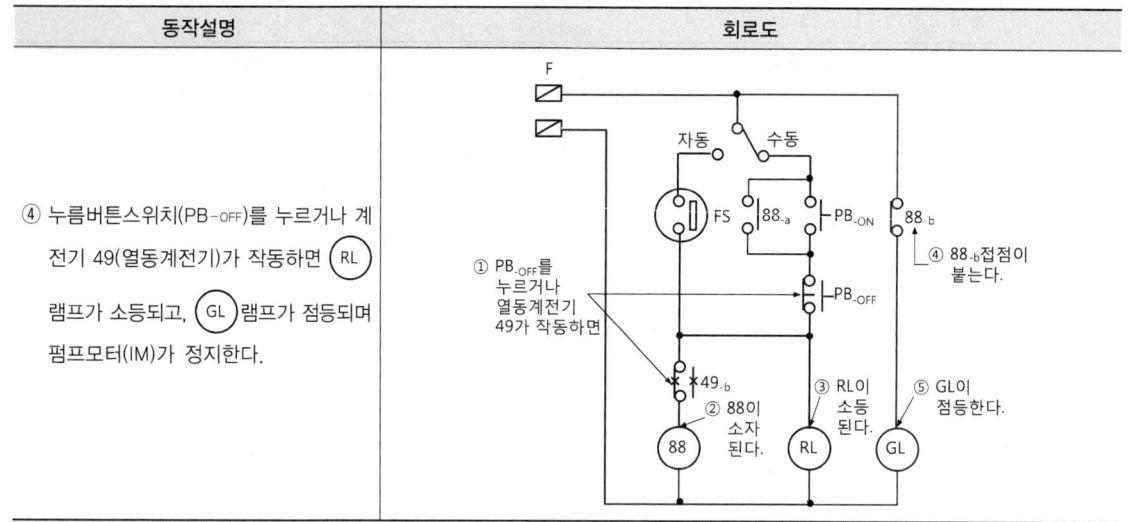

정답 (1)

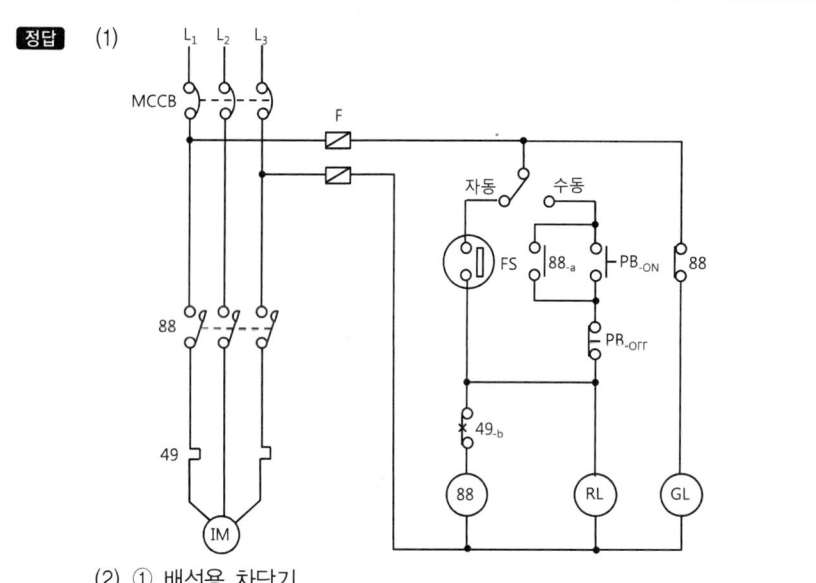

(2) ① 배선용 차단기
　　② 열동계전기

29 소방펌프로 옥상의 소방용 고가수조에 물을 양수할 때 수동 및 자동운전을 할 수 있도록 주회로와 제어회로를 완성하시오(단, 전기기구와 운전조건에 필요한 접점수는 최소수만 사용하고, 접점기호와 약호를 반드시 기입하시오).

득점	배점
	5

[전기기구]

기구 명칭	약호	수량
배선용 차단기	MCCB	1개
전자접촉기	MC	1개
열동계전기	THR	1개
3상 유도전동기	IM	1대
제어회로용 퓨즈	F	2개
운전용 누름버튼스위치	PB-ON	1개
정지용 누름버튼스위치	PB-OFF	1개
자동·수동절환스위치 (셀렉터스위치)	SS	1개
플로트스위치	FS	1개

[운전조건]
- 자동운전과 수동운전이 가능하도록 한다.
- 자동운전(절환스위치를 자동위치에 있을 경우)
  - 배선용 차단기(MCCB)에 전원을 투입하면 저수위일 때 플로트스위치(FS)가 ON되어 전자접촉기(MC)가 여자되고 전자접촉기(MC)의 주접점이 붙어 유도전동기(IM)가 기동된다.
  - 고수위가 되면 플로트스위치(FS)가 OFF되어 전자접촉기(MC)가 소자되고, 유도전동기(IM)는 정지한다.
  - 운전 중인 유도전동기(IM)는 열동계전기(THR)가 동작하면 전자접촉기(MC)가 소자되어 정지한다.
- 수동제어(절환스위치를 수동위치에 있을 경우)
  - 배선용 차단기(MCCB)에 전원을 투입하고 운전용 누름버튼스위치(PB-ON)를 누르면 전자접촉기(MC)가 여자되어 자기유지가 되고 전자접촉기(MC)의 주접점이 붙어 유도전동기(IM)가 기동된다.
  - 정지용 누름버튼스위치(PB-OFF)를 누르면 전자접촉기(MC)가 소자되어 유도전동기(IM)가 정지한다.
  - 운전 중인 유도전동기(IM)는 열동계전기(THR)가 동작하면 전자접촉기(MC)가 소자되어 정지한다.

[회로도]

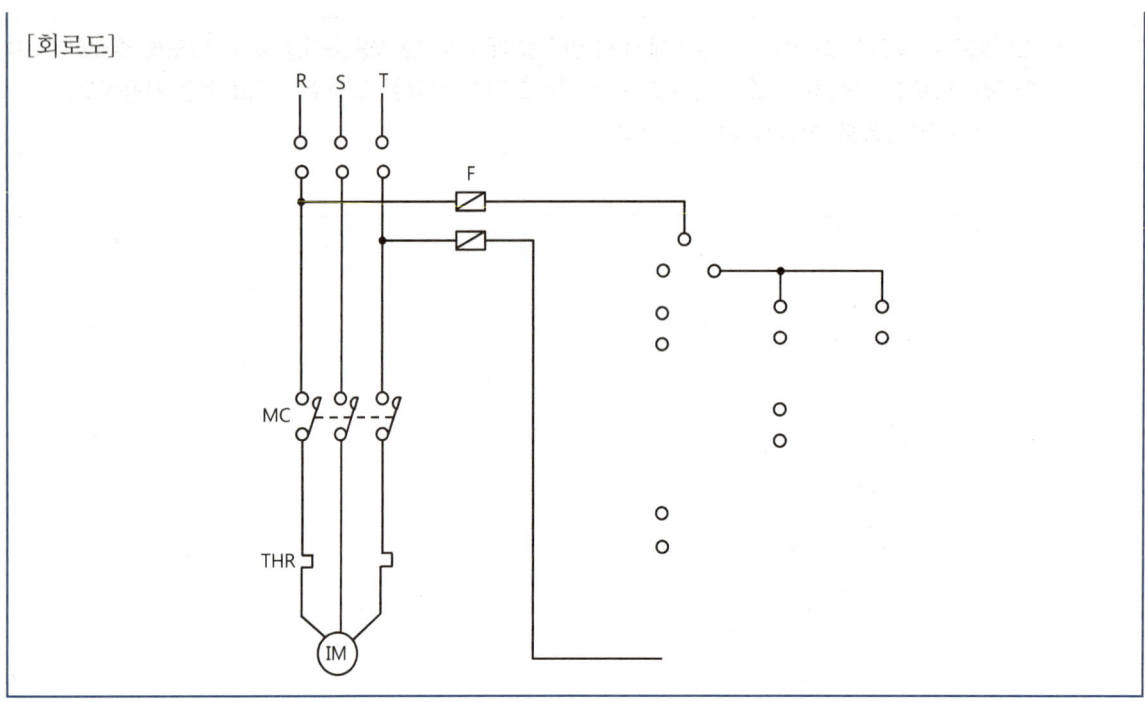

해설

플로트스위치를 이용한 양수펌프 제어회로

(1) 제어용기기의 명칭과 도시기호

제어용기기 명칭	작동원리	접점의 종류			
		주접점	코일	a접점	b접점
배선용 차단기 (MCCB)	단락 및 과부하로부터 회로를 보호하기 위하여 사용되는 전력기기이다.	⦶⦶⦶	–	–	–
전자접촉기 (MC)	전자석의 동작에 의하여 접점을 개폐하는 기구로서 부하회로를 빈번하게 개폐하는 접촉기이다.	⦶⦶⦶	(MC)	○MC	○MC
열동계전기 (THR)	정격전류 이상의 과부하 전류가 흐르면 내부에서 발생된 열에 의해 바이메탈이 동작하여 접점을 차단시키는 계전기로서 전동기의 과부하 보호에 사용된다.	⌐⌐⌐	–	✱THR	✱THR
누름버튼스위치 (PB-ON, PB-OFF)	버튼을 누르면 접점 기구부가 개폐되며 손을 떼면 스프링의 힘에 의해 자동으로 복귀되는 스위치이다.	–	–	○PB-ON	○PB-OFF
플로트스위치 (FS)	액면제어용으로 사용하는 스위치이다.	–	–	○FS	○FS
셀렉터스위치 (SS)	조작을 가하면 반대 조작이 있을 때까지 조작되었던 접점 상태를 그대로 유지하는 유지형 스위치이다.	–	–	자동 ○SS ○수동	–

(2) 양수펌프 제어회로
  ① 자동운전(절환스위치가 자동위치에 있을 경우)

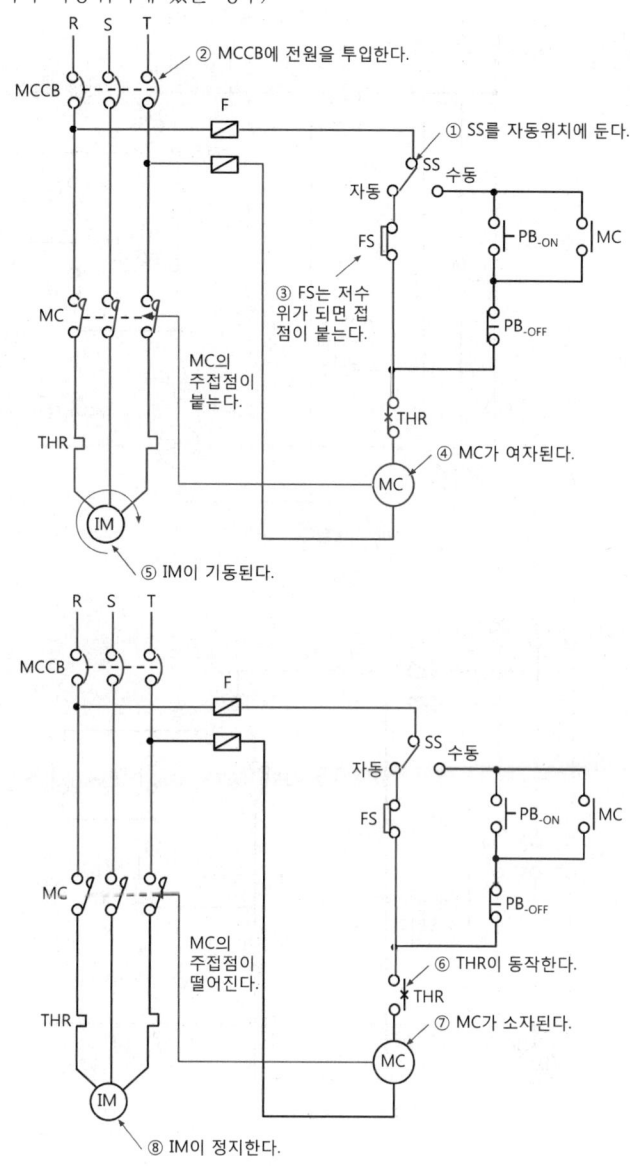

② 수동운전

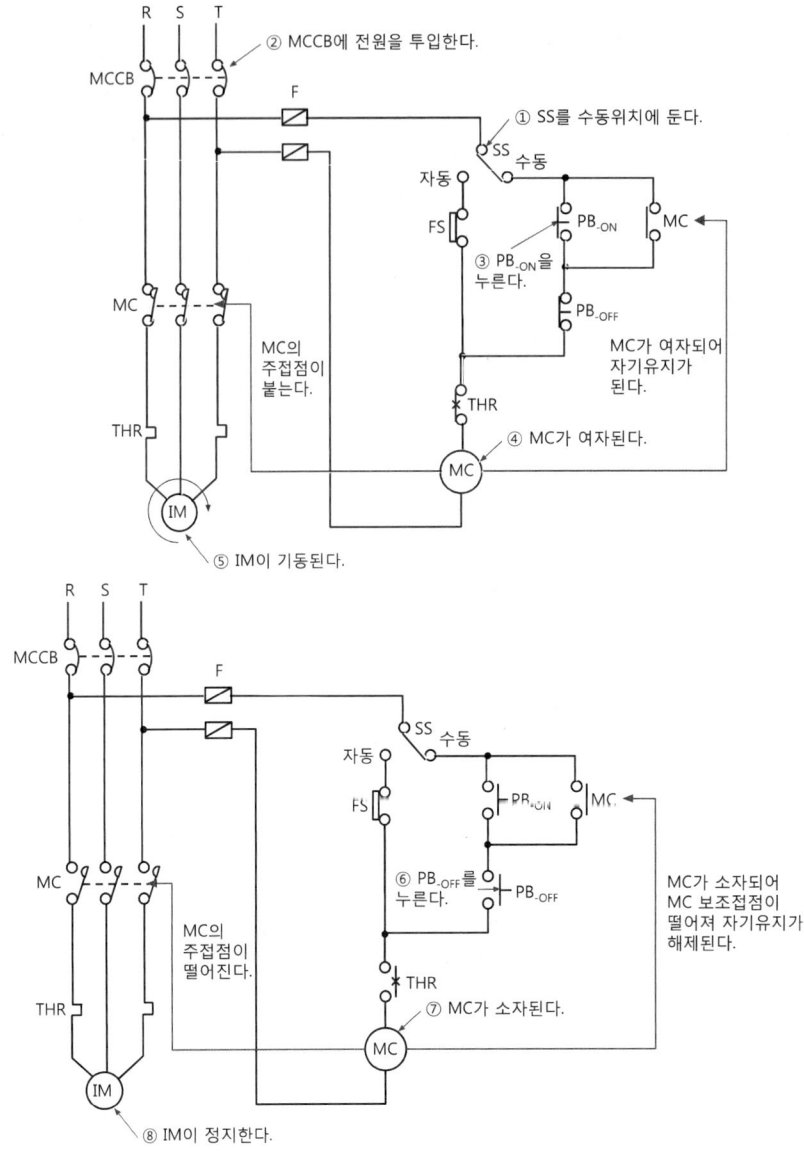

정답

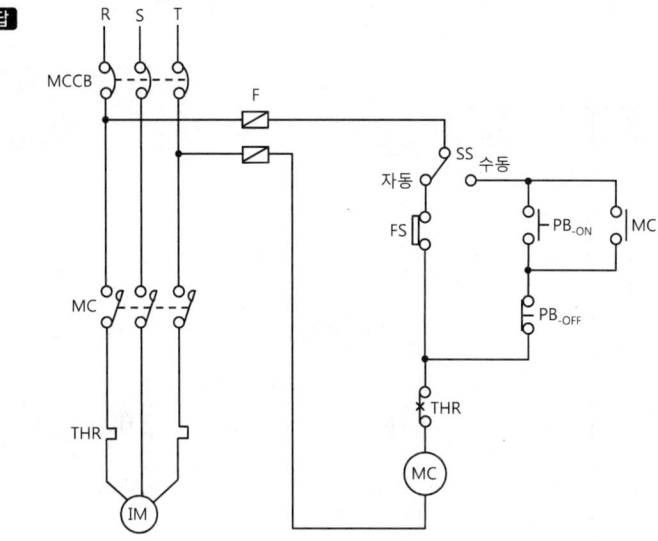

30

다음은 상용전원이 정전일 경우 예비전원으로 절환되고, 상용전원이 복구된 경우 자동으로 예비전원에서 상용전원으로 절환되는 시퀀스 제어회로의 미완성된 도면이다. 아래의 동작설명을 참고하여 제어동작이 적합하도록 시퀀스 제어회로를 완성하시오.

득점	배점
	5

[동작설명]
- 배선용 차단기(MCCB)에 전원을 투입한 후 누름버튼스위치(PB₁)를 누르면 전자접촉기(MC₁)가 여자되어 MC₁의 주접점이 폐로되고 상용전원에 의해 유도전동기(IM)가 기동되며 상용전원 운전표시등(RL)이 점등된다. 이때 전자접촉기의 보조접점(MC$_{1-a}$)이 폐로되어 자기유지가 되고, 보조접점(MC$_{1-b}$)이 개로되어 전자접촉기(MC₂)는 여자되지 않는다.
- 상용전원으로 운전 중에 누름버튼스위치(PB₃)를 누르면 전자접촉기(MC₁)이 소자되어 유도전동기(IM)는 정지하고, 상용전원 운전표시등(RL)이 소등된다.
- 상용전원이 정전일 경우 누름버튼스위치(PB₂)를 누르면 전자접촉기(MC₂)가 여자되어 MC₂의 주접점이 폐로되고 예비전원에 의해 유도전동기(IM)가 기동되며 예비전원 운전표시등(GL)이 점등된다. 이때 전자접촉기의 보조접점(MC$_{2-a}$)이 폐로되어 자기유지가 되고, 보조접점(MC$_{2-b}$)이 개로되어 전자접촉기(MC₁)는 여자되지 않는다.
- 예비전원으로 운전 중에 누름버튼스위치(PB₄)를 누르면 전자접촉기(MC₂)가 소자되어 유도전동기(IM)는 정지하고, 예비전원 운전표시등(GL)이 소등된다.
- 유도전동기(IM)에 과전류가 흐르면 열동계전기의 보조접점 THR₁ 또는 THR₂가 작동되어 운전 중인 유도전동기는 정지한다.

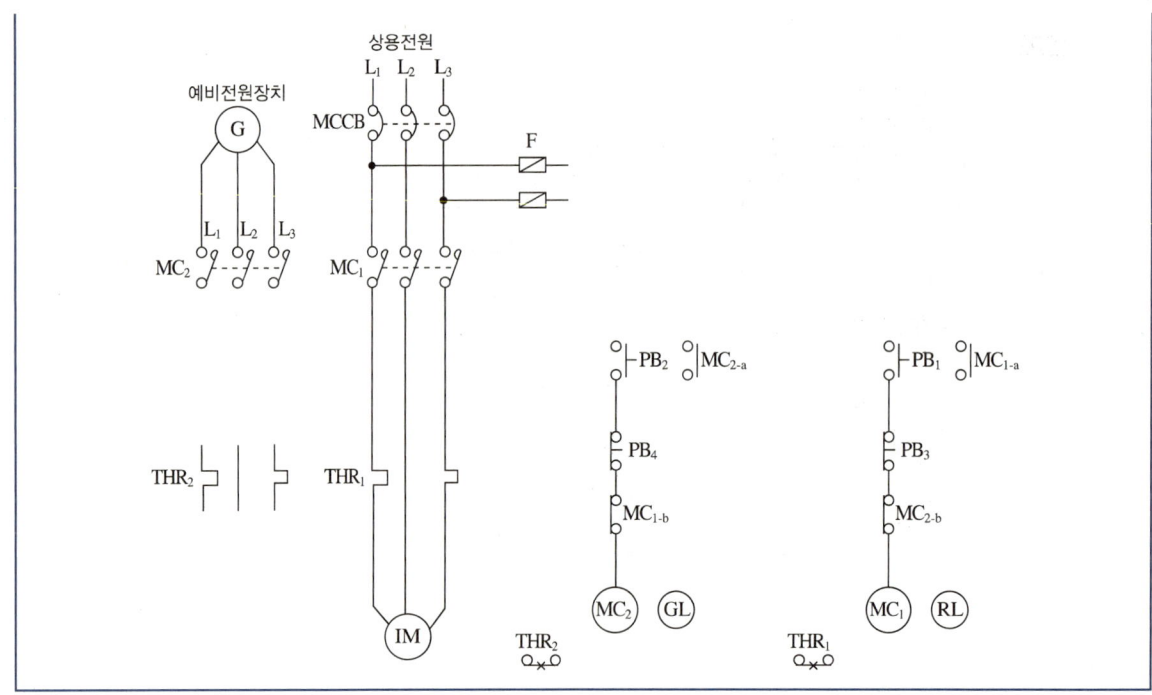

해설

시퀀스 제어회로

(1) 제어용기기의 명칭과 도시기호

제어용기기 명칭	작동원리	접점의 종류			
		주접점	코일	a접점	b접점
배선용 차단기 (MCCB)	단락 및 과부하로부터 회로를 보호하기 위하여 사용되는 전력기기이다.	╱╱╱	–	–	–
전자접촉기 (MC)	전자석의 동작에 의하여 접점을 개폐하는 기구로서 부하회로를 빈번하게 개폐하는 접촉기이다.	╱╱╱	(MC)	MC_{-a}	MC_{-b}
열동계전기 (THR)	정격전류 이상의 과부하 전류가 흐르면 내부에서 발생된 열에 의해 바이메탈이 동작하여 접점을 차단시키는 계전기로서 전동기의 과부하 보호에 사용된다.	┤├	–	$*THR$	$*THR$
누름버튼스위치 (PB)	버튼을 누르면 접점 기구부가 개폐되며 손을 떼면 스프링의 힘에 의해 자동으로 복귀되는 스위치이다.	–	–	PB_{-a}	PB_{-b}

| 참고 |

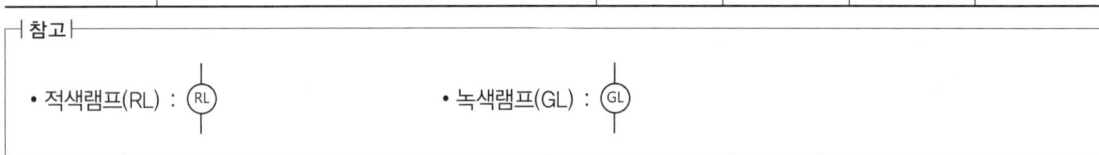

(2) 시퀀스회로도 작성

① 배선용 차단기(MCCB)에 전원을 투입한 후 누름버튼스위치(PB_1)를 누르면 전자접촉기(MC_1)가 여자되어 MC_1의 주접점이 폐로되고 상용전원에 의해 유도전동기(IM)가 기동되며 상용전원 운전표시등(RL)이 점등된다. 이때 전자접촉기의 보조접점(MC_{1-a})이 폐로되어 자기유지가 되고, 보조접점(MC_{1-b})이 개로되어 전자접촉기(MC_2)는 여자되지 않는다.

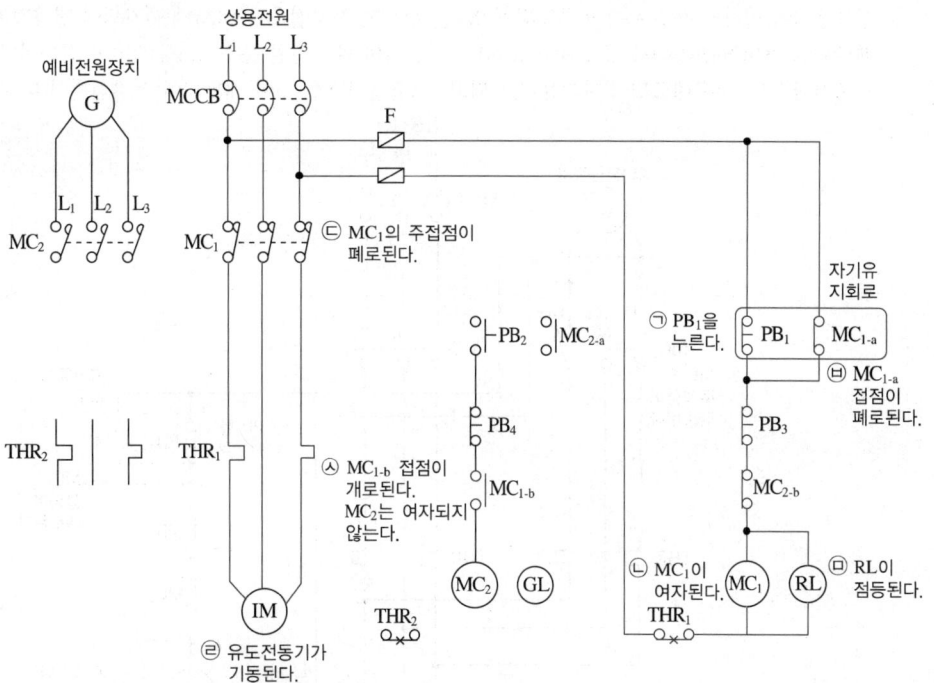

② 상용전원으로 운전 중에 누름버튼스위치(PB₃)를 누르면 전자접촉기(MC₁)가 소자되어 유도전동기(IM)는 정지하고, 상용전원 운전표시등(RL)이 소등된다.

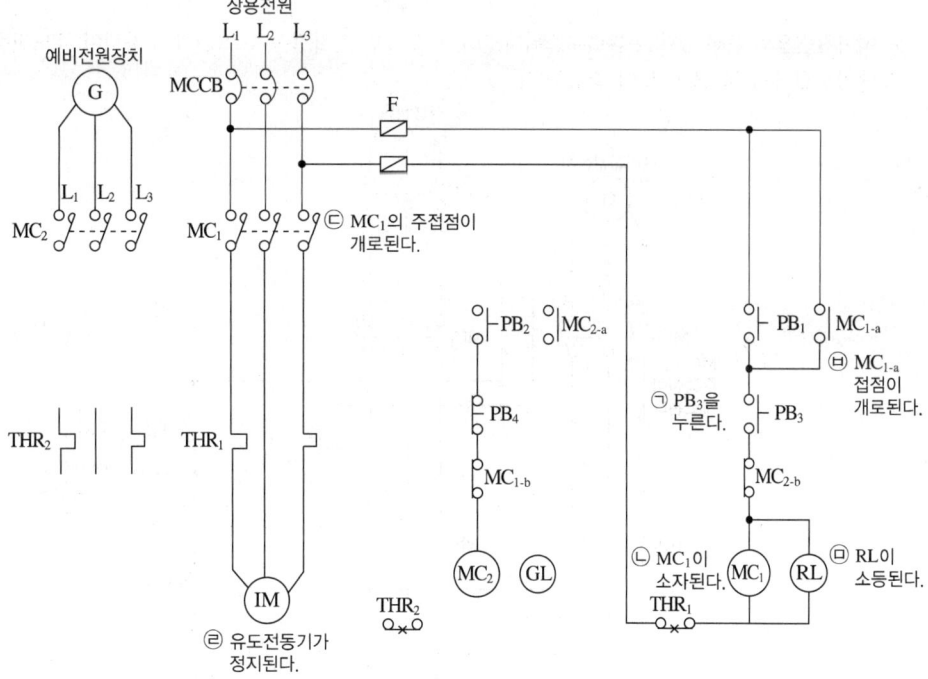

③ 상용전원이 정전일 경우 누름버튼스위치(PB₂)를 누르면 전자접촉기(MC₂)가 여자되어 전자접촉기(MC₂)의 주접점이 폐로되고 예비전원에 의해 유도전동기(IM)가 기동되며 예비전원 운전표시등(GL)이 점등된다. 이때 전자접촉기의 보조접점(MC₂₋ₐ)이 폐로되어 자기유지가 되고, 보조접점(MC₂₋ᵦ)이 개로되어 전자접촉기(MC₁)는 작동하지 않는다.

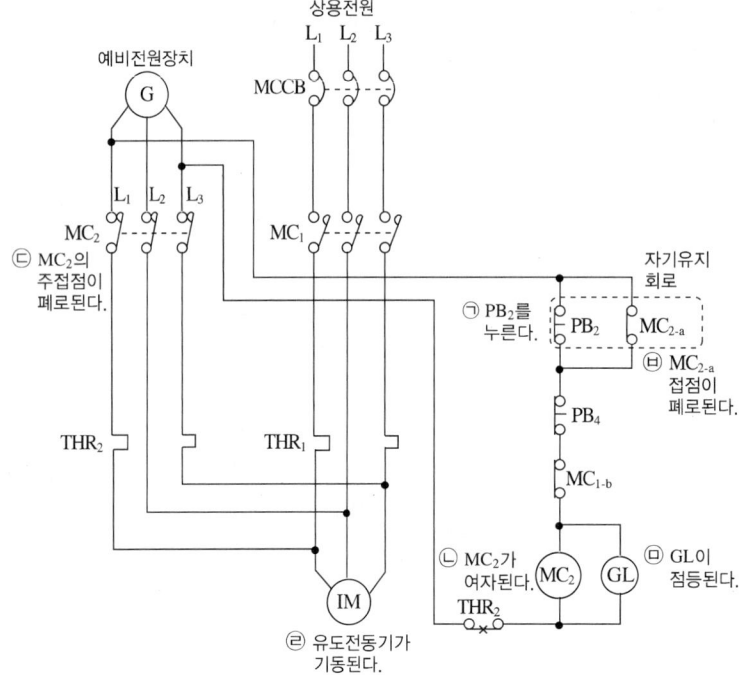

④ 예비전원으로 운전 중에 누름버튼스위치(PB₄)를 누르면 전자접촉기(MC₂)가 소자되어 유도전동기(IM)는 정지하고, 예비전원 운전표시등(GL)이 소등된다.

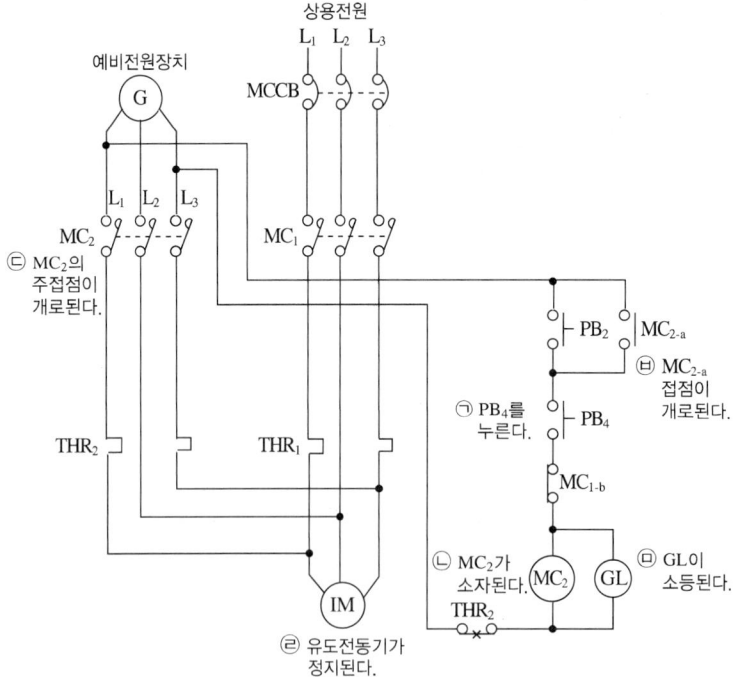

⑤ 인터록회로 구성
　㉠ 상용전원으로 유도전동기(IM)를 운전하는 중에 누름버튼스위치(PB₂)를 누르더라도 전자접촉기의 보조접점 (MC₁₋b)이 개로되어 전자접촉기(MC₂)는 여자되지 않는다.
　㉡ 예비전원으로 유도전동기(IM)를 운전하는 중에 누름버튼스위치(PB₁)를 누르더라도 전자접촉기의 보조접점 (MC₂₋b)이 개로되어 전자접촉기(MC₁)는 여자되지 않는다.

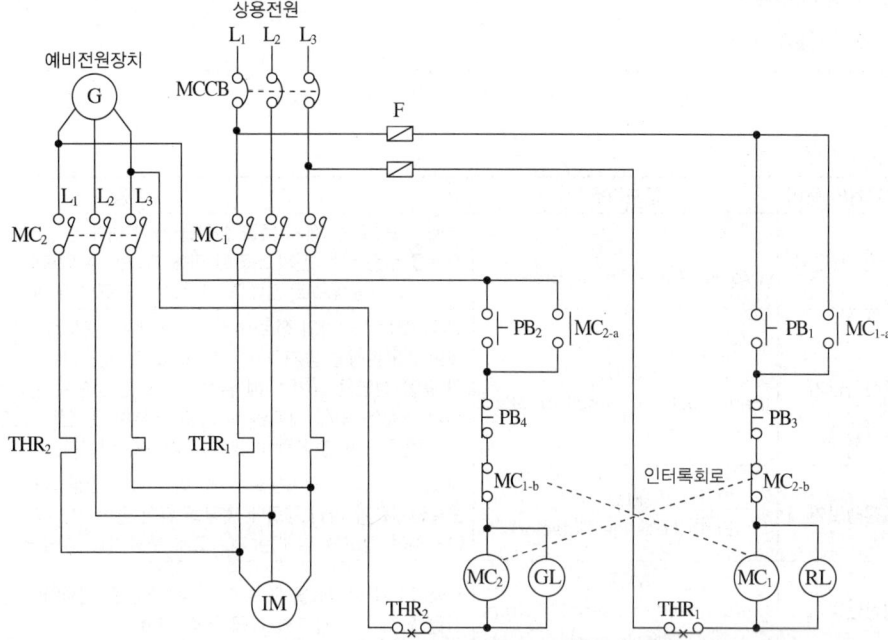

⑥ 전자접촉기 코일 MC₁과 MC₂의 아래쪽에 열동계전기의 보조접점 THR₁₋b과 THR₂₋b을 접속하여 유도전동기(IM)에 과전류가 흐르면 열동계전기 THR₁ 또는 THR₂가 작동되어 운전 중인 유도전동기는 정지한다.

정답

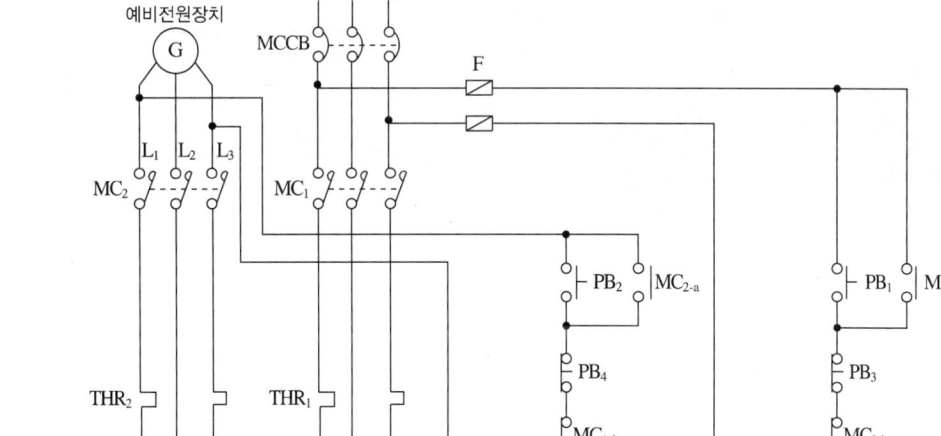

31. 다음 전기기기의 용어를 문자기호(영문약자)로 표시하시오.

(1) 누전차단기
(2) 누전경보기
(3) 영상변류기
(4) 전자접촉기

[해설]

전기기기의 용어 및 문자기호

전기기기의 용어	문자기호	기능
배선용 차단기	MCCB (Molded Case Circuit Breaker)	개폐 기구, 트립 장치 등을 절연물 용기 내에 일체로 조립한 것으로 통전상태의 전로를 수동 또는 전기 조작에 의해 개폐할 수 있으며, 과부하 및 단로 등의 이상 상태 시 자동적으로 전류를 차단하는 기구를 말한다.
누전차단기	ELB (Earth Leakage Circuit Breaker)	교류 600[V] 이하의 전로에서 인체에 대한 감전사고 및 누전에 의한 화재, 아크에 의한 기구손상을 방지하기 위한 목적으로 사용되는 차단기이며 개폐기구, 트립장치 등을 절연물 용기 내에 일체로 조립한 것으로 통전상태의 전로를 수동 또는 전기 조작에 의해 개폐할 수 있고 과부하 및 단락 등의 상태나 누전이 발생할 때 자동적으로 전류를 차단하는 기구를 말한다.
누전경보기	ELD (Earth Leakage Detector)	내화구조가 아닌 건축물로서 벽, 바닥 또는 천장의 전부나 일부를 불연재료 또는 준불연재료가 아닌 재료에 철망을 넣어 만든 건물의 전기설비로부터 누설전류를 탐지하여 경보를 발하는 기기로서 변류기와 수신부로 구성된 것을 말한다.
영상변류기	ZCT (Zero-phase-sequence Current Transformer)	지락사고가 발생했을 때 흐르는 영상전류를 검출하여 접지계전기에 의하여 차단기를 동작시켜 사고의 파급을 방지한다.
전자접촉기	MC (Electromagnetic Contactor)	전자석의 동직에 의하여 부하 회로를 빈번하게 개폐하는 접촉기이고 주접점은 전동기를 기동하는 접점으로 접점 용량이 크고 a접점만으로 구성되어 있으며 보조접점은 보조계전기와 같이 작은 전류 및 제어회로에 사용한다.
열동계전기	THR (Thermal Relay)	설정값 이상의 전류가 흐르면 접점을 동작 차단시키는 계전기로서 전동기의 과부하 보호에 사용된다.

[정답]
(1) ELB
(2) ELD
(3) ZCT
(4) MC

32 다음 그림은 배선용 차단기의 도시기호이다. 각 기호가 의미하는 내용을 쓰시오. [득점 / 배점 5]

```
B  3P     ← ①
   225AF  ← ②
   150A   ← ③
```

- ① :
- ② :
- ③ :

해설

개폐기와 차단기의 도시기호 및 표기방법

명칭	도시기호	각 기호의 내용
개폐기	S	S 2P 30A / f 15A • $2P$ 30[A] : 극수, 정격전류 • f 15[A] : 퓨즈, 정격전류
전류계 붙이 개폐기	Ⓢ	Ⓢ 3P 30A / f 15A / A5 • $3P$ 30[A] : 극수, 정격전류 • f 15[A] : 퓨즈, 정격전류 • A5 : 전류계의 정격전류
배선용 차단기	B	B 3P / 225AF / 150A • $3P$: 극수 • $225AF$: 프레임의 크기 • 150[A] : 정격전류
누전차단기 (과전류 소자붙이)	E	E 2P / 30AF / 15A / 30mA • $2P$: 극수 • $30AF$: 프레임의 크기 • 15[A] : 정격전류 • 30[mA] : 정격감도전류
누전차단기 (과전류 소자없음)	E	E 2P / 15A / 30mA • $2P$: 극수 • 15[A] : 정격전류 • 30[mA] : 정격감도전류

정답
① 극수(3극)
② 프레임의 크기($225AF$)
③ 정격전류(150[A])

33 계단에 설치된 1개의 전등을 2개소(계단의 위쪽과 아래쪽)에서 점멸이 가능하도록 스위치 배선 공사를 하고자 한다. 다음 각 물음에 답하시오.

(1) 스위치의 명칭을 쓰시오.
(2) 배선에 전선 가닥수를 표시하시오(표기의 예 : ─╫─).

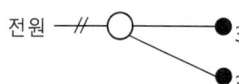

해설

3로 스위치(점멸기)

(1) 점멸기(스위치)의 도시기호

도시기호	명칭	용도
●	단로 스위치(점멸기)	1개의 전등을 1개소에서 점멸이 가능한 스위치
●$_3$	3로 스위치(점멸기)	1개의 전등을 2개소에서 점멸이 가능한 스위치

∴ 3로 스위치는 계단에 설치된 1개의 전등을 계단의 위쪽과 아래쪽 2개소에서 점멸이 가능하도록 설치하는 스위치이다.

(2) 단로 및 3로 스위치의 배선도

① 3로 스위치의 배선도 및 전선 가닥수

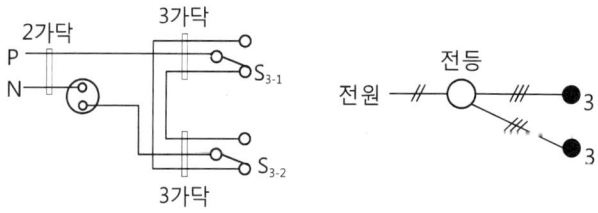

② 단로 및 3로 스위치의 회로도

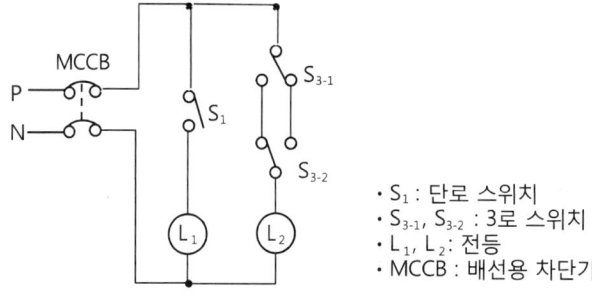

- S_1 : 단로 스위치
- S_{3-1}, S_{3-2} : 3로 스위치
- L_1, L_2 : 전등
- MCCB : 배선용 차단기

정답

(1) 3로 스위치

(2)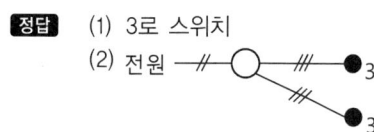

제3절 소방배선

핵심이론 01 | 배선도 표기방법

(1) 전선관 표시

전선관의 재질		후강 전선관 굵기	
재질	표기방법	규격	표기방법
강제전선관	별도 표기 없음	16[mm]	16
경질비닐전선관	VE	22[mm]	22
2종 금속제 가요전선관	F_2	28[mm]	28
합성수지제 가요관	PF	36[mm]	36

(2) 옥내배선의 표시

배선방법	도면기호	배선방법	도면기호
천장 은폐 배선	————	바닥 은폐 배선	- - -
노출 배선	----------	전선의 접속점	—•—

(3) 전선의 종류 표시

전선의 종류	기호	전선의 종류	기호
450/750[V] 저독성 난연 가교 폴리올레핀 절연전선	HFIX	0.6/1[kV] 가교 폴리에틸렌 절연 저독성 난연 폴리올레핀 시스 전력 케이블	HFCO
0.6/1[kV] CP 고무절연 클로로프렌 시스 케이블	PN	300/500[V] 내열성 실리콘 고무 절연전선(180[℃])	HRS
옥외용 비닐절연전선	OW	인입용 비닐절연전선	DV

(4) 전선 표시

전선의 굵기		전선의 가닥수	
규격	표기방법	전선 가닥수	표기방법
1.5[mm²]	1.5	4가닥	―////―
2.5[mm²]	2.5	8가닥	―//// ////―

(5) 배선도 표기방법

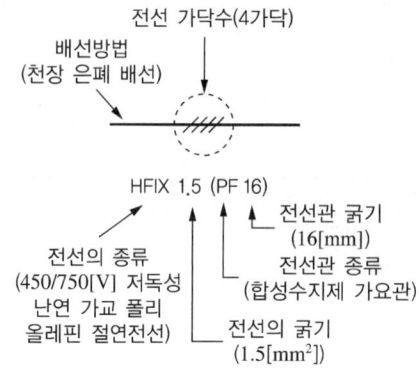

| 핵심이론 02 | 배선의 종류 및 설치방법 |

(1) 소방시설의 배선

① 소방시설에 사용되는 전선은 1.5~6.0[mm²]의 굵기를 사용하며 전원공급 전선은 4.0[mm²]를 사용한다.
② 감지기 사이의 배선은 1.5[mm²]의 저독성 난연 가교 폴리올레핀 절연전선(HFIX)을 사용한다.
③ 그 외의 전기회로(발신기, 경종, 표시등 등)에는 2.5[mm²]의 450/750[V] 저독성 난연 가교 폴리올레핀 절연전선(HFIX)을 사용한다.

(2) 내화배선 및 내열배선에 사용하는 전선의 종류

① 450/750[V] 저독성 난연 가교 폴리올레핀 절연전선
② 0.6/1[kV] 가교 폴리에틸렌 절연 저독성 난연 폴리올레핀 시스 전력 케이블
③ 6/10[kV] 가교 폴리에틸렌 절연 저독성 난연 폴리올레핀 시스 전력용 케이블
④ 가교 폴리에틸렌 절연 비닐시스 트레이용 난연 전력 케이블
⑤ 0.6/1[kV] EP 고무절연 클로로프렌 시스 케이블
⑥ 300/500[V] 내열성 실리콘 고무 절연전선(180[℃])
⑦ 내열성 에틸렌-비닐 아세테이트 고무 절연 케이블
⑧ 버스덕트(Bus Duct)
⑨ 기타 전기용품 및 생활용품 안전관리법 및 전기설비기술기준에 따라 동등 이상의 내화성능이 있다고 주무부장관이 인정하는 것

| 참고 |

내화배선 시 내화전선의 내화성능은 KS C IEC 60331-1과 2(온도 830[℃]/가열시간 120분) 표준 이상을 충족하고 난연성능 확보를 위해 KS C IEC 600332-3-24 성능 이상을 충족할 것

(3) 내화배선의 공사방법

금속관·2종 금속제 가요전선관 또는 합성수지관에 수납하여 내화구조로 된 벽 또는 바닥 등에 벽 또는 바닥의 표면으로부터 25[mm] 이상의 깊이로 매설해야 한다. 다만, 다음의 기준에 적합하게 설치하는 경우에는 그렇지 않다.

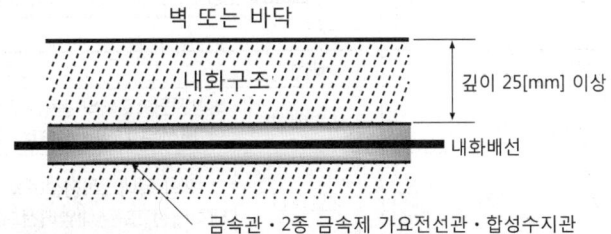

① 배선을 내화성능을 갖는 배선전용실 또는 배선용 샤프트·피트·덕트 등에 설치하는 경우
② 배선전용실 또는 배선용 샤프트·피트·덕트 등에 다른 설비의 배선이 있는 경우에는 이로부터 15[cm] 이상 떨어지게 하거나 소화설비의 배선과 이웃하는 다른 설비의 배선 사이에 배선지름(배선의 지름이 다른 경우에는 가장 큰 것을 기준으로 한다)의 1.5배 이상의 높이의 불연성 격벽을 설치하는 경우

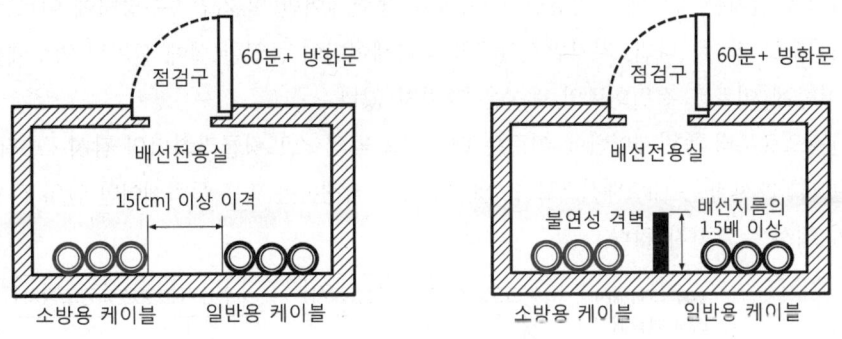

(4) 내열배선

금속관·금속제 가요전선관·금속덕트 또는 케이블(불연성덕트에 설치하는 경우에 한한다) 공사방법에 따라야 한다. 다만, (3)의 ①, ②의 기준에 적합하게 설치하는 경우에는 그렇지 않다.

(5) 배선의 설치기준

① 옥내소화전설비의 배선기준
  ㉠ 비상전원을 설치한 경우에는 비상전원으로부터 동력제어반 및 가압송수장치에 이르는 전원회로의 배선은 내화배선으로 할 것. 다만, 자가발전설비와 동력제어반이 동일한 실에 설치된 경우에는 자가발전기로부터 그 제어반에 이르는 전원회로의 배선은 그렇지 않다.
  ㉡ 상용전원으로부터 동력제어반에 이르는 배선, 그 밖의 옥내소화전설비의 감시·조작 또는 표시등회로의 배선은 내화배선 또는 내열배선으로 할 것. 다만, 감시제어반 또는 동력제어반 안의 감시·조작 또는 표시등 회로의 배선은 그렇지 않다.

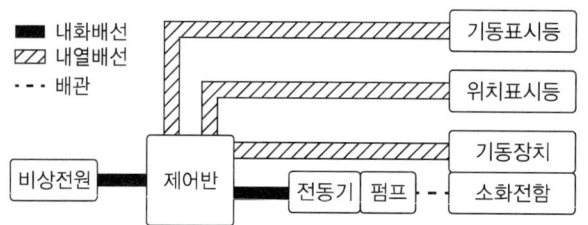

배선구간	배선	화재안전기술기준
• 비상전원 ↔ 제어반 • 제어반 ↔ 전동기(가압송수장치)	내화배선	비상전원으로부터 동력제어반 및 가압송수장치에 이르는 전원회로의 배선은 내화배선으로 할 것
• 제어반 ↔ 기동표시등 • 제어반 ↔ 위치표시등 • 제어반 ↔ 기동장치	내열배선	그 밖의 옥내소화전설비의 감시·조작 또는 표시등회로의 배선은 내화배선 또는 내열배선으로 할 것
• 감지기 ↔ 수신기 • 감지기 ↔ 감지기	일반배선	감지기 상호 간 또는 감지기로부터 수신기에 이르는 감지기회로의 배선
펌프와 소화전함은 배관으로 연결된다.		

② 스프링클러설비의 배선기준

  ㉠ 비상전원을 설치한 경우에는 비상전원으로부터 동력제어반 및 가압송수장치에 이르는 전원회로의 배선은 내화배선으로 할 것. 다만, 자가발전설비와 동력제어반이 동일한 실에 설치된 경우에는 자가발전기로부터 그 제어반에 이르는 전원회로의 배선은 그렇지 않다.

  ㉡ 상용전원으로부터 동력제어반에 이르는 배선, 그 밖의 스프링클러설비의 감시·조작 또는 표시등회로의 배선은 내화배선 또는 내열배선으로 할 것. 다만, 감시제어반 또는 동력제어반 안의 감시·조작 또는 표시등회로의 배선은 그렇지 않다.

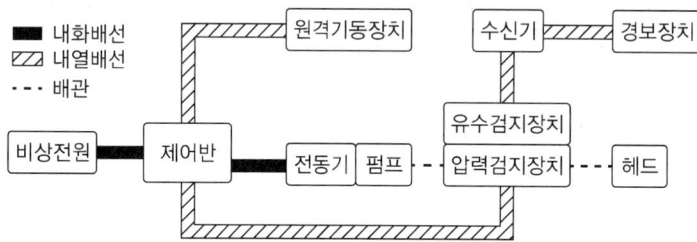

③ 가스계(이산화탄소, 할론, 분말, 할로겐화합물 및 불활성기체) 소화설비의 배선기준

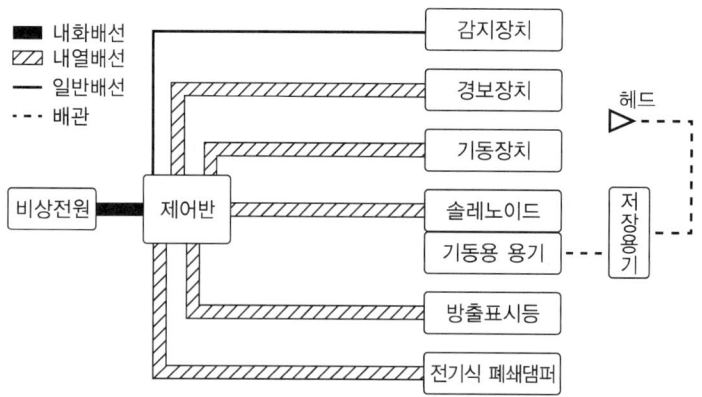

핵심이론 03 | 공사비 산출내역서 산출 시 표준품셈

(1) 공구손료
일반공구 및 시험용 계측기구류의 손료로서 공사 중 상시 일반적으로 사용하는 것을 말하며 인력품(노임할증과 작업시간 증가에 의하지 않은 품할증 제외)의 3[%]까지 계상하며 특수공구(철골공사, 석공사 등) 및 검사용 특수계측기류의 손료는 별도 계상한다.

(2) 잡재료 및 소모재료 손료
설계내역에 표시하여 계상하되 주재료비와 직접재료비(전선, 케이블 및 배관자재비)의 2~5[%]까지 계상한다.

(3) 잡재료(전기)
재료비의 산출에는 필요한 재료를 가능한 한 품목별로 계상하는 것을 원칙으로 하고 있으나 소량이나 소금액의 재료는 명세서 작성이 곤란하므로 잡재료로 일괄 계상한다. 잡재료에는 볼트(Bolt)류(지름10[mm], 길이 10[cm] 이하), 너트(Nut)류(지름 10[mm] 이하), 플러그(Plug)류, 소나사(지름 10[mm], 길이 5[cm] 이하), 목나사, 단자류($8[mm^2]$ 이하), 못, 슬리브(Sleeve), 스테이플(Staple), 새들(Saddle), 보수재료 등이 포함된다.

(4) 소모재료(전기)
작업 중에 소모하여 없어지거나 작업이 끝난 후에 모양이나 형태가 변하여 남아 있는 재료로 땜납, 페이스트(Paste), 테이프류, 가솔린(Gasoline), 오일(Oil), 절연니스, 방청도료, 용접봉, 왁스, 아세틸렌가스, 산소가스 등이 포함된다.

핵심이론 04 | 배선공사

(1) 배선공사의 종류
① 케이블공사 : 케이블을 관로 내에 배선하지 않고 케이블트레이(Cable Tray), 조영재의 아랫면 또는 옆면을 따라 붙이는 방법으로 공사하는 것을 말한다.
② 금속관공사 : 배선을 금속관에 수납하여 시공하는 것으로 노출된 벽면 및 천장 속 은폐배선공사에 주로 사용된다.
③ 합성수지관(경질비닐전선관)공사 : 중량물의 압력 또는 기계적 충격을 받지 않는 장소에 설치할 수 있는 공사방법으로서 절연성이 우수하고 작업성이 뛰어나지만 화재에 약한 단점이 있어 내화구조의 벽체 등에 매립공사를 할 경우에 사용된다.
④ 가요전선관공사 : 굴곡이 심한 장소에 구부러지기 쉽도록 되어 있는 전선관으로서 1종 및 2종 가요전선관으로 구분되며, 주로 소방펌프 및 제연팬의 전동기와 옥내배선을 연결하는 경우, 조명기기와 입입선 배관 등 비교적 짧은 거리에 적용되는 공사방법이다.

⑤ **금속덕트공사** : 두께 1.2[mm] 이상인 철판 또는 동등 이상의 강도를 가지는 금속재 덕트에 다량의 전선을 수납할 수 있는 공사방법으로서 덕트의 내면 및 외면에는 아연도금 등으로 피복하여 부식을 방지한다.

(2) **금속관공사에서 관의 굴곡에 관한 시설기준**
① 금속관을 구부릴 때 금속관의 단면이 심하게 변형되지 않도록 구부려야 하며, 그 안측의 반지름은 관 안지름의 6배 이상이 되어야 한다. 다만, 전선관의 안지름이 25[mm] 이하이고 건조물의 구조상 부득이한 경우는 관의 내 단면이 현저하게 변형되지 않고 관에 금이 생기지 않을 정도까지 구부릴 수 있다.
② 아웃렛박스 사이 또는 전선인입구가 있는 기구 사이의 금속관은 3개소를 초과하는 직각 또는 직각에 가까운 굴곡개소를 만들어서는 안 된다. 굴곡개소가 많은 경우 길이가 30[m]를 초과하는 경우에는 풀박스를 설치하는 것이 바람직하다.
③ 유니버설엘보(Universal Elbow), 티이, 크로스 등은 조영재에 은폐시켜서는 안 된다.
④ ③의 티이, 크로스 등은 덮개가 있는 것이어야 한다.

(3) **배선공사에 사용되는 부품**
① 금속관공사에 사용되는 부품

부품 명칭	사용 용도	그림
커플링	전선관과 전선관을 연결할 때 사용한다.	
새들	전선관을 구조물에 고정할 때 사용한다.	
환형 3방출 정크션박스	전선관을 분기할 때 사용하며 방출방향의 수에 따라 2방출, 3방출, 4방출이 있다.	
노멀밴드	전선관이 직각으로 구부러지는 곳에 사용한다.	
유니버설엘보	노출배관을 공사할 때 관을 직각으로 구부러지는 곳에 사용한다.	
유니언커플링	전선관의 접속부에서 양쪽의 관이 돌려지지 않는 곳에 전선관을 접속할 때 사용한다.	
부싱	전선관을 박스에 접속할 때 전선의 피복을 보호하기 위하여 박스 내부의 전선관 끝에 사용한다.	
로크너트	전선관과 박스를 접속할 때 사용하는 부품으로서 최소 2개를 사용한다.	

부품 명칭	사용 용도	그림
8각 아웃렛 박스	전선관을 공사할 때 감지기, 유도등 및 전선을 접속하는 데 사용하는 박스로 4각은 각 방향으로 2개까지 방출할 수 있고, 8각은 각 방향으로 1개까지 방출할 수 있다.	
4각 아웃렛 박스		

② 가요전선관공사에 사용되는 부품

부품 명칭	사용 용도	그림
스플리트 커플링	가요전선관과 가요전선관을 연결할 때 사용한다.	
콤비네이션 커플링	가요전선관과 금속관을 연결할 때 사용한다.	
스트레이트 박스 커넥터	가요전선관과 박스와 연결할 때 사용한다.	
앵글박스 커넥터	직각으로 박스에 연결할 때 사용한다.	

(4) 접지봉과 접지선을 연결하는 방법

① 접지봉(접지전극)과 접지선의 접속은 견고하고 전기적인 연속성이 보장되도록 접속부는 발열성 용접, 압착접속, 클램프 또는 그 밖에 적절한 기계적 접속장치로 접속해야 한다.

② 접지봉과 접지선을 연결하는 방법

　㉠ 발열용접(용융) 접속 : 몰드에 접지봉과 접지선을 넣어 열로 용융시켜 연결하는 방법으로서 열적으로 접합된 부위는 풀리거나 설치 후 시간이 경과하여도 저항값의 증가를 초래하지 않으므로 내구성이 가장 우수한 연결방법이다.

　㉡ 압착 슬리브 접속 : C형 슬리브나 압착단자를 이용하여 유압식 압착기로 동선이나 금속을 연결하는 방법으로서 작업이 비교적 쉽고 휴대용 압착기를 이용하므로 현장에서 많이 이용된다.

　㉢ 납땜접속 : 구인 바인더선으로 접지봉과 접지선을 8회 이상 감고 납땜으로 연결하는 방법이다.

　㉣ 클램프접속 : 접지봉과 접지선을 접지용 클램프로 연결하는 방법이다.

EXERCISE 06-3 소방배선

01 아래 조건을 참고하여 배선도를 그림기호로 나타내시오.

득점	배점
	5

조건
- 배선은 천장 은폐 배선이다.
- 전선의 가닥수는 4가닥이고, 전선의 굵기는 2.5[mm^2]이다.
- 전선의 종류는 450/750[V] 저독성 난연 가교 폴리올레핀 절연전선이다.
- 전선관은 후강 전선관이고, 전선관의 굵기는 28[mm]이다.

해설

배선도 표기방법

(1) 전선관 표시

전선관의 재질		후강 전선관 굵기	
재질	표기방법	규격	표기방법
강제전선관	별도 표기 없음	16[mm]	16
경질비닐전선관	VE	22[mm]	22
2종 금속제 가요전선관	F$_2$	28[mm]	28
합성수지제 가요관	PF	36[mm]	30

(2) 옥내 배선의 표시

배선방법	도면기호	배선방법	도면기호
천장 은폐 배선	───────	바닥 은폐 배선	─ ─ ─
노출 배선	----------	전선의 접속점	─┬─

(3) 전선의 종류 표시

전선의 종류	기호	전선의 종류	기호
450/750[V] 저독성 난연 가교 폴리올레핀 절연전선	HFIX	0.6/1[kV] 가교 폴리에틸렌 절연 저독성 난연 폴리올레핀 시스 전력 케이블	HFCO
0.6/1[kV] EP 고무절연 클로로프렌 시스 케이블	PN	300/500[V] 내열성 실리콘 고무 절연전선(180[℃])	HRS
옥외용 비닐절연전선	OW	인입용 비닐절연전선	DV

(4) 전선 표시

전선의 굵기		전선의 가닥수	
규격	표기방법	전선 가닥수	표기방법
1.5[mm^2]	1.5	4가닥	////
2.5[mm^2]	2.5	8가닥	//// ////

(5) 배선도 표기방법(예시)

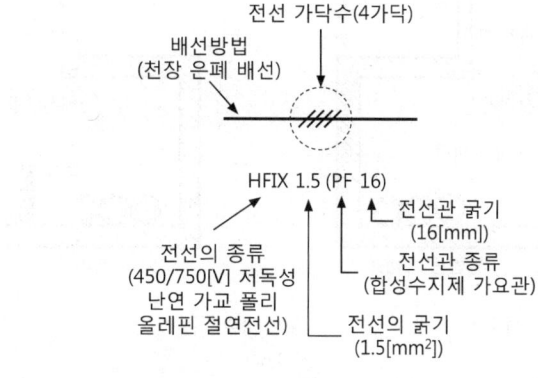

정답
━━━━////━━━━
HFIX 2.5 (28)

02

다음은 자동화재탐지설비의 배선 공사방법 중 내화배선 공사방법에 대한 내용이다. ( ) 안에 알맞은 내용을 쓰시오.

득점	배점
	7

금속관·(①) 또는 (②)에 수납하여 (③)로 된 벽 또는 바닥 등에 벽 또는 바닥의 표면으로부터 (④)[mm] 이상의 깊이로 매설해야 한다. 다만, 다음의 기준에 적합하게 설치하는 경우에는 그렇지 않다.
• 배선을 내화성능을 갖는 배선전용실 또는 배선용 샤프트·피트·덕트 등에 설치하는 경우
• 배선전용실 또는 배선용 샤프트·피트·덕트 등에 다른 설비의 배선이 있는 경우에는 이로부터 (⑤)[cm] 이상 떨어지게 하거나 소화설비의 배선과 이웃하는 다른 설비의 배선 사이에 배선지름(배선의 지름이 다른 경우에는 가장 큰 것을 기준으로 한다)의 (⑥)배 이상의 높이의 (⑦)을 설치하는 경우

해설

내화배선의 공사방법

금속관·2종 금속제 가요전선관 또는 합성수지관에 수납하여 내화구조로 된 벽 또는 바닥 등에 벽 또는 바닥의 표면으로부터 25[mm] 이상의 깊이로 매설해야 한다. 다만, 다음의 기준에 적합하게 설치하는 경우에는 그렇지 않다.

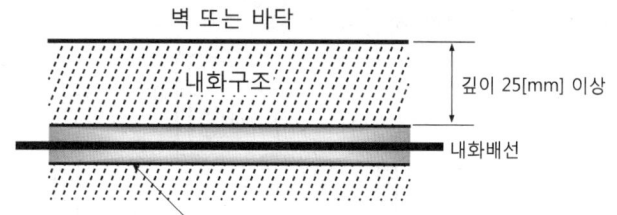

(1) 배선을 내화성능을 갖는 배선전용실 또는 배선용 샤프트·피트·덕트 등에 설치하는 경우
(2) 배선전용실 또는 배선용 샤프트·피트·덕트 등에 다른 설비의 배선이 있는 경우에는 이로부터 15[cm] 이상 떨어지게 하거나 소화설비의 배선과 이웃하는 다른 설비의 배선 사이에 배선지름(배선의 지름이 다른 경우에는 가장 큰 것을 기준으로 한다)의 1.5배 이상의 높이의 불연성 격벽을 설치하는 경우

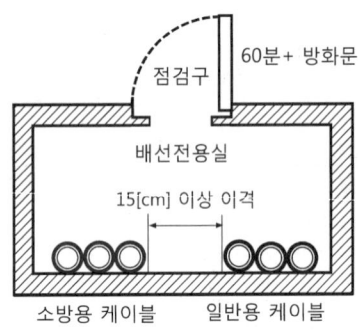
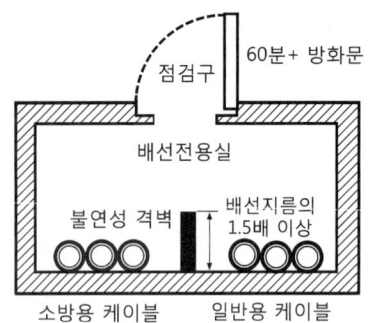

정답
① 2종 금속제 가요전선관
② 합성수지관
③ 내화구조
④ 25
⑤ 15
⑥ 1.5
⑦ 불연성 격벽

03 소방용 케이블과 다른 용도의 케이블을 배선전용실에 함께 배선할 경우 다음 각 물음에 답하시오. | 득점 | 배점 |
| --- | --- |
| | 4 |

(1) 소방용 케이블을 내화성능을 갖는 배선전용실의 내부에 소방용이 아닌 케이블과 함께 노출하여 배선할 경우 소방용 케이블과 다른 용도의 케이블 간의 이격거리는 몇 [cm] 이상이어야 하는지 쓰시오.

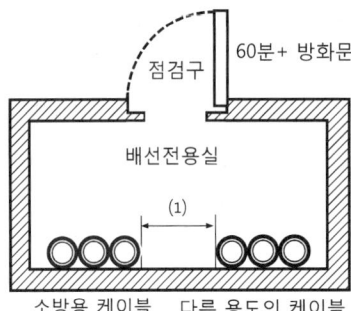

(2) (1)과 같이 이격시킬 수 없어 불연성 격벽을 설치하는 경우 격벽의 높이는 지름이 가장 큰 케이블 지름의 몇 배 이상으로 해야 하는지 쓰시오.

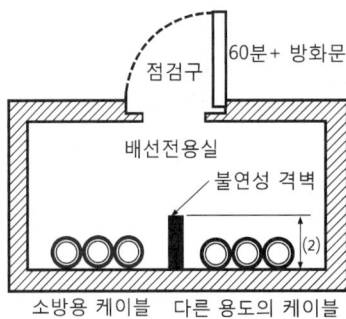

해설

내화배선의 공사방법

금속관·2종 금속제 가요전선관 또는 합성수지관에 수납하여 내화구조로 된 벽 또는 바닥 등에 벽 또는 바닥의 표면으로부터 25[mm] 이상의 깊이로 매설해야 한다. 다만 다음의 기준에 적합하게 설치하는 경우에는 그렇지 않다.

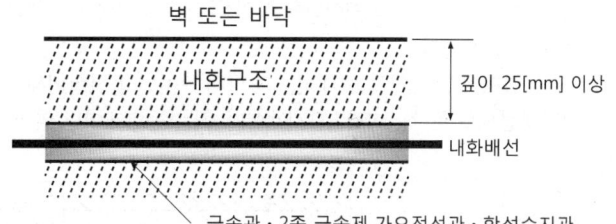

(1) 배선을 내화성능을 갖는 배선전용실 또는 배선용 샤프트·피트·덕트 등에 설치하는 경우
(2) 배선전용실 또는 배선용 샤프트·피트·덕트 등에 다른 설비의 배선이 있는 경우에는 이로부터 15[cm] 이상 떨어지게 하거나 소화설비의 배선과 이웃하는 다른 설비의 배선 사이에 배선지름(배선의 지름이 다른 경우에는 가장 큰 것을 기준으로 한다)의 1.5배 이상의 높이의 불연성 격벽을 설치하는 경우

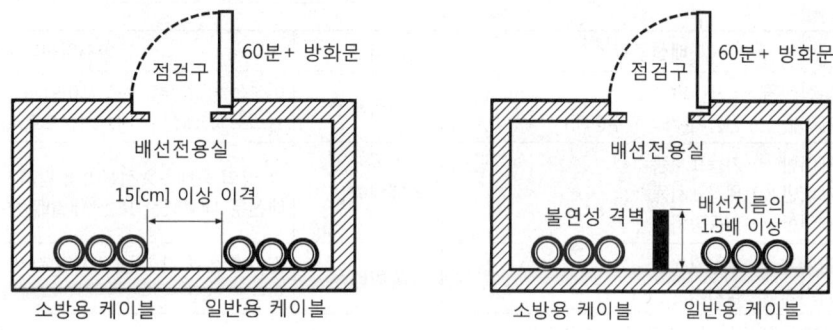

정답 (1) 15[cm] 이상
(2) 1.5배 이상

04 다음 그림은 옥내소화전설비의 배선기준에 대한 블록다이어그램이다. 각 구성요소 간 배선을 내화배선, 내열배선, 일반배선으로 구분하여 블록다이어그램을 완성하시오(단, 내화배선 : ▬▬, 내열배선 : ▨▨, 일반배선 : ──, 배관 : ━ ━ ━ 이다).

득점	배점
	5

> 해설

옥내소화전설비의 배선기준

(1) 옥내소화전설비의 배선기준
　① 비상전원을 설치한 경우에는 비상전원으로부터 동력제어반 및 가압송수장치에 이르는 전원회로의 배선은 내화배선으로 할 것. 다만, 자가발전설비와 동력제어반이 동일한 실에 설치된 경우에는 자가발전기로부터 그 제어반에 이르는 전원회로의 배선은 그렇지 않다.
　② 상용전원으로부터 동력제어반에 이르는 배선, 그 밖의 옥내소화전설비의 감시·조작 또는 표시등회로의 배선은 내화배선 또는 내열배선으로 할 것. 다만, 감시제어반 또는 동력제어반 안의 감시·조작 또는 표시등회로의 배선은 그렇지 않다.

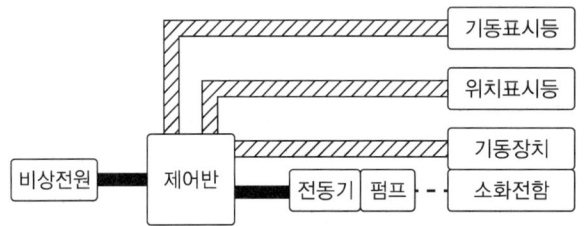

배선구간	배선	화재안전기술기준
• 비상전원 ↔ 제어반 • 제어반 ↔ 전동기(가압송수장치)	내화배선	비상전원으로부터 동력제어반 및 가압송수장치에 이르는 전원회로의 배선은 내화배선으로 할 것
• 제어반 ↔ 기동표시등 • 제어반 ↔ 위치표시등 • 제어반 ↔ 기동장치	내열배선	그 밖의 옥내소화전설비의 감시·조작 또는 표시등회로의 배선은 내화배선 또는 내열배선으로 할 것
• 감지기 ↔ 수신기 • 감지기 ↔ 감지기	일반배선	감지기 상호 간 또는 감지기로부터 수신기에 이르는 감지기회로의 배선

펌프와 소화전함은 배관으로 연결된다.

(2) 스프링클러설비의 배선기준

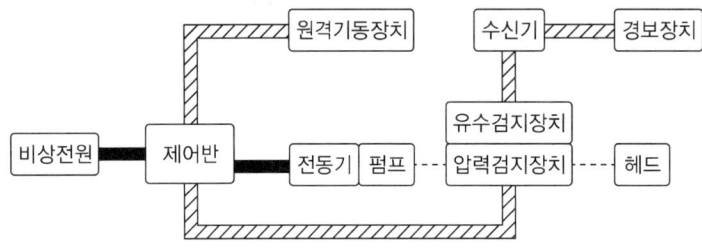

(3) 분말소화설비·할론소화설비·이산화탄소소화설비의 배선기준

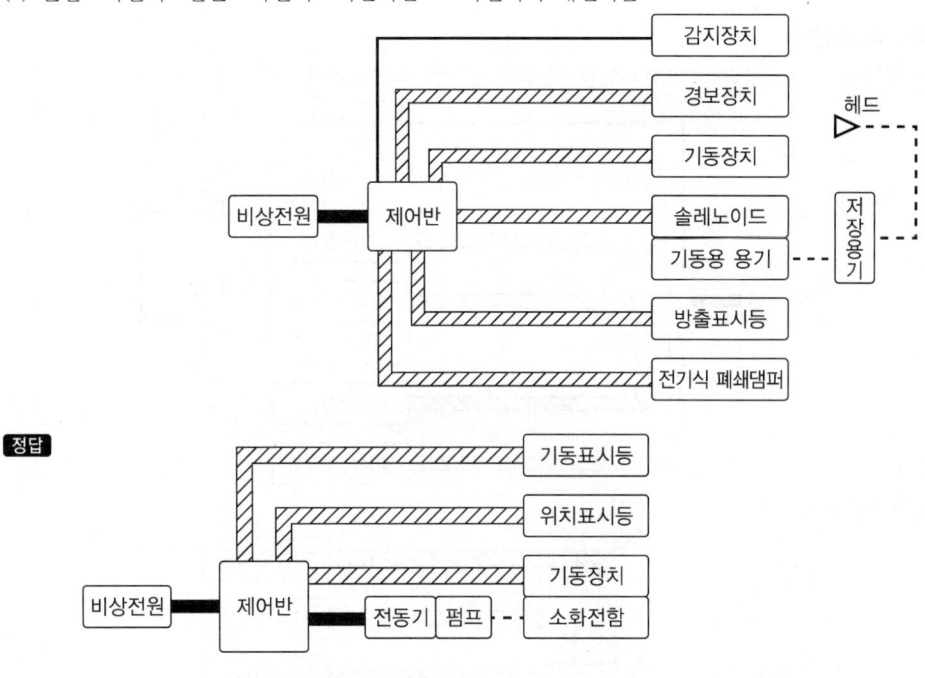

05 | 다음 그림은 스프링클러설비의 배선기준에 대한 블록다이어그램이다. 스프링클러설비의 각 구성요소 간 배선을 내화배선, 내열배선, 일반배선으로 구분하여 블록다이어그램을 완성하시오(단, 내화배선 : ■■■, 내열배선 : ▨▨▨, 일반배선 : ━━, 배관 : ▬▬이다). | 득점 | 배점 |
| | | | 5 |

해설

스프링클러설비의 배선기준

(1) 가스계(이산화탄소, 할론, 분말, 할로겐화합물 및 불활성기체) 소화설비의 배선기준

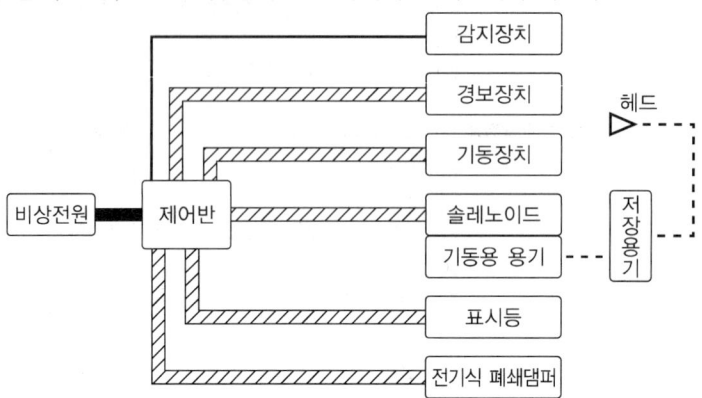

(2) 옥내소화전설비의 배선기준

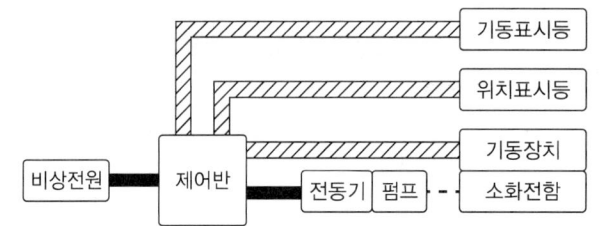

(3) 스프링클러설비의 배선기준

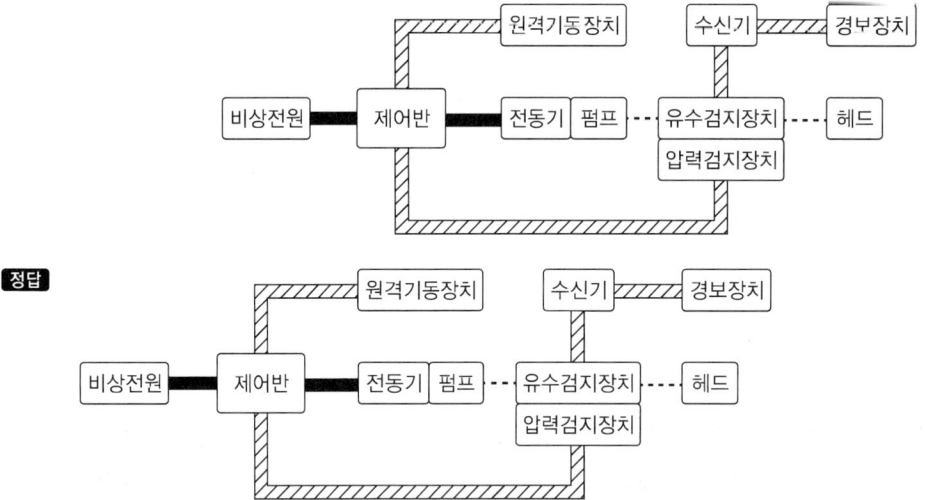

정답

06 다음 그림은 이산화탄소소화설비의 블록다이어그램이다. 각 구성요소 간 배선을 내화배선, 내열배선, 일반배선으로 구분하여 블록다이어그램을 완성하시오(단, 내화배선 : ■■■■, 내열배선 : ▨▨▨▨, 일반배선 : ━━━, 배관 : ▬▬▬▬이다).

득점	배점
	6

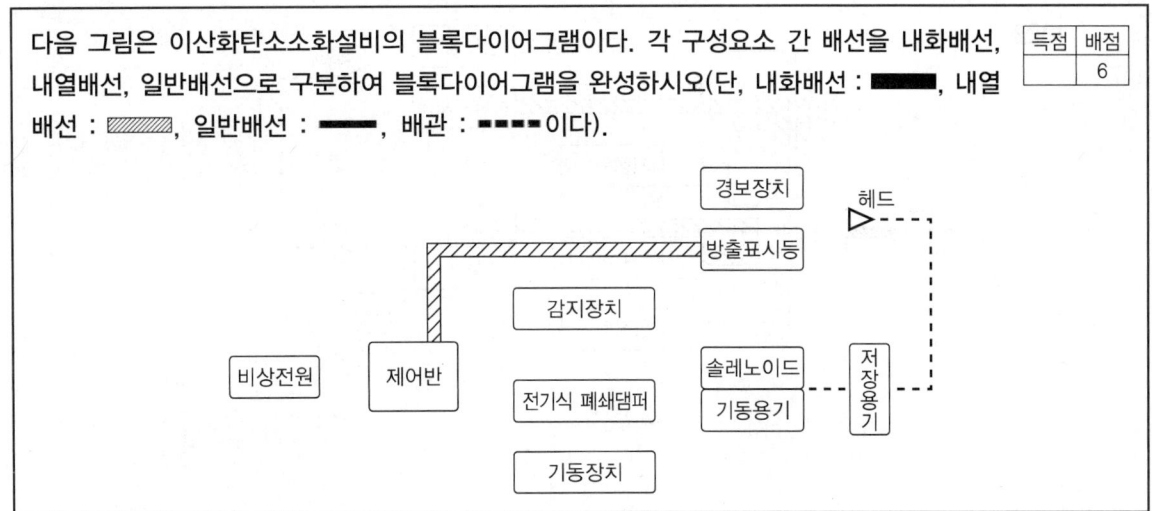

해설

이산화탄소소화설비의 배선기준

(1) 배선의 설치기준
   ① 전원회로의 배선은 옥내소화전설비의 화재안전기술기준(NFTC 102) 2.7.2의 표 2.7.2(1)에 따른 내화배선에 따르고, 그 밖의 배선(감지기 상호 간 또는 감지기로부터 수신기에 이르는 감지기회로의 배선을 제외한다)은 옥내소화전설비의 화재안전기술기준(NFTC 102) 2.7.2의 표 2.7.2(1) 또는 표 2.7.2(2)에 따른 내화배선 또는 내열배선에 따를 것
   ② 감지기 상호 간 또는 감지기로부터 수신기에 이르는 감지기회로의 배선은 다음의 기준에 따라 설치할 것
      ㉠ 아날로그식, 다신호식 감지기나 R형 수신기용으로 사용되는 것은 전자파 방해를 받지 않는 실드선 등을 사용해야 하며, 광케이블의 경우에는 전자파 방해를 받지 않고 내열성능이 있는 경우 사용할 것. 다만, 전자파 방해를 받지 않는 방식의 경우에는 그렇지 않다.
      ㉡ ㉠ 외의 일반배선을 사용할 때는 옥내소화전설비의 화재안전기술기준(NFTC 102) 2.7.2의 표 2.7.2(1) 또는 표 2.7.2(2)에 따른 내화배선 또는 내열배선으로 사용할 것

(2) 이산화탄소소화설비·분말소화설비·할론소화설비의 배선기준

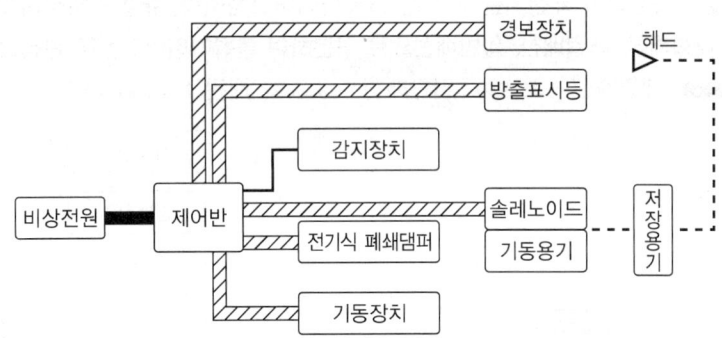

정답

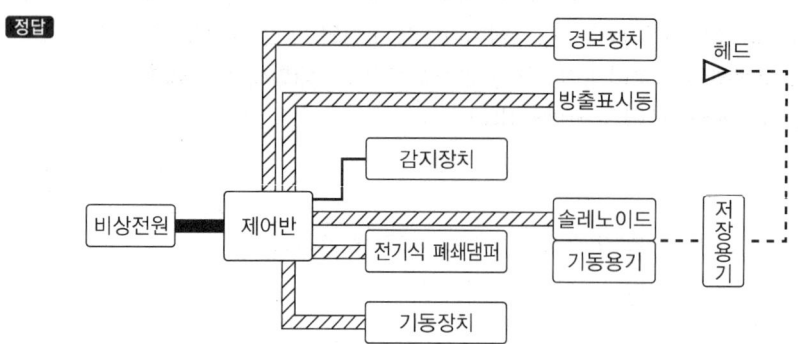

07 다음은 분말소화설비의 배선기준에 대한 블록다이어그램이다. 분말소화설비의 각 구성요소 간 배선을 내화배선, 내열배선, 일반배선으로 구분하여 블록다이어그램을 완성하시오(단, 내화배선 : ▬▬▬, 내열배선 : ▨▨▨, 일반배선 : ━━━, 배관 : ▬ ▬ ▬이다).

득점	배점
	5

해설

분말소화설비의 배선기준

(1) 가스계(이산화탄소, 할론, 분말, 할로겐화합물 및 불활성기체) 소화설비의 배선기준

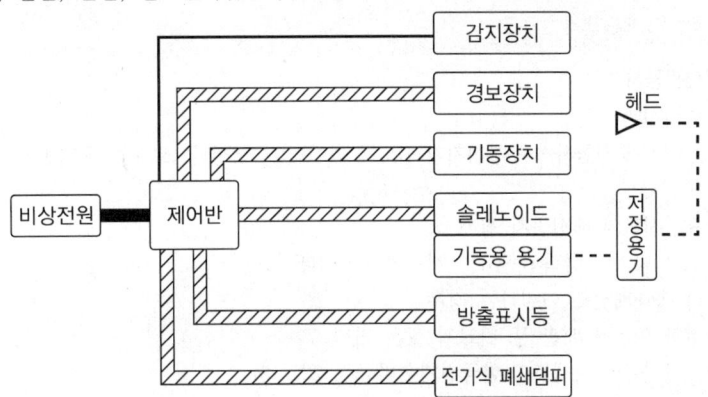

(2) 옥내소화전설비의 배선기준

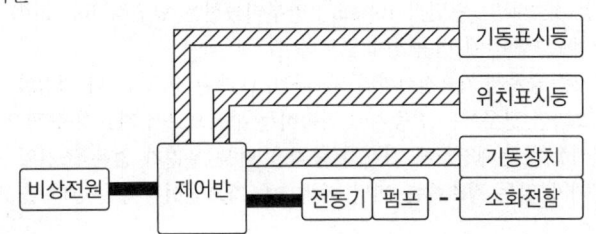

(3) 스프링클러설비의 배선기준

정답

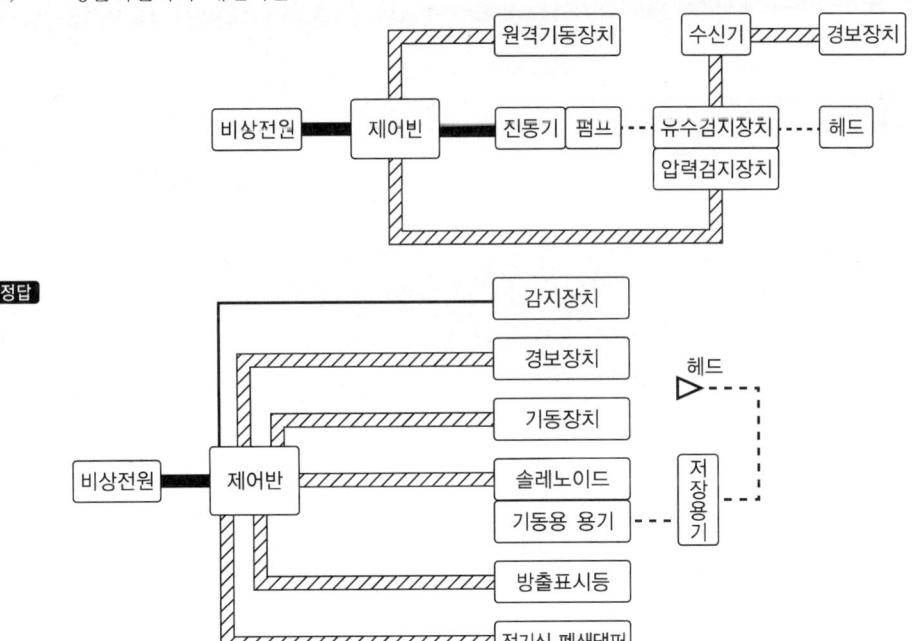

08
굴곡이 심한 장소에 적합하게 구부러지기 쉽도록 되어 있는 전선관으로 전동기와 옥내배선을 연결하는 경우, 조명기기와 인입선 배관 등 비교적 짧은 거리에 적용되는 배선공사방법을 쓰시오.

득점	배점
	4

해설

금속제 가요전선관공사

(1) 금속제 가요전선관

굴곡이 심한 장소에 적합하게 구부러지기 쉽도록 되어 있는 전선관으로 1종 금속제 가요전선관과 2종 금속제 가요전선관이 있다.

(2) 금속제 가요전선관의 배선공사 장소
  ① 굴곡장소가 많거나 금속관공사를 시공하기 어려운 곳
  ② 전동기와 옥내배선을 연결하는 경우
  ③ 조명기기와 인입선 배관 등 비교적 짧은 거리

(3) 금속제 가요전선관의 시설조건(한국전기설비규정 232.13)
  ① 전선은 절연전선(옥외용 비닐절연전선을 제외한다)일 것
  ② 전선은 연선일 것. 다만, 단면적 10[mm^2](알루미늄선은 단면적 16[mm^2]) 이하인 것은 그렇지 않다.
  ③ 가요전선관 안에는 전선에 접속점이 없도록 할 것
  ④ 가요전선관은 2종 금속제 가요전선관일 것. 다만, 전개된 장소이거나 점검할 수 있는 은폐된 장소(옥내배선의 사용전압이 400[V] 초과인 경우에는 전동기에 접속하는 부분으로서 가요성을 필요로 하는 부분에 사용하는 것에 한한다) 또는 점검 불가능한 은폐장소에 기계적 충격을 받을 우려가 없는 조건일 경우에는 1종 가요전선관(습기가 많은 장소 또는 물기가 있는 장소에는 비닐 피복 1종 가요전선관에 한한다)을 사용할 수 있다.

정답 금속제 가요전선관공사

09 저압옥내배선의 금속관배선에 있어서 관의 굴곡에 관한 시설기준이다. ( ) 안에 알맞은 내용을 쓰시오.

득점	배점
	5

- 금속관을 구부릴 때 금속관의 단면이 심하게 변형되지 않도록 구부려야 하며, 그 안측의 (①)은 관 안지름의 (②)배 이상이 되어야 한다.
- 아웃렛박스 사이 또는 전선인입구가 있는 기구 사이의 금속관은 (③)개소를 초과하는 직각 또는 직각에 가까운 굴곡개소를 만들어서는 안 된다.
- 굴곡개소가 많은 경우 길이가 (④)[m]를 초과하는 경우에는 (⑤)를 설치하는 것이 바람직하다.

해설

저압옥내배선의 금속관배선에 있어서 관의 굴곡 기준

(1) 금속관을 구부릴 때 금속관의 단면이 심하게 변형되지 않도록 구부려야 하며, 그 안측의 반지름은 관 안지름의 6배 이상이 되어야 한다. 다만, 전선관의 안지름이 25[mm] 이하이고 건조물의 구조상 부득이한 경우는 관의 내 단면이 현저하게 변형되지 않고 관에 금이 생기지 않을 정도까지 구부릴 수 있다.

(2) 아웃렛박스 사이 또는 전선인입구가 있는 기구 사이의 금속관은 3개소를 초과하는 직각 또는 직각에 가까운 굴곡개소를 만들어서는 안 된다. 굴곡개소가 많은 경우 길이가 30[m]를 초과하는 경우에는 풀박스를 설치하는 것이 바람직하다.

(3) 유니버설엘보(Universal Elbow), 티이, 크로스 등은 조영재에 은폐시켜서는 안 된다.

(4) (3)의 티이, 크로스 등은 덮개가 있는 것이어야 한다.

정답   ① 반지름   ② 6
　　　　 ③ 3   　　 ④ 30
　　　　 ⑤ 풀박스

10 다음은 전선 금속관공사에 사용되는 부품의 용도를 간단하게 쓰시오.

득점	배점
	6

(1) 부싱
(2) 유니언커플링
(3) 유니버설엘보

해설

전선 금속관공사에 사용되는 부품

금속관공사의 부품 명칭	사용 용도	그림
커플링	전선관과 전선관을 연결할 때 사용한다.	
새들	전선관을 구조물에 고정할 때 사용한다.	
환형 3방출 정크션박스	전선관을 분기할 때 사용하며 방출방향의 수에 따라 2방출, 3방출, 4방출이 있다.	
노멀밴드	전선관이 직각으로 구부러지는 곳에 사용한다.	
유니버설엘보	노출배관을 공사할 때 관을 직각으로 구부러지는 곳에 사용한다.	
유니언커플링	전선관의 접속부에서 양쪽의 관이 돌려지지 않는 곳에 전선관을 접속할 때 사용한다.	
부싱	전선관을 박스에 접속할 때 전선의 피복을 보호하기 위하여 박스 내부의 전선관 끝에 사용한다.	
로크너트	전선관과 박스를 접속할 때 사용하는 부품으로서 최소 2개를 사용한다.	
8각 아웃렛 박스	전선관을 공사할 때 감지기, 유도등 및 전선을 접속하는 데 사용하는 박스로 4각은 각 방향으로 2개까지 방출할 수 있고, 8각은 각 방향으로 1개까지 방출할 수 있다.	
4각 아웃렛 박스		

정답 (1) 전선관을 박스에 접속할 때 전선의 피복을 보호하기 위하여 박스 내부의 전선관 끝에 사용한다.
(2) 전선관의 접속부에서 양쪽의 관이 돌려지지 않는 곳에 전선관을 접속할 때 사용한다.
(3) 노출배관을 공사할 때 관을 직각으로 구부러지는 곳에 사용한다.

11 다음의 저압 옥내배선공사 중 금속관공사에 사용되는 부품의 명칭을 쓰시오.

득점	배점
	6

(1) 금속관 상호 간을 연결할 때 사용되는 부품의 명칭을 쓰시오.
(2) 전선의 절연피복을 보호하기 위해 금속관 끝에 취부하는 부품의 명칭을 쓰시오.
(3) 금속관과 박스를 고정시킬 때 사용되는 부품의 명칭을 쓰시오.

해설

전선 금속관공사에 사용되는 부품

금속관공사의 부품 명칭	사용 용도	그림
커플링	전선관(금속관)과 전선관(금속관)을 연결할 때 사용한다.	
새들	전선관(금속관)을 구조물에 고정할 때 사용한다.	
환형 3방출 정크션박스	전선관(금속관)을 분기할 때 사용하며 방출방향의 수에 따라 2방출, 3방출, 4방출이 있다.	
노멀밴드	전선관(금속관)이 직각으로 구부러지는 곳에 사용한다.	
유니버설엘보	노출배관을 공사할 때 관을 직각으로 구부러지는 곳에 사용한다.	
유니언커플링	전선관(금속관)의 접속부에서 양쪽의 관이 돌려지지 않는 곳에 전선관(금속관)을 접속할 때 사용한다.	
부싱	전선관(금속관)을 박스에 접속할 때 전선의 피복을 보호하기 위하여 박스 내부의 전선관 끝에 사용한다.	
로크너트	전선관(금속관)과 박스를 접속할 때 사용하는 부품으로서 최소 2개를 사용한다.	
8각 아웃렛 박스	전선관(금속관)을 공사할 때 감지기, 유도등 및 전선을 접속하는 데 사용하는 박스로 4각은 각 방향으로 2개까지 방출할 수 있고, 8각은 각 방향으로 1개까지 방출할 수 있다.	
4각 아웃렛 박스		

정답 (1) 커플링 또는 유니언커플링
(2) 부싱
(3) 로크너트

12 다음은 금속관 노출배관을 공사한 그림이다. 각 물음에 답하시오.

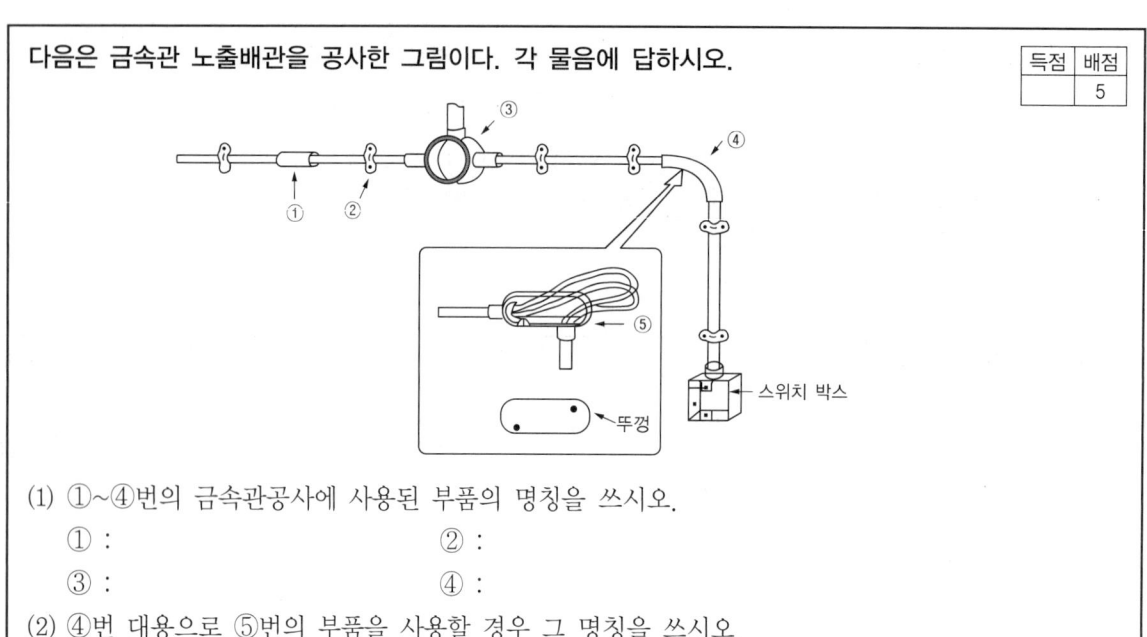

(1) ①~④번의 금속관공사에 사용된 부품의 명칭을 쓰시오.
  ① :   ② :
  ③ :   ④ :
(2) ④번 대용으로 ⑤번의 부품을 사용할 경우 그 명칭을 쓰시오.

해설

전선 금속관공사에 사용되는 부품

금속관공사의 부품 명칭	사용 용도	그림
커플링	전선관과 전선관을 연결할 때 사용한다.	
새들	전선관을 구조물에 고정할 때 사용한다.	
환형 3방출 정크션박스	전선관을 분기할 때 사용하며 방출방향의 수에 따라 2방출, 3방출, 4방출이 있다.	
노멀밴드	전선관이 직각으로 구부러지는 곳에 사용한다.	
유니버설엘보	노출배관을 공사할 때 관을 직각으로 구부러지는 곳에 사용한다.	
유니언커플링	전선관의 접속부에서 양쪽의 관이 돌려지지 않는 곳에 전선관을 접속할 때 사용한다.	
부싱	전선관을 박스에 접속할 때 전선의 피복을 보호하기 위하여 박스 내부의 전선관 끝에 사용한다.	

금속관공사의 부품 명칭	사용 용도	그림
로크너트	전선관과 박스를 접속할 때 사용하는 부품으로서 최소 2개를 사용한다.	
8각 아웃렛 박스	전선관을 공사할 때 감지기, 유도등 및 전선을 접속하는 데 사용하는 박스로 4각은 각 방향으로 2개까지 방출할 수 있고, 8각은 각 방향으로 1개까지 방출할 수 있다.	
4각 아웃렛 박스		

정답 (1) ① 커플링　　　　　　　　　② 새들
　　　　③ 환형 3방출 정크션박스　④ 노멀밴드
　　　(2) 유니버설엘보

13. 가요전선관공사에서 사용되는 부품의 명칭을 쓰시오.

(1) 가요전선관과 박스를 연결할 때 사용하는 부품
(2) 가요전선관과 금속관을 연결할 때 사용하는 부품
(3) 가요선선관과 가요전선관을 연결할 때 사용하는 부품

배점: 6

해설
배선공사에 사용되는 부품
(1) 가요전선관공사에 사용되는 부품

가요전선관공사의 부품 명칭	사용 용도	그림
스플리트 커플링	가요전선관과 가요전선관을 연결할 때 사용한다.	
콤비네이션 커플링	가요전선관과 금속관을 연결할 때 사용한다.	
스트레이트 박스 커넥터	가요전선관과 박스를 연결할 때 사용한다.	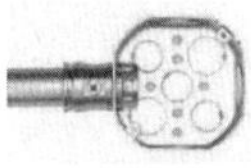
앵글박스 커넥터	직각으로 박스에 연결할 때 사용한다.	

(2) 금속관공사에 사용되는 부품

금속관공사의 부품 명칭	사용 용도	그림
커플링	전선관과 전선관을 연결할 때 사용한다.	
새들	전선관을 구조물에 고정할 때 사용한다.	
환형 3방출 정크션박스	전선관을 분기할 때 사용하며 방출방향의 수에 따라 2방출, 3방출, 4방출이 있다.	
노멀밴드	전선관이 직각으로 구부러지는 곳에 사용한다.	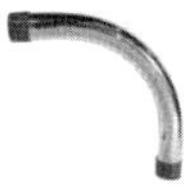
유니버설엘보	노출배관을 공사할 때 관을 직각으로 구부러지는 곳에 사용한다.	
유니언커플링	전선관의 접속부에서 양쪽의 관이 돌려지지 않는 곳에 전선관을 접속할 때 사용한다.	
부싱	전선관을 박스에 접속할 때 전선의 피복을 보호하기 위하여 박스 내부의 전선관 끝에 사용한다.	
로크너트	전선관과 박스를 접속할 때 사용하는 부품으로서 최소 2개를 사용한다.	
8각 아웃렛 박스	전선관을 공사할 때 감지기, 유도등 및 전선을 접속하는 데 사용하는 박스로 4각은 각 방향으로 2개까지 방출할 수 있고, 8각은 각 방향으로 1개까지 방출할 수 있다.	
4각 아웃렛 박스		

정답 (1) 스트레이트 박스 커넥터
   (2) 콤비네이션 커플링
   (3) 스플리트 커플링

14 다음은 공사비 산출내역서 산출 시 표준품셈에서 정하는 공구손료와 잡재료 및 소모재료를 계상하는 내용이다. (   ) 안에 알맞은 내용을 쓰시오.

득점	배점
	4

(1) 공구손료는 일반공구 및 시험용 계측기구류의 손료로서 공사 중 상시 일반적으로 사용하는 것을 말하며 인력품의 (   )[%]까지 계상하며 특수공구(철골공사, 석공사 등) 및 검사용 특수계측기류의 손료는 별도 계상한다.
(2) 잡재료 및 소모재료 손료는 설계내역에 표시하여 계상하되 주재료비와 직접재료비(전선, 케이블 및 배관자재비)의 (   )[%]까지 계상한다.

해설

공사비 산출내역서 산출 시 표준품셈

(1) 공구손료
일반공구 및 시험용 계측기구류의 손료로서 공사 중 상시 일반적으로 사용하는 것을 말하며 인력품(노임할증과 작업시간 증가에 의하지 않은 품할증 제외)의 3[%]까지 계상하며 특수공구(철골공사, 석공사 등) 및 검사용 특수계측기류의 손료는 별도 계상한다.

(2) 잡재료 및 소모재료 손료
설계내역에 표시하여 계상하되 주재료비와 직접재료비(전선, 케이블 및 배관자재비)의 2~5[%]까지 계상한다.

(3) 잡재료(전기)
재료비의 산출에는 필요한 재료를 가능한 한 품목별로 계상하는 것을 원칙으로 하고 있으나 소량이나 소금액의 재료는 명세서 작성이 곤란하므로 잡재료로 일괄 계상한다. 잡재료에는 볼트(Bolt)류(지름10[mm], 길이 10[cm] 이하), 너트(Nut)류(지름 10[mm] 이하), 플러그(Plug)류, 소나사(지름 10[mm], 길이 5[cm] 이하), 목나사, 단자류(8[mm^2] 이하), 못, 슬리브(Sleeve), 스테이플(Staple), 새들(Saddle), 보수재료 등이 포함된다.

(4) 소모재료(전기)
작업 중에 소모하여 없어지거나 작업이 끝난 후에 모양이나 형태가 변하여 남아 있는 재료로 땜납, 페이스트(Paste), 테이프류, 가솔린(Gasoline), 오일(Oil), 절연니스, 방청도료, 용접봉, 왁스, 아세틸렌가스, 산소가스 등이 포함된다.

정답 (1) 3
(2) 2~5

15 다음 접지공사에 대한 각 물음에 답하시오.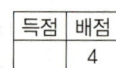

(1) 접지봉과 접지선을 연결하는 방법을 3가지 쓰시오.
(2) 접지봉과 접지선을 연결하는 방법 중 가장 내구성이 높은 방법을 쓰시오.

해설

접지봉과 접지선을 연결하는 방법

(1) 접지봉(접지전극)과 접지선의 접속은 견고하고 전기적인 연속성이 보장되도록 접속부는 발열성 용접, 압착접속, 클램프 또는 그 밖에 적절한 기계적 접속장치로 접속해야 한다.

(2) 접지봉과 접지선을 연결하는 방법
　① 발열용접(용융) 접속 : 몰드에 접지봉과 접지선을 넣어 열로 용융시켜 연결하는 방법으로서 열적으로 접합된 부위는 풀리거나 설치 후 시간이 경과하여도 저항값의 증가를 초래하지 않으므로 내구성이 가장 우수한 연결방법이다.
　② 압착 슬리브 접속 : C형 슬리브나 압착단자를 이용하여 유압식 압착기로 동선이나 금속을 연결하는 방법으로서 작업이 비교적 쉽고 휴대용 압착기를 이용하므로 현장에서 많이 이용된다.
　③ 납땜접속 : 구인 바인더선으로 접지봉과 접지선을 8회 이상 감고 납땜으로 연결하는 방법이다.
　④ 클램프접속 : 접지봉과 접지선을 접지용 클램프로 연결하는 방법이다.

정답 (1) 발열용접 접속, 압착 슬리브 접속, 납땜접속
　　　(2) 발열용접 접속

CHAPTER 07 소방시설 도시기호

※ 소방시설 자체점검사항 등에 관한 고시 별표

분류	명칭		도시기호	분류	명칭	도시기호
배관	일반배관		———	헤드류	스프링클러헤드폐쇄형 상향식(평면도)	●
	옥내·외소화전		—H—		스프링클러헤드폐쇄형 하향식(평면도)	●
	스프링클러		—SP—		스프링클러헤드개방형 상향식(평면도)	○
	물분무		—WS—		스프링클러헤드개방형 하향식(평면도)	○
	포소화		—F—		스프링클러헤드폐쇄형 상향식(계통도)	▲
	배수관		—D—		스프링클러헤드폐쇄형 하향식(입면도)	▼
	전선관	입 상	↗		스프링클러헤드폐쇄형 상·하향식(입면도)	↕
		입 하	↙		스프링클러헤드 상향형(입면도)	△
		통 과	↗		스프링클러헤드 하향형(입면도)	▽
관이음쇠	플랜지		⊣⊢		분밀·탄산가스· 할로겐헤드	
	유니언		⊣‖⊢		연결살수헤드	
	플러그		←⊣		물분무헤드(평면도)	⊗
	90° 엘보		⌐		물분무헤드(입면도)	▽
	45° 엘보		⤫		드렌처헤드(평면도)	⊘
	티		⊥		드렌처헤드(입면도)	▽
	크로스		✚		포헤드(평면도)	⊕
	맹플랜지		⊣		포헤드(입면도)	▮
	캡		⊐		감지헤드(평면도)	⊙

분류	명칭	도시기호	분류	명칭	도시기호
헤드류	감지헤드(입면도)		밸브류	릴리프밸브(이산화탄소용)	
	청정소화약제방출헤드(평면도)			릴리프밸브(일반)	
	청정소화약제방출헤드(입면도)			동체크밸브	
밸브류	체크밸브			앵글밸브	
	가스체크밸브			풋밸브	
	게이트밸브(상시개방)			볼밸브	
	게이트밸브(상시폐쇄)			배수밸브	
	선택밸브			자동배수밸브	
	조작밸브(일반)			여과망	
	조작밸브(전자식)			자동밸브	
	조작밸브(가스식)			감압밸브	
	경보밸브(습식)			공기조절밸브	
	경보밸브(건식)		계기류	압력계	
	프리액션밸브			연성계	
	경보델류지밸브			유량계	
	프리액션밸브수동조작함	SVP	소화전	옥내소화전함	
	플렉시블조인트			옥내소화전 방수용기구병설	
	솔레노이드밸브			옥외소화전	
	모터밸브			포말소화전	

분류	명칭	도시기호	분류	명칭	도시기호
소화전	송수구			차동식스포트형감지기	
	방수구			보상식스포트형감지기	
스트레이너	Y형			정온식스포트형감지기	
	U형			연기감지기	S
저장탱크류	고가수조 (물올림장치)			감지선	
	압력체임버			공기관	
	포말원액탱크	(수직) (수평)		열전대	
리듀서	편심리듀서			열반도체	∞
	원심리듀서			차동식분포형 감지기의 검출기	
혼합장치류	프레셔프로포셔너		경보설비기기류	발신기세트 단독형	P B L
	라인프로포셔너			발신기세트 옥내소화전내장형	P B L
	프레셔사이드 프로포셔너			경계구역번호	△
	기타	P		비상용누름버튼	F
펌프류	일반펌프			비상전화기	ET
	펌프모터(수평)	M		비상벨	B
	펌프모터(수직)	M		사이렌	
저장용기류	분말약제 저장용기	P.D		모터사이렌	M
	저장용기			전자사이렌	S
				조작장치	EP
				증폭기	AMP

분류	명칭	도시기호	분류	명칭	도시기호
경보설비기기류	기동누름버튼	Ⓔ	경보설비기기류	보조전원	TR
	이온화식감지기(스포트형)	S I		종단저항	∩
	광전식연기감지기(아날로그)	S A	제연설비	수동식제어	□
	광전식연기감지기(스포트형)	S P		천장용배풍기	
	감지기간선, HIV1.2[mm]×4(22C)	— F ///		벽부착용 배풍기	
	감지기간선, HIV1.2[mm]×8(22C)	— F /// ///		배풍기 — 일반배풍기	
	유도등간선 HIV2.0[mm]×3(22C)	— EX —		배풍기 — 관로배풍기	
	경보버저	BZ		댐퍼 — 화재댐퍼	
	제어반	⊠		댐퍼 — 연기댐퍼	
	표시반	⊟		댐퍼 — 화재/연기댐퍼	
	회로시험기	⊙	스위치류	압력스위치	PS
	화재경보벨	Ⓑ		탬퍼스위치	TS
	시각경보기(스트로브)	◇	방연·방화문	연기감지기(전용)	S
	수신기	⊠		열감지기(전용)	⌒
	부수신기	⊟		자동폐쇄장치	ER
	중계기	□		연동제어기	▱
	표시등	◐		배연창 기동 모터	M
	피난구유도등	◈		배연창 수동조작함	8
	통로유도등	→	피뢰침	피뢰부(평면도)	⊙
	표시판	◁		피뢰부(입면도)	▲

분류	명칭	도시기호	분류	명칭	도시기호
피뢰침	피뢰도선 및 지붕위 도체	──	기타	화재 및 연기방벽	▨
제연설비	접지	⏚		비상콘센트	⊡
	접지저항 측정용 단자	⊗		비상분전반	◤◥
소화기류	ABC소화기	소		가스계 소화설비의 수동조작함	RM
	자동확산 소화기	자		전동기구동	M
	자동식소화기	◀소▶		엔진구동	E
	이산화탄소 소화기	C		배관행거	⌇---⌇
	할로겐화합물 소화기	△		기압계	⧖
기타	안테나	▽		배기구	─↑
	스피커	ⓥ		바닥은폐선	------
	연기 방연벽	▨		노출배선	──
	화재방화벽	──		소화가스 패키지	PAC

EXERCISE 07-1 소방시설 도시기호

01 다음은 소방시설의 도시기호이다. 각 도시기호의 명칭을 쓰시오.

득점	배점
	4

(1) 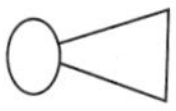 ▷
(2)  S
(3)  ⌒
(4)  Ⓑ

해설

소방시설의 도시기호(소방시설 자체점검사항 등에 관한 고시 별표)

명칭	도시기호	명칭	도시기호
차동식 스포트형 감지기		보상식 스포트형 감지기	
정온식 스포트형 감지기		연기감지기	 S
감지선	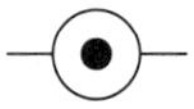	열전대	
열반도체		차동식 분포형 감지기의 검출기	
발신기세트 단독형	 ⓅⒷⓁ	발신기세트 옥내소화전 내장형	 ⓅⒷⓁ
비상벨	 Ⓑ	사이렌	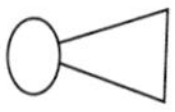
모터사이렌	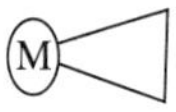 Ⓜ	전자사이렌	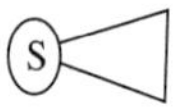 Ⓢ
제어반	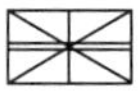	화재경보벨	 Ⓑ
수신기	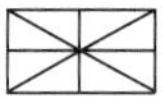	부수신기	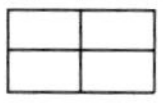
중계기	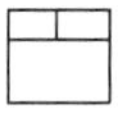	표시등	

정답
(1) 사이렌
(2) 연기감지기
(3) 정온식 스포트형 감지기
(4) 비상벨

02 다음은 소방시설의 도시기호이다. 각 도시기호의 명칭을 쓰시오.

득점	배점
	4

(1) 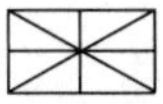 ⊠   (2) 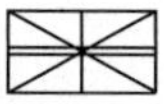 ⊠
(3) 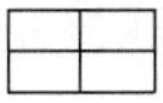 ⊟   (4) 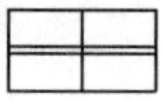 ⊟

해설

소방시설의 도시기호(소방시설 자체점검사항 등에 관한 고시 별표)

명칭	도시기호	명칭	도시기호
차동식 스포트형 감지기	 ▽	보상식 스포트형 감지기	 ▽
정온식 스포트형 감지기	 ▽	연기감지기	 S
감지선	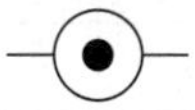 ⊙	열전대	▬
열반도체	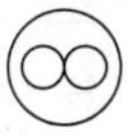 ∞	차동식 분포형 감지기의 검출기	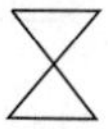 ⋈
발신기세트 단독형	 ⓟⒷⓁ	발신기세트 옥내소화전 내장형	 ⓟⒷⓁ
비상벨	 Ⓑ	사이렌	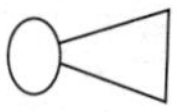 ◁
모터사이렌	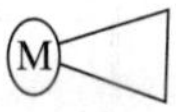 Ⓜ	전자사이렌	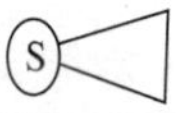 Ⓢ
제어반	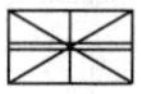 ⊠	화재경보벨	 Ⓑ
수신기	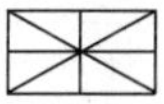 ⊠	부수신기	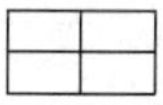 ⊟
중계기	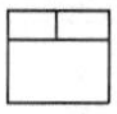 ⊟	표시반	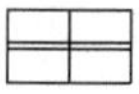 ⊟

정답
(1) 수신기
(2) 제어반
(3) 부수신기
(4) 표시반

03

다음은 소방시설의 도시기호이다. 각 도시기호의 명칭을 쓰시오.

득점	배점
	4

(1) —⊙—

(2) ⌂ (반원 모양)

(3) ▭ (중계기 기호)

(4) Ⓑ

해설

소방시설의 도시기호(소방시설 자체점검사항 등에 관한 고시 별표)

명칭	도시기호	명칭	도시기호
차동식 스포트형 감지기	⌂	보상식 스포트형 감지기	⌂
정온식 스포트형 감지기	⌂	연기감지기	S
감지선	—⊙—	열전대	▬
열반도체	∞	차동식 분포형 감지기의 검출기	⋈
발신기세트 단독형	ⓅⒷⓁ	발신기세트 옥내소화전 내장형	ⓅⒷⓁ
비상벨	Ⓑ	사이렌	◁
모터사이렌	Ⓜ◁	전자사이렌	Ⓢ◁
제어반	⊠	화재경보벨	Ⓑ
수신기	⊠	부수신기	⊞
중계기	▭	표시등	◐

정답
(1) 감지선
(2) 정온식 스포트형 감지기
(3) 중계기
(4) 비상벨

PART 02

과년도 + 최근 기출복원문제

#기출유형 확인　　　#상세한 해설　　　#최종점검 테스트

| 2018~2023년 | 과년도 기출복원문제 | 회독 CHECK 1 2 3 |
| 2024년 | 최근 기출복원문제 | 회독 CHECK 1 2 3 |

- 실기 기출문제는 수험자의 기억에 의해 문제를 복원하였으므로, 실제 시행문제와 상이할 수 있습니다.
- 소방 관련 법령의 잦은 개정으로 인하여 도서 내용이 달라질 수 있으며, 자세한 사항은 법제처 사이트(https://www.moleg.go.kr)에서 확인하시기 바랍니다.

2018년 제1회 과년도 기출복원문제

※ 다음 물음에 대한 답을 해당 답란에 답하시오.(배점 : 100)

01 다음 그림은 이산화탄소소화설비의 블록다이어그램이다. 각 구성요소 간 배선을 내화배선, 내열배선, 일반배선으로 구분하여 블록다이어그램을 완성하시오(단, 내화배선 : ■■■, 내열배선 : ▧▧▧, 일반배선 : ━━━, 배관 : ┅┅┅이다).

득점	배점
	6

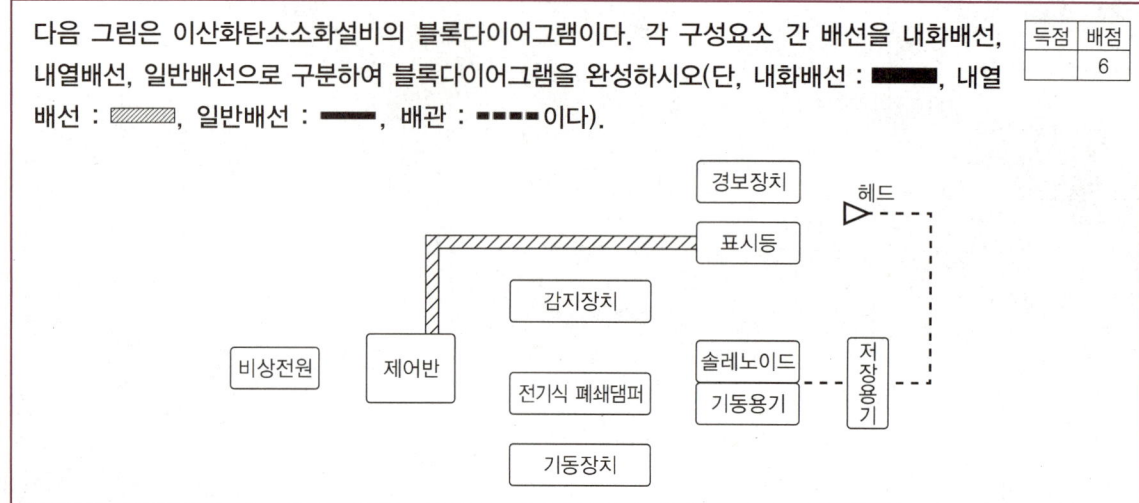

해설

이산화탄소소화설비의 배선기준

(1) 배선의 설치기준(NFTC 203)
① 전원회로의 배선은 옥내소화전설비의 화재안전기술기준(NFTC 102) 2.7.2의 표 2.7.2(1)에 따른 내화배선에 따르고, 그 밖의 배선(감지기 상호 간 또는 감지기로부터 수신기에 이르는 감지기회로의 배선을 제외한다)은 옥내소화전설비의 화재안전기술기준(NFTC 102) 2.7.2의 표 2.7.2(1) 또는 표 2.7.2(2)에 따른 내화배선 또는 내열배선에 따를 것
② 감지기 상호 간 또는 감지기로부터 수신기에 이르는 감지기회로의 배선은 다음의 기준에 따라 설치할 것
　㉠ 아날로그식, 다신호식 감지기나 R형 수신기용으로 사용되는 것은 전자파 방해를 받지 않는 실드선 등을 사용해야 하며, 광케이블의 경우에는 전자파 방해를 받지 않고 내열성능이 있는 경우 사용할 것. 다만, 전자파 방해를 받지 않는 방식의 경우에는 그렇지 않다.
　㉡ ㉠ 외의 일반배선을 사용할 때는 옥내소화전설비의 화재안전기술기준(NFTC 102) 2.7.2의 표 2.7.2(1) 또는 표 2.7.2(2)에 따른 내화배선 또는 내열배선으로 사용할 것

(2) 이산화탄소소화설비 · 분말소화설비 · 할론소화설비의 배선기준

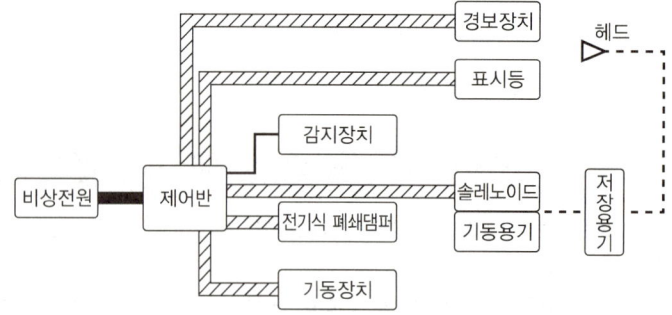

정답

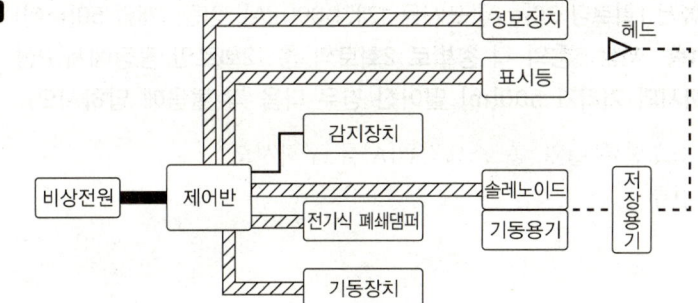

02 비상콘센트설비를 설치해야 하는 특정소방대상물 3가지를 쓰시오.

득점	배점
	6

해설

비상콘센트설비를 설치해야 하는 특정소방대상물(소방시설법 영 별표 4)
(1) 층수가 11층 이상인 특정소방대상물의 경우에는 11층 이상의 층
(2) 지하층의 층수가 3층 이상이고 지하층의 바닥면적의 합계가 1,000[m²] 이상인 것은 지하층의 모든 층
(3) 터널로서 길이가 500[m] 이상인 것
  [설치제외] 위험물 저장 및 처리 시설 중 가스시설 및 지하구

정답
① 층수가 11층 이상인 특정소방대상물의 경우에는 11층 이상의 층
② 지하층의 층수가 3층 이상이고 지하층의 바닥면적의 합계가 1,000[m²] 이상인 것은 지하층의 모든 층
③ 터널로서 길이가 500[m] 이상인 것

03 자동화재탐지설비의 발신기에서 1회로당 80[mA](표시등 1개당 30[mA], 경종 1개당 50[mA])의 전류가 소모되며, 지하 1층, 지상 5층의 각 층별로 2회로씩 총 12회로인 공장에서 P형 수신기에서 최말단 발신기까지의 거리가 500[m] 떨어진 경우 다음 각 물음에 답하시오.

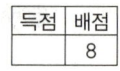

(1) 표시등과 경종의 최대 소요전류[A]와 총 소요전류[A]를 구하시오.
　① 표시등의 최대 소요전류
　　• 계산과정 :
　　• 답 :
　② 경종의 최대 소요전류
　　• 계산과정 :
　　• 답 :
　③ 총 소요전류
　　• 계산과정 :
　　• 답 :

(2) 2.5[mm²]의 전선을 사용하여 경종이 작동한 경우 최말단에서 전압강하는 몇 [V]인지 구하시오.
　• 계산과정 :
　• 답 :

(3) (2)의 계산에 의한 경종의 작동 여부를 설명하시오.

해설
자동화재탐지설비

(1) 소요전류 계산
　① 표시등의 최대 소요전류(I_1)
　　∴ I_1 = 표시등 1개당 소요전류[A] × 회로수 = 30[mA] × 12회로 = 360[mA] = 0.36[A]
　② 경종의 최대 소요전류(I_2)
　　층수가 11층 미만의 특정소방대상물이므로 일제경보방식을 채택해야 한다. 따라서, 일제경보방식은 화재 시 12회로 모두 경종이 울린다.
　　∴ I_2 = 경종 1개당 소요전류[A] × 회로수 = 50[mA] × 12회로 = 600[mA] = 0.6[A]
　③ 총 소요전류(I)
　　∴ $I = I_1 + I_2 = 0.36[A] + 0.6[A] = 0.96[A]$

> **참고**
>
> **음향장치 설치기준(우선경보방식)**
> • 주음향장치는 수신기의 내부 또는 그 직근에 설치할 것
> • 층수가 11층(공동주택의 경우에는 16층) 이상의 특정소방대상물은 다음의 기준에 따라 경보를 발할 수 있도록 할 것
> 　– 2층 이상의 층에서 발화한 때에는 발화층 및 그 직상 4개 층에 경보를 발할 것
> 　– 1층에서 발화한 때에는 발화층·그 직상 4개 층 및 지하층에 경보를 발할 것
> 　– 지하층에서 발화한 때에는 발화층·그 직상층 및 그 밖의 지하층에 경보를 발할 것

(2) 전압강하(e) 계산

① 경종과 표시등은 단상 2선식 배선이므로 전압강하 $e = \dfrac{35.6LI}{1,000A}$ 식을 적용한다.

┌참고┐
- 단상 2선식 : $e = \dfrac{35.6LI}{1,000A}$ [V]
- 단상 3선식 또는 3상 4선식 : $e = \dfrac{17.8LI}{1,000A}$ [V]
- 3상 3선식 : $e = \dfrac{30.8LI}{1,000A}$ [V]

여기서, L : 배선의 거리[m] I : 전류[A]
　　　　A : 전선의 단면적[mm^2]

② 일제경보방식이므로 경종이 작동하였을 경우 총 소요전류는 0.96[A]이다.

③ 전압강하 $e = \dfrac{35.6LI}{1,000A} = \dfrac{35.6 \times 500[\text{m}] \times 0.96[\text{A}]}{1,000 \times 2.5[\text{mm}^2]} = 6.84[\text{V}]$

(3) 경종의 작동 여부

① 자동화재탐지설비(발신기)의 정격전압은 DC(직류) 24[V]이고, 경종(음향장치)은 정격전압의 80[%]에서 음향을 발할 수 있어야 한다.

$V_1 = 24[\text{V}] \times 0.8 = 19.2[\text{V}]$

┌참고┐

음향장치 구조 및 성능
- 정격전압의 80[%] 전압에서 음향을 발할 수 있는 것으로 할 것. 다만, 건전지를 주전원으로 사용하는 음향장치는 그렇지 않다.
- 음향의 크기는 부착된 음향장치의 중심으로부터 1[m] 떨어진 위치에서 90[dB] 이상이 되는 것으로 할 것
- 감지기 및 발신기의 작동과 연동하여 작동할 수 있는 것으로 할 것

② 선압강하에 따른 최말단 경종의 작동전압(V_2)

V_2 = 정격전압 − 전압강하 = 24[V] − 6.84[V] = 17.16[V]

∴ 최말단 경종의 작동전압이 17.16[V]이므로 정격전압의 80[%]에 해당하는 전압 19.2[V]보다 작기 때문에 경종은 작동하지 않는다.

정답　(1) ① 0.36[A]
　　　　　② 0.6[A]
　　　　　③ 0.96[A]
　　　(2) 6.84[V]
　　　(3) 경종은 작동하지 않는다.

04 비상용 조명부하에 설치된 연축전지가 그림과 같이 방전시간에 따라 방전전류가 감소한다. 아래 조건을 참고하여 연축전지의 용량[Ah]을 구하시오.

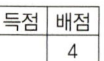

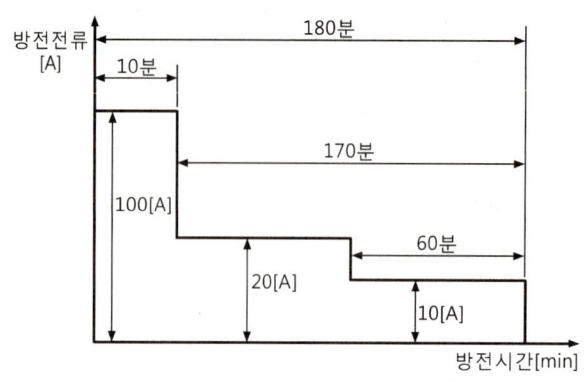

조건
- 형식 : CS형
- 보수율 : 0.8
- 용량환산시간(K)
- 최저 허용전압 : 1.7[V/cell]
- 최저 축전지온도 : 5[℃]

시간	10분	20분	30분	60분	100분	110분	120분	170분	180분	200분
용량환산시간[h]	1.30	1.45	1.75	2.55	3.45	3.65	3.85	4.85	5.05	5.30

해설

축전지의 용량 계산

(1) 축전지의 용량 계산방법
  ① 방전전류가 감소하는 경우 연축전지의 부하특성을 분리하여 각각의 용량을 산출한 후 가장 큰 값을 축전지의 용량으로 한다.
  ② 부하특성을 분리하여 축전지의 용량을 계산하는 방법
    ㉠ 방전시간(T_1)에 대한 용량환산시간(K_1)을 표에서 찾아 방전전류(I_1)와 용량환산시간(K_1)을 곱하여 축전지의 용량(면적)을 구한다.

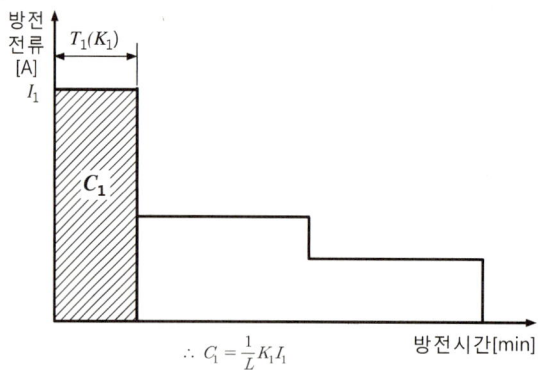

$$\therefore C_1 = \frac{1}{L}K_1 I_1$$

  ㉡ 사각형 전체 면적[방전시간(T_1)에 대한 용량환산시간(K_1)을 표에서 찾아 방전전류(I_1)와 용량환산시간(K_1)을 곱한 면적]에서 빗금친 외의 면적[방전시간(T_2)에 대한 용량환산시간(K_2)을 표에서 찾아 방전전류($I_1 - I_2$)와 용량환산시간(K_2)을 곱한 면적]을 빼주면 축전지의 용량이 된다.

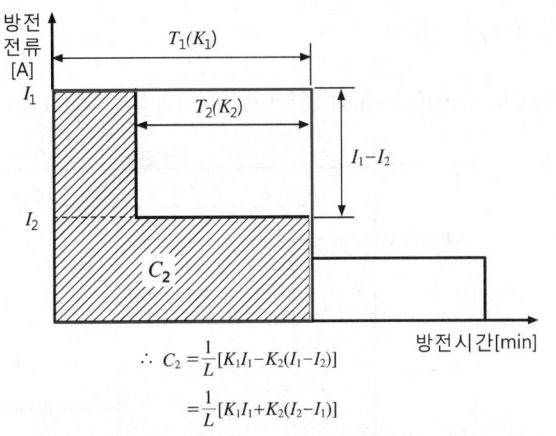

$$\therefore C_2 = \frac{1}{L}[K_1 I_1 - K_2(I_1 - I_2)]$$
$$= \frac{1}{L}[K_1 I_1 + K_2(I_2 - I_1)]$$

ⓒ 사각형 전체 면적[방전시간(T_1)에 대한 용량환산시간(K_1)을 표에서 찾아 방전전류(I_1)와 용량환산시간(K_1)을 곱한 면적]에서 빗금친 외의 면적[방전시간(T_2)에 대한 용량환산시간(K_2)을 표에서 찾아 방전전류($I_1 - I_2$)와 용량환산시간(K_2)을 곱한 면적과 방전시간(T_3)에 대한 용량환산시간(K_3)을 표에서 찾아 방전전류($I_2 - I_3$)와 용량환산시간(K_3)을 곱한 면적]을 빼주면 축전지의 용량이 된다.

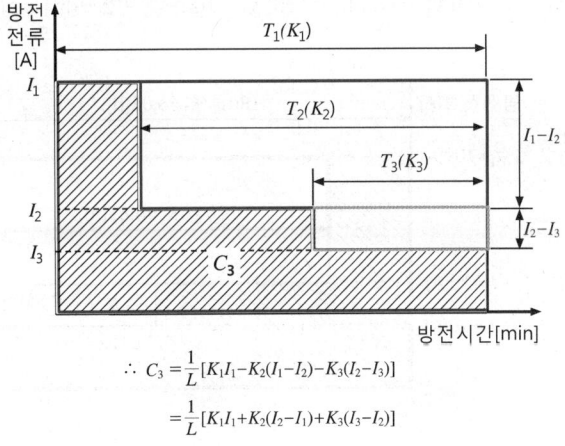

$$\therefore C_3 = \frac{1}{L}[K_1 I_1 - K_2(I_1 - I_2) - K_3(I_2 - I_3)]$$
$$= \frac{1}{L}[K_1 I_1 + K_2(I_2 - I_1) + K_3(I_3 - I_2)]$$

(2) 연축전지의 용량 계산

① $C_1 = \frac{1}{L} K_1 I_1 = \frac{1}{0.8} \times 1.3[\text{h}] \times 100[\text{A}] = 162.5[\text{Ah}]$

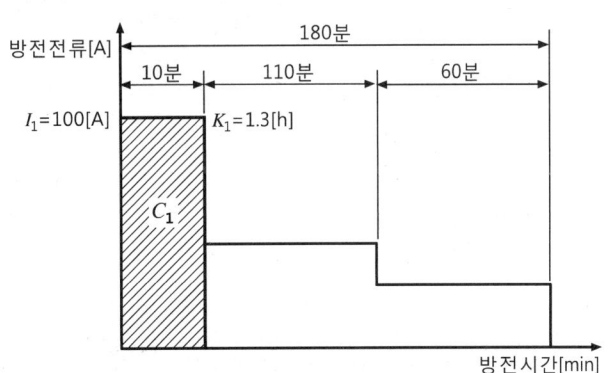

② $C_2 = \dfrac{1}{L}[K_1 I_1 + K_2(I_2 - I_1)]$

$= \dfrac{1}{0.8} \times [3.85[\text{h}] \times 100[\text{A}] + 3.65[\text{h}] \times (20[\text{A}] - 100[\text{A}])] = 116.25[\text{Ah}]$

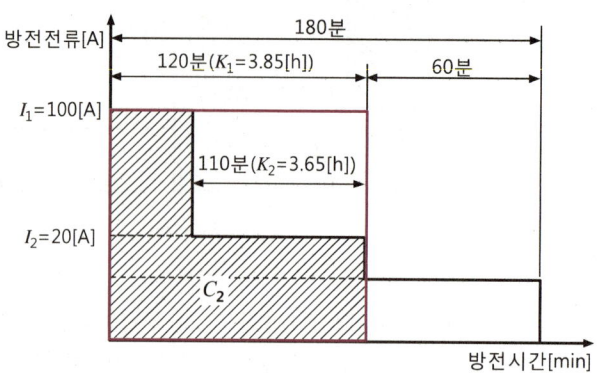

③ $C_3 = \dfrac{1}{L}[K_1 I_1 + K_2(I_2 - I_1) + K_3(I_3 - I_2)]$

$= \dfrac{1}{0.8} \times [5.05[\text{h}] \times 100[\text{A}] + 4.85[\text{h}] \times (20[\text{A}] - 100[\text{A}]) + 2.55[\text{h}] \times (10[\text{A}] - 20[\text{A}])]$

$= 114.38[\text{Ah}]$

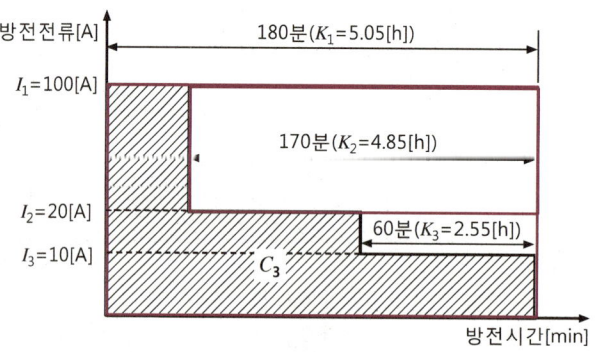

정답 162.5[Ah]

05 다음은 강당(36[m]×15[m])의 평면도이다. 객석의 통로에 객석유도등을 설치하고자 한다. 각 물음에 답하시오.

득점	배점
	6

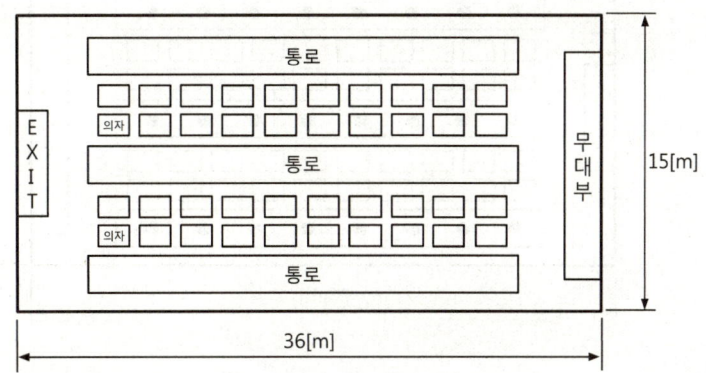

(1) 강당에 설치해야 하는 객석유도등의 수량을 구하시오.
 • 계산과정 :
 • 답 :
(2) 강당의 평면도에 중앙 통로 및 좌우 통로에 객석유도등을 표시하시오(단, 유도등은 점(●)으로 표시할 것).

해설
유도등
(1) 객석유도등의 설치기준
 ① 객석유도등은 객석의 통로, 바닥 또는 벽에 설치해야 한다.
 ② 객석 내의 통로가 경사로 또는 수평로로 되어 있는 부분은 다음의 식에 따라 산출한 수(소수점 이하의 수는 1로 본다)의 유도등을 설치해야 한다.

$$설치개수 = \frac{객석 통로의 직선부분 길이[m]}{4} - 1$$

 ③ 객석 내의 통로가 옥외 또는 이와 유사한 부분에 있는 경우에는 해당 통로 전체에 미칠 수 있는 수의 유도등을 설치해야 한다.

   객석 내의 통로 1개당 객석유도등 설치개수 $= \dfrac{36[m]}{4} - 1 = 8$개

   ∴ 통로가 3개이므로 객석유도등의 설치개수 = 3통로 × 8개 = 24개

(2) 객석유도등 표시

중앙 통로 및 좌우 통로에 객석유도등을 각각 8개씩 설치한다.

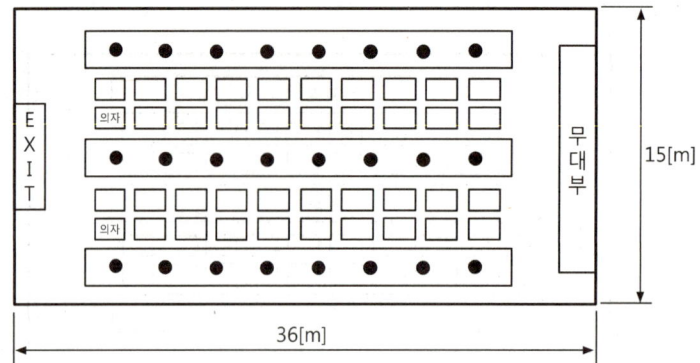

정답 (1) 24개
(2) 해설 참고

06

다음은 휴대용 비상조명등을 설치해야 하는 특정소방대상물에 관한 내용이다. ( ) 안에 알맞은 내용을 쓰시오.

득점	배점
	4

- (①)
- 수용인원 (②)명 이상의 영화상영관, 판매시설 중 (③), 철도 및 도시철도 시설 중 지하역사, (④)

해설

비상조명등 및 휴대용 비상조명등을 설치해야 하는 특정소방대상물(소방시설법 영 별표 4)

(1) 비상조명등을 설치해야 하는 특정소방대상물
 ① 지하층을 포함하는 층수가 5층 이상인 건축물로서 연면적 3,000[m²] 이상인 경우에는 모든 층
 ② ①에 해당하지 않는 특정소방대상물로서 그 지하층 또는 무창층의 바닥면적이 450[m²] 이상인 경우에는 해당 층
 ③ 터널로서 그 길이가 500[m] 이상인 것
(2) 휴대용 비상조명등을 설치해야 하는 특정소방대상물
 ① 숙박시설
 ② 수용인원 100명 이상의 영화상영관, 판매시설 중 대규모 점포, 철도 및 도시철도 시설 중 지하역사, 지하상가

정답 ① 숙박시설 ② 100
③ 대규모 점포 ④ 지하상가

07 다음 그림은 자동방화문설비의 자동방화문(Door Release)에서 R형 중계기(R type Repeater)까지의 결선도 및 계통도이다. 주어진 조건을 참고하여 각 물음에 답하시오.

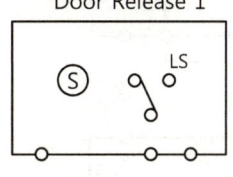
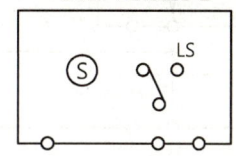

Ⓢ : 솔레노이드
LS : 리밋스위치

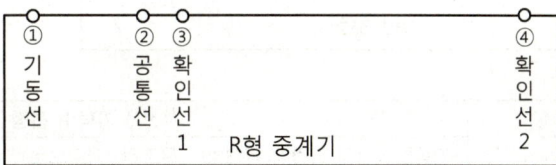

조건
- 전선의 가닥수는 최소로 한다.
- 방화문의 감지기회로는 제외한다.
- DOOR RELEASE 1과 DOOR RELEASE 2의 확인선은 별도로 배선한다.

물음
(1) DOOR RELEASE의 설치목적을 쓰시오.
(2) 미완성된 도면의 결선도를 완성하시오.

해설

자동방화문(Door Release)설비

(1) 중계기의 회로도

① 자동방화문의 설치목적
피난계단 전실 등의 출입문은 평상시에는 개방되어 있다가 화재발생 시 연기감지기가 작동하거나 기동스위치의 조작에 의하여 방화문을 자동으로 폐쇄시켜 화재 시 연기가 유입되는 것을 방지한다.

② 중계기의 정의
감지기·발신기 또는 전기적 접점 등의 작동에 따른 신호를 받아 이를 수신기에 전송하는 장치이다.

③ 중계기의 회로도
㉠ 화재가 발생하여 연기감지기가 작동하면 솔레노이드(S)에 전원이 투입되어 자동방화문이 폐쇄된다.
㉡ 자동방화문이 완전히 폐쇄되면 리밋스위치(LS)에 의해 자동방화문 폐쇄확인 신호를 수신기에 전송한다.

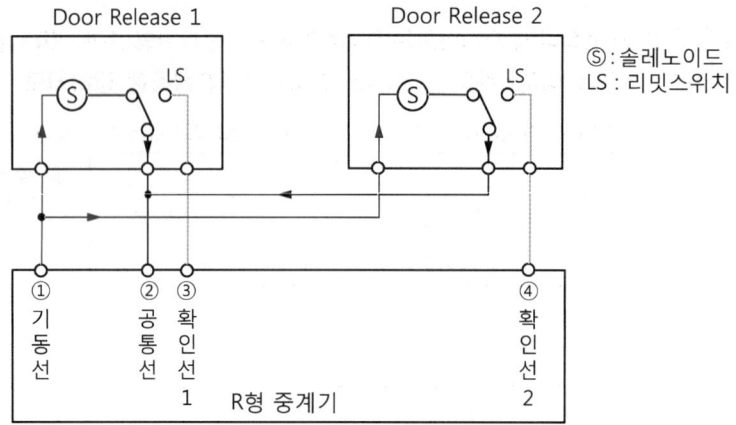

(2) 자동방화문설비의 전선 가닥수

배선의 용도	전선 가닥수 산정
공통선	자동방화문의 증감에 관계없이 무조건 1가닥으로 산정함
기동선	자동방화문(도어릴리즈)의 구역마다 1가닥씩 추가함
확인선(기동확인선 = 자동방화문 폐쇄)	자동방화문(도어릴리즈)마다 1가닥씩 추가함

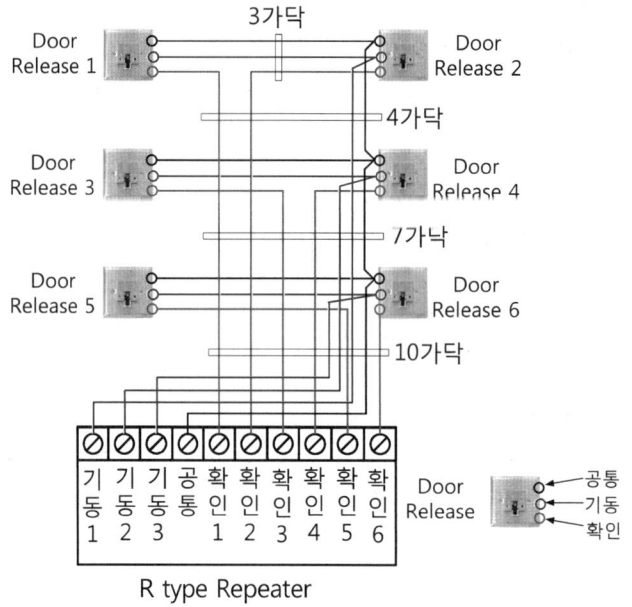

정답 (1) 피난계단 전실 등의 출입문은 평상시에는 개방되어 있다가 화재발생 시 연기감지기가 작동하거나 기동스위치의 조작에 의하여 방화문을 자동으로 폐쇄시켜 화재 시 연기가 유입되는 것을 방지한다.

(2)

```
       Door Release 1           Door Release 2
         ┌─ LS                    ┌─ LS
       (S)  ↘                   (S)  ↘
         │   │                    │   │
         ○   ○   ○         ○         ○
         ①   ②   ③                   ④
         기   공   확                   확
         동   통   인                   인
         선   선   선                   선
                  1                    2
                  R형 중계기
```

08. 자동화재탐지설비의 수신기에서 공통선을 시험하는 목적과 방법을 쓰시오.

(1) 시험목적
(2) 시험방법

득점	배점
	6

해설
공통선을 시험하는 목적과 방법

(1) 시험목적
 1개의 공통선이 담당하고 있는 경계구역의 수가 7개 이하인지 확인하기 위함이다.
(2) 시험방법
 ① 수신기 내 접속단자에서 공통선 1선을 제거한다.
 ② 회로도통시험스위치를 누른 후 회로선택스위치를 차례로 회전시킨다.
 ③ 시험용 계기를 확인하여 단선을 지시한 경계구역의 회선수를 조사(확인)한다.
(3) 판정기준
 공통선이 담당하고 있는 경계구역 수가 7개 이하일 것

---참고---
P형 수신기 및 G.P형 수신기의 감지기회로의 배선에 있어서 하나의 공통선에 접속할 수 있는 경계구역은 7개 이하로 할 것

정답 (1) 1개의 공통선이 담당하고 있는 경계구역의 수가 7개 이하인지 확인하기 위함이다.
(2) ① 수신기 내 접속단자에서 공통선 1선을 제거한다.
 ② 회로도통시험스위치를 누른 후 회로선택스위치를 차례로 회전시킨다.
 ③ 시험용 계기를 확인하여 단선을 지시한 경계구역의 회선수를 조사한다.

09 다음은 가압송수장치를 기동용 수압개폐장치를 사용하는 어느 공장의 1층 내부 평면도이다. 공장 내부에는 옥내소화전과 자동화재탐지설비의 발신기가 설치되어 있다. 각 물음에 답하시오 (단, 지구음향장치에는 단락보호장치가 설치되어 있고, 경종과 표시등 공통선은 1가닥으로 배선한다).

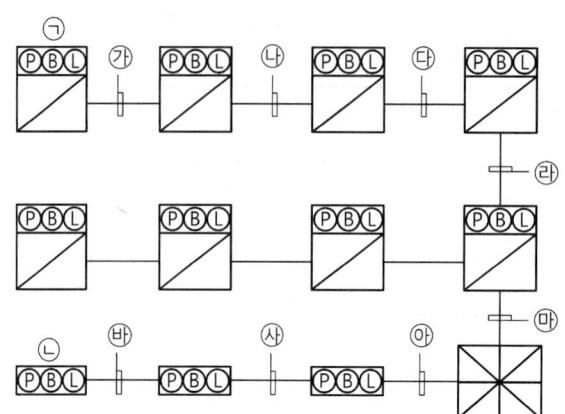

(1) 기호 ㉮~㉧의 최소 전선 가닥수를 쓰시오.
  ㉮ :　　　　　　　　　㉯ :
  ㉰ :　　　　　　　　　㉱ :
  ㉲ :　　　　　　　　　㉳ :
  ㉴ :　　　　　　　　　㉧ :

(2) ㉠과 ㉡의 명칭을 쓰고, 각 함의 전면에 부착된 전기기구의 명칭을 모두 쓰시오.
  ① 명칭
    ㉠ :　　　　　　　　㉡ :
  ② 각 함에 부착된 전기기구의 명칭
    ㉠ :　　　　　　　　㉡ :

(3) 발신기 함의 상부에 설치하는 표시등의 색상을 쓰시오.
(4) 발신기의 위치를 표시하는 표시등의 불빛을 식별하는 조건을 쓰시오.

해설

옥내소화전설비 및 자동화재탐지설비

(1) 전선 가닥수 산정

① 소방시설의 도시기호(소방시설 자체점검사항 등에 관한 고시)

분류	명칭	도시기호	비고
소화전	옥내소화전함		
	옥내소화전 방수용 기구 병설		
경보설비기기류	발신기세트 단독형	ⓅⒷⓁ	• Ⓟ : 발신기 • Ⓑ : 경종 • Ⓛ : 표시등
	발신기세트 옥내소화전 내장형	ⓅⒷⓁ	

② 발신기세트 옥내소화전 내장형의 배선의 용도(1회로 기준)

기동방식	전선 가닥수	배선의 용도
자동기동방식 (기동용 수압개폐장치를 이용)	8	지구 공통선 1, 지구선 1, 응답선 1, 경종선 1, 표시등선 1, 경종·표시등 공통선 1, 기동확인표시등 2
수동기동방식 (ON-OFF 스위치를 이용)	11	지구 공통선 1, 지구선 1, 응답선 1, 경종선 1, 표시등선 1, 경종·표시등 공통선 1, 기동스위치 1, 정지스위치 1, 공통 1, 기동확인표시등 2

③ 전선 가닥수 산정

기호	전선 가닥수	배선의 용도	비고
㉮	8	지구 공통선 1, 지구선 1, 응답선 1, 경종선 1, 표시등선 1, 경종·표시등 공통선 1, 기동확인표시등 2	-
㉯	9	지구 공통선 1, 지구선 2, 응답선 1, 경종선 1, 표시등선 1, 경종·표시등 공통선 1, 기동확인표시등 2	지구선 추가
㉰	10	지구 공통선 1, 지구선 3, 응답선 1, 경종선 1, 표시등선 1, 경종·표시등 공통선 1, 기동확인표시등 2	지구선 추가
㉱	11	지구 공통선 1, 지구선 4, 응답선 1, 경종선 1, 표시등선 1, 경종·표시등 공통선 1, 기동확인표시등 2	지구선 추가
㉲	16	지구 공통선 2, 지구선 8, 응답선 1, 경종선 1, 표시등선 1, 경종·표시등 공통선 1, 기동확인표시등 2	지구선 추가, 지구 공통선 추가(7회로 초과)
㉳	6	지구 공통선 1, 지구선 1, 응답선 1, 경종선 1, 표시등선 1, 경종·표시등 공통선 1	-
㉴	7	지구 공통선 1, 지구선 2, 응답선 1, 경종선 1, 표시등선 1, 경종·표시등 공통선 1	지구선 추가
㉵	8	지구 공통선 1, 지구선 3, 응답선 1, 경종선 1, 표시등선 1, 경종·표시등 공통선 1	지구선 추가

[비고] • 지구선 = 회로선 • 지구 공통선 = 회로 공통선
 • 응답선 = 발신기선

(2) 소방시설 도시기호 및 함 전면에 부착된 전기기구

명칭	도시기호	함의 전면에 부착된 전기기구의 명칭
㉠ 발신기세트 옥내소화전 내장형	ⓅⒷⓁ	발신기, 경종, 표시등, 기동확인표시등
㉡ 발신기세트 단독형	ⓅⒷⓁ	발신기, 경종, 표시등

(3), (4) 자동화재탐지설비의 발신기 설치기준
① 조작이 쉬운 장소에 설치하고, 스위치는 바닥으로부터 0.8[m] 이상 1.5[m] 이하의 높이에 설치할 것
② 특정소방대상물의 층마다 설치하되, 해당 층의 각 부분으로부터 하나의 발신기까지의 수평거리가 25[m] 이하가 되도록 할 것. 다만, 복도 또는 별도로 구획된 실로서 보행거리가 40[m] 이상일 경우에는 추가로 설치해야 한다.
③ ②에도 불구하고 ②의 기준을 초과하는 경우로서 기둥 또는 벽이 설치되지 않은 대형공간의 경우 발신기는 설치대상 장소의 가장 가까운 장소의 벽 또는 기둥 등에 설치할 것
④ 발신기의 위치를 표시하는 표시등은 함의 상부에 설치하되, 그 불빛은 부착면으로부터 15[°] 이상의 범위 안에서 부착지점으로부터 10[m] 이내의 어느 곳에서도 쉽게 식별할 수 있는 적색등으로 해야 한다.

정답 (1) ㉮ 8가닥   ㉯ 9가닥
　　　　　 ㉰ 10가닥　 ㉱ 11가닥
　　　　　 ㉲ 16가닥　 ㉳ 6가닥
　　　　　 ㉴ 7가닥　　㉵ 8가닥
　　　(2) ① ㉠ 발신기세트 옥내소화전 내장형
　　　　　　 ㉡ 발신기세트 단독형
　　　　　② ㉠ 발신기, 경종, 표시등, 기동확인표시등
　　　　　　 ㉡ 발신기, 경종, 표시등
　　　(3) 적색
　　　(4) 부착면으로부터 15[°] 이상의 범위 안에서 부착지점으로부터 10[m] 이내의 어느 곳에서도 쉽게 식별할 수 있어야 한다.

10 특정소방대상물에 설치된 소방시설 등을 구성하는 전부 또는 일부를 개설, 이전 또는 정비하는 소방시설공사의 착공신고 대상 3가지를 쓰시오(단, 고장 또는 파손 등으로 인하여 작동시킬 수 없는 소방시설을 긴급히 교체하거나 보수해야 하는 경우에는 신고하지 않을 수 있다).

득점	배점
	6

해설

소방시설공사의 착공신고 대상(소방공사업법 영 제4조)
(1) 특정소방대상물에 다음의 어느 하나에 해당하는 설비를 신설하는 공사
① 옥내소화전설비(호스릴옥내소화전설비를 포함), 스프링클러설비 등, 물분무등소화설비, 옥외소화전설비, 소화용수설비(소화용수설비를 건설산업기본법 시행령 별표 1에 따른 기계설비·가스공사업자 또는 상·하수도설비공사업자가 공사하는 경우는 제외), 제연설비(소방용 외의 용도와 겸용되는 제연설비를 건설산업기본법 시행령 별표 1에 따른 기계설비·가스공사업자가 공사하는 경우는 제외), 연결송수관설비, 연결살수설비 또는 연소방지설비
② 비상경보설비, 자동화재탐지설비, 화재알림설비, 비상방송설비(소방용 외의 용도와 겸용되는 비상방송설비를 정보통신공사업법에 따른 정보통신공사업자가 공사하는 경우는 제외), 비상콘센트설비(비상콘센트설비를 전기공사업법에 따른 전기공사업자가 공사하는 경우는 제외) 또는 무선통신보조설비(소방용 외의 용도와 겸용되는 무선통신보조설비를 정보통신공사업법에 따른 정보통신공사업자가 공사하는 경우는 제외)
(2) 특정소방대상물에 다음의 어느 하나에 해당하는 설비 또는 구역 등을 증설하는 공사
① 옥내·옥외소화전설비
② 스프링클러설비 등 또는 물분무등소화설비의 방호·방수구역, 자동화재탐지설비 또는 화재알림설비의 경계구역, 제연설비의 제연구역(소방용 외의 용도와 겸용되는 제연설비를 건설산업기본법 시행령 별표 1에 따른 기계설비·가스공사업자가 공사하는 경우는 제외), 연결송수관설비의 송수구역, 연결살수설비의 살수구역, 비상콘센트설비의 전용회로, 연소방지설비의 살수구역
(3) 특정소방대상물에 설치된 소방시설 등을 구성하는 다음의 어느 하나에 해당하는 것의 전부 또는 일부를 개설(改設), 이전(移轉) 또는 정비(整備)하는 공사. 다만, 고장 또는 파손 등으로 인하여 작동시킬 수 없는 소방시설을 긴급히 교체하거나 보수해야 하는 경우에는 신고하지 않을 수 있다.
① 수신반(受信盤)
② 소화펌프
③ 동력(감시)제어반

정답 수신반, 소화펌프, 동력(감시)제어반

11 다음 그림은 6층 사무실 건물의 배연창설비이다. 조건과 계통도를 참고하여 전선의 가닥수와 각 배선의 용도를 아래 표에 작성하시오.

득점	배점
	5

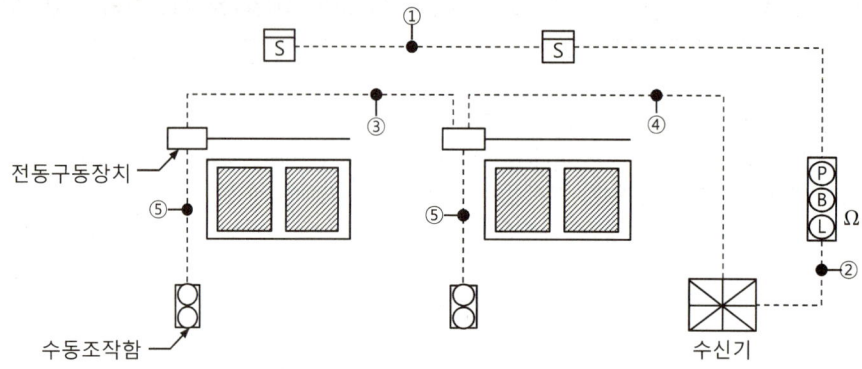

조건
- 전동구동장치는 솔레노이드방식이다.
- 전선 가닥수는 운전 조작상 필요한 최소 가닥수로 한다.
- 화재감지기가 작동되거나 수동조작함의 스위치를 ON시키면 배연창이 동작되어 수신기에 동작상태를 표시하게 된다.
- 화재감지기는 자동화재탐지설비용 감지기를 겸용으로 사용한다.

물음

기호	구분	전선 가닥수	배선의 용도
①	감지기 ↔ 감지기		
②	발신기 ↔ 수신기		
③	전동구동장치 ↔ 전동구동장치		
④	전동구동장치 ↔ 수신기		
⑤	전동구동장치 ↔ 수동조작함		

해설

배연창설비

(1) 솔레노이드방식

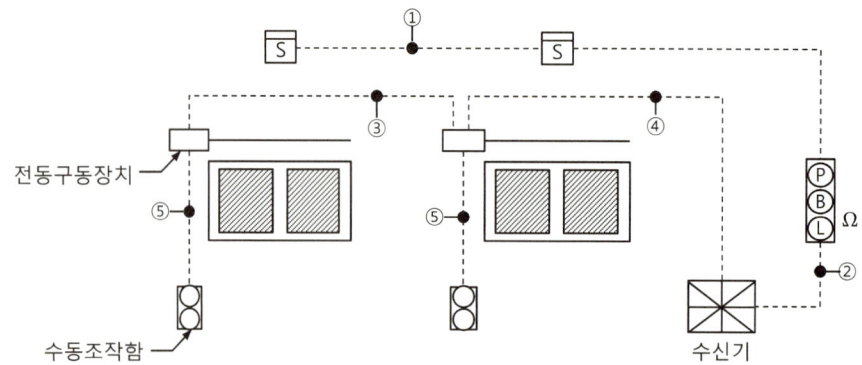

① 감지기회로의 배선
  ㉠ 자동화재탐지설비, 제연설비는 도통시험을 용이하게 하기 위하여 송배선방식으로 배선한다.
  ㉡ 송배선방식은 루프로 된 부분은 2가닥, 그 밖에는 4가닥으로 배선해야 한다.

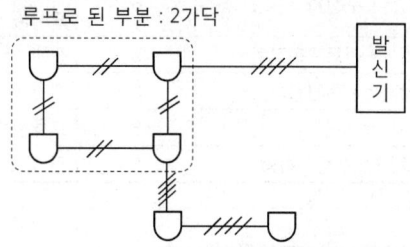

② 발신기와 수신기간의 배선(1회로)

전선 가닥수	배선의 용도
6	지구선 1, 지구 공통선 1, 응답선 1, 경종선 1, 표시등선 1, 경종·표시등 공통선 1

③ 전동구동장치에는 기동(배연창 개방), 기동확인(배연창 개방확인), 공통선이 각각 1가닥으로 배선하며 전동구동장치가 추가될 경우 기동, 기동확인이 각각 1가닥씩 추가된다.

④ 전선 가닥수 산정

기호	구분	전선 가닥수	배선의 용도
①	감지기 ↔ 감지기	4	지구선 2, 지구 공통선 2
②	발신기 ↔ 수신기	6	지구선 1, 지구 공통선 1, 응답선 1, 경종선 1, 표시등선 1, 경종·표시등 공통선 1
③	전동구동장치 ↔ 전동구동장치	3	기동 1, 기동확인 1, 공통 1
④	전동구동장치 ↔ 수신기	5	(기동 1, 기동확인 1)×2, 공통 1
⑤	전동구동장치 ↔ 수동조작함	3	기동 1, 기동확인 1, 공통 1

(2) 모터방식

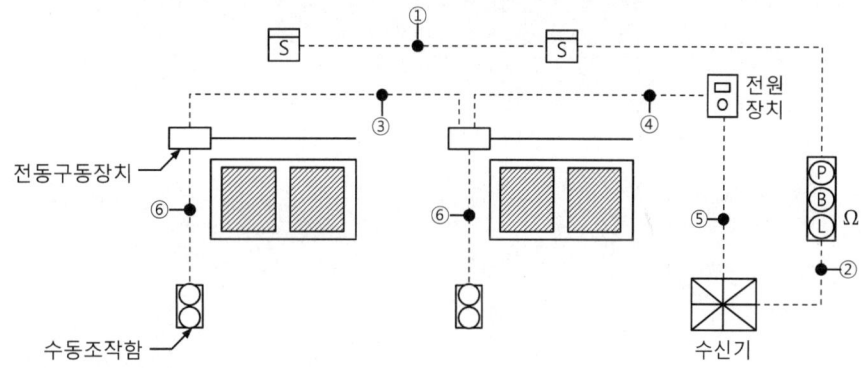

① 전원장치에는 별도의 교류(AC 220[V])전원이 필요하므로 교류전원 2가닥을 배선해야 한다. 하지만, 별도의 전원장치(분전반)에서 교류전원을 공급하는 경우에는 전선 가닥수를 산정하지 않는다.
② 전동(모터)구동장치에는 기동(배연창 개방), 복구(배연창 복구), 동작확인(배연창 개방확인)이 각각 1가닥으로 배선하며 전동구동장치가 추가될 경우 동작확인이 1가닥 추가된다.
③ 수동조작함에는 직류 전원 ⊕·⊖, 기동, 복구, 정지 각각 1가닥으로 배선한다.

기호	구분	전선 가닥수	배선의 용도
①	감지기 ↔ 감지기	4	지구선 2, 지구 공통선 2
②	발신기 ↔ 수신기	6	지구선 1, 지구 공통선 1, 응답선 1, 경종선 1, 표시등선 1, 경종·표시등 공통선 1
③	전동구동장치 ↔ 전동구동장치	5	전원 ⊕·⊖, 기동 1, 복구 1, 동작확인 1
④	전동구동장치 ↔ 전원장치	6	전원 ⊕·⊖, 기동 1, 복구 1, 동작확인 2
⑤	전원장치 ↔ 수신기	8	교류전원 2, 전원 ⊕·⊖, 기동 1, 복구 1, 동작확인 2
⑥	전동구동장치 ↔ 수동조작함	5	전원 ⊕·⊖, 기동 1, 복구 1, 정지 1

> **참고**
>
> **배연설비의 설치기준(건축물설비기준규칙 제14조)**
> - 6층 이상의 건축물로서 문화 및 집회시설, 판매 및 영업시설, 의료시설, 교육연구 및 복지시설 중 연구소·아동관련시설·노인복지시설 및 유스호스텔, 운동시설, 업무시설, 숙박시설, 위락시설 및 관광휴게시설에는 배연설비를 설치해야 한다. 단, 피난층은 제외한다.
> - 배연창의 유효면적은 별표 2의 산정기준에 의하여 산정된 면적이 1[m^2] 이상으로서 그 면적의 합계가 해당 건축물의 바닥면적의 100분의 1 이상이어야 한다. 이 경우 바닥면적의 산정에 있어서 거실 바닥면적의 20분의 1 이상으로 환기창을 설치한 거실의 면적은 산입하지 않는다.

정답

기호	구분	전선 가닥수	배선의 용도
①	감지기 ↔ 감지기	4	지구선 2, 지구 공통선 2
②	발신기 ↔ 수신기	6	지구선 1, 지구 공통선 1, 응답선 1, 경종선 1, 표시등선 1, 경종·표시등 공통선 1
③	전동구동장치 ↔ 전동구동장치	3	기동 1, 기동확인 1, 공통 1
④	전동구동장치 ↔ 수신기	5	기동 2, 기동확인 2, 공통 1
⑤	전동구동장치 ↔ 수동조작함	3	기동 1, 기동확인 1, 공통 1

12 다음은 자동화재탐지설비의 계통도이다. 주어진 조건을 참고하여 각 물음에 답하시오.

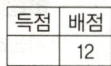

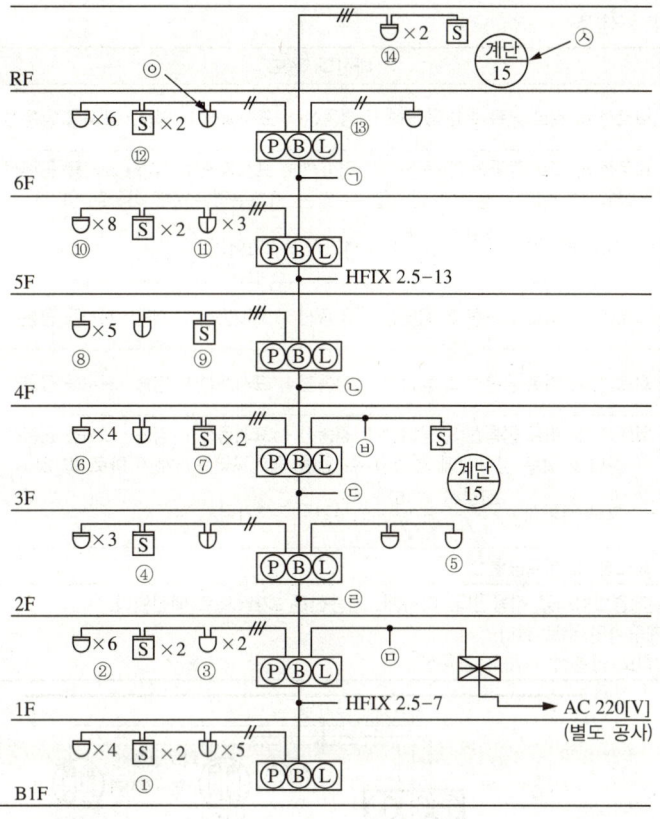

조건
- 발신기 세트에는 경종, 표시등, 발신기 등을 수용한다.
- 수신기에는 화재로 인하여 하나의 층의 지구음향장치 배선이 단락되어도 다른 층의 화재통보에 지장이 없도록 각 층 배선 상에 유효한 조치를 하였고, 경종과 표시등의 공통선은 1가닥으로 배선한다.
- 종단저항은 감지기 말단에 설치한 것으로 한다.

물음

(1) 기호 ㉠~㉣의 최소 전선 가닥수를 구하시오.
　　㉠ :　　　　　　　　　　㉡ :
　　㉢ :　　　　　　　　　　㉣ :
(2) 기호 ㉤의 최소 전선 가닥수에 대한 배선의 용도를 쓰시오.
(3) 기호 ㉥의 최소 전선 가닥수를 구하시오.
(4) 기호 ㉦과 같은 그림기호의 의미를 상세히 기술하시오.
(5) 기호 ㉧은 어떤 종류의 감지기인지 그 명칭을 쓰시오.
(6) 해당 도면의 설비에 대한 전체 회로 수는 몇 회로인지 쓰시오.

해설

자동화재탐지설비

(1), (2), (3) 전선 가닥수 산정

기호	전선 가닥수	배선의 용도	비고
㉠	9	회로선 4, 회로 공통선 1, 응답선 1, 경종선 1, 표시등선 1, 경종·표시등 공통선 1	회로선의 수는 경계구역 번호(⑫~⑮)의 수로 한다.
㉡	14	회로선 8, 회로 공통선 2, 응답선 1, 경종선 1, 표시등선 1, 경종·표시등 공통선 1 ※ 하나의 회로 공통선에 접속할 수 있는 경계구역은 7개 이하로 할 것 회로 공통선 = $\dfrac{회로선}{7} = \dfrac{8}{7} = 1.14$가닥 ≒ 2가닥	회로선의 수는 경계구역 번호(⑧~⑮)의 수로 한다.
㉢	16	회로선 10, 회로 공통선 2, 응답선 1, 경종선 1, 표시등선 1, 경종·표시등 공통선 1	회로선의 수는 경계구역 번호(⑥~⑮)의 수로 한다.
㉣	18	회로선 12, 회로 공통선 2, 응답선 1, 경종선 1, 표시등선 1, 경종·표시등 공통선 1	회로선의 수는 경계구역 번호(④~⑮)의 수로 한다.
㉤	22	회로선 15, 회로 공통선 3, 응답선 1, 경종선 1, 표시등선 1, 경종·표시등 공통선 1 ※ 하나의 회로 공통선에 접속할 수 있는 경계구역은 7개 이하로 할 것 회로 공통선 = $\dfrac{회로선}{7} = \dfrac{15}{7} = 2.14$가닥 ≒ 3가닥	회로선의 수는 경계구역 번호(①~⑮)의 수로 한다.
㉥	4	회로선 2, 회로공통선 2	그림 참고

- 11층 이하이므로 일제경보방식을 적용한다. 따라서, 경종선은 1가닥으로 배선한다.
- 회로선의 수는 경계구역의 수로 한다.
- 회로선 = 지구선, 회로 공통선 = 지구 공통선

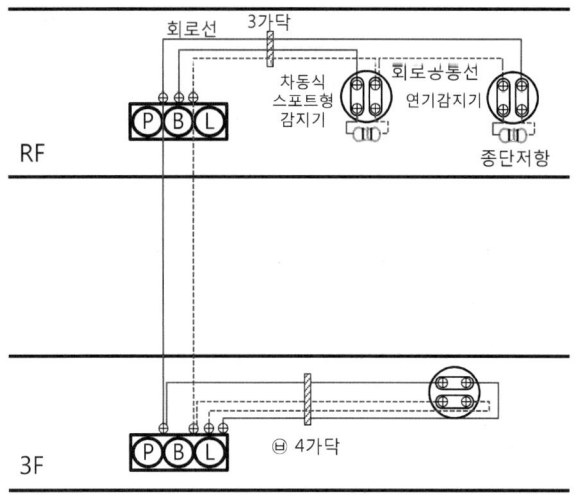

(4), (5) 자동화재검지설비(한국산업표준 옥내배선용)의 그림기호

명칭	그림기호	적용
경계구역의 경계선	━ ━ ━	배선의 그림기호보다 굵게 한다.
경계구역 번호	◯	• ◯ 안에 경계구역 번호를 넣는다. • 필요에 따라 ⊖로 하고 상부에는 필요한 사항, 하부에는 경계구역 번호를 넣는다.
차동식 스포트형 감지기	⌒	필요에 따라 종별을 방기한다.
보상식 스포트형 감지기	⌒	필요에 따라 종별을 방기한다.
정온식 스포트형 감지기	⌒	• 필요에 따라 종별을 방기한다. • 방수인 것은 ▽로 한다. • 내산인 것은 ▽로 한다. • 내알칼리인 것은 ▽로 한다. • 방폭인 것은 EX를 방기한다.
연기감지기	S	• 필요에 따라 종별을 방기한다. • 점검 박스 붙이인 경우는 [S]로 한다. • 매입인 것은 [S]로 한다.

┌ 참고 ├─────────────────────────
• ⊖계단/15 : 경계구역이 계단이고, 경계구역의 번호는 15이다.
• ▽ : 정온식 스포트형 감지기 중 방수형이다.
─────────────────────────────

(6) 회로 수

회로 수는 경계구역의 개수로서 경계구역 번호가 15이므로 회로 수는 15회로이다.

정답 (1) ㉠ 9 ㉡ 14
　　　 ㉢ 16 ㉣ 18
(2) 회로선 15, 회로 공통선 3, 응답선 1, 경종선 1, 표시등선 1, 경종·표시등 공통선 1
(3) 4가닥
(4) 경계구역이 계단이고, 경계구역 번호가 15이다.
(5) 정온식 스포트형 감지기(방수형)
(6) 15회로

13

P형 1급 수신기의 예비전원을 시험하는 방법과 양부판단의 기준에 대하여 설명하시오.

(1) 시험방법
(2) 양부판단의 기준

득점	배점
	6

해설

P형 수신기의 예비전원시험

(1) 예비전원을 시험하는 방법
   ① 예비전원스위치를 누른다.
   ② 전압계의 지시치가 적정범위에 있는지 확인한다.
   ③ 교류전원을 차단하여 자동절환 릴레이의 작동상황을 확인한다.
(2) 양부판단의 기준
   예비전원의 전압, 용량, 절환상황 및 복구작동이 정상일 것

> **참고**
> **P형 수신기의 예비전원 시험목적**
> 상용전원이 정전된 경우 예비전원으로 자동 절환되며 예비전원으로 정상 동작을 할 수 있는 전압을 가지고 있는지 검사하는 시험이다.

정답
(1) ① 예비전원스위치를 누른다.
    ② 전압계의 지시치가 적정범위에 있는지 확인한다.
    ③ 교류전원을 차단하여 자동절환 릴레이의 작동상황을 확인한다.
(2) 예비전원의 전압, 용량, 절환상황 및 복구작동이 정상일 것

14

지하 3층, 지상 11층의 특정소방대상물에 자동화재탐지설비의 음향장치를 설치하였다. 아래 표와 같이 화재가 발생하였을 경우 우선적으로 경보를 발해야 하는 층을 찾아 빈칸에 경보를 표시하시오(단, 표에는 특정소방대상물의 일부분만 표시하였으며 경보 표시는 ●를 사용한다).

6층	●				
5층	●	●			
4층	●	●			
3층	●	●			
2층	화재발생(●)	●			
1층		화재발생(●)	●		
지하 1층		●	화재발생(●)	●	●
지하 2층		●	●	화재발생(●)	●
지하 3층		●	●	●	화재발생(●)

[해설]

자동화재탐지설비의 음향장치 설치기준

(1) 층수가 11층(공동주택의 경우에는 16층) 이상의 특정소방대상물은 다음의 기준에 따라 경보를 발할 수 있도록 할 것
  ① 2층 이상의 층에서 발화한 때에는 발화층 및 그 직상 4개 층에 경보를 발할 것
  ② 1층에서 발화한 때에는 발화층·그 직상 4개 층 및 지하층에 경보를 발할 것
  ③ 지하층에서 발화한 때에는 발화층·그 직상층 및 그 밖의 지하층에 경보를 발할 것

6층		●						
5층	직상 4개 층	●		●				
4층		●	직상 4개 층	●				
3층		●		●				
2층	화재발생(●)		●					
1층			화재발생(●)	직상층	●			
지하 1층				●	화재발생(●)	직상층	●	그 밖의 지하층	●
지하 2층			지하층	●	그 밖의 지하층	●	화재발생(●)	직상층	●
지하 3층				●		●	그 밖의 지하층	●	화재발생(●)

[참고]

일제경보방식
지하층을 제외한 층수가 10층 이하인 특정소방대상물에는 일제경보방식을 적용하며 자동화재탐지설비의 수신기에는 화재로 인하여 하나의 층의 지구음향장치 배선이 단락되어도 다른 층의 화재통보에 지장이 없도록 각 층 배선상에 유효한 조치(단락보호장치)를 해야 한다.

(2) 자동화재탐지설비의 음향장치 설치기준
  ① 주음향장치는 수신기의 내부 또는 그 직근에 설치할 것
  ② 지구음향장치는 특정소방대상물의 층마다 설치하되, 해당 층의 각 부분으로부터 하나의 음향장치까지의 수평거리가 25[m] 이하가 되도록 하고, 해당 층의 각 부분에 유효하게 경보를 발할 수 있도록 설치할 것. 다만, 비상방송설비의 화재안전기술기준(NFTC 202)에 적합한 방송설비를 자동화재탐지설비의 감지기와 연동하여 작동하도록 설치한 경우에는 지구음향장치를 설치하지 않을 수 있다.
  ③ 음향장치의 구조 및 성능
    ㉠ 정격전압의 80[%] 전압에서 음향을 발할 수 있는 것으로 할 것. 다만, 건전지를 주전원으로 사용하는 음향장치는 그렇지 않다.
    ㉡ 음향의 크기는 부착된 음향장치의 중심으로부터 1[m] 떨어진 위치에서 90[dB] 이상이 되는 것으로 할 것
    ㉢ 감지기 및 발신기의 작동과 연동하여 작동할 수 있는 것으로 할 것

[정답]

6층	●				
5층	●	●			
4층	●	●			
3층	●	●			
2층	화재발생(●)	●			
1층		화재발생(●)	●		
지하 1층		●	화재발생(●)	●	●
지하 2층		●		화재발생(●)	●
지하 3층		●		●	화재발생(●)

15 다음은 자동화재탐지설비의 P형 수신기에 발신기와 감지기 간의 미완성된 배선 결선도이다. 아래의 조건을 참고하여 수신기-발신기-감지기 간의 회로와 지구경종, 표시등, 펌프기동확인 회로를 완성하시오(단, 발신기에 설치된 단자는 왼쪽부터 응답, 지구, 지구 공통이다).

득점	배점
	6

해설

자동화재탐지설비의 배선 결선도

(1) 감지기에 종단저항이 내장되어 있는 경우(감지기 말단에 종단저항이 설치된 경우)

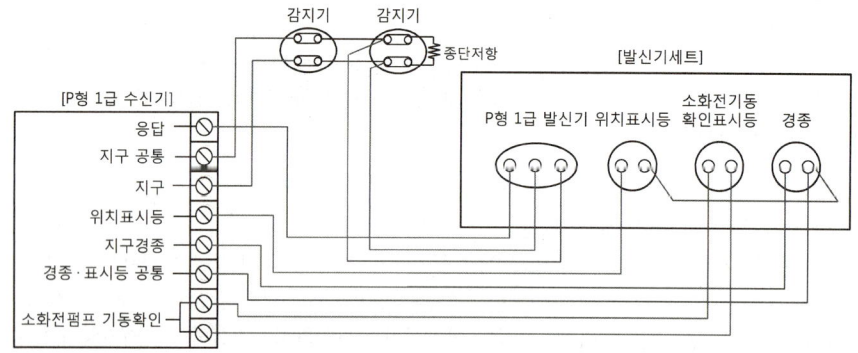

(2) 발신기에 종단저항이 내장되어 있는 경우

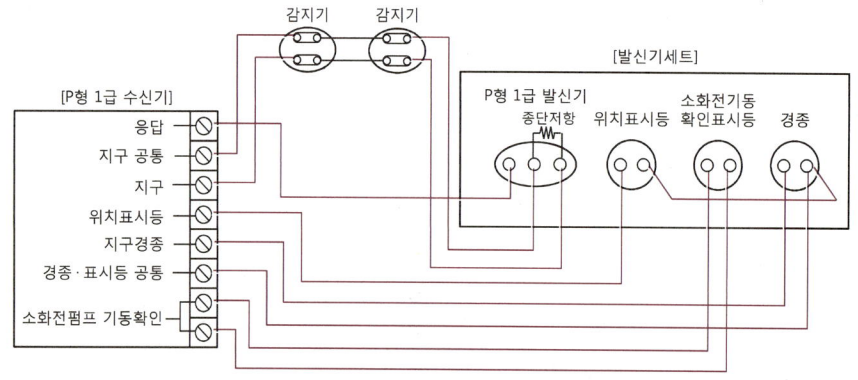

정답

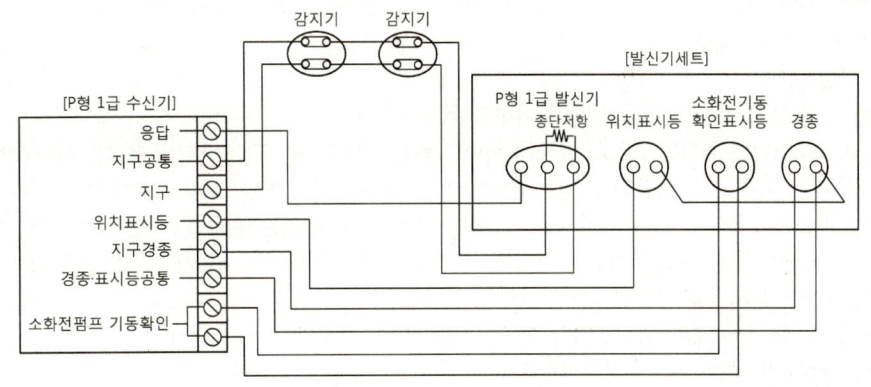

16 다음은 비상콘센트설비의 화재안전기술기준에서 정하는 전원회로에 대한 내용이다. ( ) 안에 알맞은 내용을 쓰시오.

- 전원회로는 각 층에 (①) 이상이 되도록 설치할 것. 다만, 설치해야 할 층의 비상콘센트가 1개인 때에는 하나의 회로로 할 수 있다.
- 전원회로는 (②)에서 전용회로로 할 것. 다만, 다른 설비회로의 사고에 따른 영향을 받지 않도록 되어 있는 것은 그렇지 않다.
- 콘센트마다 (③)(KS C 8321)를 설치해야 하며, (④)가 노출되지 않도록 할 것
- 하나의 전용회로에 설치하는 비상콘센트는 (⑤) 이하로 할 것

해설

비상콘센트설비

(1) 비상콘센트설비의 전원회로 설치기준
  ① 비상콘센트설비의 전원회로는 단상교류 220[V]인 것으로서, 그 공급용량은 1.5[kVA] 이상인 것으로 할 것
  ② 전원회로는 각 층에 2 이상이 되도록 설치할 것. 다만, 설치해야 할 층의 비상콘센트가 1개인 때에는 하나의 회로로 할 수 있다.
  ③ 전원회로는 주배전반에서 전용회로로 할 것. 다만, 다른 설비회로의 사고에 따른 영향을 받지 않도록 되어 있는 것은 그렇지 않다.
  ④ 전원으로부터 각 층의 비상콘센트에 분기되는 경우에는 분기배선용 차단기를 보호함 안에 설치할 것
  ⑤ 콘센트마다 배선용 차단기(KS C 8321)를 설치해야 하며, 충전부가 노출되지 않도록 할 것
  ⑥ 개폐기에는 "비상콘센트"라고 표시한 표지를 할 것
  ⑦ 비상콘센트용의 풀박스 등은 방청도장을 한 것으로서 두께 1.6[mm] 이상의 철판으로 할 것
  ⑧ 하나의 전용회로에 설치하는 비상콘센트는 10개 이하로 할 것. 이 경우 전선의 용량은 각 비상콘센트(비상콘센트가 3개 이상인 경우에는 3개)의 공급용량을 합한 용량 이상의 것으로 해야 한다.

(2) 비상콘센트의 플러그접속기는 접지형 2극 플러그접속기(KS C 8305)를 사용해야 한다.
(3) 비상콘센트의 플러그접속기의 칼받이의 접지극에는 접지공사를 해야 한다.
(4) 비상콘센트 설치기준
  ① 바닥으로부터 높이 0.8[m] 이상 1.5[m] 이하의 위치에 설치할 것
  ② 비상콘센트의 배치는 바닥면적이 1,000[m²] 미만인 층은 계단의 출입구(계단의 부속실을 포함하며 계단이 2 이상 있는 경우에는 그중 1개의 계단을 말한다)로부터 5[m] 이내에, 바닥면적 1,000[m²] 이상인 층은 각 계단의 출입구 또는 계단부속실의 출입구(계단의 부속실을 포함하며 계단이 3 이상 있는 층의 경우에는 그중 2개의 계단을 말한다)로부터 5[m] 이내에 설치하되, 그 비상콘센트로부터 그 층의 각 부분까지의 거리가 다음의 기준을 초과하는 경우에는 그 기준 이하가 되도록 비상콘센트를 추가하여 설치할 것
    ㉠ 지하상가 또는 지하층의 바닥면적의 합계가 3,000[m²] 이상인 것은 수평거리 25[m]
    ㉡ ㉠에 해당하지 않는 것은 수평거리 50[m]
(5) 비상콘센트설비의 전원부와 외함 사이의 절연저항 및 절연내력 기준
  ① 절연저항은 전원부와 외함 사이를 500[V] 절연저항계로 측정할 때 20[MΩ] 이상일 것
  ② 절연내력은 전원부와 외함 사이에 정격전압이 150[V] 이하인 경우에는 1,000[V]의 실효전압을, 정격전압이 150[V] 초과인 경우에는 그 정격전압에 2를 곱하여 1,000을 더한 실효전압을 가하는 시험에서 1분 이상 견디는 것으로 할 것

정답 ① 2   ② 주배전반
③ 배선용 차단기   ④ 충전부
⑤ 10개

2018년 제2회 과년도 기출복원문제

※ 다음 물음에 대한 답을 해당 답란에 답하시오.(배점 : 100)

01 어느 특정소방대상물의 할론소화설비의 배선도면이다. 아래 도면을 참고하여 다음 각 물음에 답하시오(단, 배선공사는 후강 전선관을 사용하고, 콘크리트 매입시공한다).

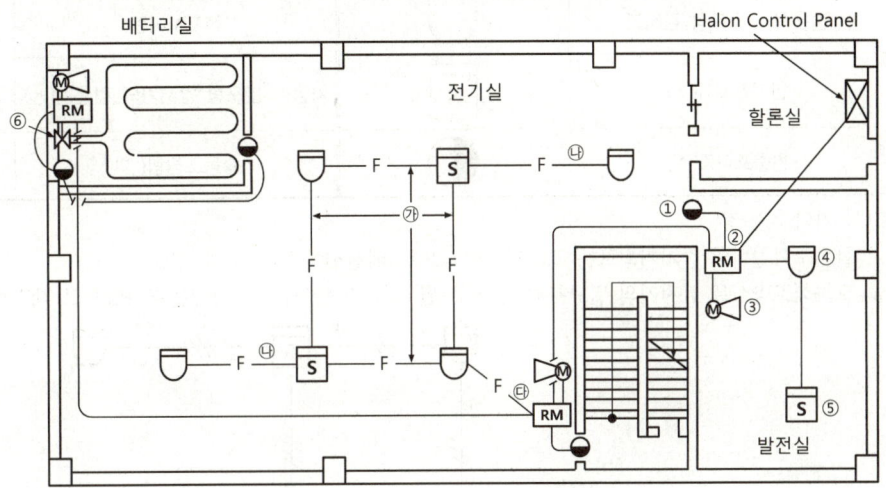

(1) 도면에 표시된 기호 ①~⑥의 명칭을 쓰시오.
(2) 도면에서 기호 ㉮~㉰의 전선 가닥수를 구하시오.
(3) 도면에서 물량을 산출할 때 어떤 아웃렛 박스를 몇 개 사용해야 하는지 각각 구분하여 답하시오.
(4) 부싱의 소요개수를 구하시오.

해설
할론소화설비

(1) 소방시설의 도시기호(소방시설 자체점검사항 등에 관한 고시)

명칭	도시기호	명칭	도시기호
차동식 스포트형 감지기(④)	⌒	사이렌	◁
보상식 스포트형 감지기	⌒	모터사이렌(③)	Ⓜ◁
정온식 스포트형 감지기	⌒	전자사이렌	Ⓢ◁
연기감지기(⑤)	S	차동식 분포형 감지기의 검출기(⑥)	⋈
방출표시등(①)	◐	수동조작함(②)	RM

(2) 전선 가닥수 산정
 ① 할론소화설비의 감지기회로는 교차회로방식으로 배선해야 한다.
 ② 교차회로방식은 감지기의 말단부와 루프로 된 부분은 4가닥, 그 밖에는 8가닥으로 배선한다.

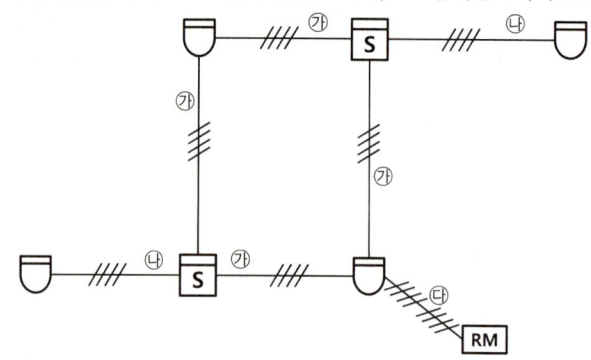

 ㉠ ㉮ : 4가닥(루프로 된 부분)
 ㉡ ㉯ : 4가닥(감지기 말단부)
 ㉢ ㉰ : 8가닥(감지기와 수동조작함(RM) 사이)

┌ 참고 ┐

감지기회로의 배선방식

• 송배선식
  - 도통시험을 용이하게 하기 위하여 배선의 도중에서 분기하지 않는 방식이다.
  - 적용설비 : 자동화재탐지설비, 제연설비
  - 전선 가닥수 산정 : 루프로 된 부분은 2가닥, 그 밖에는 4가닥

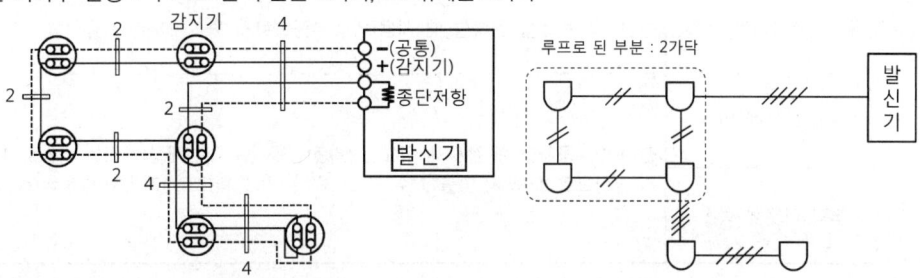

• 교차회로방식
  - 감지기의 오동작을 방지하기 위하여 하나의 방호구역 내에 2 이상의 화재감지기 회로를 설치하고 인접한 2 이상의 화재감지기가 동시에 감지되는 때에는 소화설비가 작동하는 방식이다.
  - 적용설비 : 분말소화설비, 할론소화설비, 이산화탄소소화설비, 준비작동식 스프링클러설비, 일제살수식 스프링클러설비, 할로겐화합물 및 불활성기체소화설비
  - 전선 가닥수 산정 : 루프로 된 부분과 말단부는 4가닥, 그 밖에는 8가닥

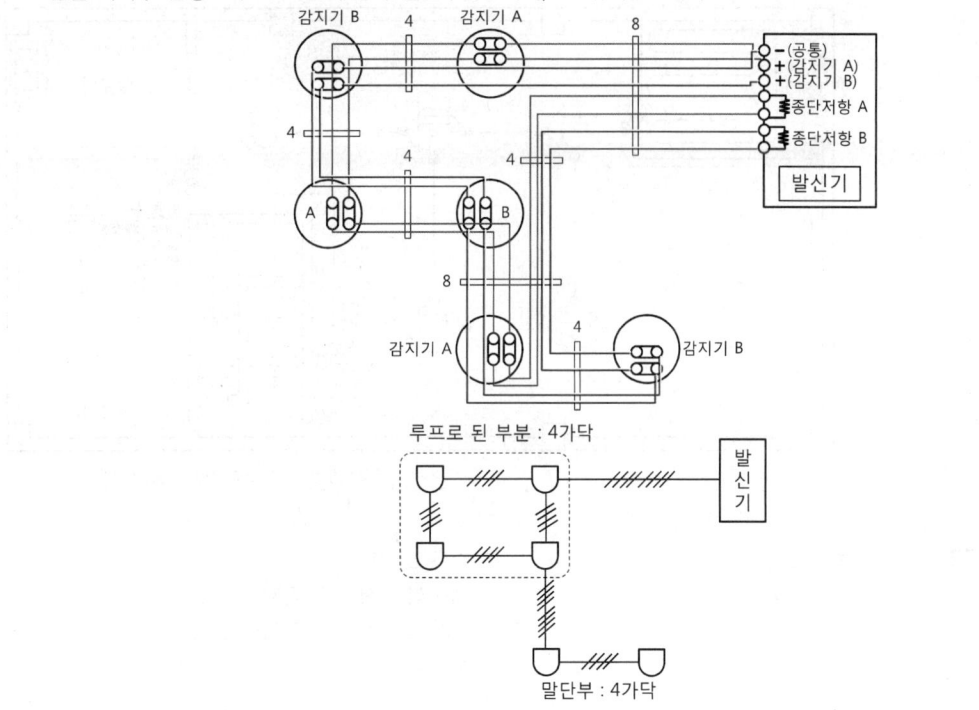

(3) 아웃렛 박스의 설치개수

금속관공사의 부품 명칭	사용 용도	그림
부싱	전선관을 박스에 접속할 때 전선의 피복을 보호하기 위하여 박스 내부의 전선관 끝에 사용한다.	
로크너트	전선관과 박스를 접속할 때 사용하는 부품으로서 최소 2개를 사용한다.	
8각 아웃렛 박스	전선관을 공사할 때 감지기, 유도등 및 전선을 접속하는데 사용하는 박스로 4각은 각 방향으로 2개까지 방출할 수 있고, 8각은 각 방향으로 1개까지 방출할 수 있다.	
4각 아웃렛 박스		

① 4각 아웃렛 박스 : 제어반, 수신기, 발신기세트, 수동조작함(RM) 등에 사용하므로 4개가 설치된다.
② 8각 아웃렛 박스 : 감지기, 사이렌, 유도등, 방출표시등에 사용하므로 16개가 설치된다.

(4) 부싱
4각 아웃렛 박스와 8각 아웃렛 박스에 전선이 투입되는 곳에 설치하므로 아웃렛 박스가 20개 설치되므로 부싱은 총 40개가 필요하다.

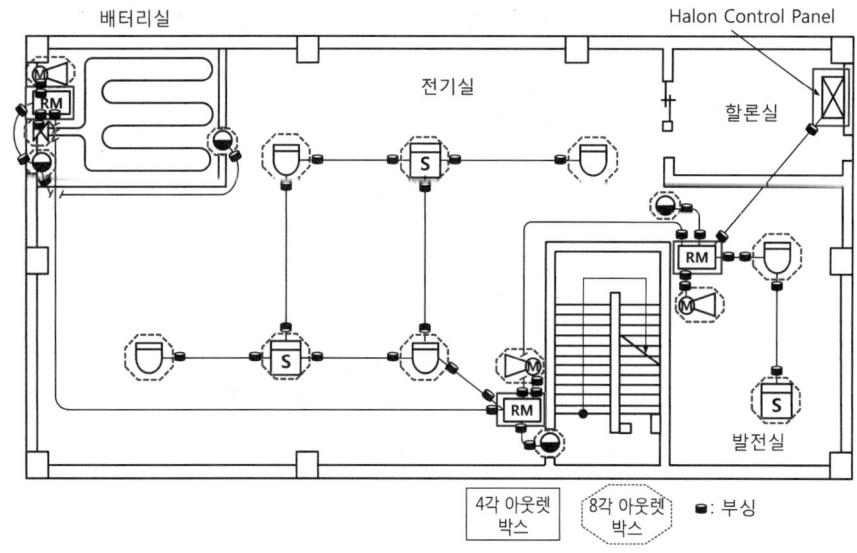

정답 (1) ① 방출표시등 ② 수동조작함
　　　③ 모터사이렌 ④ 차동식 스포트형 감지기
　　　⑤ 연기감지기 ⑥ 차동식 분포형 감지기의 검출기
　　(2) ㉮ 4가닥 ㉯ 4가닥
　　　㉰ 8가닥
　　(3) 4각 아웃렛 박스 - 4개
　　　8각 아웃렛 박스 - 16개
　　(4) 40개

02 자동화재탐지설비의 감지기회로 및 음향장치에 대한 내용이다. 다음 각 물음에 답하시오.

득점	배점
	6

(1) 자동화재탐지설비의 감지기회로의 전로저항은 몇 [Ω] 이하가 되도록 해야 하는지 쓰시오.
(2) P형 수신기 및 G.P형 수신기의 감지기회로의 배선에 있어서 하나의 공통선에 접속할 수 있는 경계구역은 몇 개 이하로 해야 하는지 쓰시오.
(3) 지구음향장치의 시험방법 및 판정기준을 쓰시오.
  ① 시험방법 :
  ② 판정기준 :

해설

자동화재탐지설비

(1), (2) 자동화재탐지설비의 배선 설치기준
  ① 감지기 사이의 회로의 배선은 송배선식으로 할 것
  ② 전원회로의 전로와 대지 사이 및 배선 상호 간의 절연저항은 전기사업법 제67조에 따른 전기설비기술기준이 정하는 바에 의하고, 감지기회로 및 부속회로의 전로와 대지 사이 및 배선 상호 간의 절연저항은 1경계구역마다 직류 250[V]의 절연저항측정기를 사용하여 측정한 절연저항이 0.1[MΩ] 이상이 되도록 할 것
  ③ 자동화재탐지설비의 배선은 다른 전선과 별도의 관·덕트(절연효력이 있는 것으로 구획한 때에는 그 구획된 부분은 별개의 덕트로 본다)·몰드 또는 풀박스 등에 설치할 것. 다만, 60[V] 미만의 약 전류회로에 사용하는 전선으로서 각각의 전압이 같을 때에는 그렇지 않다.
  ④ P형 수신기 및 G.P형 수신기의 감지기회로의 배선에 있어서 하나의 공통선에 접속할 수 있는 경계구역은 7개 이하로 할 것
  ⑤ 자동화재탐지설비의 감지기회로의 전로저항은 50[Ω] 이하가 되도록 해야 하며, 수신기의 각 회로별 종단에 설치되는 감지기에 접속되는 배선의 전압은 감지기 정격전압의 80[%] 이상이어야 할 것

(3) 음향장치의 실치기준
  ① 시험방법 : 해당 층의 감지기 또는 발신기가 작동하였을 때 화재신호와 연동하여 지구음향장치의 정상 작동 여부를 확인한다.
  ② 지구음향장치는 특정소방대상물의 층마다 설치하되, 해당 층의 각 부분으로부터 하나의 음향장치까지의 수평거리가 25[m] 이하가 되도록 하고, 해당 층의 각 부분에 유효하게 경보를 발할 수 있도록 설치할 것. 다만, 비상방송설비의 화재안전기술기준(NFTC 202)에 적합한 방송설비를 자동화재탐지설비의 감지기와 연동하여 작동하도록 설치한 경우에는 지구음향장치를 설치하지 않을 수 있다.
  ③ 음향장치의 구조 및 성능기준
    ㉠ 정격전압의 80[%] 전압에서 음향을 발할 수 있는 것으로 할 것. 다만, 건전지를 주전원으로 사용하는 음향장치는 그렇지 않다.
    ㉡ 음향의 크기는 부착된 음향장치의 중심으로부터 1[m] 떨어진 위치에서 90[dB] 이상이 되는 것으로 할 것
    ㉢ 감지기 및 발신기의 작동과 연동하여 작동할 수 있는 것으로 할 것
      ∴ 지구음향장치가 정상 작동하고 음향의 크기는 부착된 음향장치의 중심으로부터 1[m] 떨어진 위치에서 90[dB] 이상이 되는 것으로 할 것

정답 (1) 50[Ω] 이하
   (2) 7개 이하
   (3) ① 해당 층의 감지기 또는 발신기가 작동하였을 때 화재신호와 연동하여 지구음향장치의 정상 작동 여부를 확인한다.
   ② 지구음향장치가 정상 작동하고 음향의 크기는 부착된 음향장치의 중심으로부터 1[m] 떨어진 위치에서 90[dB] 이상이 되는 것으로 할 것

03 다음 그림은 준비작동식 스프링클러설비의 전기 계통도이다. 기호 Ⓐ~Ⓕ까지에 대한 아래 표의 빈칸에 전선 가닥수와 배선의 용도를 작성하시오(단, 전선은 운전 조작상 필요한 최소 전선 가닥수를 쓰시오).

득점	배점
	12

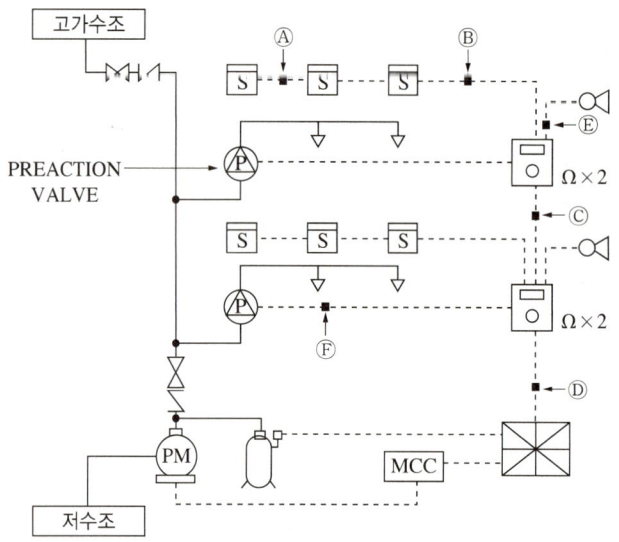

기호	구분	전선 가닥수	배선 굵기	배선의 용도
Ⓐ	감지기 ↔ 감지기		1.5[mm²]	
Ⓑ	감지기 ↔ SVP		1.5[mm²]	
Ⓒ	SVP ↔ SVP		2.5[mm²]	
Ⓓ	2 Zone일 경우		2.5[mm²]	
Ⓔ	사이렌 ↔ SVP		2.5[mm²]	
Ⓕ	프리액션밸브 ↔ SVP		2.5[mm²]	

해설

준비작동식 스프링클러설비
(1) 준비작동작동식 스프링클러설비의 기호 및 부속장치
  ① 프리액션밸브 : 1차 측에는 가압수, 2차 측에는 대기압 상태로 유지되어 있다가 감지기 A, B가 동시에 작동하면 중간체임버와 연결된 전자밸브가 개방되어 가압수가 배수된다. 이때 중간체임버의 압력이 낮아져 클래퍼가 개방되어 2차측 배관에 소화수로 채워지는 구조이다.

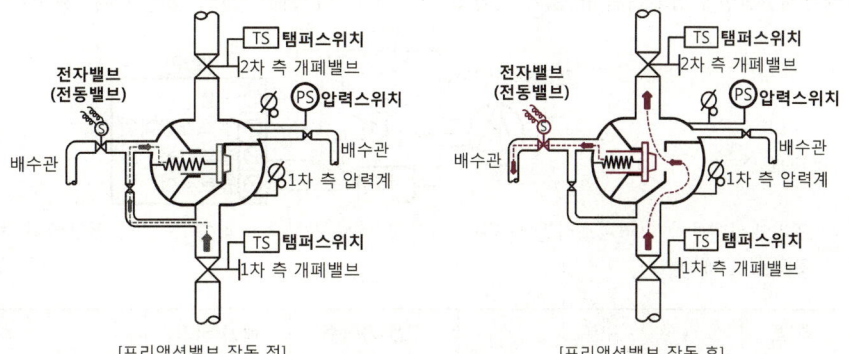

[프리액션밸브 작동 전]   [프리액션밸브 작동 후]

  ② 탬퍼스위치(TS) : 준비작동식 유수검지장치의 1차 측 및 2차 측 개폐밸브에 설치하여 밸브의 개방상태를 확인시켜 주는 스위치이다.
  ③ 압력스위치(PS) : 프리액션밸브의 개방상태를 확인시켜 주는 스위치이다.
  ④ 소방시설의 도시기호

명칭	도시기호	명칭	도시기호
프리액션밸브 수동조작함 (슈퍼비조리판넬, SVP)	SVP	프리액션밸브	Ⓟ
탬퍼스위치(TS)	TS	압력스위치(PS)	PS
동력제어반	MCC	사이렌	◁
연기감지기	S	종단저항	Ω

(2) 감지기와 감지기 사이의 배선
  ① 준비작동식 스프링클러설비의 감지기회로는 교차회로방식을 적용해야 한다. 따라서, 슈퍼비조리판넬(SVP)에는 감지기 A와 감지기 B에 대한 종단저항 2개를 설치해야 한다.
  ② 교차회로방식은 감지기가 루프로 된 부분과 말단부에는 4가닥, 그 밖에는 8가닥으로 한다.
    ㉠ Ⓐ 감지기 말단부의 전선 가닥수는 총 4가닥으로서 지구와 지구공통 각각 2가닥으로 배선한다.
    ㉡ Ⓑ 감지기와 슈퍼비조리판넬(SVP) 사이의 전선 가닥수는 총 8가닥으로서 지구와 지구공통 각각 4가닥으로 배선한다.
(3) 슈퍼비조리판넬(SVP)과 슈퍼비조리판넬(SVP) 사이의 배선
  ① 슈퍼비조리판넬(SVP)의 기본 전선 가닥수는 8가닥으로서 전원 ⊕・⊖, 감지기 A・B, 밸브주의, 밸브기동, 밸브개방확인, 사이렌으로 구성된다.
  ② 2 Zone일 경우 슈퍼비조리판넬(SVP)의 전선 가닥수는 총 14가닥으로서 기본 전선 가닥수(8가닥)에 Zone이 추가될 때마다 6가닥(감지기 A・B, 밸브주의, 밸브기동, 밸브개방확인, 사이렌)을 추가한다.

(4) 사이렌과 슈퍼비조리판넬(SVP) 사이의 배선

　　사이렌과 슈퍼비조리판넬(SVP) 사이의 전선 가닥수는 2가닥으로서 사이렌 2가닥으로 배선한다.

(5) 프리액션밸브와 슈퍼비조리판넬(SVP) 사이의 배선

　① 밸브주의 : 프리액션밸브에 설치되어 있는 개폐밸브의 개폐상태를 확인하기 위하여 탬퍼스위치(TS)가 설치되어 있다.

　② 밸브기동 : 감지기 A·B가 작동되면 전자밸브(Solenoid Valve)가 동작하여 2차 측 배관에 소화수가 채워진다.

　③ 밸브개방확인 : 압력스위치(PS)가 압력을 검지하여 프리액션밸브의 개방상태를 확인시켜 주는 스위치이다.

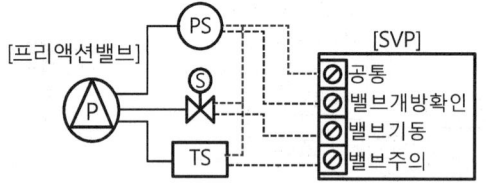

∴ 프리액션밸브와 슈퍼비조리판넬(SVP) 사이의 전선 가닥수는 4가닥으로서 밸브주의, 밸브기동, 밸브개방확인, 공통으로 배선한다.

정답

기호	구분	전선 가닥수	배선 굵기	배선의 용도
Ⓐ	감지기 ↔ 감지기	4	1.5[mm²]	지구 2, 공통 2
Ⓑ	감지기 ↔ SVP	8	1.5[mm²]	지구 4, 공통 4
Ⓒ	SVP ↔ SVP	8	2.5[mm²]	전원 ⊕·⊖, 감지기 A·B, 밸브주의, 밸브기동, 밸브개방확인, 사이렌
Ⓓ	2 Zone일 경우	14	2.5[mm²]	전원 ⊕·⊖, (감지기 A·B, 밸브주의, 밸브기동, 밸브개방확인, 사이렌)×2
Ⓔ	사이렌 ↔ SVP	2	2.5[mm²]	사이렌 2
Ⓕ	프리액션밸브 ↔ SVP	4	2.5[mm²]	밸브주의, 밸브기동, 밸브개방확인, 공통

04 다음 그림은 사무실 용도로 사용되고 있는 건축물의 평면도로서 복도에 통로유도등을 설치하고자 한다. 각 물음에 답하시오(단, 출입구의 위치는 무시하며, 복도에만 통로유도등을 설치하는 것으로 한다).

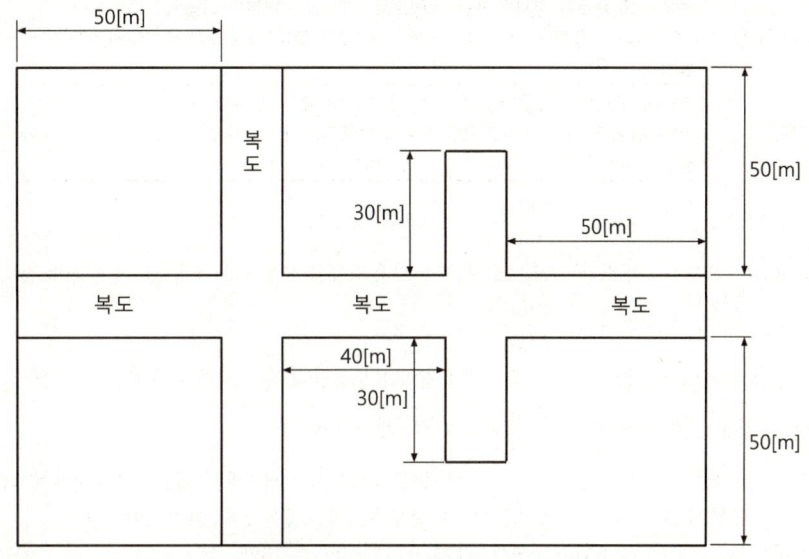

(1) 통로유도등은 총 몇 개를 설치해야 하는지 구하시오.
- 계산과정 :
- 답 :

(2) 통로유도등을 설치해야 하는 곳에 점(●)으로 표시하시오.

해설

유도등 및 유도표지

(1) 복도통로유도등의 설치기준
  ① 복도에 설치하되 옥내로부터 직접 지상으로 통하는 출입구 및 그 부속실의 출입구 또는 직통계단·직통계단의 계단실 및 그 부속실의 출입구에 따라 피난구유도등이 설치된 출입구의 맞은편 복도에는 입체형으로 설치하거나 바닥에 설치할 것
  ② 구부러진 모퉁이 및 ①에 따라 설치된 통로유도등을 기점으로 보행거리 20[m]마다 설치할 것
  ③ 바닥으로부터 높이 1[m] 이하의 위치에 설치할 것. 다만, 지하층 또는 무창층의 용도가 도매시장·소매시장·여객자동차터미널·지하역사 또는 지하상가인 경우에는 복도·통로 중앙 부분의 바닥에 설치해야 한다.
  ④ 바닥에 설치하는 통로유도등은 하중에 따라 파괴되지 않는 강도의 것으로 할 것

(2) 유도등 및 유도표지의 설치개수

구분	설치기준	설치개수 계산식
복도 또는 거실통로유도등	구부러진 모퉁이 및 보행거리 20[m]마다 설치할 것	설치개수 = $\dfrac{보행거리[m]}{20[m]} - 1$
객석유도등	객석 내의 통로가 경사로 또는 수평로로 되어 있는 부분은 다음의 식에 따라 산출한 수(소수점 이하의 수는 1로 본다)의 유도등을 설치해야 한다.	설치개수 = $\dfrac{객석 통로의 직선부분 길이[m]}{4[m]} - 1$
유도표지	계단에 설치하는 것을 제외하고는 각 층마다 복도 및 통로의 각 부분으로부터 하나의 유도표지까지의 보행거리가 15[m] 이하가 되는 곳과 구부러진 모퉁이의 벽에 설치할 것	설치개수 = $\dfrac{보행거리[m]}{15[m]} - 1$

① 50[m] 복도 : 설치개수 ≥ $\dfrac{50[m]}{20[m]} - 1 = 1.5$개 ≒ 2개

∴ 50[m] 복도가 4개소가 있으므로 복도통로유도등을 8개(2개×4개소) 설치해야 한다.

② 40[m] 복도 : 설치개수 ≥ $\dfrac{40[m]}{20[m]} - 1 = 1$개

∴ 40[m] 복도가 1개소가 있으므로 복도통로유도등을 1개 설치해야 한다.

③ 30[m] 복도 : 설치개수 ≥ $\dfrac{30[m]}{20[m]} - 1 = 0.5$개 ≒ 1개

∴ 30[m] 복도가 2개소가 있으므로 복도통로유도등을 2개(1개×2개소) 설치해야 한다.

④ 십자형 모퉁이 복도 : 2개소가 있으므로 복도통로유도등을 2개 설치해야 한다.

∴ 복도통로유도등 설치개수 = 8개 + 1개 + 2개 + 2개 = 13개

(3) 복도통로유도등의 설치 평면도

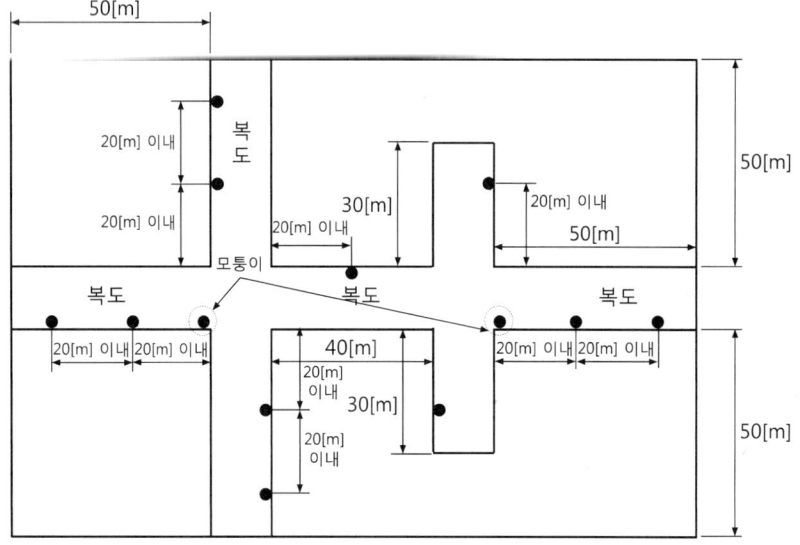

정답 (1) 13개
(2)

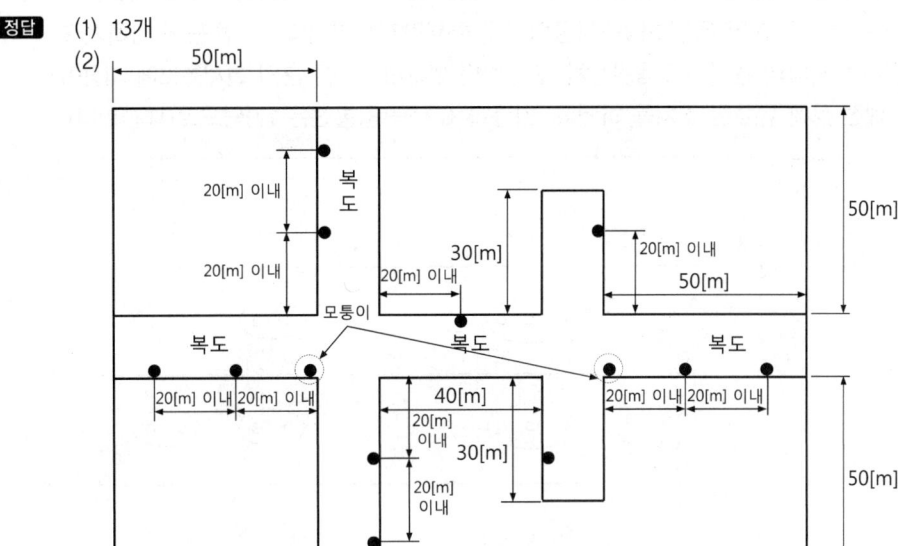

05 다음은 지하 1층, 지상 3층인 특정소방대상물의 자동화재탐지설비이다. 각 물음에 답하시오 (단, 화재로 인하여 하나의 층의 지구음향장치 배선이 단락되어도 다른 층의 화재통보에 지장이 없도록 각 층 배선 상에 유효한 조치를 하였고, 경종과 표시등 공통선은 1가닥으로 배선한다).

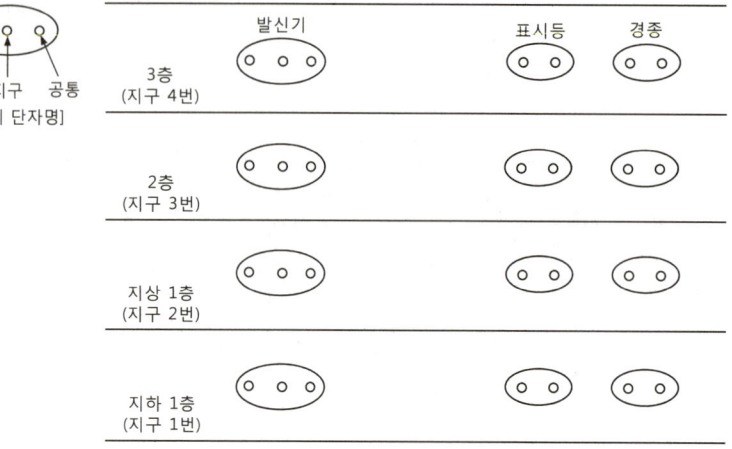

(1) P형 5회로 수신기와 발신기, 경종, 표시등 사이를 결선하시오.
(2) 종단저항은 어느 선과 어느 선 사이에 설치해야 하는지 쓰시오.
(3) 발신기 함의 상부에 설치하는 표시등의 색깔을 쓰시오.
(4) 발신기 표시등의 점멸상태를 쓰시오.
(5) 발신기 표시등의 불빛은 부착면으로부터 몇 [°] 이상의 범위 안에서 부착지점으로부터 몇 [m] 이내의 어느 곳에서도 쉽게 식별할 수 있어야 하는지 쓰시오.

해설

자동화재탐지설비

(1) 배선 결선도

┌─ 참고 ─

자동화재탐지설비의 음향장치 설치기준

(1) 주음향장치는 수신기의 내부 또는 그 직근에 설치할 것
(2) 층수가 11층(공동주택의 경우에는 16층) 이상의 특정소방대상물은 다음의 기준에 따라 경보를 발할 수 있도록 할 것
  ① 2층 이상의 층에서 발화한 때에는 발화층 및 그 직상 4개 층에 경보를 발할 것
  ② 1층에서 발화한 때에는 발화층·그 직상 4개 층 및 지하층에 경보를 발할 것
  ③ 지하층에서 발화한 때에는 발화층·그 직상층 및 그 밖의 지하층에 경보를 발할 것
(3) 지구음향장치는 특정소방대상물의 층마다 설치하되, 해당 층의 각 부분으로부터 하나의 음향장치까지의 수평거리가 25[m] 이하가 되도록 하고, 해당 층의 각 부분에 유효하게 경보를 발할 수 있도록 설치할 것. 다만, 비상방송설비의 화재안전기술기준(NFTC 202)에 적합한 방송설비를 자동화재탐지설비의 감지기와 연동하여 작동하도록 설치한 경우에는 지구음향장치를 설치하지 않을 수 있다.
(4) 음향장치는 다음의 기준에 따른 구조 및 성능의 것으로 할 것
  ① 정격전압의 80[%] 전압에서 음향을 발할 수 있는 것으로 할 것. 다만, 건전지를 주전원으로 사용하는 음향장치는 그렇지 않다.
  ② 음향의 크기는 부착된 음향장치의 중심으로부터 1[m] 떨어진 위치에서 90[dB] 이상이 되는 것으로 할 것
  ③ 감지기 및 발신기의 작동과 연동하여 작동할 수 있는 것으로 할 것
(5) (3)에도 불구하고 (3)의 기준을 초과하는 경우로서 기둥 또는 벽이 설치되지 않은 대형공간의 경우 지구음향장치는 설치대상 장소의 가장 가까운 장소의 벽 또는 기둥 등에 설치할 것

∴ 특정소방대상물이 11층 미만이므로 일제경보방식을 적용하여 배선한다.

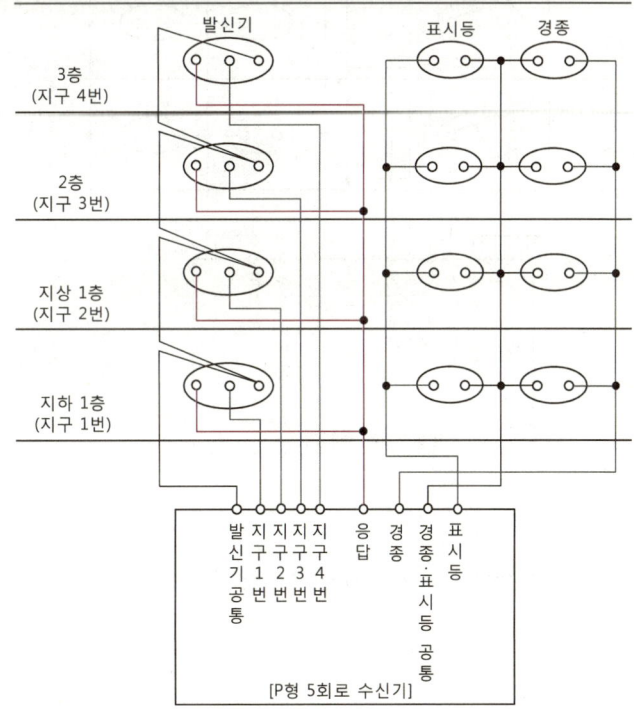

(2) 종단저항 설치

자동화재탐지설비는 도통시험을 확실하게 하기 위하여 송배선식으로 배선해야 한다. 따라서, 발신기 내의 지구 공통선과 지구선 사이에 배선한다.

> **참고**
>
> **감지기회로의 종단저항 설치기준**
> - 점검 및 관리가 쉬운 장소에 설치할 것
> - 전용함을 설치하는 경우 그 설치높이는 바닥으로부터 1.5[m] 이내로 할 것
> - 감지기회로의 끝부분에 설치하며, 종단감지기에 설치할 경우에는 구별이 쉽도록 해당 감지기의 기판 및 감지기 외부 등에 별도의 표시를 할 것

(3), (4), (5) 자동화재탐지설비의 발신기 설치기준

① 조작이 쉬운 장소에 설치하고, 스위치는 바닥으로부터 0.8[m] 이상 1.5[m] 이하의 높이에 설치할 것
② 특정소방대상물의 층마다 설치하되, 해당 층의 각 부분으로부터 하나의 발신기까지의 수평거리가 25[m] 이하가 되도록 할 것. 다만, 복도 또는 별도로 구획된 실로서 보행거리가 40[m] 이상일 경우에는 추가로 설치해야 한다.
③ 발신기의 위치를 표시하는 표시등은 함의 상부에 설치하되, 그 불빛은 부착면으로부터 15[°] 이상의 범위 안에서 부착지점으로부터 10[m] 이내의 어느 곳에서도 쉽게 식별할 수 있는 적색등으로 해야 한다.

정답 (1)

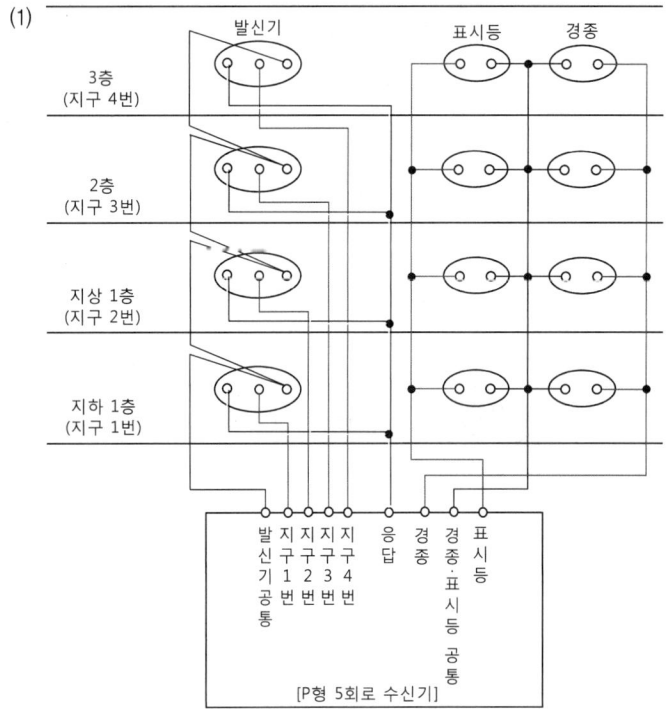

(2) 지구 공통선과 지구선 사이
(3) 적색
(4) 항상 점등
(5) 15[°] 이상의 범위 안에서 부착지점으로부터 10[m] 이내

06 1동은 사무실, 2동은 공장으로 구분되어 있는 건물에 자동화재탐지설비의 P형 발신기세트와 습식 스프링클러설비를 설치하고, 수위실에 수신기를 설치하였다. 경보방식은 동별 구분경보 방식을 적용하고, 옥내소화전의 가압송수장치는 기동용 수압개폐장치를 사용하는 경우 다음 각 물음에 답하시오.

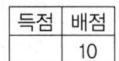

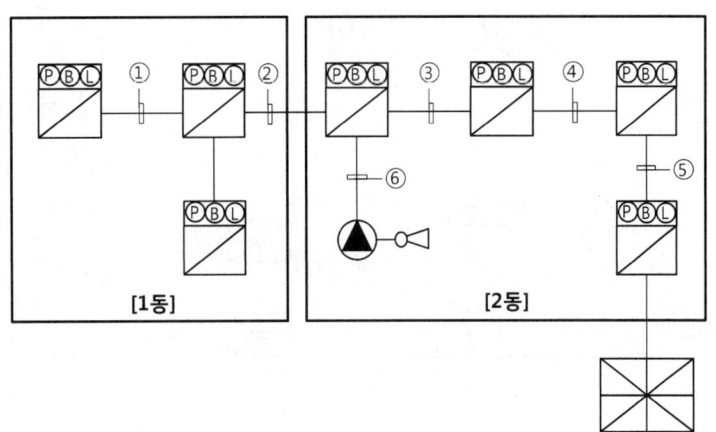

(1) 다음 표의 빈칸에 전선 가닥수와 배선의 용도를 쓰시오(단, 자동화재탐지설비와 습식 스프링클러설비의 공통선은 각각 별도로 사용하며 경종에는 단락보호장치가 설치되어 있고, 경종과 표시등 공통선은 1가닥으로 배선한다).

기호	전선 가닥수	자동화재탐지설비							습식 스프링클러설비			
		용도1	용도2	용도3	용도4	용도5	용도6	용도7	용도1	용도2	용도3	용도4
①												
②												
③												
④												
⑤												
⑥												

(2) 공장동에 설치한 폐쇄형 헤드를 사용하는 습식 스프링클러설비의 유수검지장치용 음향장치는 어떤 경우에 울리는지 쓰시오.

(3) 습식 스프링클러설비의 유수검지장치용 음향장치는 담당구역의 각 부분으로부터 하나의 음향장치까지의 수평거리를 몇 [m] 이하로 해야 하는지 쓰시오.

해설

자동화재탐지설비 및 습식 스프링클러설비

(1) 전선 가닥수 산정

① 자동화재탐지설비의 기본 전선 가닥수

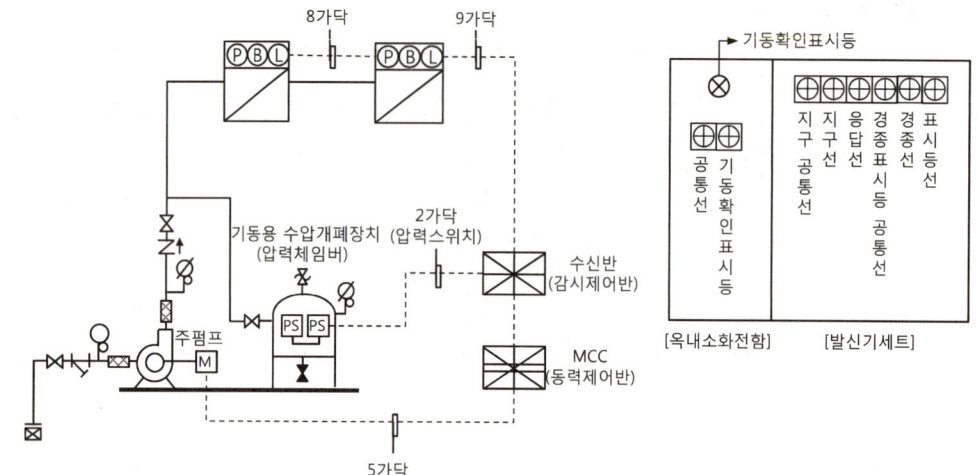

명칭	전선 가닥수	발신기세트						기동용 수압개폐장치
		용도 1	용도 2	용도 3	용도 4	용도 5	용도 6	용도 7
발신기세트 옥내소화전 내장형	8	지구 공통선	지구선	응답선	경종선	표시등선	경종·표시등 공통선	기동확인표시등 2

※ 옥내소화전의 가압송수장치는 기동용 수압개폐장치를 사용하는 방식이므로 자동기동방식이다. 따라서, 발신기세트의 기본 전선 가닥수에 기동확인표시등 2가닥을 추가로 배선한다.

② 습식 스프링클러설비의 기본 전선 가닥수

㉠ 습식 스프링클러설비 : 가압송수장치에서 폐쇄형 스프링클러헤드까지 배관 내에 항상 물이 가압되어 있다가 화재로 인한 열로 폐쇄형 스프링클러헤드가 개방되면 배관 내에 유수가 발생하여 습식유수검지장치가 작동하게 되는 스프링클러설비이다.

㉡ 습식 스프링클러설비 작동순서 : 화재발생 → 화재 열로 인하여 폐쇄형 헤드가 개방되어 방수 → 2차 측 배관 내의 압력이 저하 → 1차 측 수압에 의해 습식 유수검지장치의 클래퍼가 개방 → 습식 유수검지장치의 압력스위치가 작동하여 사이렌 경보, 감시제어반의 화재표시등, 밸브개방표시등 점등 → 배관 내의 압력저하로 기동용 수압개폐장치의 압력스위치 작동 → 펌프 기동

㉢ 습식 유수검지장치(알람체크밸브) : 밸브 본체, 압력스위치(PS), 1차 측 압력계, 2차 측 압력계, 배수밸브, 1차 측 개폐밸브, 경보정지밸브로 구성되어 있으며 밸브 본체 내부에 있는 클래퍼를 중심으로 2차 측의 수압이 낮아지면 1차 측의 압력으로 클래퍼가 개방되어 압력스위치를 동작시켜 제어반에 사이렌, 화재표시등, 밸브개방표시등의 신호를 전달한다.

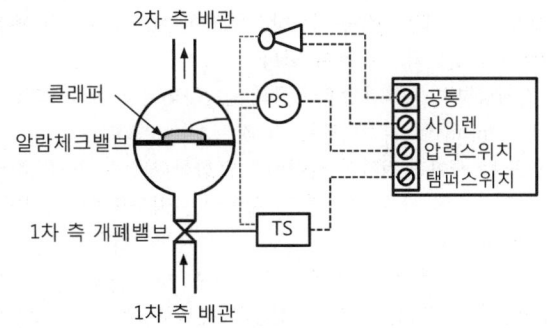

ⓓ 알람체크밸브의 전선 가닥수 산정

명칭	전선 가닥수	용도 1	용도 2	용도 3	용도 4
알람체크밸브	4	공통	압력스위치	탬퍼스위치	사이렌

③ 자동화재탐지설비 및 습식 스프링클러설비의 전선 가닥수

기호	전선 가닥수	자동화재탐지설비							습식 스프링클러설비			
		용도 1	용도 2	용도 3	용도 4	용도 5	용도 6	용도 7	용도 1	용도 2	용도 3	용도 4
①	8	지구 공통	지구	응답	경종	표시등	경종·표시등 공통	기동확인표시등 2	-	-	-	-
②	10	지구 공통	지구 3	응답	경종	표시등	경종·표시등 공통	기동확인표시등 2	-	-	-	-
③	16	지구 공통	지구 4	응답	경종 2	표시등	경종·표시등 공통	기동확인표시등 2	공통	압력 스위치	탬퍼 스위치	사이렌
④	17	지구 공통	지구 5	응답	경종 2	표시등	경종·표시등 공통	기동확인표시등 2	공통	압력 스위치	탬퍼 스위치	사이렌
⑤	18	지구 공통	지구 6	응답	경종 2	표시등	경종·표시등 공통	기동확인표시등 2	공통	압력 스위치	탬퍼 스위치	사이렌
⑥	4								공통	압력 스위치	탬퍼 스위치	사이렌

※ 자동화재탐지설비와 습식 스프링클러설비의 공통선은 별도로 하고, 경종은 동별 구분경보방식이므로 2동(공장)에는 경종선을 추가로 배선해야 한다.

(2) 유수검지장치의 음향장치 경보
  ① 화재가 발생하여 헤드가 개방되는 경우
  ② 시험장치의 개폐밸브를 개방하는 경우

(3) 스프링클러설비의 음향장치 설치기준
  ① 습식 유수검지장치 또는 건식 유수검지장치를 사용하는 설비에 있어서는 헤드가 개방되면 유수검지장치가 화재신호를 발신하고 그에 따라 음향장치가 경보되도록 할 것
  ② 준비작동식 유수검지장치 또는 일제개방밸브를 사용하는 설비에는 화재감지기의 감지에 따라 음향장치가 경보되도록 할 것. 이 경우 화재감지기회로를 교차회로방식(하나의 준비작동식 유수검지장치 또는 일제개방밸브의 담당구역 내에 2 이상의 화재감지기회로를 설치하고 인접한 2 이상의 화재감지기가 동시에 감지되는 때에 준비작동식 유수검지

장치 또는 일제개방밸브가 개방·작동되는 방식을 말한다)으로 하는 때에는 하나의 화재감지기회로가 화재를 감지하는 때에도 음향장치가 경보되도록 해야 한다.

③ 음향장치는 유수검지장치 및 일제개방밸브 등의 담당구역마다 설치하되 그 구역의 각 부분으로부터 하나의 음향장치까지의 수평거리는 25[m] 이하가 되도록 할 것

④ 음향장치는 경종 또는 사이렌(전자식 사이렌을 포함한다)으로 하되, 주위의 소음 및 다른 용도의 경보와 구별이 가능한 음색으로 할 것. 이 경우 경종 또는 사이렌은 자동화재탐지설비·비상벨설비 또는 자동식 사이렌설비의 음향장치와 겸용할 수 있다.

⑤ 주음향장치는 수신기의 내부 또는 그 직근에 설치할 것

⑥ 음향장치는 다음의 기준에 따른 구조 및 성능의 것으로 할 것
  ㉠ 정격전압의 80[%] 전압에서 음향을 발할 수 있는 것으로 할 것
  ㉡ 음향의 크기는 부착된 음향장치의 중심으로부터 1[m] 떨어진 위치에서 90[dB] 이상이 되는 것으로 할 것

정답 (1) 해설 참고
(2) 화재가 발생하여 헤드가 개방되는 경우이거나 시험장치의 개폐밸브를 개방하는 경우
(3) 25[m] 이하

07

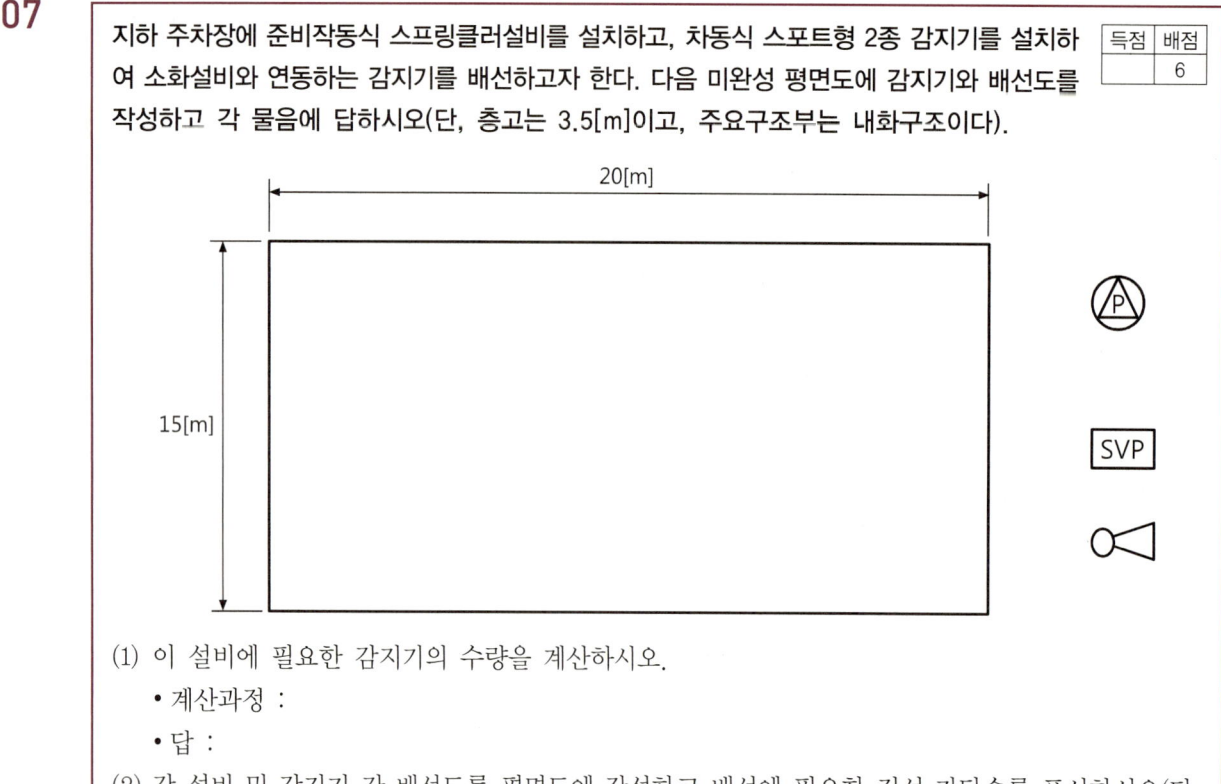

지하 주차장에 준비작동식 스프링클러설비를 설치하고, 차동식 스포트형 2종 감지기를 설치하여 소화설비와 연동하는 감지기를 배선하고자 한다. 다음 미완성 평면도에 감지기와 배선도를 작성하고 각 물음에 답하시오(단, 층고는 3.5[m]이고, 주요구조부는 내화구조이다).

(1) 이 설비에 필요한 감지기의 수량을 계산하시오.
  • 계산과정 :
  • 답 :
(2) 각 설비 및 감지기 간 배선도를 평면도에 작성하고 배선에 필요한 전선 가닥수를 표시하시오(단, SVP와 준비작동식밸브 간의 공통선은 겸용으로 사용하지 않는다).

해설
준비작동식 스프링클러설비
(1) 감지기의 설치기준
　① 감지기(차동식분포형의 것을 제외한다)는 실내로의 공기유입구로부터 1.5[m] 이상 떨어진 위치에 설치할 것
　② 감지기는 천장 또는 반자의 옥내에 면하는 부분에 설치할 것
　③ 보상식 스포트형 감지기는 정온점이 감지기 주위의 평상시 최고온도보다 20[℃] 이상 높은 것으로 설치할 것
　④ 정온식 감지기는 주방·보일러실 등으로서 다량의 화기를 취급하는 장소에 설치하되, 공칭작동온도가 최고주위온도보다 20[℃] 이상 높은 것으로 설치할 것
　⑤ 차동식 스포트형·보상식 스포트형 및 정온식 스포트형 감지기는 그 부착높이 및 특정소방대상물에 따라 다음 [표]에 따른 바닥면적마다 1개 이상을 설치할 것

부착높이 및 특정소방대상물의 구분		감지기의 종류(단위 : [m²])						
		차동식 스포트형		보상식 스포트형		정온식 스포트형		
		1종	2종	1종	2종	특종	1종	2종
4[m] 미만	주요구조부가 내화구조로 된 특정소방대상물 또는 그 부분	90	70	90	70	70	60	20
	기타 구조의 특정소방대상물 또는 그 부분	50	40	50	40	40	30	15
4[m] 이상 8[m] 미만	주요구조부가 내화구조로 된 특정소방대상물 또는 그 부분	45	35	45	35	35	30	-
	기타 구조의 특정소방대상물 또는 그 부분	30	25	30	25	25	15	-

　⑥ 스포트형 감지기는 45[°] 이상 경사되지 않도록 부착할 것
　　㉠ [문제]에서 층고는 4[m] 미만이고, 주요구조부가 내화구조이므로 차동식 스포트형 2종 감지기는 바닥면적 70[m²]마다 1개 이상을 설치해야 한다.

$$\therefore \text{감지기 설치개수} = \frac{\text{감지구역의 바닥면적}[m^2]}{\text{감지기 1개의 설치 바닥면적}[m^2]}$$
$$= \frac{20[m] \times 15[m]}{70[m^2]} = 4.29\text{개} \fallingdotseq 5\text{개}$$

　　㉡ 준비작동식 스프링클러설비는 교차회로방식(감지기의 오동작을 방지하기 위하여 하나의 방호구역 내에 2 이상의 화재감지기 회로를 설치하고 인접한 2 이상의 화재감지기가 동시에 감지되는 때에는 소화설비가 작동하는 방식)을 적용해야 한다.
　　　$\therefore$ 감지기 설치개수 = 5개 × 2회로 = 10개

(2) 전선 가닥수
　① 교차회로방식으로 감지기를 설치해야 하므로 전선 가닥수는 루프로 된 부분과 말단부는 4가닥, 그 밖에는 8가닥으로 배선한다.
　② 준비작동식 스프링클러설비의 전선 가닥수
　　㉠ 작동순서 : 화재가 발생하면 감지기 A 또는 B 작동(사이렌 경보 및 화재표시등 점등) → 감지기 A 또는 B 작동 또는 수동기동장치(SVP)가 작동 → 준비작동식 유수검지장치 작동(전자밸브 작동, 중간체임버의 압력이 저하, 프리액션밸브 개방, 압력스위치가 동작하여 사이렌 경보 및 밸브개방표시등 점등) → 배관 내의 압력 저하로 기동용 수압개폐장치의 압력스위치가 작동하여 펌프가 기동

ⓒ 프리액션밸브 구조 및 작동

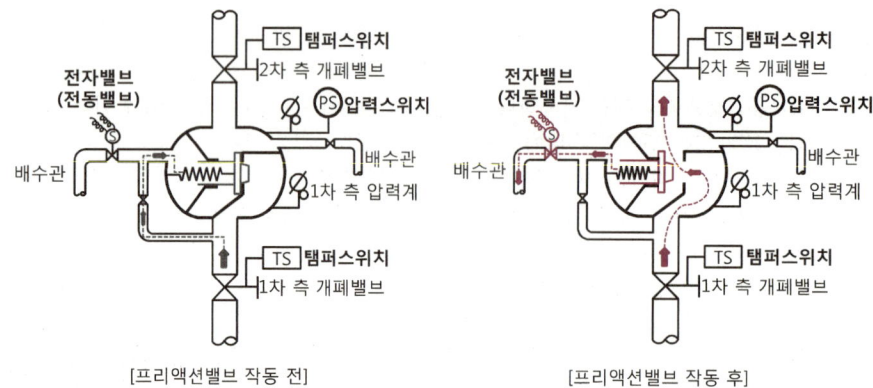

[프리액션밸브 작동 전]   [프리액션밸브 작동 후]

ⓒ 프리액션밸브와 SVP(슈퍼비조리판넬) 간의 공통선을 겸용으로 하는 경우 : 총 4가닥 - 공통 1, 밸브개방확인(PS) 1, 밸브기동(SV) 1, 밸브주의(TS) 1

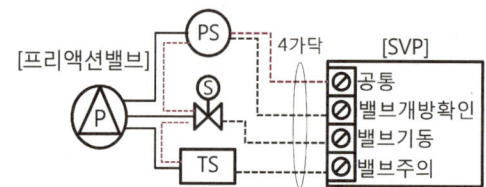

ⓔ 프리액션밸브와 SVP(슈퍼비조리판넬) 간의 공통선을 별개로 하는 경우 : 총 6가닥 - 밸브개방확인(PS) 2, 밸브기동(SV) 2, 밸브주의(TS) 2

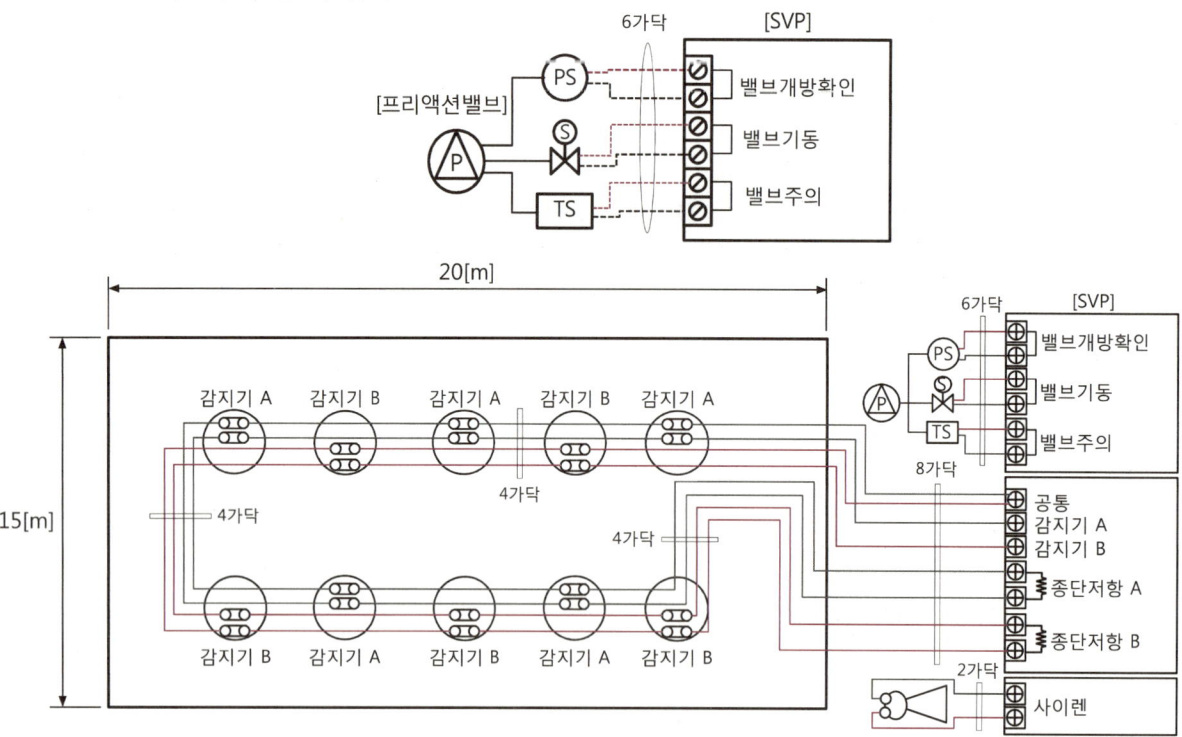

정답 (1) 10개
(2)

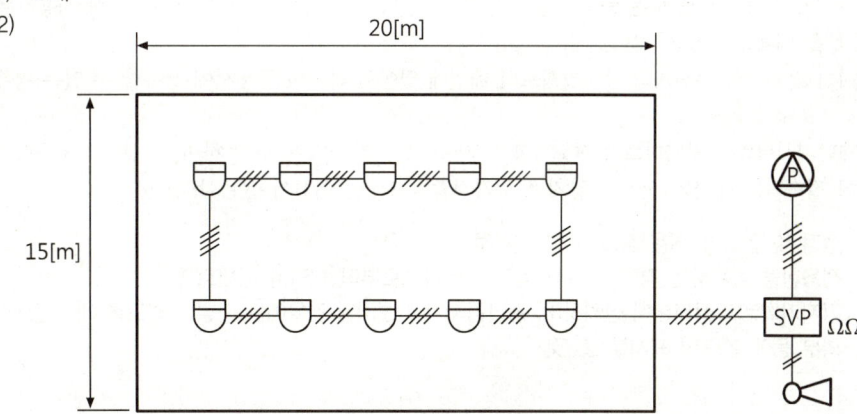

08 자동화재탐지설비의 화재안전기술기준에서 감지기회로의 도통시험을 위한 종단저항의 설치기준 3가지를 쓰시오.

해설
자동화재탐지설비의 배선 설치기준
(1) 전원회로의 배선은 옥내소화전설비의 화재안전기술기준(NFTC 102) 2.7.2의 표 2.7.2(1)에 따른 내화배선에 따르고, 그 밖의 배선(감지기 상호 간 또는 감지기로부터 수신기에 이르는 감지기회로의 배선은 제외한다)은 옥내소화전설비의 화재안전기술기준(NFTC 102) 2.7.2의 표 2.7.2(1) 또는 2.7.2(2)에 따른 내화배선 또는 내열배선에 따라 설치할 것
(2) 감지기 상호 간 또는 감지기로부터 수신기에 이르는 감지기회로의 배선은 다음의 기준에 따라 설치할 것
　① 아날로그식, 다신호식 감지기나 R형 수신기용으로 사용되는 것은 전자파 방해를 받지 않는 실드선 등을 사용해야 하며, 광케이블의 경우에는 전자파 방해를 받지 않고 내열성능이 있는 경우 사용할 것. 다만, 전자파 방해를 받지 않는 방식의 경우에는 그렇지 않다.
　② ① 외의 일반배선을 사용할 때는 옥내소화전설비의 화재안전기술기준(NFTC 102) 2.7.2의 표 2.7.2(1) 또는 2.7.2(2)에 따른 내화배선 또는 내열배선으로 사용할 것
(3) 감지기회로의 도통시험을 위한 종단저항은 다음의 기준에 따를 것
　① 점검 및 관리가 쉬운 장소에 설치할 것
　② 전용함을 설치하는 경우 그 설치높이는 바닥으로부터 1.5[m] 이내로 할 것
　③ 감지기회로의 끝부분에 설치하며, 종단감지기에 설치할 경우에는 구별이 쉽도록 해당 감지기의 기판 및 감지기 외부 등에 별도의 표시를 할 것
(4) 감지기 사이의 회로의 배선은 송배선식으로 할 것
(5) 전원회로의 전로와 대지 사이 및 배선 상호 간의 절연저항은 전기사업법 제67조에 따른 전기설비기술기준이 정하는 바에 의하고, 감지기회로 및 부속회로의 전로와 대지 사이 및 배선 상호 간의 절연저항은 1경계구역마다 직류 250[V]의 절연저항측정기를 사용하여 측정한 절연저항이 0.1[MΩ] 이상이 되도록 할 것

(6) 자동화재탐지설비의 배선은 다른 전선과 별도의 관·덕트(절연효력이 있는 것으로 구획한 때에는 그 구획된 부분은 별개의 덕트로 본다)·몰드 또는 풀박스 등에 설치할 것. 다만, 60[V] 미만의 약 전류회로에 사용하는 전선으로서 각각의 전압이 같을 때에는 그렇지 않다.
(7) P형 수신기 및 G.P형 수신기의 감지기회로의 배선에 있어서 하나의 공통선에 접속할 수 있는 경계구역은 7개 이하로 할 것
(8) 자동화재탐지설비의 감지기회로의 전로저항은 50[Ω] 이하가 되도록 해야 하며, 수신기의 각 회로별 종단에 설치되는 감지기에 접속되는 배선의 전압은 감지기 정격전압의 80[%] 이상이어야 할 것

정답
① 점검 및 관리가 쉬운 장소에 설치할 것
② 전용함을 설치하는 경우 그 설치높이는 바닥으로부터 1.5[m] 이내로 할 것
③ 감지기회로의 끝부분에 설치하며, 종단감지기에 설치할 경우에는 구별이 쉽도록 해당 감지기의 기판 및 감지기 외부 등에 별도의 표시를 할 것

09 다음은 할론소화설비의 간선 계통도이다. 각 물음에 답하시오.

득점	배점
	9

(1) 기호 ①~⑪까지의 전선 가닥수를 구하시오(단, 감지기는 별개의 공통선을 사용한다).

기호	①	②	③	④	⑤	⑥	⑦	⑧	⑨	⑩	⑪
전선 가닥수											

(2) 기호 ⑤의 배선의 용도를 쓰시오.
(3) 기호 ⑪에서 구역(Zone)이 추가되는 경우 늘어나는 배선의 명칭을 쓰시오.

해설

할론소화설비

(1) 소방시설의 도시기호(소방시설 자체점검사항 등에 관한 고시)

명칭	도시기호	명칭	도시기호
수신기	⊠	가스계 소화설비의 수동조작함	RM
연기감지기	S	차동식 스포트형 감지기	⌒
사이렌	▷	압력스위치(PS)	PS
방출표시등	◐	종단저항	Ω

[비고] 솔레노이드밸브는 SV로 표기되어 있다.

(2) 할론소화설비의 구성장치
   ① 솔레노이드밸브(SV) : 소화약제 용기밸브에 솔레노이드밸브를 장치하고 화재감지기에 의한 화재신호를 수신하여 전기적으로 솔레노이드밸브를 작동시켜 밸브를 개방한다.
   ② 기동스위치 : 할론소화설비를 작동시키기 위하여 수동으로 전기적 기동신호를 소화설비 제어반(수신기)으로 발신하기 위한 스위치이다.
   ③ 방출지연스위치 : 기동스위치의 작동에 의한 소화설비 제어장치의 지연타이머가 작동되고 있을 때 타이머의 작동을 정지시키기 위한 신호를 발신하는 스위치로서 화재가 아닌 상황에서 감지기의 오동작 등으로 할론소화설비가 작동되는 것을 일시적으로 방지하기 위해 사용한다.
   ④ 감지기회로의 배선방식
      ㉠ 송배선식
         • 도통시험을 용이하게 하기 위하여 배선의 도중에서 분기하지 않는 방식이다.
         • 적용설비 : 자동화재탐지설비, 제연설비
         • 전선 가닥수 산정 시 루프로 된 부분은 2가닥, 그 밖에는 4가닥으로 배선한다.

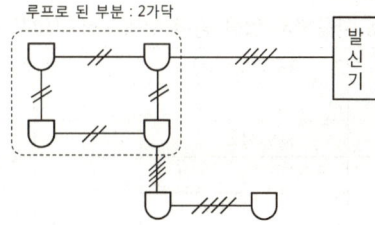

      ㉡ 교차회로방식
         • 감지기의 오동작을 방지하기 위하여 하나의 방호구역 내에 2 이상의 화재감지기회로를 설치하고 인접한 2 이상의 화재감지기가 화재를 감지하는 때에 소화설비가 작동하는 방식이다.
         • 적용설비 : 분말소화설비, 할론소화설비, 이산화탄소소화설비, 준비작동식 스프링클러설비, 일제살수식 스프링클러설비, 할로겐화합물 및 불활성기체소화설비
         • 전선 가닥수 산정 시 루프로 된 부분과 말단부는 4가닥, 그 밖에는 8가닥으로 배선한다.

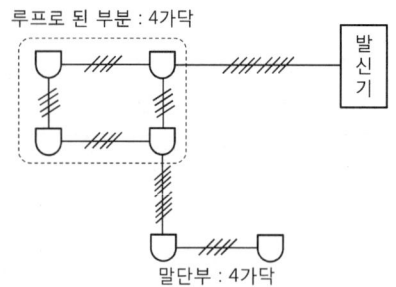

(3) 전선 가닥수 및 배선의 용도

기호	구분	전선 가닥수	배선의 용도	비고
①	감지기 ↔ 감지기	4	지구선 2, 공통선 2	교차회로방식이므로 루프로 된 부분과 말단부는 4가닥, 그 밖에는 8가닥으로 배선한다.
②	감지기 ↔ 감지기	8	지구선 4, 공통선 4	
③	감지기 ↔ 수동조작함(RM)	8	지구선 4, 공통선 4	
④	사이렌 ↔ 수동조작함(RM)	2	사이렌 2	
⑤	수동조작함(RM) ↔ 수동조작함(RM)	9	전원 ⊕·⊖, 방출지연스위치, 감지기 공통선, 감지기 A, 감지기 B, 사이렌, 방출표시등, 기동스위치	
⑥	감지기 ↔ 감지기	4	지구선 2, 공통선 2	
⑦	감지기 ↔ 수동조작함(RM)	8	지구선 4, 공통선 4	
⑧	방출표시등 ↔ 수동조작함(RM)	2	방출표시등 2	
⑨	솔레노이드밸브(SV) ↔ 수신기	2	솔레노이드밸브 2	
⑩	압력스위치(PS) ↔ 수신기	2	압력스위치 2	
⑪	수동조작함(RM) ↔ 수신기	14	전원 ⊕·⊖, 방출지연스위치, 감지기 공통선, (감지기 A, 감지기 B, 사이렌, 방출표시등, 기동스위치)×2	구역(Zone)이 증가함에 따라 감지기A·B, 사이렌, 방출표시등, 기동스위치의 배선이 추가된다.

┌참고┐
감지기의 공통선을 별개로 사용하지 않을 경우[수동조작함(RM) ↔ 수동조작함(RM)]

배선의 용도	1구역(Zone)	2구역(Zone)	비고
전원 ⊕	1	1	
전원 ⊖	1	1	
방출지연스위치	1	1	
감지기 A	1	2	Zone마다 전선 1가닥씩 추가
감지기 B	1	2	
사이렌	1	2	
방출표시등	1	2	
기동스위치	1	2	
전선가닥수	8	13	

정답 (1)

기호	①	②	③	④	⑤	⑥	⑦	⑧	⑨	⑩	⑪
전선 가닥수	4	8	8	2	9	4	8	2	2	2	14

(2) 전원 ⊕·⊖, 방출지연스위치, 감지기 공통선, 감지기 A, 감지기 B, 사이렌, 방출표시등, 기동스위치
(3) 감지기 A, 감지기 B, 사이렌, 방출표시등, 기동스위치

10 다음은 비상콘센트설비의 화재안전기술기준에서 정하는 비상콘센트의 전원회로 설치기준이다. 다음 ( ) 안에 알맞은 내용을 쓰시오.

득점	배점
	5

- 전원회로는 각 층에 (①)이 되도록 설치할 것. 다만, 설치해야 할 층의 비상콘센트가 1개인 때에는 하나의 회로로 할 수 있다.
- 전원회로는 (②)에서 전용회로로 할 것. 다만, 다른 설비회로의 사고에 따른 영향을 받지 않도록 되어 있는 것은 그렇지 않다.
- 콘센트마다 (③)를 설치해야 하며, (④)가 노출되지 않도록 할 것
- 하나의 전용회로에 설치하는 비상콘센트는 (⑤) 이하로 할 것

해설

비상콘센트설비의 전원 및 콘센트 설치기준

(1) 비상콘센트설비의 전원회로(비상콘센트에 전력을 공급하는 회로를 말한다)는 다음의 기준에 따라 설치해야 한다.
① 비상콘센트설비의 전원회로는 단상교류 220[V]인 것으로서, 그 공급용량은 1.5[kVA] 이상인 것으로 할 것
② 전원회로는 각 층에 2 이상이 되도록 설치할 것. 다만, 설치해야 할 층의 비상콘센트가 1개인 때에는 하나의 회로로 할 수 있다.
③ 전원회로는 주배전반에서 전용회로로 할 것. 다만, 다른 설비회로의 사고에 따른 영향을 받지 않도록 되어 있는 것은 그렇지 않다.
④ 전원으로부터 각 층의 비상콘센트에 분기되는 경우에는 분기배선용 차단기를 보호함 안에 설치할 것
⑤ 콘센트마다 배선용 차단기(KS C 8321)를 설치해야 하며, 충전부가 노출되지 않도록 할 것
⑥ 개폐기에는 "비상콘센트"라고 표시한 표지를 할 것
⑦ 비상콘센트용의 풀박스 등은 방청도장을 한 것으로서, 두께 1.6[mm] 이상의 철판으로 할 것
⑧ 하나의 전용회로에 설치하는 비상콘센트는 10개 이하로 할 것. 이 경우 전선의 용량은 각 비상콘센트(비상콘센트가 3개 이상인 경우에는 3개)의 공급용량을 합한 용량 이상의 것으로 해야 한다.

(2) 비상콘센트외 플러그접속기는 접지형 2극 플러그접속기(KS C 8305)를 사용해야 한다.
(3) 비상콘센트의 플러그접속기의 칼받이의 접지극에는 접지공사를 해야 한다.
(4) 비상콘센트설비의 전원부와 외함 사이의 절연저항 및 절연내력은 다음의 기준에 적합해야 한다.
① 절연저항은 전원부와 외함 사이를 500[V] 절연저항계로 측정할 때 20[MΩ] 이상일 것
② 절연내력은 전원부와 외함 사이에 정격전압이 150[V] 이하인 경우에는 1,000[V]의 실효전압을, 정격전압이 150[V] 초과인 경우에는 그 정격전압에 2를 곱하여 1,000을 더한 실효전압을 가하는 시험에서 1분 이상 견디는 것으로 할 것

정답
① 2 이상
② 주배전반
③ 배선용 차단기
④ 충전부
⑤ 10개

11 다음은 피난구유도등의 설치제외 장소에 대한 내용이다. ( ) 안에 알맞은 내용을 쓰시오.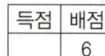

- 바닥면적이 (①)[m²] 미만인 층으로서 옥내로부터 직접 지상으로 통하는 출입구(외부의 식별이 용이한 경우에 한한다)
- 거실 각 부분으로부터 하나의 출입구에 이르는 보행거리가 (②)[m] 이하이고, 비상조명등과 유도표지가 설치된 거실의 출입구
- 출입구가 3개소 이상 있는 거실로서 그 거실 각 부분으로부터 하나의 출입구에 이르는 보행거리가 (③)[m] 이하인 경우에는 주된 출입구 2개소 외의 출입구(유도표지가 부착된 출입구를 말한다)

해설

피난구유도등

(1) 피난구유도등의 설치장소
   ① 옥내로부터 직접 지상으로 통하는 출입구 및 그 부속실의 출입구
   ② 직통계단·직통계단의 계단실 및 그 부속실의 출입구
   ③ ①, ②에 따른 출입구에 이르는 복도 또는 통로로 통하는 출입구
   ④ 안전구획된 거실로 통하는 출입구

(2) 피난구유도등의 설치제외 장소
   ① 바닥면적이 1,000[m²] 미만인 층으로서 옥내로부터 직접 지상으로 통하는 출입구(외부의 식별이 용이한 경우에 한한다)
   ② 대각선 길이가 15[m] 이내인 구획된 실의 출입구
   ③ 거실 각 부분으로부터 하나의 출입구에 이르는 보행거리가 20[m] 이하이고, 비상조명등과 유도표지가 설치된 거실의 출입구
   ④ 출입구가 3개소 이상 있는 거실로서 그 거실 각 부분으로부터 하나의 출입구에 이르는 보행거리가 30[m] 이하인 경우에는 주된 출입구 2개소 외의 출입구(유도표지가 부착된 출입구를 말한다). 다만, 공연장·집회장·관람장·전시장·판매시설·운수시설·숙박시설·노유자시설·의료시설·장례식장의 경우에는 그렇지 않다.

참고

유도등의 설치제외 장소

(1) 통로유도등
   ① 구부러지지 않은 복도 또는 통로로서 길이가 30[m] 미만인 복도 또는 통로
   ② ①에 해당하지 않는 복도 또는 통로로서 보행거리가 20[m] 미만이고 그 복도 또는 통로와 연결된 출입구 또는 그 부속실의 출입구에 피난구유도등이 설치된 복도 또는 통로

(2) 객석유도등
   ① 주간에만 사용하는 장소로서 채광이 충분한 객석
   ② 거실 등의 각 부분으로부터 하나의 거실 출입구에 이르는 보행거리가 20[m] 이하인 객석의 통로로서 그 통로에 통로유도등이 설치된 객석

정답 ① 1,000
　　　② 20
　　　③ 30

12 비상용 조명부하가 40[W] 120등, 60[W] 50등이 있다. 방전시간은 30분이며, 연축전지 HS형이 54[cell], 최저 허용전압이 90[V], 최저 축전지온도가 5[℃]일 때 다음 각 물음에 답하시오.

형식	온도[℃]	10분			30분		
		1.6[V]	1.7[V]	1.8[V]	1.6[V]	1.7[V]	1.8[V]
CS형	25	0.9 0.8	1.15 1.06	1.60 1.42	1.41 1.34	1.60 1.55	2.00 1.88
	5	1.15 1.10	1.35 1.25	2.00 1.80	1.75 1.75	1.85 1.80	2.45 2.35
	−5	1.35 1.25	1.60 1.50	2.65 2.25	2.05 2.05	2.20 2.20	3.10 3.00
HS형	25	0.58	0.70	0.93	1.03	1.14	1.38
	5	0.62	0.74	1.05	1.11	1.22	1.54
	−5	0.68	0.82	1.15	1.20	1.35	1.68

※ [표]에서 연축전지 용량환산시간(K)의 상단은 900~2,000[Ah]이고, 하단은 900[Ah]이다.

(1) 연축전지 용량[Ah]을 구하시오(단, 전압은 100[V]이고 연축전지의 용량환산시간 (K)는 표와 같으며 보수율은 0.8이다).
  • 계산과정 :
  • 답 :
(2) 자기방전량만 항상 충전하는 방식을 무엇이라고 하는지 쓰시오.
(3) 연축전지와 알칼리축전지의 공칭전압[V/cell]을 쓰시오.
  ① 연축전지 :
  ② 알칼리축전지 :

해설

예비전원설비

(1) 연축전지의 용량 계산
  ① 연축전지의 공칭전압(V)

$$V = \frac{\text{최저 허용전압[V]}}{\text{셀수[cell]}} \text{[V/cell]}$$

∴ 공칭전압 $V = \dfrac{90\text{[V]}}{54\text{[cell]}} = 1.67\text{[V/cell]} ≒ 1.7\text{[V/cell]}$

② 용량환산시간(K)

연축전지 HS형이고, 방전시간이 30분, 공칭전압이 1.7[V/cell], 최저 축전지온도가 5[℃]일 때 용량환산시간[h]을 [표]에서 찾는다.

형식	온도[℃]	10분			30분		
		1.6[V]	1.7[V]	1.8[V]	1.6[V]	1.7[V]	1.8[V]
CS형	25	0.9 0.8	1.15 1.06	1.60 1.42	1.41 1.34	1.60 1.55	2.00 1.88
	5	1.15 1.10	1.35 1.25	2.00 1.80	1.75 1.75	1.85 1.80	2.45 2.35
	-5	1.35 1.25	1.60 1.50	2.65 2.25	2.05 2.05	2.20 2.20	3.10 3.00
HS형	25	0.58	0.70	0.93	1.03	1.14	1.38
	5	0.62	0.74	1.05	1.11	1.22	1.54
	-5	0.68	0.82	1.15	1.20	1.35	1.68

∴ [표]에서 용량환산시간 $K = 1.22$[h]이다.

③ 방전전류(I)

$$P = IV [\text{W}]$$

여기서, P : 전력(40[W]×120등 + 60[W]×50등)
　　　　I : 방전전류[A]
　　　　V : 전압(100[V])

∴ 방전전류 $I = \dfrac{P}{V} = \dfrac{40[\text{W}] \times 120\text{등} + 60[\text{W}] \times 50\text{등}}{100[\text{V}]} = 78[\text{A}]$

④ 연축전지의 용량(C)

$$C = \dfrac{1}{L} KI \ [\text{Ah}]$$

여기서, L : 용량저하율(보수율, 0.8)
　　　　K : 용량환산시간(1.22[h])
　　　　I : 방전전류(78[A])

∴ 연축전지 용량 $C = \dfrac{1}{L} KI = \dfrac{1}{0.8} \times 1.22[\text{h}] \times 78[\text{A}] = 118.95[\text{Ah}]$

(2) 충전방식의 종류

① 보통충전방식 : 필요할 때마다 표준시간율로 전류를 충전하는 방식이다.
② 급속충전방식 : 비교적 단시간에 보통충전의 2~3배의 전류로 충전하는 방식이다.
③ 부동충전방식 : 축전지의 자기방전량을 보충함과 동시에 상용부하에 대한 전력공급은 충전기가 부담하고 충전기가 부담하기 어려운 대전류 부하는 축전지가 부담하게 하는 방식이다.
④ 균등충전방식 : 부동충전방식의 전압보다 약간 높은 정전압으로 충분한 시간동안 충전함으로써 전체 셀의 전압 및 비중상태를 균등하게 되도록 하기 위한 충전방식이다.
⑤ 세류충전방식 : 축전지의 자기방전량만 충전하기 위해 부하를 제거한 상태에서 미소전류로 충전하는 방식이다.
⑥ 회복충전방식 : 축전지를 과방전 및 방전상태에서 오랫동안 방치한 경우, 가벼운 설페이션 현상이 생겼을 때 기능회복을 위하여 실시하는 충전방식이다.

(3) 연축전지와 알칼리축전지 비교

구분		연축전지(납축전지)		알칼리축전지	
		CS형	HS형	포켓식	소결식
구조	양극	이산화납(PbO_2)		수산화니켈[$Ni(OH)_3$]	
	음극	납(Pb)		카드뮴(Cd)	
	전해액	황산(H_2SO_4)		수산화칼륨(KOH)	
공칭용량(방전시간율)		10[Ah](10[h])		5[Ah](5[h])	
공칭전압		2.0[V/cell]		1.2[V/cell]	
충전시간		길다.		짧다.	
과충전, 과방전에 대한 전기적 강도		약하다.		강하다.	
용도		장시간, 일정 전류 부하에 우수		단시간, 대전류 부하에 우수	

정답
(1) 118.95[Ah]
(2) 세류충전방식
(3) ① 2[V/cell]
    ② 1.2[V/cell]

---

13 다음은 자동화재탐지설비 및 시각경보장치의 화재안전기술기준에서 광전식 분리형 감지기에 대한 설치기준이다. 각 물음에 답하시오.

득점	배점
	5

• 광축은 나란한 벽으로부터 (①)[m] 이상 이격하여 설치할 것
• 감지기의 송광부는 설치된 뒷벽으로부터 (②)[m] 이내 위치에 설치할 것
• 감지기의 수광부는 설치된 뒷벽으로부터 (③)[m] 이내 위치에 설치할 것
• 광축의 높이는 천장 등 높이의 (④)[%] 이상일 것
• 감지기의 광축의 길이는 (⑤) 범위 이내일 것

해설

광전식 분리형 감지기의 설치기준
(1) 감지기의 수광면은 햇빛을 직접 받지 않도록 설치할 것
(2) 광축(송광면과 수광면의 중심을 연결한 선)은 나란한 벽으로부터 0.6[m] 이상 이격하여 설치할 것
(3) 감지기의 송광부와 수광부는 설치된 뒷벽으로부터 1[m] 이내 위치에 설치할 것
(4) 광축의 높이는 천장 등(천장의 실내에 면한 부분 또는 상층의 바닥 하부면을 말한다) 높이의 80[%] 이상일 것
(5) 감지기의 광축의 길이는 공칭감시거리 범위 이내일 것

> 참고
> **감지기 형식승인 및 제품검사의 기술기준(제19조)**
> 아날로그식 분리형 광전식 감지기의 공칭감시거리는 5[m] 이상 100[m] 이하로 하여 5[m] 간격으로 한다.

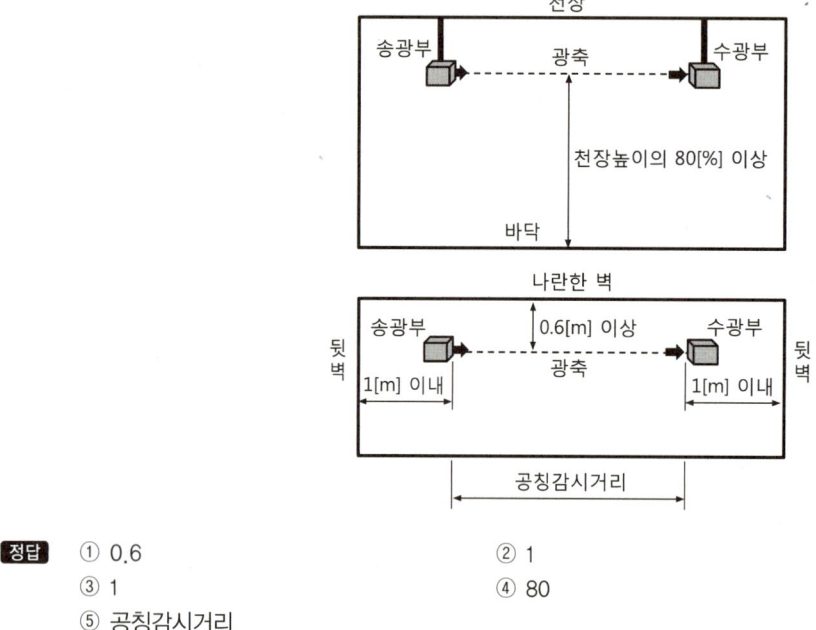

정답
① 0.6
② 1
③ 1
④ 80
⑤ 공칭감시거리

---

14 다음은 가스누설경보기의 형식승인 및 제품검사의 기술기준에서 정하는 가스누설경보기에 관한 내용이다. 각 물음에 답하시오. [배점 4]

(1) 가스누설경보기는 가스의 누설을 표시하는 표시등(누설등) 및 가스가 누설된 경계구역의 위치를 표시하는 표시등(지구등)은 등이 켜질 때 어떤 색으로 표시되어야 하는지 쓰시오.
(2) 가스누설경보기에 예비전원으로 사용되는 축전지를 3가지 쓰시오.

해설

가스누설경보기의 형식승인 및 제품검사의 기술기준

(1) 가스누설경보기 표시등의 구조 및 기능(제8조)
  ① 전구는 2개 이상을 병렬로 접속해야 한다. 다만, 방전등 또는 발광다이오드의 경우에는 그렇지 않다.
  ② 전구에는 적당한 보호 덮개를 설치해야 한다. 다만, 발광다이오드의 경우에는 그렇지 않다.
  ③ 가스의 누설을 표시하는 표시등(누설등) 및 가스가 누설된 경계구역의 위치를 표시하는 표시등(지구등)은 등이 켜질 때 황색으로 표시되어야 한다. 다만, 누설등을 설치한 수신부의 지구등 및 수신기와 병용하지 않는 지구등은 그렇지 않다.
  ④ 주위의 밝기가 300[lx]인 장소에서 측정하여 앞면으로부터 3[m] 떨어진 곳에서 켜진 등이 확실히 식별되어야 한다.

(2) 예비전원(제4조)
  ① 예비전원을 가스누설경보기의 주전원으로 사용해서는 안 된다.
  ② 예비전원을 단락사고 등으로부터 보호하기 위한 퓨즈 등 과전류 보호장치를 설치해야 한다.
  ③ 주전원이 정지한 경우에는 자동으로 예비전원으로 전환되고, 주전원이 정상상태로 복귀한 경우에는 자동으로 예비전원으로부터 주전원으로 전환되어야 한다.
  ④ 앞면에 예비전원의 상태를 감시할 수 있는 장치를 해야 한다.
  ⑤ 자동충전장치 및 전기적 기구에 의한 자동과충전방지장치를 설치해야 한다. 다만, 과충전 상태가 되어도 성능 또는 구조에 이상이 생기지 않는 축전지를 설치하는 경우에는 자동과충전방지장치를 설치하지 않을 수 있다.
  ⑥ 축전지를 병렬로 접속하는 경우에는 역충전 방지 등의 조치를 해야 한다.
  ⑦ 축전지를 직렬 또는 병렬로 사용하는 경우에는 용량(전압, 전류 등)이 균일한 축전지를 사용해야 한다.
  ⑧ 예비전원은 알칼리계 2차 축전지, 리튬계 2차 축전지 또는 무보수밀폐형 연축전지로서 그 용량은 1회선용(단독형 가스누설경보기를 포함)의 경우 감시상태를 20분간 계속한 후 유효하게 작동되어 10분간 경보를 발할 수 있어야 하며, 2회로 이상인 가스누설경보기의 경우에는 연결된 모든 회로에 대하여 감시상태를 10분간 계속한 후 2회선을 유효하게 작동시키고 10분간 경보를 발할 수 있는 용량이어야 한다.

정답 (1) 황색
     (2) 알칼리계 2차 축전지, 리튬계 2차 축전지 또는 무보수밀폐형 연축전지

15 다음은 비상방송설비의 화재안전기술기준에서 정하는 비상방송설비의 음향장치 설치기준이다. 각 물음에 답하시오.

(1) 확성기의 음성입력은 실내에 설치하는 것에 있어서는 몇 [W] 이상으로 해야 하는지 쓰시오.
(2) 조작부의 조작스위치는 바닥으로부터 몇 [m] 이상 몇 [m] 이하의 높이에 설치해야 하는지 쓰시오.
(3) 확성기는 각 층마다 설치하되, 그 층의 각 부분으로부터 하나의 확성기까지의 수평거리가 몇 [m] 이하가 되도록 해야 하는지 쓰시오.
(4) 음량조정기를 설치하는 경우 음량조정기의 배선은 몇 선식으로 해야 하는지 쓰시오.
(5) 수위실 등 상시 사람이 근무하는 장소로서 점검이 편리하고 방화상 유효한 곳에 설치해야 하는 것을 2가지만 쓰시오.

해설

비상방송설비의 음향장치 설치기준

(1) 확성기의 음성입력은 3[W](실내에 설치하는 것에 있어서는 1[W]) 이상일 것
(2) 조작부의 조작스위치는 바닥으로부터 0.8[m] 이상 1.5[m] 이하의 높이에 설치할 것
(3) 층수가 11층(공동주택의 경우에는 16층) 이상의 특정소방대상물은 다음의 기준에 따라 경보를 발할 수 있도록 해야 한다.
  ① 2층 이상의 층에서 발화한 때에는 발화층 및 그 직상 4개 층에 경보를 발할 것
  ② 1층에서 발화한 때에는 발화층·그 직상 4개 층 및 지하층에 경보를 발할 것
  ③ 지하층에서 발화한 때에는 발화층·그 직상층 및 기타의 지하층에 경보를 발할 것

┤참고├

우선경보방식(지하 3층이고, 지상 11층인 특정소방대상물)

[발화층 : ⊙, 경보 표시 ●]

∴ 5층에서 화재가 발생한 경우에는 발화층인 5층과 그 직상 4개 층(6층, 7층, 8층, 9층)에 경보를 발해야 한다.

(4) 기동장치에 따른 화재신호를 수신한 후 필요한 음량으로 화재발생상황 및 피난에 유효한 방송이 자동으로 개시될 때까지의 소요시간은 10초 이내로 할 것
(5) 음향장치는 다음의 기준에 따른 구조 및 성능의 것으로 해야 한다.
   ① 정격전압의 80[%] 전압에서 음향을 발할 수 있는 것으로 할 것
   ② 자동화재탐지설비의 작동과 연동하여 작동할 수 있는 것으로 할 것
(6) 확성기는 각 층마다 설치하되, 그 층의 각 부분으로부터 하나의 확성기까지의 수평거리가 25[m] 이하가 되도록 하고, 해당 층의 각 부분에 유효하게 경보를 발할 수 있도록 설치할 것
(7) 음량조정기를 설치하는 경우 음량조정기의 배선은 3선식으로 할 것
(8) 조작부는 기동장치의 작동과 연동하여 해당 기동장치가 작동한 층 또는 구역을 표시할 수 있는 것으로 할 것
(9) 증폭기 및 조작부는 수위실 등 상시 사람이 근무하는 장소로서 점검이 편리하고 방화상 유효한 곳에 설치할 것
(10) 다른 방송설비와 공용하는 것에 있어서는 화재 시 비상경보 외의 방송을 차단할 수 있는 구조로 할 것
(11) 다른 전기회로에 따라 유도장애가 생기지 않도록 할 것
(12) 하나의 특정소방대상물에 2 이상의 조작부가 설치되어 있는 때에는 각각의 조작부가 있는 장소 상호 간에 동시 통화가 가능한 설비를 설치하고, 어느 조작부에서도 해당 특정소방대상물의 전 구역에 방송을 할 수 있도록 할 것

정답 (1) 1[W] 이상
 (2) 0.8[m] 이상 1.5[m] 이하
 (3) 25[m] 이하
 (4) 3선식
 (5) 증폭기, 조작부

2018년 제4회 과년도 기출복원문제

※ 다음 물음에 대한 답을 해당 답란에 답하시오.(배점 : 100)

01

화재에 의한 열, 연기 또는 불꽃 이외의 요인에 의해 자동화재탐지설비가 작동하여 화재경보를 발하는 것을 비화재보(Unwanted Alarm)라고 한다. 즉, 자동화재탐지설비가 정상적으로 작동하였다고 하더라도 화재가 아닌 경우의 경보를 "비화재보"라 하며 비화재보의 종류는 다음과 같이 구분할 수 있다. 다음 설명 중 (2)의 일과성 비화재보로 볼 수 있는 Nuisance Alarm에 대한 방지책을 4가지만 쓰시오.

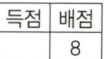

(1) 설비 자체의 결함이나 오동작에 등에 의한 경우(False Alarm)
  ① 설비 자체의 기능상 결함
  ② 설비의 유지관리 불량
  ③ 실수나 고의적인 행위가 있을 때
(2) 주위 상황이 대부분 순간적으로 화재와 같은 상태(실제 화재와 유사한 환경이나 상황)로 되었다가 정상적으로 복귀하는 경우(일과성 비화재보, Nuisance Alarm)

해설

비화재보

(1) 비화재보와 실보의 정의
  ① 비화재보 : 화재와 유사한 상황에서 작동되는 것
  ② 실보 : 화재를 감지하지 못하는 것
(2) 비화재보의 발생원인
  ① 인위적인 요인 : 분진, 담배연기, 조리 시 발생하는 열 및 연기 등
  ② 기능적인 요인 : 감지기의 자체적인 원인으로 부품 불량, 감도 변화 등
  ③ 환경적인 요인 : 온도, 습도, 기압, 풍압 등
  ④ 관리상의 요인 : 감지기의 물의 침입, 청소 불량 등
  ⑤ 설치상의 요인 : 부적절한 설치공사에 의한 배선의 단락, 절연 불량, 부식 등
(3) 비화재보의 방지대책
  ① 비화재보에 적응성 있는 감지기(복합형 감지기)를 사용

보상식 감지기	구분	열복합형 감지기
차동식 + 정온식	성능	차동식 + 정온식
단신호 (차동요소와 정온요소 중 어느 하나가 먼저 동작하면 해당되는 동작신호만 출력된다)	화재신호 발신	• 단신호 AND회로 : 차동요소와 정온 요소가 모두 동작할 경우에 신호가 출력된다. • 다신호 OR회로 : 두 요소 중 어느 하나가 동작하면 해당하는 동작신호가 출력되고 이후 또 다른 요소가 동작되면 두 번째 동작신호가 출력된다.
실보 방지	목적	비화재보 방지

② 연기감지기의 설치를 제한 : 먼지·가루 또는 수증기가 다량으로 체류하는 장소 또는 주방 등의 평상시 연기가 발생하는 장소에 연기감지기 설치 시 비화재보의 우려가 있기 때문
③ 환경적응성이 있는 감지기를 설치
④ 축적방식의 감지기 또는 축적방식의 수신기를 사용
⑤ 비화재보 방지기가 내장된 수신기를 사용
⑥ 아날로그 감지기와 인텔리전트 수신기를 사용

(4) 감지기의 설치기준(NFTC 203)

지하층·무창층 등으로서 환기가 잘되지 않거나 실내면적이 40[m^2] 미만인 장소, 감지기의 부착면과 실내 바닥과의 거리가 2.3[m] 이하인 곳으로서 일시적으로 발생한 열·연기 또는 먼지 등으로 인하여 화재신호를 발신할 우려가 있는 장소에는 다음의 기준에서 정한 감지기 중 적응성이 있는 감지기를 설치해야 한다.

① 불꽃감지기
② 정온식 감지선형 감지기
③ 분포형 감지기
④ 복합형 감지기
⑤ 광전식 분리형 감지기
⑥ 아날로그방식의 감지기
⑦ 다신호방식의 감지기
⑧ 축적방식의 감지기

정답
① 비화재보에 적응성 있는 감지기를 사용
② 연기감지기의 설치를 제한
③ 비화재보 방지기가 내장된 수신기를 사용
④ 축적방식의 감지기를 사용

02 소방관련법령상 소방설비에 사용하는 비상전원의 종류 3가지를 쓰시오.

[해설]
비상전원의 설치기준 및 용량

소방시설	비상전원의 설치기준	비상전원의 종류				비상전원의 용량
		자가발전설비	축전지설비	전기저장장치	비상전원수전설비	
옥내소화전설비	• 층수가 7층 이상으로서 연면적이 2,000[m²] 이상인 것 • 지하층의 바닥면적 합계가 3,000[m²] 이상인 것	○	○	○	×	20분 이상
스프링클러설비	차고, 주차장의 바닥면적 합계가 1,000[m²] 미만	○	○	○	○	20분 이상
	이외의 모든 설비	○	○	○	×	
물분무소화설비	모든 설비	○	○	○	×	20분 이상
포소화설비	• 호스릴 포소화설비 또는 포소화전만을 설치한 차고, 주차장 • 포헤드설비 또는 고정포방출설비가 설치된 부분의 바닥면적(스프링클러설비가 설치된 차고, 주차장의 바닥면적을 포함)의 합계가 1,000[m²] 미만인 것	○	○	○	○	20분 이상
	이외의 모든 설비	○	○	○	×	
이산화탄소, 분말, 할론소화설비	모든 설비(호스릴 이산화탄소소화설비 제외)	○	○	○	×	20분 이상
자동화재탐지설비	모든 설비	×	○	○	×	그 설비에 대한 감시상태를 60분간 지속 후 유효하게 10분 이상
비상방송설비	모든 설비	×	○	○	×	
비상조명등	모든 설비	○	○	○	×	20분 이상 (예비전원을 내장하는 경우 제외)
제연설비	모든 설비	○	○	○	×	20분 이상
연결송수관설비	모든 설비	○	○	○	×	20분 이상
비상콘센트설비	• 지하층을 제외한 층수가 7층 이상으로서 연면적이 2,000[m²] 이상 • 지하층의 바닥면적 합계가 3,000[m²] 이상	○	○	○	○	20분 이상

[정답] 자가발전설비, 축전지설비, 전기저장장치

03 지상 20[m] 높이에 500[m³]의 저수조에 소화용수를 양수하는데 15[kW]의 펌프를 사용한다면 몇 분 후 저수조에 물이 가득 차는지 구하시오(단, 펌프의 효율은 70[%]이고, 여유계수는 1.2이다).

배점 7

해설

펌프의 전동기동력(P_m)

$$P_m = \frac{\gamma H Q}{\eta} \times K = \frac{\gamma H \left(\frac{q}{T}\right)}{\eta} \times K \text{[kW]}$$

여기서, P_m : 펌프의 전동기동력(15[kW]=15[kJ/s]=15[kN·m/s])
  γ : 물의 비중량(9,800[N/m³]=9.8[kN/m³])
  H : 전양정(20[m])
  $Q = \frac{q}{T}$: 양수량 $\left(\frac{\text{저수량[m³]}}{\text{양수시간[s]}}\right)$
  η : 펌프의 효율(70[%]=0.7)
  K : 여유계수(여유율, 동력전달계수=1.2)

∴ 양수시간 $T = \frac{\gamma H q}{P_m \eta} \times K = \frac{9.8[\text{kN/m}^3] \times 20[\text{m}] \times 500[\text{m}^3]}{15[\text{kN·m/s}] \times 0.7} \times 1.2 = 11,200[\text{s}]$

$= 11,200[\text{s}] \times \frac{1[\text{min}]}{60[\text{s}]} ≒ 186.67[\text{min}]$

정답 186.67분

04 감지기의 형식승인 및 제품검사의 기술기준에서 아날로그식 분리형 광전식 감지기는 다음의 시험에 적합해야 한다. ( ) 안에 알맞은 내용을 쓰시오.

배점 3

공칭감시거리는 (①)[m] 이상 (②)[m] 이하로 하여 (③)[m] 간격으로 한다.

해설

아날로그식 분리형 광전식 감지기의 시험(감지기의 형식승인 및 제품검사의 기술기준 제19조)
(1) 공칭감시거리는 5[m] 이상 100[m] 이하로 하여 5[m] 간격으로 한다.
(2) 송광부와 수광부 사이에 감광필터를 설치할 때 공칭감지농도범위(설계치)의 최저농도값에 해당하는 감광률에서 최고농도값에 해당하는 감광률에 도달할 때까지 공칭감시거리의 최대값까지 분당 30[%] 이하로 일정하게 분할한 감광필터를 직선 상승하도록 설치할 경우 각 감광필터값의 변화에 대응하는 화재정보신호를 발신해야 한다.
(3) 공칭감지농도범위의 임의의 농도에서 제4항 제1호의 규정에 준하는 시험을 실시하는 경우 30초 이내에 작동해야 한다.

정답 ① 5
  ② 100
  ③ 5

05 길이가 20[m]인 통로에 객석유도등을 설치하고자 한다. 통로에 설치해야 하는 객석유도등의 최소 설치개수를 구하시오.

득점	배점
	5

• 계산과정 :

• 답 :

해설
유도등의 설치개수 산정

(1) 통로유도등의 설치기준

구분	복도통로유도등	거실통로유도등	계단통로유도등
설치장소	복도	거실의 통로	계단
설치방법	구부러진 모퉁이 및 보행거리 20[m]마다	구부러진 모퉁이 및 보행거리 20[m]마다	각 층의 경사로 참 또는 계단참마다
설치높이	바닥으로부터 높이 1[m] 이하	바닥으로부터 높이 1.5[m] 이상	바닥으로부터 높이 1[m] 이하

(2) 객석유도등의 설치기준

① 객석유도등은 객석의 통로, 바닥 또는 벽에 설치해야 한다.

② 객석 내의 통로가 경사로 또는 수평로로 되어 있는 부분은 다음 식에 따라 산출한 개수(소수점 이하의 수는 1로 본다)의 유도등을 설치해야 한다.

$$설치개수 = \frac{객석\ 통로의\ 직선부분\ 길이[m]}{4} - 1$$

③ 객석 내의 통로가 옥외 또는 이와 유사한 부분에 있는 경우에는 해당 동로 전체에 미칠 수 있는 개수의 유도등을 설치해야 한다.

$$\therefore 설치개수 = \frac{20[m]}{4} - 1 = 4개$$

정답
4개

06 비상방송설비의 화재안전기술기준에서 정하는 음향장치의 설치기준이다. 다음 ( ) 안에 알맞은 내용을 쓰시오.

득점	배점
	5

- 확성기의 음성입력은 실내에 설치하는 것에 있어서는 (①)[W] 이상일 것
- 확성기는 각 층마다 설치하되, 그 층의 각 부분으로부터 하나의 확성기까지의 수평거리가 (②)[m] 이하가 되도록 할 것
- 음량조정기를 설치하는 경우 음량조정기의 배선은 (③)으로 할 것
- 조작부의 조작스위치는 바닥으로부터 (④)[m] 이상 (⑤)[m] 이하의 높이에 설치할 것

해설
비상방송설비의 음향장치 설치기준
(1) 확성기의 음성입력은 3[W](실내에 설치하는 것에 있어서는 1[W]) 이상일 것
(2) 확성기는 각 층마다 설치하되, 그 층의 각 부분으로부터 하나의 확성기까지의 수평거리가 25[m] 이하가 되도록 하고, 해당 층의 각 부분에 유효하게 경보를 발할 수 있도록 설치할 것
(3) 음량조정기를 설치하는 경우 음량조정기의 배선은 3선식으로 할 것
(4) 조작부의 조작스위치는 바닥으로부터 0.8[m] 이상 1.5[m] 이하의 높이에 설치할 것
(5) 조작부는 기동장치의 작동과 연동하여 해당 기동장치가 작동한 층 또는 구역을 표시할 수 있는 것으로 할 것
(6) 증폭기 및 조작부는 수위실 등 상시 사람이 근무하는 장소로서 점검이 편리하고 방화상 유효한 곳에 설치할 것
(7) 층수가 11층(공동주택의 경우에는 16층) 이상의 특정소방대상물은 다음의 기준에 따라 경보를 발할 수 있도록 해야 한다.
　① 2층 이상의 층에서 발화한 때에는 발화층 및 그 직상 4개 층에 경보를 발할 것
　② 1층에서 발화한 때에는 발화층·그 직상 4개 층 및 지하층에 경보를 발할 것
　③ 지하층에서 발화한 때에는 발화층·그 직상층 및 기타의 지하층에 경보를 발할 것
(8) 다른 방송설비와 공용하는 것에 있어서는 화재 시 비상경보 외의 방송을 차단할 수 있는 구조로 할 것
(9) 다른 전기회로에 따라 유도장애가 생기지 않도록 할 것
(10) 하나의 특정소방대상물에 2 이상의 조작부가 설치되어 있는 때에는 각각의 조작부가 있는 장소 상호 간에 동시 통화가 가능한 설비를 설치하고, 어느 조작부에서도 해당 특정소방대상물의 전 구역에 방송을 할 수 있도록 할 것
(11) 기동장치에 따른 화재신호를 수신한 후 필요한 음량으로 화재발생상황 및 피난에 유효한 방송이 자동으로 개시될 때까지의 소요시간은 10초 이내로 할 것
(12) 음향장치는 다음의 기준에 따른 구조 및 성능의 것으로 해야 한다.
　① 정격전압의 80[%] 전압에서 음향을 발할 수 있는 것으로 할 것
　② 자동화재탐지설비의 작동과 연동하여 작동할 수 있는 것으로 할 것

정답　① 1　　② 25
　　　　③ 3선식　　④ 0.8
　　　　⑤ 1.5

07 1동, 2동, 3동으로 구분되어 있는 공장 내부에 옥내소화전함과 P형 1급 발신기를 다음과 같이 설치하였다. 경보는 각각의 동에서 발할 수 있도록 동별 구분 경보방식으로 하고, 옥내소화전의 가압송수장치는 기동용 수압개폐장치를 사용하는 경우 다음 각 물음에 답하시오.

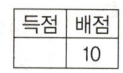

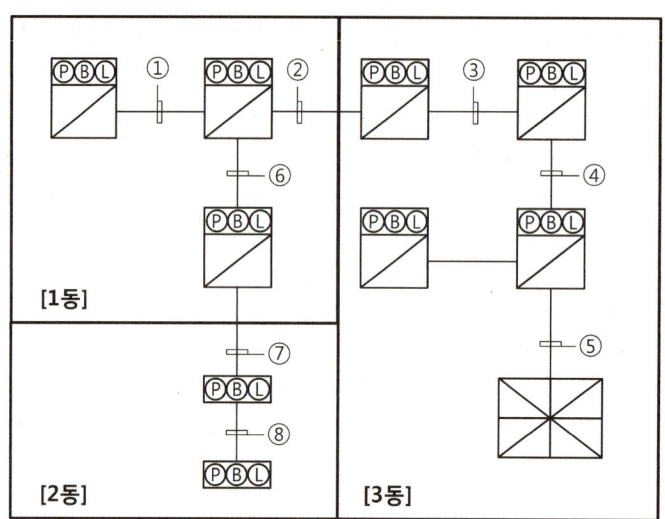

(1) 다음 표의 빈칸에 최소 전선 가닥수를 쓰시오(단, 경종에는 단락보호장치가 설치되어 있고, 경종과 표시등 공통선은 1가닥으로 배선하며 전선 가닥수가 필요 없는 곳은 공란으로 둔다).

기호	전선 가닥수	지구선	지구 공통선	응답선	경종선	표시등선	경종·표시등 공통선	기동확인표시등
①								
②								
③								
④								
⑤								
⑥								
⑦								
⑧								

(2) 평면도에서 P형 1급 수신기는 최소 몇 회로용으로 사용해야 하는지 쓰시오(단, 회로 수 산정 시 여유율을 10[%]로 한다).

(3) 수신기는 수위실 등 상시 사람이 근무하는 장소에 설치해야 하지만 사람이 상시 근무하는 장소가 없는 경우 어느 장소에 설치해야 하는지 쓰시오.

(4) 수신기가 설치된 장소에는 무엇을 비치해야 하는지 쓰시오.

해설

옥내소화전설비 및 자동화재탐지설비

(1) 전선 가닥수 산정

① 발신기세트 옥내소화전 내장형의 기본 전선 가닥수

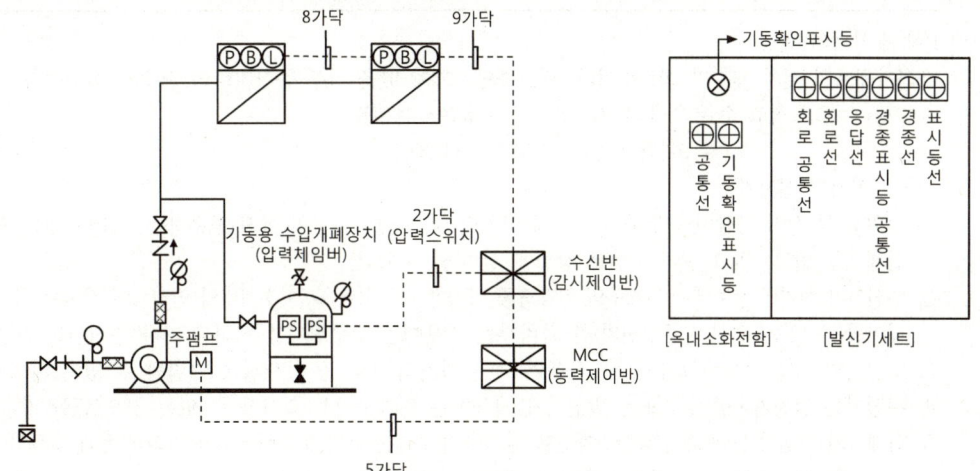

명칭	전선 가닥수	발신기세트						기동용 수압개폐장치
		용도 1	용도 2	용도 3	용도 4	용도 5	용도 6	용도 7
발신기세트 옥내소화전 내장형	8	지구선 (회로선)	지구 공통선 (회로 공통선)	응답선 (발신기선)	경종선	표시등선	경종·표시등 공통선	기동확인 표시등 2

② 옥내소화전의 가압송수장치는 기동용 수압개폐장치를 사용하므로 자동기동방식이다. 따라서, 발신기세트의 기본 전선 가닥수에 기동확인표시등 2가닥을 추가하여 배선해야 한다.

③ 하나의 공통선에 접속할 수 있는 경계구역은 7개 이하로 해야 하므로 지구선(회로선)이 7기닥을 초과할 경우 지구 공통선을 1가닥 추가한다.

④ 경종선은 동별 구분경보방식(각 동별로 경보를 발하는 방식)이므로 각 동마다 경종선을 1가닥씩 추가해야 한다.

※ [조건]에서 전선은 최소 가닥수로 하므로 경종과 표시등 공통선은 1가닥으로 하고, 수신기에는 화재로 인하여 하나의 층의 지구음향장치 배선이 단락되어도 다른 층의 화재통보에 지장이 없도록 각 층 배선 상에 유효한 조치(단락보호장치)를 하였다.

기호	전선 가닥수	지구선	지구 공통선	응답선	경종선	표시등선	경종·표시등 공통선	기동확인표시등
①	8	1	1	1	1 (1동)	1	1	2
②	13	5	1	1	2 (1동, 2동)	1	1	2
③	15	6	1	1	3 (1동, 2동, 3동)	1	1	2
④	16	7	1	1	3 (1동, 2동, 3동)	1	1	2
⑤	19	9	2(7회로 초과)	1	3 (1동, 2동, 3동)	1	1	2
⑥	11	3	1	1	2 (1동, 2동)	1	1	2

기호	전선 가닥수	지구선	지구 공통선	응답선	경종선	표시등선	경종·표시등 공통선	기동확인표시등
⑦	7	2	1	1	1 (2동)	1	1	-
⑧	6	1	1	1	1 (2동)	1	1	-

(2) P형 수신기의 선정

발신기세트의 설치 개수가 회로수이다. 단, 종단저항이 있을 경우 종단저항의 개수가 회로수가 된다.

∴ P형 수신기 회로 수 = 최대 지구(회로)선 가닥수 × 여유율
= 9가닥 × 1.1 = 9.9회로 ≒ 10회로

(3), (4) 수신기의 설치기준

① 수위실 등 상시 사람이 근무하는 장소에 설치할 것. 다만, 사람이 상시 근무하는 장소가 없는 경우에는 관계인이 쉽게 접근할 수 있고 관리가 쉬운 장소에 설치할 수 있다.
② 수신기가 설치된 장소에는 경계구역 일람도를 비치할 것. 다만, 모든 수신기와 연결되어 각 수신기의 상황을 감시하고 제어할 수 있는 수신기(주수신기)를 설치하는 경우에는 주수신기를 제외한 기타 수신기는 그렇지 않다.
③ 수신기의 음향기구는 그 음량 및 음색이 다른 기기의 소음 등과 명확히 구별될 수 있는 것으로 할 것
④ 수신기는 감지기·중계기 또는 발신기가 작동하는 경계구역을 표시할 수 있는 것으로 할 것
⑤ 화재·가스 전기 등에 대한 종합방재반을 설치한 경우에는 해당 조작반에 수신기의 작동과 연동하여 감지기·중계기 또는 발신기가 작동하는 경계구역을 표시할 수 있는 것으로 할 것
⑥ 하나의 경계구역은 하나의 표시등 또는 하나의 문자로 표시되도록 할 것
⑦ 수신기의 조작스위치는 바닥으로부터의 높이가 0.8[m] 이상 1.5[m] 이하인 장소에 설치할 것
⑧ 하나의 특정소방대상물에 2 이상의 수신기를 설치하는 경우에는 수신기를 상호 간 연동하여 화재발생 상황을 각 수신기마다 확인할 수 있도록 할 것
⑨ 화재로 인하여 하나의 층의 지구음향장치 배선이 단락되어도 다른 층의 화재통보에 지장이 없도록 각 층 배선 상에 유효한 조치를 할 것

정답 (1)

기호	전선 가닥수	지구선	지구 공통선	응답선	경종선	표시등선	경종·표시등 공통선	기동확인표시등
①	8	1	1	1	1	1	1	2
②	13	5	1	1	2	1	1	2
③	15	6	1	1	3	1	1	2
④	16	7	1	1	3	1	1	2
⑤	19	9	2	1	3	1	1	2
⑥	11	3	1	1	2	1	1	2
⑦	7	2	1	1	1	1	1	-
⑧	6	1	1	1	1	1	1	-

(2) 10회로용
(3) 관계인이 쉽게 접근할 수 있고 관리가 쉬운 장소
(4) 경계구역 일람도

08 다음 주어진 동작설명에 적합하도록 3상 유도전동기의 기동 및 정지회로의 미완성된 시퀀스회로를 완성하시오(단, 각 접점과 스위치의 명칭을 기입하시오).

[동작설명]
- MCCB에 전원을 투입하면 GL이 점등한다.
- 유도전동기 운전용 누름버튼스위치(PB-ON)를 누르면 전자접촉기(MC)가 여자되어 MC-a접점에 의해 자기유지가 되고, MC 주접점이 붙어 전동기가 기동된다. 또한, 전자접촉기 MC-a접점에 의해 RL이 점등되고, MC-b접점에 의해 GL이 소등한다.
- 유도전동기가 운전 중 유도전동기 정지용 누름버튼스위치(PB-OFF)를 누르면 전자접촉기(MC)가 소자되어 유도전동기는 정지하고, RL이 소등되며 GL이 점등된다.
- 유도전동기에 과전류가 흐르면 열동계전기(THR) 접점에 의해 유도전동기는 정지하고 모든 접점은 초기상태로 복귀된다.

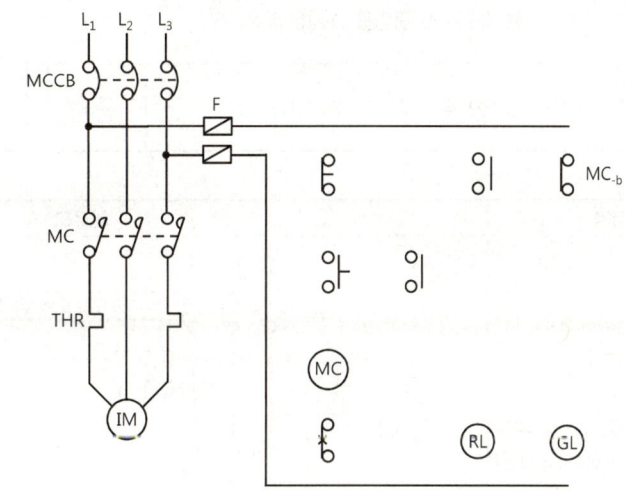

해설
3상 유도전동기 기동 및 정지회로(전전압 기동회로)

(1) 3상 유도전동기의 제어회로 구성
  ① 시퀀스제어의 용어 정의

시퀀스제어 용어		정의
접점	a접점	스위치를 조작하기 전에는 열려있다가 조작하면 닫히는 접점이다.
	b접점	스위치를 조작하기 전에는 닫혀있다가 조작하면 열리는 접점이다.
소자		전자코일에 흐르고 있는 전류를 차단하여 자력을 잃게 하는 것이다.
여자		릴레이, 전자접촉기 등 코일에 전류가 흘러서 전자석으로 되는 것이다.
자기유지회로		누름버튼스위치를 이용하여 그 상태를 계속 유지하기 위해 사용하는 회로이다.
인터록회로		2개의 입력신호 중 먼저 작동시킨 쪽의 회로가 우선적으로 이루어져 기기가 작동하며 다른 쪽에 입력신호가 들어오더라도 작동하지 않는 회로이다.

② 제어용기기의 명칭과 도시기호

제어용기기 명칭	작동원리	접점의 종류			
		주접점	코일	a접점	b접점
배선용 차단기 (MCCB)	단락 및 과부하로부터 회로를 보호하기 위하여 사용되는 전력기기이다.	╲╲╲	–	–	–
전자접촉기 (MC)	전자석의 동작에 의하여 접점을 개폐하는 기구로서 부하회로를 빈번하게 개폐하는 접촉기이다.	╲╲╲	(MC)	MC-a	MC-b
열동계전기 (THR)	정격전류 이상의 과부하 전류가 흐르면 내부에서 발생된 열에 의해 바이메탈이 동작하여 접점을 차단시키는 계전기로서 전동기의 과부하 보호에 사용된다.	╲╲	–	THR	THR
누름버튼스위치 (PB-ON, PB-OFF)	버튼을 누르면 접점 기구부가 개폐되며 손을 떼면 스프링의 힘에 의해 자동으로 복귀되는 스위치이다.	–	–	PB-ON	PB-OFF
운전표시등 (RL)	유도전동기가 운전 중임을 표시한다.	–	(RL)	–	–
정지표시등 (GL)	유도전동기가 정지 중임을 표시한다.	–	(GL)	–	–

(2) 동작설명에 따른 제어회로 작성

동작설명	회로도
① MCCB(배선용 차단기)에 전원을 투입하면 GL(정지표시등)이 점등한다.	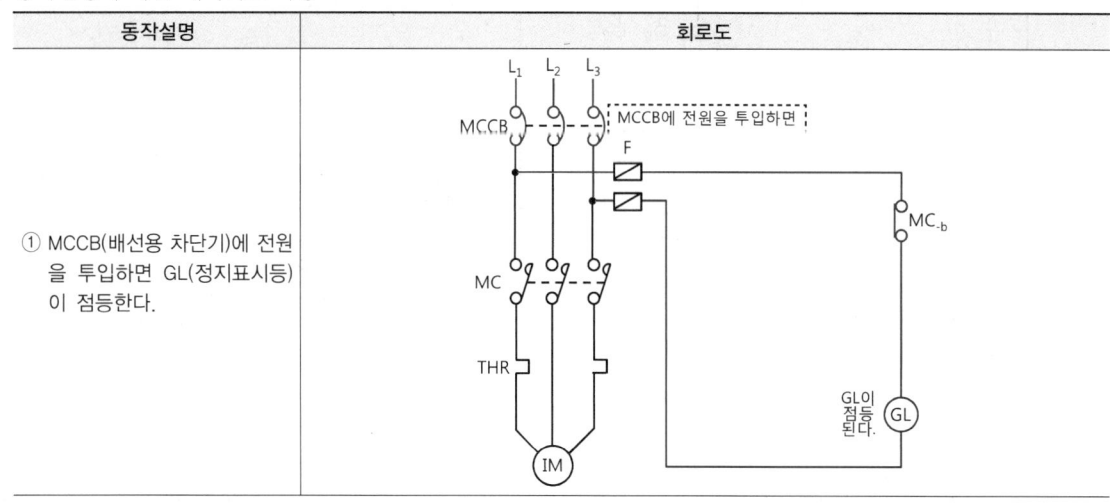

동작설명	회로도
② 유도전동기 운전용 누름버튼스위치(PB−ON)를 누르면 전자접촉기(MC)가 여자되어 보조접점(MC−a)에 의해 자기유지가 되고, MC 주접점이 붙어 유도전동기가 기동된다. 또한, 전자접촉기 보조접점(MC−a)에 의해 RL(운전표시등)이 점등되고, 보조접점(MC−b)에 의해 GL이 소등한다.	
③ 유도전동기가 운전 중 유도전동기 정지용 누름버튼스위치(PB−OFF)를 누르면 전자접촉기(MC)가 소자되어 유도전동기는 정지하고, RL이 소등되며 GL이 점등된다.	
④ 유도전동기에 과전류가 흐르면 열동계전기(THR) 접점에 의해 유도전동기는 정지하고 모든 접점은 초기상태로 복귀된다.	

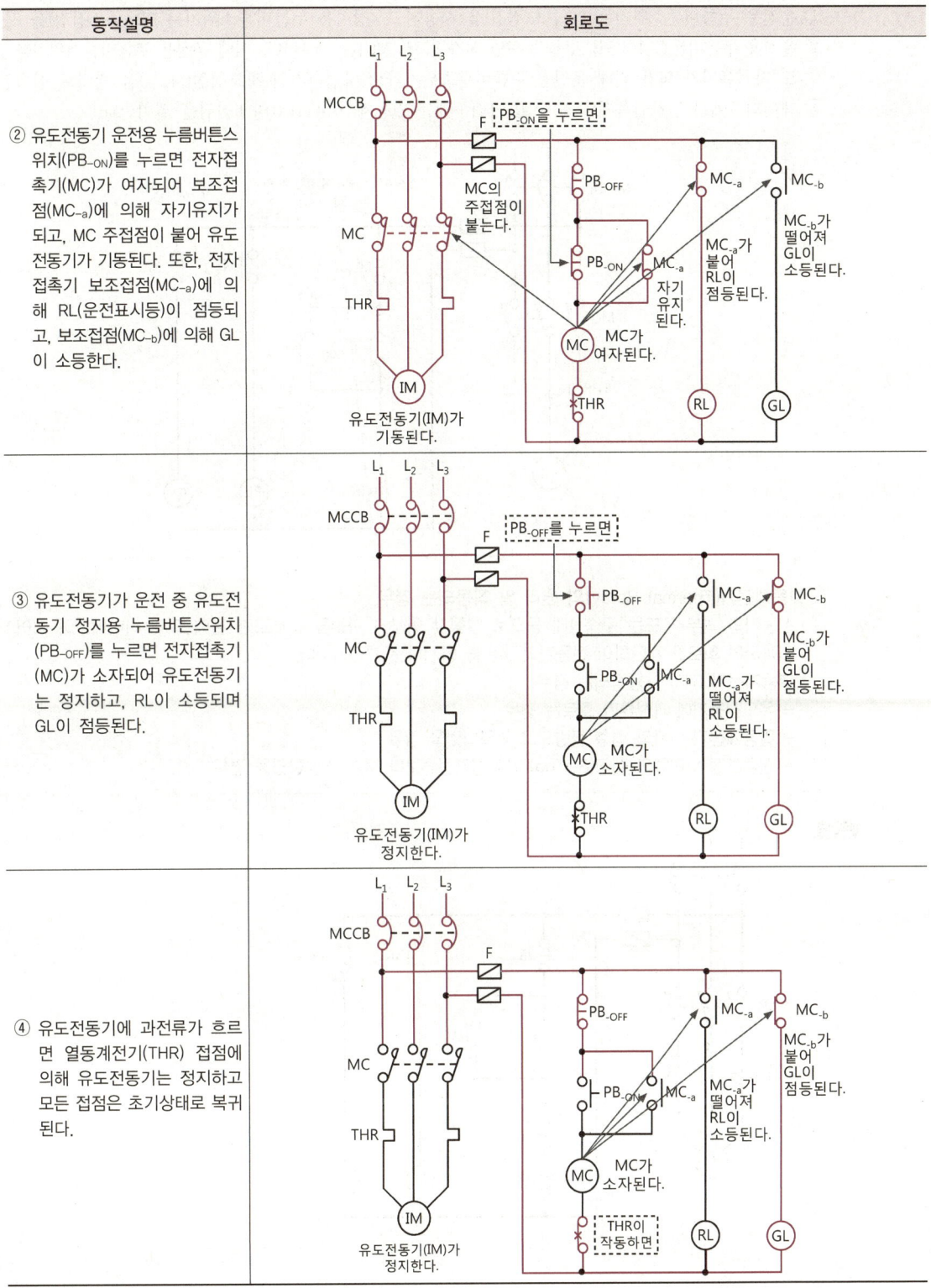

① 운전용 누름버튼스위치는 PB-ON(a점접)을 사용하고, 정지용 누름버튼스위치는 PB-OFF(b점접)을 사용한다.
② 운전용 누름버튼스위치(PB-ON)를 누르면 전자접촉기(MC)가 여자된다. 이때 운전용 누름버튼스위치를 눌렀다 떼더라도 자기유지가 되기 위해 운전용 누름버튼스위치와 전자접촉기의 보조접점(MC-a)을 병렬로 접속한다.
③ 제어회로에서 전자접촉기(MC) 코일 아래쪽에는 열동계전기(THR)의 b점접을 설치한다.

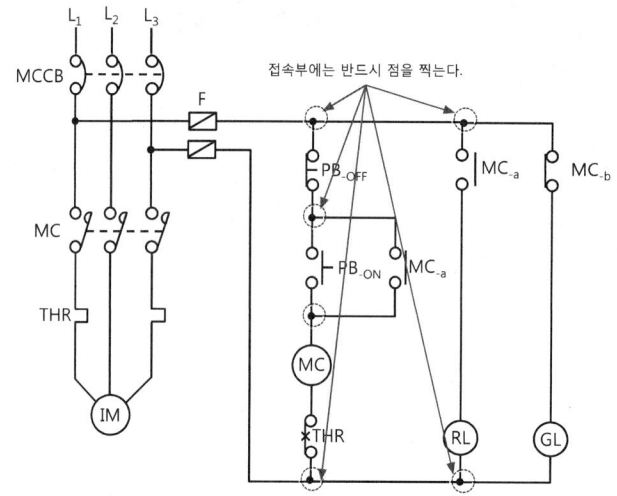

┤참고├

열동계전기(Thermal Relay)의 원리 및 작동되는 경우
- 전동기의 과부하 또는 구속상태 등으로 설정값 이상의 과전류가 흐르면 열에 의해 바이메탈이 휘어지는 원리를 이용하여 회로를 차단하여 전동기의 소손을 방지하는 계전기이다.
- 열동계전기(THR)가 동작되는 경우
  - 유도전동기에 과전류가 흐르는 경우
  - 열동계전기 단자의 접촉 불량으로 과열되었을 경우
  - 전류조정 다이얼의 설정(Setting)값을 정격전류보다 낮게 조정하였을 경우

 정답

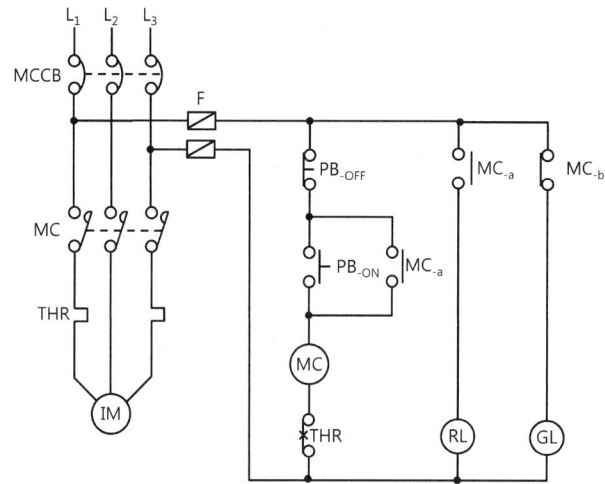

09 다음은 자동화재탐지설비 및 시각경보장치의 화재안전기술기준에서 정하는 연기감지기 중 1종 연기감지기의 설치기준이다. ( ) 안에 알맞은 내용을 쓰시오.

득점	배점
	4

- 복도 및 통로에 있어서는 보행거리 (①)[m]마다 1개 이상으로 할 것
- 계단 및 경사로에 있어서는 수직거리 (②)[m]마다 1개 이상으로 할 것
- 천장 또는 반자 부근에 (③)가 있는 경우에는 그 부근에 설치할 것
- 감지기는 벽 또는 보로부터 (④)[m] 이상 떨어진 곳에 설치할 것

해설

연기감지기의 설치기준

(1) 연기감지기의 설치장소
    ① 계단·경사로 및 에스컬레이터 경사로
    ② 복도(30[m] 미만의 것을 제외)
    ③ 엘리베이터 승강로(권상기실이 있는 경우에는 권상기실)·린넨슈트·파이프 피트 및 덕트 기타 이와 유사한 장소
    ④ 천장 또는 반자의 높이가 15[m] 이상 20[m] 미만의 장소
    ⑤ 다음 어느 하나에 해당하는 특정소방대상물의 취침·숙박·입원 등 이와 유사한 용도로 사용되는 거실
        ㉠ 공동주택·오피스텔·숙박시설·노유자시설·수련시설
        ㉡ 교육연구시설 중 합숙소
        ㉢ 의료시설, 근린생활시설 중 입원실이 있는 의원·조산원
        ㉣ 교정 및 군사시설
        ㉤ 근린생활시설 중 고시원

(2) 연기감지기의 설치기준
    ① 연기감지기의 부착높이에 따라 다음 표에 따른 바닥면적마다 1개 이상으로 할 것

부착높이	감지기의 종류(단위 : [m²])	
	1종 및 2종	3종
4[m] 미만	150[m²]	50[m²]
4[m] 이상 20[m] 미만	75[m²]	–

    ② 감지기는 복도 및 통로에 있어서는 보행거리 30[m](3종에 있어서는 20[m])마다, 계단 및 경사로에 있어서는 수직거리 15[m](3종에 있어서는 10[m])마다 1개 이상으로 할 것
    ③ 천장 또는 반자가 낮은 실내 또는 좁은 실내에 있어서는 출입구의 가까운 부분에 설치할 것
    ④ 천장 또는 반자 부근에 배기구가 있는 경우에는 그 부근에 설치할 것
    ⑤ 감지기는 벽 또는 보로부터 0.6[m] 이상 떨어진 곳에 설치할 것

정답
① 30
② 15
③ 배기구
④ 0.6

10 무선통신보조설비의 화재안전기술기준에서 정하는 분배기·분파기·혼합기 등의 설치기준 3가지를 쓰시오.

득점	배점
	6

해설

무선통신보조설비

(1) 분배기·분파기 및 혼합기 등의 설치기준
   ① 먼지·습기 및 부식 등에 따라 기능에 이상을 가져오지 않도록 할 것
   ② 임피던스는 50[Ω]의 것으로 할 것
   ③ 점검에 편리하고 화재 등의 재해로 인한 피해의 우려가 없는 장소에 설치할 것
(2) 증폭기 및 무선중계기의 설치기준
   ① 상용전원은 전기가 정상적으로 공급되는 축전지설비, 전기저장장치(외부 전기에너지를 저장해 두었다가 필요한 때 전기를 공급하는 장치) 또는 교류전압의 옥내간선으로 하고, 전원까지의 배선은 전용으로 할 것
   ② 증폭기의 전면에는 주 회로 전원의 정상 여부를 표시할 수 있는 표시등 및 전압계를 설치할 것
   ③ 증폭기에는 비상전원이 부착된 것으로 하고 해당 비상전원 용량은 무선통신보조설비를 유효하게 30분 이상 작동시킬 수 있는 것으로 할 것
   ④ 증폭기 및 무선중계기를 설치하는 경우에는 전파법 제58조의2에 따른 적합성 평가를 받은 제품으로 설치하고 임의로 변경하지 않도록 할 것
   ⑤ 디지털 방식의 무전기를 사용하는데 지장이 없도록 설치할 것

정답
① 먼지·습기 및 부식 등에 따라 기능에 이상을 가져오지 않도록 할 것
② 임피던스는 50[Ω]의 것으로 할 것
③ 점검에 편리하고 화재 등의 재해로 인한 피해의 우려가 없는 장소에 설치할 것

11 유도등 및 유도표지의 화재안전기술기준에서 정하는 복도통로유도등의 설치기준 4가지를 쓰시오.

득점	배점
	4

해설

통로유도등의 설치기준

(1) 복도통로유도등의 설치기준
   ① 복도에 설치하되 옥내로부터 직접 지상으로 통하는 출입구 및 그 부속실의 출입구 또는 직통계단·직통계단의 계단실 및 그 부속실의 출입구에 피난구유도등이 설치된 출입구의 맞은편 복도에는 입체형으로 설치하거나 바닥에 설치할 것
   ② 구부러진 모퉁이 및 ①에 따라 설치된 통로유도등을 기점으로 보행거리 20[m]마다 설치할 것
   ③ 바닥으로부터 높이 1[m] 이하의 위치에 설치할 것. 다만, 지하층 또는 무창층의 용도가 도매시장·소매시장·여객자동차터미널·지하역사 또는 지하상가인 경우에는 복도·통로 중앙부분의 바닥에 설치해야 한다.
   ④ 바닥에 설치하는 통로유도등은 하중에 따라 파괴되지 않는 강도의 것으로 할 것
(2) 거실통로유도등의 설치기준
   ① 거실의 통로에 설치할 것. 다만, 거실의 통로가 벽체 등으로 구획된 경우에는 복도통로유도등을 설치할 것
   ② 구부러진 모퉁이 및 보행거리 20[m]마다 설치할 것
   ③ 바닥으로부터 높이 1.5[m] 이상의 위치에 설치할 것. 다만, 거실통로에 기둥이 설치된 경우에는 기둥 부분의 바닥으로부터 높이 1.5[m] 이하의 위치에 설치할 수 있다.

(3) 계단통로유도등의 설치기준
   ① 각 층의 경사로 참 또는 계단참마다(1개 층에 경사로 참 또는 계단참이 2 이상 있는 경우에는 2개의 계단참마다) 설치할 것
   ② 바닥으로부터 높이 1[m] 이하의 위치에 설치할 것

정답 ① 복도에 설치할 것
② 구부러진 모퉁이 및 보행거리 20[m]마다 설치할 것
③ 바닥으로부터 높이 1[m] 이하의 위치에 설치할 것
④ 바닥에 설치하는 통로유도등은 하중에 따라 파괴되지 않는 강도의 것으로 할 것

12 다음은 유도등 및 유도표지의 화재안전기술기준에서 정하는 3선식 배선으로 상시 충전되는 유도등의 전기회로에 점멸기를 설치하는 경우 어느 경우에 자동으로 점등되도록 해야 하는지 그 기준을 5가지만 쓰시오.

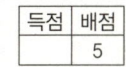

해설
유도등의 배선 설치기준
(1) 배선은 전기사업법 제67조에 따른 전기설비기술기준에서 정한 것 외에 다음의 기준에 따라야 한다.
   ① 유도등의 인입선과 옥내배선은 직접 연결할 것
   ② 유도등은 전기회로에 점멸기를 설치하지 않고 항상 점등 상태를 유지할 것. 다만, 특정소방대상물 또는 그 부분에 사람이 없거나 다음의 어느 하나에 해당하는 장소로서 3선식 배선에 따라 상시 충전되는 구조인 경우에는 그렇지 않다.
      ㉠ 외부의 빛에 의해 피난구 또는 피난방향을 쉽게 식별할 수 있는 장소
      ㉡ 공연장, 암실(暗室) 등으로서 어두워야 할 필요가 있는 장소
      ㉢ 특정소방대상물의 관계인 또는 종사원이 주로 사용하는 장소
   ③ 3선식 배선은 옥내소화전설비의 화재안전기술기준(NFTC 102) 2.7.2의 표 2.7.2(1) 또는 표 2.7.2(2)에 따른 내화배선 또는 내열배선으로 할 것
(2) 3선식 배선으로 상시 충전되는 유도등의 전기회로에 점멸기를 설치하는 경우에는 다음의 어느 하나에 해당되는 경우에 자동으로 점등되도록 해야 한다.
   ① 자동화재탐지설비의 감지기 또는 발신기가 작동되는 때
   ② 비상경보설비의 발신기가 작동되는 때
   ③ 상용전원이 정전되거나 전원선이 단선되는 때
   ④ 방재업무를 통제하는 곳 또는 전기실의 배전반에서 수동으로 점등하는 때
   ⑤ 자동소화설비가 작동되는 때

정답 ① 자동화재탐지설비의 감지기 또는 발신기가 작동되는 때
② 비상경보설비의 발신기가 작동되는 때
③ 상용전원이 정전되거나 전원선이 단선되는 때
④ 방재업무를 통제하는 곳 또는 전기실의 배전반에서 수동으로 점등하는 때
⑤ 자동소화설비가 작동되는 때

13

다음은 비상방송설비가 설치된 지하 2층, 지상 11층의 특정소방대상물에 화재가 발생하였을 경우 우선적으로 경보를 발해야 하는 층을 모두 쓰시오.

(1) 지상 2층에서 발화한 때
(2) 지하 1층에서 발화한 때

> **해설**
> **비상방송설비의 음향장치 설치기준**
> 층수가 11층(공동주택의 경우에는 16층) 이상의 특정소방대상물은 다음의 기준에 따라 경보를 발할 수 있도록 해야 한다.
> (1) 2층 이상의 층에서 발화한 때에는 발화층 및 그 직상 4개 층에 경보를 발할 것
> (2) 1층에서 발화한 때에는 발화층·그 직상 4개 층 및 지하층에 경보를 발할 것
> (3) 지하층에서 발화한 때에는 발화층·그 직상층 및 기타의 지하층에 경보를 발할 것

구분	경보를 발해야 하는 층
2층 이상의 층에서 발화한 때	발화층, 직상 4개 층 (발화층이 지상 2층인 경우 : 지상 2층, 지상 3층, 지상 4층, 지상 5층, 지상 6층)
1층에서 발화한 때	발화층, 직상 4개 층, 지하층 (발화층이 지상 1층인 경우 : 지상 1층, 지상 2층, 지상 3층, 지상 4층, 지상 5층, 지하 1층, 지하 2층)
지하층에서 발화한 때	발화층, 직상층, 기타의 지하층 (발화층이 지하 1층인 경우 : 지하 1층, 지상 1층, 지하 2층)

> **정답** (1) 지상 2층, 지상 3층, 지상 4층, 지상 5층, 지상 6층
> (2) 지상 1층, 지하 1층, 지하 2층

14

P형 수신기와 감지기 사이의 배선회로에서 종단저항은 11[kΩ], 배선저항은 50[Ω], 릴레이저항은 550[Ω]이고 회로전압이 DC 24[V]일 때 다음 각 물음에 답하시오.

(1) 평상시 감시전류는 몇 [mA]인지 구하시오.
   • 계산과정 :
   • 답 :
(2) 화재 시 감지기의 동작전류는 몇 [mA]인지 구하시오(단, 배선저항은 무시한다).
   • 계산과정 :
   • 답 :

해설

수신기와 감지기 사이의 감시전류와 동작전류

(1) 감시전류(I)

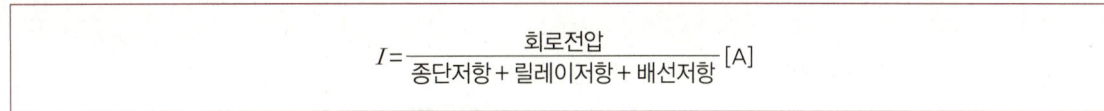

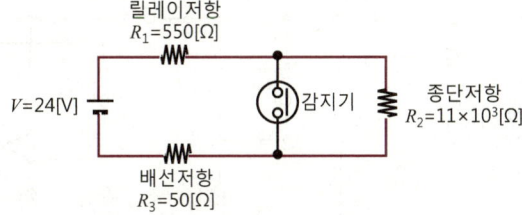

$$\therefore I = \frac{24[V]}{(11 \times 10^3[\Omega]) + 550[\Omega] + 50[\Omega]} = 2.07 \times 10^{-3}[A] \fallingdotseq 2.07[mA]$$

(2) 동작전류(I)

$$I = \frac{회로전압}{릴레이저항 + 배선저항}[A]$$

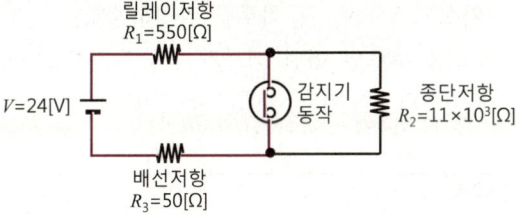

① 배선저항을 무시하지 않는 경우

$$\therefore I = \frac{24[V]}{550[\Omega] + 50[\Omega]} = 0.04[A] \fallingdotseq 40[mA]$$

② 배선저항을 무시하는 경우

$$\therefore I = \frac{24[V]}{550[\Omega]} = 0.043636[A] = 43.636[mA] \fallingdotseq 43.64[mA]$$

정답 (1) 2.07[mA]
(2) 43.64[mA]

15 다음 도면은 Y-△ 기동회로의 미완성된 회로이다. 이 도면을 보고, 각 물음에 답하시오(단, ⓇL : 적색램프, ⓎL : 황색램프, ⒼL : 녹색램프이다).

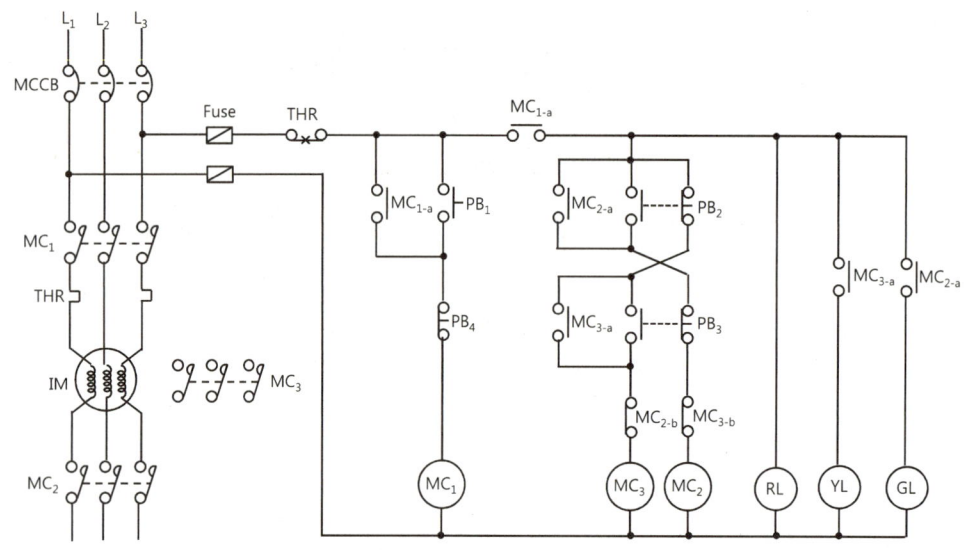

(1) 주회로 부분의 미완성된 Y-△ 기동회로를 완성하시오.
(2) 누름버튼스위치(PB₁)를 누르면 어떤 램프가 점등되는지 쓰시오.
(3) 전자접촉기(MC₁)가 동작되고 있는 상태에서 누름버튼스위치 PB₂, PB₃를 눌렀을 때 점등되는 램프를 쓰시오.

누름버튼스위치	PB₂	PB₃
램프		

(4) 제어회로에서 THR은 무엇을 나타내는지 쓰시오.
(5) MCCB의 명칭을 쓰시오.

> **해설**
> **3상 유도전동기의 Y-△ 기동회로**
> (1) Y-△ 기동회로의 주회로
>   ① 3상 유도전동기의 Y-△ 기동회로로 운전하는 이유
>   ㉠ Y-△기동 : 3상 유도전동기에서 기동전류를 줄이기 위하여 전동기의 고정자 권선을 Y결선으로 하여 상전압을 줄여 기동전류를 감소시키고 나중에 △결선으로 하여 전전압으로 운전하는 방식이다.
>   ㉡ 특징 : Y결선으로 기동 시 각 상전압은 $\frac{1}{\sqrt{3}}$로 줄어 기동전류와 기동토크가 $\frac{1}{3}$로 감소된다.

② Y-△기동회로의 주회로 작성

결선 방법 1	결선 방법 2
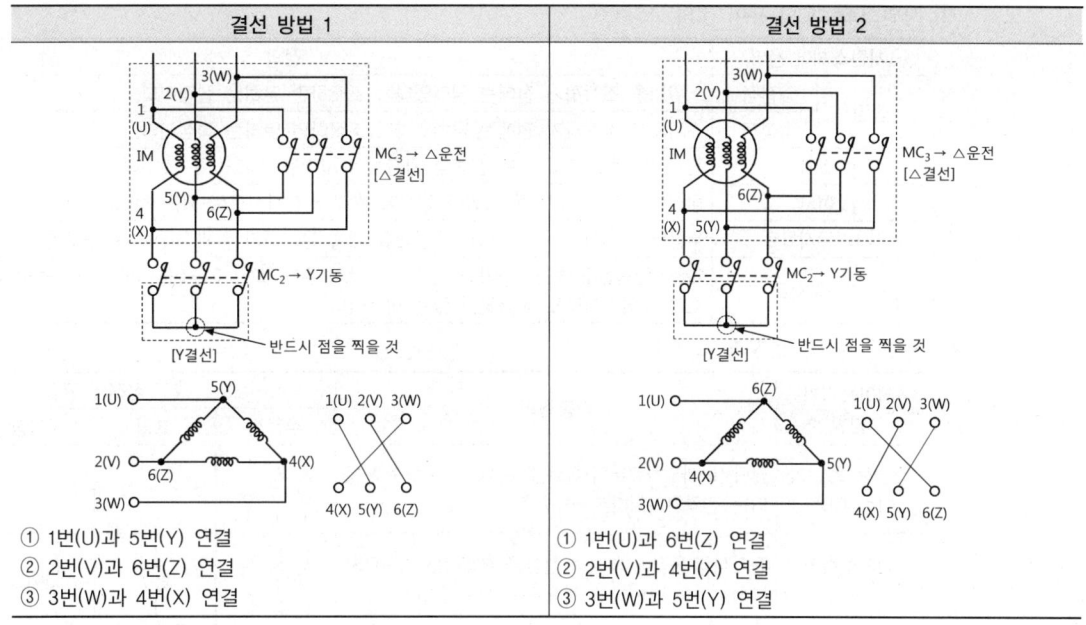 ① 1번(U)과 5번(Y) 연결 ② 2번(V)과 6번(Z) 연결 ③ 3번(W)과 4번(X) 연결	① 1번(U)과 6번(Z) 연결 ② 2번(V)과 4번(X) 연결 ③ 3번(W)과 5번(Y) 연결

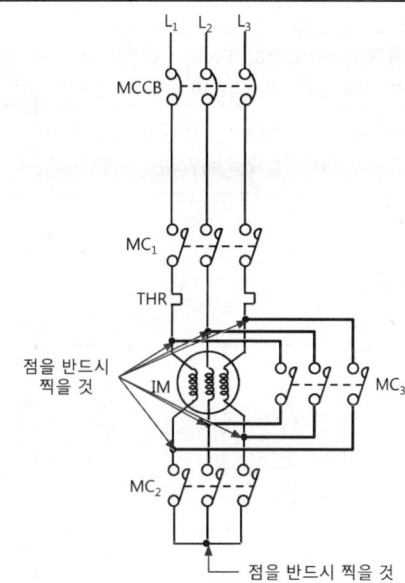

(2), (3), (4), (5) Y-△ 기동회로의 동작 및 회로도

① 시퀀스회로도의 용어 정의

시퀀스제어 용어		정의
접점	a접점	스위치를 조작하기 전에는 열려있다가 조작하면 닫히는 접점이다.
	b접점	스위치를 조작하기 전에는 닫혀있다가 조작하면 열리는 접점이다.
소자		전자코일에 흐르고 있는 전류를 차단하여 자력을 잃게 하는 것이다.
여자		릴레이, 전자접촉기 등 코일에 전류가 흘러서 전자석으로 되는 것이다.
자기유지회로		누름버튼스위치를 이용하여 그 상태를 계속 유지하기 위해 사용하는 회로이다.
인터록회로		2개의 입력신호 중 먼저 작동시킨 쪽의 회로가 우선적으로 이루어져 기기가 작동하며 다른 쪽에 입력신호가 들어오더라도 작동하지 않는 회로이다.

② 제어용기기의 명칭과 도시기호

제어용기기 명칭	작동원리	접점의 종류			
		주접점	코일	a접점	b접점
배선용 차단기 (MCCB)	단락 및 과부하로부터 회로를 보호하기 위하여 사용되는 전력기기이다.	⊸⊸⊸	–	–	–
전자접촉기 (MC)	전자석의 동작에 의하여 접점을 개폐하는 기구로서 부하회로를 빈번하게 개폐하는 접촉기이다.	⊸⊸⊸	(MC)	MC-a	MC-b
열동계전기 (THR)	정격전류 이상의 과부하 전류가 흐르면 내부에서 발생된 열에 의해 바이메탈이 동작하여 접점을 차단시키는 계전기로서 전동기의 과부하 보호에 사용된다.	⊸ ⊸	–	THR	THR
누름버튼스위치 (PB₀, PB_b)	버튼을 누르면 접점 기구부가 개폐되며 손을 떼면 스프링의 힘에 의해 자동으로 복귀되는 스위치이다.	–	–	PB-a	PB-b

③ Y-△기동회로의 보조회로 동작설명

㉠ 누름버튼스위치(PB₁)를 누르면 전자접촉기(MC₁)가 여자되어 MC₁의 보조접점(MC₁₋ₐ)이 붙어 자기유지가 되고, 적색램프(RL)가 점등된다.

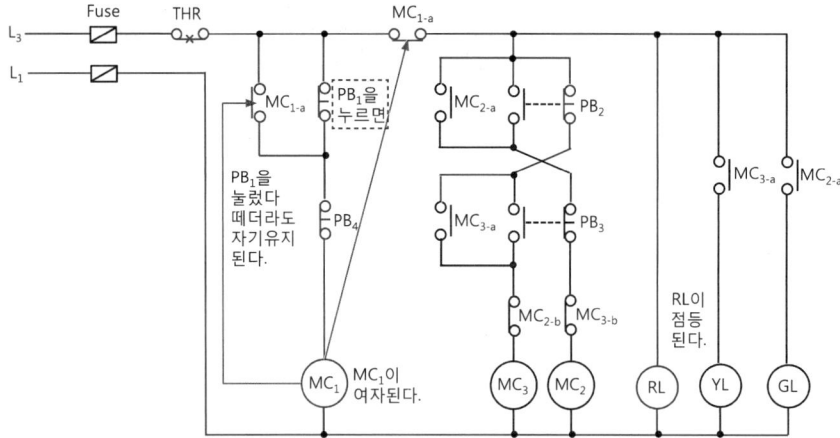

ⓒ 누름버튼스위치(PB_2)를 누르면 전자접촉기(MC_2)가 여자되어 유도전동기(IM)는 Y결선으로 기동된다. 이때 MC_2의 보조접점(MC_{2-a})이 붙어 자기유지가 되고, 녹색램프(GL)가 점등된다.

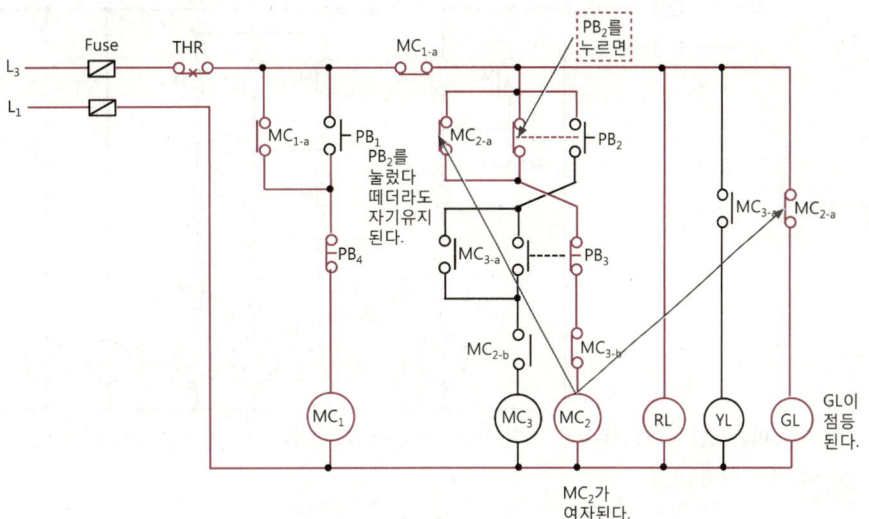

ⓒ 누름버튼스위치(PB_3)를 누르면 전자접촉기(MC_3)가 여자되어 유도전동기(IM)는 △결선으로 전환되어 운전한다. 이때 MC_3의 보조접점이 붙어 자기유지가 되고, 황색램프(YL)가 점등되며 녹색램프(GL)는 소등된다.

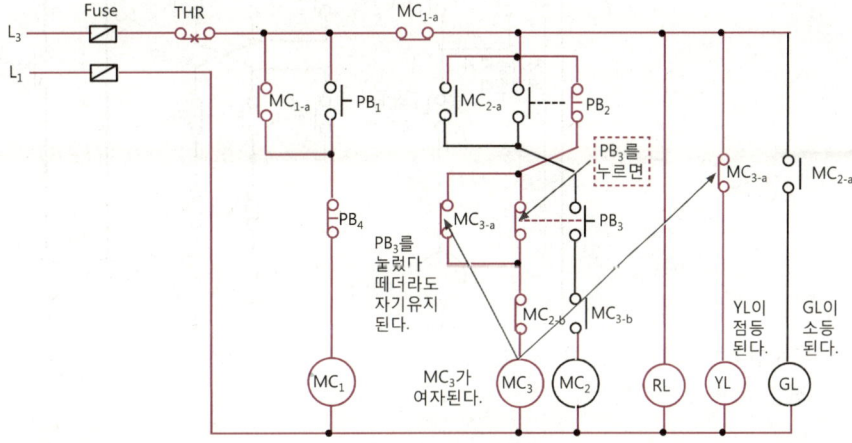

㉣ 전자접촉기 MC₂와 MC₃는 인터록이 유지되어 안전운전이 된다.

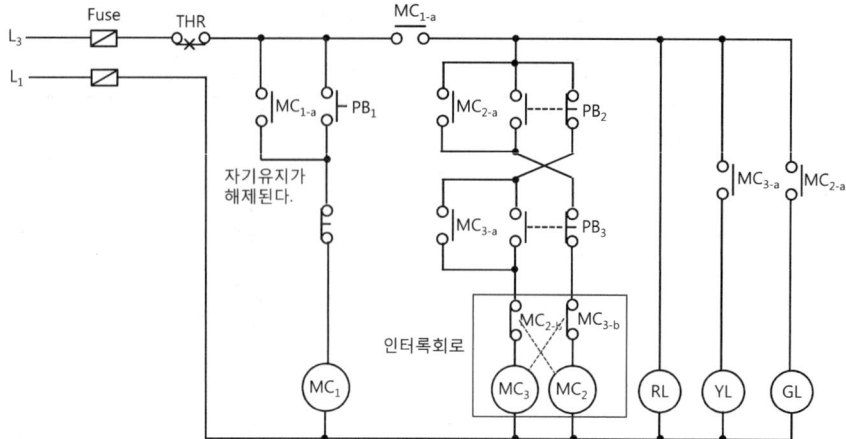

㉤ 누름버튼스위치(PB₄)를 누르면 전자접촉기의 MC₁이 소자되어 전원이 차단되어 유도전동기(IM)는 정지되고 초기 상태로 복귀된다.

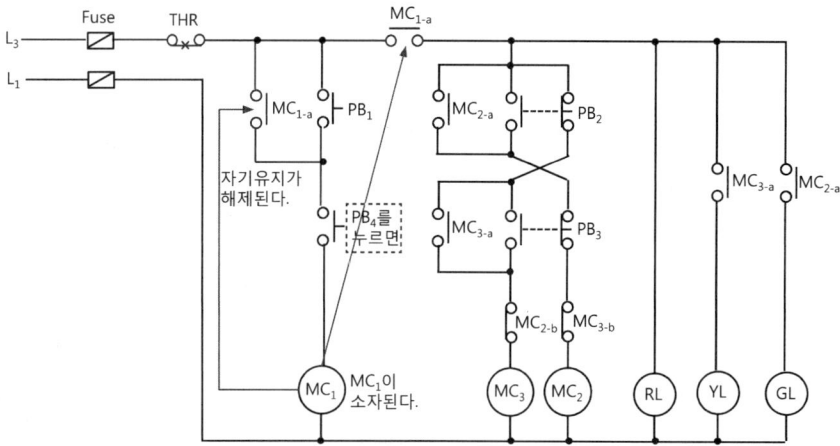

㉥ 유도전동기에 과전류가 흐르면 열동계전기(THR)의 보조접점(THR₋b)이 떨어져 제어회로의 전원이 차단되어 유도전동기(IM)가 정지된다.

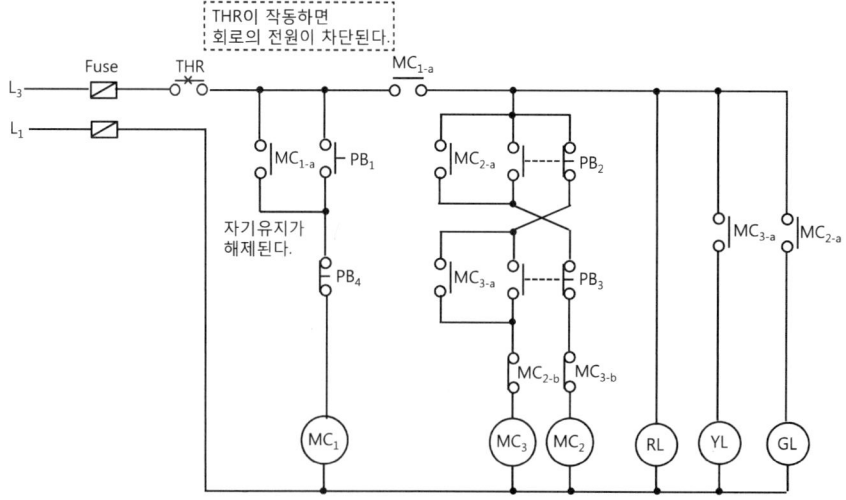

정답 (1)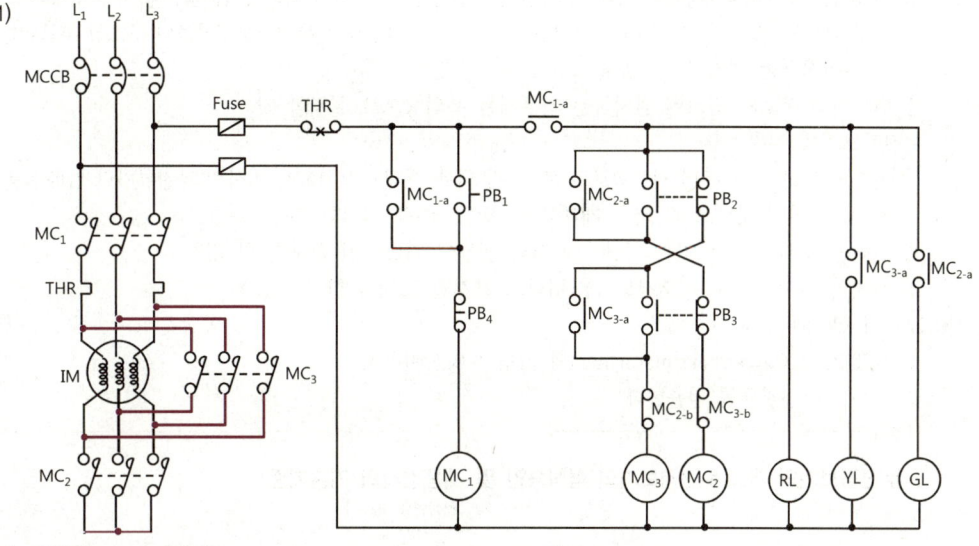

(2) 적색램프

(3)
누름버튼스위치	PB$_2$	PB$_3$
램프	녹색램프	황색램프

(4) 열동계전기 b접점
(5) 배선용 차단기

16 다음은 누전경보기의 화재안전기술기준에서 정하는 누전경보기의 설치기준과 전원에 대한 내용이다. 각 물음에 답하시오. [득점/배점 6]

(1) 1급 누전경보기와 2급 누전경보기를 설치하는 경우 1급과 2급을 구분하는 경계전로의 정격전류는 몇 [A]인지 쓰시오.
(2) 전원은 분전반으로부터 전용회로로 하고, 각 극을 개폐할 수 있는 전기기구를 설치해야 한다. 설치해야 하는 전기기구의 명칭을 쓰시오(단, 배선용 차단기는 제외한다).
(3) ZCT의 명칭과 기능을 쓰시오.
  ① 명칭 :
  ② 기능 :

해설
누전경보기
(1) 누전경보기의 설치기준
  ① 경계전로의 정격전류가 60[A]를 초과하는 전로에 있어서는 1급 누전경보기를, 60[A] 이하의 전로에 있어서는 1급 또는 2급 누전경보기를 설치할 것. 다만, 정격전류가 60[A]를 초과하는 경계전로가 분기되어 각 분기회로의 정격전류가 60[A] 이하로 되는 경우 해당 분기회로마다 2급 누전경보기를 설치한 때에는 해당 경계전로에 1급 누전경보기를 설치한 것으로 본다.

② 변류기는 특정소방대상물의 형태, 인입선의 시설방법 등에 따라 옥외 인입선의 제1지점의 부하 측 또는 제2종 접지선 측의 점검이 쉬운 위치에 설치할 것. 다만, 인입선의 형태 또는 특정소방대상물의 구조상 부득이한 경우에는 인입구에 근접한 옥내에 설치할 수 있다.

③ 변류기를 옥외의 전로에 설치하는 경우에는 옥외형으로 설치할 것

(2) 누전경보기의 전원

① 전원은 분전반으로부터 전용회로로 하고, 각 극에 개폐기 및 15[A] 이하의 과전류차단기(배선용 차단기에 있어서는 20[A] 이하의 것으로 각 극을 개폐할 수 있는 것)를 설치할 것

② 전원을 분기할 때는 다른 차단기에 따라 전원이 차단되지 않도록 할 것

③ 전원의 개폐기에는 "누전경보기용"이라고 표시한 표지를 할 것

(3) ZCT의 명칭과 기능

① ZCT(Zero Current Transformer)의 명칭 : 영상변류기

② 기능 : 누설전류를 검출한다.

┌─참고├─────────────────────────────────────

누전경보기의 개요(누전경보기의 형식승인 및 제품검사의 기술기준)

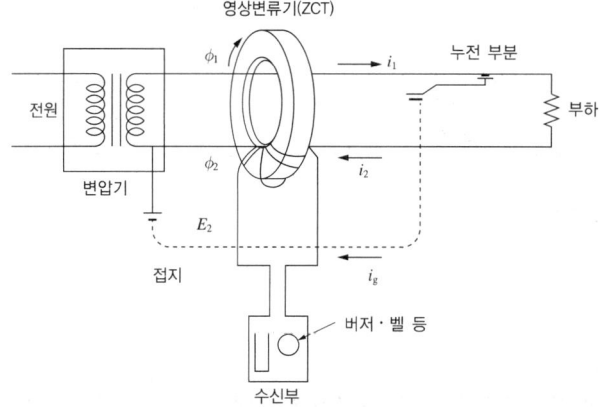

(1) 누전경보기란 사용전압 600[V] 이하인 경계전로의 누설전류를 검출하여 해당 소방대상물의 관계자에게 경보를 발하는 설비로서 변류기와 수신부로 구성된 것을 말한다.

(2) 수신부란 변류기로부터 검출된 신호를 수신하여 누전의 발생을 해당 특정소방대상물의 관계인에게 경보하여 주는 것(차단기구를 갖는 것을 포함)을 말한다.

(3) 변류기란 경계전로의 누설전류를 자동적으로 검출하여 이를 누전경보기의 수신부에 송신하는 것을 말한다.

(4) 누전경보기 수신부의 설치제외 장소

① 가연성의 증기·먼지·가스 등이나 부식성의 증기·가스 등이 다량으로 체류하는 장소

② 화약류를 제조하거나 저장 또는 취급하는 장소

③ 습도가 높은 장소

④ 온도의 변화가 급격한 장소

⑤ 대전류회로·고주파 발생회로 등에 따른 영향을 받을 우려가 있는 장소

정답 (1) 60[A]
(2) 개폐기 및 15[A] 이하의 과전류차단기
(3) ① 영상변류기
② 누설전류를 검출한다.

2019년 제1회 과년도 기출복원문제

※ 다음 물음에 대한 답을 해당 답란에 답하시오.(배점 : 100)

01 다음은 비상콘센트설비의 화재안전기술기준에서 정하는 전원회로에 대한 내용이다. ( ) 안에 알맞은 내용을 쓰시오.

득점	배점
	4

> 비상콘센트설비의 전원회로는 단상교류 (①)[V]인 것으로서, 그 공급용량은 (②)[kVA]인 것으로 할 것

해설

비상콘센트설비
(1) 비상콘센트설비의 전원회로 설치기준
  ① 비상콘센트설비의 전원회로는 단상교류 220[V]인 것으로서, 그 공급용량은 1.5[kVA] 이상인 것으로 할 것
  ② 전원회로는 각 층에 2 이상이 되도록 설치할 것. 다만, 설치해야 할 층의 비상콘센트가 1개인 때에는 하나의 회로로 할 수 있다.
  ③ 전원회로는 주배전반에서 전용회로로 할 것. 다만, 다른 설비회로의 사고에 따른 영향을 받지 않도록 되어 있는 것은 그렇지 않다.
  ④ 전원으로부터 각 층의 비상콘센트에 분기되는 경우에는 분기배선용 차단기를 보호함 안에 설치할 것
  ⑤ 콘센트마다 배선용 차단기(KS C 8321)를 설치해야 하며, 충전부가 노출되지 않도록 할 것
  ⑥ 개폐기에는 "비상콘센트"라고 표시한 표지를 할 것
  ⑦ 비상콘센트용의 풀박스 등은 방청도장을 한 것으로서 두께 1.6[mm] 이상의 철판으로 할 것
  ⑧ 하나의 전용회로에 설치하는 비상콘센트는 10개 이하로 할 것. 이 경우 전선의 용량은 각 비상콘센트(비상콘센트가 3개 이상인 경우에는 3개)의 공급용량을 합한 용량 이상의 것으로 해야 한다.
(2) 비상콘센트의 플러그접속기는 접지형 2극 플러그접속기(KS C 8305)를 사용해야 한다.
(3) 비상콘센트의 플러그접속기의 칼받이의 접지극에는 접지공사를 해야 한다.
(4) 비상콘센트의 설치기준
  ① 바닥으로부터 높이 0.8[m] 이상 1.5[m] 이하의 위치에 설치할 것
  ② 비상콘센트의 배치는 바닥면적이 1,000[m²] 미만인 층은 계단의 출입구(계단의 부속실을 포함하며 계단이 2 이상 있는 경우에는 그중 1개의 계단을 말한다)로부터 5[m] 이내에, 바닥면적 1,000[m²] 이상인 층은 각 계단의 출입구 또는 계단부속실의 출입구(계단의 부속실을 포함하며 계단이 3 이상 있는 층의 경우에는 그중 2개의 계단을 말한다)로부터 5[m] 이내에 설치하되, 그 비상콘센트로부터 그 층의 각 부분까지의 거리가 다음의 기준을 초과하는 경우에는 그 기준 이하가 되도록 비상콘센트를 추가하여 설치할 것
    ㉠ 지하상가 또는 지하층의 바닥면적의 합계가 3,000[m²] 이상인 것은 수평거리 25[m]
    ㉡ ㉠에 해당하지 않는 것은 수평거리 50[m]
(5) 비상콘센트설비의 전원부와 외함 사이의 절연저항 및 절연내력 기준
  ① 절연저항은 전원부와 외함 사이를 500[V] 절연저항계로 측정할 때 20[MΩ] 이상일 것
  ② 절연내력은 전원부와 외함 사이에 정격전압이 150[V] 이하인 경우에는 1,000[V]의 실효전압을, 정격전압이 150[V] 초과인 경우에는 그 정격전압에 2를 곱하여 1,000을 더한 실효전압을 가하는 시험에서 1분 이상 견디는 것으로 할 것

정답 ① 220   ② 1.5

02 다음은 누전경보기의 화재안전기술기준에서 정하는 용어 정의를 설명한 것이다. ( ) 안에 알맞은 용어를 쓰시오.

득점 배점
　　　6

(1) ( )란 내화구조가 아닌 건축물로서 벽, 바닥 또는 천장의 전부나 일부를 불연재료 또는 준불연재료가 아닌 재료에 철망을 넣어 만든 건물의 전기설비로부터 누설전류를 탐지하여 경보를 발하는 기기로서 변류기와 수신부로 구성된 것을 말한다.
(2) ( )란 변류기로부터 검출된 신호를 수신하여 누전의 발생을 해당 특정소방대상물의 관계인에게 경보하여 주는 것(차단기구를 갖는 것을 포함한다)을 말한다.
(3) ( )란 경계전로의 누설전류를 자동적으로 검출하여 이를 누전경보기의 수신부에 송신하는 것을 말한다.

해설

누전경보기의 용어 정의
(1) 누전경보기 : 내화구조가 아닌 건축물로서 벽, 바닥 또는 천장의 전부나 일부를 불연재료 또는 준불연재료가 아닌 재료에 철망을 넣어 만든 건물의 전기설비로부터 누설전류를 탐지하여 경보를 발하는 기기로서 변류기와 수신부로 구성된 것을 말한다.
(2) 수신부 : 변류기로부터 검출된 신호를 수신하여 누전의 발생을 해당 특정소방대상물의 관계인에게 경보하여 주는 것(차단기구를 갖는 것을 포함한다)을 말한다.
(3) 변류기 : 경계전로의 누설전류를 자동적으로 검출하여 이를 누전경보기의 수신부에 송신하는 것을 말한다.
(4) 경계전로 : 누전경보기가 누설전류를 검출하는 대상 전선로를 말한다.
(5) 분전반 : 배전반으로부터 전력을 공급받아 부하에 전력을 공급해 주는 것을 말한다.
(6) 인입선 : 전기설비기술기준 제3조 제1항 제9호에 따른 것으로서, 배전선로에서 갈라져서 직접 수용장소의 인입구에 이르는 부분의 전선을 말한다.
(7) 정격전류 : 전기기기의 정격출력 상태에서 흐르는 전류를 말한다.

정답　(1) 누전경보기
　　　　(2) 수신부
　　　　(3) 변류기

03 다음은 자동화재탐지설비 및 시각경보장치의 화재안전기술기준에서 정하는 감지기의 설치기준이다. ( ) 안에 알맞은 내용을 쓰시오.

득점 배점
　　　4

(1) 감지기(차동식 분포형의 것을 제외한다)는 실내로 공기유입구로부터 ( )[m] 이상 떨어진 위치에 설치할 것
(2) 보상식 스포트형 감지기는 정온점이 감지기 주위의 평상시 최고온도보다 ( )[℃] 이상 높은 것으로 설치할 것
(3) 스포트형 감지기는 ( )[°] 이상 경사되지 않도록 부착할 것
(4) ( )는 주방·보일러실 등으로서 다량의 화기를 취급하는 장소에 설치하되, 공칭작동온도가 최고주위온도보다 20[℃] 이상 높은 것으로 설치할 것

해설

감지기의 설치기준

(1) 감지기(차동식분포형의 것을 제외한다)는 실내로의 공기유입구로부터 1.5[m] 이상 떨어진 위치에 설치할 것
(2) 감지기는 천장 또는 반자의 옥내에 면하는 부분에 설치할 것
(3) 보상식 스포트형 감지기는 정온점이 감지기 주위의 평상시 최고온도보다 20[℃] 이상 높은 것으로 설치할 것
(4) 정온식 감지기는 주방·보일러실 등으로서 다량의 화기를 취급하는 장소에 설치하되, 공칭작동온도가 최고주위온도보다 20[℃] 이상 높은 것으로 설치할 것
(5) 스포트형 감지기는 45[°] 이상 경사되지 않도록 부착할 것

정답
(1) 1.5
(2) 20
(3) 45
(4) 정온식 감지기

---

04 다음은 공사비 산출내역서 산출 시 표준품셈에서 정하는 공구손료와 잡재료 및 소모재료를 계상하는 내용이다. ( ) 안에 알맞은 내용을 쓰시오.

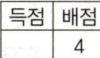

(1) 공구손료는 일반공구 및 시험용 계측기구류의 손료로서 공사 중 상시 일반적으로 사용하는 것을 말하며 인력품의 (   )[%]까지 계상하며 특수공구(철골공사, 석공사 등) 및 검사용 특수계측기류의 손료는 별도 계상한다.
(2) 잡재료 및 소모재료 손료는 설계내역에 표시하여 계상하되 주재료비와 직접재료비(전선, 케이블 및 배관자재비)의 (   )[%]까지 계상한다.

해설

공사비 산출내역서 산출 시 표준품셈

(1) 공구손료
    일반공구 및 시험용 계측기구류의 손료로서 공사 중 상시 일반적으로 사용하는 것을 말하며 인력품(노임할증과 작업시간 증가에 의하지 않은 품할증 제외)의 3[%]까지 계상하며 특수공구(철골공사, 석공사 등) 및 검사용 특수계측기류의 손료는 별도 계상한다.
(2) 잡재료 및 소모재료 손료
    설계내역에 표시하여 계상하되 주재료비와 직접재료비(전선, 케이블 및 배관자재비)의 2~5[%]까지 계상한다.
(3) 잡재료(전기)
    재료비의 산출에는 필요한 재료를 가능한 한 품목별로 계상하는 것을 원칙으로 하고 있으나 소량이나 소금액의 재료는 명세서 작성이 곤란하므로 잡재료로 일괄 계상한다. 잡재료에는 볼트(Bolt)류(지름 10[mm], 길이 10[cm] 이하), 너트(Nut)류(지름 10[mm] 이하), 플러그(Plug)류, 소나사(지름 10[mm], 길이 5[cm] 이하), 목나사, 단자류(8[mm²] 이하), 못, 슬리브(Sleeve), 스테이플(Staple), 새들(Saddle), 보수재료 등이 포함된다.
(4) 소모재료(전기)
    작업 중에 소모하여 없어지거나 작업이 끝난 후에 모양이나 형태가 변하여 남아 있는 재료로 땜납, 페이스트(Paste), 테이프류, 가솔린(Gasoline), 오일(Oil), 절연니스, 방청도료, 용접봉, 왁스, 아세틸렌가스, 산소가스 등이 포함된다.

정답
(1) 3
(2) 2~5

05

접지공사에 대한 다음 각 물음에 답하시오.

득점	배점
	4

(1) 접지봉과 접지선을 연결하는 방법을 3가지 쓰시오.
(2) 접지봉과 접지선을 연결하는 방법 중 가장 내구성이 높은 방법을 쓰시오.

해설

접지봉과 접지선을 연결하는 방법

(1) 접지봉(접지전극)과 접지선의 접속은 견고하고 전기적인 연속성이 보장되도록 접속부는 발열성 용접, 압착접속, 클램프 또는 그 밖에 적절한 기계적 접속장치로 접속해야 한다.

(2) 접지선과 접지봉을 연결하는 방법
  ① 발열용접(용융) 접속 : 몰드에 접지봉과 접지선을 넣어 열로 용융시켜 연결하는 방법으로서 열적으로 접합된 부위는 풀리거나 설치 후 시간이 경과하여도 저항값의 증가를 초래하지 않으므로 내구성이 가장 우수한 연결방법이다.
  ② 압착 슬리브 접속 : C형 슬리브나 압착단자를 이용하여 유압식 압착기로 동선이나 금속을 연결하는 방법으로서 작업이 비교적 쉽고 휴대용 압착기를 이용하므로 현장에서 많이 이용된다.
  ③ 납땜접속 : 구인 바인더선으로 접지봉과 접지선을 8회 이상 감고 납땜으로 연결하는 방법이다.
  ④ 클램프접속 : 접지봉과 접지선을 접지용 클램프로 연결하는 방법이다.

정답 (1) 발열용접 접속, 압착 슬리브 접속, 납땜접속
　　　 (2) 발열용접 접속

06

자동화재탐지설비 및 시각경보장치의 화재안전기술기준과 수신기의 형식승인 및 제품검사의 기술기준에서 정하는 용어 설명이다. ( ) 안에 알맞은 내용을 쓰시오.

(1) (   ) : 특정소방대상물 중 화재신호를 발신하고 그 신호를 수신 및 유효하게 제어할 수 있는 구역을 말한다.
(2) (   ) : 감지기·발신기 또는 전기적 접점 등의 작동에 따른 신호를 받아 이를 수신기의 제어반에 전송하는 장치를 말한다.
(3) (   ) : 화재 시 발생하는 열, 연기, 불꽃 또는 연소생성물을 자동적으로 감지하여 수신기에 발신하는 장치를 말한다.
(4) (   ) : 수동누름버튼 등의 작동으로 화재신호를 수신기에 발신하는 장치를 말한다.
(5) (   ) : 자동화재탐지설비에서 발하는 화재신호를 시각경보기에 전달하여 청각장애인에게 점멸형태의 시각경보를 하는 것을 말한다.
(6) (   ) : 감지기 또는 발신기로부터 발하여지는 신호를 직접 또는 중계기를 통하여 공통신호로서 수신하여 화재의 발생을 해당 특정소방대상물의 관계자에게 경보하여 주는 것을 말한다.
(7) (   ) : 감지기 또는 발신기로부터 발하여지는 신호를 직접 또는 중계기를 통하여 고유신호로서 수신하여 화재의 발생을 해당 특정소방대상물의 관계자에게 경보하여 주는 것을 말한다.

(8) ( ) : 감지기 또는 발신기 등으로부터 발하여지는 신호를 직접 또는 중계기를 통하여 공통신호로서 수신하여 화재의 발생을 해당 특정소방대상물의 관계자에게 경보하여 주고 자동 또는 수동으로 옥내·외 소화전설비, 스프링클러설비, 물분무소화설비, 포소화설비, 이산화탄소소화설비, 할로겐화물소화설비, 분말소화설비, 배연설비 등의 가압송수장치 또는 기동장치 등을 제어하는 것을 말한다.

(9) ( ) : 감지기 또는 발신기 등으로부터 발하여지는 신호를 직접 또는 중계기를 통하여 고유신호로서 수신하여 화재의 발생을 해당 특정소방대상물의 관계자에게 경보하여 주고 제어기능을 수행하는 것을 말한다.

해설

자동화재탐지설비 및 시각경보장치와 수신기의 용어 정의

(1) 자동화재탐지설비 및 시각경보장치의 용어 정의
  ① 경계구역 : 특정소방대상물 중 화재신호를 발신하고 그 신호를 수신 및 유효하게 제어할 수 있는 구역을 말한다.
  ② 수신기 : 감지기나 발신기에서 발하는 화재신호를 직접 수신하거나 중계기를 통하여 수신하여 화재의 발생을 표시 및 경보하여 주는 장치를 말한다.
  ③ 중계기 : 감지기·발신기 또는 전기적인 접점 등의 작동에 따른 신호를 받아 이를 수신기에 전송하는 장치를 말한다.
  ④ 감지기 : 화재 시 발생하는 열, 연기, 불꽃 또는 연소생성물을 자동적으로 감지하여 수신기에 화재신호 등을 발신하는 장치를 말한다.
  ⑤ 발신기 : 수동누름버튼 등의 작동으로 화재신호를 수신기에 발신하는 장치를 말한다.
  ⑥ 시각경보장치 : 자동화재탐지설비에서 발하는 화재신호를 시각경보기에 전달하여 청각장애인에게 점멸형태의 시각경보를 하는 것을 말한다.
  ⑦ 거실 : 거주·집무·작업·집회·오락 그 밖에 이와 유사한 목적을 위하여 사용하는 실을 말한다.

(2) 수신기의 용어 정의
  ① P형 수신기 : 감지기 또는 발신기로부터 발하여지는 신호를 직접 또는 중계기를 통하여 공통신호로서 수신하여 화재의 발생을 해당 소방대상물의 관계자에게 경보하여 주는 것을 말한다.
  ② R형 수신기 : 감지기 또는 발신기로부터 발하여지는 신호를 직접 또는 중계기를 통하여 고유신호로서 수신하여 화재의 발생을 해당 소방대상물의 관계자에게 경보하여 주는 것을 말한다.
  ③ GP형 수신기 : P형 수신기의 기능과 가스누설경보기의 수신부 기능을 겸한 것을 말한다. 다만, 가스누설경보기의 수신부의 기능 중 가스농도 감시장치는 설치하지 않을 수 있다.
  ④ GR형 수신기 : R형 수신기의 기능과 가스누설경보기의 수신부 기능을 겸한 것을 말한다. 다만, 가스누설경보기의 수신부의 기능 중 가스농도 감시장치는 설치하지 않을 수 있다.
  ⑤ P형 복합식 수신기 : 감지기 또는 발신기로부터 발하여지는 신호를 직접 또는 중계기를 통하여 공통신호로서 수신하여 화재의 발생을 해당 소방대상물의 관계자에게 경보하여 주고 자동 또는 수동으로 옥내·외소화전설비, 스프링클러설비, 물분무소화설비, 포소화설비, 이산화탄소소화설비, 할로겐화물소화설비, 분말소화설비, 배연설비 등의 가압송수장치 또는 기동장치 등을 제어하는 것을 말한다.
  ⑥ R형 복합식 수신기 : 감지기 또는 발신기로부터 발하여지는 신호를 직접 또는 중계기를 통하여 고유신호로서 수신하여 화재의 발생을 해당 소방대상물의 관계자에게 경보하여 주고 제어기능을 수행하는 것을 말한다.
  ⑦ GP형 복합식 수신기 : P형 복합식 수신기와 가스누설경보기의 수신부 기능을 겸한 것을 말한다.
  ⑧ GR형 복합식 수신기 : R형 복합식 수신기와 가스누설경보기의 수신부 기능을 겸한 것을 말한다.

정답
(1) 경계구역 (2) 중계기
(3) 감지기 (4) 발신기
(5) 시각경보장치 (6) P형 수신기
(7) R형 수신기 (8) P형 복합식 수신기
(9) R형 복합식 수신기

07

다음은 옥내소화전설비의 화재안전기술기준에서 정하는 상용전원회로와 비상전원의 설치기준이다. ( ) 안에 알맞은 내용을 쓰시오.

득점	배점
	6

(1) 상용전원이 저압수전인 경우에는 ( )의 직후에서 분기하여 전용배선으로 해야 하며, 전용의 전선관에 보호되도록 할 것
(2) 비상전원은 옥내소화전설비를 유효하게 ( )분 이상 작동할 수 있어야 할 것
(3) 비상전원을 실내에 설치하는 때에는 그 실내에 ( )을 설치할 것

해설

옥내소화전설비의 전원 설치기준
(1) 상용전원회로 배선 설치기준
  ① 저압수전인 경우에는 인입개폐기의 직후에서 분기하여 전용배선으로 해야 하며, 전용의 전선관에 보호되도록 할 것
  ② 특별고압수전 또는 고압수전일 경우에는 전력용 변압기 2차 측의 주차단기 1차 측에서 분기하여 전용배선으로 하되, 상용전원의 상시공급에 지장이 없을 경우에는 주차단기 2차 측에서 분기하여 전용배선으로 할 것
(2) 비상전원을 설치하지 않을 수 있는 경우
  ① 2 이상의 변전소에서 전력을 동시에 공급받을 수 있는 경우
  ② 하나의 변전소로부터 전력의 공급이 중단되는 때에는 자동으로 다른 변전소로부터 전원을 공급받을 수 있도록 상용전원을 설치한 경우
  ③ 가압수조방식
(3) 비상전원의 종류
  ① 자가발전설비
  ② 축전지설비(내연기관에 따른 펌프를 사용하는 경우에는 내연기관의 기동 및 제어용 축전지)
  ③ 전기저장장치(외부 전기에너지를 저장해 두었다가 필요한 때 전기를 공급하는 장치)
(4) 비상전원의 설치기준
  ① 점검에 편리하고 화재 및 침수 등의 재해로 인한 피해를 받을 우려가 없는 곳에 설치할 것
  ② 옥내소화전설비를 유효하게 20분 이상 작동할 수 있어야 할 것
  ③ 상용전원으로부터 전력의 공급이 중단된 때에는 자동으로 비상전원으로부터 전력을 공급받을 수 있도록 할 것
  ④ 비상전원(내연기관의 기동 및 제어용 축전기를 제외)의 설치장소는 다른 장소와 방화구획할 것. 이 경우 그 장소에는 비상전원의 공급에 필요한 기구나 설비 외의 것(열병합발전설비에 필요한 기구나 설비는 제외한다)을 두어서는 안 된다.
  ⑤ 비상전원을 실내에 설치하는 때에는 그 실내에 비상조명등을 설치할 것

정답
(1) 인입개폐기
(2) 20
(3) 비상조명등

08 자동화재탐지설비에서 P형 1급 수신기의 전면에 설치된 스위치주의등에 대한 다음 각 물음에 답하시오.

득점	배점
	4

(1) 도통시험스위치를 조작할 경우 스위치주의등의 점등 여부를 쓰시오.
(2) 예비전원스위치를 조작할 경우 스위치주의등의 점등 여부를 쓰시오.

해설

P형 수신기의 조작
(1) 스위치주의등이 점등되는 경우
① 주경종 정지스위치를 조작하는 경우
② 지구경종 정지스위치를 조작하는 경우
③ 자동복구스위치를 조작하는 경우
④ 동작시험스위치를 조작하는 경우
⑤ 도통시험스위치를 조작하는 경우

┤참고├

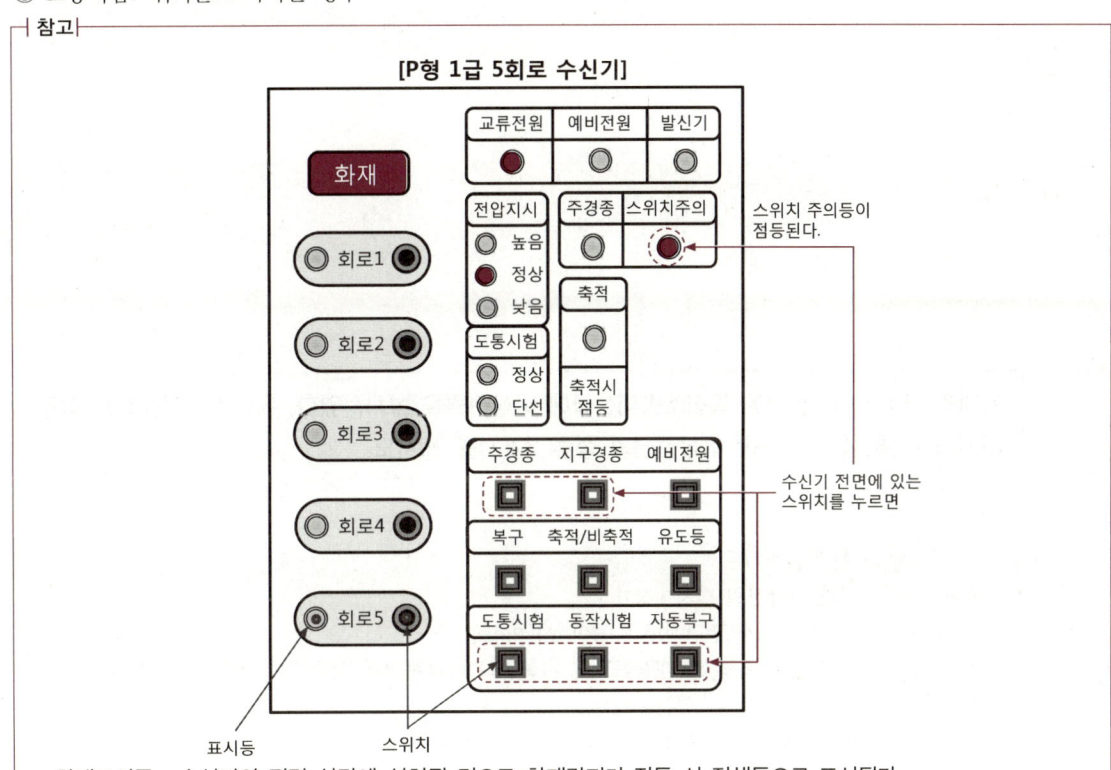

- 화재표시등 : 수신기의 전면 상단에 설치된 것으로 화재감지기 작동 시 적색등으로 표시된다.
- 지구(회로)표시등 : 화재감지기 작동 시 해당 경계구역을 나타내는 지구표시등이다.
- 예비전원감시등 : 예비전원스위치 조작 시 예비전원의 이상유무를 확인시켜 주는 표시등이다.
- 스위치주의등 : 조작스위치가 정상위치에 있지 않을 경우 점등(점멸)된다.
- 도통시험등 : 수신기와 발신기, 감지기와 감지기 간의 선로에 도통상태가 정상 또는 단선 여부를 확인시켜 주는 표시등이다.

- 주경종 및 지구경종 정지스위치 : 화재발생 시 주경종 및 지구경종을 정지시키는 스위치이다.
- 도통시험스위치 : 도통시험스위치를 누르고 회로선택스위치를 선택한 회로의 결선상태를 확인할 때 사용하는 스위치이다.
- 동작시험스위치 : 수신기에 화재신호를 수동으로 입력하여 수신기가 정상적으로 동작되는지 점검하는 스위치이다.
- 자동복구스위치 : 동작시험 시 사용되는 복구 스위치이다.
- 복구스위치 : 수신기의 동작상태를 정상으로 복구할 때 사용하는 스위치이다.

(2) 스위치주의등이 소등되는 경우
① 예비전원스위치를 조작하는 경우
② 복구스위치를 조작하는 경우

정답 (1) 점등
(2) 소등

09

옥내소화전설비가 설치된 특정소방대상물에 비상전원을 설치하였다. 옥내소화전설비를 작동시키기 위해 설치 가능한 비상전원의 종류 3가지를 쓰시오.

득점	배점
	3

해설

옥내소화전설비의 전원 설치기준
(1) 옥내소화전설비의 비상전원 설치대상
 ① 층수가 7층 이상으로서 연면적이 2,000[m^2] 이상인 것
 ② ①에 해당하지 않는 특정소방대상물로서 지하층의 바닥면적의 합계가 3,000[m^2] 이상인 것
(2) 비상전원을 설치하지 않을 수 있는 조건
 ① 2 이상의 변전소에서 전력을 동시에 공급받을 수 있는 경우
 ② 하나의 변전소로부터 전력의 공급이 중단되는 때에는 자동으로 다른 변전소로부터 전원을 공급받을 수 있도록 상용전원을 설치한 경우
 ③ 가압수조방식
(3) 비상전원의 종류
 ① 자가발전설비
 ② 축전지설비(내연기관에 따른 펌프를 사용하는 경우에는 내연기관의 기동 및 제어용 축전지)
 ③ 전기저장장치(외부 전기에너지를 저장해 두었다가 필요한 때 전기를 공급하는 장치)

정답 자가발전설비, 축전지설비, 전기저장장치

10

20[W] 중형 피난구유도등 10개가 상용전원 AC 220[V]에 연결되어 점등되고 있다. 상용전원으로부터 공급되는 전류[A]를 구하시오(단, 유도등의 역률은 0.5이고, 유도등 축전지의 충전전류는 무시한다).

- 계산과정 :
- 답 :

득점	배점
	4

해설

유도등의 전류(I) 계산

(1) 단상 2선식 : 유도등, 비상조명등, 전자밸브(솔레노이드밸브), 감지기

$$P = IV\cos\theta\,[\text{W}]$$

여기서, P : 전력(20[W]×10개) I : 공급전류[A]
    V : 전압(220[V]) $\cos\theta$: 역률(0.5)

∴ 공급전류 $I = \dfrac{P}{V\cos\theta} = \dfrac{20[\text{W}] \times 10\text{개}}{220[\text{V}] \times 0.5} = 1.82[\text{A}]$

(2) 3상 3선식 : 소방펌프, 제연팬

$$P = \sqrt{3}\,IV\cos\theta\,[\text{W}]$$

여기서, P : 전력[W] I : 공급전류[A]
    V : 전압(380[V]) $\cos\theta$: 역률

정답 1.82[A]

11

특정소방대상물에 비상용 전원설비로 축전지설비를 설치하고자 한다. 다음 각 물음에 답하시오.

득점	배점
	6

(1) 연축전지의 정격용량이 100[Ah]이고, 상시부하가 15[kW], 표준전압이 100[V]인 부동충전방식의 충전기 2차 충전전류[A]를 구하시오(단, 상시부하의 역률은 1로 본다).
- 계산과정 :
- 답 :

(2) 축전지에 수명이 있고 또한 그 말기에 있어서도 부하를 만족하는 용량을 결정하기 위한 계수로서 보통 0.8로 하는 것을 무엇이라고 하는지 쓰시오.

(3) 축전지의 과방전 및 방전상태에서 오랫동안 방치한 경우, 가벼운 설페이션(Sulphation) 현상 등이 생겼을 때 기능회복을 위하여 실시하는 충전방식을 쓰시오.

해설

축전지설비

(1) 부동충전 시 2차 충전전류 계산

① 연축전지와 알칼리축전지 비교

구분		연축전지(납축전지)		알칼리축전지	
		CS형	HS형	포켓식	소결식
구조	양극	이산화납(PbO_2)		수산화니켈[$Ni(OH)_3$]	
	음극	납(Pb)		카드뮴(Cd)	
	전해액	황산(H_2SO_4)		수산화칼륨(KOH)	
공칭용량(방전시간율)		10[Ah](10[h])		5[Ah](5[h])	
공칭전압		2.0[V/cell]		1.2[V/cell]	
충전시간		길다.		짧다.	
과충전, 과방전에 대한 전기적 강도		약하다.		강하다.	
용도		장시간, 일정 전류 부하에 우수		단시간, 대전류 부하에 우수	

② 2차 충전전류(I_2)

$$I_2 = \frac{축전지의\ 정격용량[Ah]}{축전지의\ 공칭용량[h]} + \frac{상시부하[W]}{표준전압[V]}[A]$$

∴ 2차 충전전류 $I_2 = \frac{100[Ah]}{10[h]} + \frac{15 \times 10^3[W]}{100[V]} = 160[A]$

(2) 보수율(경년용량 저하율)

축전지의 말기 수명에도 부하를 만족하는 축전지 용량 결정을 위한 계수로서 보통 0.8로 한다.

(3) 충전방식의 종류

① 보통충전방식 : 필요할 때마다 표준시간율로 전류를 충전하는 방식이다.

② 급속충전방식 : 비교적 단시간에 보통충전의 2~3배의 전류로 충전하는 방식이다.

③ 부동충전방식 : 축전지의 자기방전량을 보충함과 동시에 상용부하에 대한 전력공급은 충전기가 부담하고 충전기가 부담하기 어려운 대전류 부하는 축전지가 부담하게 하는 방식이다.

④ 균등충전방식 : 부동충전방식의 전압보다 약간 높은 정전압으로 충분한 시간동안 충전함으로써 전체 셀의 전압 및 비중상태를 균등하게 되도록 하기 위한 충전방식이다.

⑤ 세류충전방식 : 축전지의 자기방전량만 충전하기 위해 부하를 제거한 상태에서 미소전류로 충전하는 방식이다.

⑥ 회복충전방식 : 축전지를 과방전 및 방전상태에서 오랫동안 방치한 경우, 가벼운 설페이션현상이 생겼을 때 기능회복을 위하여 실시하는 충전방식이다.

| 참고 |

설페이션(Sulphation) 현상
연축전지를 과방전 및 방전상태에서 오랫동안 방치하면 극판의 황산납이 회백색으로 변하는 현상이다.

정답 (1) 160[A]
(2) 보수율
(3) 회복충전방식

12 다음은 3상 유도전동기 기동 및 정지회로의 미완성된 도면이다. 주어진 조건을 참고하여 각 물음에 답하시오.

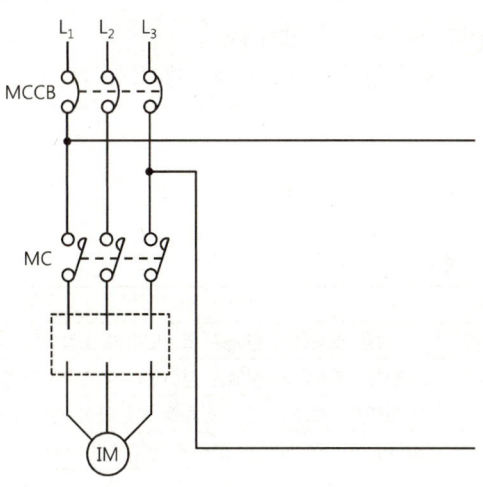

조건

- 전기기구의 도시기호

전기기구 명칭	도시기호	사용개수	전기기구 명칭	도시기호	사용개수
전자접촉기	MC	1개	열동계전기	THR	1개
운전표시등 (적색램프)	RL	1개	정지표시등 (녹색램프)	GL	1개
누름버튼스위치	PB-OFF	1개	누름버튼스위치	PB-ON	1개
퓨즈	▱	2개	버저	BZ	1개

- 제어회로를 보호하기 위해 각 상에 퓨즈를 설치한다.

[동작설명]

- MCCB(배선용 차단기)에 전원을 투입하면 전자접촉기의 보조접점(MC_{-b})에 의해 정지표시등(GL)이 점등된다.
- 유도전동기 운전용 누름버튼스위치(PB_{-ON})를 누르면 전자접촉기(MC)가 여자되어 자기유지가 되고, 전자접촉기의 주접점이 붙어 유도전동기(IM)가 기동된다. 이때 운전표시등(RL)이 점등되고, 전자접촉기의 보조접점(MC_{-b})이 떨어져 정지표시등(GL)이 소등된다.
- 유도전동기 정지용 누름버튼스위치(PB_{-OFF})를 누르면 전자접촉기(MC)가 소자되어 전자접촉기의 주접점이 떨어져 유도전동기(IM)가 정지된다. 이때 운전표시등(RL)이 소등되고, 전자접촉기의 보조접점(MC_{-b})에 의해 정지표시등(GL)이 점등된다.
- 유도전동기에 과전류가 흐르면 열동계전기(THR)가 작동되어 운전 중인 유도전동기(IM)는 정지되고, 버저(BZ)가 울린다.

> **물 음**
> (1) 동작설명 및 주어진 전기기구를 이용하여 제어회로의 미완성된 부분을 완성하시오(단, 전기기구의 접점을 최소 개수를 사용하도록 한다).
> (2) 주회로의 점선 부분을 완성하고, 어떤 경우에 작동하는지 2가지만 쓰시오.

해설

3상 유도전동기 기동 및 정지회로(전전압 기동회로)

(1) 3상 유도전동기의 제어회로 구성

① 시퀀스제어의 용어 정의

시퀀스제어 용어		정의
접점	a접점	스위치를 조작하기 전에는 열려있다가 조작하면 닫히는 접점이다.
	b접점	스위치를 조작하기 전에는 닫혀있다가 조작하면 열리는 접점이다.
소자		전자코일에 흐르고 있는 전류를 차단하여 자력을 잃게 하는 것이다.
여자		릴레이, 전자접촉기 등 코일에 전류가 흘러서 전자석으로 되는 것이다.
자기유지회로		누름버튼스위치를 이용하여 그 상태를 계속 유지하기 위해 사용하는 회로이다.
인터록회로		2개의 입력신호 중 먼저 작동시킨 쪽의 회로가 우선적으로 이루어져 기기가 작동하며 다른 쪽에 입력신호가 들어오더라도 작동하지 않는 회로이다.

② 제어용기기의 명칭과 도시기호

제어용기기 명칭	작동원리	접점의 종류			
		주접점	코일	a접점	b접점
배선용 차단기 (MCCB)	단락 및 과부하로부터 회로를 보호하기 위하여 사용되는 전력기기이다.	⫝̸⫝̸⫝̸	–	–	–
전자접촉기 (MC)	전자석의 동작에 의하여 접점을 개폐하는 기구로서 부하회로를 빈번하게 개폐하는 접촉기이다.	⫝̸⫝̸⫝̸	(MC)	MC-a	MC-b
열동계전기 (THR)	정격전류 이상의 과부하 전류가 흐르면 내부에서 발생된 열에 의해 바이메탈이 동작하여 접점을 차단시키는 계전기로서 전동기의 과부하 보호에 사용된다.	⫝̸⫝̸	–	*THR	*THR
누름버튼스위치 (PB-ON, PB-OFF)	버튼을 누르면 접점 기구부가 개폐되며 손을 떼면 스프링의 힘에 의해 자동으로 복귀되는 스위치이다.	–	–	PB-ON	PB-OFF
운전표시등 (RL)	유도전동기가 운전 중임을 표시한다.	–	(RL)		
정지표시등 (GL)	유도전동기가 정지 중임을 표시한다.	–	(GL)		

③ 동작설명에 따른 제어회로 작성

동작설명	회로도
① MCCB(배선용 차단기)에 전원을 투입하면 전자접촉기의 보조접점(MC-b)에 의해 정지표시등(GL)이 점등된다.	
② 유도전동기 운전용 누름버튼스위치(PB-ON)를 누르면 전자접촉기(MC)가 여자되어 자기유지가 되고, 전자접촉기의 주접점이 붙어 유도전동기(IM)가 기동된다. 이때 운전표시등(RL)이 점등되고, 전자접촉기의 보조접점(MC-b)이 떨어져 정지표시등(GL)이 소등된다.	
③ 유도전동기 정지용 누름버튼스위치(PB-OFF)를 누르면 전자접촉기(MC)가 소자되어 전자접촉기의 주접점이 떨어져 유도전동기(IM)가 정지된다. 이때 운전표시등(GL)이 소등되고 전자접촉기의 보조접점(MC-b)에 의해 정지표시등(GL)이 점등된다.	

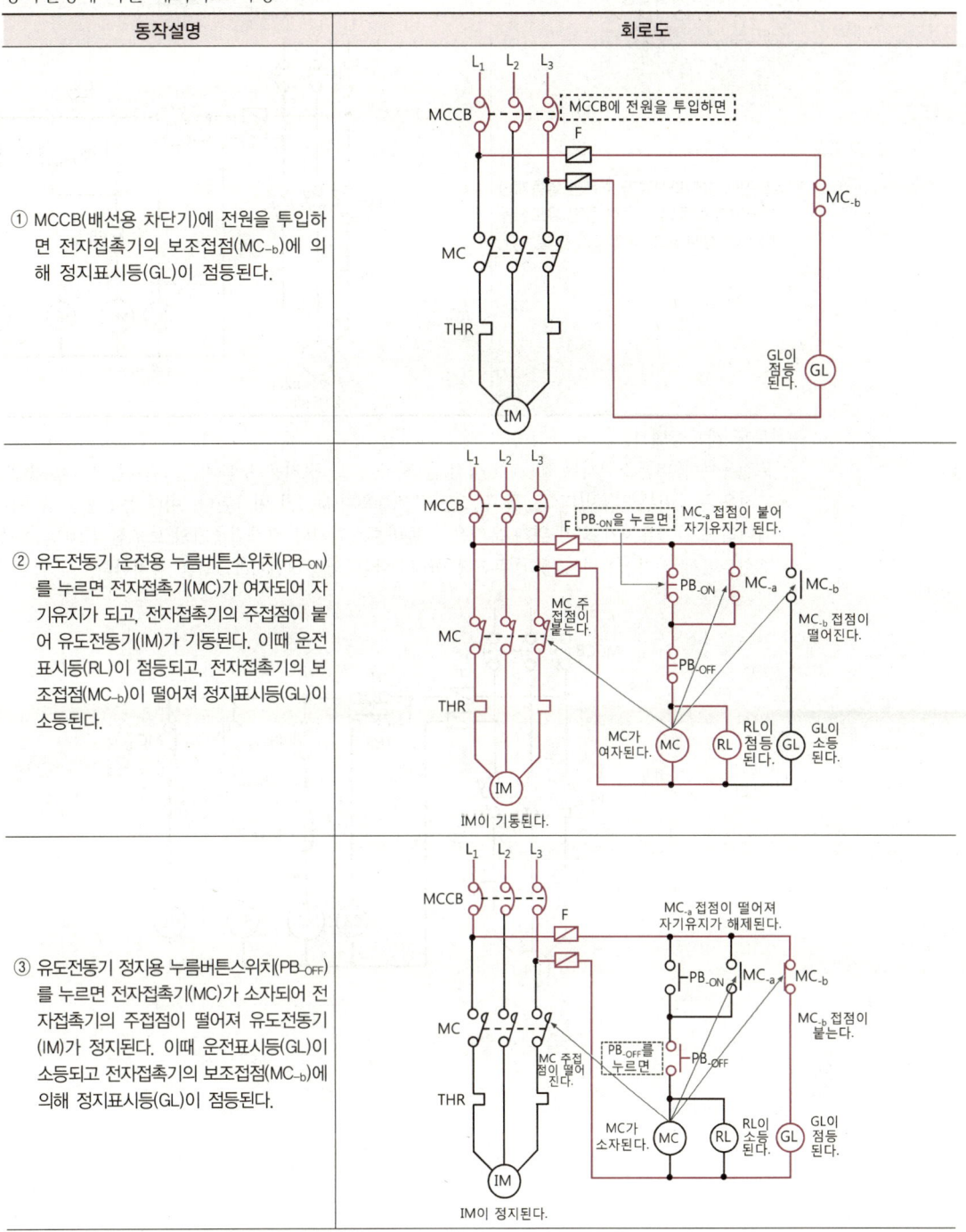

동작설명	회로도
④ 유도전동기에 과전류가 흐르면 열동계전기(THR)가 작동되어 운전 중인 유도전동기(IM)는 정지되고, 버저(BZ)가 울린다.	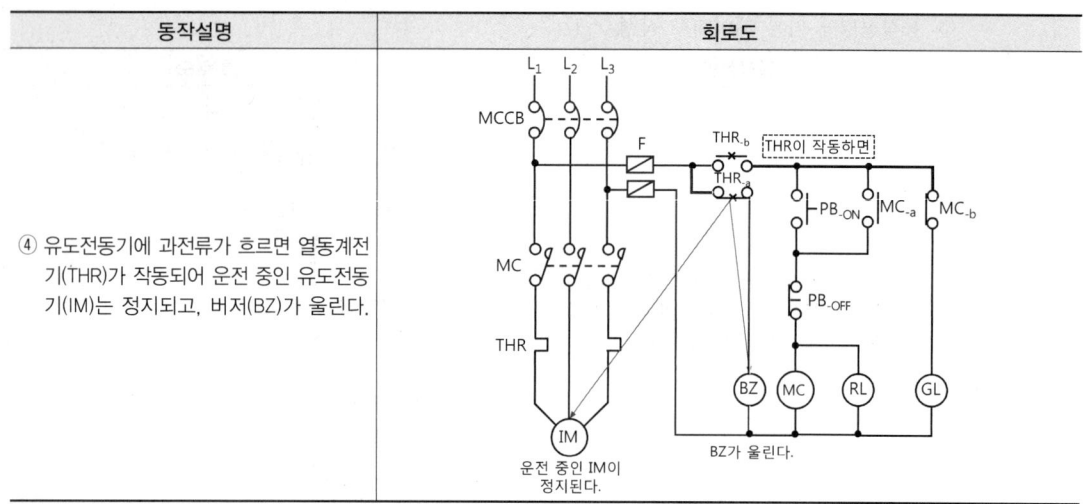

㉠ 회로도 작도방법 1
- 운전용 누름버튼스위치는 PB-ON(a점접)을 사용하고, 정지용 누름버튼스위치는 PB-OFF(b점접)을 사용한다.
- 운전용 누름버튼스위치(PB-ON)를 누르면 전자접촉기(MC)가 여자된다. 이때 운전용 누름버튼스위치를 눌렀다 떼더라도 자기유지가 되기 위해 운전용 누름버튼스위치와 전자접촉기의 보조접점(MC-a)을 병렬로 접속한다.
- 주회로에서 전자접촉기(MC)의 주접점 아래쪽에는 열동계전기(THR)를 설치한다.

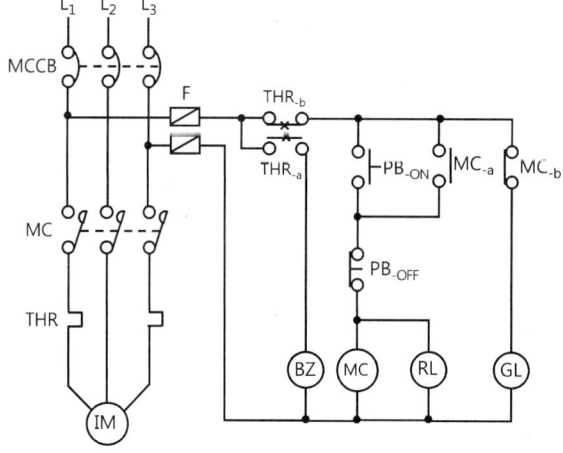

ⓒ 회로도 작도방법 2

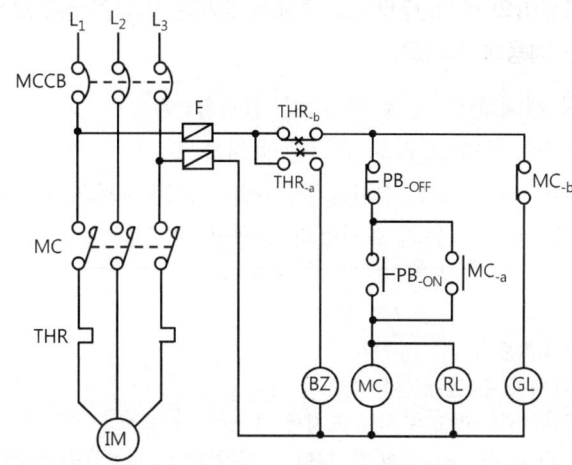

(2) 열동계전기(THR)가 작동되는 경우
  ① 유도전동기에 과전류가 흐르는 경우
  ② 열동계전기 단자의 접촉 불량으로 과열되었을 경우
  ③ 전류조정 다이얼의 설정(Setting)값을 정격전류보다 낮게 조정하였을 경우

---참고---
열동계전기(Thermal Relay)의 원리
전동기의 과부하 또는 구속상태 등으로 설정값 이상의 과전류가 흐르면 열에 의해 바이메탈이 휘어지는 원리를 이용하여 회로를 차단하여 전동기의 소손을 방지하는 계전기이다.

정답 (1)

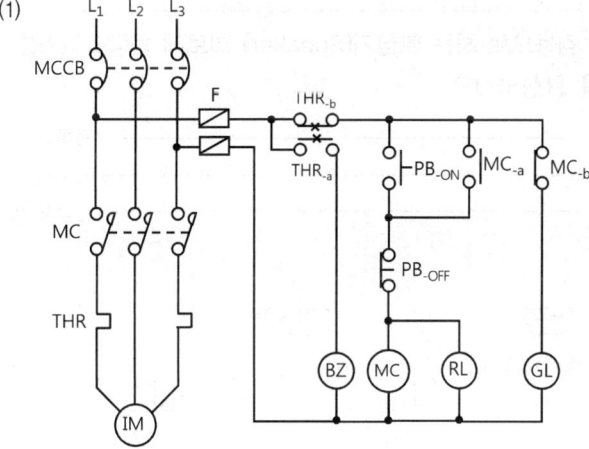

(2) ① 유도전동기에 과전류가 흐르는 경우
   ② 전류조정 다이얼의 설정값을 정격전류보다 낮게 조정하였을 경우

13 다음은 비상콘센트설비의 화재안전기술기준에서 정하는 비상콘센트 보호함의 설치기준이다. ( ) 안에 알맞은 내용을 쓰시오.

- 보호함에는 쉽게 개폐할 수 있는 (①)을 설치할 것
- 보호함 (②)에 "비상콘센트"라고 표시한 표지를 할 것
- 보호함 상부에 (③)의 (④)을 설치할 것. 다만, 비상콘센트의 보호함을 옥내소화전함 등과 접속하여 설치하는 경우에는 (⑤) 등의 표시등과 겸용할 수 있다.

해설

비상콘센트 보호함의 설치기준
(1) 보호함에는 쉽게 개폐할 수 있는 문을 설치할 것
(2) 보호함 표면에 "비상콘센트"라고 표시한 표지를 할 것
(3) 보호함 상부에 적색의 표시등을 설치할 것. 다만, 비상콘센트의 보호함을 옥내소화전함 등과 접속하여 설치하는 경우에는 옥내소화전함 등의 표시등과 겸용할 수 있다.

정답
① 문
② 표면
③ 적색
④ 표시등
⑤ 옥내소화전함

14 비상방송설비를 업무용 방송설비와 겸용으로 하는 확성기(Speaker) 회로에 음량조정기를 설치하고자 할 때 미완성된 결선도를 완성하시오.

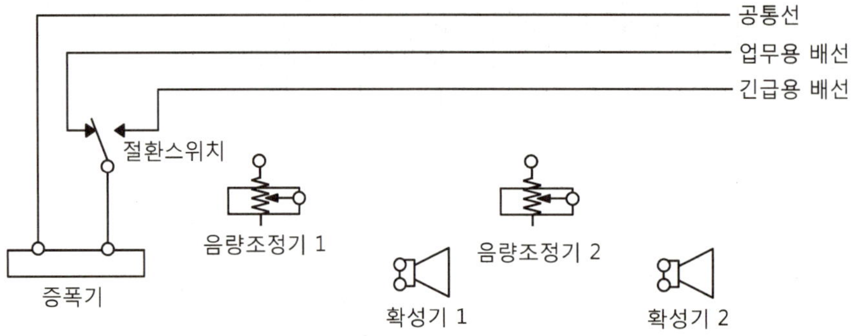

해설

비상방송설비
(1) 비상방송설비의 화재안전기술기준에서 용어 정의
  ① 확성기 : 소리를 크게 하여 멀리까지 전달될 수 있도록 하는 장치로써 일명 스피커를 말한다.
  ② 음량조절기 : 가변저항을 이용하여 전류를 변화시켜 음량을 크게 하거나 작게 조절할 수 있는 장치를 말한다.
  ③ 증폭기 : 전압·전류의 진폭을 늘려 감도를 좋게 하고 미약한 음성전류를 커다란 음성전류로 변화시켜 소리를 크게 하는 장치를 말한다.

(2) 비상방송설비의 작동 및 3선식 배선
① 화재 시 비상방송설비의 작동 : 화재가 발생하여 감지기의 입력신호가 수신되면 감지기 신호와 연동하여 증폭기 내부의 절환스위치가 작동하게 되며 업무용 단자에서 비상용 단자로 절환된다. 이때 공통선과 비상용 배선을 통하여 방송이 송출되며 비상용 배선은 음량조절기에서 가변저항을 통하지 않고 직접 확성기에 접속되어 있으므로 음량을 0으로 줄인 경우에도 비상방송의 송출에는 지장이 없다.
② 3선식 배선 결선도

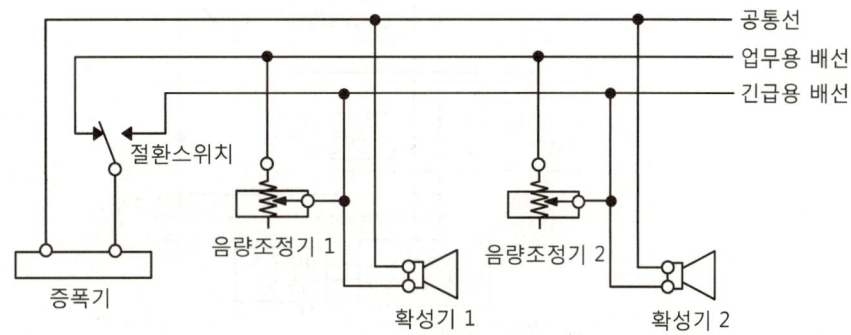

정답 해설 참고

15 비상콘센트설비에 대한 다음 각 물음에 답하시오.

득점	배점
	6

(1) 비상콘센트설비의 설치목적을 쓰시오.
(2) 비상콘센트 1개당 접지선을 포함하여 최소 전선 가닥수를 쓰시오.
(3) 전원 220[V]에 1[kW]의 송풍기를 운전하는 경우 이 회로에 흐르는 전류[A]를 구하시오(단, 역률은 90[%]이다).

해설
비상콘센트설비

(1) 비상콘센트설비의 설치목적
　소방대가 소화작업 중에 상용전원의 정전이나 상용전원의 소손으로 전원이 차단될 경우 소방대의 소화활동을 용이하게 하기 위하여 조명장치 및 소화활동상 필요한 장비 등을 접속하여 전원을 공급받을 수 있도록 하기 위한 비상전원설비이다.

> **참고**
> 비상콘센트설비를 설치해야 하는 특정소방대상물(소방시설법 영 별표 4)
> • 층수가 11층 이상인 특정소방대상물의 경우에는 11층 이상의 층
> • 지하층의 층수가 3층 이상이고 지하층의 바닥면적의 합계가 1,000[m²] 이상인 것은 지하층의 모든 층
> • 터널로서 길이가 500[m] 이상인 것
>   [설치제외] 위험물 저장 및 처리 시설 중 가스시설 및 지하구

(2) 비상콘센트설비의 전선 가닥수

비상콘센트설비의 전원회로는 단상교류 220[V]인 것으로 해야 한다. 따라서, 단상 전원선 2가닥과 접지선(1가닥)을 포함하므로 전선은 총 3가닥으로 배선한다.

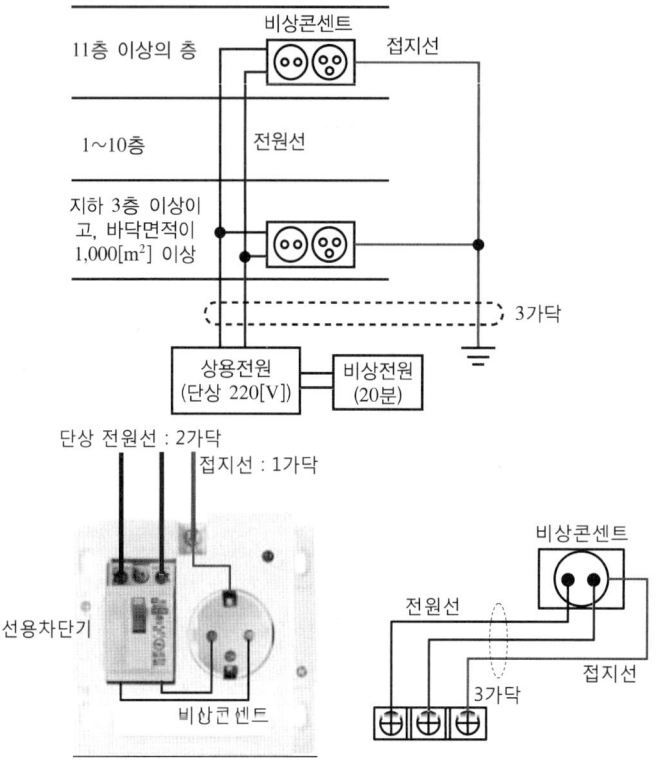

(3) 단상 교류전류

$$P = IV\cos\theta\,[\text{W}]$$

여기서, P : 소비전력(1[kW]=1,000[W])
  I : 전류[A]
  V : 전압(220[V])
  $\cos\theta$: 역률(90[%]=0.9)

∴ 전류 $I = \dfrac{P}{V\cos\theta} = \dfrac{1,000[\text{W}]}{220[\text{V}] \times 0.9} = 5.05[\text{A}]$

정답 (1) 소방대가 소화작업 중에 상용전원의 정전이나 상용전원의 소손으로 전원이 차단될 경우 소방대의 소화활동을 용이하게 하기 위하여 조명장치 및 소화활동상 필요한 장비 등을 접속하여 전원을 공급받을 수 있도록 하기 위한 설비이다.

(2) 3가닥
(3) 5.05[A]

16 자동화재탐지설비 및 시각경보장치의 화재안전기술기준에서 정하는 청각장애인용 시각경보장치의 설치기준을 3가지 쓰시오.

해설

청각장애인용 시각경보장치의 설치기준

(1) 복도·통로·청각장애인용 객실 및 공용으로 사용하는 거실(로비, 회의실, 강의실, 식당, 휴게실, 오락실, 대기실, 체력단련실, 접객실, 안내실, 전시실, 기타 이와 유사한 장소를 말한다)에 설치하며, 각 부분으로부터 유효하게 경보를 발할 수 있는 위치에 설치할 것
(2) 공연장·집회장·관람장 또는 이와 유사한 장소에 설치하는 경우에는 시선이 집중되는 무대부 부분 등에 설치할 것
(3) 설치높이는 바닥으로부터 2[m] 이상 2.5[m] 이하의 장소에 설치할 것. 다만, 천장의 높이가 2[m] 이하인 경우에는 천장으로부터 0.15[m] 이내의 장소에 설치해야 한다.
(4) 시각경보장치의 광원은 전용의 축전지설비 또는 전기저장장치(외부 전기에너지를 저장해 두었다가 필요한 때 전기를 공급하는 장치)에 의하여 점등되도록 할 것. 다만, 시각경보기에 작동전원을 공급할 수 있도록 형식승인을 얻은 수신기를 설치한 경우에는 그렇지 않다.
(5) 하나의 특정소방대상물에 2 이상의 수신기가 설치된 경우 어느 수신기에서도 지구음향장치 및 시각경보장치를 작동할 수 있도록 해야 한다.

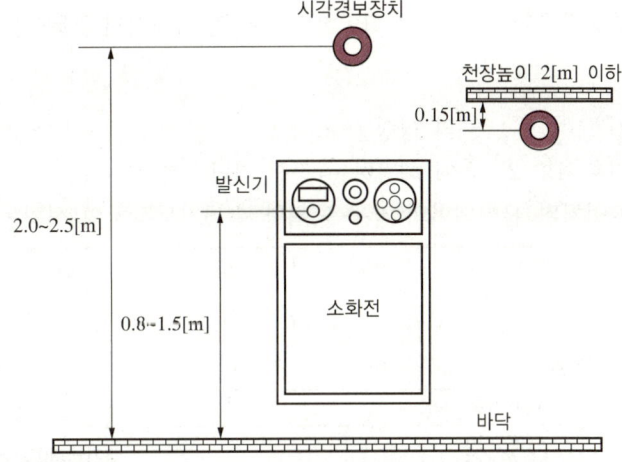

정답

① 복도·통로·청각장애인용 객실 및 공용으로 사용하는 거실(로비, 회의실, 강의실, 식당, 휴게실, 오락실, 대기실, 체력단련실, 접객실, 안내실, 전시실, 그 밖의 이와 유사한 장소를 말한다)에 설치하며, 각 부분으로부터 유효하게 경보를 발할 수 있는 위치에 설치할 것
② 공연장·집회장·관람장 또는 이와 유사한 장소에 설치하는 경우에는 시선이 집중되는 무대부 부분 등에 설치할 것
③ 설치높이는 바닥으로부터 2[m] 이상 2.5[m] 이하의 장소에 설치할 것 다만, 천장의 높이가 2[m] 이하인 경우에는 천장으로부터 0.15[m] 이내의 장소에 설치해야 한다.

17 다음 도면은 전실제연설비의 급·배기 댐퍼를 나타낸 것이다. 아래 조건을 참고하여 각 물음에 답하시오.

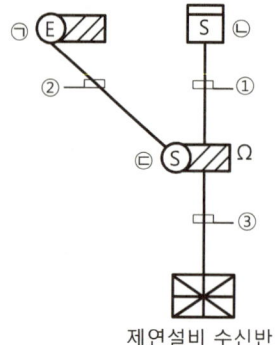

제연설비 수신반

조건
- 댐퍼의 기동방식은 모터식이고, 댐퍼의 복구는 자동복구방식이다.
- 전원은 제연설비 수신반에서 공급하고, 댐퍼의 기동은 층별 동시기동으로 한다.
- 기동확인 및 수동기동확인은 동시에 확인하도록 하고, 감지기의 공통선은 전원 ⊖와 공통으로 사용한다.

물음
(1) 도면에서 기호 ㉠, ㉡, ㉢의 명칭을 쓰시오.
(2) 도면에서 기호 ①, ②, ③에 해당하는 전선 가닥수를 쓰시오.
(3) 제연구역에 설치된 급기댐퍼의 작동을 위한 수동기동장치의 설치높이를 쓰시오.

해설

전실제연설비
(1) 제연설비 기구의 명칭

기호	도시기호	명칭
㉠	Ⓔ▨	배기댐퍼(Exhaust Damper)
㉡	S	연기감지기
㉢	Ⓢ▨	급기댐퍼(Supply Damper)

(2) 전선 가닥수 산정

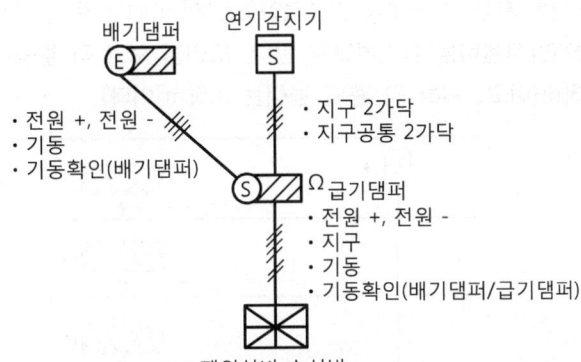

기호	구간	전선 가닥수	배선의 용도
①	연기감지기 ↔ 급기댐퍼	4	• 지구(회로) 2 • 지구(회로) 공통 2([조건]에서 감지기의 공통선은 전원 ⊖와 공통으로 사용하며 종단저항이 급기댐퍼에 설치되어 있으므로 2가닥이다)
②	배기댐퍼 ↔ 급기댐퍼	4	• 전원 ⊕ • 전원 ⊖ • 기동(배기댐퍼) • 기동확인(배기댐퍼)
③	급기댐퍼 ↔ 수신반	6	• 전원 ⊕ • 전원 ⊖([조건]에서 감지기의 공통선은 전원 ⊖와 공통으로 사용하므로 1가닥이다) • 지구(회로) • 기동(급기댐퍼와 배기댐퍼는 [조건]에서 동시에 작동하므로 기동은 1가닥으로 배선한다) • 기동확인 2(급기댐퍼 기동확인, 배기댐퍼 기동확인)

(3) 제연설비의 수동기동장치의 설치기준(특별피난계단의 계단실 및 부속실 제연설비의 화재안전기술기준)
   배출댐퍼 및 개폐기의 직근과 제연구역에는 다음의 기준에 따른 장치의 작동을 위하여 전용의 수동기동장치를 설치하고 스위치는 바닥으로부터 0.8[m] 이상 1.5[m] 이하의 높이에 설치해야 한다. 다만, 계단실 및 그 부속실을 동시에 제연하는 제연구역에는 그 부속실에만 설치할 수 있다.
   ① 전 층의 제연구역에 설치된 급기댐퍼의 개방
   ② 해당 층의 배출댐퍼 또는 개폐기의 개방
   ③ 급기송풍기 및 유입공기의 배출용 송풍기(설치한 경우에 한한다)의 작동
   ④ 개방·고정된 모든 출입문(제연구역과 옥내 사이의 출입문에 한한다)의 개폐장치의 작동

정답 (1) ㉠ 배기댐퍼   ㉡ 연기감지기
          ㉢ 급기댐퍼
     (2) ① 4가닥   ② 4가닥
         ③ 6가닥
     (3) 바닥으로부터 높이가 0.8[m] 이상 1.5[m] 이하

18 다음 도면은 지하 3층, 지상 7층으로서 연면적이 5,000[m²](1개 층의 면적은 500[m²])인 사무실 건물에 자동화재탐지설비를 설치하고자 한다. 도면을 보고 각 물음에 답하시오(단, 지상 각 층의 높이는 3[m]이고, 지하 각 층의 높이는 3.5[m]이다).

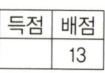

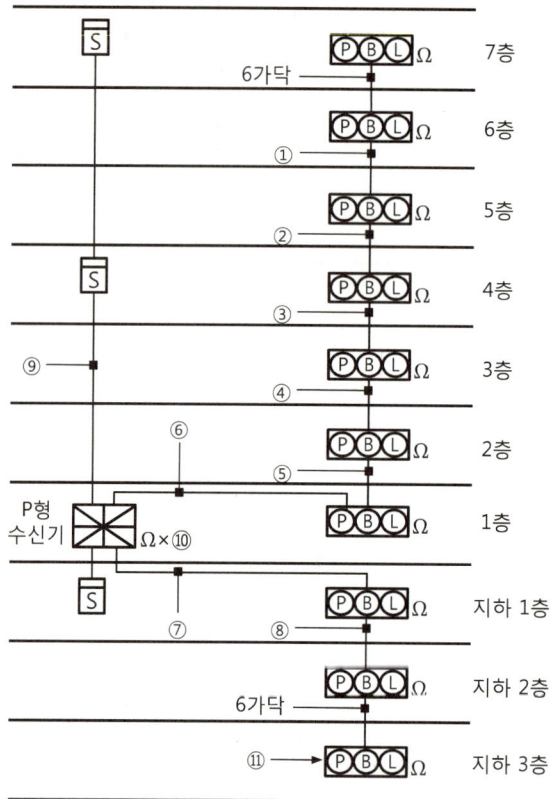

(1) 도면에서 ①~⑨의 최소 전선 가닥수를 쓰시오(단, 화재로 인하여 하나의 층의 지구음향장치 배선이 단락되어도 다른 층의 화재통보에 지장이 없도록 각 층 배선 상에 유효한 조치(단락보호장치)를 하였고, 경종과 표시등 공통선은 1가닥으로 배선한다).

①: ②: ③:
④: ⑤: ⑥:
⑦: ⑧: ⑨:

(2) ⑩에 설치하는 종단저항의 개수를 쓰시오.
(3) 기호 ⑪의 명칭을 쓰시오.

> **해설**

자동화재탐지설비

(1) 전선 가닥수 산정

① 발신기의 기본 전선 가닥수(1회로 기준)

전선 가닥수	배선의 용도					
	용도 1	용도 2	용도 3	용도 4	용도 5	용도 6
6	지구선 (회로선)	지구(회로)공통선	응답선	경종선	표시등선	경종·표시등 공통선

② 특정소방대상물이 11층 미만이므로 일제경보방식으로 배선해야 하며 경종선과 경종공통선에는 단락보호장치가 설치되어 있으므로 경종선과 경종공통선은 1가닥으로 배선한다.

③ 지구(회로)선과 지구(회로)공통선
  ㉠ 지구(회로)선의 전선 가닥수는 발신기에 설치된 종단저항의 설치개수로 한다.
  ㉡ 하나의 지구(회로)공통선에 접속할 수 있는 경계구역은 7개 이하로 해야 하므로 지구(회로)선이 7가닥을 초과할 경우 지구(회로)공통선을 1가닥 추가해야 한다.

④ 감지기회로의 배선
  ㉠ 자동화재탐지설비 및 제연설비는 도통시험을 용이하게 하기 위하여 감지기회로의 배선은 송배선식으로 한다.
  ㉡ 송배선식의 전선 가닥수는 루프로 된 부분은 2가닥, 그 밖에는 4가닥으로 배선한다.

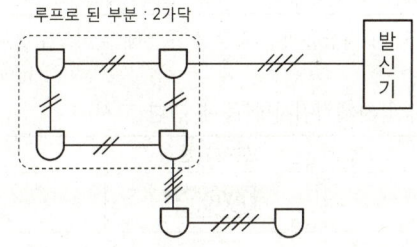

⑤ 전선 가닥수 산정

구간	전선 가닥수	지구선	지구 공통선	응답선	경종선	표시등선	경종·표시등 공통선
6층 ↔ 7층	6	1	1	1	1	1	1
① (5층 ↔ 6층)	7	2	1	1	1	1	1
② (4층 ↔ 5층)	8	3	1	1	1	1	1
③ (3층 ↔ 4층)	9	4	1	1	1	1	1
④ (2층 ↔ 3층)	10	5	1	1	1	1	1
⑤ (1층 ↔ 2층)	11	6	1	1	1	1	1
⑥ (1층 발신기 ↔ 수신기)	12	7	1	1	1	1	1
⑦ (지하층 발신기 ↔ 수신기)	8	3	1	1	1	1	1
⑧ (지하 1층 ↔ 지하 2층)	7	2	1	1	1	1	1

구간	전선 가닥수	지구선	지구 공통선	응답선	경종선	표시등선	경종·표시등 공통선
⑨ (감지기 ↔ 수신기)	4	2	2	–	–	–	–

(2) 자동화재탐지설비의 경계구역 설정기준
　① 수평적 경계구역

구분	기준	예외 기준
층별	층마다(2 이상의 층에 미치지 않도록 할 것)	500[m²] 이하의 범위 안에서는 2개의 층을 하나의 경계구역으로 할 수 있다
경계구역의 면적	600[m²] 이하	주된 출입구에서 그 내부 전체가 보이는 것에 있어서는 한 변의 길이가 50[m]의 범위에서 1,000[m²] 이하로 할 수 있다.
한 변의 길이	50[m] 이하	–

　② 수직적 경계구역

구분	계단·경사로 기준	엘리베이터 승강로(권상기실이 있는 경우에는 권상기실)·린넨슈트·파이프 피트 및 덕트
높이	45[m] 이하	별도의 경계구역으로 설정
지하층 구분	지상층과 지하층을 구분 (지하층의 층수가 한 개 층일 경우는 제외)	

　∴ 수직적 경계구역 설정 시 지상층과 지하층을 구분해야 하므로 2 경계구역이 된다. 따라서, 종단저항의 설치개수는 2개이다.

(3) 소방시설 도시기호(소방시설 자체점검사항 등에 관한 고시)

명칭	도시기호	명칭	도시기호
발신기세트 단독형	ⓅⒷⓁ	수신기	⊠
연기감지기	S	종단저항	Ω

정답
(1) ① 7가닥　　② 8가닥
　　③ 9가닥　　④ 10가닥
　　⑤ 11가닥　　⑥ 12가닥
　　⑦ 8가닥　　⑧ 7가닥
　　⑨ 4가닥
(2) 2개
(3) 발신기세트 단독형

2019년 제2회 과년도 기출복원문제

※ 다음 물음에 대한 답을 해당 답란에 답하시오.(배점 : 100)

01

다음은 무선통신보조설비의 화재안전기술기준에서 정하는 누설동축케이블 및 동축케이블의 설치기준이다. ( ) 안에 알맞은 내용을 쓰시오.

득점	배점
	6

- 누설동축케이블 및 동축케이블은 (①)의 것으로서 습기 등의 환경조건에 따라 전기의 특성이 변질되지 않는 것으로 하고, 노출하여 설치한 경우에는 피난 및 통행에 장애가 없도록 할 것
- 누설동축케이블 및 동축케이블은 화재에 따라 해당 케이블의 피복이 소실된 경우에 케이블 본체가 떨어지지 않도록 (②)[m] 이내마다 금속제 또는 자기제 등의 지지금구로 벽·천장·기둥 등에 견고하게 고정할 것. 다만, 불연재료로 구획된 반자 안에 설치하는 경우에는 그렇지 않다.
- 누설동축케이블 및 안테나는 고압의 전로로부터 (③)[m] 이상 떨어진 위치에 설치할 것. 다만, 해당 전로에 (④)를 유효하게 설치한 경우에는 그렇지 않다.
- 누설동축케이블의 끝부분에는 (⑤)을 견고하게 설치할 것
- 누설동축케이블 및 동축케이블의 임피던스는 (⑥)[Ω]으로 하고, 이에 접속하는 안테나·분배기 기타의 장치는 해당 임피던스에 적합한 것으로 해야 한다.

해설

무선통신보조설비의 누설동축케이블 및 동축케이블 설치기준

(1) 소방전용주파수대에서 전파의 전송 또는 복사에 적합한 것으로서 소방전용의 것으로 할 것. 다만, 소방대 상호 간의 무선 연락에 지장이 없는 경우에는 다른 용도와 겸용할 수 있다.
(2) 누설동축케이블과 이에 접속하는 안테나 또는 동축케이블과 이에 접속하는 안테나로 구성할 것
(3) 누설동축케이블 및 동축케이블은 불연 또는 난연성의 것으로서 습기 등의 환경조건에 따라 전기의 특성이 변질되지 않는 것으로 하고, 노출하여 설치한 경우에는 피난 및 통행에 장애가 없도록 할 것
(4) 누설동축케이블 및 동축케이블은 화재에 따라 해당 케이블의 피복이 소실된 경우에 케이블 본체가 떨어지지 않도록 4[m] 이내마다 금속제 또는 자기제 등의 지지금구로 벽·천장·기둥 등에 견고하게 고정할 것. 다만, 불연재료로 구획된 반자 안에 설치하는 경우에는 그렇지 않다.
(5) 누설동축케이블 및 안테나는 금속판 등에 따라 전파의 복사 또는 특성이 현저하게 저하되지 않는 위치에 설치할 것
(6) 누설동축케이블 및 안테나는 고압의 전로로부터 1.5[m] 이상 떨어진 위치에 설치할 것. 다만, 해당 전로에 정전기 차폐장치를 유효하게 설치한 경우에는 그렇지 않다.
(7) 누설동축케이블의 끝부분에는 무반사 종단저항을 견고하게 설치할 것
(8) 누설동축케이블 및 동축케이블의 임피던스는 50[Ω]으로 하고, 이에 접속하는 안테나·분배기 기타의 장치는 해당 임피던스에 적합한 것으로 해야 한다.

정답
① 불연 또는 난연성　　② 4
③ 1.5　　④ 정전기 차폐장치
⑤ 무반사 종단저항　　⑥ 50

02 다음 그림은 습식 스프링클러설비의 계통도이다. 아래 계통도를 보고, 표에서 기호 ①~⑤까지의 최소 전선 가닥수와 배선의 용도를 쓰시오.

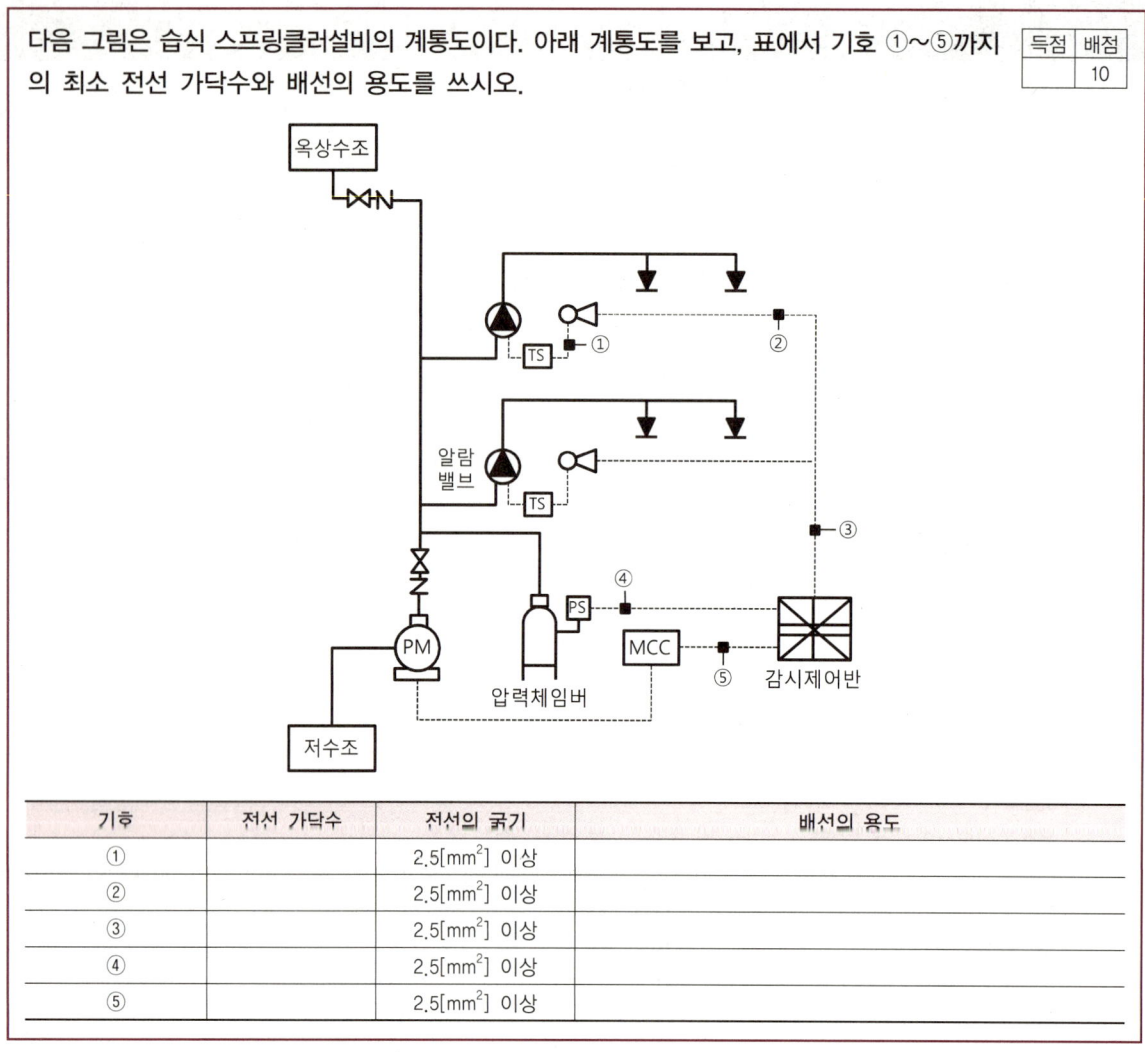

기호	전선 가닥수	전선의 굵기	배선의 용도
①		2.5[mm²] 이상	
②		2.5[mm²] 이상	
③		2.5[mm²] 이상	
④		2.5[mm²] 이상	
⑤		2.5[mm²] 이상	

해설

습식 스프링클러설비

(1) 습식 스프링클러의 개요

　① 가압송수장치에서 폐쇄형 스프링클러헤드까지 배관 내에 항상 물이 가압되어 있다가 화재로 인한 열로 폐쇄형 스프링클러헤드가 개방되면 배관 내에 유수가 발생하여 습식 유수검지장치가 작동하게 되는 스프링클러설비이다.

　② 습식 스프링클러설비 작동순서 : 화재발생 → 화재 열로 인하여 폐쇄형 헤드가 개방되어 방수 → 2차 측 배관 내의 압력이 저하 → 1차 측 수압에 의해 습식 유수검지장치의 클래퍼가 개방 → 습식 유수검지장치의 압력스위치가 작동하여 사이렌 경보, 감시제어반의 화재표시등, 밸브개방표시등 점등 → 배관 내의 압력저하로 기동용 수압개폐장치의 압력스위치 작동 → 펌프 기동

(2) 소방시설 도시기호(소방시설 자체점검사항 등에 관한 고시)

명칭	도시기호	명칭	도시기호
습식 유수검지장치 (알람체크밸브)	▲	감시제어반	⊠
사이렌	◁	스프링클러헤드 폐쇄형 하향식(입면도)	⊥
동력제어반	MCC		

(3) 습식 유수검지장치(알람체크밸브)
  ① 밸브 본체, 압력스위치(PS), 1차 측 압력계, 2차 측 압력계, 배수밸브, 1차 측 개폐밸브, 경보정지밸브로 구성되어 있으며 밸브 본체 내부에 있는 클래퍼를 중심으로 2차 측의 수압이 낮아지면 1차 측의 압력으로 클래퍼가 개방되어 압력스위치를 동작시켜 제어반에 사이렌, 화재표시등, 밸브개방표시등의 신호를 전달한다.
  ② 탬퍼스위치(TS) : 습식 유수검지장치(알람체크밸브)의 1차 측 개폐밸브의 개폐 여부를 확인할 수 있도록 설치하는 감시스위치로서 밸브가 폐쇄되면 수신기에는 경보음과 해당 구역의 밸브가 폐쇄됨을 나타내는 경고표시등이 점등된다.
  ③ 압력스위치(PS) : 2차 측에 설치되어 있으며 2차 측의 가압수가 방출되면 클래퍼가 열리게 되어 압력스위치의 벨로즈가 가압하여 접점이 붙게 되고 유수현상을 수신기에 송신하여 사이렌이 작동하고 밸브개방표시등이 점등된다.

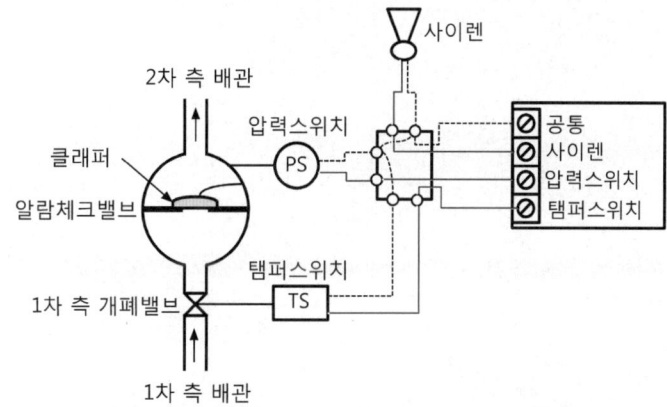

Zone 수	전선 가닥수	배선의 용도
1 Zone일 경우	4	공통 1, 사이렌 1, 압력스위치 1, 탬퍼스위치 1
2 Zone일 경우	7	공통 1, (사이렌 1, 압력스위치 1, 탬퍼스위치 1)×2

(4) 동력제어반(MCC)의 배선
  소방펌프(PM)를 기동하기 위하여 기동스위치, 정지스위치, 공통, 전원표시등, 기동확인표시등으로 배선해야 한다.
(5) 전선 가닥수 산정

기호	구간	전선 가닥수	전선의 굵기	배선의 용도
①	알람체크밸브 ↔ 사이렌	3	2.5[mm²] 이상	공통 1, 압력스위치 1, 탬퍼스위치 1
②	사이렌 ↔ 감시제어반 (1 Zone일 경우)	4	2.5[mm²] 이상	공통 1, 압력스위치 1, 탬퍼스위치 1, 사이렌 1
③	사이렌 ↔ 감시제어반 (2 Zone일 경우)	7	2.5[mm²] 이상	공통 1, 압력스위치 2, 탬퍼스위치 2, 사이렌 2
④	압력체임버 ↔ 감시제어반	2	2.5[mm²] 이상	압력스위치 2
⑤	MCC(동력제어반) ↔ 감시제어반	5	2.5[mm²] 이상	공통 1, 기동스위치 1, 정지스위치 1, 전원표시등 1, 기동확인표시등 1

정답

기호	전선 가닥수	전선의 굵기	배선의 용도
①	3	2.5[mm²] 이상	공통 1, 압력스위치 1, 탬퍼스위치 1
②	4	2.5[mm²] 이상	공통 1, 압력스위치 1, 탬퍼스위치 1, 사이렌 1
③	7	2.5[mm²] 이상	공통 1, 압력스위치 2, 탬퍼스위치 2, 사이렌 2
④	2	2.5[mm²] 이상	압력스위치 2
⑤	5	2.5[mm²] 이상	공통 1, 기동스위치 1, 정지스위치 1, 전원표시등 1, 기동확인표시등 1

03

사무실의 바닥면적이 500[m²]이고, 천장높이가 3.5[m]인 특정소방대상물에 차동식 스포트형 2종 감지기를 설치하고자 한다. 이때 감지기의 최소 설치개수를 구하시오(단, 건축물은 철근콘크리트 구조의 내화구조이다).

득점 배점: 4

- 계산과정 :
- 답 :

해설

차동식 · 보상식 · 정온식 스포트형 감지기의 설치개수

(1) 감지기의 설치기준
 ① 감지기(차동식 분포형의 것을 제외한다)는 실내로의 공기유입구로부터 1.5[m] 이상 떨어진 위치에 설치할 것
 ② 감지기는 천장 또는 반자의 옥내에 면하는 부분에 설치할 것
 ③ 보상식 스포트형 감지기는 정온점이 감지기 주위의 평상시 최고온도보다 20[℃] 이상 높은 것으로 설치할 것
 ④ 정온식 감지기는 주방 · 보일러실 등으로서 다량의 화기를 취급하는 장소에 설치하되, 공칭작동온도가 최고주위온도보다 20[℃] 이상 높은 것으로 설치할 것
 ⑤ 스포트형 감지기는 45[°] 이상 경사되지 않도록 부착할 것

(2) 차동식 스포트형·보상식 스포트형 및 정온식 스포트형 감지기는 그 부착높이 및 특정소방대상물의 구분에 따라 다음 표에 따른 바닥면적마다 1개 이상을 설치할 것

부착높이 및 특정소방대상물의 구분		감지기의 종류(단위 : [m²])						
		차동식 스포트형		보상식 스포트형		정온식 스포트형		
		1종	2종	1종	2종	특종	1종	2종
4[m] 미만	주요구조부가 내화구조로 된 특정소방대상물 또는 그 부분	90	70	90	70	70	60	20
	기타 구조의 특정소방대상물 또는 그 부분	50	40	50	40	40	30	15
4[m] 이상 8[m] 미만	주요구조부가 내화구조로 된 특정소방대상물 또는 그 부분	45	35	45	35	35	30	-
	기타 구조의 특정소방대상물 또는 그 부분	30	25	30	25	25	15	-

특정소방대상물은 철근콘크리트구조이므로 내화구조이고, 천장높이가 3.5[m]이므로 감지기의 부착높이는 4[m] 미만이다. 따라서, 차동식 스포트형 2종 감지기의 기준면적은 표에서 70[m²]이다.

$$\therefore \text{감지기 설치개수} = \frac{\text{감지구역의 바닥면적[m}^2\text{]}}{\text{감지기 1개의 설치 바닥면적[m}^2\text{]}} = \frac{500[m^2]}{70[m^2]} = 7.14\text{개} ≒ 8\text{개}$$

┌참고├

열반도체식 차동식 분포형 감지기·연기감지기의 설치기준
- 열반도체식 차동식 분포형 감지기의 설치기준
  - 감지부는 그 부착높이 및 특정소방대상물에 따라 다음 표에 따른 바닥면적마다 1개 이상으로 할 것. 다만, 바닥면적이 다음 표에 따른 면적의 2배 이하인 경우에는 2개(부착높이가 8[m] 미만이고, 바닥면적이 다음 표에 따른 면적 이하인 경우에는 1개) 이상으로 해야 한다.

부착높이 및 특정소방대상물의 구분		감지기의 종류(단위 : [m²])	
		1종	2종
8[m] 미만	주요구조부가 내화구조로 된 소방대상물 또는 그 부분	65	35
	기타 구조의 소방대상물 또는 그 부분	40	23
8[m] 이상 15[m] 미만	주요구조부가 내화구조로 된 소방대상물 또는 그 부분	50	36
	기타 구조의 소방대상물 또는 그 부분	30	23

  - 하나의 검출부에 접속하는 감지부는 2개 이상 15개 이하가 되도록 할 것. 다만, 각각의 감지부에 대한 작동 여부를 검출기에서 표시할 수 있는 것(주소형)은 형식승인 받은 성능인정 범위 내의 수량으로 설치할 수 있다.

- 연기감지기의 설치기준
  - 연기감지기의 부착높이에 따라 다음 표에 따른 바닥면적마다 1개 이상으로 할 것

부착높이	감지기의 종류(단위 : [m²])	
	1종 및 2종	3종
4[m] 미만	150	50
4[m] 이상 20[m] 미만	75	-

  - 감지기는 복도 및 통로에 있어서는 보행거리 30[m](3종에 있어서는 20[m])마다, 계단 및 경사로에 있어서는 수직거리 15[m](3종에 있어서는 10[m])마다 1개 이상으로 할 것
  - 천장 또는 반자가 낮은 실내 또는 좁은 실내에 있어서는 출입구의 가까운 부분에 설치할 것
  - 천장 또는 반자 부근에 배기구가 있는 경우에는 그 부근에 설치할 것
  - 감지기는 벽 또는 보로부터 0.6[m] 이상 떨어진 곳에 설치할 것

정답 8개

04

다음은 자동화재탐지설비 및 시각경보장치의 화재안전기술기준에서 정하는 광전식 분리형 감지기 설치기준이다. ( ) 안에 알맞은 내용을 쓰시오.

(1) 감지기의 ( )은 햇빛을 직접 받지 않도록 설치할 것
(2) 광축은 나란한 벽으로부터 ( ) 이상 이격하여 설치할 것
(3) 감지기의 송광부와 수광부는 설치된 뒷벽으로부터 ( ) 이내의 위치에 설치할 것
(4) 광축의 높이는 천장 등 높이의 ( ) 이상일 것
(5) 감지기의 광축의 길이는 ( ) 범위 이내일 것

해설

광전식 분리형 감지기의 설치기준

(1) 감지기의 수광면은 햇빛을 직접 받지 않도록 설치할 것
(2) 광축(송광면과 수광면의 중심을 연결한 선)은 나란한 벽으로부터 0.6[m] 이상 이격하여 설치할 것
(3) 감지기의 송광부와 수광부는 설치된 뒷벽으로부터 1[m] 이내의 위치에 설치할 것
(4) 광축의 높이는 천장 등(천장의 실내에 면한 부분 또는 상층의 바닥 하부면을 말한다) 높이의 80[%] 이상일 것
(5) 감지기의 광축의 길이는 공칭감시거리 범위 이내일 것

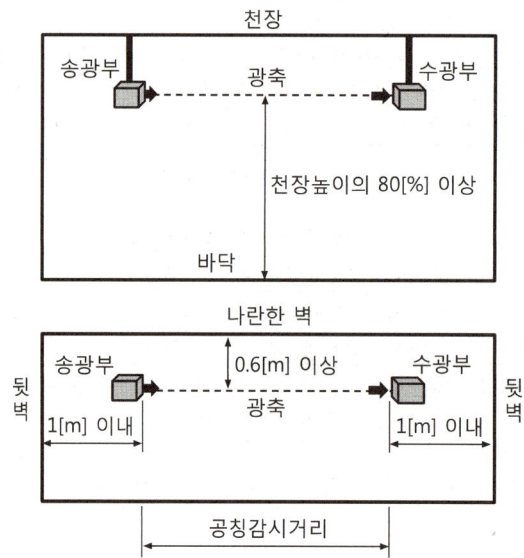

참고

자동화재탐지설비 및 시각경보장치의 화재안전기술기준에서 감지기 설치기준

- 감지기의 설치기준
  - 교차회로방식에 사용되는 감지기, 급속한 연소 확대가 우려되는 장소에 사용되는 감지기 및 축적기능이 있는 수신기에 연결하여 사용하는 감지기는 축적기능이 없는 것으로 설치해야 한다.
  - 감지기(차동식 분포형의 것을 제외한다)는 실내로의 공기유입구로부터 1.5[m] 이상 떨어진 위치에 설치할 것
  - 감지기는 천장 또는 반자의 옥내에 면하는 부분에 설치할 것
  - 보상식 스포트형 감지기는 정온점이 감지기 주위의 평상시 최고온도보다 20[℃] 이상 높은 것으로 설치할 것
  - 정온식 감지기는 주방·보일러실 등으로서 다량의 화기를 취급하는 장소에 설치하되, 공칭작동온도가 최고주위온도보다 20[℃] 이상 높은 것으로 설치할 것
  - 스포트형 감지기는 45[°] 이상 경사되지 않도록 부착할 것

- 공기관식 차동식 분포형 감지기
  - 공기관의 노출 부분은 감지구역마다 20[m] 이상이 되도록 할 것
  - 공기관과 감지구역의 각 변과의 수평거리는 1.5[m] 이하가 되도록 하고, 공기관 상호 간의 거리는 6[m](주요구조부가 내화구조로 된 특정소방대상물 또는 그 부분에 있어서는 9[m]) 이하가 되도록 할 것
  - 공기관은 도중에서 분기하지 않도록 할 것
  - 하나의 검출 부분에 접속하는 공기관의 길이는 100[m] 이하로 할 것
  - 검출부는 5[°] 이상 경사되지 않도록 부착할 것
  - 검출부는 바닥으로부터 0.8[m] 이상 1.5[m] 이하의 위치에 설치할 것

정답
(1) 수광면
(2) 0.6[m]
(3) 1[m]
(4) 80[%]
(5) 공칭감시거리

05

자동화재탐지설비 및 시각경보장치의 화재안전기술기준에서 정하는 불꽃감지기의 설치기준을 3가지만 쓰시오. [배점 6]

해설

불꽃감지기의 설치기준
(1) 공칭감시거리 및 공칭시야각은 형식승인 내용에 따를 것
(2) 감지기는 공칭감시거리와 공칭시야각을 기준으로 감지구역이 모두 포용될 수 있도록 설치할 것
(3) 감지기는 화재감지를 유효하게 감지할 수 있는 모서리 또는 벽 등에 설치할 것
(4) 감지기를 천장에 설치하는 경우에는 감지기는 바닥을 향하여 설치할 것
(5) 수분이 많이 발생할 우려가 있는 장소에는 방수형으로 설치할 것
(6) 그 밖의 설치기준은 형식승인 내용에 따르며 형식승인 사항이 아닌 것은 제조사의 시방서에 따라 설치할 것

참고

정온식 감지선형 감지기의 설치기준
- 보조선이나 고정금구를 사용하여 감지선이 늘어지지 않도록 설치할 것
- 단자부와 마감 고정금구와의 설치간격은 10[cm] 이내로 설치할 것
- 감지선형 감지기의 굴곡반경은 5[cm] 이상으로 할 것
- 감지기와 감지구역의 각 부분과의 수평거리가 내화구조의 경우 1종 4.5[m] 이하, 2종 3[m] 이하로 할 것. 기타 구조의 경우 1종 3[m] 이하, 2종 1[m] 이하로 할 것
- 케이블트레이에 감지기를 설치하는 경우에는 케이블트레이 받침대에 마감금구를 사용하여 설치할 것
- 지하구나 창고의 천장 등에 지지물이 적당하지 않은 장소에서는 보조선을 설치하고 그 보조선에 설치할 것
- 분전반 내부에 설치하는 경우 접착제를 이용하여 돌기를 바닥에 고정시키고 그곳에 감지기를 설치할 것

정답
① 공칭감시거리 및 공칭시야각은 형식승인 내용에 따를 것
② 감지기는 화재감지를 유효하게 감지할 수 있는 모서리 또는 벽 등에 설치할 것
③ 감지기를 천장에 설치하는 경우에는 감지기는 바닥을 향하여 설치할 것

06

R형 자동화재탐지설비의 구성요소 중 중계기의 종류에 대한 특징을 비교한 것이다. 다음 표를 완성하시오.

구분	집합형	분산형
입력전압	①	②
전원공급	③	전원 및 비상전원은 수신기로부터 공급된다.
회로수용능력	④	소용량(5회로 미만)
전원공급계통 사고 시	내장된 예비전원에 의해 정상적인 동작을 수행한다.	수신기와 중계기의 선로에 문제가 있으면 중계기의 동작이 불능상태가 된다.

해설

중계기

(1) 중계기의 정의
 감지기·발신기 또는 전기적인 접점 등의 작동에 따른 신호를 받아 이를 수신기에 전송하는 장치를 말한다.
(2) 중계기의 종류 3가지
 집합형 중계기, 분산형 중계기, 무선형 중계기
(3) 집합형 중계기와 분산형 중계기의 특징

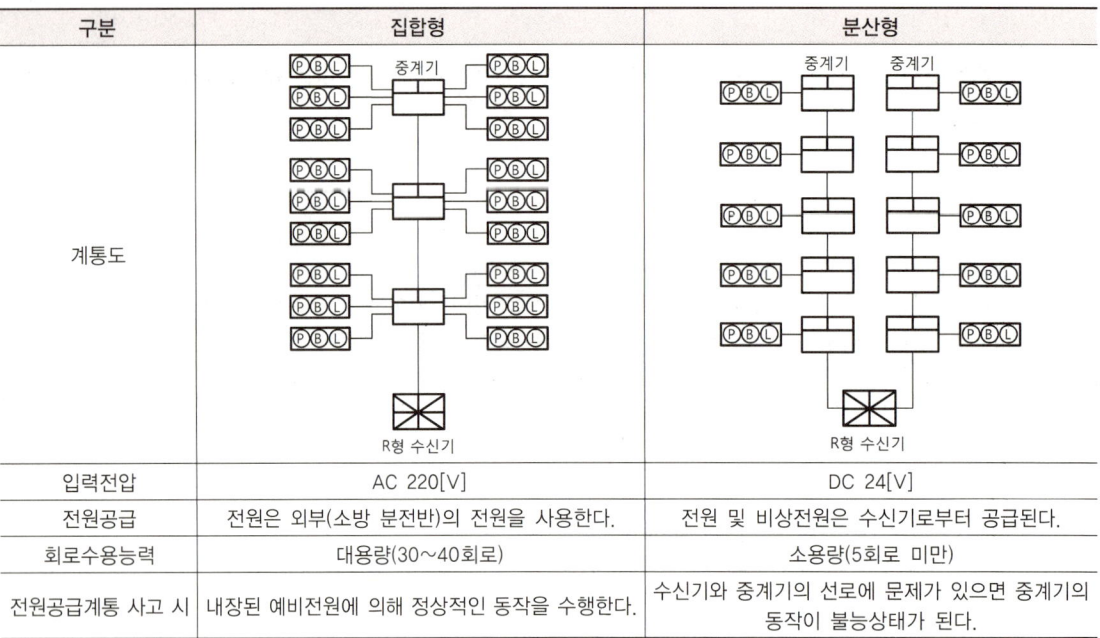

구분	집합형	분산형
입력전압	AC 220[V]	DC 24[V]
전원공급	전원은 외부(소방 분전반)의 전원을 사용한다.	전원 및 비상전원은 수신기로부터 공급된다.
회로수용능력	대용량(30~40회로)	소용량(5회로 미만)
전원공급계통 사고 시	내장된 예비전원에 의해 정상적인 동작을 수행한다.	수신기와 중계기의 선로에 문제가 있으면 중계기의 동작이 불능상태가 된다.

(4) 중계기의 설치기준
 ① 수신기에서 직접 감지기회로의 도통시험을 하지 않는 것에 있어서는 수신기와 감지기 사이에 설치할 것
 ② 조작 및 점검에 편리하고 화재 및 침수 등의 재해로 인한 피해를 받을 우려가 없는 장소에 설치할 것
 ③ 수신기에 따라 감시되지 않는 배선을 통하여 전력을 공급받는 것에 있어서는 전원입력 측의 배선에 과전류차단기를 설치하고 해당 전원의 정전이 즉시 수신기에 표시되는 것으로 하며, 상용전원 및 예비전원의 시험을 할 수 있도록 할 것

정답
① AC 220[V]   ② DC 24[V]
③ 전원은 외부의 전원을 사용한다.   ④ 대용량(30~40회로)

07

다음은 유도등의 2선식 배선방식과 3선식 배선방식의 미완성된 결선도이다. 결선도를 완성하고, 두 배선방식의 차이점을 2가지만 쓰시오.

득점	배점
	6

(1) 미완성된 결선도

① 2선식 배선방식

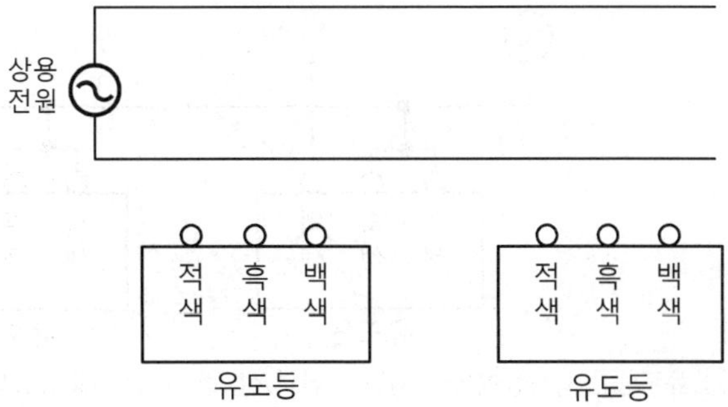

② 3선식 배선방식

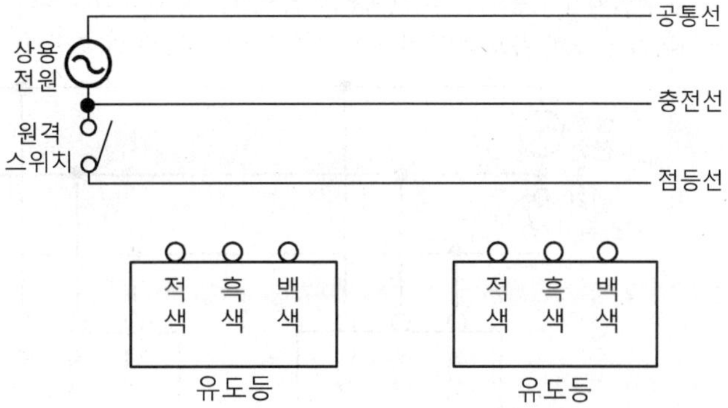

(2) 배선방식의 차이점

구분	2선식	3선식
점등상태		
충전상태		

해설
유도등 배선방식

(1) 배선방식

① 2선식 배선방식 : 유도등에 2선이 인입되는 배선방식으로서 형광등과 축전지에 동시에 전원이 공급된다.

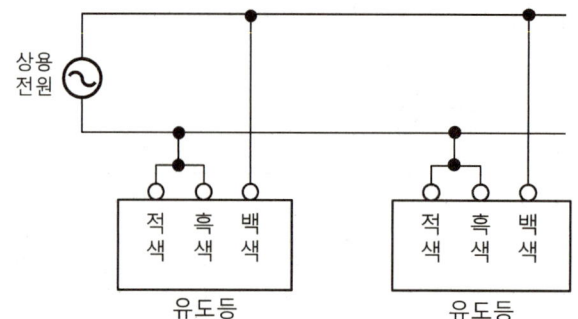

② 3선식 배선방식 : 유도등은 형광등에 공급되는 전원의 선로와 축전지에 공급되는 전원을 분리하여 배선하는 방식이다.
  ㉠ 유도등의 백색선과 흑색선을 통해서 유도등 내부의 비상전원(축전지)에 상시 충전상태를 유지한다.
  ㉡ 화재 시 또는 점멸기가 작동할 경우 백색선과 적색선을 통해서 유도등이 점등된다. 따라서 백색선과 흑색선에 전원이 인가되지 않으면 유도등은 정전으로 판단하여 비상전원(축전지)의 전원으로 유도등이 점등된다.

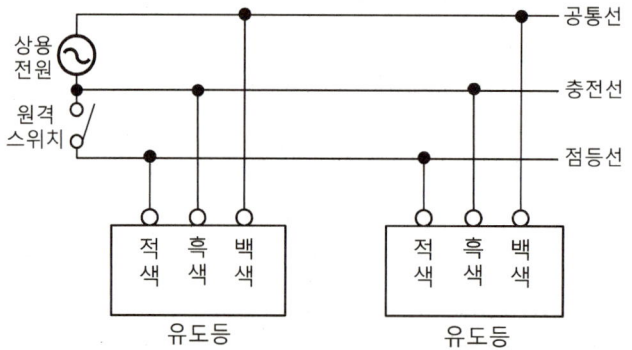

(2) 배선방식의 차이점

구분	2선식	3선식
점등상태	평상시 및 화재 시 점등된다.	평상시 소등되고, 화재 시 점등된다(평상시 원격스위치를 ON하면 점등된다).
충전상태	평상시 충전되고, 화재 시 방전된다.	평상시 충전되고, 화재 시 방전된다.

(3) 3선식 배선으로 상시 충전되는 유도등의 전기회로에 점멸기를 설치하는 경우에는 다음의 어느 하나에 해당되는 경우에 자동으로 점등되도록 해야 한다.
  ① 자동화재탐지설비의 감지기 또는 발신기가 작동되는 때
  ② 비상경보설비의 발신기가 작동되는 때
  ③ 상용전원이 정전되거나 전원선이 단선되는 때
  ④ 방재업무를 통제하는 곳 또는 전기실의 배전반에서 수동으로 점등하는 때
  ⑤ 자동소화설비가 작동되는 때

정답 (1) ①

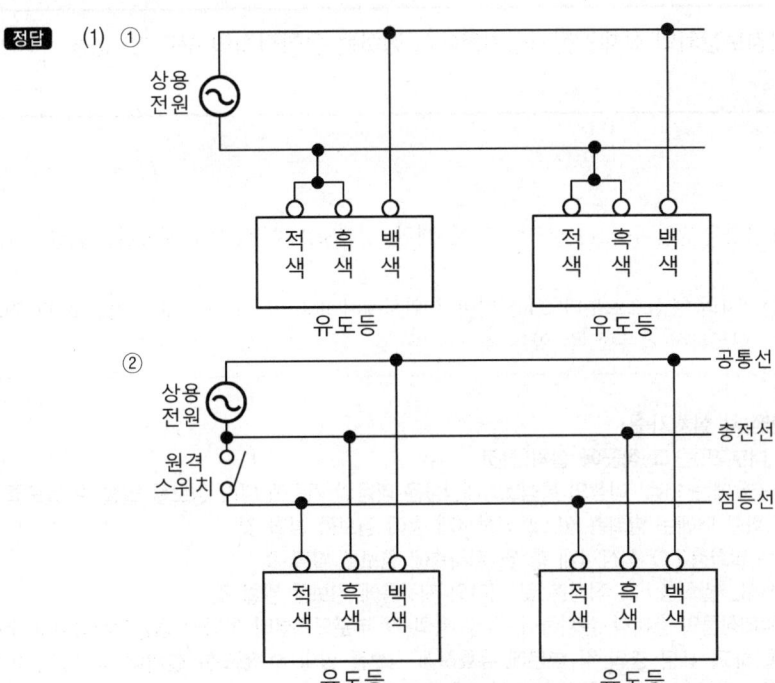

②

(2)

구분	2선식	3선식
점등상태	평상시 및 화재 시 점등된다.	평상시 소등되고, 화재 시 점등된다(평상시 원격스위치를 ON하면 점등된다).
충전상태	평상시 충전되고, 화재 시 방전된다.	평상시 충전되고, 화재 시 방전된다.

08
자동화재탐지설비 및 시각경보장치의 화재안전기술기준에서 정하는 음향장치의 구조 및 성능기준을 2가지만 쓰시오. [득점/배점 4]

해설

음향장치의 구조 및 성능기준

(1) 정격전압의 80[%] 전압에서 음향을 발할 수 있는 것으로 할 것. 다만, 건전지를 주전원으로 사용하는 음향장치는 그렇지 않다.
(2) 음향의 크기는 부착된 음향장치의 중심으로부터 1[m] 떨어진 위치에서 90[dB] 이상이 되는 것으로 할 것
(3) 감지기 및 발신기의 작동과 연동하여 작동할 수 있는 것으로 할 것

> **참고**
>
> **자동화재탐지설비의 음향장치 설치기준**
> - 주음향장치는 수신기의 내부 또는 그 직근에 설치할 것
> - 층수가 11층(공동주택의 경우에는 16층) 이상의 특정소방대상물은 다음의 기준에 따라 경보를 발할 수 있도록 할 것
>   - 2층 이상의 층에서 발화한 때에는 발화층 및 그 직상 4개 층에 경보를 발할 것
>   - 1층에서 발화한 때에는 발화층·그 직상 4개 층 및 지하층에 경보를 발할 것
>   - 지하층에서 발화한 때에는 발화층·그 직상층 및 기타의 지하층에 경보를 발할 것
> - 지구음향장치는 특정소방대상물의 층마다 설치하되, 해당 층의 각 부분으로부터 하나의 음향장치까지의 수평거리가 25[m] 이하가 되도록 하고, 해당 층의 각 부분에 유효하게 경보를 발할 수 있도록 설치할 것. 다만, 비상방송설비의 화재안전기술기준(NFTC 202)에 적합한 방송설비를 자동화재탐지설비의 감지기와 연동하여 작동하도록 설치한 경우에는 지구음향장치를 설치하지 않을 수 있다.

정답
① 정격전압의 80[%] 전압에서 음향을 발할 수 있는 것으로 할 것. 다만, 건전지를 주전원으로 사용하는 음향장치는 그렇지 않다.
② 음향의 크기는 부착된 음향장치의 중심으로부터 1[m] 떨어진 위치에서 90[dB] 이상이 되는 것으로 할 것

09
비상조명등의 화재안전기술기준에서 정하는 비상조명등의 설치기준을 3가지만 쓰시오. [득점/배점 6]

해설

비상조명등의 설치기준

(1) 특정소방대상물의 각 거실과 그로부터 지상에 이르는 복도·계단 및 그 밖의 통로에 설치할 것
(2) 조도는 비상조명등이 설치된 장소의 각 부분의 바닥에서 1[lx] 이상이 되도록 할 것
(3) 예비전원을 내장하는 비상조명등에는 평상시 점등 여부를 확인할 수 있는 점검스위치를 설치하고 해당 조명등을 유효하게 작동시킬 수 있는 용량의 축전지와 예비전원 충전장치를 내장할 것
(4) 예비전원을 내장하지 않은 비상조명등의 비상전원은 자가발전설비, 축전지설비 또는 전기저장장치(외부 전기에너지를 저장해 두었다가 필요한 때 전기를 공급하는 장치)를 다음의 기준에 따라 설치해야 한다.
 ① 점검에 편리하고 화재 및 침수 등의 재해로 인한 피해를 받을 우려가 없는 곳에 설치할 것

② 상용전원으로부터 전력의 공급이 중단된 때에는 자동으로 비상전원으로부터 전력을 공급받을 수 있도록 할 것
③ 비상전원의 설치장소는 다른 장소와 방화구획할 것. 이 경우 그 장소에는 비상전원의 공급에 필요한 기구나 설비 외의 것(열병합발전설비에 필요한 기구나 설비는 제외한다)을 두어서는 안 된다.
④ 비상전원을 실내에 설치하는 때에는 그 실내에 비상조명등을 설치할 것

(5) 예비전원과 비상전원은 비상조명등을 20분 이상 유효하게 작동시킬 수 있는 용량으로 할 것. 다만, 다음의 특정소방대상물의 경우에는 그 부분에서 피난층에 이르는 부분의 비상조명등을 60분 이상 유효하게 작동시킬 수 있는 용량으로 해야 한다.
① 지하층을 제외한 층수가 11층 이상의 층
② 지하층 또는 무창층으로서 용도가 도매시장·소매시장·여객자동차터미널·지하역사 또는 지하상가

(6) 비상조명등의 설치면제 요건에서 "그 유도등의 유효범위"란 유도등의 조도가 바닥에서 1[lx] 이상이 되는 부분을 말한다.

참고

휴대용 비상조명등의 설치기준
- 다음 각 기준의 장소에 설치할 것
  - 숙박시설 또는 다중이용업소에는 객실 또는 영업장 안의 구획된 실마다 잘 보이는 곳(외부에 설치 시 출입문 손잡이로부터 1[m] 이내 부분)에 1개 이상 설치
  - 유통산업발전법 제2조 제3호에 따른 대규모점포(지하상가 및 지하역사는 제외한다)와 영화상영관에는 보행거리 50[m] 이내마다 3개 이상 설치
  - 지하상가 및 지하역사에는 보행거리 25[m] 이내마다 3개 이상 설치
- 설치높이는 바닥으로부터 0.8[m] 이상 1.5[m] 이하의 높이에 설치할 것
- 어둠 속에서 위치를 확인할 수 있도록 할 것
- 사용 시 자동으로 점등되는 구조일 것
- 외함은 난연성능이 있을 것
- 건전지를 사용하는 경우에는 방전 방지조치를 해야 하고, 충전식 배터리의 경우에는 상시 충전되도록 할 것
- 건전지 및 충전식 배터리의 용량은 20분 이상 유효하게 사용할 수 있는 것으로 할 것

정답
① 특정소방대상물의 각 거실과 그로부터 지상에 이르는 복도·계단 및 그 밖의 통로에 설치할 것
② 조도는 비상조명등이 설치된 장소의 각 부분의 바닥에서 1[lx] 이상이 되도록 할 것
③ 예비전원을 내장하는 비상조명등에는 평상시 점등 여부를 확인할 수 있는 점검스위치를 설치하고 해당 조명등을 유효하게 작동시킬 수 있는 용량의 축전지와 예비전원 충전장치를 내장할 것

---

10 저압옥내배선의 금속관배선에 있어서 관의 굴곡에 관한 시설기준이다. ( ) 안에 알맞은 내용을 쓰시오.

득점	배점
	5

- 금속관을 구부릴 때 금속관의 단면이 심하게 변형되지 않도록 구부려야 하며, 그 안측의 (①)은 관 안지름의 (②)배 이상이 되어야 한다.
- 아웃렛박스 사이 또는 전선인입구가 있는 기구 사이의 금속관은 (③)개소를 초과하는 직각 또는 직각에 가까운 굴곡개소를 만들어서는 안 된다.
- 굴곡개소가 많은 경우 길이가 (④)[m]를 초과하는 경우에는 (⑤)를 설치하는 것이 바람직하다.

해설

저압옥내배선의 금속관배선에 있어서 관의 굴곡 기준

(1) 금속관을 구부릴 때 금속관의 단면이 심하게 변형되지 않도록 구부려야 하며, 그 안측의 반지름은 관 안지름의 6배 이상이 되어야 한다. 다만, 전선관의 안지름이 25[mm] 이하이고 건조물의 구조상 부득이한 경우는 관의 내 단면이 현저하게 변형되지 않고 관에 금이 생기지 않을 정도까지 구부릴 수 있다.
(2) 아웃렛박스 사이 또는 전선인입구가 있는 기구 사이의 금속관은 3개소를 초과하는 직각 또는 직각에 가까운 굴곡개소를 만들어서는 안 된다. 굴곡개소가 많은 경우 길이가 30[m]를 초과하는 경우에는 풀박스를 설치하는 것이 바람직하다.
(3) 유니버셜엘보(Universal Elbow), 티이, 크로스 등은 조영재에 은폐시켜서는 안 된다.
(4) (3)의 티이, 크로스 등은 덮개가 있는 것이어야 한다.

정답 ① 반지름   ② 6
       ③ 3   ④ 30
       ⑤ 풀박스

---

11 옥내소화전 펌프용 3상 유도전동기의 기동방법을 2가지만 쓰시오.

득점	배점
	4

해설

3상 유도전동기의 기동방법

(1) 3상 농형 유도전동기의 기동방법
① 전전압기동법 : 5[kW] 이하의 전동기에 직접 정격전압을 가해 기동시키는 방법이다.
② Y-△기동법 : 기동전류를 줄이기 위하여 전동기의 고정자 권선을 Y결선으로 하여 상전압을 줄여 기동전류와 기동토크를 $\frac{1}{3}$로 감소시키고, 기동 후에는 △ 결선으로 하여 전전압으로 운전하는 방법으로서 일반적으로 10~15[kW]의 전동기를 기동시킨다.
③ 기동보상기법 : 단권변압기를 사용하여 전동기에 가해지는 공급전압을 낮추어 기동하는 방법으로서 15[kW] 이상의 전동기에 사용된다.
④ 리액터기동법 : 전동기의 1차 측에 리액터를 직렬로 설치하고 리액터 값을 조정하여 기동전압을 억제시켜 기동하는 방법이다.
(2) 3상 권선형 유도전동기의 기동방법(2차 저항 제어법)
전동기의 회전자에 저항을 삽입하면 비례추이의 원리에 의해 기동전류는 제한되고, 기동토크를 증가시켜 기동하는 방법이다.

정답 전전압기동법, Y-△기동법

12 다음은 어떤 현상을 설명한 것인지 쓰시오.

전자제품 등에서 충전전극 사이의 절연물 표면에 습기, 수분, 먼지 등의 오염물질이 부착된 표면을 따라서 미소전류가 흘러 줄열에 의해 표면이 국부적으로 건조하게 되고 불꽃방전이 발생하여 양극 간의 절연상태가 나빠지고 탄화 도전로가 생성되어 발화되는 현상이다.

득점	배점
	3

해설

트래킹(Tracking) 현상
(1) 전자제품 및 전기기기 등에서 전압이 인가된 이극도체 간 고체 절연물 표면에 오염물질(분진, 먼지 등)이나 이를 함유한 액체의 증기 또는 금속분 등의 도전성 물질이 부착하면 오염부 표면을 따라 미소전류가 흘러 발열이 지속되고 절연물을 탄화시켜 전극 간에 탄화 도전로가 형성되는 현상이다.
(2) 트래킹 현상의 발생여부 판별
 ① 절연체 표면이 도전성을 띤다.
 ② 도체 간에 전기적인 용융흔이 발생한다.
 ③ 국부적인 연소형태 등의 흔적을 남긴다.

정답 트래킹 현상

---

13 상용전원으로부터 전력공급이 중단된 때에는 자동으로 비상전원을 공급받을 수 있도록 자가발전설비, 축전지설비 또는 전기저장장치를 설치해야 한다. 상용전원이 정전되어 비상전원이 자동으로 기동되는 경우, 옥내소화전설비 등과 같은 비상용 부하에 전력을 공급하기 위해 사용되는 스위치의 명칭을 쓰시오.

득점	배점
	3

해설

자동절환스위치(ATS)
(1) 자동절환스위치 개요
 자동절환스위치(ATS ; Automatic Transfer Switch)는 수용가에서 정전이나 화재 시 자동으로 비상전원으로 변환해 주는 전기장치이다.

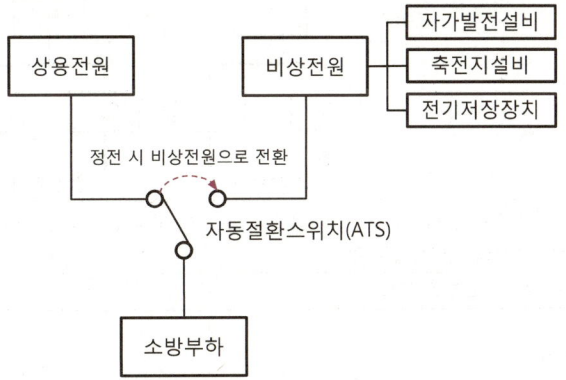

(2) 소방시설용 비상전원수전설비

① 특별고압 또는 고압으로 수전하는 경우 : 일반전기사업자로부터 특별고압 또는 고압으로 수전하는 비상전원수전설비는 방화구획형, 옥외개방형 또는 큐비클(Cubicle)형이 있다.

전용의 전력용 변압기에서 소방부하에 전원을 공급하는 경우	공용의 전력용 변압기에서 소방부하에 전원을 공급하는 경우
(회로도)	(회로도)
• 일반회로의 과부하 또는 단락사고 시에 CB_{10}(또는 PF_{10})이 CB_{12}(또는 PF_{12}) 및 CB_{22}(또는 PF_{22})보다 먼저 차단되어서는 안 된다. • CB_{11}(또는 PF_{11})은 CB_{12}(또는 PF_{12})와 동등 이상의 차단용량 일 것	• 일반회로의 과부하 또는 단락사고 시에 CB_{10}(또는 PF_{10})이 CB_{22}(또는 PF_{22}) 및 CB(또는 F)보다 먼저 차단되어서는 안 된다. • CB_{21}(또는 PF_{21})은 CB_{22}(또는 PF_{22})와 동등 이상의 차단용량 일 것
• CB : 전력차단기 • F : 퓨즈(저압용)	• PF : 전력퓨즈(고압 또는 특별고압용) • Tr : 전력용 변압기

② 저압으로 수전하는 경우 : 전기사업자로부터 저압으로 수전하는 비상전원수전설비는 전용배전반(1·2종), 전용분전반(1·2종) 또는 공용분전반(1·2종)으로 해야 한다.

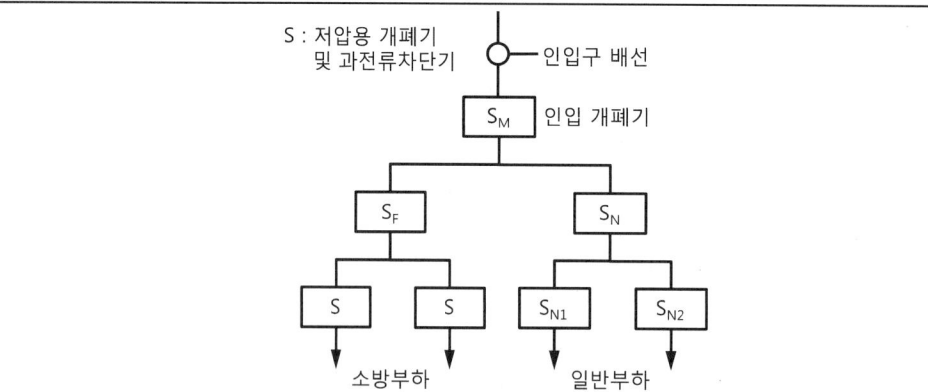

- 일반회로의 과부하 또는 단락사고 시에 S_M이 S_N, S_{N1}, S_{N2}보다 먼저 차단되어서는 안 된다.
- S_F는 S_N과 동등 이상의 차단용량일 것
- S : 저압용 개폐기 및 과전류차단기

정답 자동절환스위치

14

다음 시퀀스회로도를 보고, 각 물음에 답하시오(단, A와 B는 스위치이고, X_1과 X_2는 계전기이다).

득점	배점
	9

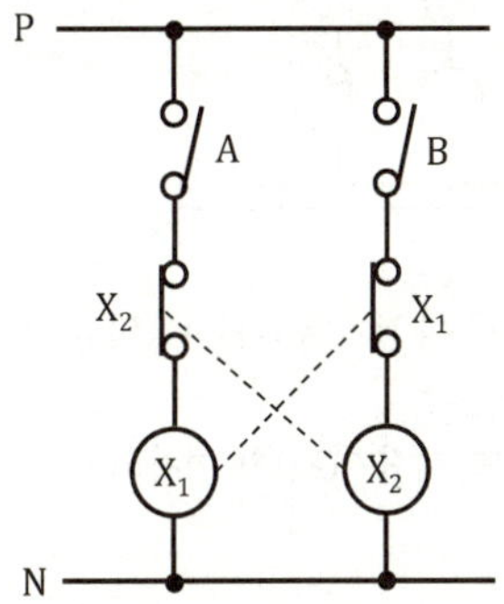

(1) 주어진 회로에 대하여 무접점회로를 그리시오.

(2) 주어진 회로의 동작상황에 대한 타임차트를 완성하시오.

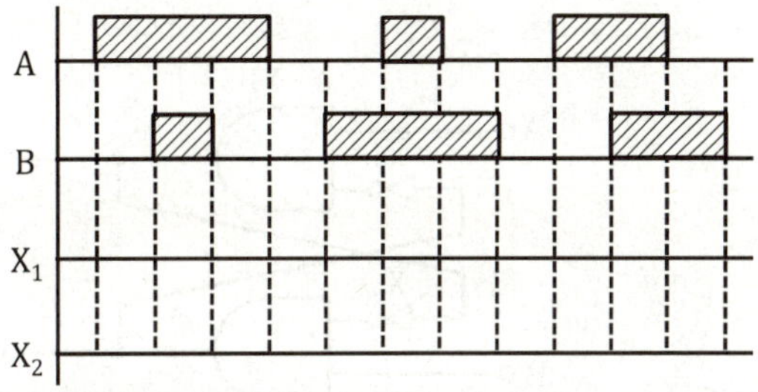

(3) 주어진 회로에서 X_1과 X_2 b접점의 사용목적을 쓰시오.

해설

시퀀스회로의 논리회로

(1) 논리회로

① 논리회로의 기본회로

논리회로	유접점회로	무접점회로	논리식
AND회로	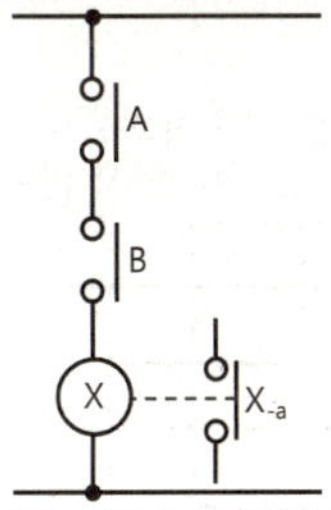	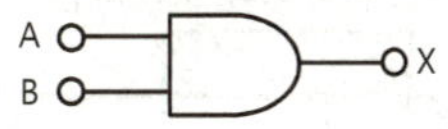	$X = A \cdot B$
OR회로	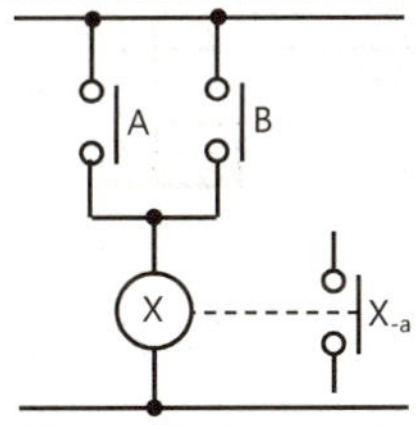	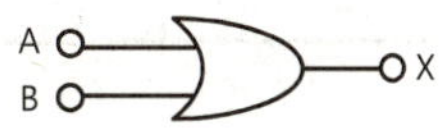	$X = A + B$

논리회로	유접점회로	무접점회로	논리식
NOT회로	(A, X, X-b)	A ─▷○─ X	$X = \overline{A}$

② 동작설명
　㉠ 유지형 스위치 A를 조작하면 계전기(X_1)가 여자되고, 보조접점(X_{1-b})이 떨어져 유지형 스위치 B를 조작하더라도 계전기(X_2)는 여자되지 않는다.
　㉡ 유지형 스위치 B를 조작하면 계전기(X_2)가 여자되고, 보조접점(X_{2-b})이 떨어져 유지형 스위치 A를 조작하더라도 계전기(X_1)는 여자되지 않는다.

③ 논리식과 무접점회로
　㉠ 계전기(X_1)의 논리식 : $X_1 = A \cdot \overline{X_2}$
　㉡ 계전기(X_2)의 논리식 : $X_2 = B \cdot \overline{X_1}$
　㉢ 무접점회로

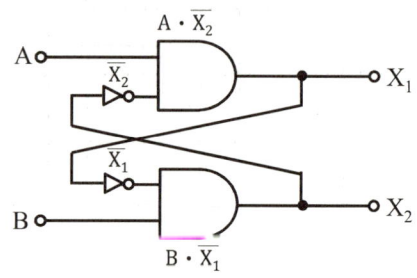

(2) 타임차트(Time Chart)
　① 유지형 스위치 A를 조작하면 계전기(X_1)가 여자되고, 보조접점(X_{1-b})이 떨어져 유지형 스위치 B를 조작하더라도 계전기(X_2)는 여자되지 않는다.
　② 유지형 스위치 B를 조작하면 계전기(X_2)가 여자되고, 보조접점(X_{2-b})이 떨어져 유지형 스위치 A를 조작하더라도 계전기(X_1)는 여자되지 않는다.

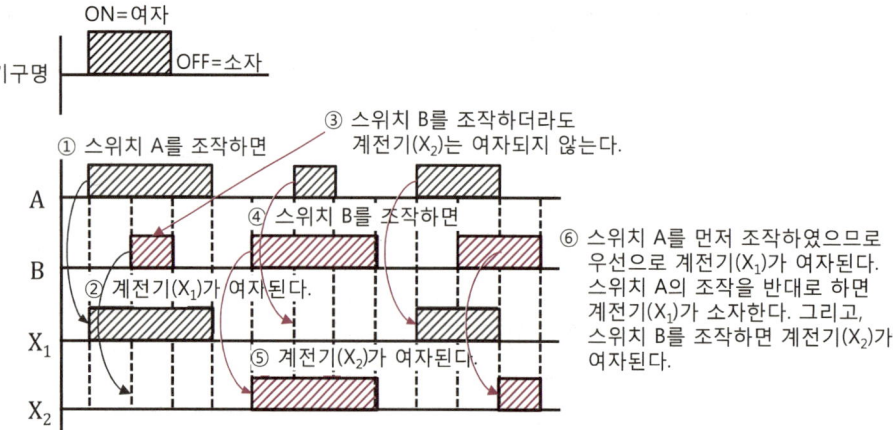

(3) 인터록(Interlock)회로
① 2개의 입력 중 먼저 조작시킨 쪽의 회로가 우선으로 이루어져 기기가 작동하며, 다른 쪽에 입력을 조작하더라도 기기는 작동하지 않는 회로이다.
② 계전기(X_1)의 입력 측에 계전기 보조접점(X_{2-b})을, 계전기(X_2)의 입력 측에 계전기 보조접점(X_{1-b})을 접속한다.

정답 (1) 회로도

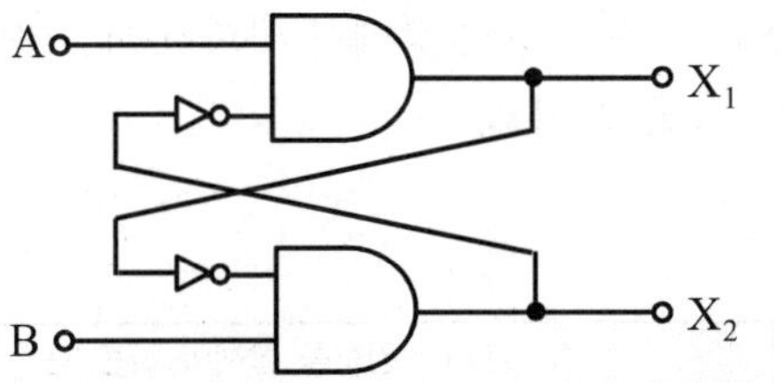

(2) 타임차트

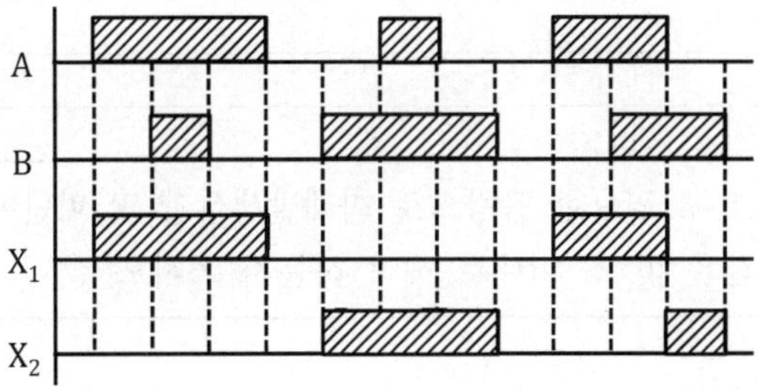

(3) 계전기 X_1과 X_2의 동시에 여자(작동)되는 것을 방지한다.

15 지상 11층, 지하 2층인 빌딩에 비상방송설비를 설치하려고 한다. 비상방송설비의 화재안전기술기준에서 정하는 음향장치 설치기준에 대한 다음 각 물음에 답하시오.

득점	배점
	6

(1) 실외에 설치한 확성기의 음성입력은 몇 [W] 이상의 것을 설치해야 하는지 쓰시오.
(2) 경보방식은 어떤 방식으로 해야 하는지 쓰고, 2층 이상의 층에서 발화한 때, 1층에서 발화한 때, 지하층에서 발화한 때 경보를 발해야 하는 층을 쓰시오.
  ① 경보방식 :
  ② 경보를 발해야 하는 층

구분	경보를 발해야 하는 층
2층 이상의 층에서 발화한 때	㉠
1층에서 발화한 때	㉡
지하층에서 발화한 때	㉢

(3) 기동장치에 따른 화재신호를 수신한 후 필요한 음량으로 화재발생상황 및 피난에 유효한 방송이 자동으로 개시될 때까지의 소요시간은 몇 초 이내로 해야 하는지 쓰시오.

해설

비상방송설비의 음향장치 설치기준
(1) 확성기의 음성입력은 3[W](실내에 설치하는 것에 있어서는 1[W]) 이상일 것
(2) 확성기는 각 층마다 설치하되, 그 층의 각 부분으로부터 하나의 확성기까지의 수평거리가 25[m] 이하가 되도록 하고, 해당 층의 각 부분에 유효하게 경보를 발할 수 있도록 설치할 것
(3) 음량조정기를 설치하는 경우 음량조정기의 배선은 3선식으로 할 것
(4) 조작부의 조작스위치는 바닥으로부터 0.8[m] 이상 1.5[m] 이하의 높이에 설치할 것
(5) 조작부는 기동장치의 작동과 연동하여 해당 기동장치가 작동한 층 또는 구역을 표시할 수 있는 것으로 할 것
(6) 증폭기 및 조작부는 수위실 등 상시 사람이 근무하는 장소로서 점검이 편리하고 방화상 유효한 곳에 설치할 것
(7) 우선경보방식 : 층수가 11층(공동주택의 경우에는 16층) 이상의 특정소방대상물은 다음의 기준에 따라 경보를 발할 수 있도록 해야 한다.
  ① 2층 이상의 층에서 발화한 때에는 발화층 및 그 직상 4개 층에 경보를 발할 것
  ② 1층에서 발화한 때에는 발화층·그 직상 4개 층 및 지하층에 경보를 발할 것
  ③ 지하층에서 발화한 때에는 발화층·그 직상층 및 기타의 지하층에 경보를 발할 것
(8) 다른 방송설비와 공용하는 것에 있어서는 화재 시 비상경보 외의 방송을 차단할 수 있는 구조로 할 것
(9) 다른 전기회로에 따라 유도장애가 생기지 않도록 할 것
(10) 하나의 특정소방대상물에 2 이상의 조작부가 설치되어 있는 때에는 각각의 조작부가 있는 장소 상호 간에 동시 통화가 가능한 설비를 설치하고, 어느 조작부에서도 해당 특정소방대상물의 전 구역에 방송을 할 수 있도록 할 것
(11) 기동장치에 따른 화재신호를 수신한 후 필요한 음량으로 화재발생상황 및 피난에 유효한 방송이 자동으로 개시될 때까지의 소요시간은 10초 이내로 할 것
(12) 음향장치는 다음의 기준에 따른 구조 및 성능의 것으로 해야 한다.
  ① 정격전압의 80[%] 전압에서 음향을 발할 수 있는 것으로 할 것
  ② 자동화재탐지설비의 작동과 연동하여 작동할 수 있는 것으로 할 것

정답 (1) 3[W] 이상
　　　(2) ① 우선경보방식
　　　　　② ㉠ 발화층, 직상 4개 층
　　　　　　　㉡ 발화층, 직상 4개층, 지하층
　　　　　　　㉢ 발화층, 직상층, 기타의 지하층
　　　(3) 10초 이내

16 매분 15[m³]의 물을 높이가 18[m]에 있는 물탱크에 양수하려고 한다. 주어진 조건을 참고하여 다음 각 물음에 답하시오.

배점 6

조건
- 펌프와 전동기의 전효율은 60[%]이다.
- 전동기의 역률은 80[%]이다.
- 펌프의 축동력은 15[%]의 여유를 둔다.

물음

(1) 전동기의 용량[kW]을 구하시오.
　• 계산과정 :
　• 답 :

(2) 부하용량[kVA]을 구하시오.
　• 계산과정 :
　• 답 :

(3) 단상변압기 2대를 사용하여 V결선으로 3상 동력을 전동기에 공급한다면 변압기 1대의 용량[kVA]을 구하시오.
　• 계산과정 :
　• 답 :

[해설]
펌프의 전동기 용량 계산

(1) 전동기 용량(전동기의 출력, P_m)

$$P_m = \frac{\gamma HQ}{\eta} \times K [\text{kW}]$$

여기서, γ : 물의 비중량($9,800[\text{N/m}^3]=9.8[\text{kN/m}^3]$)
H : 양정($18[\text{m}]$)
Q : 유량($15[\text{m}^3/\text{min}] = \frac{15}{60}[\text{m}^3/\text{s}]$)
η : 펌프의 효율($60[\%]=0.6$)
K : 여유율(동력전달계수, 1.15)

$$\therefore P_m = \frac{9.8[\text{kN/m}^3] \times 18[\text{m}] \times \frac{15}{60}[\text{m}^3/\text{s}]}{0.6} \times 1.15 = 84.53[\text{kW}]$$

(2) 부하용량(피상전력, P_a)

$$P = IV\cos\theta\eta = P_a \cos\theta\eta [\text{kW}]$$

여기서, P : 전동기의 유효전력(전동기의 출력, $84.53[\text{kW}]$)
I : 전류[A]
V : 전압[V]
$\cos\theta$: 역률($80[\%]=0.8$)
η : 펌프의 효율($60[\%]=0.6$)
P_a : 부하용량(피상전력)[kVA]

$$\therefore P_a = \frac{P}{\cos\theta \times \eta} = \frac{84.53[\text{kW}]}{0.8 \times 0.6} = 176.1[\text{kVA}]$$

(3) 단상변압기 1대의 용량(P_v)

V결선한 단상변압기의 최대출력(P_v)은 전동기의 부하용량(P_a)과 같으며 단상변압기 1대 용량의 $\sqrt{3}$ 배이다.

$$P_v = \sqrt{3}\,P_1 [\text{kVA}]$$

여기서, P_v : 부하용량(피상전력, $176.1[\text{kVA}]$)

$$\therefore P_1 = \frac{P_v}{\sqrt{3}} = \frac{176.1[\text{kVA}]}{\sqrt{3}} = 101.67[\text{kVA}]$$

[정답] (1) 84.53[kW]
(2) 176.1[kVA]
(3) 101.67[kVA]

17 풍량이 720[m³/min]이고, 전압이 100[mmHg]인 제연설비용 송풍기를 설치할 경우 이 송풍기를 운전하기 위한 전동기의 동력[kW]을 구하시오(단, 송풍기의 효율은 55[%]이고, 여유계수 K는 1.2이다).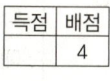

- 계산과정 :
- 답 :

해설

송풍기의 동력 계산

(1) 전압의 단위환산

① 표준대기압 1[atm] = 760[mmHg] = 76[cmHg]
= 1.0332[kgf/cm²] = 10,332[kgf/m²] = 10.332[mH₂O]
= 101,325[Pa] = 101.3[kPa] = 0.1[MPa]

② 전압의 100[mmHg]를 P_T[kgf/m²] 단위로 환산하면

$$P_T = \frac{100[\text{mmHg}]}{760[\text{mmHg}]} \times 10,332[\text{kgf/m}^2] = 1,359.47[\text{kgf/m}^2]$$

(2) 동력의 단위

① 국제동력 1[kW] = 102[kgf·m/s]
② 국제마력 1[PS] = 75[kgf·m/s]
③ 영국마력 1[HP] = 76[kgf·m/s]

(3) 송풍기의 전동기 동력(P_m)

$$P_m = \frac{P_T \times Q}{102 \times \eta} \times K [\text{kW}]$$

여기서, P_T : 전압(100[mmHg]=1,359.47[kgf/m²])

Q : 풍량($720[\text{m}^3/\text{min}] = \frac{720}{60}[\text{m}^3/\text{s}]$)

η : 송풍기 효율(55[%]=0.55)

K : 여유계수(여유율=동력전달계수, 1.2)

∴ 전동기 동력 $P_m = \dfrac{1,359.47[\text{kgf/m}^2] \times \dfrac{720}{60}[\text{m}^3/\text{s}]}{102[\text{kgf·m/s}] \times 0.55} \times 1.2 = 348.95[\text{kW}]$

정답 348.95[kW]

18 다음은 상용전원이 정전일 경우 예비전원으로 절환되고, 상용전원이 복구된 경우 자동으로 예비전원에서 상용전원으로 절환되는 시퀀스 제어회로의 미완성된 도면이다. 아래의 동작설명을 참고하여 제어동작이 적합하도록 시퀀스 제어회로를 완성하시오.

득점	배점
	5

[동작설명]
- 배선용 차단기(MCCB)에 전원을 투입한 후 누름버튼스위치(PB_1)를 누르면 전자접촉기(MC_1)가 여자되어 MC_1의 주접점이 폐로되고 상용전원에 의해 유도전동기(IM)가 기동되며 상용전원 운전표시등(RL)이 점등된다. 이때 전자접촉기의 보조접점(MC_{1-a})이 폐로되어 자기유지가 되고, 보조접점(MC_{1-b})이 개로되어 전자접촉기(MC_2)는 여자되지 않는다.
- 상용전원으로 운전 중에 누름버튼스위치(PB_3)를 누르면 전자접촉기(MC_1)가 소자되어 유도전동기(IM)는 정지하고, 상용전원 운전표시등(RL)이 소등된다.
- 상용전원이 정전일 경우 누름버튼스위치(PB_2)를 누르면 전자접촉기(MC_2)가 여자되어 MC_2의 주접점이 폐로되고 예비전원에 의해 유도전동기(IM)가 기동되며 예비전원 운전표시등(GL)이 점등된다. 이때 전자접촉기의 보조접점(MC_{2-a})이 폐로되어 자기유지가 되고, 보조접점(MC_{2-b})이 개로되어 전자접촉기(MC_1)는 여자되지 않는다.
- 예비전원으로 운전 중에 누름버튼스위치(PB_4)를 누르면 전자접촉기(MC_2)가 소자되어 유도전동기(IM)는 정지하고, 예비전원 운전표시등(GL)이 소등된다.
- 유도전동기(IM)에 과전류가 흐르면 열동계전기의 보조접점 THR_1 또는 THR_2가 작동되어 운전 중인 유도전동기는 정지한다.

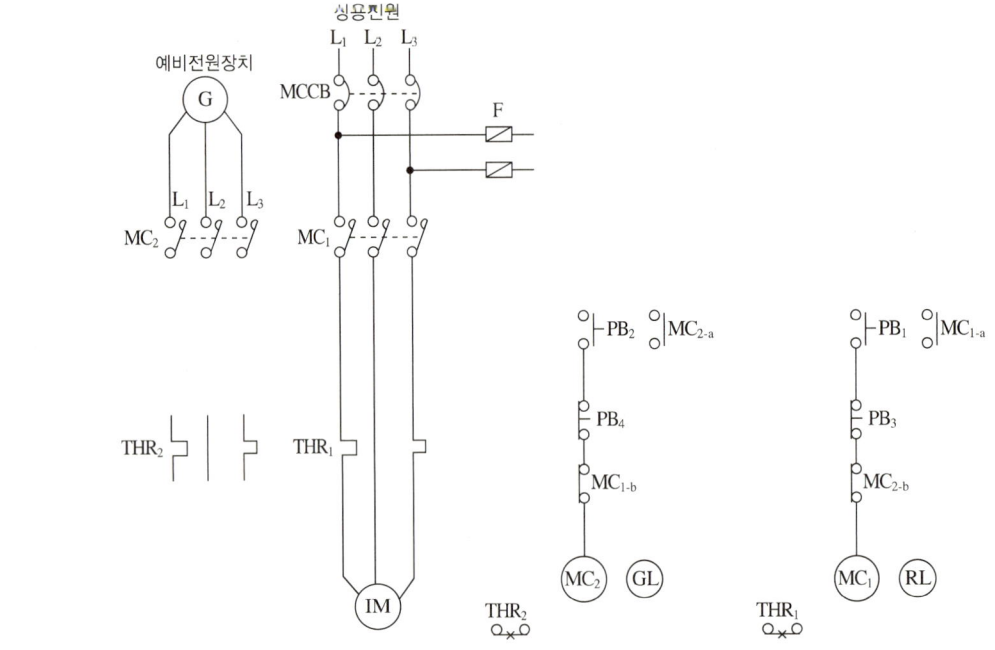

해설

시퀀스 제어회로

(1) 제어용기기의 명칭과 도시기호

제어용기기 명칭	작동원리	접점의 종류			
		주접점	코일	a접점	b접점
배선용 차단기 (MCCB)	단락 및 과부하로부터 회로를 보호하기 위하여 사용되는 전력기기이다.	⧸⧸⧸	–	–	–
전자접촉기 (MC)	전자석의 동작에 의하여 접점을 개폐하는 기구로서 부하회로를 빈번하게 개폐하는 접촉기이다.	⧸⧸⧸	(MC)	MC-a	MC-b
열동계전기 (THR)	정격전류 이상의 과부하 전류가 흐르면 내부에서 발생된 열에 의해 바이메탈이 동작하여 접점을 차단시키는 계전기로서 전동기의 과부하 보호에 사용된다.	⧵⧸	–	THR	THR
누름버튼스위치 (PB)	버튼을 누르면 접점 기구부가 개폐되며 손을 때면 스프링의 힘에 의해 자동으로 복귀되는 스위치이다.	–	–	PB-a	PB-b

> **참고**
> • 적색램프(RL) : (RL)　　　• 녹색램프(GL) : (GL)

(2) 시퀀스회로도 작성

① 배선용 차단기(MCCB)에 전원을 투입한 후 누름버튼스위치(PB_1)를 누르면 전자접촉기(MC_1)가 여자되어 MC_1의 주접점이 폐로되고 상용전원에 의해 유도전동기(IM)가 기동되며 상용전원 운전표시등(RL)이 점등된다. 이때 전자접촉기의 보조접점(MC_{1-a})이 폐로되어 자기유지가 되고, 보조접점(MC_{1-b})이 개로되어 전자접촉기(MC_2)는 여자되지 않는다.

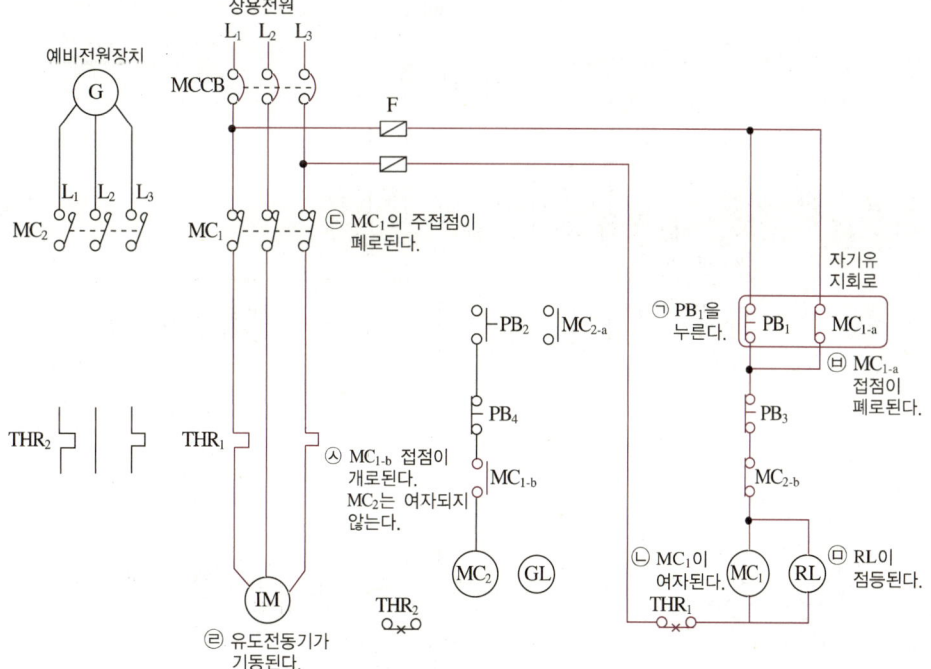

② 상용전원으로 운전 중에 누름버튼스위치(PB_3)를 누르면 전자접촉기(MC_1)가 소자되어 유도전동기(IM)는 정지하고, 상용전원 운전표시등(RL)이 소등된다.

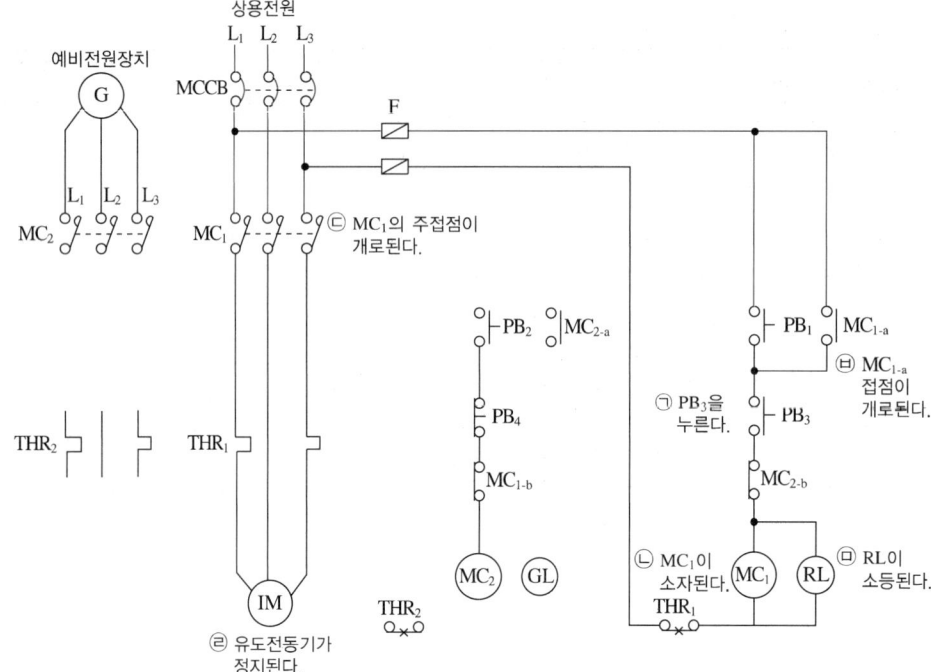

③ 상용전원이 정전일 경우 누름버튼스위치(PB_2)를 누르면 전자접촉기(MC_2)가 여자되어 전자접촉기(MC_2)의 주접점이 폐로되고 예비전원에 의해 유도전동기(IM)가 기동되며 예비전원 운전표시등(GL)이 점등된다. 이때 전자접촉기의 보조접점(MC_{2-a})이 폐로되어 자기유지가 되고, 보조접점(MC_{2-b})이 개로되어 전자접촉기(MC_1)는 작동하지 않는다.

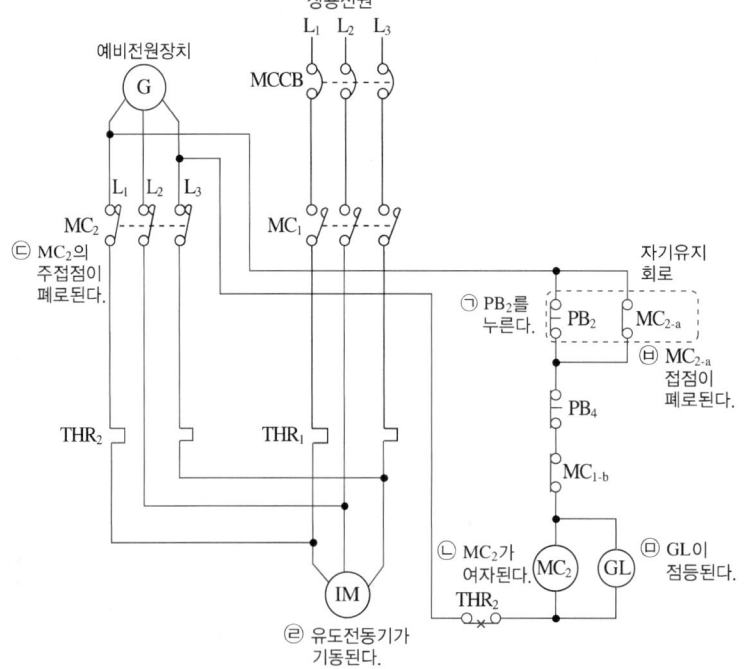

④ 예비전원으로 운전 중에 누름버튼스위치(PB₄)를 누르면 전자접촉기(MC₂)가 소자되어 유도전동기(IM)는 정지하고, 예비전원 운전표시등(GL)이 소등된다.

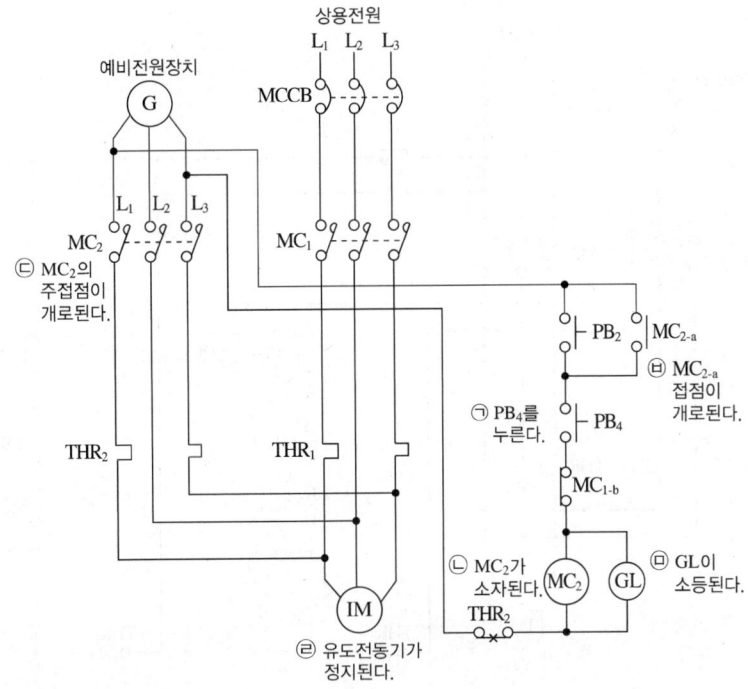

⑤ 인터록회로 구성
  ㉠ 상용전원으로 유도전동기(IM)를 운전하는 중에 누름버튼스위치(PB₂)를 누르더라도 전자접촉기의 보조접점(MC₁₋ᵦ)이 개로되어 전자접촉기(MC₂)는 여자되지 않는다.
  ㉡ 예비전원으로 유도전동기(IM)를 운전하는 중에 누름버튼스위치(PB₁)를 누르더라도 전자접촉기의 보조접점(MC₂₋ᵦ)이 개로되어 전자접촉기(MC₁)는 여자되지 않는다.

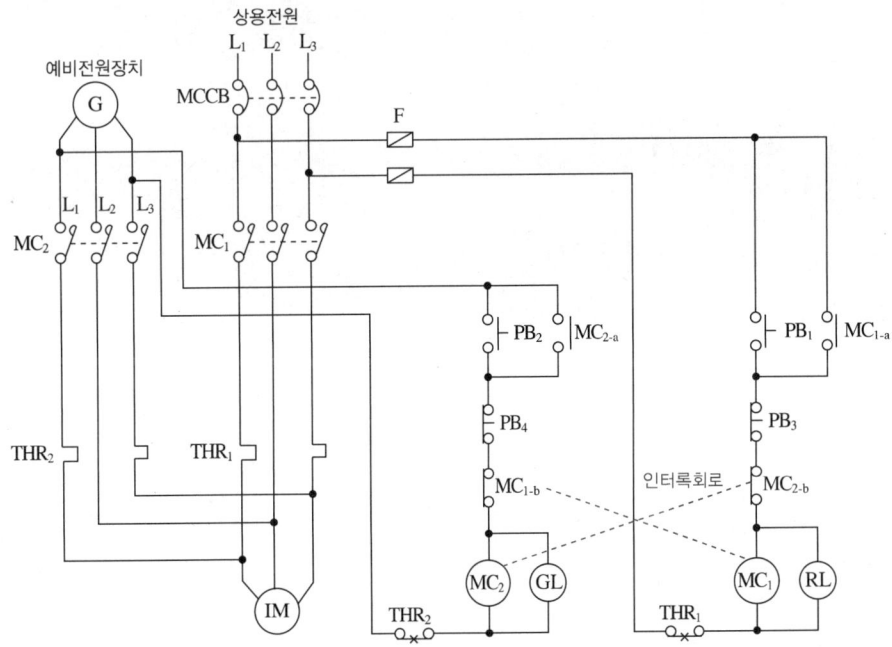

⑥ 전자접촉기 코일 MC₁과 MC₂의 아래쪽에 열동계전기의 보조접점 THR$_{1-b}$과 THR$_{2-b}$을 접속하여 유도전동기(IM)에 과전류가 흐르면 열동계전기 THR₁ 또는 THR₂가 작동되어 운전 중인 유도전동기는 정지한다.

[정답]

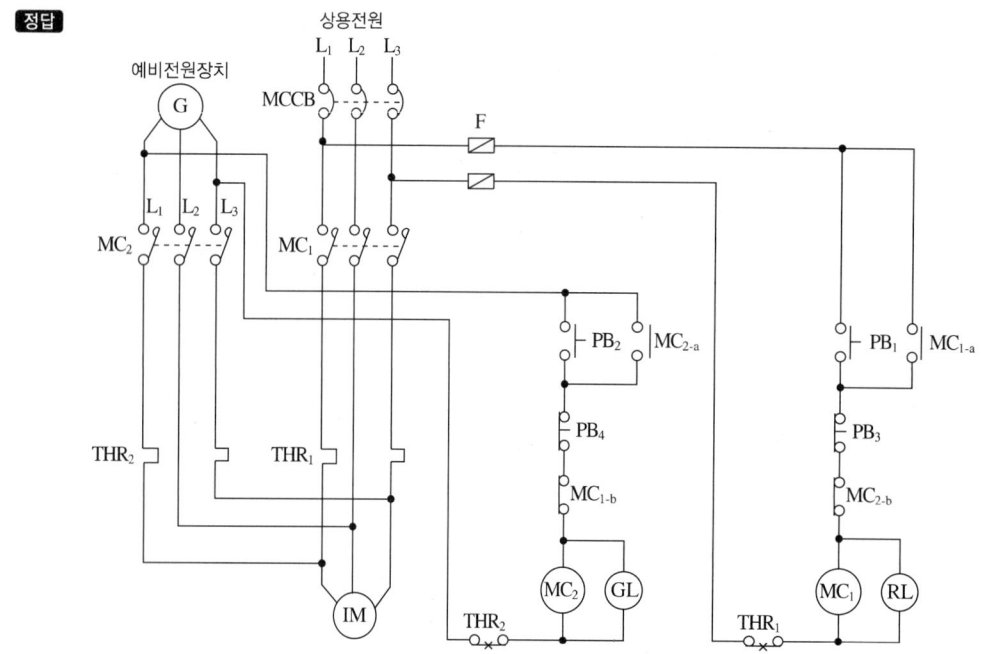

19 이산화탄소소화설비의 제어반에서 수동으로 기동장치를 조작하였으나 기동용 가스용기가 개방되지 않았다. 기동용 가스용기가 개방되지 않은 이유에 대하여 전기적인 원인을 4가지만 쓰시오(단, 제어반의 전기회로 기판은 정상이다).

득점	배점
	4

해설

이산화탄소소화설비

(1) 계통도 및 작동원리

   ① 계통도

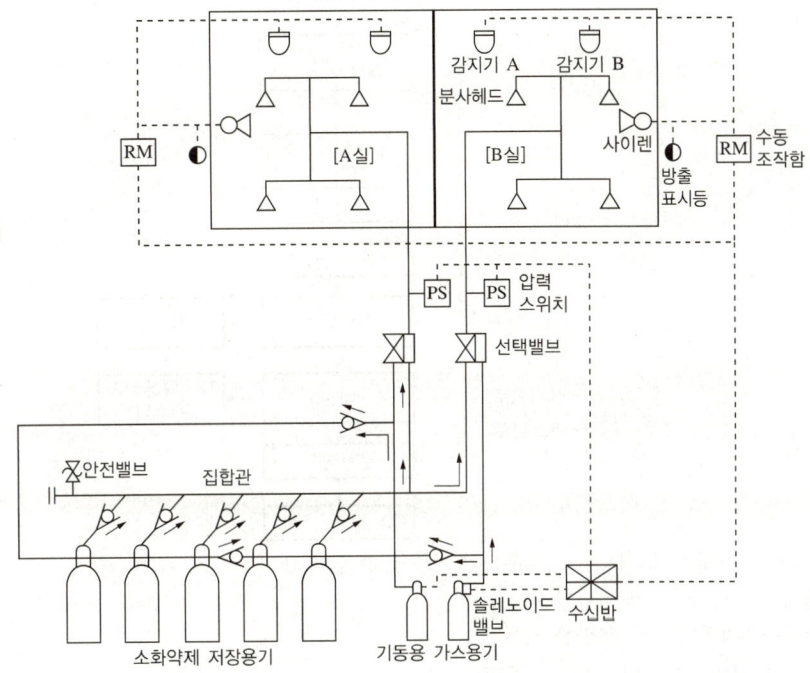

② 작동원리

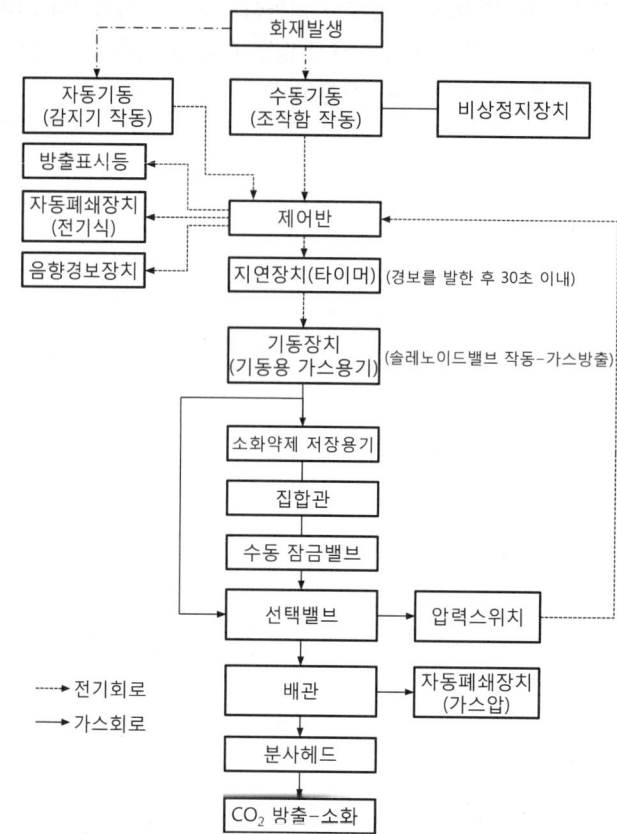

(2) 전기적인 원인에 의해 기동용 가스용기가 개방되지 않은 이유
　　① 제어반의 공급전원이 차단된 경우
　　② 기동스위치의 접점이 불량한 경우
　　③ 기동용 시한계전기(타이머)가 불량한 경우
　　④ 기동용 솔레노이드밸브의 코일이 단선된 경우
　　⑤ 기동용 솔레노이드밸브의 코일이 절연파괴된 경우
　　⑥ 제어반과 기동용 솔레노이드밸브 간의 배선이 단선된 경우
　　⑦ 제어반과 기동용 솔레노이드밸브 간의 배선이 오접속된 경우

정답　① 제어반의 공급전원이 차단된 경우
　　　　② 기동스위치의 접점이 불량한 경우
　　　　③ 기동용 시한계전기(타이머)가 불량한 경우
　　　　④ 기동용 솔레노이드밸브의 코일이 단선된 경우

2019년 제4회 과년도 기출복원문제

※ 다음 물음에 대한 답을 해당 답란에 답하시오.(배점 : 100)

01 자동화재탐지설비에 사용되는 감지기의 절연저항시험을 하고자 한다. 다음 각 물음에 답하시오.

(1) 측정기기를 쓰시오.
(2) 판정기준을 쓰시오.
(3) 측정위치를 쓰시오.

해설

감지기의 절연저항시험(감지기의 형식승인 및 제품검사의 기술기준 제35조)

감지기의 절연된 단자 간의 절연저항 및 단자와 외함 간의 절연저항은 직류 500[V]의 절연저항계로 측정한 값이 50[MΩ](정온식 감지선형 감지기는 선간에서 1[m]당 1,000[MΩ]) 이상이어야 한다.

(1) 절연저항 측정기기 : 직류 500[V]의 절연저항계
(2) 절연저항 판정기준 : 50[MΩ] 이상
(3) 절연저항 측정위치 : 절연된 단자 간, 단자와 외함 간

참고

절연저항시험(직류 500[V] 절연저항계로 측정)

대상	절연저항 측정위치		절연저항 측정값
유도등	• 교류입력 측과 외함 사이 • 절연된 충전부와 외함 사이	• 교류입력 측과 충전부 사이	5[MΩ] 이상
수신기	절연된 충전부와 외함 간		
가스누설경보기			
누전경보기의 변류기	• 절연된 1차 권선과 2차 권선 간 • 절연된 2차 권선과 외부금속부 간	• 절연된 1차 권선과 외부금속부 간	
누전경보기의 수신부	• 절연된 충전부와 외함 간	• 차단기구의 개폐부	
발신기	• 절연된 단자 간	• 단자와 외함 간	20[MΩ] 이상
경종			
수신기	• 교류입력 측과 외함 간	• 절연된 선로 간	
중계기	• 절연된 충전부와 외함 간	• 절연된 선로 간	
가스누설경보기	• 교류입력측과 외함 간	• 절연된 선로 간	
감지기	• 절연된 단자 간	• 단자와 외함 간	50[MΩ] 이상

정답
(1) 직류 500[V]의 절연저항계
(2) 50[MΩ] 이상
(3) 감지기의 절연된 단자 간, 단자와 외함 간

02 무선통신보조설비의 화재안전기술기준에서 정하는 분배기, 분파기, 혼합기의 정의를 간단하게 쓰시오.

득점	배점
	6

(1) 분배기의 정의를 쓰시오.
(2) 분파기의 정의를 쓰시오.
(3) 혼합기의 정의를 쓰시오.

해설
무선통신보조설비의 용어 정의
(1) 분배기 : 신호의 전송로가 분기되는 장소에 설치하는 것으로 임피던스 매칭(Matching)과 신호 균등분배를 위해 사용하는 장치를 말한다.
(2) 분파기 : 서로 다른 주파수의 합성된 신호를 분리하기 위해서 사용하는 장치를 말한다.
(3) 혼합기 : 2 이상의 입력신호를 원하는 비율로 조합한 출력이 발생하도록 하는 장치를 말한다.
(4) 누설동축케이블 : 동축케이블의 외부도체에 가느다란 홈을 만들어서 전파가 외부로 새어 나갈 수 있도록 한 케이블을 말한다.
(5) 증폭기 : 전압·전류의 진폭을 늘려 감도 등을 개선하는 장치를 말한다.
(6) 무선중계기 : 안테나를 통하여 수신된 무전기 신호를 증폭한 후 음영지역에 재방사하여 무전기 상호 간 송수신이 가능하도록 하는 장치를 말한다.
(7) 옥외안테나 : 감시제어반 등에 설치된 무선중계기의 입력과 출력포트에 연결되어 송수신 신호를 원활하게 방사·수신하기 위해 옥외에 설치하는 장치를 말한다.
(8) 임피던스 : 교류 회로에 전압이 가해졌을 때 전류의 흐름을 방해하는 값으로서 교류 회로에서의 전류에 대한 전압의 비를 말한다.

정답
(1) 신호의 전송로가 분기되는 장소에 설치하는 것으로 임피던스 매칭(Matching)과 신호 균등분배를 위해 사용하는 장치를 말한다.
(2) 서로 다른 주파수의 합성된 신호를 분리하기 위해서 사용하는 장치를 말한다.
(3) 2 이상의 입력신호를 원하는 비율로 조합한 출력이 발생하도록 하는 장치를 말한다.

03 다음은 비상조명등의 화재안전기술기준에서 정하는 비상조명등의 설치기준에 대한 내용이다. ( ) 안에 알맞은 내용을 쓰시오.

득점	배점
	5

- 예비전원을 내장하는 비상조명등에는 평상시 점등 여부를 확인할 수 있는 (①)를 설치하고 해당 조명등을 유효하게 작동시킬 수 있는 용량의 축전지와 예비전원 충전장치를 내장할 것
- 예비전원을 내장하지 않은 비상조명등의 비상전원은 자가발전설비, (②) 또는 (③)(외부 전기에너지를 저장해 두었다가 필요한 때 전기를 공급하는 장치)를 기준에 따라 설치해야 한다.
- 예비전원과 비상전원은 비상조명등을 (④)분 이상 유효하게 작동시킬 수 있는 용량으로 할 것. 다만, 다음의 특정소방대상물의 경우에는 그 부분에서 피난층에 이르는 부분의 비상조명등을 (⑤)분 이상 유효하게 작동시킬 수 있는 용량으로 해야 한다.
  - 지하층을 제외한 층수가 11층 이상의 층
  - 지하층 또는 무창층으로서 용도가 도매시장·소매시장·여객자동차터미널·지하역사 또는 지하상가

해설

비상조명등의 설치기준
(1) 특정소방대상물의 각 거실과 그로부터 지상에 이르는 복도·계단 및 그 밖의 통로에 설치할 것
(2) 조도는 비상조명등이 설치된 장소의 각 부분의 바닥에서 1[lx] 이상이 되도록 할 것
(3) 예비전원을 내장하는 비상조명등에는 평상시 점등 여부를 확인할 수 있는 점검스위치를 설치하고 해당 조명등을 유효하게 작동시킬 수 있는 용량의 축전지와 예비전원 충전장치를 내장할 것
(4) 예비전원을 내장하지 않은 비상조명등의 비상전원은 자가발전설비, 축전지설비 또는 전기저장장치(외부 전기에너지를 저장해 두었다가 필요한 때 전기를 공급하는 장치)를 다음의 기준에 따라 설치해야 한다.
  ① 점검에 편리하고 화재 및 침수 등의 재해로 인한 피해를 받을 우려가 없는 곳에 설치할 것
  ② 상용전원으로부터 전력의 공급이 중단된 때에는 자동으로 비상전원으로부터 전력을 공급받을 수 있도록 할 것
  ③ 비상전원의 설치장소는 다른 장소와 방화구획할 것. 이 경우 그 장소에는 비상전원의 공급에 필요한 기구나 설비 외의 것(열병합발전설비에 필요한 기구나 설비는 제외한다)을 두어서는 안 된다.
  ④ 비상전원을 실내에 설치하는 때에는 그 실내에 비상조명등을 설치할 것
(5) 예비전원과 비상전원은 비상조명등을 20분 이상 유효하게 작동시킬 수 있는 용량으로 할 것. 다만, 다음의 특정소방대상물의 경우에는 그 부분에서 피난층에 이르는 부분의 비상조명등을 60분 이상 유효하게 작동시킬 수 있는 용량으로 해야 한다.
  ① 지하층을 제외한 층수가 11층 이상의 층
  ② 지하층 또는 무창층으로서 용도가 도매시장·소매시장·여객자동차터미널·지하역사 또는 지하상가
(6) 비상조명등의 설치면제 요건에서 "그 유도등의 유효범위"란 유도등의 조도가 바닥에서 1[lx] 이상이 되는 부분을 말한다.

정답
① 점검스위치   ② 축전지설비
③ 전기저장장치   ④ 20
⑤ 60

04 다음 그림은 차동식 스포트형 감지기의 구조를 나타낸 것이다. 기호 ①~④까지의 명칭을 쓰시오.

득점	배점
	4

해설
차동식 스포트형 감지기의 구조
(1) 차동식 스포트형 감지기의 정의
   주위온도가 일정 상승률 이상이 되는 경우에 작동하는 것으로서 일국소에서의 열 효과에 의하여 작동되는 것을 말한다.
(2) 차동식 스포트형 감지기의 작동원리
   화재가 발생하여 온도가 상승하면 감열실 내의 공기가 팽창하여 다이어프램이 위로 밀려 올라가 접점이 닫히고 화재신호가 수신기에 발신된다. 일상적으로 발생하는 완만한 온도 상승으로 팽창한 공기는 리크구멍을 통하여 외기로 배출되어 접점이 닫히지 않는다.
(3) 차동식 스포트형 감지기의 구조
   ① 고정접점
   ② 감열실
   ③ 다이어프램
   ④ 리크구멍

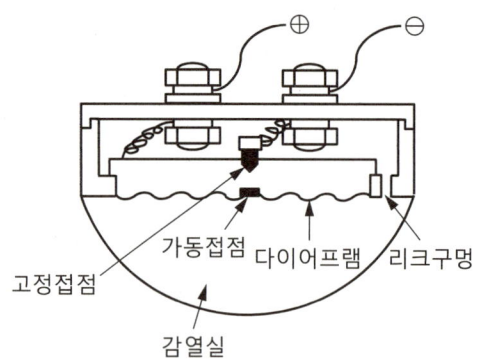

정답 ① 고정접점   ② 감열실
       ③ 다이어프램 ④ 리크구멍

05 다음은 감지기회로의 배선에 대한 내용이다. 각 물음에 답하시오.

(1) 감지기회로의 송배선식에 대하여 설명하시오.
(2) 감지기회로의 교차회로방식에 대하여 설명하시오.
(3) 교차회로방식을 적용해야 하는 소화설비를 5가지만 쓰시오.

득점	배점
	6

해설
감지기회로의 배선방식
(1) 송배선식
  ① 감지기회로의 도통시험을 용이하게 하기 위하여 배선의 도중에서 분기하지 않는 방식이다.
  ② 전선 가닥수 산정 시 루프로 된 부분은 2가닥, 그 밖에는 4가닥으로 한다.

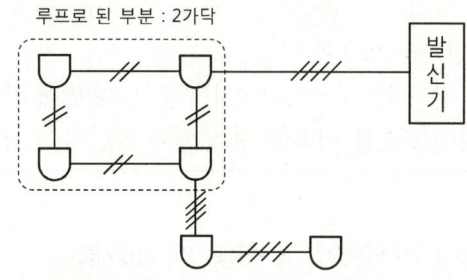

  ③ 적용설비 : 자동화재탐지설비, 제연설비
(2) 교차회로방식
  ① 감지기의 오동작을 방지하기 위하여 하나의 방호구역 내에 2 이상의 화재감지기 회로를 설치하고 인접한 2 이상의 화재감지기에 화재가 감지되는 때에 소화설비가 작동하는 방식을 말한다.
  ② 전선 가닥수 산정 시 루프로 된 부분과 말단부는 4가닥, 그 밖에는 8가닥으로 한다.

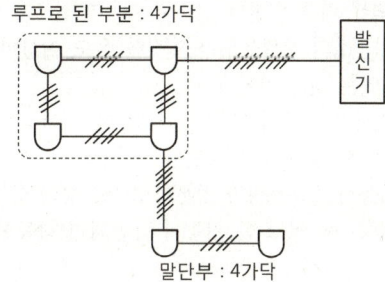

(3) 교차회로방식을 적용해야 하는 소화설비
  ① 분말소화설비
  ② 할론소화설비
  ③ 이산화탄소소화설비
  ④ 준비작동식 스프링클러설비
  ⑤ 일제살수식 스프링클러설비
  ⑥ 할로겐화합물 및 불활성기체소화설비

정답
(1) 감지기회로의 도통시험을 용이하게 하기 위하여 배선의 도중에서 분기하지 않는 방식
(2) 하나의 방호구역 내에 2 이상의 화재감지기 회로를 설치하고 인접한 2 이상의 화재감지기에 화재가 감지되는 때에 소화설비가 작동하는 방식
(3) 분말소화설비, 할론소화설비, 이산화탄소소화설비, 준비작동식 스프링클러설비, 일제살수식 스프링클러설비

06 다음 그림은 자동화재탐지설비의 공기흡입형 광전식 감지기를 설치한 개략도이다. 각 물음에 답하시오.

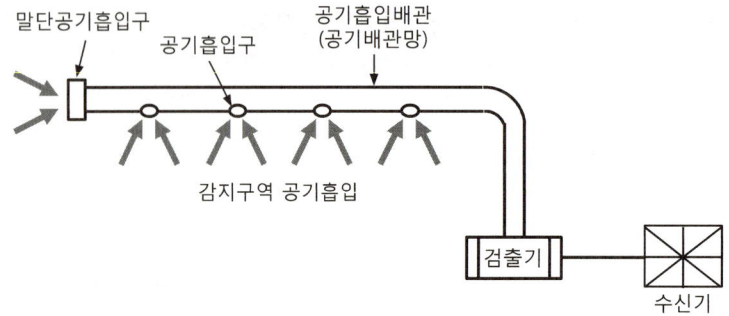

(1) 이 감지기의 동작원리를 쓰시오.
(2) 공기흡입형 광전식 감지기의 공기흡입장치는 공기배관망에 설치된 가장 먼 샘플링 지점에서 감지부분까지 몇 초 이내에 연기를 이송할 수 있어야 하는지 쓰시오.

해설

광전식 공기흡입형 감지기(감지기의 형식승인 및 제품검사의 기술기준)

(1) 감지기의 구분(제3조)
  ① 열감지기
    ㉠ 차동식 스포트형 : 주위온도가 일정 상승률 이상이 되는 경우에 작동하는 것으로서 일국소에서의 열 효과에 의해서 작동되는 것을 말한다.
    ㉡ 차동식 분포형 : 주위온도가 일정 상승률 이상이 되는 경우에 작동하는 것으로서 넓은 범위 내에서의 열 효과의 누적에 의하여 작동되는 것을 말한다.
    ㉢ 정온식 감지선형 : 일국소의 주위온도가 일정한 온도 이상이 되는 경우에 작동하는 것으로서 외관이 전선과 같이 선형으로 되어 있는 것을 말한다.
    ㉣ 정온식 스포트형 : 일국소의 주위온도가 일정한 온도 이상이 되는 경우에 작동하는 것으로서 외관이 전선과 같이 선형으로 되어 있지 않은 것을 말한다.
    ㉤ 보상식 스포트형 : 차동식 스포트형과 정온식 스포트형의 성능을 겸한 것으로서 차동식 스포트형의 성능 또는 정온식 스포트형의 성능 중 어느 한 기능이 작동되면 작동신호를 발하는 것을 말한다.
  ② 연기감지기
    ㉠ 이온화식 스포트형 : 주위의 공기가 일정한 농도의 연기를 포함하게 되는 경우에 작동하는 것으로서 일국소의 연기에 의하여 이온전류가 변화하여 작동하는 것을 말한다.
    ㉡ 광전식 스포트형 : 주위의 공기가 일정한 농도의 연기를 포함하게 되는 경우에 작동하는 것으로서 일국소의 연기에 의하여 광전소자에 접하는 광량의 변화로 작동하는 것을 말한다.
    ㉢ 광전식 분리형 : 발광부와 수광부로 구성된 구조로 발광부와 수광부 사이의 공간에 일정한 농도의 연기를 포함하게 되는 경우에 작동하는 것을 말한다.
    ㉣ 공기흡입형 : 감지기 내부에 장착된 공기흡입장치로 감지하고자 하는 위치의 공기를 흡입하고 흡입된 공기에 일정한 농도의 연기가 포함된 경우 작동하는 것을 말한다.

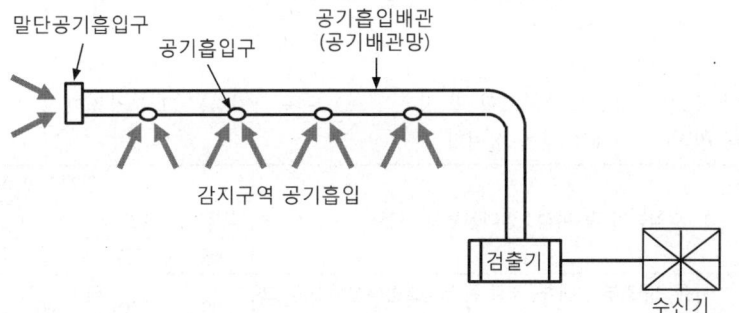

- 공기흡입펌프로 감지하고자 하는 감지구역의 공기를 공기흡입배관을 통하여 흡입한다.
- 흡입된 공기는 필터를 통과한 후 연기입자 이외의 먼지와 오염물질 등을 제거한다.
- 필터를 거친 공기표본은 감지실 내에서 레이저 광원에 노출된다.
- 공기에 연기가 있으면 감지실 내에서 레이저 광선이 산란되고 수신장치에서 이를 감지한다.

(2) 공기흡입형 광전식 감지기(제19조)
공기흡입장치는 공기배관망에 설치된 가장 먼 샘플링 지점에서 감지부분까지 120초 이내에 연기를 이송할 수 있어야 한다.

정답 (1) 감지기 내부에 장착된 공기흡입장치로 감지하고자 하는 위치의 공기를 흡입하고 흡입된 공기에 일정한 농도의 연기가 포함된 경우 작동한다.
(2) 120초 이내

07

주요구조부가 내화구조로 된 사무실에 차동식 스포트형 1종 감지기를 설치하고자 한다. 사무실의 천장높이는 4.5[m]이고, 바닥면적이 500[m²]일 때 설치해야 할 감지기의 최소 설치개수를 구하시오.

- 계산과정 :
- 답 :

해설

감지기의 설치기준(NFTC 203)

(1) 차동식 스포트형·보상식 스포트형 및 정온식 스포트형 감지기는 그 부착높이 및 특정소방대상물에 따라 다음 표에 따른 바닥면적마다 1개 이상을 설치할 것

부착높이 및 특정소방대상물의 구분		감지기의 종류(단위 : [m²])						
		차동식 스포트형		보상식 스포트형		정온식 스포트형		
		1종	2종	1종	2종	특종	1종	2종
4[m] 미만	주요구조부가 내화구조로 된 특정소방대상물 또는 그 부분	90	70	90	70	70	60	20
	기타 구조의 특정소방대상물 또는 그 부분	50	40	50	40	40	30	15
4[m] 이상 8[m] 미만	주요구조부가 내화구조로 된 특정소방대상물 또는 그 부분	45	35	45	35	35	30	-
	기타 구조의 특정소방대상물 또는 그 부분	30	25	30	25	25	15	-

사무실의 천장높이가 4.5[m]이므로 감지기의 부착높이는 4[m] 이상 8[m] 미만이다. 따라서, 차동식 스포트형 1종 감지기를 설치할 경우 바닥면적 45[m²]마다 1개 이상을 설치해야 한다.

∴ 차동식 스포트형 감지기의 설치개수 $= \dfrac{\text{감지구역의 바닥면적}[m^2]}{\text{감지기 1개의 설치 바닥면적}[m^2]} = \dfrac{500[m^2]}{45[m^2]} = 11.11$개 ≒ 12개

(2) 열반도체식 차동식 분포형 감지기의 감지부는 그 부착높이 및 특정소방대상물에 따라 다음 표에 따른 바닥면적마다 1개 이상으로 할 것. 다만, 바닥면적이 다음 표에 따른 면적의 2배 이하인 경우에는 2개(부착높이가 8[m] 미만이고, 바닥면적이 다음 표에 따른 면적 이하인 경우에는 1개) 이상으로 해야 한다.

부착높이 및 특정소방대상물의 구분		감지기의 종류(단위 : [m²])	
		1종	2종
8[m] 미만	주요구조부가 내화구조로 된 특정소방대상물 또는 그 부분	65	36
	기타 구조의 특정소방대상물 또는 그 부분	40	23
8[m] 이상 15m 미만	주요구조부가 내화구조로 된 특정소방대상물 또는 그 부분	50	36
	기타 구조의 특정소방대상물 또는 그 부분	30	23

(3) 연기감지기의 부착높이에 따라 다음 표에 따른 바닥면적마다 1개 이상으로 할 것

부착높이	감지기의 종류(단위 : [m²])	
	1종 및 2종	3종
4[m] 미만	150	50
4[m] 이상 20[m] 미만	75	-

정답 12개

08 다음의 저압 옥내배선공사 중 금속관공사에 사용되는 부품의 명칭을 쓰시오.

(1) 금속관 상호 간을 연결할 때 사용되는 부품의 명칭을 쓰시오.
(2) 전선의 절연피복을 보호하기 위해 금속관 끝에 취부하는 부품의 명칭을 쓰시오.
(3) 금속관과 박스를 고정시킬 때 사용되는 부품의 명칭을 쓰시오.

득점	배점
	6

해설
전선 금속관공사에 사용되는 부품

금속관공사의 부품 명칭	사용 용도	그림
커플링	전선관(금속관)과 전선관(금속관)을 연결할 때 사용한다.	
새들	전선관(금속관)을 구조물에 고정할 때 사용한다.	
환형 3방출 정크션박스	전선관(금속관)을 분기할 때 사용하며 방출방향의 수에 따라 2방출, 3방출, 4방출이 있다.	
노멀밴드	전선관(금속관)이 직각으로 구부러지는 곳에 사용한다.	
유니버설엘보	노출배관을 공사할 때 관을 직각으로 구부러지는 곳에 사용한다.	
유니언커플링	전선관(금속관)의 접속부에서 양쪽의 관이 돌려지지 않는 곳에 전선관(금속관)을 접속할 때 사용한다.	
부싱	전선관(금속관)을 박스에 접속할 때 전선의 피복을 보호하기 위하여 박스 내부의 전선관 끝에 사용한다.	
로크너트	전선관(금속관)과 박스를 접속할 때 사용하는 부품으로서 최소 2개를 사용한다.	
8각 아웃렛 박스	전선관(금속관)을 공사할 때 감지기, 유도등 및 전선을 접속하는 데 사용하는 박스로 4각은 각 방향으로 2개까지 방출할 수 있고, 8각은 각 방향으로 1개까지 방출할 수 있다.	
4각 아웃렛 박스		

정답 (1) 커플링 또는 유니언커플링
        (2) 부싱
        (3) 로크너트

09

다음 전기기기의 용어를 문자기호(영문약자)로 표시하시오.

(1) 누전차단기
(2) 누전경보기
(3) 영상변류기
(4) 전자접촉기

득점	배점
	4

해설

전기기기의 용어 및 문자기호

전기기기의 용어	문자기호	기능
배선용 차단기	MCCB (Molded Case Circuit Breaker)	개폐 기구, 트립 장치 등을 절연물 용기 내에 일체로 조립한 것으로 통전상태의 전로를 수동 또는 전기 조작에 의해 개폐할 수 있으며, 과부하 및 단로 등의 이상 상태 시 자동적으로 전류를 차단하는 기구를 말한다.
누전차단기	ELB (Earth Leakage Circuit Breaker)	교류 600[V] 이하의 전로에서 인체에 대한 감전사고 및 누전에 의한 화재, 아크에 의한 기구손상을 방지하기 위한 목적으로 사용되는 차단기이며 개폐기구, 트립장치 등을 절연물 용기 내에 일체로 조립한 것으로 통전상태의 전로를 수동 또는 전기 조작에 의해 개폐할 수 있고 과부하 및 단락 등의 상태나 누전이 발생할 때 자동적으로 전류를 차단하는 기구를 말한다.
누전경보기	ELD (Earth Leakage Detector)	내화구조가 아닌 건축물로서 벽, 바닥 또는 천장의 전부나 일부를 불연재료 또는 준불연재료가 아닌 재료에 철망을 넣어 만든 건물의 전기설비로부터 누설전류를 탐지하여 경보를 발하는 기기로서 변류기와 수신부로 구성된 것을 말한다.
영상변류기	ZCT (Zero-phase-sequence Current Transformer)	지락사고가 발생했을 때 흐르는 영상전류를 검출하여 접지계전기에 의하여 차단기를 동작시켜 사고의 파급을 방지한다.
전자접촉기	MC (Electromagnetic Contactor)	전자석의 동작에 의하여 부하 회로를 빈번하게 개폐하는 접촉기이고 주접점은 전동기를 기동하는 접점으로 접점이 용량이 크고 a접점만으로 구성되어 있으며 보조접점은 보조계전기와 같이 작은 전류 및 제어회로에 사용한다.
열동계전기	THR (Thermal Relay)	설정값 이상의 전류가 흐르면 접점을 동작 차단시키는 계전기로서 전동기의 과부하 보호에 사용된다.

정답
(1) ELB
(2) ELD
(3) ZCT
(4) MC

10 어느 특정소방대상물에 공기관식 차동식 분포형 감지기를 설치하고자 한다. 다음 각 물음에 답하시오.

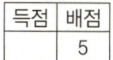

(1) 공기관의 노출 부분은 감지구역마다 몇 [m] 이상이 되도록 해야 하는지 쓰시오.
(2) 공기관과 감지구역의 각 변과의 수평거리는 몇 [m] 이하가 되도록 해야 하는지 쓰시오.
(3) 공기관 상호 간의 거리는 몇 [m] 이하가 되도록 해야 하는지 쓰시오(단, 주요구조부는 비내화구조이다).
(4) 하나의 검출 부분에 접속하는 공기관의 길이는 몇 [m] 이하로 해야 하는지 쓰시오.
(5) 공기관의 두께 및 바깥지름은 몇 [mm] 이상으로 해야 하는지 쓰시오.
　① 공기관의 두께[mm] :
　② 공기관의 바깥지름[mm] :

해설
공기관식 차동식 분포형 감지기

(1) 공기관식 차동식 분포형 감지기의 설치기준(NFTC 203)
　① 공기관의 노출 부분은 감지구역마다 20[m] 이상이 되도록 할 것
　② 공기관과 감지구역의 각 변과의 수평거리는 1.5[m] 이하가 되도록 하고, 공기관 상호 간의 거리는 6[m](주요구조부가 내화구조로 된 특정소방대상물 또는 그 부분에 있어서는 9[m]) 이하가 되도록 할 것
　③ 공기관은 도중에서 분기하지 않도록 할 것
　④ 하나의 검출 부분에 접속하는 공기관의 길이는 100[m] 이하로 할 것
　⑤ 검출부는 5[°] 이상 경사되지 않도록 부착할 것
　⑥ 검출부는 바닥으로부터 0.8[m] 이상 1.5[m] 이하의 위치에 설치할 것

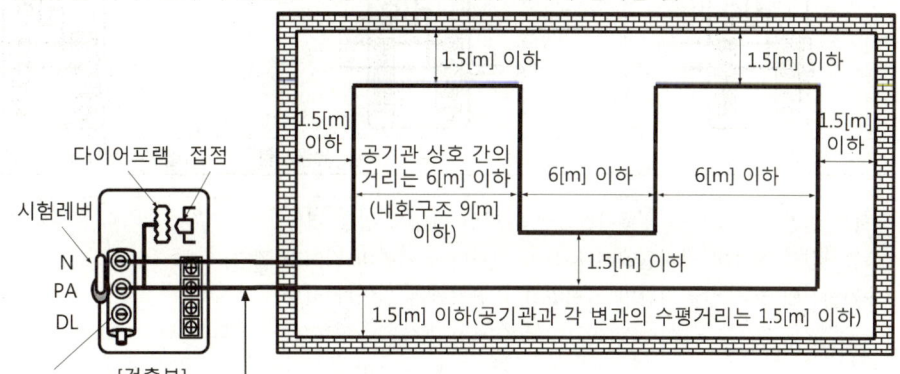

공기관의 길이는 100[m] 이하로 할 것(공기관의 외경은 1.9[mm] 이상, 두께 0.3[mm] 이상)

(2) 공기관식 차동식 분포형 감지기의 구조(감지기의 형식승인 및 제품검사의 기술기준 제5조)
　① 리크(Leak)저항 및 접점수고를 쉽게 시험할 수 있어야 한다.
　② 공기관의 누출 및 폐쇄 여부를 쉽게 시험할 수 있고, 시험 후 시험장치를 정위치에 쉽게 복귀할 수 있는 적당한 방법이 강구되어야 한다.
　③ 공기관은 하나의 길이(이음매가 없는 것)가 20[m] 이상의 것으로 안지름 및 관의 두께가 일정하고 홈, 갈라짐 및 변형이 없어야 하며 부식되지 않아야 한다.
　④ 공기관의 두께는 0.3[mm] 이상, 바깥지름은 1.9[mm] 이상이어야 한다.

(3) 유통시험
① 시험목적 : 공기관에 공기를 주입시켜 공기관의 폐쇄, 변형, 찌그러짐, 막힘 등의 상태를 확인하고, 공기관의 길이가 적정한지 여부를 확인하기 위한 시험이다.

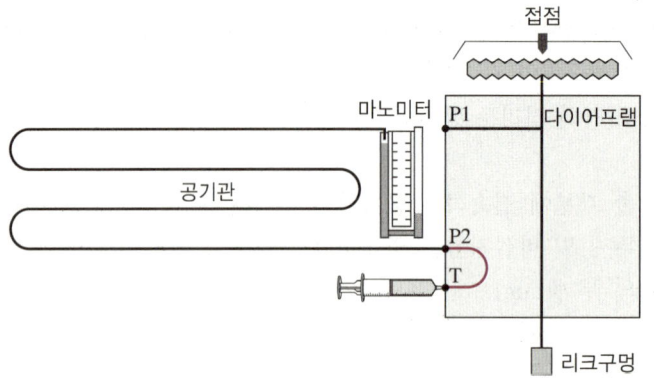

② 시험방법
　㉠ 검출부의 시험구멍 또는 공기관의 한쪽 끝에 마노미터를 접속하고, 시험콕의 레버를 유통시험에 맞춘 후 공기관의 다른 끝에 공기주입시험기(테스트펌프)를 접속시킨다.
　㉡ 공기주입시험기로 공기를 주입하고, 마노미터의 수위를 100[mm]까지 상승시킨 후 정지시킨다.
　㉢ 시험콕의 송기구를 개방하여 상승수위의 $\frac{1}{2}(50[\text{mm}])$까지 내려가는 시간을 측정한다.

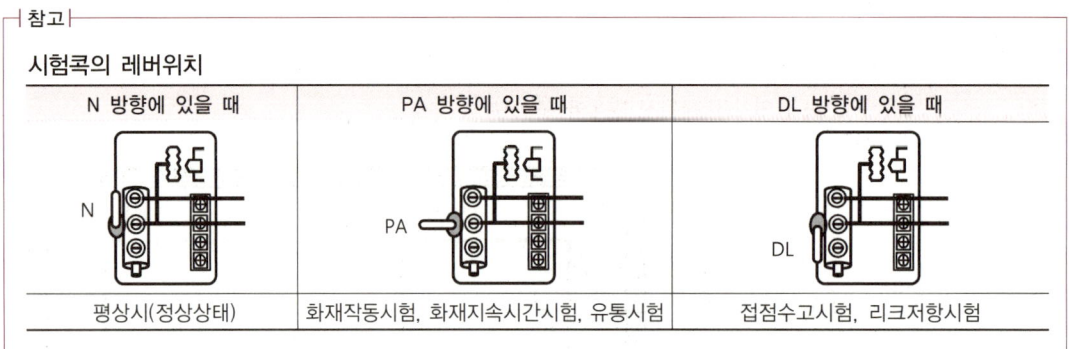

③ 유통시험 판정 : 검출부의 유동시간곡선의 범위 이내에 있을 것
　㉠ 유통시간이 빠르면 공기관에서 누설이 있거나 공기관의 길이가 짧다.
　㉡ 유통시간이 늦으면 공기관이 막혀있거나 공기관의 길이가 길다.

정답　(1) 20[m] 이상
　　　　(2) 1.5[m] 이하
　　　　(3) 6[m] 이하
　　　　(4) 100[m] 이하
　　　　(5) ① 0.3[mm] 이상
　　　　　　② 1.9[mm] 이상

11 자동화재탐지설비의 수신기의 시험방법 중 동시작동시험을 실시하는 목적을 쓰시오.

해설

수신기의 시험방법
(1) 동시작동시험
　① 시험목적 : 감지기회로를 수회로 이상 동시에 작동시켰을 때 수신기의 기능이 이상이 없는지 확인하기 위함이다.
　② 시험방법
　　㉠ 수신기의 동작시험스위치를 누른다.
　　㉡ 회로선택스위치를 차례로 회전시켜 화재표시등, 지구표시등, 주경종, 지구경종의 동작상황을 확인한다.
(2) 공통선시험
　① 시험목적 : 1개의 공통선이 담당하고 있는 경계구역의 수가 7개 이하인지 확인하기 위함이다.
　② 시험방법
　　㉠ 수신기 내 접속단자에서 공통선 1선을 제거한다.
　　㉡ 회로도통시험스위치를 누른 후 회로선택스위치를 차례로 회전시킨다.
　　㉢ 시험용 계기를 확인하여 단선을 지시한 경계구역의 회선수를 조사(확인)한다.
(3) 도통시험
　① 시험목적 : 수신기에서 감지기회로의 단선유무 등을 확인하기 위함이다.
　② 시험방법
　　㉠ 수신기의 도통시험스위치를 누른다.
　　㉡ 회로선택스위치를 돌려가며 각 회로의 단선 여부를 확인한다. 이때 전압계의 지시치 또는 단선표시등의 점등을 확인한다.
(4) 예비전원시험
　① 시험목적 : 상용전원이 정전된 경우 자동적 예비전원으로 절환되며 예비전원으로 정상 동작할 수 있는 전압을 가지고 있는지 확인하기 위함이다.
　② 시험방법
　　㉠ 수신기의 예비전원스위치를 누른다.
　　㉡ 전압계의 지시치가 적정범위에 있는지 확인한다.
　　㉢ 교류전원을 차단하여 자동절환릴레이의 작동상황을 확인한다.

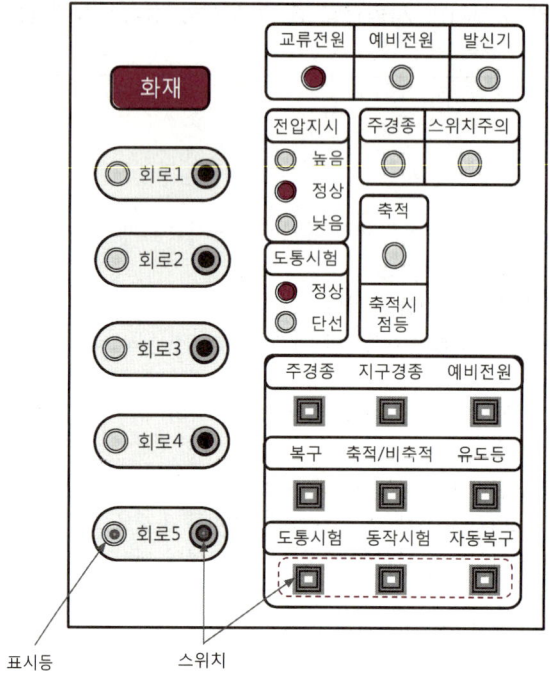

정답 감지기회로를 수회로 이상 동시에 작동시켰을 때 수신기의 기능이 이상이 없는지 확인하기 위함이다.

12 다음 그림은 자동화재탐지설비와 준비작동식 스프링클러설비의 프리액션밸브 간선 계통도이다. 계통도를 보고, 각 물음에 답하시오.

득점	배점
	8

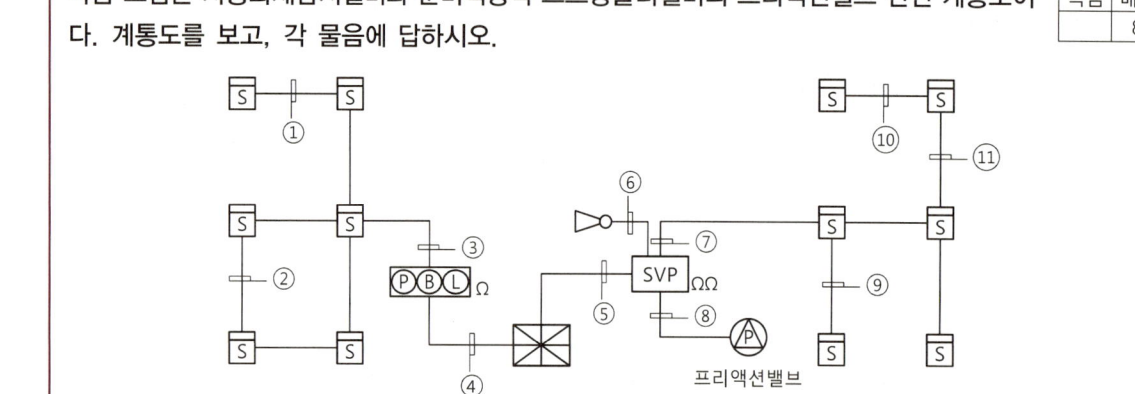

(1) ①~⑪까지의 전선 가닥수를 쓰시오(단, 프리액션밸브용 감지기 공통선과 전원 공통선은 분리하여 배선하고, 압력스위치, 템퍼스위치 및 솔레노이드밸브용 공통선은 1가닥으로 배선한다).

기호	①	②	③	④	⑤	⑥	⑦	⑧	⑨	⑩	⑪
전선 가닥수											

(2) ⑤의 전선 가닥수에 해당하는 배선의 용도를 쓰시오.

해설

자동화재탐지설비와 준비작동식 스프링클러설비

(1) 전선 가닥수 산정
① 준비작동식 스프링클러설비의 개요 및 주요장치의 기능
㉠ 준비작동식 스프링클러설비 : 가압송수장치에서 준비작동식 유수검지장치 1차 측까지 배관 내에 항상 물이 가압되어 있고, 2차 측에서 폐쇄형 스프링클러헤드까지 대기압 또는 저압으로 있다가 화재 발생 시 감지기의 작동으로 준비작동식밸브가 개방되면 폐쇄형 스프링클러헤드까지 소화수가 송수되고, 폐쇄형 스프링클러헤드가 열에 의해 개방되면 방수가 되는 방식이다.

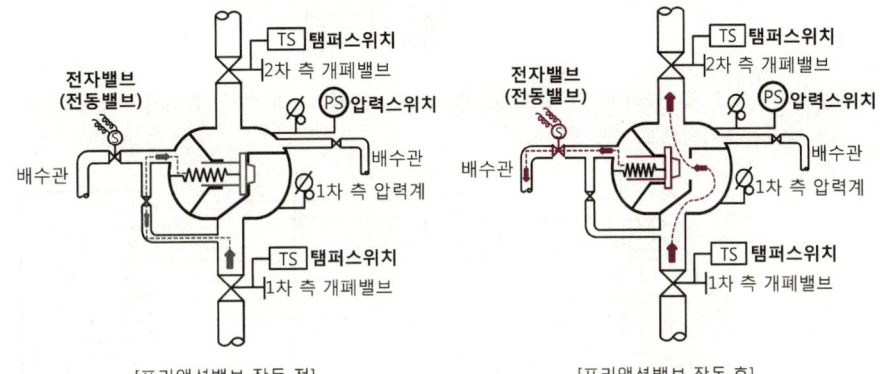

[프리액션밸브 작동 전]   [프리액션밸브 작동 후]

㉡ 슈퍼비조리판넬(SVP) : 수동 조작과 프리액션밸브의 작동 여부를 확인시켜 주는 설비이다.
㉢ 압력스위치(PS) : 2차 측의 가압수가 방출되면 프리액션밸브 내의 클래퍼가 열리게 되고 이때 가압수가 압력스위치의 벨로즈를 가압하게 되어 전기적 접점이 붙어 수신기에 밸브개방확인 신호를 보낸다.
㉣ 탬퍼스위치(TS) : 프리액션밸브의 1차 측 및 2차 측 개폐밸브의 개방상태를 확인하기 위하여 설치하는 스위치로서 개폐밸브가 폐쇄되었을 경우 수신기에 밸브주의 신호를 보낸다.
㉤ 솔레노이드밸브(SV, 전자밸브) : 중간실과 배수관 사이를 연결하는 배관에 설치하여 기동스위치를 누르면 솔레노이드밸브가 작동하여 중간실의 압력수를 배수관을 통해 배출시켜 1차 측과 중간실의 압력 불균형으로 1차 측의 가압수가 2차 측으로 송수되면서 프리액션밸브가 작동하며 수신기에 밸브기동 신호를 보낸다.

② 소방시설의 도시기호(소방시설 자체점검사항 등에 관한 고시)

명칭	도시기호	명칭	도시기호
프리액션밸브 수동조작함 (슈퍼비조리판넬, SVP)	SVP	프리액션밸브	ⓟ
탬퍼스위치(TS)	TS	압력스위치(PS)	PS
연기감지기	S	사이렌	◁
수신기	⊠	솔레노이드밸브	▶◀S

③ 감지기회로의 배선
　㉠ 자동화재탐지설비의 감지기회로의 배선은 송배선방식으로 한다. 따라서, 감지기가 루프로 된 부분은 2가닥, 그 밖에는 4가닥으로 배선한다.

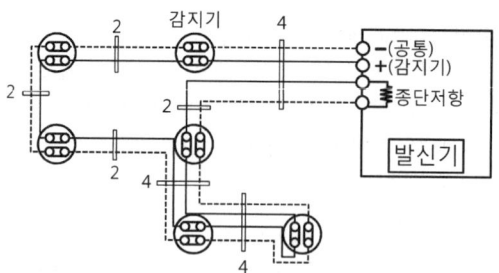

　㉡ 준비작동식 스프링클러설비는 교차회로방식으로 배선한다. 따라서, 감지기가 루프로 된 부분과 말단부는 4가닥, 그 밖에는 8가닥으로 배선한다.

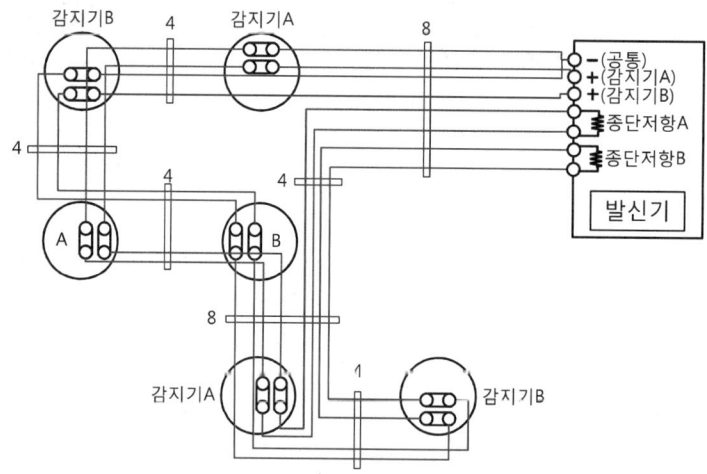

④ 발신기와 수신기 사이, 슈퍼비조리판넬(SVP)과 수신기 사이의 배선

구간	배선 그림	전선 가닥수
발신기 ↔ 수신기	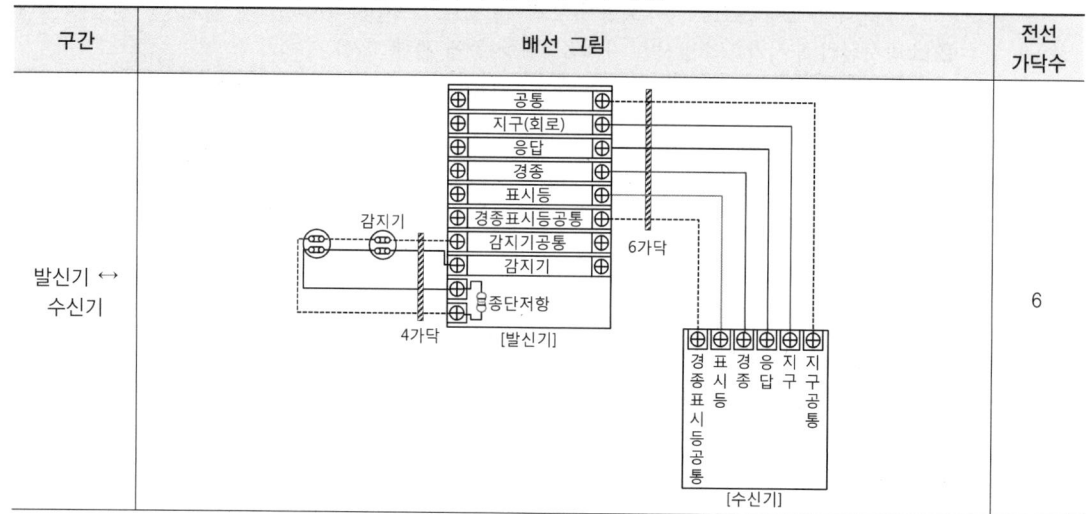	6

구간	배선 그림	전선 가닥수
슈퍼비조리 판넬(SVP) ↔ 수신기	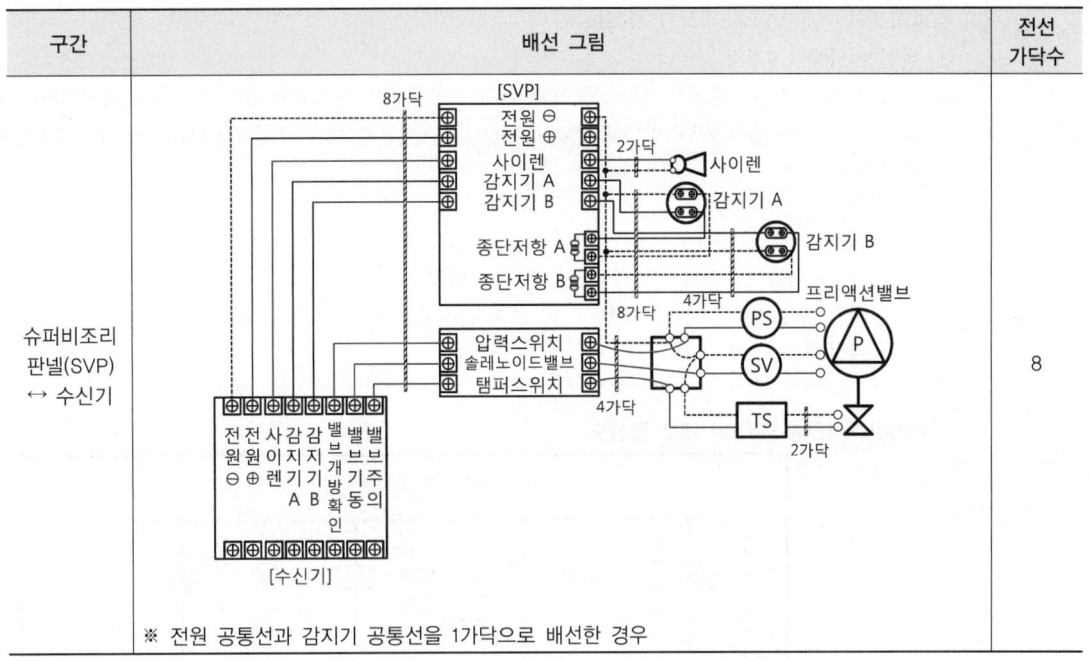 ※ 전원 공통선과 감지기 공통선을 1가닥으로 배선한 경우	8

⑤ 전선 가닥수 산정

기호	구간	전선 가닥수	전선 용도	비고
①	감지기 ↔ 감지기	4	지구 공통선 2, 지구선 2	송배선방식이므로 4가닥으로 배선한다.
②	감지기 ↔ 감지기	2	지구 공통선 1, 지구선 1	송배선방식에서 감지기가 루프로 된 부분은 2가닥으로 배선한다.
③	감지기 ↔ 발신기	4	지구 공통선 2, 지구선 2	송배선방식이므로 4가닥으로 배선한다.
④	발신기 ↔ 수신기	6	지구 공통선 1, 지구선 1, 응답선 1, 경종·표시등 공통선 1, 경종선 1, 표시등선 1	
⑤	SVP ↔ 수신기	9	전원 ⊖·⊕, 사이렌 1, 압력스위치 1, 솔레노이드밸브 1, 탬퍼스위치 1, 감지기 공통선 1, 감지기 A 1, 감지기 B 1	[조건]에서 전원 공통선과 감지기 공통선을 분리하여 배선하므로 감지기 공통선이 1가닥 추가되었다.
⑥	사이렌 ↔ SVP	2	사이렌 2	
⑦	감지기 ↔ SVP	8	지구 공통선 4, 지구선 4	교차회로방식이므로 8가닥으로 배선한다.
⑧	프리액션밸브 ↔ SVP	4	공통 1, 압력스위치 1, 솔레노이드밸브 1, 탬퍼스위치 1	
⑨	감지기 ↔ 감지기	4	지구 공통선 2, 지구선 2	교차회로방식에서 감지기가 루프로 된 부분과 말단부는 4가닥으로 배선한다.
⑩	감지기 ↔ 감지기	4	지구 공통선 2, 지구선 2	교차회로방식에서 감지기가 루프로 된 부분과 말단부는 4가닥으로 배선한다.
⑪	감지기 ↔ 감지기	8	지구 공통선 4, 지구선 4	교차회로방식이므로 8가닥으로 배선한다.

[참고] 배선 용도의 명칭
- 회로선 = 지구선
- 압력스위치 = 밸브개방확인
- 탬퍼스위치 = 밸브주의
- 솔레노이드밸브 = 밸브기동

(2) 슈퍼비조리판넬(SVP)와 수신기 사이의 배선
   ① 전선 가닥수 : 9가닥
   ② [조건]에서 프리액션밸브의 전원 공통선과 감지기 공통선은 분리하여 배선하고, 프리액션밸브(준비작동식 밸브)의 압력스위치(PS, 밸브개방확인), 솔레노이드밸브(SV, 밸브기동), 탬퍼스위치(TS, 밸브주의)의 공통선은 1가닥으로 배선한다.
   ㉠ 전원 ⊖　　　　　　　　㉡ 전원 ⊕
   ㉢ 사이렌　　　　　　　　㉣ 압력스위치
   ㉤ 솔레노이드밸브　　　　㉥ 탬퍼스위치
   ㉦ 감지기 공통선　　　　　㉧ 감지기 A
   ㉨ 감지기 B

┤참고├
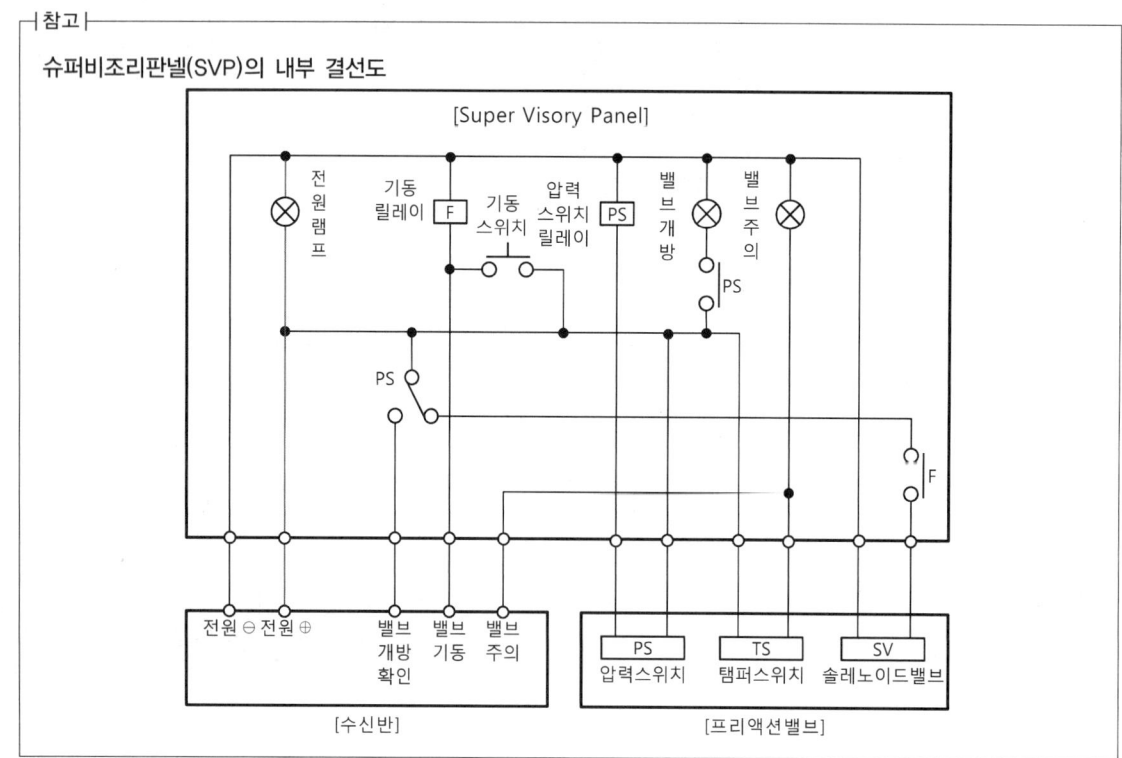

정답 (1)

기호	①	②	③	④	⑤	⑥	⑦	⑧	⑨	⑩	⑪
전선 가닥수	4	2	4	6	9	2	8	4	4	4	8

(2) 전원 ⊖, 전원 ⊕, 사이렌, 압력스위치, 솔레노이드밸브, 탬퍼스위치, 감지기 공통선, 감지기 A, 감지기 B

13 자동화재탐지설비의 수신기의 시험방법 중 공통선시험을 실시하는 목적과 시험방법에 대해 쓰시오.

득점	배점
	6

(1) 시험목적
(2) 시험방법

해설

수신기의 공통선시험

(1) 시험목적
  1개의 공통선이 담당하고 있는 경계구역의 수가 7개 이하인지 확인하기 위함이다.
(2) 시험방법
  ① 수신기 내 접속단자에서 공통선 1선을 제거한다.
  ② 회로도통시험스위치를 누른 후 회로선택스위치를 차례로 회전시킨다.
  ③ 시험용 계기를 확인하여 단선을 지시한 경계구역의 회선수를 조사(확인)한다.
(3) 판정기준
  공통선이 담당하고 있는 경계구역 수가 7개 이하일 것

> **참고**
> P형 수신기 및 G.P형 수신기의 감지기회로의 배선에 있어서 하나의 공통선에 접속할 수 있는 경계구역은 7개 이하로 할 것

정답 (1) 1개의 공통선이 담당하고 있는 경계구역의 수가 7개 이하인지 확인하기 위함이다.
(2) ① 수신기 내 접속단자에서 공통선 1선을 제거한다.
  ② 회로도통시험스위치를 누른 후 회로선택스위치를 차례로 회전시킨다.
  ③ 시험용 계기를 확인하여 단선을 지시한 경계구역의 회선수를 조사한다.

14 다음은 자동화재탐지설비의 P형 수신기와 R형 수신기의 차이점을 비교한 것이다. 아래 표의 빈칸에 알맞은 내용을 쓰시오.

득점	배점
	6

구분	P형 수신기	R형 수신기
신호전달방식		
신호의 종류		
수신 소요시간		

해설

자동화재탐지설비의 수신기

(1) 수신기의 정의(수신기의 형식승인 및 제품검사의 기술기준 제2조)
　① P형 수신기 : 감지기 또는 발신기로부터 발하여지는 신호를 직접 또는 중계기를 통하여 공통신호로서 수신하여 화재의 발생을 해당 소방대상물의 관계자에게 경보하여 주는 것을 말한다.
　② R형 수신기 : 감지기 또는 발신기로부터 발하여지는 신호를 직접 또는 중계기를 통하여 고유신호로서 수신하여 화재의 발생을 해당 소방대상물의 관계자에게 경보하여 주는 것을 말한다.

(2) P형 수신기와 R형 수신기의 차이점

구분	P형 수신기	R형 수신기
신호전달방식	1:1 접점방식	다중전송(통신신호)방식
신호의 종류	공통신호 (공통신호방식은 감지기에서 접점신호로 수신기에 화재발생신호를 송신한다. 따라서, 감지기가 작동하게 되면 스위치가 닫혀 회로에 전류가 흘러 수신기에서는 이를 화재가 발생했다는 것으로 파악한다)	고유신호 (고유신호방식은 수신기와 각 감지기가 통신신호를 채택하여 각 감지기나 또는 경계구역마다 각기 다른 신호를 전송하게 하는 방식이다)
배선	실선배선	통신배선
중계기의 주기능	전압을 유기하기 위해 사용	접점신호를 통신신호로 전환
설치건물	일반적으로 소형건물	일반적으로 대형건물
수신 소요시간	5초 이내	5초 이내

참고

구조 및 일반기능(수신기의 형식승인 및 제품검사의 기술기준 제3조)
수신기(1회선용은 제외한다)는 2회선이 동시에 작동해도 화재표시가 되어야 하며, 감지기의 감지 또는 발신기의 발신개시로부터 P형, P형 복합식, GP형, GP형 복합식, R형, R형 복합식, GR형 또는 GR형 복합식 수신기의 수신완료까지의 소요시간은 5초 이내이어야 한다.

정답

구분	P형 수신기	R형 수신기
신호전달방식	접점신호	통신신호
신호의 종류	공통신호	고유신호
수신 소요시간	5초 이내	5초 이내

15 다음 도면은 지하 2층, 지상 6층인 특정소방대상물의 자동화재탐지설비 계통도이다. 기호 ①~⑦까지의 최소 전선 가닥수를 산출하고, 배선의 용도를 쓰시오.

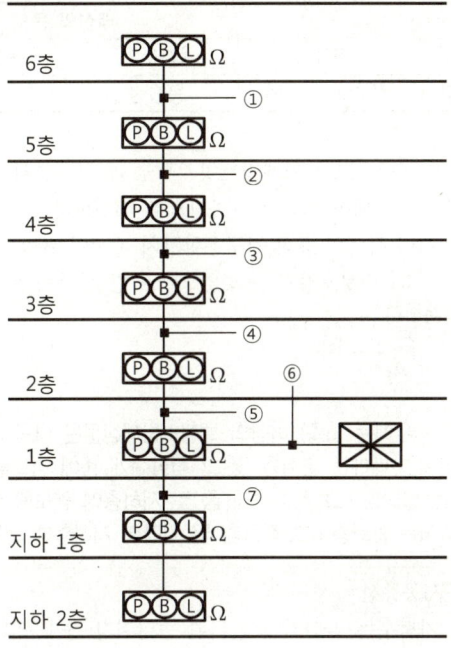

조건
- 회로공통선은 1가닥이고, 경종과 표시등의 공통선은 1가닥으로 배선한다.
- 7 경계구역이 초과할 경우 회로공통선과 경종과 표시등의 공통선을 1가닥 추가하여 배선한다.
- 수신기에는 화재로 인하여 하나의 층의 지구음향장치 배선이 단락되어도 다른 층의 화재통보에 지장이 없도록 각 층 배선 상에 유효한 조치(단락보호장치)를 하였다.

물음

기호	전선 가닥수	배선의 용도
①		
②		
③		
④		
⑤		
⑥		
⑦		

> **해설**

자동화재탐지설비의 전선 가닥수 및 배선의 용도

(1) 발신기의 기본 전선 가닥수(1회로 기준)

전선 가닥수	배선의 용도					
	용도 1	용도 2	용도 3	용도 4	용도 5	용도 6
6	회로선(지구선)	회로(지구)공통선	응답선	경종선	표시등선	경종·표시등공통선

(2) 일제경보방식

① 특정소방대상물이 11층 미만이므로 일제경보방식으로 배선해야 하며 최소 전선 가닥수를 산정할 경우 각 층마다 경종선(단락보호장치가 설치되어 있음)은 1가닥으로 배선한다.

② 수신기에는 화재로 인하여 하나의 층의 지구음향장치 배선이 단락되어도 다른 층의 화재통보에 지장이 없도록 각 층 배선 상에 유효한 조치(단락보호장치)를 하였으므로 경종공통선은 1가닥으로 배선하며 조건에서 경종과 표시등공통선은 1가닥으로 배선한다.

> **참고**
>
> **우선경보방식**
> 층수가 11층(공동주택의 경우에는 16층) 이상의 특정소방대상물은 다음의 기준에 따라 경보를 발할 수 있도록 할 것
> • 2층 이상의 층에서 발화한 때에는 발화층 및 그 직상 4개 층에 경보를 발할 것
> • 1층에서 발화한 때에는 발화층·그 직상 4개 층 및 지하층에 경보를 발할 것
> • 지하층에서 발화한 때에는 발화층·그 직상층 및 기타의 지하층에 경보를 발할 것

(3) 회로(지구)선과 회로(지구)공통선

① 회로(지구)선의 전선 가닥수는 발신기에 설치된 종단저항(경계구역의 수 또는 발신기의 수)의 설치개수이다.

② 하나의 회로(지구)공통선에 접속할 수 있는 경계구역은 7개 이하로 해야 하므로 회로(지구)선이 7가닥을 초과할 경우 회로(지구)공통선을 1가닥 추가해야 한다.

(4) 최소 전선 가닥수 산정

기호 (구간)	전선 가닥수	회로선	회로 공통선	응답선	경종선	표시등선	경종·표시등 공통선	비고
① (5층 ↔ 6층)	6	1	1	1	1	1	1	–
② (4층 ↔ 5층)	7	2	1	1	1	1	1	회로선 추가
③ (3층 ↔ 4층)	8	3	1	1	1	1	1	회로선 추가
④ (2층 ↔ 3층)	9	4	1	1	1	1	1	회로선 추가
⑤ (1층 ↔ 2층)	10	5	1	1	1	1	1	회로선 추가
⑥ (1층 발신기 ↔ 수신기)	15	8	2	1	1	1	2	– 회로선 추가 – 7 경계구역 초과로 회로공통선과 경종·표시등 공통선을 추가
⑦ (지하 2층 ↔ 지상 1층)	7	2	1	1	1	1	1	– 회로선 추가 – 지하층은 경종선을 1가닥으로 배선

> **참고**
>
> **전선 가닥수 산정**
> - 문제에서 최소 전선 가닥수를 산정할 경우 [조건]에서 단락보호장치가 설치되어 있다면 경종선과 경종공통선 모두에 단락보호장치가 설치되어 있다고 해석한다.
> - 문제에서 최소라는 문구가 빠지고 전선 가닥수를 산정할 경우 [조건]에서 단락보호장치가 설치되어 있다면 경종공통선에만 단락보호장치가 설치되어 있다고 해석한다.
>
> [전선가닥수 산정]
>
> | 기호 (구간) | 전선 가닥수 | 회로선 | 회로 공통선 | 응답선 | 경종선 | 표시등선 | 경종·표시등 공통선 |
> |---|---|---|---|---|---|---|---|
> | ① (5층 ↔ 6층) | 6 | 1 | 1 | 1 | 1 | 1 | 1 |
> | ② (4층 ↔ 5층) | 8 | 2 | 1 | 1 | 2 | 1 | 1 |
> | ③ (3층 ↔ 4층) | 10 | 3 | 1 | 1 | 3 | 1 | 1 |
> | ④ (2층 ↔ 3층) | 12 | 4 | 1 | 1 | 4 | 1 | 1 |
> | ⑤ (1층 ↔ 2층) | 14 | 5 | 1 | 1 | 5 | 1 | 1 |
> | ⑥ (1층 발신기 ↔ 수신기) | 21 | 8 | 2 | 1 | 7 | 1 | 2 |
> | ⑦ (지하 2층 ↔ 지상 1층) | 7 | 2 | 1 | 1 | 1 | 1 | 1 |

정답

기호	전선 가닥수	배선의 용도
①	6	회로선 1, 회로 공통선 1, 응답선 1, 경종선 1, 표시등선 1, 경종·표시등 공통선 1
②	7	회로선 2, 회로 공통선 1, 응답선 1, 경종선 1, 표시등선 1, 경종·표시등 공통선 1
③	8	회로선 3, 회로 공통선 1, 응답선 1, 경종선 1, 표시등선 1, 경종·표시등 공통선 1
④	9	회로선 4, 회로 공통선 1, 응답선 1, 경종선 1, 표시등선 1, 경종·표시등 공통선 1
⑤	10	회로선 5, 회로 공통선 1, 응답선 1, 경종선 1, 표시등선 1, 경종·표시등 공통선 1
⑥	15	회로선 8, 회로 공통선 2, 응답선 1, 경종선 1, 표시등선 1, 경종·표시등 공통선 2
⑦	7	회로선 2, 회로 공통선 1, 응답선 1, 경종선 1, 표시등선 1, 경종·표시등 공통선 1

16 다음 시퀀스회로도는 플로트스위치를 이용한 펌프모터의 레벨제어에 대한 미완성된 도면이다. 주어진 조건을 참고하여 각 물음에 답하시오.

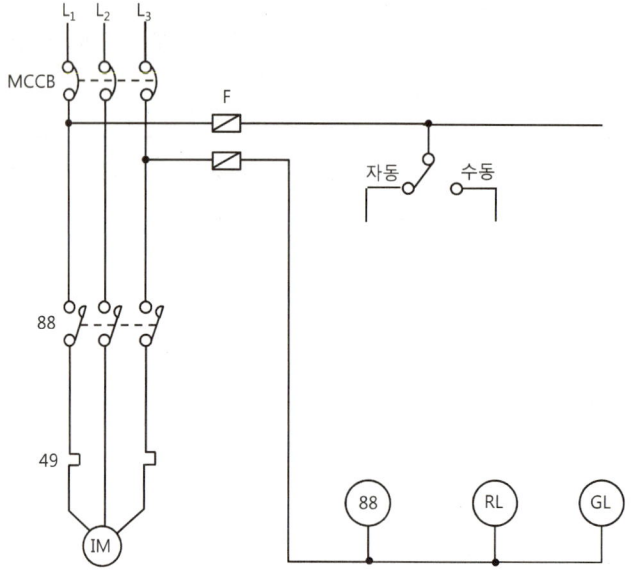

조건

[사용 기구 및 접점]

사용기구	사용개수	사용접점	사용접점 개수
88	1개	88-a접점	1개
		88-b접점	1개
RL 램프	1개	49 계전기 b접점	1개
GL 램프	1개	PB-ON 접점	1개
FS(플로트스위치)	1개	PB-OFF 접점	1개

[동작설명]

- 전원을 투입하면 GL 램프가 점등된다.

- 자동일 경우 플로트스위치가 작동하면(붙으면) 전자접촉기 88가 여자되어 RL 램프가 점등되고, GL 램프가 소등되며 펌프모터(IM)가 기동(운전)한다.

- 수동일 경우 누름버튼스위치(PB-ON)를 누르면 전자접촉기 88가 여자되어 자기유지가 되고, 펌프모터(IM)가 기동(운전)한다. 또한, RL 램프가 점등되고, GL 램프가 소등된다.

- 누름버튼스위치(PB-OFF)를 누르거나 계전기 49가 작동하면 RL 램프가 소등되고, GL 램프가 점등되며 펌프모터(IM)가 정지한다.

[물음]

(1) 위의 조건을 참고하여 도면을 완성하시오.
(2) MCCB와 49의 명칭을 쓰시오.
   ① MCCB의 명칭 :
   ② 49의 명칭 :

[해설]

플로트스위치를 이용한 펌프모터의 레벨제어

(1) 제어용기기의 명칭과 도시기호

제어용기기 명칭	작동원리	접점의 종류			
		주접점	코일	a접점	b접점
배선용 차단기 (MCCB)	단락 및 과부하로부터 회로를 보호하기 위하여 사용되는 전력기기이다.	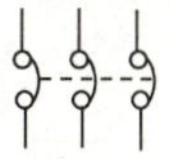 ▮▮▮	–	–	–
전자접촉기 (MC, 88)	전자석의 동작에 의하여 접점을 개폐하는 기구로서 부하회로를 빈번하게 개폐하는 접촉기이다.	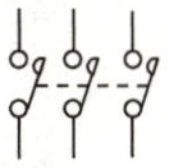 ▮▮▮	 MC	 MC	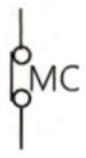 MC
열동계전기 (THR, 49)	정격전류 이상의 과부하 전류가 흐르면 내부에서 발생된 열에 의해 바이메탈이 동작하여 접점을 차단시키는 계전기로서 전동기의 과부하 보호에 사용된다.	 ▮▮	–	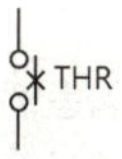 THR	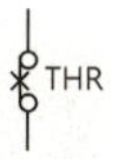 THR
누름버튼스위치 (PB-ON, PB-OFF)	버튼을 누르면 접점 기구부가 개폐되며 손을 떼면 스프링의 힘에 의해 자동으로 복귀되는 스위치이다.	–	–	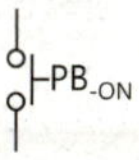 PB-ON	 PB-OFF
플로트스위치 (FS)	액면제어용으로 사용하는 스위치이다.	–	–	 FS	 FS
셀렉터스위치 (SS)	조작을 가하면 반대 조작이 있을 때까지 조작되었던 접점 상태를 그대로 유지하는 유지형 스위치이다.	–	–	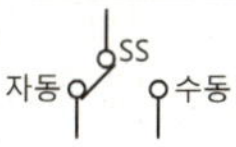 SS (자동/수동)	

[참고]
• 적색램프(RL) : (RL)   • 녹색램프(GL) : (GL)

(2) 동작조건에 따른 제어회로 작성

동작설명	회로도
① 전원을 투입하면 (GL)램프가 점등된다.	
② 자동일 경우 플로트스위치가 작동하면 (붙으면) 전자접촉기 (88)가 여자되어 (RL)램프가 점등되고 (GL)램프가 소등되며 펌프모터(IM)가 기동(운전)한다.	
③ 수동일 경우 누름버튼스위치(PB-ON)를 누르면 전자접촉기 (88)가 여자되어 자기유지가 되고, 펌프모터(IM)가 기동(운전)한다. 또한, (RL)램프가 점등되고, (GL)램프가 소등된다.	

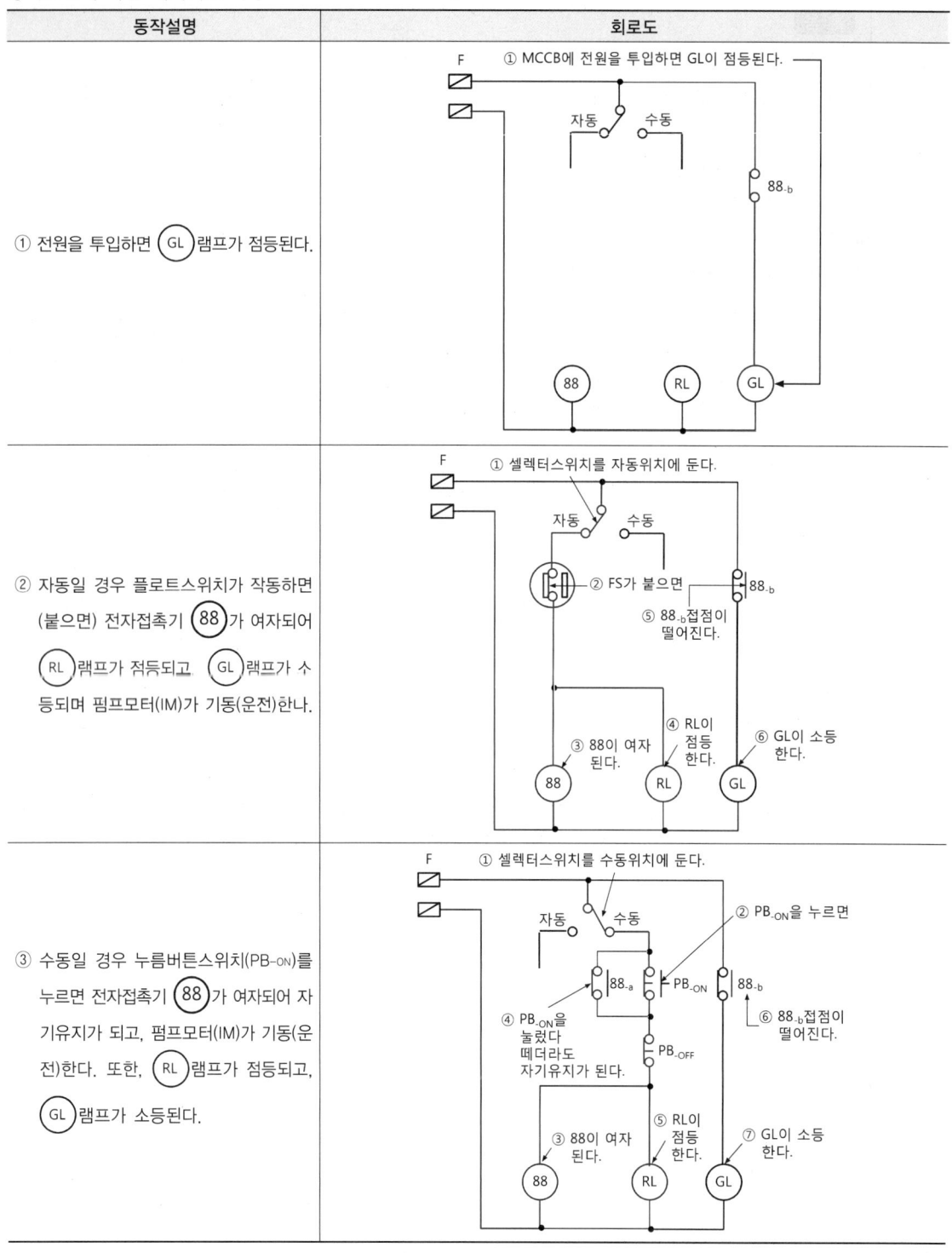

동작설명	회로도
④ 누름버튼스위치(PB-OFF)를 누르거나 계전기 49(열동계전기)가 작동하면 (RL) 램프가 소등되고, (GL) 램프가 점등되며 펌프모터(IM)가 정지한다.	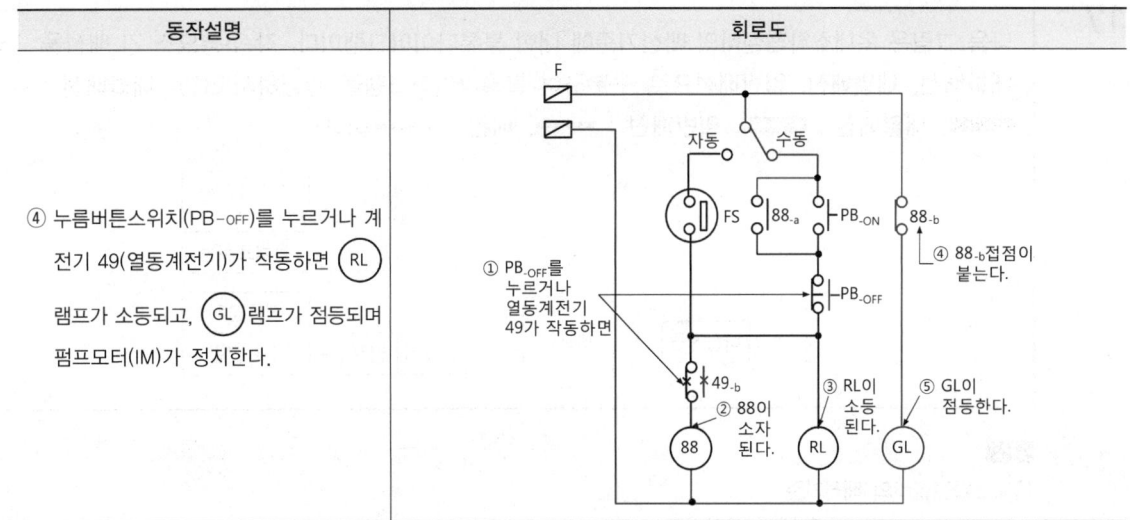

정답 (1)

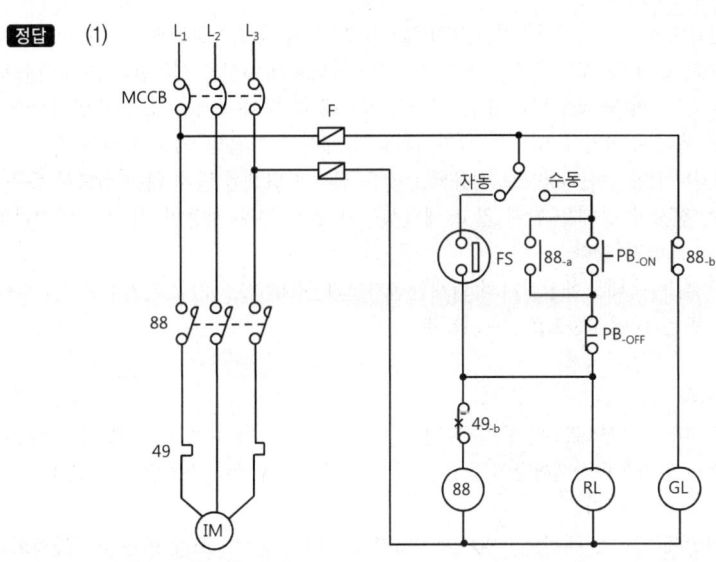

(2) ① 배선용 차단기
   ② 열동계전기

17 다음 그림은 옥내소화전설비의 배선기준에 대한 블록다이어그램이다. 각 구성요소 간 배선을 내화배선, 내열배선, 일반배선으로 구분하여 블록다이어그램을 완성하시오(단, 내화배선 : ■■■, 내열배선 : ▨▨▨, 일반배선 : ━━, 배관 : ■■■■이다).

득점	배점
	5

해설
옥내소화전설비의 배선기준

(1) 자동화재탐지설비의 배선 설치기준(NFTC 203)
 ① 전원회로의 배선은 옥내소화전설비의 화재안전기술기준(NFTC 102) 2.7.2의 표 2.7.2(1)에 따른 내화배선에 따르고, 그 밖의 배선(감지기 상호 간 또는 감지기로부터 수신기에 이르는 감지기회로의 배선을 제외한다)은 옥내소화전설비의 화재안전기술기준(NFTC 102) 2.7.2의 표 2.7.2(1) 또는 표 2.7.2(2)에 따른 내화배선 또는 내열배선에 따를 것
 ② 감지기 상호 간 또는 감지기로부터 수신기에 이르는 감지기회로의 배선은 다음의 기준에 따라 설치할 것
  ㉠ 아날로그식, 다신호식 감지기나 R형 수신기용으로 사용되는 것은 전자파 방해를 받지 않는 실드선 등을 사용해야 하며, 광케이블의 경우에는 전자파 방해를 받지 않고 내열성능이 있는 경우 사용할 것. 다만, 전자파 방해를 받지 않는 방식의 경우에는 그렇지 않다.
  ㉡ ㉠ 외의 일반배선을 사용할 때는 옥내소화전설비의 화재안전기술기준(NFTC 102) 2.7.2의 표 2.7.2(1) 또는 표 2.7.2(2)에 따른 내화배선 또는 내열배선으로 사용할 것

(2) 소화설비의 배선기준
 ① 옥내소화전설비의 배선 설치기준
  ㉠ 비상전원을 설치한 경우에는 비상전원으로부터 동력제어반 및 가압송수장치에 이르는 전원회로의 배선은 내화배선으로 할 것. 다만, 자가발전설비와 동력제어반이 동일한 실에 설치된 경우에는 자가발전기로부터 그 제어반에 이르는 전원회로의 배선은 그렇지 않다.
  ㉡ 상용전원으로부터 동력제어반에 이르는 배선, 그 밖의 옥내소화전설비의 감시·조작 또는 표시등회로의 배선은 내화배선 또는 내열배선으로 할 것. 다만, 감시제어반 또는 동력제어반 안의 감시·조작 또는 표시등회로의 배선은 그렇지 않다.

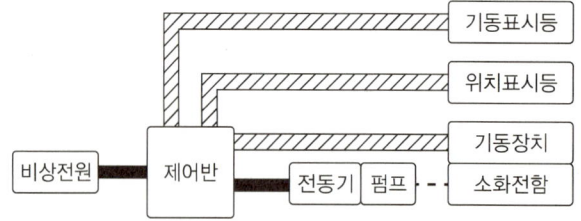

배선구간	배선	화재안전기술기준
• 비상전원 ↔ 제어반 • 제어반 ↔ 전동기(가압송수장치)	내화배선	비상전원으로부터 동력제어반 및 가압송수장치에 이르는 전원회로의 배선은 내화배선으로 할 것
• 제어반 ↔ 기동표시등 • 제어반 ↔ 위치표시등 • 제어반 ↔ 기동장치	내열배선	그 밖의 옥내소화전설비의 감시·조작 또는 표시등회로의 배선은 내화배선 또는 내열배선으로 할 것
• 감지기 ↔ 수신기 • 감지기 ↔ 감지기	일반배선	감지기 상호 간 또는 감지기로부터 수신기에 이르는 감지기회로의 배선

펌프와 소화전함은 배관으로 연결된다.

② 스프링클러설비의 배선기준

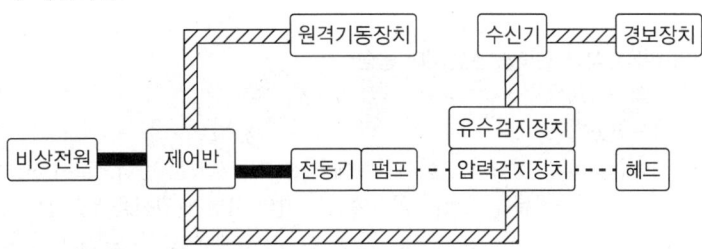

③ 분말소화설비·할론소화설비·이산화탄소소화설비의 배선기준

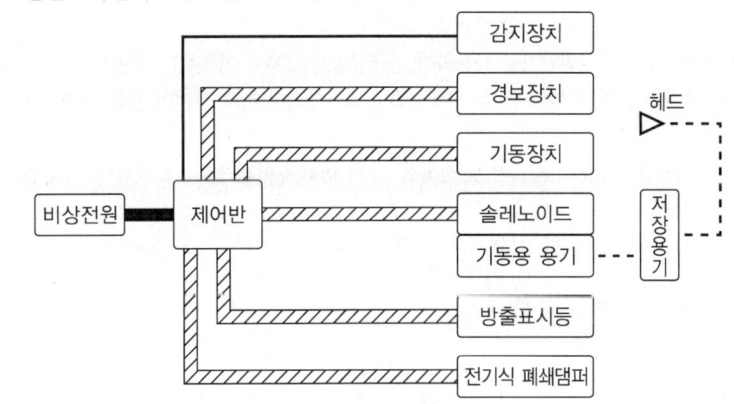

정답

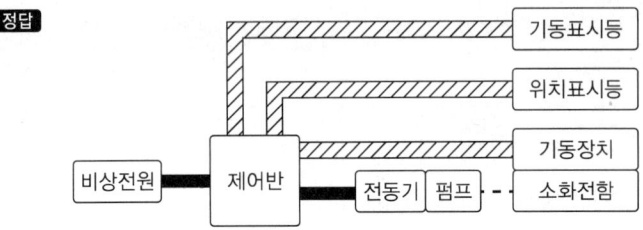

18 3상 380[V], 30[kW]의 옥내소화전 펌프용 유도전동기가 있다. 전동기의 기동방식은 일반적으로 어떤 방식을 이용하는지 쓰고, 전동기의 역률이 60[%]일 때 역률을 90[%]로 개선하고자 할 경우 전력용 콘덴서의 용량[kVA]을 구하시오.

득점	배점
	6

(1) 3상 유도전동기의 일반적으로 사용하는 기동방식을 쓰시오.
(2) 전력용 콘덴서의 용량[kVA]을 구하시오.
• 계산과정 :
• 답 :

해설

3상 유도전동기의 기동방식과 전력용 콘덴서의 용량

(1) 3상 유도전동기의 기동방식
  ① 3상 농형 유도전동기
    ㉠ 전전압기동법 : 직접 정격전압을 전동기에 가해 기동시키는 방법으로서 5[kW] 이하의 전동기를 기동시킨다.
    ㉡ Y-△기동법 : 기동전류를 줄이기 위하여 전동기의 고정자 권선을 Y결선으로 하여 상전압을 줄여 기동전류와 기동토크를 $\frac{1}{3}$로 감소시키고, 기동 후에는 △결선으로 하여 전전압으로 운전하는 방법으로서 일반적으로 10~15[kW]의 전동기를 기동시킨다.
    ㉢ 기동보상기법 : 단권변압기를 사용하여 공급전압을 낮추어 기동하는 방법으로서 15[kW] 이상의 전동기를 기동시킨다.
    ㉣ 리액터기동법 : 전동기의 1차 측에 직렬로 리액터를 설치하고 리액터 값을 조정하여 기동전압을 제어하여 기동시킨다.
  ② 3상 권선형 유도전동기
    2차 저항 제어법 : 전동기의 2차에 저항을 넣어 비례추이의 원리에 의하여 기동전류를 작게 하고 기동토크를 크게 하여 기동시킨다.

(2) 역률을 개선하기 위한 전력용 콘덴서의 용량(Q_C)
  ① $Q_C = P(\tan\theta_1 - \tan\theta_2) = P\left(\sqrt{\frac{1}{\cos^2\theta_1}-1} - \sqrt{\frac{1}{\cos^2\theta_2}-1}\right)$ [kVA]
  ② $Q_C = P\left(\frac{\sin\theta_1}{\cos\theta_1} - \frac{\sin\theta_2}{\cos\theta_2}\right) = P\left(\frac{\sqrt{1-\cos^2\theta_1}}{\cos\theta_1} - \frac{\sqrt{1-\cos^2\theta_2}}{\cos\theta_2}\right)$ [kVA]

여기서, P : 유효전력(30[kW])　　$\cos\theta_1$: 개선 전의 역률(60[%])=0.6
　　　　$\cos\theta_2$: 개선 후의 역률(90[%])=0.9

참고

역률($\cos\theta$)과 무효율($\sin\theta$)의 관계

• 위상 $\tan\theta = \frac{\sin\theta}{\cos\theta}$　　• 삼각함수 $\sin^2\theta + \cos^2\theta = 1$
• 역률 $\cos\theta = \sqrt{1-\sin^2\theta}$　　• 무효율 $\sin\theta = \sqrt{1-\cos^2\theta}$

∴ 전력용 콘덴서의 용량 $Q_C = P\left(\sqrt{\frac{1}{\cos^2\theta_1}-1} - \sqrt{\frac{1}{\cos^2\theta_2}-1}\right)$
$= 30[\text{kW}] \times \left(\sqrt{\frac{1}{0.6^2}-1} - \sqrt{\frac{1}{0.9^2}-1}\right) = 25.47[\text{kVA}]$

정답 (1) Y-△기동법　　　　　　　　(2) 25.47[kVA]

2020년 제1회 과년도 기출복원문제

※ 다음 물음에 대한 답을 해당 답란에 답하시오.(배점 : 100)

01 다음 그림은 무접점회로이다. 각 물음에 답하시오.

득점	배점
	9

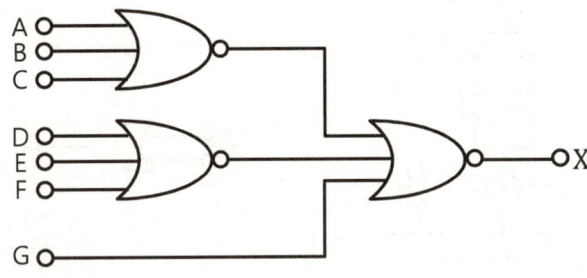

(1) 주어진 논리회로를 논리식으로 표현하시오.
(2) (1)에서 구한 논리식을 AND, OR, NOT회로를 이용하여 무접점회로로 표현하시오.
(3) (1)에서 구한 논리식을 유접점회로(릴레이회로)로 표현하시오.

해설

논리회로

(1) NOR회로

논리회로	유접점회로	무접점회로	논리식
NOR회로			$X = \overline{A+B} = \overline{A} \cdot \overline{B}$

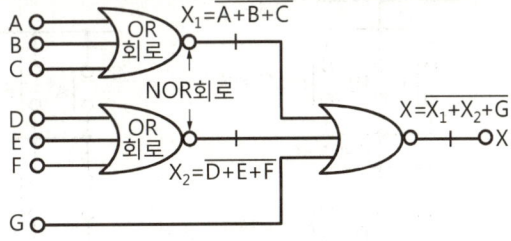

$$\therefore\ X = \overline{X_1 + X_2 + G} = \overline{\overline{(A+B+C)} + \overline{(D+E+F)} + G}$$
$$= (\overline{\overline{\overline{A+B+C}}}) \cdot (\overline{\overline{\overline{D+E+F}}}) \cdot \overline{G}$$
$$= (A+B+C) \cdot (D+E+F) \cdot \overline{G}$$

(2) 논리회로의 기본회로

논리회로	유접점회로	무접점회로	논리식
AND회로			$X = A \cdot B$
OR회로			$X = A + B$
NOT회로			$X = \overline{A}$

$$X = \underbrace{(A+B+C)}_{\text{OR회로}} \cdot \underbrace{}_{\text{AND회로}} \underbrace{(D+E+F)}_{\text{OR회로}} \cdot \underbrace{}_{\text{AND회로}} \underbrace{\overline{G}}_{\text{NOT회로}}$$

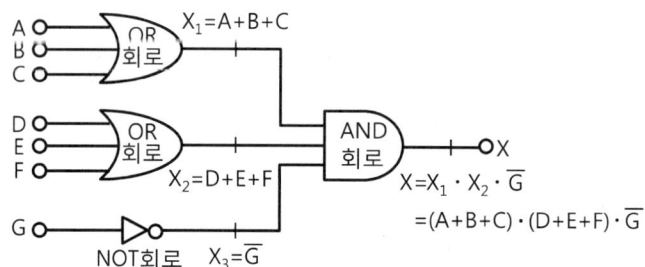

(3) 유접점회로

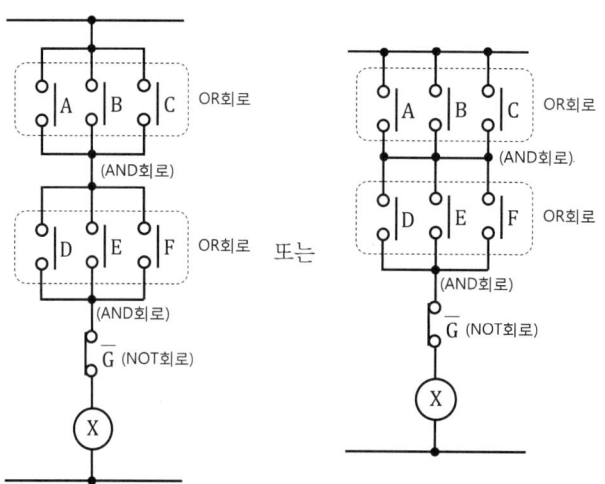

정답 (1) $X = (A+B+C) \cdot (D+E+F) \cdot \overline{G}$

(2)

(3)

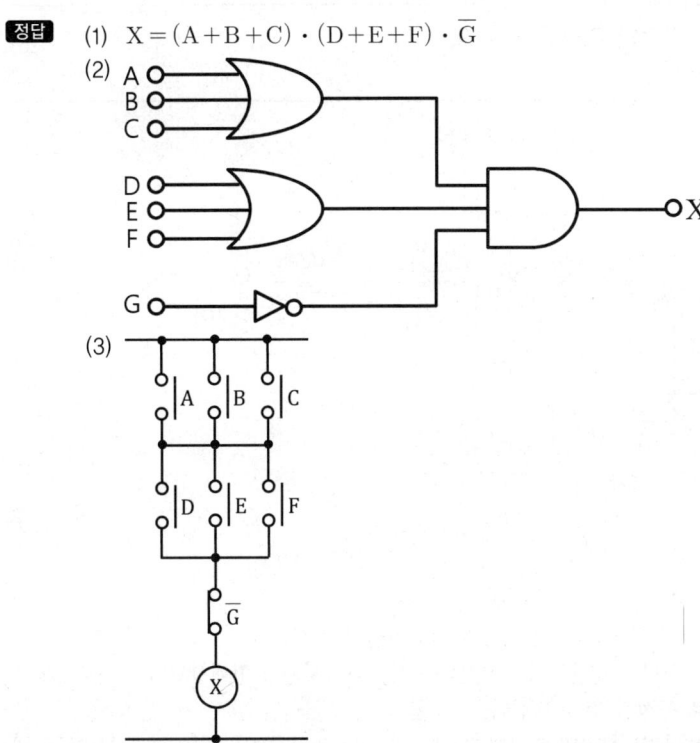

02 누전경보기의 구성요소 4가지와 각각의 기능을 쓰시오.

득점	배점
	4

해설

누전경보기의 구성요소 및 기능

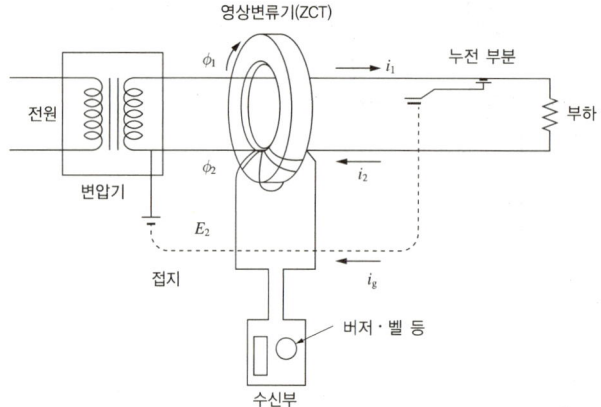

(1) 누전경보기의 용어 정의(누전경보기의 형식승인 및 제품검사의 기술기준 제2조)
  ① 누전경보기 : 사용전압 600[V] 이하인 경계전로의 누설전류를 검출하여 해당 소방대상물의 관계자에게 경보를 발하는 설비로서 변류기와 수신부로 구성된 것을 말한다.
  ② 경보기구 : 자동화재탐지설비, 비상경보설비의 축전지, 화재속보설비, 누전경보기, 가스누설경보기 등 화재의 발생 또는 화재의 발생이 예상되는 상황에 대하여 경보를 발하여 주는 설비를 말한다.
  ③ 누전경보기의 수신부 : 변류기로부터 검출된 신호를 수신하여 누전의 발생을 해당 소방대상물의 관계자에게 경보하여 주는 것(차단기구를 갖는 것은 이를 포함한다)을 말한다.
  ④ 누전경보기의 차단기구 : 경계전로에 누설전류가 흐르는 경우 이를 수신하여 그 경계전로의 전원을 자동적으로 차단하는 장치를 말한다.
  ⑤ 누전경보기의 변류기 : 경계전로의 누설전류를 자동적으로 검출하여 이를 누전경보기의 수신부에 송신하는 것을 말한다.
  ⑥ 경종 : 경보기구 또는 비상경보설비에 사용하는 벨 등의 음향장치를 말한다.
(2) 누전경보기의 구성요소 및 기능
  ① 영상변류기 : 경계전로의 누설전류를 자동적으로 검출하여 이를 누전경보기의 수신부에 송신하는 장치이다. → 누설전류를 검출한다.
  ② 수신기 : 변류기로부터 검출된 신호를 수신하여 누전의 발생을 해당 특정소방대상물의 관계인에게 경보하는 장치이다. → 검출된 신호를 수신한다.
  ③ 음향장치 : 누전 시 경보를 발하는 장치이다. → 누전 시 경보를 발생한다.
  ④ 차단기구 : 경계전로에 누설전류가 흐르는 경우 이를 수신하여 그 경계전로의 전원을 자동적으로 차단하는 장치이다. → 누전 시 전원을 차단한다.

정답
  (1) 영상변류기 : 누설전류를 검출한다.
  (2) 수신기 : 검출된 신호를 수신한다.
  (3) 음향장치 : 누전 시 경보를 발생한다.
  (4) 차단기구 : 누전 시 전원을 차단한다.

03 자동화재탐지설비 및 시각경보장치의 화재안전기술기준과 감지기의 형식승인 및 제품검사의 기술기준에서 정하는 기준에 따라 주요구조부가 비내화구조인 특정소방대상물에 공기관식 차동식 분포형 감지기를 설치하고자 한다. 각 물음에 답하시오.

(1) 공기관의 노출 부분은 감지구역마다 몇 [m] 이상이 되도록 해야 하는지 쓰시오.
(2) 공기관과 감지구역의 각 변과의 수평거리는 몇 [m] 이하가 되도록 해야 하는지 쓰시오(단, 주요구조부가 비내화구조이다).
(3) 공기관 상호 간의 거리는 몇 [m] 이하가 되도록 해야 하는지 쓰시오.
(4) 하나의 검출 부분에 접속하는 공기관의 길이는 몇 [m] 이하로 해야 하는지 쓰시오.
(5) 공기관의 두께 및 바깥지름은 각각 몇 [mm] 이상이어야 하는지 쓰시오.
  ① 공기관의 두께 :
  ② 공기관의 바깥지름 :

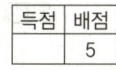

해설
공기관식 차동식 분포형 감지기의 설치기준

(1) 감지기의 설치기준(NFTC 203)
  ① 공기관의 노출 부분은 감지구역마다 20[m] 이상이 되도록 할 것
  ② 공기관과 감지구역의 각 변과의 수평거리는 1.5[m] 이하가 되도록 하고, 공기관 상호 간의 거리는 6[m](주요구조부가 내화구조로 된 특정소방대상물 또는 그 부분에 있어서는 9[m]) 이하가 되도록 할 것
  ③ 공기관은 도중에서 분기하지 않도록 할 것
  ④ 하나의 검출 부분에 접속하는 공기관의 길이는 100[m] 이하로 할 것
  ⑤ 검출부는 5[°] 이상 경사되지 않도록 부착할 것
  ⑥ 검출부는 바닥으로부터 0.8[m] 이상 1.5[m] 이하의 위치에 설치할 것

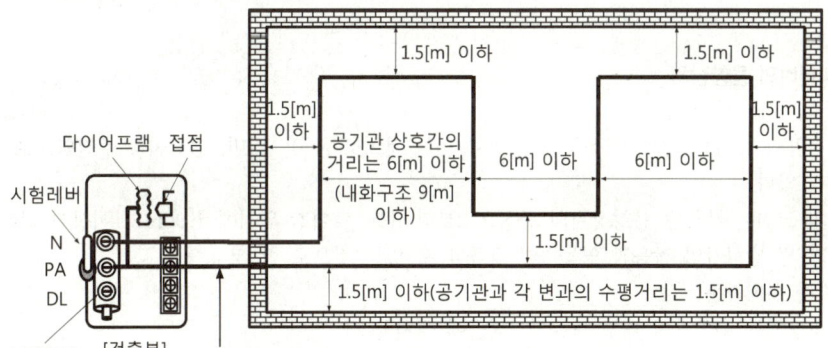

(2) 감지기의 구조 및 기능(감지기의 형식승인 및 제품검사의 기술기준 제5조)
  ① 리크저항 및 접점수고를 쉽게 시험할 수 있어야 한다.
  ② 공기관의 누출 및 폐쇄 여부를 쉽게 시험할 수 있고, 시험 후 시험장치를 정위치에 쉽게 복귀할 수 있는 적당한 방법이 강구되어야 한다.
  ③ 공기관은 하나의 길이(이음매가 없는 것)가 20[m] 이상의 것으로 안지름 및 관의 두께가 일정하고 홈, 갈라짐 및 변형이 없어야 하며 부식되지 않아야 한다.
  ④ 공기관의 두께는 0.3[mm] 이상, 바깥지름은 1.9[mm] 이상이어야 한다.

정답
(1) 20[m] 이상
(2) 1.5[m] 이하
(3) 6[m] 이하
(4) 100[m] 이하
(5) ① 0.3[mm] 이상
② 1.9[mm] 이상

04
다음은 자동화재탐지설비 및 시각경보장치의 화재안전기술기준에서 정하는 음향장치의 구조 및 성능기준이다. ( ) 안에 알맞은 내용을 쓰시오.

득점	배점
	3

> 정격전압의 ( )[%] 전압에서 음향을 발할 수 있는 것으로 할 것

해설

자동화재탐지설비의 음향장치
(1) 음향장치의 구조 및 성능
　① 정격전압의 80[%] 전압에서 음향을 발할 수 있는 것으로 할 것. 다만, 건전지를 주전원으로 사용하는 음향장치는 그렇지 않다.
　② 음향의 크기는 부착된 음향장치의 중심으로부터 1[m] 떨어진 위치에서 90[dB] 이상이 되는 것으로 할 것
　③ 감지기 및 발신기의 작동과 연동하여 작동할 수 있는 것으로 할 것
(2) 음향장치의 설치기준
　① 주음향장치는 수신기의 내부 또는 그 직근에 설치할 것
　② 층수가 11층(공동주택의 경우에는 16층) 이상의 특정소방대상물은 다음의 기준에 따라 경보를 발할 수 있도록 할 것
　　㉠ 2층 이상의 층에서 발화한 때에는 발화층 및 그 직상 4개 층에 경보를 발할 것
　　㉡ 1층에서 발화한 때에는 발화층·그 직상 4개 층 및 지하층에 경보를 발할 것
　　㉢ 지하층에서 발화한 때에는 발화층·그 직상층 및 기타의 지하층에 경보를 발할 것
　③ 지구음향장치는 특정소방대상물의 층마다 설치하되, 해당 층의 각 부분으로부터 하나의 음향장치까지의 수평거리가 25[m] 이하가 되도록 하고, 해당 층의 각 부분에 유효하게 경보를 발할 수 있도록 설치할 것. 다만, 비상방송설비의 화재안전기술기준(NFTC 202)에 적합한 방송설비를 자동화재탐지설비의 감지기와 연동하여 작동하도록 설치한 경우에는 지구음향장치를 설치하지 않을 수 있다.

정답 80

05 정격전압이 DC 24[V]인 P형 수신기와 감지기의 배선회로에서 감지기가 작동할 때 동작전류 [mA]를 구하시오(단, 종단저항은 감지기의 말단에 설치하고, 종단저항은 20[kΩ], 감시전류는 1.17[mA], 릴레이저항은 500[Ω]이다).

득점	배점
	4

• 계산과정 :

• 답 :

해설

감지기가 작동할 때 동작전류 계산

(1) 감시전류(I)

감지기의 감시전류는 릴레이저항, 종단저항, 배선저항이 직렬로 연결되어 흐른다. [조건]에서 배선저항이 주어지지 않았으므로 먼저 배선저항을 구한다.

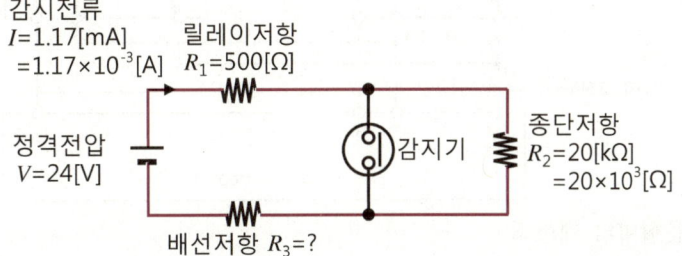

① 합성저항 $R = R_1 + R_2 + R_3 [\Omega]$

② 감시전류 $I = \dfrac{V}{R} = \dfrac{V[\text{V}]}{R_1[\Omega] + R_2[\Omega] + R_3[\Omega]} = 1.17 \times 10^{-3}[\text{A}]$

③ 배선저항 $R_3 = \dfrac{V[\text{V}]}{I[\text{A}]} - R_1[\Omega] - R_2[\Omega] = \dfrac{24[\text{V}]}{1.17 \times 10^{-3}[\text{A}]} - 500[\Omega] - 20 \times 10^3[\Omega]$
$= 12.82[\Omega]$

(2) 동작전류(I)

감지기가 작동되었을 때 종단저항에는 전류가 흐르지 않으므로 동작전류는 릴레이저항, 배선저항이 직렬로 연결되어 흐른다.

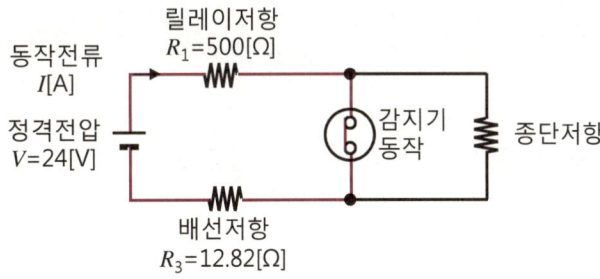

① 합성저항 $R = R_1 + R_3 [\Omega]$

② 동작전류 $I = \dfrac{V[\text{V}]}{R[\Omega]} = \dfrac{V[\text{V}]}{R_1[\Omega] + R_3[\Omega]} = \dfrac{24[\text{V}]}{500[\Omega] + 12.82[\Omega]}$
$= 0.0468[\text{A}] = 46.8 \times 10^{-3}[\text{A}] = 46.8[\text{mA}]$

정답 46.8[mA]

06 다음 그림은 자동방화문설비의 자동방화문(Door Release)에서 R형 중계기(R type Repeater)까지 결선도 및 계통도이다. 주어진 조건을 참고하여 각 물음에 답하시오.

조건
- 전선은 최소 가닥수로 배선한다.
- 방화문의 감지기회로는 제외한다.
- 자동방화문설비는 층별로 동일하게 설치되어 있다.
- R형 중계기의 회로도

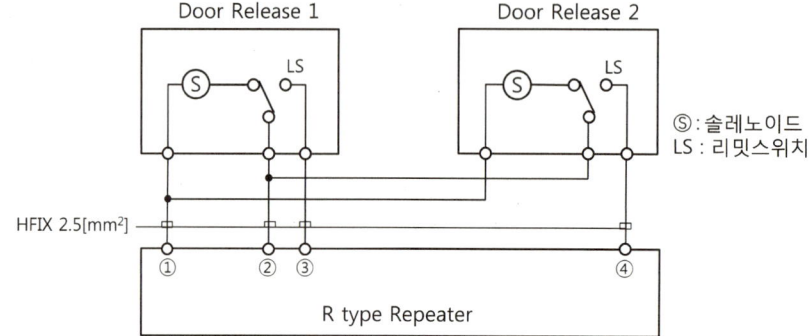

- 자동방화문설비의 계통도

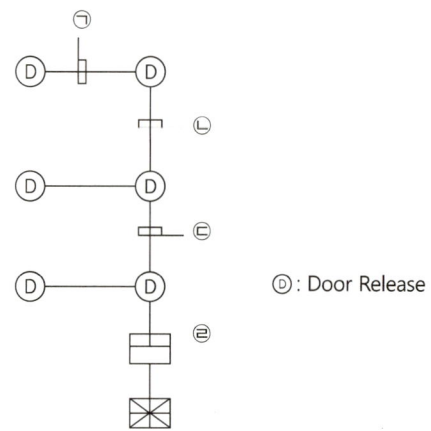

물음

(1) R형 중계기 회로도에서 ①~④의 배선의 명칭을 쓰시오.
- ① :
- ② :
- ③ :
- ④ :

(2) 자동방화문설비의 계통도에서 ㉠~㉣의 전선 가닥수와 배선의 용도를 쓰시오.

기호	전선 가닥수	배선의 용도
㉠		
㉡		
㉢		
㉣		

해설

자동방화문(Door Release)설비

(1) 중계기의 회로도

① 자동방화문의 정의

피난계단 전실 등의 출입문은 평상시에는 개방되어 있다가 화재발생 시 연기감지기가 작동하거나 기동스위치의 조작에 의하여 방화문이 자동으로 폐쇄시켜 화재 시 연기가 유입되는 것을 방지한다.

② 중계기의 정의

감지기·발신기 또는 전기적 접점 등의 작동에 따른 신호를 받아 이를 수신기에 전송하는 장치이다.

③ 중계기의 회로도

㉠ 화재가 발생하여 연기감지기가 작동하면 솔레노이드(S)에 전원이 투입되어 자동방화문이 폐쇄된다.

㉡ 자동방화문이 완전히 폐쇄되면 리밋스위치(LS)에 의해 자동방화문 폐쇄확인 신호를 수신기에 전송한다.

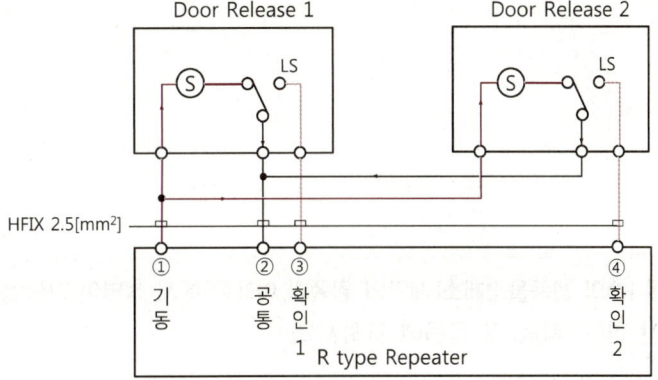

(2) 자동방화문설비의 전선 가닥수

배선의 용도	전선 가닥수 산정
공통	자동방화문 증감의 관계없이 무조건 1가닥으로 산정함
기동	자동방화문(도어릴리즈) 구역마다 1가닥씩 추가함
확인(기동확인 = 자동방화문 폐쇄)	자동방화문(도어릴리즈)마다 1가닥씩 추가함

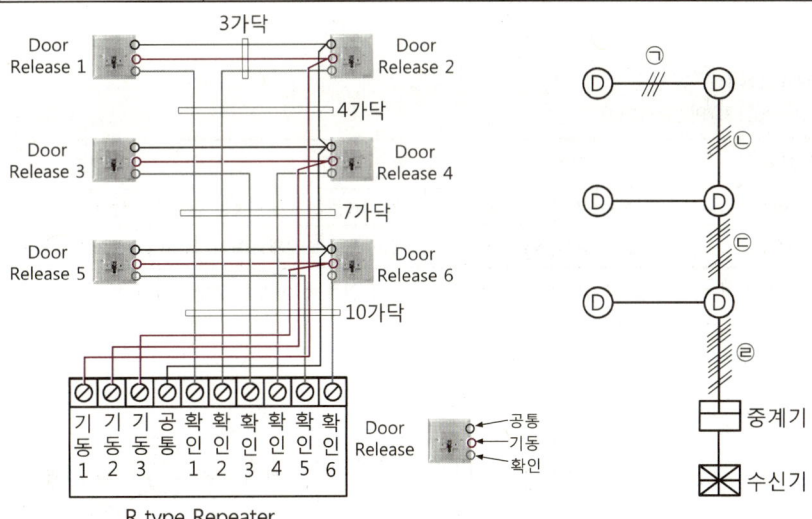

기호	전선 가닥수	배선의 용도
㉠	3	공통 1, 기동 1, 확인 1
㉡	4	공통 1, 기동 1, 확인 2
㉢	7	공통 1, (기동 1, 확인 2) × 2
㉣	10	공통 1, (기동 1, 확인 2) × 3

정답 (1) ① 기동 ② 공통
　　　　　　③ 확인 1 ④ 확인 2
　　　(2) 해설 참고

07

계단에 설치된 1개의 전등을 2개소(계단의 위쪽과 아래쪽)에서 점멸이 가능하도록 스위치 배선 공사를 하고자 한다. 다음 각 물음에 답하시오.

득점	배점
	5

(1) 스위치의 명칭을 쓰시오.

(2) 배선에 전선 가닥수를 표시하시오(표기의 예 : 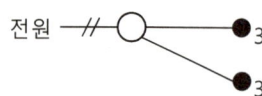).

전원 —#/— ○ ●3
　　　　　　　●3

해설
3로 스위치(점멸기)

(1) 점멸기(스위치)의 도시기호

도시기호	명칭	용도
●	단로 스위치(점멸기)	1개의 전등을 1개소에서 점멸이 가능한 스위치
●₃	3로 스위치(점멸기)	1개의 전등을 2개소에서 점멸이 가능한 스위치

∴ 3로 스위치는 계단에 설치된 1개의 전등을 계단의 위쪽과 아래쪽 2개소에서 점멸이 가능하도록 설치하는 스위치이다.

(2) 단로 및 3로 스위치의 배선도
　① 3로 스위치의 배선도 및 전선 가닥수

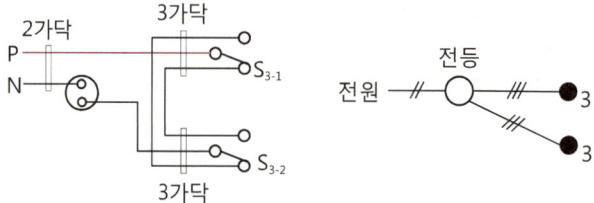

② 단로 및 3로 스위치의 회로도

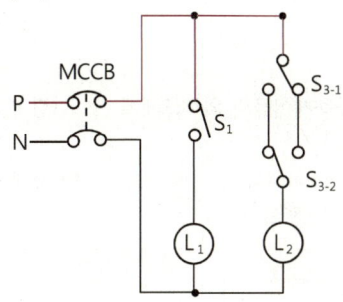

- S_1 : 단로 스위치
- S_{3-1}, S_{3-2} : 3로 스위치
- L_1, L_2 : 전등
- MCCB : 배선용 차단기

정답 (1) 3로 스위치
(2)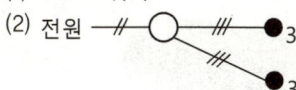

08 다음은 무선통신보조설비에서 누설동축케이블에 표시되어 있는 기호이다. 각 기호의 의미를 보기에서 찾아 쓰시오.

득점	배점
	6

$$\underset{①}{\text{LCX}} - \underset{②}{\text{FR}} - \underset{③}{\text{SS}} - \underset{④}{20}\underset{⑤}{\text{D}} - \underset{⑥}{14}\underset{⑦}{6}$$

보기

- 난연성(내열성)
- 누설동축케이블
- 특성임피던스
- 자기지지
- 절연체 외경
- 사용 주파수

물음

① :　　　　　　　② :　　　　　　　③ :
④ :　　　　　　　⑤ :　　　　　　　⑥ :
⑦ : 결합손실

해설

누설동축케이블

(1) 누설동축케이블의 종류
   ① LCX Cable(Leakage Coaxial Cable) : 동축케이블의 외부도체에 가느다란 홈(Slot)을 만들어서 전파가 외부로 새어 나갈 수 있도록 한 케이블이다.
   ② RFCX Cable(Radiation High Foamed Coaxial Cable) : 방사형 누설동축케이블은 고발포 폴리에틸렌 절연체 위에 외부도체로 주름상의 구리관에 슬롯을 낸 구조이다.

> **참고**
>
> **누설동축케이블(LCX)의 구조**
>
>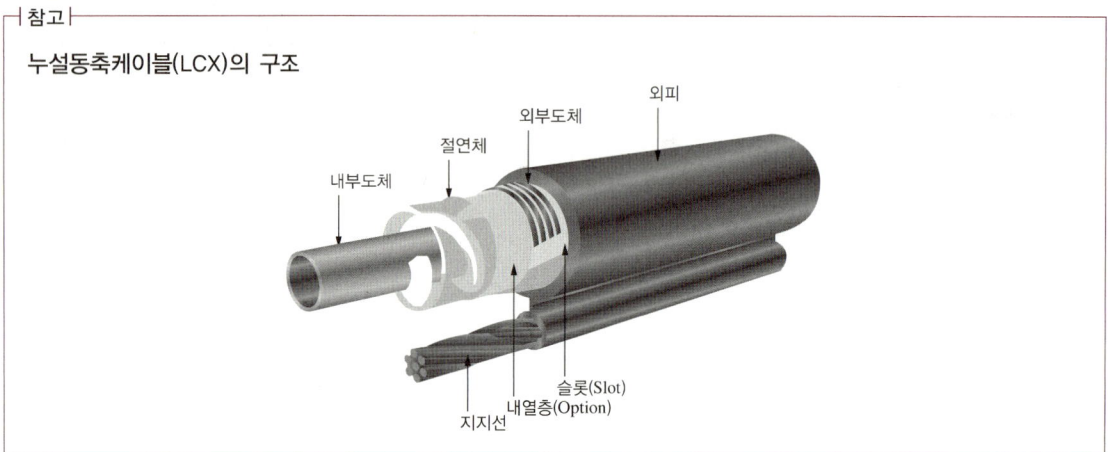

(2) 누설동축케이블의 표시
   ① LCX(Leaky Coaxial Cable) : 누설동축케이블
   ② FR(Flame Resistance) : 난연성(내열성)
   ③ SS(Self Supporting) : 자기지지
   ④ 20 : 절연체 외경(20[mm])
   ⑤ D : 특성임피던스(C - 75[Ω], D - 50[Ω])
   ⑥ 14 : 사용 주파수(1 - 150[MHz], 4 - 450[MHz])
   ⑦ 6 : 결합손실

정답
① 누설동축케이블   ② 난연성(내열성)
③ 자기지지   ④ 절연체 외경
⑤ 특성임피던스   ⑥ 사용 주파수

---

09 연축전지 여러 개를 구성하여 정격용량이 200[Ah]인 비상전원설비의 축전지설비를 설치하고자 한다. 이때 상시부하가 8[kW]이고, 표준전압이 100[V]일 때 다음 각 물음에 답하시오. [득점 / 배점 6]

(1) 비상전원설비에 필요한 연축전지의 셀[cell]수를 구하시오.
   • 계산과정 :
   • 답 :
(2) 연축전지를 방전상태에서 오랫동안 방치한 경우 극판에서 발생하는 현상을 쓰시오.
(3) 충전 시 발생하는 가스의 종류를 쓰시오.

해설

축전지설비

(1) 연축전지의 셀[cell]수 계산
   ① 연축전지와 알칼리축전지 비교

구분		연축전지(납축전지)		알칼리축전지	
		CS형	HS형	포켓식	소결식
구조	양극	이산화납(PbO_2)		수산화니켈[$Ni(OH)_3$]	
	음극	납(Pb)		카드뮴(Cd)	
	전해액	황산(H_2SO_4)		수산화칼륨(KOH)	
공칭용량(방전시간율)		10[Ah](10[h])		5[Ah](5[h])	
공칭전압		2.0[V/cell]		1.2[V/cell]	
충전시간		길다.		짧다.	
과충전, 과방전에 대한 전기적 강도		약하다.		강하다.	
용도		장시간, 일정 전류 부하에 우수		단시간, 대전류 부하에 우수	

   ② 연축전지의 셀[cell]수

   $$셀수 = \frac{사용전압(표준전압)[V]}{공칭전압[V/cell]}$$

   ※ 연축전지의 공칭전압은 2[V/cell]이다.

   $$\therefore 셀 수 = \frac{100[V]}{2[V/cell]} = 50[cell]$$

(2) 설페이션(Sulphation) 현상
   ① 연축전지를 과방전 및 방전상태에서 오랫동안 방치하면 극판의 황산납이 회백색으로 변하는 현상이다.
   ② 원인
      ㉠ 과방전하였을 경우
      ㉡ 장시간 방전상태에서 오랫동안 방치한 경우
      ㉢ 전해액의 비중이 너무 낮을 경우
      ㉣ 전해액의 부족으로 극판이 노출되었을 경우
      ㉤ 전해액에 불순물이 혼입되었을 경우
      ㉥ 불충분한 충전을 반복하였을 경우

(3) 충전 시 발생하는 가스
   ① 구성 : 양극(PbO_2), 음극(Pb), 전해액($H_2SO_4+H_2O$)
   ② 연축전지의 화학반응식

   $$\underset{(양극)}{PbO_2} + \underset{(전해액)}{2H_2SO_4} + \underset{(음극)}{Pb} \underset{충전}{\overset{방전}{\rightleftarrows}} \underset{(양극)}{PbSO_4} + \underset{(전해액)}{2H_2O} + \underset{(음극)}{PbSO_4}$$

   ③ 충전 시 물(H_2O)이 전기분해되어 양극에는 산소(O_2), 음극에는 수소(H_2)가스가 발생한다.
   $2H_2O \rightarrow 2H_2 + O_2$

정답 (1) 50[cell]
   (2) 설페이션 현상
   (3) 산소와 수소가스

10

다음 그림은 자동화재탐지설비와 준비작동식 스프링클러설비의 프리액션밸브 간선 계통도이다. 계통도를 보고, 각 물음에 답하시오.

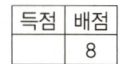

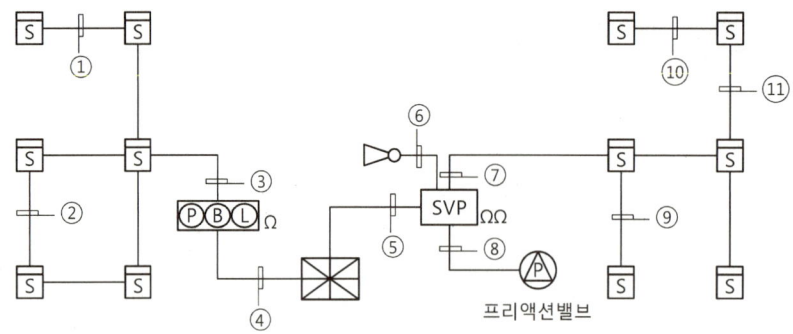

(1) ①~⑪까지의 전선 가닥수를 쓰시오(단, 프리액션밸브용 감지기 공통선과 전원 공통선은 분리하여 배선하고, 압력스위치, 탬퍼스위치 및 솔레노이드밸브용 공통선은 1가닥으로 배선한다).

기호	①	②	③	④	⑤	⑥	⑦	⑧	⑨	⑩	⑪
전선 가닥수											

(2) ⑤의 전선 가닥수에 해당하는 배선의 용도를 쓰시오.

해설

자동화재탐지설비와 준비작동식 스프링클러설비

(1) 전선 가닥수 산정

① 준비작동식 스프링클러설비의 개요 및 주요장치의 기능

㉠ 준비작동식 스프링클러설비 : 가압송수장치에서 준비작동식 유수검지장치 1차 측까지 배관 내에 항상 물이 가압되어 있고, 2차 측에서 폐쇄형 스프링클러헤드까지 대기압 또는 저압으로 있다가 화재 발생 시 감지기의 작동으로 준비작동식밸브가 개방되면 폐쇄형 스프링클러헤드까지 소화수가 송수되고, 폐쇄형 스프링클러헤드가 열에 의해 개방되면 방수가 되는 방식이다.

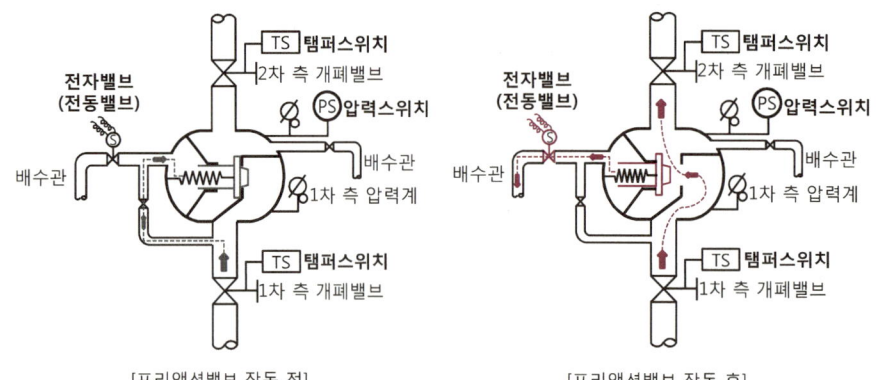

[프리액션밸브 작동 전] [프리액션밸브 작동 후]

㉡ 슈퍼비조리판넬(SVP) : 수동 조작과 프리액션밸브의 작동 여부를 확인시켜 주는 설비이다.

㉢ 압력스위치(PS) : 2차 측의 가압수가 방출되면 프리액션밸브 내의 클래퍼가 열리게 되고 이때 가압수가 압력스위치의 벨로즈를 가압하게 되어 전기적 접점이 붙어 수신기에 밸브개방확인 신호를 보낸다.

ⓐ 탬퍼스위치(TS) : 프리액션밸브의 1차 측 및 2차 측 개폐밸브의 개방상태를 확인하기 위하여 설치하는 스위치로서 개폐밸브가 폐쇄되었을 경우 수신기에 밸브주의 신호를 보낸다.
ⓑ 솔레노이드밸브(SV, 전자밸브) : 중간실과 배수관 사이를 연결하는 배관에 설치하여 기동스위치를 누르면 솔레노이드밸브가 작동하여 중간실의 압력수를 배수관을 통해 배출시켜 1차 측과 중간실의 압력 불균형으로 1차 측의 가압수가 2차 측으로 송수되면서 프리액션밸브가 작동하며 수신기에 밸브기동 신호를 보낸다.

② 소방시설의 도시기호(소방시설 자체점검사항 등에 관한 고시)

명칭	도시기호	명칭	도시기호
프리액션밸브 수동조작함(슈퍼비조리판넬, SVP)	SVP	프리액션밸브	
탬퍼스위치(TS)	TS	압력스위치(PS)	PS
연기감지기	S	사이렌	
수신기		솔레노이드밸브	

③ 감지기회로의 배선
㉠ 자동화재탐지설비의 감지기회로의 배선은 송배선방식으로 한다. 따라서, 감지기가 루프로 된 부분은 2가닥, 그 밖에는 4가닥으로 배선한다.

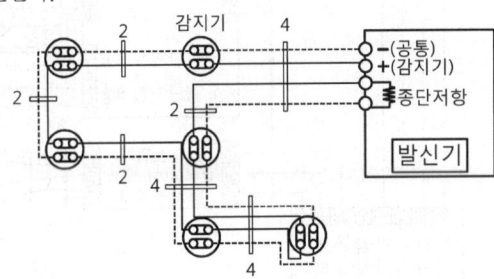

㉡ 준비작동식 스프링클러설비는 교차회로방식으로 배선한다. 따라서, 감지기가 루프로 된 부분과 말단부는 4가닥, 그 밖에는 8가닥으로 배선한다.

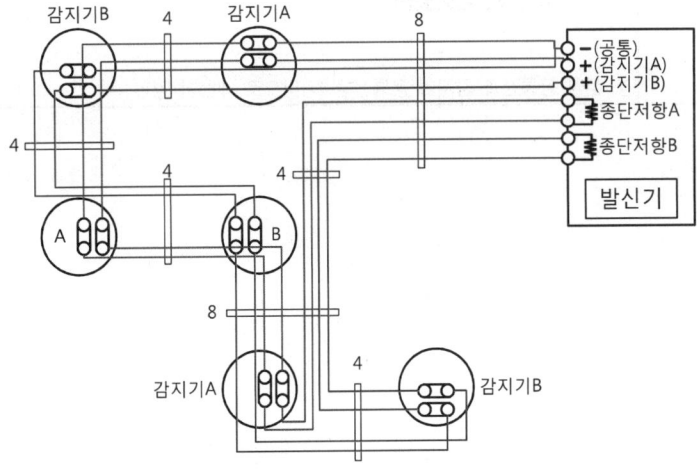

④ 발신기와 수신기 사이, 슈퍼비조리판넬(SVP)과 수신기 사이의 배선

구간	배선 그림	전선 가닥수
발신기 ↔ 수신기	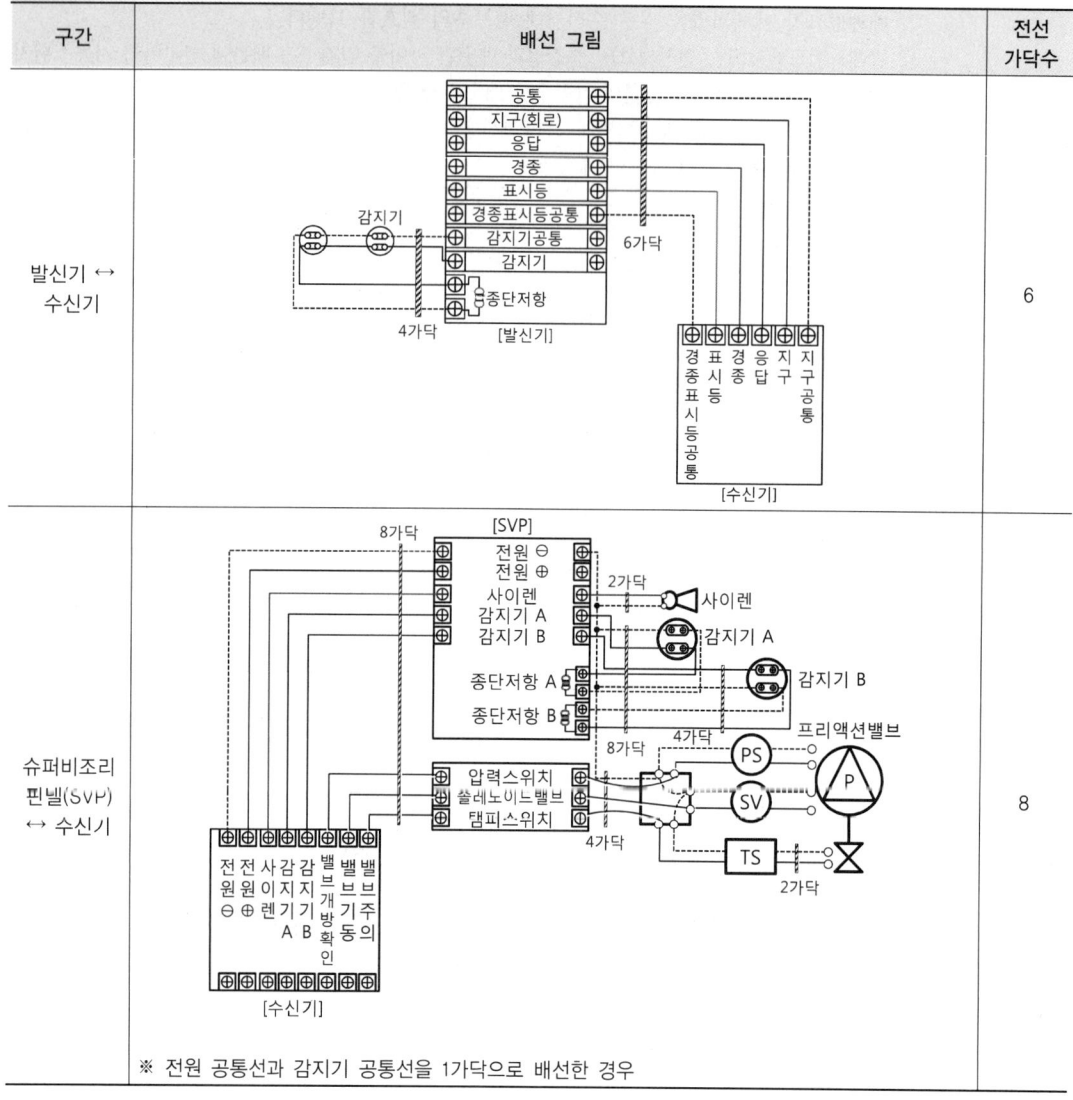	6
슈퍼비조리 판넬(SVP) ↔ 수신기		8

※ 전원 공통선과 감지기 공통선을 1가닥으로 배선한 경우

⑤ 전선 가닥수 산정

기호	구간	전선 가닥수	전선 용도	비고
①	감지기 ↔ 감지기	4	지구 공통선 2, 지구선 2	송배선방식이므로 4가닥으로 배선한다.
②	감지기 ↔ 감지기	2	지구 공통선 1, 지구선 1	송배선방식에서 감지기가 루프로 된 부분은 2가닥으로 배선한다.
③	감지기 ↔ 발신기	4	지구 공통선 2, 지구선 2	송배선방식이므로 4가닥으로 배선한다.
④	발신기 ↔ 수신기	6	지구 공통선 1, 지구선 1, 응답선 1, 경종·표시등 공통선 1, 경종 1, 표시등선 1	
⑤	SVP ↔ 수신기	9	전원 ⊖·⊕, 사이렌 1, 압력스위치 1, 솔레노이드밸브 1, 탬퍼스위치 1, 감지기 공통선 1, 감지기 A 1, 감지기 B 1	[조건]에서 전원 공통선과 감지기 공통선을 분리하여 배선하므로 감지기 공통선이 1가닥 추가되었다.
⑥	사이렌 ↔ SVP	2	사이렌 2	
⑦	감지기 ↔ SVP	8	지구 공통선 4, 지구선 4	교차회로방식이므로 8가닥으로 배선한다.
⑧	프리액션밸브 ↔ SVP	4	공통 1, 압력스위치 1, 솔레노이드밸브 1, 탬퍼스위치 1	
⑨	감지기 ↔ 감지기	4	지구 공통선 2, 지구선 2	교차회로방식에서 감지기가 루프로 된 부분과 말단부는 4가닥으로 배선한다.
⑩	감지기 ↔ 감지기	4	지구 공통선 2, 지구선 2	교차회로방식에서 감지기가 루프로 된 부분과 말단부는 4가닥으로 배선한다.
⑪	감지기 ↔ 감지기	8	지구 공통선 4, 지구선 4	교차회로방식이므로 8가닥으로 배선한다.

[참고] 배선 용도의 명칭
- 회로선 = 지구선
- 탬퍼스위치 = 밸브주의
- 압력스위치 = 밸브개방확인
- 솔레노이드밸브 = 밸브기동

(2) 슈퍼비조리판넬(SVP)와 수신기 사이의 배선
① 전선 가닥수 : 9가닥
② [조건]에서 프리액션밸브의 전원 공통선과 감지기 공통선은 분리하여 배선하고, 프리액션밸브(준비작동식 밸브)의 압력스위치(PS, 밸브개방확인), 솔레노이드밸브(SV, 밸브기동), 탬퍼스위치(TS, 밸브주의)의 공통선은 1가닥으로 배선한다.
㉠ 전원 ⊖
㉡ 전원 ⊕
㉢ 사이렌
㉣ 압력스위치
㉤ 솔레노이드밸브
㉥ 탬퍼스위치
㉦ 감지기 공통선
㉧ 감지기 A
㉨ 감지기 B

참고

슈퍼비조리판넬(SVP)의 내부 결선도

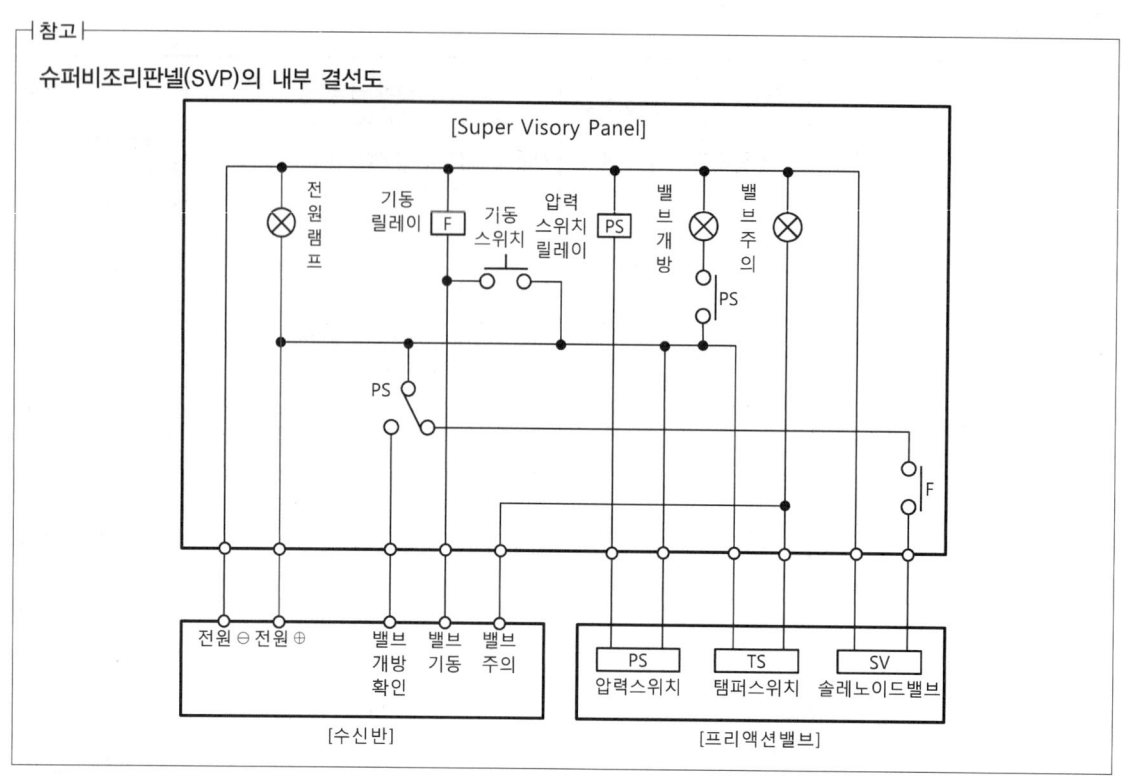

정답 (1)

기호	①	②	③	④	⑤	⑥	⑦	⑧	⑨	⑩	⑪
전선 가닥수	4	2	4	6	9	2	8	4	4	4	8

(2) 전원 ⊖, 전원 ⊕, 사이렌, 압력스위치, 솔레노이드밸브, 탬퍼스위치, 감지기 공통선, 감지기 A, 감지기 B

11 지상에서 80[m]의 높이에 고가수조가 있고, 이 고가수조에 분당 1.6[m³]의 물을 양수하는 펌프를 설치하고자 할 때 전동기의 용량[kW]을 구하시오(단, 펌프의 효율은 75[%]이고, 여유율은 10[%]이다).

득점	배점
	4

해설

펌프의 전동기 용량 계산

(1) 펌프의 축동력(P)

$$P = \frac{\gamma H Q}{\eta} \, [\text{kW}]$$

여기서, γ : 물의 비중량(9,800[N/m³]=9.8[kN/m³])
　　　　H : 양정[m]
　　　　Q : 유량[m³/s]
　　　　η : 펌프의 효율

(2) 펌프의 전동기 용량(P_m)

$$P_m = \frac{\gamma H Q}{\eta} \times K \, [\text{kW}]$$

여기서, γ : 물의 비중량(9,800[N/m³]=9.8[kN/m³])
　　　　H : 양정(80[m])
　　　　Q : 유량(1.6[m³/min] = $\frac{1.6}{60}$[m³/s])
　　　　η : 펌프의 효율(75[%]=0.75)
　　　　K : 여유율(동력전달계수, 10[%]=1.1)

$$\therefore P_m = \frac{9.8[\text{kN/m}^3] \times 80[\text{m}] \times \frac{1.6}{60}[\text{m}^3/\text{s}]}{0.75} \times 1.1 = 30.66[\text{kN} \cdot \text{m/s}] = 30.66[\text{kW}]$$

$= 30.66[\text{kW}]$

참고

단위 환산
- 줄 단위 : 1[J] = 1[N·m]
- 와트 단위 : 1[W] = 1[N·m/s] = 1[J/s]
- 보조 단위 : k(킬로) = 10^3

정답 30.66[kW]

12 자동화재탐지설비에서 차동식 분포형 감지기의 종류 3가지를 쓰시오.

득점	배점
	3

해설

감지기의 종류(감지기의 형식승인 및 제품검사의 기술기준 제3조)

(1) 열감지기의 종류
　① 차동식 스포트형 감지기 : 주위온도가 일정 상승률 이상이 되는 경우에 작동하는 것으로서 일국소에서의 열 효과에 의하여 작동되는 것을 말한다.
　② 차동식 분포형 감지기 : 주위온도가 일정 상승률 이상이 되는 경우에 작동하는 것으로서 넓은 범위 내에서의 열 효과의 누적에 의하여 작동되는 것을 말한다.
　③ 정온식 감지선형 감지기 : 일국소의 주위온도가 일정한 온도 이상이 되는 경우에 작동하는 것으로서 외관이 전선과 같이 선형으로 되어 있는 것을 말한다.
　④ 정온식 스포트형 감지기 : 일국소의 주위온도가 일정한 온도 이상이 되는 경우에 작동하는 것으로서 외관이 전선과 같이 선형으로 되어 있지 않은 것을 말한다.
　⑤ 보상식 스포트형 감지기 : 차동식 스포트형과 정온식 스포트형의 성능을 겸한 것으로서 차동식 스포트형의 성능 또는 정온식 스포트형의 성능 중 어느 한 기능이 작동되면 작동신호를 발하는 것을 말한다.

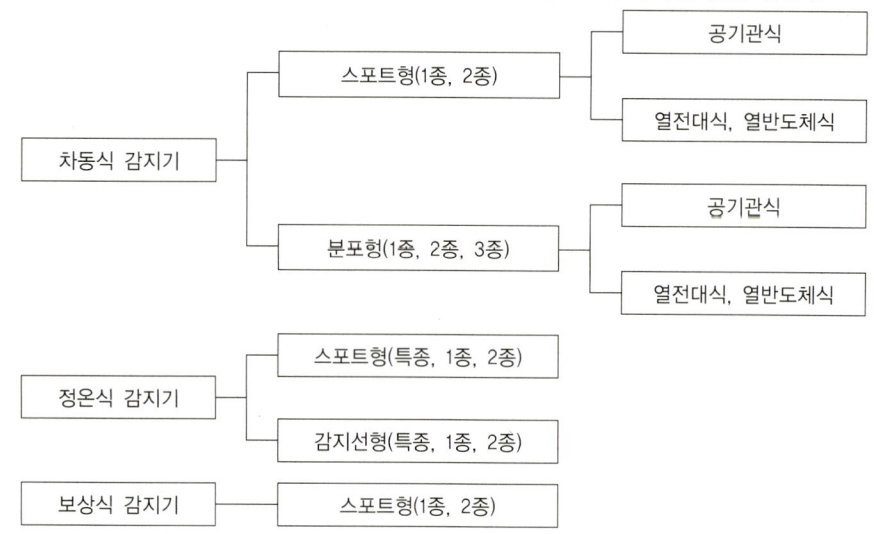

(2) 연기감지기의 종류
　① 이온화식 스포트형 감지기 : 주위의 공기가 일정한 농도의 연기를 포함하게 되는 경우에 작동하는 것으로서 일국소의 연기에 의하여 이온전류가 변화하여 작동하는 것을 말한다.
　② 광전식 스포트형 감지기 : 주위의 공기가 일정한 농도의 연기를 포함하게 되는 경우에 작동하는 것으로서 일국소의 연기에 의하여 광전소자에 접하는 광량의 변화로 작동하는 것을 말한다.
　③ 광전식 분리형 감지기 : 발광부와 수광부로 구성된 구조로 발광부와 수광부 사이의 공간에 일정한 농도의 연기를 포함하게 되는 경우에 작동하는 것을 말한다.
　④ 공기흡입형 감지기 : 감지기 내부에 장착된 공기흡입장치로 감지하고자 하는 위치의 공기를 흡입하고 흡입된 공기에 일정한 농도의 연기가 포함된 경우 작동하는 것을 말한다.

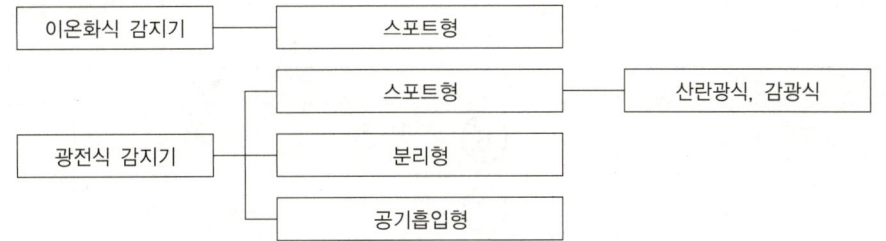

(3) 불꽃감지기의 종류
① 불꽃 자외선식 감지기 : 불꽃에서 방사되는 자외선의 변화가 일정량 이상 되었을 때 작동하는 것으로서 일국소의 자외선에 의하여 수광소자의 수광량 변화에 의해 작동하는 것을 말한다.
② 불꽃 적외선식 감지기 : 불꽃에서 방사되는 적외선의 변화가 일정량 이상 되었을 때 작동하는 것으로서 일국소의 적외선에 의하여 수광소자의 수광량 변화에 의해 작동하는 것을 말한다.
③ 불꽃 자외선·적외선 겸용식 감지기 : 불꽃에서 방사되는 불꽃의 변화가 일정량 이상 되었을 때 작동하는 것으로서 자외선 또는 적외선에 의한 수광소자의 수광량 변화에 의하여 1개의 화재신호를 발신하는 것을 말한다.
④ 불꽃 영상분석식 감지기 : 불꽃의 실시간 영상이미지를 자동 분석하여 화재신호를 발신하는 것을 말한다.

정답 공기관식 감지기, 열전대식 감지기, 열반도체식 감지기

13 다음 조건을 참고하여 P형 수신기의 1 경계구역에 대한 결선도를 완성하시오.

득점	배점
	6

조 건
• 벨(경종) 공통선과 표시등 공통선은 1가닥으로 배선하고, 전화선은 제외한다.
• 문자기호

문자기호	배선의 용도	문자기호	배선의 용도
①	벨 및 표시등 공통선	②	지구벨선
③	표시등선	④	발신기(응답)선
⑤	신호공통선	⑥	신호선

• 도시기호

명칭	도시기호	명칭	도시기호
벨	Ⓑ	표시등	◐
P형 발신기	Ⓟ	차동식 스포트형 감지기	⌒
연기감지기	[S]	종단저항	Ω

② ① ③ ⑤ ⑥ ④

⌒ ⌒ [S]Ω

Ⓑ
◐
Ⓟ

해설

수신기의 배선 결선도

(1) 발신기의 내부회로

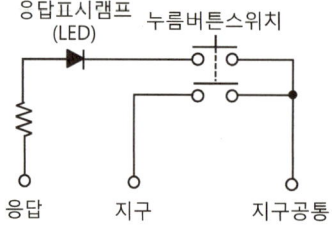

(2) 수신기의 설치기준
① 화재로 인하여 하나의 층의 지구음향장치 배선이 단락되어도 다른 층의 화재통보에 지장이 없도록 각 층 배선 상에 유효한 조치를 할 것
② 일제경보방식일 경우(지구음향장치에 단락보호장치를 설치한 것임)
  ㉠ 1 경계구역일 경우 수신기와 발신기의 전선 가닥수 산정

전선 가닥수	배선의 용도					
	지구 공통선	지구선	응답선	경종선	표시등선	경종·표시등 공통선
6	1	1	1	1	1	1

  ㉡ 2 경계구역일 경우 수신기와 발신기의 전선 가닥수 산정

전선 가닥수	배선의 용도					
	지구 공통선	지구선	응답선	경종선	표시등선	경종·표시등 공통선
7	1	2	1	1	1	1

(3) P형 수신기와 발신기의 결선도
　① 1 경계구역에 대한 P형 수신기와 발신기의 결선도

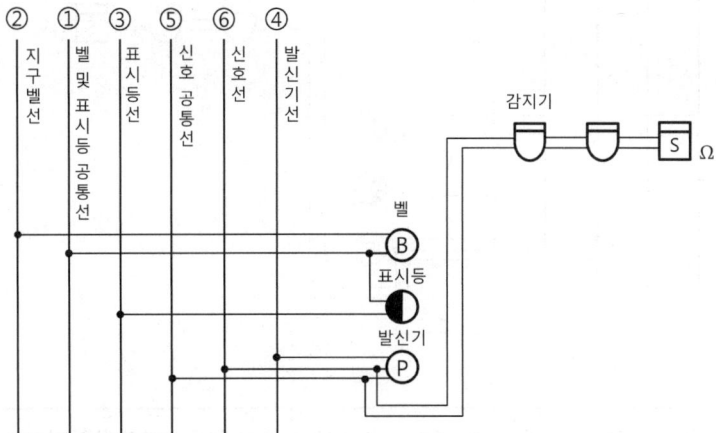

　② 2 경계구역에 대한 P형 수신기와 발신기의 결선도

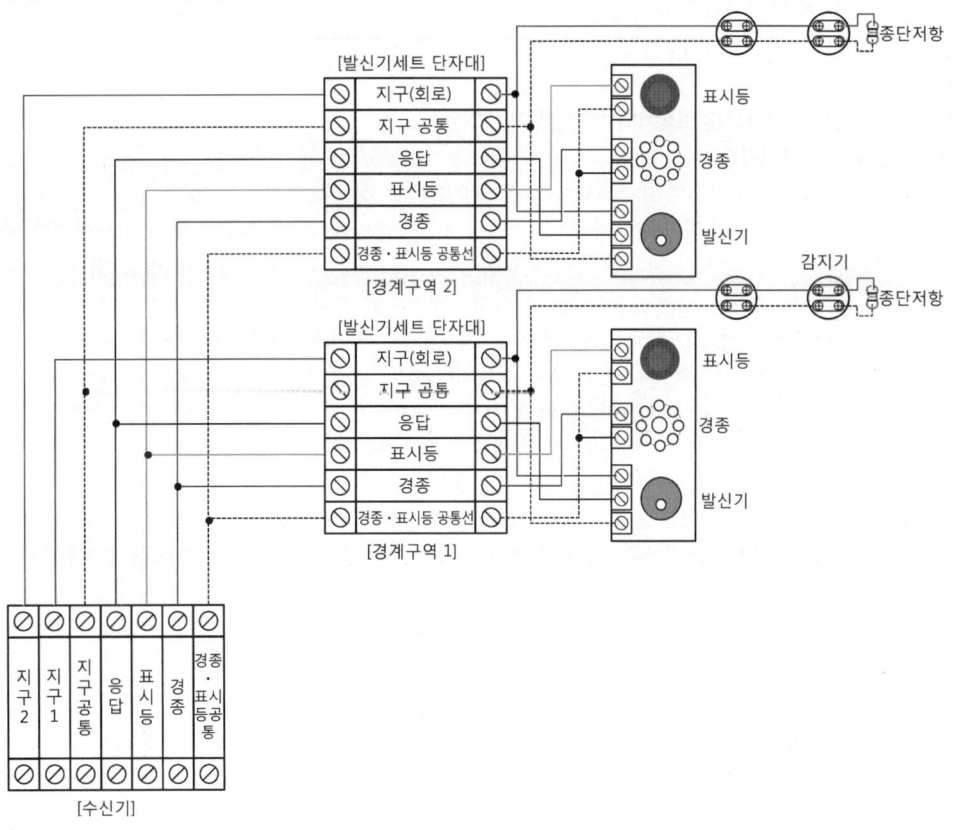

참고
배선의 용도 • ① 벨 및 표시등 공통선 = 경종 및 표시등 공통선　• ② 지구벨선 = 지구경종선 • ③ 표시등선　• ④ 응답선 = 발신기선 • ⑤ 신호 공통선 = 지구 공통선 = 회로 공통선　• ⑥ 신호선 = 지구선 = 회로선

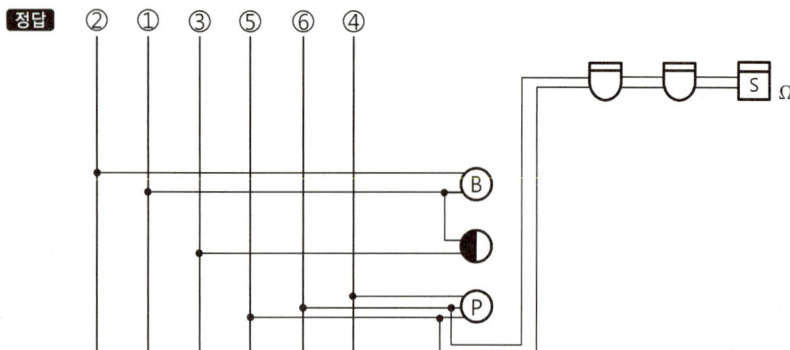

14 청각장애인용 시각경보장치의 설치기준을 3가지만 쓰시오(단, 화재안전기술기준에서 정하는 각 호의 내용을 기재할 것).

득점	배점
	6

해설

자동화재탐지설비 및 시각경보장치의 화재안전기술기준
(1) 음향장치의 설치기준
　① 주음향장치는 수신기의 내부 또는 그 직근에 설치할 것
　② 층수가 11층(공동주택의 경우에는 16층) 이상의 특정소방대상물은 다음에 따라 경보를 발할 수 있도록 해야 한다.
　　㉠ 2층 이상의 층에서 발화한 때에는 발화층 및 그 직상 4개 층에 경보를 발할 것
　　㉡ 1층에서 발화한 때에는 발화층·그 직상 4개 층 및 지하층에 경보를 발할 것
　　㉢ 지하층에서 발화한 때에는 발화층·그 직상층 및 그 밖의 지하층에 경보를 발할 것
　③ 지구음향장치는 특정소방대상물의 층마다 설치하되, 해당 층의 각 부분으로부터 하나의 음향장치까지의 수평거리가 25[m] 이하가 되도록 하고, 해당 층의 각 부분에 유효하게 경보를 발할 수 있도록 설치할 것. 다만, 비상방송설비의 화재안전기술기준(NFTC 202)에 적합한 방송설비를 자동화재탐지설비의 감지기와 연동하여 작동하도록 설치한 경우에는 지구음향장치를 설치하지 않을 수 있다.
　④ 음향장치는 다음의 기준에 따른 구조 및 성능의 것으로 해야 한다.
　　㉠ 정격전압의 80[%] 전압에서 음향을 발할 수 있는 것으로 할 것. 다만, 건전지를 주전원으로 사용하는 음향장치는 그렇지 않다.
　　㉡ 음향의 크기는 부착된 음향장치의 중심으로부터 1[m] 떨어진 위치에서 90[dB] 이상이 되는 것으로 할 것
　　㉢ 감지기 및 발신기의 작동과 연동하여 작동할 수 있는 것으로 할 것
(2) 청각장애인용 시각경보장치의 설치기준
　① 복도·통로·청각장애인용 객실 및 공용으로 사용하는 거실(로비, 회의실, 강의실, 식당, 휴게실, 오락실, 대기실, 체력단련실, 접객실, 안내실, 전시실, 그 밖의 이와 유사한 장소를 말한다)에 설치하며, 각 부분으로부터 유효하게 경보를 발할 수 있는 위치에 설치할 것
　② 공연장·집회장·관람장 또는 이와 유사한 장소에 설치하는 경우에는 시선이 집중되는 무대부 부분 등에 설치할 것
　③ 설치높이는 바닥으로부터 2[m] 이상 2.5[m] 이하의 장소에 설치할 것. 다만, 천장의 높이가 2[m] 이하인 경우에는 천장으로부터 0.15[m] 이내의 장소에 설치해야 한다.
　④ 시각경보장치의 광원은 전용의 축전지설비 또는 전기저장장치(외부 전기에너지를 저장해 두었다가 필요한 때 전기를 공급하는 장치)에 의하여 점등되도록 할 것. 다만, 시각경보기에 작동전원을 공급할 수 있도록 형식승인을 얻은 수신기를 설치한 경우에는 그렇지 않다.

정답
① 복도·통로·청각장애인용 객실 및 공용으로 사용하는 거실(로비, 회의실, 강의실, 식당, 휴게실, 오락실, 대기실, 체력단련실, 접객실, 안내실, 전시실, 그 밖의 이와 유사한 장소를 말한다)에 설치하며, 각 부분으로부터 유효하게 경보를 발할 수 있는 위치에 설치할 것
② 공연장·집회장·관람장 또는 이와 유사한 장소에 설치하는 경우에는 시선이 집중되는 무대부 부분 등에 설치할 것
③ 설치높이는 바닥으로부터 2[m] 이상 2.5[m] 이하의 장소에 설치할 것. 다만, 천장의 높이가 2[m] 이하인 경우에는 천장으로부터 0.15[m] 이내의 장소에 설치해야 한다.

---

15 다음은 P형 수동발신기의 내부회로도이다. 아래 도면을 보고, 각 물음에 답하시오.

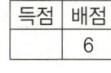
득점	배점
	6

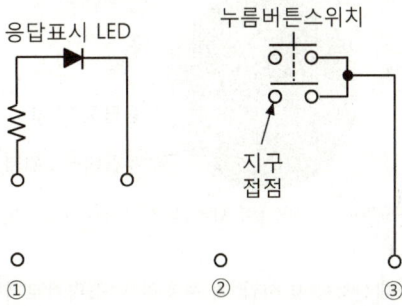

물음

(1) 도면에서 ①~③의 단자 명칭을 쓰시오.
　① :
　② :
　③ :
(2) LED와 누름버튼스위치(Push Button Switch)의 기능을 쓰시오.
　① LED :
　② 누름버튼스위치 :
(3) P형 수동발신기의 미완성된 내부회로의 결선을 완성하시오.

해설
발신기의 내부결선도
(1), (3) 발신기 내부회로의 단자 접점의 명칭 및 결선
　① 발신기란 수동누름버튼 스위치 등의 작동으로 화재 신호를 수신기에 발신하는 장치이다.
　② 자동화재탐지설비의 발신기 설치기준
　　㉠ 조작이 쉬운 장소에 설치하고, 스위치는 바닥으로부터 0.8[m] 이상 1.5[m] 이하의 높이에 설치할 것
　　㉡ 특정소방대상물의 층마다 설치하되, 해당 층의 각 부분으로부터 하나의 발신기까지의 수평거리가 25[m] 이하가 되도록 할 것. 다만, 복도 또는 별도로 구획된 실로서 보행거리가 40[m] 이상일 경우에는 추가로 설치해야 한다.

ⓒ 기둥 또는 벽이 설치되지 않은 대형 공간의 경우 발신기는 설치대상 장소의 가장 가까운 장소의 벽 또는 기둥 등에 설치할 것
ⓔ 발신기의 위치를 표시하는 표시등은 함의 상부에 설치하되, 그 불빛은 부착면으로부터 15[°] 이상의 범위 안에서 부착지점으로부터 10[m] 이내의 어느 곳에서도 쉽게 식별할 수 있는 적색등으로 해야 한다.
③ 수동발신기의 내부단자 명칭

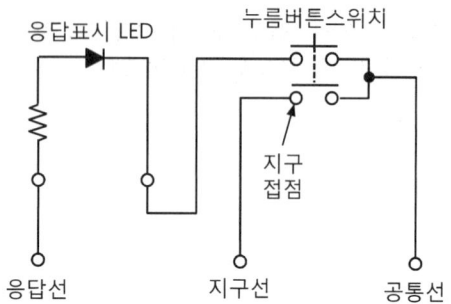

(2) 발신기의 구성요소

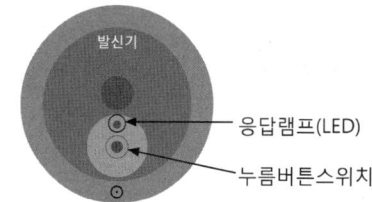

① LED(응답램프) : 발신기의 조작에 의하여 발신된 신호가 수신기에 전달되었는지 조작자가 확인할 수 있도록 점등되는 것으로 주로 발광다이오드가 사용된다.
② 누름버튼스위치 : 수신기에 화재신호를 발신할 때 사용하는 스위치로서 스위치를 누르면 지속적으로 화재신호를 발신하여 지구음향장치나 주경종을 울리도록 하여 화재발생을 알린다.

정답 (1) ① : 응답선
② : 지구선
③ : 공통선
(2) ① 발신기의 조작에 의하여 발신된 신호가 수신기에 전달되었는지 조작자가 확인할 수 있도록 점등되는 것이다.
② 수신기에 화재신호를 발신할 때 사용하는 스위치이다.
(3)

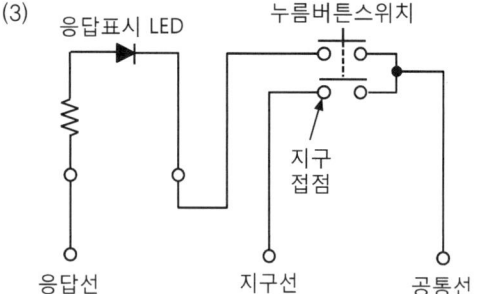

16 차동식 스포트형·보상식 스포트형 및 정온식 스포트형 감지기의 부착높이 및 특정소방대상물의 구분에 따른 감지기 1개를 설치해야 할 바닥면적 기준이다. 다음 표의 ①~⑧의 빈칸을 채우시오.

부착높이 및 특정소방대상물의 구분		감지기의 종류(단위 : [m²])					
		차동식 스포트형		보상식 스포트형		정온식 스포트형		
		1종	2종	1종	2종	특종	1종	2종
4[m] 미만	주요구조부가 내화구조로 된 특정소방대상물 또는 그 부분	①	70	①	70	70	60	⑦
	기타 구조의 특정소방대상물 또는 그 부분	②	③	②	③	40	30	⑧
4[m] 이상 8[m] 미만	주요구조부가 내화구조로 된 특정소방대상물 또는 그 부분	45	④	45	④	④	⑤	–
	기타 구조의 특정소방대상물 또는 그 부분	30	25	30	25	25	⑥	–

해설
자동화재탐지설비의 감지기 설치기준

(1) 차동식 스포트형·보상식 스포트형 및 정온식 스포트형 감지기는 그 부착높이 및 특정소방대상물에 따라 다음 표에 따른 바닥면적[m²]마다 1개 이상을 설치할 것

부착높이 및 특정소방대상물의 구분		감지기의 종류(단위 : [m²])					
		차동식 스포트형		보상식 스포트형		정온식 스포트형		
		1종	2종	1종	2종	특종	1종	2종
4[m] 미만	주요구조부가 내화구조로 된 특정소방대상물 또는 그 부분	90	70	90	70	70	60	20
	기타 구조의 특정소방대상물 또는 그 부분	50	40	50	40	40	30	15
4[m] 이상 8[m] 미만	주요구조부가 내화구조로 된 특정소방대상물 또는 그 부분	45	35	45	35	35	30	–
	기타 구조의 특정소방대상물 또는 그 부분	30	25	30	25	25	15	–

(2) 열반도체식 차동식 분포형 감지기의 감지부는 그 부착높이 및 특정소방대상물에 따라 다음 표에 따른 바닥면적마다 1개 이상으로 할 것. 다만, 바닥면적이 다음 표에 따른 면적의 2배 이하인 경우에는 2개(부착높이가 8[m] 미만이고, 바닥면적이 다음 표에 따른 면적 이하인 경우에는 1개) 이상으로 해야 한다.

부착높이 및 특정소방대상물의 구분		감지기의 종류(단위 : [m²])	
		1종	2종
8[m] 미만	주요구조부가 내화구조로 된 소방대상물 또는 그 부분	65	36
	기타 구조의 소방대상물 또는 그 부분	40	23
8[m] 이상 15[m] 미만	주요구조부가 내화구조로 된 소방대상물 또는 그 부분	50	36
	기타 구조의 소방대상물 또는 그 부분	30	23

(3) 연기감지기의 설치기준
① 연기감지기의 부착높이에 따라 다음 표에 따른 바닥면적[m²]마다 1개 이상으로 할 것

부착높이	감지기의 종류	
	1종 및 2종	3종
4[m] 미만	150	50
4[m] 이상 20m] 미만	75	-

② 감지기는 복도 및 통로에 있어서는 보행거리 30[m](3종에 있어서는 20[m])마다, 계단 및 경사로에 있어서는 수직거리 15[m](3종에 있어서는 10[m])마다 1개 이상으로 할 것

> **참고**
>
> **감지기의 설치개수 산출식**
>
> - 거실 감지기 설치개수 = $\dfrac{\text{감지구역의 바닥면적[m}^2\text{]}}{\text{감지기 1개의 설치 바닥면적[m}^2\text{]}}$ [개]
>
> - 복도 및 통로 연기감지기 설치개수 = $\dfrac{\text{감지구역의 보행거리[m]}}{\text{감지기 1개의 설치 보행거리[m]}}$ [개]
>
> - 계단 및 경사로 연기감지기 설치개수 = $\dfrac{\text{감지구역의 수직거리[m]}}{\text{감지기 1개의 설치 수직거리[m]}}$ [개]
>
> (단, 설치개수 산출 시 소수점 이하의 수는 1로 본다)

정답
① 90 ② 50
③ 40 ④ 35
⑤ 30 ⑥ 15
⑦ 20 ⑧ 15

17 다음 그림은 PB-ON 스위치를 누르면 설정시간 후에 3상 유도전동기가 기동되는 시퀀스회로도이다. 3상 유도전동기(IM)가 기동한 후 릴레이(X)와 타이머(T)가 여자되지 않은 상태에서 유도전동기의 운전이 계속 유지되도록 시퀀스회로도를 수정하시오.

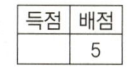

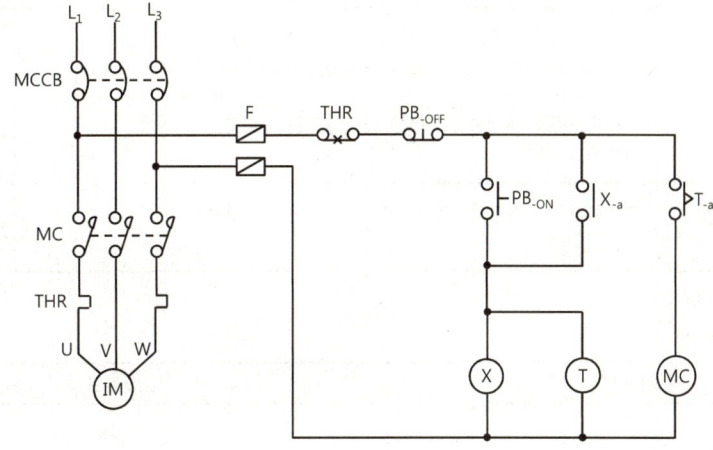

[수정할 시퀀스회로도]

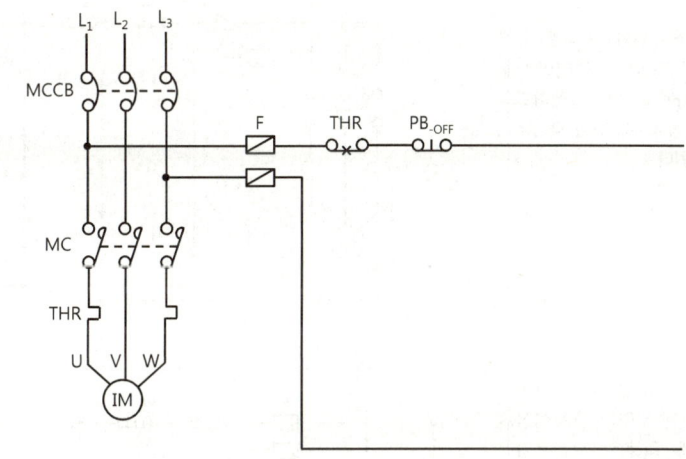

해설

타이머를 이용한 전동기 기동회로

(1) 제어용기기의 명칭과 도시기호

제어용기기 명칭	작동원리	접점의 종류			
		주접점	코일	a접점	b접점
배선용 차단기 (MCCB)	단락 및 과부하로부터 회로를 보호하기 위하여 사용되는 전력기기이다.	⦶⦶⦶	–	–	–
전자접촉기 (MC)	전자석의 동작에 의하여 접점을 개폐하는 기구로서 부하회로를 빈번하게 개폐하는 접촉기이다.	⦶⦶⦶	(MC)	MC-a	MC-b

제어용기기 명칭	작동원리	접점의 종류			
		주접점	코일	a접점	b접점
열동계전기 (THR)	정격전류 이상의 과부하 전류가 흐르면 내부에서 발생된 열에 의해 바이메탈이 동작하여 접점을 차단시키는 계전기로서 전동기의 과부하 보호에 사용된다.	╲╱	–	THR	THR
누름버튼스위치 (PB-ON, PB-OFF)	버튼을 누르면 접점 기구부가 개폐되며 손을 때면 스프링의 힘에 의해 자동으로 복귀되는 스위치이다.	–	–	PB-ON	PB-OFF
릴레이 (X)	코일에 전류가 흐르면 전자력에 의해 접점을 개폐하는 기능을 가진다.	–	(X)	X_{-a}	X_{-b}
타이머 (T)	설정시간이 경과한 후 그 접점이 폐로 또는 개로하는 계전기이다.	–	(T)	T_{-a}	T_{-b}

(2) 시퀀스회로도 작성
  ① 수정 전 동작설명

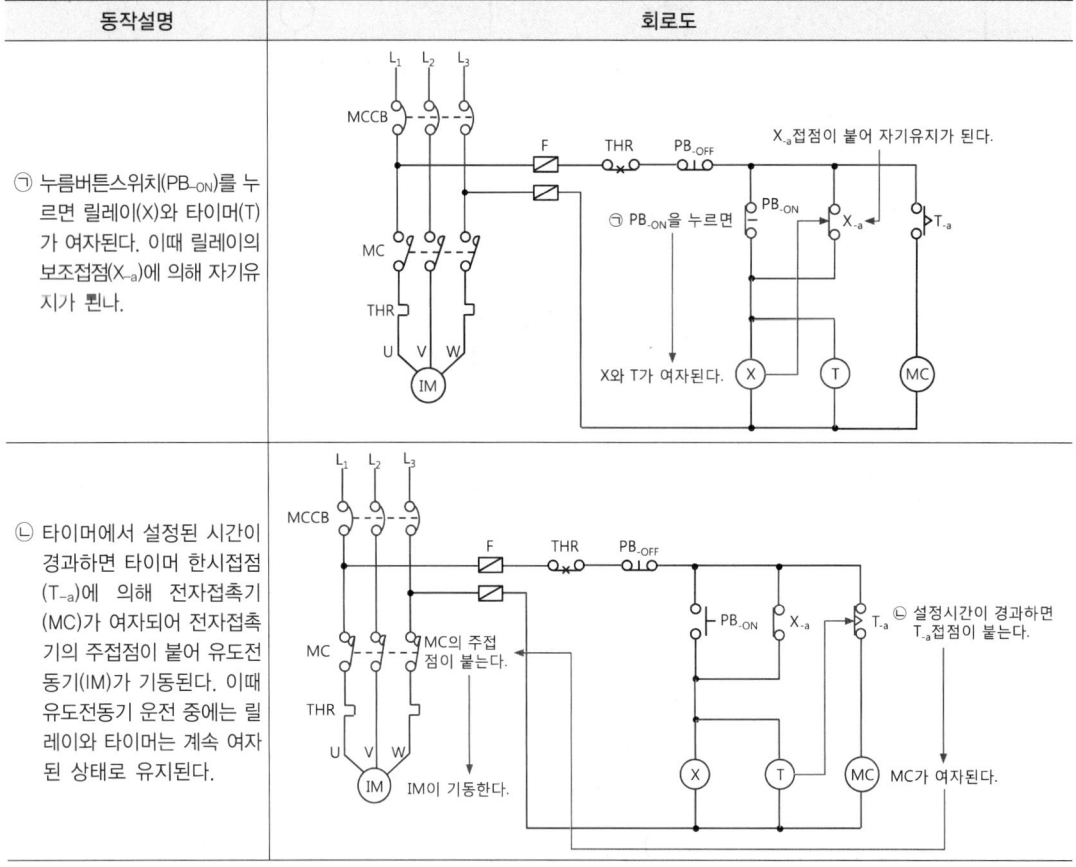

동작설명	회로도
㉠ 누름버튼스위치(PB-ON)를 누르면 릴레이(X)와 타이머(T)가 여자된다. 이때 릴레이의 보조접점(X_{-a})에 의해 자기유지가 된다.	
㉡ 타이머에서 설정된 시간이 경과하면 타이머 한시접점(T_{-a})에 의해 전자접촉기(MC)가 여자되어 전자접촉기의 주접점이 붙어 유도전동기(IM)가 기동된다. 이때 유도전동기 운전 중에는 릴레이와 타이머는 계속 여자된 상태로 유지된다.	

동작설명	회로도
ⓒ 누름버튼스위치(PB-OFF)를 누르거나 열동계전기(THR)가 작동하면 릴레이(X), 타이머(T)가 소자되고, 전자접촉기(MC)가 소자되어 유도전동기가 정지한다.	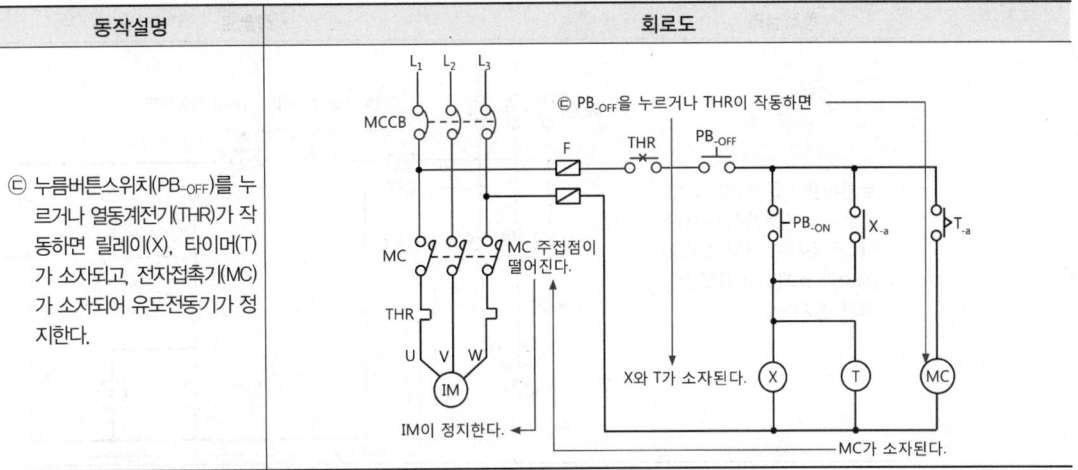

② 수정 후 동작설명

동작설명	회로도
㉠ 누름버튼스위치(PB-ON)를 누르면 릴레이(X)와 타이머(T)가 여자된다. 이때 릴레이의 보조접점(X-a)에 의해 자기유지가 된다.	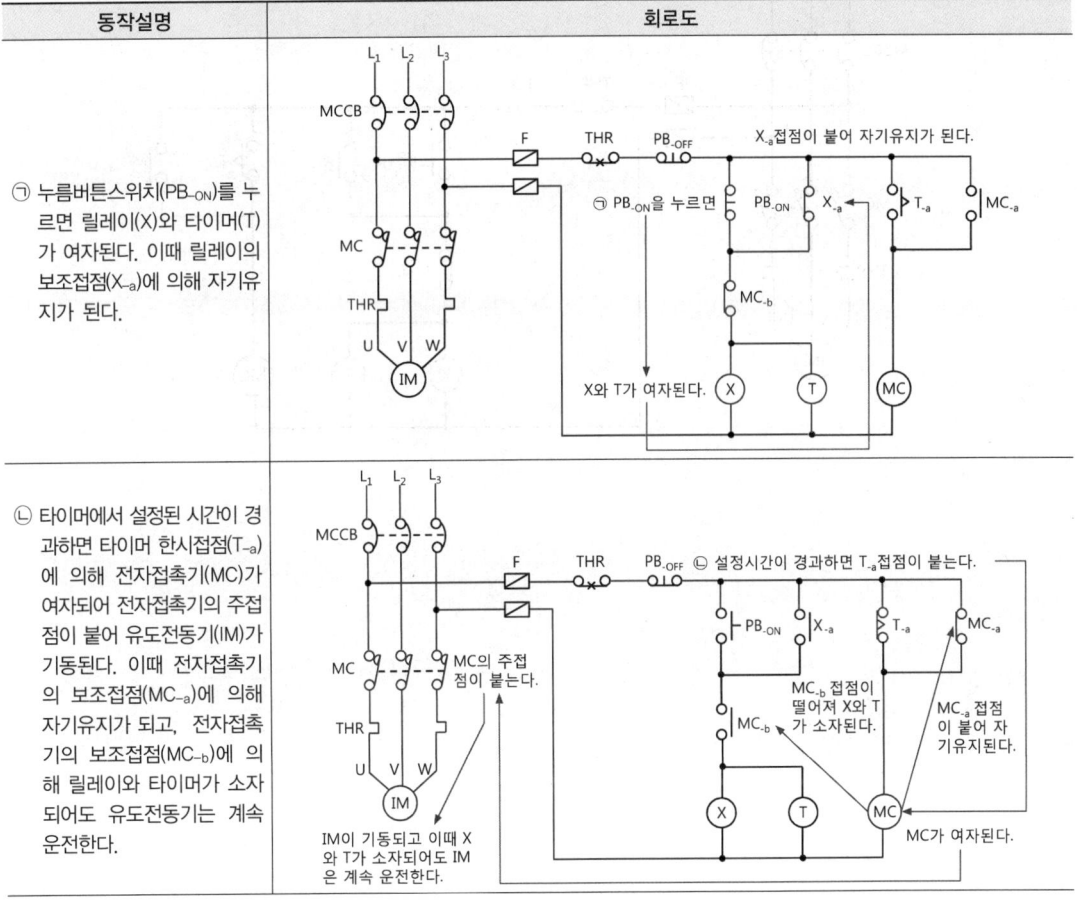
㉡ 타이머에서 설정된 시간이 경과하면 타이머 한시접점(T-a)에 의해 전자접촉기(MC)가 여자되어 전자접촉기의 주접점이 붙어 유도전동기(IM)가 기동된다. 이때 전자접촉기의 보조접점(MC-a)에 의해 자기유지가 되고, 전자접촉기의 보조접점(MC-b)에 의해 릴레이와 타이머가 소자되어도 유도전동기는 계속 운전한다.	

동작설명	회로도
ⓒ 누름버튼스위치(PB_{-OFF})를 누르거나 열동계전기(THR)가 작동하면 전자접촉기(MC)가 소자되어 유도전동기가 정지한다.	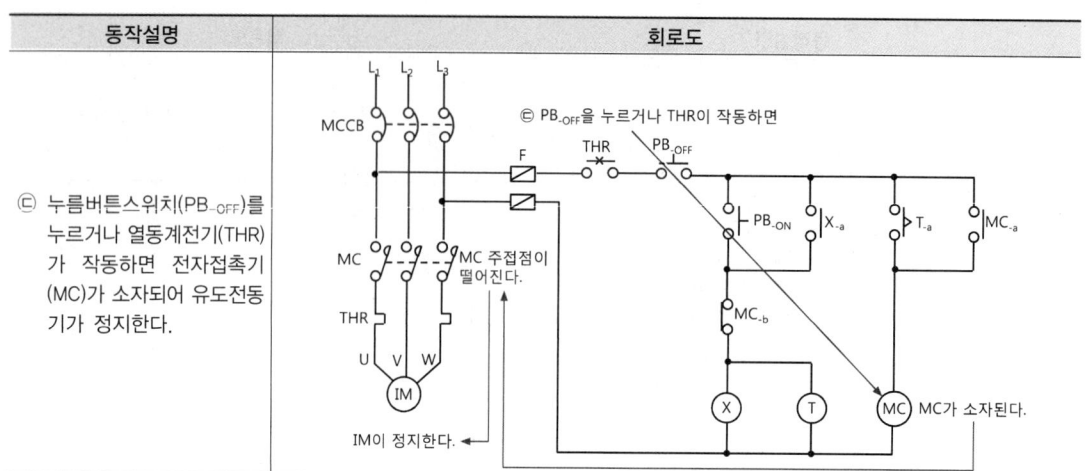

정답

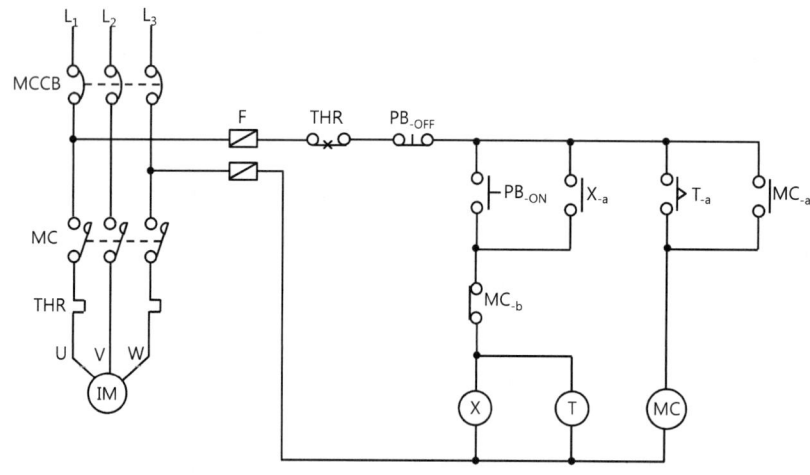

18 비상조명등의 화재안전기술기준에서 정하는 비상조명등의 설치기준을 3가지만 쓰시오. | 득점 | 배점 |
| --- | --- |
| | 6 |

해설

비상조명등

(1) 비상조명등의 설치기준
  ① 특정소방대상물의 각 거실과 그로부터 지상에 이르는 복도·계단 및 그 밖의 통로에 설치할 것
  ② 조도는 비상조명등이 설치된 장소의 각 부분의 바닥에서 1[lx] 이상이 되도록 할 것
  ③ 예비전원을 내장하는 비상조명등에는 평상시 점등 여부를 확인할 수 있는 점검스위치를 설치하고 해당 조명등을 유효하게 작동시킬 수 있는 용량의 축전지와 예비전원 충전장치를 내장할 것
  ④ 예비전원을 내장하지 않은 비상조명등의 비상전원은 자가발전설비, 축전지설비 또는 전기저장장치(외부 전기에너지를 저장해 두었다가 필요한 때 전기를 공급하는 장치)를 다음의 기준에 따라 설치해야 한다.
    ㉠ 점검에 편리하고 화재 및 침수 등의 재해로 인한 피해를 받을 우려가 없는 곳에 설치할 것
    ㉡ 상용전원으로부터 전력의 공급이 중단된 때에는 자동으로 비상전원으로부터 전력을 공급받을 수 있도록 할 것
    ㉢ 비상전원의 설치장소는 다른 장소와 방화구획할 것. 이 경우 그 장소에는 비상전원의 공급에 필요한 기구나 설비 외의 것(열병합발전설비에 필요한 기구나 설비는 제외한다)을 두어서는 안 된다.
    ㉣ 비상전원을 실내에 설치하는 때에는 그 실내에 비상조명등을 설치할 것
  ⑤ 예비전원과 비상전원은 비상조명등을 20분 이상 유효하게 작동시킬 수 있는 용량으로 할 것. 다만, 다음의 특정소방대상물의 경우에는 그 부분에서 피난층에 이르는 부분의 비상조명등을 60분 이상 유효하게 작동시킬 수 있는 용량으로 해야 한다.
    ㉠ 지하층을 제외한 층수가 11층 이상의 층
    ㉡ 지하층 또는 무창층으로서 용도가 도매시장·소매시장·여객자동차터미널·지하역사 또는 지하상가
  ⑥ 비상조명등의 설치면제 요건에서 "그 유도등의 유효범위"란 유도등의 조도가 바닥에서 1[lx] 이상이 되는 부분을 말한다.

(2) 휴대용 비상조명등의 설치기준
  ① 다음 각 기준의 장소에 설치할 것
    ㉠ 숙박시설 또는 다중이용업소에는 객실 또는 영업장 안의 구획된 실마다 잘 보이는 곳(외부에 설치 시 출입문 손잡이로부터 1[m] 이내 부분)에 1개 이상 설치
    ㉡ 유통산업발전법 제2조 제3호에 따른 대규모점포(지하상가 및 지하역사는 제외한다)와 영화상영관에는 보행거리 50[m] 이내마다 3개 이상 설치
    ㉢ 지하상가 및 지하역사에는 보행거리 25[m] 이내마다 3개 이상 설치
  ② 설치높이는 바닥으로부터 0.8[m] 이상 1.5[m] 이하의 높이에 설치할 것
  ③ 어둠 속에서 위치를 확인할 수 있도록 할 것
  ④ 사용 시 자동으로 점등되는 구조일 것
  ⑤ 외함은 난연성능이 있을 것
  ⑥ 건전지를 사용하는 경우에는 방전 방지조치를 해야 하고, 충전식 배터리의 경우에는 상시 충전되도록 할 것
  ⑦ 건전지 및 충전식 배터리의 용량은 20분 이상 유효하게 사용할 수 있는 것으로 할 것

정답 ① 특정소방대상물의 각 거실과 그로부터 지상에 이르는 복도·계단 및 그 밖의 통로에 설치할 것
  ② 조도는 비상조명등이 설치된 장소의 각 부분의 바닥에서 1[lx] 이상이 되도록 할 것
  ③ 예비전원을 내장하는 비상조명등에는 평상시 점등 여부를 확인할 수 있는 점검스위치를 설치하고 해당 조명등을 유효하게 작동시킬 수 있는 용량의 축전지와 예비전원 충전장치를 내장할 것

2020년 제2회 과년도 기출복원문제

※ 다음 물음에 대한 답을 해당 답란에 답하시오.(배점 : 100)

01

다음은 자동화재탐지설비 및 시각경보장치의 화재안전기술기준에서 정하는 중계기 설치기준이다. ( ) 안에 알맞은 내용을 쓰시오.

득점	배점
	5

- 수신기에서 직접 감지기회로의 (①)을 하지 않는 것에 있어서는 수신기와 감지기 사이에 설치할 것
- 수신기에 따라 감시되지 않는 배선을 통하여 전력을 공급받는 것에 있어서는 전원입력 측의 배선에 (②)를 설치하고 해당 전원의 정전이 즉시 수신기에 표시되는 것으로 하며, (③) 및 (④)의 시험을 할 수 있도록 할 것

해설

자동화재탐지설비의 중계기 설치기준

(1) 중계기의 개요
   ① 중계기는 접점신호를 통신신호로, 통신신호를 접점신호로 변환시켜 주는 신호변환장치의 역할을 한다.
   ② 종류 : 분산형 중계기, 집합형 중계기, 무선형 중계기

(2) 중계기의 설치기준
   ① 수신기에서 직접 감지기회로의 도통시험을 하지 않는 것에 있어서는 수신기와 감지기 사이에 설치할 것
   ② 조작 및 점검에 편리하고 화재 및 침수 등의 재해로 인한 피해를 받을 우려가 없는 장소에 설치할 것
   ③ 수신기에 따라 감시되지 않는 배선을 통하여 전력을 공급받는 것에 있어서는 전원입력 측의 배선에 과전류차단기를 설치하고 해당 전원의 정전이 즉시 수신기에 표시되는 것으로 하며, 상용전원 및 예비전원의 시험을 할 수 있도록 할 것

정답
① 도통시험 ② 과전류차단기
③ 상용전원 ④ 예비전원

02 다음 조건에 주어진 논리식과 진리표를 보고, 각 물음에 답하시오.

[조 건]

- 논리식 $Y = (A \cdot B \cdot C) + (A \cdot \overline{B} \cdot \overline{C})$
- 진리표

입력			출력
A	B	C	Y
0	0	0	0
0	0	1	0
0	1	0	0
0	1	1	0
1	0	0	1
1	0	1	0
1	1	0	0
1	1	1	1

[물 음]

(1) 주어진 논리식의 유접점회로(릴레이회로)를 그리시오.
(2) 주어진 논리식의 무접점회로를 그리시오.
(3) 주어진 논리식의 진리표를 완성하시오.

[해설]

논리회로

(1), (2) 유접점회로(릴레이회로)와 무접점회로
   ① 기본 논리회로

기본회로	정의	유접점회로	무접점회로	논리식
AND회로	2개의 입력신호가 모두 "1"일 때에만 출력신호가 "1"이 되는 논리회로로서 직렬회로이다.	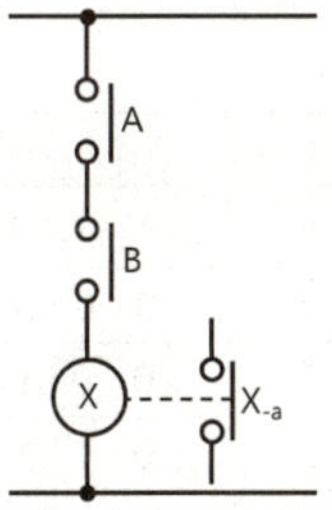	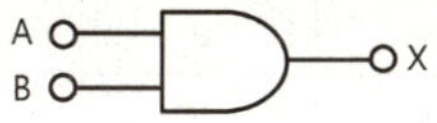	$X = A \cdot B$
OR회로	2개의 입력신호 중 1개의 입력신호가 "1"일 때 출력신호가 "1"이 되는 논리회로로서 병렬회로이다.	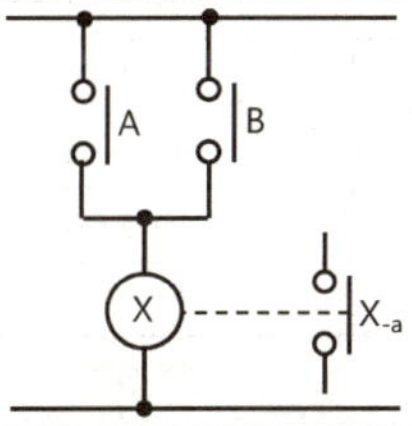		$X = A + B$

기본회로	정의	유접점회로	무접점회로	논리식
NOT회로	출력신호는 입력신호 정반대로 작동되는 논리회로로서 부정회로이다.			$X = \overline{A}$

② 유접점회로(릴레이회로)

$$Y = \underbrace{(A \cdot B \cdot C)}_{\substack{\text{AND회로}\\\text{(직렬회로)}}} \underbrace{+}_{\substack{\text{OR회로}\\\text{(병렬회로)}}} \underbrace{(A \cdot \overline{B} \cdot \overline{C})}_{\substack{\text{AND회로}\\\text{(직렬회로)}}}$$

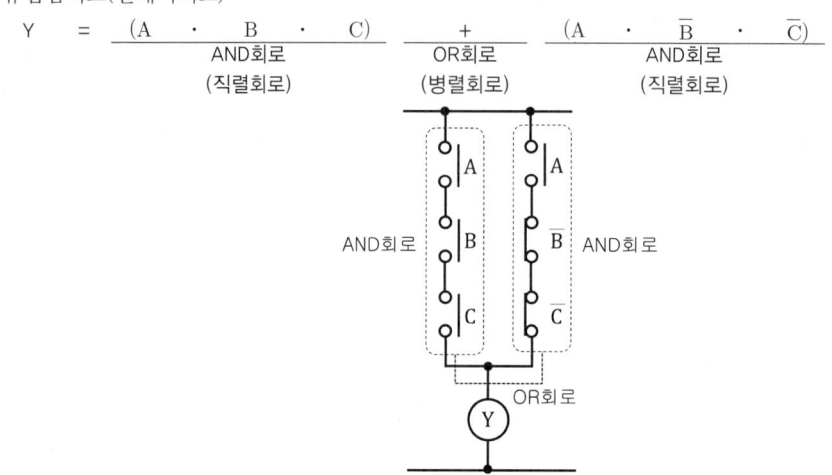

③ 무접점회로

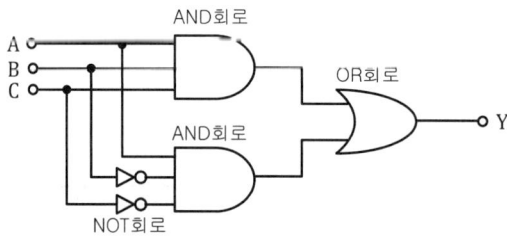

(3) 진리표

입력			출력		
A	B	C	$X = A \cdot B \cdot C$	$Z = A \cdot \overline{B} \cdot \overline{C}$	$Y = X + Z$
0	0	0	0·0·0 = 0	0·1·1 = 0	0 + 0 = 0
0	0	1	0·0·1 = 0	0·1·0 = 0	0 + 0 = 0
0	1	0	0·1·0 = 0	0·0·1 = 0	0 + 0 = 0
0	1	1	0·1·1 = 0	0·0·0 = 0	0 + 0 = 0
1	0	0	1·0·0 = 0	1·1·1 = 1	0 + 1 = 1
1	0	1	1·0·1 = 0	1·1·0 = 0	0 + 0 = 0
1	1	0	1·1·0 = 0	1·0·1 = 0	0 + 0 = 0
1	1	1	1·1·1 = 1	1·0·0 = 0	1 + 0 = 1

정답 (1)

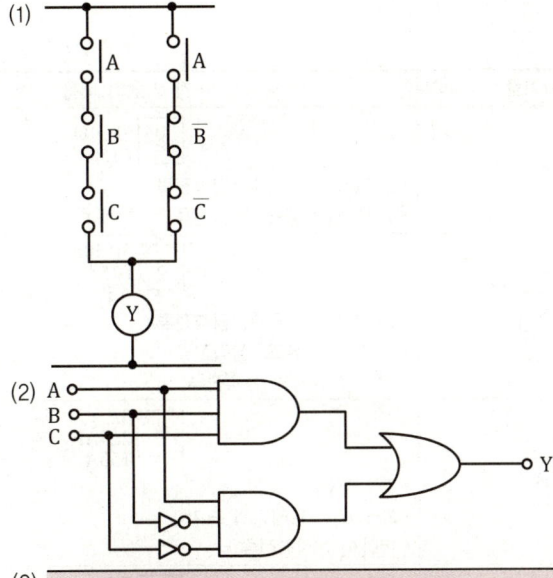

(2)

(3)

입력			출력
A	B	C	Y
0	0	0	0
0	0	1	0
0	1	0	0
0	1	1	0
1	0	0	1
1	0	1	0
1	1	0	0
1	1	1	1

03 다음 그림은 배선용 차단기의 도시기호이다. 각 기호가 의미하는 내용을 쓰시오.

득점	배점
	5

B 3P ← ①
   225AF ← ②
   150A ← ③

- ① :
- ② :
- ③ :

해설

개폐기 및 차단기의 도시기호 및 표기방법

명칭	도시기호	각 기호의 내용
개폐기	S	S 2P 30A / f 15A • 2P 30[A] : 극수, 정격전류 • f 15[A] : 퓨즈, 정격전류
전류계 붙이 개폐기	Ⓢ	Ⓢ 3P 30A / f 15A / A5 • 3P 30[A] : 극수, 정격전류 • f 15[A] : 퓨즈, 정격전류 • A5 : 전류계의 정격전류
배선용 차단기	B	B 3P / 225AF / 150A • 3P : 극수 • 225AF : 프레임의 크기 • 150[A] : 정격전류
누전차단기 (과전류 소자붙이)	E	E 2P / 30AF / 15A / 30mA • 2P : 극수 • 30AF : 프레임의 크기 • 15[A] : 정격전류 • 30[mA] : 정격감도전류
누전차단기 (과전류 소자없음)	E	E 2P / 15A / 30mA • 2P : 극수 • 15[A] : 정격전류 • 30[mA] : 정격감도전류

정답
① 극수(3극)
② 프레임의 크기(225AF)
③ 정격전류(150[A])

04 예비전원설비에 사용되는 축전지에 대한 다음 각 물음에 답하시오.

(1) 부동충전방식에 대한 회로도를 그리시오.
(2) 축전지를 과방전 및 방전상태에서 오랫동안 방치한 경우 기능회복을 위하여 실시하는 충전방식의 명칭을 쓰시오.
(3) 연축전지의 정격용량이 250[Ah]이고, 상시부하가 8[kW]이며 표준전압이 100[V]인 부동충전방식의 충전기 2차 충전전류[A]를 구하시오.
 • 계산과정 :
 • 답 :

해설
축전지설비

(1), (2) 충전방식의 종류
 ① 보통충전방식 : 필요할 때마다 표준시간율로 전류를 충전하는 방식이다.
 ② 급속충전방식 : 비교적 단시간에 보통충전의 2~3배의 전류로 충전하는 방식이다.
 ③ 부동충전방식 : 축전지의 자기방전량을 보충함과 동시에 상용부하에 대한 전력공급은 충전기가 부담하고 충전기가 부담하기 어려운 대전류 부하는 축전지가 부담하게 하는 방식이다.

 ④ 균등충전방식 : 부동충전방식의 전압보다 약간 높은 정전압으로 충분한 시간동안 충전함으로써 전체 셀의 전압 및 비중상태를 균등하게 되도록 하기 위한 충전방식이다.
 ⑤ 세류충전방식 : 축전지의 자기방전량만 충전하기 위해 부하를 제거한 상태에서 미소전류로 충전하는 방식이다.
 ⑥ 회복충전방식 : 축전지를 과방전 또는 방전상태에서 오랫동안 방치한 경우, 가벼운 설페이션 현상이 생겼을 때 기능회복을 위하여 실시하는 충전방식이다.

> **참고**
> **설페이션(Sulphation)현상**
> 연축전지를 과방전 및 방전상태에서 오랫동안 방치하면 극판의 황산납이 회백색으로 변하는 현상이다.

(3) 부동충전 시 2차 충전전류(I_2) 계산
 ① 연축전지와 알칼리축전지 비교

구분		연축전지(납축전지)		알칼리축전지	
		CS형	HS형	포켓식	소결식
구조	양극	이산화납(PbO_2)		수산화니켈[$Ni(OH)_3$]	
	음극	납(Pb)		카드뮴(Cd)	
	전해액	황산(H_2SO_4)		수산화칼륨(KOH)	
공칭용량(방전시간율)		10[Ah](10[h])		5[Ah](5[h])	
공칭전압		2.0[V/cell]		1.2[V/cell]	
충전시간		길다.		짧다.	
과충전, 과방전에 대한 전기적 강도		약하다.		강하다.	
용도		장시간, 일정 전류 부하에 우수		단시간, 대전류 부하에 우수	

② 2차 충전전류(I_2)

$$I_2 = \frac{\text{축전지의 정격용량[Ah]}}{\text{방전시간율[h]}} + \frac{\text{상시부하[W]}}{\text{표준전압[V]}}\text{[A]}$$

∴ 2차 충전전류 $I_2 = \frac{250[\text{Ah}]}{10[\text{h}]} + \frac{8 \times 10^3[\text{W}]}{100[\text{V}]} = 105[\text{A}]$

정답 (1)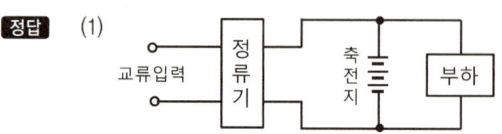

(2) 회복충전방식
(3) 105[A]

05

옥내소화전설비의 화재안전기술기준에서 정하는 비상전원에 대한 내용이다. 다음 각 물음에 답하시오.

- 옥내소화전설비에는 비상전원을 설치해야 한다. ( ) 안에 알맞은 내용을 쓰시오.
  - 층수가 7층 이상으로서 연면적이 (①)[m²] 이상인 것
  - 지하층의 바닥면적의 합계가 (②)[m²] 이상인 것
- 옥내소화전설비의 비상전원은 자가발전설비, 축전지설비 또는 전기저장장치로 설치해야 한다. ( ) 안에 알맞은 내용을 쓰시오.
  - 점검에 편리하고 화재 및 침수 등의 재해로 인한 피해를 받을 우려가 없는 곳에 설치할 것
  - 옥내소화전설비를 유효하게 (③)분 이상 작동할 수 있어야 할 것
  - 상용전원으로부터 전력의 공급이 중단된 때에는 (④)으로 비상전원으로부터 전력을 공급받을 수 있도록 할 것
  - 비상전원의 설치장소는 다른 장소와 (⑤)할 것. 이 경우 그 장소에는 비상전원의 공급에 필요한 기구나 설비 외의 것을 두어서는 안 된다.
  - 비상전원을 실내에 설치하는 때에는 그 실내에 (⑥)을 설치할 것

해설

옥내소화전설비의 비상전원 설치기준
(1) 전원의 설치기준
  ① 저압수전인 경우에는 인입개폐기의 직후에서 분기하여 전용배선으로 해야 하며, 전용의 전선관에 보호되도록 할 것
  ② 특별고압수전 또는 고압수전일 경우에는 전력용 변압기 2차 측의 주차단기 1차 측에서 분기하여 전용배선으로 하되, 상용전원의 상시공급에 지장이 없을 경우에는 주차단기 2차 측에서 분기하여 전용배선으로 할 것. 다만, 가압송수장치의 정격입력전압이 수전전압과 같은 경우에는 ①의 기준에 따른다.
(2) 비상전원을 설치해야 하는 특정소방대상물
  ① 층수가 7층 이상으로서 연면적 2,000[m^2] 이상인 것
  ② ①에 해당하지 않는 특정소방대상물로서 지하층의 바닥면적 합계가 3,000[m^2] 이상인 것
(3) 비상전원의 설치제외
  ① 2 이상의 변전소에서 전력을 동시에 공급받을 수 있는 경우
  ② 하나의 변전소로부터 전력의 공급이 중단되는 때에는 자동으로 다른 변전소로부터 전원을 공급받을 수 있도록 상용전원을 설치한 경우
  ③ 가압수조방식
(4) 비상전원(자가발전설비, 축전지설비, 전기저장장치)의 설치기준
  ① 점검에 편리하고 화재 및 침수 등의 재해로 인한 피해를 받을 우려가 없는 곳에 설치할 것
  ② 옥내소화전설비를 유효하게 20분 이상 작동할 수 있어야 할 것
  ③ 상용전원으로부터 전력의 공급이 중단된 때에는 자동으로 비상전원으로부터 전력을 공급받을 수 있도록 할 것
  ④ 비상전원(내연기관의 기동 및 제어용 축전기를 제외한다)의 설치장소는 다른 장소와 방화구획할 것. 이 경우 그 장소에는 비상전원의 공급에 필요한 기구나 설비 외의 것(열병합발전설비에 필요한 기구나 설비는 제외한다)을 두어서는 안 된다.
  ⑤ 비상전원을 실내에 설치하는 때에는 그 실내에 비상조명등을 설치할 것

정답 ① 2,000   ② 3,000
     ③ 20   ④ 자동
     ⑤ 방화구획 ⑥ 비상조명등

06

다음은 유도등 및 유도표지의 화재안전기술기준에서 정하는 통로유도등을 설치하지 않을 수 있는 장소를 2가지만 쓰시오.

득점	배점
	6

해설

통로유도등을 설치하지 않을 수 있는 경우
(1) 구부러지지 않은 복도 또는 통로로서 길이가 30[m] 미만인 복도 또는 통로
(2) (1)에 해당하지 않는 복도 또는 통로로서 보행거리가 20[m] 미만이고 그 복도 또는 통로와 연결된 출입구 또는 그 부속실의 출입구에 피난구유도등이 설치된 복도 또는 통로

정답
① 구부러지지 않은 복도 또는 통로로서 길이가 30[m] 미만인 복도 또는 통로
② ①에 해당하지 않는 복도 또는 통로로서 보행거리가 20[m] 미만이고 그 복도 또는 통로와 연결된 출입구 또는 그 부속실의 출입구에 피난구유도등이 설치된 복도 또는 통로

07

길이가 18[m]인 통로에 객석유도등을 설치하려고 한다. 이때 필요한 객석유도등의 최소 설치개수를 구하시오.

득점	배점
	4

- 계산과정 :
- 답 :

해설

유도등 및 유도표지의 설치개수

구분	설치기준	설치개수 계산식
복도 또는 거실통로유도등	구부러진 모퉁이 및 보행거리 20[m]마다 설치할 것	설치개수 = $\dfrac{보행거리[m]}{20[m]} - 1$
객석유도등	객석 내의 통로가 경사로 또는 수평로로 되어 있는 부분은 다음의 식에 따라 산출한 수(소수점 이하의 수는 1로 본다)의 유도등을 설치해야 한다.	설치개수 = $\dfrac{객석\ 통로의\ 직선부분\ 길이[m]}{4[m]} - 1$
유도표지	계단에 설치하는 것을 제외하고는 각 층마다 복도 및 통로의 각 부분으로부터 하나의 유도표지까지의 보행거리가 15[m] 이하가 되는 곳과 구부러진 모퉁이의 벽에 설치할 것	설치개수 = $\dfrac{보행거리[m]}{15[m]} - 1$

∴ 객석유도등 설치개수 = $\dfrac{객석\ 통로의\ 직선부분\ 길이[m]}{4[m]} - 1$

$= \dfrac{18[m]}{4[m]} - 1 = 3.5개 ≒ 4개$

정답 4개

08 다음은 자동화재탐지설비 및 시각경보장치의 화재안전기술기준에서 정하는 공기관식 차동식 분포형 감지기의 설치기준이다. (   ) 안에 알맞은 내용을 쓰시오.

(1) 공기관의 노출 부분은 감지구역마다 몇 [m] 이상이 되도록 해야 하는지 쓰시오.
(2) 공기관과 감지구역의 각 변과의 수평거리는 몇 [m] 이하가 되도록 해야 하는지 쓰시오.
(3) 주요구조부가 내화구조로 된 특정소방대상물 또는 그 부분에 있어서 공기관 상호 간의 거리는 몇 [m] 이하가 되도록 해야 하는지 쓰시오.
(4) 하나의 검출 부분에 접속하는 공기관의 길이는 몇 [m] 이하로 해야 하는지 쓰시오.
(5) 검출부는 몇 [°] 이상 경사되지 않도록 부착해야 하는지 쓰시오.

해설

공기관식 차동식 분포형 감지기의 설치기준

(1) 공기관식 차동식 분포형 감지기의 설치기준
 ① 공기관의 노출 부분은 감지구역마다 20[m] 이상이 되도록 할 것
 ② 공기관과 감지구역의 각 변과의 수평거리는 1.5[m] 이하가 되도록 하고, 공기관 상호 간의 거리는 6[m](주요구조부가 내화구조로 된 특정소방대상물 또는 그 부분에 있어서는 9[m]) 이하가 되도록 할 것
 ③ 공기관은 도중에서 분기하지 않도록 할 것
 ④ 하나의 검출 부분에 접속하는 공기관의 길이는 100[m] 이하로 할 것
 ⑤ 검출부는 5[°] 이상 경사되지 않도록 부착할 것
 ⑥ 검출부는 바닥으로부터 0.8[m] 이상 1.5[m] 이하의 위치에 설치할 것

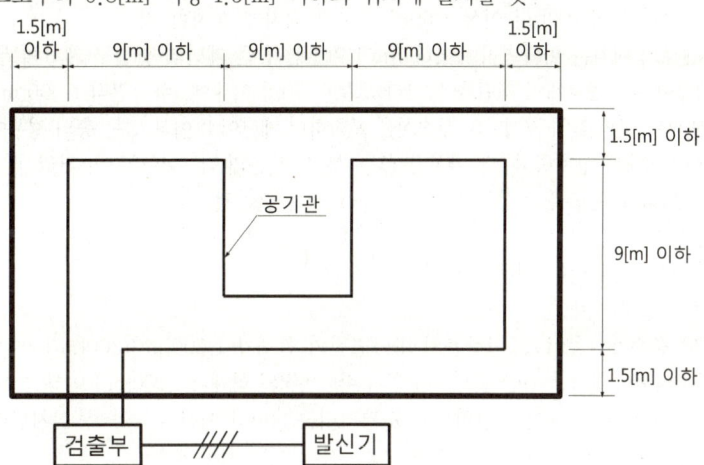

(2) 감지기의 구조 및 기능(감지기의 형식승인 및 제품검사의 기술기준 제5조)
 ① 공기관은 하나의 길이(이음매가 없는 것)가 20[m] 이상의 것으로 안지름 및 관의 두께가 일정하고 홈, 갈라짐 및 변형이 없어야 하며 부식되지 않아야 한다.
 ② 공기관의 두께는 0.3[mm] 이상, 바깥지름은 1.9[mm] 이상이어야 한다.

정답 (1) 20[m] 이상 (2) 1.5[m] 이하
 (3) 9[m] 이하 (4) 100[m] 이하
 (5) 5[°] 이상

09

지하 4층, 지상 11층의 특정소방대상물에 비상콘센트설비를 설치하려고 한다. 다음 각 물음에 답하시오(단, 지하 각 층의 바닥면적은 300[m²]이고, 각 층의 출입구는 1개소이며 계단에서 가장 먼 부분까지의 거리는 20[m]이다).

득점	배점
	6

(1) 비상콘센트를 설치해야 하는 특정소방대상물이다. ( ) 안에 알맞은 내용을 쓰시오.

> 지하층의 층수가 (①) 이상이고, 지하층의 바닥면적의 합계가 (②) 이상인 것은 지하층의 모든 층

(2) 이 특정소방대상물에 설치해야 하는 비상콘센트의 설치개수를 구하시오.

해설

비상콘센트설비

(1) 비상콘센트설비의 설치목적

소방대가 소화작업 중에 상용전원의 정전이나 상용전원의 소손으로 전원이 차단될 경우 소방대의 소화활동을 용이하게 하기 위하여 조명장치 및 소화활동상 필요한 장비 등을 접속하여 전원을 공급받을 수 있도록 하기 위한 비상전원설비이다.

(2) 비상콘센트설비를 설치해야 하는 특정소방대상물(소방시설법 영 별표 4)
 ① 층수가 11층 이상인 특정소방대상물의 경우에는 11층 이상의 층
 ② 지하층의 층수가 3층 이상이고, 지하층의 바닥면적의 합계가 1,000[m²] 이상인 것은 지하층의 모든 층
 ③ 터널로서 길이가 500[m] 이상인 것
  [설치제외] 위험물 저장 및 처리 시설 중 가스시설 및 지하구

(3) 비상콘센트의 설치기준
 ① 바닥으로부터 높이 0.8[m] 이상 1.5[m] 이하의 위치에 설치할 것
 ② 비상콘센트의 배치는 바닥면적이 1,000[m²] 미만인 층은 계단의 출입구(계단의 부속실을 포함하며 계단이 2 이상 있는 경우에는 그중 1개의 계단을 말한다)로부터 5[m] 이내에, 바닥면적 1,000[m²] 이상인 층은 각 계단의 출입구 또는 계단부속실의 출입구(계단의 부속실을 포함하며 계단이 3 이상 있는 층의 경우에는 그중 2개의 계단을 말한다)로부터 5[m] 이내에 설치하되, 그 비상콘센트로부터 그 층의 각 부분까지의 거리가 다음의 기준을 초과하는 경우에는 그 기준 이하가 되도록 비상콘센트를 추가하여 설치할 것
  ㉠ 지하상가 또는 지하층의 바닥면적의 합계가 3,000[m²] 이상인 것은 수평거리 : 25[m]
  ㉡ ㉠에 해당하지 않는 것은 수평거리 : 50[m]

(4) 비상콘센트의 설치개수
 ① 지하층의 층수가 4층이고, 지하층의 바닥면적의 합계가 1,200[m²](300[m²] × 4층)이며 수평거리가 20[m]이다.
  → 지하층의 층수가 3층 이상이고, 지하층의 바닥면적의 합계가 1,000[m²] 이상인 것은 지하층의 모든 층에 설치하고, 바닥면적이 3,000[m²] 미만이므로 수평거리는 50[m] 이하가 되도록 설치한다.
  ∴ 지하층 4개 설치 : 지하 1층, 지하 2층, 지하 3층, 지하 4층
 ② 층수가 11층 이상인 특정소방대상물의 경우에는 11층 이상의 층에 설치한다.
  ∴ 지상 11층에 1개 설치
 ③ 비상콘센트 총 설치개수 = 5개(지하 1층, 지하 2층, 지하 3층, 지하 4층, 지상 11층)

정답 (1) ① 3층
     ② 1,000[m²]
   (2) 5개

10 다음은 자동화재탐지설비 및 시각경보장치의 화재안전기술기준에서 정하는 경계구역을 설정하는 기준이다. ( ) 안에 알맞은 내용을 쓰시오. [득점/배점 6]

- 하나의 경계구역의 면적은 (①)[m²] 이하로 하고, 한 변의 길이는 (②)[m] 이하로 할 것. 다만, 해당 특정소방대상물의 주된 출입구에서 그 내부 전체가 보이는 것에 있어서는 한 변의 길이가 50[m]의 범위 내에서 (③)[m²] 이하로 할 수 있다.
- 외기에 면하여 상시 개방된 부분이 있는 차고·주차장·창고 등에 있어서는 외기에 면하는 각 부분으로부터 (④)[m] 미만의 범위 안에 있는 부분은 경계구역의 면적에 산입하지 않는다.
- 스프링클러설비·물분무 등 소화설비 또는 (⑤)의 화재감지장치로서 화재감지기를 설치한 경우의 경계구역은 해당 소화설비의 방호구역 또는 (⑥)과 동일하게 설정할 수 있다.

해설

자동화재탐지설비의 경계구역 설정기준

(1) 하나의 경계구역이 2 이상의 건축물에 미치지 않도록 할 것
(2) 하나의 경계구역이 2 이상의 층에 미치지 않도록 할 것. 다만, 500[m²] 이하의 범위 안에서는 2개의 층을 하나의 경계구역으로 할 수 있다.
(3) 하나의 경계구역의 면적은 600[m²] 이하로 하고, 한 변의 길이는 50[m] 이하로 할 것. 다만, 해당 특정소방대상물의 주된 출입구에서 그 내부 전체가 보이는 것에 있어서는 한 변의 길이가 50[m]의 범위 내에서 1,000[m²] 이하로 할 수 있다.
(4) 계단(직통계단 외의 것에 있어서는 떨어져 있는 상하 계단의 상호 간의 수평거리가 5[m] 이하로서 서로 간에 구획되지 않는 것에 한한다)·경사로(에스컬레이터 경사로 포함)·엘리베이터 승강로(권상기실이 있는 경우에는 권상기실)·린넨슈트·파이프 피트 및 덕트 기타 이와 유사한 부분에 대하여는 별도로 경계구역을 설정하되, 하나의 경계구역은 높이 45[m] 이하(계단 및 경사로에 한한다)로 하고, 지하층의 계단 및 경사로(지하층의 층수가 한 개 층일 경우는 제외한다)는 별도로 하나의 경계구역으로 해야 한다.
(5) 외기에 면하여 상시 개방된 부분이 있는 차고·주차장·창고 등에 있어서는 외기에 면하는 각 부분으로부터 5[m] 미만의 범위 안에 있는 부분은 경계구역의 면적에 산입하지 않는다.
(6) 스프링클러설비·물분무 등 소화설비 또는 제연설비의 화재감지장치로서 화재감지기를 설치한 경우의 경계구역은 해당 소화설비의 방호구역 또는 제연구역과 동일하게 설정할 수 있다.

정답
① 600　　② 50
③ 1,000　　④ 5
⑤ 제연설비　　⑥ 제연구역

11 공기관식 차동식 스포트형 감지기의 리크구멍이 축소되었을 경우와 리크구멍이 확대되었을 경우에 나타나는 동작특성에 대해 쓰시오.

(1) 리크구멍이 축소되었을 경우
(2) 리크구멍이 확대되었을 경우

해설
공기관식 차동식 스포트형 감지기

(1) 공기관식 차동식 스포트형 감지기
 ① 주위온도가 일정 상승률 이상이 되는 경우에 작동하는 것으로서 일국소에서의 열 효과에 의하여 작동되는 것을 말한다.
 ② 공기의 팽창을 이용한 것으로서 평상시에는 접점이 떨어져 있으나 화재가 발생하여 온도가 올라가면 감열실의 공기가 팽창하여 다이어프램을 밀어 올려 접점이 닫히도록 되어 있다.

(2) 차동식 스포트형 감지기의 구성
 ① 고정접점 : 가동접점과 접촉하여 화재신호를 수신기에 발신한다.
 ② 감열실(Air Chamber) : 열을 유효하게 받기 위해 설치한다.
 ③ 다이어프램(Diaphragm) : 열을 받아 감열실 내부의 온도상승으로 공기가 팽창하여 가동접점을 상부로 밀어주기 위해 설치한다.
 ④ 리크구멍(Leak Hole) : 감열실(공기실)의 내부압력과 외부압력에 대한 균형을 유지시키기 위해 설치하는 것으로 감열실 내부의 공기압력을 조절하여 감지기의 오동작을 방지한다.

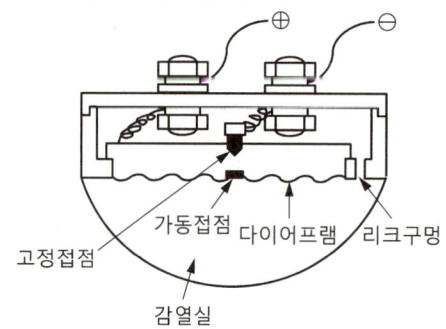

(3) 동작특성
 ① 접점수고치에 따른 동작특성

접점수고치가 낮을 경우	접점수고치가 높을 경우
감지기가 예민하게 작동하므로 비화재보의 원인이 된다.	감지기의 감도가 낮아져 동작이 지연되어 실보의 원인이 된다.

 ② 리크구멍의 변화에 따른 동작특성

리크구멍이 축소되었을 경우	리크구멍이 확대되었을 경우
감지기의 동작이 빨라져서 비화재보의 원인이 된다.	감지기의 동작이 느려져서 실보의 원인이 된다.

정답 (1) 감지기의 동작이 빨라져서 비화재보의 원인이 된다.
(2) 감지기의 동작이 느려져서 실보의 원인이 된다.

12 펌프의 토출량이 2,400[LPM]이고, 양정이 90[m]인 스프링클러설비용 펌프의 전동기 동력 [kW]을 구하시오(단, 펌프의 효율은 70[%]이고, 동력전달계수는 1.1이다).

득점	배점
	4

해설

펌프 전동기의 동력 계산

(1) 펌프의 축동력(P) 계산

$$P = \frac{\gamma H Q}{\eta}[\text{kW}]$$

여기서, γ : 물의 비중량(9,800[N/m³]=9.8[kN/m³])
 H : 양정[m]
 Q : 유량[m³/s]
 η : 펌프의 효율

(2) 펌프의 전동기 동력(P_m) 계산

$$P_m = \frac{\gamma H Q}{\eta} \times K[\text{kW}]$$

여기서, γ : 물의 비중량(9,800[N/m³]=9.8[kN/m³])
 H : 양정(90[m])
 Q : 유량(2,400[L/min]=2.4[m³/min]=$\frac{2.4}{60}$[m³/s])
 η : 펌프의 효율(70[%]=0.7)
 K : 동력전달계수(1.1)

∴ 전동기 동력 $P_m = \frac{\gamma H Q}{\eta} \times K = \frac{9.8[\text{kN/m}^3] \times 90[\text{m}] \times \frac{2.4}{60}[\text{m}^3/\text{s}]}{0.7} \times 1.1 = 55.44[\text{kW}]$

참고

단위 환산
- LPM = Liter Per Minute = L/min
- 1[L] = 1,000[cc] = 1,000[cm³]
- 1[m³] = 1,000[L]

정답 55.44[kW]

13 다음 그림은 어느 사무실 건물의 1층에 설치된 자동화재탐지설비의 미완성 평면도를 나타낸 것이다. 이 건물은 지상 3층이고, 각 층의 평면은 1층과 동일할 경우 평면도 및 주어진 조건을 참고하여 각 물음에 답하시오.

득점	배점
	10

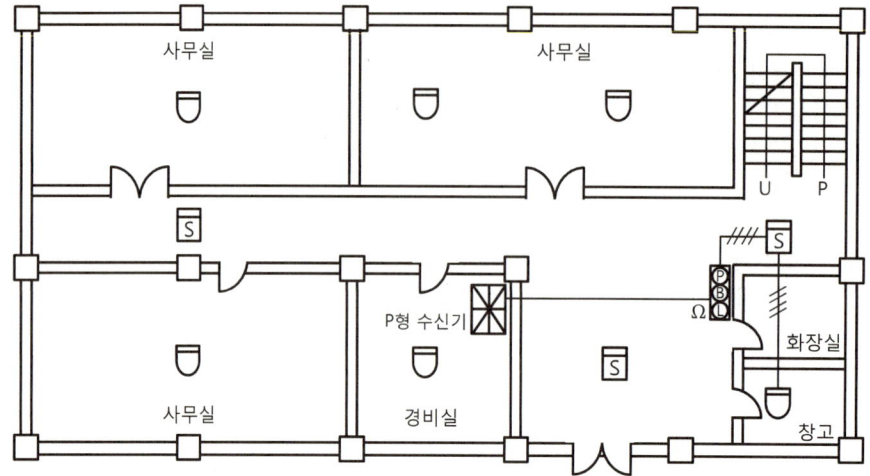

조건

- 계통도 작성 시 각 층에 수동발신기는 1개씩 설치하는 것으로 한다.
- 계통도 작성 시 전선 가닥수는 최소로 한다.
- 간선에 사용하는 전선은 HFIX 2.5[mm²]이다.
- 발신기 공통선 1선과 경종·표시등 공통선을 1선을 각각 배선하며 지구음향장치(지구경종)에는 단락보호장치가 설치되어 있다.
- 계단실의 감지기 설치는 제외한다.
- 전선관 공사는 후강 전선관으로 콘크리트 내 매입 시공한다.
- 각 실의 바닥에서 천장까지의 높이는 2.8[m]이다.
- 각 실은 이중천장이 없는 구조이며, 천장에 감지기를 바로 취부한다.
- 후강 전선관의 굵기는 다음 표와 같다.

도체 단면적[mm²]	전선 본수									
	1	2	3	4	5	6	7	8	9	10
	전선관의 최소 굵기[mm]									
2.5	16	16	16	16	22	22	22	28	28	28
4	16	16	16	22	22	22	28	28	28	28
6	16	16	22	22	22	28	28	28	36	36
10	16	22	22	28	28	36	36	36	36	36
16	16	22	28	28	36	36	36	42	42	42
25	22	28	28	36	36	42	54	54	54	54
35	22	28	36	42	54	54	54	70	70	70

물음

(1) 도면에서 P형 1급 수신기는 최소 몇 회로용을 사용해야 하는지 쓰시오.
(2) 수신기에서 발신기세트까지의 전선 가닥수는 몇 가닥이며 여기에 사용되는 후강 전선관은 몇 [mm]를 사용해야 하는지 쓰시오.
   ① 전선 가닥수 :
   ② 후강 전선관의 굵기 :
(3) 연기감지기를 매입인 것으로 사용할 경우 그림기호를 그리시오.
(4) 주어진 도면에 전선관과 배선을 하여 자동화재탐지설비의 도면을 완성하고, 전선 가닥수를 표기하시오.
(5) 간선 계통도를 그리고, 전선의 가닥수를 표기하시오.

해설

자동화재탐지설비

(1) P형 1급 수신기
  ① 회로수는 경계구역의 수 또는 발신기의 종단저항 개수로 구할 수 있다.
  ② 종단저항의 설치개수로 계산
     ㉠ 1층의 평면도에는 P형 1급 발신기가 설치되어 있고, 그 측면에 종단저항[Ω]이 1개가 설치되어 있다.
     ㉡ 지상 3층 건물이므로 종단저항의 개수가 3개이므로 회로수는 3회로이다.
     ∴ P형 1급 수신기는 5회로용, 10회로용, 15회로용, 20회로용 등이 있으므로 5회로용을 사용해야 한다.

> **참고**
>
> **경계구역의 설정기준**
> - 하나의 경계구역이 2개 이상의 건축물에 미치지 않도록 할 것
> - 하나의 경계구역이 2개 이상의 층에 미치지 않도록 할 것. 다만, 500[m²] 이하의 범위 안에서는 2개의 층을 하나의 경계구역으로 할 수 있다.
> - 하나의 경계구역의 면적은 600[m²] 이하로 하고, 한 변의 길이는 50[m] 이하로 할 것. 다만, 해당 특정소방대상물의 주된 출입구에서 그 내부 전체가 보이는 것에 있어서는 한 변의 길이가 50[m]의 범위에서 1,000[m²] 이하로 할 수 있다.
> - 계단(직통계단 외의 것에 있어서는 떨어져 있는 상하계단의 상호 간의 수평거리가 5[m] 이하로서 서로 간에 구획되지 않는 것에 한한다)·경사로(에스컬레이터 경사로 포함)·엘리베이터 승강로(권상기실이 있는 경우에는 권상기실)·린넨슈트·파이프 피트 및 덕트 그 밖의 이와 유사한 부분에 대하여는 별도로 경계구역을 설정하되, 하나의 경계구역은 높이 45[m] 이하(계단 및 경사로에 한한다)로 하고, 지하층의 계단 및 경사로(지하층의 층수가 한 개 층일 경우는 제외한다)는 별도로 하나의 경계구역으로 해야 한다.

(2) 전선 가닥수 및 후강 전선관 굵기 산정
  ① 발신기와 수신기 간의 전선 가닥수 산정

구간	전선 가닥수	배선의 용도
3층 발신기 ↔ 2층 발신기	6	회로(지구)선 1, 회로(지구)공통선 1, 응답선 1, 경종선 1, 표시등선 1, 경종·표시등공통선 1
2층 발신기 ↔ 1층 발신기	7	회로(지구)선 2, 회로(지구)공통선 1, 응답선 1, 경종선 1, 표시등선 1, 경종·표시등공통선 1
1층 발신기 ↔ 수신기	8	회로(지구)선 3, 회로(지구)공통선 1, 응답선 1, 경종선 1, 표시등선 1, 경종·표시등공통선 1

┌ 참고 ├───
│ **자동화재탐지설비의 화재안전기술기준에서 수신기의 설치기준**
│ • 화재로 인하여 하나의 층의 지구음향장치 배선이 단락되어도 다른 층의 화재통보에 지장이 없도록 각 층 배선 상에 유효한 조치를 할 것
│ • 화재안전기술기준을 적용하면 일제경보방식이고, 지구경종에는 단락보호장치가 설치되어 있으므로 경종선은 1가닥으로 배선한다.
│ • [조건]에서 경종·표시등 공통선은 1가닥으로 배선한다.
└───

┌ 참고 ├───
│ 발신기와 수신기 간의 기본 전선 가닥수(단, 화재로 인하여 하나의 층의 지구음향장치 배선이 단락되어도 다른 층의 화재통보에 지장이 없도록 각 층 배선 상에 유효한 조치를 하지 않은 경우)
│
│ | 구간 | 전선 가닥수 | 배선의 용도 |
│ |---|---|---|
│ | 3층 발신기 ↔ 2층 발신기 | 6 | 지구선 1, 지구 공통선 1, 응답선 1, 경종선 1, 표시등선 1, 경종·표시등 공통선 1 |
│ | 2층 발신기 ↔ 1층 발신기 | 9 | 지구선 2, 지구 공통선 1, 응답선 1, 경종선 2, 표시등선 1, 경종·표시등 공통선 2 |
│ | 1층 발신기 ↔ 수신기 | 12 | 지구선 3, 지구 공통선 1, 응답선 1, 경종선 3, 표시등선 1, 경종·표시등 공통선 3 |
│
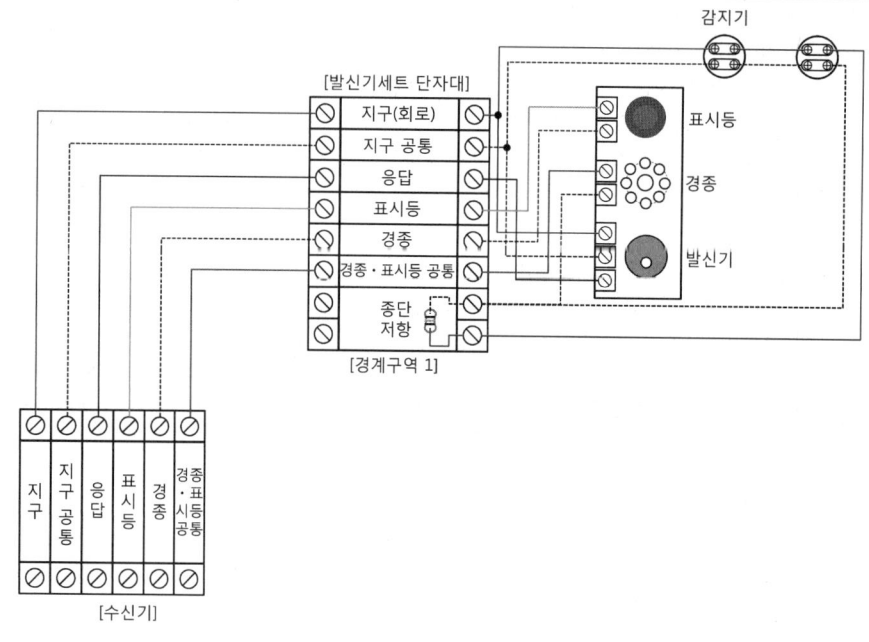
│
│ [경계구역이 1회로일 때 수신기와 발신기 간의 배선도]
└───

② 후강 전선관 굵기 산정
  ㉠ 발신기와 수신기 간의 전선 가닥수는 총 8가닥이고, [조건]에서 간선에 사용하는 전선은 2.5[mm²]이다.
  ㉡ [표]에서 후강 전선관의 굵기를 선정한다.

도체 단면적[mm²]	전선 본수									
	1	2	3	4	5	6	7	8	9	10
	전선관의 최소 굵기[mm]									
2.5	16	16	16	16	22	22	22	28	28	28
4	16	16	16	22	22	22	28	28	28	28
6	16	16	22	22	22	28	28	28	36	36
10	16	22	22	28	28	36	36	36	36	36
16	16	22	28	28	36	36	36	42	42	42
25	22	28	28	36	36	42	54	54	54	54
35	22	28	36	42	54	54	54	70	70	70

∴ 후강 전선관의 굵기는 28[mm]를 선정한다.

(3) 자동화재검지설비(한국산업표준 옥내배선용)의 그림기호

명칭	그림기호	적용
경계구역의 경계선	─ ─ ─	배선의 그림기호보다 굵게 한다.
경계구역 번호	◯	• ◯ 안에 경계구역 번호를 넣는다. • 필요에 따라 ⊖로 하고 상부에는 필요한 사항, 하부에는 경계구역 번호를 넣는다.
차동식 스포트형 감지기	⌒	필요에 따라 종별을 방기한다.
보상식 스포트형 감지기	⌒	필요에 따라 종별을 방기한다.
정온식 스포트형 감지기	⌒	• 필요에 따라 종별을 방기한다. • 방수인 것은 ⊔로 한다. • 내산인 것은 ⊔로 한다. • 내알칼리인 것은 ⊔로 한다. • 방폭인 것은 EX를 방기한다.
연기감지기	S	• 필요에 따라 종별을 방기한다. • 점검 박스 붙이인 경우는 S 로 한다. • 매입인 것은 S 로 한다.

(4) 평면도 완성도면
① 감지기회로의 배선
  ㉠ 자동화재탐지설비, 제연설비는 도통시험을 용이하게 하기 위하여 송배선방식으로 배선한다.
  ㉡ 송배선방식은 루프로 된 부분은 2가닥, 그 밖에는 4가닥으로 배선해야 한다.

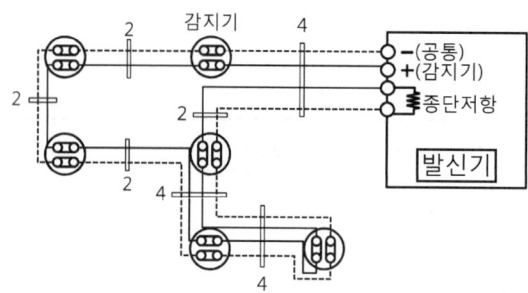

② 발신기와 수신기 간의 전선 가닥수는 8가닥으로 한다.
③ 평면도 완성도면

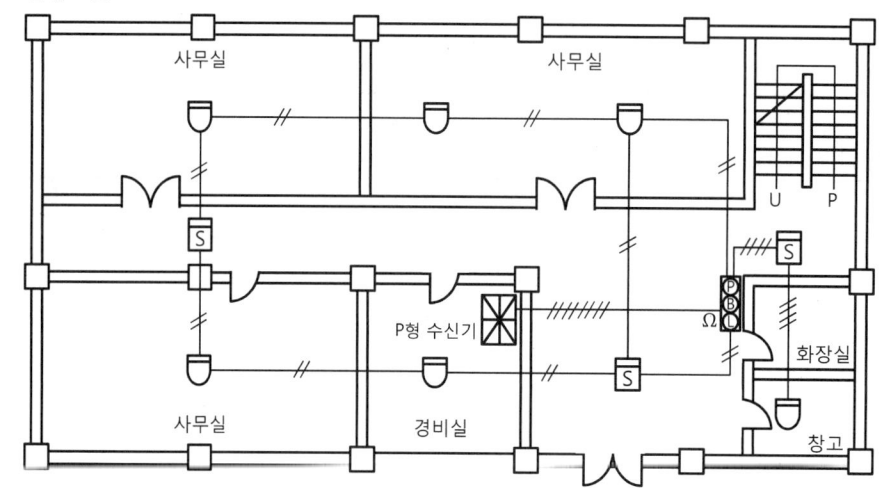

(5) 간선 계통도 작성

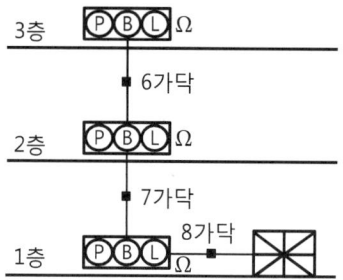

정답
(1) 5회로용
(2) ① 8가닥
　　② 28[mm]
(3) ⬚S⬚
(4) 해설 참고
(5) 해설 참고

14

다음은 자동화재속보설비의 속보기의 성능인증 및 제품검사의 기술기준에서 정하는 절연저항시험에 대한 내용이다. ( ) 안에 알맞은 내용을 쓰시오.

[득점 / 배점 4]

- 절연된 (①)와 외함 간의 절연저항은 직류 500[V]의 절연저항계로 측정한 값이 (②)[MΩ](교류입력 측과 외함 간에는 (③)[MΩ]) 이상이어야 한다.
- 절연된 선로 간의 절연저항은 직류 500[V]의 절연저항계로 측정한 값이 (④)[MΩ] 이상이어야 한다.

해설

자동화재속보설비의 속보기의 성능인증 및 제품검사의 기술기준

(1) 절연저항시험(제10조)
 ① 절연된 충전부와 외함 간의 절연저항은 직류 500[V]의 절연저항계로 측정한 값이 5[MΩ](교류입력 측과 외함 간에는 20[MΩ]) 이상이어야 한다.
 ② 절연된 선로간의 절연저항은 직류 500[V]의 절연저항계로 측정한 값이 20[MΩ] 이상이어야 한다.

(2) 절연내력시험(제11조)
 시험부의 절연내력은 60[Hz]의 정현파에 가까운 실효전압 500[V](정격전압이 60[V]를 초과하고 150[V] 이하인 것은 1,000[V], 정격전압이 150[V]를 초과하는 것은 그 정격전압에 2를 곱하여 1,000을 더한 값)이 교류전압을 가하는 시험에서 1분간 견디는 것이어야 하며, 기능에 이상이 생기지 않아야 한다.

정답
 ① 충전부 ② 5
 ③ 20   ④ 20

15

전동기의 극수가 4이고, 50[Hz]의 주파수에서 회전속도가 1,440[rpm]이다. 주파수를 60[Hz]로 할 경우 전동기의 회전속도[rpm]를 구하시오(단, 슬립은 일정하다).

[득점 / 배점 4]

해설

유도전동기의 회전속도 계산

(1) 동기속도(N_s)

$$N_s = \frac{120f}{P}[\text{rpm}]$$

여기서, f : 주파수[Hz]
    P : 극수

(2) 슬립(s)

$$s = \frac{N_s - N}{N_s}$$

여기서, N_s : 동기속도[rpm]
    N : 회전속도[rpm]

(3) 회전속도(N)

$$N = (1-s)N_s = (1-s)\frac{120f}{P}[\text{rpm}]$$

여기서, f : 주파수[Hz]
  P : 극수
  s : 슬립

① 50[Hz]의 주파수에서 슬립(s)
  회전속도가 N=1,440[rpm], 주파수가 f=50[Hz], 극수 P=4극일 때
  ∴ 회전속도 $N = (1-s)\frac{120f}{P}$ 에서
  슬립 $s = 1 - \frac{P}{120f}N = 1 - \frac{4극}{120 \times 50[\text{Hz}]} \times 1,440[\text{rpm}] = 0.04$

② 60[Hz]의 주파수에서 회전속도(N)
  주파수가 f=60[Hz], 극수 P=4극, 슬립이 일정하므로 s=0.04일 때
  ∴ 회전속도 $N = (1-s)\frac{120f}{P} = (1-0.04) \times \frac{120 \times 60[\text{Hz}]}{4극} = 1,728[\text{rpm}]$

정답 1,728[rpm]

16

상용전원 AC 220[V]에 40[W] 중형 피난구유도등 10개가 연결되어 점등되고 있다. 이 유도등에 공급되는 전류[A]를 구하시오(단, 유도등의 역률은 60[%]이고, 유도등의 배터리 충전전류는 무시한다).

득점	배점
	4

해설

유도등의 전류(I) 계산

(1) 단상 2선식 : 유도등, 비상조명등, 전자밸브(솔레노이드밸브), 감지기

$$P = IV\cos\theta [\text{W}]$$

여기서, P : 전력(40[W]×10개) I : 공급전류[A]
  V : 전압(220[V]) $\cos\theta$: 역률(60[%]=0.6)

∴ 공급전류 $I = \frac{P}{V\cos\theta} = \frac{40[\text{W}] \times 10개}{220[\text{V}] \times 0.6} = 3.03[\text{A}]$

(2) 3상 3선식 : 소방펌프, 제연팬

$$P = \sqrt{3}\, IV\cos\theta [\text{W}]$$

여기서, P : 전력[W] I : 공급전류[A]
  V : 전압(380[V]) $\cos\theta$: 역률

정답 3.03[A]

17 다음 그림은 3상 유도전동기의 Y-△ 기동회로의 미완성된 도면이다. 이 도면과 주어진 조건을 참고하여 각 물음에 답하시오.

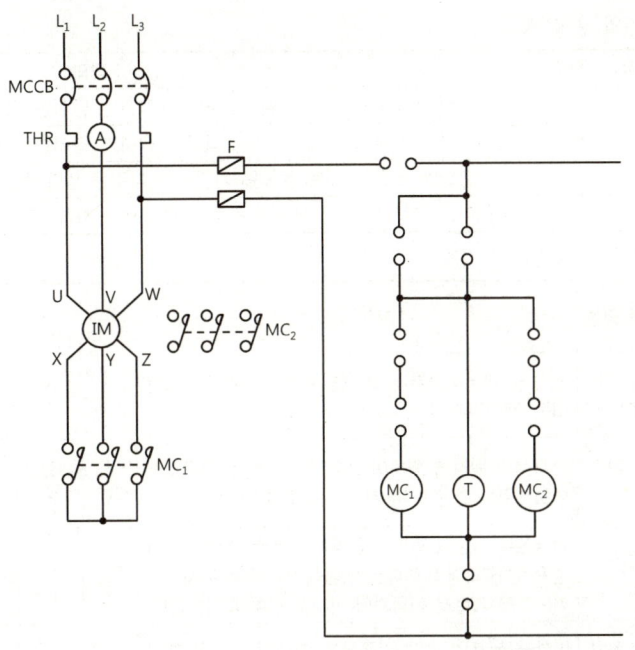

조 건

전기기구 명칭	도시기호	전기기구 명칭	도시기호
전자접촉기(Y기동)	MC₁	전자접촉기(△기동)	MC₂
정지용 누름버튼스위치(PB-OFF)	PB-OFF	기동용 누름버튼스위치(PB-ON)	PB-ON
전류계	A	표시등	PL
타이머	T	-	-

물 음

(1) Y-△ 운전이 가능하도록 주회로를 완성하시오.

(2) Y-△ 운전이 가능하도록 보조회로(제어회로)를 완성하시오.

(3) MCCB에 전원을 투입하면 표시등 PL이 점등되도록 미완성 도면에 회로를 구성하시오.

> **해설**
>
> ### 3상 유도전동기의 Y-△ 기동회로
>
> (1) Y-△ 기동회로의 주회로 작성
>
> ① 시퀀스제어의 용어 정의
>
> | 시퀀스제어 용어 | | 정의 |
> |---|---|---|
> | 접점 | a접점 | 스위치를 조작하기 전에는 열려있다가 조작하면 닫히는 접점이다. |
> | | b접점 | 스위치를 조작하기 전에는 닫혀있다가 조작하면 열리는 접점이다. |
> | 소자 | | 전자코일에 흐르고 있는 전류를 차단하여 자력을 잃게 하는 것이다. |
> | 여자 | | 릴레이, 전자접촉기 등 코일에 전류가 흘러서 전자석으로 되는 것이다. |
>
> ② 제어용기기의 명칭과 도시기호
>
> | 제어용기기 명칭 | 작동원리 | 접점의 종류 ||||
> |---|---|---|---|---|---|
> | | | 주접점 | 코일 | a접점 | b접점 |
> | 배선용 차단기 (MCCB) | 단락 및 과부하로부터 회로를 보호하기 위하여 사용되는 전력기기이다. | ╲╲╲ | – | – | – |
> | 전자접촉기 (MC) | 전자석의 동작에 의하여 접점을 개폐하는 기구로서 부하회로를 빈번하게 개폐하는 접촉기이다. | ╲╲╲ | (MC) | MC-a | MC-b |
> | 열동계전기 (THR) | 정격전류 이상의 과부하 전류가 흐르면 내부에서 발생된 열에 의해 바이메탈이 동작하여 접점을 차단시키는 계전기로서 전동기의 과부하 보호에 사용된다. | ╲╲ | – | THR | THR |
> | 누름버튼스위치 (PB-ON, PB-OFF) | 버튼을 누르면 접점 기구부가 개폐되며 손을 떼면 스프링의 힘에 의해 자동으로 복귀되는 스위치이다. | – | – | PB-ON | PB-OFF |
> | 표시등 (PL) | 전원표시등(Pilot Lamp)을 표시한다. | – | (PL) | – | – |
> | 타이머 (T) | 설정시간이 경과한 후 그 접점이 폐로 또는 개로하는 계전기이다. | – | (T) | T-a | T-b |
>
> ③ Y-△기동회로의 주회로 작성
>
>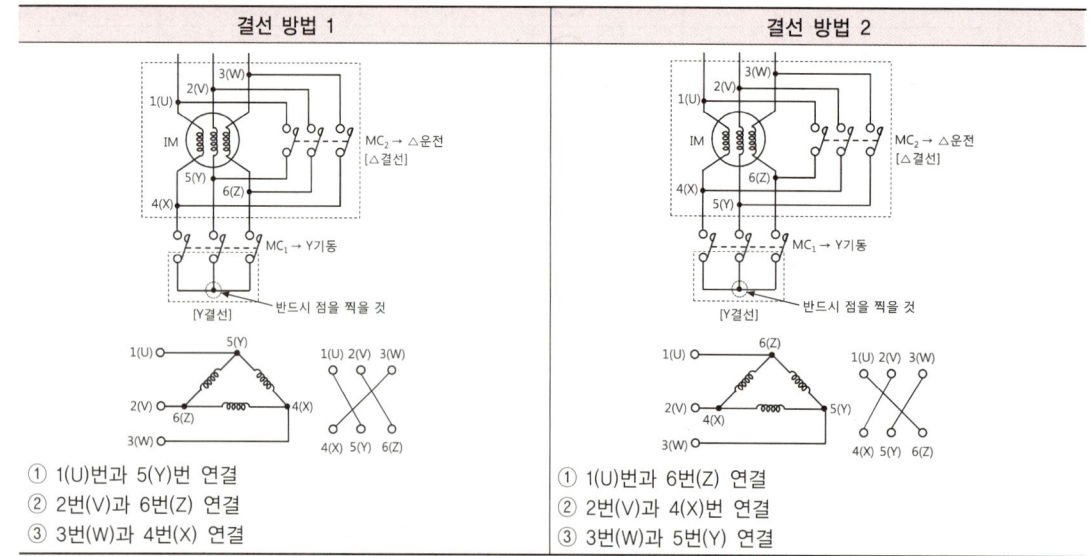

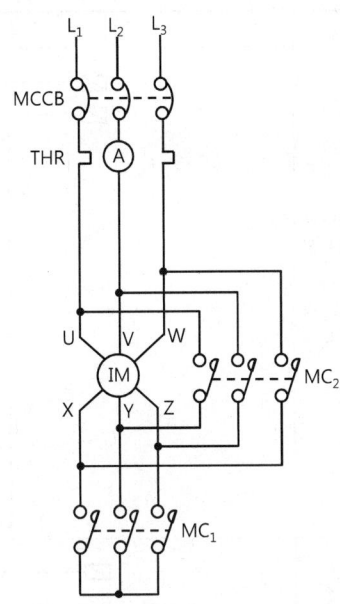

(2), (3) Y-△기동회로의 보조회로의 동작설명 및 회로도 작성

동작설명	회로도
① 배선용 차단기(MCCB)에 전원을 투입하면 표시등(PL)이 점등된다.	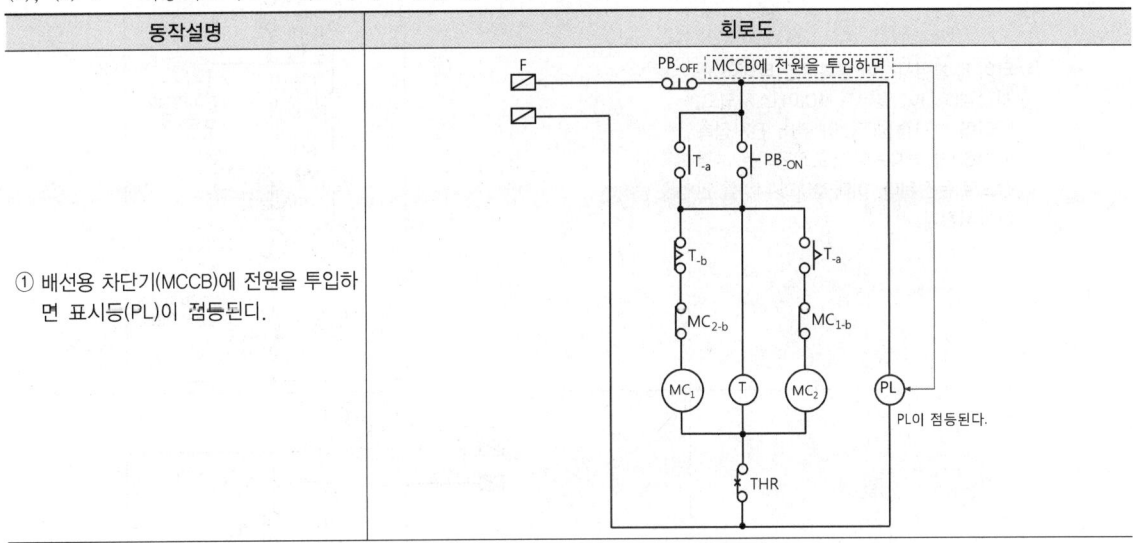

동작설명	회로도
② 기동용 누름버튼스위치(PB_ON)를 누르면 타이머(T)가 여자되어 타이머 한시접점(T_-a)이 붙어 자기유지가 되고, 전자접촉기(MC₁)가 여자되어 유도전동기(IM)는 Y결선으로 기동된다. 이때 MC₁과 MC₂를 인터록시킨다.	
③ 타이머 설정시간이 경과하면 타이머 순시접점(T_-b)이 떨어져 MC₁이 소자되고, 타이머 한시접점(T_-a)이 붙어 전자접촉기(MC₂)가 여자되어 유도전동기는 △결선으로 운전된다. 이때 MC₁과 MC₂를 인터록시킨다.	
④ 정지용 누름버튼스위치(PB_-b)를 누르면 운전 중인 유도전동기는 정지된다. 또한, 유도전동기에 과전류가 흐르면 열동계전기(THR)가 작동하여 유도전동기는 정지한다.	

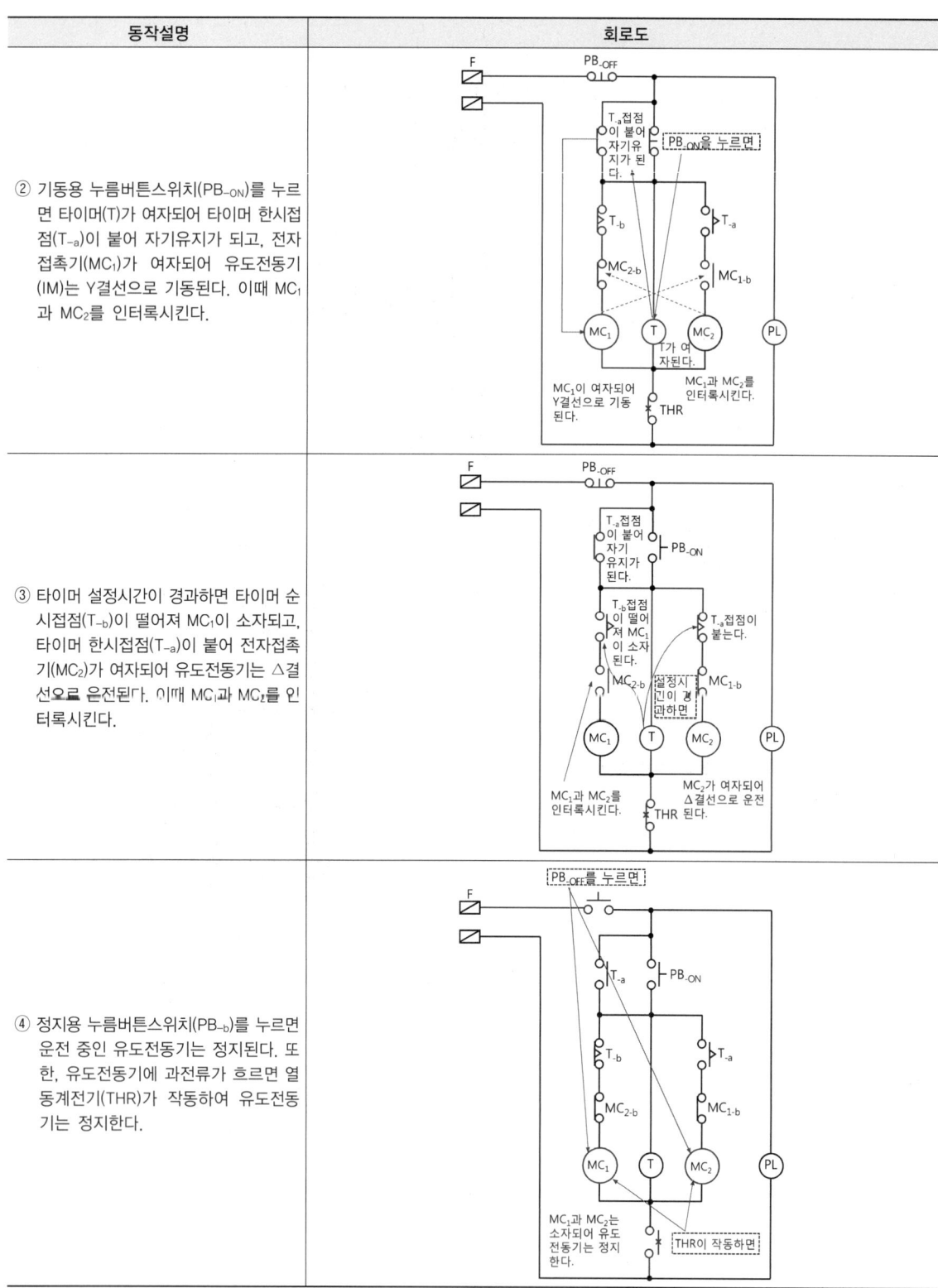

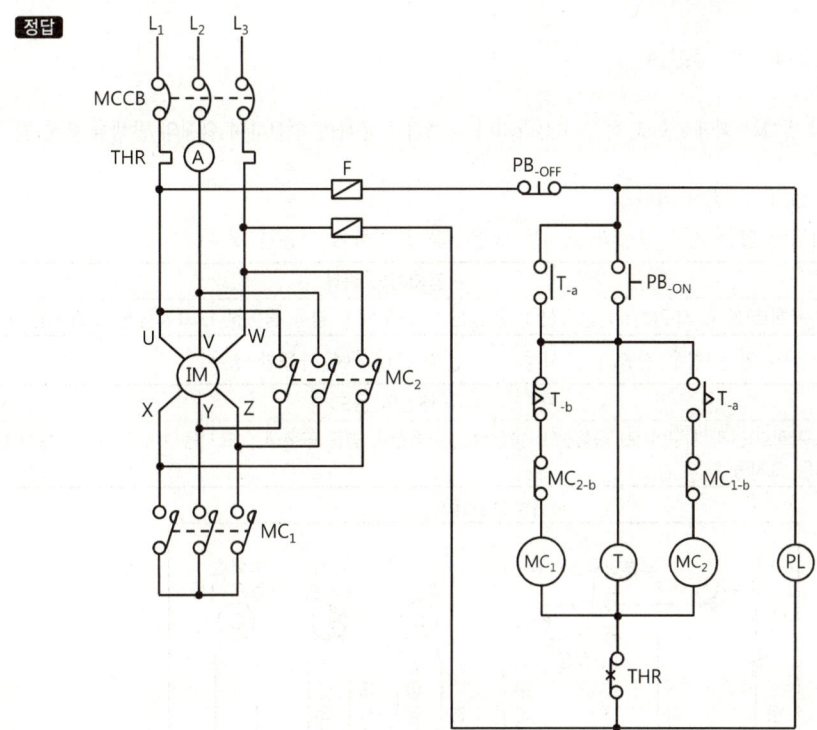

18 다음은 자동화재탐지설비의 P형 수신기의 미완성 결선도를 완성하시오(단, 발신기에 설치된 단자는 왼쪽으로부터 응답, 지구, 공통 순이다).

득점	배점
	6

해설

자동화재탐지설비의 P형 수신기

(1) 수신기의 개요
　① 감지기나 발신기에서 발하는 화재신호를 직접 수신하거나 중계기를 통하여 수신하여 화재의 발생을 표시 및 경보하여 주는 장치이다.
　② 수신기와 발신기 간의 기본 전선 가닥수
　　㉠ 소화전 기동표시등이 없는 경우(경종과 표시등 공통선을 분리하여 사용한 경우)

전선 가닥수	감지기의 종류
7	지구(회로)선 1, 지구(회로) 공통선 1, 응답선 1, 경종선 1, 경종 공통선 1, 표시등선 1, 표시등 공통선 1

　　㉡ 소화전 기동표시등이 있는 경우(경종과 표시등 공통선을 분리하여 사용한 경우)

전선 가닥수	배선의 용도
9	지구(회로)선 1, 지구(회로) 공통선 1, 응답선 1, 경종선 1, 경종 공통선 1, 표시등선 1, 표시등 공통선 1, 소화전 기동 표시등 2

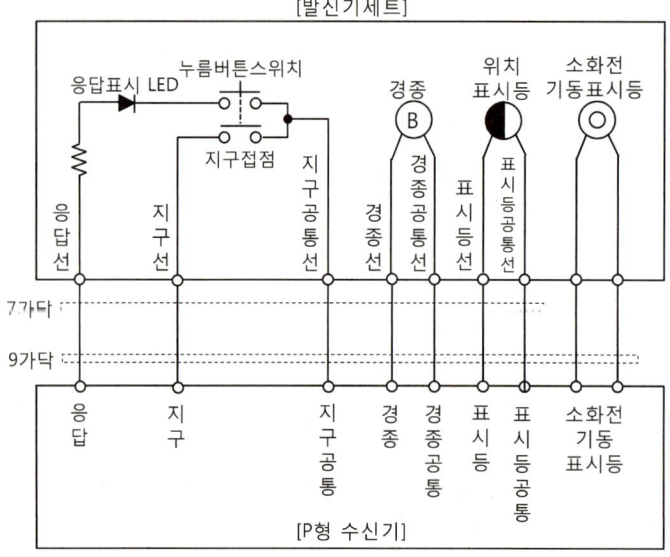

(2) P형 수신기와 발신기 간의 배선 결선도

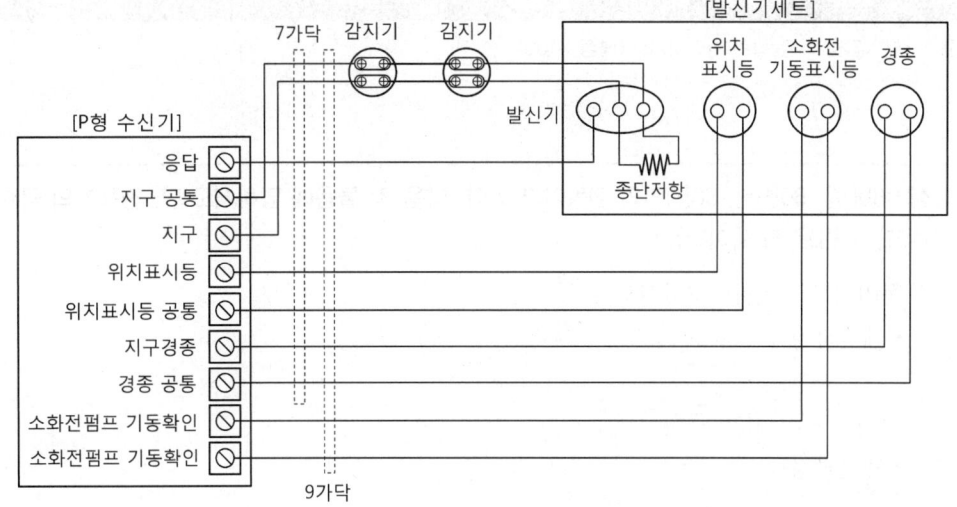

정답

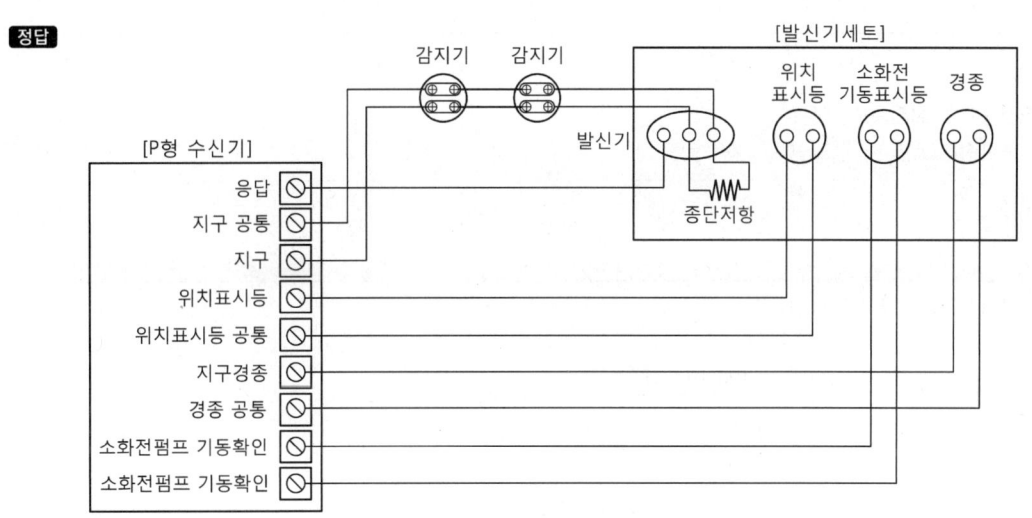

2020년 제3회 과년도 기출복원문제

※ 다음 물음에 대한 답을 해당 답란에 답하시오.(배점 : 100)

01 3상 380[V], 60[Hz], 50[HP]의 전동기가 있다. 다음 각 물음에 답하시오(단, 전동기의 극수는 4이고, 슬립은 5[%]이다).

(1) 동기속도[rpm]를 구하시오.
- 계산과정 :
- 답 :

(2) 회전속도[rpm]를 구하시오.
- 계산과정 :
- 답 :

해설
유도전동기의 회전속도 계산

(1) 동기속도(N_s)

$$N_s = \frac{120f}{P} [\text{rpm}]$$

여기서, f : 주파수(60[Hz])
P : 극수(4)

∴ 동기속도 $N_s = \frac{120f}{P} = \frac{120 \times 60 [\text{Hz}]}{4} = 1{,}800 [\text{rpm}]$

(2) 회전속도(N)

$$N = (1-s)N_s = (1-s)\frac{120f}{P} [\text{rpm}]$$

여기서, f : 주파수(60[Hz])
P : 극수(4)
s : 슬립(5[%]=0.05)

∴ 회전속도 $N = (1-s)\frac{120f}{P} = (1-0.05) \times \frac{120 \times 60 [\text{Hz}]}{4} = 1{,}710 [\text{rpm}]$

정답 (1) 1,800[rpm]
(2) 1,710[rpm]

02 다음은 자동화재탐지설비 및 시각경보장치의 화재안전기술기준에서 정하는 감지기의 부착높이가 20[m] 이상이 되는 곳에 설치하는 감지기의 종류 2가지를 쓰시오.

득점	배점
	4

해설

자동화재탐지설비의 감지기 부착높이에 따른 감지기의 종류

부착높이	감지기의 종류
4[m] 미만	• 차동식(스포트형, 분포형) • 보상식 스포트형 • 정온식(스포트형, 감지선형) • 이온화식 또는 광전식(스포트형, 분리형, 공기흡입형) • 열복합형 • 연기복합형 • 열연기복합형 • 불꽃감지기
4[m] 이상 8[m] 미만	• 차동식(스포트형, 분포형) • 보상식 스포트형 • 정온식(스포트형, 감지선형) 특종 또는 1종 • 이온화식 1종 또는 2종 • 광전식(스포트형, 분리형, 공기흡입형) 1종 또는 2종 • 열복합형 • 연기복합형 • 열연기복합형 • 불꽃감지기
8[m] 이상 15[m] 미만	• 차동식 분포형 • 이온화식 1종 또는 2종 • 광전식(스포트형, 분리형, 공기흡입형) 1종 또는 2종 • 연기복합형 • 불꽃감지기
15[m] 이상 20[m] 미만	• 이온화식 1종 • 광전식(스포트형, 분리형, 공기흡입형) 1종 • 연기복합형 • 불꽃감지기
20[m] 이상	• 불꽃감지기 • 광전식(분리형, 공기흡입형) 중 아날로그방식

[비고]
1. 감지기별 부착높이 등에 대하여 별도로 형식승인을 받은 경우에는 그 성능인정 범위에서 사용할 수 있다.
2. 부착높이 20[m] 이상에 설치되는 광전식 중 아날로그방식의 감지기는 공칭감지농도 하한값이 5[%/m] 미만인 것으로 한다.

정답 불꽃감지기, 광전식(분리형, 공기흡입형) 중 아날로그방식

03

어떤 건물의 사무실 바닥면적이 700[m²]이고, 천장높이가 4[m]이다. 이 사무실에 차동식 스포트형 2종 감지기를 설치하려고 할 때 감지기의 최소 설치개수를 구하시오(단, 주요구조부는 내화구조이다).

득점	배점
	4

• 계산과정 :
• 답 :

해설

자동화재탐지설비의 감지기 설치기준

(1) 경계구역의 설정기준
   ① 하나의 경계구역이 2 이상의 건축물에 미치지 않도록 할 것
   ② 하나의 경계구역이 2 이상의 층에 미치지 않도록 할 것. 다만, 500[m²] 이하의 범위 안에서는 2개의 층을 하나의 경계구역으로 할 수 있다.
   ③ 하나의 경계구역의 면적은 600[m²] 이하로 하고, 한 변의 길이는 50[m] 이하로 할 것. 다만, 해당 특정소방대상물의 주된 출입구에서 그 내부 전체가 보이는 것에 있어서는 한 변의 길이가 50[m]의 범위 내에서 1,000[m²] 이하로 할 수 있다.
   ∴ 하나의 경계구역의 면적은 600[m²] 이하이므로 바닥면적이 700[m²]일 경우 2 경계구역으로 설정하여 감지기의 개수를 구한다.

(2) 차동식 스포트형·보상식 스포트형 및 정온식 스포트형 감지기는 그 부착높이 및 특정소방대상물에 따라 다음 표에 따른 바닥면적[m²]마다 1개 이상을 설치할 것

부착높이 및 특정소방대상물의 구분		감지기의 종류(단위 : [m²])						
		차동식 스포트형		보상식 스포트형		정온식 스포트형		
		1종	2종	1종	2종	특종	1종	2종
4[m] 미만	주요구조부가 내화구조로 된 특정소방대상물 또는 그 부분	90	70	90	70	70	60	20
	기타 구조의 특정소방대상물 또는 그 부분	50	40	50	40	40	30	15
4[m] 이상 8[m] 미만	주요구조부가 내화구조로 된 특정소방대상물 또는 그 부분	45	35	45	35	35	30	–
	기타 구조의 특정소방대상물 또는 그 부분	30	25	30	25	25	15	–

① 주요구조부가 내화구조이고, 천장높이가 4[m]이므로 차동식 스포트형 2종 감지기 1개의 바닥면적은 35[m²]이다.
② 2 경계구역이므로 바닥면적을 1/2(350[m²])로 나눈다. 따라서, 1 경계구역당 바닥면적이 350[m²]이고, 2 경계구역으로 감지기의 설치개수를 구한다.

∴ 감지기 설치개수 = 1 경계구역 + 2 경계구역 = $\frac{350[m^2]}{35[m^2]} + \frac{350[m^2]}{35[m^2]} = 20$개

> **참고**
>
> **감지기 설치개수 산정**
> - 열반도체식 차동식 분포형 감지기의 감지부는 그 부착높이 및 특정소방대상물에 따라 다음 표에 따른 바닥면적마다 1개 이상으로 할 것. 다만, 바닥면적이 다음 표에 따른 면적의 2배 이하인 경우에는 2개(부착높이가 8[m] 미만이고, 바닥면적이 다음 표에 따른 면적 이하인 경우에는 1개) 이상으로 해야 한다.
>
> | 부착높이 및 특정소방대상물의 구분 | | 감지기의 종류(단위 : [m²]) | |
> |---|---|---|---|
> | | | 1종 | 2종 |
> | 8[m] 미만 | 주요구조부가 내화구조로 된 소방대상물 또는 그 부분 | 65 | 36 |
> | | 기타 구조의 소방대상물 또는 그 부분 | 40 | 23 |
> | 8[m] 이상 15[m] 미만 | 주요구조부가 내화구조로 된 소방대상물 또는 그 부분 | 50 | 36 |
> | | 기타 구조의 소방대상물 또는 그 부분 | 30 | 23 |
>
> - 연기감지기의 설치기준
>   - 연기감지기의 부착높이에 따라 다음 표에 따른 바닥면적[m²]마다 1개 이상으로 할 것
>
> | 부착높이 | 감지기의 종류(단위 : [m²]) | |
> |---|---|---|
> | | 1종 및 2종 | 3종 |
> | 4[m] 미만 | 150 | 50 |
> | 4[m] 이상 20m 미만 | 75 | – |
>
>   - 감지기는 복도 및 통로에 있어서는 보행거리 30[m](3종에 있어서는 20[m])마다, 계단 및 경사로에 있어서는 수직거리 15[m](3종에 있어서는 10[m])마다 1개 이상으로 할 것
> - 감지기의 설치개수 산출식
>   - 거실 감지기 설치개수 = $\dfrac{\text{감지구역 바닥면적[m}^2\text{]}}{\text{감지기 1개의 설치 바닥면적[m}^2\text{]}}$ [개]
>
>   - 복도 및 통로 연기감지기 설치개수 = $\dfrac{\text{감지구역 보행거리[m]}}{\text{감지기 1개의 설치 보행거리[m]}}$ [개]
>
>   - 계단 및 경사로 연기감지기 설치개수 = $\dfrac{\text{감지구역 수직거리[m]}}{\text{감지기 1개의 설치 수직거리[m]}}$ [개]
>
>   (단, 설치개수 산출 시 소수점 이하의 수는 1로 본다)

정답 20개

04 다음 그림은 3상 3선식 교류회로에 설치된 누전경보기의 결선도이다. 정상상태와 누전상태 시 a점, b점, c점에서 키르히호프의 제1법칙을 적용하여 선전류 $\dot{I}_1$, $\dot{I}_2$, $\dot{I}_3$와 선전류의 벡터합을 구하시오.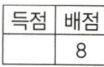

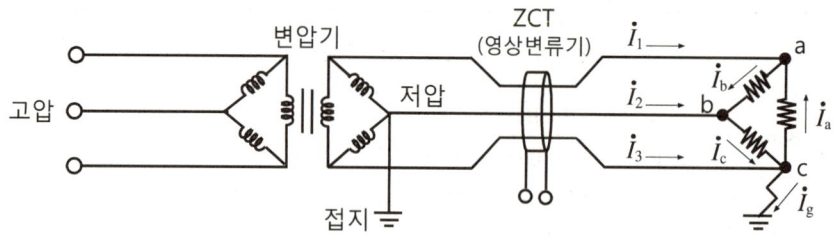

(1) 정상상태 시 선전류를 구하시오.

① a점 : $\dot{I}_1 =$

② b점 : $\dot{I}_2 =$

③ c점 : $\dot{I}_3 =$

(2) 정상상태 시 선전류의 벡터합을 구하시오.

$\dot{I}_1 + \dot{I}_2 + \dot{I}_3 =$

(3) 누전상태 시 선전류를 구하시오.

① a점 : $\dot{I}_1 =$

② b점 : $\dot{I}_2 =$

③ c점 : $\dot{I}_3 =$

(4) 누전상태 시 선전류의 벡터합을 구하시오.

$\dot{I}_1 + \dot{I}_2 + \dot{I}_3 =$

해설

누전경보기

(1) 정상상태 시 선전류 계산

구분	a점	b점	c점
그림	(그림)	(그림)	(그림)
선전류	$\dot{I}_1 + \dot{I}_a = \dot{I}_b$ ∴ $\dot{I}_1 = \dot{I}_b - \dot{I}_a$	$\dot{I}_2 + \dot{I}_b = \dot{I}_c$ ∴ $\dot{I}_2 = \dot{I}_c - \dot{I}_b$	$\dot{I}_3 + \dot{I}_c = \dot{I}_a$ ∴ $\dot{I}_3 = \dot{I}_a - \dot{I}_c$

> **참고**
>
> **키르히호프의 제1법칙**
> 전기회로의 접속점에 흘러들어오는 전류의 총합과 흘러나가는 전류의 총합은 같다.

(2) 정상상태 시 선전류의 벡터합

　① 선전류 : $\dot{I}_1 = \dot{I}_b - \dot{I}_a$, $\dot{I}_2 = \dot{I}_c - \dot{I}_b$, $\dot{I}_3 = \dot{I}_a - \dot{I}_c$

　② 선전류의 벡터합 : $\dot{I}_1 + \dot{I}_2 + \dot{I}_3 = (\dot{I}_b - \dot{I}_a) + (\dot{I}_c - \dot{I}_b) + (\dot{I}_a - \dot{I}_c) = 0$

(3) 누전상태 시 선전류 계산

구분	a점	b점	c점
그림	(그림)	(그림)	(그림)
선전류	$\dot{I}_1 + \dot{I}_a = \dot{I}_b$ ∴ $\dot{I}_1 = \dot{I}_b - \dot{I}_a$	$\dot{I}_2 + \dot{I}_b = \dot{I}_c$ ∴ $\dot{I}_2 = \dot{I}_c - \dot{I}_b$	$\dot{I}_3 + \dot{I}_c = \dot{I}_a + \dot{I}_g$ ∴ $\dot{I}_3 = \dot{I}_a + \dot{I}_g - \dot{I}_c$

(4) 누전상태 시 선전류의 벡터합

　① 선전류 : $\dot{I}_1 = \dot{I}_b - \dot{I}_a$, $\dot{I}_2 = \dot{I}_c - \dot{I}_b$, $\dot{I}_3 = \dot{I}_a + \dot{I}_g - \dot{I}_c$

　② 선전류의 벡터합 : $\dot{I}_1 + \dot{I}_2 + \dot{I}_3 = (\dot{I}_b - \dot{I}_a) + (\dot{I}_c - \dot{I}_b) + (\dot{I}_a + \dot{I}_g - \dot{I}_c) = \dot{I}_g$

　여기서, $\dot{I}_g$: 누설전류

정답 (1) ① $\dot{I}_b - \dot{I}_a$ 　② $\dot{I}_c - \dot{I}_b$
　　　③ $\dot{I}_a - \dot{I}_c$
(2) 0
(3) ① $\dot{I}_b - \dot{I}_a$ 　② $\dot{I}_c - \dot{I}_b$
　　　③ $\dot{I}_a + \dot{I}_g - \dot{I}_c$
(4) $\dot{I}_g$

05 다음 그림은 자동화재탐지설비의 평면도이다. 기호 ①~⑤의 전선 가닥수를 주어진 표의 빈칸에 쓰시오(단, 경종과 표시등 공통선은 분리하여 사용한다).

득점	배점
	5

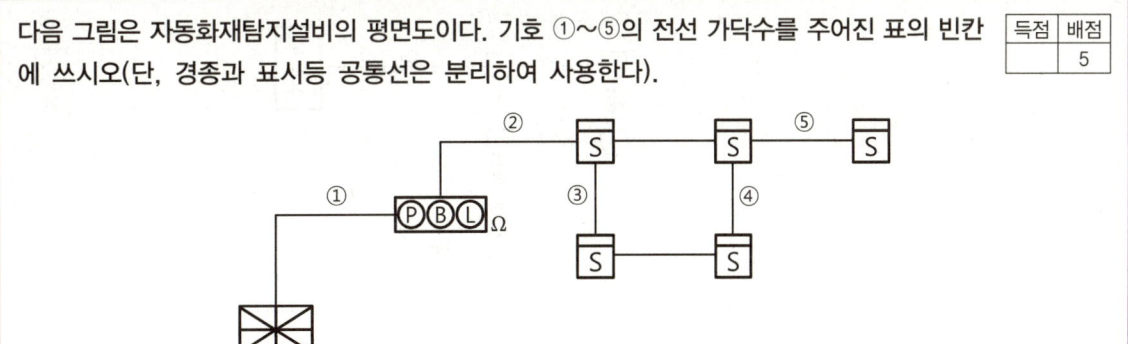

기호	①	②	③	④	⑤
전선 가닥수					

해설

자동화재탐지설비

(1) 소방시설 도시기호(소방시설 자체점검사항 등에 관한 고시)

명칭	도시기호	명칭	도시기호
발신기세트 단독형	ⓟⓑⓛ	수신기	⊠
연기감지기	S	종단저항	Ω

(2) 감지기와 발신기 사이의 배선
   자동화재탐지설비의 감지기회로는 송배선방식으로 배선하므로 루프로 된 부분은 2가닥, 그 밖에는 4가닥으로 배선한다.

기호	②	③	④	⑤
전선 가닥수	4	2	2	4

> **참고**
>
> **감지기회로의 배선방식**
>
> • 송배선식
>   - 도통시험을 용이하게 하기 위하여 배선의 도중에서 분기하지 않는 방식이다.
>   - 적용설비 : 자동화재탐지설비, 제연설비
>   - 전선 가닥수 산정 : 루프로 된 부분은 2가닥, 그 밖에는 4가닥
>
>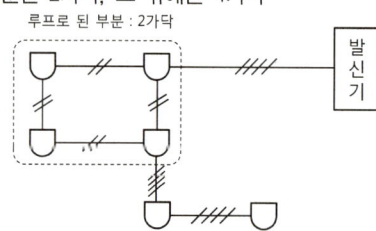
>
> • 교차회로방식
>   - 감지기의 오동작을 방지하기 위하여 하나의 방호구역 내에 2 이상의 화재감지기 회로를 설치하고 인접한 2 이상의 화재감지기가 동시에 감지되는 때에는 소화설비가 작동하는 방식이다.
>   - 적용설비 : 분말소화설비, 할론소화설비, 이산화탄소소화설비, 준비작동식 스프링클러설비, 일제살수식 스프링클러설비, 할로겐화합물 및 불활성기체소화설비
>   - 전선 가닥수 산정 : 루프로 된 부분과 말단부는 4가닥, 그 밖에는 8가닥
>
>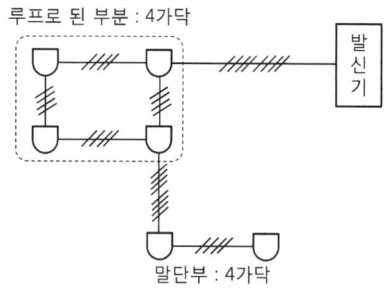

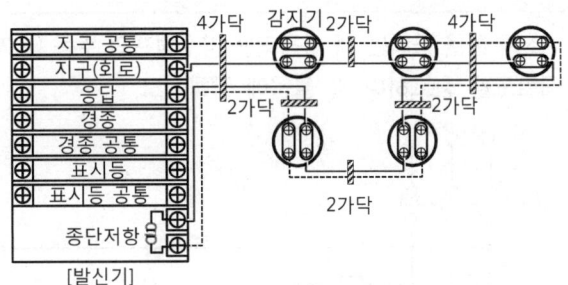

(3) 발신기와 수신기 간의 기본 전선 가닥수 산정(경종과 표시등 공통선을 분리하여 사용하는 경우)

전선 가닥수	배선의 용도
7	지구 공통선 1, 지구(회로)선 1, 응답선 1, 경종선 1, 경종 공통선 1, 표시등선 1, 표시등 공통선 1

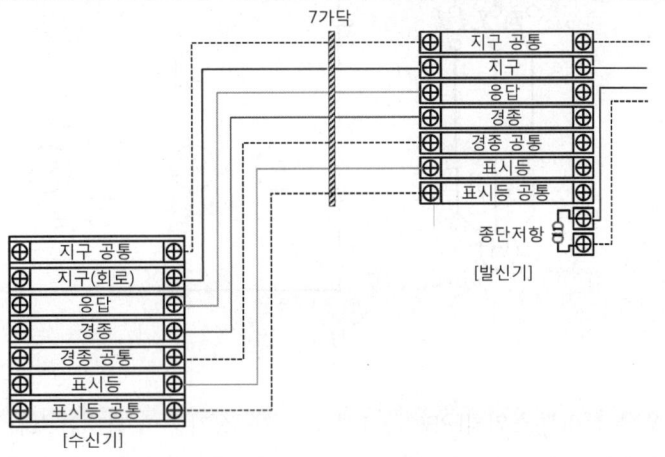

정답

기호	①	②	③	④	⑤
전선 가닥수	7	4	2	2	4

06 다음 그림은 옥상수조에 물을 올리는 데 사용되는 양수펌프의 수동 및 자동제어 운전회로이다. 아래 조건과 회로도를 참고하여 각 물음에 답하시오.

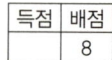

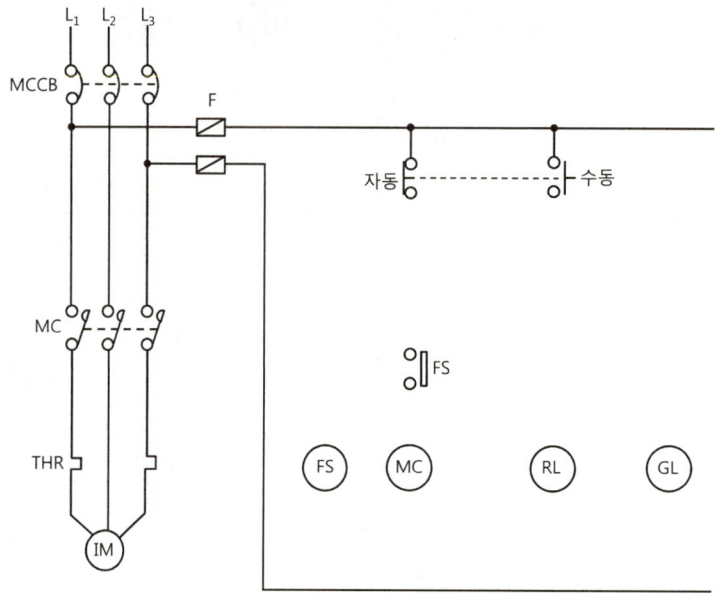

조건

(1) 전기기구
  ① 운전용 누름버튼스위치(PB$_{-ON}$) 1개
  ② 정지용 누름버튼스위치(PB$_{-OFF}$) 1개
  ③ 전자접촉기 a접점(MC$_{-a}$) 1개
  ④ 전자접촉기 b접점(MC$_{-b}$) 1개
  ⑤ 열동계전기(THR) 1개

(2) 운전조건
  ① 자동운전과 수동운전이 가능하도록 한다.
  ② 자동운전 조건
    • MCCB에 전원을 투입하면 녹색램프(GL)가 점등된다.
    • 절환스위치를 자동위치에 두면 FS(플로트스위치)가 저수위를 검출하여 전자접촉기(MC)가 여자되어 유도전동기(IM)가 운전된다.
    • 이때 적색램프(RL)가 점등되고, 녹색램프(GL)는 소등된다.
  ③ 수동운전 조건
    • MCCB에 전원을 투입하면 녹색램프(GL)가 점등된다.
    • 절환스위치를 수동위치에 두고 운전용 누름버튼스위치(PB$_{-ON}$)를 ON하면 전자접촉기(MC)가 여자되어 자기유지가 되고, 유도전동기(IM)가 운전된다.
    • 이때 적색램프(RL)가 점등되고, 녹색램프(GL)는 소등된다.
    • 정지용 누름버튼스위치(PB$_{-OFF}$)를 OFF하면 운전 중인 유도전동기(IM)는 정지된다.
  ④ 자동 및 수동운전 중 유도전동기에 과전류가 흐르면 THR이 작동하여 유도전동기(IM)는 정지된다.

[물음]

(1) 미완성된 회로도를 완성하시오.
(2) 다음 문자기호의 명칭을 쓰시오.
　① MCCB :
　② THR :

[해설]

양수펌프의 수동 및 자동 제어회로

(1) 회로도 작성
　① 자동운전 조건

동작설명	회로도
㉠ MCCB에 전원을 투입하면 녹색램프(GL)가 점등된다. ㉡ 절환스위치를 자동위치에 둔다. ㉢ FS(플로트스위치)가 저수위를 검출한다. ㉣ 전자접촉기(MC)가 여자되어 유도전동기(IM)가 운전된다. ㉤ 적색램프(RL)가 점등된다. ㉥ 녹색램프(GL)는 소등된다. ㉦ 열동계전기(THR)가 작동하면 유도전동기는 정지된다.	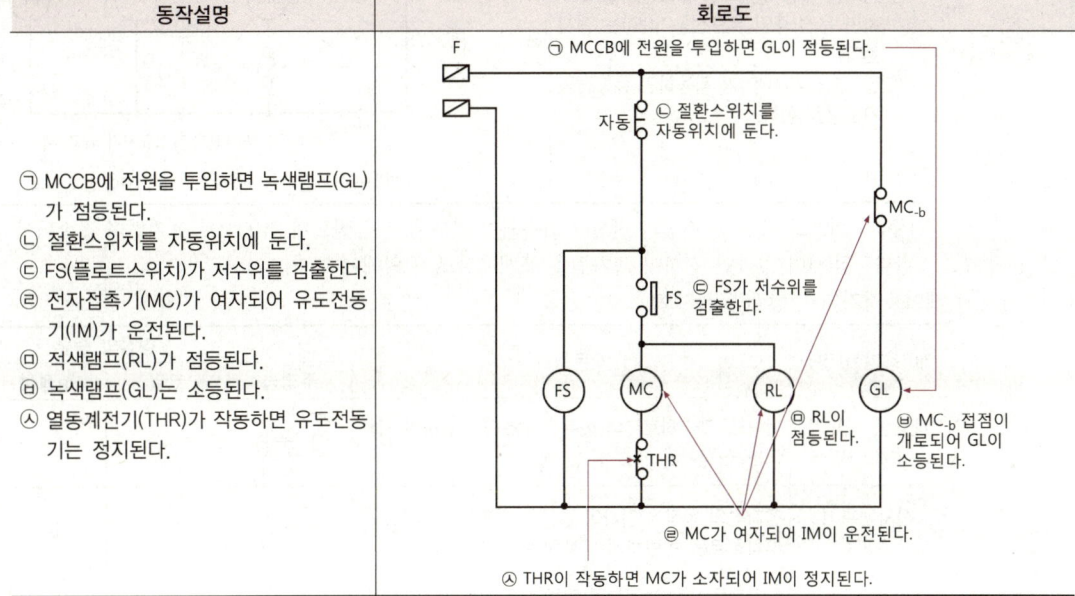

② 수동운전 조건

동작설명	회로도
㉠ MCCB에 전원을 투입하면 녹색램프(GL)가 점등된다. ㉡ 절환스위치를 수동위치에 둔다. ㉢ 운전용 누름버튼스위치(PB-ON)를 ON한다. ㉣ 전자접촉기(MC)가 여자되어 자기유지가 되고, 유도전동기(IM)가 운전된다. ㉤ 적색램프(RL)가 점등된다. ㉥ 녹색램프(GL)는 소등된다. ㉦ 정지용 누름버튼스위치(PB-OFF)를 OFF하면 운전 중인 유도전동기(IM)는 정지된다. ㉧ 열동계전기(THR)가 작동하면 유도전동기는 정지된다.	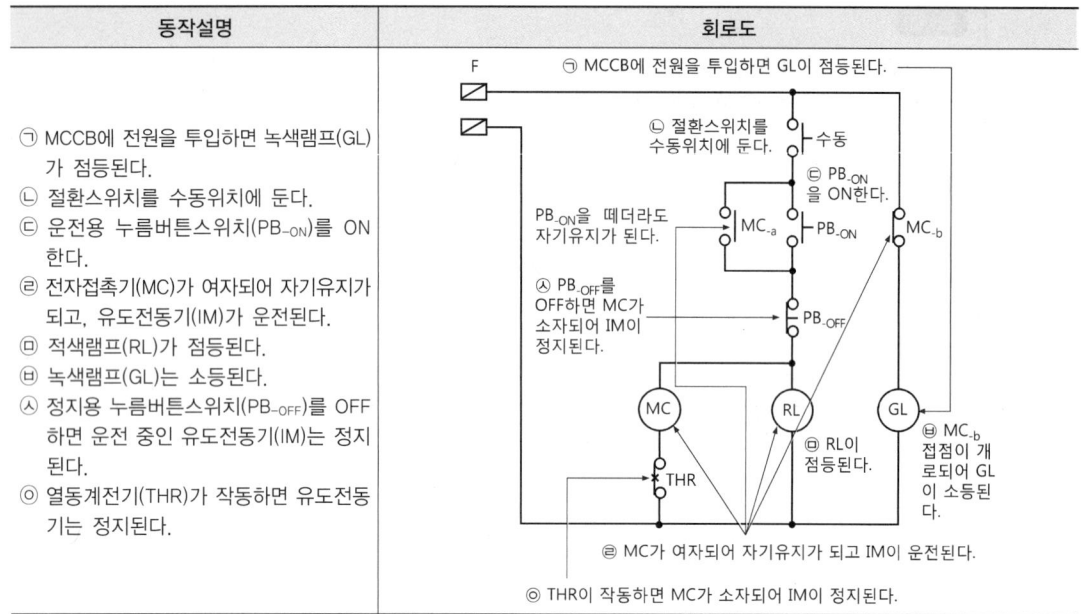

[주의] 회로도 작성 시 전선과 전선이 접속되어 있는 부분은 반드시 점(•)으로 표기하여 접속되어 있음을 나타내야 한다. 점(•)이 없다면 전선이 교차됨을 표시하므로 주의해야 한다.

(2) 제어용기기의 명칭과 도시기호

제어용기기 명칭	작동원리	접점의 종류			
		주접점	코일	a접점	b접점
배선용 차단기 (MCCB)	단락 및 과부하로부터 회로를 보호하기 위하여 사용되는 전력기기이다.	○/○/○	–	–	–
전자접촉기 (MC)	전자석의 동작에 의하여 접점을 개폐하는 기구로서 부하회로를 빈번하게 개폐하는 접촉기이다.	○/○/○	MC	MC-a	MC-b
열동계전기 (THR)	정격전류 이상의 과부하 전류가 흐르면 내부에서 발생된 열에 의해 바이메탈이 동작하여 접점을 차단시키는 계전기로서 전동기의 과부하 보호에 사용된다.	┘┘	–	✱THR	✱THR
누름버튼스위치 (PB-ON, PB-OFF)	버튼을 누르면 접점 기구부가 개폐되며 손을 떼면 스프링의 힘에 의해 자동으로 복귀되는 스위치이다.	–	–	PB-ON	PB-OFF
플로트스위치 (FS)	액면제어용으로 사용하는 스위치이다.	–	FS	FS	FS
운전표시등 (RL)	유도전동기가 운전 중임을 표시한다.	–	RL	–	–
정지표시등 (GL)	유도전동기가 정지 중임을 표시한다.	–	GL	–	–

정답 (1)

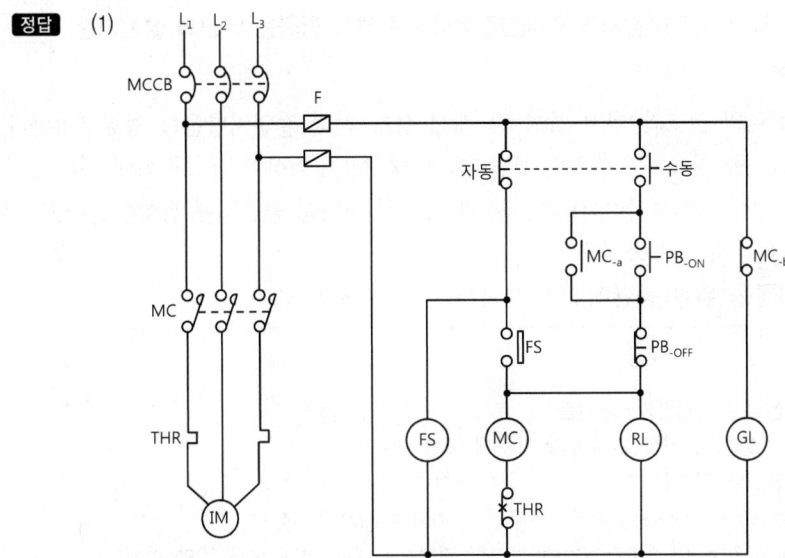

(2) ① 배선용 차단기
② 열동계전기

07 다음은 자동화재탐지설비 및 시각경보장치의 화재안전기술기준에서 정하는 배선의 설치기준이다. 각 물음에 답하시오.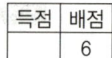

(1) 감지기회로 및 부속회로의 전로와 대지 사이 및 배선 상호 간의 절연저항은 1 경계구역마다 직류 250[V]의 절연저항측정기를 사용하여 측정한 절연저항이 몇 [MΩ] 이상이 되도록 해야 하는지 쓰시오.
(2) P형 수신기 및 G.P형 수신기의 감지기회로의 배선에 있어서 하나의 공통선에 접속할 수 있는 경계구역은 몇 개 이하로 해야 하는지 쓰시오.
(3) 감지기회로의 도통시험을 위한 종단저항의 설치기준을 2가지만 쓰시오.

해설

자동화재탐지설비 및 시각경보장치의 화재안전기술기준

(1) 감지기회로의 도통시험을 위한 종단저항은 다음의 기준에 따를 것
  ① 점검 및 관리가 쉬운 장소에 설치할 것
  ② 전용함을 설치하는 경우 그 설치높이는 바닥으로부터 1.5[m] 이내로 할 것
  ③ 감지기회로의 끝부분에 설치하며, 종단감지기에 설치할 경우에는 구별이 쉽도록 해당 감지기의 기판 및 감지기 외부 등에 별도의 표시를 할 것
(2) 감지기 사이의 회로의 배선은 송배선식으로 할 것
(3) 전원회로의 전로와 대지 사이 및 배선 상호 간의 절연저항은 전기사업법 제67조에 따른 전기설비기술기준이 정하는 바에 의하고, 감지기회로 및 부속회로의 전로와 대지 사이 및 배선 상호 간의 절연저항은 1 경계구역마다 직류 250[V]의 절연저항측정기를 사용하여 측정한 절연저항이 0.1[MΩ] 이상이 되도록 할 것
(4) P형 수신기 및 G.P형 수신기의 감지기회로의 배선에 있어서 하나의 공통선에 접속할 수 있는 경계구역은 7개 이하로 할 것
(5) 자동화재탐지설비의 감지기회로의 전로저항은 50[Ω] 이하가 되도록 해야 하며, 수신기의 각 회로별 종단에 설치되는 감지기에 접속되는 배선의 전압은 감지기 정격전압의 80[%] 이상이어야 할 것

정답 (1) 0.1[MΩ] 이상
 (2) 7개 이하
 (3) ① 점검 및 관리가 쉬운 장소에 설치할 것
   ② 전용함을 설치하는 경우 그 설치높이는 바닥으로부터 1.5[m] 이내로 할 것

08 지상에서 높이 20[m]인 곳에 37[m³]의 수조가 있다. 여기에 10[HP]의 전동기를 사용하여 물을 저수조에 양수할 경우 저수조에 물을 가득 채우는 시간[min]을 구하시오(단, 펌프의 효율은 70[%]이고, 여유율은 1.2이다).

득점	배점
	5

• 계산과정 :
• 답 :

해설

펌프 전동기의 동력 계산

(1) 펌프의 축동력(P) 계산

$$P = \frac{\gamma H Q}{\eta} [\text{kW}]$$

여기서, γ : 물의 비중량(9,800[N/m³]=9.8[kN/m³])
  H : 양정[m]
  Q : 유량[m³/s]
  η : 펌프의 효율

(2) 펌프의 전동기 동력(P_m) 계산

$$P_m = \frac{\gamma H \dfrac{Q}{T}}{\eta} \times K [\text{kgf} \cdot \text{m/s}]$$

여기서, P_m : 전동기 동력 $\left(\dfrac{10 \times 76 [\text{kgf/m} \cdot \text{s}]}{102 [\text{kgf/m} \cdot \text{s}]} \times 1 [\text{kW}] = 7.45 [\text{kW}] = 7.45 [\text{kJ/s}] \right)$
  γ : 물의 비중량(9,800[N/m³] = 9.8[kN/m³])
  H : 양정(20[m])
  Q : 유량(37[m³])
  T : 양수시간[s]
  η : 펌프의 효율(70[%]=0.7)
  K : 여유율(동력전달계수, 1.2)

∴ 양수시간 $T = \dfrac{\gamma H Q}{P_m \eta} \times K = \dfrac{9.8 [\text{kN/m}^3] \times 20 [\text{m}] \times 37 [\text{m}^3]}{7.45 [\text{kJ/s}] \times 0.7} \times 1.2$

  $= 1,668.72 [\text{s}] = 1,668.72 [\text{s}] \times \dfrac{1 [\text{min}]}{60 [\text{s}]} = 27.81 [\text{min}] ≒ 28 [\text{min}]$

참고

동력 단위
• 1[kW] = 102[kgf · m/s] = 1,000[W]
• 1[PS] = 75[kgf · m/s]
• 1[HP] = 76[kgf · m/s]

정답 28[min]

09 다음은 차동식 분포형 공기관식 감지기의 유통시험 방법이다. ( ) 안에 알맞은 내용을 쓰시오.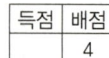

- 검출부의 시험구멍 또는 공기관의 한쪽 끝에 (①)을(를) 접속하고, 시험콕의 레버를 유통시험에 맞춘 후 공기관의 다른 끝에 (②)을(를) 접속시킨다.
- (②)(으)로 공기를 주입하고 (①)의 수위를 100[mm]까지 상승시킨 후 정지시킨다.
- 시험콕의 송기구를 개방하여 상승수위의 $\frac{1}{2}(50[\text{mm}])$까지 내려가는 시간을 측정한다.

해설

공기관식 차동식 분포형 감지기

(1) 유통시험

① 시험목적 : 공기관에 공기를 주입시켜 공기관의 폐쇄, 변형, 찌그러짐, 막힘 등의 상태를 확인하고, 공기관의 길이가 적정한지 여부를 확인하기 위한 시험이다.

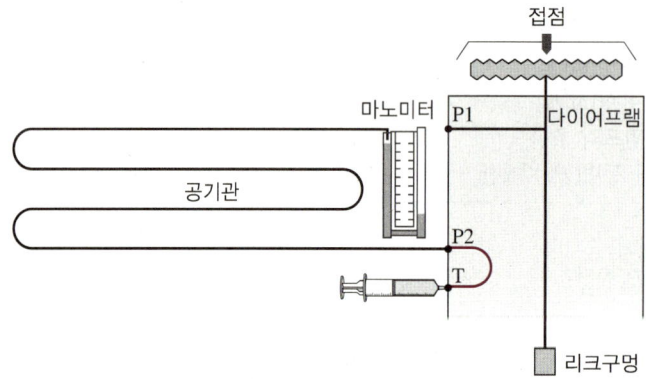

② 시험방법
  ㉠ 검출부의 시험구멍 또는 공기관의 한쪽 끝에 마노미터를 접속하고, 시험콕의 레버를 유통시험에 맞춘 후 공기관의 다른 끝에 공기주입시험기(테스트펌프)를 접속시킨다.
  ㉡ 공기주입시험기로 공기를 주입하고, 마노미터의 수위를 100[mm]까지 상승시킨 후 정지시킨다.
  ㉢ 시험콕의 송기구를 개방하여 상승수위의 $\frac{1}{2}(50[\text{mm}])$까지 내려가는 시간을 측정한다.

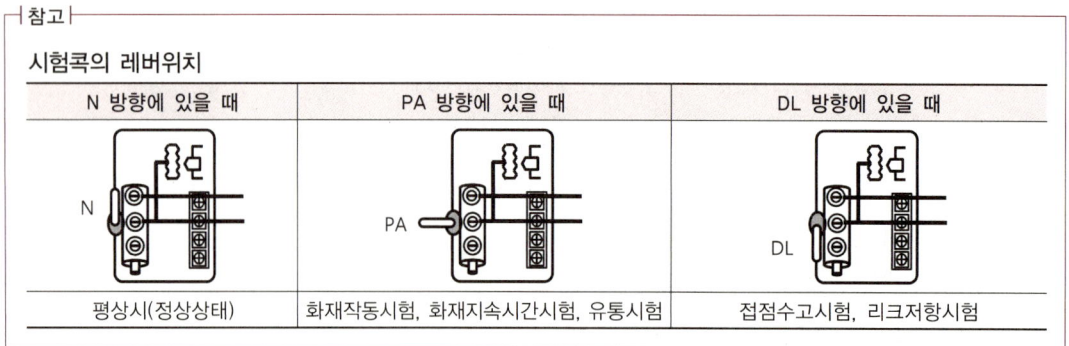

③ 유통시험 판정 : 검출부의 유동시간곡선의 범위 이내에 있을 것
  ㉠ 유통시간이 빠르면 공기관에서 누설이 있거나 공기관의 길이가 짧다.
  ㉡ 유통시간이 늦으면 공기관이 막혀있거나 공기관의 길이가 길다.

(2) 공기관식 차동식 분포형 감지기의 설치기준
① 공기관의 노출 부분은 감지구역마다 20[m] 이상이 되도록 할 것
② 공기관과 감지구역의 각 변과의 수평거리는 1.5[m] 이하가 되도록 하고, 공기관 상호 간의 거리는 6[m](주요구조부가 내화구조로 된 특정소방대상물 또는 그 부분에 있어서는 9[m]) 이하가 되도록 할 것
③ 공기관은 도중에서 분기하지 않도록 할 것
④ 하나의 검출 부분에 접속하는 공기관의 길이는 100[m] 이하로 할 것
⑤ 검출부는 5[°] 이상 경사되지 않도록 부착할 것
⑥ 검출부는 바닥으로부터 0.8[m] 이상 1.5[m] 이하의 위치에 설치할 것

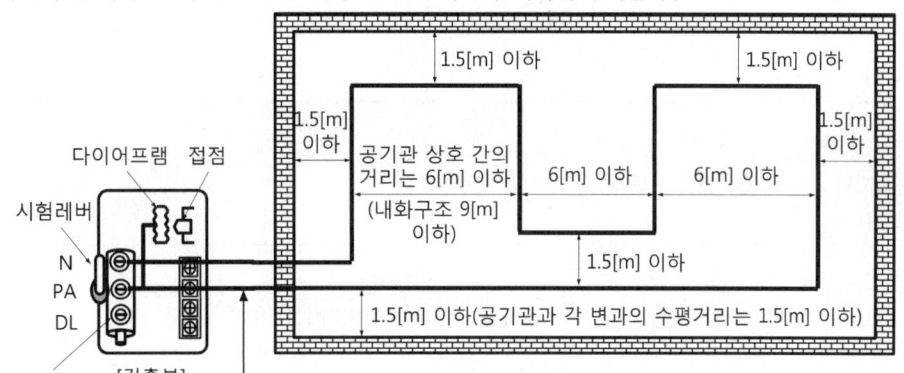

(3) 구조 및 기능(감지기의 형식승인 및 제품검사의 기술기준 제5조)
① 리크저항 및 접점수고를 쉽게 시험할 수 있어야 한다.
② 공기관의 누출 및 폐쇄 여부를 쉽게 시험할 수 있고, 시험 후 시험장치를 정위치에 쉽게 복귀할 수 있는 적당한 방법이 강구되어야 한다.
③ 공기관은 하나의 길이(이음매가 없는 것)가 20[m] 이상의 것으로 안지름 및 관의 두께가 일정하고 홈, 갈라짐 및 변형이 없어야 하며 부식되지 않아야 한다.
④ 공기관의 두께는 0.3[mm] 이상, 바깥지름은 1.9[mm] 이상이어야 한다.

정답 ① 마노미터
② 공기주입시험기

10

P형 수신기와 감지기 사이의 배선회로에서 배선저항은 10[Ω]이고, 종단저항은 10[kΩ], 릴레이저항은 50[Ω]이다. 회로전압이 DC 24[V]일 때 다음 각 물음에 답하시오.

득점	배점
	4

(1) 평상시 감시전류[mA]를 구하시오.
- 계산과정 :
- 답 :

(2) 감지기가 동작할 때(화재 시)의 전류[mA]를 구하시오.
- 계산과정 :
- 답 :

해설

수신기와 감지기 사이의 감시전류와 동작전류

(1) 감시전류(I)

$$I = \frac{회로전압}{종단저항 + 릴레이저항 + 배선저항} [A]$$

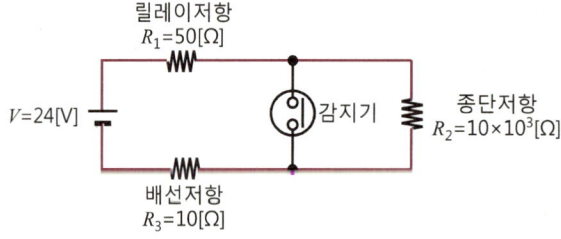

$$\therefore I = \frac{24[V]}{(10 \times 10^3[\Omega]) + 50[\Omega] + 10[\Omega]} = 2.386 \times 10^{-3}[A] ≒ 2.39[mA]$$

[보조단위] 밀리m = 10^{-3}이다.

(2) 동작전류(I)

$$I = \frac{회로전압}{릴레이저항 + 배선저항} [A]$$

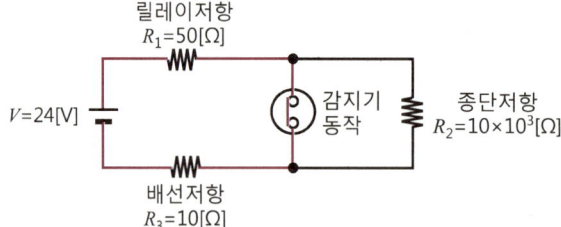

$$\therefore I = \frac{24[V]}{50[\Omega] + 10[\Omega]} = 0.4[A] ≒ 400[mA]$$

정답 (1) 2.39[mA]
         (2) 400[mA]

11 구부러진 곳이 없는 통로의 보행거리가 35[m]일 때 유도표지의 최소 설치개수를 구하시오. (배점 5)

• 계산과정 :
• 답 :

> **해설**
>
> **유도등 및 유도표지의 설치개수**
>
> (1) 유도표지의 설치기준
>
> ① 계단에 설치하는 것을 제외하고는 각 층마다 복도 및 통로의 각 부분으로부터 하나의 유도표지까지의 보행거리가 15[m] 이하가 되는 곳과 구부러진 모퉁이의 벽에 설치할 것
> ② 피난구유도표지는 출입구 상단에 설치하고, 통로유도표지는 바닥으로부터 높이 1[m] 이하의 위치에 설치할 것
> ③ 주위에는 이와 유사한 등화·광고물·게시물 등을 설치하지 않을 것
> ④ 유도표지는 부착판 등을 사용하여 쉽게 떨어지지 않도록 설치할 것
> ⑤ 축광방식의 유도표지는 외광 또는 조명장치에 의하여 상시 조명이 제공되거나 비상조명등에 의한 조명이 제공되도록 설치할 것
>
> (2) 유도등 및 유도표지의 설치개수
>
> | 구분 | 설치기준 | 설치개수 계산식 |
> |---|---|---|
> | 복도 또는 거실통로유도등 | 구부러진 모퉁이 및 보행거리 20[m]마다 설치할 것 | 설치개수 = $\dfrac{보행거리[m]}{20[m]} - 1$ |
> | 객석유도등 | 객석 내의 통로가 경사로 또는 수평로로 되어 있는 부분은 다음의 식에 따라 산출한 수(소수점 이하의 수는 1로 본다)의 유도등을 설치해야 한다. | 설치개수 = $\dfrac{객석 통로의 직선부분 길이[m]}{4[m]} - 1$ |
> | 유도표지 | 계단에 설치하는 것을 제외하고는 각 층마다 복도 및 통로의 각 부분으로부터 하나의 유도표지까지의 보행거리가 15[m] 이하가 되는 곳과 구부러진 모퉁이의 벽에 설치할 것 | 설치개수 = $\dfrac{보행거리[m]}{15[m]} - 1$ |
>
> ∴ 유도표지의 설치개수 = $\dfrac{보행거리[m]}{15[m]} - 1 = \dfrac{35[m]}{15[m]} - 1 = 1.33$개 ≒ 2개
>
> **정답** 2개

12 다음은 유도등 및 유도표지의 화재안전기술기준에서 정하는 복도통로유도등의 설치기준이다. ( ) 안에 알맞은 내용을 쓰시오.

득점	배점
	4

- 구부러진 모퉁이 및 복도에 설치된 통로유도등을 기점으로 보행거리 (①)[m]마다 설치할 것
- 바닥으로부터 높이 (②)[m] 이하의 위치에 설치할 것

해설

통로유도등의 설치기준

(1) 복도통로유도등의 설치기준
   ① 복도에 설치하되 옥내로부터 직접 지상으로 통하는 출입구 및 그 부속실의 출입구 또는 직통계단·직통계단의 계단실 및 그 부속실의 출입구에 피난구유도등이 설치된 출입구의 맞은편 복도에는 입체형으로 설치하거나 바닥에 설치할 것
   ② 구부러진 모퉁이 및 ①에 따라 설치된 통로유도등을 기점으로 보행거리 20[m]마다 설치할 것
   ③ 바닥으로부터 높이 1[m] 이하의 위치에 설치할 것. 다만, 지하층 또는 무창층의 용도가 도매시장·소매시장·여객자동차터미널·지하역사 또는 지하상가인 경우에는 복도·통로 중앙부분의 바닥에 설치해야 한다.
   ④ 바닥에 설치하는 통로유도등은 하중에 따라 파괴되지 않는 강도의 것으로 할 것

(2) 거실통로유도등의 설치기준
   ① 거실의 통로에 설치할 것. 다만, 거실의 통로가 벽체 등으로 구획된 경우에는 복도통로유도등을 설치해야 한다.
   ② 구부러진 모퉁이 및 보행거리 20[m]마다 설치할 것
   ③ 바닥으로부터 높이 1.5[m] 이상의 위치에 설치할 것. 다만, 거실통로에 기둥이 설치된 경우에는 기둥 부분의 바닥으로부터 높이 1.5[m] 이하의 위치에 설치할 수 있다.

(3) 계단통로유도등의 설치기준
   ① 각 층의 경사로 참 또는 계단참마다(1개 층에 경사로 참 또는 계단참이 2 이상 있는 경우에는 2개의 계단참마다) 설치할 것
   ② 바닥으로부터 높이 1[m] 이하의 위치에 설치할 것

정답 ① 20
   ② 1

13. 다음은 비상콘센트설비 화재안전기술기준에서 정하는 비상콘센트설비에 대한 내용이다. 각 물음에 답하시오.

(1) 단상교류 220[V]인 비상콘센트 전원회로의 공급용량은 몇 [kVA] 이상인 것으로 해야 하는지 쓰시오.
(2) 비상콘센트의 플러그접속기는 어떤 종류의 것을 사용해야 하는지 쓰시오.

해설

비상콘센트설비

(1) 비상콘센트설비의 전원회로 설치기준
   ① 비상콘센트설비의 전원회로는 단상교류 220[V]인 것으로서, 그 공급용량은 1.5[kVA] 이상인 것으로 할 것
   ② 전원회로는 각 층에 2 이상이 되도록 설치할 것. 다만, 설치해야 할 층의 비상콘센트가 1개인 때에는 하나의 회로로 할 수 있다.
   ③ 전원회로는 주배전반에서 전용회로로 할 것. 다만, 다른 설비회로의 사고에 따른 영향을 받지 않도록 되어 있는 것은 그렇지 않다.
   ④ 전원으로부터 각 층의 비상콘센트에 분기되는 경우에는 분기배선용 차단기를 보호함 안에 설치할 것
   ⑤ 콘센트마다 배선용 차단기(KS C 8321)를 설치해야 하며, 충전부가 노출되지 않도록 할 것
   ⑥ 개폐기에는 "비상콘센트"라고 표시한 표지를 할 것
   ⑦ 비상콘센트용의 풀박스 등은 방청도장을 한 것으로서, 두께 1.6[mm] 이상의 철판으로 할 것
   ⑧ 하나의 전용회로에 설치하는 비상콘센트는 10개 이하로 할 것. 이 경우 전선의 용량은 각 비상콘센트(비상콘센트가 3개 이상인 경우에는 3개)의 공급용량을 합한 용량 이상의 것으로 해야 한다.
(2) 비상콘센트의 플러그접속기는 접지형 2극 플러그접속기(KS C 8305)를 사용해야 한다.
(3) 비상콘센트의 플러그접속기의 칼받이의 접지극에는 접지공사를 해야 한다.
(4) 비상콘센트의 설치기준
   ① 바닥으로부터 높이 0.8[m] 이상 1.5[m] 이하의 위치에 설치할 것
   ② 비상콘센트의 배치는 바닥면적이 1,000[m²] 미만인 층은 계단의 출입구(계단의 부속실을 포함하며 계단이 2 이상 있는 경우에는 그중 1개의 계단을 말한다)로부터 5[m] 이내에, 바닥면적 1,000[m²] 이상인 층은 각 계단의 출입구 또는 계단부속실의 출입구(계단의 부속실을 포함하며 계단이 3 이상 있는 층의 경우에는 그중 2개의 계단을 말한다)로부터 5[m] 이내에 설치하되, 그 비상콘센트로부터 그 층의 각 부분까지의 거리가 다음의 기준을 초과하는 경우에는 그 기준 이하가 되도록 비상콘센트를 추가하여 설치할 것
      ㉠ 지하상가 또는 지하층의 바닥면적의 합계가 3,000[m²] 이상인 것은 수평거리 25[m]
      ㉡ ㉠에 해당하지 않는 것은 수평거리 50[m]
(5) 비상콘센트설비의 전원부와 외함 사이의 절연저항 및 절연내력은 다음의 기준에 적합해야 한다.
   ① 절연저항은 전원부와 외함 사이를 500[V] 절연저항계로 측정할 때 20[MΩ] 이상일 것
   ② 절연내력은 전원부와 외함 사이에 정격전압이 150[V] 이하인 경우에는 1,000[V]의 실효전압을, 정격전압이 150[V] 초과인 경우에는 그 정격전압에 2를 곱하여 1,000을 더한 실효전압을 가하는 시험에서 1분 이상 견디는 것으로 할 것

정답
(1) 1.5[kVA] 이상
(2) 접지형 2극 플러그접속기

14

다음은 예비전원설비에 사용되는 축전지설비에 대한 각 물음에 대해 답하시오.

(1) 보수율의 의미를 쓰시오.
(2) 연축전지와 알칼리축전지의 공칭전압[V/cell]을 쓰시오.
   ① 연축전지 :
   ② 알칼리축전지 :
(3) 비상용 조명부하가 220[V]용 100[W] 80등, 60[W] 70등이 있다. 연축전지 HS형이 110[cell], 최저 허용전압이 190[V], 최저 축전지온도가 5[℃]일 때 축전지 용량[Ah]을 구하시오(단, 방전시간은 30분, 보수율은 0.8, 용량환산시간은 1.1[h]이다).
   • 계산과정 :
   • 답 :

해설

예비전원설비

(1) 보수율(경년용량 저하율)

축전지의 말기 수명에도 부하를 만족하는 축전지 용량 결정을 위한 계수로서 보통 0.8로 한다.

(2) 연축전지와 알칼리축전지 비교

구분		연축전지(납축전지)		알칼리축전지	
		CS형	HS형	포켓식	소결식
구조	양극	이산화납(PbO_2)		수산니켈($Ni(OH)_3$)	
	음극	납(Pb)		카드뮴(Cd)	
	전해액	황산(H_2SO_4)		수산화칼륨(KOH)	
공칭용량(방전시간율)		10[Ah](10[h])		5[Ah](5[h])	
공칭전압		2.0[V/cell]		1.2[V/cell]	
충전시간		길다.		짧다.	
과충전, 과방전에 대한 전기적 강도		약하다.		강하다.	
용도		장시간, 일정 전류 부하에 우수		단시간, 대전류 부하에 우수	

(3) 축전지 용량

① 축전지의 공칭전압(V)

$$V = \frac{\text{최저 허용전압[V]}}{\text{셀수[cell]}} [\text{V/cell}]$$

∴ 공칭전압 $V = \frac{190[\text{V}]}{110[\text{cell}]} = 1.73[\text{V/cell}]$

② 방전전류(I)

$$P = IV[\text{W}]$$

여기서, P : 전력(100[W]×80등 + 60[W]×70등) I : 방전전류[A]
       V : 전압(220[V])

∴ 방전전류 $I = \frac{P}{V} = \frac{100[\text{W}] \times 80\text{등} + 60[\text{W}] \times 70\text{등}}{220[\text{V}]} = 55.45[\text{A}]$

③ 축전지 용량(C)

$$C = \frac{1}{L}KI\,[\text{Ah}]$$

여기서, L : 용량저하율(보수율, 0.8) K : 용량환산시간(1.1[h])
I : 방전전류(55.45[A])

∴ 축전지 용량 $C = \frac{1}{L}KI = \frac{1}{0.8} \times 1.1[\text{h}] \times 55.45[\text{A}] = 76.24[\text{Ah}]$

정답 (1) 축전지의 말기 수명에도 부하를 만족하는 축전지 용량 결정을 위한 계수이다.
(2) ① 2[V/cell] ② 1.2[V/cell]
(3) 76.24[Ah]

---

15 다음 그림은 습식 스프링클러설비의 전기 계통도이다. 아래 계통도를 보고 표에 알맞은 내용을 채우시오(단, 전선 가닥수는 운전 조작상 필요한 최소 전선 가닥수로 할 것).

득점	배점
	8

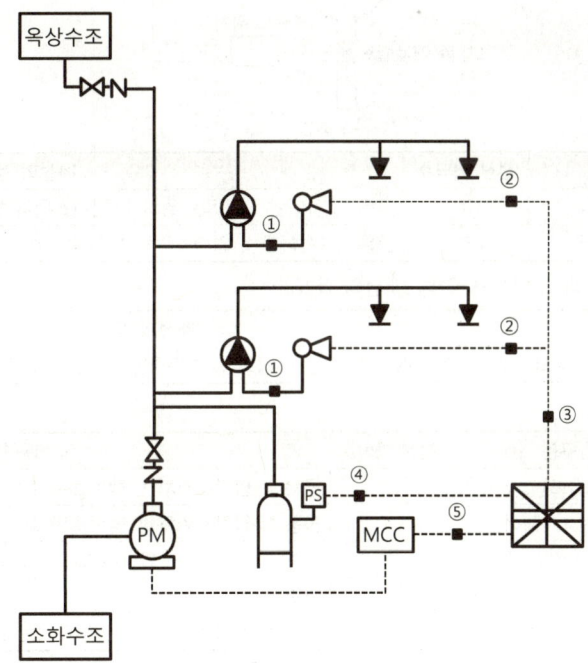

기호	구분	전선 가닥수	전선 굵기	배선의 용도
①	알람체크밸브 ↔ 사이렌		2.5[mm²] 이상	
②	사이렌 ↔ 제어반		2.5[mm²] 이상	
③	2개 구역일 경우		2.5[mm²] 이상	
④	압력체임버 ↔ 제어반		2.5[mm²] 이상	
⑤	MCC ↔ 제어반		2.5[mm²] 이상	기동 1, 정지 1, 공통 1, 전원표시등 1, 기동확인표시등 1

해설

습식 스프링클러설비

(1) 습식 스프링클러설비의 알람체크밸브 주위 배선

① 습식 스프링클러의 개요

가압송수장치에서 폐쇄형 스프링클러헤드까지 배관 내에 항상 물이 가압되어 있다가 화재로 인한 열로 폐쇄형 스프링클러헤드가 개방되면 배관 내에 유수가 발생하여 습식 유수검지장치(알람체크밸브)가 작동하게 되는 설비이다.

② 탬퍼스위치(TS)

습식 유수검지장치의 1차 측 개폐밸브의 개폐 여부를 확인할 수 있도록 설치하는 감시스위치로서 밸브가 폐쇄되면 수신기에는 경보음과 해당 구역의 밸브가 폐쇄됨을 나타내는 경고표시등이 점등된다.

③ 압력스위치(PS)

2차 측에 설치되어 있으며 2차 측의 가압수가 방출되면 클래퍼가 열리게 되어 압력스위치의 벨로즈가 가압하여 접점이 붙게 되고 유수현상을 수신기에 송신하여 사이렌이 작동하고 밸브개방표시등이 점등된다.

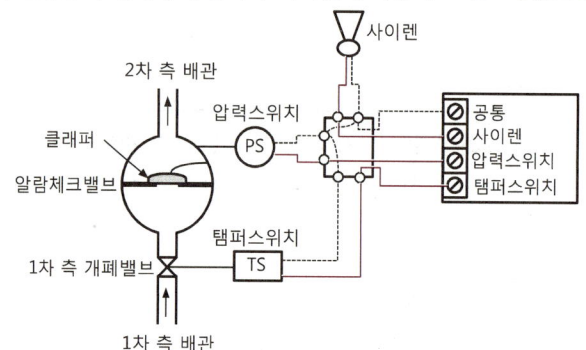

Zone수	전선 가닥수	배선의 용도
1 Zone일 경우	4	공통 1, 사이렌 1, 압력스위치 1, 탬퍼스위치 1
2 Zone일 경우	7	공통 1, (사이렌 1, 압력스위치 1, 탬퍼스위치 1)×2

(2) MCC(동력제어반)과 소방펌프 간의 배선의 용도

전선 가닥수	배선의 용도
5	기동스위치(기동) 1, 정지스위치(정지) 1, 공통 1, 기동확인표시등 1, 전원표시등 1

(3) 전선 가닥수 산정

기호	구분	전선 가닥수	배선의 용도
①	알람체크밸브 ↔ 사이렌	3	공통 1, 압력스위치 1, 탬퍼스위치 1
②	사이렌 ↔ 제어반	4	공통 1, 압력스위치 1, 탬퍼스위치 1, 사이렌 1
③	2개 구역일 경우	7	공통 1, (사이렌 1, 압력스위치 1, 탬퍼스위치 1)×2
④	압력체임버 ↔ 제어반	2	압력스위치 2
⑤	MCC ↔ 제어반	5	기동 1, 정지 1, 공통 1, 전원표시등 1, 기동확인표시등 1

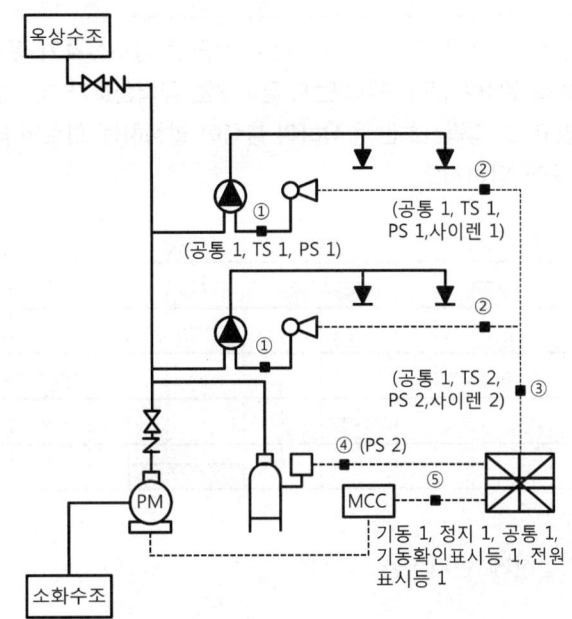

정답	기호	구분	전선 가닥수	전선 굵기	배선의 용도
	①	알람체크밸브 ↔ 사이렌	3	2.5[mm²] 이상	공통 1, 압력스위치 1, 탬퍼스위치 1
	②	사이렌 ↔ 제어반	4	2.5[mm²] 이상	공통 1, 압력스위치 1, 탬퍼스위치 1, 사이렌 1
	③	2개 구역일 경우	7	2.5[mm²] 이상	공통 1, (사이렌 1, 압력스위치 1, 탬퍼스위치 1)×2
	④	압력체임버 ↔ 제어반	2	2.5[mm²] 이상	압력스위치 2
	⑤	MCC ↔ 제어반	5	2.5[mm²] 이상	기동 1, 정지 1, 공통 1, 전원표시등 1, 기동확인표시등 1

16 그림은 3개의 누름버튼스위치 A, B, C 중 먼저 작동한 입력신호가 우선동작하여 계전기의 출력신호 X_A, X_B, X_C를 발생시킨다. 제일 먼저 들어오는 입력신호가 제거될 때까지 다른 입력신호를 받아들이지 않고 그 입력신호만 동작하여 출력이 발생하는 회로의 타임차트(Time Chart)이다. 다음 각 물음에 답하시오.

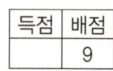

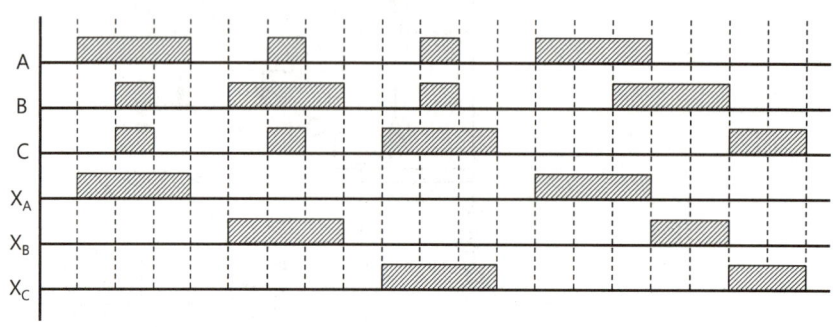

(1) 타임차트에 적합하게 논리식을 쓰시오.
   ① $X_A =$
   ② $X_B =$
   ③ $X_C =$
(2) 타임차트에 적합하게 유접점회로를 그리시오.
(3) 타임차트에 적합하게 무접점회로를 그리시오.

해설

타임차트(Time Chart)

(1) 논리식
   ① 시퀀스회로의 응용회로
      ㉠ 인터록회로 : 2개 이상의 다중 입력 중, 먼저 입력된 쪽의 동작이 우선하여 다른 것의 동작을 제한하는 회로이다.
      ㉡ 선행 우선회로 : 여러 개의 입력신호 중 제일 먼저 들어오는 입력신호에 의해 동작하고 늦게 들어오는 신호는 동작하지 않는 회로이다.

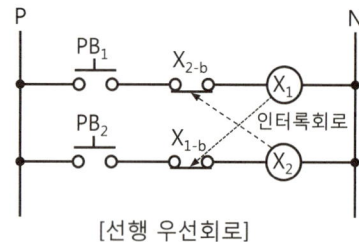

[선행 우선회로]

② 논리회로의 기본회로

논리회로	유접점회로	무접점회로	논리식
AND회로			$X = A \cdot B$
OR회로			$X = A + B$
NOT회로			$X = \overline{A}$

③ 타임차트의 해석
㉠ 타임차트는 시간의 흐름에 따른 제어 동작의 변화를 나타내기 위해 횡축에 시간을 표시하고, 종축에 신호 1, 0 또는 ON, OFF로 표시하여 사용한다.

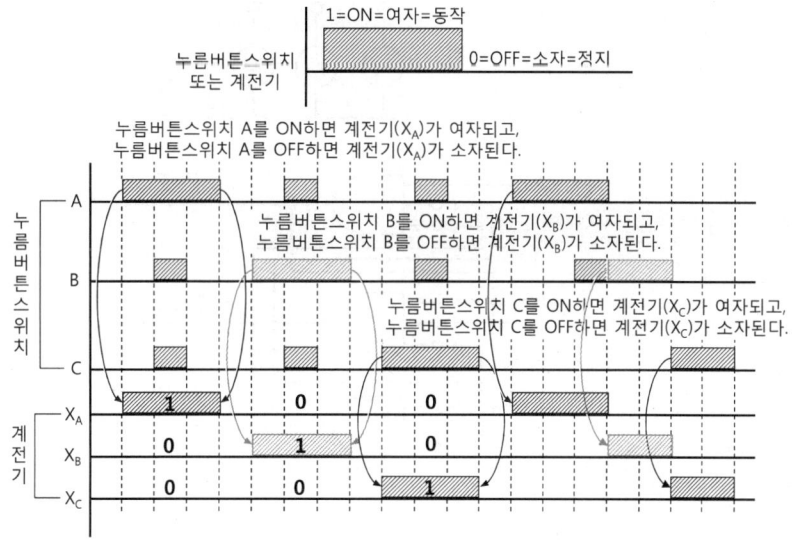

ⓒ 누름버튼스위치 A를 ON하면 계전기(X_A)가 여자되고, 누름버튼스위치 B 또는 C를 ON, OFF를 해도 계전기(X_A)의 출력에는 영향을 주지 않는다. 그리고, 누름버튼스위치 A를 OFF하면 계전기(X_A)가 소자되는 회로이다. 타임차트에서 계전기 X_B와 X_C의 진리값이 "0"이므로 $\overline{X_B}$, $\overline{X_C}$이고, 누름버튼스위치 A의 진리값이 "0"이면 계전기(X_A)도 "0", 진리값이 "1"이면 계전기(X_A)도 "1"이 된다.

∴ 논리식 $X_A = A \cdot \overline{X_B} \cdot \overline{X_C}$

ⓒ 누름버튼스위치 B를 ON하면 계전기(X_B)가 여자되고, 누름버튼스위치 A 또는 C를 ON, OFF를 해도 계전기(X_B)의 출력에는 영향을 주지 않는다. 그리고, 누름버튼스위치 B를 OFF하면 계전기(X_B)가 소자되는 회로이다. 타임차트에서 계전기 X_A와 X_C의 진리값이 "0"이므로 $\overline{X_A}$, $\overline{X_C}$이고, 누름버튼스위치 B의 진리값이 "0"이면 계전기(X_B)도 "0", 진리값이 "1"이면 계전기(X_B)도 "1"이 된다.

∴ 논리식 $X_B = B \cdot \overline{X_A} \cdot \overline{X_C}$

ⓒ 누름버튼스위치 C를 ON하면 계전기(X_C)가 여자되고, 누름버튼스위치 A 또는 B를 ON, OFF를 해도 계전기(X_C)의 출력에는 영향을 주지 않는다. 그리고, 누름버튼스위치 C를 OFF하면 계전기(X_C)가 소자되는 회로이다. 타임차트에서 계전기 X_A와 X_B의 진리값이 "0"이므로 $\overline{X_A}$, $\overline{X_B}$이고, 누름버튼스위치 C의 진리값이 "0"이면 계전기(X_C)도 "0", 진리값이 "1"이면 계전기(X_C)도 "1"이 된다.

∴ 논리식 $X_C = C \cdot \overline{X_A} \cdot \overline{X_B}$

(2) 유접점회로

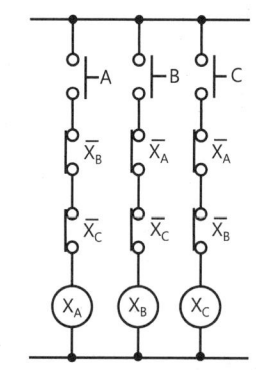

(3) 무접점회로

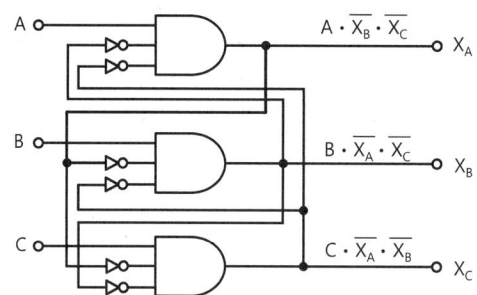

정답 (1) ① $X_A = A \cdot \overline{X_B} \cdot \overline{X_C}$
② $X_B = B \cdot \overline{X_A} \cdot \overline{X_C}$
③ $X_C = C \cdot \overline{X_A} \cdot \overline{X_B}$

(2)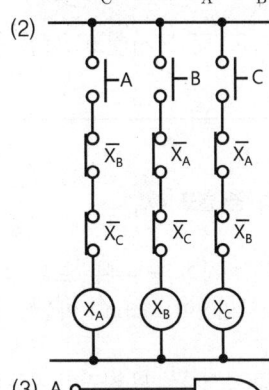

(3)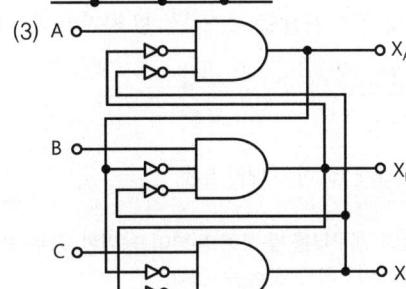

17 다음은 휴대용 비상조명등을 설치해야 하는 특정소방대상물이다. ( ) 안에 알맞은 내용을 쓰시오.

득점	배점
	4

- (①)
- 수용인원 (②)명 이상의 영화상영관, 판매시설 중 (③), 철도 및 도시철도 시설 중 지하역사, (④)

해설

비상조명등 및 휴대용 비상조명등을 설치해야 하는 특정소방대상물(소방시설법 영 별표 4)

(1) 비상조명등을 설치해야 하는 특정소방대상물
  ① 지하층을 포함하는 층수가 5층 이상인 건축물로서 연면적 3,000[m²] 이상인 경우에는 모든 층
  ② ①에 해당하지 않는 특정소방대상물로서 그 지하층 또는 무창층의 바닥면적이 450[m²] 이상인 경우에는 해당 층
  ③ 터널로서 그 길이가 500[m] 이상인 것
    [설치제외] 창고시설 중 창고 및 하역장, 위험물 저장 및 처리 시설 중 가스시설 및 사람이 거주하지 않거나 벽이 없는 축사 등 동물 및 식물 관련 시설

  참고

  비상조명등 및 휴대용 비상조명등의 설치제외
  - 거실의 각 부분으로부터 하나의 출입구에 이르는 보행거리가 15[m] 이내인 부분
  - 의원·경기장·공동주택·의료시설·학교의 거실
  - 지상 1층 또는 피난층으로서 복도나 통로 또는 창문 등의 개구부를 통하여 피난이 용이한 경우 숙박시설로서 복도에 비상조명등을 설치한 경우에는 휴대용 비상조명등을 설치하지 않을 수 있다.

(2) 휴대용 비상조명등을 설치해야 하는 특정소방대상물
  ① 숙박시설
  ② 수용인원 100명 이상의 영화상영관, 판매시설 중 대규모점포, 철도 및 도시철도 시설 중 지하역사, 지하상가

  참고

  휴대용 비상조명등의 설치기준
  - 숙박시설 또는 다중이용업소에는 객실 또는 영업장 안의 구획된 실마다 잘 보이는 곳(외부에 설치 시 출입문 손잡이로부터 1[m] 이내 부분)에 1개 이상 설치
  - 유통산업발전법 제2조 제3호에 따른 대규모점포(지하상가 및 지하역사는 제외한다)와 영화상영관에는 보행거리 50[m] 이내마다 3개 이상 설치
  - 지하상가 및 지하역사에는 보행거리 25[m] 이내마다 3개 이상 설치
  - 설치높이는 바닥으로부터 0.8[m] 이상 1.5[m] 이하의 높이에 설치할 것
  - 어둠 속에서 위치를 확인할 수 있도록 할 것
  - 사용 시 자동으로 점등되는 구조일 것
  - 외함은 난연성능이 있을 것
  - 건전지를 사용하는 경우에는 방전 방지조치를 해야 하고, 충전식 배터리의 경우에는 상시 충전되도록 할 것
  - 건전지 및 충전식 배터리의 용량은 20분 이상 유효하게 사용할 수 있는 것으로 할 것

정답 ① 숙박시설   ② 100
        ③ 대규모점포   ④ 지하상가

18 지상 15층, 지하 5층이고, 연면적이 6,000[m²]인 특정소방대상물에 자동화재탐지설비의 음향장치를 설치하고자 한다. 다음 각 물음에 답하시오.

득점	배점
	6

(1) 11층에서 발화한 경우 경보를 발해야 하는 층을 쓰시오.
(2) 1층에서 발화한 경우 경보를 발해야 하는 층을 쓰시오.
(3) 지하 1층에서 발화한 경우 경보를 발해야 하는 층을 쓰시오.

해설
자동화재탐지설비의 음향장치 설치기준

(1) 음량장치의 설치기준
  ① 주음향장치는 수신기의 내부 또는 그 직근에 설치할 것
  ② 층수가 11층(공동주택의 경우에는 16층) 이상의 특정소방대상물은 다음의 기준에 따라 경보를 발할 수 있도록 할 것
    ㉠ 2층 이상의 층에서 발화한 때에는 발화층 및 그 직상 4개 층에 경보를 발할 것
    ㉡ 1층에서 발화한 때에는 발화층·그 직상 4개 층 및 지하층에 경보를 발할 것
    ㉢ 지하층에서 발화한 때에는 발화층·그 직상층 및 기타의 지하층에 경보를 발할 것
  ③ 지구음향장치는 특정소방대상물의 층마다 설치하되, 해당 층의 각 부분으로부터 하나의 음향장치까지의 수평거리가 25[m] 이하가 되도록 하고, 해당 층의 각 부분에 유효하게 경보를 발할 수 있도록 설치할 것. 다만, 비상방송설비의 화재안전기술기준(NFTC 202)에 적합한 방송설비를 자동화재탐지설비의 감지기와 연동하여 작동하도록 설치한 경우에는 지구음향장치를 설치하지 않을 수 있다.
  ④ 음향장치는 다음의 기준에 따른 구조 및 성능의 것으로 할 것
    ㉠ 정격전압의 80[%] 전압에서 음향을 발할 수 있는 것으로 할 것. 다만, 건전지를 주전원으로 사용하는 음향장치는 그렇지 않다.
    ㉡ 음향의 크기는 부착된 음향장치의 중심으로부터 1[m] 떨어진 위치에서 90[dB] 이상이 되는 것으로 할 것
    ㉢ 감지기 및 발신기의 작동과 연동하여 작동할 수 있는 것으로 할 것
  ⑤ ③의 기준을 초과하는 경우로서 기둥 또는 벽이 설치되지 않은 대형공간의 경우 지구음향장치는 설치대상 장소의 가장 가까운 장소의 벽 또는 기둥 등에 설치할 것

(2) 우선경보방식
  ① 층수가 11층 이상의 특정소방대상물

발화층	경보를 발해야 하는 층
2층 이상	발화층, 직상 4개 층
1층	발화층, 직상 4개 층, 지하층
지하층	발화층, 직상층, 기타 지하층

② 지상 15층, 지하 5층의 우선경보방식(● : 화재발생, ◉ : 경보발생)

15층	◉														
14층	◉	◉													
13층	◉	◉	◉												
12층	◉	◉	◉	◉											
11층	◉●	◉	◉	◉	◉										
10층		◉●	◉	◉	◉	◉									
9층			◉●	◉	◉	◉	◉								
8층				◉●	◉	◉	◉	◉							
7층					◉●	◉	◉	◉	◉						
6층						◉●	◉	◉	◉	◉					
5층							◉●	◉	◉	◉	◉				
4층								◉●	◉	◉	◉				
3층									◉●	◉	◉				
2층										◉●	◉				
1층											◉●	◉			
지하 1층											◉	◉●	◉	◉	◉	◉
지하 2층											◉	◉	◉●	◉	◉	◉
지하 3층											◉	◉	◉	◉●	◉	◉
지하 4층											◉	◉	◉	◉	◉●	◉
지하 5층											◉	◉	◉	◉	◉	◉●

정답 (1) 11층, 12층, 13층, 14층, 15층
(2) 1층, 2층, 3층, 4층, 5층, 지하 1층, 지하 2층, 지하 3층, 지하 4층, 지하 5층
(3) 1층, 지하 1층, 지하 2층, 지하 3층, 지하 4층, 지하 5층

2020년 제4회 과년도 기출복원문제

※ 다음 물음에 대한 답을 해당 답란에 답하시오.(배점 : 100)

01 다음은 비상콘센트설비의 화재안전기술기준에서 정하는 비상콘센트설비에 대한 내용이다. 각 물음에 답하시오.

득점	배점
	6

(1) 하나의 전용회로에 설치하는 비상콘센트가 7개가 있다. 이 경우 전선의 용량은 비상콘센트 몇 개의 공급용량을 합한 용량 이상의 것으로 해야 하는지 쓰시오(단, 각 비상콘센트의 공급용량은 최소로 한다).

(2) 비상콘센트설비의 전원부와 외함 사이의 절연저항을 500[V] 절연저항계로 측정하였더니 30[MΩ]이었다. 이 설비에 대한 절연저항의 적합성 여부를 구분하고 그 이유를 설명하시오.
   ① 적합성 여부 :
   ② 이유 :

(3) 비상콘센트설비의 비상콘센트 보호함 상부에는 무슨 색의 표시등을 설치해야 하는지 쓰시오.

해설
비상콘센트설비

(1) 비상콘센트설비의 전원회로 설치기준
   ① 비상콘센트설비의 전원회로는 단상교류 220[V]인 것으로서, 그 공급용량은 1.5[kVA] 이상인 것으로 할 것
   ② 전원회로는 각 층에 2 이상이 되도록 설치할 것. 다만, 설치해야 할 층의 비상콘센트가 1개인 때에는 하나의 회로로 할 수 있다.
   ③ 전원회로는 주배전반에서 전용회로로 할 것. 다만, 다른 설비회로의 사고에 따른 영향을 받지 않도록 되어 있는 것은 그렇지 않다.
   ④ 전원으로부터 각 층의 비상콘센트에 분기되는 경우에는 분기배선용 차단기를 보호함 안에 설치할 것
   ⑤ 콘센트마다 배선용 차단기(KS C 8321)를 설치해야 하며, 충전부가 노출되지 않도록 할 것
   ⑥ 개폐기에는 "비상콘센트"라고 표시한 표지를 할 것
   ⑦ 비상콘센트용의 풀박스 등은 방청도장을 한 것으로서 두께 1.6[mm] 이상의 철판으로 할 것
   ⑧ 하나의 전용회로에 설치하는 비상콘센트는 10개 이하로 할 것. 이 경우 전선의 용량은 각 비상콘센트(비상콘센트가 3개 이상인 경우에는 3개)의 공급용량을 합한 용량 이상의 것으로 해야 한다.
   ∴ 하나의 전용회로에 비상콘센트는 10개 이하로 설치할 수 있으며 전선의 용량은 비상콘센트가 3개 이상인 경우에는 3개의 비상콘센트의 공급용량을 합한 용량 이상의 것으로 해야 한다.

(2) 비상콘센트설비의 전원부와 외함 사이의 절연저항 및 절연내력 기준
   ① 절연저항은 전원부와 외함 사이를 500[V] 절연저항계로 측정할 때 20[MΩ] 이상일 것
   ② 절연내력은 전원부와 외함 사이에 정격전압이 150[V] 이하인 경우에는 1,000[V]의 실효전압을, 정격전압이 150[V] 초과인 경우에는 그 정격전압에 2를 곱하여 1,000을 더한 실효전압을 가하는 시험에서 1분 이상 견디는 것으로 할 것

┌참고├

각 소방시설별 절연저항시험

소방시설	측정위치	절연저항계	절연저항값
• 비상경보설비 • 비상방송설비 • 자동화재탐지설비	• 전로와 대지 사이 • 배선 상호 간	250[V]	0.1[MΩ] 이상
비상콘센트설비	전원부와 외함 사이	500[V]	20[MΩ] 이상

(3) 비상콘센트 보호함의 설치기준
① 보호함에는 쉽게 개폐할 수 있는 문을 설치할 것
② 보호함 표면에 "비상콘센트"라고 표시한 표지를 할 것
③ 보호함 상부에 적색의 표시등을 설치할 것. 다만, 비상콘센트의 보호함을 옥내소화전함 등과 접속하여 설치하는 경우에는 옥내소화전함 등의 표시등과 겸용할 수 있다.

정답 (1) 3개 이상
(2) ① 적합
② 절연저항계로 측정했을 경우 20[MΩ] 이상이면 적합함
(3) 적색

---

02 지하층, 무창층 등으로서 환기가 잘되지 않거나 감지기의 부착면과 실내 바닥의 거리가 2.3[m] 이하인 곳으로서 일시적으로 발생한 열, 연기 또는 먼지 등으로 인하여 화재신호를 발신할 우려가 있는 장소에 적응성이 있는 감지기를 5가지만 쓰시오(단, 축적기능이 있는 수신기를 설치한 장소를 제외한다).

득점	배점
	5

해설

자동화재탐지설비의 감지기 설치기준

(1) 자동화재탐지설비의 감지기는 부착높이에 따라 다음 표에 따른 감지기를 설치해야 한다. 다만, 지하층·무창층 등으로서 환기가 잘되지 않거나 실내면적이 40[m^2] 미만인 장소, 감지기의 부착면과 실내 바닥과의 거리가 2.3[m] 이하인 곳으로서 일시적으로 발생한 열·연기 또는 먼지 등으로 인하여 화재신호를 발신할 우려가 있는 장소(축적기능이 있는 수신기를 설치한 장소를 제외한다)에는 다음의 기준에서 정한 감지기 중 적응성이 있는 감지기를 설치해야 한다.
① 불꽃감지기
② 정온식 감지선형 감지기
③ 분포형 감지기
④ 복합형 감지기
⑤ 광전식 분리형 감지기
⑥ 아날로그방식의 감지기
⑦ 다신호방식의 감지기
⑧ 축적방식의 감지기

부착높이	감지기의 종류
4[m] 미만	• 차동식(스포트형, 분포형) • 보상식 스포트형 • 정온식(스포트형, 감지선형) • 이온화식 또는 광전식(스포트형, 분리형, 공기흡입형) • 열복합형 • 연기복합형 • 열연기복합형 • 불꽃감지기
4[m] 이상 8[m] 미만	• 차동식(스포트형, 분포형) • 보상식 스포트형 • 정온식(스포트형, 감지선형) 특종 또는 1종 • 이온화식 1종 또는 2종 • 광전식(스포트형, 분리형, 공기흡입형) 1종 또는 2종 • 열복합형 • 연기복합형 • 열연기복합형 • 불꽃감지기
8[m] 이상 15[m] 미만	• 차동식 분포형 • 이온화식 1종 또는 2종 • 광전식(스포트형, 분리형, 공기흡입형) 1종 또는 2종 • 연기복합형 • 불꽃감지기
15[m] 이상 20[m] 미만	• 이온화식 1종 • 광전식(스포트형, 분리형, 공기흡입형) 1종 • 연기복합형 • 불꽃감지기
20[m] 이상	• 불꽃감지기 • 광전식(분리형, 공기흡입형) 중 아날로그방식

(2) 연기감지기를 설치해야 한다. 다만, 교차회로방식에 따른 감지기가 설치된 장소 또는 (1)의 단서에 따른 감지기가 설치된 장소에는 그렇지 않다.
① 계단·경사로 및 에스컬레이터 경사로
② 복도(30[m] 미만의 것을 제외한다)
③ 엘리베이터 승강로(권상기실이 있는 경우에는 권상기실)·린넨슈트·파이프 피트 및 덕트 기타 이와 유사한 장소
④ 천장 또는 반자의 높이가 15[m] 이상 20[m] 미만의 장소
⑤ 다음의 어느 하나에 해당하는 특정소방대상물의 취침·숙박·입원 등 이와 유사한 용도로 사용되는 거실
  ㉠ 공동주택·오피스텔·숙박시설·노유자시설·수련시설
  ㉡ 교육연구시설 중 합숙소
  ㉢ 의료시설, 근린생활시설 중 입원실이 있는 의원·조산원
  ㉣ 교정 및 군사시설
  ㉤ 근린생활시설 중 고시원

정답 ① 불꽃감지기 ② 정온식 감지선형 감지기
③ 분포형 감지기 ④ 복합형 감지기
⑤ 광전식 분리형 감지기

03 다음은 자동화재탐지설비의 P형 수신기와 R형 수신기의 신호전달방식의 차이점을 쓰시오.

(1) P형 수신기의 신호전달방식을 쓰시오.
(2) R형 수신기의 신호전달방식을 쓰시오.

득점	배점
	4

해설

자동화재탐지설비의 수신기

(1) 수신기의 정의(수신기의 형식승인 및 제품검사의 기술기준 제2조)
　① P형 수신기 : 감지기 또는 발신기로부터 발하여지는 신호를 직접 또는 중계기를 통하여 공통신호로서 수신하여 화재의 발생을 해당 소방대상물의 관계자에게 경보하여 주는 것을 말한다.
　② R형 수신기 : 감지기 또는 발신기로부터 발하여지는 신호를 직접 또는 중계기를 통하여 고유신호로서 수신하여 화재의 발생을 해당 소방대상물의 관계자에게 경보하여 주는 것을 말한다.

(2) P형 수신기와 R형 수신기의 차이점

구분	P형 수신기	R형 수신기
신호전달방식	1:1 접점방식	다중전송(통신신호)방식
신호의 종류	공통신호 (공통신호방식은 감지기에서 접점신호로 수신기에 화재발생신호를 송신한다. 따라서, 감지기가 작동하게 되면 스위치가 닫혀 회로에 전류가 흘러 수신기에서는 이를 화재가 발생했다는 것으로 파악한다)	고유신호 (고유신호방식은 수신기와 각 감지기가 통신신호를 채택하여 각 감지기나 또는 경계구역마다 각기 다른 신호를 전송하게 하는 방식이다)
배선	실선배선	통신배선
중계기의 주기능	전압을 유기하기 위해 사용	접점신호를 통신신호로 전환
설치건물	일반적으로 소형건물	일반적으로 대형건물
수신 소요시간	5초 이내	5초 이내

┤참고├
구조 및 일반기능(수신기의 형식승인 및 제품검사의 기술기준 제3조)
수신기(1회선용은 제외한다)는 2회선이 동시에 작동해도 화재표시가 되어야 하며, 감지기의 감지 또는 발신기의 발신개시로부터 P형, P형 복합식, GP형, GP형 복합식, R형, R형 복합식, GR형 또는 GR형 복합식 수신기의 수신완료까지의 소요시간은 5초 이내이어야 한다.

정답 (1) 1:1 접점방식
　　　(2) 다중전송방식

04 지상에서 31[m]되는 곳에 고가수조가 있다. 이 고가수조에 매분 12[m³]의 물을 양수하는 펌프용 3상 농형 유도전동기를 설치하여 전력을 공급하고자 한다. 다음 각 물음에 답하시오(단, 펌프의 효율은 65[%]이고, 펌프 측 동력에 10[%]의 여유를 두며 3상 농형 유도전동기의 역률은 1로 가정한다).

득점	배점
	6

(1) 3상 농형 유도전동기의 용량[kW]을 구하시오.
- 계산과정 :
- 답 :

(2) 3상 전력을 공급하던 중 변압기 1대가 고장이 발생하여 단상변압기 2대를 V결선하여 전동기에 전력을 공급한다면 단상변압기 1대의 용량[kVA]을 구하시오.
- 계산과정 :
- 답 :

해설

V결선 시 단상변압기 1대의 용량 계산

(1) 전동기 용량(전동기의 출력, P_m)

$$P_m = \frac{\gamma H Q}{\eta} \times K \text{[kW]}$$

여기서, γ : 물의 비중량(9,800[N/m³]=9.8[kN/m³])
　　　　H : 양정(31[m])
　　　　Q : 유량($12\text{[m}^3/\text{min]} = \frac{12}{60}\text{[m}^3/\text{s]}$)
　　　　η : 펌프의 효율(65[%]=0.65)
　　　　K : 여유율(동력전달계수, 10[%]=1.1)

$$\therefore P_m = \frac{9.8\text{[kN/m}^3\text{]} \times 31\text{[m]} \times \frac{12}{60}\text{[m}^3/\text{s]}}{0.65} \times 1.1 = 102.82\text{[kW]}$$

(2) V결선한 변압기의 최대 출력(P_v)
　① V결선한 단상변압기의 최대 출력(P_v)은 전동기의 용량(P_m)이 되어야 하고, 단상변압기 1대의 $\sqrt{3}$ 배이다.
　② 단상변압기 1대의 용량(P_1)은 단상변압기 2차 측의 정격전류(I_{2n})와 정격전압(V_{2n})의 곱이다.

$$P_v = \sqrt{3}(I_{2n}V_{2n} \times 10^{-3})\cos\theta = \sqrt{3}P_1\cos\theta \text{[kW]}$$

여기서, I_{2n} : 단상변압기 2차 측의 정격전류[A]
　　　　V_{2n} : 단상변압기 2차 측의 정격전압[V]
　　　　$\cos\theta$: 역률(1)
　　　　P_v : V결선한 단상변압기의 최대 출력(102.82[kW])

$$\therefore \text{단상변압기 1대의 용량 } P_1 = \frac{P_v}{\sqrt{3}\cos\theta} = \frac{102.82\text{[kW]}}{\sqrt{3}\times 1} = 59.36\text{[kVA]}$$

정답 (1) 102.82[kW]　　　　(2) 59.36[kVA]

05

지하층 또는 무창층으로서 용도가 도매시장·소매시장·여객자동차터미널·지하역사 또는 지하상가의 특정소방대상물에는 그 부분에서 피난층에 이르는 부분에 비상조명등을 설치하고자 한다. 다음 각 물음에 답하시오.	득점	배점
		4

(1) 비상전원의 종류 3가지를 쓰시오.
(2) 비상전원의 용량은 몇 분 이상 유효하게 작동시킬 수 있어야 하는지 쓰시오.

해설
비상조명등의 설치기준
(1) 특정소방대상물의 각 거실과 그로부터 지상에 이르는 복도·계단 및 그 밖의 통로에 설치할 것
(2) 조도는 비상조명등이 설치된 장소의 각 부분의 바닥에서 1[lx] 이상이 되도록 할 것
(3) 예비전원을 내장하는 비상조명등에는 평상시 점등 여부를 확인할 수 있는 점검스위치를 설치하고 해당 조명등을 유효하게 작동시킬 수 있는 용량의 축전지와 예비전원 충전장치를 내장할 것
(4) 예비전원을 내장하지 않은 비상조명등의 비상전원은 자가발전설비, 축전지설비 또는 전기저장장치(외부 전기에너지를 저장해 두었다가 필요한 때 전기를 공급하는 장치)를 다음의 기준에 따라 설치해야 한다.
  ① 점검에 편리하고 화재 및 침수 등의 재해로 인한 피해를 받을 우려가 없는 곳에 설치할 것
  ② 상용전원으로부터 전력의 공급이 중단된 때에는 자동으로 비상전원으로부터 전력을 공급받을 수 있도록 할 것
  ③ 비상전원의 설치장소는 다른 장소와 방화구획할 것. 이 경우 그 장소에는 비상전원의 공급에 필요한 기구나 설비 외의 것(열병합발전설비에 필요한 기구나 설비는 제외한다)을 두어서는 안 된다.
  ④ 비상전원을 실내에 설치하는 때에는 그 실내에 비상조명등을 설치할 것
(5) 예비전원과 비상전원은 비상조명등을 20분 이상 유효하게 작동시킬 수 있는 용량으로 할 것. 다만, 다음의 특정소방대상물의 경우에는 그 부분에서 피난층에 이르는 부분의 비상조명등을 60분 이상 유효하게 작동시킬 수 있는 용량으로 해야 한다.
  ① 지하층을 제외한 층수가 11층 이상의 층
  ② 지하층 또는 무창층으로서 용도가 도매시장·소매시장·여객자동차터미널·지하역사 또는 지하상가
(6) 비상조명등의 설치면제 요건에서 "그 유도등의 유효범위"란 유도등의 조도가 바닥에서 1[lx] 이상이 되는 부분을 말한다.

정답 (1) 자가발전설비, 축전지설비, 전기저장장치
       (2) 60분 이상

06

객석통로의 길이가 50[m]인 곳에 객석유도등을 설치하고자 한다. 통로에 설치해야 하는 객석유도등의 최소 설치개수를 구하시오.

- 계산과정 :
- 답 :

해설

유도등의 설치개수

(1) 통로유도등의 설치기준

구분	복도통로유도등	거실통로유도등	계단통로유도등
설치장소	복도	거실의 통로	계단
설치방법	구부러진 모퉁이 및 보행거리 20[m]마다	구부러진 모퉁이 및 보행거리 20[m]마다	각 층의 경사로 참 또는 계단참마다
설치높이	바닥으로부터 높이 1[m] 이하	바닥으로부터 높이 1.5[m] 이상	바닥으로부터 높이 1[m] 이하

(2) 객석유도등의 설치기준

① 객석유도등은 객석의 통로, 바닥 또는 벽에 설치해야 한다.
② 객석 내의 통로가 경사로 또는 수평로로 되어 있는 부분은 다음 식에 따라 산출한 개수(소수점 이하의 수는 1로 본다)의 유도등을 설치해야 한다.

$$\text{설치개수} = \frac{\text{객석 통로의 직선부분 길이[m]}}{4} - 1$$

③ 객석 내의 통로가 옥외 또는 이와 유사한 부분에 있는 경우에는 해당 통로 전체에 미칠 수 있는 개수의 유도등을 설치해야 한다.

$$\therefore \text{설치개수} = \frac{50[\text{m}]}{4} - 1 = 11.5\text{개} ≒ 12\text{개}$$

정답 12개

07

다음 그림은 브리지 정류회로(전파 정류회로)의 미완성된 회로도이다. 각 물음에 답하시오.

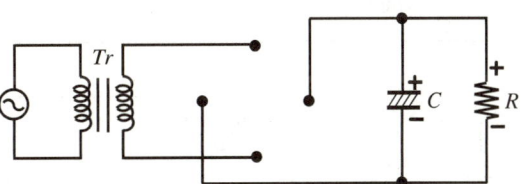

(1) 정류 다이오드 4개를 사용하여 미완성된 회로도를 완성하시오.
(2) 회로도에서 커패시터(C)의 역할을 쓰시오.

해설

정류회로

(1) 단상 전파 브리지 정류회로
  ① 브리지 정류회로 : 다이오드(D) 4개를 이용한 정류회로이며 다이오드에 전압을 인가하면 순방향으로만 전류를 통과시키고 역방향으로는 전류를 흐르지 않는 단방향 전류소자이다.
  ② 다이오드의 접속점
     ㉠ 다이오드의 화살표 방향이 모이는 접속점은 "+"이다(D_2와 D_3의 접속점).
     ㉡ 다이오드의 화살표 방향이 분배되는 접속점은 "-"이다(D_1과 D_4의 접속점).
     ㉢ 그 밖의 접속점은 교류입력이다(D_1과 D_2의 접속점, D_4와 D_3의 접속점).

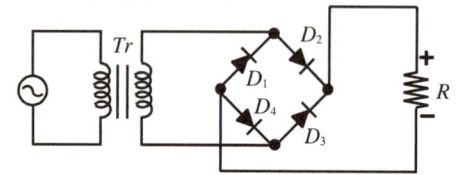

  ③ 단상 반파회로와 단상 전파회로

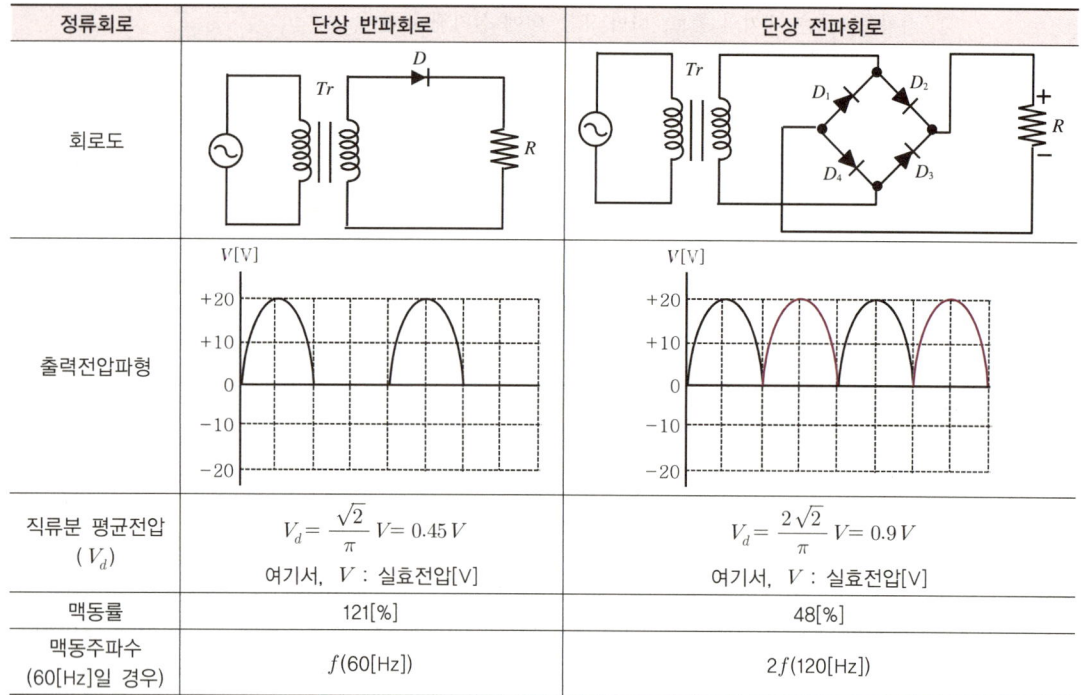

정류회로	단상 반파회로	단상 전파회로
회로도		
출력전압파형		
직류분 평균전압 (V_d)	$V_d = \dfrac{\sqrt{2}}{\pi}V = 0.45V$ 여기서, V : 실효전압[V]	$V_d = \dfrac{2\sqrt{2}}{\pi}V = 0.9V$ 여기서, V : 실효전압[V]
맥동률	121[%]	48[%]
맥동주파수 (60[Hz]일 경우)	f(60[Hz])	$2f$(120[Hz])

(2) 커패시터를 이용한 평활회로

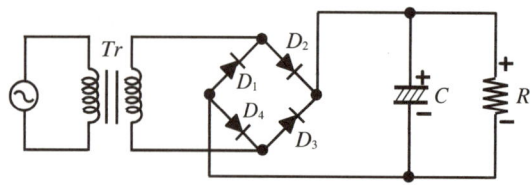

① 평활회로는 교류성분(리플)이 있는 파형을 직류형태로 만들어 주는 역할을 하므로 정류회로의 출력부분에 커패시터(콘덴서)를 병렬로 연결한 회로이다.

② 커패시터는 매우 빠른 속도로 충전과 방전을 반복함으로써 출력전압의 맥류분을 감소시켜 직류전압을 일정하게 유지시켜 주는 역할을 한다.
③ 평활 후의 전압파형

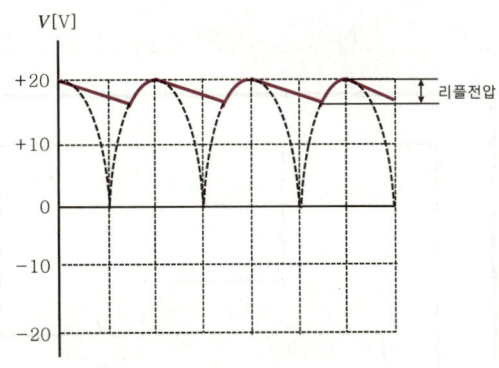

정답 (1)

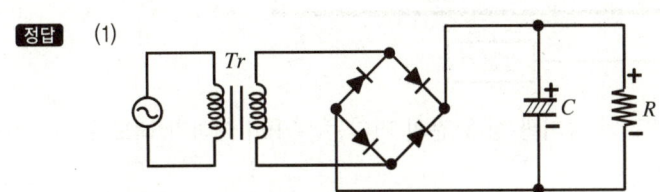

(2) 직류전압을 일정하게 유지하기 위해

08 다음은 주요구조부가 내화구조로 된 특정소방대상물에 공기관식 차동식 분포형 감지기를 설치한 평면도이다. 각 물음에 답하시오.

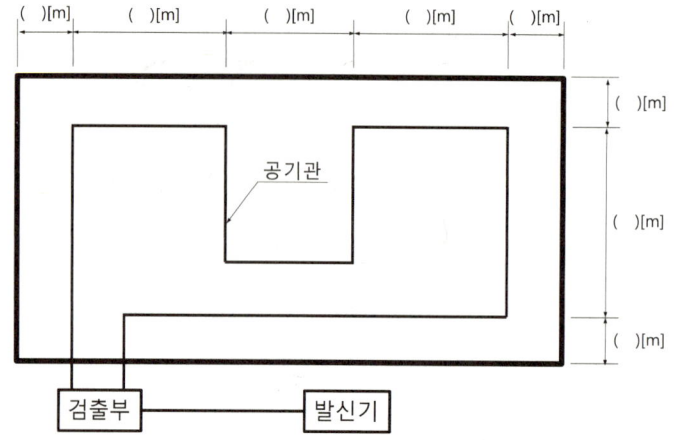

(1) 공기관과 감지구역의 각 변과의 거리와 공기관 상호 간의 거리는 몇 [m] 이하가 되도록 해야 하는지 평면도의 ( ) 안에 쓰시오.
(2) 공기관의 노출 부분은 감지구역마다 몇 [m] 이상이 되도록 해야 하는지 쓰시오.
(3) 하나의 검출 부분에 접속하는 공기관의 길이는 몇 [m] 이하가 되도록 해야 하는지 쓰시오.
(4) 검출부의 설치높이를 쓰시오.
(5) 검출부는 몇 [°] 이상 경사되지 않도록 부착해야 하는지 쓰시오.
(6) 공기관의 재질을 쓰시오.
(7) 종단저항을 발신기에 설치할 경우 차동식 분포형 감지기의 검출부와 발신기 사이에 배선해야 할 전선 가닥수를 평면도에 표시하시오.

해설
공기관식 차동식 분포형 감지기
(1)~(5) 공기관식 차동식 분포형 감지기의 설치기준
　① 공기관의 노출 부분은 감지구역마다 20[m] 이상이 되도록 할 것
　② 공기관과 감지구역의 각 변과의 수평거리는 1.5[m] 이하가 되도록 하고, 공기관 상호 간의 거리는 6[m](주요구조부가 내화구조로 된 특정소방대상물 또는 그 부분에 있어서는 9[m]) 이하가 되도록 할 것
　③ 공기관은 도중에서 분기하지 않도록 할 것
　④ 하나의 검출 부분에 접속하는 공기관의 길이는 100[m] 이하로 할 것
　⑤ 검출부는 5[°] 이상 경사되지 않도록 부착할 것
　⑥ 검출부는 바닥으로부터 0.8[m] 이상 1.5[m] 이하의 위치에 설치할 것

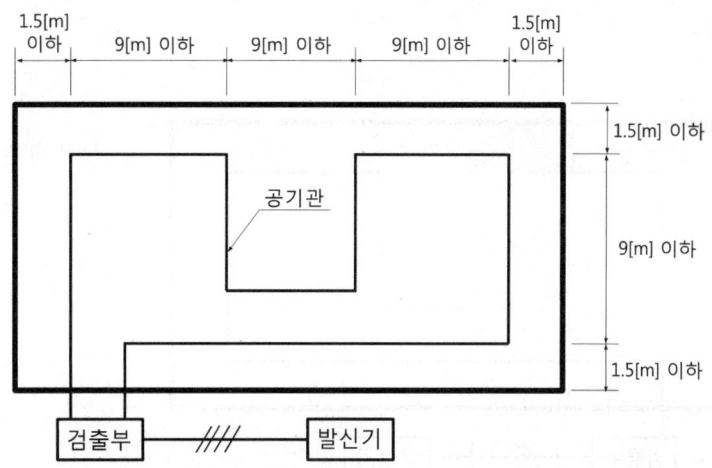

(6) 감지기의 구조 및 기능(감지기의 형식승인 및 제품검사의 기술기준 제5조)
   ① 공기관은 하나의 길이(이음매가 없는 것)가 20[m] 이상의 것으로 안지름 및 관의 두께가 일정하고 홈, 갈라짐 및 변형이 없어야 하며 부식되지 않아야 한다.
   ② 공기관의 두께는 0.3[mm] 이상, 바깥지름은 1.9[mm] 이상이어야 한다.
      ∴ 공기관은 동관(중공동관)을 사용한다.
(7) 검출부와 발신기 사이의 전선 가닥수

종단저항 설치위치	전선 가닥수	그림
검출부에 종단저항을 설치할 경우	2	
발신기에 종단저항을 설치할 경우	4	

정답 (1)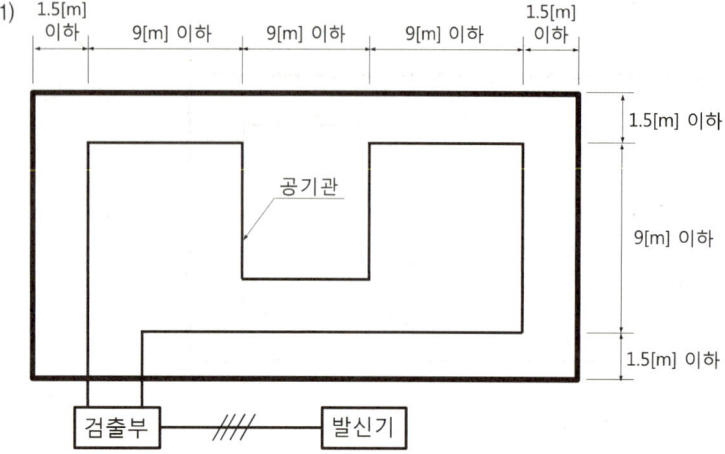

(2) 20[m] 이상 (3) 100[m] 이하
(4) 바닥으로부터 0.8[m] 이상 1.5[m] 이하 (5) 5[°] 이상
(6) 동관(중공동관) (7) (1) 해설 참고

09

다음 그림은 시퀀스회로의 유접점회로이다. 각 물음에 답하시오.

득점	배점
	6

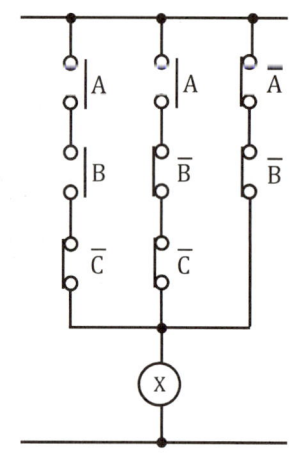

(1) 유접점회로에 대한 논리식을 가장 간단하게 표현하시오.
(2) (1)에서 구한 논리식을 무접점회로로 표현하시오.
(3) 다음의 타임차트에 입력 A, B, C가 주어졌을 때 출력 X를 나타내시오.

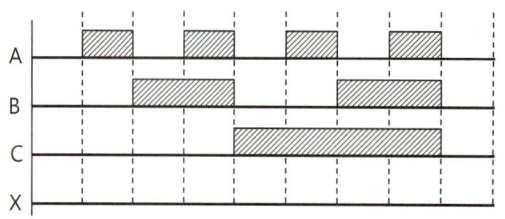

해설

시퀀스회로의 논리회로

(1) 유접점회로의 논리식

논리회로	유접점회로	무접점회로	논리식
AND회로			$X = A \cdot B$
OR회로			$X = A + B$
NOT회로			$X = \overline{A}$

$$\therefore \text{출력 } X = (A \cdot B \cdot \overline{C}) + (A \cdot \overline{B} \cdot \overline{C}) + (\overline{A} \cdot \overline{B})$$
$$= A \cdot \overline{C} \cdot (B + \overline{B}) + (\overline{A} \cdot \overline{B}) = A \cdot \overline{C} + \overline{A} \cdot \overline{B}$$

(2) 무접점회로

$$X = \underbrace{(A \cdot \overline{C})}_{\text{AND회로}} \underbrace{+}_{\text{OR회로}} \underbrace{(\overline{A} \cdot \overline{B})}_{\text{AND회로}}$$

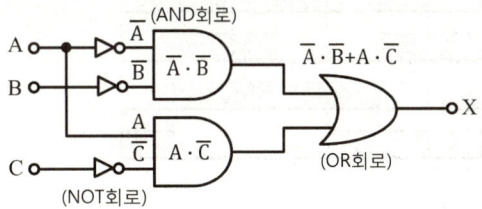

(3) 타임차트 작성

① 논리식을 이용하여 타임차트를 작성하는 방법

출력 $X = A \cdot \overline{C} + \overline{A} \cdot \overline{B}$

출력(X)이 "1"이 되는 경우는 $A \cdot \overline{C}$와 $\overline{A} \cdot \overline{B}$이다. 따라서, $A \cdot \overline{C}$에서 A=1, C=0일 때 또는 $\overline{A} \cdot \overline{B}$에서 A=0, B=0일 때 출력(X)은 "1"이 된다.

② 진리표를 이용하여 타임차트를 작성하는 방법

시간	입력			출력		
	A	B	C	$A \cdot \overline{C}$	$\overline{A} \cdot \overline{B}$	$X = A \cdot \overline{C} + \overline{A} \cdot \overline{B}$
1초	0	0	0	$0 \cdot 1 = 0$	$1 \cdot 1 = 1$	$0 + 1 = 1$
2초	1	0	0	$1 \cdot 1 = 1$	$0 \cdot 1 = 0$	$1 + 0 = 1$
3초	0	1	0	$0 \cdot 1 = 0$	$1 \cdot 0 = 0$	$0 + 0 = 0$
4초	1	1	0	$1 \cdot 1 = 1$	$0 \cdot 0 = 0$	$1 + 0 = 1$
5초	0	0	1	$0 \cdot 0 = 0$	$1 \cdot 1 = 1$	$0 + 1 = 1$
6초	1	0	1	$1 \cdot 0 = 0$	$0 \cdot 1 = 0$	$0 + 0 = 0$
7초	0	1	1	$0 \cdot 0 = 0$	$1 \cdot 0 = 0$	$0 + 0 = 0$
8초	1	1	1	$1 \cdot 0 = 0$	$0 \cdot 0 = 0$	$0 + 0 = 0$
9초	0	0	0	$0 \cdot 1 = 0$	$1 \cdot 1 = 1$	$0 + 1 = 1$

③ 타임차트 작성

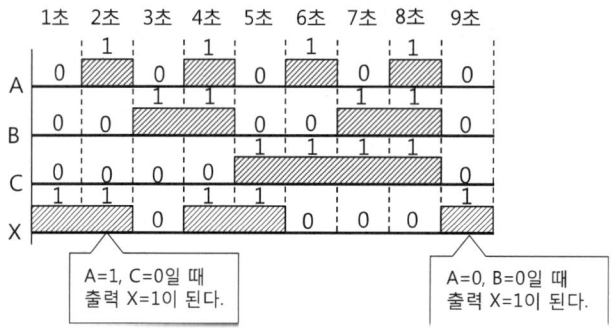

A=1, C=0일 때 출력 X=1이 된다.

A=0, B=0일 때 출력 X=1이 된다.

정답

(1) $X = A \cdot \overline{C} + \overline{A} \cdot \overline{B}$

(2),(3)

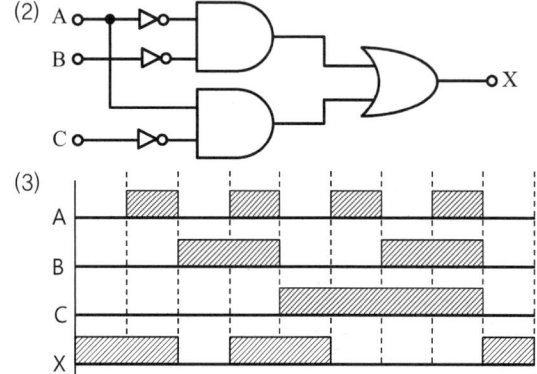

10 경동선의 저항이 20[℃]에서 100[Ω]이다. 경동선의 온도가 100[℃]로 상승할 때 저항[Ω]을 구하시오(단, 20[℃]에서 경동선의 저항온도계수는 0.00393이다).

득점	배점
	4

• 계산과정 :

• 답 :

해설
저항 계산

(1) 옴의 법칙

전류는 전압에 비례하고 저항에 반비례한다.

$$V = IR[\text{V}] \qquad I = \frac{V}{R}[\text{A}] \qquad R = \frac{V}{I}[\Omega]$$

여기서, V : 전압[V] $\qquad I$: 전류[A]
$\qquad\quad R$: 저항[Ω]

(2) 저항(R)

$$R = \rho \frac{L}{A} = R_0 \{1 + \alpha(T_2 - T_1)\} = \frac{1}{G}[\Omega]$$

여기서, ρ : 고유저항[Ω·m] $\qquad L$: 도체의 길이[m]
$\qquad\quad A$: 도체의 단면적[m²] $\quad R_0$: 온도변화 전의 저항[Ω]
$\qquad\quad \alpha$: 저항온도계수 $\qquad\quad G$: 컨덕턴스[℧]
$\qquad\quad T_1$: 상승 전의 온도(20[℃]) $\quad T_2$: 상승 후의 온도(100[℃])

∴ 저항 $R = R_0\{1 + \alpha(T_2 - T_1)\} = 100[\Omega] \times \{1 + 0.00393(100[℃] - 20[℃])\}$
$\qquad\quad = 131.44[\Omega]$

정답 131.44[Ω]

11

지하 3층, 지상 11층의 특정소방대상물에 자동화재탐지설비의 음향장치를 설치하였다. 아래 표와 같이 화재가 발생하였을 경우 우선적으로 경보를 발해야 하는 층을 찾아 빈칸에 경보를 표시하시오(단, 표는 특정소방대상물의 일부분만 표시하였으며 경보 표시는 ●를 사용한다).

6층	●				
5층	●	●			
4층	●	●			
3층	●	●			
2층	화재발생(●)	●			
1층		화재발생(●)	●		
지하 1층		●	화재발생(●)	●	●
지하 2층		●	●	화재발생(●)	●
지하 3층		●	●	●	화재발생(●)

해설

자동화재탐지설비의 음향장치 설치기준

(1) 층수가 11층(공동주택의 경우에는 16층) 이상의 특정소방대상물은 다음의 기준에 따라 경보를 발할 수 있도록 할 것
　① 2층 이상의 층에서 발화한 때에는 발화층 및 그 직상 4개 층에 경보를 발할 것
　② 1층에서 발화한 때에는 발화층·그 직상 4개 층 및 지하층에 경보를 발할 것
　③ 지하층에서 발화한 때에는 발화층·그 직상층 및 그 밖의 지하층에 경보를 발할 것

6층		●							
5층	직상 4개 층	●	직상 4개 층	●					
4층		●		●					
3층		●		●					
2층		화재발생(●)		●					
1층				화재발생(●)	직상층	●			
지하 1층			지하층	●	화재발생(●)	직상층	●	그 밖의 지하층	●
지하 2층				●	그 밖의 지하층	●	화재발생(●)	직상층	●
지하 3층				●		●	그 밖의 지하층	●	화재발생(●)

> **참고**
>
> **일제경보방식**
> 지하층을 제외한 층수가 10층 이하인 특정소방대상물에는 일제경보방식을 적용하며 자동화재탐지설비의 수신기에는 화재로 인하여 하나의 층의 지구음향장치 배선이 단락되어도 다른 층의 화재통보에 지장이 없도록 각 층 배선상에 유효한 조치(단락보호장치)를 해야 한다.

(2) 자동화재탐지설비의 음향장치 설치기준
　① 주음향장치는 수신기의 내부 또는 그 직근에 설치할 것
　② 지구음향장치는 특정소방대상물의 층마다 설치하되, 해당 층의 각 부분으로부터 하나의 음향장치까지의 수평거리가 25[m] 이하가 되도록 하고, 해당 층의 각 부분에 유효하게 경보를 발할 수 있도록 설치할 것. 다만, 비상방송설비의 화재안전기술기준(NFTC 202)에 적합한 방송설비를 자동화재탐지설비의 감지기와 연동하여 작동하도록 설치한 경우에는 지구음향장치를 설치하지 않을 수 있다.

③ 음향장치는 다음의 기준에 따른 구조 및 성능의 것으로 할 것
  ㉠ 정격전압의 80[%] 전압에서 음향을 발할 수 있는 것으로 할 것. 다만, 건전지를 주전원으로 사용하는 음향장치는 그렇지 않다.
  ㉡ 음향의 크기는 부착된 음향장치의 중심으로부터 1[m] 떨어진 위치에서 90[dB] 이상이 되는 것으로 할 것
  ㉢ 감지기 및 발신기의 작동과 연동하여 작동할 수 있는 것으로 할 것

정답

6층	●				
5층	●	●			
4층	●	●			
3층	●	●			
2층	화재발생(●)	●			
1층		화재발생(●)	●		
지하 1층		●	화재발생(●)	●	●
지하 2층		●	●	화재발생(●)	●
지하 3층		●	●	●	화재발생(●)

12 다음은 3상 유도전동기 기동 및 정지회로의 미완성 도면이다. 주어진 조건을 참고하여 각 물음에 답하시오.

득점	배점
	6

조건

- 전기기구의 도시기호

전기기구 명칭	도시기호	사용개수	전기기구 명칭	도시기호	사용개수
전자접촉기	(MC)	1개	열동계전기	THR	1개
운전표시등 (적색램프)	(RL)	1개	정지표시등 (녹색램프)	(GL)	1개
누름버튼스위치	PB$_{-OFF}$	1개	누름버튼스위치	PB$_{-ON}$	1개
퓨즈	▱	2개	버저	(BZ)	1개

- 제어(보조)회로를 보호하기 위해 각 상에 퓨즈를 설치한다.

[동작설명]

- MCCB(배선용 차단기)에 전원을 투입하면 전자접촉기의 보조접점(MC$_{-b}$)에 의해 정지표시등(GL)이 점등된다.
- 유도전동기 운전용 누름버튼스위치(PB$_{-ON}$)를 누르면 전자접촉기(MC)가 여자되어 자기유지가 되고, 전자접촉기의 주접점이 붙어 유도전동기(IM)가 기동된다. 이때 운전표시등(RL)이 점등되고, 전자접촉기의 보조접점(MC$_{-b}$)이 떨어져 정지표시등(GL)이 소등된다.
- 유도전동기 정지용 누름버튼스위치(PB$_{-OFF}$)를 누르면 전자접촉기(MC)가 소자되어 전자접촉기의 주접점이 떨어져 유도전동기(IM)가 정지된다. 이때, 운전표시등(RL)이 소등되고, 전자접촉기의 보조접점(MC$_{-b}$)에 의해 정지표시등(GL)이 점등된다.
- 유도전동기에 과전류가 흐르면 열동계전기(THR)가 작동되어 운전 중인 유도전동기(IM)는 정지되고, 버저(BZ)가 울린다.

물음

(1) 동작설명 및 주어진 전기기구를 이용하여 제어회로의 미완성 부분을 완성하시오(단, 전기기구의 접점을 최소 개수를 사용하도록 한다).
(2) 주회로의 점선 부분을 완성하고, 어떤 경우에 작동하는지 2가지만 쓰시오.

해설

3상 유도전동기 기동 및 정지회로(전전압 기동회로)
(1) 3상 유도전동기의 제어회로 구성
① 제어용기기의 명칭과 도시기호

제어용기기 명칭	작동원리	접점의 종류			
		주접점	코일	a접점	b접점
배선용 차단기 (MCCB)	단락 및 과부하로부터 회로를 보호하기 위하여 사용되는 전력기기이다.	⦶⦶⦶	–	–	–
전자접촉기 (MC)	전자석의 동작에 의하여 접점을 개폐하는 기구로서 부하회로를 빈번하게 개폐하는 접촉기이다.	⦶⦶⦶	(MC)	MC-a	MC-b
열동계전기 (THR)	정격전류 이상의 과부하 전류가 흐르면 내부에서 발생된 열에 의해 바이메탈이 동작하여 접점을 차단시키는 계전기로서 전동기의 과부하 보호에 사용된다.	⦶⦶	–	THR	THR
누름버튼스위치 (PB-ON, PB-OFF)	버튼을 누르면 접점 기구부가 개폐되며 손을 떼면 스프링의 힘에 의해 자동으로 복귀되는 스위치이다.	–	–	PB-ON	PB-OFF
운전표시등 (RL)	유도전동기가 운전 중임을 표시한다.	–	(RL)		
정지표시등 (GL)	유도전동기가 정지 중임을 표시한다.	–	(GL)		

② 동작설명에 따른 제어회로 작성

동작설명	회로도
① MCCB(배선용 차단기)에 전원을 투입하면 전자접촉기의 보조접점(MC_{-b})에 의해 정지표시등(GL)이 점등된다.	(회로도: L₁, L₂, L₃ – MCCB – F – MC – THR – IM, MC-b 접점을 통해 GL 점등)

동작설명	회로도
② 유도전동기 운전용 누름버튼스위치(PB_ON)를 누르면 전자접촉기(MC)가 여자되어 자기유지가 되고, 전자접촉기의 주접점이 붙어 유도전동기(IM)가 기동된다. 이때 운전표시등(RL)이 점등되고, 전자접촉기의 보조접점(MC_-b)이 떨어져 정지표시등(GL)이 소등된다.	
③ 유도전동기 정지용 누름버튼스위치(PB_OFF)를 누르면 전자접촉기(MC)가 소자되어 전자접촉기의 주접점이 떨어져 유도전동기(IM)가 정지된다. 이때 운전표시등(RL)이 소등되고, 전자접촉기의 보조접점(MC_-b)에 의해 정지표시등(GL)이 점등된다.	
④ 유도전동기에 과전류가 흐르면 열동계전기(THR)가 작동되어 운전 중인 유도전동기(IM)는 정지되고, 버저(BZ)가 울린다.	

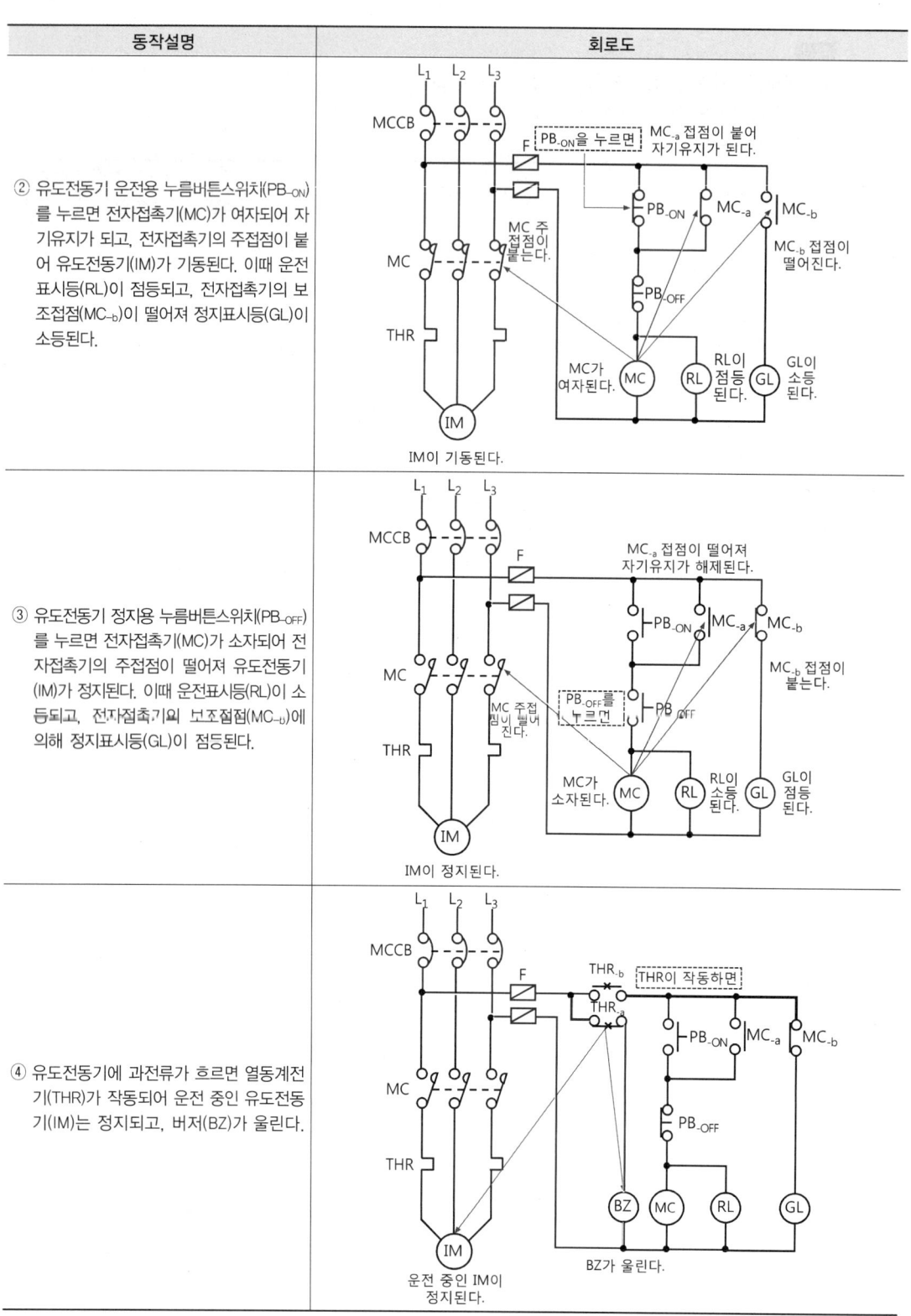

㉠ 회로도 작도방법 1
- 운전용 누름버튼스위치는 PB-ON(a점점)을 사용하고, 정지용 누름버튼스위치는 PB-OFF(b점접)을 사용한다.
- 운전용 누름버튼스위치(PB-ON)를 누르면 전자접촉기(MC)가 여자된다. 이때 운전용 누름버튼스위치를 눌렀다 떼더라도 자기유지가 되기 위해 운전용 누름버튼스위치와 전자접촉기의 보조접점(MC-a)을 병렬로 접속한다.
- 주회로에서 전자접촉기(MC)의 주접점 아래쪽에는 열동계전기(THR)를 설치한다.

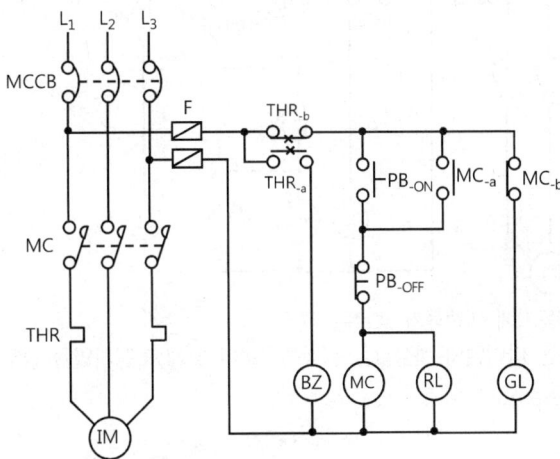

㉡ 회로도 작도방법 2

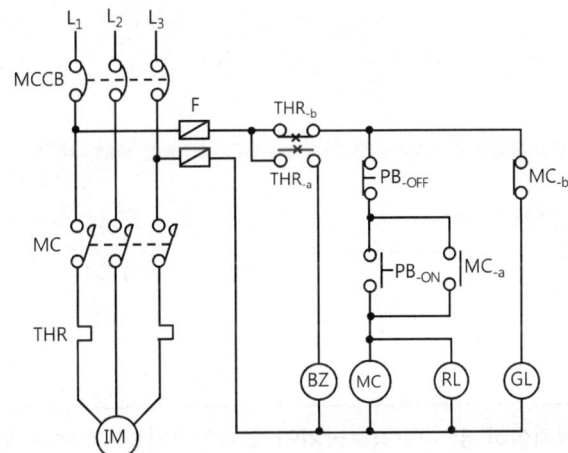

(2) 열동계전기(THR)가 작동되는 경우
① 유도전동기에 과전류가 흐르는 경우
② 열동계전기 단자의 접촉 불량으로 과열되었을 경우
③ 전류조정 다이얼의 설정(Setting)값을 정격전류보다 낮게 조정하였을 경우

┤참고├
열동계전기(Thermal Relay)의 원리
전동기의 과부하 또는 구속상태 등으로 설정값 이상의 과전류가 흐르면 열에 의해 바이메탈이 휘어지는 원리를 이용하여 회로를 차단하여 전동기의 소손을 방지하는 계전기이다.

정답 (1)

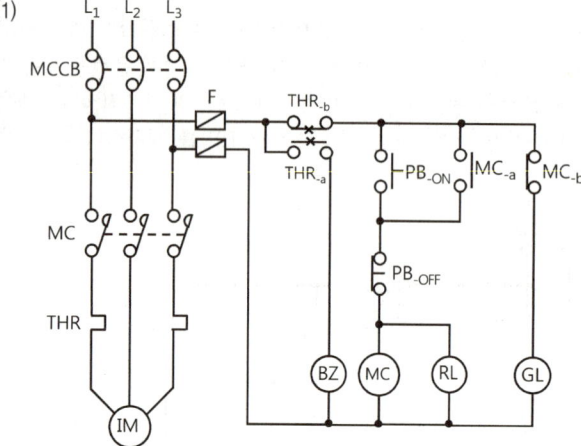

(2) ① 유도전동기에 과전류가 흐르는 경우
② 전류조정 다이얼의 설정값을 정격전류보다 낮게 조정하였을 경우

13. 다음은 자동화재탐지설비 및 시각경보장치의 화재안전기술기준에서 정하는 광전식 분리형 감지기의 설치기준을 3가지만 쓰시오.

득점 배점
     6

해설

광전식 분리형 감지기의 설치기준
(1) 감지기의 수광면은 햇빛을 직접 받지 않도록 설치할 것
(2) 광축(송광면과 수광면의 중심을 연결한 선)은 나란한 벽으로부터 0.6[m] 이상 이격하여 설치할 것
(3) 감지기의 송광부와 수광부는 설치된 뒷벽으로부터 1[m] 이내의 위치에 설치할 것
(4) 광축의 높이는 천장 등(천장의 실내에 면한 부분 또는 상층의 바닥 하부면을 말한다) 높이의 80[%] 이상일 것
(5) 감지기의 광축의 길이는 공칭감시거리 범위 이내일 것

정답
① 감지기의 수광면은 햇빛을 직접 받지 않도록 설치할 것
② 감지기의 송광부와 수광부는 설치된 뒷벽으로부터 1[m] 이내의 위치에 설치할 것
③ 감지기의 광축의 길이는 공칭감시거리 범위 이내일 것

14 다음은 자동화재탐지설비 및 시각경보장치의 화재안전기술기준에서 정하는 청각장애인용 시각경보장치의 설치기준이다. (   ) 안에 알맞은 내용을 쓰시오.

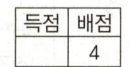

- 공연장·집회장·관람장 또는 이와 유사한 장소에 설치하는 경우에는 시선이 집중되는 (①) 부분 등에 설치할 것
- 설치높이는 바닥으로부터 (②)[m] 이상 (③)[m] 이하의 장소에 설치할 것. 다만, 천장의 높이가 2[m] 이하인 경우에는 천장으로부터 (④)[m] 이내의 장소에 설치해야 한다.

해설

청각장애인용 시각경보장치

(1) 청각장애인용 시각경보장치의 설치기준
  ① 복도·통로·청각장애인용 객실 및 공용으로 사용하는 거실(로비, 회의실, 강의실, 식당, 휴게실, 오락실, 대기실, 체력단련실, 접객실, 안내실, 전시실, 기타 이와 유사한 장소를 말한다)에 설치하며, 각 부분으로부터 유효하게 경보를 발할 수 있는 위치에 설치할 것
  ② 공연장·집회장·관람장 또는 이와 유사한 장소에 설치하는 경우에는 시선이 집중되는 무대부 부분 등에 설치할 것
  ③ 설치높이는 바닥으로부터 2[m] 이상 2.5[m] 이하의 장소에 설치할 것. 다만, 천장의 높이가 2[m] 이하인 경우에는 천장으로부터 0.15[m] 이내의 장소에 설치해야 한다.
  ④ 시각경보장치의 광원은 전용의 축전지설비 또는 전기저장장치(외부 전기에너지를 저장해 두었다가 필요한 때 전기를 공급하는 장치)에 의하여 점등되도록 할 것. 다만, 시각경보기에 작동전원을 공급할 수 있도록 형식승인을 얻은 수신기를 설치한 경우에는 그렇지 않다.
  ⑤ 하나의 특정소방대상물에 2 이상의 수신기가 설치된 경우 어느 수신기에도 지구음향장치 및 시각경보장치를 작동할 수 있다.

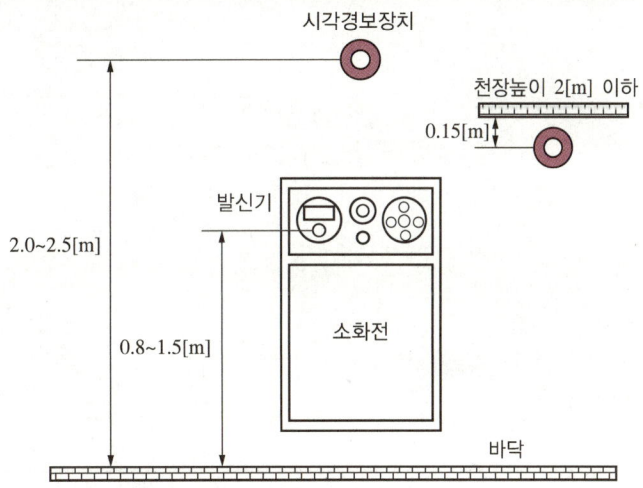

(2) 시각경보기를 설치해야 하는 특정소방대상물(소방시설법 영 별표 4)
  ① 근린생활시설, 문화 및 집회시설, 종교시설, 판매시설, 운수시설, 의료시설, 노유자시설
  ② 운동시설, 업무시설, 숙박시설, 위락시설, 창고시설 중 물류터미널, 발전시설 및 장례시설
  ③ 교육연구시설 중 도서관, 방송통신시설 중 방송국
  ④ 지하상가

정답 ① 무대부   ② 2
      ③ 2.5   ④ 0.15

15 굴곡이 심한 장소에 적합하게 구부러지기 쉽도록 되어 있는 전선관으로 전동기와 옥내배선을 연결하는 경우, 조명기기와 인입선 배관 등 비교적 짧은 거리에 적용되는 배선공사방법을 쓰시오.

해설

금속제 가요전선관공사

(1) 금속제 가요전선관
  굴곡이 심한 장소에 적합하게 구부러지기 쉽도록 되어 있는 전선관으로 1종 금속제 가요전선관과 2종 금속제 가요전선관이 있다.
(2) 금속제 가요전선관 배선공사 장소
  ① 굴곡장소가 많거나 금속관 공사를 시공하기 어려운 곳
  ② 전동기와 옥내배선을 연결하는 경우
  ③ 조명기기와 인입선 배관 등 비교적 짧은 거리
(3) 금속제 가요전선관의 시설조건(한국전기설비규정 232.13)
  ① 전선은 절연전선(옥외용 비닐절연전선을 제외한다)일 것
  ② 전선은 연선일 것. 다만, 단면적 10[mm²](알루미늄선은 단면적 16[mm²]) 이하인 것은 그렇지 않다.
  ③ 가요전선관 안에는 전선에 접속점이 없도록 할 것
  ④ 가요전선관은 2종 금속제 가요전선관일 것. 다만, 전개된 장소이거나 점검할 수 있는 은폐된 장소(옥내배선의 사용전압이 400[V] 초과인 경우에는 전동기에 접속하는 부분으로서 가요성을 필요로 하는 부분에 사용하는 것에 한한다) 또는 점검 불가능한 은폐장소에 기계적 충격을 받을 우려가 없는 조건일 경우에는 1종 가요전선관(습기가 많은 장소 또는 물기가 있는 장소에는 비닐 피복 1종 가요전선관에 한한다)을 사용할 수 있다.

정답 금속제 가요전선관공사

16 감시제어반으로부터 배선의 거리가 90[m] 떨어진 위치에 이산화탄소소화설비의 기동용 솔레노이드밸브가 설치되어 있다. 감시제어반 출력단자의 전압은 26[V]일 때 솔레노이드밸브가 기동할 때 단자전압[V]을 구하시오(단, 솔레노이드밸브의 정격전류는 2[A]이고, 배선 1[m]당 전기저항은 0.008[Ω]이며 전압변동에 의한 부하전류의 변동은 무시한다).

• 계산과정 :
• 답 :

해설

솔레노이드밸브의 단자전압

(1) 전압강하

전원방식	전압강하(e) 식	적용설비
단상 2선식	$e = V_i - V_o = 2IR[\text{V}]$	경종(사이렌), 표시등, 감지기, 유도등, 비상조명등, 전자밸브(솔레노이드밸브)
3상 3선식	$e = V_i - V_o = \sqrt{3}\,IR[\text{V}]$	소방펌프, 제연팬

여기서, V_i : 입력전압[V]　　V_o : 출력전압(단자전압)[V]
　　　　I : 전류[A]　　　　R : 저항[Ω]

솔레노이드밸브는 단상 2선식이고, 정격전류가 2[A], 배선거리가 90[m], 전선의 저항 $R=0.008[\Omega/\text{m}]$이므로
∴ 전압강하 $e = V_i - V_o = 2IR$에서

$$e = 2 \times 2[\text{A}] \times \left(0.008\left[\frac{\Omega}{\text{m}}\right] \times 90[\text{m}]\right) = 2.88[\text{V}]$$

(2) 솔레노이드밸브의 단자전압
∴ 단자전압 $V_o = V_i - e = 26[\text{V}] - 2.88[\text{V}] = 23.12[\text{V}]$

정답 23.12[V]

---

17 다음은 자동화재탐지설비의 P형 수신기에 연결되는 발신기와 감지기 간의 미완성된 배선 결선도이다. 각 물음에 답하시오.

득점/배점 8

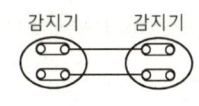

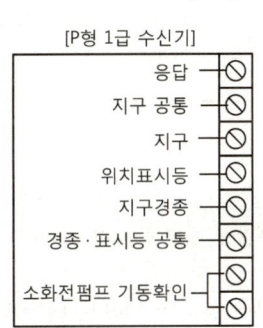 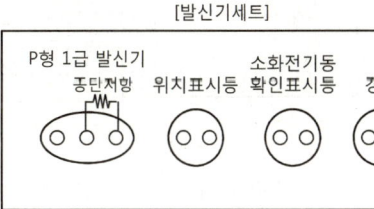

(1) 수신기-발신기-감지기 간의 미완성된 배선 결선을 완성하시오(단, 발신기에 설치된 단자는 왼쪽부터 ① 응답, ② 지구 공통, ③ 지구이다).
(2) 종단저항을 설치해야 하는 기기의 명칭과 종단저항을 배선해야 하는 수신기 단자의 명칭을 쓰시오.
　① 기기의 명칭 :
　② 수신기 단자의 명칭 :
(3) 발신기 함의 상부에 설치하는 표시등의 색상을 쓰시오.
(4) 발신기의 위치를 표시하는 표시등의 불빛은 부착면으로부터 몇 [°] 이상의 범위 안에서 부착지점으로부터 몇 [m] 이내의 어느 곳에서도 쉽게 식별할 수 있어야 하는지 쓰시오.

해설

자동화재탐지설비

(1) 옥내소화전설비의 기동방식에 따른 기본 전선 가닥수 산정

① 수동기동방식(ON-OFF 스위치를 이용한 방식)

명칭	전선 가닥수	발신기세트						ON-OFF 스위치
		용도 1	용도 2	용도 3	용도 4	용도 5	용도 6	용도 7
발신기세트 옥내소화전 내장형	11	지구(회로)선	지구(회로)공통선	응답선	경종선	표시등선	경종·표시등 공통선	기동 1, 정지 1, 공통 1, 기동확인표시등 2

② 자동기동방식(기동용 수압개폐장치를 이용한 방식)

명칭	전선 가닥수	발신기세트						기동용 수압개폐장치
		용도 1	용도 2	용도 3	용도 4	용도 5	용도 6	용도 7
발신기세트 옥내소화전 내장형	8	지구(회로)선	지구(회로)공통선	응답선	경종선	표시등선	경종·표시등 공통선	기동확인표시등 2

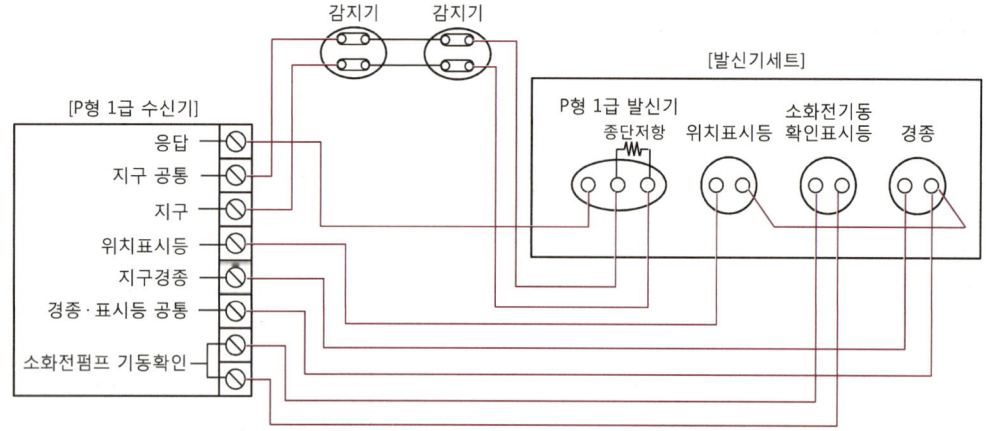

(2) 감지기회로의 도통시험을 위한 종단저항 설치기준

① 점검 및 관리가 쉬운 장소에 설치할 것
② 전용함을 설치하는 경우 그 설치높이는 바닥으로부터 1.5[m] 이내로 할 것
③ 감지기회로의 끝부분에 설치하며, 종단감지기에 설치할 경우에는 구별이 쉽도록 해당 감지기의 기판 및 감지기 외부 등에 별도의 표시를 할 것

∴ 종단저항은 감지기회로의 도통시험을 위하여 감지기회로의 끝부분에 설치해야 하나 그림에서 종단저항은 P형 1급 발신기에 설치하였다. 또한 종단저항은 P형 1급 수신기의 지구단자와 지구공통단자에 배선한다.

(3), (4) 자동화재탐지설비의 발신기 설치기준

① 조작이 쉬운 장소에 설치하고, 스위치는 바닥으로부터 0.8[m] 이상 1.5[m] 이하의 높이에 설치할 것
② 특정소방대상물의 층마다 설치하되, 해당 층의 각 부분으로부터 하나의 발신기까지의 수평거리가 25[m] 이하가 되도록 할 것. 다만, 복도 또는 별도로 구획된 실로서 보행거리가 40[m] 이상일 경우에는 추가로 설치해야 한다.
③ ②에도 불구하고 ②의 기준을 초과하는 경우로서 기둥 또는 벽이 설치되지 않은 대형공간의 경우 발신기는 설치대상 장소의 가장 가까운 장소의 벽 또는 기둥 등에 설치할 것
④ 발신기의 위치를 표시하는 표시등은 함의 상부에 설치하되, 그 불빛은 부착면으로부터 15[°] 이상의 범위 안에서 부착지점으로부터 10[m] 이내의 어느 곳에서도 쉽게 식별할 수 있는 적색등으로 해야 한다.

> **참고**
>
> **옥내소화설비의 표시등 설치기준(NFTC 102)**
> - 옥내소화전설비의 위치를 표시하는 표시등은 함의 상부에 설치하되, 소방청장이 고시하는 표시등의 성능인증 및 제품검사의 기술기준에 적합한 것으로 할 것
> - 가압송수장치의 기동을 표시하는 표시등은 옥내소화전함의 상부 또는 그 직근에 설치하되 적색등으로 할 것. 다만, 자체소방대를 구성하여 운영하는 경우(위험물안전관리법 시행령 별표 8에서 정한 소방자동차와 자체소방대원의 규모를 말한다) 가압송수장치의 기동표시등을 설치하지 않을 수 있다.
> - 옥내소화전설비의 함에는 그 표면에 "소화전"이라는 표시를 해야 한다.
> - 옥내소화전설비의 함에는 함 가까이 보기 쉬운 곳에 그 사용요령을 기재한 표지판을 붙여야 하며, 표지판을 함의 문에 붙이는 경우에는 문의 내부 및 외부 모두에 붙여야 한다. 이 경우, 사용요령은 외국어와 시각적인 그림을 포함하여 작성해야 한다.

정답 (1)

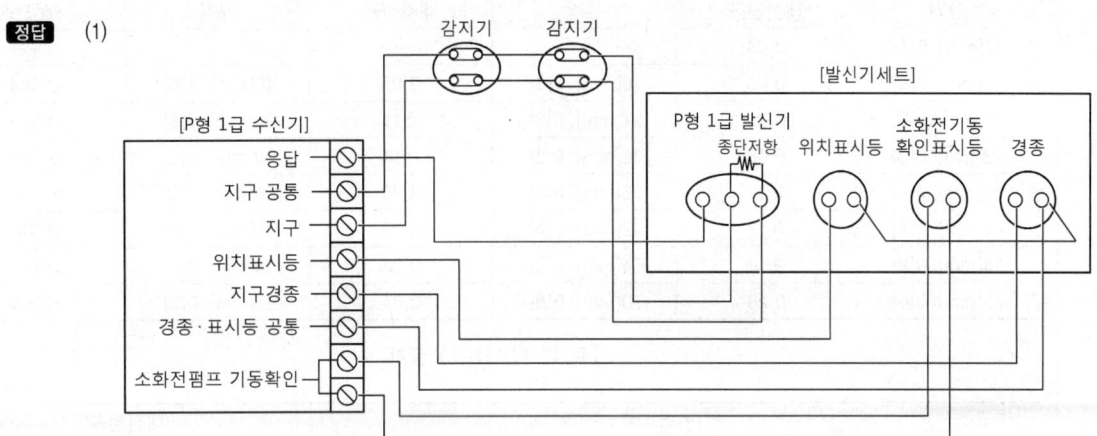

(2) ① P형 1급 발신기
② 지구단자와 지구공통단자
(3) 직색
(4) 15[°] 이상, 10[m] 이내

18 다음 표는 어느 특정소방대상물의 자동화재탐지설비 공사에 소요되는 자재물량이다. 주어진 품셈을 이용하여 각 물음에 답하시오.

> **조 건**
> - 공구손료는 내선전공에 대한 인건비의 3[%], 내선전공의 1일 노임단가(M/D)는 100,000원을 적용한다.
> - 콘크리트박스는 매입을 원칙으로 하며 박스커버의 내선전공은 적용하지 않는다.
> - 표의 빈칸에 숫자를 적을 필요가 없는 부분은 공란으로 남겨 둔다.

[표 1] 전선관 배관

(단위 : [m])

합성수지 전선관		후강 전선관		금속 가요전선관	
규격	내선전공	규격	내선전공	규격	내선전공
14[mm] 이하	0.04	–	–	–	–
16[mm] 이하	0.05	16[mm] 이하	0.08	16[mm] 이하	0.044
22[mm] 이하	0.06	22[mm] 이하	0.11	22[mm] 이하	0.059
28[mm] 이하	0.08	28[mm] 이하	0.14	28[mm] 이하	0.072
36[mm] 이하	0.10	36[mm] 이하	0.20	36[mm] 이하	0.087
42[mm] 이하	0.13	42[mm] 이하	0.25	42[mm] 이하	0.104
54[mm] 이하	0.19	54[mm] 이하	0.34	54[mm] 이하	0.136
70[mm] 이하	0.28	70[mm] 이하	0.44	70[mm] 이하	0.156

[표 2] 박스(Box) 설치

(단위 : 개)

종별	내선전공
Concrete Box	0.12
Outlet Box	0.20
Switch Box(2개용 이하)	0.20
Switch Box(3개용 이상)	0.25
노출형 Box(콘크리트 노출기준)	0.29
플로어 박스	0.20
연결용 박스	0.04

[표 3] 옥내배선

(단위 : [m], 직종 : 내선전공)

규격	관내 배선	규격	관내 배선
6[mm²] 이하	0.010	120[mm²] 이하	0.077
16[mm²] 이하	0.023	150[mm²] 이하	0.088
38[mm²] 이하	0.031	200[mm²] 이하	0.107
50[mm²] 이하	0.043	250[mm²] 이하	0.130
60[mm²] 이하	0.052	300[mm²] 이하	0.148
70[mm²] 이하	0.061	325[mm²] 이하	0.160
100[mm²] 이하	0.064	400[mm²] 이하	0.197

[표 4] 자동화재탐지설비 설치

공종	단위	내선전공	비고
Spot형 감지기 [(차동식·정온식·보상식) 노출형]	개	0.13	(1) 천정높이 4[m] 기준 1[m] 증가시마다 5[%] 가산 (2) 매입형 또는 특수구조인 경우 조건에 따라 산정
시험기(공기관 포함)	개	0.15	(1) 상동 (2) 상동
분포형의 공기관 (열전대선 감지선)	[m]	0.025	(1) 상동 (2) 상동
검출기	개	0.30	
공기관식의 Booster	개	0.10	
발신기 P형	개	0.30	
회로시험기	개	0.10	
수신기 P형(기본공수) (회선수 공수 산출 가산요)	대	6.0	[회선수에 대한 산정] 매 1회선에 대하여 <table><tr><th>형식 \ 직종</th><th>내선전공</th></tr><tr><td>P형</td><td>0.3</td></tr><tr><td>R형</td><td>0.2</td></tr></table> ※ R형은 수신반 인입감시 회선수 기준 [참고] 산정 예 P-1의 10회분 기본공수는 6인, 회선당 할증수는 (10×0.3)=3 ∴ 6+3=9인
부수신기(기본공수)	대	3.0	
소화전 기동 릴레이	대	1.5	수신기 내장되지 않는 것으로 별개로 취부할 경우에 적용
경종(전령)	개	0.15	
표시등(유도등)	개	0.2	
표지판	개	0.15	

물음

(1) 내선전공의 노임요율 및 공량을 구하시오.

품명	규격	단위	수량	1일 노임단가	공량
수신기	P형 5회로	대	1		
발신기	P형	개	5		
경종	DC 24[V]	개	5		
표시등	DC 24[V]	개	5		
차동식 감지기	스포트형	개	60		
후강 전선관	16[mm]	[m]	70		
후강 전선관	22[mm]	[m]	100		
후강 전선관	28[mm]	[m]	400		
전선	1.5[mm^2]	[m]	10,000		
전선	2.5[mm^2]	[m]	15,000		
콘크리트 박스	4각	개	5		
콘크리트 박스	8각	개	55		
박스커버	4각	개	5		
박스커버	8각	개	55		
계					

(2) 인건비를 구하시오.

품명	단위	공량	노임단가[원]	금액[원]
내선전공	인	378.35		
공구손료	식	3[%]		
계				

해설

소방공사 표준품셈

(1) 내선전공의 1일 노임단가([M/D]=[Man/Day]의 약자) 및 공량

> 공량 = 수량 × 공률(품셈)

① 수신기의 공량 : P형 수신기는 1대이고, 5회로용이므로 [표 4]에서 수신기의 내선전공에 수신기의 매회선당 할증수를 더한다.
  ∴ 수신기의 공량 = 1대 × (6.0 + 5회로 × 0.3) = 7.5
② 발신기의 공량 : P형 발신기는 5개이고, [표 4]에서 발신기의 내선전공은 0.3이다.
  ∴ 발신기의 공량 = 5개 × 0.3 = 1.5
③ 경종의 공량 : 경종은 5개이고 [표 4]에서 경종의 내선전공은 0.15이다.
  ∴ 경종의 공량 = 5개 × 0.15 = 0.75
④ 표시등의 공량 : 표시등은 5개이고, [표 4]에서 표시등의 내선전공은 0.2이다.
  ∴ 표시등의 공량 = 5개 × 0.2 = 1.0
⑤ 차동식 감지기의 공량 : 차동식 스포트형 감지기는 60개이고 [표 4]에서 차동식 감지기의 내선전공은 0.13이다.
  ∴ 차동식 감지기의 공량 = 60개 × 0.13 = 7.8

⑥ 후강 전선관의 공량 : 16[mm] 후강 전선관은 70[m]이고, [표 1]에서 16[mm] 이하 후강 전선관의 내선전공은 0.08이다.
∴ 후강 전선관의 공량 = 70[m] × 0.08 = 5.6
⑦ 후강 전선관의 공량 : 22[mm] 후강 전선관은 100[m]이고, [표 1]에서 22[mm] 이하 후강 전선관의 내선전공은 0.11이다.
∴ 후강 전선관의 공량 = 100[m] × 0.11 = 11.0
⑧ 후강 전선관의 공량 : 28[mm] 후강 전선관은 400[m]이고, [표 1]에서 28[mm] 이하 후강 전선관의 내선전공은 0.14이다.
∴ 후강 전선관의 공량 = 400[m] × 0.14 = 56.0
⑨ 전선의 공량 : 1.5[mm^2] 전선은 10,000[m]이고, [표 3]에서 6[mm^2] 이하 전선의 내선전공은 0.010이다.
∴ 전선의 공량 = 10,000[m] × 0.01 = 100.0
⑩ 전선의 공량 : 2.5[mm^2] 전선은 15,000[m]이고, [표 3]에서 6[mm^2] 이하 전선의 내선전공은 0.010이다.
∴ 전선의 공량 = 15,000[m] × 0.01 = 150.0
⑪ 콘크리트 박스의 공량 : 4각의 콘크리트 박스는 5개이고, [표 2]에서 콘크리트 박스의 내선전공은 0.12이다.
∴ 콘크리트 박스의 공량 = 5개 × 0.12 = 0.6
⑫ 콘크리트 박스의 공량 : 8각의 콘크리트 박스는 55개이고, [표 2]에서 콘크리트 박스의 내선전공은 0.12이다.
∴ 콘크리트 박스의 공량 = 55개 × 0.12 = 6.6
⑬, ⑭ 박스커버의 공량은 [조건]에서 내선전공은 적용하지 않으며 표의 빈칸에 공란으로 남겨 둔다.

품명	규격	단위	수량	1일 노임단가	공량
수신기	P형 5회로	대	1	100,000원	① 1대 × (6.0 + 5회로 × 0.3) = 7.5
발신기	P형	개	5	100,000원	② 5개 × 0.3 = 1.5
경종	DC 24[V]	개	5	100,000원	③ 5개 × 0.15 = 0.75
표시등	DC 24[V]	개	5	100,000원	④ 5개 × 0.2 = 1.0
차동식 감지기	스포트형	개	60	100,000원	⑤ 60개 × 0.13 = 7.8
후강 전선관	16[mm]	[m]	70	100,000원	⑥ 70[m] × 0.08 = 5.6
후강 전선관	22[mm]	[m]	100	100,000원	⑦ 100[m] × 0.11 = 11.0
후강 전선관	28[mm]	[m]	400	100,000원	⑧ 400[m] × 0.14 = 56.0
전선	1.5[mm^2]	[m]	10,000	100,000원	⑨ 10,000[m] × 0.01 = 100.0
전선	2.5[mm^2]	[m]	15,000	100,000원	⑩ 15,000[m] × 0.01 = 150.0
콘크리트 박스	4각	개	5	100,000원	⑪ 5개 × 0.12 = 0.6
콘크리트 박스	8각	개	55	100,000원	⑫ 55개 × 0.12 = 6.6
박스커버	4각	개	5	–	⑬ –
박스커버	8각	개	55	–	⑭ –
계		–	–	–	7.5 + 1.5 + 0.75 + 1.0 + 7.8 + 5.6 + 11.0 + 56.0 + 100.0 + 150.0 + 0.6 + 6.6 = 348.35

(2) 인건비

① 금액 = 공량 × 노임단가[M/D]

② 공구손료 = [조건]에서 내선전공에 대한 인건비의 3[%]

품명	단위	공량	노임단가	금액[원]
내선전공	인	348.35	100,000원	348.35 × 100,000원 = 34,835,000원
공구손료	식	3[%]	100,000원	34,835,000원 × 0.03 = 1,045,050원
계		−	−	34,835,000원 + 1,045,050원 = 35,880,050원

정답

(1)

품명	규격	단위	수량	1일 노임단가	공량
수신기	P형 5회로	대	1	100,000원	1대 × (6.0 + 5회로 × 0.3) = 7.5
발신기	P형	개	5	100,000원	5개 × 0.3 = 1.5
경종	DC 24[V]	개	5	100,000원	5개 × 0.15 = 0.75
표시등	DC 24[V]	개	5	100,000원	5개 × 0.2 = 1.0
차동식 감지기	스포트형	개	60	100,000원	60개 × 0.13 = 7.8
후강 전선관	16[mm]	[m]	70	100,000원	70[m] × 0.08 = 5.6
후강 전선관	22[mm]	[m]	100	100,000원	100[m] × 0.11 = 11.0
후강 전선관	28[mm]	[m]	400	100,000원	400[m] × 0.14 = 56.0
전선	1.5[mm^2]	[m]	10,000	100,000원	10,000[m] × 0.01 = 100.0
전선	2.5[mm^2]	[m]	15,000	100,000원	15,000[m] × 0.01 = 150.0
콘크리트 박스	4각	개	5	100,000원	5개 × 0.12 = 0.6
콘크리트 박스	8각	개	55	100,000원	55개 × 0.12 = 6.6
박스커버	4각	개	5	−	−
박스커버	8각	개	55	−	−
계		−	−	−	7.5 + 1.5 + 0.75 + 1.0 + 7.8 + 5.6 + 11.0 + 56.0 + 100.0 + 150.0 + 0.6 + 6.6 = 348.35

(2)

품명	단위	공량	노임단가	금액[원]
내선전공	인	348.35	100,000원	348.35 × 100,000원 = 34,835,000원
공구손료	식	3[%]	100,000원	34,835,000원 × 0.03 = 1,045,050원
계		−	−	34,835,000원 + 1,045,050원 = 35,880,050원

2021년 제1회 과년도 기출복원문제

※ 다음 물음에 대한 답을 해당 답란에 답하시오.(배점 : 100)

01 다음 그림은 스프링클러설비의 배선기준에 대한 블록다이어그램이다. 스프링클러설비의 각 구성요소 간 배선을 내화배선, 내열배선, 일반배선으로 구분하여 블록다이어그램을 완성하시오(단, 내화배선 : ■■■, 내열배선 : ▨▨▨, 일반배선 : ━━, 배관 : ┅┅이다).

득점	배점
	5

[블록다이어그램: 원격기동장치, 수신기, 경보장치, 비상전원, 제어반, 전동기, 펌프, 유수검지장치, 압력검지장치, 헤드]

해설

스프링클러설비의 배선기준

(1) 가스계(이산화탄소, 할론, 분말, 할로겐화합물 및 불활성기체) 소화설비의 배선기준

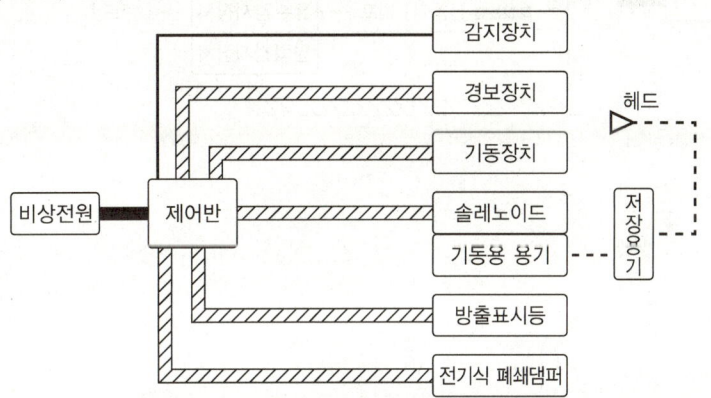

(2) 옥내소화전설비의 배선기준
  ① 비상전원을 설치한 경우에는 비상전원으로부터 동력제어반 및 가압송수장치에 이르는 전원회로의 배선은 내화배선으로 할 것. 다만, 자가발전설비와 동력제어반이 동일한 실에 설치된 경우에는 자가발전기로부터 그 제어반에 이르는 전원회로의 배선은 그렇지 않다.
  ② 상용전원으로부터 동력제어반에 이르는 배선, 그 밖의 옥내소화전설비의 감시·조작 또는 표시등회로의 배선은 내화배선 또는 내열배선으로 할 것. 다만, 감시제어반 또는 동력제어반 안의 감시·조작 또는 표시등회로의 배선은 그렇지 않다.

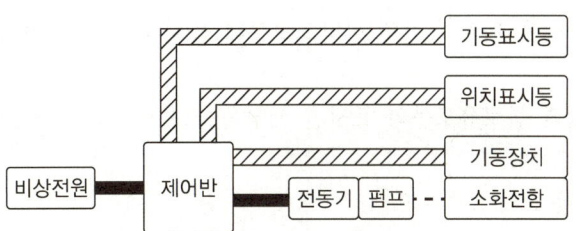

(3) 스프링클러설비의 배선기준
① 비상전원을 설치한 경우에는 비상전원으로부터 동력제어반 및 가압송수장치에 이르는 전원회로의 배선은 내화배선으로 할 것. 다만, 자가발전설비와 동력제어반이 동일한 실에 설치된 경우에는 자가발전기로부터 그 제어반에 이르는 전원회로의 배선은 그렇지 않다.
② 상용전원으로부터 동력제어반에 이르는 배선, 그 밖의 스프링클러설비의 감시·조작 또는 표시등회로의 배선은 내화배선 또는 내열배선으로 할 것. 다만, 감시제어반 또는 동력제어반 안의 감시·조작 또는 표시등회로의 배선은 그렇지 않다.

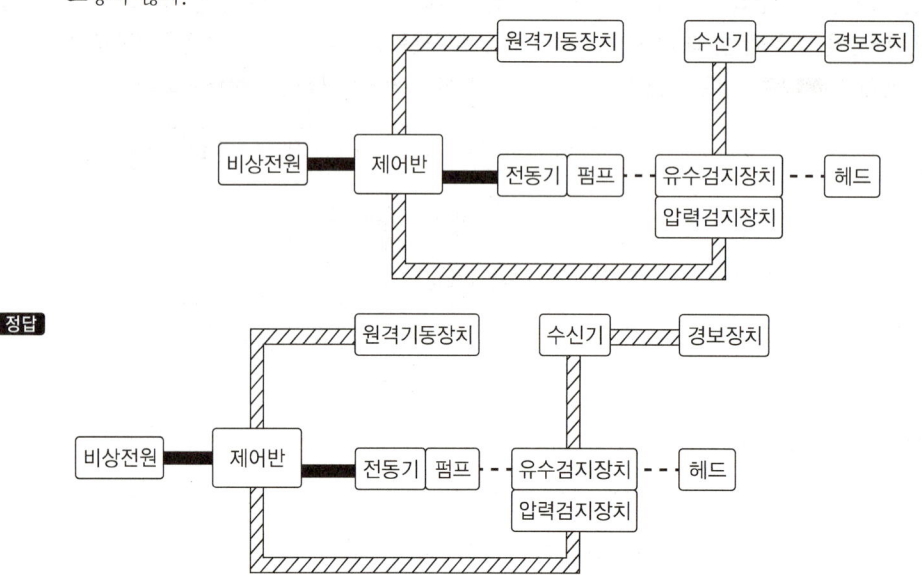

정답

02

다음은 유도등의 화전안전기술기준과 형식승인 및 제품검사의 기술기준이다. ( ) 안에 알맞은 내용을 쓰시오.

득점	배점
	4

(1) 거실통로유도등은 거실 통로의 바닥으로부터 높이 1.5[m] 이하의 위치에 설치할 수 있는 경우를 쓰시오.
(2) 피난구유도등과 통로유도등의 표시면 색상을 쓰시오.
  ① 피난구유도등 :
  ② 통로유도등 :

해설

유도등의 설치기준

(1) 통로유도등의 설치기준
　① 복도통로유도등
　　㉠ 복도에 설치하되 옥내로부터 직접 지상으로 통하는 출입구 및 그 부속실의 출입구 또는 직통계단·직통계단의 계단실 및 그 부속실의 출입구에 따라 피난구유도등이 설치된 출입구의 맞은편 복도에는 입체형으로 설치하거나, 바닥에 설치할 것
　　㉡ 구부러진 모퉁이 및 ㉠에 따라 설치된 통로유도등을 기점으로 보행거리 20[m]마다 설치할 것
　　㉢ 바닥으로부터 높이 1[m] 이하의 위치에 설치할 것. 다만, 지하층 또는 무창층의 용도가 도매시장·소매시장·여객자동차터미널·지하역사 또는 지하상가인 경우에는 복도·통로 중앙부분의 바닥에 설치해야 한다.
　　㉣ 바닥에 설치하는 통로유도등은 하중에 따라 파괴되지 않는 강도의 것으로 할 것
　② 거실통로유도등
　　㉠ 거실의 통로에 설치할 것. 다만, 거실의 통로가 벽체 등으로 구획된 경우에는 복도통로유도등을 설치할 것
　　㉡ 구부러진 모퉁이 및 보행거리 20[m]마다 설치할 것
　　㉢ 바닥으로부터 높이 1.5[m] 이상의 위치에 설치할 것. 다만, 거실 통로에 기둥이 설치된 경우에는 기둥 부분의 바닥으로부터 높이 1.5[m] 이하의 위치에 설치할 수 있다.
　③ 계단통로유도등
　　㉠ 각 층의 경사로 참 또는 계단참마다(1개 층에 경사로 참 또는 계단참이 2 이상 있는 경우에는 2개의 계단참마다) 설치할 것
　　㉡ 바닥으로부터 높이 1[m] 이하의 위치에 설치할 것
(2) 통로유도등의 표시면 색상(유도등의 형식승인 및 제품검사의 기술기준 제9조)
　① 유도등의 표시면 색상은 피난구유도등인 경우 녹색바탕에 백색문자로, 통로유도등인 경우는 백색바탕에 녹색문자를 사용해야 한다.
　② 통로유도등의 표시면에는 그림문자와 함께 피난방향을 지시하는 화살표를 표시해야 한다. 다만, 표시면 이외의 유도등 전면에 표시면 광원의 점등 및 소등과 연동되는 별도 광원에 의한 피난방향 지시 화살표시가 있는 복도통로유도등 표시면에는 화살표를 표시하지 않을 수 있다.

정답　(1) 거실 통로에 기둥이 설치된 경우에는 기둥 부분의 바닥으로부터 높이 1.5[m] 이하의 위치에 설치할 수 있다.
　　　　(2) ① 녹색바탕에 백색문자
　　　　　　② 백색바탕에 녹색문자

---

03 다음은 자동화재탐지설비의 배선 공사방법 중 내화배선 공사방법에 대한 내용이다. (　) 안에 알맞은 내용을 쓰시오.

득점	배점
	7

금속관·(①) 또는 (②)에 수납하여 (③)로 된 벽 또는 바닥 등에 벽 또는 바닥의 표면으로부터 (④)[mm] 이상의 깊이로 매설해야 한다. 다만 다음의 기준에 적합하게 설치하는 경우에는 그렇지 않다.

- 배선을 내화성능을 갖는 배선전용실 또는 배선용 샤프트·피트·덕트 등에 설치하는 경우
- 배선전용실 또는 배선용 샤프트·피트·덕트 등에 다른 설비의 배선이 있는 경우에는 이로부터 (⑤)[cm] 이상 떨어지게 하거나 소화설비의 배선과 이웃하는 다른 설비의 배선 사이에 배선지름(배선의 지름이 다른 경우에는 가장 큰 것을 기준으로 한다)의 (⑥)배 이상의 높이의 (⑦)을 설치하는 경우

해설

내화배선에 사용되는 전선의 종류 및 공사방법(NFTC 102)

(1) 내화배선에 사용되는 전선의 종류
① 450/750[V] 저독성 난연 가교 폴리올레핀 절연 전선
② 0.6/1[kV] 가교 폴리에틸렌 절연 저독성 난연 폴리올레핀 시스 전력 케이블
③ 6/10[kV] 가교 폴리에틸렌 절연 저독성 난연 폴리올레핀 시스 전력용 케이블
④ 가교 폴리에틸렌 절연 비닐시스 트레이용 난연 전력 케이블
⑤ 0.6/1[kV] EP 고무절연 클로로프렌 시스 케이블
⑥ 300/500[V] 내열성 실리콘 고무 절연 전선(180[℃])
⑦ 내열성 에틸렌-비닐 아세테이트 고무 절연 케이블
⑧ 버스덕트(Bus Duct)
⑨ 기타 전기용품 및 생활용품 안전관리법 및 전기설비기술기준에 따라 동등 이상의 내화성능이 있다고 주무부장관이 인정하는 것

(2) 내화배선의 공사방법
금속관·2종 금속제 가요전선관 또는 합성수지관에 수납하여 내화구조로 된 벽 또는 바닥 등에 벽 또는 바닥의 표면으로부터 25[mm] 이상의 깊이로 매설해야 한다. 다만 다음의 기준에 적합하게 설치하는 경우에는 그렇지 않다.

① 배선을 내화성능을 갖는 배선전용실 또는 배선용 샤프트·피트·덕트 등에 설치하는 경우
② 배선전용실 또는 배선용 샤프트·피트·덕트 등에 다른 설비의 배선이 있는 경우에는 이로부터 15[cm] 이상 떨어지게 하거나 소화설비의 배선과 이웃하는 다른 설비의 배선 사이에 배선지름(배선의 지름이 다른 경우에는 가장 큰 것을 기준으로 한다)의 1.5배 이상의 높이의 불연성 격벽을 설치하는 경우

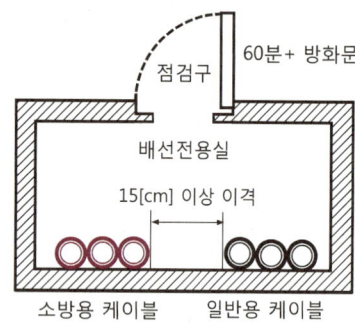
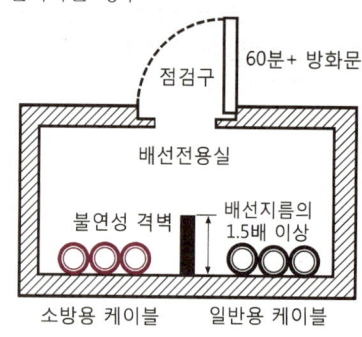

정답
① 2종 금속제 가요전선관　② 합성수지관
③ 내화구조　　　　　　　④ 25
⑤ 15　　　　　　　　　　⑥ 1.5
⑦ 불연성 격벽

04 다음은 주요구조부가 비내화구조로 된 특정소방대상물에 각각의 실로 구획되어 있는 평면도이다. 자동화재탐지설비의 차동식 스포트형 1종 감지기를 설치하고자 할 경우 각 물음에 답하시오 (단, 감지기가 부착되어 있는 천장의 높이는 3.8[m]이다).

득점	배점
	6

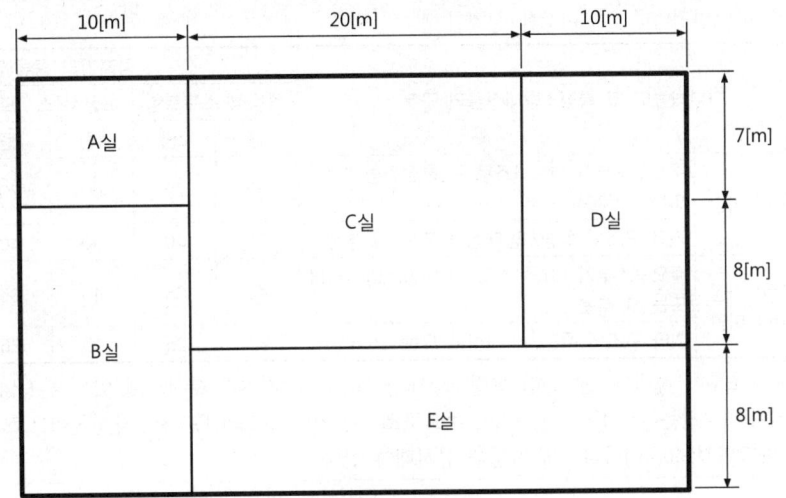

(1) 각 실에 설치해야 하는 차동식 스포트 1종 감지기의 설치개수를 구하시오.

실 구분	계산과정	감지기의 설치개수
A실		
B실		
C실		
D실		
E실		
합계		

(2) 해당 특정소방대상물의 경계구역 수를 구하시오.
- 계산과정 :
- 답 :

해설

자동화재탐지설비의 감지기 설치기준

(1) 차동식 스포트형 1종 감지기 설치개수 산정
  ① 차동식 스포트형·보상식 스포트형 및 정온식 스포트형 감지기는 그 부착높이 및 특정소방대상물에 따라 다음 [표]에 따른 바닥면적마다 1개 이상을 설치할 것

부착높이 및 특정소방대상물의 구분		감지기의 종류(단위 : [m^2])						
		차동식 스포트형		보상식 스포트형		정온식 스포트형		
		1종	2종	1종	2종	특종	1종	2종
4[m] 미만	주요구조부가 내화구조로 된 특정소방대상물 또는 그 부분	90	70	90	70	70	60	20
	기타 구조의 특정소방대상물 또는 그 부분	50	40	50	40	40	30	15
4[m] 이상 8[m] 미만	주요구조부가 내화구조로 된 특정소방대상물 또는 그 부분	45	35	45	35	35	30	–
	기타 구조의 특정소방대상물 또는 그 부분	30	25	30	25	25	15	–

  ② 주요구조부가 비내화구조로 된 특정소방대상물이고, 감지기가 부착되어 있는 천장의 높이는 3.8[m]이다.
  ③ 감지기의 부착높이는 4[m] 미만이고, 주요구조부가 기타 구조의 특정소방대상물이므로 차동식 스포트형 1종 감지기는 바닥면적 50[m^2]마다 1개 이상을 설치해야 한다.

$$\therefore \text{감지기 설치개수} = \frac{\text{감지구역의 바닥면적[m}^2\text{]}}{\text{감지기 1개의 설치 바닥면적[m}^2\text{]}} [\text{개}]$$

실 구분	계산과정	감지기 설치개수
A실	$\frac{10[m] \times 7[m]}{50[m^2]} = 1.4$개 ≒ 2개	2개
B실	$\frac{10[m] \times (8[m] + 8[m])}{50[m^2]} = 3.2$개 ≒ 4개	4개
C실	$\frac{20[m] \times (7[m] + 8[m])}{50[m^2]} = 6$개	6개
D실	$\frac{10[m] \times (7[m] + 8[m])}{50[m^2]} = 3$개	3개
E실	$\frac{(20[m] + 10[m]) \times 8[m]}{50[m^2]} = 4.8$개 ≒ 5개	5개
합계	2개 + 4개 + 6개 + 3개 + 5개 = 20개	20개

(2) 경계구역 설정기준
  ① 수평적 경계구역

구분	기준	예외 기준
층별	층마다(2개 이상의 층에 미치지 않도록 할 것)	500[m^2] 이하의 범위 안에서는 2개의 층을 하나의 경계구역으로 할 수 있다.
경계구역의 면적	600[m^2] 이하	주된 출입구에서 그 내부 전체가 보이는 것에 있어서는 한 변의 길이가 50[m]의 범위에서 1,000[m^2] 이하로 할 수 있다.
한 변의 길이	50[m] 이하	–

② 수직적 경계구역

구분	계단・경사로 기준	엘리베이터 승강로(권상기실이 있는 경우에는 권상기실)・린넨슈트・파이프 피트 및 덕트
높이	45[m] 이하	별도의 경계구역으로 설정
지하층 구분	지상층과 지하층을 구분 (지하층의 층수가 한 개 층일 경우는 제외)	

$$\therefore 경계구역 = \frac{(10[m]+20[m]+10[m])\times(7[m]+8[m]+8[m])}{600[m^2]} = 1.53 ≒ 2\ 경계구역$$

정답 (1)

실 구분	계산과정	감지기의 설치개수
A실	$\frac{10[m]\times 7[m]}{50[m^2]} = 1.4개 ≒ 2개$	2개
B실	$\frac{10[m]\times(8[m]+8[m])}{50[m^2]} = 3.2개 ≒ 4개$	4개
C실	$\frac{20[m]\times(7[m]+8[m])}{50[m^2]} = 6개$	6개
D실	$\frac{10[m]\times(7[m]+8[m])}{50[m^2]} = 3개$	3개
E실	$\frac{(20[m]+10[m])\times 8[m]}{50[m^2]} = 4.8개 ≒ 5개$	5개
합계	2개 + 4개 + 6개 + 3개 + 5개 = 20개	20개

(2) 2 경계구역

---

05 지상에서 31[m]되는 곳에 고가수조가 있다. 이 고가수조에 매분 12[m³]의 물을 양수하는 펌프용 3상 농형 유도전동기를 설치하여 전력을 공급하고자 한다. 다음 각 물음에 답하시오(단, 펌프의 효율은 65[%]이고, 펌프 측 동력에 10[%]의 여유를 두며 3상 농형 유도전동기의 역률은 1로 가정한다).

[득점 배점: 6]

(1) 3상 농형 유도전동기의 용량[kW]을 구하시오.
 • 계산과정 :
 • 답 :

(2) 3상 전력을 공급하던 중 변압기 1대가 고장이 발생하여 단상변압기 2대를 V결선하여 전동기에 전력을 공급한다면 단상변압기 1대의 용량[kVA]을 구하시오.
 • 계산과정 :
 • 답 :

해설

V결선 시 단상변압기 1대의 용량 계산

(1) 전동기 용량(전동기의 출력, P_m)

$$P_m = \frac{\gamma HQ}{\eta} \times K [\text{kW}]$$

여기서, γ : 물의 비중량(9,800[N/m³]=9.8[kN/m³])
  H : 양정(31[m])
  Q : 유량($12[\text{m}^3/\text{min}] = \frac{12}{60}[\text{m}^3/\text{s}]$)
  η : 펌프의 효율(65[%]=0.65)
  K : 여유율(동력전달계수, 10[%]=1.1)

$$\therefore P_m = \frac{9.8[\text{kN/m}^3] \times 31[\text{m}] \times \frac{12}{60}[\text{m}^3/\text{s}]}{0.65} \times 1.1 = 102.82[\text{kW}]$$

(2) V결선한 변압기의 최대 출력(P_v)

① V결선한 단상변압기의 최대 출력(P_v)은 전동기의 용량(P_m)이 되어야 하고, 단상변압기 1대의 $\sqrt{3}$ 배이다.
② 단상변압기 1대의 용량(P_1)은 단상변압기 2차 측의 정격전류(I_{2n})와 정격전압(V_{2n})의 곱이다.

$$P_v = \sqrt{3}\,(I_{2n} V_{2n} \times 10^{-3})\cos\theta = \sqrt{3}\,P_1 \cos\theta\,[\text{kW}]$$

여기서, I_{2n} : 단상변압기 2차 측의 정격전류[A]
  V_{2n} : 단상변압기 2차 측의 정격전압[V]
  $\cos\theta$: 역률(1)
  P_v : V결선한 단상변압기의 최대 출력(102.82[kW])

$$\therefore \text{단상변압기 1대의 용량 } P_1 = \frac{P_v}{\sqrt{3}\,\cos\theta} = \frac{102.82[\text{kW}]}{\sqrt{3} \times 1} = 59.36[\text{kVA}]$$

정답 (1) 102.82[kW]
  (2) 59.36[kVA]

06 다음 도면은 지하 1층, 지상 5층인 특정소방대상물의 자동화재탐지설비 간선 계통도이다. 아래 조건을 참고하여 각 물음에 답하시오.

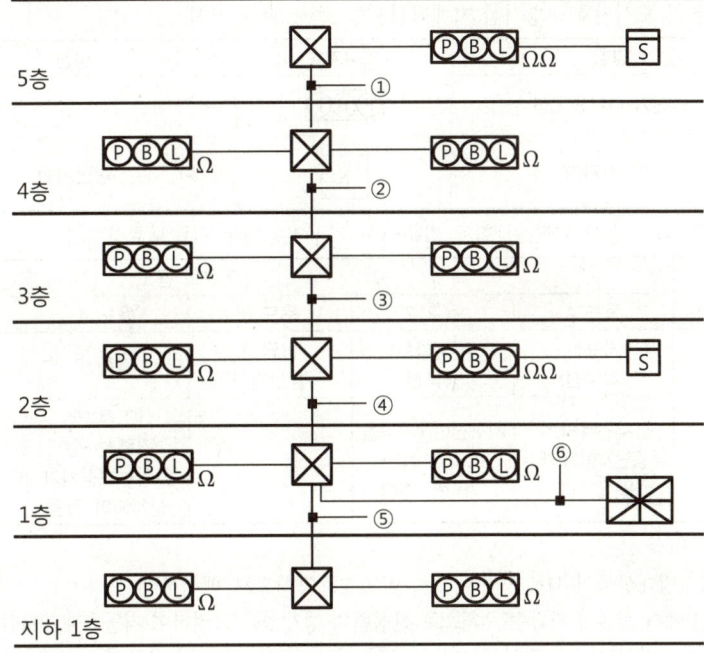

조건
- 자동화재탐지설비의 설계는 경제성을 고려하여 산정한다.
- 경종과 표시등의 공통선은 1가닥으로 배선한다.
- 지구음향장치에는 단락보호장치가 설치되어 있다.

물음

(1) 기호 ①~⑥까지의 최소 전선 가닥수를 산정하시오.

기호	①	②	③	④	⑤	⑥
전선 가닥수						

(2) 발신기세트에 기동용 수압개폐장치를 사용하는 옥내소화전설비를 설치할 경우 추가되는 전선의 가닥수와 배선의 명칭을 쓰시오.
   ① 전선의 가닥수 :
   ② 배선의 명칭 :

(3) 발신기세트에 ON-OFF 방식을 사용하는 옥내소화전설비를 설치할 경우 추가되는 전선의 가닥수와 배선의 명칭을 쓰시오(단, ON-OFF 스위치의 공통선과 표시등 공통선은 분리하여 사용한다).
   ① 전선의 가닥수 :
   ② 배선의 명칭 :

해설

자동화재탐지설비

(1) 전선 가닥수 산정

① 소방시설의 도시기호(소방시설 자체점검사항 등에 관한 고시)

명칭	도시기호	명칭	도시기호
발신기세트 단독형	ⓅⒷⓁ	수신기	⊠
연기감지기	S	종단저항	Ω

② 발신기의 기본 전선 가닥수(1회로 기준이며 지구경종에는 단락보호장치가 설치되어 있음)

전선 가닥수	배선의 용도					
	용도 1	용도 2	용도 3	용도 4	용도 5	용도 6
6	지구선 (회로선)	지구(회로) 공통선	응답선 (발신기선)	경종선	표시등선	경종·표시등 공통선
비고	경계구역의 수 = 종단저항의 개수 = 발신기의 수	지구선이 7가닥을 초과할 경우 1가닥씩 추가		[조건]에 경종선에는 단락보호장치가 설치되어 있음		[조건]에 경종선과 표시등 공통선은 1가닥으로 배선함

③ 일제경보방식
  ㉠ 특정소방대상물이 11층 미만이므로 일제경보방식으로 배선해야 한다.
  ㉡ [조건]에서 전선의 가닥수는 최소로 산정하며 경제성을 고려하여 자동화재탐지설비를 설치해야 하고, 지구경종에 단락보호장치가 설치되어 있으므로 경종선과 경종·표시등 공통선을 1가닥으로 배선한다.

> **참고**
>
> **우선경보방식**
> 층수가 11층(공동주택의 경우에는 16층) 이상의 특정소방대상물은 다음의 기준에 따라 경보를 발할 수 있도록 할 것
> • 2층 이상의 층에서 발화한 때에는 발화층 및 그 직상 4개 층에 경보를 발할 것
> • 1층에서 발화한 때에는 발화층·그 직상 4개 층 및 지하층에 경보를 발할 것
> • 지하층에서 발화한 때에는 발화층·그 직상층 및 기타의 지하층에 경보를 발할 것

④ 지구(회로)선과 지구(회로)공통선
  ㉠ 지구(회로)선의 전선 가닥수는 경계구역의 수 또는 발신기에 설치된 종단저항의 설치개수로 한다.
  ㉡ 하나의 지구(회로)공통선에 접속할 수 있는 경계구역은 7개 이하로 해야 하므로 지구(회로)선이 7가닥을 초과할 경우 지구(회로)공통선을 1가닥 추가해야 한다.

⑤ 감지기회로 배선
  ㉠ 자동화재탐지설비 및 제연설비는 도통시험을 용이하게 하기 위하여 감지기회로의 배선은 송배선식으로 한다.
  ㉡ 송배선식의 전선 가닥수는 루프로 된 부분은 2가닥, 그 밖에는 4가닥으로 배선한다.

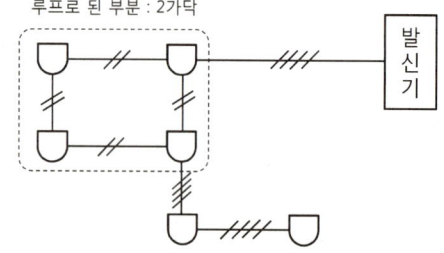

⑥ 전선 가닥수 산정

구간	전선 가닥수	지구선 (회로선)	지구(회로) 공통선	응답선 (발신기선)	경종선	표시등선	경종·표시등 공통선
① (4층 ↔ 5층)	7	2	1	1	1	1	1
② (3층 ↔ 4층)	9	4	1	1	1	1	1
③ (2층 ↔ 3층)	11	6	1	1	1	1	1
④ (1층 ↔ 2층)	15	9	2	1	1	1	1
⑤ (지하 1층 ↔ 1층)	7	2	1	1	1	1	1
⑥ (1층 ↔ 수신기)	19	13	2	1	1	1	1

(2), (3) 옥내소화전설비의 기동방식에 따른 기본 전선 가닥수 산정
① 수동기동방식(ON-OFF 스위치를 이용한 방식)

명칭	전선 가닥수	발신기세트						ON-OFF 스위치
		용도 1	용도 2	용도 3	용도 4	용도 5	용도 6	용도 7
발신기세트 옥내소화전 내장형	11	지구(회로)선	지구(회로) 공통선	응답(발신기)선	경종선	표시등선	경종·표시등 공통선	기동 1, 정지 1, 공통 1, 기동확인표시등 2

∴ 옥내소화전의 가압송수장치를 ON-OFF 방식으로 하는 경우 수동기동방식이므로 발신기의 기본 전선 가닥수(6가닥)에 5가닥(기동 1, 정지 1, 공통 1, 기동확인표시등 2)을 추가하여 배선한다.

② 자동기동방식(기동용 수압개폐장치를 이용한 방식)

명칭	전선 가닥수	발신기세트						기동용 수압개폐장치
		용도 1	용도 2	용도 3	용도 4	용도 5	용도 6	용도 7
발신기세트 옥내소화전 내장형	8	지구(회로)선	지구(회로) 공통선	응답(발신기)선	경종선	표시등선	경종·표시등 공통선	기동확인표시등 2

∴ 옥내소화전의 가압송수장치를 기동용 수압개폐장치로 하는 경우 자동기동방식이므로 발신기의 기본 전선 가닥수(6가닥)에 기동확인표시등 2가닥을 추가하여 배선한다.

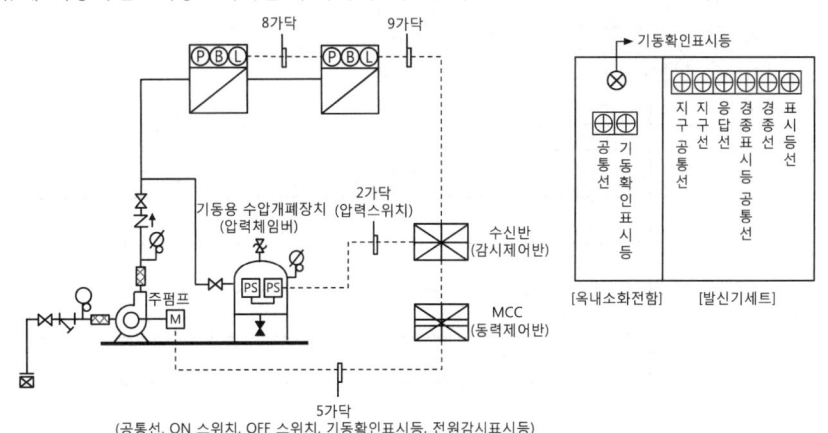

정답

(1)

기호	①	②	③	④	⑤	⑥
전선 가닥수	7	9	11	15	7	19

(2) ① 2가닥
　② 기동확인표시등(2가닥)

(3) ① 5가닥
　② 기동(1가닥), 정지(1가닥), 공통(1가닥), 기동확인표시등(2가닥)

07 입력(누름버튼스위치) A, B, C 3개가 주어졌을 때 출력 X_A, X_B, X_C의 논리식은 다음과 같다. 주어진 논리식을 참고하여 다음 각 물음에 답하시오.

득점	배점
	9

조건

- $X_A = A \cdot \overline{X_B} \cdot \overline{X_C}$
- $X_B = B \cdot \overline{X_A} \cdot \overline{X_C}$
- $X_C = C \cdot \overline{X_A} \cdot \overline{X_B}$

물음

(1) 논리식을 참고하여 유접점회로를 그리시오.
(2) 논리식을 참고하여 무접점회로를 그리시오.
(3) 논리식을 참고하여 타임차트를 완성하시오.

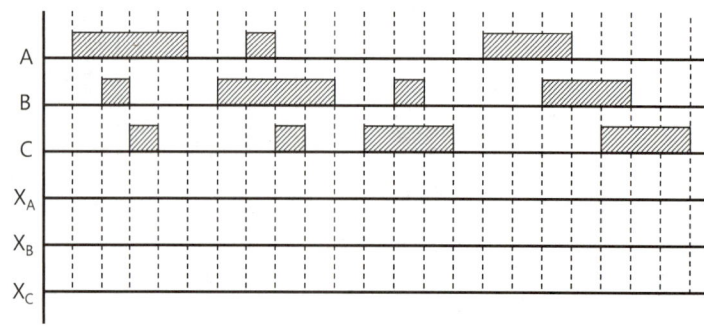

해설

논리회로

(1), (2) 논리회로

① 논리회로의 기본회로

논리회로	유접점회로	무접점회로	논리식
AND회로			$X = A \cdot B$
OR회로			$X = A + B$
NOT회로			$X = \overline{A}$

② 유접점회로

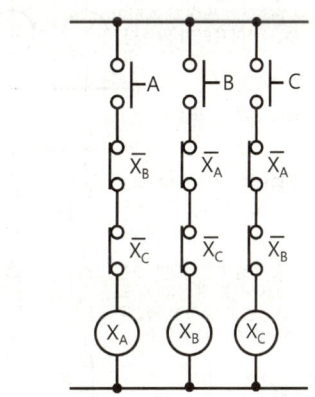

③ 무접점회로

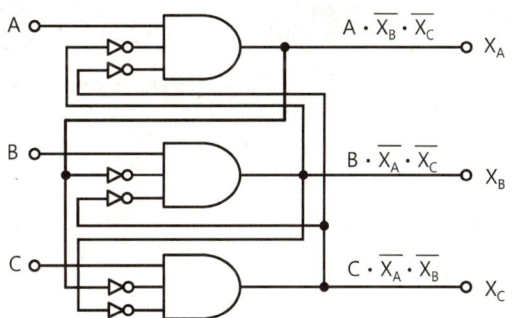

(3) 타임차트 해석
　① 시퀀스회로의 응용회로
　　㉠ 인터록회로 : 2개 이상의 다중 입력 중 먼저 입력된 쪽의 동작이 우선하여 다른 것의 동작을 제한하는 회로이다.
　　㉡ 선행 우선회로 : 여러 개의 입력신호 중 제일 먼저 들어오는 입력신호에 의해 동작하고 늦게 들어오는 신호는 동작하지 않는 회로이다.

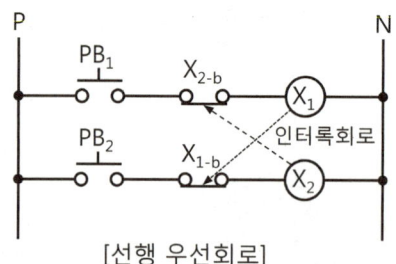

[선행 우선회로]

　② 유접점회로 해석
　　㉠ 입력 측의 누름버튼스위치 A를 누른 경우

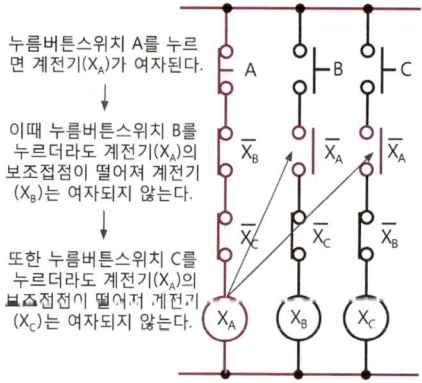

　　㉡ 입력 측의 누름버튼스위치 B를 누른 경우

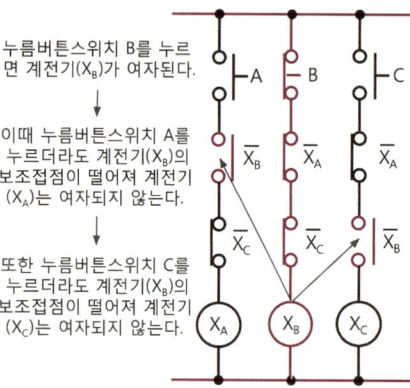

ⓒ 입력 측의 누름버튼스위치 C를 누른 경우

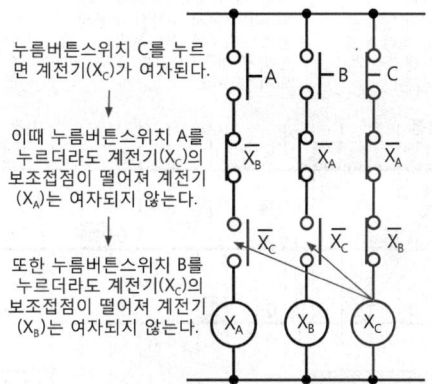

③ 타임차트는 시간의 흐름에 따른 제어 동작의 변화를 나타내기 위해 횡축에 시간을 표시하고, 종축에 신호 1, 0 또는 ON, OFF로 표시한다.

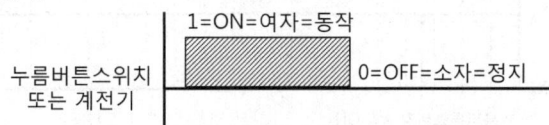

㉠ 누름버튼스위치 A를 ON하면 계전기(X_A)가 여자되고, 누름버튼스위치 B 또는 C를 ON 하더라도 계전기(X_A)의 출력에는 영향을 주지 않는다. 그리고, 누름버튼스위치 A를 OFF하면 계전기(X_A)가 소자된다. 타임차트에서 계전기 X_B와 X_C의 진리값이 "0"이므로 $\overline{X_B}$, $\overline{X_C}$이고, 누름버튼스위치 A의 진리값이 "0"이면 계전기(X_A)도 "0", 진리값이 "1"이면 계전기(X_A)도 "1"이 된다.

∴ 논리식 $X_A = A \cdot \overline{X_B} \cdot \overline{X_C}$

㉡ 누름버튼스위치 B를 ON하면 계전기(X_B)가 여자되고, 누름버튼스위치 A 또는 C를 ON 하더라도 계전기(X_B)의 출력에는 영향을 주지 않는다. 그리고, 누름버튼스위치 B를 OFF하면 계전기(X_B)가 소자된다. 타임차트에서 계전기 X_A와 X_C의 진리값이 "0"이므로 $\overline{X_A}$, $\overline{X_C}$이고, 누름버튼스위치 B의 진리값이 "0"이면 계전기(X_B)도 "0", 진리값이 "1"이면 계전기(X_B)도 "1"이 된다.

∴ 논리식 $X_B = B \cdot \overline{X_A} \cdot \overline{X_C}$

ⓒ 누름버튼스위치 C를 ON하면 계전기(X_C)가 여자되고, 누름버튼스위치 A 또는 B를 ON 하더라도 계전기(X_C)의 출력에는 영향을 주지 않는다. 그리고, 누름버튼스위치 C를 OFF하면 계전기(X_C)가 소자된다. 타임차트에서 계전기 X_A와 X_B의 진리값이 "0"이므로 $\overline{X_A}$, $\overline{X_B}$이고, 누름버튼스위치 C의 진리값이 "0"이면 계전기(X_C)도 "0", 진리값이 "1"이면 계전기(X_C)도 "1"이 된다.

∴ 논리식 $X_C = C \cdot \overline{X_A} \cdot \overline{X_B}$

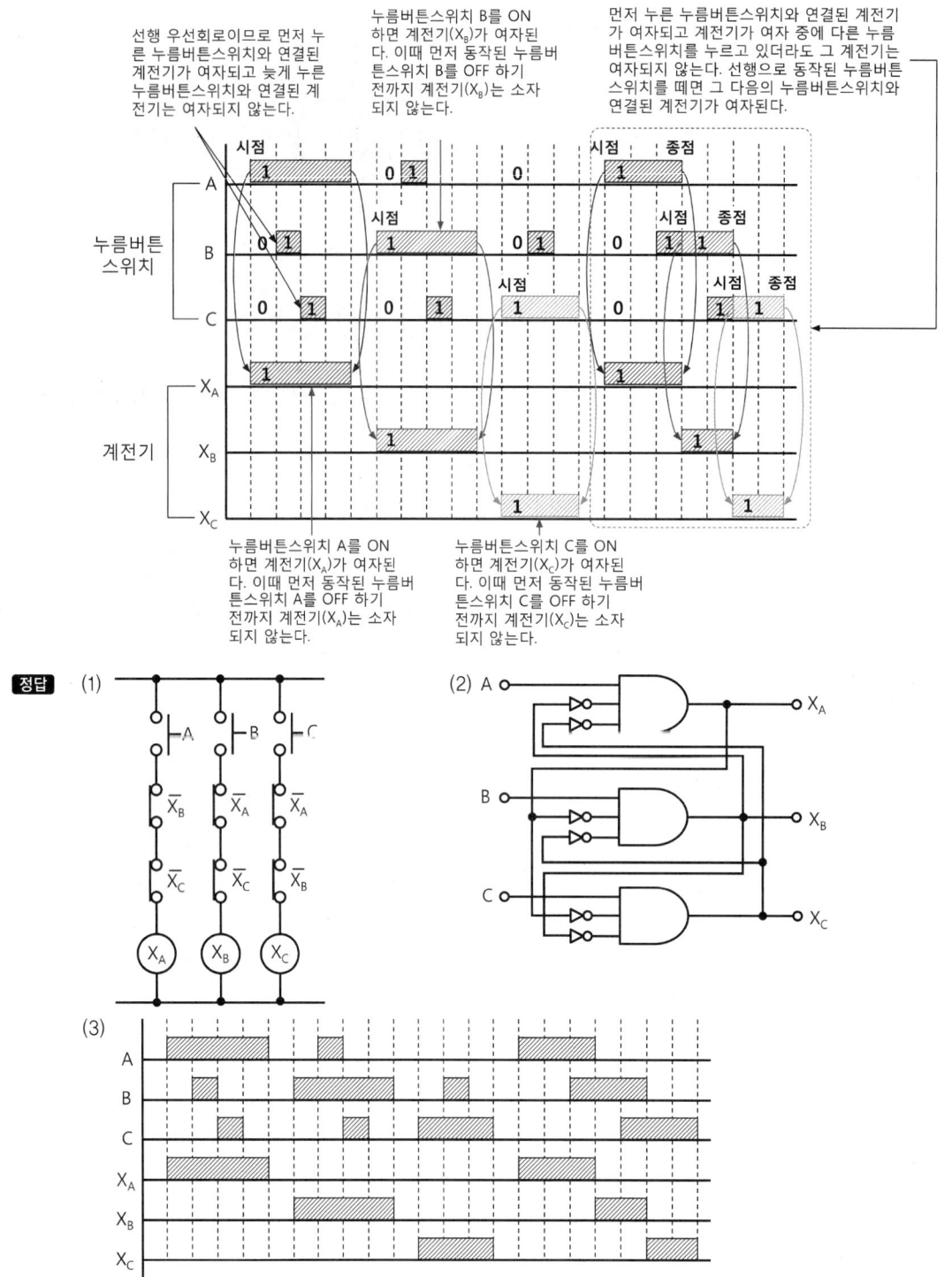

08 자동화재탐지설비 및 시각경보장치의 화재안전기술기준에서 정하는 경계구역, 감지기, 시각경보장치 용어의 정의를 쓰시오.

(1) 경계구역
(2) 감지기
(3) 시각경보장치

득점	배점
	6

해설

자동화재탐지설비 및 시각경보장치의 화재안전기술기준에서 정하는 용어의 정의

(1) 경계구역 : 특정소방대상물 중 화재신호를 발신하고 그 신호를 수신 및 유효하게 제어할 수 있는 구역을 말한다.
(2) 감지기 : 화재 시 발생하는 열, 연기, 불꽃 또는 연소생성물을 자동적으로 감지하여 수신기에 화재신호 등을 발신하는 장치를 말한다.
(3) 시각경보장치 : 자동화재탐지설비에서 발하는 화재신호를 시각경보기에 전달하여 청각장애인에게 점멸형태의 시각경보를 하는 것을 말한다.
(4) 수신기 : 감지기나 발신기에서 발하는 화재신호를 직접 수신하거나 중계기를 통하여 수신하여 화재의 발생을 표시 및 경보하여 주는 장치를 말한다.
(5) 중계기 : 감지기·발신기 또는 전기적인 접점 등의 작동에 따른 신호를 받아 이를 수신기에 전송하는 장치를 말한다.
(6) 발신기 : 수동누름버튼 등의 작동으로 화재신호를 수신기에 발신하는 장치를 말한다.
(7) 거실 : 거주·집무·작업·집회·오락 그 밖에 이와 유사한 목적을 위하여 사용하는 실을 말한다.

정답 (1) 특정소방대상물 중 화재신호를 발신하고 그 신호를 수신 및 유효하게 제어할 수 있는 구역을 말한다.
(2) 화재 시 발생하는 열, 연기, 불꽃 또는 연소생성물을 자동적으로 감지하여 수신기에 화재신호 등을 발신하는 장치를 말한다.
(3) 자동화재탐지설비에서 발하는 화재신호를 시각경보기에 전달하여 청각장애인에게 점멸형태의 시각경보를 하는 것을 말한다.

09 다음 도면은 타이머를 이용하여 기동 시 Y결선으로 기동하고, t초 후 △결선으로 운전되는 3상 유도전동기의 Y-△ 기동회로이다. 이 회로도를 보고, 각 물음에 답하시오.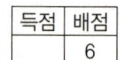

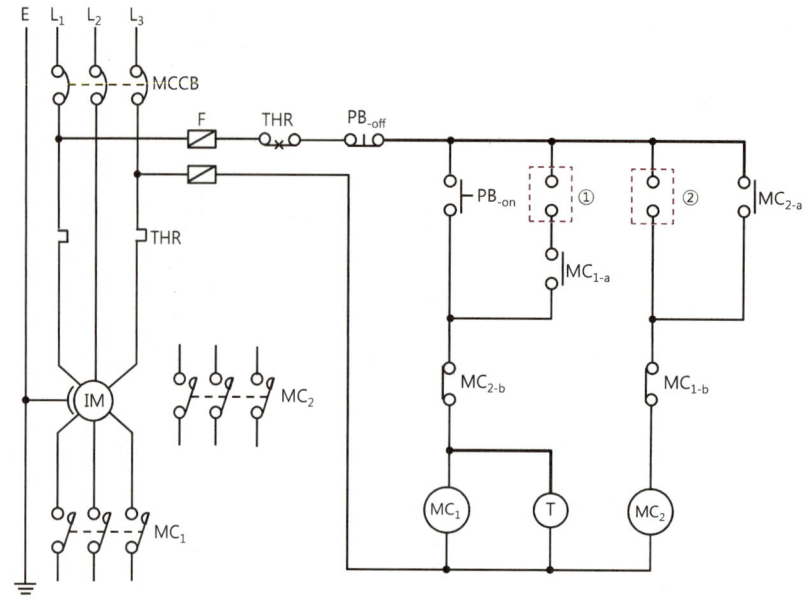

(1) Y-△ 기동이 가능하도록 미완성된 주회로를 완성하시오.
(2) Y-△ 기동이 가능하도록 제어회로의 미완성 부분 ①과 ②에 접점 및 접점기호를 도면에 표시하시오.
(3) ①과 ②의 접점 명칭을 쓰시오.
　　① 접점 명칭 :
　　② 접점 명칭 :

해설

3상 유도전동기의 Y-△ 기동회로

(1) Y-△ 기동회로의 주회로 작성

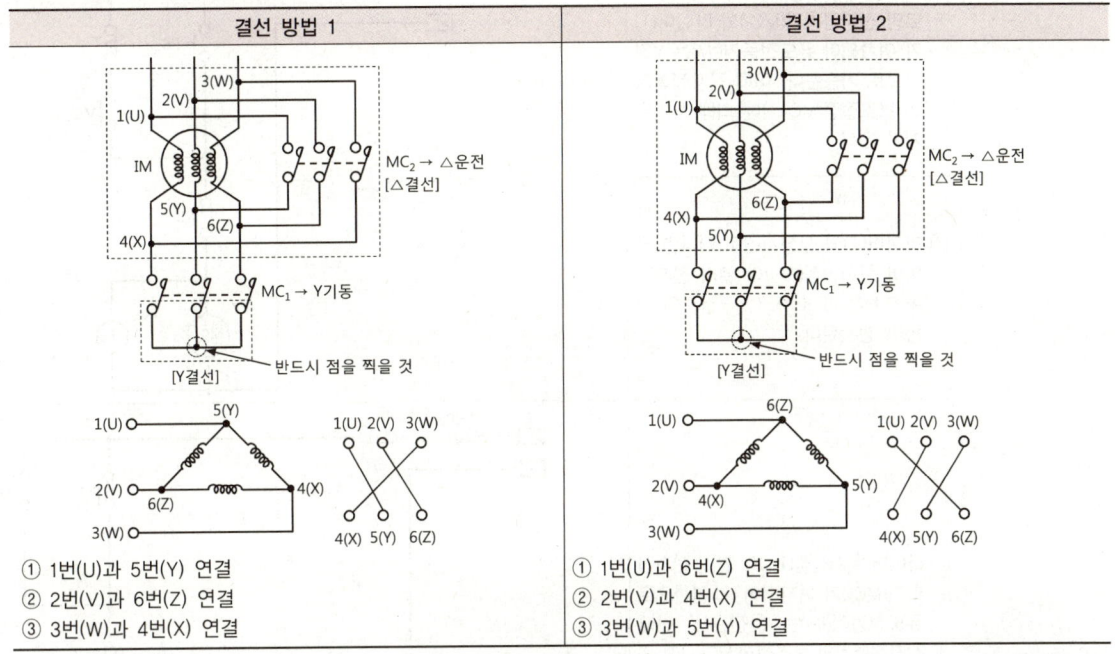

결선 방법 1	결선 방법 2
① 1번(U)과 5번(Y) 연결 ② 2번(V)과 6번(Z) 연결 ③ 3번(W)과 4번(X) 연결	① 1번(U)과 6번(Z) 연결 ② 2번(V)과 4번(X) 연결 ③ 3번(W)과 5번(Y) 연결

(2) 타이머를 이용한 Y-△ 기동회로의 동작 및 제어회로 작성

① 제어용기기의 명칭과 도시기호

제어용기기 명칭	작동원리	접점의 종류			
		주접점	코일	a접점	b접점
배선용 차단기 (MCCB)	단락 및 과부하로부터 회로를 보호하기 위하여 사용되는 전력기기이다.	◯◯◯	–	–	–
전자접촉기 (MC)	전자석의 동작에 의하여 접점을 개폐하는 기구로서 부하회로를 빈번하게 개폐하는 접촉기이다.	◯◯◯	(MC)	MC-a	MC-b
열동계전기 (THR)	정격전류 이상의 과부하 전류가 흐르면 내부에서 발생된 열에 의해 바이메탈이 동작하여 접점을 차단시키는 계전기로서 전동기의 과부하 보호에 사용된다.	⏌⏌	–	THR	THR
누름버튼스위치 (PB-a, PB-b)	버튼을 누르면 접점 기구부가 개폐되며 손을 떼면 스프링의 힘에 의해 자동으로 복귀되는 스위치이다.	–	–	PB-a	PB-b
타이머 (T)	설정시간이 경과한 후 그 접점이 폐로 또는 개로하는 계전기이다.	–	(T)	T-a	T-b

② 동작설명에 따른 제어회로 작성

동작설명	회로도
① 기동용 누름버튼스위치(PB-on)를 누르면 전자접촉기(MC₁)와 타이머(T)가 여자되어 유도전동기(IM)는 Y결선으로 기동된다. 이때 전자접촉기의 보조접점(MC₁-a)에 의해 자기유지가 된다. ② 타이머(T)의 설정시간이 지나면 타이머 한시접점(T-b)이 열려 전자접촉기(MC₁)가 소자되어 Y결선의 기동이 정지된다.	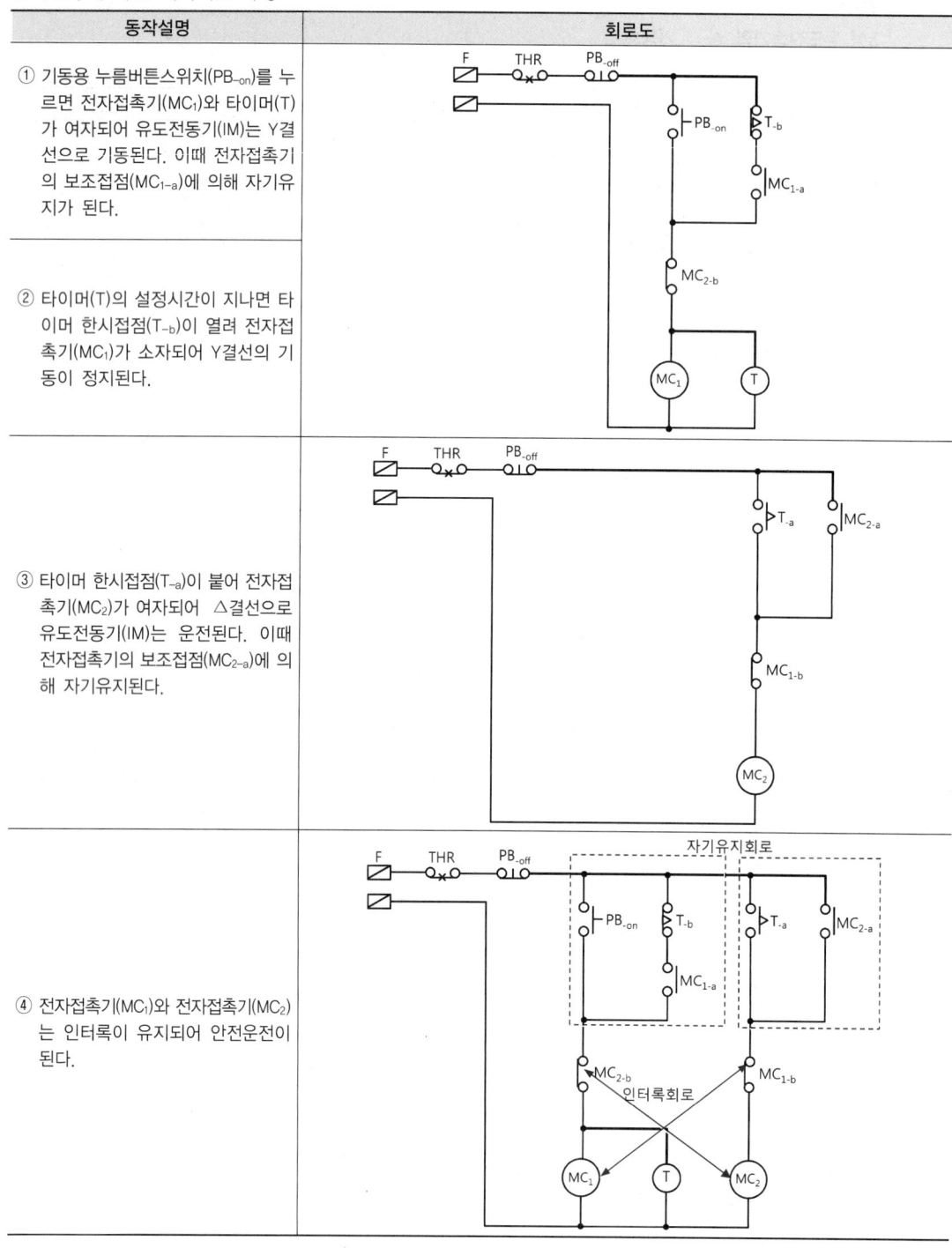
③ 타이머 한시접점(T-a)이 붙어 전자접촉기(MC₂)가 여자되어 △결선으로 유도전동기(IM)는 운전된다. 이때 전자접촉기의 보조접점(MC₂-a)에 의해 자기유지된다.	
④ 전자접촉기(MC₁)와 전자접촉기(MC₂)는 인터록이 유지되어 안전운전이 된다.	

동작설명	회로도
⑤ 정지용 누름버튼스위치(PB_{-off})를 누르면 유도전동기는 정지된다. 또한, 전동기에 과전류가 흐르면 열동계전기(THR)가 작동하여 운전 중인 유도전동기는 정지한다.	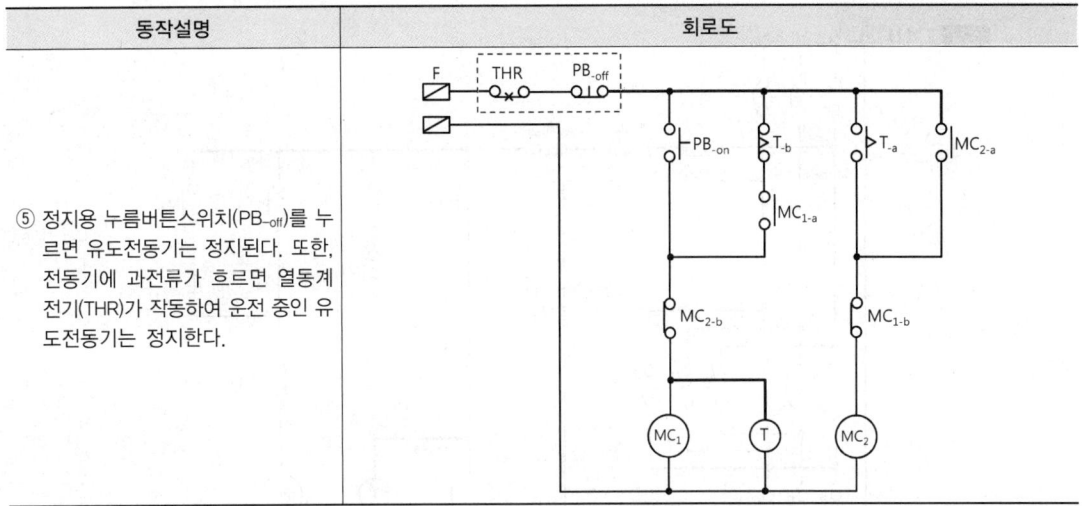

(3) 타이머의 종류 및 특징

① 한시동작 순시복귀(On Delay Timer) 타이머 : 타이머 코일이 여자되면 설정시간 후에 동작되고, 소자되면 순시 복귀하는 타이머

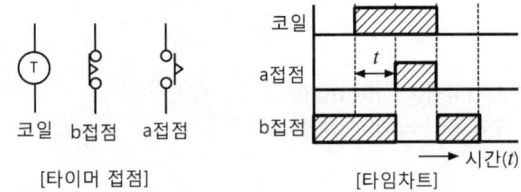

② 순시동작 한시복귀(Off Delay Timer) 타이머 : 타이머 코일이 여자되면 순시 동작하고, 소자되면 설정시간 후에 복귀하는 타이머

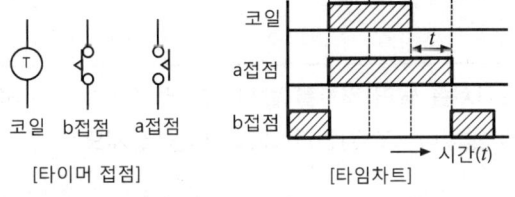

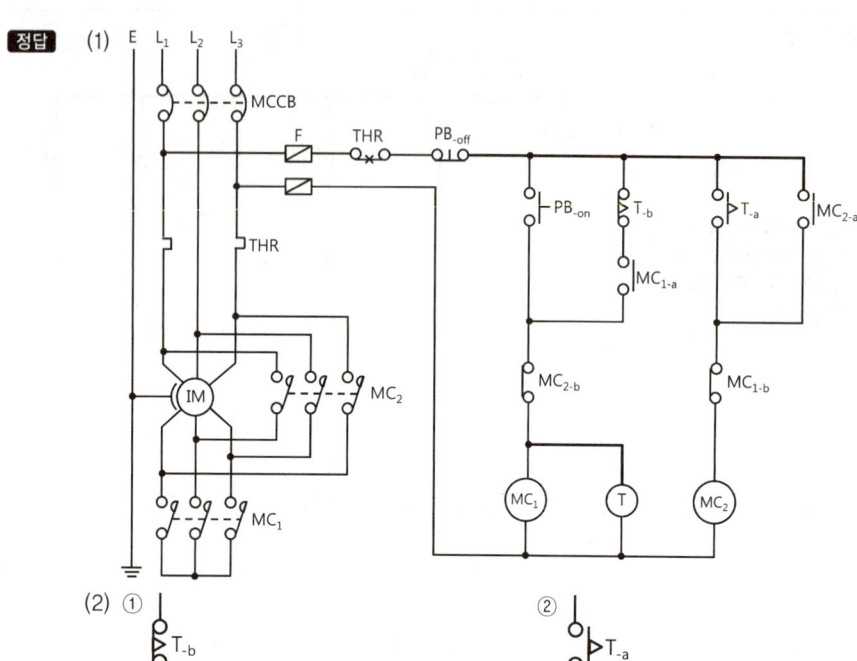

(3) ① 한시동작 순시복귀 타이머 b접점
    ② 한시동작 순시복귀 타이머 a접점

10

P형 발신기의 누름스위치를 눌러 경보를 발생시킨 후 수신기에서 복구스위치를 눌렀는데도 화재신호가 복구되지 않았다. 그 원인과 해결방법을 쓰시오.

득점	배점
	6

(1) 원인 :
(2) 해결방법 :

해설

수신기의 고장진단

(1) 화재신호가 복구되지 않은 경우
    ① 원인 : P형 발신기의 누름스위치가 원상태로 복구되지 않았기 때문이다.
    ② 해결방법 : P형 발신기의 누름스위치를 원상태로 복구하고, 수신기의 복구스위치를 누른다.

┤참고├

복구스위치
감지기와 발신기에서 들어오는 신호를 처음부터 다시 인식하게 하는 스위치로서 수신기의 동작상태를 정상으로 복구할 때 사용하는 스위치이다.

(2) 상용전원 감시등이 소등된 경우 확인하는 방법
   ① 수신기 커버를 열고, 수신기 내부의 전원스위치가 "OFF" 위치에 있는지 확인한다.
   ② 수신기 내부에 퓨즈의 단선을 알리는 다이오드(LED)가 적색으로 점등되어 있는지 확인한다.
   ③ 전원스위치와 퓨즈가 이상이 없다면 전류·전압측정기를 이용하여 수신기의 전원 입력단자의 전압을 확인한다.
(3) 예비전원 감시등이 점등된 경우의 원인
   ① 예비전원의 퓨즈가 단선된 경우
   ② 예비전원의 충전부가 불량인 경우
   ③ 예비전원 연결 커넥터가 분리되어 있거나 접촉이 불량한 경우
   ④ 예비전원을 연결하는 전선이 단선된 경우
   ⑤ 예비전원이 방전되어 완전한 충전상태에 도달하지 않은 경우
(4) 주화재표시등 또는 지구표시등이 점등되지 않은 경우의 원인
   ① 발광다이오드가 불량인 경우(LED타입 수신기)
   ② 표시등의 전구가 단선된 경우
   ③ 퓨즈가 단선된 경우
   ④ 릴레이가 불량한 경우
(5) 화재표시등과 지구표시등이 점등되어 복구되지 않을 경우
   ① 복구스위치를 누르면 OFF, 떼는 즉시 ON되는 경우
      ㉠ 발신기의 누름스위치가 눌러져 있는 경우
      ㉡ 감지기가 불량한 경우
      ㉢ 감지기의 배선이 단락된 경우
   ② 복구는 되지만 다시 동작하는 경우
      감지기가 불량하여 오동작하는 경우로서 오동작 감지기를 확인하여 청소 또는 교체한다.
(6) 경종이 동작하지 않는 경우(주화재표시등과 지구표시등은 동작하는 경우)의 원인
   ① 주경종이 동작하지 않는 경우
      ㉠ 주경종 정지스위치가 눌러져 있는 경우
      ㉡ 주경종 정지스위치가 불량한 경우
      ㉢ 주경종이 불량한 경우
   ② 지구경종이 동작하지 않는 경우
      ㉠ 지구경종 정지스위치가 눌러져 있는 경우
      ㉡ 지구경종 정지스위치가 불량한 경우
      ㉢ 퓨즈가 단선된 경우
      ㉣ 릴레이가 불량한 경우
      ㉤ 지구경종이 불량한 경우
      ㉥ 경종선의 배선이 단선된 경우
(7) 화재표시 작동시험 후 복구되지 않는 경우
   ① 회로선택스위치가 단락된 경우 : 회로선택스위치를 순차적으로 회전시켜 작동시험을 한 후 다시 원상태로 복구하였으나 회로선택스위치의 접점이 단락되어 동작상태가 계속 유지되는 경우이다.
   ② 릴레이 자체가 불량한 경우 : 작동시험 시 릴레이가 여자되어 화재표시등과 지구표시등이 점등된 후 복구스위치를 누르면 릴레이가 소자되어 원상태로 복구되어야 하지만 릴레이의 자체 불량으로 복구되지 않는 경우이다.
   ③ 릴레이의 배선이 단락된 경우
   ④ 화재표시등과 지구표시등의 배선이 불량한 경우

정답 (1) P형 발신기의 누름스위치가 원상태로 복구되지 않았기 때문
(2) P형 발신기의 누름스위치를 원상태로 복구하고, 수신기의 복구스위치를 누른다.

11

다음은 이산화탄소소화설비의 화재안전기술기준에서 정하는 음향경보장치의 설치기준이다. 각 물음에 답하시오.

(1) 소화약제의 방출개시 후 몇 분 이상 경보를 계속할 수 있는 것으로 해야 하는지 쓰시오.
(2) 방호구역 또는 방호대상물이 있는 구획의 각 부분으로부터 하나의 확성기까지의 수평거리는 몇 [m] 이하가 되도록 해야 하는지 쓰시오.

해설

이산화탄소소화설비의 음향경보장치 설치기준
(1) 수동식 기동장치를 설치한 것은 그 기동장치의 조작과정에서, 자동식 기동장치를 설치한 것은 화재감지기와 연동하여 자동으로 경보를 발하는 것으로 할 것
(2) 소화약제의 방출개시 후 1분 이상 경보를 계속할 수 있는 것으로 할 것
(3) 방호구역 또는 방호대상물이 있는 구획 안에 있는 자에게 유효하게 경보할 수 있는 것으로 할 것
(4) 방송에 따른 경보장치를 설치할 경우에는 다음의 기준에 따라야 한다.
　① 증폭기 재생장치는 화재 시 연소의 우려가 없고, 유지관리가 쉬운 장소에 설치할 것
　② 방호구역 또는 방호대상물이 있는 구획의 각 부분으로부터 하나의 확성기까지의 수평거리는 25[m] 이하가 되도록 할 것
　③ 제어반의 복구스위치를 조작하여도 경보를 계속 발할 수 있는 것으로 할 것

정답 (1) 1분 이상
　　　 (2) 25[m] 이하

12

비상콘센트설비를 설치해야 하는 특정소방대상물 3가지를 쓰시오.

해설

소화활동설비(소방시설법 영 별표 4)
(1) 비상콘센트설비를 설치해야 하는 특정소방대상물
　① 층수가 11층 이상인 특정소방대상물의 경우에는 11층 이상의 층
　② 지하층의 층수가 3층 이상이고 지하층의 바닥면적의 합계가 1,000[m²] 이상인 것은 지하층의 모든 층
　③ 터널로서 길이가 500[m] 이상인 것
(2) 무선통신보조설비를 설치해야 하는 특정소방대상물
　① 지하상가로서 연면적 1,000[m²] 이상인 것
　② 지하층의 바닥면적의 합계가 3,000[m²] 이상인 것 또는 지하층의 층수가 3층 이상이고 지하층의 바닥면적의 합계가 1,000[m²] 이상인 것은 지하층의 모든 층
　③ 터널로서 길이가 500[m] 이상인 것
　④ 지하구 중 공동구
　⑤ 층수가 30층 이상인 것으로서 16층 이상 부분의 모든 층

정답 ① 층수가 11층 이상인 특정소방대상물의 경우에는 11층 이상의 층
　　　 ② 지하층의 층수가 3층 이상이고 지하층의 바닥면적의 합계가 1,000[m²] 이상인 것은 지하층의 모든 층
　　　 ③ 터널로서 길이가 500[m] 이상인 것

13 다음 도면은 타이머에 의한 유도전동기의 교대운전이 가능하도록 설계된 시퀀스회로도이다. 이 도면을 보고, 다음 각 물음에 답하시오.

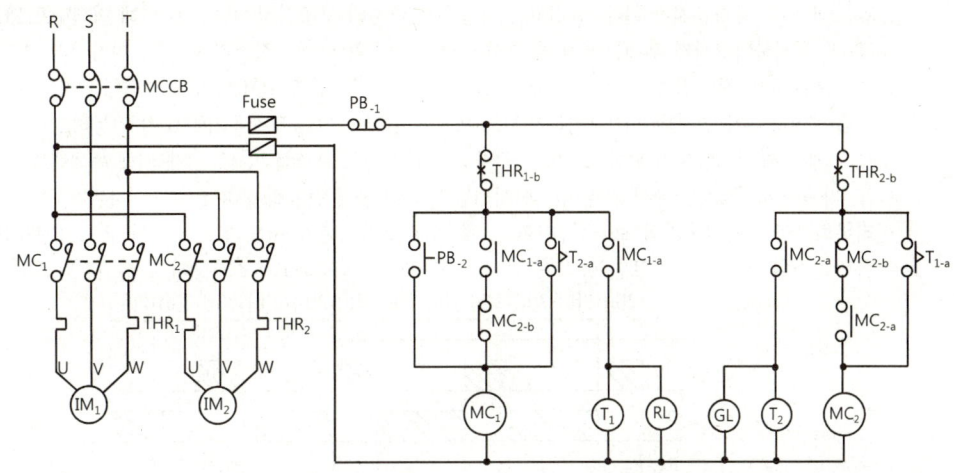

(1) 시퀀스회로에서 제어회로의 잘못된 부분을 지적하고, 수정할 내용을 쓰시오.
(2) 타이머 T_1이 2시간, 타이머 T_2가 4시간으로 설정되어 있다면 하루에 유도전동기 IM_1과 IM_2는 몇 시간씩 운전이 되는지 쓰시오.
   ① 유도전동기(IM_1)의 운전시간 :
   ② 유도전동기(IM_2)의 운전시간 :
(3) RL 표시등과 GL 표시등의 용도를 쓰시오.
   ① RL 표시등 용도 :
   ② GL 표시등 용도 :

해설

유도전동기의 교대운전 회로

(1) 제어회로에서 잘못된 부분 수정
   전자접촉기(MC_2) 회로에서 전자접촉기(MC_2)의 보조접점(MC_{2-b})을 전자접촉기(MC_1)의 보조접점(MC_{1-b})으로 수정하여 인터록회로를 구성한다.

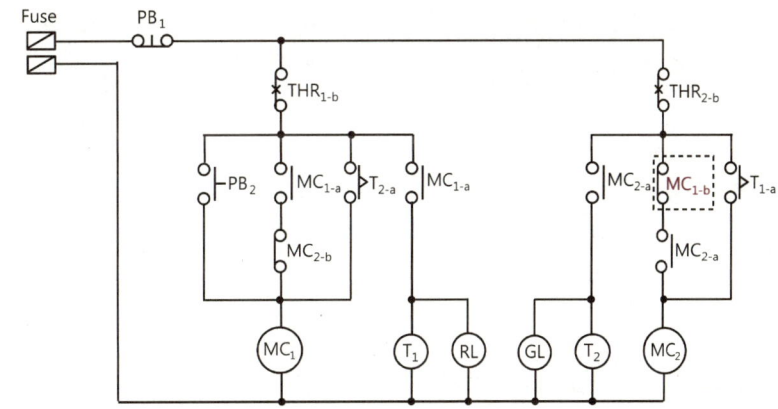

(2) 유도전동기의 교대 운전시간
   ① 누름버튼스위치(PB_2)를 누른다.
   ② 전자접촉기(MC_1)가 여자되어 전자접촉기(MC_1)의 주접점이 붙어 유도전동기(IM_1)가 기동되고, 전자접촉기의 보조접점(MC_{1-a})에 의해 자기유지가 된다. 그리고 전자접촉기(MC_1)의 보조접점(MC_{1-a})에 의해 적색램프(RL)가 점등되고, 타이머(T_1)가 동작하여 2시간 후에는 타이머 한시접점(T_{1-a})이 붙어 전자접촉기(MC_2)가 여자된다. 이때, 전자접촉기(MC_1)의 인터록회로인 전자접촉기의 보조접점(MC_{2-b})에 의해 전자접촉기(MC_1)가 소자되어 유도전동기(IM_1)가 정지한다.
   ③ 전자접촉기(MC_2)가 여자되어 전자접촉기(MC_2)의 주접점이 붙어 유도전동기(IM_2)가 기동하고, 전자접촉기의 보조접점(MC_{2-a})에 의해 자기유지가 된다. 그리고, 전자접촉기(MC_2)의 보조접점(MC_{2-a})에 의해 녹색램프(GL)가 점등되고, 타이머(T_2)가 동작하여 4시간 후에는 타이머 한시접점(T_{2-a})이 붙어 전자접촉기(MC_1)가 여자된다. 이때, 전자접촉기(MC_2)의 인터록회로인 전자접촉기의 보조접점(MC_{1-b})에 의해 전자접촉기(MC_2)가 소자되어 유도전동기(IM_2)가 정지한다.
   ④ 누름버튼스위치(PB_1)를 누르면 동작 중인 유도전동기는 정지하고, 초기상태로 복귀된다.

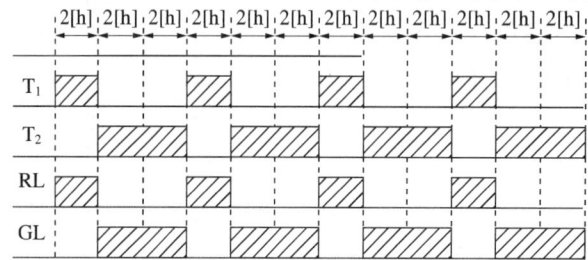

   ∴ 적색램프(RL)가 유도전동기(IM_1)의 운전표시등이므로 유도전동기의 운전시간은 8시간이다.
   ∴ 녹색램프(GL)가 유도전동기(IM_2)의 운전표시등이므로 유도전동기의 운전시간은 16시간이다.

(3) 표시등의 용도
   ① RL(적색램프) 표시등 : 유도전동기(IM_1)의 운전표시등
   ② GL(녹색램프) 표시등 : 유도전동기(IM_2)의 운전표시등

정답 (1) 전자접촉기(MC_2) 회로에서 전자접촉기(MC_2)의 보조접점(MC_{2-b})을 전자접촉기(MC_1)의 보조접점(MC_{1-b})으로 수정한다.
   (2) ① 8시간
       ② 16시간
   (3) ① 유도전동기(IM_1)의 운전표시등
       ② 유도전동기(IM_2)의 운전표시등

14 3상 380[V], 100[HP]의 옥내소화전 펌프용 유도전동기의 역률이 60[%]일 때 역률을 90[%]로 개선하고자 할 경우 전력용 콘덴서의 용량[kVA]을 구하시오.

득점	배점
	4

• 계산과정 :

• 답 :

해설

3상 유도전동기의 기동방식과 전력용 콘덴서의 용량

(1) 3상 유도전동기의 기동방식

① 3상 농형 유도전동기

　㉠ 전전압기동법 : 직접 정격전압을 전동기에 가해 기동시키는 방법으로서 5[kW] 이하의 전동기를 기동시킨다.

　㉡ Y-△기동법 : 기동전류를 줄이기 위하여 전동기의 고정자 권선을 Y결선으로 하여 상전압을 줄여 기동전류와 기동토크를 $\frac{1}{3}$로 감소시키고, 기동 후에는 △결선으로 하여 전전압으로 운전하는 방법으로서 일반적으로 10~15[kW]의 전동기를 기동시킨다.

　㉢ 기동보상기법 : 단권변압기를 사용하여 공급전압을 낮추어 기동하는 방법으로서 15[kW] 이상의 전동기를 기동시킨다.

　㉣ 리액터기동법 : 전동기의 1차 측에 직렬로 리액터를 설치하고 리액터 값을 조정하여 기동전압을 제어하여 기동시킨다.

② 3상 권선형 유도전동기(2차 저항 제어법)

　전동기의 2차에 저항을 넣어 비례추이의 원리에 의하여 기동전류를 작게 하고 기동토크를 크게 하여 기동시킨다.

(2) 동력의 단위

① 국제동력 $1[kW] = 1,000[W] = 102[kgf \cdot m/s]$

② 국제마력 $1[PS] = 75[kgf \cdot m/s]$

③ 영국마력 $1[HP] = 76[kgf \cdot m/s]$

　비례식을 이용하여 영국마력 1[HP]를 국제동력[kW]의 단위로 환산한다.

　$1[HP] = 76[kgf \cdot m/s] \times \frac{1,000[W]}{102[kgf \cdot m/s]} ≒ 745.1[W]$

　∴ 동력 $P = 100[HP] = 100 \times 745.1[W] = 74,510[W] = 74.51[kW]$

(3) 역률을 개선하기 위한 전력용 콘덴서의 용량(Q_C)

① $Q_C = P(\tan\theta_1 - \tan\theta_2) = P\left(\sqrt{\frac{1}{\cos^2\theta_1}-1} - \sqrt{\frac{1}{\cos^2\theta_2}-1}\right)[kVA]$

② $Q_C = P\left(\frac{\sin\theta_1}{\cos\theta_1} - \frac{\sin\theta_2}{\cos\theta_2}\right) = P\left(\frac{\sqrt{1-\cos^2\theta_1}}{\cos\theta_1} - \frac{\sqrt{1-\cos^2\theta_2}}{\cos\theta_2}\right)[kVA]$

　여기서, P : 유효전력(74.51[kW])

　　　　$\cos\theta_1$: 개선 전의 역률(60[%]=0.6)

　　　　$\cos\theta_2$: 개선 후의 역률(90[%]=0.9)

참고

역률($\cos\theta$)과 무효율($\sin\theta$)의 관계

- 위상 $\tan\theta = \dfrac{\sin\theta}{\cos\theta}$
- 역률 $\cos\theta = \sqrt{1-\sin^2\theta}$
- 삼각함수 $\sin^2\theta + \cos^2\theta = 1$
- 무효율 $\sin\theta = \sqrt{1-\cos^2\theta}$

∴ 전력용 콘덴서의 용량 $Q_C = P\left(\sqrt{\dfrac{1}{\cos^2\theta_1}-1} - \sqrt{\dfrac{1}{\cos^2\theta_2}-1}\right)$

$= 74.51[\text{kW}] \times \left(\sqrt{\dfrac{1}{0.6^2}-1} - \sqrt{\dfrac{1}{0.9^2}-1}\right) = 63.26[\text{kVA}]$

정답 63.26[kVA]

15 상용전원 AC 220[V]에 20[W] 중형 피난구유도등 30개가 연결되어 점등되고 있다. 이 회로에 공급되는 전류[A]를 구하시오(단, 유도등의 역률은 0.7이고, 유도등의 배터리 충전전류는 무시한다).

득점	배점
	4

해설

유도등의 전류(I) 계산

(1) 단상 2선식 : 유도등, 비상조명등, 전자밸브(솔레노이드밸브), 감지기

$$P = IV\cos\theta\,[\text{W}]$$

여기서, P : 전력(20[W] × 30개)
　　　　I : 전류[A]
　　　　V : 전압(220[V])
　　　　$\cos\theta$: 역률(0.7)

∴ 공급전류 $I = \dfrac{P}{V\cos\theta} = \dfrac{20[\text{W}] \times 30개}{220[\text{V}] \times 0.7} = 3.896[\text{A}] ≒ 3.9[\text{A}]$

(2) 3상 3선식 : 소방펌프, 제연팬

$$P = \sqrt{3}\,IV\cos\theta\,[\text{W}]$$

여기서, P : 전력[W]
　　　　I : 전류[A]
　　　　V : 전압(380[V])
　　　　$\cos\theta$: 역률

정답 3.9[A]

16. 다음은 할론(Halon)소화설비의 수동조작함에서 할론제어반까지의 결선도 및 계통도(3 Zone)이다. 도면과 주어진 조건을 참고하여 각 물음에 답하시오.

득점	배점
	6

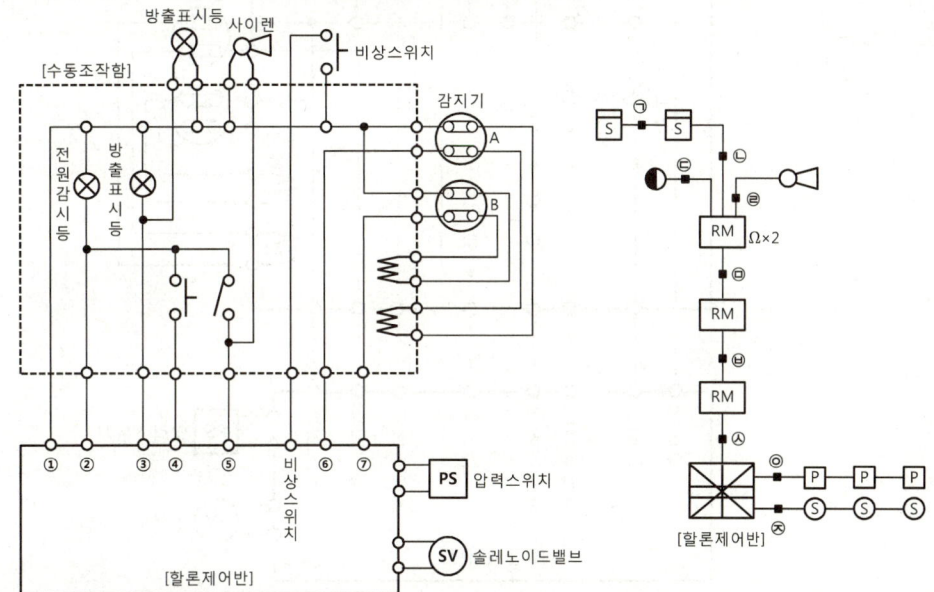

조건
- 전선 가닥수는 최소 가닥수로 한다.
- 복구스위치 및 도어스위치는 없는 것으로 한다.

물음

(1) 할론제어반에서 기호 ①~⑦까지의 배선의 명칭을 쓰시오.

기호	배선의 명칭	기호	배선의 명칭
①		②	
③		④	
⑤		⑥	
⑦		비상스위치 = 방출지연스위치

(2) 계통도에서 기호 ㉠~㉢까지의 전선 가닥수를 쓰시오.

기호	㉠	㉡	㉢	㉣	㉤	㉥	㉦	㉧	㉨
전선 가닥수									

해설

할론소화설비

(1) 할론제어반의 배선 명칭
  ① 비상스위치(방출지연스위치) : 자동복귀형 스위치로서 수동식 기동장치의 타이머를 순간 정지시키는 기능의 스위치이다.
  ② 기동스위치 : 가스계 소화설비를 작동시키기 위하여 수동으로 전기적 기동신호를 소화설비 제어반으로 발신하기 위한 스위치이다.

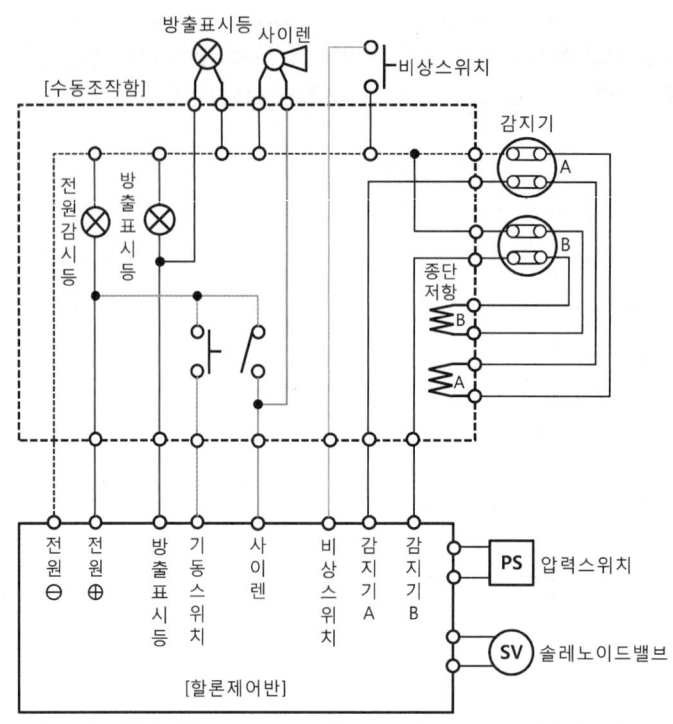

기호	배선의 명칭	기호	배선의 명칭
①	전원 ⊖	②	전원 ⊕
③	방출표시등	④	기동스위치
⑤	사이렌	⑥	감지기 A
⑦	감지기 B		비상스위치 = 방출지연스위치

(2) 수동조작함(RM)과 할론제어반 간의 전선 가닥수 산정

① 감지기회로의 배선

㉠ 분말소화설비, 할론소화설비, 이산화탄소소화설비, 준비작동식 스프링클러설비, 일제살수식 스프링클러설비, 할로겐화합물 및 불활성기체소화설비는 감지기의 오동작을 방지하기 위하여 하나의 방호구역 내에 2 이상의 화재감지기 회로를 설치하고 인접한 2 이상의 화재감지기가 동시에 감지되는 때에는 소화설비가 작동하는 교차회로방식으로 배선해야 한다.

㉡ 교차회로방식은 루프로 된 부분과 말단부는 4가닥, 그 밖에는 8가닥으로 배선한다.

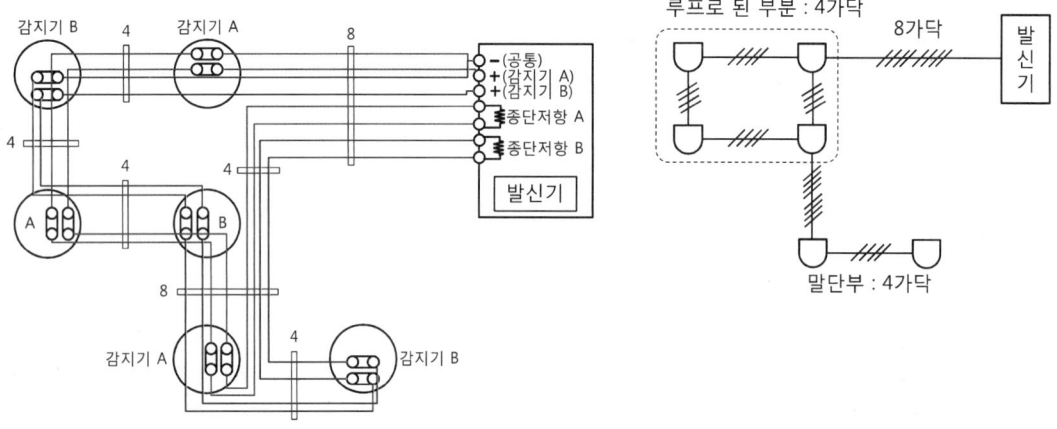

② 수동조작함 배선
  ㉠ 1 Zone일 경우 : 8가닥(전원 ⊖・⊕, 비상스위치, 감지기 A, 감지기 B, 방출표시등, 기동스위치, 사이렌)
  ㉡ 2 Zone일 경우 : 1 Zone의 기본 전선 가닥수(8가닥)에 5가닥(감지기 A, 감지기 B, 방출표시등, 기동스위치, 사이렌)을 추가한다.
③ 압력스위치 및 솔레노이드밸브의 배선

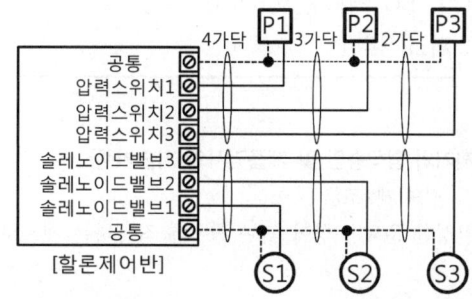

④ 전선 가닥수 산정

기호	구분	전선 가닥수	배선의 용도
㉠	감지기 ↔ 감지기	4	지구선 2, 지구 공통선 2
㉡	감지기 ↔ 수동조작함(RM)	8	지구선 4, 지구 공통선 4
㉢	방출표시등 ↔ 수동조작함(RM)	2	방출표시등 2
㉣	사이렌 ↔ 수동조작함(RM)	2	사이렌 2
㉤	수동조작함(RM) ↔ 수동조작함(RM) (1 Zone)	8	전원 ⊖・⊕, 비상스위치, 감지기 A, 감지기 B, 방출표시등, 기동스위치, 사이렌
㉥	수동조작함(RM) ↔ 수동조작함(RM) (2 Zone)	13	전원 ⊖・⊕, 비상스위치, (감지기 A, 감지기 B, 방출표시등, 기동스위치, 사이렌)×2
㉦	수동조작함(RM) ↔ 할론제어반 (3 Zone)	18	전원 ⊖・⊕, 비상스위치, (감지기 A, 감지기 B, 방출표시등, 기동스위치, 사이렌)×3
㉧	할론제어반 ↔ 압력스위치(PS)	4	압력스위치 3, 공통 1
㉨	할론제어반 ↔ 솔레노이드밸브(SV)	4	솔레노이드밸브 3, 공통 1

정답 (1)

기호	배선의 명칭	기호	배선의 명칭
①	전원 ⊖	②	전원 ⊕
③	방출표시등	④	기동스위치
⑤	사이렌	⑥	감지기 A
⑦	감지기 B		비상스위치 = 방출지연스위치

(2)

기호	㉠	㉡	㉢	㉣	㉤	㉥	㉦	㉧	㉨
전선 가닥수	4	8	2	2	8	13	18	4	4

17 다음 조건에서 설명하는 감지기의 명칭을 쓰시오(단, 감지기의 종별은 무시한다).

조 건
- 공칭작동온도 : 70[℃]
- 작동방식 : 바이메탈식, DC 24[V], 0.02[A]
- 감지기의 부착높이 : 8[m] 미만

득점	배점
	3

해설

정온식 스포트형 감지기(감지기의 형식승인 및 제품검사의 기술기준)

(1) 정온식 스포트형 감지기 정의(제2조)
   일국소의 주위온도가 일정한 온도 이상이 되는 경우에 작동하는 것으로서 외관이 전선과 같이 선형으로 되어 있지 않은 것을 말한다.

(2) 감지소자에 따른 종류
   ① 바이메탈을 이용한 것 : 일정온도가 되면 바이메탈이 구부러져 접점이 닫히게 되어 있으며 바이메탈의 활곡을 이용한 것과 바이메탈의 반전을 이용한 것이 있다.

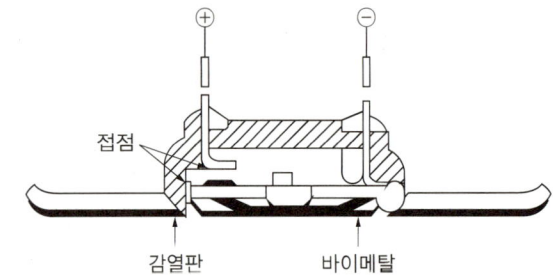

   ② 서미스터를 이용한 것 : 특정한 온도에 도달하게 되면 저항값이 작아져 전기회로에는 큰 전류가 흘러 감지기에 내장된 릴레이가 작동하여 수신기에 신호를 보낸다.

(3) 정온식 감지기의 공칭작동온도의 구분(제16조)
   정온식 감지기(아날로그식 제외)의 공칭작동온도는 60~150[℃]까지의 범위로 하되, 60~80[℃]인 것은 5[℃] 간격으로, 80[℃] 이상인 것은 10[℃] 간격으로 해야 한다.

(4) 차동식 스포트형·보상식 스포트형 및 정온식 스포트형 감지기는 그 부착높이 및 특정소방대상물의 구분에 따라 다음 표에 따른 바닥면적마다 1개 이상을 설치할 것

부착높이 및 특정소방대상물의 구분		감지기의 종류(단위 : [m²])					
		차동식 스포트형		보상식 스포트형		정온식 스포트형		
		1종	2종	1종	2종	특종	1종	2종
4[m] 미만	주요구조부가 내화구조로 된 특정소방대상물 또는 그 부분	90	70	90	70	70	60	20
	기타 구조의 특정소방대상물 또는 그 부분	50	40	50	40	40	30	15
4[m] 이상 8[m] 미만	주요구조부가 내화구조로 된 특정소방대상물 또는 그 부분	45	35	45	35	35	30	-
	기타 구조의 특정소방대상물 또는 그 부분	30	25	30	25	25	15	-

∴ 정온식 스포트형 감지기의 부착높이는 8[m] 미만의 특정소방대상물에 설치한다.

> **참고**
>
> **정온식 감지선형 감지기**
> - 일국소의 주위온도가 일정한 온도 이상이 되는 경우에 작동하는 것으로서 외관이 전선과 같이 선형으로 되어 있는 것을 말한다.
> - 감지소자는 가용절연물로 절연한 2개의 전선을 이용하며 화재가 발생하면 열에 의해 절연성이 저하되어 2선 간에 전류가 흐른다.
> - 정온식 감지선형 감지기의 온도표시(감지기의 형식승인 및 제품검사의 기술기준 제37조)
>
> | 공칭작동온도 | 80[℃] 미만 | 80[℃] 이상 120[℃] 미만 | 120[℃] 이상 |
> |---|---|---|---|
> | 색상 | 백색 | 청색 | 적색 |

정답 정온식 스포트형 감지기

18 특정소방대상물의 감지구역에 공기관식 차동식 분포형 감지기를 설치하고자 한다. 이때 공기관의 길이가 370[m]인 경우 검출부의 수량을 구하시오.

득점	배점
	4

• 계산과정 :

• 답 :

해설
공기관식 차동식 분포형 감지기의 설치기준
(1) 공기관의 노출 부분은 감지구역마다 20[m] 이상이 되도록 할 것
(2) 공기관과 감지구역의 각 변과의 수평거리는 1.5[m] 이하가 되도록 하고, 공기관 상호 간의 거리는 6[m](주요구조부가 내화구조로 된 특정소방대상물 또는 그 부분에 있어서는 9[m]) 이하가 되도록 할 것
(3) 공기관은 도중에서 분기하지 않도록 할 것
(4) 하나의 검출 부분에 접속하는 공기관의 길이는 100[m] 이하로 할 것
(5) 검출부는 5[°] 이상 경사되지 않도록 부착할 것
(6) 검출부는 바닥으로부터 0.8[m] 이상 1.5[m] 이하의 위치에 설치할 것

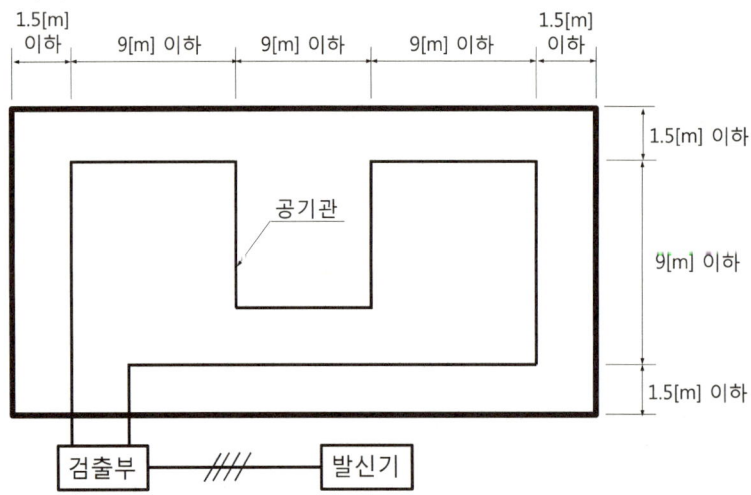

∴ 검출부의 설치개수 = $\dfrac{공기관의\ 길이[m]}{100[m]} = \dfrac{370[m]}{100[m]} = 3.7$개 ≒ 4개

| 참고 |
하나의 검출부에 연결되는 공기관의 길이를 너무 길게 하면 감지구역이 너무 넓어져 화재발생 시 부분적인 온도상승이 있어도 전체적으로 공기의 팽창이 늦어져 접점이 닫히지 않아 화재감지기가 조기에 작동되지 않으므로 공기관의 길이를 제한하고 있다.

정답 4개

2021년 제2회 과년도 기출복원문제

※ 다음 물음에 대한 답을 해당 답란에 답하시오.(배점 : 100)

01
다음은 누전경보기의 화재안전기술기준에서 정하는 누전경보기에 대한 내용이다. 각 물음에 답하시오.

득점	배점
	6

(1) 1급 누전경보기와 2급 누전경보기를 구분하는 정격전류[A]를 쓰시오.
(2) 누전경보기의 전원은 분전반으로부터 전용회로로 하고, 각 극에 각 극을 개폐할 수 있는 장치 2가지를 쓰시오(단, 배선용 차단기는 제외한다).
(3) 변류기의 정의를 쓰시오.

해설

누전경보기

(1) 누전경보기의 설치방법
  ① 경계전로의 정격전류가 60[A]를 초과하는 전로에 있어서는 1급 누전경보기를, 60[A] 이하의 전로에 있어서는 1급 또는 2급 누전경보기를 설치할 것. 다만, 정격전류가 60[A]를 초과하는 경계전로가 분기되어 각 분기회로의 정격전류가 60[A] 이하로 되는 경우 해당 분기회로마다 2급 누전경보기를 설치한 때에는 해당 경계전로에 1급 누전경보기를 설치한 것으로 본다.
  ② 변류기는 특정소방대상물의 형태, 인입선의 시설방법 등에 따라 옥외 인입선의 제1지점의 부하 측 또는 제2종 접지선 측의 점검이 쉬운 위치에 설치할 것. 다만, 인입선의 형태 또는 특정소방대상물의 구조상 부득이한 경우에는 인입구에 근접한 옥내에 설치할 수 있다.
  ③ 변류기를 옥외의 전로에 설치하는 경우에는 옥외형으로 설치할 것

(2) 누선경보기의 전원
  ① 전원은 분전반으로부터 전용회로로 하고, 각 극에 개폐기 및 15[A] 이하의 과전류차단기(배선용 차단기에 있어서는 20[A] 이하의 것으로 각 극을 개폐할 수 있는 것)를 설치할 것
  ② 전원을 분기할 때는 다른 차단기에 따라 전원이 차단되지 않도록 할 것
  ③ 전원의 개폐기에는 "누전경보기용"이라고 표시한 표지를 할 것

(3) 누전경보기의 용어 정의
  ① 누전경보기 : 내화구조가 아닌 건축물로서 벽, 바닥 또는 천장의 전부나 일부를 불연재료 또는 준불연재료가 아닌 재료에 철망을 넣어 만든 건물의 전기설비로부터 누설전류를 탐지하여 경보를 발하는 기기로서, 변류기와 수신부로 구성된 것을 말한다.
  ② 수신부 : 변류기로부터 검출된 신호를 수신하여 누전의 발생을 해당 특정소방대상물의 관계인에게 경보하여 주는 것(차단기구를 갖는 것을 포함한다)을 말한다.
  ③ 변류기 : 경계전로의 누설전류를 자동적으로 검출하여 이를 누전경보기의 수신부에 송신하는 것을 말한다.

정답
(1) 60[A]
(2) 개폐기, 15[A] 이하의 과전류차단기
(3) 경계전로의 누설전류를 자동적으로 검출하여 이를 누전경보기의 수신부에 송신하는 것

02

P형 1급 수신기와 감지기 간의 배선회로에서 종단저항은 11[kΩ], 감시전류는 2[mA], 릴레이 저항은 950[Ω], 수신기의 전압은 DC 24[V]일 때 다음 각 물음에 답하시오.

득점	배점
	4

(1) 배선저항[Ω]을 구하시오.
- 계산과정 :
- 답 :

(2) 화재 시 감지기가 동작할 때 동작전류[mA]를 구하시오.
- 계산과정 :
- 답 :

해설
종단저항

(1) 배선저항

$$I = \frac{V}{R_{종단} + R_{릴레이} + R_{배선}} [A]$$

여기서, I : 감시전류(2[mA]=2×10^{-3}[A])
V : 회로의 전압(24[V])
$R_{종단}$: 종단저항(11[kΩ]=11×10^3[Ω])
$R_{릴레이}$: 릴레이저항(950[Ω])
$R_{배선}$: 배선저항[Ω]

$$\therefore R_{배선} = \frac{V}{I} - R_{종단} - R_{릴레이} = \frac{24[V]}{2 \times 10^{-3}[A]} - 11 \times 10^3[\Omega] - 950[\Omega] = 50[\Omega]$$

(2) 동작전류(I)

$$I = \frac{V}{R_{릴레이} + R_{배선}} [A]$$

동작전류는 전체저항에서 종단저항을 뺀 값으로 구한다.

$$\therefore I = \frac{V}{R_{릴레이} + R_{배선}} = \frac{24[V]}{950[\Omega] + 50[\Omega]} = 0.024[A] = 24 \times 10^{-3}[A] = 24[mA]$$

정답 (1) 50[Ω]
(2) 24[mA]

03

1동, 2동, 3동으로 구분되어 있는 공장 내부에 옥내소화전함과 P형 1급 발신기를 다음과 같이 설치하였다. 경보는 각각의 동에서 발할 수 있도록 동별 구분 경보방식으로 하고, 옥내소화전의 가압송수장치는 기동용 수압개폐장치를 사용하는 경우 다음 각 물음에 답하시오(단, 지구 경종에는 단락보호장치가 설치되어 있으며 경종과 표시등의 공통선은 1가닥으로 배선한다).

배점: 8

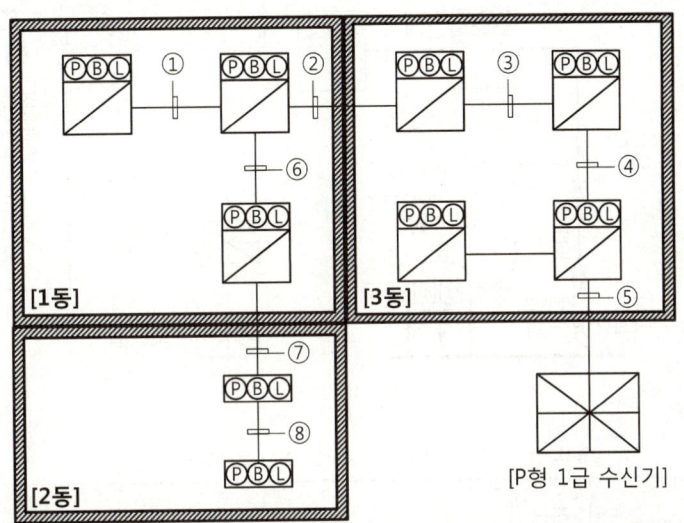

(1) 다음 표의 빈칸에 전선 가닥수를 쓰시오(단, 전선은 최소 가닥수로 하고, 전선 가닥수가 필요 없는 곳은 공란으로 둘 것).

기호	전선 가닥수	지구선	지구 공통선	응답선	경종선	표시등선	경종·표시등 공통선	기동확인 표시등
①	8	1	1	1	1	1	1	2
②	12	4	1	1	2	1	1	2
③	14	5	1	1	3	1	1	2
④	15	6	1	1	3	1	1	2
⑤	18	8	2	1	3	1	1	2
⑥	10	2	1	1	2	1	1	2
⑦	8	1	1	1	1	1	1	2
⑧	8	1	1	1	1	1	1	2

(2) 평면도에서 P형 1급 수신기는 최소 몇 회로용으로 사용해야 하는지 쓰시오(단, 회로 수 산정 시 여유율을 10[%]로 한다).

(3) 수신기는 수위실 등 상시 사람이 근무하는 장소에 설치해야 하지만 사람이 상시 근무하는 장소가 없는 경우 어느 장소에 설치해야 하는지 쓰시오.

(4) 수신기가 설치된 장소에는 무엇을 비치해야 하는지 쓰시오.

해설

옥내소화전설비 및 자동화재탐지설비

(1) 전선 가닥수 산정

① 발신기세트 옥내소화전 내장형의 기본 전선 가닥수

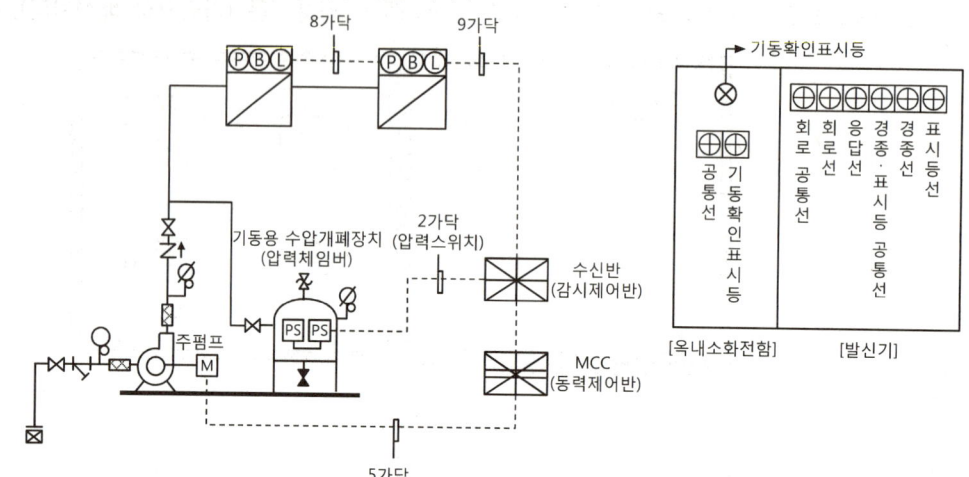

명칭	전선 가닥수	발신기세트						기동용 수압개폐장치
		용도 1	용도 2	용도 3	용도 4	용도 5	용도 6	용도 7
발신기세트 옥내소화전 내장형	8	지구(회로)선	지구(회로) 공통선	응답선	경종선	표시등선	경종·표시등 공통선	기동확인표시등 2

② 옥내소화전의 기압송수장치는 기동용 수압개폐장치를 사용하므로 자동기동방식이다. 따라서, 발신기세트의 기본 전선 가닥수에 기동확인표시등 2가닥을 추가해야 한다.

③ 하나의 공통선에 접속할 수 있는 경계구역은 7개 이하로 해야 하므로 지구선(회로선)이 7가닥을 초과할 경우 지구공통선 1가닥을 추가해야 한다.

④ 경종선은 동별 구분경보방식(각 동별로 경보를 발하는 방식)이므로 각 동마다 경종선을 1가닥씩 추가해야 한다.

※ [조건]에서 경종과 표시등 공통선은 1가닥으로 배선하고, 화재로 인하여 하나의 층의 지구음향장치 배선이 단락되어도 다른 층의 화재통보에 지장이 없도록 각 층 배선 상에 유효한 조치(단락보호장치)를 하였다. 따라서, 경종·표시등 공통선은 1가닥으로 배선한다.

기호	전선 가닥수	지구선 (회로선)	지구 공통선	응답선 (발신기선)	경종선	표시등선	경종·표시등 공통선	기동확인 표시등
①	8	1	1	1	1 (1동)	1	1	2
②	13	5	1	1	2 (1동, 2동)	1	1	2
③	15	6	1	1	3 (1동, 2동, 3동)	1	1	2
④	16	7	1	1	3 (1동, 2동, 3동)	1	1	2
⑤	19	9	2 (7회로 초과)	1	3 (1동, 2동, 3동)	1	1	2

기호	전선 가닥수	지구선 (회로선)	지구 공통선	응답선 (발신기선)	경종선	표시등선	경종·표시등 공통선	기동확인 표시등
⑥	11	3	1	1	2 (1동, 2동)	1	1	2
⑦	7	2	1	1	1 (2동)	1	1	-
⑧	6	1	1	1	1 (2동)	1	1	-

(2) P형 수신기의 선정

　발신기세트의 설치개수가 회로 수이다. 단, 종단저항이 있을 경우 종단저항의 개수가 회로 수가 된다.

　∴ P형 수신기 회로 수 = 발신기세트 설치개수 × 여유율
　　　　　　　　　　 = 9개 × 1.1 = 9.9회로 ≒ 10회로

(3), (4) 수신기의 설치기준

　① 수위실 등 상시 사람이 근무하는 장소에 설치할 것. 다만, 사람이 상시 근무하는 장소가 없는 경우에는 관계인이 쉽게 접근할 수 있고 관리가 쉬운 장소에 설치할 수 있다.
　② 수신기가 설치된 장소에는 경계구역 일람도를 비치할 것. 다만, 모든 수신기와 연결되어 각 수신기의 상황을 감시하고 제어할 수 있는 수신기(주수신기)를 설치하는 경우에는 주수신기를 제외한 기타 수신기는 그렇지 않다.
　③ 수신기의 음향기구는 그 음량 및 음색이 다른 기기의 소음 등과 명확히 구별될 수 있는 것으로 할 것
　④ 수신기는 감지기·중계기 또는 발신기가 작동하는 경계구역을 표시할 수 있는 것으로 할 것
　⑤ 화재·가스 전기 등에 대한 종합방재반을 설치한 경우에는 해당 조작반에 수신기의 작동과 연동하여 감지기·중계기 또는 발신기가 작동하는 경계구역을 표시할 수 있는 것으로 할 것
　⑥ 하나의 경계구역은 하나의 표시등 또는 하나의 문자로 표시되도록 할 것
　⑦ 수신기의 조작스위치는 바닥으로부터의 높이가 0.8[m] 이상 1.5[m] 이하인 장소에 설치할 것
　⑧ 하나의 특정소방대상물에 2 이상의 수신기를 설치하는 경우에는 수신기를 상호 간 연동하여 화재발생 상황을 각 수신기마다 확인할 수 있도록 할 것
　⑨ 화재로 인하여 하나의 층의 지구음향장치 배선이 단락되어도 다른 층의 화재통보에 지장이 없도록 각 층 배선 상에 유효한 조치를 할 것

정답 (1)

기호	전선 가닥수	지구선	지구 공통선	응답선	경종선	표시등선	경종·표시등 공통선	기동확인 표시등
①	8	1	1	1	1	1	1	2
②	13	5	1	1	2	1	1	2
③	15	6	1	1	3	1	1	2
④	16	7	1	1	3	1	1	2
⑤	19	9	2	1	3	1	1	2
⑥	11	3	1	1	2	1	1	2
⑦	7	2	1	1	1	1	1	-
⑧	6	1	1	1	1	1	1	-

(2) 10회로용
(3) 관계인이 쉽게 접근할 수 있고 관리가 쉬운 장소
(4) 경계구역 일람도

04 다음 그림은 단상 전파 브리지 정류회로의 미완성된 도면이다. 각 물음에 답하시오(단, 입력전압은 상용전원이고, 변압기(Tr)의 권수비는 1 : 1이며, 평활회로는 없는 것으로 한다).

득점	배점
	6

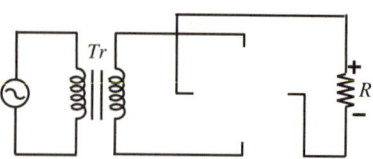

(1) 단상 전파 브리지 정류회로의 미완성된 도면을 완성하시오.
(2) 그림은 정류 전 입력 교류전압의 파형이다. 정류 후 출력전압의 파형을 그리시오.

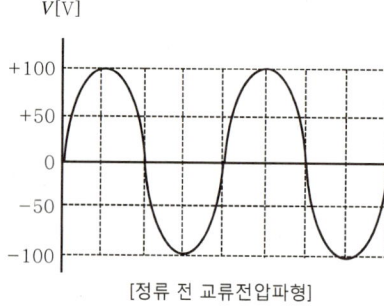

[정류 전 교류전압파형]

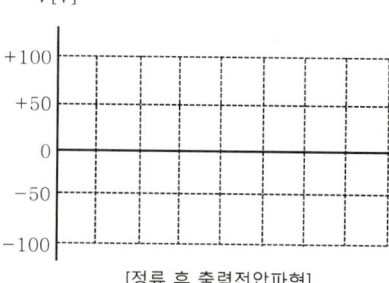

[정류 후 출력전압파형]

해설

정류회로

(1) 단상 전파 브리지 정류회로
① 브리지 정류회로 : 다이오드(D) 4개를 이용한 정류회로이며 다이오드에 전압을 인가하면 순방향으로만 전류를 통과시키고 역방향으로는 전류를 흐르지 않는 단방향 전류소자이다.
② 다이오드의 접속점
㉠ 다이오드의 화살표 방향이 모이는 접속점은 "+"이다(D_1와 D_4의 접속점).
㉡ 다이오드의 화살표 방향이 분배되는 접속점은 "-"이다(D_2과 D_3의 접속점).
㉢ 그 밖의 접속점은 교류 입력이다(D_1과 D_2의 접속점, D_4와 D_3의 접속점).

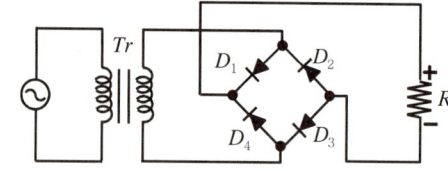

(2) 전압파형

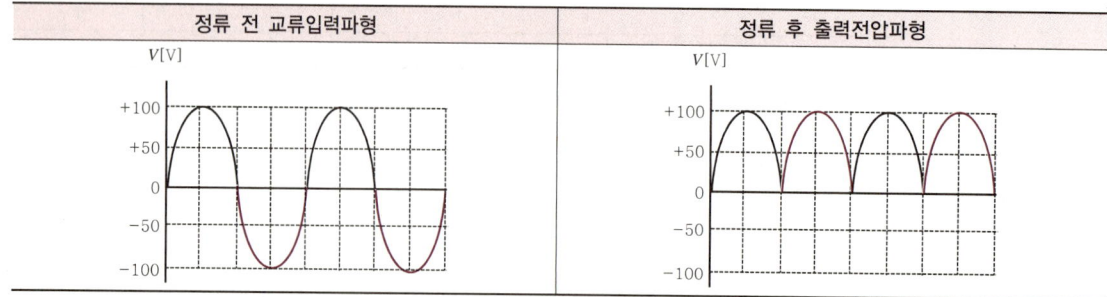

정류 전 교류입력파형	정류 후 출력전압파형

(3) 단상 반파회로와 단상 전파회로

정류회로	단상 반파회로	단상 전파회로
회로도	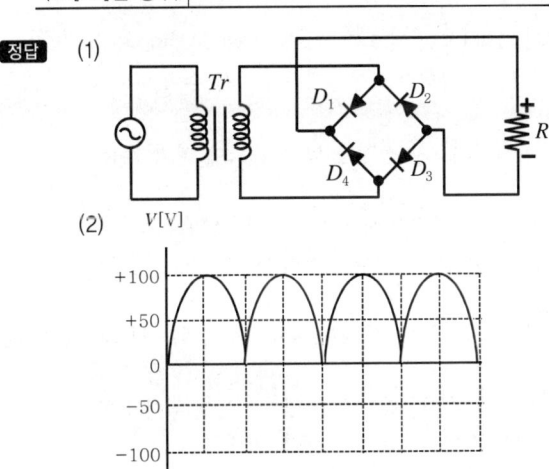	
출력전압파형		
직류분 평균전압 (V_d)	$V_d = \dfrac{\sqrt{2}}{\pi} V = 0.45 V$ 여기서, V : 실효전압[V]	$V_d = \dfrac{2\sqrt{2}}{\pi} V = 0.9 V$ 여기서, V : 실효전압[V]
맥동률	121[%]	48[%]
맥동주파수 (60[Hz]일 경우)	f(60[Hz])	$2f$(120[Hz])

정답 (1), (2)

05

비상경보설비 및 단독경보형 감지기의 화재안전기술기준에서 정하는 단독경보형 감지기의 설치기준이다. ( ) 안에 알맞은 내용을 쓰시오.

득점	배점
	5

- 각 실마다 설치하되, 바닥면적 (①)[m²]를 초과하는 경우에는 (②)[m²]마다 1개 이상 설치할 것
- 이웃하는 실내의 바닥면적이 각각 30[m²] 미만이고, 벽체의 상부의 전부 또는 일부가 개방되어 이웃하는 실내와 공기가 상호 유통되는 경우에는 이를 (③)개의 실로 본다.
- 건전지를 주전원으로 사용하는 단독경보형 감지기는 정상적인 (④)를 유지할 수 있도록 주기적으로 건전지를 교환할 것
- 상용전원을 주전원으로 사용하는 단독경보형 감지기의 (⑤)는 법 제40조에 따라 제품검사에 합격한 것을 사용할 것

해설

단독경보형 감지기

(1) 단독경보형 감지기의 정의
화재발생 상황을 단독으로 감지하여 자체에 내장된 음향장치로 경보하는 감지기를 말한다.

(2) 단독경보형 감지기의 설치기준
① 각 실(이웃하는 실내의 바닥면적이 각각 30[m²] 미만이고, 벽체의 상부의 전부 또는 일부가 개방되어 이웃하는 실내와 공기가 상호 유통되는 경우에는 이를 1개의 실로 본다)마다 설치하되, 바닥면적이 150[m²]를 초과하는 경우에는 150[m²]마다 1개 이상 설치할 것
② 계단실은 최상층의 계단실 천장(외기가 상통하는 계단실의 경우를 제외한다)에 설치할 것
③ 건전지를 주전원으로 사용하는 단독경보형 감지기는 정상적인 작동상태를 유지할 수 있도록 주기적으로 건전지를 교환할 것
④ 상용전원을 주전원으로 사용하는 단독경보형 감지기의 2차 전지는 법 제40조에 따라 제품검사에 합격한 것을 사용할 것

(3) 단독경보형의 감지기의 일반기능(감지기의 형식승인 및 제품검사의 기술기준 제5조의2)
① 자동복귀형 스위치(자동적으로 정위치에 복귀할 수 있는 스위치를 말한다)에 의하여 수동으로 작동시험을 할 수 있는 기능이 있어야 한다.
② 작동되는 경우 작동표시등에 의하여 화재의 발생을 표시하고, 내장된 음향장치에 의하여 화재경보음을 발할 수 있는 기능이 있어야 한다.
③ 주기적으로 섬광하는 전원표시등에 의하여 전원의 정상 여부를 감시할 수 있는 기능이 있어야 하며, 전원의 정상상태를 표시하는 전원표시등의 섬광주기는 1초 이내의 점등과 30초에서 60초 이내의 소등으로 이루어져야 한다.
④ ②에 따라 화재경보음은 감지기로부터 1[m] 떨어진 위치에서 85[dB] 이상으로 10분 이상 계속하여 경보할 수 있어야 한다.
⑤ 건전지를 주전원으로 하는 감지기는 건전지의 성능이 저하되어 건전지의 교체가 필요한 경우에는 음성안내를 포함한 음향 및 표시등에 의하여 72시간 이상 경보할 수 있어야 한다. 이 경우 음향경보는 1[m] 떨어진 거리에서 70[dB](음성안내는 60[dB]) 이상이어야 한다.
⑥ 건전지를 주전원으로 하는 감지기의 경우에는 건전지가 리튬전지 또는 이와 동등 이상의 지속적인 사용이 가능한 성능의 것이어야 한다.
⑦ 단독경보형 감지기에는 스위치 조작에 의하여 화재경보를 정지시킬 수 있는 기능을 설치할 수 있다.

정답
① 150
② 150
③ 1
④ 작동상태
⑤ 2차 전지

06 다음은 소방시설의 도시기호이다. 각 도시기호의 명칭을 쓰시오.

득점	배점
	4

(1) ─●─
(2) ◡
(3) ▭▭
(4) Ⓑ

해설
소방시설의 도시기호(소방시설 자체점검사항 등에 고시)

명칭	도시기호	명칭	도시기호
차동식 스포트형 감지기	◠	보상식 스포트형 감지기	◠
정온식 스포트형 감지기	◡	연기감지기	S
감지선	─●─	열전대	━━━
열반도체	∞	차동식 분포형 감지기의 검출기	⋈
발신기세트 단독형	ⓅⒷⓁ	발신기세트 옥내소화전 내장형	ⓅⒷⓁ
비상벨	Ⓑ	사이렌	◁
모터사이렌	Ⓜ◁	전자사이렌	Ⓢ◁
제어반	⊠	화재경보벨	Ⓑ
수신기	⊠	부수신기	▭
중계기	▭▭	표시등	◐

정답
(1) 감지선
(2) 정온식 스포트형 감지기
(3) 중계기
(4) 비상벨

07 다음은 무선통신보조설비의 화재안전기술기준에서 정하는 무반사 종단저항의 설치위치와 설치목적을 쓰시오.

(1) 설치위치 :

(2) 설치목적 :

해설
무선통신보조설비
(1) 무선통신보조설비의 용어 정의
① 누설동축케이블 : 동축케이블의 외부도체에 가느다란 홈을 만들어서 전파가 외부로 새어 나갈 수 있도록 한 케이블을 말한다.
② 분배기 : 신호의 전송로가 분기되는 장소에 설치하는 것으로 임피던스 매칭(Matching)과 신호 균등분배를 위해 사용하는 장치를 말한다.
③ 분파기 : 서로 다른 주파수의 합성된 신호를 분리하기 위해서 사용하는 장치를 말한다.
④ 혼합기 : 2 이상의 입력신호를 원하는 비율로 조합한 출력이 발생하도록 하는 장치를 말한다.
⑤ 증폭기 : 전압·전류의 진폭을 늘려 감도 등을 개선하는 장치를 말한다.
⑥ 무선중계기 : 안테나를 통하여 수신된 무전기 신호를 증폭한 후 음영지역에 재방사하여 무전기 상호 간 송수신이 가능하도록 하는 장치를 말한다.

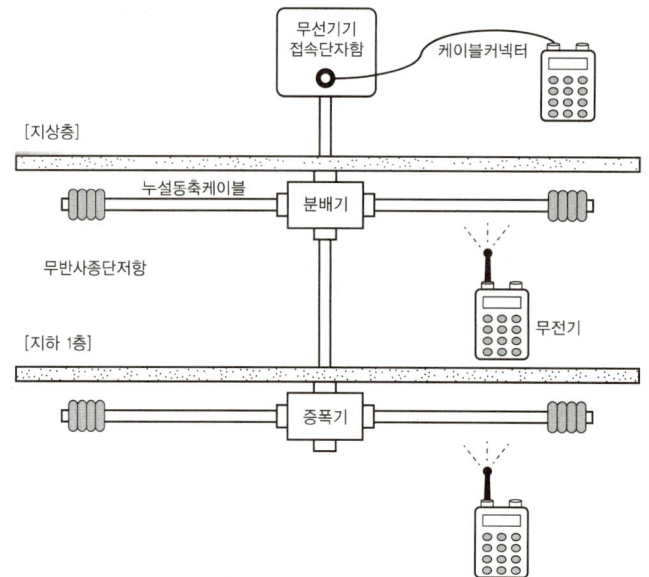

(2) 누설동축케이블의 설치기준
① 소방전용 주파수대에서 전파의 전송 또는 복사에 적합한 것으로서 소방전용의 것으로 할 것. 다만, 소방대 상호 간의 무선 연락에 지장이 없는 경우에는 다른 용도와 겸용할 수 있다.
② 누설동축케이블과 이에 접속하는 안테나 또는 동축케이블과 이에 접속하는 안테나로 구성할 것
③ 누설동축케이블 및 동축케이블은 불연 또는 난연성의 것으로서 습기 등의 환경조건에 따라 전기의 특성이 변질되지 않는 것으로 하고, 노출하여 설치한 경우에는 피난 및 통행에 장애가 없도록 할 것
④ 누설동축케이블 및 동축케이블은 화재에 따라 해당 케이블의 피복이 소실된 경우에 케이블 본체가 떨어지지 않도록 4[m] 이내마다 금속제 또는 자기제 등의 지지금구로 벽·천장·기둥 등에 견고하게 고정할 것. 다만, 불연재료로 구획된 반자 안에 설치하는 경우에는 그렇지 않다.

⑤ 누설동축케이블 및 안테나는 금속판 등에 따라 전파의 복사 또는 특성이 현저하게 저하되지 않는 위치에 설치할 것
⑥ 누설동축케이블 및 안테나는 고압의 전로로부터 1.5[m] 이상 떨어진 위치에 설치할 것. 다만, 해당 전로에 정전기 차폐장치를 유효하게 설치한 경우에는 그렇지 않다.
⑦ 누설동축케이블의 끝부분에는 무반사 종단저항을 견고하게 설치할 것

(3) 무반사 종단저항의 설치위치와 설치목적
① 설치위치 : 누설동축케이블의 끝부분
② 설치목적 : 누설동축케이블로 전송된 전자파가 누설동축케이블 끝에서 반사되어 교신을 방해하게 되는데, 송신부로 되돌아오는 전자파가 반사되지 않도록 하기 위하여 누설동축케이블 끝부분에 설치한다.

정답 (1) 누설동축케이블의 끝부분
(2) 누설동축케이블로 전송된 전자파가 누설동축케이블 끝에서 반사되어 교신을 방해하는 것을 방지하기 위하여 설치한다.

---

08 다음 조건에 주어진 진리표를 보고, 각 물음에 답하시오.

[득점 / 배점 10]

[조 건]

A	B	C	Y_1	Y_2
0	0	0	1	0
0	0	1	0	1
0	1	0	1	1
0	1	1	0	1
1	0	0	1	0
1	0	1	0	1
1	1	0	0	1
1	1	1	0	1

[물 음]

(1) 주어진 진리표를 이용하여 논리식을 간략하게 표현하시오.
  ① $Y_1 =$
  ② $Y_2 =$

(2) 논리식의 무접점회로를 그리시오.

A ○
B ○   ○ Y_1

C ○   ○ Y_2

(3) 논리식의 유접점회로를 그리시오.

해설
논리회로

(1) 논리식

진리표가 주어진 경우 카르노프 도표를 이용하여 논리식을 간단하게 표현한다.

① 출력 Y_1의 논리식

AB \ C	0($\overline{C}$)	1(C)
00 ($\overline{A}\overline{B}$)	1 ($\overline{A}\overline{B}\overline{C}$)	0
01 ($\overline{A}B$)	1 ($\overline{A}B\overline{C}$)	0
10 ($A\overline{B}$)	1 ($A\overline{B}\overline{C}$)	0
11 (AB)	0	0

출력이 "1"인 1열을 묶어 Y_1의 논리식을 간단하게 구한다.

$\therefore Y_1 = \overline{A}\overline{B}\overline{C} + A\overline{B}\overline{C} + \overline{A}B\overline{C} = \underbrace{(\overline{A}+A)}_{1}\overline{B}\overline{C} + \overline{A}B\overline{C}$

$= \overline{B}\overline{C} + \overline{A}B\overline{C} = \overline{C}(\underbrace{\overline{B}+\overline{A}B}_{\text{흡수법칙}}) = \overline{C}\{(\overline{B}+\overline{A}) \cdot \underbrace{(\overline{B}+B)}_{1}\}$

$= \overline{C}\{(\overline{B}+\overline{A}) \cdot 1\} = \overline{C}(\overline{A}+\overline{B})$

② 출력 Y_2의 논리식

AB \ C	0($\overline{C}$)	1(C)
00 ($\overline{A}\overline{B}$)	0	1 ($\overline{A}\overline{B}C$)
01 ($\overline{A}B$)	1 ($\overline{A}B\overline{C}$)	1 ($\overline{A}BC$)
10 ($A\overline{B}$)	0	1 ($A\overline{B}C$)
11 (AB)	1 ($AB\overline{C}$)	1 (ABC)

출력이 "1"인 두 번째 열과 두 번째 행, 네 번째 행을 묶어 Y_2의 논리식을 간단하게 구한다.

㉠ 두 번째 열을 묶는다.

$$\overline{A}\overline{B}C + \overline{A}BC + A\overline{B}C + ABC = \overline{A}C\underbrace{(\overline{B}+B)}_{1} + AC\underbrace{(\overline{B}+B)}_{1} = \overline{A}C + AC = \underbrace{(\overline{A}+A)}_{1}C = C$$

㉡ 두 번째 행을 묶는다.

$$\overline{A}B\overline{C} + \overline{A}BC = \overline{A}B(\overline{C}+C) = \overline{A}B$$

㉢ 네 번째 행을 묶는다.

$$AB\overline{C} + ABC = AB\underbrace{(\overline{C}+C)}_{1} = AB$$

$$\therefore Y_2 = C + \overline{A}B + AB = C + \underbrace{(\overline{A}+A)}_{1}B = B + C$$

(2) 무접점회로

① 논리회로의 기본회로

논리회로	정의	유접점회로	무접점회로	논리식
AND회로	2개의 입력신호가 모두 "1"일 때에만 출력신호가 "1"이 되는 논리회로로서 직렬회로이다.			$X = A \cdot B$
OR회로	2개의 입력신호 중 어느 1개의 입력신호가 "1"일 때 출력신호가 "1"이 되는 논리회로로서 병렬회로이다.			$X = A + B$
NOT회로	출력신호는 입력신호 정반대로 작동되는 논리회로로서 부정회로이다.			$X = \overline{A}$

② 논리식의 무접점회로

　㉠ 출력 $Y_1 = \underset{\text{AND회로}}{\overline{C} \quad \cdot \quad} (\underset{\text{OR회로}}{\overline{A} \quad + \quad \overline{B}})$

　㉡ 출력 $Y_2 = \underset{\text{OR회로}}{B \quad + \quad C}$

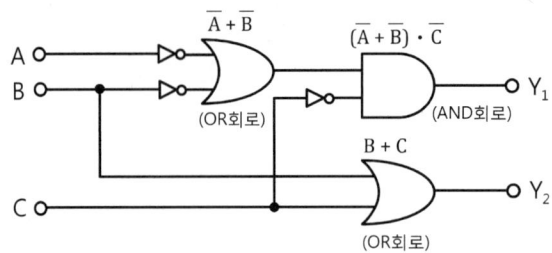

(3) 논리식의 유접점회로

　① 출력 $Y_1 = \underset{\substack{\text{AND회로}\\(\text{직렬회로})}}{\overline{C} \quad \cdot \quad} (\underset{\substack{\text{OR회로}\\(\text{병렬회로})}}{\overline{A} \quad + \quad \overline{B}})$

　② 출력 $Y_2 = \underset{\substack{\text{OR회로}\\(\text{병렬회로})}}{B \quad + \quad C}$

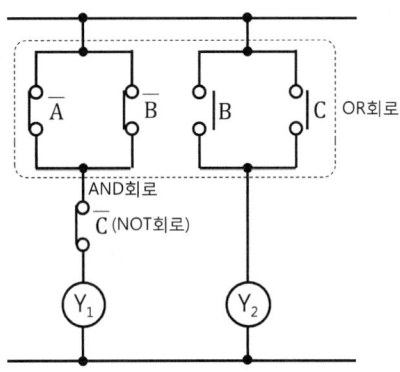

정답 (1) ① $Y_1 = \overline{C}(\overline{A} + \overline{B})$ ② $Y_2 = B + C$

(2)

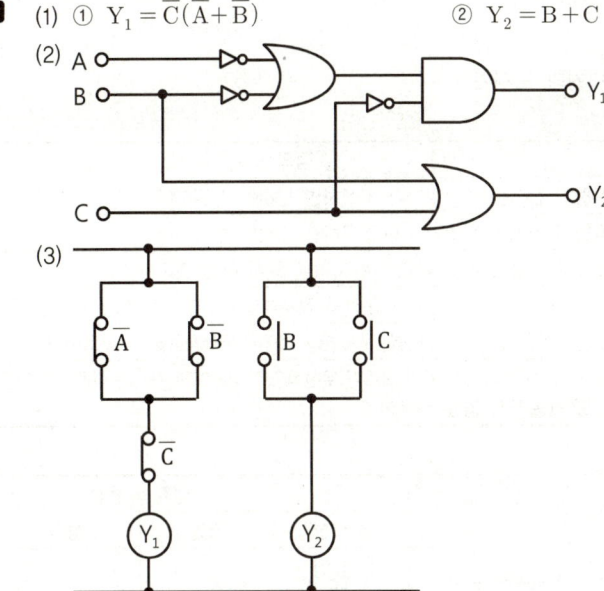

09 3상 유도전동기(IM)를 현장 측과 제어실 측 어느 쪽에서도 기동 및 정지가 가능하도록 제어회로를 작성하시오(단, 기동용 누름버튼스위치(PB-ON) 2개, 정지용 누름버튼스위치(PB-OFF) 2개, 열동계전기(THR) 1개, 전자접촉기 a접점(MC-a) 1개(자기유지회로용)만 사용할 것).

해설

3상 유도전동기의 2개소 기동 및 정지회로

(1) 시퀀스제어의 용어 및 제어용기기의 명칭과 도시기호

① 시퀀스제어의 용어 정의

시퀀스제어 용어		정의
접점	a접점	스위치를 조작하기 전에는 열려있다가 조작하면 닫히는 접점이다.
	b접점	스위치를 조작하기 전에는 닫혀있다가 조작하면 열리는 접점이다.
소자		전자코일에 흐르고 있는 전류를 차단하여 자력을 잃게 하는 것이다.
여자		릴레이, 전자접촉기 등 코일에 전류가 흘러서 전자석으로 되는 것이다.
자기유지회로		누름버튼스위치를 이용하여 그 상태를 계속 유지하기 위해 사용하는 회로이다.
인터록회로		2개의 입력신호 중 먼저 작동시킨 쪽의 회로가 우선적으로 이루어져 기기가 작동하며 다른 쪽에 입력신호가 들어오더라도 작동하지 않는 회로이다.

② 제어용기기의 명칭과 도시기호

제어용기기 명칭	작동원리	접점의 종류			
		주접점	코일	a접점	b접점
배선용 차단기 (MCCB)	단락 및 과부하로부터 회로를 보호하기 위하여 사용되는 전력기기이다.	▭	–	–	–
전자접촉기 (MC)	전자석의 동작에 의하여 접점을 개폐하는 기구로서 부하회로를 빈번하게 개폐하는 접촉기이다.	▭	(MC)	MC$_{-a}$	MC$_{-b}$
열동계전기 (THR)	정격전류 이상의 과부하 전류가 흐르면 내부에서 발생된 열에 의해 바이메탈이 융착하여 접점을 차단시키는 계전기로서 전동기의 과부하 보호에 사용된다.	▭	–	THR	THR
누름버튼스위치 (PB$_{-ON}$, PB$_{-OFF}$)	버튼을 누르면 접점 기구부가 개폐되며 손을 떼면 스프링의 힘에 의해 자동으로 복귀되는 스위치이다.	–	–	PB$_{-ON}$	PB$_{-OFF}$

(2) 동작설명

① 1개소(현장 측 또는 제어실 측)에서 유도전동기를 기동 및 정지할 경우

㉠ 배선용 차단기(MCCB)에 전원을 투입하고 기동용 누름버튼스위치(PB$_{1-ON}$)를 누르면 전자접촉기(MC)가 여자되어 전자접촉기의 주접점이 붙어 유도전동기(IM)가 기동된다. 이때 전자접촉기의 보조접점(MC$_{-a}$)이 붙어 자기유지가 된다.

㉡ 정지용 누름버튼스위치(PB$_{1-OFF}$)를 누르면 전자접촉기(MC)가 소자되어 운전 중인 유도전동기(IM)는 정지한다.

㉢ 유도전동기에 과전류가 흐르면 열동계전기(THR)가 작동되어 운전 중인 유도전동기(IM)는 정지한다.

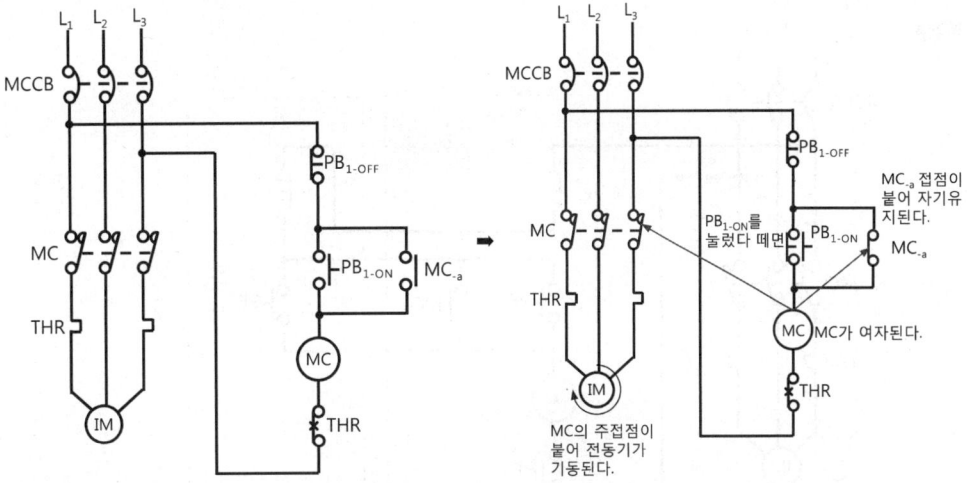

② 2개소(현장 측과 제어실 측)에서 유도전동기를 기동 및 정지할 경우
  ㉠ 2개(현장 측과 제어실 측)의 정지용 누름버튼스위치(PB$_{1-OFF}$, PB$_{2-OFF}$) 중 어느 1개소에서 누르면 운전 중인 유도전동기(IM)는 정지한다. → 정지용 누름버튼스위치(PB$_{1-OFF}$, PB$_{2-OFF}$)를 직렬로 연결한다(AND회로).
  ㉡ 2개(현장 측과 제어실 측)의 기동용 누름버튼스위치(PB$_{1-ON}$, PB$_{2-ON}$)를 어느 1개소에서 누르면 유도전동기(IM)는 기동된다. → 기동용 누름버튼스위치(PB$_{1-ON}$, PB$_{2-ON}$)를 병렬로 연결한다(OR회로).
  ㉢ 유도전동기에 과전류가 흐르면 열동계전기(THR)가 작동되어 운전 중인 유도전동기(IM)는 정지된다.

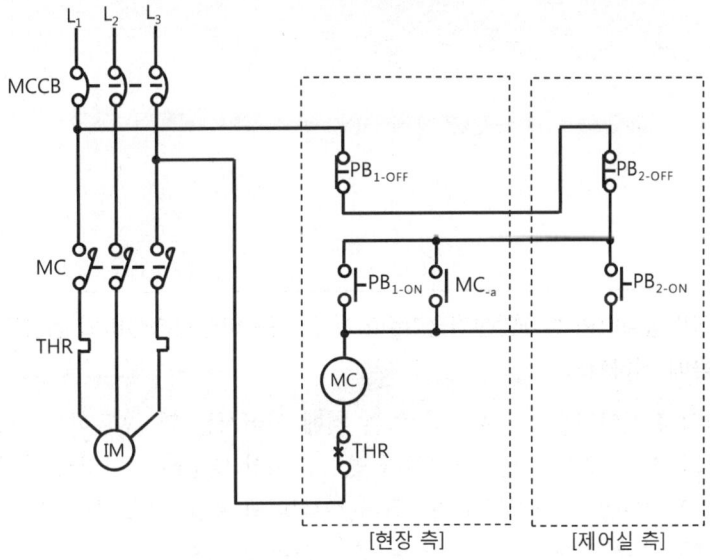

정답

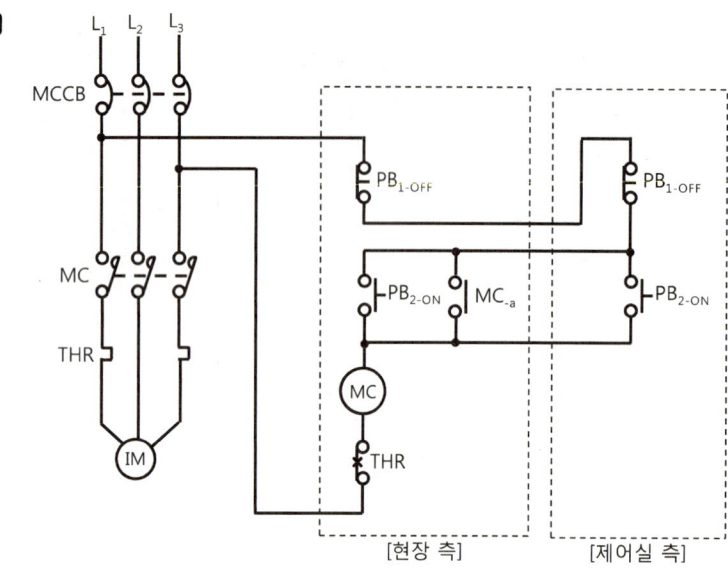

[현장 측] [제어실 측]

10 다음은 비상방송설비의 화재안전기술기준에서 정하는 비상방송설비의 음향장치 설치기준이다. 각 물음에 답하시오.

득점 / 배점 5

(1) 확성기의 음성입력은 실내에 설치하는 것에 있어서는 몇 [W] 이상으로 해야 하는지 쓰시오.
(2) 조작부의 조작스위치는 바닥으로부터 몇 [m] 이상 몇 [m] 이하의 높이에 설치해야 하는지 쓰시오.
(3) 지상 11층의 특정소방대상물에 자동화재탐지설비의 음향장치를 설치하였다. 이 건물의 5층에서 화재가 발생한 경우 경보를 발해야 하는 층을 모두 쓰시오.
(4) 기동장치에 따른 화재신호를 수신한 후 필요한 음량으로 화재발생상황 및 피난에 유효한 방송이 자동으로 개시될 때까지의 소요시간은 몇 초 이내로 해야 하는지 쓰시오.
(5) 음향장치는 정격전압의 몇 [%] 전압에서 음향을 발할 수 있어야 하는지 쓰시오.

해설

비상방송설비의 음향장치 설치기준
(1) 확성기의 음성입력은 3[W](실내에 설치하는 것에 있어서는 1[W]) 이상일 것
(2) 조작부의 조작스위치는 바닥으로부터 0.8[m] 이상 1.5[m] 이하의 높이에 설치할 것

(3) 층수가 11층(공동주택의 경우에는 16층) 이상의 특정소방대상물은 다음의 기준에 따라 경보를 발할 수 있도록 해야 한다.
① 2층 이상의 층에서 발화한 때에는 발화층 및 그 직상 4개 층에 경보를 발할 것
② 1층에서 발화한 때에는 발화층·그 직상 4개 층 및 지하층에 경보를 발할 것
③ 지하층에서 발화한 때에는 발화층·그 직상층 및 기타의 지하층에 경보를 발할 것

┌참고├───
우선경보방식(지하 3층이고, 지상 11층인 특정소방대상물)   [발화층 : ◉, 경보 표시 ●]

∴ 5층에서 화재가 발생한 경우에는 발화층인 5층과 그 직상 4개 층(6층, 7층, 8층, 9층)에 경보를 발해야 한다.

(4) 기동장치에 따른 화재신호를 수신한 후 필요한 음량으로 화재발생상황 및 피난에 유효한 방송이 자동으로 개시될 때까지의 소요시간은 10초 이내로 할 것
(5) 음향장치는 다음의 기준에 따른 구조 및 성능의 것으로 해야 한다.
① 정격전압의 80[%] 전압에서 음향을 발할 수 있는 것으로 할 것
② 자동화재탐지설비의 작동과 연동하여 작동할 수 있는 것으로 할 것
(6) 확성기는 각 층마다 설치하되, 그 층의 각 부분으로부터 하나의 확성기까지의 수평거리가 25[m] 이하가 되도록 하고, 해당 층의 각 부분에 유효하게 경보를 발할 수 있도록 설치할 것
(7) 음량조정기를 설치하는 경우 음량조정기의 배선은 3선식으로 할 것
(8) 조작부는 기동장치의 작동과 연동하여 해당 기동장치가 작동한 층 또는 구역을 표시할 수 있는 것으로 할 것
(9) 증폭기 및 조작부는 수위실 등 상시 사람이 근무하는 장소로서 점검이 편리하고 방화상 유효한 곳에 설치할 것
(10) 다른 방송설비와 공용하는 것에 있어서는 화재 시 비상경보 외의 방송을 차단할 수 있는 구조로 할 것
(11) 다른 전기회로에 따라 유도장애가 생기지 않도록 할 것
(12) 하나의 특정소방대상물에 2 이상의 조작부가 설치되어 있는 때에는 각각의 조작부가 있는 장소 상호 간에 동시 통화가 가능한 설비를 설치하고, 어느 조작부에서도 해당 특정소방대상물의 전 구역에 방송을 할 수 있도록 할 것

정답 (1) 1[W] 이상
(2) 0.8[m] 이상 1.5[m] 이하
(3) 5층, 6층, 7층, 8층, 9층
(4) 10초 이내
(5) 80[%]

11 일시적으로 발생된 열, 연기 또는 먼지 등으로 인하여 감지기가 화재신호를 발신할 우려가 있는 때에는 축적기능 등이 있는 자동화재탐지설비의 수신기를 설치해야 한다. 이 경우 수신기를 설치해야 하는 장소 3가지를 쓰시오.

득점	배점
	6

해설

자동화재탐지설비의 수신기 설치기준

(1) 해당 특정소방대상물의 경계구역을 각각 표시할 수 있는 회선 수 이상의 수신기를 설치할 것
(2) 해당 특정소방대상물에 가스누설탐지설비가 설치된 경우에는 가스누설탐지설비로부터 가스누설신호를 수신하여 가스누설경보를 할 수 있는 수신기를 설치할 것(가스누설탐지설비의 수신부를 별도로 설치한 경우에는 제외한다)
(3) 자동화재탐지설비의 수신기는 특정소방대상물 또는 그 부분이 지하층·무창층 등으로서 환기가 잘되지 않거나 실내면적이 40[m²] 미만인 장소, 감지기의 부착면과 실내 바닥과의 거리가 2.3[m] 이하인 장소로서 일시적으로 발생한 열·연기 또는 먼지 등으로 인하여 감지기가 화재신호를 발신할 우려가 있는 때에는 축적기능 등이 있는 것(축적형 감지기가 설치된 장소에는 감지기회로의 감시전류를 단속적으로 차단시켜 화재를 판단하는 방식 외의 것을 말한다)으로 설치해야 한다.
(4) 수신기의 설치기준
   ① 수위실 등 상시 사람이 근무하는 장소에 설치할 것. 다만, 사람이 상시 근무하는 장소가 없는 경우에는 관계인이 쉽게 접근할 수 있고 관리가 용이한 장소에 설치할 수 있다.
   ② 수신기가 설치된 장소에는 경계구역 일람도를 비치할 것. 다만, 모든 수신기와 연결되어 각 수신기의 상황을 감시하고 제어할 수 있는 수신기(주수신기)를 설치하는 경우에는 주수신기를 제외한 기타 수신기는 그렇지 않다.
   ③ 수신기의 음향기구는 그 음량 및 음색이 다른 기기의 소음 등과 명확히 구별될 수 있는 것으로 할 것
   ④ 수신기는 감지기·중계기 또는 발신기가 작동하는 경계구역을 표시할 수 있는 것으로 할 것
   ⑤ 화재·가스 전기 등에 대한 종합방재반을 설치한 경우에는 해당 조자반에 수신기의 작동과 연동하여 감지기·중계기 또는 발신기가 작동하는 경계구역을 표시할 수 있는 것으로 할 것
   ⑥ 하나의 경계구역은 하나의 표시등 또는 하나의 문자로 표시되도록 할 것
   ⑦ 수신기의 조작스위치는 바닥으로부터의 높이가 0.8[m] 이상 1.5[m] 이하인 장소에 설치할 것
   ⑧ 하나의 특정소방대상물에 2 이상의 수신기를 설치하는 경우에는 수신기를 상호 간 연동하여 화재발생 상황을 각 수신기마다 확인할 수 있도록 할 것
   ⑨ 화재로 인하여 하나의 층의 지구음향장치 배선이 단락되어도 다른 층의 화재통보에 지장이 없도록 각 층 배선 상에 유효한 조치를 할 것

정답
① 지하층·무창층 등으로서 환기가 잘되지 않는 장소
② 지하층·무창층 등으로서 실내면적이 40[m²] 미만인 장소
③ 감지기의 부착면과 실내 바닥과의 거리가 2.3[m] 이하인 장소

12 다음은 자동화재탐지설비 및 시각경보장치의 화재안전기술기준에서 정하는 감지기의 설치기준이다. ( ) 안에 알맞은 내용을 쓰시오.

득점	배점
	4

- 감지기(차동식 분포형의 것을 제외한다)는 실내로의 공기유입구로부터 (①)[m] 이상 떨어진 위치에 설치할 것
- 보상식 스포트형 감지기는 정온점이 감지기 주위의 평상시 최고온도보다 (②)[℃] 이상 높은 것으로 설치할 것
- 정온식 감지기는 주방·보일러실 등으로서 다량의 화기를 취급하는 장소에 설치하되, 공칭작동온도가 최고 주위온도보다 (③)[℃] 이상 높은 것으로 설치할 것
- 스포트형 감지기는 (④)[°] 이상 경사되지 않도록 부착할 것

해설
감지기의 설치기준
(1) 감지기(차동식 분포형의 것을 제외한다)는 실내로의 공기유입구로부터 1.5[m] 이상 떨어진 위치에 설치할 것
(2) 감지기는 천장 또는 반자의 옥내에 면하는 부분에 설치할 것
(3) 보상식 스포트형 감지기는 정온점이 감지기 주위의 평상시 최고온도보다 20[℃] 이상 높은 것으로 설치할 것
(4) 정온식 감지기는 주방·보일러실 등으로서 다량의 화기를 취급하는 장소에 설치하되, 공칭작동온도가 최고 주위온도보다 20[℃] 이상 높은 것으로 설치할 것
(5) 스포트형 감지기는 45[°] 이상 경사되지 않도록 부착할 것
(6) 공기관식 차동식 분포형 감지기는 다음의 기준에 따를 것
　① 공기관의 노출 부분은 감지구역마다 20[m] 이상이 되도록 할 것
　② 공기관과 감지구역의 각 변과의 수평거리는 1.5[m] 이하가 되도록 하고, 공기관 상호 간의 거리는 6[m](주요구조부가 내화구조로 된 특정소방대상물 또는 그 부분에 있어서는 9[m]) 이하가 되도록 할 것
　③ 공기관은 도중에서 분기하지 않도록 할 것
　④ 하나의 검출 부분에 접속하는 공기관의 길이는 100[m] 이하로 할 것
　⑤ 검출부는 5[°] 이상 경사되지 않도록 부착할 것
　⑥ 검출부는 바닥으로부터 0.8[m] 이상 1.5[m] 이하의 위치에 설치할 것

정답
① 1.5
② 20
③ 20
④ 45

13 자동화재탐지설비를 설치해야 하는 특정소방대상물의 연면적 또는 바닥면적 기준을 쓰시오 (단, 특정소방대상물의 전체인 경우 '전부' 또는 면적 조건이 없는 경우에는 '면적 조건 없음'이라고 답한다).

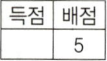

(1) 근린생활시설(목욕장은 제외)
(2) 근린생활시설 중 목욕장
(3) 의료시설(정신의료기관 또는 요양병원은 제외)
(4) 정신의료기관(창살 등은 설치되어 있지 않음)
(5) 요양병원(의료재활시설은 제외)

해설

자동화재탐지설비를 설치해야 하는 특정소방대상물(소방시설법 영 별표 4)

(1) 공동주택 중 아파트 등·기숙사 및 숙박시설의 경우에는 모든 층
(2) 층수가 6층 이상인 건축물의 경우에는 모든 층
(3) 근린생활시설(목욕장은 제외한다), 의료시설(정신의료기관 및 요양병원은 제외한다), 위락시설, 장례시설 및 복합건축물로서 연면적 600[m^2] 이상인 경우에는 모든 층
(4) 근린생활시설 중 목욕장, 문화 및 집회시설, 종교시설, 판매시설, 운수시설, 운동시설, 업무시설, 공장, 창고시설, 위험물 저장 및 처리 시설, 항공기 및 자동차 관련 시설, 교정 및 군사시설 중 국방·군사시설, 방송통신시설, 발전시설, 관광 휴게시설, 지하상가로서 연면적 1,000[m^2] 이상인 경우에는 모든 층
(5) 교육연구시설(교육시설 내에 있는 기숙사 및 합숙소를 포함한다), 수련시설(수련시설 내에 있는 기숙사 및 합숙소를 포함하며, 숙박시설이 있는 수련시설은 제외한다), 동물 및 식물 관련 시설(기둥과 지붕만으로 구성되어 외부와 기류가 통하는 장소는 제외한다), 자원순환 관련 시설, 교정 및 군사시설(국방·군사시설은 제외한다) 또는 묘지 관련 시설로서 연면적 2,000[m^2] 이상인 경우에는 모든 층
(6) 노유자 생활시설의 경우에는 모든 층
(7) (6)에 해당하지 않는 노유자시설로서 연면적 400[m^2] 이상인 노유자시설 및 숙박시설이 있는 수련시설로서 수용인원 100명 이상인 경우에는 모든 층
(8) 의료시설 중 정신의료기관 또는 요양병원으로서 다음의 어느 하나에 해당하는 시설
 ① 요양병원(의료재활시설은 제외한다)
 ② 정신의료기관 또는 의료재활시설로 사용되는 바닥면적의 합계가 300[m^2] 이상인 시설
 ③ 정신의료기관 또는 의료재활시설로 사용되는 바닥면적의 합계가 300[m^2] 미만이고, 창살(철재·플라스틱 또는 목재 등으로 사람의 탈출 등을 막기 위하여 설치한 것을 말하며, 화재 시 자동으로 열리는 구조로 되어 있는 창살은 제외한다)이 설치된 시설
(9) 판매시설 중 전통시장
(10) 터널로서 길이가 1,000[m] 이상인 것
(11) 지하구
(12) (3)에 해당하지 않는 근린생활시설 중 조산원 및 산후조리원
(13) (4)에 해당하지 않는 공장 및 창고시설로서 화재의 예방 및 안전관리에 관한 법률 시행령 별표 2에서 정하는 수량의 500배 이상의 특수가연물을 저장·취급하는 것
(14) (4)에 해당하지 않는 발전시설 중 전기저장시설

정답
(1) 연면적 600[m^2] 이상
(2) 연면적 1,000[m^2] 이상
(3) 연면적 600[m^2] 이상
(4) 바닥면적의 합계가 300[m^2] 이상
(5) 전부

14. 다음 도면은 어느 특정소방대상물의 평면도이다. 각 실에 차동식 스포트형 1종 감지기를 설치하고자 한다. 각 물음에 답하시오(단, 건축물의 주요구조부는 내화구조이고, 감지기의 부착높이는 4.5[m]이다).

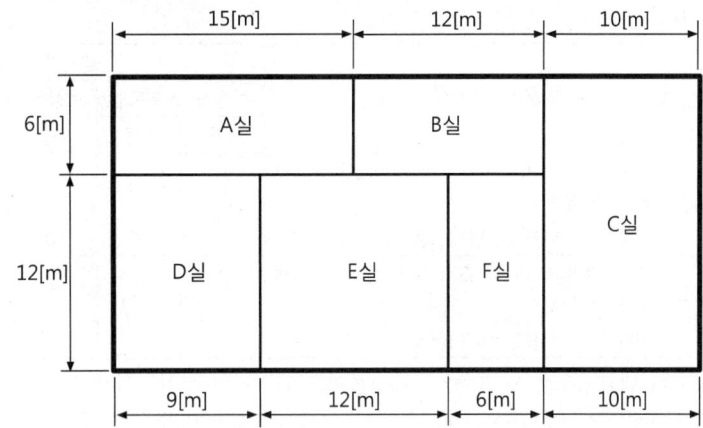

(1) 각 실에 설치해야 하는 차동식 스포트형 1종 감지기의 개수를 구하시오.

(부착높이 4m 이상 8m 미만, 내화구조, 차동식 스포트형 1종 → 기준면적 45[m²])

실 구분	계산과정	감지기의 설치개수
A실	$15 \times 6 / 45 = 2$	2개
B실	$12 \times 6 / 45 = 1.6 \rightarrow 2$	2개
C실	$10 \times 18 / 45 = 4$	4개
D실	$9 \times 12 / 45 = 2.4 \rightarrow 3$	3개
E실	$12 \times 12 / 45 = 3.2 \rightarrow 4$	4개
F실	$6 \times 12 / 45 = 1.6 \rightarrow 2$	2개
합계		17개

(2) 해당 특정소방대상물의 경계구역 수를 구하시오.

• 계산과정 : 전체면적 = $(15+12+10) \times 6 + (9+12+6+10) \times 12 = 222 + 444 = 666[m^2]$
   경계구역 수 = $666 / 600 = 1.11 \rightarrow 2$

• 답 : 2경계구역

해설

자동화재탐지설비의 감지기 설치기준

(1) 차동식 스포트형 1종 감지기 설치개수 산정

① 차동식 스포트형·보상식 스포트형 및 정온식 스포트형 감지기는 그 부착높이 및 특정소방대상물에 따라 다음 [표]에 따른 바닥면적마다 1개 이상을 설치할 것

부착높이 및 특정소방대상물의 구분		감지기의 종류(단위 : [m²])					
		차동식 스포트형		보상식 스포트형		정온식 스포트형		
		1종	2종	1종	2종	특종	1종	2종
4[m] 미만	주요구조부가 내화구조로 된 특정소방대상물 또는 그 부분	90	70	90	70	70	60	20
	기타 구조의 특정소방대상물 또는 그 부분	50	40	50	40	40	30	15
4[m] 이상 8[m] 미만	주요구조부가 내화구조로 된 특정소방대상물 또는 그 부분	45	35	45	35	35	30	-
	기타 구조의 특정소방대상물 또는 그 부분	30	25	30	25	25	15	-

② 주요구조부가 내화구조로 된 특정소방대상물이고 감지기의 부착높이가 4.5[m]이다.

③ 감지기의 부착높이는 4[m] 이상 8[m] 미만이고, 주요구조부가 내화구조이므로 차동식 스포트형 1종 감지기는 바닥면적 45[m²]마다 1개 이상을 설치해야 한다.

$$\therefore 감지기\ 설치개수 = \frac{감지구역의\ 바닥면적[m^2]}{감지기\ 1개의\ 설치\ 바닥면적[m^2]}[개]$$

실 구분	계산과정	감지기의 설치개수
A실	$\frac{15[m] \times 6[m]}{45[m^2]} = 2개$	2개
B실	$\frac{12[m] \times 6[m]}{45[m^2]} = 1.6개 ≒ 2개$	2개
C실	$\frac{10[m] \times (6[m] + 12[m])}{45[m^2]} = 4개$	4개
D실	$\frac{9[m] \times 12[m]}{45[m^2]} = 2.4개 ≒ 3개$	3개
E실	$\frac{12[m] \times 12[m]}{45[m^2]} = 3.2개 ≒ 4개$	4개
F실	$\frac{6[m] \times 12[m]}{45[m^2]} = 1.6개 ≒ 2개$	2개
합계	2개 + 2개 + 4개 + 3개 + 4개 + 2개 = 17개	17개

(2) 경계구역 설정기준

① 수평적 경계구역

구분	기준	예외 기준
층별	층마다(2개 이상의 층에 미치지 않도록 할 것)	500[m²] 이하의 범위 안에서는 2개의 층을 하나의 경계구역으로 할 수 있다.
경계구역의 면적	600[m²] 이하	주된 출입구에서 그 내부 전체가 보이는 것에 있어서는 한 변의 길이가 50[m]의 범위에서 1,000[m²] 이하로 할 수 있다.
한 변의 길이	50[m] 이하	-

② 수직적 경계구역

구분	계단·경사로 기준	엘리베이터 승강로(권상기실이 있는 경우에는 권상기실)·린넨슈트·파이프 피트 및 덕트
높이	45[m] 이하	별도의 경계구역으로 설정
지하층 구분	지상층과 지하층을 구분 (지하층의 층수가 한 개 층일 경우는 제외)	

∴ 경계구역 $= \dfrac{(15[m]+12[m]+10[m]) \times (6[m]+12[m])}{600[m^2]} = 1.11 ≒ 2$ 경계구역

정답 (1)

실 구분	계산과정	설치 수량[개]
A실	$\dfrac{15[m] \times 6[m]}{45[m^2]} = 2$개	2개
B실	$\dfrac{12[m] \times 6[m]}{45[m^2]} = 1.6$개 ≒ 2개	2개
C실	$\dfrac{10[m] \times (6[m]+12[m])}{45[m^2]} = 4$개	4개
D실	$\dfrac{9[m] \times 12[m]}{45[m^2]} = 2.4$개 ≒ 3개	3개
E실	$\dfrac{12[m] \times 12[m]}{45[m^2]} = 3.2$개 ≒ 4개	4개
F실	$\dfrac{6[m] \times 12[m]}{45[m^2]} = 1.6$개 ≒ 2개	2개
합계	2개 + 2개 + 4개 + 3개 + 4개 + 2개 = 17개	17개

(2) 2 경계구역

15 다음은 전선 금속관공사에 사용되는 부품의 용도를 간단하게 쓰시오.

(1) 부싱
(2) 유니언커플링
(3) 유니버설엘보

득점	배점
	6

해설

전선 금속관공사에 사용되는 부품

금속관공사의 부품 명칭	사용 용도	그림
커플링	전선관과 전선관을 연결할 때 사용한다.	
새들	전선관을 구조물에 고정할 때 사용한다.	
환형 3방출 정크션박스	전선관을 분기할 때 사용하며 방출방향의 수에 따라 2방출, 3방출, 4방출이 있다.	
노멀밴드	전선관이 직각으로 구부러지는 곳에 사용한다.	
유니버설엘보	노출배관을 공사할 때 관을 직각으로 구부러지는 곳에 사용한다.	
유니언커플링	전선관의 접속부에서 양쪽의 관이 돌려지지 않는 곳에 전선관을 접속할 때 사용한다.	
부싱	전선관을 박스에 접속할 때 전선의 피복을 보호하기 위하여 박스 내부의 전선관 끝에 사용한다.	
로크너트	전선관과 박스를 접속할 때 사용하는 부품으로서 최소 2개를 사용한다.	
8각 아웃렛 박스	전선관을 공사할 때 감지기, 유도등 및 전선을 접속하는데 사용하는 박스로 4각은 각 방향으로 2개까지 방출할 수 있고, 8각은 각 방향으로 1개까지 방출할 수 있다.	
4각 아웃렛 박스		

정답
(1) 전선관을 박스에 접속할 때 전선의 피복을 보호하기 위하여 박스 내부의 전선관 끝에 사용한다.
(2) 전선관의 접속부에서 양쪽의 관이 돌려지지 않는 곳에 전선관을 접속할 때 사용한다.
(3) 노출배관을 공사할 때 관을 직각으로 구부러지는 곳에 사용한다.

16 비상방송설비를 업무용 방송설비와 겸용으로 하는 확성기(Speaker) 회로에 음량조정기를 설치하고자 할 때 미완성된 결선도를 완성하시오.

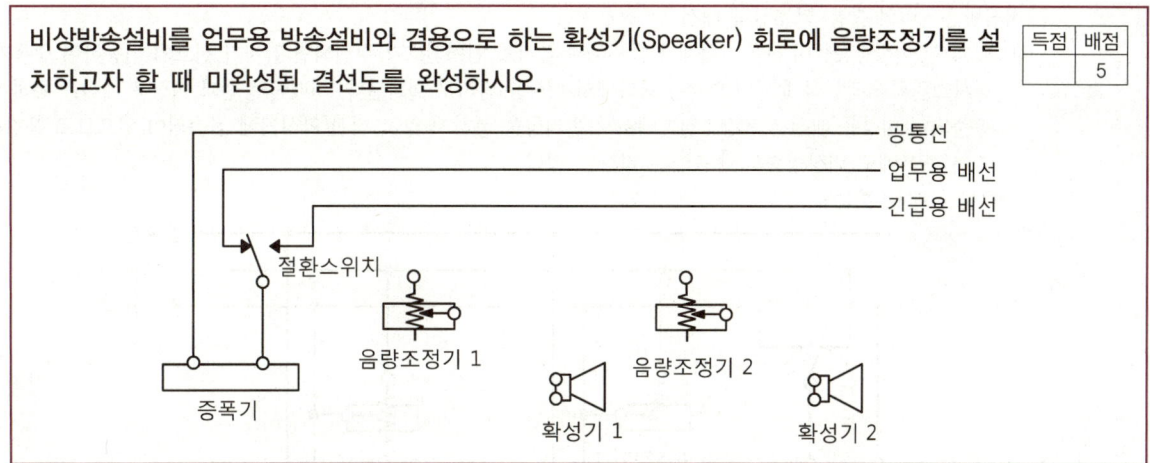

해설

비상방송설비
(1) 비상방송설비의 용어 정의
   ① 확성기 : 소리를 크게 하여 멀리까지 전달될 수 있도록 하는 장치로써 일명 스피커를 말한다.
   ② 음량조절기 : 가변저항을 이용하여 전류를 변화시켜 음량을 크게 하거나 작게 조절할 수 있는 장치를 말한다.
   ③ 증폭기 : 전압·전류의 진폭을 늘려 감도를 좋게 하고 미약한 음성전류를 커다란 음성전류로 변화시켜 소리를 크게 하는 장치를 말한다.
(2) 비상방송설비의 음향장치 설치기준
   ① 확성기의 음성입력은 3[W](실내에 설치하는 것에 있어서는 1[W]) 이상일 것
   ② 확성기는 각 층마다 설치하되, 그 층의 각 부분으로부터 하나의 확성기까지의 수평거리가 25[m] 이하가 되도록 하고, 해당 층의 각 부분에 유효하게 경보를 발할 수 있도록 설치할 것
   ③ 음량조정기를 설치하는 경우 음량조정기의 배선은 3선식으로 할 것
   ④ 조작부의 조작스위치는 바닥으로부터 0.8[m] 이상 1.5[m] 이하의 높이에 설치할 것
   ⑤ 조작부는 기동장치의 작동과 연동하여 해당 기동장치가 작동한 층 또는 구역을 표시할 수 있는 것으로 할 것
   ⑥ 증폭기 및 조작부는 수위실 등 상시 사람이 근무하는 장소로서 점검이 편리하고 방화상 유효한 곳에 설치할 것
   ⑦ 층수가 11층(공동주택의 경우에는 16층) 이상의 특정소방대상물은 다음의 기준에 따라 경보를 발할 수 있도록 해야 한다.
      ㉠ 2층 이상의 층에서 발화한 때에는 발화층 및 그 직상 4개 층에 경보를 발할 것
      ㉡ 1층에서 발화한 때에는 발화층·그 직상 4개 층 및 지하층에 경보를 발할 것
      ㉢ 지하층에서 발화한 때에는 발화층·그 직상층 및 기타의 지하층에 경보를 발할 것
   ⑧ 다른 방송설비와 공용하는 것에 있어서는 화재 시 비상경보 외의 방송을 차단할 수 있는 구조로 할 것
   ⑨ 다른 전기회로에 따라 유도장애가 생기지 않도록 할 것
   ⑩ 하나의 특정소방대상물에 2 이상의 조작부가 설치되어 있는 때에는 각각의 조작부가 있는 장소 상호 간에 동시 통화가 가능한 설비를 설치하고, 어느 조작부에서도 해당 특정소방대상물의 전 구역에 방송을 할 수 있도록 할 것
   ⑪ 기동장치에 따른 화재신호를 수신한 후 필요한 음량으로 화재발생 상황 및 피난에 유효한 방송이 자동으로 개시될 때까지의 소요시간은 10초 이내로 할 것
   ⑫ 음향장치는 다음의 기준에 따른 구조 및 성능의 것으로 해야 한다.
      ㉠ 정격전압의 80[%] 전압에서 음향을 발할 수 있는 것으로 할 것
      ㉡ 자동화재탐지설비의 작동과 연동하여 작동할 수 있는 것으로 할 것

(3) 비상방송설비의 작동 및 3선식 배선
① 화재 시 비상방송설비 작동 : 화재가 발생하여 감지기 입력신호가 수신되면 감지기 신호와 연동하여 증폭기 내부의 절환스위치가 작동하게 되며 업무용 단자에서 비상용 단자로 절환된다. 이때 공통선과 비상용 배선을 통하여 방송이 송출되며 비상용 배선은 음량조절기에서 가변저항을 통하지 않고 직접 확성기에 접속되어 있으므로 음량을 0으로 줄인 경우에도 비상방송의 송출에는 지장이 없다.
② 3선식 배선 결선도

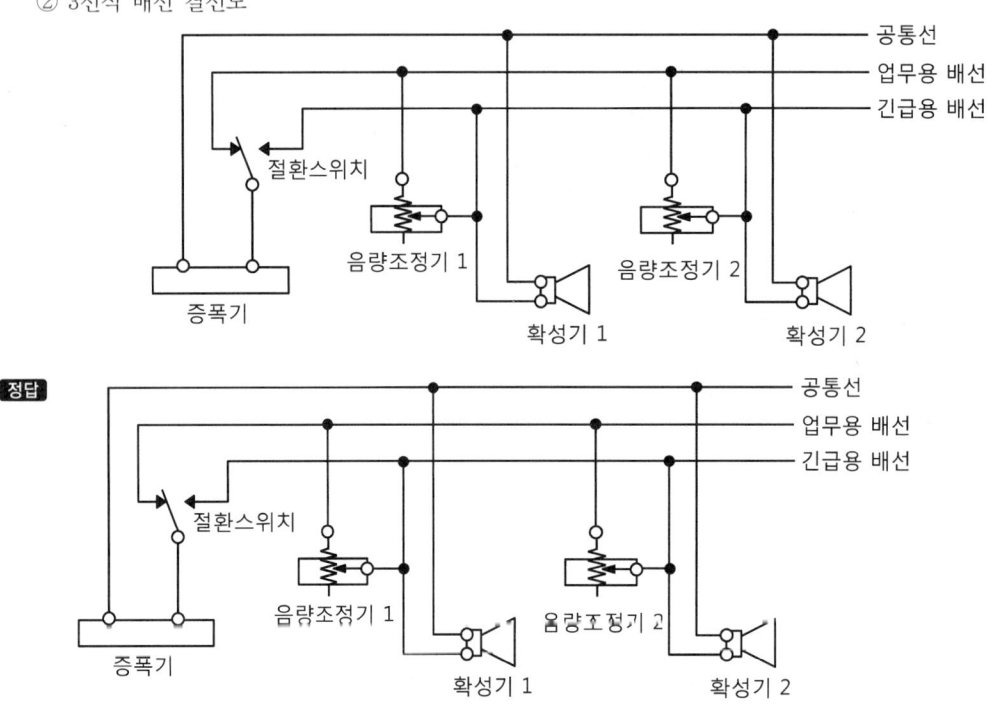

17 지상 31층의 특정소방대상물에 비상콘센트를 설치하고자 한다. 비상콘센트를 각 층에 1개씩 설치할 경우 최소 회로 수를 구하시오. [득점/배점 4]

- 계산과정 :
- 답 :

해설

비상콘센트설비의 화재안전기술기준

(1) 비상콘센트설비의 설치목적

소방대가 소화작업 중에 상용전원의 정전이나 상용전원의 소손으로 전원이 차단될 경우 소방대의 소화활동을 용이하게 하기 위하여 조명장치 및 소화활동상 필요한 장비 등을 접속하여 전원을 공급받을 수 있도록 하기 위한 비상전원설비이다.

> **참고**
>
> **비상콘센트설비를 설치해야 하는 특정소방대상물(소방시설법 영 별표 4)**
> - 층수가 11층 이상인 특정소방대상물의 경우에는 11층 이상의 층
> - 지하층의 층수가 3층 이상이고 지하층의 바닥면적의 합계가 1,000[m²] 이상인 것은 지하층의 모든 층
> - 터널로서 길이가 500[m] 이상인 것
> [제외대상] 위험물 저장 및 처리 시설 중 가스시설 및 지하구

(2) 비상콘센트설비의 전원회로 설치기준

① 비상콘센트설비의 전원회로는 단상교류 220[V]인 것으로서, 그 공급용량은 1.5[kVA] 이상인 것으로 할 것
② 전원회로는 각 층에 2 이상이 되도록 설치할 것. 다만, 설치해야 할 층의 비상콘센트가 1개인 때에는 하나의 회로로 할 수 있다.
③ 전원회로는 주배전반에서 전용회로로 할 것. 다만, 다른 설비회로의 사고에 따른 영향을 받지 않도록 되어 있는 것은 그렇지 않다.
④ 전원으로부터 각 층의 비상콘센트에 분기되는 경우에는 분기배선용 차단기를 보호함 안에 설치할 것
⑤ 콘센트마다 배선용 차단기(KS C 8321)를 설치해야 하며, 충전부가 노출되지 않도록 할 것
⑥ 개폐기에는 "비상콘센트"라고 표시한 표지를 할 것
⑦ 비상콘센트용의 풀박스 등은 방청도장을 한 것으로서 두께 1.6[mm] 이상의 철판으로 할 것
⑧ 하나의 전용회로에 설치하는 비상콘센트는 10개 이하로 할 것. 이 경우 전선의 용량은 각 비상콘센트(비상콘센트가 3개 이상인 경우에는 3개)의 공급용량을 합한 용량 이상의 것으로 해야 한다.

(3) 회로 수 계산

① 11층 이상에 비상콘센트를 설치하므로 11층에서 31층까지 각 층에 비상콘센트를 설치해야 한다.

∴ 각 층에 1개의 비상콘센트를 설치해야 하므로
비상콘센트의 설치개수 = (31층 − 11층) + 1개 = 21개

② 하나의 전용회로에 설치하는 비상콘센트는 10개 이하로 해야 한다.

∴ 회로수 = $\frac{21개}{10개}$ = 2.1 ≒ 3회로

정답 3회로

18 자동화재탐지설비 및 시각경보장치의 화재안전기술기준에서 정하는 청각장애인용 시각경보장치의 설치기준을 3가지만 쓰시오.

득점	배점
	6

해설

청각장애인용 시각경보장치

(1) 청각장애인용 시각경보장치의 설치기준
  ① 복도·통로·청각장애인용 객실 및 공용으로 사용하는 거실(로비, 회의실, 강의실, 식당, 휴게실, 오락실, 대기실, 체력단련실, 접객실, 안내실, 전시실, 기타 이와 유사한 장소를 말한다)에 설치하며, 각 부분으로부터 유효하게 경보를 발할 수 있는 위치에 설치할 것
  ② 공연장·집회장·관람장 또는 이와 유사한 장소에 설치하는 경우에는 시선이 집중되는 무대부 부분 등에 설치할 것
  ③ 설치높이는 바닥으로부터 2[m] 이상 2.5[m] 이하의 장소에 설치할 것. 다만, 천장의 높이가 2[m] 이하인 경우에는 천장으로부터 0.15[m] 이내의 장소에 설치해야 한다.
  ④ 시각경보장치의 광원은 전용의 축전지설비 또는 전기저장장치(외부 전기에너지를 저장해 두었다가 필요한 때 전기를 공급하는 장치)에 의하여 점등되도록 할 것. 다만, 시각경보기에 작동전원을 공급할 수 있도록 형식승인을 얻은 수신기를 설치한 경우에는 그렇지 않다.

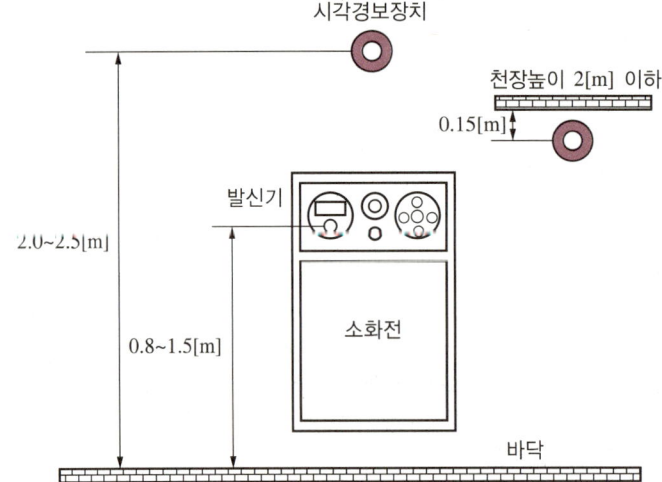

(2) 시각경보기를 설치해야 하는 특정소방대상물(소방시설법 영 별표 4)
  ① 근린생활시설, 문화 및 집회시설, 종교시설, 판매시설, 운수시설, 의료시설, 노유자시설
  ② 운동시설, 업무시설, 숙박시설, 위락시설, 창고시설 중 물류터미널, 발전시설 및 장례시설
  ③ 교육연구시설 중 도서관, 방송통신시설 중 방송국
  ④ 지하상가

정답
  ① 복도·통로·청각장애인용 객실 및 공용으로 사용하는 거실(로비, 회의실, 강의실, 식당, 휴게실, 오락실, 대기실, 체력단련실, 접객실, 안내실, 전시실, 기타 이와 유사한 장소를 말한다)에 설치하며, 각 부분으로부터 유효하게 경보를 발할 수 있는 위치에 설치할 것
  ② 공연장·집회장·관람장 또는 이와 유사한 장소에 설치하는 경우에는 시선이 집중되는 무대부 부분 등에 설치할 것
  ③ 설치높이는 바닥으로부터 2[m] 이상 2.5[m] 이하의 장소에 설치할 것. 다만, 천장의 높이가 2[m] 이하인 경우에는 천장으로부터 0.15[m] 이내의 장소에 설치해야 한다.

2021년 제4회 과년도 기출복원문제

※ 다음 물음에 대한 답을 해당 답란에 답하시오.(배점 : 100)

01 자동화재탐지설비 및 시각경보장치의 화재안전기술기준에서 정하는 감지기회로의 도통시험을 위한 종단저항의 설치기준을 3가지만 쓰시오.

득점	배점
	6

해설
자동화재탐지설비의 배선 설치기준
(1) 전원회로의 배선은 옥내소화전설비의 화재안전기술기준(NFTC 102) 2.7.2의 표 2.7.2(1)에 따른 내화배선에 따르고, 그 밖의 배선(감지기 상호 간 또는 감지기로부터 수신기에 이르는 감지기회로의 배선은 제외한다)은 옥내소화전설비의 화재안전기술기준(NFTC 102) 2.7.2의 표 2.7.2(1) 또는 2.7.2(2)에 따른 내화배선 또는 내열배선에 따라 설치할 것
(2) 감지기 상호 간 또는 감지기로부터 수신기에 이르는 감지기회로의 배선은 다음의 기준에 따라 설치할 것
   ① 아날로그식, 다신호식 감지기나 R형 수신기용으로 사용되는 것은 전자파 방해를 받지 않는 실드선 등을 사용해야 하며, 광케이블의 경우에는 전자파 방해를 받지 않고 내열성능이 있는 경우 사용할 것. 다만, 전자파 방해를 받지 않는 방식의 경우에는 그렇지 않다.
   ② ① 외의 일반배선을 사용할 때는 옥내소화전설비의 화재안전기술기준(NFTC 102) 2.7.2의 표 2.7.2(1) 또는 2.7.2(2)에 따른 내화배선 또는 내열배선으로 사용할 것
(3) 감지기회로의 도통시험을 위한 종단저항은 다음의 기준에 따를 것
   ① 점검 및 관리가 쉬운 장소에 설치할 것
   ② 전용함을 설치하는 경우 그 설치높이는 바닥으로부터 1.5[m] 이내로 할 것
   ③ 감지기회로의 끝부분에 설치하며, 종단감지기에 설치할 경우에는 구별이 쉽도록 해당 감지기의 기판 및 감지기 외부 등에 별도의 표시를 할 것
(4) 감지기 사이의 회로의 배선은 송배선시으로 할 것
(5) 전원회로의 전로와 대지 사이 및 배선 상호 간의 절연저항은 전기사업법 제67조에 따른 전기설비기술기준이 정하는 바에 의하고, 감지기회로 및 부속회로의 전로와 대지 사이 및 배선 상호 간의 절연저항은 1 경계구역마다 직류 250[V]의 절연저항측정기를 사용하여 측정한 절연저항이 0.1[MΩ] 이상이 되도록 할 것
(6) 자동화재탐지설비의 배선은 다른 전선과 별도의 관·덕트(절연효력이 있는 것으로 구획한 때에는 그 구획된 부분은 별개의 덕트로 본다)·몰드 또는 풀박스 등에 설치할 것. 다만, 60[V] 미만의 약 전류회로에 사용하는 전선으로서 각각의 전압이 같을 때에는 그렇지 않다.
(7) P형 수신기 및 G.P형 수신기의 감지기회로의 배선에 있어서 하나의 공통선에 접속할 수 있는 경계구역은 7개 이하로 할 것
(8) 자동화재탐지설비의 감지기회로의 전로저항은 50[Ω] 이하가 되도록 해야 하며, 수신기의 각 회로별 종단에 설치되는 감지기에 접속되는 배선의 전압은 감지기 정격전압의 80[%] 이상이어야 할 것

정답
① 점검 및 관리가 쉬운 장소에 설치할 것
② 전용함을 설치하는 경우 그 설치높이는 바닥으로부터 1.5[m] 이내로 할 것
③ 감지기회로의 끝부분에 설치하며, 종단감지기에 설치할 경우에는 구별이 쉽도록 해당 감지기의 기판 및 감지기 외부 등에 별도의 표시를 할 것

02 다음은 특정소방대상물의 설치장소별로 설치해야 할 유도등 및 유도표지의 종류이다. ( ) 안에 알맞은 유도등 및 유도표지의 종류를 모두 쓰시오.

설치장소	유도등 및 유도표지의 종류
1. 공연장, 집회장(종교집회장 포함), 관람장, 운동시설	(①)
2. 유흥주점영업시설(식품위생법 시행령 제21조 제8호 라목의 유흥주점영업 중 손님이 춤을 출 수 있는 무대가 설치된 카바레, 나이트클럽 또는 그 밖에 이와 비슷한 영업시설만 해당한다)	
3. 위락시설, 판매시설, 운수시설, 관광진흥법 제3조 제1항 제2호에 따른 관광숙박업, 의료시설, 장례식장, 방송통신시설, 전시장, 지하상가, 지하철역사	(②)
4. 숙박시설(제3호의 관광숙박업 외의 것을 말한다), 오피스텔	(③)
5. 제1호부터 제3호까지 외의 건축물로서 지하층, 무창층 또는 층수가 11층 이상인 특정소방대상물	
6. 제1호부터 제5호까지 외의 건축물로서 근린생활시설, 노유자시설, 업무시설, 발전시설, 종교시설(집회장 용도로 사용하는 부분 제외), 교육연구시설, 수련시설, 공장, 교정 및 군사시설(국방·군사시설 제외), 자동차정비공장, 운전학원 및 정비학원, 다중이용업소, 복합건축물	(④)
7. 그 밖의 것	(⑤)

해설
특정소방대상물의 용도별로 설치해야 할 유도등 및 유도표지

설치장소	유도등 및 유도표지의 종류
1. 공연장, 집회장(종교집회장 포함), 관람장, 운동시설	• 대형 피난구유도등 • 통로유도등 • 객석유도등
2. 유흥주점영업시설(식품위생법 시행령 제21조 제8호 라목의 유흥주점영업 중 손님이 춤을 출 수 있는 무대가 설치된 카바레, 나이트클럽 또는 그 밖에 이와 비슷한 영업시설만 해당한다)	
3. 위락시설, 판매시설, 운수시설, 관광진흥법 제3조 제1항 제2호에 따른 관광숙박업, 의료시설, 장례식장, 방송통신시설, 전시장, 지하상가, 지하철역사	• 대형 피난구유도등 • 통로유도등
4. 숙박시설(제3호의 관광숙박업 외의 것을 말한다), 오피스텔	• 중형 피난구유도등 • 통로유도등
5. 제1호부터 제3호까지 외의 건축물로서 지하층, 무창층 또는 층수가 11층 이상인 특정소방대상물	
6. 제1호부터 제5호까지 외의 건축물로서 근린생활시설, 노유자시설, 업무시설, 발전시설, 종교시설(집회장 용도로 사용하는 부분 제외), 교육연구시설, 수련시설, 공장, 교정 및 군사시설(국방·군사시설 제외), 자동차정비공장, 운전학원 및 정비학원, 다중이용업소, 복합건축물	• 소형 피난구유도등 • 통로유도등
7. 그 밖의 것	• 피난구유도표시 • 통로유도표시

정답
① 대형 피난구유도등, 통로유도등, 객석유도등
② 대형 피난구유도등, 통로유도등
③ 중형 피난구유도등, 통로유도등
④ 소형 피난구유도등, 통로유도등
⑤ 피난구유도표지, 통로유도표지

03 다음 도면은 지하 3층, 지상 11층의 특정소방대상물에 발화층 및 직상층에 우선경보방식으로 배선하고자 한다. 화재 시 경보가 발할 수 있도록 다이오드(Diode)를 도면에 그려 넣으시오(단, 다이오드의 도시기호는 ▶⊢ 이다).

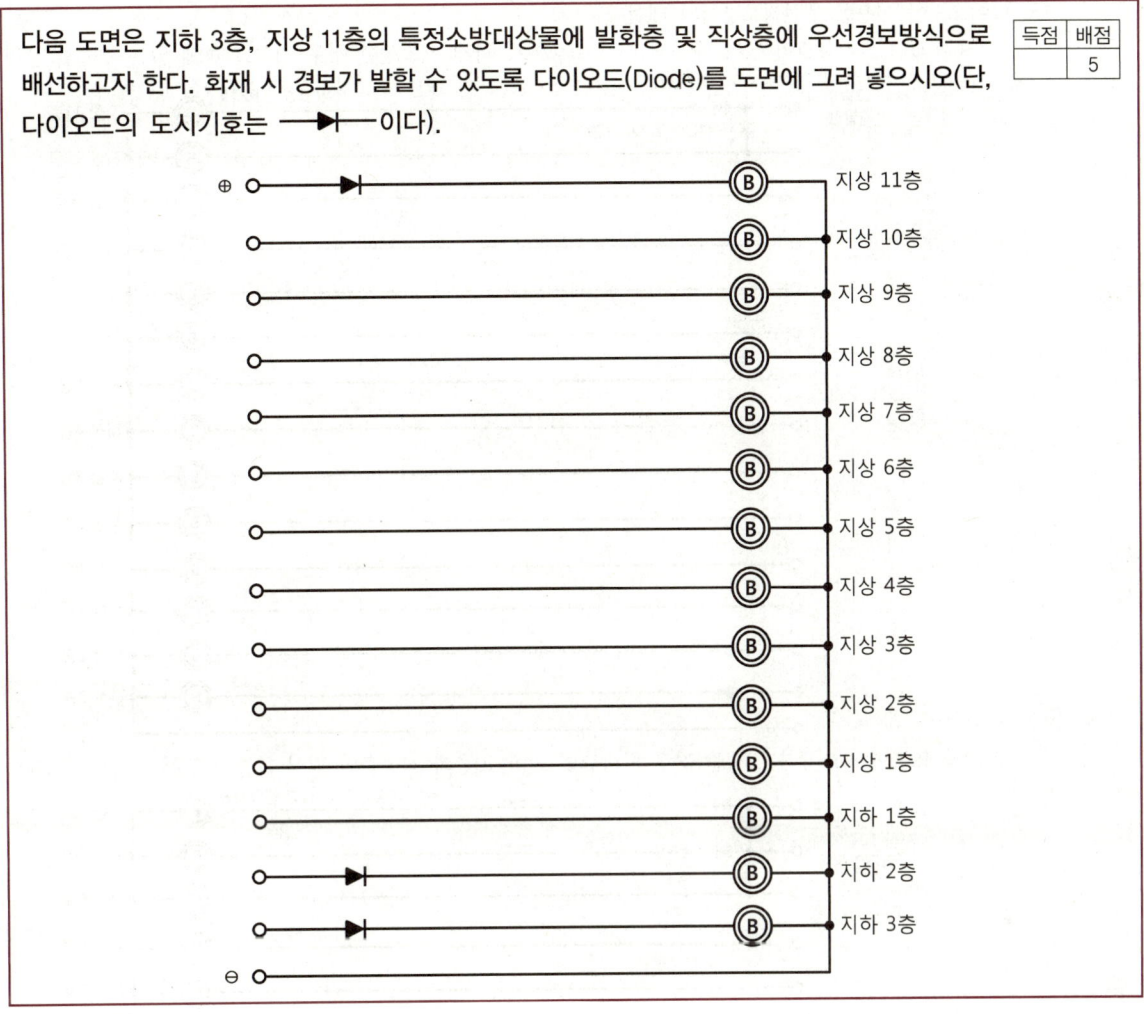

해설
우선경보방식
(1) 다이오드의 개요

정의	도시기호
다이오드에 전압을 인가하면 순방향으로만 전류를 통과시키고 역방향으로는 전류를 흐르지 않는 단방향 전류소자이다.	(+) ▶⊢ (-) 애노드(Anode) 캐소드(Cathode)

(2) 우선경보방식
   층수가 11층(공동주택의 경우에는 16층) 이상의 특정소방대상물은 다음의 기준에 따라 경보를 발할 수 있도록 할 것
   ① 2층 이상의 층에서 발화한 때에는 발화층 및 그 직상 4개 층에 경보를 발할 것
   ② 1층에서 발화한 때에는 발화층·그 직상 4개 층 및 지하층에 경보를 발할 것
   ③ 지하층에서 발화한 때에는 발화층·그 직상층 및 기타의 지하층에 경보를 발할 것

(3) 다이오드를 이용한 우선경보방식의 배선
  ① 지상 11층은 직상층이 없기 때문에 지상 11층에서 화재가 발생한 경우 지상 11층에 있는 경종만 울린다.

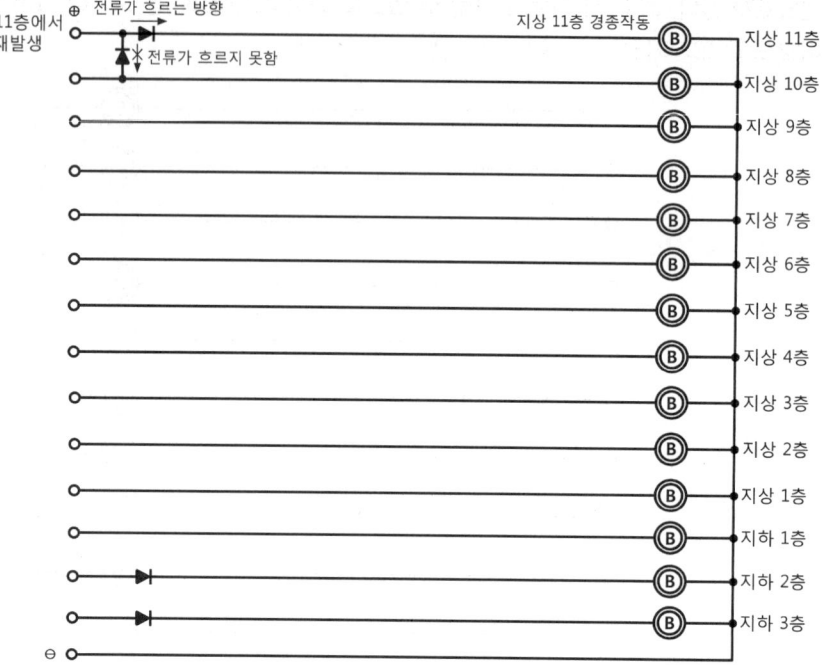

  ② 지상 10층에서 화재가 발생한 경우 발화층인 지상 10층과 직상층인 지상 11층에 있는 경종만 울린다.

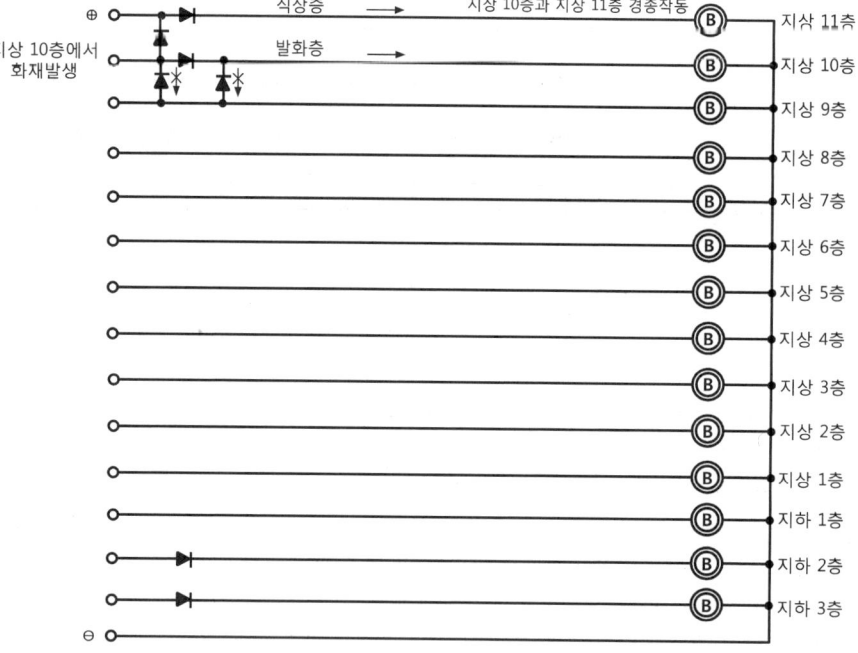

③ 지상 9층에서 화재가 발생한 경우 발화층인 지상 9층과 직상층(지상 10층, 지상 11층)에 있는 경종만 울린다.

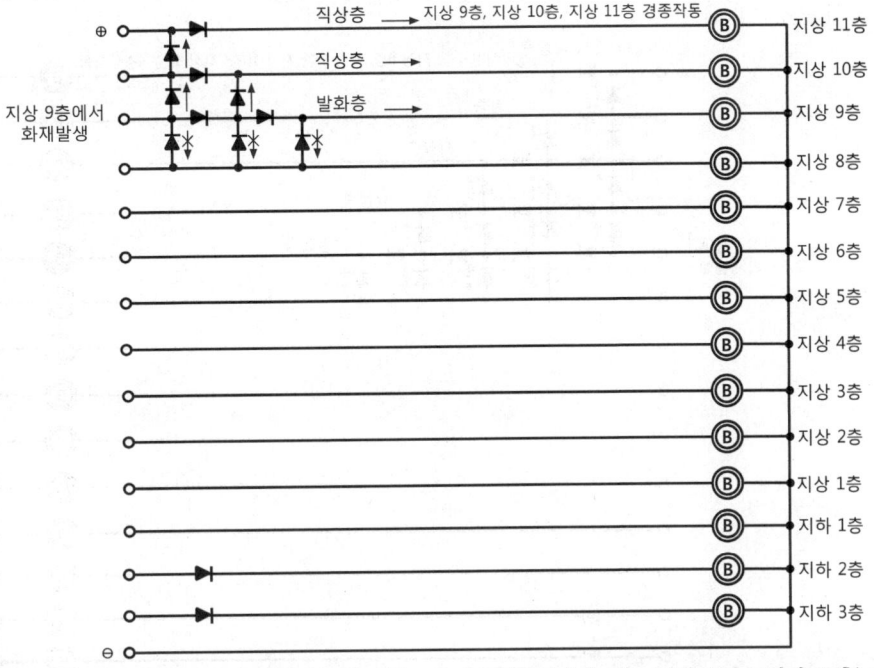

④ 지상 8층에서 화재가 발생한 경우 발화층인 지상 8층과 직상층(지상 9층, 지상 10층, 지상 11층)에 있는 경종만 울린다.

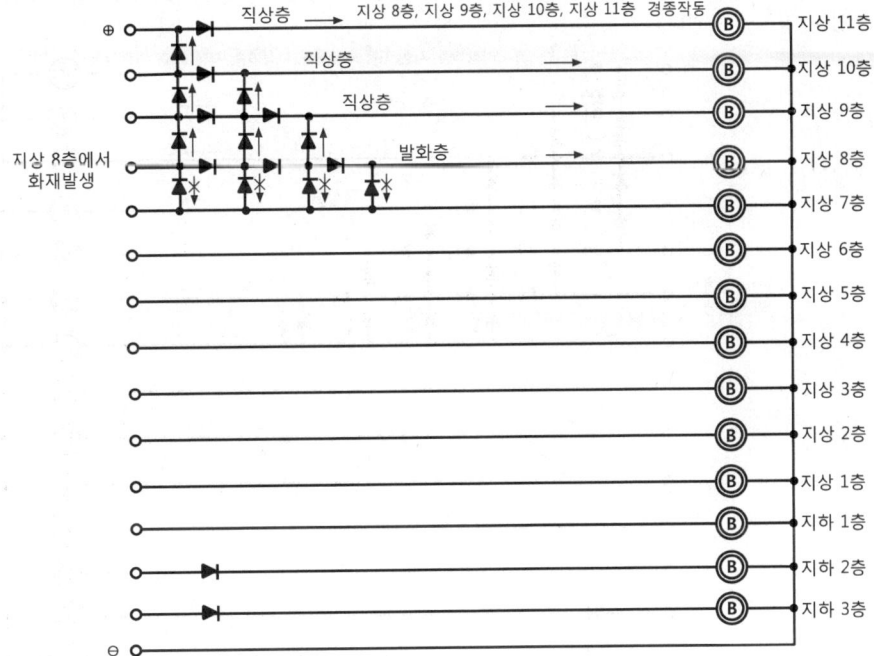

⑤ 지상 7층에서 화재가 발생한 경우 발화층인 지상 7층과 직상 4개 층(지상 8층, 지상 9층, 지상 10층, 지상 11층)에 있는 경종만 울린다.

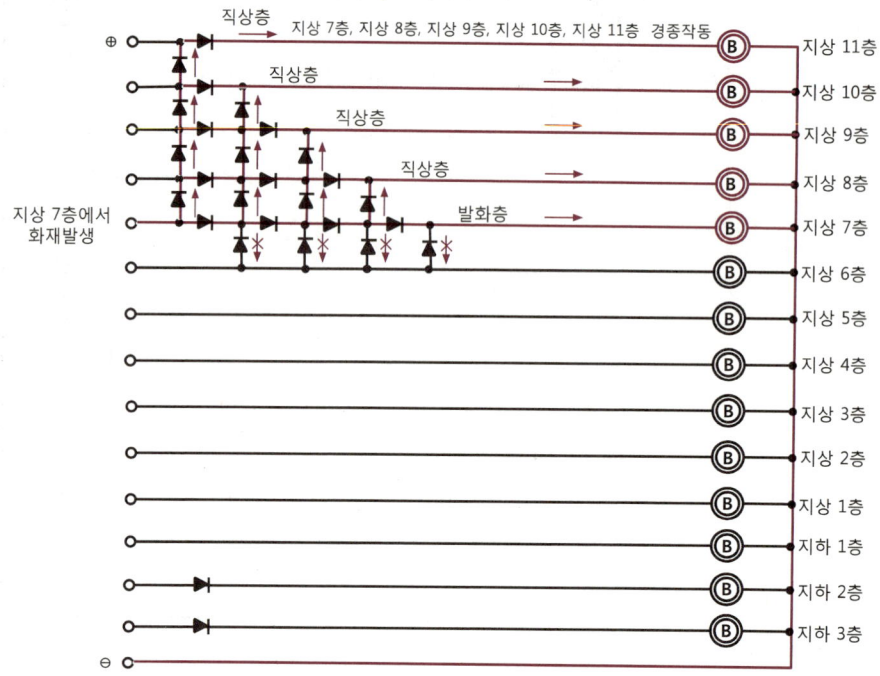

⑥ 지상 6층에서 화재가 발생한 경우 발화층인 지상 6층과 지상 4개 층(지상 7층, 지상 8층, 지상 9층, 지상 10층)에 있는 경종만 울린다.

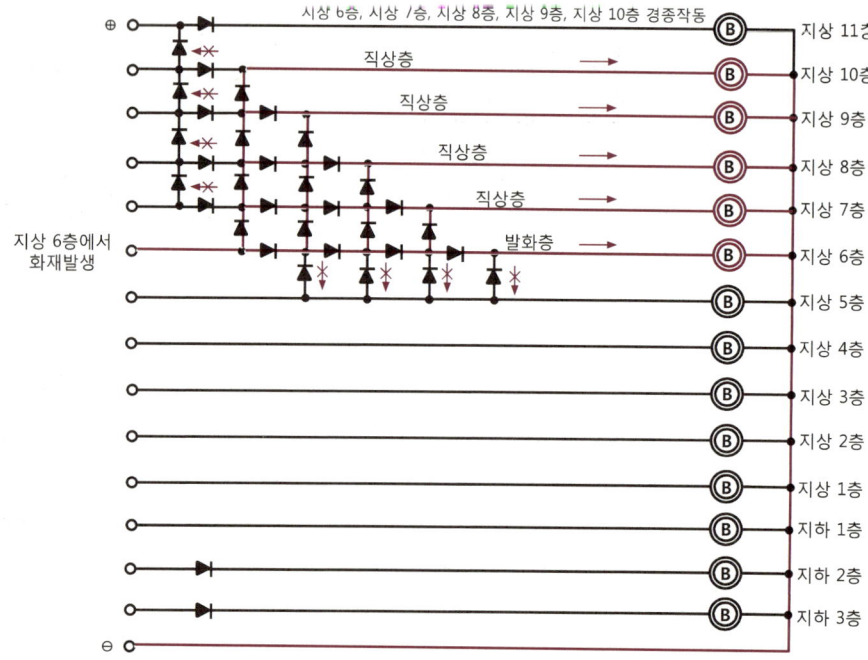

⑦ 지상 5층에서 지상 2층까지의 다이오드 설치방법은 ⑥번과 동일한 방법으로 설치한다.

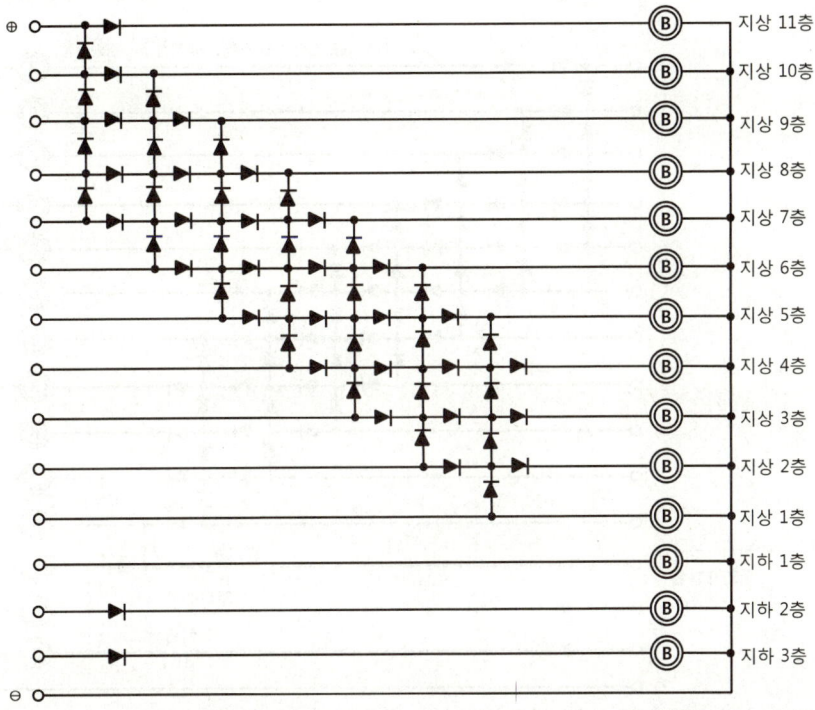

⑧ 지상 1층에서 화재가 발생한 경우 발화층인 지상 1층과 직상 4개 층(지상 2층, 지상 3층, 지상 4층, 지상 5층) 및 지하층(지하 1층, 지하 2층, 지하 3층)에 있는 경종만 울린다.

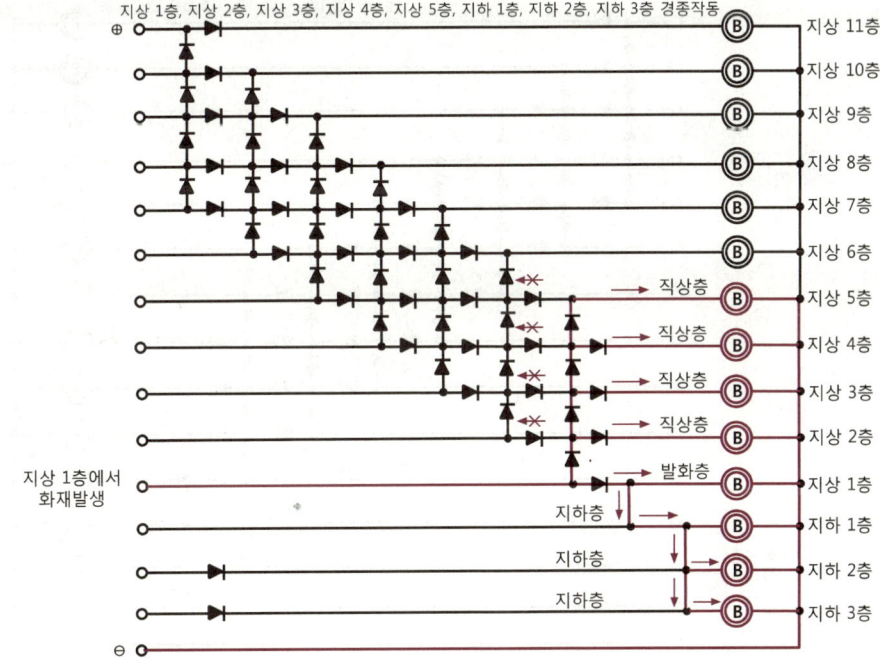

⑨ 지하 1층에서 화재가 발생한 경우 발화층인 지하 1층과 직상층인 지상 1층, 기타 지하층(지하 2층, 지하 3층)에 있는 경종만 울린다.

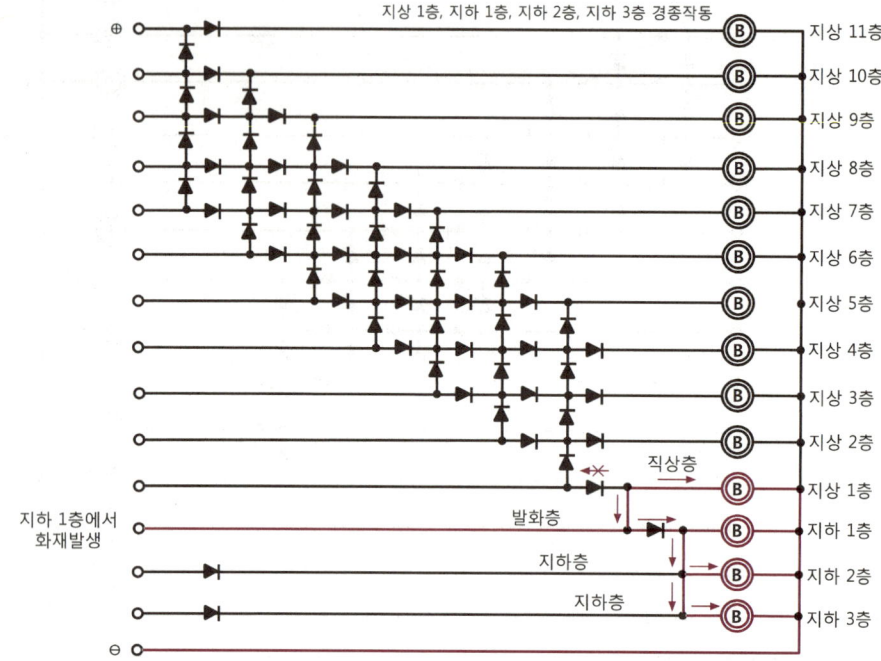

⑩ 지하 2층에서 화재가 발생한 경우 발화층인 지하 2층과 직상층인 지하 1층, 기타 지하층(지하 3층)에 있는 경종만 울린다.

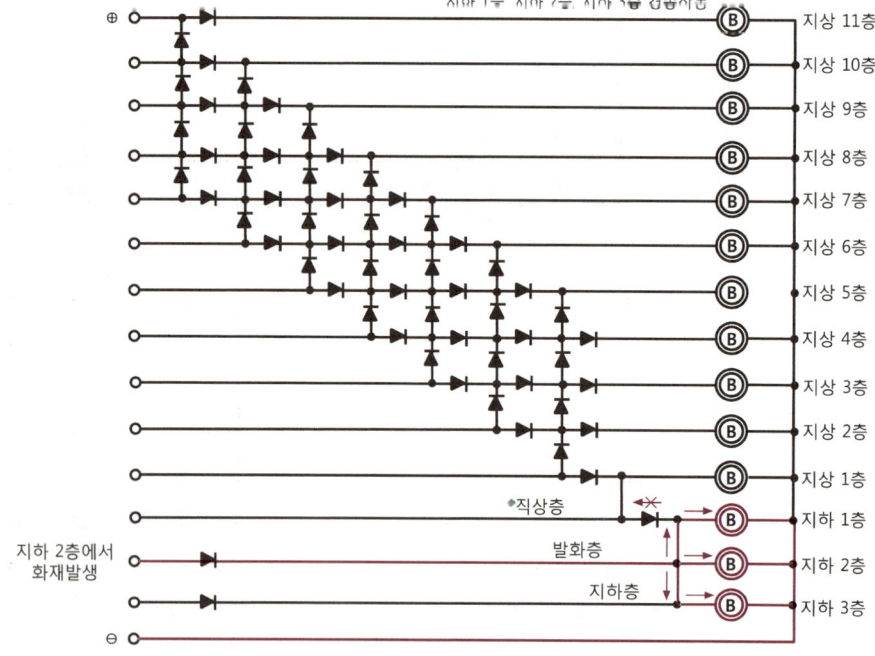

⑪ 지하 3층에서 화재가 발생한 경우 발화층인 지하 3층과 직상층인 지하 2층, 기타 지하층(지하 1층)에 있는 경종만 울린다.

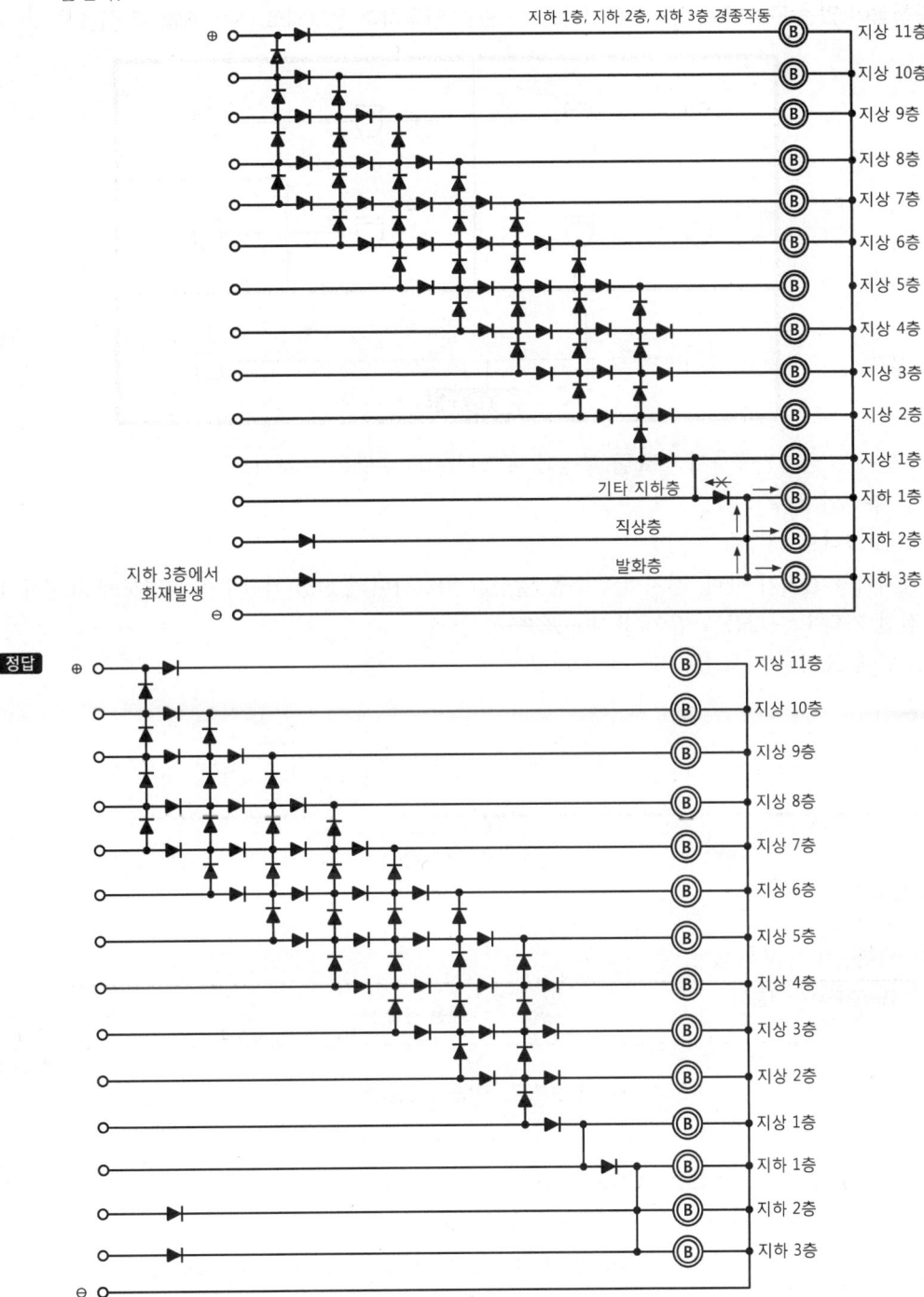

04 다음 도면은 자동화재탐지설비의 평면도이다. 도면을 보고 각 물음에 답하시오(단, 천장은 이중천장이 없는 구조이며, 전선관은 후강 전선관을 사용하여 콘크리트 내에 매입 시공한다).

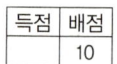

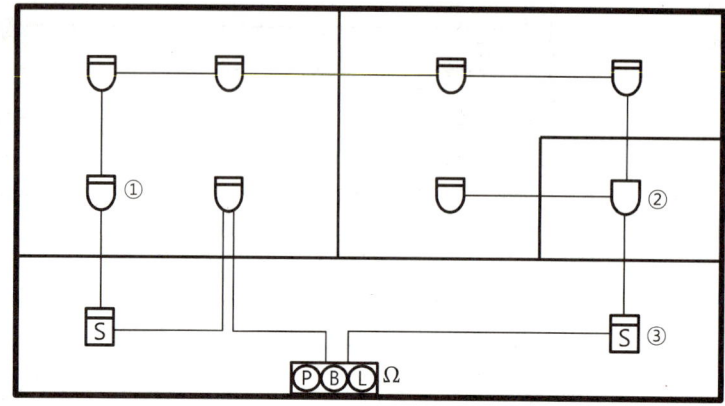

(1) 도면에서 금속관공사에 필요한 부싱과 로크너트의 수량을 구하시오.
   ① 부싱의 개수 :
   ② 로크너트의 개수 :
(2) 감지기와 감지기 사이, 감지기와 수동 발신기세트 사이의 전선 가닥수를 평면도에 표시하시오(단, 전선 가닥수는 다음과 같이 표시(────////────)한다).
(3) 도면에 표기된 기호 ①, ②, ③의 명칭을 쓰시오.
   ① :
   ② :
   ③ :

해설

자동화재탐지설비
(1) 부싱과 로크너트 수량
   ① 금속관공사 시 부품 명칭

금속관공사의 부품 명칭	사용 용도	그림
커플링	전선관(금속관)과 전선관(금속관)을 연결할 때 사용한다.	
새들	전선관(금속관)을 구조물에 고정할 때 사용한다.	
환형 3방출 정크션박스	전선관(금속관)을 분기할 때 사용하며 방출 방향의 수에 따라 2방출, 3방출, 4방출이 있다.	

금속관공사의 부품 명칭	사용 용도	그림
노멀밴드	전선관(금속관)이 직각으로 구부러지는 곳에 사용한다.	
유니버설엘보	노출 배관을 공사할 때 관을 직각으로 구부러지는 곳에 사용한다.	
유니언커플링	전선관(금속관)의 접속부에서 양쪽의 관이 돌려지지 않는 곳에 전선관(금속관)을 접속할 때 사용한다.	
부싱	전선관(금속관)을 아웃렛 박스에 접속할 때 전선의 피복을 보호하기 위하여 박스 내부의 전선관 끝에 사용한다.	
로크너트	전선관(금속관)과 아웃렛 박스를 접속할 때 사용하는 부품으로서 최소 2개를 사용한다.	
8각 아웃렛 박스	전선관(금속관)을 공사할 때 감지기, 유도등 및 전선을 접속하는 데 사용하는 박스로 4각은 각 방향으로 2개까지 방출할 수 있고, 8각은 각 방향으로 1개까지 방출할 수 있다.	
4각 아웃렛 박스		

② 아웃렛 박스
  ㉠ 4각 아웃렛 박스 : 제어반, 수신기, 발신기세트, 수동조작함(RM) 등에 사용한다.
    ∴ 발신기세트가 1개 설치되어 있으므로 4각 아웃렛 박스는 1개를 사용한다.
  ㉡ 8각 아웃렛 박스 : 감지기, 사이렌, 유도등, 방출표시등에 사용한다.
    ∴ 감지기가 10개 설치되어 있으므로 8각 아웃렛 박스는 10개를 사용한다.

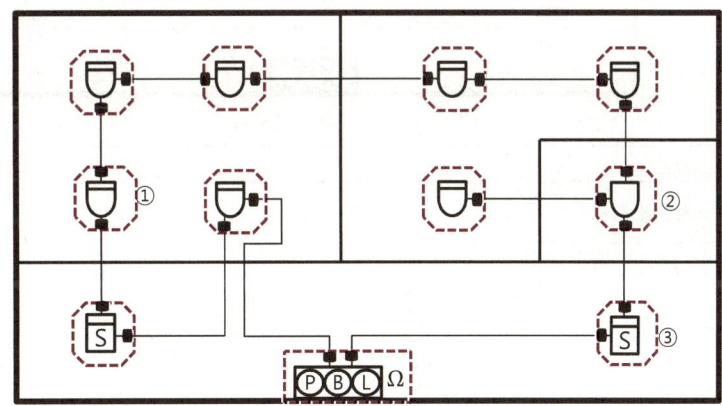

[참고] ◯ : 8각 아웃렛 박스, ☐ : 4각 아웃렛 박스, ■ : 부싱

③ 부싱 : 4각 아웃렛 박스와 8각 아웃렛 박스 내부의 전선관 끝에 사용한다.
∴ 아웃렛 박스가 11개 사용하므로 부싱은 22개가 필요하다.
④ 로크너트 : 전선관(금속관)과 아웃렛 박스를 접속할 때 사용하는 부품으로서 최소 2개를 사용한다.
∴ 부싱이 22개가 필요하므로 로크너트는 44개가 필요하다.

(2) 감지기회로의 배선
① 송배선식
㉠ 도통시험을 용이하게 하기 위하여 배선의 도중에서 분기하지 않는 방식이다.
㉡ 적용설비 : 자동화재탐지설비, 제연설비
㉢ 전선 가닥수 산정 시 루프로 된 부분은 2가닥으로 배선하고, 그 밖에는 4가닥으로 배선한다.

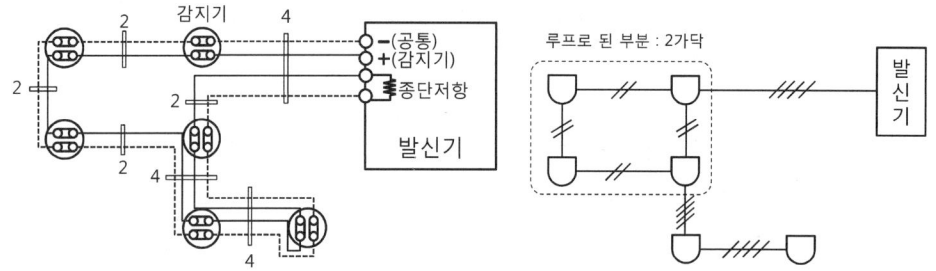

② 전선 가닥수 산정
자동화재탐지설비이므로 감지기회로의 배선은 송배선식으로 한다. 따라서, 루프로 된 부분은 2가닥으로 배선하고, 그 밖에는 4가닥으로 배선한다.

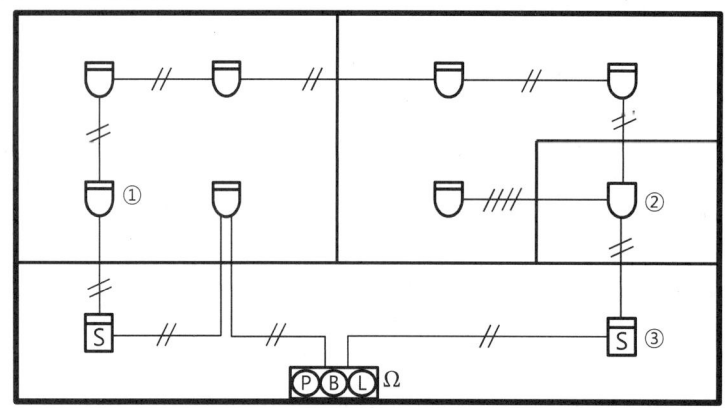

(3) 소방시설 도시기호(소방시설 자체점검사항 등에 관한 고시)

명칭	도시기호	명칭	도시기호
차동식 스포트형 감지기	⌒	사이렌	◁
정온식 스포트형 감지기	∪	모터사이렌	Ⓜ◁
연기감지기	S	전자사이렌	Ⓢ◁
보상식 스포트형 감지기	⍜	종단저항	Ω

정답 (1) ① 22개　　② 44개

(2)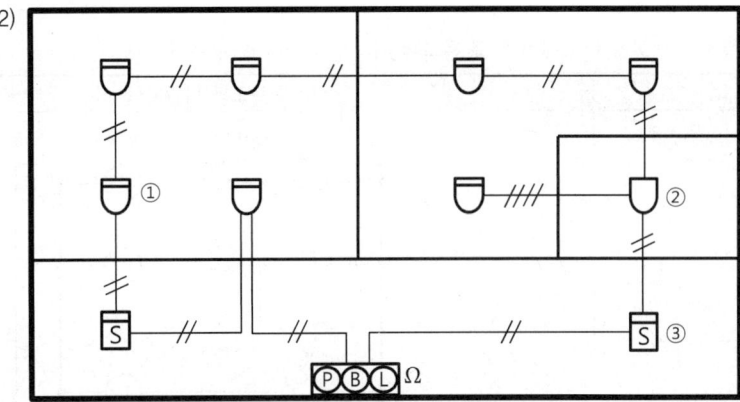

(3) ① 차동식 스포트형 감지기　② 정온식 스포트형 감지기
　　③ 연기감지기

---

05 그림과 같은 시퀀스회로에서 누름버튼스위치(PB)를 누르고 있을 때 타이머 T_1(설정시간 : t_1)과 T_2(설정시간 : t_2), 릴레이 Ry_1과 Ry_2, 표시등 PL에 대한 타임차트를 완성하시오(단, t_1과 t_2는 1초이며 설정시간 이외의 시간지연은 없다고 본다).

득점	배점
	6

해설

타임차트
시간의 흐름에 따른 제어동작의 변화를 나타내기 위해 횡축에 시간을 표시하고, 종축에 신호 1, 0 또는 On, Off로 표시한다.

동작순서	회로도와 타임차트
누름버튼스위치(PB)를 누르면 타이머(T_1)가 동작(여자)된다.	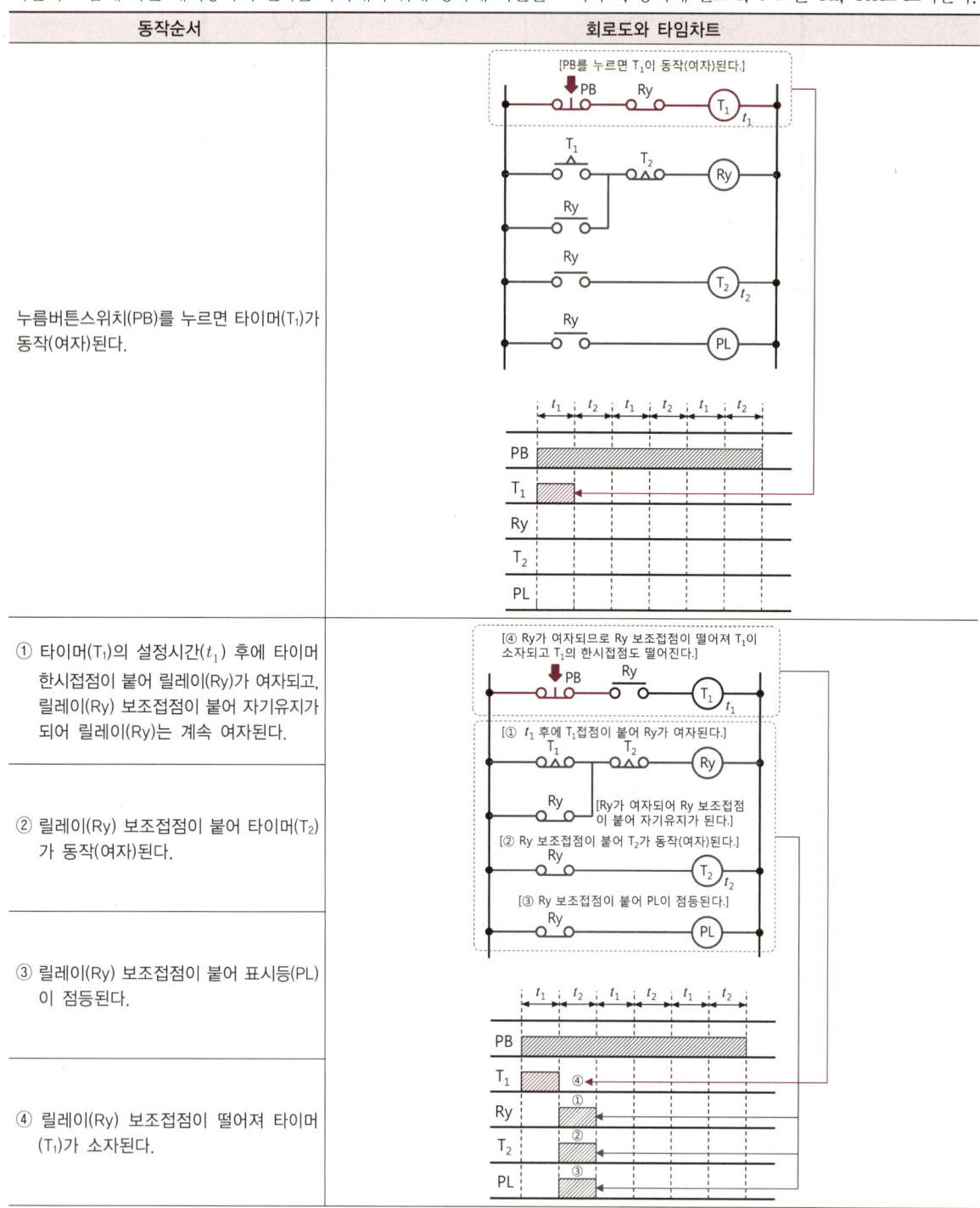
① 타이머(T_1)의 설정시간(t_1) 후에 타이머 한시접점이 붙어 릴레이(Ry)가 여자되고, 릴레이(Ry) 보조접점이 붙어 자기유지가 되어 릴레이(Ry)는 계속 여자된다.	
② 릴레이(Ry) 보조접점이 붙어 타이머(T_2)가 동작(여자)된다.	
③ 릴레이(Ry) 보조접점이 붙어 표시등(PL)이 점등된다.	
④ 릴레이(Ry) 보조접점이 떨어져 타이머(T_1)가 소자된다.	

동작순서	회로도와 타임차트
⑤ 설정시간(t_1) 후에 타이머(T_2)의 한시접점이 떨어져 릴레이(Ry)가 소자된다. ⑥ 릴레이(Ry) 보조접점이 떨어져 타이머(T_2)가 소자된다. ⑦ 릴레이(Ry) 보조접점이 떨어져 표시등(PL)이 소등된다. ⑧ 누름버튼스위치(PB)는 누르고 있는 상태이므로 릴레이(Ry) 보조접점이 붙어 타이머(T_1)가 동작(여자)된다. ⑨ 타이머(T_1)의 설정시간(t_1) 후에 타이머 한시접점이 붙어 릴레이(Ry)가 여자되고, 릴레이(Ry) 보조접점이 붙어 자기유지가 되어 릴레이(Ry)는 계속 여자된다. ⑩ 릴레이(Ry) 보조접점이 붙어 타이머(T_2)가 동작(여자)된다. ⑪ 릴레이(Ry) 보조접점이 붙어 표시등(PL)이 점등된다. ⑫ 릴레이(Ry) 보조접점이 떨어져 타이머(T_1)가 소자되고 타이머(T_1) 한시접점이 떨어진다.	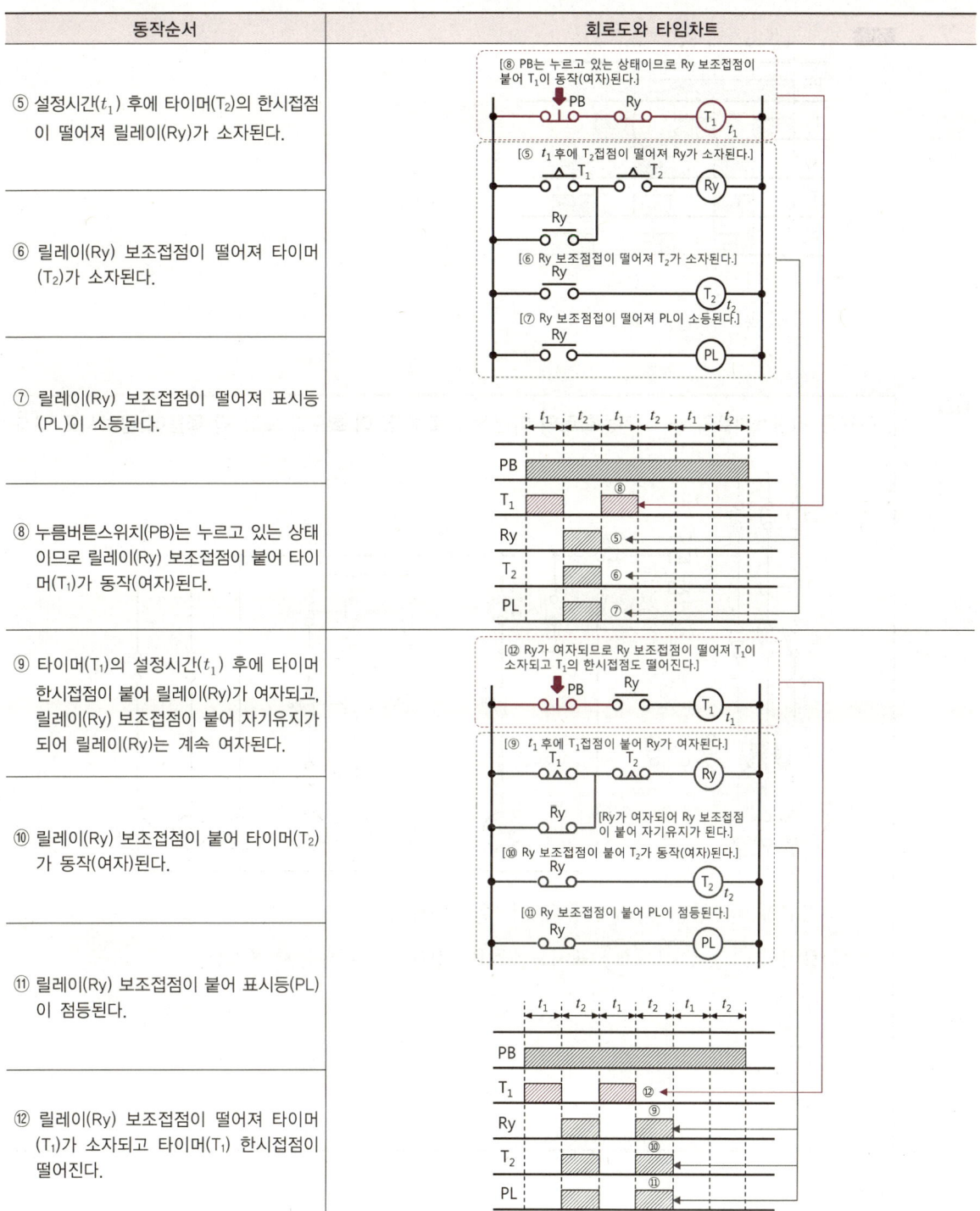

[정답]

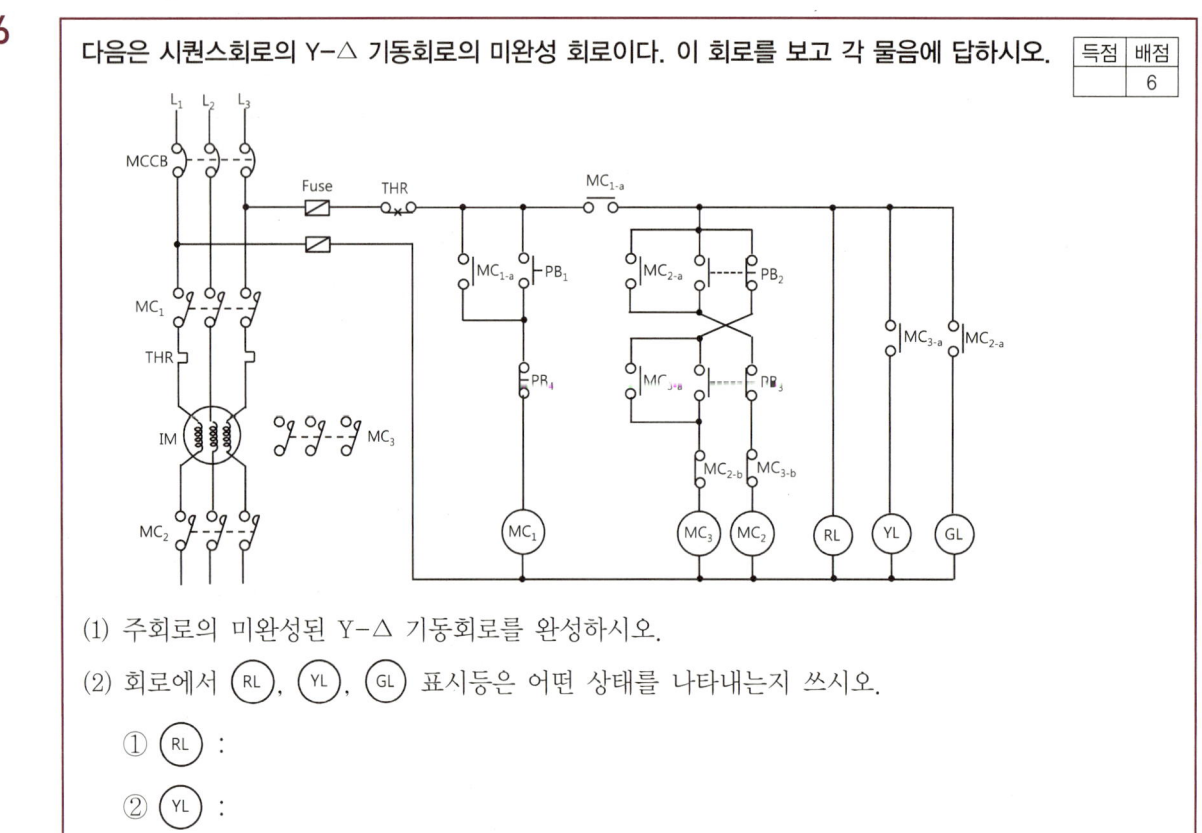

06 다음은 시퀀스회로의 Y-△ 기동회로의 미완성 회로이다. 이 회로를 보고 각 물음에 답하시오.

득점	배점
	6

(1) 주회로의 미완성된 Y-△ 기동회로를 완성하시오.

(2) 회로에서 RL, YL, GL 표시등은 어떤 상태를 나타내는지 쓰시오.

① RL :

② YL :

③ GL :

[해설]

3상 유도전동기의 Y-△ 기동회로

(1) Y-△ 기동회로의 주회로

① 3상 유도전동기의 Y-△ 기동회로로 운전하는 이유

㉠ Y-△기동 : 3상 유도전동기에서 기동전류를 줄이기 위하여 전동기의 고정자 권선을 Y결선으로 하여 상전압을 줄여 기동전류를 감소시키고 나중에 △결선으로 하여 전전압으로 운전하는 방식이다.

ⓒ 특징 : Y결선으로 기동 시 각 상전압은 $\frac{1}{\sqrt{3}}$로 줄어 기동전류와 기동토크가 $\frac{1}{3}$로 감소된다.

② Y-△기동회로의 주회로 작성

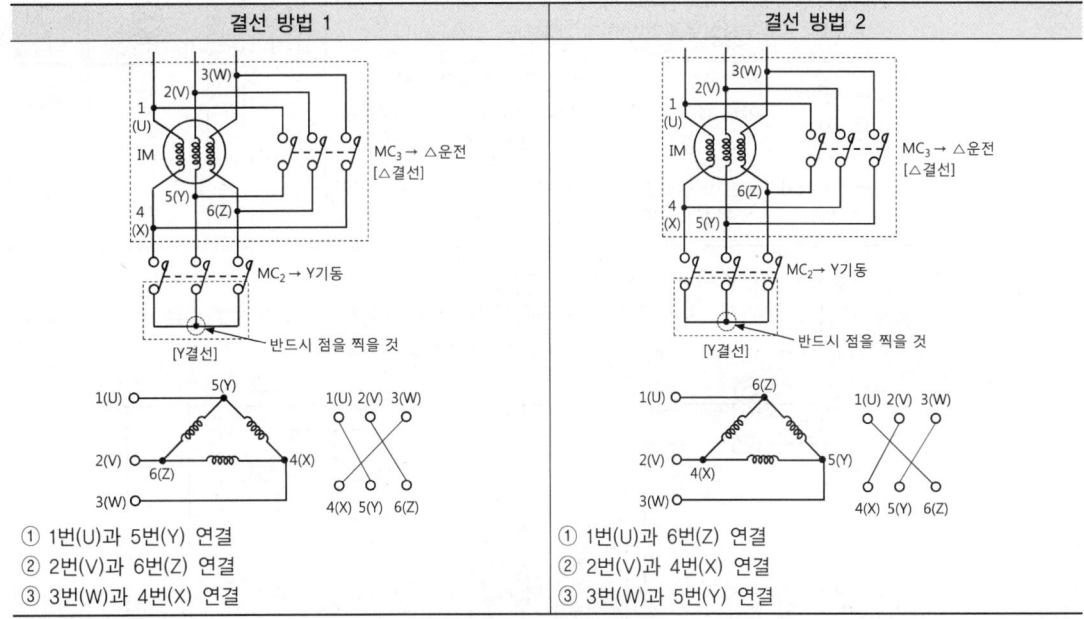

결선 방법 1	결선 방법 2
① 1번(U)과 5번(Y) 연결 ② 2번(V)과 6번(Z) 연결 ③ 3번(W)과 4번(X) 연결	① 1번(U)과 6번(Z) 연결 ② 2번(V)과 4번(X) 연결 ③ 3번(W)과 5번(Y) 연결

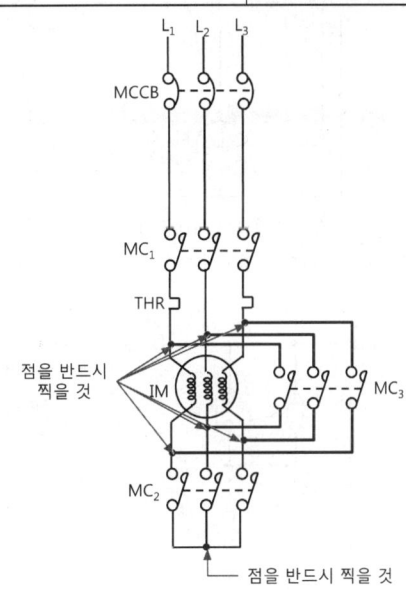

(2), (3), (4), (5) Y-△ 기동회로의 동작 및 회로도

① 제어용기기의 명칭과 도시기호

제어용기기 명칭	작동원리	접점의 종류			
		주접점	코일	a접점	b접점
배선용 차단기 (MCCB)	단락 및 과부하로부터 회로를 보호하기 위하여 사용되는 전력기기이다.	⫿⫿⫿	–	–	–

제어용기기 명칭	작동원리	접점의 종류			
		주접점	코일	a접점	b접점
전자접촉기 (MC)	전자석의 동작에 의하여 접점을 개폐하는 기구로서 부하회로를 빈번하게 개폐하는 접촉기이다.		(MC)	MC_{-a}	MC_{-b}
열동계전기 (THR)	정격전류 이상의 과부하 전류가 흐르면 내부에서 발생된 열에 의해 바이메탈이 동작하여 접점을 차단시키는 계전기로서 전동기의 과부하 보호에 사용된다.		–	THR	THR
누름버튼스위치 (PB_{-a}, PB_{-b})	버튼을 누르면 접점 기구부가 개폐되며 손을 떼면 스프링의 힘에 의해 자동으로 복귀되는 스위치이다.	–	–	PB_{-a}	PB_{-b}

② Y-△기동회로의 보조회로 동작설명

㉠ 누름버튼스위치(PB_1)를 누르면 전자접촉기(MC_1)가 여자되어 MC_1의 보조접점(MC_{1-a})이 붙어 자기유지가 되고, 적색램프(RL)가 점등된다.

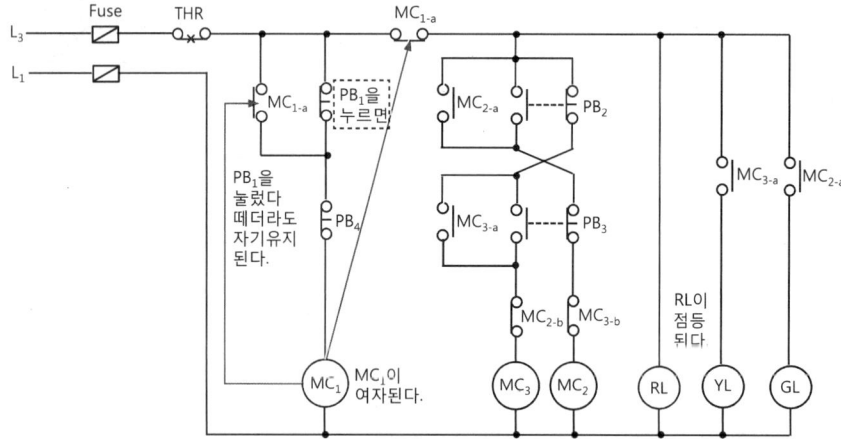

㉡ 누름버튼스위치(PB_2)를 누르면 전자접촉기(MC_2)가 여자되어 유도전동기(IM)는 Y결선으로 기동된다. 이때 MC_2의 보조접점(MC_{2-a})이 붙어 자기유지가 되고, 녹색램프(GL)가 점등된다.

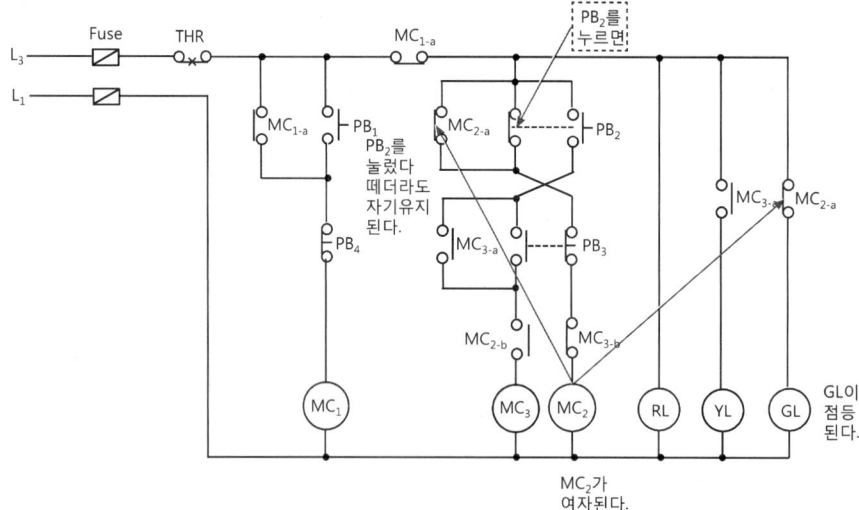

ⓒ 누름버튼스위치(PB₃)를 누르면 전자접촉기(MC₃)가 여자되어 유도전동기(IM)는 △결선으로 전환되어 운전한다. 이때 MC₃의 보조접점(MC₃₋ₐ)이 붙어 자기유지가 되고, 황색램프(YL)가 점등되며 녹색램프(GL)는 소등된다.

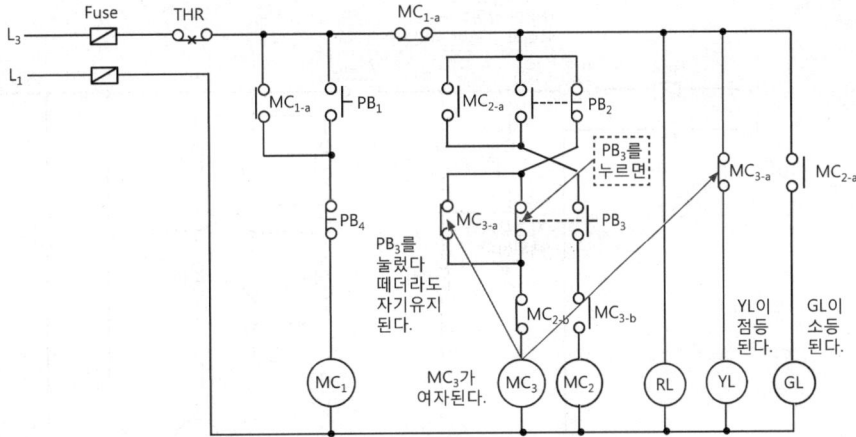

ⓓ 전자접촉기 MC₂와 MC₃는 인터록이 유지되어 안전운전이 된다.

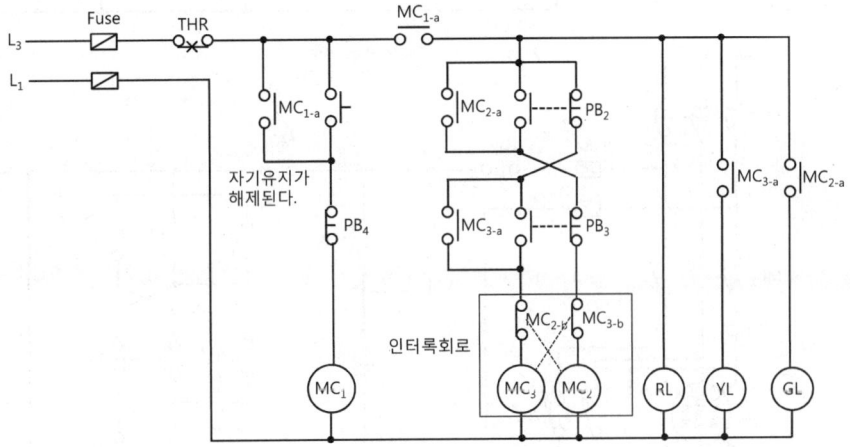

ⓔ 누름버튼스위치(PB₄)를 누르면 전원이 차단되어 유도전동기(IM)는 정지되고 초기상태로 복귀된다.

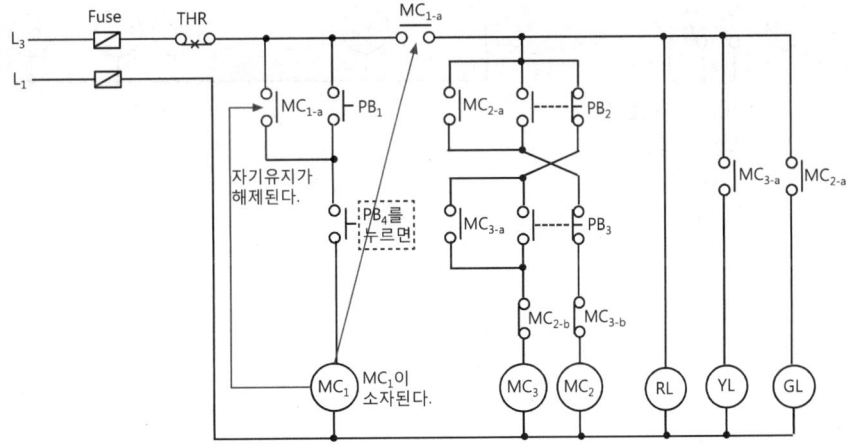

ⓑ 유도전동기에 과전류가 흐르면 열동계전기(THR)의 보조접점(THR₋ᵦ)이 떨어져 전원이 차단되어 유도전동기(IM)가 정지된다.

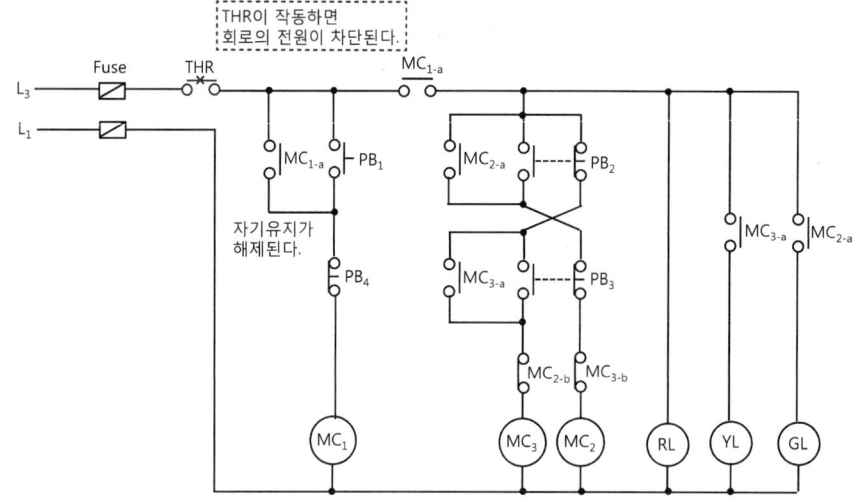

정답 (1)

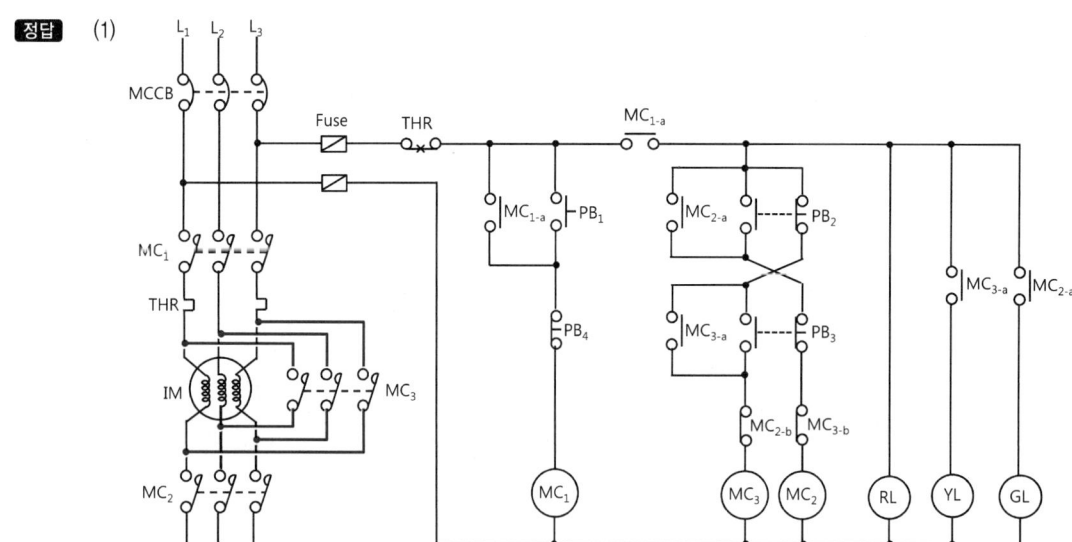

(2) ① 전동기 전원표시
    ② Y결선 기동표시
    ③ △결선 기동표시

07 가로 35[m], 세로 20[m]인 사무실에 화재감지기를 설치하고자 한다. 다음 각 물음에 답하시오. (단, 주요구조부는 내화구조이고, 감지기의 설치높이는 6[m]이다).

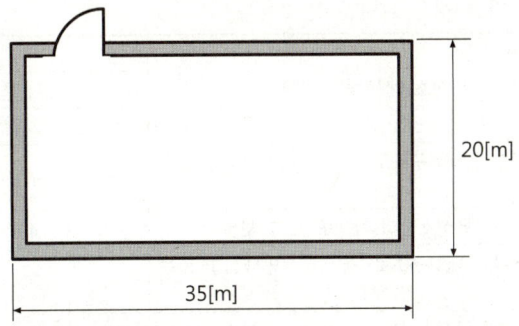

(1) 차동식 스포트형 2종 감지기의 설치개수를 구하시오.
 • 계산과정 :
 • 답 :
(2) 광전식 스포트형 2종 감지기의 설치개수를 구하시오.
 • 계산과정 :
 • 답 :

해설

감지기의 설치기준

(1) 감지기의 종류

감지기의 구분		감지기의 종류
열감지기	차동식	스포트형(1종, 2종)
		분포형(1종, 2종, 3종)
	정온식	스포트형(특종, 1종, 2종)
		감지선형(특종, 1종, 2종)
	보상식	스포트형(1종, 2종)
연기감지기	이온화식	스포트형
	광전식	스포트형
		분리형
		공기흡입형

(2) 경계구역의 설정기준
 ① 하나의 경계구역이 2 이상의 건축물에 미치지 않도록 할 것
 ② 하나의 경계구역이 2 이상의 층에 미치지 않도록 할 것. 다만, 500[m²] 이하의 범위 안에서는 2개의 층을 하나의 경계구역으로 할 수 있다.
 ③ 하나의 경계구역의 면적은 600[m²] 이하로 하고, 한 변의 길이는 50[m] 이하로 할 것. 다만, 해당 특정소방대상물의 주된 출입구에서 그 내부 전체가 보이는 것에 있어서는 한 변의 길이가 50[m]의 범위에서 1,000[m²] 이하로 할 수 있다.
  ㉠ 사무실의 바닥면적 = 35[m]×20[m] = 700[m²]

ⓒ 문제의 조건에서 "주된 출입구에서 그 내부 전체가 보인다."라고 제시하지 않았으므로 바닥면적이 600[m²]를 초과하기 때문에 2 경계구역으로 설정해야 한다.

(3) 차동식 스포트형·보상식 스포트형 및 정온식 스포트형 감지기는 그 부착높이 및 특정소방대상물에 따라 다음 [표]에 따른 바닥면적마다 1개 이상을 설치할 것

부착높이 및 특정소방대상물의 구분		감지기의 종류(단위 : [m²])						
		차동식 스포트형		보상식 스포트형		정온식 스포트형		
		1종	2종	1종	2종	특종	1종	2종
4[m] 미만	주요구조부가 내화구조로 된 특정소방대상물 또는 그 부분	90	70	90	70	70	60	20
	기타 구조의 특정소방대상물 또는 그 부분	50	40	50	40	40	30	15
4[m] 이상 8[m] 미만	주요구조부가 내화구조로 된 특정소방대상물 또는 그 부분	45	35	45	35	35	30	-
	기타 구조의 특정소방대상물 또는 그 부분	30	25	30	25	25	15	-

① 문제에서 감지기의 부착높이는 4[m] 이상 8[m] 미만이고, 주요구조부가 내화구조이므로 차동식 스포트형 2종 감지기는 바닥면적 35[m²]마다 1개 이상을 설치해야 한다.
② 전체 바닥면적이 700[m²]이므로 경계구역 면적을 350[m²]로 나누어 감지기의 설치개수를 산정한다.

㉠ 1 경계구역의 최소 감지기 설치개수 = $\dfrac{감지구역의\ 바닥면적[m^2]}{감지기\ 1개의\ 설치\ 바닥면적[m^2]}$

$= \dfrac{350[m^2]}{35[m^2]} = 10개$

㉡ 2 경계구역의 최소 감지기 설치개수 = 10개 × 2 경계구역 = 20개

(4) 연기감지기(광전식 스포트형 감지기) 감지기의 부착높이에 따라 다음 [표]에 따른 바닥면적마다 1개 이상으로 할 것

부착높이	감지기의 종류(단위 : [m²])	
	1종 및 2종	3종
4[m] 미만	150	50
4[m] 이상 20[m] 미만	75	-

① 광전식 스포트형 감지기는 연기감지기이다.
② 문제에서 감지기의 부착높이는 4[m] 이상 20[m] 미만이므로 광전식 스포트형 2종 감지기는 바닥면적 75[m²]마다 1개 이상을 설치해야 한다.
③ 전체 바닥면적이 700[m²]이므로 최소 감지기 개수를 구하기 위하여 경계구역 면적을 300[m²]와 400[m²]로 나누어 감지기의 설치개수를 산정한다.

㉠ 300[m²]의 감지기 설치개수 = $\dfrac{감지구역의\ 바닥면적[m^2]}{감지기\ 1개의\ 설치\ 바닥면적[m^2]} = \dfrac{300[m^2]}{75[m^2]} = 4개$

㉡ 400[m²]의 감지기 설치개수 = $\dfrac{감지구역의\ 바닥면적[m^2]}{감지기\ 1개의\ 설치\ 바닥면적[m^2]} = \dfrac{400[m^2]}{75[m^2]} = 5.33개 ≒ 6개$

㉢ 2 경계구역의 최소 감지기 설치개수 = 4개 + 6개 = 10개

정답 (1) 20개
(2) 10개

08 이산화탄소소화설비에 사용되는 방출표시등과 사이렌의 설치위치와 설치목적을 쓰시오.

(1) 방출표시등
   ① 설치위치 :
   ② 설치목적 :
(2) 사이렌
   ① 설치위치 :
   ② 설치목적 :

해설

이산화탄소소화설비

(1) 이산화탄소소화설비의 구성
   ① 방호구역 : 소화설비의 소화범위 내에 포함된 영역이다.
   ② 선택밸브 : 2 이상의 방호구역 또는 방호대상물이 있어 소화수 또는 소화약제를 해당하는 방호구역 또는 방호대상물에 선택적으로 방출되도록 제어하는 밸브이다.
   ③ 압력스위치 : 저장용기의 가스가 방출될 때 가스압력에 의해 접점신호를 제어반으로 입력시켜 방출표시등을 점등시키는 역할을 하며 일반적으로 선택밸브 2차 측 배관 상에 동관으로 분기하고 동관을 연장시켜 기동용기함 내부에 설치한다.
   ④ 방출표시등 : 방호구역 외의 출입구 바깥쪽 상단에 설치하여 가스방출 시 점등(CO_2 방출 중)되어 옥내로 사람이 입실하는 것을 막아주는 역할을 한다.
      ㉠ 설치위치 : 방호구역 외의 출입구 바깥쪽 상단에 설치한다.
      ㉡ 설치목적 : 가스방출 시 옥내(방호구역)로 사람이 입실하는 것을 방지한다.

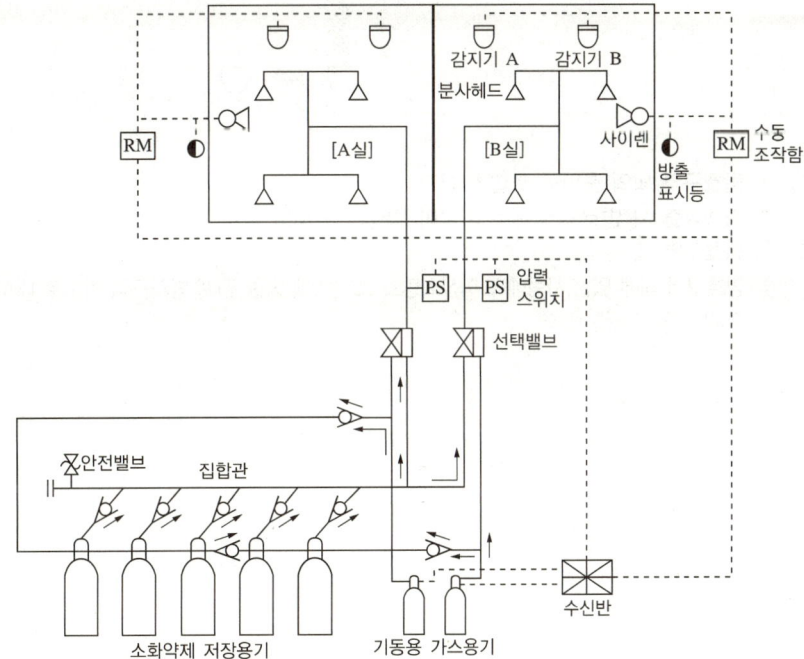

(2) 이산화탄소소화설비의 음향경보장치 설치기준
① 수동식 기동장치를 설치한 것은 그 기동장치의 조작과정에서, 자동식 기동장치를 설치한 것은 화재감지기와 연동하여 자동으로 경보를 발하는 것으로 할 것
② 소화약제의 방출개시 후 1분 이상 경보를 계속할 수 있는 것으로 할 것
③ 방호구역 또는 방호대상물이 있는 구획 안에 있는 자에게 유효하게 경보할 수 있는 것으로 할 것
④ 사이렌(음향경보장치)
　㉠ 설치위치 : 방호구역 내에 설치한다.
　㉡ 설치목적 : 방호구역 내에 있는 사람에게 이산화탄소(소화약제)를 방출하기 전에 방사구역 밖으로 대피할 것을 음향으로 경보함으로써 인명피해를 방지한다. 만약 경보가 발하지 않는 상태에서 이산화탄소가 방출되거나 경보와 동시에 이산화탄소가 방출하게 되면 질식에 의한 인명피해가 발생하므로 소화약제 방사 전에 유효하게 경보를 발할 수 있도록 해야 한다.

> **참고**
>
> **교차회로방식(감지기회로의 배선방식)**
> - 감지기의 오동작을 방지하기 위하여 하나의 방호구역 내에 2 이상의 화재감지기 회로를 설치하고 인접한 2 이상의 화재감지기가 동시에 감지되는 때에는 소화설비가 작동하는 방식이다.
> - 적용설비 : 분말소화설비, 할론소화설비, 이산화탄소소화설비, 준비작동식 스프링클러설비, 일제살수식 스프링클러설비, 할로겐화합물 및 불활성기체소화설비
> - 전선 가닥수 산정 시 루프로 된 부분과 말단부는 4가닥으로 배선하고, 그 밖에는 8가닥으로 배선한다.
>
>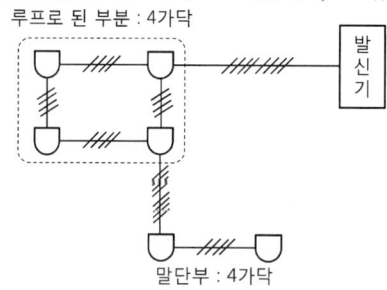

정답
(1) ① 방호구역 외의 출입구 바깥쪽 상단
　　② 가스방출 시 방호구역 내로 사람이 입실하는 것을 방지
(2) ① 방호구역 내
　　② 방호구역 내에 있는 사람에게 이산화탄소 소화약제 방출 전에 방사구역 밖으로 대피할 것을 음향으로 경보함으로써 인명피해를 방지

09 P형 수신기와 감지기 사이의 배선회로에서 배선저항은 10[Ω], 릴레이저항은 950[Ω], 종단저항은 10[kΩ]이고, 감시전류가 2.4[mA]일 때 다음 각 물음에 답하시오.

(1) 수신기의 단자전압[V]을 구하시오.
- 계산과정 :
- 답 :

(2) 화재 시 감지기가 동작할 때 전류는 몇 [mA]인지 구하시오(단, 배선저항은 무시하지 않는다).
- 계산과정 :
- 답 :

해설

수신기의 단자전압과 동작전류

(1) 단자전압(V)

$$V = I(R_1 + R_2 + R_3) \text{ [V]}$$

여기서, I : 감시전류(2.4[mA] = 2.4×10^{-3}[A])　　R_1 : 릴레이저항(950[Ω])
　　　　R_2 : 종단저항(10[kΩ] = 10×10^3[Ω])　　R_3 : 배선저항(10[Ω])

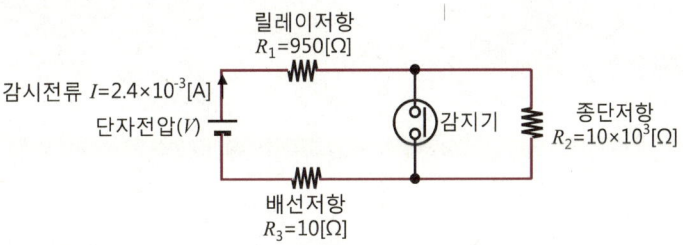

∴ $V = 2.4 \times 10^{-3}\text{[A]} \times \{950[\Omega] + (10 \times 10^3[\Omega]) + 10[\Omega]\} = 26.3\text{[V]}$
　(보조단위 킬로[k]는 10^3이고, 밀리[m]는 10^{-3}이다)

(2) 동작전류(I)

$$I = \frac{V}{R_1 + R_3} \text{ [A]}$$

여기서, V : 단자전압(26.3[V])　　R_1 : 릴레이저항(950[Ω])
　　　　R_3 : 배선저항(10[Ω])

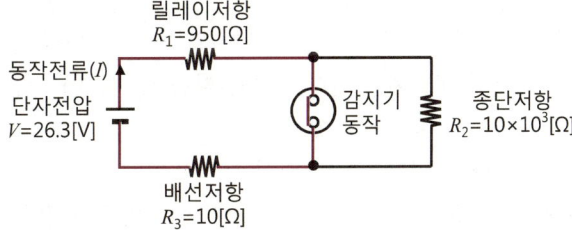

① 배선저항을 무시하지 않는 경우

$$\therefore I = \frac{26.3[\text{V}]}{950[\Omega] + 10[\Omega]} = 0.0274[\text{A}] ≒ 27.4[\text{mA}]$$

② 배선저항을 무시하는 경우

$$\therefore I = \frac{26.3[\text{V}]}{950[\Omega]} = 0.02768[\text{A}] = 27.68[\text{mA}]$$

정답 (1) 26.3[V]
   (2) 27.4[mA]

---

10 다음은 옥내소화전설비의 화재안전기술기준에서 정하는 내화배선의 공사방법에 관한 내용이다. (   ) 안에 알맞은 말을 쓰시오.

득점	배점
	7

금속관·(①) 또는 (②)에 수납하여 내화구조로 된 벽 또는 바닥 등에 벽 또는 바닥의 표면으로부터 (③)[mm] 이상의 깊이로 매설해야 한다. 다만, 다음의 기준에 적합하게 설치하는 경우에는 그렇지 않다.

- 배선을 (④)을 갖는 배선전용실 또는 배선용 샤프트·피트·덕트 등에 설치하는 경우
- 배선전용실 또는 배선용 샤프트·피트·덕트 등에 다른 설비의 배선이 있는 경우에는 이로부터 (⑤)[cm] 이상 떨어지게 하거나 소화설비의 배선과 이웃하는 다른 설비의 배선 사이에 배선지름(배선의 지름이 다른 경우에는 가장 큰 것을 기준으로 한다)의 (⑥)배 이상의 높이의 (⑦)을 설치하는 경우

해설

내화배선에 사용되는 전선의 종류 및 설치방법

(1) 내화배선에 사용되는 전선의 종류
   ① 450/750[V] 저독성 난연 가교 폴리올레핀 절연 전선
   ② 0.6/1[kV] 가교 폴리에틸렌 절연 저독성 난연 폴리올레핀 시스 전력 케이블
   ③ 6/10[kV] 가교 폴리에틸렌 절연 저독성 난연 폴리올레핀 시스 전력용 케이블
   ④ 가교 폴리에틸렌 절연 비닐시스 트레이용 난연 전력 케이블
   ⑤ 0.6/1[kV] EP 고무절연 클로로프렌 시스 케이블
   ⑥ 300/500[V] 내열성 실리콘 고무 절연 전선(180[℃])
   ⑦ 내열성 에틸렌-비닐 아세테이트 고무 절연 케이블
   ⑧ 버스덕트(Bus Duct)
   ⑨ 기타 전기용품 및 생활용품 안전관리법 및 전기설비기술기준에 따라 동등 이상의 내화성능이 있다고 주무부장관이 인정하는 것

(2) 내화배선 공사방법
   금속관·2종 금속제 가요전선관 또는 합성수지관에 수납하여 내화구조로 된 벽 또는 바닥 등에 벽 또는 바닥의 표면으로부터 25[mm] 이상의 깊이로 매설해야 한다. 다만 다음의 기준에 적합하게 설치하는 경우에는 그렇지 않다.

   ① 배선을 내화성능을 갖는 배선전용실 또는 배선용 샤프트·피트·덕트 등에 설치하는 경우
   ② 배선전용실 또는 배선용 샤프트·피트·덕트 등에 다른 설비의 배선이 있는 경우에는 이로부터 15[cm] 이상 떨어지게 하거나 소화설비의 배선과 이웃하는 다른 설비의 배선 사이에 배선지름(배선의 지름이 다른 경우에는 가장 큰 것을 기준으로 한다)의 1.5배 이상의 높이의 불연성 격벽을 설치하는 경우

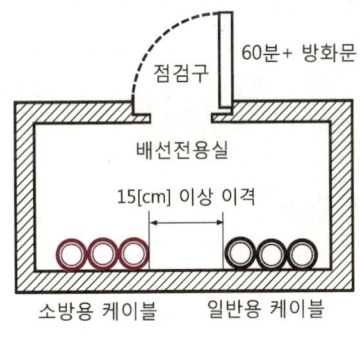 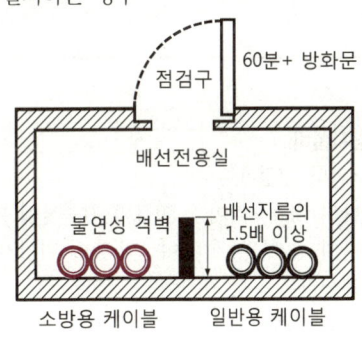

정답
① 2종 금속제 가요전선관   ② 합성수지관
③ 25   ④ 내화성능
⑤ 15   ⑥ 1.5
⑦ 불연성 격벽

11

다음은 지하 2층, 지상 4층의 특정소방대상물에 자동화재탐지설비를 설치하고자 한다. 각 물음에 답하시오(단, 각 층의 높이는 4[m]이다).

```
4층 : 100[m²]
3층 : 350[m²]
2층 : 600[m²]
1층 : 1,020[m²]
지하 1층 : 1,200[m²]
지하 2층 : 1,800[m²]
```

(1) 층별 바닥면적이 그림과 같을 경우 자동화재탐지설비의 경계구역은 최소 몇 개로 구분해야 하는지 산출식과 경계구역 수를 빈칸에 쓰시오(단, 경계구역은 면적기준만을 적용하며 계단, 경사로 및 피트 등의 수직경계구역의 면적은 제외한다).

층수	계산과정	경계구역 수
4층	(100+350)/600 = 0.75 (4층과 3층 합이 500[m²] 이하이므로 하나의 경계구역)	1개
3층		
2층	600/600 = 1	1개
1층	1,020/600 = 1.7	2개
지하 1층	1,200/600 = 2	2개
지하 2층	1,800/600 = 3	3개
경계구역의 합계		9개

(2) 해당 특정소방대상물에 계단과 엘리베이터가 각각 1개씩 설치되어 있는 경우 P형 수신기는 몇 회로용을 설치해야 하는지 구하시오.

• 계산과정 : 면적기준 경계구역 9개 + 지상계단 1개 + 지하계단 1개 + 엘리베이터 1개 = 12회로

• 답 : 12회로용

해설

자동화재탐지설비

(1) 경계구역의 설정기준
  ① 하나의 경계구역이 2 이상의 건축물에 미치지 않도록 할 것
  ② 하나의 경계구역이 2 이상의 층에 미치지 않도록 할 것. 다만, 500[m²] 이하의 범위 안에서는 2개의 층을 하나의 경계구역으로 할 수 있다.
  ③ 하나의 경계구역의 면적은 600[m²] 이하로 하고 한 변의 길이는 50[m] 이하로 할 것. 다만, 해당 특정소방대상물의 주된 출입구에서 그 내부 전체가 보이는 것에 있어서는 한 변의 길이가 50[m]의 범위 내에서 1,000[m²] 이하로 할 수 있다.
  ④ 계단(직통계단 외의 것에 있어서는 떨어져 있는 상하 계단의 상호 간의 수평거리가 5[m] 이하로서 서로 간에 구획되지 않는 것에 한한다)·경사로(에스컬레이터 경사로 포함)·엘리베이터 승강로(권상기실이 있는 경우에는 권상기실)·린넨슈트·파이프 피트 및 덕트 기타 이와 유사한 부분에 대하여는 별도로 경계구역을 설정하되, 하나의 경계구역은 높이 45[m] 이하(계단 및 경사로에 한한다)로 하고, 지하층의 계단 및 경사로(지하층의 층수가 한 개 층일 경우는 제외한다)는 별도로 하나의 경계구역으로 해야 한다.

⑤ 외기에 면하여 상시 개방된 부분이 있는 차고·주차장·창고 등에 있어서는 외기에 면하는 각 부분으로부터 5[m] 미만의 범위 안에 있는 부분은 경계구역의 면적에 산입하지 않는다.
⑥ 스프링클러설비·물분무 등 소화설비 또는 제연설비의 화재감지장치로서 화재감지기를 설치한 경우의 경계구역은 해당 소화설비의 방호구역 또는 제연구역과 동일하게 설정할 수 있다.

$$\therefore 경계구역 수 = \frac{바닥면적[m^2]}{기준면적[m^2]}$$

층	산출식	경계구역 수
4층	$\frac{100[m^2] + 350[m^2]}{500[m^2]} = 0.9 ≒ 1$ 경계구역	1 경계구역
3층	(500[m²] 이하의 범위 안에서는 2개의 층을 하나의 경계구역으로 할 수 있다)	
2층	$\frac{600[m^2]}{600[m^2]} = 1$ 경계구역 (하나의 경계구역의 면적은 600[m²] 이하로 할 것)	1 경계구역
1층	$\frac{1,020[m^2]}{600[m^2]} = 1.7 ≒ 2$ 경계구역	2 경계구역
지하 1층	$\frac{1,200[m^2]}{600[m^2]} = 2$ 경계구역	2 경계구역
지하 2층	$\frac{1,800[m^2]}{600[m^2]} = 3$ 경계구역	3 경계구역
경계구역의 합계		9 경계구역

(2) P형 수신기의 회로 선정
  ① 계단
    ㉠ 계단, 경사로에 한하여 별도의 경계구역으로 하고, 하나의 경계구역은 높이 45[m] 이하로 해야 한다.
      $$\therefore 경계구역 수 = \frac{층수 \times 층높이[m]}{45[m]} = \frac{4층 \times 4[m]}{45[m]} = 0.35 ≒ 1 \text{ 경계구역}$$
    ㉡ 지하층의 계단 및 경사로(지하층의 층수가 1일 경우는 제외)는 별도로 하나의 경계구역으로 해야 한다.
      $$\therefore 경계구역 수 = \frac{층수 \times 층높이[m]}{45[m]} = \frac{2층 \times 4[m]}{45[m]} = 0.18 ≒ 1 \text{ 경계구역}$$
  ② 엘리베이터 : 1 경계구역
    경사로(에스컬레이터 경사로 포함)·엘리베이터 승강로(권상기실이 있는 경우에는 권상기실)·린넨슈트·파이프 피트 및 덕트 기타 이와 유사한 부분에 대하여는 별도로 경계구역으로 해야 한다.
  ③ 경계구역의 합계 = (9 + 1 + 1 + 1) 경계구역 = 12 경계구역
    ∴ 12 경계구역이므로 P형 수신기(5회로 단위)는 15회로용을 선정해야 한다.

정답 (1)

층수	산출식	경계구역수
4층	$\dfrac{100[m^2] + 350[m^2]}{500[m^2]} = 0.9 ≒ 1$ 경계구역	1 경계구역
3층		
2층	$\dfrac{600[m^2]}{600[m^2]} = 1$ 경계구역	1 경계구역
1층	$\dfrac{1,020[m^2]}{600[m^2]} = 1.7 ≒ 2$ 경계구역	2 경계구역
지하 1층	$\dfrac{1,200[m^2]}{600[m^2]} = 2$ 경계구역	2 경계구역
지하 2층	$\dfrac{1,800[m^2]}{600[m^2]} = 3$ 경계구역	3 경계구역
경계구역의 합계		9 경계구역

(2) 15회로용

12

누전경보기의 공칭작동전류치 정의를 쓰고, 공칭작동전류치는 몇 [mA] 이하이어야 하는지 쓰시오.

득점	배점
	4

(1) 공칭작동전류치의 정의 :
(2) 공칭작동전류치의 값 :

해설

누전경보기(누전경보기의 형식승인 및 제품검사의 기술기준)

(1) 누전경보기의 설치회로
 ① 누전경보기 정의(제2조)
  사용전압 600[V] 이하인 경계전로의 누설전류를 검출하여 해당 소방대상물의 관계자에게 경보를 발하는 설비로서 변류기와 수신부로 구성된 것을 말한다.
 ② 누전경보기의 설치회로

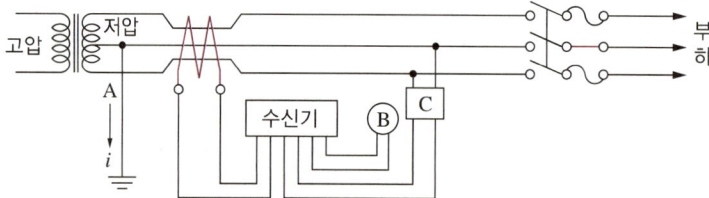

(2) 누전경보기의 전원 설치기준
 ① 전원은 분전반으로부터 전용회로로 하고, 각 극에 개폐기 및 15[A] 이하의 과전류차단기(배선용 차단기에 있어서는 20[A] 이하의 것으로 각 극을 개폐할 수 있는 것)를 설치할 것
 ② 전원을 분기할 때는 다른 차단기에 따라 전원이 차단되지 않도록 할 것
 ③ 전원의 개폐기에는 "누전경보기용"이라고 표시한 표지를 할 것

(3) 누전경보기의 경보기구에 내장하는 음향장치(제4조)
   ① 사용전압의 80[%]인 전압에서 소리를 내어야 한다.
   ② 사용전압에서의 음압은 무향실 내에서 정위치에 부착된 음향장치의 중심으로부터 1[m] 떨어진 지점에서 누전경보기는 70[dB] 이상이어야 한다. 다만, 고장표시장치용 등의 음압은 60[dB] 이상이어야 한다.
   ③ 사용전압으로 8시간 연속하여 울리게 하는 시험 또는 정격전압에서 3분 20초 동안 울리고 6분 40초 동안 정지하는 작동을 반복하여 통산한 울림시간이 20시간이 되도록 시험하는 경우 그 구조 또는 기능에 이상이 생기지 않아야 한다.
(4) 절연저항시험(제19조)
   ① 절연된 1차 권선과 2차 권선 간의 절연저항
   ② 절연된 1차 권선과 외부 금속부 간의 절연저항
   ③ 절연된 2차 권선과 외부 금속부 간의 절연저항
      ∴ 변류기는 DC 500[V]의 절연저항계로 시험을 하는 경우 5[MΩ] 이상이어야 한다.
(5) 누전경보기의 공칭작동전류치(제7조)
   ① 누전경보기를 작동시키기 위하여 필요한 누설전류의 값으로서 제조자에 의하여 표시된 값을 말하며 200[mA] 이하이어야 한다.
   ② ①의 규정은 감도조정장치를 가지고 있는 누전경보기에 있어서도 그 조정범위의 최소치에 대하여 이를 적용한다.

정답 (1) 누전경보기를 작동시키기 위하여 필요한 누설전류의 값으로서 제조자에 의하여 표시된 값
(2) 200[mA]

13 유도등 및 유도표지의 화재안전기술기준에서 정하는 3선식 배선으로 상시 충전되는 유도등의 전기회로에 점멸기를 설치하는 경우 어느 경우에 자동으로 점등되도록 해야 하는지 그 기준을 5가지만 쓰시오.

득점	배점
	5

해설
유도등의 전원 설치기준
(1) 유도등의 상용전원은 전기가 정상적으로 공급되는 축전지설비, 전기저장장치(외부 전기에너지를 저장해 두었다가 필요한 때 전기를 공급하는 장치) 또는 교류전압의 옥내 간선으로 하고, 전원까지의 배선은 전용으로 해야 한다.
(2) 비상전원은 다음의 기준에 적합하게 설치해야 한다.
   ① 축전지로 할 것
   ② 유도등을 20분 이상 유효하게 작동시킬 수 있는 용량으로 할 것. 다만, 다음의 특정소방대상물의 경우에는 그 부분에서 피난층에 이르는 부분의 유도등을 60분 이상 유효하게 작동시킬 수 있는 용량으로 해야 한다.
      ㉠ 지하층을 제외한 층수가 11층 이상의 층
      ㉡ 지하층 또는 무창층으로서 용도가 도매시장·소매시장·여객자동차터미널·지하역사 또는 지하상가

(3) 배선은 전기사업법 제67조에 따른 전기설비기술기준에서 정한 것 외에 다음의 기준에 따라야 한다.
① 유도등의 인입선과 옥내배선은 직접 연결할 것
② 유도등은 전기회로에 점멸기를 설치하지 않고 항상 점등 상태를 유지할 것. 다만, 특정소방대상물 또는 그 부분에 사람이 없거나 다음의 어느 하나에 해당하는 장소로서 3선식 배선에 따라 상시 충전되는 구조인 경우에는 그렇지 않다.
㉠ 외부의 빛에 의해 피난구 또는 피난방향을 쉽게 식별할 수 있는 장소
㉡ 공연장, 암실(暗室) 등으로서 어두워야 할 필요가 있는 장소
㉢ 특정소방대상물의 관계인 또는 종사원이 주로 사용하는 장소
③ 3선식 배선은 옥내소화전설비의 화재안전기술기준(NFTC 102) 2.7.2의 표 2.7.2(1) 또는 표 2.7.2(2)에 따른 내화배선 또는 내열배선으로 할 것
(4) 3선식 배선으로 상시 충전되는 유도등의 전기회로에 점멸기를 설치하는 경우에는 다음의 어느 하나에 해당되는 경우에 자동으로 점등되도록 해야 한다.
① 자동화재탐지설비의 감지기 또는 발신기가 작동되는 때
② 비상경보설비의 발신기가 작동되는 때
③ 상용전원이 정전되거나 전원선이 단선되는 때
④ 방재업무를 통제하는 곳 또는 전기실의 배전반에서 수동으로 점등하는 때
⑤ 자동소화설비가 작동되는 때
(5) 2선식과 3선식 배선방식
① 2선식 배선방식(상시 점등방식) : 유도등을 상시 점등 사용하고자 할 경우 흑색선과 적색선을 묶어서 배선한다.

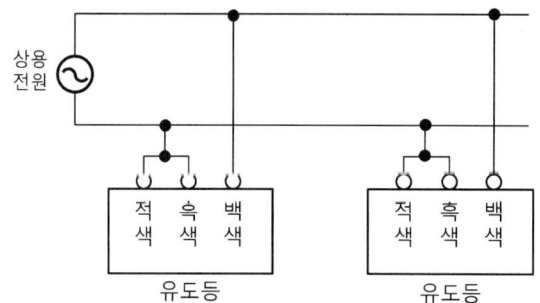

② 3선식 배선방식(수신기 연동방식)

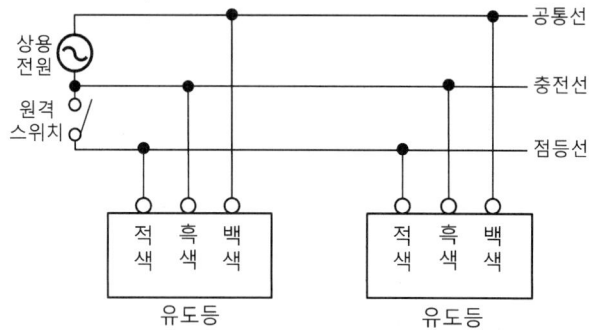

정답
① 자동화재탐지설비의 감지기 또는 발신기가 작동되는 때
② 비상경보설비의 발신기가 작동되는 때
③ 상용전원이 정전되거나 전원선이 단선되는 때
④ 방재업무를 통제하는 곳 또는 전기실의 배전반에서 수동으로 점등하는 때
⑤ 자동소화설비가 작동되는 때

14. 다음은 2개의 입력상태가 다를 때 출력이 발생하고, 2개의 입력상태가 같을 때에는 출력을 발생하지 않는 배타적 논리합(Exclusive OR)회로이다. 아래의 논리회로를 보고, 각 물음에 답하시오.

득점	배점
	6

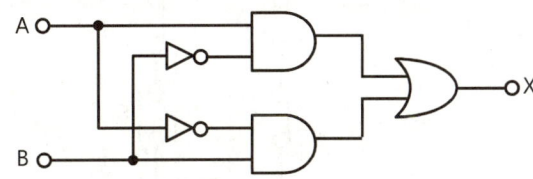

(1) 배타적 논리합(Exclusive OR)회로의 논리식을 쓰시오.
(2) 배타적 논리합(Exclusive OR)회로의 유접점회로를 그리시오.
(3) 배타적 논리합(Exclusive OR)회로의 타임차트를 완성하시오.

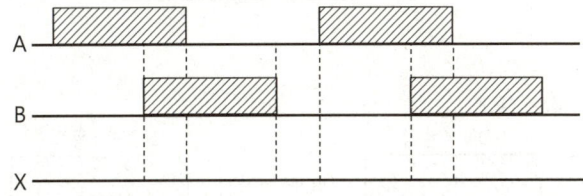

(4) 배타적 논리합(Exclusive OR)회로의 진리표를 완성하시오.

A	B	X
0	0	
0	1	
1	0	
1	1	

해설

논리회로

(1) 논리회로의 기본회로
　① 배타적 OR회로 : AND회로, OR회로, NOT회로의 조합회로서 2개의 입력신호가 같을 때 출력신호가 "0"이 되고 2개의 입력신호가 다를 때 출력신호가 "1"이 되는 회로이다.
　② 배타적 OR회로의 논리식

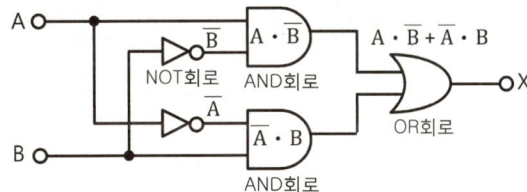

∴ $X = A \cdot \overline{B} + \overline{A} \cdot B$

(2) 유접점(릴레이)회로

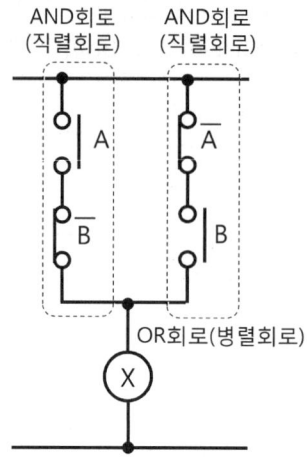

(3) 타임차트 작성
① 동작일 경우 = 1 = ON
② 정지일 경우 = 0 = OFF

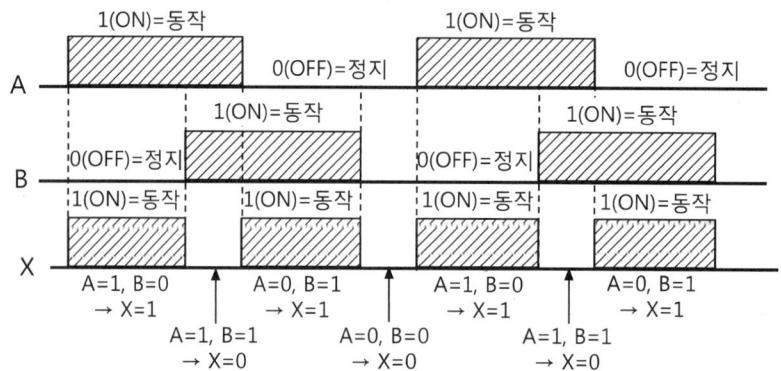

(4) 진리표 작성
① 논리식 $X = A \cdot \overline{B} + \overline{A} \cdot B$
② 진리표

입력		C	D	X
A	B	$A \cdot \overline{B}$	$\overline{A} \cdot B$	$A \cdot \overline{B} + \overline{A} \cdot B$ $= C + D$
0	0	$0 \cdot 1 = 0$	$1 \cdot 0 = 0$	$0 + 0 = 0$
0	1	$0 \cdot 0 = 0$	$1 \cdot 1 = 1$	$0 + 1 = 1$
1	0	$1 \cdot 1 = 1$	$0 \cdot 0 = 0$	$1 + 0 = 1$
1	1	$1 \cdot 0 = 0$	$0 \cdot 1 = 0$	$0 + 0 = 0$

정답 (1)

(2)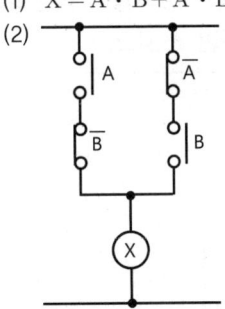

(3)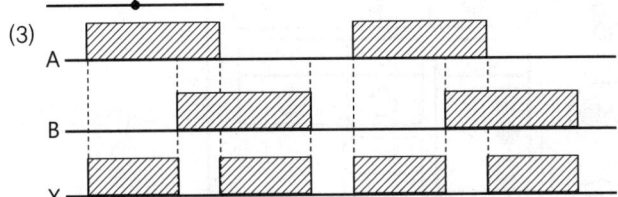

(4)

A	B	X
0	0	0
0	1	1
1	0	1
1	1	0

15 어느 특정소방대상물에 자동화재탐지설비의 P형 수신기를 보니 예비전원표시등이 점등되어 있었다. 어떤 경우에 예비전원표시등이 점등되는지 그 원인을 4가지만 쓰시오.

해설
예비전원표시등이 점등되었을 경우
(1) P형 1급 5회로 수신기의 구성

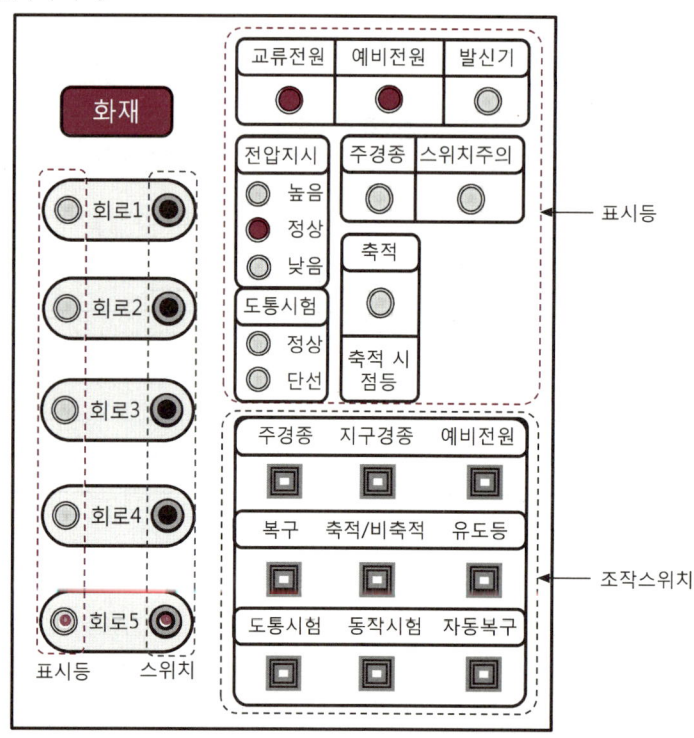

① 표시등의 기능

명칭	기능
화재표시등	수신기의 전면 상단에 설치된 것으로 화재감지기 작동 시 적색등으로 표시됨
지구표시등	화재감지기 작동 시 해당 경계구역을 나타내는 지구표시등임
교류전원표시등	내부회로에 상용전원 220[V]가 공급되고 있음을 나타내는 표시등으로서 상시 점등상태를 유지함
예비전원표시등	예비전원의 이상유무를 나타내는 표시등으로서 예비전원 충전이 불량하거나 예비전원의 충전이 완료되지 않은 경우 점등됨
전압지시등	수신기의 전압을 확인하는 표시등으로서 평상시 DC 24[V]를 나타냄
스위치주의표시등	조작스위치가 정상위치에 있지 않을 때 점등하는 표시등임
발신기작동표시등	발신기에 의해 화재표시등 점등 시 발신기가 작동됨을 나타내는 표시등임
도통시험표시등	수신기에서 발신기 또는 감지기 간의 선로에 도통상태가 정상 또는 단선 여부를 나타내는 표시등으로서 정상일 때는 녹색등, 단선일 경우 적색등으로 나타냄

② 조작스위치의 기능

명칭	기능
예비전원스위치	예비전원상태를 점검하는 스위치
지구경종스위치	감지기 또는 수동조작에 의한 지구경종 작동 시 지구경종을 정지시키는 스위치
자동복구스위치	동작시험 시 사용되는 복구스위치
복구스위치	수신기의 동작상태를 정상으로 복구할 때 사용하는 스위치
도통시험스위치	도통시험스위치를 누르고 회로선택스위치를 선택된 회로의 결선상태를 확인할 때 사용하는 스위치
동작시험스위치	수신기에 화재신호를 수동으로 입력하여 수신기가 정상적으로 동작되는지 점검하는 스위치

(2) 예비전원표시등이 점등되었을 경우 원인
 ① 예비전원의 퓨즈가 단선된 경우
 ② 예비전원의 충전부가 불량한 경우
 ③ 예비전원의 연결 커넥터가 분리되었거나 접촉이 불량한 경우
 ④ 예비전원을 연결하는 전선이 단선된 경우
 ⑤ 예비전원이 방전되어 완전히 충전상태에 도달하지 않은 경우

정답
 ① 퓨즈가 단선된 경우
 ② 예비전원의 충전부가 불량한 경우
 ③ 예비전원의 연결 커넥터가 분리되었거나 접촉이 불량한 경우
 ④ 예비전원을 연결하는 전선이 단선된 경우

16 3상 380[V]에서 정격소비전력이 100[kW]인 전기기구의 부하전류를 측정하기 위하여 변류비가 300/5인 변류기를 사용하였다. 이때 변류기의 2차 전류[A]를 구하시오(단, 역률은 0.7이다).

득점	배점
	4

• 계산과정 :
• 답 :

해설
변류기(CT)

(1) 변류기의 개요
  ① 변류기는 1차 권선을 고압회로와 직렬로 접속하여 대전류를 소전류(2차 전류)로 변성하는 계기용 변성기로서 변류기의 2차 전류는 5[A]가 표준이다.
  ② 변류비
$$\frac{I_1}{I_2} = \frac{300}{5}$$

여기서, I_1 : 1차 전류[A]
       I_2 : 2차 전류[A]

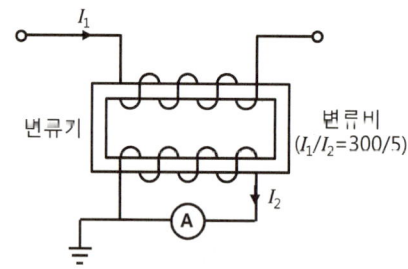

(2) 3상 유효전력(P)
$$P = \sqrt{3}\, IV\cos\theta\,[\text{W}]$$

여기서, $I = I_1$: 전류(1차)[A]
       V : 전압[V]
       $\cos\theta$: 역률

∴ 1차 전류 $I_1 = \dfrac{P}{\sqrt{3}\,V\cos\theta} = \dfrac{100 \times 10^3[\text{W}]}{\sqrt{3} \times 380[\text{V}] \times 0.7} = 217.05[\text{A}]$

(3) 2차 전류(I_2)

∴ 변류비 $\dfrac{I_1}{I_2} = \dfrac{300}{5}$ 에서 2차 전류 $I_2 = \dfrac{I_1}{\frac{300}{5}} = \dfrac{217.05[\text{A}]}{\frac{300}{5}} = 3.62[\text{A}]$

정답 3.62[A]

17 피난유도선이란 햇빛이나 전등불에 따라 축광하거나 전류에 따라 빛을 발하는 유도체로서 어두운 상태에서 피난을 유도할 수 있도록 띠 형태로 설치되는 피난유도시설을 말한다. 화재안전기술기준에서 정하는 축광방식의 피난유도선 설치기준을 3가지만 쓰시오.

득점	배점
	6

해설

피난유도선의 설치기준

(1) 축광방식의 피난유도선
 ① 구획된 각 실로부터 주출입구 또는 비상구까지 설치할 것
 ② 바닥으로부터 높이 50[cm] 이하의 위치 또는 바닥면에 설치할 것
 ③ 피난유도 표시부는 50[cm] 이내의 간격으로 연속되도록 설치
 ④ 부착대에 의하여 견고하게 설치할 것
 ⑤ 외부의 빛 또는 조명장치에 의하여 상시 조명이 제공되거나 비상조명등에 의한 조명이 제공되도록 설치할 것

(2) 광원점등방식의 피난유도선
 ① 구획된 각 실로부터 주출입구 또는 비상구까지 설치할 것
 ② 피난유도 표시부는 바닥으로부터 높이 1[m] 이하의 위치 또는 바닥면에 설치할 것
 ③ 피난유도 표시부는 50[cm] 이내의 간격으로 연속되도록 설치하되 실내장식물 등으로 설치가 곤란할 경우 1[m] 이내로 설치할 것
 ④ 수신기로부터의 화재신호 및 수동조작에 의하여 광원이 점등되도록 설치할 것
 ⑤ 비상전원이 상시 충전상태를 유지하도록 설치할 것
 ⑥ 바닥에 설치되는 피난유도 표시부는 매립하는 방식을 사용할 것
 ⑦ 피난유도 제어부는 조작 및 관리가 용이하도록 바닥으로부터 0.8[m] 이상 1.5[m] 이하의 높이에 설치할 것

정답
 ① 구획된 각 실로부터 주출입구 또는 비상구까지 설치할 것
 ② 바닥으로부터 높이 50[cm] 이하의 위치 또는 바닥면에 설치할 것
 ③ 피난유도 표시부는 50[cm] 이내의 간격으로 연속되도록 설치할 것

18 비상용 전원설비로 축전지설비를 설치하고자 한다. 사용부하에 따른 방전전류-방전시간의 특성곡선과 아래의 조건을 참고하여 다음 각 물음에 답하시오.

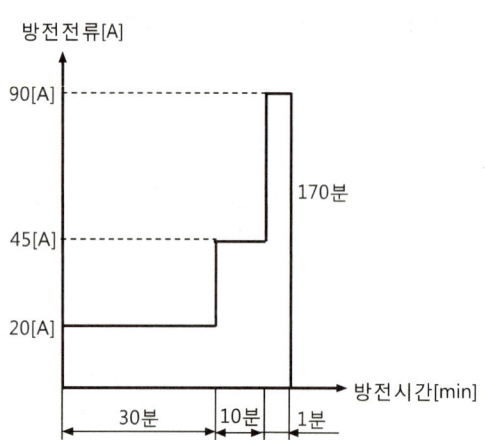

조건
- 축전지는 알칼리 축전지로서 AH형을 사용하고, 축전지 설치개수는 83개이다.
- 최저 허용전압(방전종지전압)은 1.06[V/cell]이고, 보수율은 0.8을 적용한다.
- 용량환산시간(K)

형식	최저 허용전압[V/cell]	0.1분	1분	5분	10분	20분	30분	60분	120분
AH형	1.10	0.30	0.46	0.56	0.66	0.87	1.04	1.56	2.60
	1.06	0.24	0.33	0.45	0.53	0.70	0.85	1.40	2.45
	1.00	0.20	0.20	0.37	0.45	0.60	0.77	1.30	2.30

물음

(1) 축전지의 용량[Ah]을 구하시오.
- 계산과정 :
- 답 :

(2) 축전지의 전해액이 변색되고, 충전 중이 아닌 정지상태에서도 다량의 가스가 발생하는 원인을 쓰시오.

(3) 부동충전방식의 회로를 그리시오(단, 정류기, 축전지, 부하를 포함할 것).

해설

축전지

(1) 축전지의 용량 계산

① 방전전류가 증가하는 경우 알칼리축전지의 부하특성을 분리하여 각각의 용량을 산출하고 그 값을 합산하여 축전지의 용량을 결정한다.

② 부하특성을 분리하여 축전지의 용량을 계산하는 방법

㉠ 각각의 방전시간(T)에 대한 용량환산시간(K)을 표에서 찾아 방전전류(I)와 용량환산시간(K)을 곱하여 그 면적을 구한다.

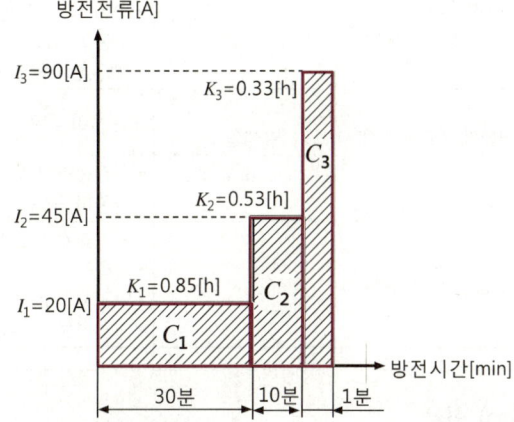

㉡ 각각의 사각형 면적[방전시간(T)에 대한 용량환산시간(K)을 표에서 찾아 방전전류(I)와 용량환산시간(K)을 곱한 면적]을 합하여 보수율로 나누어 주면 축전지의 용량(C)이 된다.

$$C = C_1 + C_2 + C_3 = \frac{1}{L}K_1 I_1 + \frac{1}{L}K_2 I_2 + \frac{1}{L}K_3 I_3 = \frac{1}{L}(K_1 I_1 + K_2 I_2 + K_3 I_3) \text{ [Ah]}$$

여기서, C : 축전지 용량[Ah]
L : 보수율
K : 용량환산시간[h]
I : 방전전류[A]

$$\therefore C = \frac{1}{L}(K_1 I_1 + K_2 I_2 + K_3 I_3)$$
$$= \frac{1}{0.8}(0.85[\text{h}] \times 20[\text{A}] + 0.53[\text{h}] \times 45[\text{A}] + 0.33[\text{h}] \times 90[\text{A}])$$
$$= 88.19[\text{Ah}]$$

참고

보수율(경년용량 저하율)
축전지의 말기수명에도 부하를 만족하는 축전지 용량 결정을 위한 계수로서 보통 0.8로 한다.

(2) 축전지의 이상현상과 원인

이상현상	원인
전체 셀 전압이 불균형이 크고 비중이 낮음	• 부동충전 전압이 낮음 • 균등충전이 부족 • 방전 후 회복충전이 부족
어떤 셀만 전압 및 비중이 극히 낮음	국부적으로 단락
전압은 정상이고, 전체 셀의 비중이 높음	• 액면이 저하됨 • 보수 시 묽은 황산이 혼입됨
• 충전 중 비중이 낮고 전압은 높음 • 방전 중 전압은 낮고 용량이 감퇴함	• 방전상태에서 장기간 방치 • 충전 부족의 상태에서 장기간 사용 • 극판이 노출됨 • 불순물이 혼입됨
• 전해액이 변색됨 • 충전하지 않고 방치상태에서도 다량의 가스가 발생함	불순물이 혼입
전해액의 감소가 빠름	• 충전전압이 높음 • 실온이 높음
축전지가 현저하게 온도상승 및 파손됨	• 충전장치의 고장 • 과충전 • 액면저하로 인하여 극판이 노출됨 • 교류전류의 유입이 큼

> **참고**
> **설페이션(Sulphation) 현상**
> 연축전지를 과방전 및 방전상태에서 오랫동안 방치하면 극판의 황산납이 회백색으로 변하는 현상이다.

(3) 충전방식의 종류
① 보통충전방식 : 필요할 때나 표준시간율로 전류를 충전하는 방식이다.
② 급속충전방식 : 비교적 단시간에 보통충전의 2~3배의 전류로 충전하는 방식이다.
③ 부동충전방식 : 축전지의 자기방전량을 보충함과 동시에 상용부하에 대한 전력공급은 충전기가 부담하고 충전기가 부담하기 어려운 대전류 부하는 축전지가 부담하게 하는 방식이다.

④ 균등충전방식 : 부동충전방식의 전압보다 약간 높은 정전압으로 충분한 시간동안 충전함으로써 전체 셀의 전압 및 비중상태를 균등하게 되도록 하기 위한 충전방식이다.
⑤ 세류충전방식 : 축전지의 자기방전량만 충전하기 위해 부하를 제거한 상태에서 미소전류로 충전하는 방식이다.
⑥ 회복충전방식 : 축전지를 과방전 또는 방전상태에서 오랫동안 방치한 경우, 가벼운 설페이션 현상이 생겼을 때 기능회복을 위하여 실시하는 충전방식이다.

정답 (1) 88.19[Ah]
(2) 불순물이 혼입됨
(3)

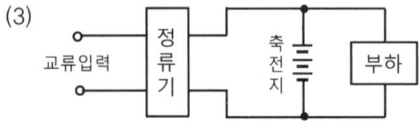

2022년 제1회 과년도 기출복원문제

※ 다음 물음에 대한 답을 해당 답란에 답하시오.(배점 : 100)

01 다음은 옥내소화전설비를 겸용한 자동화재탐지설비의 배선 계통도이다. 아래 조건을 참고하여 기호 ①~⑤의 최소 전선 가닥수를 구하시오.

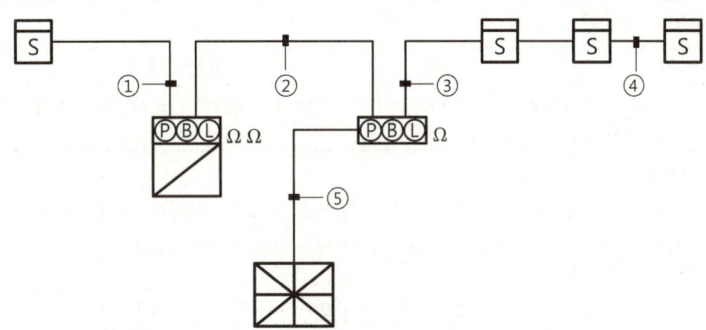

조건
- 지구경종에는 단락보호장치가 설치되어 있고, 경종과 표시등 공통선은 1가닥으로 배선한다.
- 옥내소화전은 기동용 수압개폐장치를 이용한 자동기동방식으로 한다.

물음

기호	①	②	③	④	⑤
전선 가닥수					

해설

옥내소화전설비와 자동화재탐지설비의 전선 가닥수 산정

(1) 소방시설 도시기호(소방시설 자체점검사항 등에 관한 고시)

명칭	도시기호	비고
발신기세트 단독형	ⓟⒷⓁ	• ⓟ : 발신기 • Ⓑ : 경종 • Ⓛ : 표시등
발신기세트 옥내소화전 내장형	ⓟⒷⓁ/	발신기, 경종, 표시등, 기동확인표시등
수신기	⊠	
연기감지기	S	
종단저항	Ω	

(2) 발신기세트 단독형의 기본 전선 가닥수 산정

전선 가닥수	배선의 용도
6	회로 공통선 1, 회로(지구)선 1, 응답선 1, 경종선 1, 표시등선 1, 경종·표시등 공통선 1

(3) 옥내소화전설비의 기동방식에 따른 기본 전선 가닥수 산정
　① 수동기동방식(ON-OFF 스위치를 이용한 방식)

전선 가닥수	배선의 용도
11	6가닥(회로 공통선 1, 회로(지구)선 1, 응답선 1, 경종선 1, 표시등선 1, 경종·표시등 공통선 1) + 5가닥(기동 1, 정지 1, 공통 1, 기동확인표시등 2)

　② 자동기동방식(기동용 수압개폐장치를 이용한 방식)

전선 가닥수	배선의 용도
8	6가닥(회로 공통선 1, 회로(지구)선 1, 응답선 1, 경종선 1, 표시등선 1, 경종·표시등 공통선 1) + 2가닥(기동확인표시등 2)

(4) 감지기회로 배선
　① 자동화재탐지설비, 제연설비는 도통시험을 용이하게 하기 위하여 송배선방식으로 배선한다.
　② 송배선방식은 루프로 된 부분은 2가닥, 그 밖에는 4가닥으로 배선해야 한다.

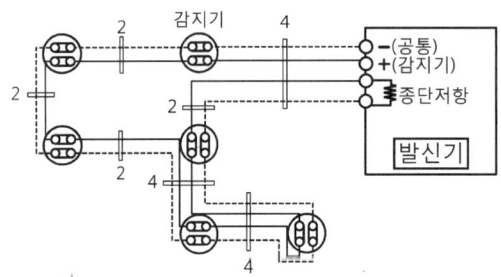

(5) 전선 가닥수 산정
　① 회로수는 발신기세트 측면에 표시되어 있는 종단저항의 개수로 한다.
　② 전선 가닥수 및 배선의 용도

구간	전선 가닥수	배선의 용도
①	4	회로 공통선 2, 회로선 2
②	9	회로 공통선 1, 회로선 2, 응답선 1, 경종선 1, 표시등선 1, 경종·표시등 공통선 1, 기동확인표시등 2 ※ 발신기세트 옥내소화전 내장형 측면에 종단저항이 2개가 표시되어 있으므로 회로수는 2이다.
③	4	회로 공통선 2, 회로선 2
④	4	회로 공통선 2, 회로선 2
⑤	10	회로 공통선 1, 회로선 3, 응답선 1, 경종선 1, 표시등선 1, 경종·표시등 공통선 1, 기동확인표시등 2 ※ 발신기세트에 표시되어 있는 총 종단저항은 3개가 표시되어 있으므로 회로수는 3이다.

정답

기호	①	②	③	④	⑤
전선 가닥수	4	9	4	4	10

02 누전경보기의 형식승인 및 제품검사의 기술기준에서 정하는 누전경보기에 대한 다음 각 물음에 답하시오.

(1) 변류기의 절연저항을 시험하는 경우 시험기기의 명칭과 판정기준을 쓰시오.
　① 시험기기의 명칭 :
　② 판정기준 :
(2) 감도조정장치의 조정범위의 최소치와 최대치를 쓰시오.
　① 최소치 :
　② 최대치 :
(3) 누전경보기의 공칭작동전류치는 몇 [mA] 이하이어야 하는지 쓰시오.

해설
누전경보기의 형식승인 및 제품검사의 기술기준

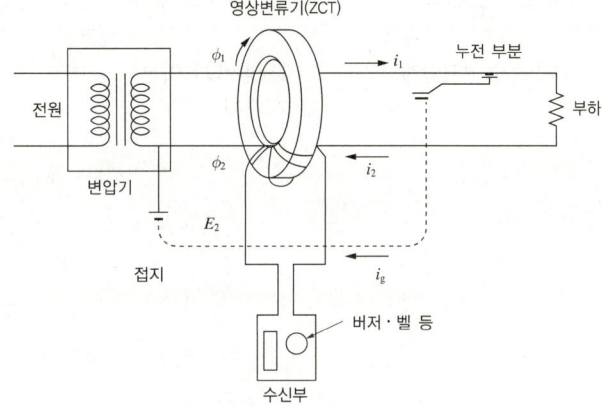

(1) 변류기의 절연저항 및 절연내력시험(제19조, 제20조)
　① 절연저항시험
　　변류기는 DC 500[V]의 절연저항계로 다음에 의한 시험을 하는 경우 5[MΩ] 이상이어야 한다.
　　㉠ 절연된 1차 권선과 2차 권선 간의 절연저항
　　㉡ 절연된 1차 권선과 외부 금속부 간의 절연저항
　　㉢ 절연된 2차 권선과 외부 금속부 간의 절연저항
　② 절연내력시험
　　절연저항시험 시험부위의 절연내력은 60[Hz]의 정현파에 가까운 실효전압 1,500[V](경계전로 전압이 250[V]를 초과하는 경우에는 경계전로 전압에 2를 곱한 값에 1[kV]를 더한 값)의 교류전압을 가하는 시험에서 1분간 견디는 것이어야 한다.
(2) 감도조정장치(제8조)
　감도조정장치를 갖는 누전경보기에 있어서 감도조정장치의 조정범위는 최대치가 1[A]이어야 한다.
　① 최대치 : 1[A]
　② 최소치 : 200[mA](감도조정장치를 가지고 있는 누전경보기에 있어서 공칭작동전류치를 적용)
(3) 공칭작동전류치(제7조)
　① 누전경보기의 공칭작동전류치(누전경보기를 작동시키기 위하여 필요한 누설전류의 값으로서 제조자에 의하여 표시된 값을 말한다)는 200[mA] 이하이어야 한다.

② ①의 규정은 감도조정장치를 가지고 있는 누전경보기에 있어서도 그 조정범위의 최소치에 대하여 이를 적용한다.

> **참고**
>
> **누전경보기의 구성과 설치기준**
> - 누전경보기의 구성 및 기능
>   - 영상변류기 : 경계전로의 누설전류를 자동적으로 검출하여 이를 누전경보기의 수신부에 송신하는 장치이다. → 누설전류를 검출한다.
>   - 수신기 : 변류기로부터 검출된 신호를 수신하여 누전의 발생을 해당 소방대상물의 관계인에게 경보하는 장치이다. → 검출된 신호를 수신한다.
>   - 음향장치 : 누전 시 경보를 발하는 장치이다. → 누전 시 경보를 발생한다.
>   - 차단기구 : 경계전로에 누설전류가 흐르는 경우 이를 수신하여 그 경계전로의 전원을 자동적으로 차단하는 장치이다. → 누전 시 전원을 차단한다.
> - 누전경보기의 전원 설치기준
>   - 전원은 분전반으로부터 전용회로로 하고, 각 극에 개폐기 및 15[A] 이하의 과전류차단기(배선용 차단기에 있어서는 20[A] 이하의 것으로 각 극을 개폐할 수 있는 것)를 설치할 것
>   - 전원을 분기할 때는 다른 차단기에 따라 전원이 차단되지 않도록 할 것
>   - 전원의 개폐기에는 "누전경보기용"이라고 표시한 표지를 할 것

정답 (1) ① DC 500[V]의 절연저항계   ② 5[MΩ] 이상
(2) ① 200[mA]   ② 1[A]
(3) 200[mA] 이하

03 다음 도면은 준비작동식 스프링클러설비에 설치된 슈퍼비조리판넬(SVP ; Super Visory Panel)에서 수신기까지의 내부 결선도이다. 각 물음에 답하시오.

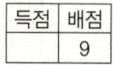

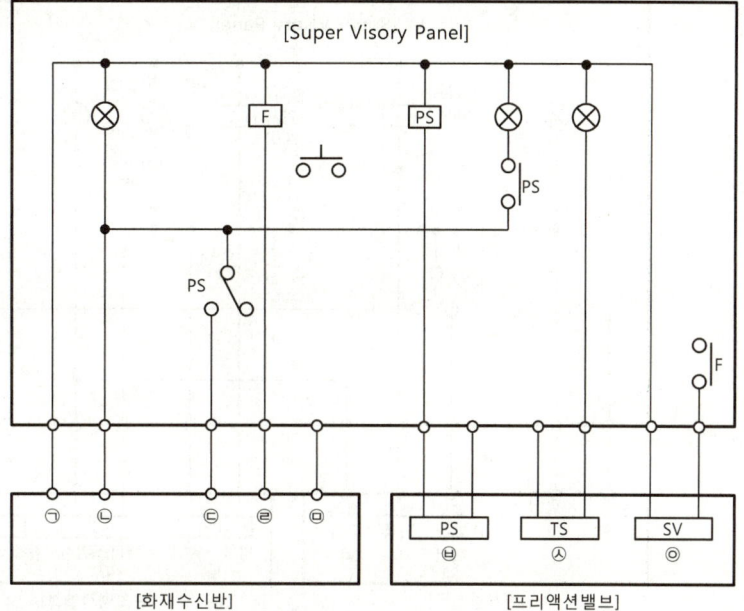

(1) 화재수신반에서 기호 ㉠~㉤의 단자명칭을 쓰시오.

기호	㉠	㉡	㉢	㉣	㉤
단자명칭					

(2) 프리액션밸브에서 기호 ㉥~㉧에 표기된 명칭을 쓰시오.

기호	㉥	㉦	㉧
명칭			

(3) 미완성된 내부 결선도를 완성하시오.

해설
준비작동식 스프링클러설비

(1) 화재수신반의 기호 ㉠~㉤의 단자명칭

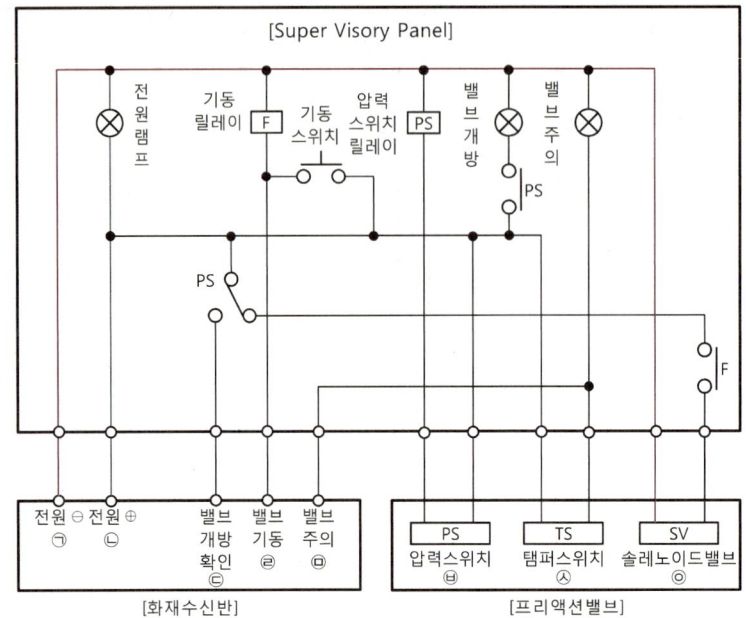

① 전원 ⊖ 단자에는 표시등, 기동릴레이(F), 압력스위치 릴레이(PS)와 공통선으로 접속되어 있으므로 전원 ⊕ 단자와 바뀌지 않도록 주의한다.
② 전원 ⊕ 단자는 전원 표시등과 접속되어 있다.
③ 압력스위치 릴레이(PS)가 여자되면 보조접점(PS)이 붙어 밸브개방 표시등이 점등되고 밸브개방확인 신호를 보낸다.
④ 평상시 프리액션밸브의 개폐밸브가 폐쇄되어 있으면 탬퍼스위치(TS)가 닫혀 밸브주의 표시등이 점등되고 밸브주의 신호를 보낸다.
⑤ 기동스위치를 누르면 기동릴레이(F)가 여자되어 기동릴레이 보조접점(F)이 붙어 솔레노이드밸브(SV)가 작동되고 밸브기동 신호를 보낸다.

기호	㉠	㉡	㉢	㉣	㉤
단자명칭	전원 ⊖	전원 ⊕	밸브개방확인	밸브기동	밸브주의

(2) 프리액션밸브에 표기된 기호 ㉥~㉧의 명칭
① PS(Pressure Switch, 압력스위치) : 2차 측의 가압수가 방출되면 프리액션밸브 내의 클래퍼가 열리게 되고 이때 가압수가 압력스위치의 벨로즈를 가압하게 되어 전기적 접점이 붙어 밸브개방 표시등이 점등된다.
② TS(Tamper Switch, 탬퍼스위치) : 프리액션밸브의 1차 측 및 2차 측 개폐밸브의 개방상태를 확인하기 위하여 설치하는 스위치로서 개폐밸브를 폐쇄하였을 경우 밸브주의 표시등이 점등된다.
③ SV(Solenoid Valve, 전자밸브) : 중간실과 배수관 사이를 연결하는 배관에 설치하여 기동스위치를 누르면 솔레노이드밸브가 작동하여 중간실의 압력수를 배수관을 통해 배출시켜 1차 측과 중간실의 압력 불균형으로 1차 측의 가압수가 2차 측으로 송수되면서 프리액션밸브가 작동한다.

(3) SVP(슈퍼비조리판넬) 내부 결선도

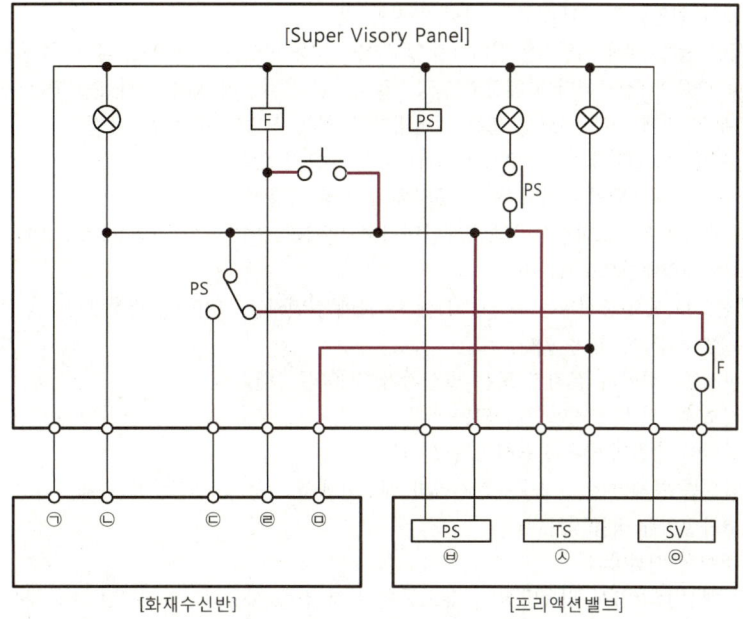

정답

(1)

기호	㉠	㉡	㉢	㉣	㉤
단자명칭	전원 ⊖	전원 ⊕	밸브개방확인	밸브기동	밸브주의

(2)

기호	㉥	㉦	㉧
명칭	압력스위치	탬퍼스위치	솔레노이드밸브

(3) 해설 참고

04 유도등 및 유도표지의 화재안전기술기준에서 정하는 3선식 배선으로 상시 충전되는 유도등의 전기회로에 점멸기를 설치하는 경우 어느 경우에 자동으로 점등되도록 해야 하는지 그 기준을 5가지만 쓰시오.

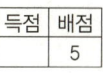

해설

유도등의 전원 설치기준

(1) 유도등의 상용전원은 전기가 정상적으로 공급되는 축전지설비, 전기저장장치(외부 전기에너지를 저장해 두었다가 필요한 때 전기를 공급하는 장치) 또는 교류전압의 옥내 간선으로 하고, 전원까지의 배선은 전용으로 해야 한다.

(2) 비상전원은 다음의 기준에 적합하게 설치해야 한다.
  ① 축전지로 할 것
  ② 유도등을 20분 이상 유효하게 작동시킬 수 있는 용량으로 할 것. 다만, 다음의 특정소방대상물의 경우에는 그 부분에서 피난층에 이르는 부분의 유도등을 60분 이상 유효하게 작동시킬 수 있는 용량으로 해야 한다.
    ㉠ 지하층을 제외한 층수가 11층 이상의 층
    ㉡ 지하층 또는 무창층으로서 용도가 도매시장·소매시장·여객자동차터미널·지하역사 또는 지하상가

(3) 배선은 전기사업법 제67조에 따른 전기설비기술기준에서 정한 것 외에 다음의 기준에 따라야 한다.
① 유도등의 인입선과 옥내배선은 직접 연결할 것
② 유도등은 전기회로에 점멸기를 설치하지 않고 항상 점등 상태를 유지할 것. 다만, 특정소방대상물 또는 그 부분에 사람이 없거나 다음의 어느 하나에 해당하는 장소로서 3선식 배선에 따라 상시 충전되는 구조인 경우에는 그렇지 않다.
㉠ 외부의 빛에 의해 피난구 또는 피난방향을 쉽게 식별할 수 있는 장소
㉡ 공연장, 암실(暗室) 등으로서 어두워야 할 필요가 있는 장소
㉢ 특정소방대상물의 관계인 또는 종사원이 주로 사용하는 장소
③ 3선식 배선은 옥내소화전설비의 화재안전기술기준(NFTC 102) 2.7.2의 표 2.7.2(1) 또는 표 2.7.2(2)에 따른 내화배선 또는 내열배선으로 할 것

(4) 3선식 배선으로 상시 충전되는 유도등의 전기회로에 점멸기를 설치하는 경우에는 다음의 어느 하나에 해당되는 경우에 자동으로 점등되도록 해야 한다.
① 자동화재탐지설비의 감지기 또는 발신기가 작동되는 때
② 비상경보설비의 발신기가 작동되는 때
③ 상용전원이 정전되거나 전원선이 단선되는 때
④ 방재업무를 통제하는 곳 또는 전기실의 배전반에서 수동으로 점등하는 때
⑤ 자동소화설비가 작동되는 때

(5) 2선식과 3선식 배선방식
① 2선식 배선방식(상시 점등방식) : 유도등을 상시 점등 사용하고자 할 경우 흑색선과 적색선을 묶어서 배선한다.

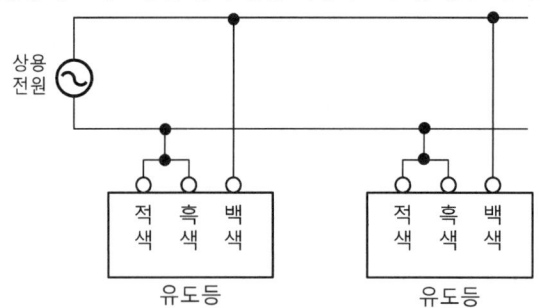

② 3선식 배선방식(수신기 연동방식)

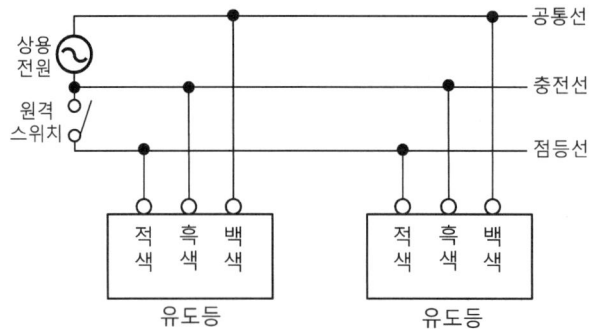

정답
① 자동화재탐지설비의 감지기 또는 발신기가 작동되는 때
② 비상경보설비의 발신기가 작동되는 때
③ 상용전원이 정전되거나 전원선이 단선되는 때
④ 방재업무를 통제하는 곳 또는 전기실의 배전반에서 수동으로 점등하는 때
⑤ 자동소화설비가 작동되는 때

05 자동화재탐지설비를 설치해야 하는 특정소방대상물의 연면적 또는 바닥면적 기준을 쓰시오 (단, 특정소방대상물의 전체인 경우 '전부' 또는 면적 조건이 없는 경우에는 '면적 조건 없음'이라고 답한다).

특정소방대상물	연면적 기준	특정소방대상물	연면적 기준
복합건축물	①	교육연구시설	②
판매시설	③	판매시설 중 전통시장	④
업무시설	⑤	-	-

해설

자동화재탐지설비를 설치해야 하는 특정소방대상물(소방시설법 영 별표 4)

(1) 공동주택 중 아파트 등·기숙사 및 숙박시설의 경우에는 모든 층
(2) 층수가 6층 이상인 건축물의 경우에는 모든 층
(3) 근린생활시설(목욕장은 제외한다), 의료시설(정신의료기관 및 요양병원은 제외한다), 위락시설, 장례시설 및 복합건축물로서 연면적 600[m²] 이상인 경우에는 모든 층
(4) 근린생활시설 중 목욕장, 문화 및 집회시설, 종교시설, 판매시설, 운수시설, 운동시설, 업무시설, 공장, 창고시설, 위험물 저장 및 처리 시설, 항공기 및 자동차 관련 시설, 교정 및 군사시설 중 국방·군사시설, 방송통신시설, 발전시설, 관광 휴게시설, 지하상가로서 연면적 1,000[m²] 이상인 경우에는 모든 층
(5) 교육연구시설(교육시설 내에 있는 기숙사 및 합숙소를 포함한다), 수련시설(수련시설 내에 있는 기숙사 및 합숙소를 포함하며, 숙박시설이 있는 수련시설은 제외한다), 동물 및 식물 관련 시설(기둥과 지붕만으로 구성되어 외부와 기류가 통하는 장소는 제외한다), 자원순환 관련 시설, 교정 및 군사시설(국방·군사시설은 제외한다) 또는 묘지 관련 시설로서 연면적 2,000[m²] 이상인 경우에는 모든 층
(6) 노유자 생활시설의 경우에는 모든 층
(7) (6)에 해당하지 않는 노유자시설로서 연면적 400[m²] 이상인 노유자시설 및 숙박시설이 있는 수련시설로서 수용인원 100명 이상인 경우에는 모든 층
(8) 의료시설 중 정신의료기관 또는 요양병원으로서 다음의 어느 하나에 해당하는 시설
  ① 요양병원(의료재활시설은 제외한다)
  ② 정신의료기관 또는 의료재활시설로 사용되는 바닥면적의 합계가 300[m²] 이상인 시설
  ③ 정신의료기관 또는 의료재활시설로 사용되는 바닥면적의 합계가 300[m²] 미만이고, 창살(철재·플라스틱 또는 목재 등으로 사람의 탈출 등을 막기 위하여 설치한 것을 말하며, 화재 시 자동으로 열리는 구조로 되어 있는 창살은 제외한다)이 설치된 시설
(9) 판매시설 중 전통시장
(10) 터널로서 길이가 1,000[m] 이상인 것
(11) 지하구
(12) (3)에 해당하지 않는 근린생활시설 중 조산원 및 산후조리원
(13) (4)에 해당하지 않는 공장 및 창고시설로서 화재의 예방 및 안전관리에 관한 법률 시행령 별표 2에서 정하는 수량의 500배 이상의 특수가연물을 저장·취급하는 것
(14) (4)에 해당하지 않는 발전시설 중 전기저장시설

정답

특정소방대상물	연면적 기준	특정소방대상물	연면적 기준
복합건축물	600[m²] 이상	교육연구시설	2,000[m²] 이상
판매시설	1,000[m²] 이상	판매시설 중 전통시장	전부
업무시설	1,000[m²] 이상	-	-

06

길이가 60[m]인 통로에 객석유도등을 설치하려고 한다. 이때 필요한 객석유도등의 최소 설치 개수를 구하시오.

- 계산과정 :
- 답 :

해설

유도등 및 유도표지의 설치개수

구분	설치기준	설치개수 계산식
복도 또는 거실통로유도등	구부러진 모퉁이 및 보행거리 20[m]마다 설치할 것	설치개수 $= \dfrac{보행거리[m]}{20[m]} - 1$
객석유도등	객석 내의 통로가 경사로 또는 수평로로 되어 있는 부분은 다음의 식에 따라 산출한 수(소수점 이하의 수는 1로 본다)의 유도등을 설치해야 한다.	설치개수 $= \dfrac{객석 통로의 직선부분 길이[m]}{4[m]} - 1$
유도표지	계단에 설치하는 것을 제외하고는 각 층마다 복도 및 통로의 각 부분으로부터 하나의 유도표지까지의 보행거리가 15[m] 이하가 되는 곳과 구부러진 모퉁이의 벽에 설치할 것	설치개수 $= \dfrac{보행거리[m]}{15[m]} - 1$

∴ 객석유도등의 설치개수 $= \dfrac{객석\ 통로의\ 직선부분\ 길이[m]}{4[m]} - 1$

$= \dfrac{60[m]}{4[m]} - 1 = 14$개

정답 14개

07

다음은 타이머를 이용한 3상 유도전동기 기동 및 정지회로이다. 아래의 주어진 조건과 동작설명에 적합하도록 미완성된 시퀀스 제어회로를 완성하시오(단, 제어회로에 설치된 F는 퓨즈이고, 각 전기기구의 접점 및 스위치에는 접점 명칭을 반드시 기입하시오).

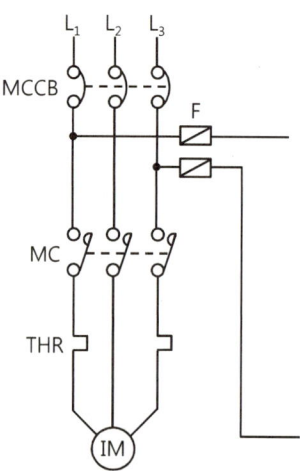

조 건

- 전기기구의 도시기호 및 사용개수

전기기구 명칭	도시기호	사용개수	전기기구 명칭	도시기호	사용개수
전자접촉기	(MC)	1개	열동계전기	THR	1개
한시동작 순시복귀형 타이머	(T)	1개	경고표시등 (황색램프)	(YL)	1개
운전표시등 (적색램프)	(RL)	1개	정지표시등 (녹색램프)	(GL)	1개
누름버튼스위치	PB-OFF	1개	누름버튼스위치	PB-ON	1개

- 전기기구의 사용접점

전기기구 명칭	접점기호	사용개수	전기기구 명칭	접점기호	사용개수
전자접촉기 a접점	MC-a	1개	전자접촉기 b접점	MC-b	1개
타이머 한시 b접점	T-b	1개	타이머 순시 a접점	T-a	1개
열동계전기 a접점	THR-a	1개	열동계전기 b접점	THR-b	1개

[동작설명]

- 배선용 차단기(MCCB)에 전원을 투입하면 정지표시등(GL)이 점등한다.
- 전동기 운전용 누름버튼스위치(PB-ON)를 누르면 전자접촉기(MC)가 여자되어 유도전동기(IM)가 기동된다. 이때 전자접촉기의 보조접점(MC-a)에 의해 전동기 운전표시등(RL)이 점등되고, 전자접촉기의 보조접점(MC-b)에 의해 정지표시등(GL)이 소등된다. 또한, 타이머 코일(T)이 여자되어 자기유지가 되고, 설정시간 후 타이머 한시접점(T-b)이 떨어져 전자접촉기(MC)가 소자되어 유도전동기(IM)는 정지한다. 모든 접점은 전동기 운전용 누름버튼스위치(PB-ON)를 누르기 전의 상태로 복귀한다.
- 유도전동기가 운전 중 유도전동기 정지용 누름버튼스위치(PB-OFF)를 누르면 PB-ON을 누르기 전의 상태로 된다.
- 유도전동기에 과전류가 흐르면 열동계전기의 접점(THR-b)이 떨어져 전동기는 정지하고, 경고표시등(YL)이 점등된다.

해설

타이머를 이용한 3상 유도전동기 기동 및 정지회로

(1) 제어용기기의 명칭과 도시기호

제어용기기 명칭	작동원리	주접점	코일	a접점	b접점
배선용 차단기 (MCCB)	단락 및 과부하로부터 회로를 보호하기 위하여 사용되는 전력기기이다.	(주접점 기호)	–	–	–
전자접촉기 (MC)	전자석의 동작에 의하여 접점을 개폐하는 기구로서 부하회로를 빈번하게 개폐하는 접촉기이다.	(주접점 기호)	(MC)	MC-a	MC-b

제어용기기 명칭	작동원리	접점의 종류			
		주접점	코일	a접점	b접점
열동계전기 (THR)	정격전류 이상의 과부하 전류가 흐르면 내부에서 발생된 열에 의해 바이메탈이 동작하여 접점을 차단시키는 계전기로서 전동기의 과부하 보호에 사용된다.	↓↓	–	THR	THR
누름버튼스위치 (PB₋ₐ, PB₋ᵦ)	버튼을 누르면 접점 기구부가 개폐되며 손을 떼면 스프링의 힘에 의해 자동으로 복귀되는 스위치이다.	–	–	PB₋ₐ	PB₋ᵦ
한시동작 순시복귀형 타이머 (T)	설정시간이 경과한 후 그 접점이 폐로 또는 개로하는 계전기이다.	–	(T)	T₋ₐ	T₋ᵦ

(2) 동작설명에 따른 제어회로 작성

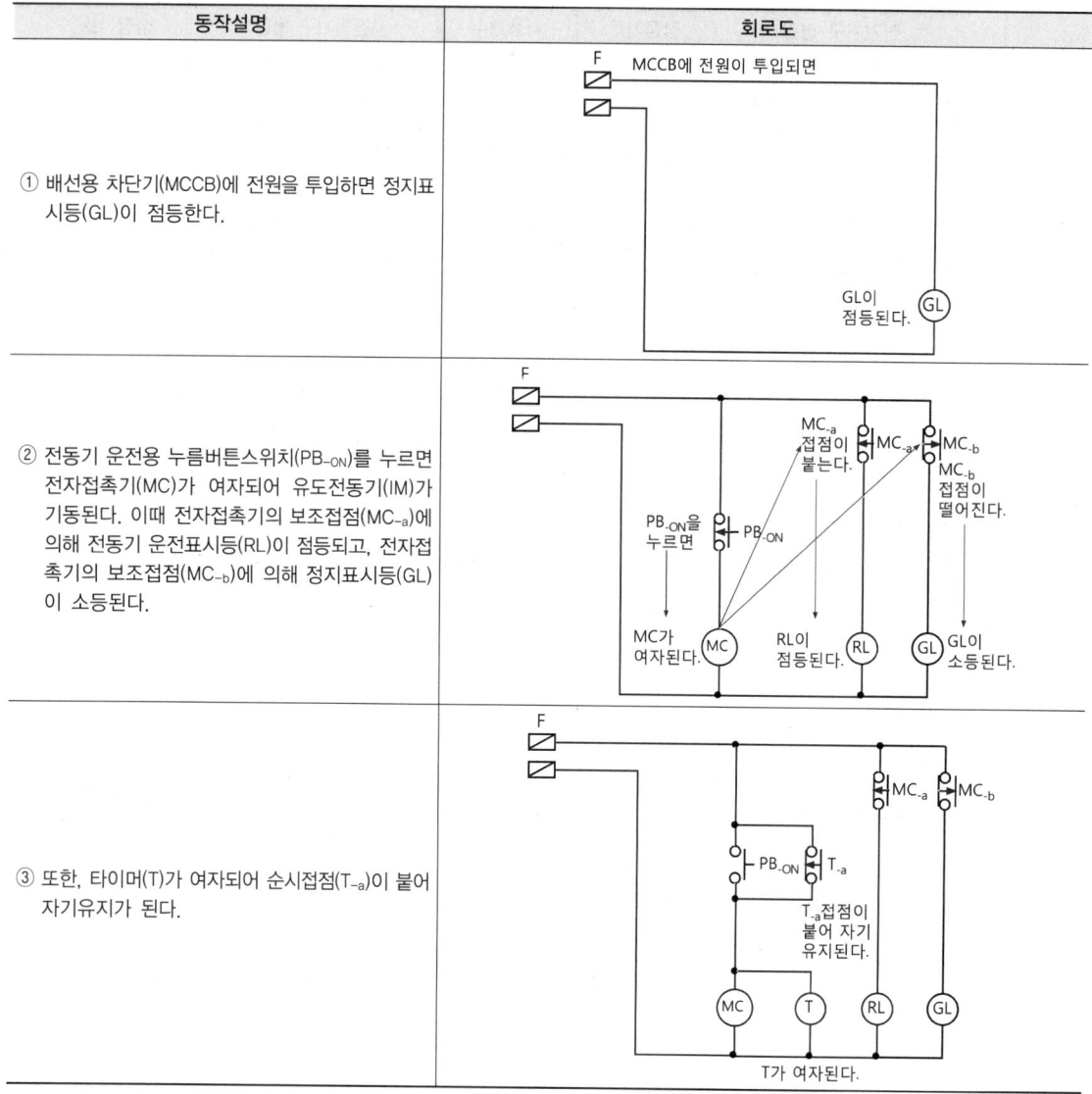

동작설명	회로도
① 배선용 차단기(MCCB)에 전원을 투입하면 정지표시등(GL)이 점등한다.	
② 전동기 운전용 누름버튼스위치(PB₋ON)를 누르면 전자접촉기(MC)가 여자되어 유도전동기(IM)가 기동된다. 이때 전자접촉기의 보조접점(MC₋ₐ)에 의해 전동기 운전표시등(RL)이 점등되고, 전자접촉기의 보조접점(MC₋ᵦ)에 의해 정지표시등(GL)이 소등된다.	
③ 또한, 타이머(T)가 여자되어 순시접점(T₋ₐ)이 붙어 자기유지가 된다.	

동작설명	회로도
④ 설정시간 후 타이머 한시접점(T_{-b})이 떨어져 전자접촉기(MC)가 소자되어 유도전동기(IM)는 정지한다. 모든 접점은 전동기 운전용 누름버튼스위치(PB_{-ON})를 누르기 전의 상태로 복귀한다.	
⑤ 유도전동기가 운전 중 유도전동기 정지용 누름버튼스위치(PB_{-OFF})를 누르면 운전용 누름버튼스위치(PB_{-ON})를 누르기 전의 상태로 된다.	
⑥ 유도전동기에 과전류가 흐르면 열동계전기의 접점(THR_{-b})이 떨어져 유도전동기는 정지하고, 열동계전기의 접점(THR_{-a})이 붙어 경고표시등(YL)이 점등되며 정지표시등(GL)이 소등한다.	

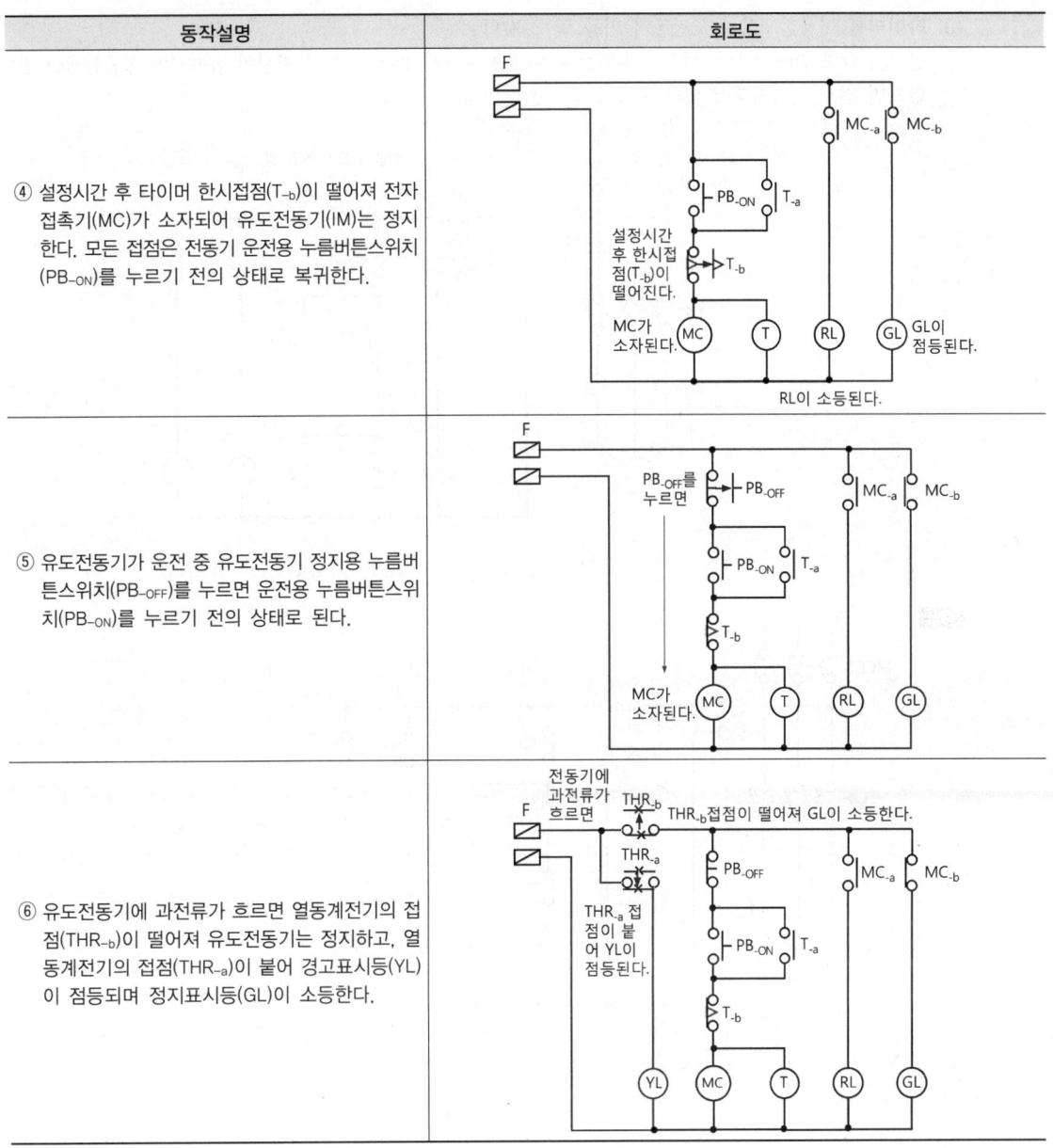

(3) 타이머를 이용한 3상 유도전동기 기동 및 정지회로

단자와 단자 간에 전선이 접속되어 있는 부분에는 반드시 점(•)을 찍어 전선이 접속되어 있음을 표시한다. 만약, 점이 없으면 전선이 교차되어 있다는 것을 표시한 것이다.

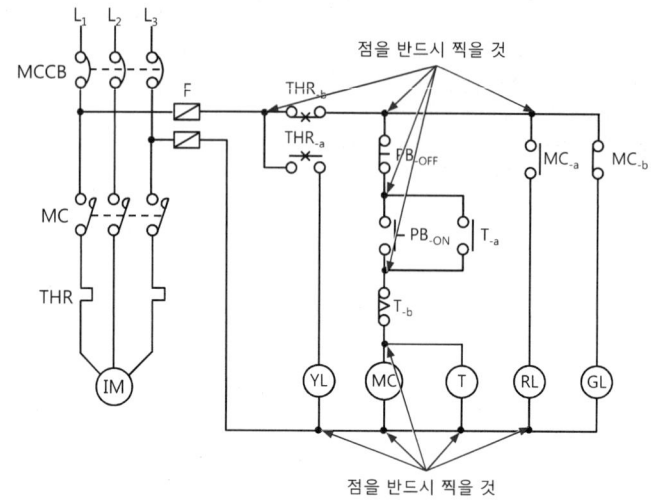

정답

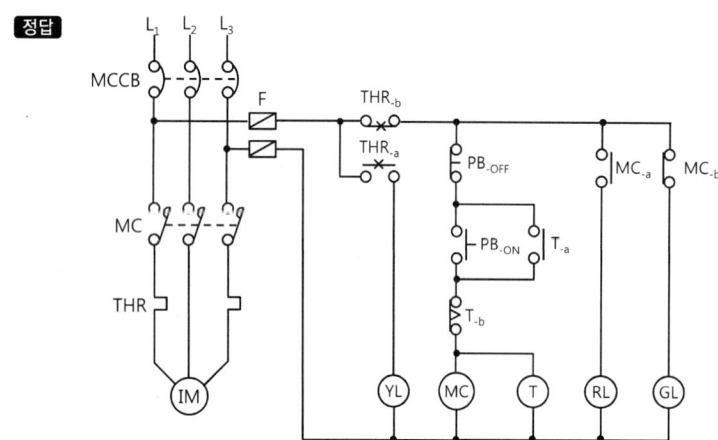

08 다음은 소방시설의 도시기호이다. 각 도시기호의 명칭을 쓰시오.

(1) 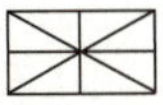 ⊠　　(2) 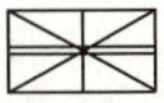 ⊠
(3) 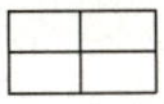 ▭　　(4) 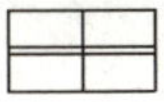 ▭

[해설]

소방시설의 도시기호(소방시설 자체점검사항 등에 고시)

명칭	도시기호	명칭	도시기호
차동식 스포트형 감지기	 ∪	보상식 스포트형 감지기	 ∪
정온식 스포트형 감지기	 ∪	연기감지기	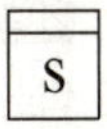 S
감지선	 ⊙	열전대	▬
열반도체	 ∞	차동식 분포형 감지기의 검출기	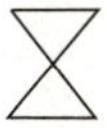 ⋈
발신기세트 단독형	 ⓟⒷⓛ	발신기세트 옥내소화전 내장형	 ⓟⒷⓛ
비상벨	 B	사이렌	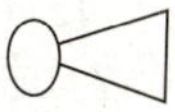 ◁
모터사이렌	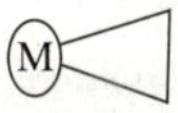 M	전자사이렌	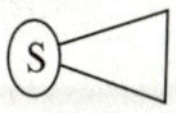 S
제어반	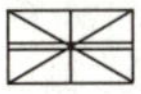 ⊠	화재경보벨	 B
수신기	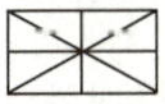 ⊠	부수신기	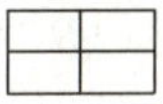 ▭
중계기	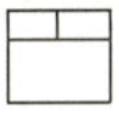 ▭	표시반	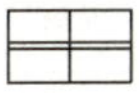 ▭

[정답]
(1) 수신기
(2) 제어반
(3) 부수신기
(4) 표시반

09 다음은 비상콘센트설비의 화재안전기술기준에서 정하는 전원회로의 설치기준이다. 각 물음에 답하시오.

(1) 전원회로의 종류와 전압 및 공급용량을 쓰시오.
　① 종류 :
　② 전압 :
　③ 공급용량 :
(2) 전원으로부터 각 층의 비상콘센트에 분기되는 경우에는 보호함 안에 설치해야 하는 것을 쓰시오.
(3) 전원회로의 배선은 어떤 배선으로 해야 하는지 쓰시오.

득점	배점
	6

해설

비상콘센트

(1), (2) 비상콘센트설비의 전원회로 설치기준
　① 비상콘센트설비의 전원회로는 단상교류 220[V]인 것으로서, 그 공급용량은 1.5[kVA] 이상인 것으로 할 것
　② 전원회로는 각 층에 2 이상이 되도록 설치할 것. 다만, 설치해야 할 층의 비상콘센트가 1개인 때에는 하나의 회로로 할 수 있다.
　③ 전원회로는 주배전반에서 전용회로로 할 것. 다만, 다른 설비회로의 사고에 따른 영향을 받지 않도록 되어 있는 것은 그렇지 않다.
　④ 전원으로부터 각 층의 비상콘센트에 분기되는 경우에는 분기배선용 차단기를 보호함 안에 설치할 것
　⑤ 콘센트마다 배선용 차단기(KS C 8321)를 설치해야 하며, 충전부가 노출되지 않도록 할 것
　⑥ 개폐기에는 "비상콘센트"라고 표시한 표지를 할 것
　⑦ 비상콘센트용의 풀박스 등은 방청도장을 한 것으로서, 두께 1.6[mm] 이상의 철판으로 할 것
　⑧ 하나의 전용회로에 설치하는 비상콘센트는 10개 이하로 할 것. 이 경우 전선의 용량은 각 비상콘센트(비상콘센트가 3개 이상인 경우에는 3개)의 공급용량을 합한 용량 이상의 것으로 해야 한다.
(3) 배선의 설치기준
　① 전원회로의 배선은 내화배선으로, 그 밖의 배선은 내화배선 또는 내열배선으로 할 것
　② ①에 따른 내화배선 및 내열배선에 사용하는 전선의 종류 및 설치방법은 옥내소화전설비의 화재안전기술기준(NFTC 102) 2.7.2의 표 2.7.2 기준에 따를 것

정답　(1)　① 단상교류
　　　　　　② 220[V]
　　　　　　③ 1.5[kVA] 이상
　　　　(2) 분기배선용 차단기
　　　　(3) 내화배선

10 가요전선관공사에서 사용되는 부품의 명칭을 쓰시오.

(1) 가요전선관과 박스를 연결할 때 사용하는 부품
(2) 가요전선관과 금속관을 연결할 때 사용하는 부품
(3) 가요전선관과 가요전선관을 연결할 때 사용하는 부품

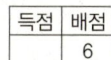

해설

전선관공사에 사용되는 부품

(1) 가요전선관공사에 사용되는 부품

가요전선관공사의 부품 명칭	사용 용도	그림
스플리트 커플링	가요전선관과 가요전선관을 연결할 때 사용한다.	
콤비네이션 커플링	가요전선관과 금속관을 연결할 때 사용한다.	
스트레이트 박스 커넥터	가요전선관과 박스와 연결할 때 사용한다.	
앵글박스 커넥터	직각으로 박스에 연결할 때 사용한다.	

(2) 금속관공사에 사용되는 부품

금속관공사의 부품 명칭	사용 용도	그림
커플링	전선관과 전선관을 연결할 때 사용한다.	
새들	전선관을 구조물에 고정할 때 사용한다.	
환형 3방출 정크션박스	전선관을 분기할 때 사용하며 방출방향의 수에 따라 2방출, 3방출, 4방출이 있다.	
노멀밴드	전선관이 직각으로 구부러지는 곳에 사용한다.	
유니버설엘보	노출배관을 공사할 때 관을 직각으로 구부러지는 곳에 사용한다.	
유니언커플링	전선관의 접속부에서 양쪽의 관이 돌려지지 않는 곳에 전선관을 접속할 때 사용한다.	

금속관공사의 부품 명칭	사용 용도	그림
부싱	전선관을 박스에 접속할 때 전선의 피복을 보호하기 위하여 박스 내부의 전선관 끝에 사용한다.	
로크너트	전선관과 박스를 접속할 때 사용하는 부품으로서 최소 2개를 사용한다.	
8각 아웃렛 박스	전선관을 공사할 때 감지기, 유도등 및 전선을 접속하는 데 사용하는 박스로 4각은 각 방향으로 2개까지 방출할 수 있고, 8각은 각 방향으로 1개까지 방출할 수 있다.	
4각 아웃렛 박스		

정답
(1) 스트레이트 박스 커넥터
(2) 콤비네이션 커플링
(3) 스플리트 커플링

11 아래 그림에서 복도 중심선의 길이가 90[m]인 구부러진 복도에 연기감지기 2종과 연기감지기 3종을 각각 설치하고자 한다. 각각의 도면에 소방시설 도시기호를 사용하여 연기감지기를 표시하고, 복도 끝과 감지기 간 및 감지기 상호 간의 설치간격을 도면에 표시하시오.

(1) 연기감지기 2종을 설치할 경우

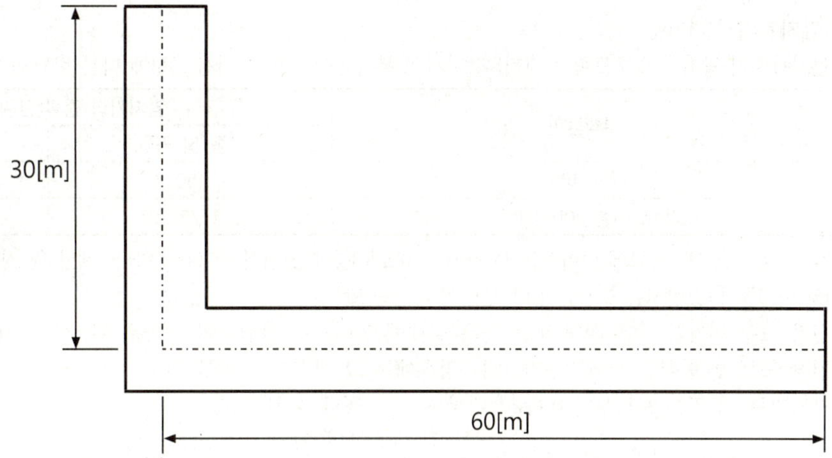

(2) 연기감지기 3종을 설치할 경우

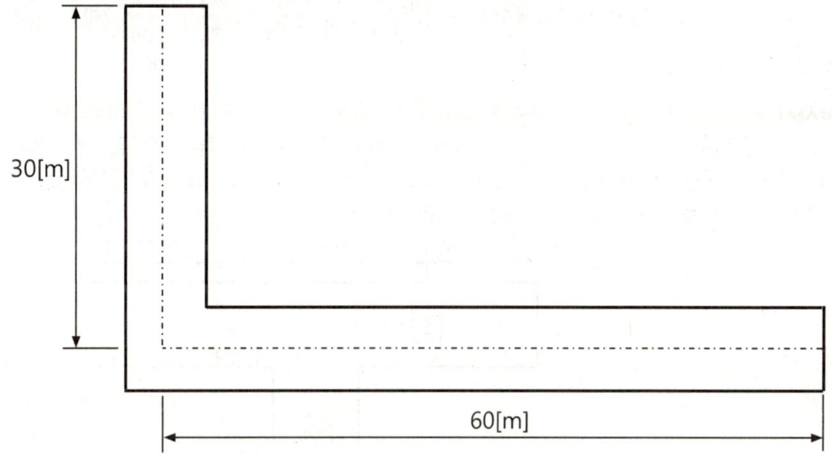

해설

연기감지기의 설치

(1) 연기감지기의 설치장소
  ① 계단·경사로 및 에스컬레이터 경사로
  ② 복도(30[m] 미만의 것을 제외)
  ③ 엘리베이터 승강로(권상기실이 있는 경우에는 권상기실)·린넨슈트·파이프 피트 및 덕트 기타 이와 유사한 장소
  ④ 천장 또는 반자의 높이가 15[m] 이상 20[m] 미만의 장소

⑤ 다음의 어느 하나에 해당하는 특정소방대상물의 취침·숙박·입원 등 이와 유사한 용도로 사용되는 거실
  ㉠ 공동주택·오피스텔·숙박시설·노유자시설·수련시설
  ㉡ 교육연구시설 중 합숙소
  ㉢ 의료시설, 근린생활시설 중 입원실이 있는 의원·조산원
  ㉣ 교정 및 군사시설
  ㉤ 근린생활시설 중 고시원

(2) 연기감지기의 설치기준
  ① 연기감지기(광전식 스포트형 감지기) 감지기의 부착높이에 따라 다음 [표]에 따른 바닥면적마다 1개 이상으로 할 것

부착높이	감지기의 종류(단위 : [m²])	
	1종 및 2종	3종
4[m] 미만	150	50
4[m] 이상 20[m] 미만	75	-

  ② 감지기는 복도 및 통로에 있어서는 보행거리 30[m](3종에 있어서는 20[m])마다, 계단 및 경사로에 있어서는 수직거리 15[m](3종에 있어서는 10[m])마다 1개 이상으로 할 것
  ③ 천장 또는 반자가 낮은 실내 또는 좁은 실내에 있어서는 출입구의 가까운 부분에 설치할 것
  ④ 천장 또는 반자 부근에 배기구가 있는 경우에는 그 부근에 설치할 것
  ⑤ 감지기는 벽 또는 보로부터 0.6[m] 이상 떨어진 곳에 설치할 것

  ㉠ 복도, 통로 : 감지기 설치개수 $= \dfrac{\text{감지구역의 보행거리}[m]}{\text{감지기 1개의 설치 보행거리}[m]}$ [개]

  ㉡ 계단, 경사로 : 감지기 설치개수 $= \dfrac{\text{감지구역의 수직거리}[m]}{\text{감지기 1개의 설치 수직거리}[m]}$ [개]

> **참고**
>
> **감지기**
> 복도 및 통로에 있어서는 보행거리 30[m]마다 설치하도록 한 것은 감지기와 감지기 사이 복도 및 통로 폭의 중심에서 실제 이동한 경로에 해당하는 거리 30[m]를 의미하는 것이므로 보행거리 30[m]는 연기감지기를 중심으로 좌우측으로 15[m]를 기준으로 감지거리를 설정한 것이다.
>
>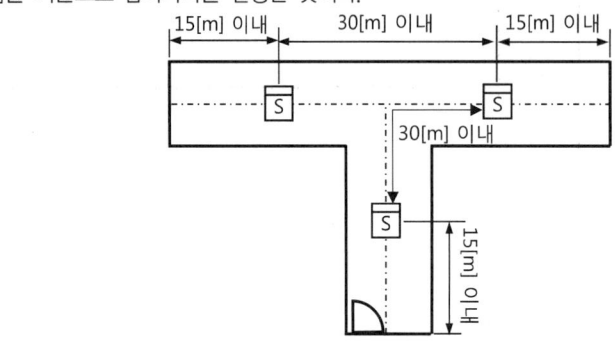

(3) 소방시설 도시기호(소방시설 자체점검사항 등에 관한 고시)

명칭	도시기호	명칭	도시기호
차동식 스포트형 감지기	⌓	연기감지기	S
정온식 스포트형 감지기	⌓	보상식 스포트형 감지기	⌓

(4) 감지기의 설치개수 산정

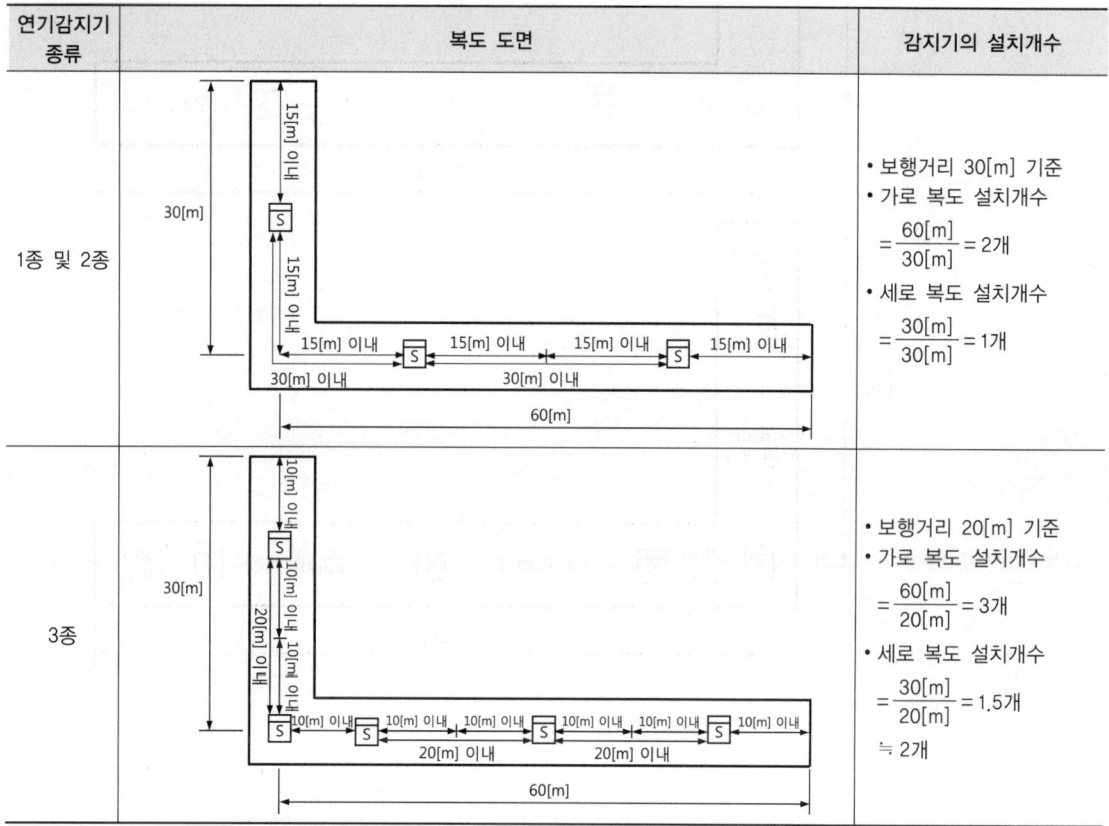

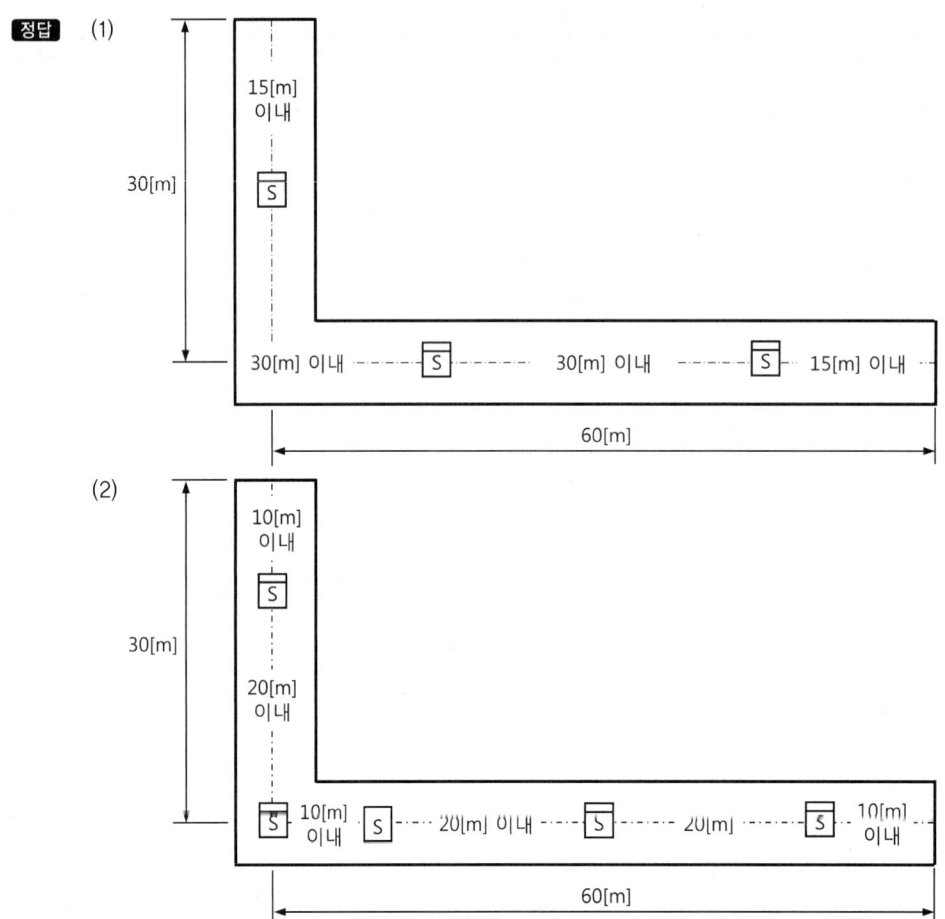

12 다음은 주요구조부가 비내화구조로 된 특정소방대상물에 각각의 실로 구획되어 있는 평면도이다. 자동화재탐지설비의 차동식 스포트형 1종 감지기를 설치하고자 할 경우 각 물음에 답하시오 (단, 감지기가 부착되어 있는 천장의 높이는 3.8[m]이다).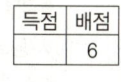

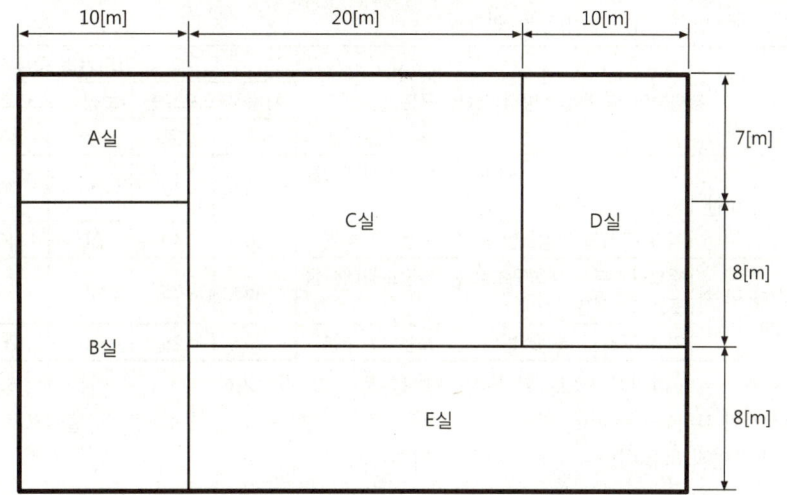

(1) 각 실에 설치해야 하는 차동식 스포트 1종 감지기의 설치개수를 구하시오.

실 구분	계산과정	감지기의 설치개수
A실		
B실		
C실		
D실		
E실		
합계		

(2) 해당 특정소방대상물의 경계구역 수를 구하시오.
- 계산과정 :
- 답 :

해설

자동화재탐지설비의 감지기 설치기준

(1) 차동식 스포트형 1종 감지기 설치개수 산정

① 차동식 스포트형·보상식 스포트형 및 정온식 스포트형 감지기는 그 부착높이 및 특정소방대상물에 따라 다음 [표]에 따른 바닥면적마다 1개 이상을 설치할 것

부착높이 및 특정소방대상물의 구분		감지기의 종류(단위 : [m²])						
		차동식 스포트형		보상식 스포트형		정온식 스포트형		
		1종	2종	1종	2종	특종	1종	2종
4[m] 미만	주요구조부가 내화구조로 된 특정소방대상물 또는 그 부분	90	70	90	70	70	60	20
	기타 구조의 특정소방대상물 또는 그 부분	50	40	50	40	40	30	15
4[m] 이상 8[m] 미만	주요구조부가 내화구조로 된 특정소방대상물 또는 그 부분	45	35	45	35	35	30	-
	기타 구조의 특정소방대상물 또는 그 부분	30	25	30	25	25	15	-

② 주요구조부가 비내화구조로 된 특정소방대상물이고, 감지기가 부착되어 있는 천장의 높이는 3.8[m]이다.

③ 감지기의 부착높이는 4[m] 미만이고, 주요구조부가 기타 구조의 특정소방대상물이므로 차동식 스포트형 1종 감지기는 바닥면적 50[m²]마다 1개 이상을 설치해야 한다.

$$\therefore \text{감지기 설치개수} = \frac{\text{감지구역의 바닥면적[m}^2\text{]}}{\text{감지기 1개의 설치 바닥면적[m}^2\text{]}} [\text{개}]$$

실 구분	계산과정	감지기 설치개수
A실	$\frac{10[m] \times 7[m]}{50[m^2]} = 1.4개 ≒ 2개$	2개
B실	$\frac{10[m] \times (8[m] + 8[m])}{50[m^2]} = 3.2개 ≒ 4개$	4개
C실	$\frac{20[m] \times (7[m] + 8[m])}{50[m^2]} = 6개$	6개
D실	$\frac{10[m] \times (7[m] + 8[m])}{50[m^2]} = 3개$	3개
E실	$\frac{(20[m] + 10[m]) \times 8[m]}{50[m^2]} = 4.8개 ≒ 5개$	5개
합계	2개 + 4개 + 6개 + 3개 + 5개 = 20개	20개

(2) 경계구역의 설정기준

① 수평적 경계구역

구분	기준	예외 기준
층별	층마다(2개 이상의 층에 미치지 않도록 할 것)	500[m²] 이하의 범위 안에서는 2개의 층을 하나의 경계구역으로 할 수 있다.
경계구역의 면적	600[m²] 이하	주된 출입구에서 그 내부 전체가 보이는 것에 있어서는 한 변의 길이가 50[m]의 범위에서 1,000[m²] 이하로 할 수 있다.
한 변의 길이	50[m] 이하	-

② 수직적 경계구역

구분	계단·경사로 기준	엘리베이터 승강로(권상기실이 있는 경우에는 권상기실)·린넨슈트·파이프 피트 및 덕트
높이	45[m] 이하	별도의 경계구역으로 설정
지하층 구분	지상층과 지하층을 구분 (지하층의 층수가 한 개 층일 경우는 제외)	

∴ 경계구역 = $\dfrac{(10[m]+20[m]+10[m]) \times (7[m]+8[m]+8[m])}{600[m^2]} = 1.53 ≒ 2$ 경계구역

정답 (1)

실 구분	계산과정	감지기 설치개수
A실	$\dfrac{10[m] \times 7[m]}{50[m^2]} = 1.4$개 ≒ 2개	2개
B실	$\dfrac{10[m] \times (8[m]+8[m])}{50[m^2]} = 3.2$개 ≒ 4개	4개
C실	$\dfrac{20[m] \times (7[m]+8[m])}{50[m^2]} = 6$개	6개
D실	$\dfrac{10[m] \times (7[m]+8[m])}{50[m^2]} = 3$개	3개
E실	$\dfrac{(20[m]+10[m]) \times 8[m]}{50[m^2]} = 4.8$개 ≒ 5개	5개
합계	2개 + 4개 + 6개 + 3개 + 5개 = 20개	20개

(2) 2 경계구역

13 다음은 시퀀스회로의 유접점회로이다. 각 물음에 답하시오.

득점	배점
	6

(1) 회로에서 램프(L)의 작동을 주어진 타임차트에 표시하시오(단, PB는 누름버튼스위치, LS는 리밋스위치, X는 릴레이이다).

　① 유접점회로

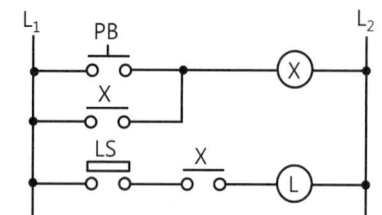 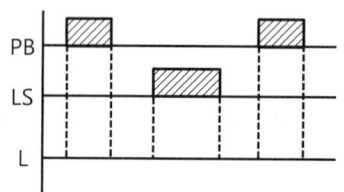

　② 유접점회로

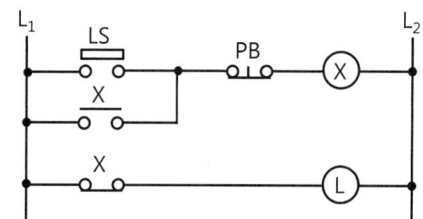 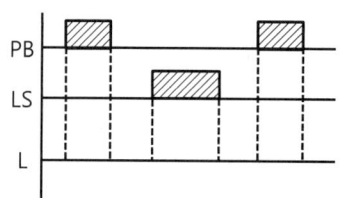

(2) (1)의 ①과 ②의 유접점회로를 보고, 무접점회로를 그리시오.

　① 무접점회로

　② 무접점회로

해설

시퀀스제어의 타임차트와 무접점회로

(1) 타임차트

① 제어용기기의 명칭과 도시기호

제어용기기 명칭	작동원리	접점의 종류		
		a접점	b접점	코일
누름버튼스위치 (PB)	버튼을 누르면 접점 기구부가 개폐되며 손을 떼면 스프링의 힘에 의해 자동으로 복귀되는 스위치이다.	─o o─	─o͞ı͞o─	
리밋스위치 (LS)	제어대상의 위치 및 동작의 상태 또는 변화를 검출하는 스위치이다.	─▭─	─▱─	
릴레이 (X)	코일에 전류가 흐르면 전자력에 의해 접점을 개폐하는 기능을 가지는 계전기이다.	─o o─	─o͞ı͞o─	─(X)─

② 유접점회로의 동작

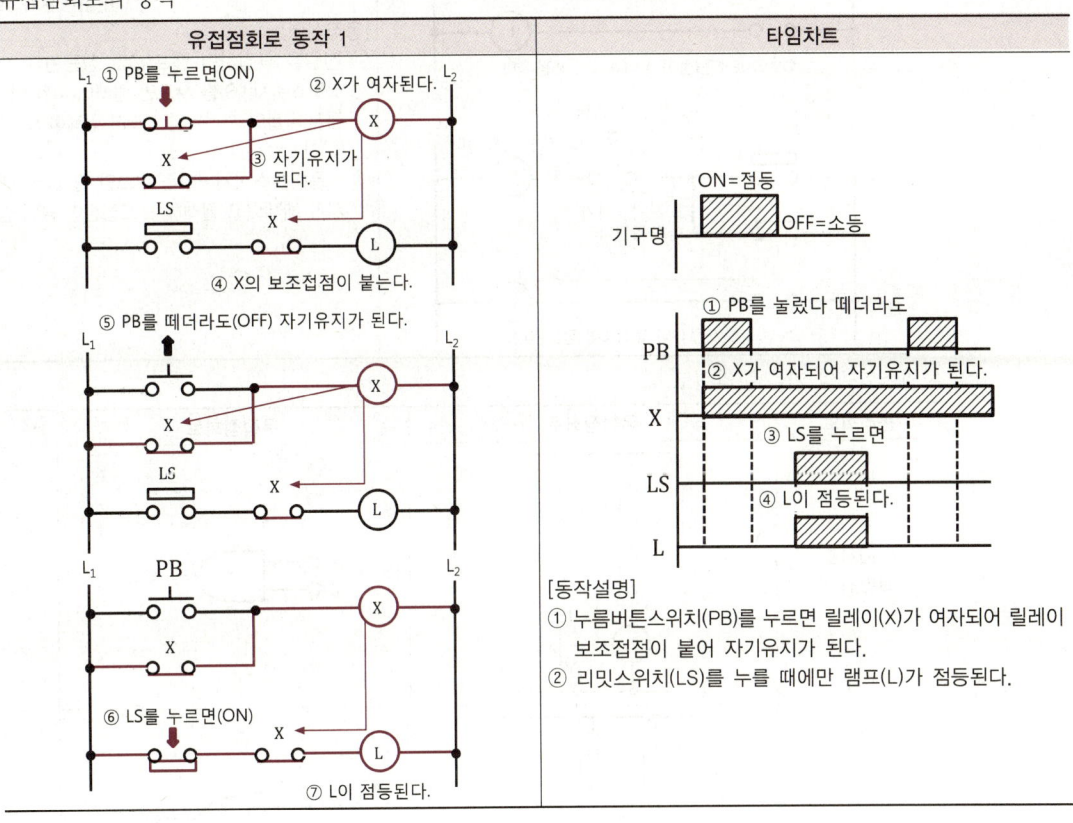

[동작설명]
① 누름버튼스위치(PB)를 누르면 릴레이(X)가 여자되어 릴레이 보조접점이 붙어 자기유지가 된다.
② 리밋스위치(LS)를 누를 때에만 램프(L)가 점등된다.

유접점회로 동작 2	타임차트
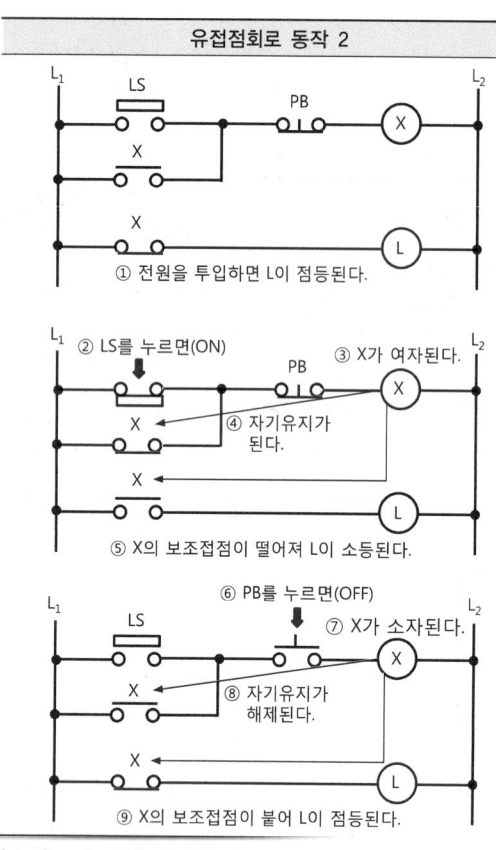	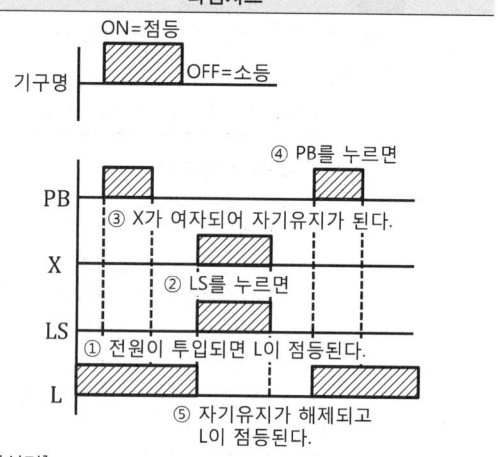

[동작설명]
① 전원을 투입하면 램프(L)가 점등된다.
② 리밋스위치(LS)를 누르면 릴레이(X)가 여자되어 릴레이 보조접점이 붙어 자기유지가 되고 릴레이 보조접점이 떨어져 램프(L)가 소등된다.
③ 누름버튼스위치(PB)를 누르면 릴레이(X)가 소자되어 자기유지가 해제되고 릴레이 보조접점이 붙어 램프(L)가 점등된다. |

(2) 시퀀스회로의 기본 논리회로

논리회로	유접점회로	무접점회로	논리식
AND회로 (직렬회로)			$X = A \cdot B$
OR회로 (병렬회로)			$X = A + B$
NOT회로 (부정회로)			$X = \overline{A}$

① 무접점회로 1

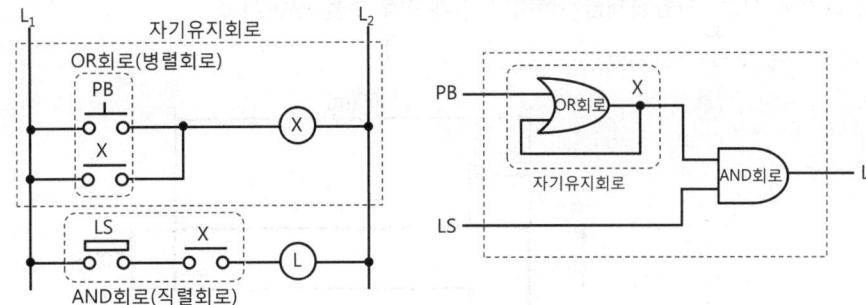

② 무접점회로 2

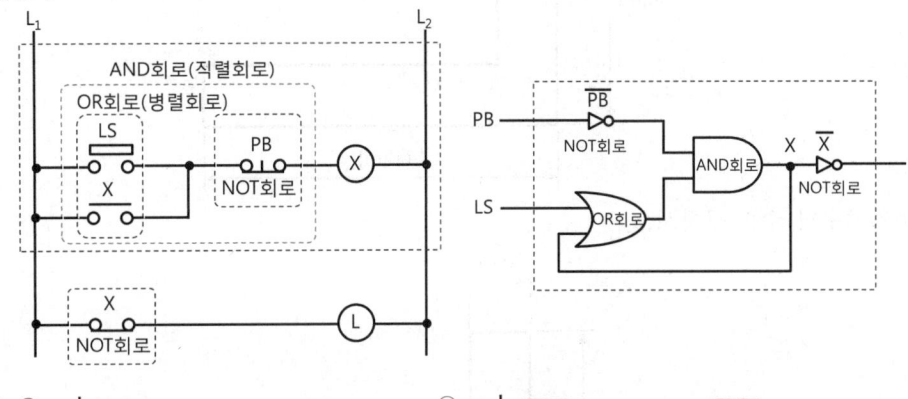

정답 (1) ①

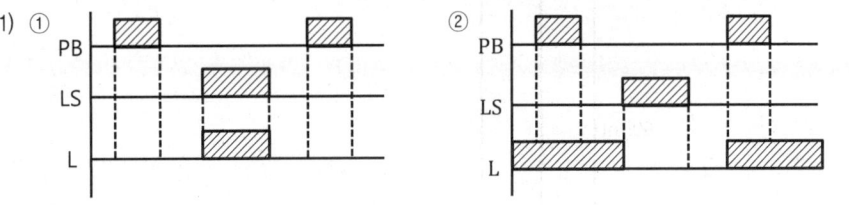

(2) ①

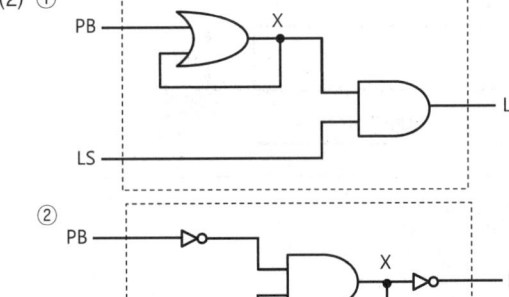

14. 아래 그림을 보고, 자동화재탐지설비의 경계구역 수를 구하시오.

(1) 경계구역 수를 구하시오.

(2) 경계구역 수를 구하시오.

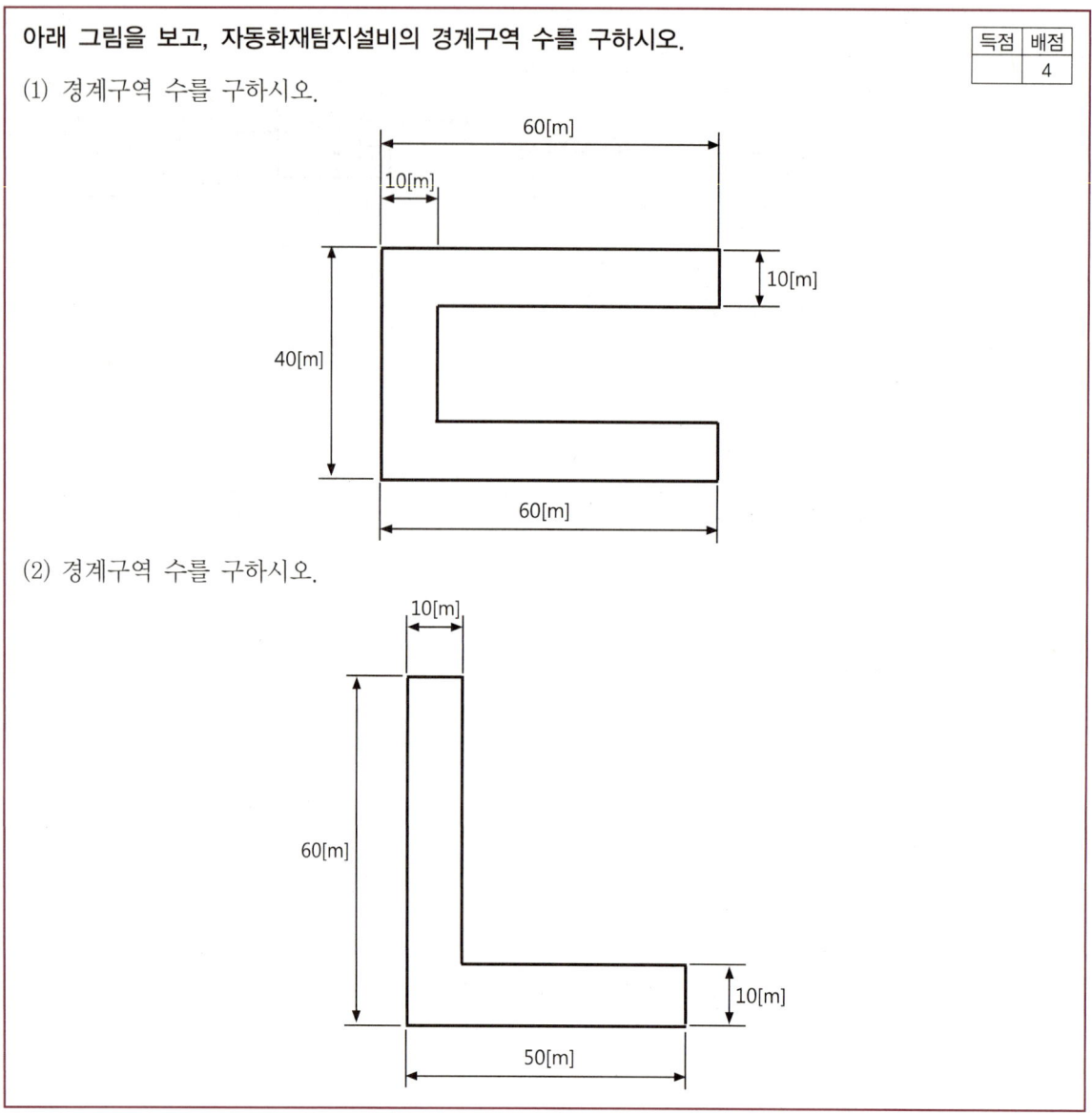

해설
자동화재탐지설비의 경계구역 설정기준

(1) 경계구역의 설정기준
　① 하나의 경계구역이 2 이상의 건축물에 미치지 않도록 할 것
　② 하나의 경계구역이 2 이상의 층에 미치지 않도록 할 것. 다만, 500[m²] 이하의 범위 안에서는 2개의 층을 하나의 경계구역으로 할 수 있다.
　③ 하나의 경계구역의 면적은 600[m²] 이하로 하고, 한 변의 길이는 50[m] 이하로 할 것. 다만, 해당 특정소방대상물의 주된 출입구에서 그 내부 전체가 보이는 것에 있어서는 한 변의 길이가 50[m]의 범위 내에서 1,000[m²] 이하로 할 수 있다.

구분	기준	예외 기준
층별	층마다(2개 이상의 층에 미치지 않도록 할 것)	500[m²] 이하의 범위 안에서는 2개의 층을 하나의 경계구역으로 할 수 있다.
경계구역의 면적	600[m²] 이하	주된 출입구에서 그 내부 전체가 보이는 것에 있어서는 한 변의 길이가 50[m]의 범위에서 1,000[m²] 이하로 할 수 있다.
한 변의 길이	50[m] 이하	-

④ 수직적 경계구역

구분	계단·경사로 기준	엘리베이터 승강로(권상기실이 있는 경우에는 권상기실)·린넨슈트·파이프 피트 및 덕트
높이	45[m] 이하	별도의 경계구역으로 설정
지하층 구분	지상층과 지하층을 구분 (지하층의 층수가 한 개 층일 경우는 제외)	

(2) 경계구역의 산정
  ① 화재안전기술기준에서 하나의 경계구역의 면적은 600[m²] 이하로 하고, 한 변의 길이는 50[m] 이하로 한다.
  ② 경계구역의 산정

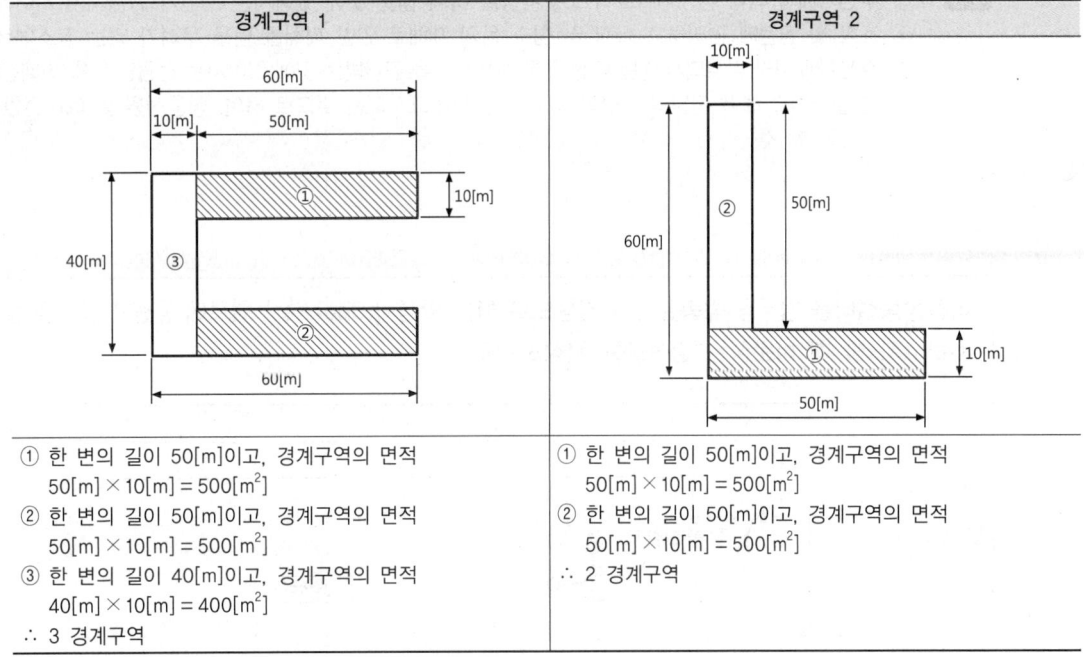

경계구역 1	경계구역 2
① 한 변의 길이 50[m]이고, 경계구역의 면적 50[m] × 10[m] = 500[m²] ② 한 변의 길이 50[m]이고, 경계구역의 면적 50[m] × 10[m] = 500[m²] ③ 한 변의 길이 40[m]이고, 경계구역의 면적 40[m] × 10[m] = 400[m²] ∴ 3 경계구역	① 한 변의 길이 50[m]이고, 경계구역의 면적 50[m] × 10[m] = 500[m²] ② 한 변의 길이 50[m]이고, 경계구역의 면적 50[m] × 10[m] = 500[m²] ∴ 2 경계구역

정답 (1) 3 경계구역
       (2) 2 경계구역

15

자동화재탐지설비 및 시각경보장치의 화재안전기술기준에서 정하는 중계기의 설치기준을 3가지만 쓰시오.

득점	배점
	6

해설

자동화재탐지설비의 중계기 설치기준

(1) 중계기의 개요
   ① 중계기는 접점신호를 통신신호로, 통신신호를 접점신호로 변환시켜 주는 신호변환장치의 역할을 한다.
   ② 종류 : 분산형 중계기, 집합형 중계기, 무선형 중계기

(2) 중계기의 설치기준
   ① 수신기에서 직접 감지기회로의 도통시험을 하지 않는 것에 있어서는 수신기와 감지기 사이에 설치할 것
   ② 조작 및 점검에 편리하고 화재 및 침수 등의 재해로 인한 피해를 받을 우려가 없는 장소에 설치할 것
   ③ 수신기에 따라 감시되지 않는 배선을 통하여 전력을 공급받는 것에 있어서는 전원입력 측의 배선에 과전류차단기를 설치하고 해당 전원의 정전이 즉시 수신기에 표시되는 것으로 하며, 상용전원 및 예비전원의 시험을 할 수 있도록 할 것

정답
① 수신기에서 직접 감지기회로의 도통시험을 하지 않는 것에 있어서는 수신기와 감지기 사이에 설치할 것
② 조작 및 점검에 편리하고 화재 및 침수 등의 재해로 인한 피해를 받을 우려가 없는 장소에 설치할 것
③ 수신기에 따라 감시되지 않는 배선을 통하여 전력을 공급받는 것에 있어서는 전원입력 측의 배선에 과전류차단기를 설치하고 해당 전원의 정전이 즉시 수신기에 표시되는 것으로 하며, 상용전원 및 예비전원의 시험을 할 수 있도록 할 것

16

비상방송설비를 업무용 방송설비와 겸용으로 하는 확성기(Speaker) 회로에 음량조정기를 설치하고자 할 때 미완성된 결선도를 완성하시오.

득점	배점
	4

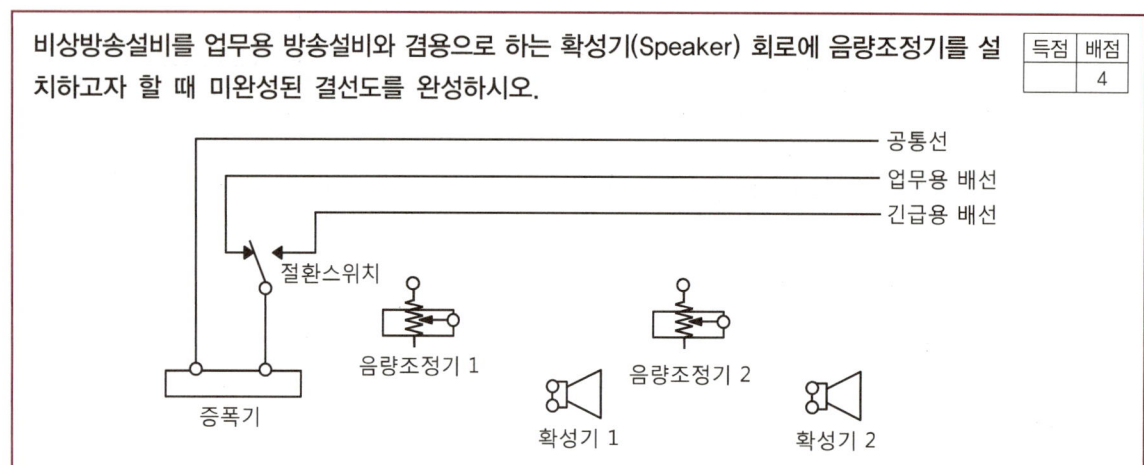

해설

비상방송설비

(1) 비상방송설비의 용어 정의
   ① 확성기 : 소리를 크게 하여 멀리까지 전달될 수 있도록 하는 장치로써 일명 스피커를 말한다.
   ② 음량조절기 : 가변저항을 이용하여 전류를 변화시켜 음량을 크게 하거나 작게 조절할 수 있는 장치를 말한다.
   ③ 증폭기 : 전압·전류의 진폭을 늘려 감도를 좋게 하고 미약한 음성전류를 커다란 음성전류로 변화시켜 소리를 크게 하는 장치를 말한다.

(2) 비상방송설비의 음향장치 설치기준
　① 확성기의 음성입력은 3[W](실내에 설치하는 것에 있어서는 1[W]) 이상일 것
　② 확성기는 각 층마다 설치하되, 그 층의 각 부분으로부터 하나의 확성기까지의 수평거리가 25[m] 이하가 되도록 하고, 해당 층의 각 부분에 유효하게 경보를 발할 수 있도록 설치할 것
　③ 음량조정기를 설치하는 경우 음량조정기의 배선은 3선식으로 할 것
　④ 조작부의 조작스위치는 바닥으로부터 0.8[m] 이상 1.5[m] 이하의 높이에 설치할 것
　⑤ 조작부는 기동장치의 작동과 연동하여 해당 기동장치가 작동한 층 또는 구역을 표시할 수 있는 것으로 할 것
　⑥ 증폭기 및 조작부는 수위실 등 상시 사람이 근무하는 장소로서 점검이 편리하고 방화상 유효한 곳에 설치할 것
　⑦ 층수가 11층(공동주택의 경우에는 16층) 이상의 특정소방대상물은 다음의 기준에 따라 경보를 발할 수 있도록 해야 한다.
　　㉠ 2층 이상의 층에서 발화한 때에는 발화층 및 그 직상 4개층에 경보를 발할 것
　　㉡ 1층에서 발화한 때에는 발화층·그 직상 4개층 및 지하층에 경보를 발할 것
　　㉢ 지하층에서 발화한 때에는 발화층·그 직상층 및 기타의 지하층에 경보를 발할 것
　⑧ 다른 방송설비와 공용하는 것에 있어서는 화재 시 비상경보 외의 방송을 차단할 수 있는 구조로 할 것
　⑨ 다른 전기회로에 따라 유도장애가 생기지 않도록 할 것
　⑩ 하나의 특정소방대상물에 2 이상의 조작부가 설치되어 있는 때에는 각각의 조작부가 있는 장소 상호 간에 동시 통화가 가능한 설비를 설치하고, 어느 조작부에서도 해당 특정소방대상물의 전 구역에 방송을 할 수 있도록 할 것
　⑪ 기동장치에 따른 화재신호를 수신한 후 필요한 음량으로 화재발생 상황 및 피난에 유효한 방송이 자동으로 개시될 때까지의 소요시간은 10초 이내로 할 것
　⑫ 음향장치는 다음의 기준에 따른 구조 및 성능의 것으로 해야 한다.
　　㉠ 정격전압의 80[%] 전압에서 음향을 발할 수 있는 것으로 할 것
　　㉡ 자동화재탐지설비의 작동과 연동하여 작동할 수 있는 것으로 할 것
(3) 비상방송설비의 작동 및 3선식 배선
　① 화재 시 비상방송설비 작동 : 화재가 발생하여 감지기 입력신호가 수신되면 감지기 신호와 연동하여 증폭기 내부의 절환스위치가 작동하게 되며 업무용 단자에서 비상용 단자로 절환된다. 이때 공통선과 비상용 배선을 통하여 방송이 송출되며 비상용 배선은 음량조절기에서 가변저항을 통하지 않고 직접 확성기에 접속되어 있으므로 음량을 0으로 줄인 경우에도 비상방송의 송출에는 지장이 없다.
　② 3선식 배선 결선도

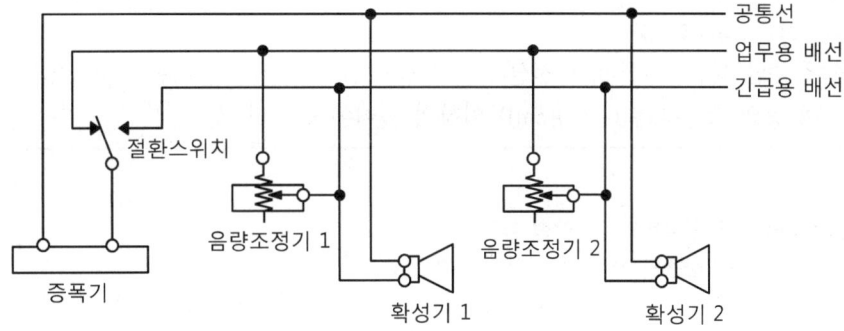

정답:

[회로도: 공통선, 업무용 배선, 긴급용 배선 / 절환스위치 / 증폭기 / 음량조정기 1, 확성기 1 / 음량조정기 2, 확성기 2]

17 다음은 소방시설용 비상전원수전설비의 화재안전기술기준에서 정하는 큐비클형 설치기준이다. ( ) 안에 알맞은 내용을 쓰시오.

- (①) 또는 공용큐비클식으로 설치할 것
- 외함은 두께 (②)[mm] 이상의 강판과 이와 동등 이상의 강도와 (③)이 있는 것으로 제작해야 하며, 개구부에는 건축법 시행령 제64조에 따른 방화문으로서 (④) 방화문, (⑤) 방화문 또는 (⑥) 방화문으로 설치할 것
- 외함에 수납하는 수전설비, 변전설비와 그 밖의 기기 및 배선은 외함의 바닥에서 (⑦)[cm](시험단자, 단자대 등의 충전부는 (⑧)[cm]) 이상의 높이에 설치할 것

해설

소방시설용 비상전원수전설비의 큐비클형 설치기준

(1) 전용큐비클 또는 공용큐비클식으로 설치할 것
(2) 외함은 두께 2.3[mm] 이상의 강판과 이와 동등 이상의 강도와 내화성능이 있는 것으로 제작해야 하며, 개구부에는 건축법 시행령 제64조에 따른 방화문으로서 60분+방화문, 60분 방화문 또는 30분 방화문으로 설치할 것
(3) 다음의 기준(옥외에 설치하는 것에 있어서는 ①부터 ③까지)에 해당하는 것은 외함에 노출하여 설치할 수 있다.
　① 표시등(불연성 또는 난연성재료로 덮개를 설치한 것에 한한다)
　② 전선의 인입구 및 인출구
　③ 환기장치
　④ 전압계(퓨즈 등으로 보호한 것에 한한다)
　⑤ 전류계(변류기의 2차 측에 접속된 것에 한한다)
　⑥ 계기용 전환스위치(불연성 또는 난연성재료로 제작된 것에 한한다)

(4) 외함은 건축물의 바닥 등에 견고하게 고정할 것
(5) 외함에 수납하는 수전설비, 변전설비와 그 밖의 기기 및 배선은 다음의 기준에 적합하게 설치할 것
  ① 외함 또는 프레임(Frame) 등에 견고하게 고정할 것
  ② 외함의 바닥에서 10[cm](시험단자, 단자대 등의 충전부는 15[cm]) 이상의 높이에 설치할 것
(6) 전선 인입구 및 인출구에는 금속관 또는 금속제 가요전선관을 쉽게 접속할 수 있도록 할 것
(7) 환기장치는 다음의 기준에 적합하게 설치할 것
  ① 내부의 온도가 상승하지 않도록 환기장치를 할 것
  ② 자연환기구의 개부구 면적의 합계는 외함의 한 면에 대하여 해당 면적의 3분의 1 이하로 할 것. 이 경우 하나의 통기구의 크기는 직경 10[mm] 이상의 둥근 막대가 들어가서는 안 된다.
  ③ 자연환기구에 따라 충분히 환기할 수 없는 경우에는 환기설비를 설치할 것
  ④ 환기구에는 금속망, 방화댐퍼 등으로 방화조치를 하고, 옥외에 설치하는 것은 빗물 등이 들어가지 않도록 할 것
(8) 공용큐비클식의 소방회로와 일반회로에 사용되는 배선 및 배선용기기는 불연재료로 구획할 것

> **참고**
>
> **소방시설용 비상전원수전설비의 용어 정의**
> - 방화구획형 : 수전설비를 다른 부분과 건축법상 방화구획을 하여 화재 시 이를 보호하도록 조치하는 방식을 말한다.
> - 배전반 : 전력생산시설 등으로부터 직접 전력을 공급받아 분전반에 전력을 공급해 주는 것으로서 다음의 배전반을 말한다.
>   - 공용배전반 : 소방회로 및 일반회로 겸용의 것으로서 개폐기, 과전류차단기, 계기와 그 밖의 배선용기기 및 배선을 금속제 외함에 수납한 것을 말한다.
>   - 전용배전반 : 소방회로 전용의 것으로서 개폐기, 과전류차단기, 계기와 그 밖의 배선용기기 및 배선을 금속제 외함에 수납한 것을 말한다.
> - 분전반 : 배전반으로부터 전력을 공급받아 부하에 전력을 공급해 주는 것으로서 다음의 배전반을 말한다.
>   - 공용분전반 : 소방회로 및 일반회로 겸용의 것으로서 분기개폐기, 분기과전류차단기와 그 밖의 배선용기기 및 배선을 금속제 외함에 수납한 것을 말한다.
>   - 전용분전반 : 소방회로 전용의 것으로서 분기 개폐기, 분기과전류차단기와 그 밖의 배선용기기 및 배선을 금속제 외함에 수납한 것을 말한다.
> - 옥외개방형 : 건물의 옥외 또는 건물의 옥상에 울타리를 설치하고 그 내부에 수전설비를 설치하는 방식을 말한다.
> - 큐비클형 : 수전설비를 큐비클 내에 수납하여 설치하는 방식으로서 다음의 형식을 말한다.
>   - 공용큐비클식 : 소방회로 및 일반회로 겸용의 것으로서 수전설비, 변전설비와 그 밖의 기기 및 배선을 금속제 외함에 수납한 것을 말한다.
>   - 전용큐비클식 : 소방회로용의 것으로 수전설비, 변전설비와 그 밖의 기기 및 배선을 금속제 외함에 수납한 것을 말한다.

정답 ① 전용큐비클 ② 2.3
 ③ 내화성능 ④ 60분+
 ⑤ 60분 ⑥ 30분
 ⑦ 10 ⑧ 15

18

수신기로부터 배선거리가 100[m] 떨어진 위치에 제연설비의 댐퍼가 설치되어 있다. 아래 조건을 참고하여 댐퍼가 동작할 때 전압강하는 몇 [V]인지 구하시오.

득점	배점
	4

조건
- 수신기는 정전압출력이다.
- 단상 2선식이고, 전선은 지름 1.5[mm]의 HFIX를 사용한다.
- 댐퍼가 작동할 때 소요전류는 1[A]이다.

해설

전압강하

(1) 전압강하(e) 계산식

　① 단상 2선식, 직류 2선식 : $e = \dfrac{35.6LI}{1,000A}$ [V]

　② 단상 3선식 또는 3상 4선식, 직류 3선식 : $e = \dfrac{17.8LI}{1,000A}$ [V]

　③ 3상 3선식 : $e = \dfrac{30.8LI}{1,000A}$ [V]

　　여기서, L : 배선의 거리[m]
　　　　　　I : 전류[A]
　　　　　　A : 전선의 단면적[mm^2]

(2) 댐퍼가 작동할 때 전압강하 계산

　① 단상 2선식 배선이므로 전압강하 $e = \dfrac{35.6LI}{1,000A}$ 식을 적용한다.

　② 댐퍼가 작동할 때 소요전류는 1[A]이다.

　③ 전선의 단면적 $A = \left(\dfrac{\pi}{4} \times d^2\right)$ 이다(단, d는 전선의 지름이다).

　∴ 전압강하 $e = \dfrac{35.6LI}{1,000A} = \dfrac{35.6LI}{1,000 \times \left(\dfrac{\pi}{4} \times d^2\right)} = \dfrac{35.6 \times 100[\text{m}] \times 1[\text{A}]}{1,000 \times \left\{\dfrac{\pi}{4} \times (1.5[\text{mm}])^2\right\}} = 2.01[\text{V}]$

정답 2.01[V]

2022년 제2회 과년도 기출복원문제

※ 다음 물음에 대한 답을 해당 답란에 답하시오.(배점 : 100)

01 다음은 유도등 및 유도표지의 화재안전기술기준에서 정하는 비상전원에 대한 내용이다. 각 물음에 답하시오.

(1) 비상전원은 어떤 종류의 것으로 해야 하며, 유도등의 용량은 몇 분 이상 유효하게 작동시킬 수 있는 것으로 해야 하는지 쓰시오.
　① 비상전원의 종류 :
　② 비상전원의 용량 :
(2) 유도등의 설치장소가 지하층 또는 무창층으로서 용도가 도매시장인 경우 비상전원의 용량은 유도등을 몇 분 이상 유효하게 작동시킬 수 있는 것으로 해야 하는지 쓰시오.

해설
유도등의 전원 설치기준
(1) 유도등의 상용전원은 전기가 정상적으로 공급되는 축전지설비, 전기저장장치(외부 전기에너지를 저장해 두었다가 필요한 때 전기를 공급하는 장치) 또는 교류전압의 옥내 간선으로 하고, 전원까지의 배선은 전용으로 해야 한다.
(2) 비상전원의 설치기준
　① 축전지로 할 것
　② 유도등을 20분 이상 유효하게 작동시킬 수 있는 용량으로 할 것. 다만, 다음의 특정소방대상물의 경우에는 그 부분에서 피난층에 이르는 부분의 유도등을 60분 이상 유효하게 작동시킬 수 있는 용량으로 해야 한다.
　　㉠ 지하층을 제외한 층수가 11층 이상의 층
　　㉡ 지하층 또는 무창층으로서 용도가 도매시장・소매시장・여객자동차터미널・지하역사 또는 지하상가
(3) 배선 설치기준
　① 유도등의 인입선과 옥내배선은 직접 연결할 것
　② 유도등은 전기회로에 점멸기를 설치하지 않고 항상 점등 상태를 유지할 것. 다만, 특정소방대상물 또는 그 부분에 사람이 없거나 다음의 어느 하나에 해당하는 장소로서 3선식 배선에 따라 상시 충전되는 구조인 경우에는 그렇지 않다.
　　㉠ 외부의 빛에 의해 피난구 또는 피난방향을 쉽게 식별할 수 있는 장소
　　㉡ 공연장, 암실(暗室) 등으로서 어두워야 할 필요가 있는 장소
　　㉢ 특정소방대상물의 관계인 또는 종사원이 주로 사용하는 장소
　③ 3선식 배선은 옥내소화전설비의 화재안전기술기준(NFTC 102) 2.7.2의 표 2.7.2 (1) 또는 표 2.7.2 (2)에 따른 내화배선 또는 내열배선으로 할 것
(4) 3선식 배선으로 상시 충전되는 유도등의 전기회로에 점멸기를 설치하는 경우에는 다음의 어느 하나에 해당되는 경우에 자동으로 점등되도록 해야 한다.
　① 자동화재탐지설비의 감지기 또는 발신기가 작동되는 때
　② 비상경보설비의 발신기가 작동되는 때
　③ 상용전원이 정전되거나 전원선이 단선되는 때
　④ 방재업무를 통제하는 곳 또는 전기실의 배전반에서 수동으로 점등하는 때
　⑤ 자동소화설비가 작동되는 때

(5) 2선식 배선과 3선식 배선방식

① 2선식 배선방식(상시 점등방식) : 유도등을 상시 점등 사용하고자 할 경우 흑색선과 적색선을 묶어서 배선한다.

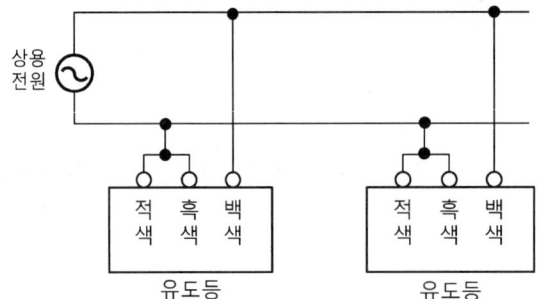

② 3선식 배선방식(수신기 연동방식)

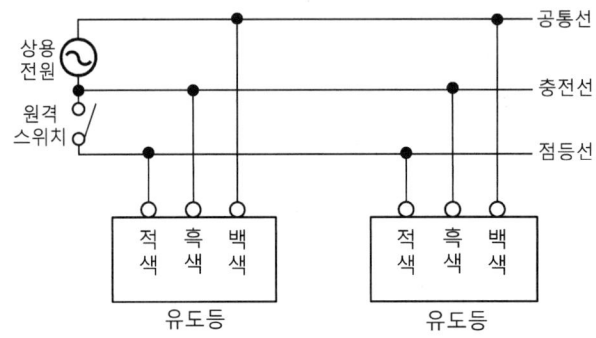

정답 (1) ① 축전지
② 20분 이상
(2) 60분 이상

02 3상 380[V], 15[kW]의 스프링클러설비용 펌프의 유도전동기를 사용한다. 이때 유도전동기의 역률이 85[%]일 때 역률을 95[%]로 개선하고자 할 경우 다음 각 물음에 답하시오.

득점	배점
	6

(1) 필요한 전력용 콘덴서의 용량[kVA]을 구하시오.
 • 계산과정 :
 • 답 :

(2) 3상 Y결선일 경우 콘덴서의 정전용량[μF]을 구하시오(단, 주파수는 60[Hz]이다).
 • 계산과정 :
 • 답 :

해설

3상 유도전동기의 전력용 콘덴서 용량계산

(1) 역률을 개선하기 위한 전력용 콘덴서의 용량(Q_C)

① $Q_C = P(\tan\theta_1 - \tan\theta_2) = P\left(\sqrt{\dfrac{1}{\cos^2\theta_1} - 1} - \sqrt{\dfrac{1}{\cos^2\theta_2} - 1}\right)$ [kVA]

② $Q_C = P\left(\dfrac{\sin\theta_1}{\cos\theta_1} - \dfrac{\sin\theta_2}{\cos\theta_2}\right) = P\left(\dfrac{\sqrt{1-\cos^2\theta_1}}{\cos\theta_1} - \dfrac{\sqrt{1-\cos^2\theta_2}}{\cos\theta_2}\right)$ [kVA]

여기서, P : 유효전력(15[kW])
$\cos\theta_1$: 개선 전의 역률(85[%]=0.85)
$\cos\theta_2$: 개선 후의 역률(95[%]=0.95)

∴ 전력용 콘덴서의 용량 $Q_C = P\left(\sqrt{\dfrac{1}{\cos^2\theta_1} - 1} - \sqrt{\dfrac{1}{\cos^2\theta_2} - 1}\right)$

$= 15[\text{kW}] \times \left(\sqrt{\dfrac{1}{0.85^2} - 1} - \sqrt{\dfrac{1}{0.95^2} - 1}\right) = 4.37[\text{kVA}]$

참고

역률($\cos\theta$)과 무효율($\sin\theta$)의 관계

• 위상 $\tan\theta = \dfrac{\sin\theta}{\cos\theta}$ • 삼각함수 $\sin^2\theta + \cos^2\theta = 1$

• 역률 $\cos\theta = \sqrt{1-\sin^2\theta}$ • 무효율 $\sin\theta = \sqrt{1-\cos^2\theta}$

(2) 콘덴서의 정전용량(C)

전원	콘덴서 용량 계산식
단상 또는 3상 Y결선	• 용량 리액턴스 $X_c = \dfrac{1}{\omega C} = \dfrac{1}{2\pi f C}[\Omega]$ • 전류 $I = \dfrac{V}{X_c} = \dfrac{V}{\dfrac{1}{\omega C}} = \omega CV = 2\pi f CV\,[\text{A}]$ • 콘덴서 용량 $Q_c = 3IV_p = 3\omega CV_p \times V_p = 3\omega C\left(\dfrac{1}{\sqrt{3}}V\right)^2$ 에서 $Q_c = \omega CV^2 = 2\pi f CV^2\,[\text{VA}]$ − Y결선 시 선간전압(V)은 상전압(V_p)의 $\sqrt{3}$ 배이다. 따라서, $V_p = \dfrac{1}{\sqrt{3}}V$ 이다.
3상 △결선	콘덴서 용량 $Q_c = 3IV_p = 3\omega CV_p \times V_p = 3\omega CV_p^2 = 3\omega CV^2$ 에서 $Q_c = 3 \times 2\pi f \times CV^2 = 6\pi f CV^2\,[\text{VA}]$ − △결선 시 선간전압(V)과 상전압(V_p)은 같다. 따라서, $V_p = V$ 이다.

3상 Y결선 시 콘덴서의 용량 $Q_c = \omega CV^2 = 2\pi f CV^2$ 에서

$\therefore$ 정전용량 $C = \dfrac{Q_c}{2\pi f V^2} = \dfrac{4.37 \times 10^3\,[\text{VA}]}{2\pi \times 60\,[\text{Hz}] \times (380\,[\text{V}])^2} = 8.028 \times 10^{-5}\,[\text{F}] = 80.28 \times 10^{-6}\,[\text{F}]$
$= 80.28\,[\mu\text{F}]$

[보조단위] 킬로 $k = 10^3$ 이고, 마이크로 $\mu = 10^{-6}$ 이다.

참고

3상 농형 유도전동기의 기동방법
- 전전압기동법 : 직접 정격전압을 전동기에 가해 기동시키는 방법으로서 5[kW] 이하의 전동기를 기동시킨다.
- Y−△기동법 : 기동전류를 줄이기 위하여 전동기의 고정자 권선을 Y결선으로 하여 상전압을 줄여 기동전류와 기동토크를 $\dfrac{1}{3}$ 로 감소시키고, 기동 후에는 △결선으로 하여 전전압으로 운전하는 방법으로서 일반적으로 10~15[kW]의 전동기를 기동시킨다.
- 기동보상기법 : 단권변압기를 사용하여 공급전압을 낮추어 기동는 방법으로서 15[kW] 이상의 전동기를 기동시킨다.
- 리액터기동법 : 전동기의 1차 측에 직렬로 리액터를 설치하고 리액터 값을 조정하여 기동전압을 제어하여 기동시킨다.

정답 (1) 4.37[kVA]
(2) 80.28[μF]

03 아래 그림을 보고, 자동화재탐지설비의 경계구역 수를 구하시오.

(1) 경계구역 수를 구하시오.

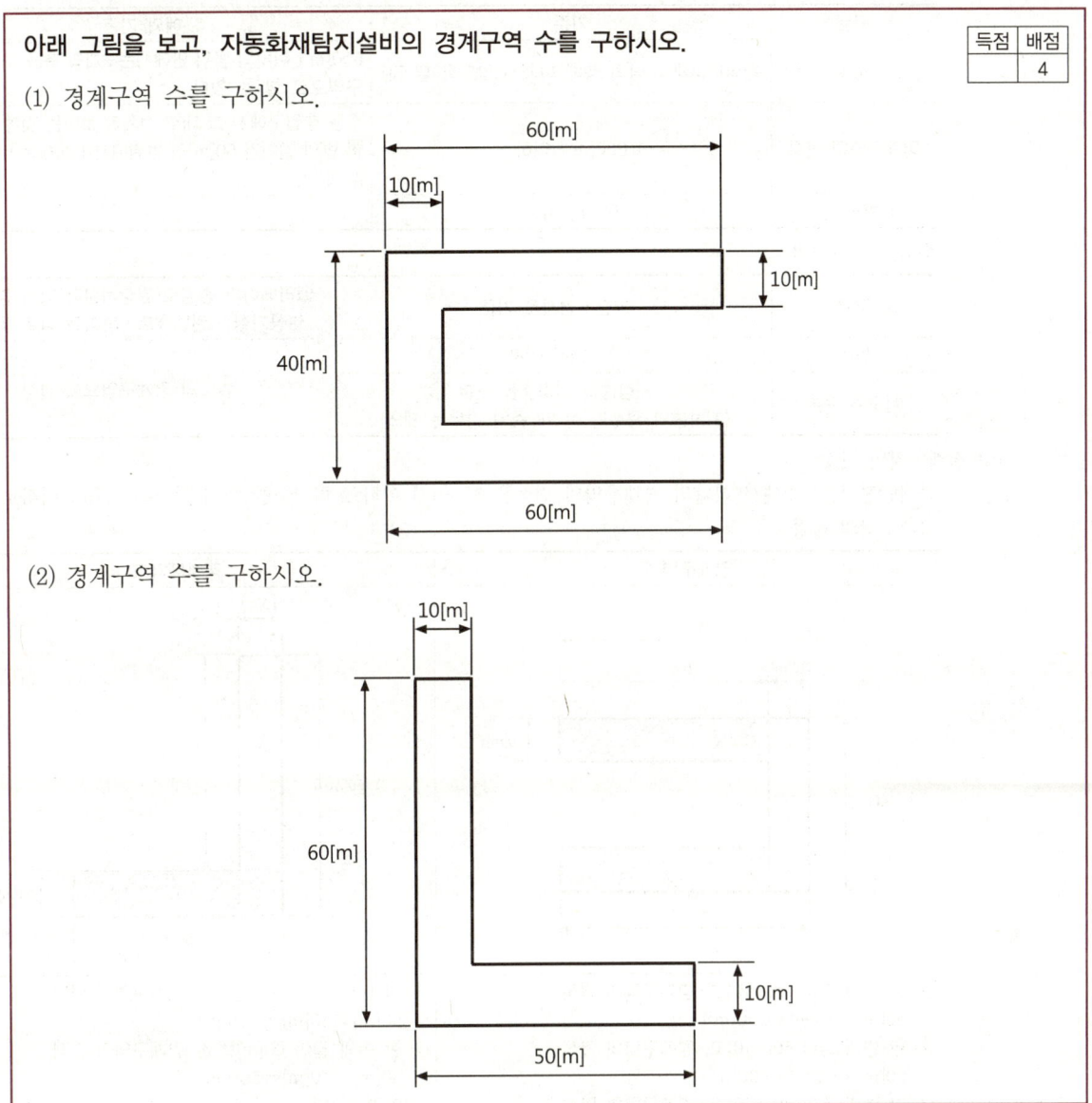

(2) 경계구역 수를 구하시오.

해설

자동화재탐지설비의 경계구역 설정기준

(1) 경계구역의 설정기준
 ① 하나의 경계구역이 2 이상의 건축물에 미치지 않도록 할 것
 ② 하나의 경계구역이 2 이상의 층에 미치지 않도록 할 것. 다만, 500[m²] 이하의 범위 안에서는 2개의 층을 하나의 경계구역으로 할 수 있다.
 ③ 하나의 경계구역의 면적은 600[m²] 이하로 하고, 한 변의 길이는 50[m] 이하로 할 것. 다만, 해당 특정소방대상물의 주된 출입구에서 그 내부 전체가 보이는 것에 있어서는 한 변의 길이가 50[m]의 범위 내에서 1,000[m²] 이하로 할 수 있다.

구분	기준	예외 기준
층별	층마다(2개 이상의 층에 미치지 않도록 할 것)	500[m²] 이하의 범위 안에서는 2개의 층을 하나의 경계구역으로 할 수 있다.
경계구역의 면적	600[m²] 이하	주된 출입구에서 그 내부 전체가 보이는 것에 있어서는 한 변의 길이가 50[m]의 범위에서 1,000[m²] 이하로 할 수 있다.
한 변의 길이	50[m] 이하	–

④ 수직적 경계구역

구분	계단·경사로 기준	엘리베이터 승강로(권상기실이 있는 경우에는 권상기실)·린넨슈트·파이프 피트 및 덕트
높이	45[m] 이하	별도의 경계구역으로 설정
지하층 구분	지상층과 지하층을 구분 (지하층의 층수가 한 개 층일 경우는 제외)	

(2) 경계구역의 산정
① 화재안전기술기준에서 하나의 경계구역의 면적은 600[m²] 이하로 하고, 한 변의 길이는 50[m] 이하로 한다.
② 경계구역의 산정

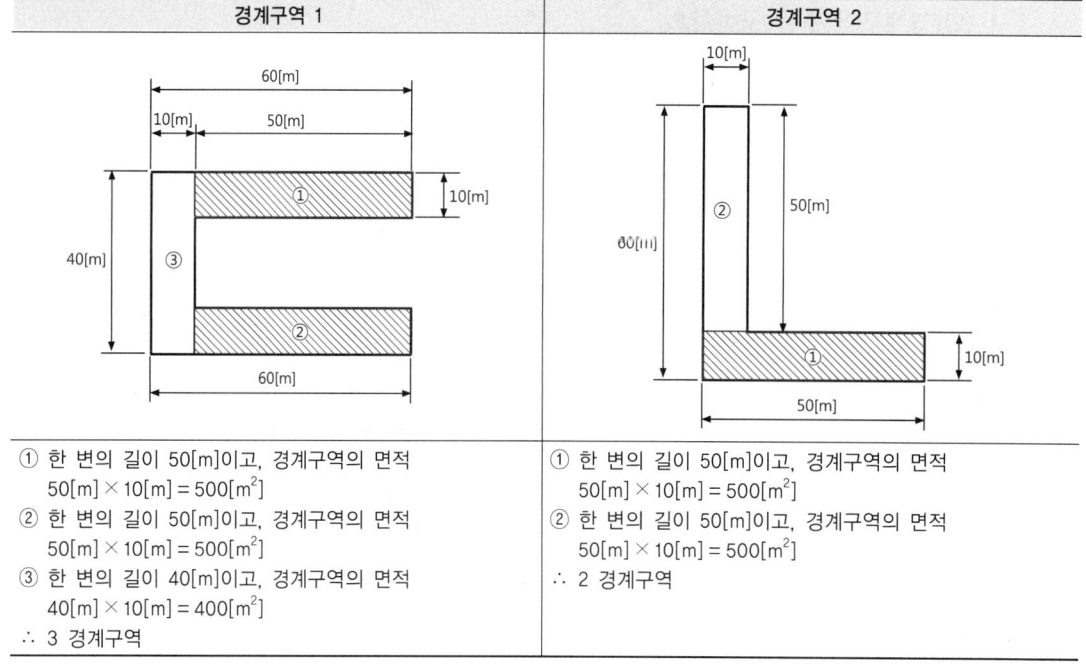

경계구역 1	경계구역 2
① 한 변의 길이 50[m]이고, 경계구역의 면적 50[m]×10[m] = 500[m²] ② 한 변의 길이 50[m]이고, 경계구역의 면적 50[m]×10[m] = 500[m²] ③ 한 변의 길이 40[m]이고, 경계구역의 면적 40[m]×10[m] = 400[m²] ∴ 3 경계구역	① 한 변의 길이 50[m]이고, 경계구역의 면적 50[m]×10[m] = 500[m²] ② 한 변의 길이 50[m]이고, 경계구역의 면적 50[m]×10[m] = 500[m²] ∴ 2 경계구역

정답 (1) 3 경계구역
(2) 2 경계구역

04 P형 1급 수신기와 감지기 사이의 배선회로에서 배선저항은 40[Ω]이고, 종단저항은 11[kΩ], 릴레이저항은 500[Ω]이다. 회로의 전압이 DC(직류) 24[V]일 때 다음 각 물음에 답하시오.

(1) 평상시 감시전류[mA]를 구하시오.
 • 계산과정 :
 • 답 :
(2) 감지기가 동작할 때(화재 시)의 동작전류[mA]를 구하시오.
 • 계산과정 :
 • 답 :

득점	배점
	6

해설
수신기와 감지기 사이의 감시전류와 동작전류

(1) 감시전류(I)

$$I = \frac{회로의\ 전압}{릴레이저항 + 종단저항 + 배선저항}[A]$$

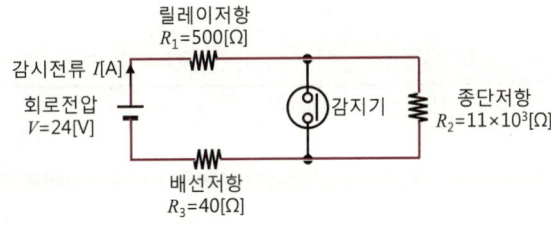

$$\therefore I = \frac{24[V]}{500[\Omega] + (11 \times 10^3[\Omega]) + 40[\Omega]} = 2.079 \times 10^{-3}[A] ≒ 2.08[mA]$$

[보조단위] 밀리m = 10^{-3}이다.

(2) 동작전류(I)

$$I = \frac{회로전압}{릴레이저항 + 배선저항}[A]$$

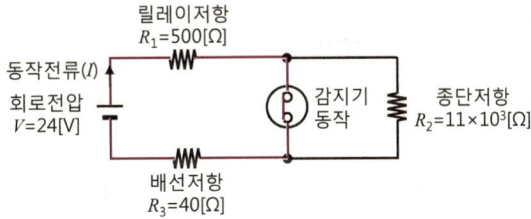

$$\therefore I = \frac{24[V]}{500[\Omega] + 40[\Omega]} = 0.04444[A] ≒ 44.44[mA]$$

정답 (1) 2.08[mA]
   (2) 44.44[mA]

05 가로 35[m], 세로 20[m]인 사무실에 화재감지기를 설치하고자 한다. 다음 각 물음에 답하시오 (단, 주요구조부는 내화구조이고, 감지기의 설치높이는 6[m]이다).

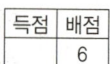

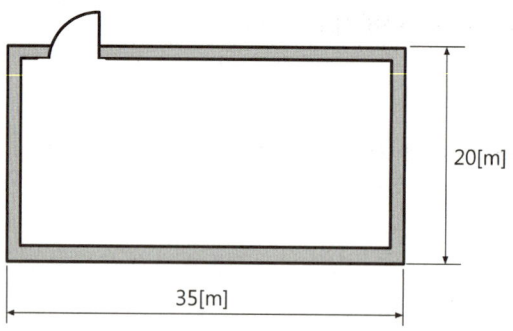

(1) 차동식 스포트형 2종 감지기의 설치개수를 구하시오.
  • 계산과정 :
  • 답 :
(2) 광전식 스포트형 2종 감지기의 설치개수를 구하시오.
  • 계산과정 :
  • 답 :

해설

감지기의 설치기준

(1) 감지기의 종류

감지기의 구분		감지기의 종류
열감지기	차동식	스포트형(1종, 2종)
		분포형(1종, 2종, 3종)
	정온식	스포트형(특종, 1종, 2종)
		감지선형(특종, 1종, 2종)
	보상식	스포트형(1종, 2종)
연기감지기	이온화식	스포트형
	광전식	스포트형
		분리형
		공기흡입형

(2) 경계구역의 설정기준
  ① 하나의 경계구역이 2 이상의 건축물에 미치지 않도록 할 것
  ② 하나의 경계구역이 2 이상의 층에 미치지 않도록 할 것. 다만, 500[m²] 이하의 범위 안에서는 2개의 층을 하나의 경계구역으로 할 수 있다.
  ③ 하나의 경계구역의 면적은 600[m²] 이하로 하고, 한 변의 길이는 50[m] 이하로 할 것. 다만, 해당 특정소방대상물의 주된 출입구에서 그 내부 전체가 보이는 것에 있어서는 한 변의 길이가 50[m]의 범위에서 1,000[m²] 이하로 할 수 있다.
    ㉠ 사무실의 바닥면적 = 35[m]×20[m] = 700[m²]

ⓒ 문제의 조건에서 "주된 출입구에서 그 내부 전체가 보인다."라고 제시하지 않았으므로 바닥면적이 600[m²]를 초과하기 때문에 2 경계구역으로 설정해야 한다.

(3) 차동식 스포트형·보상식 스포트형 및 정온식 스포트형 감지기는 그 부착높이 및 특정소방대상물에 따라 다음 [표]에 따른 바닥면적마다 1개 이상을 설치할 것

부착높이 및 특정소방대상물의 구분		감지기의 종류(단위 : [m²])						
		차동식 스포트형		보상식 스포트형		정온식 스포트형		
		1종	2종	1종	2종	특종	1종	2종
4[m] 미만	주요구조부가 내화구조로 된 특정소방대상물 또는 그 부분	90	70	90	70	70	60	20
	기타 구조의 특정소방대상물 또는 그 부분	50	40	50	40	40	30	15
4[m] 이상 8[m] 미만	주요구조부가 내화구조로 된 특정소방대상물 또는 그 부분	45	35	45	35	35	30	-
	기타 구조의 특정소방대상물 또는 그 부분	30	25	30	25	25	15	-

① 문제에서 감지기의 부착높이는 4[m] 이상 8[m] 미만이고, 주요구조부가 내화구조이므로 차동식 스포트형 2종 감지기는 바닥면적 35[m²]마다 1개 이상을 설치해야 한다.

② 전체 바닥면적이 700[m²]이므로 경계구역 면적을 350[m²]로 나누어 감지기의 설치개수를 산정한다.

　　ⓐ 1 경계구역의 최소 감지기 설치개수 $= \dfrac{\text{감지구역의 바닥면적}[m^2]}{\text{감지기 1개의 설치 바닥면적}[m^2]}$[개]

　　　　$= \dfrac{350[m^2]}{35[m^2]} = 10$개

　　ⓑ 2 경계구역의 최소 감지기 설치개수 $= 10$개 $\times 2$ 경계구역 $= 20$개

(4) 연기감지기(광전식 스포트형 감지기) 감지기의 부착높이에 따라 다음 [표]에 따른 바닥면적마다 1개 이상으로 할 것

부착높이	감지기의 종류(단위 : [m²])	
	1종 및 2종	3종
4[m] 미만	150	50
4[m] 이상 20[m] 미만	75	-

① 광전식 스포트형 감지기는 연기감지기이다.

② 문제에서 감지기의 부착높이는 4[m] 이상 20[m] 미만이므로 광전식 스포트형 2종 감지기는 바닥면적 75[m²]마다 1개 이상을 설치해야 한다.

③ 전체 바닥면적이 700[m²]이므로 최소 감지기 개수를 구하기 위하여 경계구역 면적을 300[m²]와 400[m²]로 나누어 감지기의 설치개수를 산정한다.

　　ⓐ 300[m²]의 감지기 설치개수 $= \dfrac{\text{감지구역의 바닥면적}[m^2]}{\text{감지기 1개의 설치 바닥면적}[m^2]} = \dfrac{300[m^2]}{75[m^2]} = 4$개

　　ⓑ 400[m²]의 감지기 설치개수 $= \dfrac{\text{감지구역의 바닥면적}[m^2]}{\text{감지기 1개의 설치 바닥면적}[m^2]} = \dfrac{400[m^2]}{75[m^2]} = 5.33$개 ≒ 6개

　　ⓒ 2 경계구역의 최소 감지기 설치개수 $= 4$개 $+ 6$개 $= 10$개

정답 (1) 20개
　　　 (2) 10개

06 지하 1층, 지상 6층의 공장에 자동화재탐지설비를 설치하였다. 수신기는 공장에서 60[m] 떨어진 위치에 설치되어 있으며 수신기와 공장 간의 소모되는 전류는 400[mA]이다. 이때 지상 1층에서 화재가 발생한 경우 수신기와 공장 간의 전압강하[V]를 구하시오(단, 사용하는 전선은 HFIX이고, 직경은 1.5[mm]이다).

득점	배점
	4

- 계산과정 :
- 답 :

해설

전압강하 계산

전원방식	전압강하(e) 식
단상 2선식, 직류 2선식	$e = \dfrac{35.6LI}{1,000A}$ [V]
단상 3선식 또는 3상 4선식, 직류 3선식	$e = \dfrac{17.8LI}{1,000A}$ [V]
3상 3선식	$e = \dfrac{30.8LI}{1,000A}$ [V]

여기서, L : 배선의 거리[m] I : 전류[A]
A : 전선의 단면적 $\left(\dfrac{\pi}{4} \times d^2\right)$[mm²]

① 수신기에 공급되는 AC 220[V](단상 2선식) 전원을 DC 24[V] 전원으로 전환시켜 수신기 내부의 전원으로 사용하고, 감지기, 발신기, 음향장치에 전원을 공급한다. 따라서, 수신기와 공장 간의 전원방식은 직류 2선식이므로 전압강하 $e = \dfrac{35.6LI}{1,000A}$ 식을 적용하여 계산한다.

② 전선의 직경이 d일 때 전선의 단면적 $A = \dfrac{\pi}{4} \times d^2$[mm²]이다.

∴ 전압강하 $e = \dfrac{35.6LI}{1,000A} = \dfrac{35.6LI}{1,000 \times \left(\dfrac{\pi}{4} \times d^2\right)} = \dfrac{35.6 \times 60[\text{m}] \times (400 \times 10^{-3})[\text{A}]}{1,000 \times \left\{\dfrac{\pi}{4} \times (1.5[\text{mm}])^2\right\}} = 0.48[\text{V}]$

정답 0.48[V]

07 펌프의 토출량이 2,400[LPM]이고, 양정이 90[m]인 스프링클러설비용 펌프 전동기의 동력 [kW]을 구하시오(단, 펌프의 효율은 65[%]이고, 동력전달계수는 1.1이다).

득점	배점
	4

• 계산과정 :

• 답 :

해설
펌프 전동기의 동력 계산

(1) 펌프의 축동력(P) 계산

$$P = \frac{\gamma H Q}{\eta} [\text{kW}]$$

여기서, γ : 물의 비중량(9,800[N/m³]=9.8[kN/m³])
 H : 양정[m]
 Q : 유량[m³/s]
 η : 펌프의 효율

(2) 펌프의 전동기 동력(P_m) 계산

$$P_m = \frac{\gamma H Q}{\eta} \times K [\text{kW}]$$

여기서, γ : 물의 비중량(9,800[N/m³]=9.8[kN/m³])
 H : 양정(90[m])
 Q : 유량(2,400[L/min]=2.4[m³/min]=$\frac{2.4}{60}$[m³/s])
 η : 펌프의 효율(65[%]=0.65)
 K : 동력전달계수(1.1)

참고
단위 환산
- LPM = Liter Per Minute = L/min
- 1[L] = 1,000[cc] = 1,000[cm³]
- 1[m³] = 1,000[L]

∴ 전동기 동력 $P_m = \frac{\gamma H Q}{\eta} \times K = \frac{9.8[\text{kN/m}^3] \times 90[\text{m}] \times \frac{2.4}{60}[\text{m}^3/\text{s}]}{0.65} \times 1.1$
  = 59.7[kW]

정답 59.7[kW]

08 다음은 스프링클러설비의 화재안전기술기준에서 정하는 제어반 설치기준이다. 스프링클러설비에는 제어반을 설치하되 감시제어반과 동력제어반으로 구분하여 설치해야 한다. 다만, 다음의 어느 하나에 해당하는 경우에는 감시제어반과 동력제어반으로 구분하여 설치하지 않을 수 있다. ( ) 안에 알맞은 내용을 쓰시오.

득점	배점
	6

(1) 다음의 어느 하나에 해당하지 않는 특정소방대상물에 설치되는 경우
　　㉠ 지하층을 제외한 층수가 (①)층 이상으로서 연면적이 (②)[m²] 이상인 것
　　㉡ ㉠에 해당하지 않는 특정소방대상물로서 지하층의 바닥면적 합계가 (③)[m²] 이상인 것
(2) (④)에 따른 가압송수장치를 사용하는 경우
(3) (⑤)에 따른 가압송수장치를 사용하는 경우
(4) (⑥)에 따른 가압송수장치를 사용하는 경우

해설
스프링클러설비의 제어반 설치기준
(1) 스프링클러설비에는 제어반을 설치하되, 감시제어반과 동력제어반으로 구분하여 설치해야 한다. 다만, 다음의 어느 하나에 해당하는 경우에는 감시제어반과 동력제어반으로 구분하여 설치하지 않을 수 있다.
　① 다음의 어느 하나에 해당하지 않는 특정소방대상물에 설치되는 경우
　　㉠ 지하층을 제외한 층수가 7층 이상으로서 연면적이 2,000[m²] 이상인 것
　　㉡ ㉠에 해당하지 않는 특정소방대상물로서 지하층의 바닥면적 합계가 3,000[m²] 이상인 것
　② 내연기관에 따른 가압송수장치를 사용하는 경우
　③ 고가수조에 따른 가압송수장치를 사용하는 경우
　④ 가압수조에 따른 가압송수장치를 사용하는 경우
(2) 감시제어반의 기능
　① 각 펌프의 작동 여부를 확인할 수 있는 표시등 및 음향경보기능이 있어야 할 것
　② 각 펌프를 자동 및 수동으로 작동시키거나 중단시킬 수 있어야 할 것
　③ 비상전원을 설치한 경우에는 상용전원 및 비상전원의 공급 여부를 확인할 수 있어야 할 것
　④ 수조 또는 물올림수조가 저수위로 될 때 표시등 및 음향으로 경보할 것
　⑤ 예비전원이 확보되고 예비전원의 적합 여부를 시험할 수 있어야 할 것
(3) 다음의 각 확인회로마다 도통시험 및 작동시험을 할 수 있도록 할 것
　① 기동용 수압개폐장치의 압력스위치회로
　② 수조 또는 물올림수조의 저수위감시회로
　③ 유수검지장치 또는 일제개방밸브의 압력스위치회로
　④ 일제개방밸브를 사용하는 설비의 화재감지기회로
　⑤ 급수배관에 설치되어 급수를 차단할 수 있는 개폐밸브의 폐쇄상태 확인회로
　⑥ 그 밖의 이와 비슷한 회로

정답
① 7　　　　　　　② 2,000
③ 3,000　　　　　④ 내연기관
⑤ 고가수조　　　　⑥ 가압수조

09 다음은 지상 4층의 특정소방대상물에 옥내소화전설비와 자동화재탐지설비(P형 1급 발신기세트)를 겸용한 배선 계통도이다. 아래 조건을 참고하여 각 물음에 답하시오.

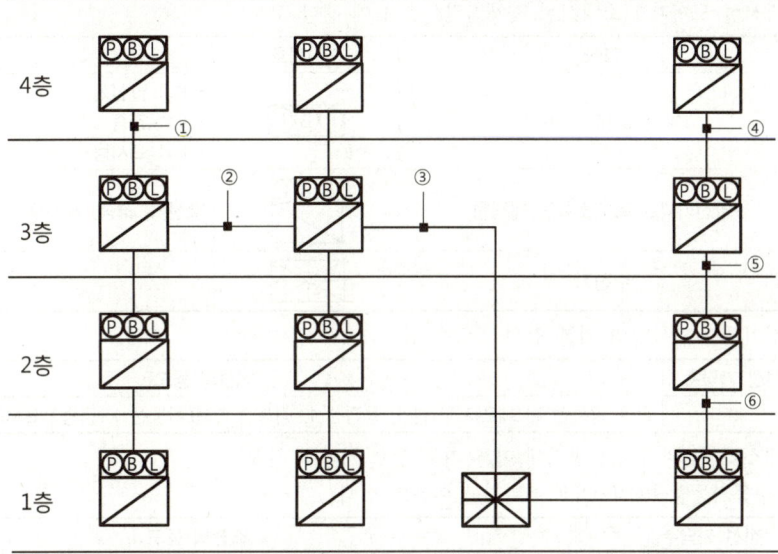

조건
- 선로의 전선 가닥수는 최소로 하고, 경종과 표시등 공통선은 1가닥으로 배선한다.
- 화재로 인하여 하나의 층의 지구음향장치 배선이 단락되어도 다른 층의 화재통보에 지장이 없도록 각 층 배선 상에 유효한 조치(단락보호장치)를 하였다.
- 옥내소화전설비는 기동용 수압개폐장치를 이용한 자동기동방식으로 한다.

물음

(1) 기호 ①~⑥까지의 최소 전선 가닥수를 구하시오.

기호	①	②	③	④	⑤	⑥
전선 가닥수						

(2) 감지기회로의 도통시험을 위한 종단저항의 설치기준을 3가지만 쓰시오.
(3) 자동화재탐지설비의 감지기회로의 전로저항은 몇 [Ω] 이하가 되도록 해야 하는지 쓰시오.
(4) 수신기의 각 회로별 종단에 설치되는 감지기에 접속되는 배선의 전압은 감지기 정격전압의 몇 [%] 이상이어야 하는지 쓰시오.

해설

옥내소화전설비와 자동화재탐지설비

(1) 최소 전선 가닥수 산정

① 소방시설 도시기호(소방시설 자체점검사항 등에 관한 고시)

명칭	도시기호	비고
발신기세트 단독형	ⓟⒷⓁ	• ⓟ : 발신기 • Ⓑ : 경종 • Ⓛ : 표시등
발신기세트 옥내소화전 내장형	ⓟⒷⓁ (내장형)	발신기, 경종, 표시등, 기동확인표시등
수신기	✕	

② 발신기세트 단독형의 기본 전선 가닥수 산정

전선 가닥수	배선의 용도
6	회로 공통선 1, 회로(지구)선 1, 응답선 1, 경종선 1, 표시등선 1, 경종·표시등 공통선 1

③ 옥내소화전설비의 기동방식에 따른 기본 전선 가닥수 산정

㉠ 수동기동방식(ON-OFF 스위치를 이용한 방식)

전선 가닥수	배선의 용도
11	6가닥(회로 공통선 1, 회로(지구)선 1, 응답선 1, 경종선 1, 표시등선 1, 경종·표시등 공통선 1) + 5가닥(기동 1, 정지 1, 공통 1, 기동확인표시등 2)

㉡ 자동기동방식(기동용 수압개폐장치를 이용한 방식)

전선 가닥수	배선의 용도
8	6가닥(회로 공통선 1, 회로(지구)선 1, 응답선 1, 경종선 1, 표시등선 1, 경종·표시등 공통선 1) + 2가닥(기동확인표시등 2)

④ 옥내소화전설비와 자동화재탐지설비를 겸용한 전선 가닥수 산정

㉠ 문제에서 11층 미만이므로 일제경보방식을 적용하여 전선 가닥수를 산정한다.

> **참고**
>
> **우선경보방식**
> 층수가 11층(공동주택의 경우에는 16층) 이상의 특정소방대상물은 다음의 기준에 따라 경보를 발할 수 있도록 할 것
> • 2층 이상의 층에서 발화한 때에는 발화층 및 그 직상 4개 층에 경보를 발할 것
> • 1층에서 발화한 때에는 발화층·그 직상 4개 층 및 지하층에 경보를 발할 것
> • 지하층에서 발화한 때에는 발화층·그 직상층 및 그 밖의 지하층에 경보를 발할 것

㉡ 기동용 수압개폐장치를 이용하므로 자동기동방식이다. 따라서, 발신기의 기본 전선 가닥수(6가닥)에 기동확인표시등 2가닥을 추가하여 배선해야 한다.

㉢ 회로선의 전선 가닥수는 발신기에 표시된 종단저항의 개수 또는 경계구역의 수 그리고, 발신기의 설치개수이다.

㉣ 하나의 회로 공통선에 접속할 수 있는 회로수는 7가닥 이하로 해야 한다.

> **참고**
>
> P형 수신기 및 G.P형 수신기의 감지기회로의 배선에 있어서 하나의 공통선에 접속할 수 있는 경계구역은 7개 이하로 할 것

구간	전선 가닥수	배선의 용도
①	8	회로 공통선 1, 회로선 1, 응답선 1, 경종선 1, 표시등선 1, 경종·표시등 공통선 1, 기동확인표시등 2
②	11	회로 공통선 1, 회로선 4, 응답선 1, 경종선 1, 표시등선 1, 경종·표시등 공통선 1, 기동확인표시등 2
③	16	회로 공통선 2, 회로선 8, 응답선 1, 경종선 1, 표시등선 1, 경종·표시등 공통선 1, 기동확인표시등 2
④	8	회로 공통선 1, 회로선 1, 응답선 1, 경종선 1, 표시등선 1, 경종·표시등 공통선 1, 기동확인표시등 2
⑤	9	회로 공통선 1, 회로선 2, 응답선 1, 경종선 1, 표시등선 1, 경종·표시등 공통선 1, 기동확인표시등 2
⑥	10	회로 공통선 1, 회로선 3, 응답선 1, 경종선 1, 표시등선 1, 경종·표시등 공통선 1, 기동확인표시등 2

(2) 감지기회로의 도통시험을 위한 종단저항의 설치기준
  ① 점검 및 관리가 쉬운 장소에 설치할 것
  ② 전용함을 설치하는 경우 그 설치높이는 바닥으로부터 1.5[m] 이내로 할 것
  ③ 감지기회로의 끝부분에 설치하며, 종단감지기에 설치할 경우에는 구별이 쉽도록 해당 감지기의 기판 및 감지기 외부 등에 별도의 표시를 할 것

(3), (4) 배선의 설치기준
  ① 감지기 사이의 회로의 배선은 송배선식으로 할 것
  ② 전원회로의 전로와 대지 사이 및 배선 상호 간의 절연저항은 전기사업법 제67조에 따른 전기설비기술기준이 정하는 바에 의하고, 감지기회로 및 부속회로의 전로와 대지 사이 및 배선 상호 간의 절연저항은 1 경계구역마다 직류 250[V]의 절연저항측정기를 사용하여 측정한 절연저항이 0.1[MΩ] 이상이 되도록 할 것
  ③ 자동화재탐지설비의 배선은 다른 전선과 별도의 관·덕트(절연효력이 있는 것으로 구획한 때에는 그 구획된 부분은 별개의 덕트로 본다)·몰드 또는 풀박스 등에 설치할 것. 다만, 60[V] 미만의 약 전류회로에 사용하는 전선으로서 각각의 전압이 같을 때에는 그렇지 않다.
  ④ 자동화재탐지설비의 감지기회로의 전로저항은 50[Ω] 이하가 되도록 해야 하며, 수신기의 각 회로별 종단에 설치되는 감지기에 접속되는 배선의 전압은 감지기 정격전압의 80[%] 이상이어야 할 것

정답 (1)

기호	①	②	③	④	⑤	⑥
전선 가닥수	8	11	16	8	9	10

(2) ① 점검 및 관리가 쉬운 장소에 설치할 것
   ② 전용함을 설치하는 경우 그 설치높이는 바닥으로부터 1.5[m] 이내로 할 것
   ③ 감지기회로의 끝부분에 설치하며, 종단감지기에 설치할 경우에는 구별이 쉽도록 해당 감지기의 기판 및 감지기 외부 등에 별도의 표시를 할 것
(3) 50[Ω] 이하
(4) 80[%] 이상

10 다음 주어진 동작설명에 적합하도록 3상 유도전동기의 기동 및 정지회로의 미완성된 시퀀스회로를 완성하시오(단, 각 접점과 스위치의 명칭을 기입하시오). [배점 8]

[동작설명]
- MCCB에 전원을 투입하면 GL이 점등한다.
- 유도전동기 운전용 누름버튼스위치(PB-ON)를 누르면 전자접촉기(MC)가 여자되어 보조접점(MC-a)에 의해 자기유지가 되고, MC 주접점이 붙어 전동기가 기동된다. 또한, 전자접촉기 보조접점(MC-a)에 의해 RL이 점등되고, 보조접점(MC-b)에 의해 GL이 소등한다.
- 유도전동기가 운전 중 유도전동기 정지용 누름버튼스위치(PB-OFF)를 누르면 전자접촉기(MC)가 소자되어 유도전동기는 정지하고, RL이 소등되며 GL이 점등된다.
- 유도전동기에 과전류가 흐르면 열동계전기(THR) 접점에 의해 유도전동기는 정지하고 모든 접점은 초기상태로 복귀된다.

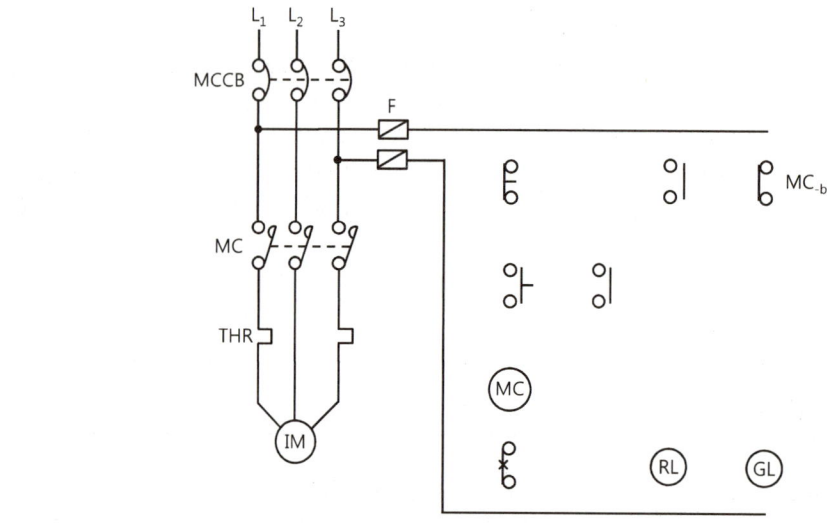

해설
3상 유도전동기 기동 및 정지회로(전전압 기동회로)

(1) 3상 유도전동기의 제어회로 구성
① 제어용기기의 명칭과 도시기호

제어용기기 명칭	작동원리	접점의 종류			
		주접점	코일	a접점	b접점
배선용 차단기 (MCCB)	단락 및 과부하로부터 회로를 보호하기 위하여 사용되는 전력기기이다.	⌿⌿⌿	–	–	–
전자접촉기 (MC)	전자석의 동작에 의하여 접점을 개폐하는 기구로서 부하회로를 빈번하게 개폐하는 접촉기이다.	⌿⌿⌿	MC	MC-a	MC-b

제어용기기 명칭	작동원리	접점의 종류			
		주접점	코일	a접점	b접점
열동계전기 (THR)	정격전류 이상의 과부하 전류가 흐르면 내부에서 발생된 열에 의해 바이메탈이 동작하여 접점을 차단시키는 계전기로서 전동기의 과부하 보호에 사용된다.	![THR 주접점]	–	![THR a접점]	![THR b접점]
누름버튼스위치 (PB-ON, PB-OFF)	버튼을 누르면 접점 기구부가 개폐되며 손을 떼면 스프링의 힘에 의해 자동으로 복귀되는 스위치이다.	–	–	PB-ON	PB-OFF
운전표시등 (RL)	유도전동기가 운전 중임을 표시한다.	–	(RL)	–	–
정지표시등 (GL)	유도전동기가 정지 중임을 표시한다.	–	(GL)	–	–

② 동작설명에 따른 제어회로 작성

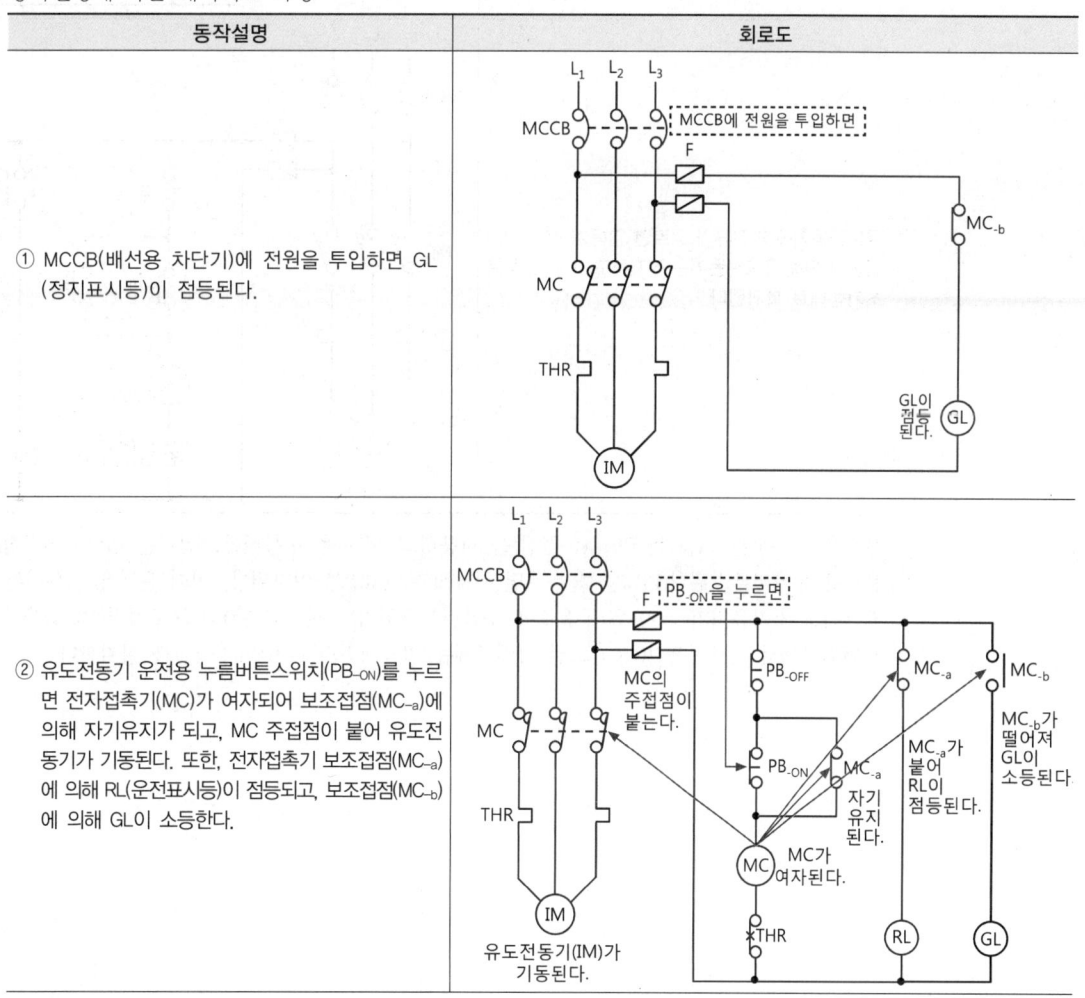

동작설명	회로도
③ 유도전동기가 운전 중 유도전동기 정지용 누름버튼스위치(PB_OFF)를 누르면 전자접촉기(MC)가 소자되어 유도전동기는 정지하고, RL이 소등되며 GL이 점등된다.	
④ 유도전동기에 과전류가 흐르면 열동계전기(THR) 접점에 의해 유도전동기는 정지하고 모든 접점은 초기상태로 복귀된다.	

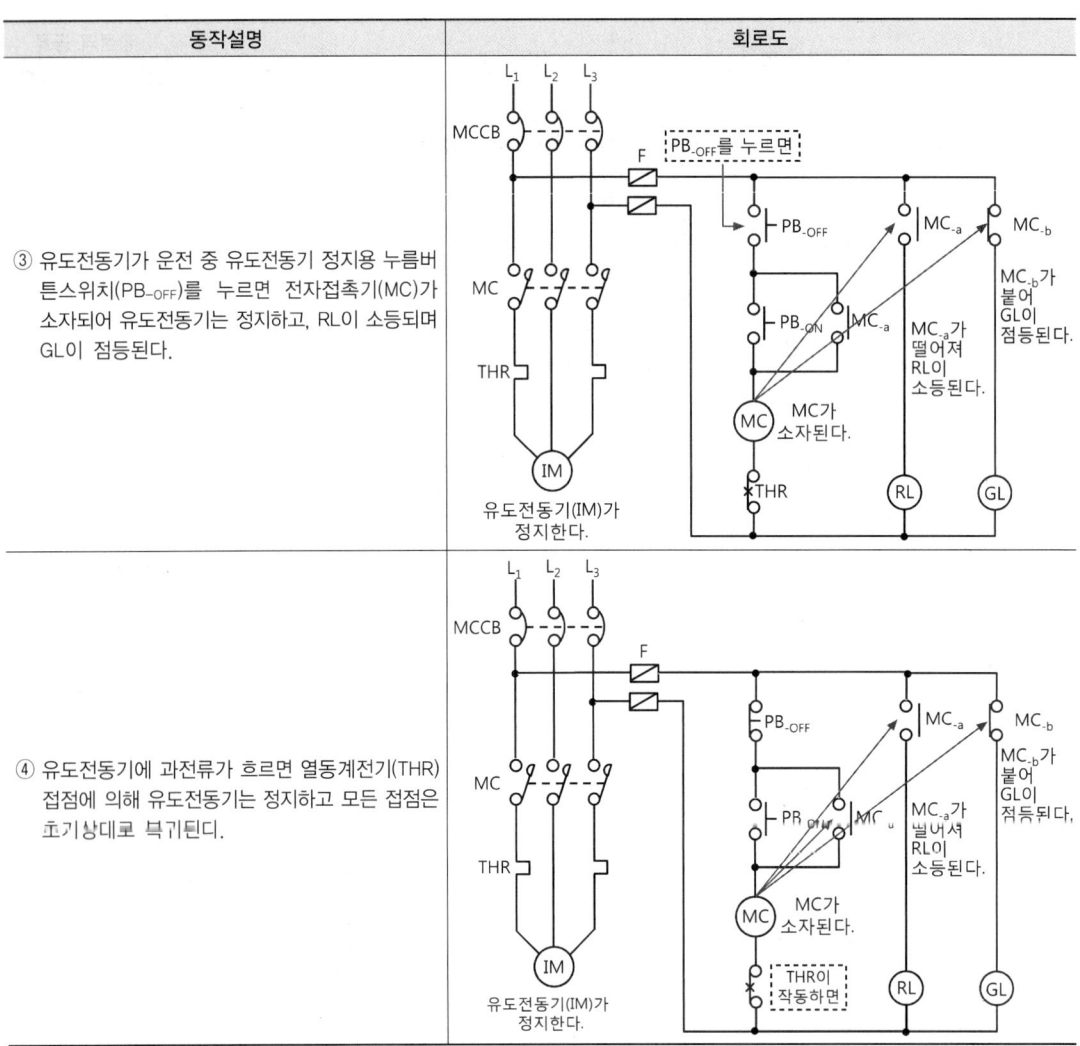

㉠ 운전용 누름버튼스위치는 PB_ON(a접점)을 사용하고, 정지용 누름버튼스위치는 PB_OFF(b접점)을 사용한다.
㉡ 운전용 누름버튼스위치(PB_ON)를 누르면 전자접촉기(MC)가 여자된다. 이때 운전용 누름버튼스위치를 눌렀다 떼더라도 자기유지가 되기 위해 운전용 누름버튼스위치와 전자접촉기의 보조접점(MC_a)을 병렬로 접속한다.
㉢ 제어회로에서 전자접촉기(MC) 코일 아래쪽에는 열동계전기(THR)의 b접점을 설치한다.

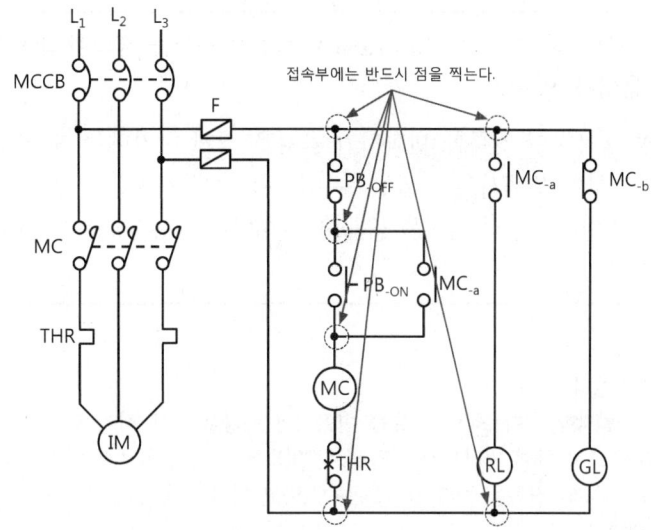

| 참고 |

열동계전기(Thermal Relay)의 원리 및 작동되는 경우
- 전동기의 과부하 또는 구속상태 등으로 설정값 이상의 과전류가 흐르면 열에 의해 바이메탈이 휘어지는 원리를 이용하여 회로를 차단하여 전동기의 소손을 방지하는 계전기이다.
- 열동계전기(THR)가 작동되는 경우
  - 유도전동기에 과전류가 흐르는 경우
  - 열동계전기 단자의 접촉 불량으로 과열되었을 경우
  - 전류조정 다이얼의 설정(Setting)값을 정격전류보다 낮게 조정하였을 경우

정답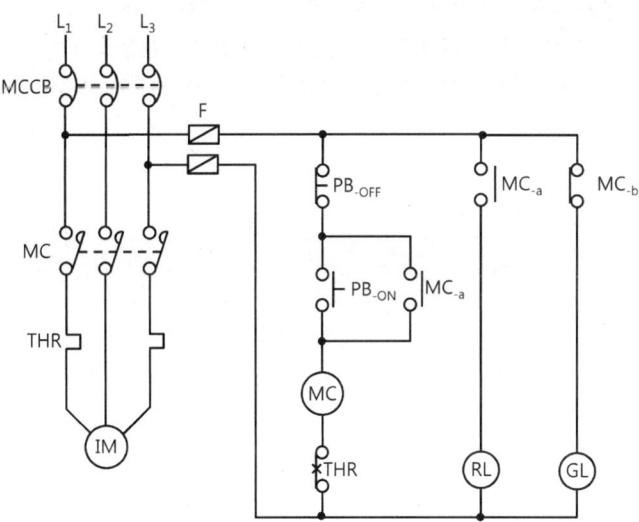

11 다음은 비상방송설비의 화재안전기술기준에서 정하는 용어를 정의한 내용이다. 아래 설명한 내용을 보고, 용어를 쓰시오.

득점	배점
	3

(1) 가변저항을 이용하여 전류를 변화시켜 음량을 크게 하거나 작게 조절할 수 있는 장치를 말한다.
(2) 소리를 크게 하여 멀리까지 전달될 수 있도록 하는 장치로써 일명 스피커를 말한다.
(3) 전압·전류의 진폭을 늘려 감도를 좋게 하고 미약한 음성전류를 커다란 음성전류로 변화시켜 소리를 크게 하는 장치를 말한다.

해설

비상방송설비의 용어 정의
(1) 음량조절기 : 가변저항을 이용하여 전류를 변화시켜 음량을 크게 하거나 작게 조절할 수 있는 장치를 말한다.
(2) 확성기 : 소리를 크게 하여 멀리까지 전달될 수 있도록 하는 장치로써 일명 스피커를 말한다.
(3) 증폭기 : 전압·전류의 진폭을 늘려 감도를 좋게 하고 미약한 음성전류를 커다란 음성전류로 변화시켜 소리를 크게 하는 장치를 말한다.
(4) 기동장치 : 화재감지기, 발신기 등의 상태변화를 전송하는 장치를 말한다.
(5) 몰드 : 전선을 물리적으로 보호하기 위해 사용되는 통형 구조물을 말한다.
(6) 약전류회로 : 전신선, 전화선 등에 사용하는 전선이나 케이블, 인터폰, 확성기의 음성 회로, 라디오·텔레비전의 시청회로 등을 포함하는 약전류가 통전되는 회로를 말한다.
(7) 전원회로 : 전기·통신, 기타 전기를 이용하는 장치 등에 전력을 공급하기 위하여 필요한 기기로 이루어지는 전기회로를 말한다.
(8) 절연저항 : 전류가 도체에서 절연물을 통하여 다른 충전부나 기기로 누설되는 경우 그 누설 경로의 저항을 말한다.
(9) 절연효력 : 전기가 불필요한 부분으로 흐르지 않도록 절연하는 성능을 나타내는 것을 말한다.
(10) 정격전압 : 전기기계기구, 선로 등의 정상적인 동작을 유지시키기 위해 공급해 주어야 하는 기준 전압을 말한다.
(11) 조작부 : 기기를 제어할 수 있도록 조작스위치, 지시계, 표시등 등을 집결시킨 부분을 말한다.
(12) 풀박스 : 장거리 케이블 포설을 용이하게 하기 위해 전선관 중간에 설치하는 상자형 구조물 등을 말한다.

정답
(1) 음량조절기
(2) 확성기
(3) 증폭기

12 다음은 소방시설의 도시기호이다. 각 도시기호의 명칭을 쓰시오.

得点 / 配点 4

(1) 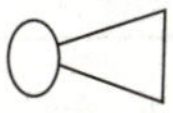 ▷ (형태: 사이렌)
(2)  S (사각형 내)
(3)  ∪ (반원형)
(4)  B (원형 내)

해설

소방시설의 도시기호(소방시설 자체점검사항 등에 고시)

명칭	도시기호	명칭	도시기호
차동식 스포트형 감지기	 ⌒	보상식 스포트형 감지기	 ⌒
정온식 스포트형 감지기	 ∪	연기감지기	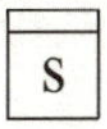 S
감지선	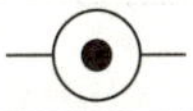 ─●─	열전대	 ■
열반도체	 ∞	차동식 분포형 감지기의 검출기	 ⋈
발신기세트 단독형	 ⓅⒷⓁ	발신기세트 옥내소화전 내장형	 ⓅⒷⓁ
비상벨	 Ⓑ	사이렌	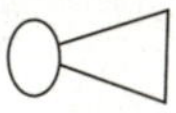 ▷
모터사이렌	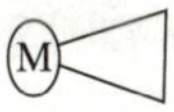 Ⓜ	전자사이렌	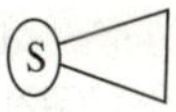 Ⓢ
제어반	 ✕	화재경보벨	 Ⓑ
수신기	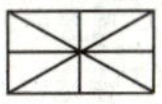 ✕	부수신기	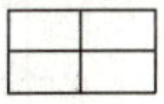 ▤
중계기	 ▯	표시등	 ◐

정답

(1) 사이렌
(2) 연기감지기
(3) 정온식 스포트형 감지기
(4) 비상벨

13 감지기 사이의 회로의 배선을 교차회로방식으로 해야 하는 소화설비의 종류 5가지를 쓰시오.

득점	배점
	5

해설

감지기 사이의 회로의 배선

(1) 송배선식
 ① 도통시험을 용이하게 하기 위하여 배선의 도중에서 분기하지 않는 방식이다.
 ② 적용설비 : 자동화재탐지설비, 제연설비
 ③ 전선 가닥수 산정 시 루프로 된 부분은 2가닥으로 배선하고, 그 밖에는 4가닥으로 배선한다.

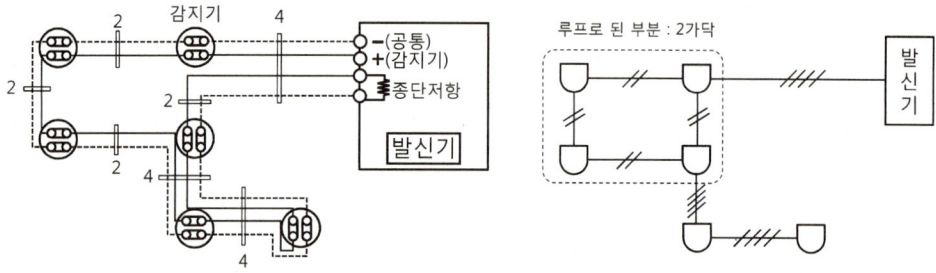

(2) 교차회로방식
 ① 감지기의 오동작을 방지하기 위하여 하나의 방호구역 내에 2 이상의 화재감지기 회로를 설치하고 인접한 2 이상의 화재감지기가 동시에 감지되는 때에는 소화설비가 작동하는 방식이다.
 ② 적용설비 : 분말소화설비, 할론소화설비, 이산화탄소소화설비, 준비작동식 스프링클러설비, 일제살수식 스프링클러설비, 할로겐화합물 및 불활성기체소화설비
 ③ 전선 가닥수 산정 시 루프로 된 부분과 말단부는 4가닥으로 배선하고, 그 밖에는 8가닥으로 배선한다.

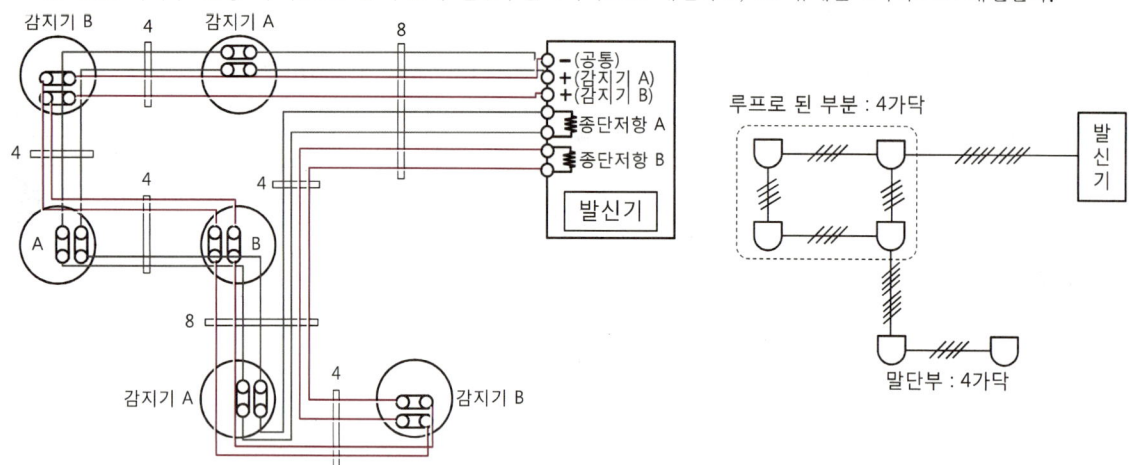

정답
① 분말소화설비   ② 할론소화설비
③ 이산화탄소소화설비   ④ 준비작동식 스프링클러설비
⑤ 일제살수식 스프링클러설비

14 다음은 옥내소화전설비의 화재안전기술기준에서 정하는 감시제어반의 기능에 대한 기준이다. ( ) 안에 알맞은 내용을 쓰시오.

득점	배점
	5

- 각 펌프의 작동 여부를 확인할 수 있는 (①) 및 (②)이 있어야 할 것
- 수조 또는 물올림수조가 (③)로 될 때 표시등 및 음향으로 경보할 것
- 각 확인회로(기동용 수압개폐장치의 압력스위치회로, 수조 또는 물올림수조의 저수위감시회로, 개폐밸브의 폐쇄상태 확인회로)마다 (④) 및 (⑤)을 할 수 있도록 할 것

해설

옥내소화전설비에서 감시제어반의 기능

(1) 감시제어반의 기능에 대한 기준
  ① 각 펌프의 작동 여부를 확인할 수 있는 표시등 및 음향경보기능이 있어야 할 것
  ② 각 펌프를 자동 및 수동으로 작동시키거나 중단시킬 수 있어야 할 것
  ③ 비상전원을 설치한 경우에는 상용전원 및 비상전원의 공급 여부를 확인할 수 있어야 할 것
  ④ 수조 또는 물올림수조가 저수위로 될 때 표시등 및 음향으로 경보할 것
  ⑤ 다음의 각 확인회로마다 도통시험 및 작동시험을 할 수 있도록 할 것
    ㉠ 기동용 수압개폐장치의 압력스위치회로
    ㉡ 수조 또는 물올림수조의 저수위감시회로
    ㉢ 급수배관에 설치되어 급수를 차단할 수 있는 개폐밸브에 따른 개폐밸브의 폐쇄상태 확인회로
    ㉣ 그 밖의 이와 비슷한 회로

(2) 감시제어반과 동력제어반으로 구분하여 설치하지 않을 수 있는 경우
  ① 내연기관에 따른 가압송수장치를 사용하는 옥내소화전설비
  ② 고가수조에 따른 가압송수장치를 사용하는 옥내소화전설비
  ③ 가압수조에 따른 가압송수장치를 사용하는 옥내소화전설비

정답 ① 표시등　　② 음향경보기능
　　　 ③ 저수위　　④ 도통시험
　　　 ⑤ 작동시험

---

15 다음은 비상방송설비의 화재안전기술기준에서 정하는 비상방송설비의 음향장치 설치기준이다. ( ) 안에 알맞은 내용을 쓰시오.

득점	배점
	5

- 확성기의 음성입력은 3[W](실내에 설치하는 것에 있어서는 (①)[W]) 이상일 것
- 조작부의 조작스위치는 바닥으로부터 (②)[m] 이상 (③)[m] 이하의 높이에 설치할 것
- 확성기는 각 층마다 설치하되, 그 층의 각 부분으로부터 하나의 확성기까지의 수평거리가 (④)[m] 이하가 되도록 하고, 해당 층의 각 부분에 유효하게 경보를 발할 수 있도록 설치할 것
- 음량조정기를 설치하는 경우 음량조정기의 배선은 (⑤)선식으로 할 것

해설

비상방송설비의 음향장치 설치기준
(1) 확성기의 음성입력은 3[W](실내에 설치하는 것에 있어서는 1[W]) 이상일 것
(2) 조작부의 조작스위치는 바닥으로부터 0.8[m] 이상 1.5[m] 이하의 높이에 설치할 것
(3) 층수가 11층(공동주택의 경우에는 16층) 이상의 특정소방대상물은 다음의 기준에 따라 경보를 발할 수 있도록 해야 한다.
　① 2층 이상의 층에서 발화한 때에는 발화층 및 그 직상 4개 층에 경보를 발할 것
　② 1층에서 발화한 때에는 발화층·그 직상 4개 층 및 지하층에 경보를 발할 것
　③ 지하층에서 발화한 때에는 발화층·그 직상층 및 기타의 지하층에 경보를 발할 것

┌참고┐

우선경보방식(지하 3층이고, 지상 11층인 특정소방대상물)

[발화층 : ◉, 경보 표시 ●]

층											
11층									●	●	●	●
10층								●	●	●	●	◉●
9층							●	●	●	●	◉●	
8층						●	●	●	●	◉●		
7층					●	●	●	●	◉●			
6층				●	●	●	●	◉●				
5층			●	●	●	●	◉●					
4층			●	●	●	◉●						
3층			●	●	◉●							
2층			●	◉●								
1층		●	◉●									
지하 1층	●	◉●										
지하 2층	◉●	●	●									
지하 3층	●	●	●									

(4) 기동장치에 따른 화재신호를 수신한 후 필요한 음량으로 화재발생상황 및 피난에 유효한 방송이 자동으로 개시될 때까지의 소요시간은 10초 이내로 할 것
(5) 음향장치는 다음의 기준에 따른 구조 및 성능의 것으로 해야 한다.
　① 정격전압의 80[%] 전압에서 음향을 발할 수 있는 것으로 할 것
　② 자동화재탐지설비의 작동과 연동하여 작동할 수 있는 것으로 할 것
(6) 확성기는 각 층마다 설치하되, 그 층의 각 부분으로부터 하나의 확성기까지의 수평거리가 25[m] 이하가 되도록 하고, 해당 층의 각 부분에 유효하게 경보를 발할 수 있도록 설치할 것
(7) 음량조정기를 설치하는 경우 음량조정기의 배선은 3선식으로 할 것
(8) 조작부는 기동장치의 작동과 연동하여 해당 기동장치가 작동한 층 또는 구역을 표시할 수 있는 것으로 할 것
(9) 증폭기 및 조작부는 수위실 등 상시 사람이 근무하는 장소로서 점검이 편리하고 방화상 유효한 곳에 설치할 것
(10) 다른 방송설비와 공용하는 것에 있어서는 화재 시 비상경보 외의 방송을 차단할 수 있는 구조로 할 것
(11) 다른 전기회로에 따라 유도장애가 생기지 않도록 할 것
(12) 하나의 특정소방대상물에 2 이상의 조작부가 설치되어 있는 때에는 각각의 조작부가 있는 장소 상호 간에 동시 통화가 가능한 설비를 설치하고, 어느 조작부에서도 해당 특정소방대상물의 전 구역에 방송을 할 수 있도록 할 것

정답　① 1　　② 0.8
　　　　③ 1.5　　④ 25
　　　　⑤ 3

16

다음 조건에 주어진 진리표를 보고, 각 물음에 답하시오.

[조건]

A	B	C	Y₁	Y₂
0	0	0	1	0
0	0	1	0	1
0	1	0	1	1
0	1	1	0	1
1	0	0	1	0
1	0	1	0	1
1	1	0	0	1
1	1	1	0	1

[물음]

(1) 주어진 진리표를 이용하여 논리식을 간략하게 표현하시오.
  ① $Y_1 =$ $\overline{C}(\overline{A}+\overline{B})$
  ② $Y_2 =$ $B + C$

(2) 논리식의 무접점회로를 그리시오.

A ○
B ○   ○ Y_1

                                               ○ Y_2
C ○

(3) 논리식의 유접점회로를 그리시오.

해설

논리회로

(1) 논리식

진리표가 주어진 경우 카르노프 도표를 이용하여 논리식을 간단하게 표현한다.

① 출력 Y_1의 논리식

AB \ C	0($\overline{C}$)	1(C)
00 ($\overline{A}\overline{B}$)	1 ($\overline{A}\overline{B}\overline{C}$)	0
01 ($\overline{A}B$)	1 ($\overline{A}B\overline{C}$)	0
10 ($A\overline{B}$)	1 ($A\overline{B}\overline{C}$)	0
11 (AB)	0	0

출력이 "1"인 1열을 묶어 Y_1의 논리식을 간단하게 구한다.

$\therefore Y_1 = \overline{A}\overline{B}\overline{C} + A\overline{B}\overline{C} + \overline{A}B\overline{C} = \underbrace{(\overline{A}+A)}_{1}\overline{B}\overline{C} + \overline{A}B\overline{C}$

$= \overline{B}\overline{C} + \overline{A}B\overline{C} = \overline{C}(\overline{B}+\overline{A}B) = \overline{C}\{(\overline{B}+\overline{A})\cdot\underbrace{(\overline{B}+B)}_{1}\}$
　　　　　　　　　　$\underbrace{}_{흡수법칙}$

$= \overline{C}\{(\overline{B}+\overline{A})\cdot 1\} = \overline{C}(\overline{A}+\overline{B})$

② 출력 Y_2의 논리식

AB \ C	0($\overline{C}$)	1(C)
00 ($\overline{A}\overline{B}$)	0	1 ($\overline{A}\overline{B}C$)
01 ($\overline{A}B$)	1 ($\overline{A}B\overline{C}$)	1 ($\overline{A}BC$)
10 ($A\overline{B}$)	0	1 ($A\overline{B}C$)
11 (AB)	1 ($AB\overline{C}$)	1 (ABC)

출력이 "1"인 두 번째 열과 두 번째 행, 네 번째 행을 묶어 Y_2의 논리식을 간단하게 구한다.

㉠ 두 번째 열을 묶는다.

$\overline{A}\overline{B}C + \overline{A}BC + A\overline{B}C + ABC = \overline{A}C\underbrace{(\overline{B}+B)}_{1} + AC\underbrace{(\overline{B}+B)}_{1} = \overline{A}C + AC = \underbrace{(\overline{A}+A)}_{1}C = C$

㉡ 두 번째 행을 묶는다.

$\overline{A}B\overline{C} + \overline{A}BC = \overline{A}B(\overline{C}+C) = \overline{A}B$

㉢ 네 번째 행을 묶는다.

$AB\overline{C} + ABC = AB\underbrace{(\overline{C}+C)}_{1} = AB$

$\therefore Y_2 = C + \overline{A}B + AB = C + \underbrace{(\overline{A}+A)}_{1}B = B + C$

(2) 무접점회로
   ① 논리회로의 기본회로

논리회로	정의	유접점회로	무접점회로	논리식
AND회로	2개의 입력신호가 모두 "1"일 때에만 출력신호가 "1"이 되는 논리회로로서 직렬회로이다.			$X = A \cdot B$
OR회로	2개의 입력신호 중 어느 1개의 입력신호가 "1"일 때 출력신호가 "1"이 되는 논리회로로서 병렬회로이다.			$X = A + B$
NOT회로	출력신호는 입력신호 정반대로 작동되는 논리회로로서 부정회로이다.			$X = \overline{A}$

   ② 논리식의 무접점회로
   　㉠ 출력 $Y_1 = \underbrace{\overline{C} \quad \cdot}_{\text{AND회로}} \underbrace{(\overline{A} \quad + \quad \overline{B})}_{\text{OR회로}}$
   　㉡ 출력 $Y_2 = \underbrace{B \quad + \quad C}_{\text{OR회로}}$

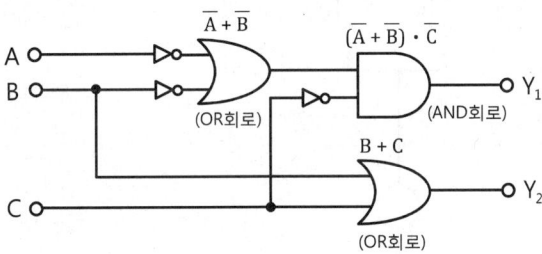

(3) 논리식의 유접점회로

① 출력 $Y_1 = \underbrace{\overline{C}}_{\substack{\text{AND회로} \\ \text{(직렬회로)}}} \cdot \underbrace{(\overline{A} \underbrace{+}_{\substack{\text{OR회로} \\ \text{(병렬회로)}}} \overline{B})}$

② 출력 $Y_2 = B \underbrace{+}_{\substack{\text{OR회로} \\ \text{(병렬회로)}}} C$

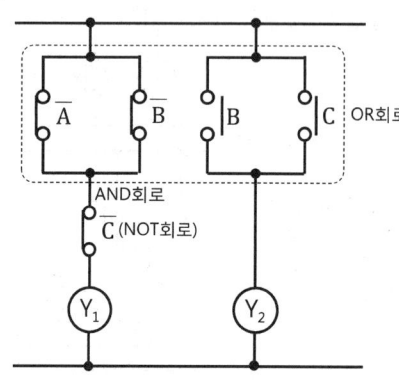

정답 (1) ① $Y_1 = \overline{C}(\overline{A}+\overline{B})$ ② $Y_2 = B+C$

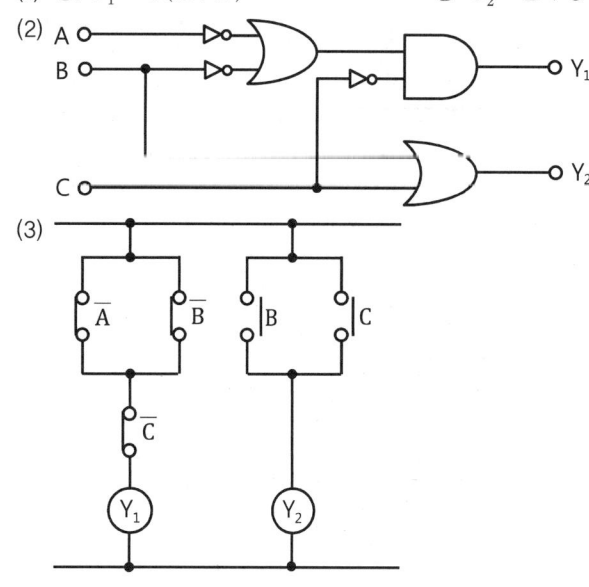

17 다음은 자동화재탐지설비의 수신기, 발신기 및 감지기가 배치되어 있는 평면도이다. 감지기와 감지기 사이, 감지기와 발신기 사이, 발신기와 수신기 사이에 실제 배선도를 완성하시오.

득점	배점
	6

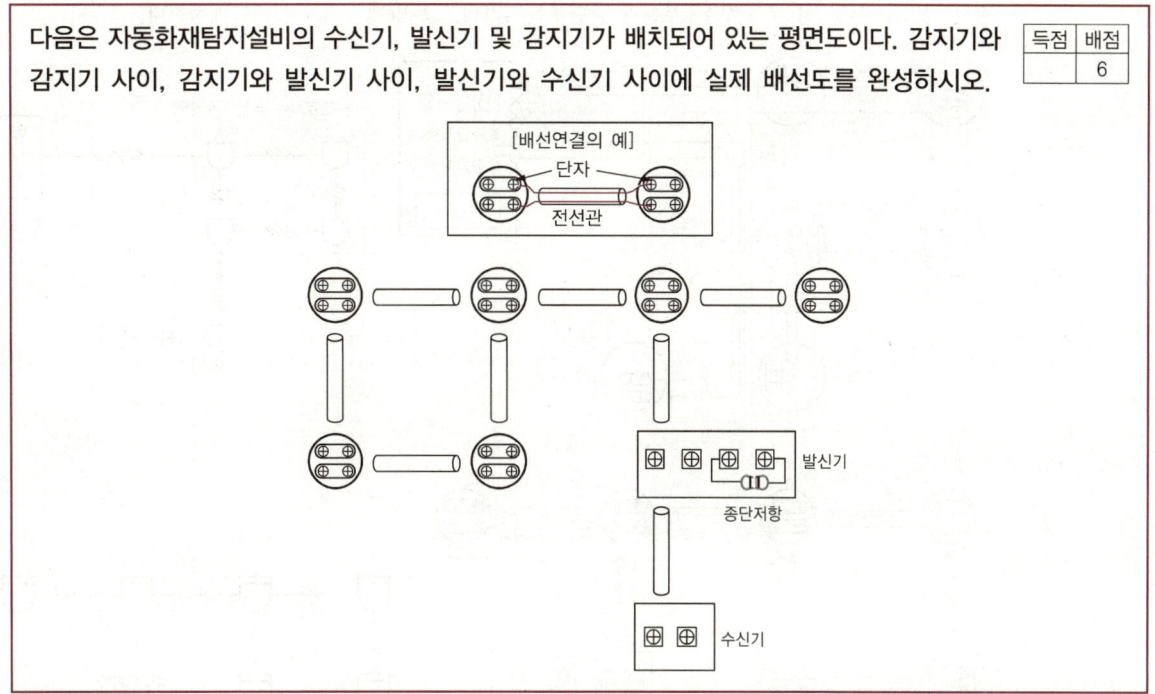

해설

자동화재탐지설비의 감지기회로 배선

(1) 송배선식
 ① 도통시험을 용이하게 하기 위하여 배선의 도중에서 분기하지 않는 방식이다.
 ② 적용설비 : 자동화재탐지설비, 제연설비
 ③ 전선 가닥수 산정 시 루프로 된 부분은 2가닥, 그 밖에는 4가닥으로 배선한다.

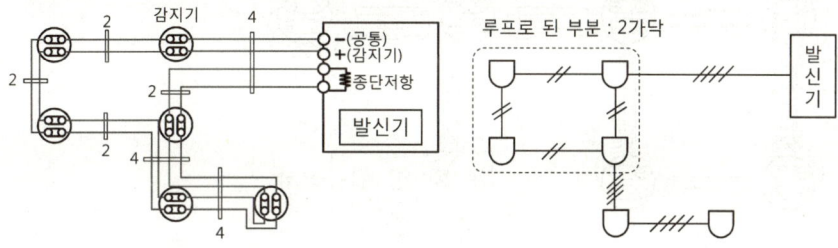

(2) 교차회로방식
 ① 감지기의 오동작을 방지하기 위하여 하나의 방호구역 내에 2 이상의 화재감지기 회로를 설치하고 인접한 2 이상의 화재감지기가 동시에 감지되는 때에는 소화설비가 작동하는 방식이다.
 ② 적용설비 : 분말소화설비, 할론소화설비, 이산화탄소소화설비, 준비작동식 스프링클러설비, 일제살수식 스프링클러설비, 할로겐화합물 및 불활성기체소화설비

③ 전선 가닥수 산정 시 루프로 된 부분과 말단부는 4가닥, 그 밖에는 8가닥으로 배선한다.

(3) 실제 배선도

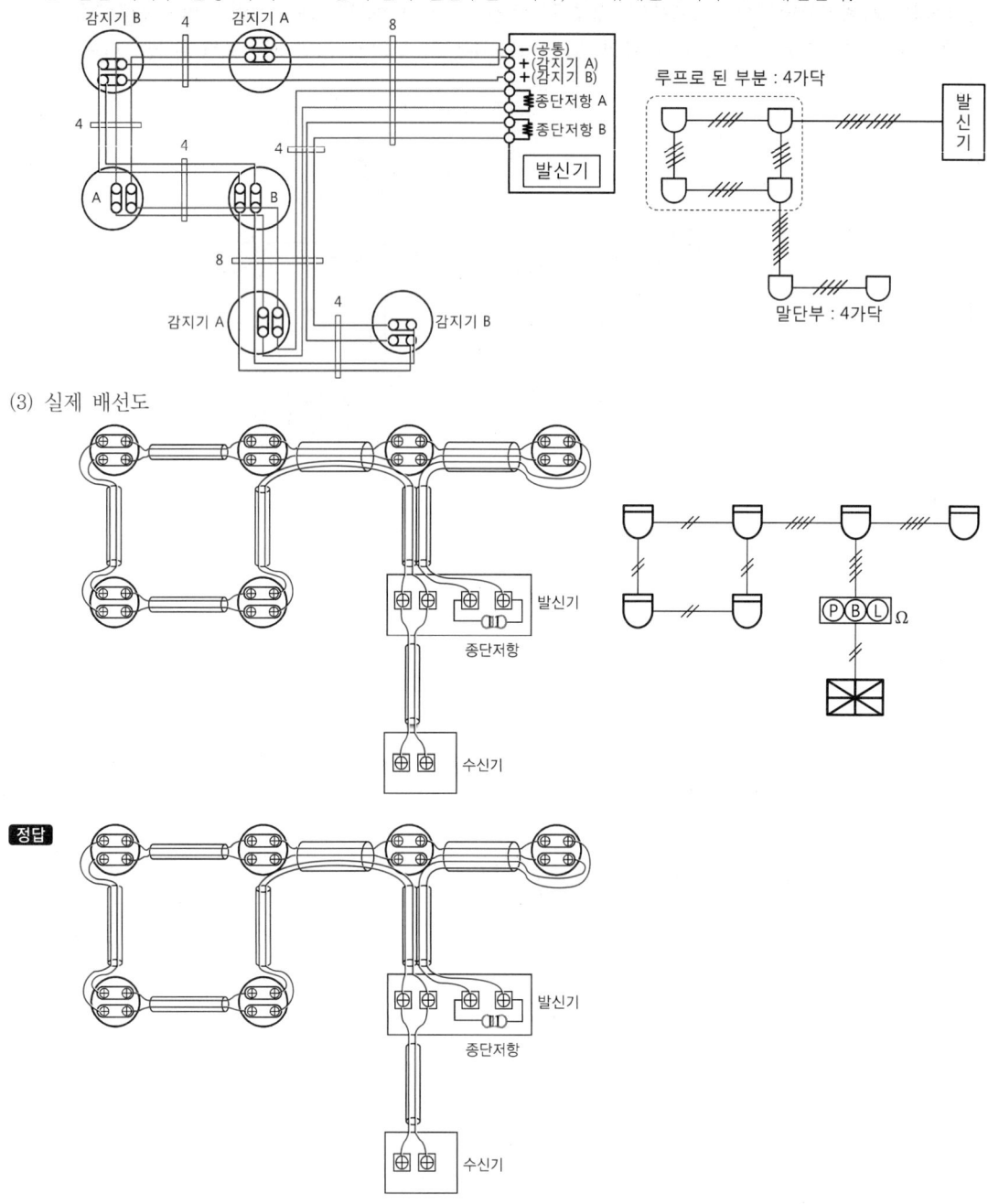

정답

18 P형 1급 수신기의 예비전원을 시험하는 방법과 양부판단의 기준에 대하여 설명하시오.

(1) 시험방법
(2) 양부판단의 기준

득점	배점
	6

해설
P형 수신기의 예비전원시험
(1) P형 1급 5회로 수신기 구성

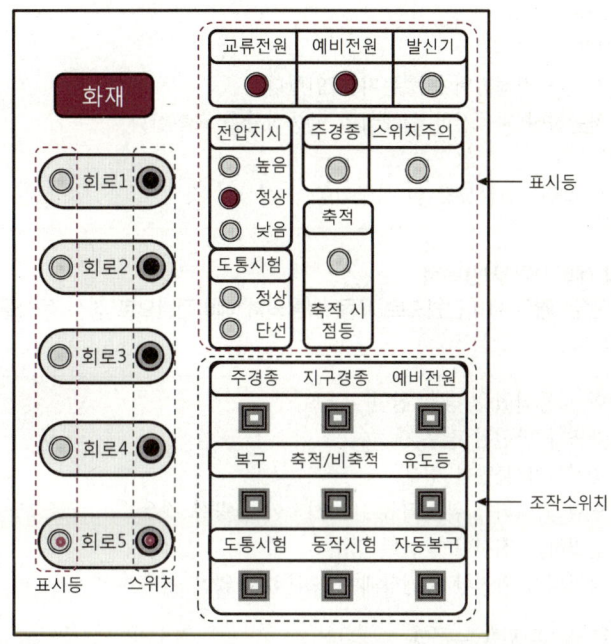

① 표시등의 기능

명칭	기능
화재표시등	수신기의 전면 상단에 설치된 것으로 화재감지기 작동 시 적색등으로 표시됨
지구표시등	화재감지기 작동 시 해당 경계구역을 나타내는 지구표시등임
교류전원표시등	내부회로에 상용전원 220[V]가 공급되고 있음을 나타내는 표시등으로서 상시 점등상태를 유지함
예비전원표시등	예비전원의 이상유무를 나타내는 표시등으로서 예비전원 충전이 불량하거나 예비전원의 충전이 완료되지 않은 경우 점등됨
전압지시등	수신기의 전압을 확인하는 표시등으로서 평상시 DC 24[V]를 나타냄
스위치주의표시등	조작스위치가 정상위치에 있지 않을 때 점등하는 표시등임
발신기작동표시등	발신기에 의해 화재표시등 점등 시 발신기가 작동됨을 나타내는 표시등임
도통시험표시등	수신기에서 발신기 또는 감지기 간의 선로에 도통상태가 정상 또는 단선 여부를 나타내는 표시등으로서 정상일 때는 녹색등, 단선일 경우 적색등으로 나타냄

② 조작스위치의 기능

명칭	기능
예비전원스위치	예비전원상태를 점검하는 스위치
지구경종스위치	감지기 또는 수동조작에 의한 지구경종 작동 시 지구경종을 정지시키는 스위치
자동복구스위치	동작시험 시 사용되는 복구스위치
복구스위치	수신기의 동작상태를 정상으로 복구할 때 사용하는 스위치
도통시험스위치	도통시험스위치를 누르고 회로선택스위치를 선택된 회로의 결선상태를 확인할 때 사용하는 스위치
동작시험스위치	수신기에 화재신호를 수동으로 입력하여 수신기가 정상적으로 동작되는지 점검하는 스위치

(2) 예비전원을 시험하는 방법
 ① 예비전원스위치를 누른다.
 ② 전압계의 지시치가 적정범위에 있는지 확인한다.
 ③ 교류전원을 차단하여 자동절환 릴레이의 작동상황을 확인한다.

(3) 양부판단의 기준
예비전원의 전압, 용량, 절환상황 및 복구작동이 정상일 것

> **참고**
>
> **P형 수신기의 예비전원 시험목적**
> 상용전원이 정전된 경우 예비전원으로 자동 절환되며 예비전원으로 정상 동작을 할 수 있는 전압을 가지고 있는지 검사하는 시험이다.

(4) 예비전원표시등이 점등되었을 경우 원인
 ① 예비전원의 퓨즈가 단선된 경우
 ② 예비전원의 충전부가 불량한 경우
 ③ 예비접원의 연결 커넥터가 분리되었거나 접촉이 불량한 경우
 ④ 예비전원을 연결하는 전선이 단선된 경우
 ⑤ 예비전원이 방전되어 완전한 충전상태에 도달하지 않은 경우

정답 (1) ① 예비전원스위치를 누른다.
　　　　② 전압계의 지시치가 적정범위에 있는지 확인한다.
　　　　③ 교류전원을 차단하여 자동절환 릴레이의 작동상황을 확인한다.
　　(2) 예비전원의 전압, 용량, 절환상황 및 복구작동이 정상일 것

2022년 제4회 과년도 기출복원문제

※ 다음 물음에 대한 답을 해당 답란에 답하시오.(배점 : 100)

01

다음 그림은 10개의 접점을 갖는 스위칭회로를 보고, 다음 각 물음에 답하시오.

득점	배점
	6

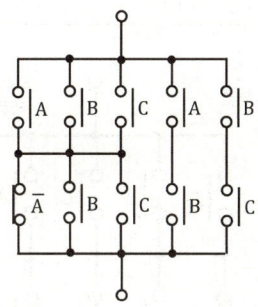

(1) 그림의 스위칭회로를 가장 간략화 한 논리식으로 표현하시오(단, 최초의 논리식을 쓰고, 이것을 간략화하는 과정을 쓰시오).
(2) 간략한 논리식의 유접점회로를 그리시오.

해설

시퀀스회로

(1) 논리식의 간략화
  ① 논리회로의 기본회로

논리회로	정의	유접점회로	무접점회로	논리식
AND회로	2개의 입력신호가 모두 "1"일 때에만 출력신호가 "1"이 되는 논리회로로서 직렬회로이다.			$X = A \cdot B$
OR회로	2개의 입력신호 중 어느 1개의 입력신호가 "1"일 때 출력신호가 "1"이 되는 논리회로로서 병렬회로이다.			$X = A + B$
NOT회로	출력신호는 입력신호 정반대로 작동되는 논리회로로서 부정회로이다.			$X = \overline{A}$

② 불대수의 정리

기본정리	논리식	
보원의 법칙	• $A \cdot \overline{A} = 0$ • $\overline{\overline{A}} = A$	• $A + \overline{A} = 1$
기본 대수의 정리	• $A \cdot A = A$ • $A \cdot 1 = A$ • $A \cdot 0 = 0$	• $A + A = A$ • $A + 1 = 1$ • $A + 0 = A$
드모르간의 법칙	• $\overline{A \cdot B} = \overline{A} + \overline{B}$	• $\overline{A + B} = \overline{A} \cdot \overline{B}$

③ 논리식의 간략화 과정

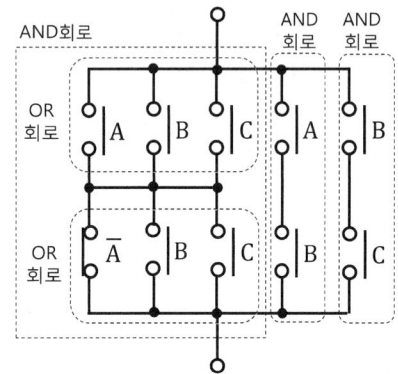

∴ $(A+B+C) \cdot (\overline{A}+B+C) + A \cdot B + B \cdot C$ ← 배분법칙을 적용한다.

$= \underbrace{(A \cdot \overline{A}}_{0} + A \cdot B + A \cdot C + \overline{A} \cdot B + \underbrace{B \cdot B}_{B} + B \cdot C + \overline{A} \cdot C + B \cdot C + \underbrace{C \cdot C}_{C}) + A \cdot B + B \cdot C$

$= \underline{A \cdot B} + A \cdot C + \overline{A} \cdot B + B + \underline{B \cdot C} + \overline{A} \cdot C + \underline{B \cdot C} + C + \underline{A \cdot B} + \underline{B \cdot C}$ ← $A \cdot B$와 $B \cdot C$는

2개 이상이 있으므로 1개만 남긴다.

$= A \cdot B + A \cdot C + \overline{A} \cdot B + B + B \cdot C + \overline{A} \cdot C + C$

$= \underbrace{(A + \overline{A})}_{1} \cdot B + A \cdot C + B \cdot \underbrace{(1+C)}_{1} + \underbrace{(\overline{A}+1)}_{1} \cdot C$

$= \underbrace{1 \cdot B}_{B} + A \cdot C + \underbrace{B \cdot 1}_{B} + \underbrace{1 \cdot C}_{C}$

$= B + A \cdot C + B + C$ ← B는 2개가 있으므로 1개만 남긴다.

$= B + A \cdot C + C$

$= B + \underbrace{(A+1)}_{1} \cdot C = B + \underbrace{1 \cdot C}_{C}$

$= B + C$

(2) 스위칭회로의 유접점회로

∴ 논리식 $B + C$는 OR회로이다.

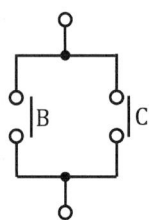

정답 (1) B + C
(2)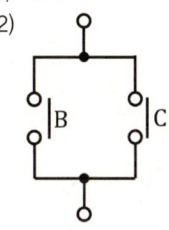

02 소방용 케이블과 다른 용도의 케이블을 배선전용실에 함께 배선할 경우 다음 각 물음에 답하시오.

(1) 소방용 케이블을 내화성능을 갖는 배선전용실의 내부에 소방용이 아닌 케이블과 함께 노출하여 배선할 경우 소방용 케이블과 다른 용도의 케이블 간의 이격거리는 몇 [cm] 이상이어야 하는지 쓰시오.

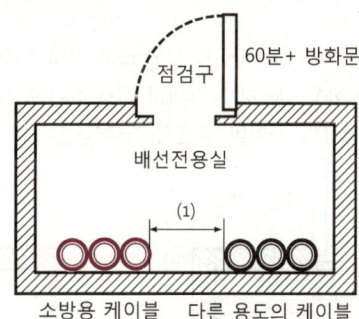

(2) (1)과 같이 이격시킬 수 없어 불연성 격벽을 설치하는 경우 격벽의 높이는 지름이 가장 큰 케이블 지름의 몇 배 이상으로 해야 하는지 쓰시오.

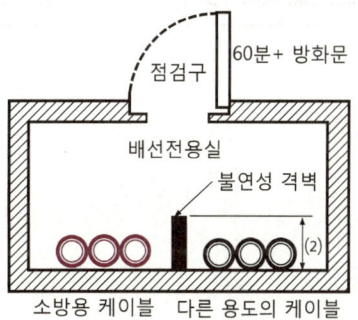

해설

내화배선에 사용되는 전선의 종류 및 설치방법(NFTC 102)

(1) 내화배선에 사용되는 전선의 종류
   ① 450/750[V] 저독성 난연 가교 폴리올레핀 절연 전선
   ② 0.6/1[kV] 가교 폴리에틸렌 절연 저독성 난연 폴리올레핀 시스 전력 케이블
   ③ 6/10[kV] 가교 폴리에틸렌 절연 저독성 난연 폴리올레핀 시스 전력용 케이블
   ④ 가교 폴리에틸렌 절연 비닐시스 트레이용 난연 전력 케이블
   ⑤ 0.6/1[kV] EP 고무절연 클로로프렌 시스 케이블
   ⑥ 300/500[V] 내열성 실리콘 고무 절연 전선(180[℃])
   ⑦ 내열성 에틸렌-비닐 아세테이트 고무 절연 케이블
   ⑧ 버스덕트(Bus Duct)
   ⑨ 기타 전기용품 및 생활용품 안전관리법 및 전기설비기술기준에 따라 동등 이상의 내화성능이 있다고 주무부장관이 인정하는 것

(2) 내화배선의 공사방법
   금속관·2종 금속제 가요전선관 또는 합성수지관에 수납하여 내화구조로 된 벽 또는 바닥 등에 벽 또는 바닥의 표면으로부터 25[mm] 이상의 깊이로 매설해야 한다. 다만, 다음의 기준에 적합하게 설치하는 경우에는 그렇지 않다.

   ① 배선을 내화성능을 갖는 배선전용실 또는 배선용 샤프트·피트·덕트 등에 설치하는 경우
   ② 배선전용실 또는 배선용 샤프트·피트·덕트 등에 다른 설비의 배선이 있는 경우에는 이로부터 15[cm] 이상 떨어지게 하거나 소화설비의 배선과 이웃하는 다른 설비의 배선 사이에 배선지름(배선의 지름이 다른 경우에는 가장 큰 것을 기준으로 한다)의 1.5배 이상의 높이의 불연성 격벽을 설치하는 경우

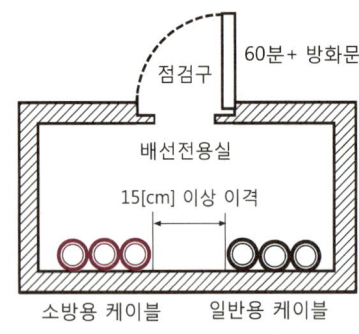 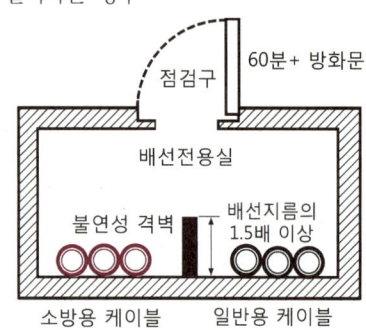

정답 (1) 15[cm] 이상
      (2) 1.5배 이상

03 화재 시 발생하는 열, 연기, 불꽃 또는 연소생성물을 자동적으로 감지하여 수신기에 화재신호 등을 발신하는 위해 감지기를 설치한다. 이때 축적기능이 없는 감지기로 설치해야 하는 경우를 3가지만 쓰시오.

득점	배점
	3

해설

자동화재탐지설비의 감지기 설치기준

(1) 자동화재탐지설비의 감지기는 부착높이에 따라 다음 표에 따른 감지기를 설치해야 한다. 다만, 지하층·무창층 등으로서 환기가 잘되지 않거나 실내면적이 40[m²] 미만인 장소, 감지기의 부착면과 실내 바닥과의 거리가 2.3[m] 이하인 곳으로서 일시적으로 발생한 열·연기 또는 먼지 등으로 인하여 화재신호를 발신할 우려가 있는 장소(축적기능이 있는 수신기를 설치한 장소를 제외한다)에는 다음의 기준에서 정한 감지기 중 적응성이 있는 감지기를 설치해야 한다.

① 불꽃감지기
② 정온식 감지선형 감지기
③ 분포형 감지기
④ 복합형 감지기
⑤ 광전식 분리형 감지기
⑥ 아날로그방식의 감지기
⑦ 다신호방식의 감지기
⑧ 축적방식의 감지기

부착높이	감지기의 종류
4[m] 미만	• 차동식(스포트형, 분포형) • 보상식 스포트형 • 정온식(스포트형, 감지선형) • 이온화식 또는 광전식(스포트형, 분리형, 공기흡입형) • 열복합형 • 연기복합형 • 열연기복합형 • 불꽃감지기
4[m] 이상 8[m] 미만	• 차동식(스포트형, 분포형) • 보상식 스포트형 • 정온식(스포트형, 감지선형) 특종 또는 1종 • 이온화식 1종 또는 2종 • 광전식(스포트형, 분리형, 공기흡입형) 1종 또는 2종 • 열복합형 • 연기복합형 • 열연기복합형 • 불꽃감지기
8[m] 이상 15[m] 미만	• 차동식 분포형 • 이온화식 1종 또는 2종 • 광전식(스포트형, 분리형, 공기흡입형) 1종 또는 2종 • 연기복합형 • 불꽃감지기
15[m] 이상 20[m] 미만	• 이온화식 1종 • 광전식(스포트형, 분리형, 공기흡입형) 1종 • 연기복합형 • 불꽃감지기
20[m] 이상	• 불꽃감지기 • 광전식(분리형, 공기흡입형) 중 아날로그방식

[비고]
1. 감지기별 부착높이 등에 대하여 별도로 형식승인을 받은 경우에는 그 성능인정 범위에서 사용할 수 있다.
2. 부착높이 20[m] 이상에 설치되는 광전식 중 아날로그방식의 감지기는 공칭감지농도 하한값이 5[%/m] 미만인 것으로 한다.

(2) 감지기 설치 시 축적기능이 없는 것으로 설치해야 하는 경우
   ① 교차회로방식에 사용되는 감지기
   ② 급속한 연소 확대가 우려되는 장소에 사용되는 감지기
   ③ 축적기능이 있는 수신기에 연결하여 사용하는 감지기

정답 ① 교차회로방식에 사용되는 감지기
② 급속한 연소 확대가 우려되는 장소에 사용되는 감지기
③ 축적기능이 있는 수신기에 연결하여 사용하는 감지기

04 다음은 할론소화설비의 간선 계통도이다. 각 물음에 답하시오.

득점	배점
	6

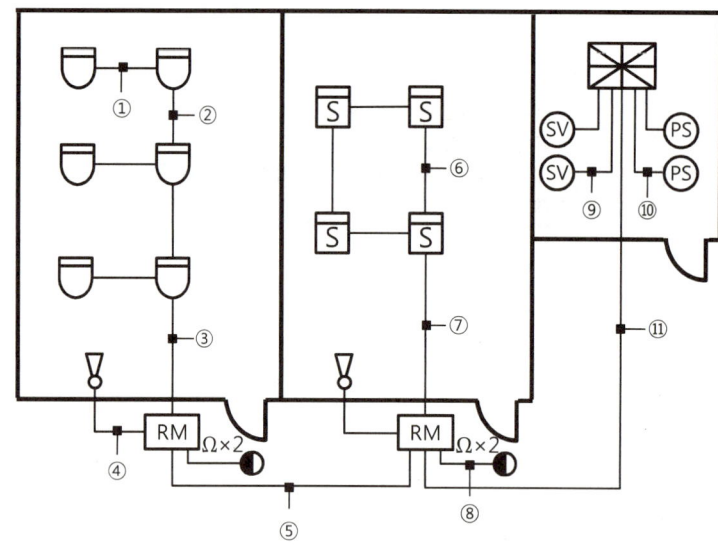

(1) 기호 ①~⑪까지의 전선 가닥수를 구하시오(단, 감지기는 별개의 공통선을 사용한다).

기호	①	②	③	④	⑤	⑥	⑦	⑧	⑨	⑩	⑪
전선 가닥수											

(2) 기호 ⑤의 배선의 용도를 쓰시오.
(3) 기호 ⑪에서 구역(Zone)이 추가되는 경우 늘어나는 배선의 명칭을 쓰시오.

해설

할론소화설비

(1) 소방시설 도시기호(소방시설 자체점검사항 등에 관한 고시)

명칭	도시기호	명칭	도시기호
수신기	⊠	가스계 소화설비의 수동조작함	RM
연기감지기	S	차동식 스포트형 감지기	⌓
사이렌	◁	압력스위치(PS)	PS
방출표시등	◐	종단저항	Ω

[참고] 솔레노이드밸브는 SV로 표기되어 있다.

(2) 할론소화설비의 장치
① 솔레노이드밸브(SV) : 소화약제 용기밸브에 솔레노이드밸브를 장치하고 화재감지기에 의한 화재신호를 수신하여 전기적으로 솔레노이드밸브를 작동시켜 밸브를 개방한다.
② 기동스위치 : 할론소화설비를 작동시키기 위하여 수동으로 전기적 기동신호를 소화설비 제어반(수신기)으로 발신하기 위한 스위치이다.
③ 방출지연스위치 : 기동스위치의 작동에 의한 소화설비 제어장치의 지연타이머가 작동되고 있을때 타이머의 작동을 정지시키기 위한 신호를 발신하는 스위치로서 화재가 아닌 상황에서 감지기의 오동작 등으로 할론소화설비가 작동되는 것을 일시적으로 방지하기 위해 사용한다.
④ 감지기회로의 배선방식
  ㉠ 송배선식
    • 도통시험을 용이하게 하기 위하여 배선의 도중에서 분기하지 않는 방식이다.
    • 적용설비 : 자동화재탐지설비, 제연설비
    • 전선 가닥수 산정 시 루프로 된 부분은 2가닥, 그 밖에는 4가닥으로 배선한다.

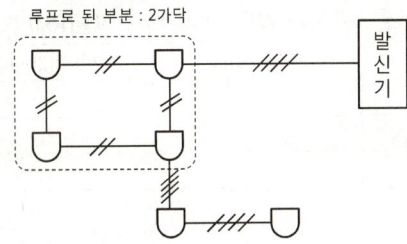

  ㉡ 교차회로방식
    • 감지기의 오동작을 방지하기 위하여 하나의 방호구역 내에 2 이상의 화재감지기회로를 설치하고 인접한 2 이상의 화재감지기가 화재를 감지하는 때에 소화설비가 작동하는 방식이다.
    • 적용설비 : 분말소화설비, 할론소화설비, 이산화탄소소화설비, 준비작동식 스프링클러설비, 일제살수식 스프링클러설비, 할로겐화합물 및 불활성기체소화설비
    • 전선 가닥수 산정 시 루프로 된 부분과 말단부는 4가닥, 그 밖에는 8가닥으로 배선한다.

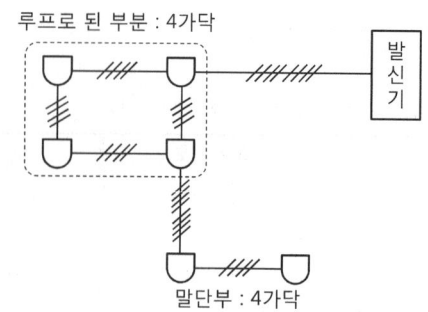

(3) 전선 가닥수 및 배선의 용도

기호	구분	전선 가닥수	배선의 용도	비고
①	감지기 ↔ 감지기	4	지구선 2, 지구 공통선 2	교차회로방식이므로 루프로 된 부분과 말단부는 4가닥, 그 밖에는 8가닥으로 배선한다.
②	감지기 ↔ 감지기	8	지구선 4, 지구 공통선 4	
③	감지기 ↔ 수동조작함(RM)	8	지구선 4, 지구 공통선 4	
④	사이렌 ↔ 수동조작함(RM)	2	사이렌 2	
⑤	수동조작함(RM) ↔ 수동조작함(RM)	9	전원 ⊕·⊖, 방출지연스위치, 감지기 공통선, 감지기 A, 감지기 B, 사이렌, 방출표시등, 기동스위치	
⑥	감지기 ↔ 감지기	4	지구선 2, 지구 공통선 2	
⑦	감지기 ↔ 수동조작함(RM)	8	지구선 4, 지구 공통선 4	
⑧	방출표시등 ↔ 수동조작함(RM)	2	방출표시등 2	
⑨	솔레노이드밸브(SV) ↔ 수신기	2	솔레노이드밸브 2	
⑩	압력스위치(PS) ↔ 수신기	2	압력스위치 2	
⑪	수동조작함(RM) ↔ 수신기	14	전원 ⊕·⊖, 방출지연스위치, 감지기 공통선, (감지기 A, 감지기 B, 사이렌, 방출표시등, 기동스위치)×2	구역(Zone)이 증가함에 따라 감지기 A·B, 사이렌, 방출표시등, 기동스위치의 배선이 추가된다.

┌참고┐

감지기의 공통선을 별개로 사용하지 않을 경우[수동조작함(RM) ↔ 수동조작함(RM)]

배선의 용도	1구역(Zone)	2구역(Zone)	비고
전원 ⊕	1	1	
전원 ⊖	1	1	
방출지연스위치	1	1	
감지기 A	1	2	
감지기 B	1	2	Zone마다 전선 1가닥씩 추가
사이렌	1	2	
방출표시등	1	2	
기동스위치	1	2	
전선 가닥수	8	13	

정답 (1)

기호	①	②	③	④	⑤	⑥	⑦	⑧	⑨	⑩	⑪
전선 가닥수	4	8	8	2	9	4	8	2	2	2	14

(2) 전원 ⊕·⊖, 방출지연스위치, 감지기 공통선, 감지기 A, 감지기 B, 사이렌, 방출표시등, 기동스위치
(3) 감지기 A, 감지기 B, 사이렌, 방출표시등, 기동스위치

05 다음은 비상조명등의 화재안전기술기준에서 정하는 비상조명등의 설치기준이다. ( ) 안에 알맞은 내용을 쓰시오.

득점	배점
	3

예비전원과 비상전원은 비상조명등을 (①)분 이상 유효하게 작동시킬 수 있는 용량으로 할 것. 다만, 다음의 특정소방대상물의 경우에는 그 부분에서 피난층에 이르는 부분의 비상조명등을 (②)분 이상 유효하게 작동시킬 수 있는 용량으로 해야 한다.
- 지하층을 제외한 층수가 (③)층 이상의 층
- 지하층 또는 무창층으로서 용도가 도매시장·소매시장·여객자동차터미널·지하역사 또는 지하상가

해설

비상조명등

(1) 비상조명등을 설치해야 하는 특정소방대상물(소방시설법 영 별표 4)
   ① 지하층을 포함하는 층수가 5층 이상인 건축물로서 연면적 3,000[m²] 이상인 경우에는 모든 층
   ② ①에 해당하지 않는 특정소방대상물로서 그 지하층 또는 무창층의 바닥면적이 450[m²] 이상인 경우에는 해당 층
   ③ 터널로서 그 길이가 500[m] 이상인 것
   [설치제외] 창고시설 중 창고 및 하역장, 위험물 저장 및 처리 시설 중 가스시설 및 사람이 거주하지 않거나 벽이 없는 축사 등 동물 및 식물 관련 시설

   > **참고**
   > **비상조명등의 제외**
   > - 거실의 각 부분으로부터 하나의 출입구에 이르는 보행거리가 15[m] 이내인 부분
   > - 의원·경기장·공동주택·의료시설·학교의 거실
   > - 지상 1층 또는 피난층으로서 복도나 통로 또는 창문 등의 개구부를 통하여 피난이 용이한 경우 숙박시설로서 복도에 비상조명등을 설치한 경우에는 휴대용 비상조명등을 설치하지 않을 수 있다.

(2) 비상조명등의 설치기준
   ① 특정소방대상물의 각 거실과 그로부터 지상에 이르는 복도·계단 및 그 밖의 통로에 설치할 것
   ② 조도는 비상조명등이 설치된 장소의 각 부분의 바닥에서 1[lx] 이상이 되도록 할 것
   ③ 예비전원을 내장하는 비상조명등에는 평상시 점등 여부를 확인할 수 있는 점검스위치를 설치하고 해당 조명등을 유효하게 작동시킬 수 있는 용량의 축전지와 예비전원 충전장치를 내장할 것
   ④ 예비전원을 내장하지 않은 비상조명등의 비상전원은 자가발전설비, 축전지설비 또는 전기저장장치(외부 전기에너지를 저장해 두었다가 필요한 때 전기를 공급하는 장치)를 다음의 기준에 따라 설치해야 한다.
      ㉠ 점검에 편리하고 화재 및 침수 등의 재해로 인한 피해를 받을 우려가 없는 곳에 설치할 것
      ㉡ 상용전원으로부터 전력의 공급이 중단된 때에는 자동으로 비상전원으로부터 전력을 공급받을 수 있도록 할 것
      ㉢ 비상전원의 설치장소는 다른 장소와 방화구획할 것. 이 경우 그 장소에는 비상전원의 공급에 필요한 기구나 설비 외의 것(열병합발전설비에 필요한 기구나 설비는 제외한다)을 두어서는 안 된다.
      ㉣ 비상전원을 실내에 설치하는 때에는 그 실내에 비상조명등을 설치할 것
   ⑤ 예비전원과 비상전원은 비상조명등을 20분 이상 유효하게 작동시킬 수 있는 용량으로 할 것. 다만, 다음의 특정소방대상물의 경우에는 그 부분에서 피난층에 이르는 부분의 비상조명등을 60분 이상 유효하게 작동시킬 수 있는 용량으로 해야 한다.
      ㉠ 지하층을 제외한 층수가 11층 이상의 층
      ㉡ 지하층 또는 무창층으로서 용도가 도매시장·소매시장·여객자동차터미널·지하역사 또는 지하상가
   ⑥ 비상조명등의 설치면제 요건에서 "그 유도등의 유효범위"란 유도등의 조도가 바닥에서 1[lx] 이상이 되는 부분을 말한다.

> **참고**
>
> **휴대용 비상조명등의 설치기준**
> - 다음 각 기준의 장소에 설치할 것
>   - 숙박시설 또는 다중이용업소에는 객실 또는 영업장 안의 구획된 실마다 잘 보이는 곳(외부에 설치 시 출입문 손잡이로부터 1[m] 이내 부분)에 1개 이상 설치
>   - 유통산업발전법 제2조 제3호에 따른 대규모점포(지하상가 및 지하역사는 제외한다)와 영화상영관에는 보행거리 50[m] 이내마다 3개 이상 설치
>   - 지하상가 및 지하역사에는 보행거리 25[m] 이내마다 3개 이상 설치
> - 설치높이는 바닥으로부터 0.8[m] 이상 1.5[m] 이하의 높이에 설치할 것
> - 어둠 속에서 위치를 확인할 수 있도록 할 것
> - 사용 시 자동으로 점등되는 구조일 것
> - 외함은 난연성능이 있을 것
> - 건전지를 사용하는 경우에는 방전 방지조치를 해야 하고, 충전식 배터리의 경우에는 상시 충전되도록 할 것
> - 건전지 및 충전식 배터리의 용량은 20분 이상 유효하게 사용할 수 있는 것으로 할 것

정답 ① 20 ② 60
② 11

---

06 자동화재탐지설비 및 시각경보장치의 화재안전기술기준과 감지기의 형식승인 및 제품검사의 기술기준에서 정하는 기준에 따라 주요구조부가 비내화구조로 된 특정소방대상물에 공기관식 차동식 분포형 감지기를 설치하고자 한다. 각 물음에 답하시오.

(1) 공기관의 노출 부분은 감지구역마다 몇 [m] 이상이 되도록 해야 하는지 쓰시오.
(2) 공기관과 감지구역의 각 변과의 수평거리는 몇 [m] 이하가 되도록 해야 하는지 쓰시오.
(3) 공기관 상호 간의 거리는 몇 [m] 이하가 되도록 해야 하는지 쓰시오.
(4) 하나의 검출 부분에 접속하는 공기관의 길이는 몇 [m] 이하로 해야 하는지 쓰시오.
(5) 공기관의 두께 및 바깥지름은 각각 몇 [mm] 이상이어야 하는지 쓰시오.
 ① 공기관의 두께 :
 ② 공기관의 바깥지름 :

해설

공기관식 차동식 분포형 감지기의 설치기준

(1) 감지기의 설치기준
　① 공기관의 노출 부분은 감지구역마다 20[m] 이상이 되도록 할 것
　② 공기관과 감지구역의 각 변과의 수평거리는 1.5[m] 이하가 되도록 하고, 공기관 상호 간의 거리는 6[m](주요구조부가 내화구조로 된 특정소방대상물 또는 그 부분에 있어서는 9[m]) 이하가 되도록 할 것
　③ 공기관은 도중에서 분기하지 않도록 할 것
　④ 하나의 검출 부분에 접속하는 공기관의 길이는 100[m] 이하로 할 것
　⑤ 검출부는 5[°] 이상 경사되지 않도록 부착할 것
　⑥ 검출부는 바닥으로부터 0.8[m] 이상 1.5[m] 이하의 위치에 설치할 것

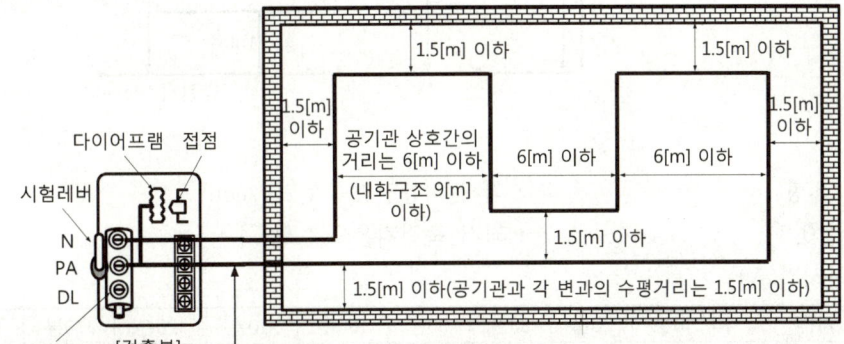

(2) 감지기의 구조 및 기능(감지기의 형식승인 및 제품검사의 기술기준 제5조)
　① 리크저항 및 접점수고를 쉽게 시험할 수 있어야 한다.
　② 공기관의 누출 및 폐쇄 여부를 쉽게 시험할 수 있고, 시험 후 시험장치를 정위치에 쉽게 복귀할 수 있는 적당한 방법이 강구되어야 한다.
　③ 공기관은 하나의 길이(이음매가 없는 것)가 20[m] 이상의 것으로 안지름 및 관의 두께가 일정하고 흠, 갈라짐 및 변형이 없어야 하며 부식되지 않아야 한다.
　④ 공기관의 두께는 0.3[mm] 이상, 바깥지름은 1.9[mm] 이상이어야 한다.

정답　(1) 20[m] 이상
　　　(2) 1.5[m] 이하
　　　(3) 6[m] 이하
　　　(4) 100[m] 이하
　　　(5) ① 0.3[mm] 이상
　　　　　② 1.9[mm] 이상

07 비상용 조명부하에 설치된 연축전지가 그림과 같이 방전시간에 따라 방전전류가 감소한다. 아래 조건을 참고하여 연축전지의 용량[Ah]을 구하시오.

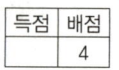

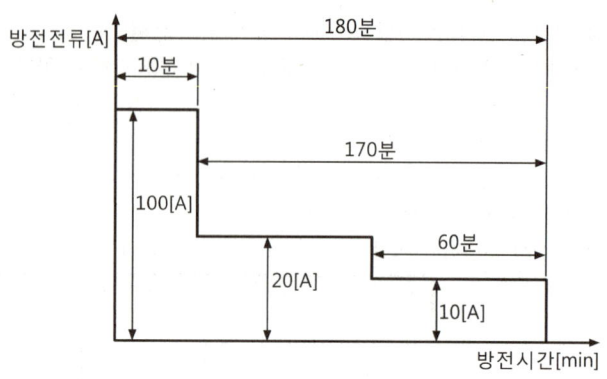

조건
- 형식 : CS형
- 보수율 : 0.8
- 용량환산시간(K)
- 최저 허용전압 : 1.7[V/cell]
- 최저 축전지온도 : 5[℃]

시간	10분	20분	30분	60분	100분	110분	120분	170분	180분	200분
용량환산시간[h]	1.30	1.45	1.75	2.55	3.45	3.65	3.85	4.85	5.05	5.30

해설

축전지의 용량 계산

(1) 축전지의 용량 계산방법
　① 방전전류가 감소하는 경우 연축전지의 부하특성을 분리하여 각각의 용량을 산출한 후 가장 큰 값을 축전지의 용량으로 한다.
　② 부하특성을 분리하여 축전지의 용량을 계산하는 방법
　　㉠ 방전시간(T_1)에 대한 용량환산시간(K_1)을 표에서 찾아 방전전류(I_1)와 용량환산시간(K_1)을 곱하여 축전지의 용량(면적)을 구한다.

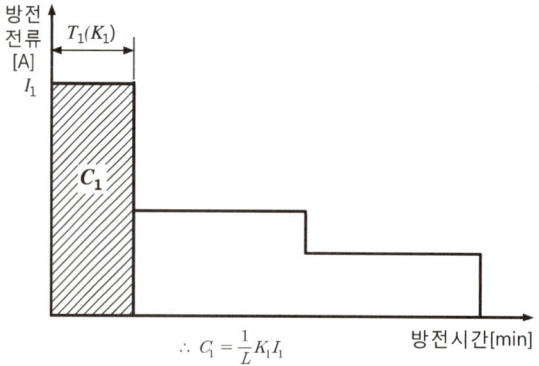

$$\therefore C_1 = \frac{1}{L}K_1 I_1$$

ⓒ 사각형 전체 면적[방전시간(T_1)에 대한 용량환산시간(K_1)을 표에서 찾아 방전전류(I_1)와 용량환산시간(K_1)을 곱한 면적]에서 빗금친 외의 면적[방전시간(T_2)에 대한 용량환산시간(K_2)을 표에서 찾아 방전전류($I_1 - I_2$)와 용량환산시간(K_2)을 곱한 면적]을 빼주면 축전지의 용량이 된다.

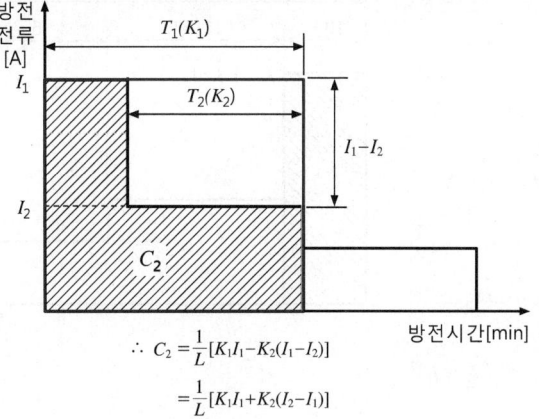

$$\therefore C_2 = \frac{1}{L}[K_1I_1 - K_2(I_1-I_2)]$$
$$= \frac{1}{L}[K_1I_1 + K_2(I_2-I_1)]$$

ⓒ 사각형 전체 면적[방전시간(T_1)에 대한 용량환산시간(K_1)을 표에서 찾아 방전전류(I_1)와 용량환산시간(K_1)을 곱한 면적]에서 빗금친 외의 면적[방전시간(T_2)에 대한 용량환산시간(K_2)을 표에서 찾아 방전전류($I_1 - I_2$)와 용량환산시간(K_2)을 곱한 면적과 방전시간(T_3)에 대한 용량환산시간(K_3)을 표에서 찾아 방전전류($I_2 - I_3$)와 용량환산시간(K_3)을 곱한 면적]을 빼주면 축전지의 용량이 된다.

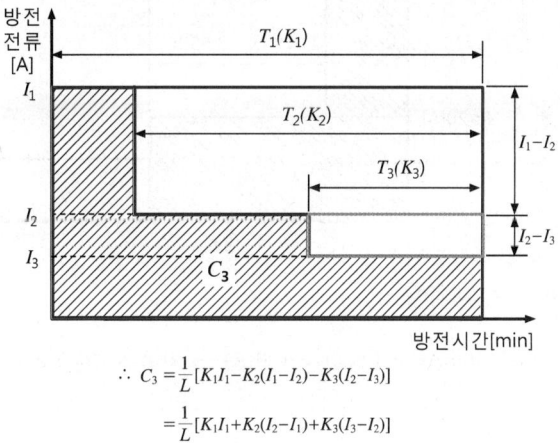

$$\therefore C_3 = \frac{1}{L}[K_1I_1 - K_2(I_1-I_2) - K_3(I_2-I_3)]$$
$$= \frac{1}{L}[K_1I_1 + K_2(I_2-I_1) + K_3(I_3-I_2)]$$

(2) 연축전지의 용량 계산

① $C_1 = \dfrac{1}{L} K_1 I_1 = \dfrac{1}{0.8} \times 1.3[\text{h}] \times 100[\text{A}] = 162.5[\text{Ah}]$

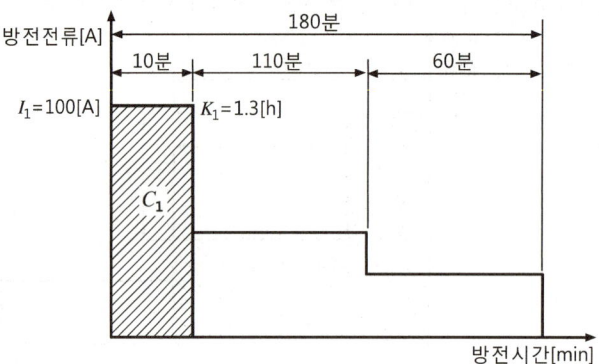

② $C_2 = \dfrac{1}{L}[K_1 I_1 + K_2(I_2 - I_1)]$

$= \dfrac{1}{0.8} \times [3.85[\text{h}] \times 100[\text{A}] + 3.65[\text{h}] \times (20[\text{A}] - 100[\text{A}])] = 116.25[\text{Ah}]$

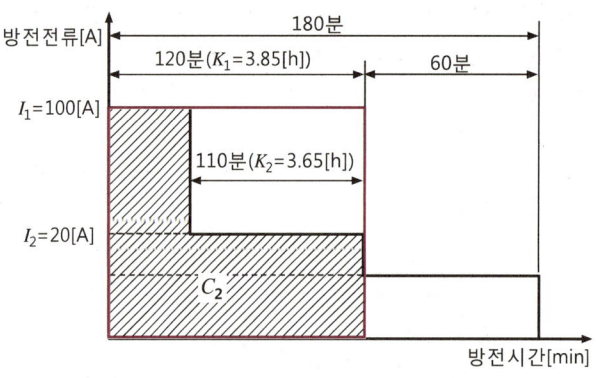

③ $C_3 = \dfrac{1}{L}[K_1 I_1 + K_2(I_2 - I_1) + K_3(I_3 - I_2)]$

$= \dfrac{1}{0.8} \times [(5.05[\text{h}] \times 100[\text{A}]) + 4.85[\text{h}] \times (20[\text{A}] - 100[\text{A}]) + 2.55[\text{h}] \times (10[\text{A}] - 20[\text{A}])]$

$= 114.38[\text{Ah}]$

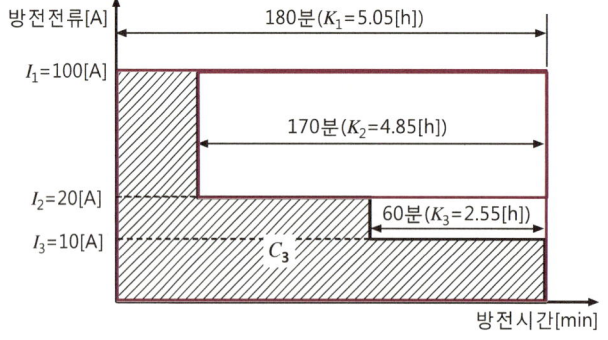

정답 162.5[Ah]

08 펌프의 토출량이 2,400[LPM]이고, 양정이 90[m]인 스프링클러설비용 펌프 전동기의 소요동력[kW]을 구하시오(단, 펌프의 효율은 70[%]이고, 동력전달계수는 1.1이다).

득점	배점
	4

• 계산과정 :
• 답 :

해설
펌프 전동기의 동력 계산

(1) 펌프의 축동력(P) 계산

$$P = \frac{\gamma H Q}{\eta} [\text{kW}]$$

여기서, γ : 물의 비중량(9,800[N/m³]=9.8[kN/m³])
   H : 양정[m]
   Q : 유량[m³/s]
   η : 펌프의 효율

(2) 펌프의 전동기 동력(P_m) 계산

$$P_m = \frac{\gamma H Q}{\eta} \times K [\text{kW}]$$

여기서, γ : 물의 비중량(9,800[N/m³]=9.8[kN/m³])
   H : 양정(90[m])
   Q : 유량(2,400[L/min]=2.4[m³/min] = $\frac{2.4}{60}$[m³/s])
   η : 펌프의 효율(70[%]=0.7)
   K : 동력전달계수(1.1)

∴ 전동기 동력 $P_m = \frac{\gamma H Q}{\eta} \times K = \frac{9.8[\text{kN/m}^3] \times 90[\text{m}] \times \frac{2.4}{60}[\text{m}^3/\text{s}]}{0.7} \times 1.1$
   $= 55.44[\text{kW}]$

참고
단위 환산
• LPM = Liter Per Minute = L/min
• 1[L] = 1,000[cc] = 1,000[cm³]
• 1[m³] = 1,000[L]

정답 55.44[kW]

09 다음 그림은 특정소방대상물의 1층 평면도이다. 아래 조건을 참고하여 평면도에 할론소화설비의 간선 계통도와 전선 가닥수 및 배선의 용도를 쓰시오(단, 전원 ⊖선과 감지기의 공통선은 1가닥으로 배선한다).

득점	배점
	6

조건
- 특정소방대상물에 연기감지기 4개, 방출표시등 1개, 사이렌 1개, 수동조작함 1개를 설치한다.
- 종단저항을 표기해야 한다.

물음
(1) [조건]에서 주어진 소방시설을 평면도에 소방시설 도시기호를 사용하여 할론소화설비의 간선 계통도를 평면도에 완성하고, 소방시설의 각 구간마다 전선 가닥수를 표기하시오.

(2) 수동조작함과 수신반 사이의 전선 가닥수에 해당하는 배선의 용도를 쓰시오.

해설
할론소화설비

(1) 간선 계통도 및 전선 가닥수

① 소방시설 도시기호(소방시설 자체점검사항 등에 관한 고시)

명칭	도시기호	명칭	도시기호
수신기	⧖	가스계 소화설비의 수동조작함	RM
연기감지기	S	차동식 스포트형 감지기	⌒
사이렌	◁	압력스위치(PS)	PS
표시등	◐	종단저항	Ω

② 교차회로방식(감지기회로의 배선방식)
　㉠ 감지기의 오동작을 방지하기 위하여 하나의 방호구역 내에 2 이상의 화재감지기회로를 설치하고 인접한 2 이상의 화재감지기가 화재를 감지하는 때에 소화설비가 작동하는 방식이다.
　㉡ 적용설비 : 분말소화설비, 할론소화설비, 이산화탄소소화설비, 준비작동식 스프링클러설비, 일제살수식 스프링클러설비, 할로겐화합물 및 불활성기체소화설비

ⓒ 전선 가닥수 산정 시 루프로 된 부분과 말단부는 4가닥, 그 밖에는 8가닥으로 배선한다.

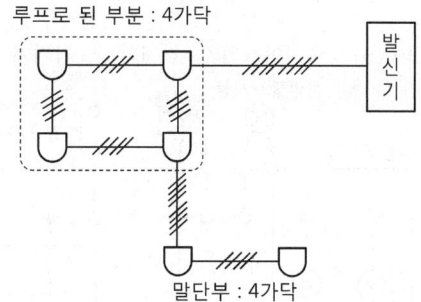

③ 전선 가닥수 및 배선의 용도

구분	전선 가닥수	배선의 용도	비고
감지기 ↔ 감지기	4	지구선 2, 지구 공통선 2	교차회로방식이므로 루프로 된 부분과 말단부는 4가닥, 그 밖에는 8가닥으로 배선한다.
감지기 ↔ 감지기	8	지구선 4, 지구 공통선 4	
감지기 ↔ 수동조작함(RM)	8	지구선 4, 지구 공통선 4	
사이렌 ↔ 수동조작함(RM)	2	사이렌 2	
방출표시등 ↔ 수동조작함(RM)	2	방출표시등 2	
수동조작함(RM) ↔ 수신기	8	전원 ⊕·⊖, 방출지연스위치, 감지기 A, 감지기 B, 사이렌, 방출표시등, 기동스위치	구역(Zone)이 증가함에 따라 감지기 A·B, 사이렌, 방출표시등, 기동스위치의 배선이 추가된다.

※ 수동조작함(RM)과 수신기 간의 전선 가닥수 산정 시 감지기 공통선과 전원 ⊖선을 1가닥으로 배선하는 경우 전선 가닥수는 8가닥(전원 ⊕·⊖, 방출지연스위치, 감지기 A, 감지기 B, 사이렌, 방출표시등, 기동스위치)으로 배선한다.
※ 수동조작함(RM)과 수신기 간의 전선 가닥수 산정 시 감지기 공통선과 전원 ⊖선을 별개로 배선하는 경우 전선 가닥수는 9가닥(전원 ⊕·⊖, 방출지연스위치, 감지기 공통선, 감지기 A, 감지기 B, 사이렌, 방출표시등, 기동스위치)으로 배선한다.

④ 소방시설의 설치위치
  ㉠ 방출표시등 : 방호구역 외의 출입구 바깥쪽 상단에 설치하여 가스방출 시 점등(CO_2 방출 중)되어 옥내(방호구역)로 사람이 입실하는 것을 방지한다.
  ㉡ 사이렌 : 방호구역 내에 화재가 발생하였다는 것을 사람이 경보를 쉽게 듣고 대피하라는 것으로 방호구역 안에 설치한다.
  ㉢ 수동조작함 : 화재가 발생했을 경우 수동으로 소화설비를 작동시킬 필요가 있을 때에 방호구역 밖에서 화재로부터 안전하게 조작하기 위하여 수동조작함은 방호구역의 출입문 밖에 설치한다.

⑤ 할론소화설비의 간선 계통도 작성

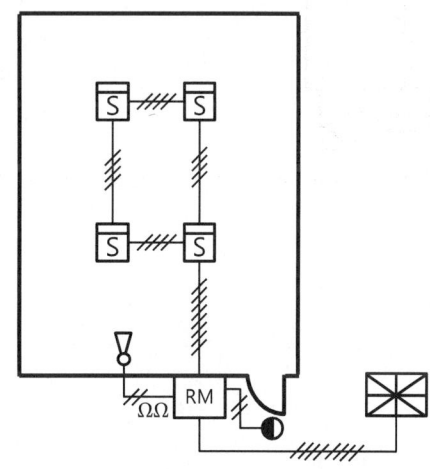

(2) 수동조작함과 수신기(제어반) 간의 배선도
   ① 전선 가닥수 : 8가닥
   ② 배선의 용도 : 전원 ⊕·⊖, 방출지연스위치, 감지기 A, 감지기 B, 사이렌, 방출표시등, 기동스위치

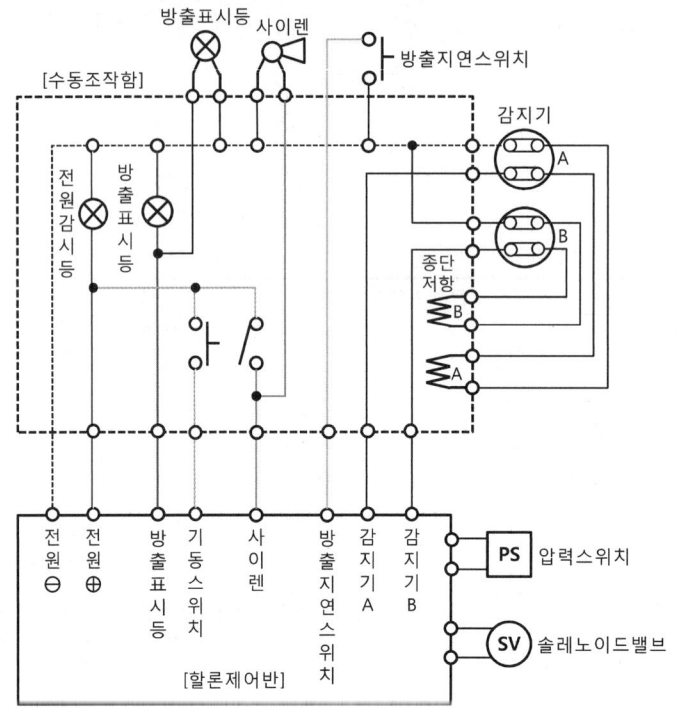

정답 (1)

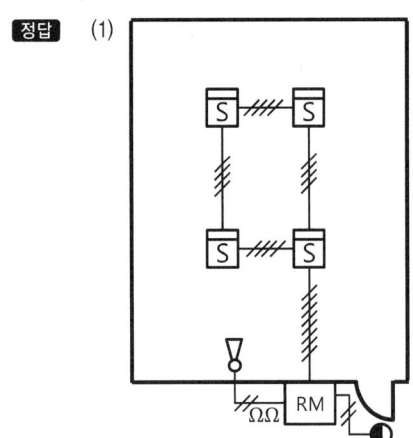

(2) 전원 ⊕·⊖, 방출지연스위치, 감지기 A, 감지기 B, 사이렌, 방출표시등, 기동스위치

10 다음은 무선통신보조설비의 화재안전기술기준에서 정하는 무반사 종단저항의 설치위치와 설치목적을 쓰시오.

(1) 설치위치
(2) 설치목적

해설

무선통신보조설비

(1) 무선통신보조설비 용어 정의
   ① 누설동축케이블 : 동축케이블의 외부도체에 가느다란 홈을 만들어서 전파가 외부로 새어 나갈 수 있도록 한 케이블을 말한다.
   ② 분배기 : 신호의 전송로가 분기되는 장소에 설치하는 것으로 임피던스 매칭(Matching)과 신호 균등분배를 위해 사용하는 장치를 말한다.
   ③ 분파기 : 서로 다른 주파수의 합성된 신호를 분리하기 위해서 사용하는 장치를 말한다.
   ④ 혼합기 : 2 이상의 입력신호를 원하는 비율로 조합한 출력이 발생하도록 하는 장치를 말한다.
   ⑤ 증폭기 : 전압·전류의 진폭을 늘려 감도 등을 개선하는 장치를 말한다.
   ⑥ 무선중계기 : 안테나를 통하여 수신된 무전기 신호를 증폭한 후 음영지역에 재방사하여 무전기 상호 간 송수신이 가능하도록 하는 장치를 말한다.

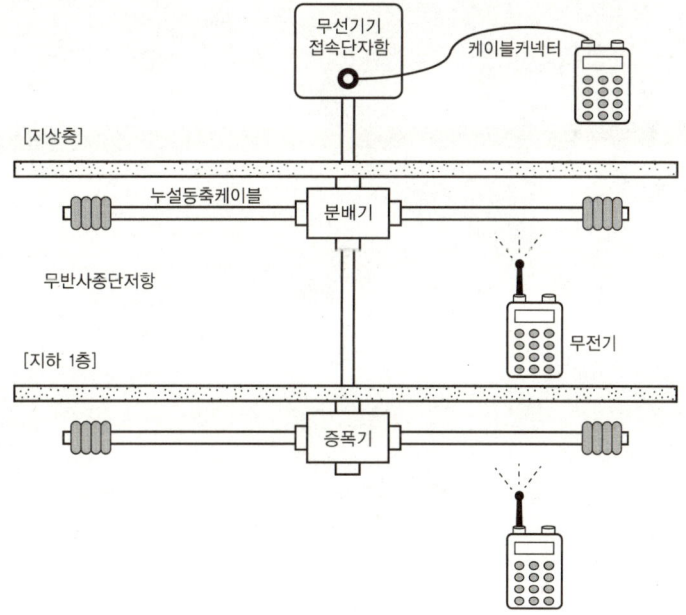

(2) 누설동축케이블의 설치기준
   ① 소방전용 주파수대에서 전파의 전송 또는 복사에 적합한 것으로서 소방전용의 것으로 할 것. 다만, 소방대 상호 간의 무선 연락에 지장이 없는 경우에는 다른 용도와 겸용할 수 있다.
   ② 누설동축케이블과 이에 접속하는 안테나 또는 동축케이블과 이에 접속하는 안테나로 구성할 것
   ③ 누설동축케이블 및 동축케이블은 불연 또는 난연성의 것으로서 습기 등의 환경조건에 따라 전기의 특성이 변질되지 않는 것으로 하고, 노출하여 설치한 경우에는 피난 및 통행에 장애가 없도록 할 것

④ 누설동축케이블 및 동축케이블은 화재에 따라 해당 케이블의 피복이 소실된 경우에 케이블 본체가 떨어지지 않도록 4[m] 이내마다 금속제 또는 자기제 등의 지지금구로 벽·천장·기둥 등에 견고하게 고정할 것. 다만, 불연재료로 구획된 반자 안에 설치하는 경우에는 그렇지 않다.
⑤ 누설동축케이블 및 안테나는 금속판 등에 따라 전파의 복사 또는 특성이 현저하게 저하되지 않는 위치에 설치할 것
⑥ 누설동축케이블 및 안테나는 고압의 전로로부터 1.5[m] 이상 떨어진 위치에 설치할 것. 다만, 해당 전로에 정전기 차폐장치를 유효하게 설치한 경우에는 그렇지 않다.
⑦ 누설동축케이블의 끝부분에는 무반사 종단저항을 견고하게 설치할 것

(3) 무반사 종단저항의 설치위치와 설치목적
① 설치위치 : 누설동축케이블의 끝부분
② 설치목적 : 누설동축케이블로 전송된 전자파가 누설동축케이블 끝에서 반사되어 교신을 방해하게 되는데, 송신부로 되돌아오는 전자파가 반사되지 않도록 하기 위하여 누설동축케이블 끝부분에 설치한다.

정답 (1) 누설동축케이블의 끝부분
(2) 누설동축케이블로 전송된 전자파가 누설동축케이블 끝에서 반사되어 교신을 방해하는 것을 방지하기 위하여 설치한다.

11 다음은 비상방송설비의 화재안전기술기준에서 정하는 비상방송설비의 음향장치 설치기준이다. 각 물음에 답하시오.

득점	배점
	5

(1) 특정소방대상물에 우선경보방식을 적용하여 경보를 발하는 조건으로서 (   ) 안에 알맞은 내용을 쓰시오.

> 층수가 (①)층[공동주택의 경우에는 (②)층] 이상의 특정소방대상물

(2) 특정소방대상물에 우선경보방식으로 경보를 발하는 경우 발화층과 경보를 발해야 하는 층의 조건을 쓰시오.
  ① 2층 이상의 층에서 발화한 때 :
  ② 1층에서 발화한 때 :
  ③ 지하층에서 발화한 때 :

해설

비상방송설비의 음향장치 설치기준

(1) 층수가 11층(공동주택의 경우에는 16층) 이상의 특정소방대상물은 다음의 기준에 따라 경보를 발할 수 있도록 해야 한다.
  ① 2층 이상의 층에서 발화한 때에는 발화층 및 그 직상 4개 층에 경보를 발할 것
  ② 1층에서 발화한 때에는 발화층·그 직상 4개 층 및 지하층에 경보를 발할 것
  ③ 지하층에서 발화한 때에는 발화층·그 직상층 및 기타의 지하층에 경보를 발할 것

(2) 우선경보방식(지하 3층이고, 지상 11층인 특정소방대상물)

[발화층 : ◉, 경보 표시 ●]

정답

(1) ① 11
    ② 16
(2) ① 발화층, 그 직상 4개 층
    ② 발화층, 그 직상 4개 층, 지하층
    ③ 발화층, 그 직상층, 기타의 지하층

12. 아래 조건을 참고하여 배선도를 그림기호로 나타내시오. [배점 5]

조건
- 배선은 천장 은폐 배선이다.
- 전선의 가닥수는 4가닥이고, 전선의 굵기는 2.5[mm^2]이다.
- 전선의 종류는 450/750[V] 저독성 난연 가교 폴리올레핀 절연전선이다.
- 전선관은 후강 전선관이고, 전선관의 굵기는 28[mm]이다.

[해설]

배선도 표기방법

(1) 전선관 표시

전선관의 재질		전선관 굵기	
재질	표기방법	규격	표기방법
강제 전선관	별도 표기 없음	16[mm]	16
경질 비닐 전선관	VE	22[mm]	22
2종 금속제 가요전선관	F$_2$	28[mm]	28
합성수지제 가요관	PF	36[mm]	36

(2) 옥내 배선의 표시

배선방법	도면기호	배선방법	도면기호
천장 은폐 배선	───────	천장 은폐 배선	─ ─ ─ ─ ─
노출 배선	----------	전선의 접속점	───●───

(3) 전선의 종류 표시

전선의 종류	기호	전선의 종류	기호
450/750[V] 저독성 난연 가교 폴리올레핀 절연전선	HFIX	0.6/1[kV] 가교 폴리에틸렌 절연 저독성 난연 폴리올레핀 시스 전력 케이블	HFCO
0.6/1[kV] EP 고무절연 클로로프렌 시스 케이블	PN	300/500[V] 내열성 실리콘 고무 절연전선(180[℃])	HRS
옥외용 비닐절연전선	OW	인입용 비닐절연전선	DV

(4) 전선 표시

전선의 굵기		전선의 가닥수	
규격	표기방법	전선 가닥수	표기방법
1.5[mm^2]	1.5	4가닥	─////─
2.5[mm^2]	2.5	8가닥	─////////─

(5) 배선도 표기방법(예시)

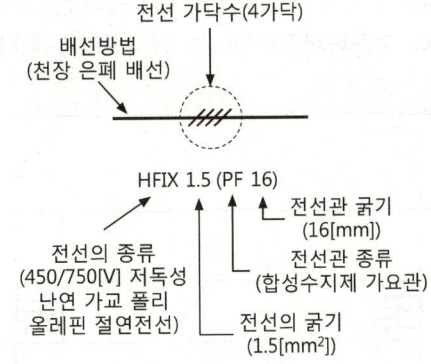

정답 ─────//// ─────
        HFIX 2.5 (28)

13 3상 380[V], 30[kW]의 옥내소화전 펌프용 유도전동기가 있다. 전동기의 역률이 60[%]일 때 역률을 90[%]로 개선하고자 할 경우 전력용 콘덴서의 용량[kVA]을 구하시오.

득점	배점
	4

• 계산과정 :
• 답 :

해설
역률을 개선하기 위한 전력용 콘덴서의 용량(Q_C)

(1) $Q_C = P(\tan\theta_1 - \tan\theta_2) = P\left(\sqrt{\dfrac{1}{\cos^2\theta_1}-1} - \sqrt{\dfrac{1}{\cos^2\theta_2}-1}\right)$[kVA]

(2) $Q_C = P\left(\dfrac{\sin\theta_1}{\cos\theta_1} - \dfrac{\sin\theta_2}{\cos\theta_2}\right) = P\left(\dfrac{\sqrt{1-\cos^2\theta_1}}{\cos\theta_1} - \dfrac{\sqrt{1-\cos^2\theta_2}}{\cos\theta_2}\right)$[kVA]

여기서, P : 유효전력(30[kW])
$\cos\theta_1$: 개선 전의 역률(60[%]=0.6)
$\cos\theta_2$: 개선 후의 역률(90[%]=0.9)

∴ 전력용 콘덴서의 용량 $Q_C = P\left(\sqrt{\dfrac{1}{\cos^2\theta_1}-1} - \sqrt{\dfrac{1}{\cos^2\theta_2}-1}\right)$
$= 30[kW] \times \left(\sqrt{\dfrac{1}{0.6^2}-1} - \sqrt{\dfrac{1}{0.9^2}-1}\right) = 25.47[kVA]$

정답 25.47[kVA]

14 다음의 평면도와 같이 지하 1층에서 지상 5층까지 각 층의 평면도는 동일하고, 각 층의 높이가 4[m]인 특정소방대상물에 자동화재탐지설비를 설치하고자 한다. 각 물음에 답하시오.

득점	배점
	10

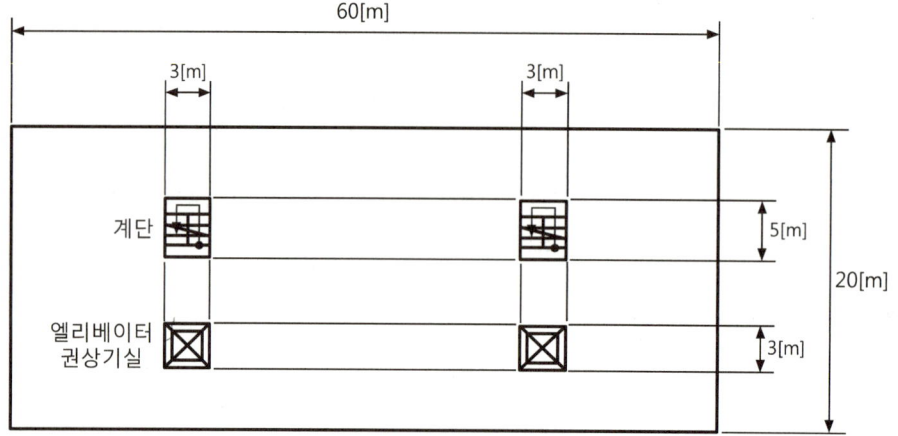

(1) 하나의 층에 대한 수평적 경계구역 수를 구하시오.
  • 계산과정 :
  • 답 :
(2) 해당 특정소방대상물의 수평적 및 수직적 경계구역 수를 구하시오.
  ① 수평적 경계구역 수 :
  ② 수직적 경계구역 수 :
(3) 해당 특정소방대상물에 설치해야 하는 수신기의 형별을 쓰시오.
(4) 계단에 설치하는 감지기는 각각 몇 층에 설치해야 하는지 쓰시오.
(5) 엘리베이터 권상기실 상부에 설치해야 하는 감지기의 종류를 쓰시오.

해설

자동화재탐지설비

(1) 경계구역의 설정기준
  ① 하나의 경계구역이 2 이상의 건축물에 미치지 않도록 할 것
  ② 하나의 경계구역이 2 이상의 층에 미치지 않도록 할 것. 다만, 500[m²] 이하의 범위 안에서는 2개의 층을 하나의 경계구역으로 할 수 있다.
  ③ 하나의 경계구역의 면적은 600[m²] 이하로 하고 한 변의 길이는 50[m] 이하로 할 것. 다만, 해당 특정소방대상물의 주된 출입구에서 그 내부 전체가 보이는 것에 있어서는 한 변의 길이가 50[m]의 범위 내에서 1,000[m²] 이하로 할 수 있다.

[수평적 경계구역]

구분	기준	예외 기준
층별	층마다(2개 이상의 층에 미치지 않도록 할 것)	500[m²] 이하의 범위 안에서는 2개의 층을 하나의 경계구역으로 할 수 있다.
경계구역의 면적	600[m²] 이하	주된 출입구에서 그 내부 전체가 보이는 것에 있어서는 한 변의 길이가 50[m]의 범위에서 1,000[m²] 이하로 할 수 있다.
한 변의 길이	50[m] 이하	–

④ 계단(직통계단 외의 것에 있어서는 떨어져 있는 상하 계단의 상호 간의 수평거리가 5[m] 이하로서 서로 간에 구획되지 않는 것에 한한다)·경사로(에스컬레이터 경사로 포함)·엘리베이터 승강로(권상기실이 있는 경우에는 권상기실)·린넨슈트·파이프 피트 및 덕트 기타 이와 유사한 부분에 대하여는 별도로 경계구역을 설정하되, 하나의 경계구역은 높이 45[m] 이하(계단 및 경사로에 한한다)로 하고, 지하층의 계단 및 경사로(지하층의 층수가 한 개 층일 경우는 제외한다)는 별도로 하나의 경계구역으로 해야 한다.

[수직적 경계구역]

구분	계단·경사로 기준	엘리베이터 승강로(권상기실이 있는 경우에는 권상기실)·린넨슈트·파이프 피트 및 덕트
높이	45[m] 이하	별도의 경계구역으로 설정
지하층 구분	지상층과 지하층을 구분 (지하층의 층수가 한 개 층일 경우는 제외)	

⑤ 외기에 면하여 상시 개방된 부분이 있는 차고·주차장·창고 등에 있어서는 외기에 면하는 각 부분으로부터 5[m] 미만의 범위 안에 있는 부분은 경계구역의 면적에 산입하지 않는다.

⑥ 스프링클러설비·물분무 등 소화설비 또는 제연설비의 화재감지장치로서 화재감지기를 설치한 경우의 경계구역은 해당 소화설비의 방호구역 또는 제연구역과 동일하게 설정할 수 있다.

하나의 층의 수평적 경계구역 수 = $\dfrac{바닥면적[m^2]}{기준면적[m^2]}$

∴ 경계구역 수 = $\dfrac{(60[m] \times 20[m]) - (3[m] \times 5[m] \times 2개소) - (3[m] \times 3[m] \times 2개소)}{600[m^2]}$

= 1.92 경계구역 ≒ 2 경계구역

(2) 전체 층의 경계구역 수
 ① 수평적 경계구역 수
  ㉠ 하나의 층의 수평적 경계구역 수 = $\dfrac{바닥면적[m^2]}{기준면적[m^2]}$
  ㉡ 전체 층의 수평적 경계구역 수 = 층수 × 하나의 층의 수평적 경계구역의 수
  ㉢ 수평적 경계구역 수 = 2 경계구역 × 6개 층 = 12 경계구역
 ② 수직적 경계구역 수
  ㉠ 엘리베이터 승강로(권상기실이 있는 경우에는 권상기실)은 별도의 경계구역으로 설정한다.
   ∴ 엘리베이터 권상기실이 2개소 있으므로 경계구역 수는 2 경계구역이다.
  ㉡ 계단 및 경사로에 한하여 하나의 경계구역은 높이 45[m] 이하로 하고, 지상층과 지상층을 구분하여 별도의 경계구역으로 해야 한다. 단, 지하 1층만 있을 경우에는 제외한다.
   ∴ 1개소의 수직적 경계구역 수 = $\dfrac{6개\ 층 \times 4[m]}{45[m]}$ = 0.53 경계구역 ≒ 1 경계구역
   계단이 2개소가 있으므로 2 경계구역이다.
  ㉢ 수직적 경계구역의 수 = 2 경계구역 + 2 경계구역 = 4 경계구역

(3) 수신기의 설치
① 자동화재탐지설비의 수신기 설치기준에서 해당 특정소방대상물의 경계구역을 각각 표시할 수 있는 회선 수 이상의 수신기를 설치할 것
② 전체 경계구역의 수 = 수평적 경계구역 수 + 수직적 경계구역 수
= 12 경계구역 + 4 경계구역 = 16 경계구역
∴ 16 경계구역은 16회로이며 P형 2급 수신기는 회로의 수용능력이 5회로 이하이므로 P형 1급 20회로 수신기를 설치하여 4회로는 예비용으로 사용한다. 따라서, 특정소방대상물에 설치해야 하는 수신기의 형별은 P형 수신기이다.

┌참고├

P형 수신기와 R형 수신기의 차이점

구분	P형 수신기	R형 수신기
신호전달방식	1:1 접점방식	다중전송(통신신호)방식
신호의 종류	공통신호 (공통신호방식은 감지기에서 접점신호로 수신기에 화재발생신호를 송신한다. 따라서, 감지기가 작동하게 되면 스위치가 닫혀 회로에 전류가 흘러 수신기에서는 이를 화재가 발생했다는 것으로 파악한다)	고유신호 (고유신호방식은 수신기와 각 감지기가 통신신호를 채택하여 각 감지기나 또는 경계구역마다 각기 다른 신호를 전송하게 하는 방식이다)
배선	실선배선	통신배선
중계기의 주기능	전압을 유기하기 위해 사용	접점신호를 통신신호로 전환
설치건물	일반적으로 소형건물	일반적으로 대형건물
수신 소요시간	5초 이내	5초 이내

(4) 계단에 설치하는 감지기의 개수 및 설치위치
① 계단에는 일반적으로 연기감지기 2종을 설치한다.
② 연기감지기의 설치기준
㉠ 연기감지기의 부착높이에 따라 다음 표에 따른 바닥면적[m²]마다 1개 이상으로 할 것

부착높이	감지기의 종류(단위 : [m²])	
	1종 및 2종	3종
4[m] 미만	150	50
4[m] 이상 20m 미만	75	–

㉡ 감지기는 복도 및 통로에 있어서는 보행거리 30[m](3종에 있어서는 20[m])마다, 계단 및 경사로에 있어서는 수직거리 15[m](3종에 있어서는 10[m])마다 1개 이상으로 할 것
∴ 특정소방대상물의 총 높이는 24[m](6층×4[m])이므로 연기감지기 2종은 수직거리 15[m]마다 1개 이상 설치해야 한다.

연기감지기 설치개수 = $\dfrac{24[\text{m}]}{15[\text{m}]}$ = 1.6개 ≒ 2개

따라서, 우선 지상 5층 상부에 연기감지기 2종을 설치하고, 수직거리 15[m] 이하의 층인 지상 2층에 연기감지기 2종을 각각 1개씩 설치한다. 또한, 엘리베이터 권상기실에 연기감지기를 각각 1개씩 설치한다.

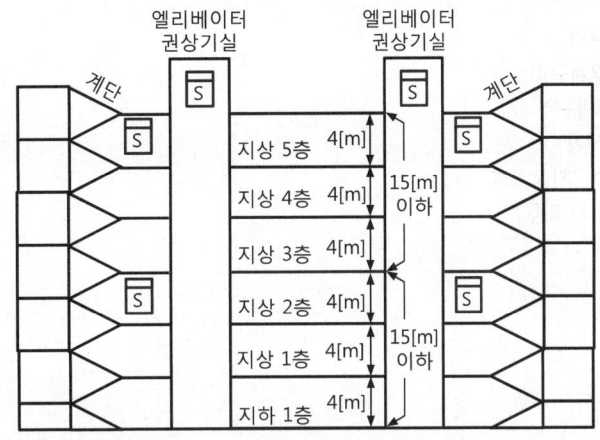

(5) 장소별로 설치해야 하는 감지기의 종류

장소	감지기의 종류
• 지하층・무창층 등으로서 환기가 잘되지 않거나 실내면적이 40[m²] 미만인 장소 • 감지기의 부착면과 실내 바닥과의 사이가 2.3[m] 이하인 곳으로서 일시적으로 발생한 열・연기 또는 먼지 등으로 인하여 화재신호를 발신할 우려가 있는 장소	• 불꽃감지기 • 정온식 감지선형 감지기 • 분포형 감지기 • 복합형 감지기 • 광전식 분리형 감지기 • 아날로그방식의 감지기 • 다신호방식의 감지기 • 축적방식의 감지기

• 계단・경사로 및 에스컬레이터 경사로
• 복도(30[m] 미만의 것을 제외한다)
• 엘리베이터 승강로(권상기실이 있는 경우에는 권상기실)・린넨슈트・파이프 피트 및 덕트 기타 이와 유사한 장소
• 천장 또는 반자의 높이가 15[m] 이상 20[m] 미만의 장소
• 특정소방대상물의 취침・숙박・입원 등 이와 유사한 용도로 사용되는 거실
  – 공동주택・오피스텔・숙박시설・노유자시설・수련시설
  – 교육연구시설 중 합숙소
  – 의료시설, 근린생활시설 중 입원실이 있는 의원・조산원
  – 교정 및 군사시설
  – 근린생활시설 중 고시원
	연기감지기

주방・보일러실 등으로서 다량의 화기를 취급하는 장소	정온식 감지기

┌참고├─────────────────────────────────────

연기감지기
• 이온화식 감지기 : 방사능 물질에서 방출되는 α선은 공기를 이온화시키며 이온화된 공기는 연기와 결합하는 성질을 이용하는 감지기이다.
• 광전식 감지기 : 연기가 빛을 차단하거나 반사하는 원리를 이용한 것으로 빛을 발산하는 발광소자와 빛을 전기로 전환시키는 광전소자를 이용하며 스포트형, 분리형, 공기흡입형이 있다.
• 광전식 스포트형 감지기의 감도는 1종, 2종, 3종으로 구분하는 데, 1종은 연기농도 5[%], 2종은 10[%], 3종은 15[%]에서 작동한다.

∴ 일반적으로 계단 및 엘리베이터 권상기실 상부에는 연기감지기 2종을 설치한다.

정답 (1) 2 경계구역
(2) ① 12 경계구역
② 4 경계구역
(3) P형 수신기
(4) 지상 2층, 지상 5층
(5) 연기감지기 2종

15 다음 그림은 기존의 특고압 케이블이 포설된 송배전 전용의 지하구이다. 총 길이가 2,800[m]인 지하구에 자동화재탐지설비의 감지기를 설치하고자 할 경우 각 물음에 답하시오.

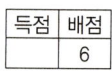

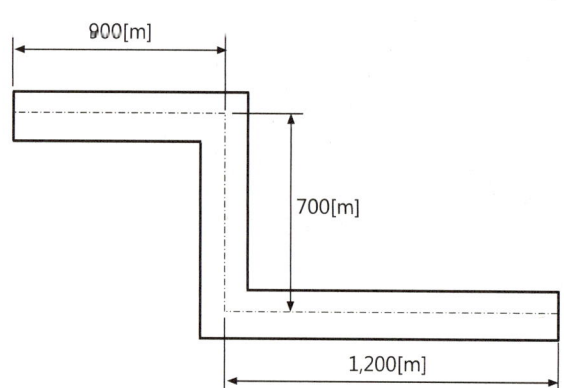

(1) 최소 경계구역의 수를 구하시오.
• 계산과정 :
• 답 :

(2) 지하구의 화재안전기술기준에서 정하는 자동화재탐지설비의 감지기 설치기준이다. ( ) 안에 알맞은 내용을 쓰시오.

지하구에 설치하는 감지기는 먼지·습기 등의 영향을 받지 않고 ( )(1[m] 단위)과 온도를 확인할 수 있는 것을 설치할 것

(3) 지하구에 설치할 수 있는 감지기의 종류 2가지만 쓰시오.

해설

지하구

(1) 기존 지하구에 대한 특례(지하구의 화재안전성능기준 제13조)

소방시설법 제13조(소방시설기준 적용의 특례)에 따라 기존 지하구에 설치하는 소방시설 등에 대해 강화된 기준을 적용하는 경우에는 다음의 설치·관리 관련 특례를 적용한다.

① 특고압 케이블이 포설된 송배전 전용의 지하구(공동구를 제외한다)에는 온도 확인 기능 없이 최대 700[m]의 경계구역을 설정하여 발화지점(1[m] 단위)을 확인할 수 있는 감지기를 설치할 수 있다.

② 소방본부장 또는 소방서장은 이 기준이 정하는 기준에 따라 해당 건축물에 설치해야 할 소방시설 등의 공사가 현저하게 곤란하다고 인정되는 경우에는 해당 설비의 기능 및 사용에 지장이 없는 범위 안에서 소방시설 등의 화재안전성능기준의 일부를 적용하지 않을 수 있다.

$$\therefore 경계구역\ 수 = \frac{지하구의\ 총\ 길이[m]}{700[m]} = \frac{900[m]+700[m]+1,200[m]}{700[m]} = 4개$$

(2) 지하구의 자동화재탐지설비 설치기준

① 감지기의 설치기준

㉠ 자동화재탐지설비 및 시각경보장치의 화재안전기술기준의 감지기 중 먼지·습기 등의 영향을 받지 않고 발화지점(1[m] 단위)과 온도를 확인할 수 있는 것을 설치할 것

㉡ 지하구 천장의 중심부에 설치하되 감지기와 천장 중심부 하단과의 수직거리는 30[cm] 이내로 할 것. 다만, 형식승인 내용에 설치방법이 규정되어 있거나, 중앙기술심의위원회의 심의를 거쳐 제조사 시방서에 따른 설치방법이 지하구 화재에 적합하다고 인정되는 경우에는 형식승인 내용 또는 심의결과에 의한 제조사 시방서에 따라 설치할 수 있다.

㉢ 발화지점이 지하구의 실제거리와 일치하도록 수신기 등에 표시할 것

㉣ 공동구 내부에 상수도용 또는 냉·난방용 설비만 존재하는 부분은 감지기를 설치하지 않을 수 있다.

② 발신기, 지구음향장치 및 시각경보기는 설치하지 않을 수 있다.

(3) 지하구에 설치할 수 있는 감지기

자동화재탐지설비의 감지기는 부착 높이에 따라 다음 표에 따른 감지기를 설치해야 한다. 다만, 지하층·무창층 등으로서 환기가 잘되지 않거나 실내면적이 40[m²] 미만인 장소, 감지기의 부착면과 실내 바닥과의 거리가 2.3[m] 이하인 곳으로서 일시적으로 발생한 열·연기 또는 먼지 등으로 인하여 화재신호를 발신할 우려가 있는 장소(축적기능이 있는 수신기를 설치한 장소를 제외한다)에는 다음의 기준에서 정한 감지기 중 적응성이 있는 감지기를 설치해야 한다.

① 불꽃감지기
② 정온식 감지선형 감지기
③ 분포형 감지기
④ 복합형 감지기
⑤ 광전식 분리형 감지기
⑥ 아날로그방식의 감지기
⑦ 다신호방식의 감지기
⑧ 축적방식의 감지기

부착높이	감지기의 종류
4[m] 미만	• 차동식(스포트형, 분포형) • 보상식 스포트형 • 정온식(스포트형, 감지선형) • 이온화식 또는 광전식(스포트형, 분리형, 공기흡입형) • 열복합형 • 연기복합형 • 열연기복합형 • 불꽃감지기
4[m] 이상 8[m] 미만	• 차동식(스포트형, 분포형) • 보상식 스포트형 • 정온식(스포트형, 감지선형) 특종 또는 1종 • 이온화식 1종 또는 2종 • 광전식(스포트형, 분리형, 공기흡입형) 1종 또는 2종 • 열복합형 • 연기복합형 • 열연기복합형 • 불꽃감지기
8[m] 이상 15[m] 미만	• 차동식 분포형 • 이온화식 1종 또는 2종 • 광전식(스포트형, 분리형, 공기흡입형) 1종 또는 2종 • 연기복합형 • 불꽃감지기
15[m] 이상 20[m] 미만	• 이온화식 1종 • 광전식(스포트형, 분리형, 공기흡입형) 1종 • 연기복합형 • 불꽃감지기
20[m] 이상	• 불꽃감지기 • 광전식(분리형, 공기흡입형) 중 아날로그방식

정답 (1) 4개
    (2) 발화지점
    (3) 불꽃감지기, 분포형 감지기

16 다음 그림은 PB-ON 스위치를 누르면 설정시간 후에 유도전동기가 기동되는 시퀀스 회로도이다. 유도전동기(IM)가 기동한 후 릴레이(X)와 타이머(T)가 여자되지 않은 상태에서 유도전동기의 운전이 계속 유지되도록 시퀀스회로도를 수정하시오.

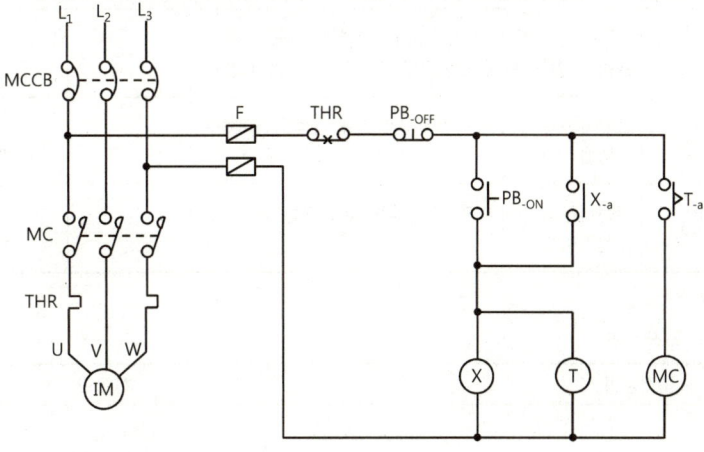

[수정할 시퀀스회로도]

해설

타이머를 이용한 전동기 기동회로

(1) 제어용기기의 명칭과 도시기호

제어용기기 명칭	작동원리	접점의 종류			
		주접점	코일	a접점	b접점
배선용 차단기 (MCCB)	단락 및 과부하로부터 회로를 보호하기 위하여 사용되는 전력기기이다.	⧸⧸⧸	−	−	−
전자접촉기 (MC)	전자석의 동작에 의하여 접점을 개폐하는 기구로서 부하회로를 빈번하게 개폐하는 접촉기이다.	⧸⧸⧸	MC	MC-a	MC-b

제어용기기 명칭	작동원리	접점의 종류			
		주접점	코일	a접점	b접점
열동계전기 (THR)	정격전류 이상의 과부하 전류가 흐르면 내부에서 발생된 열에 의해 바이메탈이 동작하여 접점을 차단시키는 계전기로서 전동기의 과부하 보호에 사용된다.	┤├ ┤├	–	THR	THR
누름버튼스위치 (PB-ON, PB-OFF)	버튼을 누르면 접점 기구부가 개폐되며 손을 떼면 스프링의 힘에 의해 자동으로 복귀되는 스위치이다.	–	–	PB-ON	PB-OFF
릴레이 (X)	코일에 전류가 흐르면 전자력에 의해 접점을 개폐하는 기능을 가진다.	–	X	X-a	X-b
타이머 (T)	설정시간이 경과한 후 그 접점이 폐로 또는 개로하는 계전기이다.	–	T	T-a	T-b

(2) 시퀀스회로도 작성
① 수정 전 동작설명

동작설명	회로도
㉠ 누름버튼스위치(PB-ON)를 누르면 릴레이(X)와 타이머(T)가 여자된다. 이때 릴레이의 보조접점(X-a)에 의해 자기유지가 된다.	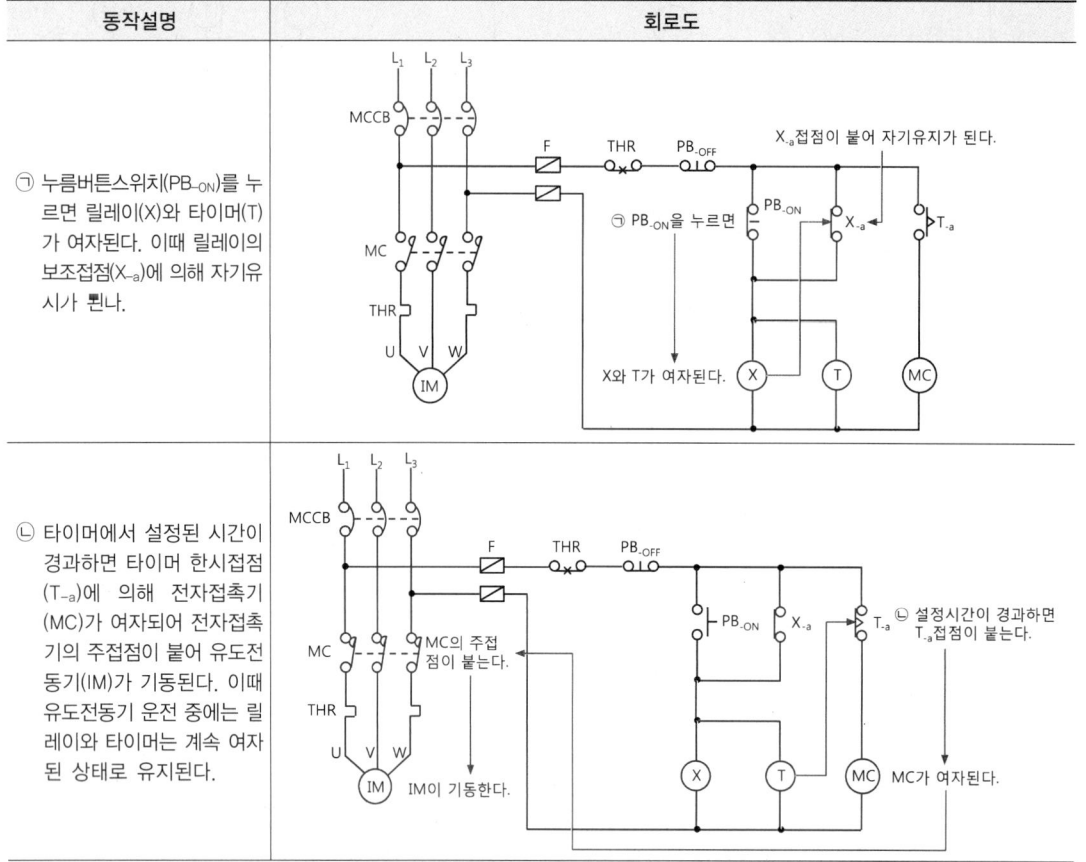
㉡ 타이머에서 설정된 시간이 경과하면 타이머 한시접점(T-a)에 의해 전자접촉기(MC)가 여자되어 전자접촉기의 주접점이 붙어 유도전동기(IM)가 기동된다. 이때 유도전동기 운전 중에는 릴레이와 타이머는 계속 여자된 상태로 유지된다.	

동작설명	회로도
ⓒ 누름버튼스위치(PB_OFF)를 누르거나 열동계전기(THR)가 작동하면 릴레이(X), 타이머(T)가 소자되고, 전자접촉기(MC)가 소자되어 유도전동기가 정지한다.	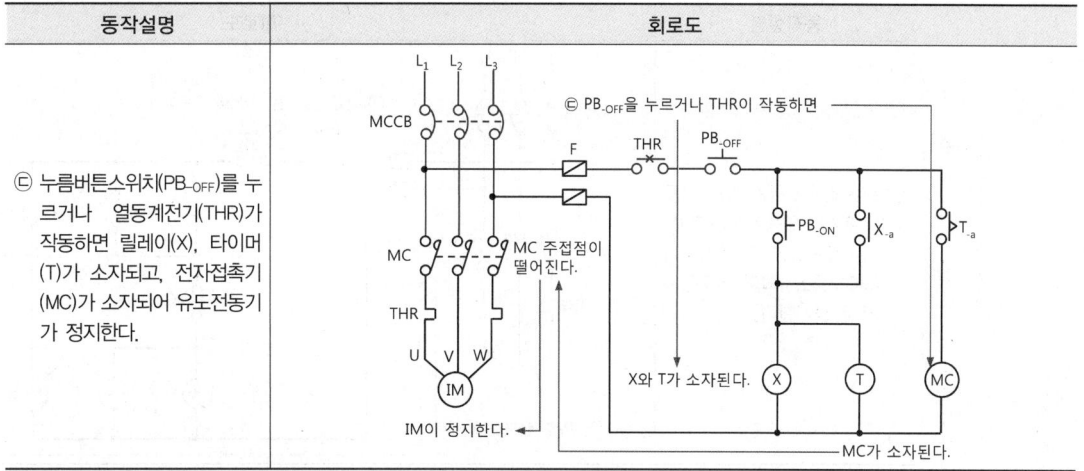

② 수정 후 동작설명

동작설명	회로도
㉠ 누름버튼스위치(PB_ON)를 누르면 릴레이(X)와 타이머(T)가 여자된다. 이때 릴레이의 보조접점(X_-a)에 의해 자기유지가 된다.	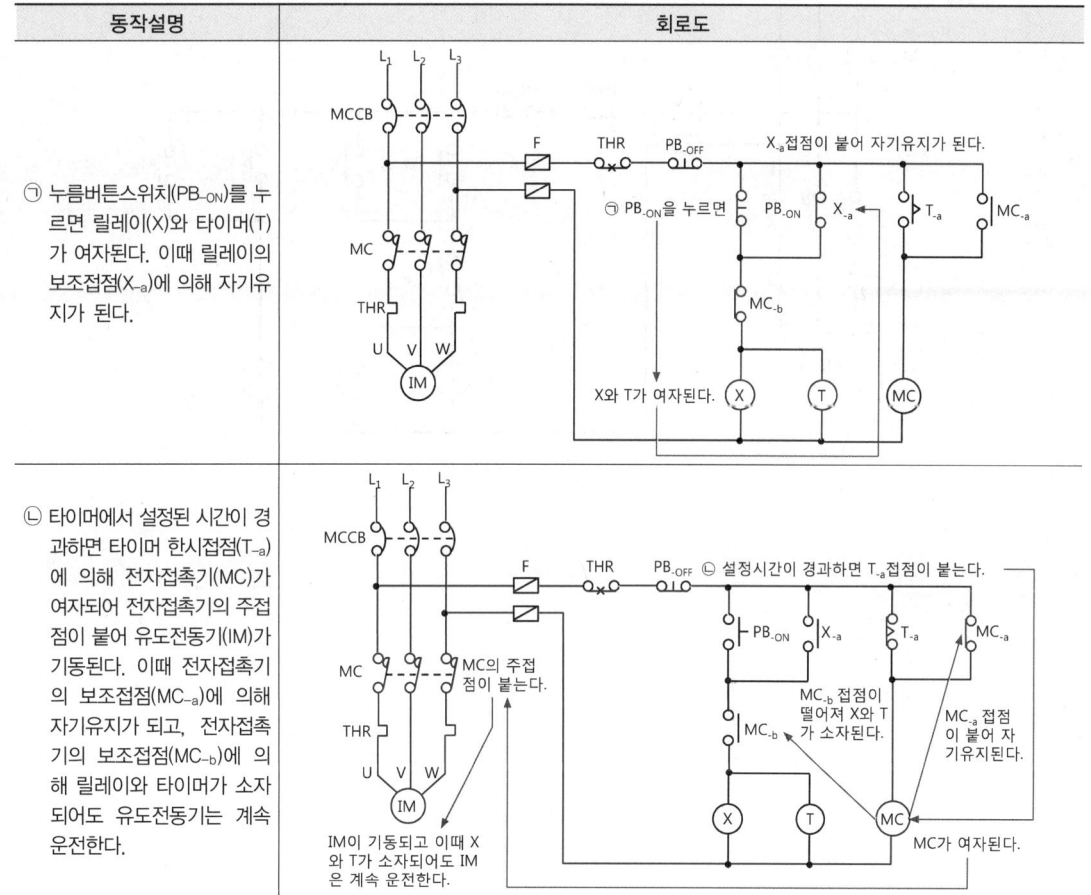
㉡ 타이머에서 설정된 시간이 경과하면 타이머 한시접점(T_-a)에 의해 전자접촉기(MC)가 여자되어 전자접촉기의 주접점이 붙어 유도전동기(IM)가 기동된다. 이때 전자접촉기의 보조접점(MC_-a)에 의해 자기유지가 되고, 전자접촉기의 보조접점(MC_-b)에 의해 릴레이와 타이머가 소자되어도 유도전동기는 계속 운전한다.	

동작설명	회로도
ⓒ 누름버튼스위치(PB-OFF)를 누르거나 열동계전기(THR)가 작동하면 전자접촉기(MC)가 소자되어 유도전동기가 정지한다.	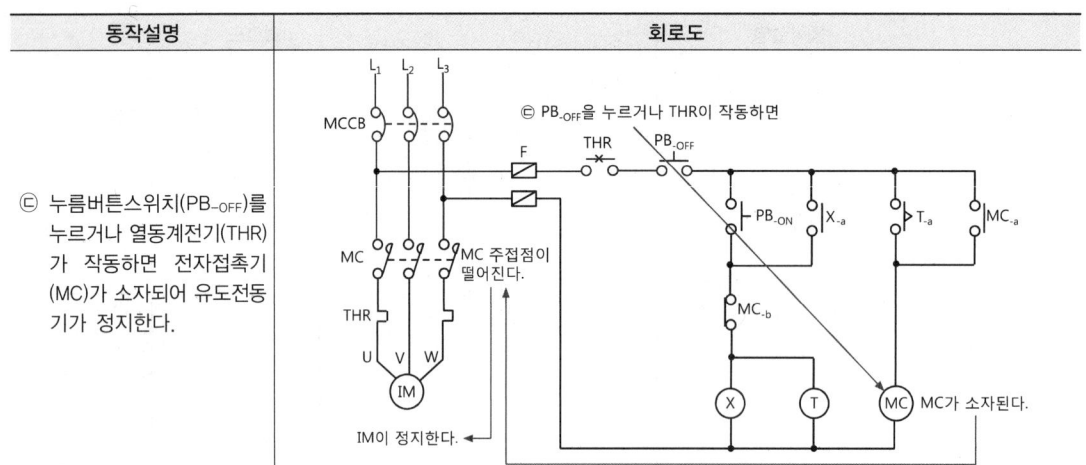

정답

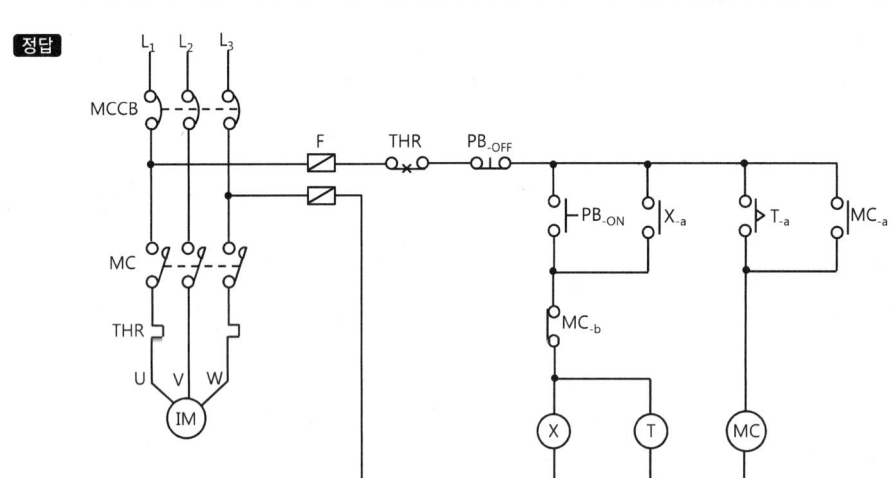

17 다음은 할론(Halon)소화설비의 수동조작함에서 할론제어반까지의 결선도를 나타낸 것이다. 주어진 조건과 도면을 참고하여 참고하여 각 물음에 답하시오.

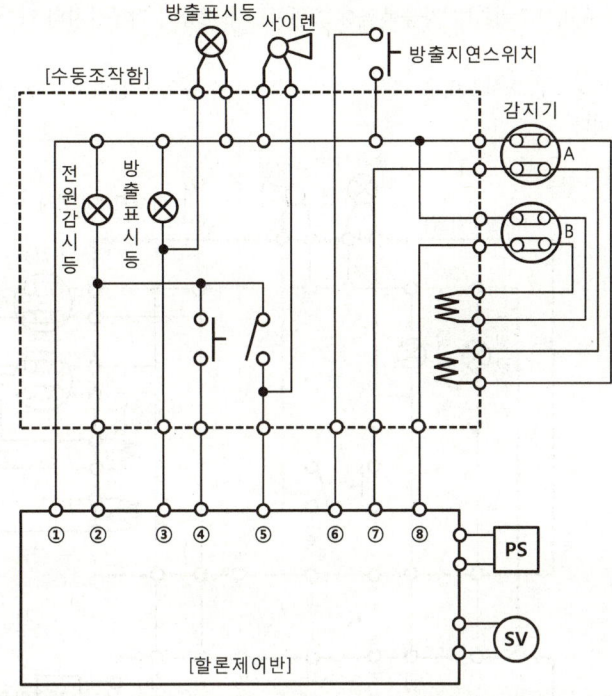

조건
- 전선 가닥수는 최소 가닥수로 한다.
- 복구스위치 및 노어스위치는 없는 것으로 한다.
- 감지기 공통선과 전원 ⊖선은 공용으로 사용한다.

물음

(1) 할론제어반에서 기호 ①~⑧까지의 배선의 명칭을 쓰시오.

기호	배선의 명칭	기호	배선의 명칭
①		②	
③		④	
⑤		⑥	
⑦		⑧	

(2) 도면에서 PS 에 사용되는 전선의 굵기[mm²]를 쓰시오.

해설

할론소화설비

(1) 할론제어반의 배선 명칭

① 방출지연스위치(비상스위치) : 자동복귀형 스위치로서 수동식 기동장치의 타이머를 순간 정지시키는 기능의 스위치이다.

② 기동스위치 : 가스계 소화설비를 작동시키기 위하여 수동으로 전기적 기동신호를 소화설비 제어반으로 발신하기 위한 스위치이다.

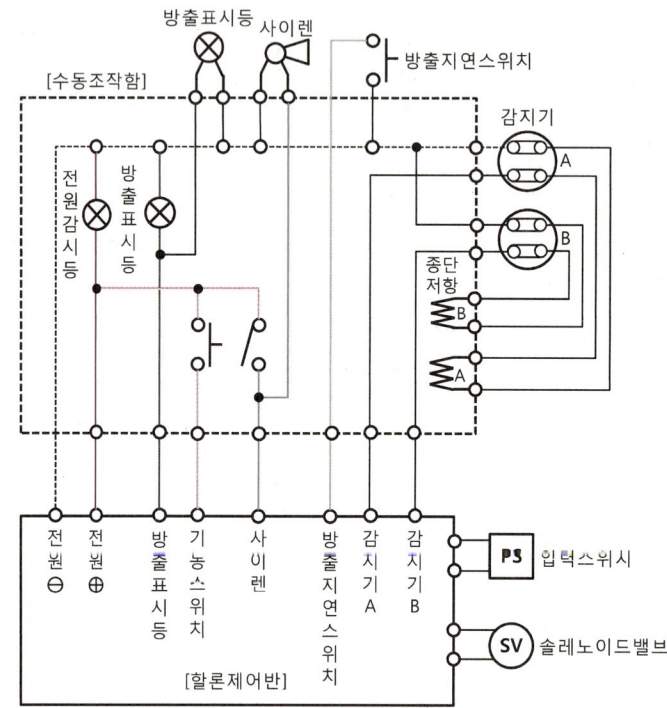

기호	배선의 명칭	기호	배선의 명칭
①	전원 ⊖	②	전원 ⊕
③	방출표시등	④	기동스위치
⑤	사이렌	⑥	방출지연스위치
⑦	감지기 A	⑧	감지기 B

> **참고**
>
> **할론소화설비의 수동조작함 배선**
> - 1 Zone일 경우 : 8가닥 - 전원 ⊖·⊕, 방출지연스위치(비상스위치), 감지기 A, 감지기 B, 방출표시등, 기동스위치, 사이렌
> - 2 Zone일 경우 : 13가닥 - 1 Zone의 기본 전선 가닥수(8가닥) + 5가닥(감지기 A, 감지기 B, 방출표시등, 기동스위치, 사이렌) 추가

(2) 전선의 굵기
　① 저압 옥내배선의 사용전선(한국전기설비규정 231.3)
　　㉠ 저압 옥내배선의 전선은 단면적 2.5[mm^2] 이상의 연동선 또는 이와 동등 이상의 강도 및 굵기의 것을 사용해야 한다.
　　㉡ 옥내 배선의 사용전압이 400[V] 이상인 경우로 전광표시장치 기타 이와 유사한 장치 또는 제어회로 등에 사용하는 배선에 단면적 1.5[mm^2] 이상의 연동선을 사용하고 이를 합성수지관공사, 금속관공사, 금속몰드공사, 금속덕트공사, 플로어덕트공사 또는 셀룰러 덕트공사에 의하여 시설하는 경우에는 ㉠을 적용하지 않는다.
　② 소방시설의 배선
　　㉠ 소방시설에 사용되는 전선은 1.5~6.0[mm^2]의 굵기를 사용하며 전원공급 전선은 4.0[mm^2]를 사용한다.
　　㉡ 감지기 사이의 배선은 1.5[mm^2]의 저독성 난연 가교 폴리올레핀 절연전선(HFIX)을 사용한다.
　　㉢ 그 외의 전기회로(발신기, 경종, 표시등 등)에는 2.5[mm^2]의 450/750[V] 저독성 난연 가교 폴리올레핀 절연전선(HFIX)을 사용한다.

정답 (1)

기호	배선의 명칭	기호	배선의 명칭
①	전원 ⊖	②	전원 ⊕
③	방출표시등	④	기동스위치
⑤	사이렌	⑥	방출지연스위치
⑦	감지기 A	⑧	감지기 B

(2) 2.5[mm^2]

18 다음 그림은 철근 콘크리트 구조로 구획된 공장 건물의 평면도이다. 이 공장에 자동화재탐지설비의 감지기를 설치하려고 한다. 각 물음에 답하시오.

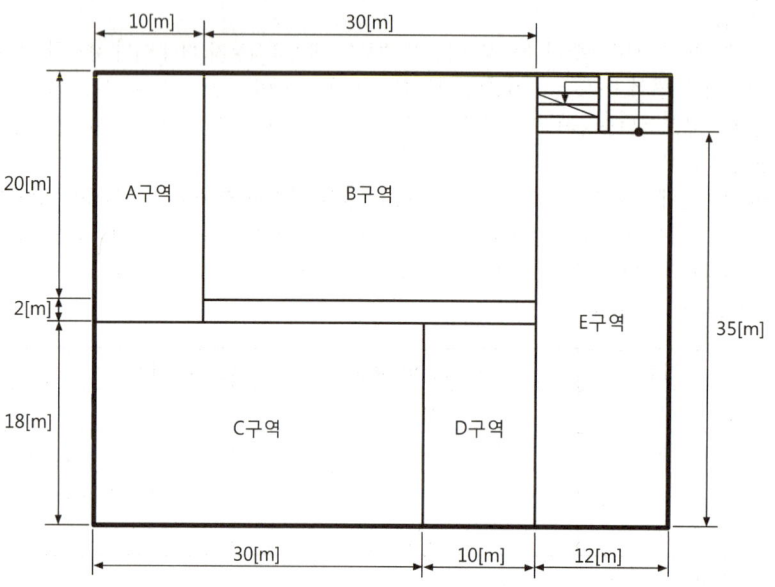

(1) 다음 표를 보고, 공장의 각 구역에 설치해야 하는 감지기의 개수를 구하시오.

구역	감지기의 설치높이	감지기의 종류	계산식	설치개수
A구역	3.5[m]	연기감지기 2종		
B구역	3.5[m]	연기감지기 2종		
C구역	4.5[m]	연기감지기 2종		
D구역	3.8[m]	정온식 스포트형 감지기 1종		
E구역	3.8[m]	차동식 스포트형 감지기 2종		

(2) (1)에서 구한 감지기의 개수를 소방시설 도시기호를 이용하여 평면도에 배치하시오.

해설

자동화재탐지설비의 음향장치 설치기준

(1) 감지기 설치개수 산정
  ① 연기감지기의 설치기준
    ㉠ 연기감지기(광전식 스포트형 감지기) 감지기의 부착높이에 따라 다음 [표]에 따른 바닥면적마다 1개 이상으로 할 것

부착높이	감지기의 종류(단위 : [m²])	
	1종 및 2종	3종
4[m] 미만	150	50
4[m] 이상 20[m] 미만	75	-

∴ 연기감지기 설치개수 = $\dfrac{\text{감지구역의 바닥면적}[\text{m}^2]}{\text{감지기 1개의 설치 바닥면적}[\text{m}^2]}$ [개]

ⓒ 감지기는 복도 및 통로에 있어서는 보행거리 30[m](3종에 있어서는 20[m])마다, 계단 및 경사로에 있어서는 수직거리 15[m](3종에 있어서는 10[m])마다 1개 이상으로 할 것

② 차동식 스포트형·보상식 스포트형 및 정온식 스포트형 감지기는 그 부착높이 및 특정소방대상물에 따라 다음 [표]에 따른 바닥면적마다 1개 이상을 설치할 것

부착높이 및 특정소방대상물의 구분		감지기의 종류(단위 : [m²])					
		차동식 스포트형		보상식 스포트형		정온식 스포트형	
		1종	2종	1종	2종	특종	1종	2종
4[m] 미만	주요구조부가 내화구조로 된 특정소방대상물 또는 그 부분	90	70	90	70	70	60	20
	기타 구조의 특정소방대상물 또는 그 부분	50	40	50	40	40	30	15
4[m] 이상 8[m] 미만	주요구조부가 내화구조로 된 특정소방대상물 또는 그 부분	45	35	45	35	35	30	-
	기타 구조의 특정소방대상물 또는 그 부분	30	25	30	25	25	15	-

∴ 정온식 스포트형 및 차동식 스포트형 감지기 설치개수 = $\dfrac{감지구역의\ 바닥면적[m^2]}{감지기\ 1개의\ 설치\ 바닥면적[m^2]}$ [개]

③ 감지기의 설치개수 계산
주요구조부가 철근 콘크리트 구조이므로 내화구조에 해당한다.

구역	감지기의 설치높이	감지기의 종류	계산식	설치개수
A구역	3.5[m]	연기감지기 2종	• 주요구조부가 철근 콘크리트 구조이므로 내화구조에 해당한다. • 감지기의 설치높이가 3.5[m]이므로 부착높이는 4[m] 미만이다. 따라서, 바닥면적은 150[m²]마다 감지기를 1개 이상 설치한다. • 설치개수 = $\dfrac{10[m] \times (20[m] + 2[m])}{150[m^2]}$ = 1.47개 ≒ 2개	2개
B구역	3.5[m]	연기감지기 2종	• 주요구조부가 철근 콘크리트 구조이므로 내화구조에 해당한다. • 감지기의 설치높이가 3.5[m]이므로 부착높이는 4[m] 미만이다. 따라서, 바닥면적은 150[m²]마다 감지기를 1개 이상 설치한다. • 설치개수 = $\dfrac{30[m] \times 20[m]}{150[m^2]}$ = 4개	4개
C구역	4.5[m]	연기감지기 2종	• 주요구조부가 철근 콘크리트 구조이므로 내화구조에 해당한다. • 감지기의 설치높이가 4.5[m]이므로 부착높이는 4[m] 이상 8[m] 미만이다. 따라서, 바닥면적은 75[m²]마다 감지기를 1개 이상 설치한다. • 설치개수 = $\dfrac{30[m] \times 18[m]}{75[m^2]}$ = 7.2개 ≒ 8개	8개
D구역	3.8[m]	정온식 스포트형 감지기 1종	• 주요구조부가 철근 콘크리트 구조이므로 내화구조에 해당한다. • 감지기의 설치높이가 3.8[m]이므로 부착높이는 4[m] 미만이다. 따라서, 바닥면적은 60[m²]마다 감지기를 1개 이상 설치한다. • 설치개수 = $\dfrac{10[m] \times 18[m]}{60[m^2]}$ = 3개	3개
E구역	3.8[m]	차동식 스포트형 감지기 2종	• 주요구조부가 철근 콘크리트 구조이므로 내화구조에 해당한다. • 감지기의 설치높이가 3.8[m]이므로 부착높이는 4[m] 미만이다. 따라서, 바닥면적은 70[m²]마다 감지기를 1개 이상 설치한다. • 설치개수 = $\dfrac{12[m] \times 35[m]}{70[m^2]}$ = 6개	6개

(2) 감지기의 배치
① 소방시설 도시기호(소방시설 자체점검사항 등에 관한 고시)

명칭	도시기호	명칭	도시기호
차동식 스포트형 감지기	⌐⌐	보상식 스포트형 감지기	⌐⌐
정온식 스포트형 감지기	⌐⌐	연기감지기	S
감지선	─●─	열전대	─■─
열반도체	∞	차동식 분포형 감지기의 검출기	⋈

② 감지기의 배치
  ㉠ 각 구역의 감지기 설치개수

구역	감지기의 종류	도시기호	설치개수
A구역	연기감지기	S	2개
B구역	연기감지기	S	4개
C구역	연기감지기	S	8개
D구역	정온식 스포트형 감지기	⌐⌐	3개
E구역	차동식 스포트형 감지기	⌐⌐	6개

  ㉡ 감지기를 평면도에 설치개수만큼 배치한다.

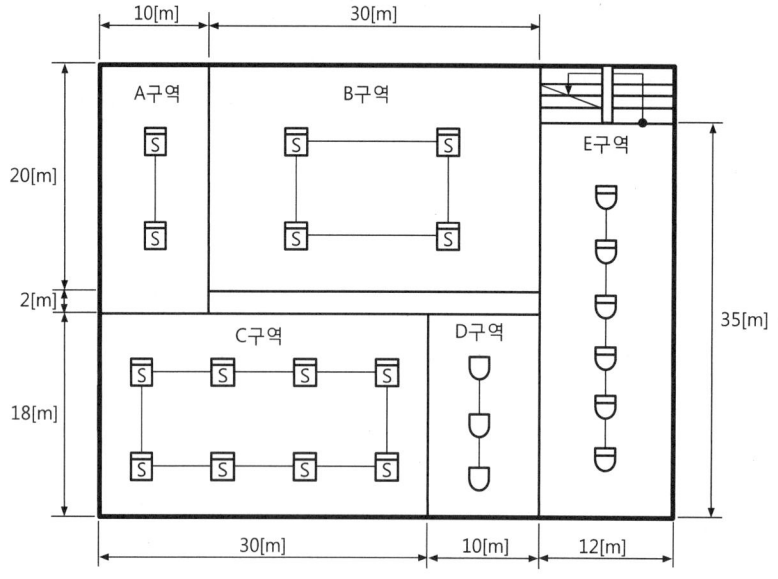

정답 (1)

구역	감지기의 설치높이	감지기의 종류	계산식	설치개수
A구역	3.5[m]	연기감지기 2종	설치개수 = $\dfrac{10[m] \times (20[m] + 2[m])}{150[m^2]}$ = 1.47개 ≒ 2개	2개
B구역	3.5[m]	연기감지기 2종	설치개수 = $\dfrac{30[m] \times 20[m]}{150[m^2]}$ = 4개	4개
C구역	4.5[m]	연기감지기 2종	설치개수 = $\dfrac{30[m] \times 18[m]}{75[m^2]}$ = 7.2개 ≒ 8개	8개
D구역	3.8[m]	정온식 스포트형 감지기 1종	설치개수 = $\dfrac{10[m] \times 18[m]}{60[m^2]}$ = 3개	3개
E구역	3.8[m]	차동식 스포트형 감지기 2종	설치개수 = $\dfrac{12[m] \times 35[m]}{70[m^2]}$ = 6개	6개

(2)

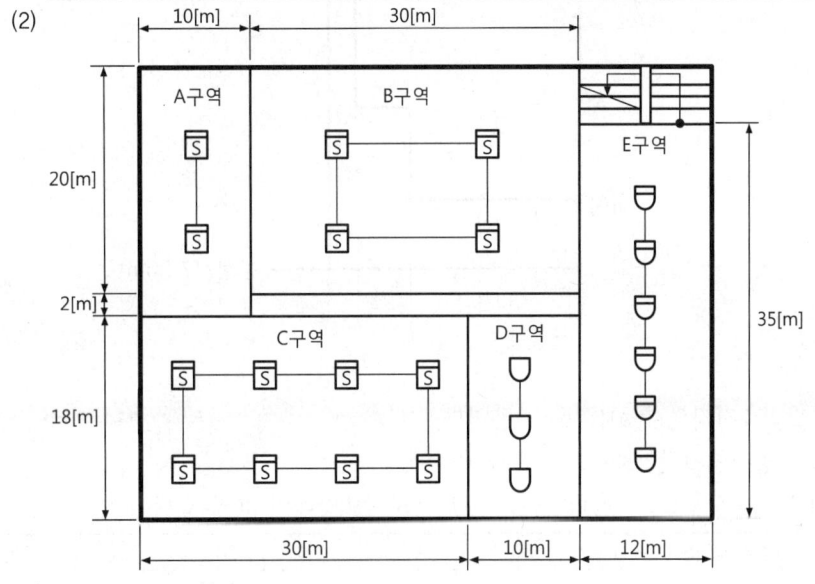

2023년 제1회 과년도 기출복원문제

※ 다음 물음에 대한 답을 해당 답란에 답하시오.(배점 : 100)

01

비상용 전원설비로 축전지설비를 설치하고자 한다. 사용부하에 따른 방전전류-방전시간의 특성곡선과 아래의 조건을 참고하여 다음 각 물음에 답하시오.

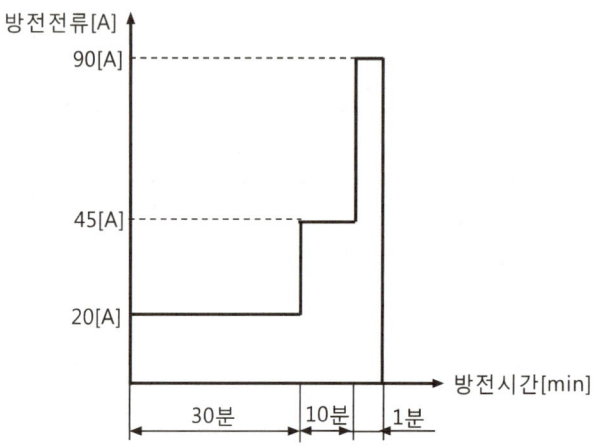

조건
- 축전지는 알칼리축전지로서 AH형을 사용한다.
- 최저 허용전압(방전종지전압)은 1.06[V/cell]이다.
- 최저 축전지온도는 5[℃]로서 용량환산시간계수(K)는 아래의 표와 같다.

형식	최저 허용전압[V/cell]	0.1분	1분	5분	10분	20분	30분	60분	120분
AH형	1.10	0.30	0.46	0.56	0.66	0.87	1.04	1.56	2.60
	1.06	0.24	0.33	0.45	0.53	0.70	0.85	1.40	2.45
	1.00	0.20	0.20	0.37	0.45	0.60	0.77	1.30	2.30

물음

(1) 보수율의 의미를 쓰고, 그 값은 일반적으로 얼마 정도 적용해야 하는지 쓰시오.

(2) 연축전지와 알칼리축전지의 공칭전압[V/cell]을 쓰시오.
  ① 연축전지 :
  ② 알칼리축전지 :

(3) 축전지의 용량[Ah]을 구하시오.
  • 계산과정 :
  • 답 :

해설

축전지

(1) 보수율(경년용량 저하율)

축전지의 말기 수명에도 부하를 만족하는 축전지 용량 결정을 위한 계수로서 일반적(보통)으로 0.8로 한다.

(2) 축전지의 공칭전압

구분		연축전지(납축전지)		알칼리축전지	
		CS형	HS형	포켓식	소결식
구조	양극	이산화납(PbO_2)		수산화니켈[$Ni(OH)_3$]	
	음극	납(Pb)		카드뮴(Cd)	
	전해액	황산(H_2SO_4)		수산화칼륨(KOH)	
공칭용량(방전시간율)		10[Ah](10[h])		5[Ah](5[h])	
공칭전압		2.0[V/cell]		1.2[V/cell]	
충전시간		길다.		짧다.	
과충전, 과방전에 대한 전기적 강도		약하다.		강하다.	
용도		장시간, 일정 전류 부하에 우수		단시간, 대전류 부하에 우수	

① 연축전지의 공칭전압 : 2.0[V/cell]

② 알칼리축전지의 공칭전압 : 1.2[V/cell]

(3) 축전지의 용량 계산

① 방전전류가 증가하는 경우 알칼리축전지의 부하특성을 분리하여 각각의 용량을 산출하고 그 값을 합산하여 축전지의 용량을 결정한다.

② 부하특성을 분리하여 축전지의 용량을 계산하는 방법

㉠ 각각의 방전시간(T)에 대한 용량환산시간(K)을 표에서 찾아 방전전류(I)와 용량환산시간(K)을 곱하여 그 면적을 구한다.

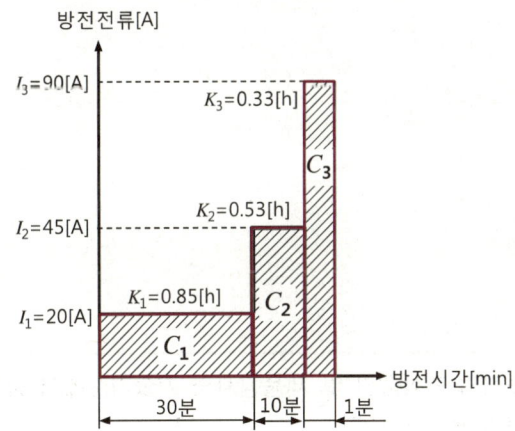

ⓒ 각각의 사각형 면적[방전시간(T)에 대한 용량환산시간(K)을 표에서 찾아 방전전류(I)와 용량환산시간(K)을 곱한 면적]을 합하여 보수율로 나누어 주면 축전지의 용량(C)이 된다.

$$C = C_1 + C_2 + C_3 = \frac{1}{L}K_1I_1 + \frac{1}{L}K_2I_2 + \frac{1}{L}K_3I_3 = \frac{1}{L}(K_1I_1 + K_2I_2 + K_3I_3) \text{ [Ah]}$$

여기서, C : 축전지 용량[Ah]　　　　L : 보수율
　　　　K : 용량환산시간[h]　　　　I : 방전전류[A]

$$\therefore C = \frac{1}{L}(K_1I_1 + K_2I_2 + K_3I_3)$$
$$= \frac{1}{0.8} \times (0.85[\text{h}] \times 20[\text{A}] + 0.53[\text{h}] \times 45[\text{A}] + 0.33[\text{h}] \times 90[\text{A}])$$
$$= 88.19[\text{Ah}]$$

정답 (1) 축전지의 말기 수명에도 부하를 만족하는 축전지 용량 결정을 위한 계수로서 일반적으로 0.8로 한다.
(2) ① 2.0[V/cell]
　　② 1.2[V/cell]
(3) 88.19[Ah]

02

다음은 가스누설경보기의 형식승인 및 제품검사의 기술기준에서 정하는 가스누설경보기에 관한 내용이다. 각 물음에 답하시오.

득점	배점
	6

(1) 가스누설경보기는 가스의 누설을 표시하는 표시등(누설등) 및 가스가 누설된 경계구역의 위치를 표시하는 표시등(지구등)은 등이 켜질 때 어떤 색으로 표시되어야 하는지 쓰시오.
(2) 가스누설경보기를 구조에 따라 분류하면 무슨 형과 무슨 형으로 구분하는지 쓰시오.
(3) 가스누설경보기 중 가스누설을 검지하여 중계기 또는 수신부에 가스누설의 신호를 발신하는 부분 또는 가스누설을 검지하여 이를 음향으로 경보하고 동시에 중계기 또는 수신부에 가스누설의 신호를 발신하는 부분을 무엇이라고 하는지 쓰시오.

해설

가스누설경보기의 형식승인 및 제품검사의 기술기준

(1) 가스누설경보기 표시등의 구조 및 기능(제8조)
   ① 전구는 2개 이상을 병렬로 접속해야 한다. 다만, 방전등 또는 발광다이오드의 경우에는 그렇지 않다.
   ② 전구에는 적당한 보호 덮개를 설치해야 한다. 다만, 발광다이오드의 경우에는 그렇지 않다.
   ③ 가스의 누설을 표시하는 표시등(누설등) 및 가스가 누설된 경계구역의 위치를 표시하는 표시등(지구등)은 등이 켜질 때 황색으로 표시되어야 한다. 다만, 누설등을 설치한 수신부의 지구등 및 수신기와 병용하지 않는 지구등은 그렇지 않다.
   ④ 주위의 밝기가 300[lx]인 장소에서 측정하여 앞면으로부터 3[m] 떨어진 곳에서 켜진 등이 확실히 식별되어야 한다.

(2) 가스누설경보기의 구조에 따른 분류
   ① 분리형 가스누설경보기 : 탐지부와 수신부가 분리되어 있는 형태의 가스누설경보기를 말한다.
   ② 단독형 가스누설경보기 : 탐지부와 수신부가 1개의 상자에 넣어 일체로 되어 있는 형태의 가스누설경보기를 말한다.

(3) 가스누설경보기의 용어 정의(제2조)
   ① 탐지부 : 가스누설경보기 중 가스누설을 검지하여 중계기 또는 수신부에 가스누설의 신호를 발신하는 부분 또는 가스누설을 검지하여 이를 음향으로 경보하고 동시에 중계기 또는 수신부에 가스누설의 신호를 발신하는 부분을 말한다.
   ② 수신부 : 가스누설경보기 중 탐지부에서 발하여진 가스누설신호를 직접 또는 중계기를 통하여 수신하고 이를 관계자에게 음향으로서 경보하여 주는 것을 말한다.
   ③ 지구경보부 : 가스누설경보기의 수신부로부터 발하여진 신호를 받아 경보음을 발하는 것으로서 가스누설경보기에 추가로 부착하여 사용되는 부분을 말한다.
   ④ 부속장치 : 가스누설경보기에 연결하여 사용되는 환풍기 또는 지구경보부 등에 작동신호원을 공급시켜 주기 위하여 가스누설경보기에 부수적으로 설치되어진 장치를 말한다.
   ⑤ 중계기 : 감지기 또는 발신기의 작동에 의한 신호 또는 탐지부에서 발하여진 가스누설신호를 받아 이를 수신기 또는 수신부에 발신하여, 소화설비·제연설비 그밖에 이와 유사한 방재설비에 제어 또는 누설신호를 발신 또는 신호증폭을 하여 발신하는 설비를 말한다.

정답 (1) 황색
(2) 분리형 가스누설경보기, 단독형 가스누설경보기
(3) 탐지부

03 자동화재탐지설비를 설치해야 하는 특정소방대상물 중 시각경보기를 설치해야 하는 특정소방대상물을 3가지 쓰시오.

해설

시각경보장치

(1) 시각경보기를 설치해야 하는 특정소방대상물(소방시설법 영 별표 4)
　① 근린생활시설, 문화 및 집회시설, 종교시설, 판매시설, 운수시설, 의료시설, 노유자시설
　② 운동시설, 업무시설, 숙박시설, 위락시설, 창고시설 중 물류터미널, 발전시설 및 장례시설
　③ 교육연구시설 중 도서관, 방송통신시설 중 방송국
　④ 지하상가

(2) 청각장애인용 시각경보장치의 설치기준
　① 복도·통로·청각장애인용 객실 및 공용으로 사용하는 거실(로비, 회의실, 강의실, 식당, 휴게실, 오락실, 대기실, 체력단련실, 접객실, 안내실, 전시실, 기타 이와 유사한 장소를 말한다)에 설치하며, 각 부분으로부터 유효하게 경보를 발할 수 있는 위치에 설치할 것
　② 공연장·집회장·관람장 또는 이와 유사한 장소에 설치하는 경우에는 시선이 집중되는 무대부 부분 등에 설치할 것
　③ 설치높이는 바닥으로부터 2[m] 이상 2.5[m] 이하의 장소에 설치할 것. 다만, 천장의 높이가 2[m] 이하인 경우에는 천장으로부터 0.15[m] 이내의 장소에 설치해야 한다.
　④ 시각경보장치의 광원은 전용의 축전지설비 또는 전기저장장치(외부 전기에너지를 저장해 두었다가 필요한 때 전기를 공급하는 장치)에 의하여 점등되도록 할 것. 다만, 시각경보기에 작동전원을 공급할 수 있도록 형식승인을 얻은 수신기를 설치한 경우에는 그렇지 않다.
　⑤ 하나의 특정소방대상물에 2 이상의 수신기가 설치된 경우 어느 수신기에서도 지구음향장치 및 시각경보장치를 작동할 수 있도록 해야 한다.

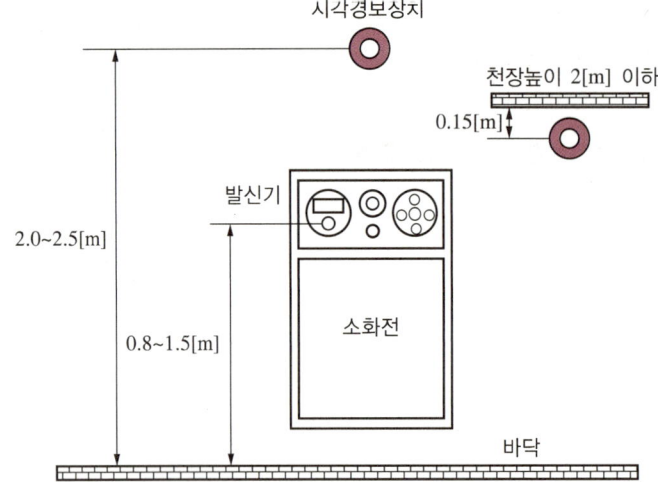

정답　① 판매시설
　　　　② 의료시설
　　　　③ 종교시설

04 다음은 유도등 및 유도표지의 화재안전기술기준과 유도등의 형식승인 및 제품검사의 기술기준에서 정하는 피난구유도등에 대한 내용이다. 각 물음에 답하시오.

득점	배점
	6

(1) 피난구유도등을 설치해야 하는 장소 3가지를 쓰시오.
(2) 피난구유도등은 피난구의 바닥으로부터 높이 몇 [m] 이상인 곳에 설치해야 하는지 쓰시오.
(3) 피난구유도등의 표시면 색상으로 바탕색과 문자색을 쓰시오.

해설

피난구유도등

(1), (2) 피난구유도등의 설치기준(NFTC 303)
  ① 피난구유도등의 설치장소
    ㉠ 옥내로부터 직접 지상으로 통하는 출입구 및 그 부속실의 출입구
    ㉡ 직통계단·직통계단의 계단실 및 그 부속실의 출입구
    ㉢ ㉠과 ㉡에 따른 출입구에 이르는 복도 또는 통로로 통하는 출입구
    ㉣ 안전구획된 거실로 통하는 출입구
  ② 피난구유도등은 피난구의 바닥으로부터 높이 1.5[m] 이상으로서 출입구에 인접하도록 설치해야 한다.
  ③ 피난층으로 향하는 피난구의 위치를 안내할 수 있도록 ㉠ 또는 ㉡의 출입구 인근 천장에 ㉠ 또는 ㉡에 따라 설치된 피난구유도등의 면과 수직이 되도록 피난구유도등을 추가로 설치해야 한다. 다만, ㉠ 또는 ㉡에 따라 설치된 피난구유도등이 입체형인 경우에는 그렇지 않다.

(3) 통로유도등의 표시면 색상(유도등의 형식승인 및 제품검사의 기술기준 제9조)
  ① 유도등의 표시면 색상은 피난구유도등인 경우 녹색바탕에 백색문자로, 통로유도등인 경우는 백색바탕에 녹색문자를 사용해야 한다.
  ② 통로유도등의 표시면에는 그림문자와 함께 피난방향을 지시하는 화살표를 표시해야 한다. 다만, 표시면 이외의 유도등 전면에 표시면 광원의 점등 및 소등과 연동되는 별도 광원에 의한 피난방향 지시 화살표시가 있는 복도통로유도등 표시면에는 화살표를 표시하지 않을 수 있다.

정답

(1) ① 옥내로부터 직접 지상으로 통하는 출입구 및 그 부속실의 출입구
    ② 직통계단·직통계단의 계단실 및 그 부속실의 출입구
    ③ 안전구획된 거실로 통하는 출입구
(2) 바닥으로부터 높이 1.5[m] 이상으로서 출입구에 인접하도록 설치해야 한다.
(3) 녹색바탕에 백색문자

05 유도등 및 유도표지의 화재안전기술기준에서 정하는 복도통로유도등의 설치기준을 4가지만 쓰시오.

득점	배점
	4

해설
통로유도등의 설치기준

(1) 복도통로유도등의 설치기준
① 복도에 설치하되 옥내로부터 직접 지상으로 통하는 출입구 및 그 부속실의 출입구 또는 직통계단·직통계단의 계단실 및 그 부속실의 출입구에 따라 피난구유도등이 설치된 출입구의 맞은편 복도에는 입체형으로 설치하거나 바닥에 설치할 것
② 구부러진 모퉁이 및 ①에 따라 설치된 통로유도등을 기점으로 보행거리 20[m]마다 설치할 것
③ 바닥으로부터 높이 1[m] 이하의 위치에 설치할 것. 다만, 지하층 또는 무창층의 용도가 도매시장·소매시장·여객자동차터미널·지하역사 또는 지하상가인 경우에는 복도·통로 중앙 부분의 바닥에 설치해야 한다.
④ 바닥에 설치하는 통로유도등은 하중에 따라 파괴되지 않는 강도의 것으로 할 것

(2) 거실통로유도등의 설치기준
① 거실의 통로에 설치할 것. 다만, 거실의 통로가 벽체 등으로 구획된 경우에는 복도통로유도등을 설치할 것
② 구부러진 모퉁이 및 보행거리 20[m]마다 설치할 것
③ 바닥으로부터 높이 1.5[m] 이상의 위치에 설치할 것. 다만, 거실통로에 기둥이 설치된 경우에는 기둥 부분의 바닥으로부터 높이 1.5[m] 이하의 위치에 설치할 수 있다.

(3) 계단통로유도등의 설치기준
① 각 층의 경사로 참 또는 계단참마다(1개 층에 경사로 참 또는 계단참이 2 이상 있는 경우에는 2개의 계단참마다) 설치할 것
② 바닥으로부터 높이 1[m] 이하의 위치에 설치할 것

(4) 객석유도등의 설치기준
① 객석유도등은 객석의 통로, 바닥 또는 벽에 설치해야 한다.
② 객석 내의 통로가 경사로 또는 수평로로 되어 있는 부분은 다음의 식에 따라 산출한 개수(소수점 이하의 수는 1로 본다)의 유도등을 설치해야 한다.

$$\text{설치개수} = \frac{\text{객석 통로의 직선부분 길이[m]}}{4} - 1$$

③ 객석 내의 통로가 옥외 또는 이와 유사한 부분에 있는 경우에는 해당 통로 전체에 미칠 수 있는 개수의 유도등을 설치해야 한다.

정답
① 복도에 설치하되 옥내로부터 직접 지상으로 통하는 출입구 및 그 부속실의 출입구 또는 직통계단·직통계단의 계단실 및 그 부속실의 출입구에 따라 피난구유도등이 설치된 출입구의 맞은편 복도에는 입체형으로 설치하거나 바닥에 설치할 것
② 구부러진 모퉁이 및 ①에 따라 설치된 통로유도등을 기점으로 보행거리 20[m]마다 설치할 것
③ 바닥으로부터 높이 1[m] 이하의 위치에 설치할 것. 다만, 지하층 또는 무창층의 용도가 도매시장·소매시장·여객자동차터미널·지하역사 또는 지하상가인 경우에는 복도·통로 중앙 부분의 바닥에 설치해야 한다.
④ 바닥에 설치하는 통로유도등은 하중에 따라 파괴되지 않는 강도의 것으로 할 것

06 다음은 비상콘센트설비의 화재안전기술기준에서 정하는 전원회로에 대한 내용이다. ( ) 안에 알맞은 내용을 쓰시오.

- 하나의 전용회로에 설치하는 비상콘센트는 (①)개 이하로 할 것. 이 경우 전선의 용량은 각 비상콘센트 (비상콘센트가 (②)개 이상인 경우에는 (②)개)의 공급용량을 합한 용량 이상의 것으로 해야 한다.
- 전원회로의 배선은 (③)으로, 그 밖의 배선은 (③) 또는 (④)으로 할 것

해설

비상콘센트설비

(1) 비상콘센트설비의 전원회로 설치기준
 ① 비상콘센트설비의 전원회로는 단상교류 220[V]인 것으로서, 그 공급용량은 1.5[kVA] 이상인 것으로 할 것
 ② 전원회로는 각 층에 2 이상이 되도록 설치할 것. 다만, 설치해야 할 층의 비상콘센트가 1개인 때에는 하나의 회로로 할 수 있다.
 ③ 전원회로는 주배전반에서 전용회로로 할 것. 다만, 다른 설비회로의 사고에 따른 영향을 받지 않도록 되어 있는 것은 그렇지 않다.
 ④ 전원으로부터 각 층의 비상콘센트에 분기되는 경우에는 분기배선용 차단기를 보호함 안에 설치할 것
 ⑤ 콘센트마다 배선용 차단기(KS C 8321)를 설치해야 하며, 충전부가 노출되지 않도록 할 것
 ⑥ 개폐기에는 "비상콘센트"라고 표시한 표지를 할 것
 ⑦ 비상콘센트용의 풀박스 등은 방청도장을 한 것으로서 두께 1.6[mm] 이상의 철판으로 할 것
 ⑧ 하나의 전용회로에 설치하는 비상콘센트는 10개 이하로 할 것. 이 경우 전선의 용량은 각 비상콘센트(비상콘센트가 3개 이상인 경우에는 3개)의 공급용량을 합한 용량 이상의 것으로 해야 한다.

(2) 배선의 설치기준
 ① 전원회로의 배선은 내화배선으로, 그 밖의 배선은 내화배선 또는 내열배선으로 할 것
 ② ①에 따른 내화배선 및 내열배선에 사용하는 전선의 종류 및 설치방법은 옥내소화전설비의 화재안전기술기준(NFTC 102) 2.7.2의 표 2.7.2 기준에 따를 것

(3) 비상콘센트설비의 전원부와 외함 사이의 절연저항 및 절연내력 기준
 ① 절연저항은 전원부와 외함 사이를 500[V] 절연저항계로 측정할 때 20[MΩ] 이상일 것
 ② 절연내력은 전원부와 외함 사이에 정격전압이 150[V] 이하인 경우에는 1,000[V]의 실효전압을, 정격전압이 150[V] 초과인 경우에는 그 정격전압에 2를 곱하여 1,000을 더한 실효전압을 가하는 시험에서 1분 이상 견디는 것으로 할 것

정답 ① 10 ② 3
 ③ 내화배선 ④ 내열배선

07 다음은 비상콘센트설비의 화재안전기술기준에서 정하는 비상콘센트설비에 대한 내용이다. 각 물음에 답하시오.

(1) 비상콘센트설비의 설치목적을 쓰시오.
(2) 전원회로는 단상교류 220[V]인 것으로서 그 공급용량은 몇 [kVA] 이상이어야 하는지 쓰시오.
(3) 비상콘센트의 플러그접속기는 어떤 것을 사용해야 하는지 쓰시오.
(4) 220[V] 전원에 1[kW] 송풍기를 연결하여 운전하는 경우 회로에 흐르는 전류[A]를 구하시오(단, 역률은 90[%]이다).
  • 계산과정 :
  • 답 :

해설

비상콘센트설비

(1) 비상콘센트설비의 설치목적
  소방대가 소화작업 중에 상용전원의 정전이나 상용전원의 소손으로 전원이 차단될 경우 소방대의 소화활동을 용이하게 하기 위하여 조명장치 및 소화활동상 필요한 장비 등을 접속하여 전원을 공급받을 수 있도록 하기 위한 비상전원설비이다.

> **참고**
> **비상콘센트설비를 설치해야 하는 특정소방대상물(소방시설법 영 별표 4)**
> • 층수가 11층 이상인 특정소방대상물의 경우에는 11층 이상의 층
> • 지하층의 층수가 3층 이상이고 지하층의 바닥면적 합계가 1,000[m²] 이상인 것은 지하층의 모든 층
> • 터널로서 길이가 500[m] 이상인 것
>   [설치제외] 위험물 저장 및 처리 시설 중 가스시설 및 지하구

(2), (3) 비상콘센트설비의 설치기준
  ① 전원회로의 설치기준
    ㉠ 비상콘센트설비의 전원회로는 단상교류 220[V]인 것으로서, 그 공급용량은 1.5[kVA] 이상인 것으로 할 것
    ㉡ 전원회로는 각 층에 2 이상이 되도록 설치할 것. 다만, 설치해야 할 층의 비상콘센트가 1개인 때에는 하나의 회로로 할 수 있다.
    ㉢ 전원회로는 주배전반에서 전용회로로 할 것. 다만, 다른 설비회로의 사고에 따른 영향을 받지 않도록 되어 있는 것은 그렇지 않다.
    ㉣ 전원으로부터 각 층의 비상콘센트에 분기되는 경우에는 분기배선용 차단기를 보호함 안에 설치할 것
    ㉤ 콘센트마다 배선용 차단기(KS C 8321)를 설치해야 하며, 충전부가 노출되지 않도록 할 것
    ㉥ 개폐기에는 "비상콘센트"라고 표시한 표지를 할 것
    ㉦ 비상콘센트용의 풀박스 등은 방청도장을 한 것으로서 두께 1.6[mm] 이상의 철판으로 할 것
    ㉧ 하나의 전용회로에 설치하는 비상콘센트는 10개 이하로 할 것. 이 경우 전선의 용량은 각 비상콘센트(비상콘센트가 3개 이상인 경우에는 3개)의 공급용량을 합한 용량 이상의 것으로 해야 한다.
  ② 비상콘센트의 플러그접속기는 접지형 2극 플러그접속기(KS C 8305)를 사용해야 한다.

접지공사의 종류	접지선의 굵기
제1종 접지공사	공칭단면적 6[mm²] 이상의 연동선
제2종 접지공사	공칭단면적 16[mm²] 이상의 연동선
제3종 접지공사 및 특별 제3종 접지공사	공칭단면적 2.5[mm²] 이상의 연동선

  ③ 비상콘센트의 플러그접속기의 칼받이의 접지극에는 접지공사를 해야 한다.

(4) 전력(P) 계산

단상(220[V])일 경우	$P = IV\cos\theta\,[\text{kW}]$
3상(380[V])일 경우	$P = \sqrt{3}\,IV\cos\theta\,[\text{kW}]$

여기서, I : 전류[A] V : 전압[V]
　　　　$\cos\theta$: 역률

∴ 전류 $I = \dfrac{P}{V\cos\theta} = \dfrac{1{,}000[\text{W}]}{220[\text{V}] \times 0.9} = 5.05[\text{A}]$

정답
(1) 소방대가 소화작업 중에 상용전원의 정전이나 상용전원의 소손으로 전원이 차단될 경우 소방대의 소화활동을 용이하게 하기 위하여 조명장치 및 소화활동상 필요한 장비 등을 접속하여 전원을 공급받을 수 있도록 하기 위한 비상전원설비이다.
(2) 1.5[kVA] 이상
(3) 접지형 2극 플러그접속기
(4) 5.05[A]

08

소화펌프용 전동기로 매분당 5[m³]의 물을 높이 30[m]에 있는 물탱크에 양수하려고 한다. 이때 전동기의 용량[kW]을 구하시오(단, 펌프의 효율은 70[%]이고, 동력전달계수는 1.25이다).

- 계산과정 :
- 답 :

해설
펌프의 전동기 용량(P_m) 계산

$$P_m = \dfrac{\gamma H Q}{\eta} \times K \ [\text{kW}]$$

여기서, γ : 물의 비중량(9,800[N/m³]=9.8[kN/m³])
　　　　H : 양정(30[m])
　　　　Q : 유량($5[\text{m}^3/\text{min}] = \dfrac{5}{60}[\text{m}^3/\text{s}]$)
　　　　η : 펌프의 효율(70[%]=0.7)
　　　　K : 여유율(동력전달계수, 1.25)

∴ $P_m = \dfrac{9.8[\text{kN/m}^3] \times 30[\text{m}] \times \dfrac{5}{60}[\text{m}^3/\text{s}]}{0.7} \times 1.25 = 43.75[\text{kW}]$

정답 43.75[kW]

09 자동화재탐지설비에서 P형 수신기와 R형 수신기의 기능을 2가지씩 쓰시오.

득점	배점
	6

(1) P형 수신기의 기능
(2) R형 수신기의 기능

해설

자동화재탐지설비의 수신기 기능

(1) 수신기의 정의(수신기의 형식승인 및 제품검사의 기술기준 제2조)
    ① P형 수신기 : 감지기 또는 발신기로부터 발하여지는 신호를 직접 또는 중계기를 통하여 공통신호로서 수신하여 화재의 발생을 해당 소방대상물의 관계자에게 경보하여 주는 것을 말한다.
    ② R형 수신기 : 감지기 또는 발신기로부터 발하여지는 신호를 직접 또는 중계기를 통하여 고유신호로서 수신하여 화재의 발생을 해당 소방대상물의 관계자에게 경보하여 주는 것을 말한다.
(2) P형 수신기와 R형 수신기의 기능
    ① P형 수신기의 기능
        ㉠ 화재표시등 작동시험 기능
        ㉡ 수신기와 감지기 간의 외부회로의 도통시험 기능
        ㉢ 상용전원과 예비전원의 자동절환 기능
        ㉣ 예비전원의 양부시험 기능
    ② R형 수신기의 기능
        ㉠ 화재표시등 작동시험 기능
        ㉡ 상용전원과 예비전원의 자동절환 기능
        ㉢ 수신기에서부터 중계기까지의 단락을 검출하는 기능
        ㉣ 예비전원의 양부시험 기능
        ㉤ 감지기의 감지구역을 포함한 경계구역을 자동으로 판별할 수 있는 기록장치 기능
(3) P형 수신기와 R형 수신기의 차이점

구분	P형 수신기	R형 수신기
신호전달방식	1:1 접점방식	다중전송(통신신호)방식
신호의 종류	공통신호 (공통신호방식은 감지기에서 접점신호로 수신기에 화재발생신호를 송신한다. 따라서, 감지기가 작동하게 되면 스위치가 닫혀 회로에 전류가 흘러 수신기에서는 이를 화재가 발생했다는 것으로 파악한다)	고유신호 (고유신호방식은 수신기와 각 감지기가 통신신호를 채택하여 각 감지기나 또는 경계구역마다 각기 다른 신호를 전송하게 하는 방식이다)
배선	실선배선	통신배선
중계기의 주기능	전압을 유기하기 위해 사용	접점신호를 통신신호로 전환
설치건물	일반적으로 소형건물	일반적으로 대형건물
수신 소요시간	5초 이내	5초 이내

정답

(1) ① 화재표시등 작동시험 기능
    ② 상용전원과 예비전원의 자동절환 기능
(2) ① 화재표시등 작동시험 기능
    ② 상용전원과 예비전원의 자동절환 기능

10. 다음은 감지기에 대한 내용이다. 각 물음에 답하시오.

(1) 그림과 같이 차동식 스포트형 감지기 A, B, C, D가 설치되어 있다. 감지기와 감지기 간의 배선은 송배선방식으로 할 경우 풀박스와 감지기 간의 전선 가닥수를 구하시오.

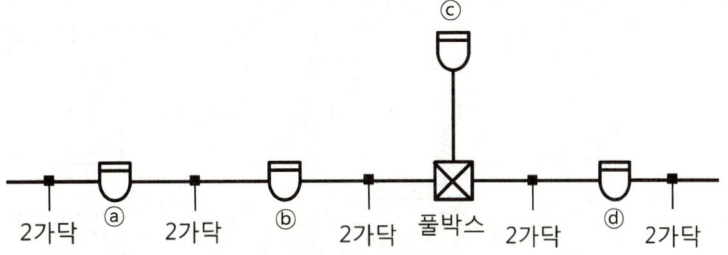

(2) 공기관식 차동식 분포형 감지기의 공기관의 재질을 쓰시오.

해설
감지기

(1) 감지기회로의 배선
  ① 송배선식
    ㉠ 도통시험을 용이하게 하기 위하여 배선의 도중에서 분기하지 않는 방식이다.
    ㉡ 적용설비 : 자동화재탐지설비, 제연설비
    ㉢ 전선 가닥수 산정 : 루프로 된 부분은 2가닥, 그 밖에는 4가닥으로 배선한다.

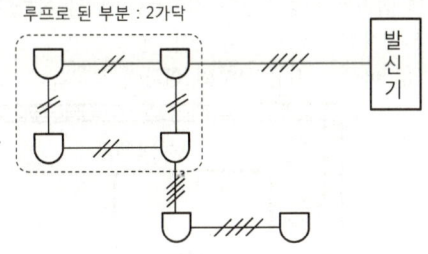

∴ 그림에서 감지기와 감지기 간에 배선이 2가닥으로 표시되어 있다. 따라서, 감지기 말단에 종단저항이 설치되어 있다고 가정하면 발신기에서 종단저항까지의 평면도는 다음과 같다.

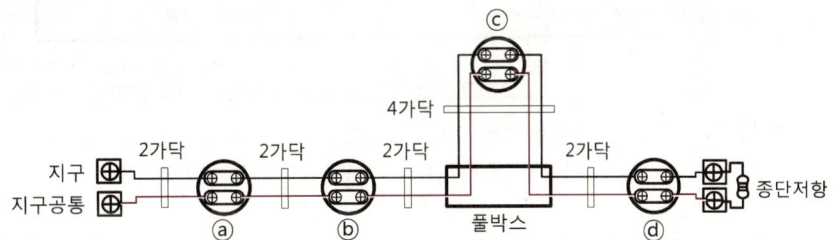

구간	전선 가닥수	배선의 용도
ⓐ 감지기 → ⓑ 감지기	2	지구 공통선 1, 지구선 1
ⓑ 감지기 → 풀박스	2	지구 공통선 1, 지구선 1
풀박스 → ⓒ 감지기	4	지구 공통선 2, 지구선 2
풀박스 → ⓓ 감지기	2	지구 공통선 1, 지구선 1

② 교차회로방식
  ㉠ 감지기의 오동작을 방지하기 위하여 하나의 방호구역 내에 2 이상의 화재감지기 회로를 설치하고 인접한 2 이상의 화재감지기가 동시에 감지되는 때에는 소화설비가 작동하는 방식이다.
  ㉡ 적용설비 : 분말소화설비, 할론소화설비, 이산화탄소소화설비, 준비작동식 스프링클러설비, 일제살수식 스프링클러설비, 할로겐화합물 및 불활성기체소화설비
  ㉢ 전선 가닥수 산정 : 루프로 된 부분과 말단부는 4가닥, 그 밖에는 8가닥으로 배선한다.

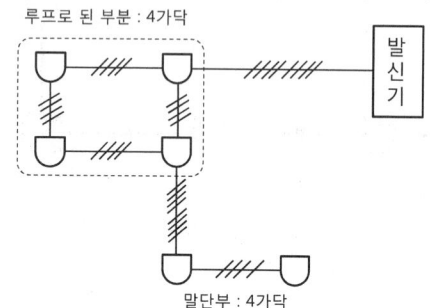

(2) 공기관식 차동식 분포형 감지기
  ① 감지기의 설치기준
    ㉠ 공기관의 노출 부분은 감지구역마다 20[m] 이상이 되도록 할 것
    ㉡ 공기관과 감지구역의 각 변과의 수평거리는 1.5[m] 이하가 되도록 하고, 공기관 상호 간의 거리는 6[m](주요구조부를 내화구조로 한 특정소방대상물 또는 그 부분에 있어서는 9[m]) 이하가 되도록 할 것
    ㉢ 공기관은 도중에서 분기하지 않도록 할 것
    ㉣ 하나의 검출 부분에 접속하는 공기관의 길이는 100[m] 이하로 할 것
    ㉤ 검출부는 5[°] 이상 경사되지 않도록 부착할 것
    ㉥ 바닥으로부터 0.8[m] 이상 1.5[m] 이하의 위치에 설치할 것

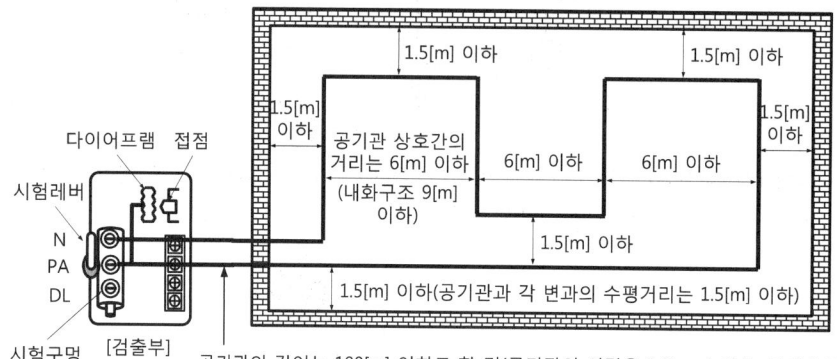

  ② 감지기의 구조 및 기능(감지기의 형식승인 및 제품검사의 기술기준 제5조)
    ㉠ 리크저항 및 접점수고를 쉽게 시험할 수 있어야 한다.
    ㉡ 공기관의 누출 및 폐쇄 여부를 쉽게 시험할 수 있고, 시험 후 시험장치를 정위치에 쉽게 복귀할 수 있는 적당한 방법이 강구되어야 한다.
    ㉢ 공기관은 하나의 길이(이음매가 없는 것)가 20[m] 이상의 것으로 안지름 및 관의 두께가 일정하고 흠, 갈라짐 및 변형이 없어야 하며 부식되지 않아야 한다.
    ㉣ 공기관의 두께는 0.3[mm] 이상, 바깥지름은 1.9[mm] 이상이어야 한다.
      ∴ 공기관은 동관(중공동관)을 사용한다.

정답 (1) 4가닥   (2) 동관(중공동관)

11 다음은 자동화재탐지설비의 P형 수신기에 연결되는 발신기와 감지기 간의 미완성된 배선 결선도이다. 각 물음에 답하시오(단, 발신기에 설치된 단자는 왼쪽부터 ① 응답, ② 지구 공통, ③ 지구이다).

득점	배점
	6

해설
자동화재탐지설비
(1) 옥내소화전설비의 기동방식에 따른 기본 전선 가닥수 산정
  ① 수동기동방식(ON-OFF 스위치를 이용한 방식)

명칭	전선 가닥수	발신기세트						ON-OFF 스위치
		용도 1	용도 2	용도 3	용도 4	용도 5	용도 6	용도 7
발신기세트 옥내소화전 내장형	11	지구(회로)선	지구(회로) 공통선	응답선	경종선	표시등선	경종·표시 등공통선	기동 1, 정지 1, 공통 1, 기동확인표시등 2

  ② 자동기동방식(기동용 수압개폐장치를 이용한 방식)

명칭	전선 가닥수	발신기세트						기동용 수압개폐장치
		용도 1	용도 2	용도 3	용도 4	용도 5	용도 6	용도 7
발신기세트 옥내소화전 내장형	8	지구(회로)선	지구(회로) 공통선	응답선	경종선	표시등선	경종·표시 등공통선	기동확인표시등 2

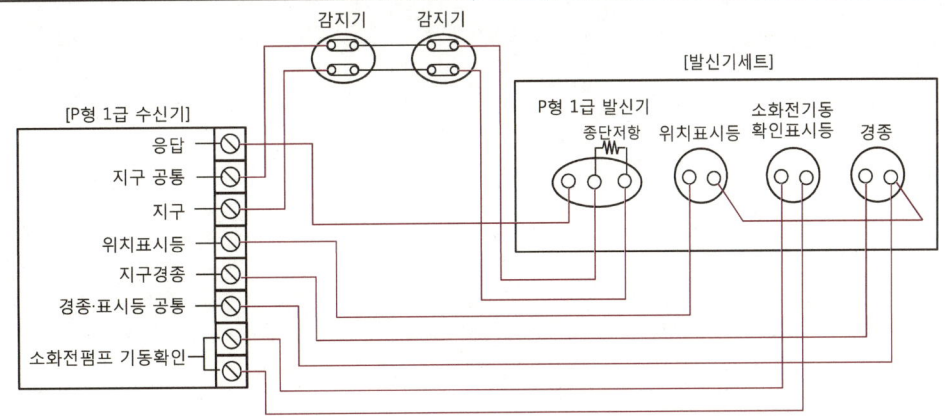

(2) 감지기회로의 도통시험을 위한 종단저항 설치기준
① 점검 및 관리가 쉬운 장소에 설치할 것
② 전용함을 설치하는 경우 그 설치높이는 바닥으로부터 1.5[m] 이내로 할 것
③ 감지기회로의 끝부분에 설치하며, 종단감지기에 설치할 경우에는 구별이 쉽도록 해당 감지기의 기판 및 감지기 외부 등에 별도의 표시를 할 것
∴ 종단저항은 감지기회로의 도통시험을 위하여 감지기회로의 끝부분에 설치해야 하나 그림에서 종단저항은 P형 1급 발신기에 설치하였다. 따라서, 종단저항의 배선은 P형 1급 수신기의 지구단자와 지구공통단자에 배선한다.

정답

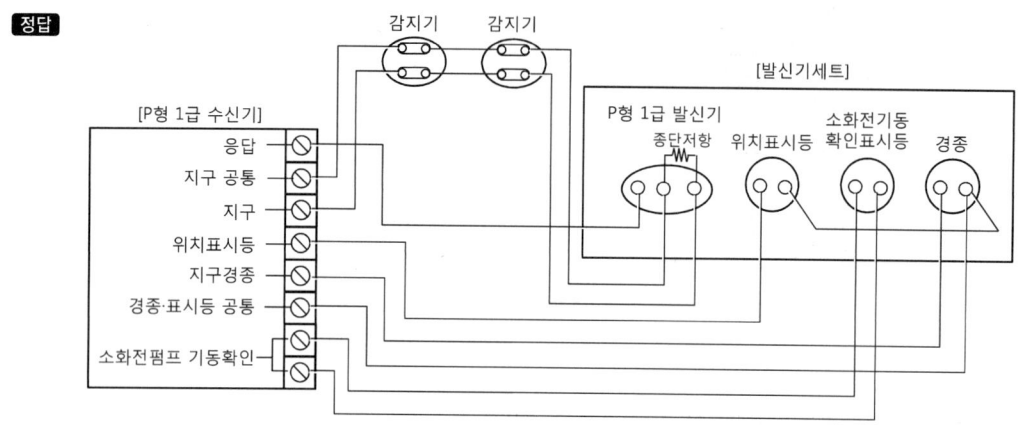

12 다음은 무선통신보조설비의 화재안전기술기준에서 정하는 누설동축케이블 및 증폭기에 대한 내용이다. (   ) 안에 알맞은 내용을 쓰시오.

득점	배점
	5

- 누설동축케이블 및 동축케이블은 화재에 따라 해당 케이블의 피복이 소실된 경우에 케이블 본체가 떨어지지 않도록 (①)[m] 이내마다 금속제 또는 자기제 등의 지지금구로 벽·천장·기둥 등에 견고하게 고정할 것. 다만, 불연재료로 구획된 반자 안에 설치하는 경우에는 그렇지 않다.
- 누설동축케이블 및 안테나는 고압의 전로로부터 (②)[m] 이상 떨어진 위치에 설치할 것. 다만, 해당 전로에 정전기 차폐장치를 유효하게 설치한 경우에는 그렇지 않다.
- 누설동축케이블의 끝부분에는 (③)을 견고하게 설치할 것
- 증폭기의 전면에는 주 회로 전원의 정상 여부를 표시할 수 있는 (④) 및 (⑤)를 설치할 것

해설
무선통신보조설비

(1) 누설동축케이블 및 동축케이블의 설치기준
① 소방전용 주파수대에서 전파의 전송 또는 복사에 적합한 것으로서 소방전용의 것으로 할 것. 다만, 소방대 상호 간의 무선 연락에 지장이 없는 경우에는 다른 용도와 겸용할 수 있다.
② 누설동축케이블과 이에 접속하는 안테나 또는 동축케이블과 이에 접속하는 안테나로 구성할 것
③ 누설동축케이블 및 동축케이블은 불연 또는 난연성의 것으로서 습기 등의 환경조건에 따라 전기의 특성이 변질되지 않는 것으로 하고, 노출하여 설치한 경우에는 피난 및 통행에 장애가 없도록 할 것
④ 누설동축케이블 및 동축케이블은 화재에 따라 해당 케이블의 피복이 소실된 경우에 케이블 본체가 떨어지지 않도록 4[m] 이내마다 금속제 또는 자기제 등의 지지금구로 벽·천장·기둥 등에 견고하게 고정할 것. 다만, 불연재료로 구획된 반자 안에 설치하는 경우에는 그렇지 않다.
⑤ 누설동축케이블 및 안테나는 금속판 등에 따라 전파의 복사 또는 특성이 현저하게 저하되지 않는 위치에 설치할 것
⑥ 누설동축케이블 및 안테나는 고압의 전로로부터 1.5[m] 이상 떨어진 위치에 설치할 것. 다만, 해당 전로에 정전기 차폐장치를 유효하게 설치한 경우에는 그렇지 않다.
⑦ 누설동축케이블의 끝부분에는 무반사 종단저항을 견고하게 설치할 것
⑧ 누설동축케이블 및 동축케이블의 임피던스는 50[Ω]으로 하고, 이에 접속하는 안테나·분배기 기타의 장치는 해당 임피던스에 적합한 것으로 해야 한다.

(2) 증폭기 및 무선중계기의 설치기준
① 상용전원은 전기가 정상적으로 공급되는 축전지설비, 전기저장장치(외부 전기에너지를 저장해 두었다가 필요한 때 전기를 공급하는 장치) 또는 교류전압 옥내간선으로 하고, 전원까지의 배선은 전용으로 할 것
② 증폭기의 전면에는 주 회로 전원의 정상 여부를 표시할 수 있는 표시등 및 전압계를 설치할 것
③ 증폭기에는 비상전원이 부착된 것으로 하고 해당 비상전원 용량은 무선통신보조설비를 유효하게 30분 이상 작동시킬 수 있는 것으로 할 것
④ 증폭기 및 무선중계기를 설치하는 경우에는 전파법 제58조의2에 따른 적합성평가를 받은 제품으로 설치하고 임의로 변경하지 않도록 할 것
⑤ 디지털 방식의 무전기를 사용하는데 지장이 없도록 설치할 것

정답
① 4
② 1.5
③ 무반사 종단저항
④ 표시등
⑤ 전압계

13

다음 그림은 단상 2선식 회로이다. A점의 전압이 100[V]일 때, B점의 단자전압[V]과 C점의 단자전압[V]을 구하시오.

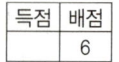

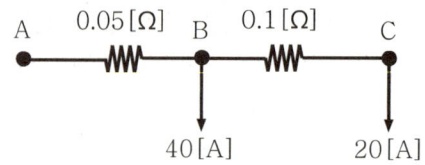

(1) B점의 단자전압[V]를 구하시오.
- 계산과정 :
- 답 :

(2) C점의 단자전압[V]를 구하시오.
- 계산과정 :
- 답 :

해설

단자전압 계산

(1) 전압강하(e) 계산

전기방식	전압강하		전선의 단면적
단상 3선식 직류 3선식 3상 4선식	$e = \dfrac{17.8LI}{1,000A}$ [V]	$e = V_i - V_o = IR$ [V]	$A = \dfrac{17.8LI}{1,000e}$ [mm^2]
단상 2선식 직류 2선식	$e = \dfrac{35.6LI}{1,000A}$ [V]	$e = V_i - V_o = 2IR$ [V]	$A = \dfrac{35.6LI}{1,000e}$ [mm^2]
3상 3선식	$e = \dfrac{30.8LI}{1,000A}$ [V]	$e = V_i - V_o = \sqrt{3}IR$ [V]	$A = \dfrac{30.8LI}{1,000e}$ [mm^2]

여기서, L : 배선의 거리[m] I : 전류[A]
A : 전선의 단면적 $\left(\dfrac{\pi}{4} \times d^2\right)$[mm^2] d : 전선의 직경[m]
V_i : 입력전압[V] V_0 : 출력전압(단자전압)[V]
R : 저항[Ω]

(2) 단자전압 계산

① B점의 단자전압
  ㉠ A점의 입력전압 $V_A = 100$[V]
  ㉡ A점과 B점에 흐르는 전류 $I = I_B + I_C = 40[A] + 20[A] = 60[A]$
  ㉢ 전압강하 $e = V_A - V_B = 2IR$에서 $V_B = V_A - 2IR = 100[V] - 2 \times (40+20)[A] \times 0.05[\Omega] = 94[V]$

② C점의 단자전압
  ㉠ B점의 입력전압 $V_B = 94$[V]
  ㉡ B점과 C점에 흐르는 전류 $I = 20$[A]
  ㉢ 전압강하 $e = V_B - V_C = 2IR$에서 $V_C = V_B - 2IR = 94[V] - 2 \times 20[A] \times 0.1[\Omega] = 90[V]$

정답 (1) 94[V]
         (2) 90[V]

14 다음은 비상방송설비의 화재안전기술기준에서 정하는 내용이다. 각 물음에 답하시오.

(1) 화재안전기술기준에서 정하는 음량조절기의 정의를 쓰시오.
(2) 비상방송설비의 화전안전기술기준에서 정하는 음향장치의 설치기준이다. ( ) 안에 알맞은 내용을 쓰시오.
 - 확성기의 음성입력은 3[W](실내에 설치하는 것에 있어서는 (①)[W]) 이상일 것
 - 확성기는 각 층마다 설치하되, 그 층의 각 부분으로부터 하나의 확성기까지의 수평거리가 (②)[m] 이하가 되도록 하고, 해당 층의 각 부분에 유효하게 경보를 발할 수 있도록 설치할 것
 - 음량조정기를 설치하는 경우 음량조정기의 배선은 (③)선식으로 할 것
(3) 비상방송설비의 음향장치는 기동장치에 따른 화재신호를 수신한 후 필요한 음량으로 화재발생상황 및 피난에 유효한 방송이 자동으로 개시될 때까지의 소요시간은 몇 초 이내로 해야 하는지 쓰시오.

해설

비상방송설비

(1) 비상방송설비의 용어 정의
  ① 확성기 : 소리를 크게 하여 멀리까지 전달될 수 있도록 하는 장치로써 일명 스피커를 말한다.
  ② 음량조절기 : 가변저항을 이용하여 전류를 변화시켜 음량을 크게 하거나 작게 조절할 수 있는 장치를 말한다.
  ③ 증폭기 : 전압·전류의 진폭을 늘려 감도를 좋게 하고 미약한 음성전류를 커다란 음성전류로 변화시켜 소리를 크게 하는 장치를 말한다.

(2), (3) 음향장치의 설치기준
  ① 확성기의 음성입력은 3[W](실내에 설치하는 것에 있어서는 1[W]) 이상일 것
  ② 확성기는 각 층마다 설치하되, 그 층의 각 부분으로부터 하나의 확성기까지의 수평거리가 25[m] 이하가 되도록 하고, 해당 층의 각 부분에 유효하게 경보를 발할 수 있도록 설치할 것
  ③ 음량조정기를 설치하는 경우 음량조정기의 배선은 3선식으로 할 것
  ④ 조작부의 조작스위치는 바닥으로부터 0.8[m] 이상 1.5[m] 이하의 높이에 설치할 것
  ⑤ 조작부는 기동장치의 작동과 연동하여 해당 기동장치가 작동한 층 또는 구역을 표시할 수 있는 것으로 할 것
  ⑥ 증폭기 및 조작부는 수위실 등 상시 사람이 근무하는 장소로서 점검이 편리하고 방화상 유효한 곳에 설치할 것
  ⑦ 층수가 11층(공동주택의 경우에는 16층) 이상의 특정소방대상물은 다음의 기준에 따라 경보를 발할 수 있도록 해야 한다.
    ㉠ 2층 이상의 층에서 발화한 때에는 발화층 및 그 직상 4개 층에 경보를 발할 것
    ㉡ 1층에서 발화한 때에는 발화층·그 직상 4개 층 및 지하층에 경보를 발할 것
    ㉢ 지하층에서 발화한 때에는 발화층·그 직상층 및 기타의 지하층에 경보를 발할 것
  ⑧ 다른 방송설비와 공용하는 것에 있어서는 화재 시 비상경보 외의 방송을 차단할 수 있는 구조로 할 것
  ⑨ 다른 전기회로에 따라 유도장애가 생기지 않도록 할 것
  ⑩ 하나의 특정소방대상물에 2 이상의 조작부가 설치되어 있는 때에는 각각의 조작부가 있는 장소 상호 간에 동시 통화가 가능한 설비를 설치하고, 어느 조작부에서도 해당 특정소방대상물의 전 구역에 방송을 할 수 있도록 할 것
  ⑪ 기동장치에 따른 화재신호를 수신한 후 필요한 음량으로 화재발생상황 및 피난에 유효한 방송이 자동으로 개시될 때까지의 소요시간은 10초 이내로 할 것
  ⑫ 음향장치는 다음의 기준에 따른 구조 및 성능의 것으로 해야 한다.
    ㉠ 정격전압의 80[%] 전압에서 음향을 발할 수 있는 것으로 할 것
    ㉡ 자동화재탐지설비의 작동과 연동하여 작동할 수 있는 것으로 할 것

정답 (1) 가변저항을 이용하여 전류를 변화시켜 음량을 크게 하거나 작게 조절할 수 있는 장치를 말한다.
(2) ① 1　　　　　　　　　　　　　② 25
　　③ 3
(3) 10초 이내

---

15 예비전원설비에 사용되는 축전지에 대한 다음 각 물음에 답하시오.　　|득점|배점|
　　　　　　　　　　　　　　　　　　　　　　　　　　　　　　　　　　　|---|---|
　　　　　　　　　　　　　　　　　　　　　　　　　　　　　　　　　　　|　 | 6 |

(1) 부동충전방식에 대한 회로도를 그리시오.
(2) 축전지를 과방전 및 방전상태에서 오랫동안 방치한 경우, 기능회복을 위하여 실시하는 충전방식의 명칭을 쓰시오.
(3) 연축전지의 정격용량이 250[Ah]이고, 상시부하가 8[kW]이며 표준전압이 100[V]인 부동충전방식의 충전기 2차 충전전류[A]를 구하시오.
　• 계산과정 :
　• 답 :

해설
축전지설비
(1), (2) 충전방식의 종류
　① 보통충전방식 : 필요할 때마다 표준시간율로 전류를 충전하는 방식이다.
　② 급속충전방식 : 비교적 단시간에 보통충전의 2~3배의 전류로 충전하는 방식이다.
　③ 부동충전방식 : 축전지의 자기방전량을 보충함과 동시에 상용부하에 대한 전력공급은 충전기가 부담하고 충전기가 부담하기 어려운 대전류 부하는 축전지가 부담하게 하는 방식이다.

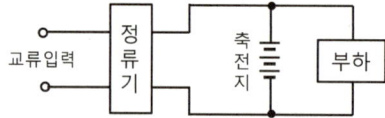

　④ 균등충전방식 : 부동충전방식의 전압보다 약간 높은 정전압으로 충분한 시간동안 충전함으로써 전체 셀의 전압 및 비중상태를 균등하게 되도록 하기 위한 충전방식이다.
　⑤ 세류충전방식 : 축전지의 자기방전량만 충전하기 위해 부하를 제거한 상태에서 미소전류로 충전하는 방식이다.
　⑥ 회복충전방식 : 축전지를 과방전 또는 방전상태에서 오랫동안 방치한 경우, 가벼운 설페이션현상이 생겼을 때 기능회복을 위하여 실시하는 충전방식이다.

(3) 부동충전 시 2차 충전전류(I_2) 계산

$$I_2 = \frac{\text{축전지의 정격용량[Ah]}}{\text{방전시간율[h]}} + \frac{\text{상시부하[W]}}{\text{표준전압[V]}} [A]$$

∴ 2차 충전전류 $I_2 = \frac{250[Ah]}{10[h]} + \frac{8 \times 10^3[W]}{100[V]} = 105[A]$

참고

연축전지와 알칼리축전지 비교

구분		연축전지(납축전지)		알칼리축전지	
		CS형	HS형	포켓식	소결식
구조	양극	이산화납(PbO₂)		수산화니켈[Ni(OH)₃]	
	음극	납(Pb)		카드뮴(Cd)	
	전해액	황산(H₂SO₄)		수산화칼륨(KOH)	
공칭용량(방전시간율)		10[Ah](10[h])		5[Ah](5[h])	
공칭전압		2.0[V/cell]		1.2[V/cell]	
충전시간		길다.		짧다.	
과충전, 과방전에 대한 전기적 강도		약하다.		강하다.	
용도		장시간, 일정 전류 부하에 우수		단시간, 대전류 부하에 우수	

정답

(1)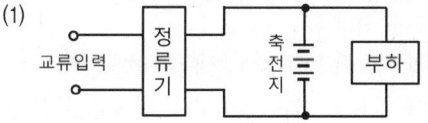

(2) 회복충전방식
(3) 105[A]

---

16 다음은 비상방송설비 및 단독경보형 감지기의 화재안전기술기준에서 정하는 내용이다. 각 물음에 답하시오. (득점/배점 8)

(1) 비상방송설비의 화재안전기술기준에서 정하는 증폭기의 정의를 쓰시오.
(2) 비상방송설비에서 음향장치의 조작부는 바닥으로부터 몇 [m] 높이에 설치해야 하는지 쓰시오.
(3) 지하 2층, 지상 7층의 특정소방대상물에 일제경보방식으로 비상방송설비를 설치하였다. 지상 5층에서 단선이 되었을 경우 비상방송설비가 작동하는 층을 모두 쓰시오.
(4) 바닥면적이 600[m²]인 특정소방대상물에 단독경보형 감지기를 설치하려고 한다. 이 특정소방대상물에 단독경보형 감지기를 몇 개 설치해야 하는지 구하시오.
  • 계산과정 :
  • 답 :

해설

비상방송설비 및 단독경보형 감지기

(1) 비상방송설비의 용어 정의
  ① 확성기 : 소리를 크게 하여 멀리까지 전달될 수 있도록 하는 장치로써 일명 스피커를 말한다.
  ② 음량조절기 : 가변저항을 이용하여 전류를 변화시켜 음량을 크게 하거나 작게 조절할 수 있는 장치를 말한다.
  ③ 증폭기 : 전압·전류의 진폭을 늘려 감도를 좋게 하고 미약한 음성전류를 커다란 음성전류로 변화시켜 소리를 크게 하는 장치를 말한다.

(2) 비상방송설비의 음향장치 설치기준
  ① 확성기의 음성입력은 3[W](실내에 설치하는 것에 있어서는 1[W]) 이상일 것
  ② 확성기는 각 층마다 설치하되, 그 층의 각 부분으로부터 하나의 확성기까지의 수평거리가 25[m] 이하가 되도록 하고, 해당 층의 각 부분에 유효하게 경보를 발할 수 있도록 설치할 것
  ③ 음량조정기를 설치하는 경우 음량조정기의 배선은 3선식으로 할 것
  ④ 조작부의 조작스위치는 바닥으로부터 0.8[m] 이상 1.5[m] 이하의 높이에 설치할 것
  ⑤ 기동장치에 따른 화재신호를 수신한 후 필요한 음량으로 화재발생상황 및 피난에 유효한 방송이 자동으로 개시될 때까지의 소요시간은 10초 이내로 할 것

(3) 비상방송설비의 우선경보방식
  ① 비상방송설비의 배선 설치기준에서 화재로 인하여 하나의 층의 확성기 또는 배선이 단락 또는 단선되어도 다른 층의 화재통보에 지장이 없도록 할 것
  ② 우선경보방식 : 층수가 11층(공동주택의 경우에는 16층) 이상의 특정소방대상물은 다음의 기준에 따라 경보를 발할 수 있도록 해야 한다.
    ㉠ 2층 이상의 층에서 발화한 때에는 발화층 및 그 직상 4개 층에 경보를 발할 것
    ㉡ 1층에서 발화한 때에는 발화층·그 직상 4개 층 및 지하층에 경보를 발할 것
    ㉢ 지하층에서 발화한 때에는 발화층·그 직상층 및 기타의 지하층에 경보를 발할 것
    ∴ 일제경보방식이므로 화재 시 모든 층에서 비상방송설비가 작동되어야 한다. 하지만, 문제에서 5층에서 단선이 되었으므로 지상 5층만 빼고 비상방송설비가 작동(지하 2층, 지하 1층, 지상 1층, 지상 2층, 지상 3층, 지상 4층, 지상 6층, 지상 7층)되어야 한다.

(4) 단독경보형 감지기의 설치기준
  ① 각 실(이웃하는 실내의 바닥면적이 각각 30[m²] 미만이고 벽체의 상부의 전부 또는 일부가 개방되어 이웃하는 실내와 공기가 상호 유통되는 경우에는 이를 1개의 실로 본다)마다 설치하되, 바닥면적이 150[m²]를 초과하는 경우에는 150[m²]마다 1개 이상 설치할 것
  ② 계단실은 최상층의 계단실의 천장(외기가 상통하는 계단실의 경우를 제외한다)에 설치할 것
  ③ 건전지를 주전원으로 사용하는 단독경보형 감지기는 정상적인 작동상태를 유지할 수 있도록 건전지를 교환할 것
  ④ 상용전원을 주전원으로 사용하는 단독경보형 감지기의 2차 전지는 법 제40조에 따라 제품검사에 합격한 것을 사용할 것

    ∴ 단독경보형 감지기 설치개수 = $\dfrac{600[\text{m}^2]}{150[\text{m}^2]}$ = 4개

정답
(1) 전압·전류의 진폭을 늘려 감도를 좋게 하고 미약한 음성전류를 커다란 음성전류로 변화시켜 소리를 크게 하는 장치를 말한다.
(2) 0.8[m] 이상 1.5[m] 이하
(3) 지하 2층, 지하 1층, 지상 1층, 지상 2층, 지상 3층, 지상 4층, 지상 6층, 지상 7층
(4) 4개

17 다음은 감지기의 형식승인 및 제품검사의 기술기준에서 정하는 감지기의 형식별 특성에 관한 내용이다. ( ) 안에 알맞은 내용을 쓰시오.

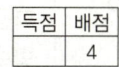

(1) ( )이란 1개의 감지기 내에 서로 다른 종별 또는 감도 등의 기능을 갖춘 것으로서 일정시간 간격을 두고 각각 다른 2개 이상의 화재신호를 발하는 감지기를 말한다.
(2) ( )이란 주위의 온도 또는 연기의 양의 변화에 따라 각각 다른 전류 또는 전압 등의 출력을 발하는 방식의 감지기를 말한다.

해설

감지기의 형식별 특성

(1) 감지기의 형식별 구분
　① 방수형 유무에 따라 구분 : 방수형, 비방수형
　② 내식성 유무에 따라 구분 : 내산형, 내알칼리형, 보통형
　③ 재용성 유무에 따라 구분 : 재용형, 비재용형
　④ 연기의 축적에 따라 구분 : 축적형, 비축적형
　⑤ 방폭구조 여부에 따라 구분 : 방폭형, 비방폭형
　⑥ 화재신호의 발신방법에 따라 구분 : 단신호식, 다신호식, 아날로그식
　⑦ 화재신호 전달방법 : 무선식, 유선식
　⑧ 불꽃감지기는 설치장소에 따라 구분 : 옥내형, 옥내·옥외형, 도로형

(2) 감지기의 형식별 특성(감지기의 형식승인 및 제품검사의 기술기준 제4조)
　① 다(多)신호식 : 1개의 감지기 내에 서로 다른 종별 또는 감도 등의 기능을 갖춘 것으로서 일정시간 간격을 두고 각각 다른 2개 이상의 화재신호를 발하는 감지기를 말한다.
　② 방폭형 : 폭발성가스가 용기 내부에서 폭발하였을 때 용기가 그 압력에 견디거나 또는 외부의 폭발성가스에 인화될 우려가 없도록 만들어진 형태의 감지기를 말한다.
　③ 방수형 : 그 구조가 방수구조로 되어있는 감지기를 말한다.
　④ 재용형 : 다시 사용할 수 있는 성능을 가진 감지기를 말한다.
　⑤ 축적형 : 일정 농도 이상의 연기가 일정 시간(공칭축적시간) 연속하는 것을 전기적으로 검출하므로서 작동하는 감지기(다만, 단순히 작동시간만을 지연시키는 것은 제외한다)를 말한다.
　⑥ 아날로그식 : 주위의 온도 또는 연기의 양의 변화에 따라 각각 다른 전류 또는 전압 등의 출력을 발하는 방식의 감지기를 말한다.
　⑦ 연동식 : 단독경보형 감지기가 작동할 때 화재를 경보하며 유·무선으로 주위의 다른 감지기에 신호를 발신하고 신호를 수신한 감지기도 화재를 경보하며 다른 감지기에 신호를 발신하는 방식의 것을 말한다.
　⑧ 무선식 : 전파에 의해 신호를 송수신하는 방식의 것을 말한다.

정답 (1) 다신호식
　　　 (2) 아날로그식

18. 다음은 비상조명등의 화재안전기술기준에서 정하는 비상조명등의 설치기준이다. (   ) 안에 알맞은 내용을 쓰시오.

득점	배점
	5

- 예비전원을 내장하는 비상조명등에는 평상시 점등 여부를 확인할 수 있는 (①)를 설치하고 해당 조명등을 유효하게 작동시킬 수 있는 용량의 (②)와 (③)를 내장할 것
- 예비전원과 비상전원은 비상조명등을 (④)분 이상 유효하게 작동시킬 수 있는 용량으로 할 것. 다만, 다음의 특정소방대상물의 경우에는 그 부분에서 피난층에 이르는 부분의 비상조명등을 (⑤)분 이상 유효하게 작동시킬 수 있는 용량으로 해야 한다.
  - 지하층을 제외한 층수가 11층 이상의 층
  - 지하층 또는 무창층으로서 용도가 도매시장·소매시장·여객자동차터미널·지하역사 또는 지하상가

해설

비상조명등의 설치기준

(1) 특정소방대상물의 각 거실과 그로부터 지상에 이르는 복도·계단 및 그 밖의 통로에 설치할 것
(2) 조도는 비상조명등이 설치된 장소의 각 부분의 바닥에서 1[lx] 이상이 되도록 할 것
(3) 예비전원을 내장하는 비상조명등에는 평상시 점등 여부를 확인할 수 있는 점검스위치를 설치하고 해당 조명등을 유효하게 작동시킬 수 있는 용량의 축전지와 예비전원 충전장치를 내장할 것
(4) 예비전원을 내장하지 않은 비상조명등의 비상전원은 자가발전설비, 축전지설비 또는 전기저장장치(외부 전기에너지를 저장해 두었다가 필요한 때 전기를 공급하는 장치)를 다음의 기준에 따라 설치해야 한다.
  ① 점검에 편리하고 화재 및 침수 등의 재해로 인한 피해를 받을 우려가 없는 곳에 설치할 것
  ② 상용전원으로부터 전력의 공급이 중단된 때에는 자동으로 비상전원으로부터 전력을 공급받을 수 있도록 할 것
  ③ 비상전원의 설치장소는 다른 장소와 방화구획할 것. 이 경우 그 장소에는 비상전원의 공급에 필요한 기구나 설비 외의 것(열병합발전설비에 필요한 기구나 설비는 제외한다)을 두어서는 안 된다.
  ④ 비상전원을 실내에 설치하는 때에는 그 실내에 비상조명등을 설치할 것
(5) 예비전원과 비상전원은 비상조명등을 20분 이상 유효하게 작동시킬 수 있는 용량으로 할 것. 다만, 다음의 특정소방대상물의 경우에는 그 부분에서 피난층에 이르는 부분의 비상조명등을 60분 이상 유효하게 작동시킬 수 있는 용량으로 해야 한다.
  ① 지하층을 제외한 층수가 11층 이상의 층
  ② 지하층 또는 무창층으로서 용도가 도매시장·소매시장·여객자동차터미널·지하역사 또는 지하상가

정답
① 점검스위치 ② 축전지
③ 예비전원 충전장치 ④ 20
⑤ 60

2023년 제2회 과년도 기출복원문제

※ 다음 물음에 대한 답을 해당 답란에 답하시오.(배점 : 100)

01

다음은 무선통신보조설비의 화재안전기술기준에서 정하는 분배기, 분파기, 혼합기의 정의를 간단하게 쓰시오.

득점	배점
	6

(1) 분배기의 정의를 쓰시오.
(2) 분파기의 정의를 쓰시오.
(3) 혼합기의 정의를 쓰시오.

해설

무선통신보조설비의 용어 정의

(1) 분배기 : 신호의 전송로가 분기되는 장소에 설치하는 것으로 임피던스 매칭(Matching)과 신호 균등분배를 위해 사용하는 장치를 말한다.
(2) 분파기 : 서로 다른 주파수의 합성된 신호를 분리하기 위해서 사용하는 장치를 말한다.
(3) 혼합기 : 2 이상의 입력신호를 원하는 비율로 조합한 출력이 발생하도록 하는 장치를 말한다.
(4) 누설동축케이블 : 동축케이블의 외부도체에 가느다란 홈을 만들어서 전파가 외부로 새어 나갈 수 있도록 한 케이블을 말한다.
(5) 증폭기 : 전압·전류의 진폭을 늘려 감도 등을 개선하는 장치를 말한다.
(6) 무선중계기 : 안테나를 통하여 수신된 무전기 신호를 증폭한 후 음영지역에 재방사하여 무전기 상호 간 송수신이 가능하도록 하는 장치를 말한다.
(7) 옥외안테나 : 감시제어반 등에 설치된 무선중계기의 입력과 출력포트에 연결되어 송수신 신호를 원활하게 방사·수신하기 위해 옥외에 설치하는 장치를 말한다.
(8) 임피던스 : 교류 회로에 전압이 가해졌을 때 전류의 흐름을 방해하는 값으로서 교류 회로에서의 전류에 대한 전압의 비를 말한다.

정답
(1) 신호의 전송로가 분기되는 장소에 설치하는 것으로 임피던스 매칭(Matching)과 신호 균등분배를 위해 사용하는 장치를 말한다.
(2) 서로 다른 주파수의 합성된 신호를 분리하기 위해서 사용하는 장치를 말한다.
(3) 2 이상의 입력신호를 원하는 비율로 조합한 출력이 발생하도록 하는 장치를 말한다.

02 다음 유도등 및 유도표지의 화재안전기술기준에서 정하는 피난유도선의 종류 중 광원점등방식의 피난유도선의 설치기준을 3가지만 쓰시오.

득점	배점
	3

해설

피난유도선의 설치기준

(1) 축광방식의 피난유도선 설치기준
  ① 구획된 각 실로부터 주출입구 또는 비상구까지 설치할 것
  ② 바닥으로부터 높이 50[cm] 이하의 위치 또는 바닥면에 설치할 것
  ③ 피난유도 표시부는 50[cm] 이내의 간격으로 연속되도록 설치할 것
  ④ 부착대에 의하여 견고하게 설치할 것
  ⑤ 외부의 빛 또는 조명장치에 의하여 상시 조명이 제공되거나 비상조명등에 의한 조명이 제공되도록 설치할 것

(2) 광원점등방식의 피난유도선 설치기준
  ① 구획된 각 실로부터 주출입구 또는 비상구까지 설치할 것
  ② 피난유도 표시부는 바닥으로부터 높이 1[m] 이하의 위치 또는 바닥면에 설치할 것
  ③ 피난유도 표시부는 50[cm] 이내의 간격으로 연속되도록 설치하되 실내장식물 등으로 설치가 곤란할 경우 1[m] 이내로 설치할 것
  ④ 수신기로부터의 화재신호 및 수동조작에 의하여 광원이 점등되도록 설치할 것
  ⑤ 비상전원이 상시 충전상태를 유지하도록 설치할 것
  ⑥ 바닥에 설치되는 피난유도 표시부는 매립하는 방식을 사용할 것
  ⑦ 피난유도 제어부는 조작 및 관리가 용이하도록 바닥으로부터 0.8[m] 이상 1.5[m] 이하의 높이에 설치할 것

정답
① 구획된 각 실로부터 주출입구 또는 비상구까지 설치할 것
② 바닥으로부터 높이 50[cm] 이하의 위치 또는 바닥면에 설치할 것
③ 피난유도 표시부는 50[cm] 이내의 간격으로 연속되도록 설치할 것

03 다음은 제연설비의 화재안전기술기준에서 제연설비의 설치장소를 제연구역으로 구획해야 하는 기준이다. ( ) 안에 알맞은 내용을 쓰시오.

배점 8

- 하나의 제연구역의 면적은 (①)[m²] 이내로 할 것
- 통로상의 제연구역은 보행중심선의 길이가 (②)[m]를 초과하지 않을 것
- 하나의 제연구역은 직경 (③)[m] 원내에 들어갈 수 있을 것
- 하나의 제연구역은 (④) 이상의 층에 미치지 않도록 할 것. 다만, 층의 구분이 불분명한 부분은 그 부분을 다른 부분과 별도로 제연구획해야 한다.
- 제연구역의 구획은 보·제연경계벽 및 벽(화재 시 자동으로 구획되는 가동벽·방화셔터·방화문을 포함한다)으로 하되, 다음의 기준에 적합해야 한다.
  - 재질은 (⑤), (⑥) 또는 제연경계벽으로 성능을 인정받은 것으로서 화재 시 쉽게 변형·파괴되지 아니하고 연기가 누설되지 않는 기밀성 있는 재료로 할 것
  - 제연경계는 제연경계의 폭이 (⑦)[m] 이상이고, 수직거리는 (⑧)[m] 이내이어야 한다. 다만, 구조상 불가피한 경우는 2[m]를 초과할 수 있다.

해설

제연구역의 구획기준

(1) 하나의 제연구역의 면적은 1,000[m²] 이내로 할 것
(2) 거실과 통로(복도를 포함한다)는 각각 제연구획할 것
(3) 통로상의 제연구역은 보행중심선의 길이가 60[m]를 초과하지 않을 것
(4) 하나의 제연구역은 직경 60[m] 원내에 들어갈 수 있을 것
(5) 하나의 제연구역은 2 이상의 층에 미치지 않도록 할 것. 다만, 층의 구분이 불분명한 부분은 그 부분을 다른 부분과 별도로 제연구획해야 한다.
(6) 제연구역의 구획은 보·제연경계벽 및 벽(화재 시 자동으로 구획되는 가동벽·방화셔터·방화문을 포함)으로 하되, 다음의 기준에 적합해야 한다.
  ① 재질은 내화재료, 불연재료 또는 제연경계벽으로 성능을 인정받은 것으로서 화재 시 쉽게 변형·파괴되지 않고 연기가 누설되지 않는 기밀성 있는 재료로 할 것
  ② 제연경계는 제연경계의 폭이 0.6[m] 이상이고, 수직거리는 2[m] 이내이어야 한다. 다만, 구조상 불가피한 경우는 2[m]를 초과할 수 있다.
  ③ 제연경계벽은 배연 시 기류에 따라 그 하단이 쉽게 흔들리지 않고, 가동식의 경우에는 급속히 하강하여 인명에 위해를 주지 않는 구조일 것

정답
① 1,000 ② 60
③ 60 ④ 2
⑤ 내화재료 ⑥ 불연재료
⑦ 0.6 ⑧ 2

04 다음은 감지기회로의 배선에 대한 내용이다. 각 물음에 답하시오.

(1) 감지기회로의 송배선식에 대하여 설명하시오.
(2) 감지기회로의 교차회로방식에 대하여 설명하시오.
(3) 교차회로방식을 적용해야 하는 소화설비를 5가지만 쓰시오.

득점	배점
	6

해설
감지기회로의 배선방식
(1) 송배선식
  ① 감지기회로의 도통시험을 용이하게 하기 위하여 배선의 도중에서 분기하지 않는 방식이다.
  ② 전선 가닥수 산정 시 루프로 된 부분은 2가닥, 그 밖에는 4가닥으로 한다.

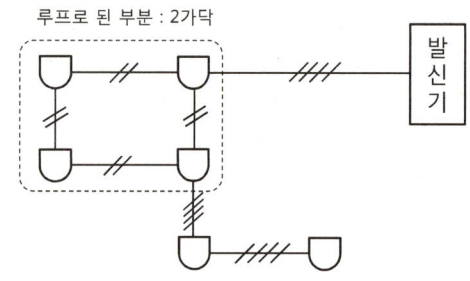

  ③ 적용설비 : 자동화재탐지설비, 제연설비
(2) 교차회로방식
  ① 감지기의 오동작을 방지하기 위하여 하나의 방호구역 내에 2 이상의 화재감지기 회로를 설치하고 인접한 2 이상의 화재감지기에 화재가 감지되는 때에 소화설비가 작동하는 방식을 말한다.
  ② 전선 가닥수 산정 시 루프로 된 부분과 말단부는 4가닥, 그 밖에는 8가닥으로 한다.

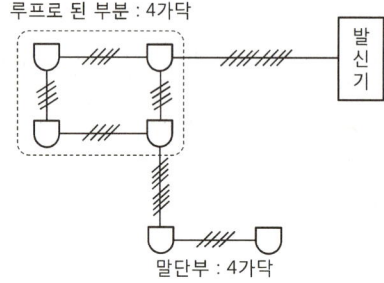

(3) 교차회로방식을 적용해야 하는 소화설비
  ① 분말소화설비   ② 할론소화설비
  ③ 이산화탄소소화설비   ④ 준비작동식 스프링클러설비
  ⑤ 일제살수식 스프링클러설비 ⑥ 할로겐화합물 및 불활성기체소화설비

정답
(1) 감지기회로의 도통시험을 용이하게 하기 위하여 배선의 도중에서 분기하지 않는 방식
(2) 하나의 방호구역 내에 2 이상의 화재감지기 회로를 설치하고 인접한 2 이상의 화재감지기에 화재가 감지되는 때에 소화설비가 작동하는 방식
(3) 분말소화설비, 할론소화설비, 이산화탄소소화설비, 준비작동식 스프링클러설비, 일제살수식 스프링클러설비

05 다음 표는 소화설비별로 사용 가능한 비상전원의 종류를 나타낸 것이다. 각 소화설비별로 설치해야 하는 비상전원을 찾아 빈칸에 ○표 하시오.

소화설비	자가발전설비	축전지설비	비상전원수전설비
옥내소화전설비, 물분무소화설비, 이산화탄소소화설비, 할론소화설비, 비상조명등, 제연설비, 연결송수관설비			
스프링클러설비, 포소화설비			
자동화재탐지설비, 비상벨설비, 비상방송설비			
비상콘센트설비			

해설

소화설비별 비상전원

소화설비	비상전원의 용량	비상전원의 종류	비고
• 옥내소화전설비 • 물분무소화설비 • 이산화탄소소화설비 • 할론소화설비 • 제연설비 • 연결송수관설비 • 비상조명등	20분 이상	• 자가발전설비 • 축전지설비 • 전기저장장치	비상조명등은 예비전원을 내장하지 않은 것
• 스프링클러설비 • 포소화설비	20분 이상	• 자가발전설비 • 축전지설비 • 전기저장장치 • 비상전원수전설비	[비상전원수전설비 설치] • 스프링클러설비 : 차고・주차장으로서 스프링클러설비가 설치된 부분의 바닥면적의 합계가 1,000[m²] 미만인 경우 • 포소화설비 : 호스릴포소화설비 또는 포소화전만을 설치한 차고・주차장, 포헤드설비 또는 고정포방출설비가 설치된 부분의 바닥면적(스프링클러설비가 설치된 차고・주차장의 바닥면적을 포함)의 합계가 1,000[m²] 미만인 것
• 자동화재탐지설비 • 비상벨설비 또는 자동식사이렌설비 • 비상방송설비	10분 이상	• 축전지설비 • 전기저장장치	그 설비에 대한 감시상태를 60분간 지속한 후 유효하게 10분 이상 경보
비상콘센트설비	20분 이상	• 자가발전설비 • 축전지설비 • 전기저장장치 • 비상전원수전설비	
유도등	20분 이상	축전지	60분 이상 - 지하층을 제외한 층수가 11층 이상의 층, 지하층 또는 무창층으로서 용도가 도매시장・소매시장・여객자동차터미널・지하역사 또는 지하상가

정답

소화설비	자가발전설비	축전지설비	비상전원수전설비
옥내소화전설비, 물분무소화설비, 이산화탄소소화설비, 할론소화설비, 비상조명등, 제연설비, 연결송수관설비	○	○	
스프링클러설비, 포소화설비	○	○	○
자동화재탐지설비, 비상벨설비, 비상방송설비		○	
비상콘센트설비	○	○	○

06 자동화재탐지설비를 설치해야 하는 특정소방대상물의 연면적 또는 바닥면적 기준을 쓰시오 (단, 특정소방대상물의 전체인 경우 '전부' 또는 면적 조건이 없는 경우에는 '면적 조건 없음'이라고 답한다).

특정소방대상물	연면적 기준	특정소방대상물	연면적 기준
장례시설	①	묘지 관련 시설	②
근린생활시설 (단, 목욕탕은 제외한다)	③	노유자 생활시설	④
노유자시설 (단, 노유자 생활시설은 제외한다)	⑤	-	-

해설

자동화재탐지설비를 설치해야 하는 특정소방대상물(소방시설법 영 별표 4)

(1) 공동주택 중 아파트 등·기숙사 및 숙박시설의 경우에는 모든 층
(2) 층수가 6층 이상인 건축물의 경우에는 모든 층
(3) 근린생활시설(목욕장은 제외한다), 의료시설(정신의료기관 및 요양병원은 제외한다), 위락시설, 장례시설 및 복합건축물로서 연면적 600[m²] 이상인 경우에는 모든 층
(4) 근린생활시설 중 목욕장, 문화 및 집회시설, 종교시설, 판매시설, 운수시설, 운동시설, 업무시설, 공장, 창고시설, 위험물 저장 및 처리 시설, 항공기 및 자동차 관련 시설, 교정 및 군사시설 중 국방·군사시설, 방송통신시설, 발전시설, 관광휴게시설, 지하상가로서 연면적 1,000[m²] 이상인 경우에는 모든 층
(5) 교육연구시설(교육시설 내에 있는 기숙사 및 합숙소를 포함한다), 수련시설(수련시설 내에 있는 기숙사 및 합숙소를 포함하며, 숙박시설이 있는 수련시설은 제외한다), 동물 및 식물 관련 시설(기둥과 지붕만으로 구성되어 외부와 기류가 통하는 장소는 제외한다), 자원순환 관련 시설, 교정 및 군사시설(국방·군사시설은 제외한다) 또는 묘지 관련 시설로서 연면적 2,000[m²] 이상인 경우에는 모든 층
(6) 노유자 생활시설의 경우에는 모든 층
(7) (6)에 해당하지 않는 노유자시설로서 연면적 400[m²] 이상인 노유자시설 및 숙박시설이 있는 수련시설로서 수용인원 100명 이상인 경우에는 모든 층
(8) 의료시설 중 정신의료기관 또는 요양병원으로서 다음의 어느 하나에 해당하는 시설
  ① 요양병원(의료재활시설은 제외한다)
  ② 정신의료기관 또는 의료재활시설로 사용되는 바닥면적의 합계가 300[m²] 이상인 시설
  ③ 정신의료기관 또는 의료재활시설로 사용되는 바닥면적의 합계가 300[m²] 미만이고, 창살(철재·플라스틱 또는 목재 등으로 사람의 탈출 등을 막기 위하여 설치한 것을 말하며, 화재 시 자동으로 열리는 구조로 되어 있는 창살은 제외한다)이 설치된 시설
(9) 판매시설 중 전통시장
(10) 터널로서 길이가 1,000[m] 이상인 것
(11) 지하구
(12) (3)에 해당하지 않는 근린생활시설 중 조산원 및 산후조리원
(13) (4)에 해당하지 않는 공장 및 창고시설로서 화재의 예방 및 안전관리에 관한 법률 시행령 별표 2에서 정하는 수량의 500배 이상의 특수가연물을 저장·취급하는 것
(14) (4)에 해당하지 않는 발전시설 중 전기저장시설

정답

특정소방대상물	연면적 기준	특정소방대상물	연면적 기준
장례시설	600[m²] 이상	묘지 관련 시설	2,000[m²] 이상
근린생활시설 (단, 목욕탕은 제외한다)	600[m²] 이상	노유자 생활시설	전부
노유자시설 (단, 노유자 생활시설은 제외한다)	400[m²] 이상	-	-

07 다음은 주요구조부가 내화구조로 된 특정소방대상물에 각각의 실로 구획되어 있는 평면도이다. 자동화재탐지설비의 차동식 스포트형 2종 감지기를 설치하고자 할 경우 각 물음에 답하시오 (단, 감지기가 부착되어 있는 천장의 높이는 3.8[m]이다).

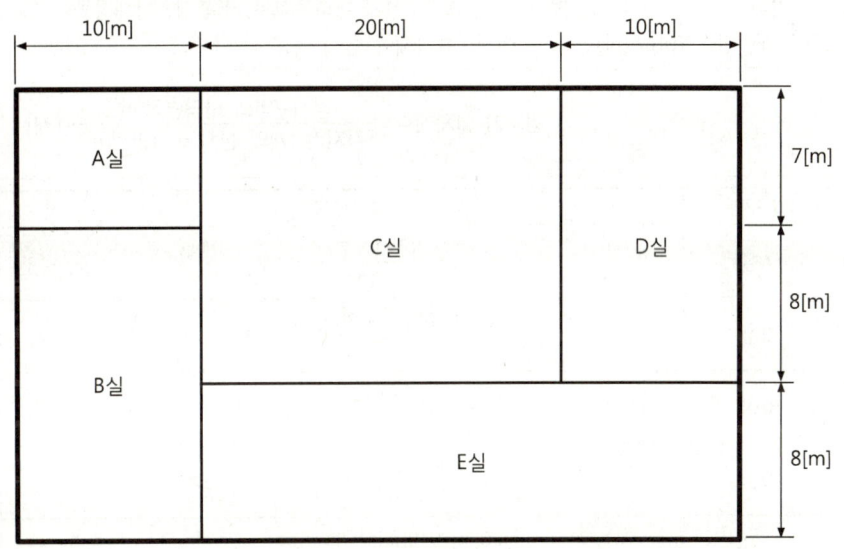

(1) 각 실에 설치해야 하는 차동식 스포트 1종 감지기의 설치개수를 구하시오.

실 구분	계산과정	감지기의 설치개수
A실		
B실		
C실		
D실		
E실		
합계		

(2) 해당 특정소방대상물의 경계구역 수를 구하시오.
  • 계산과정 :
  • 답 :

해설

자동화재탐지설지의 감지기 설치기준

(1) 차동식 스포트형 1종 감지기 설치개수 산정

① 차동식 스포트형·보상식 스포트형 및 정온식 스포트형 감지기는 그 부착높이 및 특정소방대상물에 따라 다음 [표]에 따른 바닥면적마다 1개 이상을 설치할 것

부착높이 및 특정소방대상물의 구분		감지기의 종류(단위 : [m²])					
		차동식 스포트형		보상식 스포트형		정온식 스포트형		
		1종	2종	1종	2종	특종	1종	2종
4[m] 미만	주요구조부가 내화구조로 된 특정소방대상물 또는 그 부분	90	70	90	70	70	60	20
	기타 구조의 특정소방대상물 또는 그 부분	50	40	50	40	40	30	15
4[m] 이상 8[m] 미만	주요구조부가 내화구조로 된 특정소방대상물 또는 그 부분	45	35	45	35	35	30	–
	기타 구조의 특정소방대상물 또는 그 부분	30	25	30	25	25	15	–

② 주요구조부가 내화구조로 된 특정소방대상물이고, 감지기가 부착되어 있는 천장의 높이는 3.8[m]이다.

③ 감지기의 부착높이는 4[m] 미만이고, 주요구조부가 내화구조로 된 특정소방대상물이므로 차동식 스포트형 2종 감지기는 바닥면적 70[m²]마다 1개 이상을 설치해야 한다.

$$\therefore \text{감지기 설치개수} = \frac{\text{감지구역의 바닥면적[m}^2]}{\text{감지기 1개의 설치 바닥면적[m}^2]} [\text{개}]$$

실 구분	계산과정	감지기 설치개수
A실	$\frac{10[\text{m}] \times 7[\text{m}]}{70[\text{m}^2]} = 1개$	1개
B실	$\frac{10[\text{m}] \times (8[\text{m}] + 8[\text{m}])}{70[\text{m}^2]} = 2.3개 ≒ 3개$	3개
C실	$\frac{20[\text{m}] \times (7[\text{m}] + 8[\text{m}])}{70[\text{m}^2]} = 4.3개 ≒ 5개$	5개
D실	$\frac{10[\text{m}] \times (7[\text{m}] + 8[\text{m}])}{70[\text{m}^2]} = 2.1개 ≒ 3개$	3개
E실	$\frac{(20[\text{m}] + 10[\text{m}]) \times 8[\text{m}]}{70[\text{m}^2]} = 3.4개 ≒ 4개$	4개
합계	1개 + 3개 + 5개 + 3개 + 4개 = 16개	16개

(2) 경계구역의 설정기준

① 수평적 경계구역

구분	기준	예외 기준
층별	층마다(2개 이상의 층에 미치지 않도록 할 것)	500[m²] 이하의 범위 안에서는 2개의 층을 하나의 경계구역으로 할 수 있다.
경계구역의 면적	600[m²] 이하	주된 출입구에서 그 내부 전체가 보이는 것에 있어서는 한 변의 길이가 50[m]의 범위에서 1,000[m²] 이하로 할 수 있다.
한 변의 길이	50[m] 이하	–

② 수직적 경계구역

구분	계단·경사로 기준	엘리베이터 승강로(권상기실이 있는 경우에는 권상기실)·린넨슈트·파이프 피트 및 덕트
높이	45[m] 이하	별도의 경계구역으로 설정
지하층 구분	지상층과 지하층을 구분 (지하층의 층수가 한 개 층일 경우는 제외)	

∴ 경계구역 $= \dfrac{(10[\text{m}]+20[\text{m}]+10[\text{m}]) \times (7[\text{m}]+8[\text{m}]+8[\text{m}])}{600[\text{m}^2]} = 1.53 ≒ 2$ 경계구역

정답 (1)

실 구분	계산과정	감지기 설치개수
A실	$\dfrac{10[\text{m}] \times 7[\text{m}]}{70[\text{m}^2]} = 1개$	1개
B실	$\dfrac{10[\text{m}] \times (8[\text{m}]+8[\text{m}])}{70[\text{m}^2]} = 2.3개 ≒ 3개$	3개
C실	$\dfrac{20[\text{m}] \times (7[\text{m}]+8[\text{m}])}{70[\text{m}^2]} = 4.3개 ≒ 5개$	5개
D실	$\dfrac{10[\text{m}] \times (7[\text{m}]+8[\text{m}])}{70[\text{m}^2]} = 2.1개 ≒ 3개$	3개
E실	$\dfrac{(20[\text{m}]+10[\text{m}]) \times 8[\text{m}]}{70[\text{m}^2]} = 3.4개 ≒ 4개$	4개
합계	1개 + 3개 + 5개 + 3개 + 4개 = 16개	16개

(2) 2 경계구역

08 아래 그림을 보고, 자동화재탐지설비의 경계구역 수를 구하시오(단, 각 경계구역의 계산과정을 나타내시오).

(1) 경계구역의 수

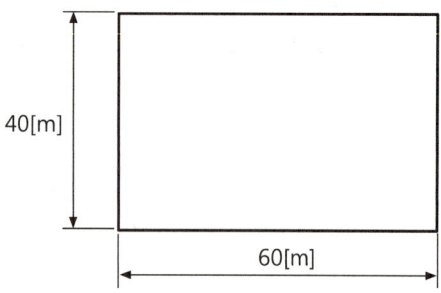

(2) 경계구역의 수

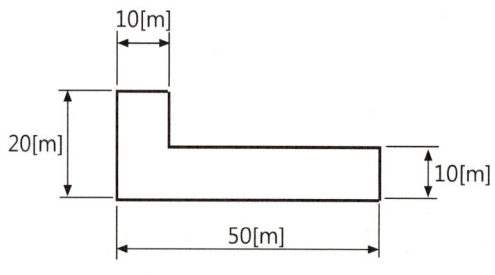

해설

경계구역의 수

(1) 수평적 경계구역

구분	기준	예외 기준
층별	층마다(2개 이상의 층에 미치지 않도록 할 것)	500[m²] 이하의 범위 안에서는 2개의 층을 하나의 경계구역으로 할 수 있다.
경계구역의 면적	600[m²] 이하	주된 출입구에서 그 내부 전체가 보이는 것에 있어서는 한 변의 길이가 50[m]의 범위에서 1,000[m²] 이하로 할 수 있다.
한 변의 길이	50[m] 이하	-

(2) 수직적 경계구역

구분	계단·경사로 기준	엘리베이터 승강로(권상기실이 있는 경우에는 권상기실)·린넨슈트·파이프 피트 및 덕트
높이	45[m] 이하	별도의 경계구역으로 설정
지하층 구분	지상층과 지하층을 구분 (지하층의 층수가 한 개 층일 경우는 제외)	

① 경계구역 = $\dfrac{60[\mathrm{m}] \times 40[\mathrm{m}]}{600[\mathrm{m}^2]} = 4$ 경계구역

② 경계구역 = $\dfrac{(50[\mathrm{m}] \times 10[\mathrm{m}]) + (10[\mathrm{m}] \times 10[\mathrm{m}])}{600[\mathrm{m}^2]} = 1$ 경계구역

정답 (1) 4 경계구역 (2) 1 경계구역

09 P형 1급 수신기와 감지기 간의 배선회로에서 배선저항이 50[Ω]이고, 릴레이저항은 950[Ω], 감시전류가 2[mA]일 때 다음 각 물음에 답하시오(단, 수신기의 전압은 DC 24[V]이다).

득점	배점
	4

(1) 종단저항[kΩ]을 구하시오.
- 계산과정 :
- 답 :

(2) 화재 시 감지기가 동작할 때 동작전류[mA]를 구하시오.
- 계산과정 :
- 답 :

해설
종단저항과 동작전류

(1) 종단저항

$$I = \frac{V}{R_{종단} + R_{릴레이} + R_{배선}} [A]$$

여기서, I : 감시전류($2[mA] = 2 \times 10^{-3}[A]$)
V : 회로의 전압(24[V])
$R_{릴레이}$: 릴레이저항(950[Ω])
$R_{배선}$: 배선저항(50[Ω])

$\therefore R_{종단} = \frac{V}{I} - R_{배선} - R_{릴레이} = \frac{24[V]}{2 \times 10^{-3}[A]} - 50[\Omega] - 950[\Omega] = 11,000[\Omega] = 11[k\Omega]$

(2) 동작전류(I)

$$I = \frac{V}{R_{릴레이} + R_{배선}} [A]$$

동작전류는 전체저항에서 종단저항을 뺀 값으로 구한다.

$\therefore I = \frac{V}{R_{릴레이} + R_{배선}} = \frac{24[V]}{950[\Omega] + 50[\Omega]} = 0.024[A] = 24 \times 10^{-3}[A] = 24[mA]$

정답 (1) 11[kΩ]
(2) 24[mA]

10

다음은 자동화재탐지설비 및 시각경보장치의 화재안전기술기준에서 정하는 연기감지기의 설치기준이다. ( ) 안에 알맞은 내용을 쓰시오.

- 연기감지기(광전식 스포트형 감지기) 감지기의 부착높이에 따라 다음 [표]에 따른 바닥면적마다 1개 이상으로 할 것

부착높이	감지기의 종류(단위 : [m²])	
	1종 및 2종	3종
4[m] 미만	(①)	(②)
4[m] 이상 (③)[m] 미만	75	-

- 감지기는 복도 및 통로에 있어서는 보행거리 (④)[m](3종에 있어서는 (⑤)[m])마다, 계단 및 경사로에 있어서는 수직거리 (⑥)[m](3종에 있어서는 (⑦)[m])마다 1개 이상으로 할 것
- 감지기는 벽 또는 보로부터 (⑧)[m] 이상 떨어진 곳에 설치할 것

해설

연기감지기

(1) 연기감지기의 설치기준

① 연기감지기(광전식 스포트형 감지기) 감지기의 부착높이에 따라 다음 [표]에 따른 바닥면적마다 1개 이상으로 할 것

부착높이	감지기의 종류(단위 : [m²])	
	1종 및 2종	3종
4[m] 미만	150	50
4[m] 이상 20[m] 미만	75	-

② 감지기는 복도 및 통로에 있어서는 보행거리 30[m](3종에 있어서는 20[m])마다, 계단 및 경사로에 있어서는 수직거리 15[m](3종에 있어서는 10[m])마다 1개 이상으로 할 것
③ 천장 또는 반자가 낮은 실내 또는 좁은 실내에 있어서는 출입구의 가까운 부분에 설치할 것
④ 천장 또는 반자 부근에 배기구가 있는 경우에는 그 부근에 설치할 것
⑤ 감지기는 벽 또는 보로부터 0.6[m] 이상 떨어진 곳에 설치할 것

㉠ 복도, 통로 : 감지기 설치개수 = $\dfrac{감지구역의\ 보행거리[m]}{감지기\ 1개의\ 설치\ 보행거리[m]}$[개]

㉡ 계단, 경사로 : 감지기 설치개수 = $\dfrac{감지구역의\ 수직거리[m]}{감지기\ 1개의\ 설치\ 수직거리[m]}$[개]

(2) 차동식 스포트형·보상식 스포트형 및 정온식 스포트형 감지기는 그 부착높이 및 특정소방대상물에 따라 다음 [표]에 따른 바닥면적마다 1개 이상을 설치할 것

부착높이 및 특정소방대상물의 구분		감지기의 종류(단위 : [m²])					
		차동식 스포트형		보상식 스포트형		정온식 스포트형		
		1종	2종	1종	2종	특종	1종	2종
4[m] 미만	주요구조부가 내화구조로 된 특정소방대상물 또는 그 부분	90	70	90	70	70	60	20
	기타 구조의 특정소방대상물 또는 그 부분	50	40	50	40	40	30	15
4[m] 이상 8[m] 미만	주요구조부가 내화구조로 된 특정소방대상물 또는 그 부분	45	35	45	35	35	30	-
	기타 구조의 특정소방대상물 또는 그 부분	30	25	30	25	25	15	-

$$\therefore \text{감지기의 설치개수} = \frac{\text{감지구역의 바닥면적}[m^2]}{\text{감지기 1개의 설치 바닥면적}[m^2]} [\text{개}]$$

정답
① 150   ② 50
③ 20   ④ 30
⑤ 20   ⑥ 15
⑦ 10   ⑧ 0.6

---

11 다음은 소방시설의 도시기호이다. 각 도시기호의 명칭을 쓰시오. 　　득점｜배점
　　　　　　　　　　　　　　　　　　　　　　　　　　　　　　　　4

(1) SVP　　　　　　　　(2) AMP
(3) RM　　　　　　　　 (4) PAC

해설

소방시설의 도시기호(소방시설 자체점검사항 등에 고시)

명칭	도시기호	명칭	도시기호
프리액션밸브 수동조작함	SVP	조작장치	EP
증폭기	AMP	보조전원	TR
압력스위치	PS	탬퍼스위치	TS
배연창 기동모터	M	ABC 소화기	소
자동확산소화기	자	자동식 소화기	소
이산화탄소소화기	C	가스계 소화설비의 수동조작함	RM
전동기 구동	M	엔진구동	E
소화가스 패키지	PAC	자동폐쇄장치	ER

정답
(1) 프리액션밸브 수동조작함
(2) 증폭기
(3) 가스계 소화설비의 수동조작함
(4) 소화가스 패키지

12 다음은 전압이 220[V]이고, 2.2[kW]인 분전반에 단상 2선식으로 전원을 공급한다. 이 분전반에서 60[m] 떨어진 거리에 전기히터를 설치할 경우, 전압강하를 1[%] 이내로 할 경우 전선의 최소 단면적[mm²]을 구하시오.

득점	배점
	4

- 계산과정 :
- 답 :

해설

전압강하 계산

전원방식	전압강하(e) 식
단상 2선식, 직류 2선식	$e = \dfrac{35.6LI}{1,000A}[\text{V}]$
단상 3선식 또는 3상 4선식, 직류 3선식	$e = \dfrac{17.8LI}{1,000A}[\text{V}]$
3상 3선식	$e = \dfrac{30.8LI}{1,000A}[\text{V}]$

여기서, L : 배선의 거리[m]　　　I : 전류[A]
　　　　A : 전선의 단면적$\left(\dfrac{\pi}{4} \times d^2\right)$[mm²]

(1) 전압강하를 1[%] 이내로 할 경우 전압강하 $e = 220[\text{V}] \times 0.01 = 2.2[\text{V}]$

(2) 전력 $P = IV$에서 전류 $I = \dfrac{P}{V} = \dfrac{2.2 \times 10^3[\text{W}]}{220[\text{V}]} = 10[\text{A}]$

(3) 전압강하식 $\left(e = \dfrac{35.0LI}{1,000A}\right)$을 사용하여 전선의 단면적을 구한다.

∴ 전선의 단면적 $A = \dfrac{35.6LI}{1,000e} = \dfrac{35.6 \times 60[\text{m}] \times 10[\text{A}]}{1,000 \times 2.2[\text{V}]} = 9.71[\text{mm}^2]$

┤참고├

전선의 규격(공칭단면적)
1.5[mm²], 2.5[mm²], 4[mm²], 6[mm²], 10[mm²], 16[mm²], 25[mm²], 35[mm²], 50[mm²], 70[mm²], 95[mm²], 120[mm²], 150[mm²], 185[mm²], 240[mm²], 300[mm²], 400[mm²], 500[mm²], 630[mm²]
※ 문제에서 전선의 규격을 공칭단면적을 구할 경우 10[mm²]이어야 한다.

정답 9.71[mm²]

13 다음은 전선 금속관공사에 사용되는 부품을 설명한 것이다. 그 명칭을 쓰시오.

(1) 전선관을 박스에 접속할 때 전선의 피복을 보호하기 위하여 박스 내부의 전선관 끝에 사용하는 부품이다.
(2) 전선관의 접속부에서 양쪽의 관이 돌려지지 않는 곳에 전선관을 접속할 때 사용한다.
(3) 전선관이 직각으로 구부러지는 곳에 사용하는 부품이다.
(4) 노출배관을 공사할 때 관을 직각으로 구부러지는 곳에 사용하는 부품이다.

득점	배점
	4

해설
전선 금속관공사에 사용되는 부품

금속관공사의 부품 명칭	사용 용도	그림
커플링	전선관과 전선관을 연결할 때 사용한다.	
새들	전선관을 구조물에 고정할 때 사용한다.	
환형 3방출 정크션박스	전선관을 분기할 때 사용하며 방출방향의 수에 따라 2방출, 3방출, 4방출이 있다.	
노멀밴드	전선관이 직각으로 구부러지는 곳에 사용한다.	
유니버설엘보	노출배관을 공사할 때 관을 직각으로 구부러지는 곳에 사용한다.	
유니언커플링	전선관의 접속부에서 양쪽의 관이 돌려지지 않는 곳에 전선관을 접속할 때 사용한다.	
부싱	전선관을 박스에 접속할 때 전선의 피복을 보호하기 위하여 박스 내부의 전선관 끝에 사용한다.	
로크너트	전선관과 박스를 접속할 때 사용하는 부품으로서 최소 2개를 사용한다.	
8각 아웃렛 박스	전선관을 공사할 때 감지기, 유도등 및 전선을 접속하는 데 사용하는 박스로 4각은 각 방향으로 2개까지 방출할 수 있고, 8각은 각 방향으로 1개까지 방출할 수 있다.	
4각 아웃렛 박스		

정답 (1) 부싱 (2) 유니언커플링
　　　　(3) 노멀밴드 (4) 유니버설엘보

14 다음 그림은 자동화재탐지설비와 준비작동식 스프링클러설비의 프리액션밸브 간선 계통도이다. 계통도를 보고, 각 물음에 답하시오. [배점 8]

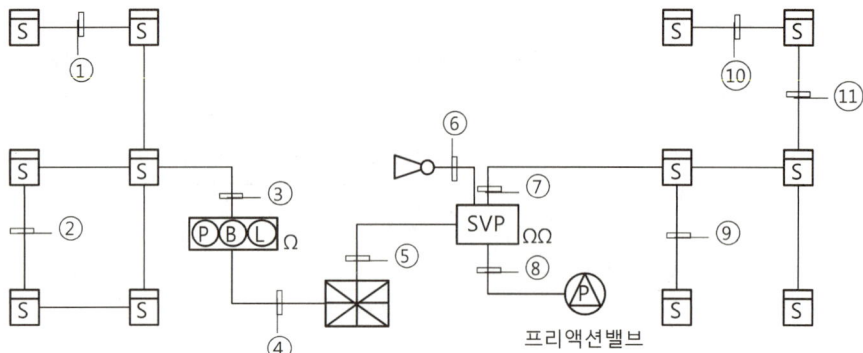

물음

(1) ①~⑪까지의 전선 가닥수를 쓰시오(단, 프리액션밸브용 감지기 공통선과 전원 공통선은 분리하여 배선하고, 압력스위치, 탬퍼스위치 및 솔레노이드밸브용 공통선은 1가닥으로 배선한다).

기호	①	②	③	④	⑤	⑥	⑦	⑧	⑨	⑩	⑪
전선 가닥수											

(2) ⑤의 전선 가닥수에 해당하는 배선의 용도를 쓰시오.

해설

자동화재탐지설비와 준비작동식 스프링클러설비

(1) 전선 가닥수 산정
   ① 준비작동식 스프링클러설비의 개요 및 주요장치의 기능
      ㉠ 준비작동식 스프링클러설비 : 가압송수장치에서 준비작동식 유수검지장치 1차 측까지 배관 내에 항상 물이 가압되어 있고, 2차 측에서 폐쇄형 스프링클러헤드까지 대기압 또는 저압으로 있다가 화재발생 시 감지기의 작동으로 준비작동식밸브가 개방되면 폐쇄형 스프링클러헤드까지 소화수가 송수되고, 폐쇄형 스프링클러헤드가 열에 의해 개방되면 방수가 되는 방식이다.

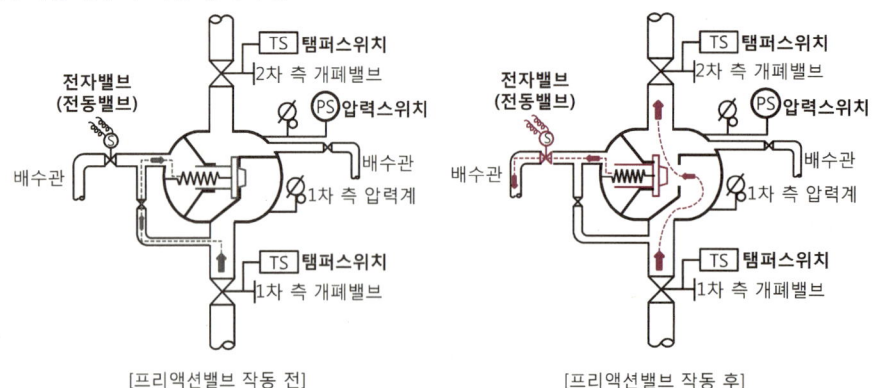

[프리액션밸브 작동 전]   [프리액션밸브 작동 후]

   ㉡ 슈퍼비조리판넬(SVP) : 수동 조작과 프리액션밸브의 작동 여부를 확인시켜 주는 설비이다.

ⓒ 압력스위치(PS) : 2차 측의 가압수가 방출되면 프리액션밸브 내의 클래퍼가 열리게 되고 이때 가압수가 압력스위치의 벨로즈를 가압하게 되어 전기적 접점이 붙어 수신기에 밸브개방확인 신호를 보낸다.
ⓔ 탬퍼스위치(TS) : 프리액션밸브의 1차 측 및 2차 측 개폐밸브의 개방상태를 확인하기 위하여 설치하는 스위치로서 개폐밸브가 폐쇄되었을 경우 수신기에 밸브주의 신호를 보낸다.
ⓜ 솔레노이드밸브(SV, 전자밸브) : 중간실과 배수관 사이를 연결하는 배관에 설치하여 기동스위치를 누르면 솔레노이드밸브가 작동하여 중간실의 압력수를 배수관을 통해 배출시켜 1차 측과 중간실의 압력 불균형으로 1차 측의 가압수가 2차 측으로 송수되면서 프리액션밸브가 작동하며 수신기에 밸브기동 신호를 보낸다.

② 소방시설 도시기호(소방시설 자체점검사항 등에 관한 고시)

명칭	도시기호	명칭	도시기호
프리액션밸브 수동조작함 (슈퍼비조리판넬, SVP)	SVP	프리액션밸브	⊘(P)
탬퍼스위치(TS)	TS	압력스위치(PS)	(PS)
연기감지기	S	사이렌	◁
수신기	⊠	솔레노이드밸브	▶◁ S

③ 감지기회로의 배선
 ㉠ 자동화재탐지설비의 감지기회로의 배선은 송배선방식으로 한다. 따라서, 감지기가 루프로 된 부분은 2가닥으로, 그 밖에는 4가닥으로 배선해야 한다.

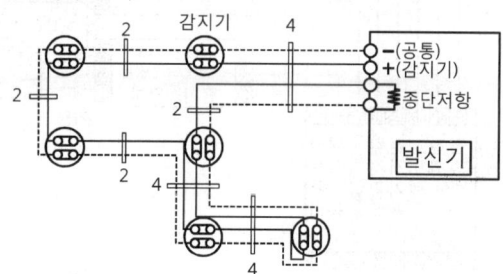

 ㉡ 준비작동식 스프링클러설비는 교차회로방식으로 배선한다. 따라서, 감지기가 루프로 된 부분과 말단부는 4가닥으로, 그 밖에는 8가닥으로 배선해야 한다.

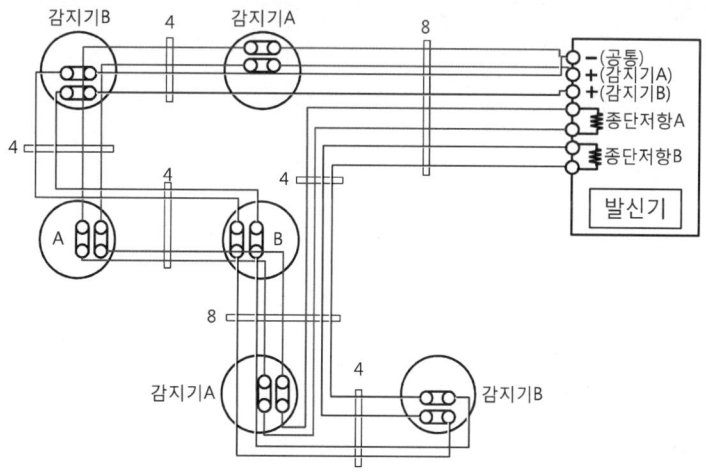

④ 발신기와 수신기 사이, 슈퍼비조리판넬(SVP)과 수신기 사이의 배선

구간	배선 그림	전선 가닥수
발신기 ↔ 수신기	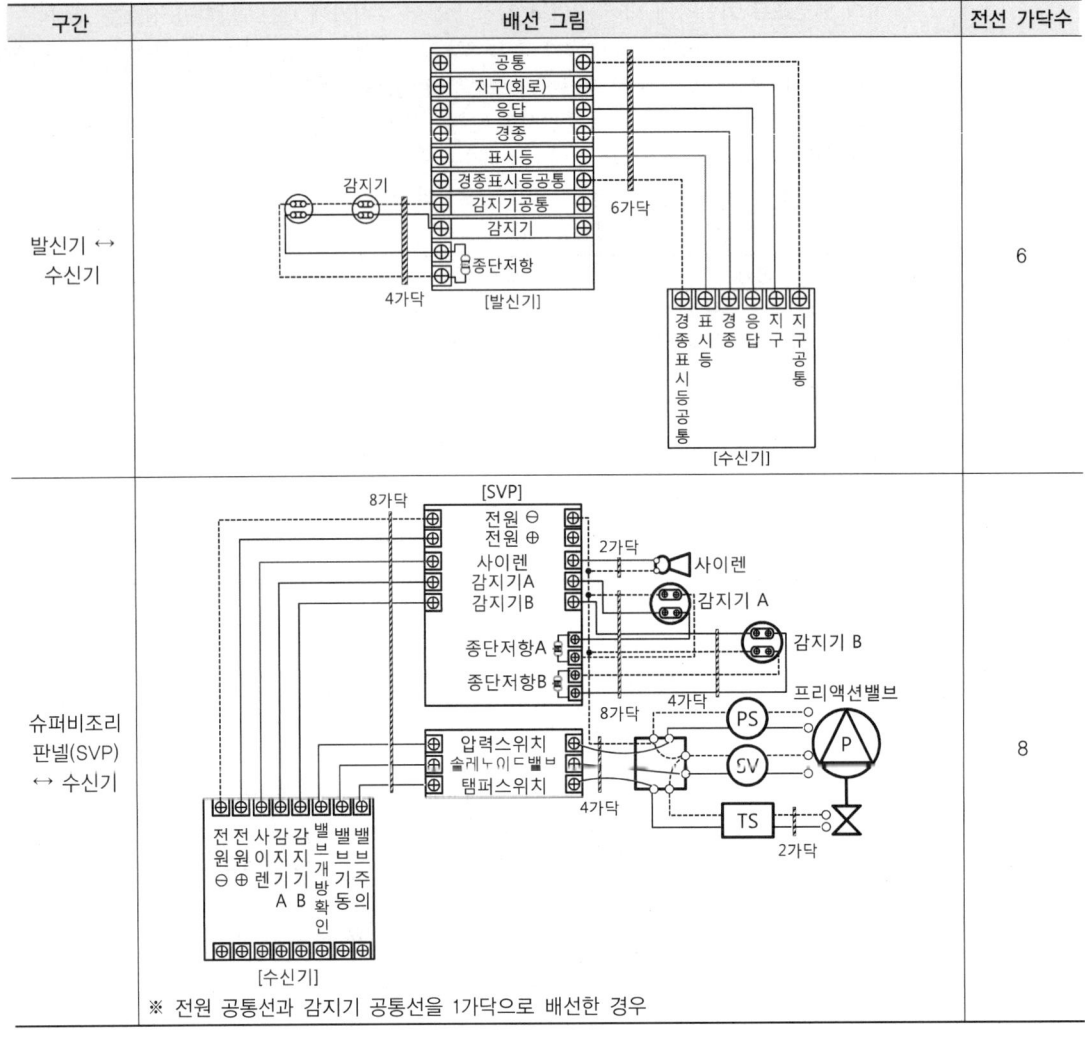	6
슈퍼비조리 판넬(SVP) ↔ 수신기		8

※ 전원 공통선과 감지기 공통선을 1가닥으로 배선한 경우

⑤ 전선 가닥수 산정

기호	구간	전선 가닥수	전선 용도	비고
①	감지기 ↔ 감지기	4	지구 공통선 2, 지구선 2	송배선방식이므로 4가닥으로 배선한다.
②	감지기 ↔ 감지기	2	지구 공통선 1, 지구선 1	송배선방식에서 감지기가 루프로 된 부분은 2가닥으로 배선한다.
③	감지기 ↔ 발신기	4	지구 공통선 2, 지구선 2	송배선방식이므로 4가닥으로 배선한다.
④	발신기 ↔ 수신기	6	지구 공통선 1, 지구선 1, 응답선 1, 경종·표시등 공통선 1, 경종선 1, 표시등선 1	
⑤	SVP ↔ 수신기	9	전원 ⊖·⊕, 사이렌 1, 압력스위치 1, 솔레노이드밸브 1, 탬퍼스위치 1, 감지기 공통 1, 감지기 A 1, 감지기 B 1	[조건]에서 전원 공통선과 감지기 공통선을 분리하여 배선하므로 감지기 공통선이 1가닥 추가되었다.
⑥	사이렌 ↔ SVP	2	사이렌 2	
⑦	감지기 ↔ SVP	8	지구 공통선 4, 지구선 4	교차회로방식이므로 8가닥으로 배선한다.
⑧	프리액션밸브 ↔ SVP	4	공통 1, 압력스위치 1, 솔레노이드밸브 1, 탬퍼스위치 1	
⑨	감지기 ↔ 감지기	4	지구 공통선 2, 지구선 2	교차회로방식에서 감지기가 루프로 된 부분과 말단부는 4가닥으로 배선한다.
⑩	감지기 ↔ 감지기	4	지구 공통선 2, 지구선 2	교차회로방식에서 감지기가 루프로 된 부분과 말단부는 4가닥으로 배선한다.
⑪	감지기 ↔ 감지기	8	지구 공통선 4, 지구선 4	교차회로방식이므로 8가닥으로 배선한다.

[참고] 배선 용도의 명칭
- 회로선 = 지구선
- 탬퍼스위치 = 밸브주의
- 압력스위치 = 밸브개방확인
- 솔레노이드밸브 = 밸브기동

(2) 슈퍼비조리판넬(SVP)와 수신기 사이의 배선

① 전선 가닥수 : 9가닥

② [조건]에서 프리액션밸브의 전원 공통선과 감지기 공통선은 분리하여 배선하고, 프리액션밸브(준비작동식 밸브)의 압력스위치(PS, 밸브개방확인), 솔레노이드밸브(SV, 밸브기동), 탬퍼스위치(TS, 밸브주의)의 공통선은 1가닥으로 배선한다.

㉠ 전원 ⊖ ㉡ 전원 ⊕
㉢ 사이렌 ㉣ 압력스위치
㉤ 솔레노이드밸브 ㉥ 탬퍼스위치
㉦ 감지기 공통선 ㉧ 감지기 A
㉨ 감지기 B

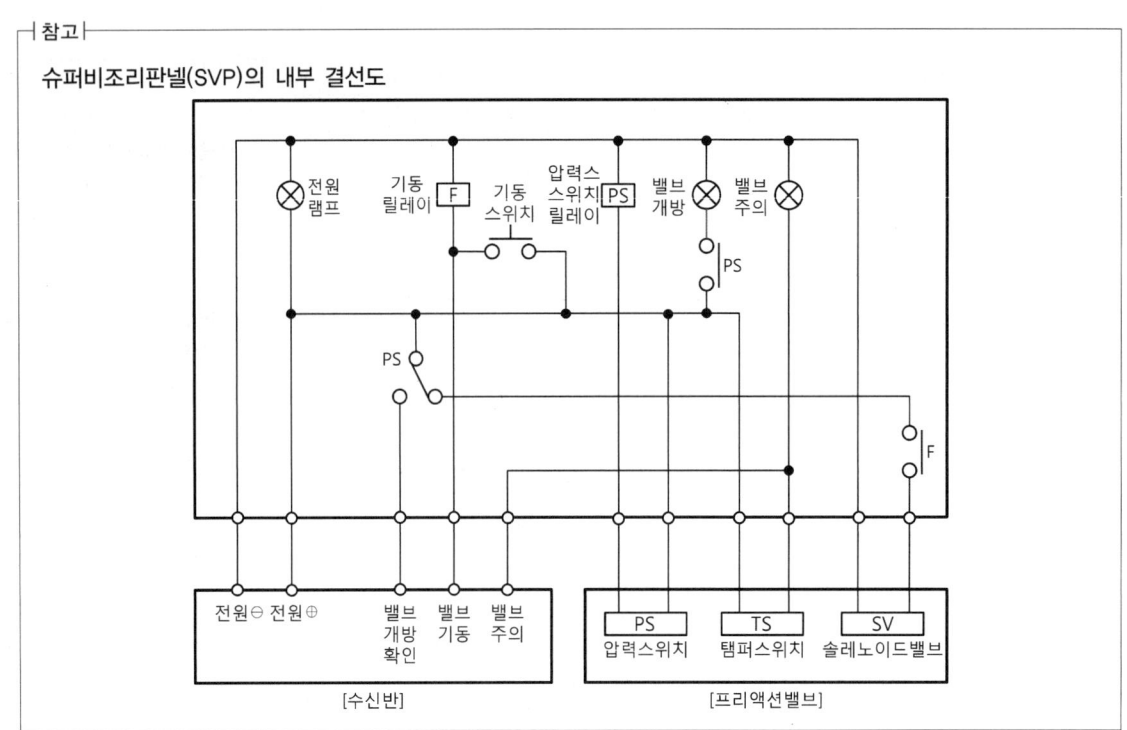

정답

(1)

기호	①	②	③	④	⑤	⑥	⑦	⑧	⑨	⑩	⑪
전선 가닥수	4	2	4	6	9	2	8	4	4	4	8

(2) 전원 ⊖, 전원 ⊕, 사이렌, 압력스위치, 솔레노이드밸브, 탬퍼스위치, 감지기 공통선, 감지기 A, 감지기 B

15. 다음은 상용전원이 정전일 경우 예비전원으로 절환되고, 상용전원이 복구된 경우 자동으로 예비전원에서 상용전원으로 절환되는 시퀀스 제어회로의 미완성된 도면이다. 아래의 동작설명을 참고하여 제어동작이 적합하도록 시퀀스 제어회로를 완성하시오.

[동작설명]
- 배선용 차단기(MCCB)에 전원을 투입한 후 누름버튼스위치(PB_1)를 누르면 전자접촉기(MC_1)가 여자되어 MC_1의 주접점이 폐로되고 상용전원에 의해 유도전동기(IM)가 기동되며 상용전원 운전표시등(RL)이 점등된다. 이때 전자접촉기의 보조접점(MC_{1-a})이 폐로되어 자기유지가 되고, 보조접점(MC_{1-b})이 개로되어 전자접촉기(MC_2)는 여자되지 않는다.
- 상용전원으로 운전 중에 누름버튼스위치(PB_3)를 누르면 전자접촉기(MC_1)이 소자되어 유도전동기(IM)는 정지하고, 상용전원 운전표시등(RL)이 소등된다.
- 상용전원이 정전일 경우 누름버튼스위치(PB_2)를 누르면 전자접촉기(MC_2)가 여자되어 MC_2의 주접점이 폐로되고 예비전원에 의해 유도전동기(IM)가 기동되며 예비전원 운전표시등(GL)이 점등된다. 이때 전자접촉기의 보조접점(MC_{2-a})이 폐로되어 자기유지가 되고, 보조접점(MC_{2-b})이 개로되어 전자접촉기(MC_1)는 여자되지 않는다.
- 예비전원으로 운전 중에 누름버튼스위치(PB_4)를 누르면 전자접촉기(MC_2)가 소자되어 유도전동기(IM)는 정지하고, 예비전원 운전표시등(GL)이 소등된다.
- 유도전동기(IM)에 과전류가 흐르면 열동계전기의 보조접점 THR_1 또는 THR_2가 작동되어 운전 중인 유도전동기는 정지한다.

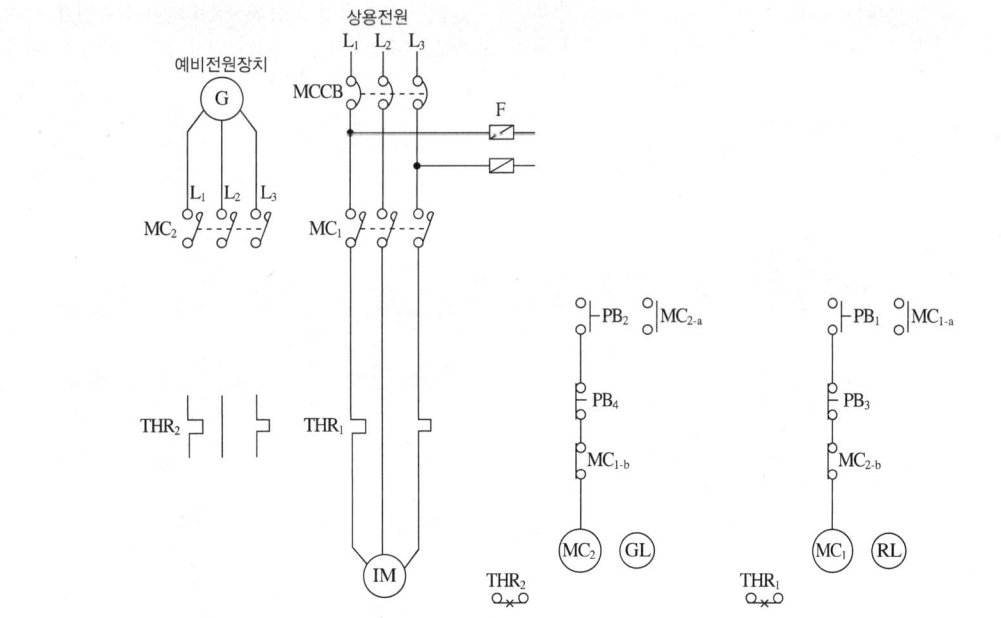

해설

시퀀스 제어회로

(1) 제어용기기의 명칭과 도시기호

제어용기기 명칭	작동원리	접점의 종류			
		주접점	코일	a접점	b접점
배선용 차단기 (MCCB)	단락 및 과부하로부터 회로를 보호하기 위하여 사용되는 전력기기이다.	⊘⊘⊘	–	–	–
전자접촉기 (MC)	전자석의 동작에 의하여 접점을 개폐하는 기구로서 부하회로를 빈번하게 개폐하는 접촉기이다.	⊘⊘⊘	(MC)	MC-a	MC-b
열동계전기 (THR)	정격전류 이상의 과부하 전류가 흐르면 내부에서 발생된 열에 의해 바이메탈이 동작하여 접점을 차단시키는 계전기로서 전동기의 과부하 보호에 사용된다.	⊢⊣	–	THR	THR
누름버튼스위치 (PB)	버튼을 누르면 접점 기구부가 개폐되며 손을 떼면 스프링의 힘에 의해 자동으로 복귀되는 스위치이다.	–	–	PB-a	PB-b

> **참고**
> • 적색램프(RL) : (RL)　　• 녹색램프(GL) : (GL)

(2) 시퀀스회로도 작성

① 배선용 차단기(MCCB)에 전원을 투입한 후 누름버튼스위치(PB₁)를 누르면 전자접촉기(MC₁)가 여자되어 MC₁의 주접점이 폐로되고, 상용전원에 의해 유도전동기(IM)가 기동되며 상용전원 운전표시등(RL)이 점등된다. 이때 전자접촉기의 보조접점(MC₁₋ₐ)이 폐로되어 자기유지기 되고, 보조접점(MC₁₋ᵦ)이 개로되어 전자접촉기(MC₂)는 여자되지 않는다.

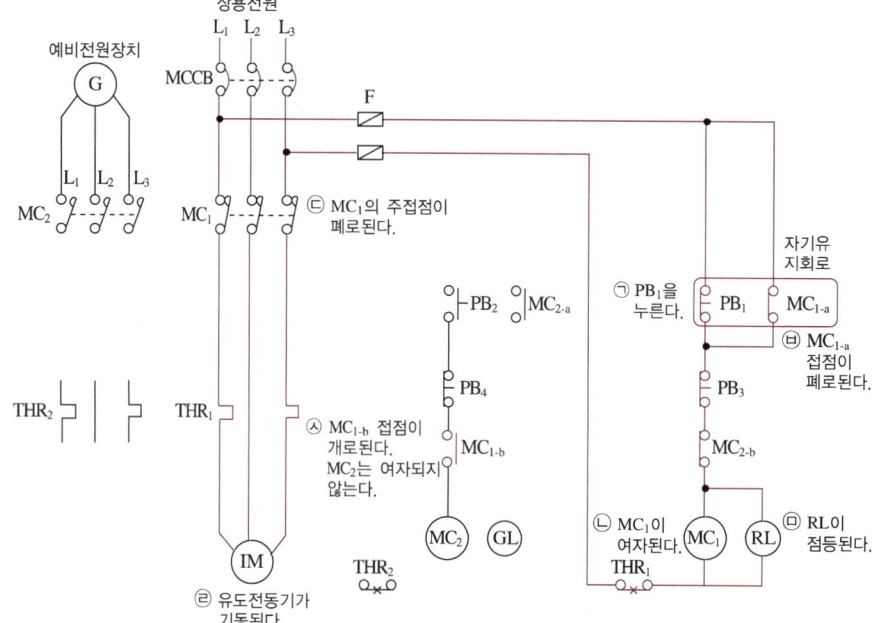

② 상용전원으로 운전 중에 누름버튼스위치(PB₃)를 누르면 전자접촉기(MC₁)가 소자되어 유도전동기(IM)는 정지하고, 상용전원 운전표시등(RL)이 소등된다.

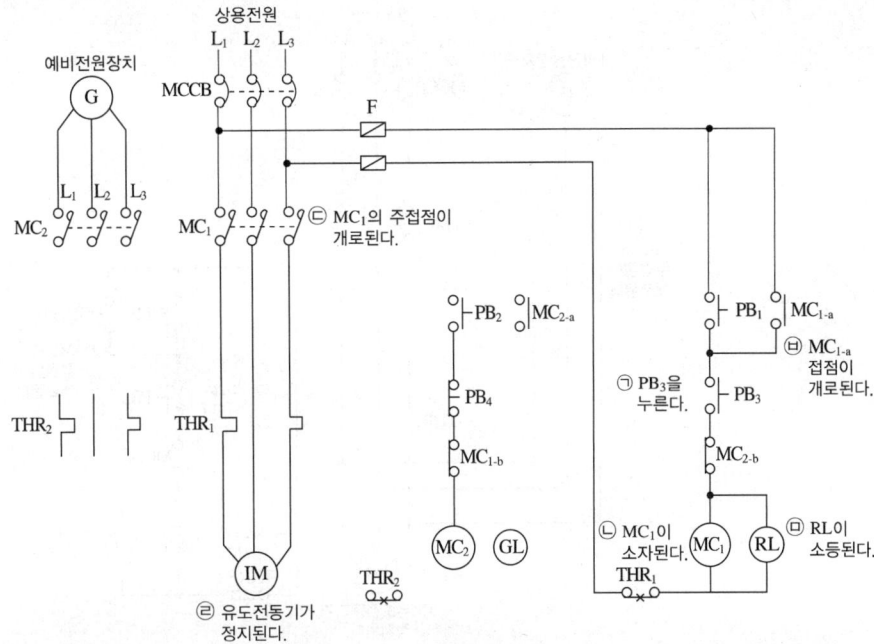

③ 상용전원이 정전일 경우 누름버튼스위치(PB₂)를 누르면 전자접촉기(MC₂)가 여자되어 전자접촉기(MC₂)의 주접점이 폐로되고 예비전원에 의해 유도전동기(IM)가 기동되며 예비전원 운전표시등(GL)이 점등된다. 이때 전자접촉기의 보조접점(MC₂₋ₐ)이 폐로되어 자기유지가 되고, 보조접점(MC₂₋ᵦ)이 개로되어 전자접촉기(MC₁)는 작동하지 않는다.

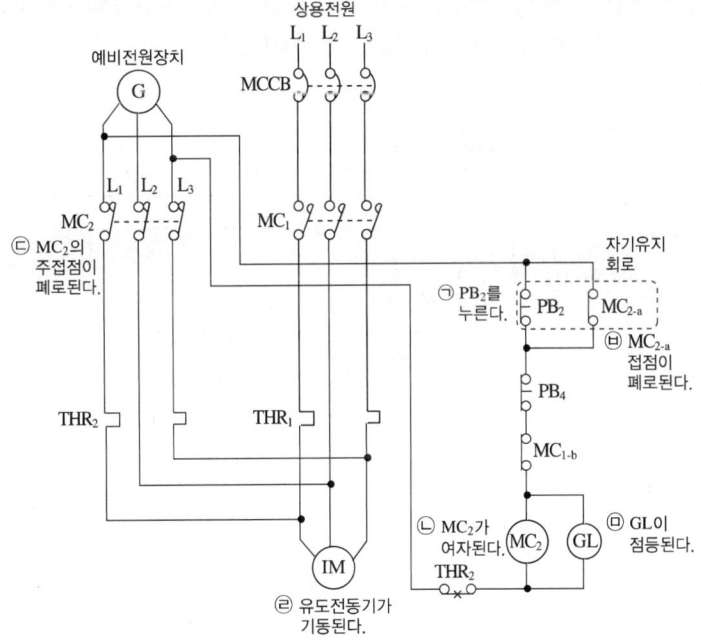

④ 예비전원으로 운전 중에 누름버튼스위치(PB₄)를 누르면 전자접촉기(MC₂)가 소자되어 유도전동기(IM)는 정지하고, 예비전원 운전표시등(GL)이 소등된다.

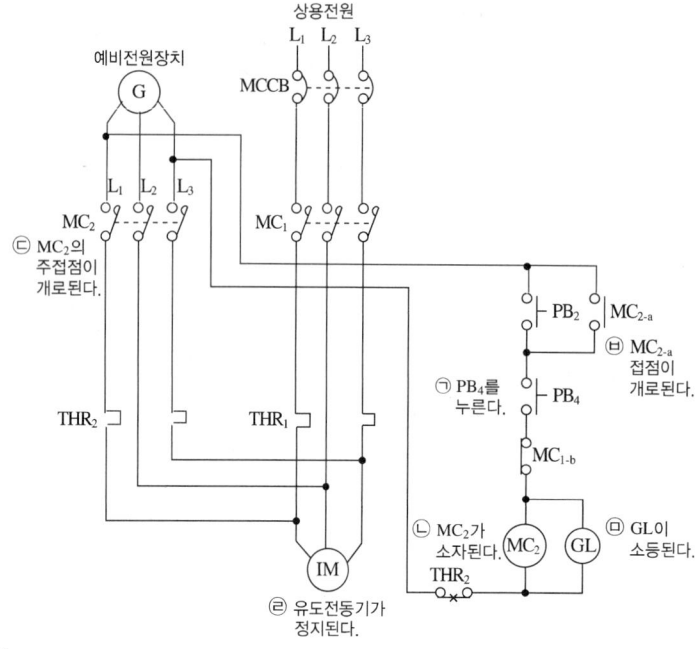

⑤ 인터록회로 구성
  ㉠ 상용전원으로 유도전동기(IM)를 운전하는 중에 누름버튼스위치(PB₂)를 누르더라도 전자접촉기의 보조접점(MC₁₋ᵦ)이 개로되어 전자접촉기(MC₂)는 여자되지 않는다.
  ㉡ 예비전원으로 유도전동기(IM)를 운진하는 중에 누름버튼스위치(PB₁)를 누르더라도 전자접촉기의 보조접점(MC₂₋ᵦ)이 개로되어 전자접촉기(MC₁)는 여자되지 않는다.

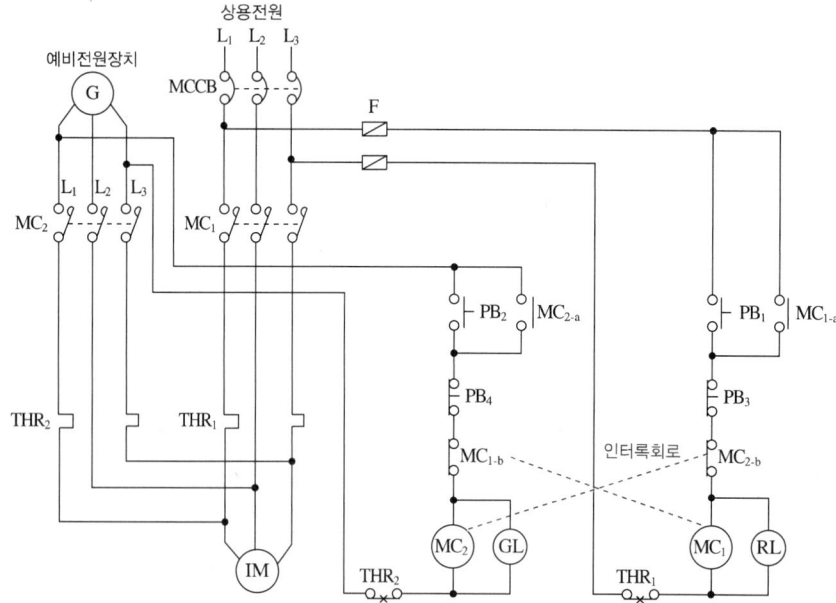

⑥ 전자접촉기 코일 MC₁과 MC₂의 아래쪽에 열동계전기의 보조접점 THR₁₋ᵦ과 THR₂₋ᵦ을 접속하여 유도전동기(IM)에 과전류가 흐르면 열동계전기 THR₁ 또는 THR₂가 작동되어 운전 중인 유도전동기는 정지한다.

정답

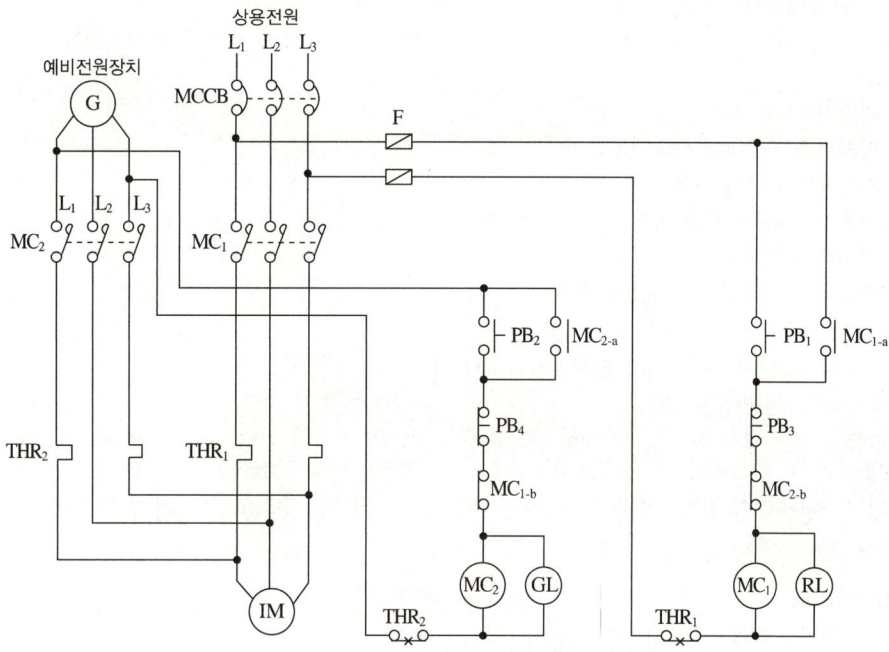

16

연축전지 여러 개를 구성하여 정격용량이 200[Ah]인 비상전원설비의 축전지설비를 설치하고자 한다. 이때 비상용 조명부하가 8[kW]이고, 사용전압이 100[V]일 때 다음 각 물음에 답하시오.

득점	배점
	6

(1) 비상전원설비에 필요한 연축전지 설치 시 1[cell]의 여유를 두었을 때 연축전지의 셀[cell] 수를 구하시오.
  • 계산과정 :
  • 답 :
(2) 연축전지를 방전상태로 오랫동안 방치하거나 충전 시 전해액에 불순물이 혼입되었을 경우 극판에서 발생하는 현상을 쓰시오.
(3) 충전 시 발생하는 가스의 종류를 쓰시오.

해설

축전지설비

(1) 연축전지(납축전지)의 셀[cell]수 계산

$$셀수 = \frac{사용전압(표준전압)[V]}{공칭전압[V/cell]}$$

※ 연축전지의 공칭전압은 2[V/cell]이다.

∴ 셀 수 = $\frac{100[V]}{2[V/cell]} + 1[cell] = 51[cell]$

(2) 설페이션(Sulphation) 현상
   ① 연축전지를 과방전 및 방전상태로 오랫동안 방치하면 극판의 황산납이 회백색으로 변하는 현상이다.
   ② 원인
      ㉠ 과방전하였을 경우
      ㉡ 장시간 방전상태에서 오랫동안 방치한 경우
      ㉢ 전해액의 비중이 너무 낮을 경우
      ㉣ 전해액의 부족으로 극판이 노출되었을 경우
      ㉤ 전해액에 불순물이 혼입되었을 경우
      ㉥ 불충분한 충전을 반복하였을 경우
(3) 충전 시 발생하는 가스
   ① 구성 : 양극(PbO_2), 음극(Pb), 전해액($H_2SO_4+H_2O$)
   ② 연축전지의 화학반응식

$$PbO_2\text{(양극)} + 2H_2SO_4\text{(전해액)} + Pb\text{(음극)} \underset{\text{충전}}{\overset{\text{방전}}{\rightleftharpoons}} PbSO_4\text{(양극)} + 2H_2O\text{(전해액)} + PbSO_4\text{(음극)}$$

   ③ 충전 시 물(H_2O)이 전기분해되어 양극에는 산소(O_2), 음극에는 수소(H_2)가스가 발생한다.
      $2H_2O \rightarrow 2H_2 + O_2$

정답
(1) 51[cell]
(2) 설페이션 현상
(3) 산소와 수소가스

17 다음 그림은 P형 1급 수신기의 1 경계구역에 대한 전기 결선도이다. 기호 ①~⑤에 알맞은 배선의 명칭을 쓰시오.

득점	배점
	5

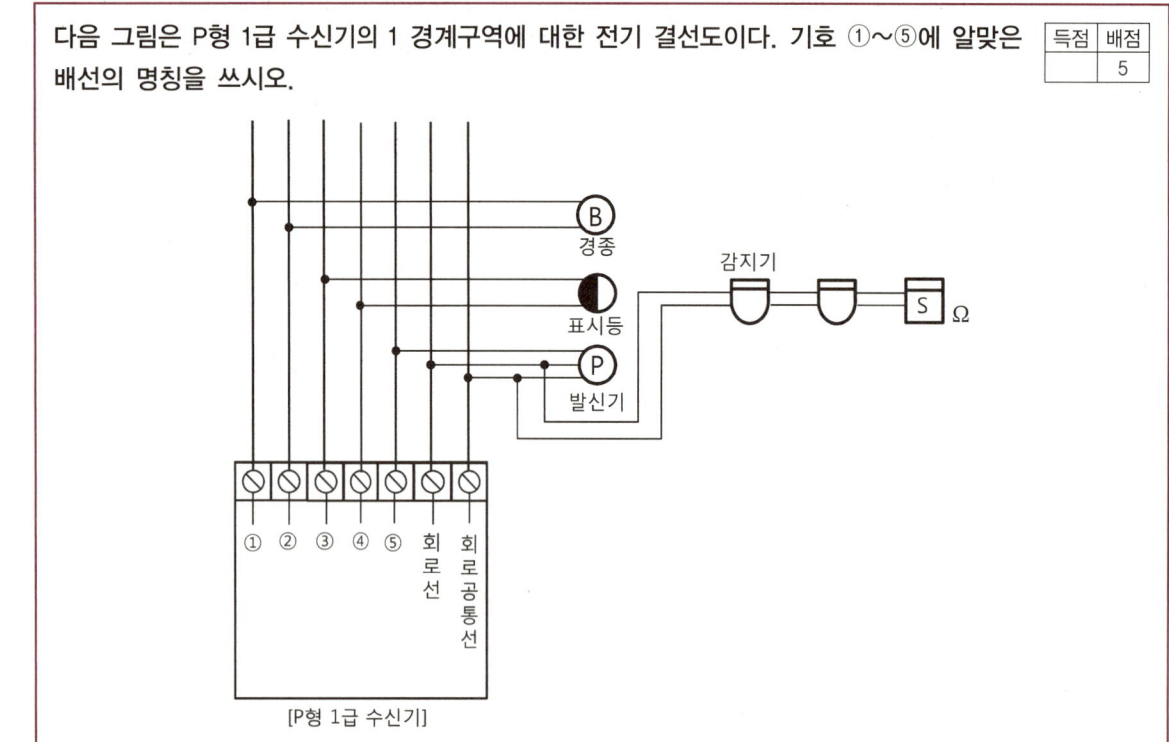

해설

수신기의 배선 결선도

(1) 발신기의 내부회로

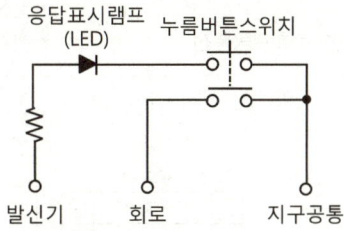

(2) 수신기의 설치기준
① 화재로 인하여 하나의 층의 지구음향장치 배선이 단락되어도 다른 층의 화재통보에 지장이 없도록 각 층 배선상에 유효한 조치를 할 것
② 일제경보방식일 경우(지구음향장치에 단락보호장치를 설치한 경우)
　㉠ 1 경계구역일 경우 수신기와 발신기의 전선 가닥수 산정(경종과 표시등 공통선을 1가닥으로 배선하는 경우)

전선 가닥수	배선의 용도					
	회로 공통선	회로선	발신기선	경종선	표시등선	경종·표시등 공통선
6	1	1	1	1	1	1

　㉡ 2 경계구역일 경우 수신기와 발신기의 전선 가닥수 산정(경종과 표시등 공통선을 1가닥으로 배선하는 경우)

전선 가닥수	배선의 용도					
	회로 공통선	회로선	발신기선	경종선	표시등선	경종·표시등 공통선
7	1	2	1	1	1	1

(3) P형 수신기와 발신기의 결선도
① 1 경계구역에 대한 P형 수신기와 발신기의 결선도

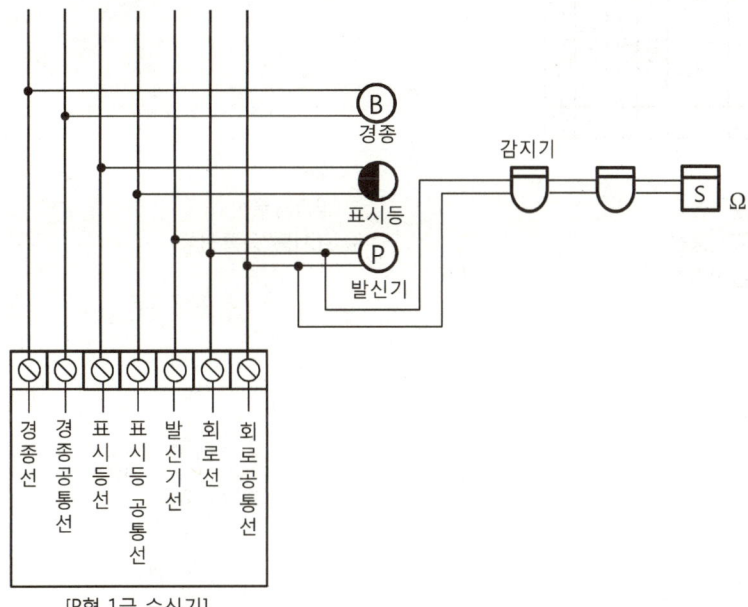

[P형 1급 수신기]

> **참고**
>
> **배선의 용도**
> - 벨 및 표시등 공통선 = 경종 및 표시등 공통선
> - 표시등선
> - 신호공통선 = 지구공통선 = 회로공통선
> - 지구벨선 = 지구경종선
> - 발신기선 = 응답선
> - 신호선 = 지구선 = 회로선

② 2 경계구역에 대한 P형 수신기와 발신기의 결선

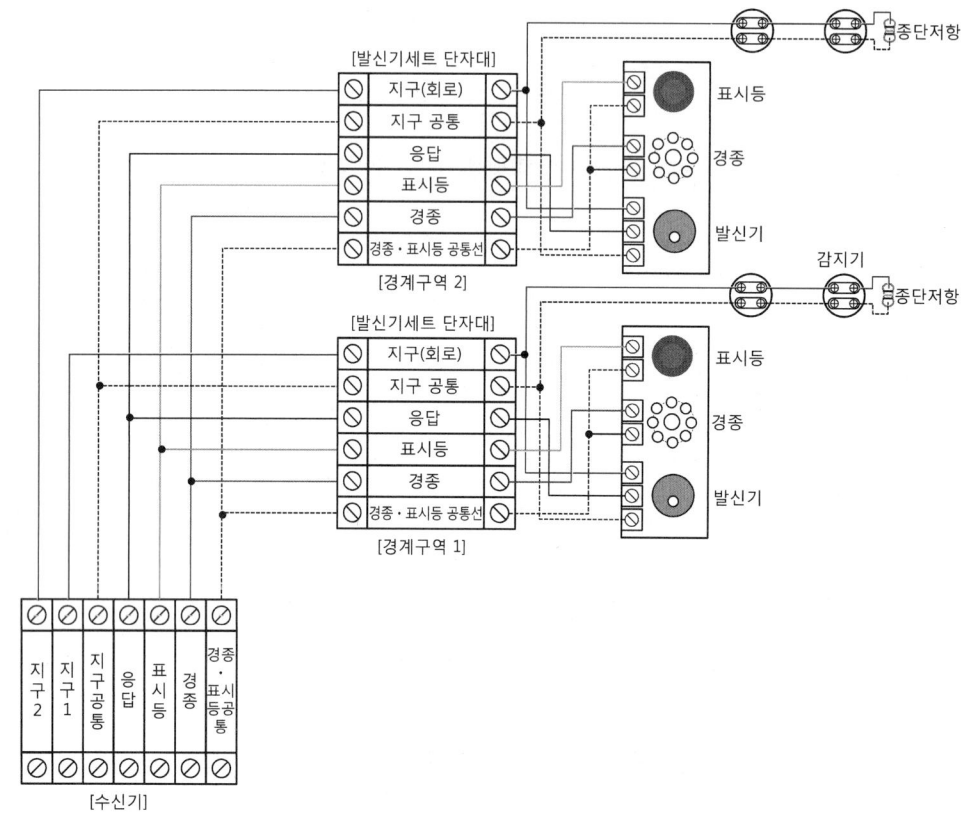

정답
① 경종선
② 경종공통선
③ 표시등선
④ 표시등 공통선
⑤ 발신기선

18 다음 그림은 무접점회로이다. 각 물음에 답하시오.

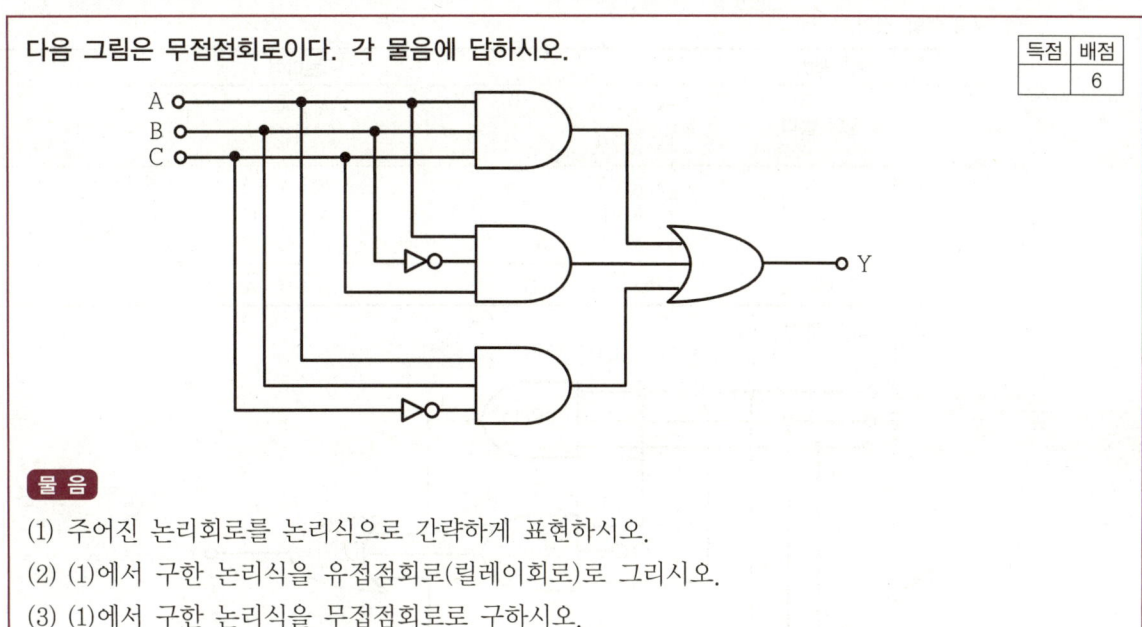

[물음]
(1) 주어진 논리회로를 논리식으로 간략하게 표현하시오.
(2) (1)에서 구한 논리식을 유접점회로(릴레이회로)로 그리시오.
(3) (1)에서 구한 논리식을 무접점회로로 구하시오.

[해설]
논리회로
(1) 논리식의 간략화
　① 논리회로의 기본회로

논리회로	정의	유접점회로	무접점회로	논리식
AND회로	2개의 입력신호가 모두 "1"일 때에만 출력신호가 "1"이 되는 논리회로로서 직렬회로이다.			$X = A \cdot B$
OR회로	2개의 입력신호 중 어느 1개의 입력신호가 "1"일 때 출력신호가 "1"이 되는 논리회로로서 병렬회로이다.			$X = A + B$
NOT회로	출력신호는 입력신호 정반대로 작동되는 논리회로로서 부정회로이다.			$X = \overline{A}$

② 불대수의 정리

기본정리	논리식	
보원의 법칙	$\cdot\ A \cdot \overline{A} = 0$ $\cdot\ \overline{\overline{A}} = A$	$\cdot\ A + \overline{A} = 1$
기본 대수의 정리	$\cdot\ A \cdot A = A$ $\cdot\ A \cdot 1 = A$ $\cdot\ A \cdot 0 = 0$	$\cdot\ A + A = A$ $\cdot\ A + 1 = 1$ $\cdot\ A + 0 = A$
드모르간의 법칙	$\cdot\ \overline{A \cdot B} = \overline{A} + \overline{B}$	$\cdot\ \overline{A + B} = \overline{A} \cdot \overline{B}$

③ 논리식의 간략화 과정

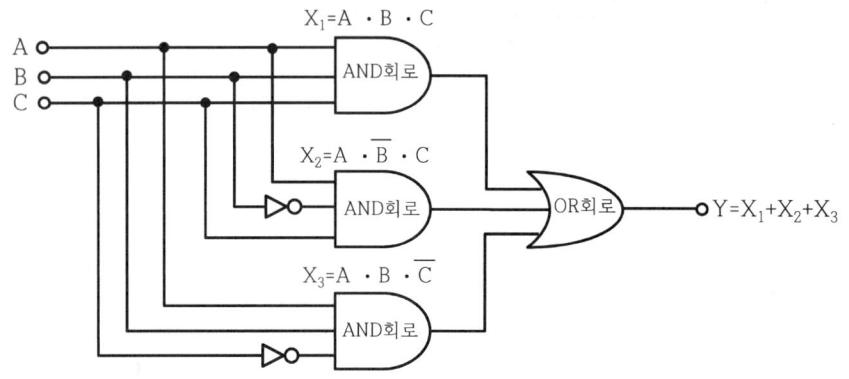

$$\therefore Y = X_1 + X_2 + X_3 = A \cdot B \cdot C + A \cdot \overline{B} \cdot C + A \cdot B \cdot \overline{C}$$
$$= A \cdot (B \cdot C + \overline{B} \cdot C + B \cdot \overline{C}) = A \cdot \{C \cdot \underbrace{(B + \overline{B})}_{1} + B \cdot \overline{C}\}$$
$$= A \cdot \{C + B \cdot \overline{C}\} = A \cdot \{(B+C) \cdot \underbrace{(C + \overline{C})}_{1}\}$$
$$= A \cdot (B + C)$$

(2) 유접점회로(AND회로와 OR회로의 조합)

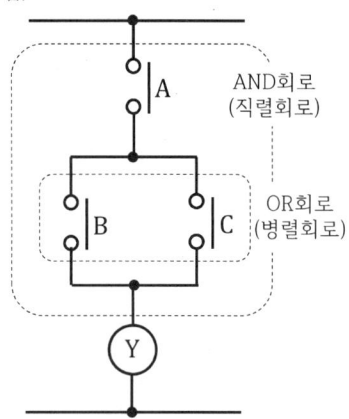

(3) 무접점회로(AND회로와 OR회로의 조합)

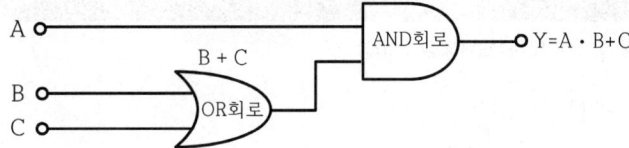

정답 (1) $Y = A \cdot (B+C)$

(2)
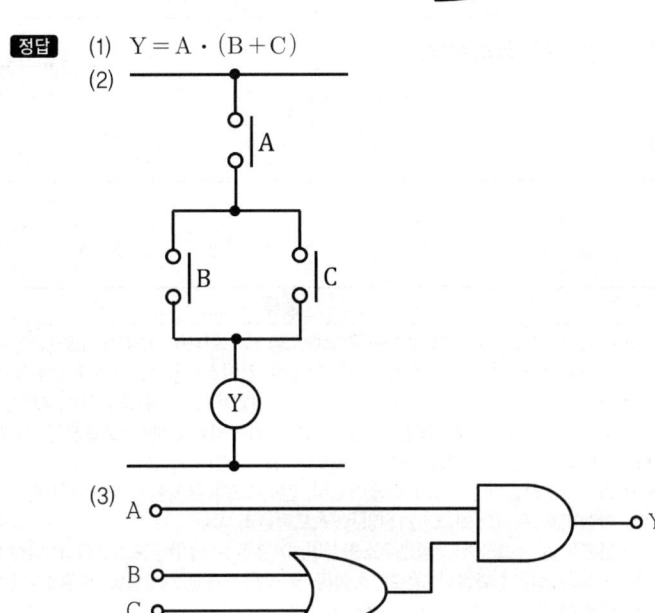

(3)

2023년 제3회 과년도 기출복원문제

※ 다음 물음에 대한 답을 해당 답란에 답하시오.(배점 : 100)

01

소방시설 중 경보설비에 관하여 다음 각 물음에 답하시오.

(1) 경보설비의 정의를 쓰시오.
(2) 경보설비의 종류 6가지를 쓰시오.

득점	배점
	6

해설

소방시설(소방시설법 영 별표 1)

소방시설의 분류	정의	종류
소화설비	물 또는 그 밖의 소화약제를 사용하여 소화하는 기계·기구 또는 설비	• 소화기구 : 소화기, 간이소화용구(에어로졸식 소화용구, 투척용 소화용구, 소공간용 소화용구 및 소화약제 외의 것을 이용한 간이소화용구), 자동확산소화기 • 자동소화장치 : 주거용 주방자동소화장치, 상업용 주방자동소화장치, 캐비닛형 자동소화장치, 가스자동소화장치, 분말자동소화장치, 고체에어로졸자동소화장치 • 옥내소화전설비(호스릴 옥내소화전설비를 포함) • 스프링클러설비 등 : 스프링클러설비, 간이스프링클러설비(캐비닛형 간이스프링클러설비를 포함), 화재조기진압용 스프링클러설비 • 물분무 등 소화설비 : 물분무소화설비, 미분무소화설비, 포소화설비, 이산화탄소소화설비, 할론소화설비, 할로겐화합물 및 불활성기체 소화설비, 분말소화설비, 강화액소화설비, 고체에어로졸소화설비 • 옥외소화전설비
경보설비	화재발생 사실을 통보하는 기계·기구 또는 설비	• 단독경보형 감지기 • 비상경보설비 : 비상벨설비, 자동식 사이렌설비 • 자동화재탐지설비 • 시각경보기 • 화재알림설비 • 비상방송설비 • 자동화재속보설비 • 통합감시시설 • 누전경보기 • 가스누설경보기
피난구조설비	화재가 발생할 경우 피난하기 위하여 사용하는 기구 또는 설비	• 피난기구 : 피난사다리, 구조대, 완강기, 간이완강기 • 인명구조기구 : 방열복, 방화복(안전모, 보호장갑 및 안전화를 포함), 공기호흡기, 인공소생기 • 유도등 : 피난유도선, 피난구유도등, 통로유도등, 객석유도등, 유도표지 • 비상조명등 및 휴대용 비상조명등
소화용수설비	화재를 진압하는 데 필요한 물을 공급하거나 저장하는 설비	• 상수도소화용수설비 • 소화수조·저수조, 그 밖의 소화용수설비
소화활동설비	화재를 진압하거나 인명구조활동을 위하여 사용하는 설비	• 제연설비 • 연결송수관설비 • 연결살수설비 • 비상콘센트설비 • 무선통신보조설비 • 연소방지설비

정답　(1) 화재발생 사실을 통보하는 기계·기구 또는 설비
　　　　(2) 단독경보형 감지기, 자동화재탐지설비, 시각경보기, 화재알림설비, 비상방송설비, 자동화재속보설비

02 열감지기 중 정온식 스포트형 감지기의 열감지방식을 5가지만 쓰시오.

득점	배점
	5

해설

내화배선에 사용되는 전선의 종류 및 설치방법

(1) 열감지기의 종류(감지기의 형식승인 및 제품검사의 기술기준 제3조)
　① 차동식 스포트형 감지기 : 주위온도가 일정 상승률 이상이 되는 경우에 작동하는 것으로서 일국소에서의 열 효과에 의하여 작동되는 것을 말한다.
　② 차동식 분포형 감지기 : 주위온도가 일정 상승률 이상이 되는 경우에 작동하는 것으로서 넓은 범위 내에서의 열 효과의 누적에 의하여 작동되는 것을 말한다.
　③ 정온식 감지선형 감지기 : 일국소의 주위온도가 일정한 온도 이상이 되는 경우에 작동하는 것으로서 외관이 전선과 같이 선형으로 되어 있는 것을 말한다.
　④ 정온식 스포트형 감지기 : 일국소의 주위온도가 일정한 온도 이상이 되는 경우에 작동하는 것으로서 외관이 전선과 같이 선형으로 되어 있지 않은 것을 말한다.
　⑤ 보상식 스포트형 감지기 : 차동식 스포트형과 정온식 스포트형의 성능을 겸한 것으로서 차동식 스포트형의 성능 또는 정온식 스포트형의 성능 중 어느 한 기능이 작동되면 작동신호를 발하는 것을 말한다.
(2) 정온식 스포트형 감지기의 열감지방식(작동원리)
　① 가용절연물을 이용한 방식
　② 바이메탈의 활곡 및 반전을 이용한 방식
　③ 금속의 팽창계수차를 이용한 방식
　④ 액체의 팽창을 이용한 방식
　⑤ 감열반도체소자를 이용한 방식
(3) 감지소자에 따른 종류
　① 바이메탈을 이용한 것 : 일정온도가 되면 바이메탈이 구부러져 접점이 닫히게 되어 있으며 바이메탈의 활곡을 이용한 것과 바이메탈의 반전을 이용한 것이 있다.

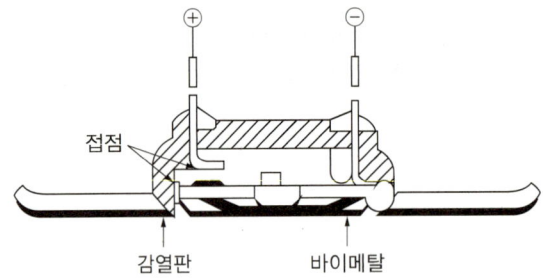

접점 / 감열판 / 바이메탈

② 서미스터를 이용한 것 : 특정한 온도에 도달하게 되면 저항값이 작아져 전기회로에는 큰 전류가 흘러 감지기에 내장된 릴레이가 작동하여 수신기에 신호를 보낸다.

정답
① 가용절연물을 이용한 방식
② 바이메탈의 활곡 및 반전을 이용한 방식
③ 금속의 팽창계수차를 이용한 방식
④ 액체의 팽창을 이용한 방식
⑤ 감열반도체소자를 이용한 방식

03

다음은 자동화재탐지설비 및 시각경보장치의 화재안전기술기준에서 정하는 배선 설치기준이다. ( ) 안에 알맞은 말을 쓰시오.

득점	배점
	5

- 감지기 상호 간 또는 감지기로부터 수신기에 이르는 감지기회로의 배선의 경우에는 아날로그방식, R형 수신기용 등으로 사용되는 것은 (①)의 방해를 받지 않는 것으로 배선하고, 그 외의 일반배선을 사용할 때에는 내화배선 또는 내열배선으로 할 것
- 감지기 사이의 회로의 배선은 (②)으로 할 것
- 전원회로의 전로와 대지 사이 및 배선 상호 간의 절연저항은 전기사업법 제67조에 따른 기술기준이 정하는 바에 의하고, 감지기회로 및 부속회로의 전로와 대지 사이 및 배선 상호 간의 절연저항은 1경계구역마다 (③)의 절연저항측정기를 사용하여 측정한 절연저항이 (④) 이상이 되도록 할 것
- 자동화재탐지설비의 감지기회로의 전로저항은 (⑤) 이하가 되도록 해야 하며, 수신기의 각 회로별 종단에 설치되는 감지기에 접속되는 배선의 전압은 감지기 정격전압의 80[%] 이상이어야 할 것

해설

자동화재탐지설비의 감지기 설치기준(NFTC 203)

(1) 전원회로의 배선은 내화배선으로 하고, 그 밖의 배선은 내화배선 또는 내열배선에 따를 것
(2) 감지기 상호 간 또는 감지기로부터 수신기에 이르는 감지기회로의 배선의 경우에는 아날로그방식, R형 수신기용 등으로 사용되는 것은 전자파의 방해를 받지 않는 것으로 배선하고, 그 외의 일반배선을 사용할 때에는 내화배선 또는 내열배선으로 할 것
(3) 감지기회로에는 도통시험을 위한 종단저항을 설치할 것
(4) 감지기 사이의 회로의 배선은 송배선식으로 할 것
(5) 전원회로의 전로와 대지 사이 및 배선 상호 간의 절연저항은 전기사업법 제67조에 따른 기술기준이 정하는 바에 의하고, 감지기회로 및 부속회로의 전로와 대지 사이 및 배선 상호 간의 절연저항은 1 경계구역마다 직류 250[V]의 절연저항측정기를 사용하여 측정한 절연저항이 0.1[MΩ] 이상이 되도록 할 것
(6) 자동화재탐지설비의 배선은 다른 전선과 별도의 관·덕트(절연효력이 있는 것으로 구획한 때에는 그 구획된 부분은 별개의 덕트로 본다)·몰드 또는 풀박스 등에 설치할 것. 다만, 60[V] 미만의 약 전류회로에 사용하는 전선으로서 각각의 전압이 같을 때에는 그렇지 않다.
(7) P형 수신기 및 G.P형 수신기의 감지기회로의 배선에 있어서 하나의 공통선에 접속할 수 있는 경계구역은 7개 이하로 할 것
(8) 자동화재탐지설비의 감지기회로의 전로저항은 50[Ω] 이하가 되도록 해야 하며, 수신기의 각 회로별 종단에 설치되는 감지기에 접속되는 배선의 전압은 감지기 정격전압의 80[%] 이상이어야 할 것

정답
① 전자파
② 송배선식
③ 직류 250[V]
④ 0.1[MΩ]
⑤ 50[Ω]

04 다음은 무선통신설비의 화재안전기술기준에서 정하는 분배기와 증폭기 및 무선중계기의 설치기준이다. 각 물음에 답하시오.

(1) 증폭기의 상용전원 및 배선의 설치기준을 쓰시오.
(2) 주 회로 전원의 정상 여부를 표시할 수 있는 것으로 증폭기의 전면에 설치해야 전기부품을 쓰시오.
(3) 증폭기에는 비상전원이 부착된 것으로 하고 해당 비상전원 용량은 무선통신보조설비를 유효하게 몇 분 이상 작동시킬 수 있는 것으로 해야 하는지 쓰시오.

해설

무선통신보조설비

(1) 분배기·분파기 및 혼합기 등의 설치기준
   ① 먼지·습기 및 부식 등에 따라 기능에 이상을 가져오지 않도록 할 것
   ② 임피던스는 50[Ω]의 것으로 할 것
   ③ 점검에 편리하고 화재 등의 재해로 인한 피해의 우려가 없는 장소에 설치할 것

(2) 증폭기 및 무선중계기의 설치기준
   ① 상용전원은 전기가 정상적으로 공급되는 축전지설비, 전기저장장치(외부 전기에너지를 저장해 두었다가 필요한 때 전기를 공급하는 장치) 또는 교류전압 옥내간선으로 하고, 전원까지의 배선은 전용으로 할 것
   ② 증폭기의 전면에는 주 회로 전원의 정상 여부를 표시할 수 있는 표시등 및 전압계를 설치할 것
   ③ 증폭기에는 비상전원이 부착된 것으로 하고 해당 비상전원 용량은 무선통신보조설비를 유효하게 30분 이상 작동시킬 수 있는 것으로 할 것
   ④ 증폭기 및 무선중계기를 설치하는 경우에는 전파법 제58조의2에 따른 적합성평가를 받은 제품으로 설치하고 임의로 변경하지 않도록 할 것
   ⑤ 디지털 방식의 무전기를 사용하는데 지장이 없도록 설치할 것

정답
(1) 상용전원은 전기가 정상적으로 공급되는 축전지설비, 전기저장장치(외부 전기에너지를 저장해 두었다가 필요한 때 전기를 공급하는 장치) 또는 교류전압 옥내간선으로 하고, 전원까지의 배선은 전용으로 할 것
(2) 표시등, 전압계
(3) 30분 이상

05

다음은 이산화탄소소화설비의 화재안전기술기준에서 정하는 음향경보장치의 설치기준이다. ( ) 안에 알맞은 내용을 쓰시오.

득점	배점
	4

- (①)를 설치한 것은 그 기동장치의 조작과정에서, (②)를 설치한 것은 화재감지기와 연동하여 (③)으로 경보를 발하는 것으로 할 것
- 소화약제의 방출개시 후 (④) 경보를 계속할 수 있는 것으로 할 것

해설

이산화탄소소화설비의 음향경보장치 설치기준

(1) 수동식 기동장치를 설치한 것은 그 기동장치의 조작과정에서, 자동식 기동장치를 설치한 것은 화재감지기와 연동하여 자동으로 경보를 발하는 것으로 할 것
(2) 소화약제의 방출개시 후 1분 이상 경보를 계속할 수 있는 것으로 할 것
(3) 방호구역 또는 방호대상물이 있는 구획 안에 있는 자에게 유효하게 경보할 수 있는 것으로 할 것
(4) 방송에 따른 경보장치를 설치할 경우에는 다음의 기준에 따라야 한다.
   ① 증폭기 재생장치는 화재 시 연소의 우려가 없고, 유지관리가 쉬운 장소에 설치할 것
   ② 방호구역 또는 방호대상물이 있는 구획의 각 부분으로부터 하나의 확성기까지의 수평거리는 25[m] 이하가 되도록 할 것
   ③ 제어반의 복구스위치를 조작하여도 경보를 계속 발할 수 있는 것으로 할 것

정답
① 수동식 기동장치 ② 자동식 기동장치
③ 자동   ④ 1분 이상

06 다음은 자동화재탐지설비 및 시각경보장치의 화재안전기술기준에서 정하는 감지기의 설치제외 장소에 대한 내용이다. (   ) 안에 알맞은 내용을 쓰시오.

득점	배점
	8

- 천장 또는 반자의 높이가 (①)[m] 이상인 장소. 다만, 감지기의 부착높이에 따라 적응성이 있는 장소는 제외한다.
- 헛간 등 외부와 기류가 통하는 장소로서 감지기에 따라 (②)을 유효하게 감지할 수 없는 장소
- (③)가 체류하고 있는 장소
- 고온도 및 (④)로서 감지기의 기능이 정지되기 쉽거나 감지기의 유지관리가 어려운 장소
- 파이프덕트 등 그 밖의 이와 비슷한 것으로서 (⑤)개 층마다 방화구획된 것이나 수평단면적이 (⑥)[m^2] 이하인 것
- 먼지·가루 또는 (⑦)가 다량으로 체류하는 장소 또는 주방 등 평상시 연기가 발생하는 장소(연기감지기에 한한다)
- 프레스공장·주조공장 등 (⑧)로서 감지기의 유지관리가 어려운 장소

해설

자동화재탐지설비에서 감지기 설치제외 장소

(1) 지하층·무창층 등으로서 환기가 잘되지 않거나 실내면적이 40[m^2] 미만인 장소, 감지기의 부착면과 실내 바닥과의 거리가 2.3[m] 이하인 곳으로서 일시적으로 발생한 열·연기 또는 먼지 등으로 인하여 화재신호를 발신할 우려가 있는 장소
  ① 불꽃감지기
  ② 정온식 감지선형 감지기
  ③ 분포형 감지기
  ④ 복합형 감지기
  ⑤ 광전식 분리형 감지기
  ⑥ 아날로그방식의 감지기
  ⑦ 다신호방식의 감지기
  ⑧ 축적방식의 감지기

(2) 감지기의 설치제외 장소
  ① 천장 또는 반자의 높이가 20[m] 이상인 장소. 다만, 감지기의 부착높이에 따라 적응성이 있는 장소는 제외한다.
  ② 헛간 등 외부와 기류가 통하는 장소로서 감지기에 따라 화재발생을 유효하게 감지할 수 없는 장소
  ③ 부식성가스가 체류하고 있는 장소
  ④ 고온도 및 저온도로서 감지기의 기능이 정지되기 쉽거나 감지기의 유지관리가 어려운 장소
  ⑤ 목욕실·욕조나 샤워시설이 있는 화장실·기타 이와 유사한 장소
  ⑥ 파이프덕트 등 그 밖의 이와 비슷한 것으로서 2개 층마다 방화구획된 것이나 수평단면적이 5[m^2] 이하인 것
  ⑦ 먼지·가루 또는 수증기가 다량으로 체류하는 장소 또는 주방 등 평상시 연기가 발생하는 장소(연기감지기에 한한다)
  ⑧ 프레스공장·주조공장 등 화재발생의 위험이 적은 장소로서 감지기의 유지관리가 어려운 장소

정답
① 20 ② 화재발생
③ 부식성가스 ④ 저온도
⑤ 2 ⑥ 5
⑦ 수증기 ⑧ 화재발생의 위험이 적은 장소

07

다음은 유도등 및 유도표지의 화재안전기술기준에서 정하는 유도등을 비상전원으로 60분 이상 유효하게 작동시킬 수 있는 용량으로 해야 하는 특정소방대상물을 2가지 쓰시오.

득점	배점
	4

해설

유도등의 전원 설치기준

(1) 유도등의 상용전원은 전기가 정상적으로 공급되는 축전지설비, 전기저장장치(외부 전기에너지를 저장해 두었다가 필요한 때 전기를 공급하는 장치) 또는 교류전압의 옥내 간선으로 하고, 전원까지의 배선은 전용으로 해야 한다.

(2) 비상전원의 설치기준
 ① 축전지로 할 것
 ② 유도등을 20분 이상 유효하게 작동시킬 수 있는 용량으로 할 것. 다만, 다음의 특정소방대상물의 경우에는 그 부분에서 피난층에 이르는 부분의 유도등을 60분 이상 유효하게 작동시킬 수 있는 용량으로 해야 한다.
  ㉠ 지하층을 제외한 층수가 11층 이상의 층
  ㉡ 지하층 또는 무창층으로서 용도가 도매시장·소매시장·여객자동차터미널·지하역사 또는 지하상가

정답
 ① 지하층을 제외한 층수가 11층 이상의 층
 ② 지하층 또는 무창층으로서 용도가 도매시장·소매시장·여객자동차터미널·지하역사 또는 지하상가

08

특정소방대상물에 설치된 소방시설 등을 구성하는 전부 또는 일부를 개설, 이전 또는 정비하는 소방시설공사의 착공신고 대상 3가지를 쓰시오(단, 고장 또는 파손 등으로 인하여 작동시킬 수 없는 소방시설을 긴급히 교체하거나 보수해야 하는 경우에는 신고하지 않을 수 있다).

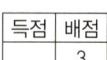

해설

소방시설공사의 착공신고 대상(소방공사업법 영 제4조)

(1) 특정소방대상물에 다음의 어느 하나에 해당하는 설비를 신설하는 공사
 ① 옥내소화전설비(호스릴옥내소화전설비를 포함), 스프링클러설비 등, 물분무등소화설비, 옥외소화전설비, 소화용수설비(소화용수설비를 건설산업기본법 시행령 별표 1에 따른 기계설비·가스공사업자 또는 상·하수도설비공사업자가 공사하는 경우는 제외), 제연설비(소방용 외의 용도와 겸용되는 제연설비를 건설산업기본법 시행령 별표 1에 따른 기계설비·가스공사업자가 공사하는 경우는 제외), 연결송수관설비, 연결살수설비 또는 연소방지설비
 ② 비상경보설비, 자동화재탐지설비, 화재알림설비, 비상방송설비(소방용 외의 용도와 겸용되는 비상방송설비를 정보통신공사업법에 따른 정보통신공사업자가 공사하는 경우는 제외), 비상콘센트설비(비상콘센트설비를 전기공사업법에 따른 전기공사업자가 공사하는 경우는 제외) 또는 무선통신보조설비(소방용 외의 용도와 겸용되는 무선통신보조설비를 정보통신공사업법에 따른 정보통신공사업자가 공사하는 경우는 제외)

(2) 특정소방대상물에 다음의 어느 하나에 해당하는 설비 또는 구역 등을 증설하는 공사
　① 옥내·옥외소화전설비
　② 스프링클러설비 등 또는 물분무등소화설비의 방호·방수구역, 자동화재탐지설비 또는 화재알림설비의 경계구역, 제연설비의 제연구역(소방용 외의 용도와 겸용되는 제연설비를 건설산업기본법 시행령 별표 1에 따른 기계설비·가스공사업자가 공사하는 경우는 제외), 연결송수관설비의 송수구역, 연결살수설비의 살수구역, 비상콘센트설비의 전용회로, 연소방지설비의 살수구역

(3) 특정소방대상물에 설치된 소방시설 등을 구성하는 다음의 어느 하나에 해당하는 것의 전부 또는 일부를 개설(改設), 이전(移轉) 또는 정비(整備)하는 공사. 다만, 고장 또는 파손 등으로 인하여 작동시킬 수 없는 소방시설을 긴급히 교체하거나 보수해야 하는 경우에는 신고하지 않을 수 있다.
　① 수신반(受信盤)
　② 소화펌프
　③ 동력(감시)제어반

정답 수신반, 소화펌프, 동력(감시)제어반

---

09 다음은 무선통신보조설비에서 누설동축케이블에 표시되어 있는 기호이다. 각 기호를 보기에서 찾아 쓰시오.　　[득점 / 배점 6]

$$\underset{①}{\text{LCX}} - \underset{②}{\text{FR}} - \underset{③}{\text{SS}} - \underset{④⑤}{\text{20D}} - \underset{⑥⑦}{14\ 6}$$

보기
- 난연성(내열성)
- 특성임피던스
- 절연체 외경
- 누설동축케이블
- 자기지지
- 사용 주파수

물음
① :　　　　　　② :　　　　　　③ :
④ :　　　　　　⑤ :　　　　　　⑥ :
⑦ : 결합손실

해설

누설동축케이블

(1) 누설동축케이블의 종류
  ① LCX Cable(Leakage Coaxial Cable) : 동축케이블의 외부도체에 가느다란 홈(Slot)을 만들어서 전파가 외부로 새어 나갈 수 있도록 한 케이블이다.
  ② RFCX Cable(Radiation High Foamed Coaxial Cable) : 방사형 누설동축케이블은 고발포 폴리에틸렌 절연체 위에 외부도체로 주름상의 구리관에 슬롯을 낸 구조이다.

> **참고**
>
> **누설동축케이블(LCX)의 구조**
>
>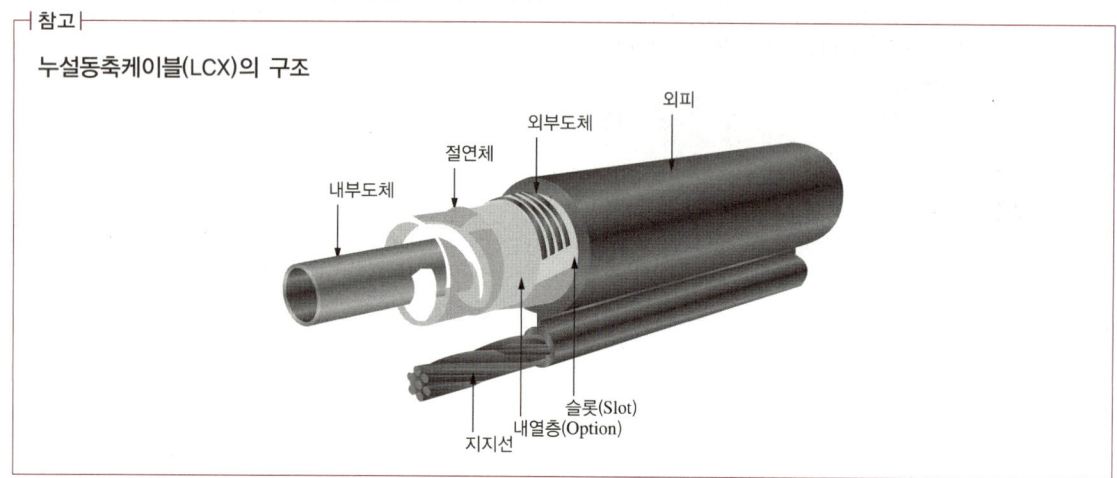

(2) 누설동축케이블의 표시
  ① LCX(Leaky Coaxial Cable) : 누설동축케이블
  ② FR(Flame Resistance) : 난연성(내열성)
  ③ SS(Self Supporting) : 자기지지
  ④ 20 : 절연체 외경(20[mm])
  ⑤ D : 특성임피던스(C - 75[Ω], D - 50[Ω])
  ⑥ 14 : 사용 주파수(1 - 150[MHz], 4 - 450[MHz])
  ⑦ 6 : 결합손실

정답
① 누설동축케이블
② 난연성(내열성)
③ 자기지지
④ 절연체 외경
⑤ 특성임피던스
⑥ 사용 주파수

10 감지기의 부착높이가 20[m] 이상이 되는 곳에 설치하는 감지기의 종류 2가지를 쓰시오. | 득점 | 배점 |
|---|---|
| | 4 |

해설

자동화재탐지설비의 감지기 부착높이에 따른 감지기의 종류

부착높이	감지기의 종류
4[m] 미만	• 차동식(스포트형, 분포형) • 보상식 스포트형 • 정온식(스포트형, 감지선형) • 이온화식 또는 광전식(스포트형, 분리형, 공기흡입형) • 열복합형 • 연기복합형 • 열연기복합형 • 불꽃감지기
4[m] 이상 8[m] 미만	• 차동식(스포트형, 분포형) • 보상식 스포트형 • 정온식(스포트형, 감지선형) 특종 또는 1종 • 이온화식 1종 또는 2종 • 광전식(스포트형, 분리형, 공기흡입형) 1종 또는 2종 • 열복합형 • 연기복합형 • 열연기복합형 • 불꽃감지기
8[m] 이상 15[m] 미만	• 차동식 분포형 • 이온화식 1종 또는 2종 • 광전식(스포트형, 분리형, 공기흡입형) 1종 또는 2종 • 연기복합형 • 불꽃감지기
15[m] 이상 20[m] 미만	• 이온화식 1종 • 광전식(스포트형, 분리형, 공기흡입형) 1종 • 연기복합형 • 불꽃감지기
20[m] 이상	• 불꽃감지기 • 광전식(분리형, 공기흡입형) 중 아날로그방식

[비고]
1. 감지기별 부착높이 등에 대하여 별도로 형식승인을 받은 경우에는 그 성능인정 범위에서 사용할 수 있다.
2. 부착높이 20[m] 이상에 설치되는 광전식 중 아날로그방식의 감지기는 공칭감지농도 하한값이 5[%/m] 미만인 것으로 한다.

정답 불꽃감지기, 광전식(분리형, 공기흡입형) 중 아날로그방식

11 다음 도면은 자동화재탐지설비의 평면도이다. 도면을 보고 각 물음에 답하시오(단, 천장은 이중천장이 없는 구조이며, 전선관은 후강 전선관을 사용하여 콘크리트 내에 매입 시공한다).

득점	배점
	8

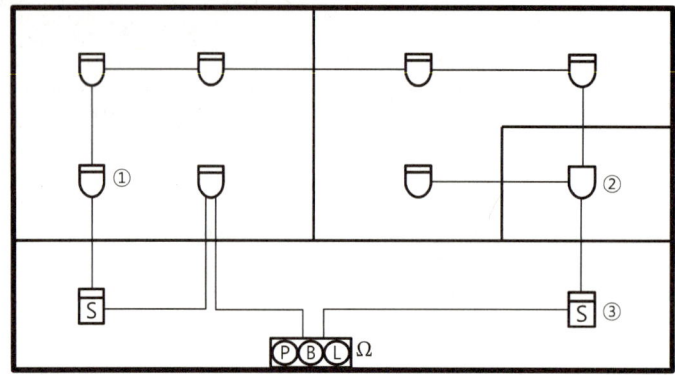

(1) 도면에서 금속관공사에 필요한 부싱과 로크너트의 수량을 구하시오.
  ① 부싱의 개수 :
  ② 로크너트의 개수 :
(2) 감지기와 감지기 사이, 감지기와 수동발신기세트 사이의 전선 가닥수를 평면도에 표시하시오(단, 전선 가닥수는 다음과 같이 표시(─////─)한다).
(3) 도면에 표기된 기호 ①, ②, ③의 명칭을 쓰시오.
  ① :
  ② :
  ③ :

해설

자동화재탐지설비
(1) 부싱과 로크너트 수량
  ① 금속관공사 시 부품 명칭

금속관공사의 부품 명칭	사용 용도	그림
커플링	전선관(금속관)과 전선관(금속관)을 연결할 때 사용한다.	
새들	전선관(금속관)을 구조물에 고정할 때 사용한다.	
환형 3방출 정크션박스	전선관(금속관)을 분기할 때 사용하며 방출방향의 수에 따라 2방출, 3방출, 4방출이 있다.	
노멀밴드	전선관(금속관)이 직각으로 구부러지는 곳에 사용한다.	

금속관공사의 부품 명칭	사용 용도	그림
유니버설엘보	노출배관을 공사할 때 관을 직각으로 구부러지는 곳에 사용한다.	
유니언커플링	전선관(금속관)의 접속부에서 양쪽의 관이 돌려지지 않는 곳에 전선관(금속관)을 접속할 때 사용한다.	
부싱	전선관(금속관)을 아웃렛 박스에 접속할 때 전선의 피복을 보호하기 위하여 박스 내부의 전선관 끝에 사용한다.	
로크너트	전선관(금속관)과 아웃렛 박스를 접속할 때 사용하는 부품으로서 최소 2개를 사용한다.	
8각 아웃렛 박스	전선관(금속관)을 공사할 때 감지기, 유도등 및 전선을 접속하는 데 사용하는 박스로 4각은 각 방향으로 2개까지 방출할 수 있고, 8각은 각 방향으로 1개까지 방출할 수 있다.	
4각 아웃렛 박스		

② 아웃렛 박스
  ㉠ 4각 아웃렛 박스 : 제어반, 수신기, 발신기세트, 수동조작함(RM) 등에 사용한다.
    ∴ 발신기세트가 1개 설치되어 있으므로 4각 아웃렛 박스는 1개를 사용한다.
  ㉡ 8각 아웃렛 박스 : 감지기, 사이렌, 유도등, 방출표시등에 사용한다.
    ∴ 감지기가 10개 설치되어 있으므로 8각 아웃렛 박스는 10개를 사용한다.

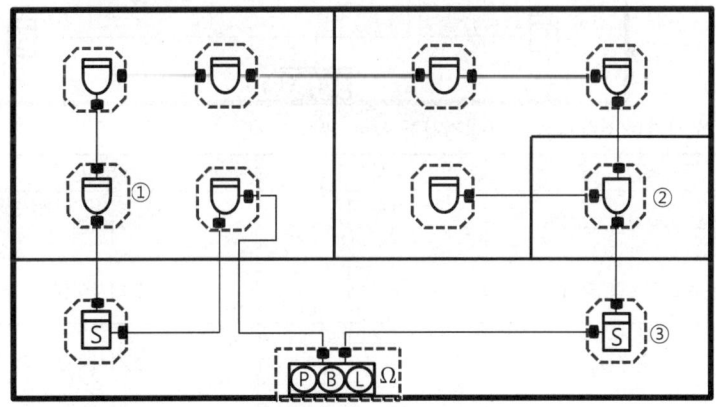

[참고] ◯ : 8각 아웃렛 박스, ☐ : 4각 아웃렛 박스, ■ : 부싱

③ 부싱 : 4각 아웃렛 박스와 8각 아웃렛 박스 내부의 전선관 끝에 사용한다.
    ∴ 아웃렛 박스가 11개 사용하므로 부싱은 22개가 필요하다.
④ 로크너트 : 전선관(금속관)과 아웃렛 박스를 접속할 때 사용하는 부품으로서 최소 2개를 사용한다.
    ∴ 부싱이 22개가 필요하므로 로크너트는 44개가 필요하다.

(2) 감지기회로의 배선
　① 송배선식
　　㉠ 도통시험을 용이하게 하기 위하여 배선의 도중에서 분기하지 않는 방식이다.
　　㉡ 적용설비 : 자동화재탐지설비, 제연설비
　　㉢ 전선 가닥수 산정 시 루프로 된 부분은 2가닥으로 배선하고, 그 밖에는 4가닥으로 배선한다.

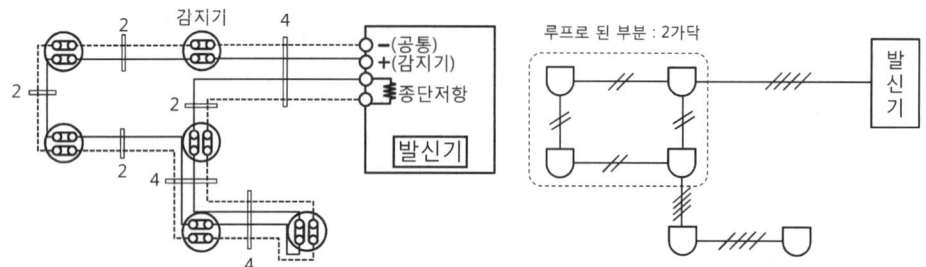

　② 전선 가닥수 산정
　　자동화재탐지설비이므로 감지기회로의 배선은 송배선식으로 한다. 따라서, 루프로 된 부분은 2가닥으로 배선하고, 그 밖에는 4가닥으로 배선한다.

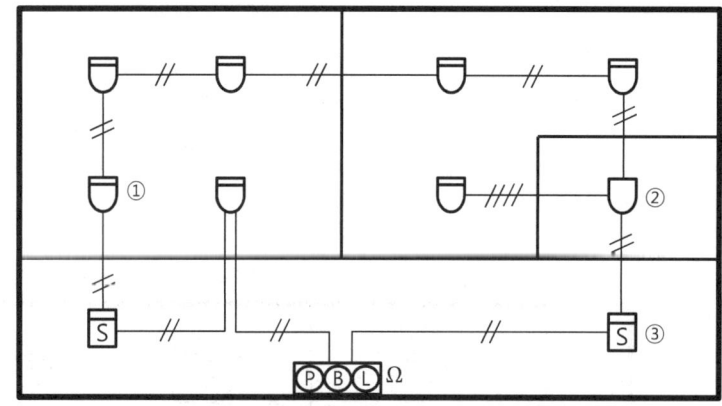

(3) 소방시설 도시기호(소방시설 자체점검사항 등에 관한 고시)

명칭	도시기호	명칭	도시기호
차동식 스포트형 감지기	⌒	사이렌	◁
정온식 스포트형 감지기	⌒	모터사이렌	Ⓜ
연기감지기	S	전자사이렌	Ⓢ
보상식 스포트형 감지기	⌒	종단저항	Ω

정답 (1) ① 22개　　② 44개

(2)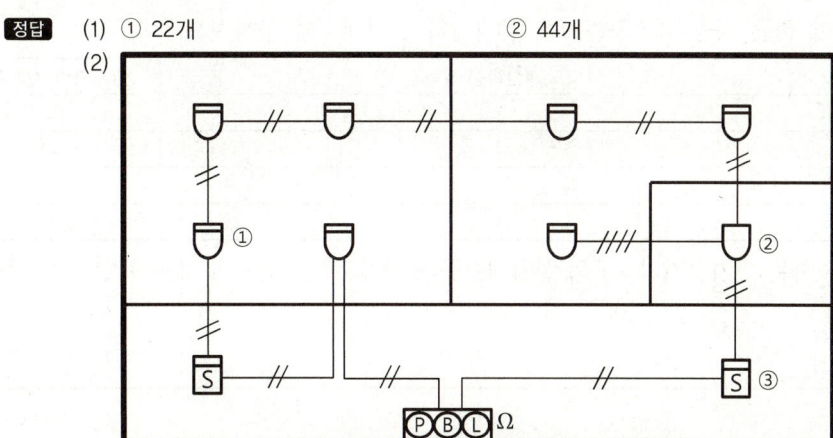

(3) ① 차동식 스포트형 감지기　　② 정온식 스포트형 감지기
　　③ 연기감지기

12 다음은 주요구조부가 내화구조로 된 특정소방대상물에 각각의 실로 구획되어 있는 평면도이다. 각 실에는 차동식 스포트형 감지기를 설치하고, 복도에는 연기감지기를 설치하고자 할 경우 각 물음에 답하시오(단, 감지기가 부착되어 있는 천장의 높이는 3.5[m]이다).

득점	배점
	8

(1) 각 실에 설치해야 하는 차동식 스포트 1종 감지기의 설치개수를 구하시오.

실 구분	계산과정	감지기의 설치개수
A실		
B실		
C실		
D실		

(2) 복도에 설치해야 하는 연기감지기 2종의 설치개수를 구하시오(단, 복도의 보행거리는 50[m]이다).
- 계산과정 :
- 답 :

해설

자동화재탐지설비의 감지기 설치기준

(1) 차동식 스포트형 1종 감지기 설치개수 산정

① 차동식 스포트형·보상식 스포트형 및 정온식 스포트형 감지기는 그 부착높이 및 특정소방대상물에 따라 다음 [표]에 따른 바닥면적마다 1개 이상을 설치할 것

부착높이 및 특정소방대상물의 구분		감지기의 종류(단위 : [m²])					
		차동식 스포트형		보상식 스포트형		정온식 스포트형		
		1종	2종	1종	2종	특종	1종	2종
4[m] 미만	주요구조부가 내화구조로 된 특정소방대상물 또는 그 부분	90	70	90	70	70	60	20
	기타 구조의 특정소방대상물 또는 그 부분	50	40	50	40	40	30	15
4[m] 이상 8[m] 미만	주요구조부가 내화구조로 된 특정소방대상물 또는 그 부분	45	35	45	35	35	30	-
	기타 구조의 특정소방대상물 또는 그 부분	30	25	30	25	25	15	-

② 주요구조부가 내화구조의 특정소방대상물이고, 감지기가 부착되어 있는 천장의 높이는 3.5[m]이다.

③ 감지기의 부착높이는 4[m] 미만이고, 주요구조부가 내화구조의 특정소방대상물이므로 차동식 스포트형 1종 감지기는 바닥면적 90[m²]마다 1개 이상을 설치해야 한다.

$$\therefore 감지기\ 설치개수 = \frac{감지구역의\ 바닥면적[m^2]}{감지기\ 1개의\ 설치\ 바닥면적[m^2]}[개]$$

실 구분	계산과정	감지기 설치개수
A실	$\frac{10[m] \times 20[m]}{90[m^2]} = 2.2개 ≒ 3개$	3개
B실	$\frac{30[m] \times 18[m]}{90[m^2]} = 6개$	6개
C실	$\frac{32[m] \times 10[m]}{90[m^2]} = 3.6개 ≒ 4개$	4개
D실	$\frac{10[m] \times 10[m]}{90[m^2]} = 1.1개 ≒ 2개$	2개

(2) 연기감지기의 설치기준
　① 연기감지기의 부착높이에 따라 다음 표에 따른 바닥면적마다 1개 이상으로 할 것

부착높이	감지기의 종류(단위 : [m²])	
	1종 및 2종	3종
4[m] 미만	150	50
4[m] 이상 20m] 미만	75	−

　② 감지기는 복도 및 통로에 있어서는 보행거리 30[m](3종에 있어서는 20[m])마다, 계단 및 경사로에 있어서는 수직거리 15[m](3종에 있어서는 10[m])마다 1개 이상으로 할 것

$$감지기\ 설치개수 = \frac{감지구역의\ 보행거리[m]}{감지기\ 1개의\ 설치\ 보행거리[m]}[개]$$

∴ 감지기 설치개수 = $\frac{감지구역의\ 보행거리[m]}{감지기\ 1개의\ 설치\ 보행거리[m]} = \frac{50[m]}{30[m]} = 1.7개 ≒ 2개$

정답 (1)

실 구분	계산과정	감지기 설치개수
A실	$\frac{10[m] \times 20[m]}{90[m^2]} = 2.2개 ≒ 3개$	3개
B실	$\frac{30[m] \times 18[m]}{90[m^2]} = 6개$	6개
C실	$\frac{32[m] \times 10[m]}{90[m^2]} = 3.6개 ≒ 4개$	4개
D실	$\frac{10[m] \times 10[m]}{90[m^2]} = 1.1개 ≒ 2개$	2개

(2) 2개

13 극수변환식 3상 농형 유도전동기가 있다. 고속 측은 4극이고 정격출력은 30[kW]이다. 저속 측은 고속 측의 1/3 속도라면 저속 측의 극수와 정격출력을 구하시오(단, 슬립 및 정격토크는 저속 측과 고속 측이 같다).

(1) 3상 농형 유도전동기의 저속 측 극수를 구하시오.
- 계산과정 :
- 답 :

(2) 3상 농형 유도전동기의 저속 측 정격출력[kW]을 구하시오.
- 계산과정 :
- 답 :

해설

3상 유도전동기의 기동방식과 전력용 콘덴서의 용량

(1) 3상 농형 유도전동기의 극수 계산

① 회전속도(실제속도, N)

$$N = (1-s)N_s = (1-s)\frac{120f}{P} \text{[rpm]}$$

여기서, s : 슬립 N_s : 동기속도[rpm]
　　　　f : 주파수[Hz] P : 극수

② 회전속도 $N = (1-s)\frac{120f}{P}$ 에서 회전속도와 극수는 반비례하므로 $N \propto \frac{1}{P}$ 이다.

저속 측의 회전속도 $N_{저속} = \frac{1}{3}N_{고속}$ 에서 $\frac{1}{P_{저속}} = \frac{1}{3} \times \frac{1}{P_{고속}}$

∴ 저속 측의 극수 $P_{저속} = 3 \times P_{고속} = 3 \times 4극 = 12극$

(2) 3상 농형 유도전동기의 정격출력(P) 계산

$$P = 9.8\omega T = 9.8 \times \left(\frac{2\pi N}{60}\right) \times T \text{[W]}$$

여기서, ω : 각속도[rad/s] T : 토크[kgf·m]
　　　　N : 회전속도[rpm]

- 정격출력 $P = 9.8 \times \left(\frac{2\pi N}{60}\right) \times T$ 에서 정격출력은 회전속도와 비례하므로 $P \propto N$ 이다.

- 저속 측의 회전속도 $N_{저속} = \frac{1}{3}N_{고속}$ 에서 저속 측의 정격출력 $P_{저속} = \frac{1}{3}P_{고속}$ 이다.

∴ $P_{저속} = \frac{1}{3} \times 30\text{[kW]} = 10\text{[kW]}$

정답 (1) 12극
　　　 (2) 10[kW]

14 피난유도선이란 햇빛이나 전등불에 따라 축광하거나 전류에 따라 빛을 발하는 유도체로서 어두운 상태에서 피난을 유도할 수 있도록 띠 형태로 설치되는 피난유도시설을 말한다. 화재안전기술기준에서 정하는 광원점등방식의 피난유도선 설치기준을 5가지만 쓰시오.

득점	배점
	5

해설

피난유도선의 설치기준

(1) 축광방식의 피난유도선
① 구획된 각 실로부터 주출입구 또는 비상구까지 설치할 것
② 바닥으로부터 높이 50[cm] 이하의 위치 또는 바닥면에 설치할 것
③ 피난유도 표시부는 50[cm] 이내의 간격으로 연속되도록 설치
④ 부착대에 의하여 견고하게 설치할 것
⑤ 외부의 빛 또는 조명장치에 의하여 상시 조명이 제공되거나 비상조명등에 의한 조명이 제공되도록 설치할 것

(2) 광원점등방식의 피난유도선
① 구획된 각 실로부터 주출입구 또는 비상구까지 설치할 것
② 피난유도 표시부는 바닥으로부터 높이 1[m] 이하의 위치 또는 바닥면에 설치할 것
③ 피난유도 표시부는 50[cm] 이내의 간격으로 연속되도록 설치하되 실내장식물 등으로 설치가 곤란할 경우 1[m] 이내로 설치할 것
④ 수신기로부터의 화재신호 및 수동조작에 의하여 광원이 점등되도록 설치할 것
⑤ 비상전원이 상시 충전상태를 유지하도록 설치할 것
⑥ 바닥에 설치되는 피난유도 표시부는 매립하는 방식을 사용할 것
⑦ 피난유도 제어부는 조작 및 관리가 용이하도록 바닥으로부터 0.8[m] 이상 1.5[m] 이하의 높이에 설치할 것

정답
① 구획된 각 실로부터 주출입구 또는 비상구까지 설치할 것
② 피난유도 표시부는 바닥으로부터 높이 1[m] 이하의 위치 또는 바닥면에 설치할 것
③ 수신기로부터의 화재신호 및 수동조작에 의하여 광원이 점등되도록 설치할 것
④ 비상전원이 상시 충전상태를 유지하도록 설치할 것
⑤ 바닥에 설치되는 피난유도 표시부는 매립하는 방식을 사용할 것

15 다음 그림은 무선통신보조설비에서 분배기의 임피던스 매칭에 관한 회로이다. 각 물음에 답하시오.

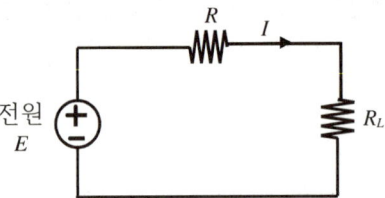

(1) 회로에서 전원이 부하에 공급되는 전력이 최대가 되는 조건을 쓰시오.
(2) 부하저항(R_L)에 전달되는 최대전력(P_L)을 구하시오.
 • 계산과정 :
 • 답 :

해설

최대 전력 계산

(1) 전력(P_L)이 최대가 되는 조건

$$P_L = IE = I^2 R_L = \frac{E^2 R_L}{(R+R_L)^2} \text{ [W]}$$

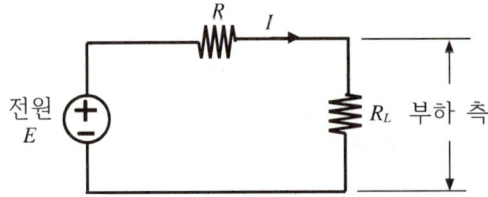

최대 공급전력 $\frac{dP_L}{dR_L} = 0$ 이므로

$$\frac{dP_L}{dR_L} = \frac{d}{dR_L} \frac{E^2 R_L}{(R_L+R)^2} = \frac{E^2(R_L+R)^2 - E^2 R_L \times 2(R_L+R)}{(R_L+R)^4} = \frac{E^2(R_L+R-2R_L)}{(R_L+R)^3} = \frac{E^2(R-R_L)}{(R_L+R)^3} = 0$$

∴ 평형조건에서 $R - R_L = 0$ 이다. 따라서, 최대 공급전력은 $R = R_L$(입력 측 저항=부하 측 저항)이다.

(2) 부하저항에 공급되는 최대전력(P_L)

전력이 최대가 되는 조건은 $R = R_L$ 이다.

$$\therefore P_L = \frac{E^2 R_L}{(R+R_L)^2} = \frac{E^2 R_L}{(R_L+R_L)^2} = \frac{E^2 R_L}{4R_L^2} = \frac{E^2}{4R_L} \text{ [W]}$$

정답 (1) $R = R_L$

(2) $P_L = \dfrac{E^2}{4R_L}$

16 다음 도면은 타이머를 이용하여 기동 시 Y결선으로 기동하고, t초 후 △결선으로 운전되는 3상 유도전동기의 Y-△ 기동회로이다. 이 회로도를 보고, 각 물음에 답하시오.

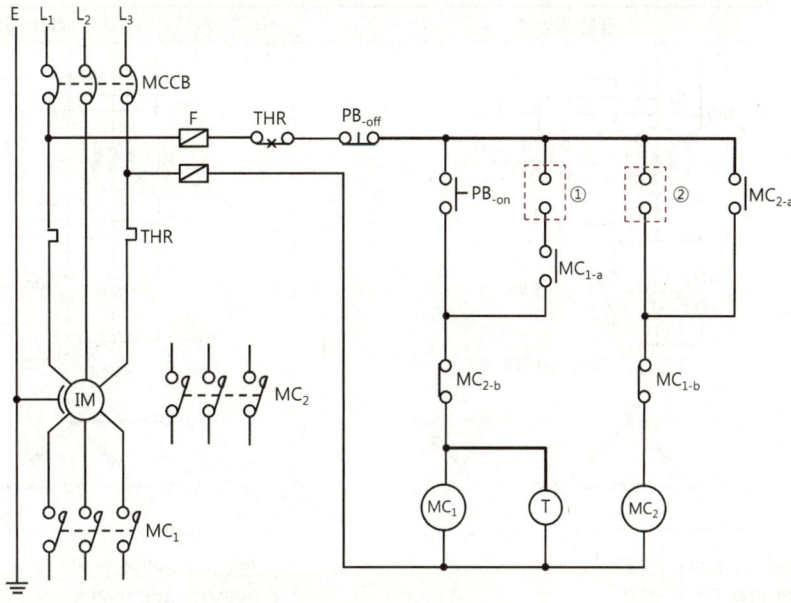

(1) Y-△ 기동이 가능하도록 미완성된 주회로를 완성하시오.
(2) Y-△ 기동이 가능하도록 제어회로의 미완성 부분 ①과 ②에 접점 및 접점기호를 도면에 표시하시오.
(3) ①과 ②의 접점 명칭을 쓰시오.
    ① 접점 명칭 :
    ② 접점 명칭 :

해설

3상 유도전동기의 Y-△ 기동회로

(1) Y-△ 기동회로의 주회로 작성

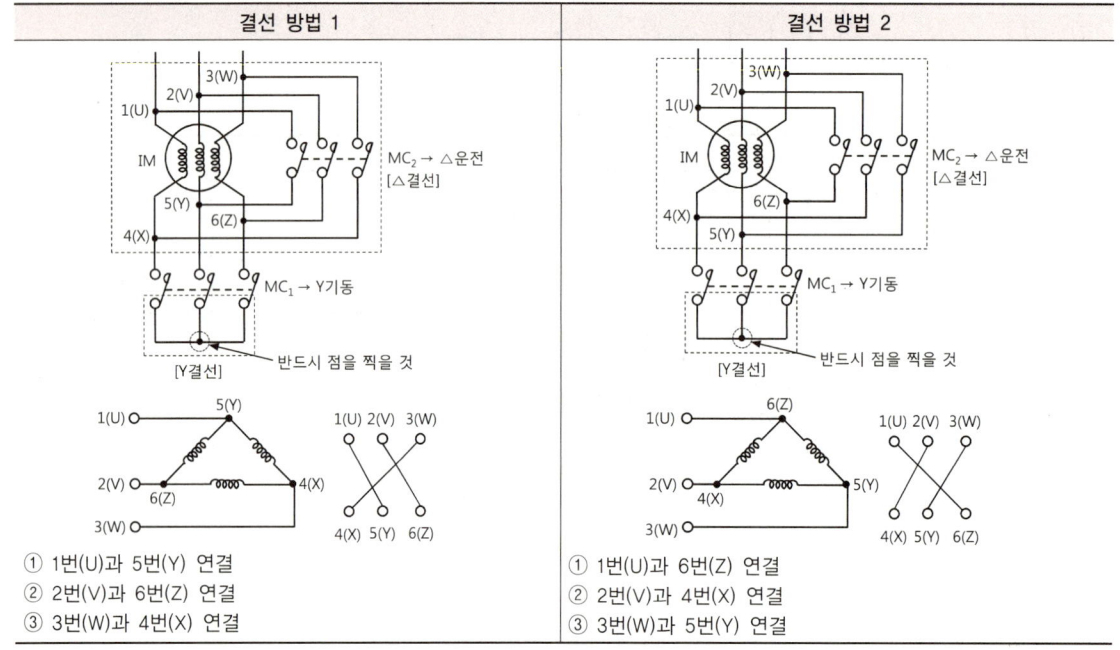

① 1번(U)과 5번(Y) 연결
② 2번(V)과 6번(Z) 연결
③ 3번(W)과 4번(X) 연결

① 1번(U)과 6번(Z) 연결
② 2번(V)과 4번(X) 연결
③ 3번(W)과 5번(Y) 연결

(2) 타이머를 이용한 Y-△ 기동회로의 동작 및 제어회로 작성

① 제어용기기의 명칭과 도시기호

제어용기기 명칭	작동원리	접점의 종류			
		주접점	코일	a접점	b접점
배선용 차단기 (MCCB)	단락 및 과부하로부터 회로를 보호하기 위하여 사용되는 전력기기이다.	╱╱╱	–	–	–
전자접촉기 (MC)	전자석의 동작에 의하여 접점을 개폐하는 기구로서 부하회로를 빈번하게 개폐하는 접촉기이다.	╱╱╱	(MC)	MC-a	MC-b
열동계전기 (THR)	정격전류 이상의 과부하 전류가 흐르면 내부에서 발생된 열에 의해 바이메탈이 동작하여 접점을 차단시키는 계전기로서 전동기의 과부하 보호에 사용된다.	╎╎	–	THR	THR
누름버튼스위치 (PB-a, PB-b)	버튼을 누르면 접점 기구부가 개폐되며 손을 떼면 스프링의 힘에 의해 자동으로 복귀되는 스위치이다.	–	–	PB-a	PB-b
타이머 (T)	설정시간이 경과한 후 그 접점이 폐로 또는 개로하는 계전기이다.	–	(T)	T-a	T-b

② 동작설명에 따른 제어회로 작성

동작설명	회로도
① 기동용 누름버튼스위치(PB_{-on})를 누르면 전자접촉기(MC_1)와 타이머(T)가 여자되어 유도전동기(IM)는 Y결선으로 기동된다. 이때 전자접촉기의 보조접점(MC_{1-a})에 의해 자기유지가 된다.	
② 타이머(T)의 설정시간이 지나면 타이머 한시접점(T_{-b})이 열려 전자접촉기(MC_1)가 소자되어 Y결선의 기동이 정지된다.	
③ 타이머 한시접점(T_{-a})이 붙어 전자접촉기(MC_2)가 여자되어 △결선으로 유도전동기(IM)는 운전된다. 이때 전자접촉기의 보조접점(MC_{2-a})에 의해 자기유지된다.	
④ 전자접촉기(MC_1)와 전자접촉기(MC_2)는 인터록이 유지되어 안전운전이 된다.	

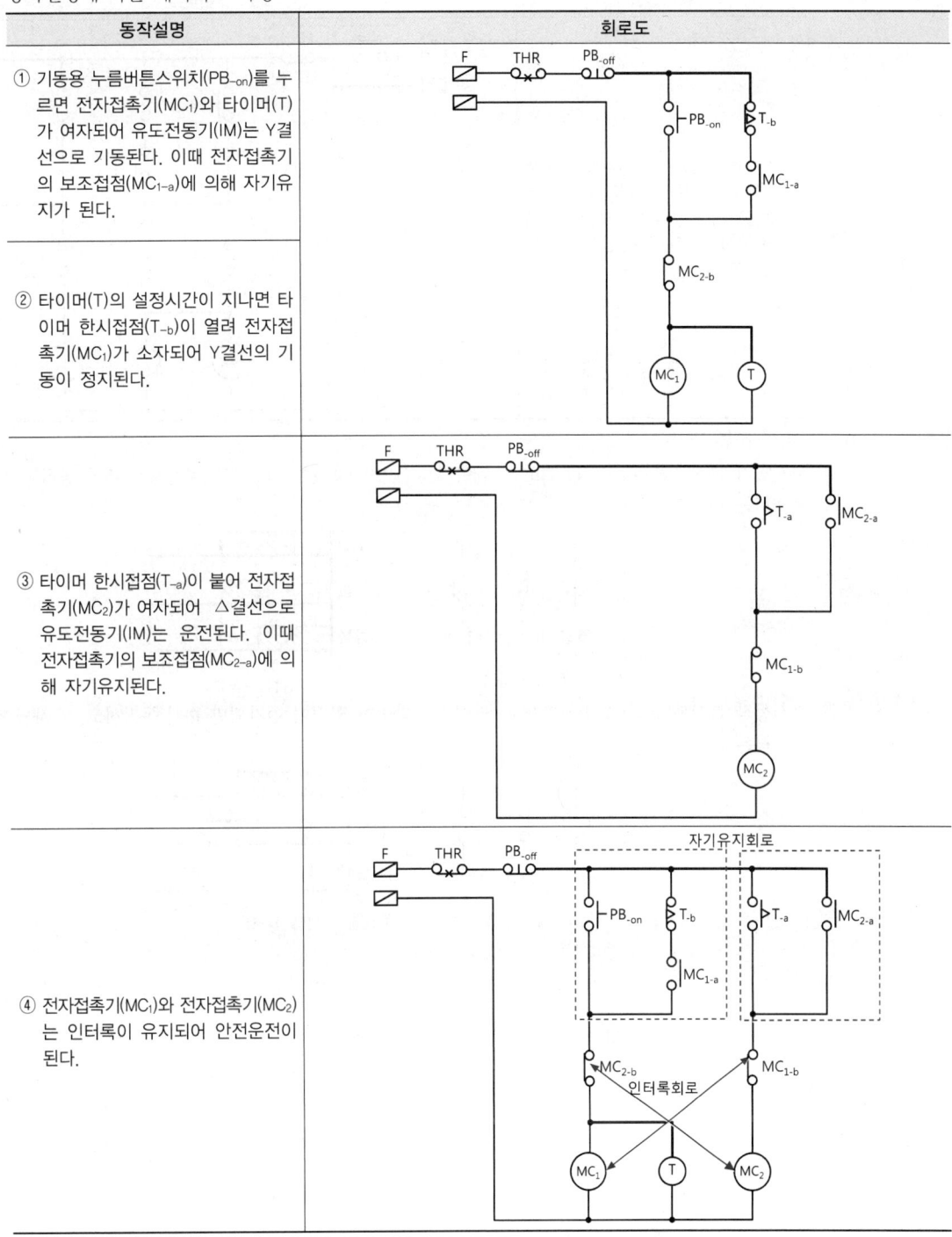

동작설명	회로도
⑤ 정지용 누름버튼스위치(PB-off)를 누르면 유도전동기는 정지된다. 또한, 전동기에 과전류가 흐르면 열동계전기(THR)가 작동하여 운전 중인 유도전동기는 정지한다.	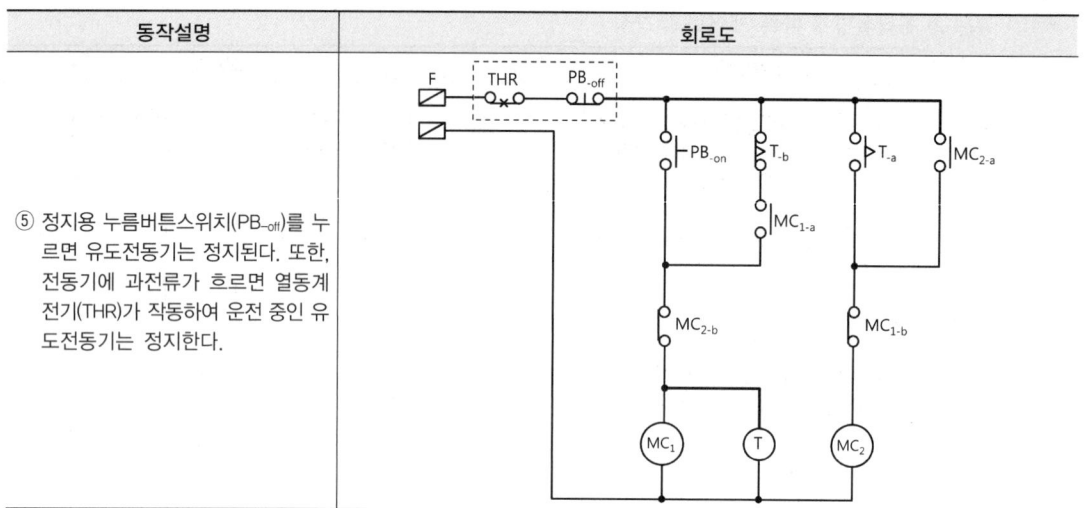

(3) 타이머의 종류 및 특징

① 한시동작 순시복귀(On Delay Timer) 타이머 : 타이머 코일이 여자되면 설정시간 후에 동작되고, 소자되면 순시 복귀하는 타이머

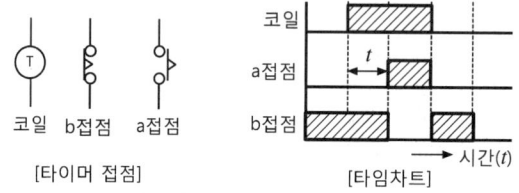

② 순시동작 한시복귀(Off Delay Timer) 타이머 : 타이머 코일이 여자되면 순시 동작하고, 소자되면 설정시간 후에 복귀하는 타이머

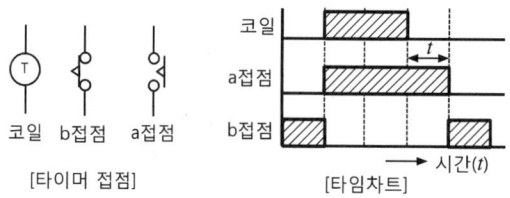

정답 (1)

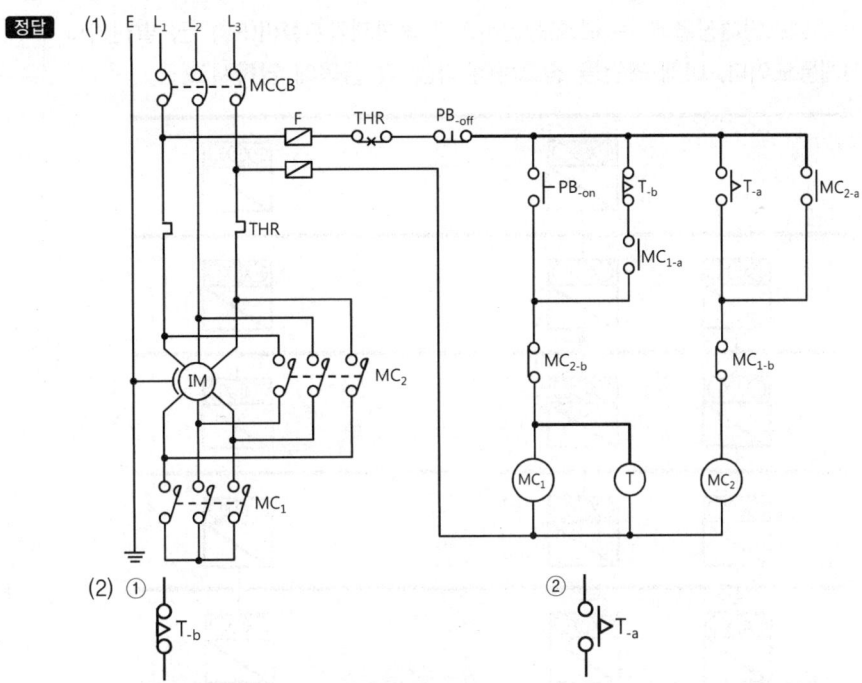

(2) ① ②

(3) ① 한시동작 순시복귀 타이머 b접점
② 한시동작 순시복귀 타이머 a접점

17 다음은 지상 8층의 특정소방대상물에 옥내소화전설비와 자동화재탐지설비(P형 1급 발신기세트)를 겸용한 배선계통도이다. 아래 조건을 참고하여 다음 각 물음에 답하시오.

득점	배점
	8

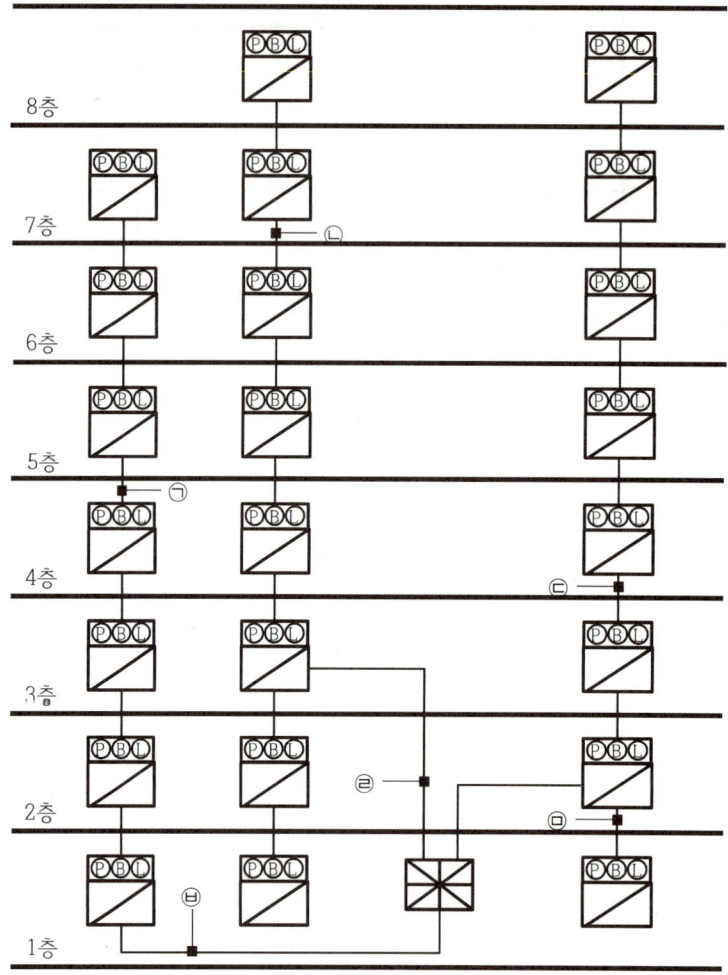

조 건

- 선로의 전선 가닥수는 최소로 하고, 경종과 표시등 공통선은 1가닥으로 배선한다.
- 화재로 인하여 하나의 층의 지구음향장치 배선이 단락되어도 다른 층의 화재통보에 지장이 없도록 각 층 배선 상에 유효한 조치(단락보호장치)를 하였다.
- 옥내소화전설비는 기동용 수압개폐장치를 이용한 자동기동방식으로 한다.

물음

(1) 기호 ㉠~㉥까지의 최소 전선 가닥수를 구하시오.

기호	㉠	㉡	㉢	㉣	㉤	㉥
전선 가닥수						

(2) P형 1급 수신기는 최소 몇 회로용으로 사용해야 하는지 쓰시오.

(3) 다음은 자동화재탐지설비 및 시각경보장치의 화재안전기술기준에서 정하는 음향장치의 구조 및 성능기준이다. 각 물음에 답하시오.
 ① 정격전압의 몇 [%] 전압에서 음향을 발할 수 있는 것으로 해야 하는지 쓰시오.
 ② 음향의 크기는 부착된 음향장치의 중심으로부터 1[m] 떨어진 위치에서 몇 [dB] 이상이 되는 것으로 해야 하는지 쓰시오.

해설

옥내소화전설비 및 자동화재탐지설비

(1) 전선 가닥수 산정

① 소방시설 도시기호(소방시설 자체점검사항 등에 관한 고시)

명칭	도시기호	함의 전면에 부착된 전기기구의 명칭
발신기세트 옥내소화전 내장형	ⓟⒷⓁ	발신기, 경종, 표시등, 기동확인표시등
발신기세트 단독형	ⓟⒷⓁ	발신기, 경종, 표시등

② 발신기세트 옥내소화전 내장형의 배선의 용도(1회로 기준)

기동방식	전선 가닥수	배선의 용도
자동기동방식 (기동용 수압개폐장치를 이용)	8	지구 공통선 1, 지구선 1, 응답선 1, 경종선 1, 표시등선 1, 경종·표시등 공통선 1, 기동확인표시등 2
수동기동방식 (ON-OFF 스위치를 이용)	11	지구 공통선 1, 지구선 1, 응답선 1, 경종선 1, 표시등선 1, 경종·표시등 공통선 1, 기동스위치 1, 정지스위치 1, 공통 1, 기동확인표시등 2

③ 일제경보방식
 ㉠ 특정소방대상물이 11층 미만이므로 일제경보방식으로 배선해야 한다.
 ㉡ [조건]에서 전선의 가닥수는 최소로 산정하며 경제성을 고려하여 자동화재탐지설비를 설치해야 하고, 지구경종에 단락보호장치가 설치되어 있으므로 경종선과 경종·표시등 공통선을 1가닥으로 배선한다.

④ 전선 가닥수 산정

기호	전선 가닥수	배선의 용도	비고
㉠	10	지구 공통선 1, 지구선 3, 응답선 1, 경종선 1, 표시등선 1, 경종·표시등 공통선 1, 기동확인표시등 2	지구선 수 = 발신기 개수
㉡	9	지구 공통선 1, 지구선 2, 응답선 1, 경종선 1, 표시등선 1, 경종·표시등 공통선 1, 기동확인표시등 2	지구선 수 = 발신기 개수
㉢	12	지구 공통선 1, 지구선 5, 응답선 1, 경종선 1, 표시등선 1, 경종·표시등 공통선 1, 기동확인표시등 2	지구선 추가
㉣	16	지구 공통선 2, 지구선 8, 응답선 1, 경종선 1, 표시등선 1, 경종·표시등 공통선 1, 기동확인표시등 2	지구선 수 = 발신기 개수
㉤	8	지구 공통선 1, 지구선 1, 응답선 1, 경종선 1, 표시등선 1, 경종·표시등 공통선 1, 기동확인표시등 2	지구선 수 = 발신기 개수
㉥	14	지구 공통선 1, 지구선 7, 응답선 1, 경종선 1, 표시등선 1, 경종·표시등 공통선 1, 기동확인표시등 2	-

[참고] • 지구선 = 회로선 • 지구 공통선 = 회로 공통선
 • 응답선 = 발신기선

(2) P형 수신기의 선정
 발신기세트의 설치개수가 회로 수이다. 단, 종단저항이 있을 경우 종단저항의 개수가 회로 수가 된다. 따라서, 특정소방대상물에 발신기세트가 23개 설치되어 있다.
 ∴ P형 1급 수신기는 5회로용 단위로 제작되므로 25회로용을 선정해야 한다. 여기서, 2회로는 예비용으로 사용한다.

(3) 음향장치의 설치기준
 ① 음향장치의 구조 및 성능
  ㉠ 정격전압의 80[%] 전압에서 음향을 발할 수 있는 것으로 할 것. 다만, 건전지를 주전원으로 사용하는 음향장치는 그렇지 않다
  ㉡ 음향의 크기는 부착된 음향장치의 중심으로부터 1[m] 떨어진 위치에서 90[dB] 이상이 되는 것으로 할 것
  ㉢ 감지기 및 발신기의 작동과 연동하여 작동할 수 있는 것으로 할 것
 ② 음향장치의 설치기준
  ㉠ 주음향장치는 수신기의 내부 또는 그 직근에 설치할 것
  ㉡ 층수가 11층(공동주택의 경우에는 16층) 이상의 특정소방대상물은 다음의 기준에 따라 경보를 발할 수 있도록 할 것
   • 2층 이상의 층에서 발화한 때에는 발화층 및 그 직상 4개 층에 경보를 발할 것
   • 1층에서 발화한 때에는 발화층·그 직상 4개 층 및 지하층에 경보를 발할 것
   • 지하층에서 발화한 때에는 발화층·그 직상층 및 기타의 지하층에 경보를 발할 것
  ㉢ 지구음향장치는 특정소방대상물의 층마다 설치하되, 해당 층의 각 부분으로부터 하나의 음향장치까지의 수평거리가 25[m] 이하가 되도록 하고, 해당 층의 각 부분에 유효하게 경보를 발할 수 있도록 설치할 것. 다만, 비상방송설비의 화재안전기술기준(NFTC 202)에 적합한 방송설비를 자동화재탐지설비의 감지기와 연동하여 작동하도록 설치한 경우에는 지구음향장치를 설치하지 않을 수 있다.

정답 (1)

기호	㉠	㉡	㉢	㉣	㉤	㉥
전선 가닥수	10	9	12	16	8	14

(2) 25회로용
(3) ① 80[%] ② 90[dB] 이상

18 다음은 이산화탄소소화설비에서 자동식 기동장치의 화재감지기의 회로는 교차회로방식으로 설치해야 한다. 각 물음에 답하시오.

(1) 감지기의 출력신호를 X라고 할 때 논리식을 쓰시오(입력신호 중에서 감지기 A를 A, 감지기 B를 B라고 한다).
(2) (1)의 논리식을 무접점회로로 나타내시오.
(3) (1)의 논리식을 이용하여 진리표를 완성하시오.

입력		출력
A	B	X
0	0	
0	1	
1	0	
1	1	

해설
이산화탄소소화설비의 감지기회로 배선

(1) 논리회로
  ① 자동식 기동장치의 화재감지기 설치기준
      ㉠ 각 방호구역 내의 화재감지기의 감지에 따라 작동되도록 할 것
      ㉡ 화재감지기의 회로는 교차회로방식으로 설치할 것. 다만, 화재감지기를 자동화재탐지설비 및 시각경보장치의 화재안전기술기준(NFTC 203)의 각 감지기로 설치하는 경우에는 그렇지 않다.
  ② 감지기회로의 배선 분류
      ㉠ 송배선식(자동화재탐지설비, 제연설비에 적용) : 도통시험을 용이하게 하기 위하여 배선의 도중에서 분기하지 않는 방식으로서 루프로 된 부분은 2가닥, 그 밖에는 4가닥으로 배선해야 한다.

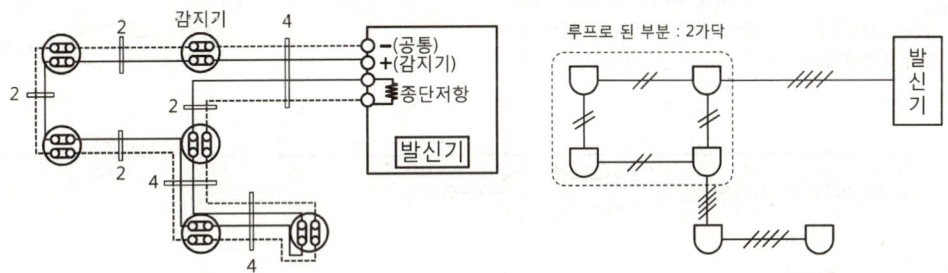

  ㉡ 교차회로방식(분말소화설비, 할론소화설비, 이산화탄소소화설비, 준비작동식 스프링클러설비, 일제살수식 스프링클러설비, 할로겐화합물 및 불활성기체소화설비에 적용) : 감지기의 오동작을 방지하기 위하여 하나의 방호구역 내에 2 이상의 화재감지기 회로를 설치하고 인접한 2 이상의 화재감지기가 동시에 감지되는 때에는 소화설비가 작동하는 방식으로서 루프로 된 부분과 말단부는 4가닥, 그 밖에는 8가닥으로 배선해야 한다.

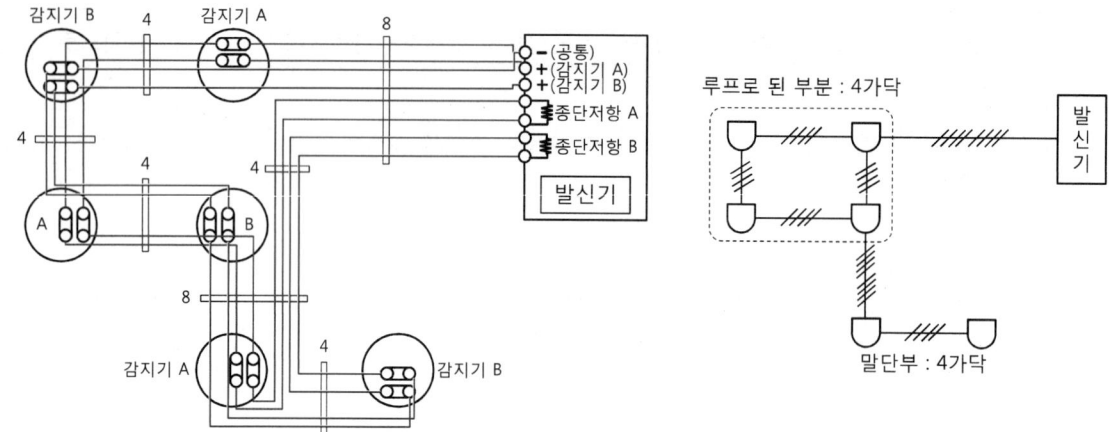

∴ 교차회로방식은 인접한 2 이상의 화재감지기가 동시에 감지되는 때에는 소화설비가 작동하는 방식이므로 논리회로로 표현하면 AND회로에 해당한다. 따라서, 논리식은 X = A · B 이다.

(2) 논리회로

기본회로	정의	유접점회로	무접점회로	논리식
AND회로 (직렬회로)	2개의 입력신호가 모두 "1"일 때에만 출력신호가 "1"이 되는 논리회로로서 직렬회로이다.			$X = A \cdot B$
OR회로 (병렬회로)	2개의 입력신호 중 어느 1개의 입력신호가 "1"일 때 출력신호가 "1"이 되는 논리회로로서 병렬회로이다.			$X = A + B$

∴ AND회로의 무접점회로는 ⸺⸺ X이다.

(3) 진리표

① AND회로

입력		출력
A	B	$X = A \cdot B$
0	0	0
0	1	0
1	0	0
1	1	1

② OR회로

입력		출력
A	B	X = A + B
0	0	0
0	1	1
1	0	1
1	1	1

정답 (1) X = A · B
(2)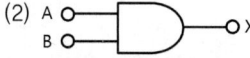
(3)

입력		출력
A	B	X
0	0	0
0	1	0
1	0	0
1	1	1

2024년 제1회 최근 기출복원문제

※ 다음 물음에 대한 답을 해당 답란에 답하시오.(배점 : 100)

01 누전경보기의 화재안전기술기준에서 정하는 누전경보기 전원의 설치기준을 3가지만 쓰시오.

득점	배점
	6

해설

누전경보기의 전원 설치기준(NFTC 205)
- 전원은 분전반으로부터 전용회로로 하고, 각 극에 개폐기 및 15[A] 이하의 과전류차단기(배선용 차단기에 있어서는 20[A] 이하의 것으로 각 극을 개폐할 수 있는 것)를 설치할 것
- 전원을 분기할 때는 다른 차단기에 따라 전원이 차단되지 않도록 할 것
- 전원의 개폐기에는 "누전경보기용"이라고 표시한 표지를 할 것

누전경보기의 구성요소	정의	기능
영상변류기	경계전로의 누설전류를 자동적으로 검출하여 이를 누전경보기의 수신부에 송신하는 장치	누설전류를 검출
수신기	변류기로부터 검출된 신호를 수신하여 누전의 발생을 해당 특정소방대상물의 관계인에게 경보하여 주는 장치	검출된 신호를 수신
음향장치	누전 시 경보를 발하는 장치	누전 시 경보를 발생
차단기구	경계전로에 누설전류가 흐르는 경우 이를 수신하여 그 경계전로의 전원을 자동적으로 차단하는 장치	누전 시 전원을 차단

정답
① 전원은 분전반으로부터 전용회로로 하고, 각 극에 개폐기 및 15[A] 이하의 과전류차단기(배선용 차단기에 있어서는 20[A] 이하의 것으로 각 극을 개폐할 수 있는 것)를 설치할 것
② 전원을 분기할 때는 다른 차단기에 따라 전원이 차단되지 않도록 할 것
③ 전원의 개폐기에는 "누전경보기용"이라고 표시한 표지를 할 것

02 어느 특정소방대상물에 자동화재탐지설비의 공기관식 차동식 분포형 감지기를 설치하고자 한다. 다음 각 물음에 답하시오.

(1) 공기관 상호 간의 거리는 몇 [m] 이하가 되도록 해야 하는지 쓰시오.
① 주요구조부가 비내화구조로 된 특정소방대상물 :
② 주요구조부가 내화구조로 된 특정소방대상물 :
(2) 하나의 검출 부분에 접속하는 공기관의 길이는 몇 [m] 이하로 해야 하는지 쓰시오.
(3) 검출부의 설치높이를 쓰시오.
(4) 공기관의 노출 부분은 감지구역마다 몇 [m] 이상이 되도록 해야 하는지 쓰시오.

득점	배점
	8

해설
공기관식 차동식 분포형 감지기(NFTC 203)

(1) 공기관식 차동식 분포형 감지기의 설치기준(NFTC 203)
① 공기관의 노출 부분은 감지구역마다 20[m] 이상이 되도록 할 것
② 공기관과 감지구역의 각 변과의 수평거리는 1.5[m] 이하가 되도록 하고, 공기관 상호 간의 거리는 6[m](주요구조부가 내화구조로 된 특정소방대상물 또는 그 부분에 있어서는 9[m]) 이하가 되도록 할 것
③ 공기관은 도중에서 분기하지 않도록 할 것
④ 하나의 검출 부분에 접속하는 공기관의 길이는 100[m] 이하로 할 것
⑤ 검출부는 5[°] 이상 경사되지 않도록 부착할 것
⑥ 검출부는 바닥으로부터 0.8[m] 이상 1.5[m] 이하의 위치에 설치할 것

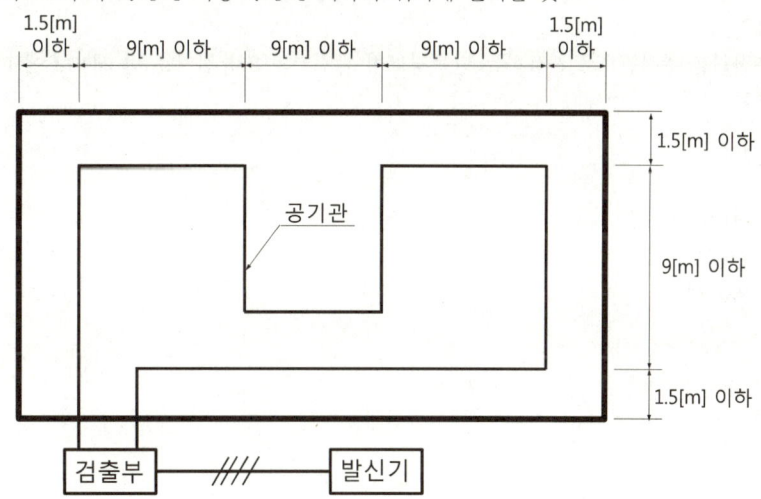

(2) 공기관의 재질(감지기의 형식승인 및 제품검사의 기술기준 제5조)
① 공기관은 하나의 길이(이음매가 없는 것)가 20[m] 이상의 것으로 안지름 및 관의 두께가 일정하고 홈, 갈라짐 및 변형이 없어야 하며 부식되지 않아야 한다.
② 공기관의 두께는 0.3[mm] 이상, 바깥지름은 1.9[mm] 이상이어야 한다.

정답
(1) ① 6[m] 이하 ② 9[m] 이하
(2) 100[m] 이하
(3) 바닥으로부터 0.8[m] 이상 1.5[m] 이하의 위치에 설치
(4) 20[m] 이상

03

다음은 비상경보설비 및 단독경보형 감지기의 화재안전기술기준에서 단독경보형 감지기의 설치기준이다. ( ) 안에 알맞은 내용을 쓰시오.

득점	배점
	5

- 각 실마다 설치하되, 바닥면적이 (①)[m²]를 초과하는 경우에는 (①)[m²]마다 (②)개 이상 설치할 것
- (③)은 최상층의 (③) 천장에 설치할 것
- (④)를 주전원으로 사용하는 단독경보형 감지기는 정상적인 작동상태를 유지할 수 있도록 주기적으로 (④)를 교환할 것
- 상용전원을 주전원으로 사용하는 단독경보형 감지기의 (⑤)는 법 제40조에 따라 제품검사에 합격한 것을 사용할 것

해설

단독경보형 감지기(NFTC 201)

(1) 단독경보형 감지기의 정의
   화재 발생 상황을 단독으로 감지하여 자체에 내장된 음향장치로 경보하는 감지기를 말한다.

(2) 단독경보형 감지기의 설치기준
   ① 각 실(이웃하는 실내의 바닥면적이 각각 30[m²] 미만이고, 벽체의 상부의 전부 또는 일부가 개방되어 이웃하는 실내와 공기가 상호 유통되는 경우에는 이를 1개의 실로 본다)마다 설치하되, 바닥면적이 150[m²]를 초과하는 경우에는 150[m²]마다 1개 이상 설치할 것
   ② 계단실은 최상층의 계단실 천장(외기가 상통하는 계단실의 경우를 제외한다)에 설치할 것
   ③ 건전지를 주전원으로 사용하는 단독경보형 감지기는 정상적인 작동상태를 유지할 수 있도록 주기적으로 건전지를 교환할 것
   ④ 상용전원을 주선원으로 사용하는 단독경보형 감지기의 2차 전지는 법 제40조에 따라 제품검사에 합격한 것을 사용할 것

정답
① 150
② 1
③ 계단실
④ 건전지
⑤ 2차 전지

04 자동화재탐지설비 및 시각경보장치의 화재안전기술기준에서 정하는 감지기회로의 도통시험을 위한 종단저항의 설치기준 3가지를 쓰시오.

득점	배점
	6

해설

자동화재탐지설비의 배선 설치기준(NFTC 203)

(1) 감지기 상호 간 또는 감지기로부터 수신기에 이르는 감지기회로의 배선은 다음의 기준에 따라 설치할 것
　① 아날로그식, 다신호식 감지기나 R형 수신기용으로 사용되는 것은 전자파 방해를 받지 않는 실드선 등을 사용해야 하며, 광케이블의 경우에는 전자파 방해를 받지 않고 내열성능이 있는 경우 사용할 것. 다만, 전자파 방해를 받지 않는 방식의 경우에는 그렇지 않다.
　② ① 외의 일반배선을 사용할 때는 옥내소화전설비의 화재안전기술기준(NFTC 102) 2.7.2의 표 2.7.2(1) 또는 2.7.2(2)에 따른 내화배선 또는 내열배선으로 사용할 것
(2) 감지기회로의 도통시험을 위한 종단저항은 다음의 기준에 따를 것
　① 점검 및 관리가 쉬운 장소에 설치할 것
　② 전용함을 설치하는 경우 그 설치 높이는 바닥으로부터 1.5[m] 이내로 할 것
　③ 감지기회로의 끝부분에 설치하며, 종단감지기에 설치할 경우에는 구별이 쉽도록 해당 감지기의 기판 및 감지기 외부 등에 별도의 표시를 할 것
(3) 감지기 사이의 회로의 배선은 송배선식으로 할 것
(4) 전원회로의 전로와 대지 사이 및 배선 상호 간의 절연저항은 전기사업법 제67조에 따른 전기설비기술기준이 정하는 바에 의하고, 감지기회로 및 부속회로의 전로와 대지 사이 및 배선 상호 간의 절연저항은 1 경계구역마다 직류 250[V]의 절연저항측정기를 사용하여 측정한 절연저항이 0.1[MΩ] 이상이 되도록 할 것
(5) P형 수신기 및 G.P형 수신기의 감지기회로의 배선에 있어서 하나의 공통선에 접속할 수 있는 경계구역은 7개 이하로 할 것
(6) 자동화재탐지설비의 감지기회로의 전로저항은 50[Ω] 이하가 되도록 해야 하며, 수신기의 각 회로별 종단에 설치되는 감지기에 접속되는 배선의 전압은 감지기 정격전압의 80[%] 이상이어야 할 것

정답
　① 점검 및 관리가 쉬운 장소에 설치할 것
　② 전용함을 설치하는 경우 그 설치 높이는 바닥으로부터 1.5[m] 이내로 할 것
　③ 감지기회로의 끝부분에 설치하며, 종단감지기에 설치할 경우에는 구별이 쉽도록 해당 감지기의 기판 및 감지기 외부 등에 별도의 표시를 할 것

05 자동화재탐지설비 및 시각경보장치의 화재안전기술기준에서 정하는 자동화재탐지설비의 감지기의 부착높이가 15[m] 이상 20[m] 미만이 되는 곳에 설치하는 감지기의 종류 4가지를 쓰시오.

득점	배점
	4

해설
자동화재탐지설비의 감지기 부착높이에 따른 감지기의 종류(NFTC 203)

부착높이	감지기의 종류
4[m] 미만	• 차동식(스포트형, 분포형) • 보상식 스포트형 • 정온식(스포트형, 감지선형) • 이온화식 또는 광전식(스포트형, 분리형, 공기흡입형) • 열복합형 • 연기복합형 • 열연기복합형 • 불꽃감지기
4[m] 이상 8[m] 미만	• 차동식(스포트형, 분포형) • 보상식 스포트형 • 정온식(스포트형, 감지선형) 특종 또는 1종 • 이온화식 1종 또는 2종 • 광전식(스포트형, 분리형, 공기흡입형) 1종 또는 2종 • 열복합형 • 연기복합형 • 열연기복합형 • 불꽃감지기
8[m] 이상 15[m] 미만	• 차동식 분포형 • 이온화식 1종 또는 2종 • 광전식(스포트형, 분리형, 공기흡입형) 1종 또는 2종 • 연기복합형 • 불꽃감지기
15[m] 이상 20[m] 미만	• 이온화식 1종 • 광전식(스포트형, 분리형, 공기흡입형) 1종 • 연기복합형 • 불꽃감지기
20[m] 이상	• 불꽃감지기 • 광전식(분리형, 공기흡입형) 중 아날로그방식

[비고]
1. 감지기별 부착높이 등에 대하여 별도로 형식승인을 받은 경우에는 그 성능인정 범위에서 사용할 수 있다.
2. 부착높이 20[m] 이상에 설치되는 광전식 중 아날로그방식의 감지기는 공칭감지농도 하한값이 감광율 5[%/m] 미만인 것으로 한다.

정답
① 이온화식 1종 감지기
② 광전식(스포트형, 분리형, 공기흡입형) 1종 감지기
③ 연기복합형 감지기
④ 불꽃감지기

06 비상콘센트설비의 화재안전기술기준에서 전원 및 콘센트 설치기준에 대한 다음 각 물음에 답하시오. 〔득점 / 배점 3〕

(1) 비상콘센트설비의 전원회로는 단상교류 (   )인 것으로서, 그 공급용량은 1.5[kVA] 이상인 것으로 할 것
(2) 비상콘센트의 플러그접속기는 (   ) 플러그접속기(KS C 8305)를 사용해야 한다.
(3) 비상콘센트의 플러그접속기의 (   )에는 접지공사를 해야 한다.

해설

비상콘센트설비의 전원 및 콘센트 설치기준(NFTC 504)

(1) 비상콘센트설비의 전원회로(비상콘센트에 전력을 공급하는 회로를 말한다)는 다음의 기준에 따라 설치해야 한다.
  ① 비상콘센트설비의 전원회로는 단상교류 220[V]인 것으로서, 그 공급용량은 1.5[kVA] 이상인 것으로 할 것
  ② 전원회로는 각 층에 2 이상이 되도록 설치할 것. 다만, 설치해 할 층의 비상콘센트가 1개인 때에는 하나의 회로로 할 수 있다.
  ③ 전원회로는 주배전반에서 전용회로로 할 것. 다만, 다른 설비회로의 사고에 따른 영향을 받지 않도록 되어 있는 것은 그렇지 않다.
  ④ 전원으로부터 각 층의 비상콘센트에 분기되는 경우에는 분기배선용 차단기를 보호함 안에 설치할 것
  ⑤ 콘센트마다 배선용 차단기(KS C 8321)를 설치해야 하며, 충전부가 노출되지 않도록 할 것
  ⑥ 개폐기에는 "비상콘센트"라고 표시한 표지를 할 것
  ⑦ 비상콘센트용의 풀박스 등은 방청도장을 한 것으로서, 두께 1.6[mm] 이상의 철판으로 할 것
  ⑧ 하나의 전용회로에 설치하는 비상콘센트는 10개 이하로 할 것. 이 경우 전선의 용량은 각 비상콘센트(비상콘센트가 3개 이상인 경우에는 3개)의 공급용량을 합한 용량 이상의 것으로 해야 한다.
(2) 비상콘센트의 플러그접속기는 접지형 2극 플러그접속기(KS C 8305)를 사용해야 한다.
(3) 비상콘센트의 플러그접속기의 칼받이의 접지극에는 접지공사를 해야 한다.
(4) 비상콘센트설비의 전원부와 외함 사이의 절연저항 및 절연내력은 다음의 기준에 적합해야 한다.
  ① 절연저항은 전원부와 외함 사이를 500[V] 절연저항계로 측정할 때 20[MΩ] 이상일 것
  ② 절연내력은 전원부와 외함 사이에 정격전압이 150[V] 이하인 경우에는 1,000[V]의 실효전압을, 정격전압이 150[V] 초과인 경우에는 그 정격전압에 2를 곱하여 1,000을 더한 실효전압을 가하는 시험에서 1분 이상 견디는 것으로 할 것

정답
(1) 220[V]
(2) 접지형 2극
(3) 칼받이의 접지극

07 다음은 누전경보기의 화재안전기술기준에서 누전경보기의 설치방법에 관한 내용이다. ( ) 안에 알맞은 내용을 쓰시오.

> 경계전로의 정격전류가 (①)[A]를 초과하는 전로에 있어서는 (②) 누전경보기를, (①)[A] 이하의 전로에 있어서는 (②) 또는 (③) 누전경보기를 설치할 것. 다만, 정격전류가 (①)[A]를 초과하는 경계전로가 분기되어 각 분기회로의 정격전류가 (①)[A] 이하로 되는 경우 해당 분기회로마다 (③) 누전경보기를 설치한 때에는 해당 경계전로에 (②) 누전경보기를 설치한 것으로 본다.

해설

누전경보기의 설치방법(NFTC 205)

(1) 경계전로의 정격전류가 60[A]를 초과하는 전로에 있어서는 1급 누전경보기를, 60[A] 이하의 전로에 있어서는 1급 또는 2급 누전경보기를 설치할 것. 다만, 정격전류가 60[A]를 초과하는 경계전로가 분기되어 각 분기회로의 정격전류가 60[A] 이하로 되는 경우 해당 분기회로마다 2급 누전경보기를 설치한 때에는 해당 경계전로에 1급 누전경보기를 설치한 것으로 본다.
(2) 변류기는 특정소방대상물의 형태, 인입선의 시설방법 등에 따라 옥외 인입선의 제1지점의 부하 측 또는 제2종 접지선 측의 점검이 쉬운 위치에 설치할 것. 다만, 인입선의 형태 또는 특정소방대상물의 구조상 부득이한 경우에는 인입구에 근접한 옥내에 설치할 수 있다.
(3) 변류기를 옥외의 전로에 설치하는 경우에는 옥외형으로 설치할 것

정답 ① 60   ② 1급
③ 2급

08 화재에 의한 열, 연기 또는 불꽃 이외의 요인에 의해 자동화재탐지설비가 작동하여 화재경보를 발하는 것을 비화재보(Unwanted Alarm)라고 한다. 즉 자동화재탐지설비가 정상적으로 작동하였다고 하더라도 화재가 아닌 경우의 경보를 "비화재보"라 하며 비화재보의 종류는 다음과 같이 구분할 수 있다. 다음 설명 중 (2)의 일과성 비화재보로 볼 수 있는 Nuisance Alarm에 대한 방지책을 4가지만 쓰시오.

(1) 설비 자체의 결함이나 오동작에 등에 의한 경우(False Alarm)
   ① 설비 자체의 기능상 결함
   ② 설비의 유지관리 불량
   ③ 실수나 고의적인 행위가 있을 때
(2) 주위 상황이 대부분 순간적으로 화재와 같은 상태(실제 화재와 유사한 환경이나 상황)로 되었다가 정상적으로 복귀하는 경우(일과성 비화재보, Nuisance Alarm)

해설

비화재보

(1) 비화재보와 실보의 정의
   ① 비화재보 : 화재와 유사한 상황에서 작동되는 것
   ② 실보 : 화재를 감지하지 못하는 것

(2) 비화재보의 발생원인
   ① 인위적인 요인 : 분진, 담배연기, 조리 시 발생하는 열 및 연기 등
   ② 기능적인 요인 : 감지기의 자체적인 원인으로 부품 불량, 감도 변화 등
   ③ 환경적인 요인 : 온도, 습도, 기압, 풍압 등
   ④ 관리상의 요인 : 감지기의 물 침입, 청소 불량 등
   ⑤ 설치상의 요인 : 부적절한 설치공사에 의한 배선의 단락, 절연 불량, 부식 등

(3) 비화재보 방지대책
   ① 비화재보에 적응성 있는 감지기(복합형 감지기)를 사용

보상식 감지기	구분	열복합형 감지기
차동식 + 정온식	성능	차동식 + 정온식
단신호 (차동요소와 정온요소 중 어느 하나가 먼저 작동하면 해당되는 동작신호만 출력된다)	화재신호 발신	• 단신호 AND회로 : 차동요소와 정온 요소가 모두 동작할 경우에 신호가 출력된다. • 다신호 OR회로 : 두 요소 중 어느 하나가 동작하면 해당하는 동작신호가 출력되고 이후 또 다른 요소가 동작되면 두 번째 동작신호가 출력된다.
실보 방지	목적	비화재보 방지

   ② 연기감지기의 설치를 제한 : 먼지·가루 또는 수증기가 다량으로 체류하는 장소 또는 주방 등의 평상시 연기가 발생하는 장소에 연기감지기 설치 시 비화재보의 우려가 있기 때문
   ③ 환경적응성이 있는 감지기를 설치
   ④ 축적방식의 감지기 또는 축적방식의 수신기를 사용
   ⑤ 비화재보 방지기가 내장된 수신기를 사용
   ⑥ 아날로그 감지기와 인텔리전트 수신기를 사용

(4) 감지기의 설치기준(NFTC 203)
   지하층·무창층 등으로서 환기가 잘되지 않거나 실내면적이 40[m²] 미만인 장소, 감지기의 부착면과 실내 바닥과의 거리가 2.3[m] 이하인 곳으로서 일시적으로 발생한 열·연기 또는 먼지 등으로 인하여 화재신호를 발신할 우려가 있는 장소에는 다음의 기준에서 정한 감지기 중 적응성이 있는 감지기를 설치해야 한다.
   ① 불꽃감지기   ② 정온식 감지선형 감지기
   ③ 분포형 감지기   ④ 복합형 감지기
   ⑤ 광전식 분리형 감지기   ⑥ 아날로그방식의 감지기
   ⑦ 다신호방식의 감지기   ⑧ 축적방식의 감지기

정답
① 비화재보에 적응성이 있는 감지기를 사용
② 연기감지기의 설치 제한
③ 축적방식의 감지기를 사용
④ 비화재보 방지기가 내장된 수신기를 사용

09 연축전지와 알칼리축전지에 대한 다음 각 물음에 답하시오.

득점	배점
	8

(1) 다음은 연축전지의 화학반응식이다. ( ) 안에 알맞은 내용을 쓰시오.

   PbO_2 + $2H_2SO_4$ + Pb $\xrightleftharpoons[\text{충전}]{\text{방전}}$ ( ) + $2H_2O$ + $PbSO_4$

(2) 연축전지와 알칼리축전지의 공칭전압[V/cell]을 쓰시오.
   ① 연축전지 :
   ② 알칼리축전지 :

(3) 아래 그림의 회로도가 표시하는 충전방식을 쓰시오.

(4) 200[V]의 비상용 조명부하를 60[W] 100등, 30[W] 70등이 있다. 방전시간은 30분이고, 연축전지는 HS형 100[cell], 최저 허용전압이 195[V], 최저 축전지온도가 5[℃]일 때 축전지 용량[Ah]을 구하시오(단, 보수율은 0.8이고, 용량환산시간계수는 1.2[h]이다).
   • 계산과정 :
   • 답 :

해설
축전지

(1) 연축전지의 화학반응식
   ① 구성 : 양극(PbO_2), 음극(Pb), 전해액(H_2SO_4+H_2O)
   ② 연축전지의 화학반응식

   PbO_2 + $2H_2SO_4$ + Pb $\xrightleftharpoons[\text{충전}]{\text{방전}}$ $PbSO_4$ + $2H_2O$ + $PbSO_4$
   (양극)   (전해액)   (음극)   (양극)   (전해액)   (음극)

(2) 축전지의 공칭전압

구분		연축전지(납축전지)		알칼리축전지	
		CS형	HS형	포켓식	소결식
구조	양극	이산화납(PbO_2)		수산화니켈[$Ni(OH)_3$]	
	음극	납(Pb)		카드뮴(Cd)	
	전해액	황산(H_2SO_4)		수산화칼륨(KOH)	
공칭용량(방전시간율)		10[Ah](10[h])		5[Ah](5[h])	
공칭전압		2.0[V/cell]		1.2[V/cell]	
충전시간		길다.		짧다.	
과충전, 과방전에 대한 전기적 강도		약하다.		강하다.	
용도		장시간, 일정 전류 부하에 우수		단시간, 대전류 부하에 우수	

   ① 연축전지의 공칭전압 : 2.0[V/cell]
   ② 알칼리축전지의 공칭전압 : 1.2[V/cell]

(3) 충전방식의 종류
  ① 보통충전방식 : 필요할 때마다 표준시간율로 전류를 충전하는 방식이다.
  ② 급속충전방식 : 비교적 단시간에 보통충전의 2~3배의 전류로 충전하는 방식이다.
  ③ 부동충전방식 : 축전지의 자기방전량을 보충함과 동시에 상용부하에 대한 전력공급은 충전기가 부담하고 충전기가 부담하기 어려운 대전류 부하는 축전지가 부담하게 하는 방식이다.

  ④ 균등충전방식 : 부동충전방식의 전압보다 약간 높은 정전압으로 충분한 시간동안 충전함으로써 전체 셀의 전압 및 비중상태를 균등하게 되도록 하기 위한 충전방식이다.
  ⑤ 세류충전방식 : 축전지의 자기방전량만 충전하기 위해 부하를 제거한 상태에서 미소전류로 충전하는 방식이다.
  ⑥ 회복충전방식 : 축전지를 과방전 또는 방전상태로 오랫동안 방치한 경우, 가벼운 설페이션 현상이 생겼을 때 기능회복을 위하여 실시하는 충전방식이다.
(4) 축전지의 용량(C)
  ① 방전전류(I)

$$P = IV [\text{W}]$$

  여기서, P : 전력($60[\text{W}] \times 100$등 $+ 30[\text{W}] \times 70$등)
  I : 방전전류[A]
  V : 전압(200[V])
  $\therefore I = \dfrac{P}{V} = \dfrac{60[\text{W}] \times 100\text{등} + 30[\text{W}] \times 70\text{등}}{200[\text{V}]} = 40.5[\text{A}]$

  ② 축전지 용량(C)

$$C = \dfrac{1}{L} KI [\text{Ah}]$$

  여기서, L : 보수율(용량저하율, 0.8)
  K : 용량환산시간(1.2[h])
  I : 방전전류(40.5[A])
  $\therefore C = \dfrac{1}{L} KI = \dfrac{1}{0.8} \times 1.2[\text{h}] \times 40.5[\text{A}] = 60.75[\text{Ah}]$

정답 (1) PbSO$_4$
  (2) ① 2.0[V/cell]
     ② 1.2[V/cell]
  (3) 부동충전방식
  (4) 60.75[Ah]

10 지상 10[m] 높이에 1,000[m³]의 저수조에 소화용수를 양수하는데 15[kW]의 펌프를 사용한다면 몇 분 후 저수조에 물이 가득 차는지 구하시오(단, 펌프의 효율은 80[%]이고, 여유계수는 1.2이며 답은 소수점 아래를 내림으로 계산한다).

득점	배점
	4

• 계산과정 :
• 답 :

해설

펌프의 동력 계산

(1) 펌프의 축동력(P) 계산

$$P = \frac{\gamma H Q}{\eta} [\text{kW}]$$

여기서, γ : 물의 비중량(9,800[N/m³]=9.8[kN/m³])
  H : 양정[m]
  Q : 유량[m³/s]
  η : 펌프의 효율

(2) 펌프의 전동기 동력(P_m) 계산

$$P_m = \frac{\gamma H \frac{Q}{T}}{\eta} \times K [\text{kW}]$$

여기서, P_m : 전동기 동력(15[kW]=15[kJ/s]=15[kN·m/s])
  γ : 물의 비중량(9,800[N/m³]=9.8[kN/m³])
  H : 양정(10[m])
  Q : 유량(1,000[m³])
  T : 양수시간[s]
  η : 펌프의 효율(80[%]=0.8)
  K : 여유율(동력전달계수, 1.2)

∴ 양수시간 $T = \frac{\gamma H Q}{P_m \eta} \times K = \frac{9.8[\text{kN/m}^3] \times 10[\text{m}] \times 1,000[\text{m}^3]}{15[\text{kN·m/s}] \times 0.8} \times 1.2$

$= 9,800[\text{s}] = 9,800[\text{s}] \times \frac{1[\text{min}]}{60[\text{s}]} = 163.33[\text{min}] \fallingdotseq 163[\text{min}]$

정답 163분

11 다음은 3로 스위치 2개를 이용하여 전등을 점등과 소등이 되도록 아래 배선도를 완성하시오(단, 배선의 접속과 미접속은 예시를 참고하여 배선도를 작성한다).

득점	배점
	6

조 건
- 전원 : 단상 2선식 220[V]
- 동작 : 배선용 차단기(MCCB)에 전원을 투입하여 3로 스위치 S_{3-1}과 S_{3-2}에 의해 전등(L)이 점멸한다.
- 접속과 미접속의 예시

접속	미접속
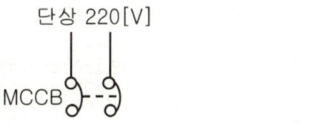	

배선도 작성

해설

3로 스위치(점멸기)

(1) 점멸기(스위치)의 도시기호

도시기호	명칭	용도
●	단로 스위치(점멸기)	1개의 전등을 1개소에서 점멸이 가능한 스위치
●₃	3로 스위치(점멸기)	1개의 전등을 2개소에서 점멸이 가능한 스위치

∴ 3로 스위치는 계단에 설치된 1개의 전등을 계단의 위쪽과 아래쪽 2개소에서 점멸이 가능하도록 설치하는 스위치이다.

(2) 단로 및 3로 스위치의 배선도

① 3로 스위치의 배선도 및 전선 가닥수

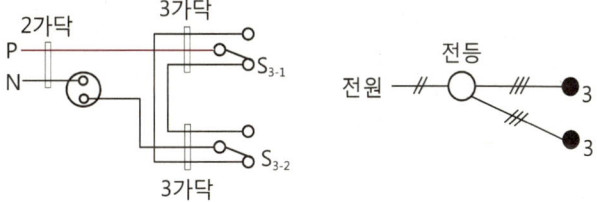

② 단로 및 3로 스위치의 회로도

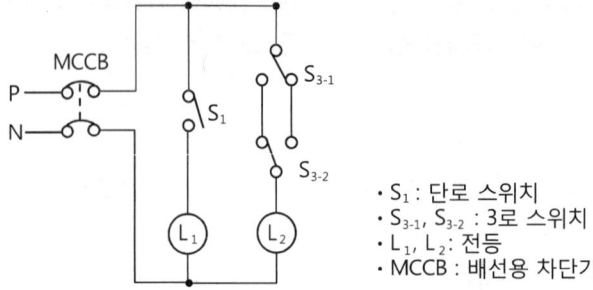

- S_1 : 단로 스위치
- S_{3-1}, S_{3-2} : 3로 스위치
- L_1, L_2 : 전등
- MCCB : 배선용 차단기

(3) 배선도 작성

① 1층에 3로 스위치(S_{3-1}), 2층에 3로 스위치(S_{3-2})를 설치하고, 1층과 2층 사이의 계단에 전등(L)을 설치하고 단상 220[V] 전원을 투입한다.

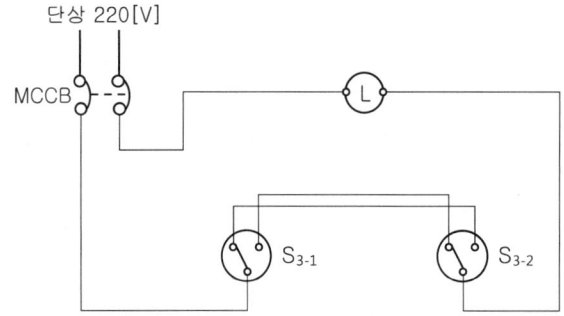

② 1층에 설치한 3로 스위치(S_{3-1})를 누르면 전등(L)이 점등된다.

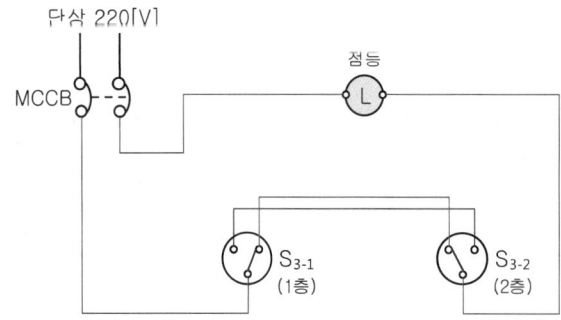

③ 2층에 설치한 3로 스위치(S_{3-2})를 누르면 전등(L)이 소등된다.

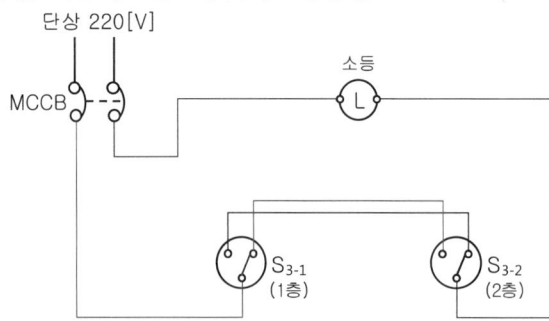

정답

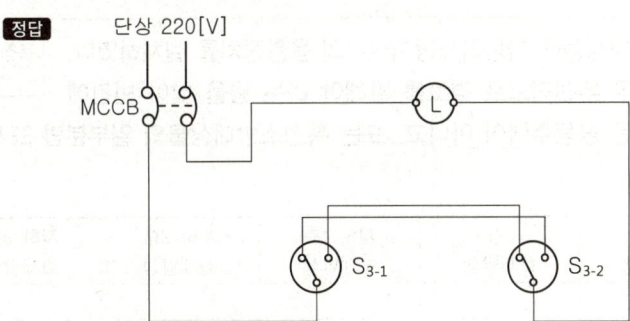

12 극수가 4이고, 60[Hz]인 3상 유도전동기가 있다. 다음 각 물음에 답하시오.

득점	배점
	4

(1) 3상 유도전동기의 동기속도[rpm]를 구하시오.
- 계산과정 :
- 답 :

(2) 3상 유도전동기의 회전속도가 1,730[rpm]일 때 슬립을 구하시오.
- 계산과정 :
- 답 :

해설

3상 유도전동기의 동기속도 및 슬립 계산

(1) 동기속도(N_s)

$$N_s = \frac{120f}{P}\,[\text{rpm}]$$

여기서, f : 주파수(60[Hz])
   P : 극수(4극)

$\therefore N_s = \dfrac{120f}{P} = \dfrac{120 \times 60[\text{Hz}]}{4\text{극}} = 1,800[\text{rpm}]$

(2) 슬립(s)

$$s = \frac{N_s - N}{N_s}$$

여기서, N_s : 동기속도(1,800[rpm])
   N : 회전속도(1,730[rpm])

$\therefore s = \dfrac{N_s - N}{N_s} = \dfrac{1,800[\text{rpm}] - 1,730[\text{rpm}]}{1,800[\text{rpm}]} = 0.039 ≒ 0.04$

정답 (1) 1,800[rpm]
    (2) 0.04

구분	3층 화재발생	2층 화재발생	1층 화재발생	지하 1층 화재발생	지하 2층 화재발생	지하 3층 화재발생
7층	●					
6층	●	●				
5층	●	●	●			
4층	●	●	●			
3층	●	●	●			
2층		●	●			
1층			●	●		
지하 1층			●	●	●	●
지하 2층			●	●	●	●
지하 3층			●	●	●	●

> **참고**
>
> **일제경보방식**
> 지하층을 제외한 층수가 10층 이하인 특정소방대상물에는 일제경보방식을 적용하며 자동화재탐지설비의 수신기에는 화재로 인하여 하나의 층의 지구음향장치 배선이 단락되어도 다른 층의 화재통보에 지장이 없도록 각 층 배선상에 유효한 조치(단락보호장치)를 해야 한다.

(3) 자동화재탐지설비의 음향장치 설치기준
  ① 주음향장치는 수신기의 내부 또는 그 직근에 설치할 것
  ② 지구음향장치는 특정소방대상물의 층마다 설치하되, 해당 특정소방대상물의 각 부분으로부터 하나의 음향장치까지의 수평거리가 25[m] 이하가 되도록 하고, 해당 층의 각 부분에 유효하게 경보를 발할 수 있도록 설치할 것. 다만, 비상방송설비의 화재안전기준(NFTC 202)에 적합한 방송설비를 자동화재탐지설비의 감지기와 연동하여 작동하도록 설치한 경우에는 지구음향장치를 설치하지 않을 수 있다.
  ③ 음향장치는 다음의 기준에 따른 구조 및 성능의 것으로 할 것
    ㉠ 정격전압의 80[%] 전압에서 음향을 발할 수 있는 것으로 할 것. 다만, 건전지를 주전원으로 사용하는 음향장치는 그렇지 않다.
    ㉡ 음향의 크기는 부착된 음향장치의 중심으로부터 1[m] 떨어진 위치에서 90[dB] 이상이 되는 것으로 할 것
    ㉢ 감지기 및 발신기의 작동과 연동하여 작동할 수 있는 것으로 할 것

정답

구분	3층 화재발생	2층 화재발생	1층 화재발생	지하 1층 화재발생	지하 2층 화재발생	지하 3층 화재발생
7층	●					
6층	●	●				
5층	●	●	●			
4층	●	●	●			
3층	●	●	●			
2층		●	●			
1층			●	●		
지하 1층			●	●	●	●
지하 2층			●	●	●	●
지하 3층			●	●	●	●

14 그림과 같은 시퀀스회로에서 누름버튼스위치(PB)를 누르고 있을 때 타이머 T_1(설정시간 : t_1)과 T_2(설정시간 : t_2), 릴레이 Ry_1과 Ry_2, 표시등 PL에 대한 타임차트를 완성하시오(단, 설정시간 t_1은 1초이고, t_2는 2초이며 설정시간 이외의 시간지연은 없다고 본다).

득점	배점
	6

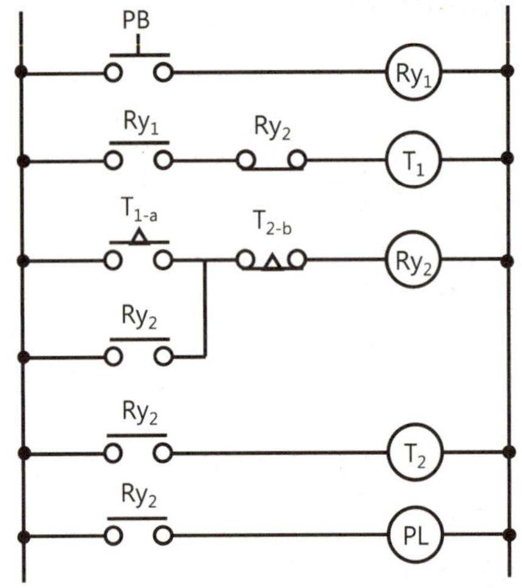

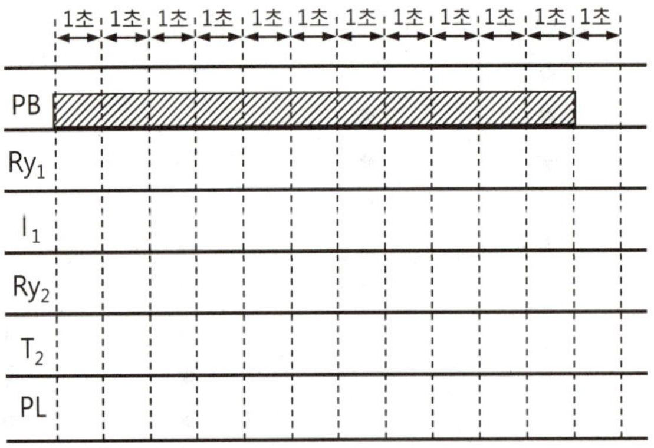

해설

타임차트

(1) 타임차트란 신호나 장치의 동작변화를 시간의 축에 따라 나타낸 것이다.
(2) 동작순서에 따른 타임차트

동작순서	시퀀스회로도와 타임차트
① 누름버튼스위치(PB)를 누르면 릴레이(Ry_1)가 여자된다. ② 릴레이(Ry_1)가 여자되어 보조접점(Ry_{1-a})이 붙어 타이머(T_1)가 동작된다.	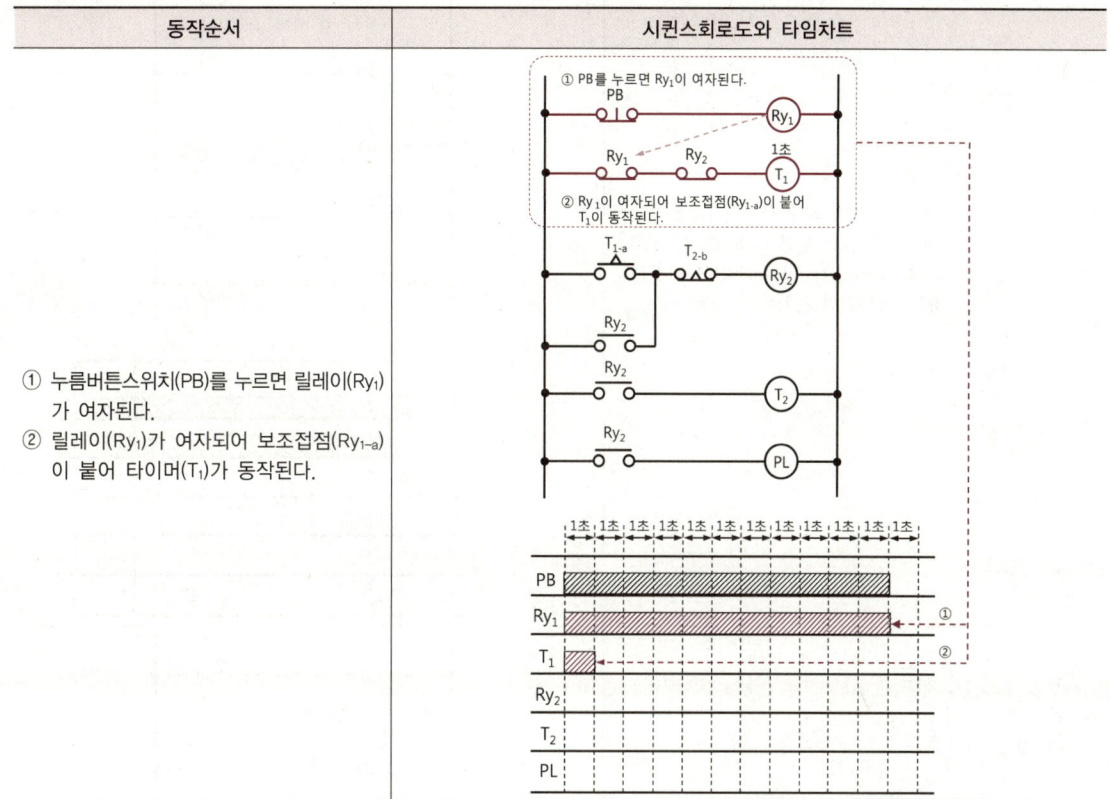

동작순서	시퀀스회로도와 타임차트
③ 1초(설정시간) 후에 타이머(T_1)의 한시접점(T_{1-a})이 붙어 릴레이(Ry_2)가 여자된다. 이때 릴레이(Ry_2)가 여자되어 보조접점(Ry_{2-a})이 붙어 자기유지가 된다.	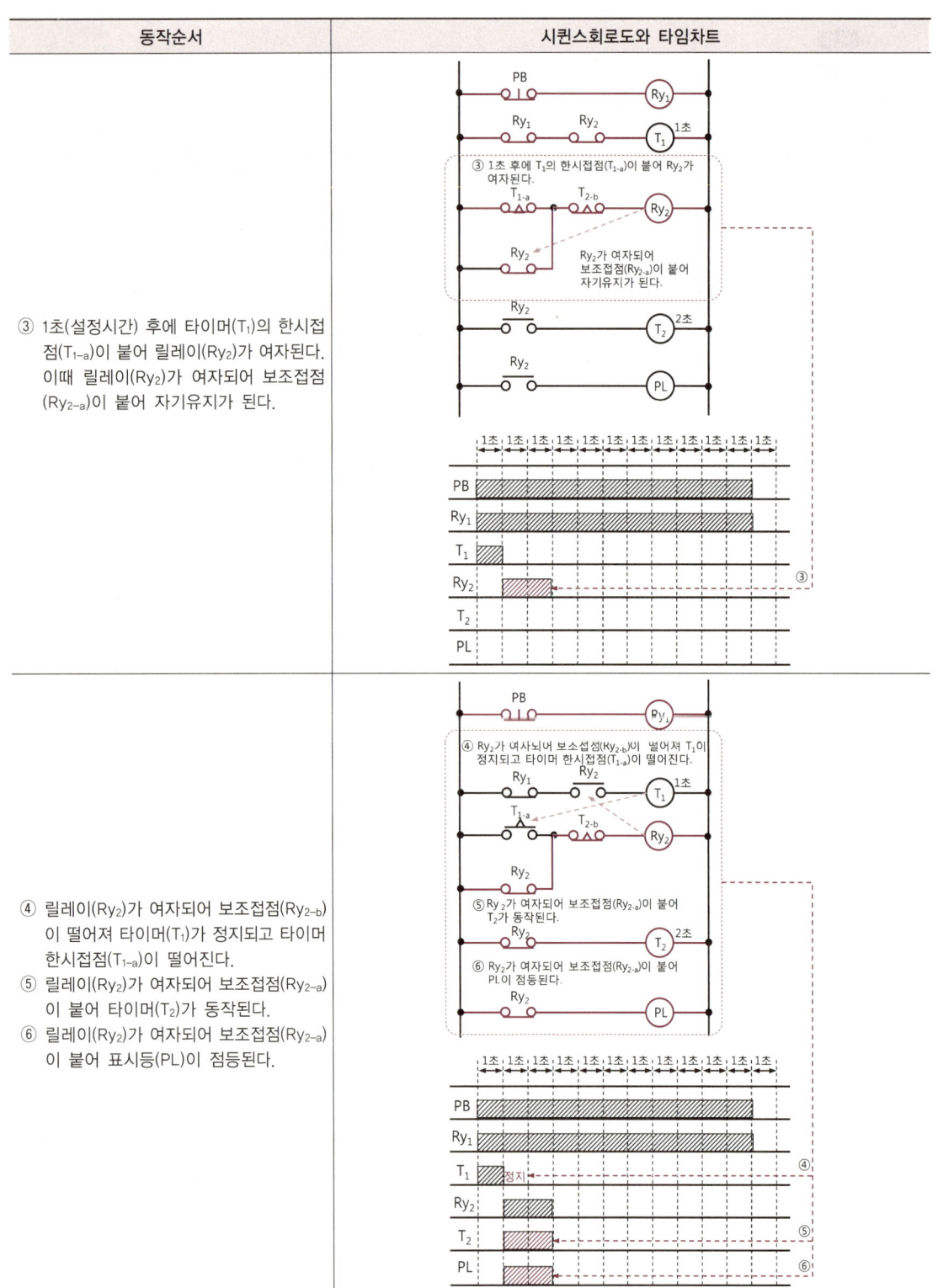
④ 릴레이(Ry_2)가 여자되어 보조접점(Ry_{2-b})이 떨어져 타이머(T_1)가 정지되고 타이머 한시접점(T_{1-a})이 떨어진다. ⑤ 릴레이(Ry_2)가 여자되어 보조접점(Ry_{2-a})이 붙어 타이머(T_2)가 동작된다. ⑥ 릴레이(Ry_2)가 여자되어 보조접점(Ry_{2-a})이 붙어 표시등(PL)이 점등된다.	

동작순서	시퀀스회로도와 타임차트
⑦ 2초(설정시간) 후에 타이머(T_2)가 정지되어 한시접점(T_{2-b})이 떨어져 릴레이(Ry_2)가 소자되고 보조접점(Ry_{2-a})이 떨어져 자기유지가 해제된다. ⑧ 릴레이(Ry_2)가 소자되어 보조접점(Ry_{2-a})이 떨어져 타이머(T_2)가 정지된다. ⑨ 릴레이(Ry_2)가 소자되어 보조접점(Ry_{2-a})이 떨어져 표시등(PL)이 소등된다. ⑩ 2초 후에 릴레이(Ry_2)가 소자되어 보조접점(Ry_{2-b})이 붙어 타이머(T_1)가 동작된다.	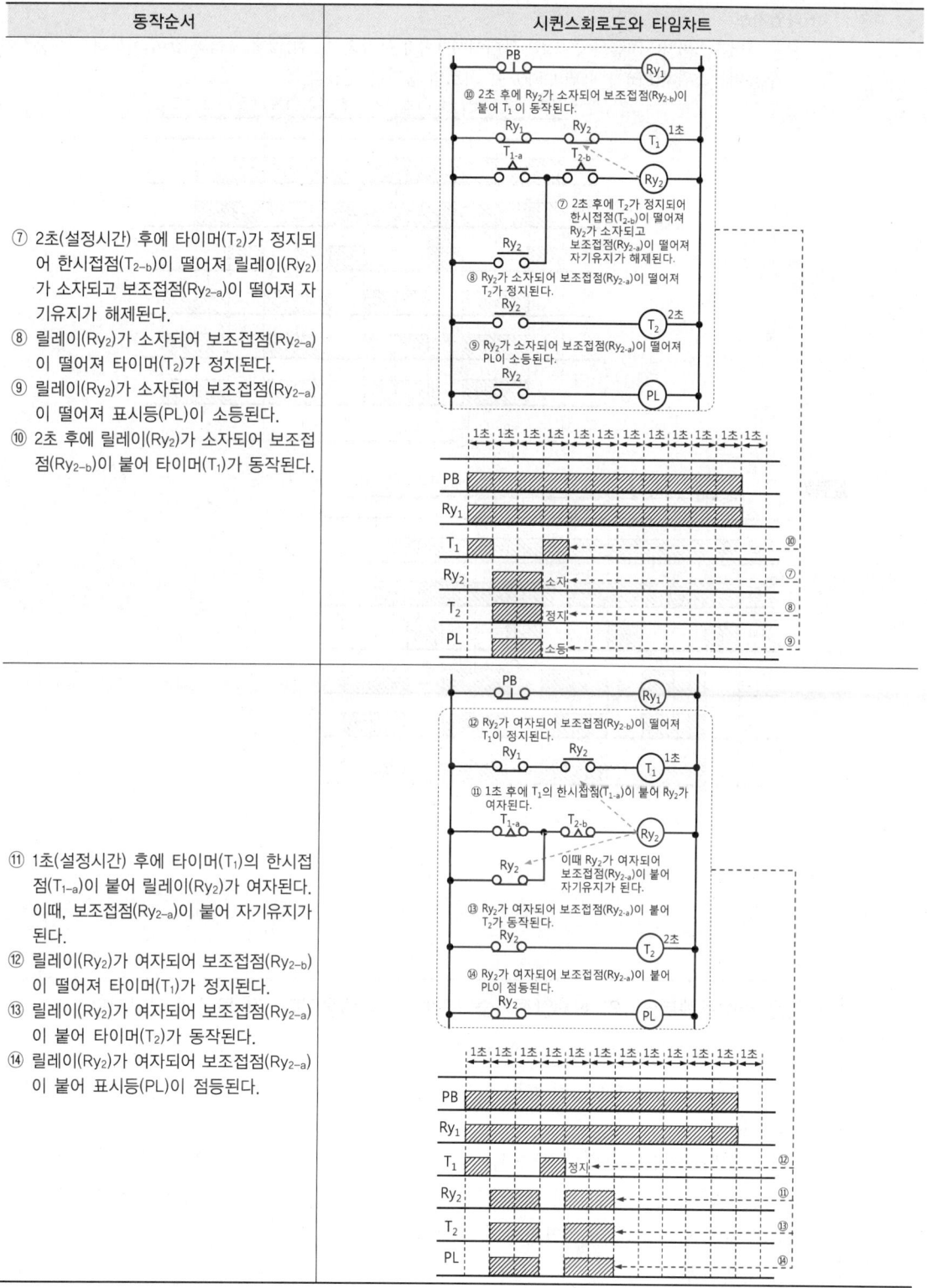
⑪ 1초(설정시간) 후에 타이머(T_1)의 한시접점(T_{1-a})이 붙어 릴레이(Ry_2)가 여자된다. 이때, 보조접점(Ry_{2-a})이 붙어 자기유지가 된다. ⑫ 릴레이(Ry_2)가 여자되어 보조접점(Ry_{2-b})이 떨어져 타이머(T_1)가 정지된다. ⑬ 릴레이(Ry_2)가 여자되어 보조접점(Ry_{2-a})이 붙어 타이머(T_2)가 동작된다. ⑭ 릴레이(Ry_2)가 여자되어 보조접점(Ry_{2-a})이 붙어 표시등(PL)이 점등된다.	

- 타임차트
  - 누름버튼스위치(PB)를 누른(ON) 상태에서 1회가 동작되면 2회, 3회, 4회와 같이 반복적으로 동작이 이루어진다.
  - 누름버튼스위치(PB)를 떼면(OFF) 이 회로의 동작은 멈춘다.

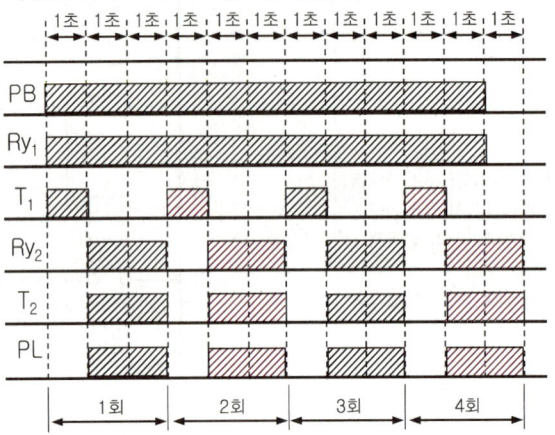

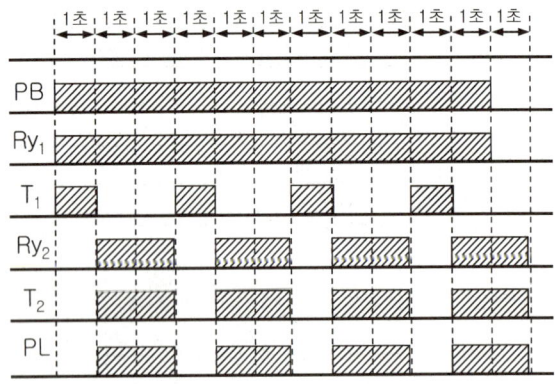

15 다음은 비상콘센트설비의 화재안전기술기준에 대한 내용이다. 각 물음에 답하시오.

(1) 비상콘센트가 하나의 전용회로에 7개가 설치되어 있다. 이 경우 전선의 용량은 비상콘센트 몇 개의 공급용량을 합한 용량 이상의 것으로 해야 하는지 쓰시오(단, 각 비상콘센트의 공급용량은 최소로 한다).

(2) 비상콘센트설비의 보호함 상부에는 무슨 색의 표시등을 설치해야 하는지 쓰시오.

(3) 비상콘센트설비의 전원부와 외함 사이의 절연저항을 500[V] 절연저항계로 측정하였더니 30[MΩ]이었다. 이 설비에 대한 절연저항의 적합여부와 그 이유를 설명하시오.
  ① 적합여부 :
  ② 이유 :

해설

비상콘센트설비(NFTC 504)

(1) 비상콘센트설비의 전원회로 설치기준
　① 비상콘센트설비의 전원회로는 단상교류 220[V]인 것으로서, 그 공급용량은 1.5[kVA] 이상인 것으로 할 것
　② 전원회로는 각 층에 2 이상이 되도록 설치할 것. 다만, 설치해야 할 층의 비상콘센트가 1개인 때에는 하나의 회로로 할 수 있다.
　③ 전원회로는 주배전반에서 전용회로로 할 것. 다만, 다른 설비회로의 사고에 따른 영향을 받지 않도록 되어 있는 것은 그렇지 아니하다.
　④ 전원으로부터 각 층의 비상콘센트에 분기되는 경우에는 분기배선용 차단기를 보호함 안에 설치할 것
　⑤ 콘센트마다 배선용 차단기(KS C 8321)를 설치해야 하며, 충전부가 노출되지 않도록 할 것
　⑥ 개폐기에는 "비상콘센트"라고 표시한 표지를 할 것
　⑦ 비상콘센트용의 풀박스 등은 방청도장을 한 것으로서 두께 1.6[mm] 이상의 철판으로 할 것
　⑧ 하나의 전용회로에 설치하는 비상콘센트는 10개 이하로 할 것. 이 경우 전선의 용량은 각 비상콘센트(비상콘센트가 3개 이상인 경우에는 3개)의 공급용량을 합한 용량 이상의 것으로 해야 한다.
　∴ 하나의 전용회로에 비상콘센트는 10개 이하로 설치할 수 있으며 전선의 용량은 비상콘센트가 3개 이상인 경우에는 3개의 비상콘센트의 공급용량을 합한 용량 이상의 것으로 해야 한다.

(2) 비상콘센트 보호함 설치기준
　① 보호함에는 쉽게 개폐할 수 있는 문을 설치할 것
　② 보호함 표면에 "비상콘센트"라고 표시한 표지를 할 것
　③ 보호함 상부에 적색의 표시등을 설치할 것. 다만, 비상콘센트의 보호함을 옥내소화전함 등과 접속하여 설치하는 경우에는 옥내소화전함 등의 표시등과 겸용할 수 있다.

(3) 비상콘센트설비의 전원부와 외함 사이의 절연저항 및 절연내력 기준
　① 절연저항은 전원부와 외함 사이를 500[V] 절연저항계로 측정할 때 20[MΩ] 이상일 것
　② 절연내력은 전원부와 외함 사이에 정격전압이 150[V] 이하인 경우에는 1,000[V]의 실효전압을, 정격전압이 150[V] 초과인 경우에는 그 정격전압에 2를 곱하여 1,000을 더한 실효전압을 가하는 시험에서 1분 이상 견디는 것으로 할 것

참고

각 소방시설별 절연저항시험

소방시설	측정위치	절연저항계	절연저항값
• 비상경보설비 • 비상방송설비 • 자동화재탐지설비	• 전로와 대지 사이 • 배선상호 간	250[V]	0.1[MΩ] 이상
비상콘센트설비	전원부와 외함 사이	500[V]	20[MΩ] 이상

정답
(1) 3개
(2) 적색
(3) ① 적합
　　② 절연저항계로 측정할 때 20[MΩ] 이상이면 적합함

16

다음 표에서 두 개의 입력 A와 B가 주어졌을 때 논리회로의 명칭과 진리표의 출력값을 완성하시오.

논리회로		AND 회로	①	②	③	④	⑤	⑥	⑦
입력									
A	B								
0	0	0							
0	1	0							
1	0	0							
1	1	1							

해설

시퀀스제어의 논리게이트

논리회로	무접점회로	논리식	진리표

AND 회로 — $X = A \cdot B$

입력		출력
A	B	X
0	0	0
0	1	0
1	0	0
1	1	1

OR 회로 — $X = A + B$

입력		출력
A	B	X
0	0	0
0	1	1
1	0	1
1	1	1

NOT 회로 — $X = \overline{A}$

입력	출력
A	X
0	1
1	0

NAND 회로 — $X = \overline{A \cdot B} = \overline{A} + \overline{B}$

입력		출력
A	B	X
0	0	1
0	1	1
1	0	1
1	1	0

NOR 회로 — $X = \overline{A + B} = \overline{A} \cdot \overline{B}$

입력		출력
A	B	X
0	0	1
0	1	0
1	0	0
1	1	0

① NAND 회로

무접점회로	논리식	진리표		
		입력		출력
		A($\overline{A}$)	B($\overline{B}$)	X
A─┐AND회로─NOT회로─X B─┘	$X = \overline{A \cdot B}$ $= \overline{A} + \overline{B}$	0(1)	0(1)	1
		0(1)	1(0)	1
		1(0)	0(1)	1
		1(0)	1(0)	0

② OR 회로

무접점회로	논리식	진리표		
		입력		출력
		A	B	X
A─┐OR회로─X B─┘	$X = A + B$	0	0	0
		0	1	1
		1	0	1
		1	1	1

③ NOR 회로

무접점회로	논리식	진리표		
		입력		출력
		A($\overline{A}$)	B($\overline{B}$)	X
A─┐OR회로─NOT회로─X B─┘	$X = \overline{A + B}$ $= \overline{A} \cdot \overline{B}$	0(1)	0(1)	1
		0(1)	1(0)	0
		1(0)	0(1)	0
		1(0)	1(0)	0

④ NOR 회로

무접점회로	논리식	진리표		
		입력		출력
		A($\overline{A}$)	B($\overline{B}$)	X
A─NOT─┐AND회로─X B─NOT─┘	$X = \overline{A} \cdot \overline{B}$ $= \overline{A + B}$	0(1)	0(1)	1
		0(1)	1(0)	0
		1(0)	0(1)	0
		1(0)	1(0)	0

⑤ OR 회로

무접점회로	논리식	진리표		
		입력		출력
		A	B	X
A─NOT─┐AND회로─NOT─X B─NOT─┘	$X = \overline{\overline{A} \cdot \overline{B}}$ $= A + B$	0	0	0
		0	1	1
		1	0	1
		1	1	1

⑥ NAND 회로

무접점회로	논리식	진리표		
		입력		출력
		A($\overline{A}$)	B($\overline{B}$)	X
(NOT회로, OR회로: A,B → X)	$X = \overline{A} + \overline{B}$ $= \overline{A \cdot B}$	0(1)	0(1)	1
		0(1)	1(0)	1
		1(0)	0(1)	1
		1(0)	1(0)	0

⑦ AND 회로

무접점회로	논리식	진리표		
		입력		출력
		A	B	X
(NOT회로, NOT회로, OR회로: A,B → X)	$X = \overline{\overline{A} + \overline{B}}$ $= A \cdot B$	0	0	0
		0	1	0
		1	0	0
		1	1	1

정답

논리회로		AND 회로	① NAND 회로	② OR 회로	③ NOR 회로	④ NOR 회로	⑤ OR 회로	⑥ NAND 회로	⑦ AND 회로
입력									
A	B								
0	0	0	1	0	1	1	0	1	0
0	1	0	1	1	0	0	1	1	0
1	0	0	1	1	0	0	1	1	0
1	1	1	0	1	0	0	1	0	1

17 다음은 자동화재탐지설비의 감지기 또는 발신기가 작동하면 지구음향장치가 동작하고, 비상방송을 할 경우에는 지구음향장치를 정지시킬 수 있도록 조건과 범례를 참고하여 미완성된 회로도를 완성하시오.

득점	배점
	5

범례

제어용기기의 명칭	도시기호	제어용기기의 명칭	도시기호
동작스위치	![]	정지스위치	![]
절환스위치	![]	계전기	X
감지기	![]	경종	B

조건

- 동작스위치를 누르거나 화재에 의하여 감지기가 감지하면 계전기(X_1)가 여자되어 자기유지되며, 계전기의 보조접점(X_{1-a})에 의해 경종이 동작된다.
- 정지스위치를 누르면 계전기(X_1)가 소자되고, 경종의 동작이 멈춘다.
- 동작스위치 또는 감지기에 의하여 경종이 동작하는 중에 절환스위치를 비상방송설비로 전환하면 계전기(X_2)가 여자되고, 계전기의 보조접점(X_{2-b})에 의해 경종의 동작이 멈춘다.

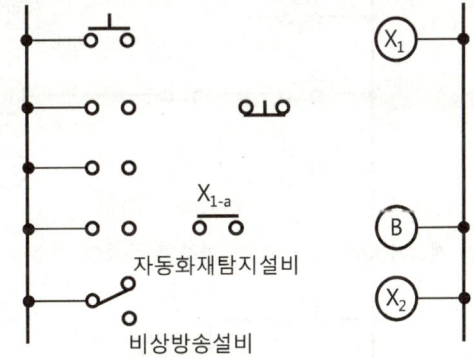

해설

비상방송설비

(1) 자동화재탐지설비의 음향장치 설치기준(NFTC 203)
① 주음향장치는 수신기의 내부 또는 그 직근에 설치할 것
② 지구음향장치는 특정소방대상물의 층마다 설치하되, 해당 층의 각 부분으로부터 하나의 음향장치까지의 수평거리가 25[m] 이하가 되도록 하고, 해당 층의 각 부분에 유효하게 경보를 발할 수 있도록 설치할 것. 다만, 비상방송설비의 화재안전기술기준(NFTC 202)에 적합한 방송설비를 자동화재탐지설비의 감지기와 연동하여 작동하도록 설치한 경우에는 지구음향장치를 설치하지 않을 수 있다.
③ 음향장치의 구조 및 성능
㉠ 정격전압의 80[%] 전압에서 음향을 발할 수 있는 것으로 할 것. 다만, 건전지를 주전원으로 사용하는 음향장치는 그렇지 않다.

© 음향의 크기는 부착된 음향장치의 중심으로부터 1[m] 떨어진 위치에서 90[dB] 이상이 되는 것으로 할 것
© 감지기 및 발신기의 작동과 연동하여 작동할 수 있는 것으로 할 것

(2) 비상방송설비의 배선 결선도

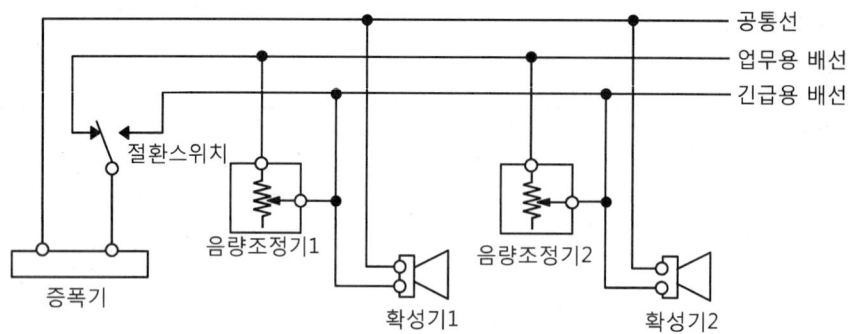

(3) 비상방송을 할 경우 자동화재탐지설비의 지구음향장치를 정지시킬 수 있는 회로도 작성
① 동작스위치를 누르거나 화재에 의하여 감지기가 동작하면 계전기(X_1)가 여자되어 자기유지되며, 보조접점(X_{1-a})에 의해 경종이 동작한다.

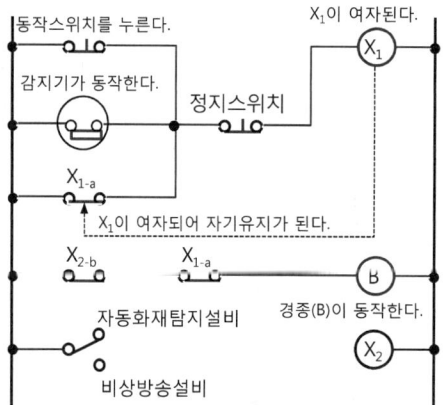

② 정지스위치를 누르면 계전기(X_1)가 소자되고, 경종의 동작이 멈춘다.

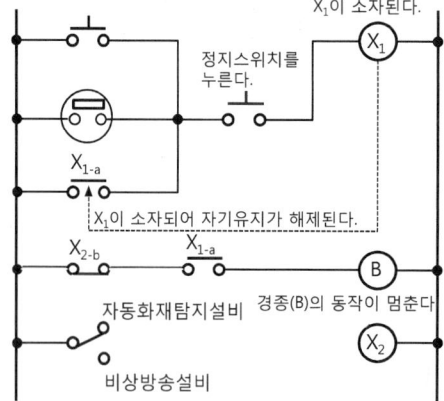

③ 동작스위치 또는 감지기에 의하여 경종이 동작하는 중에 절환스위치를 비상방송설비로 전환하면 계전기(X_2)가 여자되고, 보조접점(X_{2-b})에 의해 경종의 동작이 멈춘다.
　㉠ 동작 1

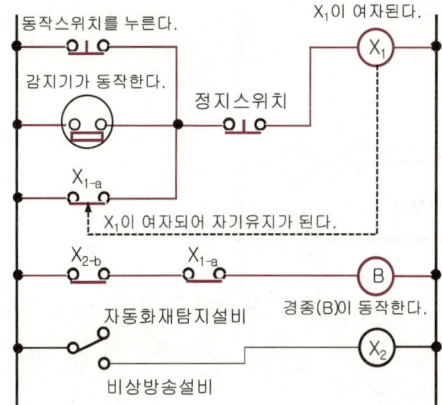

　㉡ 동작 2

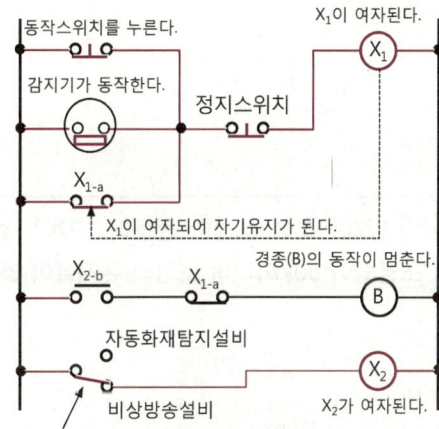

(4) 회로도 완성

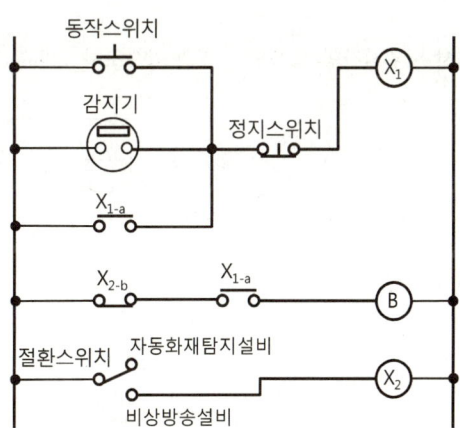

정답

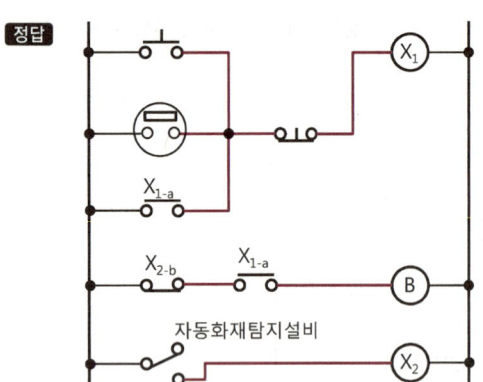

18 가로 20[m], 세로 15[m]인 방재센터에 동일한 전등이 40개가 설치되어 있다. 방재센터의 평균조도가 100[lx]이고, 조명률이 50[%]이며 조명의 유지율이 85[%]일 때 광속[lm]을 구하시오.

득점	배점
	5

• 계산과정 :

• 답 :

해설

광속 계산

① 광속이란 1개의 전등에서 단위시간당 방사되는 빛의 양으로서 단위는 [lm]으로 나타낸다.

② 전등 1개당 광속(F)

$$FN = \frac{EA}{UM}$$

여기서, N : 조명의 개수(40개)
E : 평균조도(100[lx])
A : 실의 면적(20[m]×15[m])
U : 조명률(50[%]=0.5)
M : 유지율(보수율, 85[%]=0.85)

$$\therefore F = \frac{EA}{UMN} = \frac{100[\text{lx}] \times (20[\text{m}] \times 15[\text{m}])}{0.5 \times 0.85 \times 40개} = 1,764.71[\text{lm}]$$

정답 1,764.71[lm]

2024년 제2회 최근 기출복원문제

※ 다음 물음에 대한 답을 해당 답란에 답하시오.(배점 : 100)

01 자동화재탐지설비 및 시각경보장치의 화재안전기술기준에서 정하는 배선에 대한 내용이다. 다음 각 물음에 답하시오.

(1) 감지기회로 및 부속회로의 전로와 대지 사이 및 배선 상호 간의 절연저항은 1 경계구역마다 직류 250[V]의 절연저항측정기를 사용하여 측정한 절연저항이 몇 [MΩ] 이상이 되도록 해야 하는지 쓰시오.
(2) P형 수신기 및 G.P형 수신기의 감지기 회로의 배선에 있어서 하나의 공통선에 접속할 수 있는 경계구역은 몇 개 이하로 해야 하는지 쓰시오.
(3) 감지기회로의 도통시험을 위한 종단저항의 설치기준을 2가지만 쓰시오.

해설
자동화재탐지설비 및 시각경보장치의 화재안전기술기준(NFTC 203)

(1) 전원회로의 배선은 옥내소화전설비의 화재안전기술기준(NFTC 102) 표 2.7.1(1)에 따른 내화배선에 따르고, 그 밖의 배선(감지기 상호 간 또는 감지기로부터 수신기에 이르는 감지기회로의 배선을 제외한다)은 옥내소화전설비의 화재안전기술기준(NFTC 102) 표 2.7.1(1) 또는 표 2.7.1(2)에 따른 내화배선 또는 내열배선에 따를 것
(2) 감지기 상호 간 또는 감지기로부터 수신기에 이르는 감지기회로의 배선은 다음의 기준에 따라 설치할 것
  ① 아날로그식, 다신호식 감지기나 R형 수신기용으로 사용되는 것은 전자파 방해를 받지 않는 실드선 등을 사용해야 하며, 광케이블의 경우에는 전자파 방해를 받지 않고 내열성능이 있는 경우 사용할 것. 다만, 전자파 방해를 받지 않는 방식의 경우에는 그렇지 않다.
  ② ① 외의 일반배선을 사용할 때는 옥내소화전설비의 화재안전기술기준(NFTC 102) 표 2.7.1(1) 또는 표 2.7.1(2)에 따른 내화배선 또는 내열배선으로 사용할 것
(3) 감지기회로의 도통시험을 위한 종단저항은 다음의 기준에 따를 것
  ① 점검 및 관리가 쉬운 장소에 설치할 것
  ② 전용함을 설치하는 경우 그 설치 높이는 바닥으로부터 1.5[m] 이내로 할 것
  ③ 감지기 회로의 끝부분에 설치하며, 종단감지기에 설치할 경우에는 구별이 쉽도록 해당 감지기의 기판 및 감지기 외부 등에 별도의 표시를 할 것
(4) 감지기 사이의 회로의 배선은 송배선식으로 할 것
(5) 전원회로의 전로와 대지 사이 및 배선 상호 간의 절연저항은 전기사업법 제67조에 따른 전기설비기술기준이 정하는 바에 의하고, 감지기회로 및 부속회로의 전로와 대지 사이 및 배선 상호 간의 절연저항은 1 경계구역마다 직류 250[V]의 절연저항측정기를 사용하여 측정한 절연저항이 0.1[MΩ] 이상이 되도록 할 것
(6) 자동화재탐지설비의 배선은 다른 전선과 별도의 관·덕트(절연효력이 있는 것으로 구획한 때에는 그 구획된 부분은 별개의 덕트로 본다)·몰드 또는 풀박스 등에 설치할 것. 다만, 60[V] 미만의 약 전류회로에 사용하는 전선으로서 각각의 전압이 같을 때에는 그렇지 않다.
(7) P형 수신기 및 G.P형 수신기의 감지기 회로의 배선에 있어서 하나의 공통선에 접속할 수 있는 경계구역은 7개 이하로 할 것
(8) 자동화재탐지설비의 감지기회로의 전로저항은 50[Ω] 이하가 되도록 해야 하며, 수신기의 각 회로별 종단에 설치되는 감지기에 접속되는 배선의 전압은 감지기 정격전압의 80[%] 이상이어야 할 것

정답 (1) 0.1[MΩ] 이상
(2) 7개 이하
(3) ① 점검 및 관리가 쉬운 장소에 설치할 것
② 전용함을 설치하는 경우 그 설치 높이는 바닥으로부터 1.5[m] 이내로 할 것

02

옥내소화전설비의 비상전원으로 자가발전설비, 축전지설비 또는 전기저장장치를 설치할 경우 비상전원의 설치기준을 3가지만 쓰시오.

득점	배점
	3

해설

옥내소화전설비의 비상전원 설치기준(NFTC 102)

(1) 비상전원은 자가발전설비, 축전지설비(내연기관에 따른 펌프를 사용하는 경우에는 내연기관의 기동 및 제어용 축전지를 말한다) 또는 전기저장장치(외부 전기에너지를 저장해 두었다가 필요한 때 전기를 공급하는 장치)로서 다음의 기준에 따라 설치해야 한다.
① 점검에 편리하고 화재 및 침수 등의 재해로 인한 피해를 받을 우려가 없는 곳에 설치할 것
② 옥내소화전설비를 유효하게 20분 이상 작동할 수 있어야 할 것
③ 상용전원으로부터 전력의 공급이 중단된 때에는 자동으로 비상전원으로부터 전력을 공급받을 수 있도록 할 것
④ 비상전원(내연기관의 기동 및 제어용 축전기를 제외한다)의 설치장소는 다른 장소와 방화구획할 것. 이 경우 그 장소에는 비상전원의 공급에 필요한 기구나 설비 외의 것(열병합발전설비에 필요한 기구나 설비는 제외한다)을 두어서는 안 된다.
⑤ 비상전원을 실내에 설치하는 때에는 그 실내에 비상조명등을 설치할 것
(2) 옥내소화전설비의 비상전원 설치대상
① 층수가 7층 이상으로서 연면적 2,000[m²] 이상인 것
② ①에 해당하지 않는 특정소방대상물로서 지하층의 바닥면적 합계가 3,000[m²] 이상인 것
(3) 비상전원을 설치하지 않을 수 있는 조건
① 2 이상의 변전소에서 전력을 동시에 공급받을 수 있거나 하나의 변전소로부터 전력의 공급이 중단되는 때에는 자동으로 다른 변전소로부터 전원을 공급받을 수 있도록 상용전원을 설치한 경우
② 가압수조방식

정답 ① 점검에 편리하고 화재 및 침수 등의 재해로 인한 피해를 받을 우려가 없는 곳에 설치할 것
② 옥내소화전설비를 유효하게 20분 이상 작동할 수 있어야 할 것
③ 비상전원을 실내에 설치하는 때에는 그 실내에 비상조명등을 설치할 것

03

다음 도면은 어느 특정소방대상물의 평면도이다. 각 실에 차동식 스포트형 1종 감지기를 설치하고자 한다. 각 물음에 답하시오(단, 이 건축물의 주요구조부가 내화구조로 된 특정소방대상물이고, 감지기의 부착높이는 4.5[m]이며 특정소방대상물의 주된 출입구에서 그 내부 전체가 보이지 않는다).

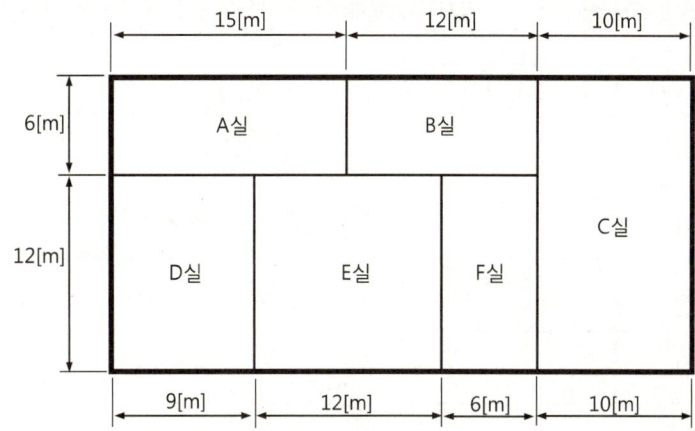

(1) 각 실에 설치해야 하는 차동식 스포트형 1종 감지기의 설치개수를 구하시오.

실 구분	계산과정	설치개수[개]
A실	$15 \times 6 / 45 = 2$	2
B실	$12 \times 6 / 45 = 1.6 \to 2$	2
C실	$10 \times 12 / 45 = 2.67 \to 3$	3
D실	$9 \times 6 / 45 = 1.2 \to 2$	2
E실	$12 \times 6 / 45 = 1.6 \to 2$	2
F실	$6 \times 6 / 45 = 0.8 \to 1$	1

(2) 해당 특정소방대상물의 경계구역 수를 구하시오.

• 계산과정 : 전체 바닥면적 = $37 \times 12 = 444 \, [m^2]$, $444 / 600 = 0.74 \to 1$

• 답 : 1경계구역

해설

자동화재탐지설비의 감지기 설치기준(NFTC 203)

(1) 차동식 스포트형 1종 감지기 설치개수 산정
  ① 차동식 스포트형·보상식 스포트형 및 정온식 스포트형 감지기는 그 부착높이 및 특정소방대상물에 따라 다음 [표]에 따른 바닥면적마다 1개 이상을 설치할 것

부착높이 및 특정소방대상물의 구분		감지기의 종류(단위 : [m²])						
		차동식 스포트형		보상식 스포트형		정온식 스포트형		
		1종	2종	1종	2종	특종	1종	2종
4[m] 미만	주요구조부가 내화구조로 된 특정소방대상물 또는 그 부분	90	70	90	70	70	60	20
	기타 구조의 특정소방대상물 또는 그 부분	50	40	50	40	40	30	15
4[m] 이상 8[m] 미만	주요구조부가 내화구조로 된 특정소방대상물 또는 그 부분	45	35	45	35	35	30	−
	기타 구조의 특정소방대상물 또는 그 부분	30	25	30	25	25	15	−

② 주요구조부가 내화구조로 된 특정소방대상물이고, 감지기의 부착높이는 4.5[m]이다.
③ 감지기의 부착높이는 4[m] 이상 8[m] 미만이고, 주요구조부가 내화구조로 된 특정소방대상물이므로 차동식 스포트형 1종 감지기는 바닥면적 45[m²]마다 1개 이상을 설치해야 한다.

$$\therefore \text{감지기 설치개수} = \frac{\text{감지구역의 바닥면적}[m^2]}{\text{감지기 1개의 설치 바닥면적}[m^2]} [\text{개}]$$

실 구분	계산과정	설치개수[개]
A실	$\frac{15[m] \times 6[m]}{45[m^2]} = 2$개	2개
B실	$\frac{12[m] \times 6[m]}{45[m^2]} = 1.6$개 ≒ 2개	2개
C실	$\frac{10[m] \times (6[m] + 12[m])}{45[m^2]} = 4$개	4개
D실	$\frac{9[m] \times 12[m]}{45[m^2]} = 2.4$개 ≒ 3개	3개
E실	$\frac{12[m] \times 12[m]}{45[m^2]} = 3.2$개 ≒ 4개	4개
F실	$\frac{6[m] \times 12[m]}{45[m^2]} = 1.6$개 ≒ 2개	2개

(2) 경계구역 설정기준
① 수평적 경계구역

구분	기준	예외 기준
층별	층마다(2개 이상의 층에 미치지 않도록 할 것)	500[m²] 이하의 범위 안에서는 2개의 층을 하나의 경계구역으로 할 수 있다.
경계구역의 면적	600[m²] 이하	주된 출입구에서 그 내부 전체가 보이는 것에 있어서는 한 변의 길이가 50[m]의 범위에서 1,000[m²] 이하로 할 수 있다.
한 변의 길이	50[m] 이하	-

② 수직적 경계구역

구분	계단·경사로 기준	엘리베이터 승강로(권상기실이 있는 경우에는 권상기실)·린넨 슈트·파이프 피트 및 덕트
높이	45[m] 이하	별도의 경계구역으로 설정
지하층 구분	지상층과 지하층을 구분 (지하층의 층수가 1일 경우는 제외)	

$$\therefore \text{경계구역} = \frac{(15[m] + 12[m] + 10[m]) \times (6[m] + 12[m])}{600[m^2]} = 1.11 ≒ 2 \text{ 경계구역}$$

정답 (1)

실 구분	계산과정	설치개수[개]
A실	$\dfrac{15[m] \times 6[m]}{45[m^2]} = 2개$	2개
B실	$\dfrac{12[m] \times 6[m]}{45[m^2]} = 1.6개 ≒ 2개$	2개
C실	$\dfrac{10[m] \times (6[m] + 12[m])}{45[m^2]} = 4개$	4개
D실	$\dfrac{9[m] \times 12[m]}{45[m^2]} = 2.4개 ≒ 3개$	3개
E실	$\dfrac{12[m] \times 12[m]}{45[m^2]} = 3.2개 ≒ 4개$	4개
F실	$\dfrac{6[m] \times 12[m]}{45[m^2]} = 1.6개 ≒ 2개$	2개

(2) 2 경계구역

04 다음은 주요구조부가 내화구조로 된 특정소방대상물에 공기관식 차동식 분포형 감지기를 설치한 평면도이다. 각 물음에 답하시오. 〔득점 배점 8〕

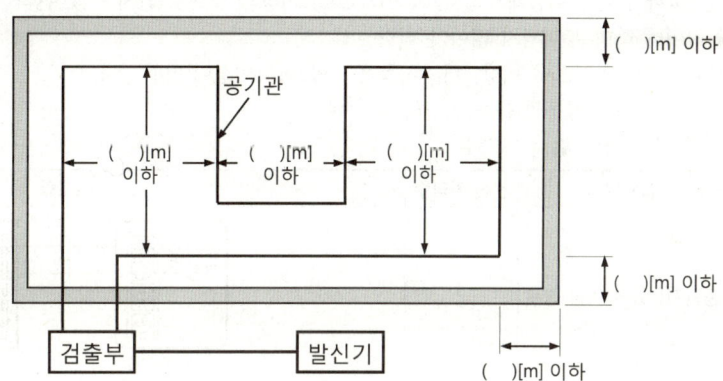

(1) 공기관과 감지구역의 각 변과의 거리와 공기관 상호 간의 거리는 몇 [m] 이하가 되도록 해야 하는지 평면도의 (   ) 안에 쓰시오.
(2) 공기관의 노출 부분은 감지구역마다 몇 [m] 이상이 되도록 해야 하는지 쓰시오.
(3) 하나의 검출부분에 접속하는 공기관의 길이는 몇 [m] 이하가 되도록 해야 하는지 쓰시오.
(4) 검출부의 설치높이를 쓰시오.
(5) 검출부는 몇 [°] 이상 경사되지 않도록 부착해야 하는지 쓰시오.
(6) 공기관의 재질을 쓰시오.
(7) 종단저항을 발신기에 설치할 경우 차동식 분포형 감지기의 검출부와 발신기 사이에 배선해야 할 전선 가닥수를 평면도에 표시하시오.

해설

공기관식 차동식 분포형 감지기

(1), (2), (3), (4), (5) 공기관식 차동식 분포형 감지기의 설치기준(NFTC 203)
  ① 공기관의 노출 부분은 감지구역마다 20[m] 이상이 되도록 할 것
  ② 공기관과 감지구역의 각 변과의 수평거리는 1.5[m] 이하가 되도록 하고, 공기관 상호 간의 거리는 6[m](주요구조부를 내화구조로 한 특정소방대상물 또는 그 부분에 있어서는 9[m]) 이하가 되도록 할 것
  ③ 공기관은 도중에서 분기하지 않도록 할 것
  ④ 하나의 검출부분에 접속하는 공기관의 길이는 100[m] 이하로 할 것
  ⑤ 검출부는 5[°] 이상 경사되지 않도록 부착할 것
  ⑥ 검출부는 바닥으로부터 0.8[m] 이상 1.5[m] 이하의 위치에 설치할 것

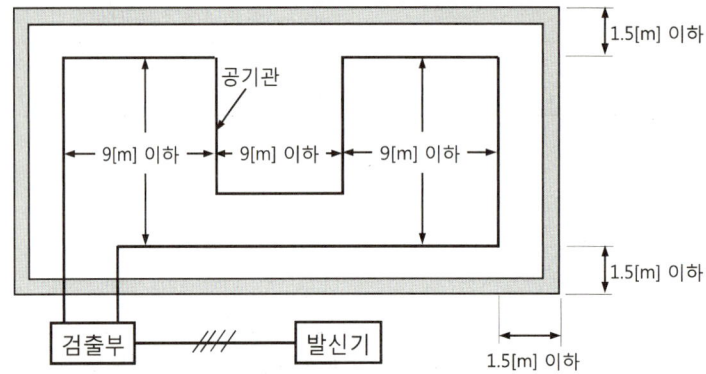

(6) 감지기의 구조 및 기능(감지기의 형식승인 및 제품검사의 기술기준 제5조)
  ① 공기관은 하나의 길이(이음매가 없는 것)가 20[m] 이상의 것으로 안지름 및 관의 두께가 일정하고 흠, 갈라짐 및 변형이 없어야 하며 부식되지 않아야 한다.
  ② 공기관의 두께는 0.3[mm] 이상, 바깥지름은 1.9[mm] 이상이어야 한다.
    ∴ 공기관은 동관(중공동관)을 사용한다.

(7) 검출부와 발신기 사이의 전선 가닥수

종단저항 설치위치	전선 가닥수	그림
검출부에 종단저항을 설치할 경우	2	2가닥, 종단저항 / ⊖공통 ⊕감지기 [검출기] [발신기]
발신기에 종단저항을 설치할 경우	4	4가닥, ⊖공통 ⊕감지기 종단저항 [검출기] [발신기]

정답 (1)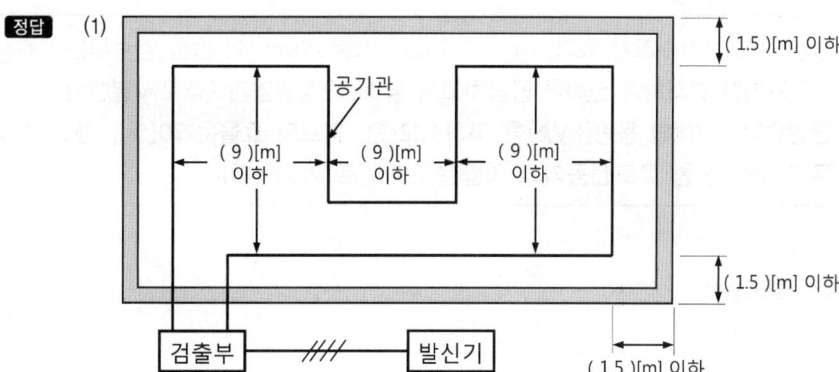

(2) 20[m] 이상
(3) 100[m] 이하
(4) 바닥으로부터 0.8[m] 이상 1.5[m] 이하
(5) 5[°] 이상
(6) 동관(중공동관)
(7) (1) 정답 참고

05 지상에서 높이 25[m]인 곳에 고가수조가 있다. 이 고가수조에 매분 20[m³]의 물을 양수하는 펌프용 3상 농형 유도전동기를 설치하여 전력을 공급하고자 할 때 단상변압기 2대로 V결선하여 운전한다. 이때 단상변압기 1대의 용량[kVA]을 구하시오(단, 펌프의 효율은 70[%], 펌프 측 동력에 15[%]의 여유율을 두고, 3상 농형 유도전동기의 역률은 85[%]로 가정한다).

득점	배점
	5

해설

V결선 시 단상변압기 1대의 용량 계산

(1) 전동기 용량(전동기의 출력, P_m)

$$P_m = \frac{\gamma H Q}{\eta} \times K \text{ [kW]}$$

여기서, γ : 물의 비중량(9,800[N/m³]=9.8[kN/m³])
H : 전양정(25[m])
Q : 유량($20[\text{m}^3/\text{min}] = \frac{20}{60}[\text{m}^3/\text{s}]$)
η : 펌프의 효율(70[%]=0.7)
K : 여유율(동력전달계수, 15[%]=1.15)

$$\therefore P_m = \frac{9.8[\text{kN/m}^3] \times 25[\text{m}] \times \frac{20}{60}[\text{m}^3/\text{s}]}{0.7} \times 1.15 = 134.17[\text{kW}]$$

(2) V결선한 변압기의 최대 출력(P_v)

① V결선한 단상변압기의 최대 출력(P_v)은 전동기의 용량(P_m)이 되어야 하고, 단상변압기 1대의 √3 배이다.
② 단상변압기 1대의 용량(P_1)은 단상변압기 2차 측의 정격전류(I_{2n})와 정격전압(V_{2n})의 곱이다.

$$P_v = \sqrt{3}(I_{2n}V_{2n} \times 10^{-3})\cos\theta = \sqrt{3}\,P_1\cos\theta \text{ [kW]}$$

여기서, I_{2n} : 단상변압기 2차 측의 정격전류[A]
V_{2n} : 단상변압기 2차 측의 정격전압[V]
$\cos\theta$: 역률(85[%]=0.85)
P_v : V결선한 단상변압기의 최대 출력(134.17[kW])

$$\therefore \text{단상변압기 1대의 용량 } P_1 = \frac{P_v}{\sqrt{3}\cos\theta} = \frac{134.17[\text{kW}]}{\sqrt{3} \times 0.85} = 91.13[\text{kVA}]$$

정답 91.13[kVA]

06 다음은 한국전기설비규정(KEC)에서 규정하는 화재의 확산을 최소화하기 위한 배선설비 관통부의 밀봉에 대한 내용이다. (　) 안에 알맞은 내용을 쓰시오.

- 배선설비가 바닥, 벽, 지붕, 천장, 칸막이, 중공벽 등 건축구조물을 관통하는 경우, 배선설비가 통과한 후에 남는 개구부는 관통 전의 건축구조 각 부재에 규정된 (①)에 따라 밀폐해야 한다.
- 내화성능이 규정된 건축구조부재를 관통하는 (②)는 제1에서 요구한 외부의 밀폐와 마찬가지로 관통 전에 각 부의 내화등급이 되도록 내부도 밀폐해야 한다.
- 관련 제품 표준에서 자소성으로 분류되고 최대 내부단면적이 (③)[mm^2] 이하인 전선관, 케이블트렁킹 및 (④)은 다음과 같은 경우라면 내부적으로 밀폐하지 않아도 된다.
  - 보호등급 IP33에 관한 KS C IEC 60529(외곽의 방진 보호 및 방수 보호 등급)의 시험에 합격한 경우
  - 관통하는 건축 구조체에 의해 분리된 구획의 하나 안에 있는 배선설비의 단말이 보호등급 IP33에 관한 KS C IEC 60529[외함의 밀폐 보호등급 구분(IP코드)]의 시험에 합격한 경우
- 배선설비는 그 용도가 (⑤)을 견디는데 사용되는 건축구조부재를 관통해서는 안 된다. 다만, 관통 후에도 그 부재가 하중에 견딘다는 것을 보증할 수 있는 경우는 제외한다.

[해설]

배선설비 관통부의 밀봉(KEC 232.3.6)

(1) 배선설비가 바닥, 벽, 지붕, 천장, 칸막이, 중공벽 등 건축구조물을 관통하는 경우, 배선설비가 통과한 후에 남는 개구부는 관통 전의 건축구조 각 부재에 규정된 내화등급에 따라 밀폐해야 한다.
(2) 내화성능이 규정된 건축구조부재를 관통하는 배선설비는 제1에서 요구한 외부의 밀폐와 마찬가지로 관통 전에 각 부의 내화등급이 되도록 내부도 밀폐해야 한다.
(3) 관련 제품 표준에서 자소성으로 분류되고 최대 내부단면적이 710[mm^2] 이하인 전선관, 케이블트렁킹 및 케이블덕팅시스템은 다음과 같은 경우라면 내부적으로 밀폐하지 않아도 된다.
　① 보호등급 IP33에 관한 KS C IEC 60529(외곽의 방진 보호 및 방수 보호 등급)의 시험에 합격한 경우
　② 관통하는 건축 구조체에 의해 분리된 구획의 하나 안에 있는 배선설비의 단말이 보호등급 IP33에 관한 KS C IEC 60529[외함의 밀폐 보호등급 구분(IP코드)]의 시험에 합격한 경우
(4) 배선설비는 그 용도가 하중을 견디는데 사용되는 건축구조부재를 관통해서는 안 된다. 다만, 관통 후에도 그 부재가 하중에 견딘다는 것을 보증할 수 있는 경우는 제외한다.

[정답]
① 내화등급
② 배선설비
③ 710
④ 케이블덕팅시스템
⑤ 하중

07 다음 그림은 차동식 스포트형 감지기의 구조를 나타낸 것이다. 기호 ①~④까지의 명칭을 쓰시오.

득점	배점
	4

해설
차동식 스포트형 감지기의 구조
(1) 차동식 스포트형 감지기의 정의
　　주위온도가 일정 상승률 이상이 되는 경우에 작동하는 것으로서 일국소에서의 열 효과에 의하여 작동되는 것을 말한다.
(2) 차동식 스포트형 감지기의 작동원리
　　화재가 발생하여 온도가 상승하면 감열실 내의 공기가 팽창하여 다이어프램이 위로 밀려 올라가 접점이 닫히고 화재신호가 수신기에 발신된다. 일상적으로 발생하는 완만한 온도 상승으로 팽창한 공기는 리크구멍을 통하여 외기로 배출되어 접점이 닫히지 않는다.
(3) 차동식 스포트형 감지기의 구조
　　① 고정접점
　　② 감열실
　　③ 다이어프램
　　④ 리크구멍

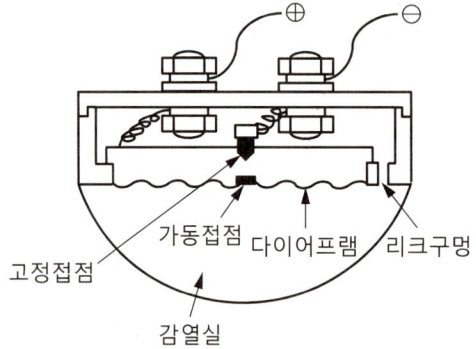

정답
① 고정접점
② 감열실
③ 다이어프램
④ 리크구멍

08

다음은 이산화탄소소화설비의 화재안전기술기준에서 정하는 음향경보장치의 설치기준이다. 각 물음에 답하시오.

(1) 소화약제의 방출개시 후 몇 분 이상 경보를 계속할 수 있는 것으로 해야 하는지 쓰시오.
(2) 방호구역 또는 방호대상물이 있는 구획의 각 부분으로부터 하나의 확성기까지의 수평거리는 몇 [m] 이하가 되도록 해야 하는지 쓰시오.

배점 4

해설

이산화탄소소화설비의 음향경보장치 설치기준(NFTC 106)
(1) 수동식 기동장치를 설치한 것은 그 기동장치의 조작과정에서, 자동식 기동장치를 설치한 것은 화재감지기와 연동하여 자동으로 경보를 발하는 것으로 할 것
(2) 소화약제의 방출개시 후 1분 이상 경보를 계속할 수 있는 것으로 할 것
(3) 방호구역 또는 방호대상물이 있는 구획 안에 있는 자에게 유효하게 경보할 수 있는 것으로 할 것
(4) 방송에 따른 경보장치를 설치할 경우에는 다음의 기준에 따라야 한다.
  ① 증폭기 재생장치는 화재 시 연소의 우려가 없고, 유지관리가 쉬운 장소에 설치할 것
  ② 방호구역 또는 방호대상물이 있는 구획의 각 부분으로부터 하나의 확성기까지의 수평거리는 25[m] 이하가 되도록 할 것
  ③ 제어반의 복구스위치를 조작하여도 경보를 계속 발할 수 있는 것으로 할 것

정답 (1) 1분 이상
(2) 25[m] 이하

09

가스누설경보기를 설치해야 하는 특정소방대상물을 5가지만 쓰시오(단, 가스시설이 설치된 경우만 해당한다).

배점 5

해설

가스누설경보기를 설치해야 하는 특정소방대상물(소방시설법 영 별표 4)
(1) 문화 및 집회시설, 종교시설, 판매시설, 운수시설, 의료시설, 노유자시설
(2) 수련시설, 운동시설, 숙박시설, 창고시설 중 물류터미널, 장례시설

> **참고**
>
> **특정소방대상물의 관계인이 특정소방대상물에 설치·관리해야 하는 소방시설(소방시설법 영 별표 4)**
> - 시각경보기를 설치해야 하는 특정소방대상물
>   - 근린생활시설, 문화 및 집회시설, 종교시설, 판매시설, 운수시설, 의료시설, 노유자시설
>   - 운동시설, 업무시설, 숙박시설, 위락시설, 창고시설 중 물류터미널, 발전시설 및 장례시설
>   - 교육연구시설 중 도서관, 방송통신시설 중 방송국
>   - 지하상가
> - 비상콘센트설비를 설치해야 하는 특정소방대상물
>   - 층수가 11층 이상인 특정소방대상물의 경우에는 11층 이상의 층
>   - 지하층의 층수가 3층 이상이고 지하층의 바닥면적의 합계가 1,000[m²] 이상인 것은 지하층의 모든 층
>   - 터널로서 길이가 500[m] 이상인 것
> - 휴대용 비상조명등을 설치해야 하는 특정소방대상물
>   - 숙박시설
>   - 수용인원 100명 이상의 영화상영관, 판매시설 중 대규모 점포, 철도 및 도시철도 시설 중 지하역사, 지하상가

정답
① 종교시설
② 판매시설
③ 의료시설
④ 노유자시설
⑤ 운동시설

10

> 다음은 비상콘센트설비의 화재안전기술기준에서 정하는 비상콘센트 보호함의 설치기준에 대한 내용이다. ( ) 안에 알맞은 내용을 쓰시오.
>
> - 보호함에는 쉽게 개폐할 수 있는 (①)을 설치할 것
> - 보호함 표면에 (②)라고 표시한 표지를 할 것
> - 보호함 상부에 (③)의 (④)을 설치할 것. 다만, 비상콘센트의 보호함을 옥내소화전함 등과 접속하여 설치하는 경우에는 (⑤) 등의 표시등과 겸용할 수 있다.

배점 5

해설

비상콘센트설비(NFTC 504)

(1) 비상콘센트 보호함의 설치기준
① 보호함에는 쉽게 개폐할 수 있는 문을 설치할 것
② 보호함 표면에 "비상콘센트"라고 표시한 표지를 할 것
③ 보호함 상부에 적색의 표시등을 설치할 것. 다만, 비상콘센트의 보호함을 옥내소화전함 등과 접속하여 설치하는 경우에는 옥내소화전함 등의 표시등과 겸용할 수 있다.

(2) 비상콘센트설비의 전원회로 설치기준
① 비상콘센트설비의 전원회로는 단상교류 220[V]인 것으로서, 그 공급용량은 1.5[kVA] 이상인 것으로 할 것
② 전원회로는 각 층에 2 이상이 되도록 설치할 것. 다만, 설치해야 할 층의 비상콘센트가 1개인 때에는 하나의 회로로 할 수 있다.
③ 전원회로는 주배전반에서 전용회로로 할 것. 다만, 다른 설비회로의 사고에 따른 영향을 받지 않도록 되어 있는 것은 그렇지 않다.
④ 전원으로부터 각 층의 비상콘센트에 분기되는 경우에는 분기배선용 차단기를 보호함 안에 설치할 것
⑤ 콘센트마다 배선용 차단기(KS C 8321)를 설치해야 하며, 충전부가 노출되지 않도록 할 것
⑥ 개폐기에는 "비상콘센트"라고 표시한 표지를 할 것
⑦ 비상콘센트용의 풀박스 등은 방청도장을 한 것으로서, 두께 1.6[mm] 이상의 철판으로 할 것
⑧ 하나의 전용회로에 설치하는 비상콘센트는 10개 이하로 할 것. 이 경우 전선의 용량은 각 비상콘센트(비상콘센트가 3개 이상인 경우에는 3개)의 공급용량을 합한 용량 이상의 것으로 해야 한다.

정답
① 문
② 비상콘센트
③ 적색
④ 표시등
⑤ 옥내소화전함

11 다음은 옥내소화전설비의 화재안전기술기준에서 정하는 내화배선의 공사방법에 대한 내용이다. ( ) 안에 알맞은 내용을 쓰시오.

- 금속관·2종 금속제 가요전선관 또는 (①)에 수납하여 내화구조로 된 벽 또는 바닥 등에 벽 또는 바닥의 표면으로부터 (②)[mm] 이상의 깊이로 매설해야 한다. 다만 다음의 기준에 적합하게 설치하는 경우에는 그렇지 않다.
  - 배선을 내화성능을 갖는 배선전용실 또는 배선용 샤프트·피트·덕트 등에 설치하는 경우
  - 배선전용실 또는 배선용 샤프트·피트·덕트 등에 다른 설비의 배선이 있는 경우에는 이로부터 (③)[cm] 이상 떨어지게 하거나 소화설비의 배선과 이웃하는 다른 설비의 배선 사이에 배선지름(배선의 지름이 다른 경우에는 가장 큰 것을 기준으로 한다)의 (④)배 이상의 높이의 불연성 격벽을 설치하는 경우
- 내화전선은 (⑤)공사의 방법에 따라 설치해야 한다.

해설
내화배선에 사용되는 전선의 종류 및 공사방법(NFTC 102)

(1) 내화배선에 사용되는 전선의 종류
① 450/750[V] 저독성 난연 가교 폴리올레핀 절연 전선
② 0.6/1[kV] 가교 폴리에틸렌 절연 저독성 난연 폴리올레핀 시스 전력 케이블
③ 6/10[kV] 가교 폴리에틸렌 절연 저독성 난연 폴리올레핀 시스 전력용 케이블
④ 가교 폴리에틸렌 절연 비닐시스 트레이용 난연 전력 케이블
⑤ 0.6/1[kV] EP 고무절연 클로로프렌 시스 케이블
⑥ 300/500[V] 내열성 실리콘 고무 절연 전선(180[℃])
⑦ 내열성 에틸렌-비닐 아세테이트 고무 절연 케이블
⑧ 버스덕트(Bus Duct)
⑨ 기타 전기용품 및 생활용품 안전관리법 및 전기설비기술기준에 따라 동등 이상의 내화성능이 있다고 주무부장관이 인정하는 것

(2) 내화배선 공사방법
금속관·2종 금속제 가요전선관 또는 합성수지관에 수납하여 내화구조로 된 벽 또는 바닥 등에 벽 또는 바닥의 표면으로부터 25[mm] 이상의 깊이로 매설해야 한다. 다만 다음의 기준에 적합하게 설치하는 경우에는 그렇지 않다.

① 배선을 내화성능을 갖는 배선전용실 또는 배선용 샤프트·피트·덕트 등에 설치하는 경우
② 배선전용실 또는 배선용 샤프트·피트·덕트 등에 다른 설비의 배선이 있는 경우에는 이로부터 15[cm] 이상 떨어지게 하거나 소화설비의 배선과 이웃하는 다른 설비의 배선 사이에 배선지름(배선의 지름이 다른 경우에는 가장 큰 것을 기준으로 한다)의 1.5배 이상의 높이의 불연성 격벽을 설치하는 경우

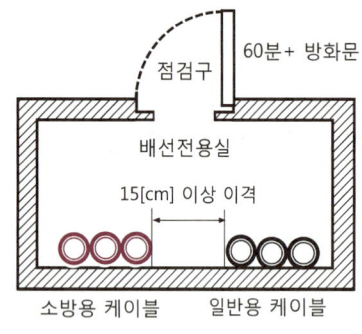 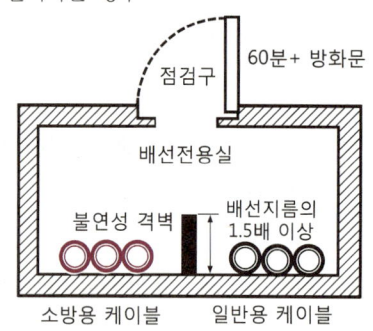

(3) 내화전선 공사방법
내화전선은 케이블공사의 방법에 따라 설치해야 한다.

정답
① 합성수지관
② 25
③ 15
④ 1.5
⑤ 케이블

12 다음은 공사비 산출내역서 산출 시 표준품셈에서 정하는 공구손료의 적용범위를 쓰시오.

득점	배점
	4

해설

공구손료 및 잡재료(소방공사 표준품셈)

(1) 공구손료

공구손료는 일반공구 및 시험용 계측기구류의 손료로서 공사 중 상시 일반적으로 사용하는 것을 말하며 인력품(노임할증과 작업시간 증가에 의하지 않은 품할증 제외)의 3[%]까지 계상하며 특수공구(철골공사, 석공사 등) 및 검사용 특수계측기류의 손료는 별도 계상한다.

(2) 잡재료 및 소모재료

설계내역에 표시하여 계상하되 주재료비와 직접재료비(전선, 케이블 및 배관자재비)의 2~5[%]까지 계상한다.

(3) 잡재료(전기)

재료비의 산출에는 필요한 재료를 가능한 한 품목별로 계상하는 것을 원칙으로 하고 있으나 소량이나 소금액의 재료는 명세서 작성이 곤란하므로 잡재료로 일괄 계상한다. 잡재료에는 Bolt류(지름 10[mm], 길이 10[cm] 이하), Nut류(지름 10[mm] 이하), Plug류, 소나사(지름 10[mm], 길이 5[cm] 이하), 목나사, 단자류(8[mm^2] 이하), 못, Sleeve, Staple, Saddle, 보수재료 등이 포함된다.

(4) 소모재료(전기)

작업 중에 소모하여 없어지거나 작업이 끝난 후에 모양이나 형태가 변하여 남아 있는 재료로 땜납, Paste, 테이프류, Gasoline, Oil, 절연니스, 방청도료, 용접봉, 왁스, 아세틸렌가스, 산소가스 등이 포함된다.

정답 인력품(노임할증과 작업시간 증가에 의하지 않은 품할증 제외)의 3[%]까지 계상한다.

13 다음은 비상콘센트설비의 화재안전기술기준에서 정하는 상용전원회로의 배선에 대한 내용이다. 저압 및 고압수전 및 특고압수전인 경우 어디에서 분기하여 전용배선으로 해야 하는지 쓰시오.

득점	배점
	4

(1) 저압수전인 경우 :
(2) 고압수전 또는 특고압수전인 경우 :

해설

비상콘센트설비의 화재안전기술기준(NFTC 504)

(1) 비상콘센트설비의 전원 설치기준

① 상용전원회로의 배선은 저압수전인 경우에는 인입개폐기의 직후에서 분기하여 전용배선으로 할 것

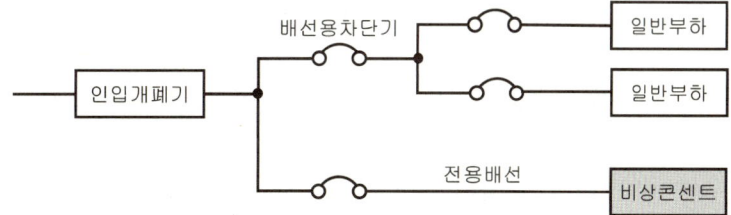

② 상용전원회로의 배선은 고압수전 또는 특고압수전인 경우에는 전력용변압기 2차 측의 주차단기 1차 측 또는 2차 측에서 분기하여 전용배선으로 할 것

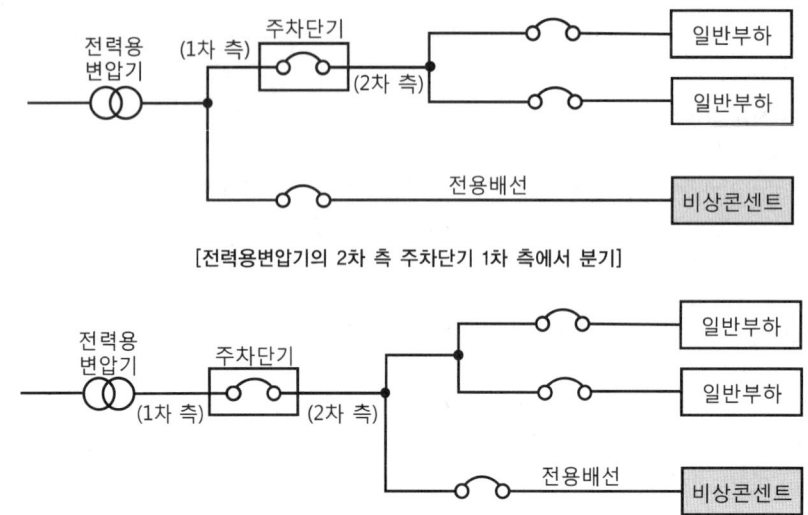

[전력용변압기의 2차 측 주차단기 1차 측에서 분기]

[전력용변압기의 2차 측 주차단기 2차 측에서 분기]

③ 지하층을 제외한 층수가 7층 이상으로서 연면적이 2,000[m²] 이상이거나 지하층의 바닥면적의 합계가 3,000[m²] 이상인 특정소방대상물의 비상콘센트설비에는 자가발전설비, 비상전원수전설비, 축전지설비 또는 전기저장장치를 비상전원으로 설치할 것. 다만, 2 이상의 변전소에서 전력을 동시에 공급받을 수 있거나 하나의 변전소로부터 전력의 공급이 중단되는 때에는 자동으로 다른 변전소로부터 전력을 공급받을 수 있도록 상용전원을 설치한 경우에는 비상전원을 설치하지 않을 수 있다.

(2) 비상콘센트설비의 전원회로 설치기준
① 비상콘센트설비의 전원회로는 단상교류 220[V]인 것으로서, 그 공급용량은 1.5[kVA] 이상인 것으로 할 것
② 전원회로는 각 층에 2 이상이 되도록 설치할 것. 다만, 설치해야 할 층의 비상콘센트가 1개인 때에는 하나의 회로로 할 수 있다.
③ 전원회로는 주배전반에서 전용회로로 할 것. 다만, 다른 설비회로의 사고에 따른 영향을 받지 않도록 되어 있는 것은 그렇지 않다.
④ 전원으로부터 각 층의 비상콘센트에 분기되는 경우에는 분기배선용 차단기를 보호함 안에 설치할 것
⑤ 콘센트마다 배선용 차단기(KS C 8321)를 설치해야 하며, 충전부가 노출되지 않도록 할 것
⑥ 개폐기에는 "비상콘센트"라고 표시한 표지를 할 것
⑦ 비상콘센트용의 풀박스 등은 방청도장을 한 것으로서, 두께 1.6[mm] 이상의 철판으로 할 것
⑧ 하나의 전용회로에 설치하는 비상콘센트는 10개 이하로 할 것. 이 경우 전선의 용량은 각 비상콘센트(비상콘센트가 3개 이상인 경우에는 3개)의 공급용량을 합한 용량 이상의 것으로 해야 한다.

정답 (1) 인입개폐기의 직후
(2) 전력용변압기 2차 측의 주차단기 1차 측 또는 2차 측

14 주위온도가 일정 상승률 이상이 되는 경우에 작동하는 차동식 분포형 감지기 중 열전대식에 대한 내용이다. 다음 각 물음에 답하시오.

득점	배점
	6

(1) 제베크효과(Seebeck Effect)에 대해 쓰시오.
(2) 열전대(Thermocouple)에 대해 설명하시오.
(3) 열전대의 재료 중 가장 우수한 금속을 쓰시오.

해설

열전대식 차동식 분포형 감지기

(1) 제베크효과(Seebeck Effect)
  ① 서로 다른 두 금속을 접속하여 접속점에 온도차를 주면 열기전력이 발생하는 효과이다.
  ② 서로 다른 두 금속 A, B의 양 끝을 접합해서 양 접점에 온도차를 주면 그 사이에 열기전력(E)이 발생하여 열전류가 흐르게 되는 현상이다.

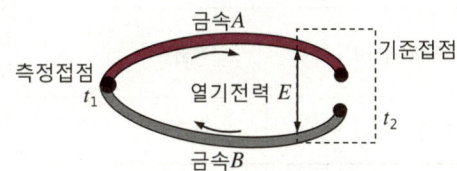

참고
- 펠티어효과(Peltier Effect)
  서로 다른 두 종류의 금속을 접속하고 한 쪽 금속에서 다른 쪽 금속으로 전류를 흘리면 열의 발생 또는 흡수가 일어나는 현상이다.
- 톰슨효과(Thomson Effect)
  동일한 금속 도선의 두 점 간에 온도 차를 주고 고온 쪽에서 저온 쪽으로 전류를 흘리면 줄열 이외에 도선 속에서 열이 발생하거나 흡수가 일어나는 현상이다.

(2) 열전대(Thermocouple)
  서로 다른 두 금속 접합부에서 나타나는 제베크효과(Seebeck Effect)를 이용한 온도 센서이다.

(3) 열전대의 종류 및 특징

종류	조성		온도범위 [℃]	특징
	⊕측	⊖측		
크로멜-알루멜	크로멜 {니켈(90[%])·크로뮴(10[%])}	알루멜 {니켈(94[%])·알루미늄(3[%])·망가니즈(2[%]), 규소(1[%])}	-200~ +1,000	• 열기전력의 직선성이 좋다. • 내산화성이 양호하고 환원성 분위기에 약하다.
크로멜-콘스탄탄	크로멜	콘스탄탄 {구리(55[%])·니켈(45[%])}	-200~ +700	• 열기전력이 크다. • 환원성 분위기에 약하다.
철-콘스탄탄	철	콘스탄탄	-200~ +600	• 열기전력의 직선성이 양호하다. • 품질 특성의 변동이 크고, 녹에 약하다.
구리-콘스탄탄	구리	콘스탄탄	-200~ -300	• 저온 특성이 좋다. • 균질성이 좋고, 환원성 분위기에 적합하다. • 열전도 오차가 크다.
백금-백금로듐	백금(87[%])·로듐(13[%])	백금	0~ +1,400	• 안정성이 좋고, 분산이나 열화도가 적다. • 표준 열전대로 적합하다.
백금-백금로듐	백금(90[%])·로듐(10[%])	백금	0~ +1,400	• 산화성 분위기에 강하고 감도가 좋지 않다. • 환원성 분위기에 약하고, 가격이 비싸다. • 0[℃] 이하의 저온 측정이 안 된다.
백금-백금로듐	백금(70[%])·로듐(30[%])	백금	+300~ +1,500	• 상온의 열기전력이 매우 적다. • 보상도선이 필요없고, 가격이 고가이다.

정답 (1) 서로 다른 두 금속을 접속하여 접속점에 온도차를 주면 열기전력이 발생하는 효과이다.
(2) 서로 다른 두 금속 접합부에서 나타나는 제베크효과를 이용한 온도 센서이다.
(3) 백금

15 누전경보기의 형식승인 및 제품검사의 기술기준에 대한 다음 각 물음에 답하시오.

(1) 누전경보기 표시등의 전구는 몇 개 이상 병렬로 접속해야 하는지 쓰시오.
(2) 누전화재의 발생을 표시하는 표시등(누전등)이 켜질 때 무슨 색으로 표시되어야 하는지 쓰시오.
(3) 누전경보기의 공칭작동전류치는 몇 [mA] 이하이어야 하는지 쓰시오.

해설

누전경보기의 형식승인 및 제품검사의 기술기준

(1), (2) 표시등의 구조 및 기능(제4조)

① 전구는 2개 이상을 병렬로 접속해야 한다. 다만, 방전등 또는 발광다이오드의 경우에는 그렇지 않다.
② 전구에는 적당한 보호 덮개를 설치해야 한다. 다만, 발광다이오드의 경우에는 그렇지 않다.
③ 누전화재의 발생을 표시하는 표시등(누전등)이 설치된 것은 등이 켜질 때 적색으로 표시되어야 하며, 누전화재가 발생한 경계전로의 위치를 표시하는 표시등(지구등)과 기타의 표시등은 다음과 같아야 한다.
　㉠ 지구등은 적색으로 표시되어야 한다. 이 경우 누전등이 설치된 수신부의 지구등은 적색 외의 색으로도 표시할 수 있다.
　㉡ 기타의 표시등은 적색 외의 색으로 표시되어야 한다. 다만, 누전등 및 지구등과 쉽게 구별할 수 있도록 부착된 기타의 표시등은 적색으로도 표시할 수 있다.
④ 주위의 밝기가 300[lx]인 장소에서 측정하여 앞면으로부터 3[m] 떨어진 곳에서 켜진 등이 확실히 식별되어야 한다.

> **참고**
> **누전경보기 부품의 구조 및 기능**
> • 전압 지시전기계기의 최대눈금은 사용하는 회로의 정격전압의 140[%] 이상 200[%] 이하이어야 한다.
> • 경보기구에 내장하는 음향장치
> － 사용전압의 80[%]인 전압에서 소리를 내어야 한다.
> － 사용전압에서의 음압은 무향실 내에서 정위치에 부착된 음향장치의 중심으로부터 1[m] 떨어진 지점에서 누전경보기는 70[dB] 이상이어야 한다. 다만, 고장표시장치용 등의 음압은 60[dB] 이상이어야 한다.
> － 사용전압으로 8시간 연속하여 울리게 하는 시험, 또는 정격전압에서 3분 20초 동안 울리고 6분 40초 동안 정지하는 작동을 반복하여 통산한 울림시간이 20시간이 되도록 시험하는 경우 그 구조 또는 기능에 이상이 생기지 않아야 한다.

(3) 공칭작동전류치(제7조)

① 누전경보기의 공칭작동전류치(누전경보기를 작동시키기 위하여 필요한 누설전류의 값으로서 제조자에 의하여 표시된 값을 말한다)는 200[mA] 이하이어야 한다.
② ①의 규정은 감도조정장치를 가지고 있는 누전경보기에 있어서도 그 조정범위의 최소치에 대하여 이를 적용한다.

> **참고**
> **감도조정장치**
> 감도조정장치를 갖는 누전경보기에 있어서 감도조정장치의 조정범위는 최대치가 1[A]이어야 한다.
> • 최대치 : 1[A]
> • 최소치 : 200[mA](감도조정장치를 가지고 있는 누전경보기에 있어서 공칭작동전류치를 적용)

정답　(1) 2개 이상
　　　　(2) 적색
　　　　(3) 200[mA] 이하

16

다음 그림은 무접점회로이다. 각 물음에 답하시오.

득점	배점
	9

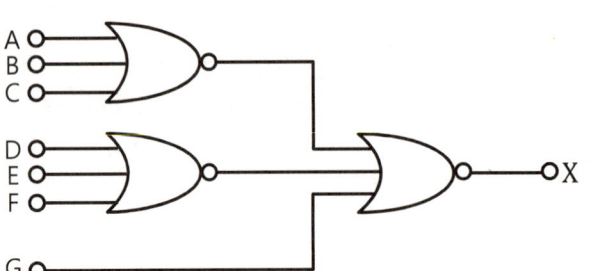

물음

(1) 주어진 논리회로를 논리식으로 표현하시오.
(2) (1)에서 구한 논리식을 AND, OR, NOT 회로를 이용하여 무접점회로를 그리시오.
(3) (1)에서 구한 논리식을 유접점(릴레이)회로를 그리시오.

해설

논리회로

(1) NOR회로

논리회로	유접점회로	무접점회로	논리식
NOR회로	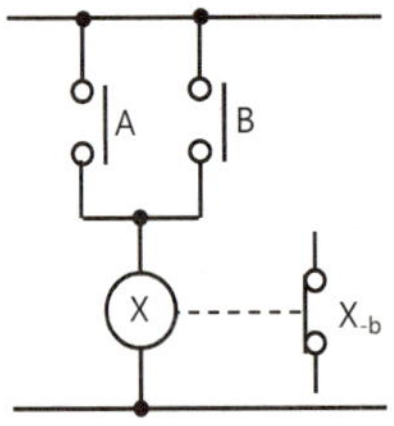		$X = \overline{A+B} = \overline{A} \cdot \overline{B}$

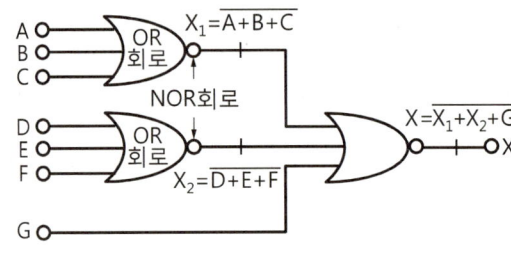

$$\therefore X = \overline{X_1 + X_2 + G} = \overline{\overline{(A+B+C)} + \overline{(D+E+F)} + G}$$
$$= (\overline{\overline{A}+\overline{B}+\overline{C}}) \cdot (\overline{\overline{D}+\overline{E}+\overline{F}}) \cdot \overline{G}$$
$$= (A+B+C) \cdot (D+E+F) \cdot \overline{G}$$

(2) 논리식을 이용한 등가회로

논리회로	유접점회로	무접점회로	논리식
AND회로			$X = A \cdot B$
OR회로			$X = A + B$
NOT회로			$X = \overline{A}$

$$X = \underbrace{(A+B+C)}_{\text{OR회로}} \underbrace{\cdot}_{\text{AND회로}} \underbrace{(D+E+F)}_{\text{OR회로}} \underbrace{\cdot}_{\text{AND회로}} \underbrace{\overline{G}}_{\text{NOT회로}}$$

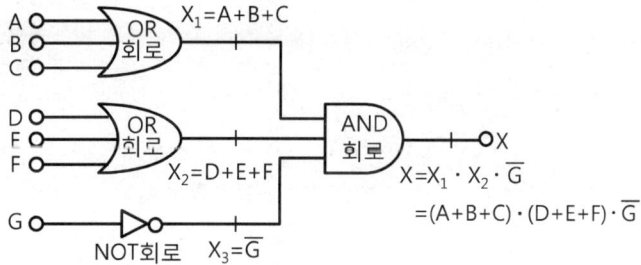

(3) 유접점회로

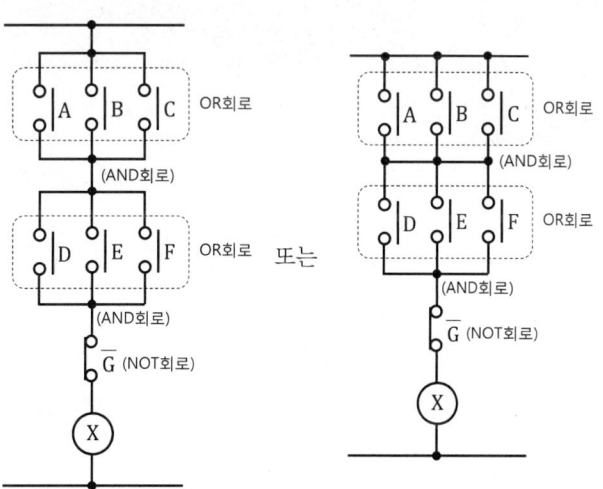

정답 (1) $X = (A+B+C) \cdot (D+E+F) \cdot \overline{G}$

(2)

(3)

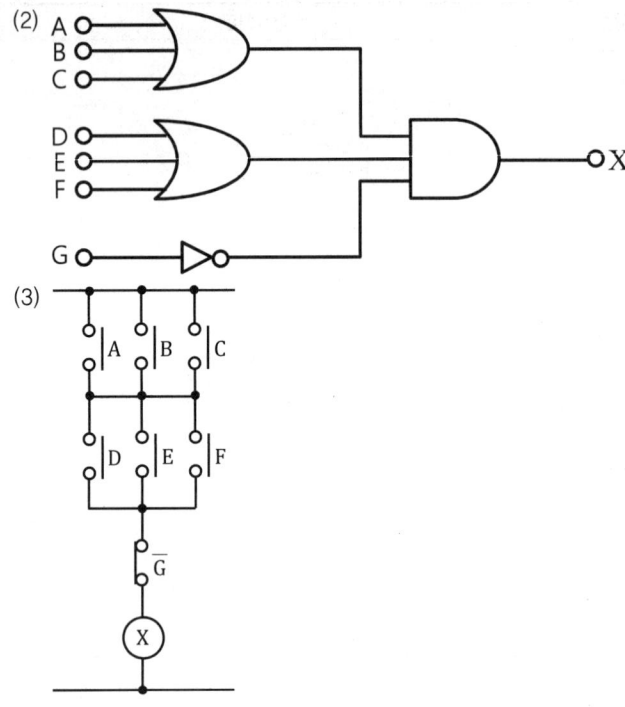

17

자동화재탐지설비의 발신기에서 1회로당 80[mA](표시등 1개당 30[mA], 경종 1개당 50[mA])의 전류가 소모되며, 지하 1층, 지상 5층의 각 층별로 2회로씩 총 12회로인 공장에서 P형 수신기에서 최말단 발신기까지의 거리가 600[m] 떨어진 경우 다음 각 물음에 답하시오.

득점	배점
	9

(1) 표시등과 경종의 최대 소요전류[A]와 총 소요전류[A]를 구하시오.
  ① 표시등의 최대 소요전류
    • 계산과정 :
    • 답 :
  ② 경종의 최대 소요전류
    • 계산과정 :
    • 답 :
  ③ 총 소요전류
    • 계산과정 :
    • 답 :
(2) 2.5[mm²]의 전선을 사용하는 경우 최말단 경종 동작 시 전압강하는 몇 [V]인지 구하시오.
  • 계산과정 :
  • 답 :
(3) 자동화재탐지설비의 음향장치는 정격전압의 몇 [%] 전압에서 음향을 발할 수 있는 것으로 해야 하는지 쓰시오.
(4) (2)의 계산에 의한 경종의 작동여부를 설명하시오.

해설

자동화재탐지설비

(1) 소요전류 계산
  ① 표시등의 최대 소요전류(I_1)
    ∴ I_1 = 표시등 1개당 소요전류[A] × 회로수
      = 30[mA] × 12회로 = 360[mA] = 0.36[A]
  ② 경종의 최대 소요전류(I_2)
    층수가 11층 미만의 특정소방대상물이므로 일제경보방식을 채택해야 한다. 따라서, 일제경보방식은 화재 시 12회로 모두 경종이 울린다.
    ∴ I_2 = 경종 1개당 소요전류[A] × 회로수
      = 50[mA] × 12회로 = 600[mA] = 0.6[A]
  ③ 총 소요전류(I)
    ∴ $I = I_1 + I_2 = 0.36[A] + 0.6[A] = 0.96[A]$

(2) 전압강하(e) 계산

> - 단상 2선식 : $e = \dfrac{35.6LI}{1,000A}$ [V]
> - 단상 3선식 또는 3상 4선식 : $e = \dfrac{17.8LI}{1,000A}$ [V]
> - 3상 3선식 : $e = \dfrac{30.8LI}{1,000A}$ [V]
>
> 여기서, L : 배선의 거리[m]
> I : 전류[A]
> A : 전선의 단면적[mm²]

① 경종과 표시등은 단상 2선식 배선이므로 전압강하 $e = \dfrac{35.6LI}{1,000A}$ 식을 적용한다.

② 최말단 경종은 지상 5층에 설치되어 있으므로 지상 5층의 경종이 동작될 때 소요전류를 구한다.
 ㉠ 표시등은 지하 1층, 지상 5층의 12회로 모두 점등되어 있다.
  표시등의 최대 소요전류 $I_1 = 30[\text{mA}] \times 12$회로 $= 360[\text{mA}] = 0.36[\text{A}]$
 ㉡ 층별로 2회로이고, 지상 5층에 설치된 경종의 소요전류를 구한다.
  경종의 소요전류 $I_2 = 50[\text{mA}] \times 2$회로 $= 100[\text{mA}] = 0.1[\text{A}]$
 ∴ 총 소요전류 $I = I_1 + I_2 = 0.36[\text{A}] + 0.1[\text{A}] = 0.46[\text{A}]$

③ 전압강하 $e = \dfrac{35.6LI}{1000A} = \dfrac{35.6 \times 600[\text{m}] \times 0.46[\text{A}]}{1,000 \times 2.5[\text{mm}^2]} = 3.93[\text{V}]$

(3) 자동화재탐지설비의 음향장치 구조 및 성능(NFTC 203)
① 정격전압의 80[%] 전압에서 음향을 발할 수 있는 것으로 할 것. 다만, 건전지를 주전원으로 사용하는 음향장치는 그렇지 않다.
② 음향의 크기는 부착된 음향장치의 중심으로부터 1[m] 떨어진 위치에서 90[dB] 이상이 되는 것으로 할 것
③ 감지기 및 발신기의 작동과 연동하여 작동할 수 있는 것으로 할 것

(4) 경종의 작동여부
① 자동화재탐지설비(발신기)의 정격전압은 DC(직류) 24[V]이고, 경종(음향장치)은 정격전압의 80[%]에서 음향을 발할 수 있어야 한다.
 ∴ $V_1 = 24[\text{V}] \times 0.8 = 19.2[\text{V}]$
② 전압강하에 따른 최말단 경종의 작동전압(V_2)
 ∴ $V_2 =$ 정격전압 $-$ 전압강하 $= 24[\text{V}] - 3.93[\text{V}] = 20.07[\text{V}]$
③ 최말단 경종의 작동전압이 20.07[V]이므로 정격전압의 80[%]에 해당하는 전압 19.2[V]보다 크기 때문에 경종은 정상 작동한다.

정답 (1) ① 0.36[A]
   ② 0.6[A]
   ③ 0.96[A]
 (2) 3.93[V]
 (3) 80[%]
 (4) 경종은 정상 작동한다.

18

P형 수신기와 감지기 간의 배선회로에서 배선저항은 28[Ω]이고, 종단저항은 4.7[kΩ], 릴레이저항은 12[Ω]이다. 회로의 전압이 DC 24[V]일 때 다음 각 물음에 답하시오.

(1) 평상시 감시전류[mA]를 구하시오.
  • 계산과정 :
  • 답 :
(2) 감지기가 동작할 때(화재 시)의 동작전류[mA]를 구하시오.
  • 계산과정 :
  • 답 :

해설
수신기와 감지기 간의 감시전류와 동작전류

(1) 감시전류(I)

$$I = \frac{회로전압}{종단저항 + 릴레이저항 + 배선저항} [A]$$

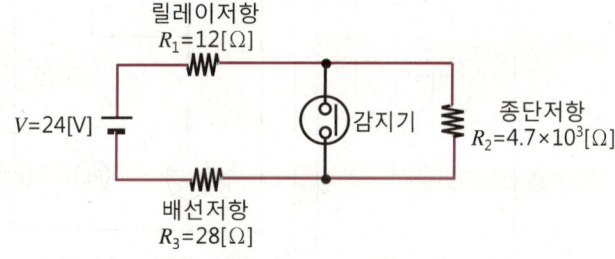

$$\therefore I = \frac{24[V]}{(4.7 \times 10^3[\Omega]) + 12[\Omega] + 28[\Omega]} = 5.063 \times 10^{-3}[A] ≒ 5.06[mA]$$

(보조단위 밀리(m)는 10^{-3}이다)

(2) 동작전류(I)

$$I = \frac{회로전압}{릴레이저항 + 배선저항} [A]$$

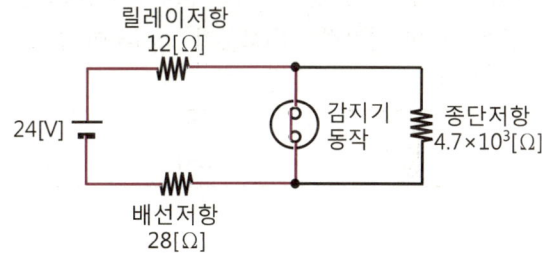

$$\therefore I = \frac{24[V]}{12[\Omega] + 28[\Omega]} = 0.6[A] ≒ 600[mA]$$

정답 (1) 5.06[mA]
     (2) 600[mA]

2024년 제3회 최근 기출복원문제

※ 다음 물음에 대한 답을 해당 답란에 답하시오.(배점 : 100)

01 다음 그림은 3상 유도전동기의 기동 및 정지회로의 미완성된 도면이다. 다음 각 물음에 답하시오.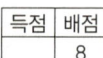

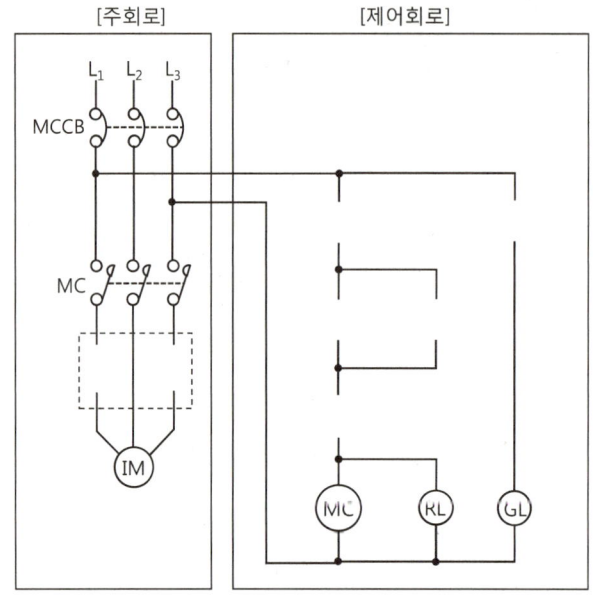

[동작설명]
- 전원을 입력하면 정지표시등(GL)이 점등된다.
- 전동기 운전용 누름버튼스위치(PB-ON)을 누르면 전자접촉기(MC)가 여자되어 유도전동기(IM)가 동작하고, 자기유지가 된다. 그리고, 운전표시등(RL)이 점등되고, 정지표시등(GL)이 소등된다.
- 전동기 정지용 누름버튼스위치(PB-OFF)를 누르면 전자접촉기(MC)가 소자되어 전동기가 정지한다. 그리고, 운전표시등(RL)이 소등되고, 정지표시등(GL)이 점등된다.
- 열동계전기(THR)가 동작하면 전자접촉기(MC)가 소자되어 전동기가 정지한다.

[접점기호]

ㅇ|ㅇ	ㅇ/ㅇ	ㅇ|ㅇ	ㅇ/ㅇ	ㅇ*/ㅇ

[물음]
(1) 동작설명에 적합하도록 제어회로의 미완성된 회로를 완성하시오(단, 문제에 주어진 접점기호만 사용하고, 점점기호에 문자를 표기하시오).
(2) 동작설명에 적합하도록 주회로의 점선 내부를 완성하시오.
(3) 열동계전기는 어떤 경우에 작동하는지 1가지만 쓰시오.

[해설]

3상 유도전동기 기동 및 정지회로 구성
(1) 3상 유도전동기의 제어회로 구성
　① 시퀀스제어의 용어 정의

시퀀스제어 용어		정의
접점	a접점	스위치를 조작하기 전에는 열려있다가 조작하면 닫히는 접점이다.
	b접점	스위치를 조작하기 전에는 닫혀있다가 조작하면 열리는 접점이다.
소자		전자코일에 흐르고 있는 전류를 차단하여 자력을 잃게 하는 것이다.
여자		릴레이, 전자접촉기 등 코일에 전류가 흘러서 전자석으로 되는 것이다.
자기유지회로		누름버튼스위치를 이용하여 그 상태를 계속 유지하기 위해 사용하는 회로이다.

　② 제어용기기의 명칭과 도시기호

제어용기기 명칭	작동원리	접점의 종류			
		주접점	코일	a접점	b접점
배선용 차단기 (MCCB)	단락 및 과부하로부터 회로를 보호하기 위하여 사용되는 전력기기이다.	○ ○ ○	–	–	–
전자접촉기 (MC)	전자석의 동작에 의하여 접점을 개폐하는 기구로서 부하회로를 빈번하게 개폐하는 접촉기이다.	○ ○ ○	(MC)	MC-a	MC-b
열동계전기 (THR)	정격전류 이상의 과부하 전류가 흐르면 내부에서 발생된 열에 의해 바이메탈이 동작하여 접점을 차단시키는 계전기로서 전동기의 과부하 보호에 사용된다.	┃ ┃	–	THR	THR
누름버튼스위치 (PB-ON, PB-OFF)	버튼을 누르면 접점기구부가 개폐되며 손을 떼면 스프링의 힘에 의해 자동으로 복귀되는 스위치이다.	–	–	PB-ON	PB-OFF
운전표시등 (RL)	유도전동기가 운전 중임을 표시한다.	–	(RL)		
정지표시등 (GL)	유도전동기가 정지 중임을 표시한다.	–	(GL)		

③ 동작설명에 따른 제어회로 작성

동작설명	회로도
㉠ MCCB(배선용 차단기)에 전원을 입력하면 정지표시등(GL)이 점등된다. 이때 정지표시등(GL)의 입력 측(윗쪽)에 보조접점(MC₋b)을 설치한다.	
㉡ 유도전동기 운전용 누름버튼스위치(PB-ON)를 누르면 전자접촉기(MC)가 여자되어 유도전동기(IM)가 동작하고, 보조접점(MC₋a)에 의해 자기유지가 된다. 이때 PB-ON과 보조접점(MC₋a)을 병렬로 설치하여 자기유지회로를 만든다. 그리고 기동표시등(RL)이 점등되고, 정지표시등(GL)이 소등된다.	
㉢ 유도전동기 정지용 누름버튼스위치(PB-OFF)를 누르면 전자접촉기(MC)가 소자되어 유도전동기(IM)가 정지한다. 이때 운전표시등(RL)이 소등되고, 보조접점(MC₋b)에 의해 정지표시등(GL)이 점등된다.	

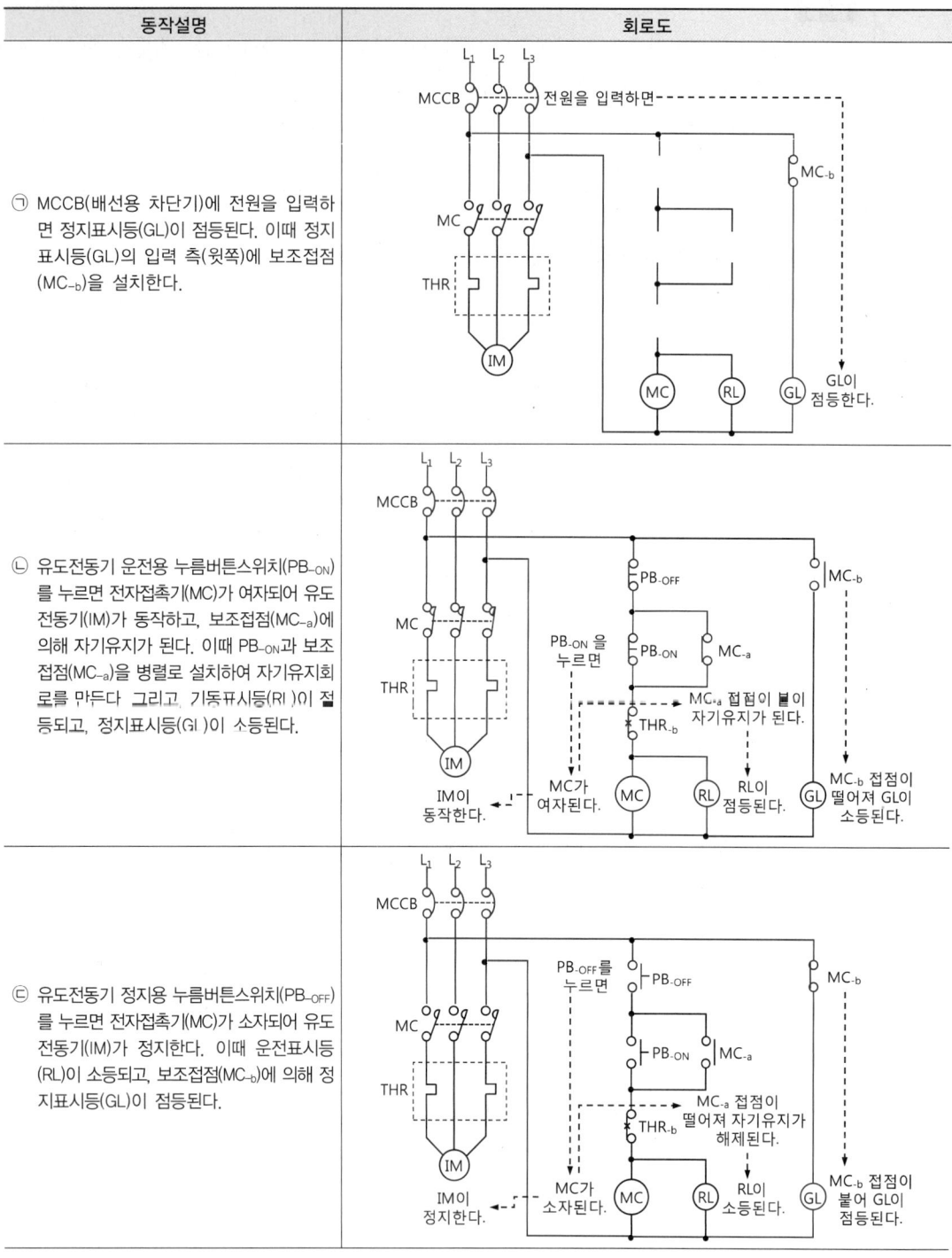

동작설명	회로도
㉣ 열동계전기(THR)가 동작하면 전자접촉기(MC)가 소자되어 유도전동기(IM)가 정지한다. 이때 MC 코일 입력 측(윗쪽)에 THR-b 접점을 설치한다.	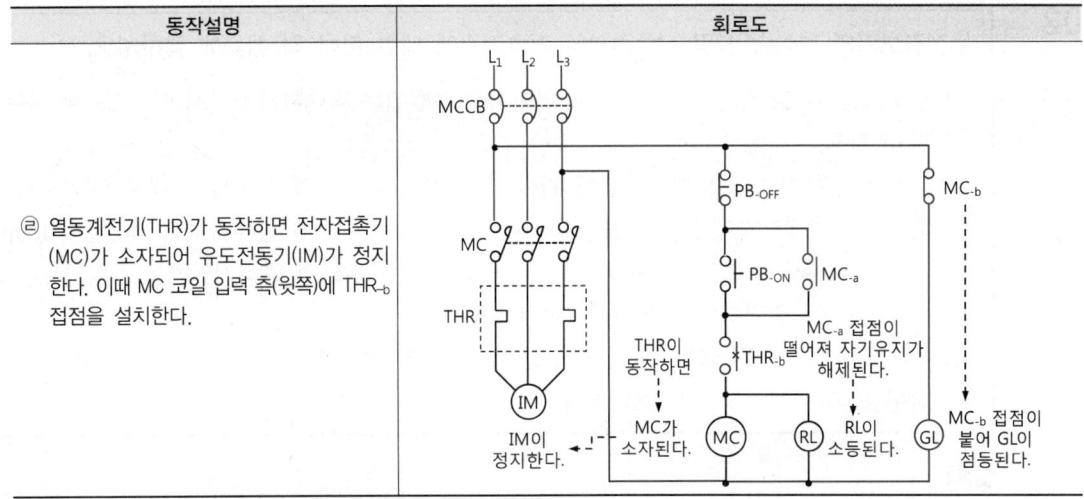

(2) 주회로 및 제어회로 작성
  ① 제어회로는 (1)의 동작설명에 적합하도록 접점기호를 도시하고, 접점기호에 문자를 기입한다.
  ② 주회로의 점선 내부에는 열동계전기(THR)의 주접점을 도시한다.

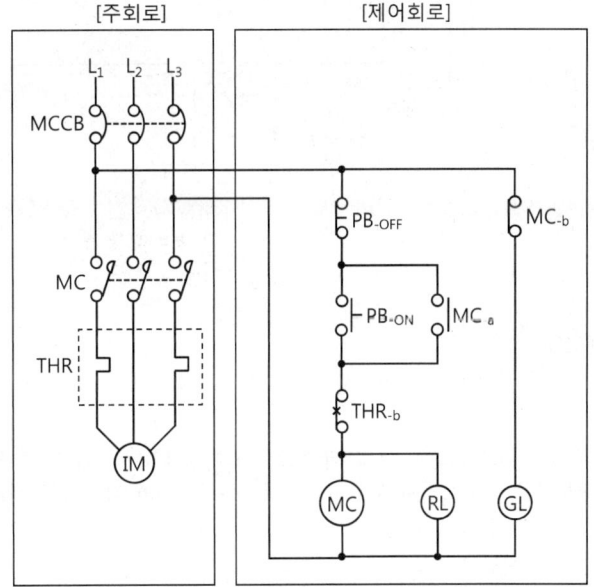

(3) 열동계전기(Thermal Relay)의 원리 및 작동되는 경우
  ① 전동기의 과부하 또는 구속상태 등으로 설정값 이상의 과전류가 흐르면 열에 의해 바이메탈이 휘어지는 원리를 이용하여 회로를 차단하여 전동기의 소손을 방지하는 계전기이다.
  ② 열동계전기(THR)가 작동되는 경우
    ㉠ 유도전동기에 과전류가 흐르는 경우
    ㉡ 열동계전기 단자의 접촉 불량으로 과열되었을 경우
    ㉢ 전류조정 다이얼의 세팅(Setting)값을 정격전류보다 낮게 조정하였을 경우

정답 (1), (2) 해설 참고
(3) 유도전동기에 과전류가 흐르는 경우

02 누전경보기의 형식승인 및 제품검사의 기술기준에 대한 다음 각 물음에 답하시오.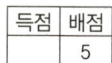

(1) 감도조정장치를 갖는 누전경보기에 있어서 조정범위는 최대치가 몇 [A] 이하이어야 하는지 쓰시오.

(2) 다음은 변류기의 전로개폐시험에 관한 내용이다. ( ) 안에 알맞은 내용을 쓰시오.
변류기는 출력단자에 부하저항을 접속하고, 경계전로에 해당 변류기의 정격전류의 150[%]인 전류를 흘린 상태에서 경계전로의 개폐를 ( )회 반복하는 경우 그 출력전압치는 공칭작동전류치의 42[%]에 대응하는 출력전압치 이하이어야 한다.

(3) 변류기는 DC 500[V]의 절연저항계로 시험을 하는 경우 5[MΩ] 이상이어야 한다. 어느 부분 간에 시험을 해야 하는지 3가지를 쓰시오.

해설

누전경보기의 형식승인 및 제품검사의 기술기준

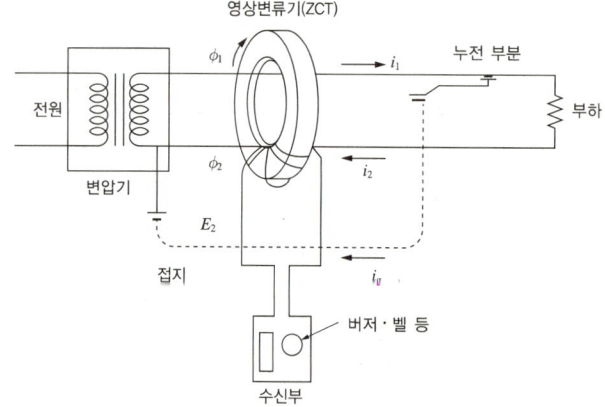

(1) 감도조정장치(제8조)
감도조정장치를 갖는 누전경보기에 있어서 감도조정장치의 조정범위는 최대치가 1[A]이어야 한다.
① 최대치 : 1[A]
② 최소치 : 200[mA](감도조정장치를 갖는 누전경보기에 있어서 공칭작동전류치를 적용하므로 누전경보기의 공칭작동전류치(누전경보기를 작동시키기 위하여 필요한 누설전류의 값으로서 제조자에 의하여 표시된 값을 말한다)는 200[mA] 이하이어야 한다)

(2) 누전경보기의 전로개폐시험(제12조)
변류기는 출력단자에 부하저항을 접속하고, 경계전로에 해당 변류기의 정격전류의 150[%]인 전류를 흘린 상태에서 경계전로의 개폐를 5회 반복하는 경우 그 출력전압치는 공칭작동전류치의 42[%]에 대응하는 출력전압치 이하이어야 한다.

(3) 변류기의 절연저항시험 및 절연내력시험(제19조, 제20조)
① 절연저항시험 : 변류기는 DC 500[V]의 절연저항계로 다음에 의한 시험을 하는 경우 5[MΩ] 이상이어야 한다.
㉠ 절연된 1차 권선과 2차 권선 간의 절연저항
㉡ 절연된 1차 권선과 외부금속부 간의 절연저항
㉢ 절연된 2차 권선과 외부금속부 간의 절연저항

② 절연내력시험 : 시험부위의 절연내력은 60[Hz]의 정현파에 가까운 실효전압 1,500[V](경계전로 전압이 250[V]를 초과하는 경우에는 경계전로 전압에 2를 곱한 값에 1[kV]를 더한 값)의 교류전압을 가하는 시험에서 1분간 견디는 것이어야 한다.

> **참고**
>
> **누전경보기의 구성과 설치기준**
> - 누전경보기의 구성 및 기능
>   - 영상변류기 : 경계전로의 누설전류를 자동적으로 검출하여 이를 누전경보기의 수신부에 송신하는 장치이다. → 누설전류를 검출
>   - 수신기 : 변류기로부터 검출된 신호를 수신하여 신호를 증폭시켜 누전의 발생을 해당 소방대상물의 관계인에게 경보하는 장치이다. → 검출된 신호를 수신
>   - 음향장치 : 누전 시 경보를 발하는 장치이다. → 누전 시 경보를 발생
>   - 차단기구 : 경계전로에 누설전류가 흐르는 경우 이를 수신하여 그 경계전로의 전원을 자동적으로 차단하는 장치이다. → 누전 시 전원을 차단
> - 누전경보기의 전원 설치기준(NFTC 205)
>   - 전원은 분전반으로부터 전용회로로 하고, 각 극에 개폐기 및 15[A] 이하의 과전류차단기(배선용 차단기에 있어서는 20[A] 이하의 것으로 각 극을 개폐할 수 있는 것)를 설치할 것
>   - 전원을 분기할 때는 다른 차단기에 따라 전원이 차단되지 않도록 할 것
>   - 전원의 개폐기에는 "누전경보기용"이라고 표시한 표지를 할 것

정답 (1) 1[A] 이하
(2) 5
(3) ① 절연된 1차 권선과 2차 권선 간의 절연저항
② 절연된 1차 권선과 외부금속부 간의 절연저항
③ 절연된 2차 권선과 외부금속부 간의 절연저항

03 예비전원설비로 사용되는 축전지에 대한 다음 각 물음에 답하시오.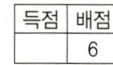

(1) 자기방전량만 항상 충전하는 충전방식의 명칭을 쓰시오.

(2) 비상용 조명부하가 200[V]용, 50[W] 80등, 30[W] 70등이 있다. 방전시간은 30분이고, 축전지는 HS형 110[cell]이며 최저 허용전압은 190[V], 최저 축전지온도가 5[℃]일 때 축전지 용량[Ah]을 구하시오(단, 경년용량저하율은 0.8이고, 용량환산시간계수는 1.2[h]이다).
- 계산과정 :
- 답 :

(3) 연축전지와 알칼리축전지의 공칭전압[V/cell]을 쓰시오.
  ① 연축전지 :
  ② 알칼리축전지 :

해설

예비전원설비

(1) 충전방식의 종류
  ① 보통충전방식 : 필요할 때마다 표준시간율로 전류를 충전하는 방식이다.
  ② 급속충전방식 : 비교적 단시간에 보통충전의 2~3배의 전류로 충전하는 방식이다.
  ③ 부동충전방식 : 축전지의 자기방전량을 보충함과 동시에 상용부하에 대한 전력공급은 충전기가 부담하고 충전기가 부담하기 어려운 대전류 부하는 축전지가 부담하게 하는 방식이다.

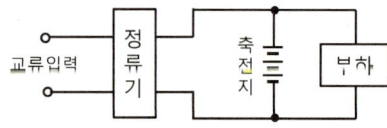

  ④ 균등충전방식 : 부동충전방식의 전압보다 약간 높은 정전압으로 충분한 시간동안 충전함으로써 전체 셀의 전압 및 비중상태를 균등하게 되도록 하기 위한 충전방식이다.
  ⑤ 세류충전방식 : 축전지의 자기방전량만 충전하기 위해 부하를 제거한 상태에서 미소전류로 충전하는 방식이다.
  ⑥ 회복충전방식 : 축전지를 과방전 또는 방전상태로 오랫동안 방치한 경우, 가벼운 설페이션현상이 생겼을 때 기능회복을 위하여 실시하는 충전방식이다.

(2) 축전지의 용량(C)
  ① 방전전류(I)

$$P = IV \,[\text{W}]$$

여기서, P : 전력(50[W]×80등 + 30[W]×70등)
  I : 방전전류[A]
  V : 전압(200[V])

$$\therefore I = \frac{P}{V} = \frac{50[\text{W}] \times 80\text{등} + 30[\text{W}] \times 70\text{등}}{200[\text{V}]} = 30.5[\text{A}]$$

② 축전지 용량(C)

$$C = \frac{1}{L} KI \text{ [Ah]}$$

여기서, L : 경년용량저하율(보수율, 0.8)
　　　　K : 용량환산시간계수(1.2[h])
　　　　I : 방전전류(30.5[A])

∴ $C = \frac{1}{L} KI = \frac{1}{0.8} \times 1.2\text{[h]} \times 30.5\text{[A]} = 45.75\text{[Ah]}$

(3) 축전지의 공칭전압

구분		연축전지(납축전지)		알칼리축전지	
		CS형	HS형	포켓식	소결식
구조	양극	이산화납(PbO_2)		수산화니켈[$Ni(OH)_3$]	
	음극	납(Pb)		카드뮴(Cd)	
	전해질	황산(H_2SO_4)		수산화칼륨(KOH)	
공칭용량		10[Ah]		5[Ah]	
공칭전압		2.0[V/cell]		1.2[V/cell]	
충전시간		길다.		짧다.	
과충전, 과방전에 대한 전기적 강도		약하다.		강하다.	
용도		장시간, 일정 전류 부하에 우수		단시간, 대전류 부하에 우수	

정답　(1) 세류충전방식
　　　　(2) 45.75[Ah]
　　　　(3) ① 2[V/cell]
　　　　　　② 1.2[V/cell]

04 다음은 옥내소화전설비의 화재안전기술기준(NFTC 102)에서 정하는 전원에 대한 내용이다. ( ) 안에 알맞은 내용을 쓰시오.

득점	배점
	6

- 비상전원은 옥내소화전설비를 유효하게 (①) 작동할 수 있어야 할 것
- 비상전원을 실내에 설치하는 때에는 그 실내에 (②)을 설치할 것
- 저압수전인 경우에는 (③)의 직후에서 분기하여 전용배선으로 해야 하며, 전용의 전선관에 보호되도록 할 것

해설
옥내소화전설비의 전원 설치기준(NFTC 102)

(1) 옥내소화전설비에는 그 특정소방대상물의 수전방식에 따라 다음의 기준에 따른 상용전원회로의 배선을 설치해야 한다. 다만, 가압수조방식으로서 모든 기능이 20분 이상 유효하게 지속될 수 있는 경우에는 그렇지 않다.
　① 저압수전인 경우에는 인입개폐기의 직후에서 분기하여 전용배선으로 해야 하며, 전용의 전선관에 보호되도록 할 것
　② 특별고압수전 또는 고압수전일 경우에는 전력용 변압기 2차 측의 주차단기 1차 측에서 분기하여 전용배선으로 하되, 상용전원의 상시공급에 지장이 없을 경우에는 주차단기 2차 측에서 분기하여 전용배선으로 할 것. 다만, 가압송수장치의 정격입력전압이 수전전압과 같은 경우에는 ①의 기준에 따른다.

(2) 다음의 어느 하나에 해당하는 특정소방대상물의 옥내소화전설비에는 비상전원을 설치해야 한다. 다만, 2 이상의 변전소에서 전력을 동시에 공급받을 수 있거나 하나의 변전소로부터 전력의 공급이 중단되는 때에는 자동으로 다른 변전소로부터 전원을 공급받을 수 있도록 상용전원을 설치한 경우와 가압수조방식에는 비상전원을 설치하지 않을 수 있다.
　① 층수가 7층 이상으로서 연면적 2,000[m²] 이상인 것
　② ①에 해당하지 않는 특정소방대상물로서 지하층의 바닥면적 합계가 3,000[m²] 이상인 것

(3) (2)에 따른 비상전원은 자가발전설비, 축전지설비(내연기관에 따른 펌프를 사용하는 경우에는 내연기관의 기동 및 제어용 축전지를 말한다) 또는 전기저장장치(외부 전기에너지를 저장해 두었다가 필요한 때 전기를 공급하는 장치)로서 다음의 기준에 따라 설치해야 한다.
　① 점검에 편리하고 화재 및 침수 등의 재해로 인한 피해를 받을 우려가 없는 곳에 설치할 것
　② 옥내소화전설비를 유효하게 20분 이상 작동할 수 있어야 할 것
　③ 상용전원으로부터 전력의 공급이 중단된 때에는 자동으로 비상전원으로부터 전력을 공급받을 수 있도록 할 것
　④ 비상전원(내연기관의 기동 및 제어용 축전기를 제외한다)의 설치장소는 다른 장소와 방화구획할 것. 이 경우 그 장소에는 비상전원의 공급에 필요한 기구나 설비 외의 것(열병합발전설비에 필요한 기구나 설비는 제외한다)을 두어서는 안 된다.
　⑤ 비상전원을 실내에 설치하는 때에는 그 실내에 비상조명등을 설치할 것

정답　① 20분 이상
　　　② 비상조명등
　　　③ 인입개폐기

05 다음은 연기감지기에 대한 각 물음에 답하시오. | 득점 | 배점 |
|---|---|
| | 6 |

(1) 광전식 스포트형 감지기와 광전식 분리형 감지기의 동작원리를 쓰시오.
　① 광전식 스포트형 감지기(산란광식)의 동작원리 :
　② 광전식 분리형 감지기(감광식)의 동작원리 :
(2) 자동화재탐지설비 및 시각경보장치의 화재안전기술기준에서 정하는 광전식 스포트형 감지기가 적응성이 있는 설치장소 2가지를 쓰시오(단, 환경상태는 연기가 멀리 이동해서 감지기에 도달하는 장소이다).

해설

연기감지기 설치기준(NFTC 203)

(1) 광전식 감지기
　① 광전식 스포트형 감지기 : 주위의 공기가 일정한 농도의 연기를 포함하게 되는 경우에 작동하는 것으로서 일국소의 연기에 의하여 광전소자에 접하는 광량의 변화로 작동하는 것을 말한다.
　② 광전식 분리형 감지기 : 발광부와 수광부로 구성된 구조로 발광부와 수광부 사이의 공간에 일정한 농도의 연기를 포함하게 되는 경우에 작동하는 것을 말한다.
　③ 광전식 공기흡입형 감지기 : 연기미립자가 습기와 수적을 형성하여 부피가 커지는 원리를 이용하여 화재의 극초기 단계에서 보다 빠르게 화재를 감지할 수 있도록 한 감지기이다.

> **참고**
> **감광식과 산란광식의 작동원리**
> • 감광식 : 빛의 차단을 이용
> • 산란광식 : 빛의 산란을 이용

(2) 설치장소별 감지기의 적응성

설치장소		적응 연기감지기	적응 열감지기
환경상태	적응장소		
흡연에 의해 연기가 체류하며 환기가 되지 않는 장소	회의실, 응접실, 휴게실, 노래연습실, 오락실, 다방, 음식점, 대합실, 카바레 등의 객실, 집회장, 연회장 등	광전식 스포트형 광전아날로그식 스포트형 광전식 분리형 광전아날로그식 분리형	차동식 스포트형 차동식 분포형 보상식 스포트형
취침시설로 사용하는 장소	호텔 객실, 여관, 수면실 등	이온화식 스포트형 광전식 스포트형 이온아날로그식 스포트형 광전아날로그식 스포트형 광전식 분리형 광전아날로그식 분리형	-
연기 이외의 미분이 떠다니는 장소	복도, 통로 등	이온화식 스포트형 광전식 스포트형 이온아날로그식 스포트형 광전아날로그식 스포트형 광전식 분리형 광전아날로그식 분리형	-

설치장소		적응 연기감지기	적응 열감지기
환경상태	적응장소		
바람에 영향을 받기 쉬운 장소	로비, 교회, 관람장, 옥탑에 있는 기계실	광전식 스포트형 광전아날로그식 스포트형 광전식 분리형 광전아날로그식 분리형	차동식 분포형
연기가 멀리 이동해서 감지기에 도달하는 장소	계단, 경사로	광전식 스포트형 광전아날로그식 스포트형 광전식 분리형 광전아날로그식 분리형	–
훈소화재의 우려가 있는 장소	전화기기실, 통신기기실, 전산실, 기계제어실	광전식 스포트형 광전아날로그식 스포트형 광전식 분리형 광전아날로그식 분리형	–
넓은 공간으로 천장이 높아 열 및 연기가 확산하는 장소	체육관, 항공기 격납고, 높은 천장의 창고·공장, 관람석 상부 등 감지기 부착높이가 8[m] 이상의 장소	광전식 분리형 광전아날로그식 분리형	차동식 분포형

정답 (1) ① 주위의 공기가 일정한 농도의 연기를 포함하게 되는 경우에 작동하는 것으로서 일국소의 연기에 의하여 광전소자에 접하는 광량의 변화로 작동한다.
② 발광부와 수광부로 구성된 구조로 발광부와 수광부 사이의 공간에 일정한 농도의 연기를 포함하게 되는 경우에 작동한다.
(2) 계단, 경사로

06 다음의 평면도를 보고, 각 물음에 답하시오.

물음

(1) ㉮는 수동으로 화재를 발신하는 P형 1급 발신기세트이다. 발신기세트와 수신기 간의 배선길이가 15[m]인 경우 발신기세트와 수신기 사이에 전선은 총 몇 [m]가 필요한지 구하시오(단, 발신기의 경종에는 화재통보에 지장이 없도록 각 층 배선 상에 유효한 조치를 하였으며 경종과 표시등은 공통선을 사용한다. 또한, 층고와 할증 및 여유율 등의 조건이 주어지지 않는 것에 대해서는 고려하지 않는다).
  • 계산과정 :
  • 답 :

(2) 감지기와 감지기 간, 감지기와 P형 1급 발신기세트 간의 길이가 각각 10[m]인 경우 필요한 전선관과 전선의 물량을 구하시오(단, 층고와 할증 및 여유율 등은 고려하지 않는다).

품명	규격	계산과정	물량[m]
전선관	16C		
전선	2.5[mm^2]		

(3) 특정소방대상물에 설치된 감지기가 2종인 경우 8개의 감지기가 최대로 감지할 수 있는 감지구역의 바닥면적[m^2]을 구하시오(단, 감지기의 부착높이는 5[m]이다).
  • 계산과정 :
  • 답 :

해설
자동화재탐지설비

(1) P형 1급 발신기세트와 수신기 간의 전선 총 길이
  ① 전선 가닥수 산정

전선 가닥수	전선용도					
6	공통	지구공통	응답	경종	표시등	경종·표시등공통

  ② 전선 총길이(L)
   ∴ L = P형 발신기와 수신기 간의 배선길이[m] × 전선 가닥수
      = 15[m] × 6가닥 = 90[m]

(2) 감지기와 감지기 간, 감지기와 P형 1급 발신기세트 간에 필요한 전선관과 전선의 길이
  ① 송배선방식
   ㉠ 자동화재탐지설비, 제연설비는 감지기의 도통시험을 용이하게 하기 위하여 배선의 도중에서 분기하지 않는 방식으로 배선한다.
   ㉡ 전선 가닥수 선정 시 루프로 된 부분은 2가닥, 그 밖에는 4가닥으로 배선한다.

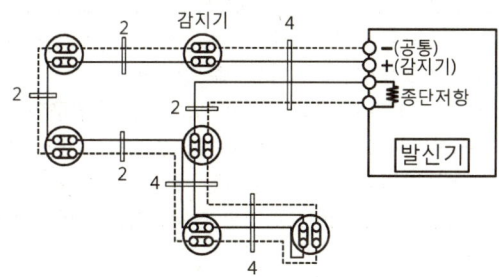

② 전선관(후강 전선관 : 16C)의 계산

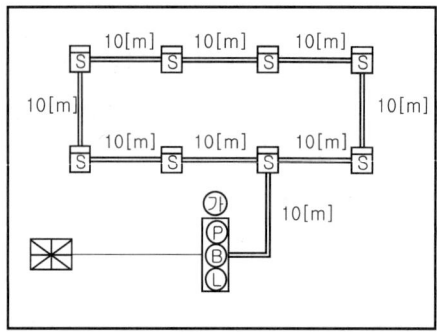

㉠ 감지기와 감지기 간의 전선관 길이 $L_1 = 8개소 \times 10[\mathrm{m}] = 80[\mathrm{m}]$
㉡ 감지기와 P형 1급 발신기세트 간의 전선관 길이 $L_2 = 1개소 \times 10[\mathrm{m}] = 10[\mathrm{m}]$
∴ 전선관의 총길이 $L = L_1 + L_2 = 80[\mathrm{m}] + 10[\mathrm{m}] = 90[\mathrm{m}]$

③ 전선($2.5[\mathrm{mm}^2]$)의 총길이 계산

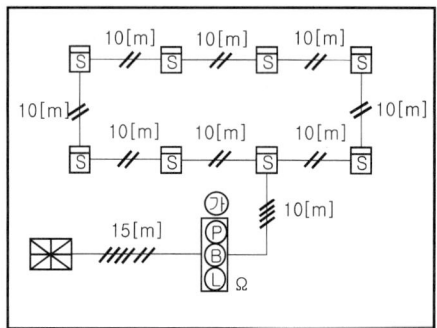

㉠ 감지기와 감지기 간의 루프로 된 부분의 전선은 2가닥으로 배선한다.
∴ 전선 길이 $L_1 = 2가닥 \times 8개소 \times 10[\mathrm{m}] = 160[\mathrm{m}]$
㉡ 감지기와 P형 1급 발신기세트 간의 전선은 4가닥으로 배선한다.
∴ 전선길이 $L_2 = 4가닥 \times 1개소 \times 10[\mathrm{m}] = 40[\mathrm{m}]$
㉢ 전선의 총길이 $L = L_1 + L_2 = 160[\mathrm{m}] + 40[\mathrm{m}] = 200[\mathrm{m}]$

(3) 연기감지기의 설치기준(NFTC 203)
① 감지기의 부착높이에 따라 다음 표에 따른 바닥면적[m^2]마다 1개 이상으로 할 것

부착높이	감지기의 종류(단위 : [m^2])	
	1종 및 2종	3종
4[m] 미만	150	50
4[m] 이상 20[m] 미만	75	-

② 감지기는 복도 및 통로에 있어서는 보행거리 30[m](3종에 있어서는 20[m])마다, 계단 및 경사로에 있어서는 수직거리 15[m](3종에 있어서는 10[m])마다 1개 이상으로 할 것
③ 천장 또는 반자가 낮은 실내 또는 좁은 실내에 있어서는 출입구의 가까운 부분에 설치할 것
④ 천장 또는 반자부근에 배기구가 있는 경우에는 그 부근에 설치할 것
⑤ 감지기는 벽 또는 보로부터 0.6[m] 이상 떨어진 곳에 설치할 것
∴ 특정소방대상물의 천장높이가 5[m]이므로 2종 연기감지기는 바닥면적 75[m^2]마다 1개 이상 설치해야 한다.
바닥면적 = 감지기 설치개수 × 감지기 1개당 바닥면적[m^2]
= 8개 × 75[m^2] = 600[m^2]

정답 (1) 90[m]

(2)
품명	규격	계산과정	물량[m]
전선관	16C	$L = (8개소 \times 10[m]) + (1개소 \times 10[m]) = 90[m]$	90[m]
전선	2.5[mm²]	$L = (2가닥 \times 8개소 \times 10[m]) + (4가닥 \times 1개소 \times 10[m]) = 200[m]$	200[m]

(3) 600[m²]

07

정격용량이 5[kW]인 3상 유도전동기에 정격전압 380[V]로 기동할 때 기동전류는 135[A]이고, 기동토크는 150[%]이다. 이 3상 유도전동기를 Y-△ 기동법으로 기동할 때 기동전류[A]와 기동토크[%]를 구하시오.

물 음

(1) Y-△기동법으로 기동할 경우 기동전류[A]를 구하시오.
  • 계산과정 :
  • 답 :
(2) Y-△기동법으로 기동할 경우 기동토크[%]를 구하시오.
  • 계산과정 :
  • 답 :

해설

3상 유도전동기의 Y-△ 기동법

(1) 3상 유도전동기를 Y-△ 기동법으로 운전하는 이유

3상 유도전동기에서 기동전류를 줄이기 위하여 전동기의 고정자 권선을 Y결선으로 하여 상전압을 줄여 기동전류를 감소시키고 나중에 △결선으로 하여 전전압으로 운전하는 방식이다.

(2) Y-△ 기동법 시 기동전류(I_Y)와 기동토크(T_Y)

① Y결선으로 기동 시 각 상전압은 $\frac{1}{\sqrt{3}}$ 로 줄어 기동전류와 기동토크가 $\frac{1}{3}$ 로 감소된다.

② Y결선의 전류 $I_Y = \frac{V}{\sqrt{3}\,Z}$, △결선의 전류 $I_\triangle = \frac{\sqrt{3}\,V}{Z}$ 이므로 전류비 $\frac{I_Y}{I_\triangle} = \frac{\frac{V}{\sqrt{3}\,Z}}{\frac{\sqrt{3}\,V}{Z}} = \frac{1}{3}$ 이다.

∴ $I_Y = \frac{1}{3} I_\triangle = \frac{1}{3} \times 135[A] = 45[A]$

③ 토크는 각 상전압의 제곱에 비례하므로 토크비 $\frac{T_Y}{T_\triangle} = \frac{1}{3}$ 이다.

∴ $T_Y = \frac{1}{3} T_\triangle = \frac{1}{3} \times 150[\%] = 50[\%]$

정답 (1) 45[A]
(2) 50[%]

08 다음은 비상조명등의 화재안전기술기준에서 정하는 비상조명등의 설치기준에 대한 내용이다. 각 물음에 답하시오.

(1) 비상조명등의 설치기준에 대한 내용이다. ( ) 안에 알맞은 내용을 쓰시오.
- 조도는 비상조명등이 설치된 장소의 각 부분의 바닥에서 (①) 이상이 되도록 할 것
- 예비전원을 내장하는 비상조명등에는 평상시 점등 여부를 확인할 수 있는 (②)를 설치하고 해당 조명등을 유효하게 작동시킬 수 있는 용량의 축전지와 예비전원 충전장치를 내장할 것

(2) 예비전원을 내장하지 않은 비상조명등의 비상전원은 자가발전설비, 축전지설비 또는 전기저장장치를 설치해야 한다. 비상전원의 설치기준을 2가지만 쓰시오.

해설
비상조명등의 설치기준(NFTC 304)
(1) 특정소방대상물의 각 거실과 그로부터 지상에 이르는 복도·계단 및 그 밖의 통로에 설치할 것
(2) 조도는 비상조명등이 설치된 장소의 각 부분의 바닥에서 1[lx] 이상이 되도록 할 것
(3) 예비전원을 내장하는 비상조명등에는 평상시 점등 여부를 확인할 수 있는 점검스위치를 설치하고 해당 조명등을 유효하게 작동시킬 수 있는 용량의 축전지와 예비전원 충전장치를 내장할 것
(4) 예비전원을 내장하지 않은 비상조명등의 비상전원은 자가발전설비, 축전지설비 또는 전기저장장치를 다음의 기준에 따라 설치해야 한다.
 ① 점검에 편리하고 화재 및 침수 등의 재해로 인한 피해를 받을 우려가 없는 곳에 설치할 것
 ② 상용전원으로부터 전력의 공급이 중단된 때에는 자동으로 비상전원으로부터 전력을 공급받을 수 있도록 할 것
 ③ 비상전원의 설치장소는 다른 장소와 방화구획할 것. 이 경우 그 장소에는 비상전원의 공급에 필요한 기구나 설비 외의 것(열병합발전설비에 필요한 기구나 설비는 제외한다)을 두어서는 안 된다.
 ④ 비상전원을 실내에 설치하는 때에는 그 실내에 비상조명등을 설치할 것
(5) 예비전원과 비상전원은 비상조명등을 20분 이상 유효하게 작동시킬 수 있는 용량으로 할 것. 다만, 다음의 특정소방대상물의 경우에는 그 부분에서 피난층에 이르는 부분의 비상조명등을 60분 이상 유효하게 작동시킬 수 있는 용량으로 해야 한다.
 ① 지하층을 제외한 층수가 11층 이상의 층
 ② 지하층 또는 무창층으로서 용도가 도매시장·소매시장·여객자동차터미널·지하역사 또는 지하상가

정답
(1) ① 1[lx]
 ② 점검스위치
(2) ① 점검에 편리하고 화재 및 침수 등의 재해로 인한 피해를 받을 우려가 없는 곳에 설치할 것
 ② 비상전원을 실내에 설치하는 때에는 그 실내에 비상조명등을 설치할 것

09 다음 그림은 휘트스톤 브리지회로이다. 휘트스톤 브리지회로의 평형조건을 만족하기 위한 R_2를 구하시오(단, G는 검류계이다).

득점	배점
	4

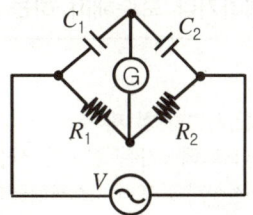

- 계산과정 :
- 답 :

해설

휘트스톤 브리지(Wheatstone Bridge)회로

(1) 휘트스톤 브리지회로
  ① 미지의 저항을 측정하기 위해 4개의 저항과 검류계가 접속된 회로이다.
  ② 검류계(G)에 전류가 흐르지 않을 때 휘트스톤 브리지회로는 평형이 되었다고 한다.

┤참고├

휘트스톤 브리지회로의 평형조건

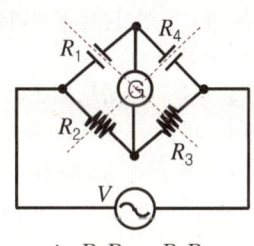

$$\therefore R_1 R_3 = R_2 R_4$$

(2) 저항(R_2) 계산
  ① 커패시터 C(정전용량) 회로의 용량성 리액턴스(X_C)를 먼저 구한다.
    ㉠ $X_{C1} = \dfrac{1}{\omega C_1} [\Omega]$
    ㉡ $X_{C2} = \dfrac{1}{\omega C_2} [\Omega]$
  ② 휘트스톤 브리지회로의 평형조건
    $X_{C1} R_2 = X_{C2} R_1 \rightarrow \dfrac{1}{\omega C_1} R_2 = \dfrac{1}{\omega C_2} R_1$
    $\therefore R_2 = \dfrac{\omega C_1}{\omega C_2} R_1 = \dfrac{C_1}{C_2} R_1$

정답 $R_2 = \dfrac{C_1}{C_2} R_1$

10

특정소방대상물에 설치된 소방시설 등을 구성하는 전부 또는 일부를 개설, 이전 또는 정비하는 소방시설공사의 착공신고 대상 3가지를 쓰시오(단, 고장 또는 파손 등으로 인하여 작동시킬 수 없는 소방시설을 긴급히 교체하거나 보수해야 하는 경우에는 신고하지 않을 수 있다).

득점	배점
	6

해설

소방시설공사의 착공신고 대상(소방시설공사업법 영 제4조)

(1) 특정소방대상물에 다음의 어느 하나에 해당하는 설비를 신설하는 공사
   ① 옥내소화전설비(호스릴옥내소화전설비를 포함), 스프링클러설비 등, 물분무등소화설비, 옥외소화전설비, 소화용수설비(소화용수설비를 건설산업기본법 시행령 별표 1에 따른 기계설비·가스공사업자 또는 상·하수도설비공사업자가 공사하는 경우는 제외), 제연설비(소방용 외의 용도와 겸용되는 제연설비를 건설산업기본법 시행령 별표 1에 따른 기계설비·가스공사업자가 공사하는 경우는 제외), 연결송수관설비, 연결살수설비 또는 연소방지설비
   ② 비상경보설비, 자동화재탐지설비, 화재알림설비, 비상방송설비(소방용 외의 용도와 겸용되는 비상방송설비를 정보통신공사업법에 따른 정보통신공사업자가 공사하는 경우는 제외), 비상콘센트설비(비상콘센트설비를 전기공사업법에 따른 전기공사업자가 공사하는 경우는 제외) 또는 무선통신보조설비(소방용 외의 용도와 겸용되는 무선통신보조설비를 정보통신공사업법에 따른 정보통신공사업자가 공사하는 경우는 제외)

(2) 특정소방대상물에 다음의 어느 하나에 해당하는 설비 또는 구역 등을 증설하는 공사
   ① 옥내·옥외소화전설비
   ② 스프링클러설비 등 또는 물분무등소화설비의 방호·방수구역, 자동화재탐지설비 또는 화재알림설비의 경계구역, 제연설비의 제연구역(소방용 외의 용도와 겸용되는 제연설비를 건설산업기본법 시행령 별표 1에 따른 기계설비·가스공사업자가 공사하는 경우는 제외), 연결송수관설비의 송수구역, 연결살수설비의 살수구역, 비상콘센트설비의 전용회로, 연소방지설비의 살수구역

(3) 특정소방대상물에 설치된 소방시설 등을 구성하는 다음의 어느 하나에 해당하는 것의 전부 또는 일부를 개선(改設), 이전(移轉) 또는 정비(整備)하는 공사. 다만, 고장 또는 파손 등으로 인하여 작동시킬 수 없는 소방시설을 긴급히 교체하거나 보수해야 하는 경우에는 신고하지 않을 수 있다.
   ① 수신반(受信盤)
   ② 소화펌프
   ③ 동력(감시)제어반

정답 수신반, 소화펌프, 동력(감시)제어반

11

건물의 바닥면적이 700[m²]인 특정소방대상물에 자동화재탐지설비를 설치하려고 한다. 아래 조건을 참고하여 감지기의 최소 설치개수를 구하시오.

득점	배점
	5

조건

- 이 건물의 주요구조부가 내화구조로 된 특정소방대상물이고, 주된 출입구에서 그 내부 전체가 보이지 않는다.
- 감지기는 차동식 스포트형 2종 감지기를 설치하고, 감지기의 부착높이는 4[m]이다.

해설

차동식 스포트형 2종 감지기 설치개수 산정(NFTC 203)

(1) 차동식 스포트형·보상식 스포트형 및 정온식 스포트형 감지기는 그 부착높이 및 특정소방대상물에 따라 다음 [표]에 따른 바닥면적마다 1개 이상을 설치할 것

부착높이 및 특정소방대상물의 구분		감지기의 종류(단위 : [m²])						
		차동식 스포트형		보상식 스포트형		정온식 스포트형		
		1종	2종	1종	2종	특종	1종	2종
4[m] 미만	주요구조부가 내화구조로 된 특정소방대상물 또는 그 부분	90	70	90	70	70	60	20
	기타 구조의 특정소방대상물 또는 그 부분	50	40	50	40	40	30	15
4[m] 이상 8[m] 미만	주요구조부가 내화구조로 된 특정소방대상물 또는 그 부분	45	35	45	35	35	30	-
	기타 구조의 특정소방대상물 또는 그 부분	30	25	30	25	25	15	-

(2) 경계구역 설정기준

① 수평적 경계구역

구분	기준	예외 기준
층별	층마다(2개 이상의 층에 미치지 않도록 할 것)	500[m²] 이하의 범위 안에서는 2개의 층을 하나의 경계구역으로 할 수 있다.
경계구역의 면적	600[m²] 이하	주된 출입구에서 그 내부 전체가 보이는 것에 있어서는 한 변의 길이가 50[m]의 범위에서 1,000[m²] 이하로 할 수 있다.
한 변의 길이	50[m] 이하	-

② 수직적 경계구역

구분	계단·경사로 기준	엘리베이터 승강로(권상기실이 있는 경우에는 권상기실)·린넨슈트·파이프 피트 및 덕트
높이	45[m] 이하	별도의 경계구역으로 설정
지하층 구분	지상층과 지하층을 구분 (지하층의 층수가 한 개 층일 경우는 제외)	

(3) 감지기 개수 산정

① 주요구조부가 내화구조로 된 특정소방대상물이고, 감지기의 부착높이는 4[m]이다.

② 감지기의 부착높이는 4[m] 이상 8[m] 미만이고, 주요구조부가 내화구조로 된 특정소방대상물이므로 차동식 스포트형 2종 감지기는 바닥면적 35[m²]마다 1개 이상을 설치해야 한다.

$$\text{감지기 설치개수} = \frac{\text{감지구역의 바닥면적[m}^2\text{]}}{\text{감지기 1개의 설치 바닥면적[m}^2\text{]}}[\text{개}]$$

③ 경계구역의 바닥면적이 600[m²] 이상이므로 2 경계구역이다. 따라서, 바닥면적 700[m²]를 2개로 나누면 1 경계구역당 바닥면적은 각각 350[m²]이다.

$$\therefore \text{감지기 설치개수} = \frac{350[\text{m}^2]}{35[\text{m}^2]} + \frac{350[\text{m}^2]}{35[\text{m}^2]} = 20\text{개}$$

정답 20개

12

다음은 비상경보설비 및 단독경보형 감지기의 화재안전기술기준에서 정하는 단독경보형 감지기의 설치기준에 대한 내용이다. ( ) 안에 알맞은 내용을 쓰시오.

[득점 / 배점 5]

- 각 실마다 설치하되, 바닥면적이 (①)[m²]를 초과하는 경우에는 (①)[m²]마다 1개 이상 설치할 것
- 이웃하는 실내의 바닥면적이 각각 (②)[m²] 미만이고, 벽체의 상부의 전부 또는 일부가 개방되어 이웃하는 실내와 공기가 상호 유통되는 경우에는 이를 (③)개의 실로 본다.
- (④)은 최상층의 (④) 천장(외기가 상통하는 (④)의 경우를 제외한다)에 설치할 것
- 상용전원을 주전원으로 사용하는 단독경보형 감지기의 (⑤)는 법 제40조에 따라 제품검사에 합격한 것을 사용할 것

해설

단독경보형 감지기(NFTC 201)

(1) 단독경보형 감지기의 정의
화재 발생 상황을 단독으로 감지하여 자체에 내장된 음향장치로 경보하는 감지기를 말한다.

(2) 단독경보형 감지기의 설치기준
① 각 실(이웃하는 실내의 바닥면적이 각각 30[m²] 미만이고, 벽체의 상부의 전부 또는 일부가 개방되어 이웃하는 실내와 공기가 상호 유통되는 경우에는 이를 1개의 실로 본다)마다 설치하되, 바닥면적이 150[m²]를 초과하는 경우에는 150[m²]마다 1개 이상 설치할 것
② 계단실은 최상층의 계단실 천장(외기가 상통하는 계단실의 경우를 제외한다)에 설치할 것
③ 건전지를 주전원으로 사용하는 단독경보형 감지기는 정상적인 작동상태를 유지할 수 있도록 주기적으로 건전지를 교환할 것
④ 상용전원을 주전원으로 사용하는 단독경보형 감지기의 2차 전지는 법 제40조에 따라 제품검사에 합격한 것을 사용할 것

정답
① 150
② 30
③ 1
④ 계단실
⑤ 2차 전지

13

역률(지상)이 80[%]이고, 100[kVA]인 소방펌프 전동기를 사용하던 중 역률(지상)이 60[%]이고, 50[kVA]인 소방펌프 전동기를 추가로 사용하고자 한다. 이때 역률개선용 콘덴서로 합성역률을 90[%]로 개선하고자 할 때 필요한 역률 개선용 콘덴서의 용량[kVA]을 구하시오.

[득점 / 배점 6]

- 계산과정 :
- 답 :

해설

콘덴서의 용량 계산

(1) 피상전력, 유효전력, 무효전력 계산
① 유효전력 $P = P_a \cos\theta$ [kW]
㉠ 역률이 80[%]이고, 100[kVA]인 전동기의 유효전력
$P_1 = P_{a1} \cos\theta = 100[\text{kVA}] \times 0.8 = 80[\text{kW}]$

ⓒ 역률이 60[%]이고, 50[kVA]인 전동기의 유효전력
$P_2 = P_{a2}\cos\theta = 50[\text{kVA}] \times 0.6 = 30[\text{kW}]$
∴ 유효전력 $P = P_1 + P_2 = 80[\text{kW}] + 30[\text{kW}] = 110[\text{kW}]$

② 무효전력 $P_r = P_a \sin\theta [\text{Var}]$

㉠ 역률이 80[%]이고, 100[kVA]인 전동기의 무효전력
- 삼각함수 $\sin^2\theta + \cos^2\theta = 1$에서 무효율 $\sin\theta = \sqrt{1-\cos^2\theta} = \sqrt{1-0.8^2} = 0.6$
- 무효전력 $P_{r1} = P_{a1}\sin\theta = 100[\text{kVA}] \times 0.6 = 60[\text{kVar}]$

ⓒ 역률이 60[%]이고, 50[kVA]인 전동기의 무효전력
- 삼각함수 $\sin^2\theta + \cos^2\theta = 1$에서 무효율 $\sin\theta = \sqrt{1-\cos^2\theta} = \sqrt{1-0.6^2} = 0.8$
- 무효전력 $P_{r2} = P_{a2}\sin\theta = 50[\text{kVA}] \times 0.8 = 40[\text{kVar}]$
∴ 무효전력 $P_r = P_{r1} + P_{r2} = 60[\text{kVar}] + 40[\text{kVar}] = 100[\text{kVar}]$

③ 피상전력 $P_a = \sqrt{P^2 + P_r^2}\,[\text{kVA}]$
∴ 피상전력 $P_a = \sqrt{P^2 + P_r^2} = \sqrt{(110[\text{kW}])^2 + (100[\text{kVar}])^2} = 148.66[\text{kVA}]$

(2) 역률을 개선하기 위한 콘덴서의 용량(Q_C)

① 합성역률 $\cos\theta_1 = \dfrac{P}{P_a} = \dfrac{110[\text{kW}]}{148.66[\text{kVA}]} = 0.74$

② 콘덴서의 용량(Q_C)

㉠ $Q_C = P(\tan\theta_1 - \tan\theta_2) = P\left(\sqrt{\dfrac{1}{\cos^2\theta_1}-1} - \sqrt{\dfrac{1}{\cos^2\theta_2}-1}\right)[\text{kVA}]$

ⓒ $Q_C = P\left(\dfrac{\sin\theta_1}{\cos\theta_1} - \dfrac{\sin\theta_2}{\cos\theta_2}\right) = P\left(\dfrac{\sqrt{1-\cos^2\theta_1}}{\cos\theta_1} - \dfrac{\sqrt{1-\cos^2\theta_2}}{\cos\theta_2}\right)[\text{kVA}]$

여기서, P : 유효전력(110[kW])
$\cos\theta_1$: 개선 전의 역률(74[%]=0.74)
$\cos\theta_2$: 개선 후의 역률(90[%]=0.9)

∴ 역률 개선용 콘덴서의 용량 $Q_C = P\left(\dfrac{\sqrt{1-\cos^2\theta_1}}{\cos\theta_1} - \dfrac{\sqrt{1-\cos^2\theta_2}}{\cos\theta_2}\right)$
$= 110[\text{kW}] \times \left(\dfrac{\sqrt{1-0.74^2}}{0.74} - \dfrac{\sqrt{1-0.9^2}}{0.9}\right) = 46.71[\text{kVA}]$

정답 46.71[kVA]

14 전부하상태의 출력이 8[kW]이고, 전부하의 $\frac{1}{4}$이 되는 출력이 2[kW]에서의 효율이 모두 80[%]인 단상변압기가 있다. 각 물음에 답하시오.

물음

(1) 전부하 출력 8[kW]의 동손과 출력 2[kW]의 동손과의 관계를 구하시오.
  • 계산과정 :
  • 답 :
(2) 전부하 시 철손[kW]과 동손[kW]을 구하시오.
  ① 철손 :
  ② 동손 :

해설

변압기

(1) 동손

① 전부하(8[kW])일 때 동손 P_{c1}

② 전부하의 $\frac{1}{m}$ 부분부하(2[kW])일 때 부분부하의 동손은 전부하 출력의 $\frac{1}{4}$배이다.

$$P_{c2} = \left(\frac{1}{m}\right)^2 P_{c1} = \left(\frac{1}{4}\right)^2 P_{c1}$$

$$\therefore P_{c2} = \left(\frac{1}{4}\right)^2 P_{c1} = \frac{1}{16} P_{c1} \text{ 또는 } P_{c1} = 16 P_{c2}$$

(2) 전부하 시 철손(P_i)과 동손(P_c)

① 전부하 시 변압기의 효율 $\eta = \dfrac{출력}{출력+손실} \times 100[\%] = \dfrac{출력}{출력+(P_i+P_c)} \times 100[\%]$

$\eta = \dfrac{8[\text{kW}]}{8[\text{kW}]+P_i+P_c} \times 100[\%] = 0.8$

$8 = 0.8 \times (8 + P_i + P_c)$

$8 = 6.4 + 0.8 P_i + 0.8 P_c$

$0.8 P_i + 0.8 P_c = 1.6$

② 전부하의 $\frac{1}{m}$ 부분부하일 때 변압기의 효율 $\eta = \dfrac{출력}{출력+\left\{P_i+\left(\dfrac{1}{m}\right)^2 \times P_c\right\}} \times 100[\%]$

$\eta = \dfrac{2[\text{kW}]}{2[\text{kW}]+\left\{P_i+\left(\dfrac{1}{4}\right)^2 P_c\right\}} \times 100[\%] = \dfrac{2[\text{kW}]}{2[\text{kW}]+\left(P_i+\dfrac{1}{16}P_c\right)} = 0.8$

$2 = 0.8 \times (2 + P_i + \dfrac{1}{16} P_c)$

$2 = 1.6 + 0.8 P_i + 0.05 P_c$

$0.8 P_i + 0.05 P_c = 0.4$

③ 연립방정식을 적용하여 ①-②를 하면

$$\begin{array}{r} 0.8P_i + 0.8P_c = 1.6 \\ -\underline{\quad 0.8P_i + 0.05P_c = 0.4 \quad} \\ 0.75P_c = 1.2 \end{array}$$

∴ 동손 $P_c = \dfrac{1.2}{0.75} = 1.6[\text{kW}]$

철손은 ①식에 동손 $P_c = 1.6[\text{kW}]$를 대입하면

$0.8P_i + 0.8 \times 1.6 = 1.6$

$0.8P_i + 1.28 = 1.6$

$0.8P_i = 1.6 - 1.28$

$0.8P_i = 0.32$

∴ 철손 $P_i = \dfrac{0.32}{0.8} = 0.4[\text{kW}]$

정답 (1) $P_{c1} = 16 P_{c2}$ 또는 $P_{c2} = \dfrac{1}{16} P_{c1}$

(2) ① 0.4[kW]
　② 1.6[kW]

15 소방시설 중 경보설비의 종류 8가지를 쓰시오.

득점 배점 8

해설

소방시설(소방시설법 영 별표 1)

(1) 소화설비

　물 또는 그 밖의 소화약제를 사용하여 소화하는 기계·기구 또는 설비

　① 소화기구 : 소화기, 간이소화용구(에어로졸식 소화용구, 투척용 소화용구, 소공간용 소화용구 및 소화약제 외의 것을 이용한 간이소화용구), 자동확산소화기

　② 자동소화장치 : 주거용 주방자동소화장치, 상업용 주방자동소화장치, 캐비닛형 자동소화장치, 가스자동소화장치, 분말자동소화장치, 고체에어로졸자동소화장치

　③ 옥내소화전설비(호스릴 옥내소화전설비를 포함)

　④ 스프링클러설비 등 : 스프링클러설비, 간이스프링클러설비(캐비닛형 간이스프링클러설비를 포함한다), 화재조기진압용 스프링클러설비

　⑤ 물분무등소화설비 : 물분무소화설비, 미분무소화설비, 포소화설비, 이산화탄소소화설비, 할론소화설비, 할로겐화합물 및 불활성기체소화설비, 분말소화설비, 강화액소화설비, 고체에어로졸소화설비

　⑥ 옥외소화전설비

(2) 경보설비

　화재발생 사실을 통보하는 기계·기구 또는 설비

　① 단독경보형 감지기
　② 비상경보설비 : 비상벨설비, 자동식사이렌설비
　③ 자동화재탐지설비
　④ 시각경보기
　⑤ 화재알림설비
　⑥ 비상방송설비
　⑦ 자동화재속보설비
　⑧ 통합감시시설
　⑨ 누전경보기
　⑩ 가스누설경보기

(3) 피난구조설비

　화재가 발생할 경우 피난하기 위하여 사용하는 기구 또는 설비

　① 피난기구 : 피난사다리, 구조대, 완강기, 간이완강기, 그 밖에 화재안전기준으로 정하는 것
　② 인명구조기구 : 방열복, 방화복(안전모, 보호장갑 및 안전화를 포함), 공기호흡기, 인공소생기
　③ 유도등 : 피난유도선, 피난구유도등, 통로유도등, 객석유도등, 유도표지
　④ 비상조명등 및 휴대용 비상조명등

(4) 소화용수설비

　화재를 진압하는 데 필요한 물을 공급하거나 저장하는 설비

　① 상수도소화용수설비
　② 소화수조·저수조, 그 밖의 소화용수설비

(5) 소화활동설비

　화재를 진압하거나 인명구조활동을 위하여 사용하는 설비

　① 제연설비
　② 연결송수관설비
　③ 연결살수설비
　④ 비상콘센트설비
　⑤ 무선통신보조설비
　⑥ 연소방지설비

정답 단독경보형 감지기, 자동화재탐지설비, 시각경보기, 화재알림설비, 비상방송설비, 자동화재속보설비, 누전경보기, 가스누설경보기

16 다음은 한국전기설비규정에서 규정하는 소방전기시설의 금속관공사의 시설조건과 금속관 및 부속품의 시설기준이다. ( ) 안에 알맞은 내용을 쓰시오.

득점	배점
	5

- 전선은 절연전선[(①)을 제외한다]일 것
- 전선은 (②)일 것. 다만, 다음의 것은 적용하지 않는다.
  - 짧고 가는 금속관에 넣은 것
  - 단면적 (③)[mm^2](알루미늄선은 단면적 16[mm^2]) 이하의 것
- 전선은 금속관 안에서 (④)이 없도록 할 것
- 관의 끝부분에는 전선의 피복을 손상하지 않도록 적당한 구조의 (⑤)을 사용할 것

해설

금속관공사(한국전기설비규정 232.12)

(1) 시설조건
  ① 전선은 절연전선(옥외용 비닐절연전선을 제외한다)일 것
  ② 전선은 연선일 것. 다만, 다음의 것은 적용하지 않는다.
     ㉠ 짧고 가는 금속관에 넣은 것
     ㉡ 단면적 10[mm^2](알루미늄선은 단면적 16[mm^2]) 이하의 것
  ③ 전선은 금속관 안에서 접속점이 없도록 할 것
(2) 관의 두께
  ① 콘크리트에 매입하는 것은 1.2[mm] 이상
  ② ① 이외의 것은 1[mm] 이상. 다만, 이음매가 없는 길이 4[m] 이하인 것을 건조하고 전개된 곳에 시설하는 경우에는 0.5[mm]까지로 감할 수 있다.
  ③ 관의 끝부분 및 안쪽 면은 전선의 피복을 손상하지 않도록 매끈한 것일 것
(3) 금속관 및 부속품의 시설
  ① 관 상호 간 및 관과 박스 기타의 부속품과는 나사접속 기타 이와 동등 이상의 효력이 있는 방법에 의하여 견고하고 또한 전기적으로 완전하게 접속할 것
  ② 관의 끝부분에는 전선의 피복을 손상하지 않도록 적당한 구조의 부싱을 사용할 것. 다만, 금속관공사로부터 애자사용공사로 옮기는 경우에는 그 부분의 관의 끝부분에는 절연부싱 또는 이와 유사한 것을 사용해야 한다.
  ③ 습기가 많은 장소 또는 물기가 있는 장소에 시설하는 경우에는 방습 장치를 할 것

정답
① 옥외용 비닐절연전선
② 연선
③ 10
④ 접속점
⑤ 부싱

17 가로 15[m], 세로 5[m], 높이 3[m]인 변전실에 이산화탄소소화설비를 설치하고자 한다. 이때 설치해야 하는 2종 연기감지기의 최소 개수를 구하시오(단, 변전실 내부의 주요구조부는 내화구조이다).

득점	배점
	3

해설
연기감지기(NFTC 203)

(1) 연기감지기 설치기준
① 연기감지기(광전식 스포트형 감지기) 감지기의 부착높이에 따라 다음 [표]에 따른 바닥면적마다 1개 이상으로 할 것

부착높이	감지기의 종류(단위 : [m²])	
	1종 및 2종	3종
4[m] 미만	150	50
4[m] 이상 8[m] 미만	75	-

② 감지기는 복도 및 통로에 있어서는 보행거리 30[m](3종에 있어서는 20[m])마다, 계단 및 경사로에 있어서는 수직거리 15[m](3종에 있어서는 10[m])마다 1개 이상으로 할 것
③ 천장 또는 반자가 낮은 실내 또는 좁은 실내에 있어서는 출입구의 가까운 부분에 설치할 것
④ 천장 또는 반자 부근에 배기구가 있는 경우에는 그 부근에 설치할 것
⑤ 감지기는 벽 또는 보로부터 0.6[m] 이상 떨어진 곳에 설치할 것

㉠ 복도, 통로 : 감지기 설치개수 = $\dfrac{\text{감지구역의 보행거리[m]}}{\text{감지기 1개의 설치 보행거리[m]}}$ [개]

㉡ 계단, 경사로 : 감지기 설치개수 = $\dfrac{\text{감지구역의 수직거리[m]}}{\text{감지기 1개의 설치 수직거리[m]}}$ [개]

(2) 이산화탄소소화설비의 자동식 기동장치는 다음의 기준에 따른 화재감지기를 설치해야 한다.
① 각 방호구역 내의 화재감지기의 감지에 따라 작동되도록 할 것
② 화재감지기의 회로는 교차회로방식으로 설치할 것. 다만, 화재감지기를 자동화재탐지설비 및 시각경보장치의 화재안전기술기준(NFTC 203) 2.4.1 단서의 각 감지기로 설치하는 경우에는 그렇지 않다.

> **참고**
> **자동화재탐지설비 및 시각경보장치의 화재안전기술기준(NFTC 203) 2.4.1 단서**
> 자동화재탐지설비의 감지기는 부착높이에 따른 감지기를 설치해야 한다. 다만, 지하층·무창층 등으로서 환기가 잘되지 않거나 실내면적이 40[m²] 미만인 장소, 감지기의 부착면과 실내 바닥과의 거리가 2.3[m] 이하인 곳으로서 일시적으로 발생한 열·연기 또는 먼지 등으로 인하여 화재신호를 발신할 우려가 있는 장소(2.2.2 본문에 따른 수신기를 설치한 장소를 제외)에는 다음의 기준에서 정한 감지기 중 적응성이 있는 감지기를 설치해야 한다.
> - 불꽃감지기
> - 분포형 감지기
> - 광전식 분리형 감지기
> - 다신호방식의 감지기
> - 정온식 감지선형 감지기
> - 복합형 감지기
> - 아날로그방식의 감지기
> - 축적방식의 감지기

③ 교차회로 내의 각 화재감지기 회로별로 설치된 화재감지기 1개가 담당하는 바닥면적은 자동화재탐지설비 및 시각경보장치의 화재안전기술기준(NFTC 203) 2.4.3.5, 2.4.3.8부터 2.4.3.10까지의 규정에 따른 바닥면적으로 할 것

(3) 교차회로방식
① 감지기의 오동작을 방지하기 위하여 하나의 방호구역 내에 2 이상의 화재감지기 회로를 설치하고 인접한 2 이상의 화재감지기가 동시에 감지되는 때에는 소화설비가 작동하는 방식이다.
② 적용설비 : 분말소화설비, 할론소화설비, 이산화탄소소화설비, 준비작동식 스프링클러설비, 일제살수식 스프링클러설비, 할로겐화합물 및 불활성기체소화설비
∴ 자동화재탐지설비 및 시각경보장치의 화재안전기술기준 2.4.1 단서 조항과 문제에서 제시된 변전실의 조건이 적합하지 않으므로 이산화탄소소화설비 설치 시 감지기는 교차회로방식으로 설치해야 한다.

(4) 연기감지기 설치개수 산정
① 바닥면적 = 15[m] × 5[m] = 75[m²]
② 변전실의 높이가 3[m]이므로 감지기의 부착높이는 4[m] 미만에 해당하므로 2종 감지기 1개의 바닥면적은 150[m²]이다.
③ 감지기 1개의 설치개수 = $\frac{감지구역의\ 바닥면적\,[m^2]}{감지기\ 1개의\ 바닥면적\,[m^2]} = \frac{75[m^2]}{150[m^2]}$ = 0.5개 ≒ 1개
∴ 이산화탄소소화설비는 교차회로방식으로 감지기를 설치해야 하므로 감지기 2개를 설치해야 한다.

정답 2개

18 자동화재탐지설비의 수신기의 시험방법 중 동시작동시험을 실시하는 목적을 쓰시오.

배점 3

해설
수신기의 시험방법
(1) 동시작동시험
① 시험목적 : 감지기회로를 수회로 이상 동시에 작동시켰을 때 수신기의 기능이 이상이 없는가를 확인하기 위함이다.
② 시험방법
㉠ 수신기의 동작시험스위치를 누른다.
㉡ 회로선택스위치를 차례로 회전시켜 화재표시등, 지구표시등, 주경종, 지구경종의 동작상황을 확인한다.
(2) 공통선시험
① 시험목적 : 1개의 공통선이 담당하고 있는 경계구역의 수가 7개 이하인지 확인하기 위함이다.
② 시험방법
㉠ 수신기 내 접속단자에서 공통선 1선을 제거한다.
㉡ 회로도통시험스위치를 누른 후 회로선택스위치를 차례로 회전시킨다.
㉢ 시험용 계기를 확인하여 단선을 지시한 경계구역의 회선수를 조사(확인)한다.
(3) 도통시험
① 시험목적 : 수신기에서 감지기회로의 단선유무 등을 확인하기 위함이다.
② 시험방법
㉠ 수신기의 도통시험스위치를 누른다.
㉡ 회로선택스위치를 돌려가며 각 회로의 단선여부를 확인한다. 이때 전압계의 지시치 또는 단선표시등의 점등을 확인한다.

(4) 예비전원시험
　① 시험목적 : 상용전원이 정전된 경우 자동적 예비전원으로 절환되며 예비전원으로 정상 동작할 수 있는 전압을 가지고 있는지를 확인하기 위함이다.
　② 시험방법
　　㉠ 수신기의 예비전원시험스위치를 누른다.
　　㉡ 전압계의 지시치가 적정범위에 있는지를 확인한다.
　　㉢ 교류전원을 차단하여 자동절환릴레이의 작동상황을 확인한다.

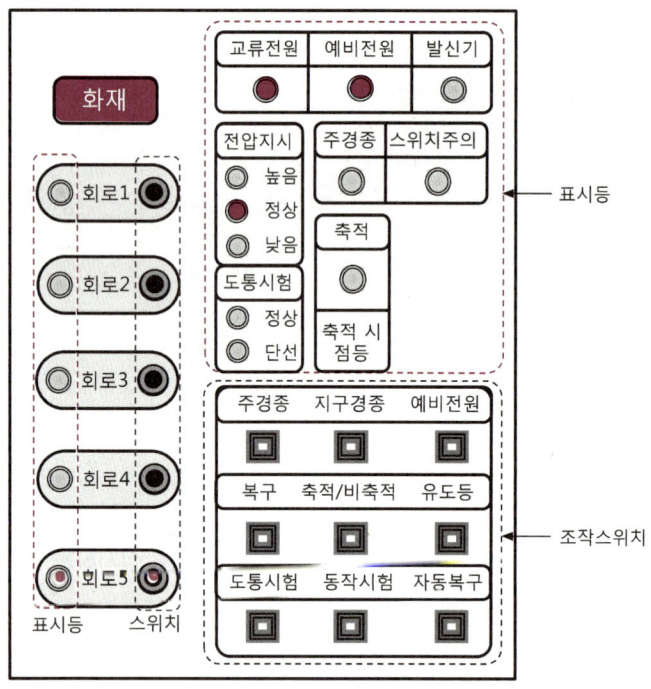

정답　감지기회로를 수회로 이상 동시에 작동시켰을 때 수신기의 기능이 이상이 없는가를 확인하기 위함이다.

합격의 공식 시대에듀

교육은 우리 자신의 무지를 점차 발견해 가는 과정이다.

- 윌 듀란트 -

합격의 공식 시대에듀

교육이란 사람이 학교에서 배운 것을 잊어버린 후에 남은 것을 말한다.

– 알버트 아인슈타인 –

우리 인생의 가장 큰 영광은 결코 넘어지지 않는 데 있는 것이 아니라
넘어질 때마다 일어서는 데 있다.

– 넬슨 만델라 –

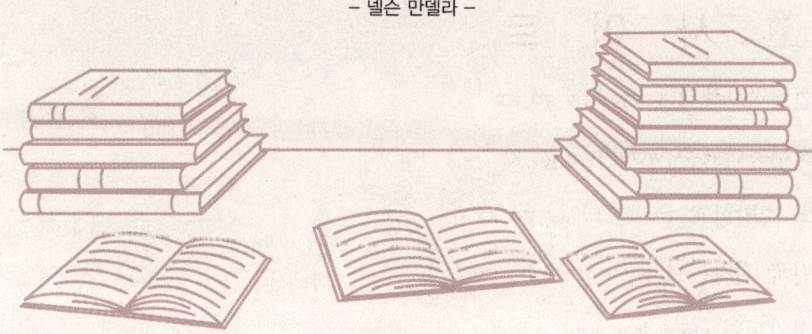

참 / 고 / 문 / 헌

- 윤만수. **시퀀스제어 이론과 실험**. 일진사출판사. 2009.
- 정용기. **신 전기설비 기술계산 핸드북**. 의제출판사. 2013.
- 이덕수. **화재안전기술기준 포켓북**. 시대고시기획. 2024.

참 / 고 / 사 / 이 / 트

- 국가법령정보센터_www.law.go.kr
- 국가직무능력표준_www.ncs.go.kr
- 경기도 소방학교_www.119.gg.go.kr
- 대한민국 전자관보_www.gwanbo.go.kr
- 대한전기협회_www.kea.kr
- 법제처_www.moleg.go.kr
- 소방청_www.nfa.go.kr
- 중앙소방학교_www.nfsa.go.kr
- 한국산업인력공단_www.hrdkorea.or.kr
- 한국소방안전원_www.kfsi.or.kr

EBS Win-Q 소방설비기사 전기편 실기 단기합격

개정1판1쇄 발행	2025년 03월 05일(인쇄 2025년 01월 31일)
초 판 발 행	2024년 04월 05일(인쇄 2024년 02월 29일)
발 행 인	박영일
책 임 편 집	이해욱
편 저	김희태, 이덕수
편 집 진 행	윤진영, 남미희
표지디자인	권은경, 길전홍선
편집디자인	정경일
발 행 처	(주)시대고시기획
출 판 등 록	제10-1521호
주 소	서울시 마포구 큰우물로 75[도화동 538 성지 B/D] 9F
전 화	1600-3600
팩 스	02-701-8823
홈 페 이 지	www.sdedu.co.kr
I S B N	979-11-383-8407-0(13500)
정 가	40,000원

※ 저자와의 협의에 의해 인지를 생략합니다.
※ 이 책은 저작권법의 보호를 받는 저작물이므로 동영상 제작 및 무단전재와 배포를 금합니다.
※ 잘못된 책은 구입하신 서점에서 바꾸어 드립니다.